FABIO PERINI
KÖRBER PROCESS SOLUTIONS

U0322896

百利怡卓越的技术经验与中国生活用纸市场的完美创新结合!

法比奥百利怡机械设备(上海)有限公司 (制造公司)
柯尔柏机械设备(上海)有限公司 (贸易公司)
联系地址: 上海市浦东新区民冬路500号
邮编: 201209

电话: +86 21 5046 2933
传真: +86 21 5046 2303
邮箱: info.cn@fabioperini.com

由百利怡意大利设计、中国组装的X7卫生卷纸加工线:

- 生产速度: 450~550米/分
- 拥有特别设计的先进节能系统
- 专有实心起卷技术
- 可生产高档有芯和实心产品

www.fabioperini.com

You can contact us :

HengChang Turkey
Telephone: (90)(264)2914062
Contact: Murat Komurcu
Mobile: (90)(532)6091270
Email: mkomurcu@dispopak.com
mkomurcu@aqhch.com.cn

HengChang Latin America
Contact: Xiao Yuan
Email: xiaoyuan@aqhch.com.cn

HengChang China
Address: Xiao Gu Shan Road, Development Zone,Anqing,Anhui,China.
Telephone: (86)(556)5325888
Fax: (86)(556)5357893
Email: aqhch@aqhch.com.cn
Web: www.aqhch.com.cn

500 600 800 1000

CNK300PPM
成人纸尿裤设备
+NBZ50包装机
Adult Diaper Machine
+NBZ50 Packing Machine

AE800/1000/1200/1600PPM
卫生巾设备
+WBZ70包装机
Sanitary Napkin Machine
+WBZ70 Packing Machine

1200

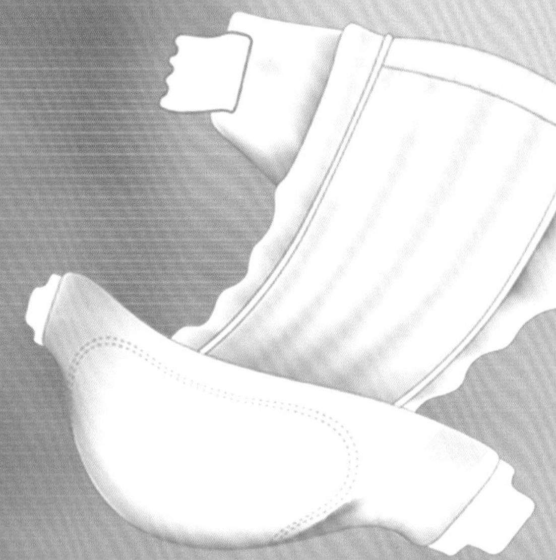

TNK500/600/800PPM
无废料弹性大耳贴婴儿纸尿裤设备
+NBZ50包装机
Zero Waste Elastic Ear Baby Diaper Machine
+NBZ50 Packing Machine

NK500/600/800/1000PPM
普通婴儿纸尿裤设备
+NBZ50包装机
Classic Die Cut Baby Diaper Machine
+NBZ50 Packing Machine

BT600PPM
婴儿训练裤设备
+NBZ50包装机
Baby Training Pant Machine
+NBZ50 Packing Machine

恒昌机械制造有限责任公司
Heng Chang Machinery Co., Ltd.

助建理想工厂

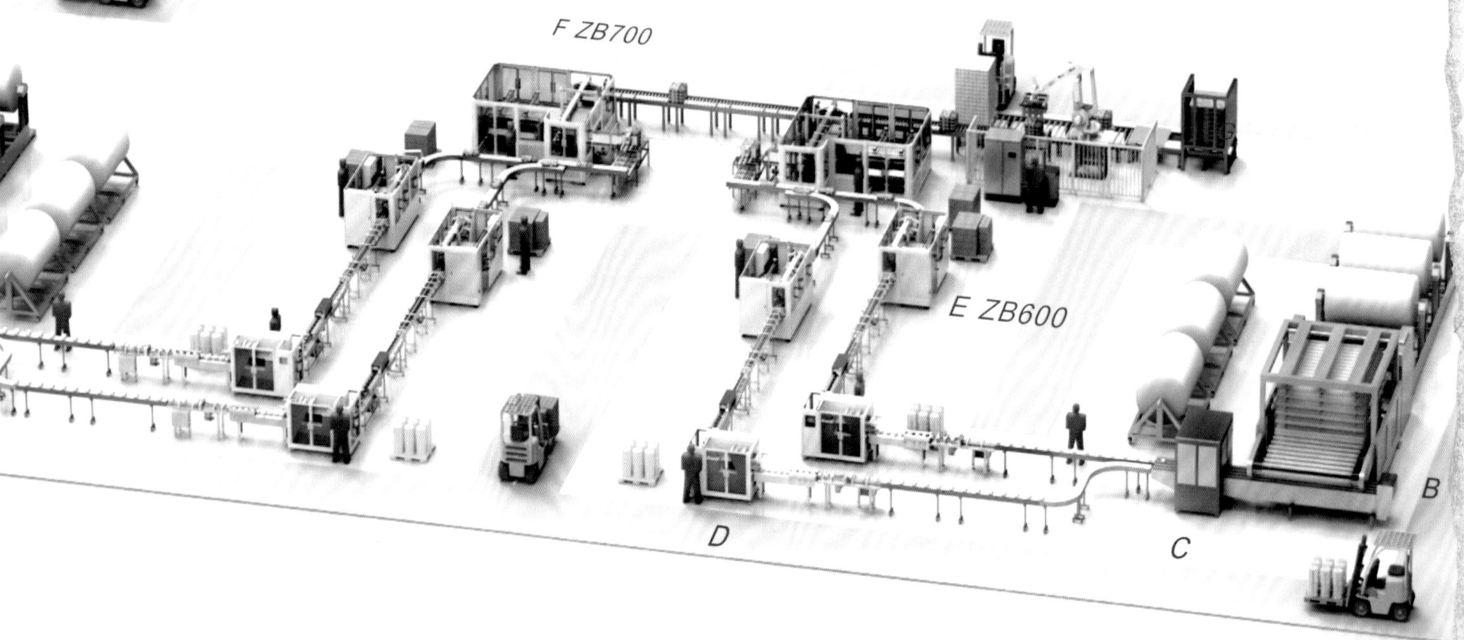

卫生卷纸包装生产线系统

卫生卷纸包装生产线系统是专为卫生卷纸多次包装构建的完整生产线架构，从原纸复卷切纸到装袋码垛涵盖生产流程每一个环节，优化的设备配置和布局设计充分释放各个环节的产能，使生产线流畅和高效。

生产线系统解析　原纸复卷切纸 → 一次包装 → 中袋包装 → 大袋包装 → 码垛系统

扫一扫了解更多

上海松川远亿机械设备有限公司

上海青浦工业园崧泽大道9881号　邮编：201700　电话：86-21-69213288 转 8627或8639

传真：86-21-69213157　手机：13917364862　www.soontrue.com.cn

2014汉威机械进入高端设备领域

环抱式弹性腰围高端婴儿纸尿裤设备

Fully Servo Baby Diaper Machine (Inline Laminating Waistband)

稳定生产速度 800 片/分

全伺服卫生巾设备

Fully Servo Control Sanitary Napkin Machine

稳定生产速度 1000 片/分

泉州市汉威机械制造有限公司

地址：福建省泉州市鲤城区江南高新科技园区常泰街道斗南街123号　　邮编：362000

电话：（86）595-22488588 / 22488389 / 22488988　　传真：（86）595-22487588

网址：www.han-wei.com　　邮箱：hanwei@han-wei.com

并肩同行 与君共赢
Shoulder to shoulder, for a win-win future

We have the solutions for every technology

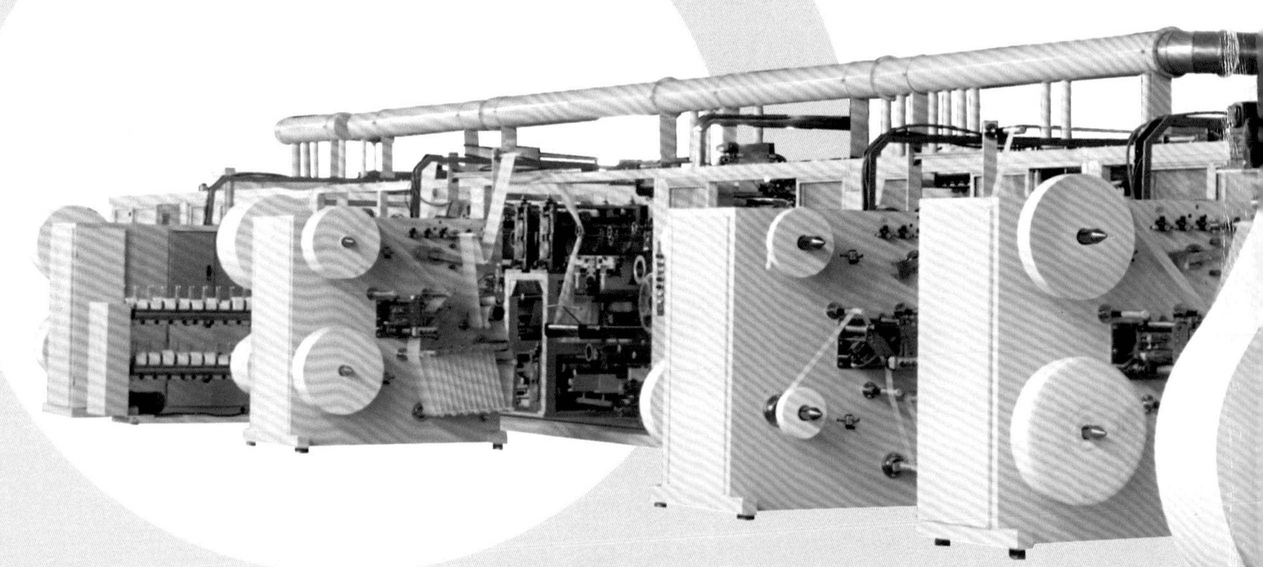

专业制造

婴儿拉拉裤生产线，床垫生产线，
成人失禁裤生产线，食品垫生产线，
成人纸尿裤生产线，卫生巾生产线，
婴儿纸尿裤生产线，护垫生产线等。

SM-400YL
婴儿拉拉裤生产线
Baby Pull-up Diaper Production Line

食品垫生产线
Food Pad Production Line

床垫生产线
Under Pad Production Line

婴儿纸尿裤生产线
Baby Diaper Production Line

三木机械制造实业有限公司 地址: 江苏省金湖县金湖西路138号 电话: 0517－86959098 传真: 0517－86959077
邮箱: sales@threewoodmachine.com info@threewoodmachine.com 网址: www.threewoodmachine.com

▶▶ 生产速度：400pcs/min

成人纸尿片生产线
Adult Insert Pad Production Line

成人纸尿裤生产线
Adult Diaper Production Line

碧海™
Beocean™

生活用纸　自在 碧海……

广西华美纸业集团是一家专业生产经营中高档生活用纸的企业，旗下拥有10家子公司，年生产能力达40万吨，年销售收入约25亿元。

华美纸业集团充分利用广西纯天然甘蔗浆资源优势，配以木浆、竹浆等，生产优质健康的生活用纸产品，主要包括“碧海”及“绿亚”品牌的卫生纸、纸巾纸、厨房用纸、擦手纸等中高档生活用纸系列和原纸系列，销售网络覆盖全国各地及东盟地区。

华美纸业集团秉承“科技创新、和谐发展”的现代化管理理念。加快由原纸生产向终端产品销售转化，实现集团专业化、品牌化发展，向“十二五”期间年产能超过50万吨的战略目标迈进。

超大块头装
扎实有分量

总部地址：广西南宁市民族大道157号财富国际广场2号楼17层
电　　话：0771-5775518　　服务热线：400-6313-668
网　　址：www.hmpaper.cn

珂瑞特机械

For customer satisfaction,
Creators invent all you need!

CRT-600YLLK-DD

婴儿拉拉裤生产线+堆垛机
Pull-up Baby Diaper
Production Line with Stacker
生产速度: 600片/分

CRT-300CSJK-SF-ZB

全伺服成人失禁裤生产线+中包机
Full Servo Pull-on Adult Diaper Production
Line with Packing Machine
生产速度: 300片/分

CRT-300CNK-SF-DD

全伺服成人纸尿裤生产线+堆垛机
Full Servo Adult Diaper
Production Line with Stacker
生产速度: 300片/分

杭州珂瑞特机械制造有限公司
HANGZHOU CREATOR MACHINERY MANUFACTURE CO.,LTD.

公司地址：浙江省杭州市余杭经济开发区兴国路392号 邮编：311100
总机：86-571-88549570 传真：86-571-88548379
销售直线：86-571-88548378 网址：www.createmachine.com.cn
邮箱：sales@createmachine.com.cn crt@createmachine.com.cn

CD-2008II 新全自动5~30片装湿巾机
CD-2008II New Fully Automatic 5-30 PCS Wet Wipes Machine

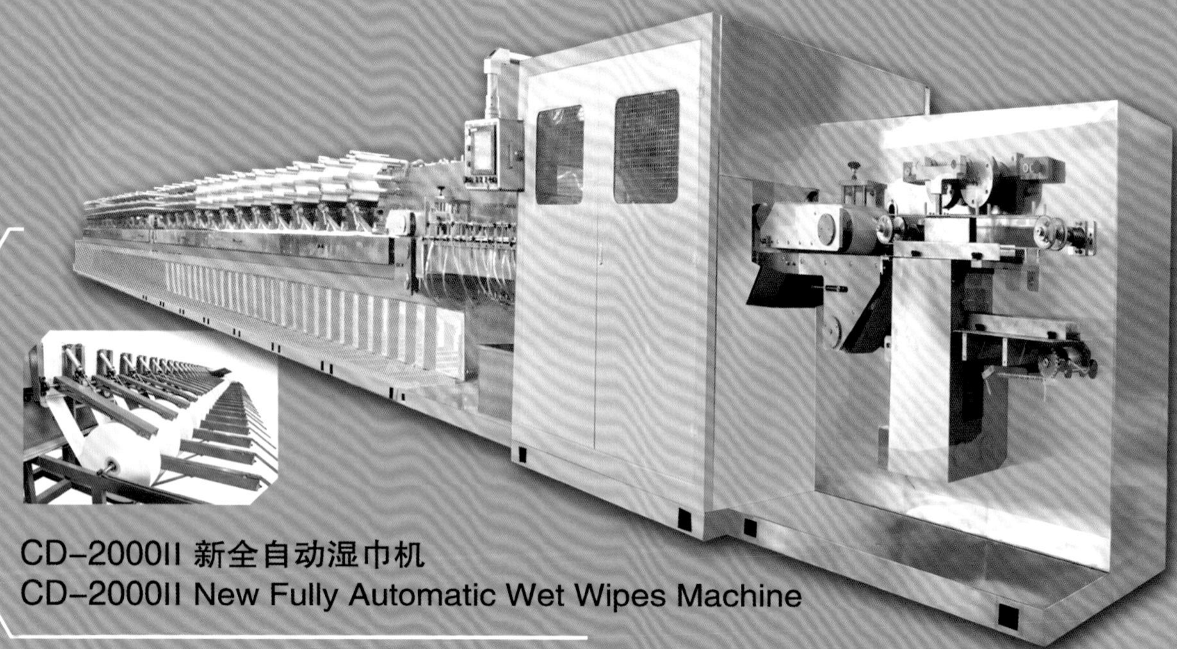

CD-2000II 新全自动湿巾机
CD-2000II New Fully Automatic Wet Wipes Machine

全国销售热线：4000-988-996
www.chuangdamachine.com

泉州市创达机械制造有限公司
Quanzhou Chuangda Machinery Manufacture Co., Ltd.

地址：福建省泉州市鲤城区华锦路 118 号
ADD: No.118, Huajin Road, Licheng, Quanzhou, Fujian, China.
TEL: 86-595-22461618 FAX: 86-595-22461918 手机：13850772410
E-mail：sales@chuangdamachine.com sales@chuangdatrade.cn

简单、高效、独创的旋转模切解决方案

Simple, efficient, unique rotary die-cutting solutions

● **普诺维**专注于圆压圆模切技术（又称旋转模切技术）的创新、开发和拓展新领域。专业制造圆压圆模切设备的重要部件，包括圆压圆模切刀辊、压花/皱纹辊、旋转模切刀架、未处理绒毛浆粉碎机等。

● **PNV** long term focused on innovation, development and expanding new field of rotary die cutting technology. Specialized in manufacturing critical spare parts of rotary die cutting equipment, including rotary cutting dies, embossing/crimping rollers, die-cutting frame assemblies and mill of untreated fluff pulp, etc.

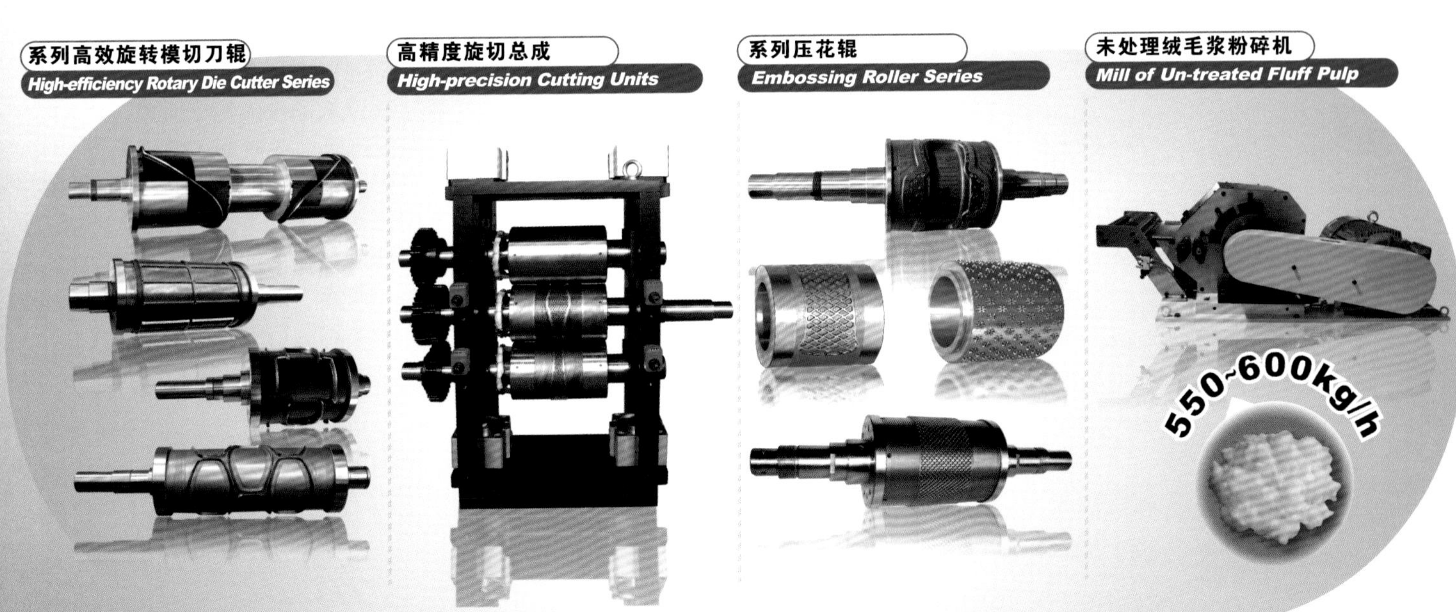

www.cnpnv.com

三明市普诺维机械有限公司
SANMING PNV MACHINERY CO., LTD.

总部（Headquarters）
地址：福建省三明市梅列区瑞云高源工业区6号
ADD: 6# Ruiyun Gaoyuan Industrial Zone Meilie Sanming Fujian China
电话（TEL）：+86 598 **8365099** **8365199**
传真（FAX）：+86 598 **8365689**
E-mail: smdavid@163.com

厦门国际部（Xiamen International Dept.）
地址：福建省厦门市湖滨南路57号19B（金源大厦）
ADD: Hubin South Road 57# –19B(Jinyuan Building) Xiamen Fujian China
电话（TEL）：+86 592 **2276970**
传真（FAX）：+86 592 **2279868**
E-mail: pnvxminter@188.com

英威达创新

英威达弹性性能材料是提供一次性纸尿布、成人失禁以及个人卫生用品弹性解决方案的全球顶尖供应商之一。作为弹性性能材料与合成纤维的全球领先生产商，英威达利用其发明、创新和革新的宝贵资源，将独特的专有技术应用于纤维和聚合物中。旗下的LYCRA®（莱卡®）纤维品牌在全球目标消费群中认知度极高。

作为全球大型的一体化纺织品公司之一，英威达拥有广阔的发展机遇。我们致力于科技创新，通过诸如升级现有资产和扩建项目等持续评估潜在的增长契机。针对个人卫生用品市场，英威达在全球超过15个国家拥有优秀的专业团队提供创新的弹性解决方案。对于您的事业，我们的使命是通过源自您所在区域的产品，向市场提供有洞察力、可靠、独特的支持，确保您的生产经营稳健运行。

LYCRA

HyFit®

全球优质供应商

LYCRA HyFit®纤维主要应用于纸尿片和成人失禁用品，具有卓越的舒适性和防侧漏效果，能够让消费者在这个繁忙的世界满怀信心地保持活跃。对于生产商而言，这种纤维在高速纸尿片生产线上的卓越表现能够有效降低成本，将停机时间降至最低。

LYCRA®(莱卡®)纤维

在问世以来的数十年间，LYCRA®（莱卡®）纤维技术已经进入各种服装和配饰行业，极大提升了服饰的合体性、舒适性以及灵活性：长筒袜不再往下掉，泳衣浸润后不再松垮和下垂，文胸和打底内衣不再束缚和压迫。从20世纪80年代早期开始，纸尿片和其他个人卫生用品也体验到了LYCRA®（莱卡®）纤维带来的好处，LYCRA HyFit®纤维是一种专为满足卫生用品行业的客户需求而设计的独特产品。

舒适与合体

LYCRA®（莱卡®）品牌对全球各地的消费者而言，意味着自由的运动。含LYCRA HyFit®纤维的卫生用品拥有各种各样的规格，为婴幼儿和成人提供合体与舒适的感受。LYCRA HyFit®纤维具有卓越的弹性和回复力，使得服装设计可以更轻盈、无声和体贴。

降低生产成本

LYCRA HyFit®纤维为平稳运行而设计。高品质的纤维帮助保持机器连续运转，通过将停机时间降至最低以及使原材料用尽，从而显著降低生产成本。与橡胶相比，它的回缩力更强，并能将产量提升三到四倍，从而使生产商能够开足马力全速生产。

T837 LYCRA HyFit®纤维——我们的最新创新

英威达在个人护理和卫生用品市场的最新突破，T837 LYCRA HyFit®纤维，它不同于此前任何一版的LYCRA®XA®纤维。T837是以现有的聚合物为基础的一种特殊配方，它既可以降低纤维与纤维之间的粘连，同时又不会对抗蠕变性能产生负面的影响。

与之前的LYCRA®XA®纤维相比，T837是具有较小的退绕张力，再借助于较少发生张力骤增，T837能够有效改善开卷的稳定性。这种独一无二的产品供应同时为进一步降低胶合剂用量提供了可能。T837 LYCRA HyFit®纤维是使英威达弹性性能材料展现空前卓越性能的创新之一。到2013年年底，英威达在四个地区实现T837本地化生产，确保您无论身在何地，都能轻松获得该优质纤维。

可持续性

英威达弹性性能材料致力于推动如T837纤维这样的创新成果，通过整个价值链帮助行业减少产品对环境的影响。英威达秉持立足社会的长远价值观，全公司范围内致力于最大程度地减少浪费，降低废气废水排放，提高能效，降低水耗，维持产品、生产流程和工作场所的安全和健康。这种高瞻远瞩的努力使英威达在实现2020年降低20%能耗量的目标上迈出了重大的一步。

欲了解更多信息，请访问：www.HyFit.INVISTA.com

或发送邮件至：INVISTAinfo@INVISTA.com

中国区经销商：厦门象屿上扬贸易有限公司

地址：福建省厦门市湖滨北路201号宏业大厦5楼

电话：0592-5049215 传真：0592-5055673

LYCRA®(莱卡®)纤维和LYCRA HyFit®纤维是英威达所拥有的商标。英威达公司，2013年。

Product 产品展示 The Excellent HAINA Products

全伺服婴儿拉拉裤生产线 FULLY SERVO BABY PULL-UP PRODUCTION LINE HNJX-LK450

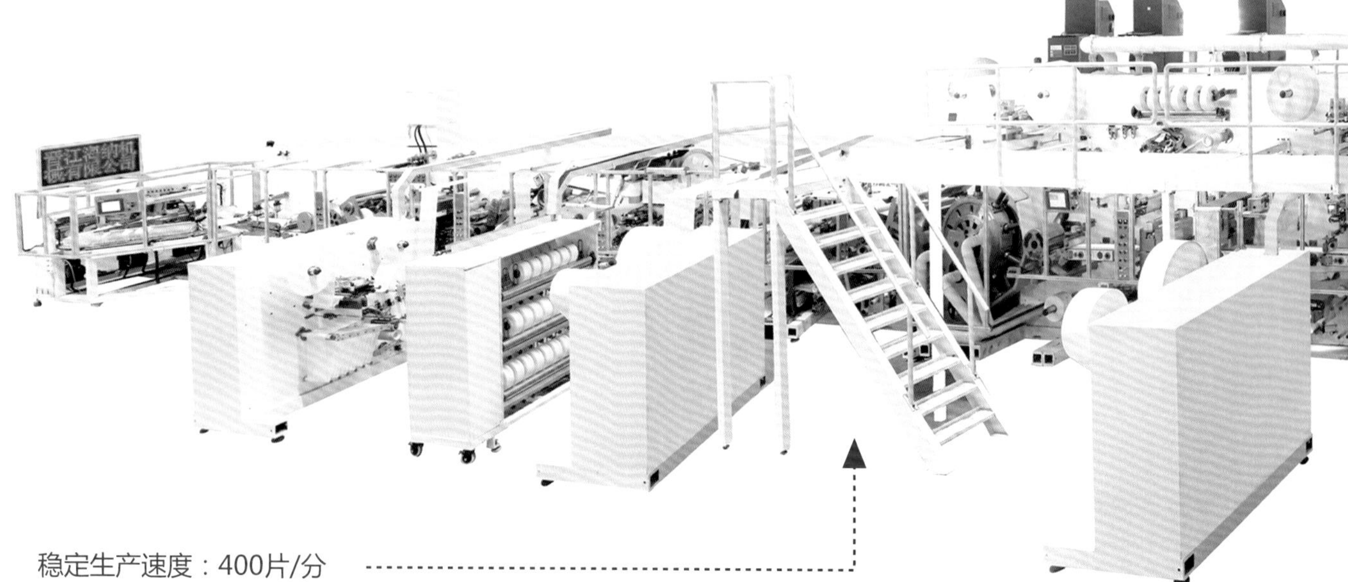

稳定生产速度：400片/分
Stable Working Speed: 400pcs/min
产品规格：M，L，XL三种规格（可根据客户产品尺寸设计）
Products Size: 3 sizes(M, L, XL), to be customized by the client need.

稳定生产速度：400片/分
Stable Working Speed: 400pcs/min
产品规格：S， M，L，XL四种规格（可根据客户产品尺寸设计）
Products Size: 4 sizes(S, M, L, XL), to be customized by the client need.

Product 产品展示 The Excellent HAINA Products

全伺服婴儿T字裤生产线 FULLY SERVO T-SHAPE BABY DIAPER PRODUCTION LINE HNJX-TK450

晋江海纳机械有限公司
JINJIANG HAINA MACHINERY CO., LTD.

技术领先 质量可靠
信誉优良 服务至上

地址：福建省晋江市五里经济开发区 邮编：362200
总机：86-595-85717878 传真：86-595-85717272
邮箱：hainajx@vip.163.com 网址：www.fjhaina.com

宝索巨献:

YH-PL1550-2900全自动抽式面

FULLY AUTOMATIC FACIAL TISSUE PROCESSING PRODUCTION LINE

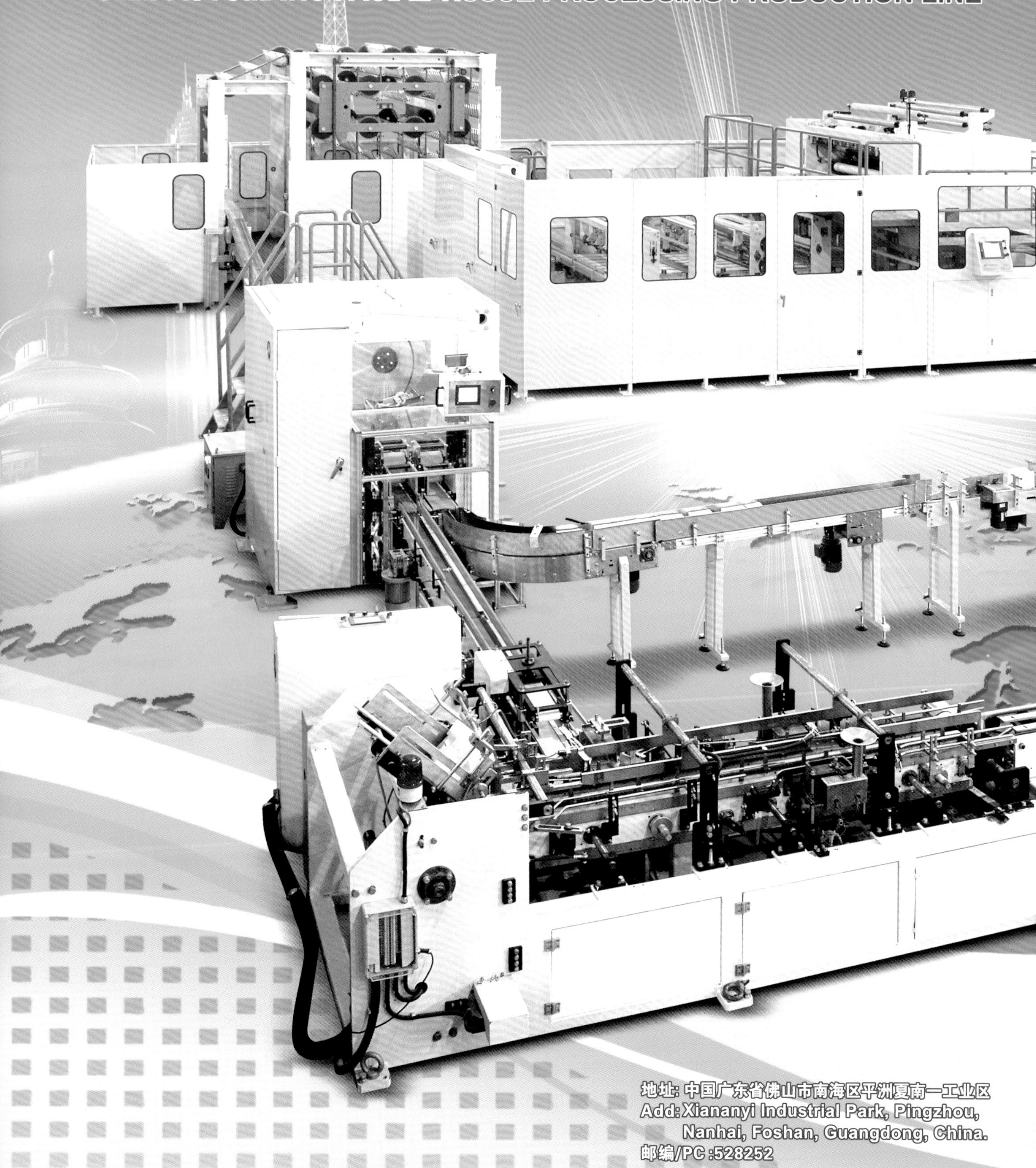

地址: 中国广东省佛山市南海区平洲夏南一工业区

Add:Xiananyi Industrial Park, Pingzhou, Nanhai, Foshan, Guangdong, China.

邮编/PC :528252

巾纸加工生产线

同心·共生·永远创新
Take Science and Technology as Treasure and Innovation!

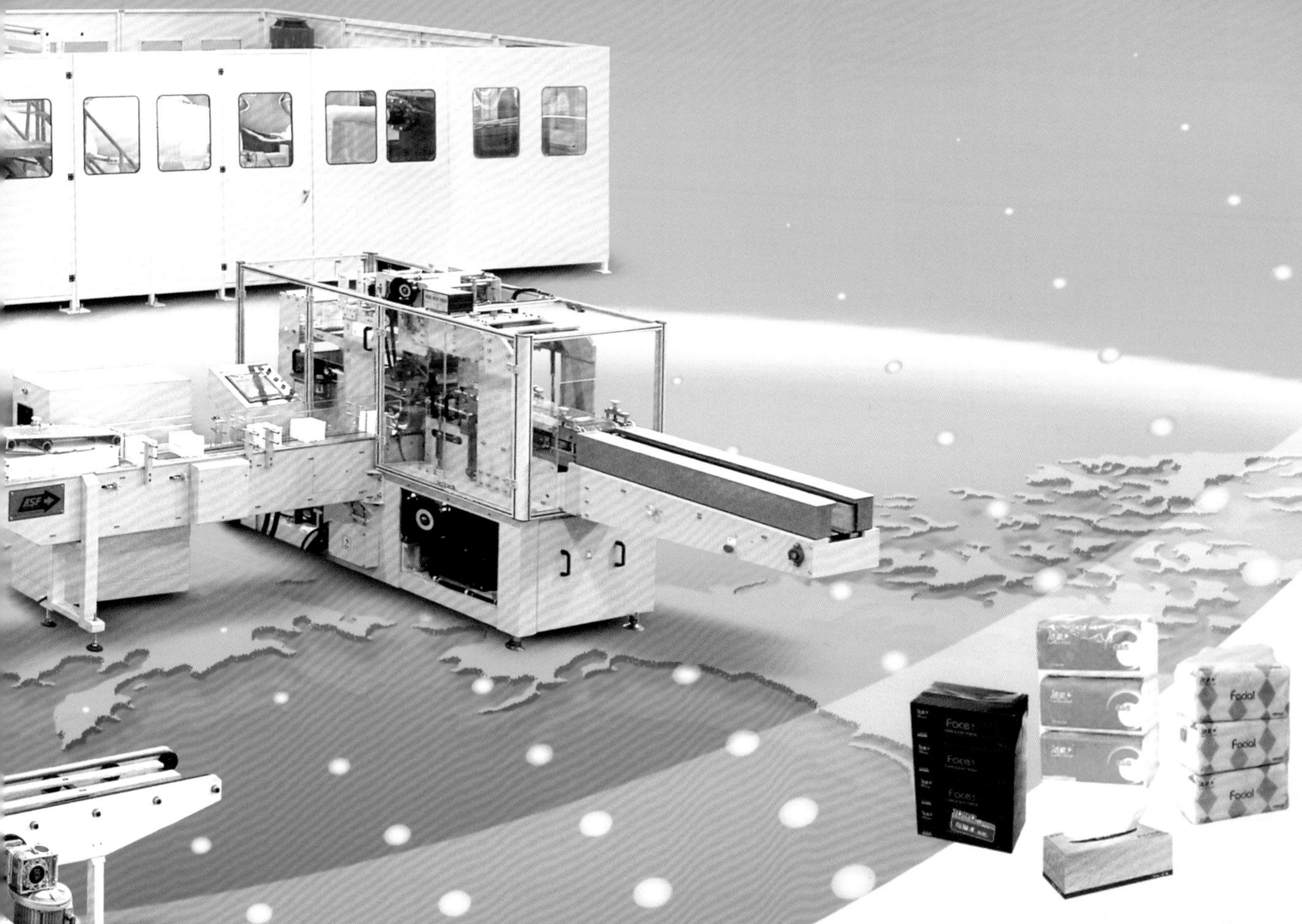

抽式面巾纸折叠生产线的优点：

1.整条生产线实现全自动，节省人工，操作简单，劳动强度低；
2.生产效率高：幅宽1550~2900mm，机型折叠速度可达150米/分；
3.采用高端PLC控制，伺服分叠，高精度编码器，每叠片数完美准确；
4.采用新型断纸刀结构，断纸稳定；
5.断纸面刀加厚设计，延长了刀片使用寿命；
6.各吸风辊高精度数控加工，独立真空吸附控制，折叠精度达±1mm，且更节能；
7.分叠滑座采用双轴结构，分叠运行更稳定；
8.分叠系统铝合金件采用进口原料，强度好，质量优，寿命长；
9.可配置独立加压压纹系统；
10.独立电机输送调速系统，配置进口防静电输送皮带。

电话/Tel: 86-757-86763713/86777529
传真/Fax: 86-757-86785529
Http: //www.baosuo.com.cn
Http: //www.baosuo.com
E-mail: master@baosuo.com

生活用纸包装专家

意大利TMC中国合作商

妇幼卫生用品包装机系列之：全自动卫生巾包装机

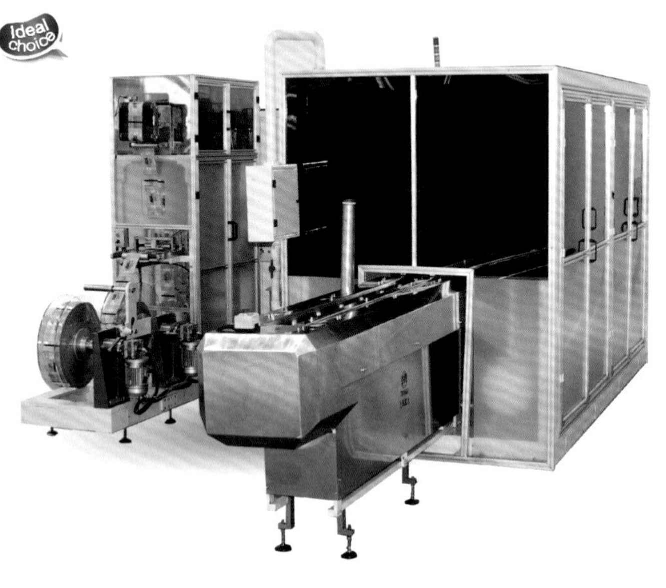

速度:50~65 包/分

妇幼卫生用品包装机系列之：全自动纸尿裤包装机

TNDPA-20000全自动伺服纸尿裤包装机

速度:20~40 中包/分

TNW-800 卧式包装机

速度:16~25 包/分

TNN-100A 单模包装机(伺服型)

速度:16~25 包/分

TND-200A-S 伺服侧输送高速包装机

速度:25~30 包/分

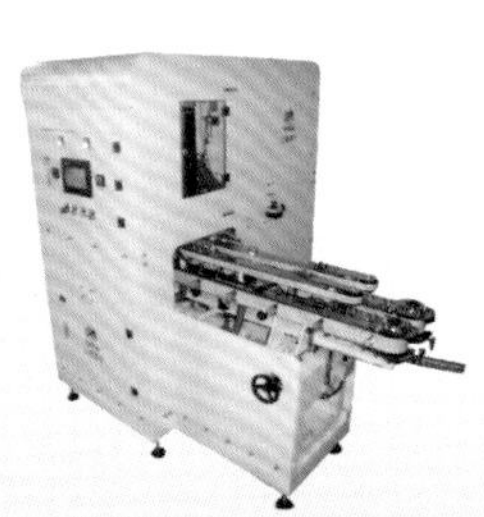

TNSD-400A 单双模互换共用包装机

速度:16~22包/分(单模模式)
28~40包/分(双模模式)

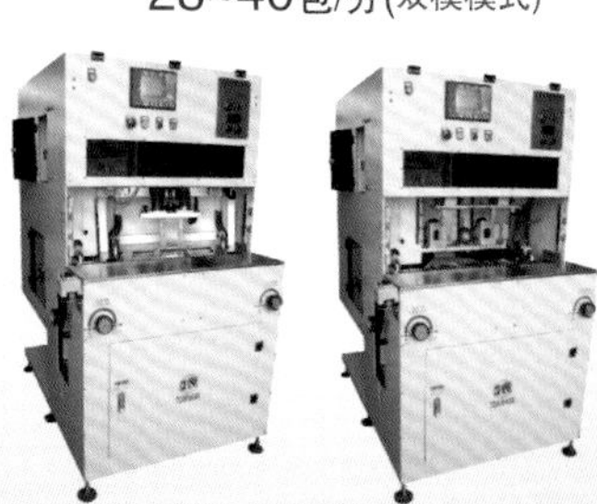

生活用纸包装机系列之：全自动卫生卷纸大袋包装机

TNBRTA-3000全自动伺服卫生卷纸大包机

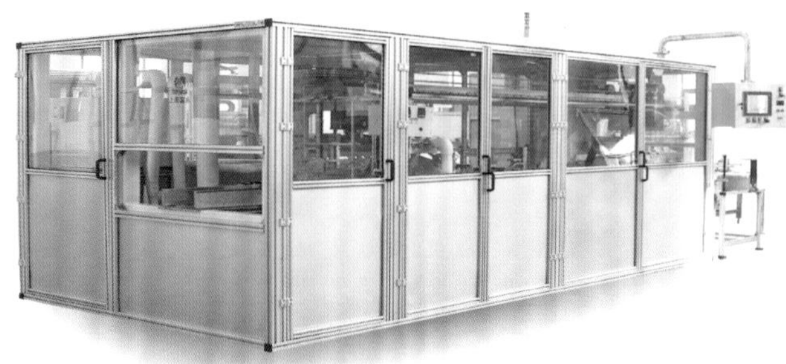

速度:8~15大包/分

生活用纸包装机系列：全自动软抽纸中袋包装机

TNPTA-5000-25全自动伺服软抽纸中包机(25中包)
TNPTA-5000-40全自动伺服软抽纸高速中包机(40中包)

速度:25~30中包/分(TNPTA-5000-25)
35~45中包/分(TNPTA-5000-40)

生活用纸包装机系列之：全自动无芯扁卷中包机

TNCRTA-2000全自动伺服无芯压扁卫生卷纸中包机

速度:16~22 包/分

生活用纸包装机系列之：全自动卫生卷纸中袋包装机

TNRTA-1000全自动伺服卫生卷纸中包机
TNRTA-1000-D全自动伺服卫生卷纸双层中包机

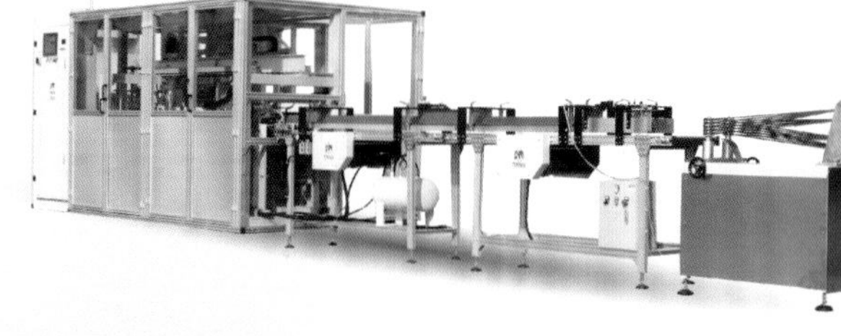

速度:17~25中包/分(TNRTA-1000)
15~22中包/分(TNRTA-1000-D)

上海富永纸品包装有限公司
Shanghai Tominaga Packing Machinery Co., Ltd.

地址：上海青浦工业园区天辰路2521号
电话l: +8621-59867510/59886456/59867507
传真: +8621-59867410/59867507-847

联系人：秦拥军，张美华
手机:+86-18918900982/+86-18918900581
E-mail: jim.qin@tominaga-sh.com;amy.zhang@tominaga-sh.com

www.tominaga-sh.com

驱动全球湿巾机械领域的

中国力量

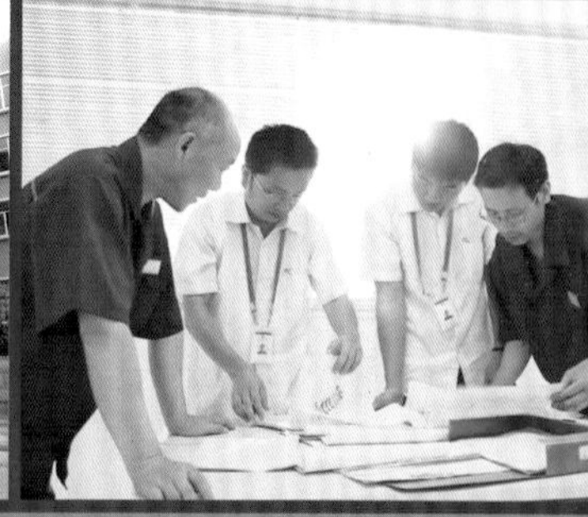
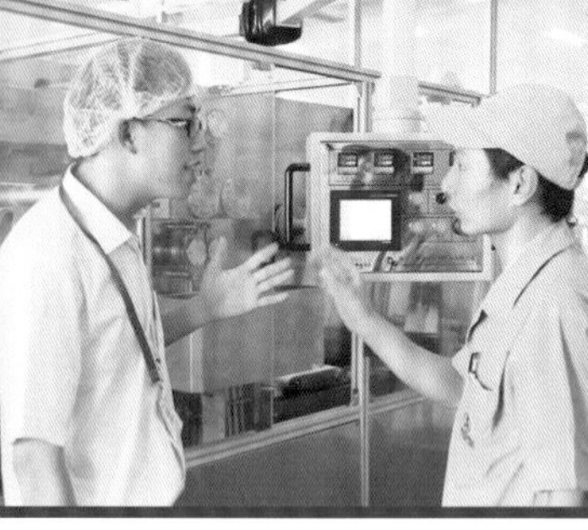

亚洲湿巾机械专业制造商

——始于1998

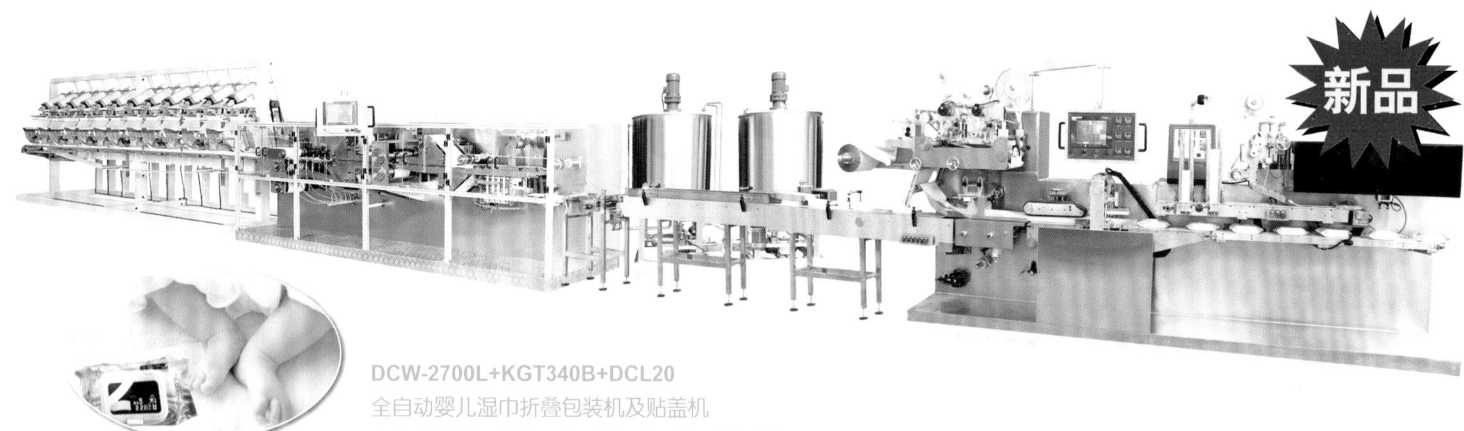

DCW-2700L+KGT340B+DCL20

全自动婴儿湿巾折叠包装机及贴盖机

（生产速度：2000~3000片/分 30~50包/分）

DC2070B全自动高速折叠包装湿巾机（5~30片/包）

（生产速度：1000~1200片/分 100~120包/分）

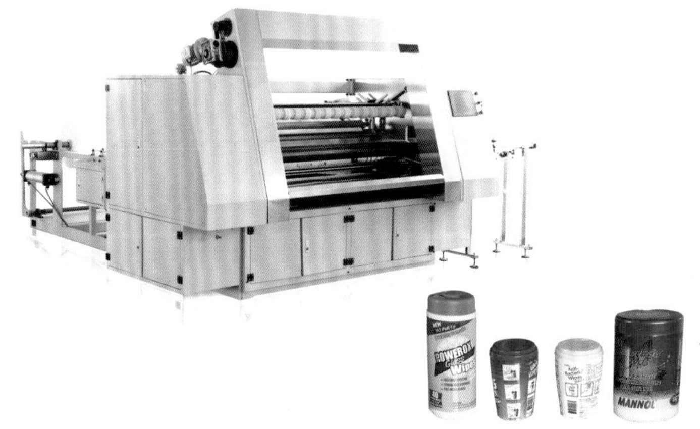

DC-15C全自动卷筒湿巾机

（生产速度：90~120米/分）

www.qzdachang.cn

泉州大昌纸品机械制造有限公司

电话：0595-22427665 传真：0595-22465663

邮箱：dachang@qzdachang.cn 网址：www.qzdachang.cn

永不止步

诚挚服务

不断创新

婴儿训练裤生产线
稳定工作速度：350~400片/分

婴儿T型纸尿裤生产线
稳定工作速度：350~450片/分

普通型纸尿裤生产线
稳定工作速度：400~550片/分

卫生巾生产线
稳定工作速度：600~800片/分

晋江市顺昌机械制造有限公司

JINJIANG SHUNCHANG MACHINE MANUFACTURING CO., LTD.

电话：86-595-85727851 86-13905954918　传真：86-595-85757850

邮箱：shunchangjx@hotmail.com　地址：福建省晋江市五里工业区

www.jjsc.com

NDC 新日成 Drives your cost down and quality up!

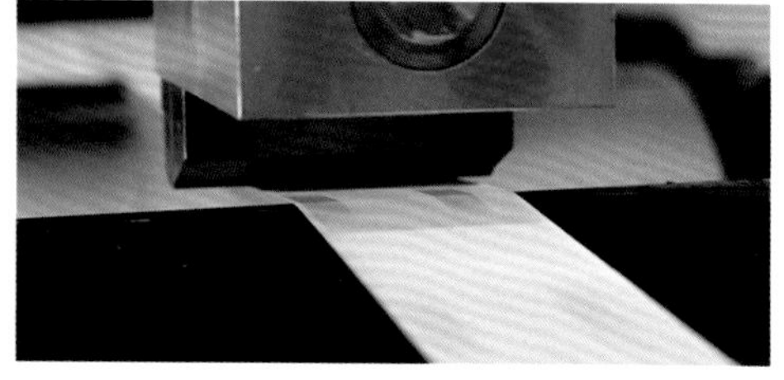

新日成

经过十五年的努力，我们将NDC新日成打造成亚洲极具研发实力，极具制造规模的热熔胶涂布设备制造企业。

我们拥有：

- 优化的生产制造环境
- 专业、敬业的员工团队
- 世界领先的零配件加工设备
- 先进、齐全的实验室测试设备
- 诚信、负责的营销态度及优质快捷的服务

迄今为止，已荣幸为30多个国家和地区提供了在非织造布、一次性再生、医疗用品，不干胶标签，过滤器制造，材料复合，胶带等领域的热熔胶涂布设备及解决方案，其中不乏行业内的领军企业及众多的中坚企业（包括世界500强3M公司）。我们愿与行业内的朋友们进行多元化、多形式的合作，我们期待与您携手！

NDC 泉州新日成热熔胶设备有限公司

地址： 福建省泉州市江南高新技术园区南环路田洋段

电话： +86-595-22462489　**手机：** +86-13805928248（黄先生）

传真： +86-595-22467788　**邮箱：** ndc@ndccn.com

网址： www.ndccn.com

您可以找出500,000个理由使用诺信设备

图注：使用诺信设备后为您带来纸尿裤额外产量500,000片/年。

使用诺信的长寿命喷胶枪头，将减少零备件的更换量，增加纸尿裤的生产量。每当您更换零件，生产线要完全停下来。因此零件更换越少，意味着产品的产量就越多。诺信的喷胶系统与众不同，稳定可靠，维修快速。事实上在生产线上的每个间断应用中，使用诺信的喷胶枪头能使纸尿裤产量每年增加4,000包。那就意味着每年每条流水线能为您带来高达50万片的额外产量。

这种优势在卫生巾方面更为突出，诺信长寿命喷枪头能为您增加14,000包的额外产量。

www.nordson.com.cn

诺信的承诺是您生产线质量和效率的可靠保证。在行业的领先地位，诺信带给您长期的经济利益，我们不仅仅给您一个微笑或一句承诺，我们更是被行业认可的值得信赖的合作伙伴，为您的设备带来高价值的解决方案。

注：以上所举例子为解释用途，真实数据会因个别公司有所差异。

One team of Professionals

生活用纸专业团队

合作伙伴

SENNING
Advanced Packaging Technology

香港总公司
特艺佳国际有限公司
香港湾仔摩利臣山道31号摩利臣商业大厦22楼
电话：(852) 2890 9218　传真：(852) 2890 9920

HONG KONG HEAD OFFICE
Tech. Vantage International Ltd.
22/F,Morrison Commercial Building, 31Morrison Hill Road, Wanchai, HongKong.
Tel: (852) 2890 9218　Fax: (852) 2890 9920　Email: info@tech-vantage.net

上海分公司
特艺佳机械贸易(上海)有限公司
中国上海嘉定区申霞路314号厂房　邮编：201818
电话：(86) 21-5990 0622　传真：(86) 21-5990 0639

SHANGHAI OFFICE
Tech. Vantage Machinery Trading (Shanghai) Co., Ltd.
No. 314, Shenxia Road, Jiading District, Shanghai, China. Postal Code: 201818
Tel：(86) 21-5990 0622　Fax：(86) 21-5990 0639

爱思诺纸巾加工及包装机

- 爱思诺ZFV型折叠机可生产柔湿巾或干抹巾
- 可选择单排至十排的型号
- 生产速度250～6500片/分
- 自动筒式或抽取式软包装

- 折叠类型为"Z"、"C"、"W"形折叠及自选折叠
- 折叠尺寸按打开尺寸由100mm×100mm到305mm×305mm
- 干湿抹巾用于医疗，家用，婴儿和自动清洁
- 适用于清洁或织布柔顺用的干纸巾产品

- 爱思诺打孔复卷生产线可生产筒型中心抽取柔湿巾
- ENR系列全自动打孔复卷机配切刀
- 可调节纸巾尺寸及片数
- 附有芯或无芯生产

- 可选用多种原材料在爱思诺卷式生产线上生产多用途筒式柔湿巾或干抹巾

特艺佳国际有限公司
香港铜锣湾礼顿道101号善乐施大厦14楼
电话:852-2890 9218　传真:852-2890 9920
邮箱:info@tech-vantage.net

特艺佳机械贸易(上海)有限公司
中国上海嘉定区申霞路314号厂房
电话:86-21-59900622　传真:86-21-59900639

Elsner Engineering Works, Inc.
475 FAME AVENUE, PO BOX 66, HANOVER, PA 17331, USA
Phone: +1(717)637-5991　Fax: +1(717)633-7100　Website: www.elsnereng.com

内彩 30

IMAKO®
AUTOMATIC SOLUTIONS

爱美高自动化设备有限公司
IMAKO AUTOMATIC EQUIPMENT CO.,LTD.

爱美高自动化，
是值得您信赖的合作伙伴！

爱美高—生活用纸产品智能化包装系统领域的探索者

爱美高自动化设备有限公司拥有卫生卷纸、抽取式面巾纸产品输送、整理、分配、单包/中包全自动化包装的完整解决方案和成熟产品。

□单粒卫生卷纸包装机

□卫生卷纸中包机

□单包软抽纸包装机

□单包软抽纸中包机

爱美高公司物流输送及后道包装设备事业部工厂地址：广东省汕头市龙湖区庐山北路龙新工业区龙新五街12号A座　总机：0754-88896569 传真：0754-88897269 客户服务电话：0754-88898269

爱美高公司生活用纸包装设备事业部工厂地址：广东省汕头市龙湖区洛河周厝埕工业区　总机：0754-88850635 传真：0754-88850263 客户服务电话：0754-88850253

网址：www.imakoautomation.com　E-mail:imakoservice@163.com

产品及解决方案技术咨询电话：13902735423　18688012169

爱思诺纸巾加工及包装机

- ❖ 爱思诺ZFV型折叠机可生产柔湿巾或干抹巾
- ❖ 可选择单排至十排的型号
- ❖ 生产速度250～6500片/分
- ❖ 自动筒式或抽取式软包装

- ➢ 折叠类型为“Z”、“C”、“W”形折叠及自选折叠
- ➢ 折叠尺寸按打开尺寸由100mm×100mm到305mm×305mm
- ➢ 干湿抹巾用于医疗，家用，婴儿和自动清洁
- ➢ 适用于清洁或织布柔顺用的干纸巾产品

- ◆ 爱思诺打孔复卷生产线可生产筒型中心抽取柔湿巾
- ◆ ENR系列全自动打孔复卷机配切刀
- ◆ 可调节纸巾尺寸及片数
- ◆ 附有芯或无芯生产

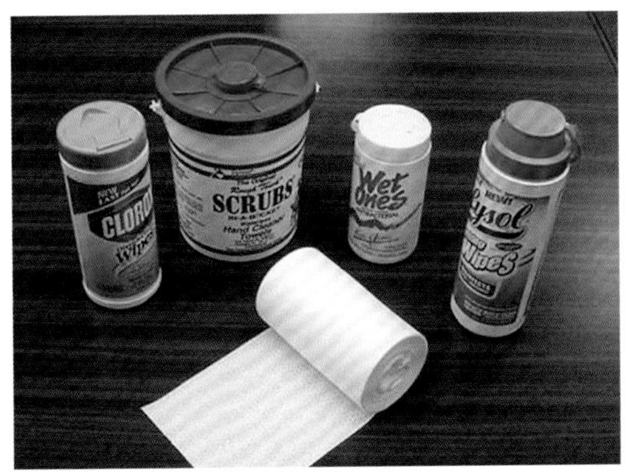

▣ 可选用多种原材料在爱思诺卷式生产线上生产多用途筒式柔湿巾或干抹巾

特艺佳国际有限公司
香港铜锣湾礼顿道101号善乐施大厦14楼
电话：852-2890 9218　传真：852-2890 9920
邮箱：info@tech-vantage.net

特艺佳机械贸易(上海)有限公司
中国上海嘉定区申霞路314号厂房
电话：86-21-59900622　传真：86-21-59900639

Elsner Engineering Works, Inc.

475 FAME AVENUE, PO BOX 66, HANOVER, PA 17331, USA
Phone: +1(717)637-5991　Fax: +1(717)633-7100　Website: www.elsnereng.com

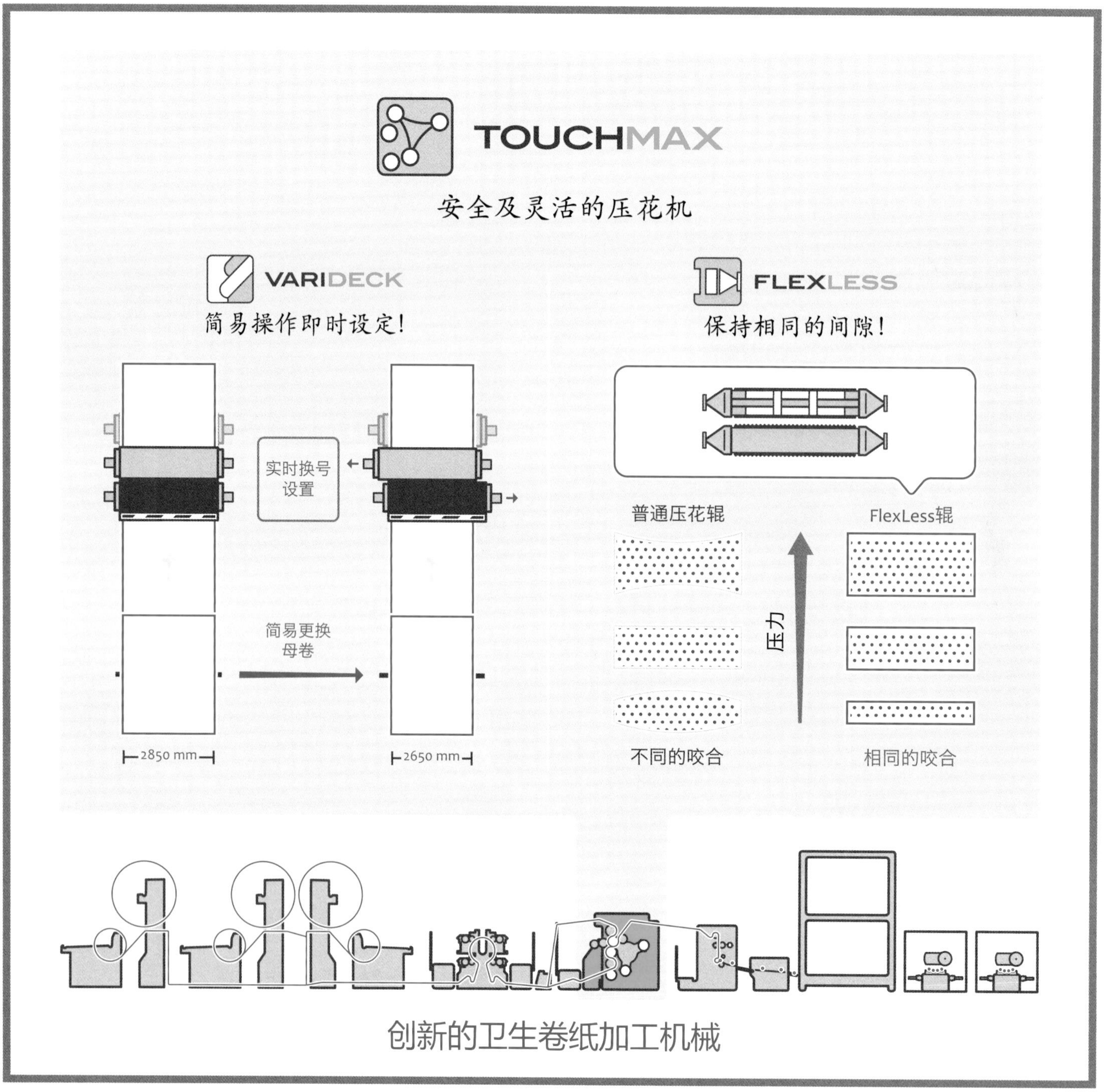

TOUCHMAX

安全及灵活的压花机

VARIDECK

简易操作即时设定!

FLEXLESS

保持相同的间隙!

实时换号设置

简易更换母卷

2850 mm

2650 mm

普通压花辊

FlexLess辊

压力

不同的咬合

相同的咬合

创新的卫生卷纸加工机械

Gambini S.p.A.是一家领先的具有战略价值的卫生纸加工机械制造商，可使客户在生产工序的创新方面及成品的品质改进方面得到实际的优势。

VariDeck是第一组涂胶复合机，可在不更换版辊或套筒的情况下改变胶合纸的宽度。在胶合过程中可提供最大灵活度及安全性，且即时设定。VariDeck非常完美，可与目前市面上所有的机器完全互换。

FlexLess是为Gambini橡胶压花辊设计与构造的专有工艺技术，允许工作压力改变时保持相同的咬合。而且FlexLess辊是一个模块化组件，甚至可以安装在非Gambini公司机械上以改善压花工艺。

FlexLess技术是**TouchMax**的标准性能，Gambini拥有意大利制造的创新压花机的专有技术。TouchMax线上5个压花辊可通过人机界面在3分钟内全自动更换产品规格，确保生产进度。TouchMax是目前市面上速度极快，功能极多的压花机。

Lucca, Italy · Tel. +39 / 0583 / 277 611 · info@gambinispa.it

Hong Kong +85228909218
Shanghai +86-21-59900622
info@tech-vantage.net

生活用纸包装机械优质供应商
适用于折叠产品包装
超过60年的经验

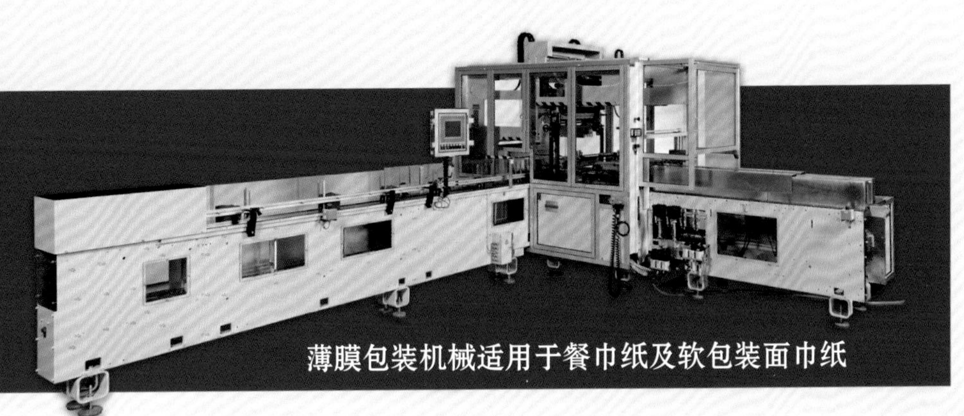

薄膜包装机械适用于餐巾纸及软包装面巾纸

整条手帕纸折叠及包装生产线

特艺佳国际有限公司
香港湾仔告士打道128号祥丰大厦6字楼D室
电话：852-2890 9218　传真：852-2890 9920
邮箱：info@tech-vantage.net

特艺佳机械贸易（上海）有限公司
中国上海嘉定区申霞路314号厂房
电话：86-21-59900622　传真：86-21-59900639

Christian Senning Verpackungsmaschinen GmbH & Co. KG
Kalmsweg 10 · 28239 Bremen · Germany
+49 (0) 421 - 69 46 20 · www.senning.de · info@senning.de

雀氏
Chiaus
天才第一步 雀氏纸尿裤

雀氏知道宝宝成长
需要悉心地呵护
雀氏相信极致柔薄的产品
必能激发宝宝非凡潜能

佛山市铭阳机械制造有限公司
FOSHAN MINGYANG MACHINERY MANUFACTURING CO.,LTD.

DINGYE
浙江鼎业机械设备有限公司
ZHEJIANG DINGYE MACHINERY CO.,LTD.

生活用纸加工机械 包装设备专业制造商

诚信为本 技术创新

高速抽取式面巾纸折叠机
HCJ/5P/6P/7P/8P/9P/10P

FQ210A双通道大回旋切纸机

ZB330A高速软抽纸包装机

最新产品 敬请期待……

地址：广东省佛山市南海区官窑象岭工业区大州工业园
电话：0757-85809296 85809269
传真：0757-85809176
网址：www.mingyang.com

联系人：张海波
手机：13980416378
邮编：528000
邮箱：mingyangjixie@yeah.net

地址：浙江省温州市瓯海经济开发区翠柏路1号
电话：0577-86083378
传真：0577-86806152
网址：www.ding-ye.com

联系人：文小军
手机：18957752253
邮编：325014
邮箱：wxj588@foxmail.com

爱美高自动化设备有限公司
IMAKO AUTOMATIC EQUIPMENT CO.,LTD.

爱美高自动化，
是值得您信赖的合作伙伴！

爱美高—生活用纸产品智能化包装系统领域的探索者

爱美高自动化设备有限公司拥有卫生卷纸、抽取式面巾纸产品输送、整理、分配、单包/中包全自动化包装的完整解决方案和成熟产品。

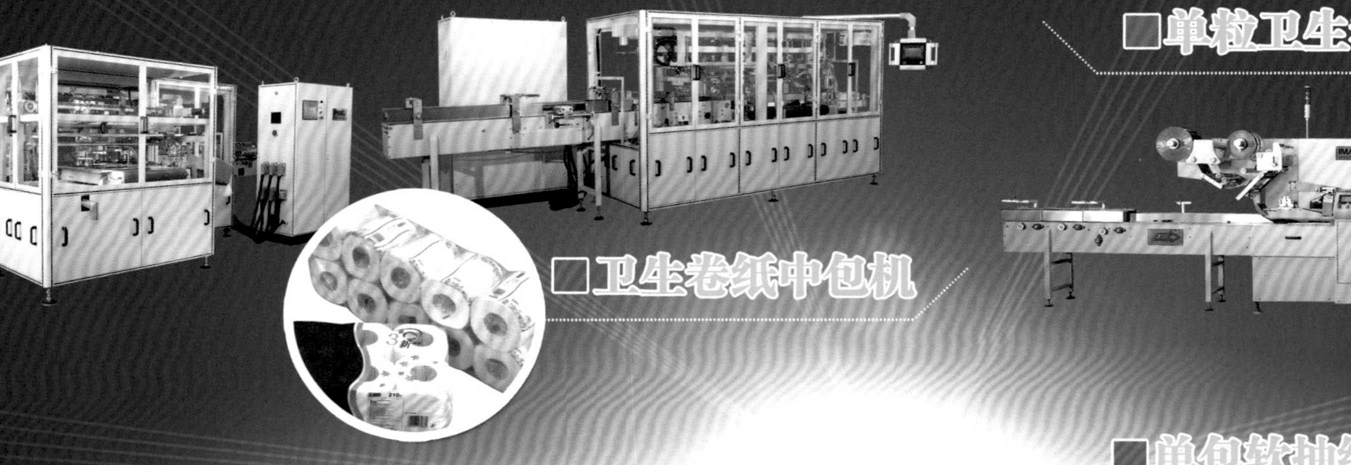

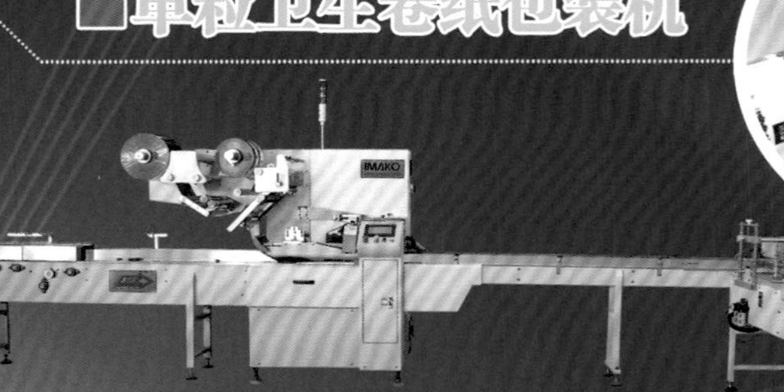

□卫生卷纸中包机

□单粒卫生卷纸包装机

□单包软抽纸中包机

□单包软抽纸包装机

爱美高公司物流输送及后道包装设备事业部工厂地址：广东省汕头市龙湖区庐山北路龙新工业区龙新五街12号A座　总机：0754-88896569 传真：0754-88897269 客户服务电话：0754-88898269

爱美高公司生活用纸包装设备事业部工厂地址：广东省汕头市龙湖区洛河周厝塭工业区　总机：0754-88850635 传真：0754-88850263 客户服务电话：0754-88850253

网址：www.imakoautomation.com E-mail:imakoservice@163.com

产品及解决方案技术咨询电话：13902735423　18688012169

优质生活用纸加工设备

HMJ-XL1300/4T-11T

型盒装面巾纸折叠机

特点：

1. 采用螺旋刀切断方式；
2. 上刀架采用气动升降微调系统；
3. 双气吸真空折叠方式；
4. 独立电机分步传动变频器控制系统；
5. 稳定的生产速度：1200～1350抽/分；
6. 低能耗、低噪音、高效率。

V折抽式面巾纸、擦手纸、卫生纸折叠机用螺旋刀技术，专利产品，仿冒必究，实用新型专利：2012 2 0626272.9

佛山市兆广机械制造有限公司（原佛山市南海区新力机械制造有限公司）

地址：广东省佛山市南海区狮山科技工业园C区恒兴北路7号　电话：86-757-86688182　86688183　86688184　86688185

传真：86-757-86688186　邮编：528225　网址：www.nhxinli.com　邮箱：master@nhxinli.com

KAWANOE
ZOKI

川之江BF系列卫生纸机

业绩：中国94台（世界范围200台以上）

低能耗
Low Energy Consumption

高品质
High-quality

环保实用
Environmental-friendly

低运行成本
Low Running Cost

川之江造机株式会社

地址：日本 爱媛县四国中央市川之江町1514
TEL：0081-896-580111
FAX：0081-896-582864
E-mail：kawanoe@kawanoe.co.jp

川之江造纸机械(嘉兴)有限公司

地址：中国 浙江省嘉兴市南陶浜路99号
TEL：0573-82217800 FAX：0573-82217801
E-mail：kei.gaku@kawanoe.co.jp Siko.ro@kawanoe.co.jp
联系人：岳先生 罗先生 郑先生 李先生

WE HAVE BEEN IN INNOVATION

专注于干法纸生产线的研发，专业于机械制造的精良，致力于每一位信任丰蕴机械的客户。

THGZ系列干法纸生产线

以200m/min的速度感恩每一位客户。

1995年 FWA65型
1997年 FWA100型
2001年 FWB100型
2004年 FWC120型
2010年 THGZ120型
2011年 THGZ150型
2012年 THGZ200A型 THGZ200B型

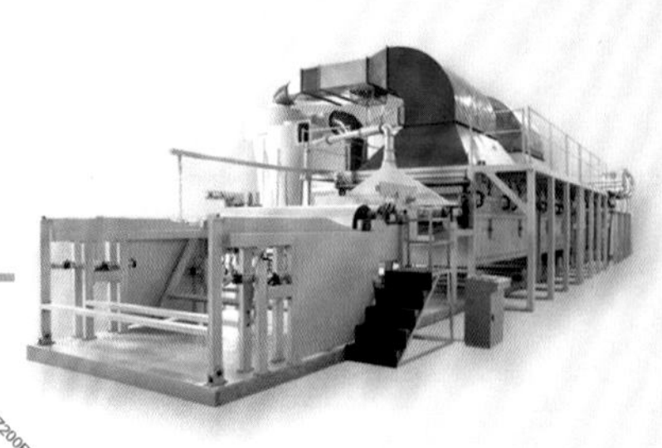

干法纸生产线的制造者

复合式干法纸生产线

平铺过渡式干法纸生产线

浆棉二级粉碎系统

粉尘循环回收系统

粉尘水处理环保系统

吸水芯材的生产者

40~200g/m²热合型干法纸

80~400g/m² SAP混合型吸水纸

80~400g/m² 复合型干法纸

60~200g/m² 活性炭纤维干法纸

干法纸拓展品的研发者

“发财路” 卫生鞋垫

“乌拉草” 保暖鞋垫

“康老师” 厨房用纸

“心 缘” 酒店用品

天和实业 / 一直在创新 www.dd-fengyun.com

丹东市丰蕴机械厂
DANDONG FENGYUN MACHINERY FACTORY
丹东市天和纸制品有限公司
DANDONG TIANHE PAPER PRODUCTS CO., LTD.

地址：辽宁省丹东市振兴区四道沟瓦房街 邮编：118000 电话：0415-6152568/6157666
E-mail：0415fengyun@163.com 网址：www.dd-fengyun.com 传真：0415-6157666/6154999
联系人：曲丰蕴 13304153777 熊德凤 13841594123

全伺服婴儿拉拉裤生产线

SERVO PULL-UP DIAPER MACHINE

XE-8056-SV

稳定生产速度1000片/分

全伺服快易包护翼卫生巾生产线

SERVO SANITARY NAPKIN MACHINE

XE-4188-SV

稳定生产速度600片/分

广州市兴世机械制造有限公司

GUANGZHOU XINGSHI EQUIPMENT CO., LTD.

地址：中国广州市番禺区钟村钟汉路11号
电话：+8620 - 8451 5266
传真：+8620 - 8477 6421
网站：www.xingshi.com.cn
邮箱：xingshi@xingshi.com.cn

ADD: No.11 Zhong Han Road ,Zhongcun,Panyu District,Guangzhou,China
TEL : +8620-8451 5266
FAX : +8620-8477 6421
WEB: www.xingshi.com.cn
EMAIL: xingshi@xingshi.com.cn

大伟 DAWEI

全面为您解决面膜生产方案！

Offer fully automatic facial mask production line, from manufacturing to packing.

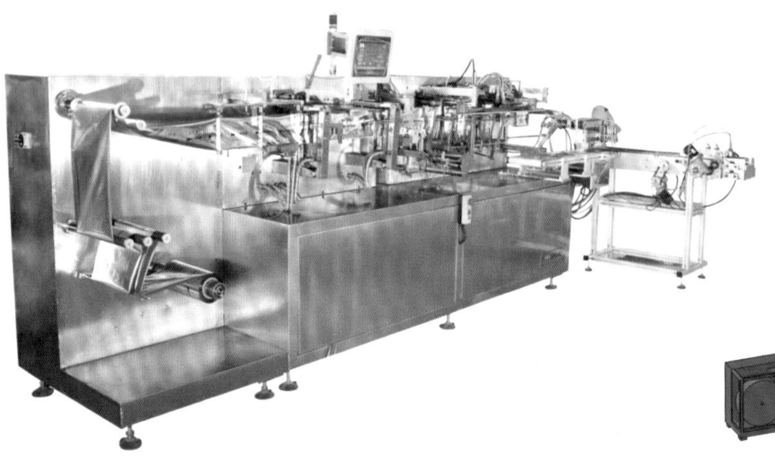

全自动面膜生产线

1.全自动面膜机 Automatic Facial Mask Packing Machine
2.自动装盒机 Cartoning Machine
3.塑封机 Transparent Film Packing Machine

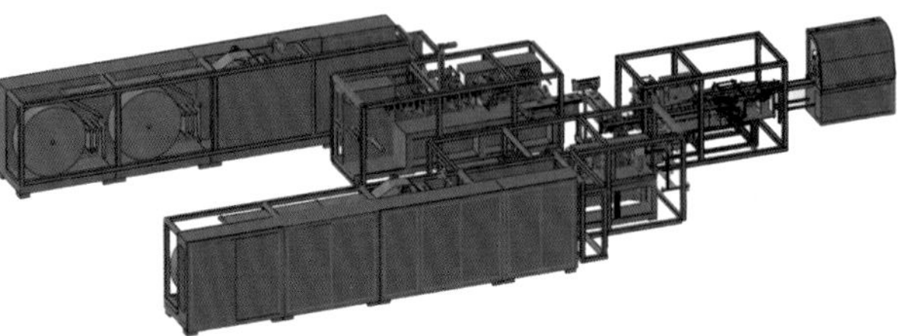

为您提供：原材料及完美的面膜包装方案！

Fully Automatic Four-side Wet Wipe Packing Machine 全自动卧式四边封湿巾包装机

面膜折叠方式（图解）

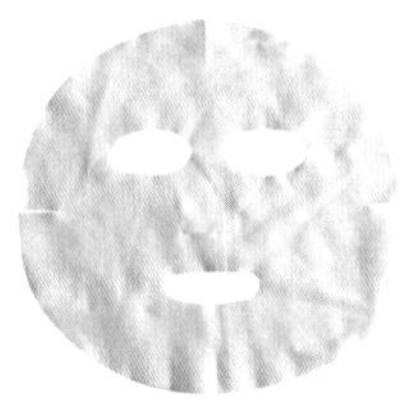
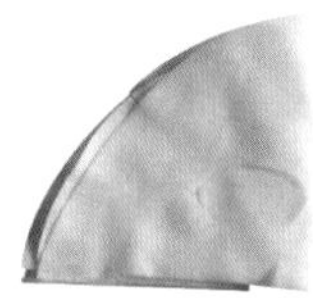
折叠一

折叠二
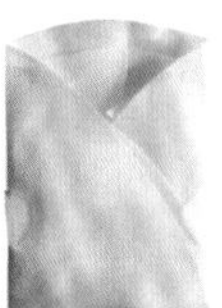
折叠三

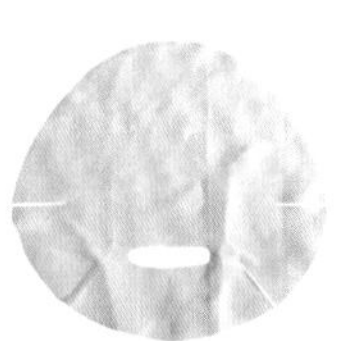
一层面膜
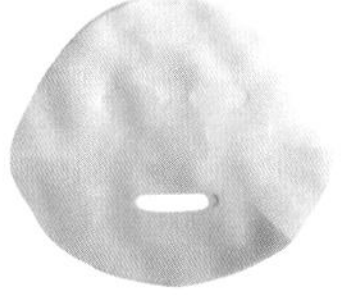
二层面膜
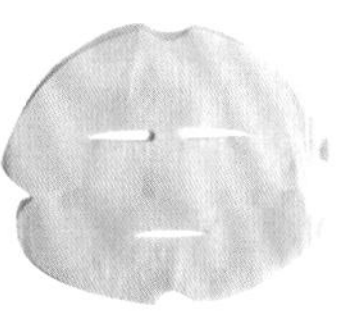
三层面膜

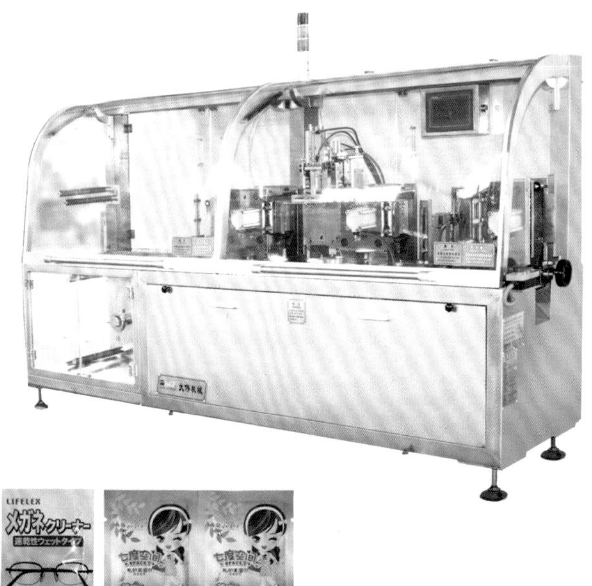

瑞安市大伟机械有限公司
Ruian Dawei Machinery Co.,Ltd.

地址：浙江省瑞安市云江标准厂房4号楼1-2楼（飞云镇南滨街道办事处楼下）
Add:Building 4, Yunjiang Industrial Zone, Feiyun, Ruian, Zhejiang, China.
电话Tel:+86-577-6557 7567 传真Fax:+86-577-6557 8567
E-mail:dwjx@viroo.com admin@viroo.cn
Http://www.viroo.cn www.d-machinery.com

OK-1860/2800 型抽纸全自动折叠生产线

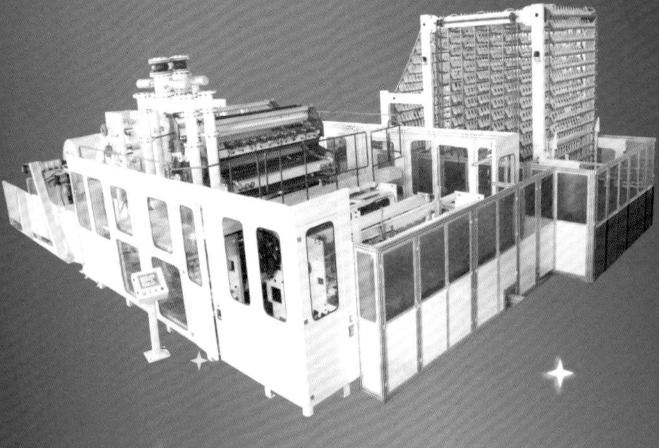

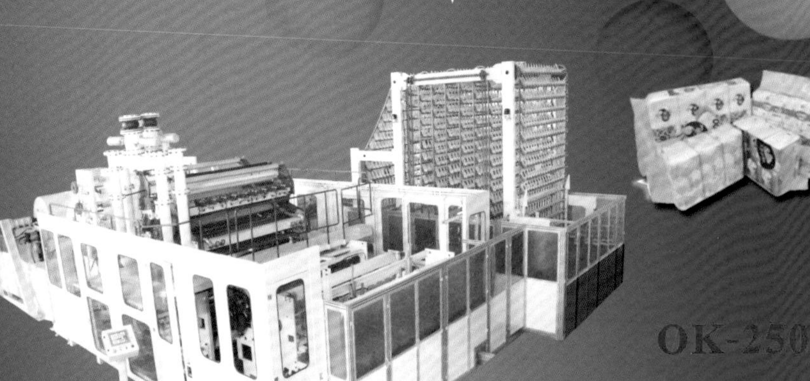

OK-250 型手帕纸双通道高速加工生产线

OK-902 型软抽纸中袋包装机

OK-908 型卫生卷纸大袋包装机

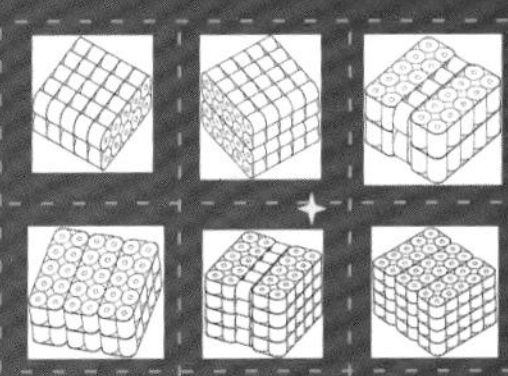

OK-903C 型无芯扁卷中袋包装机

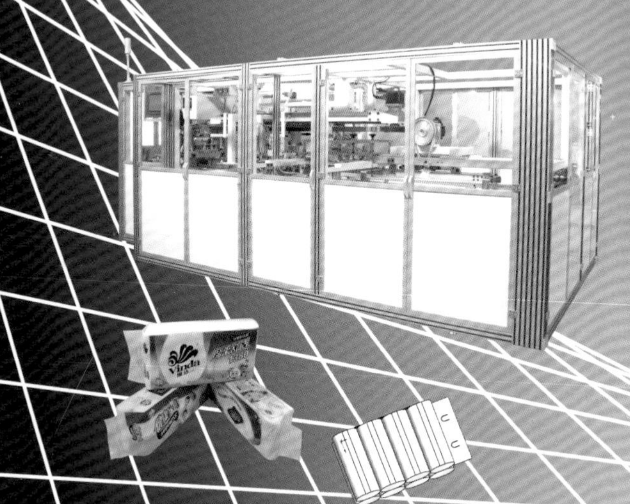

江西欧克科技有限公司
广州耐思造纸专用设备制造有限公司
地址：江西省九江市修水欧克科技产业园
地址：广东省广州市番禺区海湾镇福龙工业区2号
电话：86-20-84738888　传真：86-20-84734555
Http://www.nicepacker.com　www.jx-ok.com
Email:sales@gz-ok.com

1paper®

生活用纸后加工设备的变革者

OPQ-150Ⅰ/Ⅱ 单(双)通道大回旋自动切纸机
Single (Double) Passage Automatic Log Saw Slitting Machine

"创造性技术的践行者！"

感恩"维达"、"恒联美林"、"唯尔福"、"雅枫""金红叶"等著名生活用纸企业选用。

主要产品：

- 高速软抽纸包装机
- 盒抽纸多包机
- 盒(软)抽纸贴把机
- 自动装箱机

OPH-100B 全自动面巾纸入盒封盒机
Automatic Facial Tissue Box Sealer

中国优选品牌！

王派微信公众平台

温州市王派机械科技有限公司
Wenzhou Onepaper Machinery Technology Co.,Ltd.

地 址：浙江省平阳县万全工业区万盛路1-1号　邮 编：325409
销售热线：0577-6375 7787　6375 7786　传 真：6375 7388
Http:// www.one-paper.com　E-mail:sales@one-paper.com

完美包装从北京大森开始！

枕式包装机国标GB/T 29346-2012制订企业之一

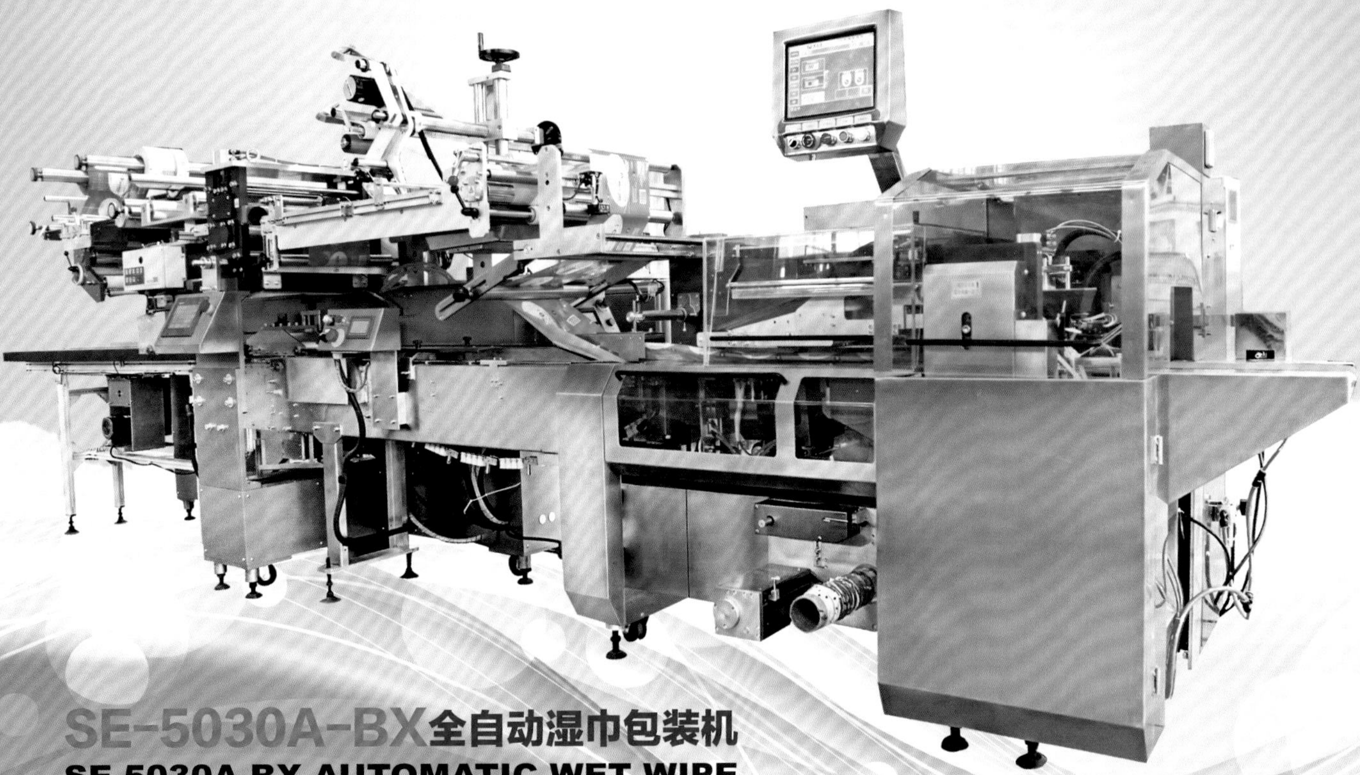

SE-5030A-BX全自动湿巾包装机

SE-5030A-BX AUTOMATIC WET WIPE PACKAGING MACHINE

包装产品：10片装湿巾，带开孔及贴标功能。
包装速度：最高可达120包/分

北京大森长空包装机械有限公司
BEIJING OMORI CHANGKONG PACKING MACHINERY CO., LTD.

地 址：北京市昌平区科技园火炬街3号
邮 编：102200
No.3 Huoju Street, Changping Science Park, Changping, Beijing.
电 话：010-51659399（总机）
传 真：010-80102701
E-mail：salesdep@omorichk.com
网址：www.omorichk.com

精工制作 诚信务实
Precisely Crafted
Creditability and Pragmatic

SF-CN300
Fully Servo Motor Adult Diaper Machine
全伺服成人纸尿裤生产线
Speed: 250m/min 速度: 250米/分

SF-HG800+KB800
Servo Motor Sanitary Napkin Machine
全伺服高速护翼卫生巾生产线
Speed: 800pcs/min 速度: 800片/分

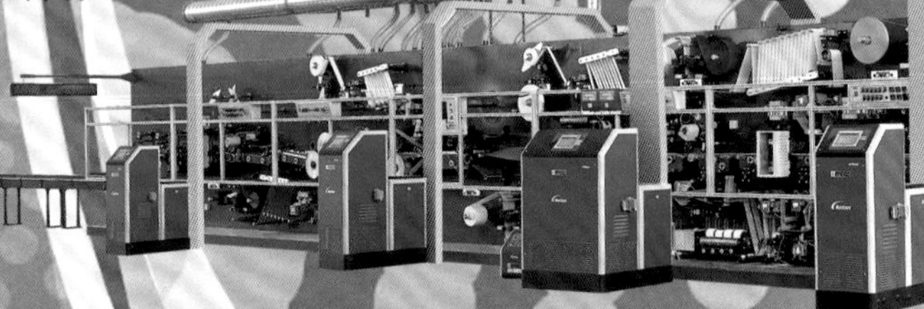

SF-SN600A
Servo Motor Baby Diaper Machine
伺服控制婴儿纸尿裤生产线
Speed: 500-550pcs/min
速度: 500~550片/分

杭州新余宏机械有限公司
Hangzhou New Yuhong Machinery Co.,Ltd.
地址: 浙江 杭州 瓶窑 电话: 0571-88541156 国际销售部电话: 0571-88546558 传真: 0571-88543365 Http: //www.yhjg.com E-mail: sales@yhjg.com

生活用纸粘合剂
Valence Adhesives

Valence粘合剂完全满足生活用纸严格的细菌落数检测要求，符合GB 15979-2002卫生纸国家标准，可用于卫生卷纸、厨房用纸、盒装面巾纸等。同时水基胶能快速完全溶于水，保证损纸的回收再利用，保护环境。

合适的湿粘性 | 良好的粘附力 | 良好的释放能力 | 低渗透性
快速固化时间 | 低的经济消耗 | 清洁的机器运作能力

产品	主要应用
卫生纸尾胶1	卷纸封尾用，干剥离性能好，胶膜非常柔软、透明。产品可兑水比例为3倍以下。
卫生纸尾胶2	卷纸封尾用，干剥离性能好，胶膜非常柔软、透明。产品可兑水比例为6倍以下。
卫生纸胶	卷纸封尾用，具有粘失力强、干剥离性能好，胶膜非常柔软等特点。
纸管胶	初粘力强，干燥速度快，且耐折强度高，适合高速纸管制作。
纸盒封口胶（淡黄色）	适用于纸盒两端封口，对普通上光油卡纸有良好的粘接效果，固化速度快，耐热性能好。

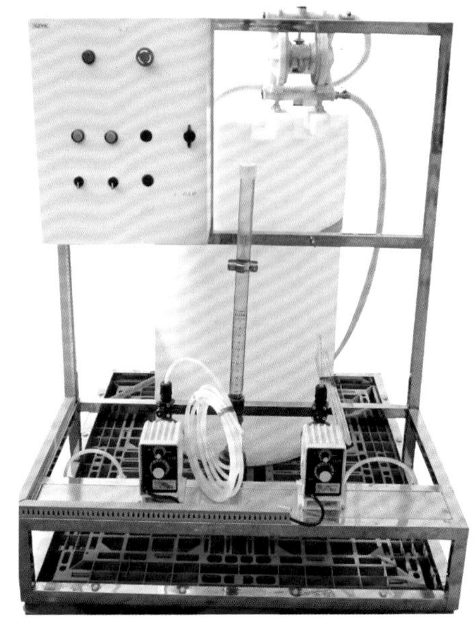

化工添加设备

密封条

复卷机刀座

造纸助剂

苏州市旨品贸易有限公司
化学品事业部（上海）：顾杭春：021-38230010 13771758345
公司网址：www. maiyuanzhi（买原纸）.com 新浪官方微博：造纸化工助剂 微信：erichcg

买原纸
欢迎登录买原纸网
www.maiyuanzhi.com

ITW Dynatec®

The Next Level of Technology

美国依工玳纳特公司

专业制造热熔胶喷涂和涂布设备

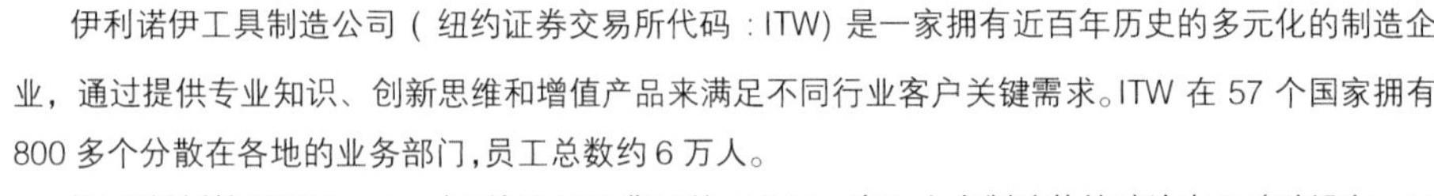

伊利诺伊工具制造公司（纽约证券交易所代码：ITW）是一家拥有近百年历史的多元化的制造企业，通过提供专业知识、创新思维和增值产品来满足不同行业客户关键需求。ITW 在 57 个国家拥有 800 多个分散在各地的业务部门，员工总数约 6 万人。

依工玳纳特（ITW Dynatec）是美国 ITW 集团的子公司，专业生产制造热熔胶涂布及喷胶设备，目前在世界 48 个主要国家及地区设有 300 多家办事机构，为世界各地的用户提供热熔胶喷涂和涂布设备及服务。

APEX 高速刮枪

- ◎ 高速、精确的间断涂片喷胶；
- ◎ 自动清洁涂布唇，适用于各种粘度的热熔胶；
- ◎ 在高速状态下达到超值完美的涂布效果；
- ◎ 对于不同粘度的粘合剂无需调整即能达到完美涂布要求；
- ◎ APEX™SB喷枪具有独有的胶路自回流功能，能完全消除高速间断涂布时的拖尾现象。

具有LPT技术的HS-UFD喷枪

- ◎ 胶枪反应速度更快；
- ◎ 胶型更精确，能耗更低；
- ◎ 喷枪与V型导块的组合。

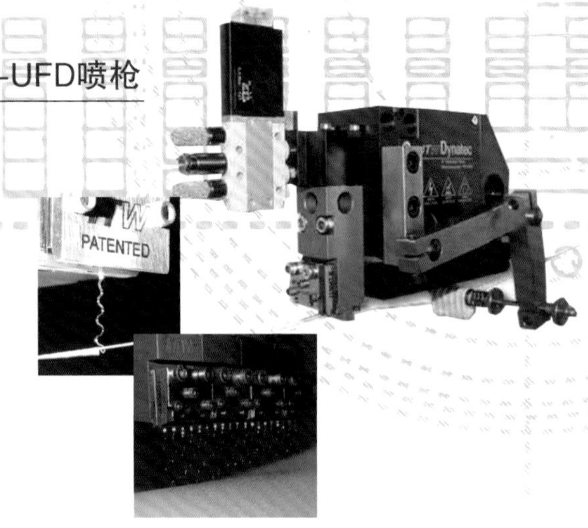

欢迎莅临

CIDPEX 2014 (5/14–16) · 成都世纪城新国际会展中心 · 6P30 展台

依工玳纳特胶粘设备（苏州）有限公司

地址：江苏省苏州工业园区唯新路9号 B1厂房2单元

电话:0512-62890620　传真:0512-62890621

www.itwdynatec.com

JWC 专业设备制造商&优质成品供应商

JWC-LLK400-SV
全伺服婴儿拉拉裤生产线
Fully Servo Pull-up Baby Diaper Machine

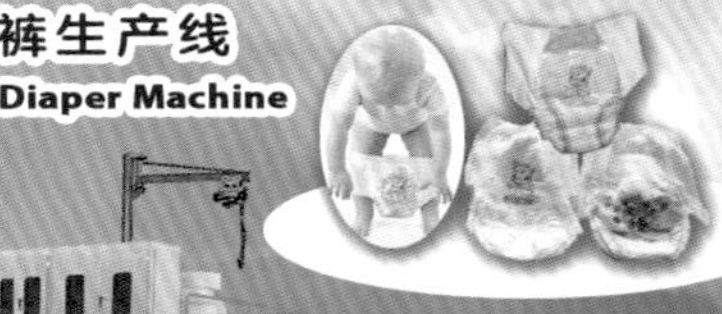

JWC-NK550-SV-EB
全伺服T型婴儿纸尿裤生产线
Fully Servo T-Shape Baby Diaper Machine

JWC-LKC-SV
全伺服成人纸尿裤生产线
Fully Servo Adult Diaper Machine

倍加可亲，自在舒心
More amiable,
more comfortable.

purity
宝姿

成人纸尿裤
（保健型）
Size：M / L
Pcs: 4

成人纸尿裤
（W设计高端型）
Size：M / L
Pcs: 10

成人纸尿裤
（经济型）
Size：M / L
Pcs: 10

成人纸尿片
Size(cm):
(60×60) / (60×75) / (60×90)
Pcs: 10

宠物垫
Size(cm):
(60×60) / (60×75) / (60×90)
Pcs: 10

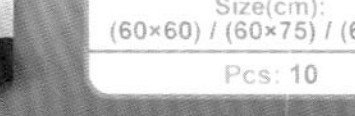

江苏金卫集团
JIANGSU JWC GROUP

地址:江苏省金湖县华海路3号
电话（Tel）:+86-517-86899999 80908888
传真（Fax）:+86-517-86980777
Email:john@sinojwc.com
网址（Website）: www.sinojwc.com

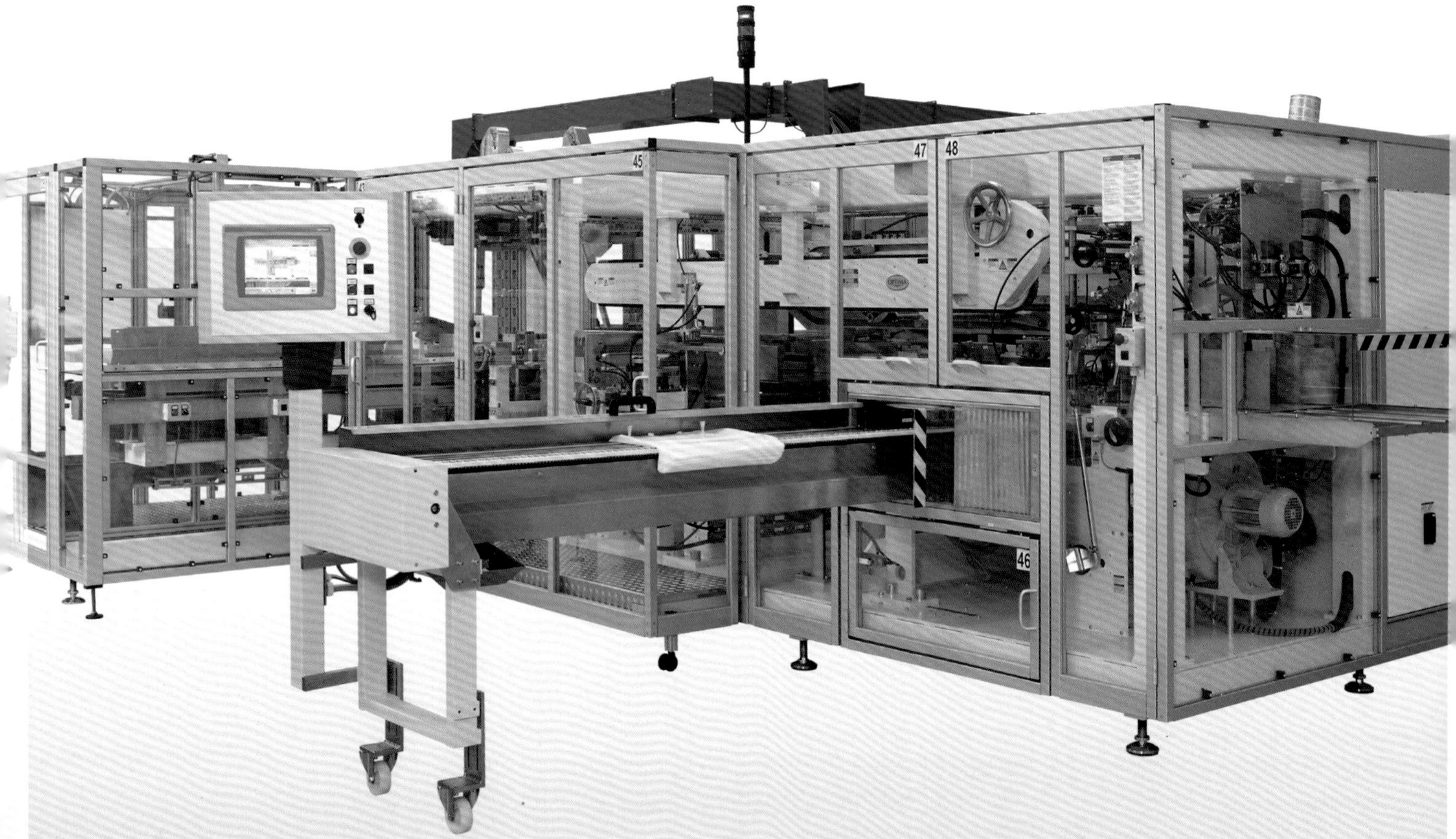

90 年的包装技术经验 SINCE 1922

奥普蒂玛集团无纺布分部 ——为您提供具有创新概念的纸尿裤包装机械、理想的处理方案以及完善的自动操作程序。

我们期待与您的合作 ！

OPTIMA

EXCELLENCE IN PACKAGING

CIDPEX 成都 2014.05.14 – 2014.05.16 • Tissue World 上海 2014.11.12 – 2014.11.14

奥普蒂玛为您提供全球服务：德国•中国•巴西•美国•意大利•墨西哥•法国•英国•韩国•日本•印度•马来西亚

奥普蒂玛包装机械（上海）有限公司 | 上海市嘉定区马陆镇丰茂路695号 | 邮政编码 201801 | www.optima-cn.com | Phone +86 21 6707 0888

OPTIMA nonwovens GmbH | 74523 Schwaebisch Hall | www.optima-nonwovens.com

华林国产新月型卫生纸机专业供应商

鸣谢

宁夏紫荆花纸业有限公司	2700/1200新月型卫生纸机一台
广西华怡纸业有限公司	2750/900新月型卫生纸机一台
盘锦东升纸业有限公司	2850/1200新月型卫生纸机三台
广西华欣纸业有限公司	2800/900新月型卫生纸机两台
东莞白天鹅纸业有限公司	3500/1000新月型卫生纸机两台

HMC 华林机械
Hualin Machinery
山东华林机械有限公司
地址：山东聊城凤凰工业园纬一路27号 电话：0635-2126001 传真：0635-2126006
Http: //www.cnchanghua.com E-mail: hmc6008@163.com 邮编：252000

www.bch.in

If Technical Textiles , Nonwovens & Composites are an area of your interest...

Talk to us...

BCH links the industry through...

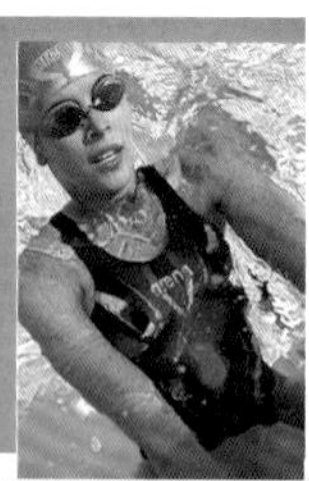

Marketing Solutions

Tie-ups & Alliances

Training Workshops

Publication: TechTex India

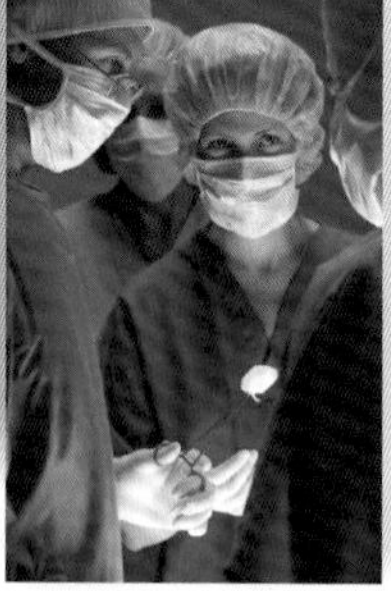

Research & Development

Informative Website

Market Studies

Symposiums

For further details contact :

Business Co-ordination House
UGF - 3 & 4, Arunachal, 19 Barakhamba Road, New Delhi - 110001, India
Tel: +91-11-23328130/ 41520207 Fax: +91-11-23316008 E-mail: info@bch.in Website: www.bch.in

DH-10F 型全自动高速婴儿湿巾生产线

DH-10F Full-automatic High-speed Wet Wipes Making and Packing Machine

2400-4200pcs/min

This machine is suitable for producing baby wet wipes (pop up or non-pop up).

DH-SD30-2 型全自动湿巾折叠包装机（双道排列）

DH-SD30-2 Full-automatic Wet Wipes Folding and Packing Machine

60-80pack/min

DH-300 型全自动湿巾折叠包装机

DH-300 Full-automatic Wet Wipes Folding and Packing Machine

150-220pack/min

东工机械
DONGGONG MACHINE

地 址：福建省泉州市惠安涂寨灵山工业区
邮 编：362100
电 话：0595-22755178
传 真：0595-22787311
网 址：www.donggong.com
邮 箱：machine@donggong.com

Add: Lingshan Industrial Area, Tuzhai, Huian, Quanzhou, Fujian, China.
Tel: 0086-595-22755178
Fax: 0086-595-22787311 Post Code:362100
Contact Person: joyce 0086-13959999259
Http: //www.donggong.com
E-mail: machine@donggong.com

专业制造湿巾机械
THE PROFESSIONAL MAKER OF WET WIPES MACHINE

NONWOVENS INDUSTRY SINCE 1970

South East Asia Special Edition

Get Your Share of 600 million Evolving Hygiene Habits

Contact us today for complete advertising details!
nwi_sales@rodmanmedia.com

TISSUE PAPER CONVERTING MACHINE
专业生活用纸加工机械

精诚铸就品牌 悉心创造辉煌
GOOD FAITH CREATES BRAND GOOD CARE CREATES RESPLENDENCE

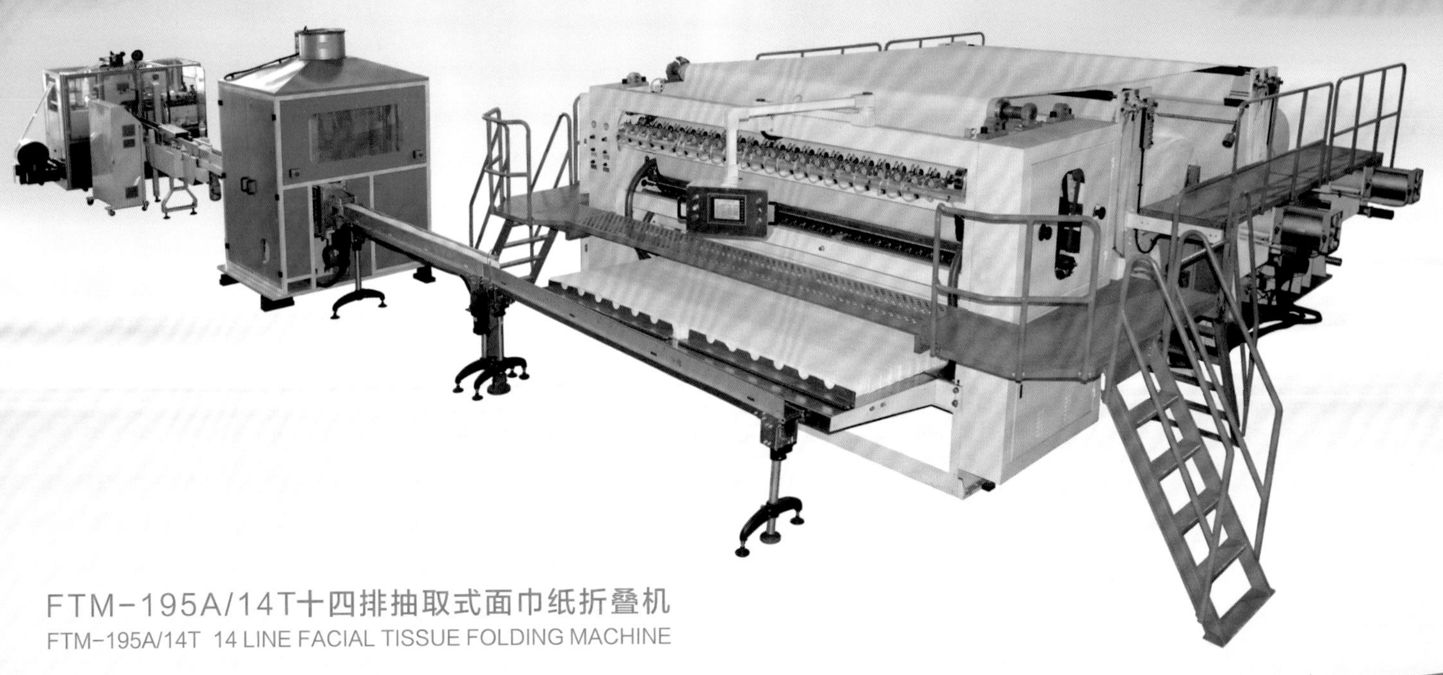

FTM-195A/14T十四排抽取式面巾纸折叠机
FTM-195A/14T 14 LINE FACIAL TISSUE FOLDING MACHINE

设备技术特点 MACHINE TECHNICAL FEATURES：

1.新型断纸刀具结构，采用抛物线弧型面刀，大幅减少剪切力，噪音低、刀损少；
2.真空折叠辊采用四幅式结构，辊体直径大、刚性好，保证了高速运转的稳定性；
3.新型气阀体结构，真空折叠辊两侧同时通气，并且可在运行过程中单独调节，实现高效节能，只需配45kW真空泵（已获发明专利ZL 2011 2 0348249.3）；
4.新型气动退纸架，采用墙板式结构，原纸最大直径1.5米，承重可达2吨。原纸开卷采用无芯轴、塞套式结构，取消了沉重的芯轴，大幅降低劳动强度；
5.控制系统采用专门研发的分部恒张力控制系统，配备张力自动控制功能和自动/手动对边功能；
6.生产速度可达80~100米/分，最大原纸幅宽2850mm。

FTM全系列抽取式面巾纸折叠机 / HTM系列擦手纸折叠机 / PHM系列手帕纸折叠机

佛山市南海毅创设备有限公司
FOSHAN NANHAI YEKON TISSUE PAPER MACHINERY CO.,LTD.
www.yekon-machine.com

广东省佛山市南海区狮山科技工业园北区银狮路（北园管理公司旁）
Shishan Science and Technology Industry Park,North Sliver Lion Road,Nanhai,Foshan,Guangdong.
(Noth Garden Management Company Side)
Tel: 0757-81816199 81816197 Fax: 0757-81816198 E-mail: yekon@yekon-machine.com

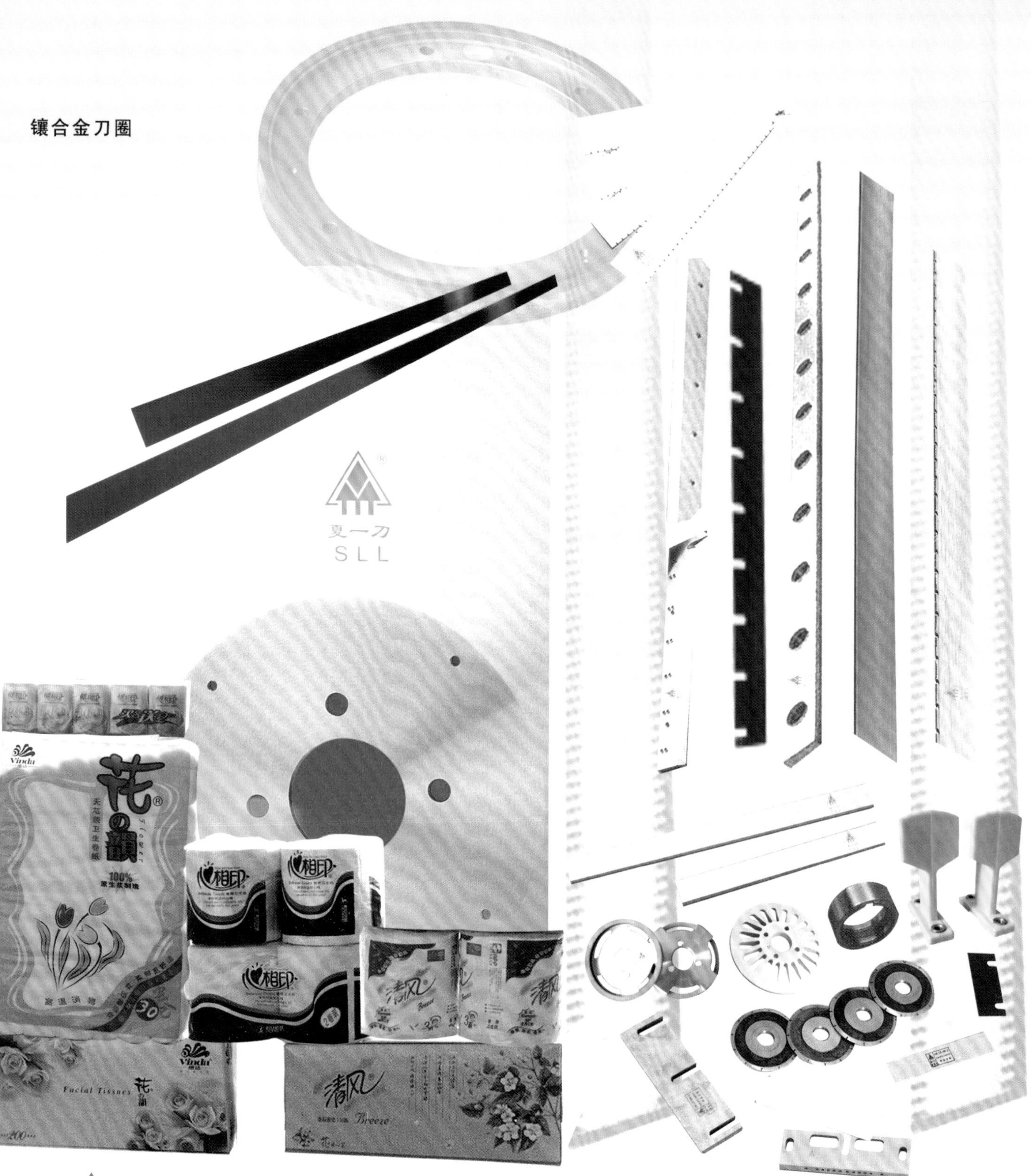

夏一刀 SLL

南京松林刮刀锯有限公司
东莞机械刀片销售有限公司

总部地址：中国·江苏省南京市鼓楼区中山北路281号虹桥新城市广场A幢1815室　电话：86-25-58811772　传真：86-25-58812039
E-mail:ssl@paperblade-ssl.com　sll@sll-blade.com　Http://www.paperblade-ssl.com　www.sll-blade.com
东莞公司：广东省东莞市万江区牌楼基管理区（汽车总站旁）　电话：86-769-22712710　13580901858　传真：86-769-22789665

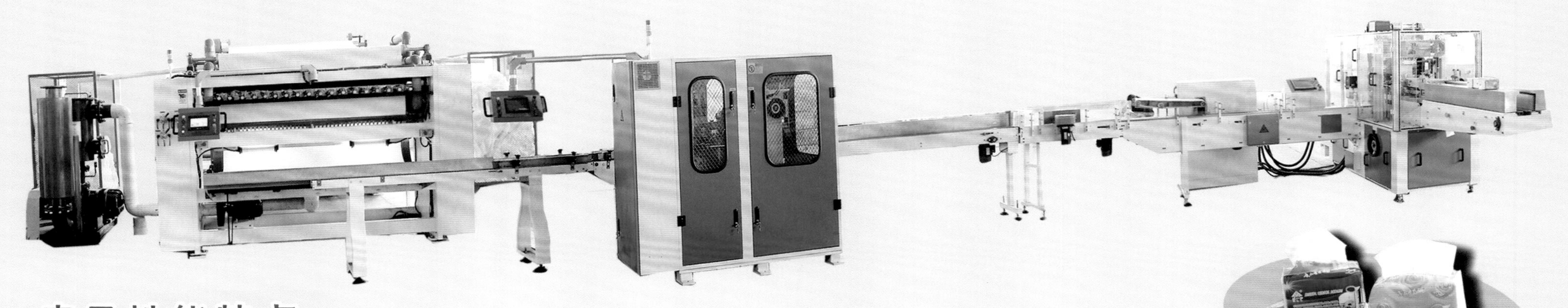

产品性能特点

1. 横切刀结构优化，保证使用1年。
2. 设备速度快：折叠机设计速度可达150米/分
   切断机设计速度可达150切/分
   包装机设计速度可达70~80包/分
3. 设备低能耗：22~30kW（台湾龙铁风机）
4. 生产效率高：日产2~12吨

向你提供

1. 单、双通道切断机、面巾纸折叠机、包装机等后加工设备
2. 刮刀专用磨床，圆刀磨床，卫生纸起皱刮刀摆动装置等
3. ϕ610~1200mm大回旋刀片、刮刀、切模刀、折叠机底刀、面刀、打孔刀、分切刀等中外后加工设备刀锯

用心经营企业 用爱经营人生

Business with care, Life with passion.

奉道

共同成长发展和相互信赖

承爱

感恩，珍视您的存在和独特之处

至善

作为人，何谓正确

育贤

唤醒心性，培育人才

2DT-II单通道面巾纸切断机

FACIAL TISSUE CUTTING MACHINE(SINGLE-LANE)

东莞市佳鸣机械制造有限公司 DONGGUAN JUMPING MACHINERY MANUFACTURE CO.,LTD.

广东省东莞市沙田镇民田工业区 Mintian Industrial Zone,Shatian,Dongguan,Guangdong,China.

电话（TEL）：86－769－8886 2099 8886 6210 8886 4360 8868 8201 E-mail:jumping@jumping.com.cn

传真（FAX）：86－769－8886 2066 邮编（PC.）：523991 Http://www.jumping.com.cn

吸水衬纸原纸

- 降低次品率，减少浪费；
- 开机更稳定，提升加工效率；
- 提高吸水材料效率，降低成本；
- 能让产品吸液均匀，提高产品品质。

● 护理垫

● 纸尿裤

● 卫生巾

上海东冠纸业有限公司

原纸贸易/OEM部联系人
杨臣君：021-57277193 13818704517
杨春：021-57277153 13916781098
传真：021-57277171
地址：上海市金山工业区林慧路1000号
网址：www.socpcn.com

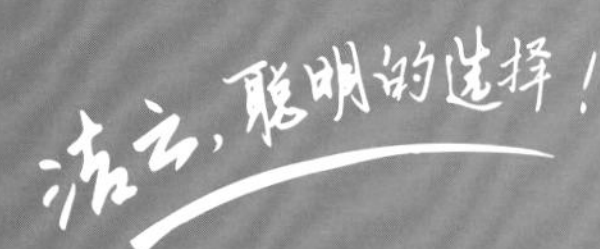

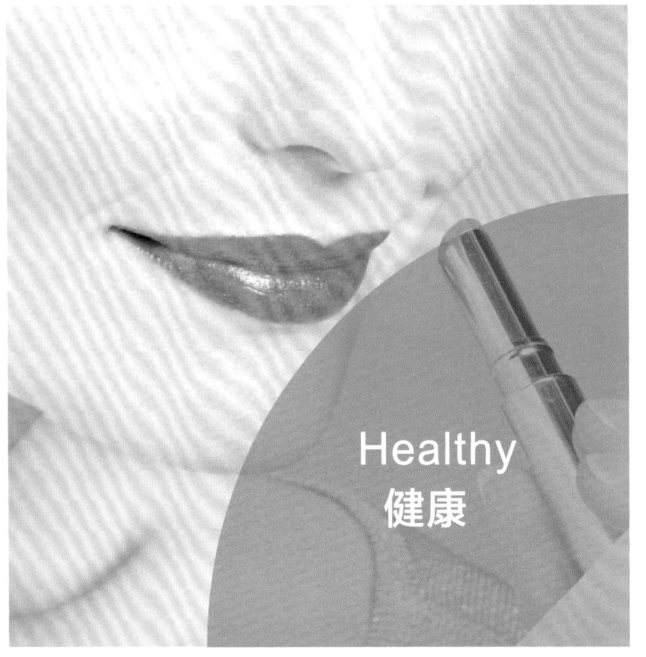

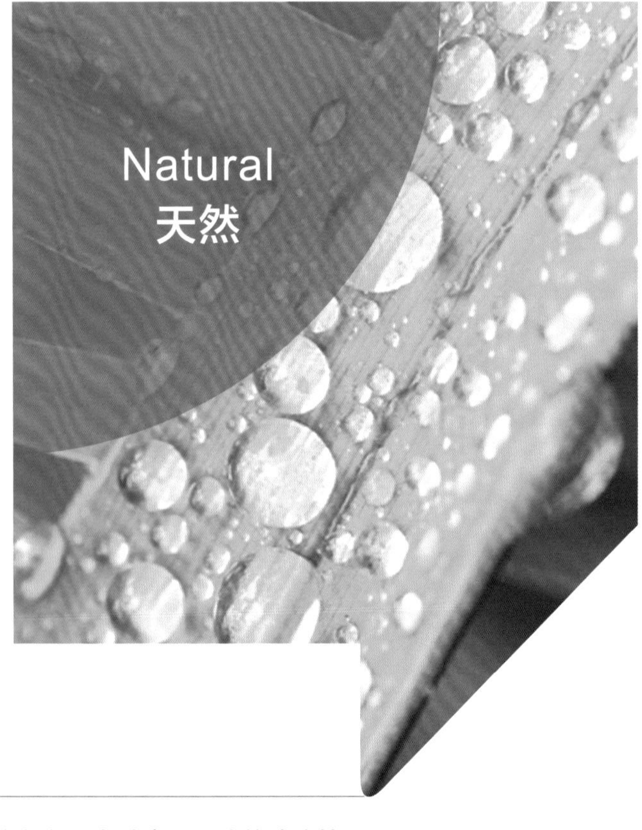

SUNPU
桑普防腐 真心关爱湿巾

作为快速发展的一次性卫生用品，湿巾的品种和用途日趋多样化，各种高附加值的功能性湿巾产品也越来越多。

- 我们多系列的防腐杀菌剂，可为您的湿巾产品提供有效的保护。
- 杰润®系列功能性添加剂，则可满足您湿巾的各种功能需求。

我们的服务

切合客户需要，提供多样化的服务：

- 微生物相关试验、化学分析、产品配方开发及功效性评价等
- 为客户提供建议、培训、技术服务及现场指导

桑普生化
SUNPU BIOCHEM.

公司总部（北京）：北京亦庄经济技术开发区东区科创二街9号新城工业园A2座

电话：86-10-83556812 63529272 | • | **传真**：86-10-63539564 | • | **网址**：www.sunpubc.com www.sunpubc-finechemicals.com | **技术服务热线**：86-10-83535178

广州：86-20-36086931 36086930 **上海**：86-21-64605912 64605915 **厦门**：86-592-5155121 5155131 **成都**：86-28-61296361 86032432

婴儿纸尿裤上的“零废料”
ZERO TRIM FOR BABY DIAPERS

得益于耳贴成形技术
BECAUSE EAR SHAPE DOES MATTER...

“零废料”对称成形的前后耳贴

“**Zero Trim**” symmetric shaped back and front ears

“零废料”后耳贴极大地降低了原材料成本，是当今婴儿纸尿裤行业的新潮流。

Zero-Trim Back Ears are one of recent trends in the baby care products to get important raw material savings.

FAX-B6 国泰机型不但支持“传统”婴儿纸尿裤产品（矩形后耳贴、S型魔术贴、腿围弧切），现更以全新的配置，为您提供“零废料”后耳贴婴儿纸尿裤产品，生产速度高达600片/分。

Besides the “traditional” configurations (rectangular back ears diaper, **S-shaped** fastening tape diaper, and traditional leg-shaped diaper) today **FA-X B6 Cathay** is available for **Zero-Trim Back Ears** with a production speed of 600 pieces/minute.

法麦凯尼柯是您理想的全球合作伙伴，为您提供“私人定制”的技术方案。

Tailored for your needs by Fameccanica, your global partner.

Fameccanica.Data S.p.A. - Italy Headquarters and Plant
Tel. +39 085 45531 - Fax +39 085 4460998
staff@fameccanica.com - **www.fameccanica.com**

Fameccanica Machinery (Shanghai) Co., Ltd.- china@fameccanica.com
Fameccanica Ind. e Com.do Brasil - staff@fameccanica.com.br
Fameccanica North America, Inc. - usa@fameccanica.com

台湾百和

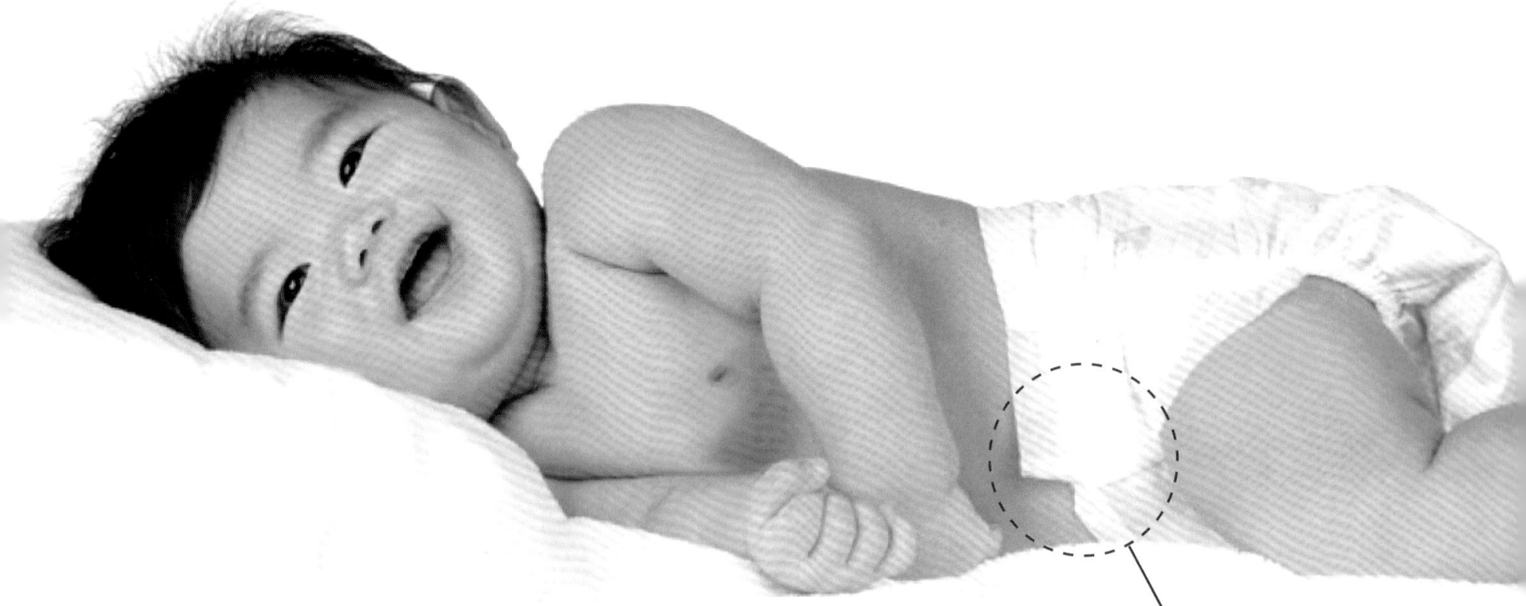

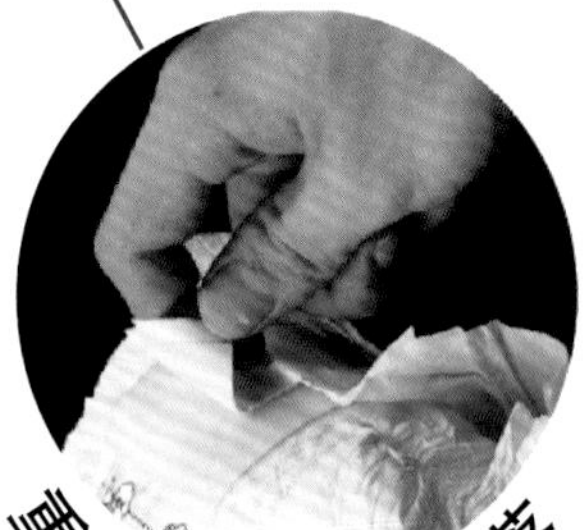

重复撕粘，不脱落

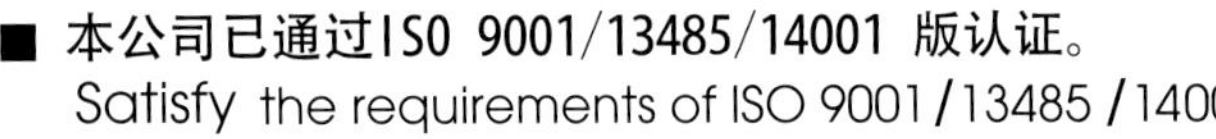

- 本公司已通过ISO 9001/13485/14001 版认证。
  Satisfy the requirements of ISO 9001 / 13485 / 14001 .
- 符合欧盟Reach有害物质管控作业标准，厂房采用防尘、防虫的环境管控，并增加恒温控制，保障产品质量。
  Satisfy the requirements of REACH. Strict working area control to ensure the quality.

ETP-2 Series

Density: per square inch
Thickness: 0.55-0.6 mm
Material: Polypropylene

创新双边勾型，提供可靠的粘贴力，可重复粘贴，不损伤毛面。是您能安静使用的绝佳勾型。

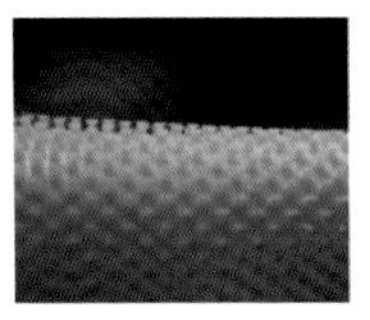

ETP-5 Series

ETP51N, ETP52N, ETP52LD, ETP53N
Density: per square inch
Thickness: 0.45-0.5 mm
Material: Polypropylene

独特勾型设计，整体轻薄柔软，提供宝贝绝佳的触感与舒适感。强力勾型能确保宝贝开心活动，不担心外漏。

新一代 **魔术勾**

更轻、更薄、可重复撕粘、黏合度不减

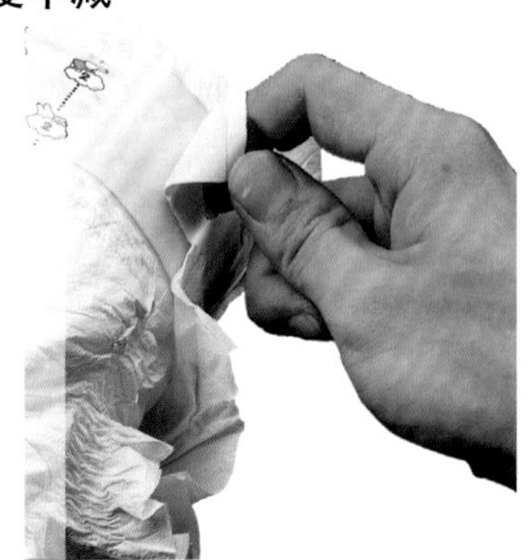

魔术勾的应用 Applications

医疗 *Medical Care* / 婴幼儿用品玩具 *Infant Articles* / 运动护具 *Sports Wear* / 工具 *Industrial Use*
3C *3C Cable Ties* / 交通运输 *Transportation* / 宠物 *Pets* / 成衣 *Apparel* / 文具 *Stationery*
美妆 *Cosmetics* / 鞋·包 *Shoes & Bags* / 家饰园艺 *Decoration & Gardening*

医疗 *Medical Care*

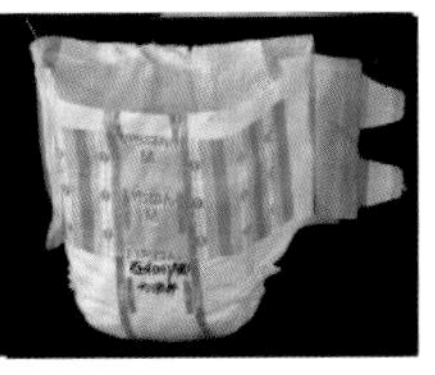

婴幼儿用品玩具 *Infant Articles*

PAIHO GROUP

台湾百和工业股份有限公司
总公司：台湾彰化县和美镇和港路575号 分机:146 赖国智协理
Tel:886-4-7565307 Fax:886-4-7565787

www.paiho.com

中国造纸协会
生活用纸专业委员会

China National Household Paper Industry Association (CNHPIA)

- **提供**行业交流平台
- **加强**行业交流合作
- **促进**行业健康发展

中国生活用纸信息网

www.cnhpia.org

了解行业信息的权威网站，专业性强、信息量大、内容实时更新。

《中国生活用纸年鉴》

致力打造中国生活用纸行业全面、翔实、权威的工具书。
每两年发行一卷，最新一卷于2014年5月出版发行。

CIDPEX 生活用纸年会

全球生活用纸、卫生用品品牌展会

《生活用纸》杂志

国内统一刊号CN11-4571/TS

国内权威生活用纸行业专业科技类综合性刊物。
半月刊，全年24期，全彩版印刷。

《生活用纸行业年度报告》

从生活用纸和卫生用品两方面详细解析市场概况，展望市场前景。每年5月发行。

联系秘书处

地址：北京市朝阳区望京启阳路4号中轻大厦6层
电话：010-64778188　传真：010-64778199
Http://www.cnhpia.org　E-mail: 2004ads@sina.com

凯琳
——中国生活用纸市场推动者之一

公司新发展

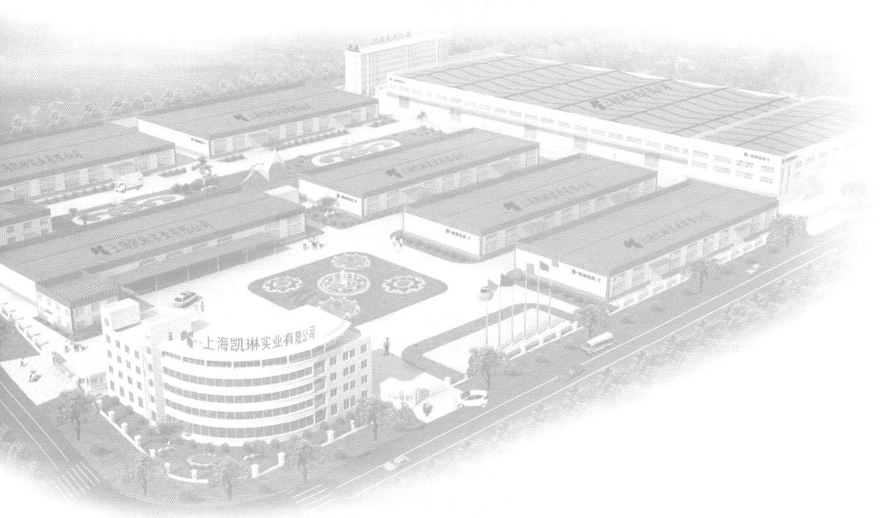

- 住友高分子区域经销、
  瑞典女神绒毛浆全国独家代理、
  IP绒毛浆全国经销、
  各类造纸浆经销
- 进出口代理
- 国际物流(仓储、供应链整合)
- 船舶出口

芬兰
瑞典
中国
日本
加拿大
美国
智利

服务特色

- 以自有仓库为核心提供分销物流服务
- 以VMI模式保证原料品质及实时供应
- 以发达的营销网络拉近服务距离

服务理念

- 惊喜于服务创造的奇迹

凯琳企业
KaiLin Enterprise

集团总部：上海市浦东新区浦东南路855号世界广场37-38楼　邮编：200120
仓储中心：上海市宝山区杨行工业园区杨南路167号　邮编：201901

总部电话：86-21-60319992

华东区：13512150333　华南区：13764721225　华中区：13607145680
西南区：13764531791　华北区：13607145680　福建地区：13607145680

热烈祝贺
北方机械第二条胶合干法纸（无尘纸）生产线落户天津

热烈祝贺
北方机械成功研制国内领先的复合吸水纸生产线出口韩国

丹东北方机械有限公司是研发、制造卫生用品机械设备的专业厂商。公司成立于1993年，总投资5000万元人民币，占地17000m^2，员工110余人。

公司自主研发的干法（无尘）纸机、复合吸水纸机、护理垫（宠物垫）机、木浆两级粉碎机及木浆恒定给料积纤机在国内保持着领先地位。

近年来已生产并销售国内外热合干法（无尘）纸机（膨化软纸机）、胶合干法（无尘）纸机、综合干法（无尘）纸机生产线数十台，为众多一次性卫生用品的原辅材料厂家提供了技术先进、造价低廉、操作简便、性能可靠的生产设备。

Dandong Beifang Machinery Co., Ltd., a professional manufacturer of airlaid machine, was established in 1993 and had a total investment of RMB50 million. It occupies an area of 17,000m^2 and has over 110 staff.

Its airlaid machine, SAP tissue laminating machine, under pads/pet pads machine and pulp crusher(miller), are all the leading machines in China.

In recent years, it has produced and sold over 50 sets of thermal-bonded airlaid machine, latex-bonded airlaid machine, multi-bonded airlaid machine and SAP tissue laminating machine in both domestic and overseas markets. And it has provided technically advanced and easy-for-operation machines with a reasonable price for the disposable hygiene products raw materials manufacturers.

丹东北方机械有限公司

Dandong Beifang Machinery Co., Ltd.

地址(Add): 中国辽宁省丹东市振兴区胜利街793号　邮编(P. C.): 118008

电话(Tel): 0086-415-6222588　传真(Fax): 0086-415-6224025

E-mail: bfjx@bfjx.com　Http: //www.bfjx.com

BW系列干法纸(无尘纸)生产线
Drylaid (Airlaid) Paper Machine

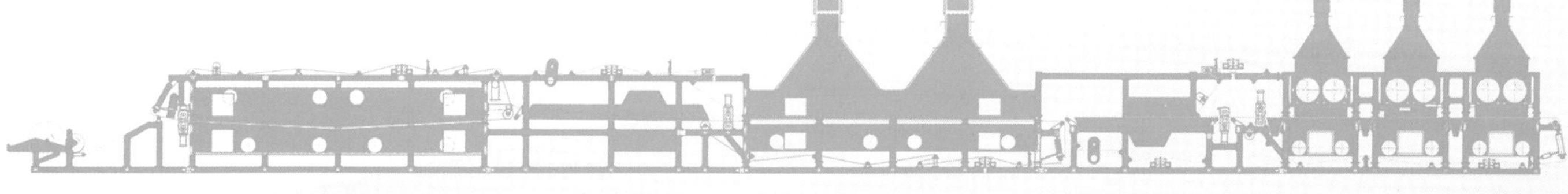

产品类别：热合型、综合型、胶合型、复合型、SAP 混合型

Products：thermal, latex, multi bonded, with or without SAP

生产速度：10~150 米 / 分

Production Speed：10-150m/min

定量：40~500 克 / 米 ^{2}

Basis Weight: 40-500g/m^2

幅宽：900mm~2200mm(净纸) 或按用户要求

Width: 900mm-2200mm(trimmed size)

宁波市奇兴无纺布有限公司

NINGBO QIXING NONWOVENS CO., LTD.

最新产品

胶合纸
高效 ADL 导流层
超柔增白面层
系列多次透水产品
超薄纸尿裤复合芯体
PE 纺粘非织造布

专业卫材生产企业

二十多年的技术结晶，35000 吨以上的产能，
热风、热轧、纺粘（S、SS、SSS）非织造布，
干法（无尘）纸等齐全的品种。

地址：浙江省慈溪市掌起工业园　邮编：315313
电话：0574-63742606　63751608　63744609　传真：0574-63740408
联系人：王先生 15869502949　聂先生 18805841026　王先生 18805841025
Http://www.china-nonwoven.com　www.airlaids.com　E-mail:qixing@china-nonwoven.com

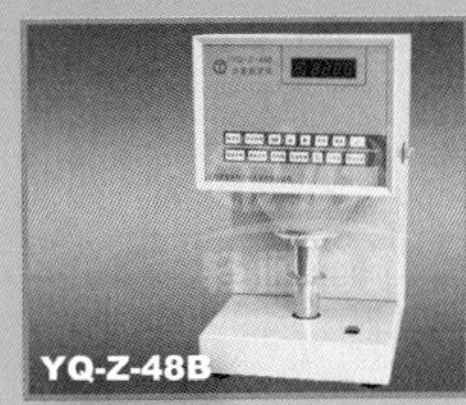

白度测定仪

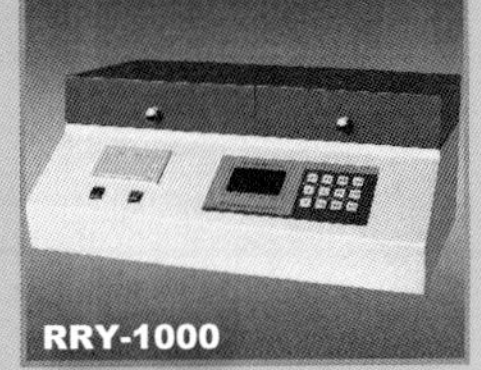

柔软度测定仪

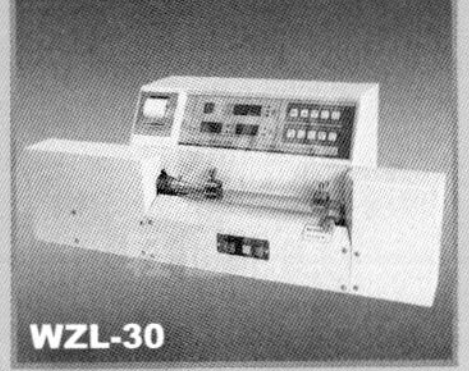

生活用纸专用拉力仪

生活用纸专用拉力仪

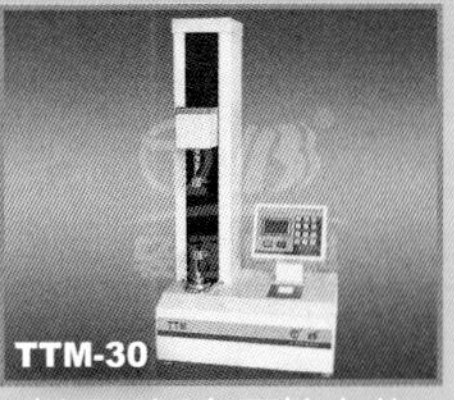

生活用纸专用拉力仪

纸浆打浆度测定仪

高精度生活用纸电动厚度仪

纸张尘埃度测定仪

系列电动离心机

纸张吸水率测定仪

纸板耐破度测定仪

压缩强度测定仪

纸管抗压试验机

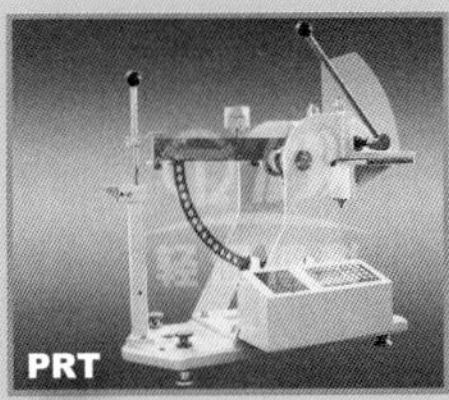

戳穿强度测定仪

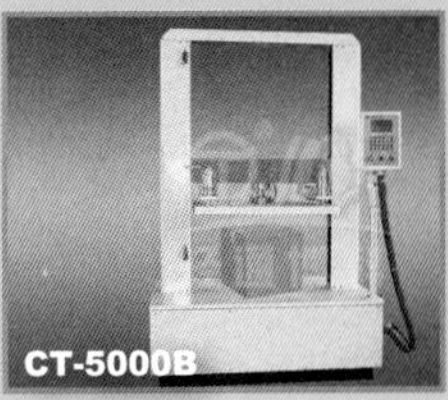

电脑整箱抗压试验机

产品领域

纸张、纸板及薄膜等材料的物理性能检测仪器；
纸张、纸板及薄膜等制品的物理性能检测仪器；
其他行业的检测仪器及机电一体化设备及装置。

杭州轻通博科自动化技术有限公司

HANGZHOU QINGTONG & BOKE AUTOMATION TECHNOLOGY CO., LTD.

杭州轻通博科自动化技术有限公司是由轻工业自动化研究所（原中国轻工总会自动化研究所）控股的一家省级高新技术企业，位于杭州高新技术产业开发区。公司拥有各种专业的高新技术人才，以股份制企业的运作模式，坚持以人为本的现代管理理念，依托轻工业自动化研究所的强大实力，在造纸、包装行业主要从事自动检测与测控技术产品的研究、开发、生产及销售。

企业使命：创造客户价值，成就人生梦想。
企业价值观：正直、诚信、协同、共享。
企业精神：务实高效，追求卓越。
企业愿景：成为行业备受尊敬的企业，与我们的客户、员工和合作伙伴共享成功的体验。
企业经营理念：以市场为导向，以技术为核心，创造客户价值最大化。

地址：浙江省杭州市舟山东路66号
电话：0571-88293902 88023152 88026010 88017996 传真：0571-88290716
www.qtboke.com

中国妇婴用纸品牌领先者

安诺纸业简介

安诺纸业，是一家致力于健康生活用纸及婴童产品生产销售的企业，总部设立于福建省福鼎市，拥有“双福”、“萌宝帮”两大品牌，“福到家”子品牌以及“妇婴”、“刀刀狗”、“青花瓷”等多个系列，涵盖纸尿裤、纸尿片、湿巾、手帕纸、有芯卫生卷纸、无芯卫生卷纸、抽取式面巾纸、方巾纸、珍宝纸等健康产品，深受广大消费者喜爱。

电话：0593-7818333
传真：0593-7919333
服务热线：400-9907333
www.anjt.com.cn
厂址：福建省福鼎市潋城安诺工业园

佛山欣涛新材料科技有限公司是一家专业从事热熔胶研发、生产和销售的企业。其前身为海南欣涛实业有限公司，于1995年设厂于海南省海口市，并于2005年在广东省佛山市南海区设立生产基地。为适应公司近几年的快速发展，更快更好地服务于海内外客户，我们整合了海南海口工厂和佛山市南海区生产基地的资源，于2008年在佛山市三水区大塘工业园新建了佛山欣涛新材料科技有限公司和一个全新的现代化工厂。公司成立至今一直潜心于热熔胶事业的发展，已具有十八年的热熔胶研发和生产经验，销售网络覆盖全国，同时出口海外。

Foshan Xintao New Material Technology Co., Ltd. specializes in the research, development, production and marketing of hot-melt adhesives. The predecessor is Hainan Xintao Industrial Co., Ltd., which was founded at Haikou city of Hainan province in 1995, then established a production base at Nanhai District, Foshan city, Guangdong province in 2005. In order to accommodate the rapid development in the recent years, and bring better service to the clients at home and abroad, we integrated the factory at Haikou of Hainan and the resources in the production base of Nanhai District of Foshan, then in 2008, Foshan Xintao New Material Technology Co., Ltd. and a brand new modern factory was built at Datang Industrial Park, Sanshui District, Foshan. So far, the company has been always dedicated to developing the career of hot melt adhesives, and has accumulated the research and development of hot melt adhesives and production experience for 18 years, so the marketing net covers all over the country, and exports to oversea at the same time.

重点推介：

- 复合吸水芯体用胶：湿强度大，用胶量小，品种齐全；
- 高性能结构胶：气味轻，颜色浅，粘接力强，稳定性好。

广泛应用： 卫材类结构胶、背胶、橡筋胶、左右贴胶等；医用类保护衣（垫、带）结构胶、背胶、胶带用胶等。

Recommended Products:

- The adhesive for compound absorbent core：stronger wet strength, less consumption, a great variety;
- The high-property adhesive for construction：lighter smell, lighter color, stronger adhesion, better stability.

Widely Used in: the adhesive for construction, back, elastic attachment (lycra, spandex), left-right and frontal tape construction of the disposable sanitary products; for construction and back of protective clothing (pad, tape) and for medical tape, etc.

佛山欣涛新材料科技有限公司

地址：广东省佛山市三水区大塘工业园68-6号

电话：（0757）87263909　　传真：（0757）87263908

业务联系人：李玮 13609718064　　邮箱：xintaoban@sohu.com

漯河舒尔莱纸品有限公司

漯河舒尔莱纸品有限公司紧邻南洛、京港澳高速汇聚处——河南省漯河市，交通货运极为便利。公司主营各类吸水材料、高分子复合吸水纸、纯木浆衬纸等。

本公司坚持“质量第一，诚信为本”的服务宗旨，以先进的设备和灵活的管理方式，严格控制产品质量，竭诚为卫生护理用品厂家服务。

主要产品：

复合吸水材料：失禁垫吸水材料、宠物垫吸水材料、尿液吸水纸、卫生巾吸水纸、护垫吸水纸、面膜吸水纸。

纯木浆衬纸：卫生巾衬纸，纸尿裤衬纸、宠物垫衬纸、一次性医用床垫衬纸、一次性医用中单衬纸、一次性防溢乳垫衬纸、医用敷料衬纸、医用护理垫衬纸等多种产品。

并可根据客户要求进行各种规格的产品定制加工。

地址：河南省漯河市高新技术开发区轻工食品工业园　　传真：0395-2358585

联系人：潘先生 13603956985　　郭小姐 18603958565　　业务QQ：103933

真鸣T68智能热转印打码机

——软包装产品日期、时间、汉字等内容的数字化打码设备

★ 稳定可靠、高质量地打印；

★ 适应性强；

★ 使用维护成本低；

★ 环保节能：无气味，干净，无需任何维护。

广泛适用于在手帕纸包装机、卫生卷纸包装机、抽纸包装机、湿巾包装机等生活用纸加工设备。

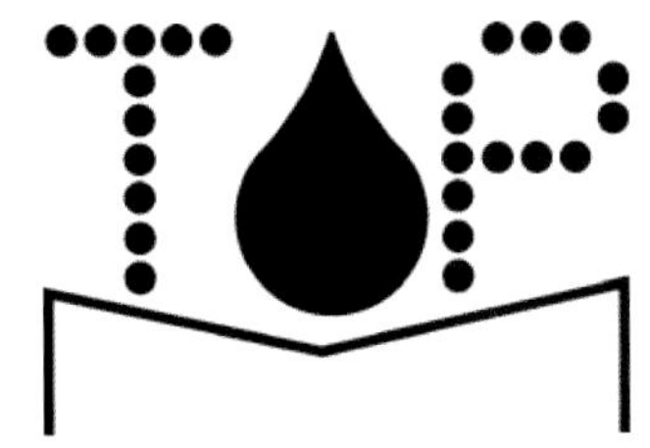

厦门真鸣科技有限公司

Xiamen Topmarking Science and Technology Co., Ltd.

地址：福建省厦门市同安区美溪道同安工业园10号厂房二楼

电话Tel：0592-5558498　传真Fax：0592-5559308

Http://www.topmarking.com

E-mail:topmarking-xmn@163.com

佛山欣涛新材料科技有限公司是一家专业从事热熔胶研发、生产和销售的企业。其前身为海南欣涛实业有限公司，于1995年设厂于海南省海口市，并于2005年在广东省佛山市南海区设立生产基地。为适应公司近几年的快速发展，更快更好地服务于海内外客户，我们整合了海南海口工厂和佛山市南海区生产基地的资源，于2008年在佛山市三水区大塘工业园新建了佛山欣涛新材料科技有限公司和一个全新的现代化工厂。公司成立至今一直潜心于热熔胶事业的发展，已具有十八年的热熔胶研发和生产经验，销售网络覆盖全国，同时出口海外。

Foshan Xintao New Material Technology Co., Ltd. specializes in the research, development, production and marketing of hot-melt adhesives. The predecessor is Hainan Xintao Industrial Co., Ltd., which was founded at Haikou city of Hainan province in 1995, then established a production base at Nanhai District, Foshan city, Guangdong province in 2005. In order to accommodate the rapid development in the recent years, and bring better service to the clients at home and abroad, we integrated the factory at Haikou of Hainan and the resources in the production base of Nanhai District of Foshan, then in 2008, Foshan Xintao New Material Technology Co., Ltd. and a brand new modern factory was built at Datang Industrial Park, Sanshui District, Foshan. So far, the company has been always dedicated to developing the career of hot melt adhesives, and has accumulated the research and development of hot melt adhesives and production experience for 18 years, so the marketing net covers all over the country, and exports to oversea at the same time.

重点推介：

- 复合吸水芯体用胶：湿强度大，用胶量小，品种齐全；
- 高性能结构胶：气味轻，颜色浅，粘接力强，稳定性好。

广泛应用： 卫材类结构胶、背胶、橡筋胶、左右贴胶等；医用类保护衣（垫、带）结构胶、背胶、胶带用胶等。

Recommended Products:

- The adhesive for compound absorbent core：stronger wet strength, less consumption, a great variety;
- The high-property adhesive for construction：lighter smell, lighter color, stronger adhesion, better stability.

Widely Used in: the adhesive for construction, back, elastic attachment (lycra, spandex), left-right and frontal tape construction of the disposable sanitary products; for construction and back of protective clothing (pad, tape) and for medical tape, etc.

佛山欣涛新材料科技有限公司

地址：广东省佛山市三水区大塘工业园68-6号
电话：（0757）87263909　传真：（0757）87263908
业务联系人：李玮 13609718064　邮箱：xintaoban@sohu.com

漯河舒尔莱纸品有限公司

漯河舒尔莱纸品有限公司紧邻南洛、京港澳高速汇聚处——河南省漯河市，交通货运极为便利。公司主营各类吸水材料、高分子复合吸水纸、纯木浆衬纸等。

本公司坚持“质量第一，诚信为本”的服务宗旨，以先进的设备和灵活的管理方式，严格控制产品质量，竭诚为卫生护理用品厂家服务。

主要产品：

复合吸水材料：失禁垫吸水材料、宠物垫吸水材料、尿液吸水纸、卫生巾吸水纸、护垫吸水纸、面膜吸水纸。

纯木浆衬纸：卫生巾衬纸，纸尿裤衬纸、宠物垫衬纸、一次性医用床垫衬纸、一次性医用中单衬纸、一次性防溢乳垫衬纸、医用敷料衬纸、医用护理垫衬纸等多种产品。

并可根据客户要求进行各种规格的产品定制加工。

地址：河南省漯河市高新技术开发区轻工食品工业园　　传真：0395-2358585
联系人：潘先生 13603956985　郭小姐 18603958565　业务QQ：103933

真鸣T68智能热转印打码机

——软包装产品日期、时间、汉字等内容的数字化打码设备

★ 稳定可靠、高质量地打印；

★ 适应性强；

★ 使用维护成本低；

★ 环保节能：无气味，干净，无需任何维护。

广泛适用于在手帕纸包装机、卫生卷纸包装机、抽纸包装机、湿巾包装机等生活用纸加工设备。

厦 门 真 鸣 科 技 有 限 公 司
Xiamen Topmarking Science and Technology Co., Ltd.
地址：福建省厦门市同安区美溪道同安工业园10号厂房二楼
电话Tel：0592-5558498　传真Fax：0592-5559308
Http://www.topmarking.com
E-mail:topmarking-xmn@163.com

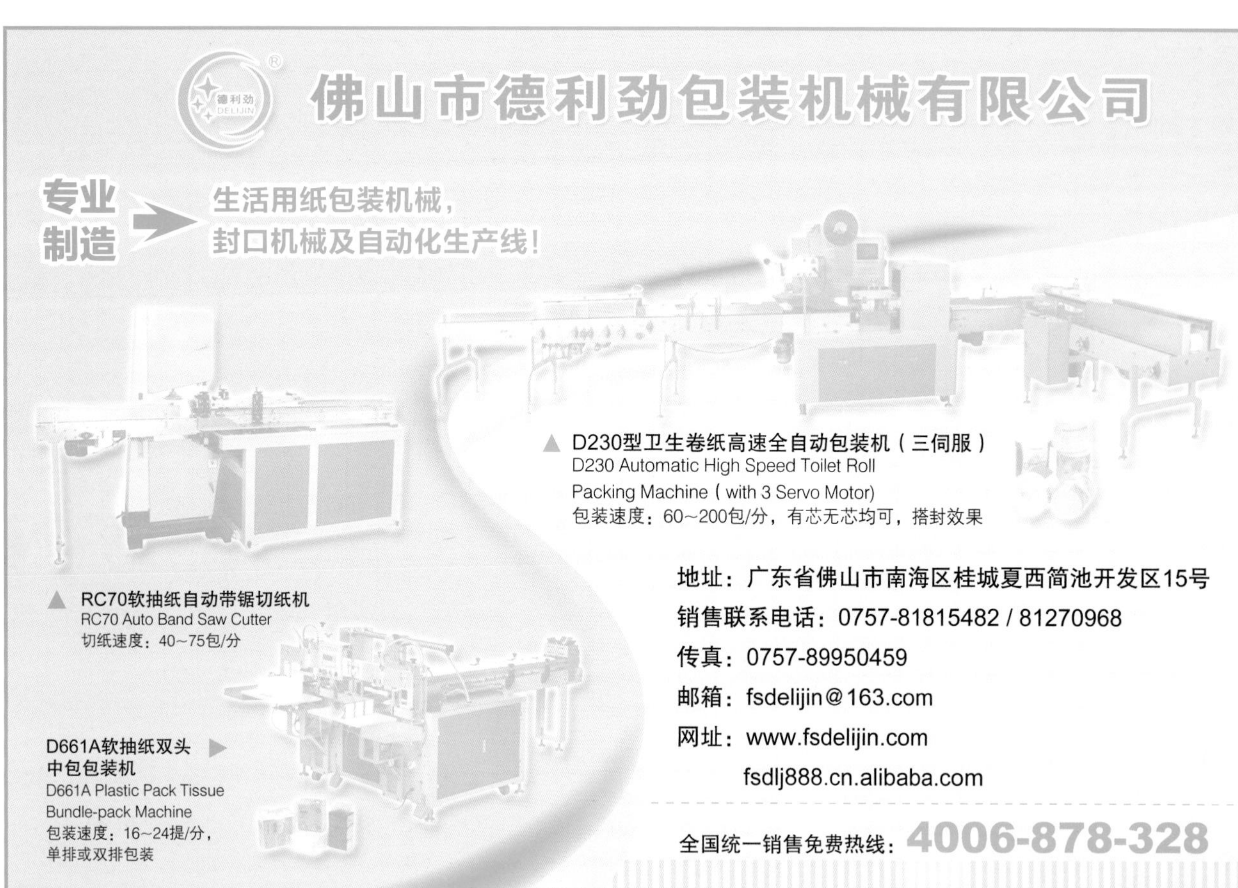

▲ D230型卫生卷纸高速全自动包装机（三伺服）
D230 Automatic High Speed Toilet Roll Packing Machine (with 3 Servo Motor)
包装速度：60~200包/分，有芯无芯均可，搭封效果

▲ RC70软抽纸自动带锯切纸机
RC70 Auto Band Saw Cutter
切纸速度：40~75包/分

D661A软抽纸双头中包包装机 ▶
D661A Plastic Pack Tissue Bundle-pack Machine
包装速度：16~24提/分，单排或双排包装

地址：广东省佛山市南海区桂城夏西简池开发区15号
销售联系电话：0757-81815482 / 81270968
传真：0757-89950459
邮箱：fsdelijin@163.com
网址：www.fsdelijin.com
fsdlj888.cn.alibaba.com

全国统一销售免费热线：4006-878-328

NS诺森®

上海诺森粘合材料有限公司

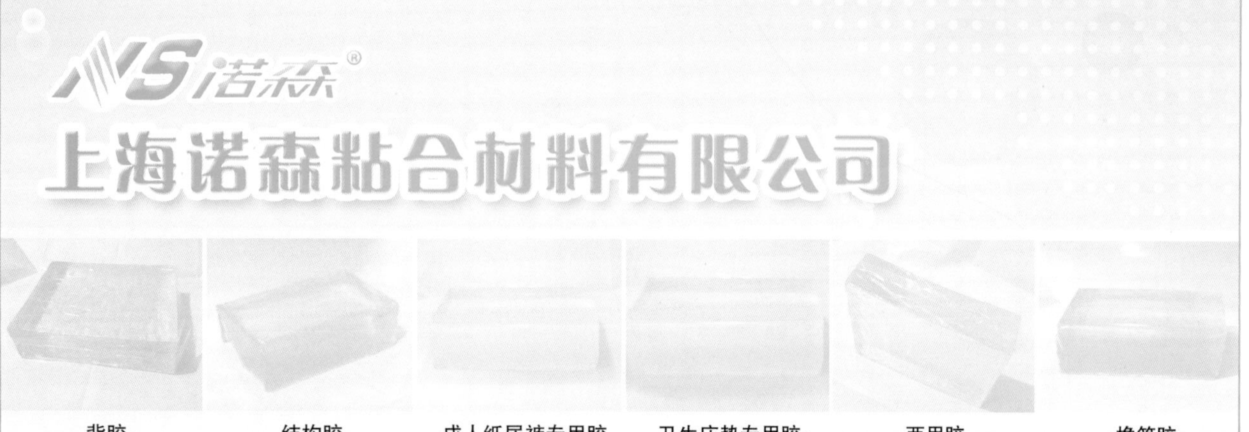

背胶　结构胶　成人纸尿裤专用胶　卫生床垫专用胶　两用胶　橡筋胶

上海诺森粘合材料有限公司创办于1997年，是一家集生产、科研、销售于一体的专业热熔胶厂商。产品主要用于妇女卫生巾、婴儿纸尿裤、医用卫生床垫、医用卫生材料、印刷、不干胶、标签、包装、复合材料等。我们始终坚持“以客户为上帝，以质量求生存，以信誉求发展”的宗旨服务于广大客户。

我们用心为客户设计不同用途的粘合剂配方　为您的产品带来更为广阔的发展空间

全国服务热线：400-678-1677

地址：上海市浦东新区金海路179号　电话：021-26909139　传真：021-26909136
联系人：关经理 13761119006　Http://www.nsjnj.com　E-mail: nuosen@aliyun.com

Better ™
贝泰

佛山市南海区贝泰机械制造有限公司

Better Paper Machinery Manufacture Co., Ltd.

纸巾纸、生活用纸加工设备 TISSUE PAPER CONVERTING MACHINE

机器如人，人如机器 A Better Man, A Better Machine.

- ★ 抽取式面巾纸加工机及自动化生产线设备
- ★ 擦手纸加工机及自动化生产线设备
- ★ 餐巾纸加工机及自动化生产线设备
- ★ 分切机及自动化生产线设备
- ★ 卷芯机及自动化生产线设备
- ★ 纸品厂物流输送系统和废纸清理系统

- ★ Facial Tissue Machine & Automatic Production Line
- ★ Hand Towel Machine & Automatic Production Line
- ★ Napkin Machine & Automatic Production Line
- ★ Slitting Rewinding Machine & Automatic Production Line
- ★ Core Winding Machine & Automatic Production Line
- ★ Paper Transportation System & Cleaning System

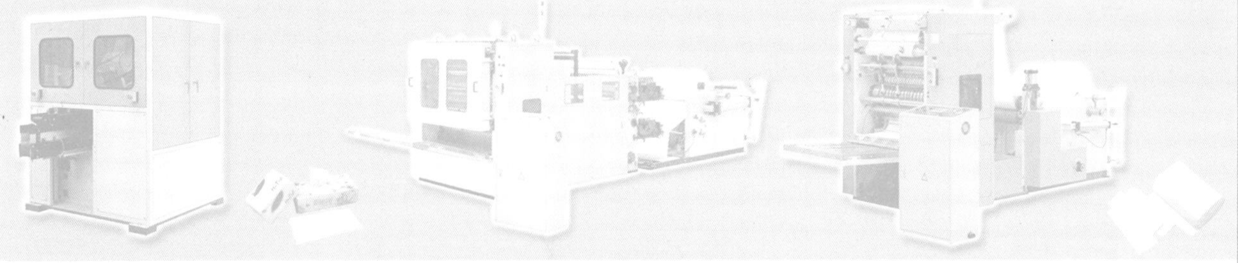

Http://www.better.net.cn 手机：18520973218 18924807386 E-mail：275784109@qq.com

Http://betterpm.1688.com Tel/Fax: 0086-757-85130087 MSN：du0924@live.com

凯昌国际

——进口卷筒/打包绒毛浆及纸浆大陆分销商

专业经营

卷筒及打包绒毛浆、纸浆系列

- 欧洲（比利时、德国等）、加拿大进口打包绒毛浆
- 惠好、IP、宝爱、女神等进口卷筒浆、漂白针(阔)叶板浆
- 其他进口全处理、半处理绒毛浆

干法（无尘）纸、吸水纸系列

- 美国/加拿大进口卷筒、卷盘干法（无尘）纸及吸水纸
- 北美进口吸水辅料ADL
- 德国进口打包含SAP热合干法（无尘）纸切边

卷筒绒毛浆

打包绒毛浆

吸水纸

上海凯昌国际贸易有限公司

Shanghai Kaichang International Trading Co., Ltd.

地址：上海市恒丰路600号1145室 电话：021-63178036 传真：021-39651809

联系人：吴红星 13661598662 邮箱：kccn10@163.com 网址：www.whxkaichang.cn.alibaba.com

聚氧化乙烯(PEO)造纸专用分散剂

聚氧化乙烯(PEO)专业研究/生产企业

上海市高新技术成果转化A级项目 新产品

PEO是一种非离子型高分子聚合物，在造纸工业中，由于PEO具有良好的分散、絮凝和助留助滤功能，被广泛应用在低定量纸张的抄造过程中，使用PEO可以缩短打浆时间，用打浆度较低的纸浆抄造出匀度良好、手感柔软、强度高的纸张。

PEO以其稀溶液状态在抄纸机网前箱加入，它可吸附在浆料纤维表面形成一层滑而不粘的水合膜，使浆料纤维具有良好的悬浮性而不致过快沉降，进而使纤维分散和减少絮凝，改善纸张外观组织匀度等。在抄造生活用纸过程中，当PEO与纤维互相作用时，能使纤维均匀分布，使成纸手感柔软，纸的吸水性增加，纸张起皱均匀。

在抄纸过程中，PEO的助留功效能使上网浓度提高，白水浓度降低，从而减少纤维流失，节约清水。由于供浆充足，浆料上网均匀，减少了纸面孔眼的产生。PEO具有很好的润滑性，减少了毛毯、网笼的阻力而使纸机运行速度加快，提高了生产能力。由于纸张张力提高，减少了成纸断头的产生，使成纸加工更加方便。

聚氧化乙烯(PEO)技术指标

分子式	$\left[CH_2-CH_2-O \right]_n$	外观/粒度	白色颗粒、粉末状
软化点	66~70°C	相对分子量	1.0×10^5~6.0×10^6
分解温度	423~425°C	pH值	6.5~7.5
表观密度	0.2~0.4g/cm^3	离子性	非离子
真密度	1.15~1.22g/cm^3	包装形式	1kg/袋，10kg/箱

上海联胜化工有限公司是专业研究、生产主导产品聚氧化乙烯（简称PEO）的上海市高新技术企业，已通过ISO9001:2000质量管理体系和ISO14001:2004环境管理体系认证。公司产品从1992年进入市场至今，产品质量不断提升，产品系列日趋完善，用户遍布全国各省、市、自治区。1997年产品开始批量出口，至今用户已遍布欧亚许多国家，“联胜”牌PEO以优良的品质、完善的服务在国际、国内获得了良好的品牌信誉。

本公司除专业研制生产聚氧化乙烯（PEO）外，还兼营湿强剂、各类阴阳离子型助留助滤剂、分散剂、剥离剂、柔软剂、消泡剂、杀菌剂等国产、进口造纸专用化工产品、水处理剂等。欢迎来人来电联系、合作。

上海联胜化工有限公司

SHANGHAI LIANSHENG CHEMICAL CO., LTD.

地址：上海市浦东新区曹路镇华东路1069号　　邮编：201209

电话：021-68680248　68681055　　传真：021-68681497

开户银行：建行上海曹路支行　　账号：31001651612055610926

网址：www.peo.com.cn　　电子邮箱：liansheng@liansheng-chemical.com

广州贝晓德传动配套有限公司

20年的生活用纸行业服务经验，提供领先的应用解决方案！

地址:广州市越秀区华侨新村和平路20号　联系人:黄葆钧
电话:020-32016661　传真:020-32016660
邮编:510065

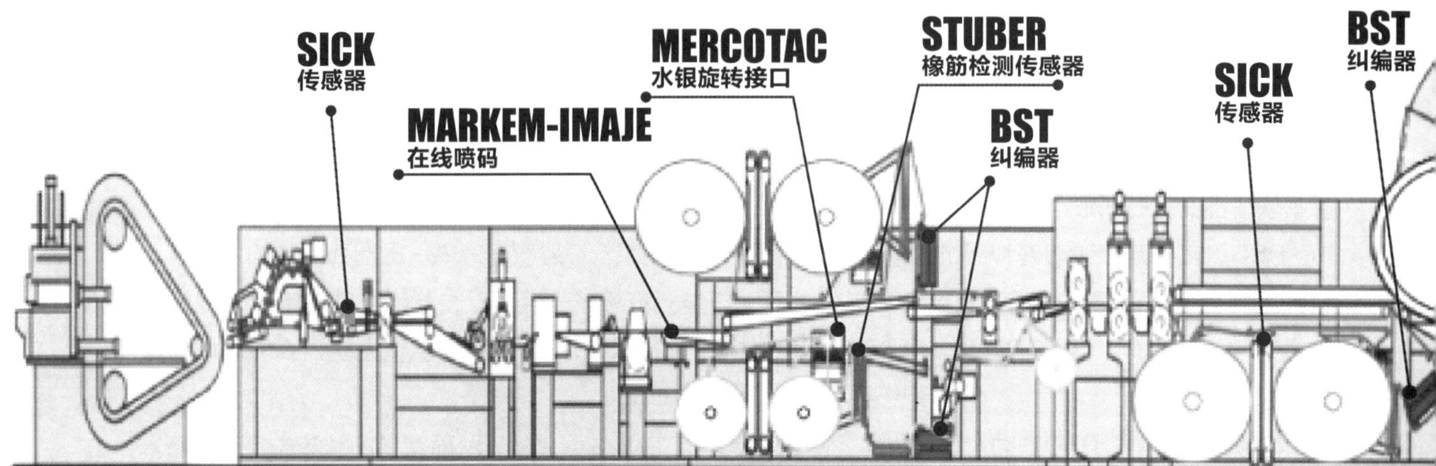

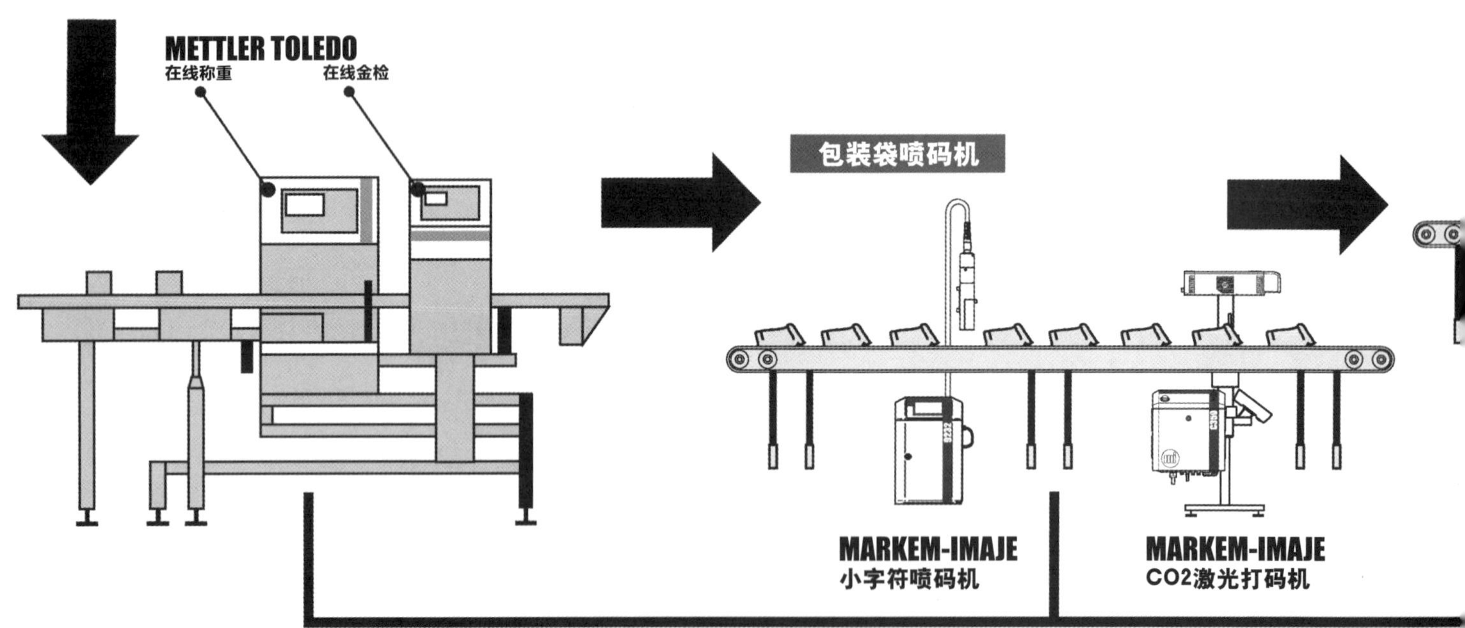

广州贝晓德传动配套有限公司成立于1993年，坐落于广州市越秀区黄金商务中心的环市东路华侨新村和平路20号，拥有得天独厚的地理位置及便利的交通环境。公司主营产品包括BST纠偏器、SICK传感器、Markem-imaje喷码机、METTLER TOLEDO金属检测与自动称重系统等国际知名品牌产品。

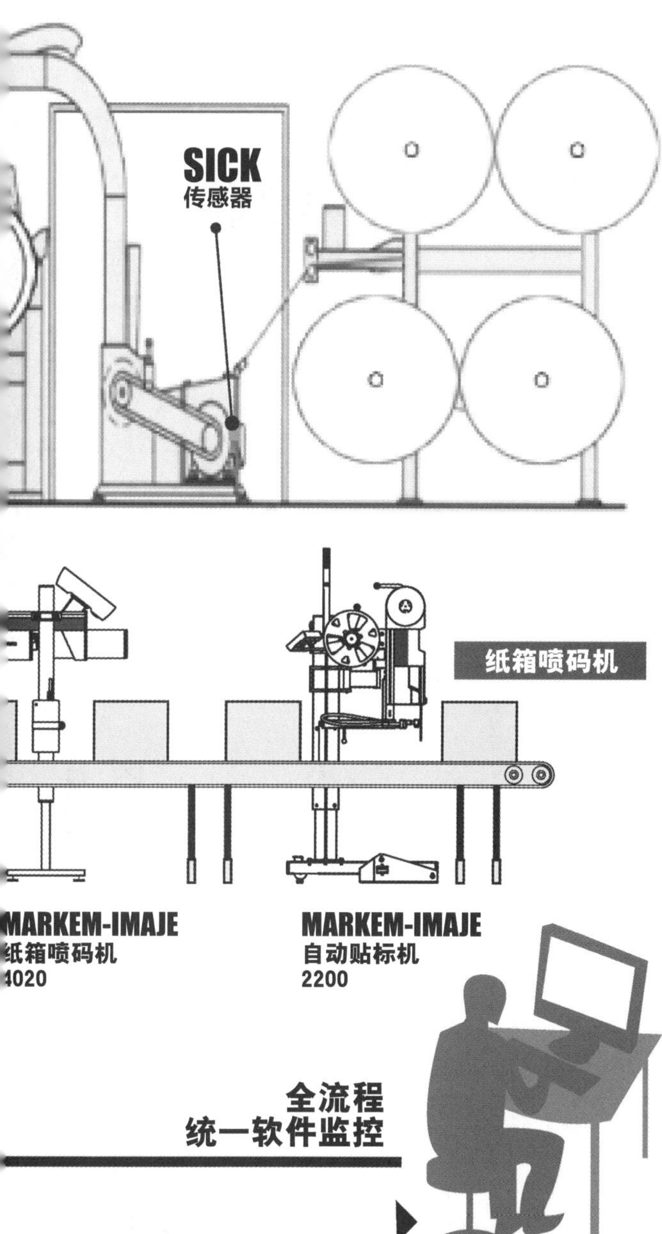

更多详细资料请浏览本公司网站
Http://www.bstchina.com

BST
在线纠偏系统

SICK
Sensor Intelligence
德国智能传感器

喷码机专家

METTLER TOLEDO
世界领先的金属
检测称重专家

优秀的橡筋检测传感器

Mercotac® INC.
可靠的水银旋转接头

置恩机械
ZHIEN MACHINERY

优质生活用纸加工设备

双通道 双缝纫
大回旋切纸机

电话(TEL)：86-757-86235488　86398977
传真(FAX)：86-757-86229446
网址：www.zhien.com
地址：广东省佛山市南海区桂城桂澜路良溪工业区
邮编(P.C.)：528200　E-mail:master@zhien.com

中国造纸协会生活用纸专业委员会会员单位

第一届四川省造纸行业协会生活用纸专业委员会理事会理事单位成员

上海吉臣化工有限公司

® Shanghai Jichen Chemical Co., Ltd.

分 散 剂	A-300	单耗低，溶解迅速，抗干扰能力强，适用范围广
柔 软 剂	JZ-823	提高并改善多种纤维的柔韧性、爽滑度、润湿性
剥 离 剂	JZ-813	亲水性，少量高效，安全环保，内添外喷两相宜
增 白 剂	JZ-810	单耗低，色光互补性强，满足范围广
脱 墨 剂	JZ-807	针对特种废纸(硅油纸、蜡纸、高湿强纸等)的处理
杀 菌 剂	JZ-816	亲水性，杀、抑菌效果明显，安全低毒
硬挺增强剂	JZ-826	操作易，拉力、挺度提升明显，防、抗水有效
纤维处理剂	JZ-833	洗涤、修复、中和，提高纤维的使用率
树脂控制剂	JZ-832	抑制、消除树脂胶体在抄造中的负面影响，少量、高效

我们不拘于现有的产品，

您的特别需求也能为您定制！

地址：上海市金豫路100号2号楼729室　邮编：201206

电话：021-58341051　58341052

传真：021-58341051　58341052

Http://www.jichenchem.com　E-mail:jichen@jichenchem.com

高品质 世界共享
HIGH QUALITY WINS WORLD

生活用纸检测设备制造商

品享科技，精诚铸就荣耀六载

六年，我们演绎生活用纸检测设备品牌之路

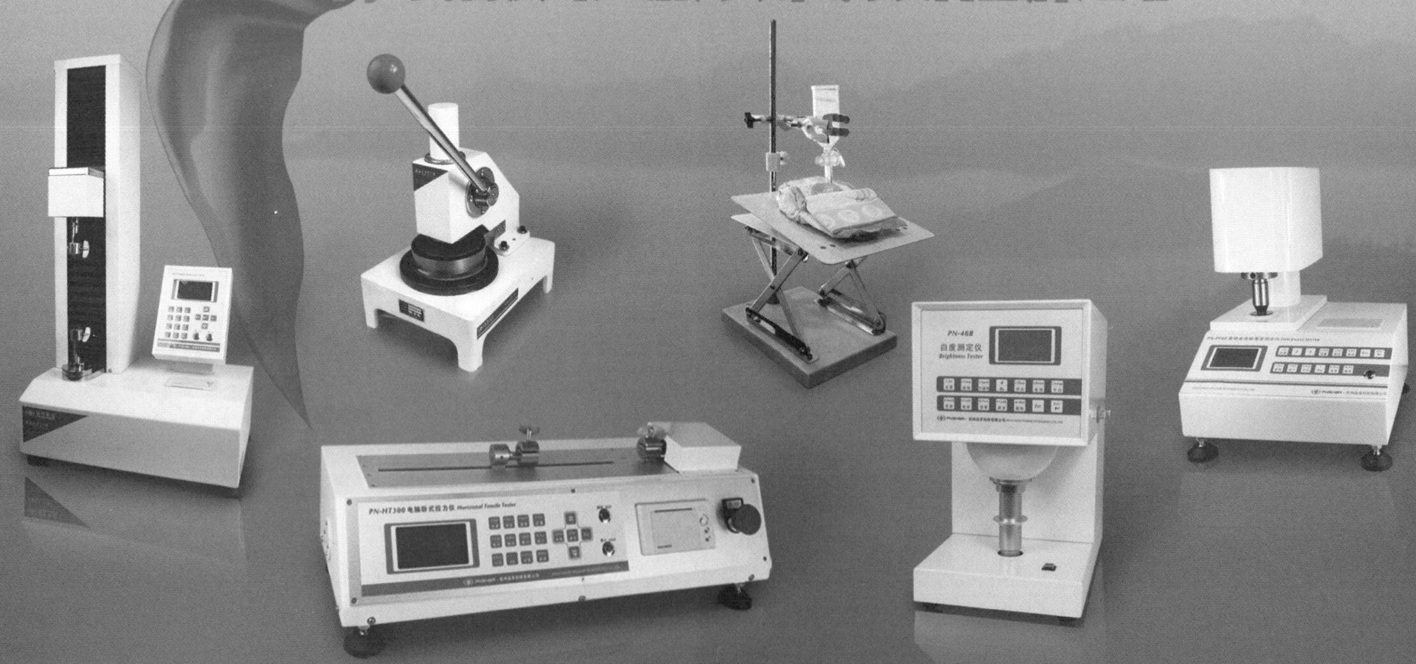

杭州品享科技有限公司

通过ISO9001：2008质量体系认证　CMC证号：浙制01010412号

地址：浙江省杭州市下城区东新路948号2幢6楼　邮编：310022

电话：0571-88351253　88351053　85157751　85159682　传真：0571-88351263　客服中心：赵鹏程　13675813873

联系人：苏红波 董事长 13857196510　周寅 销售总监 13777844530　网址：www.pnshar.com

洁新
有空来坐坐！
主要产品：
A. 1200型~2400型 热合、综合、胶合干法造纸机。
B. 热合、综合、胶合吸水芯材、湿巾原纸。
Main Products:
A.Type 1200# to Type 2400# Thermal Bond Airlaid Machine, Multi-bond Airlaid Machine, Latex Bond Airlaid Machine.
B.Thermal Bond Airlaid , Multi-bond Airlaid , Latex Bond Airlaid, Water Absorbing Materials, Airlaid for Wet Wipes.
国内大型吸水芯材基地
洁新干法造纸机
地址：广东省揭东县新亨镇开发区
总机：0663-3434888
销售热线：0663-3436599
传真：0663-3431999 邮编：515548
网址：www.jiexin.com.cn
邮箱：jiexin999@163.com
Address:Xinheng Pudong Industrial District, Jiedong, Guangdong.
Telephone Exchange:0663-3434888
Telemarketing:0663-3436599
Fax:0663-3431999 Zip Code:515548
Http://www.jiexin.com.cn
E-mail:jiexin999@163.com

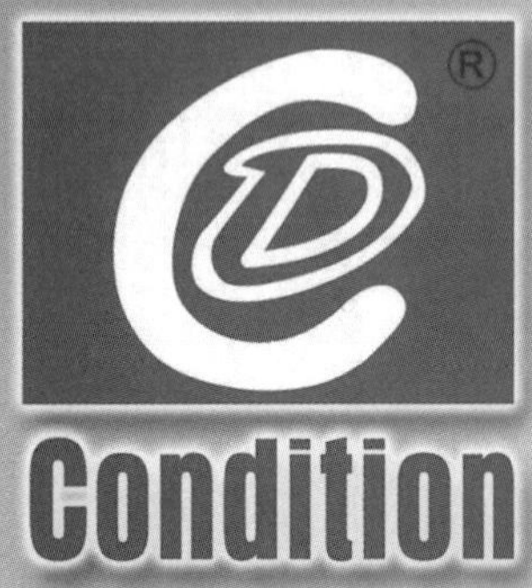

康迪欣

—弹性材料专业供应商

品牌：康迪欣“Condition”

工艺：化学反应法

康迪欣是国内主要弹性材料供应商之一。多年来一直从事进口和销售国内外知名品牌的弹性材料，积累了丰富的弹性材料专业知识和客户经验。现主要供应聚氨酯弹性纤维（SPANDEX，简称氨纶丝），主要针对卫生用品行业和纺织行业所使用的弹性纤维。随着世界各地的生活水平提高，卫生用品行业和纺织行业快速成长，康迪欣不断推出更适用于卫生用品行业相应规格的产品，在弹力和回弹力上也有较好的表现。主要供应规格及对应的产品如下：

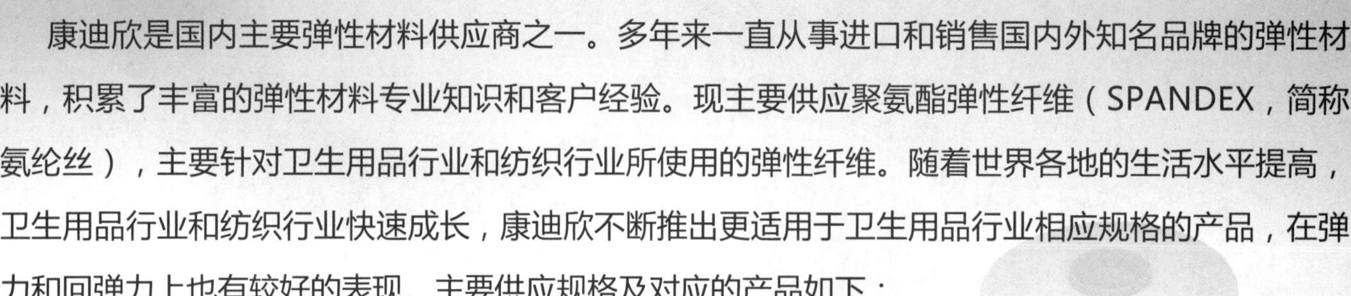

490DENIER/540DTEX	主要适用于立体护翼卫生巾
560DENIER/620DTEX	主要适用于婴儿纸尿裤/纸尿片，宠物纸尿裤
720DENIER/800DTEX	主要适用于婴儿纸尿裤/纸尿片
840DENIER/940DTEX	主要适用于成人纸尿裤/纸尿片
1020DENIER/1130DTEX	主要适用于成人纸尿裤/纸尿片

杭州丛迪纤维有限公司

地址：浙江省杭州市萧山区闻堰万达中路95号

电话/传真：0571-82230721　联系人：杨雪霞　手机：13575572321　13429450504

邮箱：kdx2010@vip.163.com　Http://www.hzcongdi.com

浙江佳尔彩包装有限公司

Zhejiang Jiaercai Packing Co., Ltd.

浙江佳尔彩包装有限公司是一家软塑料包装企业。拥有多条薄膜机，十色高速印刷机及几十套配套高端设备。经过近二十年的稳步发展，从原来租用的两间旧房到现在龙游城北的16000m²厂区，无论技术还是实力都在一步步地超越。

公司是衢州地区A级企业、信用企业、二十强企业……所涉及的行业包括服装、电器、五金、造纸、食品等，成为浙西及周边地区极具影响力的包装企业之一。提供从吹膜、产品设计到成品一条龙服务。

主营业务：包装袋，薄膜，专注纸巾纸包装。

地址：浙江省衢州市龙游工业园区北斗大道　联系人：邱根香　手机：13905705092

电话：0570-7683888　传真：0570-7683066　QQ：228701268

邮箱：228701268@qq.com　网址：www.jiaercai.com

邦尼德织物长期关注卫生纸机毛毯设计、生产和服务。2014年，邦尼德织物更顺应节能减排和成本控制的实际需求，采用更先进的设计制造工艺和新材质，减少纸浆中的水分通过压榨部时在毛毯的停留时间，降低流动阻力，从而降低了蒸汽消耗，减少了因毛毯而引起的纸病。

关注节能减排，

关注邦尼德毛毯！

四川邦尼德织物

地址：四川省眉山市经开区新区

电话：028-38051778　传真：028-38051776

邮箱：bomnetfelt@gmail.com

泉州新威达粘胶制品有限公司坐落于泉州市江南高新技术产园工业区。公司先后引进多条先进的涂布机、复合机、涂硅机等生产设备，主要用于生产婴儿纸尿裤魔术左右贴、PP左右贴、前腰贴，卫生巾快易贴，包装，医用标签以及电子工业胶带，特种胶带等产品，同时可根据新老客户需求承接各种特殊胶粘制品的研发、加工、生产。

专业生产：**前腰贴、魔术扣，PP左右腰贴，卫生巾快易贴。**

电话：0595-28100599　　传真：0595-28100699

联系人：陈经理　13788824466

地址：福建泉州鲤城高新技术产业园金太阳后7号　　邮编：362000

爱唯 EVERY

上海唯爱纸业有限公司

SHANGHAI WEI AI PAPER CO., LTD.

上海唯爱纸业有限公司的前身是上海日立行卫生用品有限公司(原上海纸盒七厂)，是国内较早生产卫生湿巾的企业之一。专业生产经营“爱唯”牌、“康乐”牌餐饮、日用、医用、妇婴四大系列四十余种一次性卫生纸制品，是较早从事外贸出口加工的企业之一。

爱唯卫生湿巾和卫生湿毛巾是公司的特色产品，具有杀菌、去污、洁肤、清洁之功效，产品远销日本、美国、澳大利亚、法国、柬埔寨、中国香港、中国台湾等国家和地区。

公司生产经营纸巾纸、口罩、帽子、妇婴用品等一次性卫生用品也深得食品、医药、科研、学校单位的好评和消费者的青睐。公司产品已覆盖各大航空公司，也适用于各大团体、机关、厂矿企业。

“爱岗敬业、唯在诚信”是企业的唯一宗旨

“唯质量至上，做顾客所爱；制优质纸品，创持续业绩”是企业唯一方针

“爱唯纸巾、唯您所爱”是企业的唯一目标

·欢迎各界人士惠顾垂询·

总经理：程学保　　副总经理：李 剑

地址：上海浦东新区宣桥镇三灶工业园区宣秋路446号A楼　　邮编：201300

电话：021-51961298 51961288　　传真：021-51961278　　联系人：沈治文　　联系电话：13701853653

E-mail：weiaiaiwei1@sina.com weiaizhy@citiz.net　　Http: //www.shevery.com.cn　　网络实名：唯爱；爱唯

我公司主要销售英国多米诺V系列热转印打码机以及其他品牌TTO色带、配件等。

多米诺V系列热转印打码机可实现软包装的标识在线打印。采用全新的i-Tech智能色带驱动技术，可帮助客户大幅减少色带消耗。安装简便，打印质量精美，配合多米诺著名的全球化服务，将是工厂和OEM配线商的理想选择。

适用于湿巾、纸尿裤、卫生巾、手帕纸、卫生卷纸等软膜包装的日期、LOGO、条码等喷印，非常容易安装在立式、卧式包装机上。色带环保无污染、300DPI清晰度，操作维护简单，综合使用成本有效降低！

欢迎生活用纸行业的朋友们和各包装设备配线商来电来函交流、合作！

南京茂雷电子科技有限公司

公司地址：江苏省南京市建邺区茶亭东街79号西祠创业园10号楼

电　话：400-025-0302 025-86368136　　手　机：13905140302范经理

网　址：www.moraytech.com　　邮　箱：940638053@qq.com

常德德为尔机械设备制造有限公司

做合格的人　造合格的产品　提供舒心的服务

自主研制生产：手帕纸中包机、手帕纸中转机、小包手帕纸虚切刀总成及虚切打孔刀。

SPZF35型手帕纸中转机 实用新型专利号：ZL 2012 2 0528446.8

用于手帕纸生产线标签机和中包机之间，起储存中转产品的作用，降低临时停机对整个生产线的影响。

1. 减少生产线停机时间；　2. 稳定产品质量；
3. 降低废品率；　4. 节约人力成本；
5. 降低操作人员因处理临时故障引起的调试安全隐患及劳动强度；
6. 两年收回投资。

技术参数	数值
生产线速度	280包/分
最大储包能力	1800包
每次储包或供包数	15包
总功率	约1.5kW
总重量	约2t
外形尺寸（长x宽x高）	4040mm×2003mm×1700mm

HB51型手帕纸中包机

1. 机电气一体化设计，自动化程度高；
2. 伺服系统驱动下膜，定位准确；
3. 触摸屏可视化控制，操作简单；
4. 旋转刀切膜装置，磨损小，使用寿命长，一片刀有四刃，是剪切式切膜刀4倍的使用寿命；
5. 四种包装规格调整简单；
6. 特殊设计的层叠托板装置保证叠层过程可靠。

技术参数	数值
生产速度	最大28条/分(二层包装)
包装规格（层数x每层包数）	2×5　2×6　3×5　3×6
适应小包规格	标准型105 mm×53 mm×25mm 迷你型73 mm×53 mm×25mm
总功率	约3kW
总重量	约0.85t
外形尺寸（长x宽x高）	3085mm×1775mm×1400mm

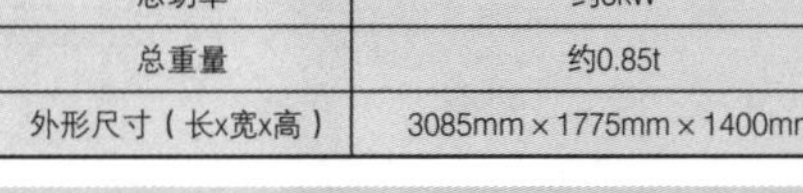

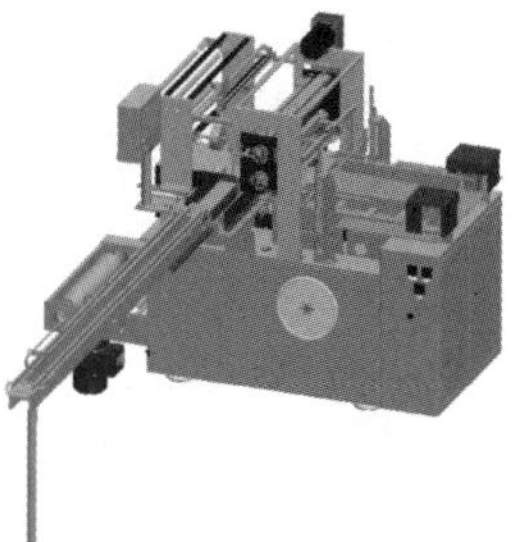

公司地址：湖南省常德市武陵区德山乾明路56号　电话/传真：0736-7311713　联系人：刘也夫　手机：15173637631

规　　格：16~45g/m²
品　　牌：林林
参考报价：面议

产品名称
擦手纸原纸
擦手纸成品
湿强原纸
各类出口纸巾纸
精密仪器擦拭纸

浙江省诸暨造纸厂
产地：浙江省诸暨市暨阳工业园(江龙)　邮编：311800
联系人：何吉华 13506859400 电话：0575-87320088
传真：0575-87320068　E-mail:hejihua105@163.net

主要产品：干法纸、热合纸、膨化纸、复合纸、高分子吸水纸、复合抗菌纸（祛味、清凉，颜色 有白色、绿色、蓝色等）。
产品规格：以上各种产品定量为40~500g/m²，可按客户要求在2500mm幅宽内任意分切。

廊坊本色芯材制品有限公司

廊坊本色芯材制品有限公司是一家以生产卫生用品原材料为主的现代化高科技专业厂家，公司生产的热风干法（无尘）纸，吸水干法（无尘）纸，复合干法（无尘）纸、胶合干法（无尘）纸等膨化卫生芯材广泛应用于卫生巾、护垫、成人护理垫、医用防护服等卫生用品领域及工业擦拭、静电防护方面。我公司现有各种专业操作人员及技术维修人员三十余名。公司产品具有柔软、亲肤、蓬松、吸水、防静电、高渗透等性能。品种规格齐全，品质优良，价格低廉，欢迎新老朋友订购。

地　址：河北省廊坊市开发区花园道30号
邮　编：065001
电　话：0316-6082338　6077720　2650518　2658286
传　真：0316-6075220
联系人：马玉龙 13903267933　张建岭 13831616900
颜俊霞 15133511580

Directory of Tissue Paper & Disposable Products【China】

中国生活用纸年鉴 2014/2015

中国造纸协会生活用纸专业委员会　编

中国石化出版社

图书在版编目（CIP）数据

中国生活用纸年鉴．2014～2015／中国造纸协会生活用纸专业委员会编．—北京：中国石化出版社，2014．4
ISBN 978－7－5114－2720－5

Ⅰ．①中… Ⅱ．①中… Ⅲ．①生活用纸－中国－2014～2015－年鉴 Ⅳ．①TS761．6－54

中国版本图书馆 CIP 数据核字（2014）第 055156 号

未经本社书面授权，本书任何部分不得被复制、抄袭，或者以任何形式或任何方式传播。版权所有，侵权必究。

责任编辑　张正威
责任校对　李　伟

中国石化出版社出版发行
地址:北京市东城区安定门外大街 58 号
邮编:100011　电话:(010)84271850
读者服务部电话:(010)84289974
http://www.sinopec-press.com
E-mail:press@sinopec.com
北京科信印刷有限公司印刷
全国各地新华书店经销
*
889×1194 毫米 16 开本 76.25 印张 22 插页 62 彩页 2074 千字
2014 年 4 月第 1 版　2014 年 4 月第 1 次印刷
定价:450.00 元

《中国生活用纸年鉴 2014/2015》编委会

主　　任：曹振雷

副 主 任：许连捷　李朝旺　杨传信　岳　勇　张海婴　陈　莺　宫林吉广　于睿豪

主　　编：江曼霞

执行主编：张玉兰

参　　编：孙　静　曹宝萍　陈祥津　林　茹　周　杨　王　娟　张华彬　漆小华　朱泓波　温雪梅　韩　颖　葛继明　钟　颖　邢婉娜

广告策划：曹宝萍　张华彬

英文翻译：曹宝萍　王　娟

EDITORIAL BOARD

Director : Cao Zhenlei

Deputy Directors : Xu Lianjie, Li Chaowang, Yang Chuanxin, Yue Yong, Mike Zhang, Chen Ying, Miyabayashi Yoshihiro, Yuri Hermida

Editor – in – Chief : Jiang Manxia

Executive Editor – in – Chief : Zhang Yulan

Editors : Sun Jing, Cao Baoping, Chen Xiangjin, Lin Ru, Zhou Yang, Wang Juan, Zhang Huabin, Qi Xiaohua, Zhu Hongbo, Wen Xuemei, Han Ying, Ge Jiming, Zhong Ying, Xing Wanna

Advertising Marketing : Cao Baoping, Zhang Huabin

English Translators : Cao Baoping, Wang Juan

对本书有关的各项业务与意见请与编委会直接联系。

地址：北京市朝阳区望京启阳路 4 号中轻大厦 6 楼

邮编：100102

电话：010 – 64778188

传真：010 – 64778199

Any business refers to this book, please contact the editorial board.

Address: **Floor** 6, **Sinolight Plaza, No.** 4, **Qiyang Road, Wangjing, Chaoyang District, Beijing** 100102

Tel: 010 – 64778188

Fax: 010 – 64778199

E – mail: cnhpia@sina.cn, 2004ads@sina.com, bianji1993@sina.cn

Http:// www.cnhpia.org

编 写 说 明

由中国造纸协会生活用纸专业委员会编写的《中国生活用纸年鉴》从1994年开始出版，已经出版发行了十一卷。从2002年的第六卷开始，每两年一卷逢双年的第一季度出版。《中国生活用纸年鉴》是目前国内唯一反映生活用纸及相关行业全貌的资料和从业人员的工具书，所收录的资料全面及时准确地反映我国生活用纸行业的发展和变化，引导资金投向，推动技术进步和促进经贸活动的发展。本卷为第十二卷即《中国生活用纸年鉴 2014/2015》。

《中国生活用纸年鉴 2014/2015》由中国石化出版社出版。2014/2015 年版生活用纸年鉴的编写继续秉持以往编写年鉴的原则，扩大信息量，编入行业的最新和最适用资料，各章节的内容都进行了认真的核实和补充，编排形式也更便于读者查阅和检索。为便于外国人阅读，目录和主要内容有中英文对照。

Foreword

Directory of Tissue Paper & Disposable Products (*China*), compiled by the China National Household Paper Industry Association, has been published for 11 volumes since 1994. Since the 6th volume in 2002, it has been published biennially in the 1st quarter of the even years. It is currently the one and only domestic reference book presenting a panorama of tissue paper/disposable products and related industries for the employed. The information included in it enables a comprehensive and precise reflection of the development and changes of Chinese tissue paper/disposable products and related industries, guides investment and promotes technological improvement and trade activities. *2014/2015 Directory of Tissue Paper & Disposable Products* (*China*) (*the 12th volume*) is published this year to present related information of the industry.

2014/2015 Directory of Tissue Paper & Disposable Products (*China*) is published by the China Petrochemical Press. The compiling of the new directory follows the principles of previous editions. New information as well as the latest and most related information has been added. In addition, details of each chapter have undergone careful checking and supplementing. Its format is arranged in such a way in order to provide easy reader access and information retrieval. For the sake of foreigners, it is a bilingual version in both Chinese and English for the contents and the major parts.

目　录

TABLE OF CONTENTS

彩色页广告目录

No.	企 业 名 称	主要产品/业务	页 码
1	江苏金卫(集团)机械设备有限公司	一次性卫生用品设备,生活用纸加工设备,粉碎机	封面,内彩43
2	佛山市南海区德昌誉机械制造有限公司	生活用纸加工设备,非织造布加工设备	封二
3	法比奥百利怡机械设备(上海)有限公司(Fabio Perini)	生活用纸加工设备	扉页
4	安庆市恒昌机械制造有限责任公司	一次性卫生用品设备及包装机	内彩2~3
5	上海松川远亿机械设备有限公司	生活用纸包装机	内彩4
6	泉州市汉威机械制造有限公司	一次性卫生用品设备,堆垛包装机	内彩5
7	三木机械制造实业有限公司	一次性卫生用品设备	内彩6~7
8	广西华美纸业集团有限公司	生活用纸	内彩8
9	杭州珂瑞特机械制造有限公司	一次性卫生用品设备	内彩9
10	泉州市创达机械制造有限公司	湿巾设备	内彩10
11	三明市普诺维机械有限公司	各类旋切刀辊刀架	内彩11
12	厦门象屿上扬贸易有限公司	经销莱卡弹性纤维	内彩12~13
13	晋江海纳机械有限公司	一次性卫生用品设备,生活用纸包装机,湿巾设备	内彩14~15
14	佛山市宝索机械制造有限公司	生活用纸加工设备	内彩16~17
15	上海富永纸品包装有限公司	生活用纸/卫生用品包装机	内彩18~19
16	泉州大昌纸品机械制造有限公司	湿巾设备	内彩20
17	晋江市顺昌机械制造有限公司	一次性卫生用品设备	内彩21
18	泉州新日成热熔胶设备有限公司	热熔胶机	内彩22
19	诺信(中国)有限公司(Nordson)	热熔胶机	内彩23
20	特艺佳国际有限公司(Tech. Vantage)	代理经销进口生活用纸加工及卫生用品设备	内彩24
21	美国爱思诺机械制造有限公司(Elsner)	干/湿巾折叠机、复卷机及包装机,非织造布复卷机	内彩25
22	意大利 Gambini 公司(Gambini)	生活用纸加工设备	内彩26
23	德国森宁包装机械公司(Senning)	手帕纸折叠包装机,餐巾纸、面巾纸、擦手纸包装机	内彩27
24	雀氏(福建)实业发展有限公司	纸尿裤	内彩28
25	浙江鼎业机械设备有限公司	手帕纸中包机,方包机,封箱机	内彩29
26	汕头市爱美高自动化设备有限公司	卫生纸包装机,物流输送设备	内彩30
27	佛山市兆广机械制造有限公司	生活用纸加工设备	内彩31
28	川之江造纸机械(嘉兴)有限公司(Kawanoe)	卫生纸机,复卷分切机	内彩32
29	丹东天和实业有限公司	干法纸设备,木浆粉碎设备,干法纸	内彩33
30	广州市兴世机械制造有限公司	一次性卫生用品设备	内彩34~35
31	浙江瑞安市大伟机械有限公司	湿巾设备	内彩36
32	广州耐思造纸专用设备制造有限公司	包装设备	内彩37
33	温州市王派机械科技有限公司	面巾纸包装/入盒封盒/贴把/装箱机	内彩38
34	北京大森长空包装机械有限公司	枕式包装机	内彩39
35	杭州新余宏机械有限公司	一次性卫生用品设备	内彩40
36	依工玳纳特胶粘设备(苏州)有限公司(ITW Dynatec)	热熔胶机	内彩42
37	奥普蒂玛包装机械(上海)有限公司(Optima)	一次性卫生用品包装设备	内彩44
38	山东华林机械有限公司	卫生纸机	内彩45
39	印度卫生用品行业协会(BCH)	行业协会	内彩46
40	泉州市瑞东机械制造厂	湿巾设备	内彩47
41	*Nonwovens Industry*	媒体	内彩48
42	佛山市南海毅创设备有限公司	生活用纸加工设备	内彩49
43	南京松林刮刀锯有限公司	卫生纸生产及加工中的各种刀具	内彩50~51
44	东莞市佳鸣机械制造有限公司	生活用纸加工设备	内彩52
45	上海东冠纸业有限公司	生活用纸、卫生用品	内彩53

续表

内页广告目录

中国造纸协会生活用纸专业委员会

THE CHINA NATIONAL HOUSEHOLD PAPER INDUSTRY ASSOCIATION (CNHPIA)

[1]

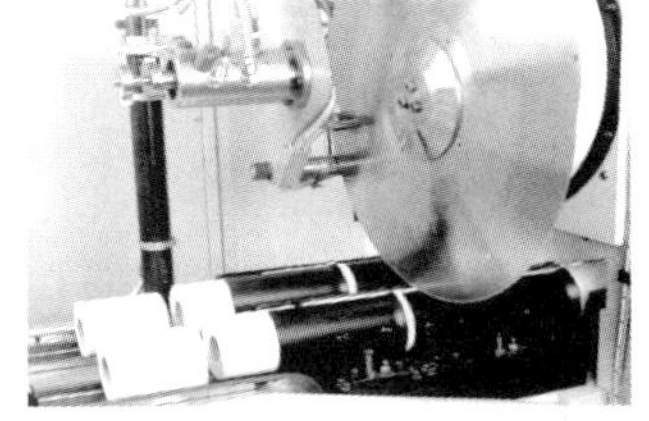

简　介

中国造纸协会生活用纸专业委员会是在中国造纸协会领导下的全国性专业组织。英文名称 China National Household Paper Industry Association(CNHPIA)。会址设在北京，挂靠单位为中国制浆造纸研究院。

生活用纸专业委员会于 1993 年 6 月 8 日正式成立。会员包括生活用纸、卫生用品生产企业，相关设备和原辅材料供应企业等，目前有国内会员单位约 600 个，海外会员单位 26 个。通过其成员的积极工作，已在该领域做出了显著成绩。

中国造纸协会生活用纸专业委员会是跨部门、跨地区和不分所有制形式的全国性组织，是由生活用纸有关企业自愿组成的社会团体。其宗旨是促进生活用纸行业的技术进步和经济发展，加快现代化步伐。

生活用纸专业委员会的主要任务是在企业与政府部门之间起桥梁和纽带作用，加强行业自律和反倾销等工作，为企业提供多种形式的服务：开展技术咨询，发展与海外同行业的联系，加强本行业的国内外信息交流，建立生活用纸行业数据库和信息网，开展国际间技术、经济方面的合作与交流，组织会员单位参加国内外有关展览与技术考察活动，定期出版《生活用纸》期刊、《中国生活用纸年鉴》以及《中国生活用纸行业年度报告》，提供国内外生活用纸发展的技术经济和市场信息，为国内外厂商进行技术合作和合资经营牵线搭桥。

生活用纸专业委员会的最高权力机构为会员代表大会、常委会。常委会下设秘书处、生活用纸组、卫生巾组、纸尿裤组、机械设备组和原辅材料组等分支机构。

随着工作的开展，根据行业的需要，中国造纸协会生活用纸专业委员会将坚持服务宗旨，维护行业合法权益，建立健全工作制度和行为准则，以便更好地协助政府部门完成行业管理、发展规划、组织协调和服务等各项工作。

☆ 委员会领导机构

主 任 委 员：曹振雷
副主任委员：许连捷　李朝旺　杨传信　岳　勇　于睿豪　陈　莺　张海婴　宫林吉广
秘　书　长：江曼霞
副 秘 书 长：张玉兰　林　茹

☆ 会员单位

国内企业约 600 家
海外企业 26 家

☆ 出版物

《生活用纸》(半月刊，国内外公开发行)
《中国生活用纸年鉴》(每两年发行一卷)
《中国生活用纸行业年度报告》

☆ 联络方式

地址：北京市朝阳区望京启阳路 4 号中轻大厦 6 楼　　邮编：100102
电话：010－64778188　　传真：010－64778199
E－mail：2004ads@ sina. com　　Http://www. cnhpia. org
cnhpia@ sina. cn
bianji1993@ sina. cn

Brief introduction of the CNHPIA

China National Household Paper Industry Association (CNHPIA) under China Paper Association is a nationwide organization in China. The site of the association is in Beijing, and the chairman member of the said association is China National Pulp & Paper Research Institute.

China National Household Paper Industry Association was established on June 8, 1993. Members include manufacturers of tissue paper and disposable hygiene products, suppliers of related equipments and raw materials, etc. Up till now, there are about 600 domestic members and 26 overseas members in the association. With the positive efforts of all the members, the association has achieved remarkable success in this field.

China National Household Paper Industry Association is a nationwide organization. Its members are from different departments, different regions, and of different ownerships, all the members are voluntary to join in the association. The aim of the association is to promote the technique improvement and economic development of the industry, and to quicken the modernization drive.

The main function of the association is to act as the bridge between the enterprises and the government, to strengthen industry self-discipline and deal with antidumping, it offers kinds of help for the industry.

To provide technical consulting service, to keep in touch with the overseas enterprises, to enhance the communication of information from home and abroad, to set up the database and information net of tissue paper and disposable hygiene products industry, to undertake the international cooperation on technology and economy, to organize the members to take part in the exhibitions and technique investigations, to publish *Tissue Paper and Disposable Products* magazine, *Directory of Tissue Paper & Disposable Products* (*China*) and *Annual Report on Chinese Tissue Paper & Disposable Products Industry* periodically, to provide the technical and market information of tissue paper and disposable hygiene products for overseas and domestic corporations and joint venture business of domestic and overseas manufacturers.

The highest organ of authority in the association is all member congress and standing council. There are secretariat, Tissue Paper Branch, Sanitary Napkins Branch, Diapers Branch, Equipment Branch, and Raw Material Branch under the Council. Along with the expanding of the work and the requirement of the industry, China National Household Paper Industry Association will aim at service, defend the industry legitimate right, construct and perfect work system and code of conduct, in order to fulfill the functions of industry management, development planning and service, etc.

* Leader of CNHPIA

Chairman: Cao Zhenlei

Vice Chairman: Xu Lianjie, Li Chaowang, Yang Chuanxin, Yue Yong, Yuri Hermida, Chen Ying, Mike Zhang, Miyabayashi Yoshihiro

Secretary General: Jiang Manxia

Vice Secretary General: Zhang Yulan, Lin Ru

* Association Member

Domestic: about 600

Overseas: 26

* Publication

Tissue Paper & Disposable Products (semimonthly)

Directory of Tissue Paper & Disposable Products (China)

Annual Report on Chinese Tissue Paper & Disposable Products Industry

* Contact

Address: Sinolight Tower, No. 4, Qiyang Road, Wangjing, Chaoyang District, Beijing

Postcode: 100102 Tel: 8610 - 64778188

Fax: 8610 - 64778199 Http://www. cnhpia. org

E - mail: 2004ads@ sina. com
cnhpia@ sina. cn
bianji1993@ sina. cn

领导机构及秘书处成员
(2013 年)

主任委员(1 人)： 曹振雷(中国轻工集团公司)

副主任委员(8 人)： 许连捷(恒安(集团)有限公司)
李朝旺(维达纸业(中国)有限公司)
杨传信(上海唯尔福集团有限公司)
岳　勇(中顺洁柔纸业股份有限公司)
于睿豪(宝洁(中国)有限公司)
陈　莺(湖北丝宝卫生用品有限公司)
张海婴(金佰利(中国)有限公司)
宫林吉广(尤妮佳生活用品(中国)有限公司)

秘 书 长： 江曼霞(中国制浆造纸研究院)

副秘书长： 张玉兰(中国制浆造纸研究院)
林　茹(中国制浆造纸研究院)

常务委员(55 位，按省市排列)：

常务委员为企业法定代理人或其委托的其他负责人。法定代理人变更时，企业应报告秘书处，由秘书处调整确定。

北京市：	中国轻工集团公司	曹振雷
	中国制浆造纸研究院	江曼霞
	北京爱华中兴纸业有限公司	谢大伟
	北京倍舒特妇幼用品有限公司	李秋红
	北京特日欣卫生用品有限公司	冯　跃
天津市：	天津市依依卫生用品有限公司	卢俊美
	小护士(天津)实业发展股份有限公司	杨印海
辽宁省：	沈阳东联日用品有限公司	陈德斌
上海市：	金佰利(中国)有限公司	张海婴
	上海唯尔福集团有限公司	何幼成
	上海东冠华洁纸业有限公司	李慈雄
	上海花王有限公司	施学礼
	尤妮佳生活用品(中国)有限公司	宫林吉广
	上海护理佳实业有限公司	夏双印
	全日美实业(上海)有限公司	杨芳彬
	上海紫华企业有限公司	沈娅芳
	上海凯琳进出口有限公司	林　梅
	柯尔柏机械设备(上海)有限公司	邢小平
	美国依工玳纳特公司	焦　勇
	诺信(中国)有限公司	谭宗焕
江苏省：	金红叶纸业(苏州工业园区)有限公司	徐锡土
	胜达集团江苏双灯纸业有限公司	赵　林
	永丰余家品(昆山)有限公司	苏守斌
	王子制纸妮飘(苏州)有限公司	吴金龙
	维顺(中国)无纺制品有限公司	许雪春

	宜兴丹森科技有限公司	洪锡全
浙江省：	杭州新余宏机械有限公司	孙小宏
	杭州可靠护理用品股份有限公司	金利伟
	杭州珍琦卫生用品有限公司	俞飞英
	杭州舒泰卫生用品有限公司	马飞跃
安徽省：	安庆市恒昌机械制造有限责任公司	吕兆荣
福建省：	恒安(集团)有限公司	许连捷
	福建恒利集团有限公司	吴家荣
	雀氏(福建)实业发展有限公司	郑佳明
	中天集团(中国)有限公司	黄家齐
山东省：	潍坊恒联美林生活用纸有限公司	李瑞丰
	山东东顺集团有限公司	陈树明
	山东益母妇女用品有限公司	赵玉山
河南省：	漯河银鸽生活纸产有限公司	张世进
湖北省：	湖北丝宝卫生用品有限公司	陈　莺
湖南省：	湖南恒安纸业有限公司	许文默
广东省：	维达纸业(中国)有限公司	李朝旺
	中顺洁柔纸业股份有限公司	岳　勇
	东莞白天鹅纸业有限公司	卢锦洪
	宝洁(中国)有限公司	于睿豪
	佛山市南海区桂城景兴商务拓展有限公司	邓锦明
	佛山新飞卫生材料有限公司	穆范飞
	宝索机械制造有限公司	彭锦铜
	东莞市佳鸣机械制造有限公司	万雪峰
	佛山市南海区德昌誉机械制造有限公司	陆德昌
	佛山市兆广机械制造有限公司	吴兆广
广　西：	广西贵糖(集团)股份有限公司	陈　健
	广西舒雅卫生制品有限公司	赖晓杨
	桂林洁伶工业有限公司	陈百城
宁　夏：	宁夏紫荆花纸业有限公司	纳巨波

专业机构名单：

生活用纸组

组　长：维达纸业(中国)有限公司
副组长：中顺洁柔纸业股份有限公司

卫生巾组

组　长：恒安(集团)有限公司
副组长：宝洁(中国)有限公司
上海唯尔福集团有限公司

纸尿裤组

组　长：恒安(集团)有限公司
副组长：金佰利(中国)有限公司

机械设备组

卫生用品机械组组长：
安庆市恒昌机械制造有限责任公司
杭州新余宏机械有限公司
卫生纸机械组组长：
东莞市佳鸣机械制造有限公司
佛山市南海区德昌誉机械制造有限公司

原辅材料组

组　长：维顺(中国)无纺制品有限公司

秘书处成员名单：

江曼霞	张玉兰	林　茹	曹宝萍	孙　静	陈祥津
周　杨	钟　颖	温雪梅	王　娟	张华彬	漆小华
朱泓波	王　潇	韩　颖	葛继明	邢婉娜	罗　霞
王林红					

Session board of directors and secretaries of CNHPIA (2013)

Chairman of Association: 1 person

Cao Zhenlei	Sinolight Corporation

Vice Chairman of Association: 8 persons

Xu Lianjie	Hengan International Group Co., Ltd.
Li Chaowang	Vinda Paper (China) Co., Ltd.
Yang Chuanxin	Shanghai Welfare Group Co., Ltd.
Yue Yong	CNSN Paper Co., Ltd.
Yuri Hermida	Procter & Gamble (China) Ltd.
Chen Ying	Hubei C – BONS Sanitary Products Co., Ltd.
Mike Zhang	Kimberly – Clark (China) Co., Ltd.
Miyabayashi Yoshihiro	Shanghai Uni – charm Co., Ltd.

Secretary General:

Jiang Manxia	China National Pulp & Paper Research Institute

Vice Secretary General:

Zhang Yulan	China National Pulp & Paper Research Institute
Lin Ru	China National Pulp & Paper Research Institute

Members of Standing Committee: 55 units (arranged according to provinces)

Beijing:

Sinolight Corporation	Cao Zhenlei
China National Pulp & Paper Research Institute	Jiang Manxia
Beijing Aihua Zhongxing Paper Co., Ltd.	Xie Dawei
Beijing Beishute Maternity & Child Articles Co., Ltd.	Li Qiuhong
Beijing Terixin Hygienic Products Co., Ltd.	Feng Yue

Tianjin:

Tianjin Yiyi Hygiene Products Co., Ltd.	Lu Junmei
Little Nurse (Tianjin) Industrial Development Co., Ltd.	Yang Yinhai

Liaoning:

Shenyang Tonglian Daily – Use Goods Co., Ltd.	Chen Debin

Shanghai:

Kimberly – Clark (China) Co., Ltd.	Mike Zhang
Shanghai Welfare Group Co., Ltd.	He Youcheng
Shanghai Orient Champion Georgia Pacific Tissue Co., Ltd.	Li Cixiong
Kao Corporation Shanghai Co., Ltd.	Shi Xueli
Shanghai Uni – charm Co., Ltd	Miyabayashi Yoshihiro
Shanghai Hulijia Industrial Co., Ltd.	Xia Shuangyin
Everbeauty Industrial Co., Ltd.	Yang Fangbin
Shanghai Zihua Enterprise Co., Ltd.	Shen yafang
Shanghai Kailin Import & Export Co., Ltd.	Lin Mei
Körber Engineering (Shanghai) Co., Ltd.	Xing Xiaoping

ITW Dynatec (H. K.) LTD.	Jiao Yong
Nordson (China) Co., Ltd.	Tan Zonghuan
Jiangsu:	
Gold Hongye Paper (Suzhou Industrial Park) Co., Ltd.	Xu Xitu
Shengda Group Jiangsu Sund Paper Co., Ltd.	Zhao Lin
Yuen Foong Yu Family Care (Kunshan) Co., Ltd.	Michael Su
Oji Paper Nepia (Suzhou) Co., Ltd.	Wu Jinlong
Fibervisions (China) Textile Products Ltd.	Xu Xuechun
Yixing Dansen Technology Co., Ltd.	Hong Xiquan
Zhejiang:	
Hangzhou New Yuhong Machinery Co., Ltd.	Sun Xiaohong
Hangzhou Coco Healthcare Products Co., Ltd.	Jin Liwei
Hangzhou Zhenqi Sanitary Products Co., Ltd.	Yu Feiying
Hangzhou Shutai Sanitary Products Co., Ltd.	Ma Feiyue
Anhui:	
Anqing Hengchang Machinery Co., Ltd.	Lü Zhaorong
Fujian:	
Hengan International Group Co., Ltd.	Xu Lianjie
Fujian Hengli Group Co., Ltd.	Wu Jiarong
Chiaus (Fujian) Industrial Development Co., Ltd.	Zheng Jiaming
AAB Group (China) Co., Ltd.	Huang Jiaqi
Shandong:	
Weifang Lancel Hygiene Products Limited	Li Ruifeng
Shandong Dongshun Group Co., Ltd.	Chen Shuming
Shandong Yimoo Woman's Products Co., Ltd.	Zhao Yushan
Henan:	
Luohe Yinge Household Paper Co., Ltd.	Zhang Shijin
Hubei:	
Hubei C – BONS Sanitary Products Co., Ltd.	Chen Ying
Hunan:	
Hunan Hengan Paper Co., Ltd.	Xu Wenmo
Guangdong:	
Vinda Paper (China) Co., Ltd.	Li Chaowang
CNSN Paper Co., Ltd.	Yue Yong
Dongguan White Swan Paper Products Co., Ltd.	Lu Jinhong
Procter & Gamble (China) Ltd.	Yuri Hermida
Nanhai Guicheng Jingxing Business Affairs Widening Co., Ltd.	Deng Jinming
Foshan Xinfei Sanitary Material Co., Ltd.	Mu Fanfei
Baosuo Paper Machinery Manufacture Co., Ltd.	Peng Jintong
Dongguan Jumping Machinery Manufacture Co., Ltd.	Wan Xuefeng
Nanhai Dechangyu Machinery Manufacture Co., Ltd.	Lu Dechang
Foshan Zhaoguang Paper Machinery Manufacture Co., Ltd.	Wu Zhaoguang
Guangxi:	

Guangxi Guitang (Group) Co., Ltd.	Chen Jian
Guangxi Shuya Health Care - Products Co., Ltd.	Lai Xiaoyang
Guilin Jieling Industry Co., Ltd.	Chen Baicheng
Ningxia:	
Ningxia Zijinhua Paper Co., Ltd.	Na Jubo

List of Branches:

Tissue Paper Branch

Headman: Vinda Paper (China) Co., Ltd.

Vice Headman: CNSN Paper Co., Ltd.

Sanitary Napkins Branch

Headman: Hengan International Group Co., Ltd.

Vice Headman: Procter & Gamble (China) Ltd.
Shanghai Welfare Group Co., Ltd.

Diapers Branch

Headman: Hengan International Group Co., Ltd.

Vice Headman: Kimberly - Clark (China) Co., Ltd.

Machinery Branch

Disposable Products Machinery Group

Headman: Anqing Hengchang Machinery Co., Ltd.
Hangzhou New Yuhong Machinery Co., Ltd.

Tissue Machine/Converting Machinery Group

Headman: Dongguan Jumping Machinery Manufacture Co., Ltd.
Nanhai Dechangyu Machinery Manufacture Co., Ltd.

Raw Materials Branch

Headman: Fibervisions (China) Textile Products Ltd.

The members of CNHPIA secretariat:

Jiang Manxia	Zhang Yulan	Lin Ru	Cao Baoping	Sun Jing
Chen Xiangjin	Zhou Yang	Zhong Ying	Wen Xuemei	Wang Juan
Zhang Huabin	Qi Xiaohua	Zhu Hongbo	Wang Xiao	Han Ying
Ge Jiming	Xing Wanna	Luo Xia	Wang Linhong	

工作条例

Rules of the CNHPIA

（1998年修订稿）

第一章 总 则

第一条 中国造纸协会生活用纸专业委员会是在中国造纸协会领导下的全国性专业组织，是有关生活用纸方面的企业家和科技工作者的群众团体。是中国造纸协会的组成部分，受中国造纸协会理事会的直接领导。

第二条 生活用纸专业委员会（以下简称专委会）的宗旨是：促进生活用纸行业的技术进步和经济发展，加快生活用纸技术的现代化。

第二章 任 务

第三条 专委会完成下列任务

1. 在企业与政府部门之间起桥梁和纽带作用，为企业提供多种形式的服务。

2. 组织领导生活用纸方面的学术及技术交流，组织技术协作。

3. 邀请专家、学者和有经验的人士讲学，举办培训班、组织国内外有关展览和技术考察活动。

4. 提出与生活用纸专业有关的技术经济政策和发展规划，做好行业统计与市场调查。为企业正确地进行决策提供依据，建立生活用纸行业信息网和数据库，定期出版生活用纸有关资料、刊物。

5. 开展信息反馈、技术咨询、企业诊断和技术改造等多种技术服务。

6. 参与制定、修订生活用纸行业各类标准的工作。

7. 为国内外厂商进行技术合作和合资经营牵线搭桥。

8. 根据需要，开展其他各项有利于提高生活用纸行业水平的活动。

第三章 会 员

第四条 凡是生活用纸生产企业同意专委会工作条例，向专委会提出申请，经专委会或常委会批准后即成为专委会会员单位，另外，根据发展情况和工作需要，与生活用纸有关的单位，亦可提出申请，其批准程序与上述相同。

第五条 会员单位的代表者，应为该单位的法人代表或法人代表委托的其他负责人，若人事更动，应及时将人员变更情况通知专委会。

第六条 对与本专业有关的专家、学者（包括已离退休者），经专委会同意可以作为本委员会特邀个人会员。

第七条 对与本专业有关的外国和港台地区厂家，经专委会同意可以作为专委会海外会员。

第四章 会员的权利与义务

第八条 权利

1. 有选举权和被选举权。

2. 对专委会有权提出意见和建议。

3. 有权参加专委会组织的学术交流和技术经贸活动及获得有关资料。

4. 有权要求专委会帮助组织技术协作。

第九条 义务

1. 遵守专委会条例。

2. 执行专委会的决议和委托的工作。

3. 受专委会的委托，派出人员参加有关单位的技术协作。

4. 按时交纳会费，会费在每年第三季度内（7月—9月）交清，无故拖欠者，经常委会通过取消会员资格。

第五章 机 构

第十条 专委会的组织原则实行民主集中制。

第十一条 专委会的最高权力机构为常务委员会议或会员大会。其主要职能是：

1. 讨论和修改专委会工作条例及有关文件。

2. 审议和批准专委会的工作报告及活动方案。

3. 按民主程序选举和产生专委会领导成员。

4. 审议批准专委会新成员。

5. 审议和决定其他重要事项。

第十二条 常务委员会设主任委员1人，副主任委员2～8人，常务委员若干人，常务委员会每年召开1次会议。主任委员、副主任委员由常务委员会协商推选产生。任期4年，可连选连任。设秘书长1人、副秘书长2人，负责日常工作并与各副主任委员及常务委员单位做好联系工作。

第十三条 专委会的挂靠单位一般为当任的

主任委员单位。秘书处设在挂靠单位。

第十四条 为了便于活动，专委会设1个办事机构（秘书处）和5个专业组：

1. 生活用纸组（包括卫生纸、厨房用纸、纸巾纸、湿巾等）。

2. 卫生巾组。

3. 婴儿纸尿裤组。

4. 原辅材料组（包括绒毛浆、化学助剂等）。

5. 机械设备组（分卫生用品机械和卫生纸机械两个小组）。

第十五条 各专业组推选组长1名，副组长1~3名，负责本组的联络、协调工作，原则上每年活动1次，若会员单位有较大技术问题，提出申请后，由组长报秘书处组织协作。

第十六条 主任委员、副主任委员、秘书长、常委报中国造纸协会核准备案。

第六章 活动经费

第十七条 本专委会的活动经费有以下来源：

1. 会员单位交纳的会费。

2. 接收有关单位对部分专项活动的赞助费。

3. 挂靠单位对日常工作费用给予一定补贴。

4. 其他收入。

经费的收支情况定期向会员单位公布。

第七章 附 则

第十八条 本条例经常委扩大会讨论通过后执行，并报中国造纸协会备案，其解释权属于常务委员会。

第十九条 本条例如与上级规定有抵触时，按上级规定执行。

生活用纸企业家俱乐部章程

Regulations of the China Tissue Paper Executives Club（CTPEC）

（2005年订立，2007年修订）

第一章 总 则

第一条 中国生活用纸企业家俱乐部是由中国境内的生活用纸骨干企业自发成立的民间组织。

第二条 俱乐部是生活用纸骨干企业之间交流联谊的平台，通过俱乐部，成员企业的高层人士能及时沟通和得到各种行业共性化和针对本企业个性化的信息。

第二章 活动内容

第三条 俱乐部的活动内容包括：

1. 无主题轻松的交流和联谊。

2. 对行业发展和市场开拓方面出现的新情况进行研讨，启发思路和寻找解决方案。

3. 针对企业发展规划、经营管理、市场培育、融资渠道、人力资源、原料采购、清洁生产、节能节水、质量管理、产品安全、环境友好等共性问题进行交流和沟通。

4. 就行业共性的有关问题，与政府部门、有关机构、主流媒体进行对话沟通，积极宣传行业发展情况，加强消费者教育工作。

5. 共同探讨如何把市场的蛋糕做大，开展企业之间多种形式的合作。

6. 邀请有关外国公司列席参加会议，加强国际合作。

第三章 会 员

第四条 俱乐部采用会员制，遵循准入资格审查和企业自愿相结合的原则，控制会员数逐步增加并在一定的数量范围内。凡承认本俱乐部章程，愿意履行会员义务并符合准入资格的企业，均可提出加入俱乐部的申请。

第五条 会员准入资格

1. 中国境内注册的生活用纸企业。

2. 具有一定的高档产品生产规模，有较高的市场知名度和美誉度。

3. 入会申请经俱乐部会员大会审核，并得到三分之二以上会员通过。

第六条 会员权利和义务

1. 由企业负责人参加会员活动，如负责人不能出席，可以派副总以上高层管理人员参加。

2. 遵守本俱乐部的章程，承担会员活动经费。

3. 对俱乐部的活动安排有参与和提出建议的权利和义务。

4. 俱乐部会员不得利用俱乐部进行价格协调等垄断、操纵市场的行为和活动。

第七条 退会

1. 入会企业可以申请自愿退会。

2. 连续三次不参加会员大会，需以书面报告形式，向秘书处说明情况，申请保留会籍，并经会员会议重新确认，否则视为自动退出。

3. 违反本章程第六条规定，不履行会员义务的，经三分之二以上会员通过，劝其退出。

4. 企业破产、被并购、出现重大经营或产品质量问题经会员大会同意作为退会处理。

第四章 组织机构

第八条 俱乐部设会员大会，主席团和秘书处。

1. 会员大会为俱乐部最高权力机构，会员大会每半年举行一次。

2. 主席由各会员企业领导轮流担任，轮值主席人选在上一届会员大会上确定，主席负责俱乐部的领导和决策。

3. 主席团由轮值主席、候任主席和秘书长组成。

4. 秘书长由中国造纸协会生活用纸专业委员会秘书长担任。秘书长在主席领导下负责俱乐部的事务工作，贯彻落实会员大会的决议和决定。

5. 秘书处的日常事务工作(会议组织等)委托中国造纸协会生活用纸专业委员会秘书处代办。

第五章 经费来源及用途

第九条 俱乐部为非营利组织。俱乐部的会议或活动由会员企业轮流承办。

第十条 参加会议或活动的代表自付差旅费及住宿费，其他发生费用由承办企业负担。

承办企业可以委托秘书处代办会务和预付费用，并在会后按实际支出与秘书处结算和缴纳费用。

第十一条 本章程已于2005年2月25日获俱乐部成立大会通过。并于2007年11月修订。

生活用纸行业文明竞争公约

Fair competition pledge of the China tissue paper and disposable products industry

(1998年订立)

近年来，我国生活用纸行业发展迅速，市场竞争日趋激烈，市场竞争推动了生活用纸企业乃至整个生活用纸行业的迅速发展，随着中国生活用纸行业的发展壮大，规范竞争行为，共创公平竞争环境，成为每个企业的迫切要求，也是我国生活用纸行业健康发展的需要。

第一章 总 则

第一条 为树立良好的行业风气，建立和维护公平、依法、有序的生活用纸竞争环境，保护经营者和消费者的正当权益，依照国家有关法律、法规特制订此中国生活用纸行业文明竞争公约(以下简称公约)。

第二条 本公约是行业内各企业自律性公约，是企业文明竞争、自我约束的基准。

第三条 现代企业不仅是社会物质的生产者、社会的服务者，同时也应是社会进步的推动者、现代文明的建设者。建立良好的竞争环境，树立文明竞争新风尚是每个生活用纸企业应肩负起的社会职责。

第二章 文明竞争道德规范

第四条 文明竞争道德规范的基本点即诚实、公平、守信用，互相尊重、平等相待、文明经营、以义生利、以德兴业。

第五条 每个企业都要把文明竞争观念作为企业文化的重要组成部分，提高文明竞争意识，正确处理竞争与协作、自主与监督、经济效益与社会效益等关系。

第六条 企业要依靠科学技术进步和科学管理，不断提高生产经营水平，用优质产品、满意的服务质量和良好信誉树立自己的企业形象。

第七条 企业在市场交易中要遵循自愿、平等、诚信的原则，遵守公认的商业道德和市场准则，自觉维护消费者合法权益并尊重其他经营者的正当权益，自觉接受市场和广大消费者的评价和监督。

第八条 企业应加强对职工进行职业责任、职业道德、法律及职业纪律教育，促使职工用道德信念支配自己的行为，树立职业责任感和职业荣誉感，更好地完成本职工作。

第九条 企业要有文明竞争、共同发展的胸襟。

——提倡在平等协商、互惠互利、优势互补的前提下，广泛开展合作、协作、联合，优化本行业产业结构。

——倡导企业间以各种形式向消费者提供联合服务，提高行业为社会及消费者服务的整体水平。

——发扬大事共议，协调发展的风气，树立良好的行业形象。

第三章 文明竞争准则

第十条 企业应严格执行《中华人民共和国产品质量法》、《中华人民共和国消费者权益保护法》、《中华人民共和国广告法》、《中华人民共和国反不正当竞争法》、国家颁布的各类生活用纸的产品标准和卫生标准，让购买生活用纸产品的消费者能够满意、放心和安心。

第十一条 企业销售人员和其他业务人员在任何场合都应避免发生损害其他企业的行为。营销人员为消费者介绍产品，不应借向消费者介绍产品之机，做有损其他企业同类产品的不恰当宣传。

第十二条 宣传自己的企业及产品、服务，不夸大其辞。不得在文章、广告、各种宣传品中有影射、贬低其他企业及其技术、产品和服务。不侵犯其他企业的商业信誉，不损害其他企业知识产权，不损害其他企业的合法权益。切实履行自己的广告承诺与义务。

第十三条 严格执行《中华人民共和国统计法》，按照有关规定，认真负责、客观地向国家主管部门、行业协会提供真实的统计数据，不得虚报或故意错报、漏报各类数据。

——向有关主管部门和行业协会如实上报各项经济指标的统计数据，为国家和行业提供准确的信息。

——不断章取义地利用某些统计资料，做有损于其他企业的宣传。

——企业的统计工作接受统计管理部门、行业协会和社会公众的监督。

第四章 公约实施及违约责任

第十四条 本公约由中国造纸协会生活用纸专业委员会常委会提出，向全国所有生活用纸企业倡议共同遵守。

第十五条 凡生活用纸专业委员会的成员单位都必须承诺、自觉遵守和维护本公约并接受社会各界对遵守公约情况做公正的监督、评议。

第十六条 凡违反第三章文明竞争准则的各项条款，视为违约。

第十七条 企业如果发生违约行为，将承担违约责任。违约企业及当事人(或代表)有责任向受到损害的单位或其代表，在受到损害的范围内，通过一定的形式公开赔礼道歉，对违约行为造成的直接经济损失，依照有关法规给予经济赔偿。

第十八条 企业有责任向全体职工进行遵守和维护本公约的宣传和教育，当发现有违约行为时，要严肃处理。

第十九条 严重违约的企业，应在行业内(会议、会刊)公开检讨。

第二十条 在竞争行为是否违约难以界定时，当事双方(或多方)应本着自觉遵守公约的态度解决矛盾。

第二十一条 在需要第三方对竞争行为是否违约进行界定时，可由中国造纸协会生活用纸专业委员会邀请国家有关部门组成临时机构进行界定。

第二十二条 严重违约，但又不承担违约责任者，中国造纸协会生活用纸专业委员会提请国家反不正当竞争主管部门处理，并向社会舆论曝光和清除出协会。

生活用纸行业加强质量管理倡议书

Written proposal on strengthening quality management in the China tissue paper and disposable products industry

中国造纸协会生活用纸专业委员会各会员单位：

为进一步提高生活用纸行业的产品质量水平，迎接入世挑战，以求共同得到发展，并使消费者利益得到进一步的保障，我们在秘书处的协助下，向全体会员单位发出倡议：

1. 认真学习和贯彻即将在 2000 年 9 月 1 日

正式实施的《产品质量法》修正案，进一步完善和加强企业的质量控制体系，确保企业产品质量达到国家标准。

2. 坚决与假冒、伪劣现象作斗争。积极采集假冒品牌、伪劣产品的各种证据，查找制假、造伪的源头，一旦发现假冒伪劣产品，应立即向当地工商行政管理机构举报，为防止地方保护主义的干扰，也可向行业协会反映、举证，由秘书处统一协调，向中央新闻机构和有关工商管理机构反映，以保护我们各企业的合法权益。

3. 积极主动配合，认真接受各级技术监督部门、卫生监督部门的年度抽检和市场查验。如有异议，应当及时申诉，以求公正。在积极维护监督部门的权威性的同时，维护本行业的良好形象。逐步使企业向国际化迈进。

4. 企业要在一个公平、合理的竞争环境中以质量求生存，以品种求发展，从而满足不同消费层次的需求，以合理的价格参与市场竞争。反对低价倾销，正确把握各自的市场定位。

5. 各专业组应经常组织成员单位协商、研讨市场变化及应对措施，共谋行业发展，共商企业进步，为创建行业的精神文明、物质文明而共同努力。

2000 年生活用纸企业高峰会议全体代表

二〇〇〇年八月十八日

1992—2013 年重要活动

Important activities of the CNHPIA（1992—2013）

1992 年 12 月　创建生活用纸专业委员会的筹备会议
December 1992　Preparatory Meeting for CNHPIA

1993 年 6 月　生活用纸专业委员会成立大会
June 1993　Establishment Conference for CNHPIA

1993 年 6 月　出版《生活用纸信息》创刊号(试刊)(内部资料)
June 1993　Household Paper Information Started Its Publication

1994 年 5 月　'94 生活用纸技术交流会在京举行
May 1994　'94 China Household Paper Technology Exchange Seminar Held in Beijing

1994 年 11 月　出版《首届中国生活用纸专业委员会会刊》(内部资料)
November 1994　Published the [First Annual Directory of Household Paper Industry (China)]

1994 年 11 月　首届生活用纸年会在广东新会举行
November 1994　The First China International Household Paper Conference Held in Xinhui

1995 年 1 月　生活用纸专业委员会转为隶属中国造纸协会领导
January 1995　CNHPIA Changed to Under China Paper Association

1995 年 6 月　第二届生活用纸年会(一次性卫生用品专题)在京举行
June 1995　The Second China International Household Paper Conference (Disposable Hygiene Products) Held in Beijing

1995 年 11 月　第二届生活用纸年会(生活用纸专题)在京举行
November 1995　The Second China International Household Paper Conference (Tissue Paper) Held in Beijing

1996 年 3 月　生活用纸代表团赴欧洲及香港考察
March 1996　China Household Paper Delegation Visited Europe and HongKong for Investigation

1996 年 5 月　出版《'96 中国生活用纸指南》(内部资料)
May 1996　Published ['96 Directory of Household Paper Industry (China)]

1996 年 5 月　第三届生活用纸年会在福建厦门举行
May 1996　The Third China International Household Paper Conference Held in Xiamen, Fujian

1996 年 10 月　'96 一次性纸餐具研讨展示会在京举行
October 1996　'96 Disposable Paper Tableware Seminar Held in Beijing

1996 年 12 月 国产护翼型卫生巾机研讨展示会在京举行
December 1996 Domestic Wing Sanitary Machine Seminar Held in Beijing

1997 年 3 月 生活用纸代表团赴法国、德国、奥地利参观考察
March 1997 China Household Paper Delegation Visited France, Germany and Austria

1997 年 4 月 第四届生活用纸年会在昆明举行
April 1997 The Fourth China International Household Paper Conference Held in Kunming, Yunnan

1997 年 10 月 生活用纸专业委员会主任委员扩大会在京举行
October 1997 The Chairmen of CNHPIA Conference Held in Beijing

1997 年 11 月 出版《97—98 中国生活用纸指南》
November 1997 Published [97—98 Directory of Household Paper Industry (China)]

1997 年 11 月 生活用纸信息交流暨技贸洽谈会在沪召开
November 1997 Household Paper Industry Technology & Trade Seminar Held in Shanghai

1998 年 4 月 第五届生活用纸年会在浙江杭州举行
April 1998 The Fifth China International Household Paper Conference Held in Hangzhou, Zhejiang

1998 年 4 月 生活用纸代表团赴美国考察
April 1998 China Household Paper Delegation Visited U.S. for Investigation

1998 年 8 月 生活用纸专业委员会常委扩大会议在汕头举行
August 1998 The Members of CNHPIA Conference Held in Shantou, Guangdong

1998 年 8 月 《生活用纸信息》更名为《生活用纸》
August 1998 [Household Paper Information] Changed Name to [Tissue Paper & Disposable Products]

1999 年 3 月 生活用纸代表团赴欧洲考察
March 1999 China Household Paper Delegation Visited Europe for Investigation

1999 年 4 月 《中国生活用纸年鉴 1999》出版
April 1999 The Publishing of [Tissue Paper and Hygiene Products (China) 1999 Annual Directory]

1999 年 5 月 第六届生活用纸年会在西安举行
May 1999 The Sixth China International Household Paper Exhibition/ Conference (CIHPEC' 1999) Held in Xi'an, Shaanxi

1999 年 7 月　中国生活用纸信息网开通
July 1999　The Launching of the Net of China Household Paper

1999 年 7 月　全国生活用纸行业反低价倾销专题会议在沪召开
July 1999　The Tissue Paper Conference Held in Shanghai

1999 年 9 月　曹振雷继任生活用纸专业委员会主任委员
September 1999　Mr. Cao Zhenlei Took the Chair of CNHPIA

1999 年 9 月　'99 生活用纸秋季信息交流暨展示交易会在沪举行
September 1999　'99 China Household Paper Trade & Show Seminar Held in Shanghai

2000 年 2 月　江秘书长参加日本卫生材料工业联合会成立五十周年庆典
February 2000　The Attendance of Secretary General Jiang Manxia at the Celebration of the 50th Anniversary of Japan Hygiene Products Industry Association

2000 年 4 月　第七届生活用纸年会在北京召开
April 2000　The Seventh China International Household Paper Exhibition/Conference (CIHPEC'2000) Held in Beijing

2000 年 5 月　生活用纸代表团赴欧洲考察
May 2000　China Household Paper Delegation Visited Europe for Investigation

2000 年 6 月　2000 年下半年《生活用纸》逢双月并入《造纸文摘》
June 2000　Merging [Tissue Paper & Disposable Products] into [Paper Abstract] in No. 51, No. 53, No. 55

2000 年 8 月　生活用纸企业高峰会议在京举行
August 2000　The Summit Meeting of Household Paper Enterprises Held in Beijing

2000 年 10 月　《中国生活用纸和包装用纸年鉴 2000》出版
October 2000　The Publishing of [2000 Directory of Household Paper & Packaging Paper/Paperboard Industry (China)]

2001 年 1 月　《生活用纸》杂志公开发行
January 2001　Published [Tissue Paper & Disposable Products] in Public

2001 年 5 月　第八届生活用纸年会在珠海召开
May 2001　The Eighth China International Household Paper Exhibition/ Conference (CIHPEC'2001) Held in Zhuhai, Guangdong

2001 年 9 月　生活用纸研讨班和高峰会议在北京举办
September 2001　The Conference and Summit Meeting of Household Paper Enterprises Held in Beijing

2002 年 4 月 《中国生活用纸年鉴 2002》出版
April 2002 The Publishing of [2002 Directory of Household Paper Industry (China)]

2002 年 5 月 第九届生活用纸年会在福州举办
May 2002 The Ninth China International Household Paper Exhibition/Conference (CIHPEC' 2002) Held in Fuzhou, Fujian

2002 年 5 月 "纸尿裤与育儿健康专题研讨会"在北京举办
May 2002 "Diaper and Baby – Rearing Healthy Seminar" Held in Beijing

2002 年 6 月 生活用纸代表团赴欧洲考察
June 2002 China Household Paper Delegation Visited Europe for Investigation

2002 年 9 月 生活用纸代表团赴美国、加拿大考察
September 2002 China Household Paper Delegation Visited U. S. and Canada for Investigation

2002 年 11 月 生活用纸秋季贸易洽谈会在上海举办
November 2002 China Household Paper Trade Seminar Held in Shanghai

2003 年 1 月 《生活用纸》杂志改为半月刊
January 2003 [Tissue Paper & Disposable Products] Became Semimonthly Magazine

2003 年 3 月 曹振雷主任参加"2003 世界卫生纸会议"
March 2003 Mr. Cao Zhenlei Attended "Tissue World 2003"

2003 年 3 月 中国生活用纸信息网第一次升级改版
March 2003 "www. cnhpia. org" Upgraded for the First Time

2003 年 4 月 第十届生活用纸年会在南京召开
April 2003 The 10th China International Household Paper Exhibition/Conference (CIHPEC' 2003) Held in Nanjing, Jiangsu

2003 年 7 月 2003 生活用纸常委扩大会议在上海举办
July 2003 The Members of CNHPIA Conference Held in Shanghai

2003 年 12 月 生活用纸代表团赴台湾考察
December 2003 China Household Paper Delegation Visited Taiwan for Investigation

2004 年 3 月 《中国生活用纸年鉴 2004》出版
March 2004 The Publishing of [2004 Directory of Household Paper Industry (China)]

2004 年 4 月 第十一届生活用纸年会在天津召开
April 2004 The 11th China International Household Paper Exhibition/Conference (CIHPEC'

2004) Held in Tianjin

2004 年 6 月 第三届生活用纸专业委员会领导机构增补成员(2004 年)
June 2004 The Supplementary Members of the Third Session Board of Directors (2004)

2004 年 10 月 生活用纸企业家俱乐部筹备会议在恒安举行
October 2004 The Preparatory Meeting of the China Tissue Paper Executives Club (CTPEC) Held in Hengan Holding Co., Ltd.

2004 年 12 月 首届世界卫生纸中国展览会在上海举办
December 2004 The First Tissue World China Held in Shanghai

2005 年 2 月 中国生活用纸企业家俱乐部成立会议在厦门举行
February 2005 Establishment Conference of the China Tissue Paper Executives Club (CTPEC) Held in Xiamen

2005 年 3 月 第十二届生活用纸年会在南京召开
March 2005 The 12th China International Tissue/Disposable Hygiene Products Exhibition/Conference (CIHPEC'2005) Held in Nanjing

2005 年 4 月 曹振雷主任等参加在瑞士举办的 INDEX 05
April 2005 Mr. Cao Zhenlei and His Colleagues Visited INDEX05

2005 年 8 月 第三届生活用纸委员会领导机构增补成员(2005 年)
August 2005 The Supplementary Members of the Third Session Board of Directors (2005)

2005 年 11 月 第二届生活用纸企业家俱乐部会议在广东新会召开
November 2005 The Second Meeting of the China Tissue Paper Executives Club (CTPEC) Held in Xinhui

2006 年 1 月 《中国生活用纸年鉴 2006/2007》出版
January 2006 The Publishing of [2006/2007 Directory of Tissue Paper & Disposable Products (China)]

2006 年 1 月 《消毒产品标签说明书管理规范》宣贯会在北京召开
January 2006 Norm of Label Directions for Disinfectant Products Publicize Meeting Held in Beijing

2006 年 4 月 第十三届生活用纸年会在昆明召开
April 2006 The 13th China International Tissue/Disposable Hygiene Products Exhibition & Conference (CIHPEC'2006) Held in Kunming

2006 年 6 月 第三届生活用纸企业家俱乐部会议在宁夏银川召开

June 2006 The Third Meeting of the China Tissue Paper Executives Club(CTPEC) Held in Yinchuan, Ningxia

2006 年 11 月 2006 年世界卫生纸亚洲展览会在上海举办
November 2006 Tissue World Asia 2006 Held in Shanghai

2006 年 11 月 第四届生活用纸企业家俱乐部会议在上海召开
November 2006 The Fourth Meeting of the China Tissue Paper Executives Club (CTPEC) Held in Shanghai

2007 年 2 月 生活用纸企业家俱乐部增补 2 家会员单位
February 2007 Two New Members Joined China Tissue Paper Executives Club (CTPEC)

2007 年 3 月 曹振雷主任参加"2007 年世界卫生纸大会"
March 2007 Mr. Cao Zhenlei Attended "Tissue World 2007"

2007 年 3 月 中国生活用纸信息网第二次改版
March 2007 "www. cnhpia. org" Upgraded for the Second Time

2007 年 4 月 第五届生活用纸企业家俱乐部会议在海口召开
April 2007 The Fifth Meeting of the China Tissue Paper Executives Club (CTPEC) Held in Haikou

2007 年 5 月 第十四届生活用纸年会在青岛召开
May 2007 The 14th China International Tissue/Disposable Hygiene Products Exhibition & Conference (CIHPEC'2007) Held in Qingdao

2007 年 12 月 第六届生活用纸企业家俱乐部会议在南宁召开
December 2007 The Sixth Meeting the China Tissue Paper Executives Club (CTPEC) Held in Nanning

2008 年 1 月 秘书处开通"企信通"手机短信服务
January 2008 CNHPIA Started SMS (Short Message Service)

2008 年 2 月 《中国生活用纸年鉴 2008/2009》出版
February 2008 The Publishing of [2008/2009 Directory of Tissue Paper & Disposable Products (China)]

2008 年 2 月 江曼霞秘书长参加 cinte 欧洲推介会
February 2008 Secretary General Jiang Manxia Attended cinte European Promotion Conference

2008 年 4 月 第十五届生活用纸年会在厦门召开
April 2008 The 15th China International Tissue/Disposable Hygiene Products Exhibition &

Conference（CIHPEC'2008）Held in Xiamen

2008 年 5 月　生活用纸专业委员会组团参加 INDEX08 展览会
May 2008　CNHPIA Organized Groups to Attend INDEX08

2008 年 5 月　第七届生活用纸企业家俱乐部会议在苏州召开
May 2008　The Seventh Meeting of the China Tissue Paper Executives Club（CTPEC）Held in Suzhou

2008 年 10 月　编写《纸尿裤、环境和可持续发展》报告
October 2008　Publishing the Diapers，Environment and Sustainability Report

2008 年 10 月　"纸尿裤、环境与可持续发展论坛"在上海举行
October 2008　The Forum of Diapers，Environment and Sustainability Held in Shanghai

2008 年 11 月　2008 年世界卫生纸亚洲展览会在上海举办
November 2008　Tissue World Asia 2008 Held in Shanghai

2008 年 11 月　第八届生活用纸企业家俱乐部会议在东莞召开
November 2008　The Eighth Meeting of the China Tissue Paper Executives Club（CTPEC）Held in Dongguan

2009 年 4 月　第十六届生活用年会在苏州召开
April 2009　The 16th China International Tissue/Disposable Hygiene Products Exhibition & Conference（CIHPEC'2009）Held in Suzhou

2009 年 5 月　第九届生活用纸企业家俱乐部会议在上海召开
May 2009　The Ninth Meeting of the China Tissue Paper Executives Club（CTPEC）Held in Shanghai

2009 年 10 月　组团参加"2009 阿拉伯造纸、卫生纸及加工工业国际展览会"
October 2009　CNHPIA Organized Group to Attend Paper Arabia 2009

2009 年 11 月　第十届生活用纸企业家俱乐部会议在厦门召开
November 2009　The 10th Meeting of China Tissue Paper Executives Club（CTPEC）Held in Xiamen

2010 年 2 月　生活用纸企业家俱乐部增补 5 家会员单位
February 2010　Five New Members Joined China Tissue Paper Executives Club（CTPEC）

2010 年 3 月　《中国生活用纸年鉴 2010/2011》出版
March 2010　The Publishing of［2010/2011 Directory of Tissue Paper & Disposable Products（China）］

2010 年 4 月　第十七届生活用纸年会在南京召开
April 2010　The 17th China International Tissue/Disposable Hygiene Products Exhibition & Conference (CIHPEC'2010) Held in Nanjing

2010 年 5 月　第十一届生活用纸企业家俱乐部会议在台北召开
May 2010　The 11th Meeting of China Tissue Paper Executives Club (CTPEC) Held in Taipei

2010 年 9 月　组团参加"2010 阿拉伯造纸、卫生纸及加工工业国际展览会"
September 2010　CNHPIA Organized Group to Attend Paper Arabia 2010

2010 年 11 月　2010 年世界卫生纸亚洲展览会在上海举办
November 2010　Tissue World Asia 2010 Held in Shanghai

2010 年 12 月　"中国纸业可持续发展论坛 2010 之生活用纸系列"在苏州举办
December 2010　China Paper Industry Sustainable Development Forum (Tissue Paper) Held in Suzhou

2010 年 12 月　第十二届生活用纸企业家俱乐部会议在东莞召开
December 2010　The 12th Meeting of China Tissue Paper Executives Club (CTPEC) Held in Dongguan

2011 年 3 月　组团参加"2011 年世界卫生纸尼斯展览会"
March 2011　CNHPIA Organized Group to Attend "Tissue World Nice 2011"

2011 年 4 月　"2011 年中国纸尿裤发展论坛"在北京举行
April 2011　China Diapers Development Forum 2011 Held in Beijing

2011 年 5 月　第十八届生活用纸年会在青岛召开
May 2011　The 18th China International Tissue/Disposable Hygiene Products Exhibition & Conference (CIHPEC'2011) Held in Qingdao

2011 年 6 月　第十三届生活用纸企业家俱乐部会议在绍兴召开
June 2011　The 13th Meeting of China Tissue Paper Executives Club (CTPEC) Held in Shaoxing

2011 年 7 月　组团参加 "2011 非洲造纸、卫生纸及加工工业国际展览会"
July 2011　CNHPIA Organized Group to Attend Paper Africa 2011

2011 年 9 月　组团参加"2011 年阿拉伯造纸、卫生纸及加工工业展览会"
September 2011　CNHPIA Organized Group to Attend Paper Arabia 2011

2011 年 9 月　生活用纸企业家俱乐部增补 4 家会员单位
September 2011　Four New Members Joined China Tissue Paper Executives Club (CTPEC)

2011 年 10 月　“2011 年中国湿巾发展论坛”在北京举行
October 2011　China Wet Wipes Development Forum 2011 Held in Beijing

2011 年 11 月　“首届中日卫生用品企业交流会”在上海举办
November 2011　First China – Japan Hygiene Products Entrepreneurs Joint Meeting Held in Shanghai

2011 年 11 月　第十四届生活用纸企业家俱乐部会议在江苏盐城召开
November 2011　The 14th Meeting of China Tissue Paper Executives Club (CTPEC) Held in Yancheng

2011 年 12 月　组团参加“第十届印度国际纸浆纸业展览会”
December 2011　CNHPIA Organized Group to Attend Paperex 2011

2012 年 3 月　组团参加“2012 年世界卫生纸美国展览会”
March 2012　CNHPIA Organized Group to Attend “Tissue World Americas 2012”

继成功组团参加 2010 世界卫生纸美国展览会之后，生活用纸专业委员会又组织国内企业参加了 2012 年 3 月 21—23 日在美国迈阿密举办的世界卫生纸美国展览会（Tissue World Americas 2012）。代表团共有 18 名团员，参展企业包括宝索、德昌誉、欧克、上海富永、南宁鼎舜共 5 家，参展面积 54m^2。展会期间，中国参展公司的展台吸引了许多专业观众，展会为中国企业开拓美洲市场提供了良好的贸易平台。

本届展览会参展企业达 129 家，吸引了来自全球 73 个国家和地区的 961 名专业观众前来参观，同期举办了高水平的技术研讨会，发表了 51 篇高水平论文，吸引了 415 位与会代表。

2012 年 4 月　《中国生活用纸年鉴 2012/2013》出版
April 2012　The Publishing of [2012/2013 Directory of Tissues Paper & Disposable Products (China)]

由中国造纸协会生活用纸专业委员会编写的生活用纸、卫生用品及相关行业的重要工具书《中国生活用纸年鉴》每两年出版一卷。《中国生活用纸年鉴 2012/2013》版于 2012 年 4 月由中国石化出版社正式出版，并在 4 月 18—20 日召开的厦门生活用纸年会上首发。

2012/2013 年版生活用纸年鉴在以往出版的年鉴基础上，扩大了信息量，编入了行业的最新和最适用资料，各章节的内容都进行了认真的核实和补充，编排形式也更便于读者查阅和检索。为便于外国人阅读，目录和主要内容有中英文对照。

2012 年 4 月　第十五届生活用纸企业家俱乐部会议在晋江召开
April 2012　The 15th Meeting of China Tissue Paper Executives Club (CTPEC) Held in Jinjiang

第十五届生活用纸企业家俱乐部会议于 2012 年 4 月 17 日在福建晋江恒安集团许连捷总裁的私人会所——幸福楼举办。共有 21 家俱乐部成员单位的 38 人参会，会议取得了良好的效果。

江曼霞秘书长主持会议并做了中国生活用纸市场的变化和展望的报告。参会代表重点围绕江秘书长报告中有关生活用纸行业投资过热问题展开讨论，积极呼吁行业企业要有序进行市场竞争，企业要开发差异化产品，共同维护行业健康持续发展，并介绍了各自企业的生产经营和规划发展情况。

许总裁在致辞中说：作为生活用纸企业家俱乐部的发起人之一，很高兴地看到俱乐部成员越来越多，各企业也在不断成长壮大；同时企业间通过俱乐部会议的定期交流，合作不断加强，行业的氛围越来越和谐。虽然目前生活用纸行业也面临着产能过剩的问题，但比起其他纸种来说，利润还是不错的；希望各企业更加努力做好自己，借助企业家俱乐部这个平台，共同维护好行业的和谐氛围，呼吁企业在运营中应该保持合理的利润，避免恶性竞争，这样企业和行业才能健康持续地发展下去。

曹振雷主任在总结讲话中指出：

(1)中国2011年进口了1444万吨木浆，其中漂白浆1108万吨，阔叶木浆主要从巴西、印尼等国进口，针叶木浆主要从加拿大、美国等国进口，从目前加元不断升值等因素看，针叶木浆降价的可能性很小；从目前影响整个阔叶木浆用量的欧洲文化用纸近期没有复苏和增长的可能等因素看，阔叶木浆近期不会有涨价的可能。2011年1—9月份，浆价很高，但生活用纸的零售价的涨幅没有达到浆价涨幅水平，所以作为快消品的生活用纸价格还有涨价的空间，预期2012年生活用纸企业的盈利潜力较好。因此各企业要抓住这个机遇，做好市场。

(2)生活用纸产能的集中释放，使行业从2011年开始已进入了产能过剩、企业整合的转型期，预计要持续3年或3年以上的时间。2011年进口木浆和国产蔗渣浆价格高，使广东地区一批以蔗渣浆为原料的生活用纸小企业纷纷倒闭，给大企业腾出了发展空间，加快了行业的转型、升级的步伐。这是行业发展的必然结果。

(3)生活用纸高中低档产品的比例也在不断变化，随着经济的发展、生活水平的提高，高档产品的比例会不断提高，预计3—5年内高档产品的比例会逐步固定在成熟的水平。

(4)生活用纸产品降价销售是不能带来市场和利润的，对整个行业也是不利的。

(5)生活用纸企业要加强品牌的管理，追求差异化的产品，学习海外知名企业的市场策划，这是企业的生命线和核心竞争力。只有这样才能维护好市场的正常秩序，行业才能和谐发展。

会后，与会代表在恒安纸业张群富总工程师的陪同下，参观了恒安(中国)纸业有限公司的一个纸机车间和成品加工车间。

参会人员名单：

中国造纸协会生活用纸专业委员会　曹振雷
恒安集团有限公司　许连捷，许文默，刘勇
恒安(中国)纸业有限公司　张群富
金红叶纸业集团有限公司　徐锡土，叶廷祺
维达纸业(广东)有限公司　张健
中顺洁柔纸业股份有限公司　岳勇，黄长恒
金佰利(中国)有限公司　张海婴，吴乃方
上海东冠华洁纸业有限公司　孙海瑜
永丰余投资有限公司　曾博湘，曾世阳
王子制纸妮飘(苏州)有限公司　山本久，王巍
宁夏美洁纸业股份有限公司　周兴起
东莞市白天鹅纸业有限公司　李刚，卢建华
福建恒利集团有限公司　吴家贺
河南银鸽实业投资股份有限公司　程志伟
漯河银鸽生活纸产有限公司　张世进
广西贵糖(集团)股份有限公司　陈健
上海唯尔福(集团)有限公司　何幼成，董国昌
胜达集团江苏双灯纸业有限公司　赵林
潍坊恒联美林生活用纸有限公司　杜增伟
广西华美纸业集团有限公司　林瑞财
山东东顺集团有限公司　陈树明，苏辉，苏树宝
山东晨鸣纸业集团股份有限公司　钟景泉

2012年4月　第十九届生活用纸年会在厦门召开
April 2012　The 19th China International Disposable Paper Expo (CIDPEX´2012) Held in Xiamen

第十九届生活用纸年会于2012年4月18—20日在厦门国际会展中心举办。展览规模近6.1万m^2，比上届增长了22%。国内外参展商总数达到563家，参观观众近2万人。

展览按参展产品类别划分为生活用纸、卫生用品、原辅材料、设备、设备演示共5个展区。特装展位面积占总展览面积的近90%，比2011年提高近20个百分点。各具特色的展台布置在提升企业形象的同时，也使生活用纸年会的国际化、专业化水平进一步提高。在参展企业组成

上，特别突出的是产品类企业数量比例达到41%，产业链上下游企业的广泛参与显示了行业的蓬勃发展。

国际研讨会共有生活用纸和卫生用品两个专题的46场精彩演讲，与会听众350多人。与以往相比，此届研讨会内容更丰富、更贴近企业的实际需求，受到国内外听众的一致好评。

4月17日晚在厦门国际会展酒店举行了简短的开馆仪式和贵宾欢迎晚宴，生活用纸行业内著名企业的负责人60多人出席仪式。

本届年会在参会人数、会议的规模及影响力等诸多方面都超过历届，在展会组织、服务等方面充分实现与国际性展览和会议接轨。年会取得了圆满成功。

2012年4月　组团参加"2012亚洲纸业展览会"
April 2012　CNHPIA Organized Group to Attend "Asia Paper 2012"

为满足企业向海外市场发展的需要，中国造纸协会生活用纸专业委员会和中国国际纸展组委会联合组织国内造纸行业相关企业参加了于2012年4月25—27日在泰国曼谷举办的第十一届"2012亚洲纸业展览会"。

此次组织的展团共有佛山宝索、佛山宝拓、泉州创达、南京松林、上海松川、广州欧克、青岛骄阳、四川环龙、河南中亚、浙江双元、天津骏发森达、江苏腾旋、福建轻机等13家企业参展，加上安徽悦美、江门晶华、江苏保龙、天津天辉等4家企业的9名代表随团参观，随团人员共40人。展位净面积达159m^2，成为最大的参展团体。

本届展览展商规模达历史之最。参展企业共168家，分别来自25个国家，其中泰国企业21家；中国参展企业39家，数量最多(包括所有中国参展商)。展会吸引了来自全球63个国家和地区约4000名专业观众前来参观。对比上届展览3000余人的参观人数，数量有所增加。

展览会同期，围绕"可持续发展与环境保护的相生与共赢"主题，举办了"高级管理论坛"和"最新技术研讨会"，吸引了100多名与会代表。

2012年6月　生活用纸专业委员会派员出席2012 GSPCS会议
June 2012　CNHPIA Attends 2012 GSPCS Conference

2012年全球高吸收性树脂生产商峰会(GSPCS)于6月12日在韩国首尔召开。会议由亚洲高吸收性树脂工业协会(ASPIA)主办，欧洲非织造布协会(EDANA)、聚丙烯酸盐吸收材料研究院(IPA)、日本卫生材料工业连合会(JHPIA)、日本高吸收性树脂协会(JASPIA)参加了会议，中国造纸协会生活用纸专业委员会作为特邀嘉宾也派代表曹宝萍、孙静参加了会议。参加会议的还有高吸收性树脂供应商巴斯夫公司、台塑公司、LG化学公司、日本触媒公司、日本三大雅公司、日本住友公司、德固赛公司以及SCA公司、金佰利公司、尤妮佳公司的代表。

EDANA、IPA、ASPIA、JASPIA、JHPIA等协会组织在会上介绍了各自协会与SAP相关工作的近期进展情况，包括法规、标准、检测方法、安全性等。生活用纸专业委员会介绍了中国吸收性卫生用品市场情况，行业变化和市场发展特征，主要原材料情况以及有关产品的安全性等方面的内容。

会议期间，各协会均表达了今后会加强沟通与交流，特别是加强与中国造纸协会生活用纸专业委员会的深入合作和信息共享，共同促进SAP行业健康发展。

2012年9月　曹振雷主任参加"2012世界个人护理用品大会"
September 2012 Mr. Cao Zhenlei Attended Outlook 2012

曹振雷主任应欧洲非织造布协会(EDANA)的邀请，参加了9月26—28日在西班牙巴塞罗那召开的2012世界个人护理用品大会(OUTLOOK 2012)，并在会议上做了"中国的吸收性卫生用品市场”的报告。OUTLOOK 2012 是吸收性卫生用品行业高水平的技术研讨会，邀请了来自美国、德国、法国、荷兰、西班牙、英国、瑞典、墨西哥、中东、比利时等 11 个国家和地区的专家、学者及企业的高级管理者，进行 20 场的演讲，内容涉及卫生用品及相关行业的生产技术、研发创新、市场分析以及可持续发展等。从演讲内容看出，减少绒毛浆用量、增加 SAP 用量使卫生用品更薄，是未来卫生用品的发展趋势。

2012 年 12 月 举办“绿色承诺，绿色发展”——中国纸业可持续发展论坛 2012
December 2012 Held “Green Commitment, Green Development”——China Paper Industry Sustainable Development Forum 2012

近年来，随着人们生活质量的提高和需求的多元化，各类生活用纸渗透到人们的日常生活中；但少数劣质产品也对消费者的卫生、安全造成影响，引起了社会各界的高度关注。鉴于此，2012 年 11 月 1 日，由中国造纸协会生活用纸专业委员会、《中国新闻周刊》以“优‘纸’生活”为题，在武汉共同主办了“‘绿色承诺，绿色发展’——中国纸业可持续发展论坛 2012”。本次论坛由 APP(中国)协办，并得到了相关政府部门、同行及关联企业的支持。国家工商行政管理总局、国家标准化管理委员会、湖北省孝感市领导、大型零售商，及众多媒体的代表应邀出席了本次论坛，并参与了演讲和讨论。

主办方生活用纸委员会江曼霞秘书长和《中国新闻周刊》副社长兼总编辑秦朗分别在会上致辞。

中国造纸协会生活用纸专业委员会、国家工商行政管理总局消费者权益保护局、国家标准化管理委员会、金红叶纸业集团股份有限公司、大润发公司的代表从各自的专业角度进行了主题演讲。

作为世界领先的生活用纸品牌，金红叶致力于通过优质的生活用纸为消费者创造优“纸”生活。金红叶纸业集团 CEO 徐锡土说：“生活用纸的可持续发展是 APP(中国)可持续发展战略和实践的一部分。集团总部深知只有真正处理好可持续盈利、企业社会责任与为消费者创造价值三者之间的关系，才能真正赢得消费者和社会的认可。我们愿意与消费者、行业同仁及社会各界合作，持续履行我们的承诺。”

与往年有所不同的是，为契合论坛主题，此次大会还特设了“生活用纸”展览专区，并邀请了生活用纸达人在现场传授使用生活用纸的知识。

在互动环节，21 世纪报道、人民网、新浪网、RISI、楚天报等多家全国及武汉当地的媒体对金红叶纸业集团 CEO 徐锡土和生活用纸专业委员会秘书长江曼霞进行了采访，共同探讨了 APP(中国)的发展规划以及中国生活用纸行业的发展趋势。

11 月 2 日，嘉宾们还前往素有“华中纸都”之称的孝感，参观 APP(中国)旗下生活用纸产销企业金红叶纸业集团在孝南的工厂，其先进的工艺和设备，及各项清洁环保措施给参观者留下了深刻印象。

2012 年 10 月 组团参加“2012 年阿拉伯造纸、卫生纸及加工工业展览会”
October 2012 CNHPIA Organized Group to Attend Paper Arabia 2012

由生活用纸专业委员会组织的中国展团参加了 10 月 1—3 日在迪拜国际展览中心举办的第五届阿拉伯造纸、卫生纸及加工工业国际展览会(Paper Arabia 2012)，这是生活用纸专业委员会继成功组团参加 Paper Arabia 2009、2010、2011 之后，第四次组织中国企业参加阿拉伯纸展。本届中国展团一行共 29 人，包括山东艾丝妮乐、济南三展、南宁鼎舜、泉州明辉、泉州创达、佛山德昌誉、佛山宝索、广州欧克共 8 家相关企业，参展净面积达 $102m^2$。Paper Arabia 已成为中东地区规模最大、专业性最强的造纸、卫生纸和加工工业品牌盛会，自 2007 年创办以来，每届的展览规模和观众的数量都在逐年递增。本届展会共有来自全球 21 个国家的 125 家企业参展，展会规模比2011年扩大了11%，吸引了来自世界各国包括中东、非洲、欧洲及印度等地区的8,500多名专业观众参观，展会成交额达数百万美元。

经过连续4年参加Paper Arabia展会，中国的生活用纸产品，特别是生活用纸加工设备已经在中东和周边地区打开了市场，设备出口量不断增加。在本届展会上，观众对中国的造纸机械、生活用纸加工机械、卫生用品和设备的询问和关注度仍然很高，中国产品的性价比和优异的质量赢得了众多客户的关注。

2012年11月　2012年世界卫生纸亚洲展览会在上海举办
November 2012　Tissue World Asia 2012 Held in Shanghai

由UBM公司和中国造纸协会生活用纸专业委员会联合主办的“2012年世界卫生纸亚洲展览会(Tissue World Asia 2012)”于11月14—16日在上海国际展览中心举办。

本届展览会由来自20个国家和地区的50家海外公司(包括代理公司)和52家国内公司参展，展览面积6,000 m^2。据观众登记处统计，共约有2,911名专业观众参会，其中，国外观众约占1/6。展会主要为生活用纸行业的设备制造、生产加工等企业提供交流合作的平台，集中展示了生活用纸行业的新产品、新技术和国内外发展的新趋势、新理念。展会国际展商和观众众多，参观观众专业性强，创造了很多深入洽谈和贸易合作的机会。

展会同期在上海国际展览中心2楼会议室举办了为期1天半的高水平技术研讨会。本次技术研讨会的主题是“亚洲生活用纸业务利润增长的新技术”，多位来自行业内的专家、企业家就行业发展和最新技术做了15篇专题报告，内容丰富实用，均为中英双语，吸引了海内外听众人数多达95人。

2012年12月　第十六届生活用纸企业家俱乐部会议在潍坊召开
December 2012　The 16th Meeting of China Tissue Paper Executives Club (CTPEC) Held in Weifang

第16届中国生活用纸企业家俱乐部会议于2012年12月1日在山东潍坊市金茂国际大酒店成功举办。俱乐部21家会员单位和1家特邀单位代表共34人参加了本届会议。

会议由江曼霞秘书长主持，在山东恒联投资有限公司盛秀华运营总监和下届轮值主席单位维达国际控股有限公司张健营运总裁的致辞后，江秘书长做了题为“生活用纸市场的形势和展望”的报告，阐述和分析了目前的生活用纸行业状况和未来的发展趋势。

各参会代表围绕江秘书长报告内容特别是针对市场前景和行业面临的问题展开积极的讨论和发言，交流各自企业的生产和发展情况。大家普遍认为：目前生活用纸产能迅速扩张，不断有外行业企业进入到生活用纸领域，生活用纸行业面临着阶段性产能过剩，将进入重新洗牌阶段，要想在市场竞争中不被淘汰，企业就要找准自己的位置，开发差异化产品，挖掘市场潜力、引导消费并做好自己的市场；通过技术创新，提高产品品质；节能降耗，保持可持续发展。

代表们对生活用纸企业家俱乐部的定期交流带来的企业间的友好合作、互利共赢给予充分肯定。大家面对压力表现出了积极乐观的态度，同时对共同努力做大生活用纸市场充满信心。

曹振雷主任在总结讲话中首先对大家的讨论发言内容进行了梳理，并归纳为3个方面的问题：

(1)生活用纸行业进入产能过剩期，应如何应对。

(2)建立和维护好企业的区域性品牌。

(3)如何节能降耗。

对于目前国内产能过剩的问题，曹主任说，零售商品牌(Private Label)在欧洲和北美，特别是在西欧和北欧占很大份额，而目前在中国零售商品牌还未成气候。在瑞典的家乐福超市，几乎看不到生产厂家的自有品牌(Brand)；中国的未来状况可能也会是目前欧洲的情况，特别是随着产能的增加和新进入者增多，市场格局会发生变化；新进入者很可能通过并购区域品牌企业或者与超市联手，来扩大市场份额。所以企业要在如何开拓市场、如何经营和维护好自己的品牌、如何培养忠诚的客户群体方面下工夫，保证企业的生存和长期发展。

美国和欧洲的债务危机导致全球经济衰退，全球经济面临着复杂性和不确定性，未来的国际经济形势难以预测。所以我们的企业要做好长期“过冬”的打算，维护好自己的资金链。

曹主任在讲话中还强调：(1)电子商务很可能成为一个大市场，企业要关注和利用好网络消费渠道，解决生活用纸物流费用高和配货问题。(2)十二五期间，国家对节能减排要求更严，对单一做生活用纸的企业来说，如何做好升级换代是企业面临的挑战。(3)进一步做好消费者引导工作，避免在绿色低碳问题上产生误区，合理利用废纸和秸杆资源很重要，但必须强调木材造纸也是绿色循环经济。(4)新的国家标准中对生活用纸产品的白度设定上限，企业应引起重视。

曹主任最后鼓励大家，目前的动荡对企业来说是危机也是机遇，希望大家能够抓住机遇，在危机中发展壮大起来。

曹主任还借此次会议的机会，介绍了他2012年9月中旬参加美卓公司客户日(Tissue Making 2012)活动和拜会瑞典SCA公司时了解到的生活用纸最新技术及其应用情况。

会后，在山东恒联投资有限公司盛秀华运营总监和潍坊恒联美林生活用纸有限公司栾咏总经理的陪同下，代表们参观了潍坊恒联的生活用纸和玻璃纸生产车间。

参会人员名单：

中国造纸协会生活用纸专业委员会　曹振雷

恒安集团山东恒安纸业有限公司　吴涵星

维达国际控股有限公司　张健

中顺洁柔纸业股份有限公司　姜直成

金红叶纸业集团有限公司　徐锡土

山东恒联投资有限公司　盛秀华

潍坊恒联美林生活用纸有限公司　栾咏，赵学杰，张倩

上海金佰利纸业有限公司　吴乃方

广西贵糖(集团)股份有限公司　陈健

永丰余投资有限公司　曾博湘

上海东冠华洁纸业有限公司　孙海瑜，莫建新

王子制纸妮飘(苏州)有限公司　中须贺朗，吴金龙

东莞市白天鹅纸业有限公司　李刚，卢耀权

山东东顺集团有限公司　陈树法，唐国栋

福建恒利集团有限公司　陈绍虬

唯尔福(集团)有限公司　何幼成，董国昌

胜达集团江苏双灯纸业有限公司　赵林

漯河银鸽生活纸产有限公司　张世进

广西华美纸业集团有限公司　林瑞财

山东晨鸣纸业集团生活用纸有限公司　李伟先，钟景全

宁夏紫荆花纸业有限公司　何永庆

宁夏美洁纸业股份有限公司　张学文

绿金纸业集团有限公司　庄仁贵

上海护理佳实业有限公司　夏双印

中国造纸协会生活用纸专业委员会　江曼霞，张玉兰

2013年3月　江曼霞秘书长等参加“亚洲个人护理用品大会”
March 2013　Ms. Jiang Manxia Attended Outlook Asia 2013

2013年3月13—14日，由欧洲非织造布协会(EDANA)主办的Outlook Asia 2013(亚洲个人护理用品大会)在新加坡莱佛士会议中心成功召开。中国造纸协会生活用纸专业委员会江曼霞秘书长和曹宝萍应邀参加了本次会议。

Outlook大会在欧洲已成功举办多届，2013年首次在亚洲新兴市场举办，是EDANA实施扩大向全球服务战略(Outreach)的一部分，通过召开高水平技术研讨会和企业产品介绍的形式，为个人护理用非织造布行业提供良好信息交流的平台。

Outlook Asia 2013大会选在多元族群和谐相处的国家新加坡举办，恰好体现了本届大会举办的宗旨之一，即让全球文明更好地改善人们生活质量，探讨吸收性卫生用品行业各地区规范的协

调一致。Outlook Asia 2013 大会的成功召开是全球行业规范向趋同化方向发展迈出的第一步。

本届会议邀请到了来自欧美、亚洲的 26 个国家和地区 98 家企业的高管、专家和学者，共有 226 位代表参会，进行了 12 场演讲和 10 场企业产品介绍活动。其中主题演讲包括尤妮佳、印度 BCH 公司、德国强生公司、波士胶亚太区、瑞光美国公司、爱生雅公司等。内容围绕亚洲卫生用品市场现状和发展趋势，技术研发和创新，相关法规和区域协调，以及可持续发展等主题，让与会代表对发展潜力巨大的亚洲市场有了更加深入的了解。

2013 年 5 月　庆祝中国造纸协会生活用纸专业委员会创建 20 周年暨《生活用纸》杂志创刊 20 周年
May 2013　The 20th Anniversary of the CNHPIA and [Tissue Paper & Disposable Products]

2013 年是中国造纸协会生活用纸专业委员会创建 20 周年暨《生活用纸》杂志创刊 20 周年。这 20 年是中国生活用纸行业突飞猛进、快速发展的 20 年。20 年来生活用纸委员会紧紧围绕着促进生活用纸行业的技术进步和经济发展、加快现代化步伐的宗旨，开展了一系列为行业企业服务的卓有成效工作。会员单位从最初的 100 多家发展到现在的近 700 家；生活用纸年会从最初单一的技术交流会，发展到目前集展览、技术交流、贸易洽谈、企业联谊为一体的行业年度盛会；创办的《生活用纸》杂志已经从初期的内部资料、读者少寡发展为国内外公开发行的正式刊物，连同《中国生活用纸年鉴》、《中国生活用纸行业年度报告》等出版物和“中国生活用纸信息网”，在促进行业信息交流，宣传产业政策，推动技术进步，服务企业发展，提高行业整体水平中发挥了重要的作用，所载内容得到业内企业以及各级政府、媒体和相关行业、机构的广泛关注和好评；组织开展的行业专题论坛、高峰论坛等活动，在加强本行业的自律、搭建企业与政府之间沟通的桥梁和纽带、促进行业的健康可持续发展起到了重要的作用。20 年来的坚持和搭准行业脉搏使得委员会赢得了良好的口碑，委员会的各项目工作受到业内同仁的赞誉和肯定。

为全面回顾总结 20 年来生活用纸行业和委员会发展历程，面向未来，不断创新，继续加强委员会的自身建设和确保委员会作用的充分发挥，委员会秘书处组织编写制作了 20 周年纪念册，并在 2013 年 5 月深圳生活用纸年会期间，举行了 20 周年庆典活动。在 20 周年这个新起点面前，委员会将坚定不移地履行为行业服务的责任，与企业携手共进，创造美好未来。

2013 年 5 月　第 17 届生活用纸企业家俱乐部会议在深圳召开
May 2013　The 17th Meeting of China Tissue Paper Executives Club (CTPEC) Held in Shenzhen

中国生活用纸企业家俱乐部自 2005 年成立以来，每年 2 次的交流活动得到了俱乐部成员的普遍好评和生活用纸行业的广泛关注。第 17 届会议在轮值主席单位维达国际控股有限公司的大力支持和周到安排下，于 2013 年 6 月 27 日在深圳举行。来自俱乐部成员企业和特邀企业的代表共计 39 人参加了会议。恒安集团许连捷总裁因公务原因未能与会向会议表示祝贺。

会议由曹振雷主任主持，张玉兰副秘书长代表生活用纸委员会秘书处报告了“2012 年生活用纸行业的概况和竞争形势”。各企业成员围绕各自企业的生产和发展状况以及目前行业市场中存在的问题，展开交流和讨论。大家一致认为，行业的产能过剩、产品价格下滑、市场竞争加剧的状况已愈加凸显，但对生活用纸行业的未来依然秉持乐观，并逆市而上；最重要的是企业要发挥自身优势，练好内功，应对市场的挑战。“和谐竞争、健康发展”成为全体代表的共识。

曹振雷主任以正视行业困境，谨慎扩张产能，提高品牌竞争力为主题进行总结讲话：

2013 年是中国造纸协会生活用纸委员会成立 20 周年，这 20 年中国生活用纸行业得到了快速、健康的发展，产能年均增幅超过 10%。但是，产量和消费量 2012 年首次出现了增长率下降的情况，应该说行业进入了非常时期，需要引起我们高度的重视和深入思考。

首先，生活用纸行业与全国其他许多行业一样，面临的最大问题就是产能过剩。而且，在我们这个行业投资热情依然高涨，未来因产能过剩给行业带来的损害不容乐观。我们需要冷静地分析未来需求的增长空间。包括目前中国生活用纸的人均消费量只有4.2kg，与发达国家和地区的20kg左右相比，似乎还有很大的增长余地。但是，我们必须清醒地认识到，在生活用纸的消费方面，我们与发达经济体国家有许多不可比因素。我们应该与文化背景、气候条件相似的香港、台湾等周边地区相比，预测成熟的中国市场的人均消费量应该在10kg左右，超过10kg是不太现实的。并且从发达国家的发展过程看，当增长到成熟市场消费量的70%时，市场将进入缓慢的增长期，增长到10kg将需要相当长的时间。

其次，行业面临成本持续上升的压力。虽然中国生活用纸行业以进口商品浆为主要原料，预计浆价近期不会有大的变化；能源价格由于美国页岩气的开发，也会相对稳定，这对企业来说是积极的一面，但人工成本的大幅度上升和国家加大节能减排力度带来的成本增加，将使企业总体成本呈现出持续上升的趋势。

去年，行业开始出现了价格下降的情况。对整个行业来说，这确实是不好的信号，这也证实了产能过剩的影响已经传递到了终端市场。预计未来3年，企业将面临更高的淘汰率。在这样的时期，企业要转换经营和发展的思路及其模式，找到适合自身发展的道路，巩固好自己的市场阵地。投资者要谨慎地进入本行业，单纯地扩张产能更要三思而行。

行业大企业特别是领先企业，要继续提高品牌的竞争力，向国际品牌学习，关注和重视由于产能过剩而有可能产生的零售商品牌扩大市场份额的情况。加强电子商务的营销，开发差异化产品，引导和教育消费者。

在行业产能过剩的形势下，我们倡导企业间建立新型的合作伙伴关系，相互合作，维护行业的健康持续发展。

参会人员名单：

中国造纸协会生活用纸专业委员会　曹振雷

维达纸业（中国）有限公司　李朝旺，张东方，董义平，张健

金红叶纸业集团有限公司　徐锡土

中顺洁柔纸业股份有限公司　岳勇

上海金佰利纸业有限公司　吴乃方

上海东冠华洁纸业有限公司　孙海瑜，莫建新

永丰余投资有限公司　苏守斌

上海唯尔福集团股份有限公司　杨传信，何幼成

王子制纸妮飘（苏州）有限公司　中须贺朗，吴金龙

广西贵糖（集团）股份有限公司　陈健

东莞市白天鹅纸业有限公司　李刚，卢建华

福建恒利集团有限公司　陈绍虬

胜达集团江苏双灯纸业有限公司　赵林

东顺集团股份有限公司　陈小龙，张士华

潍坊恒联美林生活用纸有限公司　李瑞丰，栾咏

漯河银鸽生活纸产有限公司　王伟，张世进，孟灵魁

山东晨鸣纸业集团生活用纸有限公司　李伟先

广西华美纸业集团有限公司　林瑞财，殷进海

绿金纸业集团有限公司　庄仁贵

宁夏紫荆花纸业有限公司　张东红，王琪琳，赵峰

上海护理佳实业有限公司（特邀）　周国敏，许国军

东莞市达林纸业有限公司（特邀）　黎景均

中国造纸协会生活用纸专业委员会秘书处　张玉兰，周杨

2013年5月　第二十届生活用纸年会在深圳召开
May 2013　The 20th China International Disposable Paper Expo (CIDPEX'2013) Held in Shenzhen

第二十届生活用纸年会于5月28—30日在深圳会展中心成功举办。本届年会展览规模达6万m^2，比上年增加了6%。国内外参展商总数超过600家，有110多台设备现场演示。来自全

球、尤其是东南亚地区的众多海外参观观众及国内观众超过2.4万人，再创历史新高！

展览仍按参展产品类别划分为生活用纸、卫生用品、原辅材料、设备器材等共4个展区。各展区均汇聚了业内领先企业，产业链上下游企业的广泛参与显示了行业的蓬勃发展。

本着绿色环保及可持续发展的办展理念，一些特装展位采用可重复使用的环保材料搭建，减少材料浪费，特别值得业内推广借鉴。今年的展览仍保持特装展位面积占总展览面积的近90%，使生活用纸年会的国际化、专业化水平进一步提高，成为中国最权威、最专业的生活用纸行业盛会。

展览期间举办了为期一天半的国际研讨会，分生活用纸和卫生用品两个专题，共计34场精彩演讲，与会听众300多人。生活用纸会场邀请了福伊特、宝索、博闻锐思等公司的专家，对世界领先的ATMOS技术和卫生纸节能技术、国产加工设备自主研发创新等方面内容进行深入探讨。委员会张玉兰副秘书长做了《2012年生活用纸行业的概况和竞争形势》的报告。

卫生用品会场解析了卫生用品行业动态趋势和原材料创新，邀请了来自欧洲非织造布协会(EDANA)和尼尔森公司的市场分析师，爱生雅(SCA)和广东景兴(ABC)等生产企业具有丰富从业经验的企业高管，以及日本捷恩智(JNC)、陶氏化学、埃克森美孚等公司技术专家，从零售终端市场分析、领先企业生产经验和理念分享，到非织造布/薄膜原材料研发创新、SAP和热熔胶安全性，以及产品装饰探究等方面内容展开研讨和交流。本届研讨会加强了主持人的作用和增设了问答环节，特邀业内专业人士主持部分演讲主题，使演讲嘉宾与听课代表间更好地进行问答互动，进一步提高研讨问题的深度和效果，使参会代表真正有所收获，受到国内外听众的一致好评。

5月27日晚在深圳星河丽思卡尔顿酒店隆重举行了“2013深圳生活用纸年会开幕贵宾欢迎晚宴及生活用纸委员会创建20周年庆典活动”。

本届年会在参会人数、会议的规模及影响力等诸多方面都超过历届，在展会组织、服务等方面充分实现与国际性展览和会议接轨。展览现场始终人流不息，各企业也积极利用展会时间召开新品发布会及组织客户联谊会等活动，取得了良好效果。在协办单位维达国际控股有限公司和广东百顺纸品有限公司及广大企业的大力支持和配合下，2013年深圳生活用纸年会取得了圆满成功。

2013年9月　　组团参加“2013年阿拉伯造纸、卫生纸及加工工业国际展览会”

September 2013　　CNHPIA Organized Group to Attend Paper Arabia 2013

为继续扩大中国生活用纸行业的国际影响，为我国生活用纸企业开拓国外市场创建平台，由中国造纸协会生活用纸专业委员会组团参加了9月24—26日在迪拜举办的第六届阿拉伯造纸、卫生纸及加工工业国际展览会(Paper Arabia 2013)，这是生活用纸专业委员会第5次组织中国企业参加此展览。本届中国展团包括上海路嘉、山东爱舒乐、温州王派、福建恒安、泉州创达、佛山德昌誉、佛山宝索、广东荣嘉、广州欧克等11家企业，参展净面积达135m^2。中国展团一行共22人。本届展会共有来自全球22个国家的128家企业参展。

主办方对中东地区的纸品市场充满信心，认为中东的纸业市场正在快速增长，尽管总体消费量不及欧美等发达地区，但发展潜力巨大。中东的纸品消费量呈逐年上升趋势，对各种纸品的需求都很高，尤其是包装纸和生活用纸增长较快。本届展会吸引了来自世界各地包括中东、非洲、欧洲及印度等国家和地区的8500多名专业观众参观，展会成交额达数百万美元。

本届展会的突出特点是，一是生活用纸参展商比重增加，参展企业包括中东和周边地区的生活用纸行业生产商，国际知名的生活用纸设备供应商如美卓、德国森宁等，以及来自意大利卢卡的首次以组团的形式参展的生活用纸行业企业，特斯克、Gambini、PCMC等领先的生活用纸设备供应商也亮相展会。二是中国展区持续引人注目，通过连续参加Paper Arabia展会，中国的生活用纸产品包括相关设备已经在中东和周边地区打开了市场，设备出口量不断增加。

2013 年 10 月　组团参加“第十一届印度国际造纸及造纸装备展览会”
October 2013　CNHPIA Organized Group to Attend Paperex 2013

2013 年 10 月 24—27 日，中国造纸协会生活用纸专业委员会(CNHPIA)组织“中国生活用纸国家展团”参加了在印度新德里举办的第 11 届印度国际造纸及造纸装备展览会(Paperex 2013)。这是继 2011 年组团参加印度 Paperex 2011 展会后第二次成功组团参展。

Paperex 展览会创办于 1993 年，由印度农业及再生纸协会(IARPMA)与印度 ITE 展览公司联合主办。经过 20 多年的发展，已成为全球最大的造纸行业盛会。本届规模 22500 平方米，共有来自 26 个国家和地区的 522 家造纸企业、造纸设备及原材料供应商参展，展会吸引了世界各地近 3 万名专业观众参观。

展会同期还举办了主题为“全球纸浆和造纸业发展现状与未来”的高水平技术研讨会，会议为期 3 天，共有 35 场技术演讲。

一、中国生活用纸国家展团——集中亮相

本届展会最大亮点之一是首次增加卫生纸主题(Tissueex)，旨在满足印度不断增长的生活用纸市场需求，为卫生纸厂、设备制造商、贸易商和经销商提供一个很好的产品展示和合作交流平台。由此，本届展会也特别得到中国造纸协会生活用纸专业委员会的大力支持。生活用纸专业委员会组织的“中国生活用纸国家展团”，参展净面积共计 70 平方米，展团企业包括宝索机械、德昌誉机械、松川远亿机械、广州欧克机械、宝拓造纸设备、雀氏(福建)实业发展和天津骏发森达 7 家企业。展团团员共计 23 人，由生活用纸专业委员会张玉兰副秘书长为团长，秘书处林茹、曹宝萍和周杨随团前往。中国生活用纸产品及设备显示出很强的市场竞争力，很多印度专业观众对中国卫生纸机、卫生纸加工机、婴儿纸尿裤设备、卫生巾设备，以及卫生用品表现出浓厚的兴趣，有的客户还两次来到展台与中国展团企业深入洽谈，希望与中国企业建立商业伙伴关系。各展团企业表示，4 天的展览取得较好的效果，印度市场潜力很大，如何进入和开拓印度生活用纸市场，值得深入研究，对做好印度市场也充满信心。

二、中印行业协会间加强联系　促进两国行业企业合作

为更加深入地了解印度生活用纸和卫生用品行业发展状况，促进中印两国同行业企业间经济技术和贸易的合作，Paperex 2013 展会期间，生活用纸专业委员会如约与印度农业及再生纸协会(IARPMA)和印度非织造布协会(BCH)见面交流，并与参加展览的印度两家大型的卫生纸生产企业进行了友好交流。

三、印度市场到底有多大？有何不同？

此次在印度参展期间，组委会还组织了团员企业去新德里两家大型的购物中心进行市场考察。同时利用在生活用纸委员会展台接待印度本地专业观众的面对面交流机会，与近百家前来咨询的卫生纸加工商、进出口贸易商、行业咨询公司和本地经销商等交流洽谈，以及与 IARPMA、BCH 的交流，从而对印度生活用纸和卫生用品行业有了更加全面的认识和客观了解。

1. 印度卫生纸市场——尚不成熟但充满生机

2012 年印度人口总数量为 12.16 亿，相对它的人口，印度卫生纸的消费量非常低，年消费量不到 15 万 t。人均消费量不足 0.1kg，是世界人均消费总量(4.4kg)的 2.3%。

印度市场生活用纸产品相对单一，主要以餐巾纸(方巾纸)、厨房用纸为主，卫生卷纸、盒抽面巾纸、擦手纸等产品相对较少。餐巾纸和盒抽面巾纸公共场合用居多。由于如厕后水洗的生活习惯原因，卫生卷纸一直是一个低速增长的品种。

据了解，印度卫生纸原纸生产厂只有 5～6 家，其中有两家规模较大的采用 100% 原生木浆生产卫生纸，其余几家企业都是采用废纸生产卫生纸，企业规模较小。印度卫生纸后加工厂很多，约有 2000 多家，大多数都是家庭作坊式经营。近年来，印度卫生纸的需求量呈快速增长趋势，消费量年增长率为 15%～20%。随着印度经济状况的改善、生活水平的提高，文化素养和卫生意识的增强，以及西方对印度文化习惯的影响日益增大，印度卫生纸市场发展潜力巨大。

2. 印度纸尿裤市场——市场迎来“转折点”

印度纸尿裤市场仍然处于初期阶段。然而随着社会经济以及文化模式的转变，已经有越来越多的印度妈妈开始认可纸尿裤的使用，纸尿裤市场开始出现了一个转折点。

过去3年间，印度婴儿纸尿裤市场快速发展，年增长率为15%～17%。这为国际纸尿裤生产商带来了发展机会，目前，印度纸尿裤市场的主导者是好奇、妈咪宝贝和帮宝适3大品牌，他们基本瓜分了印度大部分的市场份额。由于印度国家幅员辽阔，道路等基础设施建设落后，因此，这几家国际品牌生产商相继在印度国内设厂，以降低运输成本和节约时间，并集中力量发展纸尿裤业务。

印度平均每年有2600万名婴儿诞生，其数量是中国新生儿数量的1.6倍，纸尿裤行业和外行投资者均认为印度是一个有巨大潜力的市场。

3. 印度卫生巾市场——鲜为人知的“奢侈品”

印度市场对卫生巾产品的认知度非常低，生活在贫困线以下的女性多数都不了解、更没有经济能力购买卫生巾。在印度大部分地方是买不到卫生巾的，卫生巾对于印度女性来说是一种“奢侈品”。市场主导品牌只有2～3个，如苏菲、护舒宝和高洁丝，只有富裕的中产阶级以上的女性才有此消费能力。其他区域性本地生产的卫生巾，都是简易的无翼直条型产品。印度卫生巾产品市场普及率非常低。卫生护垫更是未被认识的产品。

据印度最新调查显示，70%的印度女性无经济能力购买卫生巾，更有超过20%的青春期女孩因为月经而辍学。在3.55亿处于经期的女性中，仅有12%的人使用卫生巾，而其余88%的女性则会选择旧布条或者烟灰等作为替代品。而在印度德里，班加罗尔等地所做的调查显示，有31%的女性月经期间停工，平均每人缺勤2.2天。据称，奥里萨邦政府为改善女中学生的个人卫生问题，专门建立了一个卫生巾厂，生产低价卫生巾。该厂目前由妇女权益组织经营，生产的卫生巾每包售价21印度卢比(约合2.1元人民币)。此外，当地政府还给女生提供购买卫生巾的补助。

随着印度政府对女性经期卫生问题的重视和印度女性对卫生巾产品认知程度的不断提高，印度卫生巾市场将逐步启动，但需要经历一段很漫长的发展时间。

2013年12月　第十八届生活用纸企业家俱乐部会议在苏州举行
December 2013　The 18th Meeting of China Tissue Paper Executives Club (CTPEC) Held in Suzhou

第18届中国生活用纸企业家俱乐部会议在本届轮值主席单位王子制纸妮飘(苏州)有限公司的积极支持下，于2013年12月7日在苏州新城花园酒店举行。来自俱乐部成员企业和特邀企业的代表共计36人参加了会议。

会议由曹振雷主任主持，各企业成员围绕各自企业的生产和发展状况以及目前行业面临的问题展开交流和讨论。大家普遍认为：目前在各企业新增产能计划继续推进的情况下，生活用纸行业产能过剩不可避免，行业的冬天已经到来；同时环保政策和市场竞争加速推动产业升级，企业要积极应对产能过剩，当务之急是需要准确定位，开发差异化产品，深挖市场潜力，节能降耗，合理利用自身产能，坚持可持续发展理念。会议还邀请了尼尔森公司的市场分析师从消费市场的角度介绍了目前行业的消费特点和市场发展机会。

曹振雷主任在总结讲话中指出：产能过剩是目前行业面临的主要问题，预计2013年行业开工率将比2012年降低，并可能在2015年底时开工率降至历史最低，进入最艰难时期。他建议大家从以下几方面应对：

(1)产品多元化。生活用纸生产企业尝试引入卫生用品等新品类产品，降低销售渠道成本。

(2)精细化管理。借鉴行业领先企业的成功经验，如恒安引入ERP信息化管理系统，提高管理效率；维达三江厂引入自动化仓库，提高生产、装货效率，降低人工成本等。

(3)调整扩产计划。减缓自身新上纸机速度，可以先上加工设备，外购原纸，以降低投资风险。

(4)准确市场定位。应集中力量从区域品牌做起，国内区域市场巨大，一个省的市场规模相当于欧洲一个国家。目前，一线城市市场已经比较成熟，增长速度放缓，二、三线城市是今后销售增长的源泉，要深入经营。此外，单独二孩的政策，将每年新增200万新生婴儿，也带来新的市场机遇。国内各地区收入差异大，应注重开发差异化的产品，尤其是高端产品的开拓，并维持较高的利润，不搞低价竞争。

网络营销方面，应专门为网购设计新产品、新包装，而不是沿用与传统通路相同的产品。

虽然目前行业进入产能过剩时期，但我们要清楚地看到，中国的经济增速减缓是由于外因起作用，即出口受阻，而内需增长潜力仍然巨大。企业应利用好这一特殊时期，经受考验，扩大发展。

参会人员名单：

中国造纸协会生活用纸专业委员会　曹振雷

维达国际控股有限公司　张东方，张健

金红叶纸业集团有限公司　徐锡土，王俊贤

恒安集团有限公司　许文默，蔡朱群

中顺洁柔纸业股份有限公司　岳勇

上海金佰利纸业有限公司　吴乃方

王子制纸妮飘(苏州)有限公司　中须贺朗，吴金龙

永丰余投资有限公司　苏守斌

上海东冠华洁纸业有限公司　莫建新

上海唯尔福集团股份有限公司　何幼成，董国昌

东顺集团股份有限公司　陈小龙，张士华

东莞市白天鹅纸业有限公司　李刚，卢建华

胜达集团江苏双灯纸业有限公司　颜礼彬

潍坊恒联美林生活用纸有限公司　栾咏，李群凯

广西华美纸业集团有限公司　林瑞财

广西华美纸业集团绿金纸业集团有限公司　庄仁贵

河南银鸽实业投资股份有限公司　王伟

漯河银鸽生活纸产有限公司　张世进

山东晨鸣纸业集团生活用纸有限公司　李伟先

广西贵糖(集团)股份有限公司　姚子虞

福建恒利集团有限公司　陈绍虬

宁夏紫荆花纸业有限公司　张东红

上海护理佳实业有限公司(特邀)　周国敏

中国造纸协会生活用纸专业委员会　张玉兰，周杨

尼尔森市场研究有限公司(特邀)　孙浩，倪一，曾旭光

会员单位名单(2013年)
List of the CNHPIA members (2013)

国内会员单位

	会员名称
北京	金佰利(中国)有限公司
	北京倍舒特妇幼用品有限公司
	北京特日欣卫生用品有限公司
	北京爱华中兴纸业有限公司
	北京市琉璃河兴河纸业有限公司
	北京松竹梅兰纸业有限公司
	北京桑普生物化学技术有限公司
	统汇纸品(北京)有限公司
	北京艾雪伟业科技有限公司
	北京王城卫生用品有限公司
	钛玛科(北京)工业科技有限公司
	北京大森长空包装机械有限公司
	芬欧汇川(中国)有限公司
	北京宝润通科技开发有限责任公司
	北京泰德玖品生物科技有限公司
天津	天津市依依卫生用品有限公司
	禾丰(天津)卫生用品有限公司
	博爱(中国)膨化芯材有限公司
	小护士(天津)实业发展股份有限公司
	利发卫生用品(天津)有限公司
	天津市英赛特商贸有限公司
	天津市双马香精香料新技术有限公司
	天津骏发森达卫生用品有限公司
	天津市艳胜工贸有限公司
	天津天辉机械有限公司
	天津市中科健新材料技术有限公司
	天津市实骁伟业纸制品有限公司
河北	唐山市博亚树脂有限公司
	保定市晨光纸业有限公司(晨光造纸机械有限公司)
	河北义厚成日用品有限公司
	东纶科技实业有限公司
	河北雄县鹏程彩印有限公司
	保定市三莱特纸品机械有限公司
	石家庄市乔多造纸助剂有限公司
	石家庄华纳塑料包装有限公司
	保定市港兴纸业有限公司
	新乐华宝塑料薄膜有限公司
	河北雪松纸业有限公司
	满城县中信纸业有限公司
	河北氏氏美卫生用品有限责任公司
	河北雄县孟氏制版有限公司

续表

	会员名称
河北	河北明大医疗器械有限公司
	河北雄县永生塑料制品有限公司
	保定市东升卫生用品有限公司
	河北大发纸业有限公司
	沧州聚缘卫生用品有限公司
内蒙古	内蒙古文承纸业有限公司
辽宁	沈阳东联日用品有限公司
	丹东市丰蕴机械厂(丹东市天和纸制品有限公司)
	丹东北方机械有限公司
	沈阳般舟纸制品包装有限公司
	辽阳慧丰造纸技术研究所
	琥珀纸业有限责任公司
	宏峰科技发展(大连)有限公司
	大连欧美琦有机硅有限公司
吉林	吉林白城福佳机械制造有限公司
	吉林省镇赉新盛纸业有限公司
黑龙江	黑龙江省康嘉纸业有限公司
	哈尔滨金宵医疗卫生用品厂
上海	上海唯尔福(集团)有限公司
	尤妮佳生活用品(中国)有限公司
	上海沛龙特种胶粘材料有限公司
	3M中国有限公司
	上海联宾塑胶工业有限公司
	上海市爱妮梦纸业有限公司
	上海紫华企业有限公司
	上海联胜化工有限公司
	上海东冠纸业有限公司
	上海市月月舒妇女用品有限公司
	全日美实业(上海)有限公司
	上海美芬娜卫生用品有限公司
	康那香企业(上海)有限公司
	上海护理佳实业有限公司
	上海花王有限公司
	意大利亚赛利有限公司上海代表处
	上海协润贸易有限公司
	上海申欧卫生用品有限公司

续表

	会员名称
上海	巴斯夫(中国)有限公司
	上海堪孚尔不织布有限公司
	亿利德纸业(上海)有限公司
	上海唯爱纸业有限公司
	上海通贝吸水材料有限公司
	德固赛(中国)投资有限公司
	强生(中国)有限公司
	上海智联精工机械有限公司
	上海高聚实业有限公司
	上海若云纸业有限公司
	上海亿维实业有限公司
	上海福助工业有限公司
	上海德山塑料有限公司
	上海丰格无纺布有限公司
	上海御流包装机械有限公司
	德旁亭(上海)贸易有限公司
	汉高股份有限公司
	香港联昌证券有限公司上海代表处
	上海美馨卫生用品有限公司
	上海富永纸品包装有限公司
	上海汉合纸业有限公司
	上海加勒环保包装材料有限公司
	中丝(上海)新材料科技有限公司
	上海松川远亿机械设备有限公司
	上海奕嘉恒包装材料有限公司
	上海凯琳集团投资发展有限公司
	恒信金融租赁有限公司
	明答克商贸(上海)有限公司
	上海洁都纸业有限公司
	上海柔亚尔卫生材料有限公司
	上海迪凯分离机械实业有限公司/上海迪晓喷码技术有限公司
	山特维克国际贸易(上海)有限公司
	上海守谷国际贸易有限公司
	三菱商事(上海)有限公司
	上海森明工业设备有限公司
	上海尚志生物科技有限公司
	远东国际租赁有限公司

续表

	会员名称
上海	伊士曼(上海)化工商业有限公司
	奥普蒂玛包装机械(上海)有限公司
	上海乐怡纸业有限公司
	上海誉辉化工有限公司
	上海安兴汇东纸业有限公司
	苏州市旨品贸易有限公司上海办事处
	包利思特机械(上海)有限公司
	上海庄生实业有限公司
	意纸来机械设备(上海)有限公司
	纳尔科(中国)环保技术服务有限公司
	上海黛龙生物工程科技有限公司
	云月投资管理(上海)有限公司
	乐金化学(中国)投资有限公司上海分公司
	德国舒美有限公司上海代表处
	上海华谊丙烯酸有限公司
	上海恒意得信息科技有限公司
	雅柏利(上海)粘扣带有限公司
	晓星国际贸易(嘉兴)有限公司上海处
	上海世展化工科技有限公司
	上海吉臣化工有限公司
江苏	盟迪(中国)薄膜科技有限公司
	江苏金卫机械设备有限公司
	常州市东风卫生机械设备制造厂
	松林国际刮刀锯有限公司
	维顺(中国)无纺制品有限公司
	王子制纸妮飘(苏州)有限公司
	金红叶纸业集团有限公司
	永丰余家品(昆山)有限公司
	好孩子百瑞康卫生用品有限公司
	胜达集团江苏双灯纸业有限公司
	泰州远东纸业有限公司
	顺昶塑胶(昆山)有限公司
	南京森和纸业有限公司
	南京东正化轻有限公司
	南京安琪尔卫生用品有限公司
	江苏三笑集团有限公司
	金王(苏州工业园区)卫生用品有限公司

续表

	会员名称
江苏	日触化工(张家港)有限公司
	金湖三木机械制造实业有限公司
	苏州京佰利无纺材料有限公司
	江阴市联盛卫生材料有限公司
	徐州玉洁纸业有限公司
	苏州坚创贸易有限公司
	无锡沪东麦斯特环境工程有限公司
	江阴金凤特种纺织品有限公司
	江苏德邦卫生用品有限公司
	宜兴丹森科技有限公司
	江苏美灯纸业有限公司(滨海县蓝天纸业有限公司)
	苏州婴爱宝胶粘材料科技有限公司
	常州维盛无纺科技有限公司
	兰精(南京)纤维有限公司
	如东县宝利造纸厂
	苏州欣诺无纺科技有限公司
	江苏南江诺威尔科技发展有限公司
	普杰无纺布(中国)有限公司
	爱森生活用纸(苏州)有限公司
	莱芬豪舍塑料机械(苏州)有限公司
	南通东海纸业有限公司
	贝亲母婴用品(常州)有限公司
	南通通用机械制造有限公司
	金顺重机(江苏)有限公司
浙江	杭州市化工研究院有限公司
	杭州新余宏机械有限公司
	杭州可悦卫生用品有限公司
	浙江诸暨造纸厂
	嘉兴市申新无纺布厂
	嘉善永泉纸业有限公司
	宁波市奇兴无纺布有限公司
	衢州双熊猫纸业有限公司
	瑞安市瑞乐卫生巾设备有限公司
	杭州小姐妹卫生用品有限公司
	杭州原创广告设计有限公司
	杭州珂瑞特机械制造有限公司
	临安市雄鹰妇幼卫生用品有限公司

续表

	会员名称
浙江	浙江省华夏包装有限公司
	义乌市安柔卫生用品有限公司
	杭州川田卫生用品有限公司
	杭州珍琦卫生用品有限公司
	浙江金通纸业有限公司
	浙江越韩科技透气材料有限公司
	骏龙包装集团有限公司
	杭州唯可卫生材料有限公司
	台塑吸水树脂(宁波)有限公司
	温州市瓯海昌隆化纤制品厂
	杭州品享科技有限公司
	浙江鼎业机械设备有限公司
	杭州圣瑞斯塑胶有限公司
	浙江人爱卫生用品有限公司
	浙江台州市明大卫生材料有限公司
	瑞安市正东包装机械有限公司
	温州王派生活用纸机械有限公司
	杭州纸邦自动化技术有限公司
	杭州可靠护理用品股份有限公司
	浙江景兴纸业股份有限公司
	德清县武康镇创智热喷涂厂
	杭州大路实业有限公司
	浙江新德宝机械有限公司
	杭州舒泰卫生用品有限公司
	浙江新维狮合纤股份有限公司
	浙江卫星石化股份有限公司
	湖州优全护理用品科技有限公司
	瑞安市金邦喷淋技术有限公司
	杭州豪悦实业有限公司
	杭州轻通博科自动化技术有限公司
	浙江中美日化有限公司
	杭州临安华晨卫生用品有限公司
	浙江珍琦护理用品有限公司
	杭州嘉杰实业有限公司
	杭州东巨机械制造有限公司
	浙江佳尔彩包装有限公司
	瑞安市启扬机械有限公司
	浙江耐特过滤技术有限公司
	温州市天铭印刷机械有限公司

续表

	会员名称
浙江	瑞安市大伟机械有限公司
	浙江代喜卫生用品有限公司
安徽	安庆市恒昌机械制造有限责任公司
	铜陵洁雅生物科技股份有限公司
	合肥嘉东生活用纸有限公司
	芜湖悠派卫生用品有限公司
	扬中九妹日用品有限公司阜南分公司
	安徽美妮纸业有限公司
福建	福建恒安集团有限公司
	福建恒利集团有限公司
	福建莆田佳通纸制品有限公司
	厦门延江工贸有限公司
	建亚保达(厦门)卫生器材有限公司
	福建培新机械制造实业有限公司
	泉州市汉威机械制造有限公司
	泉州市东工机械制造有限公司
	泉州大昌纸品机械制造有限公司
	福建妙雅卫生用品有限公司
	福建诚信纸品有限公司
	泉州新日成热熔胶设备有限公司
	福建省天和妇幼日用品有限公司
	晋江市东南机械制造有限公司
	福建泉州明辉轻工机械有限公司
	泉州邦丽达科技实业有限公司
	三明市梅列多维机械工具厂(三明市普诺维机械有限公司)
	南安长利塑胶有限公司
	泉州市丰泽区东方机械有限公司
	泉州市鲤城耳东纸业有限公司
	厦门金泰生物科技有限公司
	南安市远大卫生用品厂
	中天集团(中国)有限公司
	泉州市现代卫生用品有限公司
	龙海市明发塑料制品有限公司
	漳州市芗城晓莉卫生用品有限公司
	南安市满山红纸塑彩印有限公司
	雀氏(福建)实业发展有限公司
	厦门市立克传动科技有限公司

续表

	会员名称
福建	福建省南安市乔东复合制品有限公司
	泉州来亚丝卫生用品有限公司
	南安市满山红塑料有限公司
	漳州鑫炎环保产业有限公司
	晋江汇森高新材料科技有限公司
	晋江百合堂生活用品有限公司
	怡佳(福建)卫生用品有限公司
	南安市欢益塑胶制品厂
	美佳爽(福建)卫生用品有限公司
	福建漳州市智光纸业有限公司
	泉州市创达机械制造有限公司
	泉州嘉华卫生用品有限公司
	厦门安德立科技有限公司
	福建省莆田市荔城纸业有限公司
	安诺纸业(福建)有限公司
	福建亿发纸业有限公司
	福建天昱新型材料有限公司
	福州真柔纸业有限公司
	厦门源福祥卫生用品有限公司
	三明市福工机械有限公司
	泉州昌德化工有限公司
	厦门悠派无纺布制品有限公司
	福建龙岩市铭丰纸业有限公司
	爹地宝贝股份有限公司
	晋江市新合发塑胶印刷有限公司
	泉州天娇妇幼卫生用品有限公司
	泉州市鲤城区嘉福机械厂
	厦门恒大工业有限公司
	厦门祺星塑胶科技有限公司
	青蛙王子(中国)日化有限公司
	福建益川自动化设备股份有限公司
	利洁(福建)卫生用品有限公司
	友佳(福建)塑胶新材料有限公司
	晋江市兴泰无纺制品有限公司
	晋江市顺昌机械制造有限公司
	厦门大予工贸有限公司
	泉州市美丽岛生活用品有限公司
	惠安县大本房地产开发有限公司

续表

	会员名称
福建	福建利澳纸业有限公司
	福建省先锋集团纸巾厂
	厦门佳创机械有限公司
	泉州联合纸业有限公司
	福建冠泓工业有限公司
	泉州丰泽恩加品牌策划有限公司
	泉州汇海机械有限公司
	创业人环保科技有限公司
	婴舒宝(中国)有限公司
	福建省长汀县天乐卫生用品有限公司
	厦门鑫德豪机械有限公司
	福建省晋江市木浆棉有限公司
	好乐(福建)卫生用品有限公司
	泉州市信昌精密机械有限公司
	泉州恒新纸品机械制造有限公司
	晋江市德豪机械有限公司
	厦门象屿上扬贸易有限公司
	福建冠泓实业有限公司
	厦门市边界品牌顾问有限公司
	厦门力和行光电技术有限公司
	利安娜(厦门)日用品有限公司
	中南纸业(福建)有限公司
	福建蓝雁卫生科技有限公司
	福建省明大卫生用品有限公司
	领先(福建)实业有限公司
	泉州恒嘉塑料有限公司
	晋江市恒质纸品有限公司
江西	广丰月兔卫生用品有限公司
	江西帮洁卫生用品有限公司
	南昌爱宝多实业有限公司
	赣州港都卫生制品有限公司
	九江邦利益康科技有限公司
	江西省美满生活用品有限公司
山东	山东益母妇女用品有限公司
	潍坊恒联美林生活用纸有限公司
	山东信成纸业有限公司
	东明县康迪妇幼用品有限公司
	诸城市大正机械有限公司

续表

	会员名称
山东	东营市胜安卫生用品有限公司
	山东银光机械制造有限公司
	淄博全通造纸机械有限公司
	山东含羞草卫生科技股份有限公司
	山东华林机械有限公司
	诸城市金隆机械制造有限责任公司
	山东泉林纸业有限责任公司
	东顺集团股份有限公司
	山东晨鸣纸业集团股份有限公司
	山东艾丝妮乐卫生用品有限公司
	山东俊富非织造材料有限公司
	山东顺霸化妆品有限公司
	潍坊金一鸣卫生用品有限公司
	山东依派卫生用品有限公司
	诸城市汇川机械厂
	潍坊金科卫生材料科技有限公司
	山东亚太森博浆纸有限公司
	山东泰安市东岳助剂厂
	山东赛特新材料股份有限公司
	山东信和造纸工程有限公司
	泰安县清柔工贸有限公司
	山东德润新材料科技有限公司
	山东诺尔生物科技有限公司
	青岛新锐实业有限公司
	郯城县安洁卫生用品厂
	山东郯城欣欣印刷有限公司
	潍坊中顺机械科技有限公司
	万华化学集团股份有限公司
	潍坊精盛机械有限公司
	郯城县鹏程印务有限公司
	山东太阳生活用纸有限公司
	山东中科博源新材料科技有限公司
河南	漯河银鸽生活纸产有限公司
	河南省奥博纸业有限公司
	陆丰机械(郑州)有限公司
	郑州大拇指日用品有限公司
	河南舒莱卫生用品有限公司
	河南省百蓓佳卫生用品有限公司

续表

	会员名称
河南	遂平欧亚卫生用品有限公司
湖北	丝宝集团卫生用品有限公司
	襄樊市盈乐卫生用品有限公司
	武汉圣洁卫生用品有限公司
	湖北世纪雅瑞纸业有限公司
	湖北乾峰新材料科技有限公司
	武汉友道自动化控制有限公司
湖南	湖南恒安纸业有限公司
	湖南三友纸业有限公司
	湖南天洁纸业有限公司
	常德市鼎城佳通机械加工有限公司
	湖南省恒昌卫生用品有限公司
	湖南爽洁卫生用品有限公司
	常德烟草机械有限责任公司
广东	宝洁(中国)有限公司
	维达纸业(中国)有限公司
	广州卓德嘉薄膜有限公司
	广东省造纸研究所
	广州市兴世机械制造有限公司
	惠州宝柏包装有限公司
	深圳信威纸品有限公司
	鸿源实业(深圳)有限公司
	万益纸巾(深圳)有限公司
	东莞市白天鹅纸业有限公司
	美亚无纺布纺织产业用布科技(东莞)有限公司
	东莞市佳鸣机械制造有限公司
	东莞佳鸣造纸机械研究所
	广东省东莞市萨浦刀锯有限公司
	佛塑集团华韩卫生材料有限公司
	佛山市联塑万嘉新卫材有限公司
	佛山市美适卫生用品有限公司
	南海南新无纺布有限公司
	南海市桂城景兴商务拓展有限公司
	佛山市兆广机械制造有限公司
	佛山佩安婷卫生用品实业有限公司
	佛山市南海区宝索机械制造有限公司
	佛山市顺德区新感觉卫生用品有限公司

续表

	会员名称
广东	中山瑞德卫生纸品有限公司
	中顺洁柔纸业股份有限公司
	中山佳健生活用品有限公司
	中山市川田生活用品有限公司
	佛山市高明日畅纸业有限公司
	佛山市南海区德昌誉机械制造有限公司
	深圳市腾科系统技术有限公司
	佛山市南海置恩机械制造有限公司
	汕头市万安纸业有限公司
	东莞市同舟化工有限公司
	中山市宜姿卫生制品有限公司
	国桥实业深圳有限公司
	广东美洁卫生用品有限公司
	佛山市南海必得福无纺布有限公司
	东莞皇尚企业股份有限公司
	广东省东莞市明月纸业有限公司
	佛山市南海市平洲新奇丽日用品有限公司
	广东百顺纸品有限公司
	佛山市新飞卫生材料有限公司
	深圳市伊诺威机电有限公司
	揭阳市洁新纸业股份有限公司
	佛山市顺德区乐从康怡卫生用品有限公司
	耐恒(广州)纸品有限公司
	江门日佳纸业有限公司
	鑫星机械制造有限公司
	江门市创源水处理科技有限公司
	东莞利良纸巾制品有限公司
	深圳市嘉美斯机电科技有限公司
	深圳市亿宝纸业有限公司
	东莞市常兴纸业有限公司
	东莞市华兴纸业实业有限公司
	东莞嘉米敦婴儿护理用品有限公司
	江门市新龙纸业有限公司
	佛山市南海毅创设备有限公司
	深圳市宜丽环保科技有限公司
	西朗纸业(深圳)有限公司
	广州贝晓德传动配套有限公司
	惠州市汇德宝护理用品有限公司

续表

	会员名称
广东	东莞市达林纸业有限公司
	广东一洲无纺布实业有限公司
	东莞瑞麒婴儿用品有限公司
	佛山市强的无纺布科技有限公司
	佛山南宝高盛高新材料有限公司
	深圳市嘉丰印刷包装有限公司
	广州耐思造纸专用设备制造有限公司
	佛山市南海区德利劲包装机械厂
	佛山市鹏轩机械制造有限公司
	佛山市南海区宝拓造纸设备有限公司
	广州晖正贸易有限公司
	广州伊珈尔通用设备有限公司
	广州市睿漫化工有限公司
	佛山市南海区德虎纸巾机械厂
	广州市顶丰自动化设备有限公司
	深圳市轩泰机械设备有限公司
	深圳市乐活科技有限公司
	东莞市科环机械设备公司
	广东省信达纸业有限公司
	江门市乐怡美卫生用品有限公司
	深圳市安美瑞纸业有限公司
	广东昱升卫生用品实业有限公司
	佛山市协合成机械设备有限公司
	江门市蓬江区跨海工贸有限公司
	佛山市南海区弘晟机电科技有限公司
	东莞市威骏不织布有限公司
	东莞市成铭胶粘剂有限公司
	深圳市迅科自动化设备有限公司
	佛山市美嘉油墨涂料有限公司
	东莞市中桥纸业有限公司
	佛山市精拓机械设备有限公司
	珠海得米新材料有限公司
	江门市新会区宝达造纸实业有限公司
	东莞市仨久实业有限公司
	佛山市顺德东叶机电有限公司
	东莞市万江湘丽纸品厂
	佛山市腾华塑胶有限公司

续表

	会员名称
广东	佛山市顺德区安可瑞纸制品有限公司
	广东省佰分爱卫生用品有限公司
	广东省佛山市南海区志胜激光制辊有限公司
	鹤山市嘉美诗保健用品有限公司
	佛山市今飞机械制造有限公司
	佛山市南海区邦贝机械制造有限公司
	佛山市南海铭阳机械制造有限公司
	汕头市欧格包装机械有限公司
	深圳市美丰源日用品有限公司
	深圳全棉时代科技有限公司
	深圳市御品坊日用品有限公司
	江门市新会区园达工具有限公司
	心丽卫生用品(深圳)有限公司
	广州旭川合成材料有限公司
	广州彼岸品牌营销策划有限公司
	美塞斯(珠海保税区)工业自动化设备有限公司
	惠阳区秋长金鑫纸品加工厂
	东莞市宝适卫生用品有限公司
	江门市东雷达实业有限公司
	广东聚胶粘合剂有限公司
	揭阳市恒华新材料有限公司
	佛山市川科创机械设备有限公司
	佛山市邦宝卫生用品有限公司
	佛山市南海区鹏森机械厂
	深圳市新嘉美系统技术有限公司
	深圳市爱普克流体技术有限公司
	广东比伦生活用纸有限公司
	深圳固尔琦包装机械有限公司
	中山市恒广源吸水材料有限公司
	诺斯贝尔(中山)无纺日化有限公司
	广州德渊精细化工有限公司
	佛山市南海区威森机械厂
	深圳市鑫冠臣机电有限公司
	东莞市宝盈妇幼用品有限公司
	佛山市科牛机械有限公司
	深圳市耀邦日用品有限公司

续表

	会员名称
广西	广西舒雅护理用品有限公司
	广西洁宝纸业有限公司
	柳州惠好卫生用品有限公司
	南宁侨虹新材料有限责任公司
	广西贵糖(集团)股份有限公司
	广西华美纸业集团有限公司
	广西华怡纸业有限公司
	广西南宁凤凰纸业有限公司
	南宁市佳达纸业有限责任公司
	广西田阳金叶纸业有限公司
	广西南宁桂攀纸业有限公司
	广西横县江南纸业有限公司
	百色市合众纸业有限责任公司
	柳州两面针纸业有限公司
	柳州市卓德机械科技有限公司
重庆	重庆百亚卫生用品有限公司
	重庆东实纸业有限责任公司
	重庆珍爱卫生用品有限责任公司
四川	四川友邦纸业有限公司
	成都市豪盛华达纸业有限公司
	四川省绵阳超兰卫生用品有限公司
	成都彼特福纸品工艺有限公司
	成都百信纸业有限公司
	成都市丰裕纸业制造有限公司
	四川兴睿龙实业有限公司
	四川省丹妮纸业有限公司
	合江德亿纸业有限公司
	四川成都顺久柯帮纸业有限责任公司
	成都市新都爱洁生活用品厂
	四川佳益卫生用品有限公司
	成都居家生活造纸有限责任公司
	成都市红牛实业有限公司
	四川永丰纸业股份有限公司
	成都洁馨纸业有限公司
	四川中纸联纸业有限公司
	成都鑫正商贸有限责任公司
	成都市龙泉驿区永顺卫生用品厂
	四川亿达纸业有限公司
贵州	遵义市新祥泰贸易有限责任公司
	贵州恒瑞辰机械制造有限公司
	贵州汇景纸业有限公司
云南	云南江川翠峰纸业有限公司
	昆明嘉信和纸业有限公司
	云南省昆明华安美洁卫生用品有限公司

续表

	会员名称
云南	云南汉光纸业有限公司
	昆明万达纸业有限公司
陕西	陕西魔妮卫生用品有限责任公司
	陕西兴包企业集团有限责任公司
宁夏	宁夏紫荆花纸业有限公司

海外会员单位

	会员名称
日本	日本卫生材料工业连合会(JHPIA)
	日本池上交易株式会社(IKEGAMI KOEKI)
	日本秋子公司(AKIKO)
	日本株式会社瑞光(ZUIKO)
	川之江造纸机械(嘉兴)有限公司(KAWANOE)
	日惠得造纸器材(上海)有限公司(NIPPON FELT)
美国	美国瑞安(中国)有限公司(RAYONIER)
	美国诺信(中国)有限公司(NORDSON)
	美国惠好(亚洲)有限公司(WEYERHAEUSER)
	GP 纤维亚洲香港有限公司(GP Cellulose)
	依工玳纳特公司(ITW DYNATEC)
意大利	意大利发明家设备公司(FAMECCANICA)
	意大利柯尔柏机械贸易(上海)有限公司(KÖRBER)
	意大利特斯克公司(Toscotec)
芬兰	维美德集团(Valmet)
香港	特艺佳国际有限公司(TECH VANTAGE)
	灯塔亚洲有限公司(DOMTAR)
德国	威刻勒机器设备(上海)有限公司(W+D)
	格莱富特中国代表处(GLATFELTER)
	恩格利舒公司(A.+E. UNGRICHT GMBH+CO KG)
	爱凯思·克林贝格集团(IKS Klingelnberg GmbH)
法国	波士胶芬得利(中国)粘合剂有限公司(Bostik Findley)
	罗盖特贸易(上海)有限公司(Roquette)
新加坡	佛克(新加坡)私人有限公司(Focke (Singapore) Pte Ltd.
波兰	PMPoland S. A. 造纸设备有限公司(PMP)
瑞典	爱生雅(中国)投资有限公司(SCA)

生活用纸企业家俱乐部会员单位名单(2013 年)

List of the China Tissue Paper Executives Club (CTPEC) members (2013)

会员名称	会员人选
中国轻工集团公司	曹振雷
恒安集团有限公司	许连捷
维达纸业(中国)有限公司	李朝旺
中顺洁柔纸业股份有限公司	岳勇
金红叶纸业集团有限公司	徐锡土
金佰利(中国)有限公司	张海婴
广西贵糖(集团)股份有限公司	陈健
永丰余家品(昆山)有限公司	苏守斌
上海东冠纸业有限公司	李慈雄
王子制纸妮飘(苏州)有限公司	吴金龙
东莞市白天鹅纸业有限公司	卢锦洪
福建恒利集团有限公司	吴家荣
唯尔福(集团)有限公司	何幼成
胜达集团江苏双灯纸业有限公司	赵林
潍坊恒联美林生活用纸有限公司	李瑞丰
漯河银鸽生活纸产有限公司	张世进
广西华美纸业集团有限公司	林瑞财
山东晨鸣纸业集团生活用纸有限公司	李伟先
东顺集团股份有限公司	陈树明
宁夏紫荆花纸业有限公司	纳巨波
护理佳实业有限公司	夏双印

生产和市场
PRODUCTION AND MARKET

[2]

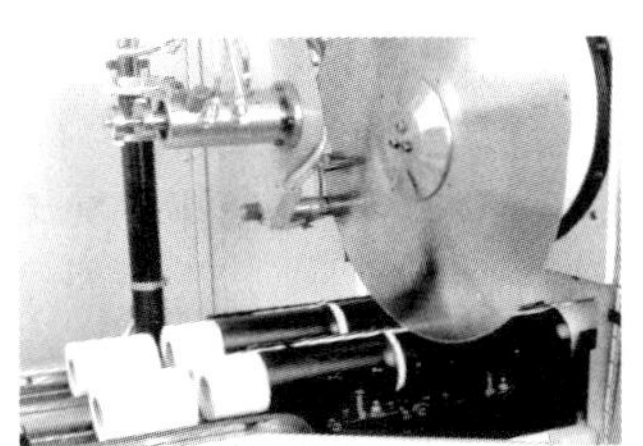

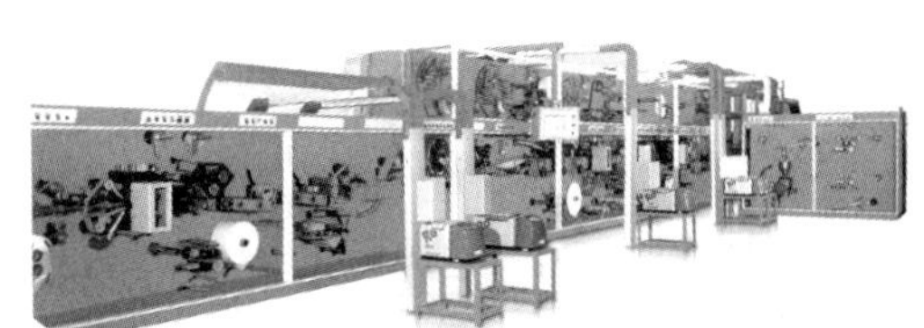

中国生活用纸行业的概况和展望

江曼霞　周杨　张玉兰　中国造纸协会生活用纸专业委员会

2012年，面对复杂严峻的国际经济形势和艰巨繁重的国内改革发展稳定任务，中国政府以加快转变经济发展方式为主线，按照稳中求进的工作总基调，认真贯彻落实加强和改善宏观调控的各项政策措施，国民经济运行总体平稳，为全面建成小康社会奠定了良好基础。2012年GDP总量达到51.9万亿元，比上年增长7.8%。内需持续扩大，社会消费品零售总额210307亿元，比上年增长14.3%；扣除价格因素，实际增长12.1%。

2012年中国生活用纸国内市场供需两旺，出口贸易继续增长。在文化印刷等其他纸种市场低迷的情况下，生活用纸行业继续保持快速增长势头，投资项目成倍增长。2012年投产的现代化产能比2011年大幅增长121.1%，已宣布在2013年及之后将投产的现代化产能更是高达逾429万吨，成为全球关注的焦点。

得益于2012年国际商品纸浆价格处于低位的利好因素，生活用纸企业的利润空间上升，加上国家节能减排政策的实施，企业通过改进管理，降低原材料、能源消耗等，经营情况普遍良好。但是2012年国内市场生活用纸产品出厂价和市场零售价整体回落，除了原料成本降低外，随着年内大量新增产能的陆续投产，市场竞争更加激烈，价格战初显。

2012年生活用纸消费量同比增长7.1%，市场规模(市场总销售额)达到约689.4亿元，人均年消费量从2011年的3.9千克提高到4.2千克，已接近2011年的世界人均消费量水平(4.4千克)[1]。

1　市场规模

根据中国造纸协会生活用纸专业委员会(以下简称生活用纸委员会)的统计，2012年生活用纸总产量约627.3万吨(按设备利用率80%计)，销售量约612.0万吨，工厂总销售额约624.0亿元(按平均出厂价10200元/吨计，含出口)。消费量约562.8万吨，比上年增长7.1%，人均年消费量约4.2千克。国内市场规模约689.4亿元(按平均零售价12250元/吨计算)，比上年增长4.1%。

由于年内大量新增产能中约60%是在下半年投产的，且根据生活用纸委员会已调查到的情况，年内被市场自然淘汰的关停产能近40万吨，比往年明显增加，这两个因素使行业整体设备利用率相应下降至80%(2011年为85%)。同时，由于产量的连年快速增长，基数变大，虽然2012年内产量增长的绝对值提高较大，但增长率较上年有所下降。

表1　2012年中国生活用纸的产量和消费量

	2012年	2011年	同比增长/%
产量/万吨	627.3	582.1	7.8
销售量/万吨	612.0	567.4	7.9
进口量/万吨	3.6	4.2	-14.3
出口量/万吨	52.8	46.2	14.3
净出口量/万吨	49.2	42.0	17.1
消费量/万吨	562.8	525.4	7.1
年人均消费量/千克	4.2	3.9	7.7
出厂均价/(元/吨)	10200	10491	-2.8
工厂销售额/亿元	624.0	595.3	4.8
市场均价/(元/吨)	12250	12600	-2.8
国内市场规模/亿元	689.4	662.0	4.1

注：根据国家统计局资料，2011年年底总人口13.47亿人，2012年年底总人口13.54亿人。

2　主要制造商和品牌

中国目前的生活用纸市场仍是由多个生产商组成。2012年由生活用纸委员会统计在册的生产商近1600家，其中有原纸生产环节的综合性企业520多家，主要分布在山东、广东、四川、河北、广西等省、自治区。生产原纸的大型企业主要分布在长三角、珠三角地区以及山东、福建、湖南、湖北、辽宁等省份。全国性的主要品牌有：心相印、维达、清风、洁云、舒洁、洁柔、五月花、优选premium、妮飘等。

2012年综合排名前15位的生产商的产量占总产量的45.0%，销售额合计约占总销售额的48.3%。行业集中度比上年有较大提高。

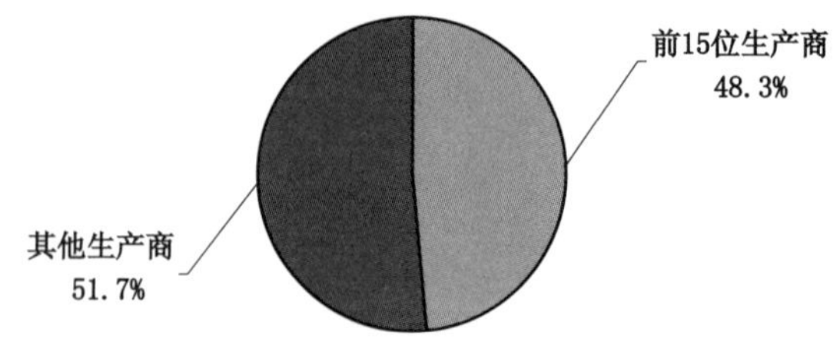

图1　前15位制造商占总销售额的百分比

表2所列是2012年前15位生活用纸制造商，由于对有些企业自报的产量和销售额数据有疑问又无法核实，因此表中前5名之后的排序仅供参考。

表2 2012年综合排序前15位的生活用纸制造商

序号	公司名称	品牌	生产能力/(万吨/年)	产量/万吨
1	恒安纸业有限公司	心相印，柔影	90	62.5
2	金红叶纸业(中国)有限公司	唯洁雅，清风，真真	88	49.8
3	维达纸业集团有限公司	维达 Vinda，花之韵	54	43.09
4	中顺洁柔纸业股份有限公司	洁柔，C&S，太阳	29.5	18.7
5	上海东冠集团	洁云，丝柔	14	9.4
6	山东东顺集团有限公司	顺清柔，奥佳月，洁昕	20.3	19.7
7	永丰余家品(昆山)有限公司	五月花	10	7.13
8	上海金佰利纸业有限公司	舒洁，Kleenex	2.9(含外加工)	2.29(含外加工)
9	宁夏紫荆花纸业有限公司	紫金花，紫荆花	12(含草浆纸)	10.4
10	广西洁宝纸业投资股份有限公司	洁宝，榴花	7.2(含蔗渣浆纸)	7.06
11	东莞白天鹅纸业有限公司	贝柔	6(含蔗渣浆纸)	5.37
12	胜达集团江苏双灯纸业有限公司	双灯，蓝雅，欧风，老好	12(含草浆、再生纸)	10.48
13	广西华美纸业集团有限公司	华美，碧海	27(含蔗渣浆纸)	16
14	福建恒利集团	好吉利	9	4.5
15	河南奥博纸业有限公司	奥博	18	16

注：中顺洁柔的产量数据根据企业年报产能、销售额数据推算。

恒安、APP(金红叶)、维达、中顺是中国领先的4家生活用纸企业，2010年在全球分别排在第7、第4(包括在印尼的产能)、第17和第20位，在亚洲分别排在第3、第1(包括在印尼的产能)、第6和第9位[2]。随着这两年的继续扩产，估计排位还在前移。

2012年这4家企业卫生纸原纸的生产能力合计达到约261.5万吨，比上年增长约37.2%，约占行业总产能的33.3%。产量合计约174.09万吨，比上年增长约23.9%，约占行业总产量的27.8%。销售额合计约201.2亿元，比上年增长约15.3%，约占行业总销售额的32.3%。4家企业产量和销售额的合计增长均高于行业平均水平。

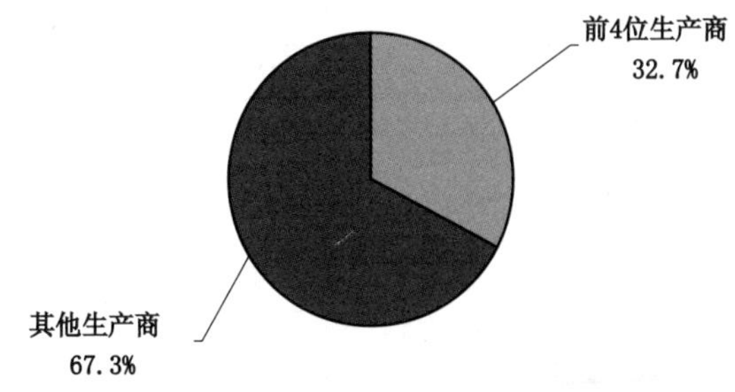

图2 前4位制造商占总销售额的百分比

恒安是中国目前最大的生活用纸生产商。根据恒安国际年报，2012年，恒安生活用纸业务销售额为91.47亿港元，比2011年增长约14.1%，生活用纸业务占集团总销售额的约49.4%(2011年：47.0%)。生活用纸业务的毛利率回升至约35.4%(2011年：31.4%)，主要由于生产成本随着主要原材料木浆价格回落而下降，以及2012年上半年因原纸产能不足而调整产品结构，减少毛利率较低产品的比例。虽然下半年随着原纸新产能的陆续投产，产品结构已逐渐恢复正常，但卫生纸产品在2012年的销售额占生活用纸业务收入仍轻微下降至约30.5%(2011年：31.7%)[3]。

金红叶是APP在中国的生活用纸集团，目前在中国是居第2位的生活用纸生产商，2012年金红叶的产能与恒安接近，达到88万吨/年。

维达是中国最早的生活用纸专业生产商，多年来保持平稳发展的领先地位，目前是居第3位的生活用纸生产商。根据维达国际年报，其2012年的业绩亮丽，生活用纸(含少量湿巾、婴儿纸尿裤)销售额达到60.24亿港元，比2011年增长26.4%；毛利润为18.55亿港元，比2011年增长43.1%。纸巾纸等高毛利产品在总销售额中的比例继续提高，其中软抽面巾纸的销售额增长高达70.1%。2012年维达坚持走品牌道路，开展全方位的产品市场推广策略，加之2012年主要原料木浆价格走势有所缓和，维达成功采取灵活主动的采购策略，于木浆价格波动前调整采购量，使毛利率从2011年的27.2%上升至30.8%[4]。

中顺洁柔目前是居第4位的生活用纸企业，但与前3家企业的差距较大。根据中顺洁柔年报，其2012年的业绩提高很快，生活用纸业务销售额达23.17亿元，比2011年增长25.92%；毛利率为31.62%，比2011年增长5.57%。纸巾纸等高毛利产品在总销售额中的比例由2011年的38.41%提高至40.45%。卫生纸产品在总销售额中的比例由2011年的60.41%下降至58.05%[5]。

上海东冠、山东东顺、永丰余和金佰利目前分别位居第5至8位。上海东冠经过数年来的平稳发展，其洁云品牌产品在上海和华东地区占有重要的市场份额，2012年投产1台年产能为4万吨的新月型卫生纸机；东顺是我国北方区域最大的综合性生活用纸生产商（注：未计入作为恒安纸业分公司的山东恒安纸业），2012年投产了2台BF纸机，近几年产能增长很快；永丰余是台湾最大的生活用纸生产商，在亚洲排第10位[2]，目前在大陆居第7位，五月花品牌产品知名度较高，2012年在扬州厂投产了2台新月型卫生纸机；金佰利是全球最大的生活用纸生产商，但目前在中国的业务重点是纸尿裤，生活用纸原纸产量很少，而且没有扩产计划，但其舒洁品牌产品以优质著称，金佰利采取与其他企业合作，贴牌生产高品质、差异化产品的策略。

3 出口产品量价齐升

2012年生活用纸出口量为52.8万吨，比上年增长14.3%；出口金额为75409万美元，比上年增长14.1%。净出口量49.2万吨，比上年增长17.1%；净出口额为69363万美元，比上年增长15.9%。出口量约占总产量的8.4%。

2012年出口的生活用纸中，加工产品量占出口总量的73.4%，金额占出口总金额的80.1%；进口生活用纸中原纸占85.5%，金额占进口总金额的77.6%。说明2012年出口产品仍然主要是生活用纸成品而进口产品仍然主要是原纸。另外，在出口的各类生活用纸成品中，卫生纸仍然是主要产品，占成品出口量的58.4%；纸手帕和面巾纸占32.1%；纸台布和纸餐巾占9.5%。与2011年相比，卫生纸占出口成品的份额下降2.3个百分点，纸手帕和面巾纸的份额上升1.5个百分点，纸台布和纸餐巾的份额上升0.8个百分点。

表3　2011—2012年各类生活用纸进出口情况

商品编号	商品名称	数量/吨		金额/美元	
		2012年	2011年	2012年	2011年
进口		35947.079	42415.718	60464236	62285073
48030000	成卷成张的家庭或卫生用纸、面巾纸、餐巾纸	30737.722	36611.989	46937463	46800244
48181000	卫生纸	2453.090	3916.985	6951539	10491650
48182000	纸手帕及面巾纸	1672.669	1240.170	4060956	3127178
48183000	纸台布及纸餐巾	1083.598	646.574	2514278	1866001
出口		528141.675	461847.621	754087518	660777193
48030000	成卷成张的家庭或卫生用纸、面巾纸、餐巾纸	140412.113	83570.799	150353564	94961089
48181000	卫生纸	226401.748	229729.860	301683205	286980915
48182000	纸手帕及面巾纸	124539.827	115608.773	223541508	207769148
48183000	纸台布及纸餐巾	36787.987	32938.189	78509241	71066041

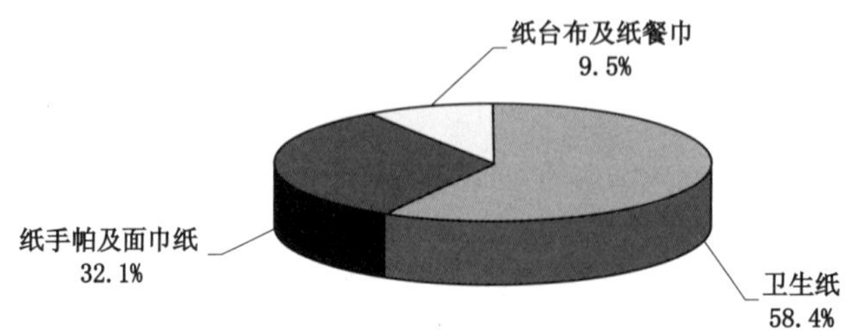

图3　2012年出口的生活用纸成品中各类产品的份额（按销售量计）

表4　2011—2012 年各类生活用纸出口价格

商品编号	商品名称	2012 年单价/（美元/吨）	2011 年单价/（美元/吨）	同比增长/%
48030000	成卷成张的家庭或卫生用纸、面巾纸、餐巾纸	1070.80	1136.30	-5.76
48181000	卫生纸	1332.51	1249.21	6.67
48182000	纸手帕及面巾纸	1794.94	1797.17	-0.12
48183000	纸台布及纸餐巾	2134.10	2157.56	-1.09

根据海关的统计数据，2012 年按出口量排序，商品编号 48030000、48181000、48182000、48183000 四项前 10 位的出口目的地国家和地区见附表 1。

表 5 是 2012 年生活用纸出口量排名前 20 位的企业，这 20 家公司的出口量合计约 31.88 万吨，约占出口总量的 60.4%；排名前 7 位企业的出口量都在 1 万吨以上，约占出口总量的 48.8%。

表5　2012 年出口量排名前 20 位的企业

排　名	公　司　名　称	排　名	公　司　名　称
1	恒安集团有限公司	11	安丘市翔宇包装彩印有限公司
2	金红叶纸业集团有限公司	12	心丽卫生用品(深圳)有限公司
3	维达纸业(中国)有限公司	13	上海东冠纸业有限公司
4	惠州福和纸业有限公司	14	诸城市中顺工贸有限公司
5	金钰(清远)卫生纸有限公司	15	广州市启鸣纸业有限公司
6	佛山市高明日畅纸业有限公司	16	青岛普什宝枫实业有限公司
7	广州市洁莲纸品有限公司	17	东莞利良纸巾制品有限公司
8	江门日佳纸业有限公司	18	王子制纸妮飘(苏州)有限公司
9	潍坊恒联美林生活用纸有限公司	19	东莞彩鸿实业有限公司
10	中顺洁柔纸业股份有限公司	20	福建恒利纸业有限公司

4　成本下降提升产品利润

我国生活用纸特别是中高档生活用纸原料普遍使用商品木浆，对进口纸浆的依存度大，产品成本受国际纸浆市场价格波动的影响大。

根据海关统计数据，2012 年我国纸浆进口总量约 1646 万吨，同比增长 13.9%。进口金额为 110.4 亿美元，同比下降 7.5%。2012 年我国进口纸浆平均价格为 671 美元/吨，比 2011 年(826 美元/吨)下降 18.8%。

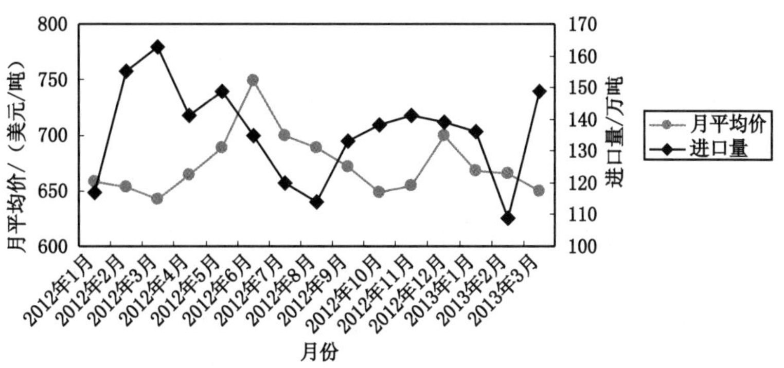

图4　2012 年 1 月—2013 年 3 月纸浆进口情况

国产木浆也紧随国际浆价走势波动。此外，根据国家统计局数据，2012 年原材料、燃料、动力等工业生产者购进价格比 2011 年下降 1.8%。加之人民币汇率上升，对于以进口浆为主要原料的企业，也产生利好作用。2012 年造纸企业享受了低成本优势，毛利较高，据生活用纸委员会统计，很多生产企业也相应调低了产品出厂价格约 5%~10%。据卓创资讯数据显示，国内 4 个主要省份的卫生纸原纸主流出厂报价走势详见图 5。

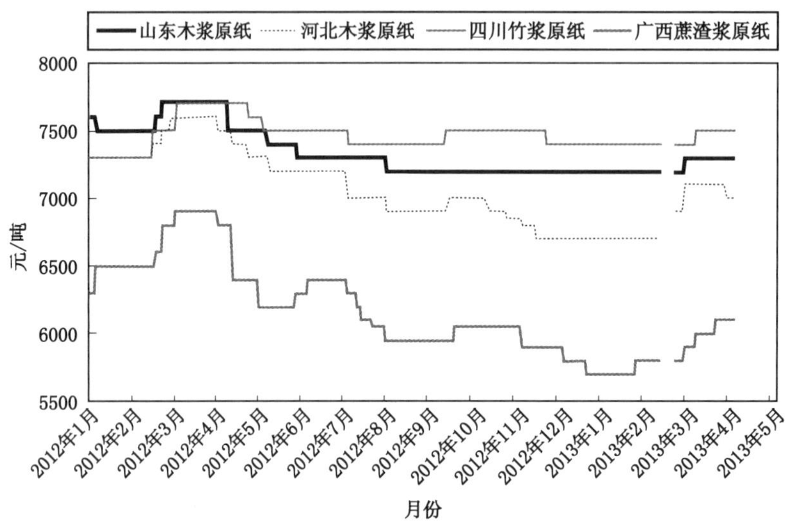

图 5　2012 年 1 月—2013 年 3 月国内生活用纸原纸出厂价格

2013 年前 3 个月进口浆价继续上调，3 月份已升至 670~690 美元/吨。但已有业内人士认为，上半年进口浆价不会大幅上涨，估计会在 2012 年 12 月份的价格附近游走。在 2012 年下半年浆价处于低位时，部分有实力公司加大了纸浆的采购和库存量，以应对新一轮的浆价攀升。

值得注意的是，使用非木浆原料的生活用纸生产企业大多规模较小，缺乏资金和设备改造能力，浆价波动对这些企业的影响较大。2012 年处于低位的进口木浆价格，使宁夏、陕西及河南等地区走中低端路线的草浆纸产品价格优势荡然无存，多数生产企业陆续处于停产观望状态。四川、重庆的竹浆纸产品也受到一定程度的影响，利润率降低。而广西的蔗渣浆纸产品受益于甘蔗丰收使蔗渣原料量增价跌，部分缓解了蔗渣浆纸产品的价格压力。

5　产业结构变化和投资过热

近年来，中国生活用纸行业迅速从以国内市场为主转型为具有国际竞争力的产业结构。由于国家实施节能减排和淘汰落后产能政策，以及市场竞争的结果，现代化产能的比例持续提高。产能增加在全球经济衰退中表现突出，但投资过热，阶段性产能过剩已日益突显。

根据生活用纸委员会统计，在 2011—2012 年期间，中国新增产能达 184.3 万吨，约占全球新增产能的一半以上，成为全球翘楚。

由于生活用纸市场容量的持续增加、淘汰落后产能和文化印刷用纸市场疲软等原因，2010—2015 年，国内高中档生活用纸的新增产能项目集中。大企业的扩张有利于提高行业的集中度、提高行业装备水平、提高产品质量和档次、降低能耗和原材料消耗、减少污染。从企业公布的发展规划来看，APP 金红叶(2013 年达到 128 万吨、2015 年达到 225 万吨/年)、恒安(2015 年达到 138 万吨/年)、维达(2013 年达到 76 万吨、2015 年达到 100 万吨/年)、中顺洁柔(目标 100 万吨/年)都将跻身全球最大的卫生纸生产商行列。除了现有大企业迅速扩产以外，生产其他纸种的造纸企业、制浆企业及新的市场参与者也在投资大型、现代化纸机。如晨鸣、南纸、银鸽、抚顺矿业、亚太森博、香港理文、太阳纸业、浙江景兴、华劲集团、云南云景、河北义厚成等。

大量的投资项目使新增现代化产能逐年递增：2009 年新增产能 33.3 万吨/年，2010 年新增产能 41.5 万吨/年，2011 年新增产能 57.4 万吨/年，2012 年新增产能 126.9 万吨/年，2013 年新增产能 92.45 万吨/年，规划在 2014 年及之后投产的已宣布项目的新增产能 333.7 万吨/年。

引进先进卫生纸机使中国生活用纸行业的产业结构发生了巨大的变化，截至2012年年底，我国已投产的进口新月型成形器卫生纸机累计达67台，产能合计261.7万吨；BF型卫生纸机累计达76台，产能合计99.35万吨/年；斜网卫生纸机1台，产能1万吨/年。以上进口卫生纸机产能总计为362.05万吨/年，约占2012年生活用纸总产能的46.2%。

装备现代化的趋势还表现在新月型纸机逐步成为引进纸机的主导机型，而且单条纸机生产线能力达6万吨/年的项目明显增加，2009年为2条，2010年为3条，2011年为4条，2012年为12条。

2013年计划投产的项目中有不少是本应在2011年和2012年投产而由于各种原因推迟下来的。虽然《造纸工业发展"十二五"规划》中提出了淘汰落后产能的目标，但对卫生纸机的淘汰机型并没有明确规定，具体能够关闭多少落后产能也还是未知数，而按照销售量10%左右的年增长率，年新增的市场容量为50万~60万吨，所以依靠市场增长和小厂关闭在2013年内吸纳92.45万吨的产能实在是太多了。估计有些项目还会后延，或不能达产。由于投资过热，产能增长超过了市场需求的增长，所以阶段性的产能过剩将不可避免，市场竞争将更加激烈，特别是新进入的生产商，释放和消化产能将遭遇更大的困难。中小型企业抗风险能力差，也将会被加速挤出市场，行业将进入新一轮洗牌期。

6 主要新增产能项目

● **恒安纸业** 2012年生产能力增加到90万吨/年。包括湖南恒安纸业4台新月型纸机，合计产能约18万吨/年；山东恒安纸业3台新月型纸机，合计产能18万吨/年；恒安(中国)纸业5台新月型纸机(其中2台于2012年投产，每台产能6万吨/年)，合计产能30万吨/年；重庆恒安纸业的2台新月型纸机(其中1台于2012年投产，产能6万吨/年)，合计产能12万吨/年；2012年，恒安还在安徽芜湖投产了2台新月型纸机，合计产能12万吨/年，使总产能达到90万吨/年。2013年没有新增产能，2014年，恒安计划分别在山东潍坊、湖南常德和重庆各增加12万吨/年产能，使总产能达到126万吨/年。2015年恒安计划在安徽芜湖增加12万吨/年产能，使总产能达到138万吨/年。

生产基地	2012年		2013年		2014年		2015年	
	产能/万吨	卫生纸机数量/台	产能/万吨	卫生纸机数量/台	产能/万吨	卫生纸机数量/台	产能/万吨	卫生纸机数量/台
湖南常德	18	4	18	4	30	6	30	6
山东潍坊	18	3	18	3	30	5	30	5
福建晋江	30	5	30	5	30	5	30	5
安徽芜湖	12	2	12	2	12	2	24	4
重庆巴南	12	2	12	2	24	4	24	4
合计	90	16	90	16	126	22	138	24

● **金红叶纸业** 2012年产能增加到88万吨。包括苏州的4台新月型纸机(其中1台于2012年投产，产能7万吨/年)和6台国产短长网纸机，合计产能31万吨/年；海南的6台新月型纸机和6台APP下属机械厂金顺制造的新月型纸机，合计产能30万吨/年；湖北孝感的2台新月型纸机(其中1台于2012年投产，产能6万吨/年)，合计产能12万吨/年；2012年，金红叶还在辽宁沈阳投产了1台新月型纸机，产能6万吨/年；并约投产5台金顺的新月型纸机，使总产能达到88万吨/年。2013年，金红叶在海南安装1台亚赛利的新月型纸机，产能6万吨/年，以及6台金顺的新月型纸机，每台产能2万吨/年，使2013年总产能达到106万吨/年。2014年金红叶还计划分别在海南安装3台亚赛利的新月型纸机，每台产能6万吨/年，及6台金顺的新月型纸机，

每台产能 2 万吨/年。在四川遂宁和湖北孝感各安装 1 台亚赛利的新月型纸机，每台产能 6 万吨/年。在苏州安装 2 台美卓的新月型纸机，每台产能 6 万吨/年。2015 年计划总产能达到 225 万吨/年，届时将成为中国最大的生活用纸生产商。

生产基地	2012 年		2013 年	
	产能/万吨	卫生纸机数量/台	产能/万吨	卫生纸机数量/台
江苏苏州	31 +9	10 +5	106	约 40
海南海口	30	12		
湖北孝感	12	2		
辽宁沈阳	6	1		
四川遂宁				
四川雅安				
合计	88	30	106	40

● **维达纸业** 2012 年生产能力增加到 54 万吨/年。包括广东江门新会会城的 2 台 BF 型纸机和 1 台新月型纸机，合计产能 6 万吨/年；四川德阳的 4 台 BF 型纸机，合计产能 4.5 万吨/年；湖北孝感的 9 台 BF 型纸机，合计产能 10 万吨/年；北京的 3 台 BF 型纸机，合计产能 3 万吨/年；广东江门新会双水的 6 台 BF 型纸机，合计产能 12 万吨/年；浙江龙游的 6 台 BF 型纸机，合计产能 9 万吨/年。辽宁鞍山的 4 台 BF 型纸机(其中 2 台于 2012 年投产，每台产能 1.5 万吨/年)，合计产能 5.5 万吨/年；2012 年，维达在位于广东江门新会三江的新生产基地投产 2 台新月型纸机，合计产能 4 万吨/年，使总产能达到 54 万吨/年。2013 年，维达已于 1 月分别在广东江门新会三江和湖北孝感各投产 2 台新月型纸机，合计产能 8 万吨/年，使总产能达到 62 万吨/年，并计划在山东莱芜、广东江门新会三江和湖北孝感再分别新增 5 万吨/年、5 万吨/年、4 万吨/年产能，使总产能达到 76 万吨/年。维达在山东莱芜的新厂于 2013 年投产后，将使生产基地达到 9 个，在全国形成覆盖面更大的米字形布局。维达计划 2015 年总产能达到 100 万吨/年。

生产基地	2012 年		2013 年	
	产能/万吨	卫生纸机数量/台	产能/万吨	卫生纸机数量/台
广东江门新会会城	6	3	6	3
湖北孝感	10	9	18	13
北京	3	3	3	3
四川德阳	4.5	4	4.5	4
广东江门新会双水	12	6	12	6
浙江龙游	9	6	9	6
辽宁鞍山	5.5	4	5.5	4
广东江门新会三江	4	2	13	6
山东莱芜			5	2
合计	54	37	76	47

● **中顺洁柔纸业** 2012 年产能增加到 29.5 万吨/年。包括分布在广东中山、广东江门、湖北孝感、四川成都、浙江嘉兴和河北唐山 6 个生产基地的 11 台 BF 型纸机、8 台新月型纸机和 25 台国产纸机。2012 年，中顺洁柔共投产 5 台新月型纸机，合计产能 14.5 万吨/年，分别安装在江门 4 台(合计产能 12 万吨/年)，唐山 1 台(产能 2.5 万吨/年)，并淘汰了部分国产小纸机，使总产能达到 29.5 万吨/年。2013 年，中顺洁柔已于 2 月在四川成都投产了 1 台新月型纸机，产能 3 万吨/年，使总产能达到 32.5 万吨/年。2014 年，中顺洁柔计划分别在四川成都和新建基地广东罗定分别新增 6 万吨/年和 12 万吨/年产能，使总产能达到 50.5 万吨/年。中顺洁柔的发展目标为总产能达到 100 万吨/年。

生产基地	2012 年		2013 年		2014 年	
	产能/万吨	卫生纸机数量/台	产能/万吨	卫生纸机数量/台	产能/万吨	卫生纸机数量/台
广东中山	2	18(17 台国产小纸机)	2	18(17 台国产小纸机)	2	18(17 台国产小纸机)
广东江门	17	9	17	9	17	9
湖北孝感	2	2	2	2	2	2

续表

生产基地	2012 年		2013 年		2014 年	
	产能/万吨	卫生纸机数量/台	产能/万吨	卫生纸机数量/台	产能/万吨	卫生纸机数量/台
四川成都	4	11(8 台国产小纸机)	7	12(8 台国产小纸机)	13	14(8 台国产小纸机)
浙江嘉兴	2	3	2	3	2	3
河北唐山	2.5	1	2.5	1	2.5	1
广东罗定					12	2
合计	29.5	44	32.5	45	50.5	49

表 6　2010 年投产的卫生纸机一览表

集团省份	公司名称	项目地点	规模(万吨/年)	纸　　机	投产时间	供应商	备注
福建	恒安纸业	恒安中纸(福建晋江)	新增 6	1 台新月型(幅宽 5600mm，车速 2000m/min)	2010 年 6 月	意大利亚赛利	进口
		山东恒安(山东潍坊)	新增 6	1 台新月型(DCT200，幅宽 5600mm，车速 1900m/min，软靴压)	2010 年 11 月	美卓	进口
广东	维达纸业	湖北孝感	新增 5	4 台 BF－10EX(幅宽 2760mm，车速 770m/min)	2010 年 10 月 2 台，11 月 2 台	日本川之江	进口
	中顺洁柔纸业	广东江门	新增 2.5	1 台新月型(AHEAD1.5，幅宽 3450mm，车速 1500m/min，不锈钢烘缸)	2010 年 11 月	意大利特斯克	进口
	惠州福和纸业	广东惠州	新增 2.3	1 台新月型 DCT－60(幅宽 2850mm，车速 1300m/min)	2010 年 12 月	美卓	进口
	东莞永昶纸业	广东东莞	新建 2	1 台 BF－12(幅宽 2700mm，车速 1000m/min)	2010 年	日本川之江	进口
	新会宝达纸业	广东江门	新增 1	1 台真空圆网型(幅宽 2660mm，车速 800m/min)	2010 年 7 月	中日合资宝拓	中外合作
	东莞白天鹅纸业	广东东莞	新增 1	1 台真空圆网型(幅宽 2800mm，车速 600m/min)	2010 年 8 月	贵州恒瑞辰	国产
广西	南宁佳达纸业	广西南宁	新建 1	1 台真空圆网型(幅宽 2660mm，车速 800m/min)	2010 年 10 月	中日合资宝拓	中外合作
湖北	荆州市知音纸业	湖北荆州	新建 1.2	1 台 BF－10EX(幅宽 2760mm，车速 770m/min)	2010 年	日本川之江	进口
江苏	胜达集团江苏双灯纸业	江苏射阳	新增 1	1 台真空圆网型(幅宽 2800mm，车速 660 m/min)	2010 年 1 月	杭州大路	国产
宁夏	紫荆花纸业	宁夏	新增 1.8	1 台新月型(幅宽 2850mm，车速 1200m/min)	2010 年	山东华林与韩国合作	中外合作
		宁夏	新增 1	1 台真空圆网型(幅宽 2700mm，车速 700m/min)	2010 年	山东华林	国产
山东	寿光美伦(晨鸣)	山东寿光	新建 6	1 台新月型(幅宽 5600mm，车速 2000m/min，靴式压榨)	2010 年 12 月	安德里茨	进口
	山东东顺集团	山东东平	新增 2.4	2 台 BF－10EX(幅宽 2760mm，车速 770m/min)	2010 年 4 月、12 月	日本川之江	进口
浙江	唯尔福集团	浙江绍兴	新增 1.25	1 台 BF－10EX(幅宽 2760mm，车速 770m/min)	2010 年 9 月	日本川之江	进口
总计			41.45				

表7 2011 年投产的卫生纸机一览表

集团省份	公司名称	项目地点	规模(万吨/年)	纸　机	投产时间	供应商	备注
福建	恒安纸业	重庆巴南	新建 6	1 台新月型（幅宽 5600mm，车速 2000m/min，18 英尺烘缸）	2011 年 12 月	安德里茨	进口
广东	维达纸业	辽宁鞍山	新增 2.5	2 台 BF－10EX(幅宽 2760mm，车速 770m/min)	2011 年 7 月	日本川之江	进口
		四川德阳	新增 2.5	2 台 BF－10EX(幅宽 2760mm，车速 770m/min)	2011 年 11 月	日本川之江	进口
		浙江龙游	新增 5	4 台 BF－10EX(幅宽 2760mm，车速 770m/min)	2011 年 6 月、8 月各投产 2 台	日本川之江	进口
	中顺洁柔	广东江门	新增 2.5	1 台新月型(AHEAD1.5，幅宽 3480mm，车速 1500m/min，钢制烘缸)	2011 年 10 月	意大利特斯克	进口
河北	保定港兴	河北保定	新增 1.2	1 台 BF－10EX(幅宽 2700mm，车速 770m/min)	2011 年 8 月	日本川之江	进口
河南	银鸽集团	河南漯河	新增 1.5	1 台新月型（幅宽 2800mm，车速 1150m/min）	2011 年 2 月	上海轻良和韩国三养合作	中外合作
	护理佳纸业	河南鹿邑	新建 3	2 台新月型（幅宽 2850mm，车速 1200m/min）	分别于 2011 年 5 月、11 月	上海轻良和韩国三养合作	中外合作
江苏	金红叶纸业	江苏苏州	新增 6	1 台新月型（幅宽 5600mm，车速 2200m/min）	2011 年 3 月	意大利亚赛利	进口
		湖北孝感	新建 6	1 台新月型（幅宽 5600mm，车速 2200m/min）	2011 年 10 月	意大利亚赛利	进口
辽宁	抚顺矿业集团	辽宁抚顺	新建 6	1 台新月型（幅宽 5600mm，车速 2000m/min）	2011 年 10 月	安德里茨	进口
宁夏	紫荆花纸业	宁夏	新增 2.5	1 台新月型（幅宽 3600mm，车速 1500m/min）	2011 年底	意大利特斯克	进口
山东	山东东顺集团	山东东平	新增 2.4	2 台 BF－10EX(幅宽 2760mm，车速 770m/min)	2011 年底	日本川之江	进口
上海	上海东冠纸业	上海	新增 3	1 台新月型(DCT100，幅宽 2850mm)	2011 年 9 月	美卓	进口
浙江	唯尔福集团	浙江绍兴	新增 2.5	2 台 BF－10EX(幅宽 2760mm，车速 770m/min)	2011 年 1 月、年底各投产 1 台	日本川之江	进口
重庆	重庆龙璟纸业(重庆轻纺控股集团公司投资)	重庆	新建 2.4	2 台 BF－10EX(幅宽 2760mm，车速 770m/min)	2011 年 9 月	日本川之江	进口
	重庆维尔美纸业(江苏华机集团投资)	重庆潼南县	新建 2.4	2 台 BF－10EX(幅宽 2760mm，车速 770m/min)	2011 年 4 月	日本川之江	进口
总计			57.4				

表 8　2012 年投产的卫生纸机一览表

集团省份	公司名称	项目地点	规模(万吨/年)	纸　机	投产时间	供应商	备注
福建	恒安纸业	恒安中纸(福建晋江)	新增 12	2 台新月型(幅宽 5600mm，车速 2000m/min，16 英尺钢制烘缸)	分别于 2012 年 7 月、9 月	安德里茨	进口
		重庆巴南	新增 6	1 台新月型(幅宽 5600mm，车速 2000m/min，18 英尺烘缸)	2012 年 5 月	安德里茨	进口
		安徽芜湖	新建 12	2 台新月型(幅宽 5600mm，车速 2000m/min)	分别于 2012 年 9 月、12 月	福伊特	进口
	福建恒利集团	福建南安	新增 6	1 台新月型(DCT200 HS，幅宽 5600mm，车速 2000m/min，软靴压)	2012 年 6 月	美卓	进口
	厦门新阳纸业(福建南平纸业等 4 家公司投资)	福建	新建 6	1 台新月型(DCT200 HS，幅宽 5600mm，车速 2000m/min，软靴压)	2012 年 9 月	美卓	进口
	福建铭丰	福建龙岩	新建 2	1 台 BF－12EX(幅宽 3400mm，车速 1100m/min)	2012 年 7 月	日本川之江	进口
广东	维达纸业	辽宁鞍山	新增 3	2 台 BF－V100(幅宽 2760mm，车速 770m/min)	2012 年 9 月	日本川之江	进口
		广东江门新会三江	新建 4	2 台新月型(幅宽 2700mm，车速 1300m/min)	2012 年第 4 季度	意大利特斯克	进口
	中顺洁柔	广东江门	新增 5	2 台新月型	2012 年 5 月	某欧洲供应商	进口
		广东江门	新增 7	2 台新月型	2012 年底	某欧洲供应商	进口
		河北唐山	新建 2.5	1 台新月型	2012 年底	某欧洲供应商	进口
	广东宝达纸业	广东江门	新增 1	1 台真空圆网型(幅宽 2660mm，车速 800 m/min)	2012 年 12 月	宝拓	中外合作
	广东中桥纸业	广东东莞	新增 1	1 台真空圆网型(幅宽 2820mm，车速 900m/min，1 万吨/年)	2012 年 2 月	凯信	国产
广西	广西华怡纸业有限公司	广西贵港	新增 1	1 台新月型(幅宽 2700mm，车速 900m/min)	2012 年 3 月	山东华林	国产
河北	保定港兴	河北保定	新增 1.2	1 台 BF－10EX(幅宽 2760mm，车速 770m/min)	2012 年 11 月	日本川之江	进口
河南	银鸽集团	河南漯河	新建 12	2 台新月型(幅宽 5550mm，车速 2000m/min)	分别于 2012 年 3 月、12 月	福伊特	进口
	河南奥博纸业	河南辉县	新增 3	2 台新月型(幅宽 2850mm，车速 1200 m/min)	2012 年 6 月	上海轻良和韩国三养合作	中外合作
江苏	金红叶纸业	江苏苏州	新增 7	1 台新月型(幅宽 5620mm，车速 2400m/min)	2012 年 3 月	福伊特	进口
		湖北孝感	新增 6	1 台新月型(幅宽 5600mm，车速 2200m/min)	2012 年 5 月	意大利亚赛利	进口
		辽宁沈阳	新建 6	1 台新月型(幅宽 5600mm，车速 2200m/min)	2012 年 3 月	意大利亚赛利	进口
			新增 9	约 5 台新月型(幅宽 2860mm，车速 1400m/min)	2012 年	金顺	国产
	永丰余	江苏扬州	新建 5	2 台新月型(幅宽 2800mm，车速 1600m/min)	2012 年 8 月	波兰 PMP 集团	进口

续表

集团省份	公司名称	项目地点	规模(万吨/年)	纸　　机	投产时间	供应商	备注
山东	山东东顺集团	山东东平	新增1.2	1台BF－10EX(幅宽2760mm，车速770m/min)	2012年7月	日本川之江	进口
		黑龙江肇东	新建1.2	1台BF－10EX(幅宽2760mm，车速770m/min)	2012年11月	日本川之江	进口
	山东含羞草卫生科技股份有限公司	山东昌乐	新增1.6	1台新月型(幅宽2850mm，车速1200m/min)	2012年8月	上海轻良和韩国三养合作	中外合作
陕西	陕西兴包集团	陕西兴平	新增1.2	1台BF－10EX(幅宽2760mm，车速770m/min)	2012年11月	日本川之江	进口
上海	上海东冠纸业	上海	新增4	1台新月型(DCT135，幅宽3400mm)	2012年4月	美卓	进口
总计			126.9				

表9　2013年投产的卫生纸机一览表

集团省份	公司名称	项目地点	规模(万吨/年)	纸　　机	投产时间	供应商	备注
广东	维达纸业	广东江门新会三江	新建4	2台新月型(幅宽2700mm，车速1300m/min)	2013年1月	意大利特斯克	进口
		湖北孝感	新增4	2台新月型(幅宽2700mm，车速1300m/min)	2013年1月	意大利特斯克	进口
		山东莱芜	新建5	2台新月型(幅宽2700mm，车速1500m/min)	2013年8月	意大利特斯克	进口
		广东江门新会三江	新增5	2台新月型(幅宽2700mm，车速1500m/min)	2013年年底	意大利特斯克	进口
		湖北孝感	新增4	2台新月型(幅宽2700mm，车速1300m/min)	2013年下半年	意大利特斯克	进口
	中顺洁柔	四川成都	新增3	1台新月型	2013年2月	某欧洲供应商	进口
	东莞永昶	广东东莞	新增2	1台BF－12EX(幅宽3400mm，车速1100m/min)	2013年	日本川之江	进口
	广东龙成纸业	广东三水	新建2.4	2台真空圆网型(幅宽2860mm，车速800m/min，1万吨/年)	分别于2013年6月、年底	宝拓	中外合作
	广东飘合纸业	广东汕头	新建2.4	2台真空圆网型(幅宽2860mm，车速800m/min，1万吨/年)	分别于2013年6月、8月	宝拓	中外合作
	广东中桥纸业	广东东莞	新增1	1台真空圆网型(幅宽2820mm，车速900m/min，1万吨/年)	2013年4月	凯信	国产
广西	赣州华劲(广西华劲)	江西赣州	新建6	1台新月型(幅宽5600mm，车速2000m/min，靴式压榨)	2013年9月	安德里茨	进口
	南宁凤凰纸业	广西南宁	新增4	1台新月型(幅宽3650mm，车速2000m/min，16英尺钢制烘缸)	2013年3月	安德里茨	进口
	南宁佳达纸业	广西南宁	新增1	1台真空圆网型(幅宽2660mm，车速800m/min)	2013年6月	宝拓	中外合作
河北	河北雪松纸业	河北保定	新增2.5	1台新月型(Intelli－Tissue™ 900，幅宽2850mm，车速1200m/min)	2013年底	波兰PMP集团	进口

续表

集团省份	公司名称	项目地点	规模(万吨/年)	纸　机	投产时间	供应商	备注
河南	护理佳纸业	河南鹿邑	新增1.7	1台新月型(Intelli－Tissue®900，幅宽2850mm，车速1200m/min)	2013年底	波兰PMP集团	进口
湖北	湖北真诚纸业	湖北荆州	新增1	1台真空圆网型(幅宽2900mm，车速600m/min)	2013年10月	辽阳慧丰造纸技术研究所	国产
江苏	金红叶纸业	海南海口	新增12	6台新月型(幅宽2800mm，车速1600m/min)	2013年	金顺	国产
		海南海口	新增6	1台新月型(幅宽5630mm，车速2000m/min)	2013年12月	意大利亚赛利	进口
山东	山东东顺集团	山东东平	新增10	5台BF－1000(幅宽2760mm，车速1000m/min)	分别于2013年3月、6月、8月、10月、11月	日本川之江	进口
	晨鸣	湖北武汉	新建6	1台新月型(DCT200，幅宽5600mm，车速2000m/min，软靴压)	2013年11月	美卓	进口
陕西	陕西兴包集团	陕西兴平	新增1.2	1台BF－10EX(幅宽2760mm，车速770m/min)	2013年3月	日本川之江	进口
四川	安县纸业	四川安县	新建2.4	2台BF－10EX(幅宽2760mm，车速770m/min)	2013年4月	日本川之江	进口
	四川蜀邦实业	四川彭州	新建2.4	2台真空圆网型(幅宽2860mm，车速800m/min，1万吨/年)	分别于2013年1月、8月	宝拓	中外合作
	四川绵阳超兰	四川绵阳	新增1	1台真空圆网型(幅宽2820mm，车速900m/min)	2013年11月	凯信	国产
新疆	巴州明星纸业	新疆库尔勒	新建1.2	1台BF－10EX(幅宽2760mm，车速770m/min)	2013年10月	日本川之江	进口
浙江	唯尔福集团	浙江绍兴	新增1.25	1台BF－10EX(幅宽2760mm，车速770m/min)	2013年11月	日本川之江	进口
总计			92.45				

表6—表9注：①表中未包括计划新增的国产普通圆网纸机项目。
②集团企业在不同地区有生产厂的，该集团的所有生产厂列在总部所在省份。

表10　2014年及之后计划投产的卫生纸机一览表

集团省份	公司名称	项目地点	规模(万吨/年)	纸　机	投产时间	供应商	备注
福建	恒安纸业	山东潍坊	新增12	2台新月型(DCT200，幅宽5600mm，车速2000m/min)	2014年6月	美卓	进口
		安徽芜湖	新增12	2台新月型(DCT200，幅宽5600mm，车速2000m/min)	2015年	美卓	进口
		湖南常德	新增12	2台新月型(幅宽5600mm，车速2000m/min，18英尺钢制烘缸)	分别于2014年3月、5月	安德里茨	进口
		重庆巴南	新增12	2台新月型(幅宽5600mm，车速2000m/min，18英尺钢制烘缸)	分别于2014年10月、12月	安德里茨	进口
	歌芬卫生用品(福州)有限公司	福建福州江阴港	新建6	1台新月型(DCT200，幅宽5600mm，车速2000m/min，软靴压)	2014年(原计划于2013年9月投产)	美卓	进口
	安诺集团*	福建福鼎	新建3	1台新月型	2014年及之后		进口
		山东潍坊	新建3	1台新月型	2014年及之后		进口

续表

集团省份	公司名称	项目地点	规模(万吨/年)	纸机	投产时间	供应商	备注
广东	维达纸业		新增25	新月型	2014—2015年	意大利特斯克	进口
	中顺洁柔	广东云浮	新建12	2台新月型	2014年3月	某欧洲供应商	进口
		四川成都	新增6	2台新月型	2014年3月	某欧洲供应商	进口
	香港理文集团	重庆	新增6	1台新月型(幅宽5600mm，车速2000m/min)	2014年年中	福伊特	进口
	惠州福和	广东惠州	新建5	1台ACP120新月型(产能120吨/日)	2013年交货，设备正在转让中，预计要到2014年之后投产	意大利亚赛利	进口
广西	广西华美(福建绿金)	福建福清	新增6	2台新月型(DCT100，幅宽2850mm，车速1600m/min，3万吨/年)	2014年	美卓	进口
	广西华美(福建绿金)	福建福清	新建6	2台新月型(DCT100，幅宽2850mm，车速1600m/min，3万吨/年)	2014年之后	美卓	进口
	广西华欣纸业	广西贵港	新增2.6(项目总计7.8)	2台新月型(幅宽2800mm，车速900m/min)	2014年及之后	山东华林	国产
	赣州华劲(广西华劲)	江西赣州	新建6	1台新月型(幅宽5600mm，车速2000m/min，靴式压榨)	2014年	安德里茨	进口
	柳州两面针纸业*	广西柳州	新建8	2台	2014年及之后		
河北	河北义厚成	河北保定	新建5(项目规划11)	2台新月型(幅宽2850mm，车速1650m/min)	2014年2月(原计划2013年6月投产)	安德里茨	进口
	河北雪松纸业	河北保定	新增2.5	1台新月型(Intelli-Tissue™ 900，幅宽2850mm，车速1200m/min)	2014年及之后	波兰PMP集团	进口
	保定港兴	河北保定	新增1.5	1台BF-1000(幅宽2760mm，车速1000m/min)	计划2014年7月	日本川之江	进口
河南	护理佳纸业	河南鹿邑	新增1.7	1台新月型(Intelli-Tissue® 900，幅宽2850mm，车速1200m/min)	2014年第一季度	波兰PMP集团	进口
			新增1.7	1台新月型(Intelli-Tissue® 900，幅宽2850mm，车速1200m/min)	2015年上半年	波兰PMP集团	进口
	河南奥博纸业*	河南辉县	新增12	8台新月型(幅宽2850mm，车速1200m/min)	2014年及之后	韩国三养或上海轻良和韩国三养合作	进口或中外合作
	银鸽集团*	河南漯河	新增12	2台新月型	2014年及之后		进口

续表

集团省份	公司名称	项目地点	规模(万吨/年)	纸　机	投产时间	供应商	备注
江苏	金红叶纸业		新增36	新月型	2014年	意大利亚赛利、金顺	进口 国产
		海南海口	新增18	3台新月型(幅宽5630mm，车速2000m/min)	分别于2014年2月、4月、7月	意大利亚赛利	进口
		海南海口	新增12	6台新月型(幅宽2800mm，车速1600m/min)	2014年第一季度	金顺	国产
		四川遂宁	新建6	1台新月型(幅宽5630mm，车速2000m/min)	2014年	意大利亚赛利	进口
		四川遂宁	新增6	1台新月型(幅宽5630mm，车速2000m/min)	2015年及之后	意大利亚赛利	进口
		江苏苏州	新增12	2台新月型(DCT200，幅宽5600mm，车速2000m/min)	分别于2014年5月、12月	美卓	进口
		湖北孝感	新增6	1台新月型(幅宽5630mm，车速2000m/min)	2014年	意大利亚赛利	进口
		湖北孝感	新增18	3台新月型(幅宽5630mm，车速2000m/min)	计划2015年投产	意大利亚赛利	进口
	永丰余	江苏扬州	新建5	2台新月型(Intelli－Tissue® 1500，幅宽2800mm，车速1600m/min)	2014年5月	波兰PMP集团	进口
辽宁	盘锦东升纸业	辽宁盘锦	新建5 (项目规划16)	3台新月型(幅宽2850mm，车速1200m/min)	2014年6月	山东华林	国产
山东	山东东顺集团	黑龙江肇东	新增1.6	1台BF－1000(幅宽2760mm，车速1000m/min)	2014年5月交货	日本川之江	进口
		山东东平	新增2	1台BF－1000(幅宽2760mm，车速1000m/min)	2014年3月交货	日本川之江	进口
		山东东平	新增12	4台DCT60新月型(幅宽3000mm，车速1600m/min，3.0万吨/年)	2014年	日本川之江与美卓合作	进口
	亚太集团	山东日照	新建6	1台新月型(幅宽5600mm，车速2000 m/min)	2014年年中	福伊特	进口
			新增18	3台新月型(6万吨/年)	2014年及之后		进口
	山东太阳纸业	山东兖州	新建12	2台新月型(幅宽5600mm，车速2000m/min，18英尺钢制烘缸)	分别于2014年5月、2015年初	安德里茨	进口
	晨鸣*	江西南昌	新建6	1台新月型	2014年		进口
		广东湛江	新建6	1台新月型	2014年		进口
		吉林吉林	新建6	1台新月型	2014年		进口
上海	武汉东冠华洁纸业(上海东冠投资)*	湖北武汉	项目规划15				

续表

集团省份	公司名称	项目地点	规模(万吨/年)	纸　　机	投产时间	供应商	备注
四川	雅安西龙纸业	四川雅安	新建 2.4	2 台 BF－10EX(幅宽 2760mm，车速 770m/min)	2014 年及之后(项目推迟)	日本川之江	进口
	四川三角纸业	四川绵阳	新增 1.7	1 台新月型(幅宽 2850mm，车速 1200m/min)	2014 年	辽阳慧丰造纸技术研究所	国产
	四川绵阳超兰	四川绵阳	新增 1	1 台真空圆网型(幅宽 2820mm，车速 900m/min)	2014 年 8 月	凯信	国产
云南	云南云景林纸	云南景谷	新建 3(项目规划 6)	1 台新月型(DCT100＋，幅宽 2850mm，车速 1870m/min)	2014 年	美卓	进口
浙江	浙江景兴纸业	浙江平湖	新建 6	2 台新月型(幅宽 2850mm，车速 1900m/min，18 英尺钢制烘缸)	分别于 2014 年底、2015 年中	安德里茨	进口
	唯尔福集团*	浙江绍兴	新增 3	2 台	2014 年		进口
重庆	重庆维尔美纸业(江苏华机集团投资)	重庆潼南县	新增 3	1 台新月型(幅宽 2850mm，车速 2000m/min)	2013 年 5 月，项目延期到 2014 年	意大利亚赛利	进口
总计			333.7				

注：①本表中未包括计划新增的国产普通圆网纸机项目。
②总计新增产能按已经宣布实施的部分计算，带＊的项目未计入总数。
③集团企业在不同地区有生产厂的，该集团的所有生产厂列在总部所在省份。

7　产品结构

根据生活用纸委员会 2012 年对企业样本调查推算，国内消费的生活用纸产品中，卫生纸占主导地位，约占 62.0% 的市场份额，其他品类依次是面巾纸(22.0%)、手帕纸(7.1%)、餐巾纸(3.1%)、厨房用纸(0.6%)、擦手纸(2.8%)、衬纸(1.3%)等。

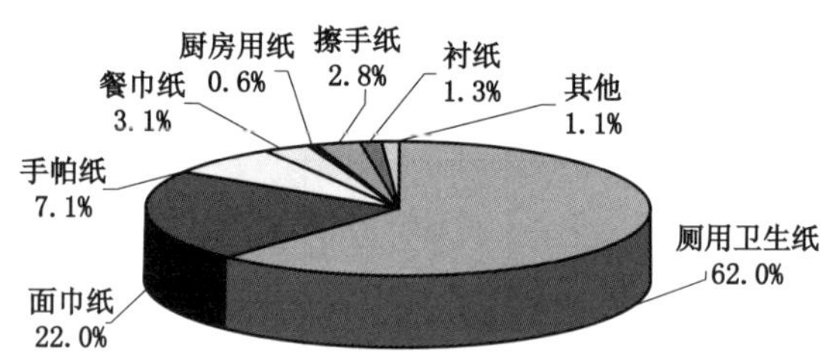

图 6　2012 年生活用纸的产品结构图示

表 11　2012 年生活用纸的产品结构

产品	消费量/万吨	市场份额/%
卫生纸	348.8	62.0
面巾纸	124.0	22.0
手帕纸	40.0	7.1
餐巾纸	17.4	3.1
厨房纸巾	3.3	0.6
擦手纸	15.7	2.8
衬纸	7.2	1.3
其他	6.4	1.1
生活用纸合计	562.8	100

在西欧、北美和日本等发达国家和地区，卫生纸在生活用纸产品中的份额(销售量)大约在 55% 左右，2012 年中国卫生纸所占份额虽然比 2011 年下降，但仍高于发达国家，主要是由于擦拭纸类产品(厨房纸巾和擦手纸)的消费量，特别是厨房纸巾的消费量仍然远低于发达国家水平(发达国家擦拭纸份额约 30%)。从各类生产商的产品结构来看，一般大企业的产品结构中，卫生纸的份额低于平均水平，如按产量计，2012 年恒安纸业低于 40%，金红叶约为 52%、中顺洁柔约为 58%，金佰利和王子妮飘仅约为15%~25%；而小企业，或使用非木浆、废纸原料的企业，卫生纸的份额则高于平均水平，有些甚至达 90% 以上。

2012 年面巾纸在生活用纸中的份额有所提高，这是由于面巾纸产品进一步向三、四线城市普及，销售量有较大的提高，同时由于软抽面巾纸所占比例越来越高，使中低价产品的份额增加，所以销售额的增长主要依靠销售量的提高。此外，2012 年公共场所卫生间配备擦手纸的情况进一步普及，但厨房纸巾的普及率还远未达到发达国家水平，是需要进行消费引导的品类。

8 原料结构

2012 年，生活用纸委员会对 94 家卫生纸原纸生产企业所使用的纤维原料种类进行了调查，产量覆盖率约 80%，由调查结果推算出生活用纸行业使用纤维原料的结构情况如下：

表 12 2012 年生活用纸纤维原料结构

纤维原料	比例/%
木浆	71.2
草浆	9.7
蔗渣浆	7.6
竹浆	6.7
废纸浆	4.8

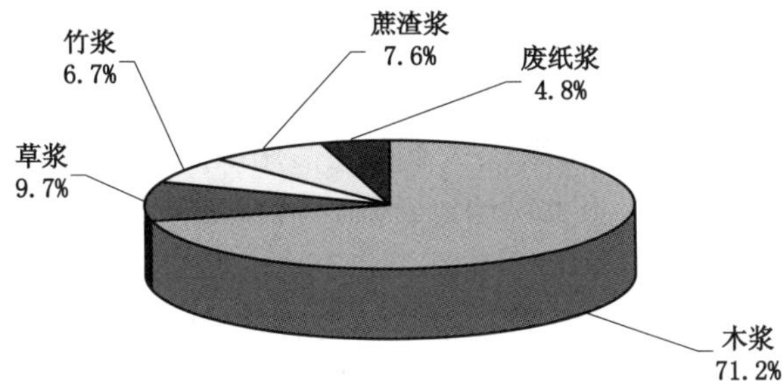

图 7 2012 年中国生活用纸的纤维原料结构图示

生活用纸使用木浆原料的比例远高于造纸行业平均水平(25%)[7]。2012 年与 2011 年相比，生活用纸使用木浆原料的比例提高较多(2011：58.8%)，我们分析原因是因为 2012 年下半年商品木浆价格较低，许多原来使用非木浆的企业或降低非木浆生活用纸产能或停产观望或转向使用木浆原料，使木浆比例提高；此外，由于各地污水排放要求趋于严格，非木浆企业转向使用木浆原料的情况也不断增加。

9 技术进展

9.1 继续引进先进纸机和加工设备

随着生活用纸新项目的设备引进和投产，中国生活用纸行业的技术装备水平大大提高。新建大项目和部分企业新增产能引进高速宽幅卫生纸机及产成品加工和包装设备，技术起点与世界先进水平同步，生产出高质量的产品。卫生纸机单机最大年产能达到 7 万吨/年，最大车速达到 2400m/min。采用的最新技术包括双层流浆箱、靴式压榨、钢制烘缸、新型起皱刮刀等。引进的产成品加工和包装设备具有世界最新技术水平。

9.2 引进设备的国产化

2012 年国内有关研究单位和机械制造企业继续加紧高速卫生纸机的研发工作，包括：①上海轻良机械公司与韩国三养公司合作生产的 3 台新月型卫生纸机，分别于 2012 年 6 月在河南奥博纸业投产 2 台，8 月在山东含羞草公司投产 1 台，均为幅宽 2850mm，车速 1200m/min，产能 1.5 ~ 1.6 万吨/年；②佛山宝拓公司与日本左左木公司合作开发的 1 台真空圆网型卫生纸机，于 2012 年底在广东宝达纸业投产，幅宽 2660mm，车速 800m/min，产能 1 万吨/年。③山东华林机械有限公司自主研发的 1 台新月型卫生纸机，于 2012 年 3 月在广西华怡纸业投产，幅宽 2700mm，车速 900m/min，产能 1 万吨/年；④潍坊凯信机械有限公司自主研发的 1 台真空圆网型卫生纸机，于 2012 年 2 月在广东中桥纸业投产，幅宽 2820mm，车速 900m/min，产能 1 万吨/年。

另外，为降低成本和应对国家 2008 年 1 月 1 日起对幅宽小于 3m 的造纸机取消进口免税的政策，国外纸机生产商陆续在国内建厂。美卓在上海嘉定的工厂从事机架制造、烘缸铸造、设备预安装等业务，并已成功地铸造出第一台国产的 DCT40 扬克缸。安德里茨在佛山的工厂从事生产除关键部件外的纸机构件及组装业务，今后还计划生产卫生纸机流浆箱，逐步扩大卫生纸机关键构件的国产化比例。福伊特正在进行昆山工厂的升级扩建项目，昆山工厂扩建完成后可使福伊特设备国产化率从目前的 50% 提升到 70% 以上。PMP 集团在江苏常州的工厂，为集团配套制造新月型卫生纸机(关键部件从 PMP 集团进口)。亚赛利在上海的工厂，也已实现卫生纸机非关键部件的国产化。川之江在浙江嘉兴的工厂，从事 BF 纸机和相关设备的生产、组装等业务。

9.3 加工和包装设备追赶世界先进水平

根据国家统计局数据，2012 年大陆地区15 ~ 59 岁劳动年龄人口绝对数减少了 345 万人，这是相当长时期以来的首次下降，意味着劳动力成本将继续上升，使用自动化代替人工也将成为国内企业发展的大势所趋。

中国在生活用纸产品加工设备方面进步较快，不但满足了国内中小纸厂的需求，而且出口量不断增长。由于企业招工难和劳动力成本不断增加，企业对全自动化加工设备和包装设备的需求增加。2012 年表现比较突出的如宝索自行研制的全自动高速有芯/无芯集成复卷加工生产线、全自动面巾纸折叠生产线；松川的自动软抽包装机、卫生卷纸中包机；德昌誉的高速复卷打孔生产线、3.7 米超大幅宽高速复卷分切机；常德烟机的每分钟 200 包手帕纸自动包装机；新力的抽取式面巾纸生产线等。

9.4 龙头企业率先引进世界领先的立体仓库，节约空间意识增强

2013 年 3 月，维达集团新会新原纸生产基地一期 8 万吨工程项目全自动化生产线—包装线—自动化立体式仓库连线成功，实现生产和仓储全自动化运作，成为全国首个最先使用该物流系统的造纸企业，也是全球最早应用自动化立体式仓库的造纸企业之一。该自动化物流系统分三期配套全部(年产能 26 万吨)工程建设，一期占地面积为 1.8 万平方米，建筑高度 12 米。整套自动化系统包括输送线、全自动码堆机械手、裹膜机、AGV 无人小车等设备。据测算，使用自动仓储系统，一份订单从确认到装车，可比传统方式速度提高 20 多倍。三期工程全部建成后，自动化立体式仓库占地总面积将达 5 万平方米，仓库建筑高度最高将达 24 米，进一步提高空间利用率。

2013 年下半年，恒安集团即将启动的芜湖原纸基地二期项目中也将建设立体化仓库，预计于 2015 年投产。此外，芜湖基地于 2012 年投产的一期项目已建成多层厂房，通过改善工艺实现设备立体布局，使占地面积减少了一半。

9.5 产品创新

2012 年生活用纸产品的创新质量主要表现在两个方面：一是通过推出差异化产品寻求高利润的利基市场，如添加香精和乳霜、芦荟、维生素等表面处理剂，使产品气味清香或具有更好的护肤性，或推出染色/印花的彩色产品，如金红叶推出的唯洁雅“唯柔”系列面巾纸产品；中顺洁柔推出的洁柔“LOTION 柔滑”系列面巾纸、手帕纸产品；金佰利推出的舒洁“臻宠”系列手帕纸、面巾纸，“可可小熊家族”系列手帕纸、面巾纸和“明信片”系列手帕纸产品等。此外，针对学生和年轻白领人群推出包装上有时尚风格的产品也被证明是成功的策略。如恒安推出的“冬己”系列面巾纸、手帕纸产品；维达推出的“Ultra Strong 超韧”系列面巾纸、手帕纸产品；金红叶推出的清风“原木纯品”系列面巾纸、手帕纸产品；中顺洁柔推出的洁柔“愤怒的小鸟”系列面巾纸、手帕纸产品等，都在市场销售方面取得了很好的效果。二是推广绿色、环保概念，如维达推出的“绿活”系列蔗渣浆生活用纸产品；东冠推出的以回收牛奶饮料包装盒为主要原料的“自由森林”系列卫生纸、擦手纸产品；泉林推出的麦草浆本色生活用纸产品；双灯的草浆、废纸混合浆卫生卷纸等产品，也受到市场的欢迎。

10 产品标准修订和质量抽查

GB/T 20808—2011《纸巾纸》于 2011 年 12 月 30 日发布，已于 2012 年 7 月 1 日起开始实施。本标准代替 GB/T 20808—2006《纸巾纸(含湿巾)》中纸巾纸部分。该标准适用于日常生活所用的各种纸面巾、纸餐巾、纸手帕等，不适用于湿巾、擦手纸、厨房纸巾。

2012 年底，全国造纸工业标准化技术委员会已完成对《卫生纸》、《本色生活用纸》2 项标准的审查工作，报批稿计划于 2013 年完成上报。

2012 年各级质监部门和卫生监督部门对卫生纸和纸巾纸的质量抽查结果表明质量较好产品在市场占主导地位，但批发市场出售的产品质量较差。存在的质量问题是微生物指标不合格，柔软度、横向吸液高度、抗张强度等性能指标不合格，标识标注不符合规定要求等。尤其是某些没有固定品牌的小加工厂会用卫生纸级别的原纸分切加工成餐巾纸等在农贸市场等流通领域销售，从而流入中小餐馆，需进一步加强监管。

11 市场展望

2012 年 1 月 9 日，国家发改委、工信部和国家林业局联合发布《造纸工业发展“十二五”规划》(以下简称规划)，规划提出的发展目标包括：生产消费平稳增长、原料结构持续改善、产品结构不断优化、产业集中度不断提升、装备水平逐步提高、资源消耗不断降低、污染排放明显下降、淘汰落后取得实效等 8 个方面。此外，规划还包括新的行业扶持政策，这将使得行业中的优势企业受益。

《规划》中有关生活用纸行业的内容如下：

- 《规划》在提高造纸工业装备水平的发展目标中，提出“提升造纸工业生产工艺技术和装备总体研发水平，制浆造纸装备自主化比重由 30% 提高至 50%，重点骨干造纸企业主体制浆造纸技术与装备达到国际先进水平，部分自主研发的制浆造纸装备接近国际先进水平。”
- 车速 1000m/min 以上的高速卫生纸机列为装备自主化研发重点。

● 在重点工程之一“产品升级换代及装备自主化工程”中列入了“高档生活用纸项目”，项目的实施内容及采用的关键技术是“宽幅、高速纸机，热风气罩等技术”，目标是新增与技改高档生活用纸项目210万吨。

● 资源消耗降低。吨纸浆、纸及纸板的平均取水量由2010年的85m^3降至70m^3，减少18%；吨纸浆平均综合能耗（标准煤）由2010年的0.45吨降至0.37吨，比2010年降低18%；吨纸及纸板平均综合能耗（标准煤）由2010年的0.68吨降至0.53吨，比2010年降低22%。

● 污染排放明显下降。主要污染物化学需氧量（COD）排放总量比2010年降低10%～12%。氨氮排放总量比2010年降低10%。

● 淘汰落后产能。“十二五”期间，全国淘汰落后造纸产能1000万吨以上[6]。

作为能耗较高的行业，国家要求吨纸平均综合能耗（标准煤）降至0.53吨，各地也将出台更加严格的吨纸产品和万元产值的能耗指标，企业必须认真面对。

作为中国造纸工业的一个长期执行的政策，林浆纸一体化对推动纸业可持续发展，有着十分重要的作用。林浆纸一体化，即将原来分离的林、浆、纸三个环节整合在一起，由造纸企业负担起造林的责任，自己解决木材原料问题，发展生态造纸，形成“以纸养林、以林促纸”的产业格局，促进造纸企业永续经营和造纸工业可持续发展。而且，从降低成本的角度，直接利用液体浆造纸，减少抄成浆板的流程，每吨纸可以节约成本500～700元。

虽然中国目前的生活用纸消费量仅次于北美和西欧地区，位居世界第三位，但由于人口众多，2012年我国生活用纸的人均消费量为4.2千克，尚未达到世界平均水平（4.4千克），但相比北美（25千克）、日本和西欧（15千克）、中国香港/澳门/台湾（10千克以上）都还有相当大的差距，市场的长期增长潜力仍非常大。随着我国经济的发展和城市化、国际化进程的加快，市场需求潜力将不断释放，将为生活用纸这一朝阳行业带来巨大的发展空间。

2013年中国经济增长放缓，预计GDP增长率为7.5%。虽然欧债危机及美国经济放缓继续困扰全球经济，但生活用纸产品属于快速消费品，具有刚性需求的特性，所以受国际经济环境影响较小，加上2013—2014年期间新项目产能的大量释放，预计中国生活用纸将继续以高于世界平均水平的速度稳步增长，并逐渐呈现小康型消费特征。消费层次出现多样化且向中高档过渡，消费领域不断扩展，市场竞争会更加激烈。此外，我们也应清醒地认识到，短期内市场消费量增速很难满足今后两年预期新增产能井喷式的增长，提示企业产能增速有必要轻踩“刹车”，谨防投资过热，以利于行业长期、健康、稳定、高效的发展。由于目前生活用纸消费量的基数已经较高，估计生活用纸市场在今后几十年内将以与我国GDP增长率同步或略低的速度发展。

基于比较保守的预测，到2015年，产能在2012年784.15万吨的基础上新增产能300万吨，淘汰落后产能100万吨，总产能达到985万吨。2015年产量达到780万吨，消费量650万吨（按年均增速5%计），年人均消费量4.7千克，达到或超过世界平均水平。

表13 生活用纸的市场预测

年份	生产量/万吨	消费量/万吨	人口/万人	人均消费量/（千克/人·年）
2007	410.0	357.2	132129	2.70
2008	443.7	391.3	132802	2.95
2009	479.1	419.7	133474	3.14
2010	524.8	466.3	134100	3.48
2011	582.1	525.4	134735	3.90
2012	627.3	562.8	135404	4.2
2015	788	650	138000	4.7
2020	908	785	141500	5.5

参考文献

[1] Esko Uutela. 中国生活用纸市场[A]. 2012年世界卫生纸亚洲展览会技术研讨会论文集.

[2] Esko Uutela. 全球生活用纸市场展望[J]. 生活用纸，2012，12(2)：8－10.

[3] 恒安国际集团有限公司2012年年报.

[4] 维达国际控股有限公司2012年年报.

[5] 中顺洁柔纸业股份有限公司2012年年报.

[6] 国家发展改革委，工业和信息化部，国家林业局. 造纸工业发展“十二五”规划.

[7] 中国造纸协会. 中国造纸工业2012年度报告

附录

1　2012 年生活用纸出口量排名前 10 位的出口目的地国家和地区(附表 1)

附表 1

商品编号	商品名称	排名	出口目的地国家和地区	出口量/吨
48030000	成卷成张的家庭或卫生用纸、面巾纸、餐巾纸	1	澳大利亚	88743.286
		2	中国台澎金马关税区	19104.810
		3	伊朗	7273.406
		4	美国	5547.636
		5	新西兰	4415.388
		6	中国香港	1811.875
		7	马来西亚	1563.640
		8	韩国	1142.524
		9	菲律宾	1113.906
		10	苏里南	1028.904
48181000	卫生纸	1	中国香港	78322.064
		2	美国	64739.771
		3	日本	24938.356
		4	澳大利亚	11851.024
		5	加纳	8219.615
		6	中国澳门	5860.929
		7	哥斯达黎加	3755.354
		8	新加坡	3599.247
		9	俄罗斯联邦	2226.152
		10	波多黎各	1850.671
48182000	纸手帕及面巾纸	1	中国香港	34504.841
		2	美国	31343.058
		3	日本	28275.175
		4	澳大利亚	8284.841
		5	英国	3899.796
		6	中国澳门	3188.925
		7	俄罗斯联邦	1601.500
		8	马来西亚	1018.713
		9	新西兰	894.832
		10	加拿大	894.721
48183000	纸台布及纸餐巾	1	美国	15281.717
		2	中国香港	6369.932
		3	日本	4708.209
		4	澳大利亚	2405.684
		5	英国	888.218
		6	加拿大	858.065
		7	荷兰	476.232
		8	丹麦	436.201
		9	瑞典	431.479
		10	德国	373.094

2　主要品牌市场份额的相关参考资料

根据中国行业企业信息发布中心的调查，2012 年全国生活用纸市场销售量前 6 名的纸巾类品牌为心相印、清风、维达、洁柔、舒洁、洁云，其中心相印、清风、维达继续稳居前 3 名。

2012 年各地区市场销售量前 6 名纸巾品牌及其份额见附表 2。

附表 2

华北地区	心相印	清风	舒洁	维达	珍爱	小宝贝
份额/%	47.86	14.84	4.21	3.43	2.50	2.25
东北地区	心相印	清风	小宝贝	洁柔	舒洁	小人国
份额/%	50.92	21.74	6.53	4.61	3.58	3.50
华东地区	心相印	清风	洁云	舒洁	维达	五月花
份额/%	22.77	18.21	15.66	11.95	6.08	4.12

续表

中南地区	维达	心相印	清风	洁柔	舒洁	纯点
份额/%	24.14	22.91	19.80	13.73	4.35	1.36
西南地区	心相印	维达	洁柔	清风	太阳	舒洁
份额/%	27.81	15.88	9.71	4.94	4.33	4.08
西北地区	心相印	维达	洁柔	清风	小宝贝	太阳
份额/%	45.77	11.62	11.45	7.75	6.58	1.60

3 商品浆价格变化的参考资料

据芬兰期权交易所(FOEX)纸浆价格指数显示，国际浆价于2012年上半年经历一段时期的上升走势后，于第三季度反转下调，第四季度浆价虽不再下挫但仍处于盘整状态，浆价呈现小幅推升现象。主要是由于国际各大浆厂为反映成本，加之国际市场浆库存减少和出货量增加，及受汇率的影响，促使国际浆价止跌回升。2012年1月—2013年3月我国市场的进口漂白针叶木硫酸盐浆(NBSK)和漂白阔叶木硫酸盐浆(BHKP)价格指数详见附图1。

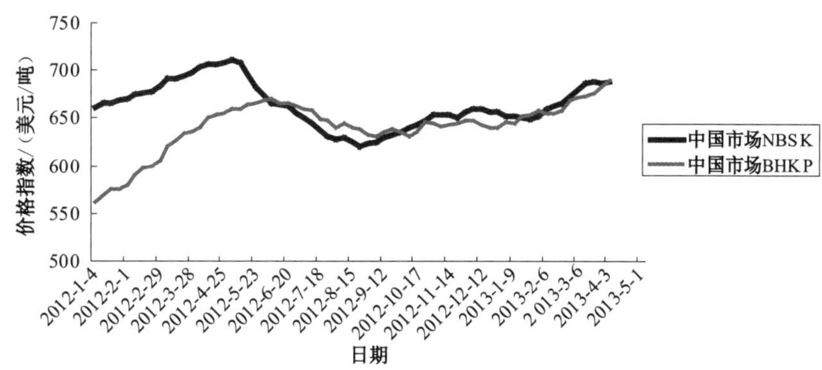

附图1 2012年1月—2013年3月中国市场FOEX纸浆价格指数

国产木浆也紧随国际浆价走势波动，据易贸资讯数据显示，以亚太森博漂白阔叶木硫酸盐浆为例，2012年1月—2013年3月该木浆的出厂报价详见附图2。

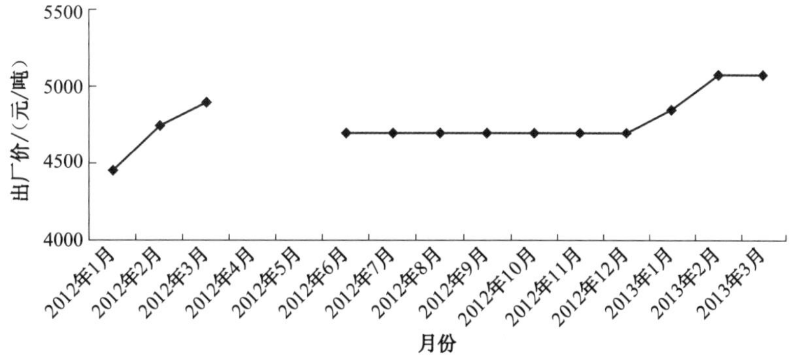

附图2 2012年1月—2013年3月亚太森博阔叶木浆出厂价格

（注：4—5月该公司未公布出厂场报价，为实单实谈）

Overview and prospects of the China tissue paper industry

Ms. Jiang Manxia, Ms. Zhou Yang, Ms. Zhang Yulan, CNHPIA

In 2012, facing the complex and severe international economy environment and the arduous domestic reform, development and stability task, the Chinese government speeded up the transformation of economic development pattern and carried out all the measures to strengthen and improve macroeconomic regulation in accordance with the general tone of keeping up progressing under stable status. The national economy maintained steady growth in 2012 and laid a good foundation for building a well – off society. The GDP reached 51900 billion yuan, up 7.8% than 2011. Domestic demand continued to grow. The total retail sales of social consumer goods reached 21030.7 billion yuan, up 14.3% than 2011. The actual growth rate was 12.1% deducting the influence of price factor.

In 2012, the supply and demand of China tissue paper market was both in large amount. Export trade continued to grow. Compared with the depressed market of other paper category such as writing and printing paper, tissue paper market maintained fast growth and investment projects doubled. The newly – launched modern production capacity in 2012 increased by 121.1% than 2011. The announced modern production capacity to be launched in and after 2013 reached more than 4.29 million tons, which attracted global attention.

Thanks to the low price of international market pulp in 2012, the profit margin of tissue paper manufacturers rised. In addition, the government implemented the energy conservation and emission reduction policy. Most enterprises achieved good business condition by improving management and reducing the consumption of raw material and energy. However, in 2012, the overall domestic producer price and market retail price of tissue paper products declined. Besides the cost reduction of raw material, a large number of new capacity was put into production in 2012, which also contributed to the price decline. The market becomes more competitive and the price war previews.

In 2012, the tissue paper consumption increased by 7.1% than 2011. The market size (total sales revenue) reached about 68.94 billion yuan. The annual per capita consumption increased to 4.2kg from 3.9kg in 2011, which has come close to the world per capita consumption level (4.4kg)[1].

1 Market Size

According to the statistics by the China National Household Paper Industry Association (CNHPIA), in 2012, the output of tissue paper was about 6.273 million tons (calculated on 80% machinery utilization rate). The sales volume was about 6.12 million tons. The aggregate sales revenue reached about 62.40 billion yuan (calculated on average producer price 10200 yuan/ton, including the exports). The consumption was about 5.628 million tons, up 7.1% than 2011. The annual per capita consumption was about 4.2kg. The domestic market size was about 68.94 billion yuan (calculated on average retail price 12250 yuan/ton), up 4.1% than 2011.

About 60% of new capacity was put into production in the second half of 2012. In addition, the backward production capacity closed down reached 400000 tons in 2012 according to CNHPIA, which increased significantly than previous years. Because of the two factors, the overall machinery utilization rate declined to 80% (85% in 2011). At the same time, the base number becomes very large because the production capacity increased rapidly in successive years. Although the absolute value of production capacity increased significantly in 2012, the growth rate declined over previous year.

Table 1 Output and Consumption of Tissue Paper in China in 2012

	2012	2011	Growth rate/%
Output/1000t	6273	5821	7.8
Sales volume/1000t	6120	5674	7.9
Import/1000t	36	42	-14.3
Export/1000t	528	462	14.3
Net export/1000t	492	420	17.1
Consumption/1000t	5628	5254	7.1
Annual per capita consumption/kg	4.2	3.9	7.7
Average producer price/(yuan/t)	10200	10491	-2.8
Factory sales revenue/billion yuan	62.40	59.53	4.8
Average market price/(yuan/t)	12250	12600	-2.8
Domestic market size/billion yuan	68.94	66.20	4.1

Note: According to the data by the National Bureau of Statistics (NBS), the total population by the end of 2011 reached 1.347 billion and the total population by the end of 2012 reached 1.354 billion.

2 Major Manufacturers and Brands

Nowadays, the tissue paper market in China is still composed of a number of manufacturers. In 2012, there were nearly 1600 tissue mills registered by the CNHPIA, among which there were more than 520 parent tissue roll and converting products manufacturers, mainly located in Shandong, Guangdong, Sichuan, Hebei, Guangxi, etc. Major tissue manufacturers are mainly located in Yangtze Delta, Zhujiang Delta and the provinces of Shandong, Fujian, Hunan, Hubei, Liaoning, etc. The main national brands include Mind Act Upon Mind, Vinda, Clear Wind, Hygienix, Kleenex, Jierou, May Flower, Premium, Nepia, etc.

In 2012, the output of top 15 tissue paper manufacturers accounted for 45.0% among the total. The sales revenue accounted for about 48.3%. The industry concentration rate clearly increased than 2011.

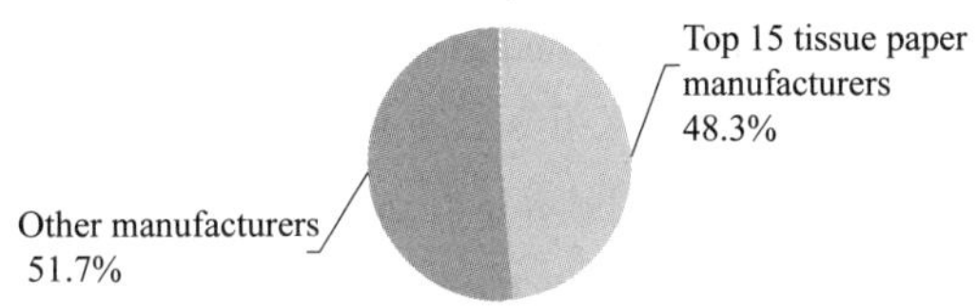

Figure 1 Market Share by Top 15 Tissue Paper Manufacturers (on Sales Revenue)

Table 2 shows the top 15 tissue paper manufacturers in China in 2012. Since the data of output and sales revenue provided by some companies is doubtful and cannot be verified, the rank after 5 is only for reference.

Table 2 Top 15 Tissue Paper Manufacturers in 2012

Num.	Company Name	Brand	Capacity/1000tpy	Output/1000tons
1	Hengan Paper Co., Ltd.	Mind Act Upon Mind, Rouying	900	625
2	Gold Hongye Paper (China) Co., Ltd.	Virjoy, Clear Wind, Zhenzhen	880	498
3	Vinda Paper Group Co., Ltd.	Vinda, Huazhiyun	540	430.9
4	CNSN Paper Co., Ltd.	Jierou, C&S, Taiyang	295	187
5	Shanghai Orient Champion Group	Hygienix, Silk'n Soft	140	94
6	Shandong Dongshun Group Co., Ltd.	Shunqingrou, Aojiayue, Jiexin	203	197
7	Yuen Foong Yu Family Care (Kunshan) Co., Ltd.	May Flower	100	71.3
8	Shanghai Kimberly-Clark Paper Co., Ltd.	Kleenex	29 (including OEM)	22.9 (including OEM)
9	Ningxia Bauhinia Paper Co., Ltd.	Zijinhua, Zijinghua	120 (including straw pulp paper)	104
10	Guangxi Jeanper Paper Industry Co., Ltd.	Jeanper, Liuhua	72 (including bagasse pulp paper)	70.6
11	Dongguan White Swan Paper Co., Ltd.	Beirou	60 (including bagasse pulp paper)	53.7
12	Shengda Group Jiangsu Sund Paper Industry Co., Ltd.	Sund, Lanya, Ofeng, Laohao	120 (including straw pulp and recycled paper)	104.8
13	Guangxi Huamei Paper Group Co., Ltd.	Huamei, Bihai	270 (including bagasse pulp paper)	160
14	Fujian Hengli Group	Hodorine	90	45
15	Henan Aobo Paper Co., Ltd.	Aobo	180	160

Notes: The output of CNSN Paper Co., Ltd. is calculated according to the capacity and sales revenue in its annual report.

Hengan Paper, APP (Gold Hongye Paper), Vinda Paper and CNSN Paper are the 4 leading tissue paper companies in China. They ranked 7, 4 (including the capacity in Indonesia), 17 and 20 respectively in the world and ranked 3, 1 (including the capacity in Indonesia), 6 and 9 [2] respectively in Asia in 2010. With the capacity increase in recent years, their rankings are expected to move forward.

In 2012, the total capacity of the 4 companies reached about 2.615 million tpy, up 37.2% than 2011 and accounted for 33.3% of the total. The output of them was about 1.7409 million tpy, up 23.9% than 2011 and accounted for 27.8% of the total. The aggregate sales revenue reached about 20.12 billion yuan, up 15.3% than 2011. It accounted for 32.3% of the total sales revenue. The growth rate of output and sales revenue of the four companies were higher than the industry average level.

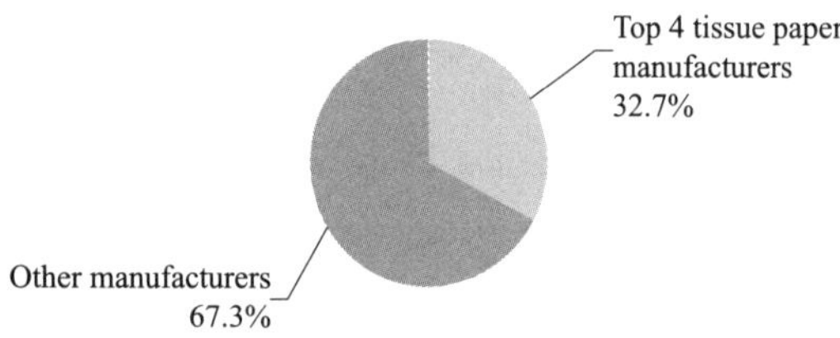

Figure 2 Market Share by Top 4 Tissue Paper Manufacturers (on Sales Revenue)

Hengan is currently the largest tissue paper manufacturer in China. According to Hengan's annual report, its sales revenue of tissue paper reached 9.147 billion HK dollars in 2012, up 14.1% than 2011. Tissue paper accounted for about 49.4% of Hengan's total sales revenue (47.0% in 2011). The gross profit ratio of Hengan's tissue paper business rebounded to about 35.4% (31.4% in 2011). The main reason is that the production cost was saved because the main raw material pulp price fell, as well as Hengan adjusted its production structure in the first half of 2012 and reduced products with relatively low gross profit ratio due to the insufficient capacity of parent roll tissue. Although the production structure went back to normal condition with the launch of new parent roll capacity in the second half of 2012, the share of toilet tissue products among the total sales revenue of tissue paper dropped slightly to 30.5% (31.7% in 2011) [3].

Gold Hongye is the tissue paper company under APP group in China. It is currently the second largest tissue paper manufacturer in China. Its production capacity reached 0.88 million tpy in 2012, close to Hengan.

Vinda is the earliest professional manufacturer of tissue paper in China. It maintained steady development and leading position in the past years. It is now the third largest tissue paper manufacturer in China. According to Vinda's annual report, it achieved outstanding result in 2012. Its sales revenue of tissue paper (including some quantity of wet wipes and baby diapers) reached 6.024 billion HK dollars, up 26.4% than 2011. The gross profit was 1.855 billion HK dollars, up 43.1% than 2011. The proportion of high gross profit products such as tissues in total sales revenue continued to increase. The sales revenue of plastic-pack facial tissue increased 70.1%. In 2012, Vinda stayed to its brand strategy and implemented all kinds of market promotion activities. Together with the declined price of wood pulp in 2012, Vinda successfully adopted flexible and initiative purchasing strategy and adjusted purchase quantity before the price fluctuation. As a result, its gross profit ratio increased from 27.2% in 2011 to 30.8% [4].

CNSN Paper is the fourth largest tissue paper enterprise in China. But it lagged far behind the top three companies. According to CNSN's annual report, its business improved a lot in 2012. Its sales revenue of tissue paper reached 2.317 billion yuan, up 25.92% than 2011. The gross profit ratio was 31.62%, up 5.57% than 2011. The proportion of high gross profit products such as tissues in total sales revenue increased to 40.45% from 38.41% in 2011. The proportion of toilet tissue dropped to 58.05% from 60.41% in 2011 [5].

Shanghai Orient Champion, Shandong Dongshun, Yuen Foong Yu and Kimberly-Clark currently rank 5 to 8 in the ranking. After decade years of steady growth, Hygienix brand has occupied an important market share in Shanghai and east China. It launched one 40000 tpy new crescent former tissue machine in 2012. Dongshun is the largest tissue paper manufacturer in northern China (note: without considering Hengan's branch company: Shandong Hengan Paper). Its capacity increased rapidly in recent years. It launched 2 BF tissue machines in 2012. Yuen Foong Yu, Taiwan's largest tissue paper manufacturer, currently ranked 10 in Asia[2] and 7 in the mainland. Its brand May Flower enjoys a high reputation. It launched 2 new crescent former tissue machines in its Yangzhou factory in 2012. Kimberly - Clark is the largest tissue paper manufacturer in the world. But it mainly focuses on diapers in China. It has little tissue paper capacity in China and doesn't plan to expand the tissue paper business. Its brand Kleenex is famous for the high quality. It cooperated with other enterprises to produce high quality differentiated products.

3 Export Volume and Price Increase

In 2012, the export volume of tissue paper was 528000 tpy, up 14.3% than 2011. The export revenue was 754.09 million US dollars, up 14.1% than 2011. The net export volume was 492000 tons, up 17.1% than 2011. The net exports revenue was 693.63 million US dollars, up 15.9% than 2011. The export volume accounted for about 8.4% of the total output.

In 2012, tissue converting products accounted for 73.4% among the total tissue paper export volume and the export revenue of them accounted for 80.1% among the total. Among the imports of tissue paper, parent roll occupied 85.5% and the imports revenue occupied 77.6% among the total. It shows that in 2012 among the exports, tissue converting products were still the dominant product and among the imports, parent roll was still dominant ones. In addition, among the exports of various tissue paper products, toilet tissue was still the dominant products. It accounted for 58.4% of the export volume of tissue converting products. Handkerchief tissue and facial tissue accounted for 32.1%. Table tissue and paper napkins accounted for 9.5%. Compared with 2011, the proportion of toilet tissue among the total exports of tissue converting products dropped by 2.3%, while the proportion of handkerchief tissue and facial tissue went up by 1.5%, the proportion of table tissue and paper napkins went up by 0.8%.

Table 3 Imports and Exports of Various Tissue Paper in 2011-2012

Commodity number	Commodity name	Volume/tons		Value/US $	
		2012	2011	2012	2011
Import		35947.079	42415.718	60464236	62285073
48030000	Tissue roll (including toilet roll, facial tissue, paper napkins)	30737.722	36611.989	46937463	46800244
48181000	Toilet tissue	2453.090	3916.985	6951539	10491650
48182000	Handkerchief tissue, facial tissue	1672.669	1240.170	4060956	3127178
48183000	Table tissue, paper napkins	1083.598	646.574	2514278	1866001
Export		528141.675	461847.621	754087518	660777193
48030000	Tissue roll (including toilet roll, facial tissue, paper napkins)	140412.113	83570.799	150353564	94961089
48181000	Toilet tissue	226401. 748	229729.860	301683205	286980915
48182000	Handkerchief tissue, facial tissue	124539.827	115608.773	223541508	207769148
48183000	Table tissue, paper napkins	36787.987	32938.189	78509241	71066041

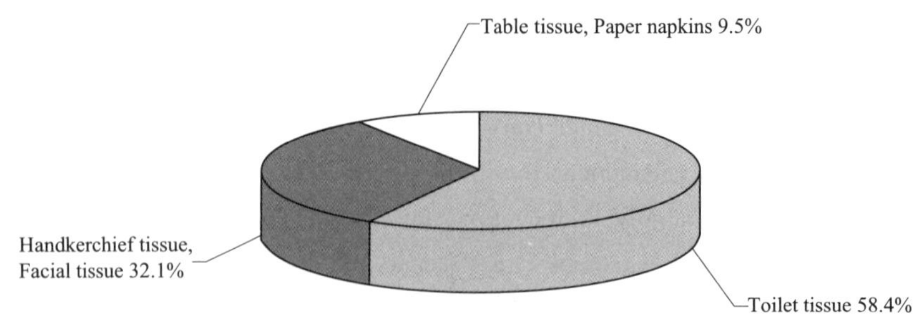

Figure 3 Proportion of Various Exported Tissue Products in 2012 (on Sales Volume)

Table 4 Export Price of Various Tissue Paper in 2011—2012

Commodity No.	Commodity Name	Unit Price in 2012/(US Dollar/t)	Unit Price in 2012/(US Dollar/t)	Growth rate /%
48030000	Tissue roll (including toilet roll, facial tissue, paper napkins)	1070. 80	1136. 30	-5. 76
48181000	Toilet tissue	1332. 51	1249. 21	6. 67
48182000	Handkerchief tissue, facial tissue	1794. 94	1797. 17	-0. 12
48183000	Table tissue, paper napkins	2134. 10	2157. 56	-1. 09

According to the Customs, in 2012, based on the export volume, the top 10 export destinations of the products with commodity number of 48030000, 48181000, 48182000, and 48183000 are listed in Appendix 1.

Table 5 shows the top 20 tissue manufacturers ranked on export volume in 2012. The total export volume of the top 20 companies was about 318800 tons, which accounted for 60. 4% among the total. The export volume of top 7 companies accounted for 48. 8% among the total, with each of them above 10000 tons.

Table 5 Top 20 Tissue Manufacturers Ranked on Exports Volume in 2012

Num.	Company	Num.	Company
1	Hengan Group	11	Anqiu Xiangyu Packaging and Printing Co., Ltd.
2	Gold Hongye Paper (China) Co., Ltd.	12	Sunlight Hygiene Products (Shenzhen) Co., Ltd.
3	Vinda Paper (China) Co., Ltd.	13	Shanghai Orient Champion Group
4	Huizhou Fook Woo Paper Co., Ltd.	14	Zhucheng Zhongshun Industry & Trading Co., Ltd.
5	Jinyu (Qingyuan) Tissue Paper Industry Co., Ltd.	15	Guangzhou Qiming Paper Co., Ltd.
6	Foshan Gaoming Super Trans Paper Co., Ltd.	16	Qingdao P&B Co., Ltd.
7	Guangzhou Jielian Paper Co., Ltd.	17	Dongguan Nice Bonus Tissue Products Co., Ltd.
8	Jiangmen Rijia Paper Co., Ltd.	18	Oji Paper Nepia (Suzhou) Co., Ltd.
9	Weifang Lancel Hygiene Products Co., Ltd.	19	Dongguan Caihong Paper Products Co., Ltd.
10	CNSN Paper Co., Ltd.	20	Fujian Hengli Paper Co., Ltd.

4 Cost Reduction Leading to Higher Profit

Tissue paper especially middle and high grade tissue paper in China mainly use market pulp as raw material. As a result, the industry relies greatly on the imported pulp. The production cost is greatly influenced by the international market pulp price volatility.

According to the Customs, in 2012, the total import pulp volume in China was 16. 46 million tons, up 13. 9% than 2011. The total import value was 11. 04 billion US dollars, down 7. 5% than 2011. The average price of imported pulp was 671 US dollars per ton, down 18. 8% than 2011 (which was 826 US dollars per ton).

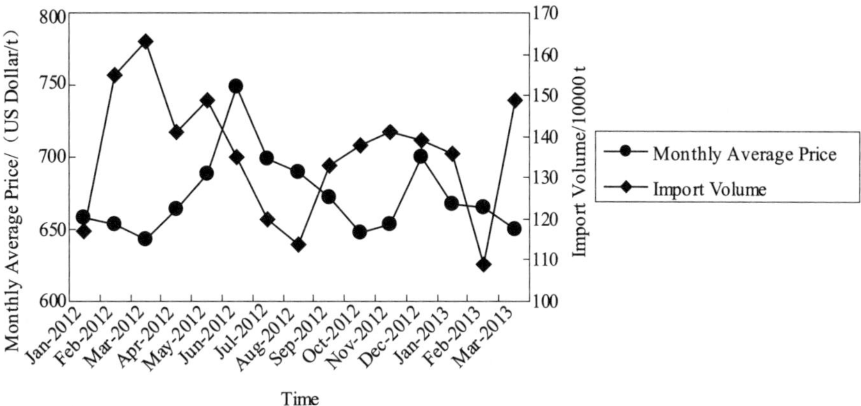

Figure 4 Imported Pulp from Jan. 2012 to Mar. 2013

The price of domestic pulp also changed in accordance with international market pulp price. In addition, according to China National Bureau of Statistics, in 2012, the IPI such as raw material, fuel and energy decreased by 1.8% than 2011. The increase in the RMB exchange rate was also a positive factor for the manufacturers who used imported pulp as main raw material. In 2012, paper making enterprises enjoyed low cost advantage and achieved relatively higher gross profit. According to CNHPIA, many manufacturers reduced the producer price by 5% – 10%. According to Sublime China Information, the detailed producer price of parent roll tissue in 4 major provinces is shown in Figure 5.

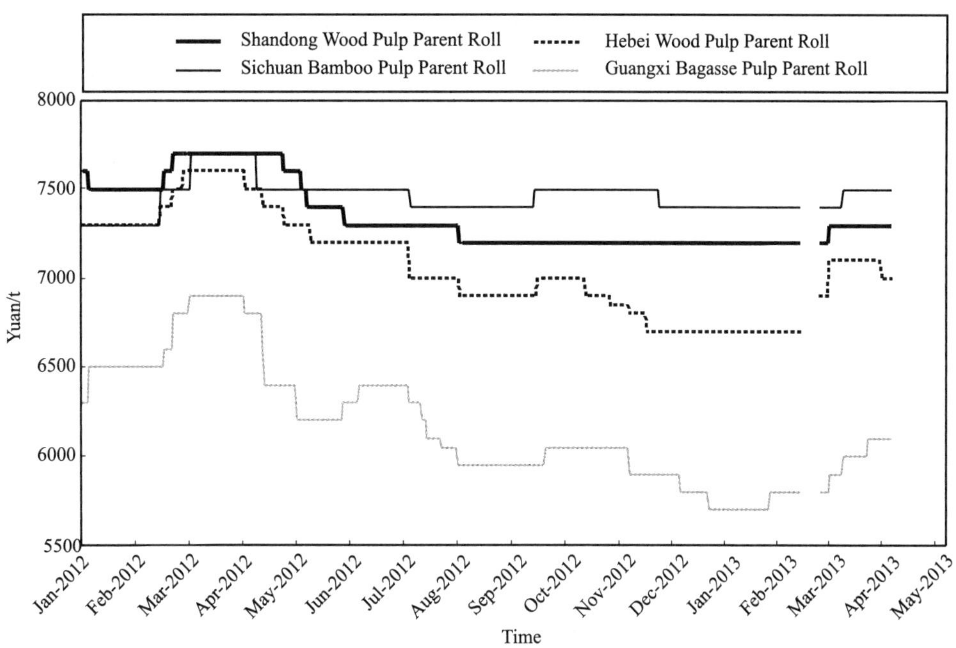

Figure 5 Producer Price of China Parent Roll Tissue from Jan. 2012 to Mar. 2013

The price of imported pulp continued to rise in the first three months of 2013 and increased to 670 – 690 US dollars per ton in March. However, some experts think the price of imported pulp will not increase significantly in the first half of 2013 and will stay around the price level in December 2012. Since the pulp price was in a low level during the second half of 2012, some big companies increased their order and stock to get ready for the new round of price increase.

It is worth noting that the manufacturers who use non-wood pulp as raw material are mostly small scale company. They do not have enough funds and the equipment updating ability. So the pulp price volatility had great influence on these manufacturers. The low price of imported wood pulp in 2012 eliminated the price advantage of medium and low grade straw pulp paper products in Ningxia, Shaanxi, Henan and other regions. Most manufacturers stopped production and waited and saw the state. The bamboo pulp paper products in Sichuan and Chongqing had also been influenced to a certain extent and profit margin was lowered. Thanks to the sugar cane harvest in Guangxi, the volume of bagasse material increased while its price decreased, which partially alleviated the price pressure of bagasse pulp paper products.

5 Industry Structure Change and Overheated Investment

In recent years, China tissue paper industry rapidly transformed from domestic market-oriented to the industry structure with international competitiveness. Because China government implemented the policy of energy conservation and emission reduction and backward production capacity elimination, as well as market competition, the proportion of modern production capacity continued to increase. Capacity increase in China is outstanding in the global recession. But the investment is overheated and periodical production overcapacity is increasingly highlighted.

According to CNHPIA, the new production capacity during 2011 - 2012 in China is about 1.843 million tpy, accounting for more than half of the total global new capacity and ranking the top in the world.

Because the tissue paper market demands kept growing, backward production capacity was eliminated and writing and printing paper market was weak, new medium and high-grade tissue paper projects were concentrated during 2010 - 2015. The expansion of large manufacturers is helpful to increase the industry concentration, raise the equipment level, improve products quality and grade, reduce energy and raw material consumption, and reduce pollution. From the development programs released by some enterprises, APP (Gold Hongye Paper) (with capacity at 1.28 million tpy in 2013, 2.25 million tpy in 2015), Hengan Group (with capacity at 1.38 million tpy in 2015), Vinda Paper (with capacity at 0.76 million tpy in 2013, 1 million tpy in 2015), CNSN Paper (with capacity aiming at 1 million tpy) will rank the list of biggest tissue manufacturers in the world. In addition to the rapid expansion of existing large tissue manufacturers, the companies producing other kinds of paper, pulp, or in other industries also entered the tissue paper field and invested in big and modern tissue machine, such as Chenming, Nanzhi, Yinge, Fushun Mining Group, APRIL, Hong Kong Lee & Man Paper, Sun Paper, Zhejiang Jingxing, Hwagain Group, Yunnan Yunjing, Hebei Yihoucheng, etc.

Because of the large number of investment projects, the new modern production capacity increased year by year, which is 333000 tpy in 2009, 415000 tpy in 2010, 574000 tpy in 2011, 1.269 million tpy in 2012 and about 924500 tpy in 2013. The announced new production capacity which is planned to launch in and after 2014 is about 3.337 million tpy.

The introduction of advanced tissue machines brought great changes to China tissue paper industry structure. Until the end of 2012, there were 67 imported new crescent tissue machines launched in China with the total capacity of 2.617 million tpy, 76 BF tissue machines with the total capacity of 0.9935 million tpy, 1 oblique net tissue machine with the capacity of 10000 tpy. The total capacity of above imported tissue machines reaches 3.6205 million tpy, which accounted for about 46.2% of the total capacity in 2012.

Equipment modernization trend is also reflected that imported new crescent tissue machines gradually become dominant machines among the imported ones. The project of tissue machine with the capacity above 60000 tpy is increasing significantly, 2 in 2009, 3 in 2010, 4 in 2011 and 12 in 2012.

Many of the projects to be put into production in 2013 should have been launched in 2011 and 2012 but was postponed due to a variety of reasons. Although the "12th Five-Year Plan of Paper Industry" put forward the goal of eliminating backward production capacity, there is no specific requirement on the model of tissue machine to be eliminated. The actual quantity of backward production capacity which can be eliminated is still unknown. The new market capacity will be 0.5 - 0.6 million tpy based on 10% annual growth rate of sales volume. If market growth and backward capacity elimination are the only factors to count on, 924500 tons of production capacity will be too much for the market in 2013. As a result, some projects are expected to be postponed or cannot put into production. Because of the overheated investment, the growth of capacity exceeded that of market demands. The periodical overcapacity will be inevitable. Market competition will become more intense. The new entrants will encounter greater difficulties in releasing and digesting capacity. Due to the poor ability to resist risks, small and medium-sized enterprises will be kicked out of the market in a shorter time. The industry will enter a new round of reshuffle.

6 Main New Production Capacity Expansion Projects

• Hengan Paper

In 2012, its production capacity increased to 900000 tpy. It included 4 new crescent tissue machines with the total capacity of 180000 tpy located in Hunan Hengan Paper, 3 new crescent tissue machines with total capacity of 180000 tpy located in Shandong Hengan Paper, 5 new crescent tissue machines (2 launched in 2012, with the capacity of 60000 tpy respectively) with the total capacity of 300000 tpy located in Hengan (China) Paper, 2 new crescent tissue machines (1 launched in 2012, with the capacity of 60000 tpy) with total capacity of 120000 tpy located in Chongqing Hengan Paper. In 2012, Hengan launched 2 new crescent tissue machines in Wuhu Anhui, with the total capacity of 120000 tpy, making its overall capacity 900000 tpy. Hengan didn't increase its capacity in 2013. In 2014, Hengan will increase 120000 tpy new capacity respectively in Weifang Shandong, Changde Hunan and Chongqing. At that time, Hengan's total capacity will reach 1.26 million tpy. Hengan programs to increase 120000 tpy new capacity in Wuhu Anhui in 2015 and makes its total production capacity to reach 1.38 million tpy.

Production Base	2012		2013		2014		2015	
	Production Capacity/ 1000 tons	Number of Tissue Machines	Production Capacity/ 1000 tons	Number of Tissue Machines	Production Capacity/ 1000 tons	Number of Tissue Machines	Production Capacity/ 1000 tons	Number of Tissue Machines
Changde Hunan	180	4	180	4	300	6	300	6
Weifang Shandong	180	3	180	3	300	5	300	5
Jinjiang Fujian	300	5	300	5	300	5	300	5
Wuhu Anhui	120	2	120	2	120	2	240	4
Banan Chongqing	120	2	120	2	240	4	240	4
Total	900	16	900	16	1260	22	1380	24

• Gold Hongye Paper

In 2012, its production capacity increased to 880000 tpy. It included 4 new crescent tissue machines (1 launched in 2012 with the capacity of 70000 tpy) and 6 home-made fourdrinier tissue machines located in Suzhou with the total capacity of 310000 tpy, 6 new crescents in Hainan and 6 new crescent tissue machines made by APP's subordinate factory Gold Sun, with the total capacity at 300000 tpy, 2 new crescent tissue machines (1 launched in 2012, with the capacity of 60000 tpy) with the total capacity of 120000 tpy in Xiaogan Hubei. In 2012, Gold Hongye Paper launched 1 new crescent tissue machine with the capacity of 60000 tpy in Shenyang, Liaoning. It also launched about 5 new crescent tissue machines made by Jinshun, making its total capacity 880000 tpy. In 2013, Gold Hongye set up 1 A. Celli tissue machine with the capacity at 60000 tpy and 6 Gold Sun new crescent tissue machines with the capacity at 20000 tpy respectively in Hainan, making its total capacity 1.06 million tpy in 2013. In 2014, Gold Hongye plans to set up 3 A. Celli new crescent tissue machines with the capacity at 60000 tpy respectively and 6 Gold Sun new crescent tissue machines with the capacity at 20000 tpy respectively in Hainan, 1 A. Celli new crescent tissue machine with the capacity at 60000 tpy in Suining Sichuan and Xiaogan Hubei respectively, 2 Metso new crescent tissue machines with the capacity at 60000 tpy respectively in Suzhou. Gold Hongye plans to increase its total capacity to 2.25 million tpy in 2015. It will become the largest tissue paper manufacturer in China.

Production Base	2012		2013	
	Production Capacity/1000 tons	Number of Tissue Machines	Production Capacity/1000 tons	Number of Tissue Machines
Suzhou Jiangsu	310 +90	10 +5	1060	About 40
Haikou Hainan	300	12		
Xiaogan Hubei	120	2		
Shenyang Liaoning	60	1		
Suining Sichuan				
Yaan Sichuan				
Total	880	30	1060	40

- Vinda Paper

In 2012, its production capacity increased to 540000 tpy. It included 2 BF tissue machines and 1 new crescent tissue machine with the total capacity of 60000 tpy located in Xinhuihuicheng Jiangmen Guangdong, 4 BF tissue machines with the total capacity of 45000 tpy located in Deyang Sichuan, 9 BF tissue machines with the total capacity of 100000 tpy located in Xiaogan Hubei, 3 BF tissue machines with the total capacity of 30000 tpy located in Beijing, 6 BF tissue machines with the total capacity of 120000 tpy located in Xinhuishuangshui Jiangmen Guangdong, 6 BF tissue machines with the total capacity of 90000 tpy in Longyou Zhejiang, 4 BF tissue machines (2 launched in 2012, with the capacity of 15000 tpy respectively) with the total capacity of 55000 tpy in Anshan Liaoning. In 2012, Vinda launched 2 new crescent tissue machines with the total capacity of 40000 tpy in its new production base, Xinhuisanjiang Jiangmen Guangdong. The total capacity of Vinda reached 540000 tpy. In 2013, Vinda already launched 2 new crescent tissue machines in January in Xinhuisanjiang Jiangmen Guangdong and Xiaogan Hubei respectively, with the total capacity of 80000 tpy, making its total capacity 620000 tpy. It also plans to increase 50000 tpy, 50000 tpy and 40000 tpy new capacity in Laiwu Shandong, Xinhuisanjiang Jiangmen Guangdong and Xiaogan Hubei respectively, making its total capacity 760000 tpy. Vinda's new factory in Laiwu Shandong was put into production in 2013. Vinda has 9 production bases and achieves much wider nationwides covering pattern. Vinda's development target is to reach 1 million tpy in 2015.

Production Base	2012		2013	
	Production Capacity/1000 tons	Number of Tissue Machines	Production Capacity/1000 tons	Number of Tissue Machines
Xinhuihuicheng Jiangmen Guangdong	60	3	60	3
Xiaogan Hubei	100	9	180	13
Beijing	30	3	30	3
Deyang Sichuan	45	4	45	4
Xinhuishuangshui Jiangmen Guangdong	120	6	120	6
Longyou Zhejiang	90	6	90	6

To be continued

Production Base	2012		2013	
	Production Capacity/1000 tons	Number of Tissue Machines	Production Capacity/1000 tons	Number of Tissue Machines
Anshan Liaoning	55	4	55	4
Xinhuisanjiang Jiangmen Guangdong	40	2	130	6
Laiwu Shandong			50	2
Total	540	37	760	47

- CNSN Paper

In 2012, its production capacity increased to 295000 tpy. It included 11 BF tissue machines, 8 new crescent tissue machines and 25 home - made tissue machines located in 6 production bases such as Zhongshan and Jiangmen Guangdong, Xiaogan Hubei, Chengdu Sichuan, Jiaxing Zhejiang and Tangshan Hubei. In 2012, CNSN paper launched 5 new crescent tissue machines with the total capacity of 145000 tpy, 4 in Jiangmen (with the total capacity of 120000 tpy) and 1 in Tangshan (with the capacity of 25000 tpy) and got rid of several homemade tissue machines, making the total capacity of CNSN Paper reaching 295000 tpy. In 2013, CNSN Paper launched 1 new crescent tissue machine with the capacity of 30000 tpy in February in Chengdu Sichuan, making its total capacity 325000 tpy. In 2014, CNSN Paper plans to increase 60000 tpy and 120000 tpy new capacity respectively in Chengdu Sichuan and its new production base Luoding Guangdong, making its total capacity 505000 tpy. CNSN's development target is to reach 1 million tpy capacity.

Production Base	2012		2013		2014	
	Production Capacity/1000 tons	Number of Tissue Machines	Production Capacity/1000 tons	Number of Tissue Machines	Production Capacity/1000 tons	Number of Tissue Machines
Zhongshan Guangdong	20	18 (17 homemade)	20	18 (17 homemade)	20	18 (17 homemade)
Jiangmen Guangdong	170	9	170	9	170	9
Xiaogan Hubei	20	2	20	2	20	2
Chengdu Sichuan	40	11 (8 homemade)	70	12 (8 homemade)	130	14 (8 homemade)
Jiangxi Zhejiang	20	3	20	3	20	3
Tangshan Hebei	25	1	25	1	25	1
Luoding Guangdong					120	2
Total	295	44	325	45	505	49

Table 6 Tissue Machines Projects Started in China in 2010

Company Location	Company Name	Project Location	PM Capacity / 1000tpy	Tissue Machine	Production Time	PM Supplier	Remark
Fujian	Hengan Paper	Hengan (JinjiangFujian)	60 new	1 New Crescent (trimmed width 5600mm, speed 2000m/min)	Jun. 2010	A. Celli Italy	Import
		Hengan (Weifang Shandong)	60 new	1 New Crescent (DCT200, trimmed width 5600mm, speed 1900m/min, soft shoe press)	Nov. 2010	Metso	

To be continued

Company Location	Company Name	Project Location	PM Capacity / 1000tpy	Tissue Machine	Production Time	PM Supplier	Remark
Guangdong	Vinda Paper	Xiaogan Hubei	50 new	4 BF-10EX (trimmed width 2760mm, speed 770m/min)	2 in Oct. 2010, 2 in Nov. 2010	Kawanoe Zoki	Import
	CNSN Paper	Jiangmen Guangdong	25 new	1 New Crescent (AHEAD1.5, trimmed width 3450mm, speed 1500m/min, with stainless steel drying cylinder)	Nov. 2010	Toscotec Italy	Import
	Huizhou Fook Woo Paper	Huizhou Guangdong	23 new	1 New Crescent DCT-60 (trimmed width 2850mm, speed 1300m/min)	Dec. 2010	Metso	Import
	Dongguan Yongchang Paper	Dongguan Guangdong	20(Greenfield mill)	1 BF-12 (trimmed width 2700mm, speed 1000m/min)	2010	Kawanoe Zoki	Import
	Xinhui Baoda Paper	Jiangmen Guangdong	10 new	1 Vacuum cylinder (trimmed width 2660mm, speed 800m/min)	Jul. 2010	Sino-Japan joint venture Baotuo	Cooperation
	Dongguan White Swan Paper	Dongguan Guangdong	10 new	1 Vacuum cylinder (trimmed width 2800mm, speed 600m/min)	Aug. 2010	Guizhou Hengruichen	Homemade
Guangxi	Nanning Jiada Paper	Nanning Guangxi	10(Greenfield mill)	1 Vacuum cylinder (trimmed width 2660mm, speed 800m/min)	Oct. 2010	Sino-Japan joint venture Baotuo	Cooperation
Hubei	Jingzhou Zhiyin Paper	Jingzhou Hubei	12(Greenfield mill)	1 BF-10EX (trimmed width 2760mm, speed 770m/min)	2010	Kawanoe Zoki	Import
Jiangsu	Shengda Group Jiangsu Sund Paper	Sheyang Jiangsu	10 new	1 Vacuum cylinder (trimmed width 2800mm, speed 660m/min)	Jan. 2010	Hangzhou Dalu	Homemade
Ningxia	Bauhinia Paper	Ningxia	18 new	1 New Crescent (trimmed width 2850mm, speed 1200m/min)	2010	Shandong Hualin and Korea Company	Cooperation
		Ningxia	10 new	1 Vacuum cylinder (trimmed width 2700mm, speed 700m/min)	2010	Shandong Hualin	Homemade
Shandong	Shouguang Meilun (Chenming)	Shouguang Shandong	60(Greenfield mill)	1 New Crescent (trimmed width 5600mm, speed 2000m/min, shoe press)	Dec. 2010	Andritz	Import
	Shandong Dongshun Group	Dongping Shandong	24 new	2 BF-10EX (trimmed width 2760mm, speed 770m/min)	Apr. 2010 Dec. 2010	Kawanoe Zoki	Import
Zhejiang	Welfare Group	Shaoxing Zhejiang	12.5 new	1 BF-10EX (trimmed width 2760mm, speed 770m/min)	Sep. 2010	Kawanoe Zoki	Import
Total			414.5				

Table 7 Tissue Machines Started in China in 2011

Company Location	Company Name	Project Location	PM Capacity / 1000tpy	Tissue Machine	Production Time	PM Supplier	Remark
Fujian	Hengan Paper	Banan Chongqing	60(Greenfield mill)	1 New Crescent (trimmed width 5600mm, speed 2000m/min, 18ft drying cylinder)	Dec. 2011	Andritz	Import
Guangdong	Vinda Paper	Anshan Liaoning	25 new	2 BF-10EX (trimmed width 2760mm, speed 770m/min)	Jul. 2011	Kawanoe Zoki	Import
		Deyang Sichuan	25 new	2 BF-10EX (trimmed width 2760mm, speed 770m/min)	Nov. 2011		
		Longyou Zhejiang	50 new	4 BF-10EX (trimmed width 2760mm, speed 770m/min)	2 in June, Aug. 2011 respectively		
	CNSN Paper	Jiangmen Guangdong	25 new	1 New Crescent (AHEAD1.5, trimmed width 3480mm, speed 1500m/min, with stainless steel drying cylinder)	Oct. 2011	Toscotec Italy	Import
Hebei	Baoding Gangxing	Baoding Hebei	12 new	1 BF-10EX (trimmed width 2700mm, speed 770m/min)	Aug. 2011	Kawanoe Zoki	Import
Henan	Yinge Group	Luohe Henan	15 new	1 New Crescent (trimmed width 2800mm, speed 1150m/min)	Feb. 2011	Cooperated by Shanghai Qingliang & Korea Samyang	Cooperation
	Foliage Paper	Luyi Henan	30(Greenfield)	2 New Crescent (trimmed width 2850mm, speed 1200m/min)	May, Nov. 2011	Cooperated by Shanghai Qingliang & Korea Samyang	Cooperation
Jiangsu	Gold Hongye	Suzhou Jiangsu	60 new	1 New Crescent (trimmed width 5600mm, speed 2200m/min)	Mar. 2011	A. Celli Italy	Import
		Xiaogan Hubei	60(Greenfield mill)	1 New Crescent (trimmed width 5600mm, speed 2200m/min)	Oct. 2011		
Liaoning	Fushun Mining Group	Fushun Liaoning	60(Greenfield mill)	1 New Crescent (trimmed width 5600mm, speed 2000m/min)	Oct. 2011	Andritz	Import
Ningxia	Bauhinia Paper	Ningxia	25 new	1 New Crescent (trimmed width 3600mm, speed 1500m/min)	End of 2011	Toscotec Italy	Import
Shandong	Shandong Dongshun Group	Dongping Shandong	24 new	2 BF-10EX (trimmed width 2760mm, speed 770m/min)	End of 2011	Kawanoe Zoki	Import
Shanghai	Shanghai Orient Champion Paper	Shanghai	30 new	1 New Crescent (DCT100, trimmed width 2850mm)	Sep. 2011	Metso	Import
Zhejiang	Welfare Group	Shaoxing Zhejiang	25 new	2 BF-10EX (trimmed width 2760mm, speed 770m/min)	Jan. 2011 End of 2011	Kawanoe Zoki	Import

To be continued

Company Location	Company Name	Project Location	PM Capacity / 1000tpy	Tissue Machine	Production Time	PM Supplier	Remark
Chongqing	Chongqing Longjing Paper (invested by Chongqing Light Industry Textile Holding Group)	Chongqing	24(Greenfield mill)	2 BF－10EX (trimmed width 2760mm, speed 770m/min)	Sep. 2011	Kawanoe Zoki	Import
	Chongqing Weiermei Paper (invested by Jiangsu Huaji Group)	Tongnan Chongqing	24(Greenfield mill)	2 BF－10EX (trimmed width 2760mm, speed 770m/min)	Apr. 2011	Kawanoe Zoki	Import
Total			574				

Table 8 Tissue Machines Started in China in 2012

Company Location	Company Name	Project Location	PM Capacity/ 1000tpy	Tissue Machine	Production Time	PM Supplier	Remark
Fujian	Hengan Paper	Hengan (Jinjiang Fujian)	120 new	2 New Crescent (trimmed width 5600mm, speed 2000m/min, with 16ft. steel drying cylinder)	July, Sep. 2012	Andritz	Import
		Banan Chongqing	60 new	1 New Crescent (trimmed width 5600mm, speed 2000m/min, with 18ft. steel drying cylinder)	May 2012		
		Wuhu Anhui	120 (Greenfield mill)	2 New Crescent (trimmed width 5600mm, speed 2000m/min)	Sep., Dec. 2012	Voith	Import
	Fujian Hengli Group	Nanan Fujian	60 new	1 New Crescent (DCT200 HS, trimmed width 5600mm, speed 2000m/min, soft shoe press)	Jun. 2012	Metso	Import
	Xiamen Xinyang Paper (invested by 4 companies including Fujian Nanping Paper)	Fujian	60 (Greenfield mill)	1 New Crescent (DCT200 HS, trimmed width 5600mm, speed 2000m/min, soft shoe press)	Sep. 2012	Metso	Import
	Fujian Mingfeng	Longyan Fujian	20 (Greenfield mill)	1 BF－12EX (trimmed width 3400mm, speed 1100m/min)	Jul. 2012	Kawanoe Zoki	Import
Guangdong	Vinda Paper	Anshan Liaoning	30 new	2 BF－V100(trimmed width 2760mm, speed 770m/min)	Sep. 2012	Kawanoe Zoki	Import
		Xinhuisanjiang Jiangmen Guangdong	40 (Greenfield mill)	2 New Crescent (trimmed width 2700mm, speed 1300m/min)	4th quarter, 2012	Toscotec Italy	Import
	CNSN Paper	Jiangmen Guangdong	50 new	2 New Crescent	May 2012	European Machinery Supplier	Import
		Jiangmen Guangdong	70 new	2 New Crescent	End of 2012		
		Tangshan Hebei	25(Greenfield mill)	1 New Crescent	End of 2012		

To be continued

Company Location	Company Name	Project Location	PM Capacity / 1000tpy	Tissue Machine	Production Time	PM Supplier	Remark
Guangdong	Guangdong Baoda Paper	Jiangmen Guangdong	10 new	1 Vacuum cylinder (trimmed width 2660mm, speed 800m/min)	Dec. 2012	Baotuo	Cooperation
	Guangdong Zhongqiao Paper	Dongguan Guangdong	10 new	1 Vacuum cylinder (trimmed width 2820mm, speed 900m/min, 10000tpy)	Feb. 2012	Hicredit	Homemade
Guangxi	Guangxi Huayi Paper	Guigang Guangxi	10 new	1 New Crescent (trimmed width 2700mm, speed 900m/min)	Mar. 2012	Shandong Hualin	Homemade
Hebei	Baoding Gangxing	Baoding Hebei	12 new	1 BF-10EX (trimmed width 2760mm, speed 770m/min)	Nov. 2012	Kawanoe Zoki	Import
Henan	Yinge Group	Luohe Henan	120(Greenfield mill)	2 New Crescent (trimmed width 5550mm, speed 2000m/min)	Mar., Dec. 2012	Voith	Import
	Henan Aobo Paper	Huixian Henan	30 new	2 New Crescent (trimmed width 2850mm, speed 1200m/min)	Jun. 2012	Korea Samyang and Shanghai Qingliang	Cooperation
Jiangsu	Gold Hongye	Suzhou Jiangsu	70 new	1 New Crescent (trimmed width 5620mm, speed 2400m/min)	Mar. 2012	Voith	Import
		Xiaogan Hubei	60 new	1 New Crescent (trimmed width 5600mm, speed 2200m/min)	May 2012	A. Celli Italy	Import
		Shenyang Liaoning	60(Greenfield mill)	1 New Crescent (trimmed width 5600mm, speed 2200m/min)	Mar. 2012		
			90 new	about 5 New Crescent (trimmed width 2860mm, speed 1400m/min)	2012	Gold Sun	Homemade
	Yuen Foong Yu	Yangzhou Jiangsu	50(Greenfield mill)	2 New Crescent (trimmed width 2800mm, speed 1600m/min)	Aug. 2012	PMP Poland	Import
Shandong	Shandong Dongshun Group	Dongping Shandong	12 new	1 BF-10EX (trimmed width 2760mm, speed 770m/min)	Jul. 2012	Kawanoe Zoki	Import
		Zhaodong Heilongjiang	12(Greenfield mill)	1 BF-10EX (trimmed width 2760mm, speed 770m/min)	Nov. 2012		
	Shandong Mimosa Health Technology Co., Ltd.	Changle Shandong	16 new	1 New Crescent (trimmed width 2850mm, speed 1200m/min)	Aug. 2012	Korea Samyang and Shanghai Qingliang	Cooperation
Shannxi	Shannxi Xingbao Group	Xingping Shannxi	12 new	1 BF-10EX (trimmed width 2760mm, speed 770m/min)	Nov. 2012	Kawanoe Zoki	Import
Shanghai	Shanghai Orient Champion Paper	Shanghai	40 new	1 New Crescent (DCT135, trimmed width 3400mm)	Apr. 2012	Metso	Import
Total			1269				

Table 9 Tissue Machines Started in China in 2013

Company Location	Company Name	Project Location	PM Capacity/1000tpy	Tissue Machine	Production Time	PM Supplier	Remark
Guangdong	Vinda Paper	Xinhuisanjiang Jiangmen Guangdong	40(Greenfield mill)	2 New Crescent (trimmed width 2700mm, speed 1300m/min)	Jan. 2013	Toscotec Italy	Import
		Xiaogan Hubei	40 new	2 New Crescent (trimmed width 2700mm, speed 1300m/min)	Jan. 2013		
		Laiwu Shandong	50(Greenfield mill)	2 New Crescent (trimmed width 2700mm, speed 1500m/min)	Aug. 2013		
		Xinhuisanjiang Jiangmen Guangdong	50 new	2 New Crescent (trimmed width 2700mm, speed 1500m/min)	End of 2013		
		Xiaogan Hubei	40 new	2 New Crescent (trimmed width 2700mm, speed 1300m/min)	Second half of 2013		
	CNSN Paper	Chengdu Sichuan	30 new	1 New Crescent	Feb. 2013	European Machinery Supplier	Import
	Dongguan Yongchang Paper	Dongguan Guangdong	20 new	1 BF－12EX (trimmed width 3400mm, speed 1100m/min)	2013	Kawanoe Zoki	Import
	Guangdong Longcheng Paper	Sanshui Guangdong	24(Greenfield mill)	2 Vacuum cylinder (trimmed width 2860mm, speed 800m/min, capacity 10000tpy)	June, end of 2013	Baotuo	Cooperation
	Guangdong Piaohe Paper	Shantou Guangdong	24(Greenfield mill)	2 Vacuum cylinder (trimmed width 2860mm, speed 800m/min, capacity 10000tpy)	June, Aug. 2013	Baotuo	Cooperation
	Guangdong Zhongqiao Paper	Dongguan Guangdong	10 new	1 Vacuum cylinder (trimmed width 2820mm, speed 900m/min, capacity 10000 tpy)	April 2013	Hicredit	Homemade
Guangxi	Ganzhou Hwagain (Guangxi Hwagain)	Ganzhou Jiangxi	60 (Greenfield mill)	1 New Crescent (trimmed width 5600mm, speed 2000m/min, press shoes)	Sep. 2013	Andritz	Import
	Nanning Phoenix Paper	Nanning Guangxi	40 new	1 New Crescent (trimmed width 3650mm, speed 2000m/min, 16ft steel drying cylinder)	Mar. 2013	Andritz	Import
	Nanning Jiada Paper	Nanning Guangxi	10 new	1 Vacuum cylinder (trimmed width 2660mm, speed 800m/min)	Jun. 2013	Baotuo	Cooperation
Hebei	Hebei Xuesong Paper	Baoding Hebei	25 new	1 New Crescent (Intelli－Tissue™ 900, trimmed width 2850mm, speed 1200m/min)	End of 2013	Poland PMP	Import

To be continued

Company Location	Company Name	Project Location	PM Capacity/ 1000tpy	Tissue Machine	Production Time	PM Supplier	Remark
Henan	Foliage Paper	Luyi Henan	17 new	1 New Crescent (Intelli – Tissue® 900, trimmed width 2850mm, speed 1200m/min)	End of 2013	PMP Poland	Import
Hubei	Hubei Zhencheng Paper	Jingzhou Hubei	10 new	1Vacuum cylinder (trimmed width 2900mm, speed 600m/min)	Oct. 2013	Liaoyang Allideas	Homemade
Jiangsu	Gold Hongye	Haikou Hainan	120 new	6 New Crescent (trimmed width 2800mm, speed 1600m/min)	2013	Gold Sun	Homemade
		Haikou Hainan	60 new	1 New Crescent (trimmed width 5630mm, speed 2000m/min)	Dec. 2013	A. Celli Italy	Import
Shandong	Shandong Dongshun Group	Dongping Shandong	100 new	5 BF – 1000 (trimmed width 2760mm, speed 1000m/min)	Mar., Jun., Aug., Oct., Nov. 2013	Kawanoe Zoki	Import
	Chenming	Wuhan Hubei	60(Greenfield mill)	1 New Crescent (DCT200, trimmed width 5600mm, speed 2000m/min, soft shoe press)	Nov. 2013	Metso	Import
Shannxi	Shannxi Xingbao Group	Xingping Shannxi	12 new	1 BF – 10EX (trimmed width 2760mm, speed 770m/min)	Mar. 2013	Kawanoe Zoki	Import
Sichuan	Anxian Paper	Anxian Sichuan	24(Greenfield mill)	2 BF – 10EX (trimmed width 2760mm, speed 770m/min)	Apr. 2013	Kawanoe Zoki	Import
	Sichuan Shubang	Pengzhou Sichuan	24(Greenfield mill)	2 Vacuum cylinder (trimmed width 2860mm, speed 800m/min, capacity 10000tpy)	Jan., Aug. 2013	Baotuo	Cooperation
	Sichuan Mianyang Chaolan	Mianyang Sichuan	10 new	1 Vacuum cylinder (trimmed width 2820mm, speed 900m/min)	Nov. 2013	Hicredit	Homemade
Xinjiang	Bazhou Mingxing Paper	Korla Xinjiang	12(Greenfield mill)	1 BF – 10EX (trimmed width 2760mm, speed 770m/min)	Oct. 2013	Kawanoe Zoki	Import
Zhejiang	Welfare Group	Shaoxing Zhejiang	12. 5 new	1 BF – 10EX (trimmed width 2760mm, speed 770m/min)	Nov. 2013	Kawanoe Zoki	Import
Total			924. 5				

Table 6 – 9 Notes: 1. The above table doesn't include the projects of new homemade common cylinder tissue machines.

2. If one group has mills in different regions, all mills of the group is listed in the province where its headquarter is located.

Table 10 New Planned Tissue Machines in China in and after 2014

Company Location	Company Name	Project Location	PM Capacity/ 1000tpy	Tissue Machine	Production Time	PM Supplier	Remark
Fujian	Hengan Paper	Weifang Shandong	120 new	2 New Crescent (DCT200, trimmed width 5600mm, speed 2000m/min)	June, 2014	Metso	Import
		Wuhu Anhui	120 new	2 New Crescent (DCT200, trimmed width 5600mm, speed 2000m/min)	2015		
		Changde Hunan	120 new	2 New Crescent (trimmed width 5600mm, speed 2000m/min, with 18ft. steel drying cylinder)	Mar., May 2014	Andritz	Import
		Banan Chongqing	120 new	2 New Crescent (trimmed width 5600mm, speed 2000m/min, with 18ft. steel drying cylinder)	Oct., Dec. 2014	Andritz	Import
	Garven Sanitary Product (Fuzhou) Co., Ltd.	Jiangyin Harbor Fuzhou Fujian	60(Greenfield mill)	1 New Crescent (DCT200, trimmed width 5600mm, speed 2000m/min, soft shoe press)	2014 (planned to be Sep. 2013)	Metso	Import
	Annuo Group *	Fuding Fujian	30 (Greenfield mill)	1 New Crescent	2014 and after		Import
		Weifang Shandong	30 (Greenfield mill)	1 New Crescent	2014 and after		Import
Guangdong	Vinda Paper		250 new	New Crescent	2014—2015	Toscotec Italy	Import
	CNSN Paper	Yunfu Guangdong	120 (Greenfield mill)	2 New Crescent	Mar. 2014	European Machinery Supplier	Import
		Chengdu Sichuan	60 new	2 New Crescent	Mar. 2014	European Machinery Supplier	Import
	Hongkong Lee & Man Group	Chongqing	60 new	1 New Crescent (trimmed width 5600mm, speed 2000m/min)	Mid. 2014	Voith	Import
	Huizhou Fookwoo	Huizhou Guangdong	50 (Greenfield mill)	1 ACP120 New Crescent (capacity 120 tpd)	Delivered in 2013. Machinery is in transfer. Estimated to be launched after 2014	A. Celli Italy	Import

To be continued

Company Location	Company Name	Project Location	PM Capacity / 1000tpy	Tissue Machine	Production Time	PM Supplier	Remark
Guangxi	Guangxi Huamei (Fujian Lü jin)	Fuqing Fujian	60 new	2 New Crescent (DCT100, trimmed width 2850mm, speed 1600m/min, 30000 tpy)	2014	Metso	Import
	Guangxi Huamei (Fujian Lü jin)	Fuqing Fujian	60 (Greenfield mill)	2 New Crescent (DCT100, trimmed width 2850mm, speed 1600m/min, 30000 tpy)	After 2014	Metso	Import
	Guangxi Huaxin Paper	Guigang Guangxi	26 new (program 78)	2 New Crescent (trimmed width 2800mm, speed 900m/min)	2014 and after	Shandong Hualin	Homemade
	Ganzhou Hwagain (Guangxi Hwagain)	Ganzhou Jiangxi	60 (Greenfield mill)	1 New Crescent (trimmed width 5600mm, speed 2000m/min, shoe press)	2014	Andritz	Import
	Liuzhou Liangmian zhen Paper *	Liuzhou Guangxi	80 (Greenfield mill)	2	2014 and after		
Hebei	Hebei Yihoucheng	Baoding Hebei	50 (Greenfied mill, program 110)	2 New Crescent (trimmed width 2850mm, speed 1650m/min)	Feb. 2014 (planned to launch in June 2013)	Andritz	Import
	Hebei Xuesong Paper	Baoding Hebei	25 new	1 New Crescent (Intelli - Tissue™ 900, trimmed width 2850mm, speed 1200m/min)	2014 and after	PMP Poland	Import
	Baoding Gangxing	Baoding Hebei	15 new	1 BF - 1000 (trimmed width 2760mm, speed 1000m/min)	Plan to be Jul. 2014	Kawanoe Zoki	Import
Henan	Foliage Paper	Luyi Henan	17 new	1 New Crescent (Intelli - Tissue® 900, trimmed width 2850mm, speed 1200m/min)	First Quarter 2014	PMP Poland	Import
			17 new	1 New Crescent (Intelli - Tissue® 900, trimmed width 2850mm, speed 1200m/min)	First half of 2015	PMP Poland	Import
	Henan Aobo Paper *	Huixian Henan	120 new	8 New Crescent (trimmed width 2850mm, speed 1200m/min)	2014 and after	Korea Samyang or Korea Samyang cooperated with Shanghai Qingliang	Import or Cooperation
	Yinge Group *	Luohe Henan	120 new	2 New Crescent	2014 and after		Import

To be continued

Company Location	Company Name	Project Location	PM Capacity / 1000tpy	Tissue Machine	Production Time	PM Supplier	Remark
Jiangsu	Gold Hongye		360 new	New Crescent	2014	A. Celli Italy, Gold Sun	Import, homemade
		Haihou Hainan	180 new	3 New Crescent (trimmed width 5630mm, speed 2000m/min)	Feb., Apr., Jul. 2014	A. Celli Italy	Import
		Haihou Hainan	120 new	6 New Crescent (trimmed width 2800mm, speed 1600m/min)	1st Quarter 2014	Gold Sun	Homemade
		Suining Sichuan	60 (Greenfield mill)	1 New Crescent (trimmed width 5630mm, speed 2000m/min)	2014	A. Celli Italy	Import
		Suining Sichuan	60 new	1 New Crescent (trimmed width 5630mm, speed 2000m/min)	2015 and after	A. Celli Italy	Import
		Suzhou Jiangsu	120 new	2 New Crescent (DCT200, trimmed width 5600mm, speed 2000m/min)	May, Dec., 2014	Metso	Import
		Xiaogan Hubei	60 new	1 New Crescent (trimmed width 5630mm, speed 2000m/min)	2014	A. Celli Italy	Import
		Xiaogan Hubei	180 new	3 New Crescent (trimmed width 5630mm, speed 2000m/min)	Plan to be 2015	A. Celli Italy	Import
	Yuen Foong Yu	Yangzhou Jiangsu	50 (Greenfield mill)	2 New Crescent (Intelli – Tissue® 1500, trimmed width 2800mm, speed 1600m/min)	May 2014	PMP Poland	Import
Liaoning	Panjin Dongsheng Paper	Panjin Liaoning	50 (Greenfield mill. Program 160)	3 New Crescent (trimmed width 2850mm, speed 1200m/min)	Jun. 2014	Shandong Hualin	Homemade
Shandong	Shandong Dongshun Group	Zhaodong Heilongjiang	16 new	1 BF – 1000 (trimmed width 2760mm, speed 1000m/min)	Delivered in May 2014	Kawanoe Zoki	Import
		Dongping Shandong	20 new	1 BF – 1000 (trimmed width 2760mm, speed 1000m/min)	Delivered in Mar. 2014	Kawanoe Zoki	Import
		Dongping Shandong	120 new	4 DCT60 New Crescent (trimmd width 3000mm, speed 1600m/min, 30000tpy)	2014	Kawanoe Zoki and Metso	Import
	Asia Pacific SSYMB	Rizhao Shandong	60 (Greenfield mill)	1 New Crescent (trimmed width 5600mm, speed 2000m/min)	Mid. 2014	Voith	Import
			180 new	3 New Crescent (60000 tpy)	2014 and after		Import
	Shandong Sun Paper	Yanzhou Shandong	120 (Greenfield mill)	2 New Crescent (trimmed width 5600mm, speed 2000m/min, with 18ft. steel drying cylinder)	May 2014, beginning of 2015	Andritz	Import
	Chenming *	Nanchang Jiangxi	60 (Greenfield mill)	1 New Crescent	2014		Import
		Zhanjiang Guangdong	60 (Greenfield mill)	1 New Crescent	2014		Import
		Jilin Jilin	60 (Greenfield mill)	1 New Crescent	2014		Import

To be continued

Company Location	Company Name	Project Location	PM Capacity/ 1000tpy	Tissue Machine	Production Time	PM Supplier	Remark
Shanghai	Wuhan Orient Champion Huajie Paper (invested by Shanghai Orient Champion) *	Wuhan Hubei	Program 150				
Sichuan	Yaan Xilong Paper	Yaan Sichuan	24(Greenfield mill)	2 BF－10EX (trimmed width 2760mm, speed 770m/min)	2014 and after (postponed)	Kawanoe Zoki	Import
	Sichuan Sanjiao Paper	Mianyang Sichuan	17 new	1 New Crescent (trimmed width 2850mm, speed 1200m/min)	2014	Liaoyang Allideas	Homemade
	Sichuan Mianyang Chaolan	Mianyang Sichuan	10 new	1 Vacuum cylinder (trimmed width 2820mm, speed 900m/min)	Aug. 2014	Hicredit	Homemade
Yunan	Yunnan Yunjing Forestry & Pulp	JingguYunnan	30 (Greenfield mill, program 60)	1 New Crescent (DCT100 +, trimmed width 2850mm, speed 1870m/min)	2014	Metso	Import
Zhejiang	Zhejiang Jingxing Paper	Pinghu Zhejiang	60 (Greenfield mill)	2 New Crescent (trimmed width 2850mm, speed 1900m/min, with 18ft. steel drying cylinder)	End of 2014 Mid. 2015	Andritz	Import
	Welfare Group *	Shaoxing Zhejiang	30 new	2	2014		Import
Chongqing	Chongqing Weiermei Paper (invested by Jiangsu Huaji Group)	Tongnan Chongqing	30 new	1 New Crescent (trimmed width 2850mm, speed 2000m/min)	May 2013, postponed to 2014	A. Celli Italy	Import
Total			3337				

Notes: 1. The above table doesn't include the projects of new homemade common cylinder tissue machines.

2. The total new capacity is calculated by the parts which have been declared to be carried out. The projects marked with * are not calculated.

3. If one group has mills in different regions, all mills of the group is listed in the province where its headquarter is located.

7 Product Structure

According to the research by the CNHPIA, in 2012, among the tissue paper products, toilet tissue occupied the dominant role and had 62.0% market share. The next were in turn facial tissue (22.0%), handkerchief tissue (7.1%), paper napkins (3.1%), kitchen towel (0.6%), hand towel (2.8%) and liner tissue (1.3%), etc.

Table 11 Tissue Paper Product Structure in 2012

Product	Consumption/1000tons	Market Share/%
Toilet tissue	3488	62.0
Facial tissue	1240	22.0
Handkerchief tissue	400	7.1
Paper napkin	174	3.1
Kitchen towel	33	0.6
Hand towel	157	2.8
Liner tissue	72	1.3
Other	64	1.1
Total	5628	100

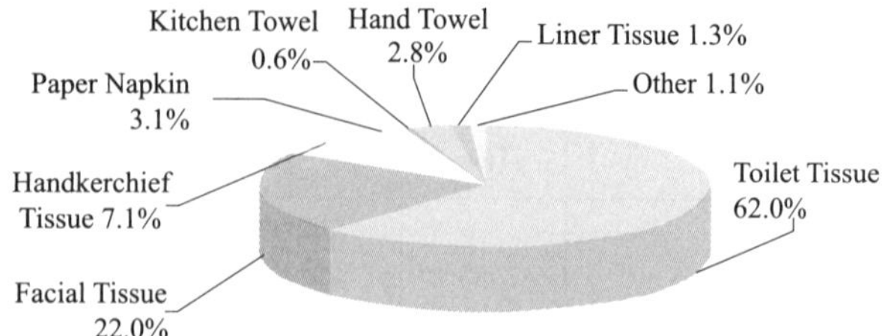

Figure 6 Tissue Paper Products Structure in 2012

In the developed countries and regions such as Western Europe, North America and Japan, toilet tissue accounts for about 55% among the tissue products by sales volume. In 2012, the proportion of toilet tissue decreased than 2011 in China tissue paper market but was still higher than the level in developed countries. This is mainly because the consumption volume of towels (kitchen towels and hand towels) especially kitchen towels was far less than that of developed countries (the proportion of towels in developed countries is 30%). As far as the product structure of tissue manufacturers, the toilet tissue proportion is lower than the average level for large mills. For instance, in 2012, it was less than 40% in Hengan Paper by output, 52% in Gold Hongye Paper, 58% in CNSN, and only about 15%-25% in Kimberly - Clark and Oji Nepia. However, the toilet tissue proportion was higher than the average level, even over 90%, in small mills or the mills using non-wood pulp and waste paper as raw materials.

In 2012, the share of facial tissue in tissue products increased because facial tissue was further spread to the third and fourth tier cities and the sales volume has greatly improved. Besides, since the percentage of plastic pack facial tissue continued to grow, the share of medium and low priced products increased, the growth in sales revenue was mainly depended on sales volume growth. In addition, hand towel in bathroom in public places was further popularized in 2012. But the penetration rate of kitchen towel was still much lower than the level of developed countries. The consumption of kitchen towel still needs guidance.

8 Structures of Raw Materials

In 2012, CNHPIA conducted a survey on the variety of fabrics used by 94 tissue mills. The coverage rate of output is about 80%. According to the result of the survey, the structure of fabrics used in China tissue industry is reckoned as follows:

Table 12 The Structure of Fabrics Used in China Tissue Industry in 2012

Variety of Fabrics	Proportion /%
Wood pulp	71.2
Straw pulp	9.7
Bagasse pulp	7.6
Bamboo pulp	6.7
Waste paper pulp	4.8

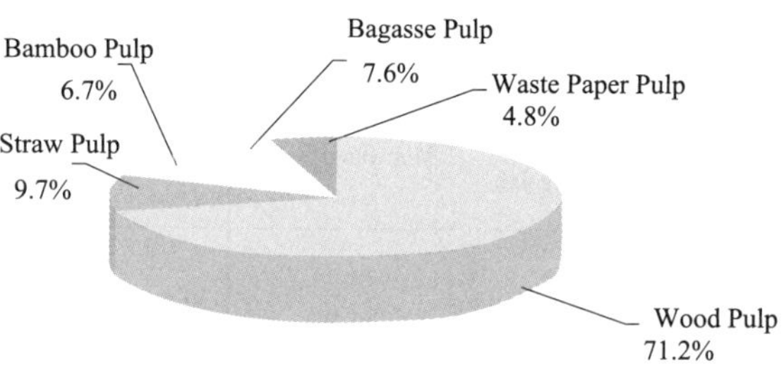

Figure 7 The Structure of Fabrics Used in China Tissue Industry in 2012

The proportion of wood pulp used in tissue paper industry is far higher than the average (25%)[7] of the paper industry. The proportion of wood pulp increased a lot in 2012 (2011: 58.8%). The reason for the increase is the price of market wood pulp dropped in the second half of 2012. Many manufacturers who used non-wood pulp before started to reduce the use of non-wood pulp, or stopped the production to wait for further development or turned to use wood pulp as raw material, and increased the usage proportion of wood pulp. Besides, since the sewage discharge requirements become strict, more non-wood pulp companies are turning to use wood pulp.

9 Technology Advances

9.1 Continuing Import of Advanced Tissue Machines and Converting Equipment

With the importing and launching of new tissue machines, tissue equipment level in China has been promoted greatly. In large new projects and some capacity increase projects, high speed tissue machines with big width and converting and packing machines have been imported. They keep the same level with the world advanced technologies and could manufacture premium products. The biggest capacity per machine had reached 70000 tpy and the highest speed 2400m/min. The new technologies adopted included duplex flow box, press shoe, steel dry cylinder and new creping doctor, etc. The imported converting and packing machines have reached world advanced level.

9.2 Localization of Imported Machines

In 2012, some research institutes and machinery suppliers in China continued to speed up the R&D of high speed tissue machines. They are as follows: ① Shanghai Qingliang Industry Co., Ltd. which cooperated with Korea Samyang Co., Ltd. developed 3 new crescent tissue machines, with the trimmed width at 2850mm, speed at 1200m/min and the production capacity at 15000 - 16000 tpy. Two of the three machines were put into production in Henan Aobo Paper in June, 2012 and 1 in Shandong Mimosa Health Technology Co., Ltd. in August 2012. ②Foshan Baotuo Paper Machinery Engineering Co., Ltd. which cooperated with Japan Sasaki Engineering Co., Ltd. developed 1 cylinder tissue machines with the trimmed width 2660mm, design speed 800m/min and capacity 10000 tpy. It was launched in Guangdong Baoda Paper at the end of 2012. ③Shandong Hualin Machinery Co., Ltd. independently developed 1 new crescent tissue machine. The machine was put into production in Guangxi Huayi Paper in March 2012, with the trimmed width at 2700mm, design speed at 900m/min and production capacity at 10000 tpy. ④ Weifang Hicredit Machinery Co., Ltd. independently developed 1 vacuum cylinder tissue machine. The machine was put into production in Guangdong Zhongqiao Paper Industry Co., Ltd. in February 2012, with the trimmed width at 2820mm, design speed at 900m/min and production capacity at 10000 tpy.

In addition, the Chinese government released to cancel the imports tax-free policy concerned of the paper machines within the width of 3 meters from January 1, 2008. Thus in order to reduce cost, foreign tissue machinery suppliers started to establish plants in China. The plant of Metso in Shanghai Jiading works on the business of rack producing, dryer moulding and equipment pre-installation. It also successfully produced the first homemade DCT40 Yankee dryer. The plant of Andritz in Foshan works on the producing and assembling of machine components except key parts. Andritz also plans to produce tissue machine flow box in China and increase the percentage of localized key parts in tissue machine. Voith is updating and expanding its Kunshan plant. After the plant expanding, the localized percentage of Voith's tissue machine will increase from 50% to more than over 70%. The plant of PMP Group in Changzhou Jiangsu, produces the new crescent tissue machines for the Group (with key parts imported from the PMP Group). A. Celli's Shanghai factory has also achieved localization of non-key parts of tissue paper machinery. The plant of Kawanoe Zoki in Jiaxing Zhejiang participated in the BF machines and related equipment producing and assembling.

9.3 Converting and Packaging Machines Approach World Advanced Level

According to National Bureau of Statistics, the absolute number of working age population (between 15 - 59 years old) decreased by 3.45 million in 2012. This is the first decline since a very long time, which means the labor cost will continue to rise. The use of automatic machine instead of working force has become a trend in domestic enterprises.

Chinese tissue converting machines have made great progress. Not only the needs of domestic medium- and small-size tissue mills have been satisfied, but also the export volume keeps growing. Due to the difficulty in recruitment and labor cost increase, the demand for fully automatic converting and packing machines has been enlarged. In 2012, the prominent ones are the full-automatic high speed core/coreless rewinding and converting machine and full-automatic facial tissue folding machine made independently by Baosuo, the automatic plastic-pack tissue packaging machine and tissue roll packing machine by Soontrue, the high speed rewinding and perforating machine and high-speed rewinding and slitting machine with trimmed width of 3.7m by Dechangyu, the automatic handkerchief packaging machine with speed at 200 bags/min by Changde Tobacco Machinery Co., Ltd., and the drawing-out facial tissue machine by Xinli, etc.

9.4 Leading Enterprises Introduce Three-dimensional Warehouse to Save Space

In March 2013, Vinda successfully finished its automatic production lines - packaging lines - automatic three-dimensional warehouse construction for its first phase 80000 tpy project in its new parent roll production base in Xinhui and achieved full-automatic operation of production and storage. Vinda became the first domestic paper making enterprise to use this advanced logistics system and also one of the paper making enterprises in the world who first use automatic three-dimensional warehouse. The automatic logistics system is divided into three phase to support the overall project (with production capacity of 260000 tpy) construction. The first phase covered an area of 18000 m^2 and building height is 12 meters. The entire automatic system includes transmission lines, automatic stacker, wrapping machine, the AGV unmanned car, etc. It is estimated that with the use of automatic storage system, the speed for an order from confirmation to loading can be 20 times faster than the traditional way. After the completion of all the three phases, the automatic three-dimensional warehouse can cover a total area of 50000 m^2. The maximum height of the warehouse can reach 24 meters, which can further increase the space utilization ratio.

Hengan Group started its second phase of Wuhu parent roll production base project and also constructed the three-dimensional warehouse at the second half of 2013. The project is estimated to put into production in 2015. Besides, Hengan already built multi-storey plant in this first phase of Wuhu project launched in 2012. With the use of stereo machinery layout, half space has been saved.

9.5 Product Innovation

In 2012 the trends of quality innovation for tissue products are as the following two aspects: one is to exploit high profit niche markets by launching differential products, such as the tissue products added with balm, lotions, aloe, vitamin, etc. Those products have fresh scents or have better body care function. The printed or embossed products are also launched. For instance, Gold Hongye launched Virjoy "Weirou" facial tissue; CNSN Paper launched Jierou "LOTION" series of facial tissue and handkerchief tissue; Kimberly-Clark launched Kleenex "Protégé" series of handkerchief tissue and facial tissue, "Coco Bear" series of handkerchief tissue and facial tissue and "Postcard" handkerchief tissue, etc. In addition, the introduction of fashionable package handkerchief tissue targeted at students and young white-collars have been proved to be a successful strategy. For instance, Hengan Paper launched "ddung" series facial tissue/handkerchief tissue; Vinda launched "Ultra Strong" series of facial tissue/handkerchief tissue; Gold Hongye launched "Yuanmu Chunpin" series of facial tissue and handkerchief tissue. CNSN launched Jierou "Angry Bird" series of facial tissue and handkerchief tissue. All have achieved good marketing results. The other innovation is to popularize the conception of environment protection. For example, Vinda launched "lühuo" series tissue products made by bagasse pulp. Orient Champion launched "Free Forest" series tissue and hand towels made mainly by recycled milk package boxes. Tralin launched the nature tissue rolls made by wheat straw pulp. The toilet tissue rolls made by straw pulp and mixed waste paper pulp in Sund Paper are also popular in market.

10 Product Criteria Revision and Quality Check

GB/T 20808—2011 Towel was released on Dec. 30, 2011 and will be implemented on July 1, 2012. The new criteria will replace the criteria about towel in GB/T 20808—2006 Towel (Including Wet Wipes). The new criteria are applied to all kinds of facial tissue, paper napkin, handkerchief tissue, etc. in daily use, but not applied to wet wipes, hand towels and kitchen towels.

At the end of 2012, the National Paper Industry Standardization Technical Committee already finished the review of 2 criteria: Toilet Tissue and Tissue Paper and plan to complete the report in 2013.

In 2012, the spot check results of toilet tissue and tissue towels by regional Quality Supervision & Inspection Administration and Sanitation Supervision Administration showed that qualified products occupied the dominant role in the market. But the product sold in the wholesale market had inferior quality. The quality problems were as follows: the microorganism indicator exceeded the standard index. Softness, transverse imbibitions degree and the tensile strength indicator unqualified to the standard index, package label and mark did not conform for the standard, etc. Some small converters who does not have own brand used toilet tissue parent roll to make paper napkin and sell the products in farmers' market. Those products can be found in small and medium sized restaurant. The relative authority should strengthen supervision on those products.

11 Market Prospects

On January 9, 2012, the National Development and Reform Commission, Ministry of Industry and Information Technology and the State Forestry Administration jointly issued the "12th Five-Year Plan for Paper Industry" (hereinafter referred to as the Plan). The development goals proposed in the Plan include 8 aspects: steady growth of production and consumption, continuous improvement of raw material structure, optimization of product structure, rising of industry concentration, gradual increasing of equipment level, reducing of resource consumption, significant decreasing of pollution emission and tangible results of backward capacity elimination. The Plan also includes new industry supporting policies, which will benefit the ascendant companies in the industry.

The following contents in the Plan are related to tissue paper industry:

●To raise the paper equipment level, the Plan proposes: "To enhance the paper industry technology and overall R & D level of paper machinery. The proposition of independently developed pulp and paper machinery rose from 30% to 50%. The main pulp and paper technology and equipment of key paper enterprises should achieve international advanced level. Some independently developed pulp and paper equipment achieve international advance level."

●The high speed tissue machine with speed higher than 1000 m/min is the priority in independent paper machinery research and design.

●"High grade tissue paper project" is listed in one of the key projects "upgrade product and independently develop equipment project". The content and key technology of the project include "tissue machine with longer trimmed width and high speed, hot air cylinder, etc." The goal is to increase and upgrade 2.1 million tons tissue paper project.

●Resource consumption reduction: the average quantity of water used for every ton of pulp, paper and board reduces to 70 m^3 from 85m^3 in 2010, down 18% than 2010. The average energy (SCE) consumed for every ton of pulp reduces to 0.37 tons from 0.45 tons in 2010, down 18% than 2010. The average energy (SCE) consumed for every ton of paper and board reduces to 0.53 tons from 0.68 tons in 2010, down 22% than 2010.

● Pollution emissions significantly decrease: The total emission amount of chemical oxygen demand (COD) decreases 10%-12% than 2010. The total ammonia and nitrogen emission amount drops 10% than 2010.

● Backward production capacity elimination: During "12th Five-Year" period, there should be more than 10 million tons backward capacity eliminated in the country[6].

Paper industry is a high energy consumption industry. The government requires the average overall energy consumed for every ton of paper (standard coal) should be reduced to 0.53 tons. The local government will implement stricter energy consumption standard for every ton of paper and 10000 RMB value products. So the companies must take it seriously.

As a long term policy in China paper industry, the integration of forest, pulp and paper is very important in promoting the sustainable development of paper industry. The integration of forest, pulp and paper means to combine the originally separated three aspects of forest, pulp and paper. The paper-making enterprises take the responsibility of planting trees and produce wood pulp by themselves. In this way, they can develop the eco-friendly paper making process, form the industry structure of "paper and forest support each other" and promote the sustainable management of paper-making enterprises and paper industry. Moreover, from the perspective of cost saving, using liquid pulp directly can save 500 – 700 yuan per ton paper since the process of pulp board making is reduced.

The current tissue consumption in China ranks the third in the world, only next to North America and Western Europe. However, as a result of large population, the per capita consumption of tissue paper in China was only 4.2 kg, still lower than the world average level (4.4kg). And it has a relevant big difference with North America (25kg), Japan and Western Europe (15kg), China Hong Kong/Macau/Taiwan (over 10kg). The market still has large potential development in the long run. With the economic development in China and the quickening urbanization and internationalization process, the market potential demand will be released continuously, which will provide tremendous development space in the rising tissue industry.

The growth rate of China economy has slowed in 2013. The growth rate of GDP is estimated at around 7.5%. Although the Europe debt crisis and slow down of U.S. economy continue to influence the world economy, tissue paper industry is little influenced by the global economic conditions since tissue paper belongs to the FMCG and is basic need of daily use. In addition, many new projects will be launched during 2013 – 2014. The annual growth rate of China tissue paper market is expected to be continued higher than the global average level. The output will increase steadily and the industry gradually tends to have the consumption characteristics of fairly comfortable standard. The hierarchy of consumption is diversified and transits towards middle – and high – grade level. The consumption fields continue to expand. The market competition tends to be fiercer. In addition, we should also be soberly aware that short-term consumption growth can hardly meet the expected rapid new capacity expansion in the next two years. In order to facilitate the long-term, healthy, stable and efficient development of tissue paper industry, it is necessary to slow down a little bit in capacity increase and be careful of the overheated investment. As the current base number is already very high, it is estimated that in the next decades, Chinese tissue market will develop at a speed in accordance with or a little bit lower than GDP growth rate.

Based on conservative estimates, by year 2015, it will increase 3 million tons new production capacity based on 7.8415 million tons in 2012. With the elimination of 1 million tons laggard production capacity, the total production capacity will reach 9.85 million tons. In 2015, the output will be 7.8 million tons, consumption will be 6.5 million tons (calculated on annual growth rate 5%) and the annual per capita consumption will be 4.7 kg, reaching and exceeding the world average level.

Table 13 Forecast on Tissue Paper Market

Year	Output/1000 tons	Consumption/1000tons	Population/ billion	Per capita consumption /(kg/person · year)
2007	4100	3572	1.32129	2.70
2008	4437	3913	1.32802	2.95
2009	4791	4197	1.33474	3.14
2010	5248	4663	1.34100	3.48
2011	5821	5254	1.34735	3.90
2012	6273	5628	1.35404	4.2
2015	7880	6500	1.38000	4.7
2020	9080	7850	1.41500	5.5

References

[1] Esko Untela. China Tissue Paper Market [A]. Tissue World Asia 2012 Conference Proceeding.

[2] Esko Untela. Prospects of Global Tissue Paper Market [J]. Tissue Paper and Disposable Products, 2012, 12 (2): 8 - 10.

[3] The 2012 Annual Report of Hengan International Holdings Limited

[4] The 2012 Annual Report of Vinda Paper Group Co., Ltd.

[5] The 2012 Annual Report of CNSN Paper Co., Ltd.

[6] National Development and Reform Commission, Ministry of Industry and Information Technology and the State Forestry Administration, "12th Five-Year Plan for Paper Industry".

[7] China Paper Association. Annual Report on Chinese Paper Industry 2012

中国一次性卫生用品行业的概况和展望

江曼霞　孙静　张玉兰　中国造纸协会生活用纸专业委员会

2012年，在世界各大经济体增长全面减速、各种风险不断暴露的情况下，中国政府合理把握政策力度，扭转经济下滑趋势，使国民经济保持平稳较快发展。2012年，GDP总量达到51.9万亿元，比上年增长7.8%。内需持续扩大，社会消费品零售总额210307亿元，比上年增长14.3%；扣除价格因素，实际增长12.1%。

2012年，国内一次性卫生用品(包括吸收性卫生用品和湿巾)市场继续保持增长势头，外贸市场虽然受到美国经济复苏缓慢和欧债危机的持续影响，但依然表现出较快的增长。各类产品的国内消费量都比上年有较大的增长，特别是婴儿纸尿布和成人失禁用品。2012年吸收性卫生用品的市场规模(市场总销售额)达到约551.0亿元，比2011年增长18.8%。

在吸收性卫生用品市场总销售额中，女性卫生用品占51.8%，婴儿纸尿布占39.9%，成人失禁用品占4.0%。与2011年相比，2012年女性卫生用品的占比下降，婴儿纸尿布占比略有增长，成人失禁用品的占比提高，显示出产品结构向成熟市场方向发展的趋势。

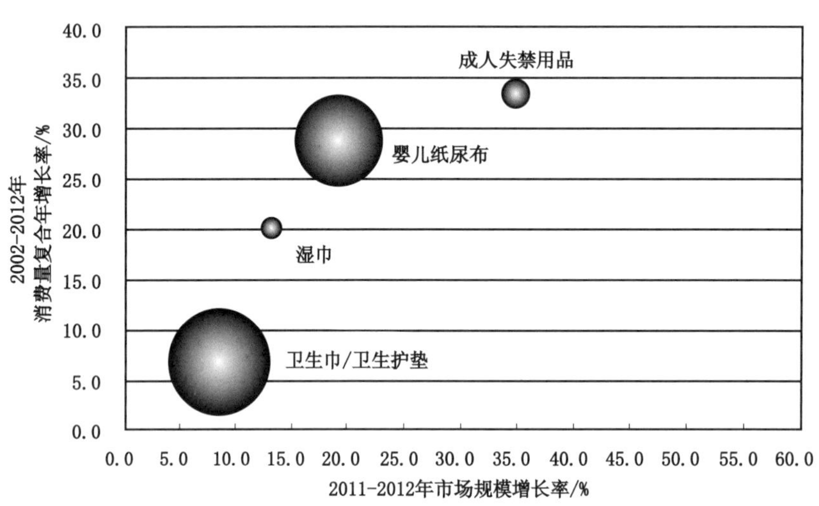

图1　2012年中国一次性卫生用品的市场规模和增长率

1　市场规模

1.1　女性卫生用品

2012年中国女性卫生用品的市场继续保持较快增长。根据中国造纸协会生活用纸专业委员会(以下简称生活用纸委员会)的统计，卫生巾的产量约758.1亿片，销售量682.3亿片，工厂销售额约193.8亿元(按平均出厂价0.284元/片计算)；消费量614.1亿片，市场渗透率91.3%。卫生护垫产量343.8亿片，销售量319.0亿片，工厂销售额约31.6亿元(按平均出厂价0.099元/片计)；消费量约298.3亿片，市场渗透率10.5%。2012年中国卫生巾和卫生护垫合计的工厂销售额约225.4亿元；市场规模约285.5亿元(按零售加价率40%计)，比上年增长8.6%。

表1　2012年中国女性卫生用品的产量和消费量

	2012年	2011年	同比增长/%
卫生巾			
产量/亿片	758.1	717.0	5.7
按工厂销售量/亿片	682.3	646.0	5.6
工厂销售额/亿元	193.8	177.6	9.1
消费量/亿片	614.1	581.0	5.7
市场渗透率/%	91.3	86.8	5.2
卫生护垫			
产量/亿片	343.8	338.0	1.7
工厂销售量/亿片	319.0	314.0	1.6
工厂销售额/亿元	31.6	29.8	6.0
消费量/亿片	298.3	294.0	1.5
市场渗透率/%	10.5	9.9	6.1

续表

	2012 年	2011 年	同比增长/%
卫生巾和卫生护垫合计			
产量/亿片	1101.9	1055.0	4.4
工厂销售量/亿片	1001.3	960.0	4.3
工厂销售额/亿元	225.4	207.4	8.7
消费量/亿片	912.4	875.0	4.3
市场规模/亿元	285.5	262.8	8.6

注：1. 市场渗透率的计算基础：为便于与往年数据比较，2012 年仍按中国大陆适龄女性(15 －49 岁)生理期实际人均需用卫生巾 180 片/年计算。由于生活水平提高和卫生意识加强，人均实际使用量可能已经达到 200 ~ 240 片/年；由于月经初潮提前和绝经期延后，适龄女性年龄段应扩大到 12 －50 岁较符合目前情况，因此表中显示的卫生巾市场渗透率可能比实际情况偏高。卫生护垫的人均实际使用量按 800 片/年计算。

2. 根据国家统计局资料，2012 年年底总人口 13.5404 亿人，估计 15 －49 岁女性人数约 3.736 亿人。

1.2 婴儿纸尿布

2012 年中国婴儿纸尿布的市场继续保持高速增长。根据生活用纸委员会的统计，婴儿纸尿布总产量为 225.5 亿片，总销售量(含出口)为 212.4 亿片，总消费量约 204.1 亿片，其中婴儿纸尿裤约 159.2 亿片，婴儿纸尿片/垫约 44.9 亿片。婴儿纸尿布的工厂销售额合计约 164.2 亿元(婴儿纸尿裤按出厂价 0.846 元/片计，婴儿纸尿片/垫按 0.50 元/片计)；市场规模达到 220.0 亿元(按零售加价率 40% 计)，比上年增长 19.2%。

婴儿纸尿布的消费量比 2011 年增长 14.2%，其中婴儿纸尿裤增长 17.9%，婴儿纸尿片/垫增长 2.8%。市场渗透率由 2011 年的 39.1% 上升到 44.3%。

表 2 2012 年婴儿纸尿布的产量和消费量

	2012 年	2011 年	同比增长/%
婴儿纸尿裤			
产量/亿片	178.2	148.4	20.1
工厂销售量/亿片	167.5	142.5	17.5
工厂销售额/亿元	141.7	118.3	19.8
消费量/亿片	159.2	135.0	17.9
婴儿纸尿片/垫			
产量/亿片	47.3	47.1	0.4
工厂销售量/亿片	44.9	44.6	0.7
工厂销售额/亿元	22.5	20.5	9.8
消费量/亿片	44.9	43.7	2.8

续表

	2012 年	2011 年	同比增长/%
婴儿纸尿布合计			
产量/亿片	225.5	195.5	15.4
工厂销售量/亿片	212.4	187.1	13.5
工厂销售额/亿元	164.2	138.8	18.3
消费量/亿片	204.1	178.7	14.2
市场渗透率/%	44.3	39.1	13.3
市场规模/亿元	220.0	184.6	19.2

注：1. 根据国家统计局资料，2012 年年底总人口 135,404 万人，估计 0 －2 岁婴儿人数为 4198 万人。

2. 市场渗透率的计算基础：考虑到中国家庭比较节俭的实际消费情况(婴儿 2 岁之后大多不再使用尿布，纸尿布和布质尿布混合使用，夏季不用、夜间和外出时才用纸尿布的情况比较普遍等)，按 0 －2 岁婴儿人均需用纸尿布 3 片/天计。

1.3 成人失禁用品

成人失禁用品主要包括成人纸尿布(成人纸尿裤/片)和护理垫。由于成人失禁用品的出口和外贸加工比例很大，受国际经济形势和社会因素的影响较大，出口贸易波动明显。2012 年，成人纸尿裤和成人纸尿片的出口量比上年大幅增长，而护理垫的出口量却明显下降，成人纸尿裤和成人纸尿片的国内消费量均有大幅增长。

根据生活用纸委员会的统计，2012 年成人纸尿布产量约 12.78 亿片，销售量 11.66 亿片，工厂销售额约 18.39 亿元(成人纸尿裤按 1.89 元/片计，纸尿片按 0.88 元/片计)，出口量约 3.69 亿片，消费量约 7.97 亿片。护理垫的产量约 7.26 亿片，销售量约 6.46 亿片，工厂销售额约 5.56 亿元(按 0.86 元/片计)，出口量约 2.33 亿片，消费量约 4.14 亿片。成人失禁用品合计的工厂销售额约 23.95 亿元，市场规模约 22.05 亿元(按平均零售价：成人纸尿布 2.2 元/片，护理垫 1.09 元/片计算)。国内成人失禁用品的市场规模比 2011 年增长 34.8%。

表 3 2012 年成人失禁用品的产量和消费量

	2012 年	2011 年	同比增长/%
成人纸尿裤			
产量/亿片	8.92	6.44	38.5
工厂销售量/亿片	8.03	6.18	29.9
工厂销售额/亿元	15.20	11.80	28.8
出口量/亿片	2.49	2.04	22.1
消费量/亿片	5.54	4.13	34.1

续表

	2012 年	2011 年	同比增长/%
成人纸尿片			
产量/亿片	3.86	2.93	31.7
工厂销售量/亿片	3.63	2.87	26.5
工厂销售额/亿元	3.19	2.24	42.4
出口量/亿片	1.20	0.69	73.9
消费量/亿片	2.43	2.18	11.5
成人纸尿布合计			
产量/亿片	12.78	9.37	36.4
工厂销售量/亿片	11.66	9.05	28.8
工厂销售额/亿元	18.39	14.04	31.0
出口量/亿片	3.69	2.73	35.2
消费量/亿片	7.97	6.31	26.3
市场销售额/亿元	17.53	12.62	38.9
护理垫			
产量/亿片	7.26	7.57	-4.1
工厂销售量/亿片	6.46	6.74	-4.2
工厂销售额/亿元	5.56	5.46	1.8
出口量/亿片	2.33	2.96	-21.3
消费量/亿片	4.14	3.77	9.8
市场销售额/亿元	4.51	3.74	20.7
失禁用品总计			
产量/亿片	20.04	16.94	18.3
工厂销售量/亿片	18.12	15.79	14.8
工厂销售额/亿元	23.95	19.50	22.8
消费量/亿片	12.11	10.08	20.1
市场规模/亿元	22.05	16.36	34.8

2012 年中国成人失禁用品的消费量比上年增长 20.1%，其中成人纸尿布消费量增长 26.3%，护理垫消费量增长 9.8%。在按片计的总消费量中，纸尿裤占 45.7%，纸尿片占 20.1%，护理垫占 34.2%。外销市场方面，成人纸尿裤出口量增长 22.1%，纸尿片出口量增长 73.9%，但护理垫的出口量下降 21.3%。

1.4 宠物卫生用品

2012 年中国宠物卫生用品(包括宠物纸尿裤和宠物垫)产量约 15.5 亿片，工厂销售额近 8 亿元，90% 以上为外贸加工出口，其中宠物垫占绝大部分。主要出口到日本和欧美等国，出口量逐年上升。

1.5 湿巾

与成人失禁用品情况类似，湿巾的出口和外贸加工比例也比较大。根据生活用纸委员会的统计，2012 年中国湿巾的产量约 295.2 亿片，销售量约 282.5 亿片；出口量约 131.3 亿片，比 2011 年增长 20.2%；消费量约 151.1 亿片，比 2011 年增长 10.9%。工厂销售额约 20.6 亿元(按 0.073 元/片计)，比 2011 年增长 19.8%。市场规模(市场销售额)约 15.4 亿元(按 0.102 元/片计算)，比 2011 年增长 13.2%。

表 4 2012 年湿巾的产量和消费量

	2012 年	2011 年	增长/%
产量/亿片	295.2	256	15.3
销售量/亿片	282.5	246	14.8
出口量/亿片	131.3	109.2	20.2
消费量/亿片	151.1	136.3	10.9
工厂销售额/亿元	20.6	17.2	19.8
市场规模/亿元	15.4	13.6	13.2

2 主要生产商和品牌

2.1 女性卫生用品

中国目前的女性卫生用品市场仍由多个生产商组成。生活用纸委员会 2012 年底统计在册的企业有 916 家，比上年增加 206 家。生产商主要分布在福建、广东、河北、山东、江苏、浙江、天津等地，但全国性品牌的生产商并不多，高端市场的品牌集中度很高。

2012 年全国综合排名前 15 位的女性卫生用品生产商的销售额合计约占全国总销售额的 86.2%，行业集中度比上年有较大提高；全国性品牌主要有：安尔乐、护舒宝、苏菲、高洁丝、娇爽、乐而雅、ABC 等，领先生产商主要集中在上海、广东、福建等地。表现比较好的区域性品牌有好舒爽、洁婷、妮爽、洁伶等。据新生代市场监测机构资料[1]，2012 年市场占有率排名前 3 位的卫生巾品牌分别为护舒宝、苏菲和七度空间，消费者忠诚度最高的前 3 位卫生巾品牌分别为护舒宝、ABC 和苏菲。

表 5 所列是 2012 年前 15 位女性卫生用品生产商，由于无法得到占市场份额较大的宝洁、尤妮佳和强生等跨国公司的产量和销售额等数据，而国内企业自报的数据又无法核实，因此表 5 的排序仅供参考。

表5　2012年前15位女性卫生用品生产商(主要按销售额指标综合排序)

序号	公司名称	品牌	产量(卫生巾+卫生护垫)/(亿片/年)
1	福建恒安集团有限公司	安尔乐，安乐	77.83+40.38
2	宝洁(中国)有限公司	护舒宝，朵朵	
3	尤妮佳生活用品(中国)有限公司	苏菲	
4	佛山市南海区桂城景兴商务拓展有限公司	ABC，小妹，EC	30+20.5
5	福建恒利集团有限公司	好舒爽，舒爽	71.8+23
6	江苏三笑集团有限公司	笑爽	20.7+9.7
7	小护士(天津)实业发展股份有限公司	小护士	47.6+16.19
8	杭州可悦卫生用品有限公司	可月，月满好，雅妮娜	21.5+19.2
9	金佰利(中国)有限公司	高洁丝，舒而美	12.25+19.87(含轻度失禁用品)
10	强生(中国)有限公司	娇爽	
11	重庆百亚卫生用品有限公司	妮爽，自由点	18.8+5.5
12	上海护理佳实业有限公司	护理佳	24.35+26.76
13	上海花王有限公司	乐而雅	7.8+0.8
14	益母妇女用品有限公司	益母	13.68+13.14
15	湖北丝宝卫生用品有限公司	洁婷，洁婷蓓柔	8.88+1.45

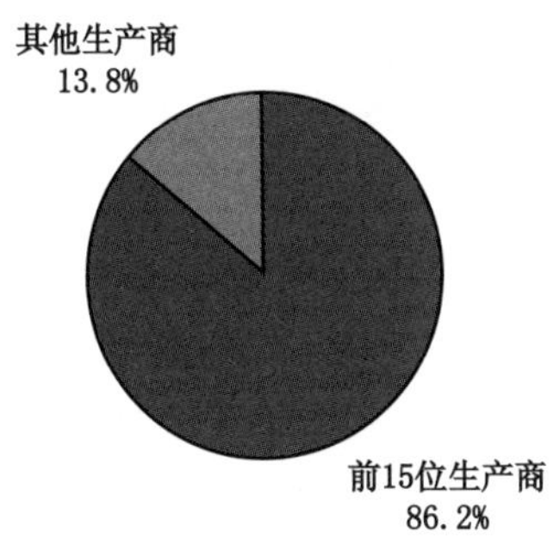

图2　前15位女性卫生用品生产商的市场份额(销售额)

恒安集团作为国内领先的大型个人卫生用品生产商，2012年继续投放资源开发新产品，优化产品组合，提高品牌知名度。女性卫生用品业务继续获得理想增长，卫生巾/卫生护垫的销售额增长约19.5%，占集团整体销售额约26.5%，远高于市场平均增长率。2012年，受惠于主要原材料石油化工产品和绒毛浆价格明显回落，纾缓了生产成本压力，加上集团实行严格的成本控制措施及继续提高中高端产品的销售比例，于2012年6月底推出“七度空间公主系列”，使集团卫生巾/卫生护垫业务的毛利率达到约65.8%[2]。

2012年女性卫生用品销售额增长显著的其他企业主要有：景兴增长42%，恒利增长37%，护理佳增长19.5%，可悦增长11.2%，百亚增长56%，花王增长11%。此外，从加快新厂建设的情况推测宝洁、尤妮佳等外资企业也均有较大增长，但具体数据不详。

2.2　婴儿纸尿布

中国的婴儿纸尿布市场由多个生产商组成。生活用纸委员会2012年底统计在册的婴儿纸尿布的生产企业640家，比上年增加了131家，生产商主要分布在福建、广东、山东、浙江、上海等地。全国性品牌数量不多，品牌集中度较高。知名品牌有帮宝适、妈咪宝贝、好奇、安儿乐、嘘嘘乐等。根据生活用纸委员会的统计调查，2012年排名前10位生产企业的婴儿纸尿布的销售额合计约占全国总销售额的81.4%，比2011年下降2个百分点，主要是受近几年新进入企业对中低端产品市场的冲击所致。

表6所列是2012年前10位婴儿纸尿布生产商，由于无法得到占市场份额较大的宝洁、尤妮佳等跨国公司的产量和销售额等数据，而国内企业自报的数据又无法核实，因此表6的排序仅供参考。

表 6 2012 年前 10 位婴儿纸尿布生产商(主要按销售额指标综合排序)

序号	公司名称	品牌	产量(纸尿裤+纸尿片/垫)/(亿片/年)
1	宝洁(中国)有限公司	帮宝适	
2	尤妮佳生活用品(中国)有限公司	妈咪宝贝	
3	福建恒安集团有限公司	安儿乐	19.3+7.7
4	金佰利(中国)有限公司	好奇	4(另有部分韩国进口产品)
5	雀氏(福建)实业发展有限公司	雀氏	6.5+5.2
6	福建中天生活用品有限公司	可爱宝贝	14.6+3.4
7	爹地宝贝股份有限公司	爹地宝贝	6+2.8
8	福建恒利集团有限公司	爽儿宝	8.36+2.57
9	广东百顺纸品有限公司	茵茵 YINYIN	4.9+2.1
10	广东昱升卫生用品有限公司	吉氏，舒氏宝贝	3.0+2.7

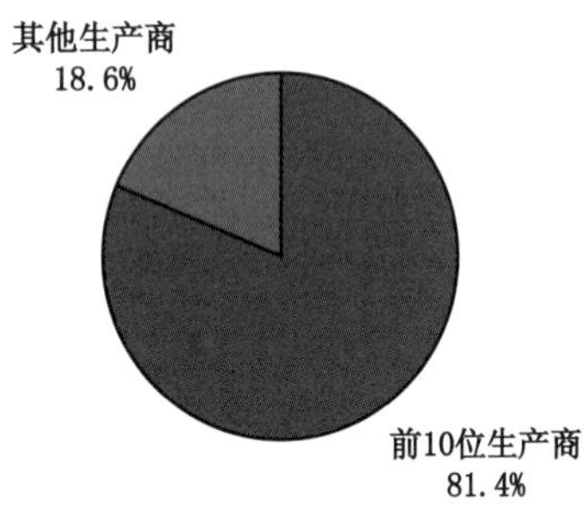

图 3 前 10 位婴儿纸尿布生产商的市场份额(销售额)

宝洁、尤妮佳和恒安是目前中国最大的婴儿纸尿裤制造商。据尼尔森市场研究有限公司资料[3]，帮宝适、妈咪宝贝和安儿乐是整体市场前 3 位的品牌。

2012 年，恒安集团纸尿布销售额轻微下降 1.4%，约占集团整体收入的 14.5%。年内，集团纸尿裤业务增长不够理想，主要原因是：一方面国际竞争对手继续向二、三线地区发展，导致集团中高档纸尿裤的销售收入只上升约 8.0%；另一方面，中小型竞争对手趁原材料价格低，推出大量促销活动，使集团纸尿片产品的销售收入大幅下降 20%。受惠于主要原材料绒毛浆及石油化工产品的价格下降，以及中档产品销售收入提升，集团纸尿裤业务的毛利率上升至约 42.9%。

2012 年销售额有明显增长的其他企业有中天、恒利、爹地宝贝、昱升等。由于新进入企业对高端产品市场的影响很小，从加快新厂建设的情况和市场反馈信息分析，宝洁、尤妮佳均有较大幅度增长，但具体数据不详。

2.3 成人失禁用品

生活用纸委员会 2012 年年底统计在册的成人失禁用品生产商约 362 家，比 2011 年增加 65 家，生产商主要分布在福建、江苏、天津、广东、山东、河北、上海、浙江等地。2012 年成人失禁用品销售额增长较多的企业有：珍琦增长 15.6%，舒泰增长 13.6%，含羞草增长 30.4%，倍舒特增长 43.2%，中天增长 95.3%，昱升增长 25.5%，唯尔福增长 118.8%。

表 7 所列是 2012 年前 10 位成人失禁用品生产商，由于企业自报的数据无法核实，而且贴牌代工和出口的情况比较普遍，因此表 7 的排序仅供参考。

表 7 2012 年前 10 位成人失禁用品生产商(主要按销售额指标综合排序)

序号	企业名称	品牌	生产能力/(亿片/年)
1	杭州珍琦卫生用品有限公司	珍琦	2.5(裤)+1.3(片)+1.7(垫)
2	杭州豪悦实业有限公司	白十字、汇泉	1.2(裤)+0.5(片)+0.5(垫)
3	杭州可靠护理用品股份有限公司	可靠	0.7(裤)+0.15(片)+1.53(垫)
4	山东日康卫生用品有限公司	帮大人，日康	2.32(裤)+1.28(片)+1.0(垫)
5	杭州舒泰卫生用品有限公司	千芝雅，千年舟	0.9(裤)+0.1(片)+0.7(垫)
6	含羞草卫生科技股份有限公司	含羞草	0.86(裤)+0.11(片)+0.15(垫)

续表

序号	企业名称	品牌	生产能力/(亿片/年)
7	福建恒安集团有限公司	安而康	0.5(裤)+0.5(片)+0.5(垫)
8	天津市逸飞卫生用品有限公司	互帮，帮一把，久久安康	0.8(裤)+0.72(片)+0.24(垫)
9	北京倍舒特妇幼用品有限公司	倍舒特	1.2(垫)
10	中天集团(中国)有限公司	可爱康	1.2(裤)

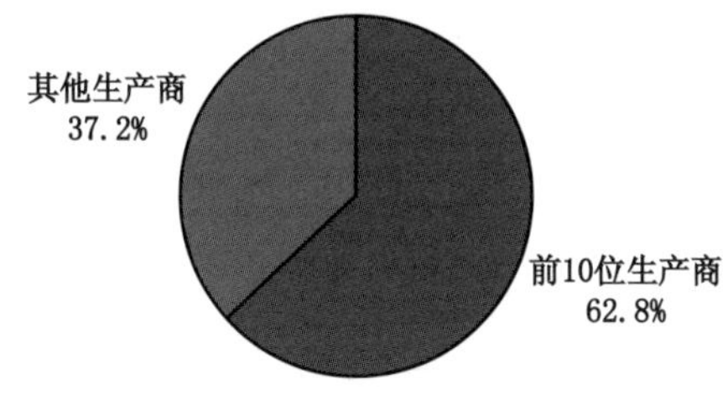

图4 前10位成人失禁用品生产商的市场份额(销售额)

2.4 宠物卫生用品

生活用纸委员会2012年年底统计在册的宠物卫生用品生产企业有72家，主要分布在江苏、浙江、天津、广东、上海、安徽、辽宁、山东、福建、河北、河南等省市。

表8 2012年宠物卫生用品的主要生产企业(排名不分先后)

企业名称	生产能力/(亿片/年)
北京倍舒特妇幼用品有限公司	0.5
天津市依依卫生用品有限公司	12.6
大连爱丽思生活用品有限公司	约2

续表

企业名称	生产能力/(亿片/年)
上海唯尔福(集团)有限公司	0.8
江苏中恒宠物用品股份有限公司	2
泰州远东纸业有限公司	0.65
好孩子百瑞康卫生用品有限公司	0.05
杭州豪悦实业有限公司	0.4
杭州可靠护理用品股份有限公司	0.96
东莞瑞麒婴儿用品有限公司	0.04

2.5 湿巾

生活用纸委员会2012年年底统计在册的湿巾生产企业有566家，比上年增加53家，生产商主要分布在浙江、广东、江苏、上海、福建、山东、辽宁、北京等地，但全国性品牌不多，市场集中度相对较高。有很多企业是给其他国内企业或零售商做贴牌或给国外生产OEM产品。

2012年销售额增长较多的湿巾企业有：美馨增长23.1%，铜陵洁雅增长20%，景兴增长47%，安柔增长17.3%。

表9 2012年前10位湿巾生产商/品牌(主要按销售额综合排序)

序号	企业名称	品牌	生产能力/(亿片/年)
1	上海美馨卫生用品有限公司	Cuddsies，凯德馨	106
2	强生(中国)有限公司	强生	OEM加工
3	铜陵洁雅生物科技股份有限公司	艾妮，喜擦擦，哈哈	60
4	福建恒安集团有限公司	心相印	61.79
5	重庆珍爱卫生用品有限责任公司	珍爱	约40
6	南六企业(平湖)有限公司	OEM加工	34.2
7	深圳市维尼健康用品有限公司	维尼	约15
8	佛山市南海区桂城景兴商务拓展有限公司	ABC，EC	12
9	康那香企业(上海)有限公司	康乃馨	38
10	深圳市康雅实业有限公司	Wetclean，Softclean	约65

3 出口贸易活跃

中国一次性卫生用品行业出口贸易继续保持活跃。2012 年，我国调整了海关编码，吸收性卫生用品(包括卫生巾、婴儿纸尿布、成人纸尿布、护理垫、卫生棉条、宠物垫、干法纸等)的编码为48189000，96190010，96190020 和 96190090。

据海关统计数据(表 10)，2012 年吸收性卫生用品的出口量比 2011 年增长 11.78%。其中，婴儿纸尿布出口量增长较大的企业有：爹地宝贝增长 18.2%，安柔增长 10.1%、杭州舒泰增长 30%，杭州可靠增长 38.1%，泰州远东增长 10%，汕头集诚增长 10%。成人失禁用品出口量增长较大的企业有：福建中天的成人纸尿裤增长 2 倍多，倍舒特的护理垫增长 89.7%。另外，天津依依和杭州豪悦的宠物卫生用品出口量也有较快增长。

表 10 2012 年度一次性卫生用品出口情况

商品编号	商品名称	金额/美元	数量/t	与去年同期相比/%	
				金额	数量
吸收性卫生用品合计		1143107302	342042. 374	17. 22	11. 78
48189000	纸浆、纸等制的其他家庭、卫生或医院用品	132738768	60894. 593	109. 59	84. 11
96190010	任何材料制的尿裤及尿布	611806441	190608. 824		
96190020	任何材料制的卫生巾(护垫)及止血塞	327037131	65822. 377		
96190090	任何材料制的尿布衬里及本品目所列货品的类似品	71524962	24716. 580		
湿巾合计		226306664	118843. 544	34. 66	21. 59
34011990	湿巾	226306664	118843. 544	34. 66	21. 59

海关数据显示，2012 年吸收性卫生用品出口量排名前 10 位的国家和地区依次为：美国、菲律宾、加纳、安哥拉、日本、中国香港、印度、南非、韩国、巴基斯坦。出口量排名前 20 位的企业见表 11。

表 11 2012 年中国吸收性卫生用品出口量排名前 20 位的企业

排名	企业名称
1	杭州可靠护理用品股份有限公司
2	大连爱丽思生活用品有限公司
3	杭州珍琦卫生用品有限公司
4	天津市依依卫生用品有限公司
5	广州宝洁有限公司
6	福建恒安集团厦门商贸有限公司
7	美佳爽(福建)卫生用品有限公司
8	北京金佰利个人卫生用品有限公司
9	福建莆田佳通纸制品有限公司
10	博爱(中国)膨化芯材有限公司
11	石狮市外商投资服务中心
12	芜湖悠派卫生用品有限公司
13	中天(中国)工业有限公司
14	杭州豪悦实业有限公司
15	东莞瑞麒婴儿用品有限公司
16	浙江省医药保健品进出口有限责任公司
17	昆山依德五金工业有限公司
18	苏州市苏宁床垫有限公司
19	江苏中恒宠物用品股份有限公司
20	北京倍舒特妇幼用品有限公司

2012 年，湿巾出口贸易发展较快，表 10 显示，“商品编号 34011990(湿巾)”一项，2012 年出口量比 2011 年增长 21.59%。2012 年湿巾出口量排名前 10 位的国家和地区是：美国、日本、澳大利亚、英国、韩国、中国香港、新西兰、菲律宾、南非、荷兰。出口量排名前 20 位的企业见表 12。

表 12 2012 年中国湿巾出口量排名前 20 位的企业

排名	企业名称
1	创艺卫生用品(苏州)有限公司
2	铜陵洁雅生物科技股份有限公司
3	扬州倍加洁日化有限公司
4	诺斯贝尔(中山)无纺日化有限公司
5	张家港亚太生活用品有限公司
6	上海申虹对外经济贸易有限公司
7	中国浙江国际经济技术合作有限责任公司
8	佛山市顺德区崇大湿纸巾有限公司
9	沁心(上海)卫生用品有限公司
10	杭州国光旅游用品有限公司
11	南六企业(平湖)有限公司
12	苏州宝丽洁日化有限公司
13	浙江绿飞诗日用品有限公司
14	大连太阳综合生活用品有限公司
15	杭州市萧山进出口贸易有限公司
16	无锡华利国际贸易有限公司
17	河北义厚成日用品有限公司
18	临安大拇指清洁用品有限公司
19	哈尔滨锦华实业有限公司
20	大连宇和特纸有限公司

4 市场变化和发展特征

4.1 女性卫生用品

4.1.1 跨国公司的品牌在高端市场继续占主导地位

2012 年，跨国公司的品牌在高端市场仍然占有很大的市场份额，其中包括宝洁的“护舒宝”、尤妮佳的“苏菲”、强生的“娇爽”、花王的“乐而雅”、金佰利的“高洁丝”等。跨国公司凭借其强大的广告投放实力和研发优势，继续在高档产品市场占主导地位。

2012 年，尤妮佳生活用品(天津)有限公司新工厂仍在建设中，一期工程的 1 个卫生巾生产车间于 2013 年投产，另 1 个卫生巾生产车间计划于 2014 年投产，女性卫生用品的产能将继续扩大。尤妮佳(江苏)工厂也于 2012 年 11 月开工，预计 2014 年投产。

4.1.2 市场销售额继续稳步增长

目前，中国女性卫生用品市场已进入成熟期，行业集中度显著提高，优胜劣汰的市场整合趋势明显，市场供给量的增加主要是大中企业的扩产。与全球女性卫生用品的平均增长水平(2% ~3%)相比，中国仍然是增长较快的市场。这一方面是因为中国已经进入小康社会，市场不断向三、四线城市和乡镇渗透，另一方面是因为上海、北京等大城市已经达到中等发达国家的水平，由于女性生理期更换卫生巾更加频繁，消费者的人均使用量有所增长，同时由于消费者的消费升级，对产品档次的要求越来越高，对优质高端产品和差异化产品的需求也在增加。2012 年卫生巾/卫生护垫市场销售额的增长率约为 8.6%，主要受益于销售量增加、高附加值产品份额提高等因素。

2012 年，主要原材料石油化工产品和绒毛浆价格回落，企业利润增加。大企业的竞争优势明显，市场份额扩大。虽然中小型企业在激烈的市场竞争中发展艰难，但是仍有一些中型企业专注于发展区域性品牌或拓展海外市场，销售额稳步上升，如清逸堂增长 20%，倍舒特增长 18%，中天增长 35%，申欧增长 42%，唯尔福增长 16%，妙雅增长 21%，依依增长 22%，广东美洁增长 25%等。

4.1.3 产品创新 薄型化趋势明显

由于消费水平的提高和职业女性的需求，护翼型卫生巾几乎已经全部取代了直条型卫生巾，少量的直条型产品主要销往农村和西部不发达地区。超薄型卫生巾占比超过 50%。据尼尔森资料[4]，2012 年，棉质超薄型卫生巾是女性卫生用品中增长最快的品类。

为了改变产品同质化，赋予产品差异化特征和附加值，企业对产品进一步细分，并在强调产品舒适性、功能和时尚并重、包装方面进行创新。

2012 年，尤妮佳推出苏菲弹力贴身极薄卫生巾，内含全新研发的超薄芯层，厚度不足 0.1cm。6 月底，恒安推出七度空间公主系列卫生巾，安尔乐品牌也进行了产品升级，改良产品结构，独创蝶形护翼，彩色透气底膜，高效哑铃形蓝芯片。2012 年，天津小护士推出了 T 型护围卫生巾，并将于 2013 年推出一种极薄卫生巾，折叠后体积非常小，从外包装看不出来是卫生巾，避免尴尬，适合小女生使用。

4.1.4 销售渠道变革

目前，女性卫生用品的销售渠道主要有传统渠道(经销商、代理商、批发商等)、现代渠道

(包括大卖场、超市、小型超市、便利店等)和新兴渠道(网店、母婴店等)。据尼尔森资料[5]，2012年，现代销售渠道对女性卫生用品的重要性进一步凸显，已经接近70%的女性卫生用品销售贡献来自该渠道。2012年，苏菲销量成为现代渠道中女性卫生用品第一名。

4.2 婴儿纸尿布

4.2.1 市场继续快速增长

2012年婴儿纸尿布市场继续呈现快速增长的形势。随着收入的增加，中国父母在孩子身上花的钱也越来越多。婴儿纸尿布的国内消费需求明显增加，市场保持快速增长，2012年婴儿纸尿布的市场渗透率达到44.3%。除了排名前10位的企业以外，很多中型企业的销售额也有大幅增长，如舒泰增长81.6%，可靠增长29.4%，美佳爽增长28%，常兴增长30%，百亚增长119%，广东美洁增长38.7%，妙雅增长29.6%，恒丰增长30%等。

4.2.2 投资项目增加

婴儿纸尿布市场的蓬勃发展和巨大的市场空间不但促使国际品牌加大在中国的投资力度，而且吸引了众多国内企业，包括其他行业的企业大规模投资。

2012年3月，宝洁在广州知识城的新厂开始动工，预计2013年下半年竣工并投入使用。2012年6月，尤妮佳天津西青项目一期工程的1个婴儿纸尿裤生产车间已经投产，另1个车间于2013年投产。11月，尤妮佳在中国的第5家工厂在江苏奠基，预计2014年投产。8月，花王合肥工厂竣工，计划2013年投产婴儿纸尿裤。2013年4月，金佰利公司位于南京江宁开发区的世界级纸尿裤生产基地启用，主要生产好奇纸尿裤、好奇成长裤等产品。2012年3月，日本贝亲决定在其江苏常州工厂追回投资，新增婴儿纸尿裤生产线，土建工程预计在2013年完成，投产后年产婴儿纸尿裤8500万片。

国内企业，恒安、百顺、雀氏、中天、爹地宝贝、昱升、舒泰等也在加大对婴儿纸尿布产品的投资力度。同时，国内知名生活用纸企业也纷纷涉足纸尿裤行业，如维达、东顺等。

4.2.3 市场竞争加剧

虽然中国婴儿纸尿布的市场潜力巨大，但近几年投资过热，投资项目迅速增加，特别是大量中小企业的进入使中低端产品市场出现阶段性供过于求，使市场竞争异常激烈，尤其是中低端产品市场。再加上2012年一些中小企业趁原材料价格走低，推出大量促销活动，价格战使市场竞争进一步加剧。

4.2.4 产品创新

2012年，各主要竞争品牌都主推其中高端产品，并通过不断升级产品和提出产品的概念来提高和丰富其中高端市场的产品：妈咪宝贝推出条纹型的面层，同时主推其产品的干爽和快速吸收的特性；帮宝适主推产品的吸收性能，推广精致睡眠的概念；好奇也是对其面层不断的升级，打造吸收更快，更加柔软的产品。同时，国内品牌如好之、茵茵等也在不断升级产品配置，抢占市场份额。

2012年9月，恒安实现了二代超能吸婴儿纸尿裤的再一次升级，解决了过敏、漏尿等方面的问题。2012年，爹地宝贝推出环腰系列、双柔系列两大品类婴儿纸尿裤。新产品采用了日本进口超柔软双面表层、独特的“宽柔弹腰环抱”技术及全芯体结构。9月，维安洁推出“超柔极薄”系列纸尿裤，拥有超宽弹力腰贴、棉柔表层、超薄设计及3D立体芯层等特点。2012年7月，尤妮佳首次在中国大陆推出日本原装进口的Moony婴儿纸尿裤，满足消费者对高品质纸尿裤的需求。

除了产品本身的创新以外，企业还在产品外观的装饰性和包装方面不断创新。有些企业为了迎合中高收入家庭批量购买的消费习惯，推出了纸箱装产品，白纸板制的纸箱外印有彩色图案、广告语和品牌LOGO，这种大包装的产品适合在大卖场和母婴店销售。

4.2.5 拉拉裤市场启动

据最新资料显示，全球纸尿裤设计逐步由胶带型(Open Type)纸尿裤转向拉拉裤型(Pant Type)纸尿裤方向发展。拉拉裤型纸尿裤不再是狭义的“训练裤”概念，即训练宝宝如厕使用，而是可以适合包括更小婴儿在内的各月龄宝宝使用。2008－2013年，亚太地区(除日本以外)拉拉裤型纸尿裤销售量增长率为7%，高于胶带型纸尿裤4.1%的增长速度。日本市场，拉拉裤型纸尿裤占比不断提高，而胶带型纸尿裤所占比例不断减少。现在日本婴儿纸尿裤中有55%是拉拉裤，成人纸尿裤中有60%是拉拉裤。

随着我国第一代独生子女步入婚孕阶段，追求高品质生活的消费观念决定了他们更舍得为孩子花钱，对产品质量和舒适度的要求更高。拉拉裤就满足了这个要求。近几年，经过一线品牌的持续引导，消费者对拉拉裤有了一定的认识，但购买还仅限于一二线城市的少部分中高收入家庭，市场处于启动阶段。帮宝适“拉拉裤”、好奇“成长裤”、妈咪宝贝“小内裤”、SCA丽贝乐“活力裤”是市场上的代表。

目前，国内已投产的婴儿拉拉裤生产线约为8条，其中包括3条进口的日本瑞光生产线。爹地宝贝、中天、舒泰、昱升等企业纷纷进入这一市场，2013年还将新增进口婴儿拉拉裤生产线7条(表13)。

表13 2013年新增进口婴儿拉拉裤生产线

公司名称	数量	制造商	投产时间
爹地宝贝股份有限公司	1	日本瑞光	2013年
广东昱升卫生用品实业有限公司	2	日本瑞光	2013年4月
中天集团(中国)有限公司	1	日本瑞光	2013年1月
杭州舒泰卫生用品有限公司	2	瑞光上海	2013年3月
广东百顺纸品有限公司	1	瑞光上海	2013年

4.2.6 母婴渠道和网店崛起

母婴渠道是顺应消费者消费需求变化衍生出来的一种专业化(连锁)销售模式。2009年，母婴渠道开始从原有商超渠道单独分离出来，开始主要是供应婴儿奶粉。对比传统零售渠道，母婴渠道优势明显：(1)专业化程度更高。会员店模式更是提升消费者粘性；(2)企业费用投入相对较小。母婴渠道没有进场费，只需要一点陈列费用。此外，KA渠道资金帐期比较长，母婴渠道基本上是现款现货。(3)渠道利润空间大。

近年来，婴儿纸尿裤市场竞争激烈，为了避免在大卖场与国际品牌直接竞争，很多国内婴儿纸尿裤企业选择了母婴渠道，婴儿纸尿裤在母婴渠道的销售增长速度很快。据尼尔森资料[6]，2012年婴儿纸尿裤在母婴渠道的销售额增长近30%，使其成为各大厂商必争的主要市场。花王的妙而舒凭借在母婴渠道的针对性策略连续获得100%的增长率，成为行业亮点。

随着电子商务时代的到来，网购成为众多消费者购买卫生用品的新渠道，金佰利、宝洁、尤妮佳已于2011年率先开设了网上旗舰店，众多婴儿纸尿裤企业也都看到了这一趋势，纷纷触电，使网店成为婴儿纸尿裤又一主要销售渠道。

4.3 成人失禁用品

2012年成人失禁用品市场在市场渗透率仍然很低的基础上继续迅速发展，出口贸易迅速增长，国内消费市场大幅增长，成人失禁用品的投资项目也在悄然升温。杭州地区一些原来给国外做贴牌加工的企业也在转向国内市场。2012年8月，杭州可靠护理用品股份有限公司年产5.6亿片成人护理用品项目在玲珑工业开发区奠基。

由于对成人失禁用品和婴儿纸尿布的品质要求不同，目前市场需求还局限于经济型、具有基本功能的产品。

中国的老龄人口正在急速上升，而随着家庭结构和生活水平的改变，政府已经提出了一个未来中国养老发展的方向，以支持居家养老和优质护理的理念，来改善老人和家属的生活品质。

目前，国内成人失禁用品的消费还是以价格为导向，消费者关注的是单片产品的价格，而不是综合考虑性价比。对产品的要求只是满足最基本的吸尿功能，品牌意识淡薄，消费者需要教育和引导。

2012年，已进入中国市场的国际知名企业继续积极培育中国成人失禁用品市场，希望在市场启动之初就将品牌植入人心，他们目前在中国推出的产品基本上是由中国本土企业贴牌加工的。

2012年10月，金佰利得伴开展数字营销活动，呼吁国内失禁患者的子女提高对此健康问题的关注，此次活动更关注护理人而不是患者。同时金佰利还联手www.39.net，共同鼓励消费者在新浪微博上公开讨论这个健康话题。

2012 年，爱生雅旗下的添宁品牌与《北京青年报》共同开展有奖征文活动，希望让大家更加了解失禁患者家庭所面临的种种问题，呼吁全社会给予失禁患者更多尊重与关爱。

4.4 湿巾

4.4.1 分类产品情况

2012 年生活用纸委员会统计的湿巾品种主要有普通型、婴儿专用、女性卫生专用、卸妆用、居家清洁用及其他用途型 6 种。其中普通型湿巾约占销售量的 25.4%，婴儿专用湿巾约占 41.4%，女性卫生专用湿巾约占 6.0%，卸妆用湿巾约占 8.0%，居家清洁用湿巾约占 5.4%，其他用途型湿巾约占 13.8%。目前市场上的湿巾包装形式主要有单片装（独立装）、多片装、筒装、盒装 4 种。湿巾产品的功能性不断增强，添加了各种护肤成分，如芦荟、绿茶、薰衣草、薄荷等。有些企业还根据用途对湿擦拭巾进一步细分成各种功能性的专用产品，在国内市场推出后，销售反馈情况很好。

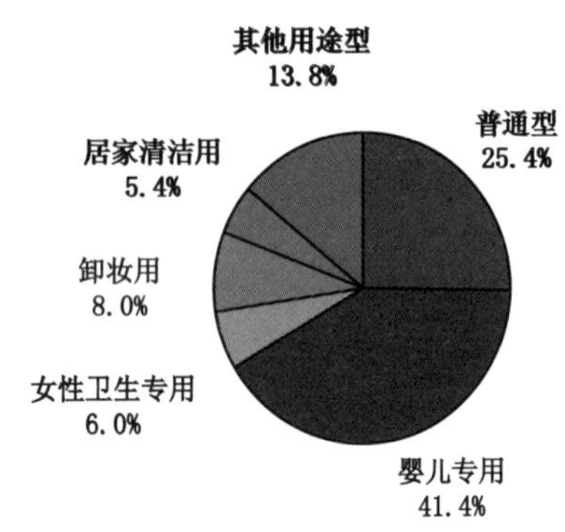

图 5　2012 年各品种湿巾所占销售量的比例

4.4.2 市场快速增长

2012 年，中国湿巾行业继续快速增长。女性卫生专用和卸妆用湿巾所占销售量比例比 2011 年下降，普通型和婴儿专用型湿巾所占比例提高，婴儿专用湿巾仍然是占比最大的品类。市场需求的增加吸引了更多投资和企业进入。2012 年，湿巾出口量和国内消费量都有较大幅度的增长。

5 卫生用品生产设备的供应

5.1 国产设备制造业日趋成熟，继续拉近与国际先进水平的距离

近年来，中国一次性卫生用品设备制造水平迅速提高，采用模块化设计，全伺服电动控制，开发一机多用的生产设备满足不同类型企业的需求，同时在车速、稳定性、噪声控制等方面不断改进。

国内具有先进技术的设备供应商已经可以制造车速分别为 1200 片/分和 600 片/分的卫生巾生产线和婴儿纸尿裤生产线，训练裤、成人纸尿裤生产线也已试制成功。2012 年，安庆恒昌推出 T 型婴儿纸尿裤生产线及包装设备，用于生产“大耳朵纸尿裤”，该机稳定运行速度为 500 片/分，2013 年 6 月推出速度达到 800 片/分的婴儿纸尿裤生产线。

随着国内成人失禁用品市场的升温，成人纸尿裤生产线的销售量逐年增加。性价比较好的卫生用品设备不但满足了国内市场的需要，而且利用参加相关国际展览等方式走向国际市场，出口到日本、欧洲、美国、中东、东南亚等国家和地区。目前，国内主要的设备供应商有：恒昌、汉威、新余宏、金卫、珂瑞特、智联、培新、兴世、东南等。

湿巾设备基本国产化，国内主要湿巾设备供应商有陆丰、大昌、创达、东工等，美国 PCMC 公司是进口湿巾设备的主要供应商。

5.2 进口设备重获青睐

目前，卫生用品生产商需要高效、稳定的设备；刚入门的企业或者小型企业需要多功能的灵活性设备，而成熟的、规模较大的企业追求单一品种高速化的设备；虽然近年来国产设备在技术和性能方面有了很大进步，但是与进口设备之间仍然存在较大的差距，主要体现在金属材质、加工精度、装配精度等方面，而这些因素又制约了车速的提高；卫生用品加工机配堆垛包装机成套供应已经是一种普遍的现象，并成为今后的趋势。

意大利法麦凯尼柯、日本瑞光、意大利 GDM 公司都已在中国建厂，以满足中国及亚洲地区客户对高端设备的需求，同时降低设备的生产和运输成本。

为了满足消费者对高档婴儿纸尿裤产品的需求，近两年进口设备重获生产商的青睐，采购进口设备的企业增多（表 14）。

表 14 2012－2013 年纸尿裤行业引进设备情况

公司名称	引进设备	数量	制造商	投产日期
爹地宝贝股份有限公司	婴儿拉拉裤生产线	1	日本瑞光	2012 年 2 月
	婴儿拉拉裤生产线	1	日本瑞光	2013 年
	婴儿纸尿裤生产线	1	日本瑞光	2013 年 5 月
	成人纸尿裤生产线	1	韩国	2013 年 3 月
广东昱升卫生用品实业有限公司	婴儿纸尿裤生产线	2	日本瑞光	2012 年 7 月
	婴儿拉拉裤生产线	2	日本瑞光	2013 年 4 月
中天集团(中国)有限公司	婴儿拉拉裤生产线	1	日本瑞光	2013 年 1 月
东顺集团股份有限公司	婴儿纸尿裤生产线	1	意大利发明家	2012 年 1 月
	婴儿纸尿裤生产线	2	意大利 GDM	2013 年
	卫生巾生产线	2	意大利 GDM	2013 年
福建恒利集团有限公司	婴儿纸尿裤生产线	2	意大利发明家	2012 年
杭州舒泰卫生用品有限公司	婴儿纸尿裤生产线	1	瑞光上海	2013 年 4 月
	婴儿拉拉裤生产线	2	瑞光上海	2013 年 3 月
	成人拉拉裤生产线	1	瑞光上海	2012 年 11 月
广东百顺纸品有限公司	婴儿拉拉裤生产线	1	上海瑞光	2013 年

6 产品标准和产品质量抽查

2012 年 2 月 1 日，新的纸尿裤国家标准 GB/T28004—2011《纸尿裤(片、垫)》开始实施。

2012 年一季度，国家质量监督检验检疫总局委托国家纸张质量监督检验中心、国家浆纸产品质量监督检验中心、国家纸制品质量监督检验中心对卫生巾产品进行了国家监督抽查。其中：卫生巾(含卫生护垫)共抽查了 8 个省市 90 家企业生产的 86 种卫生巾和 4 种卫生护垫产品，依据《卫生巾(含卫生护垫)》GB/T 8939—2008、《一次性使用卫生用品卫生标准》GB 15979—2002 和经备案现行有效的企业标准及产品明示质量要求，对产品的细菌菌落总数、真菌菌落总数、大肠菌群、pH 值、吸水倍率、渗入量等 9 个项目进行了检验。抽查结果表明，所检 90 种产品的卫生指标均合格，大中型企业产品质量保持稳定，有 4 种小型企业的产品渗入量不达标。

7 绒毛浆和高吸收性树脂的供应情况

7.1 绒毛浆

我国吸收性卫生用品行业所使用的绒毛浆由进口正品浆、打包绒毛浆和国产绒毛浆三类产品组成。主要是进口正品浆产品，占 90% 以上。2012 年，中国市场进口正品绒毛浆的主要生产商及品牌见表 15。

表 15 2012 年进口正品绒毛浆的主要生产企业及品牌

序号	企业名称	品牌
1	惠好(亚洲)有限公司(Weyerhaeuser)	惠好(Weyerhaeuser)
2	GP 纤维亚洲香港有限公司(GP Cellulose)	金岛(Golden Isles)
3	灯塔亚洲有限公司(Domtar)	灯塔(Domtar)
4	美国国际纸业公司(IP, International Paper)	超柔(Supersoft)
5	芬兰斯道拉恩索公司(Stora Enso)	女神(Stora Prime)
6	美国石头公司(Stone)	石头(Stone)
7	美国 Resolute Forest Products 公司	宝水(Bowater)
8	美国瑞安中国有限公司(Rayonier)	白玉(Rayfloc)
9	美国博凯技术公司(Buckeye)	宝爱(Buckeye)

2012年国产绒毛浆的数量很少，主要制造商福建腾荣达纸业BCTMP杉木绒毛浆生产能力4万吨/年。

7.2 高吸收性树脂

根据生活用纸委员会调查，2012年中国大陆包括外商独资企业在内的高吸收性树脂生产商见表16。

表16 2012年中国大陆主要的高吸收性树脂生产商

序号	公司名称
1	三大雅精细化学品(南通)有限公司
2	宜兴丹森科技有限公司
3	台塑吸水树脂(宁波)有限公司
4	日触化工(张家港)有限公司
5	泉州邦丽达科技实业有限公司
6	济南昊月吸水材料有限公司
7	衢州威龙高分子材料有限公司
8	安徽华晶新材料有限公司
9	唐山博亚树脂有限公司
10	晋江汇森工贸有限公司
11	福建天昱新型材料有限公司
12	北京希涛技术开发有限公司

台塑公司已从2011年起开始扩建第二套生产线，初步规划产能为5万吨/年，预计于2013年投产；国内企业宜兴丹森还将投产新产能，2013年将扩产至40万吨；济南昊月也已开始年产4万吨高吸收性树脂二期工程的建设；北京希涛于2012年下半年在南通新建2条SAP生产线，设计年产量2万吨。卫星石化3万吨高吸收性树脂项目将于2013年5月投产。日触化工(张家港)原计划2014年投产3万吨高吸收性树脂的项目因日本姬路工厂的爆炸事故而无限期延迟。

8 市场展望

8.1 女性卫生用品

女性卫生用品行业集中度和品牌集中度不断提高，预计2013年国民经济将继续保持平稳较快增长，女性卫生用品将继续以高于世界平均水平的速度稳步增长，但不论是国内市场还是出口市场竞争将更加激烈。表17是对女性卫生用品市场的预测。

表17 女性卫生用品的市场预测

年份	15－49岁女性人数/百万人	卫生巾			卫生巾/卫生护垫		
		消费量/亿片	年平均增长率/%	市场渗透率/%	消费量/亿片	市场规模/亿元	市场规模增长率/%
2011	371.8	581	6.0	86.8	875	262.8	7.9
2012	373.6	614.1	5.7	91.3	912.4	285.9	8.8
2020	398.3	720	3.0	100	1175	611.0	4.0

注：市场渗透率的计算基础：为便于与往年数据比较，仍按中国大陆适龄女性(15－49岁)生理期实际人均需用卫生巾180片/年计算；由于生活水平提高和卫生意识加强，人均实际使用量可能已经达到200－240片/年；由于月经初潮提前和绝经期延后，适龄女性年龄段应扩大到12－50岁较符合目前情况，因此表中显示的卫生巾市场渗透率可能比实际情况偏高。卫生护垫的人均实际使用量按800片/年计算。

8.2 婴儿纸尿布

随着政府"单独二孩"政策的实施以及"80后"陆续结婚生子，中国正迎来新一波生育高峰期。根据国家统计局的数据，上世纪80年代，中国新生人口数量一直处于较高水平，其中1990年是出生人口最多的一年，此后开始大幅下降。数量庞大的"80后"们陆续进入婚育阶段，这将使中国大陆在2015年前后迎来一次婴儿潮。中国新生儿数量有望从当前的每年1600万上升到1800万左右，甚至可能达到2000万。由此带动婴儿纸尿布市场的增长，预计到2020年每年将以平均8%的增长率增长。虽然中国近几年婴儿纸尿布的生产和市场有很大的发展，但市场渗透率及婴儿人均年消耗纸尿裤的费用与发达国家相比仍有很大差距，市场发展空间巨大。

一方面是婴儿潮的出现，另一方面是中国经济的持续稳步发展，预计在今后10年婴儿纸尿裤还会有较高的增长率。但是，也应该注意到目前行业整体开工率较低，有阶段性产能过剩的趋势。2010—2012年，新进入行业的企业较多，激烈的市场竞争将会加速落后产能的淘汰和行业整合，高端产品和拉拉裤产品的市场将得到进一步发展。

表 18 婴儿纸尿布市场预测

年份	2 岁以下婴儿人数/万人	消费量/亿片	年平均增长率/%	市场渗透率/%
2011	4177	178.7	21.8	39.1
2012	4198	204.1	14.2	44.3
2020	4520	297.5	8.0	60.1

注：市场渗透率的计算基础：考虑到中国家庭比较节俭的实际消费情况（婴儿 2 岁之后大多不再使用尿布，纸尿布和布质尿布混合使用，夏季不用、夜间和外出时才用纸尿布的情况比较普遍等），按 0 - 2 岁婴儿人均需用纸尿布 3 片/天计。

8.3 成人失禁用品

统计公报显示，2012 年末，我国 60 岁及以上人口达到 19390 万人，占总人口的 14.3%，比上年末提高了 0.59 个百分点。中国正在变得越来越老。2013 年 2 月，中国社会科学院发布的报告预测，今后老人新增量将达到每年 1000 万左右的速度，到 2033 年左右，老人将达到 4 亿人。同时报告显示，2012 年，中国的空巢老人为 3600 万，失能老人则高达 0.99 亿。老年人口的剧增让老年人的生活照料问题日益凸显。

虽然老年人口多的特征是推动失禁用品需求增长的动力，但是，通常认为形成相当规模的失禁用品消费群体的必要条件是人均 GDP 达到 8000 ~ 10000 美元，从总体上看中国的人均 GDP 仍然较低，2012 年约为 6100 美元，距此还有一定差距。但是从长远来看，经济的进一步发展、城市人口的老龄化和中部地区的崛起都将为失禁用品提供相当大的增长机会。

我国成人失禁用品市场处于发展初期，由于基数低，所以增长率很高，随着中国经济的发展、社会进入老龄化以及老年消费者可支配收入的提高、观念的转变，这一市场将持续高速增长，具有很大的发展潜力。

8.4 湿巾

目前，国内市场湿巾的普及率总体相对较低，但婴儿湿巾还是比较普及的，越来越多的妈妈们都为宝宝购买和使用婴儿湿巾。女性专用和卸妆用湿巾也越来越受到年轻一族的青睐，很多白领们的手袋里都会放一包湿巾。

SARS 疫情以后，卫生部建立了流感疫情报告机制，人们对后来发生的 H1N1，H5N1，H7N9 等一系列流感疫情给予了足够的关注，也养成了勤洗手等良好个人卫生习惯。在外出不方便洗手时，湿巾就成为必不可少的用品。

便利性和易用性是湿巾吸引消费者和健康护理市场的首要因素。由于工作压力、家务琐事形成的忙碌的生活方式以及全面加快的生活节奏使许多人倍感时间紧迫，湿巾可为人们的日常清理工作节省大量的时间。家庭清洁类擦拭巾在发达国家已经过多年的发展，但在中国市场，这类产品还处于起步阶段，随着居民可支配收入的提高和对高品质生活的追求，家庭清洁用擦拭巾市场将得到发展。

根据国外的发展经验，宠物湿巾也是一个很大的市场，可以细分为擦眼睛、擦耳朵、擦牙齿、擦粪便等，需求量很大。

另外，在医用市场中，酒精单片也很受欢迎，尤其是一些糖尿病患者，可以完全替代酒精棉蘸取酒精的原始方式。

环保问题得到越来越多人们的重视，关于湿巾的可降解和可冲散性也逐渐引起人们的关注。INDA 和 EDANA 一直致力于为湿巾行业制订一套全面的可冲散性指南，并于 2012 年秋季发布了第 3 版可冲散性指南。目前国内市场现有的湿巾产品并不具有可冲散性，随着生活水平的提高，厕用湿巾非常有发展潜力，开发可冲散的厕用湿巾将是不错的选择，但是还应该考虑产品的功能和成本效益，必须在具有可冲散性、可生物降解性与使用性能之间达到平衡，产品价格在关注环保消费者可接受的范围内[7]。

参考文献

[1]倪霞玲．女性卫生用品市场的回顾与展望[A]．2013 年生活用纸国际研讨会论文集．

[2]恒安国际控股有限公司 2012 年年报．

[3][4][5][6]陆森磊．2012 年中国零售业及卫生用品市场概览[A]．2013 年生活用纸国际研讨会论文集．

[7]江曼霞．全球视角下的中国湿巾市场[J]．生活用纸：2011，11(23)：22 - 25.

附录

据中国行业企业信息发布中心消费品市场重点调查报告显示，2012 年，卫生巾市场销量领先的前 10 名品牌为——苏菲、护舒宝、安尔乐、七度空间、A. B. C. 、洁婷、娇爽、高洁丝、笑爽、安乐。纸尿裤市场销量领先的前 10 名品牌为——帮宝适、安儿乐、妈咪宝贝、好奇、嘘嘘乐、安而康、可靠、包大人、菲比、爽儿宝。

附表 1　卫生巾和纸尿裤前 10 名品牌销售量市场占有率

卫生巾		纸尿裤	
品牌	市场占有率/%	品牌	市场占有率/%
苏菲	12.99	帮宝适	28.26
护舒宝	12.92	安儿乐	19.06
安尔乐	10.80	妈咪宝贝	17.27
七度空间	10.02	好奇	11.97
A. B. C.	9.83	嘘嘘乐	4.72
洁婷	7.97	安而康	2.62
娇爽	4.15	可靠	2.34
高洁丝	3.04	包大人	2.26
笑爽	2.24	菲比	0.73
安乐	2.16	爽儿宝	0.64

附表 2　各地区市场销售量前 5 名卫生巾品牌及其份额

华北地区	安尔乐	护舒宝	苏菲	七度空间	A. B. C.
份额/%	17.00	15.88	12.74	10.79	8.28
东北地区	苏菲	七度空间	A. B. C.	护舒宝	洁婷
份额/%	14.75	13.23	12.35	12.19	7.60
华东地区	苏菲	护舒宝	安尔乐	七度空间	娇爽
份额/%	16.25	14.70	9.03	6.37	5.59
中南地区	A. B. C.	七度空间	苏菲	洁婷	安尔乐
份额/%	14.79	13.11	12.16	10.50	9.46
西南地区	A. B. C.	七度空间	苏菲	护舒宝	安尔乐
份额/%	16.82	16.01	13.75	10.01	7.90
西北地区	护舒宝	洁婷	安尔乐	苏菲	A. B. C.
份额/%	17.47	14.06	11.31	10.07	7.43

附表 3　各地区市场销售量前 5 名纸尿裤品牌及其份额

华北地区	帮宝适	安儿乐	妈咪宝贝	好奇	安而康
份额/%	29.85	23.97	21.81	8.75	5.80
东北地区	妈咪宝贝	帮宝适	安儿乐	好奇	安而康
份额/%	23.12	21.67	19.60	10.67	5.65
华东地区	帮宝适	好奇	安儿乐	妈咪宝贝	嘘嘘乐
份额/%	19.66	16.40	14.97	12.74	8.03
中南地区	帮宝适	安儿乐	妈咪宝贝	好奇	嘘嘘乐
份额/%	35.35	18.36	18.19	9.60	5.58
西南地区	帮宝适	妈咪宝贝	好奇	安儿乐	安而康
份额/%	32.06	28.13	18.79	14.79	1.99
西北地区	帮宝适	安儿乐	妈咪宝贝	好奇	可靠
份额/%	30.93	27.93	17.78	7.53	5.34

Overview and prospects of the China disposable hygiene products industry

Ms. Jiang Manxia, Ms. Sun Jing, Ms. Zhang Yulan, CNHPIA

In 2012, in face of the declining growth of worldwide entities and exposure of various risks, Chinese government made reasonable policies and reversed the economic downturn to maintain fast and steady economic development. The GDP reached 51.9 trillion yuan, up 7.8% than 2011. Domestic demand continued to grow. The total retail sales of social consumer goods reached 21, 030.7 billion yuan, up 14.3% than 2011. The actual growth rate was 12.1% deducting the influence of price factor.

In 2012, the domestic disposable hygiene products market (including absorbent hygiene products and wet wipes) kept increasing. Although influenced continuously by the slow recovery of U.S. economy downturn and European debt crisis, the foreign trade market still increased fast. The consumption of various hygiene products greatly increased than 2011, especially baby diapers and adult incontinences. In 2012, the market size (total market sales revenue) of absorbent hygiene products was about 55.1 billion yuan, up 18.8% than 2011.

Among the total sales revenue of absorbent hygiene products, feminine hygiene products accounted for 51.8%, baby diapers accounted for 39.9%, adult incontinences accounted for 4.0%. In 2012, the share of feminine hygiene products dropped than 2011, while the share of baby diapers and adult incontinences slightly increased. This shows the product structure is developing in the direction of the mature market.

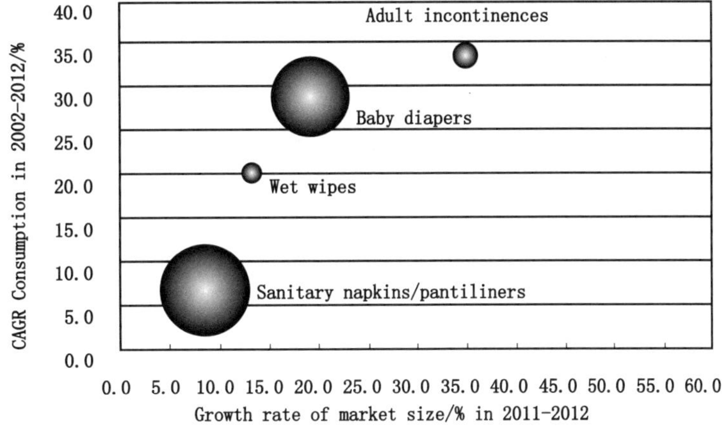

Figure 1 Market Size and Growth Rate of China Disposable Hygiene Products Industry in 2012

1 Market Size

1.1 Feminine Hygiene Products

In 2012, the feminine hygiene products market continued to grow rapidly. According to the statistics by the China National Household Paper Industry Association (CNHPIA), the output of sanitary napkins was about 75.81 billion pieces and the sales volume was 68.23 billion pieces. The producers' sales revenue was about 19.38 billion yuan (calculated in accordance with average producer price, that is, 0.284 yuan/pcs). The consumption volume was 61.41 billion pieces. The market penetration rate was 91.3%. The output of pantiliners was 34.38 billion pieces and the sales volume was 31.9 billion pieces. The producers' sales revenue was about 3.16 billion yuan (calculated in accordance with average producer price, that is, 0.099yuan/pcs). The consumption volume was about 29.83 billion pieces. The market penetration rate was 10.5%. In 2012, the total producers' sales revenue of sanitary napkins/pantiliners in China was about 22.54 billion yuan.

The market size was about 28.55 billion yuan (calculated in accordance with average increase rate of retail price is 40%), up 8.6% than 2011.

Table 1 Output and Consumption of Feminine Hygiene Products in China in 2012

	2012	2011	Growth rate/%
Sanitary napkins			
Output/100 million pcs	758.1	717.0	5.7
Producers' sales volume/100 million pcs	682.3	646.0	5.6
Producers' sales revenue/100 million yuan	193.8	177.6	9.1
Consumption/100 million pcs	614.1	581.0	5.7
Market penetration rate/%	91.3	86.8	5.2
Pantiliners			
Output/100 million pcs	343.8	338.0	1.7
Producers' sales volume/100 million pcs	319.0	314.0	1.6
Producers' sales revenue/100 million yuan	31.6	29.8	6.0
Consumption/100 million pcs	298.3	294.0	1.5
Market penetration rate/%	10.5	9.9	6.1
Sanitary napkins/ Pantiliners (total)			
Output/100 million pcs	1101.9	1055.0	4.4
Producers' sales volume/100 million pcs	1001.3	960.0	4.3
Producers' sales revenue/100 million yuan	225.4	207.4	8.7
Consumption/100 million pcs	912.4	875.0	4.3
Market size/100 million yuan	285.5	262.8	8.6

Notes: 1. Calculation basis for market penetration rate: to make it easier for the comparison with past years, the market penetration rate in 2012 is still calculated by the average per capita usage of 180pcs of sanitary napkins each year for women at the age of 15-49. With the improvement of living standard and the enhancement of sanitary knowledge, the real average per capita usage may reach 200-240pcs per year. Actually the age range of women's physiological period should be adjusted to the age of 12-50 due to early menarche and menopause delay. As a result, the market penetration rate in the table could be higher than the actual situation. The pantiliner usage is calculated by the average capita usage of 800pcs/year for women at the right age.

2. According to the data by the National Bureau of Statistics, by the end of 2012, the total population was 1.35404 billion. It is estimated that the female population at the age of 15-49 was about 373.6 million.

1.2 Baby Diapers

In 2012, the market of baby diapers continued to grow with rapid speed. According to the statistics of the CNHPIA, the total output reached 22.55 billion pieces. The total sales volume (including exports) was 21.24 billion pieces. The total consumption volume was 20.41 billion pieces, among which baby diapers (open and pant type) 15.92 billion pieces and baby diaper pads 4.49 billion pieces. The total producers' sales revenue was about 16.42 billion yuan (calculated on producer price: 0.846 yuan/pcs for baby diaper and 0.50 yuan/pcs for baby diaper pad). The market size reached 22.0 billion yuan (calculated on average increase rate of retail price is 40%), up 19.2% over the previous year.

The consumption volume of baby diapers increased 14.2% than 2011. Baby diapers (open and pant type) went up by 17.9% and baby diaper pads had an up by 2.8%. The market penetration rate increased from 39.1% in 2011 to 44.3% in 2012.

Table 2 Output and Consumption of Baby Diapers in 2012

	2012	2011	Growth rate/%
Baby diapers			
Output/100 million pcs	178. 2	148. 4	20. 1
Producers' sales volume/100 million pcs	167. 5	142. 5	17. 5
Producers' sales revenue/100 million yuan	141. 7	118. 3	19. 8
Consumption/100 million pcs	159. 2	135. 0	17. 9
Baby diaper pads			
Output/100 million pcs	47. 3	47. 1	0. 4
Producers' sales volume/100 million pcs	44. 9	44. 6	0. 7
Producers' sales revenue/100 million yuan	22. 5	20. 5	9. 8
Consumption/100 million pcs	44. 9	43. 7	2. 8
Baby diapers/Baby diaper pads (in total)			
Output/100 million pcs	225. 5	195. 5	15. 4
Producers' sales volume/100 million pcs	212. 4	187. 1	13. 5
Producers' sales revenue/100 million yuan	164. 2	138. 8	18. 3
Consumption/100 million pcs	204. 1	178. 7	14. 2
Market penetration rate/%	44. 3	39. 1	13. 3
Market sales revenue/100 million yuan	220. 0	184. 6	19. 2

Notes: 1. According to the data by the National Bureau of Statistics, by the end of 2012, the total population was 1. 35404 billion and the population of babies at the age of 0 – 2 was 41. 98 million.

2. Calculation basis for market penetration rate: the average usage of diapers for 0 – 2 years old baby is calculated as 3 pieces per day considering the Chinese family tends to be thrifty (the following situations are common: baby older than 2 years does not use diapers, disposable diaper and cloth diapers are used together, diapers are not used at summer, only used during night and go out time).

1. 3 Adult Incontinences

Adult incontinences mainly include adult diapers (open and pant type adult diapers/diaper pads) and under pads. Because of the very large portion of exports and foreign trade processing of adult incontinences, the market is greatly influenced by the global economic environment and social factors. The export business changes significantly. In 2012, the export volume of adult diapers and adult diaper pads substantially increased than 2011. However, the export volume of under pads apparently decreased. The domestic consumption of adult diapers and adult diaper pads continued to show significant growth.

According to the statistics by the CNHPIA, in 2012, the output of adult incontinences was about 1. 278 billion pieces. The sales volume was 1. 166 billion pieces. The producers' sales revenue was 1. 839 billion yuan (calculated on 1. 89 yuan/pcs for adult diapers and 0. 88 yuan/pcs for diaper pads). The export volume of adult incontinences was about 0. 369 billion piece and the consumption volume was about 0. 797 billion pieces. The output of under pads was about 0. 726 billion pieces and the sales volume was about 0. 646 billion pieces. The producers' sales revenue was about 0. 556 billion yuan (calculated on 0. 86 yuan/pcs). The export volume of under pads was about 0. 233 billion pieces and the consumption was about 0. 414 billion pieces. The aggregate producers' sales revenue of adult incontinences was about 2. 395 billion yuan. The market size was about 2. 205 billion yuan (calculated on average retailing price: 2. 2 yuan/pcs for adult diapers/diaper pads; 1. 09 yuan/pcs for under pads). In 2012, the market size of adult incontinences increased by 34. 8% than 2011.

Table 3 Output and Consumption of Adult Incontinences in 2012

	2012	2011	Growth Rate/%
Adult Diapers			
Output/100 million pcs	8.92	6.44	38.5
Producers' sales volume/100 million pcs	8.03	6.18	29.9
Producers' sales revenue/100 million yuan	15.20	11.80	28.8
Export volume/100 million pcs	2.49	2.04	22.1
Consumption/100 million pcs	5.54	4.13	34.1
Adult Diaper Pads			
Output/100 million pcs	3.86	2.93	31.7
Producers' sales volume/100 million pcs	3.63	2.87	26.5
Producers' sales revenue/100 million yuan	3.19	2.24	42.4
Export volume/100 million pcs	1.20	0.69	73.9
Consumption/100 million pcs	2.43	2.18	11.5
Adult Diapers/Adult Diaper Pads (total)			
Output/100 million pcs	12.78	9.37	36.4
Producers' sales volume/100 million pcs	11.66	9.05	28.8
Producers' sales revenue/100 million yuan	18.39	14.04	31.0
Export volume/100 million pcs	3.69	2.73	35.2
Consumption/100 million pcs	7.97	6.31	26.3
Market sales revenue/100 million yuan	17.53	12.62	38.9
Under Pads			
Output/100 million pcs	7.26	7.57	-4.1
Producers' sales volume/100 million pcs	6.46	6.74	-4.2
Producers' sales revenue/100 million yuan	5.56	5.46	1.8
Export volume/100 million pcs	2.33	2.96	-21.3
Consumption/100 million pcs	4.14	3.77	9.8
Market sales revenue/100 million yuan	4.51	3.74	20.7
Incontinences (total)			
Output/100 million pcs	20.04	16.94	18.3
Producers' sales volume/100 million pcs	18.12	15.79	14.8
Producers' sales revenue/100 million yuan	23.95	19.50	22.8
Consumption/100 million pcs	12.11	10.08	20.1
Market size/100 million yuan	22.05	16.36	34.8

In 2012, the consumption volume of adult incontinences increased by 20.1% than 2011, among which adult diapers had an up by 26.3% and under pads had an up by 9.8%. In the total consumption calculated on pieces, adult diapers occupied 45.7%, adult diaper pads accounted for 20.1% and under pads accounted for 34.2%. In export market, the export volume of adult diapers increased by 22.1% in 2012, adult diaper pads increased by 73.9%. But the export volume of under pads lowered by 21.3% than 2011.

1.4 Hygiene Products for Pets

In 2012, the output of the hygiene products for pets (including pet diapers and pet mats) was about 1.55 billion pieces. The producers' sales revenue was nearly 0.8 billion yuan. More than 90% were converting for exports trade, most of which were pet mats. The products were mainly exported to Japan, Europe, America, etc. Export volume increased year by year.

1.5 Wet Wipes

Similar to adult incontinences, exports and foreign trade processing business of wet wipes also occupies a very large portion. According to the statistics by the CNHPIA, in 2012, the output of wet wipes was about 29.52 billion pieces and the sales volume was about 28.25 billion pieces. The export volume was 13.13 billion pieces or so, which increased by 20.2% than 2011. The consumption was about 15.11 billion pieces, up 10.9% than 2011. The producers' sales revenue was about 2.06 billion yuan (calculated on 0.073 yuan/pcs), up 19.8% than 2011. The market size (market sales revenue) was about 1.54 billion yuan (calculated on 0.102 yuan/pcs), up 13.2% than 2011.

Table 4 The Output and Consumption of Wet Wipes in 2012

	2012	2011	Growth rate/%
Output/100 million pcs	295.2	256	15.3
Sales Volume/100 million pcs	282.5	246	14.8
Exports Volume/100 million pcs	131.3	109.2	20.2
Consumption/100 million pcs	151.1	136.3	10.9
Producers' Sales Revenue/100million yuan	20.6	17.2	19.8
Market Size/100 million yuan	15.4	13.6	13.2

2 Major Manufacturers and Brands

2.1 Feminine Hygiene Products

The feminine hygiene products market in China is still composed of many manufacturers. According to the statistics by the CNHPIA, by the end of 2012, there are 916 manufacturers in registration, with 206 ones more than 2011. They are mainly located in Fujian, Guangdong, Hebei, Shandong, Jiangsu, Zhejiang, Tianjin, etc. However, there are few national brands. The brand concentration in the high-grade market is very high.

In 2012, the sales revenue of top 15 feminine hygiene products occupied about 86.2% among the total in China. The industry concentration rate is higher than 2011. The national brands include An Erle, Whisper, Sofy, Kotex, Stayfree, Laurier, ABC, etc. The leading manufacturers are mainly located in the areas of Shanghai, Guangdong, Fujian, etc. The outstanding local brands include Haoshushuang, Jieting, Neat&Soft, Jieling, etc. According to marketing research company, Sinomonitor[1], the market share of top 3 feminine sanitary napkin brands are Whisper, Sofy and Space 7. And Whisper, ABC and Sofy top the list of consumer loyalty.

Table 5 shows the top 15 female hygiene products manufacturers. The ranking is only for your reference, because the output and sales revenue of multinationals such as P&G, Unicharm, Johnson&Johnson, etc. are not available and the data provided by domestic companies cannot be verified.

Table 5 Top 15 Feminine Hygiene Products Manufacturers in 2012 (on Sales Revenue)

Num.	Company	Brand	Output(sanitary napkins + pantiliners) / (100 million pcs/year)
1	Fujian Hengan Group Co., Ltd.	An Erle, Anle	77.83 + 40.38
2	Procter & Gamble (China) Co., Ltd.	Whisper, Naturella	
3	Unicharm Consumer Products (China) Co., Ltd.	Sofy	

续表

Num.	Company	Brand	Output(sanitary napkins + pantiliners) / (100 million pcs/year)
4	Kingdom Marketing Service Co., Ltd.	ABC, Litter Sister, EC	30 +20. 5
5	Fujian Hengli Group Co., Ltd.	Hao Shushuang, Shushuang	71. 8 +23
6	Jiangsu Sanxiao Group Co., Ltd.	Xiaoshuang	20. 7 +9. 7
7	Tianjin Little Nurse Industry & Commerce Development Co., Ltd.	Little Nurse	47. 6 +16. 19
8	Hangzhou Credible Sanitary Products Co., Ltd.	Keyue, Yuemanhao, Ya Ni Na	21. 5 +19. 2
9	Kimberly-Clark (China) Co., Ltd.	Kotex, Comfort&Beauty	12. 25 +19. 87(including products for light incontinences)
10	Johnson & Johnson (China) Ltd.	Stayfree	
11	Chongqing Beyou Sanitary Products Co., Ltd.	Neat&soft, Freemore	18. 8 +5. 5
12	Shanghai Foliage Industry Co., Ltd.	Foliage	24. 35 +26. 76
13	Kao Corporation Shanghai Co., Ltd.	Laurier	7. 8 +0. 8
14	Yimoo Women Necessities Co., Ltd.	Yimoo	13. 68 +13. 14
15	Hubei C - BONS Co., Ltd.	Jieting, Jietingbeirou	8. 88 +1. 45

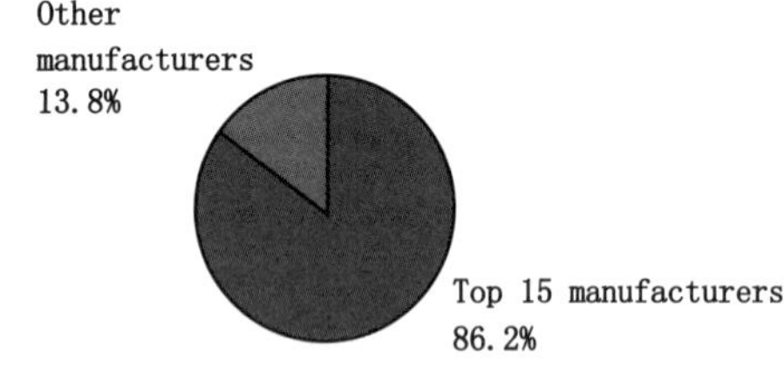

Figure 2 Market Share of Top 15 Feminine Hygiene Products Manufacturers (on Sales Revenue)

Hengan Group is a large leading manufacturer of personal hygiene products in China. In 2012, the company kept investing to develop new products, optimizing product mix and enhancing brand popularity. Its feminine hygiene products business continued to grow rapidly. The sales revenue of sanitary napkins and pantiliners had increased by about 19. 5%, occupying about 26. 5% of the Group's whole sales revenue, much higher than the average growth rate of the market. The declining price of petrochemical raw material and fluff pulp in 2012 partially offset production cost pressure. It also took measures by strengthening the cost control and continuing to increase the sales proportion of medium and high grade products, and launched Space 7 Princess Series at the end of June 2012. Its gross profits of sanitary napkins/pantiliners grew to about 65. 8% [2].

In 2012, other companies with great sales revenue growth were as follows: Kingdom up 42%, Hengli up 37%, Foliage up 19. 5%, Credible up 11. 2%, Beyou up 56%, Kao up 11%. Besides, considering accelerated building of new plants, it is supposed that the foreign companies like P&G, Unicharm, etc. had also gained significant growth. And the exact data is not available.

2. 2 Baby Diapers

The baby diaper market in China is occupied by many manufacturers. According to the statistics by the CNHPIA, by the end of 2012, there were 640 registered baby diaper manufacturers, with 131 over the previous year. They are located mainly in the areas of Fujian, Guangdong, Shandong, Zhejiang, Shanghai, etc. But there were few national brands and the brand concentration was high. The famous brands include Pampers, Mami Poko, Huggies, An Erle, Sealer, etc. According to the research by the CNHPIA, the top 10 baby diaper manufacturers occupied about 81. 4% of total sales revenue, with 2% down than 2011. This is mainly because the new players in recent years affected the market of medium and low grade products.

Table 6 shows the top 10 baby diaper manufacturers. The ranking is only for reference, because the output and sales revenue of multinationals such as P&G, Unicharm, etc. are not available and the data provided by domestic companies cannot be verified.

Table 6 Top 10 Baby Diaper Manufacturers in 2012 (mainly on Sales Revenue)

Num.	Company	Brands	Output (baby diapers + baby diaper pads)/(100 million pcs/year)
1	Procter & Gamble (China) Ltd.	Pampers	
2	Uni-Charm Consumer Products (China) Co., Ltd.	Mami Poko	
3	Fujian Hengan Group Co., Ltd.	An Erle	19.3 +7.7
4	Kimberly - Clark (China) Co., Ltd.	Huggies	4 (most made in Korea)
5	Chiaus (Fujian) Industrial Development Co., Ltd.	Chiaus	6.5 +5.2
6	AAB Group (China) Co., Ltd.	Mignon Baby	14.6 +3.4
7	Daddybaby Co., Ltd.	Daddybaby	6 +2.8
8	Fujian Hengli Group Co., Ltd.	ShuangErbao	8.36 +2.57
9	Guangdong Baishun Paper Products Co., Ltd.	YINYIN	4.9 +2.1
10	Guangdong Yusheng Hygiene Products Co., Ltd.	DRESS, D - SLEEP BABY	3.0 +2.7

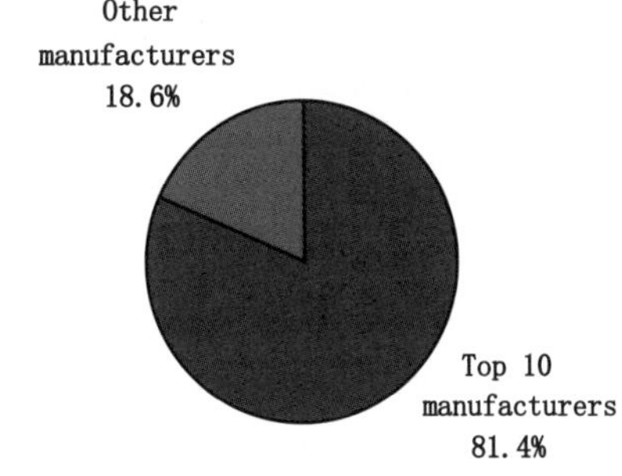

Figure 3 Market Share of Top 10 Baby Diaper Manufacturers (on Sales Revenue)

Procter & Gamble, Unicharm and Hengan Group are now the largest baby diaper manufacturers in China. According to Nielsen[3], Procter & Gamble's Pampers, Unicharm's Mami Poko and Hengan's An Erle enjoy the top 3 brands on the overall market.

In 2012, the baby diapers sales revenue of Hengan Group slightly decreased by 1.4% and accounted for 14.5% of the Group's total revenue. Hengan's diaper business growth was not satisfactory mainly because international competitors continued to develop in second and third tier cities, leading to sales revenue of medium and high grade products increased only about 8.0%. On the other hand, small-and medium-size enterprises launched many promotions by taking advantage of declining price of raw material. These factors also affected the sales of diaper business of Hengan, nearly down 20% than previous year. Because lowering price of fluff pulp and petrochemical products and increasing medium and high grade products sales, the gross profit rate of its diapers grew to about 42.9%.

In 2012, many other companies saw apparent sales growth, such as AAB, Hengli, Daddybaby and Yusheng, etc. As the influence of new players to high grade market was small, P&G and Unicharm both had rapid growth based on the speeding up of new plants construction and market feedbacks. But the specific data is not available.

2.3 Adult Incontinences

According to the statistics by the CNHPIA, there were about 362 registered adult incontinences manufacturers by the end of 2012, with 65 more than 2011, mainly located in Fujian, Jiangsu, Tianjin, Guangdong, Shandong, Hebei, Shanghai, Zhejiang, etc. In 2012, the manufacturers with higher sales revenue growth were as follows: Zhenqi, up 15.6%,

Shutai, up 13.6%, Mimosa, up 30.4%, Beishute, up 43.2%, AAB, up 95.3%, Yusheng, up 25.5%, Welfare, up 118.8%.

Table 7 shows the top 10 adult incontinences manufacturers. The ranking is only for reference, because the data, which also include OEM and export volume, provided by domestic companies cannot be verified.

Table 7 Top 10 Adult Incontinences Manufacturers in 2012 (Mainly on Sales Revenue)

Num.	Company	Brands	Capacity/million pcs/year
1	Hangzhou Zhenqi Sanitary Products Co., Ltd.	Zako	2.5 (diapers) + 1.3 (diapers pad) + 1.7 (under pads)
2	Hangzhou Haoyue Industrial Co., Ltd.	White cross, Huiquan	1.2 (diapers) + 0.5 (diapers pad) + 0.5 (under pads)
3	Hangzhou COCO Healthcare Products Co., Ltd.	COCO	0.7 (diapers) + 0.15 (diapers pad) + 1.53 (under pads)
4	Heze Rikang Hygiene Products Co., Ltd.	Bangdaren, Rikang	2.32 (diapers) + 1.28 (diapers pad) + 1.0 (under pads)
5	Hangzhou Shutai Sanitary Products Co., Ltd.	Kidsyard, Kindsure	0.9 (diapers) + 0.1 (diapers pad) + 0.7 (under pads)
6	Mimosa Health Technology Co., Ltd.	Mimosa	0.86 (diapers) + 0.11 (diapers pad) + 0.15 (under pads)
7	Fujian Hengan Group Co., Ltd.	ElderJoy	0.5 (diapers) + 0.5 (diapers pad) + 0.5 (under pads)
8	Tianjin Yifei Sanitary Co., Ltd.	Hope on, Bangyiba, Jiujiuankang	0.8 (diapers) + 0.72 (diapers pad) + 0.24 (under pads)
9	Beijing Beishute Maternity & Child Articles Co., Ltd.	Beishute	1.2 (under pads)
10	AAB Group (China) Co., Ltd.	Coaicom	1.2 (diapers)

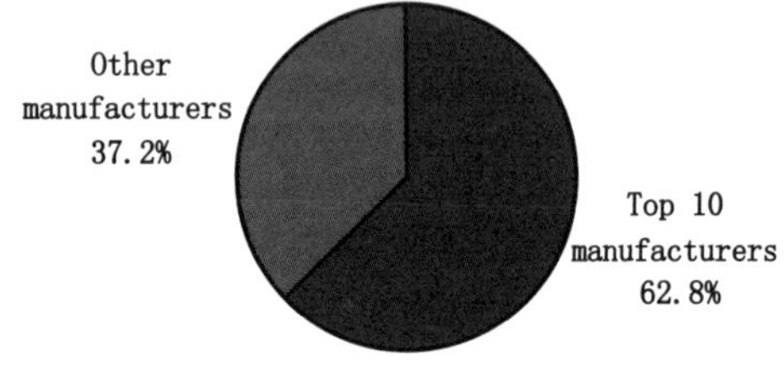

Figure 4 Market Share of the Top 10 Adult bntinences Manufacturers (by Sales Revenue)

2.4 Hygiene Products for Pets

There were 72 pet hygiene products manufacturers registered according to the statistics by CNHPIA by the end of 2012. They are mainly located in Jiangsu, Zhejiang, Tianjin, Guangdong, Shanghai, Anhui, Liaoning, Shandong, Fujian, Hebei, Henan, etc.

Table 8 Major Manufacturers of the Hygiene Products for Pets in 2012 (No Ranks)

Company	Capacity/(100 million pcs/year)
Beijing Beishute Maternity & Child Articles Co., Ltd.	0.5
Tianjin Yiyi Hygiene Products Co., Ltd.	12.6
Dalian Iris Commodity Co., Ltd.	about 2
Shanghai Welfare Group Co., Ltd.	0.8
Jiangsu Zhongheng Pets Articles Co., Ltd.	2
Taizhou Far East Paper Co., Ltd.	0.65
Goodbaby Bairuikang Hygienic Products Co., Ltd.	0.05
Hangzhou Haoyue Industrial Co., Ltd.	0.4
Hangzhou COCO Healthcare Products Co., Ltd.	0.96
Dongguan AALL & ZYLEMAN Baby Goods Ltd.	0.04

2.5 Wet Wipes

According to the CNHPIA, by the end of 2012, there were 566 registered wet wipes manufacturers, with 53 over the previous year. They are mainly located in Zhejiang, Guangdong, Jiangsu, Shanghai, Fujian, Shandong, Liaoning, Beijing, etc. However, there are few national brands. The market concentration is relatively high. Many companies do the OEM for other domestic companies, retailers or foreign companies.

In 2012, the wet wipes manufacturers with great sales revenue growth were as follows: Shanghai American, up 23.1%, Tongling Jyair, up 20%, Kingdom, up 47%, Anrou, up 17.3%.

Table 9 Top 10 Wet Wipes Manufacturers/Brands in 2012 (Mainly on Sales Revenue)

No.	Company	Brands	Capacity/ (billion pcs/year)
1	Shanghai American Hygienics Co., Ltd.	Cuddsies, Kaidexin	10.6
2	Johnson & Johnson (China) Ltd.	Johnson & Johnson	OEM
3	Tongling Jyair Aviation Necessities Co., Ltd.	Aini, Xicaca, Haha	6.0
4	Fujian Hengan Group Co., Ltd.	Mind Act Upon Mind	6.179
5	Chongqing Treasure Hygiene Products Co., Ltd.	Treasure	about 4.0
6	Nan Liu Enterprise (Pinghu) Co., Ltd.	OEM	3.42
7	Shenzhen Vinner Health Products Co., Ltd.	Vinner	about 1.5
8	Kingdom Marketing Service Co., Ltd.	ABC, EC	1.2
9	Kang Na Hsiung Enterprise (Shanghai) Co., Ltd.	Carnation	3.8
10	Shenzhen Kangya Industrial Co., Ltd.	Wetclean, Softclean	about 6.5

3 Active Export Trade

The foreign trade of disposable hygiene product keeps active. In 2012, China adjusted Customs codes, and the disposable hygiene products (including sanitary napkins, baby diapers, adult incontinences, under pads, tampons, pet mats, airlaids, etc.) code are 48189000, 96190010, 96190020 and 96190090.

According to the data from the Customs (Table 10), the export volume of disposable hygiene products in 2012 increased by 11.78% than 2011. The companies with large growth in baby diaper exports volume in 2012 were as follows: Daddybaby, up 18.2%, Anrou, up 10.1%, Hangzhou Shutai, up 30%, Hangzhou COCO, 38.1%, Taizhou Far East, up 10%, Shantou Jicheng, up 10%. The companies with large growth in adult incontinence product exports volume in 2012 were as follows: adult diaper of AAB increased twice as much as previous year, Beishute's under pads, up 89.7%. In addition, the exports volume of pet mats of Tianjin Yiyi and Hangzhou Haoyue also increased rapidly.

Table 10 Exports of Disposable Hygiene Products in 2012

Commodity number	Commodity name	Value/US $	Volume/tons	Compared with the same time of 2011/%	
				Value	Volume
Disposable hygiene products total		1143107302	342042. 374	17. 22	11. 78
48189000	Other family, hygiene or hospital products made from pulp, paper, etc.	132738768	60894. 593	109. 59	84. 11
96190010	Diapers and cloth nappies made from any materials	611806441	190608. 824		
96190020	Sanitary napkins (pantiliners) and tampons made from any materials	327037131	65822. 377		
96190090	Diaper liners made from any materials and similar products	71524962	24716. 580		
Wet wipes total		226306664	118843. 544	34. 66	21. 59
34011990	Wet wipes	226306664	118843. 544	34. 66	21. 59

According to the data from the Customs, based on the export volume of disposable hygiene products, the top 10 exporters in 2012 are (in Table 11) as follows: USA, Philippines, Ghana, Angola, Japan, China Hong Kong, India, China Taiwan, Korea, Pakistan. The top 20 exporters are listed in Table 11.

Table 11 Top 20 Disposable Hygiene Products Exporters in China in 2012 (on Export Volume)

Num.	Company Name
1	Hangzhou COCO Healthcare Products Co., Ltd.
2	Dalian Iris Commodity Co., Ltd.
3	Hangzhou Zhenqi Sanitary Products Co., Ltd.
4	Tianjin Yiyi Hygiene Products Co., Ltd.
5	Guangzhou Procter & Gamble Co., Ltd.
6	Fujian Hengan Group Xiamen Trade Co., Ltd.
7	Mega Soft (Fujian) Hygiene Products Co., Ltd.
8	Kimberly – Clark Beijing Plant
9	G. T. Paper (Fujian Putian) Co., Ltd.
10	Fiberweb (China) Airlaid Co., Ltd.
11	Shishi Longzheng IMP. & EXP. Co., Ltd.
12	U – play Corporation
13	Fujian AAB Consumer Products Co., Ltd.
14	Hangzhou Haoyue Industrial Co., Ltd.
15	Dongguan AALL & ZYLEMAN Baby Goods Ltd.
16	Zhejiang Medicine & Health Products IMP&EXP Co., Ltd.
17	Kunshan Yide Hardware Industry Co., Ltd.
18	Suzhou Sunning Underpad Co., Ltd.
19	Jiangsu Zhongheng Pets Products Co., Ltd.
20	Beijing Beishute Maternity & Child Articles Co., Ltd.

The foreign trade of wet wipes developed fast in 2012. As shown in table 10, the export volume of item under commodity number 34011990 (wet wipes) increase by 21. 59% in 2012 than 2011. The top 10 export destinations in turn are as follows: USA, Japan, Australia, Britain, Korea, China Hong Kong, New Zealand, Philippines, South Africa and Netherland. The top 20 exporters in 2012 are in Table 12.

Table 12 Top 20 Wet Wipes Exporters in China in 2012 (on Export Volume)

Num.	Company Name
1	Haso Sanitary Material (Suzhou) Co., Ltd.
2	Tongling Jyair Aviation Necessities Co., Ltd.
3	Yangzhou Perfect Daily Chemicals Co., Ltd.
4	Nox – Bellcow (Zhongshan) Nonwoven Chemical Co., Ltd.
5	Zhangjiagang Asia Pacific Consumer Products Co., Ltd.
6	Shanghai Shenhong Economic Relation & Trade Co., Ltd.
7	China Zhejiang International Economic & Technical Cooperation Co., Ltd.
8	Foshan Shunde Soshio Wet Tissue Co., Ltd.
9	Qinxin (Shanghai) Hygiene Products Co., Ltd.
10	Hangzhou Guoguang Touring Commodity Co., Ltd.
11	Nan Liu Enterprise (Pinghu) Co., Ltd.
12	Suzhou Borage Daily Chemicals Co., Ltd.
13	Zhejiang GreenFace Housewares Co., Ltd.
14	Dalian Sun Daily Supplies Co., Ltd.
15	Hangzhou Xiaoshan Import and Export Trading Co., Ltd.
16	Wuxi Walla INT' L Trading Co., Ltd.
17	Hebei Yihoucheng Commodity Co., Ltd.
18	Lin' an Thumb Cleaning Products Co., Ltd.
19	Harbin Jinhua Co., Ltd.
20	Dalian Yuhe Special Paper Co., Ltd.

4 Market Change and Development Characteristics

4.1 Feminine Hygiene Product

4.1.1 Multinational Brands Still Play Dominant Role in the High-grade Market

In 2012, high-grade sanitary napkin and pantiliner market is mainly occupied by multinationals' brands. They include Whisper of Procter & Gamble, Sofy of Unicharm, Stayfree of Johnson & Jonhson, Laurier of Kao Corporation, Kotex of Kimberly-Clark, etc. Multinationals take up most market share of the high-grade product, relying on strong investment in advertisement and R&D advantages.

In 2012, the new factory of Unicharm in Tianjin was still under construction and one of sanitary napkin production plant as part of the first phase of the project was put into operation in 2013. Another one is planned to run in 2014. The capacity of feminine hygiene products will continue to expand. The new factory of Unicharm in Jiangsu has started to build in Nov. 2012, and will put into production in 2014.

4.1.2 Market Sales Revenue Keeps Growing

Currently, the feminine products market in China has entered mature period and highly concentrated. The trend of market consolidation became clear and only the fittest can survive in the market. The increase of market supply was mainly caused by the capacity expansion of medium and large manufacturers. Compared with the global average growth rate (2% - 3%), China is still the rapidly growing market. One reason is that China has entered a moderately prosperous society. The market continued to expand into the third tier and fourth tier cities and countries and towns. Another reason is that large cities such as Shanghai and Beijing have reached the middle developed countries level. The average per capita usage of sanitary napkins has increased, because women change sanitary napkins more frequently in the menstrual period. Meanwhile due to the request of product quality is higher and higher, the demand of premium high-grade and diversified products have also increased. In 2012, the sales revenue growth rate of sanitary napkins/pantiliners was about 8.6%, mainly due to the increasing of sales volume and proportion of high value-added products.

In 2012, declining price of the raw materials caused greater profit to the business. Big enterprises obviously have more advantage to compete with others and expand market share. Although some medium and small-size companies encountered difficulty in the fierce market competition, some other medium-size enterprises enjoyed steady growth of sales revenue by developing regional brands or exploiting overseas market. For instance, Yunnan Qingyitang, up 20%; Beishute, up 18%, AAB, up 35%, SUN'O, up 42%, Welfare, up 16%, Miaoya, up 21%, Yiyi, up 22%, Guangdong Magic, up 25% etc.

4.1.3 Products Innovation and Trend of Thinner Products

Because of the consumption level improvement and office ladies' need, wing sanitary napkins have almost replaced straight ones. Only a few amounts of straight sanitary napkins are sold to countryside and western undeveloped areas. Ultra-thin sanitary napkin accounted for more than 50%. According to Nielson[4], in 2012, ultra-thin sanitary napkin is the fastest growth category among feminine hygiene products.

Through further subdivision, sanitary napkins are endowed differential characters and added value to change product similarity. Moreover, innovations in product comfort, function, fashion and package are also emphasized.

In 2012, Unicharm launched its Sofy Body-Affix Super Slim sanitary napkins with its only 0.1cm ultra thin core. At the end of June, Hengan introduced its Space 7 Princess Series, and upgraded its product An Erle by improving product structure with a unique design of butterfly wings, colorful and breathable film and a dumbbell-shaped efficient blue core. In 2012, Tianjin Litte Nurse launched T wing sanitary napkin, and will introduce an ultra thin one in 2013, which is quite small after folding. People cannot tell what is in it from package, therefore avoiding embarrassment. It's very suitable for young girls.

4.1.4 Evolution of Distribution Channel

Currently, the distribution channels of feminine

hygiene products include traditional (dealer, agent, wholesaler, etc.), modern (marketplace, supermarket, grocery store, convenience store) and new distribution channels (online shops, maternal and baby shops). According to Nielsen[5], in 2012, modern channels mattered more to female hygiene products. Nearly 70% of feminine hygiene products come from this kind of channel. In 2012, Sofy became the first among hygiene products sold in modern channel.

4.2 Baby Diaper

4.2.1 Market Keeps Rapid Growing

In 2012, baby diapers appeared in a situation of rapid growth. With the increase of income, Chinese parents spend more and more money on their children. The domestic consumption demands for baby diapers obviously increased and baby diaper market keeps rapid growth. In 2012, the market penetration rate of baby diapers reached 44.3%. Besides the top 10 enterprises, the sales revenue of many medium-size companies also surged, for example, Shutai went up by 81.6%, COCO 29.4%, MegaSoft 28%, Changxing 30%, Beyou 119%, Guangdong Magic 38.7%, Miaoya 29.6%, Hengfeng 30%.

4.2.2 Investment Projects Increase

The vigorous development of baby diaper market and huge market not only promoted the investment of global brands in China but also attracted large-scale investment from many domestic enterprises including enterprises from other industries.

In March 2012, P&G started the construction of its new production base in Guangzhou Knowledge City. The new factory is expected to be finished and put into operation in the second half of 2013. In June 2012, one of the baby diaper production workshops, the first phase of Unicharm project in Xiqing district of Tianjin, was put into production. The other one was put into operation in 2013. In November, the fifth factory of Unicharm in China started construction in Jiangsu province and will begin operation in 2014. In August 2012, the mill of Kao in Hefei was completed and will go to production in 2013. In April 2013, Kimberly-Clark's world-class diaper production base in Jiangning Developing Area of Nanjing started to produce Huggies diapers and Huggies pull-ups etc. In March 2012, Japan Pigeon decided to invest new baby diaper production line, and the construction will be finished in 2013 with capacity of 85 million psc year.

The domestic enterprises, including Hengan, Guangdong Baishun, Chiaus, Fujian AAB, Daddybaby, Yusheng, Shutai are also increasing the investment on baby diapers. Meanwhile, many well-known domestic tissue paper enterprises have set foot in the diaper industry, such as Vinda and Dongshun.

4.2.3 Competition Becomes Fiercer

The market potential of baby diapers is huge in China. But in recent years, overheated investment, especially the entry of many small and medium enterprises made the low grade products oversupply in this period, leading to fierce competition, especially in the middle and low-end market. By taking advantage of the declining price of raw material in 2012, many small companies launched a lot of sales promotions, therefore, the price war made the competition further intensified.

4.2.4 Product Innovation

In 2012, many major brands launched their medium and high grade products, and enhanced and enriched such products by upgrading and bringing new ideas: Mami Poko introduced strip surface layer, featuring dry and quickly absorbent performance. P&G's Pampers features its absorbency, promoting its concept of sound sleep. K-C's Huggies also increasingly upgraded its surface layer to produce softer and quicker absorbent product. Meanwhile, domestic brands such as Howdge, Yinyin continued to upgrade products and seize market share.

In September 2012, Hengan realized to upgrade its second generation of Ultra-Absorbent diapers which solved the problems of allergy and leakage of urine. In 2012, Daddybaby launched two major categories of products, Loop Waist Stretchable Pants and Ultra-Soft series which adopted advanced Japanese Ultra-Soft Double Layers, unique Wide and Soft Loop Waist technologies and whole core structure. In September, Vcare introduced Ultra Soft and Thin series diapers with very wide plastic waist tape, soft cotton surface, ultra thin design and 3D core. In July 2012, Unicharm first launched Moony baby diapers originally from Japan in order to satisfy consumer demands of high quality.

Besides product innovations, enterprises also continually bring new ideas to product package and appearance. In order to cater to consumption habit of middle and high income family, some of them bring out products packed in white board and printed with colorful pattern, advertisement and logo. This kind of package is suitable to be sold in marketplace, maternal and baby shops.

4.2.5 Pant-type Diaper Market Start Rising

According to up-to-date information, the worldwide trend of diaper design is developing from open type to pant type. Pant-type diapers are no longer just "training pants" which are used for toliet training for babies, but suitable for various months old babies. From 2008 to 2013, in Asia-Pacific (except Japan), the sales volume of pant-type diapers grew to 7% which was higher than open-type diapers, 4.1%. In Japan, the market share of pant-type diapers is constantly increasing, while the open type is gradually decreasing. Pant-type diapers take up 55% of baby diapers and 60% of adult diapers in Japan.

As the first generation of Only Child are stepping into marriage and going to bear child, their consumption concept of high quality life lead them to pay more for their babies and demand high-quality and comfortable products. Pant-type diapers satisfy such requirements. In recent year, through constant guidance by major brands, consumers began to know such kind of product, but only small number of middle and high income families in first and second tier cities bought pant-type diapers. So the market is still at the initial stage. Good representative brands in market are Pampers, Huggies, Mami Poko, SCA libero.

At present, there are 8 started pant-type baby diapers production lines in China, 3 of which are imported from Japan Zuiko. Daddybaby, AAB, Shutai, Yusheng, etc. all entered this market. In 2013, there will be 7 more imported pant-type baby diapers production lines (Table 13).

Table 13 Imported Pant-type Baby Diaper Machines in 2013

Company	Quantity	Supplier	Production time
Daddybaby Co., Ltd	1	Zuiko Japan	2013
Guangdong Yusheng Hygiene Products Co., Ltd.	2	Zuiko Japan	Apr. 2013
AAB Group (China) Co., Ltd.	1	Zuiko Japan	Jan. 2013
Hangzhou Shutai Sanitary Products Co., Ltd.	2	Zuiko Shanghai	Mar. 2013
Guangdong Baishun Paper Products Co., Ltd.	1	Zuiko Shanghai	2013

4.2.6 Maternal and Baby Stores and Online Shops Start Rising

Maternal and baby stores are specialized distribution channels that comply with consumer demands. In 2009, the channel began to separate from the traditional one, and started to supply baby milk powder. In comparison with traditional retail distribution channel, it has many advantages: (1) More specialized. Membership marketing promotes consumer loyalty; (2) Lower cost. There is no entrance fee but only a small amount of shelves display fee. Besides, the KA channel usually takes longer time to get money back while the maternal and baby store channel basically adopts cash spot. (3) More profit.

Over the years, enterprises in baby diapers market competed intensely. In order to avoid directly competing with international brands, many domestic baby diaper companies choose the distribution channel of maternal and baby store. By this way, sales of baby diapers grew rapidly. According to Nielsen[6], in 2012, the sales amount of baby diapers through maternal and baby stores increased by 30%, as a result, many major companies began to compete for this market. Because of the right tactic to maternal and baby channel, Kao's Merries become to highlight in the industry with continuously growing at a rate of 100%.

With the advent of E-commerce age, online shopping has become a new channel for many consumers to buy hygiene products. Kimberly-Clark, Procter & Gamble and Unicharm have already taken the lead in opening official online shops in 2011. Seeing this trend, many companies join to E-commerce making online shop as another main distribution channel.

4.3 Adult Incontinences

In 2012, adult incontinence products market continued rapid growth based on low penetration rate. The export market grew fast. Domestic consumer market increased substantially. The investment projects in adult incontinences are quietly heating up. Some enterprises that did OEM for foreign trade are also turning to the domestic market. In August 2012, the adult health care project with capacity of 560 million pcs per year of Hangzhou COCO Healthcare Products Co., Ltd. began to construct in Linglong Industrial Development Zone.

Since the requirements for adult incontinences are different from baby diapers, the market demand is now limited to economical products with basic functions.

China's aging population is rising rapidly. With the change of family structure and living standards, the government has proposed a future development direction for elderly caring to support the concept of home care and quality care for old people and improve the life quality of the elderly and their families.

At present, domestic adult incontinences market is still price-oriented. Consumers pay more attention on the price of every piece of products other than its whole performance. And they only need the products to have the basic function of absorbency without being aware of the importance of brands. Consumers still need education and guidance.

In 2012, international renowned companies are also actively cultivating adult incontinences market in China, hoping that the brand can be implanted in people's minds at the beginning. The current products launched by them in China are OEM products by some Chinese local companies.

In Oct. 2012, Kimberly-Clark's Depend launched an online activity in order to call for children of incontinent patients to pay attention to their parents' health problems. This activity focused more on caregivers not the patients. Through the joint efforts with www.39.net, K-C encouraged consumers to talk about health topics in public.

In 2012, SCA's TENA and Beijing Youth Newspaper launched "awarding excellent article" activity about incontinent patient, aiming to have people know what problems incontinent patients' family would face, and appeal the whole society to give more respect and love to these patients.

4.4 Wet Wipes

4.4.1 Products Category

According to the statistics by the CNHPIA, in 2012, wet wipes were mainly divided into 6 categories, that is, common use, baby use, women use, make-up removing use, home cleansing and other use wipes. Based on the sales volume, common use wet wipes occupied 25.4% among the total, baby wipes occupied about 41.4%, women wipes occupied about 6.0%, make-up removing wipes accounted for about 8.0%, home cleansing wipes 5.4% and other use wipes 13.8%. Nowadays, wet wipes packages mainly include single-ply pack (independent pack), multi-ply pack, container-pack and box-pack. Wet wipes have been endowed with more functions, various skincare ingredients are added, such as aloe, green tea, lavender, peppermint, etc. Some companies also subdivide wet wipes into various functional specific-use products according to applications. Those products have got very good marketing feedback after being launched into domestic market.

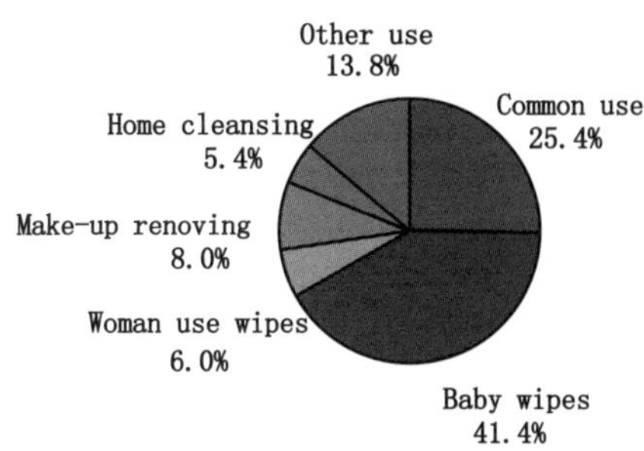

Figure 5 Proportion of Various Wet Wipes on Sales Volume in 2012

4.4.2 Fast Growth of the Market

In 2012, China wet wipes industry continued fast growth. The proportion of women use wipes and make-up removing wipes among the total sales volume was lower than 2011. The proportion of common use and baby use wet wipes increased, and the baby use wipe was still the largest category. The increasing market demand attracted more investment and new-players. In 2012, the export volume and domestic consumption grew largely.

5 Hygiene Products Machinery Supply

5.1 Homemade Equipment Gets Mature and Closes the Distance Between Advanced International Level

In recent years, the technology for disposable hygiene products machinery has improved very quickly in China. Machinery manufacturers have applied the design of modularity, full servo electronic control and have developed one machine with multiple applications to meet the demands of various customers. At the same time, continuous improvements have been made in the working speed, stability, noises control, etc.

In China, the machinery suppliers with sophisticated technology could manufacture sanitary napkin machines and baby diaper machines at the speed of 1200 pcs/min and 600 pcs/min respectively. The pant-type diapers and adult diapers machines have also been successfully developed. In 2012, Heng Chang launched T-shaped baby diaper production line and packing equipment to produce "big ear" diapers at the speed of 500 pcs/min. And the company launched baby diaper production line at the speed of 800 pcs/min in June 2013.

With the growing of domestic adult incontinences market, the sales volume of adult diaper machinery increases year by year. The machinery with both good price and competence has not only satisfied the domestic demand, but also been exported to the international market through international exhibitions etc. They are sold to Japan, Europe, America, Middle East, Southeast Asia, etc. At present, the main national machinery suppliers are as follows: Heng Chang, Hanwei, New Yuhong, JWC, Creator, Zhilian Precision, Peixin, Xingshi, Southeast Machinery, etc.

Most of the wet wipes machinery is homemade. The main domestic wet wipes machinery manufacturers include: Ru Fong, Dachang, Chuangda, Donggong, etc. PCMC is the major imported wet wipes machinery supplier.

5.2 Imported Machinery Regained Favor

The manufactures of hygiene products need high speed and stable equipment. The enterprises that just started or small enterprises need multi-functional and flexible equipments. Mature and large-scale enterprises need high speed single type equipment. Although the homemade equipment have made great progress in technology and performance in recent years, there are still large gap between homemade and imported equipment mainly in metal materials, converting precision, assembly precision, etc. These factors restricted the improvement of speed. It is common now to supply hygiene product machine with stacking and packing machines, which will become the future trend.

Fameccanica(Italy), Zuiko(Japan) and GDM (Italy) have already set up factories in China to meet the demand for high grade equipment of clients in China and Asia and reduce the production and delivery cost.

In order to meet the demand for high grade baby diapers, the imported equipment regain favors in the recent years. Imported equipment increased (Table 14).

Table 14 Imported Equipment of Diaper Industry in 2012-2013

Company Name	Imported Equipment	Quantity	Supplier	Production Time
Daddybaby Co., Ltd.	baby pant - type diaper machinery	1	Zuiko Japan	Feb. 2012
	baby pant - type diaper machinery	1	Zuiko Japan	2013
	baby diaper machinery	1	Zuiko Japan	May 2013
	adult diaper machinery	1	Korea	Mar. 2013
Guangdong Yusheng Hygiene Products Co., Ltd.	baby diaper machinery	2	Zuiko Japan	Jul. 2012
	baby pant - type diaper machinery	2	Zuiko Japan	Apr. 2013
AAB Group (China) Co., Ltd.	baby pant - type diaper machinery	1	Zuiko Japan	Jan. 2013
Shandong Dongshun Group Co., Ltd.	baby diaper machinery	1	Fameccanica Italy	Jan. 2012
	baby diaper machinery	2	GDM Italy	2013
	sanitary napkin machinery	2	GDM Italy	2013
Fujian Hengli Group Co., Ltd.	baby diaper machinery	2	Fameccanica Italy	2012
Hangzhou Shutai Sanitary Products Co., Ltd.	baby diaper machinery	1	Zuiko Shanghai	Apr. 2013
	baby pant - type diaper machinery	2	Zuiko Shanghai	Mar. 2013
	adult pant-type diaper machinery	1	Zuiko Shanghai	Nov. 2012
Guangdong Baishun Paper Products Co., Ltd.	baby pant-type diaper machinery	1	Zuiko Shanghai	2013

6 Products Quality Spot Check

On Feb. 1, 2012, the new national standards of GB/T 2008—2011 Diapers (Including Diaper Pads/ Under Pads) have come into operation.

In the first quarter of 2012, General Administration of Quality Supervision, Inspection and Quarantine of China arranged National Paper Quality Supervision and Inspection Center, National Center of Quality Supervision and Testing for Pulp and Paper Products, National Paper Products Quality Supervision and Inspection Center to spot check the sanitary napkins. 86 kinds of sanitary napkins and 4 kinds of pantiliners products from 90 companies, located in 8 provinces and municipalities have been spot checked. The spot check was on the basis of national standard of GB/T 8939—2008 Sanitary Napkins (Including Pantiliners) and GB 15979—2002 Hygienic Standard for Disposable Sanitary Products. The spot check related to 9 testing indicators in the sanitary napkins (including pantiliners): the total amount of bacteria colony, the total amount of fungal colony, coliform, pH value, water absorption rate and infiltration. In the spot check, products quality of large and medium size enterprises were steadily good while there were 4 kinds of products in small companies were unqualified to the infiltration Standard.

7 Fluff Pulp and SAP Supply

7.1 Fluff Pulp

The fluff pulp used in the absorbent hygiene products industry in China is composed of imported genuine fluff pulp, inferior fluff pulp, and home-made fluff pulp. The imported genuine fluff pulp remained the dominant role and occupied over 90% market share. In 2012, the major manufacturers and brands of imported genuine fluff pulp are in turn as Table 15.

Table 15 Major Manufacturers and Brands of Imported Genuine Fluff Pulp in 2012

Num.	Company	Brands
1	Weyerhaeuser (Asia) Co., Ltd.	Weyerhaeuser
2	GP Cellulose Co., Ltd.	Golden Isles
3	Domtar Co., Ltd.	Domtar
4	International Paper Co., Ltd.	Supersoft
5	Stora Enso Co., Ltd.	Stora Prime
6	Stone Co., Ltd.	Stone
7	Resolute Forest Products Co.	Bowater
8	Rayonier Inc., Ltd.	Rayfloc
9	Buckeye Co., Ltd.	Buckeye

There were very little amount of fluff pulp made in China in 2012. Main fluff pulp manufacturer is Fujian Tengrongda Pulp Co., Ltd., with the BCTMP fir fluff pulp capacity at 40000 tpy.

7.2 Super Absorbent Polymer

According to the statistics by the CNHPIA, in 2012, main SAP producers from the mainland of China including foreign-owned companies are in turn as Table 16.

Table 16 SAP Manufacturers in China Mainland in 2012

Num.	Company
1	San-Dia Polymers (Nantong) Co., Ltd.
2	Yixing Danson Science & Technology Co., Ltd.
3	FPC Super Absorbent Polymer (Ningbo) Co., Ltd.
4	Nisshoku Chemical Industry (Zhangjiagang) Co., Ltd.
5	Quanzhou Banglida Science & Technology Industrial Co., Ltd.
6	Jinan Haoyue Absorbent Co., Ltd.
7	Quzhou Weilong Polymer Material Co., Ltd.
8	Anhui Huajing New Material Co., Ltd.
9	Tangshan Boya Resin Co., Ltd.
10	Jinjiang Huisen Trading Co., Ltd.
11	Fujian Tianyu Newfashioned Material Co., Ltd.
12	Beijing Xitao Polymer Co., Ltd.

FPC started to construct its second product line in 2011, with planned production capacity at 50000 tpy. It was expected to put into production in 2013. The domestic Yixing Danson will also release new capacity and plans to expand its capacity to 400000 tpy by 2013. Jinan Haoyue also started the second phase of 40000 tpy SAP project. Beijing Xitao will set up 2 new SAP production lines in the second half of 2012 in Nantong, with the designed annual output of 20000 tpy. Zhejiang Satellite Petro-chemical has the 30000t SAP project and plans to put into operation in May 2013. The originally planned 30000 tpy SAP project of NIPPON SHOKUBAI (Zhang Jiagang) has been postponed resulting from the explosion and fire at the Himeji Plant.

8 Market Prospects

8.1 Feminine Hygiene Products

Female hygiene product industry is increasingly and highly concentrated. It is estimated that the national economy will keep growing at steady and rapid speed in 2013. The feminine hygiene products will continue to increase steadily at a higher speed than the world average level. The competition will be fiercer in both domestic market and export market. Table 17 shows the forecast on feminine hygiene products market.

Table 17 Forecast on Feminine Hygiene Product Market

Year	Women at the age of 15-49/ million persons	Sanitary Napkins			Sanitary Napkins /Pantiliners		
		Consumption/ 100million pcs	Annual average growth rate/%	Market penetration rate/%	Consumption/ 100 million pcs	Market size/ 100 million yuan	Growth rate of market size/%
2011	371. 8	581	6. 0	86. 8	875	262. 8	7. 9
2012	373. 6	614. 1	5. 7	91. 3	912. 4	285. 9	8. 8
2020	398. 3	720	3. 0	100	1175	611. 0	4. 0

Notes: Calculation basis for market penetration rate: to make it easier for the comparison with past years, the market penetration rate in 2012 is still calculated by the average per capita usage of 180pcs of sanitary napkins each year for women at the age of 15-49. With the improvement of living standard and the enhancement of sanitary knowledge, the real average per capita usage may reach 200-240 pcs per year. Actually the age range of women's physiological period should be adjusted to the age of 12-50 due to early menarche and menopause delay. As a result, the market penetration rate in the table could be higher than the actual situation. The pantiliner usage is calculated by the average per capita usage of 800 pcs/year for women at the right age.

8. 2 Baby Diapers

With the implementing of government "two child" policy and "the 1980s after" generation stepping into marriage and bearing children, China is seeing a new wave of baby boom. According to the National Bureau of Statistics, during the 1980s, the number of new arrivals was large all the time, especially in 1990, China experienced a wave of population peak and depopulated from then on. There will be another baby boom in China Mainland around 2015 because large population of "the 1980s after" generation began to enter marriage, and the number of new babies will increase from 16 million to 18 million, even 20 million. This drives growth of the baby diapers/diaper pads market and the average annual growth rate is about 8% until 2020. Although in recent years, production and market of China baby diapers have developed greatly, there is still a big difference in market penetration rate and expenditure on per capita annual consumption of baby diapers compared with developed countries. It has a huge market development space.

With the coming of baby boom and the continuous steady economy development in China, baby diapers industry is expected to grow fast in the next 10 years. However, it should be noted that the whole operating rate of the industry is relatively low and there is a trend for periodical overcapacity. In 2010 - 2012, many new players entered this industry. The fierce market competition will accelerate the elimination of backward production capacity and industry consolidation. High grade products and pant-type diapers will continue to develop.

Table 18 Forecasts on Baby Diaper Market

Year	Babies at the age of below 2/10000 persons	Consumption/ 100 million pcs	Annual per capita growth rate/%	Market penetration rate/%
2011	4177	178. 7	21. 8	39. 1
2012	4198	204. 1	14. 2	44. 3
2020	4520	297. 5	8. 0	60. 1

Notes: Calculation basis for market penetration rate: the average usage of diapers for 0 - 2 years old baby is calculated as 3 pieces per day considering the Chinese family tends to be thrifty (the following situations are common: baby older than 2 years does not use diapers, disposable diaper and cloth diapers are used together, diapers are not used at summer and only used during night and go out time).

8.3 Adult Incontinences

According to the Statistical Communiqué, by the end of 2012, the population of people at the age 60 and older in China has reached 193.90 million, which accounts for 14.3% of the total population, up 0.59% than the end of previous year. China has become an aged society. According to the report of Chinese Academy of Social Sciences, population of elderly is expected to increase by 10 million per year. By 2033, it will reach 400 million. It also showed that in 2012, the empty nest elderly will reach 36 million, and disabled elders will reach 99 million. The rapid growth of elder population highlights the problems of daily care of elders.

Although large population of elders is a driver of demands for incontinences, generally, one necessary condition to become a large scale of incontinences consumption group is per capita GDP, which has to reach 8000-10000 USD. Yet Chinese per capita GDP is about 6100 USD in 2012, which is still on low level. In the long run, with the development of China economy, the coming of aging society, and the rise of central and western regions will provide huge opportunities for incontinences market.

The adult incontinent products industry in China is in the early stages of development. The growth rate is pretty high due to the low base. With the development of China economy, the coming of aging society, the increase of elderly consumers' disposable incomes and their concept change, this market will continue to grow rapidly with great development potential.

8.4 Wet Wipes

In current domestic market, wet wipes penetration rate is relatively low on the whole, except baby wet wipes. More and more mothers tend to purchase and use baby wet wipes. Women use and make-up removing wet wipes are also popularized among the youth. Many white collars are used to taking one package of wet wipes in their hand bags.

After SARS outbreak, Ministry of Public Health set up flu epidemic reporting mechanism. People paid enough attention to flu diseases such as H1N1, H5N1, H7N9, and also developed good habit of washing hands. When going outside, it is necessary and convenient to use wet wipes.

Convenience and accessibility are the prior factors to attract consumers and health care market. As the busy life style brought by great work pressure and family trifle and the rapid pace of life leave people little time, wet wipes could save much time in daily cleaning work. Household cleaning wipes have been used in developed countries for many years. But in China, it is still in an elementary stage of development. As the rising of people incomes and demands of high quality of life, household cleaning wipes market began to rise.

According to the experience in overseas market, pet use wet wipes are also a large market. Pet use wet wipes can be subdivided into eyes cleaning, ears cleaning, teeth cleaning, feces cleaning, etc.

Besides, in the medical products market, single-ply wet wipes with alcohol is very popular, especially among patients with diabetes. This product can completely replace the traditional manner that cotton is dipped in alcohol.

Environmental issue has attracted more and more people's attention. So does the biodegradability and flushability of wet wipes. INDA and EDANA are devoted to setting up a comprehensive Flushability Guidance for wet wipes industry. And the third version of the Guidance has already been released in the autumn of 2012. The current wet wipes in domestic market are not flushable. With the improvement of living standards, toilet wet wipes market has a huge development potential. It will be a good choice to develop flushable toilet wet wipes. But the product functions, as well as the cost efficiency should also be considered. There should be a balance between flushability, biodegradability and performance of the products. The price should be within the acceptable range by the consumers who are concerned about the environmental issues[7].

References

[1] Ni Xialing, Review and Prospects of Feminine Hygiene

Products Market [A]. CIDPEX' 2013 Conference Papers.

[2] The 2012 Annual Report of Hengan International Holdings Limited.

[3][4][5][6] Lu Miaolei, Overview and Trend of 2012 China Retail and Disposable Products Industry[A]. CIDPEX' 2013 Conference Papers.

[7] Jiang Manxia, China Wet Wipes Market From a Global Perspective [J]. *Tissue Paper and Disposable Products*, 2011, 11(23): 22 - 25.

主要生产企业

MAJOR MANUFACTURERS OF TISSUE PAPER & DISPOSABLE PRODUCTS

[3]

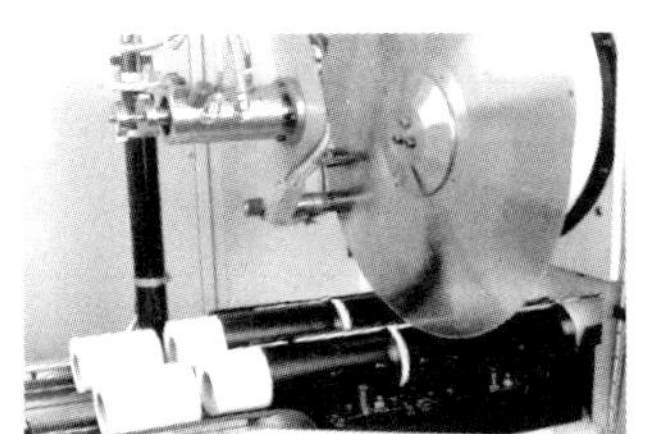

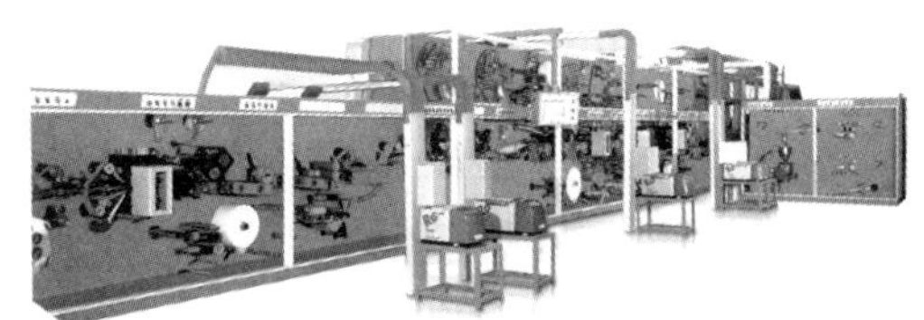

主要生产企业和知名品牌一览表

List of manufacturers and well-known brands in China

生活用纸 Tissue paper and converting products

序号	省市	公司名称	品　　牌
1	河北省	保定市港兴纸业有限公司 Baoding Gangxing Paper Co., Ltd.	丽邦，港兴
2		保定市东升卫生用品有限公司 Baoding Dongsheng Hygiene Products Co., Ltd.	小宝贝，洁婷
3		河北雪松纸业有限公司 Hebei Xuesong Paper Co., Ltd.	雪松，佳贝，好人家，真情
4	上海市	金佰利(中国)有限公司 Kimberly – Clark (China) Co., Ltd.	舒洁 Kleenex
5		上海东冠集团 Shanghai Orient Champion Group	洁云，丝柔
6		上海唯尔福集团股份有限公司 Shanghai Welfare Group Co., Ltd.	纸音
7	江苏省	金红叶纸业集团有限公司(含苏州、海南、湖北、辽宁、四川遂宁、四川雅安) Gold Hongye Paper Group Co., Ltd.	唯洁雅，清风，真真
8		永丰余家品(昆山)有限公司(含昆山、北京、扬州) Yuen Foong Yu Family Care (Kunshan) Co., Ltd.	五月花
9		王子制纸妮飘(苏州)有限公司 Oji Paper Nepia (Suzhou) Co., Ltd.	妮飘
10		胜达集团江苏双灯纸业有限公司 Shengda Group Jiangsu Sund Paper Industry Co., Ltd.	双灯，蓝雅
11	福建省	恒安(中国)纸业有限公司(含晋江、湖南、山东、重庆、安徽) Hengan(China)Paper Co., Ltd.	心相印，品诺
12		福建恒利集团有限公司 Fujian Hengli Group Co., Ltd.	好吉利
13		福建安诺集团有限公司 Fujian Annor Group Co., Ltd.	双福，福到家，春之晨
14		厦门新阳纸业有限公司 Xiamen Sinyang Paper Co., Ltd.	羽诺，快乐家族
15	山东省	东顺集团有限公司(含山东、湖南、黑龙江) Dongshun Group Co., Ltd.	顺清柔，奥佳月，洁昕
16		潍坊恒联美林生活用纸有限公司 Weifang Lancel Hygiene Products Co., Ltd.	玉，风筝，格外丽

续表

序号	省市	公司名称	品　　牌
17	山东省	山东泉林纸业有限责任公司 Shandong Tralin Paper Co., Ltd.	百草舒，安雅利，天行健
18		山东晨鸣纸业集团股份有限公司（含山东、湖北） Shandong Chenming Paper Holding Co., Ltd.	星之恋
19	河南省	漯河银鸽生活纸产有限公司 Luohe Yinge Tissue Paper Industry Co., Ltd.	银鸽，舒蕾
20		河南护理佳纸业有限公司 Henan Foliage Paper Co., Ltd.	品秀
21	广东省	维达纸业（中国）有限公司（含广东新会会城、广东新会双水、广东新会三江、湖北、北京、四川、浙江、辽宁、山东） Vinda Paper (China) Co., Ltd.	维达 Vinda，花之韵
22		中顺洁柔纸业股份有限公司（含广东中山、广东江门、广东云浮、湖北、四川、浙江、唐山） C&S Paper Co., Ltd.	洁柔，C&S，太阳
23		东莞市白天鹅纸业有限公司 Dongguan White Swan Paper Products Co., Ltd.	贝柔
24		广东比伦生活用纸有限公司（含广东、安徽） Cuangdong Bilun Household Paper Industry Co., Ltd.	好家风
25		东莞市达林纸业有限公司 Dongguan Dalin Paper Co., Ltd.	达林
26	广西	广西贵糖（集团）股份有限公司 Guangxi Guitang (Group) Co., Ltd.	纯点，碧绿湾
27		广西洁宝纸业投资股份有限公司 Guangxi Jeanper Paper Industry Co., Ltd.	洁宝，榴花
28		广西南宁凤凰纸业有限公司 Guangxi Nanning Phoenix Pulp & Paper Co., Ltd.	欧拉，玉凤，金凤
29		广西华美纸业集团有限公司（含田阳、来宾、崇左、贺州、宜州、福清） Guangxi Huamei Paper Group Co., Ltd.	碧海，绿亚
30		广西华劲集团股份有限公司（含赣州、南宁） Guangxi Hwagain Group Co., Ltd.	华劲
31		广西华怡纸业有限公司 Guangxi Huayi Paper Co., Ltd	舒柔，兰黛儿，56°
32	四川省	四川永丰纸业股份有限公司 Sichuan Yongfeng Paper Co., Ltd.	丰尚，禾风，卉洁，永丰

续表

序号	省市	公司名称	品　　牌
33	重庆市	重庆龙璟纸业有限公司 Chongqing Longjing Paper Co., Ltd.	丝美乐
34	重庆市	维尔美(重庆)纸业有限公司 Well Mind Paper (Chongqing) Co., Ltd.	维尔美
35	陕西省	陕西兴包企业集团有限责任公司 Shaanxi Xingbao Group Co., Ltd.	欣雅，欣家，欣而雅
36	宁夏	宁夏紫荆花纸业有限公司 Ningxia Zijinghua Paper Industry Co., Ltd.	紫金花，紫荆花

注：表中只包含已投产企业。

卫生巾和卫生护垫　Sanitary napkins & pantiliners

序号	省市	公司名称	品　　牌
1	北京市	金佰利(中国)有限公司 Kimberly－Clark (China) Co., Ltd.	高洁丝 Kotex，舒而美 C&B
2	北京市	北京倍舒特妇幼用品有限公司 Beijing Beishute Maternity & Child Articles Co., Ltd.	倍舒特
3	天津市	小护士(天津)实业发展股份有限公司 Little Nurse (Tianjin) Industry & Commerce Development Co., Ltd.	小护士
4	辽宁省	沈阳东联日用品有限公司 Shenyang Tonglian Daily－Use Goods Co., Ltd.	柔柔
5	上海市	尤妮佳生活用品(中国)有限公司 Unicharm Consumer Products (China) Co., Ltd.	苏菲
6	上海市	上海花王有限公司 Kao Corporation Shanghai Co., Ltd.	乐而雅
7	上海市	康那香企业(上海)有限公司 Kang Na Hsiung Enterprise (Shanghai) Co., Ltd.	康乃馨
8	上海市	上海护理佳实业有限公司 Shanghai Foliage Industry Co., Ltd.	护理佳
9	上海市	上海唯尔福集团股份有限公司 Shanghai Welfare Group Co., Ltd.	唯尔福，美丽约会
10	上海市	上海申欧企业发展有限公司 Shanghai Sun'o Enterprise Development Co., Ltd.	555，悠 u，瑞丽心情
11	上海市	上海月月舒妇女用品有限公司 Shanghai Yueyueshu Women Products Co., Ltd.	月月舒

续表

序号	省市	公司名称	品　　牌
12	江苏省	江苏三笑集团有限公司 Jiangsu Sanxiao Group Co., Ltd.	笑爽
13		金王(苏州工业园区)卫生用品有限公司 Golddaio(Suzhou Indstrial Park)Hygiene Products Co., Ltd.	怡丽
14	浙江省	杭州可悦卫生用品有限公司 Hangzhou Credible Sanitary Products Co., Ltd.	月满好，雅妮娜
15		川田卫生用品有限公司(杭州、中山) Kawada Sanitary Products Co., Ltd.	嘉の柔，非凡魅力
16	福建省	福建恒安集团有限公司 Fujian Hengan Holding Co., Ltd.	安尔乐，安乐
17		福建恒利集团有限公司 Fujian Hengli Group Co., Ltd.	好舒爽，舒爽
18		龙海市妙雅卫生用品有限公司 Longhai Miaoya Sanitary Products Co., Ltd.	妙雅
19	江西省	赣州港都卫生制品有限公司 Ganzhou Gangdu Hygienic Products Co., Ltd.	爽期，好爽期
20	山东省	山东含羞草卫生科技股份有限公司 Shandong Mimosa Hygienic Technology Co., Ltd.	含羞草，娇感
21	湖北省	湖北丝宝股份有限公司 Hubei C－BONS Co., Ltd.	洁婷，洁婷蓓柔
22	广东省	宝洁(中国)有限公司 Procter & Gamble (China) Ltd.	护舒宝
23		广东景兴卫生用品有限公司 Kingdom Sanitary Products Co., Ltd.	ABC，Free，快乐小妹
24		新感觉卫生用品有限公司 New Sensation Sanitary Products Co., Ltd.	新感觉
25		中山佳健生活用品有限公司 Zhongshan Jiajian Consumer Goods Co., Ltd.	佳期
26		佛山市啟盛卫生用品有限公司 Foshan Kayson Hygiene Products Co., Ltd.	美适，小妮，U适
27	广西	桂林洁伶工业有限公司 Guilin Jieling Industrial Co., Ltd.	洁伶

续表

序号	省市	公司名称	品　牌
28	重庆市	重庆百亚卫生用品有限公司 Chongqing Beyou Sanitary Products Co., Ltd.	妮爽，自由点
29	云南省	云南白药清逸堂实业有限公司 Yunnan Qingyitang Industrial Co., Ltd.	日子，花之梦

婴儿纸尿裤/片 Baby diapers

序号	省市	公司名称	品　牌
1	上海市	尤妮佳生活用品(中国)有限公司 Unicharm Consumer Products (China) Co., Ltd.	妈咪宝贝
2	上海市	全日美实业(上海)有限公司 Everbeauty Industry (Shanghai) Co., Ltd.	嘘嘘乐
3	上海市	上海唯尔福集团股份有限公司 Shanghai Welfare Group Co., Ltd.	唯儿福
4	江苏省	金佰利(中国)有限公司 Kimberly - Clark (China) Co., Ltd.	好奇 Huggies
5	江苏省	好孩子百瑞康卫生用品有限公司 Goodbaby Bairuikang Hygienic Products Co., Ltd.	好孩子，奇妙鸭
6	浙江省	杭州舒泰卫生用品有限公司 Hangzhou Shutai Sanitary Products Co., Ltd.	名人宝宝
7	浙江省	杭州可靠护理用品股份有限公司 Hangzhou Coco Healthcare Products Co., Ltd.	酷特适
8	安徽省	花王(合肥)有限公司 Kao (Hefei) Co., Ltd.	妙而舒
9	福建省	福建恒安集团有限公司 Fujian Hengan Holding Co., Ltd.	安儿乐
10	福建省	雀氏(中国)日用品有限公司 Chiaus (China) Daily Necessities Co., Ltd.	雀氏
11	福建省	福建恒利集团有限公司 Fujian Hengli Group Co., Ltd.	爽儿宝
12	福建省	福建莆田佳通纸制品有限公司 G.T. Paper (Fujian Putian) Co., Ltd.	柔爱
13	福建省	爹地宝贝股份有限公司 Daddybaby Corporation Ltd.	爹地宝贝
14	福建省	美佳爽(福建)卫生用品有限公司 Mega Soft (Fujian) Hygiene Products Co., Ltd.	奇酷
15	福建省	中天集团(中国)有限公司 AAB Group (China) Co., Ltd.	可爱宝贝

续表

序号	省市	公司名称	品　　牌
16	山东省	东顺集团股份有限公司 Dongshun Group Co., Ltd.	哈里贝贝
17	湖北省	维安洁护理用品(中国)有限公司 V- Care Hygiene Products (China) Co., Ltd.	贝爱多
18	广东省	宝洁(中国)有限公司 Procter & Gamble (China) Ltd.	帮宝适
19		广东百顺纸品有限公司 Guangdong Bosom Paper Products Co., Ltd.	茵茵 Cojin
20		东莞市白天鹅纸业有限公司 Dongguan White Swan Paper Products Co., Ltd.	贝柔
21		东莞市常兴纸业有限公司 Dongguan Changxing Paper Co., Ltd.	一片爽，片片爽，公子帮
22		新感觉卫生用品有限公司 New Sensation Sanitary Products Co., Ltd.	新感觉，没烦恼
23		广东昱升卫生用品有限公司 Guangdong Winsun Sanitary Products Co., Ltd.	Dress，吉氏，婴之良品，舒氏宝贝
24	重庆市	重庆百亚卫生用品有限公司 Chongqing Beyou Sanitary Products Co., Ltd.	好之

成人失禁用品　Adult incontinent products

序号	省市	公司名称	品　　牌
1	北京市	金佰利(中国)有限公司 Kimberly - Clark (China) Co., Ltd.	得伴 Depend
2		北京倍舒特妇幼用品有限公司 Beijing Beishute Maternity & Child Articles Co., Ltd.	倍舒特
3	天津市	小护士(天津)实业发展股份有限公司 Little Nurse (Tianjin) Industry & Commerce Development Co., Ltd.	小护士
4		天津杏林白十字医疗卫生材料用品有限公司 Tianjin Hakujuji Medical Health Material and Necessities Co., Ltd.	洒露把
5		天津市依依卫生用品有限公司 Tianjin Yiyi Hygiene Products Co., Ltd.	依依
6		天津市逸飞卫生用品有限公司 Tianjin Yifei Hygienic Products Co., Ltd.	帮一把，久久安康
7	辽宁省	沈阳般舟纸制品包装有限公司 Shenyang Banzhou Paper Products Co., Ltd.	护家人，关爱

续表

序号	省市	公司名称	品　　牌
8	上海市	尤妮佳生活用品(中国)有限公司 Unicharm Consumer Products (China) Co., Ltd.	乐互宜
9		全日美实业(上海)有限公司 Everbeauty Industry (Shanghai) Co., Ltd.	包大人
10		上海唯尔福集团股份有限公司 Shanghai Welfare Group Co., Ltd.	唯尔福
11		上海必有福生活用品有限公司 Shanghai Biyoufu Commodity Co., Ltd.	必有福，孝心
12	江苏省	苏州市苏宁床垫有限公司 Suzhou Suning Underpad Co., Ltd.	
13	浙江省	杭州可靠护理用品股份有限公司 Hangzhou Coco Healthcare Products Co., Ltd.	可靠
14		杭州豪悦实业有限公司 Hangzhou Haoyue Industrial Co., Ltd.	白十字、汇泉
15		杭州舒泰卫生用品有限公司 Hangzhou Shutai Sanitary Products Co., Ltd.	千芝雅，千年舟
16		杭州珍琦卫生用品有限公司 Hangzhou Zhenqi Sanitary Products Co., Ltd.	珍琦
17		浙江安柔卫生用品有限公司 Zhejiang Anrou Hygiene Products Co., Ltd.	奥利康，子女心
18	福建省	福建恒安集团有限公司 Fujian Hengan Holding Co., Ltd.	安而康
19		中天集团(中国)有限公司 AAB Group (China) Co., Ltd.	可爱康
20	山东省	菏泽日康卫生用品有限公司 Heze Rikang Hygiene Products Co., Ltd.	帮大人，日康
21		山东含羞草卫生科技股份有限公司 Shandong Mimosa Health Technology Co., Ltd.	含羞草
22	广东省	广东昱升卫生用品有限公司 Guangdong Winsun Sanitary Products Co., Ltd.	肯得康
23		新感觉卫生用品有限公司 New Sensation Sanitary Products Co., Ltd.	新感觉
24		广东百顺纸品有限公司 Guangdong Bosom Paper Products Co., Ltd.	茵茵 Cojin
25		佛山市南海必得福无纺布有限公司 Foshan Nanhai Beautiful Nonwoven Co., Ltd.	稳德福，老夫子
26		东莞市常兴纸业有限公司 Dongguan Changxing Paper Co., Ltd.	雅康健，护理爽

湿巾 Wet wipes

序号	省市	公司名称	品牌
1	天津市	天津市艳胜工贸有限公司 Tianjin Yansheng Industry & Trade Co., Ltd.	科灵
2	天津市	天津爱龙洁肤品有限公司 Tianjin Ailong Cleaning Products Co., Ltd.	柔普馨
3	天津市	先思(天津)清洁用品有限公司 Concept (Tianjin) Cleaning Products Ltd.	
4	河北省	河北义厚成日用品有限公司 Hebei Yihoucheng Commodity Co., Ltd.	妮好
5	辽宁省	沈阳纳尔实业有限责任公司 Shenyang Naer Industry Co., Ltd.	丝柏
6	辽宁省	大连大鑫卫生护理用品有限公司 Dalian Daxin Health Nursing Products Co., Ltd.	娇点，阿积士，冰爽
7	辽宁省	大连欧派科技有限公司 Dalian Oupai Technological Co., Ltd.	欧派
8	辽宁省	沈阳浩普商贸有限公司 Shenyang Haopu Trading Co., Ltd.	菁采
9	黑龙江省	哈尔滨康夷宝卫生保健用品有限公司 Harbin Kangyibao Health - Protecting Articles Co., Ltd.	康夷宝，冠洁，洁荫宝
10	上海市	康那香企业(上海)有限公司 Kang Na Hsiung Enterprise (Shanghai) Co., Ltd.	康乃馨
11	上海市	上海美馨卫生用品有限公司 Shanghai American Hygienics Co., Ltd.	凯德馨
12	上海市	上海东冠集团 Shanghai Orient Champion Group	洁云
13	上海市	贝亲婴儿用品(上海)有限公司 Pigeon Baby Articles (Shanghai) Co., Ltd.	贝亲
14	上海市	上海嗳呵母婴用品国际贸易有限公司 Shanghai Elsker Women & Children Articles Co., Ltd.	嗳呵
15	江苏省	扬州倍加洁日化有限公司 Yangzhou Perfect Daily Chemicals Co., Ltd.	倍加洁
16	江苏省	金红叶纸业集团有限公司 Gold Hongye Paper Group Co., Ltd.	唯洁雅
17	江苏省	苏州宝丽洁日化有限公司 Suzhou Baolijie Daily Chemicals Co., Ltd.	
18	江苏省	奈森克林(苏州)日用品有限公司 Naisenkelin Daily - Use Articles (Suzhou) Co., Ltd.	奈森克林

续表

序号	省市	公司名称	品　　牌
19	浙江省	南六企业(平湖)有限公司 Nan Liu Enterprise (Pinghu) Co., Ltd.	妮塔莉雅
20	安徽省	铜陵洁雅生物科技股份有限公司 Jyair Bio – Tech Co., Ltd.	艾妮，喜擦擦，哈哈
21	福建省	福建恒安集团有限公司 Fujian Hengan Holding Co., Ltd.	心相印
22	福建省	晋江百合堂生活用品有限公司 Jinjiang Baihetang Household Products Co., Ltd.	菲柔
23	江西省	江西生成卫生用品有限公司 Jiangxi Shengcheng Hygiene Products Co., Ltd.	SC，棉新
24	山东省	济南卡尼尔科技有限公司 Jinan Kanier Science & Technology Co., Ltd.	卡尼尔，子诺
25	广东省	维达纸业(广东)有限公司 Vinda Paper (Guangdong) Co., Ltd.	维达
26	广东省	深圳市康雅实业有限公司 Shenzhen Kangya Industrial Co., Ltd.	Wetclean，Softclean
27	广东省	广东骏宝实业有限公司 Guangdong Junbao Industrial Co., Ltd.	花节，优之元素
28	广东省	广东景兴卫生用品有限公司 Kindom Sanitary Products Co., Ltd.	ABC，易洁，EC
29	广东省	金旭环保制品(深圳)有限公司 Golden Starry Environmental Products Co., Ltd.	同高
30	广东省	深圳市维尼健康用品有限公司 Shenzhen Vinner Health Products Co., Ltd.	维尼
31	广东省	诺斯贝尔(中山)无纺日化有限公司 Nox – Bellcow (ZS) Nonwoven Chemical Co., Ltd.	
32	广东省	深圳市御品坊日用品有限公司 Imperial Palace Commodity(Shenzhen)Co., Ltd.	水肌肤，水亲亲
33	重庆市	重庆珍爱卫生用品有限责任公司 Chongqing Zhenai Hygiene Products Co., Ltd.	珍爱

主要生产企业地理位置分布图
Location maps of major manufacturers in China

生活用纸主要企业
Major manufacturers of tissue paper and converting products

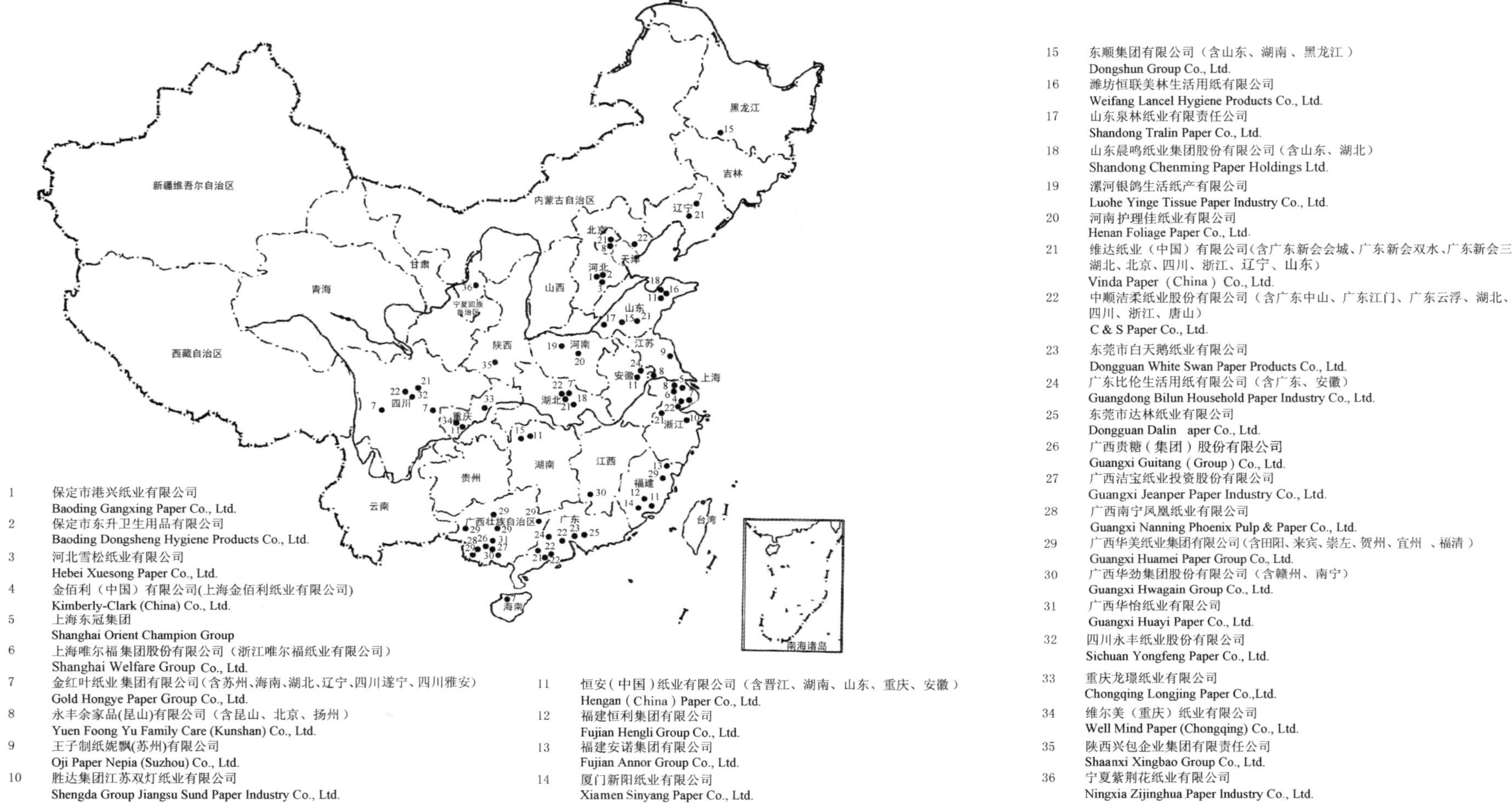

1 保定市港兴纸业有限公司
Baoding Gangxing Paper Co., Ltd.

2 保定市东升卫生用品有限公司
Baoding Dongsheng Hygiene Products Co., Ltd.

3 河北雪松纸业有限公司
Hebei Xuesong Paper Co., Ltd.

4 金佰利（中国）有限公司(上海金佰利纸业有限公司)
Kimberly-Clark (China) Co., Ltd.

5 上海东冠集团
Shanghai Orient Champion Group

6 上海唯尔福集团股份有限公司（浙江唯尔福纸业有限公司）
Shanghai Welfare Group Co., Ltd.

7 金红叶纸业集团有限公司（含苏州、海南、湖北、辽宁、四川遂宁、四川雅安）
Gold Hongye Paper Group Co., Ltd.

8 永丰余家品(昆山)有限公司（含昆山、北京、扬州）
Yuen Foong Yu Family Care (Kunshan) Co., Ltd.

9 王子制纸妮飘(苏州)有限公司
Oji Paper Nepia (Suzhou) Co., Ltd.

10 胜达集团江苏双灯纸业有限公司
Shengda Group Jiangsu Sund Paper Industry Co., Ltd.

11 恒安（中国）纸业有限公司（含晋江、湖南、山东、重庆、安徽）
Hengan（China）Paper Co., Ltd.

12 福建恒利集团有限公司
Fujian Hengli Group Co., Ltd.

13 福建安诺集团有限公司
Fujian Annor Group Co., Ltd.

14 厦门新阳纸业有限公司
Xiamen Sinyang Paper Co., Ltd.

15 东顺集团有限公司（含山东、湖南、黑龙江）
Dongshun Group Co., Ltd.

16 潍坊恒联美林生活用纸有限公司
Weifang Lancel Hygiene Products Co., Ltd.

17 山东泉林纸业有限责任公司
Shandong Tralin Paper Co., Ltd.

18 山东晨鸣纸业集团股份有限公司（含山东、湖北）
Shandong Chenming Paper Holdings Ltd.

19 漯河银鸽生活纸产有限公司
Luohe Yinge Tissue Paper Industry Co., Ltd.

20 河南护理佳纸业有限公司
Henan Foliage Paper Co., Ltd.

21 维达纸业（中国）有限公司(含广东新会会城、广东新会双水、广东新会三江、湖北、北京、四川、浙江、辽宁、山东）
Vinda Paper（China）Co., Ltd.

22 中顺洁柔纸业股份有限公司（含广东中山、广东江门、广东云浮、湖北、四川、浙江、唐山）
C & S Paper Co., Ltd.

23 东莞市白天鹅纸业有限公司
Dongguan White Swan Paper Products Co., Ltd.

24 广东比伦生活用纸有限公司（含广东、安徽）
Guangdong Bilun Household Paper Industry Co., Ltd.

25 东莞市达林纸业有限公司
Dongguan Dalin aper Co., Ltd.

26 广西贵糖（集团）股份有限公司
Guangxi Guitang（Group）Co., Ltd.

27 广西洁宝纸业投资股份有限公司
Guangxi Jeanper Paper Industry Co., Ltd.

28 广西南宁凤凰纸业有限公司
Guangxi Nanning Phoenix Pulp & Paper Co., Ltd.

29 广西华美纸业集团有限公司（含田阳、来宾、崇左、贺州、宜州 、福清）
Guangxi Huamei Paper Group Co., Ltd.

30 广西华劲集团股份有限公司（含赣州、南宁）
Guangxi Hwagain Group Co., Ltd.

31 广西华怡纸业有限公司
Guangxi Huayi Paper Co., Ltd.

32 四川永丰纸业股份有限公司
Sichuan Yongfeng Paper Co., Ltd.

33 重庆龙璟纸业有限公司
Chongqing Longjing Paper Co.,Ltd.

34 维尔美（重庆）纸业有限公司
Well Mind Paper (Chongqing) Co., Ltd.

35 陕西兴包企业集团有限责任公司
Shaanxi Xingbao Group Co., Ltd.

36 宁夏紫荆花纸业有限公司
Ningxia Zijinghua Paper Industry Co., Ltd.

卫生巾和卫生护垫主要企业
Major manufacturers of sanitary napkins and pantiliners

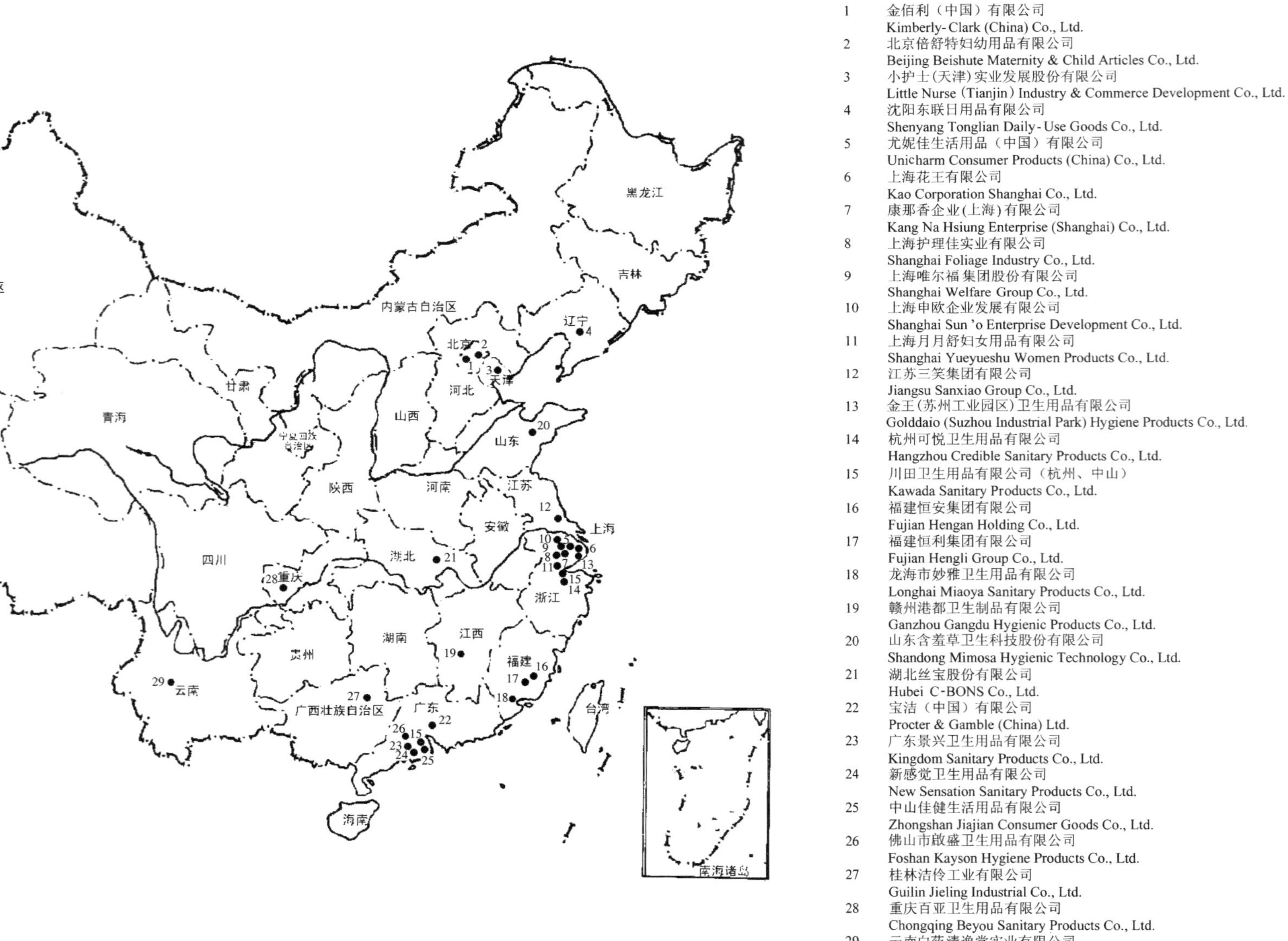

1 金佰利（中国）有限公司
Kimberly-Clark (China) Co., Ltd.
2 北京倍舒特妇幼用品有限公司
Beijing Beishute Maternity & Child Articles Co., Ltd.
3 小护士(天津)实业发展股份有限公司
Little Nurse (Tianjin) Industry & Commerce Development Co., Ltd.
4 沈阳东联日用品有限公司
Shenyang Tonglian Daily-Use Goods Co., Ltd.
5 尤妮佳生活用品（中国）有限公司
Unicharm Consumer Products (China) Co., Ltd.
6 上海花王有限公司
Kao Corporation Shanghai Co., Ltd.
7 康那香企业(上海)有限公司
Kang Na Hsiung Enterprise (Shanghai) Co., Ltd.
8 上海护理佳实业有限公司
Shanghai Foliage Industry Co., Ltd.
9 上海唯尔福集团股份有限公司
Shanghai Welfare Group Co., Ltd.
10 上海申欧企业发展有限公司
Shanghai Sun 'o Enterprise Development Co., Ltd.
11 上海月月舒妇女用品有限公司
Shanghai Yueyueshu Women Products Co., Ltd.
12 江苏三笑集团有限公司
Jiangsu Sanxiao Group Co., Ltd.
13 金王(苏州工业园区)卫生用品有限公司
Golddaio (Suzhou Industrial Park) Hygiene Products Co., Ltd.
14 杭州可悦卫生用品有限公司
Hangzhou Credible Sanitary Products Co., Ltd.
15 川田卫生用品有限公司（杭州、中山）
Kawada Sanitary Products Co., Ltd.
16 福建恒安集团有限公司
Fujian Hengan Holding Co., Ltd.
17 福建恒利集团有限公司
Fujian Hengli Group Co., Ltd.
18 龙海市妙雅卫生用品有限公司
Longhai Miaoya Sanitary Products Co., Ltd.
19 赣州港都卫生制品有限公司
Ganzhou Gangdu Hygienic Products Co., Ltd.
20 山东含羞草卫生科技股份有限公司
Shandong Mimosa Hygienic Technology Co., Ltd.
21 湖北丝宝股份有限公司
Hubei C-BONS Co., Ltd.
22 宝洁（中国）有限公司
Procter & Gamble (China) Ltd.
23 广东景兴卫生用品有限公司
Kingdom Sanitary Products Co., Ltd.
24 新感觉卫生用品有限公司
New Sensation Sanitary Products Co., Ltd.
25 中山佳健生活用品有限公司
Zhongshan Jiajian Consumer Goods Co., Ltd.
26 佛山市啟盛卫生用品有限公司
Foshan Kayson Hygiene Products Co., Ltd.
27 桂林洁伶工业有限公司
Guilin Jieling Industrial Co., Ltd.
28 重庆百亚卫生用品有限公司
Chongqing Beyou Sanitary Products Co., Ltd.
29 云南白药清逸堂实业有限公司
Yunnan Qingyitang Industrial Co., Ltd.

婴儿纸尿裤/片主要企业
Major manufacturers of baby diapers

1 尤妮佳生活用品（中国）有限公司
Unicharm Consumer Products (China) Co., Ltd.
2 全日美实业（上海）有限公司
Everbeauty Industry (Shanghai) Co., Ltd.
3 上海唯尔福集团股份有限公司
Shanghai Welfare Group Co., Ltd.
4 金佰利（中国）有限公司
Kimberly- Clark (China) Co., Ltd.
5 好孩子百瑞康卫生用品有限公司
Goodbaby Bairuikang Hygienic Products Co., Ltd.
6 杭州舒泰卫生用品有限公司
Hangzhou Shutai Sanitary Products Co., Ltd.
7 杭州可靠护理用品股份有限公司
Hangzhou Coco Healthcare Products Co., Ltd.
8 花王(合肥)有限公司
Kao (Hefei) Co., Ltd.
9 福建恒安集团有限公司
Fujian Hengan Holding Co., Ltd.
10 雀氏(中国)日用品有限公司
Chiaus (China) Daily Necessities Co., Ltd.
11 福建恒利集团有限公司
Fujian Hengli Group Co., Ltd.
12 福建莆田佳通纸制品有限公司
G.T. Paper (Fujian Putian) Co., Ltd.
13 爹地宝贝股份有限公司
Daddybaby Corporation Ltd.
14 美佳爽(福建)卫生用品有限公司
Mega Soft (Fujian) Hygiene Products Co., Ltd.
15 中天集团(中国)有限公司
AAB Group (China) Co., Ltd.
16 东顺集团股份有限公司
Dongshun Group Co., Ltd.
17 维安洁护理用品(中国)有限公司
V-Care Hygiene Products (China) Co., Ltd.
18 宝洁（中国）有限公司
Procter & Gamble (China) Ltd.
19 广东百顺纸品有限公司
Guangdong Bosom Paper Products Co., Ltd.
20 东莞市白天鹅纸业有限公司
Dongguan White Swan Paper Products Co., Ltd.
21 东莞市常兴纸业有限公司
Dongguan Changxing Paper Co., Ltd.
22 新感觉卫生用品有限公司
New Sensation Sanitary Products Co., Ltd.
23 广东昱升卫生用品有限公司
Guangdong Winsun Sanitary Products Co., Ltd.
24 重庆百亚卫生用品有限公司
Chongqing Beyou Sanitary Products Co., Ltd.

成人失禁用品主要企业
Major manufacturers of adult incontinent products

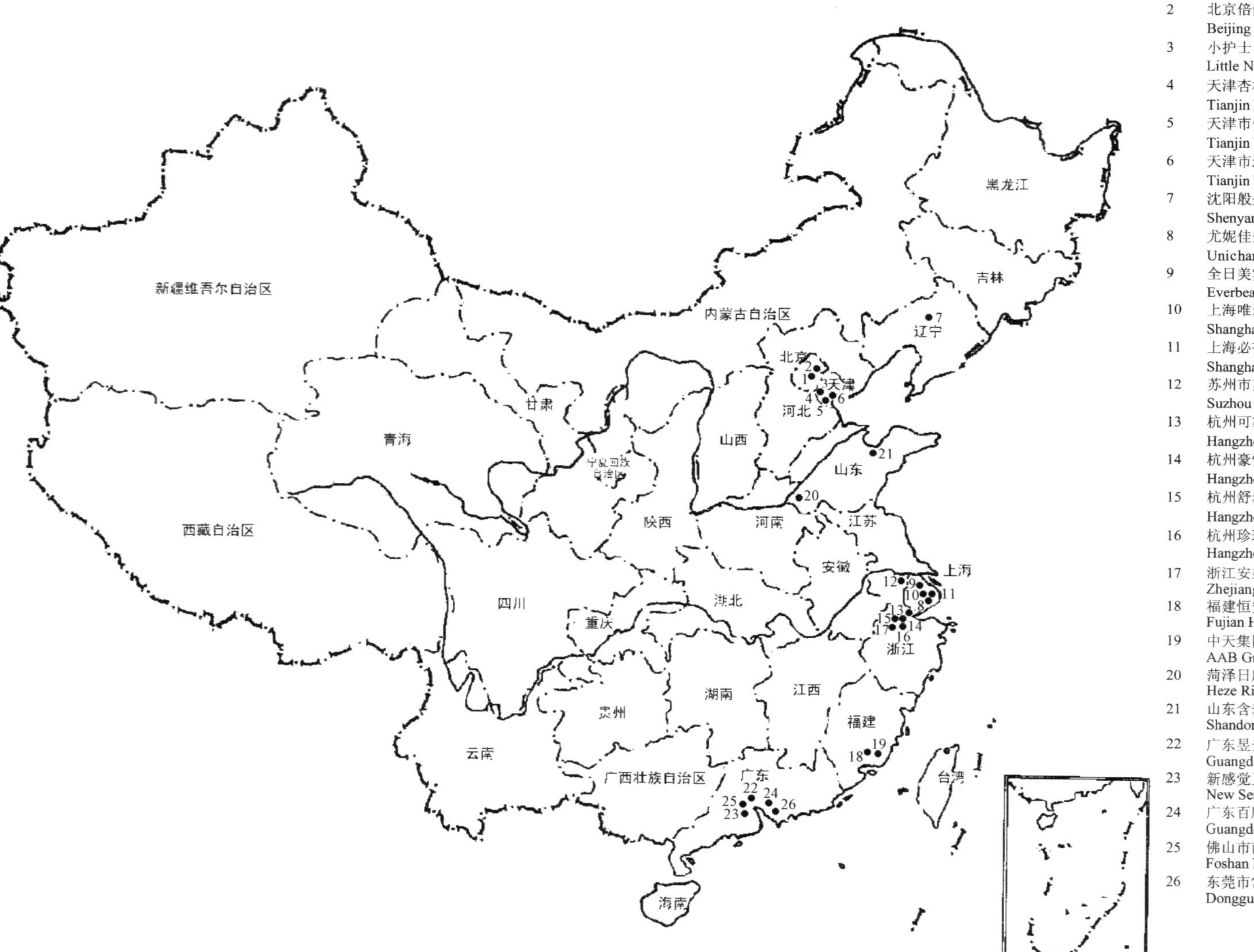

1 金佰利（中国）有限公司
Kimberly - Clark (China) Co., Ltd.

2 北京倍舒特妇幼用品有限公司
Beijing Beishute Maternity & Child Articles Co., Ltd.

3 小护士(天津)实业发展股份有限公司
Little Nurse (Tianjin) Industry & Commerce Development Co., Ltd.

4 天津杏林白十字医疗卫生材料用品有限公司
Tianjin Hakujuji Medical Health Material and Necessities Co., Ltd.

5 天津市依依卫生用品有限公司
Tianjin Yiyi Hygiene Products Co., Ltd.

6 天津市逸飞卫生用品有限公司
Tianjin Yifei Hygienic Products Co., Ltd.

7 沈阳般舟纸制品包装有限公司
Shenyang Banzhou Paper Products Co., Ltd.

8 尤妮佳生活用品（中国）有限公司
Unicharm Consumer Products (China) Co., Ltd.

9 全日美实业（上海）有限公司
Everbeauty Industry (Shanghai) Co., Ltd.

10 上海唯尔福集团股份有限公司
Shanghai Welfare Group Co., Ltd.

11 上海必有福生活用品有限公司
Shanghai Biyoufu Commodity Co., Ltd.

12 苏州市苏宁床垫有限公司
Suzhou Suning Underpad Co., Ltd.

13 杭州可靠护理用品股份有限公司
Hangzhou Coco Healthcare Products Co., Ltd.

14 杭州豪悦实业有限公司
Hangzhou Haoyue Industrial Co., Ltd.

15 杭州舒泰卫生用品有限公司
Hangzhou Shutai Sanitary Products Co., Ltd.

16 杭州珍琦卫生用品有限公司
Hangzhou Zhenqi Sanitary Products Co., Ltd.

17 浙江安柔卫生用品有限公司
Zhejiang Anrou Hygiene Products Co., Ltd.

18 福建恒安集团有限公司
Fujian Hengan Holding Co., Ltd.

19 中天集团(中国)有限公司
AAB Group (China) Co., Ltd.

20 菏泽日康卫生用品有限公司
Heze Rikang Hygiene Products Co., Ltd.

21 山东含羞草卫生科技股份有限公司
Shandong Mimosa Health Technology Co., Ltd.

22 广东昱升卫生用品有限公司
Guangdong Winsun Sanitary Products Co., Ltd.

23 新感觉卫生用品有限公司
New Sensation Sanitary Products Co., Ltd.

24 广东百顺纸品有限公司
Guangdong Bosom Paper Products Co., Ltd.

25 佛山市南海必得福无纺布有限公司
Foshan Nanhai Beautiful Nonwoven Co., Ltd.

26 东莞市常兴纸业有限公司
Dongguan Changxing Paper Co., Ltd.

湿巾主要企业
Major manufacturers of wet wipes

1 天津市艳胜工贸有限公司
Tianjin Yansheng Industry & Trade Co., Ltd.

2 天津爱龙洁肤品有限公司
Tianjin Ailong Cleaning Products Co., Ltd.

3 先思(天津)清洁用品有限公司
Concept (Tianjin) Cleaning Products Ltd.

4 河北义厚成日用品有限公司
Hebei Yihoucheng Commodity Co., Ltd.

5 沈阳纳尔实业有限责任公司
Shenyang Naer Industry Co., Ltd.

6 大连大鑫卫生护理用品有限公司
Dalian Daxin Health Nursing Products Co., Ltd.

7 大连欧派科技有限公司
Dalian Oupai Technological Co., Ltd.

8 沈阳浩普商贸有限公司
Shenyang Haopu Trading Co., Ltd.

9 哈尔滨康贞宝卫生保健用品有限公司
Harbin Kangyibao Health - Protecting Articles Co., Ltd.

10 康那香企业(上海)有限公司
Kang Na Hsiung Enterprise (Shanghai) Co., Ltd.

11 上海美馨卫生用品有限公司
Shanghai American Hygienics Co., Ltd.

12 上海东冠集团
Shanghai Orient Champion Group

13 贝亲婴儿用品（上海）有限公司
Pigeon Baby Articles (Shanghai) Co., Ltd.

14 上海暧呵母婴用品国际贸易有限公司
Shanghai Elsker Women & Children Articles Co., Ltd.

15 扬州倍加洁日化有限公司
Yangzhou Perfect Daily Chemicals Co., Ltd.

16 金红叶纸业集团有限公司
Gold Hongye Paper Group Co., Ltd.

17 苏州宝丽洁日化有限公司
Suzhou Baolijie Daily Chemicals Co., Ltd.

18 奈森克林(苏州)日用品有限公司
Naisenkelin Daily-Use Articles (Suzhou) Co., Ltd.

19 南六企业(平湖)有限公司
Nan Liu Enterprise (Pinghu) Co., Ltd.

20 铜陵洁雅生物科技股份有限公司
Jyair Bio-Tech Co., Ltd.

21 福建恒安集团有限公司
Fujian Hengan Holding Co., Ltd.

22 晋江百合堂生活用品有限公司
Jinjiang Baihetang Household Products Co., Ltd.

23 江西生成卫生用品有限公司
Jiangxi Shengcheng Hygiene Products Co., Ltd.

24 济南卡尼尔科技有限公司
Jinan Kanier Science & Technology Co., Ltd.

25 维达纸业(广东)有限公司
Vinda Paper (Guangdong) Co., Ltd.

26 深圳市康雅实业有限公司
Shenzhen Kangya Industrial Co., Ltd.

27 广东骏宝实业有限公司
Guangdong Junbao Industrial Co., Ltd.

28 广东景兴卫生用品有限公司
Kingdom Sanitary Products Co., Ltd.

29 金旭环保制品(深圳)有限公司
Golden Starry Environmental Products Co., Ltd.

30 深圳市维尼健康用品有限公司
Shenzhen Vinner Health Products Co., Ltd.

31 诺斯贝尔(中山)无纺日化有限公司
Nox-Bellcow (ZS) Nonwoven Chemical Co., Ltd.

32 深圳市御品坊日用品有限公司
Inperial Palace Commodity (Shenzhen) Co., Ltd.

33 重庆珍爱卫生用品有限责任公司
Chongqing Zhenai Hygiene Products Co., Ltd.

珠三角和福建省主要企业
Major manufacturers in Zhujiang delta and Fujian province

广东省 Guangdong

1	维达纸业(中国)有限公司（含新会会城、新会双水、新会三江） Vinda Paper (China) Co., Ltd.	△○
2	中顺洁柔纸业股份有限公司（含中山、江门、云浮） C & S Paper Co., Ltd.	△
3	东莞市白天鹅纸业有限公司 Dongguan White Swan Paper Products Co., Ltd.	△★
4	广东比伦生活用纸有限公司 Guangdong Bilun Household Paper Industry Co., Ltd.	△
5	东莞市达林纸业有限公司 Dongguan Dalin Paper Co., Ltd.	△
6	宝洁（中国）有限公司 Procter & Gamble (China) Ltd.	▲★
7	广东景兴卫生用品有限公司 Kingdom Sanitary Products Co., Ltd.	▲○
8	新感觉卫生用品有限公司 New Sensation Sanitary Products Co., Ltd.	▲★☆
9	中山佳健生活用品有限公司 Zhongshan Jiajian Consumer Goods Co., Ltd.	▲
10	中山川田卫生用品有限公司 Zhongshan Kawada Sanitary Products Co., Ltd.	▲
11	佛山啟盛卫生用品有限公司 Foshan Kayson Hygiene Products Co., Ltd.	▲
12	广东百顺纸品有限公司 Guangdong Bosom Paper Products Co., Ltd.	★☆
13	东莞市常兴纸业有限公司 Dongguan Changxing Paper Co., Ltd.	★☆
14	广东昱升卫生用品有限公司 Guangdong Winsun Sanitary Products Co., Ltd.	★☆
15	佛山市南海必得福无纺布有限公司 Foshan Nanhai Beautiful Nonwoven Co., Ltd.	☆
16	深圳市康雅实业有限公司 Shenzhen Kangya Industrial Co., Ltd.	○
17	广东骏宝实业有限公司 Guangdong Junbao Industrial Co., Ltd.	○
18	金旭环保制品（深圳）有限公司 Golden Starry Environmental Products Co., Ltd.	○
19	深圳市维尼健康用品有限公司 Shenzhen Vinner Health Products Co., Ltd.	○
20	诺斯贝尔(中山)无纺日化有限公司 Nox-Bellcow (ZS) Nonwoven Chemical Co., Ltd.	○
21	深圳市御品坊日用品有限公司 Imperial Palace Commodity (Shenzhen) Co., Ltd.	○

福建省 Fujian

1	恒安(中国)纸业有限公司 Hengan (China) Paper Co., Ltd	△
2	福建恒利集团有限公司 Fujian Hengli Group Co., Ltd.	△▲★
3	福建安诺集团有限公司 Fujian Annor Group Co., Ltd.	△
4	厦门新阳纸业有限公司 Xiamen Sinyang Paper Co., Ltd.	△
5	福建恒安集团有限公司 Fujian Hengan Holding Co., Ltd.	▲★☆○
6	龙海市妙雅卫生用品有限公司 Longhai Miaoya Sanitary Products Co., Ltd.	▲
7	雀氏(中国)日用品有限公司 Chiaus (China) Daily Necessities Co., Ltd.	★
8	爹地宝贝股份有限公司 Daddybaby Corporation Ltd.	★
9	福建莆田佳通纸制品有限公司 G.T. Paper (Fujian Putian) Co., Ltd.	★
10	中天集团(中国)有限公司 AAB Group (China) Co., Ltd.	★☆
11	美佳爽(福建)卫生用品有限公司 Mega Soft (Fujian) Hygiene Products Co., Ltd.	★
12	晋江百合堂生活用品有限公司 Jinjiang Baihetang Household Products Co., Ltd.	○

△生活用纸制造商
Tissue paper and converting products manufacturers
▲卫生巾和卫生护垫制造商
Sanitary napkins & pantiliners manufacturers
★婴儿纸尿裤/片制造商
Baby diapers manufacturers
☆成人失禁用品制造商
Adult incontinent products manufacturers
○ 湿巾制造商
Wet wipes manufacturers

长三角及周边地区主要企业

Major manufacturers in Yangtse delta and surrounding areas

△生活用纸制造商
Tissue paper and converting products manufacturers
▲卫生巾和卫生护垫制造商
Sanitary napkins & pantiliners manufacturers
★婴儿纸尿裤/片制造商
Baby diapers manufacturers
☆成人失禁用品制造商
Adult incontinent products manufacturers
○ 湿巾制造商
Wet wipes manufacturers

上海市 Shanghai

1	金佰利（中国）有限公司 （上海金佰利纸业有限公司） Kimberly - Clark (China) Co., Ltd.	△
2	上海东冠集团 Shanghai Orient Champion Group	△○
3	尤妮佳生活用品(中国)有限公司 Unicharm Consumer Products (China) Co., Ltd.	▲★☆
4	上海花王有限公司 Kao Corporation Shanghai Co., Ltd.	▲
5	康那香企业(上海)有限公司 Kang Na Hsiung Enterprise（Shanghai）Co., Ltd.	▲○
6	上海护理佳实业有限公司 Shanhai Foliage Industry Co., Ltd.	▲
7	上海唯尔福集团股份有限公司 Shanghai Welfare Group Co., Ltd.	▲★☆
8	上海申欧企业发展有限公司 Shanghai Sun' o Enterprise Development Co., Ltd.	▲
9	上海月月舒妇女用品有限公司 Shanghai Yueyueshu Women Products Co., Ltd.	▲
10	全日美实业（上海）有限公司 Everbeauty Industry (Shanghai) Co., Ltd.	★☆
11	上海必有福生活用品有限公司 Shanghai Biyoufu Commodity Co., Ltd.	☆
12	上海美馨卫生用品有限公司 Shanghai American Hygienics Co., Ltd.	○
13	贝亲婴儿用品(上海)有限公司 Pigeon Baby Articles (Shanghai) Co., Ltd.	○
14	上海暖呵母婴用品国际贸易有限公司 Shanghai Elsker Women & Children Articles Co., Ltd.	○

江苏省 Jiangsu

1	金红叶纸业（苏州工业园区）有限公司 Gold Hongye Paper (Suzhou Industrial Park) Co., Ltd.	△○
2	永丰余家品（昆山)有限公司 Yuen Foong Yu Family Care (Kunshan) Co., Ltd.	△
3	王子制纸妮飘（苏州)有限公司 Oji Paper Nepia (Suzhou) Co., Ltd.	△
4	胜达集团江苏双灯纸业有限公司 Shengda Group Jiangsu Sund Paper Industry Co., Ltd.	△
5	金佰利（南京）个人卫生用品有限公司 Kimberly - Clark (Nanjing) Hygienic Products Co., Ltd.	▲★
6	江苏三笑集团有限公司 Jiangsu Sanxiao Group Co., Ltd.	▲
7	金王(苏州工业园区)卫生用品有限公司 Golddaio（Suzhou Industrial Park）Hygiene Products Co., Ltd.	▲
8	好孩子百瑞康卫生用品有限公司 Goodbaby Bairuikang Hygienic Products Co., Ltd.	★
9	苏州市苏宁床垫有限公司 Suzhou Suning Underpad Co., Ltd.	☆
10	扬州倍加洁日化有限公司 Yangzhou Perfect Daily Chemicals Co., Ltd.	○
11	苏州宝丽洁日化有限公司 Suzhou Baolijie Daily Chemicals Co., Ltd.	○
12	奈森克林（苏州)日用品有限公司 Naisenkelin Daily-Use Articles (Suzhou) Co., Ltd.	○

浙江省 Zhejiang

1	浙江唯尔福纸业有限公司 Zhejiang Welfare Paper Co., Ltd.	△
2	杭州可悦卫生用品有限公司 Hangzhou Credible Sanitary Products Co., Ltd.	▲
3	浙江绍兴唯尔福妇幼用品有限公司 Zhejiang Shaoxing Welfare Articles for Women & Children Co., Ltd.	▲
4	浙江川田卫生用品有限公司 Zhejiang Kawada Sanitary Products Co., Ltd.	▲
5	杭州可靠护理用品股份有限公司 Hangzhou Coco Healthcare Products Co., Ltd.	★☆
6	杭州豪悦实业有限公司 Hangzhou Haoyue Industrial Co., Ltd.	☆
7	杭州舒泰卫生用品有限公司 Hangzhou Shutai Sanitary Products Co., Ltd.	★☆
8	杭州珍琦卫生用品有限公司 Hangzhou Zhenqi Sanitary Products Co., Ltd.	☆
9	浙江安柔卫生用品有限公司 Zhejiang Anrou Hygiene Products Co., Ltd.	☆
10	南六企业（平湖)有限公司 Nan Liu Enterprise (Pinghu) Co., Ltd.	○

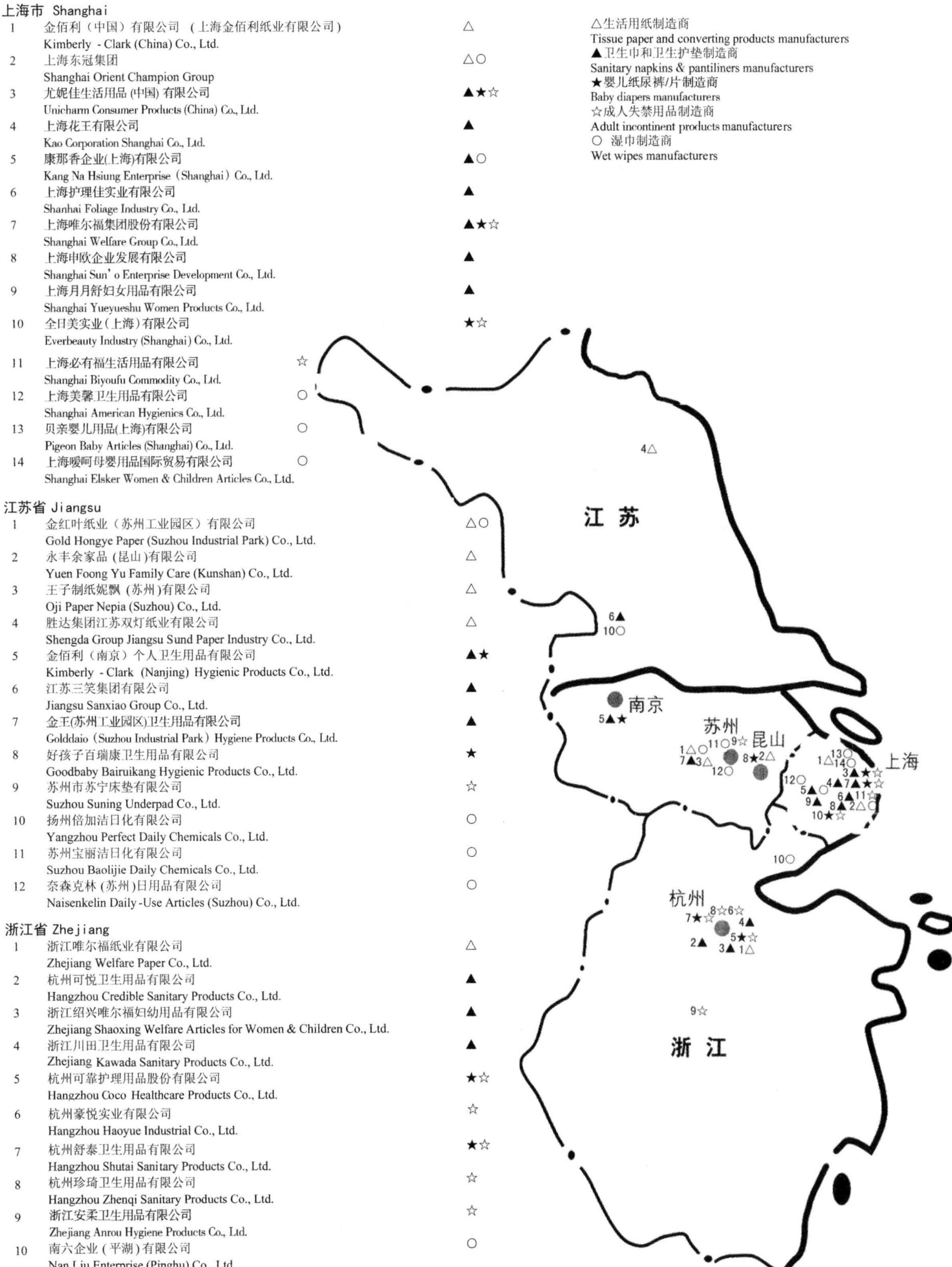

京津冀地区主要企业
Major manufacturers in Beijing-Tianjin-Hebei area

	北京市 Beijing	
1	金佰利（中国）有限公司 Kimberly - Clark (China) Co., Ltd.	★▲☆
2	维达北方纸业（北京）有限公司 Vinda Northern Paper (Beijing) Co., Ltd.	△
3	北京倍舒特妇幼用品有限公司 Beijing Beishute Maternity & Child Articles Co., Ltd.	▲☆
	天津市 Tianjin	
1	小护士(天津)实业发展股份有限公司 Little Nurse (Tianjin) Industry & Commerce Devlopment Co., Ltd.	▲☆
2	天津杏林白十字医疗卫生材料用品有限公司 Tianjin Hakujuji Medical Health Material and Necessities Co., Ltd.	☆
3	天津市依依卫生用品有限公司 Tianjin Yiyi Hygiene Products Co., Ltd.	☆
4	天津市逸飞卫生用品有限公司 Tianjin Yifei Hygienic Products Co., Ltd.	☆
5	天津市艳胜工贸有限公司 Tianjin Yansheng Industry & Trade Co., Ltd.	○
6	天津爱龙洁肤品有限公司 Tianjin Ailong Cleaning Products Co., Ltd.	○
7	先思(天津)清洁用品有限公司 Concept (Tianjin) Cleaning Products Ltd.	○
	河北省 Hebei	
1	保定市港兴纸业有限公司 Baoding Gangxing Paper Co., Ltd.	△
2	保定市东升卫生用品有限公司 Baoding Dongsheng Hygiene Products Co., Ltd.	△
3	河北雪松纸业有限公司 Hebei Xuesong Paper Co., Ltd.	△
4	河北义厚成日用品有限公司 Hebei Yihoucheng Commodity Co., Ltd.	○

生产企业名录(按产品和地区分列)

DIRECTORY OF TISSUE PAPER & DISPOSABLE PRODUCTS MANUFACTURERS IN CHINA(sorted by product and region)

[4]

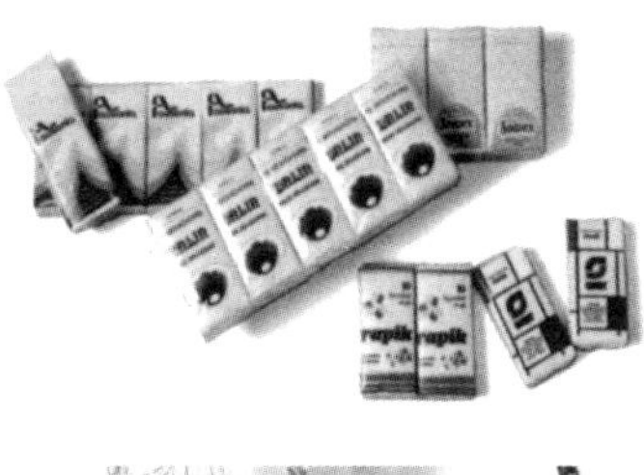

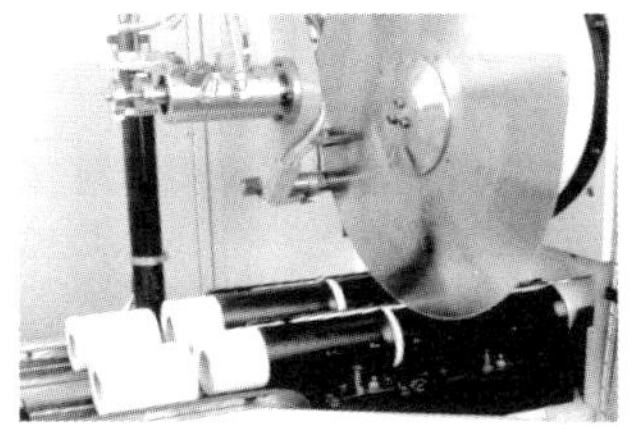

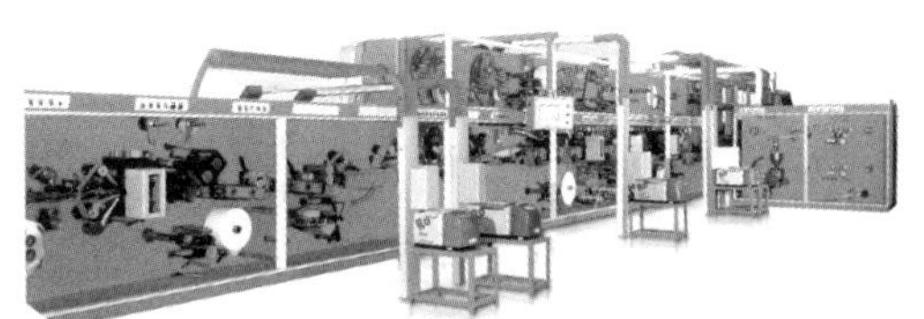

生活用纸生产企业
按地区细分统计

（2013 年，统计总数 1571 家，其中有原纸生产的 426 家）

序号	行政区 Region	企业数	生产原纸企业数	起始页	序号	行政区 Region	企业数	生产原纸企业数	起始页
1	北京 Beijing	33	3	147	16	河南 Henan	63	22	228
2	天津 Tianjin	18	3	150	17	湖北 Hubei	38	11	234
3	河北 Hebei	146	62	152	18	湖南 Hunan	31	6	238
4	山西 Shanxi	6	2	166	19	广东 Guangdong	274	58	241
5	内蒙古 Inner Mongolia	4	0	166	20	广西 Guangxi	89	52	266
6	辽宁 Liaoning	31	13	167	21	海南 Hainan	3	1	275
7	吉林 Jilin	12	4	170	22	重庆 Chongqing	23	4	275
8	黑龙江 Heilongjiang	13	5	171	23	四川 Sichuan	120	46	277
9	上海 Shanghai	45	4	172	24	贵州 Guizhou	12	0	289
10	江苏 Jiangsu	90	17	177	25	云南 Yunnan	33	6	290
11	浙江 Zhejiang	85	18	186	26	西藏 Tibet	1	1	293
12	安徽 Anhui	49	11	194	27	陕西 Shaanxi	13	3	293
13	福建 Fujian	117	19	198	28	甘肃 Gansu	10	5	295
14	江西 Jiangxi	47	5	210	30	宁夏 Ningxia	8	2	296
15	山东 Shandong	147	40	214	31	新疆 Xinjiang	10	3	296

注：29 青海为缺项。

生活用纸

Tissue paper and converting products

（注：企业名称中标“★”表示该企业生产原纸）

● 北京 Beijing

北京派尼尔纸业有限公司
Beijing Pioneer Paper Co., Ltd.
地址(Add)：北京市昌平区回龙观镇回龙观村北
邮编(P. C.)：102208
电话(Tel)：010－52788099
传真(Fax)：010－52788009
Http://www. bjpioneer. com. cn
法人代表(Chairman)：王长江
总经理(General Manager)：赵玉红
产品(Products)：餐巾纸，面巾纸，卫生纸，擦手纸，湿巾
品牌(Brand)：派尼尔

北京松竹梅兰纸业有限公司
Beijing Pinaster Bamboo Plum Orchid Paper Co., Ltd.
地址(Add)：北京市昌平区马池口镇亭自庄工业园
邮编(P. C.)：102202
电话(Tel)：010－62362299
传真(Fax)：010－62360903
E-mail：pbpo@ pbpo. com. cn
总经理(General Manager)：段连军
联系人(Contact Person)：陈洵
产品(Products)：卫生纸，面巾纸，手帕纸，餐巾纸，擦手纸
品牌(Brand)：松竹梅兰

北京市北郊小沙河造纸厂
Beijing Beijiao Xiaoshahe Paper Mill
地址(Add)：北京市昌平区沙河镇小沙河村
邮编(P. C.)：102206
电话(Tel)：010－69732384
法人代表(Chairman)：贾润生
总经理(General Manager)：贾润生
联系人(Contact Person)：贾润生
产品(Products)：卫生纸

北京中南纸业有限公司
Beijing Zhongnan Paper Co., Ltd.
地址(Add)：北京市朝阳区豆各庄乡孙家坡村工业区
邮编(P. C.)：100121
电话(Tel)：010－87332329
传真(Fax)：010－87332529
E-mail：paijieshi88@ 126. com
总经理(General Manager)：吴彩凤
联系人(Contact Person)：吴新建
产品(Products)：卫生纸，面巾纸，餐巾纸，擦手纸，手帕纸
品牌(Brand)：派洁士

北京雅洁经典家居用品有限公司
Beijing Craceful Classical Household Products Co., Ltd.
地址(Add)：北京市朝阳区高碑店乡半壁店村西店 1008－4 号
邮编(P. C.)：100071
电话(Tel)：010－67478625
传真(Fax)：010－67471713
E-mail：yajiezhipin@ 163. com
Http://www. yajiejingdian. com
总经理(General Manager)：马学坤
产品(Products)：卫生纸，面巾纸，餐巾纸
品牌(Brand)：雅洁

北京笨小孩纸业有限公司
Beijing Benxiaohai Paper Co., Ltd.
地址(Add)：北京市朝阳区观音惠园汇泰大厦 4 层 401－03 室
邮编(P. C.)：100023
电话(Tel)：010－51352497
传真(Fax)：010－51352498
E-mail：bhbxg@ bjbxh. com
Http://www. bjbxh. com
法人代表(Chairman)：于建国
总经理(General Manager)：于建国
联系人(Contact Person)：于建国
产品(Products)：卫生纸，擦手纸，餐巾纸，面巾纸
品牌(Brand)：笨小孩，迪百，印达风

统汇纸品(北京)有限公司
Toehold Paper (Beijing) Co., Ltd.
地址(Add)：北京市朝阳区广渠东路 1 号
邮编(P. C.)：100124
电话(Tel)：010－52055035
传真(Fax)：010－52055019
Http://www. toeholdpaper. com
总经理(General Manager)：崔巍
产品(Products)：擦手纸，餐巾纸，卫生纸，面巾纸
品牌(Brand)：统汇通达

北京北方开来纸品有限公司
Beifang Kailai Paper Products Co., Ltd.
地址(Add)：北京市朝阳区金盏乡沙窝村
邮编(P. C.)：100081
电话(Tel)：010－84394366
传真(Fax)：010－84392232
E-mail：bfkl@ 163. com
法人代表(Chairman)：程宪辉
总经理(General Manager)：程宪辉
产品(Products)：餐巾纸，面巾纸，卫生纸，湿巾
品牌(Brand)：开来

北京光德正鑫工贸有限公司
Beijing Guangde Zhengxin Industry & Trading Co., Ltd.
地址(Add)：北京市朝阳区十里河村
邮编(P. C.)：100021
电话(Tel)：010－87366872
传真(Fax)：010－87366872
法人代表(Chairman)：门艳斌

总经理(General Manager)：门艳斌
联系人(Contact Person)：门艳斌
产品(Products)：擦手纸，卫生纸，餐巾纸，面巾纸，湿巾
品牌(Brand)：绿风铃

北京创利达纸制品有限公司
Beijing Chuanglida Paper Products Co., Ltd.
地址(Add)：北京市大兴区黄村高家堡海军营院
邮编(P. C.)：102699
电话(Tel)：010-51572568
传真(Fax)：010-51572569
E-mail：bj5338@126. com
法人代表(Chairman)：汪五德
总经理(General Manager)：汪五德
联系人(Contact Person)：汪五德
产品(Products)：湿巾，餐巾纸，擦手纸，盘纸，面巾纸

北京金人利丰纸业有限公司
Beijing Jinren Lifeng Paper Co., Ltd.
地址(Add)：北京市大兴区黄村开发区
邮编(P. C.)：102600
电话(Tel)：010-61264248
传真(Fax)：010-61261446
E-mail：jinrenlifeng@163. com
联系人(Contact Person)：吕朝军
产品(Products)：盘纸，擦手纸，面巾纸，餐巾纸
品牌(Brand)：金人利丰

北京清源无纺布制品厂
Beijing Qingyuan Nonwoven Products Co., Ltd.
地址(Add)：北京市大兴区黄村镇西芦物流工业园
邮编(P. C.)：110115
电话(Tel)：010-61233987
传真(Fax)：010-61233987
E-mail：bangerwufang@126. com
Http：//bjqywfb. cn. alibaba. com
联系人(Contact Person)：王法春
产品(Products)：湿巾，餐巾纸，非织造布制品

北京沃森纸业有限公司
Beijing Vollsen Paper Ltd.
地址(Add)：北京市大兴区西红门同华北大街20-4
邮编(P. C.)：100076
电话(Tel)：010-84256029
E-mail：vollsen@sina. com
Http：//www. vollsen. com. cn
法人代表(Chairman)：曲彤升
总经理(General Manager)：曲彤升
联系人(Contact Person)：曲彤升
产品(Products)：卫生纸，面巾纸，擦手纸，厨房纸巾
品牌(Brand)：悠适

北京金香玉杰纸业
Beijing Jinxiangyujie Paper
地址(Add)：北京市大兴区西红门镇
邮编(P. C.)：100076
电话(Tel)：010-83281762
传真(Fax)：010-83281762
E-mail：jinxiangyujie@126. com
Http：//www. jinxiangyujie. net
联系人(Contact Person)：苗凤娟
产品(Products)：餐巾纸，面巾纸，擦手纸，卫生纸

北京蓝天碧水纸制品有限责任公司
Beijing Blue Sky & Green Water Paper Products Co., Ltd.
地址(Add)：北京市大兴区西红门镇大白楼工业区金安路乙25号
邮编(P. C.)：100162
电话(Tel)：010-61282805
传真(Fax)：010-61282415
E-mail：ltbs2000@126. com
Http：//www. ltbschina. com
法人代表(Chairman)：李晓敏
总经理(General Manager)：李晓敏
联系人(Contact Person)：李晓敏
产品(Products)：湿巾，面巾纸，餐巾纸
品牌(Brand)：濠

北京爱美华纸制品有限公司
Beijing Aimiwa Paper Products Co., Ltd.
地址(Add)：北京市大兴区西红门镇福缘路14号
邮编(P. C.)：100162
电话(Tel)：010-58476655
传真(Fax)：010-60220667
E-mail：fzg868@163. com
Http：//www. bjaimh. com
联系人(Contact Person)：方再刚
产品(Products)：餐巾纸，面巾纸，擦手纸，盘纸，卫生纸
品牌(Brand)：幻柔

北京天马仁合酒店用品有限公司
Beijing Tianma Renhe Hotel Supplies Co., Ltd.
地址(Add)：北京市大兴区西红门镇小白楼工业区甲8号
邮编(P. C.)：100076
电话(Tel)：010-61287300
传真(Fax)：010-61242184
E-mail：tmrh110@163. com
联系人(Contact Person)：马饶
产品(Products)：餐巾纸，面巾纸，擦手纸，盘纸

北京众诚天通商贸有限公司
Beijing Zhongcheng Tiantong Trade Co., Ltd.
地址(Add)：北京市大兴区西红门镇新庄金星鸭厂西侧路3号
邮编(P. C.)：102614
电话(Tel)：010-61282686
传真(Fax)：010-61282676
法人代表(Chairman)：王志刚
总经理(General Manager)：王志刚
联系人(Contact Person)：刘龙启
产品(Products)：卫生纸，湿巾
品牌(Brand)：大森林

北京爱佳卫生保健品厂
Beijing Aijia Hygiene & Health Care Products Factory
地址(Add)：北京市大兴区瀛海镇南宫京济路52号
邮编(P. C.)：100068
电话(Tel)：010-67537477
传真(Fax)：010-67589972

E-mail：wgc@ bj－aijia. com
Http：//www. bj－aijia. com
法人代表(Chairman)：吴国财
总经理(General Manager)：吴国财
联系人(Contact Person)：吴国财
产品(Products)：湿巾，餐巾纸
品牌(Brand)：爱佳

北京安洁纸业有限公司
Beijing Anjie Paper Co., Ltd.
地址(Add)：北京市大兴区瀛海镇新村农业试验场7号院
邮编(P. C.)：100076
电话(Tel)：010－69282050
传真(Fax)：010－69274834
E-mail：anjiezhiye@ 163. com
Http：//www. anjiezhiye. com
联系人(Contact Person)：金辉
产品(Products)：餐巾纸，面巾纸，擦手纸，盘纸
品牌(Brand)：舒多喜

北京雨荷纸制品有限公司
Beijing Yuhe Paper Products Co., Ltd.
地址(Add)：北京市房山区长阳万兴路86号－A004号
邮编(P. C.)：100071
电话(Tel)：010－60351236
联系人(Contact Person)：郭同尚
产品(Products)：餐巾纸，面巾纸，盘纸，擦手纸

北京云彩飞扬纸业有限公司
Beijing Yuncaifeiyang Paper Co., Ltd.
地址(Add)：北京市房山区长阳西棕榈滩溪雅苑A11号楼三单元1102
邮编(P. C.)：102488
电话(Tel)：010－52219268
传真(Fax)：010－52219266
联系人(Contact Person)：徐振天
产品(Products)：卫生纸，面巾纸，湿巾

北京兴河纸业有限公司★
Beijing Liulihe Xinghe Paper Co., Ltd.
地址(Add)：北京市房山区琉璃河镇二街村
邮编(P. C.)：102403
电话(Tel)：010－89386098
传真(Fax)：010－89382753
E-mail：sh2785@ 163. com
法人代表(Chairman)：唐金振
总经理(General Manager)：唐金振
联系人(Contact Person)：唐金振
产品(Products)：卫生纸，原纸
品牌(Brand)：金宇，兴河

北京宝润通科技开发有限责任公司
BRT Science & Technology Co., Ltd.
地址(Add)：北京市丰台区菜户营58号财富西环大厦514室
邮编(P. C.)：100054
电话(Tel)：010－63385105
传真(Fax)：010－63385105
E-mail：info@ bjbrt. com
Http：//www. bjbrt. com
法人代表(Chairman)：张晶
总经理(General Manager)：李艳青
联系人(Contact Person)：肖克寒
产品(Products)：湿巾，餐巾纸，面巾纸
品牌(Brand)：三仕达

北京特日欣卫生用品有限公司
Beijing Terixin Hygiene Products Co., Ltd.
地址(Add)：北京市丰台区花乡新房子71号
邮编(P. C.)：100073
电话(Tel)：010－83609569
传真(Fax)：010－83609589
E-mail：trx88@ 163. com
Http：//www. terixin. com
法人代表(Chairman)：冯跃
总经理(General Manager)：冯跃
联系人(Contact Person)：高金龙
产品(Products)：卫生巾，卫生护垫，婴儿纸尿裤/片，成人纸尿裤/片，湿巾，卫生纸
品牌(Brand)：特日欣

北京熙鑫纸业有限公司
Beijing Xixin Paper Limited
地址(Add)：北京市丰台区南苑农工商第二分公司
邮编(P. C.)：100076
电话(Tel)：010－80285349
传真(Fax)：010－80285349
E-mail：xixinzhiye@ 163. com
Http：//www. xixinzhiye. cn
法人代表(Chairman)：王元昌
联系人(Contact Person)：王振
产品(Products)：卫生纸，盘纸，餐巾纸，面巾纸，擦手纸

北京康宝福卫生用品厂
Beijing Kangbaofu Hygiene Products Plant
地址(Add)：北京市海淀区北安河乡周家巷
邮编(P. C.)：100095
电话(Tel)：010－51728432
传真(Fax)：010－51728432
总经理(General Manager)：王秀环
产品(Products)：护理垫，婴儿纸尿裤，面巾纸，餐巾纸
品牌(Brand)：康宝福

北京爱华中兴纸业有限公司
Beijing Aihua Zhongxing Paper Co., Ltd.
地址(Add)：北京市海淀区西三旗建材城东路8号西侧
邮编(P. C.)：100096
电话(Tel)：010－82929866
传真(Fax)：010－82915709
E-mail：yipianyun@ yipianyun. com
Http：//www. yipianyun. com
法人代表(Chairman)：王家华
总经理(General Manager)：谢大伟
联系人(Contact Person)：何平妹
产品(Products)：餐巾纸，面巾纸，卫生纸，厨房纸巾，手帕纸，擦手纸，卫生巾，卫生护垫，湿巾
品牌(Brand)：一片云，帮护

金佰利(中国)有限公司
Kimberly－Clark (China) Co., Ltd.
地址(Add)：北京市经济技术开发区建安街2号
邮编(P. C.)：100176

电话(Tel)：010－87110015
传真(Fax)：010－67856099
E-mail：jinmei. shi@ kcc. com
Http://www. kimberly－clark. com. cn
法人代表(Chairman)：张海婴
总经理(General Manager)：程志远
联系人(Contact Person)：史金梅
产品(Products)：卫生巾，卫生护垫，成人失禁用品，婴儿护理用品，生活用纸
品牌(Brand)：高洁丝 Kotex，得伴 Depend，好奇 Huggies，舒洁 Kleenex

维达北方纸业(北京)有限公司★
Vinda Paper North (Beijing) Co., Ltd.
地址(Add)：北京市平谷区航宇街 16 号
邮编(P. C.)：101200
电话(Tel)：010－69934888
传真(Fax)：010－69935995
产品(Products)：卫生纸，原纸，面巾纸，厨房纸巾，手帕纸，餐巾纸
品牌(Brand)：维达

永丰余家纸(北京)有限公司★
Yuen Foong Yu Family Paper (Beijing) Co., Ltd.
地址(Add)：北京市平谷区马坊镇金马北街 35 号
邮编(P. C.)：101204
电话(Tel)：010－60999688
传真(Fax)：010－60999611
E-mail：shint. lin@ yfycpg. com
Http://www. imayflower. cn
法人代表(Chairman)：何奕达
总经理(General Manager)：苏守斌
联系人(Contact Person)：林哲伟
产品(Products)：原纸，卫生纸，餐巾纸，面巾纸，手帕纸，厨房纸巾，擦手纸
品牌(Brand)：五月花

北京鼎鑫航空用品有限公司
Beijing Dingxin Aviation Articles Co., Ltd.
地址(Add)：北京市顺义区高丽营镇顺沙路 37 号
邮编(P. C.)：100303
电话(Tel)：010－69457873
传真(Fax)：010－69457598
E-mail：dingxin1995@ 163. com
Http://www. bjdingxin. com. cn
法人代表(Chairman)：赵连忠
总经理(General Manager)：赵连忠
联系人(Contact Person)：赵连忠
产品(Products)：湿巾，面巾纸，餐巾纸，卫生纸
品牌(Brand)：鼎鑫

北京家家乐纸业有限公司
Beijing Jiajiale Paper Co., Ltd.
地址(Add)：北京市通州区张家湾镇齐善庄
邮编(P. C.)：101100
电话(Tel)：010－61505466
传真(Fax)：010－61505466
法人代表(Chairman)：谷群
总经理(General Manager)：谷群
联系人(Contact Person)：谷群
产品(Products)：卫生纸，餐巾纸
品牌(Brand)：洁尔雅

● 天津 Tianjin

小护士(天津)实业发展股份有限公司
Little Nurse (Tianjin) Industry & Commerce Development Co., Ltd.
地址(Add)：天津市北辰高科技产业园区辰星工业园淮河道 6 号
邮编(P. C.)：300410
电话(Tel)：022－26309200
传真(Fax)：022－26301235
E-mail：fengying_702@ 126. com
Http://www. chinanapkin. com. cn
法人代表(Chairman)：杨印海
总经理(General Manager)：杨印海
联系人(Contact Person)：冯颖
产品(Products)：卫生巾，卫生护垫，婴儿纸尿裤，成人纸尿裤，护理垫，卫生纸，面巾纸，手帕纸
品牌(Brand)：小护士

天津市亿利来科技卫生用品厂
Tianjin Yililai Science & Technology Hygiene Products Factory
地址(Add)：天津市北辰区经济开发区双街镇张湾工业园
邮编(P. C.)：300400
电话(Tel)：022－29538070
传真(Fax)：022－29538070
总经理(General Manager)：乔景宏
联系人(Contact Person)：乔玉兰
产品(Products)：卫生巾，卫生纸，湿巾，护理垫
品牌(Brand)：津宝，菲思妮

天津市蓬林纸业有限公司★
Tianjin Penglin Paper Co., Ltd.
地址(Add)：天津市河西区宾水道万顺温泉花园 B 座 901 室
邮编(P. C.)：300201
电话(Tel)：022－28012219
传真(Fax)：022－28012221
法人代表(Chairman)：李社训
总经理(General Manager)：李社训
联系人(Contact Person)：李社训
产品(Products)：原纸

天津朗源纸业有限公司
Tianjin Langyuan Paper Co., Ltd.
地址(Add)：天津市津南双港工业园区达港南路 10 号
邮编(P. C.)：300350
电话(Tel)：022－28592877
传真(Fax)：022－28592875
Http://www. tjlyzy. cn
法人代表(Chairman)：陈泰伦
联系人(Contact Person)：陈泰伦
产品(Products)：湿巾，面巾纸
品牌(Brand)：朗源

津西碧泉餐巾纸厂
Jinxi Biquan Napkin Factory
地址(Add)：天津市津西王庆坨镇郑家楼村工业园区

邮编(P. C.)：301713
电话(Tel)：022－29513266
法人代表(Chairman)：赵士清
总经理(General Manager)：赵士清
联系人(Contact Person)：赵士良
产品(Products)：餐巾纸，面巾纸，擦手纸，盘纸
品牌(Brand)：傲雪

天津市武清区花蕊纸制品厂
Tianjin Wuqing Huarui Paper Products Factory
地址(Add)：天津市武清区石各庄镇敖西村
邮编(P. C.)：301718
电话(Tel)：022－22159413
传真(Fax)：022－22159413
联系人(Contact Person)：刘会平
产品(Products)：卫生纸，餐巾纸，面巾纸

天津忘忧草纸制品有限公司
Tianjin Wangyoucao Paper Products Co., Ltd.
地址(Add)：天津市武清区石各庄镇东升小区
邮编(P. C.)：301718
电话(Tel)：022－22156532
传真(Fax)：022－22156532
E-mail：tjwangyoucao@126.com
Http：//tjwyczzp.cn.china.cn
法人代表(Chairman)：黄西宾
总经理(General Manager)：黄西宾
联系人(Contact Person)：鲁娜
产品(Products)：卫生巾，护理垫，湿巾，卫生纸
品牌(Brand)：忘忧草

天津中凯纸业有限公司★
Tianjin Zhongkai Paper Co., Ltd.
地址(Add)：天津市武清区王庆坨镇
邮编(P. C.)：301713
电话(Tel)：022－29518313
传真(Fax)：022－29518313
法人代表(Chairman)：胡敬
产品(Products)：卫生纸，餐巾纸，原纸
品牌(Brand)：金驼

津西洁康餐巾纸厂
Jinxi Jiekang Napkin Factory
地址(Add)：天津市武清区王庆坨镇北环路西口
邮编(P. C.)：301713
电话(Tel)：022－29518770
E-mail：jiekang9322@163.com
Http：//www.tjjiekang.com
联系人(Contact Person)：罗永利
产品(Products)：餐巾纸，擦手纸，面巾纸，手帕纸，卫生纸
品牌(Brand)：洁康

天津市安洁纸业有限公司
Tianjin Anjie Paper Co., Ltd.
地址(Add)：天津市武清区王庆坨镇南门工业园区
邮编(P. C.)：301713
电话(Tel)：022－29518941
传真(Fax)：022－29511078
Http：//tjanjie.cn.alibaba.com
联系人(Contact Person)：曹精利
产品(Products)：擦手纸，盘纸，卫生纸，面巾纸，厨房纸巾

天津市麒麟造纸有限公司★
Tianjin Qilin Paper Making Co., Ltd.
地址(Add)：天津市武清区下伍旗镇八间房
邮编(P. C.)：301705
电话(Tel)：022－22282999
传真(Fax)：022－22282555
总经理(General Manager)：邵旼
产品(Products)：卫生纸，手帕纸，原纸

恒安(天津)纸业有限公司
Hengan (Tianjin) Paper Co., Ltd.
地址(Add)：天津市西青经济开发区兴华一支路
邮编(P. C.)：300381
电话(Tel)：022－23973688
传真(Fax)：022－23973688
E-mail：gaos@mail.hengan.com.cn
法人代表(Chairman)：许连捷
联系人(Contact Person)：高珊
产品(Products)：卫生纸，面巾纸，手帕纸，餐巾纸，厨房纸巾，擦手纸，卫生巾
品牌(Brand)：心相印，安乐，安尔乐

天津市桂云纸制品厂
Tianjin Guiyun Paper Products Factory
地址(Add)：天津市西青区杨柳青青沙路14街津青工业公司院内
邮编(P. C.)：300380
电话(Tel)：022－27924730
传真(Fax)：022－27392859
法人代表(Chairman)：徐恩华
总经理(General Manager)：徐恩华
联系人(Contact Person)：徐恩华
产品(Products)：卫生纸

天津市依依卫生用品有限公司
Tianjin Yiyi Hygiene Products Co., Ltd.
地址(Add)：天津市西青区张家窝工业园
邮编(P. C.)：300380
电话(Tel)：022－87988888
传真(Fax)：022－87987888
E-mail：gaobin7705@163.com
Http：//www.tjyiyi.com
法人代表(Chairman)：卢俊美
总经理(General Manager)：卢俊美
联系人(Contact Person)：张健
产品(Products)：卫生巾，卫生护垫，婴儿纸尿裤/片，护理垫，宠物垫，卫生纸，纸巾纸，湿巾
品牌(Brand)：依依，多帮乐，爱梦园

天津市三维纸业有限公司
Tianjin Sanwei Paper Products Co., Ltd.
地址(Add)：天津市西青区张家窝镇高家村
邮编(P. C.)：300381
电话(Tel)：022－87988458
传真(Fax)：022－87988458
E-mail：sanweizhiye@126.com
法人代表(Chairman)：杨建国
总经理(General Manager)：韩秀英

联系人(Contact Person)：韩秀林
产品(Products)：卫生巾，卫生护垫，婴儿纸尿裤/片，成人纸尿裤，护理垫，湿巾，卫生纸，手帕纸，面巾纸
品牌(Brand)：三维，金美雅

天津市兰景工贸有限公司
Tianjin Lanjing Industry & Trade Co., Ltd.
地址(Add)：天津市西青区中北镇汪庄南铁道旁3号
邮编(P.C.)：300112
电话(Tel)：022－27390537
传真(Fax)：022－27390532
E-mail：lanjingtj@sina.com
法人代表(Chairman)：吕小带
总经理(General Manager)：吕小带
联系人(Contact Person)：吕小带
产品(Products)：卫生巾，卫生护垫，手帕纸，面巾纸，擦手纸，卫生纸，餐巾纸，厨房纸巾，湿巾
品牌(Brand)：茹梦

天津市雨之利商贸有限公司
Tianjin Yuzhili Trade Co., Ltd.
地址(Add)：天津市西王庆坨郑家楼村
邮编(P.C.)：301713
电话(Tel)：022－29519335
传真(Fax)：022－29519335
法人代表(Chairman)：李秋田
总经理(General Manager)：李秋田
联系人(Contact Person)：李秋田
产品(Products)：餐巾纸
品牌(Brand)：雨之丽

金红叶纸业(天津)有限公司
Gold Hongye Paper (Tianjin) Co., Ltd.
地址(Add)：天津市新技术产业园区武清开发区开源道51号
邮编(P.C.)：300000
电话(Tel)：022－82191238
产品(Products)：卫生纸，面巾纸，餐巾纸，手帕纸，擦手纸
品牌(Brand)：唯洁雅，清风，真真

● 河北 Hebei

河北恒源实业集团
Hebei Hengyuan Industry Group
地址(Add)：河北省霸州市益津北路68号
邮编(P.C.)：065700
电话(Tel)：0316－7867931
传真(Fax)：0316－7867365
Http://www.hbhengyuan.com
总经理(General Manager)：吕稼芳
联系人(Contact Person)：崔学伦
产品(Products)：卫生纸，面巾纸
品牌(Brand)：恒源

安新县睡莲纸业有限公司
Anxin Shuilian Paper Co., Ltd.
地址(Add)：河北省保定市安新县大王镇张六工业园
邮编(P.C.)：072160
电话(Tel)：0312－5286080
法人代表(Chairman)：张增强
总经理(General Manager)：张增强
联系人(Contact Person)：张增强
产品(Products)：面巾纸，手帕纸，擦手纸，餐巾纸，盘纸，卫生纸

保定合众纸业有限公司
Baoding Hezhong Paper Co., Ltd.
地址(Add)：河北省保定市百花西路35号
邮编(P.C.)：071051
电话(Tel)：0312－3010875－8001
传真(Fax)：0312－7501976
E-mail：yang@hozhong.com
Http://www.hozhong.com
总经理(General Manager)：杨广志
产品(Products)：面巾纸，卫生纸，餐巾纸，手帕纸，盘纸

河北华硕纸业有限责任公司★
Hebei Asus Paper Co., Ltd.
地址(Add)：河北省保定市北二环路植物园东侧
邮编(P.C.)：071051
电话(Tel)：0312－5951626
传真(Fax)：0312－5951629
总经理(General Manager)：李莉
联系人(Contact Person)：吕钢花
产品(Products)：卫生纸，手帕纸，面巾纸，餐巾纸，原纸
品牌(Brand)：每时每刻，只有你，新华

保定市金能卫生用品有限公司★
Baoding Jinneng Hygiene Products Co., Ltd.
地址(Add)：河北省保定市朝阳南大街北沟头工业区
邮编(P.C.)：071000
电话(Tel)：0312－2151998
传真(Fax)：0312－2152998
E-mail：sales@bdking.cn
Http://www.bdking.com.cn
法人代表(Chairman)：石大虎
总经理(General Manager)：石大虎
联系人(Contact Person)：石大虎
产品(Products)：手帕纸，面巾纸，擦手纸，餐巾纸，盘纸，原纸
品牌(Brand)：雅尚，虎宝宝，翔云，么么熊，金雅尚，优爱，小螺号，悠扬，弗罗猫，纸悦

保定市满城永发造纸厂★
Mancheng Yongfa Paper Mill
地址(Add)：河北省保定市大册营造纸工业区
邮编(P.C.)：072150
电话(Tel)：0312－7021333
传真(Fax)：0312－7025777
法人代表(Chairman)：苟连锁
总经理(General Manager)：苟连锁
联系人(Contact Person)：苟连军
产品(Products)：卫生纸，擦手纸，面巾纸，厨房纸巾，原纸
品牌(Brand)：白仙，日月情

河北省保定市满城永昌造纸厂★
Mancheng Yongchang Paper Mill
地址(Add)：河北省保定市大册营造纸工业区
邮编(P. C.)：072150
电话(Tel)：0312－5578926
传真(Fax)：0312－5578926
总经理(General Manager)：杨国瑞
产品(Products)：卫生纸，手帕纸，原纸
品牌(Brand)：梦曼，格兰，依洁，百邦

保定市北市区鹏程纸制品厂
Baoding Pengcheng Paper Products Factory
地址(Add)：河北省保定市东二职大路1号
邮编(P. C.)：071000
电话(Tel)：0312－7503376
传真(Fax)：0312－7503376
E-mail：835423365@qq.com
法人代表(Chairman)：程建辉
总经理(General Manager)：程建辉
联系人(Contact Person)：程建辉
产品(Products)：卫生纸

保定市第五造纸厂★
Baoding No.5 Paper Mill
地址(Add)：河北省保定市富昌路110号
邮编(P. C.)：071051
电话(Tel)：0312－3232205
传真(Fax)：0312－3223687
法人代表(Chairman)：李忠喜
联系人(Contact Person)：于胜泳
产品(Products)：卫生纸，面巾纸，手帕纸，原纸
品牌(Brand)：蓝天

保定市金利源纸业有限公司★
Baoding Jinliyuan Paper Co., Ltd.
地址(Add)：河北省保定市富昌西路
邮编(P. C.)：071000
电话(Tel)：0312－3257011
传真(Fax)：0312－3252699
E-mail：yjzfa888@126.com
法人代表(Chairman)：姚建忠
总经理(General Manager)：宋月恒
联系人(Contact Person)：姚建忠
产品(Products)：卫生纸，手帕纸，面巾纸，餐巾纸，原纸
品牌(Brand)：华爽，菲悦

保定市晨光纸业有限公司★
Baoding Chenguang Paper Product Co., Ltd.
地址(Add)：河北省保定市高开区北二环699号
邮编(P. C.)：071051
电话(Tel)：0312－3104888
传真(Fax)：0312－3171036
E-mail：24973009@qq.com
Http://www.chgzy.com.cn
法人代表(Chairman)：侯金明
总经理(General Manager)：侯鹏
联系人(Contact Person)：侯鹏
产品(Products)：卫生纸，餐巾纸，面巾纸，手帕纸，擦手纸，方巾纸，盘纸，原纸
品牌(Brand)：飞天，小飞人，进宝，金鸣达

河北义厚成日用品有限公司
Hebei Yihoucheng Commodity Co., Ltd.
地址(Add)：河北省保定市高新区云杉路131号
邮编(P. C.)：071051
电话(Tel)：0312－3327408
传真(Fax)：0312－3327610
E-mail：yhc_pm@qq.com
Http://www.hbyhc.com
法人代表(Chairman)：白红敏
总经理(General Manager)：田玉伟
联系人(Contact Person)：马佳
产品(Products)：卫生巾，卫生护垫，湿巾，护理垫，隔尿垫巾，卫生纸
品牌(Brand)：女主角，喜儿，妮好，喜尔健，QQ糖

保定市雅峰纸业有限公司★
Baoding Yafeng Paper Co., Ltd.
地址(Add)：河北省保定市恒祥北大街卢庄
邮编(P. C.)：071051
电话(Tel)：0312－3184992
传真(Fax)：0312－3184991
Http://www.yafengzhiye.cn
联系人(Contact Person)：崔成民
产品(Products)：卫生纸，原纸
品牌(Brand)：雅峰

河北新华实业公司
Hebei Xinhua Industrial Co., Ltd.
地址(Add)：河北省保定市红旗苗圃(保定市植物园)东侧
邮编(P. C.)：071051
电话(Tel)：0312－5951626
传真(Fax)：0312－5951628
联系人(Contact Person)：胡玉静
产品(Products)：卫生纸，餐巾纸，擦手纸
品牌(Brand)：只有你，泽兰，新华

河北小人国纸业有限公司★
Hebei Xiaorenguo Paper Co., Ltd.
地址(Add)：河北省保定市建国路地道桥西968号
邮编(P. C.)：071000
电话(Tel)：0312－2177998
传真(Fax)：0312－2173636
E-mail：xiaorenguozhiye@126.com
法人代表(Chairman)：邵国义
总经理(General Manager)：邵国义
联系人(Contact Person)：邵国义
产品(Products)：卫生纸，原纸
品牌(Brand)：小人国

保定市日新工贸有限公司★
Baoding Rixin Industry & Trade Co., Ltd.
地址(Add)：河北省保定市建国路泽园工业区1－2号
邮编(P. C.)：071051
电话(Tel)：0312－7528833
传真(Fax)：0312－2176811
Http://www.rixingm.com
联系人(Contact Person)：杨永胜
产品(Products)：餐巾纸，卫生纸，面巾纸，手帕纸，擦手纸，原纸
品牌(Brand)：佳荣

保定市鑫百合纸业有限公司
Baoding Xinbaihe Paper Co., Ltd.
地址(Add)：河北省保定市梁庄工业园北区092号
邮编(P. C.)：071051
电话(Tel)：0312-5099949
传真(Fax)：0312-5099949
E-mail：liushikun100@hotmail.com
Http：//xinbaihezhiye.diytrade.com
总经理(General Manager)：王红
联系人(Contact Person)：王红
产品(Products)：卫生纸
品牌(Brand)：123，意贝子，布丁布点

保定市众康纸业有限公司★
Baoding Zhongkang Paper Co., Ltd.
地址(Add)：河北省保定市隆兴西路3119号
邮编(P. C.)：071051
电话(Tel)：0312-3177690
传真(Fax)：0312-3175996
E-mail：bdzhkzhy@163.com
Http：//www.bdzhkzhy.com.cn
联系人(Contact Person)：王合
产品(Products)：卫生纸，原纸
品牌(Brand)：中国风，维天宝

满城县纯中纯纸制品厂
Mancheng Chunzhongchun Paper Products Factory
地址(Add)：河北省保定市满城县大册营岗头工业园区
邮编(P. C.)：072150
电话(Tel)：0312-5573199
传真(Fax)：0312-7025518
总经理(General Manager)：张玉清
产品(Products)：卫生纸
品牌(Brand)：纯中纯，雪影

伴你行纸业有限公司
Bannixing Paper Co., Ltd.
地址(Add)：河北省保定市满城县大册营工业区
邮编(P. C.)：072150
电话(Tel)：0312-7022809
联系人(Contact Person)：赵清河
产品(Products)：手帕纸，面巾纸，卫生纸，卫生巾，擦手纸

保定市满城曙光造纸厂
Mancheng Shuguang Paper Mill
地址(Add)：河北省保定市满城县大册营工业区
邮编(P. C.)：072150
电话(Tel)：0312-7026018
传真(Fax)：0312-5572323
联系人(Contact Person)：王红洲
产品(Products)：卫生纸，手帕纸，面巾纸
品牌(Brand)：曙光

保定市满城县爽悦卫生用品有限公司
Baoding Mancheng Shuangyue Hygiene Products Co., Ltd.
地址(Add)：河北省保定市满城县大册营工业区
邮编(P. C.)：072150
电话(Tel)：0312-7026878
传真(Fax)：0312-7022907
Http：//syzp.mc.114chn.com
联系人(Contact Person)：刘红星
产品(Products)：卫生纸，餐巾纸，面巾纸，手帕纸，盘纸，擦手纸
品牌(Brand)：爽悦，金百灵，羽亮

保定市旭辉纸业有限公司
Baoding Xuhui Paper Co., Ltd.
地址(Add)：河北省保定市满城县大册营工业区
邮编(P. C.)：072150
电话(Tel)：0312-7020092
传真(Fax)：0312-7020092
Http：//www.xf223366.com
联系人(Contact Person)：谭旭
产品(Products)：卫生纸
品牌(Brand)：曦菲

和信纸品有限公司
Hexin Paper Products Co., Ltd.
地址(Add)：河北省保定市满城县大册营工业区
邮编(P. C.)：072150
电话(Tel)：0312-7026198
传真(Fax)：0312-7026896
E-mail：wwwthb@163.com
法人代表(Chairman)：韩三旺
总经理(General Manager)：韩三旺
联系人(Contact Person)：谭浩波
产品(Products)：卫生巾，婴儿纸尿裤，面巾纸，卫生纸，手帕纸
品牌(Brand)：美之莲，妙恋，嘉尚

河北杨氏纸业有限公司
Hebei Yangshi Paper Co., Ltd.
地址(Add)：河北省保定市满城县大册营工业区
邮编(P. C.)：072150
电话(Tel)：0312-5572994
传真(Fax)：0312-7022410
联系人(Contact Person)：李艳红
产品(Products)：手帕纸，面巾纸，卫生纸，餐巾纸

河北中信纸业有限公司★
Hebei Zhongxin Paper Co., Ltd.
地址(Add)：河北省保定市满城县大册营工业区
邮编(P. C.)：072150
电话(Tel)：0312-7131227
传真(Fax)：0312-7022988
E-mail：zx@zhongxinpaper.com
Http：//www.zhongxinpaper.com
法人代表(Chairman)：赵建忠
总经理(General Manager)：赵建忠
联系人(Contact Person)：谭明利
产品(Products)：原纸，卫生纸，手帕纸，面巾纸，餐巾纸，盘纸
品牌(Brand)：望舒，凯依，悠雅

满城县辰宇纸业有限公司★
Mancheng Chenyu Paper Co., Ltd.
地址(Add)：河北省保定市满城县大册营工业区
邮编(P. C.)：072150
电话(Tel)：0312-7021011
传真(Fax)：0312-7021663

联系人(Contact Person)：张超
产品(Products)：盘纸，面巾纸，手帕纸，卫生纸，原纸
品牌(Brand)：纸友，飞洁，天山情

满城县美亚美亚纸制品厂
Mancheng Maiyamei Paper Products Factory
地址(Add)：河北省保定市满城县大册营工业区
邮编(P. C.)：072150
电话(Tel)：0312 - 7020727
传真(Fax)：0312 - 7020727
E-mail：bdmc777@163. com
总经理(General Manager)：王文琪
产品(Products)：卫生纸
品牌(Brand)：爱玛特，福笑，丽品

保定泰瑞达卫生用品有限公司
Baoding Tairuida Hygiene Products Co., Ltd.
地址(Add)：河北省保定市满城县大册营工业区(市头村)
邮编(P. C.)：072150
电话(Tel)：0312 - 7065725
传真(Fax)：0312 - 7065727
总经理(General Manager)：赵永振
产品(Products)：卫生纸
品牌(Brand)：俏当家

保定市中储纸业有限公司
Baoding Zhongchu Paper Co., Ltd.
地址(Add)：河北省保定市满城县大册营工业园区
邮编(P. C.)：072150
电话(Tel)：0312 - 7022132
传真(Fax)：0312 - 7022132
E-mail：1345610616@qq. com
联系人(Contact Person)：张德祥
产品(Products)：手帕纸，擦手纸
品牌(Brand)：丽人鸟

保定爱森卫生纸制品有限公司★
Baoding Aisen Paper Co., Ltd.
地址(Add)：河北省保定市满城县大册营造纸工业区
邮编(P. C.)：072150
电话(Tel)：0312 - 7024952
传真(Fax)：0312 - 7024951
E-mail：34642666@qq. com
Http：//aszy. mc. 114chn. com
总经理(General Manager)：段占军
联系人(Contact Person)：段鹏
产品(Products)：卫生纸，面巾纸，原纸
品牌(Brand)：爱丽尔，小福仙，雅松

保定洁中洁卫生用品有限公司
Baoding Jiezhongjie Hygiene Products Co., Ltd.
地址(Add)：河北省保定市满城县大册营造纸工业区
邮编(P. C.)：072150
电话(Tel)：0312 - 7021798
传真(Fax)：0312 - 7021372
E-mail：bdjzj@sina. com
Http：//www. bdjzj. com
联系人(Contact Person)：石俊杰
产品(Products)：湿巾，卫生纸，面巾纸
品牌(Brand)：洁中洁

保定神荣卫生用品制造有限公司
Baoding Shenrong Hygiene Products Co., Ltd.
地址(Add)：河北省保定市满城县大册营造纸工业区
邮编(P. C.)：072151
电话(Tel)：0312 - 7022185
传真(Fax)：0312 - 7026185
总经理(General Manager)：张逢春
联系人(Contact Person)：曾泽洋
产品(Products)：手帕纸，面巾纸，湿巾
品牌(Brand)：四合院，芳丽达，竹然，纯禾，元大都

保定市碧柔卫生用品有限公司★
Baoding Birou Hygiene Products Co., Ltd.
地址(Add)：河北省保定市满城县大册营造纸工业区
邮编(P. C.)：072150
电话(Tel)：0312 - 7166099
传真(Fax)：0312 - 7062880
Http：//www. bdfenghua. com. cn
联系人(Contact Person)：葛静思
产品(Products)：卫生纸，手帕纸，原纸
品牌(Brand)：碧柔

保定市长山纸制品有限公司
Baoding Changshan Paper Products Co., Ltd.
地址(Add)：河北省保定市满城县大册营造纸工业区
邮编(P. C.)：071250
电话(Tel)：0312 - 7027789
传真(Fax)：0312 - 7027786
Http：//cszy. mc. 114chn. com
总经理(General Manager)：张艳玲
联系人(Contact Person)：张彦青
产品(Products)：卫生纸，手帕纸，面巾纸
品牌(Brand)：启点，嫣之语

保定市港兴纸业有限公司★
Baoding Gangxing Paper Co., Ltd.
地址(Add)：河北省保定市满城县大册营造纸工业区
邮编(P. C.)：072150
电话(Tel)：0312 - 7021908
传真(Fax)：0312 - 7021728
E-mail：bdlibang@163. com
Http：//www. libangnet. cn
法人代表(Chairman)：张二牛
总经理(General Manager)：张三套
联系人(Contact Person)：张娇
产品(Products)：卫生纸，手帕纸，餐巾纸，面巾纸，擦手纸，原纸，卫生巾，卫生护垫
品牌(Brand)：丽邦，港兴，幸福生活

保定市金伯利卫生用品有限公司
Baoding Jinboli Hygiene Products Co., Ltd.
地址(Add)：河北省保定市满城县大册营造纸工业区
邮编(P. C.)：072150
电话(Tel)：0312 - 7027728
传真(Fax)：0312 - 5578110
Http：//www. jblzy. com. cn
联系人(Contact Person)：张华
产品(Products)：手帕纸，盘纸，面巾纸，擦手纸
品牌(Brand)：红林鸟，艾柔，舒语

保定市金坊纸业有限公司
Baoding Jinfang Paper Co., Ltd.
地址(Add)：河北省保定市满城县大册营造纸工业区
邮编(P. C.)：072150
电话(Tel)：0312－7022999
传真(Fax)：0312－7020998
联系人(Contact Person)：赵志军
产品(Products)：卫生纸，面巾纸，手帕纸
品牌(Brand)：维维，炫俪，岚竹，十八纸坊

保定市满城县奥达纸业
Mancheng Aoda Paper
地址(Add)：河北省保定市满城县大册营造纸工业区
邮编(P. C.)：071250
电话(Tel)：0312－7021777
传真(Fax)：0312－5572998
联系人(Contact Person)：谭永强
产品(Products)：卫生纸，手帕纸，盘纸，面巾纸，餐巾纸，擦手纸，湿巾
品牌(Brand)：信柔，心情草

保定市满城县豪峰纸业★
Mancheng Haofeng Paper
地址(Add)：河北省保定市满城县大册营造纸工业区
邮编(P. C.)：072150
电话(Tel)：0312－7021038
传真(Fax)：0312－7026369
法人代表(Chairman)：张如义
总经理(General Manager)：张如义
联系人(Contact Person)：张如义
产品(Products)：面巾纸，湿巾，卫生纸，盘纸，原纸

保定市满城县胜利纸品厂
Mancheng Shengli Paper Products Factory
地址(Add)：河北省保定市满城县大册营造纸工业区
邮编(P. C.)：072100
电话(Tel)：0312－7021697
联系人(Contact Person)：刘桂抒
产品(Products)：卫生纸，餐巾纸，手帕纸，面巾纸，擦手纸，盘纸
品牌(Brand)：舒肤雅

保定市满城香雪兰纸业有限公司
Mancheng Xiangxuelan Paper Co., Ltd.
地址(Add)：河北省保定市满城县大册营造纸工业区
邮编(P. C.)：072150
电话(Tel)：0312－5578996
传真(Fax)：0312－5578996
Http://xxlzy. mc. 114chn. com
联系人(Contact Person)：张红飞
产品(Products)：卫生纸，手帕纸，餐巾纸，盘纸，面巾纸，擦手纸
品牌(Brand)：靓竹，雪思雨，风声

保定市满城新宇纸业有限公司★
Baoding Mancheng Xinyu Paper Co., Ltd.
地址(Add)：河北省保定市满城县大册营造纸工业区
邮编(P. C.)：072150
电话(Tel)：0312－7021901
传真(Fax)：0312－7025965
法人代表(Chairman)：张顺来
总经理(General Manager)：张顺恒
联系人(Contact Person)：张顺恒
产品(Products)：卫生纸，擦手纸，面巾纸，厨房纸巾，原纸
品牌(Brand)：新宇，佳音

保定市满城永利纸业有限公司
Mancheng Yongli Paper Co., Ltd.
地址(Add)：河北省保定市满城县大册营造纸工业区
邮编(P. C.)：072150
电话(Tel)：0312－7021027
传真(Fax)：0312－5572258
Http://ylzy. mc. 114chn. com
法人代表(Chairman)：赵建维
总经理(General Manager)：赵建维
联系人(Contact Person)：王文彩
产品(Products)：卫生纸
品牌(Brand)：永凯，伊美雅

保定市满城跃兴造纸厂★
Baoding Mancheng Yuexing Paper Mill
地址(Add)：河北省保定市满城县大册营造纸工业区
邮编(P. C.)：072150
电话(Tel)：0312－7021898
传真(Fax)：0312－7023687
法人代表(Chairman)：贾连生
联系人(Contact Person)：雷田
产品(Products)：卫生纸，原纸
品牌(Brand)：白合花，洁丽缘

保定市前进造纸有限公司★
Baoding Qianjin Paper Co., Ltd.
地址(Add)：河北省保定市满城县大册营造纸工业区
邮编(P. C.)：072150
电话(Tel)：0312－7021904
传真(Fax)：0312－7020499
联系人(Contact Person)：杨俊英
产品(Products)：卫生纸，餐巾纸，原纸
品牌(Brand)：多福多

保定市雨聪纸制品厂
Baoding Yucong Paper Products Factory
地址(Add)：河北省保定市满城县大册营造纸工业区
邮编(P. C.)：072150
电话(Tel)：0312－5575188
Http://yucong. cn. weshengzhi. cn
联系人(Contact Person)：宋艳合
产品(Products)：手帕纸，面巾纸
品牌(Brand)：雨聪，禾韵，木之柔

保定雨森卫生用品有限公司★
Baoding Yusen Hygiene Products Co., Ltd.
地址(Add)：河北省保定市满城县大册营造纸工业区
邮编(P. C.)：072150
电话(Tel)：0312－5578100
传真(Fax)：0312－5572100
E-mail：1065406337@ qq. com
Http://www. yusenpaper. com
法人代表(Chairman)：苏马力
总经理(General Manager)：苏马力
联系人(Contact Person)：苏马力

产品(Products)：卫生纸，手帕纸，面巾纸，原纸
品牌(Brand)：雨森，康柔，百丽

博兴纸业有限公司
Baoding Boxing Paper Co., Ltd.
地址(Add)：河北省保定市满城县大册营造纸工业区
邮编(P. C.)：072150
电话(Tel)：0312－7022801
传真(Fax)：0312－7022801
联系人(Contact Person)：谭二庆
产品(Products)：面巾纸，卫生纸
品牌(Brand)：金芒果，洁爱雅，北京四合，小王国

凤海造纸有限公司★
Fenghai Paper Co., Ltd.
地址(Add)：河北省保定市满城县大册营造纸工业区
邮编(P. C.)：072150
电话(Tel)：0312－7021914
传真(Fax)：0312－7021914
法人代表(Chairman)：单凤海
总经理(General Manager)：单凤海
联系人(Contact Person)：单凤海
产品(Products)：卫生纸，面巾纸，手帕纸，餐巾纸，原纸
品牌(Brand)：绿缘，竹叶青

河北保定聚森纸制品厂
Baoding Jusenyuan Paper Products Factory
地址(Add)：河北省保定市满城县大册营造纸工业区
邮编(P. C.)：072150
电话(Tel)：0312－5570957
传真(Fax)：0312－5572055
总经理(General Manager)：赵志明
产品(Products)：手帕纸，面巾纸
品牌(Brand)：金玉缘，情人缘

河北保定满城万顺造纸厂★
Mancheng Wanshun Paper Mill
地址(Add)：河北省保定市满城县大册营造纸工业区
邮编(P. C.)：072150
电话(Tel)：0312－7021701
传真(Fax)：0312－7021701
法人代表(Chairman)：何占良
总经理(General Manager)：何占良
产品(Products)：卫生纸，原纸
品牌(Brand)：金手指

河北姬发造纸有限公司★
Hebei Jifa Paper Co., Ltd.
地址(Add)：河北省保定市满城县大册营造纸工业区
邮编(P. C.)：072150
电话(Tel)：0312－7022912
传真(Fax)：0312－7026887
Http://www.jifazy.com
法人代表(Chairman)：崔志海
总经理(General Manager)：崔雷振
联系人(Contact Person)：崔志海
产品(Products)：卫生纸，原纸，手帕纸，面巾纸，盘纸
品牌(Brand)：万佳，惠而特

河北省保定市满城和信纸品有限公司
Mancheng Hexin Paper Products Co., Ltd.
地址(Add)：河北省保定市满城县大册营造纸工业区
邮编(P. C.)：071250
电话(Tel)：0312－7023465
传真(Fax)：0312－7023467
联系人(Contact Person)：白木辰
产品(Products)：卫生纸，手帕纸，盘纸
品牌(Brand)：相恋，感情花

河北省保定市顺兴纸制品有限公司
Baoding Shunxing Paper Products Co., Ltd.
地址(Add)：河北省保定市满城县大册营造纸工业区
邮编(P. C.)：072150
电话(Tel)：0312－7020586
传真(Fax)：0312－7026586
Http://www.sxzp.net
联系人(Contact Person)：张四清
产品(Products)：卫生纸，面巾纸，手帕纸，厨房纸巾，擦手纸，餐巾纸
品牌(Brand)：绿海

河北亚光纸业有限公司★
Hebei Yaguang Paper Co., Ltd.
地址(Add)：河北省保定市满城县大册营造纸工业区
邮编(P. C.)：072150
电话(Tel)：0312－7021008
传真(Fax)：0312－7026609
E-mail：yg@yaguangpaper.com
Http://www.yaguangpaper.com
法人代表(Chairman)：张占国
总经理(General Manager)：张备战
联系人(Contact Person)：张占国
产品(Products)：卫生纸，餐巾纸，面巾纸，手帕纸，原纸
品牌(Brand)：火炬，洁立达，笑脸，伊歌

满城县安安卫生用品有限公司
Mancheng Anan Hygiene Products Co., Ltd.
地址(Add)：河北省保定市满城县大册营造纸工业区
邮编(P. C.)：072150
电话(Tel)：0312－7020200
传真(Fax)：0312－7020200
总经理(General Manager)：张佳良
产品(Products)：手帕纸，卫生纸

满城县碧柔卫生用品有限公司
Mancheng Birou Hygiene Products Co., Ltd.
地址(Add)：河北省保定市满城县大册营造纸工业区
邮编(P. C.)：072150
电话(Tel)：0312－7166099
传真(Fax)：0312－7062880
Http://www.bdfenghua.com.cn
联系人(Contact Person)：葛静思
产品(Products)：卫生纸，手帕纸，湿巾
品牌(Brand)：碧柔

满城县诚信纸业有限公司★
Mancheng Chengxin Paper Co., Ltd.
地址(Add)：河北省保定市满城县大册营造纸工业区
邮编(P. C.)：072150

电话(Tel)：0312－7026699
传真(Fax)：0312－7023123
总经理(General Manager)：韩保江
产品(Products)：卫生纸，餐巾纸，面巾纸，原纸
品牌(Brand)：雪亮，雪弛

满城县和晟卫生用品有限公司★
Mancheng Hesheng Hygiene Products Co., Ltd.
地址(Add)：河北省保定市满城县大册营造纸工业区
邮编(P. C.)：072150
电话(Tel)：0312－7027208
传真(Fax)：0312－2027228
E-mail：zhaoxin988@126.com
联系人(Contact Person)：赵新
产品(Products)：原纸，盘纸，餐巾纸，卫生纸
品牌(Brand)：雅曼，真雅真情，松丽，福娃娃，真雅

满城县金博士纸制品有限公司★
Mancheng Jinboshi Paper Products Co., Ltd.
地址(Add)：河北省保定市满城县大册营造纸工业区
邮编(P. C.)：072150
电话(Tel)：0312－7021036
传真(Fax)：0312－5578388
Http://www.jbspaper.com
总经理(General Manager)：张俊清
联系人(Contact Person)：张涛
产品(Products)：卫生纸，面巾纸，餐巾纸，手帕纸，擦手纸，厨房纸巾，原纸
品牌(Brand)：金博仕

满城县立新纸业★
Mancheng Lixin Paper
地址(Add)：河北省保定市满城县大册营造纸工业区
邮编(P. C.)：072150
电话(Tel)：0312－5572777
传真(Fax)：0312－7021548
联系人(Contact Person)：赵明俏
产品(Products)：手帕纸，盘纸，原纸
品牌(Brand)：小金砖，美雪

满城县群冠造纸有限公司★
Mancheng Qunguan Paper Co., Ltd.
地址(Add)：河北省保定市满城县大册营造纸工业区
邮编(P. C.)：072150
电话(Tel)：0312－5578663
传真(Fax)：0312－5578663
法人代表(Chairman)：聂长远
联系人(Contact Person)：聂新厂
产品(Products)：卫生纸，原纸
品牌(Brand)：清丝

满城县中宇卫生用品有限公司
Mancheng Zhongyu Hygiene Products Co., Ltd.
地址(Add)：河北省保定市满城县大册营造纸工业区
邮编(P. C.)：072150
电话(Tel)：0312－7021034
传真(Fax)：0312－7021183
联系人(Contact Person)：李增发
产品(Products)：卫生纸，手帕纸，面巾纸
品牌(Brand)：蓝猫，云鹭

三利控股(香港)有限公司
Sanli Supervised by Hongkong Co., Ltd.
地址(Add)：河北省保定市满城县大册营造纸工业区
邮编(P. C.)：072150
电话(Tel)：0312－7021217
传真(Fax)：0312－7020616
Http://www.hbsanl.com
总经理(General Manager)：赵喜安
联系人(Contact Person)：赵喜安
产品(Products)：卫生巾，卫生纸
品牌(Brand)：诗音

祥柔纸制品厂
Xiangrou Paper Products Factory
地址(Add)：河北省保定市满城县大册营造纸工业区
邮编(P. C.)：072150
电话(Tel)：0312－7023997
联系人(Contact Person)：吉亚冲
产品(Products)：面巾纸，手帕纸
品牌(Brand)：祥柔，薇诗漫

满城县迎宾纸制品厂
Mancheng Yingbin Paper Products Factory
地址(Add)：河北省保定市满城县大册营造纸工业区
邮编(P. C.)：071250
电话(Tel)：0312－7021077
传真(Fax)：0312－5578838
Http://ybzy.mc.114chn.com
法人代表(Chairman)：王颖杰
总经理(General Manager)：王颖杰
联系人(Contact Person)：王颖杰
产品(Products)：卫生纸，面巾纸，手帕纸
品牌(Brand)：牵牵小手，兰玫朵儿

满城县中兴纸业有限公司
Mancheng Zhongxing Paper Co., Ltd.
地址(Add)：河北省保定市满城县大册营造纸工业区
邮编(P. C.)：071250
电话(Tel)：0312－7025199
传真(Fax)：0312－7025199
Http://zxzy.mc.114chn.com
联系人(Contact Person)：牛宗元
产品(Products)：卫生纸，面巾纸，盘纸
品牌(Brand)：中兴，牛宝贝

保定市满城富达卫生纸厂
Mancheng Fuda Tissue Paper Mill
地址(Add)：河北省保定市满城县大册营造纸工业园
邮编(P. C.)：072152
电话(Tel)：0312－7078268
传真(Fax)：0312－7062086
Http://www.fdxlh.com
联系人(Contact Person)：李素玲
产品(Products)：卫生纸，手帕纸，餐巾纸，盘纸，擦手纸
品牌(Brand)：佳中洁，小螺号

保定市满城美华卫生用品厂
Mancheng Meihua Hygiene Products Factory
地址(Add)：河北省保定市满城县大册营造纸工业园区
邮编(P. C.)：072150

电话(Tel)：0312－5573858
传真(Fax)：0312－5573858
法人代表(Chairman)：赵朋
总经理(General Manager)：赵朋
联系人(Contact Person)：赵朋
产品(Products)：卫生巾，卫生护垫，面巾纸，手帕纸
品牌(Brand)：百柔

保定新宇纸业有限公司★
Xinyu Paper Co., Ltd.
地址(Add)：河北省保定市满城县大册营造纸工业园区
邮编(P. C.)：072150
电话(Tel)：0312－7021901
传真(Fax)：0312－7025965
联系人(Contact Person)：严建忠
产品(Products)：卫生纸，手帕纸，面巾纸，盘纸，原纸
品牌(Brand)：佳音，新宇，小熊

河北雪松纸业有限公司★
Hebei Xuesong Paper Co., Ltd.
地址(Add)：河北省保定市满城县大册营造纸工业园区
邮编(P. C.)：072150
电话(Tel)：0312－7021606
传真(Fax)：0312－7020869
E-mail：xuesonghb@126. com
Http：//www. hbxuesong. cn
法人代表(Chairman)：赵宝江
总经理(General Manager)：赵宝江
联系人(Contact Person)：赵娜
产品(Products)：原纸，卫生纸，面巾纸，手帕纸，餐巾纸
品牌(Brand)：雪松，好人家，佳贝，真情

保定嘉禾纸业有限公司
Baoding Jiahe Paper Co., Ltd.
地址(Add)：河北省保定市满城县大册营造纸工业园区
邮编(P. C.)：072150
电话(Tel)：0312－5573998
传真(Fax)：0312－7026815
总经理(General Manager)：李春玲
产品(Products)：卫生纸，面巾纸，手帕纸，擦手纸，盘纸
品牌(Brand)：唯美之恋，幸福岛，优品

满城县益源造纸厂★
Mancheng Yiyuan Paper Mill
地址(Add)：河北省保定市满城县大册营镇大册村西
邮编(P. C.)：072150
电话(Tel)：0312－7027693
传真(Fax)：0312－7026285
Http：//www. yiyuanzhiye. com
法人代表(Chairman)：张玉柱
总经理(General Manager)：张玉柱
联系人(Contact Person)：郝翠玲
产品(Products)：卫生纸，面巾纸，餐巾纸，擦手纸，厨房纸巾，原纸
品牌(Brand)：舒肤特，佳洁尚

保定市满城县宝洁造纸厂★
Baoding Mancheng Baojie Paper Mill
地址(Add)：河北省保定市满城县大册营镇大册工业园区
邮编(P. C.)：072150
电话(Tel)：0312－7021508
传真(Fax)：0312－7021228
E-mail：384797179@qq. com
法人代表(Chairman)：刘战国
总经理(General Manager)：刘海涛
联系人(Contact Person)：刘海涛
产品(Products)：卫生纸，原纸
品牌(Brand)：华阳，森柔，松亭

保定市满城育红纸业有限公司★
Baoding Yuhong Paper Co., Ltd.
地址(Add)：河北省保定市满城县大册营镇大册营工业区
邮编(P. C.)：072150
电话(Tel)：0312－7021806
传真(Fax)：0312－7023666
联系人(Contact Person)：张保刚
产品(Products)：卫生纸，餐巾纸，面巾纸，原纸
品牌(Brand)：献礼

保定市满城昌盛造纸厂★
Baoding Mancheng Changsheng Paper Mill
地址(Add)：河北省保定市满城县大册营镇方上村
邮编(P. C.)：072150
电话(Tel)：0312－7023969
传真(Fax)：0312－7023588
法人代表(Chairman)：王国泉
产品(Products)：原纸
品牌(Brand)：护依康

保定市满城金光纸业有限公司★
Baoding Mancheng Jinguang Paper Co., Ltd.
地址(Add)：河北省保定市满城县大册营镇方上村
邮编(P. C.)：072150
电话(Tel)：0312－7021707
传真(Fax)：0312－7021899
Http：//www. maowangpaper. cn
法人代表(Chairman)：韩宝全
联系人(Contact Person)：韩雨兴
产品(Products)：卫生纸，面巾纸，手帕纸，盘纸，擦手纸，原纸
品牌(Brand)：猫王

绿纯卫生用品有限公司
Lvchun Hygiene Products Co., Ltd.
地址(Add)：河北省保定市满城县大册营镇岗头村
邮编(P. C.)：072150
电话(Tel)：0312－7022686
传真(Fax)：0312－7022686
法人代表(Chairman)：苟大勇
总经理(General Manager)：苟大勇
联系人(Contact Person)：苟大勇
产品(Products)：卫生纸，面巾纸，手帕纸，湿巾
品牌(Brand)：益恒，舒适达，绿纯，洁贝舒

保定市富国纸业有限公司
Baoding Fuguo Paper Co., Ltd.
地址(Add)：河北省保定市满城县大册营镇岗头工业区
邮编(P. C.)：072150
电话(Tel)：0312－7022830
传真(Fax)：0312－7022830

联系人(Contact Person)：苟素
产品(Products)：面巾纸，手帕纸，擦手纸，盘纸
品牌(Brand)：仙贝，梅竹，小云，片片竹

保定豪通纸业有限公司★
Baoding Haotong Paper Co., Ltd.
地址(Add)：河北省保定市满城县大册营镇岗头造纸工业区
邮编(P. C.)：072150
电话(Tel)：0312－7023939
传真(Fax)：0312－7025777
Http://htzc. mc. 114chn. com
联系人(Contact Person)：聂国庆
产品(Products)：卫生纸，手帕纸，面巾纸，原纸
品牌(Brand)：新缘，一家人，情语

保定市东升卫生用品有限公司★
Baoding Dongsheng Hygiene Products Co., Ltd.
地址(Add)：河北省保定市满城县大册营镇工业区
邮编(P. C.)：072150
电话(Tel)：0312－5578889
传真(Fax)：0312－5578903
E-mail：mail@ dshpaper. com. cn
Http://www. dshpaper. com. cn
法人代表(Chairman)：张志武
总经理(General Manager)：张杰
联系人(Contact Person)：张杰
产品(Products)：原纸，卫生纸，餐巾纸，面巾纸，湿巾
品牌(Brand)：小宝贝，洁婷

保定市满城腾达纸业有限公司
Mancheng Tengda Paper Co., Ltd.
地址(Add)：河北省保定市满城县大册营镇上子口村
邮编(P. C.)：071000
电话(Tel)：0312－7024555
传真(Fax)：0312－7022233
E-mail：1239320880@ qq. com
法人代表(Chairman)：金企柱
总经理(General Manager)：金企柱
联系人(Contact Person)：王占武
产品(Products)：卫生纸，面巾纸
品牌(Brand)：安琪儿

保定满城县兴荣造纸厂★
Mancheng Xingrong Paper Mill
地址(Add)：河北省保定市满城县大册营镇造纸工业区
邮编(P. C.)：071250
电话(Tel)：0312－7022586
传真(Fax)：0312－7022586
联系人(Contact Person)：李东奎
产品(Products)：卫生纸，原纸

满城汇丰纸业有限公司★
Mancheng Huifeng Paper Co., Ltd.
地址(Add)：河北省保定市满城县大册营镇造纸工业区
邮编(P. C.)：072150
电话(Tel)：0312－7021568
传真(Fax)：0312－7026339
法人代表(Chairman)：张常利
总经理(General Manager)：边文录
联系人(Contact Person)：张甲子
产品(Products)：卫生纸，原纸
品牌(Brand)：娃娃鱼，绿竹

满城县美华卫生用品厂
Mancheng Meihua Hygiene Products Factory
地址(Add)：河北省保定市满城县大册营镇造纸工业区
邮编(P. C.)：072150
电话(Tel)：0312－7022217
传真(Fax)：0312－7022217
E-mail：2636050700@ qq. com
联系人(Contact Person)：赵涛
产品(Products)：卫生纸，卫生巾
品牌(Brand)：舒邦，百柔

保定市满城县美洁纸业
Mancheng Meijie Paper
地址(Add)：河北省保定市满城县大册营镇造纸工业园区
邮编(P. C.)：072150
电话(Tel)：0312－7078195
传真(Fax)：0312－5572333
联系人(Contact Person)：袁超
产品(Products)：卫生纸，手帕纸，面巾纸，盘纸，擦手纸
品牌(Brand)：欣语，玉蜻蜓，玉奴尔

满城县立发纸业有限公司★
Mancheng Lifa Paper Co., Ltd.
地址(Add)：河北省保定市满城县大册营镇政府西行800米路南
邮编(P. C.)：072150
电话(Tel)：0312－5578848
传真(Fax)：0312－5578056
法人代表(Chairman)：贾顺福
联系人(Contact Person)：方立红
产品(Products)：卫生纸，原纸
品牌(Brand)：佳派，圣奥，艾佳特

满城县益康造纸厂★
Mancheng Yikang Paper Mill
地址(Add)：河北省保定市满城县大册造纸工业区
邮编(P. C.)：071250
电话(Tel)：0312－7021050
传真(Fax)：0312－7026801
法人代表(Chairman)：张大牛
总经理(General Manager)：张大牛
联系人(Contact Person)：张焕永
产品(Products)：面巾纸，卫生纸，原纸
品牌(Brand)：露露

保定市满城县海昌造纸厂★
Mancheng Haichang Paper Mill
地址(Add)：河北省保定市满城县大庄村
邮编(P. C.)：072150
电话(Tel)：0312－7018888
传真(Fax)：0312－7018888
E-mail：haichang@ 163. com
Http://www. bdzhiye. com
联系人(Contact Person)：李文波
产品(Products)：卫生纸，原纸

北京福运源长纸制品有限公司
Beijing Fuyun Yuanchang Paper Products Co., Ltd.
地址(Add)：河北省保定市满城县方上工业区
邮编(P. C.)：072150
电话(Tel)：0312-7020648
传真(Fax)：0312-7020648
联系人(Contact Person)：耿震坤
产品(Products)：手帕纸，面巾纸，盘纸，护理垫，成人纸尿裤

保定市满城成功造纸厂★
Mancheng Chenggong Paper Mill
地址(Add)：河北省保定市满城县方上造纸工业区
邮编(P. C.)：072150
电话(Tel)：0312-7021302
传真(Fax)：0312-7023518
E-mail：mccgzc@126.com
法人代表(Chairman)：李胜利
联系人(Contact Person)：王罡
产品(Products)：卫生纸，擦手纸，面巾纸，厨房纸巾，原纸
品牌(Brand)：小金屋，小金人，快乐屋，大头娃娃，乐发，喜灯

满城县恒升卫生用品有限公司
Mancheng Hengsheng Hygiene Products Co., Ltd.
地址(Add)：河北省保定市满城县岗头造纸工业区
邮编(P. C.)：072150
电话(Tel)：0312-7027998
传真(Fax)：0312-7021578
联系人(Contact Person)：苟明坤
产品(Products)：卫生纸，手帕纸
品牌(Brand)：梦之翼，爱心天使，鸿运多

保定市满城县鑫润纸业有限公司★
Baoding Mancheng Xinrun Paper Co., Ltd.
地址(Add)：河北省保定市满城县工业区
邮编(P. C.)：072150
电话(Tel)：0312-7060166
传真(Fax)：0312-7160618
E-mail：gaohongzhi511@sina.com.cn
Http：//mcxinrun.china.b2b.cn
法人代表(Chairman)：高顺山
联系人(Contact Person)：吴迪
产品(Products)：卫生纸，手帕纸，餐巾纸，面巾纸，盘纸，原纸
品牌(Brand)：逸风，旭虹，妙茹，肤得乐

满城花海纸制品厂
Mancheng Huahai Paper Products Factory
地址(Add)：河北省保定市满城县满城镇谒山村
邮编(P. C.)：072150
电话(Tel)：0312-7065321
联系人(Contact Person)：高连江
产品(Products)：手帕纸，面巾纸
品牌(Brand)：金花海，洁伦

保定市满城心怡纸业有限公司
Mancheng Heart Satisfying Paper Co., Ltd.
地址(Add)：河北省保定市满城县神星造纸工业区
邮编(P. C.)：071250
电话(Tel)：0312-8959621
传真(Fax)：0312-7056100
联系人(Contact Person)：白亚军
产品(Products)：面巾纸，手帕纸
品牌(Brand)：囧娃娃，宜家，芳柔伊

保定市满城县慧力达纸品有限公司★
Baoding Mancheng Huilida Paper Products Co., Ltd.
地址(Add)：河北省保定市满城县神星镇镇北工业区
邮编(P. C.)：072152
电话(Tel)：0312-7056295
传真(Fax)：0312-7056999
E-mail：huilidazhipings@163.com
法人代表(Chairman)：李秋慧
总经理(General Manager)：李秋慧
联系人(Contact Person)：李喜敬
产品(Products)：卫生纸，餐巾纸，手帕纸，面巾纸，原纸
品牌(Brand)：奥柔，妙柔，五好

河北省满城县跃兴造纸厂★
Mancheng Yuexing Paper Mill
地址(Add)：河北省保定市满城县乡大册营镇
邮编(P. C.)：071150
电话(Tel)：0312-7021898
传真(Fax)：0312-7023687
E-mail：290794930@qq.com
Http：//hbmcyuexing.1688.com
法人代表(Chairman)：赵振林
总经理(General Manager)：赵振林
联系人(Contact Person)：赵春征
产品(Products)：原纸，盘纸，卫生纸
品牌(Brand)：白合花，洁丽缘

保定市满城富康纸业有限责任公司★
Baoding Mancheng Fukang Paper Co., Ltd.
地址(Add)：河北省保定市满城县小北庄
邮编(P. C.)：072150
电话(Tel)：0312-7018111
传真(Fax)：0312-7018111
法人代表(Chairman)：李长海
联系人(Contact Person)：李长河
产品(Products)：卫生纸，原纸

满城县东辉卫生用品有限公司
Mancheng Donghui Hygiene Products Co., Ltd.
地址(Add)：河北省保定市满城县燕赵北街
邮编(P. C.)：072150
电话(Tel)：0312-7199768
传真(Fax)：0312-7066166
Http：//www.mcdhzy.com
联系人(Contact Person)：连东伟
产品(Products)：卫生纸
品牌(Brand)：蓝汀蝶恋花，蓝汀青苹果，美荷

河北省满城县顺通纸制品厂★
Hebei Mancheng Shuntong Paper Products Factory
地址(Add)：河北省保定市满城县要庄乡大庄村
邮编(P. C.)：072150
电话(Tel)：0312-7133556
传真(Fax)：0312-7017996

法人代表(Chairman)：赵红奎
联系人(Contact Person)：赵红奎
产品(Products)：卫生纸，盘纸，原纸
品牌(Brand)：红菲，斯曼

保定市满城县金三利纸业
Mancheng Jinsanli Paper
地址(Add)：河北省保定市满城县要庄乡南上坎工业区
邮编(P. C.)：072150
电话(Tel)：0312－7068583
传真(Fax)：0312－7067725
Http://www. bdjsl. com
联系人(Contact Person)：李锁成
产品(Products)：卫生纸，手帕纸，面巾纸，卫生纸，盘纸
品牌(Brand)：小洋人，芯梦郎，舒心草，露莎

保定市满城四通餐巾纸厂
Mancheng Sitong Napkin Factory
地址(Add)：河北省保定市满城县要庄乡王各庄村
邮编(P. C.)：072150
电话(Tel)：0312－7065275
Http://mcsitong. diytrade. com
法人代表(Chairman)：王军
总经理(General Manager)：王军
联系人(Contact Person)：要秀芳
产品(Products)：餐巾纸，手帕纸，擦手纸，盘纸
品牌(Brand)：益佰慧

保定金贝达卫生用品有限公司
Baoding Jinbeida Hygiene Products Co., Ltd.
地址(Add)：河北省保定市满城县造纸工业区
邮编(P. C.)：072150
电话(Tel)：0312－7010595
传真(Fax)：0312－7065721
联系人(Contact Person)：黄昆仑
产品(Products)：卫生纸，手帕纸，面巾纸

保定市东奥纸业有限公司
Baoding Dongao Paper Co., Ltd.
地址(Add)：河北省保定市南市区管庄村村西
邮编(P. C.)：071000
电话(Tel)：0312－2173311
传真(Fax)：0312－2173311
Http://www. bddongao. cn
总经理(General Manager)：袁旭东
产品(Products)：卫生纸，面巾纸，手帕纸，餐巾纸，盘纸
品牌(Brand)：维朗

保定市汇福纸业有限公司
Baoding Huifu Paper Co., Ltd.
地址(Add)：河北省保定市清苑高速路口南行 500 米路西
邮编(P. C.)：071000
电话(Tel)：0312－8116879
传真(Fax)：0312－8116879
E-mail：dfyzhandui@163. com
总经理(General Manager)：冯春峰
联系人(Contact Person)：冯光
产品(Products)：卫生纸

河北大发纸品厂有限公司★
Hebei Dafa Paper Products Factory Co., Ltd.
地址(Add)：河北省保定市容城县东牛村
邮编(P. C.)：071700
电话(Tel)：0312－5692818
传真(Fax)：0312－5692838
Http://www. dafapaper. com
总经理(General Manager)：郑睿斌
联系人(Contact Person)：郑睿斌
产品(Products)：卫生纸，面巾纸，餐巾纸，原纸
品牌(Brand)：大发

保定达亿纸业有限公司★
Baoding Dayi Paper Co., Ltd.
地址(Add)：河北省保定市顺平县王家关工业区
邮编(P. C.)：072250
电话(Tel)：0312－7656888
传真(Fax)：0312－7656788
E-mail：dayizhiye@163. com
Http://www. bddyzy. com
法人代表(Chairman)：谢振国
总经理(General Manager)：谢振国
联系人(Contact Person)：胡国良
产品(Products)：面巾纸，原纸
品牌(Brand)：百慧，达意

保定市新华造纸厂★
Baoding Xinhua Paper Mill
地址(Add)：河北省保定市小汲店工业区
邮编(P. C.)：071000
电话(Tel)：0312－3227708
传真(Fax)：0312－3227708
总经理(General Manager)：尹金生
联系人(Contact Person)：李宏伟
产品(Products)：卫生纸，面巾纸，原纸
品牌(Brand)：唯适

保定市宏盛达纸制品厂
Baoding Hongshengda Paper Proudcts Factory
地址(Add)：河北省保定市新市区富昌工业区
邮编(P. C.)：071000
电话(Tel)：0312－3268272
传真(Fax)：0312－3268272
E-mail：wzs1028@163. com
法人代表(Chairman)：魏志松
产品(Products)：餐巾纸，擦手纸，面巾纸
品牌(Brand)：铂锐

保定市新市区华欣餐巾纸厂
Baoding Huaxin Napkin Factory
地址(Add)：河北省保定市新市区江城乡李庄村
邮编(P. C.)：071051
电话(Tel)：0312－3257604
传真(Fax)：0312－3197166
Http://bdhuaxin. 1688. com
法人代表(Chairman)：周大河
总经理(General Manager)：侯福印
联系人(Contact Person)：侯福印
产品(Products)：卫生纸，餐巾纸，擦手纸
品牌(Brand)：洁尼

保定市西而曼能威纸业有限公司★
Baoding Xierman Nengwei Paper Co., Ltd.
地址(Add)：河北省保定市新市区南奇乡北章村南工业小区
邮编(P. C.)：071051
电话(Tel)：0312－3177389
传真(Fax)：0312－3177665
E-mail：yaonianxue@ sina. com
Http：//www. xemnwpaper. com
法人代表(Chairman)：宋涛
总经理(General Manager)：宋福录
联系人(Contact Person)：姚念学
产品(Products)：卫生纸，原纸，手帕纸，面巾纸
品牌(Brand)：西而曼，精明力选

保定市梦晨卫生用品有限公司
Baoding Mengchen Hygiene Products Co., Ltd.
地址(Add)：河北省保定市新市区小汲店工业1号
邮编(P. C.)：071000
电话(Tel)：0312－3261989
传真(Fax)：0312－3222330
E-mail：mczy2008@ sina. com
Http：//www. bdmengchen. com
法人代表(Chairman)：王增强
总经理(General Manager)：王增强
联系人(Contact Person)：朱明辉
产品(Products)：卫生纸，手帕纸，面巾纸，餐巾纸
品牌(Brand)：菲扬，梦菲

徐水县龙帅卫生巾厂
Xushui Longshuai Sanitary Napkin Factory
地址(Add)：河北省保定市徐水县遂城工业园区
邮编(P. C.)：072557
电话(Tel)：0312－8968656
传真(Fax)：0312－8968656
法人代表(Chairman)：赵勇刚
总经理(General Manager)：赵勇刚
联系人(Contact Person)：赵勇刚
产品(Products)：卫生巾，卫生护垫，卫生纸
品牌(Brand)：威而美，自己美，愉畅，红妹，夏莲，乐尚优品

徐水县龙源纸业有限公司★
Xushui Longyuan Paper Co., Ltd.
地址(Add)：河北省保定市徐水县遂城镇大庞村
邮编(P. C.)：072550
电话(Tel)：0312－8968999
传真(Fax)：0312－8968999
法人代表(Chairman)：赵振海
总经理(General Manager)：赵岩
联系人(Contact Person)：赵振海
产品(Products)：卫生纸，原纸
品牌(Brand)：御猫，小叶，龙源，双洁，双柔，孙悟空

徐水县双伟纸制品加工厂
Xushui Shuangwei Paper Products Factory
地址(Add)：河北省保定市徐水县遂城镇广门营
邮编(P. C.)：072557
电话(Tel)：0312－8900033
E-mail：139518512@ qq. com
法人代表(Chairman)：李贺明
总经理(General Manager)：李贺明
联系人(Contact Person)：李贺明
产品(Products)：卫生纸，盘纸
品牌(Brand)：亿康

石家庄宇峰纸制品有限公司徐水分公司
Shijiazhuang Yufeng Paper Co., Ltd.
地址(Add)：河北省保定市徐水县穗城大庞村
邮编(P. C.)：072550
电话(Tel)：0312－8968509
传真(Fax)：0312－8968509
联系人(Contact Person)：乔怀军
产品(Products)：卫生纸，面巾纸，餐巾纸
品牌(Brand)：木纯，小土豆，欣贝柔

保定市满城聚润纸业有限公司★
Baoding Mancheng Jurun Paper Co., Ltd.
地址(Add)：河北省保定市谒山造纸工业园区
邮编(P. C.)：072150
电话(Tel)：0312－7065498
传真(Fax)：0312－7075876
法人代表(Chairman)：崔文志
联系人(Contact Person)：崔红亮
产品(Products)：卫生纸，面巾纸，手帕纸，原纸，盘纸
品牌(Brand)：丽姿

河北省景县连镇宏达造纸厂
Jingxian Hongda Paper Mill
地址(Add)：河北省沧州市连镇乡南街村路西
邮编(P. C.)：053500
电话(Tel)：0317－7752270
传真(Fax)：0317－7756988
联系人(Contact Person)：王中深
产品(Products)：卫生纸

魏县阳光纸业
Weixian Yangguang Paper Co.
地址(Add)：河北省邯郸市魏县邯大北路北(县城建设局)东邻
邮编(P. C.)：056800
电话(Tel)：0310－3580435
E-mail：1510924379@ qq. com
Http：//www. hbygzy. com
联系人(Contact Person)：王清瑞
产品(Products)：餐巾纸，面巾纸
品牌(Brand)：心相随

衡水为民纸业
Hengshui Weimin Paper
地址(Add)：河北省衡水市永安路27号
邮编(P. C.)：053000
电话(Tel)：0318－7012682
传真(Fax)：0318－7012682
E-mail：1013227989@ qq. com
法人代表(Chairman)：陈会然
总经理(General Manager)：李汉纯
联系人(Contact Person)：李汉纯
产品(Products)：卫生纸，面巾纸
品牌(Brand)：喜润

冀州市格瑞纸制品加工制造厂
Jizhou Gerui Paper Products Factory
地址(Add)：河北省冀州市冀明路8号
邮编(P. C.)：053200
电话(Tel)：0318－8692382
传真(Fax)：0318－8631356
总经理(General Manager)：朱海盛
联系人(Contact Person)：朱海盛
产品(Products)：卫生纸
品牌(Brand)：格瑞，佳瑞

石家庄市贻成卫生用品有限公司
Shijiazhuang Yicheng Hygiene Products Co., Ltd.
地址(Add)：河北省晋州市东卓宿镇工业区
邮编(P. C.)：052260
电话(Tel)：0311－84360689
传真(Fax)：0311－84360169
联系人(Contact Person)：赵彦凯
产品(Products)：卫生巾，卫生护垫，婴儿纸尿裤，湿巾，面巾纸，护理垫
品牌(Brand)：妮尔缘

石家庄夏兰纸业有限公司
Shijiazhuang Xialan Paper Co., Ltd.
地址(Add)：河北省晋州市通达路安家庄开发区
邮编(P. C.)：052260
电话(Tel)：0311－84396888
传真(Fax)：0311－84396966
E-mail：xialan88@heinto.net
Http://www.052260.com
总经理(General Manager)：吕建荣
联系人(Contact Person)：吕建荣
产品(Products)：卫生巾，卫生护垫，卫生纸，妇婴两用纸，婴儿纸尿裤/片
品牌(Brand)：夏兰，顺爽

河北黛玉纸业发展有限公司
Hebei Daiyu Paper Industry Development Co., Ltd.
地址(Add)：河北省隆尧县东方食品城
邮编(P. C.)：055350
电话(Tel)：0319－6599619
传真(Fax)：0319－6592098
法人代表(Chairman)：范录洲
总经理(General Manager)：范录洲
联系人(Contact Person)：范录洲
产品(Products)：卫生巾，卫生护垫，婴儿纸尿裤，隔尿垫巾，面巾纸，卫生纸
品牌(Brand)：黛玉，护佳，梦爱

秦皇岛丰满纸业有限公司
Qinhuangdao Fengman Paper Co., Ltd.
地址(Add)：河北省秦皇岛市北戴河西十公里处
邮编(P. C.)：066301
电话(Tel)：0335－6046075
传真(Fax)：0335－6046706
E-mail：fmgyc886@163.com
Http://www.fengmanqhd.com
总经理(General Manager)：郭玉昌
产品(Products)：卫生纸
品牌(Brand)：绿竹源，云芳

秦皇岛尚品福工贸有限责任公司
Qinhuangdao Shangpinfu Industry & Trade Co., Ltd.
地址(Add)：河北省秦皇岛市海港区纤维里耀华物业楼
邮编(P. C.)：066013
电话(Tel)：0335－3020646
传真(Fax)：0335－3020646
E-mail：cuijiaxin2000@126.com
联系人(Contact Person)：崔金铭
产品(Products)：擦手纸，餐巾纸，面巾纸
品牌(Brand)：尚品福

保定贝佳宝纸业有限公司
Baoding Beijiabao Paper Co., Ltd.
地址(Add)：河北省清苑县冉庄镇蒋庄工业区
邮编(P. C.)：071100
电话(Tel)：0312－8138078
传真(Fax)：0312－8138388
总经理(General Manager)：闫全乐
产品(Products)：餐巾纸，擦手纸，盘纸，面巾纸
品牌(Brand)：贝佳宝

三河市灵山玉洁造纸厂★
Sanhe Lingshan Yujie Paper Mill
地址(Add)：河北省三河市黄土庄镇唐回店
邮编(P. C.)：065200
电话(Tel)：0316－3170504
法人代表(Chairman)：张凤田
联系人(Contact Person)：张凤田
产品(Products)：卫生纸，原纸

三河市齐心庄兴盛造纸厂★
Sanhe Xingsheng Paper Mill
地址(Add)：河北省三河市齐心庄小邢庄
邮编(P. C.)：065200
电话(Tel)：0316－3161016
法人代表(Chairman)：卢玉朋
联系人(Contact Person)：卢玉朋
产品(Products)：卫生纸，原纸

深州市星源卫生用品有限公司
Shenzhou Xingyuan Hygiene Products Co., Ltd.
地址(Add)：河北省深州市大堤工业开发区
邮编(P. C.)：053800
电话(Tel)：0318－3388123
传真(Fax)：0318－3388123
法人代表(Chairman)：陈威
总经理(General Manager)：陈威
联系人(Contact Person)：梁艳岌
产品(Products)：卫生巾，卫生纸
品牌(Brand)：燕赵情，洁必思

河北宇峰伟业纸品有限公司
Hebei Yufeng Weiye Paper Products Co., Ltd.
地址(Add)：河北省石家庄市北二环西路3号
邮编(P. C.)：050061
电话(Tel)：0311－83624976
传真(Fax)：0311－83602359
E-mail：hbyfwy@126.com
法人代表(Chairman)：鲁文林
总经理(General Manager)：冯增军
联系人(Contact Person)：冯增军

产品(Products)：卫生纸

石家庄市依春工贸有限公司
Shijiazhuang Yichun Hygiene Products Co., Ltd.
地址(Add)：河北省石家庄市高科技西开发区
邮编(P. C.)：050000
电话(Tel)：0311－83608813
传真(Fax)：0311－83608813
总经理(General Manager)：毛瑞君
联系人(Contact Person)：毛瑞君
产品(Products)：卫生巾，卫生护垫，面巾纸，手帕纸
品牌(Brand)：百柔

石家庄开元酒店用品工贸公司
Shijiazhuang Kaiyuan Hospitality Products Co.
地址(Add)：河北省石家庄市高新区长江大道100号
邮编(P. C.)：050035
电话(Tel)：0311－85961198
传真(Fax)：0311－85961198
E-mail：gengguoyin@163.com
总经理(General Manager)：耿国印
产品(Products)：面巾纸，卫生纸
品牌(Brand)：一世情缘

石家庄威纳邦日化有限公司
Shijiazhuang Weinabang Chemical Co., Ltd.
地址(Add)：河北省石家庄市经济开发区扬子路西8号
邮编(P. C.)：050000
电话(Tel)：0311－83098877
传真(Fax)：0311－86511138
E-mail：wilubo@163.com
Http：//www.wilubo.cn
联系人(Contact Person)：赵锡渝
产品(Products)：卫生纸
品牌(Brand)：卫奇

石家庄市美鑫包装有限公司
Shijiazhuang Meixin Packing Co., Ltd.
地址(Add)：河北省石家庄市裕华区贾村(50路终点站)
邮编(P. C.)：050000
电话(Tel)：0311－85492568
传真(Fax)：0311－85492568
E-mail：1328088496@qq.com
Http：//www.sjzsmxbz.com
联系人(Contact Person)：田毅锋
产品(Products)：面巾纸

金雷卫生用品厂
Jinlei Hygiene Products Factory
地址(Add)：河北省石家庄市正定经济园区华安东路
邮编(P. C.)：050800
电话(Tel)：0311－88019705
传真(Fax)：0311－88019705
E-mail：370140350@qq.com
Http：//88019705.blog.163.com
总经理(General Manager)：李春雷
联系人(Contact Person)：于蔚
产品(Products)：卫生巾，成人纸尿裤，护理垫，隔尿垫巾，卫生纸
品牌(Brand)：康必备

河北正定光大卫生用品厂
Hebei Zhengding Guangda Hygiene Products Factory
地址(Add)：河北省石家庄市正定县诸福屯镇工业园区
邮编(P. C.)：050800
电话(Tel)：0311－88220986
传真(Fax)：0311－88220986
联系人(Contact Person)：康伟
产品(Products)：卫生纸
品牌(Brand)：圣淘沙，满堂红，雪力，静莲，依扬，永兰

小陀螺(中国)品牌运营管理机构
Xiaotuoluo Branding Management Co.
地址(Add)：河北省唐山市高新技术开发区大陆阳光104－304
邮编(P. C.)：063000
电话(Tel)：400－019－8980
传真(Fax)：0315－3439123
E-mail：weishengzhi@foxmail.com
Http：//www.weishengzhi.net.cn
法人代表(Chairman)：张俊武
总经理(General Manager)：张杰
联系人(Contact Person)：张杰
产品(Products)：卫生纸，面巾纸，手帕纸，湿巾，护理垫
品牌(Brand)：小陀螺

河北唐山泽林植物纤维有限公司★
Tangshan Zelin Plant Fiber Co., Ltd.
地址(Add)：河北省唐山市开平区洼里(乡镇府对面)
邮编(P. C.)：063021
电话(Tel)：0315－3370016
传真(Fax)：0315－3370016
法人代表(Chairman)：张艾芬
总经理(General Manager)：王秋来
联系人(Contact Person)：王秋来
产品(Products)：卫生纸，面巾纸，手帕纸，盘纸，原纸
品牌(Brand)：妞曼妮

白之韵纸制品厂
Baizhiyun Paper Products Factory
地址(Add)：河北省唐山市开平区郑庄子乡中药原饮片厂院内
邮编(P. C.)：063000
电话(Tel)：0315－3265965
传真(Fax)：0315－3265965
Http：//www.tszzp.com
联系人(Contact Person)：薛彬
产品(Products)：卫生纸，面巾纸，手帕纸，盘纸，湿巾
品牌(Brand)：白之韵

河北省唐山宏阔科技有限公司
Tangshan Hongkuo Technology Co., Ltd.
地址(Add)：河北省唐山市路北区龙祥写字楼510室
邮编(P. C.)：063000
电话(Tel)：0315－8083588
传真(Fax)：0315－7216156
E-mail：tshkkj@163.com
Http：//www.tshkjt.com
联系人(Contact Person)：安美宏
产品(Products)：湿巾，卫生纸，护理垫，婴儿隔尿垫巾

品牌(Brand)：自然醒

迁安博达纸业有限公司
Qianan Boda Paper Co., Ltd.
地址(Add)：河北省唐山市迁安平青大路工业园区
邮编(P. C.)：064400
电话(Tel)：0315－5966926
传真(Fax)：0315－5966936
Http://www. bodapaper. com
联系人(Contact Person)：尚建国
产品(Products)：卫生纸，面巾纸，手帕纸
品牌(Brand)：燕兴，贝朗，柔冠，博朗，丝萱

中顺洁柔纸业股份有限公司唐山分公司★
C&S Paper Co., Ltd. Tangshan Branch
地址(Add)：河北省唐山市玉田县杨家套乡东高桥村西
邮编(P. C.)：064102
电话(Tel)：0315－6330999
传真(Fax)：0315－6551333
E-mail：cnsnpaper@126. com
Http://www. zhongshungroup. com
法人代表(Chairman)：杨裕钊
总经理(General Manager)：廖万坤
联系人(Contact Person)：廖万坤
产品(Products)：卫生纸，面巾纸，餐巾纸，擦手纸，原纸
品牌(Brand)：洁柔，C&S，太阳

五湖正兴造纸厂★
Wuhu Zhengxing Paper Mill
地址(Add)：河北省武安市康二城镇五湖村
邮编(P. C.)：056300
电话(Tel)：0310－5726122
联系人(Contact Person)：王秀果
产品(Products)：卫生纸原纸

河北省徐水县红星纸业有限公司★
Xushui Hongxing Paper Co., Ltd.
地址(Add)：河北省徐水县商平庄工业区21号信箱
邮编(P. C.)：072550
电话(Tel)：0312－8792137
传真(Fax)：0312－8781137
E-mail：hongxing@hx－paper. com
Http://www. hx－paper. com
法人代表(Chairman)：刘国占
联系人(Contact Person)：宋小彩
产品(Products)：卫生纸，餐巾纸，面巾纸，原纸，盘纸
品牌(Brand)：紫雅，紫维

● 山西 Shanxi

山西省大同市正大纸业有限责任公司★
Datong Zhengda Paper Co., Ltd.
地址(Add)：山西省大同市惠民西城B10－1301
邮编(P. C.)：037008
电话(Tel)：0352－2115480
传真(Fax)：0352－8165666
联系人(Contact Person)：梁洁
产品(Products)：卫生纸，原纸

山西五羊生活用纸厂
Shanxi Wuyang Household Paper Factory
地址(Add)：山西省太原市农科北路64号
邮编(P. C.)：030031
电话(Tel)：0351－7132843
传真(Fax)：0351－7240189
法人代表(Chairman)：付冬梅
联系人(Contact Person)：付冬梅
产品(Products)：餐巾纸，面巾纸

太原市金华晟卫生用品有限公司
Taiyuan Jinhuasheng Hygiene Products Co., Ltd.
地址(Add)：山西省太原市杏花岭区涧河路融田晶阁18号
邮编(P. C.)：031009
电话(Tel)：0351－3121909
传真(Fax)：0351－3121909
E-mail：2216768787@qq. com
联系人(Contact Person)：张维昇
产品(Products)：卫生纸，卫生巾

绛县鑫海纸业包装有限公司
Jiangxian Xinhai Paper Co., Ltd.
地址(Add)：山西省运城市绛县横水镇
邮编(P. C.)：043601
电话(Tel)：0359－6755369
E-mail：472633693@qq. com
总经理(General Manager)：张公民
产品(Products)：卫生纸

山西省临猗县力达纸业有限公司★
Shanxi Linyi Lida Paper Co., Ltd.
地址(Add)：山西省运城市临猗县北环路
邮编(P. C.)：044100
电话(Tel)：0359－4068499
传真(Fax)：0359－4068499
Http://www. sxldzy. com
法人代表(Chairman)：冯聪荣
总经理(General Manager)：杜四九
联系人(Contact Person)：杜磊
产品(Products)：卫生纸，面巾纸，原纸
品牌(Brand)：益宝，笨小鸭，家居

运城大众纸品厂
Yuncheng Dazhong Paper Products Factory
地址(Add)：山西省运城市夏县东浒工业园
邮编(P. C.)：044000
电话(Tel)：0359－8935126
E-mail：zhengwending0359@163. com
联系人(Contact Person)：郑稳定
产品(Products)：卫生纸

● 内蒙古 Inner Mongolia

内蒙古根河市鹏宇纸品厂
Genhe Pengyu Paper Products Factory
地址(Add)：内蒙古根河市敖鲁古雅乡
邮编(P. C.)：022350
电话(Tel)：0470－5229189
传真(Fax)：0470－5229189

法人代表(Chairman)：刘淑琴
总经理(General Manager)：刘淑琴
联系人(Contact Person)：刘淑琴
产品(Products)：卫生纸

内蒙古锦泰森纸品有限公司
Jintaisen Paper Products Co., Ltd.
地址(Add)：内蒙古呼和浩特市金山开发区黄金道1号
邮编(P.C.)：010110
电话(Tel)：0471-5293891
联系人(Contact Person)：马军
产品(Products)：卫生纸，面巾纸，手帕纸，餐巾纸，擦手纸
品牌(Brand)：清润，露薇

内蒙古呼和浩特市三鑫纸业
Huhehaote Sanxin Paper Products Factory
地址(Add)：内蒙古呼和浩特市玉泉区辛辛板
邮编(P.C.)：010030
电话(Tel)：0471-5901087
传真(Fax)：0471-5169255
E-mail：hhhtsanxingzy5888@126.com
Http://www.nmsx.cn
联系人(Contact Person)：刘宇
产品(Products)：手帕纸，餐巾纸，面巾纸，湿巾

内蒙古文承纸业有限公司
Inner Mongolia Wencheng Paper Co., Ltd.
地址(Add)：内蒙古通辽市科尔沁工业园梅花大街
邮编(P.C.)：028000
电话(Tel)：0475-2730291
传真(Fax)：0475-8856088
法人代表(Chairman)：韩雪
总经理(General Manager)：宋晗
联系人(Contact Person)：宋晗
产品(Products)：卫生纸，面巾纸，手帕纸
品牌(Brand)：樱花浪漫，玉美佳，魅力乡村

● 辽宁 Liaoning

维达纸业(辽宁)有限公司★
Vinda Paper (Liaoning) Co., Ltd.
地址(Add)：辽宁省鞍山市达道湾工业区红旗南街15号
邮编(P.C.)：114011
电话(Tel)：0412-8772600
传真(Fax)：0412-8772528
产品(Products)：卫生纸，原纸，手帕纸，面巾纸，厨房纸巾，餐巾纸
品牌(Brand)：维达

朝阳市旭日纸制品厂
Chaoyang Xuri Paper Products Factory
地址(Add)：辽宁省朝阳市经济技术开发区
邮编(P.C.)：122005
电话(Tel)：0421-3823999
传真(Fax)：0421-3860666
总经理(General Manager)：贾宝友
产品(Products)：手帕纸，面巾纸

大连展春工贸有限公司
Dalian Zhanchun Industry Trading Co., Ltd.
地址(Add)：辽宁省大连市甘井子区华北路194号
邮编(P.C.)：116033
电话(Tel)：0411-86558565
传真(Fax)：0411-86559798
E-mail：dlzhanchun_0521@sina.com
Http://www.zhanchun521.com
法人代表(Chairman)：戴华山
联系人(Contact Person)：戴红梅
产品(Products)：面巾纸，擦手纸，手帕纸，卫生纸，湿巾
品牌(Brand)：521，唯品，圣栢，纸瑶妮，易纸净

大连世纪纸业有限公司
Dalian Shiji Paper Co., Ltd.
地址(Add)：辽宁省大连市中山区解放路智仁街同福巷10号
邮编(P.C.)：116013
电话(Tel)：0411-82789839
传真(Fax)：0411-82789529
联系人(Contact Person)：李培银
产品(Products)：卫生纸，面巾纸，手帕纸，湿巾
品牌(Brand)：伊恋，福

凤城东风纸业有限公司★
Fengcheng Dongfeng Paper Co., Ltd.
地址(Add)：辽宁省凤城市振兴街5-8号
邮编(P.C.)：118100
电话(Tel)：0415-8125977
传真(Fax)：0415-8660099
E-mail：dongfeng777@163.com
法人代表(Chairman)：王东风
总经理(General Manager)：王东风
联系人(Contact Person)：马欣
产品(Products)：卫生纸原纸

恒安(抚顺)生活用品有限公司
Hengan (Fushun) Commodities Co., Ltd.
地址(Add)：辽宁省抚顺经济开发区科技城
邮编(P.C.)：113122
电话(Tel)：024-53856666
传真(Fax)：024-53856668
E-mail：yudl@mail.hengan.com.cn
联系人(Contact Person)：余大论
产品(Products)：卫生巾，卫生护垫，婴儿纸尿裤，成人纸尿裤，卫生纸
品牌(Brand)：安乐，安尔乐，安儿乐，安而康，心相印

抚顺恒安心相印纸制品有限公司
Fushun Hengan Xinxiangyin Paper Products Co., Ltd.
地址(Add)：辽宁省抚顺经济开发区顺远街13号
邮编(P.C.)：113122
电话(Tel)：024-53856666
传真(Fax)：024-53856668
E-mail：yudl@mail.hengan.com.cn
法人代表(Chairman)：许连捷
总经理(General Manager)：余大论
产品(Products)：面巾纸，手帕纸，卫生纸
品牌(Brand)：心相印

抚顺市东洲圣佳民用纸厂★
Fushun Shengjia Minyong Paper Mill
地址(Add)：辽宁省抚顺市东洲区石富村
邮编(P. C.)：113004
电话(Tel)：024－54113388
传真(Fax)：024－54113377
总经理(General Manager)：刘国强
产品(Products)：卫生纸，原纸
品牌(Brand)：圣佳，思梦奇，芳奇

琥珀纸业有限责任公司★
Hupo Paper Co., Ltd.
地址(Add)：辽宁省抚顺市望花区古城子路4号
邮编(P. C.)：113001
电话(Tel)：024－52548121
传真(Fax)：024－52595588
E-mail：43343399@qq. com
Http：//www. hpzy. com. cn
联系人(Contact Person)：李展锋
产品(Products)：卫生纸，面巾纸，手帕纸，原纸
品牌(Brand)：琥珀

抚顺市海鹰卫生用品有限公司
Fushun Haiying Hygiene Products Co., Ltd.
地址(Add)：辽宁省抚顺市望花区新民街
邮编(P. C.)：113000
电话(Tel)：024－56455118
传真(Fax)：024－56418432
E-mail：99hihi2@163. com
法人代表(Chairman)：王海英
联系人(Contact Person)：王海英
产品(Products)：湿巾，面巾纸
品牌(Brand)：聚进

阜新市小保姆卫生用品有限公司★
Fuxin Xiaobaomu Hygiene Products Co., Ltd.
地址(Add)：辽宁省阜新市经济开发区四合镇碱巴拉荒村
邮编(P. C.)：123000
电话(Tel)：0418－6610448
传真(Fax)：0418－2983878
E-mail：zhangjia1026@hotmail. com
法人代表(Chairman)：张甲
总经理(General Manager)：张甲
联系人(Contact Person)：张甲
产品(Products)：卫生巾，卫生纸，原纸
品牌(Brand)：小保姆，六福人家

锦州东方卫生用品有限公司
Jinzhou Dongfang Sanitary Products Co., Ltd.
地址(Add)：辽宁省锦州市太和区汤北里98号
邮编(P. C.)：121005
电话(Tel)：0416－5139999
传真(Fax)：0416－5139888
E-mail：jzdf@lnjzdf. com
Http：//www. lnjzdf. com
法人代表(Chairman)：左文挺
总经理(General Manager)：左文挺
联系人(Contact Person)：任敏
产品(Products)：卫生巾，卫生护垫，湿巾，手帕纸，护理垫
品牌(Brand)：羽丝，一滴不漏

锦州女儿河纸业有限责任公司★
Jinzhou Nverhe Paper Co., Ltd.
地址(Add)：辽宁省锦州市太和区新兴里69号
邮编(P. C.)：121005
电话(Tel)：0416－5139211
传真(Fax)：0416－2660620
E-mail：neh@nehzy. com
Http：//www. nehzy. com
法人代表(Chairman)：刘延华
总经理(General Manager)：刘延民
联系人(Contact Person)：盛志伟
产品(Products)：卫生纸，原纸
品牌(Brand)：女儿河，梦思妮

锦州市万洁卫生巾厂
Jinzhou Wanjie Sanitary Napkins Factory
地址(Add)：辽宁省锦州市太和区新兴里69号
邮编(P. C.)：121005
电话(Tel)：0416－5131281
传真(Fax)：0416－5131281
Http：//www. jzwanjie. cn. china. cn
法人代表(Chairman)：董春
总经理(General Manager)：董春
产品(Products)：卫生巾，手帕纸，护理垫
品牌(Brand)：兰蓓儿，欣清逸，百芬昵，力洁

辽宁森林木纸业有限公司★
Liaoning Senlinmu Paper Co., Ltd.
地址(Add)：辽宁省锦州市太和区新兴里69号
邮编(P. C.)：121005
电话(Tel)：0416－5137777
传真(Fax)：0416－5138979
法人代表(Chairman)：张幸夫
联系人(Contact Person)：刘福庄
产品(Products)：卫生纸，原纸，衬纸

辽阳恒升实业有限公司
Liaoyang Hengsheng Industrial Co., Ltd.
地址(Add)：辽宁省辽阳市经济开发区
邮编(P. C.)：111000
电话(Tel)：0419－2336411
传真(Fax)：0419－2336400
Http：//www. lyhssyyxgs. com
联系人(Contact Person)：孟祥丰
产品(Products)：湿巾，卫生纸，手帕纸，面巾纸
品牌(Brand)：柏洁

辽阳兴启纸业有限公司★
Liaoyang Xingqi Paper Co., Ltd.
地址(Add)：辽宁省辽阳市太子河区望水台道西庄
邮编(P. C.)：111000
电话(Tel)：0419－3306357
传真(Fax)：0419－3301108
Http：//www. xqzy. com
法人代表(Chairman)：张桂荣
总经理(General Manager)：李晓文
联系人(Contact Person)：李晓文
产品(Products)：卫生纸，手帕纸，面巾纸，原纸
品牌(Brand)：兴启，思雪

辽宁博隆纸业有限公司
Liaoning Bolong Paper Co., Ltd.
地址(Add)：辽宁省辽阳市太子河区望水台委莲西庄街道
邮编(P. C.)：111000
电话(Tel)：0419 -3306115
传真(Fax)：0419 -3301581
Http://www. lnblzy. com
联系人(Contact Person)：刘福生
产品(Products)：盘纸，擦手纸

锦州金月亮纸业有限责任公司★
Jinzhou Jinyueliang Paper Co., Ltd.
地址(Add)：辽宁省凌海市金城街
邮编(P. C.)：121203
电话(Tel)：0416 -8351008
传真(Fax)：0416 -8351000
E-mail：jiangteijunde@163. com
法人代表(Chairman)：高成军
总经理(General Manager)：杨永彬
联系人(Contact Person)：姜铁军
产品(Products)：卫生纸，面巾纸，擦手纸，手帕纸，餐巾纸，原纸
品牌(Brand)：金月亮，银月亮，柔爽，森绿飘香

沈阳跃然纸制品有限公司
Shenyang Yueran Paper Products Co., Ltd.
地址(Add)：辽宁省沈阳市大东区大北街铧炉巷 18 号
邮编(P. C.)：110041
电话(Tel)：024 -88561509
传真(Fax)：024 -88561509
E-mail：sy_yuehua@126. com
Http://www. syyueran. com
法人代表(Chairman)：刘月华
总经理(General Manager)：刘月华
联系人(Contact Person)：刘月华
产品(Products)：餐巾纸，面巾纸，卫生纸
品牌(Brand)：跃然纸上

沈阳宝洁纸业有限责任公司
Shenyang Baojie Paper Co., Ltd.
地址(Add)：辽宁省沈阳市和平区长白西路 68 号
邮编(P. C.)：110166
电话(Tel)：024 -23738811
传真(Fax)：024 -23736599
Http://www. baojiezhiye. com
联系人(Contact Person)：盛桂琴
产品(Products)：手帕纸，面巾纸，餐巾纸，卫生纸，成人纸尿裤/片，护理垫
品牌(Brand)：耐护

沈阳美商卫生保健用品有限公司
Shenyang Meishang Hygiene & Healthcare Articles Co., Ltd.
地址(Add)：辽宁省沈阳市和平区满融经济开发区
邮编(P. C.)：110117
电话(Tel)：024 -23731212
传真(Fax)：024 -23731313
E-mail：shenyangmeishang@126. com
法人代表(Chairman)：吕威章
总经理(General Manager)：吕威章
联系人(Contact Person)：赵晓岩
产品(Products)：卫生巾，卫生护垫，手帕纸，卫生纸
品牌(Brand)：雨柔

沈阳女儿河纸业有限公司
Shenyang Nverhe Paper Co., Ltd.
地址(Add)：辽宁省沈阳市皇姑区金山北路 42 号
邮编(P. C.)：110033
电话(Tel)：024 -86600850
传真(Fax)：024 -86610557
联系人(Contact Person)：齐福春
产品(Products)：卫生纸，面巾纸，手帕纸，餐巾纸

沈阳展春工贸有限公司
Shenyang Zhanchun Industry & Trade Co., Ltd.
地址(Add)：辽宁省沈阳市皇姑屯区岐山路 11 号
邮编(P. C.)：110032
电话(Tel)：024 -86254923
传真(Fax)：024 -86273322
E-mail：syzhanchun@sina. com
Http://syzcgm. china. b2b. cn
法人代表(Chairman)：戴小山
总经理(General Manager)：戴小山
联系人(Contact Person)：戴小山
产品(Products)：面巾纸，餐巾纸，手帕纸

沈阳市奇美卫生用品有限公司
Shenyang Qimei Hygiene Products Co., Ltd.
地址(Add)：辽宁省沈阳市辽中中心街 1 -9 信箱
邮编(P. C.)：110200
电话(Tel)：024 -62302158
传真(Fax)：024 -87825959
E-mail：qimei9988@163. com
法人代表(Chairman)：武爽
总经理(General Manager)：裴多恰
联系人(Contact Person)：裴多恰
产品(Products)：婴儿纸尿裤，隔尿巾，护理垫，湿巾，手帕纸
品牌(Brand)：俏儿乐，乐点，清氧，Vinca

辽宁银河纸业制造有限公司
Liaoning Yinhe Paper Co., Ltd.
地址(Add)：辽宁省铁岭市清河经济技术开发区
邮编(P. C.)：112000
电话(Tel)：024 -72132566
传真(Fax)：024 -72130088
总经理(General Manager)：张庆春
产品(Products)：卫生纸，手帕纸，面巾纸
品牌(Brand)：美日佳

铁岭市清河区港兴纸业有限公司★
Tieling Qinghe Gangxing Paper Co., Ltd.
地址(Add)：辽宁省铁岭市清河区工业园
邮编(P. C.)：112003
电话(Tel)：024 -72184600
传真(Fax)：024 -72184600
法人代表(Chairman)：任柏吉
联系人(Contact Person)：任柏吉
产品(Products)：卫生纸，原纸
品牌(Brand)：安妮宝贝

辽宁尚阳纸业有限公司★
Liaoning Shangyang Paper Co., Ltd.
地址(Add)：辽宁省铁岭市清河区工业园区尚阳大道
邮编(P. C.)：112003
电话(Tel)：024 - 72132211
传真(Fax)：024 - 72132299
Http://www.lnsyzy.com
法人代表(Chairman)：李淑萍
总经理(General Manager)：李淑萍
联系人(Contact Person)：李淑萍
产品(Products)：面巾纸，餐巾纸，手帕纸，卫生纸，盘纸，原纸
品牌(Brand)：尚阳风，金达莱

辽宁和合卫生用品有限公司
Liaoning Hehe Hygiene Products Co., Ltd.
地址(Add)：辽宁省铁岭市清河区向阳街
邮编(P. C.)：112003
电话(Tel)：024 - 72183929
传真(Fax)：024 - 72180090
Http://hehezhiyegongsi.1688.com
总经理(General Manager)：乔斌
产品(Products)：卫生纸，餐巾纸，手帕纸，湿巾，卫生巾，卫生护垫，护理垫
品牌(Brand)：和合

辽宁省铁岭市清河区福兴纸业有限公司★
Tieling Fuxing Paper Co., Ltd.
地址(Add)：辽宁省铁岭市清河区向阳街
邮编(P. C.)：112003
电话(Tel)：024 - 72177577
传真(Fax)：024 - 72185088
总经理(General Manager)：李洋
联系人(Contact Person)：李洋
产品(Products)：卫生纸，原纸

金红叶纸业(沈阳)有限公司★
Gold Hongye Paper (Shenyang) Co., Ltd.
地址(Add)：辽宁省新民市经济开发区东营北二路
邮编(P. C.)：110000
电话(Tel)：024 - 31789016
传真(Fax)：024 - 31789016
产品(Products)：卫生纸，面巾纸，手帕纸，餐巾纸，擦手纸，原纸
品牌(Brand)：清风，唯洁雅，真真

● 吉林 Jilin

白山市金辉福利纸业有限责任公司
Baishan Jinhui Paper Co., Ltd.
地址(Add)：吉林省白山市八道区望江路14号
邮编(P. C.)：134300
电话(Tel)：0439 - 5022999
传真(Fax)：0439 - 3368377
法人代表(Chairman)：柳秋吉
产品(Products)：卫生纸

长春市茜茜卫生用品厂
Changchun Xixi Hygiene Products Factory
地址(Add)：吉林省长春关宽城区长白路水产市场E区19-3门市
邮编(P. C.)：130051
电话(Tel)：0431 - 82888016
联系人(Contact Person)：欧阳
产品(Products)：面巾纸，手帕纸，湿巾

长春市二道雪婷纸制品厂
Changchun Erdaoxueting Paper Products Plant
地址(Add)：吉林省长春市东环城路1642号
邮编(P. C.)：130000
电话(Tel)：0431 - 84715998
传真(Fax)：0431 - 84715998
联系人(Contact Person)：张成斌
产品(Products)：卫生纸，面巾纸，擦手纸，湿巾

吉林省长春市智强纸业有限公司
Changchun Zhiqiang Paper Co., Ltd.
地址(Add)：吉林省长春市光复路银海商厦303栋
邮编(P. C.)：130042
电话(Tel)：0431 - 81036086
E-mail：1915806848@qq.com
总经理(General Manager)：王若祥
产品(Products)：卫生纸

长春市洁佳商贸有限责任公司★
Changchun Jiejia Trade Co., Ltd.
地址(Add)：吉林省长春市青林路1724号
邮编(P. C.)：130011
电话(Tel)：0431 - 85061999
传真(Fax)：0431 - 87827588
联系人(Contact Person)：李艳华
产品(Products)：卫生纸，面巾纸，餐巾纸，手帕纸，原纸
品牌(Brand)：洁佳

长春市金利纸制品加工厂
Changchun Jinli Paper Products Factory
地址(Add)：吉林省长春市四通路长青工业园
邮编(P. C.)：130031
电话(Tel)：0431 - 82628900
联系人(Contact Person)：郑伟
产品(Products)：卫生纸
品牌(Brand)：虎妞妞、好运、维派

吉林泉德秸秆综合利用有限公司
Jilin Quande Paper Products Co., Ltd.
地址(Add)：吉林省德惠市东风村后湾子屯
邮编(P. C.)：130300
电话(Tel)：0431 - 81187000
传真(Fax)：0431 - 81887000
E-mail：qlzylzy@163.com
联系人(Contact Person)：刘志勇
产品(Products)：卫生纸

梨树县汉邦纸制品有限责任公司
Lishu Hanbang Paper Products Co., Ltd.
地址(Add)：吉林省四平市梨树县市场步行街商贸城
邮编(P. C.)：136500
电话(Tel)：0434 - 6918575
传真(Fax)：0434 - 5225319
E-mail：250256843@qq.com

联系人(Contact Person)：王安琦
产品(Products)：卫生纸

四平市雅慧卫生用品厂
Siping Yahui Hygiene Products Factory
地址(Add)：吉林省四平市杨木林(102 国道 947 公里处)
邮编(P. C.)：136000
电话(Tel)：0434－3506328
传真(Fax)：0434－3506328
E-mail：1730203990@ qq. com
联系人(Contact Person)：徐铭笠
产品(Products)：卫生纸
品牌(Brand)：倾国倾城，听雪，写意人生，利盈

吉林省三荣纸业有限公司★
Jilin San Young Poper Co., Ltd.
地址(Add)：吉林省通化市辉南经济开发区
邮编(P. C.)：132000
电话(Tel)：0435－8250177
传真(Fax)：0435－8250177
Http://www. sanrongzhiye. com
联系人(Contact Person)：金英芬
产品(Products)：卫生纸，面巾纸，餐巾纸，原纸
品牌(Brand)：三荣，柱荣

延边美人松纸业★
Yanbian Meirensong Paper
地址(Add)：吉林省延吉市铁南一路车终点
邮编(P. C.)：133001
电话(Tel)：0433－2821907
传真(Fax)：0433－2821907
法人代表(Chairman)：鲍延军
产品(Products)：卫生纸，面巾纸，手帕纸，原纸
品牌(Brand)：华泰

镇赉新盛纸业有限公司★
Zhenlai Xinsheng Paper Co., Ltd.
地址(Add)：吉林省镇赉县镇赉镇新兴北街
邮编(P. C.)：137300
电话(Tel)：0436－7222218
传真(Fax)：0436－7230699
Http://www. zlxszy. com
法人代表(Chairman)：邵茂德
总经理(General Manager)：邵茂德
联系人(Contact Person)：邵大伟
产品(Products)：卫生纸，原纸
品牌(Brand)：白牡丹

● 黑龙江 Heilongjiang

黑龙江新华卫生专用造纸有限公司★
Heilongjiang Xinhua Hygiene & Specialty Paper Co., Ltd.
地址(Add)：黑龙江省阿城市新华二路
邮编(P. C.)：150300
电话(Tel)：0451－53761432
传真(Fax)：0451－53761432
法人代表(Chairman)：鲁文志
联系人(Contact Person)：鲁凤英
产品(Products)：卫生纸，面巾纸，原纸
品牌(Brand)：瑞洁

大庆市福庆纸业制造有限公司★
Daqing Fuqing Paper Co., Ltd.
地址(Add)：黑龙江省大庆市庆葡工业园
邮编(P. C.)：163000
电话(Tel)：0459－6076388
传真(Fax)：0459－5813181
E-mail：fuqingzhiye@ 126. com
Http://www. fuqingzhiye. com
法人代表(Chairman)：李修志
产品(Products)：卫生纸，原纸

肇东东顺纸业有限公司★
Zhaodong Dongshun Paper Co., Ltd.
地址(Add)：黑龙江省哈大齐工业走廊肇东经济开发区
邮编(P. C.)：151100
电话(Tel)：0455－7923338
传真(Fax)：0455－7923338
E-mail：cys5871@ 163. com
Http://www. dongshunpaper. com
法人代表(Chairman)：陈延树
总经理(General Manager)：陈延树
联系人(Contact Person)：陈延树
产品(Products)：原纸，卫生纸，面巾纸，餐巾纸，婴儿纸尿裤
品牌(Brand)：顺清柔，洁昕，哈里贝贝

哈尔滨曙光纸业加工厂
Harbin Shuguang Paper Products Factory
地址(Add)：黑龙江省哈尔滨市阿城区白城村 3 组
邮编(P. C.)：150300
电话(Tel)：0451－53739456
传真(Fax)：0451－53736456
E-mail：shuguangzhiye888@ 163. com
联系人(Contact Person)：张文革
产品(Products)：卫生纸

哈尔滨鑫禾纸业有限公司
Harbin Xinhe Paper Co., Ltd.
地址(Add)：黑龙江省哈尔滨市阿城区西城工业区
邮编(P. C.)：150300
电话(Tel)：0451－53776587
E-mail：hebxhzy@ 126. com
Http://www. hebxhzy. com
法人代表(Chairman)：刘永政
总经理(General Manager)：刘永政
联系人(Contact Person)：刘长松
产品(Products)：卫生纸，手帕纸，面巾纸，餐巾纸，湿巾
品牌(Brand)：鑫禾，维尔嘉，好宝贝

哈尔滨金北方纸业有限公司
Harbin Jinbeifang Paper Co., Ltd.
地址(Add)：黑龙江省哈尔滨市道里区群力工业园区
邮编(P. C.)：150070
电话(Tel)：0451－87610488
传真(Fax)：0451－87612488
法人代表(Chairman)：许爽
总经理(General Manager)：许爽
联系人(Contact Person)：许爽
产品(Products)：面巾纸，手帕纸

鑫龙翔纸业发展有限公司
Xinlongxiang Paper Co., Ltd.
地址(Add)：黑龙江省哈尔滨市道外区东内史胡同副25号
邮编(P.C.)：150070
电话(Tel)：0451-88337612
E-mail：longxiang1818@126.com
联系人(Contact Person)：刘景龙
产品(Products)：卫生纸

哈尔滨市顺发餐巾纸厂
Harbin Shunfa Napkin Factory
地址(Add)：黑龙江省哈尔滨市道外区南勋街368号
邮编(P.C.)：150026
电话(Tel)：0451-88355290
联系人(Contact Person)：葛宝霞
产品(Products)：擦手纸，盘纸，面巾纸，卫生纸，手帕纸

天旭纸业有限公司
Tianxu Paper Co., Ltd.
地址(Add)：黑龙江省哈尔滨市道外区天恒大街906号
邮编(P.C.)：150059
电话(Tel)：0451-87554111
传真(Fax)：0451-87841389
法人代表(Chairman)：郑久成
总经理(General Manager)：郑久成
联系人(Contact Person)：郑久成
产品(Products)：卫生纸，面巾纸，手帕纸，餐巾纸

牡丹江市三都特种纸业有限公司★
Mudanjiang Sandu Special Paper Co., Ltd.
地址(Add)：黑龙江省牡丹江市爱民区大庆街19号
邮编(P.C.)：157009
电话(Tel)：0453-6899237
传真(Fax)：0453-6899217
E-mail：5921bb@vip.sina.com
法人代表(Chairman)：刘勇
总经理(General Manager)：刘勇
联系人(Contact Person)：刘国
产品(Products)：原纸，卫生纸，面巾纸，手帕纸，餐巾纸，厨房纸巾，擦手纸
品牌(Brand)：一株雪，一溪月，一色秋，乌衣巷，白鹭洲，予心乐

七台河市康辉纸业有限责任公司
Qitaihe Kanghui Paper Co., Ltd.
地址(Add)：黑龙江省七台河市新兴区越秀路100号
邮编(P.C.)：154600
电话(Tel)：0464-8333336
传真(Fax)：0464-8344975
法人代表(Chairman)：于雅芝
总经理(General Manager)：于雅芝
联系人(Contact Person)：于雅芝
产品(Products)：卫生纸
品牌(Brand)：康辉

黑龙江四季风纸业有限责任公司★
Heilongjiang Sijifeng Paper Co., Ltd.
地址(Add)：黑龙江省齐齐哈尔市富裕县城南工业路(原农丰公司院内)
邮编(P.C.)：161200
电话(Tel)：0452-3127670
传真(Fax)：0452-3127288
E-mail：sijifeng6678@163.com
法人代表(Chairman)：马振华
总经理(General Manager)：马振军
产品(Products)：卫生纸，原纸
品牌(Brand)：小米鼠

黑龙江省肇东市康嘉纸业有限公司
Heilongjiang Kangjia Paper Co., Ltd.
地址(Add)：黑龙江省肇东市安阳路79号
邮编(P.C.)：151100
电话(Tel)：0455-7997877
传真(Fax)：0455-5937890
E-mail：kangjiazhiye@126.com
Http：//www.kangjiazhiye.com
法人代表(Chairman)：杨春艳
总经理(General Manager)：许伟
产品(Products)：面巾纸，湿巾，卫生巾
品牌(Brand)：相思雨

● 上海 Shanghai

上海城峰纸业有限公司
Shanghai Chengfeng Paper Co., Ltd.
地址(Add)：上海市宝山区罗南东太东路865号4号厂房
邮编(P.C.)：200436
电话(Tel)：021-56016568
传真(Fax)：021-56016658
Http：//shcjz.1688.com
总经理(General Manager)：胡存相
联系人(Contact Person)：胡存相
产品(Products)：餐巾纸，面巾纸，手帕纸，卫生纸，擦手纸，湿巾

上海香化工贸有限公司
Shanghai Xianghua I & T Co., Ltd.
地址(Add)：上海市宝山区南大路116号
邮编(P.C.)：200436
电话(Tel)：021-56501523
传真(Fax)：021-56501523
联系人(Contact Person)：陈蓉波
产品(Products)：餐巾纸，手帕纸，面巾纸
品牌(Brand)：香花，嘉士

上海绿鸥日用品有限公司
Shanghai Leo Commodities Co., Ltd.
地址(Add)：上海市长江西路101号(上海国际节能环保园)2号楼4号
邮编(P.C.)：200431
电话(Tel)：021-54286055
传真(Fax)：021-52293119
E-mail：lane@shanghaileo.com
Http：//www.shanghaileo.com
法人代表(Chairman)：俞平
总经理(General Manager)：陈毓萍
联系人(Contact Person)：俞平
产品(Products)：卫生纸，面巾纸，手帕纸，餐巾纸，厨房纸巾，擦手纸

品牌(Brand)：自然柔，绿鸥

王子奇能纸业(上海)有限公司
Oji Kinocloth (Shanghai) Co., Ltd.
地址(Add)：上海市长宁区仙霞路88号太阳广场W506室
邮编(P. C.)：200336
电话(Tel)：021－62375200
传真(Fax)：021－62375600
E-mail：y. sun@ kinocloth. cn
Http：//www. kinocloth. cn
法人代表(Chairman)：北村欣勇
总经理(General Manager)：丰岛节夫
联系人(Contact Person)：孙永亮
产品(Products)：湿巾，厨房烹调专用纸，食品垫
品牌(Brand)：泰木丽

上海舒康实业有限公司
Sofe & Safe Industry Ltd.
地址(Add)：上海市奉贤区航塘公路1491号16幢
邮编(P. C.)：201204
电话(Tel)：021－60545022
传真(Fax)：021－68931147
E-mail：apmsha@ gmail. com
联系人(Contact Person)：张荆鹏
产品(Products)：卫生纸

上海可林纸业有限公司
Shanghai Clean Paper Co., Ltd.
地址(Add)：上海市奉贤区金汇镇西街118号
邮编(P. C.)：201404
电话(Tel)：021－57483010
传真(Fax)：021－57482331
E-mail：shclp123@ 163. com
Http：//www. shclpaper. com
总经理(General Manager)：张金金
产品(Products)：擦手纸，餐巾纸

上海乐怡纸业有限公司
Shanghai Royal Paper Industry Co., Ltd.
地址(Add)：上海市奉贤区南桥镇杨王工业园区杨像路78号
邮编(P. C.)：201406
电话(Tel)：021－33617671
传真(Fax)：021－33617673
E-mail：weihua_118@ hotmail. com
法人代表(Chairman)：王韡
总经理(General Manager)：金志建
产品(Products)：面巾纸，卫生纸，餐巾纸

金佰利(中国)有限公司
Kimberly－Clark (China) Co., Ltd.
地址(Add)：上海市福州路666号金陵海欣大厦10楼
邮编(P. C.)：200001
电话(Tel)：021－61327755
传真(Fax)：021－63917975
E-mail：jessica. cai@ kcc. com
Http：//www. kimberly－clark. com. cn
法人代表(Chairman)：张海婴
总经理(General Manager)：张海婴
联系人(Contact Person)：蔡敏
产品(Products)：卫生巾，卫生护垫，婴儿纸尿裤/片，成人纸尿裤/片，护理垫，湿巾，纸巾纸，卫生纸，擦手纸，厨房纸巾，工业擦拭纸
品牌(Brand)：高洁丝 Kotex，舒而美 C&B，好奇 Huggies，舒洁 Kleenex，得伴 Depend

上海申馨纸业有限公司
Shanghai Shenxin Paper Co., Ltd.
地址(Add)：上海市虹口区广粤支路87号
邮编(P. C.)：200434
电话(Tel)：021－55610650
传真(Fax)：021－65927111
E-mail：shenxinpaper@ 163. com
法人代表(Chairman)：钱申
产品(Products)：餐巾纸
品牌(Brand)：申馨

上海爱辉纸业有限公司
Shanghai Aihui Paper Co., Ltd.
地址(Add)：上海市嘉松北路523号
邮编(P. C.)：201804
电话(Tel)：021－59586290
传真(Fax)：021－59586289
总经理(General Manager)：付相辉
产品(Products)：卫生纸

上海东冠集团★
Shanghai Orient ChampionGroup
地址(Add)：上海市金山区亭林镇林慧路1000号
邮编(P. C.)：201505
电话(Tel)：021－57277153
传真(Fax)：021－67225979
E-mail：yangcj@ socp. com. cn
Http：//www. socpcn. com
法人代表(Chairman)：李慈雄
总经理(General Manager)：孙海瑜
联系人(Contact Person)：杨臣君
产品(Products)：原纸，卫生纸，面巾纸，餐巾纸，手帕纸，擦手纸，厨房纸巾，衬纸，卫生巾，婴儿纸尿裤，湿巾
品牌(Brand)：洁云，丝柔，自由森林，韵洁，贝贝爽，洁伴，米娅

诺实纸业有限公司
Nuoshi Paper Co., Ltd.
地址(Add)：上海市金山区朱泾镇秀州村胜利6100号三栋
邮编(P. C.)：200000
电话(Tel)：021－51933303
E-mail：huoshizhiye@ 163. com
Http：//www. nszy. com. cn
联系人(Contact Person)：杨红
产品(Products)：面巾纸，餐巾纸，手帕纸
品牌(Brand)：诺实，唯牵

上海沁柔实业有限公司
Shanghai Qin Soft Co., Ltd.
地址(Add)：上海市嘉定区南翔工业园昌翔路178号3幢2楼B区
邮编(P. C.)：201800
电话(Tel)：021－69895373

传真(Fax): 021 - 69895373
E-mail: 317170620@ qq. com
联系人(Contact Person): 黄忠发
产品(Products): 餐巾纸, 面巾纸, 卫生纸
品牌(Brand): 沁柔

上海惟能贸易有限公司
Shanghai Weineng Trading Co., Ltd.
地址(Add): 上海市康定路980弄一号M楼509室
邮编(P. C.): 200042
电话(Tel): 021 - 62178222
传真(Fax): 021 - 62671977
E-mail: wei_neng@ 163. com
联系人(Contact Person): 卢雪安
产品(Products): 面巾纸, 卫生纸

上海乐采卫生用品有限公司
Shanghai Lecai Hygiene Products Co., Ltd.
地址(Add): 上海市卢湾区达浦路1号金玉兰广场西楼1509室
邮编(P. C.): 200023
电话(Tel): 021 - 53960291
传真(Fax): 021 - 53960230
E-mail: 976497368@ qq. com
法人代表(Chairman): 林新
总经理(General Manager): 徐克佳
联系人(Contact Person): 徐克佳
产品(Products): 卫生纸, 擦手纸

上海爱妮梦纸业有限公司
Shanghai Anemone Tissue Co., Ltd.
地址(Add): 上海市闵行区沪闵路3158号(瓶北路130号)
邮编(P. C.): 201109
电话(Tel): 021 - 64909090
传真(Fax): 021 - 54570005
E-mail: shhcfd@ hotmail. com
法人代表(Chairman): 胡宣化
总经理(General Manager): 胡朝福
联系人(Contact Person): 胡朝福
产品(Products): 卫生纸, 面巾纸, 手帕纸
品牌(Brand): 舒芙

上海亿豪贸易有限公司
Shanghai Shuen Paper & Plastics Hygiene Products Factory
地址(Add): 上海市闵行区华漕镇纪展路126号西门
邮编(P. C.): 200000
电话(Tel): 021 - 62218052
传真(Fax): 021 - 62214945
法人代表(Chairman): 沈传豪
联系人(Contact Person): 林海生
产品(Products): 餐巾纸, 面巾纸, 手帕纸, 卫生纸
品牌(Brand): 祥莱缘

上海取晨纸业有限公司
Shanghai Quchen Paper Co., Ltd.
地址(Add): 上海市闵行区浦江镇闸航路2000弄51号
邮编(P. C.): 201112
电话(Tel): 021 - 54849950
传真(Fax): 021 - 54849910
E-mail: shsirius@ sh - qczy. com
Http: //www. wysirius. com. cn
法人代表(Chairman): 王颖
总经理(General Manager): 戴云燕
联系人(Contact Person): 戴云燕
产品(Products): 面巾纸, 餐巾纸, 擦手纸, 手帕纸, 卫生纸
品牌(Brand): 皙丝, 禾旺

上海安兴汇东纸业有限公司
Shanghai Onhing Huidong Paper Co., Ltd.
地址(Add): 上海市闵行区双柏路528号
邮编(P. C.): 201108
电话(Tel): 021 - 64345123
传真(Fax): 021 - 64342199
E-mail: huidongvip@ 163. com
Http: //www. zhi114. net
法人代表(Chairman): 姚锦东
总经理(General Manager): 姚秋东
联系人(Contact Person): 辛国庆
产品(Products): 卫生纸, 面巾纸, 擦手纸, 餐巾纸
品牌(Brand): 丝韵, 竹之雅, 锦洁

上海唯爱纸业有限公司
Shanghai Weiai Paper Co., Ltd.
地址(Add): 上海市南汇区宣桥镇三灶工业园宣秋路446号A楼
邮编(P. C.): 201300
电话(Tel): 021 - 51961288
传真(Fax): 021 - 51961278
E-mail: weiaiaiwei1@ sina. com
Http: //www. shevery. com. cn
法人代表(Chairman): 程学保
总经理(General Manager): 程学保
联系人(Contact Person): 沈治文
产品(Products): 湿巾, 餐巾纸, 面巾纸, 厨房纸巾, 擦手纸, 婴儿纸尿裤/片, 宠物巾, 汽车擦拭巾
品牌(Brand): 爱唯

上海汉生豪斯实业有限公司
Shanghai Handsome Horse Co., Ltd.
地址(Add): 上海市浦东新区北蔡镇杨桥村西计家宅106号
邮编(P. C.): 201204
电话(Tel): 021 - 68942694
传真(Fax): 021 - 68929565
E-mail: zlj@ hs - hs. cn
Http: //www. hs - hs. cn
联系人(Contact Person): 郑利军
产品(Products): 卫生纸, 餐巾纸, 面巾纸, 手帕纸, 擦手纸
品牌(Brand): 洋马

上海若云纸业有限公司
Shanghai Ruoyun Paper Co., Ltd.
地址(Add): 上海市浦东新区东川路星升路189号
邮编(P. C.): 201201
电话(Tel): 021 - 68900545
传真(Fax): 021 - 68907191
法人代表(Chairman): 杨建南
总经理(General Manager): 丁德妹

产品(Products)：卫生纸，餐巾纸，面巾纸，湿巾
品牌(Brand)：若云，爱迪梦

上海玉洁纸业有限公司★
Shanghai Yujie Paper Co., Ltd.
地址(Add)：上海市浦东新区东方路1800弄48号202室
邮编(P. C.)：200127
电话(Tel)：021－50825138
传真(Fax)：021－50825137
E-mail：shyjpaper@126.com
Http：//www.shyjpaper.cn
法人代表(Chairman)：贾玉秋
总经理(General Manager)：季冰
产品(Products)：卫生纸，面巾纸，擦手纸，餐巾纸，原纸
品牌(Brand)：冰清，玉洁

上海正应纸业有限公司
Shanghai Zhengying Paper Co., Ltd.
地址(Add)：上海市浦东新区顾全路245弄68号三林镇金谊路438号
邮编(P. C.)：200127
电话(Tel)：021－68746334
传真(Fax)：021－68745002
E-mail：zhengyingmaoyi@126.com
法人代表(Chairman)：程正应
总经理(General Manager)：程正应
联系人(Contact Person)：程正应
产品(Products)：卫生纸，擦手纸，餐巾纸，面巾纸
品牌(Brand)：正应，怡飘

上海明阳佳木国际贸易有限公司
Shanghai Sunny Forest Trading Co., Ltd.
地址(Add)：上海市浦东新区金湘路345号同华大厦1301－1302室
邮编(P. C.)：201206
电话(Tel)：021－51978062
传真(Fax)：021－51976396
总经理(General Manager)：李笃莹
联系人(Contact Person)：周洁
产品(Products)：擦手纸

亚洲浆纸交易集团股份有限公司
Asia Paper Pulp Energy Exchange Group Limited
地址(Add)：上海市浦东新区浦东大道2000号阳光世界大厦6楼G座
邮编(P. C.)：200135
电话(Tel)：021－51302364
传真(Fax)：021－51302364
E-mail：andygao@asiapaperpulpexchange.com
联系人(Contact Person)：高光海
产品(Products)：卫生纸，面巾纸，手帕纸，湿巾

上海雅臣纸业有限公司
Shanghai Yachen Paper Co., Ltd.
地址(Add)：上海市浦东新区三林路235号
邮编(P. C.)：200124
电话(Tel)：021－68308606
传真(Fax)：021－68308607
Http：//ycpaper.b2b.hc360.com
总经理(General Manager)：孙根成
联系人(Contact Person)：孙根成
产品(Products)：湿巾，面巾纸，餐巾纸，卫生纸
品牌(Brand)：雅臣

上海南源永芳纸品有限公司
Shanghai Nanyuan Yongfang Paper Products Co., Ltd.
地址(Add)：上海市浦东新区三林镇林浦路762弄11号
邮编(P. C.)：200124
电话(Tel)：021－50846676
传真(Fax)：021－50846676
总经理(General Manager)：尹锡宝
产品(Products)：卫生纸，面巾纸，成人纸尿裤，护理垫
品牌(Brand)：永芳，雪缘，花心思

上海明佳卫生用品有限公司
Shanghai Mingjia Hygiene Articles Co., Ltd.
地址(Add)：上海市浦东新区新场镇王桥村563号
邮编(P. C.)：201314
电话(Tel)：021－58966320
传真(Fax)：021－58967779
Http：//www.brightshanghai.cn.alibaba.com
法人代表(Chairman)：沈志林
总经理(General Manager)：郑立国
联系人(Contact Person)：罗卫
产品(Products)：卫生纸，餐巾纸，面巾纸，手帕纸，擦手纸，盘纸
品牌(Brand)：明佳

芬雅纸品(上海)发展有限公司
Fenya Paper Products (Shanghai) Development Co., Ltd.
地址(Add)：上海市浦东新区张杨路1254号307室
邮编(P. C.)：200122
电话(Tel)：021－58205346
传真(Fax)：021－58207649
法人代表(Chairman)：陈秋玲
联系人(Contact Person)：黄贤伟
产品(Products)：面巾纸，餐巾纸，卫生纸，湿巾
品牌(Brand)：芬雅

上海洁都纸业有限公司
Shanghai Jiedu Paper Co., Ltd.
地址(Add)：上海市浦东新区祝桥镇盐朝公路765号
邮编(P. C.)：201325
电话(Tel)：021－68267755
传真(Fax)：021－68262699
E-mail：jieduzhiye@163.com
法人代表(Chairman)：马志云
总经理(General Manager)：马志云
联系人(Contact Person)：马志云
产品(Products)：卫生纸

上海大昭和有限公司
Shanghai Daishowa Co., Ltd.
地址(Add)：上海市青浦工业园区新水路280号
邮编(P. C.)：201700
电话(Tel)：021－59705300
传真(Fax)：021－59705301
E-mail：zhangjing750617@vip.163.com
Http：//www.daishowasiko.com
法人代表(Chairman)：上园聪
总经理(General Manager)：上园聪

联系人(Contact Person)：张晶
产品(Products)：生活用纸，湿巾

上海唯尔福集团股份有限公司★
Shanghai Welfare Group Co., Ltd.
地址(Add)：上海市青浦区华新镇徐华公路3029弄88号
邮编(P.C.)：201705
电话(Tel)：021－39873598
传真(Fax)：021－39873188
E-mail：wef 2008@163.com
Http://www.wef 2008.com
法人代表(Chairman)：何幼成
总经理(General Manager)：何幼成
联系人(Contact Person)：孙丽娜
产品(Products)：卫生巾，卫生护垫，婴儿纸尿裤/片，成人纸尿裤/片，宠物垫，护理垫，原纸，卫生纸，面巾纸，手帕纸，餐巾纸，厨房纸巾，擦手纸，湿巾
品牌(Brand)：唯尔福，美丽约会，唯儿福，纸音

上海亚日工贸有限公司
Shanghai Yari Industry & Trading Co., Ltd.
地址(Add)：上海市青浦区青松公路果园路588号
邮编(P.C.)：201701
电话(Tel)：021－69219588
传真(Fax)：021－69219058
法人代表(Chairman)：骆定龙
总经理(General Manager)：骆定龙
联系人(Contact Person)：杨继武
产品(Products)：卫生巾，卫生护垫，婴儿纸尿裤/片，湿巾，卫生纸，面巾纸
品牌(Brand)：顺妮，亚妮，宝宝舒，舒佳

上海曜颖餐饮用品有限公司
Shanghai International Fresh Mate Co., Ltd.
地址(Add)：上海市松江区车敦镇香亭路459号
邮编(P.C.)：201611
电话(Tel)：021－57774301
传真(Fax)：021－57774739
E-mail：caipingc@hotmail.com
总经理(General Manager)：王升曜
联系人(Contact Person)：孙彩萍
产品(Products)：湿巾，餐巾纸，厨房纸巾
品牌(Brand)：飞舒美德

上海恒晟卫生用品有限公司
Shanghai Hengsheng Hygiene Products Co., Ltd.
地址(Add)：上海市松江区高科技园昆港路999号
邮编(P.C.)：201616
电话(Tel)：021－33529098
传真(Fax)：021－33529296
E-mail：842074650@qq.com
法人代表(Chairman)：许文嵘
总经理(General Manager)：蔡荣强
联系人(Contact Person)：许文评
产品(Products)：婴儿纸尿裤/片，成人纸尿片，妇婴两用巾，湿巾，卫生纸
品牌(Brand)：舒贝，舒尔乐

上海汉合纸业有限公司
Shanghai Hanhe Paper Co., Ltd.
地址(Add)：上海市松江区回业路18号B幢
邮编(P.C.)：201611
电话(Tel)：021－57600134
传真(Fax)：021－57600140
E-mail：helen_0714@hotmail.com
Http://hanhepaper.1688.com
法人代表(Chairman)：吴洁
总经理(General Manager)：吴洁
产品(Products)：卫生纸，坐垫纸，擦手纸，面巾纸，手帕纸
品牌(Brand)：CLINPET

上海金佰利纸业有限公司★
Kimberly－Clark Paper (Shanghai) Co., Ltd.
地址(Add)：上海市松江区金沙滩139号
邮编(P.C.)：201600
电话(Tel)：021－57822671－3500
传真(Fax)：021－57821905
E-mail：wesen.zha@kcc.com
Http://www.kimberly－clark.com.cn
法人代表(Chairman)：张海婴
总经理(General Manager)：吴乃方
联系人(Contact Person)：查炜琛
产品(Products)：卫生纸，面巾纸，餐巾纸，手帕纸，原纸
品牌(Brand)：舒洁 Kleenex

香诗伊卫生用品有限公司
Xiangshiyi Hygiene Products Co., Ltd.
地址(Add)：上海市松江区九亭镇九新公路456号
邮编(P.C.)：201615
电话(Tel)：021－57639136
传真(Fax)：021－57639136
Http://xiangshiyi888.1688.com
法人代表(Chairman)：钱光明
总经理(General Manager)：钱光明
产品(Products)：湿巾，餐巾纸，面巾纸
品牌(Brand)：香诗伊

上海誉森纸制品有限公司
Shanghai Yusen Paper Products Co., Ltd.
地址(Add)：上海市松江区茸北工业区梅家浜路209号
邮编(P.C.)：201613
电话(Tel)：021－61556967
E-mail：zhangxiaolin021@126.com
Http://www.yusenzhiye.com
联系人(Contact Person)：张小林
产品(Products)：面巾纸，餐巾纸

上海佳利佳日用品有限公司
Shanghai Jialijia Daily Necessities Co., Ltd.
地址(Add)：上海市松江区佘山镇天马工业区新宅路700号
邮编(P.C.)：201602
电话(Tel)：021－57659761
传真(Fax)：021－57659763
E-mail：w13801967282@126.com
法人代表(Chairman)：赖壮梅
总经理(General Manager)：赖壮梅
产品(Products)：卫生纸，面巾纸
品牌(Brand)：佳利佳

爱生雅(中国)投资有限公司
SCA Asia Pacific
地址(Add):上海市徐汇区汾阳路3号1幢楼5层
邮编(P. C.):200031
电话(Tel):021－24059888
传真(Fax):021－54332243
Http://www.sca.com/asia
法人代表(Chairman):ULF OLOF LENNART SODERSTROM
总经理(General Manager):ULF OLOF LENNART SODERSTROM
联系人(Contact Person):袁玮玮
产品(Products):卫生纸
品牌(Brand):多康 Tork, Tena

上海荷风环保科技有限公司
Shanghai Lotusmia Environmental Technology Co., Ltd.
地址(Add):上海市徐汇区肇嘉浜路825号尚秀商务楼2号楼5A
邮编(P. C.):200032
电话(Tel):021－60531338
传真(Fax):021－39652970
E-mail:yang_qh@msn.com
Http://richardyqh.1688.com
法人代表(Chairman):杨庆华
总经理(General Manager):杨庆华
联系人(Contact Person):杨庆华
产品(Products):擦手纸,卫生纸,面巾纸,厨房纸巾,餐巾纸,湿巾
品牌(Brand):荷韵

上海豪发纸业有限公司
Shanghai Haofa Paper Co., Ltd.
地址(Add):上海市杨高南路红同路506号甲(近外环线)
邮编(P. C.):200123
电话(Tel):021－50858090
传真(Fax):021－50785175
Http://www.haoshifa.com
法人代表(Chairman):曹豪雄
总经理(General Manager):曹豪雄
联系人(Contact Person):曹豪雄
产品(Products):卫生纸,擦手纸,餐巾纸
品牌(Brand):豪仕发

上海航利实业有限公司
Shanghai Hangli Industry Co., Ltd.
地址(Add):上海市中山西路2368号华鼎大厦32楼
邮编(P. C.):200235
电话(Tel):021－64398969
传真(Fax):021－64398851
E-mail:tyfan@hangli.com.cn
Http://www.hangli.com.cn
法人代表(Chairman):毛杰
总经理(General Manager):毛建雄
联系人(Contact Person):樊天岳
产品(Products):面巾纸,卫生纸
品牌(Brand):捷易明

● 江苏 Jiangsu

江苏美灯纸业有限公司
Jiangsu Meideng Paper Co., Ltd.
地址(Add):江苏省滨海县城南丁字港船闸西300米
邮编(P. C.):224500
电话(Tel):0515－84100565
传真(Fax):0515－84103901
E-mail:bhltzyyxgs@163.com
法人代表(Chairman):黄士秀
总经理(General Manager):张俊田
联系人(Contact Person):徐迎春
产品(Products):卫生纸,面巾纸,手帕纸,擦手纸
品牌(Brand):美灯,梦蓝天

常州市中亚卫生用品厂
Changzhou Zhongya Hygiene Products Factory
地址(Add):江苏省常州市礼嘉镇
邮编(P. C.):213176
电话(Tel):0519－86236811
传真(Fax):0519－86236811
E-mail:zy@czzhongya.cn
总经理(General Manager):郑亚文
产品(Products):卫生纸,餐巾纸,手帕纸,面巾纸,卫生巾
品牌(Brand):甜雨

常州市佳美卫生用品有限公司
Changzhou Jiamei Hygiene Products Co., Ltd.
地址(Add):江苏省常州市南门外礼加镇毛家
邮编(P. C.):213176
电话(Tel):0519－86236861
传真(Fax):0519－86236861
法人代表(Chairman):陈新宇
总经理(General Manager):陈新宇
联系人(Contact Person):陈女士
产品(Products):卫生巾,卫生纸
品牌(Brand):明叶

常州泉港纸业制品厂
Changzhou Quangang Paper Products Factory
地址(Add):江苏省常州市青龙亚细村
邮编(P. C.):213021
电话(Tel):0519－87982400
传真(Fax):0519－85076688
E-mail:office@czqgzy.cn
联系人(Contact Person):连培清
产品(Products):面巾纸
品牌(Brand):清露

常州市皇纲生活用品有限公司
Changzhou Huanggang Commodities Co., Ltd.
地址(Add):江苏省常州市武进区邹区镇鹤溪村鹤溪路20号
邮编(P. C.):213144
电话(Tel):0519－85905906
传真(Fax):0519－83860226
E-mail:huanggang0901@163.com
法人代表(Chairman):黄刚
总经理(General Manager):黄刚

联系人(Contact Person)：黄刚
产品(Products)：卫生纸，面巾纸

常州市华奥纸品厂
Changzhou Huaao Paper Products Factory
地址(Add)：江苏省常州市钟楼开发区新闸新昌路
邮编(P. C.)：213012
电话(Tel)：0519－83256058
传真(Fax)：0519－83252539
总经理(General Manager)：曹伟民
联系人(Contact Person)：胡燕
产品(Products)：面巾纸，餐巾纸，盘纸，擦手纸，手帕纸
品牌(Brand)：华欣，惠尔家

洪泽金百德纸业有限公司
Hongze Jinbaide Paper Co., Ltd.
地址(Add)：江苏省洪泽县经济开发区南钢路8号
邮编(P. C.)：223100
电话(Tel)：0517－87448899
传真(Fax)：0517－87442299
总经理(General Manager)：李明国
产品(Products)：卫生纸，面巾纸

淮安市紫燕纸品厂
Huaian Ziyan Paper Products Factory
地址(Add)：江苏省淮安市爱民路食品城6号蓝宁纸业
邮编(P. C.)：223001
电话(Tel)：0517－83926336
法人代表(Chairman)：吴珍
总经理(General Manager)：吴珍
联系人(Contact Person)：吴珍
产品(Products)：餐巾纸，卫生纸
品牌(Brand)：抱喜来

淮安市华阳纸品加工厂
Huaian Huayang Paper Products Factory
地址(Add)：江苏省淮安市楚州区宋集乡后营村一组18号
邮编(P. C.)：223236
电话(Tel)：0517－85494071
联系人(Contact Person)：宋玉成
产品(Products)：卫生纸，面巾纸，餐巾纸

江苏洪泽湖纸业有限公司★
Jiangsu Hongzehu Paper Co., Ltd.
地址(Add)：江苏省淮安市洪泽经济开发区
邮编(P. C.)：223100
电话(Tel)：0517－87232666
传真(Fax)：0517－87224316
联系人(Contact Person)：王存亚
产品(Products)：卫生纸，原纸，餐巾纸，盘纸
品牌(Brand)：洪泽湖

淮安市明远包装有限公司
Huaian Mingyuan Packing Co., Ltd.
地址(Add)：江苏省淮安市华清西路8号
邮编(P. C.)：223002
电话(Tel)：0517－83852066
传真(Fax)：0517－83852277
法人代表(Chairman)：张寿彭
总经理(General Manager)：张寿彭
联系人(Contact Person)：张寿彭
产品(Products)：餐巾纸，面巾纸，卫生纸

江苏金莲纸业有限公司★
Jiangsu Jinlian Paper Industrial Co., Ltd.
地址(Add)：江苏省淮安市金湖县建设东路89号
邮编(P. C.)：211600
电话(Tel)：0517－86882961
传真(Fax)：0517－86882875
Http://www. jlian. com
法人代表(Chairman)：俞素丽
总经理(General Manager)：俞素丽
联系人(Contact Person)：俞素丽
产品(Products)：卫生纸，原纸
品牌(Brand)：金莲

江苏金湖鑫胜纸业有限公司
Jinhu Xinsheng Paper Co., Ltd.
地址(Add)：江苏省淮安市金湖县金湖西路131号
邮编(P. C.)：211600
电话(Tel)：0517－86992122
传真(Fax)：0517－86982122
联系人(Contact Person)：洪涛
产品(Products)：卫生纸
品牌(Brand)：余莲，心众意

江苏建湖顺达纸业
Jianhu Shunda Paper Co.
地址(Add)：江苏省建湖县高作镇北首
邮编(P. C.)：224752
电话(Tel)：0515－86396669
传真(Fax)：0515－86377063
Http://www. jhxshunda. com
法人代表(Chairman)：吕喜常
联系人(Contact Person)：吕明展
产品(Products)：卫生纸，餐巾纸，面巾纸
品牌(Brand)：苏悦

扬州博友高档纸品有限公司
Yangzhou Boyou Paper Products Co., Ltd.
地址(Add)：江苏省江都市武坚工业园区
邮编(P. C.)：225253
电话(Tel)：0514－86600788
传真(Fax)：0514－86605836
法人代表(Chairman)：姜明友
总经理(General Manager)：姜明友
联系人(Contact Person)：姜明友
产品(Products)：卫生纸，面巾纸，手帕纸，餐巾纸

江阴市凯特隆纸业有限公司
Jiangyin Kaitelong Paper Co., Ltd.
地址(Add)：江苏省江阴市华西十二村工业园区
邮编(P. C.)：214425
电话(Tel)：0510－86378030
传真(Fax)：0510－86378118
Http://www. kaitelong. diytrade. com
法人代表(Chairman)：朱敏
总经理(General Manager)：朱敏
产品(Products)：餐巾纸，面巾纸，卫生纸，手帕纸
品牌(Brand)：唯飘

江阴市永贞纸品有限公司
Jiangyin Yongzhen Paper Products Co., Ltd.
地址(Add): 江苏省江阴市璜土镇璜石路山下头 11 号
邮编(P. C.): 214445
电话(Tel): 0510 – 86653153
传真(Fax): 0510 – 86653153
E-mail: 1874135465@ qq. com
Http://www. jyjgzp. com
法人代表(Chairman): 夏祥琴
总经理(General Manager): 夏祥琴
联系人(Contact Person): 张荣仙
产品(Products): 面巾纸, 擦手纸, 盘纸
品牌(Brand): 永贞

永丰余家品(昆山)有限公司★
Yuen Foong Yu Family Care (Kunshan) Co., Ltd.
地址(Add): 江苏省昆山市玉山镇永丰余路 999 号
邮编(P. C.): 215316
电话(Tel): 0512 – 57792888
传真(Fax): 0512 – 57792168
E-mail: gang. zhu@ ygycpg. com
Http://www. imayflower. cn
法人代表(Chairman): 何奕达
总经理(General Manager): 苏守斌
联系人(Contact Person): 朱刚
产品(Products): 原纸, 卫生纸, 餐巾纸, 面巾纸, 手帕纸, 厨房纸巾, 擦手纸, 湿巾
品牌(Brand): 五月花

连云港崇明工贸有限公司
Lianyungang Chongming Industry & Trade Co., Ltd.
地址(Add): 江苏省连云港市赣榆县厉庄镇石桥工业园区
邮编(P. C.): 222114
电话(Tel): 0518 – 86718222
传真(Fax): 0518 – 86718333
E-mail: 17275415@ qq. com
Http://www. lygcmgm. com
总经理(General Manager): 姜崇明
产品(Products): 卫生纸, 面巾纸
品牌(Brand): 苏云

连云港市苏云纸业有限公司
Lianyungang Suyun Paper Co., Ltd.
地址(Add): 江苏省连云港市赣榆县石桥镇工业园区
邮编(P. C.): 222114
电话(Tel): 0518 – 87096699
传真(Fax): 0518 – 86822899
E-mail: suyunzhiye@ 126. com
Http://www. suyunzhiye. com
法人代表(Chairman): 姜崇高
总经理(General Manager): 姜崇高
联系人(Contact Person): 姜崇高
产品(Products): 擦手纸, 面巾纸, 餐巾纸, 手帕纸
品牌(Brand): 苏云, 娟柔, 港花

江苏连云港市面对面纸制品厂
Jiangsu Lianyungang Mianduimian Paper Products Factory
地址(Add): 江苏省连云港市宁海开发区
邮编(P. C.): 222000
电话(Tel): 0518 – 88401445
传真(Fax): 0518 – 85958168
总经理(General Manager): 葛秀才
产品(Products): 餐巾纸, 卫生纸, 面巾纸

连云港一品红纸制品厂★
Lianyungang Yipinhong Paper Products Factory
地址(Add): 江苏省连云港市新浦区新火车站西路 2 号
邮编(P. C.): 222003
电话(Tel): 0518 – 85453268
传真(Fax): 0518 – 85457688
E-mail: jxygj@ 126. com
Http://www. lygyph. cn
法人代表(Chairman): 陈启喜
联系人(Contact Person): 王胜洪
产品(Products): 手帕纸, 面巾纸, 卫生纸, 餐巾纸, 原纸
品牌(Brand): 金镶玉

江苏斯尔曼纸品有限公司★
Jiangsu Sierman Paper Co., Ltd.
地址(Add): 江苏省涟水县义兴镇工业区
邮编(P. C.): 223400
电话(Tel): 0517 – 82551819
传真(Fax): 0517 – 82551969
Http://www. jssanxiao. com
法人代表(Chairman): 陈俊
产品(Products): 原纸, 卫生纸
品牌(Brand): 三笑

南京霞飞纸品有限公司
Nanjing Xiafei Paper Products Co., Ltd.
地址(Add): 江苏省南京市安德门大街 39 号
邮编(P. C.): 210012
电话(Tel): 025 – 52895971
传真(Fax): 025 – 52895497
Http://www. xiafei. net. cn
法人代表(Chairman): 周玉霞
产品(Products): 餐巾纸, 卫生纸, 面巾纸

南京洁友纸业有限公司
Nanjing Jieyou Paper Co., Ltd.
地址(Add): 江苏省南京市白下区健康路文昌新村 24 幢 502 室
邮编(P. C.): 210001
电话(Tel): 025 – 86648777
传真(Fax): 025 – 84505809
E-mail: njjieyou@ 126. com
法人代表(Chairman): 张书斌
总经理(General Manager): 张兵
联系人(Contact Person): 张书斌
产品(Products): 卫生纸
品牌(Brand): 玉兰

南京恒达实业公司
Nanjing Hengda Industrial Co.
地址(Add): 江苏省南京市大桥北路 48 号红太阳国际品牌广场 B259 厅
邮编(P. C.): 210044
电话(Tel): 025 – 85057939
传真(Fax): 025 – 85057939
E-mail: yangjiyou@ 163. com

法人代表(Chairman)：杨基友
总经理(General Manager)：杨基友
联系人(Contact Person)：杨基友
产品(Products)：卫生纸
品牌(Brand)：陵洁

江苏敖广日化集团股份有限公司
Jiangsu Ao Grand Group Inc.
地址(Add)：江苏省南京市高淳双高路205号
邮编(P. C.)：211302
电话(Tel)：025－57853789
传真(Fax)：025－57852678
E-mail：yjp@aogrand.com
Http://www.njag.com.cn
联系人(Contact Person)：袁建平
产品(Products)：卫生纸，面巾纸，手帕纸
品牌(Brand)：巧白

南京市中天纸业
Nanjing Zhongtian Paper Co.
地址(Add)：江苏省南京市建邺区长虹路105－2门面
邮编(P. C.)：210017
电话(Tel)：025－86505836
联系人(Contact Person)：张雨坤
产品(Products)：面巾纸，卫生纸，盘纸，湿巾

南京市江宁区万家福纸业
Nanjing Wanjiafu Paper Co.
地址(Add)：江苏省南京市江宁区淳化街道陈家庄路1号永粲工业园
邮编(P. C.)：211124
电话(Tel)：025－86463998
传真(Fax)：025－86463998
联系人(Contact Person)：李超
产品(Products)：卫生纸，面巾纸，手帕纸
品牌(Brand)：怡朵，福露雅

南京远阔科技实业有限公司
Nanjing Yuankuo Technology Industrial Co., Ltd.
地址(Add)：江苏省南京市江宁区谷里街道经济技术开发区庆兴路3号
邮编(P. C.)：211164
电话(Tel)：025－52808707
传真(Fax)：025－52398505
联系人(Contact Person)：刘振忠
产品(Products)：卫生纸，餐巾纸，擦手纸
品牌(Brand)：唯益

南京上好家纸业有限公司
Nanjing Shanghaojia Paper Co., Ltd.
地址(Add)：江苏省南京市江宁区龙都镇
邮编(P. C.)：211100
电话(Tel)：025－52839299
传真(Fax)：025－52839200
联系人(Contact Person)：刘正才
产品(Products)：卫生纸，面巾纸
品牌(Brand)：上好家

南京美人日用品有限公司
Nanjing Beauty Commodity Co., Ltd.
地址(Add)：江苏省南京市溧水石湫开发区
邮编(P. C.)：211222
电话(Tel)：025－57272502
传真(Fax)：025－57273737
E-mail：yjf_188@163.com
法人代表(Chairman)：严家富
总经理(General Manager)：严家富
联系人(Contact Person)：严家富
产品(Products)：卫生巾，卫生护垫，手帕纸，面巾纸，成人纸尿裤
品牌(Brand)：假日美人，84，清秀绿茶，清秀茉莉，好又多，净氏

南通市圣洁卫生纸厂
Nantong Shengjie Tissue Paper Mill
地址(Add)：江苏省南通市八里庙工业园区31排
邮编(P. C.)：226014
电话(Tel)：0513－85252097
法人代表(Chairman)：马骥
总经理(General Manager)：马骥
联系人(Contact Person)：马骥
产品(Products)：卫生纸，面巾纸

南通唐人纸业有限公司
Nantong Tojin Tissue Co., Ltd.
地址(Add)：江苏省南通市富美路58号
邮编(P. C.)：226000
电话(Tel)：0513－85210212
传真(Fax)：0513－85211258
E-mail：info@tojin.com.cn
Http://www.tojin.com.cn
总经理(General Manager)：陆永东
产品(Products)：擦手纸，卫生纸，面巾纸，餐巾纸，盘纸，手帕纸

一龙纸业有限公司
Yilong Paper Co., Ltd.
地址(Add)：江苏省南通市港闸区花墙村八组(外环北路石花桥西向南100米)
邮编(P. C.)：226002
电话(Tel)：0513－85544077
传真(Fax)：0513－85546858
联系人(Contact Person)：薛春林
产品(Products)：面巾纸，餐巾纸，卫生纸
品牌(Brand)：净缘

南通雅诗兰纸品有限公司
Nantong Aishilan Women & Children Atricles Co., Ltd.
地址(Add)：江苏省南通市海安县胡集镇通扬河南路
邮编(P. C.)：226671
电话(Tel)：0513－88719088
传真(Fax)：0513－88716966
E-mail：xhzy888@126.com
法人代表(Chairman)：曹永山
总经理(General Manager)：范永鑫
联系人(Contact Person)：范永鑫
产品(Products)：卫生纸，面巾纸，手帕纸，餐巾纸，擦手纸
品牌(Brand)：星期六，青墩

南通炎华经贸有限公司
Nantong Yanhua Trade Co., Ltd.
地址(Add)：江苏省南通市锦都花苑5幢401

邮编(P. C.)：226008
电话(Tel)：0513－85802250
传真(Fax)：0513－85660164
法人代表(Chairman)：钱玮
总经理(General Manager)：钱宏炎
联系人(Contact Person)：钱宏炎
产品(Products)：卫生纸，面巾纸，手帕纸
品牌(Brand)：丝娜格

南通东海纸业有限公司
Nantong Donghai Paper Co., Ltd.
地址(Add)：江苏省南通市秦灶镇富美路58号
邮编(P. C.)：226011
电话(Tel)：0513－85210212
传真(Fax)：0513－85211258
E-mail：info@tojin.com.cn
Http：//www.miaowei100.com
法人代表(Chairman)：陆泳东
总经理(General Manager)：陆泳东
联系人(Contact Person)：张婷
产品(Products)：擦手纸，面巾纸，卫生纸
品牌(Brand)：妙卫

南通正昌经济发展有限责任公司
Nantong Zhengchang Economy Development Co., Ltd.
地址(Add)：江苏省南通市青年东路明星工业园
邮编(P. C.)：226000
电话(Tel)：0513－85186503
传真(Fax)：0513－85189592
E-mail：ntqhc@163.com
Http：//www.jxbird.com
法人代表(Chairman)：钱洪昌
总经理(General Manager)：钱洪昌
产品(Products)：卫生纸，面巾纸，餐巾纸，手帕纸
品牌(Brand)：吉祥鸟

南通市崇川区人人纸品厂
Nantong Renren Paper Products Factory
地址(Add)：江苏省南通市人民西路535号
邮编(P. C.)：226005
电话(Tel)：0513－83530350
E-mail：1394075304@qq.com
法人代表(Chairman)：程金龙
总经理(General Manager)：程金龙
联系人(Contact Person)：程金龙
产品(Products)：卫生纸
品牌(Brand)：人人

如东县宝利造纸厂★
Rudong Baoli Paper Mill
地址(Add)：江苏省南通市如东县大豫镇巩王村
邮编(P. C.)：226412
电话(Tel)：0513－84257993
传真(Fax)：0513－84257183
E-mail：shhaochuan@126.com
法人代表(Chairman)：郭向东
总经理(General Manager)：陆冬梅
联系人(Contact Person)：陆冬梅
产品(Products)：原纸，卫生纸

南通市万利纸业有限公司
Nantong Wanli Paper Co., Ltd.
地址(Add)：江苏省南通市外环北路108－18号
邮编(P. C.)：226011
电话(Tel)：0513－85668688
传真(Fax)：0513－85676768
E-mail：wlzp@ntwlzpc.cn
联系人(Contact Person)：郑国太
产品(Products)：卫生纸，面巾纸，手帕纸，餐巾纸，擦手纸，湿巾
品牌(Brand)：祝福

徐州玉洁纸业有限公司★
Xuzhou Yujie Paper Co., Ltd.
地址(Add)：江苏省邳州市城北工业园
邮编(P. C.)：221365
电话(Tel)：0516－86919118
传真(Fax)：0516－86919358
E-mail：xiyajun728@sina.com
Http：//www.shyjpaper.cn
法人代表(Chairman)：贾玉秋
总经理(General Manager)：贾玉春
联系人(Contact Person)：席亚军
产品(Products)：卫生纸，面巾纸，餐巾纸，擦手纸，原纸
品牌(Brand)：冰清

邳州洁妮纸制品有限公司
Pizhou Jieni Paper Products Co., Ltd.
地址(Add)：江苏省邳州市城东开发区
邮编(P. C.)：221300
电话(Tel)：0516－86609955
传真(Fax)：0516－86609955
Http：//www.jieni.cn
总经理(General Manager)：于月梅
联系人(Contact Person)：于月梅
产品(Products)：餐巾纸，卫生纸，面巾纸，盘纸，擦手纸
品牌(Brand)：鸿洋

徐州雪花纸品有限公司
Xuzhou Xuehua Paper Products Co., Ltd.
地址(Add)：江苏省邳州市炮车镇后沙沟村
邮编(P. C.)：221300
电话(Tel)：0516－86617039
传真(Fax)：0516－86617039
法人代表(Chairman)：姜修宇
产品(Products)：卫生纸
品牌(Brand)：雪花丽人

江苏省启东市宏伟商行
Qidong Hongwei Co.
地址(Add)：江苏省启东市城西工业园区
邮编(P. C.)：226200
电话(Tel)：0513－83843668
传真(Fax)：0513－83841704
法人代表(Chairman)：徐伟
总经理(General Manager)：徐伟
联系人(Contact Person)：徐伟
产品(Products)：餐巾纸
品牌(Brand)：宝丽家

启东市天意纸业有限公司
Qidong Tianyi Paper Co., Ltd.
地址(Add)：江苏省启东市海复镇兴海路18号
邮编(P. C.)：226200
电话(Tel)：0513-83639158
传真(Fax)：0513-83633118
E-mail：tenniepaper@163.com
总经理(General Manager)：蔡斌
产品(Products)：卫生纸
品牌(Brand)：幸运果，瑞飘，阿鸣

南通琳琅纸业工贸公司
Nantong Linliang Paper Co., Ltd.
地址(Add)：江苏省如东县丰利镇工业园区
邮编(P. C.)：226000
电话(Tel)：0513-84581909
传真(Fax)：0513-84581909
E-mail：ntllzy@163.com
法人代表(Chairman)：周建
总经理(General Manager)：周建
联系人(Contact Person)：周建
产品(Products)：卫生纸
品牌(Brand)：妙净，纯淳

南通盛海卫生用品有限公司
Nantong Shenghai Hygiene Products Co., Ltd.
地址(Add)：江苏省如皋市经济开发区东风村七组
邮编(P. C.)：226500
电话(Tel)：0513-88502588
传真(Fax)：0513-88502588
联系人(Contact Person)：秦圣海
产品(Products)：卫生纸
品牌(Brand)：丽彤，长寿鑫，金花，卡比妮，苏莲

江苏海纳纸业有限公司
Jiangsu Haina Paper Co., Ltd
地址(Add)：江苏省泗洪经济开发区五里江西路
邮编(P. C.)：223900
电话(Tel)：0527-86206237
E-mail：1533060419@qq.com
Http：//www.hainapaper.com
联系人(Contact Person)：张芹
产品(Products)：卫生纸

江苏天伦纸业有限公司★
Jiangsu Tianlun Paper Co., Ltd.
地址(Add)：江苏省泗洪县石集工业园区
邮编(P. C.)：223900
电话(Tel)：0527-86691588
传真(Fax)：0527-86691788
E-mail：jstl588@163.com
法人代表(Chairman)：向全闯
总经理(General Manager)：向全闯
联系人(Contact Person)：高进
产品(Products)：餐巾纸，手帕纸，面巾纸，原纸
品牌(Brand)：天伦

苏州金天宇卫生用品有限公司
Suzhou Golden-Sky Health Commodities Co., Ltd.
地址(Add)：江苏省苏州工业园区津梁街133号
邮编(P. C.)：215123
电话(Tel)：0512-69177680
传真(Fax)：0512-62960786
E-mail：fhm1008@126.com
Http：//www.china-jty.com
法人代表(Chairman)：傅红明
总经理(General Manager)：傅红明
联系人(Contact Person)：傅红明
产品(Products)：卫生纸
品牌(Brand)：金天宇，优佳

苏州嘉鸿纸业有限公司
Suzhou Jiahong Paper Co., Ltd.
地址(Add)：江苏省苏州市高新区运河路121号
邮编(P. C.)：215011
电话(Tel)：0512-68080068
传真(Fax)：0512-68080068
E-mail：jh_tanjun@sohu.com
总经理(General Manager)：谭骏
产品(Products)：卫生纸
品牌(Brand)：轻舞，花语，随伴

金红叶纸业集团有限公司★
Gold Hongye Paper Group Co., Ltd.
地址(Add)：江苏省苏州市工业园区金胜路1号
邮编(P. C.)：215126
电话(Tel)：0512-62810228
产品(Products)：卫生纸，原纸，面巾纸，手帕纸，餐巾纸，厨房纸巾，擦手纸，湿巾
品牌(Brand)：唯洁雅，清风，真真

苏州天秀纸业有限公司
Suzhou Tianxiu Paper Co., Ltd.
地址(Add)：江苏省苏州市太仓市璜泾镇西环路130号
邮编(P. C.)：215427
电话(Tel)：0512-53817766
传真(Fax)：0512-53817768
E-mail：tlnet0572@163.com
法人代表(Chairman)：褚刚
总经理(General Manager)：陆国栋
联系人(Contact Person)：褚刚
产品(Products)：卫生纸，面巾纸，餐巾纸，擦手纸，手帕纸
品牌(Brand)：珍宝，清羽

苏州梦想纸业有限公司★
Suzhou Dream Paper Co., Ltd.
地址(Add)：江苏省苏州市太湖度假区工业发展区
邮编(P. C.)：215164
电话(Tel)：0512-62869167
传真(Fax)：0512-62869185
E-mail：dearcaorui@163.com
联系人(Contact Person)：曹瑞
产品(Products)：卫生纸，原纸
品牌(Brand)：梦想

苏州市鑫恒隆纸业有限公司
Suzhou Xinhenglong Paper Co., Ltd.
地址(Add)：江苏省苏州市吴江经济开发区凌益路北侧
邮编(P. C.)：215200
电话(Tel)：0512-63169138
传真(Fax)：0512-63169038

E-mail：46727050@ qq. com
法人代表(Chairman)：王根生
总经理(General Manager)：王根生
联系人(Contact Person)：王根生
产品(Products)：卫生纸，餐巾纸，面巾纸
品牌(Brand)：可玥，真好佳

爱森生活用纸(苏州)有限公司
Ascend Household Paper (Suzhou) Co., Ltd.
地址(Add)：江苏省苏州市吴江区汾湖高新技术产业开发区临沪大道北侧松杨路东侧
邮编(P. C.)：215000
电话(Tel)：0512－62743888
传真(Fax)：0512－62748156
E-mail：lei_xu2@ ascend－china. com. cn
法人代表(Chairman)：李建绍
总经理(General Manager)：完颜绍华
联系人(Contact Person)：许磊
产品(Products)：卫生纸，面巾纸，手帕纸

苏州市吉利雅纸业有限公司
Suzhou Jiliya Paper Co., Ltd.
地址(Add)：江苏省苏州市吴中区经济开发区南湖路99号
邮编(P. C.)：215128
电话(Tel)：0512－68116509
传真(Fax)：0512－67089130
Http：//www. geelya. com
法人代表(Chairman)：黄国芬
总经理(General Manager)：何忠根
联系人(Contact Person)：何忠根
产品(Products)：面巾纸，餐巾纸，手帕纸，卫生纸，擦手纸，湿巾
品牌(Brand)：吉利雅

苏州爱维诺纸业有限公司
Lvvnuo Paper Co.
地址(Add)：江苏省苏州市吴中区木渎镇金枫南路1285号5幢
邮编(P. C.)：215001
电话(Tel)：0512－68667271
传真(Fax)：0512－68667271－602
E-mail：lvvnuo@ 163. com
Http：//www. lvvnuo. com. cn
法人代表(Chairman)：徐大伟
总经理(General Manager)：徐大伟
联系人(Contact Person)：徐大伟
产品(Products)：卫生纸，擦手纸，餐巾纸，手帕纸
品牌(Brand)：三诺

苏州华飘纸业有限公司
Suzhou Huapiao Paper Co., Ltd.
地址(Add)：江苏省苏州市吴中区南湖路125号金月工业区
邮编(P. C.)：215000
电话(Tel)：0512－68560345
传真(Fax)：0512－68560345
E-mail：xialichao2010@ 126. com
Http：//www. szchzy. com. cn
法人代表(Chairman)：夏里超
总经理(General Manager)：夏里超
联系人(Contact Person)：夏里超
产品(Products)：卫生纸
品牌(Brand)：唇红

苏州捷达纸业有限公司
Suzhou Jieda Paper Co., Ltd.
地址(Add)：江苏省苏州市相城区北桥工业园
邮编(P. C.)：215100
电话(Tel)：0512－66736981
总经理(General Manager)：吴华平
产品(Products)：卫生纸，面巾纸，餐巾纸，盘纸，擦手纸
品牌(Brand)：佳洁雅，洁雅

王子制纸妮飘(苏州)有限公司★
Oji Paper Nepia (Suzhou) Co., Ltd.
地址(Add)：江苏省苏州市新区金山路98号
邮编(P. C.)：215129
电话(Tel)：0512－68258526
传真(Fax)：0512－68258516
Http：//www. nepia. com. cn
法人代表(Chairman)：吴金龙
总经理(General Manager)：吴金龙
联系人(Contact Person)：邹立平
产品(Products)：原纸，卫生纸，面巾纸，手帕纸，湿巾
品牌(Brand)：妮飘

宿迁创达纸业有限公司
Suqian Chuangda Paper Co., Ltd.
地址(Add)：江苏省宿迁市泗洪县四河乡双四路(工业集中区)
邮编(P. C.)：223916
电话(Tel)：0527－86750990
传真(Fax)：0527－86750991
联系人(Contact Person)：杨浩
产品(Products)：卫生纸，手帕纸，餐巾纸
品牌(Brand)：思香子，了得

宿迁市玉竹纸业有限公司
Suqian Yuzhu Paper Co., Ltd.
地址(Add)：江苏省宿迁市泗洪县瑶沟工业园区90号
邮编(P. C.)：223900
电话(Tel)：0527－86389990
法人代表(Chairman)：王习成
总经理(General Manager)：王习成
联系人(Contact Person)：王习成
产品(Products)：卫生纸，餐巾纸，面巾纸，擦手纸

宿迁市楚柔纸业有限公司
Suqian Churou Paper Co., Ltd.
地址(Add)：江苏省宿迁市宿城开发区(南区)九州路8号
邮编(P. C.)：223800
电话(Tel)：0527－84341267
传真(Fax)：0527－84341739
E-mail：jssqcrzy@ 163. com
法人代表(Chairman)：张玉
总经理(General Manager)：张玉
联系人(Contact Person)：张杰
产品(Products)：卫生纸
品牌(Brand)：楚柔

太仓佩博实业有限公司★
Taicang Paper Industrial Co., Ltd.
地址(Add)：江苏省太仓市璜泾永乐开发区
邮编(P. C.)：215427
电话(Tel)：0512－53817188
传真(Fax)：0512－53817805
Http://www.peibo.com.cn
法人代表(Chairman)：徐惠明
总经理(General Manager)：邹浩明
联系人(Contact Person)：邹浩明
产品(Products)：卫生纸，餐巾纸，面巾纸，原纸

姜堰市时代卫生用品有限公司
Jiangyan Shidai Hygienic Products Co., Ltd.
地址(Add)：江苏省泰州市姜堰白米镇曙光工业园
邮编(P. C.)：225532
电话(Tel)：025－66079868
传真(Fax)：025－88682988
E-mail：757765078@qq.com
Http://www.tzshidai.com
联系人(Contact Person)：丁煜洲
产品(Products)：湿巾，餐巾纸，面巾纸

通州市金博造纸厂★
Tongzhou Jinbo Paper Mill
地址(Add)：江苏省通州市五接镇复成圩村
邮编(P. C.)：226300
电话(Tel)：0513－86574005
传真(Fax)：0513－86574005
E-mail：jra888@163.com
法人代表(Chairman)：姜荣安
产品(Products)：卫生纸，擦手纸，手帕纸，厨房纸巾，原纸

好想纸业有限公司
Howant Paper Co., Ltd.
地址(Add)：江苏省无锡市江海东路1899号南站经济园A区21号
邮编(P. C.)：214064
电话(Tel)：0510－82108951
传真(Fax)：0510－82133982
Http://www.howant.net.cn
总经理(General Manager)：石曙群
联系人(Contact Person)：石曙群
产品(Products)：卫生纸，面巾纸，手帕纸，餐巾纸
品牌(Brand)：好想

无锡市爱得华商贸有限公司
Wuxi Aidehua Commerce & Trading Co., Ltd.
地址(Add)：江苏省无锡市学前东路宁海段1号星岛大厦620室
邮编(P. C.)：214026
电话(Tel)：0510－82137276
传真(Fax)：0510－82137276
Http://www.wxadh.com
总经理(General Manager)：余国忠
联系人(Contact Person)：余国忠
产品(Products)：成人纸尿裤/片，拉拉裤，护理垫，卫生巾，卫生纸，面巾纸，手帕纸
品牌(Brand)：旺发

新沂市洁然纸业有限公司
Xinyi Jieran Paper Co., Ltd.
地址(Add)：江苏省新沂市经济开发区27号(瓦窑镇马庄)
邮编(P. C.)：221400
电话(Tel)：0516－81608889
传真(Fax)：0516－81608160
E-mail：pinjie2－738@163.com
法人代表(Chairman)：王品杰
联系人(Contact Person)：王品杰
产品(Products)：卫生纸，面巾纸
品牌(Brand)：洁然，千家伴

新沂市欣悦五洲生活用纸有限公司★
Xinyi Xinyue Wuzhou Tissue Paper Co., Ltd.
地址(Add)：江苏省新沂市经济开发区上海路1号
邮编(P. C.)：221400
电话(Tel)：0516－88615363
传真(Fax)：0516－88982858
E-mail：wangpppanda@126.com
法人代表(Chairman)：王贤法
联系人(Contact Person)：王盼盼
产品(Products)：卫生纸
品牌(Brand)：五洲，欣怡五洲，欣欣五洲，欣慧五洲，欣悦五洲

江苏省盱眙县洁玉卫生纸巾厂
Xuyu Jieyu Towel Factory
地址(Add)：江苏省盱眙县盱城镇新华村西侧(原江苏省医疗器械厂区)
邮编(P. C.)：211700
电话(Tel)：0517－88228911
传真(Fax)：0517－88228911
E-mail：jsjywszy@126.com
Http://www.jsjywszy.cn.alibaba.com
总经理(General Manager)：施冠群
产品(Products)：餐巾纸，面巾纸，卫生纸，手帕纸，湿巾
品牌(Brand)：大龙虾，沁沁，百合蜜

徐州牡丹花纸业有限公司★
Xuzhu Mudanhua Paper Co., Ltd.
地址(Add)：江苏省徐州市东郊窑西工业区
邮编(P. C.)：221361
电话(Tel)：0516－86081329
传真(Fax)：0516－86081329
E-mail：642860109@qq.com
联系人(Contact Person)：周计亮
产品(Products)：卫生纸，餐巾纸，原纸
品牌(Brand)：欢乐买，秀洁，新圣花，圣兴

徐州市邓世卫生用品有限公司
Xuzhou Dengshi Hygiene Products Co., Ltd.
地址(Add)：江苏省徐州市淮海食品城李庄水闸北2号
邮编(P. C.)：221000
电话(Tel)：0516－83207875
传真(Fax)：0516－83207995
E-mail：106619093@qq.com
法人代表(Chairman)：田华
总经理(General Manager)：邓书彬
联系人(Contact Person)：邓杰

产品(Products)：卫生纸
品牌(Brand)：亲美，好妻

徐州翠菊纸业
Xuzhou Cuiju Paper
地址(Add)：江苏省徐州市铜山区刘集镇
邮编(P. C.)：221147
电话(Tel)：0516-85196882
传真(Fax)：0516-85196882
Http://www. sdc1688. cn. alibaba. com
联系人(Contact Person)：孙大成
产品(Products)：卫生纸
品牌(Brand)：翠菊，天翼

江苏俏安卫生保健用品有限公司
Jiangsu Qiaoan Sanitary Products Co., Ltd.
地址(Add)：江苏省盐城市滨海县经济技术开发区港区支路
邮编(P. C.)：224500
电话(Tel)：0515-84193188
传真(Fax)：0515-84101865
Http://www. jsqiaoan. en. alibaba. com
法人代表(Chairman)：蒯本立
总经理(General Manager)：蒯乃杰
联系人(Contact Person)：蒯乃杰
产品(Products)：卫生巾，卫生护垫，湿巾，婴儿纸尿裤/片，生活用纸
品牌(Brand)：俏安

盐城市城区彩虹纸塑用品厂
Yancheng Caihong Paper & Plastic Products Factory
地址(Add)：江苏省盐城市城区仓头工业区宏大路68号
邮编(P. C.)：224001
电话(Tel)：0515-88728198
法人代表(Chairman)：陆守龙
总经理(General Manager)：陆守龙
联系人(Contact Person)：陆守龙
产品(Products)：餐巾纸，面巾纸，卫生纸
品牌(Brand)：彩虹

胜达集团江苏双灯纸业有限公司★
Shengda Group Jiangsu Sund Paper Industry Co., Ltd.
地址(Add)：江苏省盐城市射阳县黄沙港镇双灯工业园
邮编(P. C.)：224341
电话(Tel)：0515-82263555
传真(Fax)：0515-82263999
E-mail：sund@ chinasund. com
Http://www. chinasund. com
法人代表(Chairman)：方林
总经理(General Manager)：赵林
联系人(Contact Person)：杨艳
产品(Products)：原纸，卫生纸，面巾纸，手帕纸，餐巾纸，擦手纸
品牌(Brand)：双灯，蓝雅

盐城市妙悦纸业有限公司
Yancheng Miaoyue Paper Industry Co., Ltd.
地址(Add)：江苏省盐城市射阳县兴桥镇工业园区
邮编(P. C.)：224302
电话(Tel)：0515-82705038
传真(Fax)：0515-82716779
Http://www. miaoyuezhiye. 51. com
法人代表(Chairman)：潘汉
总经理(General Manager)：潘汉
联系人(Contact Person)：潘汉
产品(Products)：卫生纸

扬州市维达卫生用品厂
Yangzhou Weida Hygiene Products Plant
地址(Add)：江苏省扬州市高邮屏淮路开发区黄渡路118号
邮编(P. C.)：225600
电话(Tel)：0514-84660063
传真(Fax)：0514-84660063
法人代表(Chairman)：钮广兰
总经理(General Manager)：钮广兰
联系人(Contact Person)：钮广兰
产品(Products)：面巾纸，餐巾纸，手帕纸，卫生纸，擦手纸，盘纸

扬州雅丽思卫生用品厂
Yangzhou Yalisi Hygiene Products Plant
地址(Add)：江苏省扬州市高邮武宁工业园29号
邮编(P. C.)：225631
电话(Tel)：0514-84845988
传真(Fax)：0514-84845988
E-mail：zhuguobin1984@ 126. com
联系人(Contact Person)：管文丁
产品(Products)：餐巾纸

永丰余生活用纸(扬州)有限公司★
Yuen Foong Yu Consumer Product(Yangzhou) Co., Ltd.
地址(Add)：江苏省扬州市经济开发区春江路168号
邮编(P. C.)：225131
电话(Tel)：0514-87529888
传真(Fax)：0514-87529889
E-mail：chunkuang. chen@ yfycpg. com
Http://www. imayflower. cn
法人代表(Chairman)：何奕达
总经理(General Manager)：苏守斌
联系人(Contact Person)：陈俊光
产品(Products)：原纸，卫生纸，餐巾纸，面巾纸，手帕纸，厨房纸巾，擦手纸
品牌(Brand)：五月花

扬州海星纸业有限公司
Yangzhou Haixing Paper Product Co., Ltd.
地址(Add)：江苏省扬州市刊江区杭集兴园路创业园
邮编(P. C.)：225111
电话(Tel)：0514-87279599
传真(Fax)：0514-87270790
E-mail：fwt006@ 163. com
Http://www. hx-tissue. en. alibaba. com
法人代表(Chairman)：束迎春
总经理(General Manager)：束迎春
联系人(Contact Person)：方文庭
产品(Products)：餐巾纸，卫生纸
品牌(Brand)：潘多拉

扬州市柔欣纸业有限公司
Yangzhou Rouxin Paper Co., Ltd.
地址(Add)：江苏省扬州市湾头镇万湾路1号
邮编(P. C.)：225009
电话(Tel)：0514－87292378
传真(Fax)：0514－87299515
E-mail：191795502@qq.com
总经理(General Manager)：谢汉建
联系人(Contact Person)：谢汉杰
产品(Products)：手帕纸，餐巾纸，面巾纸，卫生纸

无锡市苏洁贸易有限公司
Wuxi Sujie Trading Co., Ltd.
地址(Add)：江苏省宜兴市环科园绿园路48号
邮编(P. C.)：214200
电话(Tel)：0510－88566366
传真(Fax)：0510－88567366
E-mail：jinjie6366@163.com
联系人(Contact Person)：王伟宏
产品(Products)：面巾纸，卫生纸，成人纸尿裤
品牌(Brand)：正，苏南之星，安嘘宝

镇江好想纸业有限公司
Zhenjiang Haoxiang Paper Co., Ltd.
地址(Add)：江苏省镇江市丹徒新区工业园312国道三山加油站对面
邮编(P. C.)：212028
电话(Tel)：0511－85989588
传真(Fax)：0511－85989599
联系人(Contact Person)：陈永华
产品(Products)：卫生纸，面巾纸，手帕纸，餐巾纸
品牌(Brand)：好想

镇江闽镇纸业有限公司
Zhenjiang Minzhen Paper Industry Co., Ltd.
地址(Add)：江苏省镇江市东吴路123号
邮编(P. C.)：212003
电话(Tel)：0511－88806433
传真(Fax)：0511－88811064
E-mail：616876478@qq.com
Http://www.zjminzhen.cn.alibaba.com
法人代表(Chairman)：高可兴
总经理(General Manager)：高可兴
联系人(Contact Person)：高可兴
产品(Products)：卫生纸，面巾纸
品牌(Brand)：饮思洁

镇江新区丁卯风影纸品厂
Zhenjiang Dingmaofengying Paper Products Factory
地址(Add)：江苏省镇江市新区丁卯张许村
邮编(P. C.)：212009
电话(Tel)：0511－88887556
传真(Fax)：0511－88887556
E-mail：915309086@qq.com
Http://www.zjklzy.cn
法人代表(Chairman)：翟健
总经理(General Manager)：翟健
联系人(Contact Person)：翟健
产品(Products)：餐巾纸，手帕纸，面巾纸，卫生纸，盘纸

● 浙江 Zhejiang

慈溪市舒乐洁卫生用品有限公司
Cixi Shulejie Hygiene Products Co., Ltd.
地址(Add)：浙江省慈溪市龙山镇范市王家路村
邮编(P. C.)：315312
电话(Tel)：0574－66373618
传真(Fax)：0574－63703190
法人代表(Chairman)：胡国聪
总经理(General Manager)：胡国聪
联系人(Contact Person)：胡国聪
产品(Products)：餐巾纸，卫生纸，面巾纸，湿巾

奉化市欣禾纸制品有限公司
Fenghua Xinhe Paper Products Co., Ltd.
地址(Add)：浙江省奉化市尚田镇开发区(原奶牛场)
邮编(P. C.)：315500
电话(Tel)：0574－88970555
传真(Fax)：0574－88933955
E-mail：fhxinhe@163.com
Http://www.fhsxinhe.cn
总经理(General Manager)：胡启昆
联系人(Contact Person)：胡启昆
产品(Products)：擦手纸，餐巾纸，卫生纸
品牌(Brand)：心之禾

富阳顶点纸业有限公司★
Fuyang Toppot Paper Co., Ltd.
地址(Add)：浙江省富阳市春江工业功能区临江村
邮编(P. C.)：311421
电话(Tel)：0571－23287328
传真(Fax)：0571－63584333
E-mail：toppot2007@126.com
法人代表(Chairman)：刘金明
总经理(General Manager)：刘金明
联系人(Contact Person)：刘关水
产品(Products)：卫生纸，餐巾纸，原纸

富阳市金枫纸业有限公司★
Fuyang Jinfeng Paper Co., Ltd.
地址(Add)：浙江省富阳市春江工业园区临江村
邮编(P. C.)：311421
电话(Tel)：0571－23214888
传真(Fax)：0571－63586184
法人代表(Chairman)：周仁良
产品(Products)：卫生纸，餐巾纸，原纸
品牌(Brand)：天鹏

富阳明盛纸业有限公司
Fuyang Mingsheng Paper Co., Ltd.
地址(Add)：浙江省富阳市春江街道直塘村
邮编(P. C.)：311421
电话(Tel)：0571－63587538
传真(Fax)：0571－63587983
总经理(General Manager)：王永明
产品(Products)：卫生纸

杭州快乐女孩卫生用品有限公司
Hangzhou Happy Girl Paper Products Co., Ltd.
地址(Add)：浙江省富阳市大源镇亭山东路1－12幢

邮编(P. C.): 311413
电话(Tel): 0571 - 63591888
传真(Fax): 0571 - 63592777
E-mail: happygirl. paper@ gmail. com
Http://happygirl. en. alibaba. com
总经理(General Manager): 华伟达
联系人(Contact Person): 蒋爱文
产品(Products): 卫生纸, 卫生巾, 卫生护垫
品牌(Brand): 雪达, 快乐女孩, 奥菲斯

杭州富阳黎明实业有限公司
Hangzhou Fuyang Liming Industrial Co., Ltd.
地址(Add): 浙江省富阳市东洲工业功能区2号路
邮编(P. C.): 311401
电话(Tel): 0571 - 63469666
传真(Fax): 0571 - 63408688
法人代表(Chairman): 忻黎明
总经理(General Manager): 忻黎明
联系人(Contact Person): 袁纪兵
产品(Products): 餐巾纸, 卫生纸

富阳市华威纸业有限公司★
Fuyang Huawei Paper Co., Ltd.
地址(Add): 浙江省富阳市高尔夫路89号
邮编(P. C.): 311401
电话(Tel): 0571 - 63436890
传真(Fax): 0571 - 63436966
联系人(Contact Person): 徐奇雄
产品(Products): 卫生纸, 原纸

杭州富阳大华造纸有限公司★
Hangzhou Fuyang Dahua Paper Co., Ltd.
地址(Add): 浙江省富阳市灵桥镇江丰村工业园区
邮编(P. C.): 311418
电话(Tel): 0571 - 63555098
传真(Fax): 0571 - 63158997
E-mail: hzfydhzz@ 126. com
法人代表(Chairman): 张金荣
联系人(Contact Person): 张文胜
产品(Products): 卫生纸, 面巾纸, 原纸

浙江富阳市大发造纸厂
Zhejiang Fuyang Dafa Paper Mill
地址(Add): 浙江省富阳市灵桥镇外沙村
邮编(P. C.): 311418
电话(Tel): 0571 - 63552667
联系人(Contact Person): 姜法潮
产品(Products): 卫生巾, 卫生纸

富阳市艺顺纸塑有限公司
Fuyang Yishun Paper & Plastic Co., Ltd.
地址(Add): 浙江省富阳市鹿山街道工业基地1号路1号
邮编(P. C.): 311403
电话(Tel): 0571 - 63160782
传真(Fax): 0571 - 63160781
E-mail: zjzfp7430@ 163. com
Http://www. zjyishun. com
联系人(Contact Person): 张福平
产品(Products): 面巾纸, 擦手纸, 手帕纸, 餐巾纸,
品牌(Brand): 康雪, 悠兰

富阳登月纸业有限公司★
Fuyang Dengyue Paper Co., Ltd.
地址(Add): 浙江省富阳市胥口镇胥口村
邮编(P. C.): 311404
电话(Tel): 0571 - 63577818
传真(Fax): 0571 - 63577808
E-mail: fuyangdengyue@ foxmail. com
总经理(General Manager): 郑建强
联系人(Contact Person): 陆元强
产品(Products): 擦手纸原纸, 卫生纸原纸

杭州鼎辰纸业有限公司
Hangzhou Dingchen Paper Co., Ltd.
地址(Add): 浙江省富阳市银湖开发区
邮编(P. C.): 311400
电话(Tel): 0571 - 63169555
传真(Fax): 0571 - 63169598
E-mail: rf - huayf@ 163. com
联系人(Contact Person): 夏浙燕
产品(Products): 卫生纸
品牌(Brand): 鼎辰生活

海宁市许村镇大斌纸制品厂
Haining Dafu Paper Products Factory
地址(Add): 浙江省海宁市许村镇红旗工业园区
邮编(P. C.): 314409
电话(Tel): 0573 - 87901098
传真(Fax): 0573 - 87901098
总经理(General Manager): 林大斌
产品(Products): 面巾纸, 卫生纸, 手帕纸
品牌(Brand): 月樱, 雪浪, 风叶, 清香

海宁邦达纸业有限责任公司★
Haining Bangda Paper Co., Ltd.
地址(Add): 浙江省海宁市周王庙镇荆山村
邮编(P. C.): 314408
电话(Tel): 0573 - 87933158
传真(Fax): 0573 - 87628181
法人代表(Chairman): 沈小初
总经理(General Manager): 沈小初
产品(Products): 面巾纸, 餐巾纸, 手帕纸, 卫生纸, 原纸
品牌(Brand): 邦达

嘉兴金佰德日用品有限公司
Jiaxing Jinbaide Commodity Co., Ltd.
地址(Add): 浙江省海盐县秦山工业园区金城三路2幢
邮编(P. C.): 314300
电话(Tel): 0573 - 86089169
传真(Fax): 0573 - 86089167
总经理(General Manager): 汪飞飞
产品(Products): 面巾纸, 餐巾纸, 擦手纸

杭州朗悦实业有限公司
Hangzhou Langyue Industry Co., Ltd.
地址(Add): 浙江省杭州市滨江区滨文路95号活水工业园8幢3楼
邮编(P. C.): 311100
电话(Tel): 0571 - 86674878
传真(Fax): 0571 - 86674078
E-mail: china@ runjoy. net

Http://www.lusciousshome.com
总经理(General Manager):王乃朗
联系人(Contact Person):李永昌
产品(Products):彩色餐巾纸

杭州好月亮纸业有限公司★
Hangzhou Haoyueliang Paper Co., Ltd.
地址(Add):浙江省杭州市富阳春江街道工业园
邮编(P. C.):311421
电话(Tel):0571-63588966
传真(Fax):0571-63588966
总经理(General Manager):陈玉平
产品(Products):面巾纸,餐巾纸,卫生纸,原纸
品牌(Brand):好月亮

杭州中申卫生用品有限公司
Hangzhou Zhongshen Hygiene Products Co., Ltd.
地址(Add):浙江省杭州市千岛湖鼓山工业区涌金路
邮编(P. C.):311700
电话(Tel):0571-64886628
传真(Fax):0571-87570418
E-mail:yanliqin88@126.com
法人代表(Chairman):陈志明
总经理(General Manager):严智萍
联系人(Contact Person):严丽琴
产品(Products):卫生护垫,生活用纸
品牌(Brand):雅点,青春花园

杭州雅洁旅游卫生用品有限公司
Hangzhou Yajie Tourism Hygiene Products Factory
地址(Add):浙江省杭州市千岛湖鼓山工业园区鼓山大道213号
邮编(P. C.):311700
电话(Tel):0571-64888928
传真(Fax):0571-64832352
法人代表(Chairman):徐干华
总经理(General Manager):徐干华
联系人(Contact Person):徐干华
产品(Products):面巾纸,卫生纸
品牌(Brand):雅洁风

杭州相宜纸业有限公司
Hangzhou Xiangyi Paper Co., Ltd.
地址(Add):浙江省杭州市西湖区龙坞镇许家埭工业区4号
邮编(P. C.):310024
电话(Tel):0571-87420331
传真(Fax):0571-87420343
联系人(Contact Person):张军
产品(Products):卫生纸,餐巾纸,面巾纸,擦手纸

杭州萧山千叶红纸品厂
Hangzhou Xiaoshan Qianyehong Paper Products Factory
地址(Add):浙江省杭州市萧山戴村工业区
邮编(P. C.):311200
电话(Tel):0571-82705600
传真(Fax):0571-82684000
法人代表(Chairman):丁国泉
总经理(General Manager):丁国泉
联系人(Contact Person):丁国泉
产品(Products):面巾纸,手帕纸

杭州金飘合纸业有限公司
Hangzhou Jinpiaohe Paper Co., Ltd.
地址(Add):浙江省杭州市萧山区河上镇工业园区
邮编(P. C.):311251
电话(Tel):0571-82710078
传真(Fax):0571-82209598
法人代表(Chairman):徐迪飞
产品(Products):卫生纸
品牌(Brand):飘迪

杭州萧山新河纸业有限公司
Xiaoshan Xinhe Paper Co., Ltd.
地址(Add):浙江省杭州市萧山区河上镇沙河村
邮编(P. C.):311264
电话(Tel):0571-82260856
传真(Fax):0571-82266822
联系人(Contact Person):钟加春
产品(Products):卫生纸

安吉华盈泰实业有限公司★
Anji Huayingtai Industrial Co., Ltd.
地址(Add):浙江省湖州市安吉县递铺镇鞍山
邮编(P. C.):313300
电话(Tel):0572-5218696
传真(Fax):0572-5218728
Http://www.huayingtai.com.cn
总经理(General Manager):包刚成
产品(Products):卫生纸,原纸

安吉县亚通纸业有限公司★
Anji Yatong Paper Manufacturing Co., Ltd.
地址(Add):浙江省湖州市安吉县孝丰镇下汤工业区
邮编(P. C.):313300
电话(Tel):0572-5500226
传真(Fax):0572-5500818
E-mail:aj8585@163.com
法人代表(Chairman):陈一平
总经理(General Manager):陈一平
联系人(Contact Person):陈一平
产品(Products):餐巾纸,面巾纸,餐巾纸,卫生纸,原纸
品牌(Brand):竹韵,如梦令,暗香

嘉兴福鑫纸业有限公司
Jiaxing Fuxin Paper Co., Ltd.
地址(Add):浙江省嘉善县姚庄镇东方路428号
邮编(P. C.):314100
电话(Tel):0573-89105396
传真(Fax):0573-89105388
E-mail:nanyangzhiye@126.com
Http://www.fuxinzy.com
法人代表(Chairman):陈立元
联系人(Contact Person):庄敏
产品(Products):面巾纸,餐巾纸,卫生纸,卫生巾衬纸,盘纸
品牌(Brand):苹果王,南阳之星,六月情,金鼎福

森立纸业集团有限公司
Senli Paper Group Co., Ltd.
地址(Add):浙江省嘉善县姚庄镇东方路629号
邮编(P. C.):314103

电话(Tel)：0573－89119666
传真(Fax)：0573－89119555
E-mail：sl1@zjsl365.com
Http://www.senligroup.com
法人代表(Chairman)：杨立根
产品(Products)：擦手纸

浙江正华纸业有限公司★
Zhejiang Zhenghua Paper Co., Ltd.
地址(Add)：浙江省嘉善县姚庄镇东方路689号
邮编(P.C.)：314103
电话(Tel)：0573－89103658
传真(Fax)：0573－89103699
E-mail：wuly－cn@163.com
Http://www.zhenghuazy.com
总经理(General Manager)：陈少林
联系人(Contact Person)：路遥
产品(Products)：卫生纸，面巾纸，手帕纸，原纸
品牌(Brand)：亿家喜，蝶枫

浙江中顺纸业有限公司★
C&S Paper Zhejiang Co., Ltd.
地址(Add)：浙江省嘉兴港区乍浦经济开发区纬三路222号
邮编(P.C.)：314201
电话(Tel)：0573－85583798
传真(Fax)：0573－85582499
E-mail：cnsnpaper@126.com
Http://www.zhongshungroup.com
法人代表(Chairman)：刘欲武
总经理(General Manager)：雷志平
联系人(Contact Person)：雷志平
产品(Products)：卫生纸，面巾纸，餐巾纸，擦手纸，原纸
品牌(Brand)：洁柔，C&S，太阳

嘉善永泉纸业有限公司★
Jiashan Yongquan Paper Co., Ltd.
地址(Add)：浙江省嘉兴市嘉善县魏塘镇凤桐南暑
邮编(P.C.)：314100
电话(Tel)：0573－84163201
传真(Fax)：0573－84161522
总经理(General Manager)：朱金波
产品(Products)：面巾纸，卫生纸，餐巾纸，原纸

浙江永昊造纸有限公司★
Zhejiang Yonghao Paper Co., Ltd.
地址(Add)：浙江省嘉兴市嘉善县姚庄镇东方路618号
邮编(P.C.)：314100
电话(Tel)：0573－84846222
传真(Fax)：0573－84845999
联系人(Contact Person)：吴永忠
产品(Products)：原纸

嘉兴宝洁纸业有限公司
Jiaxing Baojie Paper Co., Ltd.
地址(Add)：浙江省嘉兴市南湖区大桥镇乍王公路北侧
邮编(P.C.)：314006
电话(Tel)：0573－83636777
传真(Fax)：0573－83636778
E-mail：546985062@qq.com
法人代表(Chairman)：洪汝水
总经理(General Manager)：俞亚芳
联系人(Contact Person)：洪念斌
产品(Products)：卫生纸，手帕纸，面巾纸，盘纸，擦手纸，餐巾纸
品牌(Brand)：亲爽，甜蜜布熊，雅芝，雅芳

浙江金通纸业有限公司★
Zhejiang Jintong Paper Co., Ltd.
地址(Add)：浙江省金华市罗埠镇后张金通工业小区
邮编(P.C.)：321081
电话(Tel)：0579－82610639
传真(Fax)：0579－82610539
E-mail：xt838@sina.com
法人代表(Chairman)：叶志春
总经理(General Manager)：叶志春
联系人(Contact Person)：程怡群
产品(Products)：卫生纸，面巾纸，餐巾纸，原纸

缙云吉利纸业有限公司
Jinyun Jili Paper Co., Ltd.
地址(Add)：浙江省缙云县吉利纸业大桥北路31－3号
邮编(P.C.)：321400
电话(Tel)：0578－3268199
E-mail：219902670@qq.com
法人代表(Chairman)：陈伟锋
总经理(General Manager)：陈伟锋
联系人(Contact Person)：陈群
产品(Products)：卫生纸，面巾纸
品牌(Brand)：福福鼠，吉利，双喜

临海市恒联纸业有限公司
Linhai Henglian Paper Co., Ltd.
地址(Add)：浙江省临海市杜桥镇大汾后洋工业区
邮编(P.C.)：317016
电话(Tel)：0576－85523338
传真(Fax)：0576－85504128
E-mail：changjie128@126.com
联系人(Contact Person)：李昌杰
产品(Products)：面巾纸，手帕纸，卫生纸
品牌(Brand)：爱丽洁，好佳人

临海市鹏远卫生用品厂
Linhai Pengyuan Hygiene Products Factory
地址(Add)：浙江省临海市沈南路19号
邮编(P.C.)：317000
电话(Tel)：0576－85192555
传真(Fax)：0576－85196533
总经理(General Manager)：方甫兴
联系人(Contact Person)：徐高福
产品(Products)：面巾纸，卫生纸
品牌(Brand)：星梦缘，傻酷一族，净度

科宏纸业有限公司
Kehong Paper Co., Ltd.
地址(Add)：浙江省临海市桃渚镇老厂基6－1
邮编(P.C.)：317013
电话(Tel)：0576－85774742
传真(Fax)：0576－85785028
法人代表(Chairman)：李先聪
联系人(Contact Person)：李先聪
产品(Products)：面巾纸，卫生纸

品牌(Brand)：科宏

临海市裕华卫生纸厂
Linhai Yuhua Tissue Paper Mill
地址(Add)：浙江省临海市永丰镇更楼村
邮编(P. C.)：317033
电话(Tel)：0576 - 85887108
传真(Fax)：0576 - 85887162
总经理(General Manager)：王程浩
产品(Products)：卫生纸，餐巾纸

龙泉鸿利日用品有限公司
Longquan Hongli Commodities Co., Ltd.
地址(Add)：浙江省龙泉市工业园区回归工程 7 号地块（广达街 83 号）
邮编(P. C.)：323700
电话(Tel)：0578 - 7111423
传真(Fax)：0578 - 7111422
法人代表(Chairman)：吴则伟
总经理(General Manager)：吴则伟
联系人(Contact Person)：吴则伟
产品(Products)：卫生纸，餐巾纸，面巾纸
品牌(Brand)：鸿叶，旺点

浙江龙游南洋纸业有限公司
Zhejiang Longyou Nanyang Paper Co., Ltd.
地址(Add)：浙江省龙游县东华街道城南工业园区 3 号路
邮编(P. C.)：324400
电话(Tel)：0570 - 7211880
传真(Fax)：0570 - 7221182
法人代表(Chairman)：胡红
总经理(General Manager)：胡红
联系人(Contact Person)：胡红
产品(Products)：面巾纸，卫生纸，餐巾纸，手帕纸
品牌(Brand)：南洋，金轮

浙江广博集团股份有限公司
Zhejiang Guangbo Group Stock Co., Ltd.
地址(Add)：浙江省宁波市石矸车何广博工业园
邮编(P. C.)：315155
电话(Tel)：0574 - 88266500
传真(Fax)：0574 - 88265363
E-mail：jp@ guangbo. net
Http://www. guangbo. net
总经理(General Manager)：王君平
联系人(Contact Person)：王君平
产品(Products)：餐巾纸

宁波三好纸业
Ningbo Sanhao Paper
地址(Add)：浙江省宁波市鄞州区高桥开发区新联路 87 - 217 路
邮编(P. C.)：315000
电话(Tel)：0574 - 88440518
传真(Fax)：0574 - 88440638
联系人(Contact Person)：丁由来
产品(Products)：卫生纸，面巾纸，餐巾纸，手帕纸

宁波市佰福纸业有限公司
Ningbo Baifu Paper Co., Ltd.
地址(Add)：浙江省宁波市鄞州区古林蜃蛟
邮编(P. C.)：315000
电话(Tel)：0574 - 88297999
传真(Fax)：0574 - 88265389
E-mail：120429713@ qq. com
法人代表(Chairman)：白炳邦
联系人(Contact Person)：白炳邦
产品(Products)：卫生纸，面巾纸，手帕纸

宁波市鄞州伴好家纸制品厂
Ningbo Haojia Paper Products Factory
地址(Add)：浙江省宁波市鄞州区集士港工贸一路
邮编(P. C.)：315000
电话(Tel)：0574 - 88020388
传真(Fax)：0574 - 56667400
Http://nbjlzpc. cn. alibaba. com
联系人(Contact Person)：杨立国
产品(Products)：卫生纸，面巾纸，擦手纸，盘纸，手帕纸
品牌(Brand)：雪肤

浙江景兴纸业股份有限公司
Zhejiang Jingxing Paper Joint Stock Co., Ltd.
地址(Add)：浙江省平湖市曹桥工业园
邮编(P. C.)：314214
电话(Tel)：0573 - 85950668
传真(Fax)：0573 - 85961600
Http://www. jxpaper. com. cn
法人代表(Chairman)：朱在龙
总经理(General Manager)：戈海华
联系人(Contact Person)：徐海伟
产品(Products)：卫生纸，面巾纸
品牌(Brand)：品萱

衢州一片情纸业有限公司
Quzhou Yipianqing Paper Co., Ltd.
地址(Add)：浙江省衢州市常山县新都工业园区创新路 2 号
邮编(P. C.)：324200
电话(Tel)：0570 - 5115008
传真(Fax)：0570 - 5115000
E-mail：512207460@ qq. com
Http://www. qunyepaper. com
总经理(General Manager)：陈坚
联系人(Contact Person)：陈坚
产品(Products)：卫生巾，卫生护垫，婴儿纸尿裤，成人纸尿裤，生活用纸
品牌(Brand)：丝尚，一片情，尚尚熊

衢州恒业卫生用品有限公司
Quzhou Hengye Sanitary Products Co., Ltd.
地址(Add)：浙江省衢州市常山新都工业区
邮编(P. C.)：324200
电话(Tel)：0570 - 5110366
传真(Fax)：0570 - 5110111
E-mail：quzhouhengye8899@ 126. com
Http://www. qzhengye. cn. alibaba. com
总经理(General Manager)：徐东风
联系人(Contact Person)：徐东风
产品(Products)：卫生巾，卫生护垫，婴儿纸尿裤，成人纸尿裤，卫生纸
品牌(Brand)：动感女孩，丝诗

衢州双熊猫纸业有限公司★
Quzhou Double Panda Paper Co., Ltd.
地址(Add)：浙江省衢州市黄坛口
邮编(P. C.)：324005
电话(Tel)：0570－3621938
传真(Fax)：0570－3621938
法人代表(Chairman)：项月雄
总经理(General Manager)：项月雄
联系人(Contact Person)：项月雄
产品(Products)：卫生纸，面巾纸，餐巾纸，原纸
品牌(Brand)：双熊猫

开化县朝贵纸业有限公司
Kaihua Chaogi Paper Co., Ltd.
地址(Add)：浙江省衢州市开化县马金镇工业功能区
邮编(P. C.)：324307
电话(Tel)：0570－6060088
法人代表(Chairman)：邱朝贵
总经理(General Manager)：邱朝贵
联系人(Contact Person)：邱朝贵
产品(Products)：卫生纸，面巾纸
品牌(Brand)：纸逸

维达纸业(浙江)有限公司★
Vinda Paper (Zhejiang) Co., Ltd.
地址(Add)：浙江省衢州市龙游县工业园区凤坤路9号
邮编(P. C.)：324400
电话(Tel)：0570－7788888
传真(Fax)：0570－7788899
产品(Products)：卫生纸，原纸，手帕纸，面巾纸，厨房纸巾，餐巾纸
品牌(Brand)：维达

绍兴唯尔福妇幼用品有限公司
Shaoxing Welfare Women & Children Products Co., Ltd.
地址(Add)：浙江省绍兴市袍江工业区南区D21号
邮编(P. C.)：312001
电话(Tel)：0575－88241241
传真(Fax)：0575－88242915
E-mail：wef 2008@163. com
Http://www. wef 2008. com
法人代表(Chairman)：何幼成
总经理(General Manager)：何幼成
联系人(Contact Person)：何幼成
产品(Products)：卫生巾，卫生护垫，婴儿纸尿裤/片，成人纸尿裤/片，护理垫，宠物垫，湿巾，生活用纸
品牌(Brand)：唯尔福，唯儿福，纸音

浙江唯尔福纸业有限公司★
Zhejiang Welfare Paper Co., Ltd.
地址(Add)：浙江省绍兴市袍江工业区洋江东路17号
邮编(P. C.)：312001
电话(Tel)：0575－88207373
传真(Fax)：0575－88207375
E-mail：wefzy@163. com
法人代表(Chairman)：何幼成
总经理(General Manager)：何幼成
产品(Products)：卫生纸，手帕纸，面巾纸，餐巾纸，衬纸，原纸
品牌(Brand)：纸音，苗苗

绍兴市珂蓉卫生用品有限公司
Shaoxing Kerong Hygiene Products Co., Ltd.
地址(Add)：浙江省绍兴市山影星村25栋
邮编(P. C.)：312000
电话(Tel)：0575－88318051
传真(Fax)：0575－88318051
法人代表(Chairman)：徐国荣
总经理(General Manager)：徐国荣
联系人(Contact Person)：徐国荣
产品(Products)：卫生巾，卫生护垫，卫生纸
品牌(Brand)：珂蓉，越城之花

恒安浙江纸业有限公司
Zhejiang Hengan Paper Co., Ltd.
地址(Add)：浙江省绍兴市上虞市经济开发区
邮编(P. C.)：312300
电话(Tel)：0575－82133598
传真(Fax)：0575－82023554
E-mail：wuwq@mail. hengan. com. cn
法人代表(Chairman)：许连捷
总经理(General Manager)：吴文权
联系人(Contact Person)：吴文权
产品(Products)：卫生纸，面巾纸，手帕纸，餐巾纸，厨房纸巾，擦手纸
品牌(Brand)：心相印

新昌县舒洁美卫生用品有限公司
Xinchang Shujiemei Hygiene Products Co., Ltd.
地址(Add)：浙江省绍兴市新昌县高新技术产业园区金星村
邮编(P. C.)：312500
电话(Tel)：0575－86296998
传真(Fax)：0575－86297758
法人代表(Chairman)：戴中标
总经理(General Manager)：潘雪阳
联系人(Contact Person)：杨美蓉
产品(Products)：卫生巾，卫生护垫，餐巾纸，面巾纸
品牌(Brand)：嫦爽，舒佳怡，蓝宝石，遇见

天洁集团有限公司
Tengy Group
地址(Add)：浙江省绍兴市诸暨天洁工业园
邮编(P. C.)：311800
电话(Tel)：0575－87051717
传真(Fax)：0575－87052108
E-mail：chinatianjie@126. com
Http://www. tengy. net
联系人(Contact Person)：周志标
产品(Products)：卫生纸

嵊州市江南卫生用品有限公司
Shengzhou Jiangnan Health Supplies Co., Ltd.
地址(Add)：浙江省嵊州市里坂工业区
邮编(P. C.)：312400
电话(Tel)：0575－83129777
传真(Fax)：0575－83129778
E-mail：jny@szjnzy. cn
总经理(General Manager)：蒋能洋
联系人(Contact Person)：郑科峰
产品(Products)：面巾纸，手帕纸，餐巾纸，擦手纸
品牌(Brand)：家家伴

台州市鑫之歌生活用品有限公司
Taizhou Signal Daily Necessities Co., Ltd.
地址(Add):浙江省台州市黄岩区横街东路 80－82 号 2 楼
邮编(P. C.):318020
电话(Tel):0576－84299618
传真(Fax):0576－84299619
联系人(Contact Person):杨敏
产品(Products):彩色餐巾纸，卫生纸

台州市昌荣酒店用品厂
Taizhou Changrong Hotel Supplies Factory
地址(Add):浙江省台州市开发区开发大道甲北光辉村 612 号
邮编(P. C.):318000
电话(Tel):0576－88128166
总经理(General Manager):徐昌荣
产品(Products):面巾纸，餐巾纸

台洲临海贝尔卫生用品厂
Taizhou Beier Hygiene Products Factory
地址(Add):浙江省台州市临海市两水村港海工业园 5 号楼
邮编(P. C.):317015
电话(Tel):0576－85179278
传真(Fax):0576－85179279
法人代表(Chairman):王梅女
总经理(General Manager):王梅女
联系人(Contact Person):王梅女
产品(Products):餐巾纸
品牌(Brand):贝尔

台州市路桥区月月红面巾纸厂
Yueyuehong Facial Tissue Factory
地址(Add):浙江省台州市路桥区蓬工业园区卡西发机械有限公司
邮编(P. C.):318053
电话(Tel):0576－82722265
传真(Fax):0576－82756488
联系人(Contact Person):罗中林
产品(Products):面巾纸，卫生纸

三门县凯锋纸业有限公司
Kaifeng Paper Co., Ltd.
地址(Add):浙江省台州市三门县高枧乡甬临路 112 号
邮编(P. C.):317102
电话(Tel):0576－83180796
传真(Fax):0576－83180796
E-mail:553853828@qq.com
总经理(General Manager):肖日增
产品(Products):面巾纸，盘纸，擦手纸，餐巾纸

桐乡市黛风纸业有限公司
Tongxiang Daifeng Paper Co., Ltd.
地址(Add):浙江省桐乡市高桥镇亭桥集镇
邮编(P. C.):314515
电话(Tel):0573－88978118
传真(Fax):0573－88978118
联系人(Contact Person):杨汉荣
产品(Products):面巾纸，卫生纸，手帕纸
品牌(Brand):黛风

苍南县优信纸业有限公司
Cangnan Youxin Paper Co., Ltd.
地址(Add):浙江省温州市苍南县渡龙工业区
邮编(P. C.):325800
电话(Tel):0577－80876666
传真(Fax):0577－64750034
总经理(General Manager):洪党楼
产品(Products):卫生纸
品牌(Brand):卡诗雨

苍南洁萱纸业有限公司
Cangnan Jiexuan Paper Co., Ltd.
地址(Add):浙江省温州市苍南县龙港镇天水路 58 号
邮编(P. C.):325802
电话(Tel):0577－68692118
传真(Fax):0577－68692558
E-mail:786766797@qq.com
总经理(General Manager):杨国辉
产品(Products):卫生纸
品牌(Brand):亲手

温州市瓯海景山罗一纸塑厂
Ouhai Luoyi Paper & Plastic Factory
地址(Add):浙江省温州市东风工业区
邮编(P. C.):325041
电话(Tel):0577－88550292
传真(Fax):0577－88550292
法人代表(Chairman):管青纯
联系人(Contact Person):管青纯
产品(Products):手帕纸，面巾纸，餐巾纸，擦手纸，卫生纸，湿巾

温州新申纸巾厂
Wenzhou Xinshen Napkin Factory
地址(Add):浙江省温州市嘉善县桥下镇梅岙村梅柳街 41 号
邮编(P. C.):325106
电话(Tel):0577－66960732
联系人(Contact Person):王灼新
产品(Products):面巾纸，卫生纸

妮轩纸业有限公司
Nixuan Paper Co., Ltd.
地址(Add):浙江省温州市龙港镇方南村 245－252 号
邮编(P. C.):325802
电话(Tel):0577－64213661
传真(Fax):0577－64213661
E-mail:61266745@qq.com
联系人(Contact Person):章杨芬
产品(Products):卫生纸
品牌(Brand):妮轩

温州市康洁爽卫生纸厂
Wenzhou Kangjieshuang Paper Mill
地址(Add):浙江省温州市南白象金竹东庄村
邮编(P. C.):325000
电话(Tel):0577－86080072
传真(Fax):0577－86080072
Http://www.a86080072.cn.alibaba.com
总经理(General Manager):刘东
产品(Products):卫生纸，餐巾纸

三垟富豪剪纸加工厂
Sanyang Fuhao Jianzhi Paper Products Factory
地址(Add)：浙江省温州市瓯海区吕家岸村旺家路 18 号
邮编(P. C.)：325014
电话(Tel)：0577 – 88335743
传真(Fax)：0577 – 88335743
法人代表(Chairman)：何军
联系人(Contact Person)：何谦
产品(Products)：卫生纸，擦手纸

温州香约纸业有限公司
Wenzhou Xiangyue Paper Co., Ltd.
地址(Add)：浙江省温州市瓯海区潘桥工业区仙门大楼
邮编(P. C.)：325018
电话(Tel)：0577 – 86288123
传真(Fax)：0577 – 86166488
E-mail：wznanye@163. com
联系人(Contact Person)：白福助
产品(Products)：卫生纸，面巾纸
品牌(Brand)：心逸

温州市清福纸业有限公司
Wenzhou Qingfu Paper Co., Ltd.
地址(Add)：浙江省温州市平阳县梅溪乡清桥村桥头
邮编(P. C.)：325411
电话(Tel)：0577 – 63052288
传真(Fax)：0577 – 63051555
联系人(Contact Person)：洪祥江
产品(Products)：面巾纸，卫生纸，手帕纸

永嘉县楠溪江纸品厂
Yongjia Nanxijiang Paper Products Factory
地址(Add)：浙江省温州市永嘉县瓯北镇三江浦东村(陶瓷厂内)
电话(Tel)：0577 – 57888388
总经理(General Manager)：林定盈
产品(Products)：面巾纸，卫生纸

森源纸品厂
Senyuan Paper Products Factory
地址(Add)：浙江省武义县大坤头工业区
邮编(P. C.)：321200
电话(Tel)：0579 – 87686218
传真(Fax)：0579 – 87686081
E-mail：851010997@qq. com
Http：//www. wysyzpc. cn. alibaba. com
法人代表(Chairman)：胡国忠
联系人(Contact Person)：王来军
产品(Products)：卫生纸，面巾纸，手帕纸

宁波木森纸业有限公司
Ningbo Musen Paper Co., Ltd.
地址(Add)：浙江省象山县工业园区创业路 31 – 2
邮编(P. C.)：315700
电话(Tel)：0574 – 65911299
传真(Fax)：0574 – 65768893
E-mail：shyz@chinamusen. net
Http：//www. chinamusen. net
总经理(General Manager)：司徒旭铭
产品(Products)：卫生纸，擦手纸，手帕纸，餐巾纸
品牌(Brand)：木绅

浙江省义乌市安兰清洁用品厂
Yiwu Anlan Cleaning Products Factory
地址(Add)：浙江省义乌市稠江街道喻宅 68 号
邮编(P. C.)：322000
电话(Tel)：0579 – 85877018
传真(Fax)：0579 – 85877018
E-mail：baobeiliujiajia@163. com
Http：//www. chinawzxm. cn. alibaba. com
联系人(Contact Person)：刘红军
产品(Products)：干/湿擦拭巾，面巾纸，卫生纸，成人纸尿裤，护理垫

义乌柔和纸制品有限公司
Yiwu Rouhe Paper Products Co., Ltd.
地址(Add)：浙江省义乌市西城路 1221 号
邮编(P. C.)：322000
电话(Tel)：0579 – 85318480
传真(Fax)：0579 – 85315052
E-mail：rouhezhiye@163. com
总经理(General Manager)：徐彩平
产品(Products)：面巾纸，卫生纸，手帕纸，餐巾纸
品牌(Brand)：柔和

义乌市奥顿纸业有限公司
Yiwu Aodun Paper Co., Ltd.
地址(Add)：浙江省义乌市义亭工业园区
邮编(P. C.)：322005
电话(Tel)：0579 – 85819888
传真(Fax)：0579 – 85813668
E-mail：sale@ywaodun. com
Http：//www. ywaodun. com
法人代表(Chairman)：鲍志坚
总经理(General Manager)：鲍志坚
联系人(Contact Person)：鲍志坚
产品(Products)：卫生巾，婴儿纸尿裤/片，餐巾纸，面巾纸，卫生纸
品牌(Brand)：诗雨，迷奇儿，鸥娜诗

浙江省义乌市雷达纸品厂
Yiwu Leida Paper Products Factory
地址(Add)：浙江省义乌市义亭镇陇三村
邮编(P. C.)：322000
电话(Tel)：0579 – 85552293
传真(Fax)：0579 – 85836898
E-mail：info@leidapaper. com
总经理(General Manager)：黄神跃
产品(Products)：卫生纸，面巾纸，湿巾
品牌(Brand)：雷达

玉环县威斯达纸业制品厂
Yuhuan Weisida Paper Products Factory
地址(Add)：浙江省玉环市干江工业区冯西路 22 号
邮编(P. C.)：317610
电话(Tel)：0576 – 87452732
传真(Fax)：0576 – 87452181
法人代表(Chairman)：王言华
联系人(Contact Person)：王言华
产品(Products)：面巾纸，餐巾纸，卫生纸
品牌(Brand)：梅雅，清红

玉环新华纸业制品厂
Yuhuan Xinhua Paper Products Factory
地址(Add)：浙江省玉环县沙门镇泗边工业区
邮编(P. C.)：317607
电话(Tel)：0576－87136848
传真(Fax)：0576－87163885
法人代表(Chairman)：林贤生
总经理(General Manager)：张义峰
联系人(Contact Person)：张义峰
产品(Products)：面巾纸，餐巾纸，卫生纸

诸暨市叶蕾卫生用品有限公司
Zhuji Yelei Hygiene Products Co., Ltd.
地址(Add)：浙江省诸暨市璜山镇读山村
邮编(P. C.)：311809
电话(Tel)：0575－87091368
传真(Fax)：0575－87096368
法人代表(Chairman)：叶坚波
总经理(General Manager)：叶坚波
联系人(Contact Person)：马永伟
产品(Products)：面巾纸，卫生纸，纸尿裤
品牌(Brand)：叶蕾

浙江省诸暨造纸厂★
Zhejiang Zhuji Paper Mill
地址(Add)：浙江省诸暨市暨阳工业园区(江龙)
邮编(P. C.)：311800
电话(Tel)：0575－87320088
传真(Fax)：0575－87320068
法人代表(Chairman)：何吉华
总经理(General Manager)：何吉华
联系人(Contact Person)：何吉华
产品(Products)：湿强原纸，卫生纸原纸，湿巾，干擦拭巾
品牌(Brand)：三花

诸暨市富荣纸品有限公司
Zhuji Furong Paper Products Co., Ltd.
地址(Add)：浙江省诸暨市江龙工业园区
邮编(P. C.)：311800
电话(Tel)：0575－87765556
传真(Fax)：0575－87765559
Http://www. zjfrzp. cn. alibaba. com
联系人(Contact Person)：柴关兴
产品(Products)：印花餐巾纸，面巾纸

● 安徽 Anhui

安庆市新宜造纸业有限公司★
Anqing Xinyi Paper Mill
地址(Add)：安徽省安庆市人民路130号
邮编(P. C.)：246003
电话(Tel)：0556－8729098
传真(Fax)：0556－5513008
E-mail：aqxinyi@163. com
法人代表(Chairman)：王国平
总经理(General Manager)：王国平
产品(Products)：卫生纸，原纸

太湖县宜瑞达纸业有限责任公司
Taihu Yiruida Paper Co., Ltd.
地址(Add)：安徽省安庆市太湖县新城高界路19号
邮编(P. C.)：246400
电话(Tel)：0556－4167148
总经理(General Manager)：汪连芳
产品(Products)：卫生纸

千里香纸业有限责任公司
Qianlixiang Paper Co., Ltd.
地址(Add)：安徽省安庆市皖宿松工业园区
邮编(P. C.)：246507
电话(Tel)：0556－7816991
传真(Fax)：0556－7816997
联系人(Contact Person)：张珍刚
产品(Products)：手帕纸，盘纸，擦手纸，面巾纸，卫生纸

安徽省蚌埠市安爽纸业有限公司
Anhui Bengbu Anshuang Paper Co., Ltd.
地址(Add)：安徽省蚌埠市凤阳东路169号
邮编(P. C.)：233000
电话(Tel)：0552－7129788
传真(Fax)：0552－3039876
E-mail：625901515@qq. com
法人代表(Chairman)：徐建军
总经理(General Manager)：徐建军
联系人(Contact Person)：徐建军
产品(Products)：卫生巾，卫生纸
品牌(Brand)：自由度

安徽中石纸业有限公司★
Anhui Zhongshi Paper Co., Ltd.
地址(Add)：安徽省滁州市定远县工业园
邮编(P. C.)：233200
电话(Tel)：0550－4451999
传真(Fax)：0550－4296919
法人代表(Chairman)：李振忠
产品(Products)：原纸，卫生纸
品牌(Brand)：玉蝉

安徽正华纸业有限公司★
Anhui Zhenghua Paper Co., Ltd.
地址(Add)：安徽省滁州市凤阳县板桥镇凤宁大道
邮编(P. C.)：239000
电话(Tel)：0550－6532367
E-mail：563246889@qq. com
法人代表(Chairman)：黄书国
产品(Products)：卫生纸，面巾纸，原纸

东至县东尧纸品有限公司
Dongzhi Dongyao Paper Products Co., Ltd.
地址(Add)：安徽省东至县建设南路88号
邮编(P. C.)：247271
电话(Tel)：0566－7020698
传真(Fax)：0566－7022288
总经理(General Manager)：傅相松
产品(Products)：卫生纸，面巾纸
品牌(Brand)：倩爽

阜阳星洁纸品有限公司
Fuyang Xingjie Paper Products Co., Ltd.
地址(Add)：安徽省阜阳经济开发区
邮编(P. C.)：236000
电话(Tel)：0558 -3773333
传真(Fax)：0558 -3773333
联系人(Contact Person)：张东新
产品(Products)：面巾纸，盘纸，擦手纸，湿巾

阜阳市海燕纸业
Fuyang Haiyan Paper
地址(Add)：安徽省阜阳市颍泉区工业园繁华路156号
邮编(P. C.)：236002
电话(Tel)：0558 -2621066
传真(Fax)：0558 -2628258
法人代表(Chairman)：郭海洲
总经理(General Manager)：郭海洲
联系人(Contact Person)：郭海燕
产品(Products)：餐巾纸，卫生纸
品牌(Brand)：紫玥

阜阳市兴达福利加工厂
Fuyang Xingda Paper Products Factory
地址(Add)：安徽省阜阳市永昌商城一期四号楼
邮编(P. C.)：236000
电话(Tel)：0558 -2163256
联系人(Contact Person)：吕海军
产品(Products)：餐巾纸，卫生纸，面巾纸，擦手纸

合肥雅丽洁卫生用品有限公司
Hefei Yalijie Hygiene Products Co., Ltd.
地址(Add)：安徽省合肥市长江路与铜陵路交叉口(合肥义乌小商品批发市场负一楼B -0089)
邮编(P. C.)：221005
电话(Tel)：0551 -63465088
Http://www.hfyalijie.com
联系人(Contact Person)：朱余兵
产品(Products)：餐巾纸，擦手纸，卫生纸，盘纸，面巾纸

安徽省合肥战联卫生用品有限公司
Anhui Hefei Zhanlian Hygiene Products Co., Ltd.
地址(Add)：安徽省合肥市东郊新城工业区燎原大道
邮编(P. C.)：231600
电话(Tel)：0551 -67707666
传真(Fax)：0551 -67705868
Http://zhlian8888.cn.gongchang.com
法人代表(Chairman)：李建军
总经理(General Manager)：李建军
联系人(Contact Person)：李建军
产品(Products)：湿巾，手帕纸，面巾纸，卫生纸，非织造布制品
品牌(Brand)：洁帕

合肥金红叶纸业有限公司
Hefei Gold Hongye Paper Co., Ltd.
地址(Add)：安徽省合肥市肥东经济开发区祥和路12号
邮编(P. C.)：231600
电话(Tel)：0551 -67750182
产品(Products)：面巾纸，卫生纸，手帕纸
品牌(Brand)：清风，真真

安徽精诚纸业有限公司
Anhui Jingcheng Paper Co., Ltd.
地址(Add)：安徽省合肥市肥东新城开发区金阳路6号
邮编(P. C.)：231600
电话(Tel)：0551 -5205662
传真(Fax)：0551 -5205677
E-mail：389033206@qq.com
Http://www.jcfzzb.com
法人代表(Chairman)：刘正文
总经理(General Manager)：刘正文
联系人(Contact Person)：倪修胜
产品(Products)：卫生纸，手帕纸，面巾纸

安徽省合肥市安信纸业
Hefei Anxin Paper
地址(Add)：安徽省合肥市淝河路88号
邮编(P. C.)：230051
电话(Tel)：0551 -4243885
传真(Fax)：0551 -4651484
联系人(Contact Person)：方荣
产品(Products)：卫生纸，面巾纸，餐巾纸
品牌(Brand)：秀朵儿

安徽瞻邦日用品有限公司
Anhui Zhanbang Daily Necessities Co., Ltd.
地址(Add)：安徽省合肥市临泉东路史城居委会2楼
邮编(P. C.)：236400
电话(Tel)：0551 -4267703
传真(Fax)：0551 -4267702
E-mail：1445605589@qq.com
Http://www.zbryp.com
总经理(General Manager)：方成娟
产品(Products)：卫生纸，面巾纸

合肥康乐纸业有限公司
Hefei Kangle Paper Co., Ltd.
地址(Add)：安徽省合肥市庐阳区产业园天水路11号
邮编(P. C.)：230041
电话(Tel)：0551 -5712435
传真(Fax)：0551 -5201589
联系人(Contact Person)：齐小龙
产品(Products)：餐巾纸，手帕纸，面巾纸，卫生纸，盘纸

安徽花帜纸品有限公司
Anhui Huazhi Paper Products Co., Ltd.
地址(Add)：安徽省合肥市双风经济开发区凤霞路凤霞标准化厂房A1 -A2幢
邮编(P. C.)：230000
电话(Tel)：0551 -65778258
传真(Fax)：0551 -65778256
Http://www.huazhi919.com
联系人(Contact Person)：程业举
产品(Products)：卫生纸，面巾纸，手帕纸

安徽儒风纸业有限公司
Rufeng Paper Co., Ltd. Anhui
地址(Add)：安徽省合肥市双凤经济技术开发区凤霞标准化厂房A2幢
邮编(P. C.)：230000
电话(Tel)：0551 -5778258

传真(Fax)：0551－5778256
E-mail：rufeng626@163.com
法人代表(Chairman)：吴克斌
总经理(General Manager)：吴克斌
联系人(Contact Person)：蔡明江
产品(Products)：卫生纸，面巾纸
品牌(Brand)：千里花，花致

恒安(合肥)生活用品有限公司
Hengan (Hefei) Daily Products Co., Ltd.
地址(Add)：安徽省合肥市瑶海工业园区郎溪路与纬B路交叉口
邮编(P.C.)：230011
电话(Tel)：0551－62113889
E-mail：wujb@mail.hengan.com.cn
法人代表(Chairman)：施文博
总经理(General Manager)：吴金钹
联系人(Contact Person)：吴金钹
产品(Products)：卫生巾，卫生护垫，婴儿纸尿裤，卫生纸
品牌(Brand)：安乐，安尔乐，安儿乐，心相印

安徽汇诚集团侬侬妇幼用品有限公司
Anhui Huicheng Group Nongnong Women & Children Articles Co., Ltd.
地址(Add)：安徽省合肥市瑶海区龙岗工业园吴敬梓路与站前路交叉口汇诚大厦
邮编(P.C.)：231633
电话(Tel)：0551－64327333
传真(Fax)：0551－64328222
E-mail：ahhcjt@ahhcjt.com
Http://www.ahhcjt.com
法人代表(Chairman)：蔡世忠
联系人(Contact Person)：蔡培春
产品(Products)：卫生巾，卫生护垫，婴儿纸尿裤/片，面巾纸，手帕纸，餐巾纸，擦手纸
品牌(Brand)：水晶花，丝云，娇芙，水晶宝贝，安宝适，青花印象

合肥迈高纸制品有限公司
Hefei Maigao Paper Products Co., Ltd.
地址(Add)：安徽省合肥市瑶海区庙岗路2号
邮编(P.C.)：230011
电话(Tel)：0551－5220955
传真(Fax)：0551－5220925
Http://www.ahmaigao.com
联系人(Contact Person)：张晟
产品(Products)：卫生纸，面巾纸，餐巾纸，手帕纸

安徽蚌埠凤凰纸业有限公司
Bengbu Fenghuang Paper Co., Ltd.
地址(Add)：安徽省怀远县龙亢农场
邮编(P.C.)：233426
电话(Tel)：0552－8752180
E-mail：727349109@qq.com
法人代表(Chairman)：邵分
总经理(General Manager)：邵分
联系人(Contact Person)：邵分
产品(Products)：餐巾纸，卫生纸
品牌(Brand)：凤凰

淮北市四季纸品加工厂
Huaibei Siji Paper Products Factory
地址(Add)：安徽省淮北市凤凰山经济开发区凤谐路10号
邮编(P.C.)：235000
电话(Tel)：0561－3095168
E-mail：chen－r－k@sohu.com
法人代表(Chairman)：陈若魁
总经理(General Manager)：陈若魁
联系人(Contact Person)：陈若魁
产品(Products)：面巾纸，餐巾纸，手帕纸，卫生纸
品牌(Brand)：秋歌

淮北圣仁生活用品有限公司
Huaibei Shengren Daily Necessities Co., Ltd.
地址(Add)：安徽省淮北市濉溪经济开发区王桥西400米
邮编(P.C.)：235100
电话(Tel)：0561－2236888
传真(Fax)：0561－6062022
Http://www.hbshengren.com
联系人(Contact Person)：赵士元
产品(Products)：卫生纸，面巾纸，手帕纸

濉溪县富发纸业有限公司★
Suixi Fufa Paper Co., Ltd.
地址(Add)：安徽省淮北市濉溪县经济开发区紫薇路22号
邮编(P.C.)：235100
电话(Tel)：0561－6851000
传真(Fax)：0561－6850998
E-mail：422208116@qq.com
Http://www.fufazhiye.com
总经理(General Manager)：刘长松
联系人(Contact Person)：刘长松
产品(Products)：卫生纸，面巾纸，原纸
品牌(Brand)：相王

淮南市星空商贸有限公司
Huainan Xingkong Trade Co., Ltd.
地址(Add)：安徽省淮南市八公山经济开发区
邮编(P.C.)：232000
电话(Tel)：0554－5216705
联系人(Contact Person)：孔军
产品(Products)：卫生纸，手帕纸

高洁卫生用品有限公司
Gaojie Hygiene Products Co., Ltd.
地址(Add)：安徽省临泉县工业园区
邮编(P.C.)：236400
电话(Tel)：0558－6517749
传真(Fax)：0558－6517749
法人代表(Chairman)：窦永建
产品(Products)：卫生纸

六安柔风纸制品有限公司
Luan Roufeng Paper Products Co., Ltd.
地址(Add)：安徽省六安经济技术开发区东七路
邮编(P.C.)：237000
电话(Tel)：0564－3696651
传真(Fax)：0564－3696651
总经理(General Manager)：贾言江

产品(Products)：面巾纸，餐巾纸，手帕纸，卫生纸

六安市宏泰纸业有限公司
Luan Hongtai Paper Co., Ltd.
地址(Add)：安徽省六安经济技术开发区纵二南路
邮编(P. C.)：237000
电话(Tel)：0564－3697361
传真(Fax)：0564－3697362
E-mail：luohengy@126. com
Http：//www. lzhtzy. net
总经理(General Manager)：罗亨元
产品(Products)：卫生纸，餐巾纸，面巾纸

六安市自豪纸业有限公司★
Luan Zihao Paper Co., Ltd.
地址(Add)：安徽省六安市独山镇龙井工业区
邮编(P. C.)：237131
电话(Tel)：0564－2910107
传真(Fax)：0564－2920636
法人代表(Chairman)：涂恩国
总经理(General Manager)：涂恩国
联系人(Contact Person)：吴之生
产品(Products)：卫生纸，原纸
品牌(Brand)：天菊

马鞍山市科达纸业有限责任公司★
Maanshan Keda Paper Co., Ltd.
地址(Add)：安徽省马鞍山市慈湖经济开发区昭明路169号
邮编(P. C.)：243000
电话(Tel)：0555－7181770
传真(Fax)：0555－7181776
总经理(General Manager)：杨大平
产品(Products)：卫生纸，原纸

安徽省宁国市兆丰纸业有限公司★
Anhui Ningguo Zhaofeng Paper Co., Ltd.
地址(Add)：安徽省宁国市汪溪工业园区
邮编(P. C.)：242300
电话(Tel)：0563－4441598
传真(Fax)：0563－4441589
E-mail：zf@chinazf. com. cn
Http：//www. chinazf. com. cn
法人代表(Chairman)：刘肇坤
总经理(General Manager)：刘肇坤
联系人(Contact Person)：刘肇坤
产品(Products)：卫生纸，面巾纸，餐巾纸，手帕纸，擦手纸，原纸
品牌(Brand)：竹风，洁洁，舒庭

安徽美妮纸业有限公司★
Anhui Meini Paper Co., Ltd.
地址(Add)：安徽省潜山县经济开发区皖潜大道
邮编(P. C.)：246300
电话(Tel)：0556－8820111
传真(Fax)：0556－8920701
E-mail：mx78688@163. com
Http：//www. ahmeini. com
法人代表(Chairman)：钟潜学
总经理(General Manager)：钟潜学
联系人(Contact Person)：王石波
产品(Products)：面巾纸，手帕纸，卫生纸，原纸
品牌(Brand)：喜好，美妮洁，优客

安徽合顺纸业有限公司
Anhui Heshun Paper Co., Ltd.
地址(Add)：安徽省青阳经济开发区城东
邮编(P. C.)：242800
电话(Tel)：0566－5115899
传真(Fax)：0566－5115499
E-mail：ahhszy@163. com
Http：//www. ahhszy. com
总经理(General Manager)：张世华
产品(Products)：卫生纸，面巾纸，餐巾纸，手帕纸，盘纸
品牌(Brand)：花样生活

宿州市乐雅纸业
Suzhou Leya Paper Co., Ltd.
地址(Add)：安徽省宿州经济开发区A区16栋
邮编(P. C.)：234000
电话(Tel)：0557－3915009
传真(Fax)：0557－3915009
联系人(Contact Person)：张伟
产品(Products)：卫生纸
品牌(Brand)：乐雅

砀山县圣洁梨花纸业★
Dangshan Shengjie Lihua Paper
地址(Add)：安徽省宿州市砀山县经济开发区310国道南侧
邮编(P. C.)：235300
电话(Tel)：0557－8810166
传真(Fax)：0557－8810166
法人代表(Chairman)：张秋菊
总经理(General Manager)：张秋菊
联系人(Contact Person)：于庆泉
产品(Products)：卫生纸，餐巾纸，盘纸，原纸

泗县暖暖纸业
Sixian Nuannuan Paper
地址(Add)：安徽省宿州市泗县泗城开发区1号
邮编(P. C.)：234000
电话(Tel)：0557－7099969
传真(Fax)：0557－7099969
E-mail：1697823092@qq. com
Http：//www. canoever. com
总经理(General Manager)：刘迁滨
产品(Products)：卫生纸

安徽省泗县嘉能利华实业有限公司
Sixian Jianenglihua Industry Co., Ltd.
地址(Add)：安徽省宿州市泗县新型开发区(西环)3号
邮编(P. C.)：234311
电话(Tel)：0557－7308666
传真(Fax)：0557－7099969
Http：//www. canoever. com
联系人(Contact Person)：王威
产品(Products)：卫生纸，手帕纸，餐巾纸
品牌(Brand)：暖暖，浣竹纱，芒果经典

安徽省吉美生活用品有限公司
Anhui Jimei Daily Necessities Co., Ltd.
地址(Add)：安徽省宿州市宿马经济开发区
邮编(P. C.)：234000
电话(Tel)：0557－3928988
传真(Fax)：0557－3910032
联系人(Contact Person)：苗恩军
产品(Products)：卫生纸，卫生巾，婴儿纸尿裤

宿州市恒安纸业有限公司
Suzhou Hengan Paper Co., Ltd.
地址(Add)：安徽省宿州市王寨镇工业园
邮编(P. C.)：234000
电话(Tel)：0557－5485888
传真(Fax)：0557－5485788
E-mail：798268762@qq.com
Http://www.szhazy.com
总经理(General Manager)：张庆堂
联系人(Contact Person)：张丹
产品(Products)：擦手纸，盘纸，餐巾纸，面巾纸，卫生纸
品牌(Brand)：畅雨，情人雪

阜阳市宜而惠纸业
Fuyang Yierhui Paper Co.
地址(Add)：安徽省太和县三桥南500米
邮编(P. C.)：236600
电话(Tel)：0558－3161404
法人代表(Chairman)：徐已堂
联系人(Contact Person)：王少甲
产品(Products)：卫生纸，面巾纸

安徽悦美卫生用品有限公司★
Anhui Yuemei Hygiene Products Co., Ltd.
地址(Add)：安徽省桐城市经济开发区兴隆路9号
邮编(P. C.)：231400
电话(Tel)：0556－6567998
传真(Fax)：0556－6568666
E-mail：ygm98@sohu.com
Http://www.yuerm.com
法人代表(Chairman)：殷根茂
总经理(General Manager)：姜长国
联系人(Contact Person)：姜长国
产品(Products)：原纸，卫生纸，面巾纸，手帕纸，餐巾纸，厨房纸巾，擦手纸，卫生巾，卫生护垫，婴儿纸尿裤/片
品牌(Brand)：阳光薇枫，月尔美，月儿美

芜湖市唯意酒店用品有限公司
Wuhu Weiyi Hotel Articles Co., Ltd.
地址(Add)：安徽省芜湖市城南高新技术开发区南区
邮编(P. C.)：241002
电话(Tel)：0553－8366019
传真(Fax)：0553－8366079
E-mail：ahwuhuzy@126.com
Http://www.wuhuwy.com
总经理(General Manager)：周勇
产品(Products)：湿巾，餐巾纸，擦手纸，卫生纸

芜湖市东发纸业有限公司
Wuhu Dongfa Paper Co., Ltd.
地址(Add)：安徽省芜湖市高新技术开发区滨江南路14号
邮编(P. C.)：241003
电话(Tel)：0553－3023377
Http://www.whdfzj.com.cn
总经理(General Manager)：章晓东
联系人(Contact Person)：章晓东
产品(Products)：餐巾纸，擦手纸，盘纸，湿巾

芜湖市飞华商贸有限公司
Wuhu Feihua Industry & Trade Co., Ltd.
地址(Add)：安徽省芜湖市巨龙城市花园7号楼40601号
邮编(P. C.)：241000
电话(Tel)：0553－5852500
传真(Fax)：0553－3012894
联系人(Contact Person)：孙安飞
产品(Products)：面巾纸，手帕纸
品牌(Brand)：日相月，币贝

恒安(芜湖)纸业有限公司★
Hengan (Wuhu) Paper Co., Ltd.
地址(Add)：安徽省芜湖市三山区临江工业区
邮编(P. C.)：241080
电话(Tel)：0553－3916320
传真(Fax)：0553－3916320
联系人(Contact Person)：王刁侻
产品(Products)：卫生纸，面巾纸，手帕纸，餐巾纸，厨房纸巾，擦手纸，原纸
品牌(Brand)：心相印

芜湖博舒洁品有限公司
Wuhu Boshu Cleaning Articles Co., Ltd.
地址(Add)：安徽省芜湖市芜湖县城南
邮编(P. C.)：241100
电话(Tel)：0553－8119678
传真(Fax)：0553－8119679
联系人(Contact Person)：叶凌云
产品(Products)：卫生纸，手帕纸

万方日用品有限公司
Wanfang Commodity Co., Ltd.
地址(Add)：安徽省宣城市旌德县新桥开发区新桥路16号
邮编(P. C.)：242600
电话(Tel)：0563－8602771
传真(Fax)：0563－8026955
E-mail：wanfangzhiye@163.com
总经理(General Manager)：杨涛
产品(Products)：卫生纸，餐巾纸，面巾纸

● 福建 Fujian

长乐市鹤上好旺纸品厂
Changle Haowang Paper Products Factory
地址(Add)：福建省长乐市鹤上镇仙街村云街91号
邮编(P. C.)：350208
电话(Tel)：0591－28112337
传真(Fax)：0591－38866677
总经理(General Manager)：陈鸿
联系人(Contact Person)：陈庆滚
产品(Products)：卫生纸

品牌(Brand)：好旺

长泰县金明鑫纸品厂★
Changtai Jinmingxin Paper Products Factory
地址(Add)：福建省长泰县岩溪派出所后
邮编(P. C.)：363902
电话(Tel)：0596－8288662
传真(Fax)：0596－8288662
E-mail：jmingxin@126.com
总经理(General Manager)：陈水明
产品(Products)：餐巾纸，擦手纸，原纸
品牌(Brand)：小白脸，明鑫，柔取

大田县兴洲纸业有限公司★
Fujian Datian Xingzhou Paper Co., Ltd.
地址(Add)：福建省大田县华兴工业区
邮编(P. C.)：366100
电话(Tel)：0598－7247098
E-mail：fjxingzhou@126.com
联系人(Contact Person)：郑光通
产品(Products)：卫生纸，原纸

福建省华闽纸业有限公司★
Fujian Huamin Paper Co., Ltd.
地址(Add)：福建省大田县均溪镇福塘工业区
邮编(P. C.)：366100
电话(Tel)：0598－7233826
传真(Fax)：0598－7222143
E-mail：hmzy2000@163.com
Http://dthm.1688.com
法人代表(Chairman)：郭友实
总经理(General Manager)：郭友实
联系人(Contact Person)：郭友实
产品(Products)：卫生纸，面巾纸，手帕纸，原纸
品牌(Brand)：好的，开心一百

福鼎市南阳纸业有限公司★
Fuding Nanyang Paper Co., Ltd.
地址(Add)：福建省福鼎市管阳镇工业区
邮编(P. C.)：355215
电话(Tel)：0593－7637988
传真(Fax)：0593－7637288
E-mail：nanyangzhiye@126.com
法人代表(Chairman)：陈立元
总经理(General Manager)：陈立溪
联系人(Contact Person)：陈立平
产品(Products)：面巾纸，餐巾纸，卫生纸，衬纸，原纸
品牌(Brand)：南阳之星，金鼎福，六月情

福建安诺集团有限公司★
Fujian Annuo Group Co. Ltd.
地址(Add)：福建省福鼎市金九龙大厦C座11层
邮编(P. C.)：355200
电话(Tel)：0593－7818333
传真(Fax)：0593－7971333
Http://www.anjt.com.cn
法人代表(Chairman)：谢忠行
总经理(General Manager)：谢斌
联系人(Contact Person)：林上枢
产品(Products)：卫生纸，面巾纸，手帕纸，餐巾纸，原纸，湿巾

品牌(Brand)：双福，福到家，春之晨

福建绿金纸业有限公司★
Fujian Lvjin Paper Co., Ltd.
地址(Add)：福建省福清市江阴工业集中区
邮编(P. C.)：350300
电话(Tel)：0591－85962177
传真(Fax)：0591－85965133
法人代表(Chairman)：林瑞财
联系人(Contact Person)：庄仁贵
产品(Products)：卫生纸，原纸
品牌(Brand)：华美，碧海

福清恩达卫生用品有限公司
Fuqing Enda Hygiene Products Co., Ltd.
地址(Add)：福建省福清市融侨经济开发区
邮编(P. C.)：350301
电话(Tel)：0591－85372588
传真(Fax)：0591－85366988
法人代表(Chairman)：王菊英
总经理(General Manager)：陈松
联系人(Contact Person)：陈松
产品(Products)：卫生巾，婴儿纸尿裤/片，面巾纸，餐巾纸，卫生纸
品牌(Brand)：天姿娇，天使恋情，美赞臣，君乐宝

福州保税区全顺泰纸制品有限公司
Fuzhou Quanshuntai Paper Products Co., Ltd.
地址(Add)：福建省福州保税区埃特佛厂房
邮编(P. C.)：350015
电话(Tel)：0591－83684868
传真(Fax)：0591－83980166
E-mail：y20070506@126.com
总经理(General Manager)：颜华新
联系人(Contact Person)：颜华新
产品(Products)：餐巾纸

福州君竹纸品厂
Fuzhou Junzhu Paper Products Factory
地址(Add)：福建省福州开发区长安投资区长兴路37号
邮编(P. C.)：350000
电话(Tel)：0591－83962907
传真(Fax)：0591－83962907
E-mail：512908250@qq.com
联系人(Contact Person)：何秀强
产品(Products)：卫生纸，面巾纸，厨房纸巾
品牌(Brand)：君竹，君之兰，君之恋

福建省先锋集团纸巾厂
Fujian Xianfeng Group Napkin Factory
地址(Add)：福建省福州市仓山区盖山镇跃进村高埔工业区21号
邮编(P. C.)：350026
电话(Tel)：0591－22022686
传真(Fax)：0591－22022689
联系人(Contact Person)：林立
产品(Products)：卫生纸，面巾纸，餐巾纸

福州市柯妮尔生活用纸有限公司
Fuzhou Kenier Paper Co., Ltd.
地址(Add)：福建省福州市仓山区郭宅工业区1－3号

邮编(P. C.)：350012
电话(Tel)：0591－22283336
传真(Fax)：0591－87668966
Http://www. clearpaper. net
法人代表(Chairman)：韩春引
产品(Products)：卫生纸，面巾纸，湿巾
品牌(Brand)：柯妮尔

福州市佳洁纸制品有限公司
Fuzhou Jiajie Paper Products Co., Ltd.
地址(Add)：福建省福州市仓山区建新镇霞镜5号
邮编(P. C.)：350008
电话(Tel)：0591－83516435
传真(Fax)：0591－88033810
联系人(Contact Person)：林芝兴
产品(Products)：餐巾纸，面巾纸，卫生纸，盘纸，湿巾
品牌(Brand)：佳洁

福州融达纸业有限公司
Fuzhou Rongda Paper Proudcts Co., Ltd.
地址(Add)：福建省福州市仓山区江边村工业区
邮编(P. C.)：350007
电话(Tel)：0591－83197878
传真(Fax)：0591－83535976
法人代表(Chairman)：余忠梁
总经理(General Manager)：余忠梁
联系人(Contact Person)：余忠梁
产品(Products)：卫生纸，餐巾纸，面巾纸，擦手纸
品牌(Brand)：清欣

舒尔洁(福建)纸业有限公司
Fuzhou Shuerjie Paper Co., Ltd.
地址(Add)：福建省福州市仓山区透浦142号
邮编(P. C.)：350008
电话(Tel)：0591－87625139
传真(Fax)：0591－87621179
E-mail：fjshuerjie@163. com
联系人(Contact Person)：杨长建
产品(Products)：卫生巾，卫生护垫，纸尿裤/片，卫生纸，手帕纸，面巾纸
品牌(Brand)：好馨缘，QQ空间

恒程纸业有限公司
Hengcheng Paper Products Co., Ltd.
地址(Add)：福建省福州市福湾工业区阳岐支路8号
邮编(P. C.)：350007
电话(Tel)：0591－88860510
传真(Fax)：0591－22558036
E-mail：hc. wy@163. com
Http://www. hengcheng. cc
联系人(Contact Person)：谢程
产品(Products)：餐巾纸，面巾纸，盘纸，擦手纸，卫生纸
品牌(Brand)：依恋

福州榕丰纸品厂
Fuzhou Rongfeng Paper Products Factory
地址(Add)：福建省福州市盖山义序工业区中亭街桥仔兜41号
邮编(P. C.)：350026
电话(Tel)：0591－83566222
传真(Fax)：0591－83566222
联系人(Contact Person)：黄炎平
产品(Products)：面巾纸，卫生纸，盘纸，擦手纸

福州晋安金鸽卫生用品厂
Fuzhou Jinan Jinge Hygiene Products Factory
地址(Add)：福建省福州市火车站后山门前新村12栋53号
邮编(P. C.)：350013
电话(Tel)：0591－87902548
传真(Fax)：0591－87902548
总经理(General Manager)：徐明学
联系人(Contact Person)：徐明学
产品(Products)：湿巾，餐巾纸
品牌(Brand)：吉鸽

福州洁乐妇幼卫生用品有限公司
Fuzhou C&H Women and Infant Sanitary Ware Co., Ltd.
地址(Add)：福建省福州市金山工业区浦上园A区58幢2楼
邮编(P. C.)：350005
电话(Tel)：0591－83848865
传真(Fax)：0591－83848867
E-mail：121649898@qq. com
法人代表(Chairman)：林敏
总经理(General Manager)：林鹤明
联系人(Contact Person)：林鹤明
产品(Products)：卫生纸，面巾纸，湿巾
品牌(Brand)：中美洁乐

福州市晋安区天羽纸品厂
Fuzhou Jinan Tianyu Paper Products Factory
地址(Add)：福建省福州市晋安区福兴投资区埠兴路1号
邮编(P. C.)：350014
电话(Tel)：0591－83966029
传真(Fax)：0591－83966029
Http://shop1380214491706. 1688. com
法人代表(Chairman)：李园玉
总经理(General Manager)：李园玉
联系人(Contact Person)：李园玉
产品(Products)：卫生纸，餐巾纸
品牌(Brand)：喜田园

福建真柔纸业有限公司
Fujian Zhenrou Paper Co., Ltd.
地址(Add)：福建省福州市六一中路439号美博城12层北侧
邮编(P. C.)：350000
电话(Tel)：0591－83429402
传真(Fax)：0591－83444621
E-mail：zhenrou@zhenrou. cn
Http://www. zhenrou. cn
法人代表(Chairman)：陈巧玉
总经理(General Manager)：陈枫
联系人(Contact Person)：陈枫
产品(Products)：卫生纸，手帕纸，面巾纸，餐巾纸
品牌(Brand)：真柔，格尔美，惠民

金红叶纸业(福州)有限公司
Gold Hongye Paper (Fuzhou) Co., Ltd.
地址(Add)：福建省福州市马尾区亭江镇长安投资区长兴

东路 13 号
邮编(P. C.): 350016
电话(Tel): 0591 - 88020201
产品(Products): 卫生纸, 面巾纸, 手帕纸, 餐巾纸
品牌(Brand): 唯洁雅, 清风, 真真

福州美榕纸巾厂★
Fuzhou Meirong Napkin Factory
地址(Add): 福建省福州市闽侯县上街镇马保 1 - 2 号
邮编(P. C.): 350108
电话(Tel): 0591 - 22882775
传真(Fax): 0591 - 22896920
E-mail: mrzjc@ 126. com
Http://www. china - tissue. com
法人代表(Chairman): 谢美榕
总经理(General Manager): 吴晓辉
联系人(Contact Person): 谢美榕
产品(Products): 卫生纸, 餐巾纸, 面巾纸, 原纸
品牌(Brand): 鑫美榕

福建帝辉纸业有限公司
Fujian Dihui Paper Co., Ltd.
地址(Add): 福建省福州市南通镇新桥浦工业区(海峡批发市场 300 米处)
邮编(P. C.): 350111
电话(Tel): 0591 - 22240389
传真(Fax): 0591 - 22242276
Http://www. fzdhzy. com
联系人(Contact Person): 吴益辉
产品(Products): 卫生纸, 擦手纸, 手帕纸, 面巾纸, 餐巾纸
品牌(Brand): 帝辉, 聚辉

建瓯市恒丰纸业有限公司★
Jianou Hengfeng Paper Co., Ltd.
地址(Add): 福建省建瓯市东峰镇莲花坪工业园
邮编(P. C.): 353100
电话(Tel): 0599 - 3591933
传真(Fax): 0599 - 3591933
E-mail: fjqzwjb@ 163. com
法人代表(Chairman): 周爱东
总经理(General Manager): 周爱东
联系人(Contact Person): 付国义
产品(Products): 卫生纸, 原纸

晋江中荣纸业有限公司
Jinjiang Zhongrong Paper Co., Ltd.
地址(Add): 福建省晋江市安海后桥工业区
邮编(P. C.): 362261
电话(Tel): 0595 - 85756881
传真(Fax): 0595 - 85756881
联系人(Contact Person): 朱永生
产品(Products): 卫生纸, 面巾纸
品牌(Brand): 亲情, 意难忘

晋江德信纸业有限公司
Jinjiang Dexin Paper Products Co., Ltd.
地址(Add): 福建省晋江市安海镇丙厝工业区
邮编(P. C.): 362261
电话(Tel): 0595 - 85730008
传真(Fax): 0595 - 85730009
E-mail: fjdxzy@ 163. com
Http://fjdxzy. cn. alibaba. com
总经理(General Manager): 余金铸
联系人(Contact Person): 陈丽云
产品(Products): 卫生纸, 面巾纸, 湿巾
品牌(Brand): 德信

福建省晋江市安海镇新安纸巾厂
Jinjiang Xinan Paper Towel Plant
地址(Add): 福建省晋江市安海镇后林村
邮编(P. C.): 362261
电话(Tel): 0595 - 85700711
传真(Fax): 0595 - 85700711
法人代表(Chairman): 吴谋出
总经理(General Manager): 吴谋出
联系人(Contact Person): 吴谋出
产品(Products): 卫生纸, 面巾纸
品牌(Brand): 新安

恒转纸业有限公司
Hengzhuan Paper Co., Ltd.
地址(Add): 福建省晋江市安海镇后林工业区
邮编(P. C.): 362261
电话(Tel): 0595 - 85761126
传真(Fax): 0595 - 85761126
E-mail: 451195962@ qq. com
联系人(Contact Person): 许有忠
产品(Products): 面巾纸, 餐巾纸
品牌(Brand): 达浪

晋江市美家兴纸制品有限公司
Jinjiang Meijiaxing Paper Products Co., Ltd.
地址(Add): 福建省晋江市安海镇西门工业区
邮编(P. C.): 362261
电话(Tel): 0595 - 85777621
传真(Fax): 0595 - 85797301
联系人(Contact Person): 蔡昌裕
产品(Products): 卫生纸

福建省晋江市舒乐妇幼用品有限公司
Shule Women & Children Articles Co., Ltd. Jinjiang Fujian
地址(Add): 福建省晋江市陈埭镇鹏头工业区(鹏青大道)
邮编(P. C.): 362211
电话(Tel): 0595 - 85189888
传真(Fax): 0595 - 85189777
E-mail: shuleco@ pub2. qz. fj. cn
Http://www. baihushi. com
法人代表(Chairman): 丁朝阳
总经理(General Manager): 丁朝阳
联系人(Contact Person): 丁朝阳
产品(Products): 卫生巾, 婴儿纸尿裤, 生活用纸
品牌(Brand): 白护士

晋江市益源卫生用品有限公司
Jinjiang Yiyuan Health Products Co., Ltd.
地址(Add): 福建省晋江市磁灶镇洋美工业区
邮编(P. C.): 362000
电话(Tel): 0595 - 85835236
传真(Fax): 0595 - 85889236

E-mail：yiyuan@ fjyiyuan. com
Http：//www. fjyiyuan. com
联系人(Contact Person)：谢家源
产品(Products)：卫生巾，卫生护垫，婴儿纸尿裤/片，成人纸尿片，面巾纸
品牌(Brand)：好浪漫，酷酷乐，绿茶香韵

晋江市绿之乡纸业有限公司
Jinjiang Lvzhixiang Paper Co., Ltd.
地址(Add)：福建省晋江市东石金瓯工业南区
邮编(P. C.)：362271
电话(Tel)：0595 - 85594966
传真(Fax)：0595 - 85594966
Http：//www. lzxzy. com
法人代表(Chairman)：王连升
总经理(General Manager)：王专专
联系人(Contact Person)：王连升
产品(Products)：卫生纸，面巾纸，餐巾纸，手帕纸，湿巾
品牌(Brand)：金鹰卡通，绿之乡

晋江创新日用纸品有限公司
Jinjiang Chuangxin Paper Products Co., Ltd.
地址(Add)：福建省晋江市东石镇大房蓬山工业区
邮编(P. C.)：362271
电话(Tel)：0595 - 85525783
传真(Fax)：0595 - 85586946
E-mail：jjyizhirou@ 126. com
法人代表(Chairman)：许根荣
总经理(General Manager)：许根荣
联系人(Contact Person)：许根荣
产品(Products)：卫生纸，手帕纸，面巾纸，餐巾纸

恒安(中国)纸业有限公司★
Hengan (China) Paper Co., Ltd.
地址(Add)：福建省晋江市东石镇井林安东工业区
邮编(P. C.)：362261
电话(Tel)：0595 - 85729667
传真(Fax)：0595 - 85729962
E-mail：zhangqf@ hengan. com
法人代表(Chairman)：许连捷
总经理(General Manager)：张群富
产品(Products)：卫生纸，面巾纸，手帕纸，餐巾纸，厨房纸巾，擦手纸，原纸
品牌(Brand)：心相印

泉州市宏信伊风纸制品有限公司
Quanzhou Hongxin Yifeng Paper Products Co., Ltd.
地址(Add)：福建省晋江市龙湖龙埔大道工业区
邮编(P. C.)：362261
电话(Tel)：0595 - 88156182
传真(Fax)：0595 - 85259939
E-mail：461658955@ qq. com
Http：//hongxiyf. 1688. com
法人代表(Chairman)：黄秀潘
总经理(General Manager)：黄清波
联系人(Contact Person)：黄清波
产品(Products)：卫生纸，擦手纸，面巾纸，餐巾纸，湿巾
品牌(Brand)：伊风，鼓浪屿，思乡月

怡佳(福建)卫生用品有限公司
Yijia (Fujian) Sanitary Appliances Co., Ltd.
地址(Add)：福建省晋江市罗山街道办事处社店工业区
邮编(P. C.)：362216
电话(Tel)：0595 - 88172976
传真(Fax)：0595 - 88173976
E-mail：yijiacoration2@ gmail. com
Http：//www. fjyijiaqy. com
法人代表(Chairman)：陈德安
总经理(General Manager)：陈德安
联系人(Contact Person)：陈文取
产品(Products)：卫生巾，卫生护垫，婴儿纸尿裤/片，成人纸尿裤/片，湿巾，面巾纸
品牌(Brand)：樱柔，婴柔，英柔

晋江市如绮雅卫生用品有限公司
Jinjiang Ruqiya Hygiene Products Co., Ltd.
地址(Add)：福建省晋江市罗山镇许坑工业区
邮编(P. C.)：362216
电话(Tel)：0595 - 88195989
传真(Fax)：0595 - 88197989
E-mail：linwengong@ 126. com
联系人(Contact Person)：林文共
产品(Products)：面巾纸，手帕纸，卫生纸
品牌(Brand)：缘相随

艾派集团(中国)有限公司
AP Group (China) Co., Ltd.
地址(Add)：福建省晋江市缺塘艾派产业园
邮编(P. C.)：362200
电话(Tel)：0595 - 88187000
传真(Fax)：0595 - 88192777
法人代表(Chairman)：柯遵昶
总经理(General Manager)：柯国斌
产品(Products)：彩色餐巾纸

晋江恒泰纸品有限公司
Jinjiang Hengtai Paper Products Co., Ltd.
地址(Add)：福建省晋江市五里工业区满誉集团2号
邮编(P. C.)：362261
电话(Tel)：0595 - 88162790
传真(Fax)：0595 - 88162790
E-mail：272045440@ qq. com
联系人(Contact Person)：杨宏波
产品(Products)：卫生纸

福建晋江凤竹纸品实业有限公司
Fujian Jinjiang Fengzhu Paper Products Industry Co., Ltd.
地址(Add)：福建省晋江市五里科技工业园区
邮编(P. C.)：362200
电话(Tel)：0595 - 85752852
传真(Fax)：0595 - 85752222
E-mail：fengzhu5678890@ 163. com
总经理(General Manager)：李栋梁
联系人(Contact Person)：麦义坤
产品(Products)：餐巾纸，面巾纸，手帕纸，卫生纸，卫生巾，卫生护垫
品牌(Brand)：洁菲，凤竹

福建优兰发集团
Fujian Youlanfa Group
地址(Add)：福建省晋江市西滨农场工业区
邮编(P. C.)：362221
电话(Tel)：0595－85123879
传真(Fax)：0595－85123861
E-mail：sales@youlanfa.com
Http://www.youlanfa.com
联系人(Contact Person)：徐海军
产品(Products)：擦手纸，面巾纸
品牌(Brand)：兰花文化

晋江市恒质纸品有限公司
Jinjiang Hengzhi Paper Co., Ltd.
地址(Add)：福建省晋江市永和镇马坪第一工业区恒质纸品工业大厦
邮编(P. C.)：362261
电话(Tel)：0595－82879888
传真(Fax)：0595－82116677
E-mail：hengzhi510@163.com
Http://www.cnhengzhi.com
法人代表(Chairman)：陈文质
联系人(Contact Person)：陈秋婷
产品(Products)：婴儿纸尿裤/片，成人纸尿裤，湿巾，面巾纸
品牌(Brand)：呼噜宝贝，权生，高拉利，健尔

龙海市真宝纸业有限公司
Longhai Zhenbao Paper Co., Ltd.
地址(Add)：福建省龙海市海澄镇罗坑工业区
邮编(P. C.)：363102
电话(Tel)：0596－6733868
传真(Fax)：0596－6731232
E-mail：fjzb2008@126.com
联系人(Contact Person)：朱峰
产品(Products)：卫生纸，面巾纸，手帕纸
品牌(Brand)：中真宝

龙海市诚龙纸业有限公司
Longhai Chenglong Paper Co., Ltd.
地址(Add)：福建省龙海市颜厝镇东珊村口
邮编(P. C.)：363118
电话(Tel)：0596－6665783
传真(Fax)：0596－6665783
总经理(General Manager)：黄清龙
产品(Products)：面巾纸，盘纸，卫生纸
品牌(Brand)：美姿

圣翔纸业有限公司
Shengxiang Paper Co., Ltd.
地址(Add)：福建省龙岩市长汀县大同镇印黄村花果园圳下1号
邮编(P. C.)：366300
电话(Tel)：0597－6801239
总经理(General Manager)：李来水
产品(Products)：面巾纸，卫生纸
品牌(Brand)：圣翔

龙岩市群龙日用制品有限公司
Longyan Qunlong Housewares Co., Ltd.
地址(Add)：福建省龙岩市龙州工业园
邮编(P. C.)：364000
电话(Tel)：0597－2210610
传真(Fax)：0597－5276610
E-mail：ql@fjqlzy.com
法人代表(Chairman)：卢世群
产品(Products)：面巾纸，手帕纸，餐巾纸
品牌(Brand)：群龙

龙岩祥泰造纸包装有限公司
Fujian Longyan Xiangtai Paper & Package Co., Ltd.
地址(Add)：福建省龙岩市铁山开发区
邮编(P. C.)：364001
电话(Tel)：0597－2348234
传真(Fax)：0597－2348432
E-mail：lyxt－1@163.com
法人代表(Chairman)：张万祥
总经理(General Manager)：张万祥
联系人(Contact Person)：张万祥
产品(Products)：卫生纸，婴儿纸尿裤
品牌(Brand)：好心人

铭丰集团有限公司★
Mingfeng Group Co., Ltd.
地址(Add)：福建省龙岩市新罗区经济开发区
邮编(P. C.)：364000
电话(Tel)：0597－2797019
传真(Fax)：0597－2790861
Http://www.mingfengzy.com
联系人(Contact Person)：邓宇家
产品(Products)：面巾纸，手帕纸，卫生纸，原纸
品牌(Brand)：米卡乐

家家旺纸业有限公司
Jiajiawang Paper Co., Ltd.
地址(Add)：福建省龙岩市新罗区龙州工业园区标准厂房8号楼
邮编(P. C.)：364000
电话(Tel)：0597－2526396
传真(Fax)：0597－2529365
法人代表(Chairman)：许文勇
总经理(General Manager)：许文勇
联系人(Contact Person)：许文勇
产品(Products)：盘纸，面巾纸，手帕纸
品牌(Brand)：家家旺

福州宏升纸制品有限公司
Fuzhou Hongsheng Paper Products Co., Ltd.
地址(Add)：福建省闽清县白中镇攸太工业区
邮编(P. C.)：350806
电话(Tel)：0591－22570088
传真(Fax)：0591－22570099
法人代表(Chairman)：俞训州
总经理(General Manager)：俞训州
联系人(Contact Person)：俞训州
产品(Products)：餐巾纸，卫生纸，面巾纸
品牌(Brand)：宏升

福州闽清欣柔纸品加工厂
Minqing Xinrou Paper Products Factory
地址(Add)：福建省闽清县城关南山路157号
邮编(P. C.)：350800

电话(Tel)：0591－22355853
传真(Fax)：0591－22358526
E-mail：348361215@qq.com
联系人(Contact Person)：俞彬镔
产品(Products)：卫生纸

福建省恒兴纸业有限公司★
Fujian Hengxing Paper Co., Ltd.
地址(Add)：福建省闽清县云龙乡潭口工业区
邮编(P.C.)：350800
电话(Tel)：0591－22599568
传真(Fax)：0591－22599368
E-mail：1304921446@qq.com
总经理(General Manager)：余德
联系人(Contact Person)：郑秀平
产品(Products)：原纸

泉州白绵纸业有限公司
Quanzhou Baimian Paper Co., Ltd.
地址(Add)：福建省南安市官桥镇泉南创业园16号
邮编(P.C.)：362341
电话(Tel)：0595－39013000
传真(Fax)：0595－39013005
E-mail：jinjiangbm@163.com
Http://www.cnbaimian.com
总经理(General Manager)：洪小木
联系人(Contact Person)：洪小木
产品(Products)：卫生巾，卫生护垫，婴儿纸尿裤/片，成人纸尿裤/片，生活用纸，湿巾
品牌(Brand)：优贝佳，白绵，优贝洁，好亲密，橄榄树，小家碧玉

福建省天福纸业有限公司
Fujian Tianfu Paper Co., Ltd.
地址(Add)：福建省南安市洪濑坝田工业区
邮编(P.C.)：362331
电话(Tel)：0595－86691123
传真(Fax)：0595－86691123
联系人(Contact Person)：黄志浩
产品(Products)：卫生纸，面巾纸，手帕纸

南安市鑫隆妇幼用品有限公司
Nanan Xinlong Women & Children Articles Co., Ltd
地址(Add)：福建省南安市洪濑镇东大路
邮编(P.C.)：362331
电话(Tel)：0595－86673118
传真(Fax)：0595－86693118
E-mail：hlxinlong@vip.sina.com
法人代表(Chairman)：林志煌
总经理(General Manager)：林志煌
联系人(Contact Person)：林志煌
产品(Products)：卫生巾，卫生护垫，婴儿纸尿裤，卫生纸
品牌(Brand)：美丽祝福，生活空间，丹菲诗，舒尔宝

中天集团(中国)有限公司
AAB Group (China)
地址(Add)：福建省南安市洪濑镇中天工业园
邮编(P.C.)：362331
电话(Tel)：0595－86693688
传真(Fax)：0595－86693488
E-mail：market@aabchina.com
Http://www.aabchina.com
法人代表(Chairman)：黄家齐
总经理(General Manager)：林勇
联系人(Contact Person)：庄碧原
产品(Products)：卫生巾，卫生护垫，婴儿纸尿裤/片，成人纸尿裤/片，护理垫，纸巾纸
品牌(Brand)：丝婷，可爱宝贝，可爱康，AAB

福建省南安市天天妇幼用品有限公司
Fujian Nanan Tiantian Women & Children Articles Co., Ltd.
地址(Add)：福建省南安市洪梅三梅工业园
邮编(P.C.)：362330
电话(Tel)：0595－86600555
传真(Fax)：0595－86687222
E-mail：fcy3555@163.com
法人代表(Chairman)：范重阳
总经理(General Manager)：范重阳
联系人(Contact Person)：范重阳
产品(Products)：卫生巾，卫生护垫，婴儿纸尿裤/片，生活用纸
品牌(Brand)：守护星，超凡入渗

南安环宇纸品有限公司
Nanan Huanyu Paper Products Co., Ltd.
地址(Add)：福建省南安市康美镇兰田工业区
邮编(P.C.)：362500
电话(Tel)：0595－86655315
传真(Fax)：0595－86655114
E-mail：huanyuzhipi@163.com
Http://www.huanyuzhipin.com
联系人(Contact Person)：潘宝家
产品(Products)：卫生纸，手帕纸，餐巾纸，面巾纸
品牌(Brand)：明柔，喜庆时分

福建省南安海峰纸业有限公司
Fujian Nanan Haifeng Paper Co., Ltd.
地址(Add)：福建省南安市美林松岭工业区
邮编(P.C.)：362300
电话(Tel)：0595－86278903
传真(Fax)：0595－86278913
E-mail：w13317970801@163.com
联系人(Contact Person)：王朝进
产品(Products)：卫生巾，婴儿纸尿裤/片，生活用纸
品牌(Brand)：婕伶

福建恒利集团有限公司★
Fujian Hengli Group Co., Ltd.
地址(Add)：福建省南安市省新工业区
邮编(P.C.)：362300
电话(Tel)：0595－86252666
传真(Fax)：0595－86252099
E-mail：minsen@fjhl.com.cn
Http://www.fjhl.com.cn
法人代表(Chairman)：吴家荣
总经理(General Manager)：吴家荣
联系人(Contact Person)：陈少明
产品(Products)：卫生巾，卫生护垫，婴儿纸尿裤/片，生活用纸，原纸
品牌(Brand)：好舒爽，舒爽，爽儿宝，好吉利

南安市润心纸业有限公司
Nanan Runxin Paper Products Co., Ltd.
地址(Add)：福建省南安市石井镇桥头村乡贤路
邮编(P.C.)：362343
电话(Tel)：0595-86070388
传真(Fax)：0595-86070388
E-mail：nasrunxinlisa@163.com
Http：//www.nasrunxin.cn.alibaba.com
联系人(Contact Person)：张顺锋
产品(Products)：卫生纸
品牌(Brand)：舒莉柔

泉州尧盛纸品有限公司
Quanzhou Yaosheng Paper Products Co., Ltd.
地址(Add)：福建省南安市西上工业区
邮编(P.C.)：362300
电话(Tel)：0579-85877018
传真(Fax)：0579-85877018
E-mail：yaoshengpaper@126.com
Http：//www.yaoshengpaper.com.cn
总经理(General Manager)：吕孙经
联系人(Contact Person)：吕孙经
产品(Products)：卫生纸，面巾纸
品牌(Brand)：飘叶，美来临，家家选

泉州市娇娇乐卫生用品有限公司
Quanzhou Jojo Sanitary Articles Co., Ltd.
地址(Add)：福建省南安市院下工业区
邮编(P.C.)：362343
电话(Tel)：0595-86091998
传真(Fax)：0595-86090998
E-mail：jojole@126.com
法人代表(Chairman)：李秀娇
总经理(General Manager)：李秀娇
联系人(Contact Person)：李秀娇
产品(Products)：卫生巾，卫生护垫，婴儿纸尿裤/片，卫生纸
品牌(Brand)：恋之娇，女生有缘，娇媚，娇媚宝贝，Saude，Comfort

莆田市东南纸业工贸有限公司
Putian Dongnan Paper I&T Co., Ltd.
地址(Add)：福建省莆田市城厢区天妃路278号
邮编(P.C.)：351100
电话(Tel)：0594-2291389
传真(Fax)：0594-2381389
E-mail：fjptdongnan@263.com
Http：//www.ptdnzy.com
总经理(General Manager)：谢凤池
联系人(Contact Person)：李志强
产品(Products)：餐巾纸

丰悦纸业有限公司
Fengyue Paper Co., Ltd.
地址(Add)：福建省莆田市涵江区梧塘镇后东工业区
邮编(P.C.)：351119
电话(Tel)：0594-3991152
传真(Fax)：0594-3991462
E-mail：ptfy3991152@163.com
Http：//www.ptfypaper.com
总经理(General Manager)：陈广悦
联系人(Contact Person)：翁准
产品(Products)：卫生纸，面巾纸，手帕纸
品牌(Brand)：丰悦，雅朵儿

莆田市涵江区福海纸品厂
Putian Fuhai Paper Products Factory
地址(Add)：福建省莆田市涵江区梧塘镇前东坡村1号
邮编(P.C.)：351119
电话(Tel)：0594-3868615
传真(Fax)：0594-3868615
E-mail：857761588@qq.com
Http：//ptfhzp.1688.com
联系人(Contact Person)：刘玉鹏
产品(Products)：餐巾纸，卫生纸

亿发纸业(福建)有限公司★
Yifa Paper (Fujian) Co., Ltd.
地址(Add)：福建省莆田市涵江区新涵工业区
邮编(P.C.)：351111
电话(Tel)：0594-3397998
传真(Fax)：0594-3566998
E-mail：yifazjl@126.com
Http：//www.yifagroup.com
法人代表(Chairman)：郑俊杰
总经理(General Manager)：许韩飞
联系人(Contact Person)：郑剑丽
产品(Products)：婴儿纸尿裤，卫生巾，卫生护垫，卫生纸，面巾纸，餐巾纸，擦手纸，厨房纸巾，原纸，湿巾
品牌(Brand)：手心缘，手心宝贝，幸福风，亲尔，手心呵护

莆田市清清纸业有限公司
Putian Qingqing Paper Co., Ltd.
地址(Add)：福建省莆田市仙游县鲤南工业区
邮编(P.C.)：351200
电话(Tel)：0594-8396661
传真(Fax)：0594-8396661
联系人(Contact Person)：陈爱华
产品(Products)：卫生纸，面巾纸
品牌(Brand)：清清，柔加洁

安诺纸业(福建)有限公司★
Annor Paper (Fujian) Co., Ltd.
地址(Add)：福建省秦屿潋城安诺工业园
邮编(P.C.)：355209
电话(Tel)：0593-7913533
传真(Fax)：0593-7919333
E-mail：zhangzhiyong@anjt.com.cn
Http：//www.anjt.com.cn
法人代表(Chairman)：谢忠行
总经理(General Manager)：谢斌
联系人(Contact Person)：张志勇
产品(Products)：卫生纸，面巾纸，手帕纸，餐巾纸，原纸，湿巾
品牌(Brand)：双福，福到家，春之晨

乐百惠(福建)卫生用品有限公司
Lebaihui (Fujian) Hygiene Products Co., Ltd.
地址(Add)：福建省泉州市东海滨城工业区东滨路
邮编(P.C.)：362000

电话(Tel)：0595 - 28788909
传真(Fax)：0595 - 28288909
Http://www. 乐百惠 . com
总经理(General Manager)：黄瑞莲
联系人(Contact Person)：黄瑞莲
产品(Products)：卫生巾，婴儿纸尿裤，生活用纸
品牌(Brand)：QQ 女孩，Oral，乐百惠

泉州凤新纸业制品有限公司
Quanzhou Fengxin Paper Co., Ltd.
地址(Add)：福建省泉州市惠安惠东工业园区(涂寨片)
邮编(P. C.)：362123
电话(Tel)：0595 - 27878989
传真(Fax)：0595 - 87209089
E-mail：qz11897@ 126. com
联系人(Contact Person)：张水木
产品(Products)：面巾纸，卫生纸，手帕纸，卫生巾，纸尿裤
品牌(Brand)：凤新，新和欣

惠安和成日用品有限公司
Fujian Huian Hecheng Household Products Co., Ltd.
地址(Add)：福建省泉州市惠安县东园新沙工业区
邮编(P. C.)：362122
电话(Tel)：0595 - 87586756
传真(Fax)：0595 - 87586758
E-mail：hengcan@ qzhecheng. com
Http://www. hkhshc. com
法人代表(Chairman)：黄晏来
总经理(General Manager)：王业运
联系人(Contact Person)：王业运
产品(Products)：卫生巾，卫生护垫，婴儿纸尿裤/片，成人纸尿裤/片，护理垫，面巾纸
品牌(Brand)：相约，洁明，乐帮适，皇氏，绿尔爽

雀氏(福建)实业发展有限公司
Chiaus (Fujian) Industrial Development Co., Ltd.
地址(Add)：福建省泉州市惠安县惠东工业区通港路 6 号
邮编(P. C.)：362133
电话(Tel)：0595 - 87203333
传真(Fax)：0595 - 87202333
E-mail：91work2008@ 163. com
Http://www. chiaus. com
法人代表(Chairman)：郑佳明
总经理(General Manager)：郑佳明
联系人(Contact Person)：罗毅
产品(Products)：婴儿纸尿裤/片，成人纸尿裤，护理垫，湿巾，卫生巾，生活用纸
品牌(Brand)：雀氏，班乐士，水知道，心巢

泉州顺顺纸巾厂
Quanzhou Shunshun Paper Factory
地址(Add)：福建省泉州市鲤城区天后路北段华联商厦 6 楼
邮编(P. C.)：362000
电话(Tel)：0595 - 22194488
传真(Fax)：0595 - 28063899
E-mail：2528177747@ qq. com
法人代表(Chairman)：陈旭明
总经理(General Manager)：陈旭明
联系人(Contact Person)：黄卿智
产品(Products)：湿巾，面巾纸
品牌(Brand)：火星部落

福建省泉州市盛峰卫生用品有限公司
Fujian Shengfeng Hygiene Products Co., Ltd.
地址(Add)：福建省泉州市洛江区双阳华侨万亩开发区
邮编(P. C.)：362000
电话(Tel)：0595 - 28013782
传真(Fax)：0595 - 28013781
Http://www. qzshengfeng. com
法人代表(Chairman)：梁伟成
总经理(General Manager)：梁伟成
联系人(Contact Person)：梁汝峰
产品(Products)：婴儿纸尿裤/片，成人纸尿裤/片，卫生巾，卫生护垫，湿巾，卫生纸

泉州市洛江区创佳妇幼纸品有限公司
Quanzhou Chuangjia Women & Infants' Paper Products Co., Ltd.
地址(Add)：福建省泉州市洛江区塘西工业园区新南路
邮编(P. C.)：362000
电话(Tel)：0595 - 22792262
传真(Fax)：0595 - 22792263
Http://www. qzcjfy. com
总经理(General Manager)：赖日生
联系人(Contact Person)：潘建胜
产品(Products)：卫生巾，卫生护垫，婴儿纸尿裤，成人纸尿裤，生活用纸
品牌(Brand)：期约，舒月，婴适宝，逗你玩

泉州市恒源纸业有限公司
Quanzhou Hengyuan Paper Co., Ltd.
地址(Add)：福建省泉州市洛江区万虹公路塘西工业区泰发路
邮编(P. C.)：362000
电话(Tel)：0595 - 22637936
传真(Fax)：0595 - 22637946
E-mail：hypaper@ qq. com
Http://www. hy - paper. com
总经理(General Manager)：黄耀才
联系人(Contact Person)：黄耀才
产品(Products)：面巾纸，卫生纸，手帕纸
品牌(Brand)：随手，清巧，宾悦

泉州市都市丽人实业有限公司
Quanzhou City Beauty Industrial Co., Ltd.
地址(Add)：福建省泉州市南安梅山工业区
邮编(P. C.)：362321
电话(Tel)：0595 - 86595258
传真(Fax)：0595 - 86595258
E-mail：1981226989@ qq. com
联系人(Contact Person)：黄荣华
产品(Products)：卫生巾，卫生护垫，婴儿纸尿裤，面巾纸
品牌(Brand)：都市丽人

泉州荣昌纸业有限公司
Quanzhou Rongchang Paper Co., Ltd.
地址(Add)：福建省泉州市南安新厅工业园
邮编(P. C.)：362300
电话(Tel)：0595 - 86231028

总经理(General Manager)：尤荣华
产品(Products)：卫生纸，面巾纸

泉州市华龙纸业有限公司
Hualong Paper Industry Co., Ltd.
地址(Add)：福建省泉州市新华南路荀浯大厦
邮编(P. C.)：362000
电话(Tel)：0595 - 28129669
传真(Fax)：0595 - 22553827
法人代表(Chairman)：洪东红
总经理(General Manager)：洪东红
联系人(Contact Person)：洪东红
产品(Products)：餐巾纸，面巾纸，卫生纸
品牌(Brand)：清沐纯子，柔曼诗，馨诺

泉州来亚丝卫生用品有限公司
Quanzhou Laiyasi Hygiene Products Co., Ltd.
地址(Add)：福建省泉州市永春县横口双恒工业园区
邮编(P. C.)：362619
电话(Tel)：0595 - 23973908
传真(Fax)：0595 - 23973678
E-mail：827809222@ qq. com
Http：//www. 来亚丝 . com
法人代表(Chairman)：张栋梁
联系人(Contact Person)：余金枝
产品(Products)：卫生巾，卫生护垫，婴儿纸尿裤/片，面巾纸，卫生纸
品牌(Brand)：来亚丝，奥莉丝，天嬉娃娃

三明市康尔佳卫生用品有限公司
Sanming Kangerjia Sanitary Products Co., Ltd.
地址(Add)：福建省三明市高新技术产业开发区金沙园六三路
邮编(P. C.)：365000
电话(Tel)：0598 - 5057798
传真(Fax)：0598 - 5057796
E-mail：web@ sx6h. com
Http：//www. kangerjia. com
法人代表(Chairman)：陈夏清
总经理(General Manager)：连辉俱
联系人(Contact Person)：郑景缤
产品(Products)：卫生巾，卫生护垫，婴儿纸尿裤/片，面巾纸
品牌(Brand)：蓓乐爽

福建三明明友卫生用品有限公司
Fujian Sanming Mingyou Hygiene Products Co., Ltd.
地址(Add)：福建省三明市绿岩新村 198 幢
邮编(P. C.)：365000
电话(Tel)：0598 - 8273536
传真(Fax)：0598 - 8273536
E-mail：elva - huangyuxin@ 163. com
总经理(General Manager)：王富兴
联系人(Contact Person)：王富兴
产品(Products)：餐巾纸，卫生纸，面巾纸
品牌(Brand)：丝带尔，片片心，笑宝宝，羽儿

理想纸业有限公司
Ideal Paper Co., Ltd.
地址(Add)：福建省三明市梅列区双园新村 55 幢 204 室
邮编(P. C.)：365014
电话(Tel)：0598 - 8239490
E-mail：2584429360@ qq. com
总经理(General Manager)：易成程
产品(Products)：面巾纸，餐巾纸，手帕纸，卫生纸，擦手纸，湿巾

三明市廷荣生活用品有限公司
Sanming Tinron Commodity Co., Ltd.
地址(Add)：福建省三明市三元区长兴路 7 号 1 幢
邮编(P. C.)：365001
电话(Tel)：0598 - 8223488
传真(Fax)：0598 - 8294066
E-mail：smtr0598@ 163. com
Http：//www. fjtinron. com
联系人(Contact Person)：郑挺
产品(Products)：卫生纸，面巾纸，厨房纸巾，擦手纸
品牌(Brand)：金姿

福建省三明市宏源卫生用品有限公司
Fujian Sanming Hongyuan Sanitary Things Co., Ltd.
地址(Add)：福建省三明市三元区荆东开发区
邮编(P. C.)：365000
电话(Tel)：0598 - 8399998
传真(Fax)：0598 - 8399966
E-mail：zx19720527@ 126. com
Http：//www. hywsyp. com. cn
法人代表(Chairman)：叶秋水
总经理(General Manager)：叶秋水
联系人(Contact Person)：叶强水
产品(Products)：卫生巾，卫生护垫，卫生纸，餐巾纸，手帕纸，面巾纸，婴儿纸尿裤/片
品牌(Brand)：女友，贝族 6 + 1，宏叶

大宇企业
Dayu Paper Enterprise
地址(Add)：福建省石狮市蚶江莲中工业区迪士尼商厦 1 - 4 楼
邮编(P. C.)：362700
电话(Tel)：0595 - 88585711
传真(Fax)：0595 - 88585744
E-mail：dayu0595@ 126. com
Http：//www. dayu. cc
总经理(General Manager)：陈垂辉
联系人(Contact Person)：林兰兰
产品(Products)：餐巾纸
品牌(Brand)：大宇

豪友纸品有限公司
Haoyou Paper Co., Ltd.
地址(Add)：福建省石狮市永宁黄金大道豪友工业大厦
邮编(P. C.)：362700
电话(Tel)：0595 - 88482216
传真(Fax)：0595 - 88492216
联系人(Contact Person)：董国强
产品(Products)：餐巾纸，面巾纸，湿巾

福建贵祥纸业有限公司★
Fujian Guixiang Paper Co., Ltd.
地址(Add)：福建省松溪县郑墩镇旺达工业区
邮编(P. C.)：323203
电话(Tel)：0599 - 2263369

传真(Fax)：0595－2266111
法人代表(Chairman)：依荣爱
总经理(General Manager)：艾兆桂
联系人(Contact Person)：艾兆桂
产品(Products)：原纸，餐巾纸，面巾纸

厦门瑞丰纸业有限公司
Xiamen Ruifeng Paper Co., Ltd.
地址(Add)：福建省厦门市东浦路60号
邮编(P. C.)：361007
电话(Tel)：0592－5668082
传真(Fax)：0592－5668082
联系人(Contact Person)：谢子森
产品(Products)：面巾纸，卫生纸，擦手纸，餐巾纸

月恒(厦门)纸业有限公司
Yueheng (Xiamen) Paper Co., Ltd.
地址(Add)：福建省厦门市海沧开发区海沧大道2999号
邮编(P. C.)：361000
电话(Tel)：0592－6530001
传真(Fax)：0592－6530002
E-mail：yueheng2012@163.com
Http://www.chinayueheng.com
总经理(General Manager)：林少
联系人(Contact Person)：王文娟
产品(Products)：卫生纸
品牌(Brand)：纯度，洁白

厦门辉伟纸业有限公司
Xiamen Huiwei Paper Co., Ltd.
地址(Add)：福建省厦门市海沧区东屿
邮编(P. C.)：361026
电话(Tel)：0592－6050685
传真(Fax)：0592－6023229
联系人(Contact Person)：钟小桥
产品(Products)：卫生纸，餐巾纸，面巾纸
品牌(Brand)：兰花草

厦门新阳纸业有限公司★
Xiamen Sinyang Paper Co., Ltd.
地址(Add)：福建省厦门市海沧区新阳街道龙门岭南路88号
邮编(P. C.)：361026
电话(Tel)：0592－6899622
传真(Fax)：0592－6299627
E-mail：yeppzdz@163.com
Http://www.sinyangpaper.com
法人代表(Chairman)：谢良生
总经理(General Manager)：陈奇
联系人(Contact Person)：章进省
产品(Products)：卫生纸，面巾纸，手帕纸，原纸
品牌(Brand)：羽诺，快乐家族

厦门心吉柔生活用纸制品加工厂
Xiamen Xinjirou Paper Factory
地址(Add)：福建省厦门市湖里区五通下边工业区
邮编(P. C.)：361000
电话(Tel)：0592－5233514
传真(Fax)：0592－5233514
联系人(Contact Person)：黄培昆
产品(Products)：卫生纸，餐巾纸，面巾纸，厨房纸巾，擦手纸
品牌(Brand)：心吉柔，呈祥，鑫猫人

厦门市协鑫达工贸有限公司
Xiamen Xiexinda Industry and Trade Co., Ltd.
地址(Add)：福建省厦门市湖里区兴隆路394号30
邮编(P. C.)：361000
电话(Tel)：0592－5784054
传真(Fax)：0592－5714165
总经理(General Manager)：苏荣比
产品(Products)：卫生纸，面巾纸，手帕纸，餐巾纸，盘纸
品牌(Brand)：海堤

厦门耀健纸品有限公司
Xiamen Yaojian Paper Industry Co., Ltd.
地址(Add)：福建省厦门市集美后溪工业区金辉路28号
邮编(P. C.)：361004
电话(Tel)：0592－5822863
传真(Fax)：0592－5823863
Http://www.yaojianpaper.com
法人代表(Chairman)：石耀健
总经理(General Manager)：石耀健
联系人(Contact Person)：石耀健
产品(Products)：卫生纸，餐巾纸，面巾纸，擦手纸
品牌(Brand)：多吉美

厦门金舒心工贸有限公司
Xiamen Jinshuxin Industry and Trade Co., Ltd.
地址(Add)：福建省厦门市嘉禾路太平洋广场南楼304号
邮编(P. C.)：361000
电话(Tel)：0592－3621423
传真(Fax)：0592－5045533
E-mail：340396751@qq.com
Http://www.ujj8795011.cn
联系人(Contact Person)：王金华
产品(Products)：面巾纸，手帕纸，盘纸，卫生纸，擦手纸，餐巾纸
品牌(Brand)：舒心

厦门鑫旺中工贸有限公司
Xiamen Xinwangzhong Industry and Trade Co., Ltd.
地址(Add)：福建省厦门市莲花五村谊爱路58号(鑫旺中厂房)
邮编(P. C.)：361000
电话(Tel)：0592－5512121
传真(Fax)：0592－5212130
E-mail：wz8846763@163.com
Http://www.xmxwz.com
法人代表(Chairman)：吴龚华
总经理(General Manager)：吴龚华
联系人(Contact Person)：蔡亿洪
产品(Products)：餐巾纸，面巾纸，擦手纸，湿巾
品牌(Brand)：丽派

厦门市洁鑫工贸有限公司
Xiamen Jiexin Industry and Trade Co., Ltd.
地址(Add)：福建省厦门市莲前西路871号A栋厂房四楼
邮编(P. C.)：361000
电话(Tel)：0592－5325330
传真(Fax)：0592－5825330

E-mail：service@ jiexinpaper. com
Http：//www. jiexinpaper. com
联系人(Contact Person)：张淑平
产品(Products)：餐巾纸，面巾纸，卫生纸，湿巾

盛益(厦门)工贸有限公司
Shengyi (Xiamen) Industry & Trade Co., Ltd.
地址(Add)：福建省厦门市思明区洪莲北路工业区
邮编(P. C.)：361000
电话(Tel)：0592－5026390
传真(Fax)：0592－5972390
联系人(Contact Person)：潘凉水
产品(Products)：卫生纸，面巾纸

厦门舒琦纸业有限公司
Xiamen Shuqi Paper Co., Ltd.
地址(Add)：福建省厦门市思明区莲前何厝虎仔山下6号
邮编(P. C.)：361008
电话(Tel)：0592－5216310
传真(Fax)：0592－5216374
联系人(Contact Person)：刘建筑
产品(Products)：卫生纸，面巾纸，手帕纸，餐巾纸，擦手纸
品牌(Brand)：美舒柔

厦门市喆明工贸有限公司
Xiamen Zhejing Industry & Trade Co., Ltd.
地址(Add)：福建省厦门市同安区同集北路193号3楼
邮编(P. C.)：361100
电话(Tel)：0592－5286876
传真(Fax)：0592－5286836
E-mail：xmzmgm@ 126. com
法人代表(Chairman)：李朗
总经理(General Manager)：刘旭明
联系人(Contact Person)：刘旭明
产品(Products)：卫生纸，手帕纸，面巾纸

莎琪(厦门)科技有限公司
Shaqi (Xiamen) Technology Co., Ltd.
地址(Add)：福建省厦门市翔安产业区翔岳路23号北栋2层
邮编(P. C.)：361100
电话(Tel)：0592－7828588
传真(Fax)：0592－7802638
E-mail：xmsq_2006@ 163. com
Http：//www. xmsq2006. wtianx. com
法人代表(Chairman)：施秀端
总经理(General Manager)：施秀端
联系人(Contact Person)：李小明
产品(Products)：卫生巾，卫生护垫，婴儿纸尿裤，面巾纸
品牌(Brand)：莎琪

厦门源福祥卫生用品有限公司
Xiamen Yuanfuxiang Hygiene Products Co., Ltd.
地址(Add)：福建省厦门市翔安工业园区舫山北二路1108号
邮编(P. C.)：361101
电话(Tel)：0592－7069567
传真(Fax)：0592－7161789
E-mail：xmyfxzp@ 163. com
Http：//www. yfxzp. com
法人代表(Chairman)：陈锦延
总经理(General Manager)：陈锦延
联系人(Contact Person)：汪玉芳
产品(Products)：卫生巾，卫生护垫，卫生纸，面巾纸，手帕纸，餐巾纸，婴儿纸尿裤/片，成人纸尿裤，护理垫，湿巾
品牌(Brand)：丹诗奴，好舒适，花之秀，淘乐氏，羽飘，康护理

福建福益卫生用品有限公司
Fujian Fuyi Health Products Co., Ltd.
地址(Add)：福建省云霄县下河工业区
邮编(P. C.)：363304
电话(Tel)：0596－8508551
传真(Fax)：0596－8508559
E-mail：chengongchang@ 126. com
总经理(General Manager)：王连升
产品(Products)：卫生纸
品牌(Brand)：绿之乡

漳州隆盛纸品有限公司
Zhangzhou Longsheng Paper Co., Ltd.
地址(Add)：福建省漳州市长泰县岩溪镇工业区
邮编(P. C.)：363900
电话(Tel)：0596－8285118
联系人(Contact Person)：黄宝辉
产品(Products)：卫生纸，面巾纸
品牌(Brand)：敦信，隆盛

金红叶纸业(漳州)有限公司
Gold Hongye Paper (Zhangzhou) Co., Ltd.
地址(Add)：福建省漳州市龙海市角美镇龙池开发区金展源工业园
邮编(P. C.)：363000
电话(Tel)：0596－6267018
产品(Products)：面巾纸，卫生纸
品牌(Brand)：清风，真真

福建省漳州市信义纸业有限公司
Fujian Zhangzhou Xinyi Paper Co., Ltd.
地址(Add)：福建省漳州市龙文经济开发区横三路
邮编(P. C.)：363005
电话(Tel)：0596－2171536
传真(Fax)：0596－2171538
法人代表(Chairman)：郑小岸
总经理(General Manager)：郑小岸
联系人(Contact Person)：朱连木
产品(Products)：卫生巾，生活用纸，婴儿纸尿裤
品牌(Brand)：动之傲，信义，梦得娇，美纤奇

福建省佳亿(漳州)纸业有限公司★
Fujian Jiayi Paper Co., Ltd.
地址(Add)：福建省漳州市平和黄井工业开发区
邮编(P. C.)：363704
电话(Tel)：0596－5553777
传真(Fax)：0596－5552777
E-mail：790885866@ qq. com
总经理(General Manager)：周素君
产品(Products)：原纸，面巾纸

凤竹(漳州)纸业有限公司★
Fengzhu Paper Co., Ltd.
地址(Add):福建省漳州市平和黄井工业园区
邮编(P. C.):363700
电话(Tel):0596-7031188
传真(Fax):0596-7031222
E-mail:fengzhu5678890@163.com
Http://www.fjfzzy.com
联系人(Contact Person):麦义坤
产品(Products):原纸,盘纸,衬纸

漳州市东方纸业
Zhangzhou Dongfang Paper Co.
地址(Add):福建省漳州市巧山工业园内
邮编(P. C.):363118
电话(Tel):0596-6663999
法人代表(Chairman):吴志坚
总经理(General Manager):吴志坚
联系人(Contact Person):吴志坚
产品(Products):面巾纸
品牌(Brand):安情,靓女世界,靓菲

漳州向上机械有限公司
Zhangzhou Up&Up Machinery Co., Ltd.
地址(Add):福建省漳州市桃林路16号
邮编(P. C.):363000
电话(Tel):0596-2651676
传真(Fax):0596-2651776
E-mail:up-packer@163.com
法人代表(Chairman):李志勇
总经理(General Manager):李志勇
联系人(Contact Person):李志辉
产品(Products):面巾纸

中南纸业(福建)有限公司
Zhongnan Paper Co., Ltd.
地址(Add):福建省漳州市芗城区北斗福星工业园6号厂房
邮编(P. C.):363000
电话(Tel):0596-6390666
传真(Fax):0596-6390555
E-mail:1870230645@qq.com
Http://www.中南纸业.cn
法人代表(Chairman):梅中
总经理(General Manager):梅中
联系人(Contact Person):吴胜南
产品(Products):湿巾,生活用纸
品牌(Brand):尚蕊

漳州鑫炎环保产业有限公司★
Zhangzhou Xinyan Environmental Protection Products Co., Ltd.
地址(Add):福建省漳州市芗城区古塘路55号(糖厂内)
邮编(P. C.):363000
电话(Tel):0596-2993667
传真(Fax):0596-2993077
E-mail:xinyan@xinyan.net
法人代表(Chairman):吴今焕
总经理(General Manager):吴得意
联系人(Contact Person):吴燕雳
产品(Products):卫生纸,面巾纸,餐巾纸,手帕纸,原纸
品牌(Brand):妙意

漳州市联安纸业有限公司
Zhangzhou Lianan Paper Co., Ltd.
地址(Add):福建省漳州市芗城区金峰开发区金闽路9号北斗工业园7号楼
邮编(P. C.):363001
电话(Tel):0596-2889909
传真(Fax):0596-2889907
E-mail:liananpaper@163.com
Http://www.zzlianan.com
联系人(Contact Person):赖孟峰
产品(Products):面巾纸,手帕纸,卫生纸
品牌(Brand):如歌岁月,倾城之恋,美妮雅

漳州市芗城晓莉卫生用品有限公司
Zhangzhou Xiangcheng Xiaoli Hygiene Products Co., Ltd.
地址(Add):福建省漳洲市芗城区石亭丰乐工业区
邮编(P. C.):363000
电话(Tel):0596-2552936
传真(Fax):0596-2552205
E-mail:anyue@an-yue.com.cn
Http://www.an-yue.com.cn
法人代表(Chairman):林莉
总经理(General Manager):林莉
联系人(Contact Person):林晓渝
产品(Products):卫生巾,卫生护垫,产妇专用巾,护理垫,妇婴两用巾,婴儿纸尿裤/片,面巾纸,卫生纸,擦手纸,湿巾
品牌(Brand):安月,比洁

● 江西 Jiangxi

江西乐平市菊香纸业
Leping Juxiang Paper Wholesale Store
地址(Add):江西乐平赣东北大市场老区467号
邮编(P. C.):333300
电话(Tel):0798-6825190
传真(Fax):0798-6216860
E-mail:zhurxi@sina.com
总经理(General Manager):程菊香
联系人(Contact Person):朱瑞锡
产品(Products):卫生纸,面巾纸,手帕纸
品牌(Brand):阳光宝贝

南昌金红叶纸业有限公司
Nanchang Gold Hongye Paper Co., Ltd.
地址(Add):江西南昌小蓝经济开发区富山三路1063号
邮编(P. C.):330200
电话(Tel):0794-85975919
产品(Products):卫生纸,面巾纸,手帕纸
品牌(Brand):清风,真真

江西绮玉纸业有限公司
Jiangxi Qiyu Paper Products Co., Ltd.
地址(Add):江西省德安县老山湾
邮编(P. C.):330408
电话(Tel):0792-4551111

传真(Fax)：0792－4550069
E-mail：jxkczy@126.com
Http：//www.kc－zy.com
法人代表(Chairman)：祝孝鹏
总经理(General Manager)：祝孝鹏
联系人(Contact Person)：祝孝鹏
产品(Products)：卫生纸，面巾纸，手帕纸
品牌(Brand)：绮玉

恒安(江西)家庭用品有限公司
Hengan (Jiangxi) Commodities Co., Ltd.
地址(Add)：江西省东乡县省级经济开发区
邮编(P.C.)：331801
电话(Tel)：0794－4381172
传真(Fax)：0794－4382392
E-mail：chentz@mail.hengan.com.cn
法人代表(Chairman)：施文博
总经理(General Manager)：吴鸿强
联系人(Contact Person)：陈铁照
产品(Products)：卫生巾，婴儿纸尿裤，成人纸尿裤，卫生纸
品牌(Brand)：安乐，安尔乐，安儿乐，安而康，心相印，柔影

抚州市兴业实业有限公司
Fuzhou Xingye Industrial Co., Ltd.
地址(Add)：江西省抚州市抚州北工业园区
邮编(P.C.)：344100
电话(Tel)：0794－8457338
传真(Fax)：0794－8457333
E-mail：610852504@qq.com
总经理(General Manager)：付鑫祥
联系人(Contact Person)：曾海宝
产品(Products)：卫生纸
品牌(Brand)：真妙，优韵，倍柔

抚州天新环保纸业有限公司
Fuzhou Tianxin Environmental Protection Paper Co., Ltd.
地址(Add)：江西省抚州市南城县第三工业园区
邮编(P.C.)：344700
电话(Tel)：0794－7220555
传真(Fax)：0794－7222202
总经理(General Manager)：严国应
产品(Products)：卫生纸

大余县金丰纸巾厂
Dayu Jinfeng Paper Factory
地址(Add)：江西省赣州市大余县新城镇工业区
邮编(P.C.)：341501
电话(Tel)：0797－8780260
联系人(Contact Person)：朱发贵
产品(Products)：卫生纸，餐巾纸，面巾纸

赣州蓓丽斯纸业有限公司
Ganzhou Beilisi Paper Co., Ltd.
地址(Add)：江西省赣州市沙河站东沿湖路
邮编(P.C.)：341000
电话(Tel)：0797－8189118
传真(Fax)：0797－8189198
E-mail：blszy.2008@163.com
法人代表(Chairman)：郭小年
总经理(General Manager)：郭小明
产品(Products)：手帕纸，面巾纸，擦手纸，卫生纸
品牌(Brand)：蓓丽斯

赣州华劲纸业有限公司★
Ganzhou Huajin Paper Co., Ltd.
地址(Add)：江西省赣州市水西镇桑园下168号
邮编(P.C.)：341000
电话(Tel)：0797－8251388
传真(Fax)：0797－8253018
E-mail：jxnz@hwagain.com
Http：//www.hwagain.com
总经理(General Manager)：黄高强
产品(Products)：卫生纸，原纸

赣州市崇星实业有限公司
Ganzhou Chongxing Industry Co., Ltd.
地址(Add)：江西省赣州市章贡区沙石镇龙石头
邮编(P.C.)：341000
电话(Tel)：0797－8185588
传真(Fax)：0797－8185599
法人代表(Chairman)：吴礼如
总经理(General Manager)：吴志农
联系人(Contact Person)：吴志农
产品(Products)：餐巾纸，面巾纸，卫生纸，手帕纸
品牌(Brand)：花之约

赣州华鑫卫生用品有限公司
Ganzhou Huaxin Hygiene Products Co., Ltd.
地址(Add)：江西省赣州市章贡区沙市镇埠上村
邮编(P.C.)：341000
电话(Tel)：0797－8188768
传真(Fax)：0797－8188959
法人代表(Chairman)：谢小平
产品(Products)：卫生纸
品牌(Brand)：华鑫，妙手，宝鼎王

赣州市章贡区洁丽纸品厂
Ganzhou Jieli Paper Factory
地址(Add)：江西省赣州市章贡区章贡路9号
邮编(P.C.)：341000
电话(Tel)：0797－8298788
传真(Fax)：0797－8298788
E-mail：287540301@qq.com
总经理(General Manager)：谢华
产品(Products)：餐巾纸，卫生纸

广丰县元泉纸业有限公司★
Guangfeng Yuaquan Paper Co., Ltd.
地址(Add)：江西省广丰县芦林工业区内
邮编(P.C.)：334600
电话(Tel)：0793－2678618
传真(Fax)：0793－2678618
总经理(General Manager)：吴香菊
联系人(Contact Person)：刘兴国
产品(Products)：面巾纸，餐巾纸，原纸

月兔卫生用品有限公司
Yuetu Sanitary Articles Co., Ltd.
地址(Add)：江西省广丰县芦林工业园双金路

邮编(P. C.)：334600
电话(Tel)：0793－2625515
传真(Fax)：0793－2625517
E-mail：sales@yuetu.org
Http://www.yuetu.org
法人代表(Chairman)：蒋国山
联系人(Contact Person)：蒋忠山
产品(Products)：卫生巾，面巾纸，餐巾纸，卫生纸，婴儿纸尿裤/片
品牌(Brand)：月兔，黛安娜，三清山

吉安旺达纸品厂
Jian Wangda Paper Products Factory
地址(Add)：江西省吉安市吉州区吉福路43号(纸箱厂旁)
邮编(P. C.)：343000
电话(Tel)：0796－8318877
联系人(Contact Person)：张招华
产品(Products)：餐巾纸，擦手纸，卫生纸

吉安市丽洁纸品有限公司
Jian Lijie Paper Products Co., Ltd.
地址(Add)：江西省吉安市青原区富田开发区文山路76号
邮编(P. C.)：343062
电话(Tel)：0796－8631199
传真(Fax)：0796－8631199
联系人(Contact Person)：胡立节
产品(Products)：餐巾纸，面巾纸，卫生纸
品牌(Brand)：爱曼诗

荣辉纸品有限公司
Ronghui Paper Products Co., Ltd.
地址(Add)：江西省吉安市万安县河西工业园
邮编(P. C.)：343000
电话(Tel)：0796－5839296
传真(Fax)：0796－5839296
联系人(Contact Person)：赖贤辉
产品(Products)：卫生纸，面巾纸

峡江县水边纸制品厂
Xiajiang Shuibian Paper Products Factory
地址(Add)：江西省吉安市峡江县城南工业园
邮编(P. C.)：343000
电话(Tel)：0796－3672931
传真(Fax)：0796－3675930
联系人(Contact Person)：李吉生
产品(Products)：卫生纸，餐巾纸，面巾纸，擦手纸

吉安县爱家纸品厂
Jian Aijia Paper Products Plant
地址(Add)：江西省吉安县工业园西区
邮编(P. C.)：343100
电话(Tel)：0796－3447810
传真(Fax)：0796－3447810
联系人(Contact Person)：马勇
产品(Products)：卫生纸

吉安阳光纸制品厂
Jian Yangguang Paper Factory
地址(Add)：江西省吉安县梅塘镇工业园
邮编(P. C.)：343131
电话(Tel)：0796－8611688
E-mail：1185638146@qq.com
联系人(Contact Person)：胡昌久
产品(Products)：卫生纸

景德镇市瓷都纸业有限公司
Jingdezhen Cidu Paper Co., Ltd.
地址(Add)：江西省景德镇市陶瓷科园(金岭大道旁)
邮编(P. C.)：333426
电话(Tel)：0798－2812899
传真(Fax)：0798－2815588
法人代表(Chairman)：吴和华
总经理(General Manager)：吴和华
联系人(Contact Person)：吴和华
产品(Products)：卫生纸，餐巾纸
品牌(Brand)：瓷都

九江市白洁卫生用品有限公司
Jiujiang Baijie Hygiene Products Co., Ltd.
地址(Add)：江西省九江市庐山区白洁工业园区
邮编(P. C.)：332000
电话(Tel)：0792－8992211
传真(Fax)：0792－8992233
E-mail：jjbaijie@163.com
联系人(Contact Person)：张吉忠
产品(Products)：面巾纸，卫生巾，卫生护垫，湿巾

乐平市阳光纸厂
Leping Yangguang Paper Plant
地址(Add)：江西省乐平市赣东北大市场467号
邮编(P. C.)：333300
电话(Tel)：0798－6825190
传真(Fax)：0798－6216860
E-mail：zhurxi@sina.com
联系人(Contact Person)：朱瑞锡
产品(Products)：卫生纸
品牌(Brand)：阳光宝贝

南昌万家洁卫生制品有限公司
Nanchang Wanjiajie Hygiene Products Co., Ltd.
地址(Add)：江西省南昌市八一乡甫下园
邮编(P. C.)：330006
电话(Tel)：0791－85818261
传真(Fax)：0791－85818261
E-mail：987256210@qq.com
Http://ncwjj.cn.alibaba.com
联系人(Contact Person)：林德志
产品(Products)：面巾纸，餐巾纸，擦手纸，厨房纸巾，湿巾

建萍纸品厂
Jianping Paper Products Plant
地址(Add)：江西省南昌市昌北白水湖工业园区北山新村
邮编(P. C.)：330013
电话(Tel)：0791－8678323
传真(Fax)：0791－8678323
总经理(General Manager)：涂小花
产品(Products)：卫生纸，餐巾纸

南昌市恒昌百货有限公司
Nanchang Hengchang Commodity Co., Ltd.
地址(Add)：江西省南昌市昌东工业园沈桥路666号
邮编(P. C.)：330012
电话(Tel)：0791-8379525
传真(Fax)：0791-8217759
E-mail：hcbh. cn@163. com
总经理(General Manager)：徐正美
产品(Products)：卫生纸

南昌市新源纸业有限公司
Nanchang Xinyuan Paper Co., Ltd.
地址(Add)：江西省南昌市昌南工业园
邮编(P. C.)：330000
电话(Tel)：0791-85770897
传真(Fax)：0791-85770897
E-mail：275488748@qq. com
联系人(Contact Person)：唐成龙
产品(Products)：卫生纸

南昌鑫隆达纸业有限公司★
Nanchang Xinlongda Paper Co., Ltd.
地址(Add)：江西省南昌市高新开发区民富路209号
邮编(P. C.)：330039
电话(Tel)：0791-88383218
传真(Fax)：0791-88383308
E-mail：ncxinlongda@163. com
法人代表(Chairman)：胡明亮
联系人(Contact Person)：胡明亮
产品(Products)：原纸，盘纸，卫生纸，擦手纸，面巾纸，餐巾纸，湿巾

江西省南昌市友爱纸品厂
Nanchang Youai Paper Products Factory
地址(Add)：江西省南昌市高新开发区民营科技园民营大道
邮编(P. C.)：330029
电话(Tel)：0791-88383363
传真(Fax)：0791-88222208
总经理(General Manager)：游爱英
联系人(Contact Person)：黄建军
产品(Products)：面巾纸，手帕纸，餐巾纸

南昌市永发纸业有限公司
Nanchang Yongfa Paper Products Co., Ltd.
地址(Add)：江西省南昌市湖坊工业园C区19栋
邮编(P. C.)：330000
电话(Tel)：0791-8295676
传真(Fax)：0791-8295748
总经理(General Manager)：刘献平
产品(Products)：卫生纸，面巾纸，擦手纸

江西南昌八一恒盛造纸厂
Nanchang Hengsheng Paper Mill
地址(Add)：江西省南昌市南昌县莲塘镇莲谢路188号
邮编(P. C.)：330299
电话(Tel)：0791-85817099
法人代表(Chairman)：周国民
总经理(General Manager)：周国民
联系人(Contact Person)：周国民
产品(Products)：卫生纸

南昌县八一三鑫纸业★
Nanchang Bayisanxin Paper
地址(Add)：江西省南昌市南昌县莲谢中路188号
邮编(P. C.)：330200
电话(Tel)：0791-85816119
总经理(General Manager)：穆庆富
产品(Products)：原纸，盘纸，衬纸

南昌市鸿欣纸业★
Nanchang Hongxin Paper
地址(Add)：江西省南昌市南昌县小兰邓埠村
邮编(P. C.)：330052
电话(Tel)：0791-6562662
联系人(Contact Person)：徐细员
产品(Products)：卫生巾，卫生纸，面巾纸，餐巾纸，原纸

南昌县川丰纸品厂
Nanchang Chuanfeng Paper Products Factory
地址(Add)：江西省南昌市南昌县小兰国税对面
邮编(P. C.)：330200
电话(Tel)：0791-85727839
传真(Fax)：0791-85727839
总经理(General Manager)：朱国平
产品(Products)：卫生纸，餐巾纸
品牌(Brand)：川丰，追求

南昌市展翅纸品公司
Nanchang Zhanchi Paper Products Co.
地址(Add)：江西省南昌市青山湖区昌东工业园佛塔街
邮编(P. C.)：330012
电话(Tel)：0791-88172860
传真(Fax)：0791-88172860
总经理(General Manager)：邓雪荣
产品(Products)：卫生纸

南昌市皓洁纸品厂
Nanchang Haojie Paper Products Factory
地址(Add)：江西省南昌市青山湖区胡家产业园
邮编(P. C.)：330200
电话(Tel)：0791-6508600
E-mail：568878999@qq. com
法人代表(Chairman)：吕全国
总经理(General Manager)：吕全国
联系人(Contact Person)：吕全国
产品(Products)：卫生纸
品牌(Brand)：皓洁，红指印

南昌向阳纸品厂
Nanchang Xiangyang Paper Products Plant
地址(Add)：江西省南昌市青云谱区京川工业园
邮编(P. C.)：330006
电话(Tel)：0791-88441595
联系人(Contact Person)：舒勇平
产品(Products)：餐巾纸，卫生纸
品牌(Brand)：向阳，欢友，庐山风，金爵士

南昌市欣荣纸业有限公司
Nanchang Xinrong Paper Co., Ltd.
地址(Add)：江西省南昌市小蓝经济开发区金沙一路243号

邮编(P. C.)：330200
电话(Tel)：0791－85976797
传真(Fax)：0791－85976760
联系人(Contact Person)：刘期
产品(Products)：餐巾纸，卫生纸，面巾纸

江西康奥金桥实业有限公司
Jiangxi Kangao Jinqiao Industry Co., Ltd.
地址(Add)：江西省南昌市新建外商投资开发区
邮编(P. C.)：330100
电话(Tel)：0791－87070887
传真(Fax)：0791－87070885
法人代表(Chairman)：鄢文彬
总经理(General Manager)：鄢文彬
联系人(Contact Person)：鄢文彬
产品(Products)：餐巾纸，卫生纸，擦手纸，盘纸，纸尿片
品牌(Brand)：圆点，纸缘

江西省康美洁卫生用品有限公司
Jiangxi Kangmeijie Health Articles Co., Ltd.
地址(Add)：江西省南昌市新建县经济开发区联福大道688号
邮编(P. C.)：330100
电话(Tel)：0791－83681666
传真(Fax)：0791－83681666
E-mail：kangmeijie@hotsales.net
Http://www.jxkmj.com
总经理(General Manager)：胡国林
联系人(Contact Person)：胡国林
产品(Products)：湿巾，美容巾，一次性毛巾，餐巾纸，面巾纸，卫生纸，擦手纸
品牌(Brand)：康美洁，沁尔，幽忧

南昌市博缘纸品厂
Nanchang Boyuan Paper Products Factory
地址(Add)：江西省南昌县东新开发区
邮编(P. C.)：330000
电话(Tel)：0791－6515451
联系人(Contact Person)：胡强
产品(Products)：卫生纸

莲花县海洋实业有限公司
Lianhua Haiyang Industry Co., Ltd.
地址(Add)：江西省萍乡市莲花县工业园B区
邮编(P. C.)：337100
电话(Tel)：0799－7238669
传真(Fax)：0799－7238966
E-mail：1352527793@qq.com
联系人(Contact Person)：刘勇
产品(Products)：面巾纸，餐巾纸

鄱阳湖纸业公司
Poyanghu Paper Co., Ltd.
地址(Add)：江西省鄱阳县城麻厂路(原县玩具厂内)
邮编(P. C.)：333100
电话(Tel)：0793－6261322
传真(Fax)：0793－6261322
法人代表(Chairman)：胡滨
总经理(General Manager)：胡贵和
联系人(Contact Person)：胡贵和
产品(Products)：卫生纸，餐巾纸，手帕纸，湿巾

瑞金市嘉利发纸品有限公司
Ruijin Jialifa Paper Products Co., Ltd.
地址(Add)：江西省瑞金市金沙工业园
邮编(P. C.)：342500
电话(Tel)：0797－2503333
传真(Fax)：0797－2503333
法人代表(Chairman)：黄水金
总经理(General Manager)：黄金元
联系人(Contact Person)：黄金元
产品(Products)：面巾纸，卫生纸，卫生巾
品牌(Brand)：嘉士利

江西新益卫生用品有限公司
Jiangxi Xinyi Hygiene Products Co., Ltd.
地址(Add)：江西省上饶市经济技术开发区(三清山西大道101号)
邮编(P. C.)：334000
电话(Tel)：0793－8461883
传真(Fax)：0793－8461882
总经理(General Manager)：陈礼炎
产品(Products)：面巾纸，卫生纸，手帕纸，餐巾纸，擦手纸，纸尿裤/片

上饶市玉丰纸业有限公司
Shangrao Yufeng Paper Co., Ltd.
地址(Add)：江西省上饶市陵园路19号
邮编(P. C.)：334000
电话(Tel)：0793－8157032
传真(Fax)：0793－8157032
总经理(General Manager)：陈思宏
产品(Products)：卫生纸，面巾纸，餐巾纸，湿巾

上饶市林氏玉融纸业有限公司
Shangrao Linshi Yurong Paper Co., Ltd.
地址(Add)：江西省上饶市信州区同心村三江桥工业区
邮编(P. C.)：334000
电话(Tel)：0793－7089916
传真(Fax)：0793－8157108
E-mail：865786549@qq.com
法人代表(Chairman)：林瑞良
总经理(General Manager)：林瑞良
联系人(Contact Person)：林瑞良
产品(Products)：餐巾纸，卫生纸，面巾纸
品牌(Brand)：玉融

● 山东 Shandong

博兴县福康纸制品厂
Boxing Fukang Paper Products Factory
地址(Add)：山东省滨州市博兴县锦秋街道办事处博城六路食品厂院内
邮编(P. C.)：256500
电话(Tel)：0543－2663292
传真(Fax)：0543－2381416
法人代表(Chairman)：郭志强
总经理(General Manager)：郭志强
联系人(Contact Person)：郭志强
产品(Products)：卫生纸
品牌(Brand)：福康，秀禾，佳邦

山东省滨州市康洁纸业有限公司
Binzhou Kangjie Paper Co., Ltd.
地址(Add): 山东省滨州市黄河一路 890 号
邮编(P. C.): 256699
电话(Tel): 0543 - 3272777
Http://www. apple777. cn
总经理(General Manager): 姜涛
联系人(Contact Person): 姜涛
产品(Products): 餐巾纸, 手帕纸, 擦手纸, 面巾纸, 盘纸, 湿巾
品牌(Brand): 康洁

宏业商贸
Hongye Trade Co.
地址(Add): 山东省滨州市邹平县福海路
邮编(P. C.): 256200
电话(Tel): 0543 - 2102111
传真(Fax): 0543 - 4343246
联系人(Contact Person): 韩星海
产品(Products): 卫生纸, 手帕纸, 面巾纸, 湿巾

山东天地缘纸业有限公司★
Shandong Tiandiyuan Paper Co., Ltd.
地址(Add): 山东省滨州市邹平县魏桥工业园区
邮编(P. C.): 256212
电话(Tel): 0543 - 4737999
传真(Fax): 0543 - 4732777
E-mail: tiandiyuanjituan@ 126. com
Http://www. tdyjt. com
法人代表(Chairman): 张宏伟
总经理(General Manager): 赵怀礼
联系人(Contact Person): 王巧英
产品(Products): 卫生纸, 原纸
品牌(Brand): 天地缘, 宝来, 宝缘

潍坊金润卫生材料有限公司★
Weifang Jinrun Hygienic Material Co., Ltd.
地址(Add): 山东省昌乐经济开发区新昌路北首
邮编(P. C.): 262400
电话(Tel): 0536 - 6279129
传真(Fax): 0536 - 6287126
E-mail: lihaiying0010@ 163. com
联系人(Contact Person): 李海英
产品(Products): 原纸, 餐巾纸, 面巾纸, 卫生纸, 衬纸
品牌(Brand): 华汶

山东临邑三维纸业有限公司
Shandong Linyi Sanwei Paper Co., Ltd.
地址(Add): 山东省德州市临邑县恒源工业园 C 区 10 号
邮编(P. C.): 251500
电话(Tel): 0534 - 4237918
传真(Fax): 0534 - 4238078
E-mail: swdyzy@ 163. com
Http://www. duoya. com. cn
法人代表(Chairman): 张师春
总经理(General Manager): 许杰
联系人(Contact Person): 赵建国
产品(Products): 卫生巾, 卫生护垫, 纸尿裤, 餐巾纸, 面巾纸, 手帕纸, 卫生纸
品牌(Brand): 朵雅

山东力百合纸品厂★
Shandong Libaihe Paper Products Factory
地址(Add): 山东省德州市宁津县中心街东首
邮编(P. C.): 253400
电话(Tel): 0534 - 5223370
传真(Fax): 0534 - 7073988
E-mail: 7073988@ 163. com
联系人(Contact Person): 闫炳友
产品(Products): 卫生纸, 盘纸, 原纸
品牌(Brand): 百合

夏津舒洁纸业
Xiajin Shujie Paper
地址(Add): 山东省德州市夏津县双庙镇王堂村工业园
邮编(P. C.): 253200
电话(Tel): 0534 - 3557866
法人代表(Chairman): 王成彬
总经理(General Manager): 王成彬
联系人(Contact Person): 王成彬
产品(Products): 卫生纸, 餐巾纸, 面巾纸
品牌(Brand): 瑞雪

山东华泰纸业集团股份有限公司★
Shandong Huatai Paper Group Co., Ltd.
地址(Add): 山东省东营市广饶县华泰工业园
邮编(P. C.): 257335
电话(Tel): 0546 - 6888716
传真(Fax): 0546 - 6888018
Http://www. huatai. com
法人代表(Chairman): 李建华
总经理(General Manager): 李刚
联系人(Contact Person): 王国文
产品(Products): 卫生纸, 餐巾纸, 原纸
品牌(Brand): 亚森, 华泰, 爽意

肥城市东升纸业有限公司
Feicheng Dongsheng Paper Co., Ltd.
地址(Add): 山东省肥城市石横镇
邮编(P. C.): 271612
电话(Tel): 0538 - 3661919
传真(Fax): 0538 - 3661347
联系人(Contact Person): 姜强
产品(Products): 卫生纸

山东肥城米一纸品有限公司
Feicheng Miyi Paper Products Co., Ltd.
地址(Add): 山东省肥城市泰临路 080 号
邮编(P. C.): 271600
电话(Tel): 0538 - 6332128
传真(Fax): 0538 - 3308158
E-mail: zhenhuazhiye@ 163. com
法人代表(Chairman): 王振安
总经理(General Manager): 王振安
联系人(Contact Person): 王振安
产品(Products): 卫生纸, 面巾纸, 餐巾纸
品牌(Brand): 米一, 锦

肥城市兴隆纸业有限公司
Feicheng Xinglong Paper Co., Ltd.
地址(Add): 山东省肥城市兴隆煤矿内
邮编(P. C.): 271613

电话(Tel)：0538－3629189
传真(Fax)：0538－3629108
总经理(General Manager)：郭泗生
联系人(Contact Person)：郭泗生
产品(Products)：卫生纸，盘纸
品牌(Brand)：鲁洁

肥城市中恒纸业有限责任公司
Feicheng Zhongheng Paper Co., Ltd.
地址(Add)：山东省肥城市一路012号
邮编(P. C.)：271600
电话(Tel)：0538－3996818
传真(Fax)：0538－3306577
E-mail：yirujia3996818@126.com
联系人(Contact Person)：许敬恒
产品(Products)：卫生纸，餐巾纸，面巾纸

恒森纸业有限公司★
Feicheng Hengsen Paper Co., Ltd.
地址(Add)：山东省肥城市仪阳乡政府西500米
邮编(P. C.)：271200
电话(Tel)：0538－3162517
传真(Fax)：0538－3162517
E-mail：hengsenzhiye@163.com
总经理(General Manager)：孟凡忠
联系人(Contact Person)：秦庆荣
产品(Products)：卫生纸，原纸，面巾纸，餐巾纸，盘纸
品牌(Brand)：福顺馨，恒森，福星，超凡

山东高密银鹰化纤有限公司★
Shandong Gaomi Yinying Chemical Fibre Co., Ltd.
地址(Add)：山东省高密市人民大街1360号
邮编(P. C.)：261500
电话(Tel)：0536－2323121－6134
传真(Fax)：0536－2336418
法人代表(Chairman)：李刚
联系人(Contact Person)：姜海
产品(Products)：卫生纸，原纸

山东省高唐县泉洁纸业有限公司★
Shandong Gaotang Quanjie Paper Co., Ltd.
地址(Add)：山东省高唐县省道316以南国道105以西
邮编(P. C.)：252800
电话(Tel)：0635－3708777
传真(Fax)：0635－3708777
E-mail：gaotangquanjie@163.com
Http://www.qjzy.com.cn
法人代表(Chairman)：华兴和
总经理(General Manager)：华兴和
联系人(Contact Person)：华兴和
产品(Products)：卫生纸，面巾纸，餐巾纸，手帕纸，原纸

菏泽市奇雪纸业有限公司
Heze Qixue Paper Co., Ltd.
地址(Add)：山东省菏泽市开发区郑州路北段路东
邮编(P. C.)：274000
电话(Tel)：0530－5153000
传真(Fax)：0530－5150288
Http://www.hzghpaper.com
法人代表(Chairman)：王景刚
产品(Products)：卫生纸，餐巾纸，手帕纸，面巾纸，婴儿纸尿裤/片，成人纸尿裤/片，护理垫
品牌(Brand)：钢成，奇雪，爱可思

菏泽鲁晨实业有限公司卫生纸厂★
Heze Luchen Industry Co., Ltd. Tissue Paper Mill
地址(Add)：山东省菏泽市牡丹路南端
邮编(P. C.)：274000
电话(Tel)：0530－5188787
传真(Fax)：0530－5188787
联系人(Contact Person)：姚冬慧
产品(Products)：卫生纸，原纸

菏泽牡丹纸业有限公司★
Heze Mudan Paper Co., Ltd.
地址(Add)：山东省菏泽市牡丹区黄堽工业区
邮编(P. C.)：274011
电话(Tel)：0530－5660775
传真(Fax)：0530－5663618
法人代表(Chairman)：庞洪昌
总经理(General Manager)：庞洪昌
联系人(Contact Person)：吴凤玲
产品(Products)：卫生纸，原纸
品牌(Brand)：圣花，百盒星，绒绒

山东省菏泽市鲁西南纸业有限公司
Heze Luxinan Paper Co., Ltd.
地址(Add)：山东省菏泽市牡丹区牡丹办事处东5公里(上海路北段)
邮编(P. C.)：274000
电话(Tel)：0530－5285111
传真(Fax)：0530－5285999
Http://991140003274517.cn.99114.com
联系人(Contact Person)：石庆江
产品(Products)：卫生纸，餐巾纸，手帕纸

菏泽市喜群纸业有限公司★
Heze Xiqun Paper Co., Ltd.
地址(Add)：山东省菏泽市牡丹区牡丹办事处东5公里京九铁路桥下(大郭集村北)
邮编(P. C.)：274000
电话(Tel)：0530－5286188
Http://www.shenghexingpaper.com
法人代表(Chairman)：郭如祥
总经理(General Manager)：郭如祥
联系人(Contact Person)：邓显国
产品(Products)：卫生纸，盘纸，原纸
品牌(Brand)：珍珠雨，大成，雅雨，群芳，香叶，银星

菏泽市牡丹区圣达纸业有限公司
Heze Shengda Paper Co., Ltd.
地址(Add)：山东省菏泽市牡丹区小留工业园
邮编(P. C.)：274000
电话(Tel)：0530－5863000
传真(Fax)：0530－5862000
Http://www.hzsdzy.com
联系人(Contact Person)：刘鲁宾
产品(Products)：手帕纸，餐巾纸，盘纸
品牌(Brand)：众乐，乡恋

惠民县好乐洁卫生用品厂
Huimin Haolejie Hygiene Products Factory
地址(Add)：山东省惠民县桑落墅镇开发区
邮编(P. C.)：251704
电话(Tel)：0543－5221616
联系人(Contact Person)：储环娥
产品(Products)：湿巾，面巾纸，手帕纸，擦手纸
品牌(Brand)：好乐洁

山东省济南君悦纸业有限公司★
Shandong Jinan Junyue Paper Co., Ltd.
地址(Add)：山东省济南市济北经济开发区企业园
邮编(P. C.)：251400
电话(Tel)：0531－84219218
传真(Fax)：0531－84213765
Http://www.junyuezhiye.com.cn
法人代表(Chairman)：马慧英
产品(Products)：卫生纸，餐巾纸，面巾纸，擦手纸，原纸
品牌(Brand)：锦竹

济南超洁纸品厂
Jinan Chaojie Paper Products Factory
地址(Add)：山东省济南市历城区坝王路中段
邮编(P. C.)：250101
电话(Tel)：0531－88986068
传真(Fax)：0531－88986068
总经理(General Manager)：李伟祥
联系人(Contact Person)：李伟祥
产品(Products)：卫生纸，盘纸，擦手纸，面巾纸
品牌(Brand)：娇兰，嘉柔，美格，悦彤，喜缘情

济南市历城区翰林纸品厂
Jinan Hanlin Paper Products Factory
地址(Add)：山东省济南市历城区唐天镇政府
邮编(P. C.)：250106
电话(Tel)：0531－88705539
传真(Fax)：0531－88705539
法人代表(Chairman)：严丙祥
总经理(General Manager)：韩会珍
联系人(Contact Person)：韩会珍
产品(Products)：卫生纸

济南德航纸业有限公司
Jinan Dohot Paper Products Co., Ltd.
地址(Add)：山东省济南市历下区花园路6号
邮编(P. C.)：250000
电话(Tel)：0531－88011166
E-mail：526684982@qq.com
Http://www.jndhzy.com
总经理(General Manager)：刘斌
产品(Products)：擦手纸，餐巾纸

山东省济南市平阴县红艳纸业
Pingyin Hongyan Paper
地址(Add)：山东省济南市平阴县孝直镇
邮编(P. C.)：250402
电话(Tel)：0531－87878087
传真(Fax)：0531－87878087
联系人(Contact Person)：任德良
产品(Products)：卫生纸

济南润泽纸业有限公司★
Jinan Runze Paper Co., Ltd.
地址(Add)：山东省济南市天桥区新莱市街17号(世宏商务中心4－106室)
邮编(P. C.)：250031
电话(Tel)：0531－85066293
传真(Fax)：0531－81912217
Http://www.jnrzzy.cn.alibaba.com
法人代表(Chairman)：左涛
总经理(General Manager)：左涛
联系人(Contact Person)：左涛
产品(Products)：原纸，擦手纸，盘纸，面巾纸，手帕纸
品牌(Brand)：鑫洁雅，洁雅，唯美佳诺，蒂尔芬格，小风铃

安邦纸业有限公司
Anbang Paper Co., Ltd.
地址(Add)：山东省济宁市高新区王因镇
邮编(P. C.)：272103
电话(Tel)：0537－3865619
联系人(Contact Person)：郭海燕
产品(Products)：餐巾纸，卫生纸，面巾纸，手帕纸，擦手纸，湿巾

山东济宁恒达纸业有限公司
Jining Hengda Paper Co., Ltd.
地址(Add)：山东省济宁市唐口工业区
邮编(P. C.)：272100
电话(Tel)：0537－2519789
传真(Fax)：0537－2519789
法人代表(Chairman)：刘治国
总经理(General Manager)：刘治国
联系人(Contact Person)：刘治国
产品(Products)：卫生纸
品牌(Brand)：水源

济宁恒安纸业有限公司★
Jining Hengan Paper Co., Ltd.
地址(Add)：山东省济宁市汶上县南站镇工业园
邮编(P. C.)：272508
电话(Tel)：0537－7251666
传真(Fax)：0537－7251222
E-mail：jininghengan@126.com
Http://www.henganzhiye.com
总经理(General Manager)：姬广金
联系人(Contact Person)：姬广金
产品(Products)：餐巾纸，卫生纸，面巾纸，手帕纸，擦手纸，盘纸，原纸，湿巾

山东省济宁市中区晨源纸制品厂★
Jining Chenyuan Paper Products Factory
地址(Add)：山东省济宁市中区堂口镇梁南村
邮编(P. C.)：272000
电话(Tel)：0537－2521388
传真(Fax)：0537－2514796
法人代表(Chairman)：孟小冬
总经理(General Manager)：孟小冬
联系人(Contact Person)：孟小冬
产品(Products)：卫生纸，盘纸，原纸
品牌(Brand)：晨源，清柔，金贝尔，名雅

上海百信卫生用品有限公司
Shanghai Baixin Sanitary Articles Co., Ltd.
地址(Add)：山东省胶南市人民路石桥路交叉口第二排向东100米
邮编(P. C.)：266400
电话(Tel)：0532-86178327
Http://www.shbaishi.qyol.cn
总经理(General Manager)：陈波
联系人(Contact Person)：周秀霞
产品(Products)：卫生巾，卫生护垫，手帕纸
品牌(Brand)：百氏，瞬吸锁水，阳光女孩

山东雅润生物科技有限公司
Shandong Yarun Biotech Co., Ltd.
地址(Add)：山东省莒南县相邸工业园
邮编(P. C.)：276626
电话(Tel)：0539-7519999
传真(Fax)：0539-7519339
E-mail：yayun@sdyayun.com
Http://www.sdyayun.com
法人代表(Chairman)：薄怀举
总经理(General Manager)：薄怀举
联系人(Contact Person)：薄怀举
产品(Products)：湿巾，卫生巾，卫生纸，面巾纸，餐巾纸
品牌(Brand)：雅润

山东圣雅洁纸制品有限公司★
Shandong Shengyajie Paper Products Co., Ltd.
地址(Add)：山东省莱芜市凤城工业园万通路007号
邮编(P. C.)：271100
电话(Tel)：0634-6426999
法人代表(Chairman)：毕胜杰
总经理(General Manager)：毕胜杰
联系人(Contact Person)：毕胜杰
产品(Products)：卫生纸，面巾纸，手帕纸，原纸
品牌(Brand)：圣雅洁

山东莱芜市永胜随心印纸业有限公司★
Shandong Laiwu Yongsheng Suixinyin Paper Co., Ltd.
地址(Add)：山东省莱芜市高新技术开发区滨河工业园
邮编(P. C.)：271100
电话(Tel)：0634-6180888
传真(Fax)：0634-6423077
E-mail：yongshengsuixinyin@126.com
Http://www.suixinyin.com
总经理(General Manager)：何允生
联系人(Contact Person)：何允生
产品(Products)：盘纸，原纸，餐巾纸，面巾纸，擦手纸，手帕纸，卫生纸，湿巾
品牌(Brand)：随心印，泰山梅林，豪洁

维达纸业(山东)有限公司★
Vinda Paper (Shandong) Co., Ltd.
地址(Add)：山东省莱芜市高新开发区汶阳工业园
邮编(P. C.)：271100
电话(Tel)：0634-6028678
传真(Fax)：0634-6028678
产品(Products)：卫生纸，原纸，手帕纸，面巾纸，厨房纸巾，餐巾纸
品牌(Brand)：维达

莱芜市恒顺纸制品厂
Laiwu Hengshun Paper Products Factory
地址(Add)：山东省莱芜市莱城区方下镇工业园
邮编(P. C.)：271100
电话(Tel)：0634-6617531
联系人(Contact Person)：刘长彬
产品(Products)：餐巾纸，擦手纸，面巾纸，手帕纸

莱芜市恒利纸业有限公司★
Laiwu Hengli Paper Co., Ltd.
地址(Add)：山东省莱芜市莱城区杨庄镇大桥沟村南
邮编(P. C.)：271100
电话(Tel)：0634-6196686
传真(Fax)：0634-6196686
Http://lwhlzy.1688.com
法人代表(Chairman)：杨自明
总经理(General Manager)：杨自明
联系人(Contact Person)：杨自明
产品(Products)：卫生纸，手帕纸，餐巾纸，擦手纸，原纸
品牌(Brand)：小芳

莱芜市莱城区鑫宇纸制品厂
Laiwu Xinyu Paper Products Factory
地址(Add)：山东省莱芜市莱芜城区羊里镇大增村
邮编(P. C.)：271118
电话(Tel)：0634-6628287
联系人(Contact Person)：董冰
产品(Products)：卫生纸
品牌(Brand)：旺源

烟台市恒达纸业有限公司
Yantai Hengda Paper Co., Ltd.
地址(Add)：山东省莱州市虎头崖工业园区
邮编(P. C.)：261400
电话(Tel)：0535-2526111
传真(Fax)：0535-2526222
E-mail：vip@sdhdzy.com
Http://www.sdhdzy.com
总经理(General Manager)：毛海永
联系人(Contact Person)：张国强
产品(Products)：手帕纸，面巾纸，擦手纸，餐巾纸，卫生纸
品牌(Brand)：丹微，幽幽草

山东省乐陵市正大纸制品厂★
Leling Zhengda Paper Products Factory
地址(Add)：山东省乐陵市开发区北环路药王庙村
邮编(P. C.)：253600
电话(Tel)：0534-6261159
法人代表(Chairman)：刘国勇
总经理(General Manager)：刘国勇
联系人(Contact Person)：刘国勇
产品(Products)：卫生纸，原纸
品牌(Brand)：紫微花

茌平泉林纸业有限公司★
Chiping Tralin Paper Co., Ltd.
地址(Add)：山东省聊城市茌平县北顺河街187号
邮编(P. C.)：252100
电话(Tel)：0635-4251689

传真(Fax)：0635－4251108
E-mail：cpqlsyb@163.com
Http://www.tralin.com
总经理(General Manager)：宋玉保
产品(Products)：擦手纸原纸，擦手纸
品牌(Brand)：泉林本色

山东信成纸业有限公司
Shandong Xincheng Paper Co., Ltd.
地址(Add)：山东省聊城市茌平县西外环高新技术工业园区
邮编(P.C.)：252100
电话(Tel)：0635－4285466
传真(Fax)：0635－4287566
法人代表(Chairman)：曹晓云
总经理(General Manager)：牛洪华
联系人(Contact Person)：胡守泉
产品(Products)：厨房纸巾，湿巾
品牌(Brand)：圣荷

山东高唐泉洁纸业有限公司
Gaotang Quanjie Paper Co., Ltd.
地址(Add)：山东省聊城市高唐省道316以南国道105以西
邮编(P.C.)：252800
电话(Tel)：0635－3708777
传真(Fax)：0635－3708777
E-mail：gaotangquanjie@163.com
Http://www.qjzy.com.cn
法人代表(Chairman)：华建广
总经理(General Manager)：华建广
联系人(Contact Person)：华建广
产品(Products)：面巾纸，餐巾纸，手帕纸
品牌(Brand)：馨香缘，泉洁，金色

山东泉林纸业有限责任公司★
Shandong Tralin Paper Co., Ltd.
地址(Add)：山东省聊城市高唐县光明东路15号
邮编(P.C.)：252800
电话(Tel)：0635－3961873
传真(Fax)：0635－3962020
E-mail：wenling_li@126.com
Http://www.tralin.com
法人代表(Chairman)：李洪法
总经理(General Manager)：李洪法
联系人(Contact Person)：李忠军
产品(Products)：原纸，卫生纸，厨房纸巾，擦手纸，餐巾纸，手帕纸
品牌(Brand)：百草舒，安雅利，天行健

山东省聊城市永康纸业制品厂
Liaocheng Yongkang Paper Products Factory
地址(Add)：山东省聊城市高唐县泉林纸品产业园
邮编(P.C.)：252800
电话(Tel)：0635－8556566
法人代表(Chairman)：杨振勇
总经理(General Manager)：杨振勇
联系人(Contact Person)：杨振勇
产品(Products)：卫生纸
品牌(Brand)：天宁永康，剑竹，黑牡丹

高唐县嘉美纸业有限公司
Gaotang Jiamei Paper Co., Ltd.
地址(Add)：山东省聊城市高唐县泉林纸品工业园
邮编(P.C.)：252800
电话(Tel)：0635－2968188
传真(Fax)：0635－2968189
总经理(General Manager)：蔡志国
联系人(Contact Person)：蔡志国
产品(Products)：卫生纸，面巾纸

山东高唐鸿运纸业
Gaotang Hongyun Paper
地址(Add)：山东省聊城市高唐县尹集镇店子村
邮编(P.C.)：252868
电话(Tel)：0635－3673558
传真(Fax)：0635－3673558
联系人(Contact Person)：刘洪生
产品(Products)：卫生纸
品牌(Brand)：泉丰，智佳，七家顺发

聊城市聊威纸业有限公司
Liaowei Paper Co., Ltd.
地址(Add)：山东省聊城市花园路利民路口向南80米路西
邮编(P.C.)：252000
电话(Tel)：0635－8216680
传真(Fax)：0635－8218864
Http://liaoweipaper.cn.alibaba.com
联系人(Contact Person)：吕保军
产品(Products)：卫生纸，餐巾纸，擦手纸，面巾纸，手帕纸
品牌(Brand)：聊威

山东阳谷阳光纸业
Yanggu Yangguang Paper
地址(Add)：山东省聊城市阳谷县狮子楼西168米
邮编(P.C.)：252300
电话(Tel)：0635－6365079
传真(Fax)：0635－6365079
E-mail：13563521732@139.com
法人代表(Chairman)：万宏
总经理(General Manager)：万宏
联系人(Contact Person)：万宏
产品(Products)：餐巾纸

山东万豪集团临朐纸制品厂
Shandong Wanhao Group Linqu Paper Products Factory
地址(Add)：山东省临朐县工业街32号
邮编(P.C.)：262600
电话(Tel)：0536－3158797
传真(Fax)：0536－3158797
Http://www.wanhao.com
法人代表(Chairman)：尹培农
总经理(General Manager)：窦峰杰
产品(Products)：卫生纸，餐巾纸

山东临朐祥飞纸厂
Shandong Linqu Xiangfei Paper Mill
地址(Add)：山东省临朐县冶源镇驻地
邮编(P.C.)：262605
电话(Tel)：0536－3333888

传真(Fax)：0536－3333777
法人代表(Chairman)：连恩平
产品(Products)：卫生纸
品牌(Brand)：祥飞

贝贝纸业有限公司★
Beibei Paper Co., Ltd.
地址(Add)：山东省临沂市白沙埠镇船流工业园
邮编(P. C.)：276035
电话(Tel)：0539－8665098
传真(Fax)：0539－8665228
总经理(General Manager)：刘占利
产品(Products)：卫生纸，原纸

山东美洁纸业有限公司★
Shandong Meijie Paper Co., Ltd.
地址(Add)：山东省临沂市苍山县经济开发区
邮编(P. C.)：277700
电话(Tel)：0539－5210958
传真(Fax)：0539－5170369
Http://www.shandongmeijie.com
总经理(General Manager)：席亚军
联系人(Contact Person)：贾计龙
产品(Products)：卫生纸，餐巾纸，面巾纸，盘纸，擦手纸，原纸
品牌(Brand)：荷和，友恋

临沂市河东区相公白雪纸品厂
Linyi Baixue Paper Products Factory
地址(Add)：山东省临沂市河东区相公街道办事处驻地
邮编(P. C.)：276400
电话(Tel)：0539－8839027
联系人(Contact Person)：马腾
产品(Products)：餐巾纸，面巾纸，卫生纸

临沂市华鲁家佳美纸制品有限公司★
Linyi Jiajiamei Paper Products Co., Ltd.
地址(Add)：山东省临沂市南坊经济开发区双庄工业园
邮编(P. C.)：276037
电话(Tel)：0539－2701537
传真(Fax)：0539－2701538
Http://www.txjjm.com
联系人(Contact Person)：王贵军
产品(Products)：面巾纸，餐巾纸，卫生纸，盘纸，原纸

山东佳亿鑫卫生用品有限公司
Shandong Jiayixin Hygiene Products Co., Ltd.
地址(Add)：山东省临沂市郯城县经济开发区安泰路9号
邮编(P. C.)：276188
电话(Tel)：0539－6776199
传真(Fax)：0539－6777199
E-mail：weba@jiayixin.com
Http://lyjiayixin.cn.alibaba.com
法人代表(Chairman)：禚保军
总经理(General Manager)：禚保军
联系人(Contact Person)：禚洪德
产品(Products)：卫生巾，卫生护垫，成人纸尿裤/片，婴儿纸尿裤/片，护理垫，卫生纸
品牌(Brand)：名兰，巧护理，鲁康，雨倩，守护佳人

山东鑫盟纸品有限公司
Shandong Xinmeng Paper Products Co., Ltd.
地址(Add)：山东省临沂市郯城县马头开发区
邮编(P. C.)：276126
电话(Tel)：400－062－1088
传真(Fax)：0539－6777888
E-mail：shandongxinmeng@163.com
Http://www.shandongxinmeng.com
总经理(General Manager)：唐学平
联系人(Contact Person)：于淑伟
产品(Products)：卫生巾，卫生护垫，婴儿纸尿裤，成人纸尿裤，卫生纸
品牌(Brand)：女宝，暖贝儿，秘密宝贝

山东欣洁月舒宝纸品有限公司
Shandong Xinjieyueshubao Paper Products Co., Ltd.
地址(Add)：山东省临沂市郯城县马头镇刘楼开发区2号
邮编(P. C.)：276126
电话(Tel)：0539－6777198
传真(Fax)：0539－6897777
E-mail：ftljk@126.com
法人代表(Chairman)：陈景岩
总经理(General Manager)：陈景岩
联系人(Contact Person)：陈景刚
产品(Products)：卫生巾，卫生护垫，纸尿裤/片，卫生纸
品牌(Brand)：欣洁，月舒宝，康复路，施恩宝贝

龙口市芦头造纸厂★
Longkou Lutou Paper Mill
地址(Add)：山东省龙口市芦头镇驻地
邮编(P. C.)：265704
电话(Tel)：0535－8641777
传真(Fax)：0535－8649999
法人代表(Chairman)：王青友
总经理(General Manager)：王青友
联系人(Contact Person)：王青友
产品(Products)：卫生纸，原纸

龙口市明洁纸制品有限公司
Longkou Mingjie Paper Products Co., Ltd.
地址(Add)：山东省龙口市诸由观镇驻地
邮编(P. C.)：265705
电话(Tel)：0535－8567799
传真(Fax)：0535－8561879
联系人(Contact Person)：赵明
产品(Products)：卫生纸

东平县兴州纸业有限责任公司
Dongping Xingzhou Paper Co., Ltd.
地址(Add)：山东省泰安市东平县州城镇纸坊村南
邮编(P. C.)：271506
电话(Tel)：0538－2455418
传真(Fax)：0538－2455056
联系人(Contact Person)：李福来
产品(Products)：卫生纸

青岛普什宝枫实业有限公司
Qingdao P&B Co., Ltd.
地址(Add)：山东省青岛保税区北京路40号
邮编(P. C.)：266555

电话(Tel)：0532-86768899
传真(Fax)：0532-86766688
法人代表(Chairman)：李佩奇
总经理(General Manager)：宋磊
联系人(Contact Person)：朱晓伟
产品(Products)：面巾纸

青岛德顺纸业有限公司
Qingdao Deshun Paper Co., Ltd.
地址(Add)：山东省青岛胶南市临港经济开发区
邮编(P. C.)：266400
电话(Tel)：0532-87198020
联系人(Contact Person)：刘运林
产品(Products)：卫生纸，手帕纸，餐巾纸

青岛北瑞纸制品有限公司
Megall Paper (Qingdao) Co., Ltd.
地址(Add)：山东省青岛胶州市杜村工业园灯塔路66号
邮编(P. C.)：266327
电话(Tel)：0532-82263200
传真(Fax)：0532-82263700
E-mail：wnw@megall.com.cn
法人代表(Chairman)：马艳东
总经理(General Manager)：王乃文
联系人(Contact Person)：王乃文
产品(Products)：卫生纸，面巾纸，手帕纸，餐巾纸，厨房纸巾，擦手纸
品牌(Brand)：洁特

胶州永恒纸制品厂
Jiaozhou Yongheng Paper Products Factory
地址(Add)：山东省青岛胶州市集镇驻地
邮编(P. C.)：266300
电话(Tel)：0532-86252127
联系人(Contact Person)：贺林军
产品(Products)：卫生纸

青岛金凤纸业有限公司
Qingdao Jinfeng Zhiye Co., Ltd.
地址(Add)：山东省青岛胶州市里岔镇牧城工业园
邮编(P. C.)：266324
电话(Tel)：0532-82191379
联系人(Contact Person)：赵后海
产品(Products)：卫生纸

青岛普什宝枫实业有限公司
Qingdao P&B Co., Ltd.
地址(Add)：山东省青岛市保税区北京路40号
邮编(P. C.)：266555
电话(Tel)：0532-86768899
传真(Fax)：0532-86766688
E-mail：caiyou.kang@thinwall.cn
Http://qingdaobf.1688.com
法人代表(Chairman)：李佩奇
总经理(General Manager)：宋磊
联系人(Contact Person)：康才有
产品(Products)：面巾纸，手帕纸，餐巾纸

青岛舒洁纸制品有限公司
Qingdao Shujie Paper Products Co., Ltd.
地址(Add)：山东省青岛市城阳丹山工业园
邮编(P. C.)：266107
电话(Tel)：0532-86089907
传真(Fax)：0532-86089900
联系人(Contact Person)：姜月娟
产品(Products)：餐巾纸，面巾纸，卫生纸，厨房纸巾
品牌(Brand)：港妹，雪贵

青岛戴氏伟业工贸有限公司
Qingdao Daishiweiye I&T Co., Ltd.
地址(Add)：山东省青岛市城阳区皂户工业园
邮编(P. C.)：266109
电话(Tel)：0532-89082766
传真(Fax)：0532-89082766
Http://daishiweiye.1688.com
联系人(Contact Person)：戴海涛
产品(Products)：餐巾纸，面巾纸，盘纸，擦手纸，湿巾

青岛明宇卫生制品有限公司
Qingdao Mingyu Hygiene Products Co., Ltd.
地址(Add)：山东省青岛市胶州开发区(郑州东路236号甲)
邮编(P. C.)：266300
电话(Tel)：0532-87209029
传真(Fax)：0532-87233929
Http://sdmingyu.cn.alibaba.com
联系人(Contact Person)：王世国
产品(Products)：餐巾纸，手帕纸，湿巾

金红叶纸业(青岛)有限公司
Gold Hongye Paper (Qingdao) Co., Ltd.
地址(Add)：山东省青岛市胶州市胶西镇石家花园村
邮编(P. C.)：266300
电话(Tel)：0532-86621691
产品(Products)：卫生纸，面巾纸，餐巾纸，手帕纸
品牌(Brand)：清风，真真

青岛雪利川卫生制品有限公司
Qingdao Xuelichuan Hygiene Products Co., Ltd.
地址(Add)：山东省青岛市胶州市宣州路北端
邮编(P. C.)：266000
电话(Tel)：0532-82223208
联系人(Contact Person)：王海英
产品(Products)：湿巾，餐巾纸

青岛金诺特纸业有限公司
Qingdao Gentle Tissue Paper Co., Ltd.
地址(Add)：山东省青岛市经济技术开发区红石崖黄张路南侧联通东侧
邮编(P. C.)：266555
电话(Tel)：0532-83162393
传真(Fax)：0532-83162393
法人代表(Chairman)：刘立安
总经理(General Manager)：刘立安
联系人(Contact Person)：刘立安
产品(Products)：卫生纸，面巾纸，手帕纸，擦手纸
品牌(Brand)：威尔卫

青岛瑞祥通商贸有限公司
Qingdao Ruixiangtong Commercial & Trading Co., Ltd.
地址(Add)：山东省青岛市李沧区广水路610号福兴大厦5楼

邮编(P. C.)：266000
电话(Tel)：0532 – 55660600
传真(Fax)：0532 – 81926813
E-mail：250259571@ qq. com
联系人(Contact Person)：金光文
产品(Products)：婴儿纸尿裤，成人纸尿裤，卫生纸，面巾纸

青岛皓月圣贸易有限公司
Qingdao Haoyuesheng Trade Co., Ltd.
地址(Add)：山东省青岛市辽宁路 228 号 2104 室
邮编(P. C.)：266012
电话(Tel)：0532 – 83818573
传真(Fax)：0532 – 83818573
Http：//www. haoyuesheng. com
联系人(Contact Person)：孙洪林
产品(Products)：面巾纸

青岛美西南科技发展有限公司
Qingdao Meixinan Technology Development Co., Ltd.
地址(Add)：山东省青岛市临港开发区上海路北端
邮编(P. C.)：266400
电话(Tel)：0532 – 89925969
传真(Fax)：0532 – 85135322
E-mail：qdmxn2007@ 163. com
Http：//www. qdmxn. com
联系人(Contact Person)：徐芳
产品(Products)：湿巾，卫生巾，餐巾纸，手帕纸，面巾纸，婴儿纸尿裤/片，成人纸尿裤/片

青岛洁尔康卫生用品厂
Qingdao Jieerkang Hygiene Products Factory
地址(Add)：山东省青岛市市北区黑龙江南路 235 号
邮编(P. C.)：266000
电话(Tel)：0532 – 88721715
传真(Fax)：0532 – 88721015
E-mail：qdkangjie@ qdkangjie. com
Http：//www. qingdaokj. com
联系人(Contact Person)：范玉梅
产品(Products)：湿巾，面巾纸，手帕纸
品牌(Brand)：康日洁

青岛安格母婴用品有限公司
Qingdao Ange Maternal and Infant Products Co., Ltd.
地址(Add)：山东省青岛市市场二路振业大厦十楼
邮编(P. C.)：266000
电话(Tel)：0532 – 82821222
传真(Fax)：0532 – 82821000
E-mail：babynewstart@ 126. com
Http：//www. angechina. com
总经理(General Manager)：缪存叠
联系人(Contact Person)：牛凯
产品(Products)：手帕纸，面巾纸

青岛正利纸业有限公司★
Qingdao Zhengli Paper Co., Ltd.
地址(Add)：山东省青岛市四方区德兴东路 8 号
邮编(P. C.)：266100
电话(Tel)：0532 – 85034166
传真(Fax)：0532 – 85032173
E-mail：grpldz@ public. qd. sd. cn
Http：//www. zhenglizhiye. com
总经理(General Manager)：卢正利
联系人(Contact Person)：王守岗
产品(Products)：卫生纸，面巾纸，盘纸，擦手纸，原纸，马桶垫纸
品牌(Brand)：正利

青岛鑫雨卫生制品有限公司
Qingdao Xinyu Hygiene Products Co., Ltd.
地址(Add)：山东省青岛市四方区萍乡路 10 号
邮编(P. C.)：266044
电话(Tel)：0532 – 68951422
Http：//www. qdzhiye. com
联系人(Contact Person)：陈宝辉
产品(Products)：盘纸，擦手纸，餐巾纸，面巾纸，湿巾

青州市东阳纸业有限公司★
Qingzhou Dongyang Paper Co., Ltd.
地址(Add)：山东省青州市黄楼镇东阳河工业区
邮编(P. C.)：262517
电话(Tel)：0536 – 3538128
传真(Fax)：0536 – 3538990
法人代表(Chairman)：孙怀中
总经理(General Manager)：孙怀中
联系人(Contact Person)：孙怀中
产品(Products)：卫生纸，餐巾纸，面巾纸，原纸
品牌(Brand)：靓宝，真洁

山东青州顺意纸品有限公司
Qingzhou Shunyi Paper Products Co., Ltd.
地址(Add)：山东省青州市济青高速九号路口南 1 公里路东
邮编(P. C.)：262508
电话(Tel)：0536 – 3862112
联系人(Contact Person)：杜中祥
产品(Products)：卫生纸
品牌(Brand)：竹蜻蜓，祥森

日照八方纸业有限公司★
Rizhao Bafang Paper Co., Ltd.
地址(Add)：山东省日照市东港区奎山工业园
邮编(P. C.)：276800
电话(Tel)：0633 – 3912352
传真(Fax)：0633 – 8612333
E-mail：kenny@ hotmail. com
Http：//www. chinabfzy. com
联系人(Contact Person)：李勇
产品(Products)：原纸

日照三奇医保用品(集团)有限公司
China 3Q Medical Group Co., Ltd.
地址(Add)：山东省日照市河山国际工业园
邮编(P. C.)：276800
电话(Tel)：0633 – 8535119
传真(Fax)：0633 – 8541698
E-mail：wcs6928@ 163. com
Http：//www. sanqicn. com
总经理(General Manager)：毕坤传
联系人(Contact Person)：于秀娟
产品(Products)：医疗用品，护理垫，纸巾纸，湿巾

山东洁丰实业股份有限公司
Shandong Jiefeng Holdings Ltd.
地址(Add)：山东省寿光市古城街道洛前街3号
邮编(P. C.)：281101
电话(Tel)：0536－5055333
传真(Fax)：0536－5050333
E-mail：sdjfsy@163. com
Http：//www. jiefeng. cc
联系人(Contact Person)：张悦强
产品(Products)：湿巾，卫生纸，面巾纸，餐巾纸，擦手纸
品牌(Brand)：依诺，洁丰，林之轻，清悠

潍坊寿光瑞祥纸业有限公司
Weifang Shouguang Ruixiang Paper Co., Ltd.
地址(Add)：山东省寿光市侯镇草碾村工业园
邮编(P. C.)：262726
电话(Tel)：0536－5386688
传真(Fax)：0536－5381969
总经理(General Manager)：何海林
产品(Products)：卫生纸

山东洁丰卫生用品有限公司
Shandong Jiefeng Hygiene Products Co., Ltd.
地址(Add)：山东省寿光市经济开发区科技工业园东环北路19号
邮编(P. C.)：262700
电话(Tel)：0536－5773999
传真(Fax)：0536－5868222
E-mail：342936301@qq. com
总经理(General Manager)：张祖明
联系人(Contact Person)：付秀香
产品(Products)：面巾纸，湿巾
品牌(Brand)：洁丰

寿光水立方生物科技有限公司★
Shouguang Shuilifang Bio－Tech Co., Ltd.
地址(Add)：山东省寿光市洛城镇文远路1号
邮编(P. C.)：262700
电话(Tel)：0536－5678890
Http：//www. nuoyafangzhou. net
总经理(General Manager)：王士红
联系人(Contact Person)：王士红
产品(Products)：卫生纸，面巾纸，原纸

寿光市宁安纸制品有限公司★
Shouguang Ningan Paper Products Co., Ltd.
地址(Add)：山东省寿光市上口镇工业园区
邮编(P. C.)：262732
电话(Tel)：0536－5875998
传真(Fax)：0536－5875758
法人代表(Chairman)：齐景浩
总经理(General Manager)：齐景浩
联系人(Contact Person)：齐景浩
产品(Products)：盘纸，卫生纸，面巾纸，餐巾纸，原纸

寿光市金通纸制品厂
Shouguang Jintong Paper Products Factory
地址(Add)：山东省寿光市上口镇口子村
邮编(P. C.)：262733
电话(Tel)：0536－5876438
法人代表(Chairman)：赵建群
总经理(General Manager)：赵建群
联系人(Contact Person)：赵建群
产品(Products)：卫生纸

山东晨鸣纸业集团股份有限公司★
Shandong Chenming Paper Holdings Co., Ltd.
地址(Add)：山东省寿光市圣城街西首晨鸣工业园
邮编(P. C.)：262400
电话(Tel)：0536－2158159
传真(Fax)：0536－2156489
Http：//www. chenmingpaper. com
法人代表(Chairman)：陈洪国
联系人(Contact Person)：韩庆国
产品(Products)：卫生纸，面巾纸，手帕纸，原纸
品牌(Brand)：星之恋

寿光恒大纸品加工厂
Shouguang Hengda Paper Products Factory
地址(Add)：山东省寿光市寿光镇王高工业园
邮编(P. C.)：262700
电话(Tel)：0536－5421331
E-mail：198@sghengda. com
Http：//www. sghengda. com
联系人(Contact Person)：王周永
产品(Products)：卫生纸，餐巾纸，面巾纸
品牌(Brand)：恒白

寿光市百合卫生用品公司
Shouguang Baihe Hygiene Products Co., Ltd.
地址(Add)：山东省寿光市寿尧路中段
邮编(P. C.)：262700
电话(Tel)：0536－5293038
传真(Fax)：0536－5495918
E-mail：sgbaihe@126. com
法人代表(Chairman)：刘婷
总经理(General Manager)：刘向民
联系人(Contact Person)：刘向民
产品(Products)：湿巾，餐巾纸，面巾纸
品牌(Brand)：永润

东顺集团股份有限公司★
Dongshun Group Co., Ltd.
地址(Add)：山东省泰安市东平县东顺工业园
邮编(P. C.)：271500
电话(Tel)：0538－2820378
传真(Fax)：0538－2820378
E-mail：zhangshihua－0915@163. com
Http：//www. dongshunpaper. com
法人代表(Chairman)：陈树明
总经理(General Manager)：陈立栋
联系人(Contact Person)：张士华
产品(Products)：原纸，卫生纸，面巾纸，餐巾纸，婴儿纸尿裤，卫生巾，湿巾
品牌(Brand)：顺清柔，洁昕，哈里贝贝，A&S

山东德广工贸有限公司★
Shandong Deguang I&T Co., Ltd.
地址(Add)：山东省泰安市东平县接山镇西工业园区
邮编(P. C.)：271500
电话(Tel)：0538－2315776
传真(Fax)：0538－2315766

E-mail：ltl3001@163.com
法人代表(Chairman)：邱德广
总经理(General Manager)：邱在建
联系人(Contact Person)：林思哲
产品(Products)：卫生纸，面巾纸，餐巾纸，原纸
品牌(Brand)：沐锦

宁阳县关王纸制品厂
Ningyang Guanwang Paper Products Factory
地址(Add)：山东省泰安市宁阳县八仙桥街道徐马高开发区
邮编(P.C.)：271400
电话(Tel)：0538－5676063
传真(Fax)：0538－5676063
E-mail：1970322848@qq.com
Http://www.yunxingzhiye.com
总经理(General Manager)：于园
产品(Products)：手帕纸，面巾纸，擦手纸
品牌(Brand)：东潮，棉绢

山东宁阳县大地印刷有限公司
Shandong Land Tissue Co., Ltd.
地址(Add)：山东省泰安市宁阳县八仙桥开发区中小项目园
邮编(P.C.)：271400
电话(Tel)：0538－5621402
传真(Fax)：0538－5621402
E-mail：ningyangdadi@163.com
Http://www.nyddys.cn
总经理(General Manager)：刘庆斌
联系人(Contact Person)：倪维乾
产品(Products)：擦手纸，盘纸

泰安黎明纸制品厂
Taian Liming Paper Products Factory
地址(Add)：山东省泰安市泰良路宁家结庄村
邮编(P.C.)：271000
电话(Tel)：0538－6203318
传真(Fax)：0538－6203318
总经理(General Manager)：马强
产品(Products)：餐巾纸，面巾纸
品牌(Brand)：泰山情

泰安市清柔工贸有限公司
Taian Qingrou Trade and Industry Co., Ltd.
地址(Add)：山东省泰安市温泉路宁家结庄工业园
邮编(P.C.)：271000
电话(Tel)：0538－6227599
传真(Fax)：0538－6115306
E-mail：taqrzy_777@163.com
法人代表(Chairman)：李学美
总经理(General Manager)：徐涛
联系人(Contact Person)：田海利
产品(Products)：卫生纸，面巾纸
品牌(Brand)：东岳，长城，黄河

郯城县金港卫生材料用品有限公司
Tancheng Jingang Sanitary Material Co., Ltd.
地址(Add)：山东省郯城县港上经济开发区花马路95号
邮编(P.C.)：276127
电话(Tel)：0539－6632188
传真(Fax)：0539－6632188
法人代表(Chairman)：冯遵礼
总经理(General Manager)：冯遵礼
联系人(Contact Person)：冯遵礼
产品(Products)：卫生纸

威海市黄埠港造纸厂
Weihai Huangbugang Paper Mill
地址(Add)：山东省威海市环翠区张村镇柳沟村
邮编(P.C.)：264203
电话(Tel)：0631－5757588
联系人(Contact Person)：谷胜昭
产品(Products)：卫生纸

宏大卫生用品厂
Hongda Hygiene Product Factory
地址(Add)：山东省威海市黄家夼工业园
邮编(P.C.)：264209
电话(Tel)：0631－5226021
传真(Fax)：0631－5226021
联系人(Contact Person)：赵建然
产品(Products)：餐巾纸，盘纸，擦手纸，面巾纸

潍坊利达纸业有限公司
Weifang Lida Paper Co., Ltd.
地址(Add)：山东省潍坊高新区北海路中段(潍坊市第五人民医院北邻)
邮编(P.C.)：261041
电话(Tel)：0536－8792682
传真(Fax)：0536－8792687
Http://www.wflida.com
总经理(General Manager)：杨玉波
联系人(Contact Person)：杨玉波
产品(Products)：面巾纸，餐巾纸，卫生纸
品牌(Brand)：凯利洁

青州市吉利纸制品厂
Qingzhou Jili Paper Products Factory
地址(Add)：山东省潍坊青州市新西环路西1000米
邮编(P.C.)：262500
电话(Tel)：0536－3801877
传真(Fax)：0536－3801877
联系人(Contact Person)：齐艳红
产品(Products)：卫生纸
品牌(Brand)：润香，金泰娃

潍坊金枫叶纸业有限公司
Weifang Gold Maple Leaf Paper Co., Ltd.
地址(Add)：山东省潍坊市昌乐古城工业园
邮编(P.C.)：262416
电话(Tel)：0536－6915988
传真(Fax)：0536－6915178
E-mail：gmlpaper@163.com
Http://www.gmlpaper.cn
法人代表(Chairman)：殷顺刚
产品(Products)：面巾纸，餐巾纸，擦手纸
品牌(Brand)：丝纯，顺之韵，柔之韵，诚品

山东含羞草卫生科技股份有限公司★
Shandong Mimosa Hygienic Technology Co., Ltd.
地址(Add)：山东省潍坊市昌乐经济开发区新昌路与北环

路路口北 100 米
邮编(P. C.): 262400
电话(Tel): 0536－8291789
传真(Fax): 0536－8293969
E-mail: ling0620@163.com
Http://www.chinamimosa.com
法人代表(Chairman): 冯希波
总经理(General Manager): 冯希波
联系人(Contact Person): 刘爱玲
产品(Products): 卫生巾, 卫生护垫, 婴儿纸尿裤/片, 成人纸尿裤/片, 护理垫, 手帕纸, 卫生纸, 面巾纸, 原纸
品牌(Brand): 含羞草, 娇感, 金品蓝, 舒贝宝

山东昌乐县新竹纸塑制品厂
Shandong Changle Xinzhu Paper & Plastic Products Plant
地址(Add): 山东省潍坊市昌乐县城方山路 13 号
邮编(P. C.): 262400
电话(Tel): 0536－6280177
联系人(Contact Person): 张怀瑞
产品(Products): 卫生纸, 面巾纸, 擦手纸

潍坊盛源纸业有限公司
Weifang Shengyuan Paper Co., Ltd.
地址(Add): 山东省潍坊市昌乐县红河镇乐福产业园
邮编(P. C.): 261000
电话(Tel): 0536－6615558
传真(Fax): 0536－6615559
E-mail: weifangshengyuan@163.com
法人代表(Chairman): 钟林
总经理(General Manager): 钟林
联系人(Contact Person): 钟林
产品(Products): 卫生纸

山东恒安心相印纸制品有限公司★
Shandong Hengan Xinxiangyin Paper Products Co., Ltd.
地址(Add): 山东省潍坊市坊子区北海路
邮编(P. C.): 261206
电话(Tel): 0536－7657666
传真(Fax): 0536－7515600
E-mail: wuyong@hengan.com
法人代表(Chairman): 许连捷
总经理(General Manager): 许文耽
联系人(Contact Person): 吴勇
产品(Products): 卫生纸, 面巾纸, 手帕纸, 餐巾纸, 厨房纸巾, 擦手纸, 原纸
品牌(Brand): 心相印

潍坊福山纸业有限公司
Weifang Fushan Paper Products Co., Ltd.
地址(Add): 山东省潍坊市坊子区东王工业区
邮编(P. C.): 261200
电话(Tel): 0536－7637289
传真(Fax): 0536－7637288
法人代表(Chairman): 蔡金针
总经理(General Manager): 蔡标芳
联系人(Contact Person): 许永源
产品(Products): 卫生纸, 面巾纸, 餐巾纸, 手帕纸, 湿巾, 婴儿纸尿片, 手术衣帽
品牌(Brand): 喜相随, 好儿女, 左右手, 随康

潍坊新铭纸制品有限公司
Weifang Xinming Paper Products Co., Ltd.
地址(Add): 山东省潍坊市坊子区凤凰大街与坊泰路交叉路口北角
邮编(P. C.): 261200
电话(Tel): 0536－7525607
传真(Fax): 0536－7525617
E-mail: xinmingwgs@126.com
联系人(Contact Person): 王更生
产品(Products): 卫生纸

潍坊恒联美林生活用纸有限公司★
Weifang Lancel Hygiene Products Co., Ltd.
地址(Add): 山东省潍坊市寒亭区海龙路 609 号
邮编(P. C.): 261100
电话(Tel): 0536－7283229
传真(Fax): 0536－7283228
E-mail: sales@lancelhp.com
Http://www.henglianpaper.com
法人代表(Chairman): 李瑞丰
总经理(General Manager): 杜增伟
联系人(Contact Person): 邢磊
产品(Products): 原纸, 卫生纸, 餐巾纸, 面巾纸, 手帕纸, 擦手纸, 衬纸, 厨房纸巾, 湿巾
品牌(Brand): 玉, 风筝, 格外丽

潍坊马利尔清洁用品有限公司
Malier Cleaning Products Co., Ltd.
地址(Add): 山东省潍坊市奎文区宏伟中路 5 号
邮编(P. C.): 261051
电话(Tel): 0536－8806253
传真(Fax): 0536－8807826
E-mail: keli@keli－chem.com
Http://www.keli－chem.com
法人代表(Chairman): 马吉义
总经理(General Manager): 马吉义
产品(Products): 卫生纸, 餐巾纸, 擦手纸, 盘纸, 面巾纸, 手帕纸, 湿巾
品牌(Brand): 雅蝶

潍坊临朐华美纸制品有限公司
Weifang Huamei Paper Products Co., Ltd.
地址(Add): 山东省潍坊市临朐县东城开发区
邮编(P. C.): 262600
电话(Tel): 0536－3473234
联系人(Contact Person): 刘海明
产品(Products): 面巾纸, 湿巾

临朐县云豪纸制品有限公司
Linqu Yunhao Paper Products Co., Ltd.
地址(Add): 山东省潍坊市临朐县朐间路 88 号
邮编(P. C.): 276000
电话(Tel): 0536－3458882
传真(Fax): 0536－3795766
E-mail: yunhaozhiye@163.com
Http://www.yunhaozhiye.com
法人代表(Chairman): 张金富
总经理(General Manager): 张金富
联系人(Contact Person): 张金富
产品(Products): 手帕纸, 面巾纸, 擦手纸, 餐巾纸, 湿巾

品牌(Brand)：云豪，柔柔佳人

山东七仙子纸业有限公司
Shandong Qixianzi Paper Co., Ltd.
地址(Add)：山东省潍坊市诸城七仙子纸业公司
邮编(P. C.)：262200
电话(Tel)：0536－6529777
传真(Fax)：0536－6189977
E-mail：sdqxzzy@126. com
法人代表(Chairman)：梁清波
产品(Products)：卫生纸，面巾纸，餐巾纸，手帕纸，擦手纸，盘纸
品牌(Brand)：七仙子，金童玉女

烟台福临门纸业有限责任公司
Yantai Fulinmen Paper Co., Ltd.
地址(Add)：山东省烟台市大海阳路60－3号
邮编(P. C.)：264000
电话(Tel)：0535－6570873
传真(Fax)：0535－6570873
法人代表(Chairman)：闫花荣
总经理(General Manager)：闫花荣
联系人(Contact Person)：孙中江
产品(Products)：面巾纸，餐巾纸
品牌(Brand)：福临门

烟台市茂源纸业制品厂
Yantai Maoyuan Paper Products Factory
地址(Add)：山东省烟台市福山区门楼镇西阜庄村
邮编(P. C.)：265500
电话(Tel)：0535－6981866
传真(Fax)：0535－6981866
联系人(Contact Person)：徐培杰
产品(Products)：餐巾纸

烟台晟源纸业有限公司
Yantai Shengyuan Paper Co., Ltd.
地址(Add)：山东省烟台市福山区清洋工业园
邮编(P. C.)：265500
电话(Tel)：0535－6305688
传真(Fax)：0535－6337799
联系人(Contact Person)：姜宣政
产品(Products)：面巾纸

烟台万睿纸制品有限公司
Yantai Wanrui Paper Products Co., Ltd.
地址(Add)：山东省烟台市芝罘区黄务工业园
邮编(P. C.)：264000
电话(Tel)：0535－6799917
传真(Fax)：0535－6799917
E-mail：luzhenlin@126. com
联系人(Contact Person)：鹿振林
产品(Products)：面巾纸

济宁昱泰生活用品有限公司
Jining Yutai Commodity Co., Ltd.
地址(Add)：山东省兖州市小孟镇太平工业园
邮编(P. C.)：272115
电话(Tel)：0537－3847988
传真(Fax)：0537－3847988
联系人(Contact Person)：侯子龙
产品(Products)：卫生纸，面巾纸，擦手纸
品牌(Brand)：咏梅

爱他美(山东)日用品有限公司
Aptamil (Shandong) Commodity Co., Ltd.
地址(Add)：山东省兖州市新驿工业园68号
邮编(P. C.)：272100
电话(Tel)：0537－3415266
传真(Fax)：0537－3415558
E-mail：zw@aptamil. cc
Http：//www. aptamil. cc
总经理(General Manager)：郑伟
产品(Products)：婴儿纸尿裤/片，婴儿面巾纸，湿巾，成人失禁用品
品牌(Brand)：Aptamil，爱他美，花亲花爱，诗维诗兰

山东泉林纸业夏津有限公司
Shandong Quanlin Paper Xiajin Co., Ltd.
地址(Add)：山东省禹城市夏津县建设街45号
邮编(P. C.)：253200
电话(Tel)：0534－3683988
传真(Fax)：0534－2190207
法人代表(Chairman)：雷光军
总经理(General Manager)：雷光军
联系人(Contact Person)：雷光军
产品(Products)：卫生纸，面巾纸，手帕纸

山东省诸城市金惠元商贸有限公司
Zhucheng Jinhuiyuan Trading Co., Ltd.
地址(Add)：山东省诸城市密州街道五里堡
邮编(P. C.)：262200
电话(Tel)：0536－6082187
传真(Fax)：0536－6061917
E-mail：zcmfc@163. com
法人代表(Chairman)：孟凡臣
总经理(General Manager)：孟凡臣
联系人(Contact Person)：孟凡臣
产品(Products)：卫生纸，面巾纸，手帕纸，擦手纸

诸城市洁达纸制品厂
Zhucheng Jieda Paper Products Factory
地址(Add)：山东省诸城市相州开发区(206国道西)
邮编(P. C.)：262300
电话(Tel)：0536－6492049
总经理(General Manager)：王志清
产品(Products)：擦手纸，卫生纸

诸城市中顺工贸有限公司★
Zhucheng Zhongshun Industry & Trading Co., Ltd.
地址(Add)：山东省诸城市相州镇曹家泊
邮编(P. C.)：262212
电话(Tel)：0536－6492988
传真(Fax)：0536－6498657
E-mail：lumengly@163. com
Http：//www. liufangzhiye. com. cn
总经理(General Manager)：卢蒙
联系人(Contact Person)：卢蒙
产品(Products)：卫生纸，面巾纸，餐巾纸，擦手纸，原纸
品牌(Brand)：流芳，新流芳

诸城市运生纸业股份有限公司
Zhucheng Yunsheng Paper Industry Co., Ltd.
地址(Add)：山东省诸城市相州镇宋家泊(206国道西)
邮编(P. C.)：262200
电话(Tel)：0536－6572698
传真(Fax)：0536－6572698
法人代表(Chairman)：陆利波
联系人(Contact Person)：陆利波
产品(Products)：卫生纸，餐巾纸

诸城市东方奥诺工贸有限公司
Zhucheng East Honor
地址(Add)：山东省诸城市辛兴工业园
邮编(P. C.)：262200
电话(Tel)：0536－6527888
传真(Fax)：0536－6525999
E-mail：easthonor@163. com
Http：//www. cleanpaper. com
法人代表(Chairman)：孙允健
总经理(General Manager)：孙允健
联系人(Contact Person)：孙允健
产品(Products)：面巾纸，卫生纸，擦手纸，盘纸，厨房纸巾
品牌(Brand)：科林恩，爱美什

淄博沣泰纸业有限公司
Zibo Fengtai Paper Co., Ltd.
地址(Add)：山东省淄博市博山经济开发区
邮编(P. C.)：255213
电话(Tel)：0533－4656001
传真(Fax)：0533－4666299
法人代表(Chairman)：刘波
总经理(General Manager)：刘波
联系人(Contact Person)：刘波
产品(Products)：卫生纸，面巾纸，餐巾纸

山东晨晓纸业有限公司★
Shandong Chenxiao Paper Co., Ltd.
地址(Add)：山东省淄博市高青潍高路东段向北2000米处
邮编(P. C.)：256304
电话(Tel)：0533－6736777
传真(Fax)：0533－6736777
E-mail：xiaocaowu001@163. com
Http：//www. sdchenxiao. com
法人代表(Chairman)：曹卫山
总经理(General Manager)：曹卫山
联系人(Contact Person)：曹宁
产品(Products)：卫生纸，原纸，湿巾，卫生巾
品牌(Brand)：小草屋，秀家，蒲公英

凯贝尔国际集团有限公司
Kaibeier International Group Co., Ltd.
地址(Add)：山东省淄博市桓台新区侯庄路60号
邮编(P. C.)：255086
电话(Tel)：0533－7975596
传真(Fax)：0533－7975598
Http：//www. kaibeier. net
联系人(Contact Person)：寻明俊
产品(Products)：卫生巾，婴儿纸尿裤，卫生纸
品牌(Brand)：蓝色呓语，哈尼宝贝

山东赛特新材料股份有限公司
Shandong Saite New Material Co., Ltd.
地址(Add)：山东省淄博市桓台县果里镇侯庄路60号
邮编(P. C.)：256414
电话(Tel)：0533－7975596－8003
传真(Fax)：0533－7975598
E-mail：saitexz@saitenm. com
Http：//www. saitenm. com
法人代表(Chairman)：贾莉
总经理(General Manager)：吴琛
联系人(Contact Person)：陈正雄
产品(Products)：卫生巾，卫生护垫，婴儿纸尿裤，面巾纸，厨房纸巾
品牌(Brand)：凯贝尔，凯尔贝贝

淄博市桓台康荣纸制品厂
Zibo Kangrong Paper Products Factory
地址(Add)：山东省淄博市桓台县康荣纸制品厂
电话(Tel)：0533－8886505
联系人(Contact Person)：见光辉
产品(Products)：卫生纸，餐巾纸
品牌(Brand)：康荣

山东淄博亿佳缘纸业有限公司
Shandong Zibo Yijiayuan Paper Co., Ltd.
地址(Add)：山东省淄博市桓台县新城罗苏工业园
邮编(P. C.)：256403
电话(Tel)：0533－8885656
传真(Fax)：0533－8885606
E-mail：ziboyijiayuan@163. com
Http：//www. ziboyijiayuan. com
总经理(General Manager)：罗可友
联系人(Contact Person)：江瑞青
产品(Products)：卫生纸，面巾纸，餐巾纸，擦手纸

桓台县益家福纸制品厂
Huantai Yijiafu Paper Products Factory
地址(Add)：山东省淄博市桓台县新城镇小百货市场北门
邮编(P. C.)：256403
电话(Tel)：0533－8888505
传真(Fax)：0533－8885855
Http：//www. yijiafu. cn
联系人(Contact Person)：冯进
产品(Products)：卫生纸
品牌(Brand)：益家福

淄博舒美洁卫生用品厂
Zibo Shumeijie Hygiene Products Factory
地址(Add)：山东省淄博市临淄区金三工业园
邮编(P. C.)：255000
电话(Tel)：0533－7488218
传真(Fax)：0533－7480880
法人代表(Chairman)：杨洪光
总经理(General Manager)：杨洪光
产品(Products)：卫生纸，面巾纸
品牌(Brand)：美丽莱

淄博金宝利纸业有限公司
Zibo Jinbaoli Paper Co., Ltd.
地址(Add)：山东省淄博市世纪路北首小庄西工业园庄园大酒店对面

邮编(P. C.)：255000
电话(Tel)：0533－2769080
传真(Fax)：0533－2769080
E-mail：zbjinbaolizy@126. com
总经理(General Manager)：李宝峰
联系人(Contact Person)：李宝运
产品(Products)：面巾纸，湿巾

恒柔纸业有限公司
Hengrou Paper Co., Ltd.
地址(Add)：山东省淄博市沂源县新兴工业园
邮编(P. C.)：255000
电话(Tel)：0533－3235578
传真(Fax)：0533－3235578
法人代表(Chairman)：杜兆英
总经理(General Manager)：崔保亮
联系人(Contact Person)：崔保亮
产品(Products)：卫生纸，餐巾纸
品牌(Brand)：恒柔，卉香

淄博星峰纸业有限公司
Zibo Xingfeng Paper Co., Ltd.
地址(Add)：山东省淄博市张店区朝阳路8号
邮编(P. C.)：255000
电话(Tel)：0533－3818600
传真(Fax)：0533－3818600
法人代表(Chairman)：张健
总经理(General Manager)：张健
联系人(Contact Person)：张健
产品(Products)：卫生纸，面巾纸，餐巾纸
品牌(Brand)：馨逸，丽美双，七夕情，百合，汇梓

淄博博森纸业有限公司★
Zibo Bosen Paper Co., Ltd.
地址(Add)：山东省淄博市张店区湖田镇湖光路
邮编(P. C.)：255000
电话(Tel)：0533－2093131
传真(Fax)：0533－2093131
联系人(Contact Person)：吕本忠
产品(Products)：卫生纸，手帕纸，原纸
品牌(Brand)：竹之韵，三佳，尚然，如意家园

淄博旭日纸业有限公司
Zibo Xuri Paper Co., Ltd.
地址(Add)：山东省淄博市周村新建路东首
邮编(P. C.)：255314
电话(Tel)：0533－6582989
传真(Fax)：0533－6582989
联系人(Contact Person)：郑青
产品(Products)：餐巾纸，手帕纸，湿巾
品牌(Brand)：景雅

淄博泓凯纸业
Zibo Hongkai Paper Co.
地址(Add)：山东省淄博市淄川区罗村镇南韩工业区
邮编(P. C.)：255138
电话(Tel)：0533－5673989
联系人(Contact Person)：王强
产品(Products)：卫生纸
品牌(Brand)：泓凯，泓佳

山东宏伟纸业公司★
Shandong Hongwei Paper Co.
地址(Add)：山东省邹平县高新办事处
邮编(P. C.)：256200
电话(Tel)：0543－4810302
传真(Fax)：0543－4810302
联系人(Contact Person)：王超
产品(Products)：卫生纸，原纸
品牌(Brand)：福太太

邹平宏业酒店用品公司
Zouping Hongye Hotel Supplies Co., Ltd.
地址(Add)：山东省邹平县韩店镇安星驾校向东300米
邮编(P. C.)：256200
电话(Tel)：0543－2102111
传真(Fax)：0543－4343246
联系人(Contact Person)：韩星海
产品(Products)：卫生纸，擦手纸，餐巾纸

● 河南 Henan

安阳市汇丰卫生用品有限责任公司
Anyang Huifeng Hygiene Products Co., Ltd.
地址(Add)：河南省安阳市安东新区人民东路路北
邮编(P. C.)：455000
电话(Tel)：0372－2619318
传真(Fax)：0372－2619316
Http：//www. ayhfzj. com
法人代表(Chairman)：郭小平
总经理(General Manager)：袁玉清
联系人(Contact Person)：袁廷顺
产品(Products)：卫生巾，卫生护垫，成人纸尿裤，护理垫，卫生纸
品牌(Brand)：梦娜

安阳市森源纸业有限责任公司★
Anyang Senyuan Paper Co., Ltd.
地址(Add)：河南省安阳市滑县新区大三路西段路北大宫桥东岸
邮编(P. C.)：456473
电话(Tel)：0372－8622222
传真(Fax)：0372－8621555
E-mail：senyuanzhiye666@126. com
Http：//www. aysyzy. com
法人代表(Chairman)：董贺祥
联系人(Contact Person)：张洪彬
产品(Products)：餐巾纸，卫生纸，手帕纸，原纸，盘纸

博爱凌光生活用纸厂
Boai Lingguang Paper Mill
地址(Add)：河南省博爱县清化镇南朱营村东
邮编(P. C.)：454450
电话(Tel)：0391－8685678
传真(Fax)：0391－8690652
E-mail：boailingguang@126. com
联系人(Contact Person)：李海林
产品(Products)：卫生纸

河南可丽卫生用品有限公司
Henan Keli Hygiene Products Co., Ltd.
地址(Add)：河南省长葛市钟繇大道南段
邮编(P.C.)：461500
电话(Tel)：0374-6562988
传真(Fax)：0374-6501999
总经理(General Manager)：乔松锋
联系人(Contact Person)：乔松锋
产品(Products)：卫生巾，生活用纸，湿巾
品牌(Brand)：可丽怡人

鹤壁瑞洲纸业有限公司
Hebi Ruizhou Paper Co., Ltd.
地址(Add)：河南省鹤壁市淇县铁西工业区工业路66号
邮编(P.C.)：456750
电话(Tel)：0392-7223378
传真(Fax)：0392-7277000
E-mail：65407043@qq.com
Http://www.rzpaper.com
总经理(General Manager)：王文林
产品(Products)：卫生纸
品牌(Brand)：淇雪，荟柔

河南博民纸业有限公司★
Henan Bomin Paper Co., Ltd.
地址(Add)：河南省鹤壁市淇县铁西工业区中华路3号
邮编(P.C.)：456750
电话(Tel)：0392-7223378
传真(Fax)：0392-7275888
总经理(General Manager)：王文林
联系人(Contact Person)：张红喜
产品(Products)：卫生纸，餐巾纸，面巾纸，手帕纸，原纸
品牌(Brand)：荟柔

河南省奥博纸业有限公司★
Henan Aobo Paper Co., Ltd.
地址(Add)：河南省辉县市赵固小岗(奥博工业园区)
邮编(P.C.)：453000
电话(Tel)：0373-2630663
传真(Fax)：0373-2630664
E-mail：hnabo@126.com
Http://www.hnabo.com
法人代表(Chairman)：郭志新
总经理(General Manager)：王德安
联系人(Contact Person)：周毅
产品(Products)：卫生纸，餐巾纸，面巾纸，手帕纸，擦手纸，原纸
品牌(Brand)：奥博

博爱县鑫鹿纸业有限公司
Boai Xinlu Paper Co., Ltd.
地址(Add)：河南省焦作市博爱工业园区
邮编(P.C.)：454450
电话(Tel)：0391-8628210
传真(Fax)：0391-8628210
E-mail：bwx19780309@163.com
联系人(Contact Person)：毕五星
产品(Products)：卫生纸

河南潇康卫生用品有限公司
Henan Xiaokang Hygiene Products Co., Ltd.
地址(Add)：河南省焦作市丰收路中段
邮编(P.C.)：454006
电话(Tel)：0391-5890888
传真(Fax)：0391-3596669
E-mail：hnxiaokang@163.com
Http://www.hnxiaokang.com
联系人(Contact Person)：原小新
产品(Products)：卫生巾，卫生护垫，婴儿纸尿裤，成人纸尿裤，卫生纸
品牌(Brand)：潇康，香馨伊人

开封金红叶纸业有限公司
Kaifeng Jin Hongye Paper Co., Ltd.
地址(Add)：河南省开封市开发区四大街与魏都路交叉口西200米
邮编(P.C.)：475000
电话(Tel)：0371-23265961
产品(Products)：卫生纸，面巾纸，手帕纸
品牌(Brand)：清风，真真

开封市通富纸业有限公司★
Kaifeng Tongfu Paper Co., Ltd.
地址(Add)：河南省开封市通许东工业园区通富路88号
邮编(P.C.)：475000
电话(Tel)：0378-4988888
传真(Fax)：0378-4988777
法人代表(Chairman)：张时彦
总经理(General Manager)：张俊领
产品(Products)：卫生纸，原纸

开封一晨纸业有限公司
Kaifeng Yichen Paper Co., Ltd.
地址(Add)：河南省开封市通许西环路中段(南兰高速入口南一公里)
邮编(P.C.)：475400
电话(Tel)：0378-4868269
传真(Fax)：0378-4868269
联系人(Contact Person)：毛国建
产品(Products)：卫生纸

河南飞越纸业有限公司★
Henan Feiyue Paper Industry Co., Ltd.
地址(Add)：河南省灵宝市予灵镇工业区
邮编(P.C.)：472500
电话(Tel)：0398-6888222
传真(Fax)：0398-6888709
法人代表(Chairman)：王西孟
联系人(Contact Person)：乔治军
产品(Products)：卫生纸，手帕纸，面巾纸，盘纸，原纸
品牌(Brand)：飞越

河南省洛阳市涧西华丰纸巾厂
Luoyang Huafeng Towel Factory
地址(Add)：河南省洛阳市涧西区谷水解放街17号
邮编(P.C.)：471003
电话(Tel)：0379-64221320
联系人(Contact Person)：常明脑
产品(Products)：餐巾纸，手帕纸，面巾纸，盘纸，擦手纸，湿巾

河南漯河临颍恒祥卫生用品有限公司
Henan Linying Hengxiang Hygiene Products Co., Ltd.
地址(Add)：河南省漯河市临颍黄龙工业区一环路东段
邮编(P. C.)：462600
电话(Tel)：0395－8662227
传真(Fax)：0395－8662227
法人代表(Chairman)：仝志辉
总经理(General Manager)：仝志辉
产品(Products)：卫生巾，卫生护垫，婴儿纸尿裤/片，卫生纸，成人纸尿片
品牌(Brand)：云妹，葆健，妙姿葆，溢儿爽

聚源纸业有限公司★
Juyuan Paper Co., Ltd.
地址(Add)：河南省漯河市孟南工业园
邮编(P. C.)：462000
电话(Tel)：0395－5932900
传真(Fax)：0395－6935899
法人代表(Chairman)：靳香林
总经理(General Manager)：靳香林
联系人(Contact Person)：赵安东
产品(Products)：卫生纸，手帕纸，原纸
品牌(Brand)：聚源

漯河银鸽生活纸产有限公司★
Luohe Yinge Tissue Paper Industry Co., Ltd.
地址(Add)：河南省漯河市湘江路东段2号
邮编(P. C.)：462000
电话(Tel)：0395－2635700
传真(Fax)：0395－2687700
E-mail：yg6666@126.com
Http：//www.yingepaper.com.cn
法人代表(Chairman)：张世进
总经理(General Manager)：张世进
联系人(Contact Person)：王马
产品(Products)：原纸，卫生纸，餐巾纸，面巾纸，手帕纸，厨房纸巾，擦手纸，衬纸
品牌(Brand)：银鸽，舒蕾

漯河洁达纸品业
Luohe Jieda Paper Products Factory
地址(Add)：河南省漯河市珠江路11号院
邮编(P. C.)：462600
电话(Tel)：0395－2675267
联系人(Contact Person)：魏纪东
产品(Products)：餐巾纸，擦手纸，面巾纸，盘纸
品牌(Brand)：迎鸽，欧曼，哈肤，优点，银河

西峡县春风实业有限责任公司
Xixia Chunfeng Industry Co., Ltd.
地址(Add)：河南省南阳市西峡县城春风路66号
邮编(P. C.)：474550
电话(Tel)：0377－69663816
传真(Fax)：0377－69682966
联系人(Contact Person)：张廷杰
产品(Products)：卫生纸

南阳市洋帆纸业
Nanyang Yangfan Paper Co.
地址(Add)：河南省南阳市迎宾大道
邮编(P. C.)：473000
电话(Tel)：0377－60555717
联系人(Contact Person)：郭永勋
产品(Products)：卫生纸，餐巾纸

平顶山正植科技有限公司
Pingdingshan Zhengzhi Technology Co., Ltd.
地址(Add)：河南省平顶山市开源路鹰城大厦B座1604室
邮编(P. C.)：467000
电话(Tel)：0375－2988196
传真(Fax)：0375－3900378
E-mail：mzs688@sohu.com
Http：//www.panclean.com.cn
法人代表(Chairman)：马占山
总经理(General Manager)：马占山
联系人(Contact Person)：李姜玉
产品(Products)：卫生纸
品牌(Brand)：泛洁，PANCLEAN

平顶山市昊顺工贸有限公司★
Pingdingshan Haoshun Industrial Co., Ltd.
地址(Add)：河南省平顶山市平安大道中段
邮编(P. C.)：467000
电话(Tel)：0375－3271066
E-mail：307447760@qq.com
联系人(Contact Person)：唐清同
产品(Products)：卫生纸，原纸

平舆中南纸业有限公司
Pingyu Zhongnan Paper Co., Ltd.
地址(Add)：河南省平舆县清河路西工业区丰收路与中山路交叉口
邮编(P. C.)：463400
电话(Tel)：0396－5065256
传真(Fax)：0396－5031636
E-mail：honghegu666@126.com
Http：//www.zhongnanzhiye.cn
联系人(Contact Person)：冯东耀
产品(Products)：擦手纸，面巾纸，手帕纸，卫生纸，厨房纸巾
品牌(Brand)：派诺士，红河谷

濮阳市润洁生活用品有限公司
Puyang Runjie Hygiene Products Co., Ltd.
地址(Add)：河南省濮阳市黄河西路与化工二路交叉口北50米路东
邮编(P. C.)：457001
电话(Tel)：0393－4613056
E-mail：pzw1690@sina.com
Http：//www.pysrj.cn
联系人(Contact Person)：庞占伟
产品(Products)：湿巾，生活用纸
品牌(Brand)：好日子

河南省濮阳市三友纸业有限公司★
Puyang Sanyou Paper Co., Ltd.
地址(Add)：河南省濮阳县庆祖镇镇东工业区
邮编(P. C.)：457100
电话(Tel)：0393－3960059
传真(Fax)：0393－3960059
联系人(Contact Person)：乔进省

产品(Products)：卫生纸，餐巾纸，原纸
品牌(Brand)：美竹

沁阳市宏涛纸业有限公司
Qinyang Hongtao Paper Co., Ltd.
地址(Add)：河南省沁阳市工业园区
邮编(P. C.)：454591
电话(Tel)：0391－5093397
传真(Fax)：0391－5093354
E-mail：qyhtzy123@163. com
Http：//www. htzy. hn. cn
联系人(Contact Person)：马小兵
产品(Products)：卫生纸，餐巾纸
品牌(Brand)：心恋心

沁阳市天元纸业
Qinyang Tianyuan Paper Co., Ltd.
地址(Add)：河南省沁阳市马坡工业区
邮编(P. C.)：454599
电话(Tel)：0391－5298858
传真(Fax)：0391－5298858
联系人(Contact Person)：张建铭
产品(Products)：餐巾纸，面巾纸，盘纸，擦手纸
品牌(Brand)：以芳

三门峡雅洁卫生制品厂
Sanmenxia Yajie Hygiene Products Factory
地址(Add)：河南省三门峡市大岭路北49号
邮编(P. C.)：472000
电话(Tel)：0398－2898352
传真(Fax)：0398－2898352
法人代表(Chairman)：乔亚娟
总经理(General Manager)：乔亚娟
联系人(Contact Person)：乔亚娟
产品(Products)：餐巾纸，湿巾
品牌(Brand)：雅洁

河南商丘强达纸业
Shangqiu Qiangda Paper
地址(Add)：河南省商丘市310转盘西
邮编(P. C.)：476000
电话(Tel)：0370－2881666
法人代表(Chairman)：李克强
总经理(General Manager)：李克强
联系人(Contact Person)：李克强
产品(Products)：餐巾纸，面巾纸，卫生纸
品牌(Brand)：强达

许昌雍和工贸有限责任公司
Xuchang Yonghe I&T Co., Ltd.
地址(Add)：河南省市许昌县小召乡北寨
邮编(P. C.)：461104
电话(Tel)：0374－5681057
联系人(Contact Person)：刘建国
产品(Products)：卫生纸，手帕纸

河南华丰纸业有限公司★
Henan Huafeng Paper Co., Ltd.
地址(Add)：河南省武陟县西滑封工业区
邮编(P. C.)：454981
电话(Tel)：0391－7565111
传真(Fax)：0391－7566548
E-mail：huafengzhiye@126. com
Http：//www. huafengpaper. cc
法人代表(Chairman)：王晓国
联系人(Contact Person)：曹化鸣
产品(Products)：卫生纸，原纸
品牌(Brand)：心韵

新亚纸业集团★
Xinya Paper Group
地址(Add)：河南省新乡县纸制品工业园区(107国道680公里处)
邮编(P. C.)：453731
电话(Tel)：0373－5699777
传真(Fax)：0373－5699888
法人代表(Chairman)：宋敬志
总经理(General Manager)：宋敬志
联系人(Contact Person)：王庆杰
产品(Products)：卫生纸原纸

河南新野方正纸业有限公司★
Henan Xinye Fangzheng Paper Co., Ltd.
地址(Add)：河南省新野县工业园
邮编(P. C.)：473500
电话(Tel)：0377－66381097
传真(Fax)：0377－66381098
法人代表(Chairman)：郭晓峰
总经理(General Manager)：郭晓峰
联系人(Contact Person)：魏国杰
产品(Products)：卫生纸，餐巾纸，手帕纸，盘纸，原纸

许昌林风纸业有限公司
Xuchang Linfeng Paper Co., Ltd.
地址(Add)：河南省许昌市北环路民营科技园区(五星实业有限公司院内)
邮编(P. C.)：461000
电话(Tel)：0374－2220992
传真(Fax)：0374－4395626
总经理(General Manager)：金春霞
联系人(Contact Person)：刘保现
产品(Products)：卫生纸
品牌(Brand)：凯伦，云蝶，风之味

河南许昌新诺纸制品有限公司
Xuchang Xinnuo Paper Products Co., Ltd.
地址(Add)：河南省许昌市城北尚集工业开发区
邮编(P. C.)：461000
电话(Tel)：0374－5119998
传真(Fax)：0374－5119996
E-mail：1214124371@qq. com
Http：//www. xcxinnuo. com
联系人(Contact Person)：史玉安
产品(Products)：卫生纸
品牌(Brand)：蓝宁儿，一见钟情，格兰朵

许昌完美纸业有限公司
Xuchang Wanmei Paper Co., Ltd.
地址(Add)：河南省许昌市东城工业园区桃园路南段
邮编(P. C.)：461000
电话(Tel)：0374－5763111
传真(Fax)：0374－5763222

Http://www.wanmeizy.com
联系人(Contact Person)：姜付刚
产品(Products)：卫生纸
品牌(Brand)：涵美，首爱

许昌芳飞纸业有限公司★
Xuchang Fangfei Paper Co., Ltd.
地址(Add)：河南省许昌市解放路三国商贸城大门口南侧
邮编(P.C.)：461000
电话(Tel)：0374-8328318
传真(Fax)：0374-3268318
E-mail：822162156@qq.com
Http://www.xcfangfei.com
总经理(General Manager)：李振华
产品(Products)：盘纸，餐巾纸，面巾纸，卫生纸，原纸
品牌(Brand)：芳飞

河南许昌宏业纸品有限公司
Xuchang Hongye Paper Products Co., Ltd.
地址(Add)：河南省许昌市魏都区民营经济园北环路万通大道西段
邮编(P.C.)：461000
电话(Tel)：0374-2773611
传真(Fax)：0374-2773612
总经理(General Manager)：袁年生
产品(Products)：卫生纸

许昌浩元纸制品有限公司
Xuchang Haoyuan Paper Products Co., Ltd.
地址(Add)：河南省许昌市魏都区民营经济园万通大道西段北7号
邮编(P.C.)：461000
电话(Tel)：0374-4311888
联系人(Contact Person)：余二强
产品(Products)：手帕纸，卫生纸，面巾纸

许昌洁达纸品有限公司
Xuchang Jieda Paper Products Co., Ltd.
地址(Add)：河南省许昌市魏都区民营科技园腾飞大道
邮编(P.C.)：461099
电话(Tel)：0374-4363888
传真(Fax)：0374-4363777
Http://www.jiedazp.com
总经理(General Manager)：章高招
联系人(Contact Person)：吴秋霞
产品(Products)：婴儿纸尿裤/片，生活用纸，湿巾
品牌(Brand)：丽妃，章程，绿之舟，梦妃，太子妃，春荷

河南省许昌市一飞纸业公司
Xuchang Yifei Paper Co.
地址(Add)：河南省许昌市小南海工业园区
邮编(P.C.)：461000
电话(Tel)：0374-5126355
传真(Fax)：0374-5126355
E-mail：30736704@qq.com
法人代表(Chairman)：安鹏飞
总经理(General Manager)：安鹏飞
联系人(Contact Person)：安鹏飞
产品(Products)：卫生纸，餐巾纸，面巾纸
品牌(Brand)：盛源

河南许昌益佰纸业
Xuchang Yibai Paper
地址(Add)：河南省许昌市小南海营庄村6号
邮编(P.C.)：461000
电话(Tel)：0374-4392506
传真(Fax)：0374-4392506
E-mail：948412492@qq.com
法人代表(Chairman)：菅文涛
总经理(General Manager)：菅文涛
联系人(Contact Person)：菅文涛
产品(Products)：卫生纸，面巾纸，餐巾纸
品牌(Brand)：益佰

洛阳市洁达纸业有限公司★
Luoyang Jieda Paper Co., Ltd.
地址(Add)：河南省偃师市首阳山
邮编(P.C.)：471943
电话(Tel)：0379-67558819
传真(Fax)：0379-67568819
Http://www.ysjieda.com
总经理(General Manager)：陈领军
产品(Products)：卫生纸，盘纸，原纸
品牌(Brand)：惠枫，琪琳

禹州盛轩纸业有限公司★
Yuzhou Shengxuan Paper Co., Ltd.
地址(Add)：河南省禹州市经济开发区盛轩路1号
邮编(P.C.)：461670
电话(Tel)：0374-8885999
传真(Fax)：0374-8885666
Http://www.papercto.com
法人代表(Chairman)：王建奇
总经理(General Manager)：王正强
联系人(Contact Person)：周殷建
产品(Products)：卫生纸，手帕纸，擦手纸，原纸
品牌(Brand)：紫轩，雅婷，杨柳

郑州洁良纸业有限公司
Zhengzhou Jieliang Paper Co., Ltd.
地址(Add)：河南省郑州市北环路72号中建大厦A座8楼
邮编(P.C.)：450000
电话(Tel)：0371-66166199
传真(Fax)：0371-66166299
Http://www.zzjieliang.cn
总经理(General Manager)：梁耀奎
联系人(Contact Person)：贾焕军
产品(Products)：面巾纸，擦手纸，卫生纸，餐巾纸，湿巾

郑州舒雅纸业制品有限公司
Zhengzhou Shuya Paper Products Co., Ltd.
地址(Add)：河南省郑州市高新技术开发区关庄村一组南一街副36号
邮编(P.C.)：450000
电话(Tel)：0371-67839477
传真(Fax)：0371-67839477
联系人(Contact Person)：朱久银
产品(Products)：餐巾纸，面巾纸，盘纸，擦手纸，卫生纸

河南畅翔纸品加工厂
Henan Changxiang Print & Package Co., Ltd.
地址(Add):河南省郑州市惠济固城村工业园
邮编(P. C.):450044
电话(Tel):0371 - 86050838
传真(Fax):0371 - 86050838
E-mail:460687867@ qq. com
Http://www. hncxzp. cn
联系人(Contact Person):闫飞
产品(Products):湿巾,擦手纸

郑州博信纸业有限公司
Zhengzhou Boxin Paper Co., Ltd.
地址(Add):河南省郑州市金水区中方园路北段
邮编(P. C.):450000
电话(Tel):0371 - 63788870
传真(Fax):0371 - 63788870
总经理(General Manager):孟凡炜
产品(Products):盘纸,擦手纸,面巾纸
品牌(Brand):完形,好宜洁,吉利家

河南新华纸业有限公司★
Henan Xinhua Paper Co., Ltd.
地址(Add):河南省郑州市经五路12号附10号
邮编(P. C.):450000
电话(Tel):0371 - 65981201
传真(Fax):0371 - 65942998
E-mail:molihuazy@ 163. com
联系人(Contact Person):乔洽军
产品(Products):盘纸,卫生纸,手帕纸,面巾纸,原纸
品牌(Brand):茉莉花

莱湾洁品(郑州)有限公司
LW Clean (Zhengzhou) Co., Ltd.
地址(Add):河南省郑州市新郑双湖开发区中山路中段
邮编(P. C.):451191
电话(Tel):0371 - 62563866
传真(Fax):0371 - 62563798
E-mail:a700513@ 163. com
联系人(Contact Person):陈美凤
产品(Products):面巾纸,手帕纸,卫生纸
品牌(Brand):莱湾

郑州嘉和纸业有限公司★
Zhengzhou Jiahe Paper Co., Ltd.
地址(Add):河南省郑州市郑上路108号
邮编(P. C.):450000
电话(Tel):0371 - 67681287
传真(Fax):0371 - 67648113
总经理(General Manager):程黔
联系人(Contact Person):韩飞
产品(Products):卫生纸,餐巾纸,面巾纸,原纸
品牌(Brand):炫婷,飘尚

郑州东盛纸业有限公司★
Zhengzhou Dongsheng Paper Industry Co., Ltd.
地址(Add):河南省郑州市中牟县青年路东段
邮编(P. C.):451450
电话(Tel):0371 - 62184772
传真(Fax):0371 - 62193066
法人代表(Chairman):张继亭
总经理(General Manager):姚克亭
联系人(Contact Person):赵根生
产品(Products):盘纸,餐巾纸,原纸
品牌(Brand):潘安,东盛,黄河情

郑州婷风纸制品有限公司
Zhengzhou Tingfeng Paper Products Co., Ltd.
地址(Add):河南省郑州市中原区须水镇常庄南街附8号
邮编(P. C.):450012
电话(Tel):0371 - 88888973
传真(Fax):0371 - 67830533
总经理(General Manager):吴佳全
产品(Products):卫生纸,盘纸,面巾纸,擦手纸,手帕纸

郑州万戈免洗用品工贸有限公司
Zhengzhou Wange Wash - Free Articles Industry & Trade Co., Ltd.
地址(Add):河南省郑州市紫荆山路60号金成国贸大厦2614室
邮编(P. C.):450000
电话(Tel):0371 - 66616160
传真(Fax):0371 - 65338249
E-mail:zzwange@ 163. com
Http://www. zzwange. com
法人代表(Chairman):常明
总经理(General Manager):常利成
联系人(Contact Person):常利成
产品(Products):擦手纸,面巾纸,餐巾纸,卫生纸
品牌(Brand):万戈

淮阳颐莲坊纸业有限公司
Huaiyang Yilianfang Paper Co., Ltd.
地址(Add):河南省周口市淮阳县弦歌路东段
邮编(P. C.):466700
电话(Tel):0394 - 2662496
法人代表(Chairman):蔡于海
总经理(General Manager):刘素玲
联系人(Contact Person):刘素玲
产品(Products):卫生纸
品牌(Brand):六月春

河南护理佳纸业有限公司★
Henan Foliage Paper Co., Ltd.
地址(Add):河南省周口市鹿邑县产业集聚区(迎宾大道中段)
邮编(P. C.):477200
电话(Tel):0394 - 7490998
传真(Fax):0394 - 7491168
E-mail:zgm395@ sohu. com
Http://www. hulijia. com
总经理(General Manager):周国敏
联系人(Contact Person):杨新正
产品(Products):卫生纸,面巾纸,餐巾纸,盘纸,原纸
品牌(Brand):品秀

鹿邑舒可卫生用品有限公司
Luyi Shuke Hygiene Products Co., Ltd.
地址(Add):河南省周口市鹿邑县城东工业区
邮编(P. C.):477200
电话(Tel):0394 - 87700000

E-mail：qicaiqing@ sina. cn
Http：//www. qicaiqing. com
总经理（General Manager）：陈明涛
联系人（Contact Person）：陈明涛
产品（Products）：卫生巾，卫生护垫，湿巾，婴儿纸尿裤/片，成人纸尿裤/片，生活用纸
品牌（Brand）：七彩情

河南轻扬实业有限公司
Henan Qingyang Industry Co., Ltd.
地址（Add）：河南省周口市鹿邑县涡北产业集聚区
邮编（P. C. ）：477200
电话（Tel）：0394 －7181877
传真（Fax）：0394 －7181877
总经理（General Manager）：谢海华
产品（Products）：卫生纸
品牌（Brand）：轻扬，焕彩清馨，朵朵花香

河南恒宝纸业有限公司
Henan Hengbao Paper Co., Ltd.
地址（Add）：河南省周口市太康县产业集聚区
邮编（P. C. ）：461499
电话（Tel）：0394 －6927888
传真（Fax）：0394 －6812666
E-mail：hengbaozhiye@ 126. com
法人代表（Chairman）：程丽君
总经理（General Manager）：岳恒伟
联系人（Contact Person）：宋杰
产品（Products）：卫生巾，卫生护垫，面巾纸
品牌（Brand）：乐宝情

河南西平县兴华综合纸业有限公司★
Xiping Xinghua Paper Co., Ltd.
地址（Add）：河南省驻马店市西平县城东芳庄工业区
邮编（P. C. ）：463900
电话（Tel）：0396 －6200888
传真（Fax）：0396 －6215383
Http：//www. xpxhzy. com
总经理（General Manager）：刘林根
联系人（Contact Person）：刘林根
产品（Products）：卫生纸，原纸

河南省西平县超群纸业有限公司★
Henan Xiping Chaoqun Paper Co., Ltd.
地址（Add）：河南省驻马店市西平县城东工业园区高速公路入口处
邮编（P. C. ）：463900
电话（Tel）：0396 －6235646
传真（Fax）：0396 －6234877
法人代表（Chairman）：张秋香
总经理（General Manager）：张秋香
联系人（Contact Person）：张磊
产品（Products）：卫生纸，面巾纸，原纸
品牌（Brand）：超群

河南省驻马店地区鑫鑫纸业
Zhumadian Xinxin Paper
地址（Add）：河南省驻马店市西平县王店工业园区
邮编（P. C. ）：463900
电话（Tel）：0396 －6206228
传真（Fax）：0396 －6206228
联系人（Contact Person）：张俭
产品（Products）：卫生纸，餐巾纸，面巾纸，盘纸，手帕纸，擦手纸

河南西平新蕾纸业有限公司
Xiping Xinlei Paper Co., Ltd.
地址（Add）：河南省驻马店市西平消防大队东 100 米
邮编（P. C. ）：463000
电话（Tel）：0396 －6225970
传真（Fax）：0396 －6225970
法人代表（Chairman）：李新建
总经理（General Manager）：李新建
联系人（Contact Person）：李毛
产品（Products）：卫生纸
品牌（Brand）：新蕾，家洁士，明星，优雅

● 湖北 Hubei

大冶市柏雅纸业有限公司★
Daye Boya Paper Co., Ltd.
地址（Add）：湖北省大冶市灵乡镇灵成工业区
邮编（P. C. ）：435121
电话（Tel）：0714 －8476259
传真（Fax）：0714 －8476259
联系人（Contact Person）：闵运生
产品（Products）：卫生纸，原纸

湖北省恩施锦华纸业有限责任公司★
Enshi Jinhua Paper Co., Ltd.
地址（Add）：湖北省恩施市城乡路 30 号
邮编（P. C. ）：445000
电话（Tel）：0718 －8200569
传真（Fax）：0718 －8200924
联系人（Contact Person）：赵明荣
产品（Products）：面巾纸，卫生纸原纸
品牌（Brand）：硒宝，玉帛

湖北省公安县真诚造纸有限公司★
Hubei Gongan Zhencheng Paper Co., Ltd.
地址（Add）：湖北省公安县闸口镇㪷藕路 2 号
邮编（P. C. ）：434309
电话（Tel）：0716 －5706438
传真（Fax）：0716 －5706438
联系人（Contact Person）：黄进
产品（Products）：卫生纸，原纸
品牌（Brand）：健乐

荆州市启晨纸业有限公司
Jingzhou Qichen Paper Co., Ltd.
地址（Add）：湖北省公安县闸口镇新华路 2 号
邮编（P. C. ）：434309
电话（Tel）：0716 －5706889
传真（Fax）：0716 －5706881
E-mail：1595706672@ qq. com
Http：//www. jzqichen. com
法人代表（Chairman）：黄进
总经理（General Manager）：黄进
联系人（Contact Person）：黄斌
产品（Products）：卫生纸，面巾纸，餐巾纸
品牌（Brand）：美思洁，家满

湖北世纪雅瑞纸业有限公司★
Hubei Shiji Yarui Paper Co., Ltd.
地址(Add): 湖北省荆州市荆州区拍马工业园
邮编(P. C.): 434000
电话(Tel): 0716 - 8416859
传真(Fax): 0716 - 8416259
E-mail: hbsjyr@126.com
Http://www.hbsjyr.com
法人代表(Chairman): 张祥龙
总经理(General Manager): 张祥龙
联系人(Contact Person): 赵平
产品(Products): 卫生纸, 餐巾纸, 面巾纸, 手帕纸, 盘纸, 原纸
品牌(Brand): 知音

十堰家佳纸品厂
Shiyan Jiajia Paper Products Factory
地址(Add): 湖北省十堰市黄龙镇国土资源所一楼
邮编(P. C.): 442004
电话(Tel): 0719 - 8581959
传真(Fax): 0719 - 8581767
法人代表(Chairman): 王新波
总经理(General Manager): 王新波
联系人(Contact Person): 王大明
产品(Products): 面巾纸, 餐巾纸, 卫生纸, 擦手纸

十堰市向阳花开工贸有限公司
Shiyan Xiangyanghuakai Trade Co., Ltd.
地址(Add): 湖北省十堰市普林工业园(东风大道)
邮编(P. C.): 442000
电话(Tel): 0719 - 8524719
传真(Fax): 0719 - 8524719
E-mail: 649646254@qq.com
总经理(General Manager): 罗元顺
产品(Products): 卫生纸, 面巾纸

十堰成美工贸有限公司
Shiyan Chengmei Industry & Trade Co., Ltd.
地址(Add): 湖北省十堰市青岛路9号
邮编(P. C.): 442000
电话(Tel): 0719 - 8612588
传真(Fax): 0719 - 8615588
E-mail: 529463513@qq.com
法人代表(Chairman): 戴羡曾
总经理(General Manager): 戴羡曾
联系人(Contact Person): 戴羡曾
产品(Products): 面巾纸
品牌(Brand): 成美

松滋市特丽丝纸业有限公司
Hubei Torex Paper Co., Ltd.
地址(Add): 湖北省松滋市民主大道4号
邮编(P. C.): 434200
电话(Tel): 0716 - 6217549
传真(Fax): 0716 - 6225549
法人代表(Chairman): 张远来
总经理(General Manager): 陈云
产品(Products): 卫生纸, 面巾纸, 餐巾纸
品牌(Brand): 特丽丝, BBB

武汉市蔡甸区红明纸品厂
Wuhan Hongming Paper Products Factory
地址(Add): 湖北省武汉市蔡甸区永安街世城村
邮编(P. C.): 430105
电话(Tel): 027 - 83244910
Http://www.whnongming.com
联系人(Contact Person): 蔡小超
产品(Products): 卫生纸

武汉市鑫丽源生活用品厂
Wuhan Xinliyuan Commodities Factory
地址(Add): 湖北省武汉市东湖风景区龚家岭村桂庄湾21组55号
邮编(P. C.): 430085
电话(Tel): 027 - 86827825
法人代表(Chairman): 孙泽贤
总经理(General Manager): 孙泽贤
产品(Products): 餐巾纸, 面巾纸, 卫生纸, 手帕纸, 擦手纸
品牌(Brand): 鑫丽源

武汉茶花女卫生用品有限公司
Wuhan Chahuanv Hygiene Products Co., Ltd.
地址(Add): 湖北省武汉市东西湖区慈惠工业园惠安大道27号
邮编(P. C.): 430040
电话(Tel): 027 - 83258266
传真(Fax): 027 - 83258633
E-mail: 173538@qq.com
Http://www.whchn.com
总经理(General Manager): 汪寒涛
联系人(Contact Person): 罗丙兰
产品(Products): 卫生巾, 卫生护垫, 婴儿纸尿裤/片, 成人纸尿裤/片, 护理垫, 手帕纸, 面巾纸
品牌(Brand): 茶花女, 柔语, 金色人生, 宝宝安, 宝贝爱

黎世生活用品有限责任公司
Wuhan Lishi One - Off Articles Co., Ltd.
地址(Add): 湖北省武汉市东西湖区将军路1号
邮编(P. C.): 430015
电话(Tel): 027 - 85762566
传真(Fax): 027 - 85801337
E-mail: lishi133@sohu.com
Http://www.lishi.com.cn
联系人(Contact Person): 吴世龙
产品(Products): 卫生纸, 餐巾纸, 面巾纸, 湿巾
品牌(Brand): 黎世, 月季园

武汉市清晨纸业有限公司★
Wuhan Qingchen Paper Co., Ltd.
地址(Add): 湖北省武汉市东西湖区径河路和昌工业园背后
邮编(P. C.): 430000
电话(Tel): 027 - 65609009
传真(Fax): 027 - 83096897
E-mail: bohai98@126.com
Http://www.whbohai.com
法人代表(Chairman): 罗德波
总经理(General Manager): 罗德波
联系人(Contact Person): 刘涛

产品(Products)：手帕纸，面巾纸，卫生纸，擦手纸，原纸，湿巾
品牌(Brand)：博海

武汉新宜人纸业有限公司
Wuhan Xinyiren Paper Co., Ltd.
地址(Add)：湖北省武汉市发展大道常码头750号
邮编(P. C.)：430030
电话(Tel)：027-83519887
E-mail：800007525@qq.com
Http://www.whxyr.com
联系人(Contact Person)：彭治山
产品(Products)：餐巾纸，面巾纸，卫生纸，湿巾
品牌(Brand)：新宜人

湖北武汉利发纸业有限公司
Wuhan Lifa Paper Co., Ltd.
地址(Add)：湖北省武汉市汉口百步亭黑泥湖工业园一号
邮编(P. C.)：430012
电话(Tel)：027-65660741
传真(Fax)：027-65660741
E-mail：whlifa@163.com
Http://www.whlifa.com
联系人(Contact Person)：喻国义
产品(Products)：餐巾纸，面巾纸，湿巾
品牌(Brand)：雅柔，乐诗

武汉瑾泉纸业有限公司
Wuhan Jinquan Paper Co., Ltd.
地址(Add)：湖北省武汉市汉口新华家园悦景居6-1-101室
邮编(P. C.)：430023
电话(Tel)：027-85770462
传真(Fax)：027-85363577
法人代表(Chairman)：李慧娟
总经理(General Manager)：宋杰
联系人(Contact Person)：宋杰
产品(Products)：餐巾纸，面巾纸，卫生纸，擦手纸
品牌(Brand)：瑾泉

尚美生活用品厂
Shangmei Commodities Factory
地址(Add)：湖北省武汉市汉阳区倒口南村238号
邮编(P. C.)：430050
电话(Tel)：027-82319651
传真(Fax)：027-82319651
E-mail：1206563117@qq.com
法人代表(Chairman)：杨继国
总经理(General Manager)：杨继国
联系人(Contact Person)：杨继国
产品(Products)：湿巾，餐巾纸，面巾纸，卫生纸
品牌(Brand)：尚美

武汉市汉阳区兴华纸品厂
Wuhan Xinghua Paper Products Factory
地址(Add)：湖北省武汉市汉阳区汉桥路110号(工业村)
邮编(P. C.)：430001
电话(Tel)：027-84630032
E-mail：cyf_hb@126.com
Http://www.cyf.net.cn
总经理(General Manager)：蔡贤洪
产品(Products)：餐巾纸，盘纸，面巾纸，擦手纸，卫生纸

武汉市天天纸业有限公司
Wuhan Tiantian Paper Co., Ltd.
地址(Add)：湖北省武汉市汉阳区汉新大道1号
邮编(P. C.)：430050
电话(Tel)：027-84523819
传真(Fax)：027-84518558
法人代表(Chairman)：谌玉书
联系人(Contact Person)：谌玉书
产品(Products)：卫生纸，面巾纸
品牌(Brand)：太太，太太爽，惠邦

武汉洁美景远有限公司玲萱纸品厂
Wuhan Lingxuan Paper Products Factory
地址(Add)：湖北省武汉市汉阳区肖湾工业区1号
邮编(P. C.)：430050
电话(Tel)：027-84654862
联系人(Contact Person)：余绍风
产品(Products)：餐巾纸，手帕纸，面巾纸，盘纸

武汉瑞德彩虹生活用品厂
Wuhan Ruide Caihong Commodities Factory
地址(Add)：湖北省武汉市黄陂区前川街梧桐一里97号
邮编(P. C.)：430300
电话(Tel)：027-85911035
法人代表(Chairman)：杨先进
总经理(General Manager)：杨先进
联系人(Contact Person)：杨先进
产品(Products)：餐巾纸，手帕纸，面巾纸

武汉汉陵纸品厂
Wuhan Hanling Paper Products Factory
地址(Add)：湖北省武汉市江岸区谌家矶大道70号
邮编(P. C.)：443000
电话(Tel)：027-84452956
E-mail：sales@formaxbright.com
Http://www.formaxbright.com
联系人(Contact Person)：曾岱仙
产品(Products)：卫生纸

春晖生活用纸厂
Chunhui Household Paper Mill
地址(Add)：湖北省武汉市江岸区后湖塔子湖村余家墩57号
邮编(P. C.)：430010
电话(Tel)：027-85628425
传真(Fax)：027-85628425
E-mail：chyz@163.com
法人代表(Chairman)：张昌思
总经理(General Manager)：蒋楠
联系人(Contact Person)：蒋楠
产品(Products)：卫生纸
品牌(Brand)：春晖

武汉市百康纸业有限公司
Wuhan Baikang Paper Co., Ltd.
地址(Add)：湖北省武汉市江岸区经济开发区石桥一路西一栋
邮编(P. C.)：430000

电话(Tel)：027 – 65654510
传真(Fax)：027 – 65654510
法人代表(Chairman)：张汉生
总经理(General Manager)：张汉生
产品(Products)：餐巾纸，面巾纸，湿巾
品牌(Brand)：百康

武汉市神龙造纸厂★
Wuhan Shenlong Paper Mill
地址(Add)：湖北省武汉市经济开发区沌口四五路23号
邮编(P. C.)：430056
电话(Tel)：027 – 84234319
传真(Fax)：027 – 84233351
法人代表(Chairman)：李贻宁
总经理(General Manager)：李贻宁
联系人(Contact Person)：李劲松
产品(Products)：卫生纸，原纸
品牌(Brand)：神龙

武汉市硚口区布莱特纸品厂
Wuhan Qiaokou Bright Paper Factory
地址(Add)：湖北省武汉市硚口区汉西路150号
邮编(P. C.)：430034
电话(Tel)：027 – 83647306
传真(Fax)：027 – 59314787
E-mail：450040882@ qq. com
Http：//www. bltzp. com
联系人(Contact Person)：王世平
产品(Products)：餐巾纸，面巾纸，擦手纸，卫生纸，湿巾

武汉贝思特纸业有限公司
Wuhan Best Paper Co., Ltd.
地址(Add)：湖北省武汉市硚口区解放大道21号汉正街都市工业区机电园A104
邮编(P. C.)：430035
电话(Tel)：027 – 83413065
传真(Fax)：027 – 83413069
E-mail：cs@ bestpaper. com. cn
Http：//www. bestpaper. com. cn
总经理(General Manager)：徐馨星
联系人(Contact Person)：周青
产品(Products)：湿巾，厨房纸巾

湖北省武穴市疏朗朗卫生用品有限公司
Hubei Shulanglang Hygiene Products Co., Ltd.
地址(Add)：湖北省武穴市石佛寺镇疏朗朗工业园
邮编(P. C.)：435414
电话(Tel)：0713 – 6262428
联系人(Contact Person)：吴迎胜
产品(Products)：卫生巾，卫生护垫，婴儿纸尿裤/片，成人纸尿裤/片，湿巾，卫生纸
品牌(Brand)：疏朗朗，梦颖

中顺洁柔(湖北)纸业有限公司★
C&S Paper Hubei Co., Ltd.
地址(Add)：湖北省孝感市107国道八一桥旁
邮编(P. C.)：432000
电话(Tel)：0712 – 2515566
传真(Fax)：0712 – 2515508
E-mail：cnsnpaper@ 126. com
Http：//www. zhongshungroup. com
法人代表(Chairman)：姜直成
总经理(General Manager)：姜直成
联系人(Contact Person)：姜直成
产品(Products)：卫生纸，面巾纸，餐巾纸，擦手纸，原纸
品牌(Brand)：洁柔，C&S，太阳

维达纸业(湖北)有限公司★
Vinda Paper (Hubei) Co., Ltd.
地址(Add)：湖北省孝感市湖北孝南经济开发区316国道复线
邮编(P. C.)：432122
电话(Tel)：0712 – 2519099
传真(Fax)：0712 – 2335428
产品(Products)：卫生纸，原纸，手帕纸，面巾纸，厨房纸巾，餐巾纸
品牌(Brand)：维达

恒安(湖北)心相印纸制品有限公司
Hengan (Hubei) Xinxiangyin Paper Products Co., Ltd.
地址(Add)：湖北省孝感市南大经济开发区316复线
邮编(P. C.)：432100
电话(Tel)：0712 – 2516319
传真(Fax)：0712 – 2516299
E-mail：hupq@ mail. hengan. com. cn
法人代表(Chairman)：许连捷
总经理(General Manager)：聂连清
联系人(Contact Person)：胡平清
产品(Products)：卫生纸，面巾纸，手帕纸，餐巾纸，厨房纸巾，擦手纸
品牌(Brand)：心相印

金红叶纸业(湖北)有限公司★
Gold Hongye Paper (Hubei) Co., Ltd.
地址(Add)：湖北省孝感市孝南经济开发区孝武大道468号
邮编(P. C.)：432100
电话(Tel)：0712 – 2877509
产品(Products)：卫生纸，面巾纸，餐巾纸，手帕纸，原纸
品牌(Brand)：清风，真真

湖北舒云纸业有限公司★
Hubei Shuyun Paper Co., Ltd.
地址(Add)：湖北省宜昌市猇亭区猇亭大道438号
邮编(P. C.)：443007
电话(Tel)：0717 – 6536099
传真(Fax)：0717 – 6536099
Http：//www. shuyunpaper. cn
法人代表(Chairman)：刘学忠
总经理(General Manager)：张宏伟
联系人(Contact Person)：冯万祥
产品(Products)：卫生纸，面巾纸，原纸
品牌(Brand)：舒云

宜昌弘洋集团纸业有限公司
Yichang Hongyang Group Paper Co., Ltd.
地址(Add)：湖北省宜昌市夷陵区明珠路21号
邮编(P. C.)：443100
电话(Tel)：0717 – 7202888

传真(Fax)：0717－7202889
Http：//www.ycylj.com
法人代表(Chairman)：莫玲海
总经理(General Manager)：莫玲海
联系人(Contact Person)：文桂丽
产品(Products)：卫生巾，卫生护垫，卫生纸
品牌(Brand)：伊兰佳，婷娴，心歌

宜城市雪涛纸业有限公司★
Yicheng Xuetao Paper Co.，Ltd.
地址(Add)：湖北省宜城市雷河发展区工业园区
邮编(P.C.)：441405
电话(Tel)：0710－4363356
传真(Fax)：0710－4363356
法人代表(Chairman)：石雪涛
总经理(General Manager)：石夏曦
产品(Products)：面巾纸，卫生纸，原纸
品牌(Brand)：舒雅洁

湖北宜城市长风纸业有限公司
Hubei Yicheng Changfeng Paper Co.，Ltd.
地址(Add)：湖北省宜城市上大雁工业园区
邮编(P.C.)：441409
电话(Tel)：0710－4395899
传真(Fax)：0710－4393836
法人代表(Chairman)：吴训正
联系人(Contact Person)：蔡金飞
产品(Products)：卫生纸，面巾纸
品牌(Brand)：羽风，美洁雅

枝江市云丽纸业
Zhijiang Yunli Paper
地址(Add)：湖北省枝江市董市镇沿江路2号
邮编(P.C.)：443200
电话(Tel)：0717－4100646
法人代表(Chairman)：徐华林
产品(Products)：卫生纸，面巾纸，手帕纸

● 湖南 Hunan

长沙舒尔利卫生用品有限公司
Changsha Shuerli Hygiene Products Co.，Ltd.
地址(Add)：湖南省长沙市高桥大市场纸品城16幢38号
邮编(P.C.)：410014
电话(Tel)：0731－85515615
传真(Fax)：0731－85515615
E-mail：cnxql@gaoqiao.com
法人代表(Chairman)：谢启良
总经理(General Manager)：谢启良
联系人(Contact Person)：谢启良
产品(Products)：婴儿纸尿裤/片，妇婴两用巾，卫生纸
品牌(Brand)：舒尔利，威威

湖南长宜纸业
Hunan Changyi Paper
地址(Add)：湖南省长沙市河西经济开发区玉潭镇金鑫路
邮编(P.C.)：410600
电话(Tel)：0731－82377978
联系人(Contact Person)：唐运国
产品(Products)：卫生纸，餐巾纸，手帕纸，盘纸

长沙金红叶纸业有限公司
Changsha Gold Hongye Paper Co.，Ltd
地址(Add)：湖南省长沙市望城经济开发区金星西路618号湖南爱晚床具厂内
邮编(P.C.)：410200
电话(Tel)：0731－88054752
产品(Products)：面巾纸，卫生纸，手帕纸
品牌(Brand)：清风

长沙市雨花区庐景纸品厂
Changsha Lujing Paper Products Factory
地址(Add)：湖南省长沙市雨花区川河工业园
邮编(P.C.)：410014
电话(Tel)：0731－85959169
总经理(General Manager)：刘国海
联系人(Contact Person)：刘国海
产品(Products)：卫生纸
品牌(Brand)：山水，庐景

长沙市雨花区高锋纸业公司
Changsha Yuhua Gaofeng Paper Co.
地址(Add)：湖南省长沙市雨花区黎托乡川河工业园
邮编(P.C.)：410041
电话(Tel)：0731－88908355
传真(Fax)：0731－88908355
E-mail：19665185159@qq.com
法人代表(Chairman)：李斌
总经理(General Manager)：李怡慧
联系人(Contact Person)：李斌
产品(Products)：卫生纸，餐巾纸
品牌(Brand)：惠群

湖南三友纸业有限公司
Hunan Sanyou Paper Industry Co.，Ltd.
地址(Add)：湖南省长沙市雨花区黎托乡花桥工业园
邮编(P.C.)：410129
电话(Tel)：0731－85951508
传真(Fax)：0731－85952308
E-mail：18975118277@qq.com
Http：//www.teemay.com.cn
法人代表(Chairman)：贺顺新
总经理(General Manager)：贺顺新
联系人(Contact Person)：易延光
产品(Products)：卫生巾，卫生护垫，婴儿纸尿裤/片，卫生纸，面巾纸，手帕纸
品牌(Brand)：天美，花妍

湖南天洁纸业有限公司★
Hunan Tianjie Paper Co.，Ltd.
地址(Add)：湖南省常德市安乡县仙桃村
邮编(P.C.)：416500
电话(Tel)：0736－4775658
传真(Fax)：0736－4778618
E-mail：chinatianjie@126.com
法人代表(Chairman)：徐桢
总经理(General Manager)：徐桢
产品(Products)：卫生纸，面巾纸，餐巾纸，擦手纸，原纸
品牌(Brand)：天洁

恒安(湖南)心相印纸业有限公司
Hengan (Hunan) Xinxiangyin Paper Co., Ltd.
地址(Add):湖南省常德市德山开发区
邮编(P. C.):415000
电话(Tel):0736-7300008
传真(Fax):0736-7300322
E-mail:yangxiaoying@mail.hengan.com.cn
法人代表(Chairman):许连捷
总经理(General Manager):李新久
联系人(Contact Person):杨晓英
产品(Products):卫生纸,面巾纸,手帕纸,餐巾纸,厨房纸巾,擦手纸
品牌(Brand):心相印

湖南恒安纸业有限公司★
Hunan Hengan Paper Co., Ltd.
地址(Add):湖南省常德市德山开发区桃林路
邮编(P. C.):415001
电话(Tel):0736-7300008
传真(Fax):0736-7300332
Http://www.hengan.com
法人代表(Chairman):许连捷
总经理(General Manager):李新久
联系人(Contact Person):吴祥华
产品(Products):卫生纸,原纸,手帕纸,面巾纸,餐巾纸,擦手纸,厨房纸巾,衬纸,湿巾
品牌(Brand):心相印,柔影

常德金利纸品实业有限公司
Changde Jinli Paper Industrial Co., Ltd.
地址(Add):湖南省常德市鼎城区阳明路93号
邮编(P. C.):415101
电话(Tel):0736-7392638
传真(Fax):0736-7392638
E-mail:linl@163.com
法人代表(Chairman):柳真
总经理(General Manager):柳真
联系人(Contact Person):李会均
产品(Products):卫生巾,卫生纸,面巾纸
品牌(Brand):安雅康

汨罗市家乐福纸业有限公司
Miluo Jialefu Paper Co., Ltd.
地址(Add):湖南省汨罗市汴塘工业区
邮编(P. C.):414400
电话(Tel):0730-5029999
传真(Fax):0730-5132028
Http://www.jlfzy.net
联系人(Contact Person):何英锐
产品(Products):卫生巾,卫生纸,面巾纸,餐巾纸,手帕纸
品牌(Brand):静爱,恒心

衡阳市亚明纸业有限公司
Hengyang Yaming Paper Co., Ltd.
地址(Add):湖南省衡阳市石鼓区房沙湾43号
邮编(P. C.):421005
电话(Tel):0734-8523158
传真(Fax):0734-8525858
联系人(Contact Person):吴集顺
产品(Products):卫生纸
品牌(Brand):亚明

衡阳市石鼓区雁南纸制品厂
Yannan Paper Products Factory
地址(Add):湖南省衡阳市石鼓区望城路85号
邮编(P. C.):421005
电话(Tel):0734-8586590
传真(Fax):0734-8587269
总经理(General Manager):李华卫
联系人(Contact Person):李华卫
产品(Products):餐巾纸,面巾纸,卫生纸,擦手纸
品牌(Brand):绿彩

衡阳市玮大纸业有限公司
Hengyang Weida Paper Co., Ltd.
地址(Add):湖南省衡阳市雁峰区袁家村73号
邮编(P. C.):421007
电话(Tel):0734-8403123
传真(Fax):0734-8403123
联系人(Contact Person):羊美玉
产品(Products):卫生纸

衡阳市洁净纸制品厂
Hengyang Jiejing Paper Products Factory
地址(Add):湖南省衡阳市蒸湘区呆鹰岭镇振兴村木材市场
邮编(P. C.):421000
电话(Tel):0734-8574723
联系人(Contact Person):唐武
产品(Products):卫生纸

湖南花香实业有限公司
Hunan Huaxiang Industry Co., Ltd.
地址(Add):湖南省衡阳市蒸湘区呆鹰岭蒸阳大道168号
邮编(P. C.):421216
电话(Tel):0734-8573990
传真(Fax):0734-8573879
E-mail:745588640@qq.com
总经理(General Manager):罗吉玉
联系人(Contact Person):罗吉玉
产品(Products):卫生巾,卫生护垫,餐巾纸,面巾纸,婴儿纸尿裤/片
品牌(Brand):花香,花儿香,娃娃乐,花香宝贝

衡阳市森信纸业有限公司★
Hengyang Senxin Paper Co., Ltd.
地址(Add):湖南省衡阳市蒸湘区红湘北路都市村庄9-502户
邮编(P. C.):421002
电话(Tel):0734-8152735
传真(Fax):0734-8152735
Http://www.sensorycn.com
联系人(Contact Person):沈妮
产品(Products):卫生纸,面巾纸,手帕纸,餐巾纸,盘纸,原纸

怀化洁净纸业
Huaihua Jiejing Paper
地址(Add):湖南省怀华市河西物流中心C区2栋
邮编(P. C.):418000
电话(Tel):0745-2328888

联系人(Contact Person)：明志勇
产品(Products)：卫生纸

吉首市鹏程纸巾厂
Jishou Pengcheng Napkin Factory
地址(Add)：湖南省吉首市五里牌
邮编(P. C.)：416000
电话(Tel)：0743－8725969
联系人(Contact Person)：易小飞
产品(Products)：餐巾纸，面巾纸，卫生纸
品牌(Brand)：飞扬

湖南省涟源市皇家纸业有限公司
Hunan Lianyuan Huangjia Paper Co., Ltd.
地址(Add)：湖南省涟源市人民路2号
邮编(P. C.)：417100
电话(Tel)：0738－4423298
传真(Fax)：0738－4423298
法人代表(Chairman)：刘新才
总经理(General Manager)：刘新才
联系人(Contact Person)：刘新才
产品(Products)：卫生纸，面巾纸
品牌(Brand)：皇后

湖南省康乐纸业有限公司
Hunan Kangle Paper Co., Ltd.
地址(Add)：湖南省石门县东城区(新政府斜对面)
邮编(P. C.)：415304
电话(Tel)：0736－5012000
传真(Fax)：0736－5012345
法人代表(Chairman)：丁原钧
总经理(General Manager)：丁原钧
联系人(Contact Person)：丁原钧
产品(Products)：卫生纸，面巾纸，擦手纸，厨房纸巾
品牌(Brand)：康乐

湖南桃源兴盛纸品厂
Taoyuan Xingsheng Paper Products Factory
地址(Add)：湖南省桃源县陬市镇
邮编(P. C.)：415701
电话(Tel)：0736－6689148
传真(Fax)：0736－6689148
法人代表(Chairman)：陈关胜
总经理(General Manager)：陈关胜
联系人(Contact Person)：陈关胜
产品(Products)：卫生纸，手帕纸，面巾纸，盘纸

湖南雪松纸制品有限公司
Hunan Xuesong Paper Co., Ltd.
地址(Add)：湖南省湘潭市建设中路7号
邮编(P. C.)：411104
电话(Tel)：0731－58527581
传真(Fax)：0731－58594563
总经理(General Manager)：董乐传
产品(Products)：卫生纸
品牌(Brand)：绿松

湖南东顺纸业有限公司★
Hunan Dongshun Paper Co., Ltd.
地址(Add)：湖南省湘西吉凤工业园
邮编(P. C.)：416000
电话(Tel)：0743－8528272
传真(Fax)：0743－8528272
E-mail：yangsp@126. com
Http://www. dongshunpaper. com
法人代表(Chairman)：杨森平
总经理(General Manager)：杨森平
联系人(Contact Person)：杨森平
产品(Products)：原纸，卫生纸，面巾纸，餐巾纸
品牌(Brand)：顺清柔，洁昕，哈里贝贝

益阳碧云风纸业有限公司
Yiyang Biyunfeng Paper Making Co., Ltd.
地址(Add)：湖南省益阳市赫山区萝溪北路
邮编(P. C.)：413100
电话(Tel)：0737－4443558
传真(Fax)：0737－4443568
E-mail：346829375@qq. com
Http://www. byfzy. com
总经理(General Manager)：王志强
产品(Products)：面巾纸，擦手纸，手帕纸，卫生纸，湿巾
品牌(Brand)：碧云风

长沙市驰宸纸业有限公司★
Changsha Chichen Paper Co., Ltd.
地址(Add)：湖南省益阳市沅江草尾镇
邮编(P. C.)：413000
电话(Tel)：0731－83522177
传真(Fax)：0731－82345577
联系人(Contact Person)：陈思危
产品(Products)：卫生纸，原纸

岳阳市华维纸品厂
Yueyang Huawei Paper Products Factory
地址(Add)：湖南省岳阳市洛王开发区
邮编(P. C.)：414000
电话(Tel)：0730－8555993
传真(Fax)：0730－8555995
E-mail：1203670949@qq. com
Http://www. yyhwzp. yyit. com
总经理(General Manager)：郭文球
联系人(Contact Person)：王明
产品(Products)：餐巾纸，手帕纸，面巾纸，卫生纸
品牌(Brand)：点亮幸福

岳阳市岳阳楼区金鹰纸品厂
Yueyang Jinying Paper Products Factory
地址(Add)：湖南省岳阳市岳阳楼区奇家岭奇家路168号
邮编(P. C.)：414000
电话(Tel)：0730－8285325
传真(Fax)：0730－8645000
Http://www. yyjyzy. com
法人代表(Chairman)：袁善军
总经理(General Manager)：袁鸣
联系人(Contact Person)：袁鸣
产品(Products)：餐巾纸，面巾纸，卫生纸

岳阳丰利纸业有限公司★
Yueyang Fengli Paper Co., Ltd.
地址(Add)：湖南省岳阳市岳阳县鹿角镇
邮编(P. C.)：414107

电话(Tel)：0730－7862017
传真(Fax)：0730－7860343
联系人(Contact Person)：颜昌达
产品(Products)：卫生纸原纸

岳阳市维丰纸业有限公司
Yueyang Weifeng Paper Co., Ltd.
地址(Add)：湖南省岳阳市中南大市场A区4栋120号
邮编(P. C.)：414000
电话(Tel)：0730－8282779
传真(Fax)：0730－8282779
E-mail：27898945@qq.com
总经理(General Manager)：袁文艺
产品(Products)：卫生纸
品牌(Brand)：维丰

湖南株洲慧峰纸品厂
Zhuzhou Huifeng Paper Products Factory
地址(Add)：湖南省株州县渌口镇王家洲大石围
邮编(P. C.)：410000
电话(Tel)：0731－27620558
传真(Fax)：0731－27620558
总经理(General Manager)：晏青峰
联系人(Contact Person)：晏青峰
产品(Products)：卫生纸，面巾纸，手帕纸，餐巾纸
品牌(Brand)：玉蝶

● 广东 Guangdong

潮安县东升纸厂
Chaoan Dongsheng Paper Mill
地址(Add)：广东省潮州市潮安凤塘鹤陇工业区
邮编(P. C.)：515646
电话(Tel)：0768－2853448
传真(Fax)：0768－2208333
E-mail：155300399@qq.com
Http：//www.czdszy.com
联系人(Contact Person)：卢岳标
产品(Products)：面巾纸，卫生纸，餐巾纸
品牌(Brand)：皇马，一顺

饶平兰奇纸品厂
Raoping Lanqi Paper Products Factory
地址(Add)：广东省潮州市饶平县黄冈镇红光工业区(实验小学旁)
邮编(P. C.)：515700
电话(Tel)：0768－8864669
传真(Fax)：0768－8865915
联系人(Contact Person)：蔡扬生
产品(Products)：面巾纸，卫生纸
品牌(Brand)：兰奇，小飞象，大笨象

饶平国新纸品厂
Raoping Guoxin Paper Products Factory
地址(Add)：广东省潮州市饶平县李厝新开发区
邮编(P. C.)：515726
电话(Tel)：0768－7801116
传真(Fax)：0768－7800632
E-mail：guoxinzy@163.com
联系人(Contact Person)：李树跃
产品(Products)：卫生纸
品牌(Brand)：国新，多乐香，柔猫王，柔猫，开心象

绿方实业投资有限公司
Green Planet Paper Industry Co., Ltd.
地址(Add)：广东省东莞市茶山镇下朗村榄山工业区榆苑路30号
邮编(P. C.)：523380
电话(Tel)：0769－88659190
传真(Fax)：0769－89026561
E-mail：sofiagpp@hotmail.com
Http：//www.gpppaper.com
联系人(Contact Person)：刘书琴
产品(Products)：擦手纸

东莞市俊腾纸业有限公司
Dongguan Junteng Paper Co., Ltd.
地址(Add)：广东省东莞市长安镇锦厦村锦江二路12号
邮编(P. C.)：523852
电话(Tel)：0769－85301551
传真(Fax)：0769－85071551
联系人(Contact Person)：罗俊杰
产品(Products)：卫生纸

东莞市常平雪宝纸巾厂
Dongguan Xuebao Napkin Factory
地址(Add)：广东省东莞市常平镇板石南埔村
邮编(P. C.)：523261
电话(Tel)：0769－83988800
传真(Fax)：0769－83988800
总经理(General Manager)：李津祥
联系人(Contact Person)：李津祥
产品(Products)：卫生纸，面巾纸

东莞利良纸巾制品有限公司
Dongguan Nice Bonus Tissue Products Co., Ltd.
地址(Add)：广东省东莞市常平镇沙湖口管理区
邮编(P. C.)：523326
电话(Tel)：0769－86027388
传真(Fax)：0769－86027998
E-mail：hxr1975@163.com
总经理(General Manager)：方建沂
产品(Products)：卫生纸，面巾纸，手帕纸，厨房纸巾，擦手纸
品牌(Brand)：SINGERE，LOVELY

一张纸业有限公司
Yizhang Paper Co., Ltd.
地址(Add)：广东省东莞市常平镇紫荆花园丰润A03铺
邮编(P. C.)：523261
电话(Tel)：0769－89916510
联系人(Contact Person)：张涛
产品(Products)：面巾纸，卫生纸，擦手纸

东莞市东达纸品有限公司
Dongguan Dongda Paper Co., Ltd.
地址(Add)：广东省东莞市大朗镇大井头民营工业区盈丰路19号
邮编(P. C.)：523780
电话(Tel)：0769－83198622
传真(Fax)：0769－83130870

E-mail：dgdongchang88@163.com
Http://www.dadongchang.com
法人代表(Chairman)：廖作灵
总经理(General Manager)：廖作灵
联系人(Contact Person)：廖作灵
产品(Products)：面巾纸，餐巾纸，擦手纸，湿巾
品牌(Brand)：鸿昌

东莞市大朗宝顺纸品厂
Gongguan Baoshun Paper Products Factory
地址(Add)：广东省东莞市大朗镇新马莲工业区
邮编(P.C.)：523785
电话(Tel)：0769－83198922
传真(Fax)：0769－83121132
E-mail：228320083@qq.com
法人代表(Chairman)：吕元云
总经理(General Manager)：吕元云
联系人(Contact Person)：吕元云
产品(Products)：面巾纸，擦手纸，湿巾

东莞市舒洁纸巾厂
Dongguan Shujie Facial Tissue Factory
地址(Add)：广东省东莞市大朗镇洋乌工业区
邮编(P.C.)：523789
电话(Tel)：0769－87790123
传真(Fax)：0769－83121500
E-mail：dgnvl@126.com
总经理(General Manager)：邓锦河
产品(Products)：餐巾纸，面巾纸，擦手纸，卫生纸

东莞市博大纸业制品厂
Dongguan Boda Paper Products Factory
地址(Add)：广东省东莞市大岭山镇杨屋第四工业区
邮编(P.C.)：523820
电话(Tel)：0769－83351993
传真(Fax)：0769－85659638
E-mail：bodazhiye888@163.com
总经理(General Manager)：何黎广
产品(Products)：卫生纸，擦手纸，面巾纸，手帕纸，餐巾纸
品牌(Brand)：555，蓝鸟

东莞市宝荣纸业有限公司★
Dongguan Baorong Paper Co., Ltd.
地址(Add)：广东省东莞市道滘镇小河工业区
邮编(P.C.)：523181
电话(Tel)：0769－88381303
传真(Fax)：0769－88381378
E-mail：baorongpaper@163.com
Http://www.baorong.com.cn
联系人(Contact Person)：梁淦田
产品(Products)：卫生纸，原纸，盘纸，面巾纸，餐巾纸

东莞市华赢纸品厂
Dongguan Huaying Paper Products Factory
地址(Add)：广东省东莞市凤岗镇凤德岭凤仪路8号
邮编(P.C.)：523681
电话(Tel)：0769－82599255
传真(Fax)：0769－82599255
Http://www.huayingzhipin.cn.alibaba.com
联系人(Contact Person)：莫漫山
产品(Products)：卫生纸，面巾纸，手帕纸

东莞市金慧纸巾厂
Dongguan Jinhui Facial Tissue Factory
地址(Add)：广东省东莞市凤岗镇官井头村河背岭二路9号A栋(小布工业区)
邮编(P.C.)：523681
电话(Tel)：0769－87503182
传真(Fax)：0769－82623182
E-mail：dw3182@126.com
Http://www.jh3182.com
总经理(General Manager)：廖坚强
产品(Products)：卫生纸，擦手纸，面巾纸

东莞市骏鑫纸品厂
Dongguan Junxin Paper Products Factory
地址(Add)：广东省东莞市凤岗镇黄洞旭龙工业区
邮编(P.C.)：523681
电话(Tel)：0769－82610848
传真(Fax)：0769－87988533
E-mail：dongguan.988@163.com
Http://www.dgjunxin168.com
联系人(Contact Person)：马俊华
产品(Products)：面巾纸，卫生纸，擦手纸，餐巾纸

东莞东慧纸业有限公司
Dongguan Donghui Paper Co., Ltd.
地址(Add)：广东省东莞市凤岗镇金凤凰工业区
邮编(P.C.)：523688
电话(Tel)：0769－87756844
传真(Fax)：0769－87557731
E-mail：donghui@donghuipaper.com
Http://www.donghuipaper.com
法人代表(Chairman)：张日辉
总经理(General Manager)：张日辉
联系人(Contact Person)：张远培
产品(Products)：餐巾纸，面巾纸，擦手纸，卫生纸，手帕纸，盘纸
品牌(Brand)：汇丰，情侣鸟

东莞市骋德纸业有限公司
Dongguan Chengde Paper Co., Ltd.
地址(Add)：广东省东莞市凤岗镇金凤凰工业区
邮编(P.C.)：523688
电话(Tel)：0769－87757681
传真(Fax)：0769－87500782
E-mail：cdpaper@163.com
Http://www.napkin.cn
总经理(General Manager)：黄德琼
产品(Products)：卫生纸，面巾纸，餐巾纸，手帕纸，擦手纸

和谐纸巾厂
Hexie Facial Tissue Factory
地址(Add)：广东省东莞市凤岗镇金凤凰工业区塘沥村286号
邮编(P.C.)：523681
电话(Tel)：0769－87756821
E-mail：826817020@qq.com
Http://www.donghuipaper.com
联系人(Contact Person)：刘锡浪

产品(Products)：面巾纸，卫生纸，擦手纸

东莞市顺圆纸厂
Dongguan Shunyuan Paper Products Factory
地址(Add)：广东省东莞市凤岗镇油甘埔新村一街4号
邮编(P. C.)：523688
电话(Tel)：0769－87503291
传真(Fax)：0769－87503291
联系人(Contact Person)：连展
产品(Products)：面巾纸，擦手纸，卫生纸

东莞市厚街华宝纸品厂
Dongguan Huabao Paper Products Factory
地址(Add)：广东省东莞市厚街镇厚街鳌台村
邮编(P. C.)：523963
电话(Tel)：0769－85813728
传真(Fax)：0769－85030083
E-mail：haubao@alibaba.com.cn
Http://huabao.cn.alibaba.com
联系人(Contact Person)：王岳铭
产品(Products)：卫生纸，餐巾纸，擦手纸，手帕纸，面巾纸，厨房纸巾，盘纸

东莞市舒洁纸制品公司
Dongguan Shujie Paper Products Co., Ltd.
地址(Add)：广东省东莞市厚街镇厚街西环路100号
邮编(P. C.)：523963
电话(Tel)：0769－85992469
传真(Fax)：0769－85834058
E-mail：shujie@163.com
联系人(Contact Person)：李嘉新
产品(Products)：卫生纸，面巾纸，擦手纸，手帕纸，湿巾

广东省东莞市彩虹纸业制品有限公司★
Dongguan Caihong Paper Products Co., Ltd.
地址(Add)：广东省东莞市虎门镇路东管理区长岛集团大厦内
邮编(P. C.)：523935
电话(Tel)：0769－86096888
传真(Fax)：0769－85567142
联系人(Contact Person)：张宝庆
产品(Products)：卫生纸，原纸

东莞市仨久实业有限公司
Dongguan Sajiu Industrial Co., Ltd.
地址(Add)：广东省东莞市黄江镇长龙村流洞一路
邮编(P. C.)：523760
电话(Tel)：0769－83620902
传真(Fax)：0769－83622611
联系人(Contact Person)：王久权
产品(Products)：面巾纸，卫生纸，餐巾纸

东莞市寮步雅洁纸品厂
Dongguancity Liaobuyajie Paper Product Factory
地址(Add)：广东省东莞市寮步镇上屯富业街
邮编(P. C.)：523416
电话(Tel)：0769－83306499
传真(Fax)：0769－83525978
Http://www.dgyajie.com
联系人(Contact Person)：唐世平
产品(Products)：面巾纸
品牌(Brand)：雅洁

东莞市天子纸业有限公司★
Dongguan Tianzi Paper Co., Ltd.
地址(Add)：广东省东莞市麻涌镇大步工业区创业西路
邮编(P. C.)：523132
电话(Tel)：0769－88289818
传真(Fax)：0769－88282518
联系人(Contact Person)：郭衔辉
产品(Products)：卫生纸，原纸，餐巾纸，擦手纸

东莞市华宇进出口有限公司
Dongguan Huayu Import & Export Co., Ltd.
地址(Add)：广东省东莞市南城区国信大厦202室
邮编(P. C.)：523000
电话(Tel)：0769－22326288
传真(Fax)：0769－22326399
E-mail：yejianyu888@163.com
联系人(Contact Person)：叶建于
产品(Products)：卫生纸，面巾纸

东莞市宝柔纸制品厂
Dongguan Baorou Paper Products Factory
地址(Add)：广东省东莞市沙田镇大泥金玉组24号
邮编(P. C.)：523000
电话(Tel)：0769－81522630
传真(Fax)：0769－81522630
联系人(Contact Person)：龙言平
产品(Products)：卫生纸

东莞市智达纸业制品有限公司★
Dongguan Zhida Paper Products Co., Ltd.
地址(Add)：广东省东莞市沙田镇民田工业区
邮编(P. C.)：523991
电话(Tel)：0769－88862222
传真(Fax)：0769－88866662
E-mail：webmaster@zhidapaper.cn
Http://www.zhidapaper.cn
总经理(General Manager)：黄智勇
联系人(Contact Person)：黄智勇
产品(Products)：卫生纸，方巾纸，面巾纸，手帕纸，餐巾纸，厨房纸巾，盘纸，擦手纸，原纸
品牌(Brand)：智达，娇梦，飞富

东莞市旭利日用品有限公司
Dongguan Sunrise Daily Commodity Co., Ltd.
地址(Add)：广东省东莞市石排镇下沙第三工业区
邮编(P. C.)：523350
电话(Tel)：0769－89276222
传真(Fax)：0769－89201292
E-mail：kerry@bmax－industrial.com
Http://www.bmax－industrial.com
联系人(Contact Person)：陈秋林
产品(Products)：面巾纸，餐巾纸，卫生纸，厨房纸巾
品牌(Brand)：合乐

东莞市富雅纸品有限公司
Dongguan Fuya Paper Co., Ltd.
地址(Add)：广东省东莞市塘厦镇石潭埔工业区开拓路2号

邮编(P. C.)：523710
电话(Tel)：0769 - 87811816
传真(Fax)：0769 - 87811696
Http://www.fmdhk.cn.alibaba.com
联系人(Contact Person)：廖文卿
产品(Products)：卫生纸，面巾纸，厨房纸巾，擦手纸，手帕纸

东莞市明月纸业有限公司★
Dongguan Mingyue Paper Co., Ltd.
地址(Add)：广东省东莞市塘厦镇振兴围工业区明月路1号
邮编(P. C.)：523726
电话(Tel)：0769 - 87722956
传真(Fax)：0769 - 87919822
E-mail：mingyue - 0769@263.net
法人代表(Chairman)：许泽培
联系人(Contact Person)：许壁钊
产品(Products)：卫生纸，面巾纸，原纸
品牌(Brand)：保洁莉，名臣

东莞市旺发纸品厂
Dongguan Wangfa Paper Products Factory
地址(Add)：广东省东莞市万江宝建路工业区
邮编(P. C.)：523058
电话(Tel)：0769 - 23291913
传真(Fax)：0769 - 23291913
联系人(Contact Person)：张国宣
产品(Products)：面巾纸，卫生纸，擦手纸

东莞市莹荷纸品厂
Dongguan Yinghe Paper Co., Ltd.
地址(Add)：广东省东莞市万江第二工业区
邮编(P. C.)：523000
电话(Tel)：0769 - 21661245
传真(Fax)：0769 - 22277348
联系人(Contact Person)：雷以云
产品(Products)：卫生纸，面巾纸，手帕纸，餐巾纸

东莞市恒华纸品厂
Dongguan Henghua Paper Products Factory
地址(Add)：广东省东莞市万江简沙洲工业区
邮编(P. C.)：523062
电话(Tel)：0769 - 23171046
传真(Fax)：0769 - 23668297
E-mail：henghuazb168@126.com
总经理(General Manager)：何武华
产品(Products)：卫生纸，餐巾纸

东莞市名品威纸品厂
Dongguan Mingpinwei Paper Products Factory
地址(Add)：广东省东莞市万江简沙洲工业区
邮编(P. C.)：523000
电话(Tel)：0769 - 23297583
传真(Fax)：0769 - 23297583
E-mail：mwzy666@sina.com
联系人(Contact Person)：赖水光
产品(Products)：面巾纸，手帕纸

东莞市腾龙纸品厂
Dongguan Tenglong Paper Products Factory
地址(Add)：广东省东莞市万江简沙洲工业区
邮编(P. C.)：523062
电话(Tel)：0769 - 87075462
联系人(Contact Person)：张龙
产品(Products)：卫生纸，面巾纸

东莞市新鸿达纸品厂
Dongguan Xinhongda Paper Products Factory
地址(Add)：广东省东莞市万江简沙洲工业区
邮编(P. C.)：523000
电话(Tel)：0769 - 22185672
传真(Fax)：0769 - 22185672
联系人(Contact Person)：袁仕昌
产品(Products)：卫生纸，面巾纸

添宝纸巾厂
Tianbao Facial Tissue Factory
地址(Add)：广东省东莞市万江简沙洲工业区
邮编(P. C.)：523062
电话(Tel)：0769 - 22781926
联系人(Contact Person)：叶炯堂
产品(Products)：卫生纸，面巾纸

东莞市强兴纸品厂
Dongguan Qiangxing Paper Products Factory
地址(Add)：广东省东莞市万江简沙洲工业区公坎村9号
邮编(P. C.)：523062
电话(Tel)：0769 - 22800420
传真(Fax)：0769 - 22800420
联系人(Contact Person)：王晓忠
产品(Products)：卫生纸，面巾纸，擦手纸
品牌(Brand)：维点

东莞市万江天勤纸品厂
Dongguan Tianqin Paper Products Factory
地址(Add)：广东省东莞市万江简沙洲社区工业区
邮编(P. C.)：523062
电话(Tel)：0769 - 22186643
传真(Fax)：0769 - 22708782
E-mail：24003928@qq.com
法人代表(Chairman)：刘建声
总经理(General Manager)：刘贵平
联系人(Contact Person)：刘贵平
产品(Products)：卫生纸，餐巾纸，面巾纸
品牌(Brand)：维家

东莞市嘉祥纸品有限公司
Dongguan Jiaxiang Paper Products Co., Ltd.
地址(Add)：广东省东莞市万江流涌尾第二工业区
邮编(P. C.)：523000
电话(Tel)：0769 - 22175666
联系人(Contact Person)：戴小行
产品(Products)：卫生纸

东莞市万景纸品厂
Dongguan Wanjing Paper Products Factory
地址(Add)：广东省东莞市万江流涌尾工业区
邮编(P. C.)：523039
电话(Tel)：0769 - 22285411
联系人(Contact Person)：谢锡均
产品(Products)：卫生纸

东莞市民和纸巾厂
Dongguan Minhe Paper Products Factory
地址(Add)：广东省东莞市万江区拔蛟窝北环路8号
邮编(P. C.)：523000
电话(Tel)：0769－23299339
传真(Fax)：0769－22182637
总经理(General Manager)：彭传学
产品(Products)：面巾纸，手帕纸，卫生纸，擦手纸，面巾纸

东莞市胜和纸业有限公司
Dongguan Shenghe paper Co., Ltd.
地址(Add)：广东省东莞市万江区宝健路
邮编(P. C.)：523000
电话(Tel)：0769－28634168
传真(Fax)：0769－23171823
E-mail：13316682134@189.cn
Http://www.dgshenghezy.b2b.hc360.com
联系人(Contact Person)：钟胜
产品(Products)：卫生纸，面巾纸

东莞芬洁纸品厂★
Dongguan Fenjie Paper Co., Ltd.
地址(Add)：广东省东莞市万江区大汾工业区新沿河路
邮编(P. C.)：523000
电话(Tel)：0769－88116851
传真(Fax)：0769－88416299
Http://www.fenjie.com
法人代表(Chairman)：谢玉珍
总经理(General Manager)：谢玉珍
联系人(Contact Person)：谢玉珍
产品(Products)：卫生纸，面巾纸，餐巾纸，手帕纸，厨房纸巾，原纸
品牌(Brand)：芬洁，芬洁超市，芬之洁，芬尔洁

东莞市恒洁纸制品厂
Dongguan Hengjie Paper Products Factory
地址(Add)：广东省东莞市万江区共联古屋邨工业区5号
邮编(P. C.)：523000
电话(Tel)：0769－28828839
传真(Fax)：0769－28828829
E-mail：544745017@qq.com
Http://www.dghjzy.cn.libaba.com
联系人(Contact Person)：戴吉龙
产品(Products)：面巾纸，卫生纸，擦手纸

东莞市白天鹅纸业有限公司★
Dongguan White Swan Paper Products Co., Ltd.
地址(Add)：广东省东莞市万江区谷涌工业区
邮编(P. C.)：523047
电话(Tel)：0769－22172128
传真(Fax)：0769－22181226
E-mail：dgbte@163.com
Http://www.dgbte.com
法人代表(Chairman)：卢锦洪
总经理(General Manager)：李刚
联系人(Contact Person)：李刚
产品(Products)：原纸，卫生纸，面巾纸，手帕纸，餐巾纸，擦手纸，卫生巾，卫生护垫，婴儿纸尿裤/片
品牌(Brand)：贝柔，黛柔

东莞市泳亚包装设备有限公司
Dongguan Yongya Packing Machinery Co., Ltd.
地址(Add)：广东省东莞市万江区简沙工业区港口大道旁
邮编(P. C.)：523062
电话(Tel)：0769－22706998
传真(Fax)：0769－22186488
E-mail：270595071@qq.com
Http://www.dgyongya.com
法人代表(Chairman)：刘锦福
总经理(General Manager)：刘锦福
联系人(Contact Person)：刘锦福
产品(Products)：卫生纸，面巾纸
品牌(Brand)：贝贝香

东莞市美日纸业有限公司
Dongguan Meiri Paper Co., Ltd.
地址(Add)：广东省东莞市万江区简沙洲宝健路1路1巷1号
邮编(P. C.)：523062
电话(Tel)：0769－88660166
传真(Fax)：0769－22788004
总经理(General Manager)：卓奋派
联系人(Contact Person)：卓奋派
产品(Products)：卫生纸，盘纸，擦手纸，面巾纸，餐巾纸，厨房纸巾
品牌(Brand)：南凤凰

东莞远华日用纸品厂
Dongguan Yuanhua Paper Products Factory
地址(Add)：广东省东莞市万江区简沙洲宝健路四巷13号
邮编(P. C.)：523062
电话(Tel)：0769－22178920
传真(Fax)：0769－22786759
法人代表(Chairman)：陈燕英
总经理(General Manager)：陈燕英
联系人(Contact Person)：陈燕英
产品(Products)：卫生纸

东莞市冠森纸业有限公司
Dongguan Guansen Paper Industry Co., Ltd.
地址(Add)：广东省东莞市万江区简沙洲宝健一路
邮编(P. C.)：523062
电话(Tel)：0769－33202206
传真(Fax)：0769－23291965
联系人(Contact Person)：汪元武
产品(Products)：面巾纸，卫生纸

东莞市湘丽纸品厂★
Dongguan Xiangli Paper Factory
地址(Add)：广东省东莞市万江区简沙洲大道8号
邮编(P. C.)：523062
电话(Tel)：0769－23297196
传真(Fax)：0769－87076236
联系人(Contact Person)：张柏杏
产品(Products)：擦手纸，卫生纸，面巾纸，手帕纸，餐巾纸，原纸
品牌(Brand)：好百年，夜来香，天之香

爱家纸品厂
Aijia Paper Products Factory
地址(Add)：广东省东莞市万江区简沙洲工业区

邮编(P. C.)：523062
电话(Tel)：0769-22706760
传真(Fax)：0769-22710910
法人代表(Chairman)：邓彩霞
总经理(General Manager)：邓彩霞
联系人(Contact Person)：邓彩霞
产品(Products)：卫生纸，手帕纸
品牌(Brand)：爱家，名柔，四季香

东莞市贝丽诗纸品厂
Dongguan Beilishi Paper Products Factory
地址(Add)：广东省东莞市万江区简沙洲工业区
邮编(P. C.)：523000
电话(Tel)：0769-33281581
联系人(Contact Person)：叶小勇
产品(Products)：卫生纸，面巾纸

东莞市高韵纸业
Dongguan Gaoyun Paper
地址(Add)：广东省东莞市万江区简沙洲工业区
邮编(P. C.)：523062
电话(Tel)：0769-89028193
联系人(Contact Person)：邓练锋
产品(Products)：餐巾纸，擦手纸，卫生纸，面巾纸，湿巾

东莞市佳华纸品厂
Dongguan Jiahua Paper Prodsuts Factory
地址(Add)：广东省东莞市万江区简沙洲工业区
邮编(P. C.)：523060
电话(Tel)：0769-22189492
传真(Fax)：0769-22711781
联系人(Contact Person)：谢少松
产品(Products)：卫生纸

东莞市荣友纸品厂
Dongguan Rongyou Paper Pruducts Factory
地址(Add)：广东省东莞市万江区简沙洲工业区
邮编(P. C.)：523062
电话(Tel)：0769-22706771
联系人(Contact Person)：黄荣军
产品(Products)：卫生纸

东莞市雅舒达纸品厂
Dongguan Yashuda Paper Products Factory
地址(Add)：广东省东莞市万江区简沙洲工业区
邮编(P. C.)：523000
电话(Tel)：0769-87076820
传真(Fax)：0769-87076820
联系人(Contact Person)：廖奕祥
产品(Products)：面巾纸，手帕纸

东莞市宜乐纸品厂
Dongguan Yile Paper Products Factory
地址(Add)：广东省东莞市万江区简沙洲工业区
邮编(P. C.)：523062
电话(Tel)：0769-23154893
传真(Fax)：0769-23290996
联系人(Contact Person)：刘井光
产品(Products)：卫生纸，面巾纸

东莞市永祥纸品厂
Dongguan Yongxiang Paper Products Factory
地址(Add)：广东省东莞市万江区简沙洲工业区
邮编(P. C.)：523062
电话(Tel)：0769-22189187
传真(Fax)：0769-22175989
联系人(Contact Person)：罗天
产品(Products)：卫生纸，面巾纸

幸运星纸业有限公司
Xingyunxing Paper Co., Ltd.
地址(Add)：广东省东莞市万江区简沙洲工业区
邮编(P. C.)：523062
电话(Tel)：0769-22286006
传真(Fax)：0769-22286006
联系人(Contact Person)：何志坚
产品(Products)：卫生纸，餐巾纸
品牌(Brand)：靓雅洁

东莞市万江郑威纸品厂
Dongguan Zhengwei Paper Products Factory
地址(Add)：广东省东莞市万江区简沙洲工业区8号
邮编(P. C.)：523062
电话(Tel)：0769-89770317
传真(Fax)：0769-87075687
Http://www.zhengwei220.cn.alibaba.com
联系人(Contact Person)：陈燕英
产品(Products)：卫生纸，面巾纸
品牌(Brand)：纸风车

东莞永和实业有限公司★
Dongguan Yonghe Industry Co., Ltd.
地址(Add)：广东省东莞市万江区简沙洲工业区宝健二路13号
邮编(P. C.)：523062
电话(Tel)：0769-81686128
联系人(Contact Person)：王作依
产品(Products)：原纸

东莞市昭日纸巾有限公司
Dongguan Zhaori Paper Co., Ltd.
地址(Add)：广东省东莞市万江区简沙洲工业区宝健二路2号
邮编(P. C.)：523062
电话(Tel)：0769-88818880
传真(Fax)：0769-88893330
联系人(Contact Person)：魏树华
产品(Products)：卫生纸，面巾纸
品牌(Brand)：王在进，昭日，平桉树

东莞市达成纸品厂
Dongguan Dacheng Paper Products Factory
地址(Add)：广东省东莞市万江区简沙洲工业区宝健一路5号
邮编(P. C.)：523000
电话(Tel)：0769-33358366
传真(Fax)：0769-22707221
E-mail：alon_0663@163.com
联系人(Contact Person)：吴秋发
产品(Products)：面巾纸，擦手纸，卫生纸

东莞市万江万宝纸品厂
Dongguan Wanjiang Wanbao Paper Products Factory
地址(Add)：广东省东莞市万江区简沙洲工业区大道
邮编(P. C.)：523062
电话(Tel)：0769-22187138
传真(Fax)：0769-22276166
法人代表(Chairman)：胡宝枝
总经理(General Manager)：胡宝枝
联系人(Contact Person)：胡宝枝
产品(Products)：卫生纸，餐巾纸，面巾纸，手帕纸
品牌(Brand)：王子

东莞市家旺福纸业有限公司
Dongguan Jiawangfu Paper Co., Ltd.
地址(Add)：广东省东莞市万江区简沙洲工业园
邮编(P. C.)：523062
电话(Tel)：0769-88031747
联系人(Contact Person)：马俊雄
产品(Products)：面巾纸，卫生纸，餐巾纸，擦手纸，厨房纸巾

东莞市跃峰纸业有限公司
Dongguan Yuefeng Paper Co., Ltd.
地址(Add)：广东省东莞市万江区简沙洲简溪路21巷11号
邮编(P. C.)：523062
电话(Tel)：0769-87076972
传真(Fax)：0769-87076971
E-mail：yfzy126@126.com
联系人(Contact Person)：余绵辉
产品(Products)：卫生纸，面巾纸
品牌(Brand)：叶叶香

东莞市玉龙纸巾厂
Dongguan Yulong Facial Tissue Factory
地址(Add)：广东省东莞市万江区简沙洲清水凹工业区
邮编(P. C.)：523062
电话(Tel)：0769-89772840
传真(Fax)：0769-89772840
联系人(Contact Person)：班克平
产品(Products)：卫生纸

东莞市德康纸品厂
Dongguan Dekang Paper Products Factory
地址(Add)：广东省东莞市万江区简沙洲清水凹青年场89号
邮编(P. C.)：523062
电话(Tel)：0769-87076701
传真(Fax)：0769-87076703
E-mail：cb1234565@163.com
联系人(Contact Person)：陈庚良
产品(Products)：面巾纸，餐巾纸，擦手纸，卫生纸
品牌(Brand)：美肤

东莞市添柔纸巾厂
Dongguan Tianrou Facial Tissue Factory
地址(Add)：广东省东莞市万江区简沙洲商业街北路工业区
邮编(P. C.)：523062
电话(Tel)：0769-23155477
传真(Fax)：0769-28829072
联系人(Contact Person)：范宗天
产品(Products)：擦手纸，面巾纸，卫生纸

东莞市万江三星纸品厂
Dongguan Samsung Paper Products Factory
地址(Add)：广东省东莞市万江区简沙洲社区工业园
邮编(P. C.)：523062
电话(Tel)：0769-23627123
传真(Fax)：0769-23627186
Http://www.dgsanxing.cn
联系人(Contact Person)：杨全
产品(Products)：卫生纸
品牌(Brand)：诚心

美家乐纸品厂
Meijiale Paper Products Factory
地址(Add)：广东省东莞市万江区简沙洲社区虾公坎工业区连新南路66号
邮编(P. C.)：523062
电话(Tel)：0769-22710853
传真(Fax)：0769-22787140
总经理(General Manager)：林连星
产品(Products)：面巾纸，卫生纸，擦手纸，餐巾纸
品牌(Brand)：美家乐，小蓝宝玉，兰香

东莞市华兴纸业实业有限公司★
Dongguan Huaxing Paper Industrial Co., Ltd.
地址(Add)：广东省东莞市万江区滘联工业区
邮编(P. C.)：523046
电话(Tel)：0769-22279169
传真(Fax)：0769-22275919
E-mail：hxzy@huaxing-dg.com
Http://www.huaxing-dg.com
法人代表(Chairman)：欧锦庆
总经理(General Manager)：欧锦庆
联系人(Contact Person)：欧锦庆
产品(Products)：面巾纸，手帕纸，卫生纸，原纸，婴儿纸尿裤
品牌(Brand)：花心，益达，伊健，爱心宝贝

东莞永昶纸业有限公司★
Dongguan Yongchang Paper Co., Ltd.
地址(Add)：广东省东莞市万江区流涌尾工业区
邮编(P. C.)：523062
电话(Tel)：0769-22270703
传真(Fax)：0769-22177628
联系人(Contact Person)：胡积建
产品(Products)：卫生纸原纸

品润纸业有限公司
Green Paper Industry Co., Ltd.
地址(Add)：广东省东莞市万江区流涌尾工业区二环工业路1号
邮编(P. C.)：523062
电话(Tel)：0769-21660508
传真(Fax)：0769-89026302
E-mail：jiayongjun@papergreen.net
Http://www.papergreen.net
联系人(Contact Person)：贾勇军
产品(Products)：擦手纸，面巾纸，餐巾纸，卫生纸

东莞市大枫纸业有限公司
Dongguan Dafeng Paper Co., Ltd.
地址(Add)：广东省东莞市万江区梅树墩工业区B幢
邮编(P. C.)：523000
电话(Tel)：0769－21660433
传真(Fax)：0769－21660655
E-mail：dafengpaper@163. com
联系人(Contact Person)：何中懋
产品(Products)：手帕纸，面巾纸，卫生纸

东莞市健兰纸业有限公司
Dongguan Jianlan Paper Co., Ltd.
地址(Add)：广东省东莞市万江区石美工业区新兴路11号
邮编(P. C.)：523039
电话(Tel)：0769－27223516
传真(Fax)：0769－21666834
联系人(Contact Person)：曹俊建
产品(Products)：卫生纸，面巾纸，擦手纸，餐巾纸

东莞市润来纸业有限公司
Dongguan Runlai Paper Co., Ltd.
地址(Add)：广东省东莞市万江区望牛墩上合社区望英路段
邮编(P. C.)：523062
电话(Tel)：0769－22705762
传真(Fax)：0769－22187662
联系人(Contact Person)：王少国
产品(Products)：卫生纸，餐巾纸，面巾纸

东莞市韦宏纸品厂
Dongguan Weihong Paper Products Factory
地址(Add)：广东省东莞市万江区蚬涌梅树墩大道C栋
邮编(P. C.)：523000
电话(Tel)：0769－22771863
传真(Fax)：0769－22771849
Http://www. weihong668. cn. alibaba. com
总经理(General Manager)：韦宏荣
联系人(Contact Person)：韦宏荣
产品(Products)：面巾纸

东莞市恒太纸业
Dongguan Hengtai Paper
地址(Add)：广东省东莞市万江区蚬涌小海口南路2号
邮编(P. C.)：523000
电话(Tel)：0769－23175383
传真(Fax)：0769－23175383
联系人(Contact Person)：黄福林
产品(Products)：卫生纸，面巾纸，手帕纸
品牌(Brand)：洁客，蓝冠

东莞市展涛纸业有限公司★
Dongguan Zhantao Paper Co., Ltd.
地址(Add)：广东省东莞市万江区小享管理区建设路1号
邮编(P. C.)：523000
电话(Tel)：0769－23175207
传真(Fax)：0769－23175115
联系人(Contact Person)：黎建伟
产品(Products)：原纸，卫生纸，厨房用纸，擦手纸，餐巾纸

东莞市方圆纸业
Dongguan Fangyuan Paper Products Factory
地址(Add)：广东省东莞市万江区小享葵树三街
邮编(P. C.)：523000
电话(Tel)：0769－22710556
传真(Fax)：0769－22771650
E-mail：fangyuan_paper@126. com
Http://www. dgfangyuan. b2b. hc360. com
联系人(Contact Person)：李清华
产品(Products)：擦手纸，卫生纸，面巾纸

东莞市洁达纸品厂
Dongguan Jieda Paper Products Factory
地址(Add)：广东省东莞市万江蚬涌工业区
邮编(P. C.)：523000
电话(Tel)：0769－26996566
传真(Fax)：0769－26996066
联系人(Contact Person)：陈上美
产品(Products)：卫生纸，面巾纸，手帕纸，餐巾纸

东莞市维加达纸品厂
Dongguan Weijiada Paper Products Factory
地址(Add)：广东省东莞市万江蚬涌工业区
邮编(P. C.)：523000
电话(Tel)：0769－33239188
联系人(Contact Person)：李有宏
产品(Products)：卫生纸，面巾纸

东莞市腾威纸业有限公司
Dongguan Tengwei Paper Co., Ltd.
地址(Add)：广东省东莞市万江蚬涌梅树墩大道C栋
邮编(P. C.)：523000
电话(Tel)：0769－22771863
传真(Fax)：0769－22771849
总经理(General Manager)：韦宏荣
产品(Products)：卫生纸，面巾纸
品牌(Brand)：清秀，百欢，有缘人，纷纷香

东莞鑫宝纸品厂
Dongguan Xinbao Paper Products Factory
地址(Add)：广东省东莞市万江蚬涌小海口南路二期商铺69－70号
邮编(P. C.)：523000
电话(Tel)：0769－89872308
传真(Fax)：0769－23292687
联系人(Contact Person)：刘欣宇
产品(Products)：卫生纸，面巾纸，餐巾纸
品牌(Brand)：柔坊，洁坊

东莞市华美纸品有限公司
Dongguan Huamei Paper Co., Ltd.
地址(Add)：广东省东莞市万江新村村头一工业区
邮编(P. C.)：523023
电话(Tel)：0769－22182788
传真(Fax)：0769－22176238
E-mail：sugars333@21cn. com
联系人(Contact Person)：梁冠佳
产品(Products)：卫生纸，餐巾纸

东莞市新龙纸业有限公司
Dongguan Xinlong Paper Co., Ltd.
地址(Add): 广东省东莞市万江新村大新南路49号
邮编(P. C.): 523053
电话(Tel): 0769-22282171
传真(Fax): 0769-22771838
E-mail: xinlong2288@163. com
Http://dgxinlong. net. 8hy. cn
法人代表(Chairman): 古春满
总经理(General Manager): 古春满
联系人(Contact Person): 古春满
产品(Products): 卫生纸, 餐巾纸, 面巾纸, 手帕纸, 擦手纸
品牌(Brand): 柔一

东莞市万江惠兴纸品厂
Dongguan Huixing Paper Industry Co., Ltd.
地址(Add): 广东省东莞市万江新村工业区
邮编(P. C.): 523023
电话(Tel): 0769-22702113
传真(Fax): 0769-22288171
总经理(General Manager): 卢惠乐
产品(Products): 卫生纸, 面巾纸, 手帕纸, 餐巾纸
品牌(Brand): 自由派

东莞市新华纸品厂
Dongguan Xinhua Paper Products Factory
地址(Add): 广东省东莞市万江新村卢屋工业区
邮编(P. C.): 523380
电话(Tel): 0769-22272473
传真(Fax): 0769-22186773
Http://www. gd-xh. cn
总经理(General Manager): 陈炳南
产品(Products): 面巾纸, 卫生纸, 手帕纸, 擦手纸
品牌(Brand): 金月湾, 洁之健, 新花

东莞市万江利兴纸品厂★
Dongguan Lixing Paper Products Factory
地址(Add): 广东省东莞市万江严屋高基工业区
邮编(P. C.): 523049
电话(Tel): 0769-22287198
传真(Fax): 0769-22275500
联系人(Contact Person): 卢沛良
产品(Products): 原纸

东莞市恩兴纸业有限公司★
Dongguan Enxing Paper Co., Ltd.
地址(Add): 广东省东莞市万江油九工业区
邮编(P. C.): 523032
电话(Tel): 0769-22288843
传真(Fax): 0769-22781108
法人代表(Chairman): 卢宜兴
总经理(General Manager): 卢宜兴
联系人(Contact Person): 卢宜兴
产品(Products): 卫生纸, 餐巾纸, 面巾纸, 原纸
品牌(Brand): 真惠, 洁100

东莞市伟虹纸业有限公司★
Dongguan Weihong Paper Industry Co., Ltd.
地址(Add): 广东省东莞市望牛墩镇杜屋村工业区
邮编(P. C.): 523200
电话(Tel): 0769-88558198
传真(Fax): 0769-88558298
E-mail: jacky283@sina. com
法人代表(Chairman): 冯克伟
总经理(General Manager): 冯吉琦
联系人(Contact Person): 冯吉琦
产品(Products): 原纸

东莞市时和利造纸有限公司
Dongguan Shiheli Paper Co., Ltd.
地址(Add): 广东省东莞市望牛墩镇福安村工业区
邮编(P. C.): 523196
电话(Tel): 0769-81313628
传真(Fax): 0769-81313688
联系人(Contact Person): 袁锦灼
产品(Products): 卫生纸, 面巾纸, 手帕纸

广东比伦生活用纸有限公司★
Guangdong Bilun Household Paper Industry Co., Ltd.
地址(Add): 广东省东莞市望牛墩镇锦涡工业区
邮编(P. C.): 523000
电话(Tel): 0769-88552289
传真(Fax): 0769-88560358
E-mail: gdbl1939@126. com
Http://www. blun. com. cn
法人代表(Chairman): 许亦南
总经理(General Manager): 许小尖
联系人(Contact Person): 莫崇理
产品(Products): 卫生纸, 餐巾纸, 面巾纸, 原纸
品牌(Brand): 好家风

东莞市万江卫平纸厂★
Dongguan Wanjiang Weiping Paper Mill
地址(Add): 广东省东莞市新村工业区
邮编(P. C.): 523053
电话(Tel): 0769-22289688
传真(Fax): 0769-22275588
法人代表(Chairman): 陈惠平
联系人(Contact Person): 黄见培
产品(Products): 卫生纸, 原纸

东莞唯真纸业有限公司
Dongguan Vision Paper Co., Ltd.
地址(Add): 广东省东莞市中堂镇北潢路东泊段东节工业中心
邮编(P. C.): 523000
电话(Tel): 0769-88180518
传真(Fax): 0769-88180508
E-mail: gzweizhenpaper@163. com
总经理(General Manager): 乔鹏
产品(Products): 擦手纸, 盘纸, 卫生纸, 面巾纸, 餐巾纸

中桥纸业有限公司★
Zhongqiao Paper Co., Ltd.
地址(Add): 广东省东莞市中堂镇北潢路三涌段(Bp加油站侧)
邮编(P. C.): 523221
电话(Tel): 0769-88127866
传真(Fax): 0769-88127966
Http://www. zhongqiaopaper. cn

法人代表(Chairman)：洪锦祥
总经理(General Manager)：蔡思寅
联系人(Contact Person)：刘权茂
产品(Products)：原纸，卫生纸，餐巾纸，手帕纸，盘纸
品牌(Brand)：莲花，洁威

东莞市达林纸业有限公司★
Dongguan Dalin Paper Co., Ltd.
地址(Add)：广东省东莞市中堂镇槎滘村新沙工业区
邮编(P. C.)：523231
电话(Tel)：0769-88887388
传真(Fax)：0769-88121882
E-mail：dalinpaper@gmail.com
Http://www.dalinpaper.com
总经理(General Manager)：黎一帆
联系人(Contact Person)：黎发林
产品(Products)：擦手纸，原纸，厨房纸巾，餐巾纸
品牌(Brand)：达林

东莞市轩潼纸业有限公司★
Dongguan Xuantong Paper Co., Ltd.
地址(Add)：广东省东莞市中堂镇东向工业区
邮编(P. C.)：523220
电话(Tel)：0769-88028808
传真(Fax)：0769-88028818
E-mail：zhuoxn777@sina.com
法人代表(Chairman)：吴业恩
总经理(General Manager)：郑振强
联系人(Contact Person)：卓永新
产品(Products)：卫生纸，擦手纸，原纸

东莞市美华纸业有限公司
Dongguan Meihua Paper Co., Ltd.
地址(Add)：广东省东莞市中堂镇蕉利村107国道望牛墩路口银都工业区
邮编(P. C.)：523220
电话(Tel)：0769-88180518
传真(Fax)：0769-88180508
E-mail：gzweizhenpaper@163.com
总经理(General Manager)：乔文洲
产品(Products)：擦手纸，卫生纸，餐巾纸

东莞中堂新星纸巾厂
Dongguan Xinxing Paper Products Factory
地址(Add)：广东省东莞市中堂镇袁家涌西亭坊
邮编(P. C.)：523223
电话(Tel)：0769-88897328
传真(Fax)：0769-88119873
法人代表(Chairman)：袁寿球
总经理(General Manager)：花青秀
联系人(Contact Person)：花青秀
产品(Products)：卫生纸，餐巾纸，面巾纸，擦手纸，盘纸
品牌(Brand)：益彩

美景纸制品厂
Meijing Paper Co., Ltd.
地址(Add)：广东省番禺大石镇植村工业三路3号
邮编(P. C.)：511400
电话(Tel)：020-61946260
传真(Fax)：020-61946260
E-mail：mjpaper@tom.com
联系人(Contact Person)：李林祥
产品(Products)：擦手纸，面巾纸

天宝阳光生活用纸
Tianbao Sunshine Household Paper
地址(Add)：广东省佛山市禅城区委华大桥侧
邮编(P. C.)：528000
电话(Tel)：0757-82129925
传真(Fax)：0757-82129925
E-mail：1105806636@qq.com
Http://www.tianb1688.cn.alibaba.com
联系人(Contact Person)：冯志添
产品(Products)：卫生纸，面巾纸，餐巾纸，厨房纸巾，擦手纸

佛山市富恒造纸技术服务有限公司★
Foshan Fuheng Paper Technology Co., Ltd.
地址(Add)：广东省佛山市高明区高明大道东
邮编(P. C.)：528322
电话(Tel)：0757-88220711
传真(Fax)：0757-88220711
E-mail：1592171728@qq.com
联系人(Contact Person)：谢擦富
产品(Products)：原纸，卫生纸，餐巾纸，面巾纸

高明日畅纸业有限公司★
Gaoming Super Trans Paper Co., Ltd.
地址(Add)：广东省佛山市高明区荷城沿江路127号
邮编(P. C.)：528500
电话(Tel)：0757-88666709
传真(Fax)：0757-88666709
E-mail：richangpaper@hc360.com.cn
Http://richangpaper.b2b.hc360.com
法人代表(Chairman)：伍锦明
总经理(General Manager)：伍锦明
联系人(Contact Person)：欧阳文立
产品(Products)：原纸，卫生纸，餐巾纸，面巾纸，手帕纸，擦手纸
品牌(Brand)：惠洁

广东省南海康洁香巾厂
Guangdong Nanhai Kangjie Towel Factory
地址(Add)：广东省佛山市季华七路大弯南工业区B座3楼
邮编(P. C.)：528000
电话(Tel)：0757-86360727
传真(Fax)：0757-86361584
E-mail：master@kangjie-wettowel.com
Http://www.kangjie-wettowel.com
法人代表(Chairman)：周柱兴
总经理(General Manager)：周柱兴
联系人(Contact Person)：周柱兴
产品(Products)：湿巾，婴儿隔尿垫巾，手帕纸，面巾纸
品牌(Brand)：康洁，舒爽

佛山创佳纸业
Foshan Chuangjia Paper
地址(Add)：广东省佛山市南海区大沥大发市场西排107档
邮编(P. C.)：528231

电话(Tel)：0757－85559158
传真(Fax)：0757－85559158
联系人(Contact Person)：郑文凯
产品(Products)：卫生纸，面巾纸，餐巾纸，湿巾，卫生巾，婴儿纸尿裤/片，成人纸尿裤/片

佛山市南海大沥宏达纸品厂
Foshan Hongda Paper Products Factory
地址(Add)：广东省佛山市南海区大沥太平工业区
邮编(P. C.)：528231
电话(Tel)：0757－85500879
传真(Fax)：0757－85501336
Http://hongdazp. cn. alibaba. com
联系人(Contact Person)：卢惠华
产品(Products)：面巾纸，餐巾纸，手帕纸

佛山市南海区桂城德恒餐饮用品厂
Foshan Deheng Dining Things Factory
地址(Add)：广东省佛山市南海区桂城叠北工业区 14 号
邮编(P. C.)：528253
电话(Tel)：0757－86311287
传真(Fax)：0757－86300087
E-mail：office@ nh－deheng. com
Http://www. nh－deheng. com. cn
总经理(General Manager)：张景炽
联系人(Contact Person)：张德鉴
产品(Products)：湿巾，手帕纸
品牌(Brand)：晨宝

佛山市千婷生活用品有限公司
Foshan Qianting Commodity Co., Ltd.
地址(Add)：广东省佛山市南海区桂城佛平二路北约商厦 602B 室
邮编(P. C.)：528200
电话(Tel)：0757－86305033
传真(Fax)：0757－86305033
E-mail：824886641@ qq. com
Http://fsqt. cn. gongchang. com
联系人(Contact Person)：雍兴
产品(Products)：卫生巾，婴儿纸尿裤/片，成人纸尿裤/片，护理垫，湿巾，卫生纸，面巾纸，手帕纸
品牌(Brand)：千婷

佛山市兴肤洁卫生用品厂
Foshan Xingfujie Hygiene Products Factory
地址(Add)：广东省佛山市南海区金沙上安中坊开发区李祥开大楼 2 层
邮编(P. C.)：528223
电话(Tel)：0757－86600625
传真(Fax)：0757－86433786
E-mail：kdx@ 126. com
Http://pe168. com/com/kangdexin
法人代表(Chairman)：杨福祥
联系人(Contact Person)：杨福祥
产品(Products)：湿巾，餐巾纸
品牌(Brand)：康德信

佛山洁达纸业制造有限公司
Foshan Jieda Paper Co., Ltd.
地址(Add)：广东省佛山市南海区里水镇流潮工业区
邮编(P. C.)：528244
电话(Tel)：0757－85626861
传真(Fax)：0757－85621337
E-mail：jieda@ tom. cn
Http://www. gdjieda. cn
联系人(Contact Person)：叶益义
产品(Products)：卫生纸，餐巾纸，面巾纸

佛山市倍安爽卫生用品有限公司
Foshan Beianshuang Hygiene Products Co., Ltd.
地址(Add)：广东省佛山市南海区罗村联合工业区联合大道 20 号
邮编(P. C.)：528226
电话(Tel)：0757－86400190
传真(Fax)：0757－86400191
Http://www. bas8. com
法人代表(Chairman)：周文良
总经理(General Manager)：周文良
联系人(Contact Person)：周文良
产品(Products)：卫生巾，卫生护垫，卫生纸
品牌(Brand)：水中花

佛山市南海区伟业通达纸品厂
Foshan Weiye Tongda Paper Products Factory
地址(Add)：广东省佛山市南海区平洲夏东村五房沙工业区
邮编(P. C.)：528251
电话(Tel)：0757－86799467
传真(Fax)：0757－86799467
E-mail：weiyetongda@ 163. com
Http://www. weiye33. diytrade. com
法人代表(Chairman)：叶健松
产品(Products)：湿巾，面巾纸，擦手纸，餐巾纸，卫生纸
品牌(Brand)：馨业

南海平洲新奇丽日用品有限公司
Nanhai Xinqili Daily－Use Goods Co., Ltd.
地址(Add)：广东省佛山市南海区平洲夏南一工业北区
邮编(P. C.)：528251
电话(Tel)：0757－86762588
传真(Fax)：0757－86762599
法人代表(Chairman)：彭锦潮
联系人(Contact Person)：彭锦潮
产品(Products)：卫生纸，面巾纸
品牌(Brand)：新奇丽，千の花

佛山市南海区平洲夏西雅佳酒店用品厂
Foshan Yajia Hotel Articles Factory
地址(Add)：广东省佛山市南海区平洲夏西良溪工业区
邮编(P. C.)：528251
电话(Tel)：0757－86774070
传真(Fax)：0757－86284555
E-mail：v6774070@ 21cn. com
法人代表(Chairman)：李尤燐
产品(Products)：湿巾，面巾纸
品牌(Brand)：雅派一族

佛山市南海富丽华纸业
Foshan Fulihua Paper
地址(Add)：广东省佛山市南海区沙头北村工业区
邮编(P. C.)：528200

电话(Tel)：0757 – 86918818
传真(Fax)：0757 – 86902238
E-mail：fsfulihua@21cn.com
Http://www.fsfulihua.com
联系人(Contact Person)：邹炽华
产品(Products)：卫生纸，面巾纸
品牌(Brand)：贝莉雅

新感觉卫生用品有限公司
New Sensation Sanitary Products Co., Ltd.
地址(Add)：广东省佛山市顺德区乐从镇细海工业区
邮编(P.C.)：528351
电话(Tel)：0757 – 28332551
传真(Fax)：0757 – 28332561
E-mail：contact@nssp.biz
Http://www.nssp.biz
法人代表(Chairman)：黎汉中
总经理(General Manager)：黎汉凡
联系人(Contact Person)：黎汉石
产品(Products)：卫生巾，卫生护垫，婴儿纸尿裤/片，成人纸尿裤/片，护理垫，面巾纸，手帕纸，卫生纸
品牌(Brand)：新感觉，没烦恼，飘，动感元素

彩逸纸类制品有限公司
Caiyi Paper Products Co., Ltd.
地址(Add)：广东省佛山市顺德区伦教街道办事处新塘村委新龙大道13号B
邮编(P.C.)：528000
电话(Tel)：0757 – 27838338
传真(Fax)：0757 – 27838338
E-mail：631463025@qq.com
联系人(Contact Person)：罗振峰
产品(Products)：卫生纸，面巾纸，餐巾纸

佛山市维森纸业有限公司★
Foshan Weisen Paper Co., Ltd.
地址(Add)：广东省佛山市顺德区伦教三洲工业区建设南路2号
邮编(P.C.)：528322
电话(Tel)：0757 – 26152527
传真(Fax)：0757 – 27836660
E-mail：weison_paper@163.com
Http://fsjszy.cn.alibaba.com
法人代表(Chairman)：蒋国旺
总经理(General Manager)：蒋国旺
联系人(Contact Person)：蒋国旺
产品(Products)：卫生纸，原纸，擦手纸
品牌(Brand)：维生

蓝雅纸业有限公司
Lanya Paper Co., Ltd.
地址(Add)：广东省佛山市顺德区容桂海尾桂新东路6街13号
邮编(P.C.)：528000
电话(Tel)：0757 – 28392694
联系人(Contact Person)：李生
产品(Products)：卫生纸，面巾纸，手帕纸
品牌(Brand)：金葵花，君子兰

广东南蒲纸业有限公司★
Guangdong Nanpu Paper Co., Ltd.
地址(Add)：广东省高州市府前路81号2楼
邮编(P.C.)：525200
电话(Tel)：0668 – 6668687
传真(Fax)：0668 – 6633708
E-mail：npzy888@tom.com
Http://www.nppaper.com
联系人(Contact Person)：莫业贵
产品(Products)：原纸

广州龙派纸业有限公司
Guangzhou Lopie Paper Co., Ltd.
地址(Add)：广东省广州市白云区太和镇谢家庄荫兰大道东工业区A – 5
邮编(P.C.)：510540
电话(Tel)：020 – 87420353
传真(Fax)：020 – 87420110
E-mail：dzh@lopiepaper.com
联系人(Contact Person)：邓兆辉
产品(Products)：卫生纸，擦手纸，面巾纸，餐巾纸，厨房纸巾

广州荣隆纸业有限公司★
Guangzhou Ronglong Paper Co., Ltd.
地址(Add)：广东省广州市从化江埔街下罗村
邮编(P.C.)：510925
电话(Tel)：020 – 87992130
传真(Fax)：020 – 87992886
E-mail：ronglongpaper@126.com
Http://www.ronglongpaper.cn.alibaba.com
法人代表(Chairman)：巫应光
总经理(General Manager)：巫应光
联系人(Contact Person)：巫应光
产品(Products)：卫生纸，面巾纸，餐巾纸，擦手纸，原纸
品牌(Brand)：洁皇

广州华程纸业有限公司★
Guangzhou Huacheng Paper Co., Ltd.
地址(Add)：广东省广州市番禺区大岗镇广珠路441号
邮编(P.C.)：511400
电话(Tel)：020 – 39081212
传真(Fax)：020 – 39081213
总经理(General Manager)：周少芬
产品(Products)：卫生纸，原纸

广州市恒轩纸业有限公司
Guangzhou Hengxuan Paper Co., Ltd.
地址(Add)：广东省广州市番禺区大石镇洛浦街西三开发区南路3号
邮编(P.C.)：511400
电话(Tel)：020 – 22948634
传真(Fax)：020 – 39232025
E-mail：gzheng123@163.com
Http://www.chengliangbing.cn.alibaba.com
联系人(Contact Person)：成良炳
产品(Products)：面巾纸，餐巾纸

广州市海珠区花洁旅游日用品厂
Guangzhou Haizhu Huajie Tourism Articles Co., Ltd.
地址(Add)：广东省广州市番禺区南村镇坑头村瓦窑岗竹园工业区3号
邮编(P.C.)：514000

电话(Tel)：020-34767965
传真(Fax)：020-61956544
E-mail：huajiezhiye@163.com
法人代表(Chairman)：杨铁雷
总经理(General Manager)：杨铁雷
联系人(Contact Person)：郭樱
产品(Products)：湿巾，面巾纸，擦手纸，厨房纸巾
品牌(Brand)：名扬，花洁

广州市森枫纸制品厂
Guangzhou Senfeng Paper Products Factory
地址(Add)：广东省广州市番禺区南村镇里仁洞村马庄萌芽路10号
邮编(P.C.)：511400
电话(Tel)：020-34697717
传真(Fax)：020-34698865
联系人(Contact Person)：陈秋凤
产品(Products)：面巾纸，卫生纸，擦手纸，餐巾纸

广州市钟信餐具厂
Guangzhou Zhongxin Tableware Factory
地址(Add)：广东省广州市番禺区沙头街禺山西路莲湖村南庄路20号
邮编(P.C.)：511400
电话(Tel)：020-34803035
传真(Fax)：020-34803036
Http://www.zx6568.com
总经理(General Manager)：钟志强
产品(Products)：面巾纸

广州市番禺莲花山造纸有限公司★
Guangzhou Panyu Lianhuashan Paper Co., Ltd.
地址(Add)：广东省广州市番禺区石楼镇莲花东路80号
邮编(P.C.)：511440
电话(Tel)：020-84861348
传真(Fax)：020-84860433
E-mail：lhspaper@21cn.com
Http://www.lhspaper.com
法人代表(Chairman)：谢伟垣
联系人(Contact Person)：郭志勇
产品(Products)：卫生纸，擦手纸，原纸
品牌(Brand)：莲花，幻蝶

广州市洁莲纸品有限公司★
Guangzhou Jielian Paper Co., Ltd.
地址(Add)：广东省广州市番禺区石楼镇莲花东路80号
邮编(P.C.)：511447
电话(Tel)：020-84868866
传真(Fax)：020-84860099
E-mail：xrcheng72@gmail.com
联系人(Contact Person)：程先容
产品(Products)：卫生纸，原纸
品牌(Brand)：港莲

广州市文定纸业有限公司
Gugnazhou Wending Paper Product Co., Ltd.
地址(Add)：广东省广州市番禺区石楼镇莲花东路80号
邮编(P.C.)：511440
电话(Tel)：020-66852331
传真(Fax)：020-66852330
E-mail：100095867@qq.com
Http://www.wendingpaper.com
联系人(Contact Person)：谢展樑
产品(Products)：卫生纸，面巾纸，擦手纸，餐巾纸

广州市洁雅纸制品有限公司★
Guangzhou Jieya Paper Products Co., Ltd.
地址(Add)：广东省广州市番禺区石楼镇莲花港工业园区7C-3楼
邮编(P.C.)：511440
电话(Tel)：020-84848898
传真(Fax)：020-84862822
E-mail：sale@jzjieyapaper.cn
法人代表(Chairman)：黄祖清
总经理(General Manager)：黄祖清
联系人(Contact Person)：黄祖清
产品(Products)：卫生纸，餐巾纸，面巾纸，擦手纸，原纸
品牌(Brand)：好立清

广州市盛豪纸业有限公司
Shiny Hope Paper Products Co., Ltd.
地址(Add)：广东省广州市番禺区石碁镇市莲路石碁村段185号著得禄厂厦
邮编(P.C.)：511450
电话(Tel)：020-39962211
传真(Fax)：020-84859923
E-mail：martin.lai@shinyhope.com
总经理(General Manager)：黎钜文
产品(Products)：卫生纸，面巾纸，擦手纸

广州市立新日用品厂
Guangzhou Lixin Commodity Factory
地址(Add)：广东省广州市海珠区燕子岗路燕子岗街一号海幢工业区七楼
邮编(P.C.)：510280
电话(Tel)：020-61136074
传真(Fax)：020-34132196
Http://www.tissue.com.cn
联系人(Contact Person)：Charle 张
产品(Products)：湿巾，面巾纸，餐巾纸，手帕纸
品牌(Brand)：三花

广州市天河龙洞纵横纸业制品厂★
Guangzhou Tianhe Longdong Zongheng Paper Products Factory
地址(Add)：广东省广州市荔湾区龙溪大道蟠龙工业区A区2栋
邮编(P.C.)：510140
电话(Tel)：020-62751321
传真(Fax)：020-62751320
E-mail：lhy236@sina.com
Http://www.zhzhiye.com
联系人(Contact Person)：廖伙荣
产品(Products)：卫生纸，擦手纸，面巾纸，原纸
品牌(Brand)：春韵，秋叶红，如玉

广州市宏杰达纸业有限公司★
Guangzhou Hongjieda Paper Co., Ltd.
地址(Add)：广东省广州市南沙区榄核镇敦塘村三沙街
邮编(P.C.)：511455
电话(Tel)：020-84928128

传真(Fax)：020－84927398
法人代表(Chairman)：冯文杰
联系人(Contact Person)：冯文杰
产品(Products)：卫生纸，原纸

广州市启鸣纸业有限公司★
Guangzhou Qiming Paper Co., Ltd.
地址(Add)：广东省广州市南沙区珠门管理区珠糖三路2号
邮编(P. C.)：511462
电话(Tel)：020－84943674
传真(Fax)：020－84943674
E-mail：60302477@qq.com
法人代表(Chairman)：胡溢华
总经理(General Manager)：胡启华
联系人(Contact Person)：胡启华
产品(Products)：卫生纸，餐巾纸，擦手纸，原纸
品牌(Brand)：华歌

广州中嘉进出口贸易有限公司
Honga Impot & Export Ltd.
地址(Add)：广东省广州市越秀区华侨新村团结路8号
邮编(P. C.)：510000
电话(Tel)：020－83597409
传真(Fax)：020－82490077
E-mail：shijintian@163.com
Http://www.honga.com.cn
联系人(Contact Person)：梁彩聘
产品(Products)：卫生纸，面巾纸，厨房纸巾，婴儿纸尿裤，成人纸尿裤

博罗县凤达纸业有限公司★
Boluo Fengda Paper Co., Ltd.
地址(Add)：广东省惠州市博罗县龙溪镇龙桥大道外沿
邮编(P. C.)：516100
电话(Tel)：0752－6677830
传真(Fax)：0752－6678330
E-mail：fdpaper@126.com
Http://www.fdpaper.cn
法人代表(Chairman)：黄汉洲
产品(Products)：卫生纸，面巾纸，盘纸，原纸
品牌(Brand)：凤达，飘之韵，十三郎

惠州钟氏联发纸业
Huizhou Zhongshi Lianfa Paper
地址(Add)：广东省惠州市博罗县龙溪镇球岗新村
邮编(P. C.)：516121
电话(Tel)：0752－6678689
传真(Fax)：0752－6672833
法人代表(Chairman)：钟国良
总经理(General Manager)：钟国良
联系人(Contact Person)：郑振文
产品(Products)：卫生纸，面巾纸，餐巾纸

惠州福和纸业有限公司★
Huizhou Fook Woo Paper Co., Ltd.
地址(Add)：广东省惠州市博罗县园洲镇梁屋管理局
邮编(P. C.)：516123
电话(Tel)：0752－6812888
传真(Fax)：0752－6812662
E-mail：yueming.hu@fwpaper.com
Http://www.fookwoo.com
法人代表(Chairman)：胡敬欣
联系人(Contact Person)：胡月明
产品(Products)：原纸，卫生纸，面巾纸，手帕纸，餐巾纸，擦手纸
品牌(Brand)：福和，皇月，思蜜儿，宝丽

洁丽来纸品厂
Jielilai Paper Products Factory
地址(Add)：广东省惠州市大亚湾西区工业园
邮编(P. C.)：516083
电话(Tel)：0752－5200331
传真(Fax)：0752－5200886
联系人(Contact Person)：郑文浩
产品(Products)：卫生纸，面巾纸，手帕纸

惠州市惠达纸品厂
Huizhou Huida Paper Products Factory
地址(Add)：广东省惠州市惠城区水口镇东江工业区路口
邮编(P. C.)：516000
电话(Tel)：0752－2367065
传真(Fax)：0752－2367061
E-mail：68398164@qq.com
法人代表(Chairman)：邱生
总经理(General Manager)：邱生
联系人(Contact Person)：邱生
产品(Products)：盘纸，卫生纸，餐巾纸，擦手纸
品牌(Brand)：美家美

惠州市雅宝实业有限公司
Huizhou Yabao Industry Co., Ltd.
地址(Add)：广东省惠州市惠阳区淡水土湖工业区
邮编(P. C.)：516200
电话(Tel)：0752－3363231
联系人(Contact Person)：杨惠君
产品(Products)：卫生纸，面巾纸，擦手纸，厨房纸巾，手帕纸

惠州市浩德实业有限公司
Huizhou Haode Industrial Co., Ltd.
地址(Add)：广东省惠州市惠阳区淡水镇排坊工业区翠竹路5号
邮编(P. C.)：516211
电话(Tel)：0752－3356328
传真(Fax)：0752－3340683
E-mail：wuyichang2006@21cn.com
Http://www.haodeshiye.com.cn
法人代表(Chairman)：吴益昌
总经理(General Manager)：吴益昌
联系人(Contact Person)：吴益昌
产品(Products)：卫生纸，面巾纸，擦手纸，厨房纸巾，盘纸，婴儿纸尿片
品牌(Brand)：三和

惠阳恒辉纸巾厂
Huiyang Henghui Facial Tissue Factory
地址(Add)：广东省惠州市惠阳区秋长镇长发村南二街工业区
邮编(P. C.)：516200
电话(Tel)：0752－3770038
传真(Fax)：0752－3770039

联系人(Contact Person)：李海明
产品(Products)：面巾纸
品牌(Brand)：恒辉，红绿灯

惠阳区金鑫纸品厂
Huiyang Jinxin Paper Napkins Factory
地址(Add)：广东省惠州市惠阳区秋长镇岭湖村发湖村小组
邮编(P. C.)：516221
电话(Tel)：0752 - 3552562
传真(Fax)：0752 - 3646018
法人代表(Chairman)：黄石良
总经理(General Manager)：黄石良
联系人(Contact Person)：黄金水
产品(Products)：卫生纸，面巾纸，餐巾纸，手帕纸，婴儿纸尿裤
品牌(Brand)：靓兔，欢儿爽

恒大纸品有限公司
Hengda Paper Co., Ltd.
地址(Add)：广东省惠州市惠阳区秋长镇岭湖工业区
邮编(P. C.)：516221
电话(Tel)：0752 - 3721939
传真(Fax)：0752 - 3721936
联系人(Contact Person)：麦伟创
产品(Products)：卫生纸，面巾纸，手帕纸
品牌(Brand)：宝利来，七柔

惠阳金鑫纸业有限公司
Huiyang Jinxin Paper Co., Ltd.
地址(Add)：广东省惠州市惠阳区秋长镇岭湖工业区利成路
邮编(P. C.)：516221
电话(Tel)：0752 - 3552652
传真(Fax)：0752 - 3562828
E-mail：jinxinzhiye168@ sina. com
法人代表(Chairman)：黄石良
联系人(Contact Person)：黄金水
产品(Products)：婴儿纸尿裤/片，面巾纸，手帕纸，卫生纸
品牌(Brand)：欢儿爽，双儿爽，靓兔，靓日子

江门市塘边纸厂
Jiangmen Tangbian Paper Products Fsctory
地址(Add)：广东省江门市潮连塘边工业区狮子山道2号
邮编(P. C.)：529030
电话(Tel)：0750 - 3724882
传真(Fax)：0750 - 3724881
E-mail：857814176@ qq. com
联系人(Contact Person)：潘荣裕
产品(Products)：卫生纸，面巾纸，手帕纸
品牌(Brand)：天品

江门市晨采纸业有限公司
Jiangmen Sanchoice Paper Co., Ltd.
地址(Add)：广东省江门市发展大道29号白石工业区K座
邮编(P. C.)：529000
电话(Tel)：0750 - 3130623
传真(Fax)：0750 - 3396031
E-mail：info@ sanchoicepaper. com
Http：//www. sanchoicepaper. com
法人代表(Chairman)：吕维康
总经理(General Manager)：黄文彪
产品(Products)：手帕纸，面巾纸，卫生纸，擦手纸，厨房纸巾，餐巾纸，湿巾

江门日佳纸业有限公司★
Jiangmen Rijia Paper Co., Ltd.
地址(Add)：广东省江门市蓬江区潮连招商工业园1号
邮编(P. C.)：529090
电话(Tel)：0750 - 3727388
传真(Fax)：0750 - 3726328
E-mail：rjtrade2005@ 163. com
Http：//www. lucktissue. com. cn
法人代表(Chairman)：伍锦明
联系人(Contact Person)：赵海波
产品(Products)：卫生纸，面巾纸，手帕纸，餐巾纸，原纸
品牌(Brand)：亲柔

江门市天宝纸业有限公司
Jiangmen Tianbao Paper Co., Ltd.
地址(Add)：广东省江门市水南凤潮里63号
邮编(P. C.)：529030
电话(Tel)：0750 - 3111882
传真(Fax)：0750 - 3967123
E-mail：732009985@ qq. com
法人代表(Chairman)：马彪
总经理(General Manager)：马彪
联系人(Contact Person)：马彪
产品(Products)：面巾纸，餐巾纸，擦手纸
品牌(Brand)：天宝

江门市明兴保洁纸品厂
Jiangmen Mingxing Paper Products Plant
地址(Add)：广东省江门市外海东南工业区一区6号厂房
邮编(P. C.)：529080
电话(Tel)：0750 - 3793638
传真(Fax)：0750 - 3793608
联系人(Contact Person)：马满意
产品(Products)：卫生纸

江门市大森纸业有限公司
Jiangmen Dasen Paper Co., Ltd.
地址(Add)：广东省江门市文昌花园82幢115号首、二层两卡
邮编(P. C.)：529000
电话(Tel)：0750 - 3618023
传真(Fax)：0750 - 3618833
联系人(Contact Person)：赵向阳
产品(Products)：卫生纸

新腾纸业有限公司
Xinteng Paper Co., Ltd.
地址(Add)：广东省江门市新会区大泽文龙工业区
邮编(P. C.)：529100
电话(Tel)：0750 - 6891978
传真(Fax)：0750 - 6891968
E-mail：info@ xintengtissueproducts. com
Http：//www. xintengtissueproducts. com
联系人(Contact Person)：夏柏涛

产品(Products)：面巾纸，餐巾纸，厨房纸巾，卫生纸

江门市雅枫纸业有限公司
Jiangmen Yafeng Paper Industry Co., Ltd.
地址(Add)：广东省江门市新会区大泽镇创利来工业园
邮编(P. C.)：529100
电话(Tel)：0750－6168822
传真(Fax)：0750－6168588
E-mail：ynf@ ynf－paper. com
Http：//www. ynf－paper. com
法人代表(Chairman)：余国荣
联系人(Contact Person)：张卫强
产品(Products)：卫生纸，面巾纸
品牌(Brand)：雅枫

江门市新会区大泽天恒纸品厂
Jiangmen Tianheng Paper Products Factory
地址(Add)：广东省江门市新会区大泽镇莲塘山塘口工业开发区
邮编(P. C.)：529162
电话(Tel)：0750－6891101
传真(Fax)：0750－6804949
联系人(Contact Person)：刘兆春
产品(Products)：餐巾纸，擦手纸

江门市纯美纸业有限公司
Jiangmen Chunmei Paper Co., Ltd.
地址(Add)：广东省江门市新会区大泽镇文龙潭鳌村内
邮编(P. C.)：528200
电话(Tel)：0750－6893168
传真(Fax)：0750－6893178
总经理(General Manager)：梁栋照
产品(Products)：面巾纸，卫生纸，手帕纸，餐巾纸

江门市新会区宝达造纸实业有限公司★
Jiangmen Xinhui Baoda Paper Industrial Co., Ltd.
地址(Add)：广东省江门市新会区大泽镇新园工业开发区
邮编(P. C.)：529162
电话(Tel)：0750－6899438
传真(Fax)：0750－6899252
E-mail：baod@ baodapaper. com
Http：//www. baodapaper. com
法人代表(Chairman)：余卫平
联系人(Contact Person)：容惠练
产品(Products)：卫生纸，面巾纸，擦手纸，厨房纸巾，原纸
品牌(Brand)：生活天

江门市鸿祥纸业有限公司★
Jiangmen Hongxiang Paper Co., Ltd.
地址(Add)：广东省江门市新会区会城镇紫云路8号
邮编(P. C.)：529100
电话(Tel)：0750－6680726
传真(Fax)：0750－6680716
总经理(General Manager)：蒋敏汉
产品(Products)：卫生纸，面巾纸，原纸

江门市加多福纸业有限公司
Jiangmen Jiaduofu Paper Co., Ltd.
地址(Add)：广东省江门市新会区睦洲镇桥光路工业区
邮编(P. C.)：529100
电话(Tel)：0750－6226308
传真(Fax)：0750－6229911
联系人(Contact Person)：李玉媛
产品(Products)：擦手纸，卫生纸

江门市新龙纸业有限公司★
Jiangmen Xinlong Paper Co., Ltd.
地址(Add)：广东省江门市新会区三江镇白庙工业区
邮编(P. C.)：529142
电话(Tel)：0750－7363301
传真(Fax)：0750－7363301
E-mail：gmo@ youranpaper. com
Http：//www. youranpaper. com
法人代表(Chairman)：梁桂标
总经理(General Manager)：梁华标
联系人(Contact Person)：钟丽娟
产品(Products)：卫生纸，面巾纸，手帕纸，原纸
品牌(Brand)：悠然，洁蕴

江门市泽森纸业有限公司★
Jiangmen Zesen Paper Co., Ltd.
地址(Add)：广东省江门市新会区三江镇工业开发区
邮编(P. C.)：529143
电话(Tel)：0750－6201908
传真(Fax)：0750－6222060
E-mail：linjiancheng01@ 21cn. com
总经理(General Manager)：林建成
联系人(Contact Person)：林建成
产品(Products)：卫生纸，擦手纸，原纸

维达纸业(中国)有限公司★
Vinda Paper (China) Co., Ltd.
地址(Add)：广东省江门市新会区三江镇新江村寺北洋沙
邮编(P. C.)：529142
电话(Tel)：0750－6206333
传真(Fax)：0750－6206338
产品(Products)：卫生纸，原纸，手帕纸，面巾纸，厨房纸巾，餐巾纸
品牌(Brand)：维达

春铧纸业制品厂
Chunhua Paper Products Factory
地址(Add)：广东省江门市新会区三江镇洋美村
邮编(P. C.)：529100
电话(Tel)：0750－6202083
传真(Fax)：0750－6202083
联系人(Contact Person)：廖锡彬
产品(Products)：卫生纸

江门仁科绿洲纸业有限公司★
Jiangmen Renke Oasis Paper Co., Ltd.
地址(Add)：广东省江门市新会区双水镇银洲湖纸业基地内
邮编(P. C.)：529153
电话(Tel)：0750－6419188
传真(Fax)：0750－6416666
E-mail：rklz8833@ 126. com
Http：//www. sivlake. com
法人代表(Chairman)：许洪彦
总经理(General Manager)：许洪彦
联系人(Contact Person)：杨发军

产品(Products)：原纸，卫生纸，面巾纸，手帕纸
品牌(Brand)：银洲湖

江门中顺纸业有限公司★
Jiangmen Zhongshun Paper Industry Co., Ltd.
地址(Add)：广东省江门市新会区双水镇银洲湖纸业基地能源开发区
邮编(P. C.)：529153
电话(Tel)：0750-6966816
传真(Fax)：0750-6966668
E-mail：cnsnpaper@126. com
Http：//www. zhongshungroup. com
法人代表(Chairman)：梁锦辉
总经理(General Manager)：黄锡标
联系人(Contact Person)：黄锡标
产品(Products)：卫生纸，面巾纸，餐巾纸，擦手纸，原纸
品牌(Brand)：洁柔，C&S，太阳

江门祥达纸业制品有限公司
Jiangmen Xiangda Paper Products Co., Ltd.
地址(Add)：广东省江门市新会区银湖湾工业区
邮编(P. C.)：529149
电话(Tel)：0750-6452038
传真(Fax)：0750-6452078
法人代表(Chairman)：何军武
总经理(General Manager)：何军武
联系人(Contact Person)：黄国熙
产品(Products)：卫生纸，面巾纸，擦手纸，纸巾纸，餐巾纸

星纪纸品有限公司★
Star Century Paper Co., Ltd.
地址(Add)：广东省江门市新会区孖冲工业区6-1
邮编(P. C.)：529100
电话(Tel)：0750-3690828
传真(Fax)：0750-3690828
E-mail：13702581116@139. com
Http：//www. gorphy. com
联系人(Contact Person)：容俭庆
产品(Products)：原纸，擦手纸，卫生纸，厨房纸巾，餐巾纸

龙新纸品有限公司
Longxin Paper Products Co., Ltd.
地址(Add)：广东省揭东试验区3号路中段
邮编(P. C.)：515500
电话(Tel)：0663-3266226
传真(Fax)：0663-3280600
联系人(Contact Person)：陈桂峰
产品(Products)：卫生纸，面巾纸
品牌(Brand)：龙新，好家景

揭东县新亨镇柏达纸制品厂★
Jiedong Boda Paper Products Factory
地址(Add)：广东省揭阳市揭东县亨镇英花村
邮编(P. C.)：515548
电话(Tel)：0663-3436588
传真(Fax)：0663-3442899
联系人(Contact Person)：王鹏昆
产品(Products)：卫生纸，原纸，衬纸

揭东县永派合纸制品有限公司
Jiedong Yongpaihe Paper Products Co., Ltd.
地址(Add)：广东省揭阳市揭东县锡场镇石洋工业区
邮编(P. C.)：515500
电话(Tel)：0663-3495735
传真(Fax)：0663-3495878
E-mail：yph0663@126. com
联系人(Contact Person)：王永安
产品(Products)：面巾纸，擦手纸，卫生纸，餐巾纸

揭阳市维康达纸业有限公司
Jieyang Weikangda Paper Co., Ltd.
地址(Add)：广东省揭阳市普宁市普侨区南部工业园西区(南洋路口)
邮编(P. C.)：515300
电话(Tel)：0663-2762126
传真(Fax)：0663-2764126
E-mail：wkd@ritapaper. com
Http：//www. ritapaper. com
总经理(General Manager)：赵腾飞
产品(Products)：卫生纸，餐巾纸

揭阳市明发纸品有限公司
Jieyang Mingfa Paper Products Co., Ltd.
地址(Add)：广东省揭阳市区榕炉头工业区
邮编(P. C.)：522000
电话(Tel)：0663-8692818
传真(Fax)：0663-8692808
E-mail：958548927@qq. com
总经理(General Manager)：卢培杰
产品(Products)：卫生纸，面巾纸，手帕纸，餐巾纸
品牌(Brand)：富格

广东信达纸业有限公司
Guangdong Xinda Paper Co., Ltd.
地址(Add)：广东省揭阳市玉湖镇小经商区
邮编(P. C.)：522021
电话(Tel)：0663-3406789
传真(Fax)：0663-3406738
E-mail：xinda@xinda-paper. com
Http：//www. xinda-paper. com
法人代表(Chairman)：卓利通
总经理(General Manager)：卓利通
联系人(Contact Person)：孙谦云
产品(Products)：面巾纸，餐巾纸，手帕纸，卫生纸，厨房纸巾，擦手纸
品牌(Brand)：蓓尔丽，熊宝贝

揭阳诚源纸品厂
Jieyang Chengyuan Paper Products Factory
地址(Add)：广东省揭阳试验区渔湖中路中段厚和郭路段
邮编(P. C.)：522021
电话(Tel)：0663-8688163
传真(Fax)：0663-8688263
联系人(Contact Person)：黄润贤
产品(Products)：面巾纸，卫生纸，手帕纸，餐巾纸
品牌(Brand)：美蒂诗，诚源

开平市顺锋纸品厂
Kaiping Shunfeng Paper Products Factory
地址(Add)：广东省开平市沙岗红进路冲翼楼A栋后一卡

邮编(P. C.)：529231
电话(Tel)：0750－2213091
传真(Fax)：0750－2213091
联系人(Contact Person)：梁玉锋
产品(Products)：卫生纸

家莅纸品厂
Jiali Paper Products Factory
地址(Add)：广东省廉江市石城深水垌村新办公楼底层
邮编(P. C.)：524400
电话(Tel)：0759－6644978
联系人(Contact Person)：吴金灿
产品(Products)：卫生纸

茂名市家和纸业有限公司
Maoming Jiahe Paper Co., Ltd.
地址(Add)：广东省茂名市金塘镇农垦机械厂旁
邮编(P. C.)：525025
电话(Tel)：0668－2361388
传真(Fax)：0668－2361388
总经理(General Manager)：梁文君
产品(Products)：卫生纸
品牌(Brand)：家和

梅州市梅江区恒富纸制品厂
Meizhou Hengfu Paper Products Factory
地址(Add)：广东省梅州市梅江区梅正路197号
邮编(P. C.)：514031
电话(Tel)：0753－2130286
联系人(Contact Person)：杨进平
产品(Products)：卫生纸，面巾纸

梅州市明达纸业
Meizhou Mingda Paper Co.
地址(Add)：广东省梅州市梅江区梅正路197号
邮编(P. C.)：514011
电话(Tel)：0753－2219288
联系人(Contact Person)：李彩
产品(Products)：面巾纸，卫生纸，擦手纸

梅州市鼎丰纸品有限公司
Meizhou Dingfeng Paper Products Co., Ltd.
地址(Add)：广东省梅州市梅新路宝通大厦侧
邮编(P. C.)：514021
电话(Tel)：0753－2252188
E-mail：1394341999@qq.com
联系人(Contact Person)：张雄
产品(Products)：面巾纸，擦手纸，餐巾纸

富和纸品厂
Fuhe Paper Products Factory
地址(Add)：广东省梅州市五华县华城金河开发区
邮编(P. C.)：514400
电话(Tel)：0753－4840332
联系人(Contact Person)：张开和
产品(Products)：卫生纸
品牌(Brand)：富和，九柔，富丽

金钰(清远)卫生纸有限公司
Jinyu Qingyuan Tissue Paper Industry Co., Ltd.
地址(Add)：广东省清远市经济开发区百嘉工业园15号区
邮编(P. C.)：511517
电话(Tel)：0763－3484270
传真(Fax)：0763－3485553
法人代表(Chairman)：梁肇中
联系人(Contact Person)：罗四飞
产品(Products)：卫生纸，面巾纸，餐巾纸，手帕纸
品牌(Brand)：唯洁雅，清风，真真

汕头市中洁纸业有限公司
Shantou Zhongjie Paper Co., Ltd.
地址(Add)：广东省汕头市长平路尾溢兴工业城斜对面(汕充公路10号)
邮编(P. C.)：515041
电话(Tel)：0754－86330111
传真(Fax)：0754－86331998
E-mail：735125674@qq.com
法人代表(Chairman)：陈汉贵
总经理(General Manager)：陈汉贵
联系人(Contact Person)：林伟南
产品(Products)：卫生纸

汕头市中顺商贸有限公司
Shantou Zhongshun Trade Co., Ltd.
地址(Add)：广东省汕头市潮阳区城南大南工业区
邮编(P. C.)：515199
电话(Tel)：0754－83865813
传真(Fax)：0754－83863328
E-mail：stzssm@163.com
Http：//www.stzhongshun.com
联系人(Contact Person)：郑炳钟
产品(Products)：卫生纸
品牌(Brand)：情缘、诗古丽，彩姿，蝴蝶香

汕头市澄海区佳楠纸类制品厂
Shantou Chenghai Jianan Paper Products Factory
地址(Add)：广东省汕头市澄海东里镇观一工业区
邮编(P. C.)：515829
电话(Tel)：0754－85752824
传真(Fax)：0754－85752824
法人代表(Chairman)：林碧云
总经理(General Manager)：郑文佳
联系人(Contact Person)：郑文佳
产品(Products)：卫生纸，面巾纸，手帕纸，餐巾纸，厨房纸巾，擦手纸
品牌(Brand)：佳楠

汕头市恒康纸类制品厂
Shantou Hengkang Paper Produsts Factory
地址(Add)：广东省汕头市澄海区东铁路工业区
邮编(P. C.)：515827
电话(Tel)：0754－85339037
传真(Fax)：0754－85335037
E-mail：hkzy888@126.com
联系人(Contact Person)：张俊绵
产品(Products)：卫生纸，面巾纸
品牌(Brand)：艾春天，绿春天

汕头市创达纸品厂
Shantou Chuangda Paper Products Factory
地址(Add)：广东省汕头市澄海区莲上永新工业区

邮编(P. C.)：515833
电话(Tel)：0754 - 85119929
传真(Fax)：0754 - 85613468
联系人(Contact Person)：杜绵生
产品(Products)：卫生纸，面巾纸
品牌(Brand)：蝶之洁

华派纸业有限公司
Huapai Paper Co., Ltd.
地址(Add)：广东省汕头市澄海区莲下镇南湾村口垭工业区
邮编(P. C.)：518500
电话(Tel)：0754 - 85137336
传真(Fax)：0754 - 85174516
E-mail：chhpzy@ sina. com
联系人(Contact Person)：林海涛
产品(Products)：面巾纸，手帕纸，卫生纸，餐巾纸

联发纸业有限公司
Lianfa Paper Co., Ltd.
地址(Add)：广东省汕头市澄海区盐鸿镇溪头埠
邮编(P. C.)：515800
电话(Tel)：0754 - 85779240
联系人(Contact Person)：谢映鑫
产品(Products)：面巾纸，手帕纸
品牌(Brand)：宝映莱

汕头市万安纸业有限公司★
Shantou Wanan Paper Co., Ltd.
地址(Add)：广东省汕头市濠江区三联工业区
邮编(P. C.)：515000
电话(Tel)：0754 - 82511886
传真(Fax)：0754 - 82511887
Http://www. wananpaper. com
法人代表(Chairman)：郑康桔
总经理(General Manager)：郑康荣
联系人(Contact Person)：王少敏
产品(Products)：面巾纸，餐巾纸，手帕纸，卫生纸，原纸
品牌(Brand)：花姿，雅丽诗，星宝

汕头市致远日用品有限公司
Shantou Zhiyuan Commodity Co., Ltd.
地址(Add)：广东省汕头市衡山路中段抽纱仓库内 30 号
邮编(P. C.)：515041
电话(Tel)：0754 - 86302973
传真(Fax)：0754 - 86302907
E-mail：stltq@ 163. com
Http://www. stzhiyuan. cn
法人代表(Chairman)：李文斌
总经理(General Manager)：李庭秋
联系人(Contact Person)：李庭秋
产品(Products)：卫生纸，面巾纸，餐巾纸

广东家家纸业有限公司
Guangdong Jiajia Paper Co., Ltd.
地址(Add)：广东省汕头市金平区北郊工业区东侧厂房
邮编(P. C.)：515041
电话(Tel)：0754 - 88229097
传真(Fax)：0754 - 88229079
总经理(General Manager)：曾泽金
产品(Products)：面巾纸，手帕纸，卫生纸，餐巾纸

汕头市仁达纸业实业有限公司
Shantou Renda Paper Co., Ltd.
地址(Add)：广东省汕头市金平区大学路鮀浦下廊工业区
邮编(P. C.)：515041
电话(Tel)：0754 - 82518360
传真(Fax)：0754 - 82528989
总经理(General Manager)：黄一帆
产品(Products)：卫生纸，面巾纸，手帕纸
品牌(Brand)：仁达、雅思猫、纯感

汕头市大方纸业有限公司
Shantou B&S Paper Co., Ltd.
地址(Add)：广东省汕头市龙湖区浦江路 12 号金源大厦首层
邮编(P. C.)：515041
电话(Tel)：0754 - 88881931
传真(Fax)：0754 - 88882836
联系人(Contact Person)：倪英敏
产品(Products)：卫生纸，面巾纸
品牌(Brand)：柏柔，柏顺

汕头金誉工艺纸业有限公司
Shantou Jinyu Craet Paper Co., Ltd.
地址(Add)：广东省汕头市内充公南片工业区 B 片 1 座 3 楼
邮编(P. C.)：515000
电话(Tel)：0754 - 88842080
传真(Fax)：0754 - 86330288
E-mail：stjinyu@ 126. com
联系人(Contact Person)：王泽河
产品(Products)：面巾纸，餐巾纸
品牌(Brand)：金誉

汕头市优乐纸品有限公司
Shantou Youle Paper Co., Ltd.
地址(Add)：广东省汕头市汕汾路华泰工业园旁
邮编(P. C.)：515065
电话(Tel)：0754 - 88697998
传真(Fax)：0754 - 88697997
E-mail：ylzp88697998@ 163. com
联系人(Contact Person)：庄祥华
产品(Products)：卫生纸
品牌(Brand)：优康

汕头市飘合纸业有限公司★
Shantou Piaohe Paper Co., Ltd.
地址(Add)：广东省汕头市驼浦镇举丁工业区
邮编(P. C.)：515061
电话(Tel)：0754 - 82530777
传真(Fax)：0754 - 82543324
法人代表(Chairman)：肖树鑫
总经理(General Manager)：肖树鑫
联系人(Contact Person)：肖树鑫
产品(Products)：面巾纸，餐巾纸，厨房纸巾，卫生纸，盘纸，原纸
品牌(Brand)：波斯猫

龙臻日用纸品厂
Longzhen Commodity Factory
地址(Add)：广东省汕尾市海丰县城东镇宫地山工业区三

环路边
邮编(P. C.)：516400
电话(Tel)：0660－6423138
传真(Fax)：0660－6423138
E-mail：lo. zhen. 2007@163. com
总经理(General Manager)：何国贤
产品(Products)：面巾纸
品牌(Brand)：劳工

海丰县康太纸业有限公司
Haifeng Kangtai Paper Co., Ltd.
地址(Add)：广东省汕尾市海丰县河塘新兴北路70号
邮编(P. C.)：516400
电话(Tel)：0660－6760111
传真(Fax)：0660－6769111
E-mail：swktai@126. com
联系人(Contact Person)：黄兴全
产品(Products)：卫生纸，面巾纸，手帕纸，餐巾纸

韶关市联进纸业有限公司★
Shaoguan Lianjin Paper Co., Ltd.
地址(Add)：广东省韶关市乳源瑶族自治县桂头镇仙湖工业园
邮编(P. C.)：512736
电话(Tel)：0751－5395168
传真(Fax)：0751－5395123
E-mail：qpy168@21cn. com
法人代表(Chairman)：温明华
总经理(General Manager)：钱培勇
联系人(Contact Person)：钱培勇
产品(Products)：原纸，盘纸，卫生纸，面巾纸

牡丹纸巾厂
Mudan Paper Napkin Factory
地址(Add)：广东省韶关市站南路信德万汇广场G122号
邮编(P. C.)：512000
电话(Tel)：0751－8234588
联系人(Contact Person)：曾凡军
产品(Products)：面巾纸，擦手纸，卫生纸

鹏达纸业有限公司
Pengda Paper Co., Ltd.
地址(Add)：广东省深圳市宝安区观澜街道南大富社区环观中路创新工业园
邮编(P. C.)：518110
电话(Tel)：0755－29804133
传真(Fax)：0755－29804233
Http://www. szpengdazhiye. com. cn
联系人(Contact Person)：叶达英
产品(Products)：擦手纸，手帕纸，卫生纸，餐巾纸

深圳市金宝利实业有限公司
Shenzhen Jinbaoli Industry Development Co., Ltd.
地址(Add)：广东省深圳市宝安区石岩街道社区青年东路浪心工业区A5栋
邮编(P. C.)：518108
电话(Tel)：0755－28093722
传真(Fax)：0755－28093733
E-mail：jbl28093180@126. com
Http://www. szsjbl. com
法人代表(Chairman)：钟志通
联系人(Contact Person)：钟志通
产品(Products)：卫生纸，面巾纸，手帕纸，餐巾纸，擦手纸，厨房纸巾
品牌(Brand)：深洁丽

深圳市御品坊日用品有限公司
Imperial Palace Commodity (Shengzhen) Co., Ltd.
地址(Add)：广东省深圳市宝安区石岩街道水田社区第二工业区石龙大道60号美华达御品坊工业城
邮编(P. C.)：518108
电话(Tel)：0755－29003200
传真(Fax)：0755－23442959
E-mail：admin@yupinfang. com. cn
Http://www. yupinfang. net. cn
法人代表(Chairman)：许锐坤
总经理(General Manager)：许锐坤
联系人(Contact Person)：郑燕纯
产品(Products)：湿巾，卫生纸，餐巾纸，面巾纸
品牌(Brand)：水肌肤，水亲亲

深圳市星怡纸业
Shenzhen Xingyi Paper
地址(Add)：广东省深圳市宝安区松岗镇塘下涌大道40号光辉科技园1栋
邮编(P. C.)：518105
电话(Tel)：0755－27072739
传真(Fax)：0755－27072739
联系人(Contact Person)：周兴胜
产品(Products)：卫生纸，面巾纸，擦手纸

深圳市三友纸业有限公司
Shenzhen Sanyou Paper Co., Ltd.
地址(Add)：广东省深圳市布吉镇恒通工业城东座2栋6楼
邮编(P. C.)：518112
电话(Tel)：0755－28522843
传真(Fax)：0755－28183162
E-mail：28183161@163. com
联系人(Contact Person)：黄志军
产品(Products)：卫生纸，擦手纸，面巾纸，手帕纸，餐巾纸
品牌(Brand)：新洁丽

鸿源实业(深圳)有限公司
Hongyuan Industrial (Shenzhen) Co., Ltd.
地址(Add)：广东省深圳市布吉镇上水径恒通工业城6栋
邮编(P. C.)：518112
电话(Tel)：0755－28522648
传真(Fax)：0755－28522748
E-mail：hongyuan@hongyuanpaper. com
Http://www. hongyuanpaper. com
法人代表(Chairman)：魏楚芳
总经理(General Manager)：朱坤雄
联系人(Contact Person)：黄凯鹏
产品(Products)：卫生巾，卫生护垫，湿巾，卫生纸，面巾纸，手帕纸
品牌(Brand)：馨丽，富贵猫，声艺，飘馨

深圳市博奥实业发展有限公司
Shenzhen Boao Industry Development Co., Ltd.
地址(Add)：广东省深圳市东晓路布心村111号布心大厦

8 楼 A 室
邮编(P. C.)：518019
电话(Tel)：0755-25770101
传真(Fax)：0755-25810201
E-mail：boao166@163. com
Http：//www. chinaboao. net
联系人(Contact Person)：陈俊林
产品(Products)：卫生纸，擦手纸，餐巾纸

深圳安美纸业有限公司
Shenzhen Anmy Paper Manufacture Co., Ltd.
地址(Add)：广东省深圳市福田区红荔西路第一世界广场 A 座 14B
邮编(P. C.)：518048
电话(Tel)：0755-28232928
传真(Fax)：0755-28234499
E-mail：anmaray@anmaray. com
Http：//www. anmaray. com
法人代表(Chairman)：吕雪艳
总经理(General Manager)：牛连杰
产品(Products)：卫生纸，擦手纸，餐巾纸，盘纸
品牌(Brand)：安美瑞，anmaray

深圳市云峰纸业有限公司
Shenzhen Yunfeng Paper Industries Co., Ltd.
地址(Add)：广东省深圳市观澜牛湖大水田工业园 B 区金谷力科技园 B 栋二楼
邮编(P. C.)：518110
电话(Tel)：0755-85268238
传真(Fax)：0755-85268228
E-mail：zhangzhaoxiang@163. com
联系人(Contact Person)：张兆祥
产品(Products)：卫生纸，面巾纸，手帕纸，餐巾纸
品牌(Brand)：美活，棉花糖

深圳市桂花香生活用纸有限公司
Shezhen Guihuaxiang Paper Co., Ltd.
地址(Add)：广东省深圳市光明新区甲子塘第二工业区二排 5 栋
邮编(P. C.)：518107
电话(Tel)：0755-27063386
传真(Fax)：0755-29833618
E-mail：382091306@qq. com
联系人(Contact Person)：谢仁强
产品(Products)：卫生纸，面巾纸

深圳市俊洁纸业有限公司
Shenzhen Purejoy Paper Co., Ltd.
地址(Add)：广东省深圳市光明新区田寮第五工业区 31 栋
邮编(P. C.)：518000
电话(Tel)：0755-29890705
传真(Fax)：0755-29890693
E-mail：sales1@purejoypaper. com. cn
Http：//www. purejoypaper. com. cn
法人代表(Chairman)：冯秀毅
总经理(General Manager)：林文俊
联系人(Contact Person)：林文俊
产品(Products)：面巾纸，手帕纸，餐巾纸，盘纸，擦手纸，厨房纸巾
品牌(Brand)：俊洁

深圳市嘉盛纸巾厂
Shenzhen Jiasheng Towel Factory
地址(Add)：广东省深圳市龙岗坑梓红岭路 11、13 号
邮编(P. C.)：518000
电话(Tel)：0755-84131656
传真(Fax)：0755-84131656
E-mail：zzw_johnson@163. com
法人代表(Chairman)：庄志伟
总经理(General Manager)：庄志伟
联系人(Contact Person)：庄志伟
产品(Products)：手帕纸，面巾纸
品牌(Brand)：嘉丽雅

鑫丽发纸品厂
Xinlifa Paper Products Factory
地址(Add)：广东省深圳市龙岗区坂田街道办雪象花园老村 85 栋首层
邮编(P. C.)：518129
电话(Tel)：0755-89588382
E-mail：491638063@qq. com
联系人(Contact Person)：宋金权
产品(Products)：面巾纸，卫生纸

深圳市荆江纸制品有限公司
Shenzhen Jingjiang Paper Co., Ltd.
地址(Add)：广东省深圳市龙岗区坂田街道雪岗路 97 号峰华工业区二栋二楼
邮编(P. C.)：518116
电话(Tel)：0755-28792022
传真(Fax)：0755-28794727
E-mail：jingjiang_1977@163. com
Http：//www. szjjzj. com
联系人(Contact Person)：张太诗
产品(Products)：手帕纸，面巾纸，卫生纸，擦手纸，餐巾纸

深圳市家乐纸品有限公司
Shenzhen Jiale Paper Co., Ltd.
地址(Add)：广东省深圳市龙岗区坂田象角塘第一工业区三幢
邮编(P. C.)：518129
电话(Tel)：0755-88866848
传真(Fax)：0755-89588355
E-mail：188865228@qq. com
联系人(Contact Person)：吴少烈
产品(Products)：卫生纸，面巾纸，手帕纸，餐巾纸
品牌(Brand)：洁品坊，晓风，保洁仕

深圳市宝德鸿纸业有限公司
Shenzhen Baodehong Paper Co., Ltd.
地址(Add)：广东省深圳市龙岗区布吉街道莲花路(爱义学校新楼)3 号
邮编(P. C.)：518116
电话(Tel)：0755-28286863
传真(Fax)：0755-28270197
E-mail：bdh28270197@163. com
Http：//www. szbdzy. com
联系人(Contact Person)：张锦生
产品(Products)：卫生纸，擦手纸，面巾纸，餐巾纸，厨房纸巾，手帕纸

深圳市牡丹纸品厂
Shenzhen Mudan Paper Products Factory
地址(Add)：广东省深圳市龙岗区布吉街道罗岗工业区深特变科技园旁
邮编(P. C.)：518112
电话(Tel)：0755 - 28577258
传真(Fax)：0755 - 28577875
E-mail：85106505@ qq. com
联系人(Contact Person)：李振华
产品(Products)：盘纸，擦手纸，面巾纸，手帕纸，餐巾纸，厨房纸巾

深圳市鹏圳纸品有限公司
Shenzhen Pengzhen Paper Co., Ltd.
地址(Add)：广东省深圳市龙岗区布吉细靓 40 号工业楼
邮编(P. C.)：518112
电话(Tel)：0755 - 28442548
传真(Fax)：0755 - 28442548
E-mail：pzzpc@ qq. com
联系人(Contact Person)：林奕润
产品(Products)：面巾纸，卫生纸，擦手纸，手帕纸

深圳市洁雅丽纸品有限公司
Shenzhen Jieyali Paper Products Co., Ltd.
地址(Add)：广东省深圳市龙岗区布吉细靓八约二街 40 号工业楼
邮编(P. C.)：518116
电话(Tel)：0755 - 84183253
传真(Fax)：0755 - 84183259
E-mail：jylzp168@ 163. com
Http：//www. jylzp. com
总经理(General Manager)：陈继海
产品(Products)：卫生纸，面巾纸，擦手纸，餐巾纸，手帕纸，湿巾
品牌(Brand)：占美，洁雅丽，清语

深圳市安健达实业发展有限公司★
Shenzhen Paper Ajita Enterprise Development Co., Ltd.
地址(Add)：广东省深圳市龙岗区布吉镇岗头风门坳亚洲工业园 9 栋三楼
邮编(P. C.)：518112
电话(Tel)：0755 - 89746117
传真(Fax)：0755 - 89748831
E-mail：ajita@ paperajita. com
Http：//www. paperajita. com
法人代表(Chairman)：陈晓阳
总经理(General Manager)：陈晓阳
联系人(Contact Person)：陈晓阳
产品(Products)：卫生纸，面巾纸，餐巾纸，手帕纸，擦手纸，原纸
品牌(Brand)：安健达，安怡达，安洁达

普昌纸品业有限公司
P&C Paper Proudcts Co., Ltd.
地址(Add)：广东省深圳市龙岗区布吉镇雪象村中浩工业城 C2 栋 4 楼
邮编(P. C.)：518112
电话(Tel)：0755 - 89600129
传真(Fax)：0755 - 89601104
联系人(Contact Person)：潘希泽
产品(Products)：手帕纸，面巾纸，餐巾纸，卫生纸

深圳市广田纸业有限公司
Hirota Paper (Shenzhen) Ltd.
地址(Add)：广东省深圳市龙岗区乐吓坑路 168 号恒利工业园 A2 栋 3 楼
邮编(P. C.)：518116
电话(Tel)：0755 - 28760023
传真(Fax)：0755 - 28760018
E-mail：warehouse - gtzy@ qq. com
联系人(Contact Person)：杨小燕
产品(Products)：湿巾，面巾纸，擦手纸

深圳市龙新纸业有限公司
Shenzhen Longxin Paper Co., Ltd.
地址(Add)：广东省深圳市龙岗区龙城街道龙西社区对面岭南路 6 号
邮编(P. C.)：518116
电话(Tel)：0755 - 84855889
传真(Fax)：0755 - 84854166
联系人(Contact Person)：郑远泸
产品(Products)：卫生纸

深圳市新达纸品厂
Shenzhen Xinda Paper Products Factory
地址(Add)：广东省深圳市龙岗区龙城五联协平工业区
邮编(P. C.)：518116
电话(Tel)：0755 - 84837133
传真(Fax)：0755 - 84838678
联系人(Contact Person)：邹少芳
产品(Products)：卫生纸，面巾纸，餐巾纸
品牌(Brand)：新达，贝洁

西朗纸业(深圳)有限公司
Cellynne Paper Converter (Shenzhen) Co., Ltd.
地址(Add)：广东省深圳市龙岗区龙岗镇龙西五联路宝鹰工业园 C 区
邮编(P. C.)：518116
电话(Tel)：0755 - 33608990
传真(Fax)：0755 - 33608895
E-mail：service@ cellynne. com. cn
Http：//www. cellynne. com. cn
法人代表(Chairman)：丁素娆
总经理(General Manager)：吕铁男
联系人(Contact Person)：青淑娟
产品(Products)：擦手纸，面巾纸，餐巾纸

深圳市南龙源纸品有限公司
Shenzhen Nanlongyuan Paper Products Co., Ltd.
地址(Add)：广东省深圳市龙岗区龙岗镇新生村仙人岭路 6 号
邮编(P. C.)：518116
电话(Tel)：0755 - 84889117
传真(Fax)：0755 - 84889112
E-mail：szduoli@ 163. com
Http：//www. nanlongyuan. com
联系人(Contact Person)：袁锦南
产品(Products)：卫生纸，餐巾纸，擦手纸

深圳市联合好柔日用品有限公司
Shenzhen Howsoft Commodity Co., Ltd.
地址(Add)：广东省深圳市龙岗区南湾街道吉夏早禾坑工业区 15 号 B 栋 4 楼

邮编(P. C.)：518083
电话(Tel)：0755－28794748
传真(Fax)：0755－28713248
Http://www. szhowsoft. cn. alibaba. com
联系人(Contact Person)：严铁兵
产品(Products)：面巾纸，擦手纸，卫生纸，餐巾纸
品牌(Brand)：喜然

心丽卫生用品(深圳)有限公司
Sunlight Hygiene Products (Shenzhen) Co., Ltd.
地址(Add)：广东省深圳市龙岗区坪地六联鹤鸣西路7－1号心丽工业园
邮编(P. C.)：518117
电话(Tel)：0755－84087373
传真(Fax)：0755－84088989
E-mail：info@ sunlightpaper. com. cn
法人代表(Chairman)：朱新田
总经理(General Manager)：林庆年
联系人(Contact Person)：林梅光
产品(Products)：卫生纸，面巾纸，手帕纸，餐巾纸，厨房纸巾，擦手纸，成人纸尿裤/片，护理垫，手术衣帽，医用检查垫，医用敷料，擦拭巾，湿巾
品牌(Brand)：Sunlight，心丽

万益纸巾(深圳)有限公司
Useful Tissue (Shenzhen) Co., Ltd.
地址(Add)：广东省深圳市龙岗区坪地镇六联新围村求水岭工业区2号
邮编(P. C.)：518116
电话(Tel)：0755－89625283
传真(Fax)：0755－89625283
法人代表(Chairman)：庄灿煜
产品(Products)：面巾纸，卫生纸，湿巾

戴盟纸业有限公司
Damon Paper Industrial Co., Ltd.
地址(Add)：广东省深圳市龙岗区坪地中心社区富心路瑞安工业园B栋4楼
邮编(P. C.)：518116
电话(Tel)：0755－84083233
传真(Fax)：0755－84083133
E-mail：china@ dmtissue. com
联系人(Contact Person)：李卓远
产品(Products)：卫生纸，餐巾纸

深圳市美鸿纸业有限公司
Shenzhen Meihong Paper Co., Ltd.
地址(Add)：广东省深圳市龙华中华路龙联工业区D栋6F
邮编(P. C.)：518109
电话(Tel)：0755－29838226
传真(Fax)：0755－29838336
E-mail：1524852960@ qq. com
联系人(Contact Person)：李青青
产品(Products)：卫生纸，擦手纸

深圳市太安纸业有限公司
Shenzhen Taian Paper Co., Ltd.
地址(Add)：广东省深圳市罗湖区爱国路农机大院10栋
邮编(P. C.)：518000
电话(Tel)：0755－25522628
传真(Fax)：0755－85221950
联系人(Contact Person)：邹义军
产品(Products)：卫生纸，手帕纸，面巾纸，擦手纸

深圳市鸿利实业有限公司
Shenzhen Hongli Industry Co., Ltd.
地址(Add)：广东省深圳市罗湖区布心金坑山庄3巷11号
邮编(P. C.)：518001
电话(Tel)：0755－28884830
传真(Fax)：0755－25652470
E-mail：sz－hl2006zlp@ 163. com
Http://www. sz－lzm. com
联系人(Contact Person)：曾立平
产品(Products)：卫生纸，擦手纸，面巾纸，马桶座垫纸，餐巾纸
品牌(Brand)：鸿利

深圳中益源纸业有限公司
Shenzhen Zhongyiyuan Paper Co., Ltd.
地址(Add)：广东省深圳市罗湖区红岗北路1100号宏福泰大楼501－503
邮编(P. C.)：518000
电话(Tel)：0755－25866632
传真(Fax)：0755－25866693
E-mail：zhangvip@ vip. 163. com
Http://www. zyyzy. net
联系人(Contact Person)：张爱民
产品(Products)：餐巾纸，面巾纸，手帕纸，擦手纸，卫生纸，湿巾

深圳市特利洁环保科技有限公司
Shenzhen Telijie Environment Protection Technology Co., Ltd.
地址(Add)：广东省深圳市罗湖区红岗路红岗大厦803室
邮编(P. C.)：518023
电话(Tel)：0755－28287036
传真(Fax)：0755－83004817
E-mail：qw1985@ 163. com
Http://www. sztelijie. com
联系人(Contact Person)：覃文流
产品(Products)：手帕纸

深圳五福林商贸发展有限公司
Shenzhen Five Forint Trading Development Co., Ltd.
地址(Add)：广东省深圳市南山区南海大道海晖大厦金山阁6H
邮编(P. C.)：518054
电话(Tel)：0755－26863269
传真(Fax)：0755－26650318
E-mail：2357570277@ qq. com
总经理(General Manager)：许永强
产品(Products)：卫生纸，餐巾纸，面巾纸

深圳市菲明纸品公司
Shenzhen Feiming Paper Co., Ltd.
地址(Add)：广东省深圳市南山区南贸市场18号铺
邮编(P. C.)：518052
电话(Tel)：0755－26095069
传真(Fax)：0755－26120566
联系人(Contact Person)：李德明

产品(Products)：卫生纸，面巾纸
品牌(Brand)：菲明

深圳亿宝纸业有限公司
Shenzhen Yibao Paper Co., Ltd.
地址(Add)：广东省深圳市坪山新区坑梓办事处龙田社区龙窝工业区3栋
邮编(P. C.)：518122
电话(Tel)：0755－84112368
传真(Fax)：0755－84111398
E-mail：xylpaper@163. com
Http://www. xylpaper. com
法人代表(Chairman)：张声坚
产品(Products)：卫生纸，面巾纸
品牌(Brand)：贝雅，九九香

深圳健安医药公司
Shenzhen Jianan Pharmaceutical Ltd.
地址(Add)：广东省深圳市上步中路1016号
邮编(P. C.)：518027
电话(Tel)：0755－82101886
传真(Fax)：0755－82012862
E-mail：jwnancy@163. com
Http://www. chinaszja. cn
联系人(Contact Person)：江雯
产品(Products)：面巾纸，餐巾纸，擦手纸

湛江雅泰造纸有限公司
Zhanjiang Yatai Paper Co., Ltd.
地址(Add)：广东省遂溪县遂湛路95号
邮编(P. C.)：524300
电话(Tel)：0759－7738963
传真(Fax)：0759－7738968
E-mail：877083917@qq. com
法人代表(Chairman)：吴荣灿
总经理(General Manager)：吴荣灿
联系人(Contact Person)：吴世华
产品(Products)：卫生纸

美吉纸业制品厂
Meiji Paper Products Factory
地址(Add)：广东省台山市台城北坑天乐村
邮编(P. C.)：529200
电话(Tel)：0750－5619370
传真(Fax)：0750－5608001
E-mail：448375137@qq. com
联系人(Contact Person)：伍辉帆
产品(Products)：卫生纸，面巾纸，擦手纸
品牌(Brand)：美吉

东莞市美盛纸品厂
Dongguan Meisheng Paper Products Factory
地址(Add)：广东省万江简溪村宝健二路14号
邮编(P. C.)：523000
电话(Tel)：0769－23296283
传真(Fax)：0769－22716187
E-mail：zhugdhk@126. com
Http://www. dgmszp. 114my. com
联系人(Contact Person)：谭海霞
产品(Products)：卫生纸，餐巾纸
品牌(Brand)：波依猫，名轩，美感

吴川市明兴日用品厂
Wuchuan Mingxing Commodity Factory
地址(Add)：广东省吴川市大山江四通高科工业城侧(东埔路口)
邮编(P. C.)：524552
电话(Tel)：0759－5292011
传真(Fax)：0759－5291370
Http://zjmingxing. wnet. com. cn
联系人(Contact Person)：杨文强
产品(Products)：卫生纸，手帕纸，卫生纸，面巾纸，餐巾纸
品牌(Brand)：惠雅，花月柔情

中顺洁柔(云浮)纸业有限公司★
C&S Paper Yunfu Co., Ltd.
地址(Add)：广东省云浮市罗定市双东街道办双东居委会龙保路168号
邮编(P. C.)：527217
电话(Tel)：0766－3903888
传真(Fax)：0766－3902966
E-mail：cnsnpaper@126. com
Http://www. zhongshungroup. com
法人代表(Chairman)：邓冠彪
总经理(General Manager)：黄长恒
联系人(Contact Person)：黄长恒
产品(Products)：卫生纸，面巾纸，餐巾纸，擦手纸，原纸
品牌(Brand)：洁柔，C&S，太阳

广州京明家居用品有限公司
Kingman Household Co., Ltd.
地址(Add)：广东省增城市宁西镇中元村林屋
邮编(P. C.)：511358
电话(Tel)：020－82608585
传真(Fax)：020－82608484
E-mail：kingman@kingmangroup. com
法人代表(Chairman)：蔡清海
总经理(General Manager)：蔡清海
联系人(Contact Person)：吕姵菁
产品(Products)：卫生纸
品牌(Brand)：净相随

顺威纸业有限公司★
Shunwei Paper Co., Ltd.
地址(Add)：广东省增城市石滩镇横岭开发区
邮编(P. C.)：511330
电话(Tel)：020－82997011
传真(Fax)：020－32991213
E-mail：swzj1972@126. com
法人代表(Chairman)：李勇
总经理(General Manager)：李勇
联系人(Contact Person)：李勇
产品(Products)：卫生纸，擦手纸，餐巾纸，原纸
品牌(Brand)：顺威，中尉

广州天兴行生活用纸有限公司★
Guangzhou Tianxinghang Paper Co., Ltd.
地址(Add)：广东省增城市石滩镇龙地村沿江路88号
邮编(P. C.)：511328
电话(Tel)：020－32802222
传真(Fax)：020－32802199

Http://www. tsh - paper. com
法人代表(Chairman)：谢渠任
总经理(General Manager)：谢渠任
联系人(Contact Person)：谢浩辉
产品(Products)：卫生纸，擦手纸，原纸

广州永泰保健品有限公司
Guangzhou Yongtai Health Care Products Co., Ltd.
地址(Add)：广东省增城市新塘镇夏埔开发区
邮编(P. C.)：511341
电话(Tel)：020 - 82703308
传真(Fax)：020 - 82703303
E-mail：jinwei@ jinweigz. com
Http://www. jinweigz. com
总经理(General Manager)：陈惠良
联系人(Contact Person)：陈惠良
产品(Products)：卫生纸，手帕纸，面巾纸，婴儿纸尿裤
品牌(Brand)：金威

湛江市宝盈纸业有限公司
Zhanjiang Baoying Paper Co., Ltd.
地址(Add)：广东省湛江市麻章工业品综合市场瑞和街 47 - 49 号
邮编(P. C.)：524000
电话(Tel)：0759 - 3302798
传真(Fax)：0759 - 3302798
E-mail：hsceo@ 163. com
总经理(General Manager)：黄新朝
产品(Products)：卫生纸，餐巾纸，面巾纸

肇庆鼎纯卫生用品厂
Zhaoqing Dingchun Hygiene Products Factory
地址(Add)：广东省肇庆市端州区河旁综合大楼二楼
邮编(P. C.)：526000
电话(Tel)：0758 - 2554822
传真(Fax)：0758 - 2554822
E-mail：1650945556@ qq. com
联系人(Contact Person)：王世祥
产品(Products)：卫生纸，餐巾纸，面巾纸
品牌(Brand)：鼎纯

肇庆市兴健卫生纸厂
Zhaoqing Xingjian Tissue Paper Mill
地址(Add)：广东省肇庆市端州一路端州工业城
邮编(P. C.)：526000
电话(Tel)：0758 - 2734325
联系人(Contact Person)：冯小莲
产品(Products)：卫生纸

广宁县南宝纸业有限公司
Guangning Nanbao Paper Trade Co., Ltd.
地址(Add)：广东省肇庆市广宁县石涧镇石涧工业园
邮编(P. C.)：526040
电话(Tel)：0758 - 8712933
传真(Fax)：0758 - 8711133
E-mail：gdnanbao@ 163. com
法人代表(Chairman)：何文彪
总经理(General Manager)：何文彪
联系人(Contact Person)：何文彪
产品(Products)：卫生纸，面巾纸，餐巾纸
品牌(Brand)：采芝，胜洁

中山市桦达纸品厂
Zhongshan Huada Paper Products Factory
地址(Add)：广东省中山市东升镇高沙悦生二村直街
邮编(P. C.)：528400
电话(Tel)：0760 - 22824542
传真(Fax)：0760 - 22221716
Http://www. shuada. cn. alibaba. com
总经理(General Manager)：吴少华
产品(Products)：卫生纸，擦手纸，餐巾纸，手帕纸

中顺洁柔纸业股份有限公司★
C&S Paper Co., Ltd.
地址(Add)：广东省中山市东升镇坦背胜龙工业区龙成路 1 号
邮编(P. C.)：528412
电话(Tel)：0760 - 87885233
传真(Fax)：0760 - 87885286
E-mail：cnsnpaper@ 127. com
Http://www. zhongshungroup. com
法人代表(Chairman)：邓颖忠
总经理(General Manager)：姚美德
联系人(Contact Person)：姚美德
产品(Products)：卫生纸，面巾纸，餐巾纸，擦手纸，原纸
品牌(Brand)：洁柔，C&S，太阳

中山市雅洁莉纸业有限公司★
Zhongshan Yajieli Paper Industry Co., Ltd.
地址(Add)：广东省中山市港口镇群富工业区
邮编(P. C.)：528447
电话(Tel)：0760 - 88402668
传真(Fax)：0760 - 88412688
E-mail：yarjely@ vip. 163. com
法人代表(Chairman)：张接连
总经理(General Manager)：陈红强
联系人(Contact Person)：张长文
产品(Products)：卫生纸，面巾纸，擦手纸，原纸
品牌(Brand)：雅洁莉

中山市腾达纸品有限公司
Zhongshan Yuehai Sanda Paper Products Factory
地址(Add)：广东省中山市三角镇爱国工业区
邮编(P. C.)：528445
电话(Tel)：0760 - 85400820
传真(Fax)：0760 - 85400380
法人代表(Chairman)：李炎
总经理(General Manager)：李炎
联系人(Contact Person)：罗荣
产品(Products)：餐巾纸，擦手纸

中山紫荷纸业制造有限公司
Zhongshan Zihe Paper Co., Ltd.
地址(Add)：广东省中山市三角镇结民村民乐北路 818 号
邮编(P. C.)：528400
电话(Tel)：0760 - 22817807
传真(Fax)：0760 - 22817803
Http://www. zggzlszy. com
联系人(Contact Person)：刘生平
产品(Products)：卫生纸，面巾纸，手帕纸，餐巾纸

中山市惠思纸业有限公司★
Zhongshan Huisi Paper Co., Ltd.
地址(Add)：广东省中山市三角镇南山大道 138 号 6 栋 201
邮编(P. C.)：528400
电话(Tel)：0760－22819360
传真(Fax)：0760－22819360
E-mail：aok2899@163.com
联系人(Contact Person)：梁芝源
产品(Products)：擦手纸，卫生纸，餐巾纸，面巾纸，马桶垫纸，原纸

中山市森宝纸业有限公司
Zhongshan Senbao Paper Co., Ltd.
地址(Add)：广东省中山市三角镇沙栏东路 15 号
邮编(P. C.)：528445
电话(Tel)：0760－23389383
传真(Fax)：0760－23389937
E-mail：senbaopaper@163.com
Http://www.zssenbao.com
法人代表(Chairman)：吴旗标
总经理(General Manager)：吴旗标
产品(Products)：卫生纸，擦手纸，面巾纸
品牌(Brand)：森宝，纯真

中美纸业实业有限公司
Zhongmei Paper Industrial Co., Ltd.
地址(Add)：广东省中山市沙溪镇隆兴工业区工业大道 78 号
邮编(P. C.)：528400
电话(Tel)：0760－87717878
传真(Fax)：0760－87717388
E-mail：andy@zmp78.com
Http://www.zmp78.com
总经理(General Manager)：阮进华
产品(Products)：餐巾纸

中山市彩洁纸业
Zhongshan Caijie Paper Co.
地址(Add)：广东省中山市沙溪镇圣狮象龙之路花园大街 41 号
邮编(P. C.)：528471
电话(Tel)：0760－7339337
传真(Fax)：0760－8869728
联系人(Contact Person)：阮进华
产品(Products)：卫生纸，面巾纸，餐巾纸，擦手纸，盘纸
品牌(Brand)：彩洁

中顺洁柔纸业股份有限公司★
C&S Paper Co., Ltd.
地址(Add)：广东省中山市西区彩虹大道 136 号
邮编(P. C.)：528411
电话(Tel)：0760－88553388
传真(Fax)：0760－88553033
E-mail：cnsnpaper@126.com
Http://www.zhongshungroup.com
法人代表(Chairman)：邓颖忠
总经理(General Manager)：刘欲武
联系人(Contact Person)：黄伊娜
产品(Products)：卫生纸，面巾纸，餐巾纸，擦手纸，原纸
品牌(Brand)：洁柔，C&S，太阳

中山菲尼斯纸业有限公司
Zhongshan Feiris Paper Co., Ltd.
地址(Add)：广东省中山市小榄镇工业基地(工业大道南)华园路 5 号
邮编(P. C.)：528416
电话(Tel)：0760－22582582
传真(Fax)：0760－22582583
E-mail：xiang5666@126.com
Http://www.zsfeiris－paper.com
联系人(Contact Person)：周翔
产品(Products)：面巾纸，擦手纸，卫生纸，厨房纸巾，手帕纸

中山市西雅造纸有限公司★
Guangdong Zhongshan Xiaolan Xiqu Paper Mill
地址(Add)：广东省中山市小榄镇西区太乐路南华街 12 号
邮编(P. C.)：528415
电话(Tel)：0760－22236918
传真(Fax)：0760－22236923
法人代表(Chairman)：黄祖清
总经理(General Manager)：黄祖清
联系人(Contact Person)：黄祖清
产品(Products)：原纸

中山市小榄镇远翔纸制品厂★
Zhongshan Yuanxiang Paper Products Factory
地址(Add)：广东省中山市小榄镇永宁螺沙工业区联岗路
邮编(P. C.)：528415
电话(Tel)：0760－22261204
传真(Fax)：0760－22139779
E-mail：oshang315@163.com
Http://www.aeos.cn
总经理(General Manager)：李滟
联系人(Contact Person)：韦伟娟
产品(Products)：擦手纸，盘纸，面巾纸，卫生纸，原纸

珠海清岚纸业有限公司
Zhuhai Qinglan Paper Co., Ltd.
地址(Add)：广东省珠海市香洲区心华路 232 号上冲工业区南飞楼 5 楼
邮编(P. C.)：519000
电话(Tel)：0756－3823118
传真(Fax)：0756－3813983
Http://www.qinglantissue.com
联系人(Contact Person)：温德庆
产品(Products)：卫生纸，面巾纸，餐巾纸，擦手纸
品牌(Brand)：维彩

● 广西 Guangxi

广西金荣纸业有限公司★
Guangxi Jinrong Paper Co., Ltd.
地址(Add)：广西百色市田东县思林镇工业集中区
邮编(P. C.)：531504
电话(Tel)：0776－5152888
传真(Fax)：0776－5152666

E-mail：wangsh163@126.com
Http：//www.jinrongpaper.com
总经理(General Manager)：古丰铭
联系人(Contact Person)：罗泽义
产品(Products)：卫生纸，面巾纸，手帕纸，原纸

广西田林荔森纸业有限责任公司★
Guangxi Tianlin Lisen Paper Co., Ltd.
地址(Add)：广西百色市田林县乐里镇新昌片5号
邮编(P.C.)：533300
电话(Tel)：0776－7201211
传真(Fax)：0776－7201018
总经理(General Manager)：覃福廷
联系人(Contact Person)：覃福喜
产品(Products)：卫生纸，餐巾纸，手帕纸，原纸

百色市合众纸业有限责任公司★
Baise Hezhong Paper Co., Ltd.
地址(Add)：广西百色市右江区龙景街道办事处江凤村
邮编(P.C.)：533000
电话(Tel)：0776－2786111
传真(Fax)：0776－2786268
法人代表(Chairman)：徐卫良
总经理(General Manager)：徐卫良
联系人(Contact Person)：梁镭耀
产品(Products)：卫生纸原纸
品牌(Brand)：纸友缘

宾阳永华纸业有限公司★
Binyang Yonghua Paper Co., Ltd.
地址(Add)：广西宾阳县新宾宾柳路口
邮编(P.C.)：530400
电话(Tel)：0771－8284939
传真(Fax)：0771－8281071
法人代表(Chairman)：吴铭华
总经理(General Manager)：吴铭华
联系人(Contact Person)：吴铭华
产品(Products)：卫生纸，原纸

南宁市绿点纸品厂
Nanning Lvdian Paper Products Factory
地址(Add)：广西宾阳县新宾镇风景路(荣华汽车城斜对面)
邮编(P.C.)：530405
电话(Tel)：0771－8280046
传真(Fax)：0771－8280046
E-mail：541230319@qq.com
法人代表(Chairman)：蔡郑德
产品(Products)：卫生纸，面巾纸
品牌(Brand)：捷亚，绿点，金点

宾阳县南春造纸厂
Binyang Nanchun Paper Mill
地址(Add)：广西宾阳县新桥经济开发区
邮编(P.C.)：530401
电话(Tel)：0771－8484011
传真(Fax)：0771－8481213
联系人(Contact Person)：廖宇
产品(Products)：卫生纸

广西崇左市大明纸业有限公司★
Chongzuo Daming Paper Co., Ltd.
地址(Add)：广西崇左市江州区驮卢镇左江华侨经济管理区
邮编(P.C.)：532206
电话(Tel)：0771－7958888
传真(Fax)：0771－7951188
E-mail：kinyoogta@mail.com
Http：//www.cndmgroup.com
法人代表(Chairman)：黄晓
总经理(General Manager)：时济华
联系人(Contact Person)：黄晓
产品(Products)：卫生纸，面巾纸，手帕纸，餐巾纸，厨房纸巾，擦手纸，盘纸，原纸
品牌(Brand)：百娇

龙州曙辉纸业有限公司★
Longzhou Shuhui Paper Co., Ltd.
地址(Add)：广西崇左市龙州县城东工业园区
邮编(P.C.)：532200
电话(Tel)：0771－8824111
传真(Fax)：0771－8836051
总经理(General Manager)：洪海茸
产品(Products)：原纸，卫生纸

广西华怡纸业有限公司★
Guangxi Huayi Paper Co., Ltd.
地址(Add)：广西贵港市江南工业园
邮编(P.C.)：537100
电话(Tel)：0775－4555653
传真(Fax)：0775－4555652
Http：//www.gghspaper.com
法人代表(Chairman)：黄式辉
总经理(General Manager)：黄式辉
联系人(Contact Person)：罗峰
产品(Products)：原纸，面巾纸，厨房纸巾，卫生纸，手帕纸
品牌(Brand)：舒柔，兰黛儿，56°

贵港市安丽纸业有限公司★
Guigang Anli Paper Co., Ltd.
地址(Add)：广西贵港市金港大道财富中心1110室
邮编(P.C.)：537100
电话(Tel)：0775－4569125
传真(Fax)：0775－4562672
E-mail：anli2882@sina.com
法人代表(Chairman)：梁华强
总经理(General Manager)：梁华强
联系人(Contact Person)：马琳
产品(Products)：原纸，盘纸，卫生纸，面巾纸，手帕纸
品牌(Brand)：安丽，舒肤洁，雅菊，安婷

贵港市金成纸业有限公司★
Guigang Jincheng Paper Co., Ltd.
地址(Add)：广西贵港市三里镇义渡岭
邮编(P.C.)：537100
电话(Tel)：0775－4792512
传真(Fax)：0775－4562779
联系人(Contact Person)：莫乃干
产品(Products)：卫生纸，原纸
品牌(Brand)：金喜龙，雨果，玉芳

广西纯点纸业有限公司★
Guangxi Chundian Paper Co., Ltd.
地址(Add): 广西贵港市幸福路100号
邮编(P. C.): 537102
电话(Tel): 0775 -4201704
传真(Fax): 0775 -4261328
E-mail: itspure2011@ hotmail. com
Http://www. guitang. com
总经理(General Manager): 陈健
联系人(Contact Person): 石少波
产品(Products): 卫生纸, 原纸, 面巾纸, 手帕纸, 餐巾纸
品牌(Brand): 纯点, 碧绿湾

广西贵糖(集团)股份有限公司★
Guangxi Guitang (Group) Co., Ltd.
地址(Add): 广西贵港市幸福路100号
邮编(P. C.): 537102
电话(Tel): 0775 -4201380
传真(Fax): 0775 -4260088
Http://www. guitang. com
法人代表(Chairman): 黄振标
总经理(General Manager): 陈健
产品(Products): 卫生纸, 面巾纸, 手帕纸, 餐巾纸, 擦手纸, 原纸
品牌(Brand): 纯点, 碧绿湾

广西洁宝纸业投资股份有限公司★
Guangxi Jiebao Paper Investment Co., Ltd.
地址(Add): 广西贵港市幸福路100号
邮编(P. C.): 537102
电话(Tel): 0775 -4262863
传真(Fax): 0775 -4262182
E-mail: jiebaozhiye@ 163. com
Http://www. jeanper. com
法人代表(Chairman): 邓兰松
产品(Products): 卫生纸, 面巾纸, 手帕纸, 餐巾纸, 原纸
品牌(Brand): 洁宝, 榴花

桂林市实为添卫生用品有限责任公司
Guilin Shiweitian Hygiene Products Co., Ltd.
地址(Add): 广西桂林市八里街三号工业园八定路200号
邮编(P. C.): 541001
电话(Tel): 0773 -2624855
传真(Fax): 0773 -2636900
E-mail: shiweitian@ vip. 163. com
Http://www. swtian. com
法人代表(Chairman): 孙素芬
总经理(General Manager): 孙悦
产品(Products): 湿巾, 手帕纸, 卫生纸, 面巾纸
品牌(Brand): 空谷幽兰

桂林市宝丽鑫纸业有限公司
Guilin Baolixin Paper Co., Ltd.
地址(Add): 广西桂林市叠彩区南洲大桥下梁江路大河中学旁
邮编(P. C.): 541000
电话(Tel): 0773 -2621881
传真(Fax): 0773 -2609839
E-mail: 811264893@ qq. com
联系人(Contact Person): 曾文斌
产品(Products): 卫生纸, 手帕纸, 擦手纸
品牌(Brand): 宝丽鑫

广西自然点纸业有限公司
Guangxi Zirandian Paper Co., Ltd.
地址(Add): 广西桂林市定江开发区三号工业园
邮编(P. C.): 541000
电话(Tel): 0773 -2250818
传真(Fax): 0773 -2250810
联系人(Contact Person): 粟斌
产品(Products): 卫生纸
品牌(Brand): 自然点

桂林市广嘉工贸有限公司
Guilin Guangjia Industry & Trade Co., Ltd.
地址(Add): 广西桂林市桂磨大道北侧桂林国家高新区英才科技园A -24
邮编(P. C.): 541008
电话(Tel): 0773 -5877969
传真(Fax): 0773 -5878112
E-mail: gjgm123@ 126. com
总经理(General Manager): 粟明渝
产品(Products): 卫生纸, 擦手纸, 餐巾纸

桂林市南林纸业有限责任公司
Guilin Nanlin Paper Co., Ltd.
地址(Add): 广西桂林市六合路125号
邮编(P. C.): 541004
电话(Tel): 0773 -5822559
传真(Fax): 0773 -5600256
法人代表(Chairman): 周中文
总经理(General Manager): 周中文
联系人(Contact Person): 周中文
产品(Products): 卫生纸, 餐巾纸, 面巾纸
品牌(Brand): 南林

桂林市桂龙纸制品厂
Guilin Guilong Paper Products Factory
地址(Add): 广西桂林市龙泉工业区内
邮编(P. C.): 541001
电话(Tel): 0773 -3885233
传真(Fax): 0773 -3885233
总经理(General Manager): 姚海平
产品(Products): 卫生纸

桂林市利祥源生活用纸营销中心
Guilin Lixiangyuan Paper
地址(Add): 广西桂林市虞山食品批发城羽绒厂大门口2号
邮编(P. C.): 541003
电话(Tel): 0773 -2615949
传真(Fax): 0773 -2615949
E-mail: 1240660784@ qq. com
法人代表(Chairman): 代利平
总经理(General Manager): 代利平
联系人(Contact Person): 代利平
产品(Products): 卫生纸

广西洁宝金田纸业有限公司★
Guangxi Jiebao Jintian Paper Co., Ltd.
地址(Add): 广西桂平市城区糖厂路

邮编(P. C.)：537200
电话(Tel)：0775－3330293
传真(Fax)：0775－3330722
E-mail：jiebaozhiye@163. com
Http：//www. jeanper. com
法人代表(Chairman)：邓兰松
产品(Products)：卫生纸，原纸
品牌(Brand)：洁宝，榴花

合山市恒源纸业有限公司★
Heshan Hengyuan Paper Co., Ltd.
地址(Add)：广西合山市产业转型工业园岭南片区
邮编(P. C.)：546500
电话(Tel)：0772－8917111
传真(Fax)：0772－8917222
法人代表(Chairman)：秦东玉
联系人(Contact Person)：秦永福
产品(Products)：卫生纸，原纸

广西来宾东糖纸业有限责任公司
Guangxi Laibin Dongtang Paper Co., Ltd.
地址(Add)：广西来宾市工业区河西工业园
邮编(P. C.)：546100
电话(Tel)：0772－4066666
传真(Fax)：0772－4066622
Http：//www. donta. com. cn
法人代表(Chairman)：林伟民
总经理(General Manager)：黄勇贤
联系人(Contact Person)：黄勇贤
产品(Products)：卫生纸
品牌(Brand)：红河

来宾市郑发纸业有限责任公司★
Laibin Zhengfa Paper Co., Ltd.
地址(Add)：广西来宾市河南工业园
邮编(P. C.)：546100
电话(Tel)：0772－4263118
传真(Fax)：0772－4263118
法人代表(Chairman)：齐明
产品(Products)：卫生纸，原纸

柳江县枫叶卫生用品厂
Liujiang Fengye Hygiene Products Factory
地址(Add)：广西柳江县南环路18号(南环物流园二期基地内)
邮编(P. C.)：545100
电话(Tel)：0772－3225271
传真(Fax)：0772－7250588
联系人(Contact Person)：甘显才
产品(Products)：擦手纸，手帕纸

柳州惠好卫生用品有限公司
Liuzhou Huihao Sanitary Products Co., Ltd.
地址(Add)：广西柳州市东环路282号
邮编(P. C.)：545006
电话(Tel)：0772－2068194
传真(Fax)：0772－2068196
E-mail：liangxiaoyi2003@163. com
Http：//www. lmz. com. cn
法人代表(Chairman)：马朝梅
总经理(General Manager)：黄荣斌
联系人(Contact Person)：梁孝易
产品(Products)：卫生巾，卫生护垫，婴儿纸尿裤，卫生纸，餐巾纸，面巾纸，手帕纸
品牌(Brand)：惠好，惠妙，酷宝

柳州市芳泰纸业有限公司
Liuzhou Fangtai Paper Co., Ltd.
地址(Add)：广西柳州市九头山路25号
邮编(P. C.)：545006
电话(Tel)：0772－3161783
传真(Fax)：0772－3160079
联系人(Contact Person)：黄在丹
产品(Products)：卫生纸，餐巾纸，面巾纸，盘纸，擦手纸
品牌(Brand)：芳泰，乐得笑，洁乐，绿吻，美绮，美妮

柳州市郑发纸业有限责任公司★
Liuzhou Zhengfa Paper Co., Ltd.
地址(Add)：广西柳州市柳江第一工业开发区利国路42号
邮编(P. C.)：545100
电话(Tel)：0772－7265889
传真(Fax)：0772－7265888
E-mail：435330733@qq. com
法人代表(Chairman)：齐明
总经理(General Manager)：郑宏明
产品(Products)：原纸，卫生纸，餐巾纸
品牌(Brand)：用得乐

柳州市三佳生活用纸品厂★
Liuzhou Sanjia Household Paper Products Plant
地址(Add)：广西柳州市柳江基隆开发区兴国大道北三街9号
邮编(P. C.)：545100
电话(Tel)：0772－3250137
传真(Fax)：0772－3250137
总经理(General Manager)：李洪昌
产品(Products)：餐巾纸，手帕纸，卫生纸，原纸
品牌(Brand)：三佳

柳江县桂龙纸品厂
Liujiang Guilong Paper Products Factory
地址(Add)：广西柳州市柳江县成团镇渡村开发区(宜柳调整柳江站出口旁)
邮编(P. C.)：545100
电话(Tel)：0772－7251789
传真(Fax)：0772－7251333
E-mail：18077253935@189. com
总经理(General Manager)：黄良柱
产品(Products)：卫生纸
品牌(Brand)：四季情

柳江县欧业纸品印务有限公司
Liujiang Ouye Paper Printing Co., Ltd.
地址(Add)：广西柳州市柳江县第一工业区远东路14号
邮编(P. C.)：545199
电话(Tel)：0772－7263100
传真(Fax)：0772－7263993
E-mail：774594211@qq. com
Http：//www. ouyezp. com
联系人(Contact Person)：欧伟光

产品(Products)：卫生纸，面巾纸，手帕纸
品牌(Brand)：欧派，欧杰，环保e家

柳州市桂中纸业有限公司★
Liuzhou Guizhong Paper Co., Ltd.
地址(Add)：广西柳州市柳江县河表工业园
邮编(P. C.)：545001
电话(Tel)：0772－3597988
传真(Fax)：0772－3595550
法人代表(Chairman)：何德平
联系人(Contact Person)：何德平
产品(Products)：卫生纸，原纸

柳州中迪纸业有限公司★
Liuzhou Zhongdi Paper Co., Ltd.
地址(Add)：广西柳州市鹿寨县雒容镇工业园西区
邮编(P. C.)：545616
电话(Tel)：0772－6510368
传真(Fax)：0772－6510013
E-mail：zhongdi20050808@163. com
法人代表(Chairman)：张庆州
总经理(General Manager)：张庆州
联系人(Contact Person)：张庆州
产品(Products)：卫生纸，面巾纸，原纸
品牌(Brand)：伊蓓洁

柳州市柳林纸业有限公司★
Liuzhou Liulin Paper Co., Ltd.
地址(Add)：广西柳州市鹿寨县中心工业园区
邮编(P. C.)：545600
电话(Tel)：0772－6821398
传真(Fax)：0772－6860899
法人代表(Chairman)：黄其林
总经理(General Manager)：黄其林
联系人(Contact Person)：黄昌文
产品(Products)：卫生纸，原纸

柳州两面针纸业有限公司★
Liuzhou Liangmianzhen Pulp & Paper Co., Ltd.
地址(Add)：广西柳州市洛埠镇
邮编(P. C.)：545011
电话(Tel)：0772－2068333
传真(Fax)：0772－2750177
E-mail：liujiangpaper@163. com
法人代表(Chairman)：马朝梅
总经理(General Manager)：谢鸿武
联系人(Contact Person)：卢桂容
产品(Products)：卫生纸原纸

柳州迎丽纸业有限公司
Liuzhou Yingli Paper Co., Ltd.
地址(Add)：广西柳州市阳和工业新区古亭大道397号
邮编(P. C.)：545000
电话(Tel)：0772－3512815
传真(Fax)：0772－3513523
E-mail：ylzy@sohu. com
联系人(Contact Person)：余梓创
产品(Products)：卫生纸，餐巾纸，面巾纸
品牌(Brand)：伊蓓洁，迎丽，舒颜，竹福

金红叶纸业(南宁)有限公司
Gold Hongye Paper (Nanning) Co., Ltd.
地址(Add)：广西南宁东盟经济开发区武华大道255号(恒汇隆公司内)
邮编(P. C.)：530105
电话(Tel)：0771－6316769
产品(Products)：面巾纸，卫生纸，手帕纸
品牌(Brand)：清风，真真

南宁鑫宝生活纸制品有限责任公司
Nanning Xinbao Paper Co., Ltd.
地址(Add)：广西南宁国家经济开发区
邮编(P. C.)：530000
电话(Tel)：0771－4601176
E-mail：1637625826@qq. com
总经理(General Manager)：吴忠让
产品(Products)：面巾纸，卫生纸
品牌(Brand)：有缘有情

广西欣瑞纸业有限公司★
Guangxi Xinrui Paper Co., Ltd.
地址(Add)：广西南宁六景工业园区景春路
邮编(P. C.)：530313
电话(Tel)：0771－7265896
传真(Fax)：0771－7265896
E-mail：258030657@qq. com
Http://www. wemetpaper. com
法人代表(Chairman)：李文志
总经理(General Manager)：胡立军
联系人(Contact Person)：黄玉叶
产品(Products)：卫生纸，擦手纸，原纸
品牌(Brand)：欣瑞

南宁华泽浆纸有限公司★
Nanning Huaze Pulp & Paper Co., Ltd.
地址(Add)：广西南宁市白沙大道35号南国花园D3－7号
邮编(P. C.)：530031
电话(Tel)：0771－4862869
传真(Fax)：0771－4923218
E-mail：xlxhs@163. com
联系人(Contact Person)：杨长厅
产品(Products)：原纸

南宁赛雅纸业有限公司
Nanning Saiya Paper Co., Ltd.
地址(Add)：广西南宁市北湖园艺路连畴村二队
邮编(P. C.)：530000
电话(Tel)：0771－3815971
联系人(Contact Person)：蓝望平
产品(Products)：卫生纸
品牌(Brand)：赛雅

南宁市佳达纸业有限责任公司★
Nanning Jiada Paper Burden Co., Ltd.
地址(Add)：广西南宁市宾阳县宾州镇新宾仁爱街公园路(芦圩工业集中区)
邮编(P. C.)：530400
电话(Tel)：0771－8281688
传真(Fax)：0771－8283288
E-mail：tsy@gxnnzy. cn

Http://www. gxnnzy. cn
总经理(General Manager)：谭识远
产品(Products)：原纸，卫生纸，面巾纸，餐巾纸，擦手纸
品牌(Brand)：卡西雅，清帕，冬之吻

宾阳县新潮纸业有限公司★
Binyang Xinchao Paper Co., Ltd.
地址(Add)：广西南宁市宾阳县新桥经济开发北区
邮编(P. C.)：530401
电话(Tel)：0771－8482545
传真(Fax)：0771－8482828
E-mail：hyhuagong@ sina. com
总经理(General Manager)：詹海云
产品(Products)：擦手纸原纸，卫生纸原纸，卫生纸

南宁市金山纸业有限公司
Nanning Jinshan Paper Co., Ltd.
地址(Add)：广西南宁市宾阳县新桥经济开发区
邮编(P. C.)：530401
电话(Tel)：0771－8481121
传真(Fax)：0771－8483899
E-mail：jinshanzhiye@ 126. com
联系人(Contact Person)：陆锡彪
产品(Products)：卫生纸，餐巾纸，面巾纸

宾阳县江南纸业有限公司★
Binyang Jiangnan Paper Co., Ltd.
地址(Add)：广西南宁市宾阳县新桥镇工业开发区
邮编(P. C.)：530401
电话(Tel)：0771－8481038
传真(Fax)：0771－8482070
E-mail：xiaoxian522@ 163. com
Http://www. gxjnzy. com
法人代表(Chairman)：雷文军
联系人(Contact Person)：肖娴
产品(Products)：擦手纸原纸

南宁鑫利纸业有限公司★
Nanning Xinli Paper Co., Ltd.
地址(Add)：广西南宁市宾阳县新桥镇工业开发区
邮编(P. C.)：530401
电话(Tel)：0771－8482137
传真(Fax)：0771－8482137
总经理(General Manager)：黄晓
产品(Products)：餐巾纸，卫生纸，盘纸，原纸
品牌(Brand)：百娇

南宁市盛成纸品厂
Nanning Shengcheng Paper Products Factory
地址(Add)：广西南宁市大学路陈东村
邮编(P. C.)：530004
电话(Tel)：0771－2317006
传真(Fax)：0771－2317006
总经理(General Manager)：黄成
产品(Products)：餐巾纸，面巾纸

南宁市乖仔工贸有限责任公司
Nanning Guaizai Industry & Trade Co., Ltd.
地址(Add)：广西南宁市福建路15－1号
邮编(P. C.)：530031
电话(Tel)：0771－4885918
传真(Fax)：0771－4885968
法人代表(Chairman)：莫崇文
总经理(General Manager)：莫崇文
联系人(Contact Person)：廖伟球
产品(Products)：手帕纸，餐巾纸，面巾纸，卫生纸，擦手纸
品牌(Brand)：乖仔

南宁彩柔印务科技有限公司
Nanning Cairou Printing Technology Co., Ltd.
地址(Add)：广西南宁市高新技术开发区高新四路9号和泰科技园2号楼
邮编(P. C.)：518000
电话(Tel)：0771－3219031
传真(Fax)：0771－5799520
E-mail：nncr2006@ 163. com
Http://www. nncr. cn. alibaba. com
总经理(General Manager)：胡江南
产品(Products)：印花餐巾纸

广西新佳士卫生用品有限公司
Guangxi Xinjiashi Hygiene Products Co., Ltd.
地址(Add)：广西南宁市高新区科园大道58号
邮编(P. C.)：530031
电话(Tel)：0771－4869216
传真(Fax)：0771－4866686
E-mail：1019105571@ qq. com
Http://www. xjsjt. com
总经理(General Manager)：江日晶
联系人(Contact Person)：江日伟
产品(Products)：卫生巾，卫生纸
品牌(Brand)：新佳士

广西南宁甘霖工贸有限责任公司
Nanning Ganlin I&T Co., Ltd.
地址(Add)：广西南宁市国家经济开发区朋展路1号
邮编(P. C.)：530031
电话(Tel)：0771－4515508
传真(Fax)：0771－4913175
E-mail：457505486@ qq. com
联系人(Contact Person)：刘福
产品(Products)：面巾纸，擦手纸，卫生纸，湿巾
品牌(Brand)：甘润

广西南宁东昇纸业有限公司★
Nanning Dongsheng Paper Co., Ltd.
地址(Add)：广西南宁市横县横州镇谢圩
邮编(P. C.)：530304
电话(Tel)：0771－7382219
传真(Fax)：0771－7382219
E-mail：15907718701@ 163. com
联系人(Contact Person)：梁韶
产品(Products)：卫生纸原纸

广西南宁桂攀纸业有限公司★
Nanning Guipan Paper Co., Ltd.
地址(Add)：广西南宁市横县六景工业园区景州路
邮编(P. C.)：530313
电话(Tel)：0771－7388088
传真(Fax)：0771－7388098

E-mail：aw2095@163.com
法人代表(Chairman)：梁桂寅
总经理(General Manager)：梁桂寅
联系人(Contact Person)：梁秋军
产品(Products)：原纸，卫生纸，面巾纸
品牌(Brand)：桂攀，绿景，好自然

南宁君盈纸业有限公司★
Nanning Junying Paper Co., Ltd.
地址(Add)：广西南宁市横县六景镇良圻农场
邮编(P.C.)：530317
电话(Tel)：0771－7350941
传真(Fax)：0771－7350180
E-mail：nnhlq@163.com
法人代表(Chairman)：胡伟贤
总经理(General Manager)：胡伟贤
联系人(Contact Person)：胡林庆
产品(Products)：卫生纸，原纸

南宁市嘉宝纸业有限公司★
Nanning Jiabao Paper Co., Ltd.
地址(Add)：广西南宁市建政路49号
邮编(P.C.)：530023
电话(Tel)：0771－5626369
传真(Fax)：0771－2184907
总经理(General Manager)：蒋贵德
联系人(Contact Person)：蒋贵德
产品(Products)：卫生纸，原纸
品牌(Brand)：罗文

南宁市荣葆林纸业有限公司★
Nanning Rongbaolin Paper Co., Ltd.
地址(Add)：广西南宁市江南区金凯路96号C栋
邮编(P.C.)：530031
电话(Tel)：0771－4918338
传真(Fax)：0771－4917898
E-mail：rblpaper@163.com
Http://www.rblpaper.cn
联系人(Contact Person)：李博
产品(Products)：餐巾纸，擦手纸，卫生纸，原纸

广西南宁恒业纸业有限责任公司★
Guangxi Nanning Hengye Paper Co., Ltd.
地址(Add)：广西南宁市江南区仁义路26号
邮编(P.C.)：530031
电话(Tel)：0771－4862003
传真(Fax)：0771－4862006
E-mail：yazhen1971@hotmail.com
Http://www.hengyezu.com.cn
法人代表(Chairman)：利章图
总经理(General Manager)：杨雅祯
产品(Products)：卫生纸，面巾纸，餐巾纸，原纸
品牌(Brand)：甘甜，来福一家，小太阳，雍雅，果乡物语，摩品

南宁市蒲糖纸业有限公司★
Nanning Putang Paper Co., Ltd.
地址(Add)：广西南宁市江南区亭洪路10+1商业大道22栋1、2号
邮编(P.C.)：530031
电话(Tel)：0771－4810598
传真(Fax)：0771－4810568
Http://www.ptpaper.com
联系人(Contact Person)：梁彩玲
产品(Products)：卫生纸，擦手纸，原纸
品牌(Brand)：箭竹，美时

南宁糖业股份有限公司糖纸加工分公司★
Nanning Tangye Co., Ltd. Sugar Paper Proccessing Co.
地址(Add)：广西南宁市江南区亭洪路48号
邮编(P.C.)：530031
电话(Tel)：0771－4919153
传真(Fax)：0771－4912943
E-mail：y13507883751@163.com
法人代表(Chairman)：袁水明
总经理(General Manager)：袁水明
联系人(Contact Person)：袁水明
产品(Products)：卫生纸，面巾纸
品牌(Brand)：美时

南宁爱家纸业有限公司
Nanning Aijia Paper Co., Ltd.
地址(Add)：广西南宁市江南区五一西路
邮编(P.C.)：530031
电话(Tel)：0771－4989099
传真(Fax)：0771－4989099
E-mail：aijiacompany@163.com
联系人(Contact Person)：黎东明
产品(Products)：面巾纸，卫生纸

广西洁宝纸业有限公司★
Guangxi Jeanper Paper Industry Co., Ltd.
地址(Add)：广西南宁市金湖路67号佳盛广场15楼
邮编(P.C.)：530022
电话(Tel)：0771－5739686
传真(Fax)：0771－5739688
E-mail：jiebaozhiye@163.com
Http://www.jeanper.com
法人代表(Chairman)：邓兰松
总经理(General Manager)：符祝
产品(Products)：卫生纸，面巾纸，手帕纸，餐巾纸，原纸
品牌(Brand)：洁宝，榴花，洁宝宝

南宁市圣大纸业有限公司★
Nanning Shengda Paper Co., Ltd.
地址(Add)：广西南宁市六景工业区景泰路
邮编(P.C.)：530000
电话(Tel)：0771－7388668
传真(Fax)：0771－7266998
联系人(Contact Person)：吴铭华
产品(Products)：卫生纸，原纸

广西浩林纸业有限公司★
Guangxi Haolin Paper Co., Ltd.
地址(Add)：广西南宁市六景工业园区
邮编(P.C.)：530331
电话(Tel)：0771－7265826
传真(Fax)：0771－7265806
E-mail：hpp0603@126.com
Http://www.fufeng.com.cn
总经理(General Manager)：李振琨

联系人(Contact Person)：韦斌
产品(Products)：卫生纸，擦手纸，面巾纸，手帕纸，餐巾纸，厨房纸巾，原纸

广西横县华宇工贸有限公司★
Hengxian Huayu I&T Co., Ltd.
地址(Add)：广西南宁市六景工业园区
邮编(P. C.)：530313
电话(Tel)：0771－7265998
传真(Fax)：0771－7265898
总经理(General Manager)：陈文海
联系人(Contact Person)：陈文海
产品(Products)：原纸，卫生纸

广西天力丰生态材料有限公司★
Guangxi Sky Power Natural Material Co., Ltd.
地址(Add)：广西南宁市六景工业园区景港大道
邮编(P. C.)：530313
电话(Tel)：0771－7371999
传真(Fax)：0771－7265779
E-mail：guangxitianlifeng@163.com
法人代表(Chairman)：王玉勇
总经理(General Manager)：罗哲文
联系人(Contact Person)：高显德
产品(Products)：卫生纸，原纸
品牌(Brand)：天力丰，婉庭

广西横县江南纸业有限公司★
Hengxian Jiangnan Paper Co., Ltd.
地址(Add)：广西南宁市六景工业园区景港路
邮编(P. C.)：530313
电话(Tel)：0771－7371808
传真(Fax)：0771－7371908
E-mail：lifude@163.com
Http://www.gxjnzy.com
法人代表(Chairman)：雷文军
总经理(General Manager)：蒙匡武
联系人(Contact Person)：李福德
产品(Products)：擦手纸，原纸
品牌(Brand)：桂妃，桂纤

南宁益凯纸业有限公司★
Nanning Yikai Paper Co., Ltd.
地址(Add)：广西南宁市六景工业园区景泰路
邮编(P. C.)：530313
电话(Tel)：0711－7219383
传真(Fax)：0771－7265383
联系人(Contact Person)：商家梅
产品(Products)：卫生纸，原纸

马山和发强纸业有限公司
Mashan Hefaqiang Paper Making Co., Ltd.
地址(Add)：广西南宁市马山县百龙滩工业区
邮编(P. C.)：530600
电话(Tel)：0771－6802366
传真(Fax)：0771－6802366
E-mail：hao55032011@163.com
法人代表(Chairman)：梁永强
产品(Products)：卫生纸

广西华劲集团股份有限公司★
Guangxi Hwagain Group Co., Ltd.
地址(Add)：广西南宁市民族大道131号航洋国际城1号楼22层
邮编(P. C.)：530028
电话(Tel)：0771－5568819－5365
传真(Fax)：0771－5537766
E-mail：hwagain@hwagain.com
Http://www.hwagain.com
法人代表(Chairman)：宁俊
总经理(General Manager)：张仕达
联系人(Contact Person)：徐柳青
产品(Products)：卫生纸，面巾纸，手帕纸，原纸
品牌(Brand)：华劲

广西华美纸业集团有限公司★
Guangxi Huamei Paper Group Co., Ltd.
地址(Add)：广西南宁市民族大道157号财富国际广场2号楼17层
邮编(P. C.)：530028
电话(Tel)：0771－5775518
传真(Fax)：0771－5776103
E-mail：gxhmjt888@163.com
Http://www.hmpaper.cn
法人代表(Chairman)：林瑞财
总经理(General Manager)：林瑞财
联系人(Contact Person)：曾梦晴
产品(Products)：原纸，卫生纸，面巾纸，厨房纸巾，擦手纸，手帕纸
品牌(Brand)：碧海，绿亚

南宁市沙龙纸业有限责任公司★
Nanning Shalong Paper Co., Ltd.
地址(Add)：广西南宁市民族大道38－2号泰安大厦2706室
邮编(P. C.)：530022
电话(Tel)：0771－5863596
传真(Fax)：0771－5867936
法人代表(Chairman)：赵荣标
联系人(Contact Person)：赵荣标
产品(Products)：擦手纸，卫生纸，手帕纸，餐巾纸，面巾纸，原纸，盘纸
品牌(Brand)：沙龙，Angel

南宁沱江纸业有限公司★
Nanning Tuojiang Paper Co., Ltd.
地址(Add)：广西南宁市青秀区伶俐镇
邮编(P. C.)：530000
电话(Tel)：0771－6742098
传真(Fax)：0771－6742108
总经理(General Manager)：周俊孙
产品(Products)：原纸

广西东昇纸业集团有限公司★
Guangxi East Link Paper Group Co., Ltd.
地址(Add)：广西南宁市双拥路40－1号东方明珠花园一号楼A座20层2003号房
邮编(P. C.)：530021
电话(Tel)：0771－3285011
传真(Fax)：0771－3285006
E-mail：46638028@qq.com

联系人(Contact Person)：周寒亮
产品(Products)：卫生纸，原纸

南宁市万达纸品厂
Nanning Wanda Paper Products Factory
地址(Add)：广西南宁市五一西路沙井大道
邮编(P. C.)：530033
电话(Tel)：0771 - 3102965
E-mail：821471955@ qq. com
联系人(Contact Person)：韦利姣
产品(Products)：餐巾纸，面巾纸，擦手纸
品牌(Brand)：七月花

南宁市优点纸制品厂
Nanning Youdian Paper Products Factory
地址(Add)：广西南宁市西乡塘区安吉大道 36 号
邮编(P. C.)：530011
电话(Tel)：0771 - 3936872
传真(Fax)：0771 - 3936864
E-mail：260084136@ qq. com
联系人(Contact Person)：刘金阳
产品(Products)：手帕纸，面巾纸，餐巾纸

广西南宁天柔纸业有限公司
Nanning Tianrou Paper Co., Ltd.
地址(Add)：广西南宁市西乡塘区永宁工业园
邮编(P. C.)：530001
电话(Tel)：0771 - 3816301
传真(Fax)：0771 - 3816202
E-mail：13978751688@ 163. com
Http://www. tianrouzhiyc. com
总经理(General Manager)：卢建辉
产品(Products)：卫生纸，面巾纸，手帕纸，餐巾纸，卫生巾，纸尿裤，湿巾
品牌(Brand)：海茵，多一度

广西南宁凤凰纸业有限公司★
Guangxi Nanning Phoenix Pulp & Paper Co., Ltd.
地址(Add)：广西南宁市星光大道 158 号
邮编(P. C.)：530031
电话(Tel)：0771 - 4590265
传真(Fax)：0771 - 4590268
E-mail：nppc1999@ gmail. com
Http://www. nppc. cn
法人代表(Chairman)：段小敏
总经理(General Manager)：黄德珊
联系人(Contact Person)：何春薇
产品(Products)：原纸，卫生纸，餐巾纸，面巾纸，手帕纸，擦手纸
品牌(Brand)：欧拉，玉凤，金凤

广西南宁市玉云纸制品有限公司
Guangxi Nanning Yuyun Paper Products Co., Ltd.
地址(Add)：广西南宁市银海大道玉洞工业园
邮编(P. C.)：530201
电话(Tel)：0771 - 3820988
传真(Fax)：0771 - 4014800
E-mail：yuyunshuangfei@ 263. net
Http://www. lvch. com. cn
法人代表(Chairman)：江中云
总经理(General Manager)：江中舟
产品(Products)：卫生纸，餐巾纸，手帕纸，面巾纸，卫生巾，卫生护垫，婴儿纸尿裤/片，湿巾
品牌(Brand)：爽妃，玉云，风尚，细细芯，健康

广西蒲新纸业有限责任公司
Guangxi Puxin Paper Co., Ltd.
地址(Add)：广西南宁市邕宁区清泉路
邮编(P. C.)：530200
电话(Tel)：0771 - 4728383
传真(Fax)：0771 - 4728388
E-mail：81957688@ qq. com
法人代表(Chairman)：杨正能
产品(Products)：卫生纸

南宁市先辉纸业
Nanning Xianhui Paper Co.
地址(Add)：广西南宁市玉洞金象三区雷劈岭
邮编(P. C.)：530000
电话(Tel)：0771 - 4796085
联系人(Contact Person)：谢皓
产品(Products)：卫生纸
品牌(Brand)：安爽，倍感，芯飞扬

南宁市新鑫纸品厂
Nanning Xinxin Paper Products Factory
地址(Add)：广西南宁市中尧南路 28 号
邮编(P. C.)：530000
电话(Tel)：0771 - 3182533
传真(Fax)：0771 - 3182599
E-mail：2548298604@ qq. com
总经理(General Manager)：赵熙镇
产品(Products)：手帕纸，面巾纸，餐巾纸

平南县荣达纸业有限公司
Pingnan Rongda Paper Co., Ltd.
地址(Add)：广西平南县大新镇
邮编(P. C.)：537300
电话(Tel)：0775 - 7619338
传真(Fax)：0775 - 7619337
法人代表(Chairman)：卢达俭
产品(Products)：卫生纸，面巾纸
品牌(Brand)：君之爱

广西田东达力纸业有限公司★
Tiandong Dali Paper Co., Ltd.
地址(Add)：广西田东县思林镇工业集中区
邮编(P. C.)：531504
电话(Tel)：0776 - 5152999
传真(Fax)：0776 - 5152666
E-mail：499828755@ qq. com
Http://www. jinrongpaper. com
法人代表(Chairman)：古金荣
联系人(Contact Person)：罗泽义
产品(Products)：卫生纸，面巾纸，手帕纸，餐巾纸，擦手纸，厨房纸巾，原纸
品牌(Brand)：达力

广西田阳金叶纸业有限公司★
Tianyang Jinye Paper Co., Ltd.
地址(Add)：广西田阳县红岭坡糖纸工业园区
邮编(P. C.)：533600

电话(Tel)：0776－3212666
传真(Fax)：0776－3239333
E-mail：linquanfu@vip. sina. com
Http：//www. jinyezhiye. com
总经理(General Manager)：林泉福
联系人(Contact Person)：林泉福
产品(Products)：卫生纸，面巾纸，手帕纸，原纸
品牌(Brand)：碧海，依佳美，虞美人

象州庆龙纸业有限责任公司
Xiangzhou Qinglong Paper Co., Ltd.
地址(Add)：广西象州县石龙镇(石龙糖厂对面)
邮编(P. C.)：545800
电话(Tel)：0772－4394831
传真(Fax)：0772－4394831
联系人(Contact Person)：李群洁
产品(Products)：卫生纸

广西象州莲桂纸业有限公司★
Guangxi Xiangzhou Liangui Paper Co., Ltd.
地址(Add)：广西象州县石龙镇石象路88号
邮编(P. C.)：545801
电话(Tel)：0772－4394988
传真(Fax)：0772－4394989
Http：//www. lgpi. com. cn
法人代表(Chairman)：冼志强
联系人(Contact Person)：陈志聪
产品(Products)：卫生纸，原纸
品牌(Brand)：雪柔

玉林好心情纸品厂
Yulin Haoxinqing Paper Products Factory
地址(Add)：广西玉林市大南路318号
邮编(P. C.)：537000
电话(Tel)：0775－3839589
传真(Fax)：0775－3126068
E-mail：pengxingwun@126. com
联系人(Contact Person)：彭兴文
产品(Products)：餐巾纸，卫生纸，面巾纸
品牌(Brand)：亲点

玉林金百洁生活用品厂
Yulin Jinbaijie Commodity Factory
地址(Add)：广西玉林市民主南路168号
邮编(P. C.)：537000
电话(Tel)：0775－3829988
传真(Fax)：0775－3829688
E-mail：jinbaijie@163. com
Http：//www. gxjbj. cn
总经理(General Manager)：李家辉
产品(Products)：卫生纸，擦手纸，面巾纸
品牌(Brand)：金百洁，家乐猫，用到笑

● 海南 Hainan

海南嘉宝纸业有限公司
Hainan Jiabao Paper Co., Ltd.
地址(Add)：海南省儋州市人民大道西路559号(电力村侧)
邮编(P. C.)：571700
电话(Tel)：0898－23861168
传真(Fax)：0898－23862868
联系人(Contact Person)：赵汉南
产品(Products)：卫生纸

海南金红叶纸业有限公司★
Hainan Gold Hongye Paper Co., Ltd.
地址(Add)：海南省儋州市洋浦经济开发区D12区
邮编(P. C.)：578101
电话(Tel)：0898－28822288
产品(Products)：卫生纸，原纸，面巾纸，手帕纸
品牌(Brand)：唯洁雅，清风，真真

海南威成生活用品有限公司
Hainan Weicheng Household Products Co., Ltd.
地址(Add)：海南省海口市秀英区扶贫开发区8号
邮编(P. C.)：570311
电话(Tel)：0898－68651698
传真(Fax)：0898－68651600
法人代表(Chairman)：李乐
总经理(General Manager)：李乐
联系人(Contact Person)：李乐
产品(Products)：卫生纸，手帕纸，面巾纸
品牌(Brand)：海之南，威成

● 重庆 Chongqing

恒安(重庆)纸制品有限公司★
Hengan (Chongqing) Paper Products Co., Ltd.
地址(Add)：重庆市巴南区红光大道8号
邮编(P. C.)：400054
电话(Tel)：023－62595888
传真(Fax)：023－62591061
E-mail：weib@mail. hengan. com. cn
法人代表(Chairman)：许连捷
总经理(General Manager)：魏兵
联系人(Contact Person)：魏兵
产品(Products)：卫生纸，面巾纸，手帕纸，餐巾纸，厨房纸巾，擦手纸，原纸
品牌(Brand)：心相印

重庆恒安心相印纸制品有限公司
Chongqing Hengan Xinxiangyin Paper Products Co., Ltd.
地址(Add)：重庆市巴南区花溪镇岔路口村4社
邮编(P. C.)：400054
电话(Tel)：023－62595777
传真(Fax)：023－62591061
E-mail：yuanzh@mail. hengan. com. cn
法人代表(Chairman)：许连捷
总经理(General Manager)：魏兵
联系人(Contact Person)：苑振海
产品(Products)：卫生纸，手帕纸，面巾纸，餐巾纸，擦手纸，厨房纸巾
品牌(Brand)：心相印

重庆恒动纸业
Chongqing Hengdong Paper
地址(Add)：重庆市巴南区李家沱岔路口
邮编(P. C.)：400000

电话(Tel)：023－62590651
法人代表(Chairman)：龚义美
总经理(General Manager)：龚义美
联系人(Contact Person)：龚义美
产品(Products)：卫生纸
品牌(Brand)：恒动

重庆盛丰纸业有限公司
Chongqing Shengfeng Paper Co., Ltd.
地址(Add)：重庆市巴南区龙洲湾街道解放村十社
邮编(P. C.)：401320
电话(Tel)：023－66293336
传真(Fax)：023－66293337
法人代表(Chairman)：刘伯刚
总经理(General Manager)：刘伯刚
产品(Products)：卫生纸，餐巾纸
品牌(Brand)：嘉芙莱，盛贸，雅柏丝

重庆英锐航空旅游用品有限公司
Chongqing Yingrui Air & Travel Supplies Co., Ltd.
地址(Add)：重庆市巴南区一品街道乐遥村4组
邮编(P. C.)：401349
电话(Tel)：023－66486688
传真(Fax)：023－62755716
E-mail：cqyr6688@163. com
联系人(Contact Person)：邓明名
产品(Products)：湿巾，擦手纸，卫生纸，面巾纸

重庆金喜莱贸易有限公司
Chongqing Jinxilai Trading Co., Ltd.
地址(Add)：重庆市大渡口区钢铁村大坪山
邮编(P. C.)：400080
电话(Tel)：023－68434396
传真(Fax)：023－68434396
总经理(General Manager)：郑纪平
联系人(Contact Person)：郑纪平
产品(Products)：卫生纸，手帕纸，面巾纸，擦手纸
品牌(Brand)：金喜莱，飞林，齐齐开心

重庆市光承纸业公司★
Chongqing Guangcheng Paper Co., Ltd.
地址(Add)：重庆市大渡口区建胜镇四民工业园区
邮编(P. C.)：400082
电话(Tel)：023－68541939
传真(Fax)：023－68541939
总经理(General Manager)：刘承勇
产品(Products)：卫生纸，餐巾纸，面巾纸，手帕纸，原纸

重庆龙璟纸业有限公司★
Chongqing Longjing Paper Co., Ltd.
地址(Add)：重庆市丰都县水天坪工业园区
邮编(P. C.)：408200
电话(Tel)：023－70756588
传真(Fax)：023－70665255
E-mail：longjingzy@126. com
Http://www. longjingpaper. com
法人代表(Chairman)：张云
总经理(General Manager)：张云
联系人(Contact Person)：何发明
产品(Products)：卫生纸，手帕纸，面巾纸，擦手纸，原纸，湿巾
品牌(Brand)：丝美乐

奉节枫叶纸品厂
Fengjie Fengye Paper Products Factory
地址(Add)：重庆市奉节县五号桥
邮编(P. C.)：404600
电话(Tel)：023－56531976
法人代表(Chairman)：刘金华
总经理(General Manager)：刘金华
联系人(Contact Person)：刘金华
产品(Products)：卫生纸，面巾纸

重庆博蔚纸业有限公司
Chongqing Bowei Paper Co., Ltd.
地址(Add)：重庆市涪陵区新华花园A11栋负3楼
邮编(P. C.)：408000
电话(Tel)：023－72383117
传真(Fax)：023－72383117
E-mail：714408848@qq. com
法人代表(Chairman)：程程
总经理(General Manager)：程程
联系人(Contact Person)：程程
产品(Products)：卫生纸，面巾纸，餐巾纸

重庆三好纸业有限公司
Chongqing Sanhao Paper Co., Ltd.
地址(Add)：重庆市合川思居工业园
邮编(P. C.)：401523
电话(Tel)：023－42895538
传真(Fax)：023－42868362
E-mail：994316355@qq. com
总经理(General Manager)：何代林
产品(Products)：卫生纸，面巾纸

重庆香柔纸业有限公司
Chongqing Xiangrou Paper Co., Ltd.
地址(Add)：重庆市江九龙坡区白市驿牟家村工业园
邮编(P. C.)：401329
电话(Tel)：023－66888872
传真(Fax)：023－65701771
E-mail：xzr39@126. com
Http://www. xzr999. cn
联系人(Contact Person)：胡代杰
产品(Products)：卫生纸，餐巾纸，面巾纸

重庆天赐生活用纸制品厂
Chongqing Tianci Household Paper Products Factory
地址(Add)：重庆市九龙波区清河工业园
邮编(P. C.)：400000
电话(Tel)：023－65370897
传真(Fax)：023－65370897
法人代表(Chairman)：程松
总经理(General Manager)：程松
联系人(Contact Person)：程松
产品(Products)：卫生纸

重庆华奥卫生用品有限公司
Chongqing Huaao Hygiene Products Co., Ltd.
地址(Add)：重庆市九龙坡区华岩镇西山工业园区1社
邮编(P. C.)：400052

电话(Tel)：023－86974668
传真(Fax)：023－86974669
联系人(Contact Person)：廖华
产品(Products)：卫生纸，面巾纸，卫生巾，婴儿纸尿裤/片
品牌(Brand)：奥家，竹家园，佳秀，亲情树，守护星

重庆九龙坡区广泰蓝屋纸制品厂
Chongqing Guangtai Lanwu Paper Products Factory
地址(Add)：重庆市九龙坡区中梁山田坝
邮编(P. C.)：400052
电话(Tel)：023－68637192
传真(Fax)：023－65256245
Http://www.cqguangtai.cn.alibaba.com
联系人(Contact Person)：郎广平
产品(Products)：餐巾纸，面巾纸，擦手纸，盘纸
品牌(Brand)：香雪儿

重庆纯点纸业有限公司
Chongqing Chundian Paper Co., Ltd.
地址(Add)：重庆市九龙坡区走马镇
邮编(P. C.)：401329
电话(Tel)：023－65763009
联系人(Contact Person)：陈华平
产品(Products)：卫生纸，餐巾纸
品牌(Brand)：琳珑

重庆汇广纸业有限公司
Chongqing Huiguang Paper Co., Ltd.
地址(Add)：重庆市九龙坡区走马镇工业园
邮编(P. C.)：401329
电话(Tel)：023－65711950
联系人(Contact Person)：姜科
产品(Products)：卫生纸，擦手纸，盘纸，厨房纸巾，餐巾纸，面巾纸

重庆良川纸业有限责任公司
Chongqing Liangchuan Paper Co., Ltd.
地址(Add)：重庆市沙坪坝区歌乐山镇天池村水井坎198号
邮编(P. C.)：400036
电话(Tel)：023－67661774
传真(Fax)：023－67661774
总经理(General Manager)：李祖兰
产品(Products)：卫生纸，面巾纸

重庆星月纸业有限公司
Chongqing Xingyue Paper Co., Ltd.
地址(Add)：重庆市沙坪坝区天陈路44号
邮编(P. C.)：400030
电话(Tel)：023－65420821
传真(Fax)：023－65420821
法人代表(Chairman)：夏伟
联系人(Contact Person)：夏伟
产品(Products)：卫生纸，手帕纸，面巾纸
品牌(Brand)：知心，星月，星韵

重庆玉红纸制品有限公司
Chongqing Yuhong Paper Products Co., Ltd.
地址(Add)：重庆市沙坪坝上桥工业园区金桥路68号附8号
邮编(P. C.)：400037
电话(Tel)：023－63600712
传真(Fax)：023－63870762
E-mail：cqyh68@163.com
总经理(General Manager)：喻光平
产品(Products)：餐巾纸，卫生纸，面巾纸

维尔美纸业(重庆)有限公司★
Well Mind Paper (Chongqing) Co., Ltd.
地址(Add)：重庆市潼南县梓潼街道办事处创业大道88号
邮编(P. C.)：402660
电话(Tel)：023－85111888
传真(Fax)：023－85111899
Http://www.wellmindpaper.com.cn
法人代表(Chairman)：沈滨
联系人(Contact Person)：向国宗
产品(Products)：卫生纸，面巾纸，手帕纸，餐巾纸，擦手纸，原纸
品牌(Brand)：维尔美

重庆康丽馨酒店用品厂
Chongqing Kanglixin Hotel Products Factory
地址(Add)：重庆市渝北区国际空港新城工业园
邮编(P. C.)：401120
电话(Tel)：023－89078777
传真(Fax)：023－89078758
总经理(General Manager)：刘丽娟
产品(Products)：面巾纸，卫生纸

重庆东实纸业有限责任公司
Chongqing Donsea Paper Co., Ltd.
地址(Add)：重庆市渝北区空港工业园区空港东路7号
邮编(P. C.)：401120
电话(Tel)：023－67081597
传真(Fax)：023－67085482
Http://www.donsea.com
法人代表(Chairman)：李勐
总经理(General Manager)：李勐
联系人(Contact Person)：何大均
产品(Products)：卫生纸，餐巾纸，面巾纸，擦手纸，厨房纸巾，湿巾
品牌(Brand)：百宜安，蔚蓝云腾，蓝锐

● 四川 Sichuan

成都金红叶纸业有限公司
Chengdu Gold Hongye Paper Co., Ltd.
地址(Add)：四川省成都经济技术开发区龙腾工业城5B
邮编(P. C.)：610100
电话(Tel)：028－84847835
产品(Products)：卫生纸，擦手纸，面巾纸，手帕纸，餐巾纸
品牌(Brand)：清风

成都洁馨纸业有限公司
Chengdu Jiexin Paper Industry Co., Ltd.
地址(Add)：四川省成都市成都现代工业港港北二路101号
邮编(P. C.)：611743
电话(Tel)：028－66118731

传真(Fax)：028 - 87893207
Http://www.cdjiexin.cn
法人代表(Chairman)：叶大富
联系人(Contact Person)：李维昌
产品(Products)：卫生纸，面巾纸
品牌(Brand)：雅雅，竹柳青，百叶度

成都翔越纸业有限公司
Chengdu Xiangyue Paper Co., Ltd.
地址(Add)：四川省成都市成华西街3号
邮编(P. C.)：610081
电话(Tel)：028 - 83181023
传真(Fax)：028 - 83181093
E-mail：303622195@qq.com
法人代表(Chairman)：陈勇
总经理(General Manager)：陈勇
联系人(Contact Person)：陈勇
产品(Products)：卫生纸
品牌(Brand)：美家乐

成都市鑫天美纸制品厂
Chengdu Xintianmei Paper Products Plant
地址(Add)：四川省成都市崇州公议乡场镇
邮编(P. C.)：611230
电话(Tel)：028 - 82269009
传真(Fax)：028 - 82266127
法人代表(Chairman)：唐建
总经理(General Manager)：唐建
联系人(Contact Person)：唐建
产品(Products)：卫生纸，面巾纸，手帕纸，珍宝纸，擦手纸
品牌(Brand)：春之森，纤美，好宜洁，竹叶清

成都红娇妇幼卫生用品有限公司
Chengdu Hongjiao Women & Children Hygiene Products Co., Ltd.
地址(Add)：四川省成都市大丰镇南丰国际工业城
邮编(P. C.)：610504
电话(Tel)：028 - 83918168
传真(Fax)：028 - 83918168
E-mail：249882203@qq.com
Http://www.hghmbb.com
法人代表(Chairman)：樊文明
总经理(General Manager)：樊文明
联系人(Contact Person)：张万刚
产品(Products)：卫生巾，卫生护垫，婴儿纸尿裤/片，餐巾纸，面巾纸
品牌(Brand)：海绵宝宝，红娇

成都志豪纸业有限责任公司★
Chengdu Zhihao Paper Co., Ltd.
地址(Add)：四川省成都市大邑县
邮编(P. C.)：611730
电话(Tel)：028 - 88269130
传真(Fax)：028 - 88269129
总经理(General Manager)：李容
产品(Products)：卫生纸原纸

成都市苏氏兄弟纸业有限公司★
Chengdu Sushi Xiongdi Paper Co., Ltd.
地址(Add)：四川省成都市大邑县晋原镇工业区兴业七路3号
邮编(P. C.)：611730
电话(Tel)：028 - 87805220
传真(Fax)：028 - 87805188 - 6
E-mail：info@jebnt.com
Http://www.jebnt.com
法人代表(Chairman)：苏友福
总经理(General Manager)：苏友福
联系人(Contact Person)：苏圣源
产品(Products)：原纸，卫生纸，面巾纸，手帕纸，餐巾纸，厨房纸巾，擦手纸，湿巾
品牌(Brand)：大东汉，维佳

成都市国敏纸品厂
Chengdu Guomin Paper Products Factory
地址(Add)：四川省成都市大邑县晋原镇锦屏村
邮编(P. C.)：611330
电话(Tel)：028 - 88221640
传真(Fax)：028 - 88221640
总经理(General Manager)：杨建国
产品(Products)：卫生纸

成都市鑫洁鑫纸业
Chengdu Xinjiexin Paper
地址(Add)：四川省成都市大邑县王泗镇工业开发区
邮编(P. C.)：611335
电话(Tel)：028 - 88368246
传真(Fax)：028 - 88368246
总经理(General Manager)：范尔元
联系人(Contact Person)：范尔元
产品(Products)：卫生纸，面巾纸，手帕纸
品牌(Brand)：维娇，和谐佳人

恒安(四川)生活用品有限公司
Hengan (Sichuan) Articles for Daily Use Co., Ltd.
地址(Add)：四川省成都市高新区新加坡工业园新园大道11号
邮编(P. C.)：610041
电话(Tel)：028 - 82991081
传真(Fax)：028 - 82991089
E-mail：wangyi@mail.hengan.com.cn
法人代表(Chairman)：施文博
总经理(General Manager)：许有康
联系人(Contact Person)：王毅
产品(Products)：卫生纸，面巾纸，手帕纸，餐巾纸，厨房纸巾，擦手纸
品牌(Brand)：心相印

成都市红牛实业有限责任公司
Chengdu Hongniu Industry Co., Ltd.
地址(Add)：四川省成都市海峡两岸科技产业开发园西区(永盛片区)
邮编(P. C.)：611137
电话(Tel)：028 - 82620111
传真(Fax)：028 - 82620186
Http://www.028hn.com
总经理(General Manager)：冯春
产品(Products)：卫生纸，面巾纸
品牌(Brand)：精彩

成都若禺卫生用品有限责任公司
Chengdu Ruoyu Hygiene Products Co., Ltd.
地址(Add)：四川省成都市航空港经济开发区
邮编(P. C.)：610225
电话(Tel)：028－85883988
传真(Fax)：028－85884409
Http://www. royopaper. com
总经理(General Manager)：梅洪刚
产品(Products)：餐巾纸，卫生纸，面巾纸，擦手纸，厨房纸巾
品牌(Brand)：若禺，卡姿，琪采，美妆庭，永顺

成都市砂之船纸业有限公司
Chengdu Shazhichuan Paper Co., Ltd.
地址(Add)：四川省成都市华阳二江寺桥头
邮编(P. C.)：610213
电话(Tel)：028－85860898
传真(Fax)：028－85870908
Http://www. scszc. cn
法人代表(Chairman)：李清
总经理(General Manager)：李明清
产品(Products)：卫生纸，餐巾纸，手帕纸，面巾纸，擦手纸
品牌(Brand)：翠竹，纯雅喜阳阳，纯雅花雨，纯雅乖乖兔，春之歌，川西翠竹

成都市佰利莱纸业有限公司
Chengdu Bailaili Paper Co., Ltd.
地址(Add)：四川省成都市蛟龙工业港双流园区
邮编(P. C.)：610041
电话(Tel)：028－86411261
传真(Fax)：028－85641961
Http://www. bllpaper. com
联系人(Contact Person)：何宁
产品(Products)：面巾纸，卫生纸，手帕纸
品牌(Brand)：雅姿兰，依恋时尚，仟润

成都雅诗纸业有限公司
Chengdu Yashi Paper Co., Ltd.
地址(Add)：四川省成都市蛟龙工业港双流园区李渡路6座
邮编(P. C.)：610200
电话(Tel)：028－85738089
传真(Fax)：028－85738089
E-mail：jiabeiyashi@ 126. com
Http://www. yszy. net
总经理(General Manager)：吴旭兰
联系人(Contact Person)：周洪
产品(Products)：卫生纸，面巾纸，手帕纸
品牌(Brand)：嘉贝雅诗，鸥露

四川百乐生活用品有限公司
Sichuan Baile Household Paper Products Co., Ltd.
地址(Add)：四川省成都市金牛区黄金路222号金牛花园3栋1单元17楼2号
邮编(P. C.)：610031
电话(Tel)：028－87522213
传真(Fax)：028－87527267
Http://www. ballo. com. cn
总经理(General Manager)：刘兆霖
联系人(Contact Person)：姚远琨
产品(Products)：面巾纸，卫生纸，餐巾纸
品牌(Brand)：百乐

四川成都好柔洁纸业有限公司
Chengdu Haoroujie Paper Co., Ltd.
地址(Add)：四川省成都市金堂县金龙镇骑龙社区
邮编(P. C.)：610402
电话(Tel)：028－84940183
传真(Fax)：028－84940183
法人代表(Chairman)：肖儒清
联系人(Contact Person)：肖儒清
产品(Products)：卫生纸，餐巾纸
品牌(Brand)：竹纸坊，彩优

四川永丰纸业股份有限公司★
Sichuan Yongfeng Paper Co., Ltd.
地址(Add)：四川省成都市锦江区毕升路468号创世纪大厦1栋33层
邮编(P. C.)：610063
电话(Tel)：028－62560453
传真(Fax)：028－62560459
E-mail：yujiang05@ 126. com
Http://www. yfzy. com
法人代表(Chairman)：吴和均
总经理(General Manager)：甘影川
联系人(Contact Person)：余江
产品(Products)：卫生纸，面巾纸，手帕纸，餐巾纸，擦手纸，原纸
品牌(Brand)：丰尚，禾风，卉洁，永丰

成都百信纸业有限公司★
Chengdu Baixin Paper Co., Ltd.
地址(Add)：四川省成都市龙泉驿区平安镇青年路66号
邮编(P. C.)：610100
电话(Tel)：028－84827288
传真(Fax)：028－84827088
E-mail：baixinpaper@ sina. com
法人代表(Chairman)：何飞
总经理(General Manager)：何鹏
联系人(Contact Person)：何峰
产品(Products)：卫生纸，面巾纸，餐巾纸，厨房纸巾，擦手纸，手帕纸，原纸
品牌(Brand)：舒颜，竹福

四川中纸联纸业有限公司
Sichuan Zhongzhilian Paper Co., Ltd.
地址(Add)：四川省成都市龙泉驿区青年路78号
邮编(P. C.)：610199
电话(Tel)：028－84863388
传真(Fax)：028－84863488
总经理(General Manager)：何峰
产品(Products)：卫生纸
品牌(Brand)：西竹

成都柔尔洁纸业有限公司
Chengdu Rouerjie Paper Co., Ltd.
地址(Add)：四川省成都市彭州朝阳南路370号7栋3单元502号
邮编(P. C.)：611930
电话(Tel)：028－83800550
传真(Fax)：028－83800550

E-mail：mr. yangdd@163. com
Http：//www. rouerjie. com
总经理(General Manager)：杨大东
产品(Products)：面巾纸，卫生纸
品牌(Brand)：柔尔洁

彭州市阳阳纸业有限公司
Pengzhou Yangyang Paper Co., Ltd.
地址(Add)：四川省成都市彭州工业开发区(西河东路)
邮编(P. C.)：611930
电话(Tel)：028－83760566
传真(Fax)：028－83760566
E-mail：873843024@qq. com
Http：//www. cdyydd. com
总经理(General Manager)：阳建蓉
联系人(Contact Person)：何斌
产品(Products)：卫生纸，餐巾纸，面巾纸
品牌(Brand)：开心朵朵

成都市芳菲乐纸业有限公司
Chengdu Fangfei Paper Products Factory
地址(Add)：四川省成都市彭洲市力春镇白果村18组
邮编(P. C.)：610091
电话(Tel)：028－83779876
传真(Fax)：028－86269575
E-mail：112694854@qq. com
Http：//www. cdfangfei. cn
总经理(General Manager)：杜弟科
联系人(Contact Person)：杜弟科
产品(Products)：卫生纸，面巾纸
品牌(Brand)：芳菲乐

郫县彩虹纸制品厂
Rainbow Paper Products Factory
地址(Add)：四川省成都市郫县安靖镇高桥村309号
邮编(P. C.)：618323
电话(Tel)：028－88076820
传真(Fax)：028－87811138
E-mail：service@cdchzy. com
Http：//www. cdchzy. com
联系人(Contact Person)：周安友
产品(Products)：卫生纸
品牌(Brand)：彩虹，彩虹缘，维尼熊，佳洁

成都市豪盛华达纸业有限公司
Chengdu Haoshenghuada Paper Co., Ltd.
地址(Add)：四川省成都市郫县成都现代工业港南区通港路108号
邮编(P. C.)：611730
电话(Tel)：028－87804355
传真(Fax)：028－87804059
E-mail：boyyc@vip. qq. com
Http：//www. hshda. com
法人代表(Chairman)：苏德生
总经理(General Manager)：苏德生
联系人(Contact Person)：苏友福
产品(Products)：湿巾，卫生纸，手帕纸，餐巾纸，面巾纸，擦手纸，厨房纸巾
品牌(Brand)：家必备，美娜兰，娇洁

四川望风青苹果纸业有限公司
Sichuan Qingpingguo Paper Co., Ltd.
地址(Add)：四川省成都市郫县德源
邮编(P. C.)：611730
电话(Tel)：028－87973350
Http：//www. qingpingguo. net
总经理(General Manager)：明峰
联系人(Contact Person)：明峰
产品(Products)：卫生纸
品牌(Brand)：青苹果

成都市家洁丝纸业有限公司
Chengdu Jiajiesi Paper Co., Ltd.
地址(Add)：四川省成都市郫县德源平城
邮编(P. C.)：611730
电话(Tel)：028－87972538
传真(Fax)：028－87972538
Http：//www. jiajies. cn
总经理(General Manager)：杨健
联系人(Contact Person)：杨健
产品(Products)：卫生纸，面巾纸

成都市康乐纸业有限公司
Chengdu Kangle Paper Co., Ltd.
地址(Add)：四川省成都市郫县唐元工业园
邮编(P. C.)：610091
电话(Tel)：028－87990898
传真(Fax)：028－87990115
Http：//www. cdklzy. cn
法人代表(Chairman)：方仁裕
联系人(Contact Person)：方仁裕
产品(Products)：卫生纸，餐巾纸，手帕纸
品牌(Brand)：方圆

成都市天垚纸业有限公司
Chengdu Tianyao Paper Co., Ltd.
地址(Add)：四川省成都市郫县唐元镇万寿南街318号
邮编(P. C.)：610071
电话(Tel)：028－87976368
传真(Fax)：028－87976348
E-mail：609551738@qq. com
法人代表(Chairman)：何祖刚
总经理(General Manager)：黄扬碧
联系人(Contact Person)：黄扬碧
产品(Products)：卫生纸，餐巾纸，面巾纸
品牌(Brand)：天垚

成都精华纸业有限公司★
Chengdu Jinghua Paper Co., Ltd.
地址(Add)：四川省成都市郫县桃花滩工业开发园区
邮编(P. C.)：611732
电话(Tel)：028－87990998
传真(Fax)：028－61416505
E-mail：office@cd－jinghua. com
Http：//www. cd－jinghua. com
法人代表(Chairman)：王三平
总经理(General Manager)：王三平
联系人(Contact Person)：王三平
产品(Products)：卫生纸，原纸
品牌(Brand)：竹叶青，莱芙

成都来一卷纸业有限公司
Chengdu Laiyijuan Paper Co., Ltd.
地址(Add): 四川省成都市郫县团结镇长河村6组
邮编(P. C.): 611745
电话(Tel): 028 - 87896600
传真(Fax): 028 - 87896618
总经理(General Manager): 王贵成
产品(Products): 卫生纸, 餐巾纸, 面巾纸
品牌(Brand): 来一卷

成都纤姿纸业有限公司
Chengdu Xianzi Paper Co., Ltd.
地址(Add): 四川省成都市郫县团结镇长河工业区
邮编(P. C.): 611745
电话(Tel): 028 - 87896011
传真(Fax): 028 - 87896041
Http://www. cdxianzi. cn
总经理(General Manager): 王贵前
联系人(Contact Person): 王贵前
产品(Products): 卫生纸, 餐巾纸, 手帕纸, 面巾纸, 厨房纸巾
品牌(Brand): 纤姿, 纤姿洁, 纤姿缘, 鑫悦, 花舞飞扬, 经典人生, 经典一生, 情侣空间

成都成良纸业有限责任公司
Chengdu Chengliang Paper Co., Ltd.
地址(Add): 四川省成都市郫县团结镇长河六大队
邮编(P. C.): 610000
电话(Tel): 028 - 87896555
传真(Fax): 028 - 87896360
Http://www. clzy. net
总经理(General Manager): 王贵良
联系人(Contact Person): 谢春堂
产品(Products): 卫生纸, 面巾纸, 手帕纸, 擦手纸
品牌(Brand): 春毅鸿福, 竹运, 顶级面子, 我的金蹄莲, 成良之星, 百丽挑一

四川欣适运纸品有限责任公司
Sichuan Xinshiyun Paper Co., Ltd.
地址(Add): 四川省成都市郫县现代工业港南片区滨清路109号
邮编(P. C.): 611700
电话(Tel): 028 - 66316366
传真(Fax): 028 - 87805541
Http://www. chinashiyun. com
法人代表(Chairman): 毛家太
联系人(Contact Person): 徐兵
产品(Products): 卫生纸, 面巾纸, 手帕纸
品牌(Brand): 亲柠

成都市仲君纸业★
Chengdu Zhongjun Paper Co.
地址(Add): 四川省成都市蒲江元觉经济开发区
邮编(P. C.): 610000
电话(Tel): 028 - 88941057
传真(Fax): 028 - 88621057
E-mail: zj@ cdzhongjun. cn
法人代表(Chairman): 董绍根
总经理(General Manager): 董绍根
联系人(Contact Person): 董绍根
产品(Products): 卫生纸, 面巾纸, 原纸

成都兴荣纸业有限公司
Chengdu Xingrong Paper Co., Ltd.
地址(Add): 四川省成都市青白江区弥牟镇鸡市巷
邮编(P. C.): 610300
电话(Tel): 028 - 83662776
传真(Fax): 028 - 83662776
E-mail: 842268472@ qq. com
总经理(General Manager): 张中荣
产品(Products): 面巾纸, 卫生纸, 餐巾纸
品牌(Brand): 佳好, 净逸

成都发利纸业有限公司
Chengdu Fali Paper Industry Co., Ltd.
地址(Add): 四川省成都市青白江区清泉镇(成南高速公路清泉出口700米处)
邮编(P. C.): 610023
电话(Tel): 028 - 83657138
传真(Fax): 028 - 83656778
E-mail: office@ fali - paper. com
法人代表(Chairman): 张代发
总经理(General Manager): 张代发
联系人(Contact Person): 张代发
产品(Products): 卫生纸, 餐巾纸, 面巾纸
品牌(Brand): 发利, 张张爽, 绿云

成都市青柠檬纸业有限公司
Chengdu Green Lemon Paper Co., Ltd.
地址(Add): 四川省成都市青白江区清泉镇花园开发区
邮编(P. C.): 610300
电话(Tel): 028 - 83646578
传真(Fax): 028 - 83646798
E-mail: 2511109237@ qq. com
Http://www. qnmzy. com
联系人(Contact Person): 邓芝华
产品(Products): 卫生纸, 面巾纸
品牌(Brand): 青柠檬, 柔丽家, 竹印象

成都环龙投资有限公司
Chengdu Vanov Investment Co., Ltd.
地址(Add): 四川省成都市青羊区青羊总部基地H区6栋601号
邮编(P. C.): 610091
电话(Tel): 028 - 81725555
传真(Fax): 028 - 81725566
E-mail: 947407338@ qq. com
Http://www. insrola. cn
联系人(Contact Person): 张伟
产品(Products): 卫生纸, 面巾纸, 手帕纸
品牌(Brand): 花间集

成都凯茜生物制品有限责任公司
Chengdu Kisi Biological Products Co., Ltd.
地址(Add): 四川省成都市青阳区通惠门路69号长富新城2幢3单元23楼3号
邮编(P. C.): 610000
电话(Tel): 028 - 86278153
传真(Fax): 028 - 82649063
E-mail: sckisi@ sina. com
法人代表(Chairman): 龚静
总经理(General Manager): 龚静
联系人(Contact Person): 龚静

产品(Products)：湿巾，面巾纸
品牌(Brand)：凯斯

成都蓝宇纸业有限公司
Chengdu Lanyu Paper Co., Ltd.
地址(Add)：四川省成都市仁寿县视高镇工业园区
邮编(P.C.)：635006
电话(Tel)：028-36069399
传真(Fax)：028-36069056
联系人(Contact Person)：陈铭镇
产品(Products)：卫生纸
品牌(Brand)：好多利，小青蛙，蓝宇

成都顺久柯帮纸业有限责任公司
Chengdu Shunjiu Kebang Paper Co., Ltd.
地址(Add)：四川省成都市沙西线团结永定顺久创业园
邮编(P.C.)：610041
电话(Tel)：028-87907599
传真(Fax)：028-87907599
法人代表(Chairman)：黄煌
总经理(General Manager)：黄煌
联系人(Contact Person)：黄煌
产品(Products)：卫生纸，餐巾纸，面巾纸
品牌(Brand)：柯帮，真鲜果

成都清爽纸业有限公司
Chengdu Qingshuang Paper Co., Ltd.
地址(Add)：四川省成都市双流工业园区
邮编(P.C.)：610200
电话(Tel)：028-66275511
传真(Fax)：028-62151096
总经理(General Manager)：蒋兴良
联系人(Contact Person)：蒋兴林
产品(Products)：卫生纸，餐巾纸，手帕纸，擦手纸，湿巾
品牌(Brand)：良竹缘，清雅，柔婷，春竹

成都市丰裕纸业制造有限公司
Chengdu Fengyu Paper Making Co., Ltd.
地址(Add)：四川省成都市双流九龙工业港(九洋大道6号B区)
邮编(P.C.)：611134
电话(Tel)：028-82652788
传真(Fax)：028-85749385
Http://www.cdfyzy.cn
总经理(General Manager)：傅金沙
联系人(Contact Person)：傅金沙
产品(Products)：卫生纸，手帕纸，面巾纸
品牌(Brand)：瑞丽人生，唯她香

四川康利斯纸业有限公司★
Sichuan Kanglisi Paper Co., Ltd.
地址(Add)：四川省成都市双流县彭镇金湾工业园区
邮编(P.C.)：610200
电话(Tel)：028-85849666
传真(Fax)：028-85849885
Http://www.cdkls.com
总经理(General Manager)：张杰
联系人(Contact Person)：张杰
产品(Products)：卫生纸，手帕纸，面巾纸，原纸
品牌(Brand)：康利斯

四川迪邦卫生用品有限公司★
Sichuan Dibang Hygienic Products Co., Ltd.
地址(Add)：四川省成都市双流县新兴镇开发区
邮编(P.C.)：610000
电话(Tel)：028-85609498
传真(Fax)：028-85609458
E-mail：251870442@qq.com
Http://www.dibang168.com
法人代表(Chairman)：张斌
总经理(General Manager)：冉碧玉
产品(Products)：卫生纸，面巾纸，手帕纸，餐巾纸，原纸，卫生巾，卫生护垫
品牌(Brand)：一名典金，竹婷，优特

成都安洁儿商贸有限责任公司
Chengdu Anjieer Trade Co., Ltd.
地址(Add)：四川省成都市双流县新兴镇庙山经济开发区
邮编(P.C.)：610200
电话(Tel)：028-85606080
传真(Fax)：028-85606080
Http://www.angl.cn
法人代表(Chairman)：黄俐娟
总经理(General Manager)：黄伟
联系人(Contact Person)：李庆思
产品(Products)：卫生纸，餐巾纸
品牌(Brand)：缘份，思语

成都香亿纸业有限公司
Chengdu Xiangyi Paper Co., Ltd.
地址(Add)：四川省成都市双流新兴小桥开发区
邮编(P.C.)：610200
电话(Tel)：028-85606375
传真(Fax)：028-85600132
法人代表(Chairman)：徐仁树
总经理(General Manager)：徐仁树
联系人(Contact Person)：徐仁树
产品(Products)：手帕纸，面巾纸，卫生纸

成都市康洁酒店用品厂
Chengdu Kangjie Hotel Supplies Factory
地址(Add)：四川省成都市武侯区簇桥文昌中路479号
邮编(P.C.)：610043
电话(Tel)：028-85016688
传真(Fax)：028-85016688
E-mail：380120057@qq.com
联系人(Contact Person)：邓勇
产品(Products)：餐巾纸，面巾纸
品牌(Brand)：颖馨

成都卫洁纸业有限公司
Chengdu Weijie Paper Co., Ltd.
地址(Add)：四川省成都市武候区金花工业园区
邮编(P.C.)：610046
电话(Tel)：028-85361771
传真(Fax)：028-85363626
Http://www.silipaper.com
总经理(General Manager)：肖玲
产品(Products)：卫生纸，面巾纸，手帕纸

成都华艺纸业
Chengdu Huayi Paper Co.
地址(Add)：四川省成都市新都区
邮编(P. C.)：610500
电话(Tel)：028－83646578
传真(Fax)：028－83646798
联系人(Contact Person)：邓芝华
产品(Products)：卫生纸，面巾纸，餐巾纸

成都金香城纸业有限公司
Chengdu Jinxiangcheng Paper Co., Ltd.
地址(Add)：四川省成都市新都区斑竹园镇
邮编(P. C.)：610506
电话(Tel)：028－83989138
传真(Fax)：028－83989068
E-mail：cdjxczy@263. net
Http：//www. jxczy. com
法人代表(Chairman)：曾德建
总经理(General Manager)：刘传玉
联系人(Contact Person)：刘传玉
产品(Products)：卫生纸，手帕纸，面巾纸，餐巾纸，擦手纸，湿巾
品牌(Brand)：阿妈妮，晨竹，QQ猪，动感果园

成都安舒实业有限公司
Chengdu Anshu Industrial Co., Ltd.
地址(Add)：四川省成都市新都区斑竹园镇福田寺
邮编(P. C.)：610506
电话(Tel)：028－85152843
传真(Fax)：028－85153061
E-mail：sales@cdanshu. com
Http：//www. cdanshu. com
法人代表(Chairman)：肖文祥
总经理(General Manager)：肖文祥
联系人(Contact Person)：许小华
产品(Products)：卫生巾，卫生护垫，婴儿纸尿裤/片，卫生纸，手帕纸，面巾纸
品牌(Brand)：安舒曼，平安儿，规律，天然，纯然

成都市新都爱洁生活用品厂
Chengdu Aijie Commodity Factory
地址(Add)：四川省成都市新都区斑竹园镇檀木村一大队
邮编(P. C.)：610506
电话(Tel)：028－83093998
传真(Fax)：028－83093998
法人代表(Chairman)：詹伟
产品(Products)：卫生纸
品牌(Brand)：圣洁利

成都市在水一方纸业有限公司
Chengdu Zaishuiyifang Paper Co., Ltd.
地址(Add)：四川省成都市新都区龙桥镇
邮编(P. C.)：610505
电话(Tel)：028－83999858
传真(Fax)：028－83999858
E-mail：744206406@qq. com
法人代表(Chairman)：刘进毅
总经理(General Manager)：刘进毅
产品(Products)：卫生纸，餐巾纸，面巾纸

成都彼特福纸品工艺有限公司
Chengdu Beautiful Paper & Craft Co., Ltd.
地址(Add)：四川省成都市新都区石板滩工业区石木公路1号桥
邮编(P. C.)：610500
电话(Tel)：028－83045678
传真(Fax)：028－83049025
E-mail：zengds@scbtf. com
Http：//www. scbtf. com
总经理(General Manager)：曾德松
联系人(Contact Person)：曾德松
产品(Products)：卫生纸，面巾纸，手帕纸，餐巾纸，湿巾
品牌(Brand)：彼特福，顶洁，怡飘

四川兴睿龙实业有限公司★
Sichuan Xingruilong Industry Co., Ltd.
地址(Add)：四川省成都市新都区新繁工业园和平路68号
邮编(P. C.)：610501
电话(Tel)：028－83087776
传真(Fax)：028－83084998
E-mail：425108295@qq. com
法人代表(Chairman)：史顺荣
联系人(Contact Person)：杨维刚
产品(Products)：卫生纸，面巾纸，手帕纸，原纸
品牌(Brand)：U&U，多柔多，千唯

成都市奇德卫生用品有限责任公司★
Chengdu Qide Hygiene Products Co., Ltd.
地址(Add)：四川省成都市新华丰批发市场402幢8号
邮编(P. C.)：610041
电话(Tel)：028－85216130
传真(Fax)：028－85238133
法人代表(Chairman)：胡兵
总经理(General Manager)：胡兵
联系人(Contact Person)：胡兵
产品(Products)：餐巾纸，卫生纸，原纸

四川省津诚纸业有限公司★
Sichuan Jincheng Paper Co., Ltd.
地址(Add)：四川省成都市新津工业园B区
邮编(P. C.)：611436
电话(Tel)：028－82590996
传真(Fax)：028－82591958
E-mail：jczy@jinchengzhiye. com
Http：//www. jinchengzhiye. com
联系人(Contact Person)：陶铁飞
产品(Products)：原纸

成都鑫宏纸品厂★
Chengdu Xinhong Paper Products Factory
地址(Add)：四川省崇州市公议工业开发区
邮编(P. C.)：611230
电话(Tel)：028－82269469
传真(Fax)：028－82269469
总经理(General Manager)：杨学文
联系人(Contact Person)：王旭
产品(Products)：卫生纸，原纸

崇州市鑫海峰生活纸制品有限公司
Chongzhou Xinhaifeng Daily Paper Products Co., Ltd.
地址(Add)：四川省崇州市会议乡中元街18号
邮编(P. C.)：611200
电话(Tel)：028－82266266
传真(Fax)：028－82266266
联系人(Contact Person)：李洪
产品(Products)：卫生纸

成都绿洲纸业有限责任公司★
Chengdu Lüzhou Paper Co., Ltd.
地址(Add)：四川省崇州市街子镇双河社区七社
邮编(P. C.)：611230
电话(Tel)：028－82299988
传真(Fax)：028－82299858
总经理(General Manager)：邓永前
联系人(Contact Person)：邓永前
产品(Products)：原纸

成都市家家洁纸业有限公司
Chengdu Jiajiajie Paper Co., Ltd.
地址(Add)：四川省崇州市经济开发区
邮编(P. C.)：611230
电话(Tel)：028－82221391
传真(Fax)：028－82223618
E-mail：cdjiajiajie@vip.qq.com
Http://www.cdjiajiajie.com
总经理(General Manager)：张维材
产品(Products)：面巾纸，餐巾纸，卫生纸
品牌(Brand)：竹丰，家家洁，绿家人，耶贝儿纯点

成都居家生活造纸有限责任公司★
Chengdu Family Life Paper－making Co., Ltd.
地址(Add)：四川省崇州市隆兴镇开发区兴隆街45号
邮编(P. C.)：611247
电话(Tel)：028－82221258
传真(Fax)：028－82222258
Http://www.scjujia.com
法人代表(Chairman)：谢明春
总经理(General Manager)：谢明春
联系人(Contact Person)：谢跃
产品(Products)：卫生纸，面巾纸，餐巾纸，原纸
品牌(Brand)：庭馨，竹庭，219爱要久，居佳

崇州市倪氏纸业有限公司★
Chongzhou Nishi Paper Co., Ltd.
地址(Add)：四川省崇州市元通工业开发区
邮编(P. C.)：611236
电话(Tel)：028－82265896
传真(Fax)：028－82265895
联系人(Contact Person)：倪学文
产品(Products)：卫生纸，面巾纸，餐巾纸，手帕纸，擦手纸，原纸
品牌(Brand)：亲纯，妮斯雅

四川省德阳市金玉龙纸业有限公司
Sichuan Deyang Jinyulong Paper Co., Ltd.
地址(Add)：四川省德阳市城北工业园(原白糖厂)
邮编(P. C.)：618000
电话(Tel)：0838－2431176
传真(Fax)：0838－2431176
总经理(General Manager)：肖儒清
产品(Products)：卫生纸，餐巾纸，面巾纸
品牌(Brand)：金玉龙，雅典，依柔

德阳市千秋纸业有限公司
Deyang Qianqiu Paper Co., Ltd.
地址(Add)：四川省德阳市旌阳区天元镇天虹路2号
邮编(P. C.)：618019
电话(Tel)：0838－2800588
传真(Fax)：0838－2800588
联系人(Contact Person)：张雄
产品(Products)：卫生纸，面巾纸，手帕纸
品牌(Brand)：一品格柔

德阳中才纸业★
Deyang Zhongcai Paper Co.
地址(Add)：四川省德阳市旌阳区天元镇天虹路2号
邮编(P. C.)：618000
电话(Tel)：0838－2800588
传真(Fax)：0838－2800588
E-mail：1207549898@qq.com
总经理(General Manager)：肖辉
联系人(Contact Person)：肖辉
产品(Products)：原纸，卫生纸，面巾纸
品牌(Brand)：一品格柔

德阳市旌阳区锦上花纸制品厂
Deyang Jinshanghua Paper Products Factory
地址(Add)：四川省德阳市旌阳区孝感镇黄河工业园
邮编(P. C.)：618000
电话(Tel)：0838－2804866
传真(Fax)：0838－2603556
E-mail：1404796446@qq.com
Http://www.scjshzy.com
联系人(Contact Person)：黄光伟
产品(Products)：面巾纸，卫生纸
品牌(Brand)：锦上花，阳光吉庆，好倍柔，拿好纸，早晓得

维达纸业(四川)有限公司★
Vinda Paper (Sichuan) Co., Ltd.
地址(Add)：四川省德阳市龙泉山南路3段19号
邮编(P. C.)：618000
电话(Tel)：0838－2902313
传真(Fax)：0838－2900293
产品(Products)：卫生纸，原纸，手帕纸，面巾纸，厨房纸巾，餐巾纸
品牌(Brand)：维达

德阳市枫之彩卫生用品厂
Deyang Maple Color Hygiene Supplies Factory
地址(Add)：四川省德阳市圣风村七组(德阳至黄许2公里处)
邮编(P. C.)：618000
电话(Tel)：0838－2430669
传真(Fax)：0838－2430669
E-mail：fzc2430669@126.com
总经理(General Manager)：谢自兵
产品(Products)：擦手纸，卫生纸，面巾纸
品牌(Brand)：纷彩，品彩

德阳美妆庭纸业有限公司
Deyang Meizhuangting Paper Co., Ltd.
地址(Add)：四川省德阳市天远工业园区
邮编(P. C.)：618000
电话(Tel)：0838－3085388
传真(Fax)：0838－3082233
联系人(Contact Person)：张安民
产品(Products)：面巾纸
品牌(Brand)：维尔美，青花，太阳宝贝

都江堰市龙安纸品公司
Dujiangyan Longan Paper Proudcts Co.
地址(Add)：四川省都江堰市柳街
邮编(P. C.)：611841
电话(Tel)：028－87243627
联系人(Contact Person)：王明辉
产品(Products)：餐巾纸，卫生纸，面巾纸

都江堰市海腾纸业有限责任公司★
Dujiangyan Highten Paper Co., Ltd.
地址(Add)：四川省都江堰市胥家镇
邮编(P. C.)：611830
电话(Tel)：028－87259799
传真(Fax)：028－87107808
E-mail：lpp@longspaper.com.cn
Http://www.longspaper.com.cn
总经理(General Manager)：龙玉凤
联系人(Contact Person)：龙飞
产品(Products)：卫生纸，面巾纸，擦手纸，厨房纸巾，原纸
品牌(Brand)：龙氏箐山，龙氏竹纯，龙氏怡柔，龙氏纤纤，龙氏

广安市安琪日用品有限公司★
Guangan Anqi Daily－Use Goods Co., Ltd.
地址(Add)：四川省广安市观塘镇梨子滩
邮编(P. C.)：638000
电话(Tel)：0826－2731093
传真(Fax)：0826－2731093
法人代表(Chairman)：庹小世
总经理(General Manager)：庹小世
产品(Products)：餐巾纸，原纸
品牌(Brand)：安琪

四川省天耀纸业有限公司
Sichuan Sunshine Paper Company
地址(Add)：四川省广汉市和兴镇
邮编(P. C.)：618315
电话(Tel)：0838－5692755
传真(Fax)：0838－5692855
E-mail：997076197@qq.com
Http://www.scsunshinepaper.com
联系人(Contact Person)：高治祥
产品(Products)：卫生纸
品牌(Brand)：怡恋，家宜嘉，喜长

四川友邦纸业有限公司★
Sichuan Eupon Paper Co., Ltd.
地址(Add)：四川省广汉市向阳友邦工业园
邮编(P. C.)：610041
电话(Tel)：028－85257878
传真(Fax)：028－86755366
E-mail：sale@eupon.com
Http://www.eupon.com
法人代表(Chairman)：高尚荣
总经理(General Manager)：高尚朴
联系人(Contact Person)：高尚朴
产品(Products)：面巾纸，手帕纸，卫生纸，原纸，护理垫，手术衣帽，湿巾
品牌(Brand)：蓓安适，顶好面子，可洁可

四川省洪雅县洪星纸业有限公司★
Hongya Hongxing Paper Co., Ltd.
地址(Add)：四川省洪雅县余坪镇工业园区
邮编(P. C.)：620360
电话(Tel)：028－37561666
Http://www.hongxing028.com
法人代表(Chairman)：王祥兵
总经理(General Manager)：王祥兵
联系人(Contact Person)：王祥兵
产品(Products)：卫生纸，原纸

万安纸业有限责任公司★
Wanan Paper Co., Ltd.
地址(Add)：四川省夹江县甘江镇新民工业区
邮编(P. C.)：614102
电话(Tel)：0833－5772466
传真(Fax)：0833－5772466
法人代表(Chairman)：郑康桔
联系人(Contact Person)：周丽娟
产品(Products)：卫生纸，原纸，面巾纸，餐巾纸
品牌(Brand)：花姿

四川省夹江县雅洁纸厂★
Sichuan Jiajiang Yajie Paper Mill
地址(Add)：四川省夹江县界牌镇
邮编(P. C.)：614100
电话(Tel)：0833－5828352
法人代表(Chairman)：张永贵
产品(Products)：卫生纸，盘纸，餐巾纸，面巾纸，手帕纸，原纸

夹江心愿纸业
Jiajiang Xinyuan Paper
地址(Add)：四川省夹江县南安乡
邮编(P. C.)：614100
电话(Tel)：0833－5880566
传真(Fax)：0833－5664878
法人代表(Chairman)：龚淑芳
总经理(General Manager)：龚淑芳
联系人(Contact Person)：龚淑芳
产品(Products)：卫生纸，餐巾纸
品牌(Brand)：心愿

四川省夹江县欣意纸业★
Jiajiang Xinyi Paper
地址(Add)：四川省夹江县迎春东路 495 号
邮编(P. C.)：614100
电话(Tel)：0833－5880258
传真(Fax)：0833－5664878
E-mail：109166242@qq.com
总经理(General Manager)：黄进军

联系人(Contact Person)：黄进军
产品(Products)：原纸，卫生纸，餐巾纸，面巾纸

四川省犍为凤生纸业有限责任公司
Sichuan Jianwei Fengsheng Paper Co., Ltd.
地址(Add)：四川省犍为县孝姑镇永平村9组
邮编(P. C.)：614400
电话(Tel)：0833－4251716
传真(Fax)：0833－4251716
法人代表(Chairman)：税比刚
总经理(General Manager)：税典
联系人(Contact Person)：宋晓芳
产品(Products)：卫生纸

四川三台三角生活用纸制造有限公司★
Sichuan Santai Sanjiao Household Paper Co., Ltd.
地址(Add)：四川省锦阳市三台县潼川镇南河路48号
邮编(P. C.)：621100
电话(Tel)：0816－5229928
传真(Fax)：0816－5221277
Http://www.scstsj.com
法人代表(Chairman)：黄勇
总经理(General Manager)：黄勇
联系人(Contact Person)：陈洁
产品(Products)：卫生纸，面巾纸，餐巾纸，原纸
品牌(Brand)：三角，娇肤，活力，婷飘

开江阳光纸品厂
Kaijiang Yangguang Paper Products Factory
地址(Add)：四川省开江市任市镇农场岔路口
邮编(P. C.)：636258
电话(Tel)：0818－8318618
传真(Fax)：0818－8318618
联系人(Contact Person)：周泽云
产品(Products)：卫生纸，餐巾纸，面巾纸

欣鑫纸业有限责任公司
Xinxin Paper Co., Ltd.
地址(Add)：四川省开江县任市向阳街139号
邮编(P. C.)：636258
电话(Tel)：0818－8317188
传真(Fax)：0818－8313417
联系人(Contact Person)：甄洪平
产品(Products)：卫生纸，餐巾纸，面巾纸
品牌(Brand)：欣鑫

夹江县瑞洁纸厂★
Jiajiang Jierui Paper Mill
地址(Add)：四川省乐山市夹江县迎春东路447号
邮编(P. C.)：614100
电话(Tel)：0833－5659392
传真(Fax)：0833－5659392
联系人(Contact Person)：曾递贵
产品(Products)：原纸，卫生纸，餐巾纸，面巾纸
品牌(Brand)：贝雅思，绿沁

四川省乐山市夹江县汇丰纸业有限公司★
Jiajiang Huifeng Paper Co., Ltd.
地址(Add)：四川省乐山市夹江县永兴经济开发区
邮编(P. C.)：614100
电话(Tel)：0833－5829999
传真(Fax)：08338－5829698
法人代表(Chairman)：徐国柱
联系人(Contact Person)：何文斌
产品(Products)：卫生纸，原纸

乐山新达佳纸业有限公司★
Leshan Xindajia Paper Co., Ltd.
地址(Add)：四川省乐山市嘉兴路176号嘉州明珠A幢28－2室
邮编(P. C.)：614099
电话(Tel)：0833－5012888
传真(Fax)：0833－5012333
法人代表(Chairman)：汤金珉
联系人(Contact Person)：刘祥财
产品(Products)：卫生纸，餐巾纸，面巾纸，原纸
品牌(Brand)：世纪风

沐川禾丰纸业有限责任公司★
Muchuan Hefeng Paper Co., Ltd.
地址(Add)：四川省乐山市沐川县沐溪镇沐源路1981号
邮编(P. C.)：614500
电话(Tel)：0833－4612292
传真(Fax)：0833－4612291
法人代表(Chairman)：吴学才
总经理(General Manager)：吴学才
联系人(Contact Person)：吴学才
产品(Products)：卫生纸，餐巾纸，面巾纸，原纸
品牌(Brand)：禾风，卉洁

合江德亿纸业有限公司★
Hejiang Deyi Paper Co., Ltd.
地址(Add)：四川省泸州市合江县九支镇徐家祠村一社
邮编(P. C.)：646205
电话(Tel)：0830－5901557
传真(Fax)：0830－5901557
E-mail：deyizhiye@vip.163.com
法人代表(Chairman)：方健
总经理(General Manager)：方健
联系人(Contact Person)：方健
产品(Products)：原纸，盘纸，餐巾纸，卫生纸
品牌(Brand)：德亿

眉山市洁爱纸业有限公司★
Meishan Jieai Paper Co., Ltd.
地址(Add)：四川省眉山市东坡区松江工业园
邮编(P. C.)：620010
电话(Tel)：028－38012899
传真(Fax)：028－38012889
Http://www.jieaizhiye.com
总经理(General Manager)：尹建忠
联系人(Contact Person)：尹建忠
产品(Products)：卫生纸，餐巾纸，手帕纸，原纸
品牌(Brand)：宜家备，岚影

眉山贝艾佳纸业有限责任公司★
Meishan Beiaijia Paper Co., Ltd.
地址(Add)：四川省眉山市洪雅工业园区
邮编(P. C.)：610000
电话(Tel)：028－37490990
传真(Fax)：028－37490991
Http://www.beiaijia.cn

法人代表(Chairman)：董学珍
总经理(General Manager)：张润民
联系人(Contact Person)：董学珍
产品(Products)：原纸，卫生纸，餐巾纸，擦手纸，盘纸，面巾纸，厨房纸巾
品牌(Brand)：贝艾佳，比爽，小淘气，简爱，生态艺竹

洪雅县金釜雅纸厂★
Hongya Jinfuya Paper Mill
地址(Add)：四川省眉山市洪雅县天池坝
邮编(P. C.)：620361
电话(Tel)：028 – 37574377
总经理(General Manager)：宋利容
产品(Products)：卫生纸，原纸
品牌(Brand)：川雅

四川省丹妮纸业有限公司★
Sichuan Danni Paper Co., Ltd.
地址(Add)：四川省眉山市青神县城西工业园
邮编(P. C.)：620460
电话(Tel)：028 – 38862963
传真(Fax)：028 – 38811999
E-mail：dn@ vanov. cn
法人代表(Chairman)：周骏
联系人(Contact Person)：彭炳炎
产品(Products)：餐巾纸，面巾纸，手帕纸，卫生纸，原纸
品牌(Brand)：花间集，丹妮，妮尔，星晴

四川省西龙纸业有限公司★
Sichuan Xilong Paper Co., Ltd.
地址(Add)：四川省眉山市青神县西龙镇
邮编(P. C.)：620460
电话(Tel)：028 – 38940033
传真(Fax)：028 – 38940078
E-mail：hljt@ vanov. cn
法人代表(Chairman)：沈根莲
总经理(General Manager)：黄玉海
产品(Products)：卫生纸，原纸

四川佳益卫生用品有限公司★
Sichuan Jiayi Health Products Co., Ltd.
地址(Add)：四川省眉山市仁寿县视高工业园
邮编(P. C.)：625000
电话(Tel)：028 – 36051080
传真(Fax)：028 – 36051078
E-mail：scjypaper@ sina. com
Http：//www. scjyzy. com
法人代表(Chairman)：张代梅
总经理(General Manager)：王强
联系人(Contact Person)：王强
产品(Products)：卫生纸，面巾纸，手帕纸，擦手纸，原纸
品牌(Brand)：佳益，新蓝风，丝竹，可彩，蜀竹，幸福花儿，迪兴，竹元素

仁寿青青草纸制品有限公司
Renshou Qingqingcao Paper Products Co., Ltd.
地址(Add)：四川省眉山市仁寿县珠加乡笔水村
邮编(P. C.)：620500
电话(Tel)：028 – 36390286
Http：//www. cdqingqingcao. com
联系人(Contact Person)：熊莹
产品(Products)：卫生纸，面巾纸，擦手纸，餐巾纸

四川省眉山市福春商贸有限公司
Meishan Fuchun Trade Co., Ltd.
地址(Add)：四川省眉山市西门桃源西街 128 号(鑫诚花园 2 期对面)
邮编(P. C.)：612100
电话(Tel)：028 – 38259166
传真(Fax)：028 – 38291100
E-mail：921263084@ qq. com
法人代表(Chairman)：李福春
总经理(General Manager)：李福春
联系人(Contact Person)：李福春
产品(Products)：卫生纸，面巾纸
品牌(Brand)：福春

眉山先锋纸品厂
Meishan Xianfeng Paper Products Factory
地址(Add)：四川省眉山市新乐路南段 223 号
邮编(P. C.)：620020
电话(Tel)：028 – 38292664
总经理(General Manager)：黄勇
产品(Products)：卫生纸

四川省绵阳超兰卫生用品有限公司★
Sichuan Mianyang Chaolan Sanitary Articles Co., Ltd.
地址(Add)：四川省绵阳市梓潼县经济开发区
邮编(P. C.)：622150
电话(Tel)：0816 – 8323333
传真(Fax)：0816 – 8323792
E-mail：chaolanzhiye@ 163. com
Http：//www. chaolan. cn
法人代表(Chairman)：谭应超
总经理(General Manager)：李冬
联系人(Contact Person)：邓俊
产品(Products)：卫生纸，面巾纸，餐巾纸，原纸
品牌(Brand)：超兰，缘点

四川中达纸业有限责任公司★
Sichuan Zhongda Paper Co., Ltd.
地址(Add)：四川省名山县百丈镇百马街
邮编(P. C.)：625100
电话(Tel)：0835 – 3358888
传真(Fax)：0835 – 3358929
E-mail：sczdzy@ 163. com
Http：//www. zhongdazhiye. cn. alibaba. com
法人代表(Chairman)：任军
联系人(Contact Person)：何建伟
产品(Products)：卫生纸，面巾纸，手帕纸，原纸
品牌(Brand)：温沁，香莉

成都维邦纸业有限公司★
Chengdu Weibang Paper Co., Ltd.
地址(Add)：四川省彭州市北君平白果工业园区
邮编(P. C.)：611930
电话(Tel)：028 – 83778269
传真(Fax)：028 – 83778111
总经理(General Manager)：杜思洪
产品(Products)：原纸，卫生纸，餐巾纸，面巾纸，手

帕纸
品牌(Brand)：维邦，维维熊，顶彩

成都景山纸业有限责任公司★
Chengdu Jingshan Paper Co., Ltd.
地址(Add)：四川省彭州市工业开发区
邮编(P. C.)：611930
电话(Tel)：028－83736068
传真(Fax)：028－83752198
法人代表(Chairman)：胡晓兰
总经理(General Manager)：张林
联系人(Contact Person)：曾德建
产品(Products)：手帕纸，面巾纸，卫生纸，原纸
品牌(Brand)：景山，景竹，柏果，天祥星

四川森之佳纸业有限公司
Sichuan Senzhijia Paper Co., Ltd.
地址(Add)：四川省彭州市工业开发区大龙潭东1号
邮编(P. C.)：611930
电话(Tel)：028－83716184
传真(Fax)：028－83702758
Http://www.scszj.com
总经理(General Manager)：阳建平
产品(Products)：卫生纸，面巾纸，手帕纸
品牌(Brand)：森之佳

成都洁仕生活用品有限公司
Chengdu Jieshi Lifethings Co., Ltd.
地址(Add)：四川省彭州市军乐镇银定
邮编(P. C.)：611931
电话(Tel)：028 83868128
传真(Fax)：028－83868818
E-mail：hom@263.net
Http://www.scjspaper.com
总经理(General Manager)：何眸
联系人(Contact Person)：何眸
产品(Products)：餐巾纸，面巾纸，手帕纸，卫生纸
品牌(Brand)：柔贝佳，千黛

成都市星友纸业制品有限公司
Chengdu Xingyou Paper Products Co., Ltd.
地址(Add)：四川省彭州市军乐镇银定工业园
邮编(P. C.)：611931
电话(Tel)：028－83869389
传真(Fax)：028－83860389
总经理(General Manager)：李正伟
联系人(Contact Person)：李正伟
产品(Products)：卫生纸，面巾纸，餐巾纸
品牌(Brand)：梦想之旅，喜临门，兰月亮

成都市阿尔纸业有限责任公司★
Chengdu R Paper Co., Ltd.
地址(Add)：四川省彭州市丽春镇君平街西段13号
邮编(P. C.)：611937
电话(Tel)：028－83779118
传真(Fax)：028－83779358
E-mail：rpaper198@163.com
Http://www.rpaper.net
法人代表(Chairman)：张明书
总经理(General Manager)：张桃
联系人(Contact Person)：张桃

产品(Products)：卫生纸，面巾纸，手帕纸，原纸
品牌(Brand)：钟情，清风花语

彭州市红旗造纸厂★
Pengzhou Hongqi Paper Mill
地址(Add)：四川省彭州市丽春镇庆兴红旗村七组
邮编(P. C.)：611900
电话(Tel)：028－83830088
传真(Fax)：028－83830088
法人代表(Chairman)：陈道艳
总经理(General Manager)：陈道艳
联系人(Contact Person)：陈道艳
产品(Products)：原纸

中顺洁柔(四川)纸业有限公司★
C&S Paper (Sichuan) Co., Ltd.
地址(Add)：四川省彭州市牡丹大道中段80号
邮编(P. C.)：611930
电话(Tel)：028－83735488
传真(Fax)：028－83736600
E-mail：cnsnpaper@126.com
Http://www.zhongshungroup.com
法人代表(Chairman)：岳勇
总经理(General Manager)：刘祥军
联系人(Contact Person)：刘祥军
产品(Products)：卫生纸，面巾纸，餐巾纸，擦手纸，原纸
品牌(Brand)：洁柔，C&S，太阳

成都百顺纸业有限公司
Chengdu Baishun Paper Co., Ltd.
地址(Add)：四川省彭州市天彭镇繁江南路社区2组
邮编(P. C.)：611930
电话(Tel)：028－83961777
传真(Fax)：028－83703456
E-mail：scbaishun@163.com
Http://www.cdbaishun.com
总经理(General Manager)：赵平
联系人(Contact Person)：赵平
产品(Products)：卫生纸
品牌(Brand)：百顺，美滋滋，香木缘，蝶影

成都鼎洁纸业公司
Chengdu Dingjie Paper Co.
地址(Add)：四川省仁寿县视高镇
邮编(P. C.)：620564
电话(Tel)：028－36069399
传真(Fax)：028－36069399
总经理(General Manager)：陈铭镇
产品(Products)：卫生纸
品牌(Brand)：小青蛙，好多利

四川圆周实业有限公司★
Sichuan Yuanzhou Industry Co., Ltd.
地址(Add)：四川省什邡市师古镇
邮编(P. C.)：618408
电话(Tel)：0838－8603298
传真(Fax)：0838－8603300
总经理(General Manager)：青泽波
产品(Products)：卫生纸原纸

四川石化雅诗纸业有限公司
Sichuan Petrochemical Yashi Paper Co., Ltd.
地址(Add)：四川省新津工业园区A区希望路12号
邮编(P.C.)：611400
电话(Tel)：028－61786868
传真(Fax)：028－61786868
E-mail：shyspaper@126.com
联系人(Contact Person)：杨方银
产品(Products)：卫生纸，面巾纸，擦手纸
品牌(Brand)：嘉贝雅诗，鸥露

四川井元纸品制造有限公司
Sichuan Jingyuan Paper Products Co., Ltd.
地址(Add)：四川省雅安市工业园区
邮编(P.C.)：625100
电话(Tel)：0835－3227533
传真(Fax)：0835－3228719
E-mail：1325604549@qq.com
总经理(General Manager)：甘再瑞
产品(Products)：卫生纸
品牌(Brand)：蒙顶峰，雅竹春

四川云翔纸业有限公司★
Sichuan Yunxiang Paper Co., Ltd.
地址(Add)：四川省雅安市工业园区名山县虎啸桥路53号
邮编(P.C.)：625100
电话(Tel)：0835－3228833
传真(Fax)：0835－3225605
E-mail：yunxiang5605@sina.com
法人代表(Chairman)：胡殖彰
总经理(General Manager)：刘锦韬
联系人(Contact Person)：刘锦韬
产品(Products)：卫生纸，原纸
品牌(Brand)：云翔，雅竹春

名扬纸业有限公司
Mingyang Paper Co., Ltd.
地址(Add)：四川省资阳市雁江区迎接镇工业园区
邮编(P.C.)：641300
电话(Tel)：028－26741555
传真(Fax)：028－26741444
总经理(General Manager)：董胜忠
产品(Products)：卫生纸，面巾纸，餐巾纸
品牌(Brand)：优乐美，阿庆嫂，多美姿

四川省资中县白云纸品厂
Sichuan Zizhong Baiyun Paper Products Factory
地址(Add)：四川省资中县成渝上街354号
邮编(P.C.)：641200
电话(Tel)：0832－5602591
传真(Fax)：0832－5602591
法人代表(Chairman)：刘建华
总经理(General Manager)：詹光荣
联系人(Contact Person)：詹光荣
产品(Products)：卫生纸，餐巾纸
品牌(Brand)：竹之乡，白云

自贡市荣县洁美康纸制品厂
Zigong Rongxian Jiemeikang Paper Products Factory
地址(Add)：四川省自贡市荣县双溪湖开发区
邮编(P.C.)：643100
电话(Tel)：0813－6280783
传真(Fax)：0813－6280783
法人代表(Chairman)：欧阳雪梅
总经理(General Manager)：欧阳雪梅
联系人(Contact Person)：欧阳雪梅
产品(Products)：卫生纸，面巾纸

四川欧伊曼科技有限公司
Sichuan Ouyiman Technology Co., Ltd.
地址(Add)：四川资阳市沱东工业园
邮编(P.C.)：641300
电话：028－26666928
E-mail：460320767@qq.com
Http://www.scoym.com
联系人(Contact Person)：黄和兴
产品(Products)：卫生纸，面巾纸，手帕纸，餐巾纸
品牌(Brand)：欧伊曼，天然美，诗语

● 贵州 Guizhou

贵州汇景纸业有限公司
Guizhou Huijing Paper Co., Ltd.
地址(Add)：贵州省安顺市镇宁特色轻工工业园
邮编(P.C.)：561200
电话(Tel)：0853－6787777
传真(Fax)：0853－6785555
E-mail：302850399@qq.com
Http://www.gzhuijing.com.cn
法人代表(Chairman)：陈金专
总经理(General Manager)：洪奕元
联系人(Contact Person)：罗飞志
产品(Products)：卫生纸，面巾纸，婴儿纸尿裤/片
品牌(Brand)：添福，多瑞

贵阳湘安商贸有限公司
Guiyang Xiang'an Commercial & Trade Co., Ltd.
地址(Add)：贵州省贵阳市白云大道
邮编(P.C.)：550008
电话(Tel)：0851－4822758
传真(Fax)：0851－4719059
总经理(General Manager)：毕仁祥
产品(Products)：卫生纸

贵州师大经济开发有限责任公司
Guizhou Shida Economy Development Co., Ltd.
地址(Add)：贵州省贵阳市宝山北路180号
邮编(P.C.)：550001
电话(Tel)：0851－6777459
传真(Fax)：0851－6777459
联系人(Contact Person)：吴莎
产品(Products)：卫生纸
品牌(Brand)：正通

贵阳鑫恒丰纸业有限公司
Guiyang Xinhengfeng Paper Industry Co., Ltd.
地址(Add)：贵州省贵阳市车水路157号
邮编(P.C.)：550003
电话(Tel)：0851－5119301
传真(Fax)：0851－5110389
E-mail：wangshiyong888@vip.163.com

法人代表(Chairman)：王仕勇
总经理(General Manager)：王仕勇
联系人(Contact Person)：王学松
产品(Products)：婴儿纸尿片，卫生纸，卫生巾
品牌(Brand)：贵子，贵宝

贵阳花溪青竹纸业有限公司
Guiyang Huaxi Qingzhu Paper Co., Ltd.
地址(Add)：贵州省贵阳市花溪孟关付官村
邮编(P. C.)：550025
电话(Tel)：0851－3960402
传真(Fax)：0851－3960402
Http://www.gyqzzy.cn
总经理(General Manager)：杨富林
产品(Products)：卫生纸，餐巾纸，面巾纸
品牌(Brand)：青竹

贵阳市环球卫生制品厂
Guiyang Huanqiu Paper Products Factory
地址(Add)：贵州省贵阳市花溪区石板镇花鱼井村野毛井
邮编(P. C.)：550000
电话(Tel)：0851－5752758
传真(Fax)：0851－5742766
E-mail：810476927@qq.com
总经理(General Manager)：方廷兵
产品(Products)：面巾纸，卫生纸

贵州新宇纸业有限公司
Giozhou Xinyu Paper Co., Ltd.
地址(Add)：贵州省贵阳市乌当区新庄路22号
邮编(P. C.)：550008
电话(Tel)：0851－5840157
传真(Fax)：0851－5840156
联系人(Contact Person)：屠焰新
产品(Products)：卫生纸
品牌(Brand)：新惠安

贵州凯里经济开发区冠凯纸业有限公司
Kaili Guankai Paper Co., Ltd.
地址(Add)：贵州省黔东南市凯里经济开发区第一工业园冠凯纸业大厦
邮编(P. C.)：556000
电话(Tel)：0855－8557618
传真(Fax)：0855－8557518
总经理(General Manager)：游雨冰
联系人(Contact Person)：游雨冰
产品(Products)：卫生纸，面巾纸，湿巾

芳逸商贸有限公司
Fangyi Trade Co., Ltd.
地址(Add)：贵州省兴义市南环西路109号
邮编(P. C.)：562400
电话(Tel)：0859－3811315
联系人(Contact Person)：何强
产品(Products)：卫生纸

遵义市新祥泰贸易公司
Zunyi Xinxiangtai Trade Co., Ltd.
地址(Add)：贵州省遵义市汇川区檬梓桥
邮编(P. C.)：563000
电话(Tel)：0852－8926898
传真(Fax)：0852－8933718
Http://www.xinxiangtai.cn
法人代表(Chairman)：方永祥
总经理(General Manager)：方莹
联系人(Contact Person)：方莹
产品(Products)：卫生纸，盘纸
品牌(Brand)：雅洁尔，丽人

遵义市好朋友商贸有限公司
Zunyi Haopengyou Trade Co., Ltd.,
地址(Add)：贵州省遵义市香港路罗庄电器市场写字楼
邮编(P. C.)：563000
电话(Tel)：0852－8510299
E-mail：yuyann@126.com
联系人(Contact Person)：黄尚军
产品(Products)：面巾纸

遵义遵荣纸业有限公司
Zunyi Zunrong Paper Co., Ltd.
地址(Add)：贵州省遵义县苟江工业园区
邮编(P. C.)：563101
电话(Tel)：0852－7696286
联系人(Contact Person)：李玉利
产品(Products)：卫生纸

● 云南 Yunnan

沧源县富怡纸业有限公司★
Cangyuan Fuyi Paper Co., Ltd.
地址(Add)：云南省沧源县勐省工业园区
邮编(P. C.)：677400
电话(Tel)：0883－3029001
传真(Fax)：0883－3029003
E-mail：yunnanfuyi@163.com
联系人(Contact Person)：谭淑珍
产品(Products)：卫生纸，原纸

昆明美臻纸业有限公司
Kunming Meizhen Paper Co., Ltd.
地址(Add)：云南省昆明市安宁安丰营工业园区
邮编(P. C.)：650200
电话(Tel)：0871－68670998
传真(Fax)：0871－68677108
E-mail：xingxin511@gmail.com
联系人(Contact Person)：李宏武
产品(Products)：卫生纸

昆明市港舒卫生用品厂
Kunming Gangshu Hygiene Products Factory
地址(Add)：云南省昆明市滇池路中段陆家营
邮编(P. C.)：650228
电话(Tel)：0871－64575888
传真(Fax)：0871－64585988
E-mail：business@gangshu.net
法人代表(Chairman)：蔡燕珠
总经理(General Manager)：杨剑锋
联系人(Contact Person)：杨剑锋
产品(Products)：卫生巾，卫生护垫，面巾纸，卫生纸，婴儿纸尿裤/片
品牌(Brand)：诗尔爽，诗爽，诗柏

昆明嘉信和纸业有限公司
Kunming Jiaxinhe Paper Products Co., Ltd.
地址(Add)：云南省昆明市福海乡陆家营295号
邮编(P. C.)：650228
电话(Tel)：0871-64604560
传真(Fax)：0871-64612588
Http://www.jiaxinhe.com
法人代表(Chairman)：徐志强
总经理(General Manager)：徐志强
联系人(Contact Person)：何照虎
产品(Products)：卫生纸，餐巾纸，面巾纸，擦手纸
品牌(Brand)：真龙，板扎，惠当家，别样

云南昆和纸业有限公司
Yunnan Kunhe Paper Co., Ltd.
地址(Add)：云南省昆明市关上镇和甸营村
邮编(P. C.)：650200
电话(Tel)：0871-67162527
传真(Fax)：0871-67324282
法人代表(Chairman)：王华荣
总经理(General Manager)：贺启龙
联系人(Contact Person)：贺启龙
产品(Products)：卫生纸，餐巾纸，面巾纸

昆明紫锦商贸有限公司
Kunming Zijin Trade Co., Ltd.
地址(Add)：云南省昆明市官渡区关上镇苏凤村2号
邮编(P. C.)：650200
电话(Tel)：0871-7183931
传真(Fax)：0871-7014563
E-mail：1474688@qq.com
Http://www.kmxlzp.com
总经理(General Manager)：郭江
产品(Products)：餐巾纸，面巾纸，卫生纸
品牌(Brand)：紫锦欣，倍安舒

昆明市胜达生活用纸厂股份有限公司
Kunming Shengda Household Paper Mill Co., Ltd.
地址(Add)：云南省昆明市官渡区官渡古镇后所
邮编(P. C.)：650000
电话(Tel)：0871-64571055
传真(Fax)：0871-64571055
法人代表(Chairman)：刘钟全
产品(Products)：卫生纸，餐巾纸，面巾纸
品牌(Brand)：约定，美象

昆明华安美洁卫生用品有限公司
Kunming Huaan Meijie Hygiene Articles Co., Ltd.
地址(Add)：云南省昆明市官渡区官南大道(叶家村段)
邮编(P. C.)：650051
电话(Tel)：0871-67321357
传真(Fax)：0871-67321355
法人代表(Chairman)：李珊
产品(Products)：卫生纸，手帕纸

昆明万达纸业有限公司
Kunming Wanda Tissue Co., Ltd.
地址(Add)：云南省昆明市官渡区官南大道七甲工业区
邮编(P. C.)：650228
电话(Tel)：0871-67322538
传真(Fax)：0871-67322838
E-mail：kmwdzy@126.com
Http://www.kmwdzy.cn
法人代表(Chairman)：彭志光
总经理(General Manager)：彭志光
联系人(Contact Person)：张健文
产品(Products)：卫生纸
品牌(Brand)：笨精灵，云之娇

昆明市大俪生活用纸厂
Kunming Dali Paper Products Factory
地址(Add)：云南省昆明市官渡区六甲
邮编(P. C.)：650200
电话(Tel)：0871-67322725
传真(Fax)：0871-67322725
总经理(General Manager)：张胜
产品(Products)：卫生纸，面巾纸，手帕纸

昆明蓝欧工贸有限公司
Kunming Lanou Industrial & Trade Co., Ltd.
地址(Add)：云南省昆明市官渡区六甲福保村488号
邮编(P. C.)：650200
电话(Tel)：0871-64578577
传真(Fax)：0871-64579377
总经理(General Manager)：王明刚
联系人(Contact Person)：张天赐
产品(Products)：卫生纸，餐巾纸，擦手纸，手帕纸，面巾纸
品牌(Brand)：蓝欧

昆明家之品纸业有限责任公司
Kunming Jiazhipin Paper Co., Ltd.
地址(Add)：云南省昆明市官渡区六甲乡福保村835号
邮编(P. C.)：650206
电话(Tel)：0871-67326604
传真(Fax)：0871-67326604
联系人(Contact Person)：李志建
产品(Products)：卫生纸，手帕纸，餐巾纸，擦手纸，盘纸
品牌(Brand)：家佳品，唯益

云南南兴纸业有限公司
Yunnan Nanxing Paper Co., Ltd.
地址(Add)：云南省昆明市官渡区六甲乡牛桥村1号
邮编(P. C.)：650000
电话(Tel)：0871-64613555
传真(Fax)：0871-64617555
E-mail：228461355@qq.com
法人代表(Chairman)：戴汉忠
总经理(General Manager)：戴汉忠
联系人(Contact Person)：戴汉忠
产品(Products)：卫生纸，餐巾纸，面巾纸

昆明绿基纸业有限公司
Kunming Lvji Paper Co., Ltd.
地址(Add)：云南省昆明市官渡区六甲乡五组工业区
邮编(P. C.)：650228
电话(Tel)：0871-67326668
传真(Fax)：0871-67326668
总经理(General Manager)：周彬
产品(Products)：卫生纸，手帕纸，餐巾纸

昆明市官渡区鑫康纸品厂
Kunming Xinkang Paper Products Factory
地址(Add)：云南省昆明市官渡区双凤东路192号山水南苑6栋2单元602
邮编(P.C.)：650200
电话(Tel)：0871－67159069
传真(Fax)：0871－67186638
联系人(Contact Person)：邹利
产品(Products)：卫生纸，面巾纸，手帕纸，餐巾纸

昆明市阳光生活用纸厂
Kunming Yangguang Household Paper Mill
地址(Add)：云南省昆明市广福路向化2队
邮编(P.C.)：650000
电话(Tel)：0871－66087236
传真(Fax)：0871－66087236
总经理(General Manager)：汪彦鸣
产品(Products)：卫生纸，面巾纸

丽康纸品厂
Likang Paper Products Plant
地址(Add)：云南省昆明市经济开发区阿拉乡祭虫山森林公园旁
邮编(P.C.)：650217
电话(Tel)：0871－7322891
联系人(Contact Person)：苏英
产品(Products)：卫生纸

昆明市欣达纸品厂
Kunming Xinda Paper Products Factory
地址(Add)：云南省昆明市经开区阿拉工业园
邮编(P.C.)：650000
电话(Tel)：0871－4571373
总经理(General Manager)：陈泓铭
产品(Products)：卫生纸

云南省昆明星胜纸制品厂
Kunming Xingsheng Paper Products Factory
地址(Add)：云南省昆明市经开区小石坝桃源山
邮编(P.C.)：650228
电话(Tel)：0871－64583445
法人代表(Chairman)：龙治银
联系人(Contact Person)：龙治银
产品(Products)：餐巾纸，卫生纸
品牌(Brand)：星胜

昆明市丰达生活用纸厂
Kunming Fengda Household Paper Mill
地址(Add)：云南省昆明市经开区小石坝新园区
邮编(P.C.)：650200
电话(Tel)：0871－64593301
传真(Fax)：0871－64593301
总经理(General Manager)：李云学
产品(Products)：餐巾纸，卫生纸
品牌(Brand)：丰达，百家乐

昆明春城纸巾厂
Kunming Chuncheng Paper Napkin Factory
地址(Add)：云南省昆明市昆沙路吴家营工业区4号
邮编(P.C.)：650000
电话(Tel)：0871－65355182
E-mail：841912462@qq.com
法人代表(Chairman)：曹选昌
总经理(General Manager)：曹选昌
产品(Products)：卫生纸，餐巾纸

宏祥纸业公司
Hongxiang Paper Co.
地址(Add)：云南省昆明市龙泉路上庄烟厂旁
邮编(P.C.)：650000
电话(Tel)：0871－65812090
传真(Fax)：0871－65828898
法人代表(Chairman)：唐祥
联系人(Contact Person)：石云红
产品(Products)：餐巾纸，面巾纸，卫生纸

云南泰誉实业有限公司
Yunnan Taiyu Industry Co., Ltd.
地址(Add)：云南省昆明市民办科科技园6－1号
邮编(P.C.)：650000
电话(Tel)：0871－67428422
传真(Fax)：0871－67428422
法人代表(Chairman)：刘木土
总经理(General Manager)：刘木土
联系人(Contact Person)：黄顺珍
产品(Products)：餐巾纸，卫生纸
品牌(Brand)：富祥安安

云南兴亮实业有限公司
Yunnan Xingliang Industry and Commerce Co., Ltd.
地址(Add)：云南省昆明市五华区羊仙坡南路2号
邮编(P.C.)：650000
电话(Tel)：0871－8100008
传真(Fax)：0871－8306566
E-mail：517691019@qq.com
Http://www.8100008.com
法人代表(Chairman)：苏星亮
联系人(Contact Person)：苏星亮
产品(Products)：餐巾纸，擦手纸，卫生纸，面巾纸，湿巾

云南南恩糖纸有限公司★
Yunnan Nanen Paper Co., Ltd.
地址(Add)：云南省昆明市西山区滇池路阳光花3栋2单元102室
邮编(P.C.)：650000
电话(Tel)：0871－64588883
法人代表(Chairman)：徐宏
总经理(General Manager)：徐宏
联系人(Contact Person)：徐宏
产品(Products)：原纸

昆明维世兄弟工贸有限公司
Kunming Brother Weishi Industry Trade Co., Ltd.
地址(Add)：云南省昆明市西山区福海乡平桥村136号汇郦境园5幢1单元1102室
邮编(P.C.)：650041
电话(Tel)：0871－8224510
传真(Fax)：0871－8220933
Http://www.whxdgm.com
法人代表(Chairman)：丁维峰
联系人(Contact Person)：李福银

产品(Products)：面巾纸，卫生纸
品牌(Brand)：维世

昆明市大手纸厂
Kunming Dashou Paper Mill
地址(Add)：云南省昆明市小板桥街道办事处四甲工业区
邮编(P. C.)：650034
电话(Tel)：0871－67333623
传真(Fax)：0871－67352801
联系人(Contact Person)：田堇瑾
产品(Products)：卫生纸，卫生巾，纸尿片
品牌(Brand)：滇之美，洁期，小宝当佳

云南云景林纸股份有限公司★
Yunnan Yunjing Forestry & Pulp Co., Ltd.
地址(Add)：云南省普洱市景谷县林纸路300号
邮编(P. C.)：666400
电话(Tel)：0879－5410634
传真(Fax)：0879－5410146
E-mail：zz1209@126. com
Http：//www. xjlzh. com
联系人(Contact Person)：张致亮
产品(Products)：卫生纸，原纸

文山云荷纸业有限责任公司★
Wenshan Yunhe Paper Co., Ltd.
地址(Add)：云南省文山市环城西路26号
邮编(P. C.)：663000
电话(Tel)：0876－2623803
传真(Fax)：0876－2623688
Http：//www. wsyhzy. com
法人代表(Chairman)：郑云川
总经理(General Manager)：郑云川
联系人(Contact Person)：周朝荣
产品(Products)：卫生纸，原纸
品牌(Brand)：南荷，云荷

宣威市康乐纸业制品厂
Xuanwei Kangle Paper Products Factory
地址(Add)：云南省宣威市环城东路中段(龙堡东路旁)
邮编(P. C.)：655400
电话(Tel)：0874－7169089
总经理(General Manager)：徐安孔
产品(Products)：卫生纸，餐巾纸

云南江川翠峰纸业有限公司★
Yunnan Jiangchuan Cuifeng Paper Industry Co., Ltd.
地址(Add)：云南省玉溪市江川县江城镇翠峰工业园区
邮编(P. C.)：652601
电话(Tel)：0877－8095268
传真(Fax)：0877－8095268
E-mail：jccfzy@126. com
Http：//www. jccfzy. com
法人代表(Chairman)：李吉华
总经理(General Manager)：李吉华
联系人(Contact Person)：李云春
产品(Products)：原纸，卫生纸，手帕纸，面巾纸，餐巾纸
品牌(Brand)：翠峰，品美

云南汉光纸业有限公司★
Yunnan Hanguang Paper Co., Ltd.
地址(Add)：云南省玉溪市通海县四街镇高大工业区
邮编(P. C.)：652706
电话(Tel)：0877－3031789
传真(Fax)：0877－3031739
E-mail：hglh123@126. com
Http：//thhg. china. b2b. cn
法人代表(Chairman)：龚汉光
总经理(General Manager)：林祥
联系人(Contact Person)：葛道生
产品(Products)：卫生纸，面巾纸，手帕纸，原纸
品牌(Brand)：宜家，阳光家园，莹色之星，绿筠

云南省昭通新世纪纸巾厂
Yunnan Zhaotong Xinshiji Napkin Factory
地址(Add)：云南省昭通市龙泉新街62号副10号
邮编(P. C.)：657000
电话(Tel)：0870－2165773
总经理(General Manager)：何文德
产品(Products)：餐巾纸，卫生纸

● 西藏 Tibet

西藏远征集团★
Tibet Yuanzheng Group
地址(Add)：西藏拉萨市拉贡路008号
邮编(P. C.)：850000
电话(Tel)：0891－6152788
传真(Fax)：0891－6153888
E-mail：xzyzgs9@msn. com
Http：//www. tyz9. com
法人代表(Chairman)：曹大千
产品(Products)：卫生纸，原纸

● 陕西 Shaanxi

大荔县大发纸品厂
Dali Dafa Paper Proudcts Factory
地址(Add)：陕西省大荔县仁厚新村6巷
邮编(P. C.)：715100
电话(Tel)：0913－3390909
联系人(Contact Person)：陈志成
产品(Products)：卫生纸
品牌(Brand)：花影

陕西法门寺纸业有限责任公司★
Shaanxi Famensi Paper Co., Ltd.
地址(Add)：陕西省扶风县城东坡路003号
邮编(P. C.)：722200
电话(Tel)：0917－5211148
传真(Fax)：0917－5211131
法人代表(Chairman)：王周权
联系人(Contact Person)：王周权
产品(Products)：卫生纸，餐巾纸，原纸
品牌(Brand)：法门寺

西安华源纸业卫生保健用品有限公司
Xian Huayuan Paper Hygiene Healthcare Co., Ltd.
地址(Add):陕西省西安市灞桥区新兴工业园8号
邮编(P. C.):710025
电话(Tel):029-83351611
传真(Fax):029-83351600
E-mail:xahyzy2009@163.com
Http://www.xahyzy.com.cn
法人代表(Chairman):寇权铭
总经理(General Manager):寇权铭
产品(Products):餐巾纸,擦手纸,面巾纸,手帕纸,湿巾

陕西欣瑞晨工贸有限公司
Shaanxi Xinruichen I&T Co., Ltd.
地址(Add):陕西省西安市长安区子午大道黄石路甲字8号
邮编(P. C.):710109
电话(Tel):029-85919707
传真(Fax):029-85919707
E-mail:912206346@qq.com
联系人(Contact Person):王滨
产品(Products):餐巾纸,擦手纸,卫生纸
品牌(Brand):我愿意,兔拉拉,MY PLEASURE

陕西爱洁日用品有限公司
Shaanxi Aijie Commodity Co., Ltd.
地址(Add):陕西省西安市金花南路1号
邮编(P. C.):710048
电话(Tel):029-82611079
传真(Fax):029-82611079
E-mail:aijiezhiye@163.com
联系人(Contact Person):杨晓峰
产品(Products):餐巾纸,面巾纸,擦手纸,湿巾

西安可心日用制品有限公司
Xian Kexin Articles for Daily Use Co., Ltd.
地址(Add):陕西省西安市经济开发区泾河工业园北区
邮编(P. C.):710200
电话(Tel):029-86967211
传真(Fax):029-86967406
E-mail:office@xakexin.com
Http://www.xakexin.cn
法人代表(Chairman):陈敬仁
总经理(General Manager):陈敬仁
联系人(Contact Person):陈木善
产品(Products):卫生巾,卫生护垫,婴儿纸尿裤/片,手帕纸,面巾纸
品牌(Brand):可心,快乐假期,舒月,可心宝儿

西安都邦纸业有限公司★
Xian Dubang Paper Co., Ltd.
地址(Add):陕西省西安市莲湖区北关正街12号
邮编(P. C.):710014
电话(Tel):029-86251476
传真(Fax):029-86251476
法人代表(Chairman):徐丹军
产品(Products):卫生纸,原纸
品牌(Brand):仙鹅湖

西安市西耀纸业商贸有限公司
Xian Xiyao Paper Trade Co., Ltd.
地址(Add):陕西省西安市三桥阿房一路中段府东寨168号
邮编(P. C.):710086
电话(Tel):029-84510829
传真(Fax):029-84520261
E-mail:xi_an_xiyao@vip.163.com
联系人(Contact Person):李西耀
产品(Products):成人纸尿裤/片,护理垫,面巾纸
品牌(Brand):莫菲儿,阿房情,泰迪

西安市丰悦纸品厂
Xian Fengyue Paper Products Factory
地址(Add):陕西省西安市未央区汉城吴高墙村南
邮编(P. C.):710016
电话(Tel):029-86608175
传真(Fax):029-86393098
E-mail:253209704@qq.com
法人代表(Chairman):孙桂莲
总经理(General Manager):孙桂莲
联系人(Contact Person):翁立婷
产品(Products):餐巾纸,手帕纸,面巾纸

西安福瑞德纸业有限责任公司
Xian Furuide Paper Co., Ltd.
地址(Add):陕西省西安市未央区汉城乡丰产路席王工业园1号
邮编(P. C.):710000
电话(Tel):029-86609556
传真(Fax):029-86609556
E-mail:furuide@126.com
法人代表(Chairman):姜晓燕
总经理(General Manager):姜晓燕
联系人(Contact Person):姜晓燕
产品(Products):餐巾纸,湿巾
品牌(Brand):福瑞德

恒安(陕西)纸业有限公司
Hengan (Shaanxi) Paper Co., Ltd.
地址(Add):陕西省咸阳市三原县清河食品工业园龙桥大街
邮编(P. C.):710300
电话(Tel):029-84859091
传真(Fax):029-84859813
E-mail:lvry@shanxi.hengan.com
法人代表(Chairman):许连捷
总经理(General Manager):许春满
联系人(Contact Person):吕荣英
产品(Products):卫生纸,面巾纸,手帕纸,餐巾纸,厨房纸巾,擦手纸
品牌(Brand):心相印

金红叶纸业(咸阳)有限公司
Gold Hongye Paper (Xianyang) Co., Ltd.
地址(Add):陕西省咸阳市武功县人民路老剧院内,西排七户
邮编(P. C.):712200
电话(Tel):029-37291349
产品(Products):卫生纸,面巾纸,手帕纸
品牌(Brand):清风,真真

陕西兴包企业集团有限责任公司★
Shaanxi Xingbao Group Co., Ltd.
地址(Add)：陕西省兴平市丰仪工业区
邮编(P. C.)：713100
电话(Tel)：029－38266620
传真(Fax)：029－38266080
E-mail：xingbao_sx@china.com
Http：//www.sxxingbao.com
法人代表(Chairman)：彭晓宏
总经理(General Manager)：彭喜宏
联系人(Contact Person)：薛成武
产品(Products)：原纸，卫生纸，面巾纸，手帕纸
品牌(Brand)：欣雅，欣家，欣而雅

● 甘肃 Gansu

靖远银莲纸品厂★
Jingyuan Yinlian Paper Products Factory
地址(Add)：甘肃省白银市靖远县石板沟铁合金厂侧
邮编(P. C.)：730699
电话(Tel)：0943－6126148
传真(Fax)：0943－6126148
联系人(Contact Person)：马华
产品(Products)：餐巾纸，卫生纸，原纸
品牌(Brand)：银莲

甘肃古浪惠思洁纸业有限公司★
Gulang Huisijie Paper Co., Ltd.
地址(Add)：甘肃省古浪县泗水镇北街
邮编(P. C.)：733101
电话(Tel)：0935－5167339
传真(Fax)：0935－5167339
法人代表(Chairman)：杨发春
总经理(General Manager)：雷栓虎
产品(Products)：卫生纸，原纸
品牌(Brand)：惠思洁

兰州同成工贸有限责任公司
Lanzhou Tongcheng I&T Co., Ltd.
地址(Add)：甘肃省兰州市高新区南面滩私营工业园18号
邮编(P. C.)：730010
电话(Tel)：0931－8671563
法人代表(Chairman)：李正中
总经理(General Manager)：李正中
联系人(Contact Person)：杨检俊
产品(Products)：卫生纸
品牌(Brand)：同成

兰州市添添纸制品厂
Lanzhou Tiantian Paper Products Factory
地址(Add)：甘肃省兰州市七里河区崔家崖48号
邮编(P. C.)：730050
电话(Tel)：0931－2567380
传真(Fax)：0931－2567380
E-mail：1141024216@qq.com
法人代表(Chairman)：张惠玲
总经理(General Manager)：王斌
联系人(Contact Person)：王斌
产品(Products)：卫生纸，餐巾纸
品牌(Brand)：添景

兰州奇洁纸业有限公司★
Lanzhou Qijie Paper Co., Ltd.
地址(Add)：甘肃省兰州市西固区广家坪16号
邮编(P. C.)：730060
电话(Tel)：0931－7540010
联系人(Contact Person)：苟武代
产品(Products)：擦手纸，卫生纸，面巾纸，原纸
品牌(Brand)：奇洁

平凉市宝马纸业有限责任公司★
Pingliang Baoma Paper Co., Ltd.
地址(Add)：甘肃省平凉市四十里铺镇清街28号
邮编(P. C.)：744024
电话(Tel)：0933－8410545
传真(Fax)：0933－8410019
法人代表(Chairman)：王转运
联系人(Contact Person)：任世义
产品(Products)：卫生纸，原纸
品牌(Brand)：雪竹

平凉市峡门造纸厂★
Pingliang Xiamen Paper Mill
地址(Add)：甘肃省平凉市峡门乡白坡村
邮编(P. C.)：744000
电话(Tel)：0933－8570035
传真(Fax)：0933－8570258
法人代表(Chairman)：黄登贵
总经理(General Manager)：黄万江
联系人(Contact Person)：苏振东
产品(Products)：卫生纸，原纸
品牌(Brand)：明洁，明霞

庆阳市西峰光中纸厂
Qingyang Guangzhong Paper Mill
地址(Add)：甘肃省庆阳市西峰区安定东路东段
邮编(P. C.)：745099
电话(Tel)：0934－8232966
联系人(Contact Person)：秦广忠
产品(Products)：卫生纸，餐巾纸，擦手纸
品牌(Brand)：出水清莲

甘肃古浪华星纸业有限公司
Gulang Huaxing Paper Co., Ltd.
地址(Add)：甘肃省武威市古浪县泗水镇北街1号
邮编(P. C.)：733100
电话(Tel)：0935－5167319
传真(Fax)：0935－5167302
E-mail：ygx2005@vip.163.com
法人代表(Chairman)：杨国兴
总经理(General Manager)：杨国兴
联系人(Contact Person)：杨国兴
产品(Products)：餐巾纸，卫生纸，面巾纸，手帕纸

张掖明阳集团纸业有限责任公司
Mingyang Paper Co., Ltd.
地址(Add)：甘肃省张掖市火车站工业开发区
邮编(P. C.)：537800
电话(Tel)：0936－6922396
传真(Fax)：0936－6922396

总经理(General Manager)：李克龙
联系人(Contact Person)：李开虎
产品(Products)：卫生纸

● 宁夏 Ningxia

固原嘉通工贸有限公司
Guyuan Jiatong Paper Trade Co., Ltd.
地址(Add)：宁夏固原经济开发区中小企业科技创业园14号
邮编(P. C.)：756000
电话(Tel)：0954－2837567
传真(Fax)：0954－7284009
总经理(General Manager)：王晓伟
产品(Products)：卫生纸

宁夏牵手缘纸业有限公司
Ningxia Qianshouyuan Paper Co., Ltd.
地址(Add)：宁夏灵武市创业园A区9号
邮编(P. C.)：751400
电话(Tel)：0951－4676168
传真(Fax)：0951－4676168
联系人(Contact Person)：马廷海
产品(Products)：卫生纸

青铜峡市佳美纸业有限公司
Qingtongxia Jiamei Paper Co., Ltd.
地址(Add)：宁夏青铜峡市峡口工业区
邮编(P. C.)：751601
电话(Tel)：0953－3660016
传真(Fax)：0953－3660016
Http://www.qtxjmzy.com
联系人(Contact Person)：马继
产品(Products)：卫生纸，面巾纸

吴忠市佳佳纸制品厂
Wuzhong Jiajia Paper Products Factory
地址(Add)：宁夏吴忠市高闸镇
邮编(P. C.)：751102
电话(Tel)：0953－2652788
传真(Fax)：0953－2652788
总经理(General Manager)：张双锁
产品(Products)：卫生纸

宁夏吴忠市永伟纸品包装厂
Wuzhong Yongwei Paper Products Packing Factory
地址(Add)：宁夏吴忠市金银滩中心学校对面
邮编(P. C.)：751100
电话(Tel)：0953－2790515
联系人(Contact Person)：臧保华
产品(Products)：卫生纸，面巾纸
品牌(Brand)：阳光佳丽，雅美思

宁夏锦程纸业有限公司
Ningxian Jincheng Paper Co., Ltd.
地址(Add)：宁夏吴忠市上桥镇花寺村
邮编(P. C.)：751100
电话(Tel)：0953－2242608
传真(Fax)：0953－2242608
总经理(General Manager)：刘广智
产品(Products)：面巾纸，卫生纸
品牌(Brand)：灵洲洁

吴忠新源纸业有限公司★
Xinyuan Paper Co., Ltd.
地址(Add)：宁夏吴忠市友谊东路29号
邮编(P. C.)：751100
电话(Tel)：0953－2012926
传真(Fax)：0953－2012134
Http://www.nxxyzy.com
法人代表(Chairman)：申均
总经理(General Manager)：申均
产品(Products)：卫生纸，面巾纸，餐巾纸，原纸
品牌(Brand)：三圈

宁夏紫荆花纸业有限公司★
Ningxia Bauhinia Paper Co., Ltd.
地址(Add)：宁夏银川市永宁县城红星桥南侧
邮编(P. C.)：750100
电话(Tel)：0951－8011426
传真(Fax)：0951－8013355
E-mail：zyxsb@zijinhua.com.cn
Http://www.zijinhua.com.cn
法人代表(Chairman)：纳巨波
总经理(General Manager)：张东红
联系人(Contact Person)：张秀清
产品(Products)：原纸，卫生纸，面巾纸，餐巾纸，手帕纸，擦手纸
品牌(Brand)：紫金花，紫荆花

● 新疆 Xinjiang

新疆博湖苇业股份有限公司★
Xinjiang Bohu Reed Co., Ltd.
地址(Add)：新疆库尔勒市新城区楼兰路
邮编(P. C.)：841001
电话(Tel)：0996－2160000
传真(Fax)：0996－2152533
E-mail：bohureed@163.com
Http://www.bohureed.com
法人代表(Chairman)：宋建新
总经理(General Manager)：徐林
联系人(Contact Person)：牧秀英
产品(Products)：卫生纸，餐巾纸，原纸
品牌(Brand)：博浪，樱花

石河子市惠尔美纸业有限公司★
Shihezi Huiermei Paper Co., Ltd.
地址(Add)：新疆石河子北泉镇工业园区雨润路11号
邮编(P. C.)：832011
电话(Tel)：0993－2259596
传真(Fax)：0993－6659299
总经理(General Manager)：李志刚
产品(Products)：卫生纸，餐巾纸，面巾纸，原纸

新疆石河子市思念纸厂
Shihezi Siniang Paper Mill
地址(Add)：新疆石河子市开发区旺旺集团
邮编(P. C.)：832000

电话(Tel)：0993-2860181
联系人(Contact Person)：程治茗
产品(Products)：餐巾纸
品牌(Brand)：思念，净美佳

石河子鑫天宏工贸有限公司★
Shihezi Xintianhong Industry & Trade Co., Ltd.
地址(Add)：新疆石河子市西三路
邮编(P. C.)：832009
电话(Tel)：0993-7526176
传真(Fax)：0993-7526179
E-mail：wangqiaoling292@163.com
法人代表(Chairman)：李奇伟
总经理(General Manager)：李奇伟
联系人(Contact Person)：王巧玲
产品(Products)：卫生纸，餐巾纸，手帕纸，面巾纸，原纸
品牌(Brand)：天宏，天天相伴

新疆乌鲁木齐市鑫之顺纸业
Wulumuqi Xinzhishun Paper Co.
地址(Add)：新疆乌鲁木齐市八道湾二队三巷
邮编(P. C.)：830000
电话(Tel)：0991-4609861
传真(Fax)：0991-4609861
E-mail：1846505566@qq.com
总经理(General Manager)：曹红霞
联系人(Contact Person)：曹红霞
产品(Products)：餐巾纸，卫生纸，面巾纸，湿巾
品牌(Brand)：鑫之顺

新疆红柳纸业红柳生活用纸厂
Xinjiang Hongliu Paper Products Factory
地址(Add)：新疆乌鲁木齐市七道湾西街
邮编(P. C.)：830028
电话(Tel)：0991-4695228
传真(Fax)：0991-4694911
联系人(Contact Person)：李凤春
产品(Products)：卫生纸，面巾纸，手帕纸

新疆三兄弟纸品加工厂
Xinjiang Sanxiongdi Paper Products Factory
地址(Add)：新疆乌鲁木齐市水区八道湾五队
邮编(P. C.)：830000
电话(Tel)：0991-4650307
传真(Fax)：0991-5831705
联系人(Contact Person)：殷宪超
产品(Products)：卫生纸

新疆舒洁实业有限公司
Xinjiang Shujie Industry Co., Ltd.
地址(Add)：新疆乌鲁木齐市天山区中湾街16巷45号
邮编(P. C.)：830000
电话(Tel)：0991-2558209
传真(Fax)：0991-2568757
E-mail：657648123@qq.com
总经理(General Manager)：芦海燕
产品(Products)：餐巾纸，卫生纸，手帕纸

乌鲁木齐市王业安昌纸品有限公司
Wulumuqi Wangye Anchang Paper Products Co., Ltd.
地址(Add)：新疆乌鲁木齐市头区裕宝东街4巷17号
邮编(P. C.)：830022
电话(Tel)：0991-3106069
传真(Fax)：0991-7971388
总经理(General Manager)：王树伟
联系人(Contact Person)：王树伟
产品(Products)：卫生纸
品牌(Brand)：雅兰，好典，佳得惠

乌鲁木齐市佳赫纸业有限公司
Wulumuqi Jiahe Paper Co., Ltd.
地址(Add)：新疆乌鲁木齐市乌昌路3330号
邮编(P. C.)：830022
电话(Tel)：0991-3967287
传真(Fax)：0991-3972669
联系人(Contact Person)：赫春明
产品(Products)：卫生纸，餐巾纸，面巾纸

女性卫生用品生产企业
按地区细分统计
（2013 年，统计总数 654 家）

序号	行政区 Region	企业数	起始页	序号	行政区 Region	企业数	起始页
1	北京 Beijing	13	299	15	山东 Shandong	40	343
2	天津 Tianjin	42	300	16	河南 Henan	30	348
3	河北 Hebei	48	305	17	湖北 Hubei	14	351
4	山西 Shanxi	1	309	18	湖南 Hunan	14	352
6	辽宁 Liaoning	11	310	19	广东 Guangdong	114	354
8	黑龙江 Heilongjiang	5	311	20	广西 Guangxi	8	366
9	上海 Shanghai	29	311	22	重庆 Chongqing	3	367
10	江苏 Jiangsu	38	315	23	四川 Sichuan	4	368
11	浙江 Zhejiang	43	319	24	贵州 Guizhou	2	368
12	安徽 Anhui	7	323	25	云南 Yunnan	6	368
13	福建 Fujian	163	324	27	陕西 Shaanxi	3	369
14	江西 Jiangxi	15	342	31	新疆 Xinjiang	1	369

注：5 内蒙古、7 吉林、21 海南、26 西藏、28 甘肃、29 青海和 30 宁夏缺项。

女性卫生用品
Feminine hygiene products

● 北京 Beijing

北京成功柒加叁科技发展有限公司
Beijing Success 7 & 3 Co., Ltd.
地址(Add)：北京市朝阳区北四环东路108号五乙楼19层1906室
邮编(P. C.)：100029
电话(Tel)：010－84831875
传真(Fax)：010－84832832
联系人(Contact Person)：李培培
产品(Products)：卫生巾，卫生护垫，婴儿纸尿裤，成人纸尿裤
品牌(Brand)：F7

北京泰德玖品生物科技有限公司
Beijing Tide Jayauce Biological Technology Co., Ltd.
地址(Add)：北京市朝阳区东三环中路39号建外SOHO4号1505
邮编(P. C.)：100011
电话(Tel)：010－58695931
传真(Fax)：010－58695931
E-mail：i9oo9i@ sina. com
Http：//www. jiupinchina. com
联系人(Contact Person)：刘冰清
产品(Products)：卫生巾，湿巾

北京艾雪伟业科技有限公司
Beijing Love Snow Science & Technology Co., Ltd.
地址(Add)：北京市朝阳区平房乡石各庄村592号
邮编(P. C.)：100024
电话(Tel)：010－85529181
传真(Fax)：010－85510906
E-mail：ngb009@ msn. com
Http：//www. lovesnow009. com
法人代表(Chairman)：牛国滨
总经理(General Manager)：牛国滨
联系人(Contact Person)：牛国滨
产品(Products)：产妇卫生巾，产妇护理垫，婴儿纸尿片，护理垫
品牌(Brand)：艾雪

北京倍舒特妇幼用品有限公司
Beijing Beishute Maternity & Child Articles Co., Ltd.
地址(Add)：北京市朝阳区望京中环南路甲2号佳境天城A座2502室
邮编(P. C.)：100102
电话(Tel)：010－69061748
传真(Fax)：010－69061747
E-mail：bjbest@ public. bta. net. cn
Http：//www. bjbest. com. cn
法人代表(Chairman)：李秋红
总经理(General Manager)：李秋红
联系人(Contact Person)：刘红艳
产品(Products)：卫生巾，卫生护垫，婴儿纸尿片，护理垫，湿巾
品牌(Brand)：倍舒特，健康宝宝

北京瑞琪五矿工贸有限公司
Beijing Rich Minmetals Co., Ltd.
地址(Add)：北京市丰台区方庄芳群园一区一号楼114室
邮编(P. C.)：100078
电话(Tel)：010－87678962
传真(Fax)：010－67694499
E-mail：c196476@ 126. com
联系人(Contact Person)：陈龙
产品(Products)：卫生巾，卫生护垫，婴儿纸尿裤
品牌(Brand)：碧多妮

北京特日欣卫生用品有限公司
Beijing Terixin Hygiene Products Co., Ltd.
地址(Add)：北京市丰台区花乡新房子71号
邮编(P. C.)：100073
电话(Tel)：010－83609569
传真(Fax)：010－83609589
E-mail：trx88@ 163. com
Http：//www. terixin. com
法人代表(Chairman)：冯跃
总经理(General Manager)：冯跃
联系人(Contact Person)：高金龙
产品(Products)：卫生巾，卫生护垫，婴儿纸尿裤/片，成人纸尿裤/片，湿巾，卫生纸
品牌(Brand)：特日欣

北京爱华中兴纸业有限公司
Beijing Aihua Zhongxing Paper Co., Ltd.
地址(Add)：北京市海淀区西三旗建材城东路8号西侧
邮编(P. C.)：100096
电话(Tel)：010－82929866
传真(Fax)：010－82915709
E-mail：yipianyun@ yipianyun. com
Http：//www. yipianyun. com
法人代表(Chairman)：王家华
总经理(General Manager)：谢大伟
联系人(Contact Person)：何平妹
产品(Products)：餐巾纸，面巾纸，卫生纸，厨房纸巾，手帕纸，擦手纸，卫生巾，卫生护垫，湿巾
品牌(Brand)：一片云，帮护

金佰利(中国)有限公司
Kimberly－Clark (China) Co., Ltd.
地址(Add)：北京市经济技术开发区建安街2号
邮编(P. C.)：100176
电话(Tel)：010－87110015
传真(Fax)：010－67856099
E-mail：jinmei. shi@ kcc. com
Http：//www. kimberly－clark. com. cn
法人代表(Chairman)：张海婴
总经理(General Manager)：程志远
联系人(Contact Person)：史金梅

产品(Products)：卫生巾，卫生护垫，成人失禁用品，婴儿护理用品，生活用纸
品牌(Brand)：高洁丝 Kotex，得伴 Depend，好奇 Huggies，舒洁 Kleenex

圣路律通(北京)科技有限公司
Saintom (Beijing) Science & Technology Co., Ltd.
地址(Add)：北京市石景山区阜石路 166 号泽洋大厦 702 室
邮编(P. C.)：100043
电话(Tel)：010－83650237
传真(Fax)：010－83650239
联系人(Contact Person)：蒲勇
产品(Products)：卫生巾，护理垫

金河泰科(北京)科技有限公司
Jinhe Taike (Beijing) Science & Technology Co., Ltd.
地址(Add)：北京市通州区瑞都国际 2 号楼 2006
邮编(P. C.)：101101
电话(Tel)：010－65691281
传真(Fax)：010－65691911
E-mail：tsb@ tiansibao. com
Http：//www. tiansibao. com
法人代表(Chairman)：陈晓光
总经理(General Manager)：陈春萍
联系人(Contact Person)：陈海潮
产品(Products)：卫生巾，卫生护垫
品牌(Brand)：天丝保

北京舒美卫生用品有限公司
Beijing Shumei Hygiene Products Co., Ltd.
地址(Add)：北京市通州区宋庄佰富苑工业园区
邮编(P. C.)：101118
电话(Tel)：010－52643076
传真(Fax)：010－52643076
E-mail：beijingshumei@ 126. com
Http：//www. bjshumei. com
法人代表(Chairman)：王贵兵
总经理(General Manager)：王贵兵
联系人(Contact Person)：王贵兵
产品(Products)：卫生巾，卫生护垫，湿巾
品牌(Brand)：蓓妍洁

北京吉力妇幼卫生用品有限公司
Beijing Jili MCH Co., Ltd.
地址(Add)：北京市通州区永顺南街 190 号院 1 号楼 1 单元 151
邮编(P. C.)：101199
电话(Tel)：010－80587777
传真(Fax)：010－80585555
法人代表(Chairman)：李贵珍
总经理(General Manager)：李贵珍
联系人(Contact Person)：王江涛
产品(Products)：卫生巾，卫生护垫，婴儿纸尿裤
品牌(Brand)：假日情

北京众生平安科技发展有限公司
Beijing All－Life Healthy Tech Co., Ltd.
地址(Add)：北京市西直门北大街联会路 99 号海云轩 D022
邮编(P. C.)：100082
电话(Tel)：010－62278487
传真(Fax)：010－62244029
E-mail：dawsonlee@ zspa. com. cn
Http：//www. zspa. com. cn
法人代表(Chairman)：陆允娟
总经理(General Manager)：陆允娟
联系人(Contact Person)：李德志
产品(Products)：卫生护垫
品牌(Brand)：雪莲女人

● 天津 Tianjin

天津市宝坻区美洁卫生制品有限公司
Tianjin Baodi Meijie Hygiene Products Co., Ltd.
地址(Add)：天津市宝坻经济开发区宝新工业园
邮编(P. C.)：301815
电话(Tel)：022－29610788
传真(Fax)：022－29610768
E-mail：meijie0788@ 126. com
法人代表(Chairman)：段景香
总经理(General Manager)：石磊
联系人(Contact Person)：宋宝新
产品(Products)：卫生巾，卫生护垫
品牌(Brand)：蓓婷

天津宝龙发卫生制品有限公司
Tianjin Baolongfa Hygiene Products Co., Ltd.
地址(Add)：天津市宝坻区高家庄后西苑
邮编(P. C.)：301800
电话(Tel)：022－22528188
传真(Fax)：022－22528288
Http：//tjbaolongfa. cn. alibaba. com
法人代表(Chairman)：席成森
联系人(Contact Person)：王伟
产品(Products)：卫生巾，卫生护垫
品牌(Brand)：月康馨

天津市安琪尔纸业有限公司
Tianjin Anqier Paper Co., Ltd.
地址(Add)：天津市宝坻区霍各庄工业园区
邮编(P. C.)：301819
电话(Tel)：022－22513000
传真(Fax)：022－22513333
E-mail：najiesi@ sina. com
法人代表(Chairman)：徐建华
总经理(General Manager)：郭义民
联系人(Contact Person)：郭义民
产品(Products)：卫生巾，卫生护垫，婴儿纸尿裤
品牌(Brand)：娜洁思

天津大雅卫生制品厂
Tianjin Daya Hygiene Products Plant
地址(Add)：天津市宝坻区霍各庄镇东开发区陈家口村
邮编(P. C.)：300000
电话(Tel)：022－22518029
传真(Fax)：022－22517595
法人代表(Chairman)：李振国
总经理(General Manager)：李振国
联系人(Contact Person)：安凤霞
产品(Products)：卫生巾，卫生护垫

品牌(Brand)：惠子

天津市舒爽卫生制品有限公司
Tianjin Shushuang Hygiene Products Co., Ltd.
地址(Add)：天津市宝坻区技术监督局南侧
邮编(P. C.)：301800
电话(Tel)：022－82665009
传真(Fax)：022－82655009
E-mail：shushuang5009@163. com
Http：//www. tishushuang. com
法人代表(Chairman)：杨少东
总经理(General Manager)：杨少东
联系人(Contact Person)：杨少东
产品(Products)：卫生巾，妇幼两用巾，卫生护垫，婴儿纸尿裤/片，成人纸尿裤/片，护理垫，宠物垫
品牌(Brand)：雅惠，达保健，丝倍爽，爽娃

天津市瑞达卫生用品厂
Tianjin Ruida Hygiene Products Factory
地址(Add)：天津市宝坻区经济开发区
邮编(P. C.)：301801
电话(Tel)：022－29689038
传真(Fax)：022－29685728
总经理(General Manager)：张志发
联系人(Contact Person)：张秀芳
产品(Products)：卫生巾
品牌(Brand)：东方之娇，金凤凰

天津骏发森达卫生用品有限公司
Tianjin Junfasenda Hygiene Products Co., Ltd.
地址(Add)：天津市宝坻区经济开发区宝旺道
邮编(P. C.)：301800
电话(Tel)：022－82669158
传真(Fax)：022－82666999
E-mail：yagewangxiaojun@sina. com
Http：//www. tjyage. com
法人代表(Chairman)：王贵森
总经理(General Manager)：王晓俊
联系人(Contact Person)：王晓俊
产品(Products)：卫生巾，卫生护垫，湿巾，护理垫，婴儿纸尿裤/片
品牌(Brand)：雅格

天津市恒洁卫生用品有限公司
Tianjin Hengjie Hygiene Products Co., Ltd.
地址(Add)：天津市宝坻区九园公路13公里
邮编(P. C.)：301805
电话(Tel)：022－82590555
传真(Fax)：022－82591555
Http：//www. hengjiechina. com
法人代表(Chairman)：宁学杰
总经理(General Manager)：康永萍
联系人(Contact Person)：康永萍
产品(Products)：卫生巾，卫生护垫，妇婴两用巾，婴儿隔尿巾，成人纸尿裤/片，护理垫
品牌(Brand)：诺恋，护理康，贝贝爽

利发卫生用品(天津)有限公司
Lifa Hygiene Products (Tianjin) Co., Ltd.
地址(Add)：天津市宝坻区马家店工业园区
邮编(P. C.)：301800
电话(Tel)：022－82686801
传真(Fax)：022－82651555
E-mail：tjlifa@163. com
Http：//www. tjlifa. com
法人代表(Chairman)：高绍茹
总经理(General Manager)：康永得
联系人(Contact Person)：邓得峰
产品(Products)：卫生巾，卫生护垫，婴儿纸尿裤/片，护理垫
品牌(Brand)：花雨情，温馨

天津市洁维卫生制品有限公司
Tianjin Jiewei Hygiene Products Co., Ltd.
地址(Add)：天津市宝坻区马家店工业园区管委会路
邮编(P. C.)：301800
电话(Tel)：022－59219986
传真(Fax)：022－59219980
法人代表(Chairman)：李德芳
总经理(General Manager)：李德芳
联系人(Contact Person)：李凤利
产品(Products)：卫生巾，卫生护垫，成人纸尿裤，护理垫
品牌(Brand)：惠尔之柔，满尔之婷

天津市娇柔卫生制品有限公司
Tianjin Jiaorou Hygiene Products Co., Ltd.
地址(Add)：天津市宝坻区马家店工业园区管委会路7号
邮编(P. C.)：301801
电话(Tel)：022－22537978
传真(Fax)：022－29901159
E-mail：jrtj@eyou. com
Http：//www. tjjiaorou. com
法人代表(Chairman)：李凤山
总经理(General Manager)：李凤山
联系人(Contact Person)：李凤山
产品(Products)：卫生巾，卫生护垫
品牌(Brand)：茹云，真芳，娇之柔

天津洁雅妇女卫生保健制品有限公司
Tianjin Jieya Women Health Care Products Co., Ltd.
地址(Add)：天津市宝坻区天宝工业园宝富道北
邮编(P. C.)：301800
电话(Tel)：022－82660162
传真(Fax)：022－82659578
E-mail：info@tjjieya. com
Http：//www. tjjieya. com
法人代表(Chairman)：徐文河
总经理(General Manager)：徐文河
联系人(Contact Person)：徐志伟
产品(Products)：卫生巾，卫生护垫，婴儿纸尿裤，成人纸尿裤/片，护理垫
品牌(Brand)：芬柔，雨夜晴爽

小护士(天津)实业发展股份有限公司
Little Nurse (Tianjin) Industry & Commerce Development Co., Ltd.
地址(Add)：天津市北辰高科技产业园区辰星工业园淮河道6号
邮编(P. C.)：300410
电话(Tel)：022－26309200
传真(Fax)：022－26301235

E-mail：fengying_702@126.com
Http：//www.chinanapkin.com.cn
法人代表(Chairman)：杨印海
总经理(General Manager)：杨印海
联系人(Contact Person)：冯颖
产品(Products)：卫生巾，卫生护垫，婴儿纸尿裤，成人纸尿裤，护理垫，卫生纸，面巾纸，手帕纸
品牌(Brand)：小护士

天津市亿利来科技卫生用品厂
Tianjin Yililai Science & Technology Hygiene Products Factory
地址(Add)：天津市北辰区经济开发区双街镇张湾工业园
邮编(P.C.)：300400
电话(Tel)：022-29538070
传真(Fax)：022-29538070
总经理(General Manager)：乔景宏
联系人(Contact Person)：乔玉兰
产品(Products)：卫生巾，卫生纸，湿巾，护理垫
品牌(Brand)：津宝，菲思妮

天津市韩东纸业有限公司
Tianjin Handong Paper Products Co., Ltd.
地址(Add)：天津市北辰区铁东路天盈南道6号
邮编(P.C.)：300402
电话(Tel)：022-26735867
传真(Fax)：022-26735940
Http：//www.tjhdzy.com
法人代表(Chairman)：刘嘉
总经理(General Manager)：赵亚东
联系人(Contact Person)：刘嘉
产品(Products)：卫生巾，卫生护垫，婴儿纸尿片，成人纸尿裤，护理垫
品牌(Brand)：美千草，挚爱，幸福使者，福满多

天津百惠纸品有限公司
Tianjin Baihui Paper Products Co., Ltd.
地址(Add)：天津市北辰区延吉道东头
邮编(P.C.)：300400
电话(Tel)：022-26391539
传真(Fax)：022-26391539
法人代表(Chairman)：李忠
总经理(General Manager)：李忠
联系人(Contact Person)：赵秀琴
产品(Products)：卫生巾，卫生护垫
品牌(Brand)：百惠

天津市蔓莉卫生制品有限公司
Tianjin Manli Hygienic Products Co., Ltd.
地址(Add)：天津市大港区石化产业园区(佰纳黛丝院内)
邮编(P.C.)：300270
电话(Tel)：022-63221661
传真(Fax)：022-63220580
E-mail：manlichina003@163.com
Http：//www.tjmanli.com
法人代表(Chairman)：刘春霞
总经理(General Manager)：朱明华
联系人(Contact Person)：刘春霞
产品(Products)：卫生巾，卫生护垫
品牌(Brand)：蔓莉，初恋情人

天津市英华妇幼用品有限公司
Tianjin Yinghua Women & Children Products Co., Ltd.
地址(Add)：天津市东丽区金钟公路大毕庄镇南孙庄
邮编(P.C.)：300240
电话(Tel)：022-26791415
传真(Fax)：022-26795158
E-mail：sfj@yinghuatj.com
Http：//www.yinghuatj.com
法人代表(Chairman)：孙富举
总经理(General Manager)：孙富举
联系人(Contact Person)：孙永跃
产品(Products)：卫生巾，卫生护垫，婴儿纸尿裤/片，成人纸尿裤/片，护理垫，宠物垫
品牌(Brand)：心宝，心思，假日之恋，厚生堂

天津亨达工贸有限公司
Tianjin Hengda Industry & Trade Co., Ltd.
地址(Add)：天津市东丽区金钟路东安驾校开发区
邮编(P.C.)：300240
电话(Tel)：022-26795557
传真(Fax)：022-26795556
总经理(General Manager)：孙宗安
联系人(Contact Person)：秦士润
产品(Products)：卫生巾，卫生护垫
品牌(Brand)：柔纯，清逸女孩

天津市美商卫生用品有限公司
Tianjin Meishang Hygiene Products Factory
地址(Add)：天津市东丽区津北公路新兴工业区
邮编(P.C.)：300300
电话(Tel)：022-24998376
传真(Fax)：022-24982381
E-mail：wx198512@vip.163.com
Http：//www.tjyuqing.cn
法人代表(Chairman)：王德军
总经理(General Manager)：王德军
联系人(Contact Person)：李文娟
产品(Products)：卫生巾，卫生护垫，婴儿纸尿片，护理垫
品牌(Brand)：雨晴

天津格格卫生用品有限公司
Tianjin Gege Hygiene Products Co., Ltd.
地址(Add)：天津市汉沽区火车站西200米
邮编(P.C.)：300480
电话(Tel)：022-60650656
传真(Fax)：022-67146190
法人代表(Chairman)：刘松林
总经理(General Manager)：刘松林
联系人(Contact Person)：王昭武
产品(Products)：卫生巾，卫生护垫
品牌(Brand)：格格

天津市康怡生纸业有限公司
Tianjin Kangyisheng Paper Co., Ltd.
地址(Add)：天津市蓟县渔阳南路71号(县农行大厦对面)
邮编(P.C.)：301900
电话(Tel)：022-29145101
传真(Fax)：022-29145101
E-mail：tianjinjiaoya@163.com

法人代表(Chairman)：王海生
总经理(General Manager)：王海生
联系人(Contact Person)：王海生
产品(Products)：卫生巾，成人纸尿裤，护理垫
品牌(Brand)：心菲，康怡生，邦尔康

天津市恒新纸业有限公司
Tianjin Permanent New Paper Co., Ltd.
地址(Add)：天津市津南经济技术开发区(双港)上海街10号
邮编(P. C.)：300350
电话(Tel)：022－88828659
传真(Fax)：022－88828679
E-mail：hengxin－zhiye@ sohu. com
法人代表(Chairman)：李宝金
总经理(General Manager)：李宝金
联系人(Contact Person)：宁书金
产品(Products)：卫生巾，卫生护垫，护理垫，宠物垫
品牌(Brand)：假日欣，好丽友，炫彩，邦宜生

蕾丝(天津)科技发展有限公司
Lace (Tianjin) Technology Development Co., Ltd.
地址(Add)：天津市南开区城厢西路天街26－320
邮编(P. C.)：300000
电话(Tel)：022－27352536
传真(Fax)：022－27352536
E-mail：liuna2001_82@ 126. com
Http：//www. as－club. cn
联系人(Contact Person)：刘双
产品(Products)：卫生巾，卫生护垫
品牌(Brand)：薇薇扬

白领假日(天津)贸易有限公司
Bailing Holiday (Tianjin) Trade Co., Ltd.
地址(Add)：天津市南开区复兴路216号
邮编(P. C.)：300071
电话(Tel)：022－82680286
传真(Fax)：022－82680286
E-mail：bailingholiday@ 163. com
Http：//www. bailingholiday. com
法人代表(Chairman)：张宇楠
总经理(General Manager)：张宇楠
联系人(Contact Person)：张宇楠
产品(Products)：卫生巾，婴儿纸尿裤/片，护理垫，宠物垫，湿巾
品牌(Brand)：白领假日

天津市康宝卫生制品有限公司
Tianjin Kangbao Health Care Products Co., Ltd.
地址(Add)：天津市宁河县芦台经济技术开发区芦汉路70号
邮编(P. C.)：301500
电话(Tel)：022－69597862
传真(Fax)：022－69570833
E-mail：kangbao@ vip. sina. com
法人代表(Chairman)：贾德茂
总经理(General Manager)：贾沛元
联系人(Contact Person)：杨长龙
产品(Products)：卫生巾，卫生护垫，成人纸尿裤/片，护理垫
品牌(Brand)：惠之花，俏夕阳，好德伴

天津海华卫生制品有限公司
Tianjin Haihua Hygiene Products Co., Ltd.
地址(Add)：天津市宁河县芦台镇沿河路8号(联星机械厂院内)
邮编(P. C.)：301500
电话(Tel)：022－69585660
传真(Fax)：022－69570059
E-mail：tjhaihua@ 163. com
法人代表(Chairman)：王树海
总经理(General Manager)：王建华
联系人(Contact Person)：王建华
产品(Products)：卫生巾，卫生护垫
品牌(Brand)：舒妮，华逸爽

天津市妮娅卫生用品有限公司
Tianjin Niya Hygiene Products Co., Ltd.
地址(Add)：天津市宁河县造甲城工业园区
邮编(P. C.)：301510
电话(Tel)：022－69518959
传真(Fax)：022－69518988
E-mail：tjniya@ 163. com
Http：//www. tjtianning. com
法人代表(Chairman)：郭宝忠
总经理(General Manager)：郭宝忠
联系人(Contact Person)：孙志宏
产品(Products)：卫生巾，卫生护垫，母婴两用巾，护理垫
品牌(Brand)：天宁，妮娅

天津康乃馨卫生用品厂
Tianjin Kangnaixin Hygiene Products Factory
地址(Add)：天津市武清区崔黄口镇工业园区
邮编(P. C.)：301702
电话(Tel)：022－29572977
传真(Fax)：022－29571067
E-mail：tjknxnzcc@ 126. com
联系人(Contact Person)：张常春
产品(Products)：卫生巾，卫生护垫，护理垫
品牌(Brand)：清朵，优点，优洁雅，康乃馨

天津市武清区七色羽卫生用品厂
Tianjin Qiseyu Hygiene Products Factory
地址(Add)：天津市武清区大良工业区
邮编(P. C.)：301703
电话(Tel)：022－60686318
传真(Fax)：022－29566580
Http：//www. tjqiseyu. com
总经理(General Manager)：朱园
联系人(Contact Person)：朱亚和
产品(Products)：卫生巾，卫生护垫，成人纸尿裤，护理垫
品牌(Brand)：久恋，七色羽

天津市武清区誉康卫生用品厂
Tianjin Yukang Hygiene Products Factory
地址(Add)：天津市武清区南蔡村镇
邮编(P. C.)：301709
电话(Tel)：022－29412362
传真(Fax)：022－29412362
总经理(General Manager)：周健
产品(Products)：卫生巾，成人纸尿裤，护理垫

权健自然医学科技发展有限公司
Quanjian Nature Medicine Technology Development Co., Ltd.
地址(Add)：天津市武清区权健道1号
邮编(P. C.)：300011
电话(Tel)：022-22169101
传真(Fax)：022-22160800
E-mail：hf40@163.com
Http：//www.ziranyixue.com
联系人(Contact Person)：盛潘红
产品(Products)：卫生巾
品牌(Brand)：权健

天津忘忧草纸制品有限公司
Tianjin Wangyoucao Paper Products Co., Ltd.
地址(Add)：天津市武清区石各庄镇东升小区
邮编(P. C.)：301718
电话(Tel)：022-22156532
传真(Fax)：022-22156532
E-mail：tjwangyoucao@126.com
Http：//tjwyczzp.cn.china.cn
法人代表(Chairman)：黄西宾
总经理(General Manager)：黄西宾
联系人(Contact Person)：鲁娜
产品(Products)：卫生巾，护理垫，湿巾，卫生纸
品牌(Brand)：忘忧草

天津市虹怡纸业有限公司
Tianjin Hongyi Paper Industry Co., Ltd.
地址(Add)：天津市武清区石各庄镇梁各庄村
邮编(P. C.)：301718
电话(Tel)：022-22156866
传真(Fax)：022-22156886
E-mail：hanwei0315@126.com
Http：//www.tjhyzy.cn
总经理(General Manager)：刘景杰
联系人(Contact Person)：黄纯香
产品(Products)：卫生巾，卫生护垫，护理垫
品牌(Brand)：汲爽，洁康

天津宝洁工业有限公司
P&G Manufacturing (Tianjin) Co., Ltd.
地址(Add)：天津市西青经济开发区兴华七支路12号
邮编(P. C.)：300385
电话(Tel)：022-23978828
传真(Fax)：022-23972718
E-mail：fang.pa@pg.com
Http：//www.pg.com.cn
联系人(Contact Person)：方和平
产品(Products)：卫生巾，卫生护垫，婴儿纸尿裤
品牌(Brand)：护舒宝，帮宝适

恒安(天津)纸业有限公司
Hengan (Tianjin) Paper Co., Ltd.
地址(Add)：天津市西青经济开发区兴华一支路
邮编(P. C.)：300381
电话(Tel)：022-23973688
传真(Fax)：022-23973688
E-mail：gaos@mail.hengan.com.cn
法人代表(Chairman)：许连捷
联系人(Contact Person)：高珊
产品(Products)：卫生纸，面巾纸，手帕纸，餐巾纸，厨房纸巾，擦手纸，卫生巾
品牌(Brand)：心相印，安乐，安尔乐

恒安(天津)卫生用品有限公司
Hengan (Tianjin) Hygiene Products Co., Ltd.
地址(Add)：天津市西青经济开发区兴华一支路6号
邮编(P. C.)：300381
电话(Tel)：022-23973688
传真(Fax)：022-23973688
法人代表(Chairman)：施文博
联系人(Contact Person)：高珊
产品(Products)：卫生巾，婴儿纸尿裤，成人纸尿裤
品牌(Brand)：安乐，安尔乐，安儿乐，安而康

天津市依依卫生用品有限公司
Tianjin Yiyi Hygiene Products Co., Ltd.
地址(Add)：天津市西青区张家窝工业园
邮编(P. C.)：300380
电话(Tel)：022-87988888
传真(Fax)：022-87987888
E-mail：gaobin7705@163.com
Http：//www.tjyiyi.com
法人代表(Chairman)：卢俊美
总经理(General Manager)：卢俊美
联系人(Contact Person)：张健
产品(Products)：卫生巾，卫生护垫，婴儿纸尿裤/片，护理垫，宠物垫，卫生纸，纸巾纸，湿巾
品牌(Brand)：依依，多帮乐，爱梦园

天津市三维纸业有限公司
Tianjin Sanwei Paper Products Co., Ltd.
地址(Add)：天津市西青区张家窝镇高家村
邮编(P. C.)：300381
电话(Tel)：022-87988458
传真(Fax)：022-87988458
E-mail：sanweizhiye@126.com
法人代表(Chairman)：杨建国
总经理(General Manager)：韩秀英
联系人(Contact Person)：韩秀林
产品(Products)：卫生巾，卫生护垫，婴儿纸尿裤/片，成人纸尿裤，护理垫，湿巾，卫生纸，手帕纸，面巾纸
品牌(Brand)：三维，金美雅

天津洁尔卫生用品有限公司
Tianjin Jieer Hygiene Products Co., Ltd.
地址(Add)：天津市西青区中北工业园阜盛道26号
邮编(P. C.)：300112
电话(Tel)：022-27948772
传真(Fax)：022-27980168
Http：//www.jezhy.com
联系人(Contact Person)：张志宏
产品(Products)：卫生巾，卫生护垫，婴儿纸尿裤，成人纸尿裤，护理垫，湿巾
品牌(Brand)：冬虫草，尚好佳

天津市兰景工贸有限公司
Tianjin Lanjing Industry & Trade Co., Ltd.
地址(Add)：天津市西青区中北镇汪庄南铁道旁3号
邮编(P. C.)：300112

电话(Tel)：022－27390537
传真(Fax)：022－27390532
E-mail：lanjingtj@ sina. com
法人代表(Chairman)：吕小带
总经理(General Manager)：吕小带
联系人(Contact Person)：吕小带
产品(Products)：卫生巾，卫生护垫，手帕纸，面巾纸，擦手纸，卫生纸，餐巾纸，厨房纸巾，湿巾
品牌(Brand)：茹梦

禾丰(天津)卫生用品有限公司
Harvest (Tianjin) Sanitary Products Co., Ltd.
地址(Add)：天津市新技术产业园区武清开发区泉旺路南财源道5号
邮编(P. C.)：301726
电话(Tel)：022－82122296
传真(Fax)：022－82122289
E-mail：hefeng@ vip. sina. com
总经理(General Manager)：王立民
联系人(Contact Person)：贾克光
产品(Products)：卫生巾，卫生护垫，婴儿纸尿片
品牌(Brand)：洁丽安，伊娇儿

● 河北 Hebei

保定苑氏卫生用品有限公司
Baoding Yuanshi Hygiene Products Co., Ltd.
地址(Add)：河北省保定市保定(国家)高新技术开发区发展大厦
邮编(P. C.)：072556
电话(Tel)：0312－8502288
传真(Fax)：0312－8500366
E-mail：yuanyaowen. 2007@ 163. com
法人代表(Chairman)：苑耀文
总经理(General Manager)：苑耀文
联系人(Contact Person)：苑耀文
产品(Products)：卫生巾，卫生护垫
品牌(Brand)：扬兰，自然人生，知心爱人

保定正大阳光日用品有限公司
Baoding Zhengda Sunlight Commodity Co., Ltd.
地址(Add)：河北省保定市保新路戎官营正大阳光工业园
邮编(P. C.)：071104
电话(Tel)：0312－8080353
E-mail：zdyg002@ 126. com
Http：//www. bdzdya. cn
总经理(General Manager)：邵建良
联系人(Contact Person)：张立惠
产品(Products)：卫生巾，卫生护垫
品牌(Brand)：芳彩

河北省保定清舒卫生用品有限公司
Hebei Baoding Qingshu Hygiene Products Co., Ltd.
地址(Add)：河北省保定市大庄镇石屯村
邮编(P. C.)：072150
电话(Tel)：0312－8051342
传真(Fax)：0312－8051342
总经理(General Manager)：莫顺国
联系人(Contact Person)：莫顺国
产品(Products)：卫生巾，卫生护垫
品牌(Brand)：清舒

保定市完美卫生用品有限公司
Baoding Perfect Health Products Co., Ltd.
地址(Add)：河北省保定市东吕经济开发区
邮编(P. C.)：071101
电话(Tel)：0312－6503173
传真(Fax)：0312－6503173
联系人(Contact Person)：石小川
产品(Products)：卫生巾，卫生护垫，婴儿纸尿裤

河北义厚成日用品有限公司
Hebei Yihoucheng Commodity Co., Ltd.
地址(Add)：河北省保定市高新区云杉路131号
邮编(P. C.)：071051
电话(Tel)：0312－3327408
传真(Fax)：0312－3327610
E-mail：yhc_pm@ qq. com
Http：//www. hbyhc. com
法人代表(Chairman)：白红敏
总经理(General Manager)：田玉伟
联系人(Contact Person)：马佳
产品(Products)：卫生巾，卫生护垫，湿巾，护理垫，隔尿垫巾，卫生纸
品牌(Brand)：女主角，喜儿，妮好，喜尔健，QQ糖

蠡县洁美卫生用品厂
Jiemei Hygiene Products Factory
地址(Add)：河北省保定市蠡县古灵山工业区
邮编(P. C.)：071400
电话(Tel)：0312－6503099
传真(Fax)：0312－6503663
法人代表(Chairman)：石彦君
总经理(General Manager)：石彦君
联系人(Contact Person)：石彦君
产品(Products)：卫生巾，卫生护垫，成人纸尿裤
品牌(Brand)：洁清，思婷，千佰莉

伴你行纸业有限公司
Bannixing Paper Co., Ltd.
地址(Add)：河北省保定市满城县大册营工业区
邮编(P. C.)：072150
电话(Tel)：0312－7022809
联系人(Contact Person)：赵清河
产品(Products)：手帕纸，面巾纸，卫生纸，擦手纸，卫生巾

和信纸品有限公司
Hexin Paper Products Co., Ltd.
地址(Add)：河北省保定市满城县大册营工业区
邮编(P. C.)：072150
电话(Tel)：0312－7026198
传真(Fax)：0312－7026896
E-mail：wwwthb@ 163. com
法人代表(Chairman)：韩三旺
总经理(General Manager)：韩三旺
联系人(Contact Person)：谭浩波
产品(Products)：卫生巾，婴儿纸尿裤，面巾纸，卫生纸，手帕纸
品牌(Brand)：美之莲，妙恋，嘉尚

河北省保定市三利卫生用品厂
Baoding Sanli Hygiene Products Factory
地址(Add)：河北省保定市满城县大册营工业区
邮编(P. C.)：071000
电话(Tel)：13784056917
E-mail：170667900@ qq. com
联系人(Contact Person)：王旭
产品(Products)：卫生巾

保定市港兴纸业有限公司
Baoding Gangxing Paper Co., Ltd.
地址(Add)：河北省保定市满城县大册营造纸工业区
邮编(P. C.)：072150
电话(Tel)：0312 - 7021908
传真(Fax)：0312 - 7021728
E-mail：bdlibang@ 163. com
Http：//www. libangnet. cn
法人代表(Chairman)：张二牛
总经理(General Manager)：张三套
联系人(Contact Person)：张娇
产品(Products)：卫生纸，手帕纸，餐巾纸，面巾纸，擦手纸，卫生巾，卫生护垫
品牌(Brand)：丽邦，港兴，幸福生活

三利控股(香港)有限公司
Sanli Supervised by Hongkong Co., Ltd.
地址(Add)：河北省保定市满城县大册营造纸工业区
邮编(P. C.)：072150
电话(Tel)：0312 - 7021217
传真(Fax)：0312 - 7020616
Http：//www. hbsanl. com
总经理(General Manager)：赵喜安
联系人(Contact Person)：赵喜安
产品(Products)：卫生巾，卫生纸
品牌(Brand)：诗音

保定市满城美华卫生用品厂
Mancheng Meihua Hygiene Products Factory
地址(Add)：河北省保定市满城县大册营造纸工业园区
邮编(P. C.)：072150
电话(Tel)：0312 - 5573858
传真(Fax)：0312 - 5573858
法人代表(Chairman)：赵朋
总经理(General Manager)：赵朋
联系人(Contact Person)：赵朋
产品(Products)：卫生巾，卫生护垫，面巾纸，手帕纸
品牌(Brand)：百柔

满城县美华卫生用品厂
Mancheng Meihua Hygiene Products Factory
地址(Add)：河北省保定市满城县大册营镇造纸工业区
邮编(P. C.)：072150
电话(Tel)：0312 - 7022217
传真(Fax)：0312 - 7022217
E-mail：2636050700@ qq. com
联系人(Contact Person)：赵涛
产品(Products)：卫生纸，卫生巾
品牌(Brand)：舒邦，百柔

唐县京旺卫生用品有限公司
Tangxian Jingwang Hygiene Products Co., Ltd.
地址(Add)：河北省保定市唐县王京工业园区
邮编(P. C.)：072350
电话(Tel)：0312 - 6487857
传真(Fax)：0312 - 6487857
E-mail：191749122@ qq. com
法人代表(Chairman)：杨惠茹
总经理(General Manager)：岳洋
联系人(Contact Person)：张涵
产品(Products)：卫生护垫，婴儿纸尿裤，成人纸尿裤，宠物垫

徐水县龙帅卫生巾厂
Xushui Longshuai Sanitary Napkin Factory
地址(Add)：河北省保定市徐水县遂城工业园区
邮编(P. C.)：072557
电话(Tel)：0312 - 8968656
传真(Fax)：0312 - 8968656
法人代表(Chairman)：赵勇刚
总经理(General Manager)：赵勇刚
联系人(Contact Person)：赵勇刚
产品(Products)：卫生巾，卫生护垫，卫生纸
品牌(Brand)：威而美，自己美，愉畅，红妹，夏莲，乐尚优品

徐水县名人卫生巾厂
Xushui Mingren Sanitary Napkins Factory
地址(Add)：河北省保定市徐水县遂城开发区
邮编(P. C.)：072550
电话(Tel)：0312 - 8968379
传真(Fax)：0312 - 8968379
Http：//www. bdmingren. cn
法人代表(Chairman)：赵长福
总经理(General Manager)：赵长福
联系人(Contact Person)：赵长福
产品(Products)：卫生巾，卫生护垫，婴儿纸尿裤
品牌(Brand)：健康人生，名人，心约

河北省沧州市茹达卫生制品有限公司
Cangzhou Ruda Hygiene Products Co., Ltd.
地址(Add)：河北省沧州市津德北路收费站北
邮编(P. C.)：061000
电话(Tel)：0317 - 3563462
传真(Fax)：0317 - 3563462
法人代表(Chairman)：安志猛
总经理(General Manager)：安志猛
联系人(Contact Person)：安志猛
产品(Products)：湿巾，护理垫，妇婴两用巾，婴儿纸尿片，婴儿隔尿布

河北洁人卫生用品有限公司
Hebei Jieren Hygiene Products Co., Ltd.
地址(Add)：河北省磁县市桥南 90 号
电话(Tel)：0310 - 2372119
联系人(Contact Person)：赵文强
产品(Products)：卫生巾
品牌(Brand)：舒洁康

石家庄宝洁卫生用品有限公司
Shijiazhuang Baojie Hygiene Products Co., Ltd.
地址(Add)：河北省藁城市梨元庄工业区
邮编(P. C.)：052160
电话(Tel)：0311 - 88156418

传真(Fax)：0311－88156498
E-mail：bjsjz001@163.com
Http：//www.bjsjz.com.cn
联系人(Contact Person)：刘会杰
产品(Products)：卫生巾，卫生护垫，婴儿纸尿片，成人纸尿裤，护理垫
品牌(Brand)：夏维怡，浪漫青春，宝适洁

河北邯郸天宇卫生用品厂
Hebei Handan Tianyu Hygiene Products Factory
地址(Add)：河北省邯郸市中华北大街中段北仓库路甲2号
邮编(P.C.)：056004
电话(Tel)：0310－7025542
传真(Fax)：0310－7026141
法人代表(Chairman)：金保军
总经理(General Manager)：王存瑞
联系人(Contact Person)：郭继森
产品(Products)：卫生巾，卫生护垫，婴儿纸尿裤/片，成人纸尿片
品牌(Brand)：爱蕊尔

石家庄三合利卫生用品有限公司
Shijiazhuang Sanheli Hygiene Products Co., Ltd.
地址(Add)：河北省晋州市北尹庄工业区
邮编(P.C.)：052262
电话(Tel)：0311－84367168
传真(Fax)：0311－84367168
联系人(Contact Person)：尹良友
产品(Products)：卫生巾，卫生护垫，隔尿垫巾
品牌(Brand)：琪尔爽

石家庄娅丽洁纸业有限公司
Shijiazhuang Yalijie Hygiene Products Co., Ltd.
地址(Add)：河北省晋州市城东工业区
邮编(P.C.)：052260
电话(Tel)：0311－84367234
传真(Fax)：0311－84367235
E-mail：sjzyalijie@163.com
联系人(Contact Person)：尹彦召
产品(Products)：婴儿纸尿裤/片，卫生巾，卫生护垫，妇婴两用巾
品牌(Brand)：娅丽洁，尚菲，夜奴

石家庄市嘉赐福卫生用品有限公司
Shijiazhuang Health Products Co., Ltd. KA BLESS
地址(Add)：河北省晋州市东宿开发区(晋深路)
邮编(P.C.)：052260
电话(Tel)：0311－84331118
传真(Fax)：0311－84331198
E-mail：mlyj01@163.com
总经理(General Manager)：魏成栓
联系人(Contact Person)：崔迎节
产品(Products)：卫生巾，卫生护垫，护理垫，成人纸尿裤，婴儿纸尿裤
品牌(Brand)：魅力瑜珈，冰感

石家庄市宏大卫生用品厂
Shijiazhuang Hongda Sanitary Articles Factory
地址(Add)：河北省晋州市东张开发区(晋深路)
邮编(P.C.)：052260
电话(Tel)：0311－84330297
传真(Fax)：0311－84330937
E-mail：hongda01@163.com
Http：//www.bangershu.com
法人代表(Chairman)：宿振宗
总经理(General Manager)：魏成栓
联系人(Contact Person)：魏成栓
产品(Products)：卫生巾，卫生护垫，隔尿垫巾，护理垫
品牌(Brand)：邦尔舒，冰爽

石家庄市贻成卫生用品有限公司
Shijiazhuang Yicheng Hygiene Products Co., Ltd.
地址(Add)：河北省晋州市东卓宿镇工业区
邮编(P.C.)：052260
电话(Tel)：0311－84360689
传真(Fax)：0311－84360169
联系人(Contact Person)：赵彦凯
产品(Products)：卫生巾，卫生护垫，婴儿纸尿裤，湿巾，面巾纸，护理垫
品牌(Brand)：妮尔缘

石家庄夏兰纸业有限公司
Shijiazhuang Xialan Paper Co., Ltd.
地址(Add)：河北省晋州市通达路安家庄开发区
邮编(P.C.)：052260
电话(Tel)：0311－84396888
传真(Fax)：0311－84396966
E-mail：xialan88@heinto.net
Http：//www.052260.com
总经理(General Manager)：吕建荣
联系人(Contact Person)：吕建荣
产品(Products)：卫生巾，卫生护垫，卫生纸，妇婴两用纸，婴儿纸尿裤/片
品牌(Brand)：夏兰，顺爽

天津市明大科技开发有限公司
Tianjin Mingda Technology Development Co., Ltd.
地址(Add)：河北省廊坊市天利得益大厦603室
邮编(P.C.)：065000
电话(Tel)：0316－6507555
传真(Fax)：0316－6505111
E-mail：lijinpengry@126.com
Http：//www.mingdakeji.com
法人代表(Chairman)：马志银
总经理(General Manager)：李金鹏
联系人(Contact Person)：李金鹏
产品(Products)：卫生巾，卫生护垫
品牌(Brand)：马医师

廊坊恒洁纸制品有限公司
Langfang Hengjie Paper Products Co., Ltd.
地址(Add)：河北省廊坊市永清台湾工业园区
邮编(P.C.)：065600
电话(Tel)：0316－6698111
传真(Fax)：0316－6698000
Http：//www.hengjiechina.com
联系人(Contact Person)：宁蒙
产品(Products)：卫生巾，成人纸尿裤，成人护理垫，婴儿尿垫
品牌(Brand)：护理康，非常邦助，诺恋，樱儿爽，依恋情，樱の朵，儿女情

安特卫生用品有限公司
Ante Hygiene Products Co., Ltd.
地址(Add)：河北省廊坊市岳辛庄工业园
邮编(P. C.)：065800
电话(Tel)：0316－5070298
传真(Fax)：0316－5075298
联系人(Contact Person)：焦小翠
产品(Products)：卫生巾，卫生护垫，成人纸尿裤，婴儿纸尿裤，湿巾
品牌(Brand)：休闲秀

河北黛玉纸业发展有限公司
Hebei Daiyu Paper Industry Development Co., Ltd.
地址(Add)：河北省隆尧县东方食品城
邮编(P. C.)：055350
电话(Tel)：0319－6599619
传真(Fax)：0319－6592098
法人代表(Chairman)：范录洲
总经理(General Manager)：范录洲
联系人(Contact Person)：范录洲
产品(Products)：卫生巾，卫生护垫，婴儿纸尿裤，隔尿垫巾，面巾纸，卫生纸
品牌(Brand)：黛玉，护佳，梦爱

内邱舒美乐卫生用品有限责任公司
Neiqiu Shumeile Hygiene Products Co., Ltd.
地址(Add)：河北省内邱县内隆路98号
邮编(P. C.)：054200
电话(Tel)：0319－6888666
传真(Fax)：0319－6880999
总经理(General Manager)：郝统群
联系人(Contact Person)：郝统群
产品(Products)：卫生巾
品牌(Brand)：蓝梦

深州市星源卫生用品有限公司
Shenzhou Xingyuan Hygiene Products Co., Ltd.
地址(Add)：河北省深州市大堤工业开发区
邮编(P. C.)：053800
电话(Tel)：0318－3388123
传真(Fax)：0318－3388123
法人代表(Chairman)：陈威
总经理(General Manager)：陈威
联系人(Contact Person)：梁艳岌
产品(Products)：卫生巾，卫生纸
品牌(Brand)：燕赵情，洁必思

石家庄市依春工贸有限公司
Shijiazhuang Yichun Hygiene Products Co., Ltd.
地址(Add)：河北省石家庄市高科技西开发区
邮编(P. C.)：050000
电话(Tel)：0311－83608813
传真(Fax)：0311－83608813
总经理(General Manager)：毛瑞君
联系人(Contact Person)：毛瑞君
产品(Products)：卫生巾，卫生护垫，面巾纸，手帕纸
品牌(Brand)：百柔

河北石家庄市长安爱佳卫生用品厂
Shijiazhuang Aijia Hygiene Products Factory
地址(Add)：河北省石家庄市高新区赵村桥北
邮编(P. C.)：050031
电话(Tel)：0311－85287512
传真(Fax)：0311－85099816
联系人(Contact Person)：焦双同
产品(Products)：婴儿纸尿裤，隔尿垫巾，护理垫，产妇卫生巾
品牌(Brand)：帮你，小蛋壳

石家庄美洁卫生用品有限公司
Shijiazhuang Meijie Health Supplies Co., Ltd.
地址(Add)：河北省石家庄市藁城市系井工业区
邮编(P. C.)：052160
电话(Tel)：0311－86590271
传真(Fax)：0311－88166650
E-mail：sjzmj8@126.com
Http：//www.sjzmj8.com
总经理(General Manager)：刘皂拴
联系人(Contact Person)：刘辉超
产品(Products)：卫生巾，卫生护垫，护理垫
品牌(Brand)：好青青，运动空间

石家庄市顺美卫生用品厂
Shijiazhuang Shunmei Hygiene Products Factory
地址(Add)：河北省石家庄市良村经济技术开发区北席工业园
邮编(P. C.)：050200
电话(Tel)：0311－83091017
传真(Fax)：0311－83091818
E-mail：sm@smsjz.com
Http：//www.smsjz.com
法人代表(Chairman)：赵桅
总经理(General Manager)：赵桅
联系人(Contact Person)：张建仓
产品(Products)：卫生巾，卫生护垫，成人纸尿裤，护理垫
品牌(Brand)：伊而舒，佳宝仕

石家庄小布头商贸有限公司
Shijiazhuang Xiaobutou Commerce and Trade Ltd.
地址(Add)：河北省石家庄市新华区北荣街与兴凯路交叉口37号鑫源雅居商务楼807室
邮编(P. C.)：050004
电话(Tel)：0311－85290506
传真(Fax)：0311－85290506
E-mail：leli88888888@163.com
Http：//www.xiaobutousm.com
联系人(Contact Person)：武东升
产品(Products)：婴儿纸尿裤/片，卫生巾，乳垫，湿巾
品牌(Brand)：小布头

金雷卫生用品厂
Jinlei Hygiene Products Factory
地址(Add)：河北省石家庄市正定经济园区华安东路
邮编(P. C.)：050800
电话(Tel)：0311－88019705
传真(Fax)：0311－88019705
E-mail：370140350@qq.com
Http：//88019705.blog.163.com
总经理(General Manager)：李春雷
联系人(Contact Person)：于蔚
产品(Products)：卫生巾，成人纸尿裤，护理垫，隔尿垫

巾，卫生纸
品牌(Brand)：康必备

唐山市玲达卫生用品厂
Tangshan Lingda Hygiene Products Factory
地址(Add)：河北省唐山市丰南工业区
邮编(P.C.)：063307
电话(Tel)：0315－8528608
传真(Fax)：0315－8528608
法人代表(Chairman)：李绍玲
总经理(General Manager)：李绍玲
产品(Products)：卫生巾
品牌(Brand)：玲达

河北省唐山市美洁卫生用品厂
Tangshan Meijie Hygiene Products Factory
地址(Add)：河北省唐山市丰南区黄各庄镇南杨家泊村
邮编(P.C.)：063000
电话(Tel)：0315－8528012
法人代表(Chairman)：张金良
联系人(Contact Person)：张金良
产品(Products)：卫生巾
品牌(Brand)：百思佳

唐山市奥博纸制品有限公司
Tangshan Aobo Paper Products Co., Ltd.
地址(Add)：河北省唐山市沿海工业区高速出口处
邮编(P.C.)：063204
电话(Tel)：0315－5375688
联系人(Contact Person)：李建波
产品(Products)：卫生巾，妇婴巾，婴儿纸尿裤/片

河北东泽卫生用品有限公司
Hebei Dongze Hygienic Articles Co., Ltd.
地址(Add)：河北省辛集市田家庄工业园区
邮编(P.C.)：052360
电话(Tel)：15076122828
E-mail：hebeidongze@163.com
联系人(Contact Person)：吴晗
产品(Products)：卫生巾，卫生护垫，湿巾
品牌(Brand)：一姗，唯一

石家庄梦洁实业有限公司
Shijiazhuang Mengjie Industrial Co., Ltd.
地址(Add)：河北省新乐市南环路171号
邮编(P.C.)：050700
电话(Tel)：0311－88678751
传真(Fax)：0311－88677281
E-mail：fukai6178@sina.com
Http：//www.mengjieshiye.com.cn
法人代表(Chairman)：付凯
总经理(General Manager)：付凯
联系人(Contact Person)：付凯
产品(Products)：卫生巾
品牌(Brand)：梦洁

河北绿洁纸业有限公司
Hebei Lvjie Paper Co., Ltd.
地址(Add)：河北省邢台市泊乡石家庄工业区
邮编(P.C.)：055450
电话(Tel)：0319－7763698
传真(Fax)：0319－7763999
E-mail：1020915724@qq.com
法人代表(Chairman)：李俊亮
总经理(General Manager)：李俊亮
联系人(Contact Person)：侯新生
产品(Products)：卫生巾，卫生护垫，婴儿纸尿片
品牌(Brand)：好亦佳

邢台市恒美卫生用品有限公司
Xingtai Hengmei Hygiene Products Co., Ltd.
地址(Add)：河北省邢台市内丘县内隆路128号
邮编(P.C.)：054000
法人代表(Chairman)：郝胜草
联系人(Contact Person)：郝胜草
产品(Products)：卫生巾

邢台市好美时卫生用品有限公司
Xingtai Haomeishi Sanitary Products Co., Ltd.
地址(Add)：河北省邢台市内邱县内隆路88号
邮编(P.C.)：054200
电话(Tel)：0319－6856666
传真(Fax)：0319－6889689
E-mail：13833925998@sohu.com
法人代表(Chairman)：郝向民
总经理(General Manager)：郝向民
联系人(Contact Person)：郝向民
产品(Products)：卫生巾，卫生护垫，婴儿纸尿裤/片，湿巾，成人纸尿裤，护理垫
品牌(Brand)：好美时，缤婷，天妮，雨婷，雨萌

河北省徐水县世纪缘卫生巾厂
Xushui Shijiyuan Sanitary Napkins Factory
地址(Add)：河北省徐水县立交桥西3公里
邮编(P.C.)：072550
电话(Tel)：0312－8610767
传真(Fax)：0312－8616767
E-mail：443098443@qq.com
Http：//www.shuleiwsj.com
法人代表(Chairman)：刘超
总经理(General Manager)：刘超
产品(Products)：卫生巾，卫生护垫
品牌(Brand)：柏兰

玉田县康源卫生用品厂
Yutian Kangyuan Hygiene Products Factory
地址(Add)：河北省玉田县鸦鸿桥镇大冯庄村
邮编(P.C.)：064102
电话(Tel)：0315－6556926
传真(Fax)：0315－6556926
法人代表(Chairman)：张久旭
联系人(Contact Person)：张久旭
产品(Products)：卫生巾，卫生护垫
品牌(Brand)：舒逸

● 山西 Shanxi

太原市金华晟卫生用品有限公司
Taiyuan Jinhuasheng Hygiene Products Co., Ltd.
地址(Add)：山西省太原市杏花岭区涧河路融田晶阁18号

邮编(P. C.): 031009
电话(Tel): 0351 - 3121909
传真(Fax): 0351 - 3121909
E-mail: 2216768787@ qq. com
联系人(Contact Person): 张维昇
产品(Products): 卫生纸, 卫生巾

● 辽宁 Liaoning

丹东北方卫生用品有限公司
Dandong Beifang Hygiene Products Co., Ltd.
地址(Add): 辽宁省丹东市振兴区胜利街793号
邮编(P. C.): 118008
电话(Tel): 0415 - 6222346
传真(Fax): 0415 - 6224025
E-mail: bfjx@ bfjx. com
Http://www. bfjx. com
法人代表(Chairman): 曹贵杰
联系人(Contact Person): 沈冬梅
产品(Products): 护理垫, 宠物垫, 卫生巾, 卫生护垫
品牌(Brand): 花芯芳菲

恒安(抚顺)生活用品有限公司
Hengan (Fushun) Commodities Co., Ltd.
地址(Add): 辽宁省抚顺经济开发区科技城
邮编(P. C.): 113122
电话(Tel): 024 - 53856666
传真(Fax): 024 - 53856668
E-mail: yudl@ mail. hengan. com. cn
联系人(Contact Person): 余大论
产品(Products): 卫生巾, 卫生护垫, 婴儿纸尿裤, 成人纸尿裤, 卫生纸
品牌(Brand): 安乐, 安尔乐, 安儿乐, 安而康, 心相印

阜新市小保姆卫生用品有限公司
Fuxin Xiaobaomu Hygiene Products Co., Ltd.
地址(Add): 辽宁省阜新市经济开发区四合镇碱巴拉荒村
邮编(P. C.): 123000
电话(Tel): 0418 - 6610448
传真(Fax): 0418 - 2983878
E-mail: zhangjia1026@ hotmail. com
法人代表(Chairman): 张甲
总经理(General Manager): 张甲
联系人(Contact Person): 张甲
产品(Products): 卫生巾, 卫生纸, 原纸
品牌(Brand): 小保姆, 六福人家

锦州市维珍护理用品有限公司
Jinzhou Weizhen Health Care Products Co., Ltd.
地址(Add): 辽宁省锦州市古塔区锦朝街42-6号
邮编(P. C.): 121015
电话(Tel): 0416 - 4567526
传真(Fax): 0416 - 4565488
E-mail: lgr@ jz - wz. com
Http://www. jzswz. com
法人代表(Chairman): 刘光然
总经理(General Manager): 刘驰
联系人(Contact Person): 刘光华
产品(Products): 卫生巾, 婴儿纸尿片, 护理垫
品牌(Brand): 宝莉丝, 维珍

锦州东方卫生用品有限公司
Jinzhou Dongfang Sanitary Products Co., Ltd.
地址(Add): 辽宁省锦州市太和区汤北里98号
邮编(P. C.): 121005
电话(Tel): 0416 - 5139999
传真(Fax): 0416 - 5139888
E-mail: jzdf@ lnjzdf. com
Http://www. lnjzdf. com
法人代表(Chairman): 左文挺
总经理(General Manager): 左文挺
联系人(Contact Person): 任敏
产品(Products): 卫生巾, 卫生护垫, 湿巾, 手帕纸, 护理垫
品牌(Brand): 羽丝, 一滴不漏

锦州市万洁卫生巾厂
Jinzhou Wanjie Sanitary Napkins Factory
地址(Add): 辽宁省锦州市太和区新兴里69号
邮编(P. C.): 121005
电话(Tel): 0416 - 5131281
传真(Fax): 0416 - 5131281
Http://www. jzwanjie. cn. china. cn
法人代表(Chairman): 董春
总经理(General Manager): 董春
产品(Products): 卫生巾, 手帕纸, 护理垫
品牌(Brand): 兰蓓儿, 欣清逸, 百芬昵, 力洁

沈阳美商卫生保健用品有限公司
Shenyang Meishang Hygiene & Healthcare Articles Co., Ltd.
地址(Add): 辽宁省沈阳市和平区满融经济开发区
邮编(P. C.): 110117
电话(Tel): 024 - 23731212
传真(Fax): 024 - 23731313
E-mail: shenyangmeishang@ 126. com
法人代表(Chairman): 吕威章
总经理(General Manager): 吕威章
联系人(Contact Person): 赵晓岩
产品(Products): 卫生巾, 卫生护垫, 手帕纸, 卫生纸
品牌(Brand): 雨柔

沈阳东联日用品有限公司
Shenyang Tonglian Daily - Use Goods Co., Ltd.
地址(Add): 辽宁省沈阳市经济技术开发区青山湖街11号
邮编(P. C.): 110141
电话(Tel): 024 - 25815170
传真(Fax): 024 - 25819114
法人代表(Chairman): 洪振辉
总经理(General Manager): 洪振辉
联系人(Contact Person): 许媛媛
产品(Products): 卫生巾, 卫生护垫
品牌(Brand): 柔柔

沈阳浩普商贸有限公司
Shenyang Haopu Trading Co., Ltd.
地址(Add): 辽宁省沈阳市沈河区友好街19号
邮编(P. C.): 110014
电话(Tel): 024 - 88534056
传真(Fax): 024 - 31282618
E-mail: syhaopu@ 126. com
Http://www. hpsm. com. cn

法人代表(Chairman)：张宇鹤
联系人(Contact Person)：王辉
产品(Products)：湿巾，卫生巾，卫生护垫
品牌(Brand)：菁采，依润，卫而健，自非凡

辽宁和合卫生用品有限公司
Liaoning Hehe Hygiene Products Co., Ltd.
地址(Add)：辽宁省铁岭市清河区向阳街
邮编(P. C.)：112003
电话(Tel)：024 - 72183929
传真(Fax)：024 - 72180090
Http://hehezhiyegongsi. 1688. com
总经理(General Manager)：乔斌
产品(Products)：卫生纸，餐巾纸，手帕纸，湿巾，卫生巾，卫生护垫，护理垫
品牌(Brand)：和合

铁岭小秘密卫生用品有限公司
Tieling Xiaomimi Hygiene Products Co., Ltd.
地址(Add)：辽宁省铁岭新台子经济开发区中央街
邮编(P. C.)：112611
电话(Tel)：024 - 78862266
传真(Fax)：024 - 78866606
法人代表(Chairman)：党宏峰
总经理(General Manager)：党宏峰
产品(Products)：卫生巾
品牌(Brand)：小秘密

● 黑龙江 Heilongjiang

哈尔滨芳维卫生用品厂
Harbin Fangwei Hygiene Products Factory
地址(Add)：黑龙江省哈尔滨市道里区安松街 64 号 202 室
邮编(P. C.)：150016
电话(Tel)：0451 - 87630966
传真(Fax)：0451 - 87630966
总经理(General Manager)：李智全
联系人(Contact Person)：李智全
产品(Products)：卫生巾，卫生护垫，成人纸尿裤
品牌(Brand)：芳薇

哈尔滨亿嘉欣卫生用品技术开发有限公司
Harbin Yijiaxin Hygiene Products Technology Development Co., Ltd.
地址(Add)：黑龙江省哈尔滨市道里区变兴路 12 号
邮编(P. C.)：150070
电话(Tel)：0451 - 88881699
传真(Fax)：0451 - 82633088
E-mail：zixi1975@ sina. com
法人代表(Chairman)：郭莉
总经理(General Manager)：郭莉
联系人(Contact Person)：王华
产品(Products)：卫生巾
品牌(Brand)：弘麦典

哈尔滨市大世昌经济贸易有限公司
Harbin Dashichang Trade Co., Ltd.
地址(Add)：黑龙江省哈尔滨市道外区中财雅典城黄郡 C 座 4 单元 701 室
邮编(P. C.)：150001
电话(Tel)：0451 - 87800880
传真(Fax)：0451 - 87800010
E-mail：hsdsc@ 126. com
总经理(General Manager)：吕国荣
产品(Products)：卫生巾，湿巾
品牌(Brand)：宝诗霖，夕尔奇，雾冰花，君颜

哈尔滨医丰卫生用品技术开发有限公司
Harbin Yifeng Hygiene Articles Technology Development Co., Ltd.
地址(Add)：黑龙江省哈尔滨市香坊区幸福乡莫力村 1 号
邮编(P. C.)：150036
电话(Tel)：0451 - 55661926
传真(Fax)：0451 - 86146033
E-mail：xiaoziwsj@ 126. com
Http://www. yfwsyp. com
法人代表(Chairman)：王燕
总经理(General Manager)：王燕
联系人(Contact Person)：王燕
产品(Products)：卫生巾，卫生护垫
品牌(Brand)：小姿

黑龙江省肇东市康嘉纸业有限公司
Heilongjiang Kangjia Paper Co., Ltd.
地址(Add)：黑龙江省肇东市安阳路 79 号
邮编(P. C.)：151100
电话(Tel)：0455 - 7997877
传真(Fax)：0455 - 5937890
E-mail：kangjiazhiye@ 126. com
Http://www. kangjiazhiye. com
法人代表(Chairman)：杨春艳
总经理(General Manager)：许伟
产品(Products)：面巾纸，湿巾，卫生巾
品牌(Brand)：相思雨

● 上海 Shanghai

上海同杰良生物材料有限公司
Shanghai Tongjieliang Biomaterials Co., Ltd.
地址(Add)：上海市包头路 1135 号 5 号楼北 2 层
邮编(P. C.)：200438
电话(Tel)：021 - 65054807
传真(Fax)：021 - 65064765
E-mail：iceng@ 163. com
Http://www. tjlpla. com
总经理(General Manager)：许克强
联系人(Contact Person)：吴骄
产品(Products)：卫生巾，卫生护垫，婴儿纸尿裤
品牌(Brand)：天甲，阿卡贝拉，可爱颂，爱加倍

托普(中国)企业集团
Top (China) Enterprise Group
地址(Add)：上海市长宁区江苏北路 89 号 10 楼
邮编(P. C.)：200042
电话(Tel)：021 - 62261100
传真(Fax)：021 - 62122001
Http://www. top - china. com
联系人(Contact Person)：陈峰武
产品(Products)：卫生巾

品牌(Brand)：柔柔

上海市广爱婴童用品有限公司
Shanghai Guangai Children Articles Co., Ltd.
地址(Add)：上海市奉贤区新四平公路468号
邮编(P. C.)：201400
电话(Tel)：021－24067258
总经理(General Manager)：于连进
产品(Products)：卫生巾，婴儿纸尿片，护理垫，成人纸尿裤/片
品牌(Brand)：菲爽，广爱

金佰利(中国)有限公司
Kimberly－Clark (China) Co., Ltd.
地址(Add)：上海市福州路666号金陵海欣大厦10楼
邮编(P. C.)：200001
电话(Tel)：021－61327755
传真(Fax)：021－63917975
E-mail：jessica. cai@ kcc. com
Http://www. kimberly－clark. com. cn
法人代表(Chairman)：张海婴
总经理(General Manager)：张海婴
联系人(Contact Person)：蔡敏
产品(Products)：卫生巾，卫生护垫，婴儿纸尿裤/片，成人纸尿裤/片，护理垫，湿巾，纸巾纸，卫生纸，擦手纸，厨房纸巾，工业擦拭纸
品牌(Brand)：高洁丝 Kotex，舒而美 C&B，好奇 Huggies，舒洁 Kleenex，得伴 Depend

尤妮佳生活用品(中国)有限公司
Unicharm Consumer Products (China) Co., Ltd.
地址(Add)：上海市黄浦区延安东路618号22楼
邮编(P. C.)：200001
电话(Tel)：021－53854166
传真(Fax)：021－53854799
E-mail：chunlei－yuan@ unicharm. com
Http://www. unicharm. com. cn
法人代表(Chairman)：宫林吉广
总经理(General Manager)：宫林吉广
联系人(Contact Person)：袁春雷
产品(Products)：卫生巾，卫生护垫，婴儿纸尿裤，成人纸尿裤，湿巾
品牌(Brand)：苏菲，妈咪宝贝，乐互宜

上海申欧企业发展有限公司
Shanghai Sun'o Development Co., Ltd.
地址(Add)：上海市嘉定区嘉行公路1358号
邮编(P. C.)：201808
电话(Tel)：021－39198555
传真(Fax)：021－39198899
E-mail：suno@ shen－ou. com
Http://www. shen－ou. com
法人代表(Chairman)：姜祁云
总经理(General Manager)：姜祁云
联系人(Contact Person)：薛志强
产品(Products)：卫生巾，卫生护垫，婴儿纸尿片
品牌(Brand)：555，悠U，瑞丽心情

上海东冠集团
Shanghai Orient Champion Group
地址(Add)：上海市金山区亭林镇林慧路1000号
邮编(P. C.)：201505
电话(Tel)：021－57277153
传真(Fax)：021－67225979
E-mail：yangcj@ socp. com. cn
Http://www. socpcn. com
法人代表(Chairman)：李慈雄
总经理(General Manager)：孙海瑜
联系人(Contact Person)：杨臣君
产品(Products)：原纸，卫生纸，面巾纸，餐巾纸，手帕纸，擦手纸，厨房纸巾，衬纸，卫生巾，婴儿纸尿裤，湿巾
品牌(Brand)：洁云，丝柔，自由森林，韵洁，贝贝爽，洁伴，米娅

强生(中国)有限公司
Johnson & Johnson (China) Ltd.
地址(Add)：上海市闵行区东川路3285号
邮编(P. C.)：200245
电话(Tel)：021－64302010
传真(Fax)：021－64302645
E-mail：bchen4@ concn. jnj. com
Http://www. jnj. com. cn
法人代表(Chairman)：周敏涛
总经理(General Manager)：周敏涛
联系人(Contact Person)：陈蓓蕾
产品(Products)：卫生棉条，湿巾
品牌(Brand)：ob，强生

上海花王有限公司
Kao Corporation Shanghai Co., Ltd.
地址(Add)：上海市闵行区花王路333号
邮编(P. C.)：201111
电话(Tel)：021－64091210
传真(Fax)：021－64090149
E-mail：shi. xueli@ kao. sh. cn
Http://www. kao. com. cn
法人代表(Chairman)：沼田敏晴
总经理(General Manager)：解田稔
联系人(Contact Person)：施学礼
产品(Products)：卫生巾
品牌(Brand)：乐而雅

上海优生婴儿用品有限公司
US Baby (Shanghai) Co., Ltd.
地址(Add)：上海市闵行区金都路1199号
邮编(P. C.)：201108
电话(Tel)：021－64976497－2138
传真(Fax)：021－54400123
E-mail：usbaby@ usbaby. com. cn
Http://www. usbaby. com. cn
联系人(Contact Person)：后丽萍
产品(Products)：防溢乳垫，湿巾
品牌(Brand)：优生，喜多

上海胜孚美卫生用品有限公司
Shanghai Shengfumei Hygiene Products Co., Ltd.
地址(Add)：上海市南翔高科技园区惠裕路1299号
邮编(P. C.)：200444
电话(Tel)：021－69126335
传真(Fax)：021－69126335
E-mail：shenghuomei1@ sina. com

联系人(Contact Person)：周雯
产品(Products)：卫生巾，卫生护垫，纸尿裤，护理垫

上海嘉赐福卫生用品有限公司
Shanghai Jiacifu Hygiene Products Co., Ltd.
地址(Add)：上海市浦东新区军民路1213号
邮编(P. C.)：201210
电话(Tel)：021－58576632
传真(Fax)：021－58576825
E-mail：jiacifu@sina.com
法人代表(Chairman)：邹刚
总经理(General Manager)：邹刚
联系人(Contact Person)：邹刚
产品(Products)：卫生巾，卫生护垫
品牌(Brand)：巧护理

康那香企业(上海)有限公司
Kang Na Hsiung Enterprise (Shanghai) Co., Ltd.
地址(Add)：上海市青浦工业园区外青松公路5619号
邮编(P. C.)：201707
电话(Tel)：021－69211200
传真(Fax)：021－69211362
E-mail：webmaster@knh.com.cn
Http://www.knh.com.cn
法人代表(Chairman)：戴秀玲
总经理(General Manager)：戴秀玲
联系人(Contact Person)：黄响坛
产品(Products)：卫生巾，卫生护垫，湿巾
品牌(Brand)：康乃馨

上海护理佳实业有限公司
Shanghai Foliage Industry Co., Ltd.
地址(Add)：上海市青浦区白鹤镇白石公路2288号
邮编(P. C.)：201711
电话(Tel)：021－59213666
传真(Fax)：021－59213316
E-mail：xgj8981@126.com
Http://www.hulijia.com
法人代表(Chairman)：夏双印
总经理(General Manager)：蒋庆杰
联系人(Contact Person)：许国军
产品(Products)：卫生巾，卫生护垫，婴儿纸尿裤/片，成人纸尿裤，乳垫
品牌(Brand)：护理佳，妙仔，PP爽，贴身福

上海马拉宝商贸有限公司
Rainbow Fame Industrial Co., Ltd.
地址(Add)：上海市青浦区沪青平公路2008号竞衡大业广场1018号
邮编(P. C.)：201702
电话(Tel)：021－59881660－103
传真(Fax)：021－59881483
E-mail：sales@rainbowfame.cn
Http://www.rainbowfame.cn
法人代表(Chairman)：余有国
总经理(General Manager)：余有国
联系人(Contact Person)：董鑫
产品(Products)：湿巾，卫生巾，卫生护垫，婴儿纸尿裤/片，成人纸尿裤/片

上海微丝尔卫生用品有限公司
Shanghai Weisier Hygiene Products Co., Ltd.
地址(Add)：上海市青浦区沪清平公路2999号
邮编(P. C.)：201703
电话(Tel)：021－69755360
传真(Fax)：021－69755858
E-mail：weisier@hotsales.net
总经理(General Manager)：何伟志
联系人(Contact Person)：何海博
产品(Products)：卫生巾
品牌(Brand)：心心洁

上海唯尔福集团股份有限公司
Shanghai Welfare Group Co., Ltd.
地址(Add)：上海市青浦区华新镇徐华公路3029弄88号
邮编(P. C.)：201705
电话(Tel)：021－39873598
传真(Fax)：021－39873188
E-mail：wef2008@163.com
Http://www.wef2008.com
法人代表(Chairman)：何幼成
总经理(General Manager)：何幼成
联系人(Contact Person)：孙丽娜
产品(Products)：卫生巾，卫生护垫，婴儿纸尿裤/片，成人纸尿裤/片，宠物垫，护理垫，原纸，卫生纸，面巾纸，手帕纸，餐巾纸，厨房纸巾，擦手纸，湿巾
品牌(Brand)：唯尔福，美丽约会，唯儿福，纸音

上海亚日工贸有限公司
Shanghai Yari Industry & Trading Co., Ltd.
地址(Add)：上海市青浦区青松公路果园路588号
邮编(P. C.)：201701
电话(Tel)：021－69219588
传真(Fax)：021－69219058
法人代表(Chairman)：骆定龙
总经理(General Manager)：骆定龙
联系人(Contact Person)：杨继武
产品(Products)：卫生巾，卫生护垫，婴儿纸尿裤/片，湿巾，卫生纸，面巾纸
品牌(Brand)：顺妮，亚妮，宝宝舒，舒佳

安旭冠实业(上海)有限公司
Foison Ind (Shanghai) Co., Ltd.
地址(Add)：上海市青浦区外青松公路4658号
邮编(P. C.)：201712
电话(Tel)：021－31109955
传真(Fax)：021－31117997
E-mail：2325636097@qq.com
Http://www.yetin.com
联系人(Contact Person)：赖志群
产品(Products)：婴儿纸尿裤，卫生巾
品牌(Brand)：约定

上海仕妮工贸有限公司
Shanghai Shini Industry Trade Co., Ltd.
地址(Add)：上海市清浦区练塘镇老朱枫公路6186弄33号
邮编(P. C.)：201717
电话(Tel)：021－59822177
传真(Fax)：021－59820301
联系人(Contact Person)：丁志荣

产品(Products)：卫生巾
品牌(Brand)：百依

上海益母妇女用品有限公司
Shanghai Yimoo Women Necessities Co., Ltd.
地址(Add)：上海市松江工业区佘山分区陶干路745号
邮编(P. C.)：201602
电话(Tel)：021－57796069
传真(Fax)：021－57796070
E-mail：yimoo@ yimoo. cn
Http：//www. yimoo. cn
法人代表(Chairman)：赵玉山
总经理(General Manager)：胡世福
联系人(Contact Person)：胡世福
产品(Products)：卫生巾，卫生护垫，婴儿纸尿裤/片，产妇巾，痛经巾
品牌(Brand)：益母草，益母，益贝

上海恒晟卫生用品有限公司
Shanghai Hengsheng Hygiene Products Co., Ltd.
地址(Add)：上海市松江区高科技园昆港路999号
邮编(P. C.)：201616
电话(Tel)：021－33529098
传真(Fax)：021－33529296
E-mail：842074650@ qq. com
法人代表(Chairman)：许文嵘
总经理(General Manager)：蔡荣强
联系人(Contact Person)：许文评
产品(Products)：婴儿纸尿裤/片，成人纸尿片，妇婴两用巾，湿巾，卫生纸
品牌(Brand)：舒贝，舒尔乐

上海玖旭实业有限公司
Shanghai Jiuxu Industry Co., Ltd.
地址(Add)：上海市松江区广富林路1599弄38号1704
邮编(P. C.)：201620
电话(Tel)：021－57621639
传真(Fax)：021－61294853
Http：//www. jiuxuindustry. com
法人代表(Chairman)：汪庆华
总经理(General Manager)：汪庆华
联系人(Contact Person)：席斌
产品(Products)：卫生巾，卫生护垫，乳垫，婴儿纸尿裤，成人纸尿裤
品牌(Brand)：五彩护卫

上海亿维实业有限公司
Shanghai E－Way Industry Co., Ltd.
地址(Add)：上海市松江区佘山天马经济开发区新宅路558号
邮编(P. C.)：201603
电话(Tel)：021－57665218
传真(Fax)：021－57663218
E-mail：021cx@ vip. 163. com
法人代表(Chairman)：祁超训
总经理(General Manager)：祁超训
联系人(Contact Person)：祁超训
产品(Products)：卫生巾，卫生护垫，婴儿纸尿裤/片，成人纸尿裤/片，护理垫
品牌(Brand)：护蕾，888，孩儿宝宝，宝莱

上海月月舒妇女用品有限公司
Shanghai Yueyueshu Women Products Co., Ltd.
地址(Add)：上海市松江区佘山镇北部工业区佘北公路1815号
邮编(P. C.)：201602
电话(Tel)：021－57792865
传真(Fax)：021－57792606
E-mail：yys@ yueyueshu. com
Http：//www. yueyueshu. com
法人代表(Chairman)：孙耀志
总经理(General Manager)：孙杰
联系人(Contact Person)：周荣超
产品(Products)：卫生巾，卫生护垫，湿巾
品牌(Brand)：月月舒，花帜

上海美馨卫生用品有限公司
Shanghai American Hygienics Co., Ltd.
地址(Add)：上海市松江区佘山镇沈砖公路3129弄5－6号楼
邮编(P. C.)：201602
电话(Tel)：021－57669436
传真(Fax)：021－57669343
E-mail：salescn@ amhygienics. com
Http：//www. amhygienics. com
法人代表(Chairman)：余有志
总经理(General Manager)：余有志
联系人(Contact Person)：吴亮
产品(Products)：湿巾，婴儿纸尿裤，卫生巾
品牌(Brand)：凯德馨

上海菲伶卫生用品有限公司
Shanghai Feeling Hygiene Products Co., Ltd.
地址(Add)：上海市松江区小昆山镇中德路860号
邮编(P. C.)：201614
电话(Tel)：021－57762522
传真(Fax)：021－57763602
E-mail：zgs7168@ hotmail. com
Http：//www. shfeeling. com
法人代表(Chairman)：孙士华
产品(Products)：卫生巾，婴儿纸尿裤/片，护理垫，成人纸尿裤/片
品牌(Brand)：易菲，呦呦乐，加菲宝宝，助尔康

上海白玉兰卫生洁品有限公司
Shanghai Whiteyulan Clean Things Co., Ltd.
地址(Add)：上海市松江区欣玉路188号
邮编(P. C.)：201600
电话(Tel)：021－57736707
传真(Fax)：021－57736968
E-mail：shbaiyulan@ 126. com
法人代表(Chairman)：南莉莉
总经理(General Manager)：南莉莉
联系人(Contact Person)：曹玉洁
产品(Products)：卫生巾，卫生护垫，婴儿纸尿裤/片
品牌(Brand)：白玉兰，逗逗仔

贝亲婴儿用品(上海)有限公司
Pigeon Baby Articles (Shanghai) Co., Ltd.
地址(Add)：上海市徐汇区虹桥路3号港汇中心二座3201－3202室
邮编(P. C.)：200030

电话(Tel)：021 - 54510896
传真(Fax)：021 - 54510893
Http：//www. pigeon. cn
产品(Products)：湿巾，卫生巾，婴儿纸尿裤
品牌(Brand)：贝亲

● 江苏 Jiangsu

常州市润舒塑料制品有限公司
Changzhou Runshu Plastic Products Co., Ltd.
地址(Add)：江苏省常州市湖塘镇东升村
邮编(P. C.)：213102
电话(Tel)：0519 - 88710985
传真(Fax)：0519 - 88708679
E-mail：czrunda@ gmail. com
Http：//yunshu. no2. 35nic. com
法人代表(Chairman)：沈国民
总经理(General Manager)：殷玲梅
联系人(Contact Person)：章玉萍
产品(Products)：卫生巾

常州市云云卫生用品厂
Changzhou Yunyun Hygiene Products Factory
地址(Add)：江苏省常州市礼嘉工业园南区
邮编(P. C.)：213176
电话(Tel)：0519 - 88233818
传真(Fax)：0519 - 88233828
联系人(Contact Person)：孙春兴
产品(Products)：卫生巾，卫生护垫
品牌(Brand)：羞婷

常州市中亚卫生用品厂
Changzhou Zhongya Hygiene Products Factory
地址(Add)：江苏省常州市礼嘉镇
邮编(P. C.)：213176
电话(Tel)：0519 - 86236811
传真(Fax)：0519 - 86236811
E-mail：zy@ czzhongya. cn
总经理(General Manager)：郑亚文
产品(Products)：卫生纸，餐巾纸，手帕纸，面巾纸，卫生巾
品牌(Brand)：甜雨

常州市佳美卫生用品有限公司
Changzhou Jiamei Hygiene Products Co., Ltd.
地址(Add)：江苏省常州市南门外礼加镇毛家
邮编(P. C.)：213176
电话(Tel)：0519 - 86236861
传真(Fax)：0519 - 86236861
法人代表(Chairman)：陈新宇
总经理(General Manager)：陈新宇
联系人(Contact Person)：陈女士
产品(Products)：卫生巾，卫生纸
品牌(Brand)：明叶

常州康贝护理卫生用品有限公司
Changzhou Kombi Nursing Healthy Supplies Co., Ltd.
地址(Add)：江苏省常州市天宁区青龙街道虹阳路 2 号
邮编(P. C.)：213149
电话(Tel)：0519 - 85503603
传真(Fax)：0519 - 85503604
E-mail：luzubin@ 126. com
联系人(Contact Person)：邹文娟
产品(Products)：婴儿纸尿裤，成人纸尿裤，护理垫，乳垫，宠物垫
品牌(Brand)：爱丽舒

贝亲母婴用品(常州)有限公司
Pigeon Industries (Changzhou) Co., Ltd.
地址(Add)：江苏省常州市武进高新技术产业开发区凤林路 59 号
邮编(P. C.)：213164
电话(Tel)：0519 - 89185959 - 8100
传真(Fax)：0519 - 89185966
E-mail：koko@ pigeon. cn
Http：//www. pigeon. com
法人代表(Chairman)：北泽宪政
总经理(General Manager)：贺来健
联系人(Contact Person)：胡杰
产品(Products)：湿巾，乳垫，婴儿纸尿裤
品牌(Brand)：贝亲

常州家康纸业有限公司
Changzhou Jiakang Paper Industry Co., Ltd.
地址(Add)：江苏省常州市武进高新区南区凤翔路 21 号
邮编(P. C.)：213164
电话(Tel)：0519 - 86579000
传真(Fax)：0519 - 86329980
E-mail：28836899@ qq. com
Http：//www. jkzy. com
法人代表(Chairman)：王元芳
总经理(General Manager)：孙惠青
联系人(Contact Person)：张福林
产品(Products)：乳垫，护理垫

常州斯纳琪护理用品有限公司
Changzhou SNUG Care Products Co., Ltd.
地址(Add)：江苏省常州市武进牛塘高家工业区
邮编(P. C.)：213000
电话(Tel)：0519 - 89892000
传真(Fax)：0519 - 89891000
E-mail：admin@ czsnug. com
Http：//www. czsnug. com
法人代表(Chairman)：袁建良
总经理(General Manager)：袁建良
联系人(Contact Person)：袁建良
产品(Products)：乳垫
品牌(Brand)：贝嘉乐

常州市武进伊恋卫生用品厂
Changzhou Wujin Yilian Hygiene Products Factory
地址(Add)：江苏省常州市武进区湖塘镇鸣凤工业集中区
邮编(P. C.)：213164
电话(Tel)：0519 - 86537081
传真(Fax)：0519 - 86521226
Http：//www. chinayilian. com
联系人(Contact Person)：何国伟
产品(Products)：卫生巾，卫生护垫
品牌(Brand)：伊恋

常州柯恒卫生用品有限公司
Changzhou Keheng Sanitary Product Co., Ltd.
地址(Add)：江苏省常州市武进区礼嘉工业园区
邮编(P. C.)：213176
电话(Tel)：0519 - 88312118
传真(Fax)：0519 - 88231218
Http://www.khltd.en.alibaba.com
法人代表(Chairman)：李新民
总经理(General Manager)：李新民
联系人(Contact Person)：李新民
产品(Products)：卫生巾，卫生护垫，成人纸尿裤/片，护理垫，手术垫

常州市梦爽卫生用品有限公司
Changzhou Mengshuang Sanitary Products Co., Ltd.
地址(Add)：江苏省常州市武进区礼嘉镇工业园
邮编(P. C.)：213176
电话(Tel)：0519 - 86232951
传真(Fax)：0519 - 86238008
E-mail：mengshuanglove@126.com
Http://czmengshuang.1688.com
法人代表(Chairman)：陆元清
总经理(General Manager)：陆元清
联系人(Contact Person)：陆元清
产品(Products)：卫生巾，卫生护垫，婴儿纸尿裤，成人纸尿裤，护理垫，宠物垫，乳垫
品牌(Brand)：靓爽

常州市武进亚星卫生用品有限公司
Changzhou Wujin Yaxing Hygiene Products Co., Ltd.
地址(Add)：江苏省常州市武进区礼嘉镇王言桥
邮编(P. C.)：213176
电话(Tel)：0519 - 86232358
传真(Fax)：0519 - 86235865
E-mail：yxgs_358@vip.163.com
Http://clsyxgs.1688.com
法人代表(Chairman)：陈锡和
总经理(General Manager)：陈丽松
联系人(Contact Person)：陈丽松
产品(Products)：乳垫，成人纸尿裤，护理垫，宠物垫

常州好妈妈纸业有限公司
Changzhou Haomama Paper Co., Ltd.
地址(Add)：江苏省常州市武进区武宜南路 188 号
邮编(P. C.)：213164
电话(Tel)：0519 - 86524330
传真(Fax)：0519 - 86534330
E-mail：yinhui@czaibao.com
Http://www.czaibao.com
总经理(General Manager)：徐文元
联系人(Contact Person)：徐云超
产品(Products)：乳垫，宠物垫
品牌(Brand)：妈妈宝

常州德利斯护理用品有限公司
Changzhou Dailys Care Products Co., Ltd.
地址(Add)：江苏省常州市新北区罗溪镇叶汤路 3 号
邮编(P. C.)：213133
电话(Tel)：0519 - 83205682
传真(Fax)：0519 - 83205579
E-mail：info@china - dailys.com
Http://www.china - dailys.com
总经理(General Manager)：刘香萍
联系人(Contact Person)：龚建国
产品(Products)：防溢乳垫

江苏丹阳市好友卫生用品厂
Danyang Haoyou Hygiene Products Factory
地址(Add)：江苏省丹阳市开发区八纬路
邮编(P. C.)：212300
电话(Tel)：0511 - 86887587
联系人(Contact Person)：张永成
产品(Products)：卫生巾，卫生护垫

丹阳市金晶卫生用品有限公司
Danyang Jinjing Health Products Co., Ltd.
地址(Add)：江苏省丹阳市开发区新世纪工业园 B 区
邮编(P. C.)：212314
电话(Tel)：0511 - 86962396
传真(Fax)：0511 - 86963223
Http://www.jsjinjing.com.cn
联系人(Contact Person)：孙正娟
产品(Products)：成人纸尿裤/片，失禁垫，宠物垫，母婴两用巾，卫生巾，卫生护垫，手术床罩，检查垫，床垫

扬州市月思恋妇幼保健卫生用品有限公司
Yangzhou Yuesilian Women & Children Hygiene Products Co., Ltd.
地址(Add)：江苏省高邮市省级经济开发区(屏淮北路)
邮编(P. C.)：225600
电话(Tel)：0514 - 84436118
传真(Fax)：0514 - 84436506
E-mail：weilian516@163.com
Http://www.lingli2003.cn.alibaba.com
法人代表(Chairman)：魏玲丽
总经理(General Manager)：魏玲丽
联系人(Contact Person)：魏尔刚
产品(Products)：卫生巾，卫生护垫，婴儿纸尿裤/片
品牌(Brand)：月思恋，超女之恋，妈妈抱抱

连云港市东海彩虹卫生用品厂
Lianyungang Caihong Hygiene Products Plant
地址(Add)：江苏省连云港市东海经济开发区水晶二路 8 号
邮编(P. C.)：222300
电话(Tel)：0518 - 87282698
传真(Fax)：0518 - 87282698
法人代表(Chairman)：刘书君
总经理(General Manager)：刘书君
联系人(Contact Person)：刘书君
产品(Products)：卫生巾，卫生护垫
品牌(Brand)：彩虹

金佰利(南京)个人卫生用品有限公司
Kimberly - Clark (Nanjing) Hygiene Products Co., Ltd.
地址(Add)：江苏省南京市江宁经济技术开发区吉印大道 3199 号
邮编(P. C.)：211100
电话(Tel)：025 - 52722999 - 2601
传真(Fax)：025 - 52721122
E-mail：shuang.wang@kcc.com

Http://www. kimberly - clark. com. cn
法人代表(Chairman):张海婴
总经理(General Manager):肖世平
联系人(Contact Person):王双
产品(Products):卫生巾,卫生护垫
品牌(Brand):舒而美,高洁丝

南京安琪尔卫生用品有限公司
Nanjing Anqier Hygiene Products Co., Ltd.
地址(Add):江苏省南京市江宁区丹阳北街 168 号
邮编(P. C.):211157
电话(Tel):025 - 86150518
传真(Fax):025 - 86153880
E-mail:taoyun@ fenting. com
Http://www. fenting. com
法人代表(Chairman):陶云
总经理(General Manager):陶云
联系人(Contact Person):王功林
产品(Products):卫生巾,卫生护垫
品牌(Brand):芬婷,柔然

豆丁乐园(南京)婴儿用品有限公司
Ben's Land (NK) Baby Articles Co., Ltd.
地址(Add):江苏省南京市江宁区将军大道 55 号腾飞创造中心 D 座 9 楼 903 - 904
邮编(P. C.):211100
电话(Tel):025 - 52076500
传真(Fax):025 - 52076505
E-mail:allenleo@ bensland. com
Http://www. bensland. com/eco - genesis. com
法人代表(Chairman):张艳
总经理(General Manager):柳铭
联系人(Contact Person):杨俊
产品(Products):婴儿纸尿裤,卫生巾
品牌(Brand):艾可

南京华松纸业有限公司
Nanjing Huasong Paper Co., Ltd.
地址(Add):江苏省南京市江宁区陶吴镇桃红工业园
邮编(P. C.):211151
电话(Tel):025 - 58850781
传真(Fax):025 - 58852440
E-mail:lhzz88@ 163. com
法人代表(Chairman):程长海
总经理(General Manager):程杰
联系人(Contact Person):李超
产品(Products):卫生巾,卫生护垫

南京美人日用品有限公司
Nanjing Beauty Commodity Co., Ltd.
地址(Add):江苏省南京市溧水石湫开发区
邮编(P. C.):211222
电话(Tel):025 - 57272502
传真(Fax):025 - 57273737
E-mail:yjf_ 188@ 163. com
法人代表(Chairman):严家富
总经理(General Manager):严家富
联系人(Contact Person):严家富
产品(Products):卫生巾,卫生护垫,手帕纸,面巾纸,成人纸尿裤
品牌(Brand):假日美人,84,清秀绿茶,清秀茉莉,好又多,净氏

南京安特丽卫生用品有限公司
Nanjing Anteli Health Products Co., Ltd.
地址(Add):江苏省南京市栖霞区疏港大道红梅工业园 56 号
邮编(P. C.):210033
电话(Tel):025 - 85712106
传真(Fax):025 - 85712379
Http://www. anteli888. com
法人代表(Chairman):胡大勇
总经理(General Manager):胡德彪
联系人(Contact Person):胡德彪
产品(Products):卫生巾,卫生护垫
品牌(Brand):依朵,舒嫱,花儿朵朵

启东市花仙子卫生用品有限公司
Qidong Flower Faery Hygiene Products Co., Ltd.
地址(Add):江苏省启东市南阳工业园区三分社
邮编(P. C.):226200
电话(Tel):0513 - 83330222
传真(Fax):0513 - 83330222
Http://www. hxzwsyp. cn. alibaba. com
总经理(General Manager):赵惕成
产品(Products):卫生巾,卫生护垫,成人纸尿裤,护理垫
品牌(Brand):花仙子,舒爽伊人,泰诺,杏牌

金王(苏州工业园区)卫生用品有限公司
Golddaio(Suzhou Industrial Park) Hygiene Products Co., Ltd.
地址(Add):江苏省苏州工业园区胜浦分区金胜路 1 号
邮编(P. C.):215126
电话(Tel):0512 - 62835833
传真(Fax):0512 - 62835840
E-mail:zhengfuliang@ gdddaio. com. cn
Http://www. elischina. com
法人代表(Chairman):Jackson Wijaya Limantara
总经理(General Manager):郑克勋
联系人(Contact Person):郑福良
产品(Products):卫生巾,卫生护垫
品牌(Brand):怡丽

苏州冠洁生活制品有限公司
Suzhou Guanjie Hygiene Products Co., Ltd.
地址(Add):江苏省苏州市吴江区七都镇临湖庙港经济区
邮编(P. C.):215232
电话(Tel):0512 - 63738852
传真(Fax):0512 - 63738851
E-mail:sochina@ 163. com
Http://www. soch. com. cn
联系人(Contact Person):黄伟国
产品(Products):卫生巾,卫生护垫,湿巾,婴儿纸尿裤,成人纸尿裤

吴江丝适卫生用品厂
Wujiang Sishi Hygiene Products Plant
地址(Add):江苏省苏州市吴江桃源青云工业区
邮编(P. C.):215235
电话(Tel):0512 - 63865748
传真(Fax):0512 - 63861254

E-mail：zhoushuangqi@163.com
法人代表(Chairman)：余祥根
总经理(General Manager)：余祥根
联系人(Contact Person)：周双奇
产品(Products)：卫生巾，卫生护垫
品牌(Brand)：丝而适

苏州宝丽洁日化有限公司
Suzhou Borage Daily Chemicals Co., Ltd.
地址(Add)：江苏省苏州市吴中区东山镇科技工业园39号
邮编(P.C.)：215107
电话(Tel)：0512-66399451
传真(Fax)：0512-66288868
E-mail：zhai@borage.com.cn
Http://www.borage.com.cn
法人代表(Chairman)：邱华
总经理(General Manager)：翟勤勇
联系人(Contact Person)：翟勤勇
产品(Products)：卫生巾，卫生护垫，湿巾

洁婷卫生用品有限公司
Jieting Hygiene Products Co., Ltd.
地址(Add)：江苏省苏州市相城经济开发区
邮编(P.C.)：215137
电话(Tel)：0512-65075568
传真(Fax)：0512-65072113
联系人(Contact Person)：李庆阳
产品(Products)：卫生巾
品牌(Brand)：乐期，清柔

无锡市爱得华商贸有限公司
Wuxi Aidehua Commerce & Trading Co., Ltd.
地址(Add)：江苏省无锡市学前东路宁海段1号星岛大厦620室
邮编(P.C.)：214026
电话(Tel)：0510-82137276
传真(Fax)：0510-82137276
Http://www.wxadh.com
总经理(General Manager)：余国忠
联系人(Contact Person)：余国忠
产品(Products)：成人纸尿裤/片，拉拉裤，护理垫，卫生巾，卫生纸，面巾纸，手帕纸
品牌(Brand)：旺发

泰州远东纸业有限公司
Taizhou Far East Paper Co., Ltd.
地址(Add)：江苏省兴化市戴窑工业区(安洁尔卫生巾生产基地)
邮编(P.C.)：225741
电话(Tel)：0523-83848888
传真(Fax)：0523-83841888
E-mail：zxy@anjieer.com
Http://www.anjieer.com
法人代表(Chairman)：冯元松
总经理(General Manager)：冯元松
联系人(Contact Person)：王广春
产品(Products)：卫生巾，卫生护垫，婴儿纸尿裤/片
品牌(Brand)：安洁尔

徐州市太太舒卫生用品有限公司
Xuzhou Taitaishu Hygiene Products Co., Ltd.
地址(Add)：江苏省徐州市丰县史小桥工业园
邮编(P.C.)：221714
电话(Tel)：0516-89500888
传真(Fax)：0516-89500084
Http://www.taitaishu.com
法人代表(Chairman)：李宗权
总经理(General Manager)：李宗权
联系人(Contact Person)：李宗权
产品(Products)：卫生巾，婴儿纸尿裤/片
品牌(Brand)：漂亮公主，娜婷，福娃儿

江苏俏安卫生保健用品有限公司
Jiangsu Qiaoan Sanitary Products Co., Ltd.
地址(Add)：江苏省盐城市滨海县经济技术开发区港区支路
邮编(P.C.)：224500
电话(Tel)：0515-84193188
传真(Fax)：0515-84101865
Http://www.jsqiaoan.en.alibaba.com
法人代表(Chairman)：蒯本立
总经理(General Manager)：蒯乃杰
联系人(Contact Person)：蒯乃杰
产品(Products)：卫生巾，卫生护垫，湿巾，婴儿纸尿裤/片，生活用纸
品牌(Brand)：俏安

盐城心悦卫生用品有限公司
Yancheng Xinyue Sanitary Articles Co., Ltd.
地址(Add)：江苏省盐城市经济技术开发区聚亨路9号
邮编(P.C.)：224002
电话(Tel)：0515-89911288
传真(Fax)：0515-89911299
E-mail：yc_xinyue@126.com
Http://www.ycxinyue.com
总经理(General Manager)：吴晓兵
联系人(Contact Person)：徐明桂
产品(Products)：婴儿纸尿裤/片，成人纸尿裤/片，卫生巾，卫生护垫
品牌(Brand)：比悦，喜士多

扬中九妹日用品有限公司
Yangzhong Jiumei Products for Daily Use Co., Ltd.
地址(Add)：江苏省扬中市区花园路149号
邮编(P.C.)：212200
电话(Tel)：0511-88324279
传真(Fax)：0511-85151169
E-mail：275063263@qq.com
Http://www.yzjiumei.cn.alibaba.com
法人代表(Chairman)：范进
总经理(General Manager)：范进
联系人(Contact Person)：范进
产品(Products)：卫生巾，卫生护垫，成人纸尿裤/片，护理垫
品牌(Brand)：九妹，伊舒莱，华达老人，健康百岁

江苏三笑集团有限公司
Jiangsu Sanxiao Group Co., Ltd.
地址(Add)：江苏省扬州市杭集工业区三笑大道1号
邮编(P.C.)：225111

电话(Tel)：0514－87498006
传真(Fax)：0514－87279169
E-mail：wangxiangsx@126.com
Http：//www.sanxiaogroup.com.cn
法人代表(Chairman)：韩国平
总经理(General Manager)：韩国发
联系人(Contact Person)：王祥
产品(Products)：卫生巾，卫生护垫，婴儿纸尿裤/片
品牌(Brand)：笑爽，笑得爽

安泰士卫生用品(扬州)有限公司
Ontex Hygienic Disposables (Yangzhou) Co., Ltd.
地址(Add)：江苏省扬州市杭集工业园翟庄路1号
邮编(P.C.)：225111
电话(Tel)：0514－87497428－204
传真(Fax)：0514－87497648
E-mail：raynor.qiu@ontexglobal.com
Http：//www.ontex.be
法人代表(Chairman)：邱可嘉
总经理(General Manager)：邱可嘉
联系人(Contact Person)：曾华祖
产品(Products)：卫生巾，卫生护垫

● 浙江 Zhejiang

上海群悦纸业有限公司
Shanghai Qunyue Paper Co., Ltd.
地址(Add)：浙江省常山县新都工业园区创新路2号
邮编(P.C.)：324200
电话(Tel)：0570－5115128
传真(Fax)：0570－5115000
E-mail：749946021@qq.com
联系人(Contact Person)：詹瑜
产品(Products)：卫生巾，卫生护垫，婴儿纸尿裤

杭州快乐女孩卫生用品有限公司
Hangzhou Happy Girl Paper Products Co., Ltd.
地址(Add)：浙江省富阳市大源镇亭山东路1－12幢
邮编(P.C.)：311413
电话(Tel)：0571－63591888
传真(Fax)：0571－63592777
E-mail：happygirl.paper@gmail.com
Http：//happygirl.en.alibaba.com
总经理(General Manager)：华伟达
联系人(Contact Person)：蒋爱文
产品(Products)：卫生纸，卫生巾，卫生护垫
品牌(Brand)：雪达，快乐女孩，奥菲斯

浙江富阳市大发造纸厂
Zhejiang Fuyang Dafa Paper Mill
地址(Add)：浙江省富阳市灵桥镇外沙村
邮编(P.C.)：311418
电话(Tel)：0571－63552667
联系人(Contact Person)：姜法潮
产品(Products)：卫生巾，卫生纸

杭州梦情卫生用品有限公司
Hangzhou Mengqing Hygiene Products Co., Ltd.
地址(Add)：浙江省杭州临平经济技术开发区龙安社区
邮编(P.C.)：311100
电话(Tel)：0571－86137588
传真(Fax)：0571－86229837
总经理(General Manager)：郁明荣
联系人(Contact Person)：仲元良
产品(Products)：卫生巾，卫生护垫
品牌(Brand)：梦琪雅

杭州余宏卫生用品有限公司
Hangzhou Yuhong Sanitary Products Co., Ltd.
地址(Add)：浙江省杭州市百丈工业园区百丰路2号
邮编(P.C.)：311118
电话(Tel)：0571－88543938
传真(Fax)：0571－88543233
E-mail：yuhonglgx@163.com
Http：//www.hzyuhong.cn
法人代表(Chairman)：李新华
总经理(General Manager)：李新华
联系人(Contact Person)：李国欣
产品(Products)：卫生巾，卫生护垫，成人纸尿裤，护理垫
品牌(Brand)：安琦，大孝子

杭州舒心工贸有限公司
Hangzhou Shuxin Industry & Trading Co., Ltd.
地址(Add)：浙江省杭州市江干区笕桥镇工业区
邮编(P.C.)：310021
电话(Tel)：0571－85146198
传真(Fax)：0571－85046198
Http：//shuxinhz.1688.com
总经理(General Manager)：郑富清
联系人(Contact Person)：林丽云
产品(Products)：卫生巾，卫生护垫，婴儿纸尿裤
品牌(Brand)：城市恋人，永高人，彤洁，清洁少女，形象宝贝

杭州中申卫生用品有限公司
Hangzhou Zhongshen Hygiene Products Co., Ltd.
地址(Add)：浙江省杭州市千岛湖鼓山工业区涌金路
邮编(P.C.)：311700
电话(Tel)：0571－64886628
传真(Fax)：0571－87570418
E-mail：yanliqin88@126.com
法人代表(Chairman)：陈志明
总经理(General Manager)：严智萍
联系人(Contact Person)：严丽琴
产品(Products)：卫生护垫，生活用纸
品牌(Brand)：雅点，青春花园

杭州钧儒卫生用品有限公司
Hangzhou Junru Hygiene Products Co., Ltd.
地址(Add)：浙江省杭州市五里塘苑11－1－401
邮编(P.C.)：316021
电话(Tel)：0571－81352458
传真(Fax)：0571－85087867
E-mail：673511858@qq.com
联系人(Contact Person)：陶汉义
产品(Products)：卫生巾，卫生护垫，婴儿纸尿裤
品牌(Brand)：洁安康

杭州诗蝶卫生用品有限公司
Hangzhou Shidie Hygiene Products Co., Ltd.
地址(Add)：浙江省杭州市萧山区临浦镇浦二村

邮编(P. C.)：311251
电话(Tel)：0571－82468222
传真(Fax)：0571－82468118
E-mail：shidie@shidie. com
法人代表(Chairman)：朱金才
总经理(General Manager)：朱金才
联系人(Contact Person)：王高明
产品(Products)：卫生巾，卫生护垫
品牌(Brand)：诗蝶

杭州小姐妹卫生用品有限公司
Hangzhou Xiaojiemei Health－Care Products Co., Ltd.
地址(Add)：浙江省杭州市萧山区蜀山街道万源路1号
邮编(P. C.)：311203
电话(Tel)：0571－82369688
传真(Fax)：0571－82369788
E-mail：service@chinasister. com
Http：//www. chinasister. com. cn
法人代表(Chairman)：章忠法
总经理(General Manager)：章忠法
联系人(Contact Person)：黄秀娟
产品(Products)：卫生巾，卫生护垫，湿巾
品牌(Brand)：非常小姐妹，佳人有约，芳巾，小肤伴

杭州淑洁卫生用品有限公司
Hangzhou Shujie Hygiene Products Co., Ltd.
地址(Add)：浙江省杭州市余杭区大运河开发区
邮编(P. C.)：311107
电话(Tel)：0571－86902959
传真(Fax)：0571－86925208
E-mail：hzsuncg@hzsuneg. cn
Http：//www. suneg. cn
联系人(Contact Person)：丁桂兴
产品(Products)：卫生巾，卫生护垫，成人纸尿裤/片/失禁裤，护理垫
品牌(Brand)：淑洁，益年康，久益片，淑洁康，哈昵哈昵

浙江川田卫生用品有限公司
Zhejiang Kawada Sanitary Products Co., Ltd.
地址(Add)：浙江省杭州市余杭经济技术开发区高新创业园泰极路3号2栋207C
邮编(P. C.)：311100
电话(Tel)：0571－86210825
传真(Fax)：0571－86238005
E-mail：hzkawada@163. com
Http：//www. hzkawada. com
法人代表(Chairman)：周平
总经理(General Manager)：周平
联系人(Contact Person)：张宇华
产品(Products)：卫生巾，卫生护垫
品牌(Brand)：嘉の柔

杭州新翔工贸有限公司
Hangzhou Xinxiang Industry & Trade Co., Ltd.
地址(Add)：浙江省杭州市余杭区南苑高地村
邮编(P. C.)：311100
电话(Tel)：0571－86151718
传真(Fax)：0571－86157188
E-mail：cyz@hzxxgm. com
Http：//www. hzxxgm. com
法人代表(Chairman)：陈月忠
总经理(General Manager)：陈月忠
联系人(Contact Person)：金海燕
产品(Products)：卫生巾，卫生护垫，乳垫，婴儿纸尿裤，宠物垫
品牌(Brand)：希尔美，贴心宝贝

杭州豪悦实业有限公司
Hangzhou Haoyue Industrial Co., Ltd.
地址(Add)：浙江省杭州市余杭区瓶窑凤都路3号
邮编(P. C.)：311115
电话(Tel)：0571－26291801
传真(Fax)：0571－26291810
E-mail：cao1801@163. com
Http：//www. hz－haoyue. com
法人代表(Chairman)：李志彪
总经理(General Manager)：李志彪
联系人(Contact Person)：曹凤姣
产品(Products)：卫生巾，卫生护垫，成人纸尿裤/片，婴儿纸尿裤/片，湿巾，护理垫，宠物垫
品牌(Brand)：希望宝宝，白十字，汇泉

杭州滕野生物科技有限公司
Hangzhou Tengye Biological Science & Technology Co., Ltd.
地址(Add)：浙江省杭州市余杭区余杭镇禹航路640号宝塔工业区
邮编(P. C.)：311121
电话(Tel)：0571－89051699
传真(Fax)：0571－88662603
Http：//www. hz－xt. com
法人代表(Chairman)：程志新
总经理(General Manager)：程志新
联系人(Contact Person)：吕红英
产品(Products)：卫生巾，卫生护垫，婴儿纸尿片
品牌(Brand)：如意，如意宝宝

湖州丝之物语蚕丝科技有限公司
Huzhou the Story of Silk Technology Co., Ltd.
地址(Add)：浙江省湖州市经济开发区田横路487号
邮编(P. C.)：313000
电话(Tel)：0572－2107418
传真(Fax)：0572－2107418
E-mail：sizwyu@126. com
Http：//www. silkstory. com. cn
法人代表(Chairman)：金耀祺
总经理(General Manager)：金耀祺
联系人(Contact Person)：金耀祺
产品(Products)：卫生巾，面膜
品牌(Brand)：丝之物语

浙江中美日化有限公司
Zhejiang Zhongmei Chemical Co., Ltd.
地址(Add)：浙江省金华市金东区金港大道1648号
邮编(P. C.)：321000
电话(Tel)：0579－85951577
传真(Fax)：0579－83707628
E-mail：feng61500@163. com
Http：//www. zhongmeirihua. com
法人代表(Chairman)：方浩勤
总经理(General Manager)：方磊

联系人(Contact Person)：郑惠峰
产品(Products)：婴儿纸尿裤/片，成人纸尿裤/片，卫生巾，卫生护垫，卫生棉条
品牌(Brand)：快乐贝贝，好护士，自由空间

浙江锦芳卫生用品有限公司
Zhejiang Jinfang Hygiene Products Co., Ltd.
地址(Add)：浙江省金华市金东区澧浦镇金澧东路一号
邮编(P. C.)：321041
电话(Tel)：0579－82833777
传真(Fax)：0579－89176827
Http://www.zjjfws.com
法人代表(Chairman)：程成桂
联系人(Contact Person)：李小斌
产品(Products)：卫生巾，卫生护垫，婴儿纸尿裤，护理垫，成人纸尿裤
品牌(Brand)：宝蝶，尤宝，佳佳洁

华美卫生用品有限公司
Huamei Sanitary Products Co., Ltd.
地址(Add)：浙江省金华市金三角开发区金港大道1648号
邮编(P. C.)：321037
电话(Tel)：0579－85951577
传真(Fax)：0579－83707628
E-mail：wandymao@163.com
法人代表(Chairman)：方浩勤
总经理(General Manager)：方浩勤
联系人(Contact Person)：方磊
产品(Products)：卫生巾，婴儿纸尿裤/片，护理垫
品牌(Brand)：华美，Lilas，Happy Baby

浙江人爱卫生用品有限公司
Zhejiang Renai Sanitary Products Co., Ltd.
地址(Add)：浙江省丽水市经济开发区成大街156号
邮编(P. C.)：323010
电话(Tel)：0578－2968899
传真(Fax)：0578－2691133
E-mail：zjnas88@163.com
Http://www.zjnas.com
法人代表(Chairman)：谢青山
总经理(General Manager)：谢青山
联系人(Contact Person)：陈景清
产品(Products)：卫生巾，卫生护垫，婴儿纸尿裤
品牌(Brand)：纳爱斯，精灵贝贝

临安市雄鹰妇幼卫生用品有限公司
Linan Eagle Women & Children Health Care Products Co., Ltd.
地址(Add)：浙江省临安市玲珑工业区
邮编(P. C.)：311301
电话(Tel)：0571－63872758
传真(Fax)：0571－63872735
E-mail：xy－zjm@126.com
Http://www.ceanza.com
法人代表(Chairman)：周雄鹰
总经理(General Manager)：项宗信
联系人(Contact Person)：赵建梅
产品(Products)：卫生巾，卫生护垫，婴儿纸尿裤
品牌(Brand)：永芳，成长日记

浙江省浦江县仙华卫生用品厂
Zhejiang Xianhua Hygiene Products Plant
地址(Add)：浙江省浦江县大畈乡
邮编(P. C.)：322200
电话(Tel)：0579－84360777
传真(Fax)：0579－84360999
总经理(General Manager)：陈金田
联系人(Contact Person)：陈金田
产品(Products)：卫生巾，卫生护垫，婴儿纸尿裤
品牌(Brand)：水仙花

浙江蓝雁炭业有限公司
Zhejiang Lanyan Charcoal Co., Ltd.
地址(Add)：浙江省庆元县菇市二路19号
邮编(P. C.)：323800
电话(Tel)：0578－6382111
传真(Fax)：0578－6382111
E-mail：lyanty@163.com
Http://www.lanyanzt.com.cn
联系人(Contact Person)：雷杰
产品(Products)：卫生巾，卫生护垫
品牌(Brand)：蓝雁

衢州一片情纸业有限公司
Quzhou Yipianqing Paper Co., Ltd.
地址(Add)：浙江省衢州市常山县新都工业园区创新路2号
邮编(P. C.)：324200
电话(Tel)：0570－5115008
传真(Fax)：0570－5115000
E-mail：512207460@qq.com
Http://www.qunyepaper.com
总经理(General Manager)：陈坚
联系人(Contact Person)：陈坚
产品(Products)：卫生巾，卫生护垫，婴儿纸尿裤，成人纸尿裤，生活用纸
品牌(Brand)：丝尚，一片情，尚尚熊

衢州恒业卫生用品有限公司
Quzhou Hengye Sanitary Products Co., Ltd.
地址(Add)：浙江省衢州市常山新都工业区
邮编(P. C.)：324200
电话(Tel)：0570－5110366
传真(Fax)：0570－5110111
E-mail：quzhouhengye8899@126.com
Http://www.qzhengye.cn.alibaba.com
总经理(General Manager)：徐东风
联系人(Contact Person)：徐东风
产品(Products)：卫生巾，卫生护垫，婴儿纸尿裤，成人纸尿裤，卫生纸
品牌(Brand)：动感女孩，丝诗

衢州市舒雅卫生用品有限公司
Quzhou Shuya Hygiene Products Co., Ltd.
地址(Add)：浙江省衢州市衢江区高家镇工业园区
邮编(P. C.)：324024
电话(Tel)：0570－2630168
传真(Fax)：0570－2935185
E-mail：shuya@cnshuya88.com
Http://www.cnshuya88.com
总经理(General Manager)：孙金云

联系人(Contact Person)：孙金云
产品(Products)：卫生巾，卫生护垫
品牌(Brand)：月满意，相约女孩

瑞安市宏心妇幼用品有限公司
Ruian Hongxin Women & Children Articles Co., Ltd.
地址(Add)：浙江省瑞安市碧山镇渡头路 56 号
邮编(P. C.)：325215
电话(Tel)：0577－65427687
传真(Fax)：0577－65420399
总经理(General Manager)：卢克孟
联系人(Contact Person)：卢克孟
产品(Products)：卫生巾，卫生护垫，婴儿纸尿裤/片
品牌(Brand)：俏姐，保健草，宏心，伴宝氏，直柔

瑞安川洋妇婴用品有限公司
Ruian Chuanyang Women & Children Articles Co., Ltd.
地址(Add)：浙江省瑞安市塘下镇鲍田前桥育英路 86 号
邮编(P. C.)：325204
电话(Tel)：0577－65205563
传真(Fax)：0577－65207356
E-mail：chuanyangfuying@163. com
Http：//www. beilaikang. com
法人代表(Chairman)：何晓挺
总经理(General Manager)：池星红
联系人(Contact Person)：池星红
产品(Products)：卫生巾，卫生护垫，乳垫，婴儿隔尿垫巾，婴儿纸尿裤
品牌(Brand)：贝莱康，喜康盈

恒安(上虞)卫生用品公司
Hengan (Shangyu) Hygiene Products Co., Ltd.
地址(Add)：浙江省上虞市开发区聚英路南
邮编(P. C.)：312300
电话(Tel)：0575－82133598
传真(Fax)：0575－82023554
法人代表(Chairman)：施文博
联系人(Contact Person)：吴文权
产品(Products)：卫生巾
品牌(Brand)：安乐，安尔乐

绍兴唯尔福妇幼用品有限公司
Shaoxing Welfare Women & Children Products Co., Ltd.
地址(Add)：浙江省绍兴市袍江工业区南区 D21 号
邮编(P. C.)：312001
电话(Tel)：0575－88241241
传真(Fax)：0575－88242915
E-mail：wef 2008@163. com
Http：//www. wef 2008. com
法人代表(Chairman)：何幼成
总经理(General Manager)：何幼成
联系人(Contact Person)：何幼成
产品(Products)：卫生巾，卫生护垫，婴儿纸尿裤/片，成人纸尿裤/片，护理垫，宠物垫，湿巾，生活用纸
品牌(Brand)：唯尔福，唯儿福，纸音

绍兴嬉竹生态纤维有限公司
Shaoxing Xizhu Ecological Polyester Co., Ltd.
地址(Add)：浙江省绍兴市钱清原料市场 B－1 幢东四楼
邮编(P. C.)：312025
电话(Tel)：400－0575776
传真(Fax)：0575－81172272
Http：//www. sxxizhu. com
联系人(Contact Person)：陈鹤松
产品(Products)：卫生巾
品牌(Brand)：竹媛

绍兴市珂蓉卫生用品有限公司
Shaoxing Kerong Hygiene Products Co., Ltd.
地址(Add)：浙江省绍兴市山影星村 25 栋
邮编(P. C.)：312000
电话(Tel)：0575－88318051
传真(Fax)：0575－88318051
法人代表(Chairman)：徐国荣
总经理(General Manager)：徐国荣
联系人(Contact Person)：徐国荣
产品(Products)：卫生巾，卫生护垫，卫生纸
品牌(Brand)：珂蓉，越城之花

新昌县舒洁美卫生用品有限公司
Xinchang Shujiemei Hygiene Products Co., Ltd.
地址(Add)：浙江省绍兴市新昌县高新技术产业园区金星村
邮编(P. C.)：312500
电话(Tel)：0575－86296998
传真(Fax)：0575－86297758
法人代表(Chairman)：戴中标
总经理(General Manager)：潘雪阳
联系人(Contact Person)：杨美蓉
产品(Products)：卫生巾，卫生护垫，餐巾纸，面巾纸
品牌(Brand)：嫦爽，舒佳怡，蓝宝石，遇见

临海市满爽卫生用品有限公司
Linhai Manshuang Hygiene Products Co., Ltd.
地址(Add)：浙江省台州市临海市经济开发区临海大道塘里村
邮编(P. C.)：317000
电话(Tel)：0576－85122468
传真(Fax)：0576－85122458
E-mail：260939531@qq. com
Http：//www. manshuang. com
法人代表(Chairman)：陈兆考
总经理(General Manager)：陈兆考
联系人(Contact Person)：陈忠法
产品(Products)：卫生巾，卫生护垫，婴儿纸尿裤/片
品牌(Brand)：满爽，满舒爽，碧玉佳人

台州娅洁舒卫生用品有限公司
Taizhou Yajieshu Hygiene Products Co., Ltd.
地址(Add)：浙江省台州温岭市塘下镇向西莫工业区 6 号
邮编(P. C.)：317502
电话(Tel)：0576－86576232
传真(Fax)：0576－86576030
E-mail：sales@yajieshu. com
Http：//www. yajieshu. com
法人代表(Chairman)：莫海滨
总经理(General Manager)：莫海滨
联系人(Contact Person)：沈华东
产品(Products)：卫生巾，卫生护垫，婴儿纸尿片
品牌(Brand)：娅洁舒，倍佳，蝶爽，小贝乐

伊利安卫生用品有限公司
Yilian Sanitary Products Co., Ltd.
地址(Add): 浙江省温岭市箬横镇乐邦工业园区 382 号
邮编(P. C.): 317507
电话(Tel): 0576 -86826182
传真(Fax): 0576 -86826183
E-mail: sales@ chinayilian. com
Http://www. chinayilian. com
法人代表(Chairman): 陈世荣
总经理(General Manager): 陈世荣
联系人(Contact Person): 陈世荣
产品(Products): 卫生巾
品牌(Brand): 伊利安

温州市芳柔卫生用品有限公司
Wenzhou Fangrou Hygiene Articles Co., Ltd.
地址(Add): 浙江省温州市瓯海区瞿溪后屿街 857 号
邮编(P. C.): 325035
电话(Tel): 0577 -86686665
传真(Fax): 0577 -86686669
E-mail: fangrou@ fangrou. com
Http://www. fangrou. com
法人代表(Chairman): 张武
总经理(General Manager): 张武
联系人(Contact Person): 张武
产品(Products): 卫生巾, 卫生护垫
品牌(Brand): 汝爽, 可好, 贝贝依依

杭州可悦卫生用品有限公司
Hangzhou Credible Sanitary Products Co., Ltd.
地址(Add): 浙江省萧山经济技术开发区杭州江东工业园区江东三路
邮编(P. C.): 311222
电话(Tel): 0571 -82985566
传真(Fax): 0571 -82985211
E-mail: yaoyj@ hzcredible. com
Http://www. hzcredible. com
法人代表(Chairman): 黄国权
总经理(General Manager): 黄国权
联系人(Contact Person): 姚云洁
产品(Products): 卫生巾, 卫生护垫, 婴儿纸尿裤/片
品牌(Brand): 月满好, 雅妮娜, 酷贝比, 婴倍适, Credible, 优美可, 好倍舒

义乌市佳丽卫生用品厂
Yiwu Jiali Hygiene Products Factory
地址(Add): 浙江省义乌市义南开发区
邮编(P. C.): 322006
电话(Tel): 0579 -85785585
传真(Fax): 0579 -85737170
E-mail: webmaster@ chinahuile. com
Http://www. chinahuile. com
联系人(Contact Person): 余植军
产品(Products): 卫生巾, 卫生护垫, 鞋垫
品牌(Brand): 七彩少女, 七彩空间

义乌市比爱卫生用品有限公司
Yiwu Biai Hygiene Products Co., Ltd.
地址(Add): 浙江省义乌市义亭工业区
邮编(P. C.): 322005
电话(Tel): 0579 -85558500
传真(Fax): 0579 -85816858
E-mail: sales@ biaichina. com
Http://www. biaichina. com
法人代表(Chairman): 王爱加
总经理(General Manager): 周喜飞
联系人(Contact Person): 傅淑芬
产品(Products): 卫生巾, 卫生护垫, 婴儿纸尿裤, 湿巾, 宠物垫, 宠物纸尿裤
品牌(Brand): 比爱

浙江安柔卫生用品有限公司
Zhejiang Anrou Hygiene Products Co., Ltd.
地址(Add): 浙江省义乌市义亭工业区稠义西路 168 号
邮编(P. C.): 322005
电话(Tel): 0579 -85679688
传真(Fax): 0579 -85817688
E-mail: managerchen811@ sohu. com
Http://www. anrou. cn
法人代表(Chairman): 李光军
总经理(General Manager): 李光军
联系人(Contact Person): 陈坚
产品(Products): 卫生巾, 卫生护垫, 乳垫, 婴儿纸尿裤/片, 成人纸尿裤, 护理垫, 湿巾, 宠物垫, 汗液垫
品牌(Brand): 安柔, 澳利康, 子女心

义乌市奥顿纸业有限公司
Yiwu Aodun Paper Co., Ltd.
地址(Add): 浙江省义乌市义亭工业园区
邮编(P. C.): 322005
电话(Tel): 0579 -85819888
传真(Fax): 0579 -85813668
E-mail: sale@ ywaodun. com
Http://www. ywaodun. com
法人代表(Chairman): 鲍志坚
总经理(General Manager): 鲍志坚
联系人(Contact Person): 鲍志坚
产品(Products): 卫生巾, 婴儿纸尿裤/片, 餐巾纸, 面巾纸, 卫生纸
品牌(Brand): 诗雨, 迷奇儿, 鸥娜诗

日商卫生保健用品有限公司
Rishang Health Care Products Co., Ltd.
地址(Add): 浙江省永康市中国科技五金城象珠工业园区
邮编(P. C.): 321313
电话(Tel): 0579 -87566002
传真(Fax): 0579 -87566522
Http://www. risnapkin. com
法人代表(Chairman): 胡明星
联系人(Contact Person): 胡逸
产品(Products): 卫生巾, 卫生护垫
品牌(Brand): 月月爽

● 安徽 Anhui

安徽省蚌埠市安爽纸业有限公司
Anhui Bengbu Anshuang Paper Co., Ltd.
地址(Add): 安徽省蚌埠市凤阳东路 169 号
邮编(P. C.): 233000
电话(Tel): 0552 -7129788
传真(Fax): 0552 -3039876

E-mail：625901515@ qq. com
法人代表(Chairman)：徐建军
总经理(General Manager)：徐建军
联系人(Contact Person)：徐建军
产品(Products)：卫生巾，卫生纸
品牌(Brand)：自由度

阜阳市洁泰卫生用品有限公司
Fuyang Jietai Hygiene Products Co., Ltd.
地址(Add)：安徽省阜阳市颍上县润河镇开发区新区1号
邮编(P. C.)：236000
电话(Tel)：0558－4149928
传真(Fax)：0558－4149028
Http://www. jtwsyp. com
联系人(Contact Person)：蔡细珍
产品(Products)：卫生巾
品牌(Brand)：春夏秋冬

恒安(合肥)生活用品有限公司
Hengan (Hefei) Daily Products Co., Ltd.
地址(Add)：安徽省合肥市瑶海工业园区郎溪路与纬B路交叉口
邮编(P. C.)：230011
电话(Tel)：0551－62113889
E-mail：wujb@ mail. hengan. com. cn
法人代表(Chairman)：施文博
总经理(General Manager)：吴金钹
联系人(Contact Person)：吴金钹
产品(Products)：卫生巾，卫生护垫，婴儿纸尿裤，卫生纸
品牌(Brand)：安乐，安尔乐，安儿乐，心相印

安徽汇诚集团侬侬妇幼用品有限公司
Anhui Huicheng Group Nongnong Women & Children Articles Co., Ltd.
地址(Add)：安徽省合肥市瑶海区龙岗工业园吴敬梓路与站前路交叉口汇诚大厦
邮编(P. C.)：231633
电话(Tel)：0551－64327333
传真(Fax)：0551－64328222
E-mail：ahhcjt@ ahhcjt. com
Http://www. ahhcjt. com
法人代表(Chairman)：蔡世忠
联系人(Contact Person)：蔡培春
产品(Products)：卫生巾，卫生护垫，婴儿纸尿裤/片，面巾纸，手帕纸，餐巾纸，擦手纸
品牌(Brand)：水晶花，丝云，娇芙，水晶宝贝，安宝适，青花印象

安徽省吉美生活用品有限公司
Anhui Jimei Daily Necessities Co., Ltd.
地址(Add)：安徽省宿州市宿马经济开发区
邮编(P. C.)：234000
电话(Tel)：0557－3928988
传真(Fax)：0557－3910032
联系人(Contact Person)：苗恩军
产品(Products)：卫生纸，卫生巾，婴儿纸尿裤

天长市康辉防护用品工贸有限公司
Tianchang Kanghui Products Industry & Trading Co., Ltd.
地址(Add)：安徽省天长市石梁镇街道18号
邮编(P. C.)：239322
电话(Tel)：0550－7715388
传真(Fax)：0550－7715428
E-mail：wtg1188@ 163. com
法人代表(Chairman)：王庭国
总经理(General Manager)：王庭国
联系人(Contact Person)：王忠英
产品(Products)：围兜，乳垫，手术衣，口罩，帽子，纸鞋垫非织造布制品
品牌(Brand)：菲特美

安徽悦美卫生用品有限公司
Anhui Yuemei Hygiene Products Co., Ltd.
地址(Add)：安徽省桐城市经济开发区兴隆路9号
邮编(P. C.)：231400
电话(Tel)：0556－6567998
传真(Fax)：0556－6568666
E-mail：ygm98@ sohu. com
Http://www. yuerm. com
法人代表(Chairman)：殷根茂
总经理(General Manager)：姜长国
联系人(Contact Person)：姜长国
产品(Products)：原纸，卫生纸，面巾纸，手帕纸，餐巾纸，厨房纸巾，擦手纸，卫生巾，卫生护垫，婴儿纸尿裤/片
品牌(Brand)：阳光薇枫，月尔美，月儿美

● 福建 Fujian

泉州市三商卫生用品有限公司
Quanzhou Sanshang Hygiene Products Co., Ltd.
地址(Add)：福建省安溪县蓬莱镇联中工业区
邮编(P. C.)：362402
电话(Tel)：0595－23358333
传真(Fax)：0595－23358222
E-mail：sanshang@ fjfair. com
法人代表(Chairman)：林清艺
总经理(General Manager)：林清艺
联系人(Contact Person)：林清艺
产品(Products)：卫生巾，卫生护垫，婴儿纸尿裤/片，湿巾
品牌(Brand)：娇点，蕾洁，护悠，顽皮宝贝

福清恩达卫生用品有限公司
Fuqing Enda Hygiene Products Co., Ltd.
地址(Add)：福建省福清市融侨经济开发区
邮编(P. C.)：350301
电话(Tel)：0591－85372588
传真(Fax)：0591－85366988
法人代表(Chairman)：王菊英
总经理(General Manager)：陈松
联系人(Contact Person)：陈松
产品(Products)：卫生巾，婴儿纸尿裤/片，面巾纸，餐巾纸，卫生纸
品牌(Brand)：天姿娇，天使恋情，美赞臣，君乐宝

顺源妇幼用品有限公司
Shunyuan Women & Children Articles Co., Ltd.
地址(Add)：福建省福州市仓山区连江南路126号
邮编(P. C.)：350007

电话(Tel)：0591－83449886
传真(Fax)：0591－87449299
联系人(Contact Person)：林敏栋
产品(Products)：卫生巾
品牌(Brand)：雨洁

舒尔洁(福建)纸业有限公司
Fuzhou Shuerjie Paper Co., Ltd.
地址(Add)：福建省福州市仓山区透浦142号
邮编(P. C.)：350008
电话(Tel)：0591－87625139
传真(Fax)：0591－87621179
E-mail：fjshuerjie@163.com
联系人(Contact Person)：杨长建
产品(Products)：卫生巾，卫生护垫，纸尿裤/片，卫生纸，手帕纸，面巾纸
品牌(Brand)：好馨缘，QQ空间

益兴堂卫生制品有限公司
Yixingtang Hygiene Product Co., Ltd.
地址(Add)：福建省福州市江阴工业区
邮编(P. C.)：350309
电话(Tel)：0591－85966788
传真(Fax)：0591－85966789
E-mail：lindaoxing@263.net
Http://www.yixingtang.cn
法人代表(Chairman)：林道兴
总经理(General Manager)：林道兴
联系人(Contact Person)：戴波
产品(Products)：卫生巾，婴儿纸尿裤/片
品牌(Brand)：亲情树，亲情宝宝

福建天源卫生用品有限公司
Fujian Tianyuan Health Supplies Co. Ltd.
地址(Add)：福建省福州市闽侯甘蔗陈店湖工业区
邮编(P. C.)：350100
电话(Tel)：0591－22071818
传真(Fax)：0591－22072828
Http://www.fjtianyuan.com
联系人(Contact Person)：郑素雄
产品(Products)：卫生巾，婴儿纸尿裤/片
品牌(Brand)：诗非，明一聪明

福州采尔纸业有限公司
Fuzhou Caier Paper Co., Ltd.
地址(Add)：福建省福州市五一中路88号平安大厦7楼
邮编(P. C.)：350001
电话(Tel)：0591－88306555
传真(Fax)：0591－28353528
E-mail：tryor@vip.qq.com
Http://www.tryor.cn
法人代表(Chairman)：吴聪敏
总经理(General Manager)：吴炳煌
联系人(Contact Person)：吴炳煌
产品(Products)：卫生巾，卫生护垫，婴儿纸尿裤，成人纸尿裤/片，护理垫
品牌(Brand)：愉+，萌逗逗，尊宁

泉州顺安妇幼用品有限公司
Quanzhou Shunan Women & Children Articles Co., Ltd.
地址(Add)：福建省晋江市安海工业区
邮编(P. C.)：362261
电话(Tel)：0595－85538997
传真(Fax)：0595－85737997
E-mail：1030865554@qq.com
Http://www.fjshunan.com
法人代表(Chairman)：姚文展
总经理(General Manager)：姚文展
联系人(Contact Person)：姚典
产品(Products)：卫生巾，卫生护垫，婴儿纸尿裤/片
品牌(Brand)：茉莉花香，顺安

福建恒安集团有限公司
Fujian Hengan Holding Co., Ltd.
地址(Add)：福建省晋江市安海恒安工业城
邮编(P. C.)：362261
电话(Tel)：0595－85708888
传真(Fax)：0595－85708666
E-mail：hengan@hengan.com
Http://www.hengan.com.cn
法人代表(Chairman)：施文博
总经理(General Manager)：许连捷
联系人(Contact Person)：陈涛
产品(Products)：卫生巾，卫生护垫，婴儿纸尿裤，成人纸尿裤，湿巾
品牌(Brand)：安尔乐，安乐，安儿乐，安而康，心相印

恒安(福建)妇幼用品有限公司
Hengan (Fujian) Women & Children's Articles Co., Ltd.
地址(Add)：福建省晋江市安海恒安工业城
邮编(P. C.)：362261
电话(Tel)：0595－85708888
传真(Fax)：0595－85708666
法人代表(Chairman)：施文博
联系人(Contact Person)：张时跑
产品(Products)：卫生巾，卫生护垫
品牌(Brand)：安尔乐

恒安集团(晋江)妇女用品有限公司
Hengan Group (Jinjiang) Women Products Co., Ltd.
地址(Add)：福建省晋江市安海恒安工业城
邮编(P. C.)：362261
电话(Tel)：0595－85708888
传真(Fax)：0595－85708666
法人代表(Chairman)：施文博
联系人(Contact Person)：程勇
产品(Products)：卫生巾，卫生护垫
品牌(Brand)：安尔乐

晋江恒基妇幼卫生用品有限公司
Jinjiang Hengji Women and Children Hygiene Products Co., Ltd.
地址(Add)：福建省晋江市安海梧埭工业区
邮编(P. C.)：362261
电话(Tel)：0595－85728383
传真(Fax)：0595－85726767
Http://www.wsjw.net
总经理(General Manager)：吴青山
产品(Products)：卫生巾，卫生护垫
品牌(Brand)：诗蕾

鸿鑫妇幼用品有限公司
Hongxin Women & Children Articles Co., Ltd.
地址(Add)：福建省晋江市安海镇安平开发区拓展工业楼
邮编(P. C.)：362200
电话(Tel)：0595－85700996
传真(Fax)：0595－85707996
E-mail：hongxincn2011@sina.com
联系人(Contact Person)：许贻忠
产品(Products)：卫生巾，卫生护垫

晋江市安信妇幼用品有限公司
Jinjiang Anxin Women & Children Articles Co., Ltd.
地址(Add)：福建省晋江市安海镇后林工业区
邮编(P. C.)：362261
电话(Tel)：0595－82839729
传真(Fax)：0595－85724183
总经理(General Manager)：颜子崖
联系人(Contact Person)：颜子崖
产品(Products)：卫生巾，卫生护垫，婴儿纸尿裤/片
品牌(Brand)：优贝佳，温情港湾，名舒

晋江怡洁妇幼用品有限公司
Yijie Women & Children Articles Co., Ltd.
地址(Add)：福建省晋江市陈埭七一北路第三段二座(陈埭公安局后面)
邮编(P. C.)：362211
电话(Tel)：0595－5178878
传真(Fax)：0595－5199978
E-mail：webmaster@cnqz-yijie.com
联系人(Contact Person)：谢火炎
产品(Products)：卫生巾，婴儿纸尿裤/片
品牌(Brand)：洁尔丝，洁儿需，宜而乐，宜而雅

晋江市雅诗兰妇幼用品有限公司
Jinjiang Yashilan Women & Children Articles Co., Ltd.
地址(Add)：福建省晋江市陈埭镇岸刀村南工业区
邮编(P. C.)：362211
电话(Tel)：0595－85170266
传真(Fax)：0595－85170366
法人代表(Chairman)：丁煌灿
总经理(General Manager)：丁煌灿
联系人(Contact Person)：丁煌灿
产品(Products)：卫生巾，卫生护垫，婴儿纸尿裤，成人纸尿裤
品牌(Brand)：星期六，幼稚园，好伴侣

苏珊妈咪母婴用品有限公司
Susan Mummy Women & Children Articles Co., Ltd.
地址(Add)：福建省晋江市陈埭镇金溪路
邮编(P. C.)：362211
电话(Tel)：0595－82963690
传真(Fax)：0595－82963690
E-mail：841376369@qq.com
法人代表(Chairman)：苏联文
总经理(General Manager)：苏联文
联系人(Contact Person)：池雪婷
产品(Products)：婴儿纸尿裤，成人纸尿裤，卫生巾，宠物垫
品牌(Brand)：苏珊妈咪，苏珊大妈

福建省晋江市舒乐妇幼用品有限公司
Shule Women & Children Articles Co., Ltd. Jinjiang Fujian
地址(Add)：福建省晋江市陈埭镇鹏头工业区(鹏青大道)
邮编(P. C.)：362211
电话(Tel)：0595－85189888
传真(Fax)：0595－85189777
E-mail：shuleco@pub2.qz.fj.cn
Http://www.baihushi.com
法人代表(Chairman)：丁朝阳
总经理(General Manager)：丁朝阳
联系人(Contact Person)：丁朝阳
产品(Products)：卫生巾，婴儿纸尿裤，生活用纸
品牌(Brand)：白护士

晋江市大自然卫生用品有限公司
Jinjiang Nature Hygiene Products Co., Ltd.
地址(Add)：福建省晋江市池店工业区
邮编(P. C.)：362200
电话(Tel)：0595－27351272
传真(Fax)：0595－85989762
E-mail：15853192292@163.com
Http://www.dzrws.com
联系人(Contact Person)：赵海林
产品(Products)：卫生巾，婴儿纸尿裤/片
品牌(Brand)：柔伶，柔爽

晋江市恒意卫生用品有限公司
Fujian Jinjiang Hengyi Hygiene Products Co., Ltd.
地址(Add)：福建省晋江市池店屿崆工业区(靠福厦路紫帽镇)
邮编(P. C.)：362200
电话(Tel)：0595－85988898
传真(Fax)：0595－85988818
E-mail：136544668@qq.com
法人代表(Chairman)：谢宝水
总经理(General Manager)：谢宝水
联系人(Contact Person)：谢美丽
产品(Products)：卫生巾，卫生护垫，婴儿纸尿裤/片
品牌(Brand)：情深深，美丽宝贝

舒月妇幼卫生用品有限公司
Sure Maternity and Children Articles Co., Ltd.
地址(Add)：福建省晋江市池店镇屿崆村63号
邮编(P. C.)：362212
电话(Tel)：0595－85995958
传真(Fax)：0595－85995659
E-mail：info@fjsure.com
法人代表(Chairman)：谢丽楚
联系人(Contact Person)：谢华美
产品(Products)：卫生巾，卫生护垫，婴儿纸尿裤/片
品牌(Brand)：青春少女，优秀女生，九九空间，心梦宝贝

晋江荣安生活用品有限公司
Jinjiang Rongan Hygiene Thing Co., Ltd.
地址(Add)：福建省晋江市池店镇屿崆工业区
邮编(P. C.)：362200
电话(Tel)：0595－85992892
传真(Fax)：0595－85993892

E-mail：niqiongxia@ hotmail. com
Http：//www. fjrongan. cn. alibaba. com
法人代表(Chairman)：倪清荣
总经理(General Manager)：倪辉煌
联系人(Contact Person)：倪琼霞
产品(Products)：卫生巾，卫生护垫，婴儿纸尿裤/片，成人纸尿裤/片，护理垫
品牌(Brand)：惜香婷，夕阳参，裕福康，洁护师

晋江市磁灶镇舒安卫生巾厂
Jinjiang Shuan Sanitary Napkins Factory
地址(Add)：福建省晋江市磁灶镇坝头工业区舒安工业楼
邮编(P. C.)：362214
电话(Tel)：0595 - 85881629
传真(Fax)：0595 - 85893629
E-mail：1091509937@ qq. com
法人代表(Chairman)：曾建发
总经理(General Manager)：曾建清
联系人(Contact Person)：曾建发
产品(Products)：卫生巾，卫生护垫
品牌(Brand)：安玉，新安玉

晋江市万成达妇幼卫生用品有限公司
Jinjiang Wanchengda Hygiene Products Co., Ltd.
地址(Add)：福建省晋江市磁灶镇锦美下五龙工业区
邮编(P. C.)：362241
电话(Tel)：0595 - 85886093
传真(Fax)：0595 - 85856093
总经理(General Manager)：赖文服
联系人(Contact Person)：赖文服
产品(Products)：卫生巾

晋江市恒发妇幼用品有限公司
Hengfa Articles for Women And Children Co., Ltd. Jinjiang
地址(Add)：福建省晋江市磁灶镇溪头工业区
邮编(P. C.)：362214
电话(Tel)：0595 - 85889729
传真(Fax)：0595 - 85899829
法人代表(Chairman)：周培坤
总经理(General Manager)：周培坤
产品(Products)：卫生巾，卫生护垫
品牌(Brand)：顺安，采诺，美少女

晋江市益源卫生用品有限公司
Jinjiang Yiyuan Health Products Co., Ltd.
地址(Add)：福建省晋江市磁灶镇洋美工业区
邮编(P. C.)：362000
电话(Tel)：0595 - 85835236
传真(Fax)：0595 - 85889236
E-mail：yiyuan@ fjyiyuan. com
Http：//www. fjyiyuan. com
联系人(Contact Person)：谢家源
产品(Products)：卫生巾，卫生护垫，婴儿纸尿裤/片，成人纸尿片，面巾纸
品牌(Brand)：好浪漫，酷酷乐，绿茶香韵

福建省晋江市圣洁卫生用品有限公司
Fujian Jinjiang Shengjie Hygiene Products Co., Ltd.
地址(Add)：福建省晋江市磁灶镇张林儒东工业区
邮编(P. C.)：362214
电话(Tel)：0595 - 85858298
传真(Fax)：0595 - 85858698
E-mail：1206987@ qq. com
Http：//www. fjshengjie. cn
总经理(General Manager)：张祝恩
联系人(Contact Person)：张自力
产品(Products)：卫生巾，卫生护垫，婴儿纸尿裤/片

美特妇幼用品有限公司
Meite Women & Children Products Co., Ltd.
地址(Add)：福建省晋江市磁灶镇中国包装印刷产业(晋江)基地
邮编(P. C.)：362200
电话(Tel)：0595 - 85656826
传真(Fax)：0595 - 85658402
E-mail：meite@ meitecn. com
Http：//www. meitecn. com
法人代表(Chairman)：洪景芳
总经理(General Manager)：洪玉红
联系人(Contact Person)：周超
产品(Products)：卫生巾，卫生护垫，婴儿纸尿裤，成人纸尿裤
品牌(Brand)：雅梦思，婷诗莉，米奇宝贝，完美宝贝，帮宝舒，小甜甜，美特

晋江市金安纸业用品有限公司
Jinjiang Jinan Paper Co., Ltd.
地址(Add)：福建省晋江市磁灶中国印刷包装基地
邮编(P. C.)：362211
电话(Tel)：0595 - 85653158
传真(Fax)：0595 - 85610078
Http：//www. jjyiheng. com
总经理(General Manager)：林金典
联系人(Contact Person)：林金典
产品(Products)：卫生巾，卫生护垫

祥发(福建)卫生用品有限公司
Xiangfa (Fujian) Hygiene Products Co., Ltd.
地址(Add)：福建省晋江市东石工业园区
邮编(P. C.)：362271
电话(Tel)：0595 - 88053899
传真(Fax)：0595 - 85539551
联系人(Contact Person)：杨元炳
产品(Products)：卫生巾，婴儿纸尿裤/片
品牌(Brand)：好体惠

兴发妇幼卫生用品有限公司
Xinfa Women & Children Articles Co., Ltd.
地址(Add)：福建省晋江市东石镇大白山工业区
邮编(P. C.)：362200
电话(Tel)：0595 - 85588058
传真(Fax)：0595 - 85599829
联系人(Contact Person)：杨元粒
产品(Products)：卫生巾，卫生护垫，婴儿纸尿裤/片

晋江沧源纸品厂
Jinjiang Cangyuan Paper Factory
地址(Add)：福建省晋江市东石镇张厝工业区
邮编(P. C.)：362272
电话(Tel)：15905905582
联系人(Contact Person)：王明确

产品(Products)：卫生巾，婴儿纸尿裤/片

晋江恒隆卫生用品有限公司
Jinjiang Henglong Hygiene Products Co., Ltd.
地址(Add)：福建省晋江市高科技开发区银水商厦
邮编(P. C.)：362200
电话(Tel)：0595－22852234
传真(Fax)：0595－85859693
联系人(Contact Person)：吴少卿
产品(Products)：卫生护垫，婴儿纸尿片

晋江市荣鑫妇幼用品有限公司
Jinjiang Rongxin Lady & Baby Products Co., Ltd.
地址(Add)：福建省晋江市经济开发区
邮编(P. C.)：362200
电话(Tel)：0595－85660657
传真(Fax)：0595－85660926
E-mail：289243407@qq.com
Http://www.tingerhao.com
总经理(General Manager)：许荣华
联系人(Contact Person)：许振坤
产品(Products)：卫生巾，卫生护垫，婴儿纸尿裤/片，成人纸尿裤/片
品牌(Brand)：婷好，梦露，医靠，小懒虫，长江7号

晋江市清利卫生用品有限公司
Jinjiang Qingli Hygiene Products Co., Ltd.
地址(Add)：福建省晋江市赖厝清利工业园
邮编(P. C.)：362200
电话(Tel)：0595－85675668
传真(Fax)：0595－85654611
法人代表(Chairman)：赖清江
总经理(General Manager)：赖清江
产品(Products)：卫生巾，卫生护垫
品牌(Brand)：浪漫心语，太阳女孩

怡佳(福建)卫生用品有限公司
Yijia (Fujian) Sanitary Appliances Co., Ltd.
地址(Add)：福建省晋江市罗山街道办事处社店工业区
邮编(P. C.)：362216
电话(Tel)：0595－88172976
传真(Fax)：0595－88173976
E-mail：yijiacoration2@gmail.com
Http://www.fjyijiaqy.com
法人代表(Chairman)：陈德安
总经理(General Manager)：陈德安
联系人(Contact Person)：陈文取
产品(Products)：卫生巾，卫生护垫，婴儿纸尿裤/片，成人纸尿裤/片，湿巾，面巾纸
品牌(Brand)：樱柔，婴柔，英柔

晋江市梦之缘妇幼用品有限公司
Jinjiang Mengzhiyuan Women & Children Articles Co., Ltd.
地址(Add)：福建省晋江市罗山街道许坑社区平安北路126号
邮编(P. C.)：362216
电话(Tel)：0595－88125289
传真(Fax)：0595－88125298
联系人(Contact Person)：吴永义
产品(Products)：婴儿纸尿裤/片，隔尿垫，成人纸尿裤/片，护理垫，卫生巾，卫生护垫
品牌(Brand)：贝优酷，沁香

晋江市永芳纸业有限公司
Jinjiang Yongfang Paper Co., Ltd.
地址(Add)：福建省晋江市罗山许坑工业区
邮编(P. C.)：362200
电话(Tel)：0595－88155554
传真(Fax)：0595－88155554
总经理(General Manager)：吴永富
产品(Products)：卫生巾，卫生护垫，婴儿纸尿裤/片，成人纸尿裤/片，湿巾
品牌(Brand)：卡爽

泉州联合纸业有限公司
Quanzhou Union Paper Co., Ltd.
地址(Add)：福建省晋江市泉州汽车制造基地一号路
邮编(P. C.)：362200
电话(Tel)：0595－22445555
传真(Fax)：0595－22442555
E-mail：36586208@qq.com
Http://www.upuk.cc
法人代表(Chairman)：王素华
总经理(General Manager)：陈彬
联系人(Contact Person)：陈培钊
产品(Products)：婴儿纸尿裤/片，卫生巾
品牌(Brand)：Momo

晋江安宜洁卫生用品有限公司
Jinjiang Anyijie Hygiene Products Co., Ltd.
地址(Add)：福建省晋江市五里开发区
邮编(P. C.)：362205
电话(Tel)：0595－85755706
联系人(Contact Person)：王恭阅
产品(Products)：卫生巾，卫生护垫，婴儿纸尿裤/片
品牌(Brand)：安宜洁

福建晋江凤竹纸品实业有限公司
Fujian Jinjiang Fengzhu Paper Products Industry Co., Ltd.
地址(Add)：福建省晋江市五里科技工业园区
邮编(P. C.)：362200
电话(Tel)：0595－85752852
传真(Fax)：0595－85752222
E-mail：fengzhu5678890@163.com
总经理(General Manager)：李栋梁
联系人(Contact Person)：麦义坤
产品(Products)：餐巾纸，面巾纸，手帕纸，卫生纸，卫生巾，卫生护垫
品牌(Brand)：洁菲，凤竹

盛华(中国)发展有限公司
Shenghua China Developing Co., Ltd.
地址(Add)：福建省晋江市五里科技工业园区
邮编(P. C.)：362200
电话(Tel)：0595－88167992
传真(Fax)：0595－85665706
E-mail：929321350@qq.com
Http://www.ikissbaby.com
法人代表(Chairman)：吴美玲
总经理(General Manager)：庄鸿育

联系人(Contact Person)：庄艳萍
产品(Products)：卫生巾，卫生护垫，婴儿纸尿裤/片
品牌(Brand)：雅佳宜，亲亲贝芘

晋江市佳月卫生用品有限公司
Jinjiang Jiayue Hygiene Products Co., Ltd.
地址(Add)：福建省晋江市西园街道办事处车厝村
邮编(P. C.)：362200
电话(Tel)：0595-85898933
传真(Fax)：0595-85898932
E-mail：jiayue@jtinggirl.com
Http://www.jtinggirl.com
法人代表(Chairman)：王进清
总经理(General Manager)：王进清
联系人(Contact Person)：王进清
产品(Products)：卫生巾，卫生护垫，婴儿纸尿裤/片
品牌(Brand)：妙雪，兰诗琪，婴得利

晋江市凤源卫生用品有限公司
Jinjiang Fengyuan Hygiene Products Co., Ltd.
地址(Add)：福建省晋江市西园街道办事处赖厝工业区
邮编(P. C.)：362200
电话(Tel)：0595-85658669
传真(Fax)：0595-85658662
法人代表(Chairman)：赖建国
总经理(General Manager)：赖建国
联系人(Contact Person)：赖建国
产品(Products)：卫生巾
品牌(Brand)：妙龄少女

福建省晋江市佳利卫生用品有限公司
Fujian Jinjiang Jiali Sanitary Products Co., Ltd.
地址(Add)：福建省晋江市西园街道赖厝工业区
邮编(P. C.)：362000
电话(Tel)：0595-85608655
传真(Fax)：0595-85675172
法人代表(Chairman)：赖钦墩
联系人(Contact Person)：赖铭辉
产品(Products)：卫生巾
品牌(Brand)：佳利

金旭卫生用品有限公司
Jinxu Hygiene Products Co., Ltd.
地址(Add)：福建省晋江市西园街道仕头工业区
邮编(P. C.)：362200
电话(Tel)：0595-85617070
传真(Fax)：0595-85617171
法人代表(Chairman)：洪景跃
总经理(General Manager)：洪景跃
联系人(Contact Person)：洪景跃
产品(Products)：卫生巾，卫生护垫
品牌(Brand)：初婷

晋江恒乐卫生用品有限公司
Jinjiang Hengle Hygiene Products Co., Ltd.
地址(Add)：福建省晋江市西园街道仕头工业区
邮编(P. C.)：362200
电话(Tel)：0595-85611402
传真(Fax)：0595-85696402
E-mail：jjhengle@gmail.com
Http://jjhlwsyp.1688.com
总经理(General Manager)：赖素英
产品(Products)：卫生巾，卫生护垫，婴儿纸尿裤/片

晋江市金晖卫生用品有限公司
Jinjiang Jinhui Sanitary Products Co., Ltd.
地址(Add)：福建省晋江市西园街道仕头工业区
邮编(P. C.)：362200
电话(Tel)：0595-85654888
传真(Fax)：0595-85658959
E-mail：jh1924@sina.com
Http://www.jhdiaper.com
法人代表(Chairman)：洪耿谋
总经理(General Manager)：洪耿谋
联系人(Contact Person)：洪月理
产品(Products)：卫生巾，卫生护垫，婴儿纸尿裤/片，成人纸尿片
品牌(Brand)：快乐时光，月期，快乐宝宝，助儿爽，宝宝频道

圣安娜妇幼用品有限公司
Shenganna Sanitation Products Co., Ltd.
地址(Add)：福建省晋江市西园街道仕头工业区
邮编(P. C.)：362200
电话(Tel)：0595-85677756
传真(Fax)：0595-85659756
E-mail：286860174@qq.com
法人代表(Chairman)：洪文振
总经理(General Manager)：洪文振
联系人(Contact Person)：洪炳辉
产品(Products)：婴儿纸尿裤/片，卫生巾，卫生护垫
品牌(Brand)：漂亮宝宝，馨菲，诗兰妮

泉州市白天鹅卫生用品有限公司
Quanzhou White Swan Co., Ltd.
地址(Add)：福建省晋江市西园街道特种汽车基地旁白天鹅大厦
邮编(P. C.)：362200
电话(Tel)：0595-85858528
传真(Fax)：0595-85858628
E-mail：whiteswan@qzwhiteswan.com
Http://www.qzwhiteswan.com
总经理(General Manager)：张清辉
产品(Products)：卫生巾，卫生护垫，婴儿纸尿裤
品牌(Brand)：纯雅，舒莉婷，婴儿爽，快乐叮当

晋江安婷妇幼用品有限公司
Jinjiang Anting Sanitary Products Co., Ltd.
地址(Add)：福建省晋江市西园赖厝工业东区 7 号
邮编(P. C.)：362200
电话(Tel)：0595-85653868
传真(Fax)：0595-85652868
E-mail：anting@public.qz.fj.cn
Http://www.an-ting.com
法人代表(Chairman)：赖永星
总经理(General Manager)：赖永星
联系人(Contact Person)：赖永清
产品(Products)：卫生巾，卫生护垫，婴儿纸尿裤/片
品牌(Brand)：阳光天使，安婷，舒美婷，快乐公主，护你舒

晋江市源泰鑫卫生用品有限公司
Jinjiang Yuantaixin Hygiene Products Co., Ltd.
地址(Add): 福建省晋江市西园霞梧经济开发区
邮编(P. C.): 362200
电话(Tel): 0595-85659899
传真(Fax): 0595-85676512
E-mail: ytx@yuantaixin.com
法人代表(Chairman): 吴呵木
联系人(Contact Person): 吴幼艺
产品(Products): 卫生巾, 卫生护垫, 婴儿纸尿裤/片
品牌(Brand): 雅特诗蕾, 唯妮, 新思缘, 冰纯, 帮宝乐, 鸿馨儿, 小调皮

华亿(福建)妇幼用品有限公司
Huayi (Fujian) Sanitation Products Co., Ltd.
地址(Add): 福建省晋江市阳光时代广场金溪路28-30号
邮编(P. C.): 362200
电话(Tel): 0595-82008688
传真(Fax): 0595-82008700
E-mail: gm@fjhy.com
Http://www.fjhy.com
法人代表(Chairman): 庄建设
总经理(General Manager): 庄少聪
联系人(Contact Person): 庄建设
产品(Products): 卫生巾, 卫生护垫, 婴儿纸尿裤/片
品牌(Brand): 黛菲, 金博士, 香奈儿

晋江市洁昕妇幼用品有限公司
Jinjiang Jiexin Women & Children Articles Co., Ltd.
地址(Add): 福建省晋江市永和镇山前村东区16号
邮编(P. C.): 362200
电话(Tel): 0595-88062995
传真(Fax): 0595-88072003
Http://www.jiexin-china.com
总经理(General Manager): 陈金春
联系人(Contact Person): 陈金春
产品(Products): 卫生巾
品牌(Brand): 唯可欣, 咔路比

晋江宝洁卫生用品有限公司
Jinjiang Baojie Hygiene Products Co., Ltd.
地址(Add): 福建省晋江市紫帽塘头开发区(福厦路202公里处)
邮编(P. C.): 362213
电话(Tel): 0595-85953966
传真(Fax): 0595-85954966
E-mail: baojie@bao-jie.com
法人代表(Chairman): 陈海澄
总经理(General Manager): 陈海澄
联系人(Contact Person): 陈万里
产品(Products): 卫生巾
品牌(Brand): 靓洁, 雪婷

晋江市安雅卫生用品有限公司
Jinjiang Anya Hygiene Products Co., Ltd.
地址(Add): 福建省晋江市紫帽镇后厝街
邮编(P. C.): 362200
电话(Tel): 0595-85952958
传真(Fax): 0595-85953958
总经理(General Manager): 卓东来
产品(Products): 卫生巾, 卫生护垫
品牌(Brand): 星期六, 安雅

晋江市顺源妇幼用品有限公司
Jinjiang Shunyuan Women & Children Articles Co., Ltd.
地址(Add): 福建省晋江西园街道办事处道碑厝工业区
邮编(P. C.): 362000
电话(Tel): 0595-85896698
传真(Fax): 0595-85660965
E-mail: 372136312@qq.com
Http://www.syzhiye.com
法人代表(Chairman): 陈建忠
总经理(General Manager): 陈文良
联系人(Contact Person): 陈建忠
产品(Products): 卫生巾, 卫生护垫
品牌(Brand): 雨洁, 添妃丝

福建妙雅卫生用品有限公司
Fujian Miaoya Sanitary Products Co., Ltd.
地址(Add): 福建省龙海市榜山镇北溪头工业区
邮编(P. C.): 363100
电话(Tel): 0596-6598705
传真(Fax): 0596-6596798
E-mail: miaoya@miaoya.com
Http://www.china-miaoya.com
法人代表(Chairman): 黄展顺
总经理(General Manager): 黄展顺
联系人(Contact Person): 黄艳娟
产品(Products): 卫生巾, 卫生护垫, 婴儿纸尿裤/片
品牌(Brand): 妙雅, 娃儿乐, 公主日记

天乐卫生用品有限公司
Tianle Sanitary Article Co., Ltd.
地址(Add): 福建省龙岩市长汀县腾飞工业开发区一路34号
邮编(P. C.): 366300
电话(Tel): 0597-6815855
传真(Fax): 0597-6883888
E-mail: tianle-fj@163.com
Http://www.tianle888.com
法人代表(Chairman): 陈品芳
总经理(General Manager): 林健亮
联系人(Contact Person): 林建兵
产品(Products): 卫生巾, 卫生护垫, 婴儿纸尿裤/片, 成人纸尿裤
品牌(Brand): 天乐, 天天乐, 实爽

龙岩铭丰纸业有限公司
Longyan Mingfeng Paper Co., Ltd.
地址(Add): 福建省龙岩市经济技术开发区
邮编(P. C.): 364012
电话(Tel): 0597-2797866
传真(Fax): 0597-2797866
Http://www.mingfengzy.com
法人代表(Chairman): 连国强
总经理(General Manager): 蔡锦发
联系人(Contact Person): 刘泉平
产品(Products): 卫生巾, 卫生护垫, 婴儿纸尿裤/片
品牌(Brand): 优婷, 优爽, 优儿爽, 优爽宝宝

福建恒辉卫生用品有限公司
Fujian Henghui Hygiene Products Co., Ltd.
地址(Add)：福建省龙岩市龙州工业园
邮编(P. C.)：364300
电话(Tel)：0597-2267558
传真(Fax)：0597-2267559
E-mail：1074675968@qq.com
法人代表(Chairman)：刘元兴
联系人(Contact Person)：何伟贤
产品(Products)：卫生巾，卫生护垫，婴儿纸尿裤/片
品牌(Brand)：舒丽诗，ADC

福建省媖洁日用品有限公司
Fujian Yingjie Commodity Co., Ltd.
地址(Add)：福建省龙岩市武平县青云山工业区6号
邮编(P. C.)：364300
电话(Tel)：0597-4866888
传真(Fax)：0597-4866333
E-mail：yingjie-wuping@163.com
Http://www.yingjiefj.com
总经理(General Manager)：邹家兴
联系人(Contact Person)：赖枉芳
产品(Products)：卫生巾，卫生护垫，婴儿纸尿裤
品牌(Brand)：媖洁，健怡

福建兴源森纸业股份有限公司
Fujian Xingyuansen Paper Co., Ltd.
地址(Add)：福建省闽侯县甘蔗街道陈店湖工业区
邮编(P. C.)：350100
电话(Tel)：0591-22068518
传真(Fax)：0591-22068718
E-mail：zhangjinchu2001@163.com
Http://www.fjxyszy.com
联系人(Contact Person)：章进初
产品(Products)：卫生巾，婴儿纸尿裤/片
品牌(Brand)：舒尔蓓，舒儿配，优莹，嘟嘟宝贝，乐来宝

利洁(福建)卫生用品科技有限公司
Lijie (Fujian) Hygiene Products Technology Co., Ltd.
地址(Add)：福建省南安市丰州镇东门工业区
邮编(P. C.)：362333
电话(Tel)：0595-22778828
传真(Fax)：0595-22899928
E-mail：6lijie@163.com
Http://www.ljfy.cn
法人代表(Chairman)：董莉莉
联系人(Contact Person)：魏连宗
产品(Products)：卫生巾，婴儿纸尿裤/片
品牌(Brand)：舒巾宝，贵族女人，童言

泉州白绵纸业有限公司
Quanzhou Baimian Paper Co., Ltd.
地址(Add)：福建省南安市官桥镇泉南创业园16号
邮编(P. C.)：362341
电话(Tel)：0595-39013000
传真(Fax)：0595-39013005
E-mail：jinjiangbm@163.com
Http://www.cnbaimian.com
总经理(General Manager)：洪小木
联系人(Contact Person)：洪小木
产品(Products)：卫生巾，卫生护垫，婴儿纸尿裤/片，成人纸尿裤/片，生活用纸，湿巾
品牌(Brand)：优贝佳，白绵，优贝洁，好亲密，橄榄树，小家碧玉

南安市恒源妇幼用品有限公司
Nanan Hengyuan Women & Children Articles Co., Ltd.
地址(Add)：福建省南安市洪濑西林工业区
邮编(P. C.)：362331
电话(Tel)：0595-86682876
传真(Fax)：0595-86688433
E-mail：tiexin@pub2.qz.fj.cn
Http://www.fjhyfy.com
法人代表(Chairman)：黄源水
总经理(General Manager)：黄文锋
联系人(Contact Person)：黄剑锋
产品(Products)：卫生巾，卫生护垫，婴儿纸尿裤/片，成人纸尿裤
品牌(Brand)：贴欣

南安市鑫隆妇幼用品有限公司
Nanan Xinlong Women & Children Articles Co., Ltd.
地址(Add)：福建省南安市洪濑镇东大路
邮编(P. C.)：362331
电话(Tel)：0595-86673118
传真(Fax)：0595-86693118
E-mail：hlxinlong@vip.sina.com
法人代表(Chairman)：林志煌
总经理(General Manager)：林志煌
联系人(Contact Person)：林志煌
产品(Products)：卫生巾，卫生护垫，婴儿纸尿裤，卫生纸
品牌(Brand)：美丽祝福，生活空间，丹菲诗，舒尔宝

泉州美欣妇幼用品有限公司
Quanzhou Meixin Women & Children Articles Co., Ltd.
地址(Add)：福建省南安市洪濑镇东溪开发区
邮编(P. C.)：362331
电话(Tel)：0595-26888266
传真(Fax)：0595-26888379
联系人(Contact Person)：李进生
产品(Products)：婴儿纸尿裤/片，成人纸尿裤/片，卫生巾，卫生护垫，床垫，宠物垫，湿巾
品牌(Brand)：洁宝适

天和妇幼日用品有限公司
Tianhe Women & Children Goods for Daily Use Co., Ltd.
地址(Add)：福建省南安市洪濑镇红宫山工业区天和工业园
邮编(P. C.)：362331
电话(Tel)：0595-86689278
传真(Fax)：0595-86689607
E-mail：gm@fjtianhe.com
Http://www.fjtianhe.com
法人代表(Chairman)：黄志民
总经理(General Manager)：黄志民
联系人(Contact Person)：黄腾龙
产品(Products)：卫生巾，卫生护垫，婴儿纸尿裤/片，成人纸尿裤/片
品牌(Brand)：新欣，阳光之秀，怡儿爽，康复来，排排

坐，吸得乐

中天集团(中国)有限公司
AAB Group (China)
地址(Add)：福建省南安市洪濑镇中天工业园
邮编(P. C.)：362331
电话(Tel)：0595-86693688
传真(Fax)：0595-86693488
E-mail：market@aabchina.com
Http://www.aabchina.com
法人代表(Chairman)：黄家齐
总经理(General Manager)：林勇
联系人(Contact Person)：庄碧原
产品(Products)：卫生巾，卫生护垫，婴儿纸尿裤/片，成人纸尿裤/片，护理垫，纸巾纸
品牌(Brand)：丝婷，可爱宝贝，可爱康，AAB

福建省南安市天天妇幼用品有限公司
Fujian Nanan Tiantian Women & Children Articles Co., Ltd.
地址(Add)：福建省南安市洪梅三梅工业园
邮编(P. C.)：362330
电话(Tel)：0595-86600555
传真(Fax)：0595-86687222
E-mail：fcy3555@163.com
法人代表(Chairman)：范重阳
总经理(General Manager)：范重阳
联系人(Contact Person)：范重阳
产品(Products)：卫生巾，卫生护垫，婴儿纸尿裤/片，生活用纸
品牌(Brand)：守护星，超凡入渗

南安市泉发纸品有限公司
Nanan Quanfa Paper Products Co., Ltd.
地址(Add)：福建省南安市柳城办事处露江工业区
邮编(P. C.)：363000
电话(Tel)：0595-86355566
传真(Fax)：0595-86371629
联系人(Contact Person)：许超阳
产品(Products)：成人纸尿裤/片，婴儿纸尿裤/片，卫生巾，卫生护垫，宠物垫
品牌(Brand)：怡儿乐，佰护

南安市远大卫生用品厂
Nanan Yuanda Hygiene Products Factory
地址(Add)：福建省南安市美林办事处柳美北路南侧
邮编(P. C.)：362300
电话(Tel)：0595-86280668
传真(Fax)：0595-86579678
E-mail：542192181@qq.com
Http://www.chinayuanda.com.cn
法人代表(Chairman)：陈燕治
总经理(General Manager)：郑友奎
联系人(Contact Person)：郑友套
产品(Products)：卫生巾，卫生护垫，婴儿纸尿裤/片，成人纸尿裤/片，护理垫
品牌(Brand)：好省新，帮爽，贝趣

福建省南安明乐卫生用品有限公司
Fujian Nanan Mingle Hygiene Products Co., Ltd.
地址(Add)：福建省南安市美林街道玉叶开发区
邮编(P. C.)：362300
电话(Tel)：0595-86275229
传真(Fax)：0595-86275239
Http://fujinxiang20091102.1688.com
总经理(General Manager)：傅仰护
联系人(Contact Person)：傅金象
产品(Products)：卫生巾
品牌(Brand)：丝菲雅

福建省南安海峰纸业有限公司
Fujian Nanan Haifeng Paper Co., Ltd.
地址(Add)：福建省南安市美林松岭工业区
邮编(P. C.)：362300
电话(Tel)：0595-86278903
传真(Fax)：0595-86278913
E-mail：w13317970801@163.com
联系人(Contact Person)：王朝进
产品(Products)：卫生巾，婴儿纸尿裤/片，生活用纸
品牌(Brand)：婕伶

南安市德盛纸品有限公司
Nanan Desheng Paper Products Co., Ltd.
地址(Add)：福建省南安市美林玉叶工业区
邮编(P. C.)：362300
电话(Tel)：0595-86295568
传真(Fax)：0595-86295569
E-mail：kangdequan888@163.com
Http://www.fjdszp.com
法人代表(Chairman)：康德盛
总经理(General Manager)：康德盛
联系人(Contact Person)：康德全
产品(Products)：卫生巾，婴儿纸尿裤
品牌(Brand)：心彩研，彩妮娜，泡泡贝比

南安市恒信妇幼卫生用品有限公司
Nanan Hengxin Women & Children Hygiene Products Co., Ltd.
地址(Add)：福建省南安市美林玉叶工业区
邮编(P. C.)：362300
电话(Tel)：0595-86277780
传真(Fax)：0595-86277781
E-mail：103187308@qq.com
总经理(General Manager)：康德育
联系人(Contact Person)：康德育
产品(Products)：卫生巾，卫生护垫，婴儿纸尿裤/片，成人纸尿裤

南安市娇妮生活用品有限公司
Nanan Jiaoni Life Products Co., Ltd.
地址(Add)：福建省南安市美林玉叶工业区
邮编(P. C.)：361199
电话(Tel)：0595-86273364
传真(Fax)：0595-86273364
联系人(Contact Person)：王志级
产品(Products)：卫生巾，婴儿纸尿裤/片
品牌(Brand)：婕伶

泉州市爱乐卫生用品有限公司
Quanzhou Aile Hygiene Products Co., Ltd.
地址(Add)：福建省南安市美林镇梅亭开发区
邮编(P. C.)：362300

电话(Tel)：0595－86283176
传真(Fax)：0595－86278298
E-mail：lqxian@ qzaile. com
Http：//www. qzaile. com
法人代表(Chairman)：黄大宅
总经理(General Manager)：林庆贤
联系人(Contact Person)：林庆贤
产品(Products)：卫生巾，卫生护垫，婴儿纸尿裤/片/拉拉裤，成人纸尿裤/片
品牌(Brand)：爱乐

泉州市现代卫生用品有限公司
Quanzhou Xiandai Sanitary Products Co., Ltd.
地址(Add)：福建省南安市美林镇梅亭开发区
邮编(P. C.)：362300
电话(Tel)：0595－86279882
传真(Fax)：0595－86279881
E-mail：911209921@ qq. com
Http：//www. qzxiandai. com
法人代表(Chairman)：黄仕洲
总经理(General Manager)：黄仕东
联系人(Contact Person)：尤宁取
产品(Products)：卫生巾，卫生护垫，婴儿纸尿裤/片
品牌(Brand)：薇薇佳，少女时代，芭比娃娃，婴护，适儿爽，菲琦

南安市中泰妇幼卫生用品厂
Nanan Zhongtai Women & Children Articles Factory
地址(Add)：福建省南安市美林镇玉叶工业区
邮编(P. C.)：362300
电话(Tel)：0595－86278796
传真(Fax)：0595－86278797
联系人(Contact Person)：肖团园
产品(Products)：卫生巾，婴儿纸尿裤

福建恒利集团有限公司
Fujian Hengli Group Co., Ltd.
地址(Add)：福建省南安市省新工业区
邮编(P. C.)：362300
电话(Tel)：0595－86252666
传真(Fax)：0595－86252099
E-mail：minsen@ fjhl. com. cn
Http：//www. fjhl. com. cn
法人代表(Chairman)：吴家荣
总经理(General Manager)：吴家荣
联系人(Contact Person)：陈少明
产品(Products)：卫生巾，卫生护垫，婴儿纸尿裤/片，生活用纸，原纸
品牌(Brand)：好舒爽，舒爽，爽儿宝，好吉利

福建省南安市恒丰纸品有限公司
Fujian Nanan Hengfeng Paper Co., Ltd.
地址(Add)：福建省南安市省新工业区
邮编(P. C.)：362300
电话(Tel)：0595－86235866
传真(Fax)：0595－86233699
E-mail：hongshuqiao1973@ 163. com
法人代表(Chairman)：吴家能
总经理(General Manager)：吴家能
联系人(Contact Person)：洪书巧
产品(Products)：婴儿纸尿裤/片，成人纸尿裤/片，护理垫，卫生护垫
品牌(Brand)：蓓奇，唯尔康，恒丰

福建省明大卫生用品有限公司
Fujian Mingda Hygienic Thing Co., Ltd.
地址(Add)：福建省南安市省新镇抚茂岭工业区
邮编(P. C.)：362308
电话(Tel)：0595－86233777
传真(Fax)：0595－86255999
E-mail：md@ mingda－cn. com
Http：//www. fjmingda. com
法人代表(Chairman)：尤建扬
总经理(General Manager)：尤建扬
联系人(Contact Person)：陈超
产品(Products)：卫生巾，卫生护垫，妈咪两用巾，婴儿纸尿裤/片，成人纸尿裤/片，湿巾
品牌(Brand)：清芬，倍儿舒，护大人

南安市洁婷卫生用品有限公司
Nanan Jieting Hygiene Products Co., Ltd.
地址(Add)：福建省南安市水头镇蟠龙开发区农资集团内
邮编(P. C.)：362342
电话(Tel)：0595－86909358
传真(Fax)：0595－86909238
E-mail：info@ jieting. net
总经理(General Manager)：吕连虎
联系人(Contact Person)：吕小红
产品(Products)：卫生巾，卫生护垫，婴儿纸尿裤/片
品牌(Brand)：清柔，柔菲，乐期，舒心妈咪

泉州美丽岛生活用品有限公司
Quanzhou Meilidao Household Products Co., Ltd.
地址(Add)：福建省南安市雪峰华侨经济开发区
邮编(P. C.)：362332
电话(Tel)：0595－22888880
传真(Fax)：0595－22681999
法人代表(Chairman)：苏景飞
总经理(General Manager)：苏景飞
联系人(Contact Person)：苏景飞
产品(Products)：卫生巾，婴儿纸尿裤/片
品牌(Brand)：笑乐，如期，贝倍嘉，倍嘉康护

泉州市娇娇乐卫生用品有限公司
Quanzhou Jojo Sanitary Articles Co., Ltd.
地址(Add)：福建省南安市院下工业区
邮编(P. C.)：362343
电话(Tel)：0595－86091998
传真(Fax)：0595－86090998
E-mail：jojole@ 126. com
法人代表(Chairman)：李秀娇
总经理(General Manager)：李秀娇
联系人(Contact Person)：李秀娇
产品(Products)：卫生巾，卫生护垫，婴儿纸尿裤/片，卫生纸
品牌(Brand)：恋之娇，女生有缘，娇媚，娇媚宝贝，Saude，Comfort

福建恒昌纸品有限公司
Fujian Hengchang Paper Products Co., Ltd.
地址(Add)：福建省南安市镇山工业区
邮编(P. C.)：362308

电话(Tel)：0595-26561888
传真(Fax)：0595-26561999
E-mail：hcgs688@163.com
Http：//www.fjhc688.com
法人代表(Chairman)：吴家灿
总经理(General Manager)：张长福
联系人(Contact Person)：张长福
产品(Products)：卫生巾，卫生护垫，婴儿纸尿裤/片
品牌(Brand)：欣舒宝，护儿宝，佳丽丝

雅芬(福建)卫生用品有限公司
Yafen (Fujian) Hygienic Products Co., Ltd.
地址(Add)：福建省南平市炉下工业园区
邮编(P.C.)：353000
电话(Tel)：0599-8455588
传真(Fax)：0599-8455566
E-mail：yafenzhb@hkyafen.com
Http：//www.hkyafen.com
联系人(Contact Person)：孙仪
产品(Products)：卫生巾，卫生护垫，成人纸尿裤/片，婴儿纸尿裤/片
品牌(Brand)：雅芬

荷明斯卫生制品有限公司
Hummings Hygiene Products Co., Ltd.
地址(Add)：福建省莆田市涵江区江口海星街
邮编(P.C.)：351111
电话(Tel)：0594-3612391
传真(Fax)：0594-3612392
E-mail：gui0707@hanmail.net
Http：//www.hummings.net
总经理(General Manager)：郑贵福
联系人(Contact Person)：郑贵福
产品(Products)：卫生巾，卫生护垫，婴儿纸尿裤
品牌(Brand)：荷明斯

福建省莆田市恒盛卫生用品有限公司
Putian Hengsheng Hygiene Products Co., Ltd.
地址(Add)：福建省莆田市涵江区三江民营企业城
邮编(P.C.)：351111
电话(Tel)：0594-3584777
传真(Fax)：0594-3366863
E-mail：fmd@zghengsheng.com
法人代表(Chairman)：方明栋
产品(Products)：卫生巾，卫生护垫，婴儿纸尿裤
品牌(Brand)：小佳人，雅丝莉，睡得香，佳人，舒逸情，小行家

亿发纸业(福建)有限公司
Yifa Paper (Fujian) Co., Ltd.
地址(Add)：福建省莆田市涵江区新涵工业区
邮编(P.C.)：351111
电话(Tel)：0594-3397998
传真(Fax)：0594-3566998
E-mail：yifazjl@126.com
Http：//www.yifagroup.com
法人代表(Chairman)：郑俊杰
总经理(General Manager)：许韩飞
联系人(Contact Person)：郑剑丽
产品(Products)：婴儿纸尿裤，卫生巾，卫生护垫，卫生纸，面巾纸，餐巾纸，擦手纸，厨房纸巾，原纸，湿巾
品牌(Brand)：手心缘，手心宝贝，幸福风，亲尔，手心呵护

福建省荔城纸业有限公司
Fujian Licheng Paper Co., Ltd.
地址(Add)：福建省莆田市华亭镇郊溪工业区
邮编(P.C.)：351139
电话(Tel)：0594-2029839
传真(Fax)：0594-2029539
E-mail：394150028@qq.com
Http：//www.fjlicheng.com
法人代表(Chairman)：黄丽梅
总经理(General Manager)：林元剑
联系人(Contact Person)：林元胜
产品(Products)：卫生巾，卫生护垫，婴儿纸尿裤/片，成人纸尿裤/片，湿巾，妈咪巾
品牌(Brand)：佳爽，佳爽爱康

福建莆田佳通纸制品有限公司
G. T. Paper Co., Ltd. Putian Fujian
地址(Add)：福建省莆田市江口镇海星街
邮编(P.C.)：351115
电话(Tel)：0594-3697690
传真(Fax)：0594-3697692
E-mail：xdqgt@163.com
Http：//www.gtpaper.com
法人代表(Chairman)：林美凤
总经理(General Manager)：李玉坤
联系人(Contact Person)：徐德清
产品(Products)：卫生巾，卫生护垫，婴儿纸尿裤，湿巾
品牌(Brand)：柔爱，雪薇，佳馨，舒宝

泉州市非凡卫生用品有限公司
Quanzhou Feifan Sanitary Product Co., Ltd.
地址(Add)：福建省泉州市北门外普贤路田洋
邮编(P.C.)：362002
电话(Tel)：0595-28001019
传真(Fax)：0595-28001019
联系人(Contact Person)：许焕洲
产品(Products)：卫生巾，卫生护垫，婴儿纸尿裤
品牌(Brand)：非凡女人，非凡宝贝

乐百惠(福建)卫生用品有限公司
Lebaihui (Fujian) Hygiene Products Co., Ltd.
地址(Add)：福建省泉州市东海滨城工业区东滨路
邮编(P.C.)：362000
电话(Tel)：0595-28788909
传真(Fax)：0595-28288909
Http：//www.乐百惠.com
总经理(General Manager)：黄瑞莲
联系人(Contact Person)：黄瑞莲
产品(Products)：卫生巾，婴儿纸尿裤，生活用纸
品牌(Brand)：QQ女孩，Oral，乐百惠

泉州市玖安卫生用品有限公司
Quanzhou Jiuan Sanitary Products Co., Ltd.
地址(Add)：福建省泉州市东海滨城工业区东滨路新兴工业楼
邮编(P.C.)：362000
电话(Tel)：0595-22915829
传真(Fax)：0595-22909967

Http://www. qzjiuan. com
总经理(General Manager)：赖宗伟
联系人(Contact Person)：赖宗伟
产品(Products)：卫生巾，卫生护垫，婴儿纸尿裤
品牌(Brand)：护伊宝，自然舒，新姿，梦思恋

泉州简洁纸业有限公司
Quanzhou Jianjie Paper Industry Co., Ltd.
地址(Add)：福建省泉州市东海工业区景达大厦
邮编(P. C.)：362001
电话(Tel)：0595 - 22912789
传真(Fax)：0595 - 22913789
E-mail：853199252@ qq. com
Http://www. qzjianjie. com. cn
法人代表(Chairman)：方秀川
总经理(General Manager)：方秀川
联系人(Contact Person)：黄来成
产品(Products)：卫生巾
品牌(Brand)：简洁

泉州市远大生活用品有限公司
Quanzhou Yuanda Subsistence Thing Co., Ltd.
地址(Add)：福建省泉州市丰泽普贤路群山工业区
邮编(P. C.)：362008
电话(Tel)：0595 - 22881799
传真(Fax)：0595 - 22887268
联系人(Contact Person)：黄荣辉
产品(Products)：卫生巾，卫生护垫，婴儿纸尿裤
品牌(Brand)：娇恋，爽肤宝

泉州市新世纪卫生用品有限公司
Quanzhou Xinshiji Hygiene Appliance Co., Ltd.
地址(Add)：福建省泉州市丰泽区北峰普贤路群峰工业区
邮编(P. C.)：362000
电话(Tel)：0595 - 22761386
传真(Fax)：0595 - 22761396
Http://www. qzxsj. com
法人代表(Chairman)：黄金水
总经理(General Manager)：黄金水
联系人(Contact Person)：黄金水
产品(Products)：卫生巾，卫生护垫，婴儿纸尿裤/片
品牌(Brand)：时尚少女

泉州蓝蜻蜓卫生用品有限公司
Quanzhou Blue Dragonfly Hygiene Products Co., Ltd.
地址(Add)：福建省泉州市丰泽区北峰霞美工业园蓝蜻蜓大厦
邮编(P. C.)：362000
电话(Tel)：0595 - 22560766
传真(Fax)：0595 - 22116466
E-mail：bddiaper02@ gmail. com
法人代表(Chairman)：朱慧瑜
总经理(General Manager)：薛明和
联系人(Contact Person)：胡龙生
产品(Products)：卫生巾，卫生护垫，婴儿纸尿裤
品牌(Brand)：蓝蜻蜓，安妮芙，爱心 QQ，心相思，SHE，婴皇，海绵宝宝，福建贝贝，梦之羽，月韵

泉州市新丰纸业用品有限公司
Quanzhou Xinfeng Paper Products Co., Ltd.
地址(Add)：福建省泉州市丰泽区城东西福工业区 250 号
邮编(P. C.)：362000
电话(Tel)：0595 - 22163268
传真(Fax)：0595 - 22173368
E-mail：676921732@ qq. com
Http://qzxfzy. 1688. com
法人代表(Chairman)：黄复德
总经理(General Manager)：黄复德
联系人(Contact Person)：黄复德
产品(Products)：卫生巾，卫生护垫
品牌(Brand)：芯蕾

盛鸿达卫生用品有限公司
Shenghongda Hygiene Products Co., Ltd.
地址(Add)：福建省泉州市丰泽区普贤路(群石小学旁)
邮编(P. C.)：362000
电话(Tel)：0595 - 22767198
传真(Fax)：0595 - 22767298
E-mail：powhatan@ cn - shd. com
Http://www. cn - shd. com
法人代表(Chairman)：赖建国
总经理(General Manager)：黄福来
联系人(Contact Person)：陈荣辉
产品(Products)：卫生巾，卫生护垫，婴儿纸尿裤/片，成人纸尿裤
品牌(Brand)：妍韵，倍儿健，倍美健，倍安健，艺术人生

福建省泉州市天益妇幼用品有限公司
Quanzhou Tianyi Women & Children Articles Co., Ltd.
地址(Add)：福建省泉州市丰泽区普贤路群山工业区上下村路口
邮编(P. C.)：362121
电话(Tel)：0595 - 28131195
传真(Fax)：0595 - 28131195
Http://www. 安好 . com
联系人(Contact Person)：蔡海川
产品(Products)：婴儿纸尿裤，卫生巾，成人纸尿裤
品牌(Brand)：安好

泉州金多利卫生用品有限公司
Quanzhou Jinduoli Hygiene Products Co., Ltd.
地址(Add)：福建省泉州市丰泽区普贤路群石工业区
邮编(P. C.)：362000
电话(Tel)：0595 - 28063332
传真(Fax)：0595 - 22778398
Http://www. hjdljdl. cn. alibaba. com
法人代表(Chairman)：黄保泉
总经理(General Manager)：黄保泉
联系人(Contact Person)：景洪桂
产品(Products)：卫生巾，卫生护垫
品牌(Brand)：金多利，以洁，优妮丝，贴身灵感，优雅天使，清爽空间

泉州市康洁纸业用品有限公司
Quanzhou Kangjie Paper Products Co., Ltd.
地址(Add)：福建省泉州市丰泽区普贤路群石工业区
邮编(P. C.)：362000
电话(Tel)：0595 - 22751888
传真(Fax)：0595 - 22751889
E-mail：h - ho22751888@ sohu. com
总经理(General Manager)：黄火

联系人(Contact Person)：黄火
产品(Products)：卫生巾，卫生护垫，婴儿纸尿裤
品牌(Brand)：快洁，贤惠女孩

泉州市星华生活用品有限公司
Quanzhou Xinghua Commodity Co., Ltd.
地址(Add)：福建省泉州市丰泽区泉山路一八零路口
邮编(P. C.)：362000
电话(Tel)：0595－86860088
传真(Fax)：0595－86860088
总经理(General Manager)：李斯恩
产品(Products)：卫生巾，湿巾，婴儿纸尿裤/片
品牌(Brand)：8度灵感

泉州贝佳妇幼卫生用品有限公司
Quanzhou Beijia Women & Children Articles Co., Ltd.
地址(Add)：福建省泉州市浮桥镇黄石工业区
邮编(P. C.)：362000
电话(Tel)：0595－22748886
传真(Fax)：0595－22747886
E-mail：zdr12315@sina.com
法人代表(Chairman)：张登荣
总经理(General Manager)：张登荣
联系人(Contact Person)：张登荣
产品(Products)：卫生巾，卫生护垫
品牌(Brand)：欣贝佳，相思草，巧护士

富骊卫生用品(泉州)有限公司
Fuli Sanitary Articles (Quanzhou) Co., Ltd.
地址(Add)：福建省泉州市黄塘工业区(台商基地)
邮编(P. C.)：362268
电话(Tel)：0595－87281666
传真(Fax)：0595－87281555
E-mail：chenchunyou@yeah.net
Http://www.fulicn.com
总经理(General Manager)：郑富清
联系人(Contact Person)：陈纯有
产品(Products)：卫生巾，卫生护垫，婴儿纸尿裤/片
品牌(Brand)：永高人，彤洁

泉州市金丝雀卫生用品有限公司
Quanzhou Canary Hygienic Products Co., Ltd.
地址(Add)：福建省泉州市惠安黄塘台商开发区2号路
邮编(P. C.)：362101
电话(Tel)：0595－87287198
传真(Fax)：0595－87287298
E-mail：qzjinboxin@163.com
联系人(Contact Person)：郑山
产品(Products)：婴儿纸尿裤，卫生巾，卫生护垫，成人纸尿裤，护理垫

泉州凤新纸业制品有限公司
Quanzhou Fengxin Paper Co., Ltd.
地址(Add)：福建省泉州市惠安惠东工业园区(涂寨片)
邮编(P. C.)：362123
电话(Tel)：0595－27878989
传真(Fax)：0595－87209089
E-mail：qz11897@126.com
联系人(Contact Person)：张水木
产品(Products)：面巾纸，卫生纸，手帕纸，卫生巾，纸尿裤
品牌(Brand)：凤新，新和欣

惠安和成日用品有限公司
Fujian Huian Hecheng Household Products Co., Ltd.
地址(Add)：福建省泉州市惠安县东园新沙工业区
邮编(P. C.)：362122
电话(Tel)：0595－87586756
传真(Fax)：0595－87586758
E-mail：hengcan@qzhecheng.com
Http://www.hkhshc.com
法人代表(Chairman)：黄晏来
总经理(General Manager)：王业运
联系人(Contact Person)：王业运
产品(Products)：卫生巾，卫生护垫，婴儿纸尿裤/片，成人纸尿裤/片，护理垫，面巾纸
品牌(Brand)：相约，洁明，乐帮适，皇氏，绿尔爽

雀氏(福建)实业发展有限公司
Chiaus (Fujian) Industrial Development Co., Ltd.
地址(Add)：福建省泉州市惠安县惠东工业区通港路6号
邮编(P. C.)：362133
电话(Tel)：0595－87203333
传真(Fax)：0595－87202333
E-mail：91work@163.com
Http://www.chiaus.com
法人代表(Chairman)：郑佳明
总经理(General Manager)：郑佳明
联系人(Contact Person)：罗毅
产品(Products)：婴儿纸尿裤/片，成人纸尿裤，护理垫，湿巾，卫生巾，生活用纸
品牌(Brand)：雀氏，班乐士，水知道，心巢

福建泉州环宇妇幼用品有限公司
Fujian Quanzhou Huanyu Women & Children Articles Co., Ltd.
地址(Add)：福建省泉州市晋江区玉盘工业园
邮编(P. C.)：362200
电话(Tel)：0595－85955433
传真(Fax)：0595－85957433
法人代表(Chairman)：郑景生
总经理(General Manager)：郑景生
联系人(Contact Person)：郑景生
产品(Products)：卫生巾，卫生护垫，婴儿纸尿裤/片
品牌(Brand)：邻家女孩，妙恋，舒适空间，金孩儿

泉州市嘉华卫生用品有限公司
Quanzhou Jiahua Sanitary Articles Co., Ltd.
地址(Add)：福建省泉州市洛江河市工业区
邮编(P. C.)：362013
电话(Tel)：0595－28022899
传真(Fax)：0595－28022998
E-mail：jiahua@qzde.com
Http://qzhengle.1688.com
法人代表(Chairman)：尤华山
总经理(General Manager)：尤华山
联系人(Contact Person)：尤华山
产品(Products)：卫生巾，婴儿纸尿裤/片
品牌(Brand)：安妮娜，宜婴

泉州市创利卫生用品有限公司
Quanzhou Chuangli Health Thing Co., Ltd.
地址(Add)：福建省泉州市洛江区航空旅游城
邮编(P. C.)：362000

电话(Tel)：0595－87590123
传真(Fax)：0595－87599123
E-mail：qzchuangli@sina.com
Http：//www.qzchuangli.com
法人代表(Chairman)：郭志明
总经理(General Manager)：郭志明
联系人(Contact Person)：郭秋玲
产品(Products)：卫生巾，卫生护垫，婴儿纸尿裤/片
品牌(Brand)：美丽人生，才女，ASE，嘘嘘宝贝，贝佳

泉州市金汉妇幼卫生用品有限公司
Jinhan Women & Baby Sanitary Products Co., Ltd.
地址(Add)：福建省泉州市洛江区河市白洋工业区
邮编(P.C.)：362000
电话(Tel)：0595－22619767
传真(Fax)：0595－22619767
E-mail：903482165@qq.com
Http：//www.tuxeuhan.cn.alibaba.com
法人代表(Chairman)：苏延年
总经理(General Manager)：涂雪花
联系人(Contact Person)：涂雪花
产品(Products)：卫生巾，卫生护垫，婴儿纸尿裤/片，成人纸尿裤/片
品牌(Brand)：红心片

泉州市南方卫生用品有限公司
Quanzhou Nanfang Hygiene Article Co., Ltd.
地址(Add)：福建省泉州市洛江区河市禾洋工业区
邮编(P.C.)：362012
电话(Tel)：0595－22798849
传真(Fax)：0595－22797849
E-mail：laihanshui@cnnanfang.com
Http：//www.cnnanfang.com
法人代表(Chairman)：赖汉水
总经理(General Manager)：陈桂兰
联系人(Contact Person)：曾如画
产品(Products)：婴儿纸尿裤/片，卫生巾，卫生护垫
品牌(Brand)：花姿娇，丹琪，兰芳

泉州市凯利来卫生用品有限公司
Quanzhou Kaililai Hygiene Products Co., Ltd.
地址(Add)：福建省泉州市洛江区河市和洋工业区
邮编(P.C.)：362000
电话(Tel)：0595－22767821
传真(Fax)：0595－22797849
E-mail：1119553747@qq.com
法人代表(Chairman)：赖汉水
总经理(General Manager)：赖汉水
联系人(Contact Person)：赖汉水
产品(Products)：卫生巾，卫生护垫
品牌(Brand)：花姿娇

泉州市恒雪卫生用品有限公司
Quanzhou Hengxue Hygiene Products Co., Ltd.
地址(Add)：福建省泉州市洛江区河市镇河市工业区
邮编(P.C.)：362000
电话(Tel)：0595－22037210
传真(Fax)：0595－22036095
总经理(General Manager)：陈国辉
联系人(Contact Person)：黄雪珍
产品(Products)：卫生巾，婴儿纸尿裤
品牌(Brand)：娅菲，背影女孩，比比酷

泉州市宝利来卫生用品有限公司
Quanzhou Baolilai Sanitary Articles Co., Ltd.
地址(Add)：福建省泉州市洛江区河市镇霞溪工业区
邮编(P.C.)：362000
电话(Tel)：0595－22685199
传真(Fax)：0595－22685099
Http：//www.fjwsj.com
法人代表(Chairman)：尤永祥
总经理(General Manager)：黄国平
联系人(Contact Person)：黄国平
产品(Products)：卫生巾，卫生护垫，婴儿纸尿裤/片
品牌(Brand)：高乐洁，妙琦，安倍爽，婴佳宜

益佰堂(泉州)卫生用品有限公司
Yibaitang (Quanzhou) Health Products Co., Ltd.
地址(Add)：福建省泉州市洛江区河市镇霞溪工业区
邮编(P.C.)：362000
电话(Tel)：0595－22008859
传真(Fax)：0595－22662058
Http：//www.0595ybt.com
总经理(General Manager)：彭旺
联系人(Contact Person)：彭旺
产品(Products)：卫生巾，卫生护垫，婴儿纸尿裤/片
品牌(Brand)：忆念美，娇尔舒，靓彩，喜兜兜

泉州康丽卫生用品有限公司
Quanzhou Kangli Hygiene Appliance Co., Ltd.
地址(Add)：福建省泉州市洛江区罗溪镇环镇路
邮编(P.C.)：362015
电话(Tel)：0595－22059288
传真(Fax)：0595－22059299
E-mail：157864088@qq.com
法人代表(Chairman)：赖连昌
总经理(General Manager)：赖连昌
联系人(Contact Person)：赖剑平
产品(Products)：卫生巾，卫生护垫
品牌(Brand)：佳倍舒，康妇洁，娇点时尚

泉州市洛江金利达卫生用品厂
Quanzhou Jinlida Hygiene Products Factory
地址(Add)：福建省泉州市洛江区罗溪镇前溪工业区1号
邮编(P.C.)：362331
电话(Tel)：0595－22059988
传真(Fax)：0595－22059977
法人代表(Chairman)：黄种军
联系人(Contact Person)：黄荣婷
产品(Products)：卫生巾
品牌(Brand)：贤惠

新时代妇幼卫生用品有限公司
Newera Women & Children Products Co., Ltd.
地址(Add)：福建省泉州市洛江区南山工业区
邮编(P.C.)：362012
电话(Tel)：0595－22068000
传真(Fax)：0595－22067266
总经理(General Manager)：王孙根
联系人(Contact Person)：王孙根
产品(Products)：卫生巾，卫生护垫，婴儿纸尿裤/片
品牌(Brand)：贤惠女孩，舒佳美，玲珑宝贝，曼妙，开

心女孩，婴适宝

泉州天娇妇幼卫生用品有限公司
Quanzhou Tianjiao Women & Baby's Hygiene Supply Co., Ltd.
地址(Add)：福建省泉州市洛江区双阳华侨经济开发区
邮编(P. C.)：362000
电话(Tel)：0595－22779509
传真(Fax)：0595－22787703
E-mail：itiji@126. com
Http：//www. itianjiao. com
法人代表(Chairman)：俞锦章
总经理(General Manager)：俞晓强
联系人(Contact Person)：俞晓铭
产品(Products)：婴儿纸尿裤/片，卫生巾，卫生护垫，成人纸尿裤，护理垫
品牌(Brand)：千资美，家得宝，友伴

福建省泉州市盛峰卫生用品有限公司
Fujian Shengfeng Hygiene Products Co., Ltd.
地址(Add)：福建省泉州市洛江区双阳华侨万亩开发区
邮编(P. C.)：362000
电话(Tel)：0595－28013782
传真(Fax)：0595－28013781
Http：//www. qzshengfeng. com
法人代表(Chairman)：梁伟成
总经理(General Manager)：梁伟成
联系人(Contact Person)：梁汝峰
产品(Products)：婴儿纸尿裤/片，成人纸尿裤/片，卫生巾，卫生护垫，湿巾，卫生纸

天益(福建)妇幼用品科技股份有限公司
Tianyi (Fujian) Women & Children Articles Co., Ltd.
地址(Add)：福建省泉州市洛江区双阳经济开发区(中宁钢贸市场)3号2层
邮编(P. C.)：362012
电话(Tel)：0595－28760588－802
传真(Fax)：0595－28233138
E-mail：84144295@qq. com
联系人(Contact Person)：曾秋波
产品(Products)：卫生巾，卫生护垫，婴儿纸尿裤/片，成人纸尿裤
品牌(Brand)：贴心妈咪

泉州市恒毅卫生用品有限公司
Quanzhou Hengyi Hygiene Products Co., Ltd.
地址(Add)：福建省泉州市洛江区双阳镇南山居委会阳江路边
邮编(P. C.)：362000
电话(Tel)：0595－22067788
传真(Fax)：0595－22067799
Http：//www. chinahengyi. com
法人代表(Chairman)：黄小宏
总经理(General Manager)：黄晓云
联系人(Contact Person)：黄晓云
产品(Products)：卫生巾，婴儿纸尿裤/片
品牌(Brand)：恒毅，好搭档

泉州洛江兴利卫生用品有限公司
Quanzhou Xingli Sanitary International Co., Ltd.
地址(Add)：福建省泉州市洛江区双阳镇双阳工业区阳朋路
邮编(P. C.)：362012
电话(Tel)：0595－22030918
传真(Fax)：0595－22030916
总经理(General Manager)：黄自成
联系人(Contact Person)：黄阿娇
产品(Products)：卫生巾
品牌(Brand)：佳约，空间感觉

泉州市翰堂卫生用品有限公司
Quanzhou Hantang Hygiene Products Co., Ltd.
地址(Add)：福建省泉州市洛江区塘西工业区
邮编(P. C.)：362000
电话(Tel)：0595－22031111
传真(Fax)：0595－22031111
E-mail：362490159@qq. com
联系人(Contact Person)：徐建勇
产品(Products)：成人纸尿裤，卫生巾，湿巾
品牌(Brand)：公公婆婆，特耐王，柔贝洁，朵奴，爱之道，洁臣

泉州市汇丰妇幼用品有限公司
Quanzhou Huifeng Sanitary Things Co., Ltd.
地址(Add)：福建省泉州市洛江区塘西工业区
邮编(P. C.)：362000
电话(Tel)：0595－22773855
传真(Fax)：0595－22770222
E-mail：huifengfy@163. com
Http：//www. huifeng－cn. com
法人代表(Chairman)：赖和元
总经理(General Manager)：赖南生
联系人(Contact Person)：方思汉
产品(Products)：卫生巾，卫生护垫，婴儿纸尿裤/片
品牌(Brand)：妙缘，雅逸

泉州市爱丽诗卫生用品有限公司
Quanzhou Ailishi Hygiene Thing Co., Ltd.
地址(Add)：福建省泉州市洛江区塘西工业区二期A6地块
邮编(P. C.)：362000
电话(Tel)：0595－22655788
传真(Fax)：0595－22655799
E-mail：huangshixian168@yeah. net
Http：//www. qzailishi. com
法人代表(Chairman)：黄诗贤
总经理(General Manager)：黄诗贤
联系人(Contact Person)：黄宝腾
产品(Products)：卫生巾，卫生护垫，婴儿纸尿片，成人纸尿裤，护理垫
品牌(Brand)：美期，非常女生

福建天成妇幼用品有限公司
Fujian Tiancheng Women & Children Products Co., Ltd.
地址(Add)：福建省泉州市洛江区塘西工业园
邮编(P. C.)：362000
电话(Tel)：0595－28233137
传真(Fax)：0595－28233135
E-mail：1056573617@qq. com
法人代表(Chairman)：黄谋水
总经理(General Manager)：邓天成
联系人(Contact Person)：邓天成

产品(Products)：卫生巾，卫生护垫
品牌(Brand)：期待，妇幼情，妙婷

泉州市大华卫生用品有限公司
Quanzhou Dahua Hygiene Products Co., Ltd.
地址(Add)：福建省泉州市洛江区塘西工业园区宁祥大厦
邮编(P. C.)：362010
电话(Tel)：0595－22639392
传真(Fax)：0595－22639392
联系人(Contact Person)：潘芳
产品(Products)：婴儿纸尿裤，卫生巾，卫生护垫，成人纸尿裤，护理垫
品牌(Brand)：妙妃

泉州市洛江区创佳妇幼纸品有限公司
Quanzhou Chuangjia Women & Infants' Paper Products Co., Ltd.
地址(Add)：福建省泉州市洛江区塘西工业园区新南路
邮编(P. C.)：362000
电话(Tel)：0595－22792262
传真(Fax)：0595－22792263
Http://www.qzcjfy.com
总经理(General Manager)：赖日生
联系人(Contact Person)：潘建胜
产品(Products)：卫生巾，卫生护垫，婴儿纸尿裤，成人纸尿裤，生活用纸
品牌(Brand)：期约，舒月，婴适宝，逗你玩

泉州市祥禾卫生用品有限公司
Quanzhou Xianghe Hygiene Products Co., Ltd.
地址(Add)：福建省泉州市洛江区万安工业区
邮编(P. C.)：362000
电话(Tel)：0595－28673388
传真(Fax)：0595－28673399
联系人(Contact Person)：黄琼红
产品(Products)：卫生巾，卫生护垫，婴儿纸尿裤/片

福建省泉州恒康妇幼卫生用品有限公司
Fujian Quanzhou Hengkang Women & Children Article Co., Ltd.
地址(Add)：福建省泉州市洛江区万安科技园1号路
邮编(P. C.)：362010
电话(Tel)：0595－22658266
传真(Fax)：0595－22658366
法人代表(Chairman)：杜成剑
总经理(General Manager)：杜成艺
联系人(Contact Person)：曾泽洋
产品(Products)：卫生巾，卫生护垫，婴儿纸尿裤/片
品牌(Brand)：梦18，欧梦洁，雪贝儿，梦蕾

佳禾(中国)有限公司
Joyhome (China) Co., Ltd.
地址(Add)：福建省泉州市洛江双阳华侨经济开发区
邮编(P. C.)：362000
电话(Tel)：0595－28761222
传真(Fax)：0595－28761333
Http://www.icomebaby.com
法人代表(Chairman)：刘德辉
总经理(General Manager)：刘德辉
联系人(Contact Person)：王志军
产品(Products)：婴儿纸尿裤/片，卫生巾，湿巾
品牌(Brand)：佳贝爽，佳欣

泉州市华芳卫生用品有限公司
Quanzhou Huafang Hygiene Appliance Co., Ltd.
地址(Add)：福建省泉州市洛江塘西工业区
邮编(P. C.)：362000
电话(Tel)：0595－22657599
传真(Fax)：0595－22659978
总经理(General Manager)：黄源成
联系人(Contact Person)：王永良
产品(Products)：卫生巾，卫生护垫，婴儿纸尿裤/片
品牌(Brand)：华芳

泉州市金伟卫生用品有限公司
Quanzhou Jinwei Health Products Co., Ltd.
地址(Add)：福建省泉州市南安康美镇福新工业区
邮编(P. C.)：362300
电话(Tel)：0595－86226335
传真(Fax)：0595－22633963
E-mail：kdy5898@vip.qq.com
Http://www.jewill.com
总经理(General Manager)：康冬阳
联系人(Contact Person)：康冬阳
产品(Products)：婴儿纸尿裤/片，卫生巾，成人纸尿裤/片
品牌(Brand)：婴帮

泉州市都市丽人实业有限公司
Quanzhou City Beauty Industrial Co., Ltd.
地址(Add)：福建省泉州市南安梅山工业区
邮编(P. C.)：362321
电话(Tel)：0595－86595258
传真(Fax)：0595－86595258
E-mail：1981226989@qq.com
联系人(Contact Person)：黄荣华
产品(Products)：卫生巾，卫生护垫，婴儿纸尿裤，面巾纸
品牌(Brand)：都市丽人

泉州市怡洁纸业有限公司
Quanzhou Yijie Women and Children Articles Co., Ltd.
地址(Add)：福建省泉州市清濛技术开发区
邮编(P. C.)：362000
电话(Tel)：0595－22497777
传真(Fax)：0595－22499889
Http://www.qzyijie.com
法人代表(Chairman)：谢火炎
总经理(General Manager)：谢家声
联系人(Contact Person)：谢火炎
产品(Products)：卫生巾，卫生护垫，婴儿纸尿裤/片，护理垫
品牌(Brand)：洁尔丝，洁儿需，宜而乐，宜而雅

泉州丰华卫生用品有限公司
Quanzhou Fenghua Sanitary Products Co., Ltd.
地址(Add)：福建省泉州市台商投资区
邮编(P. C.)：362122
电话(Tel)：0595－28017777
传真(Fax)：0595－28063777
联系人(Contact Person)：赖晓彬
产品(Products)：婴儿纸尿裤，卫生巾，卫生护垫

品牌(Brand)：采姿，益经，益经草，自由天使，水白晶，缘分QQ，亲亲护士

泉州市佳洁妇幼用品有限公司
Quanzhou Jiajie Women & Children Products Co., Ltd.
地址(Add)：福建省泉州市万安工业区杏宅工业楼A幢
邮编(P. C.)：362012
电话(Tel)：0595－22657788
传真(Fax)：0595－22657799
E-mail：qzjiabc@126. com
Http：//www. qzjiajie. com
总经理(General Manager)：黄培生
产品(Products)：卫生巾，卫生护垫
品牌(Brand)：小丫

泉州来亚丝卫生用品有限公司
Quanzhou Laiyasi Hygiene Products Co., Ltd.
地址(Add)：福建省泉州市永春县横口双恒工业园区
邮编(P. C.)：362619
电话(Tel)：0595－23973908
传真(Fax)：0595－23973678
E-mail：827809222@qq. com
Http：//www.来亚丝.com
法人代表(Chairman)：张栋梁
联系人(Contact Person)：余金枝
产品(Products)：卫生巾，卫生护垫，婴儿纸尿裤/片，面巾纸，卫生纸
品牌(Brand)：来亚丝，奥莉丝，天嬉娃娃

三明市康尔佳卫生用品有限公司
Sanming Kangerjia Sanitary Products Co., Ltd.
地址(Add)：福建省三明市高新技术产业开发区金沙园六三路
邮编(P. C.)：365000
电话(Tel)：0598－5057798
传真(Fax)：0598－5057796
E-mail：web@sx6h. com
Http：//www. kangerjia. com
法人代表(Chairman)：陈夏清
总经理(General Manager)：连辉俱
联系人(Contact Person)：郑景缤
产品(Products)：卫生巾，卫生护垫，婴儿纸尿裤/片，面巾纸
品牌(Brand)：蓓乐爽

福建省三明市宏源卫生用品有限公司
Fujian Sanming Hongyuan Sanitary Things Co., Ltd.
地址(Add)：福建省三明市三元区荆东开发区
邮编(P. C.)：365000
电话(Tel)：0598－8399998
传真(Fax)：0598－8399966
E-mail：zx19720527@126. com
Http：//www. hywsyp. com. cn
法人代表(Chairman)：叶秋水
总经理(General Manager)：叶秋水
联系人(Contact Person)：叶强水
产品(Products)：卫生巾，卫生护垫，卫生纸，餐巾纸，手帕纸，面巾纸，婴儿纸尿裤/片
品牌(Brand)：女友，贝族6+1，宏叶

美佳爽(福建)卫生用品有限公司
Mega Soft (Fujian) Hygiene Products Co., Ltd.
地址(Add)：福建省石狮市南环路双龙新村美佳爽工业大厦
邮编(P. C.)：362700
电话(Tel)：0595－83093722
传真(Fax)：0595－83093922
E-mail：sales5@cnmegasoft. com
Http：//www. cnmegasoft. com
法人代表(Chairman)：陈汉河
总经理(General Manager)：王振仁
联系人(Contact Person)：周裕明
产品(Products)：卫生巾，卫生护垫，婴儿纸尿裤/片，成人纸尿裤
品牌(Brand)：先施，奇酷，强臣

石狮市绿色空间卫生用品有限公司
Shishi Green Space Hygiene Utensil Co., Ltd.
地址(Add)：福建省石狮市石湖工业园区滨海一路
邮编(P. C.)：362700
电话(Tel)：0595－88682088
传真(Fax)：0595－88682099
E-mail：lskj@mail. booksir. com
总经理(General Manager)：郑荣钦
产品(Products)：卫生巾，卫生护垫，婴儿纸尿裤，湿巾
品牌(Brand)：绿色空间，超级贝贝

厦门亚隆日用品有限公司
Xiamen Yalong Commodity Co., Ltd.
地址(Add)：福建省厦门市湖滨南路819号宝福大厦24F
邮编(P. C.)：361004
电话(Tel)：0592－5832198
传真(Fax)：0592－5832199
E-mail：yalong01@yalong. cc
Http：//www. yalong. cc
总经理(General Manager)：唐锋太
产品(Products)：卫生巾，卫生护垫，婴儿纸尿裤，成人纸尿裤，护理垫，湿巾
品牌(Brand)：康护体

厦门菲玛特妇幼用品有限公司
Xiamen Feimart Matemity & Child Articles Co., Ltd.
地址(Add)：福建省厦门市湖里区嘉禾路388号永同昌大厦8B2
邮编(P. C.)：361000
电话(Tel)：0592－5500869
传真(Fax)：0592－5516059
E-mail：fat@fatxm. com
Http：//www. fmtxm. com
总经理(General Manager)：胡晓霖
联系人(Contact Person)：谢星星
产品(Products)：卫生巾，婴儿纸尿裤
品牌(Brand)：艾菲玛仕，靓彩，喜兜兜，杰宝

厦门创逸纸业有限公司
Xiamen Chuangyi Paper Co., Ltd.
地址(Add)：福建省厦门市思明区湖滨北路72号3001单元G座
邮编(P. C.)：361000
电话(Tel)：0592－5564747
传真(Fax)：0592－5524747

E-mail：2009@ xm - cy. com
Http：//www. xm - cy. com
总经理(General Manager)：赖荣火
产品(Products)：卫生巾，婴儿纸尿裤/片
品牌(Brand)：雅丝，小可爱

厦门柯佳卫生用品有限公司
Xiamen Cotea Hygiene Articles Co., Ltd.
地址(Add)：福建省厦门市思明区湖滨东路319号C幢第四层
邮编(P. C.)：361000
电话(Tel)：0592 - 8060700
传真(Fax)：0592 - 8060701
E-mail：shzhengwei@ 126. com
Http：//www. cotea. cn
法人代表(Chairman)：柯海水
联系人(Contact Person)：兰中汉
产品(Products)：卫生巾，婴儿纸尿裤/片
品牌(Brand)：茶香丽人，茶香贝贝

厦门悠派无纺布制品有限公司
Xiamen Youpai Nonwoven Products Co., Ltd.
地址(Add)：福建省厦门市同安工业集中区思明园121号五楼
邮编(P. C.)：361100
电话(Tel)：0592 - 7153668
传真(Fax)：0592 - 7137119
E-mail：sales@ xm - freego. com. cn
Http：//www. xm - freego. com. cn
法人代表(Chairman)：林坚
总经理(General Manager)：林坚
联系人(Contact Person)：林坚
产品(Products)：婴儿纸尿裤，美容巾，化妆棉，手术衣，卫生巾
品牌(Brand)：Freego，柔芙绵

莎琪(厦门)科技有限公司
Saqi (Xiamen) Technology Co., Ltd.
地址(Add)：福建省厦门市翔安产业区翔岳路23号北栋2层
邮编(P. C.)：361100
电话(Tel)：0592 - 7828588
传真(Fax)：0592 - 7802638
E-mail：xmsq_2006@ 163. com
Http：//www. xmsq2006. wtianx. com
法人代表(Chairman)：施秀端
总经理(General Manager)：施秀端
联系人(Contact Person)：李小明
产品(Products)：卫生巾，卫生护垫，婴儿纸尿裤，面巾纸
品牌(Brand)：莎琪

厦门源福祥卫生用品有限公司
Xiamen Yuanfuxiang Hygiene Products Co., Ltd.
地址(Add)：福建省厦门市翔安工业园区舫山北二路1108号
邮编(P. C.)：361101
电话(Tel)：0592 - 7069567
传真(Fax)：0592 - 7161789
E-mail：xmyfxzp@ 163. com
Http：//www. yfxzp. com
法人代表(Chairman)：陈锦延
总经理(General Manager)：陈锦延
联系人(Contact Person)：汪玉芳
产品(Products)：卫生巾，卫生护垫，卫生纸，面巾纸，手帕纸，餐巾纸，婴儿纸尿裤/片，成人纸尿裤，护理垫，湿巾
品牌(Brand)：丹诗奴，好舒适，花之秀，淘乐氏，羽飘，康护理

福建诚信纸品有限公司
Fujian Chengxin Paper Products Co., Ltd.
地址(Add)：福建省漳州市长泰兴泰工业区
邮编(P. C.)：363900
电话(Tel)：0596 - 8330888
传真(Fax)：0596 - 8330999
E-mail：cxgs567@ 163. com
Http：//www. fjcxgs. com
法人代表(Chairman)：蔡金花
总经理(General Manager)：林敦旭
联系人(Contact Person)：林敦利
产品(Products)：卫生巾，卫生护垫，婴儿纸尿裤，湿巾
品牌(Brand)：蕾迪丝，精奇，日清

福建省漳州市智光纸业有限公司
Zhangzhou Zhiguang Paper Co., Ltd.
地址(Add)：福建省漳州市蓝田工业区横二路
邮编(P. C.)：363005
电话(Tel)：0596 - 2103599
传真(Fax)：0596 - 2109196
E-mail：zhiguang. paper@ winmail. cn
Http：//www. fjzgzy. cn. alibaba. com
法人代表(Chairman)：邓湘闽
总经理(General Manager)：陈智镛
联系人(Contact Person)：黄志杰
产品(Products)：卫生巾，卫生护垫，成人纸尿裤/片，婴儿纸尿裤/片，护理垫，湿巾
品牌(Brand)：好爽月，智光，笑嘻嘻，花香世界

漳州市富强卫生用品有限公司
Zhangzhou Fuqiang Sanitary Articles Co., Ltd.
地址(Add)：福建省漳州市龙海颜厝古县工业区(锦浦桥旁)
邮编(P. C.)：363100
电话(Tel)：0596 - 6663299
传真(Fax)：0596 - 6663838
Http：//www. banyue. com
总经理(General Manager)：迟学儿
联系人(Contact Person)：迟学儿
产品(Products)：卫生巾，卫生护垫，妇婴两用巾，婴儿纸尿片
品牌(Brand)：伴月

福建省漳州市信义纸业有限公司
Fujian Zhangzhou Xinyi Paper Co., Ltd.
地址(Add)：福建省漳州市龙文经济开发区横三路
邮编(P. C.)：363005
电话(Tel)：0596 - 2171536
传真(Fax)：0596 - 2171538
法人代表(Chairman)：郑小岸
总经理(General Manager)：郑小岸
联系人(Contact Person)：朱连木

产品(Products)：卫生巾，生活用纸，婴儿纸尿裤
品牌(Brand)：动之傲，信义，梦得娇，美纤奇

漳州市芗城晓莉卫生用品有限公司
Zhangzhou Xiangcheng Xiaoli Hygiene Products Co., Ltd.
地址(Add)：福建省漳洲市芗城区石亭丰乐工业区
邮编(P. C.)：363000
电话(Tel)：0596-2552936
传真(Fax)：0596-2552205
E-mail：anyue@an-yue.com.cn
Http://www.an-yue.com.cn
法人代表(Chairman)：林莉
总经理(General Manager)：林莉
联系人(Contact Person)：林晓渝
产品(Products)：卫生巾，卫生护垫，产妇专用巾，护理垫，妇婴两用巾，婴儿纸尿裤/片，面巾纸，卫生纸，擦手纸，湿巾
品牌(Brand)：安月，比洁

福建蓝雁卫生科技有限公司
Fujian Lanyan Hygiene Technology Co., Ltd.
地址(Add)：福建省政和县同心经济开发区
邮编(P. C.)：353600
电话(Tel)：0599-3336020
传真(Fax)：0599-3336020
E-mail：fjlanyan@126.com
Http://www.lanyanzt.com.cn
法人代表(Chairman)：王怡清
总经理(General Manager)：张团健
联系人(Contact Person)：吴兴芬
产品(Products)：卫生巾，卫生护垫，成人纸尿裤，婴儿纸尿裤
品牌(Brand)：蓝雁

● 江西 Jiangxi

恒安(江西)家庭用品有限公司
Hengan (Jiangxi) Commodities Co., Ltd.
地址(Add)：江西省东乡县省级经济开发区
邮编(P. C.)：331801
电话(Tel)：0794-4381172
传真(Fax)：0794-4382392
E-mail：chentz@mail.hengan.com.cn
法人代表(Chairman)：施文博
总经理(General Manager)：吴鸿强
联系人(Contact Person)：陈铁照
产品(Products)：卫生巾，婴儿纸尿裤，成人纸尿裤，卫生纸
品牌(Brand)：安乐，安尔乐，安儿乐，安而康，心相印，柔影

恒安(江西)卫生用品有限公司
Hengan (Jiangxi) Hygiene Products Co., Ltd.
地址(Add)：江西省东乡县圩上桥镇
邮编(P. C.)：331801
电话(Tel)：0794-4382346
传真(Fax)：0794-4382392
法人代表(Chairman)：施文博
总经理(General Manager)：吴鸿强
联系人(Contact Person)：张当威
产品(Products)：卫生巾
品牌(Brand)：安乐，安尔乐

江西沈氏日用品有限公司
Jiangxi Shenshi Commodity Co., Ltd.
地址(Add)：江西省抚州市南丰县大桥路16号
邮编(P. C.)：330045
电话(Tel)：0794-3202288
传真(Fax)：0794-3202188
E-mail：1798094503@qq.com
总经理(General Manager)：沈晓阳
联系人(Contact Person)：沈晓阳
产品(Products)：婴儿纸尿裤/片，卫生巾，卫生护垫，成人纸尿裤
品牌(Brand)：爹妈宝贝

赣州华龙实业有限公司
Ganzhou Hualong Industrial Co., Ltd.
地址(Add)：江西省赣州市经济技术开发区金坪工业大道9号
邮编(P. C.)：341000
电话(Tel)：0797-8370881
传真(Fax)：0797-8370888
法人代表(Chairman)：林国忠
总经理(General Manager)：林国忠
联系人(Contact Person)：林国忠
产品(Products)：卫生巾，卫生护垫，婴儿纸尿片
品牌(Brand)：天爽，安心

赣州市长城纸品厂
Ganzhou Changcheng Paper Products Factory
地址(Add)：江西省赣州市水东镇新码头27号
邮编(P. C.)：341005
电话(Tel)：0797-8466569
传真(Fax)：0797-8466603
联系人(Contact Person)：林闽
产品(Products)：卫生巾，婴儿纸尿裤/片
品牌(Brand)：全周宝

赣州港都卫生制品有限公司
Ganzhou Gangdu Hygienic Products Co., Ltd.
地址(Add)：江西省赣州市于都县楂林工业园工业大道
邮编(P. C.)：342300
电话(Tel)：0797-6330216
传真(Fax)：0797-6329618
E-mail：gangdu1997@163.com
Http://www.gzgangdu.com
法人代表(Chairman)：丁金连
总经理(General Manager)：丁金连
联系人(Contact Person)：李晓芳
产品(Products)：卫生巾，卫生护垫，婴儿纸尿裤/片，成人纸尿片，护理垫
品牌(Brand)：爽期，好爽期，爽期宝宝，SQ

江西省清宝日用品有限公司
Jiangxi Qingbao Daily Necessities Co., Ltd.
地址(Add)：江西省高安市建山工业园
邮编(P. C.)：550009
电话(Tel)：0795-5641666
总经理(General Manager)：陈建辉

联系人(Contact Person)：许渭根
产品(Products)：婴儿纸尿裤/片，妇婴两用巾
品牌(Brand)：真酷

月兔卫生用品有限公司
Yuetu Sanitary Articles Co., Ltd.
地址(Add)：江西省广丰县芦林工业园双金路
邮编(P. C.)：334600
电话(Tel)：0793 – 2625515
传真(Fax)：0793 – 2625517
E-mail：sales@ yuetu. org
Http：//www. yuetu. org
法人代表(Chairman)：蒋国山
联系人(Contact Person)：蒋忠山
产品(Products)：卫生巾，面巾纸，餐巾纸，卫生纸，婴儿纸尿裤/片
品牌(Brand)：月兔，黛安娜，三清山

九江邦利益康科技有限公司
Jiujiang Bangli Yikang Technology Co., Ltd.
地址(Add)：江西省九江市九江县赤湖产业工业区
邮编(P. C.)：332108
电话(Tel)：0792 – 8181177
传真(Fax)：0792 – 8180230
Http：//www. banglikonggu. com
法人代表(Chairman)：吴有财
总经理(General Manager)：吴有财
联系人(Contact Person)：陆阅
产品(Products)：婴儿纸尿裤/片，卫生巾，卫生护垫
品牌(Brand)：邦利，迪迪尼，IUIU，德娃

九江市白洁卫生用品有限公司
Jiujiang Baijie Hygiene Products Co., Ltd.
地址(Add)：江西省九江市庐山区白洁工业园区
邮编(P. C.)：332000
电话(Tel)：0792 – 8992211
传真(Fax)：0792 – 8992233
E-mail：jjbaijie@ 163. com
联系人(Contact Person)：张吉忠
产品(Products)：面巾纸，卫生巾，卫生护垫，湿巾

南昌康妮保健品厂
Nanchang Kangni Health Care Products Plant
地址(Add)：江西省南昌市进贤工业开发区
邮编(P. C.)：331700
电话(Tel)：0791 – 85690315
传真(Fax)：0791 – 85690315
法人代表(Chairman)：谭映辉
总经理(General Manager)：谭映辉
联系人(Contact Person)：章玉华
产品(Products)：卫生巾，卫生护垫
品牌(Brand)：檀丝

南昌市鸿欣纸业
Nanchang Hongxin Paper
地址(Add)：江西省南昌市南昌县小兰邓埠村
邮编(P. C.)：330052
电话(Tel)：0791 – 6562662
联系人(Contact Person)：徐细员
产品(Products)：卫生巾，卫生纸，面巾纸，餐巾纸，原纸

瑞金市嘉利发纸品有限公司
Ruijin Jialifa Paper Products Co., Ltd.
地址(Add)：江西省瑞金市金沙工业园
邮编(P. C.)：342500
电话(Tel)：0797 – 2503333
传真(Fax)：0797 – 2503333
法人代表(Chairman)：黄水金
总经理(General Manager)：黄金元
联系人(Contact Person)：黄金元
产品(Products)：面巾纸，卫生纸，卫生巾
品牌(Brand)：嘉士利

江西帮洁卫生用品有限公司
Jiangxi Bangjie Sanitary Products Co., Ltd.
地址(Add)：江西省万载县工业园区 B1 区
邮编(P. C.)：336100
电话(Tel)：0795 – 8915858
传真(Fax)：0795 – 8915959
总经理(General Manager)：张才达
产品(Products)：卫生巾，卫生护垫，婴儿纸尿裤/片
品牌(Brand)：帮柔，娇惠，贝舒乐，优期

仁和药业有限公司消费品事业部
Renhe Pharmaceutical Co., Ltd.
地址(Add)：江西省樟树市药都南大道 158 号
邮编(P. C.)：331200
电话(Tel)：0795 – 7373396
传真(Fax)：0795 – 7378656
E-mail：610960210@ qq. com
Http：//www. renhe. com
联系人(Contact Person)：张洪亮
产品(Products)：卫生巾，卫生护垫，湿巾
品牌(Brand)：妇炎洁

● 山东 Shandong

山东依派卫生用品有限公司
Shandong Yipai Hygiene Products Co., Ltd.
地址(Add)：山东省滨州市邹平县韩店工业园星宇路东首
邮编(P. C.)：256209
电话(Tel)：0543 – 4891277
传真(Fax)：0543 – 4891269
E-mail：ypxialuguang@ 126. com
法人代表(Chairman)：公培星
总经理(General Manager)：王兆俊
联系人(Contact Person)：王静
产品(Products)：卫生巾，卫生护垫，婴儿纸尿裤/片
品牌(Brand)：依派

山东艾丝妮乐卫生用品有限公司
Aisinile Hygiene Products Co., Ltd.
地址(Add)：山东省滨州市邹平县黄山开发区
邮编(P. C.)：256200
电话(Tel)：400 – 6026 – 779
传真(Fax)：0543 – 4662976
E-mail：aisinile777@ 163. com
Http：//www. aisinile. com
法人代表(Chairman)：刘学良
联系人(Contact Person)：王朝军
产品(Products)：湿巾，卫生巾，卫生护垫，婴儿纸尿

裤，成人纸尿裤
品牌(Brand)：艾丝妮乐

东明县康迪妇幼用品有限公司
Dongming Condi Products for Women and Children Co., Ltd.
地址(Add)：山东省东明县工业园区黄河路南段
邮编(P. C.)：274500
电话(Tel)：0530－7295059
传真(Fax)：0530－7295182
E-mail：dmcondi@126.com
Http://www.kovebaby.com
法人代表(Chairman)：袁洪伟
联系人(Contact Person)：袁洪伟
产品(Products)：成人纸尿裤/片，婴儿纸尿裤/片，乳垫，湿巾，卫生巾，产妇巾
品牌(Brand)：卡芬，卡芬宝贝，梦夕阳

山东临邑三维纸业有限公司
Shandong Linyi Sanwei Paper Co., Ltd.
地址(Add)：山东省德州市临邑县恒源工业园C区10号
邮编(P. C.)：251500
电话(Tel)：0534－4237918
传真(Fax)：0534－4238078
E-mail：swdyzy@163.com
Http://www.duoya.com.cn
法人代表(Chairman)：张师春
总经理(General Manager)：许杰
联系人(Contact Person)：赵建国
产品(Products)：卫生巾，卫生护垫，纸尿裤，餐巾纸，面巾纸，手帕纸，卫生纸
品牌(Brand)：朵雅

高密名雅日用品有限公司
Gaomi Miyah Commodity Co., Ltd.
地址(Add)：山东省高密市人民大街东首(电视台东侧路南)
邮编(P. C.)：261500
电话(Tel)：0536－2897668
传真(Fax)：0536－2891668
Http://www.sdmingya.com
总经理(General Manager)：于凤杰
产品(Products)：卫生巾

济南馨淑宝卫生用品有限公司
Jinan Xinshubao Hygiene Products Co., Ltd.
地址(Add)：山东省济南市商河商展路16号孙集乡小郭家村
邮编(P. C.)：251603
电话(Tel)：0531－84846777
传真(Fax)：0531－84846596
Http://www.jnxinshubao.com
总经理(General Manager)：郭泽峰
联系人(Contact Person)：郭泽峰
产品(Products)：卫生巾，卫生护垫，婴儿纸尿裤，成人纸尿裤，隔尿巾，护理垫
品牌(Brand)：馨淑宝，彩月

济南亿肤佳卫生用品有限公司
Jinan Yifujia Hygiene Products Co., Ltd.
地址(Add)：山东省济南市商河县济盐路16号(宏业集团北墙对门第二安装公司院内)
邮编(P. C.)：250000
电话(Tel)：0531－82336303
传真(Fax)：0531－82336303
E-mail：lizhaosen1@163.com
联系人(Contact Person)：李召森
产品(Products)：卫生巾，卫生护垫，产妇专用巾，防溢乳垫，成人纸尿裤/片，护理垫
品牌(Brand)：亿福佳，梦之恋，享福

济南月舒宝纸业有限责任公司
Jinan Yueshubao Paper Making Co., Ltd.
地址(Add)：山东省济南市市中区西十里河东街107－1号
邮编(P. C.)：250022
电话(Tel)：0531－87964438
传真(Fax)：0531－87964437
E-mail：sdjn－ysb@163.com
法人代表(Chairman)：姚永伟
总经理(General Manager)：张振成
联系人(Contact Person)：刘小平
产品(Products)：卫生巾，卫生护垫
品牌(Brand)：泉城新舒宝

上海百信卫生用品有限公司
Shanghai Baixin Sanitary Articles Co., Ltd.
地址(Add)：山东省胶南市人民路石桥路交叉口第二排向东100米
邮编(P. C.)：266400
电话(Tel)：0532－86178327
Http://www.shbaishi.qyol.cn
总经理(General Manager)：陈波
联系人(Contact Person)：周秀霞
产品(Products)：卫生巾，卫生护垫，手帕纸
品牌(Brand)：百氏，瞬吸锁水，阳光女孩

滕州华宝卫生用品有限公司
Tengzhou Huabao Hygiene Products Co., Ltd.
地址(Add)：山东省滕州市经济园区腾飞路809号
邮编(P. C.)：277500
电话(Tel)：0632－5667466
传真(Fax)：0632－5667456
E-mail：tzhuabao@163.com
Http://tzhuabao.1688.com
法人代表(Chairman)：孙卫卫
总经理(General Manager)：孙士华
联系人(Contact Person)：王念伟
产品(Products)：卫生巾，卫生护垫，纸尿裤
品牌(Brand)：全周宝，易菲

山东雅润生物科技有限公司
Shandong Yarun Biotech Co., Ltd.
地址(Add)：山东省莒南县相邸工业园
邮编(P. C.)：276626
电话(Tel)：0539－7519999
传真(Fax)：0539－7519339
E-mail：yayun@sdyayun.com
Http://www.sdyayun.com
法人代表(Chairman)：薄怀举
总经理(General Manager)：薄怀举
联系人(Contact Person)：薄怀举

产品(Products)：湿巾，卫生巾，卫生纸，面巾纸，餐巾纸
品牌(Brand)：雅润

山东莱州市益康卫生用品厂
Laizhou Yikang Hygiene Products Factory
地址(Add)：山东省莱州市沙河镇锁家经济园
邮编(P. C.)：261432
电话(Tel)：0535－2345928
传真(Fax)：0535－2345928
联系人(Contact Person)：锁寿广
产品(Products)：卫生巾

临清市恒发卫生用品有限公司
Hengfa Hygiene Products Co., Ltd.
地址(Add)：山东省临清市城东经济开发区
邮编(P. C.)：252654
电话(Tel)：400－630－8988
传真(Fax)：0635－2772132
E-mail：hfwsyp@126. com
Http：//www. hfwsyp. cn
法人代表(Chairman)：刘宪朝
总经理(General Manager)：刘现运
联系人(Contact Person)：刘现运
产品(Products)：卫生巾，卫生护垫，护理垫，婴儿纸尿裤，产妇巾，成人纸尿裤
品牌(Brand)：安可新，洁奴，亲贝儿

临沂浩洁卫生用品有限公司
Linyi Haojie Hygiene Products Co., Ltd.
地址(Add)：山东省临沂市河东区太平工业区
邮编(P. C.)：276029
电话(Tel)：0539－8762988
传真(Fax)：0539－8762988
联系人(Contact Person)：刘光杰
产品(Products)：卫生巾，卫生护垫，婴儿纸尿裤/片，婴儿隔尿垫巾，成人纸尿裤/片，护理垫

金得利卫生用品有限公司
Tancheng Jindeli Hygiene Products Co., Ltd.
地址(Add)：山东省临沂市郯城县高册经济开发区
邮编(P. C.)：276100
电话(Tel)：0539－6591688
传真(Fax)：0539－6593888
E-mail：lyjindeli@163. com
Http：//www. sdjdl. cn
法人代表(Chairman)：胡征文
总经理(General Manager)：胡征文
联系人(Contact Person)：胡文龙
产品(Products)：卫生巾，卫生护垫，婴儿纸尿裤/片，成人纸尿裤/片，护理垫，干擦拭巾
品牌(Brand)：丽源，新帮宝，帮宝乐，佳人之急

山东佳亿鑫卫生用品有限公司
Shandong Jiayixin Hygiene Products Co., Ltd.
地址(Add)：山东省临沂市郯城县经济开发区安泰路9号
邮编(P. C.)：276188
电话(Tel)：0539－6776199
传真(Fax)：0539－6777199
E-mail：weba@jiayixin. com
Http：//lyjiayixin. cn. alibaba. com
法人代表(Chairman)：禚保军
总经理(General Manager)：禚保军
联系人(Contact Person)：禚洪德
产品(Products)：卫生巾，卫生护垫，成人纸尿裤/片，婴儿纸尿裤/片，护理垫，卫生纸
品牌(Brand)：名兰，巧护理，鲁康，雨倩，守护佳人

山东顺霸化妆品有限公司
Shandong Shunba Cosmatic Co., Ltd.
地址(Add)：山东省临沂市郯城县马头经济开发区
邮编(P. C.)：276126
电话(Tel)：0539－6770888
传真(Fax)：0539－6770999
Http：//www. shunba. com. cn
法人代表(Chairman)：徐西连
总经理(General Manager)：徐西连
联系人(Contact Person)：梁绍梅
产品(Products)：卫生巾，卫生护垫，婴儿纸尿裤/片
品牌(Brand)：新婷，兰贝儿，顺霸，月约相伴，梅莉丝

山东鑫盟纸品有限公司
Shandong Xinmeng Paper Products Co., Ltd.
地址(Add)：山东省临沂市郯城县马头开发区
邮编(P. C.)：276126
电话(Tel)：400－062－1088
传真(Fax)：0539－6777888
E-mail：shandongxinmeng@163. com
Http：//www. shandongxinmeng. com
总经理(General Manager)：唐学平
联系人(Contact Person)：于淑伟
产品(Products)：卫生巾，卫生护垫，婴儿纸尿裤，成人纸尿裤，卫生纸
品牌(Brand)：女宝，暖贝儿，秘密宝贝

山东省郯城县玉洁卫生用品有限公司
Tancheng Yujie Hygiene Products Co., Ltd.
地址(Add)：山东省临沂市郯城县马头镇繁荣街497号
邮编(P. C.)：276126
电话(Tel)：0539－6773688
传真(Fax)：0539－6771488
联系人(Contact Person)：夏玉明
产品(Products)：卫生巾，卫生护垫，纸尿裤，护理垫
品牌(Brand)：劲爽，什尔

山东欣洁月舒宝纸品有限公司
Shandong Xinjieyueshubao Paper Products Co., Ltd.
地址(Add)：山东省临沂市郯城县马头镇刘楼开发区2号
邮编(P. C.)：276126
电话(Tel)：0539－6777198
传真(Fax)：0539－6897777
E-mail：ftljk@126. com
法人代表(Chairman)：陈景岩
总经理(General Manager)：陈景岩
联系人(Contact Person)：陈景刚
产品(Products)：卫生巾，卫生护垫，纸尿裤/片，卫生纸
品牌(Brand)：欣洁，月舒宝，康复路，施恩宝贝

山东郯城康乐卫生巾用品厂
Shandong Kangle Faminine Napkin Factory
地址(Add)：山东省临沂市郯城县马头镇郯马经济开发区

邮编(P. C.)：276126
电话(Tel)：0539－6776870
传真(Fax)：0539－6770069
总经理(General Manager)：赵兴法
联系人(Contact Person)：赵保坤
产品(Products)：卫生巾
品牌(Brand)：益佳

蓬莱市梦雅卫生用品厂
Penglai Mengya Hygiene Products Factory
地址(Add)：山东省蓬莱市徐家集兴隆庄
邮编(P. C.)：265602
电话(Tel)：0535－5939698
传真(Fax)：0535－5931888
E-mail：823435916@qq.com
法人代表(Chairman)：郑春
总经理(General Manager)：郑春
联系人(Contact Person)：郑春
产品(Products)：卫生巾
品牌(Brand)：梦雅

太阳谷孕婴用品(青岛)有限公司
Tairgu Pregnant Women & Infant Articles Co., Ltd.
地址(Add)：山东省青岛市胶南市海滨七路358号
邮编(P. C.)：266404
电话(Tel)：0532－88136609
传真(Fax)：0532－88136609
E-mail：tairgu@sina.com
Http://www.tairgu.com
联系人(Contact Person)：王光龙
产品(Products)：婴儿纸尿裤，成人纸尿裤/片，卫生巾，防溢乳垫
品牌(Brand)：太阳谷

青岛美西南科技发展有限公司
Qingdao Meixinan Technology Development Co., Ltd.
地址(Add)：山东省青岛市临港开发区上海路北端
邮编(P. C.)：266400
电话(Tel)：0532－89925969
传真(Fax)：0532－85135322
E-mail：qdmxn2007@163.com
Http://www.qdmxn.com
联系人(Contact Person)：徐芳
产品(Products)：湿巾，卫生巾，餐巾纸，手帕纸，面巾纸，婴儿纸尿裤/片，成人纸尿裤/片

青岛竹原爱贸易有限公司
Qingdao Zhuyuanai Trading Co., Ltd.
地址(Add)：山东省青岛市徐州路3号2号楼4－102室
邮编(P. C.)：266071
电话(Tel)：0532－85818333
传真(Fax)：0532－85813338
E-mail：qdzhuyuanai@163.com
Http://www.zhuyuanai.com
法人代表(Chairman)：孙百川
总经理(General Manager)：孙百川
联系人(Contact Person)：孙百川
产品(Products)：卫生巾
品牌(Brand)：竹原爱

郯城县安洁卫生用品厂
Tancheng Anjie Hygiene Products Factory
地址(Add)：山东省郯城县马头镇南新庄街68号
邮编(P. C.)：276100
电话(Tel)：0539－2109600
传真(Fax)：0539－6772717
法人代表(Chairman)：徐西德
总经理(General Manager)：梁艳
联系人(Contact Person)：徐西德
产品(Products)：卫生巾，卫生护垫，成人纸尿裤
品牌(Brand)：黛琳，美俏，黛琳少女

鲁南康之恋妇幼用品有限公司
Lunan Kangzhilian Women & Children Products Co., Ltd.
地址(Add)：山东省郯城县马头镇批发市场内
邮编(P. C.)：276126
电话(Tel)：0539－6772458
传真(Fax)：0539－6772458
E-mail：lnkzhl@163.com
法人代表(Chairman)：郭德才
总经理(General Manager)：郭德才
联系人(Contact Person)：郭富伟
产品(Products)：卫生巾，卫生护垫
品牌(Brand)：康之恋，柔姿

山东省郯城瑞恒卫生用品厂
Shandong Ruiheng Hygiene Products Factory
地址(Add)：山东省郯城县郯马经济开发区
邮编(P. C.)：276126
电话(Tel)：0539－6773868
传真(Fax)：0539－6773868
法人代表(Chairman)：刘胜波
总经理(General Manager)：刘胜波
联系人(Contact Person)：刘胜波
产品(Products)：卫生巾，婴儿纸尿裤/片
品牌(Brand)：舒可心

山东郯城舒洁卫生用品有限公司
Tancheng Shujie Hygiene Products Co., Ltd.
地址(Add)：山东省郯城县郯马经济开发区(京沪高速郯马出口200米)
邮编(P. C.)：276126
电话(Tel)：0539－6777989
传真(Fax)：0539－6777989
联系人(Contact Person)：宋俊磊
产品(Products)：卫生巾
品牌(Brand)：樱蕊，茗菲

山东郯城鑫源卫生用品有限公司
Shandong Xinyuan Hygiene Products Co., Ltd.
地址(Add)：山东省郯城县郯马经济开发区高速公路出口向东1000米路北
邮编(P. C.)：276126
电话(Tel)：0539－6777130
传真(Fax)：0539－6777130
总经理(General Manager)：周猛
联系人(Contact Person)：周猛
产品(Products)：卫生巾
品牌(Brand)：月舒恋

威海颐和成人护理用品有限公司
Weihai Yihe Adult Protective Products Co., Ltd.
地址(Add)：山东省威海市经济区出口加工区国泰路19-8号
邮编(P. C.)：264200
电话(Tel)：0631-3639714
传真(Fax)：0631-3635222
E-mail：hymarket@yeah.net
Http：//www.hongyumed.com
法人代表(Chairman)：倪永玲
总经理(General Manager)：曹建泽
联系人(Contact Person)：曹建泽
产品(Products)：成人拉拉裤，产妇护理裤，内裤型卫生巾
品牌(Brand)：颐佰佳

山东含羞草卫生科技股份有限公司
Shandong Mimosa Hygienic Technology Co., Ltd.
地址(Add)：山东省潍坊市昌乐经济开发区新昌路与北环路路口北100米
邮编(P. C.)：262400
电话(Tel)：0536-8291789
传真(Fax)：0536-8293969
E-mail：ling0620@163.com
Http：//www.chinamimosa.com
法人代表(Chairman)：冯希波
总经理(General Manager)：冯希波
联系人(Contact Person)：刘爱玲
产品(Products)：卫生巾，卫生护垫，婴儿纸尿裤/片，成人纸尿裤/片，护理垫，手帕纸，卫生纸，面巾纸
品牌(Brand)：含羞草，娇感，金品蓝，舒贝宝

恒安(潍坊)卫生用品有限公司
Hengan (Weifang) Hygiene Products Co., Ltd.
地址(Add)：山东省潍坊市坊子区恒安大街79号
邮编(P. C.)：261200
电话(Tel)：0536-7661889
传真(Fax)：0536-7519321
Http：//www.hengan.com.cn
法人代表(Chairman)：施文博
总经理(General Manager)：张云学
联系人(Contact Person)：刘升明
产品(Products)：卫生巾，卫生护垫
品牌(Brand)：安尔乐，安乐

潍坊金一鸣卫生用品有限公司
Weifang Gold Yiming Hygienic Products Co., Ltd.
地址(Add)：山东省潍坊市潍城区胜利西街1620号
邮编(P. C.)：261011
电话(Tel)：0536-2953799
传真(Fax)：0536-2952303
E-mail：chinamimosa@gmail.com
Http：//www.mimosa.en.alibaba.com
法人代表(Chairman)：卢云伟
总经理(General Manager)：卢云伟
联系人(Contact Person)：王玲玲
产品(Products)：成人纸尿裤/片，成人拉拉裤，护理垫，婴儿纸尿裤/片，婴儿拉拉裤，卫生巾
品牌(Brand)：King Care，NEVA

济南阿里生活用品有限公司
Jinan Al-daily Necessities Co., Ltd.
地址(Add)：山东省章丘市明水经济开发区创业路1号
邮编(P. C.)：250200
电话(Tel)：0531-61329571
传真(Fax)：0531-61329581
E-mail：keepcomfort@126.com
Http：//www.keepcomfort.com
总经理(General Manager)：马波
联系人(Contact Person)：马波
产品(Products)：卫生巾
品牌(Brand)：优美佳

山东晨晓纸业有限公司
Shandong Chenxiao Paper Co., Ltd.
地址(Add)：山东省淄博市高青潍高路东段向北2000米处
邮编(P. C.)：256304
电话(Tel)：0533-6736777
传真(Fax)：0533-6736777
E-mail：xiaocaowu001@163.com
Http：//www.sdchenxiao.com
法人代表(Chairman)：曹卫山
总经理(General Manager)：曹卫山
联系人(Contact Person)：曹宁
产品(Products)：卫生纸，原纸，湿巾，卫生巾
品牌(Brand)：小草屋，秀家，蒲公英

淄博美尔娜卫生用品有限公司
Zibo Meierna Sanitary Products Co., Ltd.
地址(Add)：山东省淄博市高新区卫固付山工业园
邮编(P. C.)：255084
电话(Tel)：0533-3785650
传真(Fax)：0533-3786915
E-mail：meierna528@163.com
Http：//www.meierna.com
法人代表(Chairman)：张涛
总经理(General Manager)：张涛
联系人(Contact Person)：张涛
产品(Products)：卫生巾，卫生护垫，婴儿纸尿裤/片，湿巾
品牌(Brand)：美尔娜

凯贝尔国际集团有限公司
Kaibeier International Group Co., Ltd.
地址(Add)：山东省淄博市恒台新区侯庄路60号
邮编(P. C.)：255086
电话(Tel)：0533-7975596
传真(Fax)：0533-7975598
Http：//www.kaibeier.net
联系人(Contact Person)：寻明俊
产品(Products)：卫生巾，婴儿纸尿裤，卫生纸
品牌(Brand)：蓝色呓语，哈尼宝贝

山东赛特新材料股份有限公司
Shandong Saite New Material Co., Ltd.
地址(Add)：山东省淄博市桓台县果里镇侯庄路60号
邮编(P. C.)：256414
电话(Tel)：0533-7975596-8003
传真(Fax)：0533-7975598
E-mail：saitexz@saitenm.com

Http://www.saitenm.com
法人代表(Chairman)：贾莉
总经理(General Manager)：吴琛
联系人(Contact Person)：陈正雄
产品(Products)：卫生巾，卫生护垫，婴儿纸尿裤，面巾纸，厨房纸巾
品牌(Brand)：凯贝尔，凯尔贝贝

山东益母妇女用品有限公司
Shandong Yimoo Women Necessities Co., Ltd.
地址(Add)：山东省淄博市沂源县城沂蒙路9号
邮编(P.C.)：256100
电话(Tel)：0533-3227315
传真(Fax)：0533-3227888
E-mail：yimoo@yimoo.cn
Http://www.yimoo.cn
法人代表(Chairman)：徐德文
总经理(General Manager)：徐德文
联系人(Contact Person)：郑霞
产品(Products)：卫生巾，卫生护垫，婴儿纸尿裤，湿巾
品牌(Brand)：益母，益母草，益贝，调皮蛋

● 河南 Henan

安阳市汇丰卫生用品有限责任公司
Anyang Huifeng Hygiene Products Co., Ltd.
地址(Add)：河南省安阳市安东新区人民东路路北
邮编(P.C.)：455000
电话(Tel)：0372-2619318
传真(Fax)：0372-2619316
Http://www.ayhfzj.com
法人代表(Chairman)：郭小平
总经理(General Manager)：袁玉清
联系人(Contact Person)：袁廷顺
产品(Products)：卫生巾，卫生护垫，成人纸尿裤，护理垫，卫生纸
品牌(Brand)：梦娜

安阳丽华卫生用品厂
Anyang Lihua Hygiene Products Factory
地址(Add)：河南省安阳县白璧镇北丽华工业园
邮编(P.C.)：455112
电话(Tel)：0372-2628781
传真(Fax)：0372-2628781
法人代表(Chairman)：段芳林
联系人(Contact Person)：段国泰
产品(Products)：卫生巾，卫生护垫
品牌(Brand)：丽华

长葛市维斯康卫生用品厂
Changge Weisikang Hygiene Products Factory
地址(Add)：河南省长葛市人民路北段(G107增福庙立交桥西侧)
邮编(P.C.)：461500
电话(Tel)：0374-6653081
传真(Fax)：0374-6656886
E-mail：weiscorn@126.com
Http://www.hnwsk.cn
联系人(Contact Person)：施红杰
产品(Products)：卫生巾，卫生护垫
品牌(Brand)：佳好美

河南可丽卫生用品有限公司
Henan Keli Hygiene Products Co., Ltd.
地址(Add)：河南省长葛市钟繇大道南段
邮编(P.C.)：461500
电话(Tel)：0374-6562988
传真(Fax)：0374-6501999
总经理(General Manager)：乔松锋
联系人(Contact Person)：乔松锋
产品(Products)：卫生巾，生活用纸，湿巾
品牌(Brand)：可丽怡人

安阳市安爽卫材有限责任公司
Anyang Anshuang Medicals Materials Co., Ltd.
地址(Add)：河南省滑县桑村工业园
邮编(P.C.)：456475
电话(Tel)：0372-8519588
传真(Fax)：0372-8511006
联系人(Contact Person)：朱国录
产品(Products)：卫生巾，婴儿纸尿裤
品牌(Brand)：采奕，纤舒

新乡市好洁卫生用品有限公司
Xinxiang Haojie Hygiene Products Co., Ltd.
地址(Add)：河南省辉县市孟庄镇梁村
邮编(P.C.)：453621
电话(Tel)：0373-6078772
传真(Fax)：0373-6079260
E-mail：haojie4437@sina.com
法人代表(Chairman)：冯新亮
总经理(General Manager)：冯新亮
联系人(Contact Person)：冯新亮
产品(Products)：卫生巾，卫生护垫
品牌(Brand)：伊美安

新乡市康鑫卫生用品有限公司
Xinxiang Kangxin Hygiene Products Co., Ltd.
地址(Add)：河南省辉县市西环路南段
邮编(P.C.)：453600
电话(Tel)：0373-6280988
传真(Fax)：0373-6280988
E-mail：448783104@qq.com
法人代表(Chairman)：刘新海
总经理(General Manager)：刘新海
联系人(Contact Person)：刘新海
产品(Products)：卫生巾
品牌(Brand)：胜耐美

河南潇康卫生用品有限公司
Henan Xiaokang Hygiene Products Co., Ltd.
地址(Add)：河南省焦作市丰收路中段
邮编(P.C.)：454006
电话(Tel)：0391-5890888
传真(Fax)：0391-3596669
E-mail：hnxiaokang@163.com
Http://www.hnxiaokang.com
联系人(Contact Person)：原小新
产品(Products)：卫生巾，卫生护垫，婴儿纸尿裤，成人纸尿裤，卫生纸
品牌(Brand)：潇康，香馨伊人

焦作市银河纸业卫生用品有限公司
Jiaozuo Yinhe Paper & Hygiene Products Co., Ltd.
地址(Add): 河南省焦作市武陟县西陶镇东白水
邮编(P. C.): 454981
电话(Tel): 0391 - 7561173
传真(Fax): 0391 - 7561173
联系人(Contact Person): 侯河西
产品(Products): 卫生巾
品牌(Brand): 苏妃, 苏雨

瑞帮(开封)卫生材料有限公司
Ruibang (Kaifeng) Hygiene Materials Co., Ltd.
地址(Add): 河南省开封市兰考县红庙工业园 8 - 88
邮编(P. C.): 475314
电话(Tel): 0371 - 56782289
传真(Fax): 0371 - 68829193
E-mail: hnkfrbyz@163. com
Http: //www. hnruibang. cn
法人代表(Chairman): 毛吉会
总经理(General Manager): 张金燕
联系人(Contact Person): 何启兴
产品(Products): 卫生巾, 卫生护垫, 婴儿纸尿裤/片, 成人纸尿裤/片, 护理垫, 湿巾
品牌(Brand): 茵子

河南鹿邑三益卫生用品有限公司
Henan Sanyi Hygiene Products Co., Ltd.
地址(Add): 河南省鹿邑县伯阳路 28 号
邮编(P. C.): 477200
电话(Tel): 0394 - 7223838
传真(Fax): 0394 - 7223838
法人代表(Chairman): 宋玉东
总经理(General Manager): 宋玉东
联系人(Contact Person): 屈学文
产品(Products): 卫生巾, 卫生护垫
品牌(Brand): 玉芬

河南五彩卫生用品有限公司
Henan Wucai Hygiene Products Co., Ltd.
地址(Add): 河南省鹿邑县产业集聚区
邮编(P. C.): 477200
电话(Tel): 0394 - 7181081
传真(Fax): 0394 - 7215822
E-mail: wucai128@126. com
Http: //www. wucaixinqing. com
联系人(Contact Person): 张泽林
产品(Products): 卫生巾, 卫生护垫, 婴儿纸尿裤/片
品牌(Brand): 五彩心晴, 顽皮猫

河南漯河临颍恒祥卫生用品有限公司
Henan Linying Hengxiang Hygiene Products Co., Ltd.
地址(Add): 河南省漯河市临颍黄龙工业区一环路东段
邮编(P. C.): 462600
电话(Tel): 0395 - 8662227
传真(Fax): 0395 - 8662227
法人代表(Chairman): 仝志辉
总经理(General Manager): 仝志辉
产品(Products): 卫生巾, 卫生护垫, 婴儿纸尿裤/片, 卫生纸, 成人纸尿片
品牌(Brand): 云妹, 葆健, 妙姿葆, 溢儿爽

河南省孟州市洁美卫生用品厂
Henan Mengzhou Jiemei Hygiene Products Plant
地址(Add): 河南省孟州市商贸城南京路 69 号西 1 号
邮编(P. C.): 454750
电话(Tel): 0391 - 3861188
传真(Fax): 0391 - 8194384
总经理(General Manager): 尚彩云
联系人(Contact Person): 张德君
产品(Products): 卫生巾, 卫生护垫
品牌(Brand): 洁美, 欣美

三门峡市蓝雪卫生用品有限公司
Sanmenxia Lanxue Hygiene Products Co., Ltd.
地址(Add): 河南省三门峡市经三路 50 号
邮编(P. C.): 472001
电话(Tel): 0398 - 2862485
传真(Fax): 0398 - 2866552
法人代表(Chairman): 张春让
总经理(General Manager): 张春让
联系人(Contact Person): 任春安
产品(Products): 卫生巾, 卫生护垫
品牌(Brand): 妙丽洁

遂平县欧亚卫生用品有限公司
Suiping Ouya Hygiene Products Co., Ltd.
地址(Add): 河南省遂平县产业集聚区众品路
邮编(P. C.): 463100
电话(Tel): 0396 - 3227999
传真(Fax): 0396 - 3229222
E-mail: zgyuyuan@163. com
Http: //www. zgyuyuan. com
法人代表(Chairman): 蔡清洪
总经理(General Manager): 蔡清洪
联系人(Contact Person): 赵莹莹
产品(Products): 卫生巾, 婴儿纸尿裤/拉拉裤

河南卫辉苏菲卫生用品厂
Henan Weihui Sufei Hygiene Products Factory
地址(Add): 河南省卫辉市太公泉工业园
邮编(P. C.): 453100
电话(Tel): 0373 - 4169888
传真(Fax): 0373 - 4169999
E-mail: hndsnr@163. com
法人代表(Chairman): 王新江
总经理(General Manager): 王新江
联系人(Contact Person): 王新江
产品(Products): 卫生巾, 婴儿纸尿裤, 湿巾
品牌(Brand): 绝妙, 绝妙宝贝

新乡市长生卫生用品有限公司
Xinxiang Changsheng Maternity and Hygiene Co., Ltd.
地址(Add): 河南省新乡市中原路 87 号黎明大厦 504 室
邮编(P. C.): 453000
电话(Tel): 0373 - 5426226
传真(Fax): 0373 - 3249618
E-mail: 0451hm@163. cm
Http: //www. cswsyp. com
联系人(Contact Person): 叶德亮
产品(Products): 卫生棉条

河南舒莱卫生用品有限公司
Henan Simulect Health Products Co., Ltd.
地址(Add)：河南省许昌市襄城县产业集聚区北二环路东段南侧
邮编(P. C.)：461700
电话(Tel)：0374－8398891
传真(Fax)：0374－8398880
E-mail：zangli88@126. com
Http：//www. shulai. net
法人代表(Chairman)：侯建正
总经理(General Manager)：杨桂海
联系人(Contact Person)：臧丽
产品(Products)：卫生巾，卫生护垫
品牌(Brand)：舒莱

河南省永城市好理想卫生用品有限公司
Yongcheng Haolixiang Hygiene Products Co., Ltd.
地址(Add)：河南省永城市新城工业园
邮编(P. C.)：476600
电话(Tel)：0370－5152222
传真(Fax)：0370－5158566
E-mail：610164077@qq. com
Http：//www. sqhaolixiang. cn
法人代表(Chairman)：王桂华
总经理(General Manager)：张玉英
联系人(Contact Person)：张淑娜
产品(Products)：卫生巾，婴儿纸尿片，成人纸尿裤，护理垫，宠物垫
品牌(Brand)：好理想

河南省百蓓佳卫生用品有限公司
Henan Baibeijia Hygiene Products Co., Ltd.
地址(Add)：河南省正阳县工业集中区
邮编(P. C.)：463600
电话(Tel)：0396－8926989
传真(Fax)：0396－8935989
E-mail：532774110@qq. com
Http：//www. baibeijia. com
法人代表(Chairman)：潘鹏燕
总经理(General Manager)：王军华
联系人(Contact Person)：王军华
产品(Products)：卫生巾，卫生护垫，婴儿纸尿裤
品牌(Brand)：可宜，巴布豆

新郑恒鑫卫生用品厂
Xinzheng Hengxin Hygiene Products Factory
地址(Add)：河南省新郑市新建工业园
邮编(P. C.)：451150
电话(Tel)：0371－62698898
传真(Fax)：0371－62688690
E-mail：wenxiangl@163. com
法人代表(Chairman)：付金玲
总经理(General Manager)：付金玲
联系人(Contact Person)：付金玲
产品(Products)：卫生巾，卫生护垫
品牌(Brand)：快乐天使

郑州利水贸易有限公司
Zhengzhou Lishui Commerce Co., Ltd.
地址(Add)：河南省郑州市管城区南三环花都港湾1号楼10层
邮编(P. C.)：450061
电话(Tel)：0371－68755601
E-mail：huanglishui889@126. com
法人代表(Chairman)：黄利水
总经理(General Manager)：黄利水
联系人(Contact Person)：黄利水
产品(Products)：卫生用品

河南养生时代健康产业有限公司
Henan Yangsheng Shidai Healthcare Products Co., Ltd.
地址(Add)：河南省郑州市黄河路129号天一大厦A座2309室
邮编(P. C.)：450012
电话(Tel)：0371－6599199
传真(Fax)：0371－69172052
E-mail：service@51yssd. com
Http：//www. 51yssd. com
联系人(Contact Person)：陶琳
产品(Products)：卫生巾
品牌(Brand)：歌柔

郑州永欣卫生用品有限公司
Zhengzhou Yongxin Hygiene Products Co., Ltd.
地址(Add)：河南省郑州市金水区王砦路北同庆路西
邮编(P. C.)：450001
电话(Tel)：0371－63662386
传真(Fax)：0371－63662386
Http：//www. zhengzhouyongxin. com
总经理(General Manager)：陈伟
产品(Products)：卫生巾，卫生护垫，婴儿纸尿裤/片，成人纸尿裤/片
品牌(Brand)：七日情怀，尚影，尚婴

郑州市二七永洁卫生用品厂
Zhengzhou Erqi Yongjie Hygiene Products Factory
地址(Add)：河南省郑州市南四环贾鲁河桥头
邮编(P. C.)：450000
电话(Tel)：0371－68785723
传真(Fax)：0371－68785733
Http：//www. jinyigj. com
联系人(Contact Person)：袁德寿
产品(Products)：卫生巾
品牌(Brand)：金逸

许昌市雨洁卫生用品有限公司
Xuchang Yujie Hygiene Products Co., Ltd.
地址(Add)：河南省郑州市紫荆山路商城路交叉口金成国贸0911号
邮编(P. C.)：450003
电话(Tel)：0371－60320777
传真(Fax)：0371－55930378
E-mail：yufeihenan@126. com
Http：//www. hnyufei. com
法人代表(Chairman)：张同昌
总经理(General Manager)：陈坚
联系人(Contact Person)：李浩
产品(Products)：卫生巾，卫生护垫
品牌(Brand)：雨菲

鹿邑舒可卫生用品有限公司
Luyi Shuke Hygiene Products Co., Ltd.
地址(Add)：河南省周口市鹿邑县城东工业区

邮编(P. C.)：477200
电话(Tel)：0394 - 87700000
E-mail：qicaiqing@ sina. cn
Http：//www. qicaiqing. com
总经理(General Manager)：陈明涛
联系人(Contact Person)：陈明涛
产品(Products)：卫生巾，卫生护垫，湿巾，婴儿纸尿裤/片，成人纸尿裤/片，生活用纸
品牌(Brand)：七彩情

河南护理佳实业有限公司
Henan FoliageIndustrial Co., Ltd.
地址(Add)：河南省周口市鹿邑县产业集聚区
邮编(P. C.)：477200
电话(Tel)：0394 - 7213400
传真(Fax)：0394 - 7203628
E-mail：hnhljxgy1973@ 126. com
Http：//www. hulijia. com
总经理(General Manager)：夏国印
联系人(Contact Person)：许国军
产品(Products)：卫生巾，卫生护垫
品牌(Brand)：护理佳

河南恒宝纸业有限公司
Henan Hengbao Paper Co., Ltd.
地址(Add)：河南省周口市太康县产业集聚区
邮编(P. C.)：461499
电话(Tel)：0394 - 6927888
传真(Fax)：0394 - 6812666
E-mail：hengbaozhiye@ 126. com
法人代表(Chairman)：程丽君
总经理(General Manager)：岳恒伟
联系人(Contact Person)：宋杰
产品(Products)：卫生巾，卫生护垫，面巾纸
品牌(Brand)：乐宝情

● 湖北 Hubei

湖北娇丽实业有限公司
Hubei Beauty Industrial Co., Ltd.
地址(Add)：湖北省汉川市城东开发区
邮编(P. C.)：431600
电话(Tel)：0712 - 8383866
传真(Fax)：0712 - 8383796
E-mail：hbjiaoli@ jiaoli. com
法人代表(Chairman)：胡秋学
联系人(Contact Person)：张晋菘
产品(Products)：卫生巾
品牌(Brand)：娇丽

荆州市平云卫生用品有限公司
Jingzhou Pingyun Hygiene Products Co., Ltd.
地址(Add)：湖北省荆州市监利县容城镇工业园路 52 号
邮编(P. C.)：433300
电话(Tel)：0716 - 3320885
传真(Fax)：0716 - 3322780
E-mail：jzpy888@ 126. com
Http：//www. jzpyws. com
法人代表(Chairman)：廖平
总经理(General Manager)：廖平
联系人(Contact Person)：何修凤
产品(Products)：卫生巾
品牌(Brand)：桑娜，护卫佳人，康护宝

武汉茶花女卫生用品有限公司
Wuhan Chahuanv Hygiene Products Co., Ltd.
地址(Add)：湖北省武汉市东西湖区慈惠工业园惠安大道 27 号
邮编(P. C.)：430040
电话(Tel)：027 - 83258266
传真(Fax)：027 - 83258633
E-mail：173538@ qq. com
Http：//www. whchn. com
总经理(General Manager)：汪寒涛
联系人(Contact Person)：罗丙兰
产品(Products)：卫生巾，卫生护垫，婴儿纸尿裤/片，成人纸尿裤/片，护理垫，手帕纸，面巾纸
品牌(Brand)：茶花女，柔语，金色人生，宝宝安，宝贝爱

武汉圣洁卫生用品有限公司
Wuhan Shengjie Hygiene Products Co., Ltd.
地址(Add)：湖北省武汉市东西湖区吴家山台商投资区花园路 8 号
邮编(P. C.)：430040
电话(Tel)：027 - 83259683
传真(Fax)：027 - 83259683
联系人(Contact Person)：巫宝璘
产品(Products)：卫生巾
品牌(Brand)：爱馨点，雅之卉

湖北丝宝股份有限公司
Hubei C - BONS Co., Ltd.
地址(Add)：湖北省武汉市黄浦大街 260 号丝宝国际大厦
邮编(P. C.)：430019
电话(Tel)：027 - 82920888 - 1206
传真(Fax)：027 - 82922001
E-mail：mahaiyan@ c - bons. com. cn
Http：//www. c - bons. com. cn
法人代表(Chairman)：梁亮胜
总经理(General Manager)：罗健
联系人(Contact Person)：马海燕
产品(Products)：卫生巾，卫生护垫，湿巾
品牌(Brand)：洁婷，洁婷蓓柔

武汉奇美卫生用品科技有限公司
Wuhan Qimei Hygiene Products Co., Ltd.
地址(Add)：湖北省武汉市江汉经济开发区江兴路 17 号 A 栋 B 层
邮编(P. C.)：430023
电话(Tel)：027 - 83359938
传真(Fax)：027 - 83359928
E-mail：33611098@ qq. com
总经理(General Manager)：陈骁丹
联系人(Contact Person)：郭伟雄
产品(Products)：卫生巾，卫生护垫，婴儿纸尿裤/片，成人纸尿裤/片
品牌(Brand)：金苹果，佑爱，添欣

武汉金姿卫生用品有限公司
Wuhan Jinzi Hygiene Products Co., Ltd.
地址(Add)：湖北省武汉市盘龙开发区佳海工业园J区2号
邮编(P. C.)：430036
电话(Tel)：027－61895469
传真(Fax)：027－61895469
法人代表(Chairman)：蔡建国
总经理(General Manager)：蔡建国
联系人(Contact Person)：蔡建国
产品(Products)：卫生巾
品牌(Brand)：金姿

湖北省武穴市恒美实业有限公司
Hubei Wuxue Hengmei Industry Co., Ltd.
地址(Add)：湖北省武穴市梅川镇石牛工业园1号
邮编(P. C.)：435411
电话(Tel)：0713－6751648
传真(Fax)：0713－6751649
E-mail：mlfmaster@sina.com
Http://www.hbhmpaper.com
总经理(General Manager)：张劲松
联系人(Contact Person)：刘燕容
产品(Products)：卫生巾，卫生护垫，婴儿纸尿裤/片，成人纸尿裤/片
品牌(Brand)：康依，康依宝宝

湖北省武穴市疏朗朗卫生用品有限公司
Hubei Shulanglang Hygiene Products Co., Ltd.
地址(Add)：湖北省武穴市石佛寺镇疏朗朗工业园
邮编(P. C.)：435414
电话(Tel)：0713－6262428
联系人(Contact Person)：吴迎胜
产品(Products)：卫生巾，卫生护垫，婴儿纸尿裤/片，成人纸尿裤/片，湿巾，卫生纸
品牌(Brand)：疏朗朗，梦颖

湖北佰斯特卫生用品有限公司
Hubei Best Hygienic Products Co., Ltd.
地址(Add)：湖北省仙桃市长埫口临港工业园8号(湖北佰斯特科技园)
邮编(P. C.)：433000
电话(Tel)：0728－2511999
传真(Fax)：0728－2512666
E-mail：chinabestar@163.com
Http://www.china－bestar.com
法人代表(Chairman)：易永祥
总经理(General Manager)：易涵
联系人(Contact Person)：叶亮
产品(Products)：婴儿纸尿裤/片，成人纸尿裤/片，护理垫，女婴两用巾
品牌(Brand)：爱心恩诺，易尔康，迪尔宝贝，好保姆，千倍爽

湖北省襄阳市盈乐卫生用品有限公司
Hubei Xiangyang Yingle Sanitary Products Co., Ltd.
地址(Add)：湖北省襄阳市襄州区园林路119号
邮编(P. C.)：441000
电话(Tel)：0710－2810211
传真(Fax)：0710－2817000
E-mail：fenghanyu992@foxmail.com
Http://www.hbxfyl.com
法人代表(Chairman)：林云光
总经理(General Manager)：林建秋
联系人(Contact Person)：冯撼宇
产品(Products)：卫生巾，卫生护垫，婴儿纸尿裤/片，成人纸尿裤/片
品牌(Brand)：难忘，好难忘，难忘宝宝

恒安(孝感)卫生用品有限公司
Hengan (Xiaogan) Hygiene Products Co., Ltd.
地址(Add)：湖北省孝感市南区南大经济开发区
邮编(P. C.)：432100
电话(Tel)：0712－2516319
传真(Fax)：0712－2516299
法人代表(Chairman)：施文博
联系人(Contact Person)：胡平清
产品(Products)：卫生巾
品牌(Brand)：安乐，安尔乐

维安洁护理用品(中国)有限公司
V－Care Hygiene Products (China) Co., Ltd.
地址(Add)：湖北省孝感市孝南经济开发区316国道复线
邮编(P. C.)：432122
电话(Tel)：0712－2519099
E-mail：v－care@vinda.com
Http://www.v－care.net.cn
总经理(General Manager)：关兆华
产品(Products)：卫生巾，婴儿纸尿裤
品牌(Brand)：薇尔，贝爱多

宜昌弘洋集团纸业有限公司
Yichang Hongyang Group Paper Co., Ltd.
地址(Add)：湖北省宜昌市夷陵区明珠路21号
邮编(P. C.)：443100
电话(Tel)：0717－7202888
传真(Fax)：0717－7202889
Http://www.ycylj.com
法人代表(Chairman)：莫玲海
总经理(General Manager)：莫玲海
联系人(Contact Person)：文桂丽
产品(Products)：卫生巾，卫生护垫，卫生纸
品牌(Brand)：伊兰佳，婷娴，心歌

● 湖南 Hunan

恒安集团(安乡)卫生用品有限公司
Hengan (Anxiang) Hygiene Products Co., Ltd.
地址(Add)：湖南省安乡县城关镇文艺南路
邮编(P. C.)：415600
电话(Tel)：0736－4312875
传真(Fax)：0736－4319113
法人代表(Chairman)：施文博
联系人(Contact Person)：许天培
产品(Products)：卫生巾
品牌(Brand)：安乐，安尔乐

湖南乐适日用品有限公司
Hunan Leshi Daily Necessities Co., Ltd.
地址(Add)：湖南省长沙市芙蓉南路一段181号
邮编(P. C.)：410200

电话(Tel)：400－086－1303
总经理(General Manager)：吴林翼
产品(Products)：卫生巾，婴儿纸尿裤/片
品牌(Brand)：爱儿乐

长沙舒尔利卫生用品有限公司
Changsha Shuerli Hygiene Products Co., Ltd.
地址(Add)：湖南省长沙市高桥大市场纸品城16幢38号
邮编(P. C.)：410014
电话(Tel)：0731－85515615
传真(Fax)：0731－85515615
E-mail：cnxql@gaoqiao.com
法人代表(Chairman)：谢启良
总经理(General Manager)：谢启良
联系人(Contact Person)：谢启良
产品(Products)：婴儿纸尿裤/片，妇婴两用巾，卫生纸
品牌(Brand)：舒尔利，威威

湖南省倍康卫生用品有限公司
Hunan Beikang Hygiene Products Co., Ltd.
地址(Add)：湖南省长沙市宁乡经济开发区创业大道1号
邮编(P. C.)：410003
电话(Tel)：0731－88313777
传真(Fax)：0731－88313666
E-mail：baken@baken.cn
Http：//www.baken.cn
总经理(General Manager)：覃叙钧
联系人(Contact Person)：喻丽
产品(Products)：婴儿纸尿裤/片，妇婴两用巾，湿巾
品牌(Brand)：倍康

湖南省安迪尔卫生用品有限公司
Hunan Andier Hygiene Products Co., Ltd.
地址(Add)：湖南省长沙市宁乡县回龙铺万寿山社区
邮编(P. C.)：410600
电话(Tel)：0731－87827944
传真(Fax)：0731－87807959
E-mail：460235675@qq.com
Http：//www.andier.cn
法人代表(Chairman)：王跃星
总经理(General Manager)：王志良
联系人(Contact Person)：曾秀春
产品(Products)：卫生巾，婴儿纸尿裤，护理垫
品牌(Brand)：依云，安迪尔，馨怡儿

湖南三友纸业有限公司
Hunan Sanyou Paper Industry Co., Ltd.
地址(Add)：湖南省长沙市雨花区黎托乡花桥工业园
邮编(P. C.)：410129
电话(Tel)：0731－85951508
传真(Fax)：0731－85952308
E-mail：18975118277@qq.com
Http：//www.teemay.com.cn
法人代表(Chairman)：贺顺新
总经理(General Manager)：贺顺新
联系人(Contact Person)：易延光
产品(Products)：卫生巾，卫生护垫，婴儿纸尿裤/片，卫生纸，面巾纸，手帕纸
品牌(Brand)：天美，花妍

常德金利纸品实业有限公司
Changde Jinli Paper Industrial Co., Ltd.
地址(Add)：湖南省常德市鼎城区阳明路93号
邮编(P. C.)：415101
电话(Tel)：0736－7392638
传真(Fax)：0736－7392638
E-mail：linl@163.com
法人代表(Chairman)：柳真
总经理(General Manager)：柳真
联系人(Contact Person)：李会均
产品(Products)：卫生巾，卫生纸，面巾纸
品牌(Brand)：安雅康

湖南安仁县卫生用品二厂
Hunan Anren Hygiene Products No. 2 Factory
地址(Add)：湖南省郴州市安仁县株泉北路84号
邮编(P. C.)：423600
电话(Tel)：0735－5223446
传真(Fax)：0735－5228861
Http：//www.lzw393790760.cn.alibaba.com
联系人(Contact Person)：赖志文
产品(Products)：卫生巾，婴儿纸尿裤/片
品牌(Brand)：安意，好安意，娃娃爽

汨罗市家乐福纸业有限公司
Miluo Jialefu Paper Co., Ltd.
地址(Add)：湖南省汨罗市汴塘工业区
邮编(P. C.)：414400
电话(Tel)：0730－5029999
传真(Fax)：0730－5132028
Http：//www.jlfzy.net
联系人(Contact Person)：何英锐
产品(Products)：卫生巾，卫生纸，面巾纸，餐巾纸，手帕纸
品牌(Brand)：静爱，恒心

湖南花香实业有限公司
Hunan Huaxiang Industry Co., Ltd.
地址(Add)：湖南省衡阳市蒸湘区呆鹰岭蒸阳大道168号
邮编(P. C.)：421216
电话(Tel)：0734－8573990
传真(Fax)：0734－8573879
E-mail：745588640@qq.com
总经理(General Manager)：罗吉玉
联系人(Contact Person)：罗吉玉
产品(Products)：卫生巾，卫生护垫，餐巾纸，面巾纸，婴儿纸尿裤/片
品牌(Brand)：花香，花儿香，娃娃乐，花香宝贝

湖南美佳妮卫生用品有限公司
Hunan Meijiani Hygiene Products Co., Ltd.
地址(Add)：湖南省衡阳县演陂镇大川村S315线公路旁
邮编(P. C.)：421226
电话(Tel)：0734－6858988
传真(Fax)：0734－6858899
法人代表(Chairman)：胡起辉
产品(Products)：卫生巾，卫生护垫，婴儿纸尿裤

湖南一朵生活用品有限公司
Hunan Yido Necessaries of Life Co., Ltd.
地址(Add)：湖南省浏阳市永安制造产业基地

邮编(P. C.): 410300
电话(Tel): 0731-83603542
传真(Fax): 0731-83603546
E-mail: 467570610@qq.com
Http://www.yidojt.com
法人代表(Chairman): 刘祥富
联系人(Contact Person): 张益民
产品(Products): 卫生巾, 卫生护垫, 婴儿纸尿裤/片, 湿巾
品牌(Brand): 一朵

湖南省恒昌卫生用品有限公司
Hunan Hengchang Hygiene Products Co., Ltd.
地址(Add): 湖南省邵阳市宝庆科技工业园
邮编(P. C.): 422001
电话(Tel): 0739-5250218
传真(Fax): 0739-5250288
E-mail: 982876371@qq.com
Http://www.hcwsyp.com
法人代表(Chairman): 李学军
总经理(General Manager): 李学军
联系人(Contact Person): 李学华
产品(Products): 卫生巾, 卫生护垫, 婴儿纸尿裤/片
品牌(Brand): 倍茵, 奥怡爽, 雅护

湖南千金卫生用品股份有限公司
Hunan Qianjin Hygienic Products Co., Ltd.
地址(Add): 湖南省株洲市荷塘区金钩山路15号
邮编(P. C.): 412003
电话(Tel): 0731-22283391
传真(Fax): 0731-22492661
E-mail: 1697296744@qq.com
Http://www.jaayaa.com
总经理(General Manager): 邱永龙
联系人(Contact Person): 谢如祥
产品(Products): 卫生巾, 卫生护垫, 湿巾
品牌(Brand): 千金净雅

● 广东 Guangdong

东莞嘉米敦婴儿护理用品有限公司
Dongguan Carmelton Baby Products Manufacturing Ltd.
地址(Add): 广东省东莞市茶山镇卢边村委会工业区九梅岭加米敦路
邮编(P. C.): 523376
电话(Tel): 0769-86869925
传真(Fax): 0769-86869923
E-mail: 280583668@qq.com
Http://www.carmelton.cn
法人代表(Chairman): 李国明
总经理(General Manager): 李国明
联系人(Contact Person): 卢瑞芬
产品(Products): 婴儿纸尿裤/片, 成人纸尿裤/片, 护理垫, 妇婴两用巾
品牌(Brand): 帮贝爽, 百寿康, 高慧

广东百顺纸品有限公司
Guangdong Bosom Paper Products Co., Ltd.
地址(Add): 广东省东莞市茶山镇伟建工业园
邮编(P. C.): 523380
电话(Tel): 0769-81833801
传真(Fax): 0769-81833806
Http://www.bosompaper.com
法人代表(Chairman): 利莉
总经理(General Manager): 谢锡佳
联系人(Contact Person): 房雨
产品(Products): 婴儿纸尿裤/片, 成人纸尿裤/片, 卫生巾, 卫生护垫
品牌(Brand): 茵茵, 趣儿

深圳市倍安芬日用品有限公司
Shenzhen Beianfen Commodity Co., Ltd.
地址(Add): 广东省东莞市长安镇乌沙江贝工业园
邮编(P. C.): 523859
电话(Tel): 0769-85072258
传真(Fax): 0769-85072258
联系人(Contact Person): 赵前富
产品(Products): 卫生巾, 婴儿纸尿裤

东莞市舒华生活用品有限公司
Dongguan Shuhua Daily Necessities Co., Ltd.
地址(Add): 广东省东莞市大朗镇黄草朗村西胜路2号
邮编(P. C.): 523700
电话(Tel): 0769-86263917
传真(Fax): 0769-86263927
总经理(General Manager): 赖华山
联系人(Contact Person): 赖新生
产品(Products): 卫生巾, 卫生护垫, 婴儿纸尿裤/片
品牌(Brand): 兰芳, 洁柔宝宝, 优雅空间, 清爽空间

金保利卫生用品有限公司
Jinbaoli Sanitary Articles Co., Ltd.
地址(Add): 广东省东莞市大朗镇黄草朗美东路66号
邮编(P. C.): 523787
电话(Tel): 0769-83187663
传真(Fax): 0769-83133302
E-mail: jinbaolidg@163.com
Http://www.fjjdl.com
法人代表(Chairman): 黄诗华
总经理(General Manager): 黄诗华
联系人(Contact Person): 贝荣武
产品(Products): 卫生巾
品牌(Brand): 植物物语

伟佳实业(香港)国际有限公司
Great Well Industrial (HK) Int'l Limited
地址(Add): 广东省东莞市东城区莞温路塘边头段东区七巷一号
邮编(P. C.): 523106
电话(Tel): 0769-88755506
传真(Fax): 0769-23064256
Http://www.dgdyl.com
联系人(Contact Person): 胡国栋
产品(Products): 卫生巾, 卫生护垫, 婴儿纸尿裤

东莞市雅酷妇幼用品有限公司
Dongguan Yacoo Women & Children Products Co., Ltd.
地址(Add): 广东省东莞市东城区温塘社区莞温中路
邮编(P. C.): 523121
电话(Tel): 0769-26628600
传真(Fax): 0769-22765527

Http://www.yacoocn.com
联系人(Contact Person):周国院
产品(Products):婴儿纸尿裤,卫生巾,卫生护垫
品牌(Brand):雅酷,倍安芬

广东省东莞市宝丰卫生纸品有限公司
Guangdong Dongguan Baofeng Tissue Paper Products Co., Ltd.
地址(Add):广东省东莞市东城区汶塘管理区
邮编(P.C.):523121
电话(Tel):0769-22660017
传真(Fax):0769-22208692
法人代表(Chairman):傅植成
总经理(General Manager):傅植成
联系人(Contact Person):傅植成
产品(Products):卫生巾
品牌(Brand):梦丽莎

东莞市汉氏纸业有限公司
Dongguan H&C Paper Co., Ltd.
地址(Add):广东省东莞市洪梅镇正腾工业厂区三(A区)
邮编(P.C.):523160
电话(Tel):0769-81213012
传真(Fax):0769-81213012
E-mail:hcgm-iven@health-care.cn
Http://www.health-care.cn
总经理(General Manager):邱剑华
产品(Products):妇婴两用巾,婴儿纸尿裤

铭尚日用品有限公司
Mingshang Daily Necessities Co., Ltd.
地址(Add):广东省东莞市寮步镇翠香路6号603室
邮编(P.C.):523400
电话(Tel):0769-23100962
传真(Fax):0769-23100962
E-mail:mingshanggongsizp@163.com
联系人(Contact Person):杨腾燕
产品(Products):卫生巾
品牌(Brand):娸妮诗

东莞东美纸业有限公司
Dongguan Dongmei Paper Co., Ltd.
地址(Add):广东省东莞市寮步镇新旧围工业区大塘路39号
邮编(P.C.):523410
电话(Tel):0769-83228282
传真(Fax):0769-83228198
E-mail:dmpaper@vip.163.com
Http://www.dmpaper.cn
法人代表(Chairman):林振田
总经理(General Manager):林伯衡
产品(Products):卫生巾,卫生护垫
品牌(Brand):依媚,良爽

东莞市天正纸业有限公司
Dongguan Tianzheng Paper Co., Ltd.
地址(Add):广东省东莞市麻涌镇南洲工业区兴南路
邮编(P.C.):523136
电话(Tel):0769-88223990
传真(Fax):0769-88280122
Http://www.dgtianzheng.com
法人代表(Chairman):吴柱威
总经理(General Manager):吴柱威
联系人(Contact Person):杨业涛
产品(Products):卫生巾,卫生护垫,婴儿纸尿裤/片,成人纸尿裤/片
品牌(Brand):雪怡,祺安,淘气宝贝

宝盈妇幼用品有限公司
Baoying Women & Children Articles Co., Ltd.
地址(Add):广东省东莞市清溪九乡金竹工业区
邮编(P.C.):523646
电话(Tel):0769-87292586
传真(Fax):0769-87308689
E-mail:dgbaoying@163.com
Http://www.dgbaoying.com
法人代表(Chairman):赖新财
联系人(Contact Person):赖新财
产品(Products):卫生巾,卫生护垫,婴儿纸尿裤/片,湿巾
品牌(Brand):康洁丽,伊妮思,圣女思,清爽女孩

东莞市兆豪纸品有限公司
Dongguan Zhaohao Paper Co., Ltd.
地址(Add):广东省东莞市石碣镇鹤田厦工业区(东田水泥厂对面)
邮编(P.C.):523290
电话(Tel):0769-86317328
传真(Fax):0769-86363930
总经理(General Manager):陈兆驹
产品(Products):卫生巾
品牌(Brand):天地情

东莞市常兴纸业有限公司
Dongguan Changxing Paper Co., Ltd.
地址(Add):广东省东莞市石排镇横山村委会钟屋工业区
邮编(P.C.):523330
电话(Tel):0769-86559888
传真(Fax):0769-86559933
E-mail:changxingpaper@163.com
Http://www.changxingdg.com
法人代表(Chairman):王树杨
总经理(General Manager):王树杨
联系人(Contact Person):黄海霞
产品(Products):婴儿纸尿裤/片,成人纸尿裤/片,卫生巾,妇婴两用巾
品牌(Brand):一片爽,片片爽,公子帮,雅康健,护理爽

东莞市白天鹅纸业有限公司
Dongguan White Swan Paper Products Co., Ltd.
地址(Add):广东省东莞市万江区谷涌工业区
邮编(P.C.):523047
电话(Tel):0769-22172128
传真(Fax):0769-22181226
E-mail:dgbte@163.com
Http://www.dgbte.com
法人代表(Chairman):卢宝祥
总经理(General Manager):李刚
联系人(Contact Person):李刚
产品(Products):原纸,卫生纸,面巾纸,手帕纸,餐巾

纸，擦手纸，卫生巾，卫生护垫，婴儿纸尿裤/片
品牌(Brand)：贝柔，黛柔

东莞市佳洁卫生用品有限公司
Dongguan Jiajie Hygiene Products Co., Ltd.
地址(Add)：广东省东莞市万江区简沙洲虾公坎工业区
邮编(P. C.)：523062
电话(Tel)：0769－22409628
传真(Fax)：0769－22904926
联系人(Contact Person)：冼润波
产品(Products)：卫生巾，卫生护垫，婴儿纸尿裤/片
品牌(Brand)：佳洁舒，梦美，梦美儿

东莞市惠康纸业有限公司
Dongguan Huikang Paper Co., Ltd.
地址(Add)：广东省东莞市万江区胜利管理区(爱迪工业区)
邮编(P. C.)：523063
电话(Tel)：0769－22179188
传真(Fax)：0769－22179883
E-mail：huikang883@163. com
Http://www. huikang0769. com
法人代表(Chairman)：黎淑珍
总经理(General Manager)：赖沃标
联系人(Contact Person)：赖沃均
产品(Products)：卫生巾，卫生护垫，婴儿纸尿裤/片
品牌(Brand)：护丽康，姿婷宝

多极实业(深圳)有限公司东莞办事处
Duoji Industry (Shenzhen) Co., Ltd.
地址(Add)：广东省东莞市樟木头南城新时代广场雍翠阁9－11二楼
邮编(P. C.)：523617
电话(Tel)：0769－87192973
传真(Fax)：0769－87192973
E-mail：laojinhui@gmail. com
Http://www. 21cdcn. com
联系人(Contact Person)：劳锦辉
产品(Products)：卫生巾，卫生护垫
品牌(Brand)：体温面包

佛山市美适卫生用品有限公司
Foshan Meishi Sanitary Articles Co., Ltd.
地址(Add)：广东省佛山市佛山大道北143号
邮编(P. C.)：528000
电话(Tel)：0757－82226882
传真(Fax)：0757－82206622
E-mail：pyg－928@163. com
Http://www. fsmeishi. com
法人代表(Chairman)：关锦添
总经理(General Manager)：关锦添
联系人(Contact Person)：李永亨
产品(Products)：卫生巾，卫生护垫，婴儿纸尿裤/片
品牌(Brand)：诗丹莉，小妮，美适

佛山市高明怡健卫生用品有限公司
Foshan Yijian Health Things Co., Ltd.
地址(Add)：广东省佛山市高明沧江工业园
邮编(P. C.)：528511
电话(Tel)：0757－88628381
传真(Fax)：0757－88628382
联系人(Contact Person)：区志德
产品(Products)：婴儿纸尿裤/片，妇婴两用巾
品牌(Brand)：怡儿健

佛山市南海吉爽卫生用品有限公司
Nanhai Jishuang Sanitary Products Co., Ltd.
地址(Add)：广东省佛山市南海里水镇里官路大朗工业区
邮编(P. C.)：528200
电话(Tel)：0757－85662828
传真(Fax)：0757－85616762
E-mail：service@nhjishuang. com
Http://www. nhjishuang. com
法人代表(Chairman)：何喜永
总经理(General Manager)：何喜永
联系人(Contact Person)：粟正强
产品(Products)：婴儿纸尿裤/片，成人纸尿裤/片，护理垫，两用巾
品牌(Brand)：吉之爽，好康宝，洁爽，八级空间

广东省佛山市康沃日用品有限公司
Foshan Kangwo Commodity Co., Ltd.
地址(Add)：广东省佛山市南海区大沥新城南广场
邮编(P. C.)：528000
电话(Tel)：0757－81186286
传真(Fax)：0757－81186287
E-mail：sales@gdkangwo. cn
Http://www. gdkangwo. cn
法人代表(Chairman)：张德荣
总经理(General Manager)：张德荣
联系人(Contact Person)：张德荣
产品(Products)：卫生巾，婴儿纸尿裤
品牌(Brand)：自然爽，乐点宝宝，乐氏宝宝，真美感

佛山市南海区佳朗卫生用品有限公司
Foshan Calong Sanitary Products Co., Ltd.
地址(Add)：广东省佛山市南海区丹灶镇金沙城南工业区
邮编(P. C.)：528223
电话(Tel)：0757－88779230
传真(Fax)：0757－81001391
E-mail：sale@cooljie. com
Http://www. cooljie. com
法人代表(Chairman)：劳柱能
总经理(General Manager)：劳柱能
联系人(Contact Person)：周志刚
产品(Products)：卫生巾，卫生护垫，婴儿纸尿裤/片，成人纸尿裤/片
品牌(Brand)：蝴蝶结，风之语，佳洁宝宝，包安，包康

佛山市百诺卫生用品有限公司
Foshan Bainuo Hygiene Products Co., Ltd.
地址(Add)：广东省佛山市南海区丹灶镇金沙罗行杜家高田开发区
邮编(P. C.)：528216
电话(Tel)：0757－88750148
传真(Fax)：0757－85419981
E-mail：bainuo2007@126. com
法人代表(Chairman)：李俊
总经理(General Manager)：李俊
联系人(Contact Person)：李明
产品(Products)：卫生巾，卫生护垫，婴儿纸尿裤/片

佛山市千婷生活用品有限公司
Foshan Qianting Commodity Co., Ltd.
地址(Add)：广东省佛山市南海区桂城佛平二路北约商厦602B室
邮编(P. C.)：528200
电话(Tel)：0757－86305033
传真(Fax)：0757－86305033
E-mail：824886641@ qq. com
Http：//fsqt. cn. gongchang. com
联系人(Contact Person)：雍兴
产品(Products)：卫生巾，婴儿纸尿裤/片，成人纸尿裤/片，护理垫，湿巾，卫生纸，面巾纸，手帕纸
品牌(Brand)：千婷

广东景兴卫生用品有限公司
Kingdom Sanitary Products Co., Ltd. Guangdong
地址(Add)：广东省佛山市南海区桂城南海大道北50号恒生银行大厦8楼
邮编(P. C.)：528200
电话(Tel)：0757－86238822
传真(Fax)：0757－86238670
E-mail：xxf@ abckms. com
Http：//www. abckms. com
法人代表(Chairman)：邓锦明
总经理(General Manager)：邓锦明
联系人(Contact Person)：许旭芳
产品(Products)：卫生巾，卫生护垫，湿巾，婴儿纸尿裤
品牌(Brand)：ABC，Free，EC，快乐小妹，易洁，ABC's BB

百洁(广东)卫生用品有限公司
Baijie (Guangdong) Hygiene Products Co., Ltd.
地址(Add)：广东省佛山市南海区桂丹路小塘路段新境开发区
邮编(P. C.)：528222
电话(Tel)：0757－86636868
传真(Fax)：0757－86639638
E-mail：baijie13@ 126. com
总经理(General Manager)：曾展平
联系人(Contact Person)：曾展平
产品(Products)：卫生巾，卫生护垫，婴儿纸尿裤/片，两用巾，成人纸尿裤/片，护理垫
品牌(Brand)：兜兜爽，优比宝宝，童真，美滋美宝

佛山市佩安婷卫生用品实业有限公司
Foshan Peianting Sanitary Products Industrial Co., Ltd.
地址(Add)：广东省佛山市南海区海三路豪贤花园1座2楼
邮编(P. C.)：528000
电话(Tel)：0757－82800216
传真(Fax)：0757－82800202
E-mail：master@ peianting. com
Http：//www. peianting. com
法人代表(Chairman)：陈惠华
总经理(General Manager)：方润华
联系人(Contact Person)：梁修辉
产品(Products)：卫生巾，卫生护垫，婴儿纸尿裤/片，成人纸尿片，湿巾
品牌(Brand)：佩安婷，佩菲菲，珮夫人，佩贝贝

佛山市倍安爽卫生用品有限公司
Foshan Beianshuang Hygiene Products Co., Ltd.
地址(Add)：广东省佛山市南海区罗村联合工业区联合大道20号
邮编(P. C.)：528226
电话(Tel)：0757－86400190
传真(Fax)：0757－86400191
Http：//www. bas8. com
法人代表(Chairman)：周文良
总经理(General Manager)：周文良
联系人(Contact Person)：周文良
产品(Products)：卫生巾，卫生护垫，卫生纸
品牌(Brand)：水中花

佛山市怡爽卫生用品有限公司
Yishuang Hygienic Products Co., Ltd.
地址(Add)：广东省佛山市南海区罗村下柏王芝围工业区乐华路2号8座
邮编(P. C.)：528000
电话(Tel)：0757－88572316
传真(Fax)：0757－88572227
E-mail：humancherish@ qq. com
Http：//www. hc－gd. net
总经理(General Manager)：赖建锋
联系人(Contact Person)：赖洁清
产品(Products)：卫生巾
品牌(Brand)：HC怡爽

佛山市南海区倩而宝卫生用品有限公司
Foshan Nanhai Qianerbao Sanitary Articles Co., Ltd.
地址(Add)：广东省佛山市南海区罗村镇上柏工业区
邮编(P. C.)：528226
电话(Tel)：0757－81263984
传真(Fax)：0757－86410838
E-mail：qianerbao@ 163. com
Http：//www. cnqeb. com. cn
法人代表(Chairman)：卢焕娣
联系人(Contact Person)：吕均祥
产品(Products)：卫生巾，卫生护垫，婴儿纸尿裤/片，妇婴两用巾，成人纸尿裤/片
品牌(Brand)：倩而宝，愉快假期，美思，自然乐，金倩宝

佛山市南海康索卫生用品有限公司
Foshan Nanhai Kimsof Sanitary Products Co., Ltd.
地址(Add)：广东省佛山市南海区罗村紫罗路工业园
邮编(P. C.)：528226
电话(Tel)：0757－86412262
传真(Fax)：0757－86412261
E-mail：service@ kimsof. com
Http：//www. kimsof. com
法人代表(Chairman)：何炯明
总经理(General Manager)：朱金炎
联系人(Contact Person)：邓慧
产品(Products)：妇婴两用巾，婴儿纸尿裤/片，成人纸尿裤/片
品牌(Brand)：康索，贝婴宝，金锁

广东妇健企业有限公司
Guangdong Fujian Enterprise Co., Ltd.
地址(Add)：广东省佛山市南海区平洲夏南一工业区

邮编(P. C.)：528251
电话(Tel)：0757－86774737
传真(Fax)：0757－86771573
E-mail：167785023@qq. com
Http：//www. gd－fujian. com
法人代表(Chairman)：彭乃强
总经理(General Manager)：陈志华
联系人(Contact Person)：吴之林
产品(Products)：卫生巾，卫生护垫，婴儿纸尿裤/片
品牌(Brand)：妇健，妇健宝宝

佛山市卓维思卫生用品有限公司
Foshan Cherish Hygienic Thing Co., Ltd.
地址(Add)：广东省佛山市南海区狮山小塘江湄开发区
邮编(P. C.)：528225
电话(Tel)：0757－88776662
传真(Fax)：0757－88776661
E-mail：770998302@qq. com
联系人(Contact Person)：余志国
产品(Products)：卫生巾，卫生护垫
品牌(Brand)：卓尔思

佛山欧品佳卫生用品有限公司
Foshan Oupinjia Health Products Co., Ltd.
地址(Add)：广东省佛山市南海区狮山镇三环西路莲子塘旁
邮编(P. C.)：528200
电话(Tel)：0757－89953310
E-mail：hkmamibb@163. com
联系人(Contact Person)：朱志强
产品(Products)：婴儿纸尿裤/片，成人纸尿裤/片，妇婴两用巾，卫生巾，卫生护垫

佛山市啟盛卫生用品有限公司
Foshan Kayson Hygiene Products Co., Ltd.
地址(Add)：广东省佛山市南海区西樵科技工业园百业大道38号
邮编(P. C.)：528000
电话(Tel)：0757－82206616
传真(Fax)：0757－82206622
E-mail：jintian_guan@kayson－cn. com
Http：//www. kayson－cn. com
法人代表(Chairman)：关锦添
总经理(General Manager)：关锦添
联系人(Contact Person)：关启明
产品(Products)：卫生巾，卫生护垫，婴儿纸尿裤/片
品牌(Brand)：美适，小妮，U适，U适宝宝，诗丹莉，美适宝宝，AGNE's

佛山市宝爱卫生用品有限公司
Foshan Baoai Sanitary Articles Co., Ltd.
地址(Add)：广东省佛山市南海狮山科技工业园C区骏业路北8号
邮编(P. C.)：528222
电话(Tel)：0757－86655997
传真(Fax)：0757－86655996
Http：//www. fsbaoai. com
联系人(Contact Person)：黄海昌
产品(Products)：婴儿纸尿裤/片，成人纸尿裤/片，护理垫，两用巾
品牌(Brand)：小掌门

佛山市顺德区康怡卫生用品有限公司
Foshan Kangyi Hygiene Products Plant
地址(Add)：广东省佛山市顺德区乐从镇劳村怡乐路东2号
邮编(P. C.)：528315
电话(Tel)：0757－28788232
传真(Fax)：0757－28733311
E-mail：2697572691@qq. com
Http：//www. kangyiqiye. com
法人代表(Chairman)：劳绍旗
总经理(General Manager)：劳绍旗
联系人(Contact Person)：刘思伟
产品(Products)：卫生巾，卫生护垫，婴儿纸尿裤/片，成人纸尿裤/片，妇婴两用巾，护理垫
品牌(Brand)：康怡，康怡乐，康怡宝宝，康怡安

顺德乐从其乐卫生用品有限公司
Foshan Qile Hygiene Products Co., Ltd.
地址(Add)：广东省佛山市顺德区乐从镇三乐路劳村工业开发区
邮编(P. C.)：528315
电话(Tel)：0757－28854680
传真(Fax)：0757－28830867
E-mail：qilesz@126. com
Http：//www. fssile. cn
法人代表(Chairman)：黎力干
总经理(General Manager)：劳翠欢
联系人(Contact Person)：黎力干
产品(Products)：卫生巾，卫生护垫，婴儿纸尿裤/片
品牌(Brand)：思乐，俏迷，俏儿乐，快乐点

新感觉卫生用品有限公司
New Sensation Sanitary Products Co., Ltd.
地址(Add)：广东省佛山市顺德区乐从镇细海工业区
邮编(P. C.)：528351
电话(Tel)：0757－28332551
传真(Fax)：0757－28332561
E-mail：contact@nssp. biz
Http：//www. nssp. biz
法人代表(Chairman)：黎汉中
总经理(General Manager)：黎汉凡
联系人(Contact Person)：黎汉石
产品(Products)：卫生巾，卫生护垫，婴儿纸尿裤/片，成人纸尿裤/片，护理垫，面巾纸，手帕纸，卫生纸
品牌(Brand)：新感觉，没烦恼，飘，动感元素

佛山市金妇康卫生用品有限公司
Foshan Jinfukang Hygiene Products Co., Ltd.
地址(Add)：广东省佛山市顺德区勒流连杜大道25号之八
邮编(P. C.)：528322
电话(Tel)：0757－22383035
传真(Fax)：0757－22383034
E-mail：china_fukang@126. com
Http：//www. china－fukang. com
法人代表(Chairman)：关锡
总经理(General Manager)：关小红
联系人(Contact Person)：关小华
产品(Products)：卫生巾，卫生护垫
品牌(Brand)：妇康，紫茵

佛山市顺德区舒乐卫生用品有限公司
Foshan Shule Sanitary Products Co., Ltd.
地址(Add)：广东省佛山市顺德区勒流镇扶闾工业区
邮编(P. C.)：528322
电话(Tel)：0757－25332618
传真(Fax)：0757－25332611
E-mail：shule@shu－le. com
Http：//www. shu－le. com
法人代表(Chairman)：廖顺明
联系人(Contact Person)：廖志荣
产品(Products)：卫生巾，婴儿纸尿裤
品牌(Brand)：女儿宝，健儿宝，状元星，正品

佛山市爽洁卫生用品有限公司
Foshan Shuangjie Hygiene Products Co., Ltd.
地址(Add)：广东省佛山市顺德区伦教振兴路C座101号
邮编(P. C.)：528308
电话(Tel)：0757－27889903
传真(Fax)：0757－27730111
Http：//www. fssjgs888. cn
联系人(Contact Person)：赖来成
产品(Products)：卫生巾，卫生护垫，婴儿纸尿裤，成人纸尿裤
品牌(Brand)：爽洁

汉方萃取卫生用品有限公司
Hanfang Extract Sanitary Products Co., Ltd.
地址(Add)：广东省佛山市顺德区伦教镇泰安路北73号
邮编(P. C.)：528308
电话(Tel)：0757－27889755
传真(Fax)：0757－27889311
E-mail：shuendehanfang@xinlang. com
Http：//www. hanfangsj. com
法人代表(Chairman)：黄蔡淑珍
联系人(Contact Person)：黄邓豪
产品(Products)：卫生巾

广东美洁卫生用品有限公司
Guangdong Magic Sanitary Articles Co., Ltd.
地址(Add)：广东省佛山市顺德乐从道教工业区中路西6号
邮编(P. C.)：528315
电话(Tel)：0757－28331329
传真(Fax)：0757－28331308
E-mail：gdmeijie@163. com
Http：//www. gdmeijie. com
联系人(Contact Person)：练永谦
产品(Products)：卫生巾，卫生护垫，婴儿纸尿裤/片，成人纸尿裤/片
品牌(Brand)：美洁，美洁宝宝，美宜洁

广州开丽医用科技有限公司
Guangzhou Kaili Medical Science & Technology Co., Ltd.
地址(Add)：广东省广州市白云大道北丛云路810号4楼426房
邮编(P. C.)：510400
电话(Tel)：020－62639227
传真(Fax)：020－62639107
E-mail：gzklzjh@126. com
Http：//www. gzkaili. com
法人代表(Chairman)：谢富康
联系人(Contact Person)：郑建辉
产品(Products)：产妇卫生巾，乳垫，湿巾，护理垫
品牌(Brand)：开丽

广州护立婷妇幼卫生用品有限公司
Guangzhou Huliting Women & Children Hygiene Products Co., Ltd.
地址(Add)：广东省广州市白云区太和镇文苑A栋017号
邮编(P. C.)：510540
电话(Tel)：020－62649966
传真(Fax)：020－62649966
E-mail：huliting@163. com
Http：//www. mtl0631. chinapyp. com
联系人(Contact Person)：丘纪轩
产品(Products)：卫生巾，妇婴两用巾，婴儿纸尿裤/片
品牌(Brand)：护立婷

广州康尔美理容用品厂
Guangzhou Kangermei Toiletry Factory
地址(Add)：广东省广州市白云区新市均禾工业区新科上村07号
邮编(P. C.)：510410
电话(Tel)：020－86098762
传真(Fax)：020－86098428
Http：//www. cqkmwfb. com
法人代表(Chairman)：陈伟
总经理(General Manager)：陈伟
联系人(Contact Person)：刘杰
产品(Products)：卫生巾，洁面巾，柔巾卷，口罩
品牌(Brand)：康尔美

广州艾妮丝日用品有限公司
Guangzhou Alice & Lee Daily－Use Commodity Co., Ltd.
地址(Add)：广东省广州市番禺区禺山西路329号1座210
邮编(P. C.)：510310
电话(Tel)：020－39292272
传真(Fax)：020－39292231
E-mail：eric@alicelee. com. hk
Http：//www. alicelee. com. hk
联系人(Contact Person)：Eric Niu
产品(Products)：婴儿纸尿裤，湿巾，卫生巾，护理垫，成人纸尿裤
品牌(Brand)：Alice&Lee，Allready，Rompers

广州恒朗日用品有限公司
Guangzhou Hamlon Daily Necessities Co., Ltd.
地址(Add)：广东省广州市花都区凤凰北路41号华夏商务大厦1303
邮编(P. C.)：510800
电话(Tel)：020－37711088
传真(Fax)：020－37703928
E-mail：hl52168@163. com
Http：//www. gziab. com
总经理(General Manager)：许杭佳
联系人(Contact Person)：邱绍福
产品(Products)：卫生巾，卫生护垫
品牌(Brand)：芊爱

广州市非一般日用品有限公司
Guangzhou Unusual Commodity Co., Ltd.
地址(Add)：广东省广州市经济技术开发区创业路10－16号2层
邮编(P.C.)：510730
电话(Tel)：020－82069155
传真(Fax)：020－82069399
E-mail：mavis27.chen@hotmail.com
Http：//www.uft.cn
法人代表(Chairman)：周莎莉
总经理(General Manager)：林宜山
联系人(Contact Person)：李小萍
产品(Products)：卫生巾，卫生护垫
品牌(Brand)：UFT，优护体

广好医疗科技有限公司
Guanghao Medical Technology Co., Ltd.
地址(Add)：广东省广州市洛溪新地大新商务广场213室
邮编(P.C.)：510442
电话(Tel)：020－23342758
传真(Fax)：020－36225986
E-mail：1211458126@qq.com
Http：//www.jiaoxue168.com
总经理(General Manager)：赵祖辉
产品(Products)：防溢乳垫，婴儿清洁巾，产妇卫生巾，婴儿纸尿裤
品牌(Brand)：娇雪

佳莱(香港)国际科技发展有限公司
Canai (Hong Kong) International Technology Development Co., Ltd.
地址(Add)：广东省广州市天河北路183号大都会46层(顶层)
邮编(P.C.)：510075
电话(Tel)：020－38488085
传真(Fax)：020－38488119
E-mail：abcd@hotmail.com
Http：//www.3f113.com
总经理(General Manager)：熊峰
产品(Products)：卫生巾
品牌(Brand)：健康活氧

广东惠生科技有限公司
Guangdong Huisheng Science & Technology Co., Ltd.
地址(Add)：广东省广州市天河区海棠路1号伟诚商务广场乙栋403－406室
邮编(P.C.)：510665
电话(Tel)：020－85690450
传真(Fax)：020－85665693
E-mail：540161641@qq.com
Http：//www.jiaoxue168.com
法人代表(Chairman)：张贵生
总经理(General Manager)：张学文
联系人(Contact Person)：汪宏伟
产品(Products)：卫生护垫，妇婴垫巾，护理垫，乳垫，马桶垫纸
品牌(Brand)：娇雪

宝洁(中国)有限公司
Procter & Gamble (China) Ltd.
地址(Add)：广东省广州市天河区林和西路161号中泰国际广场30楼
邮编(P.C.)：510620
电话(Tel)：020－85186688
传真(Fax)：020－85186131
Http：//www.pg.com.cn
法人代表(Chairman)：李佳怡
总经理(General Manager)：李佳怡
产品(Products)：卫生巾，卫生护垫，婴儿纸尿裤，湿巾
品牌(Brand)：护舒宝，帮宝适

广州市欧朵日用品有限公司
Guangzhou Ouduo Commodity Co., Ltd.
地址(Add)：广东省广州市天河区沙河路34号中人商业城3层365－366室
邮编(P.C.)：510510
电话(Tel)：020－28990898
传真(Fax)：020－87742602
Http：//www.gzouduo.cn
法人代表(Chairman)：陈长卿
联系人(Contact Person)：陈长卿
产品(Products)：卫生巾，卫生护垫，婴儿纸尿裤
品牌(Brand)：欧朵，朵奇丝

广东雪美人实业有限公司
Guangdong Xuemeiren Industry Co., Ltd.
地址(Add)：广东省河源市河源大道北213号
邮编(P.C.)：517000
电话(Tel)：0762－3169981
传真(Fax)：0762－3169990
Http：//www.asj999.com
总经理(General Manager)：赖勇强
联系人(Contact Person)：曾卓定
产品(Products)：婴儿纸尿裤，卫生巾
品牌(Brand)：竹能，爱爽洁，雪美人，四季叶

鹤山市嘉美诗保健用品有限公司
Jiameishi Sanitary Products Co., Ltd.
地址(Add)：广东省鹤山市共和镇新连村委会侧
邮编(P.C.)：529728
电话(Tel)：0750－8301908
传真(Fax)：0750－8306618
E-mail：info@china－jiameishi.com
总经理(General Manager)：李世银
联系人(Contact Person)：高华
产品(Products)：婴儿纸尿裤/片，成人纸尿裤/片，护理垫，妇婴两用巾
品牌(Brand)：贝安奇，乐儿朗，嘉美诗，恩氏，康大人

惠州市宝尔洁卫生用品有限公司
Huizhou Baoerjie Hygiene Products Co., Ltd.
地址(Add)：广东省惠州市博罗县城博义路2号工业区
邮编(P.C.)：516100
电话(Tel)：0752－6626286
传真(Fax)：0752－6634454
E-mail：1035976744@qq.com
Http：//www.baoerjie.com
法人代表(Chairman)：黄振辉
总经理(General Manager)：黄振辉
联系人(Contact Person)：黄振辉
产品(Products)：卫生巾，妇婴两用巾，婴儿纸尿裤/片，成人纸尿裤/片，护理垫，湿巾

品牌(Brand)：宝尔洁，柰宝尼尔

德升纸业(惠州)有限公司
Desheng Paper (Huizhou) Co., Ltd.
地址(Add)：广东省惠州市博罗县湖镇镇莲塘工业园1号
邮编(P. C.)：516139
电话(Tel)：0752－6659811－12
传真(Fax)：0752－6659810
E-mail：guanjianjun88@126. com
联系人(Contact Person)：管建军
产品(Products)：卫生巾
品牌(Brand)：FC

惠州市汇德宝护理用品有限公司
Huizhou Huidebao Health Care Products Co., Ltd.
地址(Add)：广东省惠州市惠阳区淡水河背鸭仔滩46号
邮编(P. C.)：516211
电话(Tel)：0752－3358318
传真(Fax)：0752－3351258
E-mail：gdwsyp@126. com
法人代表(Chairman)：吴权昌
联系人(Contact Person)：敖祖峰
产品(Products)：卫生巾，卫生护垫，婴儿纸尿裤/片
品牌(Brand)：清爽，乐乎乐，优比爽

江门市逸安洁卫生用品有限公司
Jiangmen Yianjie Hygiene Products Co., Ltd.
地址(Add)：广东省江门市高沙三街22号之三
邮编(P. C.)：529000
电话(Tel)：0750－3101926
传真(Fax)：0750－3102792
E-mail：sales@yianjie. com
Http：//www. yianjie. com
法人代表(Chairman)：刘婉姗
总经理(General Manager)：刘婉姗
联系人(Contact Person)：文俊杰
产品(Products)：卫生巾，卫生护垫
品牌(Brand)：逸安洁

江门市江海区康怡纸品有限公司
Jiangmen Kangyi Paper Products Co., Ltd.
地址(Add)：广东省江门市江海区江海三路滘北永安围
邮编(P. C.)：529040
电话(Tel)：0750－3812222
传真(Fax)：0750－3861306
法人代表(Chairman)：龙志杰
总经理(General Manager)：龙海涛
联系人(Contact Person)：龙华章
产品(Products)：卫生巾，婴儿纸尿裤/片
品牌(Brand)：康怡

江门市江海区信盈纸业保洁用品厂
Jiangmen Xinying Paper Products Factory
地址(Add)：广东省江门市江海区礼东向民工业区1号
邮编(P. C.)：529060
电话(Tel)：0750－3832008
传真(Fax)：0750－3893008
E-mail：935504887@qq. com
法人代表(Chairman)：区耀明
总经理(General Manager)：区耀明
联系人(Contact Person)：李华俸
产品(Products)：卫生巾，卫生护垫，婴儿纸尿裤/片
品牌(Brand)：娇婷健，自柔易，盈彩，俏蜜儿，舒心BB

江门市江海区礼乐舒芬纸业用品厂
Jiangmen Shufen Paper Products Factory
地址(Add)：广东省江门市礼乐镇礼义二路15号1幢地下
邮编(P. C.)：529060
电话(Tel)：0750－3783838
传真(Fax)：0750－3790443
联系人(Contact Person)：陈善剑
产品(Products)：卫生巾，婴儿纸尿裤
品牌(Brand)：舒芬，舒芬乐

江门市互信纸业有限公司
Jiangmen Huxin Paper Co., Ltd.
地址(Add)：广东省江门市蓬江区杜阮镇龙榜工业区环镇路10－11号
邮编(P. C.)：529075
电话(Tel)：0750－3816138
传真(Fax)：0750－3816138
E-mail：huxinpaper@hotmail. com
Http：//huxinpaper. 1688. com
法人代表(Chairman)：冯强初
总经理(General Manager)：冯强初
联系人(Contact Person)：梁雪凤
产品(Products)：卫生巾，卫生护垫，婴儿纸尿裤/片
品牌(Brand)：多依期，伊莱雅，绮丽园

江门市江海区雅洁纸品厂
Jiangmen Jianghai Yajie Paper Products Factory
地址(Add)：广东省江门市外海街道办事处沙津横石咀里3号
邮编(P. C.)：529080
电话(Tel)：0750－3785235
传真(Fax)：0750－3783330
E-mail：jmyajie@alibaba. com. cn
Http：//www. jmyajie. cn. alibaba. com
总经理(General Manager)：方民威
产品(Products)：卫生巾，婴儿纸尿裤/片
品牌(Brand)：江南丽人，仟依梦，雅维洁，妇丽佳，薰衣草

江门市新会区达威纸类用品有限公司
Jiangmen Dawei Paper Products Co., Ltd.
地址(Add)：广东省江门市新会区大泽创利工业区中心路20号
邮编(P. C.)：529000
电话(Tel)：0750－6807838
传真(Fax)：0750－6897781
E-mail：sales@jmdawei. cn
Http：//www. jmdawei. cn
总经理(General Manager)：汤艳芳
产品(Products)：婴儿纸尿裤/片，卫生巾
品牌(Brand)：康洁雅，莱茵，开心假期，初季

江门市新会中维纸业有限公司
Jiangmen Zhongwei Paper Co., Ltd.
地址(Add)：广东省江门市新会区今古洲三和大道北路19号
邮编(P. C.)：529100

电话(Tel)：0750－6338813
传真(Fax)：0750－6338823
E-mail：lam8813@ sina. com
Http：//www. zhongweipaper. com
法人代表(Chairman)：黄景扬
总经理(General Manager)：梁标林
联系人(Contact Person)：梁标林
产品(Products)：卫生巾
品牌(Brand)：舒维尔

江门市凯乐纸品有限公司
Jiangmen Kaile Paper Co., Ltd.
地址(Add)：广东省江门市新会区睦州镇新沙工业园
邮编(P. C.)：529143
电话(Tel)：0750－6532088
传真(Fax)：0750－6538330
E-mail：sales@ kailepaper. com
总经理(General Manager)：容健荣
产品(Products)：婴儿纸尿裤/片，护理垫，卫生巾
品牌(Brand)：朵柔，活泼宝宝，自然感觉，贴身乐

江门市新会区爱尔保洁用品有限公司
Aier Sanitary Products Co., Ltd.
地址(Add)：广东省江门市新会区睦洲镇河滨中路6号
邮编(P. C.)：529143
电话(Tel)：0750－6222813
传真(Fax)：0750－6226801
E-mail：1084325156@ qq. com
Http：//www. gdaier. com
法人代表(Chairman)：林德
总经理(General Manager)：林德
联系人(Contact Person)：叶说齐
产品(Products)：卫生巾，婴儿纸尿裤/片
品牌(Brand)：爱尔

江门市新会区信发卫生用品厂
Jiangmen Xinhui Xinfa Hygiene Products Factory
地址(Add)：广东省江门市新会区睦洲镇江睦公路38号
邮编(P. C.)：529143
电话(Tel)：0750－6227998
传真(Fax)：0750－6227938
E-mail：info@ jmxinfa. com
Http：//www. jmxinfa. com
总经理(General Manager)：吴携大
联系人(Contact Person)：何锦培
产品(Products)：卫生巾，卫生护垫，婴儿纸尿裤/片，成人纸尿裤/片，护理垫
品牌(Brand)：雨纯，爱莉，活色生香

江门市新会区完美生活用品有限公司
Jiangmen Perfect Commodities Co., Ltd.
地址(Add)：广东省江门市新会区睦洲镇新沙工业区
邮编(P. C.)：529143
电话(Tel)：0750－6221525
传真(Fax)：0750－6535825
E-mail：jmperfect@ 163. com
Http：//jmperfect. cn. alibaba. com
总经理(General Manager)：吴锡荣
联系人(Contact Person)：吴锡荣
产品(Products)：卫生巾，卫生护垫，婴儿纸尿裤/片
品牌(Brand)：完美

燕婷妇幼卫生用品有限公司
Yanting Women & Children Articles Co., Ltd.
地址(Add)：广东省江门市新会区睦洲镇新沙工业区
邮编(P. C.)：529143
电话(Tel)：0750－6536333
传真(Fax)：0750－6535998
E-mail：yanting@ yanting. com. cn
Http：//www. yanting. com. cn
法人代表(Chairman)：冯华仔
总经理(General Manager)：冯华仔
联系人(Contact Person)：郑振胜
产品(Products)：卫生巾，卫生护垫，婴儿纸尿裤/片
品牌(Brand)：洁柔，天雨，佳洁丝，新妙奇

新会群达纸业有限公司
Qunda Paper Co., Ltd.
地址(Add)：广东省江门市新会区三江镇洋美工业区
邮编(P. C.)：529142
电话(Tel)：0750－6203595
传真(Fax)：0750－6202821
法人代表(Chairman)：林耀辉
总经理(General Manager)：林耀辉
联系人(Contact Person)：郑成江
产品(Products)：卫生巾
品牌(Brand)：丹韵

开平新宝卫生用品有限公司
Kaiping Sunbo Sanitary Products Co., Ltd.
地址(Add)：广东省开平市沙冈新美工业城美华路15号B－9幢
邮编(P. C.)：529300
电话(Tel)：0750－2200102
传真(Fax)：0750－2200103
E-mail：sunbokp@ sunbokp. com
Http：//www. sunbokp. com
法人代表(Chairman)：谢强
总经理(General Manager)：方荣舜
联系人(Contact Person)：马瑞珍
产品(Products)：卫生巾，卫生护垫，婴儿纸尿片，成人纸尿裤/片
品牌(Brand)：芳婷，贝思乐

佛山市志达实业有限公司
Foshan Zhida Industry Co., Ltd.
地址(Add)：广东省三水市大塘工业园三角洲路5号
邮编(P. C.)：528000
电话(Tel)：0757－87278103
传真(Fax)：0757－87278106
总经理(General Manager)：李少开
联系人(Contact Person)：梁碧莹
产品(Products)：卫生巾，婴儿纸尿裤
品牌(Brand)：乐の惠

汕头市通达保健用品厂
Shantou Tongda Health Care Products Plant
地址(Add)：广东省汕头市潮南区司马浦东晖东路北四巷6号
邮编(P. C.)：515149
电话(Tel)：0754－87739626
传真(Fax)：0754－87723626
E-mail：113160620@ qq. com
Http：//www. st－tongda. cn

法人代表(Chairman)：吴赛慈
总经理(General Manager)：廖永涛
联系人(Contact Person)：廖永涛
产品(Products)：卫生巾，卫生护垫，婴儿纸尿裤/片
品牌(Brand)：健雅，非一般，健雅宝，人之初

汕尾市娜菲纸业有限公司
Shanwei Nafei Paper Industry Co., Ltd.
地址(Add)：广东省汕尾市海丰老区经济开发区
邮编(P. C.)：516400
电话(Tel)：0660－6410088
传真(Fax)：0660－6413928
E-mail：zhoucanjie444@126. com
法人代表(Chairman)：周雪峰
联系人(Contact Person)：周灿杰
产品(Products)：卫生巾，婴儿纸尿裤/片，两用巾
品牌(Brand)：舒动感，娜菲，自由宝贝

尤妮佳生活用品(汕尾)有限公司
Shanwei Younijia Consumer Goods Co., Ltd.
地址(Add)：广东省汕尾市老区经济开发区工业园
邮编(P. C.)：516555
电话(Tel)：4000－898－823
E-mail：gdyounijia@126. com
Http://www. gdunicharm. com
联系人(Contact Person)：周灿杰
产品(Products)：卫生巾，妇咪两用巾，婴儿纸尿裤/片

深圳市美丰源日用品有限公司
Shenzhen Meifengyuan Commodities Co., Ltd.
地址(Add)：广东省深圳市宝安74区禧鸿源工业大厦B1栋
邮编(P. C.)：518000
电话(Tel)：0755－27828265
传真(Fax)：0755－27942285
E-mail：meifengyuan@163. com
Http://www. meifengyuan. com
法人代表(Chairman)：刘太军
总经理(General Manager)：戴艳霞
联系人(Contact Person)：卢振安
产品(Products)：卫生巾，卫生护垫，婴儿纸尿裤/片
品牌(Brand)：720度，美极

深圳市乐活科技有限公司
Shenzhen Lohas Technology Co., Ltd.
地址(Add)：广东省深圳市宝安区六区资安商务大厦3002室
邮编(P. C.)：518101
电话(Tel)：0755－28076028
传真(Fax)：0755－28076028
E-mail：379108716@qq. com
法人代表(Chairman)：范瑞彬
总经理(General Manager)：范瑞彬
联系人(Contact Person)：崔云华
产品(Products)：卫生巾，卫生护垫
品牌(Brand)：女乐宝

深圳市耀邦日用品有限公司
Yaobang Commodity Co., Ltd.
地址(Add)：广东省深圳市宝安区西乡银田工业区雍启商务大厦三楼310－312
邮编(P. C.)：518102
电话(Tel)：0755－25023690
传真(Fax)：0755－25023660
E-mail：lifeyb@hotmail. com
Http://www. lifeyb. com
法人代表(Chairman)：陈继全
总经理(General Manager)：陈继全
产品(Products)：卫生巾，卫生护垫，婴儿纸尿裤，湿巾
品牌(Brand)：Suki，欧芭芭

鸿源实业(深圳)有限公司
Hongyuan Industrial (Shenzhen) Co., Ltd.
地址(Add)：广东省深圳市布吉镇上水径恒通工业城6栋
邮编(P. C.)：518112
电话(Tel)：0755－28522648
传真(Fax)：0755－28522748
E-mail：hongyuan@hongyuanpaper. com
Http://www. hongyuanpaper. com
法人代表(Chairman)：魏楚芳
总经理(General Manager)：朱坤雄
联系人(Contact Person)：黄凯鹏
产品(Products)：卫生巾，卫生护垫，湿巾，卫生纸，面巾纸，手帕纸
品牌(Brand)：馨丽，富贵猫，声艺，飘馨

Rockbrook Industrial Co., Ltd.
地址(Add)：广东省深圳市福田区北环大道7043号青海大厦301室
邮编(P. C.)：518034
电话(Tel)：0755－83953797
传真(Fax)：0755－83953481
E-mail：dept3@rock－brook. com
Http://www. hygiener. com
联系人(Contact Person)：Alex Lau
产品(Products)：卫生巾，卫生护垫，乳垫，婴儿纸尿裤，成人纸尿裤，护理垫
品牌(Brand)：Medicare，Anytime，Mama's Baby，iCare

深圳市金凯迪卫生用品有限公司
JKD Hygiene
地址(Add)：广东省深圳市福田区滨河路9003号湖北大厦南区1001室
邮编(P. C.)：518048
电话(Tel)：0755－83566458
传真(Fax)：0755－83466278－810
E-mail：info@ladynapkins. com
Http://www. ladynapkins. com. cn
法人代表(Chairman)：陈尊峰
总经理(General Manager)：王道廉
联系人(Contact Person)：李梅林
产品(Products)：卫生巾，卫生护垫，卫生棉条
品牌(Brand)：格蕾丝，OUIOUI

深圳佳美妇幼用品有限公司
Shenzhen Jiamei Women & Children Products Co., Ltd.
地址(Add)：广东省深圳市福永镇福永村马山1巷61号
邮编(P. C.)：518103
电话(Tel)：0755－23111829
传真(Fax)：0755－21983326
联系人(Contact Person)：杨银霞
产品(Products)：卫生巾，婴儿纸尿裤

品牌(Brand)：倍安芬

快宝婴儿用品(深圳)有限公司
Kuaibao Baby Articles (Shenzhen) Co., Ltd.
地址(Add)：广东省深圳市公明楼村硕泰路世峰科技园B栋
邮编(P. C.)：518107
电话(Tel)：0755－23409633
传真(Fax)：0755－23409633
联系人(Contact Person)：彭琳兰
产品(Products)：卫生巾

深圳市瑞康宝卫生用品有限公司
Shenzhen Ruikangbao Sanitary Products Co., Ltd.
地址(Add)：广东省深圳市光明新区公明镇甲子塘第二工业区第5栋
邮编(P. C.)：518132
电话(Tel)：0755－27173981
传真(Fax)：0755－27173982
E-mail：ruikangbao@163.com
Http://www.ruikangbao.com
总经理(General Manager)：罗美武
联系人(Contact Person)：黄启慧
产品(Products)：卫生巾，卫生护垫，婴儿纸尿裤
品牌(Brand)：馨妇宝，RCB，绿色菁凉，锦迪宝宝

深圳市巾帼丽人卫生用品有限公司
Shenzhen Jinguoliren Hygiene Products Co., Ltd.
地址(Add)：广东省深圳市光明新区光明工会商铺三栋
邮编(P. C.)：518107
电话(Tel)：0752－27437748
传真(Fax)：0752－27437748
Http://jinguoliren.cn.alibaba.com
总经理(General Manager)：陈春玲
联系人(Contact Person)：陈丽红
产品(Products)：卫生巾，卫生护垫
品牌(Brand)：娘子巾

深圳市亿佳源贸易有限公司
Shenzhen Yijiayuan Trading Co., Ltd.
地址(Add)：广东省深圳市龙岗区横岗荷坳地铁A出口德荣大厦
邮编(P. C.)：518116
电话(Tel)：0755－28317922
传真(Fax)：0755－28317322
E-mail：yjy2988@126.com
Http://www.gziab.com
总经理(General Manager)：曾榕树
产品(Products)：卫生巾
品牌(Brand)：芊爱

深圳天意宝婴儿用品有限公司
Shenzhen Tianyibao Baby Products Co., Ltd.
地址(Add)：广东省深圳市龙岗区龙岗镇龙西五联朱古石路70号后黄振江厂房
邮编(P. C.)：518116
电话(Tel)：0755－89902958
传真(Fax)：0755－89923950
E-mail：sz－tianyi@163.com
总经理(General Manager)：李伟光
产品(Products)：宠物垫，乳垫，婴儿围兜，床单，桌布

深圳市金顺来实业有限公司
Shenzhen Jinshunlai Industry Co., Ltd.
地址(Add)：广东省深圳市龙岗区坪地镇坪西村顺景路10号
邮编(P. C.)：518117
电话(Tel)：0755－61227772
传真(Fax)：0755－61227628
E-mail：sales@jsl－china.com
Http://www.jsl－china.com
法人代表(Chairman)：吴金榜
总经理(General Manager)：蔡明莎
联系人(Contact Person)：叶誌勇
产品(Products)：卫生巾，卫生护垫，婴儿纸尿裤/片
品牌(Brand)：蝶儿美，12345

深圳市名诗媛卫生用品有限公司
Shenzhen Mingshiyuan Hygiene Products Co., Ltd.
地址(Add)：广东省深圳市龙岗区坪山大工业区
邮编(P. C.)：518118
电话(Tel)：0755－89591950
传真(Fax)：0755－89591950
Http://www.mingshiyuan.net
联系人(Contact Person)：叶燕翎
产品(Products)：婴儿纸尿裤/片，卫生巾，卫生护垫，成人纸尿裤/片
品牌(Brand)：名诗媛

深圳全棉时代科技有限公司
PurCotton Era Science and Technology Co., Ltd.
地址(Add)：广东省深圳市龙华街道布龙公路旁稳健工业园
邮编(P. C.)：518109
电话(Tel)：0755－28138888
传真(Fax)：0755－28134588
E-mail：kchan@winnermedical.com
Http://www.purcotton.cn
联系人(Contact Person)：韩克成
产品(Products)：湿巾，卫生巾，卫生护垫，护理垫
品牌(Brand)：奈丝，全棉时代

深圳市丽的日用品有限公司
Shenzhen Lady Commodity Co., Ltd.
地址(Add)：广东省深圳市罗湖区嘉宾路海燕商业大厦1507
邮编(P. C.)：518000
电话(Tel)：0755－82190170
传真(Fax)：0755－82254502
E-mail：poon@ladyint.com
Http://www.ladyint.com
联系人(Contact Person)：潘秀娟
产品(Products)：卫生巾，婴儿纸尿裤
品牌(Brand)：丽的

诗乐氏实业(深圳)有限公司
Swashes (Shenzhen) Co., Ltd.
地址(Add)：广东省深圳市罗湖区南湖路国贸商业大厦13楼A－D室
邮编(P. C.)：518014
电话(Tel)：0755－25194070
传真(Fax)：0755－25194162
E-mail：shenzhen@swashes.com.cn
Http://www.swashes.com.cn

法人代表(Chairman)：李自强
总经理(General Manager)：李自强
联系人(Contact Person)：李伟
产品(Products)：湿巾，卫生巾，卫生护垫，纸内裤
品牌(Brand)：诗乐氏

深圳忠海日用品有限公司
Shenzhen Zhonghai Commodity Co., Ltd.
地址(Add)：广东省深圳市罗湖区深南东路富丽华酒店2415
邮编(P. C.)：518002
电话(Tel)：0755 - 22215030
传真(Fax)：0755 - 22215030
联系人(Contact Person)：乔海燕
产品(Products)：卫生巾，卫生护垫，婴儿纸尿裤
品牌(Brand)：汇思爱

深圳市欧范妇幼关爱用品有限公司
Shenzhen Ourfan Women & Baby Care Products Co., Ltd.
地址(Add)：广东省深圳市南山区高新中四道31号研祥科技大厦
邮编(P. C.)：518057
电话(Tel)：0755 - 86335163
传真(Fax)：0755 - 86335757
E-mail：yhyang@ourfan. cn
Http：//www. ourfan. cn
联系人(Contact Person)：杨勇辉
产品(Products)：婴儿纸尿裤，卫生巾，卫生护垫
品牌(Brand)：信欧宝宝，欧然尼，特恩尼

深圳信威纸品有限公司
Shenzhen Xinwei Paper Products Co., Ltd.
地址(Add)：广东省深圳市南山区华侨城东北A工业区第二栋一层
邮编(P. C.)：518053
电话(Tel)：0755 - 26602711
传真(Fax)：0755 - 26901710
法人代表(Chairman)：林冬铭
总经理(General Manager)：谭志强
联系人(Contact Person)：谭纪嫦
产品(Products)：卫生巾，卫生护垫
品牌(Brand)：雅洁，舒适宝，koko

深圳市缇芙妮生物科技有限公司
Shenzhen Tifuny Biotechnology Co., Ltd.
地址(Add)：广东省深圳市深惠路布吉桂芳园龙泉别墅6区D11
邮编(P. C.)：518009
电话(Tel)：0755 - 28708965
传真(Fax)：0755 - 28701448
E-mail：q8386@ms49. hinet. net
Http：//www. tifuny. com. cn
联系人(Contact Person)：王渊暖
产品(Products)：卫生巾，婴儿纸尿裤
品牌(Brand)：缇芙妮

肇庆市锦晟纸业有限公司
Zhaoqing Jinsheng Paper Co., Ltd.
地址(Add)：广东省肇庆市高要市蛟塘镇沙田工业区
邮编(P. C.)：526113
电话(Tel)：0758 - 8112958
传真(Fax)：0758 - 8112959
E-mail：13760993232@139. com
Http：//www. jtxty. com
联系人(Contact Person)：陈涛
产品(Products)：婴儿纸尿片，卫生巾
品牌(Brand)：天逸，锦泰兴

英国爱孚个人护理(香港)有限公司
British Ifoo Personal Care (Hong Kong) Ltd.
地址(Add)：广东省肇庆市蛟塘镇沙田工业区
邮编(P. C.)：526200
电话(Tel)：400 - 0750 - 116
传真(Fax)：0758 - 8112959
联系人(Contact Person)：谭彦岗
产品(Products)：卫生巾，成人纸尿裤
品牌(Brand)：爱孚

中山市盛华卫生用品有限公司
Zhongshan Shenghua Sanitary Products Co., Ltd.
地址(Add)：广东省中山市东升镇富民大道47号
邮编(P. C.)：528414
电话(Tel)：0760 - 88506799
总经理(General Manager)：谢海彬
产品(Products)：卫生巾，婴儿纸尿片
品牌(Brand)：安全感，AQG

中山集美黄圃卫生用品分公司
Jimei Health Supplies Zhongshan Huangpu
地址(Add)：广东省中山市黄圃镇新丰南路91号之一
邮编(P. C.)：528429
电话(Tel)：0760 - 22508111
传真(Fax)：0760 - 22508000
E-mail：zsjimei@163. com
总经理(General Manager)：李日平
产品(Products)：卫生巾，卫生护垫

中山佳健生活用品有限公司
Zhongshan Jiajian Daily - use Products Co., Ltd.
地址(Add)：广东省中山市火炬开发区(健康基地产业基地内)沿江东二路10号
邮编(P. C.)：528437
电话(Tel)：0760 - 85593789
传真(Fax)：0760 - 85339696
E-mail：titi@goodcare. cn
Http：//www. goodcare. cn
法人代表(Chairman)：李广英
总经理(General Manager)：缪国兴
联系人(Contact Person)：张婷婷
产品(Products)：卫生巾，卫生护垫
品牌(Brand)：佳期

中山市川田卫生用品有限公司
Kawada (Zhongshan) Sanitary Products Co., Ltd.
地址(Add)：广东省中山市火炬开发区陵岗(嘉明电厂宿舍对面)
邮编(P. C.)：528437
电话(Tel)：0760 - 88203336
传真(Fax)：0760 - 88203276
E-mail：kawada@163. com

Http://www.kawada.com.cn
法人代表(Chairman)：孙潞德
总经理(General Manager)：李忠勉
联系人(Contact Person)：李忠勉
产品(Products)：卫生巾，卫生护垫，乳垫，婴儿纸尿裤/片，宠物纸尿裤，宠物垫
品牌(Brand)：非凡魅力，拍拍爽

中山市宜姿卫生制品有限公司
Zhongshan Yizi Hygiene Articles Co., Ltd.
地址(Add)：广东省中山市南朗镇第六工业园(即大车工业园)新峰二路
邮编(P.C.)：528451
电话(Tel)：0760-85219362
传真(Fax)：0760-85219296
E-mail：yiziyibao@163.com
Http://www.zsyizi.com.cn
法人代表(Chairman)：黄杰培
总经理(General Manager)：董炳怀
产品(Products)：卫生巾，卫生护垫，婴儿纸尿裤/片，成人纸尿裤/片，护理垫，宠物垫，两用巾
品牌(Brand)：宜姿，全日护，索菲尔，宜老，E-索

中山市星华纸业发展有限公司
Zhongshan Xinghua Paper Industry Development Co., Ltd.
地址(Add)：广东省中山市三乡白石第二工业区文华东路10号
邮编(P.C.)：528463
电话(Tel)：0760-86332332
传真(Fax)：0760-86360109
E-mail：long7610565@163.com
Http://www.zsxinghua.com
法人代表(Chairman)：王民星
总经理(General Manager)：王民星
联系人(Contact Person)：陈国妹
产品(Products)：卫生巾，卫生护垫，婴儿纸尿裤/片，湿巾
品牌(Brand)：康护舒，8度灵感，安芯天使，八重护理，轻舞运动，草本护理

中山市傲辉卫生用品有限公司
Zhongshan Aohui Hygiene Products Co., Ltd.
地址(Add)：广东省中山市三乡镇古鹤工业区B4幢
邮编(P.C.)：528463
电话(Tel)：0760-88831598
传真(Fax)：0760-88265165
E-mail：zsaohui168@163.com
Http://www.zsaohui.cn.alibaba.com
总经理(General Manager)：濮长龙
联系人(Contact Person)：濮长龙
产品(Products)：卫生巾
品牌(Brand)：傲非

中山市龙发卫生用品有限公司
Zhongshan Longfa Sanitary Products Co., Ltd.
地址(Add)：广东省中山市坦洲镇第三工业区前进二路10号
邮编(P.C.)：528467
电话(Tel)：0760-86653689
传真(Fax)：0760-86212618
E-mail：wenjinan@163.com
Http://www.gd-longfa.com
法人代表(Chairman)：温德泉
总经理(General Manager)：温锦安
联系人(Contact Person)：李康雄
产品(Products)：卫生巾，卫生护垫，迷你巾，婴儿纸尿裤/片，两用巾
品牌(Brand)：蝶羽丝，淘淘乐

珠海市健朗生活用品有限公司
Zhuhai Jianlang Consumer Products Co., Ltd.
地址(Add)：广东省珠海市金湾区联港工业区双林片区创业东路9号
邮编(P.C.)：519045
电话(Tel)：0756-3803888
传真(Fax)：0756-3801888
Http://www.china-jianlang.com.cn
法人代表(Chairman)：朱云
总经理(General Manager)：朱云
联系人(Contact Person)：朱云
产品(Products)：卫生巾，婴儿纸尿裤/片，成人纸尿裤/片，宠物垫，湿巾
品牌(Brand)：樱子，美茵，健妮，健妮娃，樱纸坊，康婶

珠海市金能纸品有限公司
Zhuhai Jinneng Paper Co., Ltd.
地址(Add)：广东省珠海市梅华西路香洲科技工业园18栋
邮编(P.C.)：519070
电话(Tel)：0756-8503338
传真(Fax)：0756-8503388
E-mail：zhjinneng@126.com
Http://www.zhjnzp.com
法人代表(Chairman)：许龙
总经理(General Manager)：许龙
联系人(Contact Person)：陈亮
产品(Products)：卫生巾，卫生护垫，婴儿纸尿裤/片
品牌(Brand)：秋花，惠爱，QH，快乐假期

● 广西 Guangxi

桂林市独秀纸品有限公司
Guilin Duxiu Paper Products Co., Ltd.
地址(Add)：广西桂林市芳华路12号
邮编(P.C.)：541001
电话(Tel)：0773-2609552
传真(Fax)：0773-2602471
Http://www.topshowpaper.com
法人代表(Chairman)：潘锦至
总经理(General Manager)：潘海龙
联系人(Contact Person)：周小连
产品(Products)：卫生巾，婴儿纸尿裤/片
品牌(Brand)：淑女，安睡宝宝

桂林洁伶工业有限公司
Guilin Jieling Industrial Co., Ltd.
地址(Add)：广西桂林市柒星区桂磨路英才科技园创业三道

邮编(P. C.)：541004
电话(Tel)：0773－5857530
传真(Fax)：0773－5855580
E-mail：chanpinbu@jieling. net
Http：//www. jieling. net
法人代表(Chairman)：陈百城
总经理(General Manager)：陈百城
联系人(Contact Person)：郑江春
产品(Products)：卫生巾，卫生护垫，婴儿纸尿裤
品牌(Brand)：洁伶，淘淘酷，淘淘氧棉

柳州惠好卫生用品有限公司
Liuzhou Huihao Sanitary Products Co., Ltd.
地址(Add)：广西柳州市东环路282号
邮编(P. C.)：545006
电话(Tel)：0772－2068194
传真(Fax)：0772－2068196
E-mail：liangxiaoyi2003@163. com
Http：//www. lmz. com. cn
法人代表(Chairman)：马朝梅
总经理(General Manager)：黄荣斌
联系人(Contact Person)：梁孝易
产品(Products)：卫生巾，卫生护垫，婴儿纸尿裤，卫生纸，餐巾纸，面巾纸，手帕纸
品牌(Brand)：惠好，惠妙，酷宝

南宁洁伶卫生用品有限公司
Nanning Jieling Hygiene Products Co., Ltd.
地址(Add)：广西南宁国际经济技术开发区友谊路21－7号
邮编(P. C.)：530031
电话(Tel)：0771－6703313
传真(Fax)：0771－6703313
E-mail：zgjieling@hotmail. com
Http：//www. jie－ling. cn
法人代表(Chairman)：陈宝城
总经理(General Manager)：陈宝城
联系人(Contact Person)：陈美
产品(Products)：卫生巾，卫生护垫，婴儿纸尿片
品牌(Brand)：蝶菲，香屁屁

南宁市爱新卫生用品厂
Nanning Aixin Hygiene Products Plant
地址(Add)：广西南宁市大学西路161－6号
邮编(P. C.)：530007
电话(Tel)：0771－3250291
传真(Fax)：0771－3250727
E-mail：534334677@qq. com
总经理(General Manager)：刘广恩
联系人(Contact Person)：刘爱新
产品(Products)：卫生巾，卫生护垫，婴儿纸尿裤/片
品牌(Brand)：芳怡，康贝尔

广西新佳士卫生用品有限公司
Guangxi Xinjiashi Hygiene Products Co., Ltd.
地址(Add)：广西南宁市高新区科园大道58号
邮编(P. C.)：530031
电话(Tel)：0771－4869216
传真(Fax)：0771－4866686
E-mail：1019105571@qq. com
Http：//www. xjsjt. com
总经理(General Manager)：江日晶
联系人(Contact Person)：江日伟
产品(Products)：卫生巾，卫生纸
品牌(Brand)：新佳士

广西舒雅护理用品有限公司
Guangxi Shuya Health－Care Products Co., Ltd.
地址(Add)：广西南宁市华侨投资区
邮编(P. C.)：530105
电话(Tel)：0771－6301571
传真(Fax)：0771－6301309
E-mail：zxhwy1018@vip. sina. com
Http：//www. shuya－china. com
法人代表(Chairman)：肖凌
总经理(General Manager)：周新华
联系人(Contact Person)：曾昀
产品(Products)：卫生巾，卫生护垫，婴儿纸尿裤/片，湿巾
品牌(Brand)：舒雅，舒儿特，舒雅宝宝

广西南宁天柔纸业有限公司
Nanning Tianrou Paper Co., Ltd.
地址(Add)：广西南宁市西乡塘区永宁工业园
邮编(P. C.)：530001
电话(Tel)：0771－3816301
传真(Fax)：0771－3816202
E-mail：13978751688@163. com
Http：//www. tianrouzhiye. com
总经理(General Manager)：卢建辉
产品(Products)：卫生纸，面巾纸，手帕纸，餐巾纸，卫生巾，纸尿裤，湿巾
品牌(Brand)：海茵，多一度

● 重庆 Chongqing

重庆百亚卫生用品有限公司
Chongqing Beyou Sanitary Products Co., Ltd.
地址(Add)：重庆市高新区科园四路149号3－3号
邮编(P. C.)：400041
电话(Tel)：023－62847835
传真(Fax)：023－62841865
E-mail：fyl0303@163. com
Http：//www. baiya. cn
法人代表(Chairman)：冯永林
总经理(General Manager)：冯永林
联系人(Contact Person)：陈荣
产品(Products)：卫生巾，卫生护垫，湿巾，婴儿纸尿裤/片
品牌(Brand)：妮爽，自由点，好之

重庆华奥卫生用品有限公司
Chongqing Huaao Hygiene Products Co., Ltd.
地址(Add)：重庆市九龙坡区华岩镇西山工业园区1社
邮编(P. C.)：400052
电话(Tel)：023－86974668
传真(Fax)：023－86974669
联系人(Contact Person)：廖华
产品(Products)：卫生纸，面巾纸，卫生巾，婴儿纸尿裤/片
品牌(Brand)：奥家，竹家园，佳秀，亲情树，守护星

重庆草清坊日用品有限责任公司
Chongqing Caoqingfang Daily Supplies Co., Ltd.
地址(Add)：重庆市渝北区金岛花园 E－House27 楼 18 号
邮编(P. C.)：401147
电话(Tel)：023－67902297
传真(Fax)：023－67902297
法人代表(Chairman)：江武
总经理(General Manager)：江武
联系人(Contact Person)：刘晓俊
产品(Products)：卫生巾，卫生护垫，婴儿纸尿裤/片
品牌(Brand)：伊佳洁，草清，小兔乖乖，芬恩

● 四川 Sichuan

成都红娇妇幼卫生用品有限公司
Chengdu Hongjiao Women & Children Hygiene Products Co., Ltd.
地址(Add)：四川省成都市大丰镇南丰国际工业城
邮编(P. C.)：610504
电话(Tel)：028－83918168
传真(Fax)：028－83918168
E-mail：249882203@qq.com
Http://www.hghmbb.com
法人代表(Chairman)：樊文明
总经理(General Manager)：樊文明
联系人(Contact Person)：张万刚
产品(Products)：卫生巾，卫生护垫，婴儿纸尿裤/片，餐巾纸，面巾纸
品牌(Brand)：海绵宝宝，红娇

恒安(四川)家庭用品有限公司
Hengan (Sichuan) Commodities Co., Ltd.
地址(Add)：四川省成都市高新区新加坡工业园新园大道 11 号
邮编(P. C.)：610041
电话(Tel)：028－82991081
传真(Fax)：028－82991089
E-mail：wangyi@mail.hengan.com.cn
法人代表(Chairman)：施文博
总经理(General Manager)：王清生
联系人(Contact Person)：王毅
产品(Products)：婴儿纸尿裤，成人纸尿裤，卫生巾
品牌(Brand)：安儿乐，安而康，安尔乐

四川迪邦卫生用品有限公司
Sichuan Dibang Hygienic Products Co., Ltd.
地址(Add)：四川省成都市双流县新兴镇开发区
邮编(P. C.)：610000
电话(Tel)：028－85609498
传真(Fax)：028－85609458
E-mail：251870442@qq.com
Http://www.dibang168.com
法人代表(Chairman)：张斌
总经理(General Manager)：冉碧玉
产品(Products)：卫生纸，面巾纸，手帕纸，餐巾纸，原纸，卫生巾，卫生护垫
品牌(Brand)：一名典金，竹婷，优特

成都安舒实业有限公司
Chengdu Anshu Industrial Co., Ltd.
地址(Add)：四川省成都市新都区斑竹园镇福田寺
邮编(P. C.)：610506
电话(Tel)：028－85152843
传真(Fax)：028－85153061
E-mail：sales@cdanshu.com
Http://www.cdanshu.com
法人代表(Chairman)：肖文祥
总经理(General Manager)：肖文祥
联系人(Contact Person)：许小华
产品(Products)：卫生巾，卫生护垫，婴儿纸尿裤/片，卫生纸，手帕纸，面巾纸
品牌(Brand)：安舒曼，平安儿，规律，天然，纯然

● 贵州 Guizhou

赤水卫士科技发展有限公司
Red Guardian Technology Development Co., Ltd.
地址(Add)：贵州省赤水市文化办事处
邮编(P. C.)：564700
电话(Tel)：0852－2888212
总经理(General Manager)：陈小卫
产品(Products)：卫生巾，婴儿纸尿裤/片，护理垫
品牌(Brand)：卫士

贵阳鑫恒丰纸业有限公司
Guiyang Xinhengfeng Paper Industry Co., Ltd.
地址(Add)：贵州省贵阳市车水路 157 号
邮编(P. C.)：550003
电话(Tel)：0851－5119301
传真(Fax)：0851－5110389
E-mail：wangshiyong888@vip.163.com
法人代表(Chairman)：王仕勇
总经理(General Manager)：王仕勇
联系人(Contact Person)：王学松
产品(Products)：婴儿纸尿片，卫生纸，卫生巾
品牌(Brand)：贵子，贵宝

● 云南 Yunnan

云南白药清逸堂实业有限公司
Yunnan Qingyitang Industrial Co., Ltd.
地址(Add)：云南省大理市省级高新技术开发区生物制药园区 14 号
邮编(P. C.)：671000
电话(Tel)：0872－3100316
传真(Fax)：0872－3100303
E-mail：zhangzhili@qingyitang.com
Http://www.qingyitang.com
法人代表(Chairman)：张枝荣
总经理(General Manager)：秦皖民
联系人(Contact Person)：张枝丽
产品(Products)：卫生巾，卫生护垫
品牌(Brand)：日子，花之梦

昆明市港舒卫生用品厂
Kunming Gangshu Hygiene Products Factory
地址(Add)：云南省昆明市滇池路中段陆家营
邮编(P. C.)：650228
电话(Tel)：0871－64575888
传真(Fax)：0871－64585988

E-mail: business@ gangshu. net
法人代表(Chairman): 蔡燕珠
总经理(General Manager): 杨剑锋
联系人(Contact Person): 杨剑锋
产品(Products): 卫生巾, 卫生护垫, 面巾纸, 卫生纸, 婴儿纸尿裤/片
品牌(Brand): 诗尔爽, 诗爽, 诗柏

昆明美丽好妇幼卫生用品有限公司
Kunming Meilihao Women & Children Hygiene Products Co., Ltd.
地址(Add): 云南省昆明市经开区小石坝桃园 1 号
邮编(P. C.): 650217
电话(Tel): 0871 - 64617349
传真(Fax): 0871 - 64577619
法人代表(Chairman): 林天勇
总经理(General Manager): 林天勇
联系人(Contact Person): 林天勇
产品(Products): 卫生巾, 婴儿纸尿片
品牌(Brand): 美丽好, 伊尔雅, 舒欣, 真爽

云南舒婷护理用品有限公司
Yunnan Shuting Health Care Products Co., Ltd.
地址(Add): 云南省昆明市西山区福海福泰路 18 号
邮编(P. C.): 650228
电话(Tel): 0871 - 4570275
传真(Fax): 0871 - 4578569
联系人(Contact Person): 林大伟
产品(Products): 卫生巾, 婴儿纸尿裤
品牌(Brand): 舒婷, 好酷好裤

淼美国际有限公司
Muma International Co., Ltd.
地址(Add): 云南省昆明市西山区金广路红星美凯龙晶品 6 幢 3203 室
邮编(P. C.): 650228
电话(Tel): 0871 - 64593534
传真(Fax): 0871 - 64593534
E-mail: 527166019@ qq. com
总经理(General Manager): 赵云红
联系人(Contact Person): 寇荣华
产品(Products): 卫生巾, 卫生护垫, 成人纸尿裤
品牌(Brand): 柔贝洁, 淼美

昆明市大手纸厂
Kunming Dashou Paper Mill
地址(Add): 云南省昆明市小板桥街道办事处四甲工业区
邮编(P. C.): 650034
电话(Tel): 0871 - 67333623
传真(Fax): 0871 - 67352801
联系人(Contact Person): 田堇瑾
产品(Products): 卫生纸, 卫生巾, 纸尿片
品牌(Brand): 滇之美, 洁期, 小宝当佳

● 陕西 Shaanxi

恒安(陕西)卫生用品有限公司
Hengan (Shaanxi) Hygiene Products Co., Ltd.
地址(Add): 陕西省西安市户县北郊 4 号路
邮编(P. C.): 710300
电话(Tel): 029 - 84859091
传真(Fax): 029 - 84859813
法人代表(Chairman): 施文博
联系人(Contact Person): 吕荣英
产品(Products): 卫生巾
品牌(Brand): 安乐, 安尔乐

西安可心日用制品有限公司
Xian Kexin Articles for Daily Use Co., Ltd.
地址(Add): 陕西省西安市经济开发区泾河工业园北区
邮编(P. C.): 710200
电话(Tel): 029 - 86967211
传真(Fax): 029 - 86967406
E-mail: office@ xakexin. com
Http://www. xakexin. cn
法人代表(Chairman): 陈敬仁
总经理(General Manager): 陈敬仁
联系人(Contact Person): 陈木善
产品(Products): 卫生巾, 卫生护垫, 婴儿纸尿裤/片, 手帕纸, 面巾纸
品牌(Brand): 可心, 快乐假期, 舒月, 可心宝儿

陕西魔妮卫生用品有限责任公司
Shaanxi Moni Sanitary Products Co., Ltd.
地址(Add): 陕西省西安市雁塔区鱼化工业园(雁环北路西段)
邮编(P. C.): 710077
电话(Tel): 029 - 84365652
传真(Fax): 029 - 84365653
E-mail: shanximoni@ 163. com
Http://www. sxmoni. com
法人代表(Chairman): 张均安
总经理(General Manager): 姚教育
联系人(Contact Person): 崔梦瑶
产品(Products): 卫生巾, 卫生护垫, 婴儿纸尿裤/片
品牌(Brand): 魔妮, 维妮

● 新疆 Xinjiang

乌鲁木齐乐宝氏卫生用品有限公司
Wulumuqi Lebaoshi Hygiene Products Co., Ltd.
地址(Add): 新疆乌鲁木齐市米东工业区
邮编(P. C.): 830000
电话(Tel): 0991 - 3346777
传真(Fax): 0991 - 3345777
联系人(Contact Person): 江建伟
产品(Products): 卫生巾, 婴儿纸尿裤/片, 成人纸尿裤/片, 湿巾

婴儿纸尿裤/片生产企业
按地区细分统计
(2013 年，统计总数 572 家)

序号	行政区 Region	企业数	起始页	序号	行政区 Region	企业数	起始页
1	北京 Beijing	10	371	16	河南 Henan	14	411
2	天津 Tianjin	19	372	17	湖北 Hubei	7	412
3	河北 Hebei	27	374	18	湖南 Hunan	24	413
6	辽宁 Liaoning	3	377	19	广东 Guangdong	135	416
8	黑龙江 Heilongjiang	1	377	20	广西 Guangxi	7	430
9	上海 Shanghai	26	377	22	重庆 Chongqing	4	431
10	江苏 Jiangsu	15	380	23	四川 Sichuan	3	432
11	浙江 Zhejiang	37	382	24	贵州 Guizhou	4	432
12	安徽 Anhui	6	386	25	云南 Yunnan	4	433
13	福建 Fujian	163	387	27	陕西 Shaanxi	3	433
14	江西 Jiangxi	20	405	31	新疆 Xinjiang	1	433
15	山东 Shandong	39	407				

注：4 山西、5 内蒙古、7 吉林、21 海南、26 西藏、28 甘肃、29 青海和 30 宁夏缺项。

婴儿纸尿裤/片
Baby diapers

● 北京 Beijing

北京成功柒加叁科技发展有限公司
Beijing Success 7 & 3 Co., Ltd.
地址(Add)：北京市朝阳区北四环东路108号五乙楼19层1906室
邮编(P. C.)：100029
电话(Tel)：010－84831875
传真(Fax)：010－84832832
联系人(Contact Person)：李培培
产品(Products)：卫生巾，卫生护垫，婴儿纸尿裤，成人纸尿裤
品牌(Brand)：F7

北京艾雪伟业科技有限公司
Beijing Love Snow Science & Technology Co., Ltd.
地址(Add)：北京市朝阳区平房乡石各庄村592号
邮编(P. C.)：100024
电话(Tel)：010－85529181
传真(Fax)：010－85510906
E-mail：ngb009@msn.com
Http：//www.lovesnow009.com
法人代表(Chairman)：牛国滨
总经理(General Manager)：牛国滨
联系人(Contact Person)：牛国滨
产品(Products)：产妇卫生巾，产妇护理垫，婴儿纸尿片，护理垫
品牌(Brand)：艾雪

北京倍舒特妇幼用品有限公司
Beijing Beishute Maternity & Child Articles Co., Ltd.
地址(Add)：北京市朝阳区望京中环南路甲2号佳境天城A座2502室
邮编(P. C.)：100102
电话(Tel)：010－69061748
传真(Fax)：010－69061747
E-mail：bjbest@public.bta.net.cn
Http：//www.bjbest.com.cn
法人代表(Chairman)：李秋红
总经理(General Manager)：李秋红
联系人(Contact Person)：刘红艳
产品(Products)：卫生巾，卫生护垫，婴儿纸尿片，护理垫，湿巾
品牌(Brand)：倍舒特，健康宝宝

北京瑞琪五矿工贸有限公司
Beijing Rich Minmetals Co., Ltd.
地址(Add)：北京市丰台区方庄芳群园一区一号楼114室
邮编(P. C.)：100078
电话(Tel)：010－87678962
传真(Fax)：010－67694499
E-mail：c196476@126.com
联系人(Contact Person)：陈龙
产品(Products)：卫生巾，卫生护垫，婴儿纸尿裤
品牌(Brand)：碧多妮

北京特日欣卫生用品有限公司
Beijing Terixin Hygiene Products Co., Ltd.
地址(Add)：北京市丰台区花乡新房子71号
邮编(P. C.)：100073
电话(Tel)：010－83609569
传真(Fax)：010－83609589
E-mail：trx88@163.com
Http：//www.terixin.com
法人代表(Chairman)：冯跃
总经理(General Manager)：冯跃
联系人(Contact Person)：高金龙
产品(Products)：卫生巾，卫生护垫，婴儿纸尿裤/片，成人纸尿裤/片，湿巾，卫生纸
品牌(Brand)：特日欣

北京康宝福卫生用品厂
Beijing Kangbaofu Hygiene Products Plant
地址(Add)：北京市海淀区北安河乡周家巷
邮编(P. C.)：100095
电话(Tel)：010－51728432
传真(Fax)：010－51728432
总经理(General Manager)：王秀环
产品(Products)：护理垫，婴儿纸尿裤，面巾纸，餐巾纸
品牌(Brand)：康宝福

金佰利(中国)有限公司
Kimberly－Clark (China) Co., Ltd.
地址(Add)：北京市经济技术开发区建安街2号
邮编(P. C.)：100176
电话(Tel)：010－87110015
传真(Fax)：010－67856099
E-mail：jinmei.shi@kcc.com
Http：//www.kimberly－clark.com.cn
法人代表(Chairman)：张海婴
总经理(General Manager)：程志远
联系人(Contact Person)：史金梅
产品(Products)：卫生巾，卫生护垫，成人失禁用品，婴儿护理用品，生活用纸
品牌(Brand)：高洁丝 Kotex，得伴 Depend，好奇 Huggies，舒洁 Kleenex

北京王城卫生用品有限公司
Beijing Wangzheng Hygiene Products Co., Ltd.
地址(Add)：北京市通州区台湖镇创业园路9号新华联工业园南区12号厂房
邮编(P. C.)：101116
电话(Tel)：010－52975817
传真(Fax)：010－52975817
E-mail：beijing_wangzheng@126.com
法人代表(Chairman)：曾宪光
总经理(General Manager)：杨宝华
联系人(Contact Person)：史玉梅
产品(Products)：婴儿纸尿裤，成人纸尿裤

品牌(Brand)：Dry－pro 乐爱宝

北京吉力妇幼卫生用品有限公司
Beijing Jili MCH Co., Ltd.
地址(Add)：北京市通州区永顺南街190号院1号楼1单元151
邮编(P. C.)：101199
电话(Tel)：010－80587777
传真(Fax)：010－80585555
法人代表(Chairman)：李贵珍
总经理(General Manager)：李贵珍
联系人(Contact Person)：王江涛
产品(Products)：卫生巾，卫生护垫，婴儿纸尿裤
品牌(Brand)：假日情

北京舒洋恒达卫生用品有限公司
Beijing Shuyang Hengda Hygiene Products Co., Ltd.
地址(Add)：北京市通州区张家湾开发区
邮编(P. C.)：101113
电话(Tel)：010－67668292
传真(Fax)：010－67665928
E-mail：cornflack@126.com
Http://weishengyongpin.taobao.com
联系人(Contact Person)：刘霏
产品(Products)：婴儿纸尿裤/拉拉裤，护理垫
品牌(Brand)：舒洋

● 天津 Tianjin

天津市安琪尔纸业有限公司
Tianjin Anqier Paper Co., Ltd.
地址(Add)：天津市宝坻区霍各庄工业园区
邮编(P. C.)：301819
电话(Tel)：022－22513000
传真(Fax)：022－22513333
E-mail：najiesi@sina.com
法人代表(Chairman)：徐建华
总经理(General Manager)：郭义民
联系人(Contact Person)：郭义民
产品(Products)：卫生巾，卫生护垫，婴儿纸尿裤
品牌(Brand)：娜洁思

天津市舒爽卫生制品有限公司
Tianjin Shushuang Hygiene Products Co., Ltd.
地址(Add)：天津市宝坻区技术监督局南侧
邮编(P. C.)：301800
电话(Tel)：022－82665009
传真(Fax)：022－82655009
E-mail：shushuang5009@163.com
Http://www.tishushuang.com
法人代表(Chairman)：杨少东
总经理(General Manager)：杨少东
联系人(Contact Person)：杨少东
产品(Products)：卫生巾，妇幼两用巾，卫生护垫，婴儿纸尿裤/片，成人纸尿裤/片，护理垫，宠物垫
品牌(Brand)：雅惠，达保健，丝倍爽，爽娃

天津骏发森达卫生用品有限公司
Tianjin Junfasenda Hygiene Products Co., Ltd.
地址(Add)：天津市宝坻区经济开发区宝旺道
邮编(P. C.)：301800
电话(Tel)：022－82669158
传真(Fax)：022－82666999
E-mail：yagewangxiaojun@sina.com
Http://www.tjyage.com
法人代表(Chairman)：王贵森
总经理(General Manager)：王晓俊
联系人(Contact Person)：王晓俊
产品(Products)：卫生巾，卫生护垫，湿巾，护理垫，婴儿纸尿裤/片
品牌(Brand)：雅格

天津市恒洁卫生用品有限公司
Tianjin Hengjie Hygiene Products Co., Ltd.
地址(Add)：天津市宝坻区九园公路13公里
邮编(P. C.)：301805
电话(Tel)：022－82590555
传真(Fax)：022－82591555
Http://www.hengjiechina.com
法人代表(Chairman)：宁学杰
总经理(General Manager)：康永萍
联系人(Contact Person)：康永萍
产品(Products)：卫生巾，卫生护垫，妇婴两用巾，婴儿隔尿巾，成人纸尿裤/片，护理垫
品牌(Brand)：诺恋，护理康，贝贝爽

利发卫生用品(天津)有限公司
Lifa Hygiene Products (Tianjin) Co., Ltd.
地址(Add)：天津市宝坻区马家店工业园区
邮编(P. C.)：301800
电话(Tel)：022－82686801
传真(Fax)：022－82651555
E-mail：tjlifa@163.com
Http://www.tjlifa.com
法人代表(Chairman)：高绍茹
总经理(General Manager)：康永得
联系人(Contact Person)：邓得峰
产品(Products)：卫生巾，卫生护垫，婴儿纸尿裤/片，护理垫
品牌(Brand)：花雨情，温馨

天津洁雅妇女卫生保健制品有限公司
Tianjin Jieya Women Health Care Products Co., Ltd.
地址(Add)：天津市宝坻区天宝工业园宝富道北
邮编(P. C.)：301800
电话(Tel)：022－82660162
传真(Fax)：022－82659578
E-mail：info@tjjieya.com
Http://www.tjjieya.com
法人代表(Chairman)：徐文河
总经理(General Manager)：徐文河
联系人(Contact Person)：徐志伟
产品(Products)：卫生巾，卫生护垫，婴儿纸尿裤，成人纸尿裤/片，护理垫
品牌(Brand)：芬柔，雨夜晴爽

小护士(天津)实业发展股份有限公司
Little Nurse (Tianjin) Industry & Commerce Development Co., Ltd.
地址(Add)：天津市北辰高科技产业园区辰星工业园淮河道6号

邮编(P. C.)：300410
电话(Tel)：022－26309200
传真(Fax)：022－26301235
E-mail：fengying_702@126. com
Http：//www. chinanapkin. com. cn
法人代表(Chairman)：杨印海
总经理(General Manager)：杨印海
联系人(Contact Person)：冯颖
产品(Products)：卫生巾，卫生护垫，婴儿纸尿裤，成人纸尿裤，护理垫，卫生纸，面巾纸，手帕纸
品牌(Brand)：小护士

天津市韩东纸业有限公司
Tianjin Handong Paper Products Co., Ltd.
地址(Add)：天津市北辰区铁东路天盈南道6号
邮编(P. C.)：300402
电话(Tel)：022－26735867
传真(Fax)：022－26735940
Http：//www. tjhdzy. com
法人代表(Chairman)：刘嘉
总经理(General Manager)：赵亚东
联系人(Contact Person)：刘嘉
产品(Products)：卫生巾，卫生护垫，婴儿纸尿片，成人纸尿裤，护理垫
品牌(Brand)：美千草，挚爱，幸福使者，福满多

天津市英华妇幼用品有限公司
Tianjin Yinghua Women & Children Products Co., Ltd.
地址(Add)：天津市东丽区金钟公路大毕庄镇南孙庄
邮编(P. C.)：300240
电话(Tel)：022－26791415
传真(Fax)：022－26795158
E-mail：sfj@yinghuatj. com
Http：//www. yinghuatj. com
法人代表(Chairman)：孙富举
总经理(General Manager)：孙富举
联系人(Contact Person)：孙永跃
产品(Products)：卫生巾，卫生护垫，婴儿纸尿裤/片，成人纸尿裤/片，护理垫，宠物垫
品牌(Brand)：心宝，心思，假日之恋，厚生堂

天津市美商卫生用品有限公司
Tianjin Meishang Hygiene Products Factory
地址(Add)：天津市东丽区津北公路新兴工业区
邮编(P. C.)：300300
电话(Tel)：022－24998376
传真(Fax)：022－24982381
E-mail：wx198512@vip. 163. com
Http：//www. tjyuqing. cn
法人代表(Chairman)：王德军
总经理(General Manager)：王德军
联系人(Contact Person)：李文娟
产品(Products)：卫生巾，卫生护垫，婴儿纸尿片，护理垫
品牌(Brand)：雨晴

白领假日(天津)贸易有限公司
Bailing Holiday (Tianjin) Trade Co., Ltd.
地址(Add)：天津市南开区复兴路216号
邮编(P. C.)：300071
电话(Tel)：022－82680286
传真(Fax)：022－82680286
E-mail：bailingholiday@163. com
Http：//www. bailingholiday. com
法人代表(Chairman)：张宇楠
总经理(General Manager)：张宇楠
联系人(Contact Person)：张宇楠
产品(Products)：卫生巾，婴儿纸尿裤/片，护理垫，宠物垫，湿巾
品牌(Brand)：白领假日

天津德发妇幼保健用品厂
Tianjin Defa Woman & Child Healthcare Articles Factory
地址(Add)：天津市南开区临潼西里9号楼1门4号
邮编(P. C.)：300112
电话(Tel)：022－27365899
传真(Fax)：022－87982636
法人代表(Chairman)：訾秀琴
总经理(General Manager)：訾秀琴
联系人(Contact Person)：訾秀琴
产品(Products)：成人纸尿裤，护理垫，婴儿纸尿片
品牌(Brand)：得贝爱婴

天津宝洁工业有限公司
P&G Manufacturing (Tianjin) Co., Ltd.
地址(Add)：天津市西青经济开发区兴华七支路12号
邮编(P. C.)：300385
电话(Tel)：022－23978828
传真(Fax)：022－23972718
E-mail：fang. pa@pg. com
Http：//www. pg. com. cn
联系人(Contact Person)：方和平
产品(Products)：卫生巾，卫生护垫，婴儿纸尿裤
品牌(Brand)：护舒宝，帮宝适

恒安(天津)卫生用品有限公司
Hengan (Tianjin) Hygiene Products Co., Ltd.
地址(Add)：天津市西青经济开发区兴华一支路6号
邮编(P. C.)：300381
电话(Tel)：022－23973688
传真(Fax)：022－23973688
法人代表(Chairman)：施文博
联系人(Contact Person)：高珊
产品(Products)：卫生巾，婴儿纸尿裤，成人纸尿裤
品牌(Brand)：安乐，安尔乐，安儿乐，安而康

天津市逸飞卫生用品有限公司
Tianjin Yifei Hygiene Products Co., Ltd.
地址(Add)：天津市西青区津淄公路王稳庄工业园
邮编(P. C.)：300383
电话(Tel)：022－83964215
传真(Fax)：022－83968228
法人代表(Chairman)：赵贵芬
总经理(General Manager)：王伯韬
联系人(Contact Person)：莘彦兵
产品(Products)：婴儿纸尿裤/片，成人纸尿裤/片，护理垫
品牌(Brand)：太阳雨，邦一把，久久安康

天津市依依卫生用品有限公司
Tianjin Yiyi Hygiene Products Co., Ltd.
地址(Add)：天津市西青区张家窝工业园

邮编(P. C.): 300380
电话(Tel): 022-87988888
传真(Fax): 022-87987888
E-mail: gaobin7705@163. com
Http://www. tjyiyi. com
法人代表(Chairman): 卢俊美
总经理(General Manager): 卢俊美
联系人(Contact Person): 张健
产品(Products): 卫生巾, 卫生护垫, 婴儿纸尿裤/片, 护理垫, 宠物垫, 卫生纸, 纸巾纸, 湿巾
品牌(Brand): 依依, 多帮乐, 爱梦园

天津市三维纸业有限公司
Tianjin Sanwei Paper Products Co., Ltd.
地址(Add): 天津市西青区张家窝镇高家村
邮编(P. C.): 300381
电话(Tel): 022-87988458
传真(Fax): 022-87988458
E-mail: sanweizhiye@126. com
法人代表(Chairman): 杨建国
总经理(General Manager): 韩秀英
联系人(Contact Person): 韩秀林
产品(Products): 卫生巾, 卫生护垫, 婴儿纸尿裤/片, 成人纸尿裤, 护理垫, 湿巾, 卫生纸, 手帕纸, 面巾纸
品牌(Brand): 三维, 金美雅

天津洁尔卫生用品有限公司
Tianjin Jieer Hygiene Products Co., Ltd.
地址(Add): 天津市西青区中北工业园阜盛道26号
邮编(P. C.): 300112
电话(Tel): 022-27948772
传真(Fax): 022-27980168
Http://www. jezhy. com
联系人(Contact Person): 张志宏
产品(Products): 卫生巾, 卫生护垫, 婴儿纸尿裤, 成人纸尿裤, 护理垫, 湿巾
品牌(Brand): 冬虫草, 尚好佳

禾丰(天津)卫生用品有限公司
Harvest (Tianjin) Sanitary Products Co., Ltd.
地址(Add): 天津市新技术产业园区武清开发区泉旺路南财源道5号
邮编(P. C.): 301726
电话(Tel): 022-82122296
传真(Fax): 022-82122289
E-mail: hefeng@vip. sina. com
总经理(General Manager): 王立民
联系人(Contact Person): 贾克光
产品(Products): 卫生巾, 卫生护垫, 婴儿纸尿片
品牌(Brand): 洁丽安, 伊娇儿

● 河北 Hebei

保定市完美卫生用品有限公司
Baoding Perfect Health Products Co., Ltd.
地址(Add): 河北省保定市东吕经济开发区
邮编(P. C.): 071101
电话(Tel): 0312-6503173
传真(Fax): 0312-6503173
联系人(Contact Person): 石小川
产品(Products): 卫生巾, 卫生护垫, 婴儿纸尿裤

河北义厚成日用品有限公司
Hebei Yihoucheng Commodity Co., Ltd.
地址(Add): 河北省保定市高新区云杉路131号
邮编(P. C.): 071051
电话(Tel): 0312-3327408
传真(Fax): 0312-3327610
E-mail: yhc_ pm@qq. com
Http://www. hbyhc. com
法人代表(Chairman): 白红敏
总经理(General Manager): 田玉伟
联系人(Contact Person): 马佳
产品(Products): 卫生巾, 卫生护垫, 湿巾, 护理垫, 隔尿垫巾, 卫生纸
品牌(Brand): 女主角, 喜儿, 妮好, 喜尔健, QQ糖

和信纸品有限公司
Hexin Paper Products Co., Ltd.
地址(Add): 河北省保定市满城县大册营工业区
邮编(P. C.): 072150
电话(Tel): 0312-7026198
传真(Fax): 0312-7026896
E-mail: wwwthb@163. com
法人代表(Chairman): 韩三旺
总经理(General Manager): 韩三旺
联系人(Contact Person): 谭浩波
产品(Products): 卫生巾, 婴儿纸尿裤, 面巾纸, 卫生纸, 手帕纸
品牌(Brand): 美之莲, 妙恋, 嘉尚

唐县京旺卫生用品有限公司
Tangxian Jingwang Hygiene Products Co., Ltd.
地址(Add): 河北省保定市唐县王京工业园区
邮编(P. C.): 072350
电话(Tel): 0312-6487857
传真(Fax): 0312-6487857
E-mail: 191749122@qq. com
法人代表(Chairman): 杨惠茹
总经理(General Manager): 岳洋
联系人(Contact Person): 张涵
产品(Products): 卫生护垫, 婴儿纸尿裤, 成人纸尿裤, 宠物垫

徐水县名人卫生巾厂
Xushui Mingren Sanitary Napkins Factory
地址(Add): 河北省保定市徐水县遂城开发区
邮编(P. C.): 072550
电话(Tel): 0312-8968379
传真(Fax): 0312-8968379
Http://www. bdmingren. cn
法人代表(Chairman): 赵长福
总经理(General Manager): 赵长福
联系人(Contact Person): 赵长福
产品(Products): 卫生巾, 卫生护垫, 婴儿纸尿裤
品牌(Brand): 健康人生, 名人, 心约

沧州市德发妇幼卫生用品有限责任公司
Cangzhou Defa Women & Children Articles Co., Ltd.
地址(Add): 河北省沧州市泊头市富镇106路口

邮编(P. C.)：062157
电话(Tel)：0317－8346272
传真(Fax)：0317－8346272
E-mail：czdffywsyp@163.com
Http://www.czdefa.com
总经理(General Manager)：于玉才
联系人(Contact Person)：于德水
产品(Products)：婴儿纸尿裤/片，成人纸尿裤/片，护理垫，隔尿巾
品牌(Brand)：爱婴美，紫福蓉，千秋康，福寿星，康福之星

河北省沧州市茹达卫生制品有限公司
Cangzhou Ruda Hygiene Products Co., Ltd.
地址(Add)：河北省沧州市津德北路收费站北
邮编(P. C.)：061000
电话(Tel)：0317－3563462
传真(Fax)：0317－3563462
法人代表(Chairman)：安志猛
总经理(General Manager)：安志猛
联系人(Contact Person)：安志猛
产品(Products)：湿巾，护理垫，妇婴两用巾，婴儿纸尿片，婴儿隔尿布

石家庄宝洁卫生用品有限公司
Shijiazhuang Baojie Hygiene Products Co., Ltd.
地址(Add)：河北省藁城市梨元庄工业区
邮编(P. C.)：052160
电话(Tel)：0311－88156418
传真(Fax)：0311－88156498
E-mail：bjsjz001@163.com
Http://www.bjsjz.com.cn
联系人(Contact Person)：刘会杰
产品(Products)：卫生巾，卫生护垫，婴儿纸尿片，成人纸尿裤，护理垫
品牌(Brand)：夏维怡，浪漫青春，宝适洁

河北邯郸天宇卫生用品厂
Hebei Handan Tianyu Hygiene Products Factory
地址(Add)：河北省邯郸市中华北大街中段北仓库路甲2号
邮编(P. C.)：056004
电话(Tel)：0310－7025542
传真(Fax)：0310－7026141
法人代表(Chairman)：金保军
总经理(General Manager)：王存瑞
联系人(Contact Person)：郭继森
产品(Products)：卫生巾，卫生护垫，婴儿纸尿裤/片，成人纸尿片
品牌(Brand)：爱蕊尔

河北宏达纸业有限公司
Hebei Hongda Paper Co., Ltd.
地址(Add)：河北省衡水市故城县坊庄工业园区
邮编(P. C.)：253800
电话(Tel)：0318－5595777
E-mail：hbhongdazhiye@163.com
Http://www.hbhongdazhiye.com
联系人(Contact Person)：张军
产品(Products)：成人纸尿裤/片，护理垫，婴儿纸尿裤
品牌(Brand)：老来福，帮帮我，亿舒康，宠乐，婴舒特

河北金福卫生用品厂
Hebei Jinfu Hygiene Products Factory
地址(Add)：河北省衡水市桃城区周通
邮编(P. C.)：053000
电话(Tel)：0318－2185020
传真(Fax)：0318－2185020
联系人(Contact Person)：徐盼想
产品(Products)：护理垫，婴儿纸尿裤，隔尿巾
品牌(Brand)：步步康，蓝娃，金福

石家庄三合利卫生用品有限公司
Shijiazhuang Sanheli Hygiene Products Co., Ltd.
地址(Add)：河北省晋州市北尹庄工业区
邮编(P. C.)：052262
电话(Tel)：0311－84367168
传真(Fax)：0311－84367168
联系人(Contact Person)：尹良友
产品(Products)：卫生巾，卫生护垫，隔尿垫巾
品牌(Brand)：琪尔爽

石家庄娅丽洁纸业有限公司
Shijiazhuang Yalijie Hygiene Products Co., Ltd.
地址(Add)：河北省晋州市城东工业区
邮编(P. C.)：052260
电话(Tel)：0311－84367234
传真(Fax)：0311－84367235
E-mail：sjzyalijie@163.com
联系人(Contact Person)：尹彦召
产品(Products)：婴儿纸尿裤/片，卫生巾，卫生护垫，妇婴两用巾
品牌(Brand)：娅丽洁，尚菲，夜奴

石家庄市嘉赐福卫生用品有限公司
Shijiazhuang Health Products Co., Ltd. KA BLESS
地址(Add)：河北省晋州市东宿开发区(晋深路)
邮编(P. C.)：052260
电话(Tel)：0311－84331118
传真(Fax)：0311－84331198
E-mail：mlyj01@163.com
总经理(General Manager)：魏成栓
联系人(Contact Person)：崔迎节
产品(Products)：卫生巾，卫生护垫，护理垫，成人纸尿裤，婴儿纸尿裤
品牌(Brand)：魅力瑜珈，冰感

石家庄市宏大卫生用品厂
Shijiazhuang Hongda Sanitary Articles Factory
地址(Add)：河北省晋州市东张开发区(晋深路)
邮编(P. C.)：052260
电话(Tel)：0311－84330297
传真(Fax)：0311－84330937
E-mail：hongda01@163.com
Http://www.bangershu.com
法人代表(Chairman)：宿振宗
总经理(General Manager)：魏成栓
联系人(Contact Person)：魏成栓
产品(Products)：卫生巾，卫生护垫，隔尿垫巾，护理垫
品牌(Brand)：邦尔舒，冰爽

石家庄市贻成卫生用品有限公司
Shijiazhuang Yicheng Hygiene Products Co., Ltd.
地址(Add)：河北省晋州市东卓宿镇工业区
邮编(P. C.)：052260
电话(Tel)：0311-84360689
传真(Fax)：0311-84360169
联系人(Contact Person)：赵彦凯
产品(Products)：卫生巾，卫生护垫，婴儿纸尿裤，湿巾，面巾纸，护理垫
品牌(Brand)：妮尔缘

石家庄夏兰纸业有限公司
Shijiazhuang Xialan Paper Co., Ltd.
地址(Add)：河北省晋州市通达路安家庄开发区
邮编(P. C.)：052260
电话(Tel)：0311-84396888
传真(Fax)：0311-84396966
E-mail：xialan88@heinto.net
Http://www.052260.com
总经理(General Manager)：吕建荣
联系人(Contact Person)：吕建荣
产品(Products)：卫生巾，卫生护垫，卫生纸，妇婴两用纸，婴儿纸尿裤/片
品牌(Brand)：夏兰，顺爽

廊坊洁平卫生用品有限公司
Langfang Jieping Hygiene Products Co., Ltd.
地址(Add)：河北省廊坊市安次区南大外环
邮编(P. C.)：065000
电话(Tel)：0316-2826407
传真(Fax)：0316-2362170
Http://lfjinjie.cn.alibaba.com
联系人(Contact Person)：张杰
产品(Products)：成人纸尿裤/片，护理垫，婴儿纸尿裤/片
品牌(Brand)：静中静，一把手，老才臣，小才臣

安特卫生用品有限公司
Ante Hygiene Products Co., Ltd.
地址(Add)：河北省廊坊市岳辛庄工业园
邮编(P. C.)：065800
电话(Tel)：0316-5070298
传真(Fax)：0316-5075298
联系人(Contact Person)：焦小翠
产品(Products)：卫生巾，卫生护垫，成人纸尿裤，婴儿纸尿裤，湿巾
品牌(Brand)：休闲秀

河北黛玉纸业发展有限公司
Hebei Daiyu Paper Industry Development Co., Ltd.
地址(Add)：河北省隆尧县东方食品城
邮编(P. C.)：055350
电话(Tel)：0319-6599619
传真(Fax)：0319-6592098
法人代表(Chairman)：范录洲
总经理(General Manager)：范录洲
联系人(Contact Person)：范录洲
产品(Products)：卫生巾，卫生护垫，婴儿纸尿裤，隔尿垫巾，面巾纸，卫生纸
品牌(Brand)：黛玉，护佳，梦爱

河北石家庄市长安爱佳卫生用品厂
Shijiazhuang Aijia Hygiene Products Factory
地址(Add)：河北省石家庄市高新区赵村桥北
邮编(P. C.)：050031
电话(Tel)：0311-85287512
传真(Fax)：0311-85099816
联系人(Contact Person)：焦双同
产品(Products)：婴儿纸尿裤，隔尿垫巾，护理垫，产妇卫生巾
品牌(Brand)：帮你，小蛋壳

石家庄小布头商贸有限公司
Shijiazhuang Xiaobutou Commerce and Trade Ltd.
地址(Add)：河北省石家庄市新华区北荣街与兴凯路交叉口37号鑫源雅居商务楼807室
邮编(P. C.)：050004
电话(Tel)：0311-85290506
传真(Fax)：0311-85290506
E-mail：leli88888888@163.com
Http://www.xiaobutousm.com
联系人(Contact Person)：武东升
产品(Products)：婴儿纸尿裤/片，卫生巾，乳垫，湿巾
品牌(Brand)：小布头

金雷卫生用品厂
Jinlei Hygiene Products Factory
地址(Add)：河北省石家庄市正定经济园区华安东路
邮编(P. C.)：050800
电话(Tel)：0311-88019705
传真(Fax)：0311-88019705
E-mail：370140350@qq.com
Http://88019705.blog.163.com
总经理(General Manager)：李春雷
联系人(Contact Person)：于蔚
产品(Products)：卫生巾，成人纸尿裤，护理垫，隔尿垫巾，卫生纸
品牌(Brand)：康必备

河北省唐山宏阔科技有限公司
Tangshan Hongkuo Technology Co., Ltd.
地址(Add)：河北省唐山市路北区龙祥写字楼510室
邮编(P. C.)：063000
电话(Tel)：0315-8083588
传真(Fax)：0315-7216156
E-mail：tshkkj@163.com
Http://www.tshkjt.com
联系人(Contact Person)：安美宏
产品(Products)：湿巾，卫生纸，护理垫，婴儿隔尿垫巾
品牌(Brand)：自然醒

唐山市奥博纸制品有限公司
Tangshan Aobo Paper Products Co., Ltd.
地址(Add)：河北省唐山市沿海工业区高速出口处
邮编(P. C.)：063204
电话(Tel)：0315-5375688
联系人(Contact Person)：李建波
产品(Products)：卫生巾，妇婴巾，婴儿纸尿裤/片

河北绿洁纸业有限公司
Hebei Lvjie Paper Co., Ltd.
地址(Add)：河北省邢台市泊乡石家庄工业区

邮编(P. C.)：055450
电话(Tel)：0319－7763698
传真(Fax)：0319－7763999
E-mail：1020915724@qq. com
法人代表(Chairman)：李俊亮
总经理(General Manager)：李俊亮
联系人(Contact Person)：侯新生
产品(Products)：卫生巾，卫生护垫，婴儿纸尿片
品牌(Brand)：好亦佳

邢台市好美时卫生用品有限公司
Xingtai Haomeishi Sanitary Products Co., Ltd.
地址(Add)：河北省邢台市内邱县内隆路88号
邮编(P. C.)：054200
电话(Tel)：0319－6856666
传真(Fax)：0319－6889689
E-mail：13833925998@sohu. com
法人代表(Chairman)：郝向民
总经理(General Manager)：郝向民
联系人(Contact Person)：郝向民
产品(Products)：卫生巾，卫生护垫，婴儿纸尿裤/片，湿巾，成人纸尿裤，护理垫
品牌(Brand)：好美时，缤婷，天妮，雨婷，雨萌

● 辽宁 Liaoning

恒安(抚顺)生活用品有限公司
Hengan (Fushun) Commodities Co., Ltd.
地址(Add)：辽宁省抚顺经济开发区科技城
邮编(P. C.)：113122
电话(Tel)：024－53856666
传真(Fax)：024－53856668
E-mail：yudl@mail. hengan. com. cn
联系人(Contact Person)：余大论
产品(Products)：卫生巾，卫生护垫，婴儿纸尿裤，成人纸尿裤，卫生纸
品牌(Brand)：安乐，安尔乐，安儿乐，安而康，心相印

锦州市维珍护理用品有限公司
Jinzhou Weizhen Health Care Products Co., Ltd.
地址(Add)：辽宁省锦州市古塔区锦朝街42－6号
邮编(P. C.)：121015
电话(Tel)：0416－4567526
传真(Fax)：0416－4565488
E-mail：lgr@jz－wz. com
Http：//www. jzswz. com
法人代表(Chairman)：刘光然
总经理(General Manager)：刘驰
联系人(Contact Person)：刘光华
产品(Products)：卫生巾，婴儿纸尿片，护理垫
品牌(Brand)：宝莉丝，维珍

沈阳市奇美卫生用品有限公司
Shenyang Qimei Hygiene Products Co., Ltd.
地址(Add)：辽宁省沈阳市辽中中心街1－9信箱
邮编(P. C.)：110200
电话(Tel)：024－62302158
传真(Fax)：024－87825959
E-mail：qimei9988@163. com
法人代表(Chairman)：武爽
总经理(General Manager)：裴多怡
联系人(Contact Person)：裴多怡
产品(Products)：婴儿纸尿裤，隔尿巾，护理垫，湿巾，手帕纸
品牌(Brand)：俏儿乐，乐点，清氧，Vinca

● 黑龙江 Heilongjiang

肇东东顺纸业有限公司
Zhaodong Dongshun Paper Co., Ltd.
地址(Add)：黑龙江省哈大齐工业走廊肇东经济开发区
邮编(P. C.)：151100
电话(Tel)：0455－7923338
传真(Fax)：0455－7923338
E-mail：cys5871@163. com
Http：//www. dongshunpaper. com
法人代表(Chairman)：陈延树
总经理(General Manager)：陈延树
联系人(Contact Person)：陈延树
产品(Products)：原纸，卫生纸，面巾纸，餐巾纸，婴儿纸尿裤
品牌(Brand)：顺清柔，洁昕，哈里贝贝

● 上海 Shanghai

上海同杰良生物材料有限公司
Shanghai Tongjieliang Biomaterials Co., Ltd.
地址(Add)：上海市包头路1135号5号楼北2层
邮编(P. C.)：200438
电话(Tel)：021－65054807
传真(Fax)：021－65064765
E-mail：iceng@163. com
Http：//www. tjlpla. com
总经理(General Manager)：许克强
联系人(Contact Person)：吴骄
产品(Products)：卫生巾，婴儿纸尿裤，卫生护垫
品牌(Brand)：天甲，阿卡贝拉，可爱颂，爱加倍

美国美联实业有限公司上海代表处
Medline Industries Inc. Shanghai Office
地址(Add)：上海市成都北路500号峻岭广场2905－2907室
邮编(P. C.)：200003
电话(Tel)：021－63273666－108
传真(Fax)：021－63279992
E-mail：cyu@medline. com
Http：//www. medline. com
联系人(Contact Person)：余骅
产品(Products)：成人纸尿裤/片，护理垫，湿巾

上海市广爱婴童用品有限公司
Shanghai Guangai Children Articles Co., Ltd.
地址(Add)：上海市奉贤区新四平公路468号
邮编(P. C.)：201400
电话(Tel)：021－24067258
总经理(General Manager)：于连进
产品(Products)：卫生巾，婴儿纸尿片，护理垫，成人纸尿裤/片
品牌(Brand)：菲爽，广爱

金佰利(中国)有限公司
Kimberly - Clark (China) Co., Ltd.
地址(Add): 上海市福州路666号金陵海欣大厦10楼
邮编(P. C.): 200001
电话(Tel): 021 - 61327755
传真(Fax): 021 - 63917975
E-mail: jessica. cai@ kcc. com
Http: //www. kimberly - clark. com. cn
法人代表(Chairman): 张海婴
总经理(General Manager): 张海婴
联系人(Contact Person): 蔡敏
产品(Products): 卫生巾, 卫生护垫, 婴儿纸尿裤/片, 成人纸尿裤/片, 护理垫, 湿巾, 纸巾纸, 卫生纸, 擦手纸, 厨房纸巾, 工业擦拭纸
品牌(Brand): 高洁丝 Kotex, 舒而美 C&B, 好奇 Huggies, 舒洁 Kleenex, 得伴 Depend

尤妮佳生活用品(中国)有限公司
Unicharm Consumer Products (China) Co., Ltd.
地址(Add): 上海市黄浦区延安东路618号22楼
邮编(P. C.): 200001
电话(Tel): 021 - 53854166
传真(Fax): 021 - 53854799
E-mail: chunlei - yuan@ unicharm. com
Http: //www. unicharm. com. cn
法人代表(Chairman): 宫林吉广
总经理(General Manager): 宫林吉广
联系人(Contact Person): 袁春雷
产品(Products): 卫生巾, 卫生护垫, 婴儿纸尿裤, 成人纸尿裤, 湿巾
品牌(Brand): 苏菲, 妈咪宝贝, 乐互宜

上海秋欣实业有限公司
Shanghai Qiuxin Industry Co., Ltd.
地址(Add): 上海市嘉定区嘉唐公路220号
邮编(P. C.): 201800
电话(Tel): 021 - 59924166
传真(Fax): 021 - 59927140
E-mail: baifu. fitting@ sohu. com
法人代表(Chairman): 曹云秋
总经理(General Manager): 瞿童梁
联系人(Contact Person): 施海鸣
产品(Products): 婴儿纸尿裤, 成人纸尿裤/片, 护理垫
品牌(Brand): 秋欣, 好护理, 好舒畅, 囡囡

上海申欧企业发展有限公司
Shanghai Sun'o Development Co., Ltd.
地址(Add): 上海市嘉定区嘉行公路1358号
邮编(P. C.): 201808
电话(Tel): 021 - 39198555
传真(Fax): 021 - 39198899
E-mail: suno@ shen - ou. com
Http: //www. shen - ou. com
法人代表(Chairman): 姜祁云
总经理(General Manager): 姜祁云
联系人(Contact Person): 薛志强
产品(Products): 卫生巾, 卫生护垫, 婴儿纸尿片
品牌(Brand): 555, 悠U, 瑞丽心情

上海东冠集团
Shanghai Orient Champion Group
地址(Add): 上海市金山区亭林镇林慧路1000号
邮编(P. C.): 201505
电话(Tel): 021 - 57277153
传真(Fax): 021 - 67225979
E-mail: yangcj@ socp. com. cn
Http: //www. socpcn. com
法人代表(Chairman): 李慈雄
总经理(General Manager): 孙海瑜
联系人(Contact Person): 杨臣君
产品(Products): 原纸, 卫生纸, 面巾纸, 餐巾纸, 手帕纸, 擦手纸, 厨房纸巾, 衬纸, 卫生巾, 婴儿纸尿裤, 湿巾
品牌(Brand): 洁云, 丝柔, 自由森林, 韵洁, 贝贝爽, 洁伴, 米娅

上海唯爱纸业有限公司
Shanghai Weiai Paper Co., Ltd.
地址(Add): 上海市南汇区宣桥镇三灶工业园宣秋路446号A楼
邮编(P. C.): 201300
电话(Tel): 021 - 51961288
传真(Fax): 021 - 51961278
E-mail: weiaiaiwei1@ sina. com
Http: //www. shevery. com. cn
法人代表(Chairman): 程学保
总经理(General Manager): 程学保
联系人(Contact Person): 沈治文
产品(Products): 湿巾, 餐巾纸, 面巾纸, 厨房纸巾, 擦手纸, 婴儿纸尿裤/片, 宠物巾, 汽车擦拭巾
品牌(Brand): 爱唯

上海胜孚美卫生用品有限公司
Shanghai Shengfumei Hygiene Products Co., Ltd.
地址(Add): 上海市南翔高科技园区惠裕路1299号
邮编(P. C.): 200444
电话(Tel): 021 - 69126335
传真(Fax): 021 - 69126335
E-mail: shenghuomei1@ sina. com
联系人(Contact Person): 周雯
产品(Products): 卫生巾, 卫生护垫, 纸尿裤, 护理垫

上海舒而爽卫生用品有限公司
Shanghai Shuershuang Hygiene Products Co., Ltd.
地址(Add): 上海市浦东新区川沙镇川沙路8099弄2号
邮编(P. C.): 201200
电话(Tel): 021 - 58923022
传真(Fax): 021 - 38851337
法人代表(Chairman): 张林华
总经理(General Manager): 张林华
联系人(Contact Person): 张林华
产品(Products): 婴儿纸尿裤, 成人纸尿裤, 护理垫
品牌(Brand): 舒而爽

上海护理佳实业有限公司
Shanghai Foliage Industry Co., Ltd.
地址(Add): 上海市青浦区白鹤镇白石公路2288号
邮编(P. C.): 201711
电话(Tel): 021 - 59213666
传真(Fax): 021 - 59213316

E-mail：xgj8981@126.com
Http：//www.hulijia.com
法人代表(Chairman)：夏双印
总经理(General Manager)：蒋庆杰
联系人(Contact Person)：许国军
产品(Products)：卫生巾，卫生护垫，婴儿纸尿裤/片，成人纸尿裤，乳垫
品牌(Brand)：护理佳，妙仔，PP爽，贴身福

上海盈家卫生用品有限公司
Home Sweet Home Shanghai Sanitary Products Co., Ltd.
地址(Add)：上海市青浦区白鹤镇白石公路2288号第四栋
邮编(P.C.)：201709
电话(Tel)：021－59212123
传真(Fax)：021－59212608
E-mail：hakoki@163.com
联系人(Contact Person)：夏毅贻
产品(Products)：婴儿纸尿裤/片
品牌(Brand)：嘟哈

上海马拉宝商贸有限公司
Rainbow Fame Industrial Co., Ltd.
地址(Add)：上海市青浦区沪青平公路2008号竞衡大业广场1018号
邮编(P.C.)：201702
电话(Tel)：021－59881660－103
传真(Fax)：021－59881483
E-mail：sales@rainbowfame.cn
Http：//www.rainbowfame.cn
法人代表(Chairman)：余有国
总经理(General Manager)：余有国
联系人(Contact Person)：董鑫
产品(Products)：湿巾，卫生巾，卫生护垫，婴儿纸尿裤/片，成人纸尿裤/片

上海唯尔福集团股份有限公司
Shanghai Welfare Group Co., Ltd.
地址(Add)：上海市青浦区华新镇徐华公路3029弄88号
邮编(P.C.)：201705
电话(Tel)：021－39873598
传真(Fax)：021－39873188
E-mail：wef2008@163.com
Http：//www.wef2008.com
法人代表(Chairman)：何幼成
总经理(General Manager)：何幼成
联系人(Contact Person)：孙丽娜
产品(Products)：卫生巾，卫生护垫，婴儿纸尿裤/片，成人纸尿裤/片，宠物垫，护理垫，原纸，卫生纸，面巾纸，手帕纸，餐巾纸，厨房纸巾，擦手纸，湿巾
品牌(Brand)：唯尔福，美丽约会，唯儿福，纸音

上海亚日工贸有限公司
Shanghai Yari Industry & Trading Co., Ltd.
地址(Add)：上海市青浦区青松公路果园路588号
邮编(P.C.)：201701
电话(Tel)：021－69219588
传真(Fax)：021－69219058
法人代表(Chairman)：骆定龙
总经理(General Manager)：骆定龙
联系人(Contact Person)：杨继武
产品(Products)：卫生巾，卫生护垫，婴儿纸尿裤/片，湿巾，卫生纸，面巾纸
品牌(Brand)：顺妮，亚妮，宝宝舒，舒佳

安旭冠实业(上海)有限公司
Foison Ind (Shanghai) Co., Ltd.
地址(Add)：上海市青浦区外青松公路4658号
邮编(P.C.)：201712
电话(Tel)：021－31109955
传真(Fax)：021－31117997
E-mail：2325636097@qq.com
Http：//www.yetin.com
联系人(Contact Person)：赖志群
产品(Products)：婴儿纸尿裤，卫生巾
品牌(Brand)：约定

上海益母妇女用品有限公司
Shanghai Yimoo Women Necessities Co., Ltd.
地址(Add)：上海市松江工业区佘山分区陶干路745号
邮编(P.C.)：201602
电话(Tel)：021－57796069
传真(Fax)：021－57796070
E-mail：yimoo@yimoo.cn
Http：//www.yimoo.cn
法人代表(Chairman)：赵玉山
总经理(General Manager)：胡世福
联系人(Contact Person)：胡世福
产品(Products)：卫生巾，卫生护垫，婴儿纸尿裤/片，产妇巾，痛经巾
品牌(Brand)：益母草，益母，益贝

上海恒晟卫生用品有限公司
Shanghai Hengsheng Hygiene Products Co., Ltd.
地址(Add)：上海市松江区高科技园昆港路999号
邮编(P.C.)：201616
电话(Tel)：021－33529098
传真(Fax)：021－33529296
E-mail：842074650@qq.com
法人代表(Chairman)：许文嵘
总经理(General Manager)：蔡荣强
联系人(Contact Person)：许文评
产品(Products)：婴儿纸尿裤/片，成人纸尿片，妇婴两用巾，湿巾，卫生纸
品牌(Brand)：舒贝，舒尔乐

上海玖旭实业有限公司
Shanghai Jiuxu Industry Co., Ltd.
地址(Add)：上海市松江区广富林路1599弄38号1704
邮编(P.C.)：201620
电话(Tel)：021－57621639
传真(Fax)：021－61294853
Http：//www.jiuxuindustry.com
法人代表(Chairman)：汪庆华
总经理(General Manager)：汪庆华
联系人(Contact Person)：席斌
产品(Products)：卫生巾，卫生护垫，乳垫，婴儿纸尿裤，成人纸尿裤
品牌(Brand)：五彩护卫

上海亿维实业有限公司
Shanghai E－Way Industry Co., Ltd.
地址(Add)：上海市松江区佘山天马经济开发区新宅路558号
邮编(P.C.)：201603
电话(Tel)：021－57665218
传真(Fax)：021－57663218
E-mail：021cx@vip.163.com
法人代表(Chairman)：祁超训
总经理(General Manager)：祁超训
联系人(Contact Person)：祁超训
产品(Products)：卫生巾，卫生护垫，婴儿纸尿裤/片，成人纸尿裤/片，护理垫
品牌(Brand)：护蕾，888，孩儿宝宝，宝莱

上海美馨卫生用品有限公司
Shanghai American Hygienics Co., Ltd.
地址(Add)：上海市松江区佘山镇沈砖公路3129弄5－6号楼
邮编(P.C.)：201602
电话(Tel)：021－57669436
传真(Fax)：021－57669343
E-mail：salescn@amhygienics.com
Http：//www.amhygienics.com
法人代表(Chairman)：余有志
总经理(General Manager)：余有志
联系人(Contact Person)：吴亮
产品(Products)：湿巾，婴儿纸尿裤，卫生巾
品牌(Brand)：凯德馨

上海菲伶卫生用品有限公司
Shanghai Feeling Hygiene Products Co., Ltd.
地址(Add)：上海市松江区小昆山镇中德路860号
邮编(P.C.)：201614
电话(Tel)：021－57762522
传真(Fax)：021－57763602
E-mail：zgs7168@hotmail.com
Http：//www.shfeeling.com
法人代表(Chairman)：孙士华
产品(Products)：卫生巾，婴儿纸尿裤/片，护理垫，成人纸尿裤/片
品牌(Brand)：易菲，呦呦乐，加菲宝宝，助尔康

上海白玉兰卫生洁品有限公司
Shanghai Whiteyulan Clean Things Co., Ltd.
地址(Add)：上海市松江区欣玉路188号
邮编(P.C.)：201600
电话(Tel)：021－57736707
传真(Fax)：021－57736968
E-mail：shbaiyulan@126.com
法人代表(Chairman)：南莉莉
总经理(General Manager)：南莉莉
联系人(Contact Person)：曹玉洁
产品(Products)：卫生巾，卫生护垫，婴儿纸尿裤/片
品牌(Brand)：白玉兰，逗逗仔

全日美实业(上海)有限公司
Everbeauty Industry (Shanghai) Co., Ltd.
地址(Add)：上海市松江区新桥镇工业区民益路5号
邮编(P.C.)：201612
电话(Tel)：021－57686968
传真(Fax)：021－57686967
E-mail：clara.jin@sca.com
Http：//www.sca.com
法人代表(Chairman)：Ulf Olof Lennart Soderstrom
总经理(General Manager)：Ulf Olof Lennart Soderstrom
联系人(Contact Person)：金春梅
产品(Products)：婴儿纸尿裤/片，成人纸尿裤/片，护理垫，湿巾
品牌(Brand)：嘘嘘乐，小淘气，包大人，妈妈乐

贝亲婴儿用品(上海)有限公司
Pigeon Baby Articles (Shanghai) Co., Ltd.
地址(Add)：上海市徐汇区虹桥路3号港汇中心二座3201－3202室
邮编(P.C.)：200030
电话(Tel)：021－54510896
传真(Fax)：021－54510893
Http：//www.pigeon.cn
产品(Products)：湿巾，卫生巾，婴儿纸尿裤
品牌(Brand)：贝亲

● 江苏 Jiangsu

常州康贝护理卫生用品有限公司
Changzhou Kombi Nursing Healthy Supplies Co., Ltd.
地址(Add)：江苏省常州市天宁区青龙街道虹阳路2号
邮编(P.C.)：213149
电话(Tel)：0519－85503603
传真(Fax)：0519－85503604
E-mail：luzubin@126.com
联系人(Contact Person)：邹文娟
产品(Products)：婴儿纸尿裤，成人纸尿裤，护理垫，乳垫，宠物垫
品牌(Brand)：爱丽舒

贝亲母婴用品(常州)有限公司
Pigeon Industries (Changzhou) Co., Ltd.
地址(Add)：江苏省常州市武进高新技术产业开发区风林路59号
邮编(P.C.)：213164
电话(Tel)：0519－89185959－8100
传真(Fax)：0519－89185966
E-mail：koko@pigeon.cn
Http：//www.pigeon.com
法人代表(Chairman)：北泽宪政
总经理(General Manager)：贺来健
联系人(Contact Person)：胡杰
产品(Products)：湿巾，乳垫，婴儿纸尿裤
品牌(Brand)：贝亲

常州市梦爽卫生用品有限公司
Changzhou Mengshuang Sanitary Products Co., Ltd.
地址(Add)：江苏省常州市武进区礼嘉镇工业园
邮编(P.C.)：213176
电话(Tel)：0519－86232951
传真(Fax)：0519－86238008
E-mail：mengshuanglove@126.com
Http：//czmengshuang.1688.com
法人代表(Chairman)：陆元清
总经理(General Manager)：陆元清

联系人(Contact Person)：陆元清
产品(Products)：卫生巾，卫生护垫，婴儿纸尿裤，成人纸尿裤，护理垫，宠物垫，乳垫
品牌(Brand)：靓爽

扬州市月思恋妇幼保健卫生用品有限公司
Yangzhou Yuesilian Women & Children Hygiene Products Co., Ltd.
地址(Add)：江苏省高邮市省级经济开发区(屏淮北路)
邮编(P. C.)：225600
电话(Tel)：0514-84436118
传真(Fax)：0514-84436506
E-mail：weilian516@163.com
Http://www.lingli2003.cn.alibaba.com
法人代表(Chairman)：魏玲丽
总经理(General Manager)：魏玲丽
联系人(Contact Person)：魏尔刚
产品(Products)：卫生巾，卫生护垫，婴儿纸尿裤/片
品牌(Brand)：月思恋，超女之恋，妈妈抱抱

江苏德邦卫生用品有限公司
Jiangsu Debang Hygiene Products Co., Ltd.
地址(Add)：江苏省金湖县金湖西路138号
邮编(P. C.)：211600
电话(Tel)：0517-86931613
传真(Fax)：0517-86931611
E-mail：qiuyiming12@163.com
Http://www.jsdebang.com.cn
法人代表(Chairman)：邱新斌
总经理(General Manager)：邱新斌
联系人(Contact Person)：邱新斌
产品(Products)：婴儿拉拉裤，成人拉拉裤
品牌(Brand)：爱琪 Baby，大人物

好孩子百瑞康卫生用品有限公司
Goodbaby Bairuikang Hygienic Products Co., Ltd.
地址(Add)：江苏省昆山市陆家镇富荣路1号
邮编(P. C.)：215331
电话(Tel)：0512-57871399
传真(Fax)：0512-57679343
E-mail：pqshen@goodbabygroup.com
Http://www.goodbaby.com
法人代表(Chairman)：宋郑还
总经理(General Manager)：辛树林
联系人(Contact Person)：沈平强
产品(Products)：婴儿纸尿裤，宠物纸尿裤
品牌(Brand)：好孩子，奇妙鸭

豆丁乐园(南京)婴儿用品有限公司
Ben's Land (NK) Baby Articles Co., Ltd.
地址(Add)：江苏省南京市江宁区将军大道55号腾飞创造中心D座9楼903-904
邮编(P. C.)：211100
电话(Tel)：025-52076500
传真(Fax)：025-52076505
E-mail：allenleo@bensland.com
Http://www.bensland.com/eco-genesis.com
法人代表(Chairman)：张艳
总经理(General Manager)：柳铭
联系人(Contact Person)：杨俊
产品(Products)：婴儿纸尿裤，卫生巾
品牌(Brand)：艾可

大王(南通)生活用品有限公司
Elleair International China (Nantong) Co., Ltd.
地址(Add)：江苏省南通经济技术开发区通盛大道188号A座
邮编(P. C.)：226009
电话(Tel)：0513-51019191
传真(Fax)：0513-51019292
联系人(Contact Person)：施燕
产品(Products)：婴儿纸尿裤
品牌(Brand)：GOO. N

南通锦程护理垫有限公司
Nantong Jincheng Pad Co., Ltd.
地址(Add)：江苏省如皋市九华镇东工业园区合力路
邮编(P. C.)：226541
电话(Tel)：0513-87908876
传真(Fax)：0513-87905268
E-mail：nantqiyue@126.com
Http://ntqiyue.1688.com
法人代表(Chairman)：韩锦云
总经理(General Manager)：韩锦云
联系人(Contact Person)：韩锦云
产品(Products)：宠物垫，婴儿纸尿裤，成人纸尿裤

苏州冠洁生活制品有限公司
Suzhou Guanjie Hygiene Products Co., Ltd.
地址(Add)：江苏省苏州市吴江区七都镇临湖庙港经济区
邮编(P. C.)：215232
电话(Tel)：0512-63738852
传真(Fax)：0512-63738851
E-mail：sochina@163.com
Http://www.soch.com.cn
联系人(Contact Person)：黄伟国
产品(Products)：卫生巾，卫生护垫，湿巾，婴儿纸尿裤，成人纸尿裤

泰州远东纸业有限公司
Taizhou Far East Paper Co., Ltd.
地址(Add)：江苏省兴化市戴窑工业区(安洁尔卫生巾生产基地)
邮编(P. C.)：225741
电话(Tel)：0523-83848888
传真(Fax)：0523-83841888
E-mail：zxy@anjieer.com
Http://www.anjieer.com
法人代表(Chairman)：冯元松
总经理(General Manager)：冯元松
联系人(Contact Person)：王广春
产品(Products)：卫生巾，卫生护垫，婴儿纸尿裤/片
品牌(Brand)：安洁尔

徐州市太太舒卫生用品有限公司
Xuzhou Taitaishu Hygiene Products Co., Ltd.
地址(Add)：江苏省徐州市丰县史小桥工业园
邮编(P. C.)：221714
电话(Tel)：0516-89500888
传真(Fax)：0516-89500084
Http://www.taitaishu.com
法人代表(Chairman)：李宗权

总经理(General Manager)：李宗权
联系人(Contact Person)：李宗权
产品(Products)：卫生巾，婴儿纸尿裤/片
品牌(Brand)：漂亮公主，娜婷，福娃儿

江苏俏安卫生保健用品有限公司
Jiangsu Qiaoan Sanitary Products Co., Ltd.
地址(Add)：江苏省盐城市滨海县经济技术开发区港区支路
邮编(P. C.)：224500
电话(Tel)：0515－84193188
传真(Fax)：0515－84101865
Http://www.jsqiaoan.en.alibaba.com
法人代表(Chairman)：蒯本立
总经理(General Manager)：蒯乃杰
联系人(Contact Person)：蒯乃杰
产品(Products)：卫生巾，卫生护垫，湿巾，婴儿纸尿裤/片，生活用纸
品牌(Brand)：俏安

盐城心悦卫生用品有限公司
Yancheng Xinyue Sanitary Articles Co., Ltd.
地址(Add)：江苏省盐城市经济技术开发区聚亨路9号
邮编(P. C.)：224002
电话(Tel)：0515－89911288
传真(Fax)：0515－89911299
E-mail：yc_xinyue@126.com
Http://www.ycxinyue.com
总经理(General Manager)：吴晓兵
联系人(Contact Person)：徐明桂
产品(Products)：婴儿纸尿裤/片，成人纸尿裤/片，卫生巾，卫生护垫
品牌(Brand)：比悦，喜士多

江苏三笑集团有限公司
Jiangsu Sanxiao Group Co., Ltd.
地址(Add)：江苏省扬州市杭集工业区三笑大道1号
邮编(P. C.)：225111
电话(Tel)：0514－87498006
传真(Fax)：0514－87279169
E-mail：wangxiangsx@126.com
Http://www.sanxiaogroup.com.cn
法人代表(Chairman)：韩国平
总经理(General Manager)：韩国发
联系人(Contact Person)：王祥
产品(Products)：卫生巾，卫生护垫，婴儿纸尿裤/片
品牌(Brand)：笑爽，笑得爽

● 浙江 Zhejiang

优全护理用品科技有限公司
Youquan Care Products Technology Co., Ltd.
地址(Add)：浙江省长兴县李家巷新世纪工业园
邮编(P. C.)：313100
电话(Tel)：0572－6680222
传真(Fax)：0572－6680333
E-mail：jungaofengyan@gmail.com
Http://www.yandq.com.cn
法人代表(Chairman)：严华荣
联系人(Contact Person)：严峻
产品(Products)：湿巾，婴儿纸尿裤
品牌(Brand)：露尔Baby，淳净，她趣，优全猫

上海群悦纸业有限公司
Shanghai Qunyue Paper Co., Ltd.
地址(Add)：浙江省常山县新都工业园区创新路2号
邮编(P. C.)：324200
电话(Tel)：0570－5115128
传真(Fax)：0570－5115000
E-mail：749946021@qq.com
联系人(Contact Person)：詹瑜
产品(Products)：卫生巾，卫生护垫，婴儿纸尿裤

浙江英凯莫实业有限公司
Zhejiang Ecocom Industry Co., Ltd.
地址(Add)：浙江省富阳市迎宾北路105号
邮编(P. C.)：311400
电话(Tel)：0571－63373986
传真(Fax)：0571－63373955
E-mail：info@ecocom.com.cn
Http://www.ecocom.com.cn
总经理(General Manager)：孙根友
联系人(Contact Person)：孙根友
产品(Products)：婴儿纸尿裤，护理垫，宠物垫

浙江康恩贝健康产品有限公司
Zhejiang Conba Health Products Co., Ltd.
地址(Add)：浙江省杭州市滨江高新技术开发区江南大道288号康恩贝大厦22层
邮编(P. C.)：310052
电话(Tel)：0571－28037020
传真(Fax)：0571－28037013
E-mail：lvqz@conbagroup.com
Http://www.conbahp.cn
联系人(Contact Person)：吕庆中
产品(Products)：湿巾，婴儿纸尿裤
品牌(Brand)：优呵

浙江珍琦卫生用品有限公司
Sunkiss Healthcare Co., Ltd.
地址(Add)：浙江省杭州市富阳经济开发区场口新区百丈畈3号路6号
邮编(P. C.)：311411
电话(Tel)：0571－63597105
传真(Fax)：0571－63577606
E-mail：tina@hzzhenqi.com.cn
Http://www.sunkiss.org.cn
法人代表(Chairman)：俞飞英
总经理(General Manager)：俞飞英
联系人(Contact Person)：申屠元晶
产品(Products)：成人纸尿裤/片，婴儿纸尿裤/片，护理垫
品牌(Brand)：珍琦，健乐仕，婴丽宝

杭州兰泽护理用品有限公司
Hangzhou Uniland Care Products Co., Ltd.
地址(Add)：浙江省杭州市建国北路611号4－1－901室
邮编(P. C.)：310000
电话(Tel)：0571－85220989
传真(Fax)：0571－85220989
E-mail：uniland@unifit－chn.com

Http://www.unifit-chn.com
总经理(General Manager):马良娟
联系人(Contact Person):金伟
产品(Products):婴儿纸尿裤,湿巾
品牌(Brand):亲の养素,幼可安,优尼弗

杭州舒心工贸有限公司
Hangzhou Shuxin Industry & Trading Co., Ltd.
地址(Add):浙江省杭州市江干区笕桥镇工业区
邮编(P. C.):310021
电话(Tel):0571-85146198
传真(Fax):0571-85046198
Http://shuxinhz.1688.com
总经理(General Manager):郑富清
联系人(Contact Person):林丽云
产品(Products):卫生巾,卫生护垫,婴儿纸尿裤
品牌(Brand):城市恋人,永高人,彤洁,清洁少女,形象宝贝

杭州九阳进出口有限公司
Hangzhou Jiuyang Imp & Exp Co., Ltd.
地址(Add):浙江省杭州市江干区沁园雅舍生活馆1119号
邮编(P. C.):352100
电话(Tel):400-8099282
Http://www.lzdrilling.com
联系人(Contact Person):李芳环
产品(Products):婴儿纸尿裤
品牌(Brand):呵倍儿

杭州临安华晨卫生用品有限公司
Hangzhou Huachen Hygiene Products Co., Ltd.
地址(Add):浙江省杭州市临安市玲珑街道玲珑大道
邮编(P. C.):311300
电话(Tel):0571-63925906
传真(Fax):0571-63757201
E-mail:yu977@139.com
Http://www.zjhuachen.com
法人代表(Chairman):俞华平
总经理(General Manager):俞华平
联系人(Contact Person):彭瑶燕
产品(Products):婴儿纸尿裤/片
品牌(Brand):大地宝贝

杭州舒泰卫生用品有限公司
Hangzhou Shutai Sanitary Products Co., Ltd.
地址(Add):浙江省杭州市桐庐县青山工业区下城路18号
邮编(P. C.):311500
电话(Tel):0571-69918001
传真(Fax):0571-69918015
E-mail:caoyang2889@sina.com
Http://www.hzshutai.com
法人代表(Chairman):马飞跃
总经理(General Manager):吴跃
联系人(Contact Person):曹利阳
产品(Products):婴儿纸尿裤/片,成人纸尿裤/片,护理垫,训练裤
品牌(Brand):名人宝宝,千芝雅,康医生,千年舟

杭州钧儒卫生用品有限公司
Hangzhou Junru Hygiene Products Co., Ltd.
地址(Add):浙江省杭州市五里塘苑11-1-401
邮编(P. C.):316021
电话(Tel):0571-81352458
传真(Fax):0571-85087867
E-mail:673511858@qq.com
联系人(Contact Person):陶汉义
产品(Products):卫生巾,卫生护垫,婴儿纸尿裤
品牌(Brand):洁安康

杭州辉煌卫生用品有限公司
Hangzhou Brilliant Sanitary Products Co., Ltd.
地址(Add):浙江省杭州市萧山区戴村镇尖山下
邮编(P. C.):311261
电话(Tel):0571-82251008
传真(Fax):0571-82238999
E-mail:siwenok@126.com
Http://www.hzbrilliant.com
法人代表(Chairman):邵伟荣
总经理(General Manager):邵伟荣
联系人(Contact Person):朱爱兰
产品(Products):婴儿纸尿裤,宠物纸尿裤,宠物垫,护理垫

杭州嘉杰实业有限公司
Hangzhou J & J Industrial Co., Ltd.
地址(Add):浙江省杭州市余杭区凤都工业园区凤城路7号-B
邮编(P. C.):311115
电话(Tel):0571-89366860
传真(Fax):0571-89366868
E-mail:562060632@qq.com
Http://www.chinajnj.com.cn
法人代表(Chairman):郑国生
总经理(General Manager):郑国生
联系人(Contact Person):郑国生
产品(Products):婴儿纸尿裤/片/训练裤,湿巾
品牌(Brand):蓝精灵

杭州新翔工贸有限公司
Hangzhou Xinxiang Industry & Trade Co., Ltd.
地址(Add):浙江省杭州市余杭区南苑高地村
邮编(P. C.):311100
电话(Tel):0571-86151718
传真(Fax):0571-86157188
E-mail:cyz@hzxxgm.com
Http://www.hzxxgm.com
法人代表(Chairman):陈月忠
总经理(General Manager):陈月忠
联系人(Contact Person):金海燕
产品(Products):卫生巾,卫生护垫,乳垫,婴儿纸尿裤,宠物垫
品牌(Brand):希尔美,贴心宝贝

杭州豪悦实业有限公司
Hangzhou Haoyue Industrial Co., Ltd.
地址(Add):浙江省杭州市余杭区瓶窑凤都路3号
邮编(P. C.):311115
电话(Tel):0571-26291801
传真(Fax):0571-26291810

E-mail：cao1801@163.com
Http：//www.hz-haoyue.com
法人代表(Chairman)：李志彪
总经理(General Manager)：李志彪
联系人(Contact Person)：曹凤姣
产品(Products)：卫生巾，卫生护垫，成人纸尿裤/片，婴儿纸尿裤/片，湿巾，护理垫，宠物垫
品牌(Brand)：希望宝宝，白十字，汇泉

杭州滕野生物科技有限公司
Hangzhou Tengye Biological Science & Technology Co., Ltd.
地址(Add)：浙江省杭州市余杭区余杭镇禹航路640号宝塔工业区
邮编(P.C.)：311121
电话(Tel)：0571-89051699
传真(Fax)：0571-88662603
Http：//www.hz-xt.com
法人代表(Chairman)：程志新
总经理(General Manager)：程志新
联系人(Contact Person)：吕红英
产品(Products)：卫生巾，卫生护垫，婴儿纸尿片
品牌(Brand)：如意，如意宝宝

杭州千芝雅卫生用品有限公司
Hangzhou Qianzhiya Sanitary Products Co., Ltd.
地址(Add)：浙江省杭州桐庐凤川工业区凤旺路88号
邮编(P.C.)：311500
电话(Tel)：0571-69918003
传真(Fax)：0571-69918466
E-mail：helen@hzshutai.com
联系人(Contact Person)：韦乐平
产品(Products)：婴儿训练裤，婴儿纸尿裤，成人纸尿裤，成人拉拉裤
品牌(Brand)：千芝雅

浙江中美日化有限公司
Zhejiang Zhongmei Chemical Co., Ltd.
地址(Add)：浙江省金华市金东区金港大道1648号
邮编(P.C.)：321000
电话(Tel)：0579-85951577
传真(Fax)：0579-83707628
E-mail：feng61500@163.com
Http：//www.zhongmeirihua.com
法人代表(Chairman)：方浩勤
总经理(General Manager)：方磊
联系人(Contact Person)：郑惠峰
产品(Products)：婴儿纸尿裤/片，成人纸尿裤/片，卫生巾，卫生护垫，卫生棉条
品牌(Brand)：快乐贝贝，好护士，自由空间

浙江锦芳卫生用品有限公司
Zhejiang Jinfang Hygiene Products Co., Ltd.
地址(Add)：浙江省金华市金东区澧浦镇金澧东路一号
邮编(P.C.)：321041
电话(Tel)：0579-82833777
传真(Fax)：0579-89176827
Http：//www.zjjfws.com
法人代表(Chairman)：程成桂
联系人(Contact Person)：李小斌
产品(Products)：卫生巾，卫生护垫，婴儿纸尿裤，护理垫，成人纸尿裤
品牌(Brand)：宝蝶，尤宝，佳佳洁

华美卫生用品有限公司
Huamei Sanitary Products Co., Ltd.
地址(Add)：浙江省金华市金三角开发区金港大道1648号
邮编(P.C.)：321037
电话(Tel)：0579-85951577
传真(Fax)：0579-83707628
E-mail：wandymao@163.com
法人代表(Chairman)：方浩勤
总经理(General Manager)：方浩勤
联系人(Contact Person)：方磊
产品(Products)：卫生巾，婴儿纸尿裤/片，护理垫
品牌(Brand)：华美，Lilas，Happy Baby

浙江人爱卫生用品有限公司
Zhejiang Renai Sanitary Products Co., Ltd.
地址(Add)：浙江省丽水市经济开发区成大街156号
邮编(P.C.)：323010
电话(Tel)：0578-2968899
传真(Fax)：0578-2691133
E-mail：zjnas88@163.com
Http：//www.zjnas.com
法人代表(Chairman)：谢青山
总经理(General Manager)：谢青山
联系人(Contact Person)：陈景清
产品(Products)：卫生巾，卫生护垫，婴儿纸尿裤
品牌(Brand)：纳爱斯，精灵贝贝

杭州可靠护理用品股份有限公司
Hangzhou Coco Healthcare Products Co., Ltd.
地址(Add)：浙江省临安市锦城街道城西工业园区花桥路2号
邮编(P.C.)：311399
电话(Tel)：0571-61082981
传真(Fax)：0571-63702588
E-mail：wanghl@cocohealthcare.com
Http：//www.cocohealthcare.com
法人代表(Chairman)：金利伟
总经理(General Manager)：金利伟
联系人(Contact Person)：王慧兰
产品(Products)：婴儿纸尿裤，成人纸尿裤，护理垫，拉拉裤，宠物纸尿裤，宠物垫，湿巾
品牌(Brand)：酷特适，可靠，派特酷，可可的童话

临安市雄鹰妇幼卫生用品有限公司
Linan Eagle Women & Children Health Care Products Co., Ltd.
地址(Add)：浙江省临安市玲珑工业区
邮编(P.C.)：311301
电话(Tel)：0571-63872758
传真(Fax)：0571-63872735
E-mail：xy-zjm@126.com
Http：//www.ceanza.com
法人代表(Chairman)：周雄鹰
总经理(General Manager)：项宗信
联系人(Contact Person)：赵建梅
产品(Products)：卫生巾，卫生护垫，婴儿纸尿裤
品牌(Brand)：永芳，成长日记

浙江省浦江县仙华卫生用品厂
Zhejiang Xianhua Hygiene Products Plant
地址(Add)：浙江省浦江县大畈乡
邮编(P. C.)：322200
电话(Tel)：0579－84360777
传真(Fax)：0579－84360999
总经理(General Manager)：陈金田
联系人(Contact Person)：陈金田
产品(Products)：卫生巾，卫生护垫，婴儿纸尿裤
品牌(Brand)：水仙花

衢州一片情纸业有限公司
Quzhou Yipianqing Paper Co., Ltd.
地址(Add)：浙江省衢州市常山县新都工业园区创新路2号
邮编(P. C.)：324200
电话(Tel)：0570－5115008
传真(Fax)：0570－5115000
E-mail：512207460@qq.com
Http：//www.qunyepaper.com
总经理(General Manager)：陈坚
联系人(Contact Person)：陈坚
产品(Products)：卫生巾，卫生护垫，婴儿纸尿裤，成人纸尿裤，生活用纸
品牌(Brand)：丝尚，一片情，尚尚熊

衢州恒业卫生用品有限公司
Quzhou Hengye Sanitary Products Co., Ltd.
地址(Add)：浙江省衢州市常山新都工业区
邮编(P. C.)：324200
电话(Tel)：0570－5110366
传真(Fax)：0570－5110111
E-mail：quzhouhengye8899@126.com
Http：//www.qzhengye.cn.alibaba.com
总经理(General Manager)：徐东风
联系人(Contact Person)：徐东风
产品(Products)：卫生巾，卫生护垫，婴儿纸尿裤，成人纸尿裤，卫生纸
品牌(Brand)：动感女孩，丝诗

瑞安市宏心妇幼用品有限公司
Ruian Hongxin Women & Children Articles Co., Ltd.
地址(Add)：浙江省瑞安市碧山镇渡头路56号
邮编(P. C.)：325215
电话(Tel)：0577－65427687
传真(Fax)：0577－65420399
总经理(General Manager)：卢克孟
联系人(Contact Person)：卢克孟
产品(Products)：卫生巾，卫生护垫，婴儿纸尿裤/片
品牌(Brand)：俏姐，保健草，宏心，伴宝氏，直柔

瑞安川洋妇婴用品有限公司
Ruian Chuanyang Women & Children Articles Co., Ltd.
地址(Add)：浙江省瑞安市塘下镇鲍田前桥育英路86号
邮编(P. C.)：325204
电话(Tel)：0577－65205563
传真(Fax)：0577－65207356
E-mail：chuanyangfuying@163.com
Http：//www.beilaikang.com
法人代表(Chairman)：何晓挺
总经理(General Manager)：池星红
联系人(Contact Person)：池星红
产品(Products)：卫生巾，卫生护垫，乳垫，婴儿隔尿垫巾，婴儿纸尿裤
品牌(Brand)：贝莱康，喜康盈

绍兴唯尔福妇幼用品有限公司
Shaoxing Welfare Women & Children Products Co., Ltd.
地址(Add)：浙江省绍兴市袍江工业区南区D21号
邮编(P. C.)：312001
电话(Tel)：0575－88241241
传真(Fax)：0575－88242915
E-mail：wef2008@163.com
Http：//www.wef2008.com
法人代表(Chairman)：何幼成
总经理(General Manager)：何幼成
联系人(Contact Person)：何幼成
产品(Products)：卫生巾，卫生护垫，婴儿纸尿裤/片，成人纸尿裤/片，护理垫，宠物垫，湿巾，生活用纸
品牌(Brand)：唯尔福，唯儿福，纸音

临海市满爽卫生用品有限公司
Linhai Manshuang Hygiene Products Co., Ltd.
地址(Add)：浙江省台州市临海市经济开发区临海大道塘里村
邮编(P. C.)：317000
电话(Tel)：0576－85122468
传真(Fax)：0576－85122458
E-mail：260939531@qq.com
Http：//www.manshuang.com
法人代表(Chairman)：陈兆考
总经理(General Manager)：陈兆考
联系人(Contact Person)：陈忠法
产品(Products)：卫生巾，卫生护垫，婴儿纸尿裤/片
品牌(Brand)：满爽，满舒爽，碧玉佳人

台州娅洁舒卫生用品有限公司
Taizhou Yajieshu Hygiene Products Co., Ltd.
地址(Add)：浙江省台州温岭市塘下镇向西莫工业区6号
邮编(P. C.)：317502
电话(Tel)：0576－86576232
传真(Fax)：0576－86576030
E-mail：sales@yajieshu.com
Http：//www.yajieshu.com
法人代表(Chairman)：莫海滨
总经理(General Manager)：莫海滨
联系人(Contact Person)：沈华东
产品(Products)：卫生巾，卫生护垫，婴儿纸尿片
品牌(Brand)：娅洁舒，倍佳，蝶爽，小贝乐

杭州可悦卫生用品有限公司
Hangzhou Credible Sanitary Products Co., Ltd.
地址(Add)：浙江省萧山经济技术开发区杭州江东工业园区江东三路
邮编(P. C.)：311222
电话(Tel)：0571－82985566
传真(Fax)：0571－82985211
E-mail：yaoyj@hzcredible.com
Http：//www.hzcredible.com
法人代表(Chairman)：黄国权
总经理(General Manager)：黄国权

联系人(Contact Person)：姚云洁
产品(Products)：卫生巾，卫生护垫，婴儿纸尿裤/片
品牌(Brand)：月满好，雅妮娜，酷贝比，婴倍适，Credible，优美可，好倍舒

浙江代喜卫生用品有限公司
Zhejiang Daixi Hygienic Articles Co., Ltd.
地址(Add)：浙江省义乌市雪峰西路2289号
邮编(P. C.)：322000
电话(Tel)：0579-85324163
传真(Fax)：0579-85324163
E-mail：1562952672@qq.com
Http://www.usvaluable.us
联系人(Contact Person)：刘涛
产品(Products)：婴儿纸尿裤
品牌(Brand)：哺宝

义乌市比爱卫生用品有限公司
Yiwu Biai Hygiene Products Co., Ltd.
地址(Add)：浙江省义乌市义亭工业区
邮编(P. C.)：322005
电话(Tel)：0579-85558500
传真(Fax)：0579-85816858
E-mail：sales@biaichina.com
Http://www.biaichina.com
法人代表(Chairman)：王爱加
总经理(General Manager)：周喜飞
联系人(Contact Person)：傅淑芬
产品(Products)：卫生巾，卫生护垫，婴儿纸尿裤，湿巾，宠物垫，宠物纸尿裤
品牌(Brand)：比爱

浙江安柔卫生用品有限公司
Zhejiang Anrou Hygiene Products Co., Ltd.
地址(Add)：浙江省义乌市义亭工业区稠义西路168号
邮编(P. C.)：322005
电话(Tel)：0579-85679688
传真(Fax)：0579-85817688
E-mail：managerchen811@sohu.com
Http://www.anrou.cn
法人代表(Chairman)：李光军
总经理(General Manager)：李光军
联系人(Contact Person)：陈坚
产品(Products)：卫生巾，卫生护垫，乳垫，婴儿纸尿裤/片，成人纸尿裤，护理垫，湿巾，宠物垫，汗液垫
品牌(Brand)：安柔，澳利康，子女心

义乌市奥顿纸业有限公司
Yiwu Aodun Paper Co., Ltd.
地址(Add)：浙江省义乌市义亭工业园区
邮编(P. C.)：322005
电话(Tel)：0579-85819888
传真(Fax)：0579-85813668
E-mail：sale@ywaodun.com
Http://www.ywaodun.com
法人代表(Chairman)：鲍志坚
总经理(General Manager)：鲍志坚
联系人(Contact Person)：鲍志坚
产品(Products)：卫生巾，婴儿纸尿裤/片，餐巾纸，面巾纸，卫生纸
品牌(Brand)：诗雨，迷奇儿，鸥娜诗

诸暨市叶蕾卫生用品有限公司
Zhuji Yelei Hygiene Products Co., Ltd.
地址(Add)：浙江省诸暨市璜山镇读山村
邮编(P. C.)：311809
电话(Tel)：0575-87091368
传真(Fax)：0575-87096368
法人代表(Chairman)：叶坚波
总经理(General Manager)：叶坚波
联系人(Contact Person)：马永伟
产品(Products)：面巾纸，卫生纸，纸尿裤
品牌(Brand)：叶蕾

● 安徽 Anhui

花王(合肥)有限公司
Kao (Hefei) Co., Ltd.
地址(Add)：安徽省合肥市经济技术开发区紫石路116号
邮编(P. C.)：230061
电话(Tel)：0551-62575700
传真(Fax)：0551-62575707
法人代表(Chairman)：平峰伸一郎
总经理(General Manager)：平峰伸一郎
产品(Products)：婴儿纸尿裤
品牌(Brand)：妙而舒

恒安(合肥)生活用品有限公司
Hengan (Hefei) Daily Products Co., Ltd.
地址(Add)：安徽省合肥市瑶海工业园区郎溪路与纬B路交叉口
邮编(P. C.)：230011
电话(Tel)：0551-62113889
E-mail：wujb@mail.hengan.com.cn
法人代表(Chairman)：施文博
总经理(General Manager)：吴金铱
联系人(Contact Person)：吴金铱
产品(Products)：卫生巾，卫生护垫，婴儿纸尿裤，卫生纸
品牌(Brand)：安乐，安尔乐，安儿乐，心相印

安徽汇诚集团侬侬妇幼用品有限公司
Anhui Huicheng Group Nongnong Women & Children Articles Co., Ltd.
地址(Add)：安徽省合肥市瑶海区龙岗工业园吴敬梓路与站前路交叉口汇诚大厦
邮编(P. C.)：231633
电话(Tel)：0551-64327333
传真(Fax)：0551-64328222
E-mail：ahhcjt@ahhcjt.com
Http://www.ahhcjt.com
法人代表(Chairman)：蔡世忠
联系人(Contact Person)：蔡培春
产品(Products)：卫生巾，卫生护垫，婴儿纸尿裤/片，面巾纸，手帕纸，餐巾纸，擦手纸
品牌(Brand)：水晶花，丝云，娇芙，水晶宝贝，安宝适，青花印象

安徽宝瑞日用品有限公司
Anhui Baorui Commodity Co., Ltd.
地址(Add)：安徽省怀宁县工业园区
邮编(P. C.)：246121

电话(Tel)：0556－4645866
传真(Fax)：0556－4645861
E-mail：pearl－pei@sina.com
Http：//www.cnbaorui.cn
法人代表(Chairman)：葛立新
总经理(General Manager)：江吴生
联系人(Contact Person)：章培
产品(Products)：婴儿纸尿裤
品牌(Brand)：宝倍适

安徽省吉美生活用品有限公司
Anhui Jimei Daily Necessities Co., Ltd.
地址(Add)：安徽省宿州市宿马经济开发区
邮编(P.C.)：234000
电话(Tel)：0557－3928988
传真(Fax)：0557－3910032
联系人(Contact Person)：苗恩军
产品(Products)：卫生纸，卫生巾，婴儿纸尿裤

安徽悦美卫生用品有限公司
Anhui Yuemei Hygiene Products Co., Ltd.
地址(Add)：安徽省桐城市经济开发区兴隆路9号
邮编(P.C.)：231400
电话(Tel)：0556－6567998
传真(Fax)：0556－6568666
E-mail：ygm98@sohu.com
Http：//www.yuerm.com
法人代表(Chairman)：殷根茂
总经理(General Manager)：姜长国
联系人(Contact Person)：姜长国
产品(Products)：原纸，卫生纸，面巾纸，手帕纸，餐巾纸，厨房纸巾，擦手纸，卫生巾，卫生护垫，婴儿纸尿裤/片
品牌(Brand)：阳光薇枫，月尔美，月儿美

● 福建 Fujian

泉州市三商卫生用品有限公司
Quanzhou Sanshang Hygiene Products Co., Ltd.
地址(Add)：福建省安溪县蓬莱镇联中工业区
邮编(P.C.)：362402
电话(Tel)：0595－23358333
传真(Fax)：0595－23358222
E-mail：sanshang@fjfair.com
法人代表(Chairman)：林清艺
总经理(General Manager)：林清艺
联系人(Contact Person)：林清艺
产品(Products)：卫生巾，卫生护垫，婴儿纸尿裤/片，湿巾
品牌(Brand)：娇点，蕾洁，护悠，顽皮宝贝

爹地宝贝股份有限公司
Daddybaby Corporation Ltd.
地址(Add)：福建省福清市融侨经济开发区
邮编(P.C.)：350300
电话(Tel)：0591－85368198
传真(Fax)：0591－85368157
E-mail：wangjiaqi@daddybaby.net
Http：//www.daddybaby.com
法人代表(Chairman)：林斌
总经理(General Manager)：林斌
联系人(Contact Person)：林艺玲
产品(Products)：婴儿纸尿裤/片，成人纸尿裤/片，湿巾
品牌(Brand)：爹地宝贝，妈咪天使，康朗

福清恩达卫生用品有限公司
Fuqing Enda Hygiene Products Co., Ltd.
地址(Add)：福建省福清市融侨经济开发区
邮编(P.C.)：350301
电话(Tel)：0591－85372588
传真(Fax)：0591－85366988
法人代表(Chairman)：王菊英
总经理(General Manager)：陈松
联系人(Contact Person)：陈松
产品(Products)：卫生巾，婴儿纸尿裤/片，面巾纸，餐巾纸，卫生纸
品牌(Brand)：天姿娇，天使恋情，美赞臣，君乐宝

福州优护日用品有限公司
Fuzhou Youhu Commodity Co., Ltd.
地址(Add)：福建省福州市仓山区浦上大道216号万达广场C区C1楼1312
邮编(P.C.)：350008
电话(Tel)：0591－86395115
传真(Fax)：0591－87277330
E-mail：fzyouhu@163.com
总经理(General Manager)：黄荆明
联系人(Contact Person)：黄荆明
产品(Products)：婴儿纸尿裤，湿巾
品牌(Brand)：贝缘

舒尔洁(福建)纸业有限公司
Fuzhou Shuerjie Paper Co., Ltd.
地址(Add)：福建省福州市仓山区透浦142号
邮编(P.C.)：350008
电话(Tel)：0591－87625139
传真(Fax)：0591－87621179
E-mail：fjshuerjie@163.com
联系人(Contact Person)：杨长建
产品(Products)：卫生巾，卫生护垫，纸尿裤/片，卫生纸，手帕纸，面巾纸
品牌(Brand)：好馨缘，QQ空间

福建安宝乐日用品有限公司
Fujian Anbolo Commodity Co., Ltd.
地址(Add)：福建省福州市江阴工业开发区建港路A区三栋
邮编(P.C.)：350309
电话(Tel)：0591－85617791
传真(Fax)：0591－85612851
E-mail：1002754487@qq.com
Http：//www.anbaole.cn
总经理(General Manager)：庄景都
联系人(Contact Person)：庄景都
产品(Products)：婴儿纸尿裤/片
品牌(Brand)：英贝利

益兴堂卫生制品有限公司
Yixingtang Hygiene Products Co., Ltd.
地址(Add)：福建省福州市江阴工业区
邮编(P.C.)：350309

电话(Tel)：0591－85966788
传真(Fax)：0591－85966789
E-mail：lindaoxing@263.net
Http：//www.yixingtang.cn
法人代表(Chairman)：林道兴
总经理(General Manager)：林道兴
联系人(Contact Person)：戴波
产品(Products)：卫生巾，婴儿纸尿裤/片
品牌(Brand)：亲情树，亲情宝宝

福建天源卫生用品有限公司
Fujian Tianyuan Health Supplies Co., Ltd.
地址(Add)：福建省福州市闽侯甘蔗陈店湖工业区
邮编(P.C.)：350100
电话(Tel)：0591－22071818
传真(Fax)：0591－22072828
Http：//www.fjtianyuan.com
联系人(Contact Person)：郑素雄
产品(Products)：卫生巾，婴儿纸尿裤/片
品牌(Brand)：诗非，明一聪明

福州采尔纸业有限公司
Fuzhou Caier Paper Co., Ltd.
地址(Add)：福建省福州市五一中路88号平安大厦7楼
邮编(P.C.)：350001
电话(Tel)：0591－88306555
传真(Fax)：0591－28353528
E-mail：tryor@vip.qq.com
Http：//www.tryor.cn
法人代表(Chairman)：吴聪敏
总经理(General Manager)：吴炳煌
联系人(Contact Person)：吴炳煌
产品(Products)：卫生巾，卫生护垫，婴儿纸尿裤，成人纸尿裤/片，护理垫
品牌(Brand)：愉+，萌逗逗，尊宁

泉州顺安妇幼用品有限公司
Quanzhou Shunan Women & Children Articles Co., Ltd.
地址(Add)：福建省晋江市安海工业区
邮编(P.C.)：362261
电话(Tel)：0595－85538997
传真(Fax)：0595－85737997
E-mail：1030865554@qq.com
Http：//www.fjshunan.com
法人代表(Chairman)：姚文展
总经理(General Manager)：姚文展
联系人(Contact Person)：姚典
产品(Products)：卫生巾，卫生护垫，婴儿纸尿裤/片
品牌(Brand)：茉莉花香，顺安

福建恒安集团有限公司
Fujian Hengan Holding Co., Ltd.
地址(Add)：福建省晋江市安海恒安工业城
邮编(P.C.)：362261
电话(Tel)：0595－85708888
传真(Fax)：0595－85708666
E-mail：hengan@hengan.com
Http：//www.hengan.com.cn
法人代表(Chairman)：施文博
总经理(General Manager)：许连捷
联系人(Contact Person)：陈涛
产品(Products)：卫生巾，卫生护垫，婴儿纸尿裤，成人纸尿裤，湿巾
品牌(Brand)：安尔乐，安乐，安儿乐，安而康，心相印

恒安集团(晋江)生活用品有限公司
Hengan Group (Jinjiang) Commodities Co., Ltd.
地址(Add)：福建省晋江市安海恒安工业城
邮编(P.C.)：362261
电话(Tel)：0595－85708312
传真(Fax)：0595－85708666
法人代表(Chairman)：施文博
联系人(Contact Person)：林一速
产品(Products)：婴儿纸尿裤，成人纸尿裤
品牌(Brand)：安儿乐，安而康

晋江市安信妇幼用品有限公司
Jinjiang Anxin Women & Children Articles Co., Ltd.
地址(Add)：福建省晋江市安海镇后林工业区
邮编(P.C.)：362261
电话(Tel)：0595－82839729
传真(Fax)：0595－85724183
总经理(General Manager)：颜子崖
联系人(Contact Person)：颜子崖
产品(Products)：卫生巾，卫生护垫，婴儿纸尿裤/片
品牌(Brand)：优贝佳，温情港湾，名舒

倍护(福建)日用品有限公司
Fujian Behug Daily Products Co., Ltd.
地址(Add)：福建省晋江市安海镇西边工业区
邮编(P.C.)：362261
电话(Tel)：0595－85969988
传真(Fax)：0595－82979988
E-mail：calvinzqh@gmial.com
Http：//www.behug.cn
总经理(General Manager)：张清辉
联系人(Contact Person)：张清辉
产品(Products)：婴儿纸尿裤/片
品牌(Brand)：好裤，满优，倍护宝贝

晋江怡洁妇幼用品有限公司
Yijie Women & Children Articles Co., Ltd.
地址(Add)：福建省晋江市陈埭七一北路第三段二座(陈埭公安局后面)
邮编(P.C.)：362211
电话(Tel)：0595－5178878
传真(Fax)：0595－5199978
E-mail：webmaster@cnqz－yijie.com
联系人(Contact Person)：谢火炎
产品(Products)：卫生巾，婴儿纸尿裤/片
品牌(Brand)：洁尔丝，洁儿需，宜而乐，宜而雅

晋江市雅诗兰妇幼用品有限公司
Jinjiang Yashilan Women & Children Articles Co., Ltd.
地址(Add)：福建省晋江市陈埭镇岸刀村南工业区
邮编(P.C.)：362211
电话(Tel)：0595－85170266
传真(Fax)：0595－85170366
法人代表(Chairman)：丁煌灿
总经理(General Manager)：丁煌灿
联系人(Contact Person)：丁煌灿
产品(Products)：卫生巾，卫生护垫，婴儿纸尿裤，成人

纸尿裤
品牌(Brand)：星期六，幼稚园，好伴侣

苏珊妈咪母婴用品有限公司
Susan Mummy Women & Children Articles Co., Ltd.
地址(Add)：福建省晋江市陈埭镇金溪路
邮编(P. C.)：362211
电话(Tel)：0595－82963690
传真(Fax)：0595－82963690
E-mail：841376369@qq.com
法人代表(Chairman)：苏联文
总经理(General Manager)：苏联文
联系人(Contact Person)：池雪婷
产品(Products)：婴儿纸尿裤，成人纸尿裤，卫生巾，宠物垫
品牌(Brand)：苏珊妈咪，苏珊大妈

福建省晋江市舒乐妇幼用品有限公司
Shule Women & Children Articles Co., Ltd. Jinjiang Fujian
地址(Add)：福建省晋江市陈埭镇鹏头工业区(鹏青大道)
邮编(P. C.)：362211
电话(Tel)：0595－85189888
传真(Fax)：0595－85189777
E-mail：shuleco@pub2.qz.fj.cn
Http：//www.baihushi.com
法人代表(Chairman)：丁朝阳
总经理(General Manager)：丁朝阳
联系人(Contact Person)：丁朝阳
产品(Products)：卫生巾，婴儿纸尿裤，生活用纸
品牌(Brand)：白护士

晋江市大自然卫生用品有限公司
Jinjiang Nature Hygiene Products Co., Ltd.
地址(Add)：福建省晋江市池店工业区
邮编(P. C.)：362200
电话(Tel)：0595－27351272
传真(Fax)：0595－85989762
E-mail：15853192292@163.com
Http：//www.dzrws.com
联系人(Contact Person)：赵海林
产品(Products)：卫生巾，婴儿纸尿裤/片
品牌(Brand)：柔伶，柔爽

晋江市恒意卫生用品有限公司
Fujian Jinjiang Hengyi Hygiene Products Co., Ltd.
地址(Add)：福建省晋江市池店屿崆工业区(靠福厦路紫帽镇)
邮编(P. C.)：362200
电话(Tel)：0595－85988898
传真(Fax)：0595－85988818
E-mail：136544668@qq.com
法人代表(Chairman)：谢宝水
总经理(General Manager)：谢宝水
联系人(Contact Person)：谢美丽
产品(Products)：卫生巾，卫生护垫，婴儿纸尿裤/片
品牌(Brand)：情深深，美丽宝贝

舒月妇幼卫生用品有限公司
Sure Maternity and Children Articles Co., Ltd.
地址(Add)：福建省晋江市池店镇屿崆村63号
邮编(P. C.)：362212
电话(Tel)：0595－85995958
传真(Fax)：0595－85995659
E-mail：info@fjsure.com
法人代表(Chairman)：谢丽楚
联系人(Contact Person)：谢华美
产品(Products)：卫生巾，卫生护垫，婴儿纸尿裤/片
品牌(Brand)：青春少女，优秀女生，九九空间，心梦宝贝

晋江荣安生活用品有限公司
Jinjiang Rongan Hygiene Thing Co., Ltd.
地址(Add)：福建省晋江市池店镇屿崆工业区
邮编(P. C.)：362200
电话(Tel)：0595－85992892
传真(Fax)：0595－85993892
E-mail：niqiongxia@hotmail.com
Http：//www.fjrongan.cn.alibaba.com
法人代表(Chairman)：倪清荣
总经理(General Manager)：倪辉煌
联系人(Contact Person)：倪琼霞
产品(Products)：卫生巾，卫生护垫，婴儿纸尿裤/片，成人纸尿裤/片，护理垫
品牌(Brand)：惜香婷，夕阳参，裕福康，洁护师

晋江市益源卫生用品有限公司
Jinjiang Yiyuan Health Products Co., Ltd.
地址(Add)：福建省晋江市磁灶镇洋美工业区
邮编(P. C.)：362000
电话(Tel)：0595－85835236
传真(Fax)：0595－85889236
E-mail：yiyuan@fjyiyuan.com
Http：//www.fjyiyuan.com
联系人(Contact Person)：谢家源
产品(Products)：卫生巾，卫生护垫，婴儿纸尿裤/片，成人纸尿片，面巾纸
品牌(Brand)：好浪漫，酷酷乐，绿茶香韵

福建省晋江市圣洁卫生用品有限公司
Fujian Jinjiang Shengjie Hygiene Products Co., Ltd.
地址(Add)：福建省晋江市磁灶镇张林儒东工业区
邮编(P. C.)：362214
电话(Tel)：0595－85858298
传真(Fax)：0595－85858698
E-mail：1206987@qq.com
Http：//www.fjshengjie.cn
总经理(General Manager)：张祝恩
联系人(Contact Person)：张自力
产品(Products)：卫生巾，卫生护垫，婴儿纸尿裤/片

美特妇幼用品有限公司
Meite Women & Children Products Co., Ltd.
地址(Add)：福建省晋江市磁灶镇中国包装印刷产业(晋江)基地
邮编(P. C.)：362200
电话(Tel)：0595－85656826
传真(Fax)：0595－85658402
E-mail：meite@meitecn.com
Http：//www.meitecn.com
法人代表(Chairman)：洪景芳
总经理(General Manager)：洪玉红

联系人(Contact Person)：周超
产品(Products)：卫生巾，卫生护垫，婴儿纸尿裤，成人纸尿裤
品牌(Brand)：雅梦思，婷诗莉，米奇宝贝，完美宝贝，帮宝舒，小甜甜，美特

祥发(福建)卫生用品有限公司
Xiangfa (Fujian) Hygiene Products Co., Ltd.
地址(Add)：福建省晋江市东石工业园区
邮编(P. C.)：362271
电话(Tel)：0595－88053899
传真(Fax)：0595－85539551
联系人(Contact Person)：杨元炳
产品(Products)：卫生巾，婴儿纸尿裤/片
品牌(Brand)：好体惠

兴发妇幼卫生用品有限公司
Xingfa Women & Children Articles Co., Ltd.
地址(Add)：福建省晋江市东石镇大白山工业区
邮编(P. C.)：362200
电话(Tel)：0595－85588058
传真(Fax)：0595－85599829
联系人(Contact Person)：杨元粒
产品(Products)：卫生巾，卫生护垫，婴儿纸尿裤/片

晋江沧源纸品厂
Jinjiang Cangyuan Paper Factory
地址(Add)：福建省晋江市东石镇张厝工业区
邮编(P. C.)：362272
电话(Tel)：15905905582
联系人(Contact Person)：王明确
产品(Products)：卫生巾，婴儿纸尿裤/片

晋江恒隆卫生用品有限公司
Jinjiang Henglong Hygiene Products Co., Ltd.
地址(Add)：福建省晋江市高科技开发区银水商厦
邮编(P. C.)：362200
电话(Tel)：0595－22852234
传真(Fax)：0595－85859693
联系人(Contact Person)：吴少卿
产品(Products)：卫生护垫，婴儿纸尿片

晋江市荣鑫妇幼用品有限公司
Jinjiang Rongxin Lady & Baby Products Co., Ltd.
地址(Add)：福建省晋江市经济开发区
邮编(P. C.)：362200
电话(Tel)：0595－85660657
传真(Fax)：0595－85660926
E-mail：289243407@qq.com
Http://www.tingerhao.com
总经理(General Manager)：许荣华
联系人(Contact Person)：许振坤
产品(Products)：卫生巾，卫生护垫，婴儿纸尿裤/片，成人纸尿裤/片
品牌(Brand)：婷好，梦露，医靠，小懒虫，长江7号

婴舒宝(中国)有限公司
Insoftb (China) Co., Ltd.
地址(Add)：福建省晋江市经济开发区
邮编(P. C.)：362200
电话(Tel)：0595－36353999
传真(Fax)：0595－36353998
E-mail：zhichengysb10@163.com
Http://www.insoftb.com
法人代表(Chairman)：颜培坤
总经理(General Manager)：曾国栋
联系人(Contact Person)：曾志诚
产品(Products)：婴儿纸尿裤/片，湿巾
品牌(Brand)：婴舒宝

晋江市灵源泉安卫生用品厂
Jinjiang Lingyuan Quanan Hygiene Products Factory
地址(Add)：福建省晋江市灵源街道小梧塘社区西区
邮编(P. C.)：362200
电话(Tel)：0595－88166239
传真(Fax)：0595－88166239
法人代表(Chairman)：蔡和平
总经理(General Manager)：蔡天明
联系人(Contact Person)：蔡天明
产品(Products)：婴儿纸尿裤/片
品牌(Brand)：贝儿爽

怡佳(福建)卫生用品有限公司
Yijia (Fujian) Sanitary Appliances Co., Ltd.
地址(Add)：福建省晋江市罗山街道办事处社店工业区
邮编(P. C.)：362216
电话(Tel)：0595－88172976
传真(Fax)：0595－88173976
E-mail：yijiacoration2@gmail.com
Http://www.fjyijiaqy.com
法人代表(Chairman)：陈德安
总经理(General Manager)：陈德安
联系人(Contact Person)：陈文取
产品(Products)：卫生巾，卫生护垫，婴儿纸尿裤/片，成人纸尿裤/片，湿巾，面巾纸
品牌(Brand)：樱柔，婴柔，英柔

晋江市梦之缘妇幼用品有限公司
Jinjiang Mengzhiyuan Women & Children Articles Co., Ltd.
地址(Add)：福建省晋江市罗山街道许坑社区平安北路126号
邮编(P. C.)：362216
电话(Tel)：0595－88125289
传真(Fax)：0595－88125298
联系人(Contact Person)：吴永义
产品(Products)：婴儿纸尿裤/片，隔尿垫，成人纸尿裤/片，护理垫，卫生巾，卫生护垫
品牌(Brand)：贝优酷，沁香

晋江市永芳纸业有限公司
Jinjiang Yongfang Paper Co., Ltd.
地址(Add)：福建省晋江市罗山许坑工业区
邮编(P. C.)：362200
电话(Tel)：0595－88155554
传真(Fax)：0595－88155554
总经理(General Manager)：吴永富
产品(Products)：卫生巾，卫生护垫，婴儿纸尿裤/片，成人纸尿裤/片，湿巾
品牌(Brand)：卡爽

泉州联合纸业有限公司
Quanzhou Union Paper Co., Ltd.
地址(Add)：福建省晋江市泉州汽车制造基地一号路
邮编(P. C.)：362200
电话(Tel)：0595－22445555
传真(Fax)：0595－22442555
E-mail：36586208@qq. com
Http：//www. upuk. cc
法人代表(Chairman)：王素华
总经理(General Manager)：陈彬
联系人(Contact Person)：陈培钊
产品(Products)：婴儿纸尿裤/片，卫生巾
品牌(Brand)：Momo

晋江安宜洁卫生用品有限公司
Jinjiang Anyijie Hygiene Products Co., Ltd.
地址(Add)：福建省晋江市五里开发区
邮编(P. C.)：362205
电话(Tel)：0595－85755706
联系人(Contact Person)：王恭阅
产品(Products)：卫生巾，卫生护垫，婴儿纸尿裤/片
品牌(Brand)：安宜洁

盛华(中国)发展有限公司
Shenghua China Developing Co., Ltd.
地址(Add)：福建省晋江市五里科技工业园区
邮编(P. C.)：362200
电话(Tel)：0595－88167992
传真(Fax)：0595－85665706
E-mail：929321350@qq. com
Http：//www. ikissbaby. com
法人代表(Chairman)：吴美玲
总经理(General Manager)：庄鸿育
联系人(Contact Person)：庄艳萍
产品(Products)：卫生巾，卫生护垫，婴儿纸尿裤/片
品牌(Brand)：雅佳宜，亲亲贝芘

宝舒奇(中国)有限公司
Baossky (China) Co., Ltd.
地址(Add)：福建省晋江市五里科技工业园裕源路
邮编(P. C.)：362200
电话(Tel)：0595－82593399
传真(Fax)：0595－82593350
E-mail：yehongman@163. com
Http：//www. baoshuqi. com
联系人(Contact Person)：叶宏满
产品(Products)：婴儿纸尿裤
品牌(Brand)：妈儿宝，宝舒奇，嘟嘟爽

晋江市佳月卫生用品有限公司
Jinjiang Jiayue Hygiene Products Co., Ltd.
地址(Add)：福建省晋江市西园街道办事处车厝村
邮编(P. C.)：362200
电话(Tel)：0595－85898933
传真(Fax)：0595－85898932
E-mail：jiayue@jtinggirl. com
Http：//www. jtinggirl. com
法人代表(Chairman)：王进清
总经理(General Manager)：王进清
联系人(Contact Person)：王进清
产品(Products)：卫生巾，卫生护垫，婴儿纸尿裤/片
品牌(Brand)：妙雪，兰诗琪，婴得利

晋江恒乐卫生用品有限公司
Jinjiang Hengle Hygiene Products Co., Ltd.
地址(Add)：福建省晋江市西园街道仕头工业区
邮编(P. C.)：362200
电话(Tel)：0595－85611402
传真(Fax)：0595－85696402
E-mail：jjhengle@gmail. com
Http：//jjhlwsyp. 1688. com
总经理(General Manager)：赖素英
产品(Products)：卫生巾，卫生护垫，婴儿纸尿裤/片

晋江市金晖卫生用品有限公司
Jinjiang Jinhui Sanitary Products Co., Ltd.
地址(Add)：福建省晋江市西园街道仕头工业区
邮编(P. C.)：362200
电话(Tel)：0595－85654888
传真(Fax)：0595－85658959
E-mail：jh1924@sina. com
Http：//www. jhdiaper. com
法人代表(Chairman)：洪耿谋
总经理(General Manager)：洪耿谋
联系人(Contact Person)：洪月理
产品(Products)：卫生巾，卫生护垫，婴儿纸尿裤/片，成人纸尿片
品牌(Brand)：快乐时光，月期，快乐宝宝，助儿爽，宝宝频道

圣安娜妇幼用品有限公司
Shenganna Sanitation Products Co., Ltd.
地址(Add)：福建省晋江市西园街道仕头工业区
邮编(P. C.)：362200
电话(Tel)：0595－85677756
传真(Fax)：0595－85659756
E-mail：286860174@qq. com
法人代表(Chairman)：洪文振
总经理(General Manager)：洪文振
联系人(Contact Person)：洪炳辉
产品(Products)：婴儿纸尿裤/片，卫生巾，卫生护垫
品牌(Brand)：漂亮宝宝，馨菲，诗兰妮

泉州市白天鹅卫生用品有限公司
Quanzhou White Swan Co., Ltd.
地址(Add)：福建省晋江市西园街道特种汽车基地旁白天鹅大厦
邮编(P. C.)：362200
电话(Tel)：0595－85858528
传真(Fax)：0595－85858628
E-mail：whiteswan@qzwhiteswan. com
Http：//www. qzwhiteswan. com
总经理(General Manager)：张清辉
产品(Products)：卫生巾，卫生护垫，婴儿纸尿裤
品牌(Brand)：纯雅，舒莉婷，婴儿爽，快乐叮当

晋江安婷妇幼用品有限公司
Jinjiang Anting Sanitary Products Co., Ltd.
地址(Add)：福建省晋江市西园赖厝工业东区7号
邮编(P. C.)：362200
电话(Tel)：0595－85653868
传真(Fax)：0595－85652868

E-mail：anting@ public. qz. fj. cn
Http：//www. an－ting. com
法人代表(Chairman)：赖永星
总经理(General Manager)：赖永星
联系人(Contact Person)：赖永清
产品(Products)：卫生巾，卫生护垫，婴儿纸尿裤/片
品牌(Brand)：阳光天使，安婷，舒美婷，快乐公主，护你舒

晋江市源泰鑫卫生用品有限公司
Jinjiang Yuantaixin Hygiene Products Co., Ltd.
地址(Add)：福建省晋江市西园霞梧经济开发区
邮编(P. C.)：362200
电话(Tel)：0595－85659899
传真(Fax)：0595－85676512
E-mail：ytx@ yuantaixin. com
法人代表(Chairman)：吴呵木
联系人(Contact Person)：吴幼艺
产品(Products)：卫生巾，卫生护垫，婴儿纸尿裤/片
品牌(Brand)：雅特诗蕾，唯妮，新思缘，冰纯，帮宝乐，鸿馨儿，小调皮

华亿(福建)妇幼用品有限公司
Huayi (Fujian) Sanitation Products Co., Ltd.
地址(Add)：福建省晋江市阳光时代广场金溪路28－30号
邮编(P. C.)：362200
电话(Tel)：0595－82008688
传真(Fax)：0595－82008700
E-mail：gm@ fjhy. com
Http：//www. fjhy. com
法人代表(Chairman)：庄建设
总经理(General Manager)：庄少聪
联系人(Contact Person)：庄建设
产品(Products)：卫生巾，卫生护垫，婴儿纸尿裤/片
品牌(Brand)：黛菲，金博士，香奈儿

晋江市大华妇幼卫生用品有限公司
Jinjiang Dahua Women & Children Hygiene Products Co., Ltd.
地址(Add)：福建省晋江市英林镇港塔工业区
邮编(P. C.)：362256
电话(Tel)：0595－85496081
传真(Fax)：0595－85496091
总经理(General Manager)：林欣欣
联系人(Contact Person)：林兴华
产品(Products)：婴儿纸尿裤/片
品牌(Brand)：宝宝当家

晋江市恒质纸品有限公司
Jinjiang Hengzhi Paper Co., Ltd.
地址(Add)：福建省晋江市永和镇马坪第一工业区恒质纸品工业大厦
邮编(P. C.)：362261
电话(Tel)：0595－82879888
传真(Fax)：0595－82116677
E-mail：hengzhi510@ 163. com
Http：//www. cnhengzhi. com
法人代表(Chairman)：陈文质
联系人(Contact Person)：陈秋婷
产品(Products)：婴儿纸尿裤/片，成人纸尿裤，湿巾，面巾纸
品牌(Brand)：呼噜宝贝，权生，高拉利，健尔

福建妙雅卫生用品有限公司
Fujian Miaoya Sanitary Products Co., Ltd.
地址(Add)：福建省龙海市榜山镇北溪头工业区
邮编(P. C.)：363100
电话(Tel)：0596－6598705
传真(Fax)：0596－6596798
E-mail：miaoya@ miaoya. com
Http：//www. china－miaoya. com
法人代表(Chairman)：黄展顺
总经理(General Manager)：黄展顺
联系人(Contact Person)：黄艳娟
产品(Products)：卫生巾，卫生护垫，婴儿纸尿裤/片
品牌(Brand)：妙雅，娃儿乐，公主日记

天乐卫生用品有限公司
Tianle Sanitary Article Co., Ltd.
地址(Add)：福建省龙岩市长汀县腾飞工业开发区一路34号
邮编(P. C.)：366300
电话(Tel)：0597－6815855
传真(Fax)：0597－6883888
E-mail：tianle－fj@ 163. com
Http：//www. tianle888. com
法人代表(Chairman)：陈品芳
总经理(General Manager)：林健亮
联系人(Contact Person)：林建兵
产品(Products)：卫生巾，卫生护垫，婴儿纸尿裤/片，成人纸尿裤
品牌(Brand)：天乐，天天乐，实爽

龙岩铭丰纸业有限公司
Longyan Mingfeng Paper Co., Ltd.
地址(Add)：福建省龙岩市经济技术开发区
邮编(P. C.)：364012
电话(Tel)：0597－2797866
传真(Fax)：0597－2797866
Http：//www. mingfengzy. com
法人代表(Chairman)：连国强
总经理(General Manager)：蔡锦发
联系人(Contact Person)：刘泉平
产品(Products)：卫生巾，卫生护垫，婴儿纸尿裤/片
品牌(Brand)：优婷，优爽，优儿爽，优爽宝宝

福建恒辉卫生用品有限公司
Fujian Henghui Hygiene Products Co., Ltd.
地址(Add)：福建省龙岩市龙州工业园
邮编(P. C.)：364300
电话(Tel)：0597－2267558
传真(Fax)：0597－2267559
E-mail：1074675968@ qq. com
法人代表(Chairman)：刘元兴
联系人(Contact Person)：何伟贤
产品(Products)：卫生巾，卫生护垫，婴儿纸尿裤/片
品牌(Brand)：舒丽诗，ADC

龙岩祥泰造纸包装有限公司
Fujian Longyan Xiangtai Paper & Package Co., Ltd.
地址(Add)：福建省龙岩市铁山开发区

邮编(P. C.): 364001
电话(Tel): 0597 - 2348234
传真(Fax): 0597 - 2348432
E-mail: lyxt - 1@163. com
法人代表(Chairman): 张万祥
总经理(General Manager): 张万祥
联系人(Contact Person): 张万祥
产品(Products): 卫生纸，婴儿纸尿裤
品牌(Brand): 好心人

福建省媖洁日用品有限公司
Fujian Yingjie Commodity Co., Ltd.
地址(Add): 福建省龙岩市武平县青云山工业区6号
邮编(P. C.): 364300
电话(Tel): 0597 - 4866888
传真(Fax): 0597 - 4866333
E-mail: yingjie - wuping@163. com
Http://www. yingjiefj. com
总经理(General Manager): 邹家兴
联系人(Contact Person): 赖枉芳
产品(Products): 卫生巾，卫生护垫，婴儿纸尿裤
品牌(Brand): 媖洁，健怡

福建兴源森纸业股份有限公司
Fujian Xingyuansen Paper Co., Ltd.
地址(Add): 福建省闽侯县甘蔗街道陈店湖工业区
邮编(P. C.): 350100
电话(Tel): 0591 - 22068518
传真(Fax): 0591 - 22068718
E-mail: zhangjinchu2001@163. com
Http://www. fjxyszy. com
联系人(Contact Person): 章进初
产品(Products): 卫生巾，婴儿纸尿裤/片
品牌(Brand): 舒尔蓓，舒儿配，优莹，嘟嘟宝贝，乐来宝

利洁(福建)卫生用品科技有限公司
Lijie (Fujian) Hygiene Products Technology Co., Ltd.
地址(Add): 福建省南安市丰州镇东门工业区
邮编(P. C.): 362333
电话(Tel): 0595 - 22778828
传真(Fax): 0595 - 22899928
E-mail: 6lijie@163. com
Http://www. ljfy. cn
法人代表(Chairman): 董莉莉
联系人(Contact Person): 魏连宗
产品(Products): 卫生巾，婴儿纸尿裤/片
品牌(Brand): 舒巾宝，贵族女人，童言

泉州白绵纸业有限公司
Quanzhou Baimian Paper Co., Ltd.
地址(Add): 福建省南安市官桥镇泉南创业园16号
邮编(P. C.): 362341
电话(Tel): 0595 - 39013000
传真(Fax): 0595 - 39013005
E-mail: jinjiangbm@163. com
Http://www. cnbaimian. com
总经理(General Manager): 洪小木
联系人(Contact Person): 洪小木
产品(Products): 卫生巾，卫生护垫，婴儿纸尿裤/片，成人纸尿裤/片，生活用纸，湿巾
品牌(Brand): 优贝佳，白绵，优贝洁，好亲密，橄榄树，小家碧玉

南安市恒源妇幼用品有限公司
Nanan Hengyuan Women & Children Articles Co., Ltd.
地址(Add): 福建省南安市洪濑西林工业区
邮编(P. C.): 362331
电话(Tel): 0595 - 86682876
传真(Fax): 0595 - 86688433
E-mail: tiexin@pub2. qz. fj. cn
Http://www. fjhyfy. com
法人代表(Chairman): 黄源水
总经理(General Manager): 黄文锋
联系人(Contact Person): 黄剑锋
产品(Products): 卫生巾，卫生护垫，婴儿纸尿裤/片，成人纸尿裤
品牌(Brand): 贴欣

南安市鑫隆妇幼用品有限公司
Nanan Xinlong Women & Children Articles Co., Ltd.
地址(Add): 福建省南安市洪濑镇东大路
邮编(P. C.): 362331
电话(Tel): 0595 - 86673118
传真(Fax): 0595 - 86693118
E-mail: hlxinlong@vip. sina. com
法人代表(Chairman): 林志煌
总经理(General Manager): 林志煌
联系人(Contact Person): 林志煌
产品(Products): 卫生巾，卫生护垫，婴儿纸尿裤，卫生纸
品牌(Brand): 美丽祝福，生活空间，丹菲诗，舒尔宝

泉州美欣妇幼用品有限公司
Quanzhou Meixin Women & Children Articles Co., Ltd.
地址(Add): 福建省南安市洪濑镇东溪开发区
邮编(P. C.): 362331
电话(Tel): 0595 - 26888266
传真(Fax): 0595 - 26888379
联系人(Contact Person): 李进生
产品(Products): 婴儿纸尿裤/片，成人纸尿裤/片，卫生巾，卫生护垫，床垫，宠物垫，湿巾
品牌(Brand): 洁宝适

天和妇幼日用品有限公司
Tianhe Women & Children Goods for Daily Use Co., Ltd.
地址(Add): 福建省南安市洪濑镇红宫山工业区天和工业园
邮编(P. C.): 362331
电话(Tel): 0595 - 86689278
传真(Fax): 0595 - 86689607
E-mail: gm@fjtianhe. com
Http://www. fjtianhe. com
法人代表(Chairman): 黄志民
总经理(General Manager): 黄志民
联系人(Contact Person): 黄腾龙
产品(Products): 卫生巾，卫生护垫，婴儿纸尿裤/片，成人纸尿裤/片
品牌(Brand): 新欣，阳光之秀，怡儿爽，康复来，排排坐，吸得乐

中天集团(中国)有限公司
AAB Group (China)
地址(Add):福建省南安市洪濑镇中天工业园
邮编(P. C.):362331
电话(Tel):0595－86693688
传真(Fax):0595－86693488
E-mail:market@ aabchina. com
Http://www. aabchina. com
法人代表(Chairman):黄家齐
总经理(General Manager):林勇
联系人(Contact Person):庄碧原
产品(Products):卫生巾,卫生护垫,婴儿纸尿裤/片,成人纸尿裤/片,护理垫,纸巾纸
品牌(Brand):丝婷,可爱宝贝,可爱康,AAB

福建省南安市天天妇幼用品有限公司
Fujian Nanan Tiantian Women & Children Articles Co., Ltd.
地址(Add):福建省南安市洪梅三梅工业园
邮编(P. C.):362330
电话(Tel):0595－86600555
传真(Fax):0595－86687222
E-mail:fcy3555@ 163. com
法人代表(Chairman):范重阳
总经理(General Manager):范重阳
联系人(Contact Person):范重阳
产品(Products):卫生巾,卫生护垫,婴儿纸尿裤/片,生活用纸
品牌(Brand):守护星,超凡入渗

南安市泉发纸品有限公司
Nanan Quanfa Paper Products Co., Ltd.
地址(Add):福建省南安市柳城办事处露江工业区
邮编(P. C.):363000
电话(Tel):0595－86355566
传真(Fax):0595－86371629
联系人(Contact Person):许超阳
产品(Products):成人纸尿裤/片,婴儿纸尿裤/片,卫生巾,卫生护垫,宠物垫
品牌(Brand):怡儿乐,佰护

南安市远大卫生用品厂
Nanan Yuanda Hygiene Products Factory
地址(Add):福建省南安市美林办事处柳美北路南侧
邮编(P. C.):362300
电话(Tel):0595－86280668
传真(Fax):0595－86579678
E-mail:542192181@ qq. com
Http://www. chinayuanda. com. cn
法人代表(Chairman):陈燕治
总经理(General Manager):郑友奎
联系人(Contact Person):郑友套
产品(Products):卫生巾,卫生护垫,婴儿纸尿裤/片,成人纸尿裤/片,护理垫
品牌(Brand):好省新,帮爽,贝趣

福建省南安海峰纸业有限公司
Fujian Nanan Haifeng Paper Co., Ltd.
地址(Add):福建省南安市美林松岭工业区
邮编(P. C.):362300
电话(Tel):0595－86278903
传真(Fax):0595－86278913
E-mail:w13317970801@ 163. com
联系人(Contact Person):王朝进
产品(Products):卫生巾,婴儿纸尿裤/片,生活用纸
品牌(Brand):婕伶

南安日昇纸品有限公司
Nanan Risheng Paper Co., Ltd.
地址(Add):福建省南安市美林玉叶工业区
邮编(P. C.):362300
电话(Tel):0595－86221118
传真(Fax):0595－86221118
E-mail:94171746@ qq. com
联系人(Contact Person):苏少华
产品(Products):婴儿纸尿裤/片

南安市德盛纸品有限公司
Nanan Desheng Paper Products Co., Ltd.
地址(Add):福建省南安市美林玉叶工业区
邮编(P. C.):362300
电话(Tel):0595－86295568
传真(Fax):0595－86295569
E-mail:kangdequan888@ 163. com
Http://www. fjdszp. com
法人代表(Chairman):康德盛
总经理(General Manager):康德盛
联系人(Contact Person):康德全
产品(Products):卫生巾,婴儿纸尿裤
品牌(Brand):心彩研,彩妮娜,泡泡贝比

南安市恒信妇幼卫生用品有限公司
Nanan Hengxin Women & Children Hygiene Products Co., Ltd.
地址(Add):福建省南安市美林玉叶工业区
邮编(P. C.):362300
电话(Tel):0595－86277780
传真(Fax):0595－86277781
E-mail:103187308@ qq. com
总经理(General Manager):康德育
联系人(Contact Person):康德育
产品(Products):卫生巾,卫生护垫,婴儿纸尿裤/片,成人纸尿裤

南安市娇妮生活用品有限公司
Nanan Jiaoni Life Products Co., Ltd.
地址(Add):福建省南安市美林玉叶工业区
邮编(P. C.):361199
电话(Tel):0595－86273364
传真(Fax):0595－86273364
联系人(Contact Person):王志级
产品(Products):卫生巾,婴儿纸尿裤/片
品牌(Brand):婕伶

泉州市爱乐卫生用品有限公司
Quanzhou Aile Hygiene Products Co., Ltd.
地址(Add):福建省南安市美林镇梅亭开发区
邮编(P. C.):362300
电话(Tel):0595－86283176
传真(Fax):0595－86278298
E-mail:lqxian@ qzaile. com
Http://www. qzaile. com

法人代表(Chairman)：黄大宅
总经理(General Manager)：林庆贤
联系人(Contact Person)：林庆贤
产品(Products)：卫生巾，卫生护垫，婴儿纸尿裤/片/拉拉裤，成人纸尿裤/片
品牌(Brand)：爱乐

泉州市现代卫生用品有限公司
Quanzhou Xiandai Sanitary Products Co., Ltd.
地址(Add)：福建省南安市美林镇梅亭开发区
邮编(P. C.)：362300
电话(Tel)：0595-86279882
传真(Fax)：0595-86279881
E-mail：911209921@qq.com
Http://www.qzxiandai.com
法人代表(Chairman)：黄仕洲
总经理(General Manager)：黄仕东
联系人(Contact Person)：尤宁取
产品(Products)：卫生巾，卫生护垫，婴儿纸尿裤/片
品牌(Brand)：薇薇佳，少女时代，芭比娃娃，婴护，适儿爽，菲琦

南安市中泰妇幼卫生用品厂
Nanan Zhongtai Women & Children Articles Factory
地址(Add)：福建省南安市美林镇玉叶工业区
邮编(P. C.)：362300
电话(Tel)：0595-86278796
传真(Fax)：0595-86278797
联系人(Contact Person)：肖团园
产品(Products)：卫生巾，婴儿纸尿裤

福建恒利集团有限公司
Fujian Hengli Group Co., Ltd.
地址(Add)：福建省南安市省新工业区
邮编(P. C.)：362300
电话(Tel)：0595-86252666
传真(Fax)：0595-86252099
E-mail：minsen@fjhl.com.cn
Http://www.fjhl.com.cn
法人代表(Chairman)：吴家荣
总经理(General Manager)：吴家荣
联系人(Contact Person)：陈少明
产品(Products)：卫生巾，卫生护垫，婴儿纸尿裤/片，生活用纸，原纸
品牌(Brand)：好舒爽，舒爽，爽儿宝，好吉利

福建省南安市恒丰纸品有限公司
Fujian Nanan Hengfeng Paper Co., Ltd.
地址(Add)：福建省南安市省新工业区
邮编(P. C.)：362300
电话(Tel)：0595-86235866
传真(Fax)：0595-86233699
E-mail：hongshuqiao1973@163.com
法人代表(Chairman)：吴家能
总经理(General Manager)：吴家能
联系人(Contact Person)：洪书巧
产品(Products)：婴儿纸尿裤/片，成人纸尿裤/片，护理垫，卫生护垫
品牌(Brand)：蓓奇，唯尔康，恒丰

福建省明大卫生用品有限公司
Fujian Mingda Hygienic Thing Co., Ltd.
地址(Add)：福建省南安市省新镇抚茂岭工业区
邮编(P. C.)：362308
电话(Tel)：0595-86233777
传真(Fax)：0595-86255999
E-mail：md@mingda-cn.com
Http://www.fjmingda.com
法人代表(Chairman)：尤建扬
总经理(General Manager)：尤建扬
联系人(Contact Person)：陈超
产品(Products)：卫生巾，卫生护垫，妈咪两用巾，婴儿纸尿裤/片，成人纸尿裤/片，湿巾
品牌(Brand)：清芬，倍儿舒，护大人

南安市洁婷卫生用品有限公司
Nanan Jieting Hygiene Products Co., Ltd.
地址(Add)：福建省南安市水头镇蟠龙开发区农资集团内
邮编(P. C.)：362342
电话(Tel)：0595-86909358
传真(Fax)：0595-86909238
E-mail：info@jieting.net
总经理(General Manager)：吕连虎
联系人(Contact Person)：吕小红
产品(Products)：卫生巾，卫生护垫，婴儿纸尿裤/片
品牌(Brand)：清柔，柔菲，乐期，舒心妈咪

泉州美丽岛生活用品有限公司
Quanzhou Meilidao Household Products Co., Ltd.
地址(Add)：福建省南安市雪峰华侨经济开发区
邮编(P. C.)：362332
电话(Tel)：0595-22888880
传真(Fax)：0595-22681999
法人代表(Chairman)：苏景飞
总经理(General Manager)：苏景飞
联系人(Contact Person)：苏景飞
产品(Products)：卫生巾，婴儿纸尿裤/片
品牌(Brand)：笑乐，如期，贝倍嘉，倍嘉康护

泉州市娇娇乐卫生用品有限公司
Quanzhou Jojo Sanitary Articles Co., Ltd.
地址(Add)：福建省南安市院下工业区
邮编(P. C.)：362343
电话(Tel)：0595-86091998
传真(Fax)：0595-86090998
E-mail：jojole@126.com
法人代表(Chairman)：李秀娇
总经理(General Manager)：李秀娇
联系人(Contact Person)：李秀娇
产品(Products)：卫生巾，卫生护垫，婴儿纸尿裤/片，卫生纸
品牌(Brand)：恋之娇，女生有缘，娇媚，娇媚宝贝，Saude，Comfort

福建恒昌纸品有限公司
Fujian Hengchang Paper Products Co., Ltd.
地址(Add)：福建省南安市镇山工业区
邮编(P. C.)：362308
电话(Tel)：0595-26561888
传真(Fax)：0595-26561999
E-mail：hcgs688@163.com

Http://www.fjhc688.com
法人代表(Chairman):吴家灿
总经理(General Manager):张长福
联系人(Contact Person):张长福
产品(Products):卫生巾,卫生护垫,婴儿纸尿裤/片
品牌(Brand):欣舒宝,护儿宝,佳丽丝

雅芬(福建)卫生用品有限公司
Yafen (Fujian) Hygienic Products Co., Ltd.
地址(Add):福建省南平市炉下工业园区
邮编(P. C.):353000
电话(Tel):0599-8455588
传真(Fax):0599-8455566
E-mail:yafenzhb@hkyafen.com
Http://www.hkyafen.com
联系人(Contact Person):孙仪
产品(Products):卫生巾,卫生护垫,成人纸尿裤/片,婴儿纸尿裤/片
品牌(Brand):雅芬

荷明斯卫生制品有限公司
Hummings Hygiene Products Co., Ltd.
地址(Add):福建省莆田市涵江区江口海星街
邮编(P. C.):351111
电话(Tel):0594-3612391
传真(Fax):0594-3612392
E-mail:gui0707@hanmail.net
Http://www.hummings.net
总经理(General Manager):郑贵福
联系人(Contact Person):郑贵福
产品(Products):卫生巾,卫生护垫,婴儿纸尿裤
品牌(Brand):荷明斯

福建省莆田市恒盛卫生用品有限公司
Putian Hengsheng Hygiene Products Co., Ltd.
地址(Add):福建省莆田市涵江区三江民营企业城
邮编(P. C.):351111
电话(Tel):0594-3584777
传真(Fax):0594-3366863
E-mail:fmd@zghengsheng.com
法人代表(Chairman):方明栋
产品(Products):卫生巾,卫生护垫,婴儿纸尿裤
品牌(Brand):小佳人,雅丝莉,睡得香,佳人,舒逸情,小行家

亿发纸业(福建)有限公司
Yifa Paper (Fujian) Co., Ltd.
地址(Add):福建省莆田市涵江区新涵工业区
邮编(P. C.):351111
电话(Tel):0594-3397998
传真(Fax):0594-3566998
E-mail:yifazjl@126.com
Http://www.yifagroup.com
法人代表(Chairman):郑俊杰
总经理(General Manager):许韩飞
联系人(Contact Person):郑剑丽
产品(Products):婴儿纸尿裤,卫生巾,卫生护垫,卫生纸,面巾纸,餐巾纸,擦手纸,厨房纸巾,原纸,湿巾
品牌(Brand):手心缘,手心宝贝,幸福风,亲尔,手心呵护

福建省荔城纸业有限公司
Fujian Licheng Paper Co., Ltd.
地址(Add):福建省莆田市华亭镇郊溪工业区
邮编(P. C.):351139
电话(Tel):0594-2029839
传真(Fax):0594-2029539
E-mail:394150028@qq.com
Http://www.fjlicheng.com
法人代表(Chairman):黄丽梅
总经理(General Manager):林元剑
联系人(Contact Person):林元胜
产品(Products):卫生巾,卫生护垫,婴儿纸尿裤/片,成人纸尿裤/片,湿巾,妈咪巾
品牌(Brand):佳爽,佳爽爱康

福建莆田佳通纸制品有限公司
G. T. Paper Co., Ltd. Putian Fujian
地址(Add):福建省莆田市江口镇海星街
邮编(P. C.):351115
电话(Tel):0594-3697690
传真(Fax):0594-3697692
E-mail:xdqgt@163.com
Http://www.gtpaper.com
法人代表(Chairman):林美凤
总经理(General Manager):李玉坤
联系人(Contact Person):徐德清
产品(Products):卫生巾,卫生护垫,婴儿纸尿裤,湿巾
品牌(Brand):柔爱,雪薇,佳馨,舒宝

好乐(福建)卫生用品有限公司
Haole (Fujian) Health Products Co., Ltd.
地址(Add):福建省泉州南安市康美镇团结大康工业区
邮编(P. C.):363000
电话(Tel):0595-86821789
传真(Fax):0595-86823789
E-mail:haolebeibei@163.com
Http://www.hlbb.cc
法人代表(Chairman):黄大宅
总经理(General Manager):陈剑鹏
联系人(Contact Person):黄大宅
产品(Products):婴儿纸尿裤/片
品牌(Brand):好乐贝贝

泉州市非凡卫生用品有限公司
Quanzhou Feifan Sanitary Products Co., Ltd.
地址(Add):福建省泉州市北门外普贤路田洋
邮编(P. C.):362002
电话(Tel):0595-28001019
传真(Fax):0595-28001019
联系人(Contact Person):许焕洲
产品(Products):卫生巾,卫生护垫,婴儿纸尿裤
品牌(Brand):非凡女人,非凡宝贝

乐百惠(福建)卫生用品有限公司
Lebaihui (Fujian) Hygiene Products Co., Ltd.
地址(Add):福建省泉州市东海滨城工业区东滨路
邮编(P. C.):362000
电话(Tel):0595-28788909
传真(Fax):0595-28288909
Http://www.乐百惠.com
总经理(General Manager):黄瑞莲

联系人(Contact Person)：黄瑞莲
产品(Products)：卫生巾，婴儿纸尿裤，生活用纸
品牌(Brand)：QQ 女孩，Oral，乐百惠

泉州市玖安卫生用品有限公司
Quanzhou Jiuan Sanitary Products Co., Ltd.
地址(Add)：福建省泉州市东海滨城工业区东滨路新兴工业楼
邮编(P. C.)：362000
电话(Tel)：0595－22915829
传真(Fax)：0595－22909967
Http://www. qzjiuan. com
总经理(General Manager)：赖宗伟
联系人(Contact Person)：赖宗伟
产品(Products)：卫生巾，卫生护垫，婴儿纸尿裤
品牌(Brand)：护伊宝，自然舒，新姿，梦思恋

泉州市远大生活用品有限公司
Quanzhou Yuanda Subsistence Thing Co., Ltd.
地址(Add)：福建省泉州市丰泽普贤路群山工业区
邮编(P. C.)：362008
电话(Tel)：0595－22881799
传真(Fax)：0595－22887268
联系人(Contact Person)：黄荣辉
产品(Products)：卫生巾，卫生护垫，婴儿纸尿裤
品牌(Brand)：娇恋，爽肤宝

泉州市新世纪卫生用品有限公司
Quanzhou Xinshiji Hygiene Appliance Co., Ltd.
地址(Add)：福建省泉州市丰泽区北峰普贤路群峰工业区
邮编(P. C.)：362000
电话(Tel)：0595－22761386
传真(Fax)：0595－22761396
Http://www. qzxsj. com
法人代表(Chairman)：黄金水
总经理(General Manager)：黄金水
联系人(Contact Person)：黄金水
产品(Products)：卫生巾，卫生护垫，婴儿纸尿裤/片
品牌(Brand)：时尚少女

泉州蓝蜻蜓卫生用品有限公司
Quanzhou Blue Dragonfly Hygiene Products Co., Ltd.
地址(Add)：福建省泉州市丰泽区北峰霞美工业园蓝蜻蜓大厦
邮编(P. C.)：362000
电话(Tel)：0595－22560766
传真(Fax)：0595－22116466
E-mail：bddiaper02@ gmail. com
法人代表(Chairman)：朱慧瑜
总经理(General Manager)：薛明和
联系人(Contact Person)：胡龙生
产品(Products)：卫生巾，卫生护垫，婴儿纸尿裤
品牌(Brand)：蓝蜻蜓，安妮芙，爱心 QQ，心相思，SHE，婴皇，海绵宝宝，福建贝贝，梦之羽，月韵

盛鸿达卫生用品有限公司
Shenghongda Hygiene Products Co., Ltd.
地址(Add)：福建省泉州市丰泽区普贤路(群石小学旁)
邮编(P. C.)：362000
电话(Tel)：0595－22767198
传真(Fax)：0595－22767298
E-mail：powhatan@ cn－shd. com
Http://www. cn－shd. com
法人代表(Chairman)：赖建国
总经理(General Manager)：黄福来
联系人(Contact Person)：陈荣辉
产品(Products)：卫生巾，卫生护垫，婴儿纸尿裤/片，成人纸尿裤
品牌(Brand)：妍韵，倍儿健，倍美健，倍安健，艺术人生

福建省泉州市天益妇幼用品有限公司
Quanzhou Tianyi Women & Children Articles Co., Ltd.
地址(Add)：福建省泉州市丰泽区普贤路群山工业区上下村路口
邮编(P. C.)：362121
电话(Tel)：0595－28131195
传真(Fax)：0595－28131195
Http://www. 安好. com
联系人(Contact Person)：蔡海川
产品(Products)：婴儿纸尿裤，卫生巾，成人纸尿裤
品牌(Brand)：安好

泉州市康洁纸业用品有限公司
Quanzhou Kangjie Paper Products Co., Ltd.
地址(Add)：福建省泉州市丰泽区普贤路群石工业区
邮编(P. C.)：362000
电话(Tel)：0595－22751888
传真(Fax)：0595－22751889
E-mail：h－ho22751888@ sohu. com
总经理(General Manager)：黄火
联系人(Contact Person)：黄火
产品(Products)：卫生巾，卫生护垫，婴儿纸尿裤
品牌(Brand)：快洁，贤惠女孩

泉州市星华生活用品有限公司
Quanzhou Xinghua Commodity Co., Ltd.
地址(Add)：福建省泉州市丰泽区泉山路一八零路口
邮编(P. C.)：362000
电话(Tel)：0595－86860088
传真(Fax)：0595－86860088
总经理(General Manager)：李斯恩
产品(Products)：卫生巾，湿巾，婴儿纸尿裤/片
品牌(Brand)：8 度灵感

泉州市群英妇幼用品有限公司
Quanzhou Qunying Women & Children Articles Co., Ltd.
地址(Add)：福建省泉州市丰泽区泉秀路先锋大厦
邮编(P. C.)：362000
电话(Tel)：0595－22150395
传真(Fax)：0595－22535796
Http://www. kudoudou. net
联系人(Contact Person)：洪华平
产品(Products)：婴儿纸尿裤/片
品牌(Brand)：酷兜兜

富骊卫生用品(泉州)有限公司
Fuli Sanitary Articles (Quanzhou) Co., Ltd.
地址(Add)：福建省泉州市黄塘工业区(台商基地)
邮编(P. C.)：362268
电话(Tel)：0595－87281666
传真(Fax)：0595－87281555

E-mail：chenchunyou@ yeah. net
Http：//www. fulicn. com
总经理（General Manager）：郑富清
联系人（Contact Person）：陈纯有
产品（Products）：卫生巾，卫生护垫，婴儿纸尿裤/片
品牌（Brand）：永高人，彤洁

泉州市金丝雀卫生用品有限公司
Quanzhou Canary Hygienic Products Co., Ltd.
地址（Add）：福建省泉州市惠安黄塘台商开发区 2 号路
邮编（P. C.）：362101
电话（Tel）：0595 – 87287198
传真（Fax）：0595 – 87287298
E-mail：qzjinboxin@ 163. com
联系人（Contact Person）：郑山
产品（Products）：婴儿纸尿裤，卫生巾，卫生护垫，成人纸尿裤，护理垫

泉州凤新纸业制品有限公司
Quanzhou Fengxin Paper Co., Ltd.
地址（Add）：福建省泉州市惠安惠东工业园区（涂寨片）
邮编（P. C.）：362123
电话（Tel）：0595 – 27878989
传真（Fax）：0595 – 87209089
E-mail：qz11897@ 126. com
联系人（Contact Person）：张水木
产品（Products）：面巾纸，卫生纸，手帕纸，卫生巾，纸尿裤
品牌（Brand）：凤新，新和欣

惠安和成日用品有限公司
Fujian Huian Hecheng Household Products Co., Ltd.
地址（Add）：福建省泉州市惠安县东园新沙工业区
邮编（P. C.）：362122
电话（Tel）：0595 – 87586756
传真（Fax）：0595 – 87586758
E-mail：hengcan@ qzhecheng. com
Http：//www. hkhshc. com
法人代表（Chairman）：黄晏来
总经理（General Manager）：王业运
联系人（Contact Person）：王业运
产品（Products）：卫生巾，卫生护垫，婴儿纸尿裤/片，成人纸尿裤/片，护理垫，面巾纸
品牌（Brand）：相约，洁明，乐帮适，皇氏，绿尔爽

雀氏（福建）实业发展有限公司
Chiaus (Fujian) Industrial Development Co., Ltd.
地址（Add）：福建省泉州市惠安县惠东工业区通港路 6 号
邮编（P. C.）：362133
电话（Tel）：0595 – 87203333
传真（Fax）：0595 – 87202333
E-mail：91work@ 163. com
Http：//www. chiaus. com
法人代表（Chairman）：郑佳明
总经理（General Manager）：郑佳明
联系人（Contact Person）：罗毅
产品（Products）：婴儿纸尿裤/片，成人纸尿裤，护理垫，湿巾，卫生巾，生活用纸
品牌（Brand）：雀氏，班乐士，水知道，心巢

鸣宝生活用品（福建）有限公司
Minbow (Fujian) Co., Ltd.
地址（Add）：福建省泉州市晋江磁灶镇泉州出口加工区 7 号厂房
邮编（P. C.）：362214
电话（Tel）：0595 – 85931596
传真（Fax）：0595 – 85931592
E-mail：minbow@ minbow. cn
Http：//www. minbow. cn
联系人（Contact Person）：庄铮蓉
产品（Products）：婴儿纸尿裤，成人纸尿裤，护理垫

福建泉州环宇妇幼用品有限公司
Fujian Quanzhou Huanyu Women & Children Articles Co., Ltd.
地址（Add）：福建省泉州市晋江区玉盘工业园
邮编（P. C.）：362200
电话（Tel）：0595 – 85955433
传真（Fax）：0595 – 85957433
法人代表（Chairman）：郑景生
总经理（General Manager）：郑景生
联系人（Contact Person）：郑景生
产品（Products）：卫生巾，卫生护垫，婴儿纸尿裤/片
品牌（Brand）：邻家女孩，妙恋，舒适空间，金孩儿

明芳卫生用品（中国）有限公司
Mingfang Health Products (China) Co., Ltd.
地址（Add）：福建省泉州市鲤城区浮桥办黄石工业区
邮编（P. C.）：362000
电话（Tel）：0595 – 22426280
传真（Fax）：0595 – 22425280
E-mail：lbshappy2007@ 163. com
Http：//www. lbsdiapers. com. cn
法人代表（Chairman）：吴志坚
总经理（General Manager）：吴志坚
联系人（Contact Person）：赖阿萍
产品（Products）：婴儿纸尿裤/片，成人纸尿裤/片
品牌（Brand）：乐宝氏，舒心宝贝，舒伴，康大人

泉州市恒亿卫生用品有限公司
Quanzhou Hengyi Hygiene Products Co., Ltd.
地址（Add）：福建省泉州市洛江河市白洋后余
邮编（P. C.）：362000
电话（Tel）：0595 – 22769288
传真（Fax）：0595 – 22769388
E-mail：laihuaihe@ 163. com
Http：//www. hydiaper. com
法人代表（Chairman）：赖三宝
总经理（General Manager）：赖三宝
联系人（Contact Person）：赖淮河
产品（Products）：婴儿纸尿裤

泉州市嘉华卫生用品有限公司
Quanzhou Jiahua Sanitary Articles Co., Ltd.
地址（Add）：福建省泉州市洛江河市工业区
邮编（P. C.）：362013
电话（Tel）：0595 – 28022899
传真（Fax）：0595 – 28022998
E-mail：jiahua@ qzde. com
Http：//qzhengle. 1688. com
法人代表（Chairman）：尤华山
总经理（General Manager）：尤华山

联系人(Contact Person)：尤华山
产品(Products)：卫生巾，婴儿纸尿裤/片
品牌(Brand)：安妮娜，宜婴

泉州市创利卫生用品有限公司
Quanzhou Chuangli Health Thing Co., Ltd.
地址(Add)：福建省泉州市洛江区航空旅游城
邮编(P. C.)：362000
电话(Tel)：0595 - 87590123
传真(Fax)：0595 - 87599123
E-mail：qzchuangli@ sina. com
Http：//www. qzchuangli. com
法人代表(Chairman)：郭志明
总经理(General Manager)：郭志明
联系人(Contact Person)：郭秋玲
产品(Products)：卫生巾，卫生护垫，婴儿纸尿裤/片
品牌(Brand)：美丽人生，才女，ASE，嘘嘘宝贝，贝佳

泉州市金汉妇幼卫生用品有限公司
Jinhan Women & Baby Sanitary Products Co., Ltd.
地址(Add)：福建省泉州市洛江区河市白洋工业区
邮编(P. C.)：362000
电话(Tel)：0595 - 22619767
传真(Fax)：0595 - 22619767
E-mail：903482165@ qq. com
Http：//www. tuxeuhan. cn. alibaba. com
法人代表(Chairman)：苏延年
总经理(General Manager)：涂雪花
联系人(Contact Person)：涂雪花
产品(Products)：卫生巾，卫生护垫，婴儿纸尿裤/片，成人纸尿裤/片
品牌(Brand)：红心片

泉州市南方卫生用品有限公司
Quanzhou Nanfang Hygiene Article Co., Ltd.
地址(Add)：福建省泉州市洛江区河市禾洋工业区
邮编(P. C.)：362012
电话(Tel)：0595 - 22798849
传真(Fax)：0595 - 22797849
E-mail：laihanshui@ cnnanfang. com
Http：//www. cnnanfang. com
法人代表(Chairman)：赖汉水
总经理(General Manager)：陈桂兰
联系人(Contact Person)：曾如画
产品(Products)：婴儿纸尿裤/片，卫生巾，卫生护垫
品牌(Brand)：花姿娇，丹琪，兰芳

泉州市恒雪卫生用品有限公司
Quanzhou Hengxue Hygiene Products Co., Ltd.
地址(Add)：福建省泉州市洛江区河市镇河市工业区
邮编(P. C.)：362000
电话(Tel)：0595 - 22037210
传真(Fax)：0595 - 22036095
总经理(General Manager)：陈国辉
联系人(Contact Person)：黄雪珍
产品(Products)：卫生巾，婴儿纸尿裤
品牌(Brand)：娅菲，背影女孩，比比酷

泉州市宝利来卫生用品有限公司
Quanzhou Baolilai Sanitary Articles Co., Ltd.
地址(Add)：福建省泉州市洛江区河市镇霞溪工业区
邮编(P. C.)：362000
电话(Tel)：0595 - 22685199
传真(Fax)：0595 - 22685099
Http：//www. fjwsj. com
法人代表(Chairman)：尤永祥
总经理(General Manager)：黄国平
联系人(Contact Person)：黄国平
产品(Products)：卫生巾，卫生护垫，婴儿纸尿裤/片
品牌(Brand)：高乐洁，妙琦，安倍爽，婴佳宜

益佰堂(泉州)卫生用品有限公司
Yibaitang (Quanzhou) Health Products Co., Ltd.
地址(Add)：福建省泉州市洛江区河市镇霞溪工业区
邮编(P. C.)：362000
电话(Tel)：0595 - 22008859
传真(Fax)：0595 - 22662058
Http：//www. 0595ybt. com
总经理(General Manager)：彭旺
联系人(Contact Person)：彭旺
产品(Products)：卫生巾，卫生护垫，婴儿纸尿裤/片
品牌(Brand)：忆念美，娇尔舒，靓彩，喜兜兜

新时代妇幼卫生用品有限公司
Newera Women & Children Products Co., Ltd.
地址(Add)：福建省泉州市洛江区南山工业区
邮编(P. C.)：362012
电话(Tel)：0595 - 22068000
传真(Fax)：0595 - 22067266
总经理(General Manager)：王孙根
联系人(Contact Person)：王孙根
产品(Products)：卫生巾，卫生护垫，婴儿纸尿裤/片
品牌(Brand)：贤惠女孩，舒佳美，玲珑宝贝，曼妙，开心女孩，婴适宝

泉州天娇妇幼卫生用品有限公司
Quanzhou Tianjiao Women & Baby's Hygiene Supply Co., Ltd.
地址(Add)：福建省泉州市洛江区双阳华侨经济开发区
邮编(P. C.)：362000
电话(Tel)：0595 - 22779509
传真(Fax)：0595 - 22787703
E-mail：itiji@ 126. com
Http：//www. itianjiao. com
法人代表(Chairman)：俞锦章
总经理(General Manager)：俞晓强
联系人(Contact Person)：俞晓铭
产品(Products)：婴儿纸尿裤/片，卫生巾，卫生护垫，成人纸尿裤，护理垫
品牌(Brand)：千资美，家得宝，友伴

福建省泉州市盛峰卫生用品有限公司
Fujian Shengfeng Hygiene Products Co., Ltd.
地址(Add)：福建省泉州市洛江区双阳华侨万亩开发区
邮编(P. C.)：362000
电话(Tel)：0595 - 28013782
传真(Fax)：0595 - 28013781
Http：//www. qzshengfeng. com
法人代表(Chairman)：梁伟成
总经理(General Manager)：梁伟成
联系人(Contact Person)：梁汝峰
产品(Products)：婴儿纸尿裤/片，成人纸尿裤/片，卫生

巾，卫生护垫，湿巾，卫生纸

天益(福建)妇幼用品科技股份有限公司
Tianyi (Fujian) Women & Children Articles Co., Ltd.
地址(Add)：福建省泉州市洛江区双阳经济开发区(中宁钢贸市场)3号2层
邮编(P.C.)：362012
电话(Tel)：0595－28760588－802
传真(Fax)：0595－28233138
E-mail：84144295@qq.com
联系人(Contact Person)：曾秋波
产品(Products)：卫生巾，卫生护垫，婴儿纸尿裤/片，成人纸尿裤
品牌(Brand)：贴心妈咪

泉州市恒毅卫生用品有限公司
Quanzhou Hengyi Hygiene Products Co., Ltd.
地址(Add)：福建省泉州市洛江区双阳镇南山居委会阳江路边
邮编(P.C.)：362000
电话(Tel)：0595－22067788
传真(Fax)：0595－22067799
Http://www.chinahengyi.com
法人代表(Chairman)：黄小宏
总经理(General Manager)：黄晓云
联系人(Contact Person)：黄晓云
产品(Products)：卫生巾，婴儿纸尿裤/片
品牌(Brand)：恒毅，好搭档

泉州市汇丰妇幼用品有限公司
Quanzhou Huifeng Sanitary Things Co., Ltd.
地址(Add)：福建省泉州市洛江区塘西工业区
邮编(P.C.)：362000
电话(Tel)：0595－22773855
传真(Fax)：0595－22770222
E-mail：huifengfy@163.com
Http://www.huifeng－cn.com
法人代表(Chairman)：赖和元
总经理(General Manager)：赖南生
联系人(Contact Person)：方思汉
产品(Products)：卫生巾，卫生护垫，婴儿纸尿裤/片
品牌(Brand)：妙缘，雅逸

泉州市爱丽诗卫生用品有限公司
Quanzhou Ailishi Hygiene Thing Co., Ltd.
地址(Add)：福建省泉州市洛江区塘西工业区二期A6地块
邮编(P.C.)：362000
电话(Tel)：0595－22655788
传真(Fax)：0595－22655799
E-mail：huangshixian168@yeah.net
Http://www.qzailishi.com
法人代表(Chairman)：黄诗贤
总经理(General Manager)：黄诗贤
联系人(Contact Person)：黄宝腾
产品(Products)：卫生巾，卫生护垫，婴儿纸尿片，成人纸尿裤，护理垫
品牌(Brand)：美期，非常女生

泉州市大华卫生用品有限公司
Quanzhou Dahua Hygiene Products Co., Ltd.
地址(Add)：福建省泉州市洛江区塘西工业园区宁祥大厦
邮编(P.C.)：362010
电话(Tel)：0595－22639392
传真(Fax)：0595－22639392
联系人(Contact Person)：潘芳
产品(Products)：婴儿纸尿裤，卫生巾，卫生护垫，成人纸尿裤，护理垫
品牌(Brand)：妙妃

泉州市洛江区创佳妇幼纸品有限公司
Quanzhou Chuangjia Women & Infants' Paper Products Co., Ltd.
地址(Add)：福建省泉州市洛江区塘西工业园区新南路
邮编(P.C.)：362000
电话(Tel)：0595－22792262
传真(Fax)：0595－22792263
Http://www.qzcjfy.com
总经理(General Manager)：赖日生
联系人(Contact Person)：潘建胜
产品(Products)：卫生巾，卫生护垫，婴儿纸尿裤，成人纸尿裤，生活用纸
品牌(Brand)：期约，舒月，婴适宝，逗你玩

泉州市祥禾卫生用品有限公司
Quanzhou Xianghe Hygiene Products Co., Ltd.
地址(Add)：福建省泉州市洛江区万安工业区
邮编(P.C.)：362000
电话(Tel)：0595－28673388
传真(Fax)：0595－28673399
联系人(Contact Person)：黄琼红
产品(Products)：卫生巾，卫生护垫，婴儿纸尿裤/片

福建省泉州恒康妇幼卫生用品有限公司
Fujian Quanzhou Hengkang Women & Children Article Co., Ltd.
地址(Add)：福建省泉州市洛江区万安科技园1号路
邮编(P.C.)：362010
电话(Tel)：0595－22658266
传真(Fax)：0595－22658366
法人代表(Chairman)：杜成剑
总经理(General Manager)：杜成艺
联系人(Contact Person)：曾泽洋
产品(Products)：卫生巾，卫生护垫，婴儿纸尿裤/片
品牌(Brand)：梦18，欧梦洁，雪贝儿，梦蕾

福建省汉和护理用品有限公司
Fujian Hanhe Sanitary Products Co., Ltd.
地址(Add)：福建省泉州市洛江双阳工业园区
邮编(P.C.)：362012
电话(Tel)：0592－22069302
传真(Fax)：0592－22069301
E-mail：hanhehuli@163.com
Http://www.hanhe－diaper.com
法人代表(Chairman)：颜达根
总经理(General Manager)：颜达根
联系人(Contact Person)：陈挺羽
产品(Products)：婴儿纸尿裤，成人纸尿裤，护理垫
品牌(Brand)：啊喔咿

佳禾(中国)有限公司
Joyhome (China) Co., Ltd.
地址(Add)：福建省泉州市洛江双阳华侨经济开发区

邮编(P. C.)：362000
电话(Tel)：0595－28761222
传真(Fax)：0595－28761333
Http：//www. icomebaby. com
法人代表(Chairman)：刘德辉
总经理(General Manager)：刘德辉
联系人(Contact Person)：王志军
产品(Products)：婴儿纸尿裤/片，卫生巾，湿巾
品牌(Brand)：佳贝爽，佳欣

泉州市华芳卫生用品有限公司
Quanzhou Huafang Hygiene Appliance Co., Ltd.
地址(Add)：福建省泉州市洛江塘西工业区
邮编(P. C.)：362000
电话(Tel)：0595－22657599
传真(Fax)：0595－22659978
总经理(General Manager)：黄源成
联系人(Contact Person)：王永良
产品(Products)：卫生巾，卫生护垫，婴儿纸尿裤/片
品牌(Brand)：华芳

泉州市金伟卫生用品有限公司
Quanzhou Jinwei Health Products Co., Ltd.
地址(Add)：福建省泉州市南安康美镇福新工业区
邮编(P. C.)：362300
电话(Tel)：0595－86226335
传真(Fax)：0595－22633963
E-mail：kdy5898@ vip. qq. com
Http：//www. jewill. com
总经理(General Manager)：康冬阳
联系人(Contact Person)：康冬阳
产品(Products)：婴儿纸尿裤/片，卫生巾，成人纸尿裤/片
品牌(Brand)：婴帮

泉州市都市丽人实业有限公司
Quanzhou City Beauty Industrial Co., Ltd.
地址(Add)：福建省泉州市南安梅山工业区
邮编(P. C.)：362321
电话(Tel)：0595－86595258
传真(Fax)：0595－86595258
E-mail：1981226989@ qq. com
联系人(Contact Person)：黄荣华
产品(Products)：卫生巾，卫生护垫，婴儿纸尿裤，面巾纸
品牌(Brand)：都市丽人

泉州市怡洁纸业有限公司
Quanzhou Yijie Women and Children Articles Co., Ltd.
地址(Add)：福建省泉州市清濛技术开发区
邮编(P. C.)：362000
电话(Tel)：0595－22497777
传真(Fax)：0595－22499889
Http：//www. qzyijie. com
法人代表(Chairman)：谢火炎
总经理(General Manager)：谢家声
联系人(Contact Person)：谢火炎
产品(Products)：卫生巾，卫生护垫，婴儿纸尿裤/片，护理垫
品牌(Brand)：洁尔丝，洁儿需，宜而乐，宜而雅

泉州丰华卫生用品有限公司
Quanzhou Fenghua Sanitary Products Co., Ltd.
地址(Add)：福建省泉州市台商投资区
邮编(P. C.)：362122
电话(Tel)：0595－28017777
传真(Fax)：0595－28063777
联系人(Contact Person)：赖晓彬
产品(Products)：婴儿纸尿裤，卫生巾，卫生护垫
品牌(Brand)：采姿，益经，益经草，自由天使，水白晶，缘分QQ，亲亲护士

福建省利澳纸业有限公司
Fujian Liao Paper Co., Ltd.
地址(Add)：福建省泉州市台商投资区(洛阳正大工业园)4区A11号
邮编(P. C.)：362121
电话(Tel)：0595－27580777
传真(Fax)：0595－27390187
E-mail：liaopeilibo@ 163. com
Http：//www. lebydiaper. com
法人代表(Chairman)：丁祺灿
总经理(General Manager)：丁显祖
联系人(Contact Person)：裴丽波
产品(Products)：婴儿纸尿裤，成人纸尿裤
品牌(Brand)：乐贝，倍爱宁

元龙(福建)日用品有限公司
Yuanlong (Fujian) Commodity Co., Ltd.
地址(Add)：福建省泉州市永春探花山工业园区
邮编(P. C.)：362216
电话(Tel)：0595－23716268
传真(Fax)：0595－23716868
E-mail：jinririhua@ rad－china. com
Http：//www. yl－fj. com
联系人(Contact Person)：卓金金
产品(Products)：婴儿纸尿裤/片
品牌(Brand)：安贝拉，婴才

泉州来亚丝卫生用品有限公司
Quanzhou Laiyasi Hygiene Products Co., Ltd.
地址(Add)：福建省泉州市永春县横口双恒工业园区
邮编(P. C.)：362619
电话(Tel)：0595－23973908
传真(Fax)：0595－23973678
E-mail：827809222@ qq. com
Http：//www. 来亚丝. com
法人代表(Chairman)：张栋梁
联系人(Contact Person)：余金枝
产品(Products)：卫生巾，卫生护垫，婴儿纸尿裤/片，面巾纸，卫生纸
品牌(Brand)：来亚丝，奥莉丝，天嬉娃娃

三明市康尔佳卫生用品有限公司
Sanming Kangerjia Sanitary Products Co., Ltd.
地址(Add)：福建省三明市高新技术产业开发区金沙园六三路
邮编(P. C.)：365000
电话(Tel)：0598－5057798
传真(Fax)：0598－5057796
E-mail：web@ sx6h. com
Http：//www. kangerjia. com

法人代表(Chairman)：陈夏清
总经理(General Manager)：连辉俱
联系人(Contact Person)：郑景缤
产品(Products)：卫生巾，卫生护垫，婴儿纸尿裤/片，面巾纸
品牌(Brand)：蓓乐爽

福建省三明市宏源卫生用品有限公司
Fujian Sanming Hongyuan Sanitary Things Co., Ltd.
地址(Add)：福建省三明市三元区荆东开发区
邮编(P. C.)：365000
电话(Tel)：0598－8399998
传真(Fax)：0598－8399966
E-mail：zx19720527@126. com
Http：//www. hywsyp. com. cn
法人代表(Chairman)：叶秋水
总经理(General Manager)：叶秋水
联系人(Contact Person)：叶强水
产品(Products)：卫生巾，卫生护垫，卫生纸，餐巾纸，手帕纸，面巾纸，婴儿纸尿裤/片
品牌(Brand)：女友，贝族6+1，宏叶

美佳爽(福建)卫生用品有限公司
Mega Soft (Fujian) Hygiene Products Co., Ltd.
地址(Add)：福建省石狮市南环路双龙新村美佳爽工业大厦
邮编(P. C.)：362700
电话(Tel)：0595－83093722
传真(Fax)：0595－83093922
E-mail：sales5@cnmegasoft. com
Http：//www. cnmegasoft. com
法人代表(Chairman)：陈汉河
总经理(General Manager)：王振仁
联系人(Contact Person)：周裕明
产品(Products)：卫生巾，卫生护垫，婴儿纸尿裤/片，成人纸尿裤
品牌(Brand)：先施，奇酷，强臣

石狮市绿色空间卫生用品有限公司
Shishi Green Space Hygiene Utensil Co., Ltd.
地址(Add)：福建省石狮市石湖工业园区滨海一路
邮编(P. C.)：362700
电话(Tel)：0595－88682088
传真(Fax)：0595－88682099
E-mail：lskj@mail. booksir. com
总经理(General Manager)：郑荣钦
产品(Products)：卫生巾，卫生护垫，婴儿纸尿裤，湿巾
品牌(Brand)：绿色空间，超级贝贝

厦门帝尔特企业有限公司
Xiamen Modern Delta Ltd.
地址(Add)：福建省厦门市湖滨北路金星路61－69号
邮编(P. C.)：361012
电话(Tel)：0592－5118588
传真(Fax)：0592－5054603
E-mail：xlli168@163. com
Http：//www. ivorybaby. com
联系人(Contact Person)：李信亮
产品(Products)：婴儿纸尿裤/片，湿巾
品牌(Brand)：爱得利，利儿康，人之初，贝芬妮诗

厦门亚隆日用品有限公司
Xiamen Yalong Commodity Co., Ltd.
地址(Add)：福建省厦门市湖滨南路819号宝福大厦24F
邮编(P. C.)：361004
电话(Tel)：0592－5832198
传真(Fax)：0592－5832199
E-mail：yalong01@yalong. cc
Http：//www. yalong. cc
总经理(General Manager)：唐锋太
产品(Products)：卫生巾，卫生护垫，婴儿纸尿裤，成人纸尿裤，护理垫，湿巾
品牌(Brand)：康护体

厦门安奇儿日用品有限公司
Xiamen Anqier Commodity Co., Ltd.
地址(Add)：福建省厦门市湖里高新技术园安岭二路89号金凤大厦9008室
邮编(P. C.)：361012
电话(Tel)：0592－5776826
传真(Fax)：0592－5776927
E-mail：anqierxm@163. com
Http：//www. anqierbaby. com
总经理(General Manager)：陆则桥
联系人(Contact Person)：陆则桥
产品(Products)：婴儿纸尿裤
品牌(Brand)：安奇儿

厦门菲玛特妇幼用品有限公司
Xiamen Feimart Matemity & Child Articles Co., Ltd.
地址(Add)：福建省厦门市湖里区嘉禾路388号永同昌大厦8B2
邮编(P. C.)：361000
电话(Tel)：0592－5500869
传真(Fax)：0592－5516059
E-mail：fat@fatxm. com
Http：//www. fmtxm. com
总经理(General Manager)：胡晓霖
联系人(Contact Person)：谢星星
产品(Products)：卫生巾，婴儿纸尿裤
品牌(Brand)：艾菲玛仕，靓彩，喜兜兜，杰宝

婴氏(福建)纸业有限公司
Yingshi (Fujian) Paper Co., Ltd.
地址(Add)：福建省厦门市鹭江道96号钻石海岸B栋1501
邮编(P. C.)：361001
电话(Tel)：0592－2125207
传真(Fax)：0592－2980111
E-mail：cgh7333@163. com
Http：//www. insinse. com
总经理(General Manager)：陈国怀
联系人(Contact Person)：陈国怀
产品(Products)：婴儿纸尿裤/片，湿巾
品牌(Brand)：婴氏

厦门创逸纸业有限公司
Xiamen Chuangyi Paper Co., Ltd.
地址(Add)：福建省厦门市思明区湖滨北路72号3001单元G座
邮编(P. C.)：361000
电话(Tel)：0592－5564747

传真(Fax)：0592-5524747
E-mail：2009@xm-cy.com
Http：//www.xm-cy.com
总经理(General Manager)：赖荣火
产品(Products)：卫生巾，婴儿纸尿裤/片
品牌(Brand)：雅丝，小可爱

厦门柯佳卫生用品有限公司
Xiamen Cotea Hygiene Articles Co., Ltd.
地址(Add)：福建省厦门市思明区湖滨东路319号C幢第四层
邮编(P.C.)：361000
电话(Tel)：0592-8060700
传真(Fax)：0592-8060701
E-mail：shzhengwei@126.com
Http：//www.cotea.cn
法人代表(Chairman)：柯海水
联系人(Contact Person)：兰中汉
产品(Products)：卫生巾，婴儿纸尿裤/片
品牌(Brand)：茶香丽人，茶香贝贝

厦门悠派无纺布制品有限公司
Xiamen Youpai Nonwoven Products Co., Ltd.
地址(Add)：福建省厦门市同安工业集中区思明园121号五楼
邮编(P.C.)：361100
电话(Tel)：0592-7153668
传真(Fax)：0592-7137119
E-mail：sales@xm-freego.com.cn
Http：//www.xm-freego.com.cn
法人代表(Chairman)：林坚
总经理(General Manager)：林坚
联系人(Contact Person)：林坚
产品(Products)：婴儿纸尿裤，美容巾，化妆棉，手术衣，卫生巾
品牌(Brand)：Freego，柔芙绵

爱得龙(厦门)高分子科技有限公司
Aidelong (Xiamen) Polymer Technology Co., Ltd.
地址(Add)：福建省厦门市同安区莲花工业区莲美二路12号
邮编(P.C.)：361100
电话(Tel)：0592-7092677
传真(Fax)：0592-7179678
法人代表(Chairman)：兰水尧
联系人(Contact Person)：梁美佳
产品(Products)：婴儿纸尿裤

利安娜(厦门)日用品有限公司
Lianna (Xiamen) Commodity Co., Ltd.
地址(Add)：福建省厦门市同安区美溪道湖里工业园42号
邮编(P.C.)：361000
电话(Tel)：0592-7102222
传真(Fax)：0592-7109955
E-mail：zhanghui5889@126.com
Http：//www.xmlianna.com
总经理(General Manager)：兰木灿
联系人(Contact Person)：张辉
产品(Products)：婴儿纸尿裤/片，湿巾
品牌(Brand)：柔贝爽

莎琪(厦门)科技有限公司
Saqi (Xiamen) Technology Co., Ltd.
地址(Add)：福建省厦门市翔安产业区翔岳路23号北栋2层
邮编(P.C.)：361100
电话(Tel)：0592-7828588
传真(Fax)：0592-7802638
E-mail：xmsq_2006@163.com
Http：//www.xmsq2006.wtianx.com
法人代表(Chairman)：施秀端
总经理(General Manager)：施秀端
联系人(Contact Person)：李小明
产品(Products)：卫生巾，卫生护垫，婴儿纸尿裤，面巾纸
品牌(Brand)：莎琪

厦门源福祥卫生用品有限公司
Xiamen Yuanfuxiang Hygiene Products Co., Ltd.
地址(Add)：福建省厦门市翔安工业园区舫山北二路1108号
邮编(P.C.)：361101
电话(Tel)：0592-7069567
传真(Fax)：0592-7161789
E-mail：xmyfxzp@163.com
Http：//www.yfxzp.com
法人代表(Chairman)：陈锦延
总经理(General Manager)：陈锦延
联系人(Contact Person)：汪玉芳
产品(Products)：卫生巾，卫生护垫，卫生纸，面巾纸，手帕纸，餐巾纸，婴儿纸尿裤/片，成人纸尿裤，护理垫，湿巾
品牌(Brand)：丹诗奴，好舒适，花之秀，淘乐氏，羽飘，康护理

多美滋纸业有限公司
Comes Paper Industry Co., Ltd.
地址(Add)：福建省漳州市长泰县发现之旅稻香阁D栋509室
邮编(P.C.)：363900
电话(Tel)：0596-8313956
传真(Fax)：0596-8313967
联系人(Contact Person)：张廷海
产品(Products)：婴儿纸尿裤/片/拉拉裤
品牌(Brand)：亲呵

协丰(福建)卫生用品有限公司
Xiefeng (Fujian) Hygiene Products Co., Ltd.
地址(Add)：福建省漳州市长泰县官山工业区
邮编(P.C.)：363900
电话(Tel)：0596-8312307
传真(Fax)：0596-8312309
E-mail：lj060814@163.com
Http：//www.chinaxiefeng.com
联系人(Contact Person)：刘杰
产品(Products)：婴儿纸尿裤/片
品牌(Brand)：呵呵乐，成长宝贝

福建诚信纸品有限公司
Fujian Chengxin Paper Products Co., Ltd.
地址(Add)：福建省漳州市长泰兴泰工业区
邮编(P.C.)：363900

电话(Tel)：0596－8330888
传真(Fax)：0596－8330999
E-mail：cxgs567@163.com
Http：//www.fjcxgs.com
法人代表(Chairman)：蔡金花
总经理(General Manager)：林敦旭
联系人(Contact Person)：林敦利
产品(Products)：卫生巾，卫生护垫，婴儿纸尿裤，湿巾
品牌(Brand)：蕾迪丝，精奇，日清

福建省漳州市智光纸业有限公司
Zhangzhou Zhiguang Paper Co., Ltd.
地址(Add)：福建省漳州市蓝田工业区横二路
邮编(P.C.)：363005
电话(Tel)：0596－2103599
传真(Fax)：0596－2109196
E-mail：zhiguang.paper@winmail.cn
Http：//www.fjzgzy.cn.alibaba.com
法人代表(Chairman)：邓湘闽
总经理(General Manager)：陈智镛
联系人(Contact Person)：黄志杰
产品(Products)：卫生巾，卫生护垫，成人纸尿裤/片，婴儿纸尿裤/片，护理垫，湿巾
品牌(Brand)：好爽月，智光，笑嘻嘻，花香世界

漳州市富强卫生用品有限公司
Zhangzhou Fuqiang Sanitary Articles Co., Ltd.
地址(Add)：福建省漳州市龙海颜厝古县工业区(锦浦桥旁)
邮编(P.C.)：363100
电话(Tel)：0596－6663299
传真(Fax)：0596－6663838
Http：//www.banyue.com
总经理(General Manager)：迟学儿
联系人(Contact Person)：迟学儿
产品(Products)：卫生巾，卫生护垫，妇婴两用巾，婴儿纸尿片
品牌(Brand)：伴月

福建省漳州市信义纸业有限公司
Fujian Zhangzhou Xinyi Paper Co., Ltd.
地址(Add)：福建省漳州市龙文经济开发区横三路
邮编(P.C.)：363005
电话(Tel)：0596－2171536
传真(Fax)：0596－2171538
法人代表(Chairman)：郑小岸
总经理(General Manager)：郑小岸
联系人(Contact Person)：朱连木
产品(Products)：卫生巾，生活用纸，婴儿纸尿裤
品牌(Brand)：动之傲，信义，梦得娇，美纤奇

青蛙王子(中国)日化有限公司
Frog Prince (China) Daily Chemicals Co., Ltd.
地址(Add)：福建省漳州市龙文开发区北环城路8号
邮编(P.C.)：363005
电话(Tel)：0596－2171101
传真(Fax)：0596－2171261
E-mail：huangbaolu@163.com
Http：//www.princefrog.com.cn
法人代表(Chairman)：李振辉
总经理(General Manager)：李振辉
联系人(Contact Person)：黄保禄
产品(Products)：婴儿纸尿裤/片
品牌(Brand)：青蛙王子

福建省梦娇兰日用化学品有限公司
Fujian Mengjiaolan Daily Chemicals Co., Ltd.
地址(Add)：福建省漳州市颜厝工业开发区
邮编(P.C.)：363118
电话(Tel)：0596－6651636
传真(Fax)：0596－6666589
Http：//www.mengjiaolan.com
联系人(Contact Person)：游伟国
产品(Products)：婴儿纸尿裤/片
品牌(Brand)：小浣熊，胖小鸭

福建舒而美卫生用品有限公司
Fujian Sureme Hygiene Thing Co., Ltd.
地址(Add)：福建省漳州市云霄县莆美镇阳下工业集中区
邮编(P.C.)：363300
电话(Tel)：0596－8896333
传真(Fax)：0596－8891333
E-mail：sobesen@sureme.com.cn
Http：//www.sureme.com.cn
法人代表(Chairman)：马明洲
总经理(General Manager)：吴少伟
联系人(Contact Person)：黄俊凯
产品(Products)：婴儿纸尿裤/片，湿巾
品牌(Brand)：小贝真

漳州市芗城晓莉卫生用品有限公司
Zhangzhou Xiangcheng Xiaoli Hygiene Products Co., Ltd.
地址(Add)：福建省漳洲市芗城区石亭丰乐工业区
邮编(P.C.)：363000
电话(Tel)：0596－2552936
传真(Fax)：0596－2552205
E-mail：anyue@an－yue.com.cn
Http：//www.an－yue.com.cn
法人代表(Chairman)：林莉
总经理(General Manager)：林莉
联系人(Contact Person)：林晓渝
产品(Products)：卫生巾，卫生护垫，产妇专用巾，护理垫，妇婴两用巾，婴儿纸尿裤/片，面巾纸，卫生纸，擦手纸，湿巾
品牌(Brand)：安月，比洁

福建蓝雁卫生科技有限公司
Fujian Lanyan Hygiene Technology Co., Ltd.
地址(Add)：福建省政和县同心经济开发区
邮编(P.C.)：353600
电话(Tel)：0599－3336020
传真(Fax)：0599－3336020
E-mail：fjlanyan@126.com
Http：//www.lanyanzt.com.cn
法人代表(Chairman)：王怡清
总经理(General Manager)：张团健
联系人(Contact Person)：吴兴芬
产品(Products)：卫生巾，卫生护垫，成人纸尿裤，婴儿纸尿裤
品牌(Brand)：蓝雁

● 江西 Jiangxi

恒安(江西)家庭用品有限公司
Hengan (Jiangxi) Commodities Co., Ltd.
地址(Add):江西省东乡县省级经济开发区
邮编(P. C.):331801
电话(Tel):0794－4381172
传真(Fax):0794－4382392
E-mail:chentz@mail.hengan.com.cn
法人代表(Chairman):施文博
总经理(General Manager):吴鸿强
联系人(Contact Person):陈铁照
产品(Products):卫生巾,婴儿纸尿裤,成人纸尿裤,卫生纸
品牌(Brand):安乐,安尔乐,安儿乐,安而康,心相印,柔影

江西沈氏日用品有限公司
Jiangxi Shenshi Commodity Co., Ltd.
地址(Add):江西省抚州市南丰县大桥路16号
邮编(P. C.):330045
电话(Tel):0794－3202288
传真(Fax):0794－3202188
E-mail:1798094503@qq.com
总经理(General Manager):沈晓阳
联系人(Contact Person):沈晓阳
产品(Products):婴儿纸尿裤/片,卫生巾,卫生护垫,成人纸尿裤
品牌(Brand):爹妈宝贝

赣州华龙实业有限公司
Ganzhou Hualong Industrial Co., Ltd.
地址(Add):江西省赣州市经济技术开发区金坪工业大道9号
邮编(P. C.):341000
电话(Tel):0797－8370881
传真(Fax):0797－8370888
法人代表(Chairman):林国忠
总经理(General Manager):林国忠
联系人(Contact Person):林国忠
产品(Products):卫生巾,卫生护垫,婴儿纸尿片
品牌(Brand):天爽,安心

赣州市长城纸品厂
Ganzhou Changcheng Paper Products Factory
地址(Add):江西省赣州市水东镇新码头27号
邮编(P. C.):341005
电话(Tel):0797－8466569
传真(Fax):0797－8466603
联系人(Contact Person):林闽
产品(Products):卫生巾,婴儿纸尿裤/片
品牌(Brand):全周宝

赣州港都卫生制品有限公司
Ganzhou Gangdu Hygienic Products Co., Ltd.
地址(Add):江西省赣州市于都县楂林工业园工业大道
邮编(P. C.):342300
电话(Tel):0797－6330216
传真(Fax):0797－6329618
E-mail:gangdu1997@163.com
Http://www.gzgangdu.com
法人代表(Chairman):丁金连
总经理(General Manager):丁金连
联系人(Contact Person):李晓芳
产品(Products):卫生巾,卫生护垫,婴儿纸尿裤/片,成人纸尿片,护理垫
品牌(Brand):爽期,好爽期,爽期宝宝,SQ

江西省清宝日用品有限公司
Jiangxi Qingbao Daily Necessities Co., Ltd.
地址(Add):江西省高安市建山工业园
邮编(P. C.):550009
电话(Tel):0795－5641666
总经理(General Manager):陈建辉
联系人(Contact Person):许渭根
产品(Products):婴儿纸尿裤/片,妇婴两用巾
品牌(Brand):真酷

月兔卫生用品有限公司
Yuetu Sanitary Articles Co., Ltd.
地址(Add):江西省广丰县芦林工业园双金路
邮编(P. C.):334600
电话(Tel):0793－2625515
传真(Fax):0793－2625517
E-mail:sales@yuetu.org
Http://www.yuetu.org
法人代表(Chairman):蒋国山
联系人(Contact Person):蒋忠山
产品(Products):卫生巾,面巾纸,餐巾纸,卫生纸,婴儿纸尿裤/片
品牌(Brand):月兔,黛安娜,三清山

江西省睡怡卫生用品有限公司
Jiangxi Shuiyi Hygiene Products Co., Ltd.
地址(Add):江西省吉安市永丰县城南工业园
邮编(P. C.):331500
电话(Tel):0796－2222596
传真(Fax):0796－2222596
法人代表(Chairman):夏勤
总经理(General Manager):夏勤
联系人(Contact Person):夏鹏
产品(Products):婴儿纸尿裤/片
品牌(Brand):睡怡宝贝

九江邦利益康科技有限公司
Jiujiang Bangli Yikang Technology Co., Ltd.
地址(Add):江西省九江市九江县赤湖产业工业区
邮编(P. C.):332108
电话(Tel):0792－8181177
传真(Fax):0792－8180230
Http://www.banglikonggu.com
法人代表(Chairman):吴有财
总经理(General Manager):吴有财
联系人(Contact Person):陆阅
产品(Products):婴儿纸尿裤/片,卫生巾,卫生护垫
品牌(Brand):邦利,迪迪尼,IUIU,德娃

南昌爱乐卫生用品有限公司
Nanchang Aile Hygiene Products Co., Ltd.
地址(Add):江西省南昌市昌北经济开发区农大校内
邮编(P. C.):330045

电话(Tel)：0791 - 83846187
传真(Fax)：0791 - 83846020
E-mail：965443351@ qq. com
Http：//www. jxchzy. com
总经理(General Manager)：付中诚
联系人(Contact Person)：徐汉炜
产品(Products)：婴儿纸尿裤/片
品牌(Brand)：艾叶草

南昌安秀科技发展有限公司
Nanchang Anxiu Science & Technology Development Co., Ltd.
地址(Add)：江西省南昌市昌东工业区东升大道胡家路
邮编(P. C.)：330012
电话(Tel)：0791 - 88196216
传真(Fax)：0791 - 88196226
E-mail：anxiu126@ 126. com
Http：//www. anxiuer. com
总经理(General Manager)：胡永胜
联系人(Contact Person)：黄锋
产品(Products)：婴儿纸尿裤/片
品牌(Brand)：安秀儿，蓓秀，米可，艾尚秀

南昌牡丹实业有限公司
Nanchang Mudan Industrial Co., Ltd.
地址(Add)：江西省南昌市进贤县长山晏乡 14 号
邮编(P. C.)：331724
电话(Tel)：0791 - 85602525
传真(Fax)：0791 - 85602525
总经理(General Manager)：晁财龙
产品(Products)：婴儿纸尿片
品牌(Brand)：牡丹

南昌佳优宝生态科技有限公司
Nanchang Jiayoubao Ecological Technology Co., Ltd.
地址(Add)：江西省南昌市南昌县小兰工业园富山大道 528 号
邮编(P. C.)：330001
电话(Tel)：0791 - 85776909
传真(Fax)：0791 - 85775665
Http：//www. kayob. com. cn
法人代表(Chairman)：刘江
联系人(Contact Person)：曹力平
产品(Products)：婴儿纸尿裤/片
品牌(Brand)：贝生

南昌巨森实业有限公司
Nanchang Jusen Industrial Co., Ltd.
地址(Add)：江西省南昌市青山湖区昌东工业区东升大道 1888 号
邮编(P. C.)：330072
电话(Tel)：0791 - 88170011
传真(Fax)：0791 - 88172822
联系人(Contact Person)：谢拥军
产品(Products)：婴儿纸尿裤/片
品牌(Brand)：安语琪，安王，宝贝之恋

江西康奥金桥实业有限公司
Jiangxi Kangao Jinqiao Industry Co., Ltd.
地址(Add)：江西省南昌市新建外商投资开发区
邮编(P. C.)：330100
电话(Tel)：0791 - 87070887
传真(Fax)：0791 - 87070885
法人代表(Chairman)：鄢文彬
总经理(General Manager)：鄢文彬
联系人(Contact Person)：鄢文彬
产品(Products)：餐巾纸，卫生纸，擦手纸，盘纸，纸尿片
品牌(Brand)：圆点，纸缘

江西新益卫生用品有限公司
Jiangxi Xinyi Hygiene Products Co., Ltd.
地址(Add)：江西省上饶市经济技术开发区(三清山西大道 101 号)
邮编(P. C.)：334000
电话(Tel)：0793 - 8461883
传真(Fax)：0793 - 8461882
总经理(General Manager)：陈礼炎
产品(Products)：面巾纸，卫生纸，手帕纸，餐巾纸，擦手纸，纸尿裤/片

江西欣旺卫生用品有限公司
Jiangxi Xinwang Hygiene Products Co., Ltd.
地址(Add)：江西省上饶市三江工业园区
邮编(P. C.)：334000
电话(Tel)：0793 - 8159655
传真(Fax)：0793 - 8159596
E-mail：1304907468@ qq. com
Http：//www. jxmijie. com
法人代表(Chairman)：吕德旺
总经理(General Manager)：吕德旺
联系人(Contact Person)：龚阳
产品(Products)：婴儿纸尿裤/片，湿巾
品牌(Brand)：咪洁

江西省美满生活用品有限公司
Jiangxi Marvel Cosumer Products Co., Ltd.
地址(Add)：江西省石城县古樟工业园
邮编(P. C.)：342700
电话(Tel)：0797 - 5732222
传真(Fax)：0797 - 5733779
E-mail：info@ marvel - group. com
Http：//www. marvel - group. com
法人代表(Chairman)：王仁艺
总经理(General Manager)：王仁艺
联系人(Contact Person)：王仁艺
产品(Products)：婴儿纸尿裤/片
品牌(Brand)：妙然宝贝

江西帮洁卫生用品有限公司
Jiangxi Bangjie Sanitary Products Co., Ltd.
地址(Add)：江西省万载县工业园区 B1 区
邮编(P. C.)：336100
电话(Tel)：0795 - 8915858
传真(Fax)：0795 - 8915959
总经理(General Manager)：张才达
产品(Products)：卫生巾，卫生护垫，婴儿纸尿裤/片
品牌(Brand)：帮柔，娇惠，贝舒乐，优期

江西明婴实业有限公司
Jiangxi Mingying Industry Co., Ltd.
地址(Add)：江西省樟树市东村工业园

邮编(P. C.)：331200
电话(Tel)：0795－7325333
E-mail：jxminging@163. com
Http：//www. jxmingying. com
联系人(Contact Person)：余国强
产品(Products)：婴儿纸尿裤/片
品牌(Brand)：明婴

山东 Shandong

山东依派卫生用品有限公司
Shandong Yipai Hygiene Products Co., Ltd.
地址(Add)：山东省滨州市邹平县韩店工业园星宇路东首
邮编(P. C.)：256209
电话(Tel)：0543－4891277
传真(Fax)：0543－4891269
E-mail：ypxialuguang@126. com
法人代表(Chairman)：公培星
总经理(General Manager)：王兆俊
联系人(Contact Person)：王静
产品(Products)：卫生巾，卫生护垫，婴儿纸尿裤/片
品牌(Brand)：依派

山东艾丝妮乐卫生用品有限公司
Aisinile Hygiene Products Co., Ltd.
地址(Add)：山东省滨州市邹平县黄山开发区
邮编(P. C.)：256200
电话(Tel)：400－6026－779
传真(Fax)：0543－4662976
E-mail：aisinile777@163. com
Http：//www. aisinile. com
法人代表(Chairman)：刘学良
联系人(Contact Person)：王朝军
产品(Products)：湿巾，卫生巾，卫生护垫，婴儿纸尿裤，成人纸尿裤
品牌(Brand)：艾丝妮乐

山东临邑三维纸业有限公司
Shandong Linyi Sanwei Paper Co., Ltd.
地址(Add)：山东省德州市临邑县恒源工业园 C 区 10 号
邮编(P. C.)：251500
电话(Tel)：0534－4237918
传真(Fax)：0534－4238078
E-mail：swdyzy@163. com
Http：//www. duoya. com. cn
法人代表(Chairman)：张师春
总经理(General Manager)：许杰
联系人(Contact Person)：赵建国
产品(Products)：卫生巾，卫生护垫，纸尿裤，餐巾纸，面巾纸，手帕纸，卫生纸
品牌(Brand)：朵雅

东明县康迪妇幼用品有限公司
Dongming Condi Products for Women and Children Co., Ltd.
地址(Add)：山东省东明县工业园区黄河路南段
邮编(P. C.)：274500
电话(Tel)：0530－7295059
传真(Fax)：0530－7295182
E-mail：dmcondi@126. com
Http：//www. kovebaby. com
法人代表(Chairman)：袁洪伟
联系人(Contact Person)：袁洪伟
产品(Products)：成人纸尿裤/片，婴儿纸尿裤/片，乳垫，湿巾，卫生巾，产妇巾
品牌(Brand)：卡芬，卡芬宝贝，梦夕阳

菏泽市奇雪纸业有限公司
Heze Qixue Paper Co., Ltd.
地址(Add)：山东省菏泽市开发区郑州路北段路东
邮编(P. C.)：274000
电话(Tel)：0530－5153000
传真(Fax)：0530－5150288
Http：//www. hzghpaper. com
法人代表(Chairman)：王景刚
产品(Products)：卫生纸，餐巾纸，手帕纸，面巾纸，婴儿纸尿裤/片，成人纸尿裤/片，护理垫
品牌(Brand)：钢成，奇雪，爱可思

山东省菏泽市金瑞卫生用品有限公司
Heze Jinrui Hygiene Products Co., Ltd.
地址(Add)：山东省菏泽市胜利路 19 号
邮编(P. C.)：274008
电话(Tel)：0530－6262355
联系人(Contact Person)：奚兆栋
产品(Products)：成人纸尿裤，护理垫，婴儿隔尿垫巾，湿巾
品牌(Brand)：美康，美而康，贴心

济南馨淑宝卫生用品有限公司
Jinan Xinshubao Hygiene Products Co., Ltd.
地址(Add)：山东省济南市商河商展路 16 号孙集乡小郭家村
邮编(P. C.)：251603
电话(Tel)：0531－84846777
传真(Fax)：0531－84846596
Http：//www. jnxinshubao. com
总经理(General Manager)：郭泽峰
联系人(Contact Person)：郭泽峰
产品(Products)：卫生巾，卫生护垫，婴儿纸尿裤，成人纸尿裤，隔尿巾，护理垫
品牌(Brand)：馨淑宝，彩月

山东日康卫生用品有限公司
Shandong Rikang Hygiene Products Co., Ltd.
地址(Add)：山东省济南市天桥区无影山中路 121 号天福苑小区 B 座 2 号
邮编(P. C.)：250100
电话(Tel)：0531－85666110
传真(Fax)：0531－85826110
E-mail：jnanshuang@163. com
Http：//www. 帮大人 . cn
联系人(Contact Person)：杨晓岗
产品(Products)：成人纸尿裤/片，婴儿纸尿裤/片，护理垫
品牌(Brand)：帮大人，安爽，日康，唯妮宝贝，周大夫

青岛海唐卫生用品有限公司
Qingdao Haitang Hygiene Products Co., Ltd.
地址(Add)：山东省胶州市西外环工业园内
邮编(P. C.)：266000

电话(Tel)：0532－85205670
传真(Fax)：0532－85205670
联系人(Contact Person)：安俊
产品(Products)：婴儿隔尿垫巾，孕妇纸内裤，T型隔尿垫巾
品牌(Brand)：全心，尚贝

临清市恒发卫生用品有限公司
Hengfa Hygiene Products Co., Ltd.
地址(Add)：山东省临清市城东经济开发区
邮编(P. C.)：252654
电话(Tel)：400－630－8988
传真(Fax)：0635－2772132
E-mail：hfwsyp@126. com
Http：//www. hfwsyp. cn
法人代表(Chairman)：刘宪朝
总经理(General Manager)：刘现运
联系人(Contact Person)：刘现运
产品(Products)：卫生巾，卫生护垫，护理垫，婴儿纸尿裤，产妇巾，成人纸尿裤
品牌(Brand)：安可新，洁奴，亲贝儿

临沂浩洁卫生用品有限公司
Linyi Haojie Hygiene Products Co., Ltd.
地址(Add)：山东省临沂市河东区太平工业区
邮编(P. C.)：276029
电话(Tel)：0539－8762988
传真(Fax)：0539－8762988
联系人(Contact Person)：刘光杰
产品(Products)：卫生巾，卫生护垫，婴儿纸尿裤/片，婴儿隔尿垫巾，成人纸尿裤/片，护理垫

临沂宝宝乐妇婴用品厂
Linyi Baobaole Women & Children Articles Factory
地址(Add)：山东省临沂市河东区相公经济开发区
邮编(P. C.)：276025
电话(Tel)：0539－8195208
传真(Fax)：0539－8195208
法人代表(Chairman)：孟庆思
总经理(General Manager)：孟庆思
联系人(Contact Person)：孟庆思
产品(Products)：成人纸尿裤，护理垫，婴儿隔尿垫巾
品牌(Brand)：比乐，恒诺，谊康

临沂图艾丘护理用品有限公司
2H Healthcare Products Co., Ltd.
地址(Add)：山东省临沂市罗庄区永盛路117号
邮编(P. C.)：276017
电话(Tel)：0539－5635395
传真(Fax)：0539－5635396
E-mail：yukai@2hlinyi. com
Http：//www. 2hlinyi. com
总经理(General Manager)：王昱凯
联系人(Contact Person)：王昱凯
产品(Products)：婴儿纸尿裤，成人纸尿裤，护理垫，妇婴两用垫，宠物垫
品牌(Brand)：母悦，老全包，钟华

金得利卫生用品有限公司
Tancheng Jindeli Hygiene Products Co., Ltd.
地址(Add)：山东省临沂市郯城县高册经济开发区
邮编(P. C.)：276100
电话(Tel)：0539－6591688
传真(Fax)：0539－6593888
E-mail：lyjindeli@163. com
Http：//www. sdjdl. cn
法人代表(Chairman)：胡征文
总经理(General Manager)：胡征文
联系人(Contact Person)：胡文龙
产品(Products)：卫生巾，卫生护垫，婴儿纸尿裤/片，成人纸尿裤/片，护理垫，干擦拭巾
品牌(Brand)：丽源，新帮宝，帮宝乐，佳人之急

山东佳亿鑫卫生用品有限公司
Shandong Jiayixin Hygiene Products Co., Ltd.
地址(Add)：山东省临沂市郯城县经济开发区安泰路9号
邮编(P. C.)：276188
电话(Tel)：0539－6776199
传真(Fax)：0539－6777199
E-mail：weba@jiayixin. com
Http：//lyjiayixin. cn. alibaba. com
法人代表(Chairman)：禚保军
总经理(General Manager)：禚保军
联系人(Contact Person)：禚洪德
产品(Products)：卫生巾，卫生护垫，成人纸尿裤/片，婴儿纸尿裤/片，护理垫，卫生纸
品牌(Brand)：名兰，巧护理，鲁康，雨倩，守护佳人

山东顺霸化妆品有限公司
Shandong Shunba Cosmatic Co., Ltd.
地址(Add)：山东省临沂市郯城县马头经济开发区
邮编(P. C.)：276126
电话(Tel)：0539－6770888
传真(Fax)：0539－6770999
Http：//www. shunba. com. cn
法人代表(Chairman)：徐西连
总经理(General Manager)：徐西连
联系人(Contact Person)：梁绍梅
产品(Products)：卫生巾，卫生护垫，婴儿纸尿裤/片
品牌(Brand)：新婷，兰贝儿，顺霸，月约相伴，梅莉丝

山东鑫盟纸品有限公司
Shandong Xinmeng Paper Products Co., Ltd.
地址(Add)：山东省临沂市郯城县马头开发区
邮编(P. C.)：276126
电话(Tel)：400－062－1088
传真(Fax)：0539－6777888
E-mail：shandongxinmeng@163. com
Http：//www. shandongxinmeng. com
总经理(General Manager)：唐学平
联系人(Contact Person)：于淑伟
产品(Products)：卫生巾，卫生护垫，婴儿纸尿裤，成人纸尿裤，卫生纸
品牌(Brand)：女宝，暖贝儿，秘密宝贝

山东省郯城县玉洁卫生用品有限公司
Tancheng Yujie Hygiene Products Co., Ltd.
地址(Add)：山东省临沂市郯城县马头镇繁荣街497号
邮编(P. C.)：276126
电话(Tel)：0539－6773688
传真(Fax)：0539－6771488
联系人(Contact Person)：夏玉明

产品(Products)：卫生巾，卫生护垫，纸尿裤，护理垫
品牌(Brand)：劲爽，什尔

山东欣洁月舒宝纸品有限公司
Shandong Xinjieyueshubao Paper Products Co., Ltd.
地址(Add)：山东省临沂市郯城县马头镇刘楼开发区2号
邮编(P. C.)：276126
电话(Tel)：0539-6777198
传真(Fax)：0539-6897777
E-mail：ftljk@126.com
法人代表(Chairman)：陈景岩
总经理(General Manager)：陈景岩
联系人(Contact Person)：陈景刚
产品(Products)：卫生巾，卫生护垫，纸尿裤/片，卫生纸
品牌(Brand)：欣洁，月舒宝，康复路，施恩宝贝

太阳谷孕婴用品(青岛)有限公司
Tairgu Pregnant Women & Infant Articles Co., Ltd.
地址(Add)：山东省青岛市胶南市海滨七路358号
邮编(P. C.)：266404
电话(Tel)：0532-88136609
传真(Fax)：0532-88136609
E-mail：tairgu@sina.com
Http：//www.tairgu.com
联系人(Contact Person)：王光龙
产品(Products)：婴儿纸尿裤，成人纸尿裤/片，卫生巾，防溢乳垫
品牌(Brand)：太阳谷

青岛安阳阳进出口有限公司
Qingdao Sky Corporation
地址(Add)：山东省青岛市经济技术开发区长江中路230号国际贸易中心A1612室
邮编(P. C.)：266555
电话(Tel)：0532-68979862
传真(Fax)：0532-68979860
E-mail：skycorpkz@gmail.com
Http：//www.qdskybiz.com
联系人(Contact Person)：张淑娟
产品(Products)：成人纸尿裤，婴儿纸尿裤，湿巾
品牌(Brand)：帛优

青岛常洵卫生用品厂
Qingdao Changxun Hygiene Products Factory
地址(Add)：山东省青岛市崂山区小河东工业区
邮编(P. C.)：266000
电话(Tel)：0532-82817338
传真(Fax)：0532-82817338
联系人(Contact Person)：张洵
产品(Products)：湿巾，纸尿裤，护理垫

青岛瑞祥通商贸有限公司
Qingdao Ruixiangtong Commercial & Trading Co., Ltd.
地址(Add)：山东省青岛市李沧区广水路610号福兴大厦5楼
邮编(P. C.)：266000
电话(Tel)：0532-55660600
传真(Fax)：0532-81926813
E-mail：250259571@qq.com
联系人(Contact Person)：金光文
产品(Products)：婴儿纸尿裤，成人纸尿裤，卫生纸，面巾纸

青岛美西南科技发展有限公司
Qingdao Meixinan Technology Development Co., Ltd.
地址(Add)：山东省青岛市临港开发区上海路北端
邮编(P. C.)：266400
电话(Tel)：0532-89925969
传真(Fax)：0532-85135322
E-mail：qdmxn2007@163.com
Http：//www.qdmxn.com
联系人(Contact Person)：徐芳
产品(Products)：湿巾，卫生巾，餐巾纸，手帕纸，面巾纸，婴儿纸尿裤/片，成人纸尿裤/片

东顺集团股份有限公司
Dongshun Group Co., Ltd.
地址(Add)：山东省泰安市东平县东顺工业园
邮编(P. C.)：271500
电话(Tel)：0538-2820378
传真(Fax)：0538-2820378
E-mail：zhangshihua-0915@163.com
Http：//www.dongshunpaper.com
法人代表(Chairman)：陈树明
总经理(General Manager)：陈立栋
联系人(Contact Person)：张士华
产品(Products)：原纸，卫生纸，面巾纸，餐巾纸，婴儿纸尿裤，卫生巾，湿巾
品牌(Brand)：顺清柔，洁昕，哈里贝贝，A&S

山东省郯城瑞恒卫生用品厂
Shandong Ruiheng Hygiene Products Factory
地址(Add)：山东省郯城县郯马经济开发区
邮编(P. C.)：276126
电话(Tel)：0539-6773868
传真(Fax)：0539-6773868
法人代表(Chairman)：刘胜波
总经理(General Manager)：刘胜波
联系人(Contact Person)：刘胜波
产品(Products)：卫生巾，婴儿纸尿裤/片
品牌(Brand)：舒可心

滕州华宝卫生用品有限公司
Tengzhou Huabao Hygiene Products Co., Ltd.
地址(Add)：山东省滕州市经济园区腾飞路809号
邮编(P. C.)：277500
电话(Tel)：0632-5667466
传真(Fax)：0632-5667456
E-mail：tzhuabao@163.com
Http：//tzhuabao.1688.com
法人代表(Chairman)：孙卫卫
总经理(General Manager)：孙士华
联系人(Contact Person)：王念伟
产品(Products)：卫生巾，卫生护垫，纸尿裤
品牌(Brand)：全周宝，易菲

威海鸿宇医疗器械有限公司
Weihai Hongyu Medical Devices Co., Ltd.
地址(Add)：山东省威海市经济技术开发区深圳路86号
邮编(P. C.)：264205
电话(Tel)：0631-3636901

传真(Fax)：0631－3636910
E-mail：sales@hongyumed.com
Http://www.hongyumed.com
法人代表(Chairman)：曹建泽
总经理(General Manager)：曹建泽
联系人(Contact Person)：曹建泽
产品(Products)：手术包，产包，手术衣，手术单，口罩，帽子，护理垫，婴儿纸尿片

威海威高医用材料有限公司
Weigao Hygienic Material Products Co., Ltd.
地址(Add)：山东省威海市张村镇东鑫路9号对面
邮编(P.C.)：264203
电话(Tel)：0631－5665906
传真(Fax)：0631－5665909
E-mail：weigao37108@126.com
法人代表(Chairman)：吴传明
总经理(General Manager)：吴传明
联系人(Contact Person)：王炳兴
产品(Products)：婴儿纸尿裤，护理垫，成人纸尿裤
品牌(Brand)：威乐，百仕洁

山东含羞草卫生科技股份有限公司
Shandong Mimosa Hygienic Technology Co., Ltd.
地址(Add)：山东省潍坊市昌乐经济开发区新昌路与北环路路口北100米
邮编(P.C.)：262400
电话(Tel)：0536－8291789
传真(Fax)：0536－8293969
E-mail：ling0620@163.com
Http://www.chinamimosa.com
法人代表(Chairman)：冯希波
总经理(General Manager)：冯希波
联系人(Contact Person)：刘爱玲
产品(Products)：卫生巾，卫生护垫，婴儿纸尿裤/片，成人纸尿裤/片，护理垫，手帕纸，卫生纸，面巾纸
品牌(Brand)：含羞草，娇感，金品蓝，舒贝宝

潍坊福山纸业有限公司
Weifang Fushan Paper Products Co., Ltd.
地址(Add)：山东省潍坊市坊子区东王工业区
邮编(P.C.)：261200
电话(Tel)：0536－7637289
传真(Fax)：0536－7637288
法人代表(Chairman)：蔡金针
总经理(General Manager)：蔡标芳
联系人(Contact Person)：许永源
产品(Products)：卫生纸，面巾纸，餐巾纸，手帕纸，湿巾，婴儿纸尿片，手术衣帽
品牌(Brand)：喜相随，好儿女，左右手，随康

潍坊荣福堂卫生制品有限公司
Weifang Rongfutang Health Products Co., Ltd.
地址(Add)：山东省潍坊市奎文区孙吕村工业园
邮编(P.C.)：261041
电话(Tel)：0536－8816011
传真(Fax)：0536－8816011
总经理(General Manager)：梁华
联系人(Contact Person)：王绍宇
产品(Products)：婴儿纸尿片，护理垫

潍坊金一鸣卫生用品有限公司
Weifang Gold Yiming Hygienic Products Co., Ltd.
地址(Add)：山东省潍坊市潍城区胜利西街1620号
邮编(P.C.)：261011
电话(Tel)：0536－2953799
传真(Fax)：0536－2952303
E-mail：chinamimosa@gmail.com
Http://www.mimosa.en.alibaba.com
法人代表(Chairman)：卢云伟
总经理(General Manager)：卢云伟
联系人(Contact Person)：王玲玲
产品(Products)：成人纸尿裤/片，成人拉拉裤，护理垫，婴儿纸尿裤/片，婴儿拉拉裤，卫生巾
品牌(Brand)：King Care，NEVA

爱他美(山东)日用品有限公司
Aptamil (Shandong) Commodity Co., Ltd.
地址(Add)：山东省兖州市新驿工业园68号
邮编(P.C.)：272100
电话(Tel)：0537－3415266
传真(Fax)：0537－3415558
E-mail：zw@aptamil.cc
Http://www.aptamil.cc
总经理(General Manager)：郑伟
产品(Products)：婴儿纸尿裤/片，婴儿面巾纸，湿巾，成人失禁用品
品牌(Brand)：Aptamil，爱他美，花亲花爱，诗维诗兰

招远市温泉无纺布制品厂
Zhaoyuan Adhesive－bonded Fabric Cloth Factory
地址(Add)：山东省招远市天府路555号
邮编(P.C.)：265400
电话(Tel)：0535－8130111
传真(Fax)：0535－8135552
E-mail：yt0098@126.com
Http://www.yt0098.com
法人代表(Chairman)：徐明福
总经理(General Manager)：徐明福
联系人(Contact Person)：徐明福
产品(Products)：手术衣，帽，口罩，护理垫，婴儿隔尿垫巾

淄博美尔娜卫生用品有限公司
Zibo Meierna Sanitary Products Co., Ltd.
地址(Add)：山东省淄博市高新区卫固付山工业园
邮编(P.C.)：255084
电话(Tel)：0533－3785650
传真(Fax)：0533－3786915
E-mail：meierna528@163.com
Http://www.meierna.com
法人代表(Chairman)：张涛
总经理(General Manager)：张涛
联系人(Contact Person)：张涛
产品(Products)：卫生巾，卫生护垫，婴儿纸尿裤/片，湿巾
品牌(Brand)：美尔娜

凯贝尔国际集团有限公司
Kaibeier International Group Co., Ltd.
地址(Add)：山东省淄博市恒台新区侯庄路60号
邮编(P.C.)：255086

电话(Tel)：0533－7975596
传真(Fax)：0533－7975598
Http：//www. kaibeier. net
联系人(Contact Person)：寻明俊
产品(Products)：卫生巾，婴儿纸尿裤，卫生纸
品牌(Brand)：蓝色呓语，哈尼宝贝

山东赛特新材料股份有限公司
Shandong Saite New Material Co., Ltd.
地址(Add)：山东省淄博市桓台县果里镇侯庄路 60 号
邮编(P. C.)：256414
电话(Tel)：0533－7975596－8003
传真(Fax)：0533－7975598
E-mail：saitexz@ saitenm. com
Http：//www. saitenm. com
法人代表(Chairman)：贾莉
总经理(General Manager)：吴琛
联系人(Contact Person)：陈正雄
产品(Products)：卫生巾，卫生护垫，婴儿纸尿裤，面巾纸，厨房纸巾
品牌(Brand)：凯贝尔，凯尔贝贝

山东益母妇女用品有限公司
Shandong Yimoo Women Necessities Co., Ltd.
地址(Add)：山东省淄博市沂源县城沂蒙路 9 号
邮编(P. C.)：256100
电话(Tel)：0533－3227315
传真(Fax)：0533－3227888
E-mail：yimoo@ yimoo. cn
Http：//www. yimoo. cn
法人代表(Chairman)：徐德文
总经理(General Manager)：徐德文
联系人(Contact Person)：郑霞
产品(Products)：卫生巾，卫生护垫，婴儿纸尿裤，湿巾
品牌(Brand)：益母，益母草，益贝，调皮蛋

● 河南 Henan

安阳市安爽卫材有限责任公司
Anyang Anshuang Medicals Materials Co., Ltd.
地址(Add)：河南省滑县桑村工业园
邮编(P. C.)：456475
电话(Tel)：0372－8519588
传真(Fax)：0372－8511006
联系人(Contact Person)：朱国录
产品(Products)：卫生巾，婴儿纸尿裤
品牌(Brand)：采奕，纤舒

河南潇康卫生用品有限公司
Henan Xiaokang Hygiene Products Co., Ltd.
地址(Add)：河南省焦作市丰收路中段
邮编(P. C.)：454006
电话(Tel)：0391－5890888
传真(Fax)：0391－3596669
E-mail：hnxiaokang@ 163. com
Http：//www. hnxiaokang. com
联系人(Contact Person)：原小新
产品(Products)：卫生巾，卫生护垫，婴儿纸尿裤，成人纸尿裤，卫生纸
品牌(Brand)：潇康，香馨伊人

瑞帮(开封)卫生材料有限公司
Ruibang (Kaifeng) Hygiene Materials Co., Ltd.
地址(Add)：河南省开封市兰考县红庙工业园 8－88
邮编(P. C.)：475314
电话(Tel)：0371－56782289
传真(Fax)：0371－68829193
E-mail：hnkfrbyz@ 163. com
Http：//www. hnruibang. cn
法人代表(Chairman)：毛吉会
总经理(General Manager)：张金燕
联系人(Contact Person)：何启兴
产品(Products)：卫生巾，卫生护垫，婴儿纸尿裤/片，成人纸尿裤/片，护理垫，湿巾
品牌(Brand)：茵子

河南五彩卫生用品有限公司
Henan Wucai Hygiene Products Co., Ltd.
地址(Add)：河南省鹿邑县产业集聚区
邮编(P. C.)：477200
电话(Tel)：0394－7181081
传真(Fax)：0394－7215822
E-mail：wucai128@ 126. com
Http：//www. wucaixinqing. com
联系人(Contact Person)：张泽林
产品(Products)：卫生巾，卫生护垫，婴儿纸尿裤/片
品牌(Brand)：五彩心晴，顽皮猫

河南漯河临颍恒祥卫生用品有限公司
Henan Linying Hengxiang Hygiene Products Co., Ltd.
地址(Add)：河南省漯河市临颍黄龙工业区一环路东段
邮编(P. C.)：462600
电话(Tel)：0395－8662227
传真(Fax)：0395－8662227
法人代表(Chairman)：仝志辉
总经理(General Manager)：仝志辉
产品(Products)：卫生巾，卫生护垫，婴儿纸尿裤/片，卫生纸，成人纸尿片
品牌(Brand)：云姝，葆健，妙姿葆，溢儿爽

遂平县欧亚卫生用品有限公司
Suiping Ouya Hygiene Products Co., Ltd.
地址(Add)：河南省遂平县产业集聚区众品路
邮编(P. C.)：463100
电话(Tel)：0396－3227999
传真(Fax)：0396－3229222
E-mail：zgyuyuan@ 163. com
Http：//www. zgyuyuan. com
法人代表(Chairman)：蔡清洪
总经理(General Manager)：蔡清洪
联系人(Contact Person)：赵莹莹
产品(Products)：卫生巾，婴儿纸尿裤/拉拉裤

河南卫辉苏菲卫生用品厂
Henan Weihui Sufei Hygiene Products Factory
地址(Add)：河南省卫辉市太公泉工业园
邮编(P. C.)：453100
电话(Tel)：0373－4169888
传真(Fax)：0373－4169999
E-mail：hndsnr@ 163. com
法人代表(Chairman)：王新江
总经理(General Manager)：王新江

联系人(Contact Person)：王新江
产品(Products)：卫生巾，婴儿纸尿裤，湿巾
品牌(Brand)：绝妙，绝妙宝贝

河南恒泰卫生用品有限公司
Henan Hengtai Health Products Co., Ltd.
地址(Add)：河南省新郑市龙湖镇梅山路北段
邮编(P. C.)：451191
电话(Tel)：0371 -62568569
传真(Fax)：0371 -62568796
E-mail：hnhtzwb@sina.com
Http://www.hnht1688.cn.alibaba.com
总经理(General Manager)：郑文彬
联系人(Contact Person)：郑继辉
产品(Products)：成人纸尿裤/片，护理垫，婴儿纸尿裤/片，湿巾
品牌(Brand)：德佑，念亲，亲情不忘，昭福，昭康

许昌洁达纸品有限公司
Xuchang Jieda Paper Products Co., Ltd.
地址(Add)：河南省许昌市魏都区民营科技园腾飞大道
邮编(P. C.)：461099
电话(Tel)：0374 -4363888
传真(Fax)：0374 -4363777
Http://www.jiedazp.com
总经理(General Manager)：章高招
联系人(Contact Person)：吴秋霞
产品(Products)：婴儿纸尿裤/片，生活用纸，湿巾
品牌(Brand)：丽妃，章程，绿之舟，梦妃，太子妃，春荷

河南省永城市好理想卫生用品有限公司
Yongcheng Haolixiang Hygiene Products Co., Ltd.
地址(Add)：河南省永城市新城工业园
邮编(P. C.)：476600
电话(Tel)：0370 -5152222
传真(Fax)：0370 -5158566
E-mail：610164077@qq.com
Http://www.sqhaolixiang.cn
法人代表(Chairman)：王桂华
总经理(General Manager)：张玉英
联系人(Contact Person)：张淑娜
产品(Products)：卫生巾，婴儿纸尿片，成人纸尿裤，护理垫，宠物垫
品牌(Brand)：好理想

河南省百蓓佳卫生用品有限公司
Henan Baibeijia Hygiene Products Co., Ltd.
地址(Add)：河南省正阳县工业集中区
邮编(P. C.)：463600
电话(Tel)：0396 -8926989
传真(Fax)：0396 -8935989
E-mail：532774110@qq.com
Http://www.baibeijia.com
法人代表(Chairman)：潘鹏燕
总经理(General Manager)：王军华
联系人(Contact Person)：王军华
产品(Products)：卫生巾，卫生护垫，婴儿纸尿裤
品牌(Brand)：可宜，巴布豆

河南润通纸业有限公司
Henan Runtong Paper Co., Ltd.
地址(Add)：河南省郑州市国家经济技术开发区第八大街财富广场2307号
邮编(P. C.)：450016
电话(Tel)：0371 -69092176
传真(Fax)：0371 -68208675
E-mail：lxdzw@126.com
总经理(General Manager)：徐承斌
联系人(Contact Person)：王京洲
产品(Products)：婴儿纸尿裤，成人纸尿裤

郑州永欣卫生用品有限公司
Zhengzhou Yongxin Hygiene Products Co., Ltd.
地址(Add)：河南省郑州市金水区王砦路北、同庆路西
邮编(P. C.)：450001
电话(Tel)：0371 -63662386
传真(Fax)：0371 -63662386
Http://www.zhengzhouyongxin.com
总经理(General Manager)：陈伟
产品(Products)：卫生巾，卫生护垫，婴儿纸尿裤/片，成人纸尿裤/片
品牌(Brand)：七日情怀，尚影，尚婴

鹿邑舒可卫生用品有限公司
Luyi Shuke Hygiene Products Co., Ltd.
地址(Add)：河南省周口市鹿邑县城东工业区
邮编(P. C.)：477200
电话(Tel)：0394 -87700000
E-mail：qicaiqing@sina.cn
Http://www.qicaiqing.com
总经理(General Manager)：陈明涛
联系人(Contact Person)：陈明涛
产品(Products)：卫生巾，卫生护垫，湿巾，婴儿纸尿裤/片，成人纸尿裤/片，生活用纸
品牌(Brand)：七彩情

● 湖北 Hubei

武汉茶花女卫生用品有限公司
Wuhan Chahuanv Hygiene Products Co., Ltd.
地址(Add)：湖北省武汉市东西湖区慈惠工业园惠安大道27号
邮编(P. C.)：430040
电话(Tel)：027 -83258266
传真(Fax)：027 -83258633
E-mail：173538@qq.com
Http://www.whchn.com
总经理(General Manager)：汪寒涛
联系人(Contact Person)：罗丙兰
产品(Products)：卫生巾，卫生护垫，婴儿纸尿裤/片，成人纸尿裤/片，护理垫，手帕纸，面巾纸
品牌(Brand)：茶花女，柔语，金色人生，宝宝安，宝贝爱

武汉奇美卫生用品科技有限公司
Wuhan Qimei Hygiene Products Co., Ltd.
地址(Add)：湖北省武汉市江汉经济开发区江兴路17号A栋B层
邮编(P. C.)：430023

电话(Tel)：027－83359938
传真(Fax)：027－83359928
E-mail：33611098@ qq. com
总经理(General Manager)：陈骁丹
联系人(Contact Person)：郭伟雄
产品(Products)：卫生巾，卫生护垫，婴儿纸尿裤/片，成人纸尿裤/片
品牌(Brand)：金苹果，佑爱，添欣

湖北省武穴市恒美实业有限公司
Hubei Wuxue Hengmei Industry Co., Ltd.
地址(Add)：湖北省武穴市梅川镇石牛工业园1号
邮编(P. C.)：435411
电话(Tel)：0713－6751648
传真(Fax)：0713－6751649
E-mail：mlfmaster@ sina. com
Http：//www. hbhmpaper. com
总经理(General Manager)：张劲松
联系人(Contact Person)：刘燕容
产品(Products)：卫生巾，卫生护垫，婴儿纸尿裤/片，成人纸尿裤/片
品牌(Brand)：康依，康依宝宝

湖北省武穴市疏朗朗卫生用品有限公司
Hubei Shulanglang Hygiene Products Co., Ltd.
地址(Add)：湖北省武穴市石佛寺镇疏朗朗工业园
邮编(P. C.)：435414
电话(Tel)：0713－6262428
联系人(Contact Person)：吴迎胜
产品(Products)：卫生巾，卫生护垫，婴儿纸尿裤/片，成人纸尿裤/片，湿巾，卫生纸
品牌(Brand)：疏朗朗，梦颖

湖北佰斯特卫生用品有限公司
Hubei Best Hygienic Products Co., Ltd.
地址(Add)：湖北省仙桃市长埫口临港工业园8号(湖北佰斯特科技园)
邮编(P. C.)：433000
电话(Tel)：0728－2511999
传真(Fax)：0728－2512666
E-mail：chinabestar@ 163. com
Http：//www. china－bestar. com
法人代表(Chairman)：易永祥
总经理(General Manager)：易涵
联系人(Contact Person)：叶亮
产品(Products)：婴儿纸尿裤/片，成人纸尿裤/片，护理垫，女婴两用巾
品牌(Brand)：爱心恩诺，易尔康，迪尔宝贝，好保姆，千倍爽

湖北省襄阳市盈乐卫生用品有限公司
Hubei Xiangyang Yingle Sanitary Products Co., Ltd.
地址(Add)：湖北省襄阳市襄州区园林路119号
邮编(P. C.)：441000
电话(Tel)：0710－2810211
传真(Fax)：0710－2817000
E-mail：fenghanyu992@ foxmail. com
Http：//www. hbxfyl. com
法人代表(Chairman)：林云光
总经理(General Manager)：林建秋
联系人(Contact Person)：冯撼宇
产品(Products)：卫生巾，卫生护垫，婴儿纸尿裤/片，成人纸尿裤/片
品牌(Brand)：难忘，好难忘，难忘宝宝

维安洁护理用品(中国)有限公司
V－Care Hygiene Products (China) Co., Ltd.
地址(Add)：湖北省孝感市孝南经济开发区316国道复线
邮编(P. C.)：432122
电话(Tel)：0712－2519099
E-mail：v－care@ vinda. com
Http：//www. v－care. net. cn
总经理(General Manager)：关兆华
产品(Products)：卫生巾，婴儿纸尿裤
品牌(Brand)：薇尔，贝爱多

● 湖南 Hunan

长沙创一日用品有限公司
Changsha Chuangyi Commodity Co., Ltd.
地址(Add)：湖南省长沙市长沙县安沙镇新华村
邮编(P. C.)：410148
电话(Tel)：0731－88578681
传真(Fax)：0731－88578681
Http：//www. cbsoco. com
总经理(General Manager)：肖菊艳
联系人(Contact Person)：肖凯
产品(Products)：婴儿纸尿裤/片
品牌(Brand)：舒可

长沙星仔宝孕婴用品有限责任公司
Changsha Xingzaibao Pregnant Women & Infant Articles Co., Ltd.
地址(Add)：湖南省长沙市朝晖路口锦湘国际星城1期2栋502室
邮编(P. C.)：410016
电话(Tel)：0731－84749128
传真(Fax)：0731－84135597
Http：//www. yinershu. com
总经理(General Manager)：杨春红
产品(Products)：婴儿纸尿裤/片
品牌(Brand)：茵儿舒

湖南乐适日用品有限公司
Hunan Leshi Daily Necessities Co., Ltd.
地址(Add)：湖南省长沙市芙蓉南路一段181号
邮编(P. C.)：410200
电话(Tel)：400－086－1303
总经理(General Manager)：吴林翼
产品(Products)：卫生巾，婴儿纸尿裤/片
品牌(Brand)：爱儿乐

湖南展辉实业(集团)有限公司
Hunan Zhanhui Industrial (Group) Co., Ltd.
地址(Add)：湖南省长沙市芙蓉中路一段191号好来登大酒店四楼
邮编(P. C.)：410005
电话(Tel)：0731－84376696
传真(Fax)：0731－84376680
总经理(General Manager)：彭杰
联系人(Contact Person)：李勇

产品(Products)：婴儿纸尿裤/片
品牌(Brand)：天才小贝，天才小熊

长沙舒尔利卫生用品有限公司
Changsha Shuerli Hygiene Products Co., Ltd.
地址(Add)：湖南省长沙市高桥大市场纸品城16幢38号
邮编(P. C.)：410014
电话(Tel)：0731-85515615
传真(Fax)：0731-85515615
E-mail：cnxql@gaoqiao.com
法人代表(Chairman)：谢启良
总经理(General Manager)：谢启良
联系人(Contact Person)：谢启良
产品(Products)：婴儿纸尿裤/片，妇婴两用巾，卫生纸
品牌(Brand)：舒尔利，威威

长沙洁韵卫生用品有限公司
Changsha Jieyun Hygiene Products Co., Ltd.
地址(Add)：湖南省长沙市开福区新港镇湘粤工业园
邮编(P. C.)：410212
电话(Tel)：0731-85152038
传真(Fax)：0731-85812038
Http://www.hncsjieyun.com
联系人(Contact Person)：贾波
产品(Products)：婴儿纸尿裤/片
品牌(Brand)：贝婴爽，婴童星

湖南省倍康卫生用品有限公司
Hunan Beikang Hygiene Products Co., Ltd.
地址(Add)：湖南省长沙市宁乡经济开发区创业大道1号
邮编(P. C.)：410003
电话(Tel)：0731-88313777
传真(Fax)：0731-88313666
E-mail：baken@baken.cn
Http://www.baken.cn
总经理(General Manager)：覃叙钧
联系人(Contact Person)：喻丽
产品(Products)：婴儿纸尿裤/片，妇婴两用巾，湿巾
品牌(Brand)：倍康

湖南省安迪尔卫生用品有限公司
Hunan Andier Hygiene Products Co., Ltd.
地址(Add)：湖南省长沙市宁乡县回龙铺万寿山社区
邮编(P. C.)：410600
电话(Tel)：0731-87827944
传真(Fax)：0731-87807959
E-mail：460235675@qq.com
Http://www.andier.cn
法人代表(Chairman)：王跃星
总经理(General Manager)：王志良
联系人(Contact Person)：曾秀春
产品(Products)：卫生巾，婴儿纸尿裤，护理垫
品牌(Brand)：依云，安迪尔，馨怡儿

湖南爽洁卫生用品有限公司
Hunan Sharoy Sanitary Articles Co., Ltd.
地址(Add)：湖南省长沙市宁乡县宁黄路28号
邮编(P. C.)：410600
电话(Tel)：0731-82373555
传真(Fax)：0731-87828852
E-mail：sales@sharoy.com
Http://www.sharoy.com
法人代表(Chairman)：张明霞
总经理(General Manager)：张明霞
联系人(Contact Person)：黄江林
产品(Products)：婴儿纸尿裤/片
品牌(Brand)：爽然，爱心妈妈

湖南冠恩食品有限公司
Hunan Grand Food Co., Ltd.
地址(Add)：湖南省长沙市雨花区高桥上河国际商业广场C8栋3单元1809室
邮编(P. C.)：410007
电话(Tel)：0731-84466776
传真(Fax)：0731-84465496
E-mail：13733216587@163.com
总经理(General Manager)：康林
联系人(Contact Person)：欧理民
产品(Products)：婴儿纸尿裤/片，湿巾
品牌(Brand)：吉野博士

湖南康臣日用品有限公司
Hunan Kangchen Daily Necessities Co., Ltd.
地址(Add)：湖南省长沙市雨花区高桥现代商贸城1栋1单元905室
邮编(P. C.)：410016
电话(Tel)：0731-85980669
传真(Fax)：0731-85980669
联系人(Contact Person)：谢金玉
产品(Products)：婴儿纸尿裤/片
品牌(Brand)：婴俊

湖南三友纸业有限公司
Hunan Sanyou Paper Industry Co., Ltd.
地址(Add)：湖南省长沙市雨花区黎托乡花桥工业园
邮编(P. C.)：410129
电话(Tel)：0731-85951508
传真(Fax)：0731-85952308
E-mail：18975118277@qq.com
Http://www.teemay.com.cn
法人代表(Chairman)：贺顺新
总经理(General Manager)：贺顺新
联系人(Contact Person)：易延光
产品(Products)：卫生巾，卫生护垫，婴儿纸尿裤/片，卫生纸，面巾纸，手帕纸
品牌(Brand)：天美，花妍

湖南子迪卫生用品有限公司
Hunan Zidi Hygiene Products Co., Ltd.
地址(Add)：湖南省长沙市雨花区黎托乡潭阳工业园
邮编(P. C.)：410000
电话(Tel)：0731-84780576
传真(Fax)：0731-85670955
Http://www.hnybl.com
联系人(Contact Person)：赵焱
产品(Products)：婴儿纸尿裤/片
品牌(Brand)：宜贝乐

湖南宏鼎卫生用品有限公司
Hunan Hongding Health Supplies Co., Ltd.
地址(Add)：湖南省长沙市雨花区曲塘路与体院路交汇处
邮编(P. C.)：410014

电话(Tel)：0731－85952177
Http：//www.hnhongding.com
联系人(Contact Person)：黄卫平
产品(Products)：婴儿纸尿裤/片
品牌(Brand)：菲娅，华婴

湖南索菲卫生用品有限公司
Hunan Sofree Hygiene Products Co., Ltd.
地址(Add)：湖南省长沙市雨花区潭阳工业园
邮编(P.C.)：410000
电话(Tel)：0731－82230256
传真(Fax)：0731－84303882
E-mail：4006604123@b.qq.com
Http：//www.xswbb.com
总经理(General Manager)：林毅
联系人(Contact Person)：覃斌
产品(Products)：婴儿纸尿裤/片
品牌(Brand)：乐无忧，迷你妈咪，布布

湖南安仁县卫生用品二厂
Hunan Anren Hygiene Products No.2 Factory
地址(Add)：湖南省郴州市安仁县株泉北路84号
邮编(P.C.)：423600
电话(Tel)：0735－5223446
传真(Fax)：0735－5228861
Http：//www.lzw393790760.cn.alibaba.com
联系人(Contact Person)：赖志文
产品(Products)：卫生巾，婴儿纸尿裤/片
品牌(Brand)：安意，好安意，娃娃爽

唯艾品牌中国营销中心
Weiai Brand Marketing Center
地址(Add)：湖南省郴州市开发区招商广场廖家湾28号
邮编(P.C.)：423000
电话(Tel)：0735－7666939
传真(Fax)：0735－2293393
E-mail：914470238@qq.com
联系人(Contact Person)：周晖
产品(Products)：婴儿纸尿裤/片
品牌(Brand)：唯艾，贝贝帮

湖南花香实业有限公司
Hunan Huaxiang Industry Co., Ltd.
地址(Add)：湖南省衡阳市蒸湘区呆鹰岭蒸阳大道168号
邮编(P.C.)：421216
电话(Tel)：0734－8573990
传真(Fax)：0734－8573879
E-mail：745588640@qq.com
总经理(General Manager)：罗吉玉
联系人(Contact Person)：罗吉玉
产品(Products)：卫生巾，卫生护垫，餐巾纸，面巾纸，婴儿纸尿裤/片
品牌(Brand)：花香，花儿香，娃娃乐，花香宝贝

湖南美佳妮卫生用品有限公司
Hunan Meijiani Hygiene Products Co., Ltd.
地址(Add)：湖南省衡阳县演陂镇大川村S315线公路旁
邮编(P.C.)：421226
电话(Tel)：0734－6858988
传真(Fax)：0734－6858899
法人代表(Chairman)：胡起辉
产品(Products)：卫生巾，卫生护垫，婴儿纸尿裤

湖南一朵生活用品有限公司
Hunan Yido Necessaries of Life Co., Ltd.
地址(Add)：湖南省浏阳市永安制造产业基地
邮编(P.C.)：410300
电话(Tel)：0731－83603542
传真(Fax)：0731－83603546
E-mail：467570610@qq.com
Http：//www.yidojt.com
法人代表(Chairman)：刘祥富
联系人(Contact Person)：张益民
产品(Products)：卫生巾，卫生护垫，婴儿纸尿裤/片，湿巾
品牌(Brand)：一朵

伊米贝儿国际集团有限公司
Yimibeer International Group Co., Ltd.
地址(Add)：湖南省邵阳市宝庆高新技术工业园
邮编(P.C.)：410000
电话(Tel)：0739－2828169
传真(Fax)：0739－2629187
Http：//www.yimibeer.com
联系人(Contact Person)：李育文
产品(Products)：婴儿纸尿裤/片
品牌(Brand)：伊米贝儿

湖南省恒昌卫生用品有限公司
Hunan Hengchang Hygiene Products Co., Ltd.
地址(Add)：湖南省邵阳市宝庆科技工业园
邮编(P.C.)：422001
电话(Tel)：0739－5250218
传真(Fax)：0739－5250288
E-mail：982876371@qq.com
Http：//www.hcwsyp.com
法人代表(Chairman)：李学军
总经理(General Manager)：李学军
联系人(Contact Person)：李学华
产品(Products)：卫生巾，卫生护垫，婴儿纸尿裤/片
品牌(Brand)：倍茵，奥怡爽，雅护

湖南省九宜日用品有限公司
Hunan Jiuyi Daily Necessities Co., Ltd.
地址(Add)：湖南省邵阳市五一北路125号
邮编(P.C.)：422001
电话(Tel)：0739－5294698
联系人(Contact Person)：曾梓尧
产品(Products)：婴儿纸尿裤/片

沅江市豪宇卫生用品有限公司
Yuanjiang Haoyu Health Supplies Ltd.
地址(Add)：湖南省沅江市经济开发区
邮编(P.C.)：413100
电话(Tel)：0737－2812168
传真(Fax)：0737－2815168
Http：//www.hyshh.com
法人代表(Chairman)：赵鹏
联系人(Contact Person)：冯泉
产品(Products)：婴儿纸尿裤/片
品牌(Brand)：爽哈哈，天赐宝贝，博士仔仔

● 广东 Guangdong

东莞嘉米敦婴儿护理用品有限公司
Dongguan Carmelton Baby Products Manufacturing Ltd.
地址(Add)：广东省东莞市茶山镇卢边村委会工业区九梅岭加米敦路
邮编(P. C.)：523376
电话(Tel)：0769－86869925
传真(Fax)：0769－86869923
E-mail：280583668@qq.com
Http：//www.carmelton.cn
法人代表(Chairman)：李国明
总经理(General Manager)：李国明
联系人(Contact Person)：卢瑞芬
产品(Products)：婴儿纸尿裤/片，成人纸尿裤/片，护理垫，妇婴两用巾
品牌(Brand)：帮贝爽，百寿康，高慧

广东百顺纸品有限公司
Guangdong Bosom Paper Products Co., Ltd.
地址(Add)：广东省东莞市茶山镇伟建工业园
邮编(P. C.)：523380
电话(Tel)：0769－81833801
传真(Fax)：0769－81833806
Http：//www.bosompaper.com
法人代表(Chairman)：利莉
总经理(General Manager)：谢锡佳
联系人(Contact Person)：房雨
产品(Products)：婴儿纸尿裤/片，成人纸尿裤/片，卫生巾，卫生护垫
品牌(Brand)：茵茵，趣儿

深圳市倍安芬日用品有限公司
Shenzhen Beianfen Commodity Co., Ltd.
地址(Add)：广东省东莞市长安镇乌沙江贝工业园
邮编(P. C.)：523859
电话(Tel)：0769－85072258
传真(Fax)：0769－85072258
联系人(Contact Person)：赵前富
产品(Products)：卫生巾，婴儿纸尿裤

东莞市舒华生活用品有限公司
Dongguan Shuhua Daily Necessities Co., Ltd.
地址(Add)：广东省东莞市大朗镇黄草朗村西胜路2号
邮编(P. C.)：523700
电话(Tel)：0769－86263917
传真(Fax)：0769－86263927
总经理(General Manager)：赖华山
联系人(Contact Person)：赖新生
产品(Products)：卫生巾，卫生护垫，婴儿纸尿裤/片
品牌(Brand)：兰芳，洁柔宝宝，优雅空间，清爽空间

伟佳实业(香港)国际有限公司
Great Well Industrial (HK) Int'l Limited
地址(Add)：广东省东莞市东城区莞温路塘边头段东区七巷一号
邮编(P. C.)：523106
电话(Tel)：0769－88755506
传真(Fax)：0769－23064256
Http：//www.dgdyl.com
联系人(Contact Person)：胡国栋
产品(Products)：卫生巾，卫生护垫，婴儿纸尿裤

东莞市雅酷妇幼用品有限公司
Dongguan Yacoo Women & Children Products Co., Ltd.
地址(Add)：广东省东莞市东城区温塘社区莞温中路
邮编(P. C.)：523121
电话(Tel)：0769－26628600
传真(Fax)：0769－22765527
Http：//www.yacoocn.com
联系人(Contact Person)：周国院
产品(Products)：婴儿纸尿裤，卫生巾，卫生护垫
品牌(Brand)：雅酷，倍安芬

东莞市汉氏纸业有限公司
Dongguan H&C Paper Co., Ltd.
地址(Add)：广东省东莞市洪梅镇正腾工业厂区三(A区)
邮编(P. C.)：523160
电话(Tel)：0769－81213012
传真(Fax)：0769－81213012
E-mail：hcgm－iven@health－care.cn
Http：//www.health－care.cn
总经理(General Manager)：邱剑华
产品(Products)：妇婴两用巾，婴儿纸尿裤

东莞市天正纸业有限公司
Dongguan Tianzheng Paper Co., Ltd.
地址(Add)：广东省东莞市麻涌镇南洲工业区兴南路
邮编(P. C.)：523136
电话(Tel)：0769－88223990
传真(Fax)：0769－88280122
Http：//www.dgtianzheng.com
法人代表(Chairman)：吴柱威
总经理(General Manager)：吴柱威
联系人(Contact Person)：杨业涛
产品(Products)：卫生巾，卫生护垫，婴儿纸尿裤/片，成人纸尿裤/片
品牌(Brand)：雪怡，祺安，淘气宝贝

宝盈妇幼用品有限公司
Baoying Women & Children Articles Co., Ltd.
地址(Add)：广东省东莞市清溪九乡金竹工业区
邮编(P. C.)：523646
电话(Tel)：0769－87292586
传真(Fax)：0769－87308689
E-mail：dgbaoying@163.com
Http：//www.dgbaoying.com
法人代表(Chairman)：赖新财
联系人(Contact Person)：赖新财
产品(Products)：卫生巾，卫生护垫，婴儿纸尿裤/片，湿巾
品牌(Brand)：康洁丽，伊妮思，圣女思，清爽女孩

慧氏(中国)实业发展有限公司
Huishi (China) Industry Development Co., Ltd.
地址(Add)：广东省东莞市沙田金玉工业区
邮编(P. C.)：523981
电话(Tel)：0769－81783232
传真(Fax)：0769－89369126
联系人(Contact Person)：左真石
产品(Products)：婴儿纸尿裤/片

品牌(Brand)：慧氏

东莞市宝适卫生用品有限公司
Dongguan Baoshi Health Supplies Co., Ltd.
地址(Add)：广东省东莞市沙田镇大泥金玉工业区
邮编(P. C.)：523981
电话(Tel)：0769 - 89369111
传真(Fax)：0769 - 89369126
E-mail：bao_ shi@163. com
Http：//www. baoshigd. com
法人代表(Chairman)：邱贵友
总经理(General Manager)：陈海林
联系人(Contact Person)：陈海林
产品(Products)：婴儿纸尿裤，成人纸尿裤
品牌(Brand)：帮爱宝，英维氏

东莞瑞麒婴儿用品有限公司
Dongguan Aall & Zyleman Baby Goods Ltd.
地址(Add)：广东省东莞市石龙镇西湖管理区 2 路 2 号
邮编(P. C.)：523325
电话(Tel)：0769 - 86113292
传真(Fax)：0769 - 86113293
E-mail：sales@ihellobaby. com
Http：//www. ihellobaby. com
法人代表(Chairman)：叶建源
总经理(General Manager)：叶建源
联系人(Contact Person)：苏伟雄
产品(Products)：婴儿纸尿裤，成人纸尿裤/片，护理垫
品牌(Brand)：哈啰宝贝，哈啰，惠安，哈啰天使，BB 熊，心儿

东莞市常兴纸业有限公司
Dongguan Changxing Paper Co., Ltd.
地址(Add)：广东省东莞市石排镇横山村委会钟屋工业区
邮编(P. C.)：523330
电话(Tel)：0769 - 86559888
传真(Fax)：0769 - 86559933
E-mail：changxingpaper@163. com
Http：//www. changxingdg. com
法人代表(Chairman)：王树杨
总经理(General Manager)：王树杨
联系人(Contact Person)：黄海霞
产品(Products)：婴儿纸尿裤/片，成人纸尿裤/片，卫生巾，妇婴两用巾
品牌(Brand)：一片爽，片片爽，公子帮，雅康健，护理爽

香港曼可国际纸业有限公司
HongKong Manko International Paper Co., Ltd.
地址(Add)：广东省东莞市万江区大汾社区中立洲工业区
邮编(P. C.)：523052
电话(Tel)：852 - 30658131
传真(Fax)：852 - 30113290
E-mail：mkbs123@126. com
法人代表(Chairman)：谢玉玲
联系人(Contact Person)：朱志强
产品(Products)：婴儿纸尿裤/片，成人纸尿裤/片，护理垫
品牌(Brand)：曼可博士

东莞市白天鹅纸业有限公司
Dongguan White Swan Paper Products Co., Ltd.
地址(Add)：广东省东莞市万江区谷涌工业区
邮编(P. C.)：523047
电话(Tel)：0769 - 22172128
传真(Fax)：0769 - 22181226
E-mail：dgbte@163. com
Http：//www. dgbte. com
法人代表(Chairman)：卢宝祥
总经理(General Manager)：李刚
联系人(Contact Person)：李刚
产品(Products)：原纸，卫生纸，面巾纸，手帕纸，餐巾纸，擦手纸，卫生巾，卫生护垫，婴儿纸尿裤/片
品牌(Brand)：贝柔，黛柔

东莞市佳洁卫生用品有限公司
Dongguan Jiajie Hygiene Products Co., Ltd.
地址(Add)：广东省东莞市万江区简沙洲虾公坎工业区
邮编(P. C.)：523062
电话(Tel)：0769 - 22409628
传真(Fax)：0769 - 22904926
联系人(Contact Person)：冼润波
产品(Products)：卫生巾，卫生护垫，婴儿纸尿裤/片
品牌(Brand)：佳洁舒，梦美，梦美儿

东莞市华兴纸业实业有限公司
Dongguan Huaxing Paper Industrial Co., Ltd.
地址(Add)：广东省东莞市万江区滘联工业区
邮编(P. C.)：523046
电话(Tel)：0769 - 22279169
传真(Fax)：0769 - 22275919
E-mail：hxzy@huaxing - dg. com
Http：//www. huaxing - dg. com
法人代表(Chairman)：欧锦庆
总经理(General Manager)：欧锦庆
联系人(Contact Person)：欧锦庆
产品(Products)：面巾纸，手帕纸，卫生纸，原纸，婴儿纸尿裤
品牌(Brand)：花心，益达，伊健，爱心宝贝

东莞市惠康纸业有限公司
Dongguan Huikang Paper Co., Ltd.
地址(Add)：广东省东莞市万江区胜利管理区(爱迪工业区)
邮编(P. C.)：523063
电话(Tel)：0769 - 22179188
传真(Fax)：0769 - 22179883
E-mail：huikang883@163. com
Http：//www. huikang0769. com
法人代表(Chairman)：黎淑珍
总经理(General Manager)：赖沃标
联系人(Contact Person)：赖沃均
产品(Products)：卫生巾，卫生护垫，婴儿纸尿裤/片
品牌(Brand)：护丽康，姿婷宝

佛山市绿之洲日用品有限公司
Foshan Green Land Commodity Co., Ltd.
地址(Add)：广东省佛山市禅城区佛罗路 1 号天马大厦 211
邮编(P. C.)：528099
电话(Tel)：0757 - 82823066

传真(Fax): 0757-82823166
E-mail: nan. dou@163. com
Http://www. lvzhizhou-china. com
总经理(General Manager): 赖小信
联系人(Contact Person): 赖城兵
产品(Products): 婴儿纸尿裤/片
品牌(Brand): 香睡宝贝

佛山市超爽纸品有限公司
Foshan Super Comfort Paper Products Co., Ltd.
地址(Add): 广东省佛山市禅城区南庄吉利工业园新源三路57号
邮编(P. C.): 528061
电话(Tel): 0757-85392882
传真(Fax): 0757-85392663
E-mail: mail@chaoshuang. com. cn
Http://www. chaoshuang. com. cn
法人代表(Chairman): 梁锦锐
总经理(General Manager): 梁锦锐
联系人(Contact Person): 李奕鸿
产品(Products): 婴儿纸尿裤/片, 成人纸尿裤/片, 护理垫
品牌(Brand): 超爽, 爽爽, 康佳, 乐轻盈

佛山市泰康卫生用品有限公司
Foshan Taikang Hygiene Products Co., Ltd.
地址(Add): 广东省佛山市佛罗路寨边段6号1座4层之一
邮编(P. C.): 528200
电话(Tel): 0757-81809083
传真(Fax): 0757-86433503
法人代表(Chairman): 杨成
联系人(Contact Person): 莫彩萍
产品(Products): 婴儿纸尿裤/片, 成人纸尿裤/片
品牌(Brand): 必帮宝, 泰康乐

佛山市美适卫生用品有限公司
Foshan Meishi Sanitary Articles Co., Ltd.
地址(Add): 广东省佛山市佛山大道北143号
邮编(P. C.): 528000
电话(Tel): 0757-82226882
传真(Fax): 0757-82206622
E-mail: pyg-928@163. com
Http://www. fsmeishi. com
法人代表(Chairman): 关锦添
总经理(General Manager): 关锦添
联系人(Contact Person): 李永亨
产品(Products): 卫生巾, 卫生护垫, 婴儿纸尿裤/片
品牌(Brand): 诗丹莉, 小妮, 美适

佛山市高明怡健卫生用品有限公司
Foshan Yijian Health Things Co., Ltd.
地址(Add): 广东省佛山市高明沧江工业园
邮编(P. C.): 528511
电话(Tel): 0757-88628381
传真(Fax): 0757-88628382
联系人(Contact Person): 区志德
产品(Products): 婴儿纸尿裤/片, 妇婴两用巾
品牌(Brand): 怡儿健

佛山市佰佰利卫生用品有限公司
Foshan Baibaili Sanitary Products Co., Ltd.
地址(Add): 广东省佛山市高明区高明大道中331号
邮编(P. C.): 528513
电话(Tel): 0757-88800028
传真(Fax): 0757-88800027
E-mail: fsbbl@163. com
Http://www. nobelbaby2008. com. cn
法人代表(Chairman): 黄永贤
总经理(General Manager): 全利华
联系人(Contact Person): 王毅
产品(Products): 婴儿纸尿裤/片, 成人纸尿片
品牌(Brand): 初生贵族, 惠儿宝, 帝儿宝, 惠康保

广东省南海康洁香巾厂
Guangdong Nanhai Kangjie Towel Factory
地址(Add): 广东省佛山市季华七路大弯南工业区B座3楼
邮编(P. C.): 528000
电话(Tel): 0757-86360727
传真(Fax): 0757-86361584
E-mail: master@kangjie-wettowel. com
Http://www. kangjie-wettowel. com
法人代表(Chairman): 周柱兴
总经理(General Manager): 周柱兴
联系人(Contact Person): 周柱兴
产品(Products): 湿巾, 婴儿隔尿垫巾, 手帕纸, 面巾纸
品牌(Brand): 康洁, 舒爽

佛山市婴众幼儿用品有限公司
Foshan Yingzhong Infant Products Co., Ltd.
地址(Add): 广东省佛山市南海桂城江南名居泓苑D座二层
邮编(P. C.): 528200
电话(Tel): 0757-81852891
传真(Fax): 0757-81852886
E-mail: cnbabybear@163. com
Http://www. cnbabybear. com
总经理(General Manager): 李剑辉
联系人(Contact Person): 卢凤英
产品(Products): 婴儿纸尿裤/片, 湿巾
品牌(Brand): 宝乐嘘

佛山市南海吉爽卫生用品有限公司
Nanhai Jishuang Sanitary Products Co., Ltd.
地址(Add): 广东省佛山市南海里水镇里官路大朗工业区
邮编(P. C.): 528200
电话(Tel): 0757-85662828
传真(Fax): 0757-85616762
E-mail: service@nhjishuang. com
Http://www. nhjishuang. com
法人代表(Chairman): 何喜永
总经理(General Manager): 何喜永
联系人(Contact Person): 粟正强
产品(Products): 婴儿纸尿裤/片, 成人纸尿裤/片, 护理垫, 两用巾
品牌(Brand): 吉之爽, 好康宝, 洁爽, 八级空间

广东省佛山市康沃日用品有限公司
Foshan Kangwo Commodity Co., Ltd.
地址(Add): 广东省佛山市南海区大沥新城南广场

邮编(P. C.)：528000
电话(Tel)：0757 - 81186286
传真(Fax)：0757 - 81186287
E-mail：sales@ gdkangwo. cn
Http：//www. gdkangwo. cn
法人代表(Chairman)：张德荣
总经理(General Manager)：张德荣
联系人(Contact Person)：张德荣
产品(Products)：卫生巾，婴儿纸尿裤
品牌(Brand)：自然爽，乐点宝宝，乐氏宝宝，真美感

佛山市南海区佳朗卫生用品有限公司
Foshan Calong Sanitary Products Co., Ltd.
地址(Add)：广东省佛山市南海区丹灶镇金沙城南工业区
邮编(P. C.)：528223
电话(Tel)：0757 - 88779230
传真(Fax)：0757 - 81001391
E-mail：sale@ cooljie. com
Http：//www. cooljie. com
法人代表(Chairman)：劳柱能
总经理(General Manager)：劳柱能
联系人(Contact Person)：周志刚
产品(Products)：卫生巾，卫生护垫，婴儿纸尿裤/片，成人纸尿裤/片
品牌(Brand)：蝴蝶结，风之语，佳洁宝宝，包安，包康

佛山市百诺卫生用品有限公司
Foshan Bainuo Hygiene Products Co., Ltd.
地址(Add)：广东省佛山市南海区丹灶镇金沙罗行杜家高田开发区
邮编(P. C.)：528216
电话(Tel)：0757 - 88750148
传真(Fax)：0757 - 85419981
E-mail：bainuo2007@ 126. com
法人代表(Chairman)：李俊
总经理(General Manager)：李俊
联系人(Contact Person)：李明
产品(Products)：卫生巾，卫生护垫，婴儿纸尿裤/片

佛山市千婷生活用品有限公司
Foshan Qianting Commodity Co., Ltd.
地址(Add)：广东省佛山市南海区桂城佛平二路北约商厦602B室
邮编(P. C.)：528200
电话(Tel)：0757 - 86305033
传真(Fax)：0757 - 86305033
E-mail：824886641@ qq. com
Http：//fsqt. cn. gongchang. com
联系人(Contact Person)：雍兴
产品(Products)：卫生巾，婴儿纸尿裤/片，成人纸尿裤/片，护理垫，湿巾，卫生纸，面巾纸，手帕纸
品牌(Brand)：千婷

广东康得卫生用品有限公司
Guangdong Kangde Hygiene Products Co., Ltd.
地址(Add)：广东省佛山市南海区桂城海三路
邮编(P. C.)：528000
电话(Tel)：0757 - 86262615
E-mail：johnson. zang@ gmail. com
法人代表(Chairman)：臧永帅
总经理(General Manager)：臧永帅
联系人(Contact Person)：臧炳庆
产品(Products)：婴儿纸尿裤，成人纸尿裤，护理垫
品牌(Brand)：福星宝宝

广东景兴卫生用品有限公司
Kingdom Sanitary Products Co., Ltd. Guangdong
地址(Add)：广东省佛山市南海区桂城南海大道北50号恒生银行大厦8楼
邮编(P. C.)：528200
电话(Tel)：0757 - 86238822
传真(Fax)：0757 - 86238670
E-mail：xxf@ abckms. com
Http：//www. abckms. com
法人代表(Chairman)：邓锦明
总经理(General Manager)：邓锦明
联系人(Contact Person)：许旭芳
产品(Products)：卫生巾，卫生护垫，湿巾，婴儿纸尿裤
品牌(Brand)：ABC，Free，EC，快乐小妹，易洁，ABC's BB

佛山市邦宝卫生用品有限公司
Foshan Bangbao Sanitary Products Co., Ltd.
地址(Add)：广东省佛山市南海区桂城宁聚工业区300号
邮编(P. C.)：528216
电话(Tel)：0757 - 86209220
传真(Fax)：0757 - 86209221
E-mail：fsbangbao@ 163. com
Http：//www. fsbangbao. com
总经理(General Manager)：黄荣祥
联系人(Contact Person)：宋勇辉
产品(Products)：婴儿纸尿裤/片
品牌(Brand)：邦婴宝，悦儿宝，邦知宝，米其诺

佛山市硕氏日用品有限公司
Foshan Shuoshi Daily Necessities Co., Ltd.
地址(Add)：广东省佛山市南海区桂城夏西东便围工业区
邮编(P. C.)：528200
电话(Tel)：0757 - 81768906
传真(Fax)：0757 - 81768906
Http：//www. gdshuoshi. com
联系人(Contact Person)：赖继林
产品(Products)：婴儿纸尿裤/片，成人纸尿裤/片，护理垫，湿巾
品牌(Brand)：硕氏，A派

百洁(广东)卫生用品有限公司
Baijie (Guangdong) Hygiene Products Co., Ltd.
地址(Add)：广东省佛山市南海区桂丹路小塘路段新境开发区
邮编(P. C.)：528222
电话(Tel)：0757 - 86636868
传真(Fax)：0757 - 86639638
E-mail：baijie13@ 126. com
总经理(General Manager)：曾展平
联系人(Contact Person)：曾展平
产品(Products)：卫生巾，卫生护垫，婴儿纸尿裤/片，两用巾，成人纸尿裤/片，护理垫
品牌(Brand)：兜兜爽，优比宝宝，童真，美滋美宝

佛山市佩安婷卫生用品实业有限公司
Foshan Peianting Sanitary Products Industrial Co., Ltd.
地址(Add)：广东省佛山市南海区海三路豪贤花园1座

2楼
邮编(P. C.): 528000
电话(Tel): 0757 - 82800216
传真(Fax): 0757 - 82800202
E-mail: master@ peianting. com
Http://www. peianting. com
法人代表(Chairman): 陈惠华
总经理(General Manager): 方润华
联系人(Contact Person): 梁修辉
产品(Products): 卫生巾, 卫生护垫, 婴儿纸尿裤/片, 成人纸尿片, 湿巾
品牌(Brand): 佩安婷, 佩菲菲, 珮夫人, 佩贝贝

佛山市樱黛妇婴用品有限公司
Foshan Yingdai Women & Children Products Co., Ltd.
地址(Add): 广东省佛山市南海区海三路豪贤花园1座3楼
邮编(P. C.): 528000
电话(Tel): 0757 - 82809700
传真(Fax): 0757 - 82809848
Http://www. fsyingdai. com
联系人(Contact Person): 白志伟
产品(Products): 婴儿纸尿裤/片
品牌(Brand): 亲洁, 亲之道

佛山市中道纸业有限公司
Foshan Nanhai Infinity Paper Co., Ltd.
地址(Add): 广东省佛山市南海区里水镇和顺官和路39-8号
邮编(P. C.): 528244
电话(Tel): 0757 - 85126999
传真(Fax): 0757 - 85121212
E-mail: infinitypaper@ 163. com
Http://www. infinitypaper. com
联系人(Contact Person): 肖建国
产品(Products): 婴儿纸尿裤/片
品牌(Brand): 贝得乐, 爽啦啦, 倍舒爽

佛山市欧比护理用品有限公司
Foshan Obee Care Products Co., Ltd.
地址(Add): 广东省佛山市南海区里水镇和顺和桂工业园A区
邮编(P. C.): 528241
电话(Tel): 0757 - 85131780
传真(Fax): 0757 - 85131790
Http://www. fsobee. com
总经理(General Manager): 徐水坤
联系人(Contact Person): 徐志明
产品(Products): 婴儿纸尿裤/片
品牌(Brand): 宾比, 小天王

佛山市御晟纸品有限公司
Foshan Yusheng Paper Co., Ltd.
地址(Add): 广东省佛山市南海区罗村街道上联工业区
邮编(P. C.): 528226
电话(Tel): 0757 - 81803133
传真(Fax): 0757 - 81803132
E-mail: 627664908@ qq. com
联系人(Contact Person): 吕均祥
产品(Products): 婴儿纸尿裤
品牌(Brand): 奇乐熊, 柔杨, 妙朗

佛山市南海区倩而宝卫生用品有限公司
Foshan Nanhai Qianerbao Sanitary Articles Co., Ltd.
地址(Add): 广东省佛山市南海区罗村镇上柏工业区
邮编(P. C.): 528226
电话(Tel): 0757 - 81263984
传真(Fax): 0757 - 86410838
E-mail: qianerbao@ 163. com
Http://www. cnqeb. com. cn
法人代表(Chairman): 卢焕娣
联系人(Contact Person): 吕均祥
产品(Products): 卫生巾, 卫生护垫, 婴儿纸尿裤/片, 妇婴两用巾, 成人纸尿裤/片
品牌(Brand): 倩而宝, 愉快假期, 美思, 自然乐, 金倩宝

佛山市南海康索卫生用品有限公司
Foshan Nanhai Kimsof Sanitary Products Co., Ltd.
地址(Add): 广东省佛山市南海区罗村紫罗路工业园
邮编(P. C.): 528226
电话(Tel): 0757 - 86412262
传真(Fax): 0757 - 86412261
E-mail: service@ kimsof. com
Http://www. kimsof. com
法人代表(Chairman): 何炯明
总经理(General Manager): 朱金炎
联系人(Contact Person): 邓慧
产品(Products): 妇婴两用巾, 婴儿纸尿裤/片, 成人纸尿裤/片
品牌(Brand): 康索, 贝婴宝, 金锁

广东妇健企业有限公司
Guangdong Fujian Enterprise Co., Ltd.
地址(Add): 广东省佛山市南海区平洲夏南一工业区
邮编(P. C.): 528251
电话(Tel): 0757 - 86774737
传真(Fax): 0757 - 86771573
E-mail: 167785023@ qq. com
Http://www. gd - fujian. com
法人代表(Chairman): 彭乃强
总经理(General Manager): 陈志华
联系人(Contact Person): 吴之林
产品(Products): 卫生巾, 卫生护垫, 婴儿纸尿裤/片
品牌(Brand): 妇健, 妇健宝宝

佛山汇康纸业有限公司
Foshan Huikang Paper Co., Ltd.
地址(Add): 广东省佛山市南海区狮山工业园A区科韵中路3号
邮编(P. C.): 528225
电话(Tel): 0757 - 86654182
传真(Fax): 0757 - 86654181
联系人(Contact Person): 梁木新
产品(Products): 婴儿纸尿裤/片
品牌(Brand): 自由婴时代

佛山市卫婴康卫生用品有限公司
Foshan Weiyingkang Hygiene Products Co., Ltd.
地址(Add): 广东省佛山市南海区狮山镇官窑大榄工业区
邮编(P. C.): 528237
电话(Tel): 0757 - 85809228
传真(Fax): 0757 - 85809123

邮编(P. C.)：528000
电话(Tel)：0757－81186286
传真(Fax)：0757－81186287
E-mail：sales@gdkangwo. cn
Http：//www. gdkangwo. cn
法人代表(Chairman)：张德荣
总经理(General Manager)：张德荣
联系人(Contact Person)：张德荣
产品(Products)：卫生巾，婴儿纸尿裤
品牌(Brand)：自然爽，乐点宝宝，乐氏宝宝，真美感

佛山市南海区佳朗卫生用品有限公司
Foshan Calong Sanitary Products Co., Ltd.
地址(Add)：广东省佛山市南海区丹灶镇金沙城南工业区
邮编(P. C.)：528223
电话(Tel)：0757－88779230
传真(Fax)：0757－81001391
E-mail：sale@cooljie. com
Http：//www. cooljie. com
法人代表(Chairman)：劳柱能
总经理(General Manager)：劳柱能
联系人(Contact Person)：周志刚
产品(Products)：卫生巾，卫生护垫，婴儿纸尿裤/片，成人纸尿裤/片
品牌(Brand)：蝴蝶结，风之语，佳洁宝宝，包安，包康

佛山市百诺卫生用品有限公司
Foshan Bainuo Hygiene Products Co., Ltd.
地址(Add)：广东省佛山市南海区丹灶镇金沙罗行杜家高田开发区
邮编(P. C.)：528216
电话(Tel)：0757－88750148
传真(Fax)：0757－85419981
E-mail：bainuo2007@126. com
法人代表(Chairman)：李俊
总经理(General Manager)：李俊
联系人(Contact Person)：李明
产品(Products)：卫生巾，卫生护垫，婴儿纸尿裤/片

佛山市千婷生活用品有限公司
Foshan Qianting Commodity Co., Ltd.
地址(Add)：广东省佛山市南海区桂城佛平二路北约商厦602B室
邮编(P. C.)：528200
电话(Tel)：0757－86305033
传真(Fax)：0757－86305033
E-mail：824886641@qq. com
Http：//fsqt. cn. gongchang. com
联系人(Contact Person)：雍兴
产品(Products)：卫生巾，婴儿纸尿裤/片，成人纸尿裤/片，护理垫，湿巾，卫生纸，面巾纸，手帕纸
品牌(Brand)：千婷

广东康得卫生用品有限公司
Guangdong Kangde Hygiene Products Co., Ltd.
地址(Add)：广东省佛山市南海区桂城海三路
邮编(P. C.)：528000
电话(Tel)：0757－86262615
E-mail：johnson. zang@gmail. com
法人代表(Chairman)：臧永帅
总经理(General Manager)：臧永帅
联系人(Contact Person)：臧炳庆
产品(Products)：婴儿纸尿裤，成人纸尿裤，护理垫
品牌(Brand)：福星宝宝

广东景兴卫生用品有限公司
Kingdom Sanitary Products Co., Ltd. Guangdong
地址(Add)：广东省佛山市南海区桂城南海大道北50号恒生银行大厦8楼
邮编(P. C.)：528200
电话(Tel)：0757－86238822
传真(Fax)：0757－86238670
E-mail：xxf@abckms. com
Http：//www. abckms. com
法人代表(Chairman)：邓锦明
总经理(General Manager)：邓锦明
联系人(Contact Person)：许旭芳
产品(Products)：卫生巾，卫生护垫，湿巾，婴儿纸尿裤
品牌(Brand)：ABC，Free，EC，快乐小妹，易洁，ABC's BB

佛山市邦宝卫生用品有限公司
Foshan Bangbao Sanitary Products Co., Ltd.
地址(Add)：广东省佛山市南海区桂城宁聚工业区300号
邮编(P. C.)：528216
电话(Tel)：0757－86209220
传真(Fax)：0757－86209221
E-mail：fsbangbao@163. com
Http：//www. fsbangbao. com
总经理(General Manager)：黄荣祥
联系人(Contact Person)：宋勇辉
产品(Products)：婴儿纸尿裤/片
品牌(Brand)：邦婴宝，悦儿宝，邦知宝，米其诺

佛山市硕氏日用品有限公司
Foshan Shuoshi Daily Necessities Co., Ltd.
地址(Add)：广东省佛山市南海区桂城夏西东便围工业区
邮编(P. C.)：528200
电话(Tel)：0757－81768906
传真(Fax)：0757－81768906
Http：//www. gdshuoshi. com
联系人(Contact Person)：赖继林
产品(Products)：婴儿纸尿裤/片，成人纸尿裤/片，护理垫，湿巾
品牌(Brand)：硕氏，A派

百洁(广东)卫生用品有限公司
Baijie (Guangdong) Hygiene Products Co., Ltd.
地址(Add)：广东省佛山市南海区桂丹路小塘路段新境开发区
邮编(P. C.)：528222
电话(Tel)：0757－86636868
传真(Fax)：0757－86639638
E-mail：baijie13@126. com
总经理(General Manager)：曾展平
联系人(Contact Person)：曾展平
产品(Products)：卫生巾，卫生护垫，婴儿纸尿裤/片，两用巾，成人纸尿裤/片，护理垫
品牌(Brand)：兜兜爽，优比宝宝，童真，美滋美宝

佛山市佩安婷卫生用品实业有限公司
Foshan Peianting Sanitary Products Industrial Co., Ltd.
地址(Add)：广东省佛山市南海区海三路豪贤花园1座

2 楼
邮编(P. C.)：528000
电话(Tel)：0757-82800216
传真(Fax)：0757-82800202
E-mail：master@peianting.com
Http：//www.peianting.com
法人代表(Chairman)：陈惠华
总经理(General Manager)：方润华
联系人(Contact Person)：梁修辉
产品(Products)：卫生巾，卫生护垫，婴儿纸尿裤/片，成人纸尿片，湿巾
品牌(Brand)：佩安婷，佩菲菲，珮夫人，佩贝贝

佛山市樱黛妇婴用品有限公司
Foshan Yingdai Women & Children Products Co., Ltd.
地址(Add)：广东省佛山市南海区海三路豪贤花园1座3楼
邮编(P. C.)：528000
电话(Tel)：0757-82809700
传真(Fax)：0757-82809848
Http：//www.fsyingdai.com
联系人(Contact Person)：白志伟
产品(Products)：婴儿纸尿裤/片
品牌(Brand)：亲洁，亲之道

佛山市中道纸业有限公司
Foshan Nanhai Infinity Paper Co., Ltd.
地址(Add)：广东省佛山市南海区里水镇和顺官和路39-8号
邮编(P. C.)：528244
电话(Tel)：0757-85126999
传真(Fax)：0757-85121212
E-mail：infinitypaper@163.com
Http：//www.infinitypaper.com
联系人(Contact Person)：肖建国
产品(Products)：婴儿纸尿裤/片
品牌(Brand)：贝得乐，爽啦啦，倍舒爽

佛山市欧比护理用品有限公司
Foshan Obee Care Products Co., Ltd.
地址(Add)：广东省佛山市南海区里水镇和顺和桂工业园A区
邮编(P. C.)：528241
电话(Tel)：0757-85131780
传真(Fax)：0757-85131790
Http：//www.fsobee.com
总经理(General Manager)：徐水坤
联系人(Contact Person)：徐志明
产品(Products)：婴儿纸尿裤/片
品牌(Brand)：宾比，小天王

佛山市御晟纸品有限公司
Foshan Yusheng Paper Co., Ltd.
地址(Add)：广东省佛山市南海区罗村街道上联工业区
邮编(P. C.)：528226
电话(Tel)：0757-81803133
传真(Fax)：0757-81803132
E-mail：627664908@qq.com
联系人(Contact Person)：吕均祥
产品(Products)：婴儿纸尿裤
品牌(Brand)：奇乐熊，柔杨，妙朗

佛山市南海区倩而宝卫生用品有限公司
Foshan Nanhai Qianerbao Sanitary Articles Co., Ltd.
地址(Add)：广东省佛山市南海区罗村镇上柏工业区
邮编(P. C.)：528226
电话(Tel)：0757-81263984
传真(Fax)：0757-86410838
E-mail：qianerbao@163.com
Http：//www.cnqeb.com.cn
法人代表(Chairman)：卢焕娣
联系人(Contact Person)：吕均祥
产品(Products)：卫生巾，卫生护垫，婴儿纸尿裤/片，妇婴两用巾，成人纸尿裤/片
品牌(Brand)：倩而宝，愉快假期，美思，自然乐，金倩宝

佛山市南海康索卫生用品有限公司
Foshan Nanhai Kimsof Sanitary Products Co., Ltd.
地址(Add)：广东省佛山市南海区罗村紫罗路工业园
邮编(P. C.)：528226
电话(Tel)：0757-86412262
传真(Fax)：0757-86412261
E-mail：service@kimsof.com
Http：//www.kimsof.com
法人代表(Chairman)：何炯明
总经理(General Manager)：朱金炎
联系人(Contact Person)：邓慧
产品(Products)：妇婴两用巾，婴儿纸尿裤/片，成人纸尿裤/片
品牌(Brand)：康索，贝婴宝，金锁

广东妇健企业有限公司
Guangdong Fujian Enterprise Co., Ltd.
地址(Add)：广东省佛山市南海区平洲夏南一工业区
邮编(P. C.)：528251
电话(Tel)：0757-86774737
传真(Fax)：0757-86771573
E-mail：167785023@qq.com
Http：//www.gd-fujian.com
法人代表(Chairman)：彭乃强
总经理(General Manager)：陈志华
联系人(Contact Person)：吴之林
产品(Products)：卫生巾，卫生护垫，婴儿纸尿裤/片
品牌(Brand)：妇健，妇健宝宝

佛山汇康纸业有限公司
Foshan Huikang Paper Co., Ltd.
地址(Add)：广东省佛山市南海区狮山工业园A区科韵中路3号
邮编(P. C.)：528225
电话(Tel)：0757-86654182
传真(Fax)：0757-86654181
联系人(Contact Person)：梁木新
产品(Products)：婴儿纸尿裤/片
品牌(Brand)：自由婴时代

佛山市卫婴康卫生用品有限公司
Foshan Weiyingkang Hygiene Products Co., Ltd.
地址(Add)：广东省佛山市南海区狮山镇官窑大榄工业区
邮编(P. C.)：528237
电话(Tel)：0757-85809228
传真(Fax)：0757-85809123

Http://www.fs-wyk.com
总经理(General Manager): 李志富
产品(Products): 婴儿纸尿裤
品牌(Brand): 卫婴康

佛山欧品佳卫生用品有限公司
Foshan Oupinjia Health Products Co., Ltd.
地址(Add): 广东省佛山市南海区狮山镇三环西路莲子塘旁
邮编(P.C.): 528200
电话(Tel): 0757-89953310
E-mail: hkmamibb@163.com
联系人(Contact Person): 朱志强
产品(Products): 婴儿纸尿裤/片, 成人纸尿裤/片, 妇婴两用巾, 卫生巾, 卫生护垫

广东昱升卫生用品实业有限公司
Guangdong Winsun Sanitary Products Co., Ltd.
地址(Add): 广东省佛山市南海区狮山镇狮山新城工业区
邮编(P.C.): 528225
电话(Tel): 0757-86651315
传真(Fax): 0757-85595801
E-mail: whsale01@126.com
Http://www.fsys888.cn
法人代表(Chairman): 苏艺强
总经理(General Manager): 龚斯琪
联系人(Contact Person): 苏艺强
产品(Products): 婴儿纸尿裤/片, 成人纸尿裤/片, 护理垫
品牌(Brand): Dress, 吉氏, 肯得康, 婴之良品, 舒氏宝贝

佛山市啟盛卫生用品有限公司
Foshan Kayson Hygiene Products Co., Ltd.
地址(Add): 广东省佛山市南海区西樵科技工业园百业大道38号
邮编(P.C.): 528000
电话(Tel): 0757-82206616
传真(Fax): 0757-82206622
E-mail: jintian_guan@kayson-cn.com
Http://www.kayson-cn.com
法人代表(Chairman): 关锦添
总经理(General Manager): 关锦添
联系人(Contact Person): 关启明
产品(Products): 卫生巾, 卫生护垫, 婴儿纸尿裤/片
品牌(Brand): 美适, 小妮, U适, U适宝宝, 诗丹莉, 美适宝宝, AGNE's

佛山市宝爱卫生用品有限公司
Foshan Baoai Sanitary Articles Co., Ltd.
地址(Add): 广东省佛山市南海狮山科技工业园C区骏业路北8号
邮编(P.C.): 528222
电话(Tel): 0757-86655997
传真(Fax): 0757-86655996
Http://www.fsbaoai.com
联系人(Contact Person): 黄海昌
产品(Products): 婴儿纸尿裤/片, 成人纸尿裤/片, 护理垫, 两用巾
品牌(Brand): 小掌门

广东佰分爱卫生用品有限公司
Guangdong Alloves Hygienic Products Co., Ltd.
地址(Add): 广东省佛山市顺德区陈村广隆佰分爱工业园
邮编(P.C.): 528313
电话(Tel): 0757-29996999
传真(Fax): 0757-22101309
E-mail: 423820244@qq.com
Http://www.alloves.cn
法人代表(Chairman): 何永深
总经理(General Manager): 刘世俊
联系人(Contact Person): 刘永权
产品(Products): 婴儿纸尿裤/片
品牌(Brand): 天线宝宝

佛山市顺德区乐从护康卫生用品厂
Foshan Shunde Lecong Hukang Hygiene Products Factory
地址(Add): 广东省佛山市顺德区乐从劳村工业区
邮编(P.C.): 528315
电话(Tel): 0757-28836785
传真(Fax): 0757-28859236
法人代表(Chairman): 徐华
总经理(General Manager): 徐华
联系人(Contact Person): 徐华
产品(Products): 婴儿纸尿片, 成人纸尿片
品牌(Brand): 娇怡, 舒贝爽

佛山市顺德区康怡卫生用品有限公司
Foshan Kangyi Hygiene Products Plant
地址(Add): 广东省佛山市顺德区乐从镇劳村怡乐路东2号
邮编(P.C.): 528315
电话(Tel): 0757-28788232
传真(Fax): 0757-28733311
E-mail: 2697572691@qq.com
Http://www.kangyiqiye.com
法人代表(Chairman): 劳绍旗
总经理(General Manager): 劳绍旗
联系人(Contact Person): 刘思伟
产品(Products): 卫生巾, 卫生护垫, 婴儿纸尿裤/片, 成人纸尿裤/片, 妇婴两用巾, 护理垫
品牌(Brand): 康怡, 康怡乐, 康怡宝宝, 康怡安

顺德乐从其乐卫生用品有限公司
Foshan Qile Hygiene Products Co., Ltd.
地址(Add): 广东省佛山市顺德区乐从镇三乐路劳村工业开发区
邮编(P.C.): 528315
电话(Tel): 0757-28854680
传真(Fax): 0757-28830867
E-mail: qilesz@126.com
Http://www.fssile.cn
法人代表(Chairman): 黎力干
总经理(General Manager): 劳翠欢
联系人(Contact Person): 黎力干
产品(Products): 卫生巾, 卫生护垫, 婴儿纸尿裤/片
品牌(Brand): 思乐, 俏迷, 俏儿乐, 快乐点

新感觉卫生用品有限公司
New Sensation Sanitary Products Co., Ltd.
地址(Add): 广东省佛山市顺德区乐从镇细海工业区

邮编(P. C.)：528351
电话(Tel)：0757-28332551
传真(Fax)：0757-28332561
E-mail：contact@nssp.biz
Http://www.nssp.biz
法人代表(Chairman)：黎汉中
总经理(General Manager)：黎汉凡
联系人(Contact Person)：黎汉石
产品(Products)：卫生巾，卫生护垫，婴儿纸尿裤/片，成人纸尿裤/片，护理垫，面巾纸，手帕纸，卫生纸
品牌(Brand)：新感觉，没烦恼，飘，动感元素

佛山市顺德区舒乐卫生用品有限公司
Foshan Shule Sanitary Products Co., Ltd.
地址(Add)：广东省佛山市顺德区勒流镇扶闾工业区
邮编(P. C.)：528322
电话(Tel)：0757-25332618
传真(Fax)：0757-25332611
E-mail：shule@shu-le.com
Http://www.shu-le.com
法人代表(Chairman)：廖顺明
联系人(Contact Person)：廖志荣
产品(Products)：卫生巾，婴儿纸尿裤
品牌(Brand)：女儿宝，健儿宝，状元星，正品

佛山市爽洁卫生用品有限公司
Foshan Shuangjie Hygiene Products Co., Ltd.
地址(Add)：广东省佛山市顺德区伦教振兴路C座101号
邮编(P. C.)：528308
电话(Tel)：0757-27889903
传真(Fax)：0757-27730111
Http://www.fssjgs888.cn
联系人(Contact Person)：赖来成
产品(Products)：卫生巾，卫生护垫，婴儿纸尿裤，成人纸尿裤
品牌(Brand)：爽洁

广东美洁卫生用品有限公司
Guangdong Magic Sanitary Articles Co., Ltd.
地址(Add)：广东省佛山市顺德乐从道教工业区中路西6号
邮编(P. C.)：528315
电话(Tel)：0757-28331329
传真(Fax)：0757-28331308
E-mail：gdmeijie@163.com
Http://www.gdmeijie.com
联系人(Contact Person)：练永谦
产品(Products)：卫生巾，卫生护垫，婴儿纸尿裤/片，成人纸尿裤/片
品牌(Brand)：美洁，美洁宝宝，美宜洁

广州叶思蔓卫生用品有限公司
Guangzhou Yesmom Sanitary Articles Co., Ltd.
地址(Add)：广东省广州市白云区翰云路471号荷塘领会A栋1201
邮编(P. C.)：510440
电话(Tel)：020-37322421
传真(Fax)：020-36070985
E-mail：yln@breezekorea.net
Http://www.yesmomkorea.com
总经理(General Manager)：李东奎
联系人(Contact Person)：尹丽娜
产品(Products)：婴儿纸尿裤，成人纸尿裤，护理垫，湿巾
品牌(Brand)：步丽姿，蒙爱，可灵仙子

鼎冠实业有限公司
Dingguan Industry Investment Co., Ltd.
地址(Add)：广东省广州市白云区联和8立方A1栋407
邮编(P. C.)：510425
电话(Tel)：020-22926816
E-mail：u6868@126.com
总经理(General Manager)：彭良林
产品(Products)：婴儿纸尿裤/片
品牌(Brand)：李医生

广州粤丰飞跃实业有限公司
Guangzhou Yuefeng Feiyue Industrial Co., Ltd.
地址(Add)：广东省广州市白云区太和镇第一工业区商贸新村兴和2路1号
邮编(P. C.)：510000
电话(Tel)：020-87424308
传真(Fax)：020-62674088
E-mail：yffy0008@126.com
Http://www.gzfeiyue.cn.alibaba.com
法人代表(Chairman)：黄景城
总经理(General Manager)：黄景城
联系人(Contact Person)：高云峰
产品(Products)：婴儿纸尿裤/片，成人纸尿裤/片
品牌(Brand)：至爱，娇迪，欣爱

广州蓓爱婴童用品有限公司
Guangzhou Beiai Children Articles Co., Ltd.
地址(Add)：广东省广州市白云区太和镇南岭三社汇铭大厦501室
邮编(P. C.)：510540
电话(Tel)：020-66253586
传真(Fax)：020-66253587
Http://www.gzbayyt.com
联系人(Contact Person)：李旭东
产品(Products)：婴儿纸尿裤，湿巾
品牌(Brand)：家茵宝宝

广州护立婷妇幼卫生用品有限公司
Guangzhou Huliting Women & Children Hygiene Products Co., Ltd.
地址(Add)：广东省广州市白云区太和镇文苑A栋017号
邮编(P. C.)：510540
电话(Tel)：020-62649966
传真(Fax)：020-62649966
E-mail：huliting@163.com
Http://www.mtl0631.chinapyp.com
联系人(Contact Person)：丘纪轩
产品(Products)：卫生巾，妇婴两用巾，婴儿纸尿裤/片
品牌(Brand)：护立婷

广州丽信化妆品有限公司
Guangzhou Lixin Cosmetics Co., Ltd.
地址(Add)：广东省广州市东风中路268号广州交易广场1606室
邮编(P. C.)：510030
电话(Tel)：020-83384706-808

传真(Fax)：020－83308289
E-mail：qijianggong@esun.com
Http：//www.crocobaby.com
联系人(Contact Person)：宫其江
产品(Products)：婴儿纸尿裤，湿巾
品牌(Brand)：鳄鱼宝宝

广州市康贝妇婴用品有限公司
Guangzhou Combi Baby Care Co., Ltd.
地址(Add)：广东省广州市番禺光明南路163号置业华逸大厦三楼305室
邮编(P.C.)：511407
电话(Tel)：020－61939160
传真(Fax)：020－61939201
E-mail：teddy_pur@126.com
Http：//www.teddy－baby.com
联系人(Contact Person)：陈爱青
产品(Products)：婴儿纸尿裤/片
品牌(Brand)：Teddy bear

泛高卫生制品有限公司工厂
Fabco Hygienic Products Co., Ltd.
地址(Add)：广东省广州市番禺区东涌镇市鱼路202号晋轩工业园
邮编(P.C.)：511453
电话(Tel)：852－23915321
传真(Fax)：852－27893899
E-mail：eugene@fabcointernational.com
Http：//www.fabcointernational.com
联系人(Contact Person)：林子洋
产品(Products)：婴儿纸尿裤

广州彩舟婴儿用品有限公司
Guangzhou Caizhou Baby Articles Co., Ltd.
地址(Add)：广东省广州市番禺区番禺大道555号天安科技园创业中心510室
邮编(P.C.)：511400
电话(Tel)：020－23313983
传真(Fax)：020－23313983
E-mail：1971393540@qq.com
Http：//www.jf－bb.com
联系人(Contact Person)：吴飞
产品(Products)：婴儿纸尿裤
品牌(Brand)：朱利斯

广州市乐贝施贸易有限公司
Guangzhou Love Best Trading Co., Ltd.
地址(Add)：广东省广州市番禺区禺山大道42号之盛铠大厦二座5楼505室
邮编(P.C.)：511400
电话(Tel)：020－31190301
传真(Fax)：020－33190302
E-mail：buddies07@126.com
Http：//www.buddiesbaby.com
联系人(Contact Person)：陈滔源
产品(Products)：婴儿纸尿裤
品牌(Brand)：Buddies，泡泡虫

广州艾妮丝日用品有限公司
Guangzhou Alice & Lee Daily－Use Commodity Co., Ltd.
地址(Add)：广东省广州市番禺区禺山西路329号1座210
邮编(P.C.)：510310
电话(Tel)：020－39292272
传真(Fax)：020－39292231
E-mail：eric@alicelee.com.hk
Http：//www.alicelee.com.hk
联系人(Contact Person)：Eric Niu
产品(Products)：婴儿纸尿裤，湿巾，卫生巾，护理垫，成人纸尿裤
品牌(Brand)：Alice&Lee，Allready，Rompers

广州花花卫生用品有限公司
Guangzhou Huahua Sanitary Products Co., Ltd.
地址(Add)：广东省广州市番禺区钟村镇锦绣花园菁华轩5座二楼608房
邮编(P.C.)：511400
电话(Tel)：020－39926129
传真(Fax)：020－84719306
E-mail：guangzhouhuahua@126.com
Http：//www.guangzhouhuahua.com
联系人(Contact Person)：曾花银
产品(Products)：婴儿纸尿裤
品牌(Brand)：无忧草，好酷

深圳市凯迪实业发展有限公司
Shenzhen Kidy Industry Development Ltd.
地址(Add)：广东省广州市海珠区新港东路42号石基科技园2栋首层、二层
邮编(P.C.)：510160
电话(Tel)：020－34448010
传真(Fax)：020－84386239
E-mail：superbabycn@21cn.com
Http：//www.super－baby.cn
法人代表(Chairman)：赖继林
总经理(General Manager)：赖继林
联系人(Contact Person)：范俊永
产品(Products)：婴儿纸尿裤/片
品牌(Brand)：超级宝贝，婴奈儿

广州穗德日用品有限公司
Guangzhou Suide Commodity Co., Ltd.
地址(Add)：广东省广州市花都区镜湖大道迎春路马来西亚工业区
邮编(P.C.)：510800
电话(Tel)：020－61809666－899
传真(Fax)：020－61809668
E-mail：gzsuide@163.com
Http：//www.gzsuide.com
总经理(General Manager)：马廷元
联系人(Contact Person)：马楚亮
产品(Products)：婴儿纸尿裤
品牌(Brand)：喜儿乐，百奇氏

广州怡田妇婴用品有限公司
Guangzhou Yitian Woman & Baby Supplies Co., Ltd.
地址(Add)：广东省广州市荔湾区百花路10号花地商业中心商务区10楼1004房
邮编(P.C.)：510060
电话(Tel)：020－89882298
传真(Fax)：020－81409546
联系人(Contact Person)：李婉宁

产品(Products)：婴儿纸尿裤
品牌(Brand)：丽宝乐

宝洁(广州)日用品有限公司
Procter and Gamble Guangzhou Consumer Products Co., Ltd.
地址(Add)：广东省广州市萝岗区九佛建设路333号
邮编(P. C.)：510555
电话(Tel)：020-22215888
E-mail：hu. z. 4@pg. com
Http：//www. pg. com. cn
法人代表(Chairman)：施文圣
总经理(General Manager)：施文圣
联系人(Contact Person)：孟昭鹏
产品(Products)：婴儿纸尿裤
品牌(Brand)：帮宝适

广好医疗科技有限公司
Guanghao Medical Technology Co., Ltd.
地址(Add)：广东省广州市洛溪新地大新商务广场213室
邮编(P. C.)：510442
电话(Tel)：020-23342758
传真(Fax)：020-36225986
E-mail：1211458126@qq. com
Http：//www. jiaoxue168. com
总经理(General Manager)：赵祖辉
产品(Products)：防溢乳垫，婴儿清洁巾，产妇卫生巾，婴儿纸尿裤
品牌(Brand)：娇雪

瑞士康婴宝护理用品(国际)有限公司
Swiss Knfamil Care Products (International) Co., Ltd.
地址(Add)：广东省广州市天河路365号天俊阁13A层01-06
邮编(P. C.)：510620
电话(Tel)：020-38848511
传真(Fax)：020-38819663
E-mail：wwz2011101@163. com
Http：//www. knfamil. com
联系人(Contact Person)：王维忠
产品(Products)：婴儿纸尿裤
品牌(Brand)：康婴健

宝洁(中国)有限公司
Procter & Gamble (China) Ltd.
地址(Add)：广东省广州市天河区林和西路161号中泰国际广场30楼
邮编(P. C.)：510620
电话(Tel)：020-85186688
传真(Fax)：020-85186131
Http：//www. pg. com. cn
法人代表(Chairman)：李佳怡
总经理(General Manager)：李佳怡
产品(Products)：卫生巾，卫生护垫，婴儿纸尿裤，湿巾
品牌(Brand)：护舒宝，帮宝适

广州市欧朵日用品有限公司
Guangzhou Ouduo Commodity Co., Ltd.
地址(Add)：广东省广州市天河区沙河路34号中人商业城3层365-366室
邮编(P. C.)：510510
电话(Tel)：020-28990898
传真(Fax)：020-87742602
Http：//www. gzouduo. cn
法人代表(Chairman)：陈长卿
联系人(Contact Person)：陈长卿
产品(Products)：卫生巾，卫生护垫，婴儿纸尿裤
品牌(Brand)：欧朵，朵奇丝

广州中嘉进出口贸易有限公司
Honga Impot & Export Ltd.
地址(Add)：广东省广州市越秀区华侨新村团结路8号
邮编(P. C.)：510000
电话(Tel)：020-83597409
传真(Fax)：020-82490077
E-mail：shijintian@163. com
Http：//www. honga. com. cn
联系人(Contact Person)：梁彩聘
产品(Products)：卫生纸，面巾纸，厨房纸巾，婴儿纸尿裤，成人纸尿裤

广州市富樱日用品有限公司
Guangzhou Fuying Daily Necessities Co., Ltd.
地址(Add)：广东省广州市越秀区越华路112号珠江国际大厦25楼
邮编(P. C.)：510030
电话(Tel)：020-83179265
传真(Fax)：020-83325355
E-mail：956915232@qq. com
Http：//www. fuyingbaby. com
法人代表(Chairman)：陈裕坤
联系人(Contact Person)：莫斗
产品(Products)：婴儿纸尿裤
品牌(Brand)：富婴儿

广东雪美人实业有限公司
Guangdong Xuemeiren Industry Co., Ltd.
地址(Add)：广东省河源市河源大道北213号
邮编(P. C.)：517000
电话(Tel)：0762-3169981
传真(Fax)：0762-3169990
Http：//www. asj999. com
总经理(General Manager)：赖勇强
联系人(Contact Person)：曾卓定
产品(Products)：婴儿纸尿裤，卫生巾
品牌(Brand)：竹能，爱爽洁，雪美人，四季叶

鹤山市嘉美诗保健用品有限公司
Jiameishi Sanitary Products Co., Ltd.
地址(Add)：广东省鹤山市共和镇新连村委会侧
邮编(P. C.)：529728
电话(Tel)：0750-8301908
传真(Fax)：0750-8306618
E-mail：info@china-jiameishi. com
总经理(General Manager)：李世银
联系人(Contact Person)：高华
产品(Products)：婴儿纸尿裤/片，成人纸尿裤/片，护理垫，妇婴两用巾
品牌(Brand)：贝安奇，乐儿朗，嘉美诗，恩氏，康大人

惠州市宝尔洁卫生用品有限公司
Huizhou Baoerjie Hygiene Products Co., Ltd.
地址(Add)：广东省惠州市博罗县城博义路2号工业区

邮编(P. C.): 516100
电话(Tel): 0752 - 6626286
传真(Fax): 0752 - 6634454
E-mail: 1035976744@ qq. com
Http: //www. baoerjie. com
法人代表(Chairman): 黄振辉
总经理(General Manager): 黄振辉
联系人(Contact Person): 黄振辉
产品(Products): 卫生巾，妇婴两用巾，婴儿纸尿裤/片，成人纸尿裤/片，护理垫，湿巾
品牌(Brand): 宝尔洁，栾宝尼尔

惠州市汇德宝护理用品有限公司
Huizhou Huidebao Health Care Products Co., Ltd.
地址(Add): 广东省惠州市惠阳区淡水河背鸭仔滩 46 号
邮编(P. C.): 516211
电话(Tel): 0752 - 3358318
传真(Fax): 0752 - 3351258
E-mail: gdwsyp@ 126. com
法人代表(Chairman): 吴权昌
联系人(Contact Person): 敖祖峰
产品(Products): 卫生巾，卫生护垫，婴儿纸尿裤/片
品牌(Brand): 清爽，乐乎乐，优比爽

惠州市浩德实业有限公司
Huizhou Haode Industrial Co., Ltd.
地址(Add): 广东省惠州市惠阳区淡水镇排坊工业区翠竹路 5 号
邮编(P. C.): 516211
电话(Tel): 0752 - 3356328
传真(Fax): 0752 - 3340683
E-mail: wuyichang2006@ 21cn. com
Http: //www. haodeshiye. com. cn
法人代表(Chairman): 吴益昌
总经理(General Manager): 吴益昌
联系人(Contact Person): 吴益昌
产品(Products): 卫生纸，面巾纸，擦手纸，厨房纸巾，盘纸，婴儿纸尿片
品牌(Brand): 三和

惠阳区金鑫纸品厂
Huiyang Jinxin Paper Napkins Factory
地址(Add): 广东省惠州市惠阳区秋长镇岭湖村发湖村小组
邮编(P. C.): 516221
电话(Tel): 0752 - 3552562
传真(Fax): 0752 - 3646018
法人代表(Chairman): 黄石良
总经理(General Manager): 黄石良
联系人(Contact Person): 黄金水
产品(Products): 卫生纸，面巾纸，餐巾纸，手帕纸，婴儿纸尿裤
品牌(Brand): 靓兔，欢儿爽

惠阳金鑫纸业有限公司
Huiyang Jinxin Paper Co., Ltd.
地址(Add): 广东省惠州市惠阳区秋长镇岭湖工业区利成路
邮编(P. C.): 516221
电话(Tel): 0752 - 3552652
传真(Fax): 0752 - 3562828
E-mail: jinxinzhiye168@ sina. com
法人代表(Chairman): 黄石良
联系人(Contact Person): 黄金水
产品(Products): 婴儿纸尿裤/片，面巾纸，手帕纸，卫生纸
品牌(Brand): 欢儿爽，双儿爽，靓兔，靓日子

江门市江海区康怡纸品有限公司
Jiangmen Kangyi Paper Products Co., Ltd.
地址(Add): 广东省江门市江海区江海三路滘北永安围
邮编(P. C.): 529040
电话(Tel): 0750 - 3812222
传真(Fax): 0750 - 3861306
法人代表(Chairman): 龙志杰
总经理(General Manager): 龙海涛
联系人(Contact Person): 龙华章
产品(Products): 卫生巾，婴儿纸尿裤/片
品牌(Brand): 康怡

江门市江海区信盈纸业保洁用品厂
Jiangmen Xinying Paper Products Factory
地址(Add): 广东省江门市江海区礼东向民工业区 1 号
邮编(P. C.): 529060
电话(Tel): 0750 - 3832008
传真(Fax): 0750 - 3893008
E-mail: 935504887@ qq. com
法人代表(Chairman): 区耀明
总经理(General Manager): 区耀明
联系人(Contact Person): 李华倖
产品(Products): 卫生巾，卫生护垫，婴儿纸尿裤/片
品牌(Brand): 娇婷健，自柔易，盈彩，俏蜜儿，舒心 BB

江门市江海区礼乐舒芬纸业用品厂
Jiangmen Shufen Paper Products Factory
地址(Add): 广东省江门市礼乐镇礼义二路 15 号 1 幢地下
邮编(P. C.): 529060
电话(Tel): 0750 - 3783838
传真(Fax): 0750 - 3790443
联系人(Contact Person): 陈善剑
产品(Products): 卫生巾，婴儿纸尿裤
品牌(Brand): 舒芬，舒芬乐

江门市互信纸业有限公司
Jiangmen Huxin Paper Co., Ltd.
地址(Add): 广东省江门市蓬江区杜阮镇龙榜工业区环镇路 10 - 11 号
邮编(P. C.): 529075
电话(Tel): 0750 - 3816138
传真(Fax): 0750 - 3816138
E-mail: huxinpaper@ hotmail. com
Http: //huxinpaper. 1688. com
法人代表(Chairman): 冯强初
总经理(General Manager): 冯强初
联系人(Contact Person): 梁雪凤
产品(Products): 卫生巾，卫生护垫，婴儿纸尿裤/片
品牌(Brand): 多依期，伊莱雅，绮丽园

江门市江海区雅洁纸品厂
Jiangmen Jianghai Yajie Paper Products Factory
地址(Add): 广东省江门市外海街道办事处沙津横石咀里

3 号
邮编(P. C.): 529080
电话(Tel): 0750 - 3785235
传真(Fax): 0750 - 3783330
E-mail: jmyajie@ alibaba. com. cn
Http://www. jmyajie. cn. alibaba. com
总经理(General Manager): 方民威
产品(Products): 卫生巾, 婴儿纸尿裤/片
品牌(Brand): 江南丽人, 仟依梦, 雅维洁, 妇丽佳, 薰衣草

江门市新会区达威纸类用品有限公司
Jiangmen Dawei Paper Products Co., Ltd.
地址(Add): 广东省江门市新会区大泽创利工业区中心路 20 号
邮编(P. C.): 529000
电话(Tel): 0750 - 6807838
传真(Fax): 0750 - 6897781
E-mail: sales@ jmdawei. cn
Http://www. jmdawei. cn
总经理(General Manager): 汤艳芳
产品(Products): 婴儿纸尿裤/片, 卫生巾
品牌(Brand): 康洁雅, 莱茵, 开心假期, 初季

江门市乐怡美卫生用品有限公司
Jiangmen Leyimei Hygiene Products Co., Ltd.
地址(Add): 广东省江门市新会区江睦公路 100 号
邮编(P. C.): 529143
电话(Tel): 0750 - 6228828
传真(Fax): 0750 - 6228818
E-mail: jpp315@ 126. com
Http://www. leyimei. cn
法人代表(Chairman): 谭桂雄
总经理(General Manager): 谭桂雄
联系人(Contact Person): 梁华森
产品(Products): 婴儿纸尿裤, 成人纸尿裤/片, 护理垫, 湿巾
品牌(Brand): 美宜乐, 水滋润, 互爱

江门市凯乐纸品有限公司
Jiangmen Kaile Paper Co., Ltd.
地址(Add): 广东省江门市新会区睦州镇新沙工业园
邮编(P. C.): 529143
电话(Tel): 0750 - 6532088
传真(Fax): 0750 - 6538330
E-mail: sales@ kailepaper. com
总经理(General Manager): 容健荣
产品(Products): 婴儿纸尿裤/片, 护理垫, 卫生巾
品牌(Brand): 朵柔, 活泼宝宝, 自然感觉, 贴身乐

江门市新会区爱尔保洁用品有限公司
Aier Sanitary Products Co., Ltd.
地址(Add): 广东省江门市新会区睦洲镇河滨中路 6 号
邮编(P. C.): 529143
电话(Tel): 0750 - 6222813
传真(Fax): 0750 - 6226801
E-mail: 1084325156@ qq. com
Http://www. gdaier. com
法人代表(Chairman): 林德
总经理(General Manager): 林德
联系人(Contact Person): 叶说齐
产品(Products): 卫生巾, 婴儿纸尿裤/片
品牌(Brand): 爱尔

江门市新会区信发卫生用品厂
Jiangmen Xinhui Xinfa Hygiene Products Factory
地址(Add): 广东省江门市新会区睦洲镇江睦公路 38 号
邮编(P. C.): 529143
电话(Tel): 0750 - 6227998
传真(Fax): 0750 - 6227938
E-mail: info@ jmxinfa. com
Http://www. jmxinfa. com
总经理(General Manager): 吴携大
联系人(Contact Person): 何锦培
产品(Products): 卫生巾, 卫生护垫, 婴儿纸尿裤/片, 成人纸尿裤/片, 护理垫
品牌(Brand): 雨纯, 爱莉, 活色生香

江门市新会区完美生活用品有限公司
Jiangmen Perfect Commodities Co., Ltd.
地址(Add): 广东省江门市新会区睦洲镇新沙工业区
邮编(P. C.): 529143
电话(Tel): 0750 - 6221525
传真(Fax): 0750 - 6535825
E-mail: jmperfect@ 163. com
Http://jmperfect. cn. alibaba. com
总经理(General Manager): 吴锡荣
联系人(Contact Person): 吴锡荣
产品(Products): 卫生巾, 卫生护垫, 婴儿纸尿裤/片
品牌(Brand): 完美

燕婷妇幼卫生用品有限公司
Yanting Women & Children Articles Co., Ltd.
地址(Add): 广东省江门市新会区睦洲镇新沙工业区
邮编(P. C.): 529143
电话(Tel): 0750 - 6536333
传真(Fax): 0750 - 6535998
E-mail: yanting@ yanting. com. cn
Http://www. yanting. com. cn
法人代表(Chairman): 冯华仔
总经理(General Manager): 冯华仔
联系人(Contact Person): 郑振胜
产品(Products): 卫生巾, 卫生护垫, 婴儿纸尿裤/片
品牌(Brand): 洁柔, 天雨, 佳洁丝, 新妙奇

开平新宝卫生用品有限公司
Kaiping Sunbo Sanitary Products Co., Ltd.
地址(Add): 广东省开平市沙冈新美工业城美华路 15 号 B - 9 幢
邮编(P. C.): 529300
电话(Tel): 0750 - 2200102
传真(Fax): 0750 - 2200103
E-mail: sunbokp@ sunbokp. com
Http://www. sunbokp. com
法人代表(Chairman): 谢强
总经理(General Manager): 方荣舜
联系人(Contact Person): 马瑞珍
产品(Products): 卫生巾, 卫生护垫, 婴儿纸尿片, 成人纸尿裤/片
品牌(Brand): 芳婷, 贝思乐

普宁市鸿洁纸品厂
Puning Hongjie Paper Products Factory
地址(Add)：广东省普宁市麒麟南陂工业区 488 号
邮编(P. C.)：515352
电话(Tel)：0663 - 2531318
传真(Fax)：0663 - 2531318
E-mail：0808kwd@ 163. com
法人代表(Chairman)：黄俊鸿
总经理(General Manager)：黄伟华
联系人(Contact Person)：黄俊鸿
产品(Products)：婴儿纸尿裤/片
品牌(Brand)：鸿洁，帮舒爽

佛山市志达实业有限公司
Foshan Zhida Industry Co., Ltd.
地址(Add)：广东省三水市大塘工业园三角洲路 5 号
邮编(P. C.)：528000
电话(Tel)：0757 - 87278103
传真(Fax)：0757 - 87278106
总经理(General Manager)：李少开
联系人(Contact Person)：梁碧莹
产品(Products)：卫生巾，婴儿纸尿裤
品牌(Brand)：乐の惠

汕头市通达保健用品厂
Shantou Tongda Health Care Products Plant
地址(Add)：广东省汕头市潮南区司马浦东晖东路北四巷 6 号
邮编(P. C.)：515149
电话(Tel)：0754 - 87739626
传真(Fax)：0754 - 87723626
E-mail：113160620@ qq. com
Http：//www. st - tongda. cn
法人代表(Chairman)：吴赛慈
总经理(General Manager)：廖永涛
联系人(Contact Person)：廖永涛
产品(Products)：卫生巾，卫生护垫，婴儿纸尿裤/片
品牌(Brand)：健雅，非一般，健雅宝，人之初

顶真实业有限公司
Rising Star Industries Ltd.
地址(Add)：广东省汕头市潮南区峡山广美路 58 号
邮编(P. C.)：515144
电话(Tel)：0754 - 83789838
传真(Fax)：0754 - 83789838
E-mail：risingstarltd2012@ gmail. com
联系人(Contact Person)：周少雯
产品(Products)：婴儿纸尿裤

汕头市集诚妇幼用品厂有限公司
Shantou Jicheng Women & Children Articles Co., Ltd.
地址(Add)：广东省汕头市金平区潮汕路西侧金园工业区金兴四路
邮编(P. C.)：515021
电话(Tel)：0754 - 88119188
传真(Fax)：0754 - 88105531
E-mail：sale@ eleaine. com. cn
Http：//www. eleaine. com. cn
法人代表(Chairman)：张少莹
总经理(General Manager)：张少莹
联系人(Contact Person)：李如娟
产品(Products)：婴儿纸尿裤/片
品牌(Brand)：爱护

汕尾市娜菲纸业有限公司
Shanwei Nafei Paper Industry Co., Ltd.
地址(Add)：广东省汕尾市海丰老区经济开发区
邮编(P. C.)：516400
电话(Tel)：0660 - 6410088
传真(Fax)：0660 - 6413928
E-mail：zhoucanjie444@ 126. com
法人代表(Chairman)：周雪峰
联系人(Contact Person)：周灿杰
产品(Products)：卫生巾，婴儿纸尿裤/片，两用巾
品牌(Brand)：舒动感，娜菲，自由宝贝

尤妮佳生活用品(汕尾)有限公司
Shanwei Younijia Consumer Goods Co., Ltd.
地址(Add)：广东省汕尾市老区经济开发区工业园
邮编(P. C.)：516555
电话(Tel)：4000 - 898 - 823
E-mail：gdyounijia@ 126. com
Http：//www. gdunicharm. com
联系人(Contact Person)：周灿杰
产品(Products)：卫生巾，妇咪两用巾，婴儿纸尿裤/片

深圳市美丰源日用品有限公司
Shenzhen Meifengyuan Commodities Co., Ltd.
地址(Add)：广东省深圳市宝安 74 区禧鸿源工业大厦 B1 栋
邮编(P. C.)：518000
电话(Tel)：0755 - 27828265
传真(Fax)：0755 - 27942285
E-mail：meifengyuan@ 163. com
Http：//www. meifengyuan. com
法人代表(Chairman)：刘太军
总经理(General Manager)：戴艳霞
联系人(Contact Person)：卢振安
产品(Products)：卫生巾，卫生护垫，婴儿纸尿裤/片
品牌(Brand)：720 度，美极

深圳市耀邦日用品有限公司
Yaobang Commodity Co., Ltd.
地址(Add)：广东省深圳市宝安区西乡银田工业区雍启商务大厦三楼 310 - 312
邮编(P. C.)：518102
电话(Tel)：0755 - 25023690
传真(Fax)：0755 - 25023660
E-mail：lifeyb@ hotmail. com
Http：//www. lifeyb. com
法人代表(Chairman)：陈继全
总经理(General Manager)：陈继全
产品(Products)：卫生巾，卫生护垫，婴儿纸尿裤，湿巾
品牌(Brand)：Suki，欧芭芭

深圳露羽安妮日用品有限公司
Luo Ie Eran Ce Anne (Shenzhen) Cosmetics Ply Ltd.
地址(Add)：广东省深圳市大鹏新区葵涌街道奔康工业区管理处 2 楼
邮编(P. C.)：518119
电话(Tel)：0755 - 25553101
传真(Fax)：0755 - 25362123

E-mail：annabb@126.com
总经理(General Manager)：张化男
联系人(Contact Person)：张化男
产品(Products)：婴儿纸尿裤
品牌(Brand)：快乐兔

Rockbrook Industrial Co., Ltd.

地址(Add)：广东省深圳市福田区北环大道7043号青海大厦301室
邮编(P.C.)：518034
电话(Tel)：0755-83953797
传真(Fax)：0755-83953481
E-mail：dept3@rock-brook.com
Http：//www.hygiener.com
联系人(Contact Person)：Alex Lau
产品(Products)：卫生巾，卫生护垫，乳垫，婴儿纸尿裤，成人纸尿裤，护理垫
品牌(Brand)：Medicare，Anytime，Mama's Baby，iCare

深圳市贝亲坊妇幼用品有限公司
Shenzhen Beiqinfang Women & Children Goods Co., Ltd.

地址(Add)：广东省深圳市福田区民田路178号华融大厦1105-1106C
邮编(P.C.)：518046
电话(Tel)：0754-89931696
传真(Fax)：0754-89933696
E-mail：495359806@qq.com
Http：//www.beiqinfang.com
法人代表(Chairman)：林文志
总经理(General Manager)：林文志
联系人(Contact Person)：陈剑飞
产品(Products)：婴儿纸尿裤
品牌(Brand)：十八坊

深圳佳美妇幼用品有限公司
Shenzhen Jiamei Women & Children Products Co., Ltd.

地址(Add)：广东省深圳市福永镇福永村马山1巷61号
邮编(P.C.)：518103
电话(Tel)：0755-23111829
传真(Fax)：0755-21983326
联系人(Contact Person)：杨银霞
产品(Products)：卫生巾，婴儿纸尿裤
品牌(Brand)：倍安芬

深圳市瑞康宝卫生用品有限公司
Shenzhen Ruikangbao Sanitary Products Co., Ltd.

地址(Add)：广东省深圳市光明新区公明镇甲子塘第二工业区第5栋
邮编(P.C.)：518132
电话(Tel)：0755-27173981
传真(Fax)：0755-27173982
E-mail：ruikangbao@163.com
Http：//www.ruikangbao.com
总经理(General Manager)：罗美武
联系人(Contact Person)：黄启慧
产品(Products)：卫生巾，卫生护垫，婴儿纸尿裤
品牌(Brand)：馨妇宝，RCB，绿色菁凉，锦迪宝宝

深圳市金顺来实业有限公司
Shenzhen Jinshunlai Industry Co., Ltd.

地址(Add)：广东省深圳市龙岗区坪地镇坪西村顺景路10号
邮编(P.C.)：518117
电话(Tel)：0755-61227772
传真(Fax)：0755-61227628
E-mail：sales@jsl-china.com
Http：//www.jsl-china.com
法人代表(Chairman)：吴金榜
总经理(General Manager)：蔡明莎
联系人(Contact Person)：叶誌勇
产品(Products)：卫生巾，卫生护垫，婴儿纸尿裤/片
品牌(Brand)：蝶儿美，12345

深圳市名诗媛卫生用品有限公司
Shenzhen Mingshiyuan Hygiene Products Co., Ltd.

地址(Add)：广东省深圳市龙岗区坪山大工业区
邮编(P.C.)：518118
电话(Tel)：0755-89591950
传真(Fax)：0755-89591950
Http：//www.mingshiyuan.net
联系人(Contact Person)：叶燕翎
产品(Products)：婴儿纸尿裤/片，卫生巾，卫生护垫，成人纸尿裤/片
品牌(Brand)：名诗媛

深圳市丽的日用品有限公司
Shenzhen Lady Commodity Co., Ltd.

地址(Add)：广东省深圳市罗湖区嘉宾路海燕商业大厦1507
邮编(P.C.)：518000
电话(Tel)：0755-82190170
传真(Fax)：0755-82254502
E-mail：poon@ladyint.com
Http：//www.ladyint.com
联系人(Contact Person)：潘秀娟
产品(Products)：卫生巾，婴儿纸尿裤
品牌(Brand)：丽的

深圳忠海日用品有限公司
Shenzhen Zhonghai Commodity Co., Ltd.

地址(Add)：广东省深圳市罗湖区深南东路富丽华酒店2415
邮编(P.C.)：518002
电话(Tel)：0755-22215030
传真(Fax)：0755-22215030
联系人(Contact Person)：乔海燕
产品(Products)：卫生巾，卫生护垫，婴儿纸尿裤
品牌(Brand)：汇思爱

百润(中国)有限公司
Baron (China) Co., Ltd.

地址(Add)：广东省深圳市南山区登良路汉京大厦8A
邮编(P.C.)：518000
电话(Tel)：0755-21676935
传真(Fax)：0755-21676780
E-mail：xq@baron-china.cc
Http：//www.besuper.cc
总经理(General Manager)：马飞
联系人(Contact Person)：谢庆
产品(Products)：婴儿纸尿裤/片，湿巾
品牌(Brand)：贝舒乐，百润

深圳市欧范妇幼关爱用品有限公司
Shenzhen Ourfan Women & Baby Care Products Co., Ltd.
地址(Add)：广东省深圳市南山区高新中四道31号研祥科技大厦
邮编(P. C.)：518057
电话(Tel)：0755-86335163
传真(Fax)：0755-86335757
E-mail：yhyang@ourfan.cn
Http：//www.ourfan.cn
联系人(Contact Person)：杨勇辉
产品(Products)：婴儿纸尿裤，卫生巾，卫生护垫
品牌(Brand)：信欧宝宝，欧然尼，特恩尼

深圳市缇芙妮生物科技有限公司
Shenzhen Tifuny Biotechnology Co., Ltd.
地址(Add)：广东省深圳市深惠路布吉桂芳园龙泉别墅6区D11
邮编(P. C.)：518009
电话(Tel)：0755-28708965
传真(Fax)：0755-28701448
E-mail：q8386@ms49.hinet.net
Http：//www.tifuny.com.cn
联系人(Contact Person)：王渊暖
产品(Products)：卫生巾，婴儿纸尿裤
品牌(Brand)：缇芙妮

爱得利(广州)婴儿用品有限公司
Aideli (Guangzhou) Baby Goods Co., Ltd.
地址(Add)：广东省增城市新塘镇太平洋工业区南安区塘岗
邮编(P. C.)：511340
电话(Tel)：020-82703651
传真(Fax)：020-82703653
E-mail：ivorybaby@vip.163.com
Http：//www.ivorybaby.com
法人代表(Chairman)：郭延梓
联系人(Contact Person)：林伟松
产品(Products)：婴儿纸尿裤/片，成人纸尿裤/片，护理垫，湿巾
品牌(Brand)：爱得利

广州永泰保健品有限公司
Guangzhou Yongtai Health Care Products Co., Ltd.
地址(Add)：广东省增城市新塘镇夏埔开发区
邮编(P. C.)：511341
电话(Tel)：020-82703308
传真(Fax)：020-82703303
E-mail：jinwei@jinweigz.com
Http：//www.jinweigz.com
总经理(General Manager)：陈惠良
联系人(Contact Person)：陈惠良
产品(Products)：卫生纸，手帕纸，面巾纸，婴儿纸尿裤
品牌(Brand)：金威

肇庆市锦晟纸业有限公司
Zhaoqing Jinsheng Paper Co., Ltd.
地址(Add)：广东省肇庆市高要市蛟塘镇沙田工业区
邮编(P. C.)：526113
电话(Tel)：0758-8112958
传真(Fax)：0758-8112959
E-mail：13760993232@139.com
Http：//www.jtxty.com
联系人(Contact Person)：陈涛
产品(Products)：婴儿纸尿片，卫生巾
品牌(Brand)：天逸，锦泰兴

中山市盛华卫生用品有限公司
Zhongshan Shenghua Sanitary Products Co., Ltd.
地址(Add)：广东省中山市东升镇富民大道47号
邮编(P. C.)：528414
电话(Tel)：0760-88506799
总经理(General Manager)：谢海彬
产品(Products)：卫生巾，婴儿纸尿片
品牌(Brand)：安全感，AQG

中山市川田卫生用品有限公司
Kawada (Zhongshan) Sanitary Products Co., Ltd.
地址(Add)：广东省中山市火炬开发区陵岗(嘉明电厂宿舍对面)
邮编(P. C.)：528437
电话(Tel)：0760-88203336
传真(Fax)：0760-88203276
E-mail：kawada@163.com
Http：//www.kawada.com.cn
法人代表(Chairman)：孙潞德
总经理(General Manager)：李忠勉
联系人(Contact Person)：李忠勉
产品(Products)：卫生巾，卫生护垫，乳垫，婴儿纸尿裤/片，宠物纸尿裤，宠物垫
品牌(Brand)：非凡魅力，拍拍爽

中山市宜姿卫生制品有限公司
Zhongshan Yizi Hygiene Articles Co., Ltd.
地址(Add)：广东省中山市南朗镇第六工业园(即大车工业园)新峰二路
邮编(P. C.)：528451
电话(Tel)：0760-85219362
传真(Fax)：0760-85219296
E-mail：yiziyibao@163.com
Http：//www.zsyizi.com.cn
法人代表(Chairman)：黄杰培
总经理(General Manager)：董炳怀
产品(Products)：卫生巾，卫生护垫，婴儿纸尿裤/片，成人纸尿裤/片，护理垫，宠物垫，两用巾
品牌(Brand)：宜姿，全日护，索菲尔，宜老，E-索

中山市星华纸业发展有限公司
Zhongshan Xinghua Paper Industry Development Co., Ltd.
地址(Add)：广东省中山市三乡白石第二工业区文华东路10号
邮编(P. C.)：528463
电话(Tel)：0760-86332332
传真(Fax)：0760-86360109
E-mail：long7610565@163.com
Http：//www.zsxinghua.com
法人代表(Chairman)：王民星
总经理(General Manager)：王民星
联系人(Contact Person)：陈国妹
产品(Products)：卫生巾，卫生护垫，婴儿纸尿裤/片，湿巾

品牌(Brand)：康护舒，8度灵感，安芯天使，八重护理，轻舞运动，草本护理

中山市华宝乐工贸发展有限公司
Huabaole Industrial & Trading Development Co., Ltd.
地址(Add)：广东省中山市沙溪康乐北路圣狮路段
邮编(P. C.)：528471
电话(Tel)：0760-86238222
传真(Fax)：0760-87729269
E-mail：info@styleusagroupco.com
Http://www.style-usa.com
联系人(Contact Person)：彭冬梅
产品(Products)：婴儿纸尿裤/片，湿巾
品牌(Brand)：史代尔

中山市龙发卫生用品有限公司
Zhongshan Longfa Sanitary Products Co., Ltd.
地址(Add)：广东省中山市坦洲镇第三工业区前进二路10号
邮编(P. C.)：528467
电话(Tel)：0760-86653689
传真(Fax)：0760-86212618
E-mail：wenjinan@163.com
Http://www.gd-longfa.com
法人代表(Chairman)：温德泉
总经理(General Manager)：温锦安
联系人(Contact Person)：李康雄
产品(Products)：卫生巾，卫生护垫，迷你巾，婴儿纸尿裤/片，两用巾
品牌(Brand)：蝶羽丝，淘淘乐

中山瑞德卫生纸品有限公司
Disposable Soft Goods (Zhongshan) Ltd.
地址(Add)：广东省中山市西区沙朗第三工业区金昌工业路19号
邮编(P. C.)：528411
电话(Tel)：0760-88559866
传真(Fax)：0760-88558794
E-mail：stephen.yiu@dsg.cc
Http://www.fitti.com
法人代表(Chairman)：崔守礼
总经理(General Manager)：李施乐
联系人(Contact Person)：姚国荣
产品(Products)：婴儿纸尿裤/片
品牌(Brand)：菲比 Fitti，宝宝 Petpet，爱婴 Babylove

中德有限公司
Zhongde Co., Ltd.
地址(Add)：广东省中山市小榄镇菊城大道108号
邮编(P. C.)：528415
电话(Tel)：0760-22128580
传真(Fax)：0760-22127367
E-mail：huahua-luo@hotmail.com
联系人(Contact Person)：罗文华
产品(Products)：婴儿纸尿裤
品牌(Brand)：MOMO DUCK

盈家(珠海保税区)卫生用品有限公司
Home Sweet Home (Zhuhai Free Trade Zone) Sanitary Products Co., Ltd.
地址(Add)：广东省珠海保税区41号地大田工贸公司第五栋厂房
邮编(P. C.)：366100
电话(Tel)：0756-8686970
传真(Fax)：0756-8686971
E-mail：xiaohong85336969@126.com
法人代表(Chairman)：夏家聪
总经理(General Manager)：夏谷贻
联系人(Contact Person)：黄小红
产品(Products)：婴儿纸尿裤/片
品牌(Brand)：甜儿，安宝，BBQ

华豪国际(香港)发展有限公司大陆婴儿用品生产基地
Huahao INT (HK) Development Ltd.
地址(Add)：广东省珠海市保税区天科路41号
邮编(P. C.)：519030
电话(Tel)：0756-8686819
传真(Fax)：0756-8686919
E-mail：1935648698@qq.com
总经理(General Manager)：张贵华
产品(Products)：婴儿纸尿裤，湿巾
品牌(Brand)：康之良品，康氏

珠海市健朗生活用品有限公司
Zhuhai Jianlang Consumer Products Co., Ltd.
地址(Add)：广东省珠海市金湾区联港工业区双林片区创业东路9号
邮编(P. C.)：519045
电话(Tel)：0756-3803888
传真(Fax)：0756-3801888
Http://www.china-jianlang.com.cn
法人代表(Chairman)：朱云
总经理(General Manager)：朱云
联系人(Contact Person)：朱云
产品(Products)：卫生巾，婴儿纸尿裤/片，成人纸尿裤/片，宠物垫，湿巾
品牌(Brand)：樱子，美茵，健妮，健妮娃，樱纸坊，康婶

珠海市金能纸品有限公司
Zhuhai Jinneng Paper Co., Ltd.
地址(Add)：广东省珠海市梅华西路香洲科技工业园18栋
邮编(P. C.)：519070
电话(Tel)：0756-8503338
传真(Fax)：0756-8503388
E-mail：zhjinneng@126.com
Http://www.zhjnzp.com
法人代表(Chairman)：许龙
总经理(General Manager)：许龙
联系人(Contact Person)：陈亮
产品(Products)：卫生巾，卫生护垫，婴儿纸尿裤/片
品牌(Brand)：秋花，惠爱，QH，快乐假期

● 广西 Guangxi

桂林市独秀纸品有限公司
Guilin Duxiu Paper Products Co., Ltd.
地址(Add)：广西桂林市芳华路12号
邮编(P. C.)：541001
电话(Tel)：0773-2609552

传真(Fax)：0773－2602471
Http://www.topshowpaper.com
法人代表(Chairman)：潘锦至
总经理(General Manager)：潘海龙
联系人(Contact Person)：周小连
产品(Products)：卫生巾，婴儿纸尿裤/片
品牌(Brand)：淑女，安睡宝宝

桂林洁伶工业有限公司
Guilin Jieling Industrial Co., Ltd.
地址(Add)：广西桂林市柒星区桂磨路英才科技园创业三道
邮编(P. C.)：541004
电话(Tel)：0773－5857530
传真(Fax)：0773－5855580
E-mail：chanpinbu@jieling.net
Http://www.jieling.net
法人代表(Chairman)：陈百城
总经理(General Manager)：陈百城
联系人(Contact Person)：郑江春
产品(Products)：卫生巾，卫生护垫，婴儿纸尿裤
品牌(Brand)：洁伶，淘淘酷，淘淘氧棉

柳州惠好卫生用品有限公司
Liuzhou Huihao Sanitary Products Co., Ltd.
地址(Add)：广西柳州市东环路282号
邮编(P. C.)：545006
电话(Tel)：0772－2068194
传真(Fax)：0772－2068196
E-mail：liangxiaoyi2003@163.com
Http://www.lmz.com.cn
法人代表(Chairman)：马朝梅
总经理(General Manager)：黄荣斌
联系人(Contact Person)：梁孝易
产品(Products)：卫生巾，卫生护垫，婴儿纸尿裤，卫生纸，餐巾纸，面巾纸，手帕纸
品牌(Brand)：惠好，惠妙，酷宝

南宁洁伶卫生用品有限公司
Nanning Jieling Hygiene Products Co., Ltd.
地址(Add)：广西南宁国际经济技术开发区友谊路21－7号
邮编(P. C.)：530031
电话(Tel)：0771－6703313
传真(Fax)：0771－6703313
E-mail：zgjieling@hotmail.com
Http://www.jie－ling.cn
法人代表(Chairman)：陈宝城
总经理(General Manager)：陈宝城
联系人(Contact Person)：陈美
产品(Products)：卫生巾，卫生护垫，婴儿纸尿片
品牌(Brand)：蝶菲，香屁屁

南宁市爱新卫生用品厂
Nanning Aixin Hygiene Products Plant
地址(Add)：广西南宁市大学西路161－6号
邮编(P. C.)：530007
电话(Tel)：0771－3250291
传真(Fax)：0771－3250727
E-mail：534334677@qq.com
总经理(General Manager)：刘广恩
联系人(Contact Person)：刘爱新
产品(Products)：卫生巾，卫生护垫，婴儿纸尿裤/片
品牌(Brand)：芳怡，康贝尔

广西舒雅护理用品有限公司
Guangxi Shuya Health－Care Products Co., Ltd.
地址(Add)：广西南宁市华侨投资区
邮编(P. C.)：530105
电话(Tel)：0771－6301571
传真(Fax)：0771－6301309
E-mail：zxhwy1018@vip.sina.com
Http://www.shuya－china.com
法人代表(Chairman)：肖凌
总经理(General Manager)：周新华
联系人(Contact Person)：曾昀
产品(Products)：卫生巾，卫生护垫，婴儿纸尿裤/片，湿巾
品牌(Brand)：舒雅，舒儿特，舒雅宝宝

广西南宁天柔纸业有限公司
Nanning Tianrou Paper Co., Ltd.
地址(Add)：广西南宁市西乡塘区永宁工业园
邮编(P. C.)：530001
电话(Tel)：0771－3816301
传真(Fax)：0771－3816202
E-mail：13978751688@163.com
Http://www.tianrouzhiye.com
总经理(General Manager)：卢建辉
产品(Products)：卫生纸，面巾纸，手帕纸，餐巾纸，卫生巾，纸尿裤，湿巾
品牌(Brand)：海茵，多一度

● 重庆 Chongqing

重庆百亚卫生用品有限公司
Chongqing Beyou Sanitary Products Co., Ltd.
地址(Add)：重庆市高新区科园四路149号3－3号
邮编(P. C.)：400041
电话(Tel)：023－62847835
传真(Fax)：023－62841865
E-mail：fyl0303@163.com
Http://www.baiya.cn
法人代表(Chairman)：冯永林
总经理(General Manager)：冯永林
联系人(Contact Person)：陈荣
产品(Products)：卫生巾，卫生护垫，湿巾，婴儿纸尿裤/片
品牌(Brand)：妮爽，自由点，好之

重庆抒乐工贸有限公司
Chongqing Shule Industry & Trade Co., Ltd.
地址(Add)：重庆市江北区红土地68号一幢一号附一号
邮编(P. C.)：400023
电话(Tel)：023－67762805
传真(Fax)：023－67762316
E-mail：597908349@qq.com
法人代表(Chairman)：吴全义
联系人(Contact Person)：黄雪玲
产品(Products)：婴儿纸尿裤，成人纸尿裤/片，护理垫
品牌(Brand)：抒乐，安倍娇

重庆华奥卫生用品有限公司
Chongqing Huaao Hygiene Products Co., Ltd.
地址(Add)：重庆市九龙坡区华岩镇西山工业园区1社
邮编(P.C.)：400052
电话(Tel)：023-86974668
传真(Fax)：023-86974669
联系人(Contact Person)：廖华
产品(Products)：卫生纸，面巾纸，卫生巾，婴儿纸尿裤/片
品牌(Brand)：奥家，竹家园，佳秀，亲情树，守护星

重庆草清坊日用品有限责任公司
Chongqing Caoqingfang Daily Supplies Co., Ltd.
地址(Add)：重庆市渝北区金岛花园E-House27楼18号
邮编(P.C.)：401147
电话(Tel)：023-67902297
传真(Fax)：023-67902297
法人代表(Chairman)：江武
总经理(General Manager)：江武
联系人(Contact Person)：刘晓俊
产品(Products)：卫生巾，卫生护垫，婴儿纸尿裤/片
品牌(Brand)：伊佳洁，草清，小兔乖乖，芬恩

● 四川 Sichuan

成都红娇妇幼卫生用品有限公司
Chengdu Hongjiao Women & Children Hygiene Products Co., Ltd.
地址(Add)：四川省成都市大丰镇南丰国际工业城
邮编(P.C.)：610504
电话(Tel)：028-83918168
传真(Fax)：028-83918168
E-mail：249882203@qq.com
Http://www.hghmbb.com
法人代表(Chairman)：樊文明
总经理(General Manager)：樊文明
联系人(Contact Person)：张万刚
产品(Products)：卫生巾，卫生护垫，婴儿纸尿裤/片，餐巾纸，面巾纸
品牌(Brand)：海绵宝宝，红娇

恒安(四川)家庭用品有限公司
Hengan (Sichuan) Commodities Co., Ltd.
地址(Add)：四川省成都市高新区新加坡工业园新园大道11号
邮编(P.C.)：610041
电话(Tel)：028-82991081
传真(Fax)：028-82991089
E-mail：wangyi@mail.hengan.com.cn
法人代表(Chairman)：施文博
总经理(General Manager)：王清生
联系人(Contact Person)：王毅
产品(Products)：婴儿纸尿裤，成人纸尿裤，卫生巾
品牌(Brand)：安儿乐，安而康，安尔乐

成都安舒实业有限公司
Chengdu Anshu Industrial Co., Ltd.
地址(Add)：四川省成都市新都区斑竹园镇福田寺
邮编(P.C.)：610506
电话(Tel)：028-85152843
传真(Fax)：028-85153061
E-mail：sales@cdanshu.com
Http://www.cdanshu.com
法人代表(Chairman)：肖文祥
总经理(General Manager)：肖文祥
联系人(Contact Person)：许小华
产品(Products)：卫生巾，卫生护垫，婴儿纸尿裤/片，卫生纸，手帕纸，面巾纸
品牌(Brand)：安舒曼，平安儿，规律，天然，纯然

● 贵州 Guizhou

贵州汇景纸业有限公司
Guizhou Huijing Paper Co., Ltd.
地址(Add)：贵州省安顺市镇宁特色轻工工业园
邮编(P.C.)：561200
电话(Tel)：0853-6787777
传真(Fax)：0853-6785555
E-mail：302850399@qq.com
Http://www.gzhuijing.com.cn
法人代表(Chairman)：陈金专
总经理(General Manager)：洪奕元
联系人(Contact Person)：罗飞志
产品(Products)：卫生纸，面巾纸，婴儿纸尿裤/片
品牌(Brand)：添福，多瑞

赤水卫士科技发展有限公司
Red Guardian Technology Development Co., Ltd.
地址(Add)：贵州省赤水市文化办事处
邮编(P.C.)：564700
电话(Tel)：0852-2888212
总经理(General Manager)：陈小卫
产品(Products)：卫生巾，婴儿纸尿裤/片，护理垫
品牌(Brand)：卫士

贵阳鑫恒丰纸业有限公司
Guiyang Xinhengfeng Paper Industry Co., Ltd.
地址(Add)：贵州省贵阳市车水路157号
邮编(P.C.)：550003
电话(Tel)：0851-5119301
传真(Fax)：0851-5110389
E-mail：wangshiyong888@vip.163.com
法人代表(Chairman)：王仕勇
总经理(General Manager)：王仕勇
联系人(Contact Person)：王学松
产品(Products)：婴儿纸尿片，卫生纸，卫生巾
品牌(Brand)：贵子，贵宝

贵州卡布国际卫生用品有限公司
Guizhou Capable International Sanitary Products Co., Ltd.
地址(Add)：贵州省惠水经济开发区龙泉项目园1号
邮编(P.C.)：550601
电话(Tel)：0854-6329066
传真(Fax)：0854-6329166
Http://www.kabuguoji.com
总经理(General Manager)：肖蜀黔
联系人(Contact Person)：蒋忠国
产品(Products)：婴儿纸尿裤/片
品牌(Brand)：伟奇，咔布，卡氏，婴之道，卡比布

● 云南 Yunnan

昆明市港舒卫生用品厂
Kunming Gangshu Hygiene Products Factory
地址(Add)：云南省昆明市滇池路中段陆家营
邮编(P. C.)：650228
电话(Tel)：0871 – 64575888
传真(Fax)：0871 – 64585988
E-mail：business@ gangshu. net
法人代表(Chairman)：蔡燕珠
总经理(General Manager)：杨剑锋
联系人(Contact Person)：杨剑锋
产品(Products)：卫生巾，卫生护垫，面巾纸，卫生纸，婴儿纸尿裤/片
品牌(Brand)：诗尔爽，诗爽，诗柏

昆明美丽好妇幼卫生用品有限公司
Kunming Meilihao Women & Children Hygiene Products Co., Ltd.
地址(Add)：云南省昆明市经开区小石坝桃园 1 号
邮编(P. C.)：650217
电话(Tel)：0871 – 64617349
传真(Fax)：0871 – 64577619
法人代表(Chairman)：林天勇
总经理(General Manager)：林天勇
联系人(Contact Person)：林天勇
产品(Products)：卫生巾，婴儿纸尿片
品牌(Brand)：美丽好，伊尔雅，舒欣，真爽

云南舒婷护理用品有限公司
Yunnan Shuting Health Care Products Co., Ltd.
地址(Add)：云南省昆明市西山区福海福泰路 18 号
邮编(P. C.)：650228
电话(Tel)：0871 – 4570275
传真(Fax)：0871 – 4578569
联系人(Contact Person)：林大伟
产品(Products)：卫生巾，婴儿纸尿裤
品牌(Brand)：舒婷，好酷好裤

昆明市大手纸厂
Kunming Dashou Paper Mill
地址(Add)：云南省昆明市小板桥街道办事处四甲工业区
邮编(P. C.)：650034
电话(Tel)：0871 – 67333623
传真(Fax)：0871 – 67352801
联系人(Contact Person)：田堇瑾
产品(Products)：卫生纸，卫生巾，纸尿片
品牌(Brand)：滇之美，洁期，小宝当佳

● 陕西 Shaanxi

西安住邦无纺布制品有限公司
Xian Zhubang Nonwovens Products Co., Ltd.
地址(Add)：陕西省西安市高新开发区科技路 10 号华奥大厦 A 座 1602 室
邮编(P. C.)：710065
电话(Tel)：029 – 88258138
传真(Fax)：029 – 88262623
E-mail：livinghongd@ vip. 163. com
Http：//www. livingbond. com
联系人(Contact Person)：郭涛
产品(Products)：湿巾，婴儿纸尿裤

西安可心日用制品有限公司
Xian Kexin Articles for Daily Use Co., Ltd.
地址(Add)：陕西省西安市经济开发区泾河工业园北区
邮编(P. C.)：710200
电话(Tel)：029 – 86967211
传真(Fax)：029 – 86967406
E-mail：office@ xakexin. com
Http：//www. xakexin. cn
法人代表(Chairman)：陈敬仁
总经理(General Manager)：陈敬仁
联系人(Contact Person)：陈木善
产品(Products)：卫生巾，卫生护垫，婴儿纸尿裤/片，手帕纸，面巾纸
品牌(Brand)：可心，快乐假期，舒月，可心宝儿

陕西魔妮卫生用品有限责任公司
Shaanxi Moni Sanitary Products Co., Ltd.
地址(Add)：陕西省西安市雁塔区鱼化工业园(雁环北路西段)
邮编(P. C.)：710077
电话(Tel)：029 – 84365652
传真(Fax)：029 – 84365653
E-mail：shanximoni@ 163. com
Http：//www. sxmoni. com
法人代表(Chairman)：张均安
总经理(General Manager)：姚教育
联系人(Contact Person)：崔梦瑶
产品(Products)：卫生巾，卫生护垫，婴儿纸尿裤/片
品牌(Brand)：魔妮，维妮

● 新疆 Xinjiang

乌鲁木齐乐宝氏卫生用品有限公司
Wulumuqi Lebaoshi Hygiene Products Co., Ltd.
地址(Add)：新疆乌鲁木齐市米东工业区
邮编(P. C.)：830000
电话(Tel)：0991 – 3346777
传真(Fax)：0991 – 3345777
联系人(Contact Person)：江建伟
产品(Products)：卫生巾，婴儿纸尿裤/片，成人纸尿裤/片，湿巾

成人失禁用品生产企业
按地区细分统计
（2013 年，统计总数 338 家）

序号	行政区 Region	企业数	起始页	序号	行政区 Region	企业数	起始页
1	北京 Beijing	13	435	15	山东 Shandong	37	459
2	天津 Tianjin	32	436	16	河南 Henan	12	463
3	河北 Hebei	25	440	17	湖北 Hubei	7	464
6	辽宁 Liaoning	11	442	18	湖南 Hunan	2	465
8	黑龙江 Heilongjiang	2	443	19	广东 Guangdong	52	465
9	上海 Shanghai	21	444	22	重庆 Chongqing	1	471
10	江苏 Jiangsu	31	446	23	四川 Sichuan	3	471
11	浙江 Zhejiang	17	449	24	贵州 Guizhou	1	472
12	安徽 Anhui	7	451	25	云南 Yunnan	1	472
13	福建 Fujian	57	452	27	陕西 Shaanxi	1	472
14	江西 Jiangxi	4	458	31	新疆 Xinjiang	1	472

注：4 山西、5 内蒙古、7 吉林、20 广西、21 海南、26 西藏、28 甘肃、29 青海和 30 宁夏缺项。

成人失禁用品
Adult incontinent products

● 北京 Beijing

北京成功柒加叁科技发展有限公司
Beijing Success 7 & 3 Co., Ltd.

地址(Add): 北京市朝阳区北四环东路108号五乙楼19层1906室
邮编(P. C.): 100029
电话(Tel): 010－84831875
传真(Fax): 010－84832832
联系人(Contact Person): 李培培
产品(Products): 卫生巾, 卫生护垫, 婴儿纸尿裤, 成人纸尿裤
品牌(Brand): F7

北京艾雪伟业科技有限公司
Beijing Love Snow Science & Technology Co., Ltd.

地址(Add): 北京市朝阳区平房乡石各庄村592号
邮编(P. C.): 100024
电话(Tel): 010－85529181
传真(Fax): 010－85510906
E-mail: ngb009@msn.com
Http://www.lovesnow009.com
法人代表(Chairman): 牛国滨
总经理(General Manager): 牛国滨
联系人(Contact Person): 牛国滨
产品(Products): 产妇卫生巾, 产妇护理垫, 婴儿纸尿片, 护理垫
品牌(Brand): 艾雪

北京倍舒特妇幼用品有限公司
Beijing Beishute Maternity & Child Articles Co., Ltd.

地址(Add): 北京市朝阳区望京中环南路甲2号佳境天城A座2502室
邮编(P. C.): 100102
电话(Tel): 010－69061748
传真(Fax): 010－69061747
E-mail: bjbest@public.bta.net.cn
Http://www.bjbest.com.cn
法人代表(Chairman): 李秋红
总经理(General Manager): 李秋红
联系人(Contact Person): 刘红艳
产品(Products): 卫生巾, 卫生护垫, 婴儿纸尿片, 护理垫, 湿巾
品牌(Brand): 倍舒特, 健康宝宝

北京九佳兴卫生用品有限公司
Beijing Jiujiaxing Hygiene Products Co., Ltd.

地址(Add): 北京市大兴区瀛海路南三条5号
邮编(P. C.): 100076
电话(Tel): 010－69279282
传真(Fax): 010－69279585
E-mail: jiuxing@vip.sina.com
Http://www.jiu－xing.com.cn
法人代表(Chairman): 溪东来
总经理(General Manager): 赵振国
联系人(Contact Person): 吕兆新
产品(Products): 湿巾, 成人纸尿裤/片
品牌(Brand): 九佳兴

北京鑫田黎明医疗器械有限公司
Beijing Xintian Liming Medical Appararus Co., Ltd.

地址(Add): 北京市房山区窦店镇交道三街村
邮编(P. C.): 102434
电话(Tel): 010－80318330
传真(Fax): 010－80317604
E-mail: sales@xinyuanliming.com
Http://www.xinyuanliming.com
总经理(General Manager): 张会来
联系人(Contact Person): 张会来
产品(Products): 护理垫

北京特日欣卫生用品有限公司
Beijing Terixin Hygiene Products Co., Ltd.

地址(Add): 北京市丰台区花乡新房子71号
邮编(P. C.): 100073
电话(Tel): 010－83609569
传真(Fax): 010－83609589
E-mail: trx88@163.com
Http://www.terixin.com
法人代表(Chairman): 冯跃
总经理(General Manager): 冯跃
联系人(Contact Person): 高金龙
产品(Products): 卫生巾, 卫生护垫, 婴儿纸尿裤/片, 成人纸尿裤/片, 湿巾, 卫生纸
品牌(Brand): 特日欣

北京康宝福卫生用品厂
Beijing Kangbaofu Hygiene Products Plant

地址(Add): 北京市海淀区北安河乡周家巷
邮编(P. C.): 100095
电话(Tel): 010－51728432
传真(Fax): 010－51728432
总经理(General Manager): 王秀环
产品(Products): 护理垫, 婴儿纸尿裤, 面巾纸, 餐巾纸
品牌(Brand): 康宝福

金佰利(中国)有限公司
Kimberly－Clark (China) Co., Ltd.

地址(Add): 北京市经济技术开发区建安街2号
邮编(P. C.): 100176
电话(Tel): 010－87110015
传真(Fax): 010－67856099
E-mail: jinmei.shi@kcc.com
Http://www.kimberly－clark.com.cn
法人代表(Chairman): 张海婴
总经理(General Manager): 程志远
联系人(Contact Person): 史金梅
产品(Products): 卫生巾, 卫生护垫, 成人失禁用品, 婴儿护理用品, 生活用纸

品牌(Brand)：高洁丝 Kotex，得伴 Depend，好奇 Huggies，舒洁 Kleenex

圣路律通(北京)科技有限公司
Saintom (Beijing) Science & Technology Co., Ltd.
地址(Add)：北京市石景山区阜石路166号泽洋大厦702室
邮编(P.C.)：100043
电话(Tel)：010－83650237
传真(Fax)：010－83650239
联系人(Contact Person)：蒲勇
产品(Products)：卫生巾，护理垫

北京王城卫生用品有限公司
Beijing Wangcheng Hygiene Products Co., Ltd.
地址(Add)：北京市通州区台湖镇创业园路9号新华联工业园南区12号厂房
邮编(P.C.)：101116
电话(Tel)：010－52975817
传真(Fax)：010－52975817
E-mail：beijing_wangzheng@126.com
法人代表(Chairman)：曾宪光
总经理(General Manager)：杨宝华
联系人(Contact Person)：史玉梅
产品(Products)：婴儿纸尿裤，成人纸尿裤
品牌(Brand)：Dry－pro 乐爱宝

北京益康卫生材料厂
Beijing Yikang Hygiene Material Factory
地址(Add)：北京市密云县密东广场19－10－1303
邮编(P.C.)：101509
电话(Tel)：010－61018162
传真(Fax)：010－61019567
E-mail：jcb3239@163.com
Http://www.bjhsh.com
法人代表(Chairman)：吴亚珍
总经理(General Manager)：张长江
联系人(Contact Person)：张长江
产品(Products)：手术服，护理垫，口罩，手术包
品牌(Brand)：凤卵

北京市通州区利康卫生材料制品厂
Beijing Tongzhou Likang Hygienic Material Products Factory
地址(Add)：北京市通州区新华西街50号521
邮编(P.C.)：101100
电话(Tel)：010－69523751
传真(Fax)：010－69590058
E-mail：bjlikang@sina.com
法人代表(Chairman)：顾久利
总经理(General Manager)：顾亮
联系人(Contact Person)：顾亮
产品(Products)：成人纸尿裤，护理垫，口罩，帽子
品牌(Brand)：潞康，康大夫

北京舒洋恒达卫生用品有限公司
Beijing Shuyang Hengda Hygiene Products Co., Ltd.
地址(Add)：北京市通州区张家湾开发区
邮编(P.C.)：101113
电话(Tel)：010－67668292
传真(Fax)：010－67665928
E-mail：cornflack@126.com
Http://weishengyongpin.taobao.com
联系人(Contact Person)：刘霏
产品(Products)：婴儿纸尿裤/拉拉裤，护理垫
品牌(Brand)：舒洋

● 天津 Tianjin

天津市舒爽卫生制品有限公司
Tianjin Shushuang Hygiene Products Co., Ltd.
地址(Add)：天津市宝坻区技术监督局南侧
邮编(P.C.)：301800
电话(Tel)：022－82665009
传真(Fax)：022－82655009
E-mail：shushuang5009@163.com
Http://www.tishushuang.com
法人代表(Chairman)：杨少东
总经理(General Manager)：杨少东
联系人(Contact Person)：杨少东
产品(Products)：卫生巾，妇幼两用巾，卫生护垫，婴儿纸尿裤/片，成人纸尿裤/片，护理垫，宠物垫
品牌(Brand)：雅惠，达保健，丝倍爽，爽娃

天津骏发森达卫生用品有限公司
Tianjin Junfasenda Hygiene Products Co., Ltd.
地址(Add)：天津市宝坻区经济开发区宝旺道
邮编(P.C.)：301800
电话(Tel)：022－82669158
传真(Fax)：022－82666999
E-mail：yagewangxiaojun@sina.com
Http://www.tjyage.com
法人代表(Chairman)：王贵森
总经理(General Manager)：王晓俊
联系人(Contact Person)：王晓俊
产品(Products)：卫生巾，卫生护垫，湿巾，护理垫，婴儿纸尿裤/片
品牌(Brand)：雅格

天津市恒洁卫生用品有限公司
Tianjin Hengjie Hygiene Products Co., Ltd.
地址(Add)：天津市宝坻区九园公路13公里
邮编(P.C.)：301805
电话(Tel)：022－82590555
传真(Fax)：022－82591555
Http://www.hengjiechina.com
法人代表(Chairman)：宁学杰
总经理(General Manager)：康永萍
联系人(Contact Person)：康永萍
产品(Products)：卫生巾，卫生护垫，妇婴两用巾，婴儿隔尿巾，成人纸尿裤/片，护理垫
品牌(Brand)：诺恋，护理康，贝贝爽

利发卫生用品(天津)有限公司
Lifa Hygiene Products (Tianjin) Co., Ltd.
地址(Add)：天津市宝坻区马家店工业园区
邮编(P.C.)：301800
电话(Tel)：022－82686801
传真(Fax)：022－82651555
E-mail：tjlifa@163.com
Http://www.tjlifa.com

法人代表(Chairman)：高绍茹
总经理(General Manager)：康永得
联系人(Contact Person)：邓得峰
产品(Products)：卫生巾，卫生护垫，婴儿纸尿裤/片，护理垫
品牌(Brand)：花雨情，温馨

天津市洁维卫生制品有限公司
Tianjin Jiewei Hygiene Products Co., Ltd.
地址(Add)：天津市宝坻区马家店工业园区管委会路
邮编(P. C.)：301800
电话(Tel)：022-59219986
传真(Fax)：022-59219980
法人代表(Chairman)：李德芳
总经理(General Manager)：李德芳
联系人(Contact Person)：李凤利
产品(Products)：卫生巾，卫生护垫，成人纸尿裤，护理垫
品牌(Brand)：惠尔之柔，满尔之婷

天津洁雅妇女卫生保健制品有限公司
Tianjin Jieya Women Health Care Products Co., Ltd.
地址(Add)：天津市宝坻区天宝工业园宝富道北
邮编(P. C.)：301800
电话(Tel)：022-82660162
传真(Fax)：022-82659578
E-mail：info@tjjieya.com
Http://www.tjjieya.com
法人代表(Chairman)：徐文河
总经理(General Manager)：徐文河
联系人(Contact Person)：徐志伟
产品(Products)：卫生巾，卫生护垫，婴儿纸尿裤，成人纸尿裤/片，护理垫
品牌(Brand)：芬柔，雨夜晴爽

小护士(天津)实业发展股份有限公司
Little Nurse (Tianjin) Industry & Commerce Development Co., Ltd.
地址(Add)：天津市北辰高科技产业园区辰星工业园淮河道6号
邮编(P. C.)：300410
电话(Tel)：022-26309200
传真(Fax)：022-26301235
E-mail：fengying_702@126.com
Http://www.chinanapkin.com.cn
法人代表(Chairman)：杨印海
总经理(General Manager)：杨印海
联系人(Contact Person)：冯颖
产品(Products)：卫生巾，卫生护垫，婴儿纸尿裤，成人纸尿裤，护理垫，卫生纸，面巾纸，手帕纸
品牌(Brand)：小护士

天津市亿利来科技卫生用品厂
Tianjin Yililai Science & Technology Hygiene Products Factory
地址(Add)：天津市北辰区经济开发区双街镇张湾工业园
邮编(P. C.)：300400
电话(Tel)：022-29538070
传真(Fax)：022-29538070
总经理(General Manager)：乔景宏
联系人(Contact Person)：乔玉兰
产品(Products)：卫生巾，卫生纸，湿巾，护理垫
品牌(Brand)：津宝，菲思妮

天津市韩东纸业有限公司
Tianjin Handong Paper Products Co., Ltd.
地址(Add)：天津市北辰区铁东路天盈南道6号
邮编(P. C.)：300402
电话(Tel)：022-26735867
传真(Fax)：022-26735940
Http://www.tjhdzy.com
法人代表(Chairman)：刘嘉
总经理(General Manager)：赵亚东
联系人(Contact Person)：刘嘉
产品(Products)：卫生巾，卫生护垫，婴儿纸尿片，成人纸尿裤，护理垫
品牌(Brand)：美千草，挚爱，幸福使者，福满多

天津市荣立洁卫生用品有限公司
Tianjin Ronglijie Hygiene Products Co., Ltd.
地址(Add)：天津市东丽区大毕庄工业区
邮编(P. C.)：300240
电话(Tel)：022-84934711
传真(Fax)：022-84934711
联系人(Contact Person)：高欣
产品(Products)：成人纸尿裤/片，护理垫
品牌(Brand)：津老乐，爱家

天津市沂美舒卫生用品有限公司
Tianjin Yimeishu Hygiene Products Co., Ltd.
地址(Add)：天津市东丽区东安驾校152号
邮编(P. C.)：300000
电话(Tel)：13820271223
法人代表(Chairman)：李伟
总经理(General Manager)：李伟
联系人(Contact Person)：李伟
产品(Products)：成人纸尿裤/片
品牌(Brand)：安康

天津市英华妇幼用品有限公司
Tianjin Yinghua Women & Children Products Co., Ltd.
地址(Add)：天津市东丽区金钟公路大毕庄镇南孙庄
邮编(P. C.)：300240
电话(Tel)：022-26791415
传真(Fax)：022-26795158
E-mail：sfj@yinghuatj.com
Http://www.yinghuatj.com
法人代表(Chairman)：孙富举
总经理(General Manager)：孙富举
联系人(Contact Person)：孙永跃
产品(Products)：卫生巾，卫生护垫，婴儿纸尿裤/片，成人纸尿裤/片，护理垫，宠物垫
品牌(Brand)：心宝，心思，假日之恋，厚生堂

天津市美商卫生用品有限公司
Tianjin Meishang Hygiene Products Factory
地址(Add)：天津市东丽区津北公路新兴工业区
邮编(P. C.)：300300
电话(Tel)：022-24998376
传真(Fax)：022-24982381
E-mail：wx198512@vip.163.com
Http://www.tjyuqing.cn

法人代表(Chairman)：王德军
总经理(General Manager)：王德军
联系人(Contact Person)：李文娟
产品(Products)：卫生巾，卫生护垫，婴儿纸尿片，护理垫
品牌(Brand)：雨晴

天津市康怡生纸业有限公司
Tianjin Kangyisheng Paper Co., Ltd.
地址(Add)：天津市蓟县渔阳南路71号(县农行大厦对面)
邮编(P. C.)：301900
电话(Tel)：022-29145101
传真(Fax)：022-29145101
E-mail：tianjinjiaoya@163.com
法人代表(Chairman)：王海生
总经理(General Manager)：王海生
联系人(Contact Person)：王海生
产品(Products)：卫生巾，成人纸尿裤，护理垫
品牌(Brand)：心菲，康怡生，邦尔康

天津市恒新纸业有限公司
Tianjin Permanent New Paper Co., Ltd.
地址(Add)：天津市津南经济技术开发区(双港)上海街10号
邮编(P. C.)：300350
电话(Tel)：022-88828659
传真(Fax)：022-88828679
E-mail：hengxin-zhiye@sohu.com
法人代表(Chairman)：李宝金
总经理(General Manager)：李宝金
联系人(Contact Person)：宁书金
产品(Products)：卫生巾，卫生护垫，护理垫，宠物垫
品牌(Brand)：假日欣，好丽友，炫彩，邦宜生

天津市仕诚科技研发中心
Tianjin Shicheng Science & Technology R & D Center
地址(Add)：天津市南开区鞍山西道花港里8-3-102
邮编(P. C.)：300192
电话(Tel)：022-23051734
传真(Fax)：022-58598902
E-mail：tjshicheng2005@hotmail.com
联系人(Contact Person)：韩雪
产品(Products)：护理垫，成人纸尿裤
品牌(Brand)：笑顺

白领假日(天津)贸易有限公司
Bailing Holiday (Tianjin) Trade Co., Ltd.
地址(Add)：天津市南开区复兴路216号
邮编(P. C.)：300071
电话(Tel)：022-82680286
传真(Fax)：022-82680286
E-mail：bailingholiday@163.com
Http：//www.bailingholiday.com
法人代表(Chairman)：张宇楠
总经理(General Manager)：张宇楠
联系人(Contact Person)：张宇楠
产品(Products)：卫生巾，婴儿纸尿裤/片，护理垫，宠物垫，湿巾
品牌(Brand)：白领假日

天津德发妇幼保健用品厂
Tianjin Defa Woman & Child Healthcare Articles Factory
地址(Add)：天津市南开区临潼西里9号楼1门4号
邮编(P. C.)：300112
电话(Tel)：022-27365899
传真(Fax)：022-87982636
法人代表(Chairman)：訾秀琴
总经理(General Manager)：訾秀琴
联系人(Contact Person)：訾秀琴
产品(Products)：成人纸尿裤，护理垫，婴儿纸尿片
品牌(Brand)：得贝爱婴

天津市康宝卫生制品有限公司
Tianjin Kangbao Health Care Products Co., Ltd.
地址(Add)：天津市宁河县芦台经济技术开发区芦汉路70号
邮编(P. C.)：301500
电话(Tel)：022-69597862
传真(Fax)：022-69570833
E-mail：kangbao@vip.sina.com
法人代表(Chairman)：贾德茂
总经理(General Manager)：贾沛元
联系人(Contact Person)：杨长龙
产品(Products)：卫生巾，卫生护垫，成人纸尿裤/片，护理垫
品牌(Brand)：惠之花，俏夕阳，好德伴

天津市实骁伟业纸制品有限公司
Tianjin Shixiaoweiye Paper Co., Ltd.
地址(Add)：天津市宁河县潘庄镇大贾村东
邮编(P. C.)：301508
电话(Tel)：022-69311145
传真(Fax)：022-69311145
Http：//www.yongfukang.cn
法人代表(Chairman)：张磊
总经理(General Manager)：孙永力
联系人(Contact Person)：孙永力
产品(Products)：成人拉拉裤，成人纸尿片
品牌(Brand)：旅伴，永福康

天津市妮娅卫生用品有限公司
Tianjin Niya Hygiene Products Co., Ltd.
地址(Add)：天津市宁河县造甲城工业园区
邮编(P. C.)：301510
电话(Tel)：022-69518959
传真(Fax)：022-69518988
E-mail：tjniya@163.com
Http：//www.tjtianning.com
法人代表(Chairman)：郭宝忠
总经理(General Manager)：郭宝忠
联系人(Contact Person)：孙志宏
产品(Products)：卫生巾，卫生护垫，母婴两用巾，护理垫
品牌(Brand)：天宁，妮娅

天津康乃馨卫生用品厂
Tianjin Kangnaixin Hygiene Products Factory
地址(Add)：天津市武清区崔黄口镇工业园区
邮编(P. C.)：301702
电话(Tel)：022-29572977
传真(Fax)：022-29571067

E-mail：tjknxnzcc@126.com
联系人(Contact Person)：张常春
产品(Products)：卫生巾，卫生护垫，护理垫
品牌(Brand)：清朵，优点，优洁雅，康乃馨

天津市武清区七色羽卫生用品厂
Tianjin Qiseyu Hygiene Products Factory
地址(Add)：天津市武清区大良工业区
邮编(P.C.)：301703
电话(Tel)：022-60686318
传真(Fax)：022-29566580
Http://www.tjqiseyu.com
总经理(General Manager)：朱园
联系人(Contact Person)：朱亚和
产品(Products)：卫生巾，卫生护垫，成人纸尿裤，护理垫
品牌(Brand)：久恋，七色羽

天津市武清区誉康卫生用品厂
Tianjin Yukang Hygiene Products Factory
地址(Add)：天津市武清区南蔡村镇
邮编(P.C.)：301709
电话(Tel)：022-29412362
传真(Fax)：022-29412362
总经理(General Manager)：周健
产品(Products)：卫生巾，成人纸尿裤，护理垫

天津忘忧草纸制品有限公司
Tianjin Wangyoucao Paper Products Co., Ltd.
地址(Add)：天津市武清区石各庄镇东升小区
邮编(P.C.)：301718
电话(Tel)：022-22156532
传真(Fax)：022-22156532
E-mail：tjwangyoucao@126.com
Http://tjwyczzp.cn.china.cn
法人代表(Chairman)：黄西宾
总经理(General Manager)：黄西宾
联系人(Contact Person)：鲁娜
产品(Products)：卫生巾，护理垫，湿巾，卫生纸
品牌(Brand)：忘忧草

天津市虹怡纸业有限公司
Tianjin Hongyi Paper Industry Co., Ltd.
地址(Add)：天津市武清区石各庄镇梁各庄村
邮编(P.C.)：301718
电话(Tel)：022-22156866
传真(Fax)：022-22156886
E-mail：hanwei0315@126.com
Http://www.tjhyzy.cn
总经理(General Manager)：刘景杰
联系人(Contact Person)：黄纯香
产品(Products)：卫生巾，卫生护垫，护理垫
品牌(Brand)：汲爽，洁康

恒安(天津)卫生用品有限公司
Hengan (Tianjin) Hygiene Products Co., Ltd.
地址(Add)：天津市西青经济开发区兴华一支路6号
邮编(P.C.)：300381
电话(Tel)：022-23973688
传真(Fax)：022-23973688
法人代表(Chairman)：施文博
联系人(Contact Person)：高珊
产品(Products)：卫生巾，婴儿纸尿裤，成人纸尿裤
品牌(Brand)：安乐，安尔乐，安儿乐，安而康

天津市逸飞卫生用品有限公司
Tianjin Yifei Hygiene Products Co., Ltd.
地址(Add)：天津市西青区津淄公路王稳庄工业园
邮编(P.C.)：300383
电话(Tel)：022-83964215
传真(Fax)：022-83968228
法人代表(Chairman)：赵贵芬
总经理(General Manager)：王伯韬
联系人(Contact Person)：莘彦兵
产品(Products)：婴儿纸尿裤/片，成人纸尿裤/片，护理垫
品牌(Brand)：太阳雨，邦一把，久久安康

天津杏林白十字医疗卫生材料用品有限公司
Tianjin Hakujuji Medical Health Material and Necessities Co., Ltd.
地址(Add)：天津市西青区经济开发区业盛道3号
邮编(P.C.)：300385
电话(Tel)：022-58680015
传真(Fax)：022-23972012
E-mail：wangchnghai@hakujuji.com.cn
Http://www.hakujuji.com.cn
法人代表(Chairman)：石学敏
总经理(General Manager)：王良
联系人(Contact Person)：王长海
产品(Products)：成人纸尿裤/片，护理垫
品牌(Brand)：洒露把

天津市依依卫生用品有限公司
Tianjin Yiyi Hygiene Products Co., Ltd.
地址(Add)：天津市西青区张家窝工业园
邮编(P.C.)：300380
电话(Tel)：022-87988888
传真(Fax)：022-87987888
E-mail：gaobin7705@163.com
Http://www.tjyiyi.com
法人代表(Chairman)：卢俊美
总经理(General Manager)：卢俊美
联系人(Contact Person)：张健
产品(Products)：卫生巾，卫生护垫，婴儿纸尿裤/片，护理垫，宠物垫，卫生纸，纸巾纸，湿巾
品牌(Brand)：依依，多帮乐，爱梦园

天津市三维纸业有限公司
Tianjin Sanwei Paper Products Co., Ltd.
地址(Add)：天津市西青区张家窝镇高家村
邮编(P.C.)：300381
电话(Tel)：022-87988458
传真(Fax)：022-87988458
E-mail：sanweizhiye@126.com
法人代表(Chairman)：杨建国
总经理(General Manager)：韩秀英
联系人(Contact Person)：韩秀林
产品(Products)：卫生巾，卫生护垫，婴儿纸尿裤/片，成人纸尿裤，护理垫，湿巾，卫生纸，手帕纸，面巾纸
品牌(Brand)：三维，金美雅

天津洁尔卫生用品有限公司
Tianjin Jieer Hygiene Products Co., Ltd.
地址(Add)：天津市西青区中北工业园阜盛道26号
邮编(P. C.)：300112
电话(Tel)：022－27948772
传真(Fax)：022－27980168
Http://www.jezhy.com
联系人(Contact Person)：张志宏
产品(Products)：卫生巾，卫生护垫，婴儿纸尿裤，成人纸尿裤，护理垫，湿巾
品牌(Brand)：冬虫草，尚好佳

● 河北 Hebei

河北义厚成日用品有限公司
Hebei Yihoucheng Commodity Co., Ltd.
地址(Add)：河北省保定市高新区云杉路131号
邮编(P. C.)：071051
电话(Tel)：0312－3327408
传真(Fax)：0312－3327610
E-mail：yhc_pm@qq.com
Http://www.hbyhc.com
法人代表(Chairman)：白红敏
总经理(General Manager)：田玉伟
联系人(Contact Person)：马佳
产品(Products)：卫生巾，卫生护垫，湿巾，护理垫，隔尿垫巾，卫生纸
品牌(Brand)：女主角，喜儿，妮好，喜尔健，QQ糖

蠡县洁美卫生用品厂
Jiemei Hygiene Products Factory
地址(Add)：河北省保定市蠡县古灵山工业区
邮编(P. C.)：071400
电话(Tel)：0312－6503099
传真(Fax)：0312－6503663
法人代表(Chairman)：石彦君
总经理(General Manager)：石彦君
联系人(Contact Person)：石彦君
产品(Products)：卫生巾，卫生护垫，成人纸尿裤
品牌(Brand)：洁清，思婷，千佰莉

北京福运源长纸制品有限公司
Beijing Fuyun Yuanchang Paper Products Co., Ltd.
地址(Add)：河北省保定市满城县方上工业区
邮编(P. C.)：072150
电话(Tel)：0312－7020648
传真(Fax)：0312－7020648
联系人(Contact Person)：耿震坤
产品(Products)：手帕纸，面巾纸，盘纸，护理垫，成人纸尿裤

唐县京旺卫生用品有限公司
Tangxian Jingwang Hygiene Products Co., Ltd.
地址(Add)：河北省保定市唐县王京工业园区
邮编(P. C.)：072350
电话(Tel)：0312－6487857
传真(Fax)：0312－6487857
E-mail：191749122@qq.com
法人代表(Chairman)：杨惠茹
总经理(General Manager)：岳洋
联系人(Contact Person)：张涵
产品(Products)：卫生护垫，婴儿纸尿裤，成人纸尿裤，宠物垫

沧州市德发妇幼卫生用品有限责任公司
Cangzhou Defa Women & Children Articles Co., Ltd.
地址(Add)：河北省沧州市泊头市富镇106路口
邮编(P. C.)：062157
电话(Tel)：0317－8346272
传真(Fax)：0317－8346272
E-mail：czdffywsyp@163.com
Http://www.czdefa.com
总经理(General Manager)：于玉才
联系人(Contact Person)：于德水
产品(Products)：婴儿纸尿裤/片，成人纸尿裤/片，护理垫，隔尿巾
品牌(Brand)：爱婴美，紫福蓉，千秋康，福寿星，康福之星

河北省沧州市茹达卫生制品有限公司
Cangzhou Ruda Hygiene Products Co., Ltd.
地址(Add)：河北省沧州市津德北路收费站北
邮编(P. C.)：061000
电话(Tel)：0317－3563462
传真(Fax)：0317－3563462
法人代表(Chairman)：安志猛
总经理(General Manager)：安志猛
联系人(Contact Person)：安志猛
产品(Products)：湿巾，护理垫，妇婴两用巾，婴儿纸尿片，婴儿隔尿布

石家庄宝洁卫生用品有限公司
Shijiazhuang Baojie Hygiene Products Co., Ltd.
地址(Add)：河北省藁城市梨元庄工业区
邮编(P. C.)：052160
电话(Tel)：0311－88156418
传真(Fax)：0311－88156498
E-mail：bjsjz001@163.com
Http://www.bjsjz.com.cn
联系人(Contact Person)：刘会杰
产品(Products)：卫生巾，卫生护垫，婴儿纸尿片，成人纸尿裤，护理垫
品牌(Brand)：夏维怡，浪漫青春，宝适洁

河北邯郸天宇卫生用品厂
Hebei Handan Tianyu Hygiene Products Factory
地址(Add)：河北省邯郸市中华北大街中段北仓库路甲2号
邮编(P. C.)：056004
电话(Tel)：0310－7025542
传真(Fax)：0310－7026141
法人代表(Chairman)：金保军
总经理(General Manager)：王存瑞
联系人(Contact Person)：郭继森
产品(Products)：卫生巾，卫生护垫，婴儿纸尿裤/片，成人纸尿片
品牌(Brand)：爱蕊尔

河北宏达纸业有限公司
Hebei Hongda Paper Co., Ltd.
地址(Add)：河北省衡水市故城县坊庄工业园区

邮编(P. C.)：253800
电话(Tel)：0318－5595777
E-mail：hbhongdazhiye@163. com
Http：//www. hbhongdazhiye. com
联系人(Contact Person)：张军
产品(Products)：成人纸尿裤/片，护理垫，婴儿纸尿裤
品牌(Brand)：老来福，帮帮我，亿舒康，宠乐，婴舒特

河北金福卫生用品厂
Hebei Jinfu Hygiene Products Factory
地址(Add)：河北省衡水市桃城区周通
邮编(P. C.)：053000
电话(Tel)：0318－2185020
传真(Fax)：0318－2185020
联系人(Contact Person)：徐盼想
产品(Products)：护理垫，婴儿纸尿裤，隔尿巾
品牌(Brand)：步步康，蓝娃，金福

石家庄市嘉赐福卫生用品有限公司
Shijiazhuang Health Products Co., Ltd. KA BLESS
地址(Add)：河北省晋州市东宿开发区(晋深路)
邮编(P. C.)：052260
电话(Tel)：0311－84331118
传真(Fax)：0311－84331198
E-mail：mlyj01@163. com
总经理(General Manager)：魏成栓
联系人(Contact Person)：崔迎节
产品(Products)：卫生巾，卫生护垫，护理垫，成人纸尿裤，婴儿纸尿裤
品牌(Brand)：魅力瑜珈，冰感

石家庄市宏大卫生用品厂
Shijiazhuang Hongda Sanitary Articles Factory
地址(Add)：河北省晋州市东张开发区(晋深路)
邮编(P. C.)：052260
电话(Tel)：0311－84330297
传真(Fax)：0311－84330937
E-mail：hongda01@163. com
Http：//www. bangershu. com
法人代表(Chairman)：宿振宗
总经理(General Manager)：魏成栓
联系人(Contact Person)：魏成栓
产品(Products)：卫生巾，卫生护垫，隔尿垫巾，护理垫
品牌(Brand)：邦尔舒，冰爽

石家庄市贻成卫生用品有限公司
Shijiazhuang Yicheng Hygiene Products Co., Ltd.
地址(Add)：河北省晋州市东卓宿镇工业区
邮编(P. C.)：052260
电话(Tel)：0311－84360689
传真(Fax)：0311－84360169
联系人(Contact Person)：赵彦凯
产品(Products)：卫生巾，卫生护垫，婴儿纸尿裤，湿巾，面巾纸，护理垫
品牌(Brand)：妮尔缘

石家庄康百氏工贸有限公司
Shijiazhuang Kangbaishi Industry & Trade Co., Ltd.
地址(Add)：河北省晋州市晋元路元头开发区
邮编(P. C.)：052260
电话(Tel)：0311－80667445
传真(Fax)：0311－80927529
E-mail：sjzka@163. com
Http：//kboss. cn. globalimporter. net
总经理(General Manager)：高永来
联系人(Contact Person)：高永来
产品(Products)：手术衣，护理垫，帽子，口罩
品牌(Brand)：奔康

廊坊洁平卫生用品有限公司
Langfang Jieping Hygiene Products Co., Ltd.
地址(Add)：河北省廊坊市安次区南大外环
邮编(P. C.)：065000
电话(Tel)：0316－2826407
传真(Fax)：0316－2362170
Http：//lfjinjie. cn. alibaba. com
联系人(Contact Person)：张杰
产品(Products)：成人纸尿裤/片，护理垫，婴儿纸尿裤/片
品牌(Brand)：静中静，一把手，老才臣，小才臣

廊坊恒洁纸制品有限公司
Langfang Hengjie Paper Products Co., Ltd.
地址(Add)：河北省廊坊市永清台湾工业园区
邮编(P. C.)：065600
电话(Tel)：0316－6698111
传真(Fax)：0316－6698000
Http：//www. hengjiechina. com
联系人(Contact Person)：宁蒙
产品(Products)：卫生巾，成人纸尿裤，成人护理垫，婴儿尿垫
品牌(Brand)：护理康，非常邦助，诺恋，樱儿爽，依恋情，樱の朵，儿女情

安特卫生用品有限公司
Ante Hygiene Products Co., Ltd.
地址(Add)：河北省廊坊市岳辛庄工业园
邮编(P. C.)：065800
电话(Tel)：0316－5070298
传真(Fax)：0316－5075298
联系人(Contact Person)：焦小翠
产品(Products)：卫生巾，卫生护垫，成人纸尿裤，婴儿纸尿裤，湿巾
品牌(Brand)：休闲秀

河北石家庄市长安爱佳卫生用品厂
Shijiazhuang Aijia Hygiene Products Factory
地址(Add)：河北省石家庄市高新区赵村桥北
邮编(P. C.)：050031
电话(Tel)：0311－85287512
传真(Fax)：0311－85099816
联系人(Contact Person)：焦双同
产品(Products)：婴儿纸尿裤，隔尿垫巾，护理垫，产妇卫生巾
品牌(Brand)：帮你，小蛋壳

石家庄美洁卫生用品有限公司
Shijiazhuang Meijie Health Supplies Co., Ltd.
地址(Add)：河北省石家庄市藁城市系井工业区
邮编(P. C.)：052160
电话(Tel)：0311－86590271
传真(Fax)：0311－88166650

E-mail：sjzmj8@126.com
Http://www.sjzmj8.com
总经理(General Manager)：刘皂拴
联系人(Contact Person)：刘辉超
产品(Products)：卫生巾，卫生护垫，护理垫
品牌(Brand)：好青青，运动空间

石家庄市顺美卫生用品厂
Shijiazhuang Shunmei Hygiene Products Factory
地址(Add)：河北省石家庄市良村经济技术开发区北席工业园
邮编(P.C.)：050200
电话(Tel)：0311-83091017
传真(Fax)：0311-83091818
E-mail：sm@smsjz.com
Http://www.smsjz.com
法人代表(Chairman)：赵桅
总经理(General Manager)：赵桅
联系人(Contact Person)：张建仓
产品(Products)：卫生巾，卫生护垫，成人纸尿裤，护理垫
品牌(Brand)：伊而舒，佳宝仕

河北石家庄市乐酷卫生用品厂
Hebei Leku Hygiene Products Plant
地址(Add)：河北省石家庄市桥东区
邮编(P.C.)：050000
电话(Tel)：13832333361
联系人(Contact Person)：崔锁龙
产品(Products)：护理垫，成人纸尿裤/片，隔尿巾
品牌(Brand)：乐酷

金雷卫生用品厂
Jinlei Hygiene Products Factory
地址(Add)：河北省石家庄市正定经济园区华安东路
邮编(P.C.)：050800
电话(Tel)：0311-88019705
传真(Fax)：0311-88019705
E-mail：370140350@qq.com
Http://88019705.blog.163.com
总经理(General Manager)：李春雷
联系人(Contact Person)：于蔚
产品(Products)：卫生巾，成人纸尿裤，护理垫，隔尿垫巾，卫生纸
品牌(Brand)：康必备

小陀螺(中国)品牌运营管理机构
Xiaotuoluo Branding Management Co.
地址(Add)：河北省唐山市高新技术开发区大陆阳光104-304
邮编(P.C.)：063000
电话(Tel)：400-019-8980
传真(Fax)：0315-3439123
E-mail：weishengzhi@foxmail.com
Http://www.weishengzhi.net.cn
法人代表(Chairman)：张俊武
总经理(General Manager)：张杰
联系人(Contact Person)：张杰
产品(Products)：卫生纸，面巾纸，手帕纸，湿巾，护理垫
品牌(Brand)：小陀螺

河北省唐山宏阔科技有限公司
Tangshan Hongkuo Technology Co., Ltd.
地址(Add)：河北省唐山市路北区龙祥写字楼510室
邮编(P.C.)：063000
电话(Tel)：0315-8083588
传真(Fax)：0315-7216156
E-mail：tshkkj@163.com
Http://www.tshkjt.com
联系人(Contact Person)：安美宏
产品(Products)：湿巾，卫生纸，护理垫，婴儿隔尿垫巾
品牌(Brand)：自然醒

邢台市好美时卫生用品有限公司
Xingtai Haomeishi Sanitary Products Co., Ltd.
地址(Add)：河北省邢台市内邱县内隆路88号
邮编(P.C.)：054200
电话(Tel)：0319-6856666
传真(Fax)：0319-6889689
E-mail：13833925998@sohu.com
法人代表(Chairman)：郝向民
总经理(General Manager)：郝向民
联系人(Contact Person)：郝向民
产品(Products)：卫生巾，卫生护垫，婴儿纸尿裤/片，湿巾，成人纸尿裤，护理垫
品牌(Brand)：好美时，缤婷，天妮，雨婷，雨萌

● 辽宁 Liaoning

大连善德来生活用品有限公司
Dalian Sundly Home Products Co., Ltd.
地址(Add)：辽宁省大连市经济技术开发区淮河中路99号金港企业配套园2期19号厂房A座
邮编(P.C.)：116600
电话(Tel)：0411-87406355
传真(Fax)：0411-87406011
E-mail：yxj-1978@sohu.com
Http://www.dlsundly.com
联系人(Contact Person)：闫晓捷
产品(Products)：宠物垫，护理垫
品牌(Brand)：康恩乐，菲乐，嘟乐

大连雄伟保健品有限公司
Dalian Xiongwei Health Care Products Co., Ltd.
地址(Add)：辽宁省大连市西岗区长春路315-2号
邮编(P.C.)：116013
电话(Tel)：0411-82474950
传真(Fax)：0411-82486449
Http://www.xiongweihealth.com
法人代表(Chairman)：孙冬云
联系人(Contact Person)：王富强
产品(Products)：湿巾，成人纸尿裤/片，护理垫
品牌(Brand)：醉清风，枫吕

丹东北方卫生用品有限公司
Dandong Beifang Hygiene Products Co., Ltd.
地址(Add)：辽宁省丹东市振兴区胜利街793号
邮编(P.C.)：118008
电话(Tel)：0415-6222346
传真(Fax)：0415-6224025
E-mail：bfjx@bfjx.com

Http://www.bfjx.com
法人代表(Chairman)：曹贵杰
联系人(Contact Person)：沈冬梅
产品(Products)：护理垫，宠物垫，卫生巾，卫生护垫
品牌(Brand)：花芯芳菲

恒安(抚顺)生活用品有限公司
Hengan (Fushun) Commodities Co., Ltd.
地址(Add)：辽宁省抚顺经济开发区科技城
邮编(P.C.)：113122
电话(Tel)：024-53856666
传真(Fax)：024-53856668
E-mail：yudl@mail.hengan.com.cn
联系人(Contact Person)：余大论
产品(Products)：卫生巾，卫生护垫，婴儿纸尿裤，成人纸尿裤，卫生纸
品牌(Brand)：安乐，安尔乐，安儿乐，安而康，心相印

锦州市维珍护理用品有限公司
Jinzhou Weizhen Health Care Products Co., Ltd.
地址(Add)：辽宁省锦州市古塔区锦朝街42-6号
邮编(P.C.)：121015
电话(Tel)：0416-4567526
传真(Fax)：0416-4565488
E-mail：lgr@jz-wz.com
Http://www.jzswz.com
法人代表(Chairman)：刘光然
总经理(General Manager)：刘驰
联系人(Contact Person)：刘光华
产品(Products)：卫生巾，婴儿纸尿片，护理垫
品牌(Brand)：宝莉丝，维珍

锦州东方卫生用品有限公司
Jinzhou Dongfang Sanitary Products Co., Ltd.
地址(Add)：辽宁省锦州市太和区汤北里98号
邮编(P.C.)：121005
电话(Tel)：0416-5139999
传真(Fax)：0416-5139888
E-mail：jzdf@lnjzdf.com
Http://www.lnjzdf.com
法人代表(Chairman)：左文挺
总经理(General Manager)：左文挺
联系人(Contact Person)：任敏
产品(Products)：卫生巾，卫生护垫，湿巾，手帕纸，护理垫
品牌(Brand)：羽丝，一滴不漏

锦州市万洁卫生巾厂
Jinzhou Wanjie Sanitary Napkins Factory
地址(Add)：辽宁省锦州市太和区新兴里69号
邮编(P.C.)：121005
电话(Tel)：0416-5131281
传真(Fax)：0416-5131281
Http://www.jzwanjie.cn.china.cn
法人代表(Chairman)：董春
总经理(General Manager)：董春
产品(Products)：卫生巾，手帕纸，护理垫
品牌(Brand)：兰蓓儿，欣清逸，百芬昵，力洁

沈阳宝洁纸业有限责任公司
Shenyang Baojie Paper Co., Ltd.
地址(Add)：辽宁省沈阳市和平区长白西路68号
邮编(P.C.)：110166
电话(Tel)：024-23738811
传真(Fax)：024-23736599
Http://www.baojiezhiye.com
联系人(Contact Person)：盛桂琴
产品(Products)：手帕纸，面巾纸，餐巾纸，卫生纸，成人纸尿裤/片，护理垫
品牌(Brand)：耐护

沈阳市奇美卫生用品有限公司
Shenyang Qimei Hygiene Products Co., Ltd.
地址(Add)：辽宁省沈阳市辽中中心街1-9信箱
邮编(P.C.)：110200
电话(Tel)：024-62302158
传真(Fax)：024-87825959
E-mail：qimei9988@163.com
法人代表(Chairman)：武爽
总经理(General Manager)：裴多怡
联系人(Contact Person)：裴多怡
产品(Products)：婴儿纸尿裤，隔尿巾，护理垫，湿巾，手帕纸
品牌(Brand)：俏儿乐，乐点，清氧，Vinca

沈阳般舟纸制品包装有限公司
Shenyang Banzhou Paper Products Co., Ltd.
地址(Add)：辽宁省沈阳市铁西区爱工北街32号
邮编(P.C.)：110021
电话(Tel)：024-62635858
传真(Fax)：024-62385858
E-mail：bzceo@vip.sina.com
法人代表(Chairman)：孙敏君
总经理(General Manager)：张晓放
联系人(Contact Person)：景影
产品(Products)：护理垫，成人纸尿裤/片
品牌(Brand)：护家人，关爱

辽宁和合卫生用品有限公司
Liaoning Hehe Hygiene Products Co., Ltd.
地址(Add)：辽宁省铁岭市清河区向阳街
邮编(P.C.)：112003
电话(Tel)：024-72183929
传真(Fax)：024-72180090
Http://hehezhiyegongsi.1688.com
总经理(General Manager)：乔斌
产品(Products)：卫生纸，餐巾纸，手帕纸，湿巾，卫生巾，卫生护垫，护理垫
品牌(Brand)：和合

● 黑龙江 Heilongjiang

哈尔滨芳维卫生用品厂
Harbin Fangwei Hygiene Products Factory
地址(Add)：黑龙江省哈尔滨市道里区安松街64号202室
邮编(P.C.)：150016
电话(Tel)：0451-87630966
传真(Fax)：0451-87630966
总经理(General Manager)：李智全
联系人(Contact Person)：李智全
产品(Products)：卫生巾，卫生护垫，成人纸尿裤
品牌(Brand)：芳薇

哈尔滨市道里区华爱卫生用品厂
Harbin Huaai Hygiene Products Plant
地址(Add)：黑龙江省哈尔滨市道里区菜库街3号
邮编(P. C.)：150070
电话(Tel)：0451-86826869
联系人(Contact Person)：杨涛
产品(Products)：护理垫
品牌(Brand)：优逸

● 上海 Shanghai

上海奉影医用卫生用品厂
Shanghai Fengying Medical Hygiene Products Co., Ltd.
地址(Add)：上海市奉贤区奉城镇经济开发区奉国路165号
邮编(P. C.)：201411
电话(Tel)：021-57522608
传真(Fax)：021-57511810
E-mail：fyyp-ni@21cn.com
总经理(General Manager)：廖玉仙
联系人(Contact Person)：廖玉仙
产品(Products)：成人纸尿裤/片，护理垫
品牌(Brand)：奉影

上海市广爱婴童用品有限公司
Shanghai Guangai Children Articles Co., Ltd.
地址(Add)：上海市奉贤区新四平公路468号
邮编(P. C.)：201400
电话(Tel)：021-24067258
总经理(General Manager)：于连进
产品(Products)：卫生巾，婴儿纸尿片，护理垫，成人纸尿裤/片
品牌(Brand)：菲爽，广爱

金佰利(中国)有限公司
Kimberly-Clark (China) Co., Ltd.
地址(Add)：上海市福州路666号金陵海欣大厦10楼
邮编(P. C.)：200001
电话(Tel)：021-61327755
传真(Fax)：021-63917975
E-mail：jessica.cai@kcc.com
Http://www.kimberly-clark.com.cn
法人代表(Chairman)：张海婴
总经理(General Manager)：张海婴
联系人(Contact Person)：蔡敏
产品(Products)：卫生巾，卫生护垫，婴儿纸尿裤/片，成人纸尿裤/片，护理垫，湿巾，纸巾纸，卫生纸，擦手纸，厨房纸巾，工业擦拭纸
品牌(Brand)：高洁丝 Kotex，舒而美 C&B，好奇 Huggies，舒洁 Kleenex，得伴 Depend

尤妮佳生活用品(中国)有限公司
Unicharm Consumer Products (China) Co., Ltd.
地址(Add)：上海市黄浦区延安东路618号22楼
邮编(P. C.)：200001
电话(Tel)：021-53854166
传真(Fax)：021-53854799
E-mail：chunlei-yuan@unicharm.com
Http://www.unicharm.com.cn
法人代表(Chairman)：宫林吉广
总经理(General Manager)：宫林吉广
联系人(Contact Person)：袁春雷
产品(Products)：卫生巾，卫生护垫，婴儿纸尿裤，成人纸尿裤，湿巾
品牌(Brand)：苏菲，妈咪宝贝，乐互宜

上海秋欣实业有限公司
Shanghai Qiuxin Industry Co., Ltd.
地址(Add)：上海市嘉定区嘉唐公路220号
邮编(P. C.)：201800
电话(Tel)：021-59924166
传真(Fax)：021-59927140
E-mail：baifu.fitting@sohu.com
法人代表(Chairman)：曹云秋
总经理(General Manager)：瞿童梁
联系人(Contact Person)：施海鸣
产品(Products)：婴儿纸尿裤，成人纸尿裤/片，护理垫
品牌(Brand)：秋欣，好护理，好舒畅，囡囡

上海天茂纸制品有限公司
Shanghai Tianmao Paper Products Co., Ltd.
地址(Add)：上海市嘉定区嘉唐公路2290号
邮编(P. C.)：201816
电话(Tel)：021-62872918
传真(Fax)：021-62872918
E-mail：jmyhan@hotmail.com
总经理(General Manager)：韩则鸣
产品(Products)：护理垫，宠物垫

上海圆昌复合材料科技有限公司
Shanghai Yuanchang Compound Material Co., Ltd.
地址(Add)：上海市嘉定区外冈镇望安路658号
邮编(P. C.)：201823
电话(Tel)：021-59936882
传真(Fax)：021-59937186
E-mail：jack.qui2006@hotmail.com
法人代表(Chairman)：仇雪峰
总经理(General Manager)：仇雪峰
联系人(Contact Person)：仇雪峰
产品(Products)：护理垫，成人纸尿裤

上海胜孚美卫生用品有限公司
Shanghai Shengfumei Hygiene Products Co., Ltd.
地址(Add)：上海市南翔高科技园区惠裕路1299号
邮编(P. C.)：200444
电话(Tel)：021-69126335
传真(Fax)：021-69126335
E-mail：shenghuomei1@sina.com
联系人(Contact Person)：周雯
产品(Products)：卫生巾，卫生护垫，纸尿裤，护理垫

上海必有福生活用品有限公司
Shanghai Biyoufu Commodity Co., Ltd.
地址(Add)：上海市浦东六灶镇民义村888号
邮编(P. C.)：201322
电话(Tel)：021-50654397
传真(Fax)：021-50654367
E-mail：biyoufu@126.com
Http://www.biyoufu.com
法人代表(Chairman)：侯荣灿
总经理(General Manager)：侯荣灿

联系人(Contact Person)：侯荣灿
产品(Products)：成人纸尿裤/片，护理垫
品牌(Brand)：必有福，保尔康，孝心

上海舒而爽卫生用品有限公司
Shanghai Shuershuang Hygiene Products Co., Ltd.
地址(Add)：上海市浦东新区川沙镇川沙路 8099 弄 2 号
邮编(P. C.)：201200
电话(Tel)：021 - 58923022
传真(Fax)：021 - 38851337
法人代表(Chairman)：张林华
总经理(General Manager)：张林华
联系人(Contact Person)：张林华
产品(Products)：婴儿纸尿裤，成人纸尿裤，护理垫
品牌(Brand)：舒而爽

上海南源永芳纸品有限公司
Shanghai Nanyuan Yongfang Paper Products Co., Ltd.
地址(Add)：上海市浦东新区三林镇林浦路 762 弄 11 号
邮编(P. C.)：200124
电话(Tel)：021 - 50846676
传真(Fax)：021 - 50846676
总经理(General Manager)：尹锡宝
产品(Products)：卫生纸，面巾纸，成人纸尿裤，护理垫
品牌(Brand)：永芳，雪缘，花心思

上海护理佳实业有限公司
Shanghai Foliage Industry Co., Ltd.
地址(Add)：上海市青浦区白鹤镇白石公路 2288 号
邮编(P. C.)：201711
电话(Tel)：021 - 59213666
传真(Fax)：021 - 59213316
E-mail：xgj8981@126.com
Http：//www.hulijia.com
法人代表(Chairman)：夏双印
总经理(General Manager)：蒋庆杰
联系人(Contact Person)：许国军
产品(Products)：卫生巾，卫生护垫，婴儿纸尿裤/片，成人纸尿裤，乳垫
品牌(Brand)：护理佳，妙仔，PP 爽，贴身福

上海马拉宝商贸有限公司
Rainbow Fame Industrial Co., Ltd.
地址(Add)：上海市青浦区沪青平公路 2008 号竞衡大业广场 1018 号
邮编(P. C.)：201702
电话(Tel)：021 - 59881660 - 103
传真(Fax)：021 - 59881483
E-mail：sales@rainbowfame.cn
Http：//www.rainbowfame.cn
法人代表(Chairman)：余有国
总经理(General Manager)：余有国
联系人(Contact Person)：董鑫
产品(Products)：湿巾，卫生巾，卫生护垫，婴儿纸尿裤/片，成人纸尿裤/片

上海唯尔福集团股份有限公司
Shanghai Welfare Group Co., Ltd.
地址(Add)：上海市青浦区华新镇徐华公路 3029 弄 88 号
邮编(P. C.)：201705
电话(Tel)：021 - 39873598
传真(Fax)：021 - 39873188
E-mail：wef2008@163.com
Http：//www.wef2008.com
法人代表(Chairman)：何幼成
总经理(General Manager)：何幼成
联系人(Contact Person)：孙丽娜
产品(Products)：卫生巾，卫生护垫，婴儿纸尿裤/片，成人纸尿裤/片，宠物垫，护理垫，原纸，卫生纸，面巾纸，手帕纸，餐巾纸，厨房纸巾，擦手纸，湿巾
品牌(Brand)：唯尔福，美丽约会，唯儿福，纸音

上海恒晟卫生用品有限公司
Shanghai Hengsheng Hygiene Products Co., Ltd.
地址(Add)：上海市松江区高科技园昆港路 999 号
邮编(P. C.)：201616
电话(Tel)：021 - 33529098
传真(Fax)：021 - 33529296
E-mail：842074650@qq.com
法人代表(Chairman)：许文嵘
总经理(General Manager)：蔡荣强
联系人(Contact Person)：许文评
产品(Products)：婴儿纸尿裤/片，成人纸尿片，妇婴两用巾，湿巾，卫生纸
品牌(Brand)：舒贝，舒尔乐

上海玖旭实业有限公司
Shanghai Jiuxu Industry Co., Ltd.
地址(Add)：上海市松江区广富林路 1599 弄 38 号 1704
邮编(P. C.)：201620
电话(Tel)：021 - 57621639
传真(Fax)：021 - 61294853
Http：//www.jiuxuindustry.com
法人代表(Chairman)：汪庆华
总经理(General Manager)：汪庆华
联系人(Contact Person)：席斌
产品(Products)：卫生巾，卫生护垫，乳垫，婴儿纸尿裤，成人纸尿裤
品牌(Brand)：五彩护卫

得顺护理用品(上海)有限公司
Daisy Health Care Products (Shanghai) Co., Ltd.
地址(Add)：上海市松江区泖港镇叶新公路 5066 号九栋
邮编(P. C.)：201607
电话(Tel)：021 - 57866368
E-mail：438984580@qq.com
Http：//www.deshun8.com
联系人(Contact Person)：李忠义
产品(Products)：成人纸尿裤

上海亿维实业有限公司
Shanghai E - Way Industry Co., Ltd.
地址(Add)：上海市松江区佘山天马经济开发区新宅路 558 号
邮编(P. C.)：201603
电话(Tel)：021 - 57665218
传真(Fax)：021 - 57663218
E-mail：021cx@vip.163.com
法人代表(Chairman)：祁超训
总经理(General Manager)：祁超训
联系人(Contact Person)：祁超训
产品(Products)：卫生巾，卫生护垫，婴儿纸尿裤/片，

成人纸尿裤/片，护理垫
品牌(Brand)：护蕾，888，孩儿宝宝，宝莱

上海菲伶卫生用品有限公司
Shanghai Feeling Hygiene Products Co., Ltd.
地址(Add)：上海市松江区小昆山镇中德路860号
邮编(P. C.)：201614
电话(Tel)：021－57762522
传真(Fax)：021－57763602
E-mail：zgs7168@hotmail.com
Http://www.shfeeling.com
法人代表(Chairman)：孙士华
产品(Products)：卫生巾，婴儿纸尿裤/片，护理垫，成人纸尿裤/片
品牌(Brand)：易菲，呦呦乐，加菲宝宝，助尔康

全日美实业(上海)有限公司
Everbeauty Industry (Shanghai) Co., Ltd.
地址(Add)：上海市松江区新桥镇工业区民益路5号
邮编(P. C.)：201612
电话(Tel)：021－57686968
传真(Fax)：021－57686967
E-mail：clara.jin@sca.com
Http://www.sca.com
法人代表(Chairman)：Ulf Olof Lennart Soderstrom
总经理(General Manager)：Ulf Olof Lennart Soderstrom
联系人(Contact Person)：金春梅
产品(Products)：婴儿纸尿裤/片，成人纸尿裤/片，护理垫，湿巾
品牌(Brand)：嘘嘘乐，小淘气，包大人，妈妈乐

阿蓓纳(上海)贸易有限公司
Abena (Shanghai) Trading Co., Ltd.
地址(Add)：上海市威海路511号上海国际集团大厦1203室
邮编(P. C.)：200041
电话(Tel)：021－63724829－218
E-mail：vli@abena.com
Http://www.abena.com
联系人(Contact Person)：刘明灯
产品(Products)：成人纸尿裤/片，宠物垫

● 江苏 Jiangsu

常州宝云卫生用品有限公司
Changzhou Baoyun Health Care Co., Ltd.
地址(Add)：江苏省常州市怀德南路105号
邮编(P. C.)：213016
电话(Tel)：0519－83885556
传真(Fax)：0519－83887376
E-mail：market@fuubuu.cn
Http://www.chinadiaper.com
法人代表(Chairman)：叶中
联系人(Contact Person)：叶中
产品(Products)：成人纸尿裤/片，尿裤护罩

常州市宏泰纸膜有限公司
Changzhou Hongtai Paper Film Co., Ltd.
地址(Add)：江苏省常州市戚墅堰东前杨工业区前杨村委旁
邮编(P. C.)：213011
电话(Tel)：0519－88773069
传真(Fax)：0519－88772898
E-mail：info@cnhtzm.com
Http://www.cnhtzm.com
联系人(Contact Person)：徐波
产品(Products)：护理垫，宠物垫，手术单

常州康贝护理卫生用品有限公司
Changzhou Kombi Nursing Healthy Supplies Co., Ltd.
地址(Add)：江苏省常州市天宁区青龙街道虹阳路2号
邮编(P. C.)：213149
电话(Tel)：0519－85503603
传真(Fax)：0519－85503604
E-mail：luzubin@126.com
联系人(Contact Person)：邹文娟
产品(Products)：婴儿纸尿裤，成人纸尿裤，护理垫，乳垫，宠物垫
品牌(Brand)：爱丽舒

常州家康纸业有限公司
Changzhou Jiakang Paper Industry Co., Ltd.
地址(Add)：江苏省常州市武进高新区南区凤翔路21号
邮编(P. C.)：213164
电话(Tel)：0519－86579000
传真(Fax)：0519－86329980
E-mail：28836899@qq.com
Http://www.jkzy.com
法人代表(Chairman)：王元芳
总经理(General Manager)：孙惠青
联系人(Contact Person)：张福林
产品(Products)：乳垫，护理垫

常州柯恒卫生用品有限公司
Changzhou Keheng Sanitary Products Co., Ltd.
地址(Add)：江苏省常州市武进区礼嘉工业园区
邮编(P. C.)：213176
电话(Tel)：0519－88312118
传真(Fax)：0519－88231218
Http://www.khltd.en.alibaba.com
法人代表(Chairman)：李新民
总经理(General Manager)：李新民
联系人(Contact Person)：李新民
产品(Products)：卫生巾，卫生护垫，成人纸尿裤/片，护理垫，手术垫

常州市梦爽卫生用品有限公司
Changzhou Mengshuang Sanitary Products Co., Ltd.
地址(Add)：江苏省常州市武进区礼嘉镇工业园
邮编(P. C.)：213176
电话(Tel)：0519－86232951
传真(Fax)：0519－86238008
E-mail：mengshuanglove@126.com
Http://czmengshuang.1688.com
法人代表(Chairman)：陆元清
总经理(General Manager)：陆元清
联系人(Contact Person)：陆元清
产品(Products)：卫生巾，卫生护垫，婴儿纸尿裤，成人纸尿裤，护理垫，宠物垫，乳垫
品牌(Brand)：靓爽

常州市武进亚星卫生用品有限公司
Changzhou Wujin Yaxing Hygiene Products Co., Ltd.
地址(Add)：江苏省常州市武进区礼嘉镇王言桥
邮编(P. C.)：213176
电话(Tel)：0519－86232358
传真(Fax)：0519－86235865
E-mail：yxgs_358@vip.163.com
Http://clsyxgs.1688.com
法人代表(Chairman)：陈锡和
总经理(General Manager)：陈丽松
联系人(Contact Person)：陈丽松
产品(Products)：乳垫，成人纸尿裤，护理垫，宠物垫

常州市莱洁卫生材料有限公司
Changzhou Laijie Hygiene Materials Co., Ltd.
地址(Add)：江苏省常州市西郊嘉泽镇工业园区
邮编(P. C.)：213153
电话(Tel)：0519－83801927
传真(Fax)：0519－83801927
联系人(Contact Person)：许华兴
产品(Products)：护理垫，口罩，帽子
品牌(Brand)：畅洁

江苏柯莱斯克新型医疗用品有限公司
Jiangsu Classic New－Type Medical Products Co., Ltd.
地址(Add)：江苏省大丰市常州高新园
邮编(P. C.)：215131
电话(Tel)：0512－69398826
传真(Fax)：0512－69398803
E-mail：excellent8@hgjd.com
Http://www.excellentmedical.com.cn
法人代表(Chairman)：祁月芳
总经理(General Manager)：张勇
联系人(Contact Person)：张勇
产品(Products)：医疗敷料，护理垫

丹阳市金晶卫生用品有限公司
Danyang Jinjing Health Products Co., Ltd.
地址(Add)：江苏省丹阳市开发区新世纪工业园B区
邮编(P. C.)：212314
电话(Tel)：0511－86962396
传真(Fax)：0511－86963223
Http://www.jsjinjing.com.cn
联系人(Contact Person)：孙正娟
产品(Products)：成人纸尿裤/片，失禁垫，宠物垫，母婴两用巾，卫生巾，卫生护垫，手术床罩，检查垫，床垫

江苏德邦卫生用品有限公司
Jiangsu Debang Hygiene Products Co., Ltd.
地址(Add)：江苏省金湖县金湖西路138号
邮编(P. C.)：211600
电话(Tel)：0517－86931613
传真(Fax)：0517－86931611
E-mail：qiuyiming12@163.com
Http://www.jsdebang.com.cn
法人代表(Chairman)：邱新斌
总经理(General Manager)：邱新斌
联系人(Contact Person)：邱新斌
产品(Products)：婴儿拉拉裤，成人拉拉裤
品牌(Brand)：爱琪Baby，大人物

南京美人日用品有限公司
Nanjing Beauty Commodity Co., Ltd.
地址(Add)：江苏省南京市溧水石湫开发区
邮编(P. C.)：211222
电话(Tel)：025－57272502
传真(Fax)：025－57273737
E-mail：yjf_188@163.com
法人代表(Chairman)：严家富
总经理(General Manager)：严家富
联系人(Contact Person)：严家富
产品(Products)：卫生巾，卫生护垫，手帕纸，面巾纸，成人纸尿裤
品牌(Brand)：假日美人，84，清秀绿茶，清秀茉莉，好又多，净氏

南通开发区豪杰纸业有限公司
Nantong Haojie Paper Co., Ltd.
地址(Add)：江苏省南通市开发区小海镇汤家窑村10组
邮编(P. C.)：226015
电话(Tel)：0513－81015286
传真(Fax)：0513－81015286
Http://www.hjzy888.cn
联系人(Contact Person)：闻亚彬
产品(Products)：成人纸尿裤/片，护理垫

南通女爱卫生用品有限公司
Nantong Nvai Hygiene Products Co., Ltd.
地址(Add)：江苏省南通市南通开发区小海工业园区内
邮编(P. C.)：226010
电话(Tel)：0513－83590115
E-mail：nantongyongxing@126.com
联系人(Contact Person)：吴亚平
产品(Products)：成人纸尿裤/片，护理垫
品牌(Brand)：百得帮，添宇，女爱

南通恒拓进出口贸易有限公司
Nantong Hengtuo Imp. & Exp. Trading Co., Ltd.
地址(Add)：江苏省南通市人民东路王府大厦1幢1003室
邮编(P. C.)：226000
电话(Tel)：0513－85581055
传真(Fax)：0513－85513886
E-mail：hengtuo@nthengtuo.com
Http://www.nthengtuo.com
总经理(General Manager)：石红光
联系人(Contact Person)：石红光
产品(Products)：宠物垫，宠物纸尿片，成人纸尿裤，护理垫

南通锦晟卫生用品有限公司
Nantong Jinsheng Hygiene Products Co., Ltd.
地址(Add)：江苏省南通市通州区东社工业园区
邮编(P. C.)：226000
电话(Tel)：0513－86190558
传真(Fax)：0513－86295966
法人代表(Chairman)：邢跃军
总经理(General Manager)：邢跃军
联系人(Contact Person)：邢跃军
产品(Products)：护理垫，宠物垫
品牌(Brand)：惠尔福

南通永兴纸业有限公司
Nantong Yongxing Paper Co., Ltd.
地址(Add)：江苏省南通市通州区张芝山镇工业园区北区
邮编(P. C.)：226011
电话(Tel)：0513－86340168
传真(Fax)：0513－86310097
法人代表(Chairman)：朱永萍
联系人(Contact Person)：宋磊
产品(Products)：成人纸尿裤/片，护理垫

启东市花仙子卫生用品有限公司
Qidong Flower Faery Hygiene Products Co., Ltd.
地址(Add)：江苏省启东市南阳工业园区三分社
邮编(P. C.)：226200
电话(Tel)：0513－83330222
传真(Fax)：0513－83330222
Http://www.hxzwsyp.cn.alibaba.com
总经理(General Manager)：赵惕成
产品(Products)：卫生巾，卫生护垫，成人纸尿裤，护理垫
品牌(Brand)：花仙子，舒爽伊人，泰诺，杏牌

启东市天成日用品有限公司
Qidong Tiancheng Daily Necessities Co., Ltd.
地址(Add)：江苏省启东市圩角工业开发区
邮编(P. C.)：226200
电话(Tel)：0513－83841168
传真(Fax)：0513－83847988
Http://www.qdtcryp.com
总经理(General Manager)：赵汉新
联系人(Contact Person)：张卫忠
产品(Products)：成人纸尿裤
品牌(Brand)：常青树，康福寿，帮得佳，万年青

南通锦程护理垫有限公司
Nantong Jincheng Pad Co., Ltd.
地址(Add)：江苏省如皋市九华镇东工业园区合力路
邮编(P. C.)：226541
电话(Tel)：0513－87908876
传真(Fax)：0513－87905268
E-mail：nantqiyue@126.com
Http://ntqiyue.1688.com
法人代表(Chairman)：韩锦云
总经理(General Manager)：韩锦云
联系人(Contact Person)：韩锦云
产品(Products)：宠物垫，婴儿纸尿裤，成人纸尿裤

苏州市苏宁床垫有限公司
Suzhou Suning Underpad Co., Ltd.
地址(Add)：江苏省苏州市苏州新区浒关工业园永安路70号
邮编(P. C.)：215151
电话(Tel)：0512－66653331
传真(Fax)：0512－66651066
E-mail：mmch@sn－anpa.com
法人代表(Chairman)：张俊武
总经理(General Manager)：张俊武
联系人(Contact Person)：聂卫颖
产品(Products)：护理垫

苏州冠洁生活制品有限公司
Suzhou Guanjie Hygiene Products Co., Ltd.
地址(Add)：江苏省苏州市吴江区七都镇临湖庙港经济区
邮编(P. C.)：215232
电话(Tel)：0512－63738852
传真(Fax)：0512－63738851
E-mail：sochina@163.com
Http://www.soch.com.cn
联系人(Contact Person)：黄伟国
产品(Products)：卫生巾，卫生护垫，湿巾，婴儿纸尿裤，成人纸尿裤

苏州富堡纸制品有限公司
Suzhou Fubao Paper Products Co., Ltd.
地址(Add)：江苏省苏州市吴中区甪直镇凌港开发区东升路1号
邮编(P. C.)：215127
电话(Tel)：0512－66190097
传真(Fax)：0512－66190067
法人代表(Chairman)：林纹如
总经理(General Manager)：林纹如
联系人(Contact Person)：邓先峰
产品(Products)：护理垫，成人纸尿裤
品牌(Brand)：安安

苏州惠康护理用品有限公司
Suzhou Welcomed Co., Ltd.
地址(Add)：江苏省苏州市相城区黄桥工业一区兴业路6－2号
邮编(P. C.)：215122
电话(Tel)：0512－65785718
传真(Fax)：0512－65785758
E-mail：sz.shp@163.com
Http://www.szhkmedical.com
法人代表(Chairman)：山惠平
总经理(General Manager)：山惠平
联系人(Contact Person)：山惠平
产品(Products)：护理垫，宠物垫

苏州市泰升床垫有限公司
Suzhou Taisheng Underpad Co., Ltd.
地址(Add)：江苏省苏州市相城区望亭镇迎湖工业园万丰路8号
邮编(P. C.)：215155
电话(Tel)：0512－66705322
传真(Fax)：0512－66705322
E-mail：suzhou.taisheng@163.com
总经理(General Manager)：沈新
产品(Products)：护理垫，宠物垫

太仓市宝儿乐卫生用品厂
Taicang Baoerle Hygiene Products Factory
地址(Add)：江苏省太仓市浮桥镇时思区崖山路65号
邮编(P. C.)：215400
电话(Tel)：0512－53847785
传真(Fax)：0512－53847558
E-mail：lijiahaotc@hotmail.com
Http://www.tcbaoerle.com
法人代表(Chairman)：李彬
总经理(General Manager)：李彬
联系人(Contact Person)：李家豪

产品(Products)：成人纸尿裤/片，成人拉拉裤
品牌(Brand)：小毛头

无锡市爱得华商贸有限公司
Wuxi Aidehua Commerce & Trading Co., Ltd.
地址(Add)：江苏省无锡市学前东路宁海段1号星岛大厦620室
邮编(P. C.)：214026
电话(Tel)：0510-82137276
传真(Fax)：0510-82137276
Http://www.wxadh.com
总经理(General Manager)：余国忠
联系人(Contact Person)：余国忠
产品(Products)：成人纸尿裤/片，拉拉裤，护理垫，卫生巾，卫生纸，面巾纸，手帕纸
品牌(Brand)：旺发

吴江市亿成医疗器械有限公司
Wujiang Yicheng Medical Appararus Co., Ltd.
地址(Add)：江苏省吴江市北厍镇大义开发区
邮编(P. C.)：215214
电话(Tel)：0512-63242326
传真(Fax)：0512-63240159
E-mail：suzhouyc2008@163.com
Http://suzhouyc2008.1688.com
法人代表(Chairman)：许国平
总经理(General Manager)：许国平
联系人(Contact Person)：顾春锋
产品(Products)：护理垫，口罩，手术帽

盐城心悦卫生用品有限公司
Yancheng Xinyue Sanitary Articles Co., Ltd.
地址(Add)：江苏省盐城市经济技术开发区聚亨路9号
邮编(P. C.)：224002
电话(Tel)：0515-89911288
传真(Fax)：0515-89911299
E-mail：yc_xinyue@126.com
Http://www.ycxinyue.com
总经理(General Manager)：吴晓兵
联系人(Contact Person)：徐明桂
产品(Products)：婴儿纸尿裤/片，成人纸尿裤/片，卫生巾，卫生护垫
品牌(Brand)：比悦，喜士多

扬中九妹日用品有限公司
Yangzhong Jiumei Products for Daily Use Co., Ltd.
地址(Add)：江苏省扬中市区花园路149号
邮编(P. C.)：212200
电话(Tel)：0511-88324279
传真(Fax)：0511-85151169
E-mail：275063263@qq.com
Http://www.yzjiumei.cn.alibaba.com
法人代表(Chairman)：范进
总经理(General Manager)：范进
联系人(Contact Person)：范进
产品(Products)：卫生巾，卫生护垫，成人纸尿裤/片，护理垫
品牌(Brand)：九妹，伊舒莱，华达老人，健康百岁

无锡市苏洁贸易有限公司
Wuxi Sujie Trading Co., Ltd.
地址(Add)：江苏省宜兴市环科园绿园路48号
邮编(P. C.)：214200
电话(Tel)：0510-88566366
传真(Fax)：0510-88567366
E-mail：jinjie6366@163.com
联系人(Contact Person)：王伟宏
产品(Products)：面巾纸，卫生纸，成人纸尿裤
品牌(Brand)：正，苏南之星，安嘘宝

● 浙江 Zhejiang

浙江英凯莫实业有限公司
Zhejiang Ecocom Industry Co., Ltd.
地址(Add)：浙江省富阳市迎宾北路105号
邮编(P. C.)：311400
电话(Tel)：0571-63373986
传真(Fax)：0571-63373955
E-mail：info@ecocom.com.cn
Http://www.ecocom.com.cn
总经理(General Manager)：孙根友
联系人(Contact Person)：孙根友
产品(Products)：婴儿纸尿裤，护理垫，宠物垫

杭州余宏卫生用品有限公司
Hangzhou Yuhong Sanitary Products Co., Ltd.
地址(Add)：浙江省杭州市百丈工业园区百丰路2号
邮编(P. C.)：311118
电话(Tel)：0571-88543938
传真(Fax)：0571-88543233
E-mail：yuhonglgx@163.com
Http://www.hzyuhong.cn
法人代表(Chairman)：李新华
总经理(General Manager)：李新华
联系人(Contact Person)：李国欣
产品(Products)：卫生巾，卫生护垫，成人纸尿裤，护理垫
品牌(Brand)：安琦，大孝子

浙江珍琦卫生用品有限公司
Sunkiss Healthcare Co., Ltd.
地址(Add)：浙江省杭州市富阳经济开发区场口新区百丈畈3号路6号
邮编(P. C.)：311411
电话(Tel)：0571-63597105
传真(Fax)：0571-63577606
E-mail：tina@hzzhenqi.com.cn
Http://www.sunkiss.org.cn
法人代表(Chairman)：俞飞英
总经理(General Manager)：俞飞英
联系人(Contact Person)：申屠元晶
产品(Products)：成人纸尿裤/片，婴儿纸尿裤/片，护理垫
品牌(Brand)：珍琦，健乐仕，婴丽宝

杭州舒泰卫生用品有限公司
Hangzhou Shutai Sanitary Products Co., Ltd.
地址(Add)：浙江省杭州市桐庐县青山工业区下城路18号

邮编(P. C.)：311500
电话(Tel)：0571－69918001
传真(Fax)：0571－69918015
E-mail：caoyang2889@sina. com
Http：//www. hzshutai. com
法人代表(Chairman)：马飞跃
总经理(General Manager)：吴跃
联系人(Contact Person)：曹利阳
产品(Products)：婴儿纸尿裤/片，成人纸尿裤/片，护理垫，训练裤
品牌(Brand)：名人宝宝，千芝雅，康医生，千年舟

杭州辉煌卫生用品有限公司
Hangzhou Brilliant Sanitary Products Co., Ltd.
地址(Add)：浙江省杭州市萧山区戴村镇尖山下
邮编(P. C.)：311261
电话(Tel)：0571－82251008
传真(Fax)：0571－82238999
E-mail：siwenok@126. com
Http：//www. hzbrilliant. com
法人代表(Chairman)：邵伟荣
总经理(General Manager)：邵伟荣
联系人(Contact Person)：朱爱兰
产品(Products)：婴儿纸尿裤，宠物纸尿裤，宠物垫，护理垫

杭州淑洁卫生用品有限公司
Hangzhou Shujie Hygiene Products Co., Ltd.
地址(Add)：浙江省杭州市余杭区大运河开发区
邮编(P. C.)：311107
电话(Tel)：0571－86902959
传真(Fax)：0571－86925208
E-mail：hzsuneg@hzsuneg. cn
Http：//www. suneg. cn
联系人(Contact Person)：丁桂兴
产品(Products)：卫生巾，卫生护垫，成人纸尿裤/片/失禁裤，护理垫
品牌(Brand)：淑洁，益年康，久益片，淑洁康，哈昵哈昵

杭州豪悦实业有限公司
Hangzhou Haoyue Industrial Co., Ltd.
地址(Add)：浙江省杭州市余杭区瓶窑凤都路3号
邮编(P. C.)：311115
电话(Tel)：0571－26291801
传真(Fax)：0571－26291810
E-mail：cao1801@163. com
Http：//www. hz－haoyue. com
法人代表(Chairman)：李志彪
总经理(General Manager)：李志彪
联系人(Contact Person)：曹凤姣
产品(Products)：卫生巾，卫生护垫，成人纸尿裤/片，婴儿纸尿裤/片，湿巾，护理垫，宠物垫
品牌(Brand)：希望宝宝，白十字，汇泉

杭州千芝雅卫生用品有限公司
Hangzhou Qianzhiya Sanitary Products Co., Ltd.
地址(Add)：浙江省杭州桐庐凤川工业区凤旺路88号
邮编(P. C.)：311500
电话(Tel)：0571－69918003
传真(Fax)：0571－69918466
E-mail：helen@hzshutai. com
联系人(Contact Person)：韦乐平
产品(Products)：婴儿训练裤，婴儿纸尿裤，成人纸尿裤，成人拉拉裤
品牌(Brand)：千芝雅

浙江中美日化有限公司
Zhejiang Zhongmei Chemical Co., Ltd.
地址(Add)：浙江省金华市金东区金港大道1648号
邮编(P. C.)：321000
电话(Tel)：0579－85951577
传真(Fax)：0579－83707628
E-mail：feng61500@163. com
Http：//www. zhongmeirihua. com
法人代表(Chairman)：方浩勤
总经理(General Manager)：方磊
联系人(Contact Person)：郑惠峰
产品(Products)：婴儿纸尿裤/片，成人纸尿裤/片，卫生巾，卫生护垫，卫生棉条
品牌(Brand)：快乐贝贝，好护士，自由空间

浙江锦芳卫生用品有限公司
Zhejiang Jinfang Hygiene Products Co., Ltd.
地址(Add)：浙江省金华市金东区澧浦镇金澧东路一号
邮编(P. C.)：321041
电话(Tel)：0579－82833777
传真(Fax)：0579－89176827
Http：//www. zjjfws. com
法人代表(Chairman)：程成桂
联系人(Contact Person)：李小斌
产品(Products)：卫生巾，卫生护垫，婴儿纸尿裤，护理垫，成人纸尿裤
品牌(Brand)：宝蝶，尤宝，佳佳洁

华美卫生用品有限公司
Huamei Sanitary Products Co., Ltd.
地址(Add)：浙江省金华市金三角开发区金港大道1648号
邮编(P. C.)：321037
电话(Tel)：0579－85951577
传真(Fax)：0579－83707628
E-mail：wandymao@163. com
法人代表(Chairman)：方浩勤
总经理(General Manager)：方浩勤
联系人(Contact Person)：方磊
产品(Products)：卫生巾，婴儿纸尿裤/片，护理垫
品牌(Brand)：华美，Lilas，Happy Baby

杭州可靠护理用品股份有限公司
Hangzhou Coco Healthcare Products Co., Ltd.
地址(Add)：浙江省临安市锦城街道城西工业园区花桥路2号
邮编(P. C.)：311399
电话(Tel)：0571－61082981
传真(Fax)：0571－63702588
E-mail：wanghl@cocohealthcare. com
Http：//www. cocohealthcare. com
法人代表(Chairman)：金利伟
总经理(General Manager)：金利伟
联系人(Contact Person)：王慧兰
产品(Products)：婴儿纸尿裤，成人纸尿裤，护理垫，拉

拉裤，宠物纸尿裤，宠物垫，湿巾
品牌(Brand)：酷特适，可靠，派特酷，可可的童话

衢州一片情纸业有限公司
Quzhou Yipianqing Paper Co., Ltd.
地址(Add)：浙江省衢州市常山县新都工业园区创新路2号
邮编(P. C.)：324200
电话(Tel)：0570-5115008
传真(Fax)：0570-5115000
E-mail：512207460@qq.com
Http：//www.qunyepaper.com
总经理(General Manager)：陈坚
联系人(Contact Person)：陈坚
产品(Products)：卫生巾，卫生护垫，婴儿纸尿裤，成人纸尿裤，生活用纸
品牌(Brand)：丝尚，一片情，尚尚熊

衢州恒业卫生用品有限公司
Quzhou Hengye Sanitary Products Co., Ltd.
地址(Add)：浙江省衢州市常山新都工业区
邮编(P. C.)：324200
电话(Tel)：0570-5110366
传真(Fax)：0570-5110111
E-mail：quzhouhengye8899@126.com
Http：//www.qzhengye.cn.alibaba.com
总经理(General Manager)：徐东风
联系人(Contact Person)：徐东风
产品(Products)：卫生巾，卫生护垫，婴儿纸尿裤，成人纸尿裤，卫生纸
品牌(Brand)：动感女孩，丝诗

绍兴唯尔福妇幼用品有限公司
Shaoxing Welfare Women & Children Products Co., Ltd.
地址(Add)：浙江省绍兴市袍江工业区南区D21号
邮编(P. C.)：312001
电话(Tel)：0575-88241241
传真(Fax)：0575-88242915
E-mail：wef2008@163.com
Http：//www.wef2008.com
法人代表(Chairman)：何幼成
总经理(General Manager)：何幼成
联系人(Contact Person)：何幼成
产品(Products)：卫生巾，卫生护垫，婴儿纸尿裤/片，成人纸尿裤/片，护理垫，宠物垫，湿巾，生活用纸
品牌(Brand)：唯尔福，唯儿福，纸音

浙江安柔卫生用品有限公司
Zhejiang Anrou Hygiene Products Co., Ltd.
地址(Add)：浙江省义乌市义亭工业区稠义西路168号
邮编(P. C.)：322005
电话(Tel)：0579-85679688
传真(Fax)：0579-85817688
E-mail：managerchen811@sohu.com
Http：//www.anrou.cn
法人代表(Chairman)：李光军
总经理(General Manager)：李光军
联系人(Contact Person)：陈坚
产品(Products)：卫生巾，卫生护垫，乳垫，婴儿纸尿裤/片，成人纸尿裤，护理垫，湿巾，宠物垫，汗液垫
品牌(Brand)：安柔，澳利康，子女心

浙江省义乌市安兰清洁用品厂
Yiwu Anlan Cleaning Products Factory
地址(Add)：浙江省义乌市稠江街道喻宅68号
邮编(P. C.)：322000
电话(Tel)：0579-85877018
传真(Fax)：0579-85877018
E-mail：baobeiliujiajia@163.com
Http：//www.chinawzxm.cn.alibaba.com
联系人(Contact Person)：刘红军
产品(Products)：干/湿擦拭巾，面巾纸，卫生纸，成人纸尿裤，护理垫

● 安徽 Anhui

合肥卫材医疗器械有限公司
Hefei Sanitary Meterial and Mecical Apparatus Co., Ltd.
地址(Add)：安徽省合肥市长江东路226号
邮编(P. C.)：230011
电话(Tel)：0551-64318960
传真(Fax)：0551-64411168
法人代表(Chairman)：刘其炎
总经理(General Manager)：刘其炎
联系人(Contact Person)：刘其炎
产品(Products)：湿巾，护理垫

合肥特丽洁卫生材料有限公司
Hefei Telijie Hygiene Material Co., Ltd.
地址(Add)：安徽省合肥市肥东合浦路特丽洁工业园
邮编(P. C.)：231600
电话(Tel)：0551-67662010
传真(Fax)：0551-67662015
E-mail：info@telijie.com
Http：//www.telijie.com
法人代表(Chairman)：王国琴
总经理(General Manager)：张光明
联系人(Contact Person)：黄义明
产品(Products)：湿巾，口罩，手术衣，护理垫
品牌(Brand)：特丽洁

合肥双成非织造布有限公司
Hefei Shuangcheng Nonwovens Co., Ltd.
地址(Add)：安徽省合肥市双凤工业开发区金贵路
邮编(P. C.)：230056
电话(Tel)：0551-66396918
传真(Fax)：0551-66396908
E-mail：web@scfzzb.com
Http：//www.scfzzb.com
联系人(Contact Person)：戴大庆
产品(Products)：擦拭巾，湿巾，护理垫

合肥汉邦医疗用品有限公司
Hefei Hambone Medical Uses Co., Ltd.
地址(Add)：安徽省合肥市双凤经济开发区凤锦路9号
邮编(P. C.)：230000
电话(Tel)：0551-65689012
传真(Fax)：0551-65689008
E-mail：hank.bu@gmail.com

产品(Products)：手术衣，医用床单，湿巾，护理垫

合肥美迪普医疗卫生用品有限公司
Hefei Med Pro Health Care Co., Ltd.
地址(Add)：安徽省合肥市新站区新站工业园星火路8号
邮编(P. C.)：230008
电话(Tel)：0551－64317045
传真(Fax)：0551－64395001
E-mail：medpro_ 999@163. com
Http：//www. medpro. cn
法人代表(Chairman)：吴俊
总经理(General Manager)：吴俊
联系人(Contact Person)：朱菊
产品(Products)：口罩，帽，手术衣，隔离服，护理垫

合肥华为无纺科技有限公司
Hefei Huawei Nonwoven Science & Technology Co., Ltd.
地址(Add)：安徽省合肥市瑶海区长江东路226号卫牌大厦601－603室
邮编(P. C.)：230011
电话(Tel)：0551－64321710
传真(Fax)：0551－64410010
Http：//www. huaweinonwoven. cn
联系人(Contact Person)：董庆华
产品(Products)：擦拭巾，手术洞巾，吸血垫，护理垫

芜湖悠派卫生用品有限公司
U－play Corporation
地址(Add)：安徽省芜湖市芜湖县六郎殷港工业园
邮编(P. C.)：241000
电话(Tel)：0553－8516798
传真(Fax)：0553－8516799
E-mail：info@u－play－corp. com
Http：//www. u－play－corp. com
法人代表(Chairman)：程岗
总经理(General Manager)：程岗
联系人(Contact Person)：邢思文
产品(Products)：宠物垫，护理垫

● 福建 Fujian

爹地宝贝股份有限公司
Daddybaby Corporation Ltd.
地址(Add)：福建省福清市融侨经济开发区
邮编(P. C.)：350300
电话(Tel)：0591－85368198
传真(Fax)：0591－85368157
E-mail：wangjiaqi@daddybaby. net
Http：//www. daddybaby. com
法人代表(Chairman)：林斌
总经理(General Manager)：林斌
联系人(Contact Person)：林艺玲
产品(Products)：婴儿纸尿裤/片，成人纸尿裤/片，湿巾
品牌(Brand)：爹地宝贝，妈咪天使，康朗

福州采尔纸业有限公司
Fuzhou Caier Paper Co., Ltd.
地址(Add)：福建省福州市五一中路88号平安大厦7楼
邮编(P. C.)：350001
电话(Tel)：0591－88306555
传真(Fax)：0591－28353528
E-mail：tryor@vip. qq. com
Http：//www. tryor. cn
法人代表(Chairman)：吴聪敏
总经理(General Manager)：吴炳煌
联系人(Contact Person)：吴炳煌
产品(Products)：卫生巾，卫生护垫，婴儿纸尿裤，成人纸尿裤/片，护理垫
品牌(Brand)：愉＋，萌逗逗，尊宁

福建恒安集团有限公司
Fujian Hengan Holding Co., Ltd.
地址(Add)：福建省晋江市安海恒安工业城
邮编(P. C.)：362261
电话(Tel)：0595－85708888
传真(Fax)：0595－85708666
E-mail：hengan@hengan. com
Http：//www. hengan. com. cn
法人代表(Chairman)：施文博
总经理(General Manager)：许连捷
联系人(Contact Person)：陈涛
产品(Products)：卫生巾，卫生护垫，婴儿纸尿裤，成人纸尿裤，湿巾
品牌(Brand)：安尔乐，安乐，安儿乐，安而康，心相印

恒安集团(晋江)生活用品有限公司
Hengan Group (Jinjiang) Commodities Co., Ltd.
地址(Add)：福建省晋江市安海恒安工业城
邮编(P. C.)：362261
电话(Tel)：0595－85708312
传真(Fax)：0595－85708666
法人代表(Chairman)：施文博
联系人(Contact Person)：林一速
产品(Products)：婴儿纸尿裤，成人纸尿裤
品牌(Brand)：安儿乐，安而康

晋江市雅诗兰妇幼用品有限公司
Jinjiang Yashilan Women & Children Articles Co., Ltd.
地址(Add)：福建省晋江市陈埭镇岸刀村南工业区
邮编(P. C.)：362211
电话(Tel)：0595－85170266
传真(Fax)：0595－85170366
法人代表(Chairman)：丁煌灿
总经理(General Manager)：丁煌灿
联系人(Contact Person)：丁煌灿
产品(Products)：卫生巾，卫生护垫，婴儿纸尿裤，成人纸尿裤
品牌(Brand)：星期六，幼稚园，好伴侣

苏珊妈咪母婴用品有限公司
Susan Mummy Women & Children Articles Co., Ltd.
地址(Add)：福建省晋江市陈埭镇金溪路
邮编(P. C.)：362211
电话(Tel)：0595－82963690
传真(Fax)：0595－82963690
E-mail：841376369@qq. com
法人代表(Chairman)：苏联文
总经理(General Manager)：苏联文
联系人(Contact Person)：池雪婷
产品(Products)：婴儿纸尿裤，成人纸尿裤，卫生巾，宠

物垫
品牌(Brand)：苏珊妈咪，苏珊大妈

晋江荣安生活用品有限公司
Jinjiang Rongan Hygiene Thing Co., Ltd.
地址(Add)：福建省晋江市池店镇屿崆工业区
邮编(P. C.)：362200
电话(Tel)：0595 - 85992892
传真(Fax)：0595 - 85993892
E-mail：niqiongxia@ hotmail. com
Http：//www. fjrongan. cn. alibaba. com
法人代表(Chairman)：倪清荣
总经理(General Manager)：倪辉煌
联系人(Contact Person)：倪琼霞
产品(Products)：卫生巾，卫生护垫，婴儿纸尿裤/片，成人纸尿裤/片，护理垫
品牌(Brand)：惜香婷，夕阳参，裕福康，洁护师

晋江市益源卫生用品有限公司
Jinjiang Yiyuan Health Products Co., Ltd.
地址(Add)：福建省晋江市磁灶镇洋美工业区
邮编(P. C.)：362000
电话(Tel)：0595 - 85835236
传真(Fax)：0595 - 85889236
E-mail：yiyuan@ fjyiyuan. com
Http：//www. fjyiyuan. com
联系人(Contact Person)：谢家源
产品(Products)：卫生巾，卫生护垫，婴儿纸尿裤/片，成人纸尿片，面巾纸
品牌(Brand)：好浪漫，酷酷乐，绿茶香韵

美特妇幼用品有限公司
Meite Women & Children Products Co., Ltd.
地址(Add)：福建省晋江市磁灶镇中国包装印刷产业(晋江)基地
邮编(P. C.)：362200
电话(Tel)：0595 - 85656826
传真(Fax)：0595 - 85658402
E-mail：meite@ meitecn. com
Http：//www. meitecn. com
法人代表(Chairman)：洪景芳
总经理(General Manager)：洪玉红
联系人(Contact Person)：周超
产品(Products)：卫生巾，卫生护垫，婴儿纸尿裤，成人纸尿裤
品牌(Brand)：雅梦思，婷诗莉，米奇宝贝，完美宝贝，帮宝舒，小甜甜，美特

晋江市荣鑫妇幼用品有限公司
Jinjiang Rongxin Lady & Baby Products Co., Ltd.
地址(Add)：福建省晋江市经济开发区
邮编(P. C.)：362200
电话(Tel)：0595 - 85660657
传真(Fax)：0595 - 85660926
E-mail：289243407@ qq. com
Http：//www. tingerhao. com
总经理(General Manager)：许荣华
联系人(Contact Person)：许振坤
产品(Products)：卫生巾，卫生护垫，婴儿纸尿裤/片，成人纸尿裤/片
品牌(Brand)：婷好，梦露，医靠，小懒虫，长江 7 号

怡佳(福建)卫生用品有限公司
Yijia (Fujian) Sanitary Appliances Co., Ltd.
地址(Add)：福建省晋江市罗山街道办事处社店工业区
邮编(P. C.)：362216
电话(Tel)：0595 - 88172976
传真(Fax)：0595 - 88173976
E-mail：yijiacoration2@ gmail. com
Http：//www. fjyijiaqy. com
法人代表(Chairman)：陈德安
总经理(General Manager)：陈德安
联系人(Contact Person)：陈文取
产品(Products)：卫生巾，卫生护垫，婴儿纸尿裤/片，成人纸尿裤/片，湿巾，面巾纸
品牌(Brand)：樱柔，婴柔，英柔

晋江市梦之缘妇幼用品有限公司
Jinjiang Mengzhiyuan Women & Children Articles Co., Ltd.
地址(Add)：福建省晋江市罗山街道许坑社区平安北路 126 号
邮编(P. C.)：362216
电话(Tel)：0595 - 88125289
传真(Fax)：0595 - 88125298
联系人(Contact Person)：吴永义
产品(Products)：婴儿纸尿裤/片，隔尿垫，成人纸尿裤/片，护理垫，卫生巾，卫生护垫
品牌(Brand)：贝优酷，沁香

晋江市永芳纸业有限公司
Jinjiang Yongfang Paper Co., Ltd.
地址(Add)：福建省晋江市罗山许坑工业区
邮编(P. C.)：362200
电话(Tel)：0595 - 88155554
传真(Fax)：0595 - 88155554
总经理(General Manager)：吴永富
产品(Products)：卫生巾，卫生护垫，婴儿纸尿裤/片，成人纸尿裤/片，湿巾
品牌(Brand)：卡爽

晋江市金晖卫生用品有限公司
Jinjiang Jinhui Sanitary Products Co., Ltd.
地址(Add)：福建省晋江市西园街道仕头工业区
邮编(P. C.)：362200
电话(Tel)：0595 - 85654888
传真(Fax)：0595 - 85658959
E-mail：jh1924@ sina. com
Http：//www. jhdiaper. com
法人代表(Chairman)：洪耿谋
总经理(General Manager)：洪耿谋
联系人(Contact Person)：洪月理
产品(Products)：卫生巾，卫生护垫，婴儿纸尿裤/片，成人纸尿片
品牌(Brand)：快乐时光，月期，快乐宝宝，助儿爽，宝宝频道

晋江市恒质纸品有限公司
Jinjiang Hengzhi Paper Co., Ltd.
地址(Add)：福建省晋江市永和镇马坪第一工业区恒质纸品工业大厦
邮编(P. C.)：362261
电话(Tel)：0595 - 82879888

传真(Fax)：0595－82116677
E-mail：hengzhi510@163.com
Http：//www.cnhengzhi.com
法人代表(Chairman)：陈文质
联系人(Contact Person)：陈秋婷
产品(Products)：婴儿纸尿裤/片，成人纸尿裤，湿巾，面巾纸
品牌(Brand)：呼噜宝贝，权生，高拉利，健尔

天乐卫生用品有限公司
Tianle Sanitary Article Co., Ltd.
地址(Add)：福建省龙岩市长汀县腾飞工业开发区一路34号
邮编(P.C.)：366300
电话(Tel)：0597－6815855
传真(Fax)：0597－6883888
E-mail：tianle－fj@163.com
Http：//www.tianle888.com
法人代表(Chairman)：陈品芳
总经理(General Manager)：林健亮
联系人(Contact Person)：林建兵
产品(Products)：卫生巾，卫生护垫，婴儿纸尿裤/片，成人纸尿裤
品牌(Brand)：天乐，天天乐，实爽

泉州白绵纸业有限公司
Quanzhou Baimian Paper Co., Ltd.
地址(Add)：福建省南安市官桥镇泉南创业园16号
邮编(P.C.)：362341
电话(Tel)：0595－39013000
传真(Fax)：0595－39013005
E-mail：jinjiangbm@163.com
Http：//www.cnbaimian.com
总经理(General Manager)：洪小木
联系人(Contact Person)：洪小木
产品(Products)：卫生巾，卫生护垫，婴儿纸尿裤/片，成人纸尿裤/片，生活用纸，湿巾
品牌(Brand)：优贝佳，白绵，优贝洁，好亲密，橄榄树，小家碧玉

南安市恒源妇幼用品有限公司
Nanan Hengyuan Women & Children Articles Co., Ltd.
地址(Add)：福建省南安市洪濑西林工业区
邮编(P.C.)：362331
电话(Tel)：0595－86682876
传真(Fax)：0595－86688433
E-mail：tiexin@pub2.qz.fj.cn
Http：//www.fjhyfy.com
法人代表(Chairman)：黄源水
总经理(General Manager)：黄文锋
联系人(Contact Person)：黄剑锋
产品(Products)：卫生巾，卫生护垫，婴儿纸尿裤/片，成人纸尿裤
品牌(Brand)：贴欣

泉州美欣妇幼用品有限公司
Quanzhou Meixin Women & Children Articles Co., Ltd.
地址(Add)：福建省南安市洪濑镇东溪开发区
邮编(P.C.)：362331
电话(Tel)：0595－26888266
传真(Fax)：0595－26888379
联系人(Contact Person)：李进生
产品(Products)：婴儿纸尿裤/片，成人纸尿裤/片，卫生巾，卫生护垫，床垫，宠物垫，湿巾
品牌(Brand)：洁宝适

天和妇幼日用品有限公司
Tianhe Women & Children Goods for Daily Use Co., Ltd.
地址(Add)：福建省南安市洪濑镇红宫山工业区天和工业园
邮编(P.C.)：362331
电话(Tel)：0595－86689278
传真(Fax)：0595－86689607
E-mail：gm@fjtianhe.com
Http：//www.fjtianhe.com
法人代表(Chairman)：黄志民
总经理(General Manager)：黄志民
联系人(Contact Person)：黄腾龙
产品(Products)：卫生巾，卫生护垫，婴儿纸尿裤/片，成人纸尿裤/片
品牌(Brand)：新欣，阳光之秀，怡儿爽，康复来，排排坐，吸得乐

中天集团(中国)有限公司
AAB Group (China)
地址(Add)：福建省南安市洪濑镇中天工业园
邮编(P.C.)：362331
电话(Tel)：0595－86693688
传真(Fax)：0595－86693488
E-mail：market@aabchina.com
Http：//www.aabchina.com
法人代表(Chairman)：黄家齐
总经理(General Manager)：林勇
联系人(Contact Person)：庄碧原
产品(Products)：卫生巾，卫生护垫，婴儿纸尿裤/片，成人纸尿裤/片，护理垫，纸巾纸
品牌(Brand)：丝婷，可爱宝贝，可爱康，AAB

南安市泉发纸品有限公司
Nanan Quanfa Paper Products Co., Ltd.
地址(Add)：福建省南安市柳城办事处露江工业区
邮编(P.C.)：363000
电话(Tel)：0595－86355566
传真(Fax)：0595－86371629
联系人(Contact Person)：许超阳
产品(Products)：成人纸尿裤/片，婴儿纸尿裤/片，卫生巾，卫生护垫，宠物垫
品牌(Brand)：怡儿乐，佰护

福建省三盛卫生用品有限公司
Fujian Sansheng Hygiene Products Co., Ltd.
地址(Add)：福建省南安市美林办事处柳美北路南侧
邮编(P.C.)：362300
电话(Tel)：0595－86280668
传真(Fax)：0595－86579910
E-mail：542192181@qq.com
联系人(Contact Person)：郑友彬
产品(Products)：成人纸尿裤

南安市远大卫生用品厂
Nanan Yuanda Hygiene Products Factory
地址(Add)：福建省南安市美林办事处柳美北路南侧

邮编(P. C.): 362300
电话(Tel): 0595 - 86280668
传真(Fax): 0595 - 86579678
E-mail: 542192181@ qq. com
Http://www. chinayuanda. com. cn
法人代表(Chairman): 陈燕治
总经理(General Manager): 郑友奎
联系人(Contact Person): 郑友套
产品(Products): 卫生巾, 卫生护垫, 婴儿纸尿裤/片, 成人纸尿裤/片, 护理垫
品牌(Brand): 好省新, 帮爽, 贝趣

南安市恒信妇幼卫生用品有限公司
Nanan Hengxin Women & Children Hygiene Products Co., Ltd.
地址(Add): 福建省南安市美林玉叶工业区
邮编(P. C.): 362300
电话(Tel): 0595 - 86277780
传真(Fax): 0595 - 86277781
E-mail: 103187308@ qq. com
总经理(General Manager): 康德育
联系人(Contact Person): 康德育
产品(Products): 卫生巾, 卫生护垫, 婴儿纸尿裤/片, 成人纸尿裤

泉州市爱乐卫生用品有限公司
Quanzhou Aile Hygiene Products Co., Ltd.
地址(Add): 福建省南安市美林镇梅亭开发区
邮编(P. C.): 362300
电话(Tel): 0595 - 86283176
传真(Fax): 0595 - 86278298
E-mail: lqxian@ qzaile. com
Http://www. qzaile. com
法人代表(Chairman): 黄大宅
总经理(General Manager): 林庆贤
联系人(Contact Person): 林庆贤
产品(Products): 卫生巾, 卫生护垫, 婴儿纸尿裤/片/拉拉裤, 成人纸尿裤/片
品牌(Brand): 爱乐

福建省南安市恒丰纸品有限公司
Fujian Nanan Hengfeng Paper Co., Ltd.
地址(Add): 福建省南安市省新工业区
邮编(P. C.): 362300
电话(Tel): 0595 - 86235866
传真(Fax): 0595 - 86233699
E-mail: hongshuqiao1973@ 163. com
法人代表(Chairman): 吴家能
总经理(General Manager): 吴家能
联系人(Contact Person): 洪书巧
产品(Products): 婴儿纸尿裤/片, 成人纸尿裤/片, 护理垫, 卫生护垫
品牌(Brand): 蓓奇, 唯尔康, 恒丰

福建省明大卫生用品有限公司
Fujian Mingda Hygienic Thing Co., Ltd.
地址(Add): 福建省南安市省新镇抚茂岭工业区
邮编(P. C.): 362308
电话(Tel): 0595 - 86233777
传真(Fax): 0595 - 86255999
E-mail: md@ mingda - cn. com
Http://www. fjmingda. com
法人代表(Chairman): 尤建扬
总经理(General Manager): 尤建扬
联系人(Contact Person): 陈超
产品(Products): 卫生巾, 卫生护垫, 妈咪两用巾, 婴儿纸尿裤/片, 成人纸尿裤/片, 湿巾
品牌(Brand): 清芬, 倍儿舒, 护大人

南安市老有福卫生用品厂
Nanan Laoyoufu Hygiene Products Factory
地址(Add): 福建省南安市溪美宣化工业区
邮编(P. C.): 362399
电话(Tel): 0595 - 86378136
传真(Fax): 0595 - 86378136
联系人(Contact Person): 林圣吉
产品(Products): 成人纸尿裤/片, 护理垫, 宠物垫, 医疗手术垫
品牌(Brand): 老有福

雅芬(福建)卫生用品有限公司
Yafen (Fujian) Hygienic Products Co., Ltd.
地址(Add): 福建省南平市炉下工业园区
邮编(P. C.): 353000
电话(Tel): 0599 - 8455588
传真(Fax): 0599 - 8455566
E-mail: yafenzhb@ hkyafen. com
Http://www. hkyafen. com
联系人(Contact Person): 孙仪
产品(Products): 卫生巾, 卫生护垫, 成人纸尿裤/片, 婴儿纸尿裤/片
品牌(Brand): 雅芬

福建省荔城纸业有限公司
Fujian Licheng Paper Co., Ltd.
地址(Add): 福建省莆田市华亭镇郊溪工业区
邮编(P. C.): 351139
电话(Tel): 0594 - 2029839
传真(Fax): 0594 - 2029539
E-mail: 394150028@ qq. com
Http://www. fjlicheng. com
法人代表(Chairman): 黄丽梅
总经理(General Manager): 林元剑
联系人(Contact Person): 林元胜
产品(Products): 卫生巾, 卫生护垫, 婴儿纸尿裤/片, 成人纸尿裤/片, 湿巾, 妈咪巾
品牌(Brand): 佳爽, 佳爽爱康

盛鸿达卫生用品有限公司
Shenghongda Hygiene Products Co., Ltd.
地址(Add): 福建省泉州市丰泽区普贤路(群石小学旁)
邮编(P. C.): 362000
电话(Tel): 0595 - 22767198
传真(Fax): 0595 - 22767298
E-mail: powhatan@ cn - shd. com
Http://www. cn - shd. com
法人代表(Chairman): 赖建国
总经理(General Manager): 黄福来
联系人(Contact Person): 陈荣辉
产品(Products): 卫生巾, 卫生护垫, 婴儿纸尿裤/片, 成人纸尿裤
品牌(Brand): 妍韵, 倍儿健, 倍美健, 倍安健, 艺术

人生

福建省泉州市天益妇幼用品有限公司
Quanzhou Tianyi Women & Children Articles Co., Ltd.
地址(Add)：福建省泉州市丰泽区普贤路群山工业区上下村路口
邮编(P. C.)：362121
电话(Tel)：0595 – 28131195
传真(Fax)：0595 – 28131195
Http://www. 安好 . com
联系人(Contact Person)：蔡海川
产品(Products)：婴儿纸尿裤，卫生巾，成人纸尿裤
品牌(Brand)：安好

泉州市金丝雀卫生用品有限公司
Quanzhou Canary Hygienic Products Co., Ltd.
地址(Add)：福建省泉州市惠安黄塘台商开发区 2 号路
邮编(P. C.)：362101
电话(Tel)：0595 – 87287198
传真(Fax)：0595 – 87287298
E-mail：qzjinboxin@ 163. com
联系人(Contact Person)：郑山
产品(Products)：婴儿纸尿裤，卫生巾，卫生护垫，成人纸尿裤，护理垫

惠安和成日用品有限公司
Fujian Huian Hecheng Household Products Co., Ltd.
地址(Add)：福建省泉州市惠安县东园新沙工业区
邮编(P. C.)：362122
电话(Tel)：0595 – 87586756
传真(Fax)：0595 – 87586758
E-mail：hengcan@ qzhecheng. com
Http://www. hkhshc. com
法人代表(Chairman)：黄晏来
总经理(General Manager)：王业运
联系人(Contact Person)：王业运
产品(Products)：卫生巾，卫生护垫，婴儿纸尿裤/片，成人纸尿裤/片，护理垫，面巾纸
品牌(Brand)：相约，洁明，乐帮适，皇氏，绿尔爽

雀氏(福建)实业发展有限公司
Chiaus (Fujian) Industrial Development Co., Ltd.
地址(Add)：福建省泉州市惠安县惠东工业区通港路 6 号
邮编(P. C.)：362133
电话(Tel)：0595 – 87203333
传真(Fax)：0595 – 87202333
E-mail：91work@ 163. com
Http://www. chiaus. com
法人代表(Chairman)：郑佳明
总经理(General Manager)：郑佳明
联系人(Contact Person)：罗毅
产品(Products)：婴儿纸尿裤/片，成人纸尿裤，护理垫，湿巾，卫生巾，生活用纸
品牌(Brand)：雀氏，班乐士，水知道，心巢

鸣宝生活用品(福建)有限公司
Minbow (Fujian) Co., Ltd.
地址(Add)：福建省泉州市晋江磁灶镇泉州出口加工区 7 号厂房
邮编(P. C.)：362214
电话(Tel)：0595 – 85931596
传真(Fax)：0595 – 85931592
E-mail：minbow@ minbow. cn
Http://www. minbow. cn
联系人(Contact Person)：庄铮蓉
产品(Products)：婴儿纸尿裤，成人纸尿裤，护理垫

明芳卫生用品(中国)有限公司
Mingfang Health Product (China) Co., Ltd.
地址(Add)：福建省泉州市鲤城区浮桥办黄石工业区
邮编(P. C.)：362000
电话(Tel)：0595 – 22426280
传真(Fax)：0595 – 22425280
E-mail：lbshappy2007@ 163. com
Http://www. lbsdiapers. com. cn
法人代表(Chairman)：吴志坚
总经理(General Manager)：吴志坚
联系人(Contact Person)：赖阿萍
产品(Products)：婴儿纸尿裤/片，成人纸尿裤/片
品牌(Brand)：乐宝氏，舒心宝贝，舒伴，康大人

泉州市采尔纸业有限公司
Quanzhou Caier Paper Co., Ltd.
地址(Add)：福建省泉州市鲤城区浮桥金浦工业区
邮编(P. C.)：362000
电话(Tel)：0595 – 22446886
传真(Fax)：0595 – 22441886
E-mail：cjbox@ 163. com
Http://www. cncharm. com
法人代表(Chairman)：常军
总经理(General Manager)：常军
联系人(Contact Person)：常军
产品(Products)：成人纸尿裤/片，护理垫
品牌(Brand)：怡之福

泉州市金汉妇幼卫生用品有限公司
Jinhan Women & Baby Sanitary Products Co., Ltd.
地址(Add)：福建省泉州市洛江区河市白洋工业区
邮编(P. C.)：362000
电话(Tel)：0595 – 22619767
传真(Fax)：0595 – 22619767
E-mail：903482165@ qq. com
Http://www. tuxeuhan. cn. alibaba. com
法人代表(Chairman)：苏延年
总经理(General Manager)：涂雪花
联系人(Contact Person)：涂雪花
产品(Products)：卫生巾，卫生护垫，婴儿纸尿裤/片，成人纸尿裤/片
品牌(Brand)：红心片

泉州天娇妇幼卫生用品有限公司
Quanzhou Tianjiao Women & Baby's Hygiene Supply Co., Ltd.
地址(Add)：福建省泉州市洛江区双阳华侨经济开发区
邮编(P. C.)：362000
电话(Tel)：0595 – 22779509
传真(Fax)：0595 – 22787703
E-mail：itiji@ 126. com
Http://www. itianjiao. com
法人代表(Chairman)：俞锦章
总经理(General Manager)：俞晓强
联系人(Contact Person)：俞晓铭

产品(Products)：婴儿纸尿裤/片，卫生巾，卫生护垫，成人纸尿裤，护理垫
品牌(Brand)：千资美，家得宝，友伴

福建省泉州市盛峰卫生用品有限公司
Fujian Shengfeng Hygiene Products Co., Ltd.
地址(Add)：福建省泉州市洛江区双阳华侨万亩开发区
邮编(P. C.)：362000
电话(Tel)：0595 -28013782
传真(Fax)：0595 -28013781
Http://www.qzshengfeng.com
法人代表(Chairman)：梁伟成
总经理(General Manager)：梁伟成
联系人(Contact Person)：梁汝峰
产品(Products)：婴儿纸尿裤/片，成人纸尿裤/片，卫生巾，卫生护垫，湿巾，卫生纸

天益(福建)妇幼用品科技股份有限公司
Tianyi (Fujian) Women & Children Articles Co., Ltd.
地址(Add)：福建省泉州市洛江区双阳经济开发区(中宁钢贸市场)3号2层
邮编(P. C.)：362012
电话(Tel)：0595 -28760588 -802
传真(Fax)：0595 -28233138
E-mail：84144295@qq.com
联系人(Contact Person)：曾秋波
产品(Products)：卫生巾，卫生护垫，婴儿纸尿裤/片，成人纸尿裤
品牌(Brand)：贴心妈咪

泉州市翰堂卫生用品有限公司
Quanzhou Hantang Hygiene Products Co., Ltd.
地址(Add)：福建省泉州市洛江区塘西工业区
邮编(P. C.)：362000
电话(Tel)：0595 -22031111
传真(Fax)：0595 -22031111
E-mail：362490159@qq.com
联系人(Contact Person)：徐建勇
产品(Products)：成人纸尿裤，卫生巾，湿巾
品牌(Brand)：公公婆婆，特耐王，柔贝洁，朵奴，爱之道，洁臣

泉州市爱丽诗卫生用品有限公司
Quanzhou Ailishi Hygiene Thing Co., Ltd.
地址(Add)：福建省泉州市洛江区塘西工业区二期A6地块
邮编(P. C.)：362000
电话(Tel)：0595 -22655788
传真(Fax)：0595 -22655799
E-mail：huangshixian168@yeah.net
Http://www.qzailishi.com
法人代表(Chairman)：黄诗贤
总经理(General Manager)：黄诗贤
联系人(Contact Person)：黄宝腾
产品(Products)：卫生巾，卫生护垫，婴儿纸尿片，成人纸尿裤，护理垫
品牌(Brand)：美期，非常女生

泉州市大华卫生用品有限公司
Quanzhou Dahua Hygiene Products Co., Ltd.
地址(Add)：福建省泉州市洛江区塘西工业园区宁祥大厦
邮编(P. C.)：362010
电话(Tel)：0595 -22639392
传真(Fax)：0595 -22639392
联系人(Contact Person)：潘芳
产品(Products)：婴儿纸尿裤，卫生巾，卫生护垫，成人纸尿裤，护理垫
品牌(Brand)：妙妃

泉州市洛江区创佳妇幼纸品有限公司
Quanzhou Chuangjia Women & Infants' Paper Products Co., Ltd.
地址(Add)：福建省泉州市洛江区塘西工业园区新南路
邮编(P. C.)：362000
电话(Tel)：0595 -22792262
传真(Fax)：0595 -22792263
Http://www.qzcjfy.com
总经理(General Manager)：赖日生
联系人(Contact Person)：潘建胜
产品(Products)：卫生巾，卫生护垫，婴儿纸尿裤，成人纸尿裤，生活用纸
品牌(Brand)：期约，舒月，婴适宝，逗你玩

福建省汉和护理用品有限公司
Fujian Hanhe Sanitary Products Co., Ltd.
地址(Add)：福建省泉州市洛江双阳工业园区
邮编(P. C.)：362012
电话(Tel)：0592 -22069302
传真(Fax)：0592 -22069301
E-mail：hanhehuli@163.com
Http://www.hanhe -diaper.com
法人代表(Chairman)：颜达根
总经理(General Manager)：颜达根
联系人(Contact Person)：陈挺羽
产品(Products)：婴儿纸尿裤，成人纸尿裤，护理垫
品牌(Brand)：啊喔咿

泉州市金伟卫生用品有限公司
Quanzhou Jinwei Health Products Co., Ltd.
地址(Add)：福建省泉州市南安康美镇福新工业区
邮编(P. C.)：362300
电话(Tel)：0595 -86226335
传真(Fax)：0595 -22633963
E-mail：kdy5898@vip.qq.com
Http://www.jewill.com
总经理(General Manager)：康冬阳
联系人(Contact Person)：康冬阳
产品(Products)：婴儿纸尿裤/片，卫生巾，成人纸尿裤/片
品牌(Brand)：婴帮

泉州市怡洁纸业有限公司
Quanzhou Yijie Women and Children Articles Co., Ltd.
地址(Add)：福建省泉州市清濛技术开发区
邮编(P. C.)：362000
电话(Tel)：0595 -22497777
传真(Fax)：0595 -22499889
Http://www.qzyijie.com
法人代表(Chairman)：谢火炎
总经理(General Manager)：谢家声
联系人(Contact Person)：谢火炎
产品(Products)：卫生巾，卫生护垫，婴儿纸尿裤/片，

护理垫
品牌(Brand)：洁尔丝，洁儿需，宜而乐，宜而雅

福建省利澳纸业有限公司
Fujian Liao Paper Co., Ltd.
地址(Add)：福建省泉州市台商投资区(洛阳正大工业园)4区A11号
邮编(P. C.)：362121
电话(Tel)：0595－27580777
传真(Fax)：0595－27390187
E-mail：liaopeilibo@163.com
Http://www.lebydiaper.com
法人代表(Chairman)：丁祺灿
总经理(General Manager)：丁显祖
联系人(Contact Person)：裴丽波
产品(Products)：婴儿纸尿裤，成人纸尿裤
品牌(Brand)：乐贝，倍爱宁

美佳爽(福建)卫生用品有限公司
Mega Soft (Fujian) Hygiene Products Co., Ltd.
地址(Add)：福建省石狮市南环路双龙新村美佳爽工业大厦
邮编(P. C.)：362700
电话(Tel)：0595－83093722
传真(Fax)：0595－83093922
E-mail：sales5@cnmegasoft.com
Http://www.cnmegasoft.com
法人代表(Chairman)：陈汉河
总经理(General Manager)：王振仁
联系人(Contact Person)：周裕明
产品(Products)：卫生巾，卫生护垫，婴儿纸尿裤/片，成人纸尿裤
品牌(Brand)：先施，奇酷，强臣

厦门亚隆日用品有限公司
Xiamen Yalong Commodity Co., Ltd.
地址(Add)：福建省厦门市湖滨南路819号宝福大厦24F
邮编(P. C.)：361004
电话(Tel)：0592－5832198
传真(Fax)：0592－5832199
E-mail：yalong01@yalong.cc
Http://www.yalong.cc
总经理(General Manager)：唐锋太
产品(Products)：卫生巾，卫生护垫，婴儿纸尿裤，成人纸尿裤，护理垫，湿巾
品牌(Brand)：康护体

厦门源福祥卫生用品有限公司
Xiamen Yuanfuxiang Hygiene Products Co., Ltd.
地址(Add)：福建省厦门市翔安工业园区舫山北二路1108号
邮编(P. C.)：361101
电话(Tel)：0592－7069567
传真(Fax)：0592－7161789
E-mail：xmyfxzp@163.com
Http://www.yfxzp.com
法人代表(Chairman)：陈锦延
总经理(General Manager)：陈锦延
联系人(Contact Person)：汪玉芳
产品(Products)：卫生巾，卫生护垫，卫生纸，面巾纸，手帕纸，餐巾纸，婴儿纸尿裤/片，成人纸尿裤，护理垫，湿巾
品牌(Brand)：丹诗奴，好舒适，花之秀，淘乐氏，羽飘，康护理

福建省漳州市智光纸业有限公司
Zhangzhou Zhiguang Paper Co., Ltd.
地址(Add)：福建省漳州市蓝田工业区横二路
邮编(P. C.)：363005
电话(Tel)：0596－2103599
传真(Fax)：0596－2109196
E-mail：zhiguang.paper@winmail.cn
Http://www.fjzgzy.cn.alibaba.com
法人代表(Chairman)：邓湘闽
总经理(General Manager)：陈智镛
联系人(Contact Person)：黄志杰
产品(Products)：卫生巾，卫生护垫，成人纸尿裤/片，婴儿纸尿裤/片，护理垫，湿巾
品牌(Brand)：好爽月，智光，笑嘻嘻，花香世界

漳州市芗城晓莉卫生用品有限公司
Zhangzhou Xiangcheng Xiaoli Hygiene Products Co., Ltd.
地址(Add)：福建省漳洲市芗城区石亭丰乐工业区
邮编(P. C.)：363000
电话(Tel)：0596－2552936
传真(Fax)：0596－2552205
E-mail：anyue@an－yue.com.cn
Http://www.an－yue.com.cn
法人代表(Chairman)：林莉
总经理(General Manager)：林莉
联系人(Contact Person)：林晓渝
产品(Products)：卫生巾，卫生护垫，产妇专用巾，护理垫，妇婴两用巾，婴儿纸尿裤/片，面巾纸，卫生纸，擦手纸，湿巾
品牌(Brand)：安月，比洁

福建蓝雁卫生科技有限公司
Fujian Lanyan Hygiene Technology Co., Ltd.
地址(Add)：福建省政和县同心经济开发区
邮编(P. C.)：353600
电话(Tel)：0599－3336020
传真(Fax)：0599－3336020
E-mail：fjlanyan@126.com
Http://www.lanyanzt.com.cn
法人代表(Chairman)：王怡清
总经理(General Manager)：张团健
联系人(Contact Person)：吴兴芬
产品(Products)：卫生巾，卫生护垫，成人纸尿裤，婴儿纸尿裤
品牌(Brand)：蓝雁

● 江西 Jiangxi

恒安(江西)家庭用品有限公司
Hengan (Jiangxi) Commodities Co., Ltd.
地址(Add)：江西省东乡县省级经济开发区
邮编(P. C.)：331801
电话(Tel)：0794－4381172
传真(Fax)：0794－4382392
E-mail：chentz@mail.hengan.com.cn

法人代表(Chairman)：施文博
总经理(General Manager)：吴鸿强
联系人(Contact Person)：陈铁照
产品(Products)：卫生巾，婴儿纸尿裤，成人纸尿裤，卫生纸
品牌(Brand)：安乐，安尔乐，安儿乐，安而康，心相印，柔影

江西沈氏日用品有限公司
Jiangxi Shenshi Commodity Co., Ltd.
地址(Add)：江西省抚州市南丰县大桥路16号
邮编(P. C.)：330045
电话(Tel)：0794－3202288
传真(Fax)：0794－3202188
E-mail：1798094503@qq.com
总经理(General Manager)：沈晓阳
联系人(Contact Person)：沈晓阳
产品(Products)：婴儿纸尿裤/片，卫生巾，卫生护垫，成人纸尿裤
品牌(Brand)：爹妈宝贝

赣州港都卫生制品有限公司
Ganzhou Gangdu Hygienic Products Co., Ltd.
地址(Add)：江西省赣州市于都县楂林工业园工业大道
邮编(P. C.)：342300
电话(Tel)：0797－6330216
传真(Fax)：0797－6329618
E-mail：gangdu1997@163.com
Http://www.gzgangdu.com
法人代表(Chairman)：丁金连
总经理(General Manager)：丁金连
联系人(Contact Person)：李晓芳
产品(Products)：卫生巾，卫生护垫，婴儿纸尿裤/片，成人纸尿片，护理垫
品牌(Brand)：爽期，好爽期，爽期宝宝，SQ

南昌邦泰纸业有限公司
Nanchang Bangtai Paper Co., Ltd.
地址(Add)：江西省南昌市南昌县莲塘镇
邮编(P. C.)：330299
电话(Tel)：0791－85705202
传真(Fax)：0791－85705202
E-mail：beautife@163.com
总经理(General Manager)：胡菲
联系人(Contact Person)：邓成就
产品(Products)：成人纸尿裤/片，护理垫
品牌(Brand)：家庭保姆，欢康，惠而舒

● 山东 Shandong

山东艾丝妮乐卫生用品有限公司
Aisinile Hygiene Products Co., Ltd.
地址(Add)：山东省滨州市邹平县黄山开发区
邮编(P. C.)：256200
电话(Tel)：400－6026－779
传真(Fax)：0543－4662976
E-mail：aisinile777@163.com
Http://www.aisinile.com
法人代表(Chairman)：刘学良
联系人(Contact Person)：王朝军
产品(Products)：湿巾，卫生巾，卫生护垫，婴儿纸尿裤，成人纸尿裤
品牌(Brand)：艾丝妮乐

东明县康迪妇幼用品有限公司
Dongming Condi Products for Women and Children Co., Ltd.
地址(Add)：山东省东明县工业园区黄河路南段
邮编(P. C.)：274500
电话(Tel)：0530－7295059
传真(Fax)：0530－7295182
E-mail：dmcondi@126.com
Http://www.kovebaby.com
法人代表(Chairman)：袁洪伟
联系人(Contact Person)：袁洪伟
产品(Products)：成人纸尿裤/片，婴儿纸尿裤/片，乳垫，湿巾，卫生巾，产妇巾
品牌(Brand)：卡芬，卡芬宝贝，梦夕阳

菏泽市奇雪纸业有限公司
Heze Qixue Paper Co., Ltd.
地址(Add)：山东省菏泽市开发区郑州路北段路东
邮编(P. C.)：274000
电话(Tel)：0530－5153000
传真(Fax)：0530－5150288
Http://www.hzghpaper.com
法人代表(Chairman)：王景刚
产品(Products)：卫生纸，餐巾纸，手帕纸，面巾纸，婴儿纸尿裤/片，成人纸尿裤/片，护理垫
品牌(Brand)：钢成，奇雪，爱可思

山东省菏泽市金瑞卫生用品有限公司
Heze Jinrui Hygiene Products Co., Ltd.
地址(Add)：山东省菏泽市胜利路19号
邮编(P. C.)：274008
电话(Tel)：0530－6262355
联系人(Contact Person)：奚兆栋
产品(Products)：成人纸尿裤，护理垫，婴儿隔尿垫巾，湿巾
品牌(Brand)：美康，美而康，贴心

济南馨淑宝卫生用品有限公司
Jinan Xinshubao Hygiene Products Co., Ltd.
地址(Add)：山东省济南市商河商展路16号孙集乡小郭家村
邮编(P. C.)：251603
电话(Tel)：0531－84846777
传真(Fax)：0531－84846596
Http://www.jnxinshubao.com
总经理(General Manager)：郭泽峰
联系人(Contact Person)：郭泽峰
产品(Products)：卫生巾，卫生护垫，婴儿纸尿裤，成人纸尿裤，隔尿巾，护理垫
品牌(Brand)：馨淑宝，彩月

济南亿肤佳卫生用品有限公司
Jinan Yifujia Hygiene Products Co., Ltd.
地址(Add)：山东省济南市商河县济盐路16号(宏业集团北墙对门第二安装公司院内)
邮编(P. C.)：250000
电话(Tel)：0531－82336303

传真(Fax)：0531－82336303
E-mail：lizhaosen1@163. com
联系人(Contact Person)：李召森
产品(Products)：卫生巾，卫生护垫，产妇专用巾，防溢乳垫，成人纸尿裤/片，护理垫
品牌(Brand)：亿福佳，梦之恋，享福

山东日康卫生用品有限公司
Shandong Rikang Hygiene Products Co., Ltd.
地址(Add)：山东省济南市天桥区无影山中路121号天福苑小区B座2号
邮编(P. C.)：250100
电话(Tel)：0531－85666110
传真(Fax)：0531－85826110
E-mail：jnanshuang@163. com
Http://www. 帮大人 . cn
联系人(Contact Person)：杨晓岗
产品(Products)：成人纸尿裤/片，婴儿纸尿裤/片，护理垫
品牌(Brand)：帮大人，安爽，日康，唯妮宝贝，周大夫

临清市恒发卫生用品有限公司
Hengfa Hygiene Products Co., Ltd.
地址(Add)：山东省临清市城东经济开发区
邮编(P. C.)：252654
电话(Tel)：400－630－8988
传真(Fax)：0635－2772132
E-mail：hfwsyp@126. com
Http://www. hfwsyp. cn
法人代表(Chairman)：刘宪朝
总经理(General Manager)：刘现运
联系人(Contact Person)：刘现运
产品(Products)：卫生巾，卫生护垫，护理垫，婴儿纸尿裤，产妇巾，成人纸尿裤
品牌(Brand)：安可新，洁奴，亲贝儿

临沂浩洁卫生用品有限公司
Linyi Haojie Hygiene Products Co., Ltd.
地址(Add)：山东省临沂市河东区太平工业区
邮编(P. C.)：276029
电话(Tel)：0539－8762988
传真(Fax)：0539－8762988
联系人(Contact Person)：刘光杰
产品(Products)：卫生巾，卫生护垫，婴儿纸尿裤/片，婴儿隔尿垫巾，成人纸尿裤/片，护理垫

临沂宝宝乐妇婴用品厂
Linyi Baobaole Women & Children Articles Factory
地址(Add)：山东省临沂市河东区相公经济开发区
邮编(P. C.)：276025
电话(Tel)：0539－8195208
传真(Fax)：0539－8195208
法人代表(Chairman)：孟庆思
总经理(General Manager)：孟庆思
联系人(Contact Person)：孟庆思
产品(Products)：成人纸尿裤，护理垫，婴儿隔尿垫巾
品牌(Brand)：比乐，恒诺，谊康

山东爱舒乐卫生用品有限公司
Shandong Aishule Health Products Co., Ltd.
地址(Add)：山东省临沂市罗庄区罗八路52号
邮编(P. C.)：276017
电话(Tel)：0539－8488808
传真(Fax)：0539－8488806
E-mail：sd_aishule@163. com
联系人(Contact Person)：张志涛
产品(Products)：成人纸尿裤/片，护理垫，卫生床垫，宠物垫
品牌(Brand)：幸福时光，乐陪，贝贝考拉

临沂图艾丘护理用品有限公司
2H Healthcare Products Co., Ltd.
地址(Add)：山东省临沂市罗庄区永盛路117号
邮编(P. C.)：276017
电话(Tel)：0539－5635395
传真(Fax)：0539－5635396
E-mail：yukai@2hlinyi. com
Http://www. 2hlinyi. com
总经理(General Manager)：王昱凯
联系人(Contact Person)：王昱凯
产品(Products)：婴儿纸尿裤，成人纸尿裤，护理垫，妇婴两用垫，宠物垫
品牌(Brand)：母悦，老全包，钟华

金得利卫生用品有限公司
Tancheng Jindeli Hygiene Products Co., Ltd.
地址(Add)：山东省临沂市郯城县高册经济开发区
邮编(P. C.)：276100
电话(Tel)：0539－6591688
传真(Fax)：0539－6593888
E-mail：lyjindeli@163. com
Http://www. sdjdl. cn
法人代表(Chairman)：胡征文
总经理(General Manager)：胡征文
联系人(Contact Person)：胡文龙
产品(Products)：卫生巾，卫生护垫，婴儿纸尿裤/片，成人纸尿裤/片，护理垫，干擦拭巾
品牌(Brand)：丽源，新帮宝，帮宝乐，佳人之急

山东佳亿鑫卫生用品有限公司
Shandong Jiayixin Hygiene Products Co., Ltd.
地址(Add)：山东省临沂市郯城县经济开发区安泰路9号
邮编(P. C.)：276188
电话(Tel)：0539－6776199
传真(Fax)：0539－6777199
E-mail：weba@jiayixin. com
Http://lyjiayixin. cn. alibaba. com
法人代表(Chairman)：禚保军
总经理(General Manager)：禚保军
联系人(Contact Person)：禚洪德
产品(Products)：卫生巾，卫生护垫，成人纸尿裤/片，婴儿纸尿裤/片，护理垫，卫生纸
品牌(Brand)：名兰，巧护理，鲁康，雨倩，守护佳人

山东鑫盟纸品有限公司
Shandong Xinmeng Paper Products Co., Ltd.
地址(Add)：山东省临沂市郯城县马头开发区
邮编(P. C.)：276126
电话(Tel)：400－062－1088
传真(Fax)：0539－6777888
E-mail：shandongxinmeng@163. com
Http://www. shandongxinmeng. com

总经理(General Manager)：唐学平
联系人(Contact Person)：于淑伟
产品(Products)：卫生巾，卫生护垫，婴儿纸尿裤，成人纸尿裤，卫生纸
品牌(Brand)：女宝，暖贝儿，秘密宝贝

山东省郯城县玉洁卫生用品有限公司
Tancheng Yujie Hygiene Products Co., Ltd.
地址(Add)：山东省临沂市郯城县马头镇繁荣街497号
邮编(P. C.)：276126
电话(Tel)：0539-6773688
传真(Fax)：0539-6771488
联系人(Contact Person)：夏玉明
产品(Products)：卫生巾，卫生护垫，纸尿裤，护理垫
品牌(Brand)：劲爽，什尔

青岛丁安卫生用品有限公司
Qingdao Dingan Hygiene Products Co., Ltd.
地址(Add)：山东省青岛市城阳区河套街道青岛出口加工区
邮编(P. C.)：266133
电话(Tel)：0532-55677272
传真(Fax)：0532-55677276
E-mail：dingan88@163.com
联系人(Contact Person)：李仁镐
产品(Products)：成人纸尿裤

青岛喜爱妇幼用品有限公司
Qingdao Xiai Maternity & Child Articles Co., Ltd.
地址(Add)：山东省青岛市即墨泰山二路197-199号
邮编(P. C.)：266200
电话(Tel)：0532-87520077
传真(Fax)：0532-87520099
E-mail：443541535@qq.com
Http://www.qdxiai.com
法人代表(Chairman)：乔文
总经理(General Manager)：乔文
联系人(Contact Person)：乔文
产品(Products)：成人纸尿裤，护理垫
品牌(Brand)：乔医生，乔大夫

太阳谷孕婴用品(青岛)有限公司
Tairgu Pregnant Women & Infant Articles Co., Ltd.
地址(Add)：山东省青岛市胶南市海滨七路358号
邮编(P. C.)：266404
电话(Tel)：0532-88136609
传真(Fax)：0532-88136609
E-mail：tairgu@sina.com
Http://www.tairgu.com
联系人(Contact Person)：王光龙
产品(Products)：婴儿纸尿裤，成人纸尿裤/片，卫生巾，防溢乳垫
品牌(Brand)：太阳谷

金泰通用医疗器材(青岛)有限公司
Jintai Medicals Appliances (Qingdao) Co., Ltd.
地址(Add)：山东省青岛市胶南铁山西路13号
邮编(P. C.)：266400
电话(Tel)：0532-88151282
传真(Fax)：0532-88151193
联系人(Contact Person)：李涛
产品(Products)：护理垫，中单，产包，手术包，手术床单，手术衣

青岛安阳阳进出口有限公司
Qingdao Sky Corporation
地址(Add)：山东省青岛市经济技术开发区长江中路230号国际贸易中心A1612室
邮编(P. C.)：266555
电话(Tel)：0532-68979862
传真(Fax)：0532-68979860
E-mail：skycorpkz@gmail.com
Http://www.qdskybiz.com
联系人(Contact Person)：张淑娟
产品(Products)：成人纸尿裤，婴儿纸尿裤，湿巾
品牌(Brand)：帛优

青岛常洵卫生用品厂
Qingdao Changxun Hygiene Products Factory
地址(Add)：山东省青岛市崂山区小河东工业区
邮编(P. C.)：266000
电话(Tel)：0532-82817338
传真(Fax)：0532-82817338
联系人(Contact Person)：张洵
产品(Products)：湿巾，纸尿裤，护理垫

青岛瑞祥通商贸有限公司
Qingdao Ruixiangtong Commercial & Trading Co., Ltd.
地址(Add)：山东省青岛市李沧区广水路610号福兴大厦5楼
邮编(P. C.)：266000
电话(Tel)：0532-55660600
传真(Fax)：0532-81926813
E-mail：250259571@qq.com
联系人(Contact Person)：金光文
产品(Products)：婴儿纸尿裤，成人纸尿裤，卫生纸，面巾纸

青岛美西南科技发展有限公司
Qingdao Meixinan Technology Development Co., Ltd.
地址(Add)：山东省青岛市临港开发区上海路北端
邮编(P. C.)：266400
电话(Tel)：0532-89925969
传真(Fax)：0532-85135322
E-mail：qdmxn2007@163.com
Http://www.qdmxn.com
联系人(Contact Person)：徐芳
产品(Products)：湿巾，卫生巾，餐巾纸，手帕纸，面巾纸，婴儿纸尿裤/片，成人纸尿裤/片

日照三奇医保用品(集团)有限公司
China 3Q Medical Group Co., Ltd.
地址(Add)：山东省日照市河山国际工业园
邮编(P. C.)：276800
电话(Tel)：0633-8535119
传真(Fax)：0633-8541698
E-mail：wcs6928@163.com
Http://www.sanqicn.com
总经理(General Manager)：毕坤传
联系人(Contact Person)：于秀娟
产品(Products)：医疗用品，护理垫，纸巾纸，湿巾

郯城县安洁卫生用品厂
Tancheng Anjie Hygiene Products Factory
地址(Add)：山东省郯城县马头镇南新庄街 68 号
邮编(P. C.)：276100
电话(Tel)：0539 - 2109600
传真(Fax)：0539 - 6772717
法人代表(Chairman)：徐西德
总经理(General Manager)：梁艳
联系人(Contact Person)：徐西德
产品(Products)：卫生巾，卫生护垫，成人纸尿裤
品牌(Brand)：黛琳，美俏，黛琳少女

威海鸿宇医疗器械有限公司
Weihai Hongyu Medical Devices Co., Ltd.
地址(Add)：山东省威海市经济技术开发区深圳路 86 号
邮编(P. C.)：264205
电话(Tel)：0631 - 3636901
传真(Fax)：0631 - 3636910
E-mail：sales@ hongyumed. com
Http：//www. hongyumed. com
法人代表(Chairman)：曹建泽
总经理(General Manager)：曹建泽
联系人(Contact Person)：曹建泽
产品(Products)：手术包，产包，手术衣，手术单，口罩，帽子，护理垫，婴儿纸尿片

威海颐和成人护理用品有限公司
Weihai Yihe Adult Protective Products Co., Ltd.
地址(Add)：山东省威海市经济区出口加工区国泰路 19 - 8 号
邮编(P. C.)：264200
电话(Tel)：0631 - 3639714
传真(Fax)：0631 - 3635222
E-mail：hymarket@ yeah. net
Http：//www. hongyumed. com
法人代表(Chairman)：倪永玲
总经理(General Manager)：曹建泽
联系人(Contact Person)：曹建泽
产品(Products)：成人拉拉裤，产妇护理裤，内裤型卫生巾
品牌(Brand)：颐佰佳

威海威高医用材料有限公司
Weigao Hygienic Material Products Co., Ltd.
地址(Add)：山东省威海市张村镇东鑫路 9 号对面
邮编(P. C.)：264203
电话(Tel)：0631 - 5665906
传真(Fax)：0631 - 5665909
E-mail：weigao37108@ 126. com
法人代表(Chairman)：吴传明
总经理(General Manager)：吴传明
联系人(Contact Person)：王炳兴
产品(Products)：婴儿纸尿裤，护理垫，成人纸尿裤
品牌(Brand)：威乐，百仕洁

山东含羞草卫生科技股份有限公司
Shandong Mimosa Hygienic Technology Co., Ltd.
地址(Add)：山东省潍坊市昌乐经济开发区新昌路与北环路路口北 100 米
邮编(P. C.)：262400
电话(Tel)：0536 - 8291789
传真(Fax)：0536 - 8293969
E-mail：ling0620@ 163. com
Http：//www. chinamimosa. com
法人代表(Chairman)：冯希波
总经理(General Manager)：冯希波
联系人(Contact Person)：刘爱玲
产品(Products)：卫生巾，卫生护垫，婴儿纸尿裤/片，成人纸尿裤/片，护理垫，手帕纸，卫生纸，面巾纸
品牌(Brand)：含羞草，娇感，金品蓝，舒贝宝

潍坊荣福堂卫生制品有限公司
Weifang Rongfutang Health Products Co., Ltd.
地址(Add)：山东省潍坊市奎文区孙吕村工业园
邮编(P. C.)：261041
电话(Tel)：0536 - 8816011
传真(Fax)：0536 - 8816011
总经理(General Manager)：梁华
联系人(Contact Person)：王绍宇
产品(Products)：婴儿纸尿片，护理垫

潍坊金一鸣卫生用品有限公司
Weifang Gold Yiming Hygienic Products Co., Ltd.
地址(Add)：山东省潍坊市潍城区胜利西街 1620 号
邮编(P. C.)：261011
电话(Tel)：0536 - 2953799
传真(Fax)：0536 - 2952303
E-mail：chinamimosa@ gmail. com
Http：//www. mimosa. en. alibaba. com
法人代表(Chairman)：卢云伟
总经理(General Manager)：卢云伟
联系人(Contact Person)：王玲玲
产品(Products)：成人纸尿裤/片，成人拉拉裤，护理垫，婴儿纸尿裤/片，婴儿拉拉裤，卫生巾
品牌(Brand)：King Care，NEVA

沁源卫生用品有限公司
Qinyuan Hygiene Products Co., Ltd.
地址(Add)：山东省文登市侯家镇龙山路 14 号
邮编(P. C.)：264405
电话(Tel)：0631 - 8727033
传真(Fax)：0631 - 8725388
E-mail：info@ cnkingway. com
Http：//www. cnkingway. com
法人代表(Chairman)：吴树广
总经理(General Manager)：吴树广
联系人(Contact Person)：侯增泽
产品(Products)：宠物垫，护理垫，手术垫

威海今朝卫生用品有限公司
Weihai Jinzhao Sanitary Products Co., Ltd.
地址(Add)：山东省文登市秀山西路 15 - 2 号
邮编(P. C.)：264200
电话(Tel)：0631 - 8879099
传真(Fax)：0631 - 8879555
E-mail：jinzhao_hou@ hotmail. com
Http：//www. jinzhaowh. com
联系人(Contact Person)：侯登刚
产品(Products)：宠物垫，护理垫，手术垫

爱他美(山东)日用品有限公司
Aptamil (Shandong) Commodity Co., Ltd.
地址(Add)：山东省兖州市新驿工业园 68 号

邮编(P. C.)：272100
电话(Tel)：0537－3415266
传真(Fax)：0537－3415558
E-mail：zw@ aptamil. cc
Http：//www. aptamil. cc
总经理(General Manager)：郑伟
产品(Products)：婴儿纸尿裤/片，婴儿面巾纸，湿巾，成人失禁用品
品牌(Brand)：Aptamil，爱他美，花亲花爱，诗维诗兰

招远市温泉无纺布制品厂
Zhaoyuan Adhesive－bonded Fabric Cloth Factory
地址(Add)：山东省招远市天府路555号
邮编(P. C.)：265400
电话(Tel)：0535－8130111
传真(Fax)：0535－8135552
E-mail：yt0098@ 126. com
Http：//www. yt0098. com
法人代表(Chairman)：徐明福
总经理(General Manager)：徐明福
联系人(Contact Person)：徐明福
产品(Products)：手术衣，帽，口罩，护理垫，婴儿隔尿垫巾

山东淄博光大医疗用品有限公司
Zibo Guangda Medical Treatment Things Co., Ltd.
地址(Add)：山东省淄博市张店区良乡工业园东区1路19号
邮编(P. C.)：255071
电话(Tel)：0533－2091051
传真(Fax)：0533－2091051
E-mail：magusmao@ tom. com
法人代表(Chairman)：李在贞
总经理(General Manager)：李在贞
联系人(Contact Person)：李骁
产品(Products)：口罩，帽子，护理垫，防护服

● 河南 Henan

安阳市汇丰卫生用品有限责任公司
Anyang Huifeng Hygiene Products Co., Ltd.
地址(Add)：河南省安阳市安东新区人民东路路北
邮编(P. C.)：455000
电话(Tel)：0372－2619318
传真(Fax)：0372－2619316
Http：//www. ayhfzj. com
法人代表(Chairman)：郭小平
总经理(General Manager)：袁玉清
联系人(Contact Person)：袁廷顺
产品(Products)：卫生巾，卫生护垫，成人纸尿裤，护理垫，卫生纸
品牌(Brand)：梦娜

河南潇康卫生用品有限公司
Henan Xiaokang Hygiene Products Co., Ltd.
地址(Add)：河南省焦作市丰收路中段
邮编(P. C.)：454006
电话(Tel)：0391－5890888
传真(Fax)：0391－3596669
E-mail：hnxiaokang@ 163. com
Http：//www. hnxiaokang. com
联系人(Contact Person)：原小新
产品(Products)：卫生巾，卫生护垫，婴儿纸尿裤，成人纸尿裤，卫生纸
品牌(Brand)：潇康，香馨伊人

瑞帮(开封)卫生材料有限公司
Ruibang (Kaifeng) Hygiene Materials Co., Ltd.
地址(Add)：河南省开封市兰考县红庙工业园8－88
邮编(P. C.)：475314
电话(Tel)：0371－56782289
传真(Fax)：0371－68829193
E-mail：hnkfrbyz@ 163. com
Http：//www. hnruibang. cn
法人代表(Chairman)：毛吉会
总经理(General Manager)：张金燕
联系人(Contact Person)：何启兴
产品(Products)：卫生巾，卫生护垫，婴儿纸尿裤/片，成人纸尿裤/片，护理垫，湿巾
品牌(Brand)：茵子

河南漯河临颍恒祥卫生用品有限公司
Henan Linying Hengxiang Hygiene Products Co., Ltd.
地址(Add)：河南省漯河市临颍黄龙工业区一环路东段
邮编(P. C.)：462600
电话(Tel)：0395－8662227
传真(Fax)：0395－8662227
法人代表(Chairman)：仝志辉
总经理(General Manager)：仝志辉
产品(Products)：卫生巾，卫生护垫，婴儿纸尿裤/片，卫生纸，成人纸尿片
品牌(Brand)：云妹，葆健，妙姿葆，溢儿爽

新乡市好媚卫生用品有限公司
Xinxiang Haomei Hygiene Products Co., Ltd.
地址(Add)：河南省新乡市长垣县丁栾镇工业区
邮编(P. C.)：453400
电话(Tel)：0373－8968881
传真(Fax)：0373－8968438
E-mail：1343050016@ qq. com
Http：//www. haomeiwc. cn
总经理(General Manager)：崔怀鹤
产品(Products)：口罩，帽子，手术衣，护理垫，成人纸尿裤

河南互帮卫材有限公司
Henan Hubang Hygiene Products Co., Ltd.
地址(Add)：河南省新乡市凤泉产业集聚区
邮编(P. C.)：453011
电话(Tel)：0373－6375655
传真(Fax)：0373－2057222
E-mail：18637370007@ 163. com
Http：//www. zghnhb. com
联系人(Contact Person)：王树成
产品(Products)：成人纸尿裤/片，护理垫
品牌(Brand)：爱无边

河南恒泰卫生用品有限公司
Henan Hengtai Health Products Co., Ltd.
地址(Add)：河南省新郑市龙湖镇梅山路北段
邮编(P. C.)：451191

电话(Tel)：0371－62568569
传真(Fax)：0371－62568796
E-mail：hnhtzwb@ sina. com
Http：//www. hnht1688. cn. alibaba. com
总经理(General Manager)：郑文彬
联系人(Contact Person)：郑继辉
产品(Products)：成人纸尿裤/片，护理垫，婴儿纸尿裤/片，湿巾
品牌(Brand)：德佑，念亲，亲情不忘，昭福，昭康

河南省永城市好理想卫生用品有限公司
Yongcheng Haolixiang Hygiene Products Co., Ltd.
地址(Add)：河南省永城市新城工业园
邮编(P. C.)：476600
电话(Tel)：0370－5152222
传真(Fax)：0370－5158566
E-mail：610164077@ qq. com
Http：//www. sqhaolixiang. cn
法人代表(Chairman)：王桂华
总经理(General Manager)：张玉英
联系人(Contact Person)：张淑娜
产品(Products)：卫生巾，婴儿纸尿片，成人纸尿裤，护理垫，宠物垫
品牌(Brand)：好理想

河南润通纸业有限公司
Henan Runtong Paper Co., Ltd.
地址(Add)：河南省郑州市国家经济技术开发区第八大街财富广场2307号
邮编(P. C.)：450016
电话(Tel)：0371－69092176
传真(Fax)：0371－68208675
E-mail：lxdzw@ 126. com
总经理(General Manager)：徐承斌
联系人(Contact Person)：王京洲
产品(Products)：婴儿纸尿裤，成人纸尿裤

郑州启福卫生用品有限公司
Zhengzhou Qifu Hygiene Products Co., Ltd.
地址(Add)：河南省郑州市惠济区师家河工业园区1号
邮编(P. C.)：450044
电话(Tel)：0371－67528628
传真(Fax)：0371－67423942
E-mail：zzqifu@ 163. com
联系人(Contact Person)：刘俊红
产品(Products)：成人纸尿裤/片，护理垫
品牌(Brand)：康满馨，晚晴，格外亲，医心

郑州永欣卫生用品有限公司
Zhengzhou Yongxin Hygiene Products Co., Ltd.
地址(Add)：河南省郑州市金水区王砦路北、同庆路西
邮编(P. C.)：450001
电话(Tel)：0371－63662386
传真(Fax)：0371－63662386
Http：//www. zhengzhouyongxin. com
总经理(General Manager)：陈伟
产品(Products)：卫生巾，卫生护垫，婴儿纸尿裤/片，成人纸尿裤/片
品牌(Brand)：七日情怀，尚影，尚婴

鹿邑舒可卫生用品有限公司
Luyi Shuke Hygiene Products Co., Ltd.
地址(Add)：河南省周口市鹿邑县城东工业区
邮编(P. C.)：477200
电话(Tel)：0394－87700000
E-mail：qicaiqing@ sina. cn
Http：//www. qicaiqing. com
总经理(General Manager)：陈明涛
联系人(Contact Person)：陈明涛
产品(Products)：卫生巾，卫生护垫，湿巾，婴儿纸尿裤/片，成人纸尿裤/片，生活用纸
品牌(Brand)：七彩情

● 湖北 Hubei

武汉茶花女卫生用品有限公司
Wuhan Chahuanv Hygiene Products Co., Ltd.
地址(Add)：湖北省武汉市东西湖区慈惠工业园惠安大道27号
邮编(P. C.)：430040
电话(Tel)：027－83258266
传真(Fax)：027－83258633
E-mail：173538@ qq. com
Http：//www. whchn. com
总经理(General Manager)：汪寒涛
联系人(Contact Person)：罗丙兰
产品(Products)：卫生巾，卫生护垫，婴儿纸尿裤/片，成人纸尿裤/片，护理垫，手帕纸，面巾纸
品牌(Brand)：茶花女，柔语，金色人生，宝宝安，宝贝爱

武汉奇美卫生用品科技有限公司
Wuhan Qimei Hygiene Products Co., Ltd.
地址(Add)：湖北省武汉市江汉经济开发区江兴路17号A栋B层
邮编(P. C.)：430023
电话(Tel)：027－83359938
传真(Fax)：027－83359928
E-mail：33611098@ qq. com
总经理(General Manager)：陈骁丹
联系人(Contact Person)：郭伟雄
产品(Products)：卫生巾，卫生护垫，婴儿纸尿裤/片，成人纸尿裤/片
品牌(Brand)：金苹果，佑爱，添欣

湖北省武穴市恒美实业有限公司
Hubei Wuxue Hengmei Industry Co., Ltd.
地址(Add)：湖北省武穴市梅川镇石牛工业园1号
邮编(P. C.)：435411
电话(Tel)：0713－6751648
传真(Fax)：0713－6751649
E-mail：mlfmaster@ sina. com
Http：//www. hbhmpaper. com
总经理(General Manager)：张劲松
联系人(Contact Person)：刘燕容
产品(Products)：卫生巾，卫生护垫，婴儿纸尿裤/片，成人纸尿裤/片
品牌(Brand)：康依，康依宝宝

湖北省武穴市疏朗朗卫生用品有限公司
Hubei Shulanglang Hygiene Products Co., Ltd.
地址(Add)：湖北省武穴市石佛寺镇疏朗朗工业园
邮编(P. C.)：435414
电话(Tel)：0713－6262428
联系人(Contact Person)：吴迎胜
产品(Products)：卫生巾，卫生护垫，婴儿纸尿裤/片，成人纸尿裤/片，湿巾，卫生纸
品牌(Brand)：疏朗朗，梦颖

湖北佰斯特卫生用品有限公司
Hubei Best Hygienic Products Co., Ltd.
地址(Add)：湖北省仙桃市长埫口临港工业园8号(湖北佰斯特科技园)
邮编(P. C.)：433000
电话(Tel)：0728－2511999
传真(Fax)：0728－2512666
E-mail：chinabestar@163.com
Http：//www.china－bestar.com
法人代表(Chairman)：易永祥
总经理(General Manager)：易涵
联系人(Contact Person)：叶亮
产品(Products)：婴儿纸尿裤/片，成人纸尿裤/片，护理垫，女婴两用巾
品牌(Brand)：爱心恩诺，易尔康，迪尔宝贝，好保姆，千倍爽

湖北华业塑胶有限公司
Huaye Plastic Co., Ltd.
地址(Add)：湖北省仙桃市沔阳大道122号
邮编(P. C.)：433000
电话(Tel)：0728－3257592
传真(Fax)：0728－3257586
Http：//hbhyfzh.cn.alibaba.com
总经理(General Manager)：冯一鸣
联系人(Contact Person)：冯一鸣
产品(Products)：手术衣，口罩，鞋套，套袖，护理垫

湖北省襄阳市盈乐卫生用品有限公司
Hubei Xiangyang Yingle Sanitary Products Co., Ltd.
地址(Add)：湖北省襄阳市襄州区园林路119号
邮编(P. C.)：441000
电话(Tel)：0710－2810211
传真(Fax)：0710－2817000
E-mail：fenghanyu992@foxmail.com
Http：//www.hbxfyl.com
法人代表(Chairman)：林云光
总经理(General Manager)：林建秋
联系人(Contact Person)：冯撼宇
产品(Products)：卫生巾，卫生护垫，婴儿纸尿裤/片，成人纸尿裤/片
品牌(Brand)：难忘，好难忘，难忘宝宝

● 湖南 Hunan

湖南省安迪尔卫生用品有限公司
Hunan Andier Hygiene Products Co., Ltd.
地址(Add)：湖南省长沙市宁乡县回龙铺万寿山社区
邮编(P. C.)：410600
电话(Tel)：0731－87827944
传真(Fax)：0731－87807959
E-mail：460235675@qq.com
Http：//www.andier.cn
法人代表(Chairman)：王跃星
总经理(General Manager)：王志良
联系人(Contact Person)：曾秀春
产品(Products)：卫生巾，婴儿纸尿裤，护理垫
品牌(Brand)：依云，安迪尔，馨怡儿

长沙万美卫生用品有限公司
Changsha Wanmei Hygiene Products Co., Ltd.
地址(Add)：湖南省宁乡县夏铎铺镇
邮编(P. C.)：410604
电话(Tel)：0731－87978788
传真(Fax)：0731－87978788
联系人(Contact Person)：黄利人
产品(Products)：成人纸尿裤/片
品牌(Brand)：万美

● 广东 Guangdong

东莞嘉米敦婴儿护理用品有限公司
Dongguan Carmelton Baby Products Manufacturing Ltd.
地址(Add)：广东省东莞市茶山镇卢边村委会工业区九梅岭加米敦路
邮编(P. C.)：523376
电话(Tel)：0769－86869925
传真(Fax)：0769－86869923
E-mail：280583668@qq.com
Http：//www.carmelton.cn
法人代表(Chairman)：李国明
总经理(General Manager)：李国明
联系人(Contact Person)：卢瑞芬
产品(Products)：婴儿纸尿裤/片，成人纸尿裤/片，护理垫，妇婴两用巾
品牌(Brand)：帮贝爽，百寿康，高慧

广东百顺纸品有限公司
Guangdong Bosom Paper Products Co., Ltd.
地址(Add)：广东省东莞市茶山镇伟建工业园
邮编(P. C.)：523380
电话(Tel)：0769－81833801
传真(Fax)：0769－81833806
Http：//www.bosompaper.com
法人代表(Chairman)：利莉
总经理(General Manager)：谢锡佳
联系人(Contact Person)：房雨
产品(Products)：婴儿纸尿裤/片，成人纸尿裤/片，卫生巾，卫生护垫
品牌(Brand)：茵茵，趣儿

东莞市天正纸业有限公司
Dongguan Tianzheng Paper Co., Ltd.
地址(Add)：广东省东莞市麻涌镇南洲工业区兴南路
邮编(P. C.)：523136
电话(Tel)：0769－88223990
传真(Fax)：0769－88280122
Http：//www.dgtianzheng.com
法人代表(Chairman)：吴柱威
总经理(General Manager)：吴柱威

联系人(Contact Person)：杨业涛
产品(Products)：卫生巾，卫生护垫，婴儿纸尿裤/片，成人纸尿裤/片
品牌(Brand)：雪怡，祺安，淘气宝贝

东莞市宝适卫生用品有限公司
Dongguan Baoshi Health Supplies Co., Ltd.
地址(Add)：广东省东莞市沙田镇大泥金玉工业区
邮编(P.C.)：523981
电话(Tel)：0769-89369111
传真(Fax)：0769-89369126
E-mail：bao_shi@163.com
Http://www.baoshigd.com
法人代表(Chairman)：邱贵友
总经理(General Manager)：陈海林
联系人(Contact Person)：陈海林
产品(Products)：婴儿纸尿裤，成人纸尿裤
品牌(Brand)：帮爱宝，英维氏

东莞瑞麒婴儿用品有限公司
Dongguan Aall & Zyleman Baby Goods Ltd.
地址(Add)：广东省东莞市石龙镇西湖管理区2路2号
邮编(P.C.)：523325
电话(Tel)：0769-86113292
传真(Fax)：0769-86113293
E-mail：sales@ihellobaby.com
Http://www.ihellobaby.com
法人代表(Chairman)：叶建源
总经理(General Manager)：叶建源
联系人(Contact Person)：苏伟雄
产品(Products)：婴儿纸尿裤，成人纸尿裤/片，护理垫
品牌(Brand)：哈啰宝贝，哈啰，惠安，哈啰天使，BB熊，心儿

东莞市常兴纸业有限公司
Dongguan Changxing Paper Co., Ltd.
地址(Add)：广东省东莞市石排镇横山村委会钟屋工业区
邮编(P.C.)：523330
电话(Tel)：0769-86559888
传真(Fax)：0769-86559933
E-mail：changxingpaper@163.com
Http://www.changxingdg.com
法人代表(Chairman)：王树杨
总经理(General Manager)：王树杨
联系人(Contact Person)：黄海霞
产品(Products)：婴儿纸尿裤/片，成人纸尿裤/片，卫生巾，妇婴两用巾
品牌(Brand)：一片爽，片片爽，公子帮，雅康健，护理爽

香港曼可国际纸业有限公司
HongKong Manko International Paper Co., Ltd.
地址(Add)：广东省东莞市万江区大汾社区中立洲工业区
邮编(P.C.)：523052
电话(Tel)：852-30658131
传真(Fax)：852-30113290
E-mail：mkbs123@126.com
法人代表(Chairman)：谢玉玲
联系人(Contact Person)：朱志强
产品(Products)：婴儿纸尿裤/片，成人纸尿裤/片，护理垫
品牌(Brand)：曼可博士

佛山市超爽纸品有限公司
Foshan Super Comfort Paper Products Co., Ltd.
地址(Add)：广东省佛山市禅城区南庄吉利工业园新源三路57号
邮编(P.C.)：528061
电话(Tel)：0757-85392882
传真(Fax)：0757-85392663
E-mail：mail@chaoshuang.com.cn
Http://www.chaoshuang.com.cn
法人代表(Chairman)：梁锦锐
总经理(General Manager)：梁锦锐
联系人(Contact Person)：李奕鸿
产品(Products)：婴儿纸尿裤/片，成人纸尿裤/片，护理垫
品牌(Brand)：超爽，爽爽，康佳，乐轻盈

佛山市泰康卫生用品有限公司
Foshan Taikang Hygiene Products Co., Ltd.
地址(Add)：广东省佛山市佛罗路寨边段6号1座4层之一
邮编(P.C.)：528200
电话(Tel)：0757-81809083
传真(Fax)：0757-86433503
法人代表(Chairman)：杨成
联系人(Contact Person)：莫彩萍
产品(Products)：婴儿纸尿裤/片，成人纸尿裤/片
品牌(Brand)：必帮宝，泰康乐

佛山市佰佰利卫生用品有限公司
Foshan Baibaili Sanitary Products Co., Ltd.
地址(Add)：广东省佛山市高明区高明大道中331号
邮编(P.C.)：528513
电话(Tel)：0757-88800028
传真(Fax)：0757-88800027
E-mail：fsbbl@163.com
Http://www.nobelbaby2008.com.cn
法人代表(Chairman)：黄永贤
总经理(General Manager)：全利华
联系人(Contact Person)：王毅
产品(Products)：婴儿纸尿裤/片，成人纸尿片
品牌(Brand)：初生贵族，惠儿宝，帝儿宝，惠康保

佛山市南海吉爽卫生用品有限公司
Nanhai Jishuang Sanitary Products Co., Ltd.
地址(Add)：广东省佛山市南海里水镇里官路大朗工业区
邮编(P.C.)：528200
电话(Tel)：0757-85662828
传真(Fax)：0757-85616762
E-mail：service@nhjishuang.com
Http://www.nhjishuang.com
法人代表(Chairman)：何喜永
总经理(General Manager)：何喜永
联系人(Contact Person)：粟正强
产品(Products)：婴儿纸尿裤/片，成人纸尿裤/片，护理垫，两用巾
品牌(Brand)：吉之爽，好康宝，洁爽，八级空间

佛山市南海区佳朗卫生用品有限公司
Foshan Calong Sanitary Products Co., Ltd.

地址(Add)：广东省佛山市南海区丹灶镇金沙城南工业区
邮编(P. C.)：528223
电话(Tel)：0757-88779230
传真(Fax)：0757-81001391
E-mail：sale@cooljie.com
Http：//www.cooljie.com
法人代表(Chairman)：劳柱能
总经理(General Manager)：劳柱能
联系人(Contact Person)：周志刚
产品(Products)：卫生巾，卫生护垫，婴儿纸尿裤/片，成人纸尿裤/片
品牌(Brand)：蝴蝶结，风之语，佳洁宝宝，包安，包康

佛山市千婷生活用品有限公司
Foshan Qianting Commodity Co., Ltd.

地址(Add)：广东省佛山市南海区桂城佛平二路北约商厦602B室
邮编(P. C.)：528200
电话(Tel)：0757-86305033
传真(Fax)：0757-86305033
E-mail：824886641@qq.com
Http：//fsqt.cn.gongchang.com
联系人(Contact Person)：雍兴
产品(Products)：卫生巾，婴儿纸尿裤/片，成人纸尿裤/片，护理垫，湿巾，卫生纸，面巾纸，手帕纸
品牌(Brand)：千婷

广东康得卫生用品有限公司
Guangdong Kangde Hygiene Products Co., Ltd.

地址(Add)：广东省佛山市南海区桂城海三路
邮编(P. C.)：528000
电话(Tel)：0757-86262615
E-mail：johnson.zang@gmail.com
法人代表(Chairman)：臧永帅
总经理(General Manager)：臧永帅
联系人(Contact Person)：臧炳庆
产品(Products)：婴儿纸尿裤，成人纸尿裤，护理垫
品牌(Brand)：福星宝宝

佛山市硕氏日用品有限公司
Foshan Shuoshi Daily Necessities Co., Ltd.

地址(Add)：广东省佛山市南海区桂城夏西东便围工业区
邮编(P. C.)：528200
电话(Tel)：0757-81768906
传真(Fax)：0757-81768906
Http：//www.gdshuoshi.com
联系人(Contact Person)：赖继林
产品(Products)：婴儿纸尿裤/片，成人纸尿裤/片，护理垫，湿巾
品牌(Brand)：硕氏，A派

百洁(广东)卫生用品有限公司
Baijie (Guangdong) Hygiene Products Co., Ltd.

地址(Add)：广东省佛山市南海区桂丹路小塘路段新境开发区
邮编(P. C.)：528222
电话(Tel)：0757-86636868
传真(Fax)：0757-86639638
E-mail：baijie13@126.com
总经理(General Manager)：曾展平
联系人(Contact Person)：曾展平
产品(Products)：卫生巾，卫生护垫，婴儿纸尿裤/片，两用巾，成人纸尿裤/片，护理垫
品牌(Brand)：兜兜爽，优比宝宝，童真，美滋美宝

佛山市佩安婷卫生用品实业有限公司
Foshan Peianting Sanitary Products Industrial Co., Ltd.

地址(Add)：广东省佛山市南海区海三路豪贤花园1座2楼
邮编(P. C.)：528000
电话(Tel)：0757-82800216
传真(Fax)：0757-82800202
E-mail：master@peianting.com
Http：//www.peianting.com
法人代表(Chairman)：陈惠华
总经理(General Manager)：方润华
联系人(Contact Person)：梁修辉
产品(Products)：卫生巾，卫生护垫，婴儿纸尿裤/片，成人纸尿片，湿巾
品牌(Brand)：佩安婷，佩菲菲，珮夫人，佩贝贝

佛山市南海必得福无纺布有限公司
Foshan Nanhai Beautiful Nonwoven Co., Ltd.

地址(Add)：广东省佛山市南海区九江镇沙头石江工业区
邮编(P. C.)：528208
电话(Tel)：0757-86910199
传真(Fax)：0757-86916230
E-mail：deng@chinawoven.com
Http：//www.wonderfulnonwoven.com
法人代表(Chairman)：邓伟其
总经理(General Manager)：邓伟添
联系人(Contact Person)：邓伟添
产品(Products)：成人纸尿裤/片，护理垫，手术衣，口罩，帽子
品牌(Brand)：稳德福，老夫子

佛山市南海区倩而宝卫生用品有限公司
Foshan Nanhai Qianerbao Sanitary Articles Co., Ltd.

地址(Add)：广东省佛山市南海区罗村镇上柏工业区
邮编(P. C.)：528226
电话(Tel)：0757-81263984
传真(Fax)：0757-86410838
E-mail：qianerbao@163.com
Http：//www.cnqeb.com.cn
法人代表(Chairman)：卢焕娣
联系人(Contact Person)：吕均祥
产品(Products)：卫生巾，卫生护垫，婴儿纸尿裤/片，妇婴两用巾，成人纸尿裤/片
品牌(Brand)：倩而宝，愉快假期，美思，自然乐，金倩宝

佛山市南海康索卫生用品有限公司
Foshan Nanhai Kimsof Sanitary Products Co., Ltd.

地址(Add)：广东省佛山市南海区罗村紫罗路工业园
邮编(P. C.)：528226
电话(Tel)：0757-86412262
传真(Fax)：0757-86412261
E-mail：service@kimsof.com
Http：//www.kimsof.com
法人代表(Chairman)：何炯明
总经理(General Manager)：朱金炎
联系人(Contact Person)：邓慧

产品(Products)：妇婴两用巾，婴儿纸尿裤/片，成人纸尿裤/片
品牌(Brand)：康索，贝婴宝，金锁

佛山欧品佳卫生用品有限公司
Foshan Oupinjia Health Products Co., Ltd.
地址(Add)：广东省佛山市南海区狮山镇三环西路莲子塘旁
邮编(P. C.)：528200
电话(Tel)：0757-89953310
E-mail：hkmamibb@163.com
联系人(Contact Person)：朱志强
产品(Products)：婴儿纸尿裤/片，成人纸尿裤/片，妇婴两用巾，卫生巾，卫生护垫

广东昱升卫生用品实业有限公司
Guangdong Winsun Sanitary Products Co., Ltd.
地址(Add)：广东省佛山市南海区狮山镇狮山新城工业区
邮编(P. C.)：528225
电话(Tel)：0757-86651315
传真(Fax)：0757-85595801
E-mail：whsale01@126.com
Http：//www.fsys888.cn
法人代表(Chairman)：苏艺强
总经理(General Manager)：龚斯琪
联系人(Contact Person)：苏艺强
产品(Products)：婴儿纸尿裤/片，成人纸尿裤/片，护理垫
品牌(Brand)：Dress，吉氏，肯得康，婴之良品，舒氏宝贝

佛山市宝爱卫生用品有限公司
Foshan Baoai Sanitary Articles Co., Ltd.
地址(Add)：广东省佛山市南海狮山科技工业园C区骏业路北8号
邮编(P. C.)：528222
电话(Tel)：0757-86655997
传真(Fax)：0757-86655996
Http：//www.fsbaoai.com
联系人(Contact Person)：黄海昌
产品(Products)：婴儿纸尿裤/片，成人纸尿裤/片，护理垫，两用巾
品牌(Brand)：小掌门

佛山市顺德区乐从护康卫生用品厂
Foshan Shunde Lecong Hukang Hygiene Products Factory
地址(Add)：广东省佛山市顺德区乐从劳村工业区
邮编(P. C.)：528315
电话(Tel)：0757-28836785
传真(Fax)：0757-28859236
法人代表(Chairman)：徐华
总经理(General Manager)：徐华
联系人(Contact Person)：徐华
产品(Products)：婴儿纸尿片，成人纸尿片
品牌(Brand)：娇怡，舒贝爽

佛山市顺德区康怡卫生用品有限公司
Foshan Kangyi Hygiene Products Plant
地址(Add)：广东省佛山市顺德区乐从镇劳村怡乐路东2号
邮编(P. C.)：528315
电话(Tel)：0757-28788232
传真(Fax)：0757-28733311
E-mail：2697572691@qq.com
Http：//www.kangyiqiye.com
法人代表(Chairman)：劳绍旗
总经理(General Manager)：劳绍旗
联系人(Contact Person)：刘思伟
产品(Products)：卫生巾，卫生护垫，婴儿纸尿裤/片，成人纸尿裤/片，妇婴两用巾，护理垫
品牌(Brand)：康怡，康怡乐，康怡宝宝，康怡安

新感觉卫生用品有限公司
New Sensation Sanitary Products Co., Ltd.
地址(Add)：广东省佛山市顺德区乐从镇细海工业区
邮编(P. C.)：528351
电话(Tel)：0757-28332551
传真(Fax)：0757-28332561
E-mail：contact@nssp.biz
Http：//www.nssp.biz
法人代表(Chairman)：黎汉中
总经理(General Manager)：黎汉凡
联系人(Contact Person)：黎汉石
产品(Products)：卫生巾，卫生护垫，婴儿纸尿裤/片，成人纸尿裤/片，护理垫，面巾纸，手帕纸，卫生纸
品牌(Brand)：新感觉，没烦恼，飘，动感元素

佛山市爽洁卫生用品有限公司
Foshan Shuangjie Hygiene Products Co., Ltd.
地址(Add)：广东省佛山市顺德区伦教振兴路C座101号
邮编(P. C.)：528308
电话(Tel)：0757-27889903
传真(Fax)：0757-27730111
Http：//www.fssjgs888.cn
联系人(Contact Person)：赖来成
产品(Products)：卫生巾，卫生护垫，婴儿纸尿裤，成人纸尿裤
品牌(Brand)：爽洁

广东美洁卫生用品有限公司
Guangdong Magic Sanitary Articles Co., Ltd.
地址(Add)：广东省佛山市顺德乐从道教工业区中路西6号
邮编(P. C.)：528315
电话(Tel)：0757-28331329
传真(Fax)：0757-28331308
E-mail：gdmeijie@163.com
Http：//www.gdmeijie.com
联系人(Contact Person)：练永谦
产品(Products)：卫生巾，卫生护垫，婴儿纸尿裤/片，成人纸尿裤/片
品牌(Brand)：美洁，美洁宝宝，美宜洁

广州开丽医用科技有限公司
Guangzhou Kaili Medical Science & Technology Co., Ltd.
地址(Add)：广东省广州市白云大道北丛云路810号4楼426房
邮编(P. C.)：510400
电话(Tel)：020-62639227
传真(Fax)：020-62639107

E-mail：gzklzjh@126.com
Http：//www.gzkaili.com
法人代表(Chairman)：谢富康
联系人(Contact Person)：郑建辉
产品(Products)：产妇卫生巾，乳垫，湿巾，护理垫
品牌(Brand)：开丽

广州叶思蔓卫生用品有限公司
Guangzhou Yesmom Sanitary Articles Co., Ltd.
地址(Add)：广东省广州市白云区翰云路471号荷塘领会A栋1201
邮编(P.C.)：510440
电话(Tel)：020-37322421
传真(Fax)：020-36070985
E-mail：yln@breezekorea.net
Http：//www.yesmomkorea.com
总经理(General Manager)：李东奎
联系人(Contact Person)：尹丽娜
产品(Products)：婴儿纸尿裤，成人纸尿裤，护理垫，湿巾
品牌(Brand)：步丽姿，蒙爱，可灵仙子

广州粤丰飞跃实业有限公司
Guangzhou Yuefeng Feiyue Industrial Co., Ltd.
地址(Add)：广东省广州市白云区太和镇第一工业区商贸新村兴和2路1号
邮编(P.C.)：510000
电话(Tel)：020-87424308
传真(Fax)：020-62674088
E-mail：yffy0008@126.com
Http：//www.gzfeiyue.cn.alibaba.com
法人代表(Chairman)：黄景城
总经理(General Manager)：黄景城
联系人(Contact Person)：高云峰
产品(Products)：婴儿纸尿裤/片，成人纸尿裤/片
品牌(Brand)：至爱，娇迪，欣爱

广州市洪威医疗器械有限公司
Guangzhou Hongwei Medical Appliances Co., Ltd.
地址(Add)：广东省广州市番禺区洛溪新城吉祥南街30栋8号
邮编(P.C.)：511400
电话(Tel)：020-34521196
传真(Fax)：020-34521196
法人代表(Chairman)：梅银水
总经理(General Manager)：梅银水
联系人(Contact Person)：梅恩
产品(Products)：护理垫，妇检垫，口罩，帽子，手术衣

广州艾妮丝日用品有限公司
Guangzhou Alice & Lee Daily-Use Commodity Co., Ltd.
地址(Add)：广东省广州市番禺区禺山西路329号1座210
邮编(P.C.)：510310
电话(Tel)：020-39292272
传真(Fax)：020-39292231
E-mail：eric@alicelee.com.hk
Http：//www.alicelee.com.hk
联系人(Contact Person)：Eric Niu
产品(Products)：婴儿纸尿裤，湿巾，卫生巾，护理垫，成人纸尿裤
品牌(Brand)：Alice&Lee，Allready，Rompers

广东惠生科技有限公司
Guangdong Huisheng Science & Technology Co., Ltd.
地址(Add)：广东省广州市天河区海棠路1号伟诚商务广场乙栋403-406室
邮编(P.C.)：510665
电话(Tel)：020-85690450
传真(Fax)：020-85665693
E-mail：540161641@qq.com
Http：//www.jiaoxue168.com
法人代表(Chairman)：张贵生
总经理(General Manager)：张学文
联系人(Contact Person)：汪宏伟
产品(Products)：卫生护垫，妇婴垫巾，护理垫，乳垫，马桶垫纸
品牌(Brand)：娇雪

广州中嘉进出口贸易有限公司
Honga Impot & Export Ltd.
地址(Add)：广东省广州市越秀区华侨新村团结路8号
邮编(P.C.)：510000
电话(Tel)：020-83597409
传真(Fax)：020-82490077
E-mail：shijintian@163.com
Http：//www.honga.com.cn
联系人(Contact Person)：梁彩聘
产品(Products)：卫生纸，面巾纸，厨房纸巾，婴儿纸尿裤，成人纸尿裤

鹤山市嘉美诗保健用品有限公司
Jiameishi Sanitary Products Co., Ltd.
地址(Add)：广东省鹤山市共和镇新连村委会侧
邮编(P.C.)：529728
电话(Tel)：0750-8301908
传真(Fax)：0750-8306618
E-mail：info@china-jiameishi.com
总经理(General Manager)：李世银
联系人(Contact Person)：高华
产品(Products)：婴儿纸尿裤/片，成人纸尿裤/片，护理垫，妇婴两用巾
品牌(Brand)：贝安奇，乐儿朗，嘉美诗，恩氏，康大人

惠东县长荣实业有限公司
Huidong Changrong Industry Co., Ltd.
地址(Add)：广东省惠东县白花镇白花工业区
邮编(P.C.)：516359
电话(Tel)：0752-8868208
传真(Fax)：0752-8861661
法人代表(Chairman)：吴扬勇
总经理(General Manager)：林太平
联系人(Contact Person)：黄凤卿
产品(Products)：成人纸尿裤/片，护理垫
品牌(Brand)：护理伴，惠见康

惠州市宝尔洁卫生用品有限公司
Huizhou Baoerjie Hygiene Products Co., Ltd.
地址(Add)：广东省惠州市博罗县城博义路2号工业区
邮编(P.C.)：516100
电话(Tel)：0752-6626286

传真(Fax)：0752－6634454
E-mail：1035976744@qq.com
Http://www.baoerjie.com
法人代表(Chairman)：黄振辉
总经理(General Manager)：黄振辉
联系人(Contact Person)：黄振辉
产品(Products)：卫生巾，妇婴两用巾，婴儿纸尿裤/片，成人纸尿裤/片，护理垫，湿巾
品牌(Brand)：宝尔洁，柰宝尼尔

江门市乐怡美卫生用品有限公司
Jiangmen Leyimei Hygiene Products Co., Ltd.
地址(Add)：广东省江门市新会区江睦公路100号
邮编(P.C.)：529143
电话(Tel)：0750－6228828
传真(Fax)：0750－6228818
E-mail：jpp315@126.com
Http://www.leyimei.cn
法人代表(Chairman)：谭桂雄
总经理(General Manager)：谭桂雄
联系人(Contact Person)：梁华森
产品(Products)：婴儿纸尿裤，成人纸尿裤/片，护理垫，湿巾
品牌(Brand)：美宜乐，水滋润，互爱

江门市凯乐纸品有限公司
Jiangmen Kaile Paper Co., Ltd.
地址(Add)：广东省江门市新会区睦州镇新沙工业园
邮编(P.C.)：529143
电话(Tel)：0750－6532088
传真(Fax)：0750－6538330
E-mail：sales@kailepaper.com
总经理(General Manager)：容健荣
产品(Products)：婴儿纸尿裤/片，护理垫，卫生巾
品牌(Brand)：朵柔，活泼宝宝，自然感觉，贴身乐

江门市新会区信发卫生用品厂
Jiangmen Xinhui Xinfa Hygiene Products Factory
地址(Add)：广东省江门市新会区睦洲镇江睦公路38号
邮编(P.C.)：529143
电话(Tel)：0750－6227998
传真(Fax)：0750－6227938
E-mail：info@jmxinfa.com
Http://www.jmxinfa.com
总经理(General Manager)：吴携大
联系人(Contact Person)：何锦培
产品(Products)：卫生巾，卫生护垫，婴儿纸尿裤/片，成人纸尿裤/片，护理垫
品牌(Brand)：雨纯，爱莉，活色生香

开平新宝卫生用品有限公司
Kaiping Sunbo Sanitary Products Co., Ltd.
地址(Add)：广东省开平市沙冈新美工业城美华路15号B－9幢
邮编(P.C.)：529300
电话(Tel)：0750－2200102
传真(Fax)：0750－2200103
E-mail：sunbokp@sunbokp.com
Http://www.sunbokp.com
法人代表(Chairman)：谢强
总经理(General Manager)：方荣舜
联系人(Contact Person)：马瑞珍
产品(Products)：卫生巾，卫生护垫，婴儿纸尿片，成人纸尿裤/片
品牌(Brand)：芳婷，贝思乐

汕头市润物护垫制品有限公司
Shantou Nurse Mate Underpads Co., Ltd.
地址(Add)：广东省汕头市龙湖工业区练江南路1号恒辉大厦
邮编(P.C.)：515041
电话(Tel)：0754－88179955
传真(Fax)：0754－88179960
E-mail：nm_underpads@163.com
Http://www.nm_underpad.com
联系人(Contact Person)：卢孝然
产品(Products)：护理垫，检查垫，宠物垫

同高纺织化纤(深圳)有限公司
Equal Good Textile Chemical Fibre Products (Shenzhen) Co., Ltd.
地址(Add)：广东省深圳市宝安区石岩镇三联工业区第1－9栋
邮编(P.C.)：518108
电话(Tel)：0755－27629063
传真(Fax)：0755－27629062
E-mail：sales@nonwoven－eg.com
Http://www.nonwoven－eg.com
法人代表(Chairman)：余敏
总经理(General Manager)：余敏
联系人(Contact Person)：郭人贵
产品(Products)：湿巾，擦拭巾，口罩，医用防护服，成人失禁垫
品牌(Brand)：同高

Rockbrook Industrial Co., Ltd.
地址(Add)：广东省深圳市福田区北环大道7043号青海大厦301室
邮编(P.C.)：518034
电话(Tel)：0755－83953797
传真(Fax)：0755－83953481
E-mail：dept3@rock－brook.com
Http://www.hygiener.com
联系人(Contact Person)：Alex Lau
产品(Products)：卫生巾，卫生护垫，乳垫，婴儿纸尿裤，成人纸尿裤，护理垫
品牌(Brand)：Medicare，Anytime，Mama's Baby，iCare

心丽卫生用品(深圳)有限公司
Sunlight Hygiene Products (Shenzhen) Co., Ltd.
地址(Add)：广东省深圳市龙岗区坪地六联鹤鸣西路7－1号心丽工业园
邮编(P.C.)：518117
电话(Tel)：0755－84087373
传真(Fax)：0755－84088989
E-mail：info@sunlightpaper.com.cn
法人代表(Chairman)：朱新田
总经理(General Manager)：林庆年
联系人(Contact Person)：林梅光
产品(Products)：卫生纸，面巾纸，手帕纸，餐巾纸，厨房纸巾，擦手纸，成人纸尿裤/片，护理垫，手术衣帽，医用检查垫，医用敷料，擦拭巾，湿巾

品牌(Brand)：Sunlight，心丽

深圳市名诗媛卫生用品有限公司
Shenzhen Mingshiyuan Hygiene Products Co., Ltd.
地址(Add)：广东省深圳市龙岗区坪山大工业区
邮编(P. C.)：518118
电话(Tel)：0755－89591950
传真(Fax)：0755－89591950
Http：//www. mingshiyuan. net
联系人(Contact Person)：叶燕翎
产品(Products)：婴儿纸尿裤/片，卫生巾，卫生护垫，成人纸尿裤/片
品牌(Brand)：名诗媛

深圳全棉时代科技有限公司
PurCotton Era Science and Technology Co., Ltd.
地址(Add)：广东省深圳市龙华街道布龙公路旁稳健工业园
邮编(P. C.)：518109
电话(Tel)：0755－28138888
传真(Fax)：0755－28134588
E-mail：kchan@ winnermedical. com
Http：//www. purcotton. cn
联系人(Contact Person)：韩克成
产品(Products)：湿巾，卫生巾，卫生护垫，护理垫
品牌(Brand)：奈丝，全棉时代

爱得利(广州)婴儿用品有限公司
Aideli (Guangzhou) Baby Goods Co., Ltd.
地址(Add)：广东省增城市新塘镇太平洋工业区南安区塘岗
邮编(P. C.)：511340
电话(Tel)：020－82703651
传真(Fax)：020－82703653
E-mail：ivorybaby@ vip. 163. com
Http：//www. ivorybaby. com
法人代表(Chairman)：郭延梓
联系人(Contact Person)：林伟松
产品(Products)：婴儿纸尿裤/片，成人纸尿裤/片，护理垫，湿巾
品牌(Brand)：爱得利

英国爱孚个人护理(香港)有限公司
British Ifoo Personal Care (Hong Kong) Ltd.
地址(Add)：广东省肇庆市蛟塘镇沙田工业区
邮编(P. C.)：526200
电话(Tel)：400－0750－116
传真(Fax)：0758－8112959
联系人(Contact Person)：谭彦岗
产品(Products)：卫生巾，成人纸尿裤
品牌(Brand)：爱孚

中山市宜姿卫生制品有限公司
Zhongshan Yizi Hygiene Articles Co., Ltd.
地址(Add)：广东省中山市南朗镇第六工业园(即大车工业园)新峰二路
邮编(P. C.)：528451
电话(Tel)：0760－85219362
传真(Fax)：0760－85219296
E-mail：yiziyibao@ 163. com
Http：//www. zsyizi. com. cn
法人代表(Chairman)：黄杰培
总经理(General Manager)：董炳怀
产品(Products)：卫生巾，卫生护垫，婴儿纸尿裤/片，成人纸尿裤/片，护理垫，宠物垫，两用巾
品牌(Brand)：宜姿，全日护，索菲尔，宜老，E－索

珠海市健朗生活用品有限公司
Zhuhai Jianlang Consumer Products Co., Ltd.
地址(Add)：广东省珠海市金湾区联港工业区双林片区创业东路9号
邮编(P. C.)：519045
电话(Tel)：0756－3803888
传真(Fax)：0756－3801888
Http：//www. china－jianlang. com. cn
法人代表(Chairman)：朱云
总经理(General Manager)：朱云
联系人(Contact Person)：朱云
产品(Products)：卫生巾，婴儿纸尿裤/片，成人纸尿裤/片，宠物垫，湿巾
品牌(Brand)：樱子，美茵，健妮，健妮娃，樱纸坊，康婶

● 重庆 Chongqing

重庆抒乐工贸有限公司
Chongqing Shule Industry & Trade Co., Ltd.
地址(Add)：重庆市江北区红土地68号一幢一号附一号
邮编(P. C.)：400023
电话(Tel)：023－67762805
传真(Fax)：023－67762316
E-mail：597908349@ qq. com
法人代表(Chairman)：吴全义
联系人(Contact Person)：黄雪玲
产品(Products)：婴儿纸尿裤，成人纸尿裤/片，护理垫
品牌(Brand)：抒乐，安倍娇

● 四川 Sichuan

恒安(四川)家庭用品有限公司
Hengan (Sichuan) Commodities Co., Ltd.
地址(Add)：四川省成都市高新区新加坡工业园新园大道11号
邮编(P. C.)：610041
电话(Tel)：028－82991081
传真(Fax)：028－82991089
E-mail：wangyi@ mail. hengan. com. cn
法人代表(Chairman)：施文博
总经理(General Manager)：王清生
联系人(Contact Person)：王毅
产品(Products)：婴儿纸尿裤，成人纸尿裤，卫生巾
品牌(Brand)：安儿乐，安而康，安尔乐

成都益华塑料包装有限公司
Chengdu Yihua Plastics Packaging Co., Ltd.
地址(Add)：四川省成都市双流彭镇歧阳村东方红水电站对面
邮编(P. C.)：610203
电话(Tel)：028－85848438
传真(Fax)：028－85849288

E-mail：liuzeping@21cn.com
总经理(General Manager)：刘泽平
产品(Products)：成人纸尿裤

自贡简丹卫生用品有限公司
Zigong Jiandan Sanitary Products Co., Ltd.
地址(Add)：四川省自贡市沿滩区沿滩镇梨园路1栋1号
邮编(P.C.)：643030
电话(Tel)：028－85848438
传真(Fax)：028－85849288
E-mail：cdyihua@hotmail.com
联系人(Contact Person)：刘泽平
产品(Products)：成人纸尿裤/片，手术垫，护理垫

● 贵州 Guizhou

赤水卫士科技发展有限公司
Red Guardian Technology Development Co., Ltd.
地址(Add)：贵州省赤水市文化办事处
邮编(P.C.)：564700
电话(Tel)：0852－2888212
总经理(General Manager)：陈小卫
产品(Products)：卫生巾，婴儿纸尿裤/片，护理垫
品牌(Brand)：卫士

● 云南 Yunnan

淼美国际有限公司
Muma International Co., Ltd.
地址(Add)：云南省昆明市西山区金广路红星美凯龙晶品6幢3203室
邮编(P.C.)：650228
电话(Tel)：0871－64593534
传真(Fax)：0871－64593534
E-mail：527166019@qq.com
总经理(General Manager)：赵云红
联系人(Contact Person)：寇荣华
产品(Products)：卫生巾，卫生护垫，成人纸尿裤
品牌(Brand)：柔贝洁，淼美

● 陕西 Shaanxi

西安市西耀纸业商贸有限公司
Xian Xiyao Paper Trade Co., Ltd.
地址(Add)：陕西省西安市三桥阿房一路中段府东寨168号
邮编(P.C.)：710086
电话(Tel)：029－84510829
传真(Fax)：029－84520261
E-mail：xi_an_xiyao@vip.163.com
联系人(Contact Person)：李西耀
产品(Products)：成人纸尿裤/片，护理垫，面巾纸
品牌(Brand)：莫菲儿，阿房情，泰迪

● 新疆 Xinjiang

乌鲁木齐乐宝氏卫生用品有限公司
Wulumuqi Lebaoshi Hygiene Products Co., Ltd.
地址(Add)：新疆乌鲁木齐市米东工业区
邮编(P.C.)：830000
电话(Tel)：0991－3346777
传真(Fax)：0991－3345777
联系人(Contact Person)：江建伟
产品(Products)：卫生巾，婴儿纸尿裤/片，成人纸尿裤/片，湿巾

宠物卫生用品生产企业
按地区细分统计
(2013年，统计总数55家)

序号	行政区 Region	企业数	起始页	序号	行政区 Region	企业数	起始页
2	天津 Tianjin	5	474	12	安徽 Anhui	1	478
3	河北 Hebei	1	474	13	福建 Fujian	4	478
6	辽宁 Liaoning	3	474	14	江西 Jiangxi	1	478
9	上海 Shanghai	5	475	15	山东 Shandong	6	479
10	江苏 Jiangsu	14	475	16	河南 Henan	1	479
11	浙江 Zhejiang	9	477	19	广东 Guangdong	5	479

注：1北京、4山西、5内蒙古、7吉林、8黑龙江、17湖北、18湖南、20广西、21海南、22重庆、23四川、24贵州、25云南、26西藏、27陕西、28甘肃、29青海、30宁夏、31新疆缺项。

宠物卫生用品
Hygiene products for pets

● 天津 Tianjin

天津市舒爽卫生制品有限公司
Tianjin Shushuang Hygiene Products Co., Ltd.
地址(Add)：天津市宝坻区技术监督局南侧
邮编(P. C.)：301800
电话(Tel)：022 - 82665009
传真(Fax)：022 - 82655009
E-mail：shushuang5009@163. com
Http：//www. tishushuang. com
法人代表(Chairman)：杨少东
总经理(General Manager)：杨少东
联系人(Contact Person)：杨少东
产品(Products)：卫生巾，妇幼两用巾，卫生护垫，婴儿纸尿裤/片，成人纸尿裤/片，护理垫，宠物垫
品牌(Brand)：雅惠，达保健，丝倍爽，爽娃

天津市英华妇幼用品有限公司
Tianjin Yinghua Women & Children Products Co., Ltd.
地址(Add)：天津市东丽区金钟公路大毕庄镇南孙庄
邮编(P. C.)：300240
电话(Tel)：022 - 26791415
传真(Fax)：022 - 26795158
E-mail：sfj@yinghuatj. com
Http：//www. yinghuatj. com
法人代表(Chairman)：孙富举
总经理(General Manager)：孙富举
联系人(Contact Person)：孙永跃
产品(Products)：卫生巾，卫生护垫，婴儿纸尿裤/片，成人纸尿裤/片，护理垫，宠物垫
品牌(Brand)：心宝，心思，假日之恋，厚生堂

天津市恒新纸业有限公司
Tianjin Permanent New Paper Co., Ltd.
地址(Add)：天津市津南经济技术开发区(双港)上海街10号
邮编(P. C.)：300350
电话(Tel)：022 - 88828659
传真(Fax)：022 - 88828679
E-mail：hengxin - zhiye@sohu. com
法人代表(Chairman)：李宝金
总经理(General Manager)：李宝金
联系人(Contact Person)：宁书金
产品(Products)：卫生巾，卫生护垫，护理垫，宠物垫
品牌(Brand)：假日欣，好丽友，炫彩，邦宜生

白领假日(天津)贸易有限公司
Bailing Holiday (Tianjin) Trade Co., Ltd.
地址(Add)：天津市南开区复兴路216号
邮编(P. C.)：300071
电话(Tel)：022 - 82680286
传真(Fax)：022 - 82680286
E-mail：bailingholiday@163. com
Http：//www. bailingholiday. com
法人代表(Chairman)：张宇楠
总经理(General Manager)：张宇楠
联系人(Contact Person)：张宇楠
产品(Products)：卫生巾，婴儿纸尿裤/片，护理垫，宠物垫，湿巾
品牌(Brand)：白领假日

天津市依依卫生用品有限公司
Tianjin Yiyi Hygiene Products Co., Ltd.
地址(Add)：天津市西青区张家窝工业园
邮编(P. C.)：300380
电话(Tel)：022 - 87988888
传真(Fax)：022 - 87987888
E-mail：gaobin7705@163. com
Http：//www. tjyiyi. com
法人代表(Chairman)：卢俊美
总经理(General Manager)：卢俊美
联系人(Contact Person)：张健
产品(Products)：卫生巾，卫生护垫，婴儿纸尿裤/片，护理垫，宠物垫，卫生纸，纸巾纸，湿巾
品牌(Brand)：依依，多帮乐，爱梦园

● 河北 Hebei

唐县京旺卫生用品有限公司
Tangxian Jingwang Hygiene Products Co., Ltd.
地址(Add)：河北省保定市唐县王京工业园区
邮编(P. C.)：072350
电话(Tel)：0312 - 6487857
传真(Fax)：0312 - 6487857
E-mail：191749122@qq. com
法人代表(Chairman)：杨惠茹
总经理(General Manager)：岳洋
联系人(Contact Person)：张涵
产品(Products)：卫生护垫，婴儿纸尿裤，成人纸尿裤，宠物垫

● 辽宁 Liaoning

大连爱丽思生活用品有限公司
Dalian Iris Commodity Co., Ltd.
地址(Add)：辽宁省大连出口加工区IIB - 45
邮编(P. C.)：116600
电话(Tel)：0411 - 87572999 - 8777
传真(Fax)：0411 - 87572899
E-mail：yuhaibin@irisohyama. co. jp
Http：//www. iris. net. cn
联系人(Contact Person)：于海滨
产品(Products)：宠物垫

大连善德来生活用品有限公司
Dalian Sundly Home Products Co., Ltd.
地址(Add)：辽宁省大连市经济技术开发区淮河中路99

号金港企业配套园2期19号厂房A座
邮编(P. C.): 116600
电话(Tel): 0411－87406355
传真(Fax): 0411－87406011
E-mail: yxj－1978@ sohu. com
Http://www. dlsundly. com
联系人(Contact Person): 闫晓捷
产品(Products): 宠物垫, 护理垫
品牌(Brand): 康恩乐, 菲乐, 嘟乐

丹东北方卫生用品有限公司
Dandong Beifang Hygiene Products Co., Ltd.
地址(Add): 辽宁省丹东市振兴区胜利街793号
邮编(P. C.): 118008
电话(Tel): 0415－6222346
传真(Fax): 0415－6224025
E-mail: bfjx@ bfjx. com
Http://www. bfjx. com
法人代表(Chairman): 曹贵杰
联系人(Contact Person): 沈冬梅
产品(Products): 护理垫, 宠物垫, 卫生巾, 卫生护垫
品牌(Brand): 花芯芳菲

● 上海 Shanghai

上海元闲宠物用品有限公司
Shanghai Yuanxian Pet Products Co., Ltd.
地址(Add): 上海市虹口商城1304
邮编(P. C.): 200062
电话(Tel): 021－56030955
传真(Fax): 021－56778098
E-mail: yuanxianpet@ 126. com
Http://yuanliangpet. 168. com
法人代表(Chairman): 唐坚定
总经理(General Manager): 唐坚定
联系人(Contact Person): 唐雁
产品(Products): 宠物纸尿片, 湿巾
品牌(Brand): 宝尼

上海天茂纸制品有限公司
Shanghai Tianmao Paper Products Co., Ltd.
地址(Add): 上海市嘉定区嘉唐公路2290号
邮编(P. C.): 201816
电话(Tel): 021－62872918
传真(Fax): 021－62872918
E-mail: jmyhan@ hotmail. com
总经理(General Manager): 韩则鸣
产品(Products): 护理垫, 宠物垫

上海唯爱纸业有限公司
Shanghai Weiai Paper Co., Ltd.
地址(Add): 上海市南汇区宣桥镇三灶工业园宣秋路446号A楼
邮编(P. C.): 201300
电话(Tel): 021－51961288
传真(Fax): 021－51961278
E-mail: weiaiaiwei1@ sina. com
Http://www. shevery. com. cn
法人代表(Chairman): 程学保
总经理(General Manager): 程学保
联系人(Contact Person): 沈治文
产品(Products): 湿巾, 餐巾纸, 面巾纸, 厨房纸巾, 擦手纸, 婴儿纸尿裤/片, 宠物巾, 汽车擦拭巾
品牌(Brand): 爱唯

上海唯尔福集团股份有限公司
Shanghai Welfare Group Co., Ltd.
地址(Add): 上海市青浦区华新镇徐华公路3029弄88号
邮编(P. C.): 201705
电话(Tel): 021－39873598
传真(Fax): 021－39873188
E-mail: wef 2008@ 163. com
Http://www. wef 2008. com
法人代表(Chairman): 何幼成
总经理(General Manager): 何幼成
联系人(Contact Person): 孙丽娜
产品(Products): 卫生巾, 卫生护垫, 婴儿纸尿裤/片, 成人纸尿裤/片, 宠物垫, 护理垫, 原纸, 卫生纸, 面巾纸, 手帕纸, 餐巾纸, 厨房纸巾, 擦手纸, 湿巾
品牌(Brand): 唯尔福, 美丽约会, 唯儿福, 纸音

阿蓓纳(上海)贸易有限公司
Abena (Shanghai) Trading Co., Ltd.
地址(Add): 上海市威海路511号上海国际集团大厦1203室
邮编(P. C.): 200041
电话(Tel): 021－63724829－218
E-mail: vli@ abena. com
Http://www. abena. com
联系人(Contact Person): 刘明灯
产品(Products): 成人纸尿裤/片, 宠物垫

● 江苏 Jiangsu

常州市宏泰纸膜有限公司
Changzhou Hongtai Paper Film Co., Ltd.
地址(Add): 江苏省常州市戚墅堰东前杨工业区前杨村委旁
邮编(P. C.): 213011
电话(Tel): 0519－88773069
传真(Fax): 0519－88772898
E-mail: info@ cnhtzm. com
Http://www. cnhtzm. com
联系人(Contact Person): 徐波
产品(Products): 护理垫, 宠物垫, 手术单

常州康贝护理卫生用品有限公司
Changzhou Kombi Nursing Healthy Supplies Co., Ltd.
地址(Add): 江苏省常州市天宁区青龙街道虹阳路2号
邮编(P. C.): 213149
电话(Tel): 0519－85503603
传真(Fax): 0519－85503604
E-mail: luzubin@ 126. com
联系人(Contact Person): 邹文娟
产品(Products): 婴儿纸尿裤, 成人纸尿裤, 护理垫, 乳垫, 宠物垫
品牌(Brand): 爱丽舒

常州市梦爽卫生用品有限公司
Changzhou Mengshuang Sanitary Products Co., Ltd.
地址(Add): 江苏省常州市武进区礼嘉镇工业园

邮编(P. C.)：213176
电话(Tel)：0519-86232951
传真(Fax)：0519-86238008
E-mail：mengshuanglove@126.com
Http://czmengshuang.1688.com
法人代表(Chairman)：陆元清
总经理(General Manager)：陆元清
联系人(Contact Person)：陆元清
产品(Products)：卫生巾，卫生护垫，婴儿纸尿裤，成人纸尿裤，护理垫，宠物垫，乳垫
品牌(Brand)：靓爽

常州市武进亚星卫生用品有限公司
Changzhou Wujin Yaxing Hygiene Products Co., Ltd.
地址(Add)：江苏省常州市武进区礼嘉镇王言桥
邮编(P. C.)：213176
电话(Tel)：0519-86232358
传真(Fax)：0519-86235865
E-mail：yxgs_358@vip.163.com
Http://clsyxgs.1688.com
法人代表(Chairman)：陈锡和
总经理(General Manager)：陈丽松
联系人(Contact Person)：陈丽松
产品(Products)：乳垫，成人纸尿裤，护理垫，宠物垫

常州好妈妈纸业有限公司
Changzhou Haomama Paper Co., Ltd.
地址(Add)：江苏省常州市武进区武宜南路188号
邮编(P. C.)：213164
电话(Tel)：0519-86524330
传真(Fax)：0519-86534330
E-mail：yinhui@czaibao.com
Http://www.czaibao.com
总经理(General Manager)：徐文元
联系人(Contact Person)：徐云超
产品(Products)：乳垫，宠物垫
品牌(Brand)：妈妈宝

丹阳市金晶卫生用品有限公司
Danyang Jinjing Health Products Co., Ltd.
地址(Add)：江苏省丹阳市开发区新世纪工业园B区
邮编(P. C.)：212314
电话(Tel)：0511-86962396
传真(Fax)：0511-86963223
Http://www.jsjinjing.com.cn
联系人(Contact Person)：孙正娟
产品(Products)：成人纸尿裤/片，失禁垫，宠物垫，母婴两用巾，卫生巾，卫生护垫，手术床罩，检查垫，床垫

好孩子百瑞康卫生用品有限公司
Goodbaby Bairuikang Hygienic Products Co., Ltd.
地址(Add)：江苏省昆山市陆家镇富荣路1号
邮编(P. C.)：215331
电话(Tel)：0512-57871399
传真(Fax)：0512-57679343
E-mail：pqshen@goodbabygroup.com
Http://www.goodbaby.com
法人代表(Chairman)：宋郑还
总经理(General Manager)：辛树林
联系人(Contact Person)：沈平强
产品(Products)：婴儿纸尿裤，宠物纸尿裤
品牌(Brand)：好孩子，奇妙鸭

南通恒拓进出口贸易有限公司
Nantong Hengtuo Imp. & Exp. Trading Co., Ltd.
地址(Add)：江苏省南通市人民东路王府大厦1幢1003室
邮编(P. C.)：226000
电话(Tel)：0513-85581055
传真(Fax)：0513-85513886
E-mail：hengtuo@nthengtuo.com
Http://www.nthengtuo.com
总经理(General Manager)：石红光
联系人(Contact Person)：石红光
产品(Products)：宠物垫，宠物纸尿片，成人纸尿裤，护理垫

南通锦晟卫生用品有限公司
Nantong Jinsheng Hygiene Products Co., Ltd.
地址(Add)：江苏省南通市通州区东社工业园区
邮编(P. C.)：226000
电话(Tel)：0513-86190558
传真(Fax)：0513-86295966
法人代表(Chairman)：邢跃军
总经理(General Manager)：邢跃军
联系人(Contact Person)：邢跃军
产品(Products)：护理垫，宠物垫
品牌(Brand)：惠尔福

南通锦程护理垫有限公司
Nantong Jincheng Pad Co., Ltd.
地址(Add)：江苏省如皋市九华镇东工业园区合力路
邮编(P. C.)：226541
电话(Tel)：0513-87908876
传真(Fax)：0513-87905268
E-mail：nantqiyue@126.com
Http://ntqiyue.1688.com
法人代表(Chairman)：韩锦云
总经理(General Manager)：韩锦云
联系人(Contact Person)：韩锦云
产品(Products)：宠物垫，婴儿纸尿裤，成人纸尿裤

苏州旭鹏宠物用品有限公司
Suzhou Xupeng Pet Products Co., Ltd.
地址(Add)：江苏省苏州市吴中区胥口镇合丰路219号
邮编(P. C.)：215156
电话(Tel)：0512-66242335
传真(Fax)：0512-66931052
联系人(Contact Person)：顾卫强
产品(Products)：宠物垫，宠物纸尿片

苏州惠康护理用品有限公司
Suzhou Welcomed Co., Ltd.
地址(Add)：江苏省苏州市相城区黄桥工业一区兴业路6-2号
邮编(P. C.)：215122
电话(Tel)：0512-65785718
传真(Fax)：0512-65785758
E-mail：sz.shp@163.com
Http://www.szhkmedical.com
法人代表(Chairman)：山惠平

总经理(General Manager)：山惠平
联系人(Contact Person)：山惠平
产品(Products)：护理垫，宠物垫

苏州市泰升床垫有限公司
Suzhou Taisheng Underpad Co., Ltd.
地址(Add)：江苏省苏州市相城区望亭镇迎湖工业园万丰路8号
邮编(P. C.)：215155
电话(Tel)：0512－66705322
传真(Fax)：0512－66705322
E-mail：suzhou.taisheng@163.com
总经理(General Manager)：沈新
产品(Products)：护理垫，宠物垫

江苏中恒宠物用品股份有限公司
Jiangsu Zhongheng Pets Products Co., Ltd.
地址(Add)：江苏省盐城市盐都新区开创路8号
邮编(P. C.)：224055
电话(Tel)：0515－86021111
传真(Fax)：0515－88463555
E-mail：zhongheng@jszhongheng.com
Http://www.jszhongheng.com
法人代表(Chairman)：仇勇
总经理(General Manager)：仇勇
联系人(Contact Person)：仇勇
产品(Products)：宠物垫

● 浙江 Zhejiang

浙江英凯莫实业有限公司
Zhejiang Ecocom Industry Co., Ltd.
地址(Add)：浙江省富阳市迎宾北路105号
邮编(P. C.)：311400
电话(Tel)：0571－63373986
传真(Fax)：0571－63373955
E-mail：info@ecocom.com.cn
Http://www.ecocom.com.cn
总经理(General Manager)：孙根友
联系人(Contact Person)：孙根友
产品(Products)：婴儿纸尿裤，护理垫，宠物垫

杭州辉煌卫生用品有限公司
Hangzhou Brilliant Sanitary Products Co., Ltd.
地址(Add)：浙江省杭州市萧山区戴村镇尖山下
邮编(P. C.)：311261
电话(Tel)：0571－82251008
传真(Fax)：0571－82238999
E-mail：siwenok@126.com
Http://www.hzbrilliant.com
法人代表(Chairman)：邵伟荣
总经理(General Manager)：邵伟荣
联系人(Contact Person)：朱爱兰
产品(Products)：婴儿纸尿裤，宠物纸尿裤，宠物垫，护理垫

杭州集成复合材料有限公司
Hangzhou Jicheng Complex Material Co., Ltd.
地址(Add)：浙江省杭州市萧山区萧绍东路180－1号
邮编(P. C.)：311200
电话(Tel)：0571－82863868
传真(Fax)：0571－82863678
E-mail：hz801@jclamination.com
Http://www.jclamination.com.cn
法人代表(Chairman)：陈志良
总经理(General Manager)：陈志良
联系人(Contact Person)：陈志良
产品(Products)：手术衣，防护服，宠物垫

杭州新翔工贸有限公司
Hangzhou Xinxiang Industry & Trade Co., Ltd.
地址(Add)：浙江省杭州市余杭区南苑高地村
邮编(P. C.)：311100
电话(Tel)：0571－86151718
传真(Fax)：0571－86157188
E-mail：cyz@hzxxgm.com
Http://www.hzxxgm.com
法人代表(Chairman)：陈月忠
总经理(General Manager)：陈月忠
联系人(Contact Person)：金海燕
产品(Products)：卫生巾，卫生护垫，乳垫，婴儿纸尿裤，宠物垫
品牌(Brand)：希尔美，贴心宝贝

杭州豪悦实业有限公司
Hangzhou Haoyue Industrial Co., Ltd.
地址(Add)：浙江省杭州市余杭区瓶窑凤都路3号
邮编(P. C.)：311115
电话(Tel)：0571－26291801
传真(Fax)：0571－26291810
E-mail：cao1801@163.com
Http://www.hz－haoyue.com
法人代表(Chairman)：李志彪
总经理(General Manager)：李志彪
联系人(Contact Person)：曹凤姣
产品(Products)：卫生巾，卫生护垫，成人纸尿裤/片，婴儿纸尿裤/片，湿巾，护理垫，宠物垫
品牌(Brand)：希望宝宝，白十字，汇泉

杭州可靠护理用品股份有限公司
Hangzhou Coco Healthcare Products Co., Ltd.
地址(Add)：浙江省临安市锦城街道城西工业园区花桥路2号
邮编(P. C.)：311399
电话(Tel)：0571－61082981
传真(Fax)：0571－63702588
E-mail：wanghl@cocohealthcare.com
Http://www.cocohealthcare.com
法人代表(Chairman)：金利伟
总经理(General Manager)：金利伟
联系人(Contact Person)：王慧兰
产品(Products)：婴儿纸尿裤，成人纸尿裤，护理垫，拉拉裤，宠物纸尿裤，宠物垫，湿巾
品牌(Brand)：酷特适，可靠，派特酷，可可的童话

绍兴唯尔福妇幼用品有限公司
Shaoxing Welfare Women & Children Products Co., Ltd.
地址(Add)：浙江省绍兴市袍江工业区南区D21号
邮编(P. C.)：312001
电话(Tel)：0575－88241241
传真(Fax)：0575－88242915

E-mail：wef 2008@163. com
Http：//www. wef 2008. com
法人代表(Chairman)：何幼成
总经理(General Manager)：何幼成
联系人(Contact Person)：何幼成
产品(Products)：卫生巾，卫生护垫，婴儿纸尿裤/片，成人纸尿裤/片，护理垫，宠物垫，湿巾，生活用纸
品牌(Brand)：唯尔福，唯儿福，纸音

义乌市比爱卫生用品有限公司
Yiwu Biai Hygiene Products Co., Ltd.
地址(Add)：浙江省义乌市义亭工业区
邮编(P. C.)：322005
电话(Tel)：0579－85558500
传真(Fax)：0579－85816858
E-mail：sales@biaichina. com
Http：//www. biaichina. com
法人代表(Chairman)：王爱加
总经理(General Manager)：周喜飞
联系人(Contact Person)：傅淑芬
产品(Products)：卫生巾，卫生护垫，婴儿纸尿裤，湿巾，宠物垫，宠物纸尿裤
品牌(Brand)：比爱

浙江安柔卫生用品有限公司
Zhejiang Anrou Hygiene Products Co., Ltd.
地址(Add)：浙江省义乌市义亭工业区稠义西路168号
邮编(P. C.)：322005
电话(Tel)：0579－85679688
传真(Fax)：0579－85817688
E-mail：managerchen811@sohu. com
Http：//www. anrou. cn
法人代表(Chairman)：李光军
总经理(General Manager)：李光军
联系人(Contact Person)：陈坚
产品(Products)：卫生巾，卫生护垫，乳垫，婴儿纸尿裤/片，成人纸尿裤，护理垫，湿巾，宠物垫，汗液垫
品牌(Brand)：安柔，澳利康，子女心

● 安徽 Anhui

芜湖悠派卫生用品有限公司
U－play Corporation
地址(Add)：安徽省芜湖市芜湖县六郎殷港工业园
邮编(P. C.)：241000
电话(Tel)：0553－8516798
传真(Fax)：0553－8516799
E-mail：info@u－play－corp. com
Http：//www. u－play－corp. com
法人代表(Chairman)：程岗
总经理(General Manager)：程岗
联系人(Contact Person)：邢思文
产品(Products)：宠物垫，护理垫

● 福建 Fujian

苏珊妈咪母婴用品有限公司
Susan Mummy Women & Children Articles Co., Ltd.
地址(Add)：福建省晋江市陈埭镇金溪路
邮编(P. C.)：362211
电话(Tel)：0595－82963690
传真(Fax)：0595－82963690
E-mail：841376369@qq. com
法人代表(Chairman)：苏联文
总经理(General Manager)：苏联文
联系人(Contact Person)：池雪婷
产品(Products)：婴儿纸尿裤，成人纸尿裤，卫生巾，宠物垫
品牌(Brand)：苏珊妈咪，苏珊大妈

泉州美欣妇幼用品有限公司
Quanzhou Meixin Women & Children Articles Co., Ltd.
地址(Add)：福建省南安市洪濑镇东溪开发区
邮编(P. C.)：362331
电话(Tel)：0595－26888266
传真(Fax)：0595－26888379
联系人(Contact Person)：李进生
产品(Products)：婴儿纸尿裤/片，成人纸尿裤/片，卫生巾，卫生护垫，床垫，宠物垫，湿巾
品牌(Brand)：洁宝适

南安市泉发纸品有限公司
Nanan Quanfa Paper Products Co., Ltd.
地址(Add)：福建省南安市柳城办事处露江工业区
邮编(P. C.)：363000
电话(Tel)：0595－86355566
传真(Fax)：0595－86371629
联系人(Contact Person)：许超阳
产品(Products)：成人纸尿裤/片，婴儿纸尿裤/片，卫生巾，卫生护垫，宠物垫
品牌(Brand)：怡儿乐，佰护

南安市老有福卫生用品厂
Nanan Laoyoufu Hygiene Products Factory
地址(Add)：福建省南安市溪美宣化工业区
邮编(P. C.)：362399
电话(Tel)：0595－86378136
传真(Fax)：0595－86378136
联系人(Contact Person)：林圣吉
产品(Products)：成人纸尿裤/片，护理垫，宠物垫，医疗手术垫
品牌(Brand)：老有福

● 江西 Jiangxi

江西生成卫生用品有限公司
Jiangxi Shengcheng Hygiene Products Co., Ltd.
地址(Add)：江西省武宁县万福经济技术开发区生成路1号
邮编(P. C.)：332300
电话(Tel)：0792－2831116
传真(Fax)：0792－2831116
E-mail：ssb@cnsencen. com
Http：//www. cnsencen. com
法人代表(Chairman)：余陈
总经理(General Manager)：余陈
联系人(Contact Person)：舒松柏
产品(Products)：湿巾，马桶垫纸，宠物垫
品牌(Brand)：SC，派锐，棉新

● 山东 Shandong

山东爱舒乐卫生用品有限公司
Shandong Aishule Health Products Co., Ltd.
地址(Add)：山东省临沂市罗庄区罗八路 52 号
邮编(P. C.)：276017
电话(Tel)：0539 - 8488808
传真(Fax)：0539 - 8488806
E-mail：sd_aishule@163.com
联系人(Contact Person)：张志涛
产品(Products)：成人纸尿裤/片，护理垫，卫生床垫，宠物垫
品牌(Brand)：幸福时光，乐陪，贝贝考拉

临沂图艾丘护理用品有限公司
2H Healthcare Products Co., Ltd.
地址(Add)：山东省临沂市罗庄区永盛路 117 号
邮编(P. C.)：276017
电话(Tel)：0539 - 5635395
传真(Fax)：0539 - 5635396
E-mail：yukai@2hlinyi.com
Http://www.2hlinyi.com
总经理(General Manager)：王昱凯
联系人(Contact Person)：王昱凯
产品(Products)：婴儿纸尿裤，成人纸尿裤，护理垫，妇婴两用垫，宠物垫
品牌(Brand)：母悦，老全包，钟华

青岛德荣卫生用品有限公司
Qingdao Derong Hygiene Products Co., Ltd.
地址(Add)：山东省青岛市即墨北安工业园 101 号
邮编(P. C.)：266201
电话(Tel)：0532 - 88733066
传真(Fax)：0532 - 88131308
E-mail：johnny@dnrpad.com
Http://www.dnrpad.com
总经理(General Manager)：田恩学
联系人(Contact Person)：田恩学
产品(Products)：宠物垫

青岛正利纸业有限公司
Qingdao Zhengli Paper Co., Ltd.
地址(Add)：山东省青岛市四方区德兴东路 8 号
邮编(P. C.)：266100
电话(Tel)：0532 - 85034166
传真(Fax)：0532 - 85032173
E-mail：grpldz@public.qd.sd.cn
Http://www.zhenglizhiye.com
总经理(General Manager)：卢正利
联系人(Contact Person)：王守岗
产品(Products)：卫生纸，面巾纸，盘纸，擦手纸，原纸，纸质猫砂，马桶垫纸
品牌(Brand)：正利

沁源卫生用品有限公司
Qinyuan Hygiene Products Co., Ltd.
地址(Add)：山东省文登市侯家镇龙山路 14 号
邮编(P. C.)：264405
电话(Tel)：0631 - 8727033
传真(Fax)：0631 - 8725388
E-mail：info@cnkingway.com
Http://www.cnkingway.com
法人代表(Chairman)：吴树广
总经理(General Manager)：吴树广
联系人(Contact Person)：侯增泽
产品(Products)：宠物垫，护理垫，手术垫

威海今朝卫生用品有限公司
Weihai Jinzhao Sanitary Products Co., Ltd.
地址(Add)：山东省文登市秀山西路 15 - 2 号
邮编(P. C.)：264200
电话(Tel)：0631 - 8879099
传真(Fax)：0631 - 8879555
E-mail：jinzhao_hou@hotmail.com
Http://www.jinzhaowh.com
联系人(Contact Person)：侯登刚
产品(Products)：宠物垫，护理垫，手术垫

● 河南 Henan

河南省永城市好理想卫生用品有限公司
Yongcheng Haolixiang Hygiene Products Co., Ltd.
地址(Add)：河南省永城市新城工业园
邮编(P. C.)：476600
电话(Tel)：0370 - 5152222
传真(Fax)：0370 - 5158566
E-mail：610164077@qq.com
Http://www.sqhaolixiang.cn
法人代表(Chairman)：王桂华
总经理(General Manager)：张玉英
联系人(Contact Person)：张淑娜
产品(Products)：卫生巾，婴儿纸尿片，成人纸尿裤，护理垫，宠物垫
品牌(Brand)：好理想

● 广东 Guangdong

汕头市润物护垫制品有限公司
Shantou Nurse Mate Underpads Co., Ltd.
地址(Add)：广东省汕头市龙湖工业区练江南路 1 号恒辉大厦
邮编(P. C.)：515041
电话(Tel)：0754 - 88179955
传真(Fax)：0754 - 88179960
E-mail：nm_underpads@163.com
Http://www.nm_underpad.com
联系人(Contact Person)：卢孝然
产品(Products)：护理垫，检查垫，宠物垫

深圳天意宝婴儿用品有限公司
Shenzhen Tianyibao Baby Products Co., Ltd.
地址(Add)：广东省深圳市龙岗区龙岗镇龙西五联朱古石路 70 号后黄振江厂房
邮编(P. C.)：518116
电话(Tel)：0755 - 89902958
传真(Fax)：0755 - 89923950
E-mail：sz - tianyi@163.com
总经理(General Manager)：李伟光
产品(Products)：宠物垫，乳垫，婴儿围兜，床单，桌布

中山市川田卫生用品有限公司
Kawada (Zhongshan) Sanitary Products Co., Ltd.
地址(Add)：广东省中山市火炬开发区陵岗(嘉明电厂宿舍对面)
邮编(P. C.)：528437
电话(Tel)：0760 - 88203336
传真(Fax)：0760 - 88203276
E-mail：kawada@163. com
Http://www. kawada. com. cn
法人代表(Chairman)：孙潞德
总经理(General Manager)：李忠勉
联系人(Contact Person)：李忠勉
产品(Products)：卫生巾，卫生护垫，乳垫，婴儿纸尿裤/片，宠物纸尿裤，宠物垫
品牌(Brand)：非凡魅力，拍拍爽

中山市宜姿卫生制品有限公司
Zhongshan Yizi Hygiene Articles Co., Ltd.
地址(Add)：广东省中山市南朗镇第六工业园(即大车工业园)新峰二路
邮编(P. C.)：528451
电话(Tel)：0760 - 85219362
传真(Fax)：0760 - 85219296
E-mail：yiziyibao@163. com
Http://www. zsyizi. com. cn
法人代表(Chairman)：黄杰培
总经理(General Manager)：董炳怀
产品(Products)：卫生巾，卫生护垫，婴儿纸尿裤/片，成人纸尿裤/片，护理垫，宠物垫，两用巾
品牌(Brand)：宜姿，全日护，索菲尔，宜老，E - 索

珠海市健朗生活用品有限公司
Zhuhai Jianlang Consumer Products Co., Ltd.
地址(Add)：广东省珠海市金湾区联港工业区双林片区创业东路9号
邮编(P. C.)：519045
电话(Tel)：0756 - 3803888
传真(Fax)：0756 - 3801888
Http://www. china - jianlang. com. cn
法人代表(Chairman)：朱云
总经理(General Manager)：朱云
联系人(Contact Person)：朱云
产品(Products)：卫生巾，婴儿纸尿裤/片，成人纸尿裤/片，宠物垫，湿巾
品牌(Brand)：樱子，美茵，健妮，健妮娃，樱纸坊，康婶

擦拭巾生产企业
按地区细分统计
（2013年，统计总数578家）

序号	行政区 Region	企业数	起始页	序号	行政区 Region	企业数	起始页
1	北京 Beijing	24	482	15	山东 Shandong	57	521
2	天津 Tianjin	14	484	16	河南 Henan	17	526
3	河北 Hebei	23	486	17	湖北 Hubei	12	528
4	山西 Shanxi	1	488	18	湖南 Hunan	8	529
5	内蒙古 Inner Mongolia	1	488	19	广东 Guangdong	77	530
6	辽宁 Liaoning	31	488	20	广西 Guangxi	4	539
7	吉林 Jilin	10	492	21	海南 Hainan	1	539
8	黑龙江 Heilongjiang	8	493	22	重庆 Chongqing	9	539
9	上海 Shanghai	50	493	23	四川 Sichuan	6	540
10	江苏 Jiangsu	50	499	24	贵州 Guizhou	1	541
11	浙江 Zhejiang	74	504	25	云南 Yunnan	2	541
12	安徽 Anhui	19	511	26	西藏 Tibet	1	541
13	福建 Fujian	56	513	27	陕西 Shaanxi	6	542
14	江西 Jiangxi	13	519	31	新疆 Xinjiang	3	542

注：28甘肃、29青海和30宁夏缺项。

擦拭巾
Wipes

● 北京 Beijing

多尼克(北京)化学有限公司
Donica (Beijing) Chemicals Ltd.
地址(Add): 北京市昌平区北七家镇鲁疃工业园 3 号
邮编(P. C.): 102209
电话(Tel): 010－69756692
传真(Fax): 010－69756697
E-mail: donica@ donica. com. cn
Http://www. donica. com. cn
联系人(Contact Person): 李国凤
产品(Products): 湿巾
品牌(Brand): 阿香, 蒂姆 & 萨莉

北京派尼尔纸业有限公司
Beijing Pioneer Paper Co., Ltd.
地址(Add): 北京市昌平区回龙观镇回龙观村北
邮编(P. C.): 102208
电话(Tel): 010－52788099
传真(Fax): 010－52788009
Http://www. bjpioneer. com. cn
法人代表(Chairman): 王长江
总经理(General Manager): 赵玉红
产品(Products): 餐巾纸, 面巾纸, 卫生纸, 擦手纸, 湿巾
品牌(Brand): 派尼尔

北京鹏达雅洁卫生用品有限公司
Beijing Pengda Yajie Sanitary Products Co., Ltd.
地址(Add): 北京市昌平区阳坊工业开发区东区 1 号
邮编(P. C.): 102205
电话(Tel): 010－69764376
传真(Fax): 010－69764617
E-mail: pdyj@ pdyj. cn
法人代表(Chairman): 彭德远
总经理(General Manager): 马金梅
联系人(Contact Person): 马金梅
产品(Products): 湿巾
品牌(Brand): 天天洁

北京泰德玖品生物科技有限公司
Beijing Tide Jayauce Biological Technology Co., Ltd.
地址(Add): 北京市朝阳区东三环中路 39 号建外 SOHO4 号 1505
邮编(P. C.): 100011
电话(Tel): 010－58695931
传真(Fax): 010－58695931
E-mail: i9oo9i@ sina. com
Http://www. jiupinchina. com
联系人(Contact Person): 刘冰清
产品(Products): 卫生巾, 湿巾

北京欣龙无纺新材料有限公司
Xinlong Nonwovens (Beijing) Co., Ltd.
地址(Add): 北京市朝阳区建国路 93 号万达广场 1 号楼 1702 室
邮编(P. C.): 100029
电话(Tel): 010－59603871
传真(Fax): 010－59603851
E-mail: info@ xinlongnw. com
Http://www. xinlongnw. com
联系人(Contact Person): 陈伟
产品(Products): 湿巾
品牌(Brand): 洁之梦

北京北方开来纸品有限公司
Beifang Kailai Paper Products Co., Ltd.
地址(Add): 北京市朝阳区金盏乡沙窝村
邮编(P. C.): 100081
电话(Tel): 010－84394366
传真(Fax): 010－84392232
E-mail: bfkl@ 163. com
法人代表(Chairman): 程宪辉
总经理(General Manager): 程宪辉
产品(Products): 餐巾纸, 面巾纸, 卫生纸, 湿巾
品牌(Brand): 开来

北京光德正鑫工贸有限公司
Beijing Guangde Zhengxin Industry & Trading Co., Ltd.
地址(Add): 北京市朝阳区十里河村
邮编(P. C.): 100021
电话(Tel): 010－87366872
传真(Fax): 010－87366872
法人代表(Chairman): 门艳斌
总经理(General Manager): 门艳斌
联系人(Contact Person): 门艳斌
产品(Products): 擦手纸, 卫生纸, 餐巾纸, 面巾纸, 湿巾
品牌(Brand): 绿风铃

北京倍舒特妇幼用品有限公司
Beijing Beishute Maternity & Child Articles Co., Ltd.
地址(Add): 北京市朝阳区望京中环南路甲 2 号佳境天城 A 座 2502 室
邮编(P. C.): 100102
电话(Tel): 010－69061748
传真(Fax): 010－69061747
E-mail: bjbest@ public. bta. net. cn
Http://www. bjbest. com. cn
法人代表(Chairman): 李秋红
总经理(General Manager): 李秋红
联系人(Contact Person): 刘红艳
产品(Products): 卫生巾, 卫生护垫, 婴儿纸尿片, 护理垫, 湿巾
品牌(Brand): 倍舒特, 健康宝宝

北京清源无纺布制品厂
Beijing Qingyuan Nonwoven Products Co., Ltd.
地址(Add): 北京市大兴区黄村镇西芦物流工业园
邮编(P. C.): 110115

电话(Tel)：010－61233987
传真(Fax)：010－61233987
E-mail：bangerwufang@126. com
Http：//bjqywfb. cn. alibaba. com
联系人(Contact Person)：王法春
产品(Products)：湿巾，餐巾纸，非织造布制品

北京创利达纸制品有限公司
Beijing Chuanglida Paper Products Co., Ltd.
地址(Add)：北京市大兴区黄村高家堡海军营院
邮编(P. C.)：102699
电话(Tel)：010－51572568
传真(Fax)：010－51572569
E-mail：bj5338@126. com
法人代表(Chairman)：汪五德
总经理(General Manager)：汪五德
联系人(Contact Person)：汪五德
产品(Products)：湿巾，餐巾纸，擦手纸，盘纸，面巾纸

北京蓝天碧水纸制品有限责任公司
Beijing Blue Sky & Green Water Paper Products Co., Ltd.
地址(Add)：北京市大兴区西红门镇大白楼工业区金安路乙25号
邮编(P. C.)：100162
电话(Tel)：010－61282805
传真(Fax)：010－61282415
E-mail：ltbs2000@126. com
Http：//www. ltbschina. com
法人代表(Chairman)：李晓敏
总经理(General Manager)：李晓敏
联系人(Contact Person)：李晓敏
产品(Products)：湿巾，面巾纸，餐巾纸
品牌(Brand)：濛

北京众诚天通商贸有限公司
Beijing Zhongcheng Tiantong Trade Co., Ltd.
地址(Add)：北京市大兴区西红门镇新庄金星鸭厂西侧路3号
邮编(P. C.)：102614
电话(Tel)：010－61282686
传真(Fax)：010－61282676
法人代表(Chairman)：王志刚
总经理(General Manager)：王志刚
联系人(Contact Person)：刘龙启
产品(Products)：卫生纸，湿巾
品牌(Brand)：大森林

北京力信诚餐具有限公司
Beijing Lixincheng Tableware Co., Ltd.
地址(Add)：北京市大兴区兴丰大街三段7号
邮编(P. C.)：102600
电话(Tel)：010－69258560
传真(Fax)：010－69240498
E-mail：lxccj518@sina. com
Http：//www. bjlxccj. com
法人代表(Chairman)：王玉红
总经理(General Manager)：王玉红
联系人(Contact Person)：袁艳玲
产品(Products)：湿巾
品牌(Brand)：宝著

西藏坎巴嘎布卫生用品有限公司北京分公司
Beijing Branch Company of Tibet Kanbagarpo Health Supplies Co., Ltd.
地址(Add)：北京市大兴区瀛海工业区
邮编(P. C.)：100076
电话(Tel)：010－62970307
传真(Fax)：010－69277839
E-mail：kangbagarpo@163. com
Http：//www. xzkbgb. cn
联系人(Contact Person)：李建
产品(Products)：湿巾
品牌(Brand)：坎巴嘎布

北京九佳兴卫生用品有限公司
Beijing Jiujiaxing Hygiene Products Co., Ltd.
地址(Add)：北京市大兴区瀛海路南三条5号
邮编(P. C.)：100076
电话(Tel)：010－69279282
传真(Fax)：010－69279585
E-mail：jiuxing@vip. sina. com
Http：//www. jiu－xing. com. cn
法人代表(Chairman)：溪东来
总经理(General Manager)：赵振国
联系人(Contact Person)：吕兆新
产品(Products)：湿巾，成人纸尿裤/片
品牌(Brand)：九佳兴

北京爱佳卫生保健品厂
Beijing Aijia Hygiene & Health Care Products Factory
地址(Add)：北京市大兴区瀛海镇南宫京济路52号
邮编(P. C.)：100068
电话(Tel)：010－67537477
传真(Fax)：010－67589972
E-mail：wgc@bj－aijia. com
Http：//www. bj－aijia. com
法人代表(Chairman)：吴国财
总经理(General Manager)：吴国财
联系人(Contact Person)：吴国财
产品(Products)：湿巾，餐巾纸
品牌(Brand)：爱佳

北京云彩飞扬纸业有限公司
Beijing Yuncaifeiyang Paper Co., Ltd.
地址(Add)：北京市房山区长阳西棕榈滩溪雅苑A11号楼三单元1102
邮编(P. C.)：102488
电话(Tel)：010－52219268
传真(Fax)：010－52219266
联系人(Contact Person)：徐振天
产品(Products)：卫生纸，面巾纸，湿巾

北京宝润通科技开发有限责任公司
BRT Science & Technology Co., Ltd.
地址(Add)：北京市丰台区菜户营58号财富西环大厦514室
邮编(P. C.)：100054
电话(Tel)：010－63385105
传真(Fax)：010－63385105
E-mail：info@bjbrt. com
Http：//www. bjbrt. com
法人代表(Chairman)：张晶
总经理(General Manager)：李艳青

联系人(Contact Person)：肖克寒
产品(Products)：湿巾，餐巾纸，面巾纸
品牌(Brand)：三仕达

北京乐尔康维科技发展有限公司
Beijing Leerkangwei Technology Development Co., Ltd.
地址(Add)：北京市丰台区东大街东货场路43号
邮编(P. C.)：100071
电话(Tel)：15165526858
联系人(Contact Person)：高建成
产品(Products)：湿巾
品牌(Brand)：皮洁仕，乐尔康

北京特日欣卫生用品有限公司
Beijing Terixin Hygiene Products Co., Ltd.
地址(Add)：北京市丰台区花乡新房子71号
邮编(P. C.)：100073
电话(Tel)：010－83609569
传真(Fax)：010－83609589
E-mail：trx88@163. com
Http：//www. terixin. com
法人代表(Chairman)：冯跃
总经理(General Manager)：冯跃
联系人(Contact Person)：高金龙
产品(Products)：卫生巾，卫生护垫，婴儿纸尿裤/片，成人纸尿裤/片，湿巾，卫生纸
品牌(Brand)：特日欣

北京爱华中兴纸业有限公司
Beijing Aihua Zhongxing Paper Co., Ltd.
地址(Add)：北京市海淀区西三旗建材城东路8号西侧
邮编(P. C.)：100096
电话(Tel)：010－82929866
传真(Fax)：010－82915709
E-mail：yipianyun@yipianyun. com
Http：//www. yipianyun. com
法人代表(Chairman)：王家华
总经理(General Manager)：谢大伟
联系人(Contact Person)：何平妹
产品(Products)：餐巾纸，面巾纸，卫生纸，厨房纸巾，手帕纸，擦手纸，卫生巾，卫生护垫，湿巾
品牌(Brand)：一片云，帮护

北京一帆清洁用品有限公司
Beijing Marvel Cleansing Supplies Co., Ltd.
地址(Add)：北京市怀柔区雁栖工业开发区永乐大街
邮编(P. C.)：101407
电话(Tel)：010－61666345
传真(Fax)：010－61665656
E-mail：258812130@qq. com
Http：//www. beijingmarvel. com
法人代表(Chairman)：杨杰
总经理(General Manager)：廖永亮
联系人(Contact Person)：杨慧
产品(Products)：湿巾
品牌(Brand)：一帆，雪树，斯诺奇

北京鼎鑫航空用品有限公司
Beijing Dingxin Aviation Articles Co., Ltd.
地址(Add)：北京市顺义区高丽营镇顺沙路37号
邮编(P. C.)：100303
电话(Tel)：010－69457873
传真(Fax)：010－69457598
E-mail：dingxin1995@163. com
Http：//www. bjdingxin. com. cn
法人代表(Chairman)：赵连忠
总经理(General Manager)：赵连忠
联系人(Contact Person)：赵连忠
产品(Products)：湿巾，面巾纸，餐巾纸，卫生纸
品牌(Brand)：鼎鑫

北京舒美卫生用品有限公司
Beijing Shumei Hygiene Products Co., Ltd.
地址(Add)：北京市通州区宋庄佰富苑工业园区
邮编(P. C.)：101118
电话(Tel)：010－52643076
传真(Fax)：010－52643076
E-mail：beijingshumei@126. com
Http：//www. bjshumei. com
法人代表(Chairman)：王贵兵
总经理(General Manager)：王贵兵
联系人(Contact Person)：王贵兵
产品(Products)：卫生巾，卫生护垫，湿巾
品牌(Brand)：蓓妍洁

● 天津 Tianjin

天津骏发森达卫生用品有限公司
Tianjin Junfasenda Hygiene Products Co., Ltd.
地址(Add)：天津市宝坻区经济开发区宝旺道
邮编(P. C.)：301800
电话(Tel)：022－82669158
传真(Fax)：022－82666999
E-mail：yagewangxiaojun@sina. com
Http：//www. tjyage. com
法人代表(Chairman)：王贵森
总经理(General Manager)：王晓俊
联系人(Contact Person)：王晓俊
产品(Products)：卫生巾，卫生护垫，湿巾，护理垫，婴儿纸尿裤/片
品牌(Brand)：雅格

天津市艳胜工贸有限公司
Tianjin Yansheng Industry & Trade Co., Ltd.
地址(Add)：天津市北辰区北辰西道八纬路北方耀谷产业园区(联东U谷)118号
邮编(P. C.)：300170
电话(Tel)：022－26993852
传真(Fax)：022－26993872
E-mail：tj－ys@126. com
Http：//www. tjwipes. com
法人代表(Chairman)：段家骥
总经理(General Manager)：段家骥
联系人(Contact Person)：段立辉
产品(Products)：湿巾
品牌(Brand)：科灵

天津市亿利来科技卫生用品厂
Tianjin Yililai Science & Technology Hygiene Products Factory
地址(Add)：天津市北辰区经济开发区双街镇张湾工业园

邮编(P. C.): 300400
电话(Tel): 022 - 29538070
传真(Fax): 022 - 29538070
总经理(General Manager): 乔景宏
联系人(Contact Person): 乔玉兰
产品(Products): 卫生巾, 卫生纸, 湿巾, 护理垫
品牌(Brand): 津宝, 菲思妮

先思(天津)清洁用品有限公司
Concept (Tianjin) Cleaning Products Ltd.
地址(Add): 天津市津南区八里台镇双闸工业园
邮编(P. C.): 300353
电话(Tel): 022 - 88527903
传真(Fax): 022 - 88527901
E-mail: conceptproducts@ gmail. com
Http: //www. icpl. cn
总经理(General Manager): 赵强
联系人(Contact Person): 张蒿
产品(Products): 湿巾

天津朗源纸业有限公司
Tianjin Langyuan Paper Co., Ltd.
地址(Add): 天津市津南双港工业园区达港南路 10 号
邮编(P. C.): 300350
电话(Tel): 022 - 28592877
传真(Fax): 022 - 28592875
Http: //www. tjlyzy. cn
法人代表(Chairman): 陈泰伦
联系人(Contact Person): 陈泰伦
产品(Products): 湿巾, 面巾纸
品牌(Brand): 朗源

天津木兰巾纸制品有限公司
Tianjin Mulan Paper Products Co., Ltd.
地址(Add): 天津市静海县城西静文路南侧(成人中专对面)
邮编(P. C.): 301603
电话(Tel): 022 - 28902252
传真(Fax): 022 - 28942242
E-mail: fenshunwang@ 126. com
Http: //www. yilanna. com. cn
法人代表(Chairman): 冀加申
总经理(General Manager): 冀加申
联系人(Contact Person): 张胜松
产品(Products): 湿巾
品牌(Brand): 依兰娜

白领假日(天津)贸易有限公司
Bailing Holiday (Tianjin) Trade Co., Ltd.
地址(Add): 天津市南开区复兴路 216 号
邮编(P. C.): 300071
电话(Tel): 022 - 82680286
传真(Fax): 022 - 82680286
E-mail: bailingholiday@ 163. com
Http: //www. bailingholiday. com
法人代表(Chairman): 张宇楠
总经理(General Manager): 张宇楠
联系人(Contact Person): 张宇楠
产品(Products): 卫生巾, 婴儿纸尿裤/片, 护理垫, 宠物垫, 湿巾
品牌(Brand): 白领假日

天津忘忧草纸制品有限公司
Tianjin Wangyoucao Paper Products Co., Ltd.
地址(Add): 天津市武清区石各庄镇东升小区
邮编(P. C.): 301718
电话(Tel): 022 - 22156532
传真(Fax): 022 - 22156532
E-mail: tjwangyoucao@ 126. com
Http: //tjwyczzp. cn. china. cn
法人代表(Chairman): 黄西宾
总经理(General Manager): 黄西宾
联系人(Contact Person): 鲁娜
产品(Products): 卫生巾, 护理垫, 湿巾, 卫生纸
品牌(Brand): 忘忧草

天津康森生物科技有限公司
Concept Products Ltd.
地址(Add): 天津市西青经济区开发区赛达三支路 33 号
邮编(P. C.): 300385
电话(Tel): 022 - 58335661 - 801
传真(Fax): 022 - 58335660
E-mail: easyconnie@ 163. com
Http: //www. icpl. cn
联系人(Contact Person): 王蕊
产品(Products): 湿巾

天津爱龙洁肤品有限公司
Tianjin Ailong Cleaning Products Co., Ltd.
地址(Add): 天津市静海县城西静文路南侧天津木兰巾纸制品有限公司内
邮编(P. C.): 301603
电话(Tel): 022 - 28902252
传真(Fax): 022 - 28942242
E-mail: webmaster@ chinawipes. com
Http: //www. chinawipes. com
法人代表(Chairman): 吴瑞曼苏
总经理(General Manager): 陈伟昌
联系人(Contact Person): 陈伟昌
产品(Products): 湿巾
品牌(Brand): 柔普馨

天津市依依卫生用品有限公司
Tianjin Yiyi Hygiene Products Co., Ltd.
地址(Add): 天津市西青区张家窝工业园
邮编(P. C.): 300380
电话(Tel): 022 - 87988888
传真(Fax): 022 - 87987888
E-mail: gaobin7705@ 163. com
Http: //www. tjyiyi. com
法人代表(Chairman): 卢俊美
总经理(General Manager): 卢俊美
联系人(Contact Person): 张健
产品(Products): 卫生巾, 卫生护垫, 婴儿纸尿裤/片, 护理垫, 宠物垫, 卫生纸, 纸巾纸, 湿巾
品牌(Brand): 依依, 多帮乐, 爱梦园

天津市三维纸业有限公司
Tianjin Sanwei Paper Products Co., Ltd.
地址(Add): 天津市西青区张家窝镇高家村
邮编(P. C.): 300381
电话(Tel): 022 - 87988458
传真(Fax): 022 - 87988458

E-mail：sanweizhiye@126.com
法人代表(Chairman)：杨建国
总经理(General Manager)：韩秀英
联系人(Contact Person)：韩秀林
产品(Products)：卫生巾，卫生护垫，婴儿纸尿裤/片，成人纸尿裤，护理垫，湿巾，卫生纸，手帕纸，面巾纸
品牌(Brand)：三维，金美雅

天津洁尔卫生用品有限公司
Tianjin Jieer Hygiene Products Co., Ltd.
地址(Add)：天津市西青区中北工业园阜盛道26号
邮编(P.C.)：300112
电话(Tel)：022-27948772
传真(Fax)：022-27980168
Http://www.jezhy.com
联系人(Contact Person)：张志宏
产品(Products)：卫生巾，卫生护垫，婴儿纸尿裤，成人纸尿裤，护理垫，湿巾
品牌(Brand)：冬虫草，尚好佳

天津市兰景工贸有限公司
Tianjin Lanjing Industry & Trade Co., Ltd.
地址(Add)：天津市西青区中北镇汪庄南铁道旁3号
邮编(P.C.)：300112
电话(Tel)：022-27390537
传真(Fax)：022-27390532
E-mail：lanjingtj@sina.com
法人代表(Chairman)：吕小带
总经理(General Manager)：吕小带
联系人(Contact Person)：吕小带
产品(Products)：卫生巾，卫生护垫，手帕纸，面巾纸，擦手纸，卫生纸，餐巾纸，厨房纸巾，湿巾
品牌(Brand)：茹梦

● 河北 Hebei

河北义厚成日用品有限公司
Hebei Yihoucheng Commodity Co., Ltd.
地址(Add)：河北省保定市高新区云杉路131号
邮编(P.C.)：071051
电话(Tel)：0312-3327408
传真(Fax)：0312-3327610
E-mail：yhc_pm@qq.com
Http://www.hbyhc.com
法人代表(Chairman)：白红敏
总经理(General Manager)：田玉伟
联系人(Contact Person)：马佳
产品(Products)：卫生巾，卫生护垫，湿巾，护理垫，隔尿垫巾，卫生纸
品牌(Brand)：女主角，喜儿，妮好，喜尔健，QQ糖

保定洁中洁卫生用品有限公司
Baoding Jiezhongjie Hygiene Products Co., Ltd.
地址(Add)：河北省保定市满城县大册营造纸工业区
邮编(P.C.)：072150
电话(Tel)：0312-7021798
传真(Fax)：0312-7021372
E-mail：bdjzj@sina.com
Http://www.bdjzj.com
联系人(Contact Person)：石俊杰
产品(Products)：湿巾，卫生纸，面巾纸
品牌(Brand)：洁中洁

保定神荣卫生用品制造有限公司
Baoding Shenrong Hygiene Products Co., Ltd.
地址(Add)：河北省保定市满城县大册营造纸工业区
邮编(P.C.)：072151
电话(Tel)：0312-7022185
传真(Fax)：0312-7026185
总经理(General Manager)：张逢春
联系人(Contact Person)：曾泽洋
产品(Products)：手帕纸，面巾纸，湿巾
品牌(Brand)：四合院，芳丽达，竹然，纯禾，元大都

保定市满城县奥达纸业
Mancheng Aoda Paper
地址(Add)：河北省保定市满城县大册营造纸工业区
邮编(P.C.)：071250
电话(Tel)：0312-7021777
传真(Fax)：0312-5572998
联系人(Contact Person)：谭永强
产品(Products)：卫生纸，手帕纸，盘纸，面巾纸，餐巾纸，擦手纸，湿巾
品牌(Brand)：信柔，心情草

保定市满城县豪峰纸业
Mancheng Haofeng Paper
地址(Add)：河北省保定市满城县大册营造纸工业区
邮编(P.C.)：072150
电话(Tel)：0312-7021038
传真(Fax)：0312-7026369
法人代表(Chairman)：张如义
总经理(General Manager)：张如义
联系人(Contact Person)：张如义
产品(Products)：面巾纸，湿巾，卫生纸，盘纸，原纸

满城县碧柔卫生用品有限公司
Mancheng Birou Hygiene Products Co., Ltd.
地址(Add)：河北省保定市满城县大册营造纸工业区
邮编(P.C.)：072150
电话(Tel)：0312-7166099
传真(Fax)：0312-7062880
Http://www.bdfenghua.com.cn
联系人(Contact Person)：葛静思
产品(Products)：卫生纸，手帕纸，湿巾
品牌(Brand)：碧柔

绿纯卫生用品有限公司
Lvchun Hygiene Products Co., Ltd.
地址(Add)：河北省保定市满城县大册营镇岗头村
邮编(P.C.)：072150
电话(Tel)：0312-7022686
传真(Fax)：0312-7022686
法人代表(Chairman)：苟大勇
总经理(General Manager)：苟大勇
联系人(Contact Person)：苟大勇
产品(Products)：卫生纸，面巾纸，手帕纸，湿巾
品牌(Brand)：益恒，舒适达，绿纯，洁贝舒

保定市东升卫生用品有限公司
Baoding Dongsheng Hygiene Products Co., Ltd.
地址(Add)：河北省保定市满城县大册营镇工业区
邮编(P. C.)：072150
电话(Tel)：0312 -5578889
传真(Fax)：0312 -5578903
E-mail：mail@ dshpaper. com. cn
Http：//www. dshpaper. com. cn
法人代表(Chairman)：张志武
总经理(General Manager)：张杰
联系人(Contact Person)：张杰
产品(Products)：原纸，卫生纸，餐巾纸，面巾纸，湿巾
品牌(Brand)：小宝贝，洁婷

满城县东辉卫生用品有限公司
Mancheng Donghui Hygiene Products Co., Ltd.
地址(Add)：河北省保定市满城县燕赵北街
邮编(P. C.)：072150
电话(Tel)：0312 -7199768
传真(Fax)：0312 -7066166
Http：//www. mcdhzy. com
联系人(Contact Person)：连东伟
产品(Products)：卫生纸
品牌(Brand)：蓝汀蝶恋花，蓝汀青苹果，美荷

河北省沧州市茹达卫生制品有限公司
Cangzhou Ruda Hygiene Products Co., Ltd.
地址(Add)：河北省沧州市津德北路收费站北
邮编(P. C.)：061000
电话(Tel)：0317 -3563462
传真(Fax)：0317 -3563462
法人代表(Chairman)：安志猛
总经理(General Manager)：安志猛
联系人(Contact Person)：安志猛
产品(Products)：湿巾，护理垫，妇婴两用巾，婴儿纸尿片，婴儿隔尿布

邯郸市凯琳卫生用品有限公司
Handan Kailin Health Products Co., Ltd.
地址(Add)：河北省邯郸市肥乡交通街 9 号
邮编(P. C.)：057550
电话(Tel)：0310 -8568862
传真(Fax)：0310 -8568862
E-mail：chinakailin@ gmail. com
Http：//www. hdkailin. com
法人代表(Chairman)：张富保
总经理(General Manager)：张富保
联系人(Contact Person)：张少华
产品(Products)：湿巾
品牌(Brand)：凯琳

河北省武强县迈特卫生用品有限公司
Wuqiang Maite Hygiene Products Co., Ltd.
地址(Add)：河北省衡水市武强县北西辛工业区
邮编(P. C.)：053300
电话(Tel)：0318 -3899669
传真(Fax)：0318 -3782087
E-mail：sales@ mtpaper. cn
Http：//www. mtpaper. cn
法人代表(Chairman)：李国英
联系人(Contact Person)：贾迎博
产品(Products)：湿巾
品牌(Brand)：鑫缘，雅竺，碧欧雅

石家庄市贻成卫生用品有限公司
Shijiazhuang Yicheng Hygiene Products Co., Ltd.
地址(Add)：河北省晋州市东卓宿镇工业区
邮编(P. C.)：052260
电话(Tel)：0311 -84360689
传真(Fax)：0311 -84360169
联系人(Contact Person)：赵彦凯
产品(Products)：卫生巾，卫生护垫，婴儿纸尿裤，湿巾，面巾纸，护理垫
品牌(Brand)：妮尔缘

东纶科技实业有限公司
Eastex Industrial Science & Technology Co., Ltd.
地址(Add)：河北省廊坊经济技术开发区汇源道 8 号
邮编(P. C.)：065001
电话(Tel)：0316 -6087699
传真(Fax)：0316 -6088171
E-mail：mh@ eastex - china. com
Http：//www. eastex - china. com
法人代表(Chairman)：刘瑞彪
总经理(General Manager)：马咏梅
联系人(Contact Person)：孟红
产品(Products)：湿巾，医用纱布敷料
品牌(Brand)：润佳

安特卫生用品有限公司
Ante Hygiene Products Co., Ltd.
地址(Add)：河北省廊坊市岳辛庄工业园
邮编(P. C.)：065800
电话(Tel)：0316 -5070298
传真(Fax)：0316 -5075298
联系人(Contact Person)：焦小翠
产品(Products)：卫生巾，卫生护垫，成人纸尿裤，婴儿纸尿裤，湿巾
品牌(Brand)：休闲秀

沧州聚缘卫生用品有限公司
Cangzhou Juyuan Hygiene Products Co., Ltd.
地址(Add)：河北省青县马厂经济开发区荆花道晨光路 3 号
邮编(P. C.)：062650
电话(Tel)：0317 -4328328
传真(Fax)：0317 -4325328
E-mail：yangjuzhi@ cnwipes. com
Http：//www. cnwipes. com
法人代表(Chairman)：杨巨智
总经理(General Manager)：杨巨智
联系人(Contact Person)：杨巨智
产品(Products)：湿巾
品牌(Brand)：玫瑰缘

河北氏氏美卫生用品有限责任公司
Hebei CICIM Sanitary Products Co., Ltd.
地址(Add)：河北省石家庄市高新区湘江道天山科技工业园
邮编(P. C.)：050000
电话(Tel)：0311 -86065898
传真(Fax)：0311 -86061900

E-mail：4007075999@163.com
Http：//www.shishimei.com
法人代表(Chairman)：乔泓程
总经理(General Manager)：乔泓程
联系人(Contact Person)：刘伦
产品(Products)：湿巾，湿卫生纸
品牌(Brand)：氏氏美

石家庄小布头商贸有限公司
Shijiazhuang Xiaobutou Commerce and Trade Ltd.
地址(Add)：河北省石家庄市新华区北荣街与兴凯路交叉口37号鑫源雅居商务楼807室
邮编(P.C.)：050004
电话(Tel)：0311－85290506
传真(Fax)：0311－85290506
E-mail：leli88888888@163.com
Http：//www.xiaobutousm.com
联系人(Contact Person)：武东升
产品(Products)：婴儿纸尿裤/片，卫生巾，乳垫，湿巾
品牌(Brand)：小布头

小陀螺(中国)品牌运营管理机构
Xiaotuoluo Branding Management Co.
地址(Add)：河北省唐山市高新技术开发区大陆阳光104－304
邮编(P.C.)：063000
电话(Tel)：400－019－8980
传真(Fax)：0315－3439123
E-mail：weishengzhi@foxmail.com
Http：//www.weishengzhi.net.cn
法人代表(Chairman)：张俊武
总经理(General Manager)：张杰
联系人(Contact Person)：张杰
产品(Products)：卫生纸，面巾纸，手帕纸，湿巾，护理垫
品牌(Brand)：小陀螺

白之韵纸制品厂
Baizhiyun Paper Products Factory
地址(Add)：河北省唐山市开平区郑庄子乡中药原饮片厂院内
邮编(P.C.)：063000
电话(Tel)：0315－3265965
传真(Fax)：0315－3265965
Http：//www.tszzp.com
联系人(Contact Person)：薛彬
产品(Products)：卫生纸，面巾纸，手帕纸，盘纸，湿巾
品牌(Brand)：白之韵

河北省唐山宏阔科技有限公司
Tangshan Hongkuo Technology Co., Ltd.
地址(Add)：河北省唐山市路北区龙祥写字楼510室
邮编(P.C.)：063000
电话(Tel)：0315－8083588
传真(Fax)：0315－7216156
E-mail：tshkkj@163.com
Http：//www.tshkjt.com
联系人(Contact Person)：安美宏
产品(Products)：湿巾，卫生纸，护理垫，婴儿隔尿垫巾
品牌(Brand)：自然醒

河北东泽卫生用品有限公司
Hebei Dongze Hygienic Articles Co., Ltd.
地址(Add)：河北省辛集市田家庄工业园区
邮编(P.C.)：052360
电话(Tel)：15076122828
E-mail：hebeidongze@163.com
联系人(Contact Person)：吴晗
产品(Products)：卫生巾，卫生护垫，湿巾
品牌(Brand)：一姗，唯一

邢台市好美时卫生用品有限公司
Xingtai Haomeishi Sanitary Products Co., Ltd.
地址(Add)：河北省邢台市内邱县内隆路88号
邮编(P.C.)：054200
电话(Tel)：0319－6856666
传真(Fax)：0319－6889689
E-mail：13833925998@sohu.com
法人代表(Chairman)：郝向民
总经理(General Manager)：郝向民
联系人(Contact Person)：郝向民
产品(Products)：卫生巾，卫生护垫，婴儿纸尿裤/片，湿巾，成人纸尿裤，护理垫
品牌(Brand)：好美时，缤婷，天妮，雨婷，雨萌

● 山西 Shanxi

山西森达医疗器械有限责任公司
Shanxi Senda Medical Apparatus Co., Ltd.
地址(Add)：山西省朔州市怀仁县新建南路45号
邮编(P.C.)：038300
电话(Tel)：0349－6616882
Http：//www.sxbej.com
总经理(General Manager)：陈步选
联系人(Contact Person)：彭森
产品(Products)：湿巾
品牌(Brand)：倍尔洁

● 内蒙古 Inner Mongolia

内蒙古呼和浩特市三鑫纸业
Huhehaote Sanxin Paper Products Factory
地址(Add)：内蒙古呼和浩特市玉泉区辛辛板
邮编(P.C.)：010030
电话(Tel)：0471－5901087
传真(Fax)：0471－5169255
E-mail：hhhtsanxingzy5888@126.com
Http：//www.nmsx.cn
联系人(Contact Person)：刘宇
产品(Products)：手帕纸，餐巾纸，面巾纸，湿巾

● 辽宁 Liaoning

鞍山靓倩卫生用品有限公司
Anshan Liangqian Hygiene Products Co., Ltd.
地址(Add)：辽宁省鞍山市解放西路228号
邮编(P.C.)：114015
电话(Tel)：0412－8826999
传真(Fax)：0412－8826999

法人代表(Chairman)：赵克彦
产品(Products)：湿巾

鞍山市迪奥尼卫生用品有限公司
Anshan Diaoni Hygiene Products Co., Ltd.
地址(Add)：辽宁省鞍山市经济开发区
邮编(P. C.)：114041
电话(Tel)：0412－8210466
总经理(General Manager)：赵克平
产品(Products)：湿巾
品牌(Brand)：迪奥尼

长春遨宇高新技术有限公司
Changchun Aoyu High & New Tech Co., Ltd.
地址(Add)：辽宁省长春市绿园区长白公路零公里
邮编(P. C.)：130062
电话(Tel)：0431－88688266
传真(Fax)：0431－88653455
联系人(Contact Person)：于利民
产品(Products)：湿巾
品牌(Brand)：怡佳清

大连宇翔家庭用品有限公司
Dalian Yuxiang Daily Necessities Co., Ltd.
地址(Add)：辽宁省大连市北海工业园区迎金路768号
邮编(P. C.)：116113
电话(Tel)：0411－39511395
传真(Fax)：0411－39511380
Http://www.dalianyuxiang1688.cn.alibaba.com
总经理(General Manager)：王伟业
联系人(Contact Person)：王伟业
产品(Products)：湿巾

大连维多利尔科技有限公司
Dalian Weiduolier Science & Technology Co., Ltd.
地址(Add)：辽宁省大连市甘井子区革镇堡蓝天工业园
邮编(P. C.)：116000
电话(Tel)：0411－86468719
传真(Fax)：0411－86488511
E-mail：lilei_ray@126.com
Http://www.weiduolier.com
总经理(General Manager)：李雷
产品(Products)：湿巾
品牌(Brand)：禾采

大连展春工贸有限公司
Dalian Zhanchun Industry Trading Co., Ltd.
地址(Add)：辽宁省大连市甘井子区华北路194号
邮编(P. C.)：116033
电话(Tel)：0411－86558565
传真(Fax)：0411－86559798
E-mail：dlzhanchun_0521@sina.com
Http://www.zhanchun521.com
法人代表(Chairman)：戴华山
联系人(Contact Person)：戴红梅
产品(Products)：面巾纸，擦手纸，手帕纸，卫生纸，湿巾
品牌(Brand)：521，唯品，圣栢，纸瑶妮，易纸净

大连桑拓生物新技术有限公司
Dalian Sangtuo New Bio－Technology Co., Ltd.
地址(Add)：辽宁省大连市甘井子区营城子镇境港工业区
邮编(P. C.)：116036
电话(Tel)：0411－84754000
传真(Fax)：0411－84754777
Http://www.dlsangtuo.com
法人代表(Chairman)：侯劲生
总经理(General Manager)：常铭升
联系人(Contact Person)：张晓峰
产品(Products)：湿巾
品牌(Brand)：妮爽，小大夫，沐琪尔

格瑞恩(大连)科技发展有限公司
Geruien (Dalian) Science & Technology Development Co., Ltd.
地址(Add)：辽宁省大连市甘井子区周水子前东特爱俪舍2026室
邮编(P. C.)：116033
电话(Tel)：0411－86746346
传真(Fax)：0411－86746346
E-mail：grn2002@126.com
Http://www.grn2002.com
联系人(Contact Person)：李学锋
产品(Products)：湿巾
品牌(Brand)：格瑞恩

宇和特纸有限公司
Dalian Yuhe Special Paper Co., Ltd..
地址(Add)：辽宁省大连市金州区大魏家镇金龙村
邮编(P. C.)：116110
电话(Tel)：0411－87795111
传真(Fax)：0411－87795222
Http://6473548.czw.com
法人代表(Chairman)：石川俊英
总经理(General Manager)：石川俊英
联系人(Contact Person)：王芳
产品(Products)：湿巾

大连欧派科技有限公司
Dalian Oupai Technological Co., Ltd.
地址(Add)：辽宁省大连市金州区站前街道龙泉路21号
邮编(P. C.)：116100
电话(Tel)：0411－39317855
传真(Fax)：0411－39317886
E-mail：wangxindong_2008@163.com
Http://www.dloupai.com
法人代表(Chairman)：王信东
总经理(General Manager)：王信东
联系人(Contact Person)：贾辉
产品(Products)：湿巾
品牌(Brand)：欧派

大连阳光良品制药有限公司
Dalian Sunshine Liangpin Phamaceutical Co., Ltd.
地址(Add)：辽宁省大连市经济技术开发区锦州街8号
邮编(P. C.)：116600
电话(Tel)：0411－39217777
传真(Fax)：0411－39213333
Http://www.dlygpl.com
联系人(Contact Person)：潘立国
产品(Products)：湿巾
品牌(Brand)：如果爱，阳光良品

大连大鑫卫生护理用品有限公司
Dalian Daxin Health Nursing Products Co., Ltd.
地址(Add)：辽宁省大连市开发区董家沟街道英歌石工业园区116号
邮编(P. C.)：116107
电话(Tel)：0411-87348881
传真(Fax)：0411-87348882
Http://www. dl-dx. com. cn
法人代表(Chairman)：郭鑫
总经理(General Manager)：郭鑫
联系人(Contact Person)：侯云竹
产品(Products)：湿巾
品牌(Brand)：娇点，阿积士，冰爽，黑白猪

大连雄伟保健品有限公司
Dalian Xiongwei Health Care Products Co., Ltd.
地址(Add)：辽宁省大连市西岗区长春路315-2号
邮编(P. C.)：116013
电话(Tel)：0411-82474950
传真(Fax)：0411-82486449
Http://www. xiongweihealth. com
法人代表(Chairman)：孙冬云
联系人(Contact Person)：王富强
产品(Products)：湿巾，成人纸尿裤/片，护理垫
品牌(Brand)：醉清风，枫吕

大连世纪纸业有限公司
Dalian Shiji Paper Co., Ltd.
地址(Add)：辽宁省大连市中山区解放路智仁街同福巷10号
邮编(P. C.)：116013
电话(Tel)：0411-82789839
传真(Fax)：0411-82789529
联系人(Contact Person)：李培银
产品(Products)：卫生纸，面巾纸，手帕纸，湿巾
品牌(Brand)：伊恋，福

丹东康齿灵保洁用品有限公司
Dandong Kangchiling Hygiene Products Co., Ltd.
地址(Add)：辽宁省丹东市振兴区浪头顺天
邮编(P. C.)：118009
电话(Tel)：0415-6152128
传真(Fax)：0415-6151318
Http://www. kclbj. com
总经理(General Manager)：夏立江
联系人(Contact Person)：夏立江
产品(Products)：湿巾
品牌(Brand)：清花润

抚顺市海鹰卫生用品有限公司
Fushun Haiying Hygiene Products Co., Ltd.
地址(Add)：辽宁省抚顺市望花区新民街
邮编(P. C.)：113000
电话(Tel)：024-56455118
传真(Fax)：024-56418432
E-mail：99hihi2@163. com
法人代表(Chairman)：王海英
联系人(Contact Person)：王海英
产品(Products)：湿巾，面巾纸
品牌(Brand)：聚进

锦州东洋松蒲卫生用品有限公司
Jinzhou Dongyang Songpu Hygiene Products Co., Ltd.
地址(Add)：辽宁省锦州市高新技术产业园区工业园1号
邮编(P. C.)：121000
电话(Tel)：0416-2961158
传真(Fax)：0416-2961016
Http://www. dongyangsongpu. com
法人代表(Chairman)：禹月云
总经理(General Manager)：郭东旭
联系人(Contact Person)：李春怀
产品(Products)：湿巾
品牌(Brand)：甜蜜蜜，四季，七彩虹，果缤纷

锦州市雨润保健品有限公司
Jinzhou Yurun Healthcare Products Co., Ltd.
地址(Add)：辽宁省锦州市黑山县龙兴路23-2
邮编(P. C.)：121400
电话(Tel)：0416-5558106
传真(Fax)：0416-5558107
E-mail：yurun111@126. com
Http://www. jzyurun. com
联系人(Contact Person)：荆桂玲
产品(Products)：湿巾
品牌(Brand)：好护士，一生清爽

锦州凌河区帮洁清洁用品厂
Jinzhou Bangjie Cleaning Products Factory
地址(Add)：辽宁省锦州市凌河区松坡路单屯
邮编(P. C.)：121000
电话(Tel)：18641615063
联系人(Contact Person)：周晓军
产品(Products)：湿巾，工业擦拭巾，美容巾

锦州东方卫生用品有限公司
Jinzhou Dongfang Sanitary Products Co., Ltd.
地址(Add)：辽宁省锦州市太和区汤北里98号
邮编(P. C.)：121005
电话(Tel)：0416-5139999
传真(Fax)：0416-5139888
E-mail：jzdf@lnjzdf. com
Http://www. lnjzdf. com
法人代表(Chairman)：左文挺
总经理(General Manager)：左文挺
联系人(Contact Person)：任敏
产品(Products)：卫生巾，卫生护垫，湿巾，手帕纸，护理垫
品牌(Brand)：羽丝，一滴不漏

锦州众和有限公司
Jinzhou Zhonghe Trade Co., Ltd.
地址(Add)：辽宁省锦州市铁西区华南街58-10号万达商业广场D3座4-3-1
邮编(P. C.)：110023
电话(Tel)：024-85405862
联系人(Contact Person)：王岚
产品(Products)：湿巾
品牌(Brand)：女士邦秀美

辽阳恒升实业有限公司
Liaoyang Hengsheng Industrial Co., Ltd.
地址(Add)：辽宁省辽阳市经济开发区

邮编(P. C.): 111000
电话(Tel): 0419-2336411
传真(Fax): 0419-2336400
Http: //www.lyhssyyxgs.com
联系人(Contact Person): 孟祥丰
产品(Products): 湿巾, 卫生纸, 手帕纸, 面巾纸
品牌(Brand): 柏洁

沈阳天翌纸制品制造有限公司
Shenyang Tianyi Paper Products Co., Ltd.
地址(Add): 辽宁省沈阳市大东区山梨工业区
邮编(P. C.): 110165
电话(Tel): 024-31012120
传真(Fax): 024-84221025
联系人(Contact Person): 潘立国
产品(Products): 湿巾
品牌(Brand): 佰仕利

沈阳诺洁卫生用品有限公司
Shenyang Nuojie Cleansing Supplies Co., Ltd.
地址(Add): 辽宁省沈阳市东陵区英达工业园
邮编(P. C.): 110161
电话(Tel): 024-88474099
传真(Fax): 024-88471030
总经理(General Manager): 郭伟
联系人(Contact Person): 刘巍
产品(Products): 湿巾
品牌(Brand): 姿莲

沈阳纳尔实业有限责任公司
Shenyang Naer Industry Co., Ltd.
地址(Add): 辽宁省沈阳市高新区辉山大街123-21号国际科技合作产业园
邮编(P. C.): 110164
电话(Tel): 024-88616128
传真(Fax): 024-88081269
Http: //www.synaer.com
法人代表(Chairman): 侯梅丽
总经理(General Manager): 侯梅丽
联系人(Contact Person): 冯丽
产品(Products): 湿巾
品牌(Brand): 丝柏, 书米, 香柏儿

沈阳天翌纸制品有限公司
Shenyang Tianyu Paper Products Co., Ltd.
地址(Add): 辽宁省沈阳市和平区桂林街3号2-1-1
邮编(P. C.): 110003
电话(Tel): 024-22872100
传真(Fax): 024-22872100
E-mail: wangwenzhu182838@163.com
Http: //www.baslly.com
法人代表(Chairman): 王文柱
总经理(General Manager): 王文柱
联系人(Contact Person): 王文柱
产品(Products): 湿巾
品牌(Brand): 佰仕利

沈阳市奇美卫生用品有限公司
Shenyang Qimei Hygiene Products Co., Ltd.
地址(Add): 辽宁省沈阳市辽中中心街1-9信箱
邮编(P. C.): 110200
电话(Tel): 024-62302158
传真(Fax): 024-87825959
E-mail: qimei9988@163.com
法人代表(Chairman): 武爽
总经理(General Manager): 裴多怡
联系人(Contact Person): 裴多怡
产品(Products): 婴儿纸尿裤, 隔尿巾, 护理垫, 湿巾, 手帕纸
品牌(Brand): 俏儿乐, 乐点, 清氧, Vinca

沈阳浩普商贸有限公司
Shenyang Haopu Trading Co., Ltd.
地址(Add): 辽宁省沈阳市沈河区友好街19号
邮编(P. C.): 110014
电话(Tel): 024-88534056
传真(Fax): 024-31282618
E-mail: syhaopu@126.com
Http: //www.hpsm.com.cn
法人代表(Chairman): 张宇鹤
联系人(Contact Person): 王辉
产品(Products): 湿巾, 卫生巾, 卫生护垫
品牌(Brand): 菁采, 依润, 卫而健, 自非凡

沈阳达仕卫生用品有限公司
Shenyang Dashi Hygiene Products Co., Ltd.
地址(Add): 辽宁省沈阳市苏家屯王秀工业园
邮编(P. C.): 110115
电话(Tel): 024-89420666
传真(Fax): 024-89468556
E-mail: syds_024@163.com
法人代表(Chairman): 李丽
总经理(General Manager): 刘延庆
联系人(Contact Person): 刘延庆
产品(Products): 湿巾
品牌(Brand): 涤润

凌海市爽尔佳保健品有限公司
Linghai Shuangerjia Health Care Products Co., Ltd.
地址(Add): 辽宁省沈阳市于洪区经济技术开发区昆明湖街12-1
邮编(P. C.): 110000
电话(Tel): 024-25935330
传真(Fax): 024-25935360
总经理(General Manager): 齐长慧
联系人(Contact Person): 王学峰
产品(Products): 湿巾
品牌(Brand): 爽尔佳

辽宁和合卫生用品有限公司
Liaoning Hehe Hygiene Products Co., Ltd.
地址(Add): 辽宁省铁岭市清河区向阳街
邮编(P. C.): 112003
电话(Tel): 024-72183929
传真(Fax): 024-72180090
Http: //hehezhiyegongsi.1688.com
总经理(General Manager): 乔斌
产品(Products): 卫生纸, 餐巾纸, 手帕纸, 湿巾, 卫生巾, 卫生护垫, 护理垫
品牌(Brand): 和合

● 吉林 Jilin

长春市茜茜卫生用品厂
Changchun Xixi Hygiene Products Factory
地址(Add)：吉林省长春关宽城区长白路水产市场E区19-3门市
邮编(P.C.)：130051
电话(Tel)：0431-82888016
联系人(Contact Person)：欧阳
产品(Products)：面巾纸，手帕纸，湿巾

长春市二道雪婷纸制品厂
Changchun Erdaoxueting Paper Products Plant
地址(Add)：吉林省长春市东环城路1642号
邮编(P.C.)：130000
电话(Tel)：0431-84715998
传真(Fax)：0431-84715998
联系人(Contact Person)：张成斌
产品(Products)：卫生纸，面巾纸，擦手纸，湿巾

长春市达驰物资经贸有限公司
Changchun Dachi Supply Trade Co., Ltd.
地址(Add)：吉林省长春市高新区硅谷大街1198号
邮编(P.C.)：130012
电话(Tel)：0431-85085878
传真(Fax)：0431-85085877
Http://www.jierun888.com.cn
法人代表(Chairman)：张振久
总经理(General Manager)：张振久
联系人(Contact Person)：张淑萍
产品(Products)：湿巾
品牌(Brand)：洁润，爱欣

吉林省鸿威生物科技有限公司
Jilin Hongwei Biotech Co., Ltd.
地址(Add)：吉林省长春市九台经济开发区卡伦工业园区
邮编(P.C.)：130000
电话(Tel)：0431-85019977
传真(Fax)：0431-86889866
E-mail：jlhwsw@163.com
Http://www.jlhwsw.com
联系人(Contact Person)：张立文
产品(Products)：湿巾
品牌(Brand)：爱侣，香水百合，水晶女孩

长春福康医疗保健品有限责任公司
Changchun Fukang Medicine Healthcare Co., Ltd.
地址(Add)：吉林省长春市南湖大路56号
邮编(P.C.)：130012
电话(Tel)：0431-85534375
传真(Fax)：0431-85531765
E-mail：yytsh369@sina.com
Http://www.yiyits.com
联系人(Contact Person)：杨春
产品(Products)：湿巾
品牌(Brand)：依依天使

长春华清清洁用品有限责任公司
Changchun Huaqing Cleaning Articles Co., Ltd.
地址(Add)：吉林省长春市青龙路4号
邮编(P.C.)：130062
电话(Tel)：0431-88025666
传真(Fax)：0431-88025777
E-mail：ccqqwipes@163.com
法人代表(Chairman)：刘兴民
总经理(General Manager)：刘兴民
联系人(Contact Person)：刘兴民
产品(Products)：湿巾
品牌(Brand)：清清

吉林市蕙洁宣卫生用品厂
Jilin Huijiexuan Hygiene Products Factory
地址(Add)：吉林省吉林市昌邑区崇文小区23号楼
邮编(P.C.)：132011
电话(Tel)：0432-62777222
传真(Fax)：0432-66521524
Http://www.huijiexuan.com
联系人(Contact Person)：李东阳
产品(Products)：湿巾
品牌(Brand)：蕙洁宣

四平圣雅生活用品有限公司
Siping Sanya Daily Necessities Co., Ltd.
地址(Add)：吉林省四平市红嘴高新技术开发区兴红路创业孵化大厦503室
邮编(P.C.)：136000
电话(Tel)：0434-5464366
传真(Fax)：0434-5464366
E-mail：cnshengya@126.com
Http://www.cnsya.com
总经理(General Manager)：霍伟
联系人(Contact Person)：朱立荣
产品(Products)：湿巾
品牌(Brand)：圣雅，丫雅

四平佳尔生活用品有限公司
Siping Jiaer Home Atricles Co., Ltd.
地址(Add)：吉林省四平市铁东区山门镇
邮编(P.C.)：136000
电话(Tel)：0434-3369113
传真(Fax)：0434-3389158
Http://www.zgjiaer.com
总经理(General Manager)：周鹏
联系人(Contact Person)：徐影
产品(Products)：湿巾
品牌(Brand)：佳尔

通化卉云桐生物科技有限公司
Tonghua Huiyuntong Biotech Co., Ltd.
地址(Add)：吉林省通化市柳河经济开发区(采胜工业园)
邮编(P.C.)：134000
电话(Tel)：0435-7325666
Http://www.huiyuntong.cn
总经理(General Manager)：崔秀会
联系人(Contact Person)：崔秀会
产品(Products)：湿巾
品牌(Brand)：卉云桐

● 黑龙江 Heilongjiang

哈尔滨鑫禾纸业有限公司
Harbin Xinhe Paper Co., Ltd.
地址(Add): 黑龙江省哈尔滨市阿城区西城工业区
邮编(P. C.): 150300
电话(Tel): 0451 - 53776587
E-mail: hebxhzy@126. com
Http: //www. hebxhzy. com
法人代表(Chairman): 刘永政
总经理(General Manager): 刘永政
联系人(Contact Person): 刘长松
产品(Products): 卫生纸, 手帕纸, 面巾纸, 餐巾纸, 湿巾
品牌(Brand): 鑫禾, 维尔嘉, 好宝贝

哈尔滨康夷宝卫生保健用品有限公司
Harbin Kangyibao Health - Protecting Articles Co., Ltd.
地址(Add): 黑龙江省哈尔滨市道里区爱建新城上海街 8 -11A 号 428 室
邮编(P. C.): 150010
电话(Tel): 0451 - 88880033
传真(Fax): 0451 - 84333653
E-mail: kyb@kangyibao. com
Http: //www. kangyibao. com
法人代表(Chairman): 陆家源
总经理(General Manager): 戴馨福
联系人(Contact Person): 宋敏蓉
产品(Products): 湿巾
品牌(Brand): 康夷宝, 冠洁, 洁荫宝

哈尔滨市运明实业有限公司
Harbin Yunming Industry Co., Ltd.
地址(Add): 黑龙江省哈尔滨市道里区新发乡新发镇独一处
邮编(P. C.): 150078
电话(Tel): 0451 - 87642333
传真(Fax): 0451 - 87642333
E-mail: 37902494@qq. com
Http: //www. yunming. net
总经理(General Manager): 万连均
联系人(Contact Person): 万连兴
产品(Products): 湿巾
品牌(Brand): 尼特

哈尔滨康安卫生用品有限公司
Harbin Kangan Hygiene Products Co., Ltd.
地址(Add): 黑龙江省哈尔滨市道外区太古南七道街 41 号
邮编(P. C.): 150020
电话(Tel): 0451 - 88330368
传真(Fax): 0451 - 88317199
E-mail: kanganzhijin@126. com
法人代表(Chairman): 王成
总经理(General Manager): 王成
联系人(Contact Person): 王成
产品(Products): 湿巾
品牌(Brand): 绿竹, 旭竹

哈尔滨市大世昌经济贸易有限公司
Harbin Dashichang Trade Co., Ltd.
地址(Add): 黑龙江省哈尔滨市道外区中财雅典城黄郡 C 座 4 单元 701 室
邮编(P. C.): 150001
电话(Tel): 0451 - 87800880
传真(Fax): 0451 - 87800010
E-mail: hsdsc@126. com
总经理(General Manager): 吕国荣
产品(Products): 卫生巾, 湿巾
品牌(Brand): 宝诗霖, 夕尔奇, 雾冰花, 君颜

哈药集团制药总厂制剂厂
Harbin Pharmaceutical Group Pharmacy Main Workshop Preparation Factory
地址(Add): 黑龙江省哈尔滨市南岗区保健路 226 号
邮编(P. C.): 150086
电话(Tel): 0451 - 86699233
传真(Fax): 0451 - 86699233
法人代表(Chairman): 高德喜
总经理(General Manager): 赵日红
联系人(Contact Person): 季茂星
产品(Products): 湿巾
品牌(Brand): 哈药

哈尔滨金宵医疗卫生用品厂
Harbin Jinxiao Medicine Sanitary Products Factory
地址(Add): 黑龙江省哈尔滨市香坊区老阿城公路 5. 5 公里处
邮编(P. C.): 150046
电话(Tel): 0451 - 82932898
传真(Fax): 0451 - 82957186
E-mail: hjx88988597@163. com
Http: //www. chinashuangjiao. com
法人代表(Chairman): 李娟
总经理(General Manager): 李娟
联系人(Contact Person): 李丽梅
产品(Products): 湿巾
品牌(Brand): 双骄, 冰哥雪妹, 酷 e 族, 悦爽宁

黑龙江省肇东市康嘉纸业有限公司
Heilongjiang Kangjia Paper Co., Ltd.
地址(Add): 黑龙江省肇东市安阳路 79 号
邮编(P. C.): 151100
电话(Tel): 0455 - 7997877
传真(Fax): 0455 - 5937890
E-mail: kangjiazhiye@126. com
Http: //www. kangjiazhiye. com
法人代表(Chairman): 杨春艳
总经理(General Manager): 许伟
产品(Products): 面巾纸, 湿巾, 卫生巾
品牌(Brand): 相思雨

● 上海 Shanghai

上海海拉斯实业有限公司
Shanghai Haras Industrial Co., Ltd.
地址(Add): 上海市宝山区罗泾镇潘差路 416 号
邮编(P. C.): 200949
电话(Tel): 021 - 56874660

传真(Fax)：021－56874584
E-mail：haras@163.com
总经理(General Manager)：何思伟
联系人(Contact Person)：朱海英
产品(Products)：湿巾
品牌(Brand)：海拉斯

上海城峰纸业有限公司
Shanghai Chengfeng Paper Co., Ltd.
地址(Add)：上海市宝山区罗南东太东路865号4号厂房
邮编(P.C.)：200436
电话(Tel)：021－56016568
传真(Fax)：021－56016658
Http://shcjz.1688.com
总经理(General Manager)：胡存相
联系人(Contact Person)：胡存相
产品(Products)：餐巾纸，面巾纸，手帕纸，卫生纸，擦手纸，湿巾

上海铃兰卫生用品有限公司
Shanghai Suzuran Sanitary Goods Co., Ltd.
地址(Add)：上海市宝山区月罗路314号
邮编(P.C.)：200941
电话(Tel)：021－56649860
传真(Fax)：021－66680030
Http://www.suzuran.cn
联系人(Contact Person)：姚文标
产品(Products)：湿巾
品牌(Brand)：丽丽贝尔

上海基高贸易有限公司
Shanghai Jigao Trading Co., Ltd.
地址(Add)：上海市长宁区水城南路37号万科广场1502室
邮编(P.C.)：201103
电话(Tel)：021－62592070
传真(Fax)：021－62592090
E-mail：thomasqi9@hotmail.com
Http://qiliwipes.cn.gongchang.com
法人代表(Chairman)：辜秀英
总经理(General Manager)：林世范
联系人(Contact Person)：黄庆月
产品(Products)：工业擦拭纸，湿巾
品牌(Brand)：奇力

王子奇能纸业(上海)有限公司
Oji Kinocloth (Shanghai) Co., Ltd.
地址(Add)：上海市长宁区仙霞路88号太阳广场W506室
邮编(P.C.)：200336
电话(Tel)：021－62375200
传真(Fax)：021－62375600
E-mail：y.sun@kinocloth.cn
Http://www.kinocloth.cn
法人代表(Chairman)：北村欣勇
总经理(General Manager)：丰岛节夫
联系人(Contact Person)：孙永亮
产品(Products)：湿巾，厨房烹调专用纸，食品垫
品牌(Brand)：泰木丽

上海喜泊丽工贸有限公司
Shanghai Xiboli Industry & Trade Co., Ltd.
地址(Add)：上海市常和路288号兴润园2号厂房2楼
邮编(P.C.)：200331
电话(Tel)：021－62844615
传真(Fax)：021－62844614
E-mail：xby@wettowel－fine.com
Http://www.wettowel－fine.com
总经理(General Manager)：徐斌熠
联系人(Contact Person)：石小轮
产品(Products)：湿巾

美国美联实业有限公司上海代表处
Medline Industries Inc. Shanghai Office
地址(Add)：上海市成都北路500号峻岭广场2905－2907室
邮编(P.C.)：200003
电话(Tel)：021－63273666－108
传真(Fax)：021－63279992
E-mail：cyu@medline.com
Http://www.medline.com
联系人(Contact Person)：余骅
产品(Products)：成人纸尿裤/片，护理垫，湿巾

上海亚聚纸业有限公司
Shanghai Asialinx PM Enterprise Inc.
地址(Add)：上海市奉贤区航塘公路1491号15－16幢
邮编(P.C.)：201405
电话(Tel)：021－50456801
传真(Fax)：021－50456802
E-mail：apmsha@gmail.com
联系人(Contact Person)：张荆鹏
产品(Products)：工业擦拭纸，抹布

金佰利(中国)有限公司
Kimberly－Clark (China) Co., Ltd.
地址(Add)：上海市福州路666号金陵海欣大厦10楼
邮编(P.C.)：200001
电话(Tel)：021－61327755
传真(Fax)：021－63917975
E-mail：jessica.cai@kcc.com
Http://www.kimberly－clark.com.cn
法人代表(Chairman)：张海婴
总经理(General Manager)：张海婴
联系人(Contact Person)：蔡敏
产品(Products)：卫生巾，卫生护垫，婴儿纸尿裤/片，成人纸尿裤/片，护理垫，湿巾，纸巾纸，卫生纸，擦手纸，厨房纸巾，工业擦拭纸
品牌(Brand)：高洁丝Kotex，舒而美C&B，好奇Huggies，舒洁Kleenex，得伴Depend

上海灿之贸易有限公司
Shanghai Canzhi Trading Co., Ltd.
地址(Add)：上海市共和莘路3088弄3号305
邮编(P.C.)：200435
电话(Tel)：021－66247837
传真(Fax)：021－56412291
E-mail：cashizhi@canzhi.com
Http://www.canzhi.com
法人代表(Chairman)：李强
总经理(General Manager)：李强

联系人(Contact Person)：李强
产品(Products)：工业用擦拭纸，擦拭布，吸油棉，过滤纸
品牌(Brand)：洁来利

上海元闲宠物用品有限公司
Shanghai Yuanxian Pet Products Co., Ltd.
地址(Add)：上海市虹口商城1304
邮编(P.C.)：200062
电话(Tel)：021-56030955
传真(Fax)：021-56778098
E-mail：yuanxianpet@126.com
Http：//www.yuanliangpet.168.com
法人代表(Chairman)：唐坚定
总经理(General Manager)：唐坚定
联系人(Contact Person)：唐雁
产品(Products)：宠物纸尿片，湿巾
品牌(Brand)：宝尼

康贝(上海)有限公司
Combi (Shanghai) Co., Ltd.
地址(Add)：上海市淮海中路200号淮海金融大厦23楼
邮编(P.C.)：200021
电话(Tel)：021-63852688
传真(Fax)：021-63858885
E-mail：combibaby@qq.com
Http：//www.combi.com.cn
法人代表(Chairman)：刘冠宏
联系人(Contact Person)：潘海红
产品(Products)：湿巾
品牌(Brand)：康贝爱

尤妮佳生活用品(中国)有限公司
Unicharm Consumer Products (China) Co., Ltd.
地址(Add)：上海市黄浦区延安东路618号22楼
邮编(P.C.)：200001
电话(Tel)：021-53854166
传真(Fax)：021-53854799
E-mail：chunlei-yuan@unicharm.com
Http：//www.unicharm.com.cn
法人代表(Chairman)：宫林吉广
总经理(General Manager)：宫林吉广
联系人(Contact Person)：袁春雷
产品(Products)：卫生巾，卫生护垫，婴儿纸尿裤，成人纸尿裤，湿巾
品牌(Brand)：苏菲，妈咪宝贝，乐互宜

上海三君生活用品有限公司
Shanghai Sanjun General Merchadise Co., Ltd.
地址(Add)：上海市嘉定工业区北区北和公路1350号
邮编(P.C.)：201807
电话(Tel)：021-39966960
传真(Fax)：021-39966920
E-mail：yxf@sj-gm.com.cn
Http：//www.sj-gm.com.cn
法人代表(Chairman)：殷贤富
总经理(General Manager)：殷贤富
联系人(Contact Person)：王和平
产品(Products)：湿巾

上海贝聪婴儿用品有限公司
Shanghai Beicong Articles for Infants Co., Ltd.
地址(Add)：上海市嘉定区城北路333号邮编(P.C.)：200215
电话(Tel)：021-35304988
E-mail：598242498@qq.com
Http：//www.shbcyr.com
联系人(Contact Person)：桑胜利
产品(Products)：湿巾
品牌(Brand)：贝聪洁爽

上海独一实业有限公司
Shanghai Duyi Industry Co., Ltd.
地址(Add)：上海市嘉定区江桥华江路726弄95号
邮编(P.C.)：201803
电话(Tel)：021-58131130
传真(Fax)：021-59119733
E-mail：sales@shduyi.com
Http：//shduyi.1688.com
法人代表(Chairman)：戴裕强
总经理(General Manager)：邹梗甲
联系人(Contact Person)：孙瑛
产品(Products)：湿巾

上海麦世科无纺布集团
Shanghai Mascot Nonwoven Group
地址(Add)：上海市嘉定区马陆镇宝安公路2785号
邮编(P.C.)：201801
电话(Tel)：021-39908327
传真(Fax)：021-39908325
产品(Products)：湿巾，厨房擦拭巾，手术衣，帽子，口罩

永腾(上海)纸制品有限公司
Yongteng (Shanghai) Paper Products Co., Ltd.
地址(Add)：上海市嘉定区马陆镇博学路1088号
邮编(P.C.)：201818
电话(Tel)：021-69156580
传真(Fax)：021-69156590
Http：//ytshzzp.cn.china.cn
总经理(General Manager)：张忠良
联系人(Contact Person)：郜家元
产品(Products)：湿巾
品牌(Brand)：依好

上海御信堂化妆品有限公司
Shanghai Ysunta Cosmetics Co., Ltd.
地址(Add)：上海市金山区枫泾镇枫冠路53号4幢
邮编(P.C.)：201501
电话(Tel)：021-67335995
传真(Fax)：021-67355896
E-mail：ysunta@163.com
Http：//www.ysunta.com
联系人(Contact Person)：韩四元
产品(Products)：湿巾
品牌(Brand)：御信堂

上海东冠集团
Shanghai Orient Champion Group
地址(Add)：上海市金山区亭林镇林慧路1000号
邮编(P.C.)：201505

电话(Tel)：021 - 57277153
传真(Fax)：021 - 67225979
E-mail：yangcj@ socp. com. cn
Http：//www. socpcn. com
法人代表(Chairman)：李慈雄
总经理(General Manager)：孙海瑜
联系人(Contact Person)：杨臣君
产品(Products)：原纸，卫生纸，面巾纸，餐巾纸，手帕纸，擦手纸，厨房纸巾，衬纸，卫生巾，婴儿纸尿裤，湿巾
品牌(Brand)：洁云，丝柔，自由森林，韵洁，贝贝爽，洁伴，米娅

强生(中国)有限公司
Johnson & Johnson (China) Ltd.
地址(Add)：上海市闵行区东川路3285号
邮编(P. C.)：200245
电话(Tel)：021 - 64302010
传真(Fax)：021 - 64302645
E-mail：bchen4@ concn. jnj. com
Http：//www. jnj. com. cn
法人代表(Chairman)：周敏涛
总经理(General Manager)：周敏涛
联系人(Contact Person)：陈蓓蕾
产品(Products)：卫生棉条，湿巾
品牌(Brand)：ob，强生

上海优生婴儿用品有限公司
US Baby (Shanghai) Co., Ltd.
地址(Add)：上海市闵行区金都路1199号
邮编(P. C.)：201108
电话(Tel)：021 - 64976497 - 2138
传真(Fax)：021 - 54400123
E-mail：usbaby@ usbaby. com. cn
Http：//www. usbaby. com. cn
联系人(Contact Person)：后丽萍
产品(Products)：防溢乳垫，湿巾
品牌(Brand)：优生，喜多

上海奇丽纸业有限公司
Shanghai Qili Paper Co., Ltd.
地址(Add)：上海市南大路729弄18号厂房
邮编(P. C.)：200331
电话(Tel)：021 - 55398829
传真(Fax)：021 - 36359028
E-mail：yaohui@ cashizhi. com
联系人(Contact Person)：姚辉
产品(Products)：擦拭巾
品牌(Brand)：奇丽

上海唯爱纸业有限公司
Shanghai Weiai Paper Co., Ltd.
地址(Add)：上海市南汇区宣桥镇三灶工业园宣秋路446号A楼
邮编(P. C.)：201300
电话(Tel)：021 - 51961288
传真(Fax)：021 - 51961278
E-mail：weiaiaiwei1@ sina. com
Http：//www. shevery. com. cn
法人代表(Chairman)：程学保
总经理(General Manager)：程学保
联系人(Contact Person)：沈治文
产品(Products)：湿巾，餐巾纸，面巾纸，厨房纸巾，擦手纸，婴儿纸尿裤/片，宠物巾，汽车擦拭巾
品牌(Brand)：爱唯

上海若云纸业有限公司
Shanghai Ruoyun Paper Co., Ltd.
地址(Add)：上海市浦东新区东川路星升路189号
邮编(P. C.)：201201
电话(Tel)：021 - 68900545
传真(Fax)：021 - 68907191
法人代表(Chairman)：杨建南
总经理(General Manager)：丁德妹
产品(Products)：卫生纸，餐巾纸，面巾纸，湿巾
品牌(Brand)：若云，爱迪梦

上海银京医用卫生材料有限公司
Shanghai Yinjing Medical Supplies Co., Ltd.
地址(Add)：上海市浦东新区南汇工业园区园西路586号
邮编(P. C.)：201300
电话(Tel)：021 - 68016511 - 6888
传真(Fax)：021 - 68016736
E-mail：wdsj68@ hotmail. com
Http：//www. yinjing. cn
联系人(Contact Person)：吴东曙
产品(Products)：湿巾，口罩
品牌(Brand)：银京，洁康诺

亚洲浆纸交易集团股份有限公司
Asia Paper Pulp Energy Exchange Group Limited
地址(Add)：上海市浦东新区浦东大道2000号阳光世界大厦6楼G座
邮编(P. C.)：200135
电话(Tel)：021 - 51302364
传真(Fax)：021 - 51302364
E-mail：andygao@ asiapaperpulpexchange. com
联系人(Contact Person)：高光海
产品(Products)：卫生纸，面巾纸，手帕纸，湿巾

上海雅臣纸业有限公司
Shanghai Yachen Paper Co., Ltd.
地址(Add)：上海市浦东新区三林路235号
邮编(P. C.)：200124
电话(Tel)：021 - 68308606
传真(Fax)：021 - 68308607
Http：//ycpaper. b2b. hc360. com
总经理(General Manager)：孙根成
联系人(Contact Person)：孙根成
产品(Products)：湿巾，面巾纸，餐巾纸，卫生纸
品牌(Brand)：雅臣

上海新络滤材有限公司
Xinluo Filter Material (Shanghai) Co., Ltd.
地址(Add)：上海市浦东新区云台路145号云台大厦1101室
邮编(P. C.)：200126
电话(Tel)：021 - 50829531 - 806
传真(Fax)：021 - 50829530
E-mail：gary@ shxinluo. com. cn
Http：//www. xinluo. com. cn
法人代表(Chairman)：王贡尧

总经理(General Manager)：王贡尧
联系人(Contact Person)：杨永利
产品(Products)：吸油棉，工业擦拭纸

芬雅纸品(上海)发展有限公司
Fenya Paper Products (Shanghai) Development Co., Ltd.
地址(Add)：上海市浦东新区张杨路1254号307室
邮编(P.C.)：200122
电话(Tel)：021-58205346
传真(Fax)：021-58207649
法人代表(Chairman)：陈秋玲
联系人(Contact Person)：黄贤伟
产品(Products)：面巾纸，餐巾纸，卫生纸，湿巾
品牌(Brand)：芬雅

上海嗳呵母婴用品国际贸易有限公司
Shanghai ElskerMother & Baby Co., Ltd.
地址(Add)：上海市浦东新区张杨路655号1206室
邮编(P.C.)：201702
电话(Tel)：400-800-5299
E-mail：elsker@elsker.com
产品(Products)：湿巾
品牌(Brand)：嗳呵

康那香企业(上海)有限公司
Kang Na Hsiung Enterprise (Shanghai) Co., Ltd.
地址(Add)：上海市青浦工业园区外青松公路5619号
邮编(P.C.)：201707
电话(Tel)：021-69211200
传真(Fax)：021-69211362
E-mail：webmaster@knh.com.cn
Http://www.knh.com.cn
法人代表(Chairman)：戴秀玲
总经理(General Manager)：戴秀玲
联系人(Contact Person)：黄响坛
产品(Products)：卫生巾，卫生护垫，湿巾
品牌(Brand)：康乃馨

上海大昭和有限公司
Shanghai Daishowa Co., Ltd.
地址(Add)：上海市青浦工业园区新水路280号
邮编(P.C.)：201700
电话(Tel)：021-59705300
传真(Fax)：021-59705301
E-mail：zhangjing750617@vip.163.com
Http://www.daishowasiko.com
法人代表(Chairman)：上园聪
总经理(General Manager)：上园聪
联系人(Contact Person)：张晶
产品(Products)：生活用纸，湿巾

上海马拉宝商贸有限公司
Rainbow Fame Industrial Co., Ltd.
地址(Add)：上海市青浦区沪青平公路2008号竞衡大业广场1018号
邮编(P.C.)：201702
电话(Tel)：021-59881660-103
传真(Fax)：021-59881483
E-mail：sales@rainbowfame.cn
Http://www.rainbowfame.cn
法人代表(Chairman)：余有国
总经理(General Manager)：余有国
联系人(Contact Person)：董鑫
产品(Products)：湿巾，卫生巾，卫生护垫，婴儿纸尿裤/片，成人纸尿裤/片

上海唯尔福集团股份有限公司
Shanghai Welfare Group Co., Ltd.
地址(Add)：上海市青浦区华新镇徐华公路3029弄88号
邮编(P.C.)：201705
电话(Tel)：021-39873598
传真(Fax)：021-39873188
E-mail：wef2008@163.com
Http://www.wef2008.com
法人代表(Chairman)：何幼成
总经理(General Manager)：何幼成
联系人(Contact Person)：孙丽娜
产品(Products)：卫生巾，卫生护垫，婴儿纸尿裤/片，成人纸尿裤/片，宠物垫，护理垫，原纸，卫生纸，面巾纸，手帕纸，餐巾纸，厨房纸巾，擦手纸，湿巾
品牌(Brand)：唯尔福，美丽约会，唯儿福，纸音

上海欣莹卫生用品有限公司
Shanghai Xinying Hygienics Co., Ltd.
地址(Add)：上海市青浦区金泽镇莲金路38弄15号
邮编(P.C.)：201722
电话(Tel)：021-59865286
传真(Fax)：021-59865129
总经理(General Manager)：杨景全
产品(Products)：湿巾

上海亚日工贸有限公司
Shanghai Yari Industry & Trading Co., Ltd.
地址(Add)：上海市青浦区青松公路果园路588号
邮编(P.C.)：201701
电话(Tel)：021-69219588
传真(Fax)：021-69219058
法人代表(Chairman)：骆定龙
总经理(General Manager)：骆定龙
联系人(Contact Person)：杨继武
产品(Products)：卫生巾，卫生护垫，婴儿纸尿裤/片，湿巾，卫生纸，面巾纸
品牌(Brand)：顺妮，亚妮，宝宝舒，舒佳

上海艾顿卫生用品有限公司
Shanghai Aidun Hygiene Thing Co., Ltd.
地址(Add)：上海市松江区北杨路58号-2厂房
邮编(P.C.)：201600
电话(Tel)：021-57733368
传真(Fax)：021-57733360
E-mail：aidun_sh@163.com
Http://www.shaidun.com.cn
法人代表(Chairman)：周礼照
总经理(General Manager)：周礼照
联系人(Contact Person)：周礼益
产品(Products)：湿巾
品牌(Brand)：艾顿

上海曜颖餐饮用品有限公司
Shanghai International Fresh Mate Co., Ltd.
地址(Add)：上海市松江区车敦镇香亭路459号
邮编(P.C.)：201611

电话(Tel)：021－57774301
传真(Fax)：021－57774739
E-mail：caipingc@hotmail.com
总经理(General Manager)：王升曜
联系人(Contact Person)：孙彩萍
产品(Products)：湿巾，餐巾纸，厨房纸巾
品牌(Brand)：飞舒美德

上海恒晟卫生用品有限公司
Shanghai Hengsheng Hygiene Products Co., Ltd.
地址(Add)：上海市松江区高科技园昆港路999号
邮编(P. C.)：201616
电话(Tel)：021－33529098
传真(Fax)：021－33529296
E-mail：842074650@qq.com
法人代表(Chairman)：许文嵘
总经理(General Manager)：蔡荣强
联系人(Contact Person)：许文评
产品(Products)：婴儿纸尿裤/片，成人纸尿片，妇婴两用巾，湿巾，卫生纸
品牌(Brand)：舒贝，舒尔乐

香诗伊卫生用品有限公司
Xiangshiyi Hygiene Products Co., Ltd.
地址(Add)：上海市松江区九亭镇九新公路456号
邮编(P. C.)：201615
电话(Tel)：021－57639136
传真(Fax)：021－57639136
Http：//xiangshiyi888.1688.com
法人代表(Chairman)：钱光明
总经理(General Manager)：钱光明
产品(Products)：湿巾，餐巾纸，面巾纸
品牌(Brand)：香诗伊

上海月月舒妇女用品有限公司
Shanghai Yueyueshu Women Products Co., Ltd.
地址(Add)：上海市松江区佘山镇北部工业区佘北公路1815号
邮编(P. C.)：201602
电话(Tel)：021－57792865
传真(Fax)：021－57792606
E-mail：yys@yueyueshu.com
Http：//www.yueyueshu.com
法人代表(Chairman)：孙耀志
总经理(General Manager)：孙杰
联系人(Contact Person)：周荣超
产品(Products)：卫生巾，卫生护垫，湿巾
品牌(Brand)：月月舒，花帜

上海诗美生物科技有限公司
Shanghai Shimei Biology Science & Technology Co., Ltd.
地址(Add)：上海市松江区佘山镇成业路101号－8
邮编(P. C.)：201602
电话(Tel)：021－57792129
传真(Fax)：021－57796311
总经理(General Manager)：侯海华
联系人(Contact Person)：李根昌
产品(Products)：湿巾
品牌(Brand)：优诗美

上海美馨卫生用品有限公司
Shanghai American Hygienics Co., Ltd.
地址(Add)：上海市松江区佘山镇沈砖公路3129弄5－6号楼
邮编(P. C.)：201602
电话(Tel)：021－57669436
传真(Fax)：021－57669343
E-mail：salescn@amhygienics.com
Http：//www.amhygienics.com
法人代表(Chairman)：余有志
总经理(General Manager)：余有志
联系人(Contact Person)：吴亮
产品(Products)：湿巾，婴儿纸尿裤，卫生巾
品牌(Brand)：凯德馨

全日美实业(上海)有限公司
Everbeauty Industry (Shanghai) Co., Ltd.
地址(Add)：上海市松江区新桥镇工业区民益路5号
邮编(P. C.)：201612
电话(Tel)：021－57686968
传真(Fax)：021－57686967
E-mail：clara.jin@sca.com
Http：//www.sca.com
法人代表(Chairman)：Ulf Olof Lennart Soderstrom
总经理(General Manager)：Ulf Olof Lennart Soderstrom
联系人(Contact Person)：金春梅
产品(Products)：婴儿纸尿裤/片，成人纸尿裤/片，护理垫，湿巾
品牌(Brand)：嘘嘘乐，小淘气，包大人，妈妈乐

上海欧吉士环保科技有限公司
Shanghai Oujishi Environment Protection Technology Co., Ltd.
地址(Add)：上海市西藏北路30号
邮编(P. C.)：200070
电话(Tel)：021－63807790
传真(Fax)：021－63808359
E-mail：zspace@qq.com
联系人(Contact Person)：张俊
产品(Products)：湿巾
品牌(Brand)：欧吉士

上海同高实业有限公司
Shanghai Tonggao Industrial Co., Ltd.
地址(Add)：上海市仙霞路888弄3号601室
邮编(P. C.)：200336
电话(Tel)：021－62423474
传真(Fax)：021－62426554
E-mail：chxy139@163.com
Http：//eqalsh.1688.com
联系人(Contact Person)：陈向阳
产品(Products)：湿巾，抹布

贝亲婴儿用品(上海)有限公司
Pigeon Baby Articles(Shanghai) Co., Ltd.
地址(Add)：上海市徐汇区虹桥路3号港汇中心二座3201－3202室
邮编(P. C.)：200030
电话(Tel)：021－54510896
传真(Fax)：021－54510893
Http：//www.pigeon.cn

产品(Products)：湿巾，卫生巾，婴儿纸尿裤
品牌(Brand)：贝亲

上海荷风环保科技有限公司
Shanghai Lotusmia Environmental Technology Co., Ltd.
地址(Add)：上海市徐汇区肇嘉浜路825号尚秀商务楼2号楼5A
邮编(P. C.)：200032
电话(Tel)：021-60531338
传真(Fax)：021-39652970
E-mail：yang_qh@msn.com
Http：//richardyqh.1688.com
法人代表(Chairman)：杨庆华
总经理(General Manager)：杨庆华
联系人(Contact Person)：杨庆华
产品(Products)：擦手纸，卫生纸，面巾纸，厨房纸巾，餐巾纸，湿巾
品牌(Brand)：荷韵

上海康奇实业有限公司
Shanghai Kangqi Industry Co., Ltd.
地址(Add)：上海市中山北一路1200号新光一号楼518室
邮编(P. C.)：200437
电话(Tel)：021-65171068
传真(Fax)：021-65170012
E-mail：kq@kq-wipe.com
Http：//www.kq-wipe.com
法人代表(Chairman)：顾建军
总经理(General Manager)：顾建军
联系人(Contact Person)：顾建军
产品(Products)：工业擦拭巾，湿巾
品牌(Brand)：康奇

● 江苏 Jiangsu

常熟市圣利达水刺无纺有限公司
Changshu Shenglida Spunlace Nonwovens Co., Ltd.
地址(Add)：江苏省常熟市沙家浜镇(唐市)常昆工业园区复兴路10号
邮编(P. C.)：215542
电话(Tel)：0512-52579990
传真(Fax)：0512-52579991
E-mail：sld@shenglida.com
法人代表(Chairman)：王自业
总经理(General Manager)：王自业
产品(Products)：湿巾，一次性浴衣

苏州常盛水刺无纺有限公司
Suzhou Changsheng Spunlaced Nonwoven Co., Ltd.
地址(Add)：江苏省常熟市支塘镇(任阳)常盛工业园
邮编(P. C.)：215539
电话(Tel)：0512-52587000
传真(Fax)：0512-52586000
E-mail：ligx22@163.com
Http：//www.sz-cs.com
法人代表(Chairman)：李国新
总经理(General Manager)：李国新
联系人(Contact Person)：陈晓钿
产品(Products)：湿巾

常州尚易生活用品有限公司
Changzhou Shangyi Daily Supplies Co., Ltd.
地址(Add)：江苏省常州市横林镇杨岐段61号
邮编(P. C.)：203101
电话(Tel)：0519-88781392
传真(Fax)：0519-88782401
E-mail：rl1208@126.com
法人代表(Chairman)：陈国平
联系人(Contact Person)：陈国平
产品(Products)：湿巾
品牌(Brand)：Cliper

江苏东方洁妮尔水刺无纺布有限公司
Jiangsu East Genial Spunlaced Nonwovens Co., Ltd.
地址(Add)：江苏省常州市湖塘镇马杭金家塘100号
邮编(P. C.)：213102
电话(Tel)：0519-86323168
传真(Fax)：0519-86705277
E-mail：genial@alibaba.com.cn
Http：//www.eastgenial.com
法人代表(Chairman)：黄福金
总经理(General Manager)：黄福金
联系人(Contact Person)：黄福金
产品(Products)：湿巾，柔巾卷，美容巾，压缩毛巾
品牌(Brand)：洁妮尔

贝亲母婴用品(常州)有限公司
Pigeon Industries (Changzhou) Co., Ltd.
地址(Add)：江苏省常州市武进高新技术产业开发区凤林路59号
邮编(P. C.)：213164
电话(Tel)：0519-89185959-8100
传真(Fax)：0519-89185966
E-mail：koko@pigeon.cn
Http：//www.pigeon.com
法人代表(Chairman)：北泽宪政
总经理(General Manager)：贺来健
联系人(Contact Person)：胡杰
产品(Products)：湿巾，乳垫，婴儿纸尿裤
品牌(Brand)：贝亲

常州护佳卫生用品有限公司
Changzhou Hujia Hygiene Products Co., Ltd.
地址(Add)：江苏省常州市武进区湖滨北路高家工业园
邮编(P. C.)：213168
电话(Tel)：0519-86356996
传真(Fax)：0519-86356339
E-mail：zyx@czhujia.com
Http：//www.czhujia.com
法人代表(Chairman)：章抗抗
总经理(General Manager)：张银侠
联系人(Contact Person)：张银侠
产品(Products)：湿巾
品牌(Brand)：护佳

常州华纳非织造布有限公司
Changzhou Warner Nonwovens Co., Ltd.
地址(Add)：江苏省常州市武进区遥观镇洪庄开发区
邮编(P. C.)：213102
电话(Tel)：0519-88710361
传真(Fax)：0519-89625621

E-mail：cz126126@126.com
总经理(General Manager)：庄海祥
联系人(Contact Person)：庄海祥
产品(Products)：湿巾
品牌(Brand)：水润活

徐州洁仕佳卫生用品有限公司
Xuzhou Jieshijia Hygiene Products Co., Ltd.
地址(Add)：江苏省丰县经济开发区
邮编(P.C.)：221700
电话(Tel)：0516－89506688
传真(Fax)：0516－89506699
E-mail：xzjsjsj@126.com
联系人(Contact Person)：史为华
产品(Products)：湿巾
品牌(Brand)：洁仕佳

江阴金凤特种纺织品有限公司
Jiangyin Golden Phoenix Special Textile Co., Ltd.
地址(Add)：江苏省江阴市华士镇陆华路2号
邮编(P.C.)：214425
电话(Tel)：0510－86372381
传真(Fax)：0510－86371659
E-mail：jf.jy@public1.wx.js.cn
Http：//www.jfnonwoven.com
法人代表(Chairman)：孙亚渊
总经理(General Manager)：孙政刚
联系人(Contact Person)：蔡振虎
产品(Products)：擦拭巾，医疗用品
品牌(Brand)：健飞

江阴健发特种纺织品有限公司
Jiangyin Jianfa Special Textile Co., Ltd.
地址(Add)：江苏省江阴市华士镇勤丰村海达路80号
邮编(P.C.)：214400
电话(Tel)：0510－86975098
传真(Fax)：0510－86373001
E-mail：jyjf88@sina.com
总经理(General Manager)：张钟雷
联系人(Contact Person)：张钟雷
产品(Products)：擦拭布，吸油垫，吸水垫

无锡市伙伴日化科技有限公司
Wuxi Huoban Daily－Use Chemical Science and Technology Co., Ltd.
地址(Add)：江苏省江阴市徐霞客镇工业园暨南大道88号(与璜马路交叉口)
邮编(P.C.)：214407
电话(Tel)：0510－86912011
传真(Fax)：0510－86531138
E-mail：huobanjy@tom.com
Http：//www.cnhuoban.com
联系人(Contact Person)：孙麒皓
产品(Products)：湿巾

句容东发生活用品有限公司
Jurong Dongfa General Merchandise Co., Ltd.
地址(Add)：江苏省句容市白兔镇西
邮编(P.C.)：212403
电话(Tel)：0511－87671219
传真(Fax)：0511－87673356
E-mail：sales@dfcsbz.com
Http：//www.dfcsbz.com
法人代表(Chairman)：纪冬发
联系人(Contact Person)：巫小梅
产品(Products)：湿巾
品牌(Brand)：浪涛

昆山优护优家贸易有限公司
Suzhou Health & Beyond Trade Inc.
地址(Add)：江苏省昆山市花桥绿地大道231弄9号楼1611室
邮编(P.C.)：215332
电话(Tel)：0512－57108262
传真(Fax)：0512－57132933
E-mail：info@healthandbeyond.cn
Http：//www.healthandbeyond.cn
法人代表(Chairman)：朱明亮
总经理(General Manager)：朱明亮
联系人(Contact Person)：杜志敏
产品(Products)：湿巾

永丰余家品(昆山)有限公司
Yuen Foong Yu Family Care (Kunshan) Co., Ltd.
地址(Add)：江苏省昆山市玉山镇永丰余路999号
邮编(P.C.)：215316
电话(Tel)：0512－57792888
传真(Fax)：0512－57792168
E-mail：gang.zhu@ygycpg.com
Http：//www.imayflower.cn
法人代表(Chairman)：何奕达
总经理(General Manager)：苏守斌
联系人(Contact Person)：朱刚
产品(Products)：原纸，卫生纸，餐巾纸，面巾纸，手帕纸，厨房纸巾，擦手纸，湿巾
品牌(Brand)：五月花

昆山华玮净化实业有限公司
Kunshan Huawei Purification Industrial Co., Ltd.
地址(Add)：江苏省昆山市周市镇康庄路144号
邮编(P.C.)：215337
电话(Tel)：0512－57333501
传真(Fax)：0512－57335575
E-mail：ryq518@163.com
Http：//www.ryq.en.alibaba.com
联系人(Contact Person)：陈芳
产品(Products)：湿巾，医疗防护垫，吸收垫

昆山华玮净化实业有限公司
Kunshan Huawei Purified Industry Co., Ltd.
地址(Add)：江苏省昆山市周市镇康庄路144号
邮编(P.C.)：215300
电话(Tel)：0512－57333501
传真(Fax)：0512－57335575
Http：//www.rryyqq.cn.alibaba.com
法人代表(Chairman)：饶玉黔
总经理(General Manager)：饶玉黔
联系人(Contact Person)：饶玉黔
产品(Products)：工业擦拭纸，擦拭布
品牌(Brand)：华万洁

产品(Products)：湿巾，卫生巾，婴儿纸尿裤
品牌(Brand)：贝亲

上海荷风环保科技有限公司
Shanghai Lotusmia Environmental Technology Co., Ltd.
地址(Add)：上海市徐汇区肇嘉浜路825号尚秀商务楼2号楼5A
邮编(P. C.)：200032
电话(Tel)：021－60531338
传真(Fax)：021－39652970
E-mail：yang_qh@msn.com
Http：//richardyqh.1688.com
法人代表(Chairman)：杨庆华
总经理(General Manager)：杨庆华
联系人(Contact Person)：杨庆华
产品(Products)：擦手纸，卫生纸，面巾纸，厨房纸巾，餐巾纸，湿巾
品牌(Brand)：荷韵

上海康奇实业有限公司
Shanghai Kangqi Industry Co., Ltd.
地址(Add)：上海市中山北一路1200号新光一号楼518室
邮编(P. C.)：200437
电话(Tel)：021－65171068
传真(Fax)：021－65170012
E-mail：kq@kq－wipe.com
Http：//www.kq－wipe.com
法人代表(Chairman)：顾建军
总经理(General Manager)：顾建军
联系人(Contact Person)：顾建军
产品(Products)：工业擦拭巾，湿巾
品牌(Brand)：康奇

● 江苏 Jiangsu

常熟市圣利达水刺无纺有限公司
Changshu Shenglida Spunlace Nonwovens Co., Ltd.
地址(Add)：江苏省常熟市沙家浜镇(唐市)常昆工业园区复兴路10号
邮编(P. C.)：215542
电话(Tel)：0512－52579990
传真(Fax)：0512－52579991
E-mail：sld@shenglida.com
法人代表(Chairman)：王自业
总经理(General Manager)：王自业
产品(Products)：湿巾，一次性浴衣

苏州常盛水刺无纺有限公司
Suzhou Changsheng Spunlaced Nonwoven Co., Ltd.
地址(Add)：江苏省常熟市支塘镇(任阳)常盛工业园
邮编(P. C.)：215539
电话(Tel)：0512－52587000
传真(Fax)：0512－52586000
E-mail：ligx22@163.com
Http：//www.sz－cs.com
法人代表(Chairman)：李国新
总经理(General Manager)：李国新
联系人(Contact Person)：陈晓钿
产品(Products)：湿巾

常州尚易生活用品有限公司
Changzhou Shangyi Daily Supplies Co., Ltd.
地址(Add)：江苏省常州市横林镇杨岐段61号
邮编(P. C.)：203101
电话(Tel)：0519－88781392
传真(Fax)：0519－88782401
E-mail：rl1208@126.com
法人代表(Chairman)：陈国平
联系人(Contact Person)：陈国平
产品(Products)：湿巾
品牌(Brand)：Cliper

江苏东方洁妮尔水刺无纺布有限公司
Jiangsu East Genial Spunlaced Nonwovens Co., Ltd.
地址(Add)：江苏省常州市湖塘镇马杭金家塘100号
邮编(P. C.)：213102
电话(Tel)：0519－86323168
传真(Fax)：0519－86705277
E-mail：genial@alibaba.com.cn
Http：//www.eastgenial.com
法人代表(Chairman)：黄福金
总经理(General Manager)：黄福金
联系人(Contact Person)：黄福金
产品(Products)：湿巾，柔巾卷，美容巾，压缩毛巾
品牌(Brand)：洁妮尔

贝亲母婴用品(常州)有限公司
Pigeon Industries (Changzhou) Co., Ltd.
地址(Add)：江苏省常州市武进高新技术产业开发区凤林路59号
邮编(P. C.)：213164
电话(Tel)：0519－89185959－8100
传真(Fax)：0519－89185966
E-mail：koko@pigeon.cn
Http：//www.pigeon.com
法人代表(Chairman)：北泽宪政
总经理(General Manager)：贺来健
联系人(Contact Person)：胡杰
产品(Products)：湿巾，乳垫，婴儿纸尿裤
品牌(Brand)：贝亲

常州护佳卫生用品有限公司
Changzhou Hujia Hygiene Products Co., Ltd.
地址(Add)：江苏省常州市武进区湖滨北路高家工业园
邮编(P. C.)：213168
电话(Tel)：0519－86356996
传真(Fax)：0519－86356339
E-mail：zyx@czhujia.com
Http：//www.czhujia.com
法人代表(Chairman)：章抗抗
总经理(General Manager)：张银侠
联系人(Contact Person)：张银侠
产品(Products)：湿巾
品牌(Brand)：护佳

常州华纳非织造布有限公司
Changzhou Warner Nonwovens Co., Ltd.
地址(Add)：江苏省常州市武进区遥观镇洪庄开发区
邮编(P. C.)：213102
电话(Tel)：0519－88710361
传真(Fax)：0519－89625621

E-mail：cz126126@126.com
总经理(General Manager)：庄海祥
联系人(Contact Person)：庄海祥
产品(Products)：湿巾
品牌(Brand)：水润活

徐州洁仕佳卫生用品有限公司
Xuzhou Jieshijia Hygiene Products Co., Ltd.
地址(Add)：江苏省丰县经济开发区
邮编(P.C.)：221700
电话(Tel)：0516－89506688
传真(Fax)：0516－89506699
E-mail：xzjsjsj@126.com
联系人(Contact Person)：史为华
产品(Products)：湿巾
品牌(Brand)：洁仕佳

江阴金凤特种纺织品有限公司
Jiangyin Golden Phoenix Special Textile Co., Ltd.
地址(Add)：江苏省江阴市华士镇陆华路2号
邮编(P.C.)：214425
电话(Tel)：0510－86372381
传真(Fax)：0510－86371659
E-mail：jf.jy@public1.wx.js.cn
Http：//www.jfnonwoven.com
法人代表(Chairman)：孙亚渊
总经理(General Manager)：孙政刚
联系人(Contact Person)：蔡振虎
产品(Products)：擦拭巾，医疗用品
品牌(Brand)：健飞

江阴健发特种纺织品有限公司
Jiangyin Jianfa Special Textile Co., Ltd.
地址(Add)：江苏省江阴市华士镇勤丰村海达路80号
邮编(P.C.)：214400
电话(Tel)：0510－86975098
传真(Fax)：0510－86373001
E-mail：jyjf88@sina.com
总经理(General Manager)：张钟雷
联系人(Contact Person)：张钟雷
产品(Products)：擦拭布，吸油垫，吸水垫

无锡市伙伴日化科技有限公司
Wuxi Huoban Daily－Use Chemical Science and Technology Co., Ltd.
地址(Add)：江苏省江阴市徐霞客镇工业园暨南大道88号(与璜马路交叉口)
邮编(P.C.)：214407
电话(Tel)：0510－86912011
传真(Fax)：0510－86531138
E-mail：huobanjy@tom.com
Http：//www.cnhuoban.com
联系人(Contact Person)：孙麒皓
产品(Products)：湿巾

句容东发生活用品有限公司
Jurong Dongfa General Merchandise Co., Ltd.
地址(Add)：江苏省句容市白兔镇西
邮编(P.C.)：212403
电话(Tel)：0511－87671219
传真(Fax)：0511－87673356
E-mail：sales@dfcsbz.com
Http：//www.dfcsbz.com
法人代表(Chairman)：纪冬发
联系人(Contact Person)：巫小梅
产品(Products)：湿巾
品牌(Brand)：浪涛

昆山优护优家贸易有限公司
Suzhou Health & Beyond Trade Inc.
地址(Add)：江苏省昆山市花桥绿地大道231弄9号楼1611室
邮编(P.C.)：215332
电话(Tel)：0512－57108262
传真(Fax)：0512－57132933
E-mail：info@healthandbeyond.cn
Http：//www.healthandbeyond.cn
法人代表(Chairman)：朱明亮
总经理(General Manager)：朱明亮
联系人(Contact Person)：杜志敏
产品(Products)：湿巾

永丰余家品(昆山)有限公司
Yuen Foong Yu Family Care (Kunshan) Co., Ltd.
地址(Add)：江苏省昆山市玉山镇永丰余路999号
邮编(P.C.)：215316
电话(Tel)：0512－57792888
传真(Fax)：0512－57792168
E-mail：gang.zhu@ygycpg.com
Http：//www.imayflower.cn
法人代表(Chairman)：何奕达
总经理(General Manager)：苏守斌
联系人(Contact Person)：朱刚
产品(Products)：原纸，卫生纸，餐巾纸，面巾纸，手帕纸，厨房纸巾，擦手纸，湿巾
品牌(Brand)：五月花

昆山华玮净化实业有限公司
Kunshan Huawei Purification Industrial Co., Ltd.
地址(Add)：江苏省昆山市周市镇康庄路144号
邮编(P.C.)：215337
电话(Tel)：0512－57333501
传真(Fax)：0512－57335575
E-mail：ryq518@163.com
Http：//www.ryq.en.alibaba.com
联系人(Contact Person)：陈芳
产品(Products)：湿巾，医疗防护垫，吸收垫

昆山华玮净化实业有限公司
Kunshan Huawei Purified Industry Co., Ltd.
地址(Add)：江苏省昆山市周市镇康庄路144号
邮编(P.C.)：215300
电话(Tel)：0512－57333501
传真(Fax)：0512－57335575
Http：//www.rryyqq.cn.alibaba.com
法人代表(Chairman)：饶玉黔
总经理(General Manager)：饶玉黔
联系人(Contact Person)：饶玉黔
产品(Products)：工业擦拭纸，擦拭布
品牌(Brand)：华万洁

南京特纳斯生物技术开发有限公司
Nanjing Tenasi Biotech Development Co., Ltd.
地址(Add)：江苏省南京市鼓楼区龙仓巷天福园 60 号 19 幢 1401
邮编(P. C.)：210009
电话(Tel)：025 - 83309383
传真(Fax)：025 - 83301939
法人代表(Chairman)：周巧国
总经理(General Manager)：周巧国
联系人(Contact Person)：周巧国
产品(Products)：湿巾
品牌(Brand)：蓝族

南京金豫酒店用品有限公司
Nanjing Jinyu Hotel Supplies Co., Ltd.
地址(Add)：江苏省南京市建宁路 45 号博桥市场二楼 45 号
邮编(P. C.)：210000
电话(Tel)：025 - 85536928
传真(Fax)：025 - 85536928
联系人(Contact Person)：罗万宝
产品(Products)：湿巾

南京市中天纸业
Nanjing Zhongtian Paper Co.
地址(Add)：江苏省南京市建邺区长虹路 105 - 2 门面
邮编(P. C.)：210017
电话(Tel)：025 - 86505836
联系人(Contact Person)：张雨坤
产品(Products)：面巾纸，卫生纸，盘纸，湿巾

南通市瑞丰卫生用品有限公司
Nantong Ruifeng Hygiene Products Co., Ltd.
地址(Add)：江苏省南通市港闸区外环西流 107 - 3 号
邮编(P. C.)：226000
电话(Tel)：0513 - 66001386
传真(Fax)：0513 - 83515736
法人代表(Chairman)：方岩松
联系人(Contact Person)：方栋
产品(Products)：湿巾
品牌(Brand)：瑞丰

江苏通江科技股份有限公司
Jiangsu Tongjiang Science & Technology Co., Ltd.
地址(Add)：江苏省南通市如皋皋南工业园 8 号
邮编(P. C.)：226553
电话(Tel)：0513 - 87772799
传真(Fax)：0513 - 87771766
E-mail：tjsjj6@163. com
法人代表(Chairman)：沈季疆
总经理(General Manager)：沈季疆
产品(Products)：工业抹布，擦拭巾
品牌(Brand)：纤手

南通市港闸区朝阳卫生用品厂
Nantong Chaoyang Hygiene Products Factory
地址(Add)：江苏省南通市通刘路 358 号
邮编(P. C.)：226000
电话(Tel)：0513 - 85553216
传真(Fax)：0513 - 85553216
E-mail：miaojiu69@126. com
联系人(Contact Person)：缪军
产品(Products)：湿巾

南通市万利纸业有限公司
Nantong Wanli Paper Co., Ltd.
地址(Add)：江苏省南通市外环北路 108 - 18 号
邮编(P. C.)：226011
电话(Tel)：0513 - 85668688
传真(Fax)：0513 - 85676768
E-mail：wlzp@ntwlzpc. cn
联系人(Contact Person)：郑国太
产品(Products)：卫生纸，面巾纸，手帕纸，餐巾纸，擦手纸，湿巾
品牌(Brand)：祝福

南通康盛无纺布有限公司
Nantong Kangsheng Nonwoven Cloth Co., Ltd.
地址(Add)：江苏省如皋市柴湾纺织工业园
邮编(P. C.)：226560
电话(Tel)：0513 - 87209033
传真(Fax)：0513 - 81165457
E-mail：chengh169@163. com
Http：//www. ntkswf. cn. alibaba. com
总经理(General Manager)：陈国红
联系人(Contact Person)：陈国红
产品(Products)：工业抹布，电子擦拭巾

南通洁新卫生用品有限公司
Nantong Jiexin Hygiene Products Co., Ltd.
地址(Add)：江苏省如皋市下原镇惠民东路 2 号
邮编(P. C.)：226543
电话(Tel)：0513 - 87301616
传真(Fax)：0513 - 87301616
E-mail：ntjiexin@163. com
Http：//www. jsntjx. com
法人代表(Chairman)：邓勇
总经理(General Manager)：邓勇
联系人(Contact Person)：张俊华
产品(Products)：湿巾
品牌(Brand)：沐浴阳光

金红叶纸业集团有限公司
Gold Hongye Paper Group Co., Ltd.
地址(Add)：江苏省苏州市工业园区金胜路 1 号
邮编(P. C.)：215126
电话(Tel)：0512 - 62810228
产品(Products)：卫生纸，原纸，面巾纸，手帕纸，餐巾纸，厨房纸巾，擦手纸，湿巾
品牌(Brand)：唯洁雅，清风，真真

苏州逸云卫生用品有限公司
Suzhou Yiyun Hygiene Products Co., Ltd.
地址(Add)：江苏省苏州市虎丘路 503 号昌华集团内
邮编(P. C.)：215121
电话(Tel)：0512 - 65566897
传真(Fax)：0512 - 65565913
E-mail：szyiyun@163. com
联系人(Contact Person)：李海涛
产品(Products)：湿巾
品牌(Brand)：逸云

苏州冠洁生活制品有限公司
Suzhou Guanjie Hygiene Products Co., Ltd.
地址(Add)：江苏省苏州市吴江区七都镇临湖庙港经济区
邮编(P. C.)：215232
电话(Tel)：0512-63738852
传真(Fax)：0512-63738851
E-mail：sochina@163.com
Http://www.soch.com.cn
联系人(Contact Person)：黄伟国
产品(Products)：卫生巾，卫生护垫，湿巾，婴儿纸尿裤，成人纸尿裤

苏州佳和无纺制品有限公司
Suzhou Jiahe Nonwoven Co., Ltd.
地址(Add)：江苏省苏州市吴中经济开发区浦庄高新园
邮编(P. C.)：215000
电话(Tel)：0512-66520199
传真(Fax)：0512-66530466
E-mail：sz.jiahe@gmail.com
Http://www.jaihewufang.com
总经理(General Manager)：严春华
联系人(Contact Person)：徐晓明
产品(Products)：擦拭纸，工业擦拭布

苏州创佳纸业有限公司
Suzhou Chuangjia Paper Co., Ltd.
地址(Add)：江苏省苏州市吴中区宝南路89号2-7
邮编(P. C.)：215168
电话(Tel)：0512-67086255
传真(Fax)：0512-67086255
总经理(General Manager)：李云红
联系人(Contact Person)：李云红
产品(Products)：擦拭巾

苏州宝丽洁日化有限公司
Suzhou Borage Daily Chemicals Co., Ltd.
地址(Add)：江苏省苏州市吴中区东山镇科技工业园39号
邮编(P. C.)：215107
电话(Tel)：0512-66399451
传真(Fax)：0512-66288868
E-mail：zhai@borage.com.cn
Http://www.borage.com.cn
法人代表(Chairman)：邱华
总经理(General Manager)：翟勤勇
联系人(Contact Person)：翟勤勇
产品(Products)：卫生巾，卫生护垫，湿巾

苏州成斯无尘科技有限公司
Suzhou Chengsi Dustfree Science Technology Co., Ltd.
地址(Add)：江苏省苏州市吴中区郭巷姜庄工业园
邮编(P. C.)：215124
电话(Tel)：0512-65969598
传真(Fax)：0512-65969590
E-mail：tangweiguo@chengsi-clean.com
Http://www.chengsi-clean.com
总经理(General Manager)：唐维国
产品(Products)：擦拭巾

苏州市吉利雅纸业有限公司
Suzhou Jiliya Paper Co., Ltd.
地址(Add)：江苏省苏州市吴中区经济开发区南湖路99号
邮编(P. C.)：215128
电话(Tel)：0512-68116509
传真(Fax)：0512-67089130
Http://www.geelya.com
法人代表(Chairman)：黄国芬
总经理(General Manager)：何忠根
联系人(Contact Person)：何忠根
产品(Products)：面巾纸，餐巾纸，手帕纸，卫生纸，擦手纸，湿巾
品牌(Brand)：吉利雅

苏州欧德无尘材料有限公司
Suzhou Order Cleanroom Material Co., Ltd.
地址(Add)：江苏省苏州市吴中区新家工业园新石路10号
邮编(P. C.)：215128
电话(Tel)：0512-65859785
传真(Fax)：0512-65859925
E-mail：shizhu2005.6.19@163.com
Http://www.order-cleanroom.com
法人代表(Chairman)：何伟诚
总经理(General Manager)：何伟诚
联系人(Contact Person)：石林
产品(Products)：擦拭巾
品牌(Brand)：欧德

王子制纸妮飘(苏州)有限公司
Oji Paper Nepia (Suzhou) Co., Ltd.
地址(Add)：江苏省苏州市新区金山路98号
邮编(P. C.)：215129
电话(Tel)：0512-68258526
传真(Fax)：0512-68258516
Http://www.nepia.com.cn
法人代表(Chairman)：中须贺朗
总经理(General Manager)：中须贺朗
联系人(Contact Person)：邹立平
产品(Products)：原纸，卫生纸，面巾纸，手帕纸，湿巾
品牌(Brand)：妮飘

苏州恒星医用材料有限公司
Planet (Suzhou) Medical Products Co., Ltd.
地址(Add)：江苏省苏州新区浒关工业园青莲路33号
邮编(P. C.)：215151
电话(Tel)：0512-82181667
传真(Fax)：0512-82181668
Http://szplanethkol.1688.com
联系人(Contact Person)：李秋梅
产品(Products)：医用敷料，降温贴，湿巾

利安旅游用品厂
Lian Tourist Articles Factory
地址(Add)：江苏省太仓市归庄长富私营经济开发区
邮编(P. C.)：215425
电话(Tel)：0512-53296966
传真(Fax)：0512-82028066
E-mail：lianlvyou@sina.com
Http://www.lianlvyou.com
总经理(General Manager)：李德彬
联系人(Contact Person)：李德彬
产品(Products)：湿巾

苏州铃兰卫生用品有限公司
Suzhou Suzuran Sanitary Goods Co., Ltd.
地址(Add): 江苏省太仓市浏河镇浏茜路东侧
邮编(P. C.): 215431
电话(Tel): 0512-53610067
传真(Fax): 0512-53612459
Http://www.suzuran.cn
联系人(Contact Person): 姚文标
产品(Products): 湿巾
品牌(Brand): 丽丽贝尔

奈森克林(苏州)日用品有限公司
Naisenkelin Daily-Use Articles (Suzhou) Co., Ltd.
地址(Add): 江苏省太仓市陆渡镇郑和中路77号
邮编(P. C.): 215412
电话(Tel): 0512-53451991
传真(Fax): 0512-53451990
E-mail: naisenkelinsj@263.net.cn
法人代表(Chairman): 曾大池
总经理(General Manager): 曾大池
联系人(Contact Person): 包淑环
产品(Products): 湿巾
品牌(Brand): 奈森克林

创艺卫生用品(苏州)有限公司
Haso Sanitary Materials (Suzhou) Co., Ltd.
地址(Add): 江苏省太仓市沙溪镇岳王开发区岳新路88号
邮编(P. C.): 215437
电话(Tel): 0512-53306279
传真(Fax): 0512-53306299
Http://www.hasoltd.com
联系人(Contact Person): 叶海龙
产品(Products): 湿巾

姜堰市时代卫生用品有限公司
Jiangyan Shidai Hygienic Products Co., Ltd.
地址(Add): 江苏省泰州市姜堰白米镇曙光工业园
邮编(P. C.): 225532
电话(Tel): 025-66079868
传真(Fax): 025-88682988
E-mail: 757765078@qq.com
Http://www.tzshidai.com
联系人(Contact Person): 丁煜洲
产品(Products): 湿巾，餐巾纸，抽纸

江苏康隆工贸有限公司
Jiangsu Kanglong Industry Business Co., Ltd.
地址(Add): 江苏省泰州市泰九路18-1号
邮编(P. C.): 225300
电话(Tel): 0523-86564531
传真(Fax): 0523-86566011
E-mail: kanglong@med-kanglong.com
Http://www.jskanglong.com
法人代表(Chairman): 卞学根
总经理(General Manager): 卞学根
联系人(Contact Person): 卞学根
产品(Products): 湿巾，口罩
品牌(Brand): 康隆

无锡市凯源家庭用品有限公司
Wuxi Keyone Houseware Co., Ltd.
地址(Add): 江苏省无锡市私营科技工业园B区12幢
邮编(P. C.): 214100
电话(Tel): 0510-88262036
传真(Fax): 0510-88263479
E-mail: keyone@x263.net
Http://www.keyone.com.cn
法人代表(Chairman): 钱培忠
总经理(General Manager): 辛涛
联系人(Contact Person): 尤伟东
产品(Products): 湿巾
品牌(Brand): 金龙，凯源

江苏省盱眙县洁玉卫生纸巾厂
Xuyu Jieyu Towel Factory
地址(Add): 江苏省盱眙县盱城镇新华村西侧(原江苏省医疗器械厂区)
邮编(P. C.): 211700
电话(Tel): 0517-88228911
传真(Fax): 0517-88228911
E-mail: jsjywszy@126.com
Http://www.jsjywszy.cn.alibaba.com
总经理(General Manager): 施冠群
产品(Products): 餐巾纸，面巾纸，卫生纸，手帕纸，湿巾
品牌(Brand): 大龙虾，沁沁，百合蜜

徐州欧尚卫生用品有限公司
Xuzhou Oushang Hygiene Products Co., Ltd.
地址(Add): 江苏省徐州市丰县经济开发区北苑路26号
邮编(P. C.): 221700
电话(Tel): 0516-81118677
传真(Fax): 0516-81118677
E-mail: 1206845699@qq.com
联系人(Contact Person): 孙会民
产品(Products): 湿巾
品牌(Brand): 欧尚

江苏俏安卫生保健用品有限公司
Jiangsu Qiaoan Sanitary Products Co., Ltd.
地址(Add): 江苏省盐城市滨海县经济技术开发区港区支路
邮编(P. C.): 224500
电话(Tel): 0515-84193188
传真(Fax): 0515-84101865
Http://www.jsqiaoan.en.alibaba.com
法人代表(Chairman): 蒯本立
总经理(General Manager): 蒯乃杰
联系人(Contact Person): 蒯乃杰
产品(Products): 卫生巾，卫生护垫，湿巾，婴儿纸尿裤/片，生活用纸
品牌(Brand): 俏安

扬州倍加洁日化有限公司
Yangzhou Perfect Daily Chemicals Co., Ltd.
地址(Add): 江苏省扬州市经济开发区杭集工业园
邮编(P. C.): 225111
电话(Tel): 0514-87499369
传真(Fax): 0514-87276903
E-mail: sales@wettissue.com.cn

Http：//www. wettissue. com
法人代表(Chairman)：孔宪波
总经理(General Manager)：张文生
联系人(Contact Person)：杨秀殿
产品(Products)：湿巾
品牌(Brand)：倍加洁

无锡市成明电器清洁用品有限公司
Wuxi Chengming Electric Cleaning Products Co., Ltd.
地址(Add)：江苏省宜兴市周铁镇王茂经济开发区
邮编(P. C.)：214261
电话(Tel)：0510－87506298
传真(Fax)：0510－87506298
E-mail：chengmingjdm@ 163. com
Http：//www. wxcmdq. com
总经理(General Manager)：蒋东明
产品(Products)：湿巾

张家港市宏亮卫生用品厂
Zhangjiagang Hongliang Hygiene Products Plant
地址(Add)：江苏省张家港市金港镇
邮编(P. C.)：215623
电话(Tel)：0512－58705575
传真(Fax)：0512－58705575
联系人(Contact Person)：徐成林
产品(Products)：湿巾

张家港亚太生活用品有限公司
Zhangjiagang Asia Pacific Consumer Peoducts Co., Ltd.
地址(Add)：江苏省张家港市经济开发区悦丰路12号
邮编(P. C.)：215600
电话(Tel)：0512－58799311
传真(Fax)：0512－58799316
E-mail：sales@ wettissue. net
Http：//www. wettissue. net
法人代表(Chairman)：田龙云
总经理(General Manager)：田龙云
联系人(Contact Person)：张文佳
产品(Products)：湿巾

● 浙江 Zhejiang

优全护理用品科技有限公司
Youquan Care Products Technology Co., Ltd.
地址(Add)：浙江省长兴县李家巷新世纪工业园
邮编(P. C.)：313100
电话(Tel)：0572－6680222
传真(Fax)：0572－6680333
E-mail：jungaofengyan@ gmail. com
Http：//www. yandq. com. cn
法人代表(Chairman)：严华荣
联系人(Contact Person)：严峻
产品(Products)：湿巾，婴儿纸尿裤
品牌(Brand)：露尔 Baby，淳净，她趣，优全猫

慈溪市舒乐洁卫生用品有限公司
Cixi Shulejie Hygiene Products Co., Ltd.
地址(Add)：浙江省慈溪市龙山镇范市王家路村
邮编(P. C.)：315312
电话(Tel)：0574－66373618
传真(Fax)：0574－63703190
法人代表(Chairman)：胡国聪
总经理(General Manager)：胡国聪
联系人(Contact Person)：胡国聪
产品(Products)：餐巾纸，卫生纸，面巾纸，湿巾

宁波市奇兴无纺布有限公司
Ningbo Qixing Nonwovens Co., Ltd.
地址(Add)：浙江省慈溪市掌起镇工业园区工业路66号
邮编(P. C.)：315313
电话(Tel)：0574－63742606
传真(Fax)：0574－63740408
E-mail：qixingnb@ 163. com
Http：//www. china－nonwoven. com
法人代表(Chairman)：谢道训
总经理(General Manager)：应纳迪
联系人(Contact Person)：聂惯伟
产品(Products)：口罩，抹布

杭州金百合非织造布有限公司
Hangzhou Golden Lily Nonwoven Cloth Co., Ltd.
地址(Add)：浙江省富阳市新登镇过河滩
邮编(P. C.)：311404
电话(Tel)：0571－23226086
传真(Fax)：0571－63259876
Http：//www. hzgoldenlily. com
总经理(General Manager)：孙武平
联系人(Contact Person)：孙武平
产品(Products)：擦拭布

浙江荣鑫纤维有限公司
Zhejiang Rongxin Fibre Co., Ltd.
地址(Add)：浙江省海宁市经济开发区双园路1号
邮编(P. C.)：314400
电话(Tel)：0573－87262222
传真(Fax)：0573－87263333
E-mail：info@ rxfibre. com
Http：//www. rxfibre. com
法人代表(Chairman)：葛掌荣
联系人(Contact Person)：葛涨涛
产品(Products)：湿巾，抹布

浙江康恩贝健康产品有限公司
Zhejiang Conba Health Product Co., Ltd.
地址(Add)：浙江省杭州市滨江高新技术开发区江南大道288号康恩贝大厦22层
邮编(P. C.)：310052
电话(Tel)：0571－28037020
传真(Fax)：0571－28037013
E-mail：lvqz@ conbagroup. com
Http：//www. conbahp. cn
联系人(Contact Person)：吕庆中
产品(Products)：湿巾，婴儿纸尿裤
品牌(Brand)：优呵

浙江绿飞诗日用品有限公司
Zhejiang Green Face Housewares Co., Ltd.
地址(Add)：浙江省杭州市富阳市东洲工业区3号路32号
邮编(P. C.)：311401
电话(Tel)：0571－23200800

苏州铃兰卫生用品有限公司
Suzhou Suzuran Sanitary Goods Co., Ltd.
地址(Add): 江苏省太仓市浏河镇浏茜路东侧
邮编(P. C.): 215431
电话(Tel): 0512 - 53610067
传真(Fax): 0512 - 53612459
Http://www. suzuran. cn
联系人(Contact Person): 姚文标
产品(Products): 湿巾
品牌(Brand): 丽丽贝尔

奈森克林(苏州)日用品有限公司
Naisenkelin Daily - Use Articles (Suzhou) Co., Ltd.
地址(Add): 江苏省太仓市陆渡镇郑和中路 77 号
邮编(P. C.): 215412
电话(Tel): 0512 - 53451991
传真(Fax): 0512 - 53451990
E-mail: naisenkelinsj@263. net. cn
法人代表(Chairman): 曾大池
总经理(General Manager): 曾大池
联系人(Contact Person): 包淑环
产品(Products): 湿巾
品牌(Brand): 奈森克林

创艺卫生用品(苏州)有限公司
Haso Sanitary Materials (Suzhou) Co., Ltd.
地址(Add): 江苏省太仓市沙溪镇岳王开发区岳新路 88 号
邮编(P. C.): 215437
电话(Tel): 0512 - 53306279
传真(Fax): 0512 - 53306299
Http://www. hasoltd. com
联系人(Contact Person): 叶海龙
产品(Products): 湿巾

姜堰市时代卫生用品有限公司
Jiangyan Shidai Hygienic Products Co., Ltd.
地址(Add): 江苏省泰州市姜堰白米镇曙光工业园
邮编(P. C.): 225532
电话(Tel): 025 - 66079868
传真(Fax): 025 - 88682988
E-mail: 757765078@qq. com
Http://www. tzshidai. com
联系人(Contact Person): 丁煜洲
产品(Products): 湿巾, 餐巾纸, 抽纸

江苏康隆工贸有限公司
Jiangsu Kanglong Industry Business Co., Ltd.
地址(Add): 江苏省泰州市泰九路 18 - 1 号
邮编(P. C.): 225300
电话(Tel): 0523 - 86564531
传真(Fax): 0523 - 86566011
E-mail: kanglong@med - kanglong. com
Http://www. jskanglong. com
法人代表(Chairman): 卞学根
总经理(General Manager): 卞学根
联系人(Contact Person): 卞学根
产品(Products): 湿巾, 口罩
品牌(Brand): 康隆

无锡市凯源家庭用品有限公司
Wuxi Keyone Houseware Co., Ltd.
地址(Add): 江苏省无锡市私营科技工业园 B 区 12 幢
邮编(P. C.): 214100
电话(Tel): 0510 - 88262036
传真(Fax): 0510 - 88263479
E-mail: keyone@x263. net
Http://www. keyone. com. cn
法人代表(Chairman): 钱培忠
总经理(General Manager): 辛涛
联系人(Contact Person): 尤伟东
产品(Products): 湿巾
品牌(Brand): 金龙, 凯源

江苏省盱眙县洁玉卫生纸巾厂
Xuyu Jieyu Towel Factory
地址(Add): 江苏省盱眙县盱城镇新华村西侧(原江苏省医疗器械厂区)
邮编(P. C.): 211700
电话(Tel): 0517 - 88228911
传真(Fax): 0517 - 88228911
E-mail: jsjywszy@126. com
Http://www. jsjywszy. cn. alibaba. com
总经理(General Manager): 施冠群
产品(Products): 餐巾纸, 面巾纸, 卫生纸, 手帕纸, 湿巾
品牌(Brand): 大龙虾, 沁沁, 百合蜜

徐州欧尚卫生用品有限公司
Xuzhou Oushang Hygiene Products Co., Ltd.
地址(Add): 江苏省徐州市丰县经济开发区北苑路 26 号
邮编(P. C.): 221700
电话(Tel): 0516 - 81118677
传真(Fax): 0516 - 81118677
E-mail: 1206845699@qq. com
联系人(Contact Person): 孙会民
产品(Products): 湿巾
品牌(Brand): 欧尚

江苏俏安卫生保健用品有限公司
Jiangsu Qiaoan Sanitary Products Co., Ltd.
地址(Add): 江苏省盐城市滨海县经济技术开发区港区支路
邮编(P. C.): 224500
电话(Tel): 0515 - 84193188
传真(Fax): 0515 - 84101865
Http://www. jsqiaoan. en. alibaba. com
法人代表(Chairman): 蒯本立
总经理(General Manager): 蒯乃杰
联系人(Contact Person): 蒯乃杰
产品(Products): 卫生巾, 卫生护垫, 湿巾, 婴儿纸尿裤/片, 生活用纸
品牌(Brand): 俏安

扬州倍加洁日化有限公司
Yangzhou Perfect Daily Chemicals Co., Ltd.
地址(Add): 江苏省扬州市经济开发区杭集工业园
邮编(P. C.): 225111
电话(Tel): 0514 - 87499369
传真(Fax): 0514 - 87276903
E-mail: sales@wettissue. com. cn

Http://www.wettissue.com
法人代表(Chairman)：孔宪波
总经理(General Manager)：张文生
联系人(Contact Person)：杨秀殿
产品(Products)：湿巾
品牌(Brand)：倍加洁

无锡市成明电器清洁用品有限公司
Wuxi Chengming Electric Cleaning Products Co., Ltd.
地址(Add)：江苏省宜兴市周铁镇王茂经济开发区
邮编(P.C.)：214261
电话(Tel)：0510－87506298
传真(Fax)：0510－87506298
E-mail：chengmingjdm@163.com
Http://www.wxcmdq.com
总经理(General Manager)：蒋东明
产品(Products)：湿巾

张家港市宏亮卫生用品厂
Zhangjiagang Hongliang Hygiene Products Plant
地址(Add)：江苏省张家港市金港镇
邮编(P.C.)：215623
电话(Tel)：0512－58705575
传真(Fax)：0512－58705575
联系人(Contact Person)：徐成林
产品(Products)：湿巾

张家港亚太生活用品有限公司
Zhangjiagang Asia Pacific Consumer Peoducts Co., Ltd.
地址(Add)：江苏省张家港市经济开发区悦丰路12号
邮编(P.C.)：215600
电话(Tel)：0512－58799311
传真(Fax)：0512－58799316
E-mail：sales@wettissue.net
Http://www.wettissue.net
法人代表(Chairman)：田龙云
总经理(General Manager)：田龙云
联系人(Contact Person)：张文佳
产品(Products)：湿巾

● 浙江 Zhejiang

优全护理用品科技有限公司
Youquan Care Products Technology Co., Ltd.
地址(Add)：浙江省长兴县李家巷新世纪工业园
邮编(P.C.)：313100
电话(Tel)：0572－6680222
传真(Fax)：0572－6680333
E-mail：jungaofengyan@gmail.com
Http://www.yandq.com.cn
法人代表(Chairman)：严华荣
联系人(Contact Person)：严峻
产品(Products)：湿巾，婴儿纸尿裤
品牌(Brand)：露尔Baby，淳净，她趣，优全猫

慈溪市舒乐洁卫生用品有限公司
Cixi Shulejie Hygiene Products Co., Ltd.
地址(Add)：浙江省慈溪市龙山镇范市王家路村
邮编(P.C.)：315312
电话(Tel)：0574－66373618
传真(Fax)：0574－63703190
法人代表(Chairman)：胡国聪
总经理(General Manager)：胡国聪
联系人(Contact Person)：胡国聪
产品(Products)：餐巾纸，卫生纸，面巾纸，湿巾

宁波市奇兴无纺布有限公司
Ningbo Qixing Nonwovens Co., Ltd.
地址(Add)：浙江省慈溪市掌起镇工业园区工业路66号
邮编(P.C.)：315313
电话(Tel)：0574－63742606
传真(Fax)：0574－63740408
E-mail：qixingnb@163.com
Http://www.china－nonwoven.com
法人代表(Chairman)：谢道训
总经理(General Manager)：应纳迪
联系人(Contact Person)：聂惯伟
产品(Products)：口罩，抹布

杭州金百合非织造布有限公司
Hangzhou Golden Lily Nonwoven Cloth Co., Ltd.
地址(Add)：浙江省富阳市新登镇过河滩
邮编(P.C.)：311404
电话(Tel)：0571－23226086
传真(Fax)：0571－63259876
Http://www.hzgoldenlily.com
总经理(General Manager)：孙武平
联系人(Contact Person)：孙武平
产品(Products)：擦拭布

浙江荣鑫纤维有限公司
Zhejiang Rongxin Fibre Co., Ltd.
地址(Add)：浙江省海宁市经济开发区双园路1号
邮编(P.C.)：314400
电话(Tel)：0573－87262222
传真(Fax)：0573－87263333
E-mail：info@rxfibre.com
Http://www.rxfibre.com
法人代表(Chairman)：葛掌荣
联系人(Contact Person)：葛涨涛
产品(Products)：湿巾，抹布

浙江康恩贝健康产品有限公司
Zhejiang Conba Health Product Co., Ltd.
地址(Add)：浙江省杭州市滨江高新技术开发区江南大道288号康恩贝大厦22层
邮编(P.C.)：310052
电话(Tel)：0571－28037020
传真(Fax)：0571－28037013
E-mail：lvqz@conbagroup.com
Http://www.conbahp.cn
联系人(Contact Person)：吕庆中
产品(Products)：湿巾，婴儿纸尿裤
品牌(Brand)：优呵

浙江绿飞诗日用品有限公司
Zhejiang Green Face Housewares Co., Ltd.
地址(Add)：浙江省杭州市富阳市东洲工业区3号路32号
邮编(P.C.)：311401
电话(Tel)：0571－23200800

传真(Fax)：0571－87191299
E-mail：info@ greenface. com. cn
Http：//www. greenface. com. cn
联系人(Contact Person)：俞岚
产品(Products)：干/湿擦拭巾

杭州兰泽护理用品有限公司
Hangzhou Uniland Care Products Co., Ltd.
地址(Add)：浙江省杭州市建国北路611号4－1－901室
邮编(P. C.)：310000
电话(Tel)：0571－85220989
传真(Fax)：0571－85220989
E-mail：uniland@ unifit－chn. com
Http：//www. unifit－chn. com
总经理(General Manager)：马良娟
联系人(Contact Person)：金伟
产品(Products)：婴儿纸尿裤，湿巾
品牌(Brand)：亲の养素，幼可安，优尼弗

杭州波一清卫生用品有限公司
Hangzhou Boyiqing Hygiene Products Co., Ltd.
地址(Add)：浙江省杭州市江东开发区
邮编(P. C.)：311222
电话(Tel)：0571－82911258
传真(Fax)：0571－82911180
E-mail：18868745600@ 139. com
Http：//www. boyiqing. cn. alibaba. com
联系人(Contact Person)：姜明
产品(Products)：湿巾
品牌(Brand)：波e清

浙江华顺涤纶工业有限公司
Zhejiang Huashun Poly－Fiber Industry Co., Ltd.
地址(Add)：浙江省杭州市临安玲珑工业区华兴工业城
邮编(P. C.)：311300
电话(Tel)：0571－61076918
传真(Fax)：0571－61076917
E-mail：xiao5023@ 163. com
Http：//www. zjhuaxing. net
法人代表(Chairman)：俞华平
总经理(General Manager)：俞华平
联系人(Contact Person)：宋潇潇
产品(Products)：湿巾
品牌(Brand)：康舒特，安瑞洁

临安广源无纺制品有限公司
Linan Guangyuan Nonwoven Products Co., Ltd.
地址(Add)：浙江省杭州市临安青山经济开发区北环北二路
邮编(P. C.)：311305
电话(Tel)：0571－63785163
传真(Fax)：0571－63785999
E-mail：giljfu@ ccmgy. com
Http：//www. ccmgy. com
产品(Products)：干/湿擦拭巾

杭州升博清洁用品有限公司
Hangzhou Shengbo Cleansing Supplies Co., Ltd.
地址(Add)：浙江省杭州市临安苕溪南路16号锦江工业园
邮编(P. C.)：311300
电话(Tel)：0571－63802979
传真(Fax)：0571－63752067
E-mail：wxz@ hz－tl. cn
联系人(Contact Person)：黄银燕
产品(Products)：干擦拭巾

杭州好特路卫生制品有限公司
Hangzhou Hotaru Sanitary Product Co., Ltd.
地址(Add)：浙江省杭州市莫干山路868号
邮编(P. C.)：310011
电话(Tel)：0571－88177057
传真(Fax)：0571－88176753
E-mail：dayu6458@ 163. com
总经理(General Manager)：吕大羽
产品(Products)：湿巾

杭州宝德非织造布有限公司
Power Tex Nonwovens Co., Ltd.
地址(Add)：浙江省杭州市上城区衢江路2号郡亭公寓1幢1201室
邮编(P. C.)：310016
电话(Tel)：0571－87244248
传真(Fax)：0571－87244255
E-mail：powertex@ mail. hz. zj. cn
法人代表(Chairman)：虞夫潮
联系人(Contact Person)：黄晓波
产品(Products)：擦拭巾

杭州蓓洁日用品有限公司
Hangzhou Beja Commodity Co., Ltd.
地址(Add)：浙江省杭州市桐庐县俞赵工业园区秀峰路
邮编(P. C.)：311504
电话(Tel)：0571－29601803
传真(Fax)：0571－29601808
E-mail：july@ beja. cn
Http：//www. beja. cn
联系人(Contact Person)：高小金
产品(Products)：湿巾

杭州国光旅游用品有限公司
Hangzhou Guoguang Touring Commodity Co., Ltd.
地址(Add)：浙江省杭州市文三路535号莱茵达大厦16楼
邮编(P. C.)：310013
电话(Tel)：0571－86955263
传真(Fax)：0571－86957067
E-mail：wwy@ hz－guoguang. com
Http：//www. hz－guoguang. com
法人代表(Chairman)：傅启才
总经理(General Manager)：傅启才
联系人(Contact Person)：王文英
产品(Products)：湿巾
品牌(Brand)：国光

杭州伟一博实业有限公司
Hangzhou Weiyibo Industry Co., Ltd.
地址(Add)：浙江省杭州市萧山区河庄蜀南村蜀山脚下
邮编(P. C.)：311222
电话(Tel)：0571－82122818
法人代表(Chairman)：潘伟方
总经理(General Manager)：潘伟方

联系人(Contact Person)：潘伟方
产品(Products)：湿巾

杭州兴农纺织有限公司
Hangzhou Xingnong Textel Co., Ltd.
地址(Add)：浙江省杭州市萧山区靖江工业园区
邮编(P. C.)：311223
电话(Tel)：0571-82193138
传真(Fax)：0571-82193098
E-mail：hzxn-kd@hzxn-kd. com
Http://www. hzxn-kd. com
法人代表(Chairman)：王剑亮
总经理(General Manager)：王剑亮
联系人(Contact Person)：汪敏辉
产品(Products)：擦拭布，湿巾

杭州禄康日用品有限公司
Hangzhou Lukang Commodity Co., Ltd.
地址(Add)：浙江省杭州市萧山区坎山工业园区
邮编(P. C.)：311243
电话(Tel)：0571-82576028
传真(Fax)：0571-82576028
E-mail：1054795735@qq. com
联系人(Contact Person)：倪建芳
产品(Products)：湿巾

杭州瑞邦医疗用品有限公司
Hangzhou Ruibang Medical Articles Co., Ltd.
地址(Add)：浙江省杭州市萧山区蜀山工业园区
邮编(P. C.)：311203
电话(Tel)：0571-82201133
传真(Fax)：0571-82201122
E-mail：rbang@163. com
Http://www. wipeschina. cn
法人代表(Chairman)：郭菊芳
总经理(General Manager)：陈然良
联系人(Contact Person)：程军芬
产品(Products)：擦拭巾，湿巾

杭州小姐妹卫生用品有限公司
Hangzhou Xiaojiemei Health-Care Products Co., Ltd.
地址(Add)：浙江省杭州市萧山区蜀山街道万源路1号
邮编(P. C.)：311203
电话(Tel)：0571-82369688
传真(Fax)：0571-82369788
E-mail：service@chinasister. com
Http://www. chinasister. com. cn
法人代表(Chairman)：章忠法
总经理(General Manager)：章忠法
联系人(Contact Person)：黄秀娟
产品(Products)：卫生巾，卫生护垫，湿巾
品牌(Brand)：非常小姐妹，佳人有约，芳巾，小肤伴

杭州妙洁旅游用品厂
Hangzhou Miaojie Tour Articles Factory
地址(Add)：浙江省杭州市萧山区闻堰镇桥北路33号
邮编(P. C.)：311258
电话(Tel)：0571-56126009
传真(Fax)：0571-82314220
E-mail：hz-xj@163. com
Http://www. mjwipes. com
法人代表(Chairman)：林成华
总经理(General Manager)：林成华
联系人(Contact Person)：林成华
产品(Products)：湿巾

杭州南峰非织造布有限公司
Hangzhou Nanfeng Nonwoven Fabric Co., Ltd.
地址(Add)：浙江省杭州市萧山区义蓬工业区
邮编(P. C.)：310000
电话(Tel)：0571-82181133
传真(Fax)：0571-82181133
E-mail：export@naster. cn
Http://www. hznanfeng. com
联系人(Contact Person)：郑芳
产品(Products)：擦拭巾，一次性医用材料

杭州申皇无纺布用品有限公司
Hangzhou Shenhuang Nonwoven Products Co., Ltd.
地址(Add)：浙江省杭州市余杭区崇贤工业园崇超路888号
邮编(P. C.)：311108
电话(Tel)：0571-86170938
传真(Tax)：0571-86170766
E-mail：jamermax@ms31. hinet. net
Http://hzshwfb. 1688. com
联系人(Contact Person)：马兴法
产品业务(Business)：湿巾

杭州诺邦无纺股份有限公司
Hangzhou Nbond Nonwovens Co., Ltd.
地址(Add)：浙江省杭州市余杭经济开发区宏达路16号
邮编(P. C.)：311102
电话(Tel)：0571-89176207
传真(Fax)：0571-89170009
E-mail：nbond@nbond. cn
Http://www. nbond. cn
法人代表(Chairman)：任建华
联系人(Contact Person)：刘维国
产品(Products)：湿巾，擦拭巾

杭州嘉杰实业有限公司
Hangzhou J & J Industrial Co., Ltd.
地址(Add)：浙江省杭州市余杭区凤都工业园区凤城路7号-B
邮编(P. C.)：311115
电话(Tel)：0571-89366860
传真(Fax)：0571-89366868
E-mail：562060632@qq. com
Http://www. chinajnj. com. cn
法人代表(Chairman)：郑国生
总经理(General Manager)：郑国生
联系人(Contact Person)：郑国生
产品(Products)：婴儿纸尿裤/片/训练裤，湿巾
品牌(Brand)：蓝精灵

杭州豪悦实业有限公司
Hangzhou Haoyue Industrial Co., Ltd.
地址(Add)：浙江省杭州市余杭区瓶窑凤都路3号
邮编(P. C.)：311115
电话(Tel)：0571-26291801
传真(Fax)：0571-26291810

E-mail：cao1801@163.com
Http：//www.hz-haoyue.com
法人代表(Chairman)：李志彪
总经理(General Manager)：李志彪
联系人(Contact Person)：曹凤姣
产品(Products)：卫生巾，卫生护垫，成人纸尿裤/片，婴儿纸尿裤/片，湿巾，护理垫，宠物垫
品牌(Brand)：希望宝宝，白十字，汇泉

杭州奇美无纺布用品有限公司
Hangzhou Qimei Nonwoven Co., Ltd.
地址(Add)：浙江省杭州市余杭区兴旺工业城平宁路58号
邮编(P.C.)：311101
电话(Tel)：0571-89193158
传真(Fax)：0571-89193168
E-mail：sales@wipes.net.cn
Http：//www.wipes.net.cn
法人代表(Chairman)：王金炎
总经理(General Manager)：王金炎
联系人(Contact Person)：王金炎
产品(Products)：湿巾
品牌(Brand)：启美

杭州思进无纺布有限公司
Hangzhou Sijin Non-woven Co., Ltd.
地址(Add)：浙江省杭州市余杭区运河镇博陆育士路1号
邮编(P.C.)：311103
电话(Tel)：0571-86286788
传真(Fax)：0571-86282618
E-mail：sjwfb@163.com
Http：//www.sj-nonwoven.com
法人代表(Chairman)：胡炳年
总经理(General Manager)：胡炳年
联系人(Contact Person)：蔡省卫
产品(Products)：抹布，湿巾
品牌(Brand)：思进

杭州洁诺清洁用品有限公司
Hangzhou Jeenor Cleaning Supplies Co., Ltd.
地址(Add)：浙江省杭州市余杭镇仙宅工业区
邮编(P.C.)：310021
电话(Tel)：0571-28081555
传真(Fax)：0571-86042083
E-mail：jeenor.d@jeenor.com
Http：//www.jeenor.com
产品(Products)：擦拭巾

湖州欧宝卫生用品有限公司
Huzhou Aupower Sanitary Commodity Co., Ltd.
地址(Add)：浙江省湖州市长兴县经济开发区经三路339号
邮编(P.C.)：313100
电话(Tel)：0572-6726208
传真(Fax)：0572-6128099
E-mail：sales@aupower.com.cn
Http：//www.aupower.com.cn
联系人(Contact Person)：刘平章
产品(Products)：湿巾
品牌(Brand)：欧宝

浙江富瑞森水刺无纺布有限公司
Zhejiang Furuisen Spunlaced Nonwovens Co., Ltd.
地址(Add)：浙江省嘉兴市南湖区新丰工业区
邮编(P.C.)：314005
电话(Tel)：0573-83129828
传真(Fax)：0573-83128518
E-mail：frs@furuisen.com
Http：//www.furuisen.com
法人代表(Chairman)：赵雪明
总经理(General Manager)：赵雪明
联系人(Contact Person)：赵雪明
产品(Products)：湿巾，其他非织造布制品

嘉兴市秀洲舒香无纺布湿巾厂
Jiaxing Shuxiang Nonwoven Wet Wipes Factory
地址(Add)：浙江省嘉兴市王店镇南塘工业园区(原鸿翔橱柜)
邮编(P.C.)：314011
电话(Tel)：0573-83255078
传真(Fax)：0573-83245073
E-mail：jxshuxiang88@sina.com
Http：//www.jxshuxiang.com.cn
联系人(Contact Person)：张敏刚
产品(Products)：湿巾，擦拭巾
品牌(Brand)：舒香

嘉兴市绎新日用品有限公司
Jiaxing Yixin Daily Necessities Co., Ltd.
地址(Add)：浙江省嘉兴市新丰镇镇北
邮编(P.C.)：314005
电话(Tel)：0573-83128078
传真(Fax)：0573-83120352
E-mail：yixinyh@163.com
Http：//www.cnyixin.cn
法人代表(Chairman)：朱毅
总经理(General Manager)：朱毅
产品(Products)：湿巾，擦拭巾

浙江弘扬无纺新材料有限公司
Zhejiang Spread Nonwoven Material Co., Ltd.
地址(Add)：浙江省嘉兴市秀洲工业区新塍大道101号
邮编(P.C.)：314015
电话(Tel)：0573-83545899
传真(Fax)：0573-83528138
E-mail：hy@hywf.net
Http：//www.hywf.net
联系人(Contact Person)：王殿生
产品(Products)：口罩，湿巾

义乌市长弓无纺布有限公司
Yiwu Chnco Nonwovens Co., Ltd.
地址(Add)：浙江省金华市金东区付村镇工业区1号
邮编(P.C.)：322001
电话(Tel)：0579-89101107
传真(Fax)：0579-89101100
E-mail：yifan6933@163.com
法人代表(Chairman)：张金陆
联系人(Contact Person)：樊红星
产品(Products)：湿巾

金华市辉煌无纺用品有限公司
Jinhua Huihuang Nonwoven Products Co., Ltd.
地址(Add)：浙江省金华市金东区孝顺镇低田功能区纬九路
邮编(P. C.)：321035
电话(Tel)：0579 - 82913848
传真(Fax)：0579 - 82913848
E-mail：532180121@ qq. com
法人代表(Chairman)：杨永明
联系人(Contact Person)：杨永明
产品(Products)：湿巾

浦江县同泰日用品厂
Pujiang Tongtai Necessary Factory
地址(Add)：浙江省金华市浦江县经济开发区倪山路 1 号
邮编(P. C.)：322100
电话(Tel)：0579 - 84201396
传真(Fax)：0579 - 84201397
E-mail：tongtai396@ 163. com
Http：//fangweijian. cn. gongchang. com
总经理(General Manager)：方伟建
产品(Products)：湿巾

浙江宏源无纺布有限公司
Zhejiang Hongyuan Nonwoven Co., Ltd.
地址(Add)：浙江省丽水市水阁工业区绿谷大道 295 号
邮编(P. C.)：323000
电话(Tel)：0578 - 2952555
传真(Fax)：0578 - 2952686
E-mail：zhejiang_hongyuan@ 163. com
Http：//www. zj - hongyuan. com
联系人(Contact Person)：余崇虎
产品(Products)：湿巾

临安三鑫清洁用品有限公司
Linan Sanxin Cleaning Products Co., Ltd.
地址(Add)：浙江省临安市板桥开发区
邮编(P. C.)：311300
电话(Tel)：0571 - 63760528
传真(Fax)：0571 - 63769933
E-mail：921256712@ qq. com
总经理(General Manager)：胡国良
联系人(Contact Person)：贾莉敏
产品(Products)：湿巾

杭州映日天芙卫生制品有限公司业务部
Hangzhou Yiritianfu Hygiene Products Co., Ltd. (Business Dept.)
地址(Add)：浙江省临安市杭州临安板桥工业园区(横溪桥村)
邮编(P. C.)：311300
电话(Tel)：0571 - 63739719
传真(Fax)：0571 - 63739719
法人代表(Chairman)：陆野炜
总经理(General Manager)：陆野炜
联系人(Contact Person)：陆野炜
产品(Products)：压缩毛巾，湿巾，抹布

杭州可靠护理用品股份有限公司
Hangzhou Coco Healthcare Products Co., Ltd.
地址(Add)：浙江省临安市锦城街道城西工业园区花桥路 2 号
邮编(P. C.)：311399
电话(Tel)：0571 - 61082981
传真(Fax)：0571 - 63702588
E-mail：wanghl@ cocohealthcare. com
Http：//www. cocohealthcare. com
法人代表(Chairman)：金利伟
总经理(General Manager)：金利伟
联系人(Contact Person)：王慧兰
产品(Products)：婴儿纸尿裤，成人纸尿裤，护理垫，拉拉裤，宠物纸尿裤，宠物垫，湿巾
品牌(Brand)：酷特适，可靠，派特酷，可可的童话

临安威亚无纺布制品厂
Linan Weiya Nonwoven Products Factory
地址(Add)：浙江省临安市锦城街道新溪 107 号
邮编(P. C.)：311300
电话(Tel)：0571 - 63702861
传真(Fax)：0571 - 63702862
E-mail：lxy7887@ 163. com
Http：//wywfb. cn. alibaba. com
联系人(Contact Person)：楼学英
产品(Products)：抹布

临安盈丰清洁用品有限公司
Linan Yingfeng Cleaning Products Co., Ltd.
地址(Add)：浙江省临安市锦城街道新溪村
邮编(P. C.)：311300
电话(Tel)：0571 - 63704058
传真(Fax)：0571 - 63704078
E-mail：icy1108@ 163. com
Http：//www. icy1108. com
法人代表(Chairman)：马文渊
联系人(Contact Person)：马文渊
产品(Products)：擦拭巾

临安大拇指清洁用品有限公司
Lin'an Thumb Cleaning Products Co., Ltd.
地址(Add)：浙江省临安市锦南工业园区杨岱路 49 号
邮编(P. C.)：311301
电话(Tel)：0571 - 63787877
传真(Fax)：0571 - 63801718
E-mail：yangxh@ la. hz. zj. cn
Http：//www. multi - duster. com
联系人(Contact Person)：杨晓华
产品(Products)：湿巾，抹布

临安市家美汇清洁用品有限公司
Linan Jiameihui Cleaning Products Co., Ltd.
地址(Add)：浙江省临安市锦南街道杨岱村大塘路 19 号
邮编(P. C.)：311300
电话(Tel)：0571 - 63967390
传真(Fax)：0571 - 63925597
E-mail：jieya988@ 163. com
Http：//www. hzjmh. com
联系人(Contact Person)：赵红
产品(Products)：湿巾
品牌(Brand)：家美汇

杭州临安海元无纺制品有限公司
Hangzhou Linan Haiyuan Nonwoven Products Co., Ltd.
地址(Add)：浙江省临安市玲珑夏禹桥

邮编(P. C.)：311301
电话(Tel)：0571－63761328
传真(Fax)：0571－63763670
E-mail：jmkc008@163. com
联系人(Contact Person)：周旋
产品(Products)：压缩毛巾，抹布，面膜巾

杭州临安天福无纺布制品厂
Hangzhou Linan Tianfu Nonwoven Products Factory
地址(Add)：浙江省临安市青山湖街道牧家桥
邮编(P. C.)：311300
电话(Tel)：0571－63810082
传真(Fax)：0571－63810083
E-mail：chenzl@zjtianfu. com
Http：//www. latf. cxswzx. com
法人代表(Chairman)：陈正龙
总经理(General Manager)：陈正龙
联系人(Contact Person)：陈正龙
产品(Products)：非织造布制品，湿巾

宁海天元无纺制品厂
Ninghai Tianyuan Nonwoven Products Factory
地址(Add)：浙江省宁波市宁海县梅林工业区
邮编(P. C.)：315609
电话(Tel)：0574－65299166
传真(Fax)：0574－65299199
E-mail：nhtycn@nhtycn. com
Http：//www. nhtycn. com
联系人(Contact Person)：叶晓峰
产品(Products)：湿巾
品牌(Brand)：天使之枫

宁波市鄞州艾科日用品有限公司
Ningbo Easyclean Commodity Co., Ltd.
地址(Add)：浙江省宁波市鄞州投资创业中心区金辉西路128号
邮编(P. C.)：315104
电话(Tel)：0574－87323983
传真(Fax)：0574－87303601
E-mail：sales@easycleaningcn. com
Http：//www. easycleaningcn. com
总经理(General Manager)：王轲
联系人(Contact Person)：王轲
产品(Products)：湿巾
品牌(Brand)：Easyclean

南六企业(平湖)有限公司
Nan Liu Enterprise (Pinghu) Co., Ltd.
地址(Add)：浙江省平湖市经济开发区新凯路2188号
邮编(P. C.)：314200
电话(Tel)：0573－85136616－6627
传真(Fax)：0573－85221666
E-mail：tangguoliang@nanliugroup. com
Http：//www. nanliugroup. com. cn
联系人(Contact Person)：唐国良
产品(Products)：面膜，湿巾
品牌(Brand)：妮塔莉雅

舒尔洁日用品厂
Shuerjie Commodity Factory
地址(Add)：浙江省浦江县黄宅镇中山一区
邮编(P. C.)：322204
电话(Tel)：0579－84256290
传真(Fax)：0579－84256296
法人代表(Chairman)：吴丽萍
总经理(General Manager)：吴丽萍
联系人(Contact Person)：龚棉娣
产品(Products)：湿巾
品牌(Brand)：舒尔洁

浙江绍兴民康消毒用品有限公司
Shaoxing Minkang Sterilized Articles Co., Ltd.
地址(Add)：浙江省上虞市大三角开发区
邮编(P. C.)：312300
电话(Tel)：0575－82163835
传真(Fax)：0575－82151732
E-mail：sxmkxybt@163. com
Http：//www. sxmkxdyp. com
法人代表(Chairman)：梁英康
总经理(General Manager)：梁英康
联系人(Contact Person)：梁英康
产品(Products)：湿巾
品牌(Brand)：民康

绍兴海之萱卫生用品有限公司
Shaoxing Elite Hygienic Life Co., Ltd.
地址(Add)：浙江省绍兴市城东天姥路11号
邮编(P. C.)：312000
电话(Tel)：0575－88647722
传真(Fax)：0575－88647722
E-mail：sale@ehlife. com. cn
Http：//www. ehlife. com. cn
联系人(Contact Person)：马永刚
产品(Products)：湿巾

绍兴市恒盛新材料技术发展有限公司
Shaoxing Hengsheng New Material Technology Development Co., Ltd.
地址(Add)：浙江省绍兴市东浦工业园区下大桥大越路39号
邮编(P. C.)：312069
电话(Tel)：0575－88939529
传真(Fax)：0575－85393891
E-mail：sale@hs－nonwoven. com
Http：//www. hs－nonwoven. com
总经理(General Manager)：黄锐镇
产品(Products)：湿巾，医疗卫材

绍兴红与黑贸易有限公司
Shaoxing Hongyuhei Trade Co., Ltd.
地址(Add)：浙江省绍兴市府山街道树下王村
邮编(P. C.)：312016
电话(Tel)：0575－88091006
传真(Fax)：0575－88647910
E-mail：goen@live. cn
联系人(Contact Person)：吴燕
产品(Products)：湿巾

绍兴唯尔福妇幼用品有限公司
Shaoxing Welfare Women & Children Products Co., Ltd.
地址(Add)：浙江省绍兴市袍江工业区南区D21号
邮编(P. C.)：312001

电话(Tel)：0575-88241241
传真(Fax)：0575-88242915
E-mail：wef 2008@163.com
Http：//www.wef 2008.com
法人代表(Chairman)：何幼成
总经理(General Manager)：何幼成
联系人(Contact Person)：何幼成
产品(Products)：卫生巾，卫生护垫，婴儿纸尿裤/片，成人纸尿裤/片，护理垫，宠物垫，湿巾，生活用纸
品牌(Brand)：唯尔福，唯儿福，纸音

绍兴市袍江家洁生活用品厂
Shaoxing Jiajie Hygiene Products Factory
地址(Add)：浙江省绍兴市袍江马山路王家埭
邮编(P.C.)：312071
电话(Tel)：0575-85894067
传真(Fax)：0575-85179337
联系人(Contact Person)：张南平
产品(Products)：湿巾

浙江和中非织造股份有限公司
Zhejiang Hezhong Nonwoven Co., Ltd.
地址(Add)：浙江省绍兴市绍兴县夏履镇工业园区
邮编(P.C.)：312026
电话(Tel)：0575-84066555
传真(Fax)：0575-84066566
E-mail：hya173@sohu.com
Http：//www.hezhongchina.com
总经理(General Manager)：徐寿明
联系人(Contact Person)：季红燕
产品(Products)：湿巾，医用材料

绍兴县康洁生物卫生用品有限公司
Shaoxing Kangjie Biological Hygiene Products Co., Ltd.
地址(Add)：浙江省绍兴县夏履镇工业园区
邮编(P.C.)：312026
电话(Tel)：0575-85030666
传真(Fax)：0575-84060666
E-mail：sxbushyang@163.com
Http：//www.shaoxingkangjie.com.cn
联系人(Contact Person)：杨银方
产品(Products)：湿巾
品牌(Brand)：爽洁

新亚控股集团有限公司
Xinya Holding Group
地址(Add)：浙江省台州市黄岩西工业园区北院大道18号
邮编(P.C.)：318020
电话(Tel)：0576-81100903
传真(Fax)：0576-81100990
E-mail：678@cn-xinya.com
Http：//www.cn-xinya.com
联系人(Contact Person)：杨敏
产品(Products)：湿巾
品牌(Brand)：蓝梦保洁

温州市瓯海景山罗一纸塑厂
Ouhai Luoyi Paper & Plastic Factory
地址(Add)：浙江省温州市东风工业区
邮编(P.C.)：325041
电话(Tel)：0577-88550292
传真(Fax)：0577-88550292
法人代表(Chairman)：管青纯
联系人(Contact Person)：管青纯
产品(Products)：手帕纸，面巾纸，餐巾纸，擦手纸，卫生纸，湿巾

温州市希伯仑实业公司
Wenzhou Hiberlain Industrial Co., Ltd.
地址(Add)：浙江省温州市鹿城区藤桥工业园区
邮编(P.C.)：325019
电话(Tel)：0577-86482688
传真(Fax)：0577-86482010
Http：//www.wz-clean.com
联系人(Contact Person)：潘海中
产品(Products)：湿巾，柔巾卷

浙江省新昌县东方非织造有限公司
Zhejiang Xinchang Dongfang Nonwoven Co., Ltd.
地址(Add)：浙江省新昌县高新开发区
邮编(P.C.)：312500
电话(Tel)：0575-86035163
传真(Fax)：0575-86047810
E-mail：wangms695@sohu.com
联系人(Contact Person)：王巍
产品(Products)：擦拭巾

浙江省义乌市安兰清洁用品厂
Yiwu Anlan Cleaning Products Factory
地址(Add)：浙江省义乌市稠江街道喻宅68号
邮编(P.C.)：322000
电话(Tel)：0579-85877018
传真(Fax)：0579-85877018
E-mail：baobeiliujiajia@163.com
Http：//www.chinawzxm.cn.alibaba.com
联系人(Contact Person)：刘红军
产品(Products)：干/湿擦拭巾，面巾纸，卫生纸，成人纸尿裤，护理垫

义乌市妙洁日用品厂
Yiwu Miaojie Commodity Factory
地址(Add)：浙江省义乌市国际商贸城三期2F35316
邮编(P.C.)：322000
电话(Tel)：0579-85376727
传真(Fax)：0579-81536727
E-mail：mj@ywmiaojie.com
Http：//ywmiaojie.1688.com
联系人(Contact Person)：陈丽萍
产品(Products)：湿巾
品牌(Brand)：妙洁

玉洁卫生用品有限公司
Yujie Hygiene Products Co., Ltd.
地址(Add)：浙江省义乌市国际商贸城三期四区13街36315店面(南大门)
邮编(P.C.)：322000
电话(Tel)：0579-85376349
传真(Fax)：0579-85376349
法人代表(Chairman)：杨永明
总经理(General Manager)：杨永明
联系人(Contact Person)：杨永明

产品(Products)：湿巾

义乌市圣洁日用品厂
Yiwu Shengjie Daily - Use Goods Factory
地址(Add)：浙江省义乌市江湾工业区五州大道
邮编(P. C.)：322099
电话(Tel)：0579 - 85527756
传真(Fax)：0579 - 85413744
Http://www. sj - china. com
法人代表(Chairman)：陈玲玉
产品(Products)：湿巾
品牌(Brand)：哈哈芙，雨茜，宝加，滴晶，洁歌

义乌市润洁日用品有限公司
Yiwu Runjie Daily Commodity Co., Ltd.
地址(Add)：浙江省义乌市上溪工业园区
邮编(P. C.)：322006
电话(Tel)：0579 - 81531916
传真(Fax)：0579 - 81531916
E-mail：chenjie128@ 126. com
Http://www. china - wet - wipe. com
联系人(Contact Person)：楼胜利
产品(Products)：湿巾

义乌市比爱卫生用品有限公司
Yiwu Biai Hygiene Products Co., Ltd.
地址(Add)：浙江省义乌市义亭工业区
邮编(P. C.)：322005
电话(Tel)：0579 - 85558500
传真(Fax)：0579 - 85816858
E-mail：sales@ biaichina. com
Http://www. biaichina. com
法人代表(Chairman)：王爱加
总经理(General Manager)：周喜飞
联系人(Contact Person)：傅淑芬
产品(Products)：卫生巾，卫生护垫，婴儿纸尿裤，湿巾，宠物垫，宠物纸尿裤
品牌(Brand)：比爱

浙江安柔卫生用品有限公司
Zhejiang Anrou Hygiene Products Co., Ltd.
地址(Add)：浙江省义乌市义亭工业区稠义西路168号
邮编(P. C.)：322005
电话(Tel)：0579 - 85679688
传真(Fax)：0579 - 85817688
E-mail：managerchen811@ sohu. com
Http://www. anrou. cn
法人代表(Chairman)：李光军
总经理(General Manager)：李光军
联系人(Contact Person)：陈坚
产品(Products)：卫生巾，卫生护垫，乳垫，婴儿纸尿裤/片，成人纸尿裤，护理垫，湿巾，宠物垫，汗液垫
品牌(Brand)：安柔，澳利康，子女心

温州鑫美湿巾有限公司
Wenzhou Xinmei Wet Wipes Co., Ltd.
地址(Add)：浙江省义乌市义亭镇姑塘工业区
邮编(P. C.)：322005
电话(Tel)：0579 - 85877018
传真(Fax)：0579 - 85877018
E-mail：yaozongyan@ 126. com
法人代表(Chairman)：刘泽平
总经理(General Manager)：刘泽平
联系人(Contact Person)：刘泽平
产品(Products)：湿巾

浙江省义乌市雷达纸品厂
Yiwu Leida Paper Products Factory
地址(Add)：浙江省义乌市义亭镇陇三村
邮编(P. C.)：322000
电话(Tel)：0579 - 85552293
传真(Fax)：0579 - 85836898
E-mail：info@ leidapaper. com
总经理(General Manager)：黄神跃
产品(Products)：卫生纸，面巾纸，湿巾
品牌(Brand)：雷达

浙江省诸暨造纸厂
Zhejiang Zhuji Paper Mill
地址(Add)：浙江省诸暨市暨阳工业园区(江龙)
邮编(P. C.)：311800
电话(Tel)：0575 - 87320088
传真(Fax)：0575 - 87320068
法人代表(Chairman)：何吉华
总经理(General Manager)：何吉华
联系人(Contact Person)：何吉华
产品(Products)：湿强原纸，卫生纸原纸，湿巾，干擦拭巾
品牌(Brand)：三花

● 安徽 Anhui

阜阳星洁纸品有限公司
Fuyang Xingjie Paper Products Co., Ltd.
地址(Add)：安徽省阜阳经济开发区
邮编(P. C.)：236000
电话(Tel)：0558 - 3773333
传真(Fax)：0558 - 3773333
联系人(Contact Person)：张东新
产品(Products)：面巾纸，盘纸，擦手纸，湿巾

合肥市华润非织造布制品有限公司
Hefei Huarun Nonwoven Products Co., Ltd.
地址(Add)：安徽省合肥市包河工业区纬三路3号科达学校院内4楼
邮编(P. C.)：230051
电话(Tel)：0551 - 63367820
传真(Fax)：0551 - 63367860
E-mail：ahhuarun@ 163. com
Http://ahhuarun. cn. 1688. com
法人代表(Chairman)：程本华
总经理(General Manager)：程本华
产品(Products)：湿巾，擦拭巾，口罩，帽子，鞋子，手术衣，防护服

合肥卫材医疗器械有限公司
Hefei Sanitary Meterial and Mecical Apparatus Co., Ltd.
地址(Add)：安徽省合肥市长江东路226号
邮编(P. C.)：230011
电话(Tel)：0551 - 64318960

传真(Fax)：0551－64411168
法人代表(Chairman)：刘其炎
总经理(General Manager)：刘其炎
联系人(Contact Person)：刘其炎
产品(Products)：湿巾，护理垫

合肥法斯特无纺布制品有限公司
Hefei Fast Nonwoven Products Co., Ltd.
地址(Add)：安徽省合肥市长江西路与潜山路交叉口鼎鑫大厦2217－2218室
邮编(P. C.)：230001
电话(Tel)：0551－65399616
传真(Fax)：0551－65399606
E-mail：sale@fasttextiles.com
Http://hefeifastnonwoven.en.alibaba.com
产品(Products)：口罩，帽子，防护服，柔巾卷

合肥德易生物科技有限公司
Dr. Easy Bio－Tech(Hefei) Co., Ltd.
地址(Add)：安徽省合肥市长江中路365号CBD中央广场1703室
邮编(P. C.)：230061
电话(Tel)：0551－62839278
传真(Fax)：0551－62812018
E-mail：sales@dreasy.cn
Http://www.dreasy.cn
联系人(Contact Person)：赵德友
产品(Products)：湿巾

安徽省合肥战联卫生用品有限公司
Anhui Hefei Zhanlian Hygiene Products Co., Ltd.
地址(Add)：安徽省合肥市东郊新城工业区燎原大道
邮编(P. C.)：231600
电话(Tel)：0551－67707666
传真(Fax)：0551－67705868
Http://zhlian8888.cn.gongchang.com
法人代表(Chairman)：李建军
总经理(General Manager)：李建军
联系人(Contact Person)：李建军
产品(Products)：湿巾，手帕纸，面巾纸，卫生纸，非织造布制品
品牌(Brand)：洁帕

合肥特丽洁卫生材料有限公司
Hefei Telijie Hygiene Material Co., Ltd.
地址(Add)：安徽省合肥市肥东合浦路特丽洁工业园
邮编(P. C.)：231600
电话(Tel)：0551－67662010
传真(Fax)：0551－67662015
E-mail：info@telijie.com
Http://www.telijie.com
法人代表(Chairman)：王国琴
总经理(General Manager)：张光明
联系人(Contact Person)：黄义明
产品(Products)：湿巾，口罩，手术衣，护理垫
品牌(Brand)：特丽洁

合肥洁诺无纺布制品有限公司
Hefei C&P Nonwoven Products Co., Ltd.
地址(Add)：安徽省合肥市肥东新城开发区公园路22号
邮编(P. C.)：231600
电话(Tel)：0551－67709456
传真(Fax)：0551－67709567
E-mail：cpnonwoven@163.com
Http://www.cpnonwoven.com.cn
法人代表(Chairman)：张德满
总经理(General Manager)：张德满
联系人(Contact Person)：陈武增
产品(Products)：湿巾，手术单

合肥欣诺无纺制品有限公司
Hefei Sino Nonwoven Products Co., Ltd.
地址(Add)：安徽省合肥市肥东新城开发区龙东工业园
邮编(P. C.)：230003
电话(Tel)：0551－67745219
传真(Fax)：0551－67745272
E-mail：zjnonwoven@163.net
Http://sinononwoven.cn.china.cn
法人代表(Chairman)：张军
联系人(Contact Person)：刘明俊
产品(Products)：湿巾，医用床单，抹布

合肥爱唯无纺制品有限公司
Hefei Ivy Nonwoven Products Co., Ltd.
地址(Add)：安徽省合肥市临泉路中环国际大厦A座1103室
邮编(P. C.)：230011
电话(Tel)：0551－64260872
传真(Fax)：0551－64260873
Http://hefeiivy.b2b.youboy.com
联系人(Contact Person)：陈勇
产品(Products)：湿巾，抹布

合肥格兰帝卫生材料有限公司
Hefei Grandy Sanitary Material Co., Ltd.
地址(Add)：安徽省合肥市庐阳产业园汲桥路60号
邮编(P. C.)：230041
电话(Tel)：0551－65612893
传真(Fax)：0551－65657086
E-mail：hefeiweipailqg@163.com
联系人(Contact Person)：梁其刚
产品(Products)：湿巾

合肥双成非织造布有限公司
Hefei Shuangcheng Nonwovens Co., Ltd.
地址(Add)：安徽省合肥市双凤工业开发区金贵路
邮编(P. C.)：230056
电话(Tel)：0551－66396918
传真(Fax)：0551－66396908
E-mail：web@scfzzb.com
Http://www.scfzzb.com
联系人(Contact Person)：戴大庆
产品(Products)：擦拭巾，湿巾，护理垫

合肥汉邦医疗用品有限公司
Hefei Hambone Medical Uses Co., Ltd.
地址(Add)：安徽省合肥市双凤经济开发区凤锦路9号
邮编(P. C.)：230000
电话(Tel)：0551－65689012
传真(Fax)：0551－65689008
E-mail：hank.bu@gmail.com
产品(Products)：手术衣，医用床单，湿巾，护理垫

合肥华为无纺科技有限公司
Hefei Huawei Nonwoven Science & Technology Co., Ltd.
地址(Add)：安徽省合肥市瑶海区长江东路226号卫牌大厦601-603室
邮编(P.C.)：230011
电话(Tel)：0551-64321710
传真(Fax)：0551-64410010
Http://www.huaweinonwoven.cn
联系人(Contact Person)：董庆华
产品(Products)：擦拭巾，手术洞巾，吸血垫，护理垫

安徽鑫露达医疗用品有限公司
Anhui Xinluda Medicine and Mecical Articles Co., Ltd.
地址(Add)：安徽省太和县经济开发区A区
邮编(P.C.)：236600
电话(Tel)：0558-8218086
传真(Fax)：0558-8633984
E-mail：ahthxld@163.com
Http://www.ahxld.com.cn
总经理(General Manager)：李修朋
联系人(Contact Person)：张坤
产品(Products)：湿巾
品牌(Brand)：鑫露达

安徽嘉洁雅湿巾有限公司
Anhui Jiajieya Wet Wipes Co., Ltd.
地址(Add)：安徽省太和县五星镇开发区
邮编(P.C.)：236000
电话(Tel)：0558-8348992
Http://www.ahqjgs.com
总经理(General Manager)：李邦跃
产品(Products)：湿巾

铜陵洁雅生物科技股份有限公司
Jyair Bio-Tech Co., Ltd.
地址(Add)：安徽省铜陵市狮子山经济开发区地质大道528号
邮编(P.C.)：244031
电话(Tel)：0562-6820426
传真(Fax)：0562-6820777
E-mail：yxg@babywipes.com.cn
Http://www.babywipes.com.cn
法人代表(Chairman)：蔡英传
总经理(General Manager)：蔡英传
联系人(Contact Person)：袁先国
产品(Products)：湿巾
品牌(Brand)：艾妮，喜擦擦

芜湖市唯意酒店用品有限公司
Wuhu Weiyi Hotel Articles Co., Ltd.
地址(Add)：安徽省芜湖市城南高新技术开发区南区
邮编(P.C.)：241002
电话(Tel)：0553-8366019
传真(Fax)：0553-8366079
E-mail：ahwuhuzy@126.com
Http://www.wuhuwy.com
总经理(General Manager)：周勇
产品(Products)：湿巾，餐巾纸，擦手纸，卫生纸

芜湖市东发纸业有限公司
Wuhu Dongfa Paper Co., Ltd.
地址(Add)：安徽省芜湖市高新技术开发区滨江南路14号
邮编(P.C.)：241003
电话(Tel)：0553-3023377
Http://www.whdfzj.com.cn
总经理(General Manager)：章晓东
联系人(Contact Person)：章晓东
产品(Products)：餐巾纸，擦手纸，盘纸，湿巾

● 福建 Fujian

泉州市三商卫生用品有限公司
Quanzhou Sanshang Hygiene Products Co., Ltd.
地址(Add)：福建省安溪县蓬莱镇联中工业区
邮编(P.C.)：362402
电话(Tel)：0595-23358333
传真(Fax)：0595-23358222
E-mail：sanshang@fjfair.com
法人代表(Chairman)：林清艺
总经理(General Manager)：林清艺
联系人(Contact Person)：林清艺
产品(Products)：卫生巾，卫生护垫，婴儿纸尿裤/片，湿巾
品牌(Brand)：娇点，蕾洁，护悠，顽皮宝贝

福鼎市恒润清洁用品有限公司
Fuding Hengrun Cleaning Products Co., Ltd.
地址(Add)：福建省福鼎市贯岭工业区
邮编(P.C.)：355201
电话(Tel)：0593-7968777
传真(Fax)：0593-7657000
Http://www.fdhrgs.com
总经理(General Manager)：李峰
联系人(Contact Person)：李峰
产品(Products)：湿巾
品牌(Brand)：润之春，洁宝，爱之约

福建安诺集团有限公司
Fujian Annuo Group Co., Ltd.
地址(Add)：福建省福鼎市金九龙大厦C座11层
邮编(P.C.)：355200
电话(Tel)：0593-7818333
传真(Fax)：0593-7971333
Http://www.anjt.com.cn
法人代表(Chairman)：谢忠行
总经理(General Manager)：谢斌
联系人(Contact Person)：林上枢
产品(Products)：卫生纸，面巾纸，手帕纸，餐巾纸，原纸，湿巾
品牌(Brand)：双福，福到家，春之晨

爹地宝贝股份有限公司
Daddybaby Corporation Ltd.
地址(Add)：福建省福清市融侨经济开发区
邮编(P.C.)：350300
电话(Tel)：0591-85368198
传真(Fax)：0591-85368157
E-mail：wangjiaqi@daddybaby.net

Http://www. daddybaby. com
法人代表(Chairman): 林斌
总经理(General Manager): 林斌
联系人(Contact Person): 林艺玲
产品(Products): 婴儿纸尿裤/片, 成人纸尿裤/片, 湿巾
品牌(Brand): 爹地宝贝, 妈咪天使, 康朗

福州市柯妮尔生活用纸有限公司
Fuzhou Kenier Paper Co., Ltd.
地址(Add): 福建省福州市仓山区郭宅工业区1-3号
邮编(P. C.): 350012
电话(Tel): 0591-22283336
传真(Fax): 0591-87668966
Http://www. clearpaper. net
法人代表(Chairman): 韩春引
产品(Products): 卫生纸, 面巾纸, 湿巾
品牌(Brand): 柯妮尔

福州市佳洁纸制品有限公司
Fuzhou Jiajie Paper Products Co., Ltd.
地址(Add): 福建省福州市仓山区建新镇霞镜5号
邮编(P. C.): 350008
电话(Tel): 0591-83516435
传真(Fax): 0591-88033810
联系人(Contact Person): 林芝兴
产品(Products): 餐巾纸, 面巾纸, 卫生纸, 盘纸, 湿巾
品牌(Brand): 佳洁

福州优护日用品有限公司
Fuzhou Youhu Commodity Co., Ltd.
地址(Add): 福建省福州市仓山区浦上大道216号万达广场C区C1楼1312
邮编(P. C.): 350008
电话(Tel): 0591-86395115
传真(Fax): 0591-87277330
E-mail: fzyouhu@163. com
总经理(General Manager): 黄荆明
联系人(Contact Person): 黄荆明
产品(Products): 婴儿纸尿裤, 湿巾
品牌(Brand): 贝缘

福州晋安金鸽卫生用品厂
Fuzhou Jinan Jinge Hygiene Products Factory
地址(Add): 福建省福州市火车站后山门前新村12栋53号
邮编(P. C.): 350013
电话(Tel): 0591-87902548
传真(Fax): 0591-87902548
总经理(General Manager): 徐明学
联系人(Contact Person): 徐明学
产品(Products): 湿巾, 餐巾纸
品牌(Brand): 吉鸽

福州洁乐妇幼卫生用品有限公司
Fuzhou C&H Women and Infant Sanitary Ware Co., Ltd.
地址(Add): 福建省福州市金山工业区浦上园A区58幢2楼
邮编(P. C.): 350005
电话(Tel): 0591-83848865
传真(Fax): 0591-83848867
E-mail: 121649898@qq. com
法人代表(Chairman): 林敏
总经理(General Manager): 林鹤明
联系人(Contact Person): 林鹤明
产品(Products): 卫生纸, 面巾纸, 湿巾
品牌(Brand): 中美洁乐

福建恒安集团有限公司
Fujian Hengan Holding Co., Ltd.
地址(Add): 福建省晋江市安海恒安工业城
邮编(P. C.): 362261
电话(Tel): 0595-85708888
传真(Fax): 0595-85708666
E-mail: hengan@hengan. com
Http://www. hengan. com. cn
法人代表(Chairman): 施文博
总经理(General Manager): 许连捷
联系人(Contact Person): 陈涛
产品(Products): 卫生巾, 卫生护垫, 婴儿纸尿裤, 成人纸尿裤, 湿巾
品牌(Brand): 安尔乐, 安乐, 安儿乐, 安而康, 心相印

康洁湿巾卫生用品有限公司
Kangjie Wet Wipes Hygiene Products Co., Ltd.
地址(Add): 福建省晋江市池店工业区西南区58号
邮编(P. C.): 362212
电话(Tel): 0595-28081621
E-mail: 398469064@qq. com
联系人(Contact Person): 李自然
产品(Products): 湿巾

晋江市绿之乡纸业有限公司
Jinjiang Lvzhixiang Paper Co., Ltd.
地址(Add): 福建省晋江市东石金瓯工业南区
邮编(P. C.): 362271
电话(Tel): 0595-85594966
传真(Fax): 0595-85594966
Http://www. lzxzy. com
法人代表(Chairman): 王连升
总经理(General Manager): 王专专
联系人(Contact Person): 王连升
产品(Products): 卫生纸, 面巾纸, 餐巾纸, 手帕纸, 湿巾
品牌(Brand): 金鹰卡通, 绿之乡

婴舒宝(中国)有限公司
Insoftb (China) Co., Ltd.
地址(Add): 福建省晋江市经济开发区
邮编(P. C.): 362200
电话(Tel): 0595-36353999
传真(Fax): 0595-36353998
E-mail: zhichengysb10@163. com
Http://www. insoftb. com
法人代表(Chairman): 颜培坤
总经理(General Manager): 曾国栋
联系人(Contact Person): 曾志诚
产品(Products): 婴儿纸尿裤/片, 湿巾
品牌(Brand): 婴舒宝

泉州市宏信伊风纸制品有限公司
Quanzhou Hongxin Yifeng Paper Products Co., Ltd.
地址(Add): 福建省晋江市龙湖龙埔大道工业区

邮编(P. C.)：362261
电话(Tel)：0595-88156182
传真(Fax)：0595-85259939
E-mail：461658955@qq.com
Http：//hongxiyf.1688.com
法人代表(Chairman)：黄秀潘
总经理(General Manager)：黄清波
联系人(Contact Person)：黄清波
产品(Products)：卫生纸，擦手纸，面巾纸，餐巾纸，湿巾
品牌(Brand)：伊风，鼓浪屿，思乡月

怡佳(福建)卫生用品有限公司
Yijia (Fujian) Sanitary Appliances Co., Ltd.
地址(Add)：福建省晋江市罗山街道办事处社店工业区
邮编(P. C.)：362216
电话(Tel)：0595-88172976
传真(Fax)：0595-88173976
E-mail：yijiacoration2@gmail.com
Http：//www.fjyijiaqy.com
法人代表(Chairman)：陈德安
总经理(General Manager)：陈德安
联系人(Contact Person)：陈文取
产品(Products)：卫生巾，卫生护垫，婴儿纸尿裤/片，成人纸尿裤/片，湿巾，面巾纸
品牌(Brand)：樱柔，婴柔，英柔

晋江市永芳纸业有限公司
Jinjiang Yongfang Paper Co., Ltd.
地址(Add)：福建省晋江市罗山许坑工业区
邮编(P. C.)：362200
电话(Tel)：0595-88155554
传真(Fax)：0595-88155554
总经理(General Manager)：吴永富
产品(Products)：卫生巾，卫生护垫，婴儿纸尿裤/片，成人纸尿裤/片，湿巾
品牌(Brand)：卡爽

晋江市老君日化有限责任公司
Jinjiang Laojun Chemical Co., Ltd.
地址(Add)：福建省晋江市五里高科技工业园区
邮编(P. C.)：362216
电话(Tel)：0595-82967777
传真(Fax)：0595-82963333
E-mail：wsk@fjlaojun.com
Http：//www.fjlaojun.com
法人代表(Chairman)：何振昌
总经理(General Manager)：何春城
联系人(Contact Person)：何德佳
产品(Products)：湿巾
品牌(Brand)：贝贝熊

晋江恒安家庭生活用纸有限公司
Jinjiang Hengan Household Tissue Products Co., Ltd.
地址(Add)：福建省晋江市五里工业园区
邮编(P. C.)：362261
电话(Tel)：0595-85736837
传真(Fax)：0595-85736583
E-mail：yanzy@hengan.com
法人代表(Chairman)：许连捷
总经理(General Manager)：颜志勇
联系人(Contact Person)：田月萍
产品(Products)：湿巾
品牌(Brand)：心相印

晋江市台洋卫生用品有限公司
Taiyang Hygiencs Co., Ltd.
地址(Add)：福建省晋江市新塘街道办事处后洋工业小区新丰路188号
邮编(P. C.)：362261
电话(Tel)：0595-88159699
传真(Fax)：0595-85625161
E-mail：yang@tyhygienics.com
Http：//www.tyhygienics.com
法人代表(Chairman)：陈爱连
总经理(General Manager)：杨思怀
联系人(Contact Person)：杨思怀
产品(Products)：湿巾
品牌(Brand)：台洋

晋江市恒质纸品有限公司
Jinjiang Hengzhi Paper Co., Ltd.
地址(Add)：福建省晋江市永和镇马坪第一工业区恒质纸品工业大厦
邮编(P. C.)：362261
电话(Tel)：0595-82879888
传真(Fax)：0595-82116677
E-mail：hengzhi510@163.com
Http：//www.cnhengzhi.com
法人代表(Chairman)：陈文质
联系人(Contact Person)：陈秋婷
产品(Products)：婴儿纸尿裤/片，成人纸尿裤，湿巾，面巾纸
品牌(Brand)：呼噜宝贝，权生，高拉利，健尔

泉州白绵纸业有限公司
Quanzhou Baimian Paper Co., Ltd.
地址(Add)：福建省南安市官桥镇泉南创业园16号
邮编(P. C.)：362341
电话(Tel)：0595-39013000
传真(Fax)：0595-39013005
E-mail：jinjiangbm@163.com
Http：//www.cnbaimian.com
总经理(General Manager)：洪小木
联系人(Contact Person)：洪小木
产品(Products)：卫生巾，卫生护垫，婴儿纸尿裤/片，成人纸尿裤/片，生活用纸，湿巾
品牌(Brand)：优贝佳，白绵，优贝洁，好亲密，橄榄树，小家碧玉

泉州美欣妇幼用品有限公司
Quanzhou Meixin Women & Children Articles Co., Ltd.
地址(Add)：福建省南安市洪濑镇东溪开发区
邮编(P. C.)：362331
电话(Tel)：0595-26888266
传真(Fax)：0595-26888379
联系人(Contact Person)：李进生
产品(Products)：婴儿纸尿裤/片，成人纸尿裤/片，卫生巾，卫生护垫，床垫，宠物垫，湿巾
品牌(Brand)：洁宝适

福建省明大卫生用品有限公司
Fujian Mingda Hygienic Thing Co., Ltd.
地址(Add)：福建省南安市省新镇抚茂岭工业区
邮编(P.C.)：362308
电话(Tel)：0595-86233777
传真(Fax)：0595-86255999
E-mail：md@mingda-cn.com
Http：//www.fjmingda.com
法人代表(Chairman)：尤建扬
总经理(General Manager)：尤建扬
联系人(Contact Person)：陈超
产品(Products)：卫生巾，卫生护垫，妈咪两用巾，婴儿纸尿裤/片，成人纸尿裤/片，湿巾
品牌(Brand)：清芬，倍儿舒，护大人

亿发纸业(福建)有限公司
Yifa Paper (Fujian) Co., Ltd.
地址(Add)：福建省莆田市涵江区新涵工业区
邮编(P.C.)：351111
电话(Tel)：0594-3397998
传真(Fax)：0594-3566998
E-mail：yifazjl@126.com
Http：//www.yifagroup.com
法人代表(Chairman)：郑俊杰
总经理(General Manager)：许韩飞
联系人(Contact Person)：郑剑丽
产品(Products)：婴儿纸尿裤，卫生巾，卫生护垫，卫生纸，面巾纸，餐巾纸，擦手纸，厨房纸巾，原纸，湿巾
品牌(Brand)：手心缘，手心宝贝，幸福风，亲尔，手心呵护

福建省荔城纸业有限公司
Fujian Licheng Paper Co., Ltd.
地址(Add)：福建省莆田市华亭镇郊溪工业区
邮编(P.C.)：351139
电话(Tel)：0594-2029839
传真(Fax)：0594-2029539
E-mail：394150028@qq.com
Http：//www.fjlicheng.com
法人代表(Chairman)：黄丽梅
总经理(General Manager)：林元剑
联系人(Contact Person)：林元胜
产品(Products)：卫生巾，卫生护垫，婴儿纸尿裤/片，成人纸尿裤/片，湿巾，妈咪巾
品牌(Brand)：佳爽，佳爽爱康

福建莆田佳通纸制品有限公司
G. T. Paper Co., Ltd. Putian Fujian
地址(Add)：福建省莆田市江口镇海星街
邮编(P.C.)：351115
电话(Tel)：0594-3697690
传真(Fax)：0594-3697692
E-mail：xdqgt@163.com
Http：//www.gtpaper.com
法人代表(Chairman)：林美凤
总经理(General Manager)：李玉坤
联系人(Contact Person)：徐德清
产品(Products)：卫生巾，卫生护垫，婴儿纸尿裤，湿巾
品牌(Brand)：柔爱，雪薇，佳馨，舒宝

安诺纸业(福建)有限公司
Annor Paper (Fujian) Co., Ltd.
地址(Add)：福建省秦屿激城安诺工业园
邮编(P.C.)：355209
电话(Tel)：0593-7913533
传真(Fax)：0593-7919333
E-mail：zhangzhiyong@anjt.com.cn
Http：//www.anjt.com.cn
法人代表(Chairman)：谢忠行
总经理(General Manager)：谢斌
联系人(Contact Person)：张志勇
产品(Products)：卫生纸，面巾纸，手帕纸，餐巾纸，原纸，湿巾
品牌(Brand)：双福，福到家，春之晨

泉州市玺耀日用化工品有限公司
Quanzhou Xiyao Daily Chemical Co., Ltd.
地址(Add)：福建省泉州市北峰工业区霞美郑厝10号
邮编(P.C.)：362320
电话(Tel)：0595-22783118
Http：//www.qzxyryp.com
联系人(Contact Person)：胡绍春
产品(Products)：湿巾
品牌(Brand)：玺耀

泉州市星华生活用品有限公司
Quanzhou Xinghua Commodity Co., Ltd.
地址(Add)：福建省泉州市丰泽区泉山路一八零路口
邮编(P.C.)：362000
电话(Tel)：0595-86860088
传真(Fax)：0595-86860088
总经理(General Manager)：李斯恩
产品(Products)：卫生巾，湿巾，婴儿纸尿裤/片
品牌(Brand)：8度灵感

泉州市奥洁卫生用品有限公司
Quanzhou Aojie Co., Ltd.
地址(Add)：福建省泉州市惠安涂寨灵山工业区
邮编(P.C.)：362100
电话(Tel)：0595-87211089
传真(Fax)：0595-87204336
E-mail：qzaojie@126.com
Http：//www.cnjasmine.com
联系人(Contact Person)：纪志阮
产品(Products)：湿巾
品牌(Brand)：洁诗美

雀氏(福建)实业发展有限公司
Chiaus (Fujian) Industrial Development Co., Ltd.
地址(Add)：福建省泉州市惠安县惠东工业区通港路6号
邮编(P.C.)：362133
电话(Tel)：0595-87203333
传真(Fax)：0595-87202333
E-mail：91work@163.com
Http：//www.chiaus.com
法人代表(Chairman)：郑佳明
总经理(General Manager)：郑佳明
联系人(Contact Person)：罗毅
产品(Products)：婴儿纸尿裤/片，成人纸尿裤，护理垫，湿巾，卫生巾，生活用纸
品牌(Brand)：雀氏，班乐士，水知道，心巢

泉州顺顺纸巾厂
Quanzhou Shunshun Paper Factory
地址(Add)：福建省泉州市鲤城区天后路北段华联商厦6楼
邮编(P. C.)：362000
电话(Tel)：0595－22194488
传真(Fax)：0595－28063899
E-mail：2528177747@qq.com
法人代表(Chairman)：陈旭明
总经理(General Manager)：陈旭明
联系人(Contact Person)：黄卿智
产品(Products)：湿巾，面巾纸
品牌(Brand)：火星部落

福建省泉州市盛峰卫生用品有限公司
Fujian Shengfeng Hygiene Products Co., Ltd.
地址(Add)：福建省泉州市洛江区双阳华侨万亩开发区
邮编(P. C.)：362000
电话(Tel)：0595－28013782
传真(Fax)：0595－28013781
Http://www.qzshengfeng.com
法人代表(Chairman)：梁伟成
总经理(General Manager)：梁伟成
联系人(Contact Person)：梁汝峰
产品(Products)：婴儿纸尿裤/片，成人纸尿裤/片，卫生巾，卫生护垫，湿巾，卫生纸

泉州市翰堂卫生用品有限公司
Quanzhou Hantang Hygiene Products Co., Ltd.
地址(Add)：福建省泉州市洛江区塘西工业区
邮编(P. C.)：362000
电话(Tel)：0595－22031111
传真(Fax)：0595－22031111
E-mail：362490159@qq.com
联系人(Contact Person)：徐建勇
产品(Products)：成人纸尿裤，卫生巾，湿巾
品牌(Brand)：公公婆婆，特耐王，柔贝洁，朵奴，爱之道，洁臣

佳禾(中国)有限公司
Joyhome (China) Co., Ltd.
地址(Add)：福建省泉州市洛江双阳华侨经济开发区
邮编(P. C.)：362000
电话(Tel)：0595－28761222
传真(Fax)：0595－28761333
Http://www.icomebaby.com
法人代表(Chairman)：刘德辉
总经理(General Manager)：刘德辉
联系人(Contact Person)：王志军
产品(Products)：婴儿纸尿裤/片，卫生巾，湿巾
品牌(Brand)：佳贝爽，佳欣

理想纸业有限公司
Ideal Paper Co., Ltd.
地址(Add)：福建省三明市梅列区双园新村55幢204室
邮编(P. C.)：365014
电话(Tel)：0598－8239490
E-mail：2584429360@qq.com
总经理(General Manager)：易成程
产品(Products)：面巾纸，餐巾纸，手帕纸，卫生纸，擦手纸，湿巾

石狮市绿色空间卫生用品有限公司
Shishi Green Space Hygiene Utensil Co., Ltd.
地址(Add)：福建省石狮市石湖工业园区滨海一路
邮编(P. C.)：362700
电话(Tel)：0595－88682088
传真(Fax)：0595－88682099
E-mail：lskj@mail.booksir.com
总经理(General Manager)：郑荣钦
产品(Products)：卫生巾，卫生护垫，婴儿纸尿裤，湿巾
品牌(Brand)：绿色空间，超级贝贝

豪友纸品有限公司
Haoyou Paper Co., Ltd.
地址(Add)：福建省石狮市永宁黄金大道豪友工业大厦
邮编(P. C.)：362700
电话(Tel)：0595－88482216
传真(Fax)：0595－88492216
联系人(Contact Person)：董国强
产品(Products)：餐巾纸，面巾纸，湿巾

厦门中柏意贸易有限公司
Xiamen Zhongbaiyi Trading Co., Ltd.
地址(Add)：福建省厦门市湖滨北路10号新港广场北楼17层
邮编(P. C.)：361012
电话(Tel)：0592－5153667
传真(Fax)：0592－3277998
E-mail：wzking66@126.com
总经理(General Manager)：王文质
联系人(Contact Person)：王文质
产品(Products)：湿巾
品牌(Brand)：洁语

厦门帝尔特企业有限公司
Xiamen Modern Delta Ltd.
地址(Add)：福建省厦门市湖滨北路金星路61－69号
邮编(P. C.)：361012
电话(Tel)：0592－5118588
传真(Fax)：0592－5054603
E-mail：xlli168@163.com
Http://www.ivorybaby.com
联系人(Contact Person)：李信亮
产品(Products)：婴儿纸尿裤/片，湿巾
品牌(Brand)：爱得利，利儿康，人之初，贝芬妮诗

厦门开润工贸有限公司
Xiamen Kairun Trade Co., Ltd.
地址(Add)：福建省厦门市湖滨东路11号邮电广通大厦1909单元
邮编(P. C.)：361004
电话(Tel)：0592－5882078
传真(Fax)：0592－5884883
E-mail：jessy.chen@greenwood－island.com
Http://www.kairun.com.cn
总经理(General Manager)：王凌宇
联系人(Contact Person)：陈洁
产品(Products)：湿巾

厦门亚隆日用品有限公司
Xiamen Yalong Commodity Co., Ltd.
地址(Add)：福建省厦门市湖滨南路819号宝福大厦24F

邮编(P. C.)：361004
电话(Tel)：0592－5832198
传真(Fax)：0592－5832199
E-mail：yalong01@yalong. cc
Http：//www. yalong. cc
总经理(General Manager)：唐锋太
产品(Products)：卫生巾，卫生护垫，婴儿纸尿裤，成人纸尿裤，护理垫，湿巾
品牌(Brand)：康护体

花之町(厦门)日用品有限公司
Fustin (Xiamen) Commodity Co., Ltd.
地址(Add)：福建省厦门市湖里区蔡塘工业园(星光学校旁)创业人工贸有限公司
邮编(P. C.)：361100
电话(Tel)：0592－7121396
传真(Fax)：0592－7256716
E-mail：zhanghw@cyrgroup. cn
Http：//www. xminfashion. cn
联系人(Contact Person)：张华伟
产品(Products)：湿巾
品牌(Brand)：花之町，小叮咚，六月雪

厦门杰宝日用品有限公司
Xiamen Jabou Commodity Co., Ltd.
地址(Add)：福建省厦门市嘉禾路297号宝龙中心1期二号楼15P
邮编(P. C.)：361000
电话(Tel)：0592－5036995
传真(Fax)：0592－5036891
E-mail：jiebao778@163. com
Http：//www. jabou. cn
法人代表(Chairman)：傅子良
总经理(General Manager)：傅子良
联系人(Contact Person)：傅子良
产品(Products)：湿厕纸
品牌(Brand)：杰宝

厦门鑫旺中工贸有限公司
Xiamen Xinwangzhong Industry and Trade Co., Ltd.
地址(Add)：福建省厦门市莲花五村谊爱路58号(鑫旺中厂房)
邮编(P. C.)：361000
电话(Tel)：0592－5512121
传真(Fax)：0592－5212130
E-mail：wz8846763@163. com
Http：//www. xmxwz. com
法人代表(Chairman)：吴龚华
总经理(General Manager)：吴龚华
联系人(Contact Person)：蔡亿洪
产品(Products)：餐巾纸，面巾纸，擦手纸，湿巾
品牌(Brand)：丽派

厦门市洁鑫工贸有限公司
Xiamen Jiexin Industry and Trade Co., Ltd.
地址(Add)：福建省厦门市莲前西路871号A栋厂房四楼
邮编(P. C.)：361000
电话(Tel)：0592－5325330
传真(Fax)：0592－5825330
E-mail：service@jiexinpaper. com
Http：//www. jiexinpaper. com
联系人(Contact Person)：张淑平
产品(Products)：餐巾纸，面巾纸，卫生纸，湿巾

婴氏(福建)纸业有限公司
Yingshi (Fujian) Paper Co., Ltd.
地址(Add)：福建省厦门市鹭江道96号钻石海岸B栋1501
邮编(P. C.)：361001
电话(Tel)：0592－2125207
传真(Fax)：0592－2980111
E-mail：cgh7333@163. com
Http：//www. insinse. com
总经理(General Manager)：陈国怀
联系人(Contact Person)：陈国怀
产品(Products)：婴儿纸尿裤/片，湿巾
品牌(Brand)：婴氏

厦门富力行美容用品公司
Xiamen Freego Beauty Products Co., Ltd.
地址(Add)：福建省厦门市同安工业集中区思明园121号5楼
邮编(P. C.)：361199
电话(Tel)：0592－7138630
传真(Fax)：0592－7772821
E-mail：wwwhuc@163. com
联系人(Contact Person)：胡武昌
产品(Products)：纸内裤，一次性毛巾，床单，口罩，工业擦拭纸

利安娜(厦门)日用品有限公司
Lianna (Xiamen) Commodity Co., Ltd.
地址(Add)：福建省厦门市同安区美溪道湖里工业园42号
邮编(P. C.)：361000
电话(Tel)：0592－7102222
传真(Fax)：0592－7109955
E-mail：zhanghui5889@126. com
Http：//www. xmlianna. com
总经理(General Manager)：兰木灿
联系人(Contact Person)：张辉
产品(Products)：婴儿纸尿裤/片，湿巾
品牌(Brand)：柔贝爽

厦门源福祥卫生用品有限公司
Xiamen Yuanfuxiang Hygiene Products Co., Ltd.
地址(Add)：福建省厦门市翔安工业园区舫山北二路1108号
邮编(P. C.)：361101
电话(Tel)：0592－7069567
传真(Fax)：0592－7161789
E-mail：xmyfxzp@163. com
Http：//www. yfxzp. com
法人代表(Chairman)：陈锦延
总经理(General Manager)：陈锦延
联系人(Contact Person)：汪玉芳
产品(Products)：卫生巾，卫生护垫，卫生纸，面巾纸，手帕纸，餐巾纸，婴儿纸尿裤/片，成人纸尿裤，护理垫，湿巾
品牌(Brand)：丹诗奴，好舒适，花之秀，淘乐氏，羽飘，康护理

福建诚信纸品有限公司
Fujian Chengxin Paper Products Co., Ltd.
地址(Add)：福建省漳州市长泰兴泰工业区
邮编(P. C.)：363900
电话(Tel)：0596－8330888
传真(Fax)：0596－8330999
E-mail：cxgs567@163. com
Http：//www. fjcxgs. com
法人代表(Chairman)：蔡金花
总经理(General Manager)：林敦旭
联系人(Contact Person)：林敦利
产品(Products)：卫生巾，卫生护垫，婴儿纸尿裤，湿巾
品牌(Brand)：蕾迪丝，精奇，日清

福建省漳州市智光纸业有限公司
Zhangzhou Zhiguang Paper Co., Ltd.
地址(Add)：福建省漳州市蓝田工业区横二路
邮编(P. C.)：363005
电话(Tel)：0596－2103599
传真(Fax)：0596－2109196
E-mail：zhiguang. paper@winmail. cn
Http：//www. fjzgzy. cn. alibaba. com
法人代表(Chairman)：邓湘闽
总经理(General Manager)：陈智镛
联系人(Contact Person)：黄志杰
产品(Products)：卫生巾，卫生护垫，成人纸尿裤/片，婴儿纸尿裤/片，护理垫，湿巾
品牌(Brand)：好爽月，智光，笑嘻嘻，花香世界

中南纸业(福建)有限公司
Zhongnan Paper Co., Ltd.
地址(Add)：福建省漳州市芗城区北斗福星工业园6号厂房
邮编(P. C.)：363000
电话(Tel)：0596－6390666
传真(Fax)：0596－6390555
E-mail：1870230645@qq. com
Http：//www. 中南纸业 . cn
法人代表(Chairman)：梅中
总经理(General Manager)：梅中
联系人(Contact Person)：吴胜南
产品(Products)：湿巾，生活用纸
品牌(Brand)：尚蕊

福建舒而美卫生用品有限公司
Fujian Sureme Hygiene Thing Co., Ltd.
地址(Add)：福建省漳州市云霄县莆美镇阳下工业集中区
邮编(P. C.)：363300
电话(Tel)：0596－8896333
传真(Fax)：0596－8891333
E-mail：sobesen@sureme. com. cn
Http：//www. sureme. com. cn
法人代表(Chairman)：马明洲
总经理(General Manager)：吴少伟
联系人(Contact Person)：黄俊凯
产品(Products)：婴儿纸尿裤/片，湿巾
品牌(Brand)：小贝真

福建百合堂家庭用品有限公司
Fujian Baihetang Household Products Co., Ltd.
地址(Add)：福建省漳州市漳浦县台湾农民创业园
邮编(P. C.)：363204
电话(Tel)：0596－3797777
传真(Fax)：0596－3832222
E-mail：marketing@baihetang. com
Http：//www. baihetang. com
法人代表(Chairman)：吴安全
总经理(General Manager)：吴安全
联系人(Contact Person)：吴金滚
产品(Products)：湿巾
品牌(Brand)：菲柔

漳州市芗城晓莉卫生用品有限公司
Zhangzhou Xiangcheng Xiaoli Hygiene Products Co., Ltd.
地址(Add)：福建省漳洲市芗城区石亭丰乐工业区
邮编(P. C.)：363000
电话(Tel)：0596－2552936
传真(Fax)：0596－2552205
E-mail：anyue@an－yue. com. cn
Http：//www. an－yue. com. cn
法人代表(Chairman)：林莉
总经理(General Manager)：林莉
联系人(Contact Person)：林晓渝
产品(Products)：卫生巾，卫生护垫，产妇专用巾，护理垫，妇婴两用巾，婴儿纸尿裤/片，面巾纸，卫生纸，擦手纸，湿巾
品牌(Brand)：安月，比洁

● 江西 Jiangxi

九江市白洁卫生用品有限公司
Jiujiang Baijie Hygiene Products Co., Ltd.
地址(Add)：江西省九江市庐山区白洁工业园区
邮编(P. C.)：332000
电话(Tel)：0792－8992211
传真(Fax)：0792－8992233
E-mail：jjbaijie@163. com
联系人(Contact Person)：张吉忠
产品(Products)：面巾纸，卫生巾，卫生护垫，湿巾

南昌万家洁卫生制品有限公司
Nanchang Wanjiajie Hygiene Products Co., Ltd.
地址(Add)：江西省南昌市八一乡甫下园
邮编(P. C.)：330006
电话(Tel)：0791－85818261
传真(Fax)：0791－85818261
E-mail：987256210@qq. com
Http：//ncwjj. cn. alibaba. com
联系人(Contact Person)：林德志
产品(Products)：面巾纸，餐巾纸，擦手纸，厨房纸巾，湿巾

科奇高新技术产品实业有限公司
Keqi Advanced Technical Industry Co., Ltd.
地址(Add)：江西省南昌市昌北经济开发区双港路134号残联庇护工厂内
邮编(P. C.)：330029
电话(Tel)：0791－88350017
传真(Fax)：0791－88309627
Http：//www. 4008844555. com

联系人(Contact Person)：熊华
产品(Products)：湿巾
品牌(Brand)：沐阳

南昌爱宝多实业有限公司
Nanchang Aibaoduo Industrial Co., Ltd.
地址(Add)：江西省南昌市昌北经济开发区玉屏东大街299号清华大学(江西)科技园华江大厦
邮编(P. C.)：330013
电话(Tel)：0791-83802008
传真(Fax)：0791-83802006
E-mail：12642216@qq.com
Http://www.aibaoduo.com
法人代表(Chairman)：马小华
总经理(General Manager)：马小华
联系人(Contact Person)：马小华
产品(Products)：婴儿止汗湿巾，汗不湿
品牌(Brand)：爱宝多

南昌鑫隆达纸业有限公司
Nanchang Xinlongda Paper Co., Ltd.
地址(Add)：江西省南昌市高新开发区民富路209号
邮编(P. C.)：330039
电话(Tel)：0791-88383218
传真(Fax)：0791-88383308
E-mail：ncxinlongda@163.com
法人代表(Chairman)：胡明亮
联系人(Contact Person)：胡明亮
产品(Products)：原纸，盘纸，卫生纸，擦手纸，面巾纸，餐巾纸，湿巾

江西省康美洁卫生用品有限公司
Jiangxi Kangmeijie Health Articles Co., Ltd.
地址(Add)：江西省南昌市新建县经济开发区联福大道688号
邮编(P. C.)：330100
电话(Tel)：0791-83681666
传真(Fax)：0791-83681666
E-mail：kangmeijie@hotsales.net
Http://www.jxkmj.com
总经理(General Manager)：胡国林
联系人(Contact Person)：胡国林
产品(Products)：湿巾，美容巾，一次性毛巾，餐巾纸，面巾纸，卫生纸，擦手纸
品牌(Brand)：康美洁，沁尔，幽忧

鄱阳湖纸业公司
Poyanghu Paper Co., Ltd.
地址(Add)：江西省鄱阳县城麻厂路(原县玩具厂内)
邮编(P. C.)：333100
电话(Tel)：0793-6261322
传真(Fax)：0793-6261322
法人代表(Chairman)：胡滨
总经理(General Manager)：胡贵和
联系人(Contact Person)：胡贵和
产品(Products)：卫生纸，餐巾纸，手帕纸，湿巾

上饶市玉丰纸业有限公司
Shangrao Yufeng Paper Co., Ltd.
地址(Add)：江西省上饶市陵园路19号
邮编(P. C.)：334000
电话(Tel)：0793-8157032
传真(Fax)：0793-8157032
总经理(General Manager)：陈思宏
产品(Products)：卫生纸，面巾纸，餐巾纸，湿巾

江西欣旺卫生用品有限公司
Jiangxi Xinwang Hygiene Products Co., Ltd.
地址(Add)：江西省上饶市三江工业园区
邮编(P. C.)：334000
电话(Tel)：0793-8159655
传真(Fax)：0793-8159596
E-mail：1304907468@qq.com
Http://www.jxmijie.com
法人代表(Chairman)：吕德旺
总经理(General Manager)：吕德旺
联系人(Contact Person)：龚阳
产品(Products)：婴儿纸尿裤/片，湿巾
品牌(Brand)：咪洁

江西生成卫生用品有限公司
Jiangxi Shengcheng Hygiene Products Co., Ltd.
地址(Add)：江西省武宁县万福经济技术开发区生成路1号
邮编(P. C.)：332300
电话(Tel)：0792-2831116
传真(Fax)：0792-2831116
E-mail：ssb@cnsencen.com
Http://www.cnsencen.com
法人代表(Chairman)：余陈
总经理(General Manager)：余陈
联系人(Contact Person)：舒松柏
产品(Products)：湿巾，马桶垫纸，宠物垫
品牌(Brand)：SC，派锐，棉新

江西康之初实业有限公司
Jiangxi Kangzhichu Industrial Co., Ltd.
地址(Add)：江西省樟树市城北经济技术开发区
邮编(P. C.)：331200
电话(Tel)：0795-7351808
传真(Fax)：0795-7110709
E-mail：1063887125@qq.com
联系人(Contact Person)：张剑峰
产品(Products)：湿巾

江西安顺堂生物科技有限公司
Jiangxi Anshuntang Bio-Technology Co., Ltd.
地址(Add)：江西省樟树市城北经济开发区
邮编(P. C.)：331208
电话(Tel)：0795-7161047
传真(Fax)：0795-7161096
E-mail：441064689@qq.com
Http://www.kangmeisheng.com
联系人(Contact Person)：万敬
产品(Products)：湿巾

仁和药业有限公司消费品事业部
Renhe Pharmaceutical Co., Ltd.
地址(Add)：江西省樟树市药都南大道158号
邮编(P. C.)：331200
电话(Tel)：0795-7373396
传真(Fax)：0795-7378656
E-mail：610960210@qq.com

Http：//www. renhe. com
联系人(Contact Person)：张洪亮
产品(Products)：卫生巾，卫生护垫，湿巾
品牌(Brand)：妇炎洁

● 山东 Shandong

山东省滨州市康洁纸业有限公司
Binzhou Kangjie Paper Co., Ltd.
地址(Add)：山东省滨州市黄河一路890号
邮编(P. C.)：256699
电话(Tel)：0543 - 3272777
Http：//www. apple777. cn
总经理(General Manager)：姜涛
联系人(Contact Person)：姜涛
产品(Products)：餐巾纸，手帕纸，擦手纸，面巾纸，盘纸，湿巾
品牌(Brand)：康洁

宏业商贸
Hongye Trade Co.
地址(Add)：山东省滨州市邹平县福海路
邮编(P. C.)：256200
电话(Tel)：0543 - 2102111
传真(Fax)：0543 - 4343246
联系人(Contact Person)：韩星海
产品(Products)：卫生纸，手帕纸，面巾纸，湿巾

山东艾丝妮乐卫生用品有限公司
Aisinile Hygiene Products Co., Ltd.
地址(Add)：山东省滨州市邹平县黄山开发区
邮编(P. C.)：256200
电话(Tel)：400 - 6026 - 779
传真(Fax)：0543 - 4662976
E-mail：aisinile777@163. com
Http：//www. aisinile. com
法人代表(Chairman)：刘学良
联系人(Contact Person)：王朝军
产品(Products)：湿巾，卫生巾，卫生护垫，婴儿纸尿裤，成人纸尿裤
品牌(Brand)：艾丝妮乐

东明县康迪妇幼用品有限公司
Dongming Condi Products for Women and Children Co., Ltd.
地址(Add)：山东省东明县工业园区黄河路南段
邮编(P. C.)：274500
电话(Tel)：0530 - 7295059
传真(Fax)：0530 - 7295182
E-mail：dmcondi@126. com
Http：//www. kovebaby. com
法人代表(Chairman)：袁洪伟
联系人(Contact Person)：袁洪伟
产品(Products)：成人纸尿裤/片，婴儿纸尿裤/片，乳垫，湿巾，卫生巾，产妇巾
品牌(Brand)：卡芬，卡芬宝贝，梦夕阳

高密市瑞雪卫生用品厂
Gaomi Ruixue Hygiene Products Plant
地址(Add)：山东省高密市凤凰大街西首
邮编(P. C.)：261500
电话(Tel)：0536 - 2329998
法人代表(Chairman)：钟娟
总经理(General Manager)：钟娟
联系人(Contact Person)：钟娟
产品(Products)：湿巾

山东省菏泽市金瑞卫生用品有限公司
Heze Jinrui Hygiene Products Co., Ltd.
地址(Add)：山东省菏泽市胜利路19号
邮编(P. C.)：274008
电话(Tel)：0530 - 6262355
联系人(Contact Person)：奚兆栋
产品(Products)：成人纸尿裤，护理垫，婴儿隔尿垫巾，湿巾
品牌(Brand)：美康，美而康，贴心

惠民县好乐洁卫生用品厂
Huimin Haolejie Hygiene Products Factory
地址(Add)：山东省惠民县桑落墅镇开发区
邮编(P. C.)：251704
电话(Tel)：0543 - 5221616
联系人(Contact Person)：储环娥
产品(Products)：湿巾，面巾纸，手帕纸，擦手纸
品牌(Brand)：好乐洁

济南尤爱生物技术有限公司
Jinan Youier Biological Technology Co., Ltd.
地址(Add)：山东省济南市高新技术产业开发区小龙堂民营经济园
邮编(P. C.)：250013
电话(Tel)：0531 - 89005730
传真(Fax)：0531 - 86468257
E-mail：youier@163. com
Http：//www. uaier. com
法人代表(Chairman)：乔德水
总经理(General Manager)：乔德水
联系人(Contact Person)：刘红心
产品(Products)：湿巾
品牌(Brand)：尤爱尔

济南金明发纸业有限公司
Jinan Jinmingfa Paper Co., Ltd.
地址(Add)：山东省济南市高新区工业南路32 - 1号
邮编(P. C.)：251010
电话(Tel)：0531 - 88806787
传真(Fax)：0531 - 88800738
E-mail：ceo@jmf - love. com
Http：//www. jmf - love. com
联系人(Contact Person)：明玉勇
产品(Products)：湿巾
品牌(Brand)：水之纯，艺彩源

济南卡尼尔科技有限公司
Jinan Kanier Science & Technology Co., Ltd.
地址(Add)：山东省济南市槐荫工业园区新沙北路18 - 2号
邮编(P. C.)：250023
电话(Tel)：0531 - 85982788
传真(Fax)：0531 - 85982273
E-mail：kanier@163. com

Http://www.kanierkj.cn
法人代表(Chairman):胡菁芳
总经理(General Manager):胡清刚
联系人(Contact Person):胡菁芳
产品(Products):湿巾
品牌(Brand):卡尼尔,子诺

济南美芙特生物科技有限公司
Jinan Meifute Bioscience Co., Ltd.
地址(Add):山东省济南市经六路123号
邮编(P.C.):250000
电话(Tel):0531-66864888
传真(Fax):0531-87034929
Http://www.mftsj.com
法人代表(Chairman):陈志军
总经理(General Manager):乔德水
联系人(Contact Person):陈志军
产品(Products):湿巾
品牌(Brand):美芙特

山东省润荷卫生材料有限公司
Shandong Runhe Health Materials Co., Ltd.
地址(Add):山东省济南市明水经济开发区工业一路北首501号
邮编(P.C.):250200
电话(Tel):0531-83328207
传真(Fax):0531-83328215
产品(Products):湿巾
品牌(Brand):润荷

安邦纸业有限公司
Anbang Paper Co., Ltd.
地址(Add):山东省济宁市高新区王因镇
邮编(P.C.):272103
电话(Tel):0537-3865619
联系人(Contact Person):郭海燕
产品(Products):餐巾纸,卫生纸,面巾纸,手帕纸,擦手纸,湿巾

济宁恒安纸业有限公司
Jining Hengan Paper Co., Ltd.
地址(Add):山东省济宁市汶上县南站镇工业园
邮编(P.C.):272508
电话(Tel):0537-7251666
传真(Fax):0537-7251222
E-mail:jininghengan@126.com
Http://www.henganzhiye.com
总经理(General Manager):姬广金
联系人(Contact Person):姬广金
产品(Products):餐巾纸,卫生纸,面巾纸,手帕纸,擦手纸,盘纸,原纸,湿巾

邹城市福满天食品有限公司
Zoucheng Fumantian Food Co., Ltd.
地址(Add):山东省济宁邹城市贾洼工业园
邮编(P.C.):272000
电话(Tel):0537-5678636
总经理(General Manager):贾令川
联系人(Contact Person):贾令川
产品(Products):湿巾

山东雅润生物科技有限公司
Shandong Yarun Biotech Co., Ltd.
地址(Add):山东省莒南县相邸工业园
邮编(P.C.):276626
电话(Tel):0539-7519999
传真(Fax):0539-7519339
E-mail:yayun@sdyayun.com
Http://www.sdyayun.com
法人代表(Chairman):薄怀举
总经理(General Manager):薄怀举
联系人(Contact Person):薄怀举
产品(Products):湿巾,卫生巾,卫生纸,面巾纸,餐巾纸
品牌(Brand):雅润

山东莱芜市永胜随心印纸业有限公司
Shandong Laiwu Yongsheng Suixinyin Paper Co., Ltd.
地址(Add):山东省莱芜市高新技术开发区滨河工业园
邮编(P.C.):271100
电话(Tel):0634-6180888
传真(Fax):0634-6423077
E-mail:yongshengsuixinyin@126.com
Http://www.suixinyin.com
总经理(General Manager):何允生
联系人(Contact Person):何允生
产品(Products):盘纸,原纸,餐巾纸,面巾纸,擦手纸,手帕纸,卫生纸,湿巾
品牌(Brand):随心印,泰山梅林,豪洁

山东信成纸业有限公司
Shandong Xincheng Paper Co., Ltd.
地址(Add):山东省聊城市茌平县西外环高新技术工业园区
邮编(P.C.):252100
电话(Tel):0635-4285466
传真(Fax):0635-4287566
法人代表(Chairman):曹晓云
总经理(General Manager):牛洪华
联系人(Contact Person):胡守泉
产品(Products):厨房纸巾,湿巾
品牌(Brand):圣荷

山东东阿生物科技有限公司
Shandong Donge Biotech Co., Ltd.
地址(Add):山东省聊城市东阿县工业园
邮编(P.C.):252000
电话(Tel):0635-3282678
传真(Fax):0635-3282678
总经理(General Manager):陈建军
联系人(Contact Person):陈建军
产品(Products):湿巾

山东东海生物科技有限公司
Shandong East Sea Biological Technology Co., Ltd.
地址(Add):山东省聊城市东阿县工业园区霞光路北
邮编(P.C.):252200
电话(Tel):0635-3267333
传真(Fax):0635-3267333
E-mail:dh18663029061@126.com
Http://www.sddhswkj.com
联系人(Contact Person):张可心

产品(Products)：湿巾
品牌(Brand)：安派，爱丽莎

聊城超越日用品有限公司
Liaocheng Chaoyue Commodity Co., Ltd.
地址(Add)：山东省聊城市嘉明工业园嘉园路3号
邮编(P. C.)：252000
电话(Tel)：0635-8722656
传真(Fax)：0635-8721757
E-mail：sdxrwsypc@163. com
法人代表(Chairman)：秦付滨
总经理(General Manager)：秦付滨
联系人(Contact Person)：秦付滨
产品(Products)：湿巾
品牌(Brand)：梦之恋，蓝雅，温馨

山东冠骏清洁材料科技有限公司
Shangdong Guanjun Cleaning Materials Technology Co., Ltd.
地址(Add)：山东省临沂市费县上冶镇冠骏工业园
邮编(P. C.)：273401
电话(Tel)：0539-7335319
传真(Fax)：0539-7335301
E-mail：nonwovenok@gmail. com
Http://www. guanjunchina. com
联系人(Contact Person)：王卫超
产品(Products)：电子擦拭布，湿巾，医用敷料等

山东柯利无纺制品有限公司
Shandong Keli Nonwoven Products Co., Ltd.
地址(Add)：山东省临沂市罗庄区清河南路西段南侧
邮编(P. C.)：276017
电话(Tel)：0539-5635999
传真(Fax)：0539-3105180
E-mail：sdgrand@126. com
Http://www. keliwipes. com
联系人(Contact Person)：朱长灵
产品(Products)：湿巾
品牌(Brand)：柯利

金得利卫生用品有限公司
Tancheng Jindeli Hygiene Products Co., Ltd.
地址(Add)：山东省临沂市郯城县高册经济开发区
邮编(P. C.)：276100
电话(Tel)：0539-6591688
传真(Fax)：0539-6593888
E-mail：lyjindeli@163. com
Http://www. sdjdl. cn
法人代表(Chairman)：胡征文
总经理(General Manager)：胡征文
联系人(Contact Person)：胡文龙
产品(Products)：卫生巾，卫生护垫，婴儿纸尿裤/片，成人纸尿裤/片，护理垫，干擦拭巾
品牌(Brand)：丽源，新帮宝，帮宝乐，佳人之急

青岛克大克生化科技有限公司
Qingdao Dedake Biochemical Technology Co., Ltd.
地址(Add)：山东省青岛市城阳区夏庄街道李家沙沟工业园
邮编(P. C.)：266107
电话(Tel)：0532-87780888
传真(Fax)：0532-87780886
E-mail：polyka@sina. com
Http://www. qdkedake. com
总经理(General Manager)：于锋
联系人(Contact Person)：于锋
产品(Products)：湿巾

青岛戴氏伟业工贸有限公司
Qingdao Daishiweiye I & T Co., Ltd.
地址(Add)：山东省青岛市城阳区皂户工业园
邮编(P. C.)：266109
电话(Tel)：0532-89082766
传真(Fax)：0532-89082766
Http://daishiweiye. 1688. com
联系人(Contact Person)：戴海涛
产品(Products)：餐巾纸，面巾纸，盘纸，擦手纸，湿巾

青岛明宇卫生制品有限公司
Qingdao Mingyu Hygiene Products Co., Ltd.
地址(Add)：山东省青岛市胶州开发区(郑州东路236号甲)
邮编(P. C.)：266300
电话(Tel)：0532-87209029
传真(Fax)：0532-87233929
Http://sdmingyu. cn. alibaba. com
联系人(Contact Person)：王世国
产品(Products)：餐巾纸，手帕纸，湿巾

青岛雪利川卫生制品有限公司
Qingdao Xuelichuan Hygiene Products Co., Ltd.
地址(Add)：山东省青岛市胶州市宣州路北端
邮编(P. C.)：266000
电话(Tel)：0532-82223208
联系人(Contact Person)：王海英
产品(Products)：湿巾，餐巾纸

青岛安阳阳进出口有限公司
Qingdao Sky Corporation
地址(Add)：山东省青岛市经济技术开发区长江中路230号国际贸易中心A1612室
邮编(P. C.)：266555
电话(Tel)：0532-68979862
传真(Fax)：0532-68979860
E-mail：skycorpkz@gmail. com
Http://www. qdskybiz. com
联系人(Contact Person)：张淑娟
产品(Products)：成人纸尿裤，婴儿纸尿裤，湿巾
品牌(Brand)：帛优

青岛常洵卫生用品厂
Qingdao Changxun Hygiene Products Factory
地址(Add)：山东省青岛市崂山区小河东工业区
邮编(P. C.)：266000
电话(Tel)：0532-82817338
传真(Fax)：0532-82817338
联系人(Contact Person)：张洵
产品(Products)：湿巾，纸尿裤，护理垫

青岛美西南科技发展有限公司
Qingdao Meixinan Technology Development Co., Ltd.
地址(Add)：山东省青岛市临港开发区上海路北端

邮编(P. C.)：266400
电话(Tel)：0532-89925969
传真(Fax)：0532-85135322
E-mail：qdmxn2007@163.com
Http：//www.qdmxn.com
联系人(Contact Person)：徐芳
产品(Products)：湿巾，卫生巾，餐巾纸，手帕纸，面巾纸，婴儿纸尿裤/片，成人纸尿裤/片

青岛洁尔康卫生用品厂
Qingdao Jieerkang Hygiene Products Factory
地址(Add)：山东省青岛市市北区黑龙江南路235号
邮编(P. C.)：266000
电话(Tel)：0532-88721715
传真(Fax)：0532-88721015
E-mail：qdkangjie@qdkangjie.com
Http：//www.qingdaokj.com
联系人(Contact Person)：范玉梅
产品(Products)：湿巾，面巾纸，手帕纸
品牌(Brand)：康日洁

青岛鑫雨卫生制品有限公司
Qingdao Xinyu Hygiene Products Co., Ltd.
地址(Add)：山东省青岛市四方区萍乡路10号
邮编(P. C.)：266044
电话(Tel)：0532-68951422
Http：//www.qdzhiye.com
联系人(Contact Person)：陈宝辉
产品(Products)：盘纸，擦手纸，餐巾纸，面巾纸，湿巾

日照三奇医保用品(集团)有限公司
China 3Q Medical Group Co., Ltd.
地址(Add)：山东省日照市河山国际工业园
邮编(P. C.)：276800
电话(Tel)：0633-8535119
传真(Fax)：0633-8541698
E-mail：wcs6928@163.com
Http：//www.sanqicn.com
总经理(General Manager)：毕坤传
联系人(Contact Person)：于秀娟
产品(Products)：医疗用品，护理垫，纸巾纸，湿巾

寿光市百合卫生用品有限公司
Shouguang Baihe Hygiene Products Co., Ltd.
地址(Add)：山东省寿光市渤海南路1718号
邮编(P. C.)：262700
电话(Tel)：13853668978
E-mail：872768427@qq.com
联系人(Contact Person)：吕华孝
产品(Products)：湿巾

山东洁丰实业股份有限公司
Shandong Jiefeng Holdings Ltd.
地址(Add)：山东省寿光市古城街道洛前街3号
邮编(P. C.)：281101
电话(Tel)：0536-5055333
传真(Fax)：0536-5050333
E-mail：sdjfsy@163.com
Http：//www.jiefeng.cc
联系人(Contact Person)：张悦强
产品(Products)：湿巾，卫生纸，面巾纸，餐巾纸，擦手纸
品牌(Brand)：依诺，洁丰，林之轻，清悠

山东洁丰卫生用品有限公司
Shandong Jiefeng Hygiene Products Co., Ltd.
地址(Add)：山东省寿光市经济开发区科技工业园东环北路19号
邮编(P. C.)：262700
电话(Tel)：0536-5773999
传真(Fax)：0536-5868222
E-mail：342936301@qq.com
总经理(General Manager)：张祖明
联系人(Contact Person)：付秀香
产品(Products)：面巾纸，湿巾
品牌(Brand)：洁丰

寿光市百合卫生用品公司
Shouguang Baihe Hygiene Products Co., Ltd.
地址(Add)：山东省寿光市寿尧路中段
邮编(P. C.)：262700
电话(Tel)：0536-5293038
传真(Fax)：0536-5495918
E-mail：sgbaihe@126.com
法人代表(Chairman)：刘婷
总经理(General Manager)：刘向民
联系人(Contact Person)：刘向民
产品(Products)：湿巾，餐巾纸，面巾纸
品牌(Brand)：永润

东顺集团股份有限公司
Dongshun Group Co., Ltd.
地址(Add)：山东省泰安市东平县东顺工业园
邮编(P. C.)：271500
电话(Tel)：0538-2820378
传真(Fax)：0538-2820378
E-mail：zhangshihua-0915@163.com
Http：//www.dongshunpaper.com
法人代表(Chairman)：陈树明
总经理(General Manager)：陈立栋
联系人(Contact Person)：张士华
产品(Products)：原纸，卫生纸，面巾纸，餐巾纸，婴儿纸尿裤，卫生巾，湿巾
品牌(Brand)：顺清柔，洁昕，哈里贝贝，A&S

威海亿露飞卫生用品有限公司
Weihai Yilufei Hygiene Products Co., Ltd.
地址(Add)：山东省威海市高新技术产业开发区火炬路高发大厦8楼
邮编(P. C.)：264209
电话(Tel)：0631-5629111
传真(Fax)：0631-5629222
法人代表(Chairman)：郑飞
总经理(General Manager)：郑飞
联系人(Contact Person)：李培丽
产品(Products)：湿巾
品牌(Brand)：亿露飞

潍坊福山纸业有限公司
Weifang Fushan Paper Products Co., Ltd.
地址(Add)：山东省潍坊市坊子区东王工业区
邮编(P. C.)：261200

电话(Tel)：0536－7637289
传真(Fax)：0536－7637288
法人代表(Chairman)：蔡金针
总经理(General Manager)：蔡标芳
联系人(Contact Person)：许永源
产品(Products)：卫生纸，面巾纸，餐巾纸，手帕纸，湿巾，婴儿纸尿片，手术衣帽
品牌(Brand)：喜相随，好儿女，左右手，随康

潍坊恒联美林生活用纸有限公司
Weifang Lancel Hygiene Products Co., Ltd.
地址(Add)：山东省潍坊市寒亭区海龙路609号
邮编(P. C.)：261100
电话(Tel)：0536－7283229
传真(Fax)：0536－7283228
E-mail：sales@lancelhp.com
Http：//www.henglianpaper.com
法人代表(Chairman)：李瑞丰
总经理(General Manager)：杜增伟
联系人(Contact Person)：邢磊
产品(Products)：原纸，卫生纸，餐巾纸，面巾纸，手帕纸，擦手纸，衬纸，厨房纸巾，湿巾
品牌(Brand)：玉，风筝，格外丽

潍坊市金宵医疗卫生用品有限公司
Weifang Jinxiao Medicine Sanitary Products Factory
地址(Add)：山东省潍坊市寒亭区寒亭街道办事处仓上村
邮编(P. C.)：261100
电话(Tel)：0536－7276353
传真(Fax)：0536－7276353
E-mail：353025939@qq.com
Http：//www.chinashuangjiao.com
联系人(Contact Person)：李美娟
产品(Products)：湿巾
品牌(Brand)：双骄，冰哥，冰哥雪妹，酷族，悦爽宁，咪亲贝乐，蜜宝

山东海龙康富特非织造材料有限公司
Shandong Helon Comfortable Nonwoven Co., Ltd.
地址(Add)：山东省潍坊市寒亭区央子镇新北海路以南
邮编(P. C.)：261108
电话(Tel)：0536－7576829
传真(Fax)：0536－7576286
E-mail：xiabosen959@163.com
法人代表(Chairman)：王兴华
联系人(Contact Person)：王东
产品(Products)：手术衣帽，面膜，擦拭巾

潍坊马利尔清洁用品有限公司
Malier Cleaning Products Co., Ltd.
地址(Add)：山东省潍坊市奎文区宏伟中路5号
邮编(P. C.)：261051
电话(Tel)：0536－8806253
传真(Fax)：0536－8807826
E-mail：keli@keli－chem.com
Http：//www.keli－chem.com
法人代表(Chairman)：马吉义
总经理(General Manager)：马吉义
产品(Products)：卫生纸，餐巾纸，擦手纸，盘纸，面巾纸，手帕纸，湿巾
品牌(Brand)：雅蝶

潍坊临朐华美纸制品有限公司
Weifang Huamei Paper Products Co., Ltd.
地址(Add)：山东省潍坊市临朐县东城开发区
邮编(P. C.)：262600
电话(Tel)：0536－3473234
联系人(Contact Person)：刘海明
产品(Products)：面巾纸，湿巾

临朐县云豪纸制品有限公司
Linqu Yunhao Paper Products Co., Ltd.
地址(Add)：山东省潍坊市临朐县朐间路88号
邮编(P. C.)：276000
电话(Tel)：0536－3458882
传真(Fax)：0536－3795766
E-mail：yunhaozhiye@163.com
Http：//www.yunhaozhiye.com
法人代表(Chairman)：张金富
总经理(General Manager)：张金富
联系人(Contact Person)：张金富
产品(Products)：手帕纸，面巾纸，擦手纸，餐巾纸，湿巾
品牌(Brand)：云豪，柔柔佳人

烟台海城医疗器械有限公司
Yantai Haicheng Medical Devices Co., Ltd.
地址(Add)：山东省烟台市卧龙中路3号(三中队东200米右首)
邮编(P. C.)：264004
电话(Tel)：0535－2157623
传真(Fax)：0535－2157623
联系人(Contact Person)：姜本涛
产品(Products)：湿巾
品牌(Brand)：海诚

爱他美(山东)日用品有限公司
Aptamil (Shandong) Commodity Co., Ltd.
地址(Add)：山东省兖州市新驿工业园68号
邮编(P. C.)：272100
电话(Tel)：0537－3415266
传真(Fax)：0537－3415558
E-mail：zw@aptamil.cc
Http：//www.aptamil.cc
总经理(General Manager)：郑伟
产品(Products)：婴儿纸尿裤/片，婴儿面巾纸，湿巾，成人失禁用品
品牌(Brand)：Aptamil，爱他美，花亲花爱，诗维诗兰

山东省永信非织造材料有限公司
Shandong Winson Nonwoven Materials Co., Ltd.
地址(Add)：山东省章丘市明水经济开发区工业一路501号
邮编(P. C.)：250200
电话(Tel)：0531－83328207
传真(Fax)：0531－83328117
E-mail：xialunquan@163.com
Http：//www.yongxin729.cn
法人代表(Chairman)：史成玉
总经理(General Manager)：夏伦全
联系人(Contact Person)：史成国
产品(Products)：湿巾

山东晨晓纸业有限公司
Shandong Chenxiao Paper Co., Ltd.
地址(Add)：山东省淄博市高青潍高路东段向北2000米处
邮编(P. C.)：256304
电话(Tel)：0533-6736777
传真(Fax)：0533-6736777
E-mail：xiaocaowu001@163.com
Http：//www.sdchenxiao.com
法人代表(Chairman)：曹卫山
总经理(General Manager)：曹卫山
联系人(Contact Person)：曹宁
产品(Products)：卫生纸，原纸，湿巾，卫生巾
品牌(Brand)：小草屋，秀家，蒲公英

淄博美尔娜卫生用品有限公司
Zibo Meierna Sanitary Products Co., Ltd.
地址(Add)：山东省淄博市高新区卫固付山工业园
邮编(P. C.)：255084
电话(Tel)：0533-3785650
传真(Fax)：0533-3786915
E-mail：meierna528@163.com
Http：//www.meierna.com
法人代表(Chairman)：张涛
总经理(General Manager)：张涛
联系人(Contact Person)：张涛
产品(Products)：卫生巾，卫生护垫，婴儿纸尿裤/片，湿巾
品牌(Brand)：美尔娜

淄博金宝利纸业有限公司
Zibo Jinbaoli Paper Co., Ltd.
地址(Add)：山东省淄博市世纪路北首小庄西工业园庄园大酒店对面
邮编(P. C.)：255000
电话(Tel)：0533-2769080
传真(Fax)：0533-2769080
E-mail：zbjinbaolizy@126.com
总经理(General Manager)：李宝峰
联系人(Contact Person)：李宝运
产品(Products)：面巾纸，湿巾

淄博恒润航空巾被有限公司
Zibo Hengrun Aciation Towel And Quilt Co., Ltd.
地址(Add)：山东省淄博市沂源县城沂河路南首
邮编(P. C.)：255000
电话(Tel)：0533-3282505
传真(Fax)：0533-3267880
E-mail：stx@sdtowel.com
总经理(General Manager)：尹玉华
联系人(Contact Person)：尹玉华
产品(Products)：湿巾

山东益母妇女用品有限公司
Shandong Yimoo Women Necessities Co., Ltd.
地址(Add)：山东省淄博市沂源县城沂蒙路9号
邮编(P. C.)：256100
电话(Tel)：0533-3227315
传真(Fax)：0533-3227888
E-mail：yimoo@yimoo.cn
Http：//www.yimoo.cn
法人代表(Chairman)：徐德文
总经理(General Manager)：徐德文
联系人(Contact Person)：郑霞
产品(Products)：卫生巾，卫生护垫，婴儿纸尿裤，湿巾
品牌(Brand)：益母，益母草，益贝，调皮蛋

淄博旭日纸业有限公司
Zibo Xuri Paper Co., Ltd.
地址(Add)：山东省淄博市周村新建路东首
邮编(P. C.)：255314
电话(Tel)：0533-6582989
传真(Fax)：0533-6582989
联系人(Contact Person)：郑青
产品(Products)：餐巾纸，手帕纸，湿巾
品牌(Brand)：景雅

淄博市淄川浩源卫生用品厂
Zibo Haoyuan Hygiene Products Factory
地址(Add)：山东省淄博市淄川区寨里镇解放村九泉路
邮编(P. C.)：255150
电话(Tel)：0533-5616771
传真(Fax)：0533-5616771
总经理(General Manager)：宋家奎
联系人(Contact Person)：王剑
产品(Products)：湿巾
品牌(Brand)：日洁

● 河南 Henan

河南可丽卫生用品有限公司
Henan Keli Hygiene Products Co., Ltd.
地址(Add)：河南省长葛市钟繇大道南段
邮编(P. C.)：461500
电话(Tel)：0374-6562988
传真(Fax)：0374-6501999
总经理(General Manager)：乔松锋
联系人(Contact Person)：乔松锋
产品(Products)：卫生巾，生活用纸，湿巾
品牌(Brand)：可丽怡人

瑞帮(开封)卫生材料有限公司
Ruibang (Kaifeng) Hygiene Materials Co., Ltd.
地址(Add)：河南省开封市兰考县红庙工业园8-88
邮编(P. C.)：475314
电话(Tel)：0371-56782289
传真(Fax)：0371-68829193
E-mail：hnkfrbyz@163.com
Http：//www.hnruibang.cn
法人代表(Chairman)：毛吉会
总经理(General Manager)：张金燕
联系人(Contact Person)：何启兴
产品(Products)：卫生巾，卫生护垫，婴儿纸尿裤/片，成人纸尿裤/片，护理垫，湿巾
品牌(Brand)：茵子

河南省洛阳市涧西华丰纸巾厂
Luoyang Huafeng Towel Factory
地址(Add)：河南省洛阳市涧西区谷水解放街17号
邮编(P. C.)：471003
电话(Tel)：0379-64221320

联系人(Contact Person)：常明脑
产品(Products)：餐巾纸，手帕纸，面巾纸，盘纸，擦手纸，湿巾

濮阳市润洁生活用品有限公司
Puyang Runjie Hygiene Products Co., Ltd.
地址(Add)：河南省濮阳市黄河西路与化工二路交叉口北50米路东
邮编(P.C.)：457001
电话(Tel)：0393－4613056
E-mail：pzw1690@sina.com
Http：//www.pysrj.cn
联系人(Contact Person)：庞占伟
产品(Products)：湿巾，生活用纸
品牌(Brand)：好日子

三门峡雅洁卫生制品厂
Sanmenxia Yajie Hygiene Products Factory
地址(Add)：河南省三门峡市大岭路北49号
邮编(P.C.)：472000
电话(Tel)：0398－2898352
传真(Fax)：0398－2898352
法人代表(Chairman)：乔亚娟
总经理(General Manager)：乔亚娟
联系人(Contact Person)：乔亚娟
产品(Products)：餐巾纸，湿巾
品牌(Brand)：雅洁

河南卫辉苏菲卫生用品厂
Henan Weihui Sufei Hygiene Products Factory
地址(Add)：河南省卫辉市太公泉工业园
邮编(P.C.)：453100
电话(Tel)：0373－4169888
传真(Fax)：0373－4169999
E-mail：hndsnr@163.com
法人代表(Chairman)：王新江
总经理(General Manager)：王新江
联系人(Contact Person)：王新江
产品(Products)：卫生巾，婴儿纸尿裤，湿巾
品牌(Brand)：绝妙，绝妙宝贝

新乡市申氏卫生用品有限公司
Xinxiang Shenshi Hygiene Products Co., Ltd.
地址(Add)：河南省新乡市西环工业区
邮编(P.C.)：453700
电话(Tel)：0373－5456777
传真(Fax)：0373－5456777
E-mail：441717046@qq.com
Http：//www.xxssws.com
联系人(Contact Person)：申成军
产品(Products)：湿巾
品牌(Brand)：心相悦

延津县安康卫生用品有限公司
Yanjin Ankang Hygiene Products Co., Ltd.
地址(Add)：河南省新乡市延津县僧固工业区
邮编(P.C.)：453200
电话(Tel)：0373－7631011
传真(Fax)：0373－7631011
E-mail：769933606@qq.com
法人代表(Chairman)：孔令宏
总经理(General Manager)：孔令宏
联系人(Contact Person)：孔令宏
产品(Products)：湿巾
品牌(Brand)：纤润

河南恒泰卫生用品有限公司
Henan Hengtai Health Products Co., Ltd.
地址(Add)：河南省新郑市龙湖镇梅山路北段
邮编(P.C.)：451191
电话(Tel)：0371－62568569
传真(Fax)：0371－62568796
E-mail：hnhtzwb@sina.com
Http：//www.hnht1688.cn.alibaba.com
总经理(General Manager)：郑文彬
联系人(Contact Person)：郑继辉
产品(Products)：成人纸尿裤/片，护理垫，婴儿纸尿裤/片，湿巾
品牌(Brand)：德佑，念亲，亲情不忘，昭福，昭康

许昌洁达纸品有限公司
Xuchang Jieda Paper Products Co., Ltd.
地址(Add)：河南省许昌市魏都区民营科技园腾飞大道
邮编(P.C.)：461099
电话(Tel)：0374－4363888
传真(Fax)：0374－4363777
Http：//www.jiedazp.com
总经理(General Manager)：章高招
联系人(Contact Person)：吴秋霞
产品(Products)：婴儿纸尿裤/片，生活用纸，湿巾
品牌(Brand)：丽妃，章程，绿之舟，梦妃，太子妃，春荷

郑州枫林无纺科技有限公司
Zhengzhou Fenglin Nonwovens Science & Tech. Co., Ltd.
地址(Add)：河南省郑州巩义市小关镇
邮编(P.C.)：451272
电话(Tel)：0371－64442963
传真(Fax)：0371－64441166
E-mail：ads389@126.com
Http：//www.flwf.com
法人代表(Chairman)：卫强
总经理(General Manager)：卫强
联系人(Contact Person)：张元顺
产品(Products)：压缩毛巾，湿巾，擦拭巾，医疗用品
品牌(Brand)：枫林，水之润

郑州洁良纸业有限公司
Zhengzhou Jieliang Paper Co., Ltd.
地址(Add)：河南省郑州市北环路72号中建大厦A座8楼
邮编(P.C.)：450000
电话(Tel)：0371－66166199
传真(Fax)：0371－66166299
Http：//www.zzjieliang.cn
总经理(General Manager)：梁耀奎
联系人(Contact Person)：贾焕军
产品(Products)：面巾纸，擦手纸，卫生纸，餐巾纸，湿巾

郑州无纺生活用品有限公司
Zhengzhou Nonwoven Products Co., Ltd.
地址(Add)：河南省郑州市高新技术开发区丁香里一号
邮编(P. C.)：450053
电话(Tel)：0371－67371520
传真(Fax)：0371－67371521
E-mail：stfdg@ sina. com
Http：//www. zzwf. cn
总经理(General Manager)：李汛
联系人(Contact Person)：于桂琴
产品(Products)：湿巾，擦拭巾，敷料片，口罩

河南畅翔纸品加工厂
Henan Changxiang Print & Package Co., Ltd.
地址(Add)：河南省郑州市惠济固城村工业园
邮编(P. C.)：450044
电话(Tel)：0371－86050838
传真(Fax)：0371－86050838
E-mail：460687867@ qq. com
Http：//www. hncxzp. cn
联系人(Contact Person)：闫飞
产品(Products)：湿巾，擦手纸

郑州洁之美无纺新材料有限公司
Zhengzhou Justme Nonwoven New Material Co., Ltd.
地址(Add)：河南省郑州市惠济区老鸦陈大圈里9号
邮编(P. C.)：450044
电话(Tel)：0371－68223688
传真(Fax)：0371－56612658
E-mail：jzmnon@ 126. com
Http：//www. jzmnon. com
总经理(General Manager)：王斌
联系人(Contact Person)：尧少峰
产品(Products)：湿巾，擦拭巾，口罩，桑拿服
品牌(Brand)：婴儿柔，水动力

郑州大拇指日用品有限公司
Thumbling (Zhengzhou) Commodity Co., Ltd.
地址(Add)：河南省郑州市西大街238号
邮编(P. C.)：450000
电话(Tel)：0371－66209133
传真(Fax)：0371－65368222
E-mail：swwzz@ 163. com
Http：//www. nhnhsj. com
法人代表(Chairman)：蔡世军
总经理(General Manager)：蔡世军
联系人(Contact Person)：蔡世军
产品(Products)：湿巾
品牌(Brand)：尊尼

鹿邑舒可卫生用品有限公司
Luyi Shuke Hygiene Products Co., Ltd.
地址(Add)：河南省周口市鹿邑县城东工业区
邮编(P. C.)：477200
电话(Tel)：0394－87700000
E-mail：qicaiqing@ sina. cn
Http：//www. qicaiqing. com
总经理(General Manager)：陈明涛
联系人(Contact Person)：陈明涛
产品(Products)：卫生巾，卫生护垫，湿巾，婴儿纸尿裤/片，成人纸尿裤/片，生活用纸
品牌(Brand)：七彩情

● 湖北 Hubei

黎世生活用品有限责任公司
Wuhan Lishi One－Off Articles Co., Ltd.
地址(Add)：湖北省武汉市东西湖区将军路1号
邮编(P. C.)：430015
电话(Tel)：027－85762566
传真(Fax)：027－85801337
E-mail：lishi133@ sohu. com
Http：//www. lishi. com. cn
联系人(Contact Person)：吴世龙
产品(Products)：卫生纸，餐巾纸，面巾纸，湿巾
品牌(Brand)：黎世，月季园

武汉市清晨纸业有限公司
Wuhan Qingchen Paper Co., Ltd.
地址(Add)：湖北省武汉市东西湖区径河路和昌工业园背后
邮编(P. C.)：430000
电话(Tel)：027－65609009
传真(Fax)：027－83096897
E-mail：bohai98@ 126. com
Http：//www. whbohai. com
法人代表(Chairman)：罗德波
总经理(General Manager)：罗德波
联系人(Contact Person)：刘涛
产品(Products)：手帕纸，面巾纸，卫生纸，擦手纸，原纸，湿巾
品牌(Brand)：博海

武汉创新欧派科技有限公司
Wuhan Innovation Oupai Technology Co., Ltd.
地址(Add)：湖北省武汉市东西湖区中小企业城南区99幢
邮编(P. C.)：430000
电话(Tel)：027－61537059
传真(Fax)：027－61537039
E-mail：ccyijy@ 163. com
Http：//www. dloupai. com
联系人(Contact Person)：崔澄岳
产品(Products)：湿巾
品牌(Brand)：欧派

武汉新宜人纸业有限公司
Wuhan Xinyiren Paper Co., Ltd.
地址(Add)：湖北省武汉市发展大道常码头750号
邮编(P. C.)：430030
电话(Tel)：027－83519887
E-mail：800007525@ qq. com
Http：//www. whxyr. com
联系人(Contact Person)：彭治山
产品(Products)：餐巾纸，面巾纸，卫生纸，湿巾
品牌(Brand)：新宜人

湖北武汉利发纸业有限公司
Wuhan Lifa Paper Co., Ltd.
地址(Add)：湖北省武汉市汉口百步亭黑泥湖工业园一号
邮编(P. C.)：430012

电话(Tel): 027-65660741
传真(Fax): 027-65660741
E-mail: whlifa@163.com
Http://www.whlifa.com
联系人(Contact Person): 喻国义
产品(Products): 餐巾纸, 面巾纸, 湿巾
品牌(Brand): 雅柔, 乐诗

尚美生活用品厂
Shangmei Commodities Factory
地址(Add): 湖北省武汉市汉阳区倒口南村238号
邮编(P.C.): 430050
电话(Tel): 027-82319651
传真(Fax): 027-82319651
E-mail: 1206563117@qq.com
法人代表(Chairman): 杨继国
总经理(General Manager): 杨继国
联系人(Contact Person): 杨继国
产品(Products): 湿巾, 餐巾纸, 面巾纸, 卫生纸
品牌(Brand): 尚美

武汉怡和亚太工贸有限公司
Amicus Asia Pacific (Wuhan) Pte Ltd.
地址(Add): 湖北省武汉市汉阳区永丰乡彭家岭万通工业园3号楼2楼
邮编(P.C.): 430000
电话(Tel): 027-59338689
传真(Fax): 027-59338686
E-mail: sales@amicus.cn
Http://www.amicus.cn
法人代表(Chairman): 张娅玲
总经理(General Manager): 张娅玲
联系人(Contact Person): 王克勤
产品(Products): 湿巾
品牌(Brand): 芳洁

湖北丝宝股份有限公司
Hubei C-BONS Co., Ltd.
地址(Add): 湖北省武汉市黄浦大街260号丝宝国际大厦
邮编(P.C.): 430019
电话(Tel): 027-82920888-1206
传真(Fax): 027-82922001
E-mail: mahaiyan@c-bons.com.cn
Http://www.c-bons.com.cn
法人代表(Chairman): 梁亮胜
总经理(General Manager): 罗健
联系人(Contact Person): 马海燕
产品(Products): 卫生巾, 卫生护垫, 湿巾
品牌(Brand): 洁婷, 洁婷蓓柔

武汉市百康纸业有限公司
Wuhan Baikang Paper Co., Ltd.
地址(Add): 湖北省武汉市江岸区经济开发区石桥一路西一栋
邮编(P.C.): 430000
电话(Tel): 027-65654510
传真(Fax): 027-65654510
法人代表(Chairman): 张汉生
总经理(General Manager): 张汉生
产品(Products): 餐巾纸, 面巾纸, 湿巾
品牌(Brand): 百康

武汉市硚口区布莱特纸品厂
Wuhan Qiaokou Bright Paper Factory
地址(Add): 湖北省武汉市硚口区汉西路150号
邮编(P.C.): 430034
电话(Tel): 027-83647306
传真(Fax): 027-59314787
E-mail: 450040882@qq.com
Http://www.bltzp.com
联系人(Contact Person): 王世平
产品(Products): 餐巾纸, 面巾纸, 擦手纸, 卫生纸, 湿巾

武汉贝思特纸业有限公司
Wuhan Best Paper Co., Ltd.
地址(Add): 湖北省武汉市硚口区解放大道21号汉正街都市工业区机电园A104
邮编(P.C.): 430035
电话(Tel): 027-83413065
传真(Fax): 027-83413069
E-mail: cs@bestpaper.com.cn
Http://www.bestpaper.com.cn
总经理(General Manager): 徐馨星
联系人(Contact Person): 周青
产品(Products): 湿巾, 厨房纸巾

湖北省武穴市疏朗朗卫生用品有限公司
Hubei Shulanglang Hygiene Products Co., Ltd.
地址(Add): 湖北省武穴市石佛寺镇疏朗朗工业园
邮编(P.C.): 435414
电话(Tel): 0713-6262428
联系人(Contact Person): 吴迎胜
产品(Products): 卫生巾, 卫生护垫, 婴儿纸尿裤/片, 成人纸尿裤/片, 湿巾, 卫生纸
品牌(Brand): 疏朗朗, 梦颖

● 湖南 Hunan

湖南省倍康卫生用品有限公司
Hunan Beikang Hygiene Products Co., Ltd.
地址(Add): 湖南省长沙市宁乡经济开发区创业大道1号
邮编(P.C.): 410003
电话(Tel): 0731-88313777
传真(Fax): 0731-88313666
E-mail: baken@baken.cn
Http://www.baken.cn
总经理(General Manager): 覃叙钧
联系人(Contact Person): 喻丽
产品(Products): 婴儿纸尿裤/片, 妇婴两用巾, 湿巾
品牌(Brand): 倍康

湖南冠恩食品有限公司
Hunan Grand Food Co., Ltd.
地址(Add): 湖南省长沙市雨花区高桥上河国际商业广场C8栋3单元1809室
邮编(P.C.): 410007
电话(Tel): 0731-84466776
传真(Fax): 0731-84465496
E-mail: 13733216587@163.com
总经理(General Manager): 康林
联系人(Contact Person): 欧理民

产品(Products)：婴儿纸尿裤/片，湿巾
品牌(Brand)：吉野博士

长沙科阳工贸有限公司
Keyang Industry & Trade Co., Ltd.
地址(Add)：湖南省长少市雨花区桂花村港桂街70号
邮编(P. C.)：410005
电话(Tel)：0731－84111548
传真(Fax)：0731－84439495
E-mail：www. cskygm@ 163. com
Http：//www. cskygm. cn
总经理(General Manager)：邓铁军
产品(Products)：湿巾

湖南恒安纸业有限公司
Hunan Hengan Paper Co., Ltd.
地址(Add)：湖南省常德市德山开发区桃林路
邮编(P. C.)：415001
电话(Tel)：0736－7300008
传真(Fax)：0736－7300332
Http：//www. hengan. com
法人代表(Chairman)：许连捷
总经理(General Manager)：李新久
联系人(Contact Person)：吴祥华
产品(Products)：卫生纸，原纸，手帕纸，面巾纸，餐巾纸，擦手纸，厨房纸巾，衬纸，湿巾
品牌(Brand)：心相印，柔影

湖南一朵生活用品有限公司
Hunan Yido Necessaries of Life Co., Ltd.
地址(Add)：湖南省浏阳市永安制造产业基地
邮编(P. C.)：410300
电话(Tel)：0731－83603542
传真(Fax)：0731－83603546
E-mail：467570610@ qq. com
Http：//www. yidojt. com
法人代表(Chairman)：刘祥富
联系人(Contact Person)：张益民
产品(Products)：卫生巾，卫生护垫，婴儿纸尿裤/片，湿巾
品牌(Brand)：一朵

湘潭金诚纸业有限公司
Xiangtan Jincheng Paper Co., Ltd.
地址(Add)：湖南省湘潭市高新区国家火炬创新创业园
邮编(P. C.)：411101
电话(Tel)：0731－52816386
传真(Fax)：0731－52816355
E-mail：810936537@ qq. com
Http：//www. jczhiye. com
法人代表(Chairman)：刘建国
总经理(General Manager)：刘建国
联系人(Contact Person)：刘建群
产品(Products)：湿巾
品牌(Brand)：纤雨度，百媚

益阳碧云风纸业有限公司
Yiyang Biyunfeng Paper Making Co., Ltd.
地址(Add)：湖南省益阳市赫山区萝溪北路
邮编(P. C.)：413100
电话(Tel)：0737－4443558
传真(Fax)：0737－4443568
E-mail：346829375@ qq. com
Http：//www. byfzy. com
总经理(General Manager)：王志强
产品(Products)：面巾纸，擦手纸，手帕纸，卫生纸，湿巾
品牌(Brand)：碧云风

湖南千金卫生用品股份有限公司
Hunan Qianjin Hygienic Products Co., Ltd.
地址(Add)：湖南省株洲市荷塘区金钩山路15号
邮编(P. C.)：412003
电话(Tel)：0731－22283391
传真(Fax)：0731－22492661
E-mail：1697296744@ qq. com
Http：//www. jaayaa. com
总经理(General Manager)：邱永龙
联系人(Contact Person)：谢如祥
产品(Products)：卫生巾，卫生护垫，湿巾
品牌(Brand)：千金净雅

● 广东 Guangdong

广东省潮州市航空用品实业有限公司
Chaozhou Aviation Articles Industry Co., Ltd.
地址(Add)：广东省潮州市厦园潮航路
邮编(P. C.)：515634
电话(Tel)：0768－5420251
传真(Fax)：0768－5421655
E-mail：info@ czair. com
Http：//www. czair. com
法人代表(Chairman)：陈兴邦
总经理(General Manager)：陈兴邦
联系人(Contact Person)：陈兴邦
产品(Products)：湿巾

东莞市东达纸品有限公司
Dongguan Dongda Paper Co., Ltd.
地址(Add)：广东省东莞市大朗镇大井头民营工业区盈丰路19号
邮编(P. C.)：523780
电话(Tel)：0769－83198622
传真(Fax)：0769－83130870
E-mail：dgdongchang88@ 163. com
Http：//www. dadongchang. com
法人代表(Chairman)：廖作灵
总经理(General Manager)：廖作灵
联系人(Contact Person)：廖作灵
产品(Products)：面巾纸，餐巾纸，擦手纸，湿巾
品牌(Brand)：鸿昌

东莞市大朗宝顺纸品厂
Gongguan Baoshun Paper Products Factory
地址(Add)：广东省东莞市大朗镇新马莲工业区
邮编(P. C.)：523785
电话(Tel)：0769－83198922
传真(Fax)：0769－83121132
E-mail：228320083@ qq. com
法人代表(Chairman)：吕元云
总经理(General Manager)：吕元云

联系人(Contact Person)：吕元云
产品(Products)：面巾纸，擦手纸，湿巾

东莞市舒洁纸制品公司
Dongguan Shujie Paper Products Co., Ltd.
地址(Add)：广东省东莞市厚街镇厚街西环路 100 号
邮编(P. C.)：523963
电话(Tel)：0769－85992469
传真(Fax)：0769－85834058
E-mail：shujie@163.com
联系人(Contact Person)：李嘉新
产品(Products)：卫生纸，面巾纸，擦手纸，手帕纸，湿巾

宝盈妇幼用品有限公司
Baoying Women & Children Articles Co., Ltd.
地址(Add)：广东省东莞市清溪九乡金竹工业区
邮编(P. C.)：523646
电话(Tel)：0769－87292586
传真(Fax)：0769－87308689
E-mail：dgbaoying@163.com
Http://www.dgbaoying.com
法人代表(Chairman)：赖新财
联系人(Contact Person)：赖新财
产品(Products)：卫生巾，卫生护垫，婴儿纸尿裤/片，湿巾
品牌(Brand)：康洁丽，伊妮思，圣女思，清爽女孩

东莞市高韵纸业
Dongguan Gaoyun Paper
地址(Add)：广东省东莞市万江区简沙洲工业区
邮编(P. C.)：523062
电话(Tel)：0769－89028193
联系人(Contact Person)：邓练锋
产品(Products)：餐巾纸，擦手纸，卫生纸，面巾纸，湿巾

恩平华弘水刺无纺布厂
Enping Huahong Spunlaced Nonwovens Factory
地址(Add)：广东省恩平市东安镇南郊工业区
邮编(P. C.)：529427
电话(Tel)：0750－7811786
传真(Fax)：0750－7811783
E-mail：epcbing@163.com
联系人(Contact Person)：岑冰
产品(Products)：湿巾

恩平市稳洁无纺布有限公司
Enping Wenjie Nonwovens Co., Ltd.
地址(Add)：广东省恩平市东安镇南郊工业区
邮编(P. C.)：529427
电话(Tel)：0750－7811786
传真(Fax)：0750－7811783
E-mail：epcbing@163.com
总经理(General Manager)：岑冰
产品(Products)：抗菌抹布，柔巾卷

广东省南海康洁香巾厂
Guangdong Nanhai Kangjie Towel Factory
地址(Add)：广东省佛山市季华七路大弯南工业区 B 座 3 楼
邮编(P. C.)：528000
电话(Tel)：0757－86360727
传真(Fax)：0757－86361584
E-mail：master@kangjie－wettowel.com
Http://www.kangjie－wettowel.com
法人代表(Chairman)：周柱兴
总经理(General Manager)：周柱兴
联系人(Contact Person)：周柱兴
产品(Products)：湿巾，婴儿隔尿垫巾，手帕纸，面巾纸
品牌(Brand)：康洁，舒爽

佛山市婴众幼儿用品有限公司
Foshan Yingzhong Infant Products Co., Ltd.
地址(Add)：广东省佛山市南海桂城江南名居泓苑 D 座二层
邮编(P. C.)：528200
电话(Tel)：0757－81852891
传真(Fax)：0757－81852886
E-mail：cnbabybear@163.com
Http://www.cnbabybear.com
总经理(General Manager)：李剑辉
联系人(Contact Person)：卢凤英
产品(Products)：婴儿纸尿裤/片，湿巾
品牌(Brand)：宝乐嘘

佛山市南海区桂城德恒餐饮用品厂
Foshan Deheng Dining Things Factory
地址(Add)：广东省佛山市南海区桂城叠北工业区 14 号
邮编(P. C.)：528253
电话(Tel)：0757－86311287
传真(Fax)：0757－86300087
E-mail：office@nh－deheng.com
Http://www.nh－deheng.com.cn
总经理(General Manager)：张景炽
联系人(Contact Person)：张德鉴
产品(Products)：湿巾，手帕纸
品牌(Brand)：晨宝

佛山市千婷生活用品有限公司
Foshan Qianting Commodity Co., Ltd.
地址(Add)：广东省佛山市南海区桂城佛平二路北约商厦 602B 室
邮编(P. C.)：528200
电话(Tel)：0757－86305033
传真(Fax)：0757－86305033
E-mail：824886641@qq.com
Http://fsqt.cn.gongchang.com
联系人(Contact Person)：雍兴
产品(Products)：卫生巾，婴儿纸尿裤/片，成人纸尿裤/片，护理垫，湿巾，卫生纸，面巾纸，手帕纸
品牌(Brand)：千婷

广东景兴卫生用品有限公司
Kingdom Sanitary Products Co., Ltd. Guangdong
地址(Add)：广东省佛山市南海区桂城南海大道北 50 号恒生银行大厦 8 楼
邮编(P. C.)：528200
电话(Tel)：0757－86238822
传真(Fax)：0757－86238670
E-mail：xxf@abckms.com
Http://www.abckms.com

法人代表(Chairman)：邓锦明
总经理(General Manager)：邓锦明
联系人(Contact Person)：许旭芳
产品(Products)：卫生巾，卫生护垫，湿巾，婴儿纸尿裤
品牌(Brand)：ABC，Free，EC，快乐小妹，易洁，ABC's BB

佛山市硕氏日用品有限公司
Foshan Shuoshi Daily Necessities Co., Ltd.
地址(Add)：广东省佛山市南海区桂城夏西东便围工业区
邮编(P. C.)：528200
电话(Tel)：0757-81768906
传真(Fax)：0757-81768906
Http://www.gdshuoshi.com
联系人(Contact Person)：赖继林
产品(Products)：婴儿纸尿裤/片，成人纸尿裤/片，护理垫，湿巾
品牌(Brand)：硕氏，A派

佛山市佩安婷卫生用品实业有限公司
Foshan Peianting Sanitary Products Industrial Co., Ltd.
地址(Add)：广东省佛山市南海区海三路豪贤花园1座2楼
邮编(P. C.)：528000
电话(Tel)：0757-82800216
传真(Fax)：0757-82800202
E-mail：master@peianting.com
Http://www.peianting.com
法人代表(Chairman)：陈惠华
总经理(General Manager)：方润华
联系人(Contact Person)：梁修辉
产品(Products)：卫生巾，卫生护垫，婴儿纸尿裤/片，成人纸尿片，湿巾
品牌(Brand)：佩安婷，佩菲菲，珮夫人，佩贝贝

佛山市兴肤洁卫生用品厂
Foshan Xingfujie Hygiene Products Factory
地址(Add)：广东省佛山市南海区金沙上安中坊开发区李祥开大楼2层
邮编(P. C.)：528223
电话(Tel)：0757-86600625
传真(Fax)：0757-86433786
E-mail：kdx@126.com
Http://pe168.com/com/kangdexin
法人代表(Chairman)：杨福祥
联系人(Contact Person)：杨福祥
产品(Products)：湿巾，餐巾纸
品牌(Brand)：康德信

佛山市南海区伟业通达纸品厂
Foshan Weiye Tongda Paper Products Factory
地址(Add)：广东省佛山市南海区平洲夏东村五房沙工业区
邮编(P. C.)：528251
电话(Tel)：0757-86799467
传真(Fax)：0757-86799467
E-mail：weiyetongda@163.com
Http://www.weiye33.diytrade.com
法人代表(Chairman)：叶健松
产品(Products)：湿巾，面巾纸，擦手纸，餐巾纸，卫生纸
品牌(Brand)：馨业

佛山市南海区平洲夏西雅佳酒店用品厂
Foshan Yajia Hotel Articles Factory
地址(Add)：广东省佛山市南海区平洲夏西良溪工业区
邮编(P. C.)：528251
电话(Tel)：0757-86774070
传真(Fax)：0757-86284555
E-mail：v6774070@21cn.com
法人代表(Chairman)：李尤燐
产品(Products)：湿巾，面巾纸
品牌(Brand)：雅派一族

佛山市顺德区崇大湿纸巾有限公司
Foshan Shunde Soshio Wet Tissue Co., Ltd.
地址(Add)：广东省佛山市顺德区北滘镇工业大道6号
邮编(P. C.)：528311
电话(Tel)：0757-26634163
传真(Fax)：0757-26632314
E-mail：louis@soshio.com
法人代表(Chairman)：苏振中
总经理(General Manager)：谢耿平
联系人(Contact Person)：林福源
产品(Products)：湿巾

佛山市西尔斯日用品有限公司
Sears Daily Necessities Ltd.
地址(Add)：广东省佛山市顺德区容桂天富来国际工业城1座4F
邮编(P. C.)：528303
电话(Tel)：0757-23277250
传真(Fax)：0757-23277030
E-mail：macosong@126.com
Http://www.careforbaby.com
联系人(Contact Person)：宋君考
产品(Products)：湿巾
品牌(Brand)：爱护

广州开丽医用科技有限公司
Guangzhou Kaili Medical Science & Technology Co., Ltd.
地址(Add)：广东省广州市白云大道北丛云路810号4楼426房
邮编(P. C.)：510400
电话(Tel)：020-62639227
传真(Fax)：020-62639107
E-mail：gzklzjh@126.com
Http://www.gzkaili.com
法人代表(Chairman)：谢富康
联系人(Contact Person)：郑建辉
产品(Products)：产妇卫生巾，乳垫，湿巾，护理垫
品牌(Brand)：开丽

广州叶思蔓卫生用品有限公司
Guangzhou Yesmom Sanitary Articles Co., Ltd.
地址(Add)：广东省广州市白云区翰云路471号荷塘领会A栋1201
邮编(P. C.)：510440
电话(Tel)：020-37322421
传真(Fax)：020-36070985
E-mail：yln@breezekorea.net

Http: //www. yesmomkorea. com
总经理(General Manager): 李东奎
联系人(Contact Person): 尹丽娜
产品(Products): 婴儿纸尿裤, 成人纸尿裤, 护理垫, 湿巾
品牌(Brand): 步丽姿, 蒙爱, 可灵仙子

广州创展无纺布制品厂
Guangzhou Chuangzhan Nonwovens Products Factory
地址(Add): 广东省广州市白云区均禾石马马岗街自编8号
邮编(P. C.): 510660
电话(Tel): 020 - 82318922
传真(Fax): 020 - 82316286
E-mail: chuangzhan@ vip. 163. com
Http: //www. gdchuangzhan. com
法人代表(Chairman): 杨耀钧
总经理(General Manager): 杨耀钧
联系人(Contact Person): 杨耀钧
产品(Products): 包装袋, 防尘罩, 拖鞋, 枕套, 手术衣, 口罩, 鞋套, 湿巾

广州大荣日用化工制品有限公司
Guangzhou Darong Daily Chemicals Co., Ltd.
地址(Add): 广东省广州市白云区人和镇人和工业区华业路12号
邮编(P. C.): 510470
电话(Tel): 020 - 86457920
传真(Fax): 020 - 86451183
E-mail: service@ changshang. com
Http: //gzdrryhg. cn. china. cn
法人代表(Chairman): 李枝荣
联系人(Contact Person): 龙亚媚
产品(Products): 湿巾
品牌(Brand): 维依, 快洁

广州蓓爱婴童用品有限公司
Guangzhou Beiai Children Articles Co., Ltd.
地址(Add): 广东省广州市白云区太和镇南岭三社汇铭大厦501室
邮编(P. C.): 510540
电话(Tel): 020 - 66253586
传真(Fax): 020 - 66253587
Http: //www. gzbayyt. com
联系人(Contact Person): 李旭东
产品(Products): 婴儿纸尿裤, 湿巾
品牌(Brand): 家茵宝宝

广州康尔美理容用品厂
Guangzhou Kangermei Toiletry Factory
地址(Add): 广东省广州市白云区新市均禾工业区新科上村07号
邮编(P. C.): 510410
电话(Tel): 020 - 86098762
传真(Fax): 020 - 86098428
Http: //www. cqkmwfb. com
法人代表(Chairman): 陈伟
总经理(General Manager): 陈伟
联系人(Contact Person): 刘杰
产品(Products): 卫生巾, 洁面巾, 柔巾卷, 口罩
品牌(Brand): 康尔美

广州市白桦日用品有限公司
Guangzhou Baihua Daily - Used Articles Co., Ltd.
地址(Add): 广东省广州市白云区竹料红旗路工业区兴业路3号
邮编(P. C.): 510545
电话(Tel): 020 - 62653088
传真(Fax): 020 - 62653898
E-mail: jpwaddy@ 126. com
Http: //www. waddy. cn
法人代表(Chairman): 陈锋
联系人(Contact Person): 陈军平
产品(Products): 湿巾
品牌(Brand): 桦迪, e之爽

广州丽信化妆品有限公司
Guangzhou Lixin Cosmetics Co., Ltd.
地址(Add): 广东省广州市东风中路268号广州交易广场1606室
邮编(P. C.): 510030
电话(Tel): 020 - 83384706 - 808
传真(Fax): 020 - 83308289
E-mail: qijianggong@ esun. com
Http: //www. crocobaby. com
联系人(Contact Person): 宫其江
产品(Products): 婴儿纸尿裤, 湿巾
品牌(Brand): 鳄鱼宝宝

广州市海珠区花洁旅游日用品厂
Guangzhou Haizhu Huajie Tourism Articles Co., Ltd.
地址(Add): 广东省广州市番禺区南村镇坑头村瓦窑岗竹园工业区3号
邮编(P. C.): 514000
电话(Tel): 020 - 34767965
传真(Fax): 020 - 61956544
E-mail: huajiezhiye@ 163. com
法人代表(Chairman): 杨铁雷
总经理(General Manager): 杨铁雷
联系人(Contact Person): 郭樱
产品(Products): 湿巾, 面巾纸, 擦手纸, 厨房纸巾
品牌(Brand): 名扬, 花洁

广州艾妮丝日用品有限公司
Guangzhou Alice & Lee Daily - Use Commodity Co., Ltd.
地址(Add): 广东省广州市番禺区禺山西路329号1座210
邮编(P. C.): 510310
电话(Tel): 020 - 39292272
传真(Fax): 020 - 39292231
E-mail: eric@ alicelee. com. hk
Http: //www. alicelee. com. hk
联系人(Contact Person): Eric Niu
产品(Products): 婴儿纸尿裤, 湿巾, 卫生巾, 护理垫, 成人纸尿裤
品牌(Brand): Alice&Lee, Allready, Rompers

广州市立新日用品厂
Guangzhou Lixin Commodity Factory
地址(Add): 广东省广州市海珠区燕子岗路燕子岗街一号海幢工业区七楼
邮编(P. C.): 510280

电话(Tel)：020－61136074
传真(Fax)：020－34132196
Http：//www.tissue.com.cn
联系人(Contact Person)：Charle 张
产品(Products)：湿巾，面巾纸，餐巾纸，手帕纸
品牌(Brand)：三花

广州宏鑫无纺布有限公司
Enhance Nonwovens Co., Ltd.
地址(Add)：广东省广州市花都区花东镇阳升村阳升工业园
邮编(P.C.)：510890
电话(Tel)：020－86779985
传真(Fax)：020－86779998
E-mail：foresight@cn－nonwoven.com
Http：//www.cn－nonwoven.com
联系人(Contact Person)：苏飒飞
产品(Products)：口罩，帽子，压缩毛巾

晨晖(广州)无纺日化有限公司
Chenhui (Guangzhou) Nonwoven Chemical Co., Ltd.
地址(Add)：广东省广州市花都区迎宾大道66号正盛大厦703室
邮编(P.C.)：510803
电话(Tel)：020－61817070
传真(Fax)：020－61817071－8008
E-mail：523268518@qq.com
联系人(Contact Person)：汪莉媚
产品(Products)：面膜，压缩毛巾

爱柔美容用品厂
Airou Hairdressing Articles Factory
地址(Add)：广东省广州市机场路138号怡发广场2楼J18
邮编(P.C.)：510405
电话(Tel)：020－86395452
联系人(Contact Person)：张广海
产品(Products)：美容面巾，口罩，床单，桑拿服

广州市科纶实业有限公司
Guangzhou Kelun Industrial Co., Ltd.
地址(Add)：广东省广州市江南大道中232号华海大厦B座28楼西翼1－3
邮编(P.C.)：510245
电话(Tel)：020－84449607
传真(Fax)：020－84446847
E-mail：xin9982@hotmail.com
Http：//www.kelun82.com
总经理(General Manager)：谢明
联系人(Contact Person)：谢明
产品(Products)：抹布

广好医疗科技有限公司
Guanghao Medical Technology Co., Ltd.
地址(Add)：广东省广州市洛溪新地大新商务广场213室
邮编(P.C.)：510442
电话(Tel)：020－23342758
传真(Fax)：020－36225986
E-mail：1211458126@qq.com
Http：//www.jiaoxue168.com
总经理(General Manager)：赵祖辉
产品(Products)：防溢乳垫，婴儿清洁巾，产妇卫生巾，婴儿纸尿裤
品牌(Brand)：娇雪

广州市天河高登保健制品厂
Guangzhou Tianhe Gaodeng Healthcare Products Factory
地址(Add)：广东省广州市天河车陂新涌口西83号大围十一社工业区
邮编(P.C.)：510080
电话(Tel)：020－82170282
传真(Fax)：020－82170181
E-mail：cngolden@126.com
Http：//www.cngolden.com
法人代表(Chairman)：林志坚
总经理(General Manager)：林峰
联系人(Contact Person)：林峰
产品(Products)：湿巾
品牌(Brand)：高达

宝洁(中国)有限公司
Procter & Gamble (China) Ltd.
地址(Add)：广东省广州市天河区林和西路161号中泰国际广场30楼
邮编(P.C.)：510620
电话(Tel)：020－85186688
传真(Fax)：020－85186131
Http：//www.pg.com.cn
法人代表(Chairman)：李佳怡
总经理(General Manager)：李佳怡
产品(Products)：卫生巾，卫生护垫，婴儿纸尿裤，湿巾
品牌(Brand)：护舒宝，帮宝适

广州博润生物科技有限公司
Guangzhou Boering Biotech. Co., Ltd.
地址(Add)：广东省广州市新港西路135号中山大学国家大学科技园综合楼410室
邮编(P.C.)：510275
电话(Tel)：020－84111252
传真(Fax)：020－84111253
E-mail：boering_dyp@126.com
Http：//www.boering.com.cn
联系人(Contact Person)：董艳萍
产品(Products)：湿巾
品牌(Brand)：SNOOPY

广州成杰日用品科技有限公司
Guangzhou Chengjie Daily Necessities Co., Ltd.
地址(Add)：广东省广州市增城区新塘沙埔新沙大道北188号成杰科技园
邮编(P.C.)：511340
电话(Tel)：020－66260177
传真(Fax)：020－66260178
E-mail：562787668@qq.com
总经理(General Manager)：朱恒盛
产品(Products)：吸汗巾
品牌(Brand)：汗博士

惠州市宝尔洁卫生用品有限公司
Huizhou Baoerjie Hygiene Products Co., Ltd.
地址(Add)：广东省惠州市博罗县城博义路2号工业区
邮编(P.C.)：516100

电话(Tel)：0752－6626286
传真(Fax)：0752－6634454
E-mail：1035976744@qq.com
Http：//www.baoerjie.com
法人代表(Chairman)：黄振辉
总经理(General Manager)：黄振辉
联系人(Contact Person)：黄振辉
产品(Products)：卫生巾，妇婴两用巾，婴儿纸尿裤/片，成人纸尿裤/片，护理垫，湿巾
品牌(Brand)：宝尔洁，柰宝尼尔

江门市晨采纸业有限公司
Jiangmen Sanchoice Paper Co., Ltd.
地址(Add)：广东省江门市发展大道29号白石工业区K座
邮编(P.C.)：529000
电话(Tel)：0750－3130623
传真(Fax)：0750－3396031
E-mail：info@sanchoicepaper.com
Http：//www.sanchoicepaper.com
法人代表(Chairman)：吕维康
总经理(General Manager)：黄文彪
产品(Products)：手帕纸，面巾纸，卫生纸，擦手纸，厨房纸巾，餐巾纸，湿巾

维达纸业(中国)有限公司
Vinda Paper (China) Co., Ltd.
地址(Add)：广东省江门市新会区东侯工业开发区
邮编(P.C.)：529100
电话(Tel)：0750－6168333
传真(Fax)：0750－6168239
E-mail：liang.fq@vinda.com
Http：//www.vindapaper.com
法人代表(Chairman)：张健
联系人(Contact Person)：梁凤琼
产品(Products)：卫生纸，原纸，手帕纸，餐巾纸，面巾纸，厨房纸巾，擦手纸，湿巾，纸尿裤，卫生巾/护垫
品牌(Brand)：维达 Vinda，薇尔，贝爱多

江门市乐怡美卫生用品有限公司
Jiangmen Leyimei Hygiene Products Co., Ltd.
地址(Add)：广东省江门市新会区江睦公路100号
邮编(P.C.)：529143
电话(Tel)：0750－6228828
传真(Fax)：0750－6228818
E-mail：jpp315@126.com
Http：//www.leyimei.cn
法人代表(Chairman)：谭桂雄
总经理(General Manager)：谭桂雄
联系人(Contact Person)：梁华森
产品(Products)：婴儿纸尿裤，成人纸尿裤/片，护理垫，湿巾
品牌(Brand)：美宜乐，水滋润，互爱

老蜂农化妆品(汕头)有限公司
Laofengnong Cosmetic (Shantou) Co., Ltd.
地址(Add)：广东省汕头市潮南区峡山六片398－1号
邮编(P.C.)：515144
电话(Tel)：0754－87756775
传真(Fax)：0754－87764552
E-mail：l.f.n@163.com
Http：//www.laofengnong.cn
联系人(Contact Person)：郑龙
产品(Products)：湿巾
品牌(Brand)：美仙子

汕头市潮阳科星卫生品厂
Shantou Kexing Hygiene Products Factory
地址(Add)：广东省汕头市潮阳区和平风皋工业区2号
邮编(P.C.)：515154
电话(Tel)：0754－82278900
传真(Fax)：0754－82601900
联系人(Contact Person)：马庆洲
产品(Products)：湿巾

广东骏宝实业有限公司
Guangdong Junbao Industrial Co., Ltd.
地址(Add)：广东省汕头市龙湖工业区14A街区龙新西二街6号
邮编(P.C.)：515041
电话(Tel)：0754－88812452
传真(Fax)：0754－88812450
E-mail：junbao@jun－bao.com
Http：//www.jun－bao.com
法人代表(Chairman)：陈英武
总经理(General Manager)：陈大弟
联系人(Contact Person)：刘喜龙
产品(Products)：湿巾
品牌(Brand)：花节，优之元素，碧晶

深圳市康雅实业有限公司
Shenzhen Kangya Industrial Co., Ltd.
地址(Add)：广东省深圳市宝安区沙井镇沙一长兴工业园19栋
邮编(P.C.)：518104
电话(Tel)：0755－81773760
传真(Fax)：0755－81773763
E-mail：topone@szonline.net
Http：//www.toponeonline.com
法人代表(Chairman)：郑伟群
总经理(General Manager)：郑伟书
产品(Products)：湿巾
品牌(Brand)：Wetclean，Softclean

金旭环保制品(深圳)有限公司
Golden Starry Environmental Products Co., Ltd.
地址(Add)：广东省深圳市宝安区石岩街道三联工业区1－9栋
邮编(P.C.)：518108
电话(Tel)：0755－29826118
传真(Fax)：0755－27629069
E-mail：sales8@nonwoven－eg.com
Http：//www.goldenstarry.com
联系人(Contact Person)：谭志勇
产品(Products)：湿巾
品牌(Brand)：同高，金迪

深圳市御品坊日用品有限公司
Imperial Palace Commodity (Shengzhen) Co., Ltd.
地址(Add)：广东省深圳市宝安区石岩街道水田社区第二工业区石龙大道60号美华达御品坊工业城

邮编(P. C.)：518108
电话(Tel)：0755 - 29003200
传真(Fax)：0755 - 23442959
E-mail：admin@ yupinfang. com. cn
Http：//www. yupinfang. net. cn
法人代表(Chairman)：许锐坤
总经理(General Manager)：许锐坤
联系人(Contact Person)：郑燕纯
产品(Products)：湿巾，卫生纸，餐巾纸，面巾纸
品牌(Brand)：水肌肤，水亲亲

同高纺织化纤(深圳)有限公司
Equal Good Textile Chemical Fibre Products (Shenzhen) Co., Ltd.
地址(Add)：广东省深圳市宝安区石岩镇三联工业区第 1 -9 栋
邮编(P. C.)：518108
电话(Tel)：0755 - 27629063
传真(Fax)：0755 - 27629062
E-mail：sales@ nonwoven - eg. com
Http：//www. nonwoven - eg. com
法人代表(Chairman)：余敏
总经理(General Manager)：余敏
联系人(Contact Person)：郭人贵
产品(Products)：湿巾，擦拭巾，口罩，医用防护服，成人失禁垫
品牌(Brand)：同高

深圳市耀邦日用品有限公司
Yaobang Commodity Co., Ltd.
地址(Add)：广东省深圳市宝安区西乡银田工业区雍启商务大厦三楼 310 - 312
邮编(P. C.)：518102
电话(Tel)：0755 - 25023690
传真(Fax)：0755 - 25023660
E-mail：lifeyb@ hotmail. com
Http：//www. lifeyb. com
法人代表(Chairman)：陈继全
总经理(General Manager)：陈继全
产品(Products)：卫生巾，卫生护垫，婴儿纸尿裤，湿巾
品牌(Brand)：Suki，欧芭芭

鸿源实业(深圳)有限公司
Hongyuan Industrial (Shenzhen) Co., Ltd.
地址(Add)：广东省深圳市布吉镇上水径恒通工业城 6 栋
邮编(P. C.)：518112
电话(Tel)：0755 - 28522648
传真(Fax)：0755 - 28522748
E-mail：hongyuan@ hongyuanpaper. com
Http：//www. hongyuanpaper. com
法人代表(Chairman)：魏楚芳
总经理(General Manager)：朱坤雄
联系人(Contact Person)：黄凯鹏
产品(Products)：卫生巾，卫生护垫，湿巾，卫生纸，面巾纸，手帕纸
品牌(Brand)：馨丽，富贵猫，声艺，飘馨

深圳市维尼健康用品有限公司
Shenzhen Vinner Health Products Co., Ltd.
地址(Add)：广东省深圳市大浪街道华荣路昱南科技园 3 栋
邮编(P. C.)：518109
电话(Tel)：0755 - 33255309
传真(Fax)：0755 - 33255376
E-mail：zwfeng_1982@ 163. com
Http：//www. vinner1. com
法人代表(Chairman)：侯亚林
总经理(General Manager)：侯亚林
联系人(Contact Person)：曾文凤
产品(Products)：湿巾
品牌(Brand)：维尼

深圳市一帆日用品有限公司
Shenzhen Yifan Commodity Co., Ltd.
地址(Add)：广东省深圳市福田区上步南路国企大厦永富楼 23 层
邮编(P. C.)：518031
电话(Tel)：0755 - 82129080
传真(Fax)：0755 - 82130009
Http：//www. usmarvel. com
总经理(General Manager)：孙永吉
产品(Products)：湿巾
品牌(Brand)：一帆

深圳市洁雅丽纸品有限公司
Shenzhen Jieyali Paper Products Co., Ltd.
地址(Add)：广东省深圳市龙岗区布吉细靓八约二街 40 号工业楼
邮编(P. C.)：518116
电话(Tel)：0755 - 84183253
传真(Fax)：0755 - 84183259
E-mail：jylzp168@ 163. com
Http：//www. jylzp. com
总经理(General Manager)：陈继海
产品(Products)：卫生纸，面巾纸，擦手纸，餐巾纸，手帕纸，湿巾
品牌(Brand)：占美，洁雅丽，清语

深圳市施尔洁生物工程有限公司
Shenzhen Shierjie Biotech Co., Ltd.
地址(Add)：广东省深圳市龙岗区葵涌街道土洋社第二工业区 9 - 2 号
邮编(P. C.)：518116
电话(Tel)：0755 - 81709258
传真(Fax)：0755 - 26723013
E-mail：szsej@ vip. 163. com
Http：//www. szshierjie. com
法人代表(Chairman)：何向东
总经理(General Manager)：何向东
联系人(Contact Person)：何东楼
产品(Products)：湿巾
品牌(Brand)：施尔洁

深圳市广田纸业有限公司
Hirota Paper (Shenzhen) Ltd.
地址(Add)：广东省深圳市龙岗区乐吓坑路 168 号恒利工业园 A2 栋 3 楼
邮编(P. C.)：518116
电话(Tel)：0755 - 28760023
传真(Fax)：0755 - 28760018
E-mail：warehouse - gtzy@ qq. com
联系人(Contact Person)：杨小燕

产品(Products)：湿巾，面巾纸，擦手纸

心丽卫生用品(深圳)有限公司
Sunlight Hygiene Products (Shenzhen) Co., Ltd.
地址(Add)：广东省深圳市龙岗区坪地六联鹤鸣西路7-1号心丽工业园
邮编(P. C.)：518117
电话(Tel)：0755-84087373
传真(Fax)：0755-84088989
E-mail：info@sunlightpaper.com.cn
法人代表(Chairman)：朱新田
总经理(General Manager)：林庆年
联系人(Contact Person)：林梅光
产品(Products)：卫生纸，面巾纸，手帕纸，餐巾纸，厨房纸巾，擦手纸，成人纸尿裤/片，护理垫，手术衣帽，医用检查垫，医用敷料，擦拭巾，湿巾
品牌(Brand)：Sunlight，心丽

万益纸巾(深圳)有限公司
Useful Tissue (Shenzhen) Co., Ltd.
地址(Add)：广东省深圳市龙岗区坪地镇六联新围村求水岭工业区2号
邮编(P. C.)：518116
电话(Tel)：0755-89625283
传真(Fax)：0755-89625283
法人代表(Chairman)：庄灿煜
产品(Products)：面巾纸，卫生纸，湿巾

南京腾得利工贸有限公司深圳办事处
Nanjing Tengdeli Industry & Trade Co., Ltd. Shenzhen Office
地址(Add)：广东省深圳市龙岗区盛龙二期(万象天成)9A1301室
邮编(P. C.)：518116
电话(Tel)：0755-84551504
传真(Fax)：0755-84551504
E-mail：2141159@qq.com
总经理(General Manager)：徐进
联系人(Contact Person)：陈刚
产品(Products)：湿巾
品牌(Brand)：星月宝贝

深圳全棉时代科技有限公司
PurCotton Era Science and Technology Co., Ltd.
地址(Add)：广东省深圳市龙华街道布龙公路旁稳健工业园
邮编(P. C.)：518109
电话(Tel)：0755-28138888
传真(Fax)：0755-28134588
E-mail：kchan@winnermedical.com
Http://www.purcotton.cn
联系人(Contact Person)：韩克成
产品(Products)：湿巾，卫生巾，卫生护垫，护理垫
品牌(Brand)：奈丝，全棉时代

稳健实业(深圳)有限公司
Winner Industry (Shenzhen) Co., Ltd.
地址(Add)：广东省深圳市龙华街道布龙公路旁稳健工业园
邮编(P. C.)：518109
电话(Tel)：0755-28138888
传真(Fax)：0755-28134588
E-mail：info@winnermedical.com
Http://www.winnermedical.com
法人代表(Chairman)：李建全
总经理(General Manager)：李建全
联系人(Contact Person)：宋薇
产品(Products)：擦拭巾，手术衣，帽子，口罩，手术垫单，医用敷料
品牌(Brand)：稳健 Winner

深圳中益源纸业有限公司
Shenzhen Zhongyiyuan Paper Co., Ltd.
地址(Add)：广东省深圳市罗湖区红岗北路1100号宏福泰大楼501-503
邮编(P. C.)：518000
电话(Tel)：0755-25866632
传真(Fax)：0755-25866693
E-mail：zhangvip@vip.163.com
Http://www.zyyzy.net
联系人(Contact Person)：张爱民
产品(Products)：餐巾纸，面巾纸，手帕纸，擦手纸，卫生纸，湿巾

诗乐氏实业(深圳)有限公司
Swashes (Shenzhen) Co., Ltd.
地址(Add)：广东省深圳市罗湖区南湖路国贸商业大厦13楼A-D室
邮编(P. C.)：518014
电话(Tel)：0755-25194070
传真(Fax)：0755-25194162
E-mail：shenzhen@swashes.com.cn
Http://www.swashes.com.cn
法人代表(Chairman)：李自强
总经理(General Manager)：李自强
联系人(Contact Person)：李伟
产品(Products)：湿巾，卫生巾，卫生护垫，纸内裤
品牌(Brand)：诗乐氏

百润(中国)有限公司
Baron (China) Co., Ltd.
地址(Add)：广东省深圳市南山区登良路汉京大厦8A
邮编(P. C.)：518000
电话(Tel)：0755-21676935
传真(Fax)：0755-21676780
E-mail：xq@baron-china.cc
Http://www.besuper.cc
总经理(General Manager)：马飞
联系人(Contact Person)：谢庆
产品(Products)：婴儿纸尿裤/片，湿巾
品牌(Brand)：贝舒乐，百润

中盟思拓贸易有限公司
Zhongmeng Situo Trade Co., Ltd.
地址(Add)：广东省深圳市南山区东滨路濠盛商务中心1003
邮编(P. C.)：518052
电话(Tel)：0755-86558866
传真(Fax)：0755-86525566
E-mail：18664351309@163.com
Http://www.duobif.com
联系人(Contact Person)：罗温柔

产品(Products)：湿巾
品牌(Brand)：多比福

深圳市新纶科技股份有限公司
Shenzhen Selen Science & Technology Co., Ltd.
地址(Add)：广东省深圳市南山区高新技术科技园曙光大厦九层
邮编(P. C.)：518057
电话(Tel)：0755-26993699
传真(Fax)：0755-26993068
E-mail：sean@selen.ws
Http://www.szselen.com
联系人(Contact Person)：肖应斌
产品(Products)：无尘衣，无尘手套，擦拭纸，口罩，帽子，鞋套

爱得利(广州)婴儿用品有限公司
Aideli (Guangzhou) Baby Goods Co., Ltd.
地址(Add)：广东省增城市新塘镇太平洋工业区南安区塘岗
邮编(P. C.)：511340
电话(Tel)：020-82703651
传真(Fax)：020-82703653
E-mail：ivorybaby@vip.163.com
Http://www.ivorybaby.com
法人代表(Chairman)：郭延梓
联系人(Contact Person)：林伟松
产品(Products)：婴儿纸尿裤/片，成人纸尿裤/片，护理垫，湿巾
品牌(Brand)：爱得利

诺斯贝尔(中山)无纺日化有限公司
Nox-Bellcow (ZS) Nonwoven Chemical Co., Ltd.
地址(Add)：广东省中山市南头镇升辉北工业区
邮编(P. C.)：528427
电话(Tel)：0760-22518669
传真(Fax)：0760-23126019
E-mail：carol@hknbc.com
Http://www.hknbc.com
法人代表(Chairman)：林世达
总经理(General Manager)：林世达
联系人(Contact Person)：李莹
产品(Products)：湿巾，面膜

中山市新洁保日用品有限公司
Zhongshan Xinjiebao Commodity Co., Ltd.
地址(Add)：广东省中山市南头镇升辉北工业区
邮编(P. C.)：528427
电话(Tel)：0760-23128322
传真(Fax)：0760-23128230
E-mail：zhongshanxinjie@163.com
法人代表(Chairman)：欧瑞昌
联系人(Contact Person)：岑曼霞
产品(Products)：湿巾，压缩毛巾
品牌(Brand)：新洁

中山市星华纸业发展有限公司
Zhongshan Xinghua Paper Industry Development Co., Ltd.
地址(Add)：广东省中山市三乡白石第二工业区文华东路10号
邮编(P. C.)：528463
电话(Tel)：0760-86332332
传真(Fax)：0760-86360109
E-mail：long7610565@163.com
Http://www.zsxinghua.com
法人代表(Chairman)：王民星
总经理(General Manager)：王民星
联系人(Contact Person)：陈国妹
产品(Products)：卫生巾，卫生护垫，婴儿纸尿裤/片，湿巾
品牌(Brand)：康护舒，8度灵感，安芯天使，八重护理，轻舞运动，草本护理

中山市华宝乐工贸发展有限公司
Huabaole Industrial & Trading Development Co., Ltd.
地址(Add)：广东省中山市沙溪康乐北路圣狮路段
邮编(P. C.)：528471
电话(Tel)：0760-86238222
传真(Fax)：0760-87729269
E-mail：info@styleusagroupco.com
Http://www.style-usa.com
联系人(Contact Person)：彭冬梅
产品(Products)：婴儿纸尿裤/片，湿巾
品牌(Brand)：史代尔

中山市比德拜奇化妆品有限公司
Zhongshan Peterbayer Cosmetics Ltd.
地址(Add)：广东省中山市小榄工业区兴裕路2号
邮编(P. C.)：528415
电话(Tel)：0760-22588123
传真(Fax)：0760-22558087
E-mail：dgbdpq@sohu.com
Http://www.bdpq-baby.com
总经理(General Manager)：黄君平
产品(Products)：湿巾
品牌(Brand)：梵纪喜

华豪国际(香港)发展有限公司大陆婴儿用品生产基地
Huahao INT (HK) Development Ltd.
地址(Add)：广东省珠海市保税区天科路41号
邮编(P. C.)：519030
电话(Tel)：0756-8686819
传真(Fax)：0756-8686919
E-mail：1935648698@qq.com
总经理(General Manager)：张贵华
产品(Products)：婴儿纸尿裤，湿巾
品牌(Brand)：康之良品，康氏

珠海松锦企业发展有限公司
Zhuhai S. E. Z. Pines Enterprise Development Co., Ltd.
地址(Add)：广东省珠海市高新区唐家湾金唐路1号29栋4楼
邮编(P. C.)：519080
电话(Tel)：0756-3370166
传真(Fax)：0756-3883805
Http://www.pines-zh.cn
法人代表(Chairman)：倪松旺
联系人(Contact Person)：倪松茂
产品(Products)：干/湿擦拭巾，美容清洁巾，吸水地拖，工业用干法纸

珠海市健朗生活用品有限公司
Zhuhai Jianlang Consumer Products Co., Ltd.
地址(Add)：广东省珠海市金湾区联港工业区双林片区创业东路9号
邮编(P. C.)：519045
电话(Tel)：0756-3803888
传真(Fax)：0756-3801888
Http://www.china-jianlang.com.cn
法人代表(Chairman)：朱云
总经理(General Manager)：朱云
联系人(Contact Person)：朱云
产品(Products)：卫生巾，婴儿纸尿裤/片，成人纸尿裤/片，宠物垫，湿巾
品牌(Brand)：樱子，美茵，健妮，健妮娃，樱纸坊，康婶

● 广西 Guangxi

桂林市实为添卫生用品有限责任公司
Guilin Shiweitian Hygiene Products Co., Ltd.
地址(Add)：广西桂林市八里街三号工业园八定路200号
邮编(P. C.)：541001
电话(Tel)：0773-2624855
传真(Fax)：0773-2636900
E-mail：shiweitian@vip.163.com
Http://www.swtian.com
法人代表(Chairman)：孙素芬
总经理(General Manager)：孙悦
产品(Products)：湿巾，手帕纸，卫生纸，面巾纸
品牌(Brand)：空谷幽兰

广西南宁甘霖工贸有限责任公司
Nanning Ganlin I & T Co., Ltd.
地址(Add)：广西南宁市国家经济开发区朋展路1号
邮编(P. C.)：530031
电话(Tel)：0771-4515508
传真(Fax)：0771-4913175
E-mail：457505486@qq.com
联系人(Contact Person)：刘福
产品(Products)：面巾纸，擦手纸，卫生纸，湿巾
品牌(Brand)：甘润

广西舒雅护理用品有限公司
Guangxi Shuya Health-Care Products Co., Ltd.
地址(Add)：广西南宁市华侨投资区
邮编(P. C.)：530105
电话(Tel)：0771-6301571
传真(Fax)：0771-6301309
E-mail：zxhwy1018@vip.sina.com
Http://www.shuya-china.com
法人代表(Chairman)：肖凌
总经理(General Manager)：周新华
联系人(Contact Person)：曾昀
产品(Products)：卫生巾，卫生护垫，婴儿纸尿裤/片，湿巾
品牌(Brand)：舒雅，舒儿特，舒雅宝宝

广西南宁市玉云纸制品有限公司
Guangxi Nanning Yuyun Paper Products Co., Ltd.
地址(Add)：广西南宁市银海大道玉洞工业园
邮编(P. C.)：530201
电话(Tel)：0771-3820988
传真(Fax)：0771-4014800
E-mail：yuyunshuangfei@263.net
Http://www.lvch.com.cn
法人代表(Chairman)：江中云
总经理(General Manager)：江中舟
产品(Products)：卫生纸，餐巾纸，手帕纸，面巾纸，卫生巾，卫生护垫，婴儿纸尿裤/片，湿巾
品牌(Brand)：爽妃，玉云，风尚，细细芯，健康

● 海南 Hainan

海南欣龙水刺材料有限公司
Hainan Xinlong Spunlace Materials Co., Ltd.
地址(Add)：海南省海口市龙昆北路2号珠江广场帝豪大厦17层
邮编(P. C.)：570125
电话(Tel)：0898-67488850
传真(Fax)：0898-67488850
E-mail：yxw0007@sohu.com
Http://www.xinlong-holding.com
总经理(General Manager)：逄建竹
联系人(Contact Person)：杨晓伟
产品(Products)：手术服，擦拭巾，湿巾

● 重庆 Chongqing

重庆英锐航空旅游用品有限公司
Chongqing Yingrui Air & Travel Supplies Co., Ltd.
地址(Add)：重庆市巴南区一品街道乐遥村4组
邮编(P. C.)：401349
电话(Tel)：023-66486688
传真(Fax)：023-62755716
E-mail：cqyr6688@163.com
联系人(Contact Person)：邓明名
产品(Products)：湿巾，擦手纸，卫生纸，面巾纸

重庆市雅洁纸业有限公司
Chongqing Yajie Paper Co., Ltd.
地址(Add)：重庆市璧山县青杠工业园区
邮编(P. C.)：402761
电话(Tel)：023-41782988
传真(Fax)：023-41782988
E-mail：yjsdd@yjsdd.com
Http://www.yjsdd.com
总经理(General Manager)：许宪勇
联系人(Contact Person)：严永平
产品(Products)：湿巾
品牌(Brand)：水当当

重庆龙璟纸业有限公司
Chongqing Longjing Paper Co., Ltd.
地址(Add)：重庆市丰都县水天坪工业园区
邮编(P. C.)：408200
电话(Tel)：023-70756588
传真(Fax)：023-70665255
E-mail：longjingzy@126.com
Http://www.longjingpaper.com

法人代表(Chairman)：张云
总经理(General Manager)：张云
联系人(Contact Person)：何发明
产品(Products)：卫生纸，手帕纸，面巾纸，擦手纸，原纸，湿巾
品牌(Brand)：丝美乐

重庆百亚卫生用品有限公司
Chongqing Beyou Sanitary Products Co., Ltd.
地址(Add)：重庆市高新区科园四路149号3-3号
邮编(P. C.)：400041
电话(Tel)：023-62847835
传真(Fax)：023-62841865
E-mail：fyl0303@163. com
Http：//www. baiya. cn
法人代表(Chairman)：冯永林
总经理(General Manager)：冯永林
联系人(Contact Person)：陈荣
产品(Products)：卫生巾，卫生护垫，湿巾，婴儿纸尿裤/片
品牌(Brand)：妮爽，自由点，好之

重庆三友必洁卫生用品厂
Chongqing Sanyou Bijie Hygiene Products Factory
地址(Add)：重庆市南岸区南坪白鹤路155号华城国际2幢14-4室
邮编(P. C.)：400060
电话(Tel)：023-62300507
传真(Fax)：023-62300507
E-mail：380227187@qq. com
法人代表(Chairman)：蒋渝
联系人(Contact Person)：蒋渝
产品(Products)：湿巾
品牌(Brand)：仕必洁，兰托安

重庆市海洁消毒卫生用品有限责任公司
Chongqing Haijie Sanitation Products Co., Ltd.
地址(Add)：重庆市南岸区南坪金紫街90号1-2-3
邮编(P. C.)：400060
电话(Tel)：023-62822128
传真(Fax)：023-62822129
E-mail：cqyarun@163. com
Http：//www. cqyarun. cn
法人代表(Chairman)：鲁海涛
总经理(General Manager)：鲁海涛
联系人(Contact Person)：杨永丹
产品(Products)：湿巾
品牌(Brand)：红袖添香，雅沁，雅润，静香

重庆海明卫生用品有限公司
Chongqing Seastar Health Care Co., Ltd.
地址(Add)：重庆市沙坪坝区天星桥恒鑫花园3单元17-3
邮编(P. C.)：400030
电话(Tel)：023-65305202
传真(Fax)：023-65305202
法人代表(Chairman)：汪海明
联系人(Contact Person)：汪伦
产品(Products)：湿巾
品牌(Brand)：靓肤

重庆东实纸业有限责任公司
Chongqing Donsea Paper Co., Ltd.
地址(Add)：重庆市渝北区空港工业园区空港东路7号
邮编(P. C.)：401120
电话(Tel)：023-67081597
传真(Fax)：023-67085482
Http：//www. donsea. com
法人代表(Chairman)：李勐
总经理(General Manager)：李勐
联系人(Contact Person)：何大均
产品(Products)：卫生纸，餐巾纸，面巾纸，擦手纸，厨房纸巾，湿巾
品牌(Brand)：百宜安，蔚蓝云腾，蓝锐

重庆珍爱卫生用品有限责任公司
Chongqing Treasure Hygiene Products Co., Ltd.
地址(Add)：重庆市渝中区大坪正街118号嘉华鑫城AB幢5层
邮编(P. C.)：400042
电话(Tel)：023-68731315
传真(Fax)：023-68731685
E-mail：94236456@qq. com
Http：//www. cqnh. com. cn
法人代表(Chairman)：黄诗平
总经理(General Manager)：黄诗平
联系人(Contact Person)：张训岭
产品(Products)：湿巾
品牌(Brand)：珍爱

● 四川 Sichuan

成都市苏氏兄弟纸业有限公司
Chengdu Sushi Xiongdi Paper Co., Ltd.
地址(Add)：四川省成都市大邑县晋原镇工业区兴业七路3号
邮编(P. C.)：611730
电话(Tel)：028-87805220
传真(Fax)：028-87805188-6
E-mail：info@jebnt. com
Http：//www. jebnt. com
法人代表(Chairman)：苏友福
总经理(General Manager)：苏友福
联系人(Contact Person)：苏圣源
产品(Products)：原纸，卫生纸，面巾纸，手帕纸，餐巾纸，厨房纸巾，擦手纸，湿巾
品牌(Brand)：大东汉，维佳

成都市豪盛华达纸业有限公司
Chengdu Haoshenghuada Paper Co., Ltd.
地址(Add)：四川省成都市郫县成都现代工业港南区通港路108号
邮编(P. C.)：611730
电话(Tel)：028-87804355
传真(Fax)：028-87804059
E-mail：boyyc@vip. qq. com
Http：//www. hshda. com
法人代表(Chairman)：苏德生
总经理(General Manager)：苏德生
联系人(Contact Person)：苏友福
产品(Products)：湿巾，卫生纸，手帕纸，餐巾纸，面巾

纸，擦手纸，厨房纸巾
品牌(Brand)：家必备，美娜兰，娇洁

成都凯茜生物制品有限责任公司
Chengdu Kisi Biological Products Co., Ltd.
地址(Add)：四川省成都市青阳区通惠门路69号长富新城2幢3单元23楼3号
邮编(P.C.)：610000
电话(Tel)：028－86278153
传真(Fax)：028－82649063
E-mail：sckisi@sina.com
法人代表(Chairman)：龚静
总经理(General Manager)：龚静
联系人(Contact Person)：龚静
产品(Products)：湿巾，面巾纸
品牌(Brand)：凯斯

成都金香城纸业有限公司
Chengdu Jinxiangcheng Paper Co., Ltd.
地址(Add)：四川省成都市新都区斑竹园镇
邮编(P.C.)：610506
电话(Tel)：028－83989138
传真(Fax)：028－83989068
E-mail：cdjxczy@263.net
Http://www.jxczy.com
法人代表(Chairman)：曾德建
总经理(General Manager)：刘传玉
联系人(Contact Person)：刘传玉
产品(Products)：卫生纸，手帕纸，面巾纸，餐巾纸，擦手纸，湿巾
品牌(Brand)：阿妈妮，晨竹，QQ猪，动感果园

成都彼特福纸品工艺有限公司
Chengdu Beautiful Paper & Craft Co., Ltd.
地址(Add)：四川省成都市新都区石板滩工业区石木公路1号桥
邮编(P.C.)：610500
电话(Tel)：028－83045678
传真(Fax)：028－83049025
E-mail：zengds@scbtf.com
Http://www.scbtf.com
总经理(General Manager)：曾德松
联系人(Contact Person)：曾德松
产品(Products)：卫生纸，面巾纸，手帕纸，餐巾纸，湿巾
品牌(Brand)：彼特福，顶洁，怡飘

四川友邦纸业有限公司
Sichuan Eupon Paper Co., Ltd.
地址(Add)：四川省广汉市向阳友邦工业园
邮编(P.C.)：610041
电话(Tel)：028－85257878
传真(Fax)：028－86755366
E-mail：sale@eupon.com
Http://www.eupon.com
法人代表(Chairman)：高尚荣
总经理(General Manager)：高尚朴
联系人(Contact Person)：高尚朴
产品(Products)：面巾纸，手帕纸，卫生纸，原纸，护理垫，手术衣帽，湿巾
品牌(Brand)：蓓安适，顶好面子，可洁可

● 贵州 Guizhou

贵州凯里经济开发区冠凯纸业有限公司
Kaili Guankai Paper Co., Ltd.
地址(Add)：贵州省黔东南市凯里经济开发区第一工业园冠凯纸业大厦
邮编(P.C.)：556000
电话(Tel)：0855－8557618
传真(Fax)：0855－8557518
总经理(General Manager)：游雨冰
联系人(Contact Person)：游雨冰
产品(Products)：卫生纸，面巾纸，湿巾

● 云南 Yunnan

昆明安生工贸有限公司
Kunming Ansheng I & T Co., Ltd.
地址(Add)：云南省昆明市南顺副食品批发市场26幢40－41号
邮编(P.C.)：650021
电话(Tel)：0871－63519755
传真(Fax)：0871－63519755
E-mail：1075438911@qq.com
总经理(General Manager)：朱宝焕
产品(Products)：湿巾
品牌(Brand)：安生

云南兴亮实业有限公司
Yunnan Xingliang Industry and Commerce Co., Ltd.
地址(Add)：云南省昆明市五华区羊仙坡南路2号
邮编(P.C.)：650000
电话(Tel)：0871－8100008
传真(Fax)：0871－8306566
E-mail：517691019@qq.com
Http://www.8100008.com
法人代表(Chairman)：苏星亮
联系人(Contact Person)：苏星亮
产品(Products)：餐巾纸，擦手纸，卫生纸，面巾纸，湿巾

● 西藏 Tibet

西藏坎巴嘎布卫生用品有限公司
Tibet Kanbagabu Hygiene Products Co., Ltd.
地址(Add)：西藏拉萨市经济技术开发区
邮编(P.C.)：851400
电话(Tel)：0891－6466666
传真(Fax)：0891－6864777
E-mail：306595358@qq.com
Http://www.xzkbgb.cn
法人代表(Chairman)：杜运建
总经理(General Manager)：杜运建
联系人(Contact Person)：牛兵喜
产品(Products)：湿巾
品牌(Brand)：坎巴嘎布

● 陕西 Shaanxi

西安鹏翔复合材料有限公司
Xian Pengxiang Composite Materials Co., Ltd.
地址(Add)：陕西省西安市灞桥区洪庆街道砚湾村
邮编(P. C.)：710025
电话(Tel)：029－88952065
传真(Fax)：029－83497792
E-mail：sunnut@163.com
Http：//pengxiang.diytrade.com
总经理(General Manager)：贺海鹏
联系人(Contact Person)：贺红元
产品(Products)：一次性床单，马桶坐垫，婴儿围兜，围裙，湿巾

西安华源纸业卫生保健用品有限公司
Xian Huayuan Paper Hygiene Healthcare Co., Ltd.
地址(Add)：陕西省西安市灞桥区新兴工业园8号
邮编(P. C.)：710025
电话(Tel)：029－83351611
传真(Fax)：029－83351600
E-mail：xahyzy2009@163.com
Http：//www.xahyzy.com.cn
法人代表(Chairman)：寇权铭
总经理(General Manager)：寇权铭
产品(Products)：餐巾纸，擦手纸，面巾纸，手帕纸，湿巾

西安住邦无纺布制品有限公司
Xian Zhubang Nonwovens Products Co., Ltd.
地址(Add)：陕西省西安市高新开发区科技路10号华奥大厦A座1602室
邮编(P. C.)：710065
电话(Tel)：029－88258138
传真(Fax)：029－88262623
E-mail：livinghongd@vip.163.com
Http：//www.livingbond.com
联系人(Contact Person)：郭涛
产品(Products)：湿巾，婴儿纸尿裤

陕西雅润生活用品有限公司
Shaanxi Yarun Daily Necessities Co., Ltd.
地址(Add)：陕西省西安市高新区科技一路59号
邮编(P. C.)：710075
电话(Tel)：029－88589202
传真(Fax)：029－88589202
E-mail：ceo@yarunpaper.com
Http：//www.yarunpaper.com
联系人(Contact Person)：司鹏俊
产品(Products)：湿巾
品牌(Brand)：三多，水元素，好快活

陕西爱洁日用品有限公司
Shaanxi Aijie Commodity Co., Ltd.
地址(Add)：陕西省西安市金花南路1号
邮编(P. C.)：710048
电话(Tel)：029－82611079
传真(Fax)：029－82611079
E-mail：aijiezhiye@163.com
联系人(Contact Person)：杨晓峰
产品(Products)：餐巾纸，面巾纸，擦手纸，湿巾

西安福瑞德纸业有限责任公司
Xian Furuide Paper Co., Ltd.
地址(Add)：陕西省西安市未央区汉城乡丰产路席王工业园1号
邮编(P. C.)：710000
电话(Tel)：029－86609556
传真(Fax)：029－86609556
E-mail：furuide@126.com
法人代表(Chairman)：姜晓燕
总经理(General Manager)：姜晓燕
联系人(Contact Person)：姜晓燕
产品(Products)：餐巾纸，湿巾
品牌(Brand)：福瑞德

● 新疆 Xinjiang

新疆乌鲁木齐市鑫之顺纸业
Wulumuqi Xinzhishun Paper Co.
地址(Add)：新疆乌鲁木齐市八道湾二队三巷
邮编(P. C.)：830000
电话(Tel)：0991－4609861
传真(Fax)：0991－4609861
E-mail：1846505566@qq.com
总经理(General Manager)：曹红霞
联系人(Contact Person)：曹红霞
产品(Products)：餐巾纸，卫生纸，面巾纸，湿巾
品牌(Brand)：鑫之顺

乌鲁木齐乐宝氏卫生用品有限公司
Wulumuqi Lebaoshi Hygiene Products Co., Ltd.
地址(Add)：新疆乌鲁木齐市米东工业区
邮编(P. C.)：830000
电话(Tel)：0991－3346777
传真(Fax)：0991－3345777
联系人(Contact Person)：江建伟
产品(Products)：卫生巾，婴儿纸尿裤/片，成人纸尿裤/片，湿巾

乌鲁木齐市百洁湿巾厂
Wulumuqi Baijie Wet Wipes Factory
地址(Add)：新疆乌鲁木齐市西环中路811号
邮编(P. C.)：830000
电话(Tel)：0991－8786717
传真(Fax)：0991－8786717
法人代表(Chairman)：王翠荣
总经理(General Manager)：王翠荣
联系人(Contact Person)：王翠荣
产品(Products)：湿巾
品牌(Brand)：百洁

一次性医用非织造布制品生产企业按地区细分统计

（2013年，统计总数171家）

序号	行政区 Region	企业数	起始页	序号	行政区 Region	企业数	起始页
1	北京 Beijing	8	544	14	江西 Jiangxi	2	554
2	天津 Tianjin	2	544	15	山东 Shandong	15	555
3	河北 Hebei	6	545	16	河南 Henan	7	556
6	辽宁 Liaoning	2	545	17	湖北 Hubei	14	557
9	上海 Shanghai	11	546	19	广东 Guangdong	23	558
10	江苏 Jiangsu	32	547	21	海南 Hainan	1	561
11	浙江 Zhejiang	24	550	23	四川 Sichuan	2	561
12	安徽 Anhui	13	552	25	云南 Yunnan	1	561
13	福建 Fujian	7	554	27	陕西 Shaanxi	1	561

注：4山西、5内蒙古、7吉林、8黑龙江、18湖南、20广西、22重庆、24贵州、26西藏、28甘肃、29青海、30宁夏和31新疆缺项。

一次性医用非织造布制品
Disposable hygiene medical nonwoven products

● 北京 Beijing

北京圣美洁无纺布制品有限公司
Beijing Shengmeijie Nonwoven Products Co., Ltd.
地址(Add)：北京市朝阳区东四环南路樱花西街 8 号 303 室
邮编(P. C.)：100022
电话(Tel)：010－59641740
传真(Fax)：010－87335682
联系人(Contact Person)：刘清
产品(Products)：非织造布床单，面巾，卷巾，面罩，足疗巾，纸内裤

北京清源无纺布制品厂
Beijing Qingyuan Nonwoven Products Co., Ltd.
地址(Add)：北京市大兴区黄村镇西芦物流工业园
邮编(P. C.)：110115
电话(Tel)：010－61233987
传真(Fax)：010－61233987
E-mail：bangerwufang@126.com
Http://bjqywfb.cn.alibaba.com
联系人(Contact Person)：王法春
产品(Products)：湿巾，餐巾纸，非织造布制品

北京赛劳德技术开发研究所
Beijing Sailaode Technology Development Institute
地址(Add)：北京市大兴区旧宫镇南小街西二条 6 号
邮编(P. C.)：100076
电话(Tel)：010－67981242
传真(Fax)：010－67981235
联系人(Contact Person)：刘倩
产品(Products)：马桶垫
品牌(Brand)：莫愁女

北京康宇医疗器械有限公司
Beijing Kangyu Medical Apparatus & Instruments Co., Ltd.
地址(Add)：北京市房山区阎村镇经济开发区
邮编(P. C.)：102412
电话(Tel)：010－89360178
传真(Fax)：010－89313175
E-mail：beijingky@126.com
总经理(General Manager)：张桂学
联系人(Contact Person)：张桂学
产品(Products)：一次性卫生材料及辅料，口罩，帽子，垫单，手术衣

北京安宜卫生用品有限公司
Beijing Anyi Life Co., Ltd.
地址(Add)：北京市海淀区知春路太月园小区 8 号楼 C102 室
邮编(P. C.)：100088
电话(Tel)：010－82058131
传真(Fax)：010－82057367
E-mail：anyi@anyilife.com
Http://www.anyilife.com
法人代表(Chairman)：王敏
总经理(General Manager)：王敏
产品(Products)：手术垫巾，产包，流产包，手术包，敷料包

北京益康卫生材料厂
Beijing Yikang Hygiene Material Factory
地址(Add)：北京市密云县密东广场 19－10－1303
邮编(P. C.)：101509
电话(Tel)：010－61018162
传真(Fax)：010－61019567
E-mail：jcb3239@163.com
Http://www.bjhsh.com
法人代表(Chairman)：吴亚珍
总经理(General Manager)：张长江
联系人(Contact Person)：张长江
产品(Products)：手术服，护理垫，口罩，手术包
品牌(Brand)：凤卵

北京市通州区利康卫生材料制品厂
Beijing Tongzhou Likang Hygienic Material Products Factory
地址(Add)：北京市通州区新华西街 50 号 521
邮编(P. C.)：101100
电话(Tel)：010－69523751
传真(Fax)：010－69590058
E-mail：bjlikang@sina.com
法人代表(Chairman)：顾久利
总经理(General Manager)：顾亮
联系人(Contact Person)：顾亮
产品(Products)：成人纸尿裤，护理垫，口罩，帽子
品牌(Brand)：潞康，康大夫

北京通州鑫宝卫生材料厂
Beijing Xinbao Hygiene Materials Factory
地址(Add)：北京市通州区于家务乡南仪阁村
邮编(P. C.)：101105
电话(Tel)：010－80533600
传真(Fax)：010－80533600
E-mail：zhaojiangtao1225@sohu.com
Http://xinbao.cn.china.cn
总经理(General Manager)：管炳元
联系人(Contact Person)：管德岭
产品(Products)：手术衣，口罩，帽子
品牌(Brand)：鑫宝

● 天津 Tianjin

天津市振东复合材料制品厂
Tianjin Zhendong Composite Material Factory
地址(Add)：天津市河东区卫国道 218 号天津津有味自行车三厂院内

邮编(P. C.): 300163
电话(Tel): 022-24733180
传真(Fax): 022-24715888
Http://www. tj-zhendong. cn
法人代表(Chairman): 朱家凤
产品(Products): 手术洞巾, 医用围巾, 口罩, 帽子
品牌(Brand): 振东

瑞安森(天津)医疗器械有限公司
Raysen (Tianjin) Healthcare Products Co., Ltd.
地址(Add): 天津市静海县天宇科技园环宇西路3号
邮编(P. C.): 301609
电话(Tel): 022-59525252
传真(Fax): 022-59525263
E-mail: info@ raysen. com
Http://www. raysen. com
法人代表(Chairman): 孙江坤
总经理(General Manager): 孙江坤
联系人(Contact Person): 孙江坤
产品(Products): 手术衣, 帽, 口罩, 防护服, 妇检垫, 鞋套
品牌(Brand): 瑞安森

● 河北 Hebei

石家庄康百氏工贸有限公司
Shijiazhuang Kangbaishi Industry & Trade Co., Ltd.
地址(Add): 河北省晋州市晋元路元头开发区
邮编(P. C.): 052260
电话(Tel): 0311-80667445
传真(Fax): 0311-80927529
E-mail: sjzka@ 163. com
Http://kboss. cn. globalimporter. net
总经理(General Manager): 高永来
联系人(Contact Person): 高永来
产品(Products): 手术衣, 护理垫, 帽子, 口罩
品牌(Brand): 奔康

东纶科技实业有限公司
Eastex Industrial Science & Technology Co., Ltd.
地址(Add): 河北省廊坊经济技术开发区汇源道8号
邮编(P. C.): 065001
电话(Tel): 0316-6087699
传真(Fax): 0316-6088171
E-mail: mh@ eastex-china. com
Http://www. eastex-china. com
法人代表(Chairman): 刘瑞彪
总经理(General Manager): 马咏梅
联系人(Contact Person): 孟红
产品(Products): 湿巾, 医用纱布敷料
品牌(Brand): 润佳

唐山市阳光卫生材料制品有限公司
Tangshan Yangguang Hygiene Materials Co., Ltd.
地址(Add): 河北省唐山市南新道双新里52楼45-8号
邮编(P. C.): 063004
电话(Tel): 0315-2838219
传真(Fax): 0315-2570452
E-mail: 547127734@ qq. com
法人代表(Chairman): 王铁夫
联系人(Contact Person): 王铁夫
产品(Products): 非织造布美容巾

新乐华宝医疗用品有限公司
Xinle Huabao Medical Products Co., Ltd.
地址(Add): 河北省新乐市承安铺工业园区
邮编(P. C.): 050701
电话(Tel): 0311-88561292
传真(Fax): 0311-88562297
E-mail: yiyong@ huabaosuliao. com
Http://www. huabaosuliao. com/yiyong
联系人(Contact Person): 孙会峰
产品(Products): 手术衣, 隔离衣, 床单, 检查垫, 口罩

河北省雄县洁康旅游用品有限公司
Hebei Xiongxian Jiekang Tourism Articles Co., Ltd.
地址(Add): 河北省雄县张庄工业区1区10号
邮编(P. C.): 071802
电话(Tel): 0312-5781200
传真(Fax): 0312-5783938
E-mail: jklyyp@ alibaba. com. cn
Http://www. jklyyp. cn. alibaba. com
法人代表(Chairman): 周宝强
联系人(Contact Person): 周宝强
产品(Products): 纸内裤, 纸围裙, 套袖, 床单
品牌(Brand): 洁康

邯郸市恒永防护洁净用品有限公司
Handan Hengyong Protective & Clean Products Co., Ltd.
地址(Add): 河北省永年县健康东大街
邮编(P. C.): 057150
电话(Tel): 0310-6882798
传真(Fax): 0310-6882768
E-mail: info@ handanhy. com. cn
Http://www. handanhy. com
产品(Products): 口罩, 防护服

● 辽宁 Liaoning

丹东市天和纸制品有限公司
Dandong Tianhe Paper Products Co., Ltd.
地址(Add): 辽宁省丹东市振兴区四道沟瓦房街
邮编(P. C.): 118008
电话(Tel): 0415-6152568
传真(Fax): 0415-6157666
E-mail: 0415fengyun@ 163. com
Http://www. dd-fengyun. com
法人代表(Chairman): 曲丰蕴
总经理(General Manager): 曲丰蕴
联系人(Contact Person): 熊德凤
产品(Products): 膨化软纸, 鞋垫, 杯垫, 洗碗巾, 厨房纸巾
品牌(Brand): 发财路, 康师母

锦州凌河区帮洁清洁用品厂
Jinzhou Bangjie Cleaning Products Factory
地址(Add): 辽宁省锦州市凌河区松坡路单屯
邮编(P. C.): 121000
电话(Tel): 18641615063

联系人(Contact Person)：周晓军
产品(Products)：湿巾，工业擦拭巾，美容巾

● 上海 Shanghai

上海英科医疗用品有限公司
Shanghai Intco Medical Co., Ltd.
地址(Add)：上海市漕河泾开发区浦江镇高科技园新骏环路188号F区9号楼3层
邮编(P. C.)：201114
电话(Tel)：021－34978818
传真(Fax)：021－34978808
E-mail：infohealthcare@ intco. com. cn
Http：//www. intcomedical. com. cn
联系人(Contact Person)：邵萍
产品(Products)：口罩，手术衣，帽子，防护服

麦迪康医疗用品贸易(上海)有限公司
A. R. Medicom Inc. Healthcare (Shanghai) Ltd.
地址(Add)：上海市长宁区新华路728号109－110室
邮编(P. C.)：200050
电话(Tel)：021－52739363
传真(Fax)：021－62820040
E-mail：info@ medicom－china. com
Http：//www. medicom－china. com
联系人(Contact Person)：黄士杰
产品(Products)：手术衣，口罩

上海立南商贸有限公司
Lihonor Shanghai Branch
地址(Add)：上海市虹梅路3329弄一号楼201室
邮编(P. C.)：201103
电话(Tel)：021－64466661－806
传真(Fax)：021－64013503
E-mail：tina_ yang@ lihonor. com
Http：//www. lihonor. com
联系人(Contact Person)：杨燕梅
产品(Products)：手术衣、帽

上海麦世科无纺布集团
Shanghai Mascot Nonwoven Group
地址(Add)：上海市嘉定区马陆镇宝安公路2785号
邮编(P. C.)：201801
电话(Tel)：021－39908327
传真(Fax)：021－39908325
产品(Products)：湿巾，厨房擦拭巾，手术衣，帽子，口罩

上海洁安实业有限公司
Shanghai Jiean Industry Co., Ltd.
地址(Add)：上海市金山区亭枫公路2965号
邮编(P. C.)：201503
电话(Tel)：021－57342034
传真(Fax)：021－66600945
E-mail：heaven2703@ hotmail. com
联系人(Contact Person)：胡然希
产品(Products)：手术衣，口罩，帽子

上海唯爱纸业有限公司
Shanghai Weiai Paper Co., Ltd.
地址(Add)：上海市南汇区宣桥镇三灶工业园宣秋路446号A楼
邮编(P. C.)：201300
电话(Tel)：021－51961288
传真(Fax)：021－51961278
E-mail：weiaiaiwei1@ sina. com
Http：//www. shevery. com. cn
法人代表(Chairman)：程学保
总经理(General Manager)：程学保
联系人(Contact Person)：沈治文
产品(Products)：湿巾，餐巾纸，面巾纸，厨房纸巾，擦手纸，婴儿纸尿裤/片，宠物巾，汽车擦拭巾
品牌(Brand)：爱唯

上海百府康卫生材料有限公司
Shanghai Baifukang Sanitary Material Co., Ltd.
地址(Add)：上海市浦东新区合庆星升路500弄117号
邮编(P. C.)：201201
电话(Tel)：021－68902978
传真(Fax)：021－68901428
E-mail：shbfk@ aliyun. com
Http：//www. shbfk. com. cn
法人代表(Chairman)：张一萍
总经理(General Manager)：张一萍
联系人(Contact Person)：张一萍
产品(Products)：医用敷料，医用吸水垫
品牌(Brand)：百府康

上海银京医用卫生材料有限公司
Shanghai Yinjing Medical Supplies Co., Ltd.
地址(Add)：上海市浦东新区南汇工业园区园西路586号
邮编(P. C.)：201300
电话(Tel)：021－68016511－6888
传真(Fax)：021－68016736
E-mail：wdsj68@ hotmail. com
Http：//www. yinjing. cn
联系人(Contact Person)：吴东曙
产品(Products)：湿巾，口罩
品牌(Brand)：银京，洁康诺

约柏滤材工业(上海)有限公司
Aeropro Filter Ind. (Shanghai) Co., Ltd.
地址(Add)：上海市青浦工业园香大路248号
邮编(P. C.)：201712
电话(Tel)：021－59221666
传真(Fax)：021－59220808
E-mail：aeropro@ hotmail. com. tw
Http：//www. aeroprofilter. com
联系人(Contact Person)：陈敏平
产品(Products)：口罩，头套，鞋套

上海华新医材有限公司
Shanghai Motex Healthcare Co., Ltd.
地址(Add)：上海市青浦区华新镇嘉松中路369号
邮编(P. C.)：201708
电话(Tel)：021－59799888
传真(Fax)：021－59799728
E-mail：motcg@ motex. com
Http：//www. motex. com
联系人(Contact Person)：朱华荣
产品(Products)：口罩，医用敷料

美迪康医用材料(上海)有限公司
A. R. Medicom Inc. Shanghai Ltd.
地址(Add)：上海市松江区香车路298号
邮编(P. C.)：201611
电话(Tel)：021-57774320
传真(Fax)：021-57775908
E-mail：sj. huang@ medicom-shanghai. com
Http：//www. medicom-china. com
总经理(General Manager)：黄士杰
产品(Products)：口罩，牙科垫

● 江苏 Jiangsu

常熟市圣利达水刺无纺有限公司
Changshu Shenglida Spunlace Nonwovens Co., Ltd.
地址(Add)：江苏省常熟市沙家浜镇(唐市)常昆工业园区复兴路10号
邮编(P. C.)：215542
电话(Tel)：0512-52579990
传真(Fax)：0512-52579991
E-mail：sld@ shenglida. com
法人代表(Chairman)：王自业
总经理(General Manager)：王自业
产品(Products)：湿巾，一次性浴衣

好利医用品有限公司
HolyMed Products Co., Ltd.
地址(Add)：江苏省常州市常武南路528号
邮编(P. C.)：213167
电话(Tel)：0519-86462898
传真(Fax)：0519-86465969
E-mail：alan. yu@ holymed. com. cn
联系人(Contact Person)：喻少珍
产品(Products)：手术衣，手术罩巾

常州市戴溪医疗用品厂
Changzhou Daixi Medical Articles Factory
地址(Add)：江苏省常州市戴溪虎臣工业园区
邮编(P. C.)：213105
电话(Tel)：0519-88551412
E-mail：cza8554075@ pub. cz. jsinfo. net
总经理(General Manager)：陆元中
联系人(Contact Person)：陆振宇
产品(Products)：口罩，帽子，手术用品，防护用品

常州市宏泰纸膜有限公司
Changzhou Hongtai Paper Film Co., Ltd.
地址(Add)：江苏省常州市戚墅堰东前杨工业区前杨村委旁
邮编(P. C.)：213011
电话(Tel)：0519-88773069
传真(Fax)：0519-88772898
E-mail：info@ cnhtzm. com
Http：//www. cnhtzm. com
联系人(Contact Person)：徐波
产品(Products)：护理垫，宠物垫，手术单

常州柯恒卫生用品有限公司
Changzhou Keheng Sanitary Product Co., Ltd.
地址(Add)：江苏省常州市武进区礼嘉工业园区
邮编(P. C.)：213176
电话(Tel)：0519-88312118
传真(Fax)：0519-88231218
Http：//www. khltd. en. alibaba. com
法人代表(Chairman)：李新民
总经理(General Manager)：李新民
联系人(Contact Person)：李新民
产品(Products)：卫生巾，卫生护垫，成人纸尿裤/片，护理垫，手术垫

常州市莱洁卫生材料有限公司
Changzhou Laijie Hygiene Materials Co., Ltd.
地址(Add)：江苏省常州市西郊嘉泽镇工业园区
邮编(P. C.)：213153
电话(Tel)：0519-83801927
传真(Fax)：0519-83801927
联系人(Contact Person)：许华兴
产品(Products)：护理垫，口罩，帽子
品牌(Brand)：畅洁

华联保健敷料有限公司
Hualian Healthcare Dressing Co., Ltd.
地址(Add)：江苏省常州市西郊邹区镇岳津路55号
邮编(P. C.)：213144
电话(Tel)：0519-83638522
传真(Fax)：0519-83631033
E-mail：sales@ hualiandressing. com
Http：//www. hualiandressing. com
总经理(General Manager)：岳健敏
联系人(Contact Person)：岳健敏
产品(Products)：医用敷料

宝利医疗用品有限公司
Promedical Products Co., Ltd.
地址(Add)：江苏省常州市新北区黄河西路206号
邮编(P. C.)：213032
电话(Tel)：0519-88222211
传真(Fax)：0519-88220828
E-mail：postmaster@ promedical. cn
Http：//www. promedical. cn
总经理(General Manager)：吴黎南
联系人(Contact Person)：吴文河
产品(Products)：手术衣，罩巾，防护袍

江苏柯莱斯克新型医疗用品有限公司
Jiangsu Classic New-Type Medical Products Co., Ltd.
地址(Add)：江苏省大丰市常州高新园
邮编(P. C.)：215131
电话(Tel)：0512-69398826
传真(Fax)：0512-69398803
E-mail：excellent8@ hgjd. com
Http：//www. excellentmedical. com. cn
法人代表(Chairman)：祁月芳
总经理(General Manager)：张勇
联系人(Contact Person)：张勇
产品(Products)：医疗敷料，护理垫

丹阳市金晶卫生用品有限公司
DanyangJinjing Health Products Co., Ltd.
地址(Add)：江苏省丹阳市开发区新世纪工业园B区
邮编(P. C.)：212314

电话(Tel)：0511－86962396
传真(Fax)：0511－86963223
Http://www.jsjinjing.com.cn
联系人(Contact Person)：孙正娟
产品(Products)：成人纸尿裤/片，失禁垫，宠物垫，母婴两用巾，卫生巾，卫生护垫，手术床罩，检查垫，床垫

江阴市金建无纺布制品有限公司
Jiangyin Jinjian Nonwoven Products Co., Ltd.
地址(Add)：江苏省江阴市华士镇东华路908号
邮编(P.C.)：214421
电话(Tel)：0510－80691978
传真(Fax)：0510－80691977
E-mail：frank391139@sina.com
总经理(General Manager)：陆金建
产品(Products)：非织造布制品

江阴金凤特种纺织品有限公司
Jiangyin Golden Phoenix Special Textile Co., Ltd.
地址(Add)：江苏省江阴市华士镇陆华路2号
邮编(P.C.)：214425
电话(Tel)：0510－86372381
传真(Fax)：0510－86371659
E-mail：jf.jy@public1.wx.js.cn
Http://www.jfnonwoven.com
法人代表(Chairman)：孙亚渊
总经理(General Manager)：孙政刚
联系人(Contact Person)：蔡振虎
产品(Products)：擦拭巾，医疗用品
品牌(Brand)：健飞

江阴健发特种纺织品有限公司
Jiangyin Jianfa Special Textile Co., Ltd.
地址(Add)：江苏省江阴市华士镇勤丰村海达路80号
邮编(P.C.)：214400
电话(Tel)：0510－86975098
传真(Fax)：0510－86373001
E-mail：jyjf88@sina.com
总经理(General Manager)：张钟雷
联系人(Contact Person)：张钟雷
产品(Products)：擦拭巾，吸油垫，吸水垫

姜堰市华芳医用品有限公司
Jiangyan Huafang Medicals Co., Ltd.
地址(Add)：江苏省姜堰市沈高镇赵幸村
邮编(P.C.)：225538
电话(Tel)：0523－88651366
传真(Fax)：0523－88658588
E-mail：hffzjy@163.com
法人代表(Chairman)：陈秋华
总经理(General Manager)：陈秋华
联系人(Contact Person)：陈秋华
产品(Products)：医疗用品

昆山华玮净化实业有限公司
Kunshan Huawei Purification Industrial Co., Ltd.
地址(Add)：江苏省昆山市周市镇康庄路144号
邮编(P.C.)：215337
电话(Tel)：0512－57333501
传真(Fax)：0512－57335575
E-mail：ryq518@163.com
Http://www.ryq.en.alibaba.com
联系人(Contact Person)：陈芳
产品(Products)：湿巾，医疗防护垫，吸收垫

江苏汇鸿国际集团医药保健品进出口有限公司
High Hope International Group Jiangsu Medicines & Hygiene Products Imp. & Exp. Co., Ltd.
地址(Add)：江苏省南京市白下路91号汇鸿大厦A座1303室
邮编(P.C.)：210001
电话(Tel)：025－84691822
传真(Fax)：025－84691828
E-mail：cyw@mehecojs.com
Http://www.high－hope.com
法人代表(Chairman)：马驰
总经理(General Manager)：马驰
联系人(Contact Person)：曹玉文
产品(Products)：医用敷料

南通中纸纸浆有限公司
Nantong Zhongzhi Paper Pulp Co., Ltd.
地址(Add)：江苏省南通市港闸区兴盛路19号
邮编(P.C.)：226002
电话(Tel)：0513－81061566
传真(Fax)：0513－85560826
E-mail：zzairlaid@gmail.com
Http://www.airlaid.com.cn
总经理(General Manager)：王松明
联系人(Contact Person)：王松明
产品(Products)：纸鞋垫

江苏广达医用材料有限公司
Jiangsu GD Medical Material Co., Ltd.
地址(Add)：江苏省南通市海安县李堡镇包场北路18号
邮编(P.C.)：226631
电话(Tel)：0513－88219001
传真(Fax)：0513－88212120
E-mail：cjsgd@public.nt.js.cn
Http://www.gdmedical.cn
总经理(General Manager)：刘兆成
联系人(Contact Person)：刘兆成
产品(Products)：医用水刺手术巾，SMS手术巾

南通市安康医疗器械有限公司
Nantong Ankang Medical Apparatus Co., Ltd.
地址(Add)：江苏省南通市兴东机场
邮编(P.C.)：226371
电话(Tel)：0513－86560908
传真(Fax)：0513－85501966
E-mail：1970576445@qq.com
总经理(General Manager)：成建
联系人(Contact Person)：成建
产品(Products)：手术衣，手术包，产包，口罩，帽子

苏州市奥健医卫用品有限公司
Suzhou Aojian Medical Hygiene Products Co., Ltd.
地址(Add)：江苏省苏州市高新区华枫路339号
邮编(P.C.)：215008
电话(Tel)：0512－68293172
传真(Fax)：0512－68296276

E-mail：suzhouaojian@ sina. com
Http：//www. aojianmedical. com
法人代表(Chairman)：朱元国
总经理(General Manager)：朱元国
联系人(Contact Person)：孙萍
产品(Products)：手术垫单，口罩，帽子，手术衣，手术包
品牌(Brand)：奇吉

苏州杜康宁医疗用品有限公司
Suzhou Dukangning Medical Products Co., Ltd.
地址(Add)：江苏省苏州市吴江市菀平街道菀平西路22号
邮编(P. C.)：215223
电话(Tel)：0512-63394882
传真(Fax)：0512-63395643
E-mail：dfgs1108@ pub. sz. jsinfo. net
Http：//www. dukangning-medical. com. cn
总经理(General Manager)：姚桂根
联系人(Contact Person)：唐国新
产品(Products)：医用床单，医用敷料

苏州恒星医用材料有限公司
Planet (Suzhou) Medical Products Co., Ltd.
地址(Add)：江苏省苏州新区浒关工业园青莲路33号
邮编(P. C.)：215151
电话(Tel)：0512-82181667
传真(Fax)：0512-82181668
Http：//szplanethkol. 1688. com
联系人(Contact Person)：李秋梅
产品(Products)：医用敷料，降温贴，湿巾

太仓海樱卫生用品有限公司
Taicang Kaio Co., Ltd.
地址(Add)：江苏省太仓市陆渡镇三和路
邮编(P. C.)：215412
电话(Tel)：0512-53288009
传真(Fax)：0512-53454328
E-mail：liu741012@ 163. com
联系人(Contact Person)：刘天银
产品(Products)：口罩

江苏康隆工贸有限公司
Jiangsu Kanglong Industry Business Co., Ltd.
地址(Add)：江苏省泰州市泰九路18-1号
邮编(P. C.)：225300
电话(Tel)：0523-86564531
传真(Fax)：0523-86566011
E-mail：kanglong@ med-kanglong. com
Http：//www. jskanglong. com
法人代表(Chairman)：卞学根
总经理(General Manager)：卞学根
联系人(Contact Person)：卞学根
产品(Products)：湿巾，口罩
品牌(Brand)：康隆

无锡市恒通医药卫生用品有限公司
Wuxi Hengtong Medical Drug Sundries Co., Ltd.
地址(Add)：江苏省无锡市新区硕放工业园
邮编(P. C.)：214142
电话(Tel)：0510-85306862
传真(Fax)：0510-85301287
E-mail：hengtongyiyao@ sina. com
Http：//www. wxhtyy. com. cn
联系人(Contact Person)：顾敏民
产品(Products)：导尿包，手术包，产包，口罩，帽子，手术衣

吴江市亿成医疗器械有限公司
Wujiang Yicheng Medical Appararus Co., Ltd.
地址(Add)：江苏省吴江市北厍镇大义开发区
邮编(P. C.)：215214
电话(Tel)：0512-63242326
传真(Fax)：0512-63240159
E-mail：suzhouyc2008@ 163. com
Http：//suzhouyc2008. 1688. com
法人代表(Chairman)：许国平
总经理(General Manager)：许国平
联系人(Contact Person)：顾春锋
产品(Products)：护理垫，口罩，手术帽

盐城市天盛卫生用品有限公司
Yancheng Tako Co., Ltd.
地址(Add)：江苏省盐城市亭湖区永丰镇永新公路118号
邮编(P. C.)：224054
电话(Tel)：0515-88539886
传真(Fax)：0515-88539656
Http：//www. yctako. com
法人代表(Chairman)：郑宏春
总经理(General Manager)：郑宏春
联系人(Contact Person)：陈大云
产品(Products)：口罩，吸油棉，吸汗垫

扬中九妹日用品有限公司
Yangzhong Jiumei Products for Daily Use Co., Ltd.
地址(Add)：江苏省扬中市区花园路149号
邮编(P. C.)：212200
电话(Tel)：0511-88324279
传真(Fax)：0511-85151169
E-mail：275063263@ qq. com
Http：//www. yzjiumei. cn. alibaba. com
法人代表(Chairman)：范进
总经理(General Manager)：范进
联系人(Contact Person)：范进
产品(Products)：卫生巾，卫生护垫，成人纸尿裤/片，护理垫
品牌(Brand)：九妹，伊舒莱，华达老人，健康百岁

扬州市杭集飞达旅游用品厂
Yangzhou Hangji Feida Tourism Products Factory
地址(Add)：江苏省扬州市杭集工业园曙光花园102号
邮编(P. C.)：225111
电话(Tel)：0514-87271710
传真(Fax)：0514-87497646
E-mail：514575835@ qq. com
联系人(Contact Person)：王士祥
产品(Products)：口罩

扬州市长城医疗器械厂
Yangzhou Changcheng Medical Apparitus Plant
地址(Add)：江苏省扬州市头桥镇通达路298号

邮编(P. C.): 225109
电话(Tel): 0514 - 87484777
传真(Fax): 0514 - 87484777
法人代表(Chairman): 滕玲
联系人(Contact Person): 滕玲
产品(Products): 口罩，帽子

张家港志益医材有限公司
Zhangjiagang Zhiyi Medical Health Products Co., Ltd.
地址(Add): 江苏省张家港市乐余镇常丰人民路
邮编(P. C.): 215622
电话(Tel): 0512 - 58576998
传真(Fax): 0512 - 58533998
E-mail: jenny@ zhiyimedical. com
Http: //www. lwjx. com
法人代表(Chairman): 任志华
总经理(General Manager): 任志华
联系人(Contact Person): 任志华
产品(Products): 手术套装，医用类洞巾，手术垫

张家港市东创无纺布制品有限公司
Zhangjiagang Dongchuang Nonwovens Products Co., Ltd.
地址(Add): 江苏省张家港市兆丰镇兆丰路 173 号
邮编(P. C.): 215622
电话(Tel): 0512 - 56765230
传真(Fax): 0512 - 56776030
E-mail: d56765230@ 126. com
Http: //www. kouzhaocn. com
总经理(General Manager): 张文
联系人(Contact Person): 张文
产品(Products): 口罩，鞋套，条帽

镇江英科环保机械有限公司
Zhenjiang Intco Recycling Machinery Co., Ltd.
地址(Add): 江苏省镇江市新区大港烟墩山路 77 号
邮编(P. C.): 212132
电话(Tel): 0511 - 83174088 - 138
传真(Fax): 0511 - 83174188
E-mail: lucyshen@ intco. com. cn
Http: //www. intco. com. cn
联系人(Contact Person): 刘晓黎
产品(Products): 口罩，灭菌卷

● 浙江 Zhejiang

宁波市奇兴无纺布有限公司
Ningbo Qixing Nonwovens Co., Ltd.
地址(Add): 浙江省慈溪市掌起镇工业园区工业路 66 号
邮编(P. C.): 315313
电话(Tel): 0574 - 63742606
传真(Fax): 0574 - 63740408
E-mail: qixingnb@ 163. com
Http: //www. china - nonwoven. com
法人代表(Chairman): 谢道训
总经理(General Manager): 应纳迪
联系人(Contact Person): 聂惯伟
产品(Products): 口罩，抹布

浙江协盛纺织有限公司
Zhejiang Xiesheng Textile Co., Ltd.
地址(Add): 浙江省海宁市斜桥工业区镇中路 8 号
邮编(P. C.): 314406
电话(Tel): 0573 - 87717777
传真(Fax): 0573 - 87718111
E-mail: sales@ mail. xieshengtextile. com
Http: //www. xieshengtextile. com
总经理(General Manager): 朱梁兴
联系人(Contact Person): 曾辉
产品(Products): 医用复合材料

杭州锦腾织造有限公司
Hangzhou Jinteng Nonwovens Co., Ltd.
地址(Add): 浙江省杭州市临安苕溪南路 16 号锦江工业园
邮编(P. C.): 311300
电话(Tel): 0571 - 63757013
传真(Fax): 0571 - 63756930
法人代表(Chairman): 钭正贤
总经理(General Manager): 俞楚云
联系人(Contact Person): 俞楚云
产品(Products): 手术衣，帽子

杭州集成复合材料有限公司
Hangzhou Jicheng Complex Material Co., Ltd.
地址(Add): 浙江省杭州市萧山区萧绍东路 180 - 1 号
邮编(P. C.): 311200
电话(Tel): 0571 - 82863868
传真(Fax): 0571 - 82863678
E-mail: hz801@ jclamination. com
Http: //www. jclamination. com. cn
法人代表(Chairman): 陈志良
总经理(General Manager): 陈志良
联系人(Contact Person): 陈志良
产品(Products): 手术衣，防护服，宠物垫

杭州南峰非织造布有限公司
Hangzhou Nanfeng Nonwoven Fabric Co., Ltd.
地址(Add): 浙江省杭州市萧山区义蓬工业区
邮编(P. C.): 310000
电话(Tel): 0571 - 82181133
传真(Fax): 0571 - 82181133
E-mail: export@ naster. cn
Http: //www. hznanfeng. com
联系人(Contact Person): 郑芳
产品(Products): 擦拭巾，一次性医用材料

杭州津诚医用纺织有限公司
Hangzhou Jincheng Medical Supplies & Manufacture Co., Ltd.
地址(Add): 浙江省杭州市余杭区仁和镇獐山路 202 号
邮编(P. C.): 311107
电话(Tel): 0571 - 86396888 - 8505
传真(Fax): 0571 - 86397600
E-mail: info@ jincheng. biz
Http: //www. jincheng. biz
联系人(Contact Person): 邵岳平
产品(Products): 手术衣，口罩，防护服，帽子

湖州丝之物语蚕丝科技有限公司
Huzhou the Story of Silk Technology Co., Ltd.
地址(Add)：浙江省湖州市经济开发区田横路487号
邮编(P. C.)：313000
电话(Tel)：0572－2107418
传真(Fax)：0572－2107418
E-mail：sizwyu@126. com
Http：//www. silkstory. com. cn
法人代表(Chairman)：金耀祺
总经理(General Manager)：金耀祺
联系人(Contact Person)：金耀祺
产品(Products)：卫生巾，面膜
品牌(Brand)：丝之物语

浙江嘉鸿非织造布有限公司
Zhejiang Jiahong Nonwovens Co., Ltd.
地址(Add)：浙江省嘉善市姚庄镇工业园区万泰路86号
邮编(P. C.)：314117
电话(Tel)：0573－84773268
传真(Fax)：0573－84773266
E-mail：jsjh6666@163. com
总经理(General Manager)：倪炳耀
联系人(Contact Person)：倪烨
产品(Products)：防护服，手术衣，口罩，帽子，鞋套，床单

浙江华泰非织造布有限公司
Zhejiang Huatai Nonwovens Co., Ltd.
地址(Add)：浙江省嘉善县姚庄工业区万泰路118号
邮编(P. C.)：314100
电话(Tel)：0573－84773888
传真(Fax)：0573－84773668
E-mail：ppnonwoven@gmail. com
Http：//www. htnonwoven. com
法人代表(Chairman)：林国华
总经理(General Manager)：林国华
联系人(Contact Person)：林国华
产品(Products)：非织造布制品

浙江富瑞森水刺无纺布有限公司
Zhejiang Furuisen Spunlaced Nonwovens Co., Ltd.
地址(Add)：浙江省嘉兴市南湖区新丰工业区
邮编(P. C.)：314005
电话(Tel)：0573－83129828
传真(Fax)：0573－83128518
E-mail：frs@furuisen. com
Http：//www. furuisen. com
法人代表(Chairman)：赵雪明
总经理(General Manager)：赵雪明
联系人(Contact Person)：赵雪明
产品(Products)：湿巾，其他非织造布制品

世源科技(嘉兴)医疗电子有限公司
GRI Medical & Electronic Technology Co., Ltd.
地址(Add)：浙江省嘉兴市秀洲工业区洪高路1805号
邮编(P. C.)：314031
电话(Tel)：0573－83916501
传真(Fax)：0573－83916520
E-mail：lyang@gri－china. com
Http：//www. gri－china. com
联系人(Contact Person)：杨启安
产品(Products)：非织造布医疗用品

浙江弘扬无纺新材料有限公司
Zhejiang Spread Nonwoven Material Co., Ltd.
地址(Add)：浙江省嘉兴市秀洲工业区新塍大道101号
邮编(P. C.)：314015
电话(Tel)：0573－83545899
传真(Fax)：0573－83528138
E-mail：hy@hywf. net
Http：//www. hywf. net
联系人(Contact Person)：王殿生
产品(Products)：口罩，湿巾

杭州临安海元无纺制品有限公司
Hangzhou Linan Haiyuan Nonwoven Products Co., Ltd.
地址(Add)：浙江省临安市玲珑夏禹桥
邮编(P. C.)：311301
电话(Tel)：0571－63761328
传真(Fax)：0571－63763670
E-mail：jmkc008@163. com
联系人(Contact Person)：周旋
产品(Products)：压缩毛巾，抹布，面膜巾

杭州临安天福无纺布制品厂
Hangzhou Linan Tianfu Nonwoven Products Factory
地址(Add)：浙江省临安市青山湖街道牧家桥
邮编(P. C.)：311300
电话(Tel)：0571－63810082
传真(Fax)：0571－63810083
E-mail：chenzl@zjtianfu. com
Http：//www. latf. cxswzx. com
法人代表(Chairman)：陈正龙
总经理(General Manager)：陈正龙
联系人(Contact Person)：陈正龙
产品(Products)：非织造布制品，湿巾

南六企业(平湖)有限公司
Nan Liu Enterprise (Pinghu) Co., Ltd.
地址(Add)：浙江省平湖市经济开发区新凯路2188号
邮编(P. C.)：314200
电话(Tel)：0573－85136616－6627
传真(Fax)：0573－85221666
E-mail：tangguoliang@nanliugroup. com
Http：//www. nanliugroup. com. cn
联系人(Contact Person)：唐国良
产品(Products)：面膜，湿巾
品牌(Brand)：妮塔莉雅

绍兴市恒盛新材料技术发展有限公司
Shaoxing Hengsheng New Material Technology Development Co., Ltd.
地址(Add)：浙江省绍兴市东浦工业园区下大桥大越路39号
邮编(P. C.)：312069
电话(Tel)：0575－88939529
传真(Fax)：0575－85393891
E-mail：sale@hs－nonwoven. com
Http：//www. hs－nonwoven. com
总经理(General Manager)：黄锐镇
产品(Products)：湿巾，医疗卫材

绍兴振德医用敷料有限公司
Shaoxing Zhende Medicine Dressing Co., Ltd.
地址(Add): 浙江省绍兴市皋北工业区
邮编(P. C.): 312035
电话(Tel): 0575-88086666
传真(Fax): 0575-88081936
E-mail: stevenshen@zhende.com
Http://www.zhende.com
法人代表(Chairman): 沈振东
总经理(General Manager): 沈振东
联系人(Contact Person): 沈振东
产品(Products): 急救包, 手术包, 手术衣

绍兴福清卫生用品有限公司
Shaoxing Fuqing Health Products Co., Ltd.
地址(Add): 浙江省绍兴市高科技工业园区五泄路599号
邮编(P. C.): 312000
电话(Tel): 0575-88675000
传真(Fax): 0575-88676000
E-mail: fuqing@sxfuqing.com.cn
Http://www.sxfuqing.com.cn
总经理(General Manager): 刘伯福
产品(Products): 口罩, 手术衣, 防护服, 医用敷料

绍兴易邦医用品有限公司
Shaoxing Yibon Medical Co., Ltd.
地址(Add): 浙江省绍兴市袍江工业区越王路341号
邮编(P. C.): 312000
电话(Tel): 0575-88172701
传真(Fax): 0575-88172700
E-mail: yibon@yibon-medical.com
Http://www.yibon-medical.com
总经理(General Manager): 屠建江
联系人(Contact Person): 屠建江
产品(Products): 医用敷料, 口罩

浙江和中非织造股份有限公司
Zhejiang Hezhong Nonwoven Co., Ltd.
地址(Add): 浙江省绍兴市绍兴县夏履镇工业园区
邮编(P. C.): 312026
电话(Tel): 0575-84066555
传真(Fax): 0575-84066566
E-mail: hya173@sohu.com
Http://www.hezhongchina.com
总经理(General Manager): 徐寿明
联系人(Contact Person): 季红燕
产品(Products): 湿巾, 医用材料

桐乡市健民过滤材料有限公司
Tongxiang Jianmin Filter Material Co., Ltd.
地址(Add): 浙江省桐乡市崇福镇开发区世纪大道北侧
邮编(P. C.): 200333
电话(Tel): 021-26010603
传真(Fax): 021-26010666
E-mail: material@jmfilter.com
Http://www.zhfcn.com
产品(Products): 无纺布过滤袋

温州广鑫包装有限公司
Wenzhou Guangxin Packing Co., Ltd.
地址(Add): 浙江省温州市平阳县萧江镇萧振工业区
邮编(P. C.): 315192
电话(Tel): 0574-55226955
传真(Fax): 0574-55226959
E-mail: admin@gxshoppingbag.com
Http://www.gxshoppingbag.com
产品(Products): 无纺布袋

义乌市佳丽卫生用品厂
Yiwu Jiali Hygiene Products Factory
地址(Add): 浙江省义乌市义南开发区
邮编(P. C.): 322006
电话(Tel): 0579-85785585
传真(Fax): 0579-85737170
E-mail: webmaster@chinahuile.com
Http://www.chinahuile.com
联系人(Contact Person): 余植军
产品(Products): 卫生巾, 卫生护垫, 鞋垫
品牌(Brand): 七彩少女, 七彩空间

浙江安柔卫生用品有限公司
Zhejiang Anrou Hygiene Products Co., Ltd.
地址(Add): 浙江省义乌市义亭工业区稠义西路168号
邮编(P. C.): 322005
电话(Tel): 0579-85679688
传真(Fax): 0579-85817688
E-mail: managerchen811@sohu.com
Http://www.anrou.cn
法人代表(Chairman): 李光军
总经理(General Manager): 李光军
联系人(Contact Person): 陈坚
产品(Products): 卫生巾, 卫生护垫, 乳垫, 婴儿纸尿裤/片, 成人纸尿裤, 护理垫, 湿巾, 宠物垫, 汗液垫
品牌(Brand): 安柔, 澳利康, 子女心

● 安徽 Anhui

合肥市华润非织造布制品有限公司
Hefei Huarun Nonwoven Products Co., Ltd.
地址(Add): 安徽省合肥市包河工业区纬三路3号科达学校院内4楼
邮编(P. C.): 230051
电话(Tel): 0551-63367820
传真(Fax): 0551-63367860
E-mail: ahhuarun@163.com
Http://ahhuarun.cn.1688.com
法人代表(Chairman): 程本华
总经理(General Manager): 程本华
产品(Products): 湿巾, 擦拭巾, 口罩, 帽子, 鞋子, 手术衣, 防护服

合肥普尔德卫生材料有限公司
Sino Protection (Hefei) Sanitary Material Co., Ltd.
地址(Add): 安徽省合肥市长江东路226号
邮编(P. C.): 230021
电话(Tel): 0551-64411761
传真(Fax): 0551-64417418
E-mail: webmaster@hfspi.com
Http://www.hfspi.com
总经理(General Manager): 严德正

联系人(Contact Person)：唐俊英
产品(Products)：手术衣，帽，口罩，隔离服，防护服

合肥法斯特无纺布制品有限公司
Hefei Fast Nonwoven Products Co., Ltd.
地址(Add)：安徽省合肥市长江西路与潜山路交叉口鼎鑫大厦2217－2218室
邮编(P.C.)：230001
电话(Tel)：0551－65399616
传真(Fax)：0551－65399606
E-mail：sale@fasttextiles.com
Http://hefeifastnonwoven.en.alibaba.com
产品(Products)：口罩，帽子，防护服，柔巾卷

安徽省合肥战联卫生用品有限公司
Anhui Hefei Zhanlian Hygiene Products Co., Ltd.
地址(Add)：安徽省合肥市东郊新城工业区燎原大道
邮编(P.C.)：231600
电话(Tel)：0551－67707666
传真(Fax)：0551－67705868
Http://zhlian8888.cn.gongchang.com
法人代表(Chairman)：李建军
总经理(General Manager)：李建军
联系人(Contact Person)：李建军
产品(Products)：湿巾，手帕纸，面巾纸，卫生纸，非织造布制品
品牌(Brand)：洁帕

合肥特丽洁卫生材料有限公司
Hefei Telijie Hygiene Material Co., Ltd.
地址(Add)：安徽省合肥市肥东合浦路特丽洁工业园
邮编(P.C.)：231600
电话(Tel)：0551－67662010
传真(Fax)：0551－67662015
E-mail：info@telijie.com
Http://www.telijie.com
法人代表(Chairman)：王国琴
总经理(General Manager)：张光明
联系人(Contact Person)：黄义明
产品(Products)：湿巾，口罩，手术衣，护理垫
品牌(Brand)：特丽洁

合肥洁诺无纺布制品有限公司
Hefei C & P Nonwoven Products Co., Ltd.
地址(Add)：安徽省合肥市肥东新城开发区公园路22号
邮编(P.C.)：231600
电话(Tel)：0551－67709456
传真(Fax)：0551－67709567
E-mail：cpnonwoven@163.com
Http://www.cpnonwoven.com.cn
法人代表(Chairman)：张德满
总经理(General Manager)：张德满
联系人(Contact Person)：陈武增
产品(Products)：湿巾，手术单

合肥欣诺无纺制品有限公司
Hefei Sino Nonwoven Products Co., Ltd.
地址(Add)：安徽省合肥市肥东新城开发区龙东工业园
邮编(P.C.)：230003
电话(Tel)：0551－67745219
传真(Fax)：0551－67745272
E-mail：zjnonwoven@163.net
Http://sinononwoven.cn.china.cn
法人代表(Chairman)：张军
联系人(Contact Person)：刘明俊
产品(Products)：湿巾，医用床单，抹布

合肥汉邦医疗用品有限公司
Hefei Hambone Medical Uses Co., Ltd.
地址(Add)：安徽省合肥市双凤经济开发区凤锦路9号
邮编(P.C.)：230000
电话(Tel)：0551－65689012
传真(Fax)：0551－65689008
E-mail：hank.bu@gmail.com
产品(Products)：手术衣，医用床单，湿巾，护理垫

合肥美迪普医疗卫生用品有限公司
Hefei Med Pro Health Care Co., Ltd.
地址(Add)：安徽省合肥市新站区新站工业园星火路8号
邮编(P.C.)：230008
电话(Tel)：0551－64317045
传真(Fax)：0551－64395001
E-mail：medpro_999@163.com
Http://www.medpro.cn
法人代表(Chairman)：吴俊
总经理(General Manager)：吴俊
联系人(Contact Person)：朱菊
产品(Products)：口罩，帽，手术衣，隔离服，护理垫

合肥特丽洁包装技术有限公司
Hefei Telijie Packaging Technology Co., Ltd.
地址(Add)：安徽省合肥市瑶海工业园19号(新海公园对面)
邮编(P.C.)：230011
电话(Tel)：0551－62331070
传真(Fax)：0551－62331168
E-mail：sales@permedi.com
Http://www.permedi.com
总经理(General Manager)：胡跃东
产品(Products)：牙科垫，医用床单，非织造布袋

合肥华为无纺科技有限公司
Hefei Huawei Nonwoven Science & Technology Co., Ltd.
地址(Add)：安徽省合肥市瑶海区长江东路226号卫牌大厦601－603室
邮编(P.C.)：230011
电话(Tel)：0551－64321710
传真(Fax)：0551－64410010
Http://www.huaweinonwoven.cn
联系人(Contact Person)：董庆华
产品(Products)：擦拭巾，手术洞巾，吸血垫，护理垫

天长市康辉防护用品工贸有限公司
Tianchang Kanghui Products Industry & Trading Co., Ltd.
地址(Add)：安徽省天长市石梁镇街道18号
邮编(P.C.)：239322
电话(Tel)：0550－7715388
传真(Fax)：0550－7715428
E-mail：wtg1188@163.com
法人代表(Chairman)：王庭国

总经理(General Manager)：王庭国
联系人(Contact Person)：王忠英
产品(Products)：围兜，乳垫，手术衣，口罩，帽子，纸鞋垫非织造布制品
品牌(Brand)：菲特美

天长市天悦防护用品有限公司
Tianchang Tianyue Protective Products Co., Ltd.
地址(Add)：安徽省天长市天秦路888号
邮编(P. C.)：239300
电话(Tel)：0550－7094222
传真(Fax)：0550－7096769
联系人(Contact Person)：李明峰
产品(Products)：口罩，手术衣

● 福建 Fujian

南安市和佳鞋材有限公司
Nanan Hejia Shoes Material Co., Ltd.
地址(Add)：福建省南安市康美团结大康工业区
邮编(P. C.)：362200
电话(Tel)：0595－86287538
传真(Fax)：0595－86287538
总经理(General Manager)：黄加彬
联系人(Contact Person)：黄加彬
产品(Products)：鞋垫
品牌(Brand)：和佳

南安市老有福卫生用品厂
Nanan Laoyoufu Hygiene Products Factory
地址(Add)：福建省南安市溪美宣化工业区
邮编(P. C.)：362399
电话(Tel)：0595－86378136
传真(Fax)：0595－86378136
联系人(Contact Person)：林圣吉
产品(Products)：成人纸尿裤/片，护理垫，宠物垫，医疗手术垫
品牌(Brand)：老有福

麦克罗加(厦门)防护用品有限公司
Microgard Xiamen Ltd.
地址(Add)：福建省厦门市海沧保税港区海景东二路39号
邮编(P. C.)：361026
电话(Tel)：0592－6278814
传真(Fax)：0592－6278840
E-mail：k. wu@ microgard. com. cn
Http://www. microgard. com
联系人(Contact Person)：吴传涛
产品(Products)：非织造布防护服

太平化纤(厦门)有限公司
Taping Industries (Xiamen) Ltd.
地址(Add)：福建省厦门市火炬高技术产业开发区光厦楼北楼二层
邮编(P. C.)：361006
电话(Tel)：0592－5719683
传真(Fax)：0592－5719663
E-mail：taping@ 189. cn
Http://www. taping. com. hk
联系人(Contact Person)：高健
产品(Products)：医疗用防护服

厦门飘安医疗器械有限公司
Xiamen Piaoan Medical Appliances Co., Ltd.
地址(Add)：福建省厦门市思明区洪莲西二里1464号
邮编(P. C.)：361004
电话(Tel)：0592－5817576
传真(Fax)：0592－5811655
E-mail：pagroup@ piaoan. com
总经理(General Manager)：王广军
产品(Products)：水刺非织造布制品

厦门富力行美容用品公司
Xiamen Freego Beauty Product Co., Ltd.
地址(Add)：福建省厦门市同安工业集中区思明园121号5楼
邮编(P. C.)：361199
电话(Tel)：0592－7138630
传真(Fax)：0592－7772821
E-mail：wwwhuc@ 163. com
联系人(Contact Person)：胡武昌
产品(Products)：纸内裤，一次性毛巾，床单，口罩，工业擦拭纸

厦门悠派无纺布制品有限公司
Xiamen Youpai Nonwoven Products Co., Ltd.
地址(Add)：福建省厦门市同安工业集中区思明园121号五楼
邮编(P. C.)：361100
电话(Tel)：0592－7153668
传真(Fax)：0592－7137119
E-mail：sales@ xm－freego. com. cn
Http://www. xm－freego. com. cn
法人代表(Chairman)：林坚
总经理(General Manager)：林坚
联系人(Contact Person)：林坚
产品(Products)：婴儿纸尿裤，美容巾，化妆棉，手术衣，卫生巾
品牌(Brand)：Freego，柔芙绵

● 江西 Jiangxi

江西美宝利医用敷料有限公司
Medwell Medical Products Co., Ltd.
地址(Add)：江西省九江市德安县丰林镇
邮编(P. C.)：330406
电话(Tel)：0792－4670888
传真(Fax)：0792－4670020
E-mail：yww@ medwell. net
Http://www. medwell. net
产品(Products)：手术衣，洞巾，防护服

3L医用制品有限公司
3L Medicine Products Co., Ltd.
地址(Add)：江西省南昌市高新区火炬大街599号
邮编(P. C.)：330029
电话(Tel)：0791－88101088
传真(Fax)：0791－88106110
E-mail：sevice@ 3l. com. cn

Http://www.3l.com.cn
联系人(Contact Person):萧跃生
产品(Products):手术衣,口罩,帽子

● 山东 Shandong

山东瑞亿医疗用品有限公司
Shandong Sincere Medical Products Co., Ltd.
地址(Add):山东省安丘市景芝镇潍徐路 168 号
邮编(P.C.):262100
电话(Tel):0536-2266299
传真(Fax):0536-2266277
E-mail:john@sinceremed.com
法人代表(Chairman):沈慧麟
总经理(General Manager):沈慧麟
联系人(Contact Person):沈慧麟
产品(Products):纱布,弹性绷带,治疗巾

济南美康医疗卫生用品有限公司
Jinnan Meheco Medical Co., Ltd.
地址(Add):山东省济南市出口工业区 4 号厂房
邮编(P.C.):250102
电话(Tel):0531-88236266
传真(Fax):0531-88236299
法人代表(Chairman):毕敏
总经理(General Manager):毕敏
联系人(Contact Person):高有明
产品(Products):口罩,防护服

济南鑫露艺科贸有限公司
Jinan Xinluyi Science & Trading Co., Ltd.
地址(Add):山东省济南市历下区历山东路 64 号
邮编(P.C.):250013
电话(Tel):0531-86976209
传真(Fax):0531-86976209
联系人(Contact Person):王建华
产品(Products):马桶垫

金泰通用医疗器材(青岛)有限公司
Jintai Medicals Appliances (Qingdao) Co., Ltd.
地址(Add):山东省青岛市胶南铁山西路 13 号
邮编(P.C.):266400
电话(Tel):0532-88151282
传真(Fax):0532-88151193
联系人(Contact Person):李涛
产品(Products):护理垫,中单,产包,手术包,手术床单,手术衣

青岛正利纸业有限公司
Qingdao Zhengli Paper Co., Ltd.
地址(Add):山东省青岛市四方区德兴东路 8 号
邮编(P.C.):266100
电话(Tel):0532-85034166
传真(Fax):0532-85032173
E-mail:grpldz@public.qd.sd.cn
Http://www.zhenglizhiye.com
总经理(General Manager):卢正利
联系人(Contact Person):王守岗
产品(Products):卫生纸,面巾纸,盘纸,擦手纸,原纸,纸质猫砂,马桶垫纸
品牌(Brand):正利

青岛市四方凯华卫生用品厂
Qingdao Kaihua Hygiene Products Factory
地址(Add):山东省青岛市四方区开平路 6 号
邮编(P.C.):266000
电话(Tel):0532-84875338
传真(Fax):0532-84875338
联系人(Contact Person):刘清华
产品(Products):口罩,帽子,手术衣,中单,垫子,洞巾,治疗巾,妇检巾

日照三奇医保用品(集团)有限公司
China 3Q Medical Group Co., Ltd.
地址(Add):山东省日照市河山国际工业园
邮编(P.C.):276800
电话(Tel):0633-8535119
传真(Fax):0633-8541698
E-mail:wcs6928@163.com
Http://www.sanqicn.com
总经理(General Manager):毕坤传
联系人(Contact Person):于秀娟
产品(Products):医疗用品,护理垫,纸巾纸,湿巾

威海鸿宇医疗器械有限公司
Weihai Hongyu Medical Devices Co., Ltd.
地址(Add):山东省威海市经济技术开发区深圳路 86 号
邮编(P.C.):264205
电话(Tel):0631-3636901
传真(Fax):0631-3636910
E-mail:sales@hongyumed.com
Http://www.hongyumed.com
法人代表(Chairman):曹建泽
总经理(General Manager):曹建泽
联系人(Contact Person):曹建泽
产品(Products):手术包,产包,手术衣,手术单,口罩,帽子,护理垫,婴儿纸尿片

潍坊福山纸业有限公司
Weifang Fushan Paper Products Co., Ltd.
地址(Add):山东省潍坊市坊子区东王工业区
邮编(P.C.):261200
电话(Tel):0536-7637289
传真(Fax):0536-7637288
法人代表(Chairman):蔡金针
总经理(General Manager):蔡标芳
联系人(Contact Person):许永源
产品(Products):卫生纸,面巾纸,餐巾纸,手帕纸,湿巾,婴儿纸尿片,手术衣帽
品牌(Brand):喜相随,好儿女,左右手,随康

山东海龙康富特非织造材料有限公司
Shandong Helon Comfortable Nonwoven Co., Ltd.
地址(Add):山东省潍坊市寒亭区央子镇新北海路以南
邮编(P.C.):261108
电话(Tel):0536-7576829
传真(Fax):0536-7576286
E-mail:xiabosen959@163.com
法人代表(Chairman):王兴华
联系人(Contact Person):王东
产品(Products):手术衣帽,面膜,擦拭巾

沁源卫生用品有限公司
Qinyuan Hygiene Products Co., Ltd.
地址(Add)：山东省文登市侯家镇龙山路14号
邮编(P. C.)：264405
电话(Tel)：0631－8727033
传真(Fax)：0631－8725388
E-mail：info@cnkingway.com
Http：//www.cnkingway.com
法人代表(Chairman)：吴树广
总经理(General Manager)：吴树广
联系人(Contact Person)：侯增泽
产品(Products)：宠物垫，护理垫，手术垫

威海今朝卫生用品有限公司
Weihai Jinzhao Sanitary Products Co., Ltd.
地址(Add)：山东省文登市秀山西路15－2号
邮编(P. C.)：264200
电话(Tel)：0631－8879099
传真(Fax)：0631－8879555
E-mail：jinzhao_hou@hotmail.com
Http：//www.jinzhaowh.com
联系人(Contact Person)：侯登刚
产品(Products)：宠物垫，护理垫，手术垫

招远市温泉无纺布制品厂
Zhaoyuan Adhesive－bonded Fabric Cloth Factory
地址(Add)：山东省招远市天府路555号
邮编(P. C.)：265400
电话(Tel)：0535－8130111
传真(Fax)：0535－8135552
E-mail：yt0098@126.com
Http：//www.yt0098.com
法人代表(Chairman)：徐明福
总经理(General Manager)：徐明福
联系人(Contact Person)：徐明福
产品(Products)：手术衣，帽，口罩，护理垫，婴儿隔尿垫巾

山东圣纳医用制品有限公司
Shandong Shingna Medical Products Co., Ltd.
地址(Add)：山东省淄博市高新开发区兰雁大道37号
邮编(P. C.)：255000
电话(Tel)：0533－3587867
传真(Fax)：0533－3810180
E-mail：master@shingna.com
Http：//www.shingna.com
总经理(General Manager)：王乐信
联系人(Contact Person)：王乐信
产品(Products)：医用透明敷料，医用胶带

山东淄博光大医疗用品有限公司
Zibo Guangda Medical Treatment Things Co., Ltd.
地址(Add)：山东省淄博市张店区良乡工业园东区1路19号
邮编(P. C.)：255071
电话(Tel)：0533－2091051
传真(Fax)：0533－2091051
E-mail：magusmao@tom.com
法人代表(Chairman)：李在贞
总经理(General Manager)：李在贞
联系人(Contact Person)：李骁
产品(Products)：口罩，帽子，护理垫，防护服

● 河南 Henan

河南飘安集团
Henan Piaoan Group Co., Ltd.
地址(Add)：河南省新乡市长垣飘安工业园
邮编(P. C.)：453400
电话(Tel)：0373－8790139
传真(Fax)：0373－8790139
E-mail：pagroup@piaoan.com
Http：//www.piaoan.com
法人代表(Chairman)：王继勇
总经理(General Manager)：王继勇
联系人(Contact Person)：张欣
产品(Products)：手术衣，口罩，帽子，手术服
品牌(Brand)：飘安

新乡市好媚卫生用品有限公司
Xinxiang Haomei Hygiene Products Co., Ltd.
地址(Add)：河南省新乡市长垣县丁栾镇工业区
邮编(P. C.)：453400
电话(Tel)：0373－8968881
传真(Fax)：0373－8968438
E-mail：1343050016@qq.com
Http：//www.haomeiwc.cn
总经理(General Manager)：崔怀鹤
产品(Products)：口罩，帽子，手术衣，护理垫，成人纸尿裤

河南省华裕医疗器械有限公司
Henan Huayu Medical Instrument Co., Ltd.
地址(Add)：河南省新乡市长垣县方里创业园
邮编(P. C.)：453416
电话(Tel)：0373－8976888
传真(Fax)：0373－8997588
E-mail：henanhuayu@126.com
Http：//www.henanhuayu.com.cn
法人代表(Chairman)：张建设
联系人(Contact Person)：吕霞
产品(Products)：手术包，产包，手术衣，导尿包，口罩，手套，帽子，流产包，妇检包

新乡市宇安医用卫材有限公司
Yuan Mecical Hygienic Material Co., Ltd.
地址(Add)：河南省新乡市长垣县张三寨工业区168号
邮编(P. C.)：453400
电话(Tel)：0373－8702394
传真(Fax)：0373－8702394
E-mail：c126c@163.com
联系人(Contact Person)：王运昌
产品(Products)：口罩，帽子，手术衣，床单
品牌(Brand)：宇安

郑州枫林无纺科技有限公司
Zhengzhou Fenglin Nonwovens Science & Tech. Co., Ltd.
地址(Add)：河南省郑州巩义市小关镇
邮编(P. C.)：451272
电话(Tel)：0371－64442963
传真(Fax)：0371－64441166
E-mail：ads389@126.com

Http://www.flwf.com
法人代表(Chairman)：卫强
总经理(General Manager)：卫强
联系人(Contact Person)：张元顺
产品(Products)：压缩毛巾，湿巾，擦拭巾，医疗用品
品牌(Brand)：枫林，水之润

郑州无纺生活用品有限公司
Zhengzhou Nonwoven Products Co., Ltd.
地址(Add)：河南省郑州市高新技术开发区丁香里一号
邮编(P. C.)：450053
电话(Tel)：0371－67371520
传真(Fax)：0371－67371521
E-mail：stfdg@sina.com
Http://www.zzwf.cn
总经理(General Manager)：李汛
联系人(Contact Person)：于桂琴
产品(Products)：湿巾，擦拭巾，敷料片，口罩

郑州洁之美无纺新材料有限公司
Zhengzhou Justme Nonwoven New Material Co., Ltd.
地址(Add)：河南省郑州市惠济区老鸦陈大圈里9号
邮编(P. C.)：450044
电话(Tel)：0371－68223688
传真(Fax)：0371－56612658
E-mail：jzmnon@126.com
Http://www.jzmnon.com
总经理(General Manager)：王斌
联系人(Contact Person)：尧少峰
产品(Products)：湿巾，擦拭巾，口罩，桑拿服
品牌(Brand)：婴儿柔，水动力

● 湖北 Hubei

汉川市复膜塑料有限责任公司
Hanchuan Film Plastics Co., Ltd.
地址(Add)：湖北省汉川市城隍镇正街28号
邮编(P. C.)：431066
电话(Tel)：0712－8460026
传真(Fax)：0712－8460126
E-mail：fengww8875@gmail.com
联系人(Contact Person)：冯魏巍
产品(Products)：一次性医用床单

湖北富仕达无纺布制品有限公司
Hubei Fullstar Nonwoven Products Co., Ltd.
地址(Add)：湖北省武汉市武珞路442号中南国际城A座1501
邮编(P. C.)：430071
电话(Tel)：027－59609191
传真(Fax)：027－59609192
E-mail：export@hb－nonwoven.com
Http://www.fustars.net
联系人(Contact Person)：易钢
产品(Products)：医用口罩，帽子，手术衣，防护服

仙桃市盛天防护用品有限公司
Xiantao Shengtian Healthcare Products Co., Ltd.
地址(Add)：湖北省仙桃市长埫口镇田李学校内
邮编(P. C.)：433001
电话(Tel)：0728－2531288
传真(Fax)：0728－2530388
E-mail：taoshan74@163.com
联系人(Contact Person)：雷进
产品(Products)：鞋套，口罩，帽子

仙桃市隽雅防护用品有限公司
Xiantao Junya Safety Articles Co., Ltd.
地址(Add)：湖北省仙桃市解放东路
邮编(P. C.)：433000
电话(Tel)：0728－8205129
传真(Fax)：0728－3256124
E-mail：juenya@126.com
总经理(General Manager)：彭隽
联系人(Contact Person)：金伟
产品(Products)：帽，口罩，手术衣

瑞宏森防护用品有限责任公司
Raysen Healthcare Products Co., Ltd.
地址(Add)：湖北省仙桃市毛嘴镇工业园
邮编(P. C.)：433008
电话(Tel)：0728－2884168
传真(Fax)：0728－2885969
E-mail：info@raysen.com.cn
Http://xtsrhsfh.cn.china.cn
总经理(General Manager)：孙铁坤
产品(Products)：手术衣，帽，口罩，妇检垫，鞋套，防护服

湖北华业塑胶有限公司
Huaye Plastic Co., Ltd.
地址(Add)：湖北省仙桃市沔阳大道122号
邮编(P. C.)：433000
电话(Tel)：0728－3257592
传真(Fax)：0728－3257586
Http://hbhyfzh.cn.alibaba.com
总经理(General Manager)：冯一鸣
联系人(Contact Person)：冯一鸣
产品(Products)：手术衣，口罩，鞋套，套袖，护理垫

仙桃市富实防护用品有限公司
Xiantao Fushi Protective Products Co., Ltd.
地址(Add)：湖北省仙桃市彭场大道89号
邮编(P. C.)：433018
电话(Tel)：027－87896667
传真(Fax)：027－87849877
E-mail：info@hb－nonwoven.com
Http://www.hb－nonwoven.com
产品(Products)：口罩，帽子，实验服，防护服，袖套，鞋套，手术衣

仙桃瑞鑫防护用品有限公司
Xiantao Rayxin Medical Products Co., Ltd.
地址(Add)：湖北省仙桃市彭场大道中端258号
邮编(P. C.)：433018
电话(Tel)：0728－2617598
传真(Fax)：0728－2617777
E-mail：lichao@rayxin.com
Http://www.rayxin.com
法人代表(Chairman)：李启超
总经理(General Manager)：李启超

联系人(Contact Person)：李启超
产品(Products)：口罩，手术衣，帽子，防护衣

湖北省仙桃市和意线带有限公司
Hubei Xiantao Heyi Thread & Strip Co., Ltd.
地址(Add)：湖北省仙桃市丝宝路
邮编(P. C.)：433000
电话(Tel)：0728－3269919
传真(Fax)：0728－3249401
法人代表(Chairman)：胡又先
联系人(Contact Person)：邓亮
产品(Products)：手术衣，帽，口罩，防护服

仙桃市科诺尔防护用品有限公司
Xiantao Kenuoer Protective Products Co., Ltd.
地址(Add)：湖北省仙桃市丝宝路大洪村9组
邮编(P. C.)：433000
电话(Tel)：0728－3266293
传真(Fax)：0728－3269766
Http://knefhyp.cn.globle.com
法人代表(Chairman)：邓亮
联系人(Contact Person)：邓远明
产品(Products)：手术衣，防护服，帽，口罩，床罩

湖北亿美达实业有限公司
Hubei Yimeida Industry Co., Ltd.
地址(Add)：湖北省仙桃市新里仁口仙洪路188号
邮编(P. C.)：433011
电话(Tel)：0728－2713448
传真(Fax)：0728－2713071
Http://ymdfh.1688.com
总经理(General Manager)：肖攀
联系人(Contact Person)：肖攀
产品(Products)：手术衣，口罩，帽子，鞋套

湖北省仙桃市佳泰工贸有限公司
Hubei Xiantao Jiatai Trade Co., Ltd.
地址(Add)：湖北省仙桃市新里仁口新华路特8号
邮编(P. C.)：433011
电话(Tel)：0728－2714199
传真(Fax)：0728－2712319
E-mail：lidongbing1213@163.com
Http://jiataigongmao.1688.com
法人代表(Chairman)：李冬冰
总经理(General Manager)：李冬冰
联系人(Contact Person)：向俊平
产品(Products)：防护服，圆帽，口罩，鞋套，纸尿片套

仙桃市天红卫生用品有限责任公司
Xiantao Tianhong Hygiene Products Co., Ltd.
地址(Add)：湖北省仙桃市沿河大道北坝路特1号
邮编(P. C.)：433000
电话(Tel)：0728－3249188
传真(Fax)：0728－3240898
E-mail：hbxttianhong@163.com
Http://www.tianhongwf.com
总经理(General Manager)：易永祥
联系人(Contact Person)：易涵
产品(Products)：纸尿片套，鞋套，手术衣，口罩

枝江奥美医疗用品有限公司
Zhijiang Allmed Medical Products Co., Ltd.
地址(Add)：湖北省枝江市马家店镇公园路西
邮编(P. C.)：443200
电话(Tel)：0717－4211111
传真(Fax)：0717－4225499
E-mail：p－xiyun@allmed.cn
Http://www.allmed－china.com
联系人(Contact Person)：彭习云
产品(Products)：医用敷料，口罩，帽子，隔离衣，手术单

● 广东 Guangdong

美亚无纺布纺织产业用布科技(东莞)有限公司
U. S. Pacific Nonwovens & Technical Textile Technology (Dongguan) Co., Ltd.
地址(Add)：广东省东莞市东城区鳌峙塘工业区东堤路2号
邮编(P. C.)：523116
电话(Tel)：0769－22635240
传真(Fax)：0769－22635245
E-mail：usp@us－pacific.com.hk
Http://www.us－pacific.com.hk
法人代表(Chairman)：黄祖基
总经理(General Manager)：黄祖基
联系人(Contact Person)：江移
产品(Products)：擦拭巾，手术衣，口罩，帽子

东莞市林威无纺布制品厂
Dongguan Linwei Nonwovens Factory
地址(Add)：广东省东莞市万江区新村其屋塘工业区
邮编(P. C.)：523039
电话(Tel)：0769－89786838
传真(Fax)：0769－23627057
E-mail：linwei_jx@126.com
Http://www.linweikz.com
联系人(Contact Person)：李清林
产品(Products)：医用防护口罩

东莞市特利丰无纺布有限公司
Dongguan Telifeng Nonwoven Fabric Co., Ltd.
地址(Add)：广东省东莞市樟木头镇石新村和兴路2号
邮编(P. C.)：523631
电话(Tel)：0769－82600488
传真(Fax)：0769－82058319
E-mail：telifeng@mgfilter.com
Http://www.mgfilter.com
联系人(Contact Person)：陈少华
产品(Products)：防护服，衣帽，面膜布

佛山市南海必得福无纺布有限公司
Foshan Nanhai Beautiful Nonwoven Co., Ltd.
地址(Add)：广东省佛山市南海区九江镇沙头石江工业区
邮编(P. C.)：528208
电话(Tel)：0757－86910199
传真(Fax)：0757－86916230
E-mail：deng@chinawoven.com
Http://www.wonderfulnonwoven.com
法人代表(Chairman)：邓伟其

总经理(General Manager)：邓伟添
联系人(Contact Person)：邓伟添
产品(Products)：成人纸尿裤/片，护理垫，手术衣，口罩，帽子
品牌(Brand)：稳德福，老夫子

佛山市南海康得福医疗用品有限公司
Foshan Plus Medical Co., Ltd.
地址(Add)：广东省佛山市南海区九江镇沙头石江工业区
邮编(P. C.)：528205
电话(Tel)：0757-86914198
传真(Fax)：0757-86916230
E-mail：info@plusmedical.cn
Http://www.plusmedical.cn
联系人(Contact Person)：高瑞芳
产品(Products)：口罩，手术衣，手术垫单

广州创展无纺布制品厂
Guangzhou Chuangzhan Nonwovens Products Factory
地址(Add)：广东省广州市白云区均禾石马马岗街自编8号
邮编(P. C.)：510660
电话(Tel)：020-82318922
传真(Fax)：020-82316286
E-mail：chuangzhan@vip.163.com
Http://www.gdchuangzhan.com
法人代表(Chairman)：杨耀钧
总经理(General Manager)：杨耀钧
联系人(Contact Person)：杨耀钧
产品(Products)：包装袋，防尘罩，拖鞋，枕套，手术衣，口罩，鞋套，湿巾

广州市绿芳洲纺织制品厂
Guangzhou Lvfangzhou Nonwoven Products Factory
地址(Add)：广东省广州市白云区人和鹤亭工业区106号
邮编(P. C.)：510000
电话(Tel)：020-86087278
传真(Fax)：020-22170935
E-mail：lvfangzhou@126.com
Http://www.lvfangzhou.com
法人代表(Chairman)：沈志华
联系人(Contact Person)：沈维玮
产品(Products)：口罩，床单，鞋套

广州康尔美理容用品厂
Guangzhou Kangermei Toiletry Factory
地址(Add)：广东省广州市白云区新市均禾工业区新科上村07号
邮编(P. C.)：510410
电话(Tel)：020-86098762
传真(Fax)：020-86098428
Http://www.cqkmwfb.com
法人代表(Chairman)：陈伟
总经理(General Manager)：陈伟
联系人(Contact Person)：刘杰
产品(Products)：卫生巾，洁面巾，柔巾卷，口罩
品牌(Brand)：康尔美

广州奥奇无纺布有限公司
Guangzhou Aoqi Nonwovens Co., Ltd.
地址(Add)：广东省广州市从化市温泉镇温泉大道776号
邮编(P. C.)：510970
电话(Tel)：020-87835668
传真(Fax)：020-87835168
E-mail：dgwf@21cn.com
Http://www.aokok.cn
法人代表(Chairman)：王伟东
总经理(General Manager)：王伟东
联系人(Contact Person)：王伟东
产品(Products)：口罩，帽子，防护服

广州市金浪星非织造布有限公司
Guangzhou Environstar Enterprise Ltd.
地址(Add)：广东省广州市从化温泉镇云星村105国道旁
邮编(P. C.)：510970
电话(Tel)：020-87832349
传真(Fax)：020-87832726
E-mail：feng@environstar.com.cn
Http://www.nonwovencn.cn
总经理(General Manager)：冯灼辉
产品(Products)：防护服，口罩，手术衣，床单

广州市洪威医疗器械有限公司
Guangzhou Hongwei Medical Appliances Co., Ltd.
地址(Add)：广东省广州市番禺区洛溪新城吉祥南街30栋8号
邮编(P. C.)：511400
电话(Tel)：020-34521196
传真(Fax)：020-34521196
法人代表(Chairman)：梅银水
总经理(General Manager)：梅银水
联系人(Contact Person)：梅恩
产品(Products)：护理垫，妇检垫，口罩，帽子，手术衣

广州宏鑫无纺布有限公司
Enhance Nonwovens Co., Ltd.
地址(Add)：广东省广州市花都区花东镇阳升村阳升工业园
邮编(P. C.)：510890
电话(Tel)：020-86779985
传真(Fax)：020-86779998
E-mail：foresight@cn-nonwoven.com
Http://www.cn-nonwoven.com
联系人(Contact Person)：苏飒飞
产品(Products)：口罩，帽子，压缩毛巾

爱柔美容用品厂
Airou Hairdressing Articles Factory
地址(Add)：广东省广州市机场路138号怡发广场2楼J18
邮编(P. C.)：510405
电话(Tel)：020-86395452
联系人(Contact Person)：张广海
产品(Products)：美容面巾，口罩，床单，桑拿服

汕头市润物护垫制品有限公司
Shantou Nurse Mate Underpads Co., Ltd.
地址(Add)：广东省汕头市龙湖工业区练江南路1号恒辉大厦
邮编(P. C.)：515041
电话(Tel)：0754-88179955
传真(Fax)：0754-88179960

E-mail：nm_underpads@163. com
Http://www. nm_underpad. com
联系人(Contact Person)：卢孝然
产品(Products)：护理垫，检查垫，宠物垫

国桥实业深圳有限公司
National Bridge Industrial (S. Z.) Co., Ltd.
地址(Add)：广东省深圳市宝安区观澜镇观光路1308号国桥工业园
邮编(P. C.)：518110
电话(Tel)：0755－28016860
传真(Fax)：0755－28016996
E-mail：sale@nbi. com. cn
Http://www. nbi. com. cn
法人代表(Chairman)：杨自然
总经理(General Manager)：杨自然
联系人(Contact Person)：黄军
产品(Products)：帽子，口罩，防护服

同高纺织化纤(深圳)有限公司
Equal Good Textile Chemical Fibre Products (Shenzhen) Co., Ltd.
地址(Add)：广东省深圳市宝安区石岩镇三联工业区第1－9栋
邮编(P. C.)：518108
电话(Tel)：0755－27629063
传真(Fax)：0755－27629062
E-mail：sales@nonwoven－eg. com
Http://www. nonwoven－eg. com
法人代表(Chairman)：余敏
总经理(General Manager)：余敏
联系人(Contact Person)：郭人贵
产品(Products)：湿巾，擦拭巾，口罩，医用防护服，成人失禁垫
品牌(Brand)：同高

深圳天意宝婴儿用品有限公司
Shenzhen Tianyibao Baby Products Co., Ltd.
地址(Add)：广东省深圳市龙岗区龙岗镇龙西五联朱古石路70号后黄振江厂房
邮编(P. C.)：518116
电话(Tel)：0755－89902958
传真(Fax)：0755－89923950
E-mail：sz－tianyi@163. com
总经理(General Manager)：李伟光
产品(Products)：宠物垫，乳垫，婴儿围兜，床单，桌布

心丽卫生用品(深圳)有限公司
Sunlight Hygiene Products (Shenzhen) Co., Ltd.
地址(Add)：广东省深圳市龙岗区坪地六联鹤鸣西路7－1号心丽工业园
邮编(P. C.)：518117
电话(Tel)：0755－84087373
传真(Fax)：0755－84088989
E-mail：info@sunlightpaper. com. cn
法人代表(Chairman)：朱新田
总经理(General Manager)：林庆年
联系人(Contact Person)：林梅光
产品(Products)：卫生纸，面巾纸，手帕纸，餐巾纸，厨房纸巾，擦手纸，成人纸尿裤/片，护理垫，手术衣帽，医用检查垫，医用敷料，擦拭巾，湿巾
品牌(Brand)：Sunlight，心丽

稳健实业(深圳)有限公司
Winner Industry (Shenzhen) Co., Ltd.
地址(Add)：广东省深圳市龙华街道布龙公路旁稳健工业园
邮编(P. C.)：518109
电话(Tel)：0755－28138888
传真(Fax)：0755－28134588
E-mail：info@winnermedical. com
Http://www. winnermedical. com
法人代表(Chairman)：李建全
总经理(General Manager)：李建全
联系人(Contact Person)：宋薇
产品(Products)：擦拭巾，手术衣，帽子，口罩，手术垫单，医用敷料
品牌(Brand)：稳健 Winner

诗乐氏实业(深圳)有限公司
Swashes (Shenzhen) Co., Ltd.
地址(Add)：广东省深圳市罗湖区南湖路国贸商业大厦13楼A－D室
邮编(P. C.)：518014
电话(Tel)：0755－25194070
传真(Fax)：0755－25194162
E-mail：shenzhen@swashes. com. cn
Http://www. swashes. com. cn
法人代表(Chairman)：李自强
总经理(General Manager)：李自强
联系人(Contact Person)：李伟
产品(Products)：湿巾，卫生巾，卫生护垫，纸内裤
品牌(Brand)：诗乐氏

深圳市新纶科技股份有限公司
Shenzhen Selen Science & Technology Co., Ltd.
地址(Add)：广东省深圳市南山区高新技术科技园曙光大厦九层
邮编(P. C.)：518057
电话(Tel)：0755－26993699
传真(Fax)：0755－26993068
E-mail：sean@selen. ws
Http://www. szselen. com
联系人(Contact Person)：肖应斌
产品(Products)：无尘衣，无尘手套，擦拭纸，口罩，帽子，鞋套

中山市宏俊无纺布厂有限公司
Hongjun Nonwoven Factory Ltd.
地址(Add)：广东省中山市石岐海景路3号
邮编(P. C.)：528402
电话(Tel)：0760－88703774
传真(Fax)：0760－88711071
E-mail：hongjun@z－nonwoven. com
Http://www. z－nonwoven. com
法人代表(Chairman)：吕志宏
总经理(General Manager)：吕志宏
联系人(Contact Person)：梁斌
产品(Products)：鞋套

珠海洁新无纺布有限公司
Zhuhai Jiexin Nonwovens Co., Ltd.
地址(Add)：广东省珠海市香洲区华威路115号3号厂房4楼

邮编(P. C.)：519000
电话(Tel)：0756－3890123
传真(Fax)：0756－2658006
E-mail：391112864@qq.com
Http：//www.gsnon.com
联系人(Contact Person)：胡强
产品(Products)：口罩，面膜，防护服

● 海南 Hainan

海南欣龙水刺材料有限公司
Hainan Xinlong Spunlace Materials Co., Ltd.
地址(Add)：海南省海口市龙昆北路2号珠江广场帝豪大厦17层
邮编(P. C.)：570125
电话(Tel)：0898－67488850
传真(Fax)：0898－67488850
E-mail：yxw0007@sohu.com
Http：//www.xinlong－holding.com
总经理(General Manager)：逄建竹
联系人(Contact Person)：杨晓伟
产品(Products)：手术服，擦拭巾，湿巾

● 四川 Sichuan

四川友邦纸业有限公司
Sichuan Eupon Paper Co., Ltd.
地址(Add)：四川省广汉市向阳友邦工业园
邮编(P. C.)：610041
电话(Tel)：028－85257878
传真(Fax)：028－86755366
E-mail：sale@eupon.com
Http：//www.eupon.com
法人代表(Chairman)：高尚荣
总经理(General Manager)：高尚朴
联系人(Contact Person)：高尚朴
产品(Products)：面巾纸，手帕纸，卫生纸，原纸，护理垫，手术衣帽，湿巾
品牌(Brand)：蓓安适，顶好面子，可洁可

自贡简丹卫生用品有限公司
Zigong Jiandan Sanitary Products Co., Ltd.
地址(Add)：四川省自贡市沿滩区沿滩镇梨园路1栋1号
邮编(P. C.)：643030
电话(Tel)：028－85848438
传真(Fax)：028－85849288
E-mail：cdyihua@hotmail.com
联系人(Contact Person)：刘泽平
产品(Products)：成人纸尿裤/片，手术垫，护理垫

● 云南 Yunnan

昆明海福特医疗用品工贸有限公司
Kunming Haifute Medical Supplies Industrial Trade Co., Ltd.
地址(Add)：云南省昆明市滇池路福海乡周家村新堆上组158号
邮编(P. C.)：650228
电话(Tel)：0871－64618990
传真(Fax)：0871－64618912
E-mail：hft@haifute.cn
Http：//www.haifute.cn
法人代表(Chairman)：何明星
总经理(General Manager)：王菊兰
联系人(Contact Person)：张琴方
产品(Products)：口罩，手术衣，手术垫单
品牌(Brand)：海福特

● 陕西 Shaanxi

西安鹏翔复合材料有限公司
Xian Pengxiang Composite Materials Co., Ltd.
地址(Add)：陕西省西安市灞桥区洪庆街道砚湾村
邮编(P. C.)：710025
电话(Tel)：029－88952065
传真(Fax)：029－83497792
E-mail：sunnut@163.com
Http：//pengxiang.diytrade.com
总经理(General Manager)：贺海鹏
联系人(Contact Person)：贺红元
产品(Products)：一次性床单，马桶坐垫，婴儿围兜，围裙，湿巾

生活用纸相关企业名录

（原辅材料及设备器材采购指南）

（按种类和产品分列）

DIRECTORY OF SUPPLIERS RELATED TO TISSUE PAPER & DISPOSABLE PRODUCTS INDUSTRY

（The purchasing guide of equipment and raw/auxiliary materials for tissue paper & disposable products industry）

（sorted by category and product）

[5]

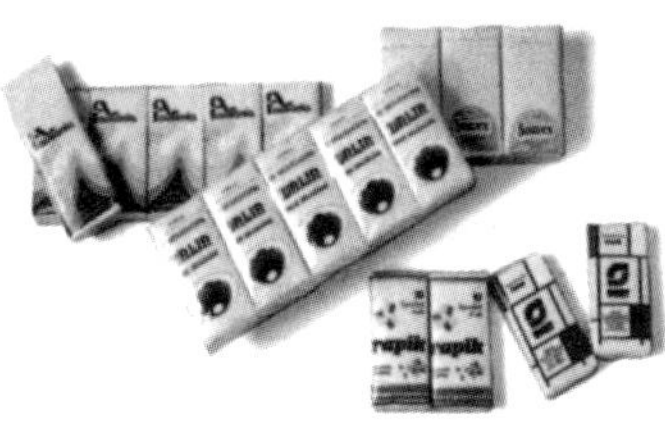

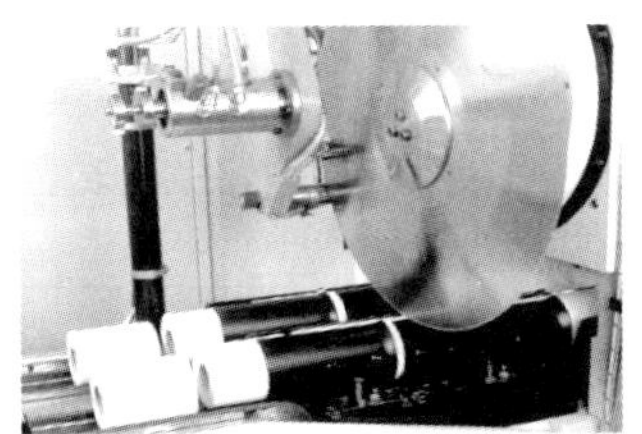

原辅材料主要企业一览表
List of major manufacturers and suppliers of raw/auxiliary materials

纸浆 Pulp

加拿大天柏浆纸公司	Tembec Inc.
加拿大加升公司	Can - sun Canada Enterprises Ltd.
艾克曼浆纸公司	Ekman Pulp and Paper Limited
加拿大中加浆纸有限公司北京代表处	Sinocan Pulp and Paper Ltd. Beijing Representative Office
芬欧汇川(中国)有限公司	UPM (China) Co., Ltd.
中国纸张纸浆进出口公司	China National Pulp & Paper Corporation
中轻物产公司	Sinolight Materials Corp.
中国国旅贸易有限责任公司	China International Tourism & Trade Co., Ltd.
北京中基明星纸业有限公司	Beijing Chinabase Star Paper Co., Ltd.
中国纸业投资总公司	China Paper Corporation
天津天立华纸业有限公司	Tianjin Tianlihua Paper Co., Ltd.
天津港保税区曼特国际贸易有限公司	Tianjin Port Free Trade Zone Mante International Co., Ltd.
智利阿茹库亚洲代表处	Arauco Asia Rrepresentative Office
金鱼纸业亚洲公司	Suzano Paper Asia
芬兰芬宝有限公司上海代表处	Botnia Pulps Shanghai Representative Office
苏州市旨品贸易有限公司上海办事处	Suzhou Paper Trade Co., Ltd. Shanghai Office
浙江万邦浆纸集团有限公司	Zhejiang Welbon Pulp & Paper Group Corp.
泉州东联进出口有限公司	Quanzhou Donglian Import and Export Co., Ltd.
厦门建发纸业有限公司	Xiamen C & D Paper & Pulp Co., Ltd.
山东加林国际贸易发展有限公司	Shandong Jialin International Business Development Co., Ltd.
山东巴普贝博浆纸有限公司	Shandong Pulp & Paper Co., Ltd.
亚太森博(山东)浆纸有限公司	Asia Symbol (Shandong) Pulp and Paper Co., Ltd.
青岛新锐实业有限公司	Qingdao Sunrise Industrial Co., Ltd.
东莞腾冀翔纸业有限公司	Dongguan Tengjixiang Co., Ltd.
广西贺达纸业有限责任公司	Guangxi Heda Pulp & Paper Co., Ltd.
广西南宁凤凰纸业有限公司	Guangxi Nanning Phoenix Pulp & Paper Co., Ltd.
海南金海浆纸业有限公司	APP Jinhai Pulp & Paper Co., Ltd.
四川永丰浆纸股份有限公司	Sichuan Yongfeng Pulp & Paper Co., Ltd.
云南云景林纸股份有限公司	Yunnan Yunjing Forestry & Pulp Co., Ltd.

绒毛浆 Fluff pulp

美国瑞安公司	Rayonier Inc.
灯塔亚洲有限公司	Domtar Asia Limited
惠好(亚洲)有限公司	Weyerhaeuser (Asia) Limited
斯道拉恩索中国销售总部	Stora Enso China Sales Shanghai Office

续表

GP 纤维亚洲香港有限公司上海代表处	GP Cellulose Asia Marketing (HK) Ltd. Shanghai Rep. Office
国际纸业贸易(上海)有限公司	International Paper Distribution (Shanghai) Limited
博发浆纸亚洲公司	Bon Fibre Asia Co.
瑞典赛尔玛有限公司上海代表处	CellMark AB, Shanghai Office
上海凯昌国际贸易有限公司	Shanghai Kaichang International Trading Co., Ltd.
上海凯琳进出口有限公司	Shanghai Kailin Import & Export Co., Ltd.
杭州经安进出口有限公司	Hangzhou Jingan Import & Export Co., Ltd.
杭州至正纸业有限公司	Hangzhou Zhizheng Paper Co., Ltd.
厦门荣安集团有限公司	Rong'an (Xiamen) Co., Ltd.
福建腾荣达制浆有限公司	Fujian Tengrongda Pulping Co., Ltd.

非织造布—热轧、热风、纺粘 Nonwovens—hot calendaring, hot air, spunbonded

卫普实业股份有限公司	Web-Pro Corporation
南六企业股份有限公司	Nan Liu Enterprise Co., Ltd.
康那香企业股份有限公司	KNH Enterprise Co., Ltd.
北京大源非织造有限公司	Beijing Dayuan Non-wovens Fabric Co., Ltd.
北京京兰非织造布有限公司	Beijing Jinglan Nonwoven Fabrics Co., Ltd.
大连瑞光非织造布集团有限公司	Dalian Ruiguang Nonwoven Group Co., Ltd.
上海丰格无纺布有限公司	Shanghai Fengge Nonwoven Co., Ltd.
上海堪孚尔不织布有限公司	Shanghai Comfort Nonwoven Co., Ltd.
上海美坚无纺布有限公司	Meijian Nonwoven (Shanghai) Co., Ltd.
捷恩智国际贸易(上海)有限公司	JNC (Shanghai) Co., Ltd.
上海赤马拓道实业有限公司	Suominen Nonwovens Ltd.
江苏超月无纺布有限公司	Jiangsu Chaoyue Nonwovens Co., Ltd.
常州市正杨非织造布有限公司	Changzhou Zhengyang Nonwovens Co., Ltd.
常州新安无纺布有限公司	Changzhou Xin'an Nonwovens Co., Ltd.
常州亨利无纺布有限公司	Changzhou Hengli Non-woven Co., Ltd.
江苏华龙无纺布有限公司	Jiangsu Hualong Nonwoven Co., Ltd.
江阴开源非织造布制品有限公司	Jiangyin Kaiyuan Nonwoven Fabrics Co., Ltd.
江阴金凤特种纺织品有限公司	Jiangyin Golden Phoenix Special Textile Co., Ltd.
昆山市宝立无纺布有限公司	Kunshan Baoli Nonwovens Co., Ltd.
南京和兴不织布制品有限公司	Nanjing Hexing Nonwoven Fabric Products Co., Ltd.
东丽高新聚化(南通)有限公司	Toray Polytech (Nantong) Co., Ltd.
普杰无纺布(中国)有限公司	PGI Nonwovens (China) Co., Ltd.
苏州信达无纺卫材有限公司	Suzhou Xinda Nonwoven Health Materials Co., Ltd.
苏州京佰利无纺材料有限公司	Kimbondly (Suzhou) Nonwovens Fabric Co., Ltd.
苏州欣诺无纺科技有限公司	Suzhou Sinnov Nonwoven Technologies Co., Ltd.
常州市汇利卫生材料有限公司	Changzhou Huili Hygiene Material Co., Ltd.
江苏江南高纤股份有限公司	Jiangsu Jiangnan Chemical Fiber Group Co., Ltd.

续表

江苏江南化纤集团有限公司	Jiangnan Chemical Fibre Group Co., Ltd.
维顺(中国)无纺制品有限公司	FiberVisions (China) Textile Products Ltd.
盐城市盛绒无纺布有限公司	Yancheng Sun Long Nonwoven Co., Ltd.
张家港骏马无纺布有限公司	Zhangjiagang Junma Nonwovens Fabrics Co., Ltd.
浙江金三发非织造布有限公司	Zhejiang Kingsafe Nonwoven Fabric Co., Ltd.
浙江长兴亿伦纺织有限公司	Zhejiang Changxing Yilun Textile Co., Ltd.
浙江耐特过滤技术有限公司	Zhejiang Naite Filtration Technology Co., Ltd.
慈溪市逸红无纺布有限公司	Cixi Yihong Nonwoven Co., Ltd.
宁波市奇兴无纺布有限公司	Ningbo Qixing Nonwovens Co., Ltd.
海宁市贵都门纺织有限公司	Haining Guidumen Textile Co., Ltd.
浙江华银非织造布有限公司	Zhejiang Huayin Nonwoven Co., Ltd.
杭州萧山凤凰纺织有限公司	Hangzhou Xiaoshan Phoenix Textile Co., Ltd.
湖州吉豪非织造布有限公司	Huzhou Jihao Nonwovens Fabric Co., Ltd.
海宁新能纺织有限公司	Fibers & Non-wovens Limited
浙江新维狮合纤股份有限公司	Zhejiang Sunwish Chemical Fiber Co., Ltd.
嘉兴市申新无纺布厂	Jiaxing Shenxin Non-woven Fabric Factory
温州昌隆纺织科技有限公司	Wenzhou Changlong Textile Technology Co., Ltd.
威利达(福建)轻纺发展有限公司	Welldone (Fujian) Textile Development Co., Ltd.
泉州市共赢进出口有限责任公司	Quanzhou Goooing Corporation
晋江市恒安卫生材料有限公司	Jinjiang Hengan Hygiene Material Co., Ltd.
晋江市兴泰无纺制品有限公司	Jinjiang Xingtai Non-woven Products Co., Ltd.
福建冠泓实业有限公司	Fujian Guanhong Industry Co., Ltd.
厦门和洁无纺布制品有限公司	Xiamen Hejie Non-woven Products Co., Ltd.
厦门恒大工业有限公司	Xiamen Universal Incorporation
山东荣泰新材料科技有限公司	Shandong Rongtai New Material Technology Co., Ltd.
山东海威卫生新材料有限公司	Shandong Haiwei Hygiene New Material Co., Ltd.
东营市神州非织造材料有限公司	Dongying Shenzhou Nonwovens Co., Ltd.
山东俊富无纺布有限公司	Shandong Jofo Nonwovens Co., Ltd.
山东康洁非织造布有限公司	Shandong Kangjie Nonwovens Co., Ltd.
山东晶鑫无纺布制品有限公司	Shandong Jingxin Nonwoven Products Co., Ltd.
潍坊金科卫生材料科技有限公司	Weifang King Ke Hygienic Material Technology Co., Ltd.
山东俊富非织造材料有限公司	Jofo (Weifang) Nonwovens Co., Ltd.
山东华业无纺布有限公司	Shandong Huaye Nonwoven Fabric Co., Ltd.
湖北金龙非织造布有限公司	Hubei Gold Dragon Non-woven Fabric Co., Ltd.
恒天嘉华非织造有限公司	Hengtian Jiahua Nonwoven Co., Ltd.
湖北省仙桃市佳泰工贸有限公司	Hubei Xiantao Jiatai Trade Co., Ltd.
东莞市永源卫生材料科技有限公司	Dongguan Yongyuan Hygiene Material Co., Ltd.
东莞市威骏不织布有限公司	Dongguan Veijun Nonwoven Fabric Co., Ltd.
佛山市昌伟非织造材料有限公司	Foshan Changwei Nonwoven Co., Ltd.

续表

南海南新无纺布有限公司	Nanhai Nanxin Nonwoven Co., Ltd.
佛山市拓盈无纺布有限公司	Foshan Tuoying Nonwoven Co., Ltd.
佛山市裕丰无纺布有限公司	Foshan Yufeng Non-woven Fabrics Co., Ltd.
佛山市南海必得福无纺布有限公司	Foshan Nanhai Beautiful Nonwoven Co., Ltd.
佛山市花皇无纺布有限公司	Foshan Huahuang Nonwoven Fabric Co., Ltd.
佛山市南海区承欣塑料助剂有限公司	Foshan Nanhai Chengxin Plastics Additives Co., Ltd.
广州市一洲无纺布实业有限公司	Guangzhou Yizhou Nonwoven Industiral Co., Ltd.
广州艺爱丝纤维有限公司	Guangzhou ES Fiber Co., Ltd.
埃克森美孚(中国)投资有限公司广州分公司	ExxonMobil (China) Investment Co., Ltd.
鹤山市俊富无纺布有限公司	Heshan Jofo Nonwoven Co., Ltd.
江门市永晋源无纺布有限公司	Jiangmen Yongjinyuan Nonwovens Co., Ltd.
科龙达无纺布厂	Kelongda Nonwoven Factory
国桥实业深圳有限公司	National Bridge Industrial (S. Z.) Co., Ltd.
同高纺织化纤(深圳)有限公司	Equal Good Textile Chemical Fibre Products (Shenzhen) Co., Ltd.
深圳市洋仟材料应用技术有限责任公司	Shenzhen High Technology Fibers Co., Ltd.
深圳市宜丽环保科技有限公司	Shenzhen Eli Environment Protection Co., Ltd.

非织造布—水刺 Nonwovens—spunlaced

北京东方大源非织造布有限公司	Beijing Dongfang Dayuan Non-wovens Fabric Co., Ltd.
东纶科技实业有限公司	Eastex Industrial Science & Technology Co., Ltd.
苏州美森无纺科技有限公司	Suzhou Meson Nonwoven Technology Co., Ltd.
常熟市圣利达水刺无纺有限公司	Changshu Shenglida Spunlace Nonwovens Co., Ltd.
江苏东方洁妮尔水刺无纺布有限公司	Jiangsu East Genial Spunlaced Nonwovens Co., Ltd.
杭州路先非织造股份有限公司	Hangzhou Advanced Nonwoven Co., Ltd.
杭州萧山航民非织造布有限公司	Hangzhou Xiaoshan Hangmin Nonwovens Co., Ltd.
杭州诺邦无纺股份有限公司	Hangzhou Nbond Nonwovens Co., Ltd.
杭州新福华无纺布有限公司	Hangzhou New Fuhua Nonwovens Co., Ltd.
杭州思进无纺布有限公司	Hangzhou Sijin Non-woven Co., Ltd.
浙江弘扬无纺新材料有限公司	Zhejiang Spread Nonwoven Material Co., Ltd.
绍兴舒洁雅无纺材料有限公司	Shaoxing Shujieya Nonwoven Co., Ltd.
绍兴县庄洁无纺材料有限公司	Shaoxing Zhuangjie Nonwovens Material Co., Ltd.
绍兴市恒盛新材料技术发展有限公司	Shaoxing Hengsheng New Material Technology Development Co., Ltd.
浙江和中非织造股份有限公司	Zhejiang Hezhong Nonwoven Co., Ltd.
温州新宇无纺布有限公司	Wenzhou Xinyu Nonwoven Fabric Co., Ltd.
湖州欧丽卫生材料有限公司	Huzhou Auline Sanitary Material Co., Ltd.
浙江富瑞森水刺无纺布有限公司	Zhejiang Furuisen Spunlaced Nonwovens Co., Ltd.
浙江亨泰纺织科技有限公司	Hentu Textile & Technology Co., Ltd.
合肥普尔德卫生材料有限公司	Hefei Protection Sanitary Material Co., Ltd.
福建南纺股份有限公司	Fujian Nanfang Co., Ltd.

续表

山东新光股份有限公司	Shandong Xinguang Stock Co., Ltd.
山东省永信非织造材料有限公司	Shandong Winson Nonwoven Materials Co., Ltd.
山东德润新材料科技有限公司	Shandong Derun New Material Technology Co., Ltd.
滕州市泰格商贸有限公司	Tengzhou Tiger Co., Ltd.
新乡市启迪无纺材料有限公司	Xinxiang Qidi Nonwoven Materials Co., Ltd.
济源市小浪底无纺布有限公司	Jiyuan Xiaolangdi Nonwovens Co., Ltd.
河南飘安集团	Henan Piaoan Group Co., Ltd.
恩平市稳洁无纺布有限公司	Enping Wenjie Nonwoven Fabric Co., Ltd.
海南欣龙水刺材料有限公司	Hainan Xinlong Spunlace Materials Co., Ltd.
重庆康美无纺布有限公司	Chongqing Kangmei Nonwovens Co., Ltd.

非织造布—干法纸 Nonwovens—airlaid

美国博凯技术公司	Buckeye Technologies Inc.
博爱(中国)膨化芯材有限公司	Fitesa (China) Airlaid Co., Ltd.
格莱富特中国代表处	Glatfelter China Rep. Office
天津德安纸业有限公司	Tianjin Dean Paper Co., Ltd.
廊坊市玉龙纸业有限公司	Langfang Yulong Paper Co., Ltd.
丹东天和实业有限公司	Dandong Tianhe Industrial Co., Ltd.
王子奇能纸业(上海)有限公司	Oji Kinocloth (Shanghai) Co., Ltd.
中丝(上海)新材料科技有限公司	China Silk (Shanghai) New Material Technology Co., Ltd.
亿利德纸业(上海)有限公司	Elite Paper (Shanghai) Co., Ltd.
上海森绒纸业有限公司	Shanghai Senrong Paper Industry Co., Ltd.
南通中纸纸浆有限公司	Nantong Zhongzhi Pulp Co., Ltd.
福建晋江市安海博源膨化芯材有限公司	Jinjiang Anhai Boyuan Airlaid Co., Ltd.
山东信成纸业有限公司	Shandong Xincheng Paper Co., Ltd.
东莞市佰捷电子科技有限公司	Dongguan Baijie Electronics Technology Co., Ltd.
金冠神州纸业有限公司	Jinguan Shenzhou Paper Co., Ltd.
揭阳市洁新纸业股份有限公司	Jiexin Airlaid Products Co., Ltd.
揭阳市恒华新材料有限公司	Jieyang Henghua New Material Co., Ltd.
南宁侨虹新材料有限责任公司	Nanning Qiaohong New Materials Co., Ltd.
成都蜀航实业有限公司	Chengdu Shuhang Industry Co., Ltd.

打孔膜及打孔非织造布 Apertured film and apertured nonwovens

上海柔亚尔卫生材料有限公司	Shanghai RoyalANW Health Material Co., Ltd.
卓德嘉薄膜(上海)有限公司	Tredegar Film Products Company Shanghai, Limited
江阴市联盛卫生材料有限公司	Jiangyin Zenith Hygienic Material Co., Ltd.
杰翔塑胶工业(苏州)有限公司	JSI Polymer (Suzhou) Co., Ltd.
长兴润兴无纺布厂	Changxing Runxing Nonwoven Factory
杭州唯可卫生材料有限公司	Hangzhou Wecan Hygienic Material Co., Ltd.
晋江市凤山卫生材料有限公司	Jinjiang Fengshan Hygiene Material Co., Ltd.

续表

南安市欢益塑胶制品厂	Nanan Huanyi Plastic Proudcts Co., Ltd.
泉州市露泉卫生用品有限公司	Quanzhou Luquan Hygiene Products Co., Ltd.
厦门延江工贸有限公司	Xiamen Yanjan Industry Co., Ltd.
福建省晋江市圣洁卫生用品有限公司	Fujian Jinjiang Shengjie Hygiene Products Co., Ltd.
佛山市腾华塑胶有限公司	Foshan Tenghua Plastic Co., Ltd.
佛山市南海康利卫生材料有限公司	Foshan Nanhai Kangli Sanitary Material Co., Ltd.
佛山市诺赛卫生材料有限公司	Foshan Nuosai Health Materials Co., Ltd.
佛山市顺德区北滘森丰源纸品厂	Foshan Senfengyuan Paper Products Factory
佛山市强的无纺布材料有限公司	Foshan Qiangdi Nonwoven Technology Co., Ltd.
江门市恒德实业有限公司	Jiangmen Hengde Industrial Co., Ltd.
重庆怡洁科技发展有限公司	Chongqing Yijie Technology Development Co., Ltd.

流延膜及塑料母粒 PE film and plastic masterbatch

启华工业股份有限公司	Kae Hwa Industrial Co., Ltd.
台湾塑胶工业股份有限公司	Formosa Plastics Corporation
天津富兴塑料制品有限公司	Tianjin Fuxing Plastic Products Co., Ltd.
新乐华宝塑料薄膜有限公司	Xinle Huabao Plastic Film Co., Ltd.
上海紫华企业有限公司	Shanghai Zihua Enterprise Co., Ltd.
上海德山塑料有限公司	Shanghai Tokuyama Plastic Co., Ltd.
上海庄生实业有限公司	Shanghai Johnson Industry Co., Ltd.
常州市欧诺塑业有限公司	Changzhou Ounuo Plastics Co., Ltd.
常州唯尔福卫生用品有限公司	Changzhou Welfare Hygiene Products Co., Ltd.
常州市双成塑母料有限公司	Changzhou Shuangcheng Plastic Masterbatch Co., Ltd.
顺昶塑胶(昆山)有限公司	Swanson Plastics (Kunshan) Co., Ltd.
无锡市鸿昌塑制品厂	Wuxi Hongchang Plastic Products Plant
盐城恒源卫生材料有限公司	Yancheng Hengyuan Hygiene Material Co., Ltd.
杭州全兴塑业有限公司	Hangzhou Quanxing Plastic Co., Ltd.
杭州圣瑞斯塑胶有限公司	Hangzhou Shengruisi Plastics Co., Ltd.
浙江汉高新材料科技有限公司	Zhejiang Hangao New Material Technology Co., Ltd.
台州市明大卫生材料有限公司	Taizhou Mingda Hygiene Material Co., Ltd.
浙江越韩科技透气材料有限公司	Zhejiang Yuehan Technology Breathable Material Co., Ltd.
厦门燕达斯工贸有限公司	Xiamen Yandasi Trade Co., Ltd.
泉州市恒扬塑胶制品有限公司	Quanzhou Hengyang Plastic Products Co., Ltd.
泉州市三维塑胶发展有限公司	Quanzhou Sanwei Plastic Development Co., Ltd.
舒华制膜有限公司	Shuhua Film Co., Ltd.
晋江市舒尔佳塑胶制品有限公司	Jinjiang Shuerjia Plastic Products Co., Ltd.
南安市玉和塑胶有限公司	Nanan Yuhe Plastic Co., Ltd.
福鼎市环球薄膜厂	Fuding Huanqiu Film Factory
泉州恒峰卫生材料科技有限公司	Quanzhou Hengfeng Sanitary Material Technology Co., Ltd.

续表

湖北华业塑胶有限公司	Huaye Plastic Co., Ltd.
湖北三羊塑料制品有限责任公司	Hubei Sanyang Plastic Products Co., Ltd.
东莞市虎门联友包装印刷有限公司	Humen Lianyou Packing & Printing Co., Ltd.
佛山市南海广浩塑料有限公司	Foshan Nanhai Guanghao Plastics Co., Ltd.
佛山市兰笛胶粘材料有限公司	Foshan Landi Adhesive Co., Ltd.
佛山市联塑万嘉新卫材有限公司	Foshan Lesso Wanjia New Sanitary Material Co., Ltd.
佛山市怡昌塑胶有限公司	Foshan Yichang Plastic Co., Ltd.
佛山华韩卫生材料有限公司	Foshan Huahan Sanitary Material Co., Ltd.
广州开瑞化工有限公司	Avoteck (Guangzhou) Co., Ltd.
广东花坪薄膜有限公司	Guangdong Huaping Film Co., Ltd.
重庆壮大包装材料有限公司	Chongqing Zhuangda Packing Material Co., Ltd.
重庆和泰塑胶股份有限公司	Chongqing Hetai Plastics Co., Ltd.
成都益华塑料包装有限公司	Chengdu Yihua Plastics Packaging Co., Ltd.

高吸收性树脂 Super absorbent polymer (SAP)

德固赛吸水树脂公司	Degussa Superabsorbent
住友精化株式会社	Sumitomo Seika Chemicals Co., Ltd.
三大雅精细化学品有限公司	San-Dia Polymers, Ltd.
株式会社日本触媒	NIPPON SHOKUBAI CO., LTD.
斯托侯森公司	Stockhausen, Inc.
英国 Technical Absorbents Ltd.	Technical Absorbents Ltd.
同舟化工有限公司	Topship Chemicals Co., Ltd.
伊藤忠(中国)集团有限公司	Itochu (China) Group Co., Ltd.
乐金化学(中国)投资有限公司	LG Chem.
北京希涛技术开发有限公司	Xitao Polymer Co., Ltd.
唐山博亚树脂有限公司	Tangshan Boya Resin Co., Ltd.
上海华谊丙烯酸有限公司	Shanghai Huayi Acrylic Acid Co., Ltd.
巴斯夫(中国)有限公司	BASF (China) Company Limited
南京赛普高分子材料有限公司	Nanjing Sap Macromolecular Materials Co., Ltd.
南京盈丰高分子化学有限公司	Nanjing KingGreen Polymers Chemical Co., Ltd.
宜兴丹森科技有限公司	Yixing Danson Science & Technology Co., Ltd.
浙江卫星石化股份有限公司	Zhejiang Satellite Petrochemical Co., Ltd.
台塑吸水树脂(宁波)有限公司	FPC Super Absorbent Polymer (Ningbo) Co., Ltd.
浙江威龙高分子材料有限公司	Zhejiang Weilong Polymer Material Co., Ltd.
晋江汇森高新材料科技有限公司	Jinjiang Hensen High-new Material Technology Co., Ltd.
泉州邦丽达科技实业有限公司	Quanzhou Banglida Technology Industry Co., Ltd.
力远吸水制品工贸有限公司	Liyuan Water-absorbing Products Industry & Trade Co., Ltd.
福建天昱新型材料有限公司	Fujian Tianyu Newfashioned Material Co., Ltd.
赣州市东一高新吸水材料有限公司	Ganzhou Dongyi High-Tech Absorbent Material Co., Ltd.

续表

山东佳辉新型材料有限公司	Shandong Jiahui New Material Co., Ltd.
山东诺尔生物科技有限公司	Shandong Nuoer Biological Technology Co., Ltd.
万华化学集团股份有限公司	Wanhua Chemical Group Co., Ltd.
济南昊月吸水材料有限公司	Jinan Haoyue Absorbent Co., Ltd.
湖北乾峰新材料科技有限公司	Hubei Qianfeng New Material Technology Co., Ltd.
百利合化工(中山)有限公司	Best Chemistry (Zhongshan) Co., Ltd.
珠海得米新材料有限公司	Demi Co., Ltd.

衬纸和复合吸水纸 Liner tissue and laminated absorbent paper

天津万马高分子吸水材料有限公司	Tianjin Wanma Absorbent Material Co., Ltd.
天津市中科健新材料技术有限公司	Tianjin Sinosh New Material Technology Co., Ltd.
上海通贝吸水材料有限公司	Shanghai Tongbei Suction Material Co., Ltd.
上海美芬娜卫生用品有限公司	Shanghai Mayflower Sanitary Articles Co., Ltd.
浙江金通纸业有限公司	Zhejiang Jintong Paper Co., Ltd.
临安市振宇吸水材料有限公司	Zhenyu Water Absorption Material Co., Ltd.
爱得龙(厦门)高分子科技有限公司	Aidelong (Xiamen) Polymer Technology Co., Ltd.
南安市乔东复合制品厂	Nanan Qiaodong Paper Co., Ltd.
泉州耳东纸业有限公司	Quanzhou Erdong Paper Article Co., Ltd.
漳州市芗城新木木卫生材料有限公司	Zhangzhou Xiangcheng Xinmumu Hygiene Material Co., Ltd.
漯河舒尔莱纸品有限公司	Luohe Shuerlai Paper Co., Ltd.
加宝复合材料(武汉)有限公司	Canbon Industrial (Wuhan) Co., Ltd.
多邦纸品有限公司	Duobang Paper Co., Ltd.
佛山市顺德区安可瑞纸制品有限公司	Foshan Ankerui Paper Products Co., Ltd.
佛山市顺德区勒流镇龙盈纸类制品厂	Foshan Longying Paper Manufacture Co.

离型纸、离型膜 Release paper and release film

天津宁河雨花纸业有限公司	Tianjin Ninghe Yuhua Paper Co., Ltd.
赢创特种化学(上海)有限公司	Evonik Specialty Chemicals (Shanghai) Co., Ltd.
南京森和纸业有限公司	Nanjing Senhe Paper Co., Ltd.
南京斯克尔卫生制品有限公司	Nanjing Skier Hygiene Products Co., Ltd.
江苏陶氏纸业有限公司	Jiangsu Taoshi Paper Co., Ltd.
南京永泰纸业有限公司	Nanjing Yongtai Paper Co., Ltd.
南京华松纸业有限公司	Nanjing Huasong Paper Co., Ltd.
浙江温州市新丰复合材料公司	Zhejiang Wenzhou Xinfeng Composite Material Co.
杭州市临安鸿兴纸业有限公司	Hangzhou Hongxing Paper Co., Ltd.
杭州华盛复合材料有限公司	Hangzhou Huasheng Composite Material Co., Ltd.
嘉兴市民和工贸有限公司	Jiaxing Minhe Industry & Trading Co., Ltd.
嘉兴市丰莱桑达贝纸业有限公司	Jiaxing Fenglai Sangdabei Paper Co., Ltd.
厦门长天企业有限公司	Xiamen Changtian Enterprise Co., Ltd.
佛山市新飞卫生材料有限公司	Foshan Xinfei Hygiene Materials Co., Ltd.

续表

顺德圣兰纸制品有限公司	Shunde Shenglan Paper Products Co., Ltd.
耐恒(广州)纸品有限公司	Loparex (Guangzhou) Paper Products Ltd.
中山市圣强纸业有限公司	Zhongshan Shengqiang Paper Co., Ltd.
重庆陶氏纸业有限公司	Chongqing Taoshi Paper Co., Ltd.

热熔胶 Hot melt adhesive

汉高胶粘剂(香港)有限公司	Henkel Adhesives (HongKong) Co., Ltd.
上海嘉好胶粘制品有限公司	Shanghai Jaour Adhesive Products Co., Ltd.
上海诺森粘合剂有限公司	Shanghai Northumbria Adhesive Co., Ltd.
上海佳卫热熔胶有限公司	Shanghai Jiawei Hot Melt Adhesives Co., Ltd.
上海汉高向华粘合剂有限公司	Shanghai Henkel Xianghua Adhesives Co., Ltd.
上海盛茗热熔胶有限公司	Shanghai Shengming Hot Melt Adhesive Co., Ltd.
上海路嘉胶粘剂有限公司	Shanghai Rocky Adhesives Co., Ltd.
无锡市万力粘合材料有限公司	Wuxi Wanli Adhesives Materials Co., Ltd.
扬中九妹日用品有限公司	Yangzhong Jiumei Products for Daily Use Co., Ltd.
浙江精华科技有限公司	Zhejiang Fine Chemical Technology Co., Ltd.
富星和宝黏胶工业有限公司	Stanley Adhesive Industrial Co., Ltd.
瑞安市联大热熔胶有限公司	Ruian Lianda Hot Melt Adhesive Co., Ltd.
福建省昌德胶业科技有限公司	Fujian Chandor Adhesive Science & Technology Co., Ltd.
厦门祺星塑胶科技有限责任公司	Xiamen Cheshire Plastic Technology Corp., Ltd.
广州德渊精细化工有限公司	Tex Year Fine Chemical (Guangzhou) Co., Ltd.
东莞市成铭胶粘剂有限公司	Dongguan Co-mo Adhesives Co., Ltd.
广东荣嘉化工科技有限公司	Guangdong Roger Chemical Co., Ltd.
佛山欣涛新材料科技有限公司	Foshan Xintao New Materials S & T Co., Ltd.
佛山南宝高盛高新材料有限公司	Foshan Nanpao New Material Co., Ltd.
佛山富立公司	Foshan Fuli Co., Ltd.
广州旭川合成材料有限公司	Hetrun Chemical Co., Ltd.
富乐(中国)粘合剂有限公司	H. B. Fuller (China) Adhesives Ltd.
波士胶芬得利(中国)粘合剂有限公司	Bostik Findley China Co., Ltd.
广东聚胶粘合剂有限公司	Guangdong Focus Hotmelt Co., Ltd.
惠州市能辉化工有限公司	Huizhou Nenghui Chemical Co., Ltd.
中山诚泰化工科技有限公司	Cherng Tay Technology Co., Ltd.

胶带、胶贴、魔术贴、标签 Adhesive tape, adhesive label, magic tape, label

美国 3M 公司	3M
土耳其 Bento 公司	Nitto Bento Bantcilik A. S.
台湾百和工业股份有限公司	Taiwan Paiho Limited
雅柏利香港有限公司	Aplix (Hongkong) Limited
凯斯特(天津)胶粘材料有限公司	Koester Asia Pacific Co., Ltd.
上海正扬实业有限公司	Shanghai Zhengyang Industrial Co., Ltd.

续表

上海沛龙特种胶粘材料有限公司	Shanghai Peilong Special Adhesive Materials Co., Ltd.
上海缘源包装印刷有限公司	Shanghai Yuanyuan Packing & Printing Co., Ltd.
上海明利包装印刷有限公司	Shanghai Mingli Packaging & Printing Co., Ltd.
上海倚灵塑胶科技有限公司	Shanghai Yiling Plastic Technology Co., Ltd.
上海裕闵国际贸易有限公司	Rich International Co., Ltd.
苏州婴爱宝胶粘材料科技有限公司	Suzhou Enable Adhesive Material Technology Co., Ltd.
艾利(昆山)有限公司	Avery Dennison Kunshan Co., Ltd.
南京格润标签印刷有限公司	Nanjing Green Lable Printing Co., Ltd.
宾德粘扣带有限公司中国联络处	Gottlieb Binder GmbH & Co. KG
浙江省苍南县春园彩印厂	Zhejiang Cangnan Chunyuan Colour Printing Factory
温州而立包装制品有限公司	Wenzhou Erli Packing Proudct Co., Ltd.
温州市特康弹力科技有限公司	Wenzhou Tekang Elasticity Technology Co., Ltd.
温州新美印业有限公司	Wenzhou Xinmei Printing Co., Ltd.
东绿(晋江)胶粘制品有限公司	Donglv (Jinjiang) Adhesive Products Co., Ltd.
晋江市瑞德胶粘制品有限公司	Jinjiang Ruide Adhesive Product Co., Ltd.
泉州新威达粘胶制品有限公司	Quanzhou Xinweida Adhesive Products Co., Ltd.
泉州恒友胶粘制品有限公司	Quanzhou Hengyou Adhesives Co., Ltd.
厦门合悦胶粘制品有限公司	Xiamen Heyue Adhesive Products Co., Ltd.
厦门拉科商贸有限公司	Xiamen Lark Trading Co., Ltd.
厦门大予工贸有限公司	Daiwood (Xiamen) Industry Trading Co., Ltd.
建亚保达(厦门)卫生器材有限公司	Ko – Asia (Xiamen) Sanitary Material Co., Ltd.
厦门合高工贸有限公司	Xiamen Join Kings Industry and Trade Co., Ltd.
厦门世洁塑料制品有限公司	Xiamen Shijie Plastic Co., Ltd.
厦门安德立科技有限公司	Xiamen Andway Technology Co., Ltd.
维克罗(中国)搭扣系统有限公司广州分公司	Velcro (China) Fastening Systems Co., Ltd. Guangzhou Office
江门新时代胶粘科技有限公司	Jiangmen New Era Adhesives Technology Co., Ltd.
宝利时(深圳)胶粘制品有限公司	Bolex (Shenzhen) Adhesive Products Co., Ltd.
中山绿云化工有限公司	Zhongshan Greenclouds Chemistry Co., Ltd.

弹性非织造布材料、松紧带 Elastic nonwovens, elastic band

全程兴业股份有限公司	Golden Phoenix Fiberwebs, Inc.
英威达有限公司台湾分公司	INVISTA Ltd.
福力士(新加坡)有限公司	Fulflex Singapore Pte Ltd.
上海井上高分子制品有限公司	Shanghai Inoac Polymer Products Co., Ltd.
江阴昶森无纺科技有限公司	Jiangyin Changsen Nonwoven Science Co., Ltd.
苏州坚创贸易有限公司	Kingstrong Trade Development Co., Ltd.
盟迪(中国)薄膜科技有限公司	Mondi (China) Film Technology Co., Ltd.
杭州丛迪纤维有限公司	Hongzhou Congdi Fiber Co., Ltd.
晓星国际贸易(嘉兴)有限公司	Hyosung International Trade (Jiaxing) Co., Ltd.

续表

厦门兰海贸易有限公司	Xiamen Lanhai Trade Co., Ltd.
泉州市鸿瑞卫生材料有限公司	Quanzhou Hongrui Sanitary Material Co., Ltd.
济宁鲁意高新纤维材料有限公司	Jining Luyi High – tech Fiber Co., Ltd.

造纸化学品 Paper chemical

日本明成化学工业株式会社	Meisei Chemical Works, Ltd.
陶氏化学太平洋(新加坡)私人有限公司	Dow Chemical Pacific (Singapore) Pte Ltd.
巴克曼实验室(亚洲)私人有限公司	Buckman Laboratories
日本池上交易株式会社	Ikegami Koeki Co., Ltd.
瑞士科莱恩国际有限公司	Clariant International Ltd.
泰伦特化学有限公司	Tianjin Talent Chemistry Co., Ltd.
天津市维科瑞化工有限公司	Tianjin Weikerui Chemical Co., Ltd.
廊坊市盛源化工有限责任公司	Langfang Shengyuan Chemical Co., Ltd.
石家庄市乔多造纸化工助剂有限公司	Shijiazhuang Qiaoduo Paper Chemicals Co., Ltd.
营口康如科技有限公司	Yingkou Kangru Sci. & Tech. Industry Co., Ltd.
吉林省环球精细化工有限公司	Jilin Huanqiu Fine Chemicals Co., Ltd.
纳尔科(中国)环保技术服务有限公司	Nalco (China) Environmenttal Solutions Co., Ltd.
瓦克化学(中国)有限公司	Wacker Chemicals (China) Co., Ltd.
罗盖特贸易(上海)有限公司	Roquette Sales (Shanghai) Co., Ltd.
明答克商贸(上海)有限公司	Maintech Trading (Shanghai) Co., Ltd.
凯米拉化学品(上海)有限公司	Kemira Chemicals (Shanghai) Co., Ltd.
上海吉臣化工有限公司	Shanghai J. C. Chemical Co., Ltd.
上海臣卢贸易有限公司	Shanghai Chenlu Trading Co., Ltd.
上海联胜化工有限公司	Shanghai Liansheng Chemical Co., Ltd.
三菱商事(上海)有限公司机能化学品事业部	Mitsubishi Corporation (Shanghai) Ltd.
上海宏度精细化工有限公司	Shanghai Hondu Fine Chemical Co., Ltd.
上海湛和实业有限公司	Shanghai Zhanhe Industrial Co., Ltd.
上海尚志生物科技有限公司	Shanghai Sunwise Bio – technology Co., Ltd.
道康宁(上海)有限公司	Dow Corning (Shanghai) Co., Ltd.
上海世展化工科技有限公司	Shanghai World – Prospect Industrial Co., Ltd.
亚什兰(中国)投资有限公司	Ashland (China) Investment Co., Ltd.
常州市武进运波化工有限公司	Changzhou Wujin Yunbo Chemical Co., Ltd.
苏州市恒康造纸助剂技术有限公司	Suzhou HK Actives Technology Co., Ltd.
天禾化学品(苏州)有限公司	Tianhe Chemicals (Suzhou) Ltd.
杭州市化工研究所有限公司	Hangzhou Research Institute of Chemical Technology Co., Ltd.
杭州绿色助剂研究所	Hangzhou Green Additives Research Institute
浙江传化华洋化工有限公司	Zhejiang Transfar Whyyon Chemical Co., Ltd.
泰安市鑫泉造纸助剂厂	Taian Xinquan Paper Actives Factory
泰安市东岳助剂厂	Taian Dongyue Additives Factory

续表

苏柯汉(潍坊)生物工程有限公司	Sukahan (Weifang) Bio – Technology Co., Ltd.
河南省道纯化工技术有限公司	Henan Titaning Chemical Technical Co., Ltd.
嘉鱼县中天化工有限责任公司	Jiayu Zhongtian Chemical Co., Ltd.
湖北嘉韵化工科技有限公司	Hubei Jiayun Chemical Technology Co., Ltd.
东莞市粤星纸业助染有限公司	Dongguan Yuexing Chemical Actives Co., Ltd.
广州森鑫日化有限公司	Guangzhou Senxin Chemical Co., Ltd.
广东金天擎化工科技有限公司	Guangdong King Tech Chemical Industry Technical Co., Ltd.
广东省造纸研究所	Guangdong Paper Research Institute
广州市睿漫化工有限公司	Reach Mount (GZ) Chemicals Co., Ltd.
江门市溢远助剂科技有限公司	Yiyuan Fine Chemical Co., Ltd.
江门市大中科技企业发展有限公司	Bigchina Technique Enterprise Development Ltd.
深圳市永联丰化工科技有限公司	Shenzhen Uniform Chemical Technology Co., Ltd.
绵阳市助友化工工业有限责任公司	Mianyang Zhuyou Chemical Industry Co.

香精、表面处理剂及添加剂 Balm, surfactant, additive

亚马逊化工有限公司	Amazon Papyrus Chemicals Limited
领先特品(香港)有限公司	International Specialty Products (Hong Kong) Co., Ltd.
北京神舟晟华技贸有限公司	Beijing Shenzhou Shenghua Technology & Trade Co., Ltd.
北京海博利兹科技有限公司	Beijing Haibio – Unit Technology Co., Ltd.
北京桑普生物化学技术有限公司	Beijing Sunpu Biochem. Tech. Co., Ltd.
天津双马香精香料新技术有限公司	Tianjin Double Horse Flavour & Fragrance Co., Ltd.
德国舒美有限公司亚太区技术中心	Schulke & Mayr GmbH Asia Pacific Technology Center
上海高聚生物科技有限公司	Shanghai Hipoly Bio – Tech Co., Ltd.
上海黛龙生物工程科技有限公司	Shanghai Delon Hi – Tech Ltd.
奇华顿日用香精香料(上海)有限公司	Givaudan Frangrances (Shanghai) Ltd.
上海轻工业研究所有限公司	Shanghai Light Industry Research Institute Co., Ltd.
昆山市华新日用化学品有限公司	Kunshan Huaxin Daily Chemicals Co., Ltd.
昆山市双友日用化工有限公司	Kunshan Shuangyou Daily Chemial Co., Ltd.
南京古田化工有限公司	Nanjing Golden Chemical Co., Ltd.
南京欧亚香精香料有限公司	Nanjing Eurasie Flavor & Fragranoe Int, Limited
南通博大生化有限公司	Nantong Boda Biochemistry Co., Ltd.
杭州高琦香化化妆品有限公司	Hangzhou Koki Flavors & Fragrances Co., Ltd.
杭州希安达抗菌技术研究所有限公司	Hangzhou Sende Antibacterial Technology Institute Co., Ltd.
福州圣德莉信息技术有限公司	Fuzhou SDL I & T Co., Ltd.
泉州市金泉油墨有限责任公司	Quanzhou Jinquan Ink Co., Ltd.
厦门金泰生物科技有限公司	Xiamen Golden Biotechnology Co., Ltd.
淄博高维生物技术有限公司	Zibo Gaowei Biology Tech Co., Ltd.
广州市香化科技有限公司	Guangzhou Flavor Chemical Science & Technology Co., Ltd.
中山大学广州中大药物开发中心	Drug Development Center of Sun Yet – sen University
深圳市乐活科技有限公司	Shenzhen lohas Technology Co., Ltd.

包装及印刷 Packing and printing

土耳其 KOROZO 包装材料公司	KOROZO PACKAGING A. S
台湾联宾塑胶印刷股份有限公司	Lianbin Plastic & Printing Co., Ltd.
雄县鹏程彩印有限公司	Xiongxian Pengcheng Colour Print Co., Ltd.
河北省沧县恒信塑料包装材料厂	Cangxian Hengxin Plastic Packaging Factory
石家庄华纳塑料包装有限公司	Shijiazhuang Huana Plastic Packing Co., Ltd.
河北永生塑料制品有限公司	Hebei Yongsheng Plastic Products Co., Ltd.
上海华悦包装制品有限公司	Shanghai Huayue Packaging Products Co., Ltd.
上海福助工业有限公司	Shanghai Fukusuke Industries Co., Ltd.
上海紫泉标签有限公司	Shanghai Ziquan Label Co., Ltd.
泰格包装(上海)有限公司	Tiger Pack (Shanghai) Co., Ltd.
江苏众和包装有限公司	Jiangsu Zhonghe Packing Co., Ltd.
浙江长海包装集团有限公司	Zhejiang Changhai Packing Group Co., Ltd.
骏龙包装集团有限公司	Jolon Packaging Group Co., Ltd.
义乌市恒星塑料制品有限公司	Yiwu Hengxing Plastic Products Co., Ltd.
台州市佳迪软包装彩印有限公司	Taizhou Jiadi Soft – Package Color Printing Co., Ltd.
浙江义乌神星塑料制品有限公司	Zhejiang Yiwu Shenxing Plastic Products Co., Ltd.
浙江华夏包装有限公司	Zhejiang Huaxia Packaging Co., Ltd.
浙江佳尔彩包装有限公司	Zhejiang Jiaercai Packing Co., Ltd.
泉塑包装印刷有限公司	Quansu Packing & Printing Co., Ltd.
晋江市新合发塑胶印刷有限公司	Jinjiang Innova Packaging Plastic Printing Co., Ltd.
塘塑软包装有限公司	Tansox Soft Packaging Co., Ltd.
龙海明发塑料制品有限公司	Longhai Mingfa Plastic Goods Co., Ltd.
南安市满山红纸塑彩印有限公司	Nanan Manshanhong Paper & Plastic Colorful Print Co., Ltd.
南安市满山红塑料有限公司	Nanan Manshanhong Plastics Co., Ltd.
南安市南洋纸塑彩印有限公司	Nanan Nanyang Paper Plastic Colour Printing Co., Ltd.
福建省满利红包装彩印有限公司	Fujian Manlihong Packaging Printing Co., Ltd.
福建南盛塑料彩印有限公司	Fujian Nansheng Plastic Color – Printing Co., Ltd.
厦门市新江峰包装有限公司	Xiamen Xinjiangfeng Packing Co., Ltd.
厦门市杏林意美包装有限公司	Xiamen Xinglin Yimei Packing Co., Ltd.
厦门顺峰包装材料有限公司	Xiamen Shunfeng Package Materials Co., Ltd.
南昌诚鑫包装有限公司	Nanchang Chengxin Packing Co., Ltd.
郯城欣欣印刷有限公司	Tancheng Xinxin Color Printing Co., Ltd.
郯城县鹏程印务有限公司	Tancheng Pengcheng Printing Co., Ltd.
东莞市绿彩包装材料厂	Dongguan Green Color Packaging Material Factory
东莞市致利包装印刷有限公司	Dongguan Zhili Packaging Printing Co., Ltd.
顺德金粤盛塑胶彩印有限公司	Shunde Jinyuesheng Plastic Colour Print Co., Ltd.
广州市粤盛工贸有限公司	Guangzhou Yuesheng Industry & Trade Co., Ltd.
惠州宝柏包装有限公司	Propack Huizhou Packing Limited
江门市广威胶袋印制企业有限公司	Jiangmen Guangwei Plastic Bag Print Enterprise Co., Ltd.

续表

深圳豪艺塑料有限公司	Shenzhen Delux Arts Plastics Co., Ltd.
深圳市迪莱特实业有限公司	Shenzhen Delight Industrial Co., Ltd.
超然塑胶包装制品(深圳)有限公司	Supreme Development Co., Ltd.
深圳市润基包装制品有限公司	Shenzhen Runji Packaging Products Co., Ltd.
深圳市嘉丰印刷包装有限公司	Jiafeng Printing and Packaging Co., Ltd.
珠海市嘉德强包装有限公司	Zhuhai Jiadeqiang Packing Co., Ltd.

原辅材料生产或供应
Manufacturers and suppliers of raw/auxiliary materials

● 纸浆 Pulp

Tembec Inc.
加拿大天柏浆纸公司
地址(Add)：70 York St，Suite 1120 Toronto，Ontario M5J IS9
电话(Tel)：1－416－8640217
传真(Fax)：1－416－8641979
联系人(Contact Person)：Jason Coss
产品业务(Business)：天雪牌卫生纸、纸餐具等用浆(板浆、块浆)，加拿大天河牌漂白针叶木浆

Can-sun Canada Enterprises Ltd.
加拿大加升公司
地址(Add)：759 Montroyal Blud. North Vancouver B. C V7R 2G4 Canada
电话(Tel)：1－604－9888682
传真(Fax)：1－604－9888602
E-mail：bob_wu@telus. net
联系人(Contact Person)：Bob Wu
产品业务(Business)：加美漂白长纤浆，中长纤浆，漂白化学热磨机械浆，本色浆，废纸

灯塔亚洲有限公司
Domtar Asia Limited
(详见绒毛浆)

艾克曼浆纸公司
Ekman Pulp and Paper Limited
地址(Add)：香港湾仔港湾道18号中环广场4702室
电话(Tel)：852－28271010
传真(Fax)：852－28277711
Http://www. ekmanonline. com
联系人(Contact Person)：谢钰
产品业务(Business)：纸浆

惠好(亚洲)有限公司
Weyerhaeuser (Asia) Limited
(详见绒毛浆)

思智浆纸贸易(北京)有限公司
Central National Trading (Beijing) Ltd.
地址(Add)：北京市朝外大街19号华普国际大厦1504
邮编(P. C.)：100020
电话(Tel)：010－65802712－310
传真(Fax)：010－65802711－310
E-mail：htzhou@cbj. com. cn
Http://www. cndivision. com
联系人(Contact Person)：周海涛
产品业务(Business)：经销纸浆

中国包装进出口总公司
China Pack Import & Export Corporation
地址(Add)：北京市朝阳区东三环北路3号幸福大厦B座308室
邮编(P. C.)：100027
电话(Tel)：010－64662995
传真(Fax)：010－64663970
总经理(General Manager)：周昕
联系人(Contact Person)：刘阳
产品业务(Business)：纸浆

北京嘉阳创业经贸有限公司
Beijing J & Y International Trade Co., Ltd.
地址(Add)：北京市朝阳区东三环北路甲19号嘉盛中心33层3309－3310室
邮编(P. C.)：100020
电话(Tel)：010－65919990
传真(Fax)：010－65919992
E-mail：daniel_wei8@126. com
联系人(Contact Person)：魏汉林
产品业务(Business)：经销纸浆

加拿大中加浆纸有限公司北京代表处
Sinocan Pulp and Paper Ltd. Beijing Representative Office
地址(Add)：北京市朝阳区东三环中路7号北京财富中心A座919室
邮编(P. C.)：100020
电话(Tel)：010－65308581－801
传真(Fax)：010－65308583
E-mail：sinocandavid@shaw. ca
总经理(General Manager)：孙大为
联系人(Contact Person)：孙大为
产品业务(Business)：经销木浆

芬欧汇川(中国)有限公司
UPM (China) Co., Ltd.
地址(Add)：北京市朝阳区光华路4号东方梅地亚中心C座906室
邮编(P. C.)：100026
电话(Tel)：010－85570866
传真(Fax)：010－85570856
Http://www. upm. com
法人代表(Chairman)：赛佩蒂
联系人(Contact Person)：袁晓宇
产品业务(Business)：纸浆

中国纸张纸浆进出口公司
China National Pulp & Paper Corporation
地址(Add)：北京市朝阳区劲松九区910号(中国轻工业品进出口总公司大楼10层)
邮编(P. C.)：100021
电话(Tel)：010－87763309
传真(Fax)：010－67747294
E-mail：info@cnppc. com
Http://www. chinalight. com. cn
法人代表(Chairman)：王小京
总经理(General Manager)：王文健
联系人(Contact Person)：王颜妍

产品业务(Business)：经销进口、国产纸浆

金风车(天津)国际贸易有限公司北京办事处
Aim Reclaim Limited
地址(Add)：北京市朝阳区麦子店西路3号新恒基国际大厦517、519房间
邮编(P. C.)：100016
电话(Tel)：010－64619090
传真(Fax)：010－64672123
联系人(Contact Person)：李天舒
产品业务(Business)：经销进口绒毛浆和离型纸，欧废，美废

中轻物产公司
Sinolight Materials Corp.
地址(Add)：北京市朝阳区望京启阳路中轻大厦
邮编(P. C.)：100102
电话(Tel)：010－64778699
传真(Fax)：010－64778688
E-mail：zhangzhigang@ sinolight. cn
Http://www. climc. com
联系人(Contact Person)：张志刚
产品业务(Business)：经销纸浆

盟迪毕威贸易(北京)有限公司
Mondi Trading (Beijing) Co., Ltd.
地址(Add)：北京市朝阳区霄云路36号国航大厦一幢0912室
邮编(P. C.)：100027
电话(Tel)：010－84475037
传真(Fax)：010－84475037
E-mail：tanason. vivattanachaiwong@ mondigroup. com
Http://www. mondigroup. com
总经理(General Manager)：林奕铭
产品业务(Business)：经销纸浆

加拿大天柏浆纸公司北京代表处
Tembec Inc. Beijing Office
地址(Add)：北京市朝阳区新源里路16号琨莎中心一座1210室
邮编(P. C.)：100027
电话(Tel)：010－84863711
传真(Fax)：010－84865008
E-mail：biao. wang@ tembecbj. com
Http://www. tembec. ca
法人代表(Chairman)：黄铁安
总经理(General Manager)：黄铁安
联系人(Contact Person)：王彪
产品业务(Business)：经销纸浆

北京和而旺投资有限公司
Beijing Heerwang Investment Co., Ltd.
地址(Add)：北京市朝阳区永安东里通用国际中心A座19层
邮编(P. C.)：100020
电话(Tel)：010－58793322
传真(Fax)：010－58793093
E-mail：heerwang@ 263. net
联系人(Contact Person)：陈劲
产品业务(Business)：经销纸浆

中国国旅贸易有限责任公司
China International Tourism & Trade Co., Ltd.
地址(Add)：北京市朝阳区永安东里通用国际中心A座19层
邮编(P. C.)：100020
电话(Tel)：010－58793322
传真(Fax)：010－58793093
E-mail：cittc@ mx. cei. gov. cn
Http://www. cittc. com. cn
法人代表(Chairman)：蓝沙
联系人(Contact Person)：甄荔
产品业务(Business)：主营俄罗斯纸浆、纸张，北美等国木浆，包括生活用纸用木浆

日奔纸张纸浆商贸(上海)有限公司北京分公司
Japan Pulp & Paper (Shanghai) Co., Ltd. Beijing Branch
地址(Add)：北京市东城区崇外大街3A号新世界中心A座1016
邮编(P. C.)：100004
电话(Tel)：010－65908056
传真(Fax)：010－65908058
法人代表(Chairman)：罗远跃
产品业务(Business)：纸浆

北京五洲林海贸易有限公司
Beijing Global Forest Co., Ltd.
地址(Add)：北京市东城区崇外大街3号新世界办公楼B座1013
邮编(P. C.)：100062
电话(Tel)：010－67062321
传真(Fax)：010－67019277
E-mail：zhaohongan@ globalforest. cn
法人代表(Chairman)：董巍
总经理(General Manager)：董巍
联系人(Contact Person)：赵泓安
产品业务(Business)：纸浆

北京中基亚太贸易有限公司
Chinabase Asia-Pacific Trading Co., Ltd. Beijing
地址(Add)：北京市东城区崇文门外大街16号国瑞大厦1616室
邮编(P. C.)：100062
电话(Tel)：010－83914488－122
传真(Fax)：010－83914466
E-mail：wenger. wu@ cbid. com. cn
Http://www. cbap. com. cn
联系人(Contact Person)：吴英革
产品业务(Business)：经销纸浆

目标纤维纸业贸易有限公司
Target Fiber LLC
地址(Add)：北京市东城区东中街40号元嘉国际公寓A座820室
邮编(P. C.)：100027
电话(Tel)：010－84549958
E-mail：jhangnigan@ targetfiberasia. com
Http://www. targetfiber. com
联系人(Contact Person)：贾德森
产品业务(Business)：纸浆，卫生纸原纸

北京中基明星纸业有限公司
Beijing Chinabase Star Paper Co., Ltd.
地址(Add)：北京市东城区龙潭路甲三号翔龙大厦 D10 室
邮编(P. C.)：100061
电话(Tel)：010－67110599
传真(Fax)：010－67110559
E-mail：wenger.wu@cbid.com.cn
Http://www.cbid.com.cn
法人代表(Chairman)：刘新
联系人(Contact Person)：吴英革
产品业务(Business)：经销木浆、纸张、废纸

中国纸业投资总公司
China Paper Corporation
地址(Add)：北京市丰台区南四环西路 188 号总部基地 6 区 17 号楼 5 层
邮编(P. C.)：100070
电话(Tel)：010－83673169
传真(Fax)：010－83673151
E-mail：wb@chinapaper.com.cn
联系人(Contact Person)：文飚
产品业务(Business)：纸浆，木浆

新加坡三义资源公司中国代表处
Resources Pte Ltd. China Representative Office
地址(Add)：北京市丰台区南苑大泡子 3 号
邮编(P. C.)：100076
电话(Tel)：010－67914576
传真(Fax)：010－67914577
E-mail：zamgpp@yahoo.cn
法人代表(Chairman)：张安民
总经理(General Manager)：张安民
联系人(Contact Person)：张安民
产品业务(Business)：纸浆

中国印刷集团公司
China Printing (Group) Co.
地址(Add)：北京市西城区红莲南路 57 号中国印刷大厦第 17 层
邮编(P. C.)：100055
电话(Tel)：010－83060395
传真(Fax)：010－83060395
E-mail：msnlivehot@msn.com
Http://www.cpgc.cn
联系人(Contact Person)：韩壮
产品业务(Business)：纸浆

中普科贸有限责任公司
Zhongpu Science & Trade Company Ltd.
地址(Add)：北京市西站地区莲花池东路 102 号天莲大厦 9 层
邮编(P. C.)：100055
电话(Tel)：010－63345518
传真(Fax)：010－63345344
联系人(Contact Person)：吕程
产品业务(Business)：经销进口纸浆

瑞典艾克曼中国公司北京联络处
Ekman & Co China Ltd.
地址(Add)：北京市宣武门外大街 6 号庄胜广场北办公楼 1310 室
邮编(P. C.)：100052
电话(Tel)：010－63109751
传真(Fax)：010－63109761
E-mail：normanwong@163.com
Http://www.ekmanonline.com
法人代表(Chairman)：王新桥
总经理(General Manager)：王新桥
联系人(Contact Person)：阳恒
产品业务(Business)：木浆、纸张及造纸行业相关国际贸易

天津天立华纸业有限公司
Tianjin Tianlihua Paper Co., Ltd.
地址(Add)：天津市和平区解放北路 188 号信达广场 1807
邮编(P. C.)：300042
电话(Tel)：022－88238925
传真(Fax)：022－88238490
E-mail：tlhkgm@public.tpt.tj.cn
Http://www.tjtlh.com
法人代表(Chairman)：张宝伟
总经理(General Manager)：张宝伟
联系人(Contact Person)：王学霞
产品业务(Business)：经销进口纸浆，绒毛浆，废纸

天津市中澳纸业有限公司
Tianjin Zhongao Paper Co., Ltd.
(详见绒毛浆)

中轻物产股份有限公司天津分公司
Sinolight Materials Co., Ltd. Tianjin Branch
地址(Add)：天津市河东区十一经路河东金融大厦 1007 室
邮编(P. C.)：300171
电话(Tel)：022－24127702
传真(Fax)：022－24125556
E-mail：liuyuwu@sinolight.cn
Http://www.smc.sinolight.cn
联系人(Contact Person)：刘育武
产品业务(Business)：经销纸浆

天津市青山纸业有限公司
Tianjin Qingshan Paper Co., Ltd.
地址(Add)：天津市河东区中山门民族园 4 号楼 2008 室
邮编(P. C.)：300181
电话(Tel)：022－84297980
传真(Fax)：022－84297982
Http://www.qingshanli.cn.alibaba.com
法人代表(Chairman)：李宗山
联系人(Contact Person)：李宗山
产品业务(Business)：经营废纸

天津市蓬林纸业有限公司
Tianjin Penglin Paper Co., Ltd.
地址(Add)：天津市河西区宾水道万顺温泉花园 B 座 901 室
邮编(P. C.)：300201
电话(Tel)：022－28012219
传真(Fax)：022－28012221
法人代表(Chairman)：李社训
总经理(General Manager)：李社训
联系人(Contact Person)：李社训

产品业务(Business)：进口纸浆

天津德宝民丰纸业有限公司
Tianjin Debao Minfeng Paper Production Co., Ltd.
地址(Add)：天津市河西区围堤道118号中豪世纪花园E－2－1202室
邮编(P. C.)：300201
电话(Tel)：022－28246627
传真(Fax)：022－28222923
E-mail：tjdebaominfeng@ sina. com
法人代表(Chairman)：吕永德
总经理(General Manager)：吕永德
联系人(Contact Person)：常富东
产品业务(Business)：纸浆

天津建发纸业有限公司
Tianjin C & D Paper & Pulp Co., Ltd.
地址(Add)：天津市河西区围堤道53号丽晶大厦16楼
邮编(P. C.)：300201
电话(Tel)：022－58383988－5778
传真(Fax)：022－58371220
E-mail：chaoc@ chinacnd. com
Http://www. chinacnd. com
联系人(Contact Person)：晁晨
产品业务(Business)：经销纸浆

天津港保税区曼特国际贸易有限公司
Tianjin Port Free Trade Zone Mante International Co., Ltd.
地址(Add)：天津市南开区红旗南路588号濠景国际C座905－906室
邮编(P. C.)：300381
电话(Tel)：022－58399539
传真(Fax)：022－58399537
E-mail：mantegongsi@ 163. com
法人代表(Chairman)：马丽曼
总经理(General Manager)：肖鸿达
联系人(Contact Person)：张国栋
产品业务(Business)：经销纸浆、绒毛浆

天津楠华伟业商贸有限公司
Tianjin Nanhua Great Achievement Commercial Trade Co., Ltd.
地址(Add)：天津市南开区红旗南路中海御湖翰苑6号楼1002
邮编(P. C.)：300191
电话(Tel)：022－23660520
传真(Fax)：022－23662758
E-mail：jiasir－tianjin@ 163. com
Http://www. tjnanhua. com
法人代表(Chairman)：孙志红
总经理(General Manager)：贾树林
联系人(Contact Person)：贾树林
产品业务(Business)：纸浆

保定卫生用品厂
Baoding Health Products Factory
地址(Add)：河北省保定市蠡县城隍庙街45号
邮编(P. C.)：071400
电话(Tel)：0312－6211969
传真(Fax)：0312－6211969
总经理(General Manager)：张小铁
联系人(Contact Person)：张新会
产品业务(Business)：经销卷筒浆，碎绒毛浆，板浆，干法纸，离型纸，热熔胶，流延膜

五湖正兴造纸厂
Wuhu Zhengxing Paper Mill
地址(Add)：河北省武安市康二城镇五湖村
邮编(P. C.)：056300
电话(Tel)：0310－5726122
联系人(Contact Person)：王秀果
产品业务(Business)：经销蔗浆

辽宁振兴生态造纸有限公司
Liaoning Zhenxing Ecology Paper Co., Ltd.
地址(Add)：辽宁省盘锦市盘山县东郭镇
邮编(P. C.)：124110
电话(Tel)：0427－5938007
传真(Fax)：0427－5938555
联系人(Contact Person)：王得友
产品业务(Business)：苇浆

沈阳建发纸业有限公司
Shenyang C & D Paper & Pulp Co., Ltd.
地址(Add)：辽宁省沈阳市沈河区北站路51号新港澳大厦8楼C室
邮编(P. C.)：110000
电话(Tel)：024－31091280
传真(Fax)：024－31091289
E-mail：lnchen@ cndpaper. com
Http://www. cndpaper. com
联系人(Contact Person)：陈霖娜
产品业务(Business)：经销纸浆

哈尔滨市广信纸业有限公司
Harbin Guangxin Paper Co., Ltd.
地址(Add)：黑龙江省哈尔滨市道外区宏伟路宇轩小区11号楼
邮编(P. C.)：150050
电话(Tel)：15604801673
E-mail：588246@ qq. com
法人代表(Chairman)：丛绢
总经理(General Manager)：丛绢
联系人(Contact Person)：丛绢
产品业务(Business)：竹浆，木浆

绥芬河市三都纸业有限责任公司哈尔滨办事处
Sandu Papermking Group
地址(Add)：黑龙江省哈尔滨市高新技术开发区衡山路18号远东大厦B座11层
邮编(P. C.)：150036
电话(Tel)：0451－82295611
传真(Fax)：0451－82295610
E-mail：sandugs@ vip. sina. com
联系人(Contact Person)：王志君
产品业务(Business)：经销纸浆/生活用纸

黑龙江省华林纸业有限公司
Heilongjiang Hualin Pulp & Paper Co., Ltd.
地址(Add)：黑龙江省哈尔滨市一曼街2号墨源国际A栋4单元2001室

邮编(P. C.)：150000
电话(Tel)：0451－82534770
传真(Fax)：0451－82534770
E-mail：hualin@vip.188.com
法人代表(Chairman)：王江宁
总经理(General Manager)：王江宁
联系人(Contact Person)：张静辉
产品业务(Business)：经销进口和国产纸浆

上海永结浆纸贸易有限公司
Shanghai Yongjie Pulp & Paper Trade Co., Ltd.
地址(Add)：上海市报春路399弄5号702室
邮编(P. C.)：201100
电话(Tel)：021－64129746
传真(Fax)：021－64129746
E-mail：yongjiepulp@hotmail.com
总经理(General Manager)：毛晓明
联系人(Contact Person)：毛晓明
产品业务(Business)：纸浆

加升国际贸易(上海)有限公司
Cansun Inter. Trading (Shanghai) Co., Ltd.
地址(Add)：上海市东方路899号906室(上海浦东假日酒店)
邮编(P. C.)：200122
电话(Tel)：021－50368888
传真(Fax)：021－50367777
E-mail：cansun@cansunsh.com
总经理(General Manager)：吴博
联系人(Contact Person)：何锋
产品业务(Business)：纸浆，废纸

上海凯昌国际贸易有限公司
Shanghai Kaichang International Trading Co., Ltd.
(详见绒毛浆)

中基亚太上海办事处
Chinabase Asia－PacificShanghai Branch
地址(Add)：上海市虹口区四平路188号上海商贸大厦2109室
邮编(P. C.)：200086
电话(Tel)：021－65077365
传真(Fax)：021－65078010
Http://www.cbid.com.cn
产品业务(Business)：经销纸浆

闰裸(上海)国际贸易有限公司
Rabeco (Shanghai) Ltd.
地址(Add)：上海市淮海中路381号中环广场31层01－08室
邮编(P. C.)：200052
电话(Tel)：021－61701606
传真(Fax)：021－61701605
E-mail：bogomil.pockaj@rabecochina.com
Http://www.rabecochina.com
联系人(Contact Person)：Bogomil Pockaj
产品业务(Business)：纸浆

上海兰生大宇有限公司
Shanghai Lansheng Daewoo Corp.
地址(Add)：上海市淮海中路8号兰生大厦28楼
邮编(P. C.)：200021
电话(Tel)：021－63190088－173
传真(Fax)：021－63190122
E-mail：zhiliangxie@lsdw.com.cn
Http://www.lsdw.com.cn
联系人(Contact Person)：谢智梁
产品业务(Business)：纸浆

智利阿茹库亚洲代表处
Arauco Asia Representative Office
地址(Add)：上海市黄浦区延安东路222号外滩中心18楼1816室
邮编(P. C.)：200002
电话(Tel)：021－61323853
传真(Fax)：021－63351336
E-mail：james.wang@arauco.cl
Http://www.arauco.cl
法人代表(Chairman)：郝赛
总经理(General Manager)：郝赛
联系人(Contact Person)：王旭
产品业务(Business)：纸浆

瑞典赛尔玛有限公司上海代表处
CellMark AB, Shanghai Office
(详见绒毛浆)

魁美化工贸易(上海)有限公司
Victory International Chemical Co., Ltd.
地址(Add)：上海市闵行区七莘路2099号华友大厦2幢B508室
邮编(P. C.)：201101
电话(Tel)：021－51102055
传真(Fax)：021－51102056
E-mail：taiyuanchen@163.com
联系人(Contact Person)：陈泰源
产品业务(Business)：纸浆，造纸原料，染料

金鱼纸业亚洲公司
Suzano Paper Asia
地址(Add)：上海市南京西路1468号中欣大厦3202室
邮编(P. C.)：200040
电话(Tel)：021－62895506－207
传真(Fax)：021－62892817
E-mail：kelvenjiang@suzanoasia.com
总经理(General Manager)：蒋莹
联系人(Contact Person)：蒋莹
产品业务(Business)：经销纸浆

上海安帝化工有限公司
Shanghai Andy Chemical Co., Ltd.
(详见造纸化学品)

上海森意茂进出口有限公司
Shanghai Senyimao Pulp & Paper Co., Ltd.
地址(Add)：上海市浦东金新路58号银桥大厦2209－2210
邮编(P. C.)：201206
电话(Tel)：021－58542928
传真(Fax)：021－58541242
E-mail：2355832814@qq.com
联系人(Contact Person)：林亮城
产品业务(Business)：经销纸浆，废纸

上海惟海实业有限公司
Shanghai Weihai Industrial Co., Ltd.
地址(Add)：上海市浦东金新路58号银桥大厦2209－2210
邮编(P. C.)：201206
电话(Tel)：021－51330012
传真(Fax)：021－58541242
E-mail：dhy329@163.com
联系人(Contact Person)：董海燕
产品业务(Business)：经销纸浆

芬兰芬宝有限公司上海代表处
Botnia Pulps Shanghai Representative Office
地址(Add)：上海市浦东南路588号浦发大厦12层J座
邮编(P. C.)：200120
电话(Tel)：021－50120796
传真(Fax)：021－50120797
E-mail：tao.zhang@metsagroup.com
联系人(Contact Person)：张涛
产品业务(Business)：纸浆

苏州市旨品贸易有限公司上海办事处
Suzhou Paper Trade Co., Ltd. Shanghai Office
地址(Add)：上海市浦东新区沪南公路2688弄康桥老街202号802室
邮编(P. C.)：201318
电话(Tel)：021－38230006
传真(Fax)：021－38230010
E-mail：zhiyang.zhu@163.com
法人代表(Chairman)：章波
总经理(General Manager)：章波
联系人(Contact Person)：朱志洋
产品业务(Business)：浆料进出口，造纸助剂

上海明阳佳木国际贸易有限公司
Shanghai SunnyForest Trading Co., Ltd.
地址(Add)：上海市浦东新区金湘路345号同华大厦1301－1302室
邮编(P. C.)：201206
电话(Tel)：021－51978062
传真(Fax)：021－51976396
总经理(General Manager)：李笃莹
联系人(Contact Person)：周洁
产品业务(Business)：经销纸浆

丸红(上海)有限公司
Marubeni (Shanghai) Co., Ltd.
地址(Add)：上海市浦东新区陆家嘴环路1000号恒生银行大厦43楼
邮编(P. C.)：200120
电话(Tel)：021－68411932－246
传真(Fax)：021－68412380
E-mail：chen_z@marubeni.com
联系人(Contact Person)：陈舟
产品业务(Business)：经销进口纸浆，废纸，绒毛浆

亚洲浆纸交易集团股份有限公司
Asia Paper Pulp Energy Exchange Group Limited
地址(Add)：上海市浦东新区浦东大道2000号阳光世界大厦6楼G座
邮编(P. C.)：200135
电话(Tel)：021－51302364
传真(Fax)：021－51302364
E-mail：andygao@asiapaperpulpexchange.com
联系人(Contact Person)：高光海
产品业务(Business)：纸浆

上海峰联浆纸有限公司
Shanghai Fenglian Pulp & Paper Co., Ltd.
地址(Add)：上海市浦东新区浦东南路855(世界广场)30H
邮编(P. C.)：200000
电话(Tel)：021－58762700
传真(Fax)：021－58888056
E-mail：1819450555@qq.com
法人代表(Chairman)：黄晶玉
总经理(General Manager)：黄晶玉
联系人(Contact Person)：苏凌
产品业务(Business)：纸浆

上海凯琳进出口有限公司
Shanghai Kailin Import & Export Co., Ltd.
(详见绒毛浆)

上海伊藤忠商事有限公司
Itochu Shanghai Ltd.
(详见高吸收性树脂)

三井物产(上海)贸易有限公司消费服务事业部
Mitsui & Co. (Shanghai) Ltd. Consumer Service Business Division
地址(Add)：上海市浦东新区世纪大道100号上海环球金融中心40－41F
邮编(P. C.)：200120
电话(Tel)：021－38500500
传真(Fax)：021－38500810
E-mail：chu.xu@mitsui.com
联系人(Contact Person)：徐春花
产品业务(Business)：纸浆，吸水纸

山东加林国际贸易发展有限公司上海代表处
Shandong Jialin International Business Development Co., Ltd. Shanghai Office
地址(Add)：上海市浦东新区张杨路188号汤臣中心A2109室
邮编(P. C.)：200122
电话(Tel)：021－68881672
传真(Fax)：021－68881671
E-mail：jlinanny@gmail.com
Http://www.chinajialin.net
联系人(Contact Person)：徐扬
产品业务(Business)：经销进口纸浆，废纸

上海建发纸业有限公司
Shanghai C & D Paper & Pulp Co., Ltd.
地址(Add)：上海市浦东新区张杨路620号中融恒瑞国际大厦东楼1002室
邮编(P. C.)：200122
电话(Tel)：021－61636908
传真(Fax)：021－61635077
E-mail：xinc@cndpaper.com
总经理(General Manager)：陈以峰
联系人(Contact Person)：陈欣

产品业务(Business)：经销纸浆，绒毛浆，卫生纸原纸

深圳市怡亚通供应链股份有限公司纸业事业本部
Eternal Asia Supply Chain Management Ltd. Paper Industry Division
地址(Add)：上海市浦东新区张杨路707号生命人寿大厦1504号
邮编(P. C.)：200122
电话(Tel)：021－58358185
传真(Fax)：021－58358200
E-mail：aaron. yang@ eascs. com
Http://www. eascs. com
联系人(Contact Person)：杨兆恒
产品业务(Business)：纸浆

厦门国贸集团股份有限公司上海办事处
Xiamen ITG Group Co., Ltd. (Shanghai Office)
地址(Add)：上海市浦东新区张杨路中融恒瑞国际大厦18楼
邮编(P. C.)：200120
电话(Tel)：021－33934613
传真(Fax)：021－58362877
E-mail：yandong@ itg. com. cn
Http://www. itg. com. cn
联系人(Contact Person)：颜冬
产品业务(Business)：经销纸浆

上海汉川纸业有限公司
Shanghai Hanchuan Paper Co., Ltd.
地址(Add)：上海市吴中路1100号炫润国际大厦813
邮编(P. C.)：201103
电话(Tel)：021－55512333
传真(Fax)：021－36331069
E-mail：cygr26@ yahoo. com
联系人(Contact Person)：曹阳
产品业务(Business)：纸浆，高吸收性树脂

金风车(天津)国际贸易有限公司上海办事处
Aim Reclaim Limited
地址(Add)：上海市仙霞路317号远东国际广场B1115
邮编(P. C.)：200051
电话(Tel)：021－52574313
传真(Fax)：021－62351589
E-mail：louis@ aimreclaim. com
法人代表(Chairman)：泰斯
联系人(Contact Person)：胡林林
产品业务(Business)：经销进口绒毛浆和离型纸，欧废，美废

芬欧汇川(中国)有限公司上海办公室
UPM (China) Co., Ltd.
地址(Add)：上海市徐汇区虹桥路3号港汇中心2座23楼
邮编(P. C.)：200030
电话(Tel)：021－64485480
传真(Fax)：021－64485490
E-mail：xu. wenxia@ upm. com
联系人(Contact Person)：许文霞
产品业务(Business)：化学浆

上海中轻纸业有限公司
Shanghai Chinalight Paper Ltd.
地址(Add)：上海市徐汇区零陵路635号爱博大厦15楼F座
邮编(P. C.)：200030
电话(Tel)：021－54255762
传真(Fax)：021－54255783
E-mail：luweidong6814@ vip. sina. com
总经理(General Manager)：陆卫东
产品业务(Business)：经销废纸

上海东轻纸业有限公司
Shanghai Dongqing Paper Co., Ltd.
地址(Add)：上海市徐汇区银都路298号九润商务大厦518
邮编(P. C.)：200030
电话(Tel)：021－51592886
传真(Fax)：021－51592885
总经理(General Manager)：张旭初
联系人(Contact Person)：周爱兰
产品业务(Business)：经销竹浆

国际纸业贸易(上海)有限公司
International Paper Distribution (Shanghai) Limited
(详见绒毛浆)

上海市振戎石油有限公司
Shanghai Zhenrong Petroleum Co., Ltd.
地址(Add)：上海市徐汇区中山西路1602号宏汇国际广场1506－08室
邮编(P. C.)：200235
电话(Tel)：021－64879178－865
传真(Fax)：021－64879731
E-mail：wanghui@ shzhenrong. cc
联系人(Contact Person)：王慧
产品业务(Business)：纸浆

上海呈泽贸易有限公司
Shanghai Chengze Trading Co., Ltd.
地址(Add)：上海市延安西路728号华敏翰尊大厦11层B座8A
邮编(P. C.)：200050
电话(Tel)：021－62258858
传真(Fax)：021－62258219
E-mail：22889120@ qq. com
联系人(Contact Person)：石昀
产品业务(Business)：经销纸浆

江苏汇鸿股份有限公司上海分公司
Jiangsu High Hope Co. (Shanghai Branch)
地址(Add)：上海市闸北区共和新路1988号10幢501－503室
邮编(P. C.)：200072
电话(Tel)：021－33870022－16
传真(Fax)：021－33870408
E-mail：zhuyeming@ jstex. com
Http://www. jstex. com
联系人(Contact Person)：朱晔明
产品业务(Business)：纸浆

上海怡括贸易有限公司
Shanghai Ecor Trading Co., Ltd.
地址(Add)：上海市闸北区共和新路3699号A栋313室
邮编(P. C.)：210435
电话(Tel)：021-60703571
传真(Fax)：021-60703565
E-mail：zhengtongtom@hotmail.com
联系人(Contact Person)：郑通
产品业务(Business)：纸浆

上海顶晖国际贸易有限公司
Shanghai Top Sunshine International Trading Co., Ltd.
地址(Add)：上海市闸北区民立路289弄2号802室
邮编(P. C.)：200070
电话(Tel)：021-51870969
传真(Fax)：021-51861213
E-mail：paper@onewaste.cn
联系人(Contact Person)：张菊
产品业务(Business)：经销废纸

常州市豪峰纸业有限公司
Changzhou Haofeng Paper Co., Ltd.
(详见打孔膜及打孔非织造布)

江苏金利达纸业有限公司
Jiangsu Jinlida Paper Co., Ltd.
地址(Add)：江苏省淮安市开发区青岛东路8号
邮编(P. C.)：223001
电话(Tel)：0517-83705898
传真(Fax)：0517-83705899
Http://www.jldzy.com
总经理(General Manager)：徐志伟
联系人(Contact Person)：徐志伟
产品业务(Business)：杨木化机浆

江苏汇鸿股份有限公司
Jiangsu High Hope Co.
地址(Add)：江苏省南京市户部街15号
邮编(P. C.)：210002
电话(Tel)：025-86828055
传真(Fax)：025-84213730
E-mail：dingchunliang@jstex.com
Http://www.jstex.com
联系人(Contact Person)：丁春亮
产品业务(Business)：纸浆进口

江苏省对外经贸股份有限公司
Jiangsu Foreign Trade Co., Ltd.
地址(Add)：江苏省南京市中山路55号新华大厦26层
邮编(P. C.)：210005
电话(Tel)：025-84795695
传真(Fax)：025-84795654
E-mail：bin.yuan@jsft.com
Http://www.jsft.com
联系人(Contact Person)：袁斌
产品业务(Business)：纸浆，废纸

镇江市金纸物资有限公司
Jiangsu Zhenjiang Gold Paper Material Co., Ltd.
地址(Add)：江苏省镇江市梦溪路54号
邮编(P. C.)：212001
电话(Tel)：0511-85380306
传真(Fax)：0511-88823610
E-mail：caili12009@sohu.com
总经理(General Manager)：叶红旗
联系人(Contact Person)：蔡利
产品业务(Business)：进口国产纸浆，废纸

杭州兆鑫贸易有限公司
Hangzhou Zhaoxin Trade Co., Ltd.
地址(Add)：浙江省杭州市凤起东路137号中豪凤起广场A座703A
邮编(P. C.)：310020
电话(Tel)：0571-85725270
传真(Fax)：0571-86918477
E-mail：yiand222@163.com
联系人(Contact Person)：屠佳毅
产品业务(Business)：进口木浆，废纸

浙江东方纸业有限公司
Zhejiang East Paper Co., Ltd.
地址(Add)：浙江省杭州市艮山西路182号
邮编(P. C.)：310004
电话(Tel)：0571-86096056
传真(Fax)：0571-86944972
E-mail：zhanglong@mail.hz.zj.cn
联系人(Contact Person)：张龙
产品业务(Business)：经销进口木浆

杭州艾森哲进出口有限公司
Hangzhou Aisenzhe Imp. & Exp. Co., Ltd.
地址(Add)：浙江省杭州市江南大道3778号元天科技大楼A-1002-1004
邮编(P. C.)：310053
电话(Tel)：0571-87855081
传真(Fax)：0571-87855644
E-mail：ncyangyun@hotmail.com
Http://www.aisenzhe.com
总经理(General Manager)：杨云
产品业务(Business)：进口木浆、废纸，出口成品纸

浙江万邦浆纸集团有限公司
Zhejiang Welbon Pulp & Paper Group Corp.
地址(Add)：浙江省杭州市庆春路11号凯旋门商业中心21楼
邮编(P. C.)：310009
电话(Tel)：0571-87218800
传真(Fax)：0571-87218822
Http://www.welbon.com
联系人(Contact Person)：何卫中
产品业务(Business)：经销纸浆

浙江莱仕浆纸有限公司
Zhejiang Rise Pulp & Paper Co., Ltd.
地址(Add)：浙江省嘉兴市常秀街1301号59号楼2楼
邮编(P. C.)：314000
电话(Tel)：0573-82535802
传真(Fax)：0573-82535801
E-mail：alanhsu4927@gmail.com
Http://www.zjrpp.com
总经理(General Manager)：高华
联系人(Contact Person)：徐国益

产品业务(Business)：纸浆

嘉兴索博纸业有限公司
Jiaxing Suobo Paper Co., Ltd.
地址(Add)：浙江省嘉兴市远洋大厦B幢6－B室
邮编(P. C.)：314000
电话(Tel)：0573－82725880
传真(Fax)：0573－83710087
E-mail：1938714380@qq.com
联系人(Contact Person)：车锋
产品业务(Business)：经销进口木浆

浙江金汇纸业有限公司
Zhejiang Jinhui Paper Co., Ltd.
地址(Add)：浙江省上虞市锦茂大厦21层
邮编(P. C.)：312300
电话(Tel)：0575－82431508
传真(Fax)：0575－82431518
联系人(Contact Person)：车锋
产品业务(Business)：经销木浆，废纸浆

天洁集团有限公司
Tengy Group
地址(Add)：浙江省绍兴市诸暨天洁工业园
邮编(P. C.)：311800
电话(Tel)：0575－87051717
传真(Fax)：0575－87052108
E-mail：chinatianjie@126.com
Http://www.tengy.net
联系人(Contact Person)：周志标
产品业务(Business)：苇浆板

义乌市顺天纸浆有限公司
Yiwu Shuntian Pulp Co., Ltd.
地址(Add)：浙江省义乌市义亭镇嫦娥路19号
邮编(P. C.)：322000
电话(Tel)：0579－85314499
传真(Fax)：0579－85311550
联系人(Contact Person)：鲍忠桂
产品业务(Business)：经销纸浆

安徽安联浆纸有限公司
Anhui Allied Pulp & Paper Co., Ltd.
地址(Add)：安徽省合肥市高新开发区科学大道107号
邮编(P. C.)：230088
电话(Tel)：0551－5338918
传真(Fax)：0551－5338996
E-mail：weiancai@aniec.com
Http://www.aniec.com
联系人(Contact Person)：魏安才
产品业务(Business)：纸浆经销

安徽华文国际经贸股份有限公司
Anhui Whywin International Co., Ltd.
地址(Add)：安徽省合肥市政务文化新区翡翠路1118号出版传媒广场
邮编(P. C.)：230071
电话(Tel)：0551－3533939
传真(Fax)：0551－3533952
E-mail：liulinolia@yahoo.com.cn
Http://www.whywin.cn
法人代表(Chairman)：王民
联系人(Contact Person)：刘丽
产品业务(Business)：纸浆、纸张经销

长天卫材贸易有限公司
Changtian Weicai Trade Co., Ltd.
地址(Add)：福建省晋江市安海宝龙18幢401号
邮编(P. C.)：362200
电话(Tel)：0595－82889555
传真(Fax)：0595－85757456
联系人(Contact Person)：伍竟雄
产品业务(Business)：经销惠好木浆，信友高吸收性树脂

晋江木浆棉有限公司
Jinjiang Mujiangmian Co., Ltd.
地址(Add)：福建省晋江市罗山福埔工业区
邮编(P. C.)：362216
电话(Tel)：0595－88186383
传真(Fax)：0595－88176598
Http://www.ccm.zz91.com
总经理(General Manager)：陈金星
产品业务(Business)：散木浆，散装高分子，干法纸边

华泽纸业
Huaze Paper
(详见绒毛浆)

南平市森辉商贸有限公司
NanpingSen－hui－commerce Co., Ltd.
地址(Add)：福建省南平市黄墩菜园里街28号
邮编(P. C.)：353016
电话(Tel)：0599－8800618
传真(Fax)：0599－8800735
总经理(General Manager)：吴兰春
联系人(Contact Person)：许剑清
产品业务(Business)：木浆，竹浆，绒毛浆

厦门市恒辉商贸有限公司
Xiamen Henghui Commerce & Trading Co., Ltd.
地址(Add)：福建省厦门市湖滨北路16－2号新港广场南楼0705室
邮编(P. C.)：361012
电话(Tel)：0592－3187588
传真(Fax)：0592－5028181
E-mail：suqinghan@sina.com
联系人(Contact Person)：苏清汉
产品业务(Business)：木浆进口

厦门国贸集团股份有限公司
Xiamen ITG Group Co., Ltd.
地址(Add)：福建省厦门市湖滨南路388号国贸大厦14层
邮编(P. C.)：361004
电话(Tel)：0592－5167962
传真(Fax)：0592－5898789
E-mail：life－hu@foxmail.com
Http://www.itg.com.cn
联系人(Contact Person)：胡佳锋
产品业务(Business)：经销纸浆，废纸

厦门建发纸业有限公司
Xiamen C & D Paper & Pulp Co., Ltd.
地址(Add)：福建省厦门市鹭江道52号海滨大厦12楼
邮编(P. C.)：361001
电话(Tel)：0592－2263051
传真(Fax)：0592－2135808
E-mail：ben@chinacnd.com
Http://www.cndpaper.com
总经理(General Manager)：程东方
联系人(Contact Person)：叶鹏凌
产品业务(Business)：经销纸浆，绒毛浆，卫生纸原纸

厦门鸣辉商贸有限公司
Xiamen Minghui Trading Co., Ltd.
地址(Add)：福建省厦门市厦禾路867号601室
邮编(P. C.)：361004
电话(Tel)：0592－5164027
传真(Fax)：0592－5164097
联系人(Contact Person)：黄燕辉
产品业务(Business)：木浆，高吸收性树脂

山东加林国际贸易发展有限公司
Shandong Jialin International Business Development Co., Ltd.
地址(Add)：山东省济南市二环东路3966号东环国际广场D座1004室
邮编(P. C.)：250100
电话(Tel)：0531－83530088
传真(Fax)：0531－83531166
E-mail：lb－lzc@163.com
Http://www.chinajialin.net
法人代表(Chairman)：陈煜
总经理(General Manager)：郝新国
联系人(Contact Person)：罗琴
产品业务(Business)：纸浆

山东枫叶国际贸易发展有限公司
Shandong Maple Leaf International Trade Growthing Co., Ltd.
地址(Add)：山东省济南市华龙路1110号三威大厦1302/1303室
邮编(P. C.)：250100
电话(Tel)：0531－88901717
传真(Fax)：0531－69952525
E-mail：13953133821@163.com
Http://www.sdfengye.net
联系人(Contact Person)：宋兆伟
产品业务(Business)：经销进口纸浆

山东东昊纸业有限公司
Shandong Dong－ho Paper Co., Ltd.
地址(Add)：山东省济南市华龙路1110号三威大厦1502/1503室
邮编(P. C.)：250100
电话(Tel)：0531－88035222－806
传真(Fax)：0531－88012877
E-mail：xhf0901@hotmail.com
联系人(Contact Person)：徐昊飞
产品业务(Business)：经销进口纸浆

山东巴普贝博浆纸有限公司
Shandong Pulp & Paper Co., Ltd.
地址(Add)：山东省济南市经四路万达广场A座21层
邮编(P. C.)：250001
电话(Tel)：0531－89006918
传真(Fax)：0531－89006936
E-mail：zhang.jin1008@163.com
Http://www.chinapaper.asia
总经理(General Manager)：张金
联系人(Contact Person)：张春
产品业务(Business)：经销进口纸浆，木片，废纸

济南润林浆纸有限公司
Jinan Run－Lin Pulp & Paper Co., Ltd.
地址(Add)：山东省济南市南辛庄街66号嘉鑫现代逸居1号楼801室
邮编(P. C.)：250000
电话(Tel)：0531－87972283
传真(Fax)：0531－87971083
E-mail：jyj668@sina.com.cn
法人代表(Chairman)：李红梅
总经理(General Manager)：金亚军
联系人(Contact Person)：金亚军
产品业务(Business)：经销纸浆

山东省轻工业供销总公司
Shandong Provincial Light Industry Supply & Marketing General Corp
地址(Add)：山东省济南市泉城路342号纸浆部
邮编(P. C.)：250011
电话(Tel)：0531－86922417
传真(Fax)：0531－86922015
联系人(Contact Person)：王灿
产品业务(Business)：经销纸浆

青岛新锐实业有限公司
Qingdao Sunrise Industrial Co., Ltd.
地址(Add)：山东省青岛经济技术开发区长江中路230号国贸大厦A座2004室
邮编(P. C.)：266555
电话(Tel)：0532－66989977
传真(Fax)：0532－66989988
E-mail：daqiu@vip.163.com
Http://www.sunredgroup.com
法人代表(Chairman)：邱禹
总经理(General Manager)：邱禹
联系人(Contact Person)：王莹
产品业务(Business)：经销木浆，竹浆，本色浆

青岛盛达浆纸有限公司
Qingdao Shengda Pulp & Paper Co., Ltd.
地址(Add)：山东省青岛市东海西路37号金都花园A座19层D室
邮编(P. C.)：266071
电话(Tel)：0532－85774500
传真(Fax)：0532－85756012
E-mail：qdsdjz@hotmail.com
法人代表(Chairman)：张俊岑
总经理(General Manager)：张俊岑
联系人(Contact Person)：张俊岑

产品业务(Business)：经销进口纸浆

上海万邦浆纸集团青岛办事处
Shanghai Welbon Pulp & Paper Corp.
地址(Add)：山东省青岛市东海西路37号金都花园A座24-B
邮编(P.C.)：266071
电话(Tel)：0532-85718571
传真(Fax)：0532-86675196
E-mail：zt_qd@hotmail.com
法人代表(Chairman)：徐胜虎
总经理(General Manager)：张焘
联系人(Contact Person)：张焘
产品业务(Business)：纸浆

青岛山佰利国际贸易有限公司
Qingdao Sunberly International Trading Co., Ltd.
地址(Add)：山东省青岛市馆陶路3号青纺大厦303A室
邮编(P.C.)：266000
电话(Tel)：0532-82805836
传真(Fax)：0532-82805760
E-mail：sunberly@yahoo.cn
法人代表(Chairman)：王晓燕
总经理(General Manager)：王晓燕
联系人(Contact Person)：胡艳山
产品业务(Business)：经销进口纸浆

青岛佰鑫源国际贸易有限公司
Qingdao Baixinyuan International Trading Co., Ltd.
地址(Add)：山东省青岛市金湖路21号
邮编(P.C.)：266000
电话(Tel)：0532-85830718
传真(Fax)：0532-85830719
联系人(Contact Person)：李青军
产品业务(Business)：经销经营进口木浆，乱码纸，废纸

青岛永瑞林贸易有限公司
Qingdao Yongruilin Trade Co., Ltd.
地址(Add)：山东省青岛市金华支路12号5号楼2102室
邮编(P.C.)：266000
电话(Tel)：0532-55671198
传真(Fax)：0532-55671198
总经理(General Manager)：林吉友
联系人(Contact Person)：林吉友
产品业务(Business)：经销漂白针叶浆，漂白阔叶浆，本色木浆，化学机械浆

青岛中易国际贸易有限公司
Qingdao Zhongyi International Trade Co., Ltd.
地址(Add)：山东省青岛市开发区井冈山路658号中建紫锦广场商务楼2109-2110室
邮编(P.C.)：266000
电话(Tel)：0532-80981627
传真(Fax)：0532-80981632
E-mail：ly1985@live.com
联系人(Contact Person)：刘锋
产品业务(Business)：经销进口漂白针叶木浆，漂白阔叶木浆，本色木浆，绒毛浆

青岛加林物资有限公司
Qingdao Canadawood Materials Co., Ltd.
地址(Add)：山东省青岛市浦口路8号绿都公寓902室
邮编(P.C.)：266021
电话(Tel)：0532-83026659
传真(Fax)：0532-83026659
法人代表(Chairman)：王又青
总经理(General Manager)：王又青
联系人(Contact Person)：丛卫红
产品业务(Business)：经销国产、进口纸浆

青岛恒业佰益国际贸易有限公司
Qingdao Hengye Baiyi International Trading Co., Ltd.
地址(Add)：山东省青岛市山东路177号鲁邦广场B座8F802室
邮编(P.C.)：266033
电话(Tel)：0532-85012066
传真(Fax)：0532-85012068
联系人(Contact Person)：于涛
产品业务(Business)：经销进口木浆，干法纸

德国宇森浆纸有限公司青岛办事处
Europcell Gmbh Qingdao Representative Office
地址(Add)：山东省青岛市市南区东海中路2号环海大厦20层B区
邮编(P.C.)：266071
电话(Tel)：0532-85069758
传真(Fax)：0532-85069759
E-mail：j-deng@europcell.com
Http://www.europcell.com
联系人(Contact Person)：邓相哲
产品业务(Business)：纸浆

中轻物产股份有限公司青岛分公司
Sinolight Materials Corp. Qingdao Branch
地址(Add)：山东省青岛市香港中路100号中商大厦1207室
邮编(P.C.)：266071
电话(Tel)：0532-85968136
传真(Fax)：0532-85921883
E-mail：qd_yme@hotmail.com
联系人(Contact Person)：杨蒙恩
产品业务(Business)：经销纸浆

青岛奥博森国际贸易有限公司
Qingdao Aobosen International Trading Co., Ltd.
地址(Add)：山东省青岛市香港中路52号时代广场705室
邮编(P.C.)：266071
电话(Tel)：0532-85721952
传真(Fax)：0532-85721902
E-mail：yue@qdaobosen.com
Http://www.qdaobosen.com
总经理(General Manager)：岳增奎
联系人(Contact Person)：赵磊
产品业务(Business)：经销废纸

青岛东兴纸业有限公司
Qingdao Dongxing Paper Co., Ltd.
地址(Add)：山东省青岛市芝泉路9号D栋503室
邮编(P.C.)：266071
电话(Tel)：0532-85820196

传真(Fax)：0532－85819311
法人代表(Chairman)：李长华
总经理(General Manager)：李长华
联系人(Contact Person)：李长华
产品业务(Business)：经销木浆

亚太森博(山东)浆纸有限公司
Asia Symbol (Shandong) Pulp and Paper Co., Ltd.
地址(Add)：山东省日照市北京路369号
邮编(P. C.)：276826
电话(Tel)：0633－3361169
传真(Fax)：0633－3369069
E-mail：weiguo_wang@asiasymbol. com
Http://www. asiasymbol. com
法人代表(Chairman)：黄春雨
总经理(General Manager)：陈国荣
联系人(Contact Person)：王伟国
产品业务(Business)：漂白硫酸盐木浆

山东海韵生态纸业有限公司
Shandong Haiyun Eco－Paper Making Co., Ltd.
地址(Add)：山东省沾化市思源湖工业园
邮编(P. C.)：256800
电话(Tel)：0543－7359618
传真(Fax)：0543－2510518
E-mail：sale@hyst. cn
Http://www. haiyunshengtai. com
法人代表(Chairman)：赵东方
联系人(Contact Person)：刘国峰
产品业务(Business)：草浆，化学品

郑州广润纸浆有限公司
Zhengzhou Guangrun Pulp Co., Ltd.
地址(Add)：河南省郑州市二七区长江路128号
邮编(P. C.)：450015
电话(Tel)：0371－68839089
传真(Fax)：0371－68839089
联系人(Contact Person)：王中兴
产品业务(Business)：经销纸浆

郑州青云商贸有限公司
Zhengzhou Qingyun Trade Co., Ltd.
地址(Add)：河南省郑州市黄河路129号天一大厦2412室
邮编(P. C.)：450008
电话(Tel)：0371－60151202
传真(Fax)：0371－60135852
E-mail：godspeed. wang@163. com
联系人(Contact Person)：王晓
产品业务(Business)：经销纸浆

河南森祺浆纸有限公司
Henan Senqi Pulp & Paper Co., Ltd.
地址(Add)：河南省郑州市金水路299号浦发国际金融中心9层911号
邮编(P. C.)：450003
电话(Tel)：0371－60170156
传真(Fax)：0371－60170155
联系人(Contact Person)：张银涛
产品业务(Business)：经销纸浆

郑州远景浆纸有限公司
Zhengzhou Yuanjing Pulp & Paper Co., Ltd.
地址(Add)：河南省郑州市金水区三全路风雅颂南区
邮编(P. C.)：450000
电话(Tel)：0371－63798285
传真(Fax)：0371－63798285
E-mail：weihongpeng6@163. com
联系人(Contact Person)：危红鹏
产品业务(Business)：经销纸浆

河南亚松贸易有限公司
Henan Yasong Trading Co., Ltd.
地址(Add)：河南省郑州市经三路融丰花园C座14F－A
邮编(P. C.)：450008
电话(Tel)：0371－65786234
传真(Fax)：0371－65786093
联系人(Contact Person)：于治学
产品业务(Business)：经销纸浆

河南省兆裕纸业有限公司
Henan Zhaoyu Paper Co., Ltd.
地址(Add)：河南省郑州市南阳路226号富田丽景花园18号楼38号
邮编(P. C.)：450053
电话(Tel)：0371－63672370
传真(Fax)：0371－63729775
E-mail：zhaoyu_paper@163. com
总经理(General Manager)：杨郑利
联系人(Contact Person)：王岩
产品业务(Business)：经销纸浆

河南天维纸业有限公司
Henan Tianwei Paper Industry Co., Ltd.
地址(Add)：河南省郑州市农业路60号(2号楼11门)
邮编(P. C.)：450053
电话(Tel)：0371－65311548
传真(Fax)：0371－63925275
联系人(Contact Person)：张朝阳
产品业务(Business)：经销进口木浆，纸张，造纸化工材料

郑州恒联浆纸贸易有限公司
Zhengzhou Henglian Pulp & Paper Trade Co., Ltd.
地址(Add)：河南省郑州市未来大道55号广发花园4号楼3单元201
邮编(P. C.)：450008
电话(Tel)：0371－68269666
传真(Fax)：0371－68269667
E-mail：cscecsce@163. com
总经理(General Manager)：陈勇军
联系人(Contact Person)：危红鹏
产品业务(Business)：纸浆

河南欣豫国际纸浆有限公司
Henan Xinyu International Pulp Co., Ltd.
地址(Add)：河南省郑州市郑东新区商务外环12号绿地世纪峰会2405室
邮编(P. C.)：450046
电话(Tel)：0371－63588202
传真(Fax)：0371－63588202
E-mail：13803717713@sina. com

总经理(General Manager)：赵天琦
联系人(Contact Person)：李润涛
产品业务(Business)：经销纸浆

北京中基亚太贸易有限公司中西南市场
Chinabase Asia - Pacific
地址(Add)：湖北省武汉市武昌区徐东路逸居苑小区5栋2单元302室
邮编(P. C.)：430063
电话(Tel)：027-86839203
传真(Fax)：027-86732317
Http://www.cbap.com.cn
联系人(Contact Person)：赵文才
产品业务(Business)：经销纸浆

湖南绿洲浆纸有限公司
Hunan Lvzhou Pulp & Paper Co., Ltd.
地址(Add)：湖南省长沙市芙蓉中路1段163号
邮编(P. C.)：410011
电话(Tel)：0731-84214881
传真(Fax)：0731-84213811
联系人(Contact Person)：李铁
产品业务(Business)：经销纸浆

湖南美加华进出口贸易有限公司
China Mega (HN) Import & Export Trade Co., Ltd.
地址(Add)：湖南省长沙市五一大道766号中天广场写字楼13040-13042
邮编(P. C.)：410005
电话(Tel)：0731-89900798
传真(Fax)：0731-85580227
E-mail：yongli999@189.cn
联系人(Contact Person)：李勇
产品业务(Business)：经销纸浆

湖南新时代财富投资实业有限公司纸张纸浆部
Hunan Times Fortune Investment Co., Ltd.
地址(Add)：湖南省长沙市五一西路2号第一大道商务楼1801室
邮编(P. C.)：410005
电话(Tel)：0731-82255321
传真(Fax)：0731-82227790
联系人(Contact Person)：陈斌
产品业务(Business)：桉木浆

东莞市东建浆纸有限公司
Dongguan Dongjian Pulp & Paper Co., Ltd.
地址(Add)：广东省东莞市东城区桑园第三工业区内
邮编(P. C.)：523119
电话(Tel)：0769-22623931
传真(Fax)：0769-22623932
E-mail：wang.lam@163.com
联系人(Contact Person)：王泽林
产品业务(Business)：纸浆

深圳天辰集团
Shenzhen Tinshing Co., Ltd.
地址(Add)：广东省东莞市东城区同沙科技园创园街
邮编(P. C.)：523127
电话(Tel)：0769-22667128
传真(Fax)：0769-23161186
E-mail：yunlinsujiao@163.com
联系人(Contact Person)：葛允林
产品业务(Business)：纸张

东莞腾冀翔纸业有限公司
Dongguan Tengjixiang Co., Ltd.
地址(Add)：广东省东莞市虎门镇怀德村大埔工业区50号
邮编(P. C.)：523000
电话(Tel)：0769-88335314
联系人(Contact Person)：李增翔
产品业务(Business)：废纸，木浆

东莞市天高纸业有限公司
Dongguan Tiangao Paper Co., Ltd.
地址(Add)：广东省东莞市莞城区东城中路麒麟商业大厦507
邮编(P. C.)：523000
电话(Tel)：0769-22321355
传真(Fax)：0769-81191984
联系人(Contact Person)：李荣告
产品业务(Business)：经销纸浆

广州市桂翔纸业有限公司
Guangzhou Guixiang Paper Co., Ltd.
地址(Add)：广东省广州市广州大道南桃花街159号经典居1510室
邮编(P. C.)：510600
电话(Tel)：020-61267077
传真(Fax)：020-61267277
E-mail：guixiang1510@163.com
法人代表(Chairman)：岑家建
总经理(General Manager)：区志慧
联系人(Contact Person)：邹洪广
产品业务(Business)：经销木浆

金风车(天津)国际贸易有限公司广州办事处
Aim Reclaim Limited
地址(Add)：广东省广州市环市东路371-375号世界贸易中心北塔1302室
邮编(P. C.)：510095
电话(Tel)：020-87783038
传真(Fax)：020-87771678
Http://www.aimreclaim.com
联系人(Contact Person)：赵艳莲
产品业务(Business)：经销进口绒毛浆和离型纸，欧废，美废

广州瑞盈浆纸有限公司
Guangzhou Ruiying Pulp & Paper Co., Ltd.
地址(Add)：广东省广州市黄埔东路1号2013室
邮编(P. C.)：510700
电话(Tel)：020-34378886
传真(Fax)：020-38077003
E-mail：hilda8@hotmail.com
联系人(Contact Person)：李建慧
产品业务(Business)：纸浆

广东中轻南方炼糖纸业有限公司
Guangdong Zhongqing Southern Refined Sugar Paper Co., Ltd.
地址(Add): 广东省广州市盘福路朱紫后街一号
邮编(P. C.): 510180
电话(Tel): 020 - 81365941
传真(Fax): 020 - 81363478
E-mail: zweian2004@21cn.com
法人代表(Chairman): 祝伟岸
总经理(General Manager): 祝伟岸
联系人(Contact Person): 祝伟岸
产品业务(Business): 纸浆

广州隽永发展有限公司
Guangzhou Sinovision Commodities Ltd.
地址(Add): 广东省广州市天河区华强路2号336房
邮编(P. C.): 510623
电话(Tel): 020 - 86003072 - 807
传真(Fax): 020 - 83633491
E-mail: allanwong@sinovision.com.hk
Http://www.sinovision.com.hk
总经理(General Manager): 黄颖灏
联系人(Contact Person): 叶德坚
产品业务(Business): 经销进口废纸

广州象屿进出口贸易有限公司
Guangzhou Xiangyu I & E Co., Ltd.
地址(Add): 广东省广州市天河区黄埔大道西100号富力盈泰广场B座1801
邮编(P. C.): 510627
电话(Tel): 020 - 28857808
传真(Fax): 020 - 28857799
E-mail: lqhua@xiangyu.cn
Http://www.xiangyu.cn
法人代表(Chairman): 张水利
联系人(Contact Person): 李强华
产品业务(Business): 经销进口纸浆

广州新理想浆纸有限公司
Guangzhou Xinlixiang Pulp & Paper Co., Ltd.
地址(Add): 广东省广州市天河区林和西路9号耀中广场B座3415室
邮编(P. C.): 510610
电话(Tel): 020 - 38010782
传真(Fax): 020 - 38010437
E-mail: wxytsb@126.com
总经理(General Manager): 王新
联系人(Contact Person): 王新
产品业务(Business): 纸浆

建发贸易有限公司广州分公司
C & D Guangzhou Branch
地址(Add): 广东省广州市天河区体育东路138号金利来数码网络大厦2106 - 2109室
邮编(P. C.): 510620
电话(Tel): 020 - 38780389
传真(Fax): 020 - 38780719
联系人(Contact Person): 罗力明
产品业务(Business): 经销纸浆，绒毛浆，卫生纸原纸

广州市晨辉纸业有限公司
Guangzhou Chenhui Pulp & Paper Trade Co., Ltd.
地址(Add): 广东省广州市天河区天寿路31号江河大厦2709室
邮编(P. C.): 510610
电话(Tel): 020 - 38217600
传真(Fax): 020 - 38217601
E-mail: myin1025@sohu.com
联系人(Contact Person): 尹其彪
产品业务(Business): 经销纸浆

北京中基亚太贸易有限公司华南市场
Chinabase Asia - Pacific Trading Co., Ltd.
地址(Add): 广东省广州市天河区中山大道268号天河广场天威阁23D，E座
邮编(P. C.): 510660
电话(Tel): 020 - 82306678
传真(Fax): 020 - 82312460
E-mail: luojp_5@cbid.com.cn
Http://www.cbap.com.cn
联系人(Contact Person): 罗坚庭
产品业务(Business): 经销纸浆

亚太森博(广东)纸业有限公司
Asia Symbol Paper Co., Ltd.
地址(Add): 广东省广州市沿江中路298号江湾商业中心34楼07 - 10室
邮编(P. C.): 510110
电话(Tel): 020 - 83283939
传真(Fax): 020 - 83282827
E-mail: panhua@asiasymbol.com
Http://www.asiasymbol.com
法人代表(Chairman): 陈江和
联系人(Contact Person): 潘化
产品业务(Business): 纸浆、纤维

金山联浆纸集团
King Sany Pulp & Paper Group
(详见绒毛浆)

江门市龙森纸业有限公司
Sprint Hualong Paper Co., Ltd.
地址(Add): 广东省江门市丰乐花园乐怡路4号之5
邮编(P. C.): 529000
电话(Tel): 0750 - 3130826
传真(Fax): 0750 - 3130858
联系人(Contact Person): 林辉雄
产品业务(Business): 纸浆，废纸

东莞市天高纸业有限公司中山办事处
Dongguan Tiangao Paper Co., Ltd.
地址(Add): 广东省中山市西区沙朗广浩华庭117卡商铺
邮编(P. C.): 528411
电话(Tel): 0760 - 88556051
传真(Fax): 0760 - 88556250
联系人(Contact Person): 卢义柱
产品业务(Business): 纸浆

珠海市佳尔美有限公司
Zhuhai Jiaermei Co., Ltd.
地址(Add)：广东省珠海市吉大景山路188号粤财大厦27楼5－6单元
邮编(P. C.)：519015
电话(Tel)：0756－3221265
传真(Fax)：0756－3221256
E-mail：jessie@zhjem.com
法人代表(Chairman)：林颖
总经理(General Manager)：林颖
联系人(Contact Person)：林颖
产品业务(Business)：纸浆

贺州市中盛浆纸有限公司
Hezhou Zhongsheng Pulp & Paper Co., Ltd.
地址(Add)：广西贺州市鞍山西路83号汇豪国际城2－1－204室
邮编(P. C.)：542800
电话(Tel)：0774－5137316
传真(Fax)：0774－5128989
联系人(Contact Person)：张铁军
产品业务(Business)：漂白蔗渣浆，木浆

广西贺达纸业有限责任公司
Guangxi Heda Pulp & Paper Co., Ltd.
地址(Add)：广西贺州市八步镇八达中路
邮编(P. C.)：542800
电话(Tel)：0774－5100183
传真(Fax)：0774－5100136
E-mail：gxheda@163.com
联系人(Contact Person)：何自汇
产品业务(Business)：生产漂白针叶、阔叶木浆

广西来宾东糖纸业有限责任公司
Guangxi Laibin Dongtang Paper Co., Ltd.
地址(Add)：广西来宾市工业区河西工业园
邮编(P. C.)：546100
电话(Tel)：0772－4066666
传真(Fax)：0772－4066622
Http://www.donta.com.cn
法人代表(Chairman)：林伟民
总经理(General Manager)：黄勇贤
联系人(Contact Person)：黄勇贤
产品业务(Business)：蔗渣浆

广西嘉宇纸张纸浆有限公司
Guangxi Jiayu Pulp & Paper Co., Ltd.
地址(Add)：广西柳州市解放北路3号
邮编(P. C.)：545001
电话(Tel)：0772－2860682
传真(Fax)：0772－2858193
E-mail：gxjyjz@163.com
Http://www.gxjyjz.com.cn
联系人(Contact Person)：张干洲
产品业务(Business)：经销纸浆

广西联拓贸易有限公司
Guangxi Liantuo Trade Co., Ltd.
地址(Add)：广西柳州市潭中东路17号华信国际大厦B－701
邮编(P. C.)：545001
电话(Tel)：0772－2625881
传真(Fax)：0772－2625883
法人代表(Chairman)：韦业宏
联系人(Contact Person)：廖春雨
产品业务(Business)：经销蔗渣浆，桉木浆，针叶木浆，竹浆

广西洋浦南华糖业集团股份有限公司
Guangxi Yangpu Nanhua Sugar Industry Group Co., Ltd.
地址(Add)：广西南宁市民族大道83－6号邕桂大酒店16楼
邮编(P. C.)：530022
电话(Tel)：0771－5883760
传真(Fax)：0771－5883760
E-mail：1220901776@qq.com
联系人(Contact Person)：谢富明
产品业务(Business)：蔗渣浆

广西南宁凤凰纸业有限公司
Guangxi Nanning Phoenix Pulp & Paper Co., Ltd.
地址(Add)：广西南宁市星光大道158号
邮编(P. C.)：530031
电话(Tel)：0771－4590265
传真(Fax)：0771－4590268
E-mail：nppc1999@gmail.com
Http://www.nppc.cn
法人代表(Chairman)：段小敏
总经理(General Manager)：黄德珊
联系人(Contact Person)：何春薇
产品业务(Business)：生产漂白硫酸盐木浆

马山和发纸业有限公司
Hefa Pulp
地址(Add)：广西南宁市星光大道213号金康天和时代8栋1310室
邮编(P. C.)：530031
电话(Tel)：0771－4911325
传真(Fax)：0771－4921737
E-mail：yfcxl@126.com
联系人(Contact Person)：严峰
产品业务(Business)：蔗渣浆

海南金海浆纸业有限公司
APP Jinhai Pulp & Paper Co., Ltd.
地址(Add)：海南省洋浦经济开发区D12区
邮编(P. C.)：578101
电话(Tel)：0898－28822288
传真(Fax)：0898－28821260
Http://www.appjh.com.cn
产品业务(Business)：木浆

四川省纸联浆纸有限公司
Sichuan Zhilian Pulp & Paper Co., Ltd.
地址(Add)：四川省成都市福兴街30号
邮编(P. C.)：610016
电话(Tel)：028－86740587
传真(Fax)：028－86740587
联系人(Contact Person)：张泽忠
产品业务(Business)：经销竹浆

四川永丰纸业股份有限公司
Sichuan Yongfeng Paper Co., Ltd.
地址(Add)：四川省成都市锦江区毕升路468号创世纪大厦1栋33层
邮编(P. C.)：610063
电话(Tel)：028-62560453
传真(Fax)：028-62560459
E-mail：yujiang05@126.com
Http://www.yfzy.com
法人代表(Chairman)：吴和均
总经理(General Manager)：甘影川
联系人(Contact Person)：余江
产品业务(Business)：竹浆板

厦门建发纸业有限公司(成都)
Xiamen C & D Paper & Pulp (Chengdu) Co., Ltd.
地址(Add)：四川省成都市人民南路三段1号平安财富中心17楼
邮编(P. C.)：610041
电话(Tel)：028-64362009
传真(Fax)：028-64362001
E-mail：zhangchuan@cndpaper.com
Http://www.chinacnd.com
联系人(Contact Person)：张川
产品业务(Business)：竹浆，漂白针叶浆，漂白阔叶浆，本色浆，绒毛浆，苇浆

中竹纸业集团公司
Zhongzhu Paper Group
地址(Add)：四川省成都市人民南路四段1号时代数码大厦B座26F
邮编(P. C.)：610041
电话(Tel)：028-86316825
传真(Fax)：028-86316838
产品业务(Business)：竹浆

四川省乐山市夹江县汇丰纸业有限公司
Jiajiang Huifeng Paper Co., Ltd.
地址(Add)：四川省乐山市夹江县永兴经济开发区
邮编(P. C.)：614100
电话(Tel)：0833-5829999
传真(Fax)：0833-5829698
法人代表(Chairman)：徐国柱
联系人(Contact Person)：何文斌
产品业务(Business)：竹浆

四川永丰浆纸股份有限公司
Sichuan Yongfeng Pulp & Paper Co., Ltd.
地址(Add)：四川省乐山市沐川县沐溪镇城北路518号
邮编(P. C.)：514500
电话(Tel)：0833-4612283
联系人(Contact Person)：张晓晖
产品业务(Business)：竹浆板

眉山市鸿源纸业有限公司
Meishan Hongyuan Paper Co., Ltd.
地址(Add)：四川省眉山市东坡区南门口眉糖路
邮编(P. C.)：612160
电话(Tel)：0833-8223496
传真(Fax)：0833-8221298
总经理(General Manager)：蹇满容
联系人(Contact Person)：蹇满容
产品业务(Business)：竹浆

四川省西龙纸业有限公司
Sichuan Xilong Paper Co., Ltd.
地址(Add)：四川省眉山市青神县西龙镇
邮编(P. C.)：620460
电话(Tel)：028-38940033
传真(Fax)：028-38940078
E-mail：hljt@vanov.cn
法人代表(Chairman)：沈根莲
总经理(General Manager)：黄玉海
产品业务(Business)：纸浆

贵州赤天化纸业股份有限公司
Guizhou Chitianhua Paper Industry Co., Ltd.
地址(Add)：贵州省赤水市金华理泰路1号
邮编(P. C.)：564707
电话(Tel)：0852-2879570
传真(Fax)：0852-2876048
E-mail：chthzhiye@163.com
Http://www.chthzhiye.com
联系人(Contact Person)：明刚
产品业务(Business)：竹浆

昆明睡美人纸业有限公司
Kunming Shuimeiren Paper Co., Ltd.
地址(Add)：云南省昆明市官渡区六甲工业区
邮编(P. C.)：650228
电话(Tel)：0871-67323068
传真(Fax)：0871-67323368
E-mail：zhlxfg6603@163.com
总经理(General Manager)：陈继良
联系人(Contact Person)：陈良华
产品业务(Business)：经销国产木浆

云南天巍竹业有限公司
Yunnan Tianwei Bamboo Co., Ltd.
地址(Add)：云南省昆明市五华区南屏街世纪广场C1栋12F-A
邮编(P. C.)：650021
电话(Tel)：0871-3632678
传真(Fax)：0871-3632637
E-mail：tianwei0818@sohu.com
Http://www.twgroup.cn
联系人(Contact Person)：张国成
产品业务(Business)：纸浆

云南云景林纸股份有限公司
Yunnan Yunjing Forestry & Pulp Co., Ltd.
地址(Add)：云南省普洱市景谷县林纸路300号
邮编(P. C.)：666400
电话(Tel)：0879-5410634
传真(Fax)：0879-5410146
E-mail：zz1209@126.com
Http://www.xjlzh.com
联系人(Contact Person)：张致亮
产品业务(Business)：生产木浆，绒毛浆

张掖明阳集团纸业有限责任公司
Mingyang Paper Co., Ltd.
地址(Add): 甘肃省张掖市火车站工业开发区
邮编(P. C.): 537800
电话(Tel): 0936 -6922396
传真(Fax): 0936 -6922396
总经理(General Manager): 李克龙
联系人(Contact Person): 李开虎
产品业务(Business): 草浆

新疆博湖苇业股份有限公司
Xinjiang Bohu Reed Co., Ltd.
地址(Add): 新疆库尔勒市新城区楼兰路
邮编(P. C.): 841001
电话(Tel): 0996 -2160000
传真(Fax): 0996 -2152533
E-mail: bohureed@163. com
Http://www. bohureed. com
法人代表(Chairman): 宋建新
总经理(General Manager): 徐林
联系人(Contact Person): 牧秀英
产品业务(Business): 生产漂白苇浆, 棉浆

● 绒毛浆 Fluff pulp

Stora Enso 香港办事处
斯道拉恩索中国销售部
地址(Add): 36F. 88 Hing Fat Street, Causeway Bay, Hongkong, China
电话(Tel): 852 -21265013
传真(Fax): 852 -25761480
E-mail: martin. hung@ storaenso. com
Http://www. storaenso. com
联系人(Contact Person): 洪贵骁
产品业务(Business): 生产漂白绒毛浆"女神"

Itochu Singapore Pte Ltd.
伊藤忠新加坡私人有限公司
(详见高吸收性树脂)

Rayonier Inc.
美国瑞安公司
地址(Add): P. O. Box 2070 4470 Savannah Highway Jesup, GA31598 U. S. A.
电话(Tel): 1 -912 -4275570
传真(Fax): 1 -912 -4275587
Http://www. rayonier. com
产品业务(Business): "白玉"牌绒毛浆

灯塔亚洲有限公司
Domtar Asia Limited
地址(Add): 香港九龙观塘道 388 号创纪之城一期一座 3115 室
电话(Tel): 852 -37176888
传真(Fax): 852 -22672188
E-mail: david. liang@ domtar. com. hk
Http://www. domtar. com
法人代表(Chairman): 梁国胜
总经理(General Manager): 梁国胜
联系人(Contact Person): 梁国胜
产品业务(Business): 生产销售绒毛浆, 木浆

惠好(亚洲)有限公司
Weyerhaeuser (Asia) Limited
地址(Add): 香港湾仔港湾道 23 号鹰君中心 2501 -2 室
电话(Tel): 852 -28620530
传真(Fax): 852 -28657652
E-mail: shirley. kong@ weyerhaeuser. com
Http://www. weyerhaeuser. com
联系人(Contact Person): 邝小娟
产品业务(Business): "惠好"牌绒毛浆, 造纸浆, 特种浆

中化塑料有限公司
Sinochem Plastics Co., Ltd.
地址(Add): 北京市复兴门外大街 A2 号中化大厦 7 层
邮编(P. C.): 100045
电话(Tel): 010 -59368527
传真(Fax): 010 -59368301 -8527
E-mail: wanglei3@ sinochem. com
Http://www. sinochemplastics. com
联系人(Contact Person): 王磊
产品业务(Business): 经销绒毛浆, 高吸收性树脂

天津市长生造纸厂
Tianjin Changsheng Paper Factory
地址(Add): 天津市宝坻区牛道口镇沟头工业区
邮编(P. C.): 301800
电话(Tel): 022 -22503969
传真(Fax): 022 -22503969
法人代表(Chairman): 刘斌
联系人(Contact Person): 刘斌
产品业务(Business): 进口绒毛浆, 大包棉, 纸尿裤浆, 高吸收性树脂

天津市卓越商贸有限公司
Tianjin Zhuoyue Trade Co., Ltd.
地址(Add): 天津市和平区解放北路 188 号信达广场 1711 室
电话(Tel): 022 -23117679
传真(Fax): 022 -23117697
E-mail: zhuoyue_16888@ sina. com
联系人(Contact Person): 杨敏
产品业务(Business): 代理绒毛浆

天津天立华纸业有限公司
Tianjin Tianlihua Paper Co., Ltd.
(详见纸浆)

天津市中澳纸业有限公司
Tianjin Zhongao Paper Co., Ltd.
地址(Add): 天津市河东区八纬路三省里 2 -5 -202
邮编(P. C.): 300012
电话(Tel): 022 -24221602
传真(Fax): 022 -24221602
E-mail: zapaper@ yahoo. cn
法人代表(Chairman): 赖裕芳
总经理(General Manager): 钟磊
联系人(Contact Person): 钟磊
产品业务(Business): 绒毛浆, 纸浆, 高吸收性树脂

天津市华悦峰商贸有限公司
Tianjin Huayuefeng Trade Co., Ltd.
地址(Add):天津市河东区津塘路40号增15号区政协A楼202-209
邮编(P.C.):300170
电话(Tel):022-60893498
传真(Fax):022-60893498
E-mail:haina48@yahoo.com.cn
联系人(Contact Person):胡跃生
产品业务(Business):经销绒毛浆,干法纸

大江(天津)国际贸易有限公司
Dajiang (Tianjin) International Trade Co., Ltd.
地址(Add):天津市河东区六纬路126号神州花园18号楼2门1102室
邮编(P.C.):300170
电话(Tel):022-24138597
传真(Fax):022-24310860
E-mail:zhleon@hotmail.com
Http://www.spaces.msn.com/zhleon
法人代表(Chairman):张文江
总经理(General Manager):张文江
联系人(Contact Person):张磊
产品业务(Business):经销进口绒毛浆、高吸收性树脂、离型纸等

天津港保税区曼特国际贸易有限公司
Tianjin Port Free Trade Zone Mante International Co., Ltd.
(详见纸浆)

上海凯昌国际贸易有限公司
Shanghai Kaichang International Trading Co., Ltd.
地址(Add):上海市恒丰路600号1145室
邮编(P.C.):200070
电话(Tel):021-63178036
传真(Fax):021-63178036
E-mail:whxkaichang@163.com
Http://www.kccn.cc
总经理(General Manager):吴红星
产品业务(Business):经销绒毛浆,纸浆,木质纤维,高吸收性树脂,干法纸

斯道拉恩索中国销售总部
Stora Enso China Sales Shanghai Office
地址(Add):上海市淮海中路300号香港新世界大厦2201室
邮编(P.C.):200021
电话(Tel):021-63353500
传真(Fax):021-63353511
E-mail:christine.lu@storaenso.cn
Http://www.storaenso.com
总经理(General Manager):王翔
联系人(Contact Person):陆译
产品业务(Business):漂白绒毛浆"女神"

瑞典赛尔玛有限公司上海代表处
CellMark AB, Shanghai Office
地址(Add):上海市茂名南路205号瑞金大厦2007室
邮编(P.C.):200020
电话(Tel):021-64730266
传真(Fax):021-64730030
E-mail:caven.xu@cellmark.com.sg
Http://www.www.cellmark.com
联系人(Contact Person):徐敏
产品业务(Business):代理绒毛浆,针叶、阔叶、桉木浆,废纸

丸红(上海)有限公司
Marubeni (Shanghai) Co., Ltd.
(详见纸浆)

上海凯琳进出口有限公司
Shanghai Kailin Import & Export Co., Ltd.
地址(Add):上海市浦东新区浦东南路855号37-38层
邮编(P.C.):200120
电话(Tel):021-60319992
传真(Fax):021-56390627
E-mail:admin@kailin.com.cn
Http://www.kailin.com.cn
法人代表(Chairman):林梅
总经理(General Manager):徐刚
联系人(Contact Person):徐刚
产品业务(Business):绒毛浆,高吸收性树脂,纸浆

上海伊藤忠商事有限公司
Itochu Shanghai Ltd.
(详见高吸收性树脂)

上海建发纸业有限公司
Shanghai C & D Paper & Pulp Co., Ltd.
(详见纸浆)

博发浆纸亚洲公司
Bon Fibre Asia Co.
地址(Add):上海市静安区西康路658弄7号楼2401室
邮编(P.C.):200040
电话(Tel):13331889626
E-mail:wpzhk@yahoo.com
总经理(General Manager):张卫平
产品业务(Business):代理绒毛浆

GP纤维亚洲香港有限公司上海代表处
GP Cellulose Asia Marketing(HK)Ltd. Shanghai Rep. Office
地址(Add):上海市徐汇区虹桥路3号港汇广场二期28楼10室
邮编(P.C.):200030
电话(Tel):021-64482380
传真(Fax):021-64480638
E-mail:howard.mo@gapac.com
法人代表(Chairman):毛浩刚
产品业务(Business):"金岛"牌绒毛浆

国际纸业贸易(上海)有限公司
International Paper Distribution (Shanghai) Limited
地址(Add):上海市徐汇区龙华中路600号绿地中心西楼17-18楼
邮编(P.C.):200032
电话(Tel):021-61133200-9818
传真(Fax):021-61139800

E-mail：jacky. wan@ ipaper. com
Http://www. internationalpaper. com
联系人(Contact Person)：温志平
产品业务(Business)：绒毛浆，纸浆，包装

瑞安中国有限公司
Rayonier China Co.，Ltd.
地址(Add)：上海市延安西路65号国际贵都大饭店办公楼304室
邮编(P. C.)：200040
电话(Tel)：021 – 62482510
传真(Fax)：021 – 62488929
E-mail：yaodong. wu@ rayonier. com
法人代表(Chairman)：吴耀东
总经理(General Manager)：吴耀东
联系人(Contact Person)：刘敏
产品业务(Business)："白玉"牌绒毛浆

江苏兴化市恒洁卫生用品有限公司
Jiangsu Xinghua Hengjie Hygiene Products Co.，Ltd.
(详见高吸收性树脂)

杭州经安进出口有限公司
Hangzhou Jingan Import & Export Co.，Ltd.
地址(Add)：浙江省杭州市环城北路63号财富中心902室
邮编(P. C.)：310003
电话(Tel)：0571 – 28028588
传真(Fax)：0571 – 85095326
E-mail：hangzhoujingan@ 126. com
Http://www. hzjingan. com
法人代表(Chairman)：庄海波
总经理(General Manager)：王亚东
联系人(Contact Person)：王亚东
产品业务(Business)：经销惠好绒毛浆

杭州至正纸业有限公司
Hangzhou Zhizheng Paper Co.，Ltd.
地址(Add)：浙江省杭州市解放路18号铭扬大厦14楼D座
邮编(P. C.)：310009
电话(Tel)：0571 – 88172482
传真(Fax)：0571 – 87853165
E-mail：lyf_818@ 163. com
Http://www. zhizheng. com
总经理(General Manager)：李叶风
联系人(Contact Person)：郑胜利
产品业务(Business)：经销进口绒毛浆

浙江中包浆纸进出口有限公司
Zhejiang Chinapack Pulp & Paper I/E Ltd.
地址(Add)：浙江省杭州市解放路85号伟星世纪大厦南9层
邮编(P. C.)：310009
电话(Tel)：0571 – 87169852
传真(Fax)：0571 – 87169589
E-mail：mahua@ chinapack. net. cn
总经理(General Manager)：顾丽雅
联系人(Contact Person)：马骅
产品业务(Business)：经销金岛牌绒毛浆

浙江晶岛进出口有限公司
Zhejiang B. I. Imp. & Exp. Co.，Ltd.
地址(Add)：浙江省杭州市西湖区申花路789号剑桥公社C座4楼
邮编(P. C.)：310030
电话(Tel)：0571 – 87027532
传真(Fax)：0571 – 87076295
E-mail：wenny@ ehealth – care. com
Http://www. ehealth – care. com
总经理(General Manager)：周闻
联系人(Contact Person)：华红
产品业务(Business)：经销进口绒毛浆

恒信纸品卫生材料经销部
Hengxin Paper Products Material Distributor
地址(Add)：福建省晋江市安海镇田坑紫金东路113号
邮编(P. C.)：362261
电话(Tel)：0595 – 85705555
传真(Fax)：0595 – 85705555
E-mail：36221@ qq. com
法人代表(Chairman)：黄聪明
总经理(General Manager)：黄聪明
联系人(Contact Person)：黄聪明
产品业务(Business)：经销绒毛浆，干法纸，流延膜，离型纸，高吸收性树脂

华泽纸业
Huaze Paper
地址(Add)：福建省晋江市西园街道小桥社区安置新区二排6号
邮编(P. C.)：362200
电话(Tel)：0595 – 28080365
传真(Fax)：0595 – 28080602
法人代表(Chairman)：陈长青
总经理(General Manager)：陈长青
联系人(Contact Person)：陈长青
产品业务(Business)：经销绒毛浆，膨化纸，生活用纸，纸浆

南平市森辉商贸有限公司
NanpingSen – hui – commerce Co.，Ltd.
(详见纸浆)

凌和化工贸易有限公司
Linghe Chemical Trade Co.，Ltd.
(详见高吸收性树脂)

泉州通港贸易有限公司
Quanzhou Tonggang Trading Co.，Ltd.
地址(Add)：福建省泉州市经济技术开发区建联大厦A栋309
邮编(P. C.)：362000
电话(Tel)：0595 – 22464558
传真(Fax)：0595 – 22474558
Http://www. qztonggang. com
联系人(Contact Person)：周首枝
产品业务(Business)：经销绒毛浆，高吸收性树脂，非织造布，热熔胶

泉州辉煌卫生用品原料有限公司
Quanzhou Huihuang Health Products Raw Material Co., Ltd.
地址(Add): 福建省泉州市洛江区河市镇溪边工业区
邮编(P. C.): 362000
电话(Tel): 0595－22151566
传真(Fax): 0595－22037578
E-mail: 494517422@qq.com
联系人(Contact Person): 黄伟水
产品业务(Business): 经销绒毛浆，高吸收性树脂

福建腾荣达制浆有限公司
Fujian Tengrongda Pulping Co., Ltd.
地址(Add): 福建省三明市将乐县古镛镇龟山北路216号
邮编(P. C.): 353300
电话(Tel): 0598－2332400
传真(Fax): 0598－2339566
E-mail: tengrongda@163.com
Http://www.taison.cn
总经理(General Manager): 邱辉东
联系人(Contact Person): 胡章鸽
产品业务(Business): 生产杉木绒毛浆

厦门荣安集团有限公司
Rong'an (Xiamen) Co., Ltd.
地址(Add): 福建省厦门市湖滨北路72号中闽大厦14楼
邮编(P. C.): 361012
电话(Tel): 0592－5318890
传真(Fax): 0592－5318893
E-mail: wh@china－rongan.com
Http://www.china－rongan.com
法人代表(Chairman): 刘志忠
总经理(General Manager): 刘志忠
联系人(Contact Person): 王宏
产品业务(Business): 经销绒毛浆，纸浆，高吸收性树脂，卫生用品辅料

厦门建发纸业有限公司
Xiamen C & D Paper & Pulp Co., Ltd.
(详见纸浆)

厦门东泽工贸有限公司
Xiamen Dongze Industry and Trade Co., Ltd.
地址(Add): 福建省厦门市思明区嘉禾路21号新景中心A栋1605室
邮编(P. C.): 361000
电话(Tel): 0592－5085355
传真(Fax): 0592－5085255
E-mail: gm@xmdongze.com
Http://www.xmdongze.com
总经理(General Manager): 戴山林
产品业务(Business): 经销绒毛浆，高吸收性树脂，吸水纸

一诺卫生用品有限公司
Yinuo Hygiene Product Co., Ltd.
(详见高吸收性树脂)

青岛北瑞贸易有限公司
Megall Industries (Qingdao) Ltd.
地址(Add): 山东省青岛市东海西路37号金都花园C－28H
邮编(P. C.): 266071
电话(Tel): 0532－85971785
传真(Fax): 0532－85971786
E-mail: liukun@megall.com.cn
Http://www.megall.com.cn
法人代表(Chairman): 马艳东
总经理(General Manager): 马艳东
联系人(Contact Person): 刘堃
产品业务(Business): 进口绒毛浆，出口生活用纸产品

青岛中易国际贸易有限公司
Qingdao Zhongyi International Trade Co., Ltd.
(详见纸浆)

青岛星桥实业有限公司
Star Bridge Qingdao Co., Ltd.
地址(Add): 山东省青岛市香港中路40号数码港旗舰大厦707室
邮编(P. C.): 266071
电话(Tel): 0532－85718588－118
传真(Fax): 0532－85977166－118
E-mail: robin.zhang@starbridge.com.cn
法人代表(Chairman): 宋军
联系人(Contact Person): 张作升
产品业务(Business): 经销绒毛浆

红玫瑰卫生材料有限公司
Hongmeigui Sanitary Material Co., Ltd.
地址(Add): 河南省郑州市南四环柴郭转盘南800米
邮编(P. C.): 450002
电话(Tel): 0371－66803732
传真(Fax): 0371－66803731
联系人(Contact Person): 杜公良
产品业务(Business): 经销绒毛浆，热熔胶等

英特奈国际纸业贸易(上海)有限公司广州分公司
International Paper Distribution (Shanghai) Ltd. Guangzhou Branch
地址(Add): 广东省广州市环市东路362－366号好世界广场3105－3107室
邮编(P. C.): 510060
电话(Tel): 020－22373688
传真(Fax): 020－22373668
E-mail: tracy.hong@ipaper.com
Http://www.internationalpaper.com
联系人(Contact Person): 洪珠
产品业务(Business): 绒毛浆

兴业集团长粤浆纸有限公司
Xingye Group Changyue Pulp & Paper Co., Ltd.
地址(Add): 广东省广州市龙口东路342号天诚广场A座801室
邮编(P. C.): 510620
电话(Tel): 020－87531846
传真(Fax): 020－85265505
E-mail: ben@hinex.com.cn
总经理(General Manager): 梁毅

联系人(Contact Person)：利斌成
产品业务(Business)：经销绒毛浆，高吸收性树脂，复合纸

广州诚科贸易有限公司
Guangzhou Chengke Trade Co.，Ltd.
地址(Add)：广东省广州市萝岗区科学大道971号1231房
邮编(P.C.)：510670
电话(Tel)：020－82013961
传真(Fax)：020－82038325
E-mail：13903053594@139.com
总经理(General Manager)：梁毅
产品业务(Business)：经销进口绒毛浆，SAP，复合纸

建发贸易有限公司广州分公司
C & D Guangzhou Branch
(详见纸浆)

斯道拉恩索中国销售部广州办事处
Stora Enso China Sales Guangzhou Office
地址(Add)：广东省广州市天河区体育西路191号中石化大厦B座4002室
邮编(P.C.)：510620
电话(Tel)：020－38922165
传真(Fax)：020－38922175
E-mail：zhiping.chen@storaenso.com
Http://www.storaenso.com
联系人(Contact Person)：陈志萍
产品业务(Business)：绒毛浆

广东中粤进出口有限公司
Guangdong Zhongyue Import & Export Co.，Ltd.
地址(Add)：广东省广州市越秀区德政南路52号12楼
邮编(P.C.)：510110
电话(Tel)：020－83351514
传真(Fax)：020－83308515
E-mail：gd.zy@vip.163.com
Http://www.zy－glip.com
总经理(General Manager)：梁伟平
联系人(Contact Person)：陈华
产品业务(Business)：经销绒毛浆

金山联浆纸集团
King Sany Pulp & Paper Group
地址(Add)：广东省广州市中山大道38号加悦大厦13楼
邮编(P.C.)：510630
电话(Tel)：020－62861650
传真(Fax)：020－62861907
E-mail：krs703@126.com
Http://www.kingsany.com
总经理(General Manager)：徐毅
产品业务(Business)：绒毛浆，纸浆

厦门建发纸业有限公司(成都)
Xiamen C & D Paper & Pulp (Chengdu) Co.，Ltd.
(详见纸浆)

云南云景林纸股份有限公司
Yunnan Yunjing Forestry & Pulp Co.，Ltd.
(详见纸浆)

● 非织造布 Nonwovens

——热轧、热风、纺粘
hot calendering，hot air，spunbonded

Asahi Kasei Fibers Corporation
旭化成纺织株式会社
地址(Add)：3－23 akanoshima，3－chome，Kita－ku，Osaka 530 8205，Japan
电话(Tel)：81－6－63473388
传真(Fax)：81－6－63473387
E-mail：okubo.nb@om.asahi－kasei.co.jp
Http://www.asahi－kasei.co.jp
产品业务(Business)：纺粘非织造布

上登实业有限公司
Shang Deng Enterprise (Asia) Sdn. Bhd.
地址(Add)：No.2，Jalan 7，Off Batu 61/2，Jalan Kepong，52100 Kuala Lumpur，Malaysia
电话(Tel)：60－3－62506196
传真(Fax)：60－3－62506199
联系人(Contact Person)：Hsiao Chin Hua
产品业务(Business)：热压、热风非织造布

卫普实业股份有限公司
Web－Pro Corporation
地址(Add)：台湾省828高雄市永安乡永工三路4号
电话(Tel)：886－7－3553111
传真(Fax)：886－7－3582091
E-mail：webpro@web－pro.com.tw
Http://www.web－pro.com.tw
总经理(General Manager)：邱正中
联系人(Contact Person)：庄桂香
产品业务(Business)：非织造布、水刺非织造布、PE透气膜

南六企业股份有限公司
Nan Liu Enterprise Co.，Ltd.
地址(Add)：台湾省高雄县桥头乡笔秀路88号
电话(Tel)：886－7－6116616
传真(Fax)：886－7－6110231
E-mail：nanliu@nanliu.com.tw
Http://www.nanliugroup.com
法人代表(Chairman)：黄清山
联系人(Contact Person)：徐念萱
产品业务(Business)：热轧、热风、水刺非织造布

康那香企业股份有限公司
KNH Enterprise Co.，Ltd.
地址(Add)：台湾省台北市信义路4段456号27楼
电话(Tel)：886－2－23459909
传真(Fax)：886－2－23456299
E-mail：ricky@knh.com.tw
联系人(Contact Person)：谢明璋
产品业务(Business)：非织造布

艺爱丝维顺香港有限公司
ES Fibervisions Hong Kong Limited
地址(Add)：香港九龙佐敦弥敦道 204 - 206 号远东发展大厦 1002 室
电话(Tel)：852 - 29705555
传真(Fax)：852 - 29705678
E-mail：ko@ esfibervisions. com. hk
Http：//www. es - fibervisions. com
联系人(Contact Person)：高强
产品业务(Business)：纤维，非织造布

北京合盛纺科技有限公司
Beijing United Textile Co., Ltd.
地址(Add)：北京市朝阳区建国路 93 号万达广场 1 号楼 2502 室
邮编(P. C.)：100022
电话(Tel)：010 - 58206831
传真(Fax)：010 - 58206830
E-mail：bobby@ henonwovens. com
Http：//www. henonwovens. com
法人代表(Chairman)：赵志刚
总经理(General Manager)：赵志刚
联系人(Contact Person)：赵志刚
产品业务(Business)：非织造布

北京康必盛科技发展有限公司
Kangbisheng Science & Technology Development Co., Ltd.
(详见流延膜及塑料母粒)

北京苏纳可科技有限公司
Beijing Soonercleaning Technology Co., Ltd.
地址(Add)：北京市东城区广渠门南小街领行国际 1 号楼 508 室
邮编(P. C.)：100061
电话(Tel)：010 - 67161183
传真(Fax)：010 - 67161231
E-mail：info@ soonercleaning. com
Http：//www. soonercleaning. com
法人代表(Chairman)：马骥
总经理(General Manager)：马骥
联系人(Contact Person)：马骥
产品业务(Business)：纺粘/熔喷/木浆复合/针刺/水刺非织造布

中石化北京燕山分公司树脂应用研究所
Sinopec Beijing Yanshan Co.
地址(Add)：北京市房山区燕东路 8 号
邮编(P. C.)：102500
电话(Tel)：010 - 81342378
传真(Fax)：010 - 69342192
E-mail：wangsy. yssh@ sinopec. com
联系人(Contact Person)：王素玉
产品业务(Business)：树脂(双组份纤维原料)，色母粒

北京大源非织造有限公司
Beijing Dayuan Non - wovens Fabric Co., Ltd.
地址(Add)：北京市门头沟区石龙工业区桥园路 3 号
邮编(P. C.)：102308
电话(Tel)：010 - 69806364
传真(Fax)：010 - 69804772
E-mail：bjdy@ bjdayuan. com
Http：//www. bjdayuan. com
法人代表(Chairman)：魏北凌
总经理(General Manager)：傅敏
联系人(Contact Person)：汪元
产品业务(Business)：热风非织造布

北京创发集团
Beijing Chuangfa Group
地址(Add)：北京市石景山区石景山路 3 号玉泉大厦 701 室
邮编(P. C.)：100049
电话(Tel)：010 - 88259239
传真(Fax)：010 - 88259200
E-mail：jason5580@ 163. com
Http：//www. chuangfajituan. com
联系人(Contact Person)：李新
产品业务(Business)：复合/纺粘/熔喷非织造布

北京北创无纺布股份有限公司
Beijing Beichuang Nonwoven Fabric Co. , Ltd.
地址(Add)：北京市石景山区石景山路玉泉大厦 701 室
邮编(P. C.)：100049
电话(Tel)：010 - 88259239
传真(Fax)：010 - 88259200
Http：//www. chuangfajituan. com
法人代表(Chairman)：赵现发
联系人(Contact Person)：卢强
产品业务(Business)：复合/纺粘/熔喷非织造布

北京京兰非织造布有限公司
Beijing Jinglan Nonwoven Fabrics Co., Ltd.
地址(Add)：北京市通州区工业开发区广利街
邮编(P. C.)：101113
电话(Tel)：010 - 85753559
传真(Fax)：010 - 85774902
E-mail：jingkai@ 163bj. com
Http：//www. jinglanbj. com
法人代表(Chairman)：白庆
总经理(General Manager)：王俊亚
联系人(Contact Person)：孟钊
产品业务(Business)：热轧/热风/复合非织造布

天津市泰和无纺布有限公司
Tianjin Taihe Nonwovens Co., Ltd.
地址(Add)：天津市东丽区小东庄镇十三倾村北
邮编(P. C.)：300300
电话(Tel)：022 - 24981118
传真(Fax)：022 - 24981616
E-mail：lichangzhong2001@ yahoo. com. cn
法人代表(Chairman)：李常忠
总经理(General Manager)：李常忠
联系人(Contact Person)：李常忠
产品业务(Business)：热轧/热风非织造布

天津市精镜科技有限公司
Tianjin Jingjing Technology Co., Ltd.
地址(Add)：天津市东丽区新中村鑫泰汽配城 B 区 7 幢
邮编(P. C.)：300240
电话(Tel)：022 - 58822221
传真(Fax)：022 - 58822221

E-mail：574727125@qq.com
联系人(Contact Person)：张兆林
产品业务(Business)：非织造布，干法纸

善野商贸(天津)有限公司
Zenno Trading (Tianjin) Co., Ltd.
地址(Add)：天津市河西区南京路20号金皇大厦32层05单元
邮编(P.C.)：300042
电话(Tel)：022－23397090
传真(Fax)：022－23397605
E-mail：jinx@zenno.com.cn
Http://www.zenno.co.jp
总经理(General Manager)：小林正实
联系人(Contact Person)：金星
产品业务(Business)：非织造布

天津市德利塑料制品有限公司
Tianjin Deli Plastic Products Co., Ltd.
地址(Add)：天津市宁河经济开发区12纬路1号
邮编(P.C.)：301500
电话(Tel)：022－69588127
传真(Fax)：022－69588127
法人代表(Chairman)：杨平生
总经理(General Manager)：毛凤莲
联系人(Contact Person)：韩亮
产品业务(Business)：热轧非织造布，流延膜，打孔非织造布，包装袋

河北天康卫生材料有限公司
Hebei Tiankang Sanitary Material Co., Ltd.
地址(Add)：河北省柏乡县建设路68号
邮编(P.C.)：055450
电话(Tel)：0319－7725686
传真(Fax)：0319－7725689
E-mail：zhiyingwang@yeah.net
总经理(General Manager)：王志英
产品业务(Business)：非织造布

沧州三和无纺布有限公司
Cangzhou Sanhe Nonwovens Co., Ltd.
地址(Add)：河北省沧州市浮阳北道韩场路1号
邮编(P.C.)：061300
电话(Tel)：0317－2065498
传真(Fax)：0317－2066338
E-mail：lijianwei0@yeah.net
Http://www.czshwfb.com
法人代表(Chairman)：李建伟
总经理(General Manager)：裴亮
联系人(Contact Person)：李建伟
产品业务(Business)：热轧/热风非织造布，流延膜

河北正奇无纺布有限公司
Hebei Zhengqi Nonwovens Co., Ltd.
地址(Add)：河北省高阳县南圈头工业区
邮编(P.C.)：071500
电话(Tel)：0312－6601057
传真(Fax)：0312－6638810
Http://www.hbzhengqi.com
总经理(General Manager)：张国提
联系人(Contact Person)：王喜俊
产品业务(Business)：纺粘非织造布

晋州市金圆无纺布厂
Jinzhou Jinyuan Non－woven Factory
地址(Add)：河北省晋州市塔上村工业园区
邮编(P.C.)：052260
电话(Tel)：0311－84328191
传真(Fax)：0311－84328191
总经理(General Manager)：吕金旺
产品业务(Business)：非织造布，离型纸

廊坊中纺新元无纺材料有限公司
Langfang Chinatex Nonwoves Co., Ltd.
地址(Add)：河北省廊坊市经济技术开发区金源道72号
邮编(P.C.)：065001
电话(Tel)：0316－5296552
传真(Fax)：0316－5296551
E-mail：duanln@chinatex.com
Http://www.chinatexnw.com
联系人(Contact Person)：段丽娜
产品业务(Business)：非织造布

香河华鑫非织造布有限公司
Xianghe Huaxin Nonwoven Co., Ltd.
地址(Add)：河北省廊坊市香河县秀水街
邮编(P.C.)：065400
电话(Tel)：0316－8338226
传真(Fax)：0316－8338861
E-mail：xieman77@163.com
Http://www.xh－huaxin.com
总经理(General Manager)：丁云忠
联系人(Contact Person)：高国忠
产品业务(Business)：纺粘非织造布

秦皇岛华聚无纺布有限公司
Qinhuangdao Huaju Non－woven Fabric Co., Ltd.
地址(Add)：河北省秦皇岛市山海关区沈山路18号
邮编(P.C.)：066200
电话(Tel)：0335－5032325
传真(Fax)：0335－5052720
E-mail：wfb@qhd－huaju.com
Http://www.qhd－huaju.com
法人代表(Chairman)：吴祥斌
总经理(General Manager)：吴祥斌
联系人(Contact Person)：衡东霞
产品业务(Business)：非织造布

邢台华邦非织造布有限公司
Xingtai Huabang Nonwoven Textile Co., Ltd.
地址(Add)：河北省沙河市京广路北段西侧
邮编(P.C.)：054100
电话(Tel)：0319－8821500
传真(Fax)：0319－8829360
E-mail：web@huabanggroup.com
Http://www.xthuabang.com
联系人(Contact Person)：李现军
产品业务(Business)：纺粘、针刺非织造布

河北维嘉无纺布有限公司
Hebei Weijia Non－woven Co., Ltd.
地址(Add)：河北省石家庄市灵寿南环工业园区

邮编(P. C.): 050000
电话(Tel): 0311 - 82548430
传真(Fax): 0311 - 82548431
E-mail: liweijia@188. com
Http://www. jzwfb. com
法人代表(Chairman): 李维嘉
产品业务(Business): 热风/热轧非织造布

河北华睿无纺布有限公司
Hebei Huarui Non - woven Co., Ltd.
地址(Add): 河北省石家庄市新乐市新兴路1号
邮编(P. C.): 050700
电话(Tel): 0311 - 88589918
传真(Fax): 0311 - 80656086
Http://www. hbhuarui. com
联系人(Contact Person): 郭振
产品业务(Business): 纺粘非织造布

石家庄金棉高档无纺布有限公司
Shijiazhuang Jinmian High-Grade Nonwovens Co., Ltd.
地址(Add): 河北省石家庄市中段红滨路5号
邮编(P. C.): 050091
电话(Tel): 0311 - 83827070
传真(Fax): 0311 - 83827070
联系人(Contact Person): 李建月
产品业务(Business): 热轧非织造布

辛集市蓝天无纺布厂
Xinji Lantian Non - woven Factory
地址(Add): 河北省辛集市南智邱镇耿虔寺村西
邮编(P. C.): 052360
电话(Tel): 13582047156
联系人(Contact Person): 王建强
产品业务(Business): 热轧非织造布

大连瑞光非织造布集团有限公司
Dalian Ruiguang Nonwoven Group Co., Ltd.
地址(Add): 辽宁省大连市金州区西门外134号
邮编(P. C.): 116100
电话(Tel): 0411 - 87803045
传真(Fax): 0411 - 87804251
E-mail: fuyun. liu@ruiguangnonwoven. com
Http://www. ruiguangnonwoven. com
法人代表(Chairman): 谷源明
联系人(Contact Person): 刘福云
产品业务(Business): 纺粘/水刺非织造布制品

大连富源纤维制品有限公司
Dalian Fuyuan Fiber Products Co., Ltd.
地址(Add): 辽宁省大连市中山区民生街42 - 1 - 608室
邮编(P. C.): 116001
电话(Tel): 0411 - 86326355
传真(Fax): 0411 - 86326355
E-mail: daliansongxin@163. com
Http://www. dlfuyuan. com
联系人(Contact Person): 宋鑫
产品业务(Business): 聚丙烯短纤维

锦州利好实业有限公司
Jinzhou Lihao Industrial Co., Ltd.
地址(Add): 辽宁省锦州市太和区新兴里69号
邮编(P. C.): 121005
电话(Tel): 0416 - 5137777
传真(Fax): 0416 - 5137777
联系人(Contact Person): 刘福庄
产品业务(Business): 生产热风、热轧非织造布

辽宁森林木纸业有限公司
Liaoning Senlinmu Paper Co., Ltd.
地址(Add): 辽宁省锦州市太和区新兴里69号
邮编(P. C.): 121005
电话(Tel): 0416 - 5137777
传真(Fax): 0416 - 5138979
法人代表(Chairman): 张幸夫
联系人(Contact Person): 刘福庄
产品业务(Business): 生产热风、热压非织造布，衬纸

辽宁省纺织科学研究院
Liaoning Textile Science Institute
地址(Add): 辽宁省沈阳市南塔街124号
邮编(P. C.): 110015
电话(Tel): 024 - 23893815
传真(Fax): 024 - 23894580
E-mail: 405570610@qq. com
法人代表(Chairman): 孙天柱
联系人(Contact Person): 孙天柱
产品业务(Business): 纺粘非织造布，用于手术衣帽

吉林省华纺纤维制造有限公司
Jilin Huafang Fiber Co., Ltd.
地址(Add): 吉林省辽源市齐宁路113号
邮编(P. C.): 136200
电话(Tel): 0437 - 3187979
传真(Fax): 0437 - 3224933
总经理(General Manager): 杨高明
产品业务(Business): PP复合、PP棉型、热轧型、干法纸用、PET复合、功能型短纤维

旭化成纺织贸易上海有限公司
Asahi Kasei Fibers Corporation (Shanghai)
地址(Add): 上海市长宁区延安西路环海中路999号8楼
邮编(P. C.): 200031
电话(Tel): 021 - 62955353
传真(Fax): 021 - 62190775
E-mail: xuwenxia@asahi - kasei. cn
产品业务(Business): 纺粘非织造布

日本长安贸易株式会社上海代表处
Nagayasu Trading Co., Ltd. Shanghai Office
地址(Add): 上海市长顺路11号虹桥荣广大厦105A室
邮编(P. C.): 200065
电话(Tel): 021 - 62096815
传真(Fax): 021 - 62093033
E-mail: ngysso@126. com
法人代表(Chairman): 长安哲男
总经理(General Manager): 长安哲男
联系人(Contact Person): 钱中
产品业务(Business): 用于干/湿法纸生产的粘合短纤维

上海远景胶粘材料有限公司
Shanghai Yuanjing Adhesive Material Co., Ltd.
(详见热熔胶)

上海伊士通新材料发展有限公司
Shanghai Expert In The Developing of New Material Co., Ltd.
地址(Add):上海市东方路800号宝安大厦16楼
邮编(P. C.):200122
电话(Tel):021-50582666-8835
传真(Fax):021-50581918
E-mail:huanghui@expert-china.cn
Http://www.expert-china.cn
联系人(Contact Person):黄慧
产品业务(Business):熔喷非织造布

上海枫围服装辅料有限公司
Shanghai Fengwei Nowovens Co., Ltd.
地址(Add):上海市枫泾工业园区亭枫公路8255号
邮编(P. C.):201501
电话(Tel):021-57351468
传真(Fax):021-57351927
E-mail:fwwangjinping@vip.sina.com
Http://www.fengweinonwoven.com
联系人(Contact Person):王金平
产品业务(Business):PP纺粘非织造布

上海亚聚纸业有限公司
Shanghai Asialinx PM Enterprise Inc.
地址(Add):上海市奉贤区航塘公路1491号15-16幢
邮编(P. C.):201405
电话(Tel):021-50456801
传真(Fax):021-50456802
E-mail:apmsha@gmail.com
联系人(Contact Person):张荆鹏
产品业务(Business):非织造布,干法纸

上海舒康实业有限公司
Sofe & Safe Industry Ltd.
地址(Add):上海市奉贤区航塘公路1491号16幢
邮编(P. C.):201204
电话(Tel):021-60545022
传真(Fax):021-68931147
E-mail:apmsha@gmail.com
联系人(Contact Person):张荆鹏
产品业务(Business):非织造布,干法纸

上海意东无纺布制造有限公司
Shanghai Yidong Nonwoven Co., Ltd.
地址(Add):上海市奉贤区青村镇青港工业园区青灵路153号
邮编(P. C.):201414
电话(Tel):021-57560588
传真(Fax):021-57560130
E-mail:yidong@china5f.com
Http://www.china5f.com
法人代表(Chairman):刘红国
联系人(Contact Person):洪雪梅
产品业务(Business):非织造布

上海欣颢贸易有限公司
Shanghai Xinhao Trading Co., Ltd.
(详见高吸收性树脂)

上海秉泽实业有限公司
Shanghai Bingze Industry Co., Ltd.
(详见非织造布-干法纸)

上海丰格无纺布有限公司
Shanghai Fengge Nonwoven Co., Ltd.
地址(Add):上海市嘉定区嘉行公路1308号
邮编(P. C.):201808
电话(Tel):021-39198766
传真(Fax):021-39198796
E-mail:fengge_nonwoven@yeah.net
Http://www.shanghaifengge.com
法人代表(Chairman):姜谦
总经理(General Manager):魏星
联系人(Contact Person):黄丽丽
产品业务(Business):热风非织造布,导流层

希雅图(上海)无纺布有限公司
Seattle (Shanghai) Nonwoven Co., Ltd.
地址(Add):上海市嘉定区江桥镇金宝工业园区(西区)宝园四路456号
邮编(P. C.):201812
电话(Tel):021-69132287
传真(Fax):021-69132252
Http://www.xytwfb.com
法人代表(Chairman):徐象芬
联系人(Contact Person):许德跃
产品业务(Business):泡沫浸渍、饱和浸渍和丙纶纺粘非织造布

上海日阳实业有限公司
Shanghai Mascot Nonwoven Group Co., Ltd.
地址(Add):上海市嘉定区马陆镇宝安公路2785号
邮编(P. C.):201801
电话(Tel):021-39908327
传真(Fax):021-39908325
E-mail:aa-admin@umail.hinet.net
总经理(General Manager):魏志达
联系人(Contact Person):魏志达
产品业务(Business):非织造布

上海精发实业有限公司
Shanghai Jingfa Industry Co., Ltd.
地址(Add):上海市金山区亭林工业区林盛路28号
邮编(P. C.):201505
电话(Tel):021-37910988
传真(Fax):021-37910022
E-mail:annie@clnonwoven.com
Http://www.shjingfa.com
总经理(General Manager):陈迅
联系人(Contact Person):罗良华
产品业务(Business):非织造布

上海赤马拓道实业有限公司
Suominen Nonwovens Ltd.
地址(Add):上海市闵行区宝城路155弄1号
邮编(P. C.):201199
电话(Tel):021-61256515
传真(Fax):021-61224829
E-mail:bella.chen@tordocorp.com
联系人(Contact Person):陈碧霞

产品业务(Business)：非织造布

上海丝瑞丁工贸有限公司
Shanghai Siruiding Industry & Trade Co., Ltd.
地址(Add)：上海市闵行区七莘路1839号靠近华中路财富108广场北楼813
邮编(P. C.)：201100
电话(Tel)：021－54393750
传真(Fax)：021－64557114
E-mail：wu. jinsong2006@ gmail. com
总经理(General Manager)：吴劲松
联系人(Contact Person)：吴劲松
产品业务(Business)：非织造布，流延膜

上海百府康卫生材料有限公司
Shanghai Baifukang Sanitary Material Co., Ltd.
(详见非织造布－水刺)

丸红(上海)有限公司
Marubeni Shanghai
地址(Add)：上海市浦东新区陆家嘴环路1000号恒生银行大厦44楼
邮编(P. C.)：200120
电话(Tel)：021－68411932
传真(Fax)：021－68410192
E-mail：zhang－ln@ sha. marubeni. com
联系人(Contact Person)：张立娜
产品业务(Business)：纤维原料，纤维制品

荷洛斐贸易(上海)有限公司
Clopay Trade (Shanghai) Co., Ltd.
地址(Add)：上海市浦东张扬路188号汤臣中心A座2307室
邮编(P. C.)：200122
电话(Tel)：021－58403823
传真(Fax)：021－58403873
E-mail：jyang@ clopay. com
总经理(General Manager)：杨艨
联系人(Contact Person)：杨艨
产品业务(Business)：非织造布，透气膜

康那香企业(上海)有限公司
Kang Na Hsiung Enterprise (Shanghai) Co., Ltd.
地址(Add)：上海市青浦工业园区外青松公路5619号
邮编(P. C.)：201707
电话(Tel)：021－69211200
传真(Fax)：021－69211362
E-mail：webmaster@ knh. com. cn
Http://www. knh. com. cn
法人代表(Chairman)：戴秀玲
总经理(General Manager)：戴秀玲
联系人(Contact Person)：黄响坛
产品业务(Business)：非织造布

泽太化纤(上海)有限公司
Z & T Chemical Fiber (Shanghai) Co., Ltd.
地址(Add)：上海市青浦区大盈香大路1258号
邮编(P. C.)：201712
电话(Tel)：021－59220678
传真(Fax)：021－59220617
法人代表(Chairman)：高飞
总经理(General Manager)：高飞
联系人(Contact Person)：高飞
产品业务(Business)：双组份复合纤维

上海圆帅无纺布制品有限公司
Shanghai Yuanshuai Nonwoven Products Co., Ltd.
地址(Add)：上海市青浦区华新镇纪秀路35弄35号
邮编(P. C.)：201708
电话(Tel)：021－69798003
传真(Fax)：021－69798003
E-mail：yuanminggui@ 126. com
Http://www. shmengyuan08. cn. alibaba. com
联系人(Contact Person)：袁明贵
产品业务(Business)：PP/水刺/复膜非织造布

上海堪孚尔不织布有限公司
Shanghai Comfort Nonwoven Co., Ltd.
地址(Add)：上海市青浦区华徐路3049弄火星村432号
邮编(P. C.)：201705
电话(Tel)：021－39873038
传真(Fax)：021－39873718
法人代表(Chairman)：张家祥
总经理(General Manager)：孙江远
联系人(Contact Person)：杨春平
产品业务(Business)：热轧非织造布

上海清雅无纺布有限公司
Shanghai Qingya Non－woven Co., Ltd.
地址(Add)：上海市青浦区天一路461号
邮编(P. C.)：201700
电话(Tel)：021－59228841
传真(Fax)：021－59228842
E-mail：13901845774@ 163. com
联系人(Contact Person)：张舒拉
产品业务(Business)：热轧/热风非织造布

上海美坚无纺布有限公司
Meijian Nonwoven (Shanghai) Co., Ltd.
地址(Add)：上海市青浦区西岑镇莲西路4432号
邮编(P. C.)：201721
电话(Tel)：021－59295088
传真(Fax)：021－59295556
E-mail：hongyong@ sh163. net
法人代表(Chairman)：刘正顺
总经理(General Manager)：许朝河
联系人(Contact Person)：许朝河
产品业务(Business)：热风非织造布

上海腾龙无纺布有限公司
Shanghai Phoenix Nonwoven Co., Ltd.
地址(Add)：上海市青浦区盈岗东路9781号
邮编(P. C.)：201700
电话(Tel)：021－59205511
传真(Fax)：021－59205533
联系人(Contact Person)：朱维堃
产品业务(Business)：非织造布

上海戴春商贸有限公司
Shanghai Daichun Trade Co., Ltd.
地址(Add)：上海市松江区莘砖公路399弄462号
邮编(P. C.)：201612

电话(Tel)：021-34130611
传真(Fax)：021-34130611
E-mail：wangchun902@hotmail.com
法人代表(Chairman)：傅新芳
总经理(General Manager)：傅新芳
联系人(Contact Person)：王春
产品业务(Business)：热轧非织造布

捷恩智国际贸易(上海)有限公司
JNC (Shanghai) Co., Ltd.
地址(Add)：上海市外高桥保税区英伦路38号608室
邮编(P. C.)：200131
电话(Tel)：021-50480864
传真(Fax)：021-50480864
E-mail：zhaojin@jnc-sh.com.cn
Http://www.jnc-sh.com.cn
联系人(Contact Person)：赵金
产品业务(Business)：热轧/热风/纺粘/熔喷非织造布，聚丙烯纤维

可乐丽管理(上海)有限公司
Kurary China Co., Ltd.
地址(Add)：上海市徐汇区虹桥路3号港汇中心二座2207单元
邮编(P. C.)：200030
电话(Tel)：021-61198111
传真(Fax)：021-61198585
E-mail：yifeng_qian@kuraray.co.jp
Http://www.kuraray.cn
联系人(Contact Person)：钱奕枫
产品业务(Business)：非织造布

上海世展化工科技有限公司
Shanghai World-prospect Chem. Tech. Co., Ltd.
(详见高吸收性树脂)

伊藤忠纤维贸易(中国)有限公司
Itochu Textile (China) Ltd.
(详见湿强纸和复合吸水纸)

蝶理(中国)商业有限公司
Chori (China) Co., Ltd.
地址(Add)：上海市延安西路2201号上海国际贸易中心1201室
邮编(P. C.)：200336
电话(Tel)：021-62702111
传真(Fax)：021-62756211
E-mail：saitou@chori.com.cn
联系人(Contact Person)：齐藤久也
产品业务(Business)：经销非织造布

上海泛赋实业有限公司
Shanghai Fanfu Industrial Co., Ltd.
(详见流延膜及塑料母粒)

Fiberweb亚太无纺布上海分公司
Fiberweb Asia Pacific Limited
地址(Add)：上海市闸北区梅园路228号企业广场1705-1706室
邮编(P. C.)：200070
电话(Tel)：021-33680115
传真(Fax)：021-33680031
Http://www.fiberweb.com
联系人(Contact Person)：竺佳筠
产品业务(Business)：非织造布，干法纸

塞拉尼斯(中国)投资有限公司
Celanese (China) Holding Co., Ltd.
地址(Add)：上海市张江高科技园区金科路4560号
邮编(P. C.)：201203
电话(Tel)：021-38619288
传真(Fax)：021-38619599
E-mail：shirley.chi@celanese.com.cn
Http://www.celanese.com
联系人(Contact Person)：池萍
产品业务(Business)：醋酸纤维，乙烯基中间体，EVA高性能聚合物

常熟市何市星晨纱厂(无纺)
Changshu Heshi Xingchen Cotton (Nonwoven) Mill
地址(Add)：江苏省常熟市何市镇何东开发区
邮编(P. C.)：215500
电话(Tel)：0512-52548178
传真(Fax)：0512-52548363
联系人(Contact Person)：沈建清
产品业务(Business)：热轧非织造布，玉米纤维

常熟市立新无纺布织造有限公司
Changshu Lixin Nonwoven Co., Ltd.
地址(Add)：江苏省常熟市支塘镇(任阳)盛泾村1号
邮编(P. C.)：215539
电话(Tel)：0512-52581988
传真(Fax)：0512-52584618
E-mail：info@emyms.com
Http://www.emyms.com
联系人(Contact Person)：周立新
产品业务(Business)：非织造布

苏州鑫茂无纺材料有限公司
Xinmao (Suzhou) Nonwovens Fabric Co., Ltd.
地址(Add)：江苏省常熟市支塘镇双黄路1号
邮编(P. C.)：215531
电话(Tel)：0512-52558998
传真(Fax)：0512-52551681
E-mail：szxinmao@163.com
Http://www.xmwfcl.cn.alibaba.com
法人代表(Chairman)：密巧英
总经理(General Manager)：范东明
联系人(Contact Person)：范东明
产品业务(Business)：热风非织造布，ADL导流层，打孔非织造布

常州尚易生活用品有限公司
Changzhou Shangyi Daily Supplies Co., Ltd.
地址(Add)：江苏省常州市横林镇杨岐段61号
邮编(P. C.)：203101
电话(Tel)：0519-88781392
传真(Fax)：0519-88782401
E-mail：rl1208@126.com
法人代表(Chairman)：陈国平
联系人(Contact Person)：陈国平
产品业务(Business)：热风/热轧/水刺非织造布

江苏超月无纺布有限公司
Jiangsu Chaoyue Nonwovens Co., Ltd.
地址(Add)：江苏省常州市横山桥镇新安开发区
邮编(P. C.)：213117
电话(Tel)：0519-88665898
传真(Fax)：0519-88666898
E-mail：1906330567@qq.com
Http://www.chaoyuewf.com
总经理(General Manager)：张建雄
联系人(Contact Person)：张伟忠
产品业务(Business)：热风非织造布

常州市新安服装辅料有限公司
Changzhou Xinan Costume Accessories Co., Ltd.
地址(Add)：江苏省常州市横山桥镇新安开发区(新安小学旁)
邮编(P. C.)：213117
电话(Tel)：0519-88664284
传真(Fax)：0519-88664988
E-mail：sales@ti-easy.com
法人代表(Chairman)：范建珍
总经理(General Manager)：张鹤鸣
联系人(Contact Person)：张鹤鸣
产品业务(Business)：热风/热轧非织造布

常州市德思勤化纤有限公司
Changzhou Desiqin Chemical Fiber Co., Ltd.
地址(Add)：江苏省常州市湖塘镇马杭长虹工业园
邮编(P. C.)：213162
电话(Tel)：0519-88231155
传真(Fax)：0519-88231133
Http://czsdsqhx.cn.china.cn
联系人(Contact Person)：张永芳
产品业务(Business)：纺粘非织造布

常州市同和塑料制品有限公司
Changzhou Tonghe Plastic Products Co., Ltd.
(详见流延膜及塑料母粒)

常州市富邦无纺布有限公司
Changzhou Fubang Nonwoven Co., Ltd.
地址(Add)：江苏省常州市戚墅堰东九号桥前杨工业区56-2
邮编(P. C.)：213011
电话(Tel)：0519-88372655
传真(Fax)：0519-88370272
E-mail：sales@czfubang.cn
Http://www.czfubang.cn
总经理(General Manager)：杨天宇
联系人(Contact Person)：杨岳坤
产品业务(Business)：热风/热轧非织造布

常州市汇利卫生材料有限公司
Changzhou Huili Hygiene Material Co., Ltd.
地址(Add)：江苏省常州市戚墅堰东前杨工业区18号
邮编(P. C.)：213011
电话(Tel)：0519-88773824
传真(Fax)：0519-88773359
E-mail：382466909@qq.com
Http://www.hlwfb.com
法人代表(Chairman)：陈夏平
总经理(General Manager)：陈夏平
联系人(Contact Person)：侯超美
产品业务(Business)：亲水/拒水非织造布，热轧/热风短纤非织造布

江苏常州市南华膜业有限公司
Jiangsu Changzhou Nanhua Film Industry Co., Ltd.
(详见流延膜及塑料母粒)

常州市正杨非织造布有限公司
Changzhou Zhengyang Nonwovens Co., Ltd.
地址(Add)：江苏省常州市区戚墅堰前杨工业区97号
邮编(P. C.)：213011
电话(Tel)：0519-88373222
传真(Fax)：0519-88372722
法人代表(Chairman)：杨岳坤
总经理(General Manager)：杨岳坤
联系人(Contact Person)：杨岳坤
产品业务(Business)：热风非织造布

常州新安无纺布有限公司
Changzhou Xin'an Nonwovens Co., Ltd.
地址(Add)：江苏省常州市武进横山桥镇新安鸡笼山
邮编(P. C.)：213117
电话(Tel)：0519-88662462
传真(Fax)：0519-88662055
E-mail：admin@xawfb.com
Http://www.xawfb.com
法人代表(Chairman)：唐正勤
总经理(General Manager)：唐正勤
联系人(Contact Person)：唐伟
产品业务(Business)：热风/热轧拒水非织造布，打孔膜

常州市鼎立膜业有限公司
Changzhou Dingli Non-woven Co., Ltd.
地址(Add)：江苏省常州市武进区横山桥宕里工业园
邮编(P. C.)：213118
电话(Tel)：0519-88763788
传真(Fax)：0519-88768068
E-mail：dl@dinglimoye.com
法人代表(Chairman)：朱永明
总经理(General Manager)：朱永明
联系人(Contact Person)：朱永明
产品业务(Business)：亲水/纺粘非织造布

常州市武进无纺机械设备有限公司
Changzhou Wujin Nonwoven Machinery Co., Ltd.
地址(Add)：江苏省常州市武进区湖塘镇马杭东新
邮编(P. C.)：213162
电话(Tel)：0519-86329211
传真(Fax)：0519-86705991
E-mail：wjnonwoven@gmail.com
Http://www.wjnonwoven.com.cn
联系人(Contact Person)：张升平
产品业务(Business)：热轧/热风/纺粘/水刺非织造布及设备

常州市三邦无纺布有限公司
Changzhou Sanbang Nonwovens Co., Ltd.
地址(Add)：江苏省常州市武进区戚墅堰东前杨村(武航宿舍北)

邮编(P. C.): 213000
电话(Tel): 0519 - 88778125
传真(Fax): 0519 - 88773319
总经理(General Manager): 杨岳鸣
产品业务(Business): 热风非织造布

常州市武进无纺机械设备有限公司
Changzhou Wujin Nonwoven Machinery Co., Ltd.
(详见非织造布设备)

常州市友恒无纺布有限公司
Changzhou Youheng Nonwoven Fabrics Co., Ltd.
地址(Add): 江苏省常州市武进区遥观镇工业大道营宏电子厂内
邮编(P. C.): 213100
电话(Tel): 0519 - 88401808
传真(Fax): 0519 - 88401808
E-mail: gongdingyu@126. com
法人代表(Chairman): 丁震
总经理(General Manager): 丁震
联系人(Contact Person): 龚定宇
产品业务(Business): 热轧/热风非织造布

常州海蓝无纺科技有限公司
Changzhou Hailan Nonwovens Technology Co., Ltd.
地址(Add): 江苏省常州市武进区遥观镇建农村
邮编(P. C.): 213102
电话(Tel): 0519 - 88709278
传真(Fax): 0519 - 88709278
法人代表(Chairman): 陈晓明
总经理(General Manager): 陈晓明
联系人(Contact Person): 陈晓明
产品业务(Business): 蓝芯棉, 导流层非织造布, 擦拭布

常州维盛无纺科技有限公司
Changzhou Wisdom Nonwovens Technology Co., Ltd.
地址(Add): 江苏省常州市武进区遥观镇钱家工业园
邮编(P. C.): 213011
电话(Tel): 0519 - 88382178
传真(Fax): 0519 - 88778413
E-mail: wisdomcz@163. com
法人代表(Chairman): 刘威
总经理(General Manager): 张根明
联系人(Contact Person): 黎凯
产品业务(Business): 热风/热轧/水刺非织造布

常州亨利无纺布有限公司
Changzhou Hengli Non - woven Co., Ltd.
地址(Add): 江苏省常州市武进遥观钱家工业园
邮编(P. C.): 213011
电话(Tel): 0519 - 88771439
传真(Fax): 0519 - 88778413
法人代表(Chairman): 刘志坚
总经理(General Manager): 刘志坚
联系人(Contact Person): 陈国平
产品业务(Business): 热风、热轧、水刺非织造布

常州市锦益机械有限公司
Changzhou Jinyi Machinery Co., Ltd.
(详见非织造布设备)

常州市佳美薄膜制品有限公司
Changzhou Jiamei Film Co., Ltd.
(详见打孔膜及打孔非织造布)

常州市洁润无纺布厂
Changzhou Jierun Nonwovens Factory
地址(Add): 江苏省常州市遥观镇前杨工业区63号
邮编(P. C.): 213011
电话(Tel): 0519 - 88785799
传真(Fax): 0519 - 88785799
E-mail: market@cnjierun. com
Http://www. cnjierun. com
法人代表(Chairman): 吴国平
总经理(General Manager): 吴国平
联系人(Contact Person): 吴志刚
产品业务(Business): 热轧非织造布

常州美康纸塑制品有限公司
Changzhou MeikangPlastic Products Co., Ltd.
地址(Add): 江苏省常州市宜盛路8号
邮编(P. C.): 213016
电话(Tel): 0519 - 83978709
传真(Fax): 0519 - 83978717
E-mail: materials@bhmedical. com. cn
法人代表(Chairman): 陶晓华
总经理(General Manager): 陶晓华
联系人(Contact Person): 刘华
产品业务(Business): 非织造布

午和(江苏)差别化纤维有限公司
Wuhe (Jiangsu) Differentiation Fiber Co., Ltd.
地址(Add): 江苏省丹阳市界牌镇界中工业园区
邮编(P. C.): 212323
电话(Tel): 0511 - 86050008
传真(Fax): 0511 - 86050009
E-mail: qwx19700802@163. com
Http://www. wuhejs. com
总经理(General Manager): 乔卫星
产品业务(Business): 差别化涤纶短纤维

江苏恒神纤维材料有限公司
Hengshen Fibre Material Co., Ltd.
地址(Add): 江苏省丹阳丝绸路32号
邮编(P. C.): 212314
电话(Tel): 0511 - 86523768
传真(Fax): 0511 - 86525382
E-mail: jshengshen@163. com
Http://www. jshengshen. com
法人代表(Chairman): 钱云宝
总经理(General Manager): 刘红来
联系人(Contact Person): 杨俊辉
产品业务(Business): 丙纶短纤维, 低熔点复合短纤维, 功能型纤维, 热轧非织造布, 干法造纸纤维

南通汇优洁医用材料有限公司
Nantong Gather Excellence Cleaning Materials Co., Ltd.
地址(Add): 江苏省海安县高新区开元大道100号 - 1
邮编(P. C.): 226600
电话(Tel): 0513 - 68879080
传真(Fax): 0513 - 68879081
E-mail: nthyjyycl@sina. cn

Http://www.nthyj.cn
联系人(Contact Person)：季海军
产品业务(Business)：SMS/SMMS/亲水非织造布

江苏华龙无纺布有限公司
Jiangsu Hualong Nonwoven Co., Ltd.
地址(Add)：江苏省淮安市洪泽县工业园区东二道12号
邮编(P.C.)：223100
电话(Tel)：0517-87203901
传真(Fax)：0517-87203903
E-mail：master@htwfb.com
Http://www.htwfb.com
法人代表(Chairman)：张义平
总经理(General Manager)：张义平
联系人(Contact Person)：程顺军
产品业务(Business)：热轧、热风非织造布

扬州石油化工有限责任公司
Yangzhou Petrochemical Co., Ltd.
地址(Add)：江苏省江都市江淮路156号
邮编(P.C.)：225200
电话(Tel)：0514-86850195
传真(Fax)：0514-86850452
E-mail：wuf.jsyt@sinopec.com
法人代表(Chairman)：孙银高
总经理(General Manager)：孙银高
联系人(Contact Person)：吴峰
产品业务(Business)：化学纤维

江阴金港无纺布有限公司
Jiangyin Jingang Non-woven Co., Ltd.
地址(Add)：江苏省江阴市顾山镇古塘工业园
邮编(P.C.)：214413
电话(Tel)：0510-86321361-8000
传真(Fax)：0510-86329839
Http://www.jyjg.cn
法人代表(Chairman)：吴敏东
总经理(General Manager)：吴敏东
联系人(Contact Person)：沈建东
产品业务(Business)：非织造布及设备

江阴开源非织造布制品有限公司
Jiangyin Kaiyuan Nonwoven Fabrics Co., Ltd.
地址(Add)：江苏省江阴市华士镇华陆路3号
邮编(P.C.)：214425
电话(Tel)：0510-86371002
传真(Fax)：0510-86379033
E-mail：chen.yuxin@163.com
法人代表(Chairman)：费红
总经理(General Manager)：陈洪贤
联系人(Contact Person)：陈宇新
产品业务(Business)：纺粘、热轧非织造布，透气膜

江阴金凤特种纺织品有限公司
Jiangyin Golden Phoenix Special Textile Co., Ltd.
地址(Add)：江苏省江阴市华士镇陆华路2号
邮编(P.C.)：214425
电话(Tel)：0510-86372381
传真(Fax)：0510-86371659
E-mail：jf.jy@public1.wx.js.cn
Http://www.jfnonwoven.com
法人代表(Chairman)：孙亚渊
总经理(General Manager)：孙政刚
联系人(Contact Person)：蔡振虎
产品业务(Business)：熔喷、纺粘、复合非织造布

江阴健发特种纺织品有限公司
Jiangyin Jianfa Special Textile Co., Ltd.
地址(Add)：江苏省江阴市华士镇勤丰村海达路80号
邮编(P.C.)：214400
电话(Tel)：0510-86975098
传真(Fax)：0510-86373001
E-mail：jyjf88@sina.com
总经理(General Manager)：张钟雷
联系人(Contact Person)：张钟雷
产品业务(Business)：非织造布

江阴市联盛卫生材料有限公司
Jiangyin Zenith Hygienic Material Co., Ltd.
地址(Add)：江苏省江阴市云亭镇兴业工业园3幢
邮编(P.C.)：214422
电话(Tel)：0510-81625590
传真(Fax)：0510-81625590
E-mail：346949985@qq.com
Http://www.liansheng-cn.com
总经理(General Manager)：蔡春妮
联系人(Contact Person)：徐博
产品业务(Business)：热风/热轧/防粘非织造布

江阴市海月无纺布业有限公司
Jiangyin Moonstar Nonwoven Fabrics Co., Ltd.
地址(Add)：江苏省江阴市周庄镇北何家庄
邮编(P.C.)：214423
电话(Tel)：0510-86238879
传真(Fax)：0510-86238876
E-mail：web@hynonwoven.com
法人代表(Chairman)：顾林虎
总经理(General Manager)：顾林虎
联系人(Contact Person)：方永华
产品业务(Business)：纺粘/水刺非织造布

昆山市宝立无纺布有限公司
Kunshan Baoli Nonwovens Co., Ltd.
地址(Add)：江苏省昆山市巴城镇正仪通澄南路2号
邮编(P.C.)：215347
电话(Tel)：0512-57808888
传真(Fax)：0512-57801777
Http://www.cnbaoli.com.cn
联系人(Contact Person)：余俊克
产品业务(Business)：纺粘PP/SMS/亲水非织造布

昆山真善诚无纺布制品厂有限公司
Kunshan Zhenshancheng Nonwoven Products Co., Ltd.
地址(Add)：江苏省昆山市花桥镇民高路1号
邮编(P.C.)：215332
电话(Tel)：0512-57697890
传真(Fax)：0512-57697759
E-mail：zhenshancheng@163.com
联系人(Contact Person)：陈金镇
产品业务(Business)：热轧、水刺、纺粘非织造布

昆山胜昱无纺布有限公司
Kunshan Shengyu Nonwovens Co., Ltd.
地址(Add)：江苏省昆山市陆家镇合丰村陆丰西路134号
邮编(P. C.)：215331
电话(Tel)：0512－82608805
传真(Fax)：0512－57672565
E-mail：huninghua－0918@sohu.com
联系人(Contact Person)：胡宁华
产品业务(Business)：非织造布

昆山纬异无纺布科技有限公司
Kunshan Weiyi Nonwoves Technology Co., Ltd.
地址(Add)：江苏省昆山市紫竹路富贵花园7幢4号
邮编(P. C.)：215300
电话(Tel)：0512－57179409
传真(Fax)：0512－57735102
E-mail：kshbgzs@163.com
联系人(Contact Person)：胡波
产品业务(Business)：经销非织造布，泡沫浸胶技术

南京和兴不织布制品有限公司
Nanjing Hexing Nonwoven Fabric Products Co., Ltd.
地址(Add)：江苏省南京市溧水县经济开发区珍珠北路13号
邮编(P. C.)：211200
电话(Tel)：025－68811368
传真(Fax)：025－68811368
E-mail：13905198818@163.com
Http://www.hxbzd.com
法人代表(Chairman)：张尚发
总经理(General Manager)：张尚发
联系人(Contact Person)：曹庆
产品业务(Business)：热风、热轧非织造布

兰精(南京)纤维有限公司
Lenzing (Nanjing) Fibers Co., Ltd.
地址(Add)：江苏省南京市六合区瓜埠红山精细化工园康强路1号
邮编(P. C.)：211511
电话(Tel)：025－57639888－368
传真(Fax)：025－57639807
E-mail：a.reif@lenzing.com
Http://www.lenzing.com
法人代表(Chairman)：Friedrich Weninger
总经理(General Manager)：Stubbs Mark
联系人(Contact Person)：罗逸夫
产品业务(Business)：粘胶短纤维，差别化化学纤维

江苏远大工程织物有限公司
Jiangsu Yuanda Engineering Fabrics Co., Ltd.
地址(Add)：江苏省南京市雨花开发区龙藏大道10号
邮编(P. C.)：210002
电话(Tel)：025－66603867
传真(Fax)：025－66603867
E-mail：njzwd@163.com
联系人(Contact Person)：周卫东
产品业务(Business)：土工布，非织造布

南通丽洋新材料开发有限公司
Nantong Liyang New Material Develop Co., Ltd.
地址(Add)：江苏省南通市工农南路88号海外联谊大厦13楼
邮编(P. C.)：226000
电话(Tel)：0513－85321125
传真(Fax)：0513－85524796
E-mail：ntliyang@163.com
Http://www.rocean.cn
产品业务(Business)：非织造布

东丽高新聚化(南通)有限公司
Toray Polytech (Nantong) Co., Ltd.
地址(Add)：江苏省南通市经济技术开发区新开南路56号
邮编(P. C.)：226010
电话(Tel)：0513－89198361
传真(Fax)：0513－89198370
E-mail：money@torayamk.cn
Http://www.toraysaehan.com
法人代表(Chairman)：李泳官
总经理(General Manager)：金镇年
联系人(Contact Person)：文映敦
产品业务(Business)：非织造布

南通汇昇贸易有限公司
Nantong Gather Rising Trade Co., Ltd.
地址(Add)：江苏省南通市人民路20号南通大厦A座20层
邮编(P. C.)：226001
电话(Tel)：0513－85106170
传真(Fax)：0513－85106730
E-mail：ym_smart@nt－huisheng.com
Http://www.gatherluck.com
总经理(General Manager)：俞猛
联系人(Contact Person)：俞猛
产品业务(Business)：非织造布

南通凯特化工有限公司
Nantong Kaite Chemical Co., Ltd.
(详见流延膜及塑料母粒)

南通保时捷无纺布有限公司
Nantong Baoshijie Nonwoven Co., Ltd.
地址(Add)：江苏省南通市通州区先锋镇工业园区
邮编(P. C.)：226316
电话(Tel)：0513－86673880
传真(Fax)：0513－86678781
法人代表(Chairman)：陈影
总经理(General Manager)：陈影
联系人(Contact Person)：季裕彬
产品业务(Business)：非织造布

启东清雅无纺布有限公司
Qidong Qingya Nonwoven Co., Ltd.
地址(Add)：江苏省启东市滨海工业区东海路22号
邮编(P. C.)：226236
电话(Tel)：0513－83601165
传真(Fax)：0513－83601165
E-mail：qywfb@sina.com
联系人(Contact Person)：张舒拉
产品业务(Business)：热风/热轧非织造布

南通康盛无纺布有限公司
Nantong Kangsheng Nonwoven Cloth Co., Ltd.
(详见非织造布-水刺)

泗洪县腾达非织造材料有限公司
Sihong Tengda Nonwovens Co., Ltd.
地址(Add):江苏省泗洪县经济开发区香江路北侧
邮编(P. C.):223900
电话(Tel):0527-86205806
传真(Fax):0527-86205985
E-mail:tengdayy@126. com
联系人(Contact Person):李俊
产品业务(Business):熔喷法非织造布

普杰无纺布(中国)有限公司
PGI Nonwovens (China) Co., Ltd.
地址(Add):江苏省苏州工业园区苏虹东路21号
邮编(P. C.):215126
电话(Tel):0512-88855832
传真(Fax):0512-87183001
E-mail:guor@pginw. com
Http://www. pginw. com
联系人(Contact Person):郭丹艳
产品业务(Business):丙纶纺粘法非织造布

昆山纬丰无纺布有限公司
Kunshan Weifeng Nonwoven Fabrics Co., Ltd.
地址(Add):江苏省苏州市昆山市萧林路萧林大厦307
邮编(P. C.):215300
电话(Tel):0512-81862193
传真(Fax):0512-50368159
E-mail:zuojian123456@msn. com
联系人(Contact Person):左坚
产品业务(Business):过滤基材,包装材料

苏州京佰利无纺材料有限公司
Kimbondly (Suzhou) Nonwovens Fabric Co., Ltd.
地址(Add):江苏省苏州市任阳镇晋阳西街125号
邮编(P. C.):215539
电话(Tel):0512-52588390
传真(Fax):0512-52588392
E-mail:jhisz@163. com
Http://www. kimbondly. com
法人代表(Chairman):韩雪龙
总经理(General Manager):张根明
联系人(Contact Person):张根明
产品业务(Business):热轧非织造布

苏州欣诺无纺科技有限公司
Suzhou Sinnov Nonwoven Technologies Co., Ltd.
地址(Add):江苏省苏州市苏州工业园区东宏路8号
邮编(P. C.):215123
电话(Tel):0512-62897503
传真(Fax):0512-62897509
E-mail:kevin. wang@sinnov. com
Http://www. sinnov. com
法人代表(Chairman):唐琳
总经理(General Manager):李胜林
联系人(Contact Person):王向华
产品业务(Business):非织造布,复合膜

江苏江南高纤股份有限公司
Jiangsu Jiangnan Chemical Fiber Group Co., Ltd.
地址(Add):江苏省苏州市相城区黄埭镇
邮编(P. C.):215143
电话(Tel):0512-65715198
传真(Fax):0512-65715528
Http://www. jngx. cn
总经理(General Manager):陶冶
联系人(Contact Person):居明华
产品业务(Business):复合短纤维

江苏江南化纤集团有限公司
Jiangnan Chemical Fibre Group Co., Ltd.
地址(Add):江苏省苏州市相城区黄埭镇
邮编(P. C.):215143
电话(Tel):13862153388
传真(Fax):0512-65712568
E-mail:108155232@qq. com
Http://www. jnhx. cn
总经理(General Manager):薛继明
联系人(Contact Person):唐金峰
产品业务(Business):双组分复合纤维,涤纶短纤

维顺(中国)无纺制品有限公司
FiberVisions (China) Textile Products Ltd.
地址(Add):江苏省苏州市新区横山路29号
邮编(P. C.):215009
电话(Tel):0512-68231099-2011
传真(Fax):0512-68230021
E-mail:feng. xie@fibervisions. com. cn
Http://www. fibervisions. biz
法人代表(Chairman):Stephen Wood
联系人(Contact Person):谢峰
产品业务(Business):丙纶短纤,热轧非织造布

无锡克瑞特无纺科技有限公司
Wuxi Kervite Non-woven Technology Co., Ltd.
地址(Add):江苏省无锡市惠山经济开发区堰桥配套区堰丰路31号
邮编(P. C.):214174
电话(Tel):0510-83572056
传真(Fax):0510-83572275
E-mail:x. g. p. 888krt@163. con
法人代表(Chairman):施梦杰
总经理(General Manager):施梦杰
联系人(Contact Person):谢光平
产品业务(Business):非织造布

无锡市正龙无纺布有限公司
Wuxi Zhenglong Nonwovens Co., Ltd.
地址(Add):江苏省无锡市惠山区钱桥镇南西漳
邮编(P. C.):214152
电话(Tel):0510-83235888
传真(Fax):0510-83235678
E-mail:info@zlwfb. com
Http://www. zlwfb. com
总经理(General Manager):邓正渔
联系人(Contact Person):宋海波
产品业务(Business):水溶性非织造布

致优无纺布(无锡)有限公司
First Quality Nonwovens (Wuxi) Co., Ltd.
地址(Add):江苏省无锡市新区团结南路 399 号
邮编(P. C.):214028
电话(Tel):0510-85086009
传真(Fax):0510-81157960
E-mail:jmiao@firstquality.com
Http://www.firstquality.com
联系人(Contact Person):缪晶宇
产品业务(Business):纺熔非织造布

苏州信达无纺卫材有限公司
Suzhou Xinda Nonwoven Health Materials Co., Ltd.
地址(Add):江苏省吴江市盛泽镇信达路 9 号
邮编(P. C.):215228
电话(Tel):0512-63552832
传真(Fax):0512-63561831
E-mail:zhoubin@texxd.com
Http://www.texxd.com
法人代表(Chairman):周根林
联系人(Contact Person):周根林
产品业务(Business):热风、热轧非织造布

盐城经纬国际集团有限公司
Jingwei Int'l Group Co., Ltd.
地址(Add):江苏省盐城市解放南路娱乐花园 11 楼 402 室
邮编(P. C.):224001
电话(Tel):0515-88391150
传真(Fax):0515-88153360
E-mail:dtxuan@163.com
法人代表(Chairman):宣志强
总经理(General Manager):宣志强
联系人(Contact Person):宣志强
产品业务(Business):复合短纤维,干法纸,化纤防湿油剂

盐城申安无纺布工贸有限公司
Yancheng Shenan Nonwoven Trade & Industrial Co., Ltd.
地址(Add):江苏省盐城市龙冈高新技术开发区
邮编(P. C.):224011
电话(Tel):0515-88717571
传真(Fax):0515-88702028
E-mail:ycshenan@sina.com
Http://www.ycshenan.com
总经理(General Manager):周玉书
联系人(Contact Person):陈洪梅
产品业务(Business):非织造布,复合吸水纸

盐城市盛绒无纺布有限公司
Yancheng Sun Long Nonwoven Co., Ltd.
地址(Add):江苏省盐城市亭湖区南洋开发区南机场路东支路
邮编(P. C.):224051
电话(Tel):0515-88187077
传真(Fax):0515-88187067
E-mail:ycsunlong@126.com
法人代表(Chairman):王亮月
总经理(General Manager):胡锦堂
联系人(Contact Person):王亮月
产品业务(Business):热风、热轧非织造布,亲水、疏水非织造布

盐城市中联复合纤维有限公司
Yancheng Zhonglian Bico Fiber Co., Ltd.
地址(Add):江苏省盐城市盐都区龙冈镇鞍湖社区节能装备产业园
邮编(P. C.):224005
电话(Tel):0515-88431552
传真(Fax):0515-88431553
法人代表(Chairman):张石广
总经理(General Manager):单正进
联系人(Contact Person):许登阁
产品业务(Business):复合纤维

苏州铭辰无纺布有限公司
Suzhou Mediceng Nonwoven Fabric Co., Ltd.
地址(Add):江苏省张家港市江帆民营工业园
邮编(P. C.):215627
电话(Tel):0512-58191088
传真(Fax):0512-58199863
E-mail:benmousie@hotmail.com
Http://www.mediceng.com
总经理(General Manager):李佳烽
产品业务(Business):非织造布,功能母粒/助剂

张家港骏马无纺布有限公司
Zhangjiagang Junma Nonwovens Fabrics Co., Ltd.
地址(Add):江苏省张家港市杨舍镇蒋桥骏马工业园
邮编(P. C.):215617
电话(Tel):0512-58145650
传真(Fax):0512-58140980
E-mail:alice@junmachian.sina.net
Http://www.junmanonwovens.com
法人代表(Chairman):蔡仁生
总经理(General Manager):蔡仁生
联系人(Contact Person):何凤娅
产品业务(Business):非织造布

长兴金科进出口有限公司
Changxing Kingke Import & Export Co., Ltd.
地址(Add):浙江省长兴县经济开发区经四路陆汇路 999 号
邮编(P. C.):313100
电话(Tel):0572-6230705
传真(Fax):0572-6230705
E-mail:chenny_interlinings@msn.com
总经理(General Manager):陈利奇
产品业务(Business):纺粘/水刺/针刺非织造布

浙江金三发非织造布有限公司
Zhejiang Kingsafe Nonwoven Fabric Co., Ltd.
地址(Add):浙江省长兴县李家巷镇新世纪工业园区
邮编(P. C.):313100
电话(Tel):0572-6636999
传真(Fax):0572-6636777
E-mail:nonwoven@kingsafe.com
Http://www.kingsafe.com
法人代表(Chairman):严华荣
联系人(Contact Person):谈勤华
产品业务(Business):水刺/纺粘非织造布

长兴润兴无纺布厂
Changxing Runxing Nonwoven Factory
地址(Add)：浙江省长兴县林城午山工业园
邮编(P. C.)：313112
电话(Tel)：0572－6603828
传真(Fax)：0572－6603798
总经理(General Manager)：刘平
产品业务(Business)：ES热轧/热风/增白热风/打孔非织造布

长兴天川非织造布有限公司
Changxing Tianchuan Nonwoven Co., Ltd.
地址(Add)：浙江省长兴县水口龙山工业园区
邮编(P. C.)：313108
电话(Tel)：0572－6296666
传真(Fax)：0572－6296669
E-mail：tianchuan. zzg@163. com
法人代表(Chairman)：周远琪
联系人(Contact Person)：周志刚
产品业务(Business)：纺粘、亲水非织造布

浙江长兴亿伦纺织有限公司
Zhejiang Changxing Yilun Textile Co., Ltd.
地址(Add)：浙江省长兴县水口龙山经济开发区
邮编(P. C.)：313108
电话(Tel)：13511239784
传真(Fax)：0572－6501299
E-mail：lanyuerok@gmail. com
总经理(General Manager)：周海华
联系人(Contact Person)：沈奇峰
产品业务(Business)：拒水/亲水纺粘非织造布

慈溪市丰源化纤有限公司
Cixi Fengyuan Chemical Fiber Co., Ltd.
地址(Add)：浙江省慈溪市崇寿工业园区
邮编(P. C.)：315334
电话(Tel)：0574－63296788
传真(Fax)：0574－63296788
联系人(Contact Person)：陆阳
产品业务(Business)：低熔点复合短纤维

宁波大发化纤有限公司
Ningbo Dafa Chemical Fiber Co., Ltd.
地址(Add)：浙江省慈溪市胜山工业区
邮编(P. C.)：315323
电话(Tel)：0574－63528300
传真(Fax)：0574－63528311
E-mail：pet258@yahoo. cn
Http://www. nbdafa. com
联系人(Contact Person)：杜国强
产品业务(Business)：再生中空涤纶短纤维

宁波市菲斯特化纤有限公司
Ningbo First Chemical Fiber Co., Ltd.
（详见非织造布－干法纸）

慈溪市逸红无纺布有限公司
Cixi Yihong Nonwoven Co., Ltd.
地址(Add)：浙江省慈溪市掌起洪魏村
邮编(P. C.)：315313
电话(Tel)：0574－63759708
传真(Fax)：0574－63759779
E-mail：weilq2176@163. com
Http://www. cx－yihong. com
联系人(Contact Person)：魏立群
产品业务(Business)：热风/热轧/纺粘非织造布，干法纸

宁波市奇兴无纺布有限公司
Ningbo Qixing Nonwovens Co., Ltd.
地址(Add)：浙江省慈溪市掌起镇工业园区工业路66号
邮编(P. C.)：315313
电话(Tel)：0574－63742606
传真(Fax)：0574－63740408
E-mail：qixingnb@163. com
Http://www. china－nonwoven. com
法人代表(Chairman)：谢道训
总经理(General Manager)：应纳迪
联系人(Contact Person)：聂惯伟
产品业务(Business)：非织造布，干法纸，导流层，复合吸水芯体

浙江东阳市三星实业有限公司
Zhejiang Dongyang Sanxing Industry Co., Ltd.
地址(Add)：浙江省东阳市六石街道黄雾西路47号
邮编(P. C.)：322104
电话(Tel)：0579－86770367
传真(Fax)：0579－86775067
E-mail：dycsh@public. dy. jhptt. zj. cn
Http://www. sanxingshiye. com
总经理(General Manager)：张瑞明
联系人(Contact Person)：贾旭东
产品业务(Business)：热风、热轧非织造布

杭州易东纸制品有限公司
Hangzhou Yidong Paper Products Co., Ltd.
地址(Add)：浙江省富阳市春江街道民主村
邮编(P. C.)：311421
电话(Tel)：0571－23237318
传真(Fax)：0571－23237366
E-mail：hzyd2010@126. com
联系人(Contact Person)：刘金明
产品业务(Business)：亲水布、拒水布、流延膜、卫生纸

杭州金百合非织造布有限公司
Hangzhou Golden Lily Nonwoven Cloth Co., Ltd.
地址(Add)：浙江省富阳市新登镇过河滩
邮编(P. C.)：311404
电话(Tel)：0571－23226086
传真(Fax)：0571－63259876
Http://www. hzgoldenlily. com
总经理(General Manager)：孙武平
联系人(Contact Person)：孙武平
产品业务(Business)：热轧非织造布

海宁市贵都门纺织有限公司
Haining Guidumen Textile Co., Ltd.
地址(Add)：浙江省海宁市经编园区经编16路1号
邮编(P. C.)：314400
电话(Tel)：0573－87807700
传真(Fax)：0573－87807709
E-mail：guidumen@126. com
Http://www. guidumen. com

总经理(General Manager)：都平江
联系人(Contact Person)：都平江
产品业务(Business)：非织造布

海宁市美迪康非织造新材料有限公司
Haining Medico Non－woven New Material Co., Ltd.
地址(Add)：浙江省海宁市斜桥工业区镇中路8号
邮编(P. C.)：314400
电话(Tel)：0573－87717799
传真(Fax)：0573－87718111
E-mail：janson@chinamedico.com.cn
Http://www.chinamedico.com.cn
联系人(Contact Person)：乔韦民
产品业务(Business)：复合功能性非织造布

德沃尔无纺布(杭州)有限公司
TWE Nonwoven (Hangzhou) Co., Ltd.
地址(Add)：浙江省杭州市经济技术开发区20号大街552号
邮编(P. C.)：310018
电话(Tel)：0571－86878136
传真(Fax)：0571－86878029
E-mail：enquiries@twe－nonwoven.com
Http://www.twe－nonwoven.com
总经理(General Manager)：沃夫冈－雷迪格
联系人(Contact Person)：汤知源
产品业务(Business)：非织造布

浙江华银非织造布有限公司
Zhejiang Huayin Nonwoven Co., Ltd.
地址(Add)：浙江省杭州市经济技术开发区3号大街18号
邮编(P. C.)：310018
电话(Tel)：0571－86838158
传真(Fax)：0571－86911945
E-mail：zjzgq@163.com
Http://www.huayin－nonwovens.com
总经理(General Manager)：吴柏明
联系人(Contact Person)：章国强
产品业务(Business)：纺粘非织造布

杭州中迅实业有限公司
Hangzhou Zhongxun Industry Co., Ltd.
地址(Add)：浙江省杭州市临安经济开发区中五路5号
邮编(P. C.)：311305
电话(Tel)：0571－63819278
传真(Fax)：0571－63819069
E-mail：1637093847@qq.com
Http://www.hzzxsy.com
法人代表(Chairman)：郭文平
总经理(General Manager)：蔡晓安
产品业务(Business)：非织造布

杭州宝德非织造布有限公司
Power Tex Nonwovens Co., Ltd.
地址(Add)：浙江省杭州市上城区衢江路2号郡亭公寓1幢1201室
邮编(P. C.)：310016
电话(Tel)：0571－87244248
传真(Fax)：0571－87244255
E-mail：powertex@mail.hz.zj.cn
法人代表(Chairman)：虞夫潮
联系人(Contact Person)：黄晓波
产品业务(Business)：针刺/水刺非织造布

杭州萧山航民非织造布有限公司
Hangzhou Xiaoshan Hangmin Nonwovens Co., Ltd.
(详见非织造布－水刺)

杭州萧山凤凰纺织有限公司
Hangzhou Xiaoshan Phoenix Textile Co., Ltd.
地址(Add)：浙江省杭州市萧山区衙前镇衙前路168号
邮编(P. C.)：311209
传真(Fax)：0571－82796328
E-mail：fhfz@fhfz.com
Http://www.phoenixtextile.com.cn
联系人(Contact Person)：郑水耀
产品业务(Business)：非织造布

杭州金富非织造布有限公司
Hangzhou Jinfu Nonwovens Co., Ltd.
地址(Add)：浙江省杭州市余杭区仁和镇大运河工业园区
邮编(P. C.)：311107
电话(Tel)：0571－26265287
传真(Fax)：0571－26265289
E-mail：web@jfwf.com
Http://www.jfwf.com
总经理(General Manager)：顾越明
联系人(Contact Person)：周建伟
产品业务(Business)：PP纺粘/SMS复合非织造布

杭州新福华无纺布有限公司
Hangzhou New Fuhua Nonwovens Co., Ltd.
(详见非织造布－水刺)

湖州吉豪非织造布有限公司
Huzhou Jihao Nonwovens Fabric Co., Ltd.
地址(Add)：浙江省湖州市长兴县和平镇回车岭村工业集中区
邮编(P. C.)：313103
电话(Tel)：0572－6589906
传真(Fax)：0572－6589900
E-mail：jihe@jihepackage.com
Http://www.jihepackage.com
法人代表(Chairman)：周梅永
总经理(General Manager)：周梅永
联系人(Contact Person)：王丽
产品业务(Business)：非织造布

浙江嘉鸿非织造布有限公司
Zhejiang Jiahong Nonwovens Co., Ltd.
地址(Add)：浙江省嘉善市姚庄镇工业园区万泰路86号
邮编(P. C.)：314117
电话(Tel)：0573－84773268
传真(Fax)：0573－84773266
E-mail：jsjh6666@163.com
总经理(General Manager)：倪炳耀
联系人(Contact Person)：倪烨
产品业务(Business)：纺粘非织造布

浙江华泰非织造布有限公司
Zhejiang Huatai Nonwovens Co., Ltd.
地址(Add): 浙江省嘉善县姚庄工业区万泰路118号
邮编(P. C.): 314100
电话(Tel): 0573-84773888
传真(Fax): 0573-84773668
E-mail: ppnonwoven@gmail.com
Http://www.htnonwoven.com
法人代表(Chairman): 林国华
总经理(General Manager): 林国华
联系人(Contact Person): 林国华
产品业务(Business): 纺粘非织造布

海宁新能纺织有限公司
Fibers & Non-wovens Limited
地址(Add): 浙江省嘉兴市海宁袁花镇新袁路53号
邮编(P. C.): 314416
电话(Tel): 0573-87872738
传真(Fax): 0573-87870990
E-mail: kevinfibers@msn.cn
Http://www.hxnfibers-cn.com
联系人(Contact Person): 张建勋
产品业务(Business): 聚乳酸纤维(玉米纤维), ES双组份纤维, 双组份尼龙纤维, 差别化涤纶纤维, 有色纤维, 异型纤维, 聚苯硫醚纤维

嘉兴市惠丰化纤厂
Jiaxing Huifeng Chemical Fiber Plant
地址(Add): 浙江省嘉兴市南湖区新丰工业园区
邮编(P. C.): 314005
电话(Tel): 0573-83128668
传真(Fax): 0573-83128686
联系人(Contact Person): 倪惠立
产品业务(Business): 复合短纤维

嘉兴市新丰特种纤维有限公司
Jiaxing Xinfeng Special Fiber Co., Ltd.
地址(Add): 浙江省嘉兴市南湖区新丰镇双龙路1718号
邮编(P. C.): 314005
电话(Tel): 0573-83022593
传真(Fax): 0573-83026688
法人代表(Chairman): 郑晓炜
总经理(General Manager): 杨燕方
联系人(Contact Person): 朱甫明
产品业务(Business): ES低熔点复合短纤维、超短纤维

浙江新维狮合纤股份有限公司
Zhejiang Sunwish Chemical Fiber Co., Ltd.
地址(Add): 浙江省嘉兴市南湖区新丰镇双龙路1718号
邮编(P. C.): 314005
电话(Tel): 0573-83022593
传真(Fax): 0573-83015688
E-mail: zxb286@hotmail.com
Http://www.sunwish.com.cn
法人代表(Chairman): 郑晓炜
总经理(General Manager): 杨燕芳
联系人(Contact Person): 郑晓冰
产品业务(Business): 复合短纤维, 超短纤维, 有色纤维

嘉兴市富星无纺布厂
Jiaxing Fuxing Nonwovens Plant
地址(Add): 浙江省嘉兴市南湖区新丰镇双龙路1839号
邮编(P. C.): 314005
电话(Tel): 0573-83022304
传真(Fax): 0573-83021955
法人代表(Chairman): 蔡炳星
联系人(Contact Person): 蔡炳星
产品业务(Business): 热风非织造布

嘉兴市申新无纺布厂
Jiaxing Shenxin Non-woven Fabric Factory
地址(Add): 浙江省嘉兴市南湖区新丰镇万丰路西口
邮编(P. C.): 314005
电话(Tel): 0573-83022353
传真(Fax): 0573-83022857
E-mail: sxsf@zj165.com
Http://www.zjjxcjf.cn
法人代表(Chairman): 曹志祥
总经理(General Manager): 曹华峰
联系人(Contact Person): 曹华峰
产品业务(Business): 热风/热轧/拒水/增白超柔软非织造布, 干法纸

嘉兴市中超无纺布有限公司
Jiaxing Zhongchao Nonwovens Co., Ltd.
地址(Add): 浙江省嘉兴市新丰镇新丰工业园区(永丰路口)
邮编(P. C.): 314005
电话(Tel): 0573-83128899
传真(Fax): 0573-83128855
E-mail: zhongchao@cnwfb.cn
Http://www.cnwfb.cn
法人代表(Chairman): 沈明荣
联系人(Contact Person): 沈建军
产品业务(Business): 热风非织造布

浙江汉高新材料科技有限公司
Zhejiang Hangao New Material Technology Co., Ltd.
(详见流延膜及塑料母粒)

浙江三象新材料科技有限公司
Zhejiang Sanxiang New Material Technology Co., Ltd.
地址(Add): 浙江省兰溪市经济开发区双灯路8号
邮编(P. C.): 321100
电话(Tel): 0579-89013218
传真(Fax): 0579-89013218
E-mail: dongjie03@qq.com
Http://www.zhjsx.com
联系人(Contact Person): 董建国
产品业务(Business): 纺粘非织造布

宁波天诚化纤有限公司
Tiancheng Fiber Co., Ltd.
地址(Add): 浙江省宁波市慈溪宗汉金轮开发区
邮编(P. C.): 315301
电话(Tel): 0574-63218800
传真(Fax): 0574-63219008
Http://www.tianchengfiber.com
总经理(General Manager): 陆铁辉
联系人(Contact Person): 方孝宝

产品业务(Business)：PE/PP，PE/PET 复合低熔点纤维，超短粘合纤维

宁波艾凯逊包装有限公司
Ningbo Action Packing Co., Ltd.
地址(Add)：浙江省宁波市鄞州区天童南路568号恒元商务大厦702室
邮编(P. C.)：315192
电话(Tel)：0574-55226955
传真(Fax)：0574-55226969
E-mail：admin@gxshoppingbag.com
Http://www.gxshoppingbag.com
产品业务(Business)：非织造布

南六企业(平湖)有限公司
Nan Liu Enterprise (Pinghu) Co., Ltd.
地址(Add)：浙江省平湖市经济开发区新凯路2188号
邮编(P. C.)：314200
电话(Tel)：0573-85136616-6627
传真(Fax)：0573-85221666
E-mail：tangguoliang@nanliugroup.com
Http://www.nanliugroup.com.cn
联系人(Contact Person)：唐国良
产品业务(Business)：热轧/热风/水刺非织造布

温州宏欣塑料包装有限公司
Wenzhou Hongxin Plastic Packing Co., Ltd.
地址(Add)：浙江省瑞安市桐浦高河工业区
邮编(P. C.)：325215
电话(Tel)：0577-65438189
传真(Fax)：0577-65967569
E-mail：wen8701@sina.com
法人代表(Chairman)：高洪来
产品业务(Business)：PP/SS/SMS/熔喷非织造布

瑞安市无纺布经销处
Ruian Nonwovens Sales Agency
地址(Add)：浙江省瑞安市莘塍镇华表塑料市场内
邮编(P. C.)：325206
电话(Tel)：13906873590
联系人(Contact Person)：张海兵
产品业务(Business)：非织造布

绍兴市耀龙纺粘科技有限公司
Yaolong Spunbonded Nonwoven Technology Co., Ltd.
地址(Add)：浙江省绍兴市马山镇启胜路与海南路交叉口
邮编(P. C.)：312085
电话(Tel)：0575-88919193
传真(Fax)：0575-88919588
E-mail：jihong2000101@sina.com
Http://www.yaolongtex.cn
法人代表(Chairman)：方启绵
总经理(General Manager)：方启绵
联系人(Contact Person)：季洪
产品业务(Business)：双组分纺粘非织造布

绍兴叶鹰纺化有限公司
Shaoxing Yeying Textile & Chemical Co., Ltd.
地址(Add)：浙江省绍兴市袍江工业区教育路66-9号
邮编(P. C.)：312000
电话(Tel)：0575-88138510
传真(Fax)：0575-88138511
Http://www.yey60.com
联系人(Contact Person)：周宇
产品业务(Business)：熔喷非织造布

浙江佳宝新纤维集团有限公司
Zhejiang Jiabao New Fiber Group Co., Ltd.
地址(Add)：浙江省绍兴市袍江工业园区马海园区
邮编(P. C.)：312071
电话(Tel)：0575-88030358
传真(Fax)：0575-88030856
E-mail：swe6712@163.com
Http://www.0575jb.com
法人代表(Chairman)：孙国君
总经理(General Manager)：孙国君
联系人(Contact Person)：孙文儿
产品业务(Business)：纤维

浙江耐特过滤技术有限公司
Zhejiang Naite Filtration Technology Co., Ltd.
地址(Add)：浙江省绍兴市袍江开发区越英路
邮编(P. C.)：312085
电话(Tel)：0575-88172688
传真(Fax)：0575-88132610
E-mail：zjnaite@163.com
Http://www.zjnaite.net
法人代表(Chairman)：陈建禹
总经理(General Manager)：陈和富
联系人(Contact Person)：孙菊香
产品业务(Business)：纺粘/热轧非织造布

绍兴泽楷卫生用品有限公司
Shaoxing Zekai Sanitary Products Co., Ltd.
(详见流延膜及塑料母粒)

绍兴市天燊科技材料有限公司
Shaoxing Tianshen Technology Material Co., Ltd.
(详见流延膜及塑料母粒)

绍兴鸿胜卫生材料有限公司
Shaoxing Hongsheng Sanitary Material Co., Ltd.
(详见流延膜及塑料母粒)

绍兴县天合无纺材料科技有限公司
Shaoxing Tianhe Nonwoven Material Technology Co., Ltd.
地址(Add)：浙江省绍兴县袍江工业区马山镇越秀路
邮编(P. C.)：312000
电话(Tel)：0575-88179185
传真(Fax)：0575-88179189
联系人(Contact Person)：钱建滨
产品业务(Business)：非织造布

浙江乐芙技术纺织品有限公司
Zhejiang Lovely Technology Textile Co., Ltd.
地址(Add)：浙江省嵊州市剡兴路28号
邮编(P. C.)：312400
电话(Tel)：0575-83042212
传真(Fax)：0575-83049343
E-mail：vina@cnlovely.com
Http://www.cnlovely.com

联系人(Contact Person)：徐兰
产品业务(Business)：针刺/水刺非织造布

温州市诚亿化纤有限公司
Wenzhou Chengyi Chemical Fiber Co., Ltd.
地址(Add)：浙江省温州市苍南县云岩乡鲸头村鲸山路8－1号
邮编(P.C.)：325803
电话(Tel)：0577－64307999
传真(Fax)：0577－64305777
E-mail：cynonwoven@foxmail.com
Http://www.cynonwoven.com
法人代表(Chairman)：汪家辉
总经理(General Manager)：汪家辉
联系人(Contact Person)：汪家辉
产品业务(Business)：熔喷、纺粘非织造布

温州瀛洲无纺布有限公司
Wenzhou Yingzhou Nonwoven Fabric Co., Ltd.
地址(Add)：浙江省温州市经济技术开发区滨海园区B401号小区
邮编(P.C.)：325600
电话(Tel)：0577－86651555
传真(Fax)：0577－86802525
总经理(General Manager)：孙通
产品业务(Business)：非织造布

温州昌隆纺织科技有限公司
Wenzhou Changlong Textile Technology Co., Ltd.
地址(Add)：浙江省温州市瓯海经济开发区凤南路10号
邮编(P.C.)：325014
电话(Tel)：0577－86763780
传真(Fax)：0577－86764899
E-mail：peng@clnowoven.com
Http://www.clnonwoven.com
联系人(Contact Person)：彭兆柱
产品业务(Business)：非织造布

温州市瓯海合利塑纸厂
Wenzhou Heli Plastic & Paper Factory
(详见打孔膜及打孔非织造布)

温州协德昌无纺布有限公司
Wenzhou Xiedechang Nonwoven Co., Ltd.
地址(Add)：浙江省温州市平阳县鳌江棣头机电工业区
邮编(P.C.)：325400
电话(Tel)：0577－23800315
传真(Fax)：0577－23800333
E-mail：helen010225@vip.sina.com
Http://www.xiedechangnonwoven.com
联系人(Contact Person)：林微微
产品业务(Business)：非织造布

温州恒基包装有限公司
Wenzhou Hengji Packing Co., Ltd.
地址(Add)：浙江省温州市平阳县肖江镇直浃河村
邮编(P.C.)：325000
电话(Tel)：0577－63076355
传真(Fax)：0577－63075221
联系人(Contact Person)：毛海勇
产品业务(Business)：非织造布

温州海柔进出口有限公司
Wenzhou Hairou I/E Co., Ltd.
地址(Add)：浙江省温州市温金公路42号行政大楼6楼
邮编(P.C.)：325005
电话(Tel)：0577－88777565
传真(Fax)：0577－88755501
E-mail：wzmchairou@yahoo.cn
Http://www.wzmcjt.en.alibaba.com
联系人(Contact Person)：叶万群
产品业务(Business)：出口非织造布，塑胶

义乌市经纬无纺布有限公司
Yiwu Jingwei Nonwoven Co., Ltd.
地址(Add)：浙江省义乌市义亭工业区振兴路5号
邮编(P.C.)：322000
电话(Tel)：0579－85818500
传真(Fax)：0579－85817500
联系人(Contact Person)：陈小良
产品业务(Business)：非织造布

合肥市华润非织造布制品有限公司
Hefei Huarun Nonwoven Products Co., Ltd.
地址(Add)：安徽省合肥市包河工业区纬三路3号科达学校院内4楼
邮编(P.C.)：230051
电话(Tel)：0551－63367820
传真(Fax)：0551－63367860
E-mail：ahhuarun@163.com
Http://ahhuarun.cn.1688.com
法人代表(Chairman)：程本华
总经理(General Manager)：程本华
产品业务(Business)：非织造布

合肥精诚无纺布科技有限公司
Hefei Jingcheng Nonwoven Products Co., Ltd.
地址(Add)：安徽省合肥市肥东县东部新城经三路
邮编(P.C.)：231131
电话(Tel)：0551－62516828
传真(Fax)：0551－62516826
E-mail：lzw@jcfzzb.com
Http://www.jcfzzb.com
总经理(General Manager)：刘正文
联系人(Contact Person)：刘均
产品业务(Business)：纺粘非织造布包装材料

合肥双成非织造布有限公司
Hefei Shuangcheng Nonwovens Co., Ltd.
(详见非织造布－水刺)

合肥永恒包装材料有限公司
Hefei Yongheng Package Material Co., Ltd.
(详见包装及印刷)

福建天汇无纺布有限公司
Fujian Tianhui Nonwovens Co., Ltd.
地址(Add)：福建省福州市鼓楼区五一北路129号榕城商贸中心22层02室
邮编(P.C.)：350000
电话(Tel)：0591－88315555
传真(Fax)：0591－88230965
E-mail：491660349@qq.com

联系人(Contact Person)：熊有章
产品业务(Business)：非织造布及制品

晋江市恒安卫生材料有限公司
Jinjiang Hengan Hygiene Material Co., Ltd.
地址(Add)：福建省晋江市安海恒安工业城
邮编(P. C.)：362261
电话(Tel)：0595 - 85708888
传真(Fax)：0595 - 85708666
联系人(Contact Person)：姚建军
产品业务(Business)：非织造布，打孔膜，流延膜

福建省百龙卫生材料有限公司
Fujian Bailong Sanitary Material Co., Ltd.
地址(Add)：福建省晋江市安海镇菌柄工业区
邮编(P. C.)：362200
电话(Tel)：0595 - 85701789
传真(Fax)：0595 - 85700789
E-mail：fjbailong@163. com
总经理(General Manager)：黄子良
产品业务(Business)：热风/热轧/亲水/拒水非织造布

威利达(福建)轻纺发展有限公司
Welldone (Fujian) Textile Development Co., Ltd.
地址(Add)：福建省晋江市陈埭镇洋埭威利达工业区
邮编(P. C.)：362200
电话(Tel)：0595 - 85080226
传真(Fax)：0595 - 85089188
E-mail：leolam123@sina. com
Http://www. fjlzbu. cn. alibaba. com
联系人(Contact Person)：林建河
产品业务(Business)：SS，SMS，SMMS 非织造布

泉州市共赢进出口有限责任公司
Quanzhou Goooing Corporation
(详见流延膜及塑料母粒)

泉州市鸿华化纤制品有限公司
Quanzhou Honghua Chemical Fibre Products Co., Ltd.
地址(Add)：福建省晋江市龙湖新街开发区鸿华工业园
邮编(P. C.)：362241
电话(Tel)：0595 - 85232276
传真(Fax)：0595 - 85232276
法人代表(Chairman)：庄雅哲
总经理(General Manager)：庄雅哲
产品业务(Business)：非织造布

福建鑫华股份有限公司
Fujian Xinhua Share Co., Ltd.
地址(Add)：福建省晋江市龙湖粘厝埔鑫华工业园
邮编(P. C.)：362241
电话(Tel)：0595 - 85252788
传真(Fax)：0595 - 85220207
E-mail：xhyf@costin99. com
Http://www. costin99. com
联系人(Contact Person)：刘建政
产品业务(Business)：非织造布，纤维

福建日兴进出口贸易有限公司
Fujian Rixing Import & Export Trade Co., Ltd.
(详见生活用纸经销商)

晋江市百丝达无纺布有限公司
Jinjiang Baisida Nonwoven Fabric Co., Ltd.
地址(Add)：福建省晋江市五里高科技工业园灵石路
邮编(P. C.)：362216
电话(Tel)：0595 - 88189598
传真(Fax)：0595 - 88199598
E-mail：baisidayang@hotmail. com
Http://www. baisida. com
总经理(General Manager)：杨胜利
产品业务(Business)：PP/SMS 拒水/亲水非织造布，水刺非织造布

晋江市兴泰无纺制品有限公司
Jinjiang Xingtai Non - woven Products Co., Ltd.
地址(Add)：福建省晋江市五里工业园区
邮编(P. C.)：362263
电话(Tel)：0595 - 85736985
传真(Fax)：0595 - 85736996
E-mail：xingtai@jjxingtai. com
Http://www. jjxingtai. com
法人代表(Chairman)：王火烟
总经理(General Manager)：王恭沛
联系人(Contact Person)：王宽评
产品业务(Business)：纺粘/水刺非织造布

晋江育灯纺织有限公司
Jinjiang Yudeng Textile Co., Ltd.
地址(Add)：福建省晋江市五里工业园区
邮编(P. C.)：362200
电话(Tel)：0595 - 88185379
传真(Fax)：0595 - 88180777
E-mail：yudeng@yudeng. com
Http://www. yudeng. com
联系人(Contact Person)：杨哲招
产品业务(Business)：非织造布，流延膜

盛华(中国)发展有限公司
Shenghua China Developing Co., Ltd.
地址(Add)：福建省晋江市五里科技工业园区
邮编(P. C.)：362200
电话(Tel)：0595 - 88167992
传真(Fax)：0595 - 85665706
E-mail：929321350@qq. com
Http://www. ikissbaby. com
法人代表(Chairman)：吴美玲
总经理(General Manager)：庄鸿育
联系人(Contact Person)：庄艳萍
产品业务(Business)：ES 亲水热扎非织造布，热风非织造布

福建省南安市恒丰纸品有限公司
Fujian Nanan Hengfeng Paper Co., Ltd.
地址(Add)：福建省南安市省新工业区
邮编(P. C.)：362300
电话(Tel)：0595 - 86235866
传真(Fax)：0595 - 86233699
E-mail：hongshuqiao1973@163. com
法人代表(Chairman)：吴家能
总经理(General Manager)：吴家能
联系人(Contact Person)：洪书巧
产品业务(Business)：SMS 拒水非织造布，SS 纺粘非织造布

泉州慧利新材料科技有限公司
Quanzhou Huili New Material Technology Co., Ltd.
（详见打孔膜及打孔非织造布）

泉州金博信无纺布科技发展有限公司
Quanzhou Kingbosin Nonwoven Fabric Technology Co., Ltd.
地址(Add)：福建省泉州市惠安黄塘台商开发区2号路
邮编(P. C.)：362000
电话(Tel)：0595－87287198
传真(Fax)：0595－87287298
E-mail：qzjinboxin@163.com
Http://www.kingbosin.com
联系人(Contact Person)：高川
产品业务(Business)：非织造布，衬纸

泉州东联进出口有限公司
Quanzhou Donglian Import and Export Co., Ltd.
地址(Add)：福建省泉州市丰泽区东海东滨工业区
邮编(P. C.)：362000
电话(Tel)：0595－22915797
传真(Fax)：0595－22915797
E-mail：hongyong@sh163.net
Http://www.donglian.cc
联系人(Contact Person)：李芳艳
产品业务(Business)：非织造布，纤维，弹性材料，高吸收性树脂，纸尿裤(OEM)

泉州华利塑胶有限公司
Quanzhou Huali Plastic Co., Ltd.
地址(Add)：福建省泉州市经济技术开发区(清濛园区)智泰路128号
邮编(P. C.)：362005
电话(Tel)：0595－22490238
传真(Fax)：0595－22490228
E-mail：info@hualinonwoven.com
Http://www.hualinonwoven.com
法人代表(Chairman)：张建华
总经理(General Manager)：张传家
联系人(Contact Person)：刘惠义
产品业务(Business)：纺粘非织造布

泉州通港贸易有限公司
Quanzhou Tonggang Trading Co., Ltd.
（详见绒毛浆）

泉州怡鑫新材料科技有限公司
Quanzhou Yixin New Material Technology Co., Ltd.
（详见流延膜及塑料母粒）

泉州东华化纤织造有限公司
Quanzhou Donghua Chemical Fibre Weaving Co., Ltd.
地址(Add)：福建省泉州市清濛科技工业区2－12E
邮编(P. C.)：362005
电话(Tel)：0595－22487811
传真(Fax)：0595－22487810
E-mail：dongyuan@public.qz.fj.cn
法人代表(Chairman)：丁其雄
总经理(General Manager)：丁其雄
联系人(Contact Person)：林朝聘
产品业务(Business)：非织造布

三明市康尔佳卫生用品有限公司
Sanming Kangerjia Sanitary Products Co., Ltd.
地址(Add)：福建省三明市高新技术产业开发区金沙园六三路
邮编(P. C.)：365000
电话(Tel)：0598－5057798
传真(Fax)：0598－5057796
E-mail：web@sx6h.com
Http://www.kangerjia.com
联系人(Contact Person)：郑景缤
产品业务(Business)：热风/热轧非织造布

厦门鼎诚进出口有限公司
Xiamen Dingcheng Import & Export Co., Ltd.
地址(Add)：福建省厦门市禾祥东路108号鸿运大厦2707室
邮编(P. C.)：361004
电话(Tel)：0592－5868302
传真(Fax)：0592－5855329
E-mail：shzh@xmdingcheng.com
联系人(Contact Person)：张宇海
产品业务(Business)：经销纺粘非织造布

英威达公司
Invista
地址(Add)：福建省厦门市湖滨北路201号宏业大厦501室
邮编(P. C.)：361012
电话(Tel)：0592－5049215
传真(Fax)：0592－5055673
E-mail：13606928020@163.com
Http://www.hyfit.invista.com
联系人(Contact Person)：柯秀婷
产品业务(Business)：聚合纤维

厦门双键贸易有限公司
Xiamen Shuangjian Trade Co., Ltd.
地址(Add)：福建省厦门市湖里区兴湖路41号B404
邮编(P. C.)：361011
电话(Tel)：0592－2207683
传真(Fax)：0592－2207683
联系人(Contact Person)：邓华平
产品业务(Business)：聚乙烯，共聚丙烯，均聚丙烯

厦门市纳丝达无纺布有限公司
Xiamen Nasda Nonwoven Co., Ltd.
地址(Add)：福建省厦门市集美区灌口镇涌泉工业园11号
邮编(P. C.)：361000
电话(Tel)：0592－6369698
传真(Fax)：0592－6369693
E-mail：nasda@nasda.cn
Http://www.nasda.cn
联系人(Contact Person)：吴淑清
产品业务(Business)：纺粘非织造布及制品

福建冠泓实业有限公司
Fujian Guanhong Industry Co., Ltd.
地址(Add)：福建省厦门市思明区湖滨北路72号中闽大厦601室
邮编(P. C.)：361012

电话(Tel): 0592-5352238
传真(Fax): 0592-5352239
E-mail: dmchen_c@tom.com
Http://www.fjguanhong.com
法人代表(Chairman): 黄冠儒
总经理(General Manager): 陈德铭
联系人(Contact Person): 陈德铭
产品业务(Business): 纺粘/纺粘熔喷复合/热风非织造布，热风导流层

厦门和洁无纺布制品有限公司
Xiamen Hejie Non-woven Products Co., Ltd.
地址(Add): 福建省厦门市同安工业集中区思明园159-160号
邮编(P.C.): 361100
电话(Tel): 0592-5223286
传真(Fax): 0592-5229833
E-mail: liamchen@yanjan.com
Http://www.yanjan.com
联系人(Contact Person): 陈炼
产品业务(Business): 拒水/复合/亲水非织造布

厦门燕达斯工贸有限公司
Xiamen Yandasi Trade Co., Ltd.
(详见流延膜及塑料母粒)

厦门恒大工业有限公司
Xiamen Universal Incorporation
地址(Add): 福建省厦门市同安区城东工业区环城东路261-271
邮编(P.C.): 361100
电话(Tel): 0592-7028336
传真(Fax): 0592-7028184
E-mail: nora-ling47@xmuk.com.tw
Http://www.uk.com.tw
法人代表(Chairman): 黄美慧
总经理(General Manager): 黄美慧
联系人(Contact Person): 苏丽玲
产品业务(Business): SMMS复合非织造布，SS拒水非织造布，SS亲水非织造布，SS超柔软非织造布，SS纺粘非织造布

厦门创业人环保科技有限公司
Xiamen CYR Green-Tech. Co., Ltd.
地址(Add): 福建省厦门市同安区福明路200号
邮编(P.C.): 361100
电话(Tel): 0592-7111001
传真(Fax): 0592-5950902
E-mail: gxp@cyrjl.cn
Http://www.cyr-nonwovenbag.cn
联系人(Contact Person): 桂小平
产品业务(Business): 非织造布

山东荣泰新材料科技有限公司
Shandong Rongtai New Material Technology Co., Ltd.
地址(Add): 山东省东营市广饶经济开发区广兴路10号
邮编(P.C.): 257300
电话(Tel): 0546-6686888
传真(Fax): 0546-6458677
E-mail: qingyuanmdx@163.com
Http://www.rongtai-group.com
总经理(General Manager): 孙文强
联系人(Contact Person): 马德勋
产品业务(Business): SS/SMS非织造布，SS亲水非织造布

山东海威卫生新材料有限公司
Shandong Haiwei Hygiene New Material Co., Ltd.
地址(Add): 山东省东营市广饶县经济开发区8号路
邮编(P.C.): 257300
电话(Tel): 0546-6927578
传真(Fax): 0546-6928858
E-mail: xiaojie168168@163.com
Http://www.sd-haiwei.com
法人代表(Chairman): 马立华
总经理(General Manager): 马立华
联系人(Contact Person): 孟连杰
产品业务(Business): 纺粘非织造布

东营市神州非织造材料有限公司
Dongying Shenzhou Nonwovens Co., Ltd.
地址(Add): 山东省东营市经济开发区东七路25号
邮编(P.C.): 257091
电话(Tel): 0546-7767627
传真(Fax): 0546-7768628
E-mail: sungangjian@163.com
Http://www.dyszwf.com
法人代表(Chairman): 顾荣峰
总经理(General Manager): 孙刚健
联系人(Contact Person): 徐仪银
产品业务(Business): 非织造布

山东俊富无纺布有限公司
Shandong Jofo Nonwovens Co., Ltd.
地址(Add): 山东省东营市南一路1278号
邮编(P.C.): 257091
电话(Tel): 0546-8301415
传真(Fax): 0546-8301258
E-mail: jofo-sd@jofo.com.cn
Http://www.jofo.com.cn
法人代表(Chairman): 黄文胜
总经理(General Manager): 黄文胜
联系人(Contact Person): 裴铭江
产品业务(Business): 非织造布

山东康洁非织造布有限公司
Shandong Kangjie Nonwovens Co., Ltd.
地址(Add): 山东省济南市工业南路26号
邮编(P.C.): 250101
电话(Tel): 0531-88800027
传真(Fax): 0531-88822704
E-mail: market@kj-nonwovens.com
Http://www.kj-nonwovens.com
法人代表(Chairman): 彭海粟
总经理(General Manager): 马敬华
联系人(Contact Person): 李亚磊
产品业务(Business): 纺粘、亲水、抗静电非织造布

山东临沂金洲工贸企业有限公司
Shandong Linyi Jinzhou Industry & Trade Enterprise Co., Ltd.
地址(Add): 山东省临沂市兰山区通达路34号

邮编(P. C.): 276002
电话(Tel): 0539 - 8290508
传真(Fax): 0539 - 8290508
E-mail: jinzhoujxs@ 163. com
法人代表(Chairman): 贾学森
总经理(General Manager): 贾学森
联系人(Contact Person): 张克森
产品业务(Business): 热轧非织造布, 流延膜

山东晶鑫无纺布制品有限公司
Shandong Jingxin Nonwoven Products Co., Ltd.
地址(Add): 山东省临沂市罗庄区罗八路 52 号
邮编(P. C.): 276017
电话(Tel): 0539 - 8488865
传真(Fax): 0539 - 8488855
E-mail: jingxin_ nonwoven@ 163. com
Http://www. sd - jingxin. com
联系人(Contact Person): 张志涛
产品业务(Business): 亲水/拒水/超柔非织造布

达利源卫生材料用品有限公司
Daliyuan Hygiene Material Products Co., Ltd.
(详见流延膜及塑料母粒)

青岛盛盈新纺织品有限公司
Qingdao L & A Orient Nonwoven Manufacture Co., Ltd.
地址(Add): 山东省青岛市福州南路 99 号鲁通大厦 203 室
邮编(P. C.): 266071
电话(Tel): 0532 - 88651597
传真(Fax): 0532 - 85714147
E-mail: kinnyzhou@ hotmail. com
Http://www. la - orientnonwoven. com
法人代表(Chairman): 周家昌
总经理(General Manager): 周家昌
联系人(Contact Person): 周家昌
产品业务(Business): 非织造布

青岛市凯美特化工科技有限公司
Qingdao Kaimeite Chemical Technology Co., Ltd.
地址(Add): 山东省青岛市开发区井冈山路 40 号华夏综合楼 2 - 501
邮编(P. C.): 266000
电话(Tel): 0532 - 86107971
联系人(Contact Person): 张敬
产品业务(Business): 非织造布

潍坊市海王新型防水材料有限公司
Weifang Haiwang New Waterproof Materials Co., Ltd.
地址(Add): 山东省寿光市台头镇工业园区
邮编(P. C.): 262735
电话(Tel): 0536 - 5513088
传真(Fax): 0536 - 5522555
总经理(General Manager): 郑纪海
产品业务(Business): 非织造布

潍坊金科卫生材料科技有限公司
Weifang King Ke Hygienic Material Technology Co., Ltd.
地址(Add): 山东省潍坊市昌乐经济开发区新昌路 88 号
邮编(P. C.): 262400
电话(Tel): 0536 - 6272369
传真(Fax): 0536 - 6233569
E-mail: shm668@ sohu. com
Http://www. kingke. cn
法人代表(Chairman): 朱启祯
总经理(General Manager): 徐玉强
联系人(Contact Person): 龚光煌
产品业务(Business): 非织造布

山东俊富非织造材料有限公司
Jofo (Weifang) Nonwovens Co., Ltd.
地址(Add): 山东省潍坊市高新区宝通街 6446 号
邮编(P. C.): 261205
电话(Tel): 0536 - 2225188
传真(Fax): 0536 - 2220292
E-mail: zhangzhenmei@ jofo. com. cn
Http://www. jofo. com. cn
法人代表(Chairman): 赵民忠
总经理(General Manager): 宁新
联系人(Contact Person): 张振梅
产品业务(Business): 拒水/亲水/功能性 SS、SMMS 非织造布

山东海龙康富特非织造材料有限公司
Shandong Helon Comfortable Nonwoven Co., Ltd.
地址(Add): 山东省潍坊市寒亭区央子镇新北海路以南
邮编(P. C.): 261108
电话(Tel): 0536 - 7576829
传真(Fax): 0536 - 7576286
E-mail: xiabosen959@ 163. com
法人代表(Chairman): 王兴华
联系人(Contact Person): 王东
产品业务(Business): 纺粘/水刺非织造布

潍坊天润无纺布贸易有限公司
Weifang Tianrun Nonwovens Trading Co., Ltd.
地址(Add): 山东省潍坊市潍城区芙蓉街 5 号
邮编(P. C.): 261000
电话(Tel): 0536 - 8383025
传真(Fax): 0536 - 8383025
联系人(Contact Person): 王保全
产品业务(Business): SMS 复合/熔喷/水刺非织造布, 非织造布填充料

淄博鑫峰纤维材料有限公司
Zibo Xinfeng Fiber Material Co., Ltd.
地址(Add): 山东省淄博市沂源经济开发区
邮编(P. C.): 256100
电话(Tel): 0533 - 3252886
传真(Fax): 0533 - 3232886
Http://www. yyxfbx. cn
法人代表(Chairman): 耿启峰
产品业务(Business): 纺粘非织造布

山东华业无纺布有限公司
Shandong Huaye Nonwoven Fabric Co., Ltd.
地址(Add): 山东省淄博市周村区凤阳路 210 号
邮编(P. C.): 255300
电话(Tel): 0533 - 6454758
传真(Fax): 0533 - 6450201
E-mail: huayelibol@ 163. com

Http://www.sd-huaye.com
总经理(General Manager)：李进
联系人(Contact Person)：李波
产品业务(Business)：SMS/熔喷/纺粘非织造布

山东金信无纺布有限公司
Shandong Jinxin Nonwoven Co., Ltd.
地址(Add)：山东省邹平二槐工业园
邮编(P. C.)：256219
电话(Tel)：0543-6431111
传真(Fax)：0543-4503777
E-mail：jinxinfzz@163.com
联系人(Contact Person)：王立新
产品业务(Business)：纺粘非织造布

长垣虎泰无纺布有限公司
Changyuan Hutai Nonwoven Co., Ltd.
(详见非织造布-水刺)

焦作市裕祥卫生材料有限公司
Jiaozuo Yuxiang Sanitary Material Co., Ltd.
地址(Add)：河南省焦作市委党校南
邮编(P. C.)：454000
电话(Tel)：13323914255
传真(Fax)：0391-3582326
E-mail：jzyxwc@163.com
联系人(Contact Person)：唐振川
产品业务(Business)：卫生巾用脱脂纱布

平顶山市恒润化纤有限公司
Pingdingshan Hengrun Chemical Fibre Co., Ltd.
地址(Add)：河南省平顶山市高新技术开发区开发路1号
邮编(P. C.)：467021
电话(Tel)：0375-3381117
传真(Fax)：0375-3381117
E-mail：lmaijun@126.com
总经理(General Manager)：刘麦军
联系人(Contact Person)：陈兰芳
产品业务(Business)：热轧非织造布

新乡市永利欣无纺制品厂
Xinxiang Yonglixin Nonwoven Products Factory
地址(Add)：河南省新乡市长垣南关工业区
邮编(P. C.)：453400
电话(Tel)：0373-8871088
传真(Fax)：0373-8871066
E-mail：316119@sina.com
总经理(General Manager)：侯永林
产品业务(Business)：非织造布

河南飘安集团
Henan Piaoan Group Co., Ltd.
(详见非织造布-水刺)

新乡市中原卫生材料厂有限责任公司
Xinxiang Zhongyuan Health Materials Co., Ltd.
地址(Add)：河南省新乡市长垣县东外环长满路中段纸厂对面
邮编(P. C.)：453400
电话(Tel)：0373-8875636
传真(Fax)：0373-8879756
E-mail：hutai001@126.com
总经理(General Manager)：王有虎
产品业务(Business)：水刺、熔喷、纺粘、复合非织造布，非织造布生产线，切带机

湖北金龙非织造布有限公司
Hubei Gold Dragon Non-woven Fabric Co., Ltd.
地址(Add)：湖北省荆门市高新技术产业开发区兴隆大道236号
邮编(P. C.)：448000
电话(Tel)：0724-2498990
传真(Fax)：0724-2498619
E-mail：weidong.wang@golddragon.avgol.com
总经理(General Manager)：张自强
联系人(Contact Person)：汪卫东
产品业务(Business)：SMS熔纺复合非织造布

湖北博韬合纤有限公司
Hubei Botao Synthetic Fiber Co., Ltd.
地址(Add)：湖北省荆门市高新区兴隆大道248号
邮编(P. C.)：448002
电话(Tel)：0724-2211070
传真(Fax)：0724-2210705
E-mail：xzdyf135@163.com
Http://www.btfiber.cn
总经理(General Manager)：张传武
联系人(Contact Person)：邓允峰
产品业务(Business)：热轧型，棉型，常规丙纶短纤维

武汉永强化纤有限公司
Wuhan Yongqiang Chemical Fiber Co., Ltd.
地址(Add)：湖北省武汉市汉南区汉南大道992号
邮编(P. C.)：430090
电话(Tel)：027-84757887
传真(Fax)：027-84758666
E-mail：yongqiang1668@163.com
总经理(General Manager)：冯宪安
产品业务(Business)：纺粘非织造布

湖北兴邦纺织有限公司
Hubei Xingbang Textile Co., Ltd.
地址(Add)：湖北省武汉市武昌区青石桥45号银聚园1栋1单元201号
邮编(P. C.)：430061
电话(Tel)：027-88921841
传真(Fax)：027-88921460
E-mail：hbxbfz@163.com
法人代表(Chairman)：毛光平
总经理(General Manager)：吴耀
联系人(Contact Person)：黄发明
产品业务(Business)：代理氨纶

武汉协卓卫生用品有限公司
Wuhan Xiezhuo Hygiene Products Co., Ltd.
地址(Add)：湖北省武汉市新洲区城北工业园
邮编(P. C.)：430400
电话(Tel)：027-50521036
传真(Fax)：027-50521035
E-mail：whxzxialei@163.com
联系人(Contact Person)：夏磊
产品业务(Business)：纺粘/热轧非织造布

武汉协卓联合贸易有限公司
Crown Name (WH) United Co., Ltd.
地址(Add): 湖北省武汉市沿江大道69号长航大厦18楼1805室
邮编(P. C.): 430021
电话(Tel): 027-82761385
传真(Fax): 027-82761339
Http://www.crownname.com
联系人(Contact Person): 宋向东
产品业务(Business): 吸收性非织造布, PE防护用品

仙桃瑞鑫防护用品有限公司
Xiantao Rayxin Medical Products Co., Ltd.
地址(Add): 湖北省仙桃市彭场大道中端258号
邮编(P. C.): 433018
电话(Tel): 0728-2617598
传真(Fax): 0728-2617777
E-mail: lichao@rayxin.com
Http://www.rayxin.com
法人代表(Chairman): 李启超
总经理(General Manager): 李启超
联系人(Contact Person): 李启超
产品业务(Business): 非织造布

仙桃市德兴塑料制品有限公司
Xiantao Dexing Plastic Products Co., Ltd.
(详见流延膜及塑料母粒)

恒天嘉华非织造有限公司
Hengtian Jiahua Nonwoven Co., Ltd.
地址(Add): 湖北省仙桃市彭场镇挖沟新村99号
邮编(P. C.): 433018
电话(Tel): 0728-3313508
传真(Fax): 0728-3313896
E-mail: xiechangping88@163.com
Http://www.htjh-nonwoven.com
联系人(Contact Person): 谢长平
产品业务(Business): 纺粘/纺熔复合非织造布

湖北三羊塑料制品有限责任公司
Hubei Sanyang Plastic Products Co., Ltd.
(详见流延膜及塑料母粒)

湖北省仙桃市佳泰工贸有限公司
Hubei Xiantao Jiatai Trade Co., Ltd.
地址(Add): 湖北省仙桃市新里仁口新华路特8号
邮编(P. C.): 433011
电话(Tel): 0728-2714199
传真(Fax): 0728-2712319
E-mail: lidongbing1213@163.com
Http://jiataigongmao.1688.com
法人代表(Chairman): 李冬冰
总经理(General Manager): 李冬冰
联系人(Contact Person): 向俊平
产品业务(Business): 非织造布, 弹性纤维

宜昌市欣龙熔纺新材料有限公司
Yichang Xinlong Melt-Spun New Material Co., Ltd.
地址(Add): 湖北省宜都市陆城杨守敬大道
邮编(P. C.): 443300
电话(Tel): 0717-4829218
传真(Fax): 0717-4828588
E-mail: yewei8433@163.com
Http://www.xinlong-yc.com
联系人(Contact Person): 叶巍
产品业务(Business): 纺粘非织造布

湖南博弘卫生材料有限公司
Hunan Bohong Health Materials Co., Ltd.
地址(Add): 湖南省长沙市朝晖路496号美联天骄城7栋2815
邮编(P. C.): 410000
电话(Tel): 0731-85132678
传真(Fax): 0731-85203678
Http://www.bohong.com
总经理(General Manager): 张茂善
产品业务(Business): 纺粘非织造布, 经销高吸收性树脂, 绒毛浆

湖南盛锦新材料有限公司
Hunan Shengjin New Material Co., Ltd.
地址(Add): 湖南省岳阳市经济开发区康王高科园
邮编(P. C.): 410000
电话(Tel): 0731-84825787
传真(Fax): 0731-84484156
E-mail: 13808419188@139.com
联系人(Contact Person): 田志军
产品业务(Business): PP聚丙烯

东莞市永源卫生材料科技有限公司
Dongguan Yongyuan Hygiene Material Co., Ltd.
(详见湿强纸和复合吸水纸)

东莞市威骏不织布有限公司
Dongguan Veijun Nonwoven Fabric Co., Ltd.
地址(Add): 广东省东莞市寮步镇华南工业园塘唇东区金富二路
邮编(P. C.): 523400
电话(Tel): 0769-83288840
传真(Fax): 0769-83288846
E-mail: sales@veijun.com
Http://www.veijun.com
法人代表(Chairman): 赖祥福
总经理(General Manager): 赖祥福
联系人(Contact Person): 蔡德玲
产品业务(Business): 纺粘/水刺/针刺非织造布, SMS非织造布

东莞市信远无纺布有限公司
Dongguan Xinyuan Nonwoven Co., Ltd.
地址(Add): 广东省东莞市寮步镇西溪大进工业园
邮编(P. C.): 523402
电话(Tel): 0769-38852290-829
传真(Fax): 0769-83268163
E-mail: xinyuan_nv020@163.com
Http://www.dg-xinyuan.com
联系人(Contact Person): 谢雄杰
产品业务(Business): 非织造布

佳德无纺布制品有限公司
Jiade Nonwovens Co., Ltd.
地址(Add): 广东省东莞市清溪镇广坭管理区江背路

邮编(P. C.)：523655
电话(Tel)：0769－87310818
传真(Fax)：0769－87310817
E-mail：aeropro@126. com
联系人(Contact Person)：卢建华
产品业务(Business)：非织造布

东莞市锦晨无纺布厂
Dongguan Jinchen Nonwoven Factory
地址(Add)：广东省东莞市沙田镇齐沙村田屯组轮渡路
邮编(P. C.)：523997
电话(Tel)：0769－82270666
传真(Fax)：0769－82270388
E-mail：jodielan@163. com
Http://www. jcnonwoven. com
联系人(Contact Person)：蓝传品
产品业务(Business)：非织造布

东莞市永源工贸无纺布制品有限公司
Yongyuan Sanitary Materials Co.
(详见离型纸、离型膜)

东莞市恒达布业有限公司
Dongguan Hendar Cloth Co., Ltd.
地址(Add)：广东省东莞市塘厦镇林村新亚洲工业城128栋
邮编(P. C.)：523711
电话(Tel)：0769－82001842
传真(Fax)：0769－82001843
E-mail：hendar@hendar. com. cn
Http://www. hendar. com. cn
联系人(Contact Person)：蒋文军
产品业务(Business)：非织造布

东莞市科环机械设备有限公司
Dongguan Kehuan Mechanical Equipment Co., Ltd.
(详见非织造布设备)

佛山市智邦复合材料有限公司
Foshan Zhibang Composite Materials Co., Ltd.
地址(Add)：广东省佛山市禅城区人民西路13号(工艺总厂)内6号楼2栋
邮编(P. C.)：528031
电话(Tel)：0757－63398181
传真(Fax)：0757－82322183
E-mail：83781438@163. com
联系人(Contact Person)：许伟雄
产品业务(Business)：非织造布，流延膜，透气膜

佛山市南海区常润无纺布加工厂
Foshan Changrun Nonwoven Plant
地址(Add)：广东省佛山市南海区大沥河西管理区水藤村
邮编(P. C.)：528200
电话(Tel)：0757－81101370
传真(Fax)：0757－81101370
联系人(Contact Person)：罗有良
产品业务(Business)：热风、热轧、纺粘打孔非织造布

佛山市厚海复合材料有限公司
Foshan Houhai Combination Materials Co., Ltd.
地址(Add)：广东省佛山市南海区大沥谢边第一工业区8号第4号楼第2号
邮编(P. C.)：528231
电话(Tel)：0757－85534601
传真(Fax)：0757－85504577
总经理(General Manager)：赖瑞兵
联系人(Contact Person)：赖瑞兵
产品业务(Business)：非织造布，透气膜

佛山市昌伟非织造材料有限公司
Foshan Changwei Nonwoven Co., Ltd.
地址(Add)：广东省佛山市南海区大沥镇钟边工业区(广佛公路旁)
邮编(P. C.)：528231
电话(Tel)：0757－85550966
传真(Fax)：0757－85562329
法人代表(Chairman)：钟泰
联系人(Contact Person)：刘妙
产品业务(Business)：热轧、热风非织造布

南海南新无纺布有限公司
Nanhai Nanxin Nonwoven Co., Ltd.
地址(Add)：广东省佛山市南海区桂城海八路体育公园侧
邮编(P. C.)：528200
电话(Tel)：0757－86265151
传真(Fax)：0757－86265180
E-mail：tsangd@pginw. com
Http://www. pginanxin. com
法人代表(Chairman)：Jerry Zucker
联系人(Contact Person)：陈康振
产品业务(Business)：纺粘非织造布

佛山市拓盈无纺布有限公司
Foshan Tuoying Nonwoven Co., Ltd.
地址(Add)：广东省佛山市南海区佳城街道夏东三洲股份经济社荷包湾工业区
邮编(P. C.)：528251
电话(Tel)：0757－81811002
传真(Fax)：0757－81811038
E-mail：tuoyingwf88@21cn. com
联系人(Contact Person)：杜小龙
产品业务(Business)：SMS非织造布，熔喷非织造布，SS非织造布

佛山市裕丰无纺布有限公司
Foshan Yufeng Non－woven Fabrics Co., Ltd.
地址(Add)：广东省佛山市南海区九江龙高路樵柏路口
邮编(P. C.)：528203
电话(Tel)：0757－81021222
传真(Fax)：0757－81021229
E-mail：yufeng0066@163. com
Http://www. yfnonwoven. cn
联系人(Contact Person)：黄坚强
产品业务(Business)：非织造布

佛山市南海必得福无纺布有限公司
Foshan Nanhai Beautiful Nonwoven Co., Ltd.
地址(Add)：广东省佛山市南海区九江镇沙头石江工业区
邮编(P. C.)：528208
电话(Tel)：0757－86910199
传真(Fax)：0757－86916230
E-mail：deng@chinawoven. com

Http://www.wonderfulnonwoven.com
法人代表(Chairman)：黄业滔
总经理(General Manager)：邓伟添
联系人(Contact Person)：邓伟添
产品业务(Business)：拒水/亲水/超柔软非织造布，打孔非织造布，弹性非织造布，魔术前贴非织造布

佛山市花皇无纺布有限公司
Foshan Huahuang Nonwoven Fabric Co., Ltd.
地址(Add)：广东省佛山市南海区罗村联和工业园塱新大道东区七路9号
邮编(P.C.)：528226
电话(Tel)：0757-81261816
传真(Fax)：0757-81261836
Http://www.fsmeishi.com
联系人(Contact Person)：刘玉强
产品业务(Business)：热轧非织造布

佛山市瑞信无纺布有限公司
Foshan Rayson Nonwoven Co., Ltd.
地址(Add)：广东省佛山市南海区狮山镇官窑小榄红星村瑞信工业园
邮编(P.C.)：528237
电话(Tel)：0757-85896199
传真(Fax)：0757-81192378
E-mail：deng@mattresscomponents.com.cn
Http://www.raysonchina.com
法人代表(Chairman)：黄协华
总经理(General Manager)：黄协华
联系人(Contact Person)：陈惠平
产品业务(Business)：纺粘非织造布

佛山市格菲林不织布有限公司
Foshan Good-feeling Nonwowen Co., Ltd.
(详见衬纸和复合吸水纸)

佛山市天骅科技有限公司
Foshan Tianhua Technology Co., Ltd.
地址(Add)：广东省佛山市南海区狮山镇塘头科技园B栋首层
邮编(P.C.)：528225
电话(Tel)：0757-66824886
传真(Fax)：0757-66824887
E-mail：kaihua8888@yahoo.com.cn
联系人(Contact Person)：黄开华
产品业务(Business)：热风非织造布，透气复合膜，魔术扣，弹性材料

南海樵和无纺布有限公司
Nanhai Qiaohe Nonwovens Co., Ltd.
地址(Add)：广东省佛山市南海区西樵镇岭西二拱工业区
邮编(P.C.)：528211
电话(Tel)：0757-81027272
传真(Fax)：0757-86829890
联系人(Contact Person)：许国华
产品业务(Business)：非织造布

佛山市南海区承欣塑料助剂有限公司
Foshan Nanhai Chengxin Plastics Additives Co., Ltd.
地址(Add)：广东省佛山市南海区小塘镇新境工业区新发路
邮编(P.C.)：528222
电话(Tel)：0757-81160188
传真(Fax)：0757-81160177
联系人(Contact Person)：谭志铭
产品业务(Business)：纺粘非织造布，非织造布填充料

佛山市南海福莱轩无纺布有限公司
Foshan Fulaixuan Nonwoven Co., Ltd.
地址(Add)：广东省佛山市南海西樵山根工业区(西樵实验小学后门旁)
邮编(P.C.)：528211
电话(Tel)：0757-81003966
传真(Fax)：0757-81003969
总经理(General Manager)：梅广七
联系人(Contact Person)：梅广七
产品业务(Business)：丙纶非织造布

佛山市三水通兴无纺布有限公司
Foshan Tongxing Nonwoven Co., Ltd.
地址(Add)：广东省佛山市三水区大塘工业园开元路19号
邮编(P.C.)：528143
电话(Tel)：0757-87270001
传真(Fax)：0757-87270002
联系人(Contact Person)：黄锡彭
产品业务(Business)：非织造布

佛山市凯旭无纺布科技有限公司
Foshan Kaixu Nonwoven Technology Co., Ltd.
地址(Add)：广东省佛山市狮山黄洞工业区(一环边)
邮编(P.C.)：528000
电话(Tel)：0757-81206398
传真(Fax)：0757-81208282
E-mail：hzh8721@163.com
法人代表(Chairman)：梁文威
总经理(General Manager)：梁文威
联系人(Contact Person)：黄志华
产品业务(Business)：亲水非织造布，打孔专用非织造布

佛山市卢格斯塑料制品有限公司
Shunde Lucas Industries
地址(Add)：广东省佛山市顺德红岗工业区金门桥侧(旧良杏路38号)
邮编(P.C.)：528300
电话(Tel)：0757-23668362
传真(Fax)：0757-23668377
E-mail：jwenxin@126.com
Http://www.sdlucas.com
联系人(Contact Person)：姜文信
产品业务(Business)：非织造布

佛山市顺德区亿成贸易有限公司
Foshan Yicheng Trade Co., Ltd.
地址(Add)：广东省佛山市顺德区大厦良凤翔工业区
邮编(P.C.)：528399
电话(Tel)：0757-86654389
传真(Fax)：0757-86654389
联系人(Contact Person)：覃秀琼
产品业务(Business)：纸尿裤面料，纺粘非织造布

广州诺胜无纺制品有限公司
Norsen Nonwoven Products (Guangzhou) Co., Ltd.
地址(Add)：广东省广州市白云区江高镇夏荷路8号
邮编(P. C.)：510450
电话(Tel)：020 - 36735117
传真(Fax)：020 - 36735680
E-mail：norsen@ ns21. cn
Http://www. ns21. cn
总经理(General Manager)：赵凌
产品业务(Business)：非织造布

广州市绿芳洲纺织制品厂
Guangzhou Lufangzhou Nonwoven Products Factory
(详见非织造布 - 水刺)

广州汀兰无纺布制品厂
Guangzhou Tinglan Nonwovens Factory
地址(Add)：广东省广州市白云区石井镇朝阳新村亭石南路79号
邮编(P. C.)：510430
电话(Tel)：020 - 86026448
传真(Fax)：020 - 86026448
E-mail：jinghong2046@ 163. com
总经理(General Manager)：邵敬渠
产品业务(Business)：非织造布

广州汇隆无纺布有限公司
Guangzhou Huilong Nonwovens Co., Ltd.
地址(Add)：广东省广州市白云区竹料镇博罗庄11号
邮编(P. C.)：510000
电话(Tel)：020 - 37403482
传真(Fax)：020 - 37403479
Http://www. hl - nonwovens. com
联系人(Contact Person)：沈志伟
产品业务(Business)：热风非织造布

广州俊麒无纺布企业有限公司
Junqi Nonwovens Enterprise Co., Ltd.
地址(Add)：广东省广州市从化江浦环市东路204号
邮编(P. C.)：510925
电话(Tel)：020 - 87981116
传真(Fax)：020 - 87980096
E-mail：junqibo@ hotmail. com
法人代表(Chairman)：汤晃巨
总经理(General Manager)：汤晃巨
联系人(Contact Person)：汤振荣
产品业务(Business)：非织造布

广州市金浪星非织造布有限公司
Guangzhou Environstar Enterprise Ltd.
地址(Add)：广东省广州市从化温泉镇云星村105国道旁
邮编(P. C.)：510970
电话(Tel)：020 - 87832349
传真(Fax)：020 - 87832726
E-mail：feng@ environstar. com. cn
Http://www. nonwovencn. cn
总经理(General Manager)：冯灼辉
产品业务(Business)：纺粘非织造布，复合非织造布

广州常明拓展贸易有限公司
Goodturn Trading Co., Ltd.
地址(Add)：广东省广州市东风东路850号锦城大厦508室
邮编(P. C.)：510600
电话(Tel)：020 - 87347578
传真(Fax)：020 - 87347003
E-mail：goodturn@ foxmail. com
Http://www. goodturntrading. com. cn
联系人(Contact Person)：何韫莹
产品业务(Business)：聚乳酸纤维，双组分纤维

广州泰瑞无纺布有限公司
Guangzhou TuRich Nonwovens Co., Ltd.
地址(Add)：广东省广州市海珠区东晓路雅敦街4、6号东晓大厦103室
邮编(P. C.)：510230
电话(Tel)：020 - 84074599
传真(Fax)：020 - 34287557
E-mail：nonwovens2005@ 163. com
Http://www. furich. cn
法人代表(Chairman)：符媜
总经理(General Manager)：符媜
联系人(Contact Person)：韩涛
产品业务(Business)：熔喷布，SMS非织造布

广州市邦妮生物科技有限公司
Guangzhou Bonnie Bio - technology Co., Ltd.
地址(Add)：广东省广州市海珠区江南大道中100号中广大厦2710B
邮编(P. C.)：510600
电话(Tel)：020 - 32581150
传真(Fax)：020 - 34354304
E-mail：bn123@ 126. com
联系人(Contact Person)：周刚
产品业务(Business)：纳米抗菌非织造布

广州市锦盛无纺布有限公司
Guangzhou Jinsheng Nonwoven Fabrics Co., Ltd.
地址(Add)：广东省广州市花都区北兴镇回龙工业区
邮编(P. C.)：510897
电话(Tel)：020 - 86792268
传真(Fax)：020 - 86791655
E-mail：chinagzjs@ chinagzjs. com
Http://www. chinagzjs. com
法人代表(Chairman)：李标辉
产品业务(Business)：非织造布

广州宏鑫无纺布有限公司
Enhance Nonwovens Co., Ltd.
地址(Add)：广东省广州市花都区花东镇阳升村阳升工业园
邮编(P. C.)：510890
电话(Tel)：020 - 86779985
传真(Fax)：020 - 86779998
E-mail：foresight@ cn - nonwoven. com
Http://www. cn - nonwoven. com
联系人(Contact Person)：苏飒飞
产品业务(Business)：非织造布

广州市一洲无纺布实业有限公司
Guangzhou Yizhou Nonwoven Industiral Co., Ltd.
地址(Add):广东省广州市花都区新华镇莲塘工业区
邮编(P. C.):510800
电话(Tel):020-36856298
传真(Fax):020-36856398
E-mail:export@ yznonwoven. com
Http://www. yznonwoven. com
法人代表(Chairman):林小燕
总经理(General Manager):林俊雄
联系人(Contact Person):庄锦楚
产品业务(Business):纺粘/亲水/打孔非织造布

广州海鑫无纺布实业有限公司
Guangzhou Hasen Nonwoven Cloth Industry Co., Ltd.
地址(Add):广东省广州市花都区迎宾大道毕村北路10号
邮编(P. C.):510800
电话(Tel):020-36870800
传真(Fax):020-36870804
E-mail:gohasen@ foxmail. com
Http://www. gohasen. com
总经理(General Manager):朱红军
产品业务(Business):非织造布

广州胜瀚不织布有限公司
Guangzhou Sheen Han Nonwoven Co., Ltd.
地址(Add):广东省广州市黄埔区南岗镇沧联村四社区
邮编(P. C.):510760
电话(Tel):13902263535
总经理(General Manager):李吉胜
产品业务(Business):非织造布

广州市科纶实业有限公司
Guangzhou Kelun Industrial Co., Ltd.
地址(Add):广东省广州市江南大道中232号华海大厦B座28楼西翼1-3
邮编(P. C.):510245
电话(Tel):020-84449607
传真(Fax):020-84446847
E-mail:xin9982@ hotmail. com
Http://www. kelun82. com
总经理(General Manager):谢明
联系人(Contact Person):谢明
产品业务(Business):非织造布

广州全永不织布有限公司
Guangzhou Quanyong Nonwovens Co., Ltd.
地址(Add):广东省广州市经济技术开发区东区沧联四社工业区
邮编(P. C.):510760
电话(Tel):020-82261067
传真(Fax):020-82261558
联系人(Contact Person):赖建豪
产品业务(Business):非织造布

广州艺爱丝纤维有限公司
Guangzhou ES Fiber Co., Ltd.
地址(Add):广东省广州市经济技术开发区金碧路金华三街1号
邮编(P. C.):510730
电话(Tel):020-82220021
传真(Fax):020-82220020
E-mail:lijingfeng@ gzes. com
Http://www. gzes. com
法人代表(Chairman):村山正
总经理(General Manager):木庭竜一
联系人(Contact Person):钟延生
产品业务(Business):热风非织造布,聚烯烃系热粘合复合纤维(ES纤维)

广东俊富实业有限公司
Guangdong Jofo Industry Co., Ltd..
地址(Add):广东省广州市天河北路233号中信广场7203室
邮编(P. C.):510643
电话(Tel):020-38770825
传真(Fax):020-87521213
联系人(Contact Person):赵民忠
产品业务(Business):非织造布

广州欣龙联合营销有限公司
Guangzhou Xinlong Unite Marketing Co., Ltd.
(详见非织造布-水刺)

SAAF 无纺布公司广州代表处
SAAF Advanced Fabrics, Guangzhou Office
地址(Add):广东省广州市先烈中路69号东山广场1903室
邮编(P. C.):510095
电话(Tel):020-87327972
传真(Fax):020-87327451
E-mail:mchen@ saafnw. com
Http://www. saafnw. com
法人代表(Chairman):陈文芳
联系人(Contact Person):陈文芳
产品业务(Business):非织造布

广州市东州无纺布有限公司
Guangzhou Dongzhou Nonwoven Co., Ltd.
地址(Add):广东省广州市增城新塘镇永和塔岗工业区
邮编(P. C.):511356
电话(Tel):020-32981603
传真(Fax):020-32981602
E-mail:xuanxuan. qiu@ 163. com
法人代表(Chairman):邱丽瑄
总经理(General Manager):邱丽瑄
联系人(Contact Person):陈志红
产品业务(Business):非织造布

埃克森美孚(中国)投资有限公司广州分公司
ExxonMobil (China) Investment Co., Ltd.
地址(Add):广东省广州市珠江新城华夏路8号国际金融广场13楼
邮编(P. C.):510623
电话(Tel):020-38153623
传真(Fax):020-38153623
E-mail:april. sx. xiao@ exxonmobil. com
Http://www. exxonmobilchemical. com
联系人(Contact Person):萧淑娴
产品业务(Business):非织造布原料聚烯烃

鹤山市俊富无纺布有限公司
Heshan Jofo Non－woven Co.，Ltd.
地址(Add)：广东省鹤山市雅瑶镇乌石开发区
邮编(P. C.)：529724
电话(Tel)：0750－8287088
传真(Fax)：0750－8423235
E-mail：13929001058@139. com
Http://www. jofo－hs. com
法人代表(Chairman)：陈治兵
产品业务(Business)：SS 非织造布，SMS 非织造布

惠州市金豪成无纺布有限公司
Golden Success Polyfabrics Co.，Ltd.
地址(Add)：广东省惠州市惠阳区新圩镇长布村原天工业区
邮编(P. C.)：516223
电话(Tel)：0752－3336802
传真(Fax)：0752－7160093
E-mail：hs@hzjhc. net
Http://www. hzjhc. net
总经理(General Manager)：童作辉
产品业务(Business)：针刺/复合非织造布

江门市鸿远纤维制品有限公司
Jiangmen Hongyuan Fiber Products Co.，Ltd.
地址(Add)：广东省江门市新会区大泽镇田金村
邮编(P. C.)：529000
电话(Tel)：0750－6800868
传真(Fax)：0750－6800768
Http://www. hynonwoven. cn
总经理(General Manager)：石炳贤
产品业务(Business)：热风、热轧、针刺非织造布

江门市多美无纺布有限公司
Jiangmen Domiry Nonwoven Fabric Co.，Ltd.
地址(Add)：广东省江门市新会区睦州镇江睦路 88 号
邮编(P. C.)：529143
电话(Tel)：0750－6228888
传真(Fax)：0750－6226888
Http://duomeiwfb. cn. alibaba. com
法人代表(Chairman)：梁志彪
总经理(General Manager)：梁惠民
联系人(Contact Person)：梁惠民
产品业务(Business)：非织造布

江门市永晋源无纺布有限公司
Jiangmen Yongjinyuan Nonwovens Co.，Ltd.
地址(Add)：广东省江门市新会区睦洲镇江睦路工业区
邮编(P. C.)：529143
电话(Tel)：0750－6223831
传真(Fax)：0750－6223830
E-mail：yongjinyuan@163. com
联系人(Contact Person)：梁健荣
产品业务(Business)：热风非织造布超柔增白面料，热风非织造布 ADL 导流布，热风非织造布复合用蓬松布

开平市开德利实业有限公司
Kaiping Kindly Industry Co.，Ltd.
地址(Add)：广东省开平市曙光东路 138 号
邮编(P. C.)：529300
电话(Tel)：0750－2283899
传真(Fax)：0750－2218180
E-mail：ctu91@21cn. com
Http://www. kp－webstar. com. cn
法人代表(Chairman)：胡灿光
总经理(General Manager)：胡灿光
联系人(Contact Person)：胡灿光
产品业务(Business)：纺粘非织造布

科龙达无纺布厂
Kelongda Nonwoven Factory
地址(Add)：广东省汕头市潮阳区棉北 324 国道棉北五三工业区
邮编(P. C.)：515100
电话(Tel)：0754－88722588
传真(Fax)：0754－83734333
E-mail：kelongwfb@163. com
Http://kelongwfb. wsypw. com
联系人(Contact Person)：肖晓缤
产品业务(Business)：热熔、热轧非织造布，纸尿裤表层，导流层

深圳市东纺无纺布有限公司
Shenzhen Dongfang Nonwoven Fabric Co.，Ltd.
地址(Add)：广东省深圳市宝安区福永镇桥头村富桥第四工业区 A4 栋
邮编(P. C.)：518103
电话(Tel)：0755－29604181
传真(Fax)：0755－29604185
E-mail：dfzhangxinhua@sina. com
Http://www. gdszdongfang. com
总经理(General Manager)：张新华
产品业务(Business)：非织造布

国桥实业深圳有限公司
National Bridge Industrial (S. Z.) Co.，Ltd.
地址(Add)：广东省深圳市宝安区观澜镇观光路 1308 号国桥工业园
邮编(P. C.)：518110
电话(Tel)：0755－28016860
传真(Fax)：0755－28016996
E-mail：sale@nbi. com. cn
Http://www. nbi. com. cn
法人代表(Chairman)：杨自然
总经理(General Manager)：杨自然
联系人(Contact Person)：黄军
产品业务(Business)：纺粘非织造布

深圳市康业科技有限公司
Shenzhen Koye Technology Co.，Ltd.
(详见包装及印刷)

金旭环保制品(深圳)有限公司
Golden Starry Environmental Products Co.，Ltd.
地址(Add)：广东省深圳市宝安区石岩街道三联工业区 1－9栋
邮编(P. C.)：518108
电话(Tel)：0755－29826118
传真(Fax)：0755－27629069
E-mail：sales8@nonwoven－eg. com
Http://www. goldenstarry. com
联系人(Contact Person)：谭志勇

产品业务(Business)：非织造布

同高纺织化纤(深圳)有限公司
Equal Good Textile Chemical Fibre Products (Shenzhen) Co., Ltd.
地址(Add)：广东省深圳市宝安区石岩镇三联工业区第1-9栋
邮编(P. C.)：518108
电话(Tel)：0755-27629063
传真(Fax)：0755-27629062
E-mail：sales@nonwoven-eg.com
Http://www.nonwoven-eg.com
法人代表(Chairman)：余敏
总经理(General Manager)：余敏
联系人(Contact Person)：郭人贵
产品业务(Business)：非织造布

深圳市百健达科技发展有限公司
Shenzhen Bestpad Technical Development Co., Ltd.
地址(Add)：广东省深圳市宝安区西乡固戍海滨新村D栋6楼
邮编(P. C.)：518100
电话(Tel)：0755-82593905
传真(Fax)：0755-82591544
E-mail：bjd@szbjd.com.cn
Http://www.szbjd.com.cn
联系人(Contact Person)：丘绍俊
产品业务(Business)：非织造布

深圳市彩虹无纺布有限公司
Shenzhen Rainbow Nonwovens Co., Ltd.
地址(Add)：广东省深圳市横岗镇窝肚村工业区5号厂房
邮编(P. C.)：518115
电话(Tel)：0755-28642444
传真(Fax)：0755-28646555
Http://www.szcaihong.com
联系人(Contact Person)：屈洪涛
产品业务(Business)：非织造布

深圳博兰德无纺科技有限公司
Shenzhen Bolande Nonwovens Technology Co., Ltd.
地址(Add)：广东省深圳市龙岗区横岗镇窝肚村工业区五号厂房二楼
邮编(P. C.)：518115
电话(Tel)：0755-89685002
传真(Fax)：0755-89685007
E-mail：bldnonwovenok@gmail.com
联系人(Contact Person)：王卫超
产品业务(Business)：纺粘/水刺/熔喷/热风非织造布

深圳市新和荣无纺布有限公司
Shenzhen Xinherong Nonwoven Co., Ltd.
地址(Add)：广东省深圳市龙岗区平湖华南城皮革区L18-135
邮编(P. C.)：518111
电话(Tel)：0755-88861328
传真(Fax)：0755-89632086
E-mail：xcm4008861328@163.com
联系人(Contact Person)：谢传明
产品业务(Business)：非织造布

深圳市洋仟材料应用技术有限责任公司
Shenzhen High Technology Fibers Co., Ltd.
地址(Add)：广东省深圳市龙岗区中心城深圳市留学生(龙岗)创业园一园南区314室
邮编(P. C.)：518172
电话(Tel)：0755-28938157
传真(Fax)：0755-28938095
E-mail：yangqian@f-fiber.com
Http://www.f-fiber.com
总经理(General Manager)：龚文忠
联系人(Contact Person)：龚文忠
产品业务(Business)：功能性纤维，功能性非织造布

深圳市宜丽环保科技有限公司
Shenzhen Eli Environment Protection Co., Ltd.
地址(Add)：广东省深圳市龙华新区观澜高新产业园观益路3号宝德科技园A栋五楼东
邮编(P. C.)：518000
电话(Tel)：0755-82971388
传真(Fax)：0755-82971898
E-mail：szeli-sc@yahoo.cn
Http://www.szeli.cn
法人代表(Chairman)：吴少勇
总经理(General Manager)：吴少勇
联系人(Contact Person)：李美兰
产品业务(Business)：抗菌非织造布，抗菌芯片，功能卫生用品配件

始兴县赛洁无纺布科技有限公司
Shixing Saijie Nonwoven Technology Co., Ltd.
地址(Add)：广东省始兴县东莞石龙(始兴)产业转移园区
邮编(P. C.)：510655
电话(Tel)：0751-3327176
传真(Fax)：0751-3327186
E-mail：saijie_2010@163.com
联系人(Contact Person)：周锦明
产品业务(Business)：非织造布

中山市宏俊无纺布厂有限公司
Hongjun Nonwoven Factory Ltd.
地址(Add)：广东省中山市石岐海景路3号
邮编(P. C.)：528402
电话(Tel)：0760-88703774
传真(Fax)：0760-88711071
E-mail：hongjun@z-nonwoven.com
Http://www.z-nonwoven.com
法人代表(Chairman)：吕志宏
总经理(General Manager)：吕志宏
联系人(Contact Person)：梁斌
产品业务(Business)：纺粘非织造布

中山市德伦包装材料有限公司
Zhongshan Delun Packaging Material Co., Ltd.
(详见打孔膜及打孔非织造布)

南宁同厚贸易有限责任公司
Nanning Tonghou Economic Trading Co., Ltd.
地址(Add)：广西南宁市民族大道155号幸福湾22栋C座
邮编(P. C.)：530022

电话(Tel)：0771－5508415
传真(Fax)：0771－5591872
总经理(General Manager)：肖东丽
联系人(Contact Person)：冼玲
产品业务(Business)：经销非织造布，高吸收性树脂，流延膜

海南欣龙水刺材料有限公司
Hainan Xinlong Spunlace Materials Co.，Ltd.
(详见非织造布－水刺)

● 非织造布 Nonwovens

——水刺
spunlaced

卫普实业股份有限公司
Web-Pro Corporation
(详见非织造布－热轧、热风、纺粘等)

南六企业股份有限公司
Nan Liu Enterprise Co.，Ltd.
(详见非织造布－热轧、热风、纺粘等)

北京苏纳可科技有限公司
Beijing Soonercleaning Technology Co.，Ltd.
(详见非织造布－热轧、热风、纺粘等)

北京东方大源非织造布有限公司
Beijing Dongfang Dayuan Non－wovens Fabric Co.，Ltd.
地址(Add)：北京市门头沟石龙工业区龙园路6号
邮编(P. C.)：102308
电话(Tel)：010－69804175
传真(Fax)：010－69802774
E-mail：yolanda. fan@ ddnchina. com
Http://www. ddnchina. com
法人代表(Chairman)：王素贞
总经理(General Manager)：王素贞
联系人(Contact Person)：范艳青
产品业务(Business)：水刺非织造布

东纶科技实业有限公司
Eastex Industrial Science & Technology Co.，Ltd.
地址(Add)：河北省廊坊经济技术开发区汇源道8号
邮编(P. C.)：065001
电话(Tel)：0316－6087699
传真(Fax)：0316－6088171
E-mail：mh@ eastex－china. com
Http://www. eastex－china. com
法人代表(Chairman)：刘瑞彪
总经理(General Manager)：马咏梅
联系人(Contact Person)：孟红
产品业务(Business)：水刺非织造布，功能性复合材料

大连瑞光非织造布集团有限公司
Dalian Ruiguang Nonwoven Group Co.，Ltd.
(详见非织造布－热轧、热风、纺粘等)

欣龙控股(集团)股份有限公司上海分公司
Xinlong Holding (Group) Co.，Ltd. (Shanghai Branch)
地址(Add)：上海市宝山区富联二路99号欣龙工业园
邮编(P. C.)：201906
电话(Tel)：021－36043403
传真(Fax)：021－36043401
E-mail：thomas@ nonwovens－cn. com
Http://www. xinlong－holding. com
联系人(Contact Person)：朱亚军
产品业务(Business)：水刺非织造布

上海宏科无纺布有限公司
Shanghai Hongke Nonwoven Co.，Ltd.
地址(Add)：上海市城银路655弄19号1204室
邮编(P. C.)：200435
电话(Tel)：13817788660
传真(Fax)：021－36373270
E-mail：zhj1613@ 163. com
联系人(Contact Person)：张峻
产品业务(Business)：水刺非织造布

上海秉泽实业有限公司
Shanghai Bingze Industry Co.，Ltd.
(详见非织造布－干法纸)

上海百府康卫生材料有限公司
Shanghai Baifukang Sanitary Material Co.，Ltd.
地址(Add)：上海市浦东新区合庆星升路500弄117号
邮编(P. C.)：201201
电话(Tel)：021－68902978
传真(Fax)：021－68901428
E-mail：shbfk@ aliyun. com
Http://www. shbfk. com. cn
法人代表(Chairman)：张一萍
总经理(General Manager)：张一萍
联系人(Contact Person)：张一萍
产品业务(Business)：水刺/热轧非织造布，塑料膜，PE膜，复合吸水纸

上海锐利贸易有限公司
Shanghai Ruili Trade Co.，Ltd.
(详见胶带、胶贴、魔术贴、标签)

上海圆帅无纺布制品有限公司
Shanghai Yuanshuai Nonwoven Products Co.，Ltd.
(详见非织造布－热轧、热风、纺粘等)

伊藤忠纤维贸易(中国)有限公司
Itochu Textile (China) Ltd.
(详见衬纸和复合吸水纸)

苏州美森无纺科技有限公司
Suzhou Meson Nonwoven Technology Co.，Ltd.
地址(Add)：江苏省常熟市任阳镇晋阳西街125号
邮编(P. C.)：215000
电话(Tel)：0512－52588862－8001
传真(Fax)：0512－52588865
E-mail：sorichokay@ gamail. com
Http://www. mesoncn. com
联系人(Contact Person)：陈晓平

产品业务(Business)：木浆水刺非织造布

常熟市圣利达水刺无纺有限公司
Changshu Shenglida Spunlace Nonwovens Co., Ltd.
地址(Add)：江苏省常熟市沙家浜镇(唐市)常昆工业园区复兴路10号
邮编(P. C.)：215542
电话(Tel)：0512－52579990
传真(Fax)：0512－52579991
E-mail：sld@ shenglida. com
法人代表(Chairman)：王自业
总经理(General Manager)：王自业
产品业务(Business)：水刺非织造布

苏州常盛水刺无纺有限公司
Suzhou Changsheng Spunlaced Nonwoven Co., Ltd.
地址(Add)：江苏省常熟市支塘镇(任阳)常盛工业园
邮编(P. C.)：215539
电话(Tel)：0512－52587000
传真(Fax)：0512－52586000
E-mail：ligx22@ 163. com
Http://www. sz－cs. com
法人代表(Chairman)：李国新
总经理(General Manager)：李国新
联系人(Contact Person)：陈晓钿
产品业务(Business)：水刺非织造布

苏州圣美水刺复合新材料有限公司
Suzhou Saimee Spunlace Composite Material Co., Ltd.
地址(Add)：江苏省常熟市支塘镇任阳
邮编(P. C.)：215539
电话(Tel)：0512－52588999
传真(Fax)：0512－52588107
E-mail：chaoyingguo@ 163. com
Http://www. saimee. cn
联系人(Contact Person)：郭超英
产品业务(Business)：水刺非织造布，水刺复合非织造布

苏州舜杰水刺复合新材料有限公司
Suzhou Shunjie Spunlace Composite Material Co., Ltd.
地址(Add)：江苏省常熟市支塘镇任阳
邮编(P. C.)：215539
电话(Tel)：0512－52588999
传真(Fax)：0512－52588107
E-mail：wjr2580@ gmail. com
总经理(General Manager)：宋东鹏
联系人(Contact Person)：王军榕
产品业务(Business)：水刺非织造布，水刺复合非织造布

常熟市永得利水刺无纺布有限公司
Changshu YDL Spunlace Nonwoven Co., Ltd.
地址(Add)：江苏省常熟市支塘镇任阳常盛工业园
邮编(P. C.)：215539
电话(Tel)：0512－52587130
传真(Fax)：0512－52587131
E-mail：381669081@ qq. com
联系人(Contact Person)：赵燕捷
产品业务(Business)：水刺非织造布

常州尚易生活用品有限公司
Changzhou Shangyi Daily Supplies Co., Ltd.
(详见非织造布－热轧、热风、纺粘等)

江苏东方洁妮尔水刺无纺布有限公司
Jiangsu East Genial Spunlaced Nonwovens Co., Ltd.
地址(Add)：江苏省常州市湖塘镇马杭金家塘100号
邮编(P. C.)：213102
电话(Tel)：0519－86323168
传真(Fax)：0519－86705277
E-mail：genial@ alibaba. com. cn
Http://www. eastgenial. com
法人代表(Chairman)：黄福金
总经理(General Manager)：黄福金
联系人(Contact Person)：黄福金
产品业务(Business)：水刺非织造布

常州市武进无纺机械设备有限公司
Changzhou Wujin Nonwoven Machinery Co., Ltd.
(详见非织造布－热轧、热风、纺粘等)

常州华纳非织造布有限公司
Changzhou Warner Nonwovens Co., Ltd.
地址(Add)：江苏省常州市武进区遥观镇洪庄开发区
邮编(P. C.)：213102
电话(Tel)：0519－88710361
传真(Fax)：0519－89625621
E-mail：cz126126@ 126. com
总经理(General Manager)：庄海祥
联系人(Contact Person)：庄海祥
产品业务(Business)：水刺非织造布

常州维盛无纺科技有限公司
Changzhou Wisdom Nonwovens Technology Co., Ltd.
(详见非织造布－热轧、热风、纺粘等)

常州亨利无纺布有限公司
Changzhou Hengli Non－woven Co., Ltd.
(详见非织造布－热轧、热风、纺粘等)

江阴昶森无纺科技有限公司
Jiangyin Changsen Nonwoven Science Co., Ltd.
(详见弹性非织造布材料松紧带)

江阴市海月无纺布业有限公司
Jiangyin Moonstar Nonwoven Fabrics Co., Ltd.
(详见非织造布－热轧、热风、纺粘等)

江阴市双源非织造布有限公司
Jiangyin Shuangyuan Nonwoven Co., Ltd.
地址(Add)：江苏省江阴市周庄镇宗言村玉门西路17号
邮编(P. C.)：214423
电话(Tel)：0510－86900067
传真(Fax)：0510－86901998
E-mail：mxy1966@ 163. com
法人代表(Chairman)：陈志刚
总经理(General Manager)：陈志刚
联系人(Contact Person)：严满新
产品业务(Business)：水刺非织造布

昆山真善诚无纺布制品厂有限公司
Kunshan Zhenshancheng Nonwoven Products Co., Ltd.
（详见非织造布－热轧、热风、纺粘等）

昆山华玮净化实业有限公司
Kunshan Huawei Purification Industrial Co., Ltd.
地址(Add)：江苏省昆山市周市镇康庄路144号
邮编(P. C.)：215337
电话(Tel)：0512－57333501
传真(Fax)：0512－57335575
E-mail：ryq518@163.com
Http://www.ryq.en.alibaba.com
联系人(Contact Person)：陈芳
产品业务(Business)：水刺复合非织造布

江苏通江科技股份有限公司
Jiangsu Tongjiang Science & Technology Co., Ltd.
地址(Add)：江苏省南通市如皋皋南工业园8号
邮编(P. C.)：226553
电话(Tel)：0513－87772799
传真(Fax)：0513－87771766
E-mail：tjsjj6@163.com
法人代表(Chairman)：沈季疆
总经理(General Manager)：沈季疆
产品业务(Business)：水刺非织造布，防水非织造布

南通康盛无纺布有限公司
Nantong Kangsheng Nonwoven Co., Ltd.
地址(Add)：江苏省如皋市柴湾纺织工业园
邮编(P. C.)：226560
电话(Tel)：0513－87209033
传真(Fax)：0513－81165457
E-mail：chengh169@163.com
Http://www.ntkswf.cn.alibaba.com
总经理(General Manager)：陈国红
联系人(Contact Person)：陈国红
产品业务(Business)：水刺/纺粘/防水非织造布

台新纤维制品(苏州)有限公司
Taixin Fiber Products (Suzhou) Co., Ltd.
地址(Add)：江苏省太仓市城厢镇洛阳东路57号
邮编(P. C.)：215400
电话(Tel)：0512－53564773
传真(Fax)：0512－53564775
联系人(Contact Person)：徐菊芬
产品业务(Business)：水刺非织造布

长兴金科进出口有限公司
Changxing Kingke Import & Export Co., Ltd.
（详见非织造布－热轧、热风、纺粘等）

浙江金三发非织造布有限公司
Zhejiang Kingsafe Nonwoven Fabric Co., Ltd.
（详见非织造布－热轧、热风、纺粘等）

杭州新兴纸业有限公司
Hangzhou Xinxing Paper Industry Co., Ltd.
（详见胶带、胶贴、魔术贴、标签）

杭州国臻实业有限公司
Hangzhou Guozhen Industry Co., Ltd.
地址(Add)：浙江省富阳市灵桥镇外沙村
邮编(P. C.)：311400
电话(Tel)：0571－63158018
传真(Fax)：0571－63158018
Http://www.hzgzsy.com
联系人(Contact Person)：孙理臻
产品业务(Business)：水刺非织造布

浙江华顺涤纶工业有限公司
Zhejiang Huashun Poly－Fiber Industry Co., Ltd.
地址(Add)：浙江省杭州市临安玲珑工业区华兴工业城
邮编(P. C.)：311300
电话(Tel)：0571－61076918
传真(Fax)：0571－61076917
E-mail：xiao5023@163.com
Http://www.zjhuaxing.net
法人代表(Chairman)：俞华平
总经理(General Manager)：俞华平
联系人(Contact Person)：宋潇潇
产品业务(Business)：水刺非织造布

杭州锦腾织造有限公司
Hangzhou Jinteng Nonwovens Co., Ltd.
地址(Add)：浙江省杭州市临安苕溪南路16号锦江工业园
邮编(P. C.)：311300
电话(Tel)：0571－63757013
传真(Fax)：0571－63756930
法人代表(Chairman)：钭正贤
总经理(General Manager)：俞楚云
联系人(Contact Person)：俞楚云
产品业务(Business)：水刺非织造布

杭州升博清洁用品有限公司
Hangzhou Shengbo Cleansing Supplies Co., Ltd.
地址(Add)：浙江省杭州市临安苕溪南路16号锦江工业园
邮编(P. C.)：311300
电话(Tel)：0571－63802979
传真(Fax)：0571－63752067
E-mail：wxz@hz－tl.cn
联系人(Contact Person)：黄银燕
产品业务(Business)：水刺非织造布

杭州创蓝无纺布有限公司
Hangzhou Chuanglan Nonwoven Co., Ltd.
地址(Add)：浙江省杭州市莫干山路789号美都广场D－314
邮编(P. C.)：310005
电话(Tel)：0571－87352265
传真(Fax)：0571－87352265
E-mail：hezhong5998@163.com
总经理(General Manager)：何忠
产品业务(Business)：水刺非织造布

杭州路先非织造股份有限公司
Hangzhou Advanced Nonwoven Co., Ltd.
地址(Add)：浙江省杭州市莫干山路868号
邮编(P. C.)：310011

电话(Tel)：0571－88172177
传真(Fax)：0571－88171791
E-mail：sales@advanced－nonwoven.cn
Http://www.hzluxian.cn
法人代表(Chairman)：李群
总经理(General Manager)：张芸
联系人(Contact Person)：裘红
产品业务(Business)：水刺非织造布

杭州宝德非织造布有限公司
Power Tex Nonwovens Co., Ltd.
(详见非织造布－热轧、热风、纺粘等)

杭州萧山航民非织造布有限公司
Hangzhou Xiaoshan Hangmin Nonwovens Co., Ltd.
地址(Add)：浙江省杭州市萧山航民村
邮编(P.C.)：311241
电话(Tel)：0571－82565758
传真(Fax)：0571－82563368
E-mail：shen－guo－jun@163.com
Http://www.zj－hangmin.com
联系人(Contact Person)：沈国军
产品业务(Business)：水刺/针刺非织造布

杭州兴农纺织有限公司
Hangzhou Xingnong Textile Co., Ltd.
地址(Add)：浙江省杭州市萧山区靖江工业园区
邮编(P.C.)：311223
电话(Tel)：0571－82193138
传真(Fax)：0571－82193098
E-mail：hzxn－kd@hzxn－kd.com
Http://www.hzxn－kd.com
法人代表(Chairman)：王剑亮
总经理(General Manager)：王剑亮
联系人(Contact Person)：汪敏辉
产品业务(Business)：水刺非织造布

杭州恒翔纺织有限公司
Hangzhou Hengxiang Textile Co., Ltd.
地址(Add)：浙江省杭州市萧山区新街镇工业园区
邮编(P.C.)：311217
电话(Tel)：0571－82859520
传真(Fax)：0571－82859520
E-mail：597613446@qq.com
Http://www.hengxiangtex.com
联系人(Contact Person)：封世超
产品业务(Business)：水刺非织造布

杭州南峰非织造布有限公司
Hangzhou Nanfeng Nonwoven Fabric Co., Ltd.
地址(Add)：浙江省杭州市萧山区义蓬工业区
邮编(P.C.)：310000
电话(Tel)：0571－82181133
传真(Fax)：0571－82181133
E-mail：export@naster.cn
Http://www.hznanfeng.com
联系人(Contact Person)：郑芳
产品业务(Business)：水刺非织造布

杭州诺邦无纺股份有限公司
Hangzhou Nbond Nonwovens Co., Ltd.
地址(Add)：浙江省杭州市余杭经济开发区宏达路16号
邮编(P.C.)：311102
电话(Tel)：0571－89176207
传真(Fax)：0571－89170009
E-mail：nbond@nbond.cn
Http://www.nbond.cn
法人代表(Chairman)：任建华
联系人(Contact Person)：刘维国
产品业务(Business)：水刺非织造布

杭州新福华无纺布有限公司
Hangzhou New Fuhua Nonwovens Co., Ltd.
地址(Add)：浙江省杭州市余杭区兴旺工业城华宁路58号
邮编(P.C.)：311102
电话(Tel)：0571－89176598
传真(Fax)：0571－89176366
总经理(General Manager)：郑海峰
产品业务(Business)：水刺，针刺非织造布

杭州思进无纺布有限公司
Hangzhou Sijin Non－woven Co., Ltd.
地址(Add)：浙江省杭州市余杭区运河镇博陆育士路1号
邮编(P.C.)：311103
电话(Tel)：0571－86286788
传真(Fax)：0571－86282618
E-mail：sjwfb@163.com
Http://www.sj－nonwoven.com
法人代表(Chairman)：胡炳年
总经理(General Manager)：胡炳年
联系人(Contact Person)：蔡省卫
产品业务(Business)：水刺非织造布

杭州冰儿无纺布有限公司
Hangzhou Binger Non－woven Co., Ltd.
地址(Add)：浙江省杭州市余杭区运河镇运溪路101号四栋3楼
邮编(P.C.)：311100
电话(Tel)：0571－86182221
传真(Fax)：0571－86182671
E-mail：liwd1818@163.com
Http://www.chinabinger.com
总经理(General Manager)：李文达
联系人(Contact Person)：李文达
产品业务(Business)：水刺非织造布

湖州欧宝卫生用品有限公司
Huzhou Aupower Sanitary Commodity Co., Ltd.
地址(Add)：浙江省湖州市长兴县经济开发区经三路339号
邮编(P.C.)：313100
电话(Tel)：0572－6726208
传真(Fax)：0572－6128099
E-mail：sales@aupower.com.cn
Http://www.aupower.com.cn
联系人(Contact Person)：刘平章
产品业务(Business)：水刺非织造布

湖州欧丽卫生材料有限公司
Huzhou Auline Sanitary Material Co., Ltd.
地址(Add)：浙江省湖州市长兴县经济开发区经三路339号
邮编(P. C.)：313100
电话(Tel)：0572－2955666
传真(Fax)：0572－6128222
E-mail：qiujiamin888@hotmail.com
Http://www.auboo.cn
联系人(Contact Person)：邱佳民
产品业务(Business)：水刺非织造布

浙江富瑞森水刺无纺布有限公司
Zhejiang Furuisen Spunlaced Nonwovens Co., Ltd.
地址(Add)：浙江省嘉兴市南湖区新丰工业区
邮编(P. C.)：314005
电话(Tel)：0573－83129828
传真(Fax)：0573－83128518
E-mail：frs@furuisen.com
Http://www.furuisen.com
法人代表(Chairman)：赵雪明
总经理(General Manager)：赵雪明
联系人(Contact Person)：赵雪明
产品业务(Business)：水刺非织造布

浙江弘扬无纺新材料有限公司
Zhejiang Spread Nonwoven Material Co., Ltd.
地址(Add)：浙江省嘉兴市秀洲工业区新塍大道101号
邮编(P. C.)：314015
电话(Tel)：0573－83545899
传真(Fax)：0573－83528138
E-mail：hy@hywf.net
Http://www.hywf.net
联系人(Contact Person)：王殿生
产品业务(Business)：水刺非织造布

浙江宏源无纺布有限公司
Zhejiang Hongyuan Nonwoven Co., Ltd.
地址(Add)：浙江省丽水市水阁工业区绿谷大道295号
邮编(P. C.)：323000
电话(Tel)：0578－2952555
传真(Fax)：0578－2952686
E-mail：zhejiang_hongyuan@163.com
Http://www.zj－hongyuan.com
联系人(Contact Person)：余崇虎
产品业务(Business)：水刺非织造布

宁波炜业科技有限公司
Ningbo Weiye Science & Technology Co., Ltd.
地址(Add)：浙江省宁波市鄞州区姜山镇周韩
邮编(P. C.)：315195
电话(Tel)：0574－88099297
传真(Fax)：0574－88099288
E-mail：zjh@nonwoven－wy.com
Http://www.nonwoven－wy.com
产品业务(Business)：水刺非织造布

嘉兴南华无纺材料有限公司
Jiaxing Nanhua Nonwoven Materials Co., Ltd.
地址(Add)：浙江省平湖市曹桥街道景兴东路333号
邮编(P. C.)：314214
电话(Tel)：0573－85950986
传真(Fax)：0573－85950980
联系人(Contact Person)：叶华明
产品业务(Business)：水刺非织造布

南六企业(平湖)有限公司
Nan Liu Enterprise (Pinghu) Co., Ltd.
(详见非织造布－热轧、热风、纺粘等)

浙江前方复合材料有限公司
Zhejiang Front Composite Materials Co., Ltd.
地址(Add)：浙江省浦江县浦南街道冯潘路
邮编(P. C.)：322200
电话(Tel)：0579－84240788
传真(Fax)：0579－84240055
联系人(Contact Person)：来鉴荣
产品业务(Business)：木浆复合水刺非织造布

浙江亨泰纺织科技有限公司
Hentu Textile & Technology Co., Ltd.
地址(Add)：浙江省瑞安市潮基工业区
电话(Tel)：0577－65471999
传真(Fax)：0577－65471222
E-mail：hentu@hentu.com
Http://www.hentu.com
法人代表(Chairman)：王建敏
联系人(Contact Person)：潘旭明
产品业务(Business)：水刺非织造布

绍兴市恒盛新材料技术发展有限公司
Shaoxing Hengsheng New Material Technology Development Co., Ltd.
地址(Add)：浙江省绍兴市东浦工业园区下大桥大越路39号
邮编(P. C.)：312069
电话(Tel)：0575－88939529
传真(Fax)：0575－85393891
E-mail：sale@hs－nonwoven.com
Http://www.hs－nonwoven.com
总经理(General Manager)：黄锐镇
产品业务(Business)：水刺非织造布

绍兴舒洁雅无纺材料有限公司
Shaoxing Shujieya Nonwoven Co., Ltd.
地址(Add)：浙江省绍兴市绍兴县漓渚镇工业园区
邮编(P. C.)：312000
电话(Tel)：0575－84020668
传真(Fax)：0575－85506168
E-mail：286468452@qq.com
Http://www.sx－sjy.com
总经理(General Manager)：邵红卫
联系人(Contact Person)：徐敏
产品业务(Business)：水刺非织造布

浙江和中非织造股份有限公司
Zhejiang Hezhong Nonwoven Co., Ltd.
地址(Add)：浙江省绍兴市绍兴县夏履镇工业园区
邮编(P. C.)：312026
电话(Tel)：0575－84066555
传真(Fax)：0575－84066566
E-mail：hya173@sohu.com

Http://www. hezhongchina. com
总经理(General Manager)：徐寿明
联系人(Contact Person)：季红燕
产品业务(Business)：水刺非织造布，超细纤维水刺布

绍兴县庄洁无纺材料有限公司
Shaoxing Zhuangjie Nonwovens Material Co., Ltd.
地址(Add)：浙江省绍兴县夏履镇工业园区
邮编(P. C.)：312026
电话(Tel)：0575 - 84060230
传真(Fax)：0575 - 84060230
Http://www. sxzjwf. com
总经理(General Manager)：徐熊耀
联系人(Contact Person)：夏志平
产品业务(Business)：水刺非织造布

浙江乐芙技术纺织品有限公司
Zhejiang Lovely Technology Textile Co., Ltd.
(详见非织造布 - 热轧、热风、纺粘等)

浙江本源水刺布有限公司
Zhejiang Benyuan Spunlaced Nonwoven Co., Ltd.
地址(Add)：浙江省温州市龙湾区海滨蓝田工业区
邮编(P. C.)：325024
电话(Tel)：0577 - 86895168
传真(Fax)：0577 - 86891558
法人代表(Chairman)：徐林斌
联系人(Contact Person)：王勤儒
产品业务(Business)：水刺非织造布

温州市希伯仑实业公司
Wenzhou Hiberlain Industrial Co., Ltd.
地址(Add)：浙江省温州市鹿城区藤桥工业园区
邮编(P. C.)：325019
电话(Tel)：0577 - 86482688
传真(Fax)：0577 - 86482010
Http://www. wz - clean. com
联系人(Contact Person)：潘海中
产品业务(Business)：水刺非织造布

温州新宇无纺布有限公司
Wenzhou Xinyu Nonwoven Fabric Co., Ltd.
地址(Add)：浙江省温州市温金路 42 号
邮编(P. C.)：325005
电话(Tel)：0577 - 88786902
传真(Fax)：0577 - 88779257
E-mail：feng525599@ 163. com
Http://www. wzxinyu. com
联系人(Contact Person)：陈校峰
产品业务(Business)：水刺非织造布

浙江省新昌县东方非织造有限公司
Zhejiang Xinchang Dongfang Nonwoven Co., Ltd.
地址(Add)：浙江省新昌县高新开发区
邮编(P. C.)：312500
电话(Tel)：0575 - 86035163
传真(Fax)：0575 - 86047810
E-mail：wangms695@ sohu. com
联系人(Contact Person)：王巍
产品业务(Business)：水刺非织造布

合肥普尔德卫生材料有限公司
Sino Protection (Hefei) Sanitary Material Co., Ltd.
地址(Add)：安徽省合肥市长江东路 226 号
邮编(P. C.)：230021
电话(Tel)：0551 - 64411761
传真(Fax)：0551 - 64417418
E-mail：webmaster@ hfspi. com
Http://www. hfspi. com
总经理(General Manager)：严德正
联系人(Contact Person)：唐俊英
产品业务(Business)：水刺非织造布

合肥双成非织造布有限公司
Hefei Shuangcheng Nonwovens Co., Ltd.
地址(Add)：安徽省合肥市双凤工业开发区金贵路
邮编(P. C.)：230056
电话(Tel)：0551 - 66396918
传真(Fax)：0551 - 66396908
E-mail：web@ scfzzb. com
Http://www. scfzzb. com
联系人(Contact Person)：戴大庆
产品业务(Business)：水刺/浸渍/针刺/纺粘非织造布

滁州金春无纺布有限公司
Chuzhou Jinchun Nonwoven Co., Ltd.
地址(Add)：安徽市滁州市琅琊经济开发区南京路
邮编(P. C.)：239000
电话(Tel)：0550 - 3315503
传真(Fax)：0550 - 3315505
联系人(Contact Person)：高鹏飞
产品业务(Business)：水刺非织造布

晋江市百丝达无纺布有限公司
Jinjiang Baisida Nonwoven Fabric Co., Ltd.
(详见非织造布 - 热轧、热风、纺粘等)

晋江市兴泰无纺制品有限公司
Jinjiang Xingtai Non - woven Products Co., Ltd.
(详见非织造布 - 热轧、热风、纺粘等)

福建南纺股份有限公司
Fujian Nanfang Co., Ltd.
地址(Add)：福建省南平市安丰桥
邮编(P. C.)：353000
电话(Tel)：0599 - 8812469
传真(Fax)：0599 - 8812469
E-mail：ljwsc@ fjnf. com
Http://www. fjnf. com
总经理(General Manager)：李祖安
联系人(Contact Person)：廖金旺
产品业务(Business)：水刺非织造布

科奇高新技术产品实业有限公司
Keqi Advanced Technical Industry Co., Ltd.
地址(Add)：江西省南昌市昌北经济开发区双港路 134 号残联庇护工厂内
邮编(P. C.)：330029
电话(Tel)：0791 - 88350017
传真(Fax)：0791 - 88309627
Http://www. 4008844555. com
联系人(Contact Person)：熊华

产品业务(Business)：水刺非织造布

山东德润新材料科技有限公司
Shandong Derun New Material Technology Co., Ltd.
地址(Add)：山东省德州经济开发区中傲大街以西纬三路以北
邮编(P. C.)：253084
电话(Tel)：0534－8127800
传真(Fax)：0534－2765008
E-mail：sdderunsales@163. com
Http://www. drnon－woven. com
总经理(General Manager)：刘志涛
联系人(Contact Person)：谈志伟
产品业务(Business)：水刺非织造布

山东省润荷卫生材料有限公司
Shandong Runhe Health Materials Co., Ltd.
地址(Add)：山东省济南市明水经济开发区工业一路北首501号
邮编(P. C.)：250200
电话(Tel)：0531－83328207
传真(Fax)：0531－83328215
联系人(Contact Person)：瞿经理
产品业务(Business)：非织造布

山东新光股份有限公司
Shandong Xinguang Stock Co., Ltd.
地址(Add)：山东省临沂市罗庄区龙潭路229号
邮编(P. C.)：276017
电话(Tel)：0539－3105236
传真(Fax)：0539－3105180
E-mail：8639018@qq. com
联系人(Contact Person)：周飞
产品业务(Business)：水刺非织造布

山东锦腾弘达水刺无纺布有限责任公司
Shandong Jintenghongda Spunlaced Nonwoven Co., Ltd.
地址(Add)：山东省滕州市经济开发区恒源路588号
邮编(P. C.)：277500
电话(Tel)：0632－5387882
传真(Fax)：0632－5387888
E-mail：victor22865@hotmail. com
Http://www. sdjthd. com
联系人(Contact Person)：王继光
产品业务(Business)：水刺非织造布

滕州市泰格商贸有限公司
Tengzhou Tiger Trade Co., Ltd.
地址(Add)：山东省滕州市经济开发区恒源路西侧
邮编(P. C.)：227500
电话(Tel)：0632－5387885
传真(Fax)：0632－5387885
E-mail：tigerfangyu@gmail. com
Http://www. tigermonwoven. com
联系人(Contact Person)：方宇
产品业务(Business)：水刺非织造布

潍坊三维非织造材料有限公司
Weifang Sunway Nonwovens Co., Ltd.
地址(Add)：山东省潍坊市滨海经济开发区先进制造业产业园
邮编(P. C.)：261108
电话(Tel)：0536－2929758
传真(Fax)：0536－2929719
E-mail：wangdong900@126. com
Http://www. swnonwovens. com
联系人(Contact Person)：王东
产品业务(Business)：水刺非织造布

山东海龙康富特非织造材料有限公司
Shandong Helon Comfortable Nonwoven Co., Ltd.
(详见非织造布－热轧、热风、纺粘等)

潍坊天润无纺布贸易有限公司
Weifang Tianrun Nonwovens Trading Co., Ltd.
(详见非织造布－热轧、热风、纺粘等)

山东省永信非织造材料有限公司
Shandong Winson Nonwoven Materials Co., Ltd.
地址(Add)：山东省章丘市明水经济开发区工业一路501号
邮编(P. C.)：250200
电话(Tel)：0531－83328207
传真(Fax)：0531－83328117
E-mail：xialunquan@163. com
Http://www. yongxin729. cn
法人代表(Chairman)：史成玉
总经理(General Manager)：夏伦全
联系人(Contact Person)：史成国
产品业务(Business)：水刺非织造布

长垣虎泰无纺布有限公司
Changyuan Hutai Nonwoven Co., Ltd.
地址(Add)：河南省长垣县东外环长满路中段纸厂对面
邮编(P. C.)：453400
电话(Tel)：0373－8879626
传真(Fax)：0373－8875238
E-mail：hutai001@126. com
Http://www. zywc. com
总经理(General Manager)：王有虎
联系人(Contact Person)：李红莉
产品业务(Business)：水刺/熔喷/纺粘非织造布

新乡市启迪无纺材料有限公司
Xinxiang Qidi Nonwoven Materials Co., Ltd.
地址(Add)：河南省长垣县蒲东标准化厂房
邮编(P. C.)：453499
电话(Tel)：0373－6329009
传真(Fax)：0373－6329099
E-mail：qidiwufang@hotmail. com
Http://www. qidicor. com
总经理(General Manager)：侯永林
联系人(Contact Person)：侯永林
产品业务(Business)：水刺非织造布

济源市小浪底无纺布有限公司
Jiyuan Xiaolangdi Nonwovens Co., Ltd.
地址(Add)：河南省济源市坡头镇工业园区
邮编(P. C.)：454681
电话(Tel)：0391－6026243
传真(Fax)：0391－6026861
E-mail：webmaster@xldwfb. com

总经理(General Manager)：杜志超
联系人(Contact Person)：黄绪军
产品业务(Business)：水刺非织造布

河南飘安集团
Henan Piaoan Group Co., Ltd.
地址(Add)：河南省新乡市长垣飘安工业园
邮编(P. C.)：453400
电话(Tel)：0373 – 8790139
传真(Fax)：0373 – 8790139
E-mail：pagroup@ piaoan. com
Http://www. piaoan. com
法人代表(Chairman)：王继勇
总经理(General Manager)：王继勇
联系人(Contact Person)：张欣
产品业务(Business)：纯棉水刺/纺粘非织造布

新乡市中原卫生材料厂有限责任公司
Xinxiang Zhongyuan Health Materials Co., Ltd.
(详见非织造布 – 热轧、热风、纺粘等)

郑州枫林无纺科技有限公司
Zhengzhou Fenglin Nonwovens Science & Tech. Co., Ltd.
地址(Add)：河南省郑州巩义市小关镇
邮编(P. C.)：451272
电话(Tel)：0371 – 64442963
传真(Fax)：0371 – 64441166
E-mail：ads389@ 126. com
Http://www. flwf. com
法人代表(Chairman)：卫强
总经理(General Manager)：卫强
联系人(Contact Person)：张元顺
产品业务(Business)：水刺非织造布

赤壁恒瑞非织造材料有限公司
Chibi Hengrui Nonwoven Co., Ltd.
地址(Add)：湖北省赤壁市车埠镇纺织工业园
邮编(P. C.)：437335
电话(Tel)：0715 – 5067108
传真(Fax)：0715 – 5067100
E-mail：chibihengrui@ 126. com
Http://www. hengruiwufang. com
总经理(General Manager)：刘成元
产品业务(Business)：水刺非织造布

湖南福尔康医用卫生材料股份有限公司
Hunan Fuerkang Medical Co., Ltd.
地址(Add)：湖南省长沙市五一广场平和堂商务楼1505座
邮编(P. C.)：410005
电话(Tel)：0731 – 82569888
传真(Fax)：0731 – 84446157
E-mail：cg2569888@ 163. com
Http://www. fek999. com
法人代表(Chairman)：柳庆新
产品业务(Business)：水刺非织造布

东莞市威骏不织布有限公司
Dongguan Veijun Nonwoven Fabric Co., Ltd.
(详见非织造布 – 热轧、热风、纺粘等)

广州市绿芳洲纺织制品厂
Guangzhou Lufangzhou Nonwoven Products Factory
地址(Add)：广东省广州市白云区人和鹤亭工业区106号
邮编(P. C.)：510000
电话(Tel)：020 – 86087278
传真(Fax)：020 – 22170935
E-mail：lvfangzhou@ 126. com
Http://www. lvfangzhou. com
法人代表(Chairman)：沈志华
联系人(Contact Person)：沈维玮
产品业务(Business)：水刺非织造布，纺粘非织造布

广州荣力无纺布有限公司
Guangzhou Winlake Co., Ltd.
地址(Add)：广东省广州市从化环市东路216号(105国道边)
邮编(P. C.)：510925
电话(Tel)：020 – 87980682
传真(Fax)：020 – 87987252
E-mail：winlade007@ 126. com
Http://www. winlake. net
总经理(General Manager)：江裕辉
产品业务(Business)：水刺非织造布

广州市一洲无纺布实业有限公司
Guangzhou Yizhou Nonwoven Industiral Co., Ltd.
(详见非织造布 – 热轧、热风、纺粘等)

广州欣龙联合营销有限公司
Guangzhou Xinlong Unite Marketing Co., Ltd.
地址(Add)：广东省广州市天河区燕岭路115号龙燕商务大厦208房
邮编(P. C.)：510507
电话(Tel)：020 – 81341738
传真(Fax)：020 – 81351718
E-mail：zhangkeer@ 21cn. com
Http://www. xinlong – holding. com
联系人(Contact Person)：章柯
产品业务(Business)：水刺、热轧、熔喷非织造布

深圳博兰德无纺科技有限公司
Shenzhen Bolande Nonwovens Technology Co., Ltd.
(详见非织造布 – 热轧、热风、纺粘等)

海南欣龙水刺材料有限公司
Hainan Xinlong Spunlace Materials Co., Ltd.
地址(Add)：海南省海口市龙昆北路2号珠江广场帝豪大厦17层
邮编(P. C.)：570125
电话(Tel)：0898 – 67488850
传真(Fax)：0898 – 67488850
E-mail：yxw0007@ sohu. com
Http://www. xinlong – holding. com
总经理(General Manager)：逄建竹
联系人(Contact Person)：杨晓伟
产品业务(Business)：水刺/热轧/纺粘非织造布

重庆康美无纺布有限公司
Chongqing Kangmei Nonwovens Co., Ltd.
地址(Add)：重庆市长寿区关口长化厂内
邮编(P. C.)：401220

电话(Tel)：023 - 40262006
传真(Fax)：023 - 40262413
E-mail：cqkmwfb@ cqkmwfb. com
Http://www. cqkmwfb. com
总经理(General Manager)：刘杰
产品业务(Business)：水刺非织造布

● 非织造布 Nonwovens

——干法纸
airlaid

Buckeye Technologies Inc.
美国博凯技术公司
地址(Add)：1001 Tillman St. Po Box 80407 Memphis TN 38108 - 0407 USA
电话(Tel)：1 - 901 - 3208100
传真(Fax)：1 - 901 - 3208385
产品业务(Business)：干法纸
Buckeye Technologies Inc. Asia Sales Rep. Office
美国博凯技术公司新加坡亚洲区销售代办处
地址(Add)：2 Loyang Lane No. 04 - 03 Loyang Industrial Estate Singapore 508913
电话(Tel)：65 - 65422100
传真(Fax)：65 - 65422149
E-mail：hk. tan@ bkitech. com. sg
联系人(Contact Person)：陈福谦
产品业务(Business)：干法纸

美国博凯技术公司北京代表处
地址(Add)：北京市朝阳区建外大街甲 24 号东海中心 503 室
邮编(P. C.)：100004
电话(Tel)：010 - 65155809
传真(Fax)：010 - 65155919
E-mail：jean_ ma@ bkitech. com
联系人(Contact Person)：马先超
产品业务(Business)：干法纸

圣路律通(北京)科技有限公司
Saintom (Beijing) Science & Technology Co., Ltd.
地址(Add)：北京市石景山区阜石路 166 号泽洋大厦 702 室
邮编(P. C.)：100043
电话(Tel)：010 - 83650237
传真(Fax)：010 - 83650239
联系人(Contact Person)：蒲勇
产品业务(Business)：经销干法纸、离型纸

天津市精镜科技有限公司
Tianjin Jingjing Technology Co., Ltd.
(详见非织造布 - 热轧、热风、纺粘等)

天津市华悦峰商贸有限公司
Tianjin Huayuefeng Trade Co., Ltd.
(详见绒毛浆)

博爱(中国)膨化芯材有限公司
Fitesa (China) Airlaid Co., Ltd.
地址(Add)：天津市经济技术开发区第七大街 49 号
邮编(P. C.)：300457
电话(Tel)：022 - 59889323
传真(Fax)：022 - 59889329
E-mail：sales@ fitesa. com
Http://www. fitesa. com
法人代表(Chairman)：Daniel Dayan
总经理(General Manager)：Michael Jett
联系人(Contact Person)：王欣
产品业务(Business)：生产干法纸

天津德安纸业有限公司
Tianjin Dean Paper Co., Ltd.
地址(Add)：天津市宁河县经济开发区第 12 纬路 2 号
邮编(P. C.)：301500
电话(Tel)：022 - 69119034
传真(Fax)：022 - 69119034
法人代表(Chairman)：班志强
总经理(General Manager)：马全成
联系人(Contact Person)：马全成
产品业务(Business)：生产干法纸

廊坊市玉龙纸业有限公司
Langfang Yulong Paper Co., Ltd.
地址(Add)：河北省廊坊市光明西道 268 号
邮编(P. C.)：065000
电话(Tel)：0316 - 2650518
传真(Fax)：0316 - 2655399
法人代表(Chairman)：马玉龙
总经理(General Manager)：马玉龙
联系人(Contact Person)：郭剑鸿
产品业务(Business)：生产干法纸

丹东天和实业有限公司
Dandong Tianhe Industrial Co., Ltd.
(详见干法纸设备)

上海协润贸易有限公司
Shanghai Xierun Trading Co., Ltd.
地址(Add)：上海市宝山区蕴川路 1498 弄 66 号铺
邮编(P. C.)：201901
电话(Tel)：021 - 66763447
传真(Fax)：021 - 66763354
E-mail：xierunwr@ 163. com
Http://www. darunyz. cn. alibaba. com
总经理(General Manager)：林浩然
联系人(Contact Person)：武茹
产品业务(Business)：经销干法纸，吸水复合纸，高吸收性树脂

Technical Absorbents Ltd 中国办事处
地址(Add)：上海市宝山区蘊川路 1498 弄 66 号铺
邮编(P. C.)：201901
电话(Tel)：021 - 66763445
传真(Fax)：021 - 66763354
E-mail：zacky@ 139. com
Http://www. techabsorbents. com
总经理(General Manager)：林浩然
联系人(Contact Person)：林浩然
产品业务(Business)：经销干法纸，吸水复合纸，高吸收性树脂

王子奇能纸业（上海）有限公司
Oji Kinocloth (Shanghai) Co., Ltd.
地址（Add）：上海市长宁区仙霞路 88 号太阳广场 W506 室
邮编（P. C.）：200336
电话（Tel）：021 – 62375200
传真（Fax）：021 – 62375600
E-mail：y. sun@ kinocloth. cn
Http://www. kinocloth. cn
法人代表（Chairman）：北村欣勇
总经理（General Manager）：丰岛节夫
联系人（Contact Person）：孙永亮
产品业务（Business）：干法纸，吸水复合纸

上海亚聚纸业有限公司
Shanghai Asialinx PM Enterprise Inc.
（详见非织造布 – 热轧、热风、纺粘等）

上海舒康实业有限公司
Sofe & Safe Industry Ltd.
（详见非织造布 – 热轧、热风、纺粘等）

上海凯昌国际贸易有限公司
Shanghai Kaichang International Trading Co., Ltd.
（详见绒毛浆）

上海秉泽实业有限公司
Shanghai Bingze Industry Co., Ltd.
地址（Add）：上海市虹口区汶水东路 181 弄三九大厦 2 号 1006 室
邮编（P. C.）：200437
电话（Tel）：021 – 61480856
传真（Fax）：021 – 61480855
E-mail：330989048@ qq. com
联系人（Contact Person）：黄则盛
产品业务（Business）：胶合/综合/热合干法纸，水刺非织造布，木浆非织造布

中丝（上海）新材料科技有限公司
China Silk (Shanghai) New Material Technology Co., Ltd.
地址（Add）：上海市金山工业区天工路 285 弄 25 号
邮编（P. C.）：201507
电话（Tel）：021 – 37286433
传真（Fax）：021 – 37286477
E-mail：liliping@ ccat – airlaid. com
Http://www. ccat – airlaid. com
法人代表（Chairman）：张伟鸣
总经理（General Manager）：汤亚中
联系人（Contact Person）：李丽萍
产品业务（Business）：热合、胶乳粘和、综合型干法纸，SAP/SAF 吸水复合纸

上海奇丽纸业有限公司
Shanghai Qili Paper Co., Ltd.
地址（Add）：上海市南大路 729 弄 18 号厂房
邮编（P. C.）：200331
电话（Tel）：021 – 55398829
传真（Fax）：021 – 36359028
E-mail：yaohui@ cashizhi. com
法人代表（Chairman）：cashizhi. com
联系人（Contact Person）：姚辉
产品业务（Business）：干法纸

上海通贝吸水材料有限公司
Shanghai Tongbei Suction Material Co., Ltd.
地址（Add）：上海市浦东新区合庆镇凌白路 1081 号
邮编（P. C.）：201201
电话（Tel）：021 – 58972939
传真（Fax）：021 – 58975196
E-mail：shtongbei@ 126. com
Http://www. shtongbei. cn. alibaba. com
法人代表（Chairman）：奚永飞
总经理（General Manager）：奚永飞
联系人（Contact Person）：钱玉华
产品业务（Business）：干法纸，纤维美容纸，吸水纸

旭耀纸业（上海）有限公司
Rollo International (Shanghai) Ltd.
地址（Add）：上海市松江区车墩镇新加路 98 号
邮编（P. C.）：201611
电话（Tel）：021 – 37601003
传真（Fax）：021 – 37601840
法人代表（Chairman）：王升曜
总经理（General Manager）：徐梅生
联系人（Contact Person）：徐梅生
产品业务（Business）：干法纸

亿利德纸业（上海）有限公司
Elite Paper (Shanghai) Co., Ltd.
地址（Add）：上海市松江区中山街道文翔路 398 号
邮编（P. C.）：201613
电话（Tel）：021 – 57781100 – 222
传真（Fax）：021 – 57782477
E-mail：mazhaoxu83@ 163. com
Http://www. elitepaper. com. cn
法人代表（Chairman）：张云龙
总经理（General Manager）：施云忠
联系人（Contact Person）：马兆旭
产品业务（Business）：生产干法纸

上海森绒纸业有限公司
Shanghai Senrong Paper Industry Co., Ltd.
地址（Add）：上海市松江佘山工业区明业路 525 号
邮编（P. C.）：201602
电话（Tel）：021 – 57793568
传真（Fax）：021 – 57793567
E-mail：342094620@ qq. com
Http://www. seerongpaper. cn. alibaba. com
法人代表（Chairman）：董超云
总经理（General Manager）：董超云
联系人（Contact Person）：闫旭
产品业务（Business）：生产干法纸，含高吸收性树脂复合干法纸

Fiberweb 亚太无纺布上海分公司
Fiberweb Asia Pacific Limited
（详见非织造布 – 热轧、热风、纺粘等）

常州海蓝无纺科技有限公司
Changzhou Hailan Nonwovens Technology Co., Ltd.
（详见非织造布 – 热轧、热风、纺粘等）

南通中纸纸浆有限公司
Nantong Zhongzhi Pulp Co., Ltd.
地址(Add):江苏省南通市港闸区兴盛路 19 号
邮编(P. C.):226002
电话(Tel):0513 – 81061566
传真(Fax):0513 – 85560826
E-mail:zzairlaid@ gmail. com
Http://www. airlaid. com. cn
总经理(General Manager):王松明
联系人(Contact Person):王松明
产品业务(Business):热合干法纸,吸水纸,尿裤用干法纸

格莱富特中国代表处
Glatfelter China Rep. Office
地址(Add):江苏省苏州工业园区苏华路 1 号世纪金融大厦 A205 室
邮编(P. C.):215021
电话(Tel):0512 – 67625077
传真(Fax):0512 – 67625070
E-mail:eric. chen@ glatfelter. com
Http://www. glatfelter. com
法人代表(Chairman):Thomas Klaette
联系人(Contact Person):陈渝
产品业务(Business):干法纸,湿法非织造布

盐城经纬国际集团有限公司
Jingwei Int'l Group Co., Ltd.
(详见非织造布 – 热轧、热风、纺粘等)

浙江香缘过滤材料有限公司
Zhejiang Xiangyuan Filtrate Material Co., Ltd.
地址(Add):浙江省安吉县天子湖现代工业园良朋园区
邮编(P. C.):313309
电话(Tel):0572 – 5101256
传真(Fax):0572 – 5101566
法人代表(Chairman):余利建
总经理(General Manager):余利建
联系人(Contact Person):宋建伟
产品业务(Business):生产干法纸

宁波市菲斯特化纤有限公司
Ningbo First Chemical Fiber Co., Ltd.
地址(Add):浙江省慈溪市掌起工业开发区
邮编(P. C.):315313
电话(Tel):0574 – 63742606
传真(Fax):0574 – 63740408
E-mail:qxgx@ china – nonwoven. com
Http://www. china – nonwoven. com
联系人(Contact Person):聂惯伟
产品业务(Business):干法纸,纺粘/热风/热轧非织造布

慈溪市逸红无纺布有限公司
Cixi Yihong Nonwoven Co., Ltd.
(详见非织造布 – 热轧、热风、纺粘等)

宁波市奇兴无纺布有限公司
Ningbo Qixing Nonwovens Co., Ltd.
(详见非织造布 – 热轧、热风、纺粘等)

嘉兴市申新无纺布厂
Jiaxing Shenxin Non – woven Fabric Factory
(详见非织造布 – 热轧、热风、纺粘等)

临安恒大纸业有限公司
Lin'an Hengda Paper Co., Ltd.
地址(Add):浙江省临安市於潜镇工业园区
邮编(P. C.):311311
电话(Tel):0571 – 63872572
传真(Fax):0571 – 63872559
法人代表(Chairman):张桂俊
联系人(Contact Person):童湘穆
产品业务(Business):干法纸,吸水纸

临安市振宇吸水材料有限公司
Zhenyu Water Absorption Material Co., Ltd.
(详见衬纸和复合吸水纸)

领先(福建)实业有限公司
Lead (Fujian) Industrial Co., Ltd.
地址(Add):福建省长泰经济开发区兴泰工业园区
邮编(P. C.):363900
电话(Tel):0596 – 6957888
传真(Fax):0596 – 6950888
E-mail:78787072@ qq. com
法人代表(Chairman):陈丽琼
总经理(General Manager):陈丽琼
联系人(Contact Person):丁呈辉
产品业务(Business):干法纸,蓬松非织造布,复合吸水纸

恒信纸品卫生材料经销部
Hengxin Paper Products Material Distributor
(详见绒毛浆)

晋江木浆棉有限公司
Jinjiang Mujiangmian Co., Ltd.
(详见纸浆)

福建晋江市安海博源膨化芯材有限公司
Jinjiang Anhai Boyuan Airlaid Co., Ltd.
地址(Add):福建省晋江市永和镇第一工业区侨成化纤厂
邮编(P. C.):362261
电话(Tel):0595 – 85756838
传真(Fax):0595 – 85756938
E-mail:boyuanxincai@ 163. com
法人代表(Chairman):黄如木
总经理(General Manager):黄如木
联系人(Contact Person):黄兰艳
产品业务(Business):干法纸,干法纸生产设备

南安市万成纸业公司
Nanan Wancheng Paper Co.
地址(Add):福建省南安市扶茂工业开发区
邮编(P. C.):362300
电话(Tel):0595 – 86258066
传真(Fax):0595 – 86257738
联系人(Contact Person):汤承书
产品业务(Business):干法纸

泉州长荣纸品有限公司
Quanzhou Changrong Paper Products Co., Ltd.
地址(Add): 福建省泉州市洛江区万安塘西工业区
邮编(P. C.): 362000
电话(Tel): 0595-22652299
传真(Fax): 0595-22656633
E-mail: qzcr00000@163. com
总经理(General Manager): 许有灿
产品业务(Business): 干法纸, 吸水纸

泉州恒润纸业有限公司
Quanzhou Hengrun Paper Co., Ltd.
(详见衬纸和复合吸水纸)

富力(漳州)实业有限公司
Fuli (Zhangzhou) Industiral Co., Ltd.
(详见衬纸和复合吸水纸)

山东信成纸业有限公司
Shandong Xincheng Paper Co., Ltd.
地址(Add): 山东省聊城市茌平县西外环高新技术工业园区
邮编(P. C.): 252100
电话(Tel): 0635-4285466
传真(Fax): 0635-4287566
E-mail: xcpaper2008@yahoo. com. cn
法人代表(Chairman): 曹晓云
总经理(General Manager): 牛洪华
联系人(Contact Person): 胡守泉
产品业务(Business): 生产干法纸

郯城银河吸水材料有限公司
Tancheng Yinhe Absorbent Material Co., Ltd.
地址(Add): 山东省临沂市郯城县马头经济开发区
邮编(P. C.): 276125
电话(Tel): 0539-6591458
传真(Fax): 0539-6591458
联系人(Contact Person): 叶朋武
产品业务(Business): 干法纸, 吸水纸

青岛恒业佰益国际贸易有限公司
Qingdao Hengye Baiyi International Trading Co., Ltd.
(详见纸浆)

河南鹤壁中原纸业有限公司
Zhongyuan Paper Co., Ltd.
地址(Add): 河南省鹤壁市淇县铁西工业区中段北侧
邮编(P. C.): 456750
传真(Fax): 0392-7272185
联系人(Contact Person): 关海溪
产品业务(Business): 干法纸

东莞市佰捷电子科技有限公司
Dongguan Baijie Electronics Technology Co., Ltd.
地址(Add): 广东省东莞市东城牛山外经工业园三兴路3号
邮编(P. C.): 523128
电话(Tel): 0769-22621139
传真(Fax): 0769-22214363
E-mail: dgbj2011@126. com
联系人(Contact Person): 洪春国
产品业务(Business): 干法纸

东莞市润佳无纺布制品厂
Dongguan Runjia Nonwovens Factory
地址(Add): 广东省东莞市东城区立新九头村九龙路三街
邮编(P. C.): 523125
电话(Tel): 0769-22495998
传真(Fax): 0769-22361759
E-mail: dgrj@dgrj. com. cn
Http://www. dgrj. com. cn
总经理(General Manager): 董占龙
产品业务(Business): 干法纸

金冠神州纸业有限公司
Jinguan Shenzhou Paper Co., Ltd.
地址(Add): 广东省佛山市高明区荷富大道头社工业园
邮编(P. C.): 528000
电话(Tel): 0757-88321990
传真(Fax): 0757-88325988
法人代表(Chairman): 余祥宏
总经理(General Manager): 汤建生
产品业务(Business): 干法纸, 高分子复合吸水纸, 干法纸机械设备

佛山市格菲林不织布有限公司
Foshan Good-feeling Nonwowen Co., Ltd.
(详见湿强纸和复合吸水纸)

广州品享纸制品厂
Guangzhou Pinxiang Paper Products Factory
地址(Add): 广东省广州市番禺区南村罗山大道2号之一
邮编(P. C.): 510515
电话(Tel): 020-84343560
传真(Fax): 020-84344891
Http://phzy1688. cn. alibaba. com
联系人(Contact Person): 吴慧敏
产品业务(Business): 干法纸

江门市润丰纸业有限公司
Jiangmen Renfull Papermaking Co., Ltd.
地址(Add): 广东省江门市新会区睦洲镇梅大冲大桥东
邮编(P. C.): 529143
电话(Tel): 0750-6227999
传真(Fax): 0750-6227899
E-mail: renfull@163. com
联系人(Contact Person): 李有维
产品业务(Business): 热合干法纸

江门市鼎丰保洁材料厂
Jiangmen Dingfeng Sanitary Materials Plant
地址(Add): 广东省江门市新会区睦洲镇三牙围工业区
邮编(P. C.): 529000
电话(Tel): 0750-6226633
传真(Fax): 0750-6229966
E-mail: aoe@21cn. com
联系人(Contact Person): 张伟贤
产品业务(Business): 干法纸

揭阳市恒华新材料有限公司
Jieyang Henghua New Material Co., Ltd.
地址(Add): 广东省揭东县新亨镇英花村

邮编(P. C.)：515500
电话(Tel)：0663－3539999
传真(Fax)：0663－3445566
法人代表(Chairman)：胡泓山
联系人(Contact Person)：姚耿滨
产品业务(Business)：干法纸

揭阳市洁新纸业股份有限公司
Jiexin Airlaid Products Co., Ltd.
(详见干法纸设备)

科德利净化科技有限公司
Kedeli Purifying Technology Co., Ltd.
地址(Add)：广东省深圳市宝安区西乡宝民二路210号金碧花园181栋
邮编(P. C.)：518100
电话(Tel)：0755－21635387
传真(Fax)：0755－21635221
E-mail：szkdl@kedeli.com
Http://www.kedeli.com
总经理(General Manager)：罗超雄
产品业务(Business)：干法纸

南宁侨虹新材料有限责任公司
Nanning Qiaohong New Materials Co., Ltd.
地址(Add)：广西南宁华侨投资区
邮编(P. C.)：530105
电话(Tel)：0771－6305648
传真(Fax)：0771－6305649
E-mail：salesdep@qiaohong－airlaid.com
Http://www.qiaohong－airlaid.com
法人代表(Chairman)：赖晓杨
总经理(General Manager)：黄登明
联系人(Contact Person)：卢清宜
产品业务(Business)：热合/综合/复合型干法纸

成都蜀航实业有限公司
Chengdu Shuhang Industry Co., Ltd.
地址(Add)：四川省成都市武侯区机投镇花龙门工业园区
邮编(P. C.)：610045
电话(Tel)：028－87482368
传真(Fax)：028－87483011
总经理(General Manager)：汪东升
产品业务(Business)：干法纸，干法纸设备

● 非织造布 Nonwovens

——导流层材料
acquisition distribution layer (ADL)

上海丰格无纺布有限公司
Shanghai Fengge Nonwoven Co., Ltd.
(详见非织造布－热轧、热风、纺粘等)

常州乔德机械有限公司
Changzhou Qiaode Machinery Co., Ltd.
(详见非织造布设备)

宁波市奇兴无纺布有限公司
Ningbo Qixing Nonwovens Co., Ltd.
(详见非织造布－热轧、热风、纺粘等)

杭州唯可卫生材料有限公司
Hangzhou Wecan Hygienic Material Co., Ltd.
(详见打孔膜及打孔非织造布)

泉州市共赢进出口有限责任公司
Quanzhou Goooing Corporation
(详见流延膜及塑料母粒)

南安市欢益塑胶制品厂
Nanan Huanyi Plastic Proudcts Co., Ltd.
(详见打孔膜及打孔非织造布)

厦门骓科商贸有限公司
Xiamen Lark Trading Co., Ltd.
(详见胶带、胶贴、魔术贴、标签)

福建冠泓实业有限公司
Fujian Guanhong Industry Co., Ltd.
(详见非织造布－热轧、热风、纺粘等)

江门市蓬江区金天浩贸易有限公司
Jiangmen Jintianhao Trade Co., Ltd.
地址(Add)：广东省江门市庙子新村47号(新车站后面
邮编(P. C.)：529030
电话(Tel)：0750－3236783
传真(Fax)：0750－3236783
联系人(Contact Person)：廖莲桂
产品业务(Business)：经销导流层，氨纶丝，弹性材料

江门市永晋源无纺布有限公司
Jiangmen Yongjinyuan Nonwovens Co., Ltd.
(详见非织造布－热轧、热风、纺粘等)

科龙达无纺布厂
Kelongda Nonwoven Factory
(详见非织造布－热轧、热风、纺粘等)

● 打孔膜及打孔非织造布
Apertured film and apertured nonwovens

洪大塑料厂
Hongda Plastics Plant
地址(Add)：天津市宝坻区建设路12号
邮编(P. C.)：301800
电话(Tel)：13388071276
总经理(General Manager)：贾洪洋
联系人(Contact Person)：贾洪洋
产品业务(Business)：PE打孔膜

天津市和顺达塑料制品有限公司
Tianjin Heshunda Plastic Co., Ltd.
(详见流延膜及塑料母粒)

天津市德利塑料制品有限公司
Tianjin Deli Plastic Products Co., Ltd.
(详见非织造布－热轧、热风、纺粘等)

雄县顺天鑫工贸有限公司
Xiongxian Shuntianxin Industry & Trade Co., Ltd.
地址(Add):河北省雄县高辛庄
邮编(P. C.):071802
电话(Tel):0312－5711828
传真(Fax):0312－5713518
E-mail: stx@ hbstx. com
Http://www. stxgm. com
法人代表(Chairman):高国辉
总经理(General Manager):高东方
联系人(Contact Person):高东方
产品业务(Business):打孔膜,流延膜

上海柔亚尔卫生材料有限公司
Shanghai RoyalANW Health Material Co., Ltd.
地址(Add):上海市嘉定区马陆镇博学南路585号
邮编(P. C.):201801
电话(Tel):021－65035805
传真(Fax):021－39125105
E-mail: ma@ royalanw. com
Http://www. royalanw. com
法人代表(Chairman):肖磊
总经理(General Manager):马建强
联系人(Contact Person):周克珉
产品业务(Business):3D打孔非织造布,打孔膜二次打孔

锦盛卫生材料发展有限公司
Jinsheng Hygienic Material Development Co., Ltd.
地址(Add):上海市浦东新区板泉路1567弄3号409室
邮编(P. C.):200126
电话(Tel):021－62811123
传真(Fax):021－62815180
E-mail: js. wyq@ 263. net
联系人(Contact Person):王彦青
产品业务(Business):经销打孔膜,弹性材料

荷洛裴贸易(上海)有限公司
Clopay Trade (Shanghai) Co., Ltd.
(详见非织造布－热轧、热风、纺粘等)

卓德嘉薄膜(上海)有限公司
Tredegar Film Products Company Shanghai, Limited
地址(Add):上海市松江工业区荣乐东路281号
邮编(P. C.):201613
电话(Tel):021－57745588
传真(Fax):021－57744438
E-mail: trancy. xin@ tredegar. com
Http://www. tredegarfilm. com
法人代表(Chairman):张武凌
联系人(Contact Person):忻王协
产品业务(Business):打孔膜和复合膜,弹性薄膜、薄膜/非织造布复合产品,卫生用品的透气性阻隔膜和复合膜,包装薄膜,打孔非织造布

伊藤忠纤维贸易(中国)有限公司
Itochu Textile (China) Ltd.
(详见衬纸和复合吸水纸)

常州市中阳塑料制品厂
Changzhou Zhongyang Plastic Products Factory
地址(Add):江苏省常州市东门外遥观镇建农村
邮编(P. C.):213102
电话(Tel):0519－88701717
传真(Fax):0519－88707922
总经理(General Manager):潘焕忠
产品业务(Business):打孔膜,流延膜,打孔膜设备

常州市美蝶薄膜有限公司
Changzhou Meidie Film Co., Ltd.
地址(Add):江苏省常州市芙蓉镇芙玉路8号
邮编(P. C.):213118
电话(Tel):0519－88666170
传真(Fax):0519－88666170
Http://meidiebm. cn. alibaba. com
总经理(General Manager):刘建军
产品业务(Business):打孔膜,打孔非织造布,流延膜

常州市豪峰纸业有限公司
Changzhou Haofeng Paper Co., Ltd.
地址(Add):江苏省常州市横林镇江村工业集中区23号
邮编(P. C.):213101
电话(Tel):0519－88490585
传真(Fax):0519－88490853
总经理(General Manager):方文杰
产品业务(Business):PE/PP低熔点复合纤维,木浆,高吸收性树脂,流延膜,干法纸,打孔膜

常州新安无纺布有限公司
Changzhou Xin'an Nonwovens Co., Ltd.
(详见非织造布－热轧、热风、纺粘等)

常州市佳美薄膜制品有限公司
Changzhou Jiamei Film Co., Ltd.
地址(Add):江苏省常州市遥观镇前杨工业区120号
邮编(P. C.):213011
电话(Tel):0519－88775933
传真(Fax):0519－88380788
E-mail: icarose_8@ sina. com
法人代表(Chairman):杨小平
总经理(General Manager):潘宏萍
联系人(Contact Person):杨小平
产品业务(Business):打孔膜机,打孔膜,热轧、热风非织造布,PE膜,流延膜

江阴开源非织造布制品有限公司
Jiangyin Kaiyuan Nonwoven Fabrics Co., Ltd.
(详见非织造布－热轧、热风、纺粘等)

杰翔塑胶工业(苏州)有限公司
JSI Polymer (Suzhou) Co., Ltd.
地址(Add):江苏省苏州工业园区东旺路48号
邮编(P. C.):215123
电话(Tel):0512－62571772
传真(Fax):0512－62889181
E-mail: jsi21@ jsipolymer. com

联系人(Contact Person)：柳钧
产品业务(Business)：PE 打孔膜，流延膜

吴江金正膜业有限公司
Wujiang Jinzheng Film Co., Ltd.
地址(Add)：江苏省苏州市吴江汾湖经济开发区浦港路1号
邮编(P. C.)：215211
电话(Tel)：0512－63274005
传真(Fax)：0512－63274790
E-mail：yangruixing000@163. com
法人代表(Chairman)：杨瑞兴
总经理(General Manager)：杨瑞兴
联系人(Contact Person)：杨瑞兴
产品业务(Business)：PE 打孔膜，复合膜，塑胶制品

苏州新姐妹新材料有限公司
Suzhou New Jeje New Material Co., Ltd.
地址(Add)：江苏省宿迁市宿阳县余杭路21号
邮编(P. C.)：223699
电话(Tel)：0527－80813979
传真(Fax)：0527－80813979
E-mail：jeje18@pub. sz. jsinfo. net
联系人(Contact Person)：缪小平
产品业务(Business)：打孔膜

长兴润兴无纺布厂
Changxing Runxing Nonwoven Factory
(详见非织造布－热轧、热风、纺粘等)

杭州唯可卫生材料有限公司
Hangzhou Wecan Hygienic Material Co., Ltd.
地址(Add)：浙江省杭州市余杭区瓶窑镇杭生路6号
邮编(P. C.)：311115
电话(Tel)：0571－88549728
传真(Fax)：0571－88549768
E-mail：info@hzwecan. cn
Http://www. hzwecan. cn
法人代表(Chairman)：詹卫东
总经理(General Manager)：詹卫东
联系人(Contact Person)：张晓锦
产品业务(Business)：打孔非织造布，导流层，弹性材料

温州市瓯海合利塑纸厂
Wenzhou Heli Plastic & Paper Factory
地址(Add)：浙江省温州市瓯海区仙岩镇龙华路31－2号
邮编(P. C.)：325000
电话(Tel)：0577－86773123
传真(Fax)：0577－86775623
Http://www. helisuzhi. cn. alibaba. com
法人代表(Chairman)：方云飞
联系人(Contact Person)：方云飞
产品业务(Business)：打孔膜，流延膜，SMS 非织造布，打孔非织造布，快易胶带，防滑纸，防滑膜

晋江市恒安卫生材料有限公司
Jinjiang Hengan Hygiene Material Co., Ltd.
(详见非织造布－热轧、热风、纺粘等)

泉州市共赢进出口有限责任公司
Quanzhou Goooing Corporation
(详见流延膜及塑料母粒)

福建省晋江市圣洁卫生用品有限公司
Fujian Jinjiang Shengjie Hygiene Products Co., Ltd.
地址(Add)：福建省晋江市磁灶镇张林儒东工业区
邮编(P. C.)：362214
电话(Tel)：0595－85858298
传真(Fax)：0595－85858698
E-mail：1206987@qq. com
Http://www. fjshengjie. cn
总经理(General Manager)：张祝恩
联系人(Contact Person)：张自力
产品业务(Business)：PE 打孔膜，流延膜，印刷膜，复合膜

福建省晋江市群益塑胶开发有限公司
Fujian Qunyi Plastics Development Co., Ltd.
地址(Add)：福建省晋江市青阳青华工业区
邮编(P. C.)：362200
电话(Tel)：0595－85698405
传真(Fax)：0595－85661208
E-mail：qysj168@126. com
联系人(Contact Person)：苏建群
产品业务(Business)：打孔膜，热熔胶

晋江市凤山卫生材料有限公司
Jinjiang Fengshan HygieneMaterial Co., Ltd.
地址(Add)：福建省晋江市西园街道赖厝工业区
邮编(P. C.)：362200
电话(Tel)：0595－85654988
传真(Fax)：0595－85604988
法人代表(Chairman)：赖泽坤
总经理(General Manager)：赖泽坤
联系人(Contact Person)：赖泽坤
产品业务(Business)：打孔膜

晋江市舒尔佳塑胶制品有限公司
Jinjiang Shuerjia Plastic Products Co., Ltd.
地址(Add)：福建省晋江市西园王厝工业区
邮编(P. C.)：362200
电话(Tel)：0595－85656666
传真(Fax)：0595－85656777
Http://www. shuerjia. com
联系人(Contact Person)：洪一新
产品业务(Business)：打孔膜，流延膜，透气膜

南安市欢益塑胶制品厂
Nanan Huanyi Plastic Proudcts Co., Ltd.
地址(Add)：福建省南安市雪峰华侨经济开发区
邮编(P. C.)：362331
电话(Tel)：0595－86688333
传真(Fax)：0595－86673628
E-mail：huanyisj@163. com
Http://www. huanyisj. com
法人代表(Chairman)：林团益
总经理(General Manager)：林团益
联系人(Contact Person)：林团益
产品业务(Business)：PE 打孔膜，PE 导流层，3D 打孔非织造布

泉州慧利新材料科技有限公司
Quanzhou Huili New Material Technology Co., Ltd.
地址(Add)：福建省泉州市丰泽北峰普贤路群石黄枝林

邮编(P. C.)：362000
电话(Tel)：0595－22761200
传真(Fax)：0595－22229590
总经理(General Manager)：陈秀春
联系人(Contact Person)：吴健
产品业务(Business)：打孔膜，非织造布

泉州瑞兴新材料科技有限公司
Quanzhou Ruixing New Mstar Technology Co., Ltd.
地址(Add)：福建省泉州市洛江区塘西工业园2号园区B－4地
邮编(P. C.)：362000
电话(Tel)：0595－28150138
传真(Fax)：0595－28150139
E-mail：difan9988@126. com
联系人(Contact Person)：郭辉
产品业务(Business)：透气膜，复合膜

泉州市露泉卫生用品有限公司
Quanzhou Luquan Hygiene Products Co., Ltd.
(详见打孔膜机)

泉州耳东纸业有限公司
Quanzhou Erdong Paper Article Co., Ltd.
(详见衬纸和复合吸水纸)

石狮市坚创塑胶制品有限公司
Shishi Jianchuang Plastic Products Co., Ltd.
地址(Add)：福建省石狮市蚶江镇石壁村玉山工业区
邮编(P. C.)：362700
电话(Tel)：0595－88837588
传真(Fax)：0595－88823599
法人代表(Chairman)：许经聪
总经理(General Manager)：许经聪
联系人(Contact Person)：许经聪
产品业务(Business)：打孔膜，流延膜

厦门新旺工贸有限公司
Xiamen Xinwang Industrial & Trading Co., Ltd.
地址(Add)：福建省厦门市集美区后溪镇白虎岩路55号
邮编(P. C.)：361024
电话(Tel)：0592－6288295
传真(Fax)：0592－6288297
E-mail：info@xmxwgm. com
Http://www. xmxwgm. com
总经理(General Manager)：刘烈新
联系人(Contact Person)：郑水荣
产品业务(Business)：打孔膜，离型膜

厦门延江工贸有限公司
Xiamen Yanjan Industry Co., Ltd.
地址(Add)：福建省厦门市同安工业集中区湖里园88号
邮编(P. C.)：361100
电话(Tel)：0592－5229830
传真(Fax)：0592－5229833
E-mail：xiejiquan@yanjan. com
Http://www. yanjan. com
法人代表(Chairman)：谢继权
总经理(General Manager)：谢继权
联系人(Contact Person)：康丽燕
产品业务(Business)：打孔膜，打孔非织造布

山东郯城维康卫生材料有限公司
Tancheng Weikang Hygiene Material Co., Ltd.
(详见流延膜及塑料母粒)

山东宝利卫生用品厂
Shandong Baoli Hygiene Products Plant
地址(Add)：山东省临沂市郯城县马头镇金马工业园
邮编(P. C.)：276100
电话(Tel)：0539－6771122
传真(Fax)：0539－6771122
联系人(Contact Person)：林刚
产品业务(Business)：打孔膜，流延膜，离型纸

达利源卫生材料用品有限公司
Daliyuan Hygiene Material Products Co., Ltd.
(详见流延膜及塑料母粒)

山东郯城金马复合彩印厂
Shandong Tancheng Jinma Composite Color Printing Plant
(详见包装及印刷)

山东郯城宏达流延膜厂
Tancheng Hongda Film Factory
地址(Add)：山东省郯城县马头经济开发区东端
邮编(P. C.)：276126
电话(Tel)：0539－6771839
传真(Fax)：0539－6771839
E-mail：zdm@lyhongda. com
联系人(Contact Person)：周德明
产品业务(Business)：打孔膜，流延膜

焦作艾德嘉工贸有限公司
Jiaozuo Aidejia Trade Co., Ltd.
地址(Add)：河南省焦作市马村区万方工业园区
邮编(P. C.)：454000
电话(Tel)：0391－3266201
传真(Fax)：0391－3266202
联系人(Contact Person)：张广文
产品业务(Business)：打孔膜，流延膜

河南省南阳悦美薄膜制品有限公司
Nanyang Yuemei Film Products Co., Ltd.
地址(Add)：河南省南阳市西峡县丁河镇工业园区6号
邮编(P. C.)：473000
电话(Tel)：0377－69826588
传真(Fax)：0377－69826588
总经理(General Manager)：贾书君
产品业务(Business)：打孔膜，流延膜，婴儿纸尿裤用底膜，打孔非织造布

佛山市腾华塑胶有限公司
Foshan Tenghua Plastic Co., Ltd.
地址(Add)：广东省佛山市桂城东部工业区B区顺泰路
邮编(P. C.)：528000
电话(Tel)：0757－81282381
传真(Fax)：0757－81282383
E-mail：hzh8721@163. com
法人代表(Chairman)：沈金才
总经理(General Manager)：黄志华
联系人(Contact Person)：吴乃标
产品业务(Business)：PE打孔膜，PE流延膜，尿显膜

佛山市南海康利卫生材料有限公司
Foshan Nanhai Kangli Sanitary Material Co., Ltd.
地址(Add)：广东省佛山市南海大沥太平石步刘工业园
邮编(P. C.)：528000
电话(Tel)：0757－85586032
传真(Fax)：0757－81181576
E-mail：fsnhkl@163. com
法人代表(Chairman)：招汉
总经理(General Manager)：招汉
联系人(Contact Person)：招汉
产品业务(Business)：打孔非织造布

佛山市南海必得福无纺布有限公司
Foshan Nanhai Beautiful Nonwoven Co., Ltd.
(详见非织造布－热轧、热风、纺粘等)

佛山市诺赛卫生材料有限公司
Foshan Nuosai Health Materials Co., Ltd.
地址(Add)：广东省佛山市南海区狮山科技工业园A区科韵中路3号
邮编(P. C.)：528225
电话(Tel)：0757－86654181
传真(Fax)：0757－86654389
E-mail：nuosai2008@163. com
法人代表(Chairman)：柯绍交
总经理(General Manager)：柯绍交
联系人(Contact Person)：柯绍交
产品业务(Business)：打孔非织造布

佛山市凯旭无纺布科技有限公司
Foshan Kaixu Nonwoven Technology Co., Ltd.
(详见非织造布－热轧、热风、纺粘等)

佛山市顺德区北滘森丰源纸品厂
Foshan Senfengyuan Paper Products Factory
地址(Add)：广东省佛山市顺德区北滘镇碧江工业区二路7号
邮编(P. C.)：528311
电话(Tel)：0757－26674997
传真(Fax)：0757－26658997
法人代表(Chairman)：苏炳志
联系人(Contact Person)：苏炳志
产品业务(Business)：打孔非织造布，热熔胶代理

佛山市强的无纺布材料有限公司
Foshan Qiangdi Nonwoven Technology Co., Ltd.
地址(Add)：广东省佛山市谢边第一工业区
邮编(P. C.)：528000
电话(Tel)：0757－85551808
传真(Fax)：0757－85550308
E-mail：qdmfb07@126. com
Http://www. fsqiandi. net. cn
法人代表(Chairman)：陈福坚
总经理(General Manager)：陈福坚
联系人(Contact Person)：李小明
产品业务(Business)：打孔非织造布、PE复合非织造布

广州卓德嘉薄膜有限公司
Guangzhou Tredegar Film Co., Ltd.
地址(Add)：广东省广州市保税区广保大道西侧3号
邮编(P. C.)：510730
电话(Tel)：020－82209998
传真(Fax)：020－62957505
E-mail：jli@tredegar. com
法人代表(Chairman)：Tom Cochran
总经理(General Manager)：张武凌
联系人(Contact Person)：李胜林
产品业务(Business)：打孔膜和复合膜，弹性薄膜、薄膜/非织造布复合产品，卫生用品的透气性阻隔膜和复合膜，包装薄膜，打孔非织造布

广州市一洲无纺布实业有限公司
Guangzhou Yizhou Nonwoven Industiral Co., Ltd.
(详见非织造布－热轧、热风、纺粘等)

广东花坪薄膜有限公司
Guangdong Huaping Film Co., Ltd.
(详见流延膜及塑料母粒)

江门市恒德实业有限公司
Jiangmen Hengde Industrial Co., Ltd.
地址(Add)：广东省江门市新会区睦洲镇牛古田村大围工业区
邮编(P. C.)：529143
电话(Tel)：0750－6533228
传真(Fax)：0750－6533229
E-mail：bainian98@126. com
Http://www. jmhengde. com
法人代表(Chairman)：王文江
总经理(General Manager)：王文龙
联系人(Contact Person)：王文龙
产品业务(Business)：打孔膜，打孔非织造布

深圳市金顺来实业有限公司
Shenzhen Jinshunlai Industry Co., Ltd.
(详见流延膜及塑料母粒)

中山市圣强纸业有限公司
Zhongshan Shengqiang Paper Co., Ltd.
(详见离型纸、离型膜)

中山市利宏包装印刷有限公司
Zhongshan Lihong Packaging & Printing Co., Ltd.
(详见胶带、胶贴、魔术贴、标签)

中山市德伦包装材料有限公司
Zhongshan Delun Packaging Material Co., Ltd.
地址(Add)：广东省中山市小榄镇菊城大道108号
邮编(P. C.)：528415
电话(Tel)：0760－22121524
传真(Fax)：0760－22127367
联系人(Contact Person)：罗伟东
产品业务(Business)：打孔膜，非织造布

重庆怡洁科技发展有限公司
Chongqing Yijie Technology Development Co., Ltd.
地址(Add)：重庆市巴南区南泉镇白鹤村69号
邮编(P. C.)：400056
电话(Tel)：023－62845330
传真(Fax)：023－62845331
E-mail：yongyi707@126. com
法人代表(Chairman)：李秋平

联系人(Contact Person)：尚林剑
产品业务(Business)：PLT、PN 桥式网孔面料，PPS、PMS 桥式网孔面料，打孔非织造布

重庆壮大包装材料有限公司
Chongqing Zhuangda Packing Material Co., Ltd.
(详见流延膜及塑料母粒)

重庆和泰塑胶股份有限公司
Chongqing Hetai Plastics Co., Ltd.
(详见流延膜及塑料母粒)

成都益华塑料包装有限公司
Chengdu Yihua Plastics Packaging Co., Ltd.
(详见流延膜及塑料母粒)

仁寿天意纸制品有限公司
Renshou Tianyi Paper Products Co., Ltd.
地址(Add)：四川省仁寿县宝马乡顺河大街 32 号
邮编(P. C.)：610000
电话(Tel)：13108205918
传真(Fax)：028 - 62220330
总经理(General Manager)：周从军
产品业务(Business)：经销流延膜，打孔膜，打孔非织造布，吸水纸

● 流延膜及塑料母粒 PE film and plastic masterbatch

卫普实业股份有限公司
Web - Pro Corporation
(详见非织造布 - 热轧、热风、纺粘等)

启华工业股份有限公司
Kae Hwa Industrial Co., Ltd.
地址(Add)：台湾省彰华县鹿港镇工业东三路 11 号
电话(Tel)：886 - 4 - 7810311
传真(Fax)：886 - 4 - 7810105
E-mail：khout@pefilm.com.tw
Http://www.pefilm.com.tw
联系人(Contact Person)：欧长青
产品业务(Business)：透气膜，塑料母粒

台湾塑胶工业股份有限公司
Formosa Plastics Corporation
地址(Add)：台湾台北市 10591 敦化北路 201 号台塑大楼 4 楼 175 室
电话(Tel)：886 - 2 - 27122211
传真(Fax)：886 - 2 - 27193262
E-mail：tapro@fpc.com.tw
Http://www.fpc.com.tw
联系人(Contact Person)：林灿国
产品业务(Business)：透气膜，高吸收性树脂

同舟化工有限公司
Topship Chemicals Co., Ltd.
(详见高吸收性树脂)

北京康必盛科技发展有限公司
Kangbisheng Science & Technology Development Co., Ltd.
地址(Add)：北京市大兴区生物医药产业基地天华街 2 号
邮编(P. C.)：102600
电话(Tel)：010 - 61256863
传真(Fax)：010 - 61256908
Http://www.kangbisheng.com
联系人(Contact Person)：刘维轩
产品业务(Business)：流延膜，覆膜非织造布

中石化北京燕山分公司树脂应用研究所
Sinopec Beijing Yanshan Co.
(详见非织造布 - 热轧、热风、纺粘等)

北京世纪新飞卫生材料有限公司
Beijing Shiji Xinfei Sanitary Material Co., Ltd.
(详见离型纸、离型膜)

天津市登峰胶粘剂有限公司
Tianjin Dengfeng Adhesive Co., Ltd.
地址(Add)：天津市宝坻开发区南三环路 11 号
邮编(P. C.)：301800
电话(Tel)：022 - 29235008
传真(Fax)：022 - 29236768
E-mail：tjdfj@126.com
Http://www.tjdfj.com
法人代表(Chairman)：张健
联系人(Contact Person)：张倩
产品业务(Business)：流延膜，热熔胶

天津市津宝福源纸制品包装厂
Tianjin Jinbao Fuyuan Paper Products Co., Ltd.
(详见包装及印刷)

天津市赛宝卫生材料有限公司
Tianjin Saibao Hygiene Material Co., Ltd.
地址(Add)：天津市宝坻区津围公路 26 号
邮编(P. C.)：301800
电话(Tel)：13821499388
传真(Fax)：022 - 29229699
E-mail：saibao_china@163.com
联系人(Contact Person)：冯作林
产品业务(Business)：流延膜

天津市尚好卫生材料有限公司
Tianjin Shanghao Hygiene Materials Co., Ltd.
地址(Add)：天津市宝坻区经济开发区天祥路 6 号
邮编(P. C.)：301800
电话(Tel)：022 - 22531888
传真(Fax)：022 - 82688115
E-mail：zhangqiang00088@163.com
总经理(General Manager)：张强
产品业务(Business)：流延膜，离型膜，包装袋，复合吸水纸

天津富兴塑料制品有限公司
Tianjin Fuxing Plastic Products Co., Ltd.
地址(Add)：天津市蓟县下仓镇仓北工业区
邮编(P. C.)：301905
电话(Tel)：022 - 29878192
传真(Fax)：022 - 29870166

总经理(General Manager)：李兴
产品业务(Business)：流延膜，打孔膜基材

天津市和顺达塑料制品有限公司
Tianjin Heshunda Plastic Co., Ltd.
地址(Add)：天津市蓟县下仓镇大李各庄村
邮编(P. C.)：301905
电话(Tel)：022－29878192
传真(Fax)：022－29870266
E-mail：tjhsdsl@163. com
总经理(General Manager)：李日光
产品业务(Business)：流延膜，打孔膜

天津市德利塑料制品有限公司
Tianjin Deli Plastic Products Co., Ltd.
(详见非织造布－热轧、热风、纺粘等)

天津市鑫玉胜塑料贸易有限公司
Tianjin Xinyusheng Plastics Trading Co., Ltd.
地址(Add)：天津市西青区精武镇南河工业园
邮编(P. C.)：300382
电话(Tel)：13032258218
E-mail：xinyushengsuliao@163. com
联系人(Contact Person)：武晶
产品业务(Business)：流延膜

保定卫生用品厂
Baoding Health Products Factory
(详见纸浆)

沧州市亚泰塑胶有限公司
Cangzhou Yatai Plastic Co., Ltd.
地址(Add)：河北省沧州市沧县汪家铺乡瓦仓村东
邮编(P. C.)：061000
电话(Tel)：0317－4759318
传真(Fax)：0317－4757222
E-mail：czsytsj@126. com
Http://czsytsj. cn. alibaba. com
法人代表(Chairman)：陈建华
总经理(General Manager)：陈建华
联系人(Contact Person)：陈建华
产品业务(Business)：流延膜

沧州三和无纺布有限公司
Cangzhou Sanhe Nonwovens Co., Ltd.
(详见非织造布－热轧、热风、纺粘等)

沧州市泰昌流延膜有限责任公司
Cangzhou Taichang Film Co., Ltd.
地址(Add)：河北省沧州市新华区津德路北二环收费站北
邮编(P. C.)：061001
电话(Tel)：0317－3563485
传真(Fax)：0317－3563485
联系人(Contact Person)：张国华
产品业务(Business)：流延膜

沧州临港宏盛塑料制品有限公司
Cangzhou Lingang Hongsheng Plastic Products Co., Ltd.
地址(Add)：河北省黄骅市中捷化工业园区
邮编(P. C.)：061108
电话(Tel)：0317－5484000
传真(Fax)：0317－5484000
E-mail：guohuibin88@163. com
联系人(Contact Person)：郭会彬
产品业务(Business)：色母粒

新乐华宝医疗用品有限公司
Xinle Huabao Medical Products Co., Ltd.
地址(Add)：河北省新乐市承安铺工业园区
邮编(P. C.)：050701
电话(Tel)：0311－88561292
传真(Fax)：0311－88562297
E-mail：yiyong@huabaosuliao. com
Http://www. huabaosuliao. com/yiyong
联系人(Contact Person)：孙会峰
产品业务(Business)：PE 流延膜，PE 膜复合基材

新乐华宝塑料薄膜有限公司
Xinle Huabao Plastic Film Co., Ltd.
地址(Add)：河北省新乐市南环路 186 号
邮编(P. C.)：050700
电话(Tel)：0311－88598733
传真(Fax)：0311－88582558
E-mail：bomo@huabaosuliao. com
Http://www. huabaosuliao. com/bomo
法人代表(Chairman)：刘根全
总经理(General Manager)：刘军旗
联系人(Contact Person)：张军强
产品业务(Business)：流延膜，复合膜，透气膜，深压纹膜，非织造布复合膜，多色柔版印刷膜，低定量膜，左右贴胶带膜，防滑膜，纸塑复合膜，医用透气复合膜，双色膜，仿 TPU 膜

雄县顺天鑫工贸有限公司
Xiongxian Shuntianxin Industry & Trade Co., Ltd.
(详见打孔膜及打孔非织造布)

雄县开元包装材料有限公司
Xiongxian Kaiyuan Packing Material Co., Ltd.
地址(Add)：河北省雄县文昌大街 212 号
邮编(P. C.)：071800
电话(Tel)：0312－5813590
传真(Fax)：0312－5815590
总经理(General Manager)：刘景春
产品业务(Business)：纸巾用 CPP 膜，CPE 膜

河北省雄县东升塑业有限公司
Xiongxian Dongsheng Plastic Co., Ltd.
地址(Add)：河北省雄县雄州路 668 号
邮编(P. C.)：071800
电话(Tel)：0312－5566997
传真(Fax)：0312－5868935
E-mail：dongsheng@dongshengsy. com
Http://www. dongshengsy. com
法人代表(Chairman)：何法生
总经理(General Manager)：何法生
联系人(Contact Person)：赵贺奇
产品业务(Business)：塑料填充母料及色母料，包装膜

河北省雄县强伟塑料制品厂
Xiongxian Qiangwei Plastic Products Plant
地址(Add)：河北省雄县昝岗镇工业区

邮编(P. C.)：071802
电话(Tel)：0312-5813159
传真(Fax)：0312-5820957
联系人(Contact Person)：钱巍
产品业务(Business)：流延膜，包装袋

玉田县远宏塑胶有限公司
Yutian Yuanhong Plastic Co., Ltd.
地址(Add)：河北省玉田县城东八里铺
邮编(P. C.)：064100
电话(Tel)：0315-6193688
传真(Fax)：0315-5052566
E-mail：info@hbyuanhong.com
Http://www.hbyuanhong.com
总经理(General Manager)：杨乃泽
产品业务(Business)：色母粒，功能母粒

大连金州鑫林工贸有限公司
Dalian Jinzhou Xinlin Project Co., Ltd.
地址(Add)：辽宁省大连市金州区七顶山街道
邮编(P. C.)：116100
电话(Tel)：0411-87787000
传真(Fax)：0411-87705533
E-mail：wanghongliang1972@163.com
Http://www.xinlinpack.com
总经理(General Manager)：林诚雨
联系人(Contact Person)：王红良
产品业务(Business)：流延膜，吸水纸

上海同杰良生物材料有限公司
Shanghai Tongjieliang Biomaterials Co., Ltd.
地址(Add)：上海市包头路1135号5号楼北2层
邮编(P. C.)：200438
电话(Tel)：021-65054807
传真(Fax)：021-65064765
E-mail：iceng@163.com
Http://www.tjlpla.com
总经理(General Manager)：许克强
联系人(Contact Person)：吴骄
产品业务(Business)：聚乳酸树脂

上海永邦科盛贸易有限公司
Shanghai Inspiration High-tech Polymer Co., Ltd.
地址(Add)：上海市长柳路58号证大立方大厦903室
邮编(P. C.)：200135
电话(Tel)：021-68549493
传真(Fax)：021-68549104
E-mail：joe.xu@polymerworld.cn
联系人(Contact Person)：徐煜
产品业务(Business)：塑料母料

爱思开综合化学投资中国有限公司上海分公司
SK Global Chemical Corporation Co., Ltd. Shanghai Branch
地址(Add)：上海市虹桥路1438号古北财富中心二期15层
邮编(P. C.)：200336
电话(Tel)：021-61970142
传真(Fax)：021-61970352
E-mail：yejinlian@sk.com
Http://www.skchem.com
联系人(Contact Person)：叶金莲
产品业务(Business)：PE，PP，溶剂类，芒烃类，橡胶类化工产品

上海鲁聚聚合物技术有限公司
Shanghai Lanpoly Polymer Tech. Co., Ltd.
地址(Add)：上海市金山工业区夏宁路666弄79号
邮编(P. C.)：201506
电话(Tel)：021-60128511
E-mail：info@lanpoly.com
Http://www.lanpoly.com
联系人(Contact Person)：高攀
产品业务(Business)：塑料加工助剂

上海金奥塑胶有限公司
Shanghai Jinao Plastic Co., Ltd.
地址(Add)：上海市金山区干巷镇光辉村
邮编(P. C.)：201518
电话(Tel)：021-57200233
传真(Fax)：021-57200233
联系人(Contact Person)：陈波
产品业务(Business)：色母粒

上海金住色母料有限公司
Shanghai Jinzhu Color Co., Ltd.
地址(Add)：上海市金山区石化古城路100号
邮编(P. C.)：201512
电话(Tel)：021-57958588
传真(Fax)：021-57950501
E-mail：qjunt@hotmail.com
联系人(Contact Person)：陈妙伟
产品业务(Business)：色母料

上海金淳塑胶有限公司
Shanghai Jinchun Plastics & Elastomers Co., Ltd.
地址(Add)：上海市金山区张堰镇建设村16组
邮编(P. C.)：201514
电话(Tel)：021-57220157
传真(Fax)：021-57220145
E-mail：jinchunpe@hotmail.com
Http://www.jinchunpe.com
产品业务(Business)：功能/彩色母料，填充改性塑料

上海迪爱生贸易有限公司
DIC (Shanghai) Co., Ltd.
地址(Add)：上海市娄山关路555号长房国际广场12楼
邮编(P. C.)：200051
电话(Tel)：021-62289911
传真(Fax)：021-62419270
E-mail：liming.feng@dic.com.cn
Http://www.di.com.cn
联系人(Contact Person)：冯立鸣
产品业务(Business)：塑料母粒，流延膜

上海紫华企业有限公司
Shanghai Zihua Enterprise Co., Ltd.
地址(Add)：上海市闵行区北松路999号
邮编(P. C.)：201111
电话(Tel)：021-64093456
传真(Fax)：021-64090612
E-mail：zhuzw@zhpefilm.com
Http://www.zhpefilm.com

法人代表(Chairman)：郭峰
总经理(General Manager)：沈娅芳
联系人(Contact Person)：朱整伟
产品业务(Business)：PE压纹流延膜，透气膜，离型原膜，打孔原膜

上海丝瑞丁工贸有限公司
Shanghai Siruiding Industry & Trade Co., Ltd.
(详见非织造布－热轧、热风、纺粘等)

上海百府康卫生材料有限公司
Shanghai Baifukang Sanitary Material Co., Ltd.
(详见非织造布－水刺)

上海德山塑料有限公司
Shanghai Tokuyama Plastic Co., Ltd.
地址(Add)：上海市青浦工业园区新涛路138号
邮编(P. C.)：201707
电话(Tel)：021－59705669－892
传真(Fax)：021－59703756
E-mail：h－shen@tokuyama.com.cn
Http://www.tokuyama.com.cn
法人代表(Chairman)：土屋敏昭
总经理(General Manager)：河原信一
联系人(Contact Person)：沈慧
产品业务(Business)：透气/透湿/防水薄膜

上海颜专塑料贸易有限公司
Shanghai Coltec Plastic Trading Co., Ltd.
地址(Add)：上海市青浦区崧泽大道8001号
邮编(P. C.)：201799
电话(Tel)：18917132238
传真(Fax)：021－64400977
E-mail：sh.michael.zhu@nhh.com.hk
Http://www.nhh.com.hk
联系人(Contact Person)：祝忠祥
产品业务(Business)：经销流延膜，塑料母粒

上海金发科技发展有限公司
Shanghai Kingfa Sci. & Tech. Co., Ltd.
地址(Add)：上海市青浦区朱家角工业园康园路88号
邮编(P. C.)：201714
电话(Tel)：021－69835908
传真(Fax)：021－69835667
E-mail：kingfachengzhixiong@gmail.com
Http://www.kingfa.com.cn
联系人(Contact Person)：程志雄
产品业务(Business)：塑料色母粒，包装材料

德谦(上海)化学有限公司
Elementis Specialties (Shanghai), Inc.
(详见香精、表面处理剂及添加剂)

卓德嘉薄膜(上海)有限公司
Tredegar Film Products Company Shanghai, Limited
(详见打孔膜及打孔非织造布)

上海庄生实业有限公司
Shanghai Johnson Industry Co., Ltd.
地址(Add)：上海市松江区佘山镇天马开发区新宅路658号
邮编(P. C.)：201603
电话(Tel)：021－57661992
传真(Fax)：021－57664077
E-mail：chuchuz@johnsonsh.com
Http://www.johnsonsh.com
法人代表(Chairman)：祁超凡
总经理(General Manager)：徐常兴
联系人(Contact Person)：张楚楚
产品业务(Business)：PE流延膜

上海三承高分子材料科技有限公司
Shanghai Sancheng Polymer Science & Technology Co., Ltd.
地址(Add)：上海市松江区小昆山镇港业路158号
邮编(P. C.)：201614
电话(Tel)：021－57663735
传真(Fax)：021－57664571
E-mail：sh3ch@163.com
联系人(Contact Person)：张晨
产品业务(Business)：塑料母粒

上海泛赋实业有限公司
Shanghai Fanfu Industrial Co., Ltd.
地址(Add)：上海市杨浦区控江路1505弄52号601室
邮编(P. C.)：200093
电话(Tel)：021－65031799
传真(Fax)：021－55055372
E-mail：284110364@qq.com
Http://www.shffsy.com
联系人(Contact Person)：卞李孟
产品业务(Business)：色母粒，非织造布，塑料膜

常州市中阳塑料制品厂
Changzhou Zhongyang Plastic Products Factory
(详见打孔膜及打孔非织造布)

常州市美蝶薄膜有限公司
Changzhou Meidie Film Co., Ltd.
(详见打孔膜及打孔非织造布)

常州市润舒塑料制品有限公司
Changzhou Runshu Plastic Products Co., Ltd.
地址(Add)：江苏省常州市湖塘镇东升村
邮编(P. C.)：213102
电话(Tel)：0519－88710985
传真(Fax)：0519－88708679
E-mail：czrunda@gmail.com
Http://yunshu.no2.35nic.com
法人代表(Chairman)：沈国民
总经理(General Manager)：殷玲梅
联系人(Contact Person)：章玉萍
产品业务(Business)：流延膜

常州市欧诺塑业有限公司
Changzhou Ounuo Plastics Co., Ltd.
地址(Add)：江苏省常州市洛阳工业园区北环路3号
邮编(P. C.)：213104
电话(Tel)：0519－88526777
传真(Fax)：0519－88522258
E-mail：czounuo@163.com
联系人(Contact Person)：周维刚
产品业务(Business)：流延膜

常州市同和塑料制品有限公司
Changzhou Tonghe Plastic Products Co., Ltd.
地址(Add)：江苏省常州市戚墅堰地道北剑横桥南 339 号
邮编(P. C.)：213011
电话(Tel)：0519－88362878
传真(Fax)：0519－88355877
总经理(General Manager)：杨鸣
联系人(Contact Person)：杨鸣
产品业务(Business)：流延膜，非织造布

江苏常州市南华膜业有限公司
Jiangsu Changzhou Nanhua Film Industry Co., Ltd.
地址(Add)：江苏省常州市戚墅堰东前杨工业区 18 号
邮编(P. C.)：213000
电话(Tel)：0519－88386158
传真(Fax)：0519－88386158
法人代表(Chairman)：薛云南
总经理(General Manager)：薛云南
产品业务(Business)：流延膜，非织造布

常州市戚墅堰宏发五金塑料厂
Changzhou Hongfa Hardware & Plastic Factory
地址(Add)：江苏省常州市戚墅堰东前杨工业区 37 号
邮编(P. C.)：213011
电话(Tel)：0519－88772898
传真(Fax)：0519－88385898
联系人(Contact Person)：徐波
产品业务(Business)：流延膜，衬膜，复合膜

常州市中天塑母粒有限公司
Changzhou Zhongtian Plastic Masterbatch Co., Ltd.
地址(Add)：江苏省常州市戚墅堰东前杨工业区 55 号
邮编(P. C.)：213011
电话(Tel)：0519－88372575
传真(Fax)：0519－88373853
E-mail：czzt1515@sohu.com
联系人(Contact Person)：袁军
产品业务(Business)：PE 流延膜，打孔机材膜，打孔机膜用色母粒、填充母粒、脱水母粒

常州唯尔福卫生用品有限公司
Changzhou Welfare Hygiene Products Co., Ltd.
地址(Add)：江苏省常州市戚月线南岸桥堍
邮编(P. C.)：213011
电话(Tel)：0519－88353588
传真(Fax)：0519－88778788
E-mail：xzq1973222@sina.com
Http://www.czwlf.com
法人代表(Chairman)：张金华
总经理(General Manager)：张宏辉
联系人(Contact Person)：夏志卿
产品业务(Business)：流延膜，压纹膜，印花膜，打孔膜基材

常州市万美植绒饰品有限公司
Changzhou Wanmei Flocking Products Co., Ltd.
地址(Add)：江苏省常州市前黄工业集中区(常漕公路前黄收费站新兴大厦内)
邮编(P. C.)：213172
电话(Tel)：0519－88319918
传真(Fax)：0519－86510999
E-mail：8272999@live.cn
联系人(Contact Person)：许剑锋
产品业务(Business)：流延膜

美孚森(常州)贸易有限公司
Changzhou Meifusen Co., Ltd.
地址(Add)：江苏省常州市天宁区竹林西路铁北一区 51－乙－101 号
邮编(P. C.)：213002
电话(Tel)：0519－85325719
传真(Fax)：0519－85325719
法人代表(Chairman)：俞骏
总经理(General Manager)：俞骏
产品业务(Business)：塑料原料及刀具

常州市双成塑母料有限公司
Changzhou Shuangcheng Plastic Masterbatch Co., Ltd.
地址(Add)：江苏省常州市武进高新区胜西路 154 号
邮编(P. C.)：213100
电话(Tel)：0519－86511308
传真(Fax)：0519－86511661
E-mail：mjcscsy@gmail.com
Http://www.ccscsy.com
总经理(General Manager)：卞有成
联系人(Contact Person)：缪骏
产品业务(Business)：聚烯烃母料

常州圣雅塑母粒有限公司
Changzhou Shengya Masterbatch Co., Ltd.
地址(Add)：江苏省常州市武进区前黄镇丁舍村
邮编(P. C.)：213172
电话(Tel)：0519－86519353
传真(Fax)：0519－86518353
总经理(General Manager)：卞小芬
产品业务(Business)：塑料色母料

常州市天王塑业有限公司
Changzhou Tianwang Plastic Co., Ltd.
地址(Add)：江苏省常州市武进区邹区镇
邮编(P. C.)：213144
电话(Tel)：0519－83639759
传真(Fax)：0519－83831228
Http://www.lmxs2s.cn.alibaba.com
总经理(General Manager)：吴建国
联系人(Contact Person)：吴建国
产品业务(Business)：PE 膜，塑料母粒

常州市彩丽塑料色母料有限公司
Changzhou Caili Plastic Masterbatch Co., Ltd.
地址(Add)：江苏省常州市西林乡朱夏墅沿河村 58 号
邮编(P. C.)：213003
电话(Tel)：0519－83886683
传真(Fax)：0519－83886683
法人代表(Chairman)：任玉蓉
联系人(Contact Person)：任玉亭
产品业务(Business)：塑料色母料

常州市恒惠纸业有限公司
Changzhou Henghui Paper Co., Ltd.
地址(Add)：江苏省常州市新安镇工业园新民街 141 号
邮编(P. C.)：213117

电话(Tel)：0519－88662028
传真(Fax)：0519－88662028
E-mail：gkf1980@sina.com
法人代表(Chairman)：顾惠泉
总经理(General Manager)：顾惠泉
联系人(Contact Person)：顾科峰
产品业务(Business)：生产流延膜，复合膜，双色膜

常州市润洁塑料制品有限公司
Changzhou Runjie Plastic Co., Ltd.
地址(Add)：江苏省常州市新北区西夏墅银山路2号
邮编(P.C.)：213181
电话(Tel)：0519－88997588
传真(Fax)：0519－88995788
总经理(General Manager)：戴鹤立
联系人(Contact Person)：殷玲梅
产品业务(Business)：流延膜，卫生巾/床垫膜

常州市红梅塑料色母料有限公司
Changzhou Hongmei Plastic Masterbatch Co., Ltd.
地址(Add)：江苏省常州市新区黄河西路195号
邮编(P.C.)：213004
电话(Tel)：0519－85915295
传真(Fax)：0519－85915300
E-mail：hmsml@hmsml.com
Http://www.hmsml.com
联系人(Contact Person)：陆建平
产品业务(Business)：塑料母料

常州市腾亿塑料制品厂
Changzhou Tengyi Plastic Products Factory
地址(Add)：江苏省常州市遥观薛墅巷工业集中区
邮编(P.C.)：213000
电话(Tel)：0519－88700100
传真(Fax)：0519－88700100
E-mail：lhzz88@163.com
联系人(Contact Person)：李宝安
产品业务(Business)：PE流延膜

常州市佳美薄膜制品有限公司
Changzhou Jiamei Film Co., Ltd.
(详见打孔膜及打孔非织造布)

丹阳市金达流延膜厂
Danyang Jinda Film Factory
地址(Add)：江苏省丹阳市开发区丹桂东路明涛兴业园内
邮编(P.C.)：212300
电话(Tel)：0511－86961869
传真(Fax)：0511－86928369
E-mail：dyjdlym@163.com
联系人(Contact Person)：张金仙
产品业务(Business)：流延膜，包装膜，压花膜

江阴市凯凯纸塑制品有限公司
Jiangyin Kaikai Paper & Plastic Products Co., Ltd.
地址(Add)：江苏省江阴市顾山镇锡张路196号
邮编(P.C.)：214414
电话(Tel)：0510－86329578
传真(Fax)：0510－86320560
E-mail：396245972@qq.com
Http://www.kkzs.cn
法人代表(Chairman)：李锦凯
总经理(General Manager)：李锦凯
联系人(Contact Person)：李锦凯
产品业务(Business)：PE、CPE流延薄膜，PE透气膜，TPE弹性体薄膜

江阴信德塑料有限公司色母粒部
Jiangyin Xinde Plastic Co., Ltd.
地址(Add)：江苏省江阴市华士镇陆桥田由工业园共臻路3号
邮编(P.C.)：214421
电话(Tel)：0510－86370006
传真(Fax)：0510－86370026
E-mail：jyxinde@hotmail.com
联系人(Contact Person)：李伟军
产品业务(Business)：色母粒，功能母粒

江苏兰金科技发展有限公司
Jiangsu Linking－tech Development Co., Ltd.
地址(Add)：江苏省靖江市城北园区北环路6号
邮编(P.C.)：214500
电话(Tel)：0523－84876868
传真(Fax)：0523－84876869
E-mail：15295286588@163.com
Http://www.ljtqm.com
总经理(General Manager)：龚海林
联系人(Contact Person)：倪伟
产品业务(Business)：透气/透湿/防水膜，非织造布复合膜

顺昶塑胶(昆山)有限公司
Swanson Plastics (Kunshan) Co., Ltd.
地址(Add)：江苏省昆山市周市镇青阳北路289号
邮编(P.C.)：215300
电话(Tel)：0512－50151035
传真(Fax)：0512－57666910
E-mail：johnny@swanson.com.cn
Http://www.swanson.com.tw
法人代表(Chairman)：应保罗
总经理(General Manager)：应保罗
联系人(Contact Person)：曹小强
产品业务(Business)：流延膜，透气膜，离型膜，缠绕膜，复合膜

比澳格(南京)环保材料有限公司
Biograde (Nanjing) PTY Limited
地址(Add)：江苏省南京市江宁开发区清水亭西路2号
邮编(P.C.)：211100
电话(Tel)：025－52728473
传真(Fax)：025－52729477
E-mail：luming@biograde.com.cn
法人代表(Chairman)：Glatz Frank Peter
联系人(Contact Person)：陆明
产品业务(Business)：生物降解树脂(用于生产薄膜、包装袋)

南京市三华纸业有限公司
Nanjing Sanhua Paper Co., Ltd.
地址(Add)：江苏省南京市江宁区横溪街道丹阳工业集中区东山大道
邮编(P.C.)：211155

电话(Tel)：025－86152855
传真(Fax)：025－86152298
Http://nj3h. 1688. com
法人代表(Chairman)：孔霞
总经理(General Manager)：孙卫东
联系人(Contact Person)：孙卫东
产品业务(Business)：流延膜

南京旺福包装制品实业有限公司
Nanjing Wangfu Packaging Products Industry Co.，Ltd.
地址(Add)：江苏省南京市江宁区湖熟镇金城产业配套区
邮编(P. C.)：211121
电话(Tel)：025－52696198
传真(Fax)：025－52690920
E-mail：www. njwfbz@163. com
法人代表(Chairman)：王良福
总经理(General Manager)：王良福
产品业务(Business)：流延膜，打孔膜，塑料袋，打包带

南京威格德塑料科技有限公司
Nanjing Well Gounded Plastics Science & Technology Co.，Ltd.
地址(Add)：江苏省南京市江宁区科学园科宁路777号
邮编(P. C.)：211100
电话(Tel)：025－87736571
传真(Fax)：025－52120341
E-mail：wgdtyh@163. com
Http://www. weigede. com
法人代表(Chairman)：周柏阳
联系人(Contact Person)：唐永虎
产品业务(Business)：塑料助剂，母粒

南京炫胜塑料科技股份有限公司
Nanjing Shostar Plastic Technology Co.，Ltd.
地址(Add)：江苏省南京市江宁区科学园科宁路777号
邮编(P. C.)：211100
电话(Tel)：025－87736578
传真(Fax)：025－52120341
E-mail：wangzhikai99@163. com
Http://www. xuanshengkeji. com
总经理(General Manager)：兰风国
联系人(Contact Person)：王志凯
产品业务(Business)：塑料母粒

南通凯特化工有限公司
Nantong Kaite Chemical Co.，Ltd.
地址(Add)：江苏省南通市人民中路20号南通大厦A座7楼
邮编(P. C.)：226001
电话(Tel)：0513－85533895
传真(Fax)：0513－85520865
E-mail：ted007@126. com
总经理(General Manager)：江小林
产品业务(Business)：塑料原料，超吸水纤维

南通棉盛家用纺织品有限公司流延膜分公司
Nantong Miansheng Hausehold Textile Co.，Ltd.
地址(Add)：江苏省南通市通州区川姜镇温州中路9号
邮编(P. C.)：226315
电话(Tel)：0513－86336222
总经理(General Manager)：徐光明
联系人(Contact Person)：徐光明
产品业务(Business)：PE流延膜

南通万叠塑胶有限公司
Nantong Wandie Plastic Cement Co.，Ltd.
地址(Add)：江苏省南通市通州区新通掘公路3198号
邮编(P. C.)：226000
电话(Tel)：0513－86293500
传真(Fax)：0513－86293200
E-mail：aaron80@foxmail. com
法人代表(Chairman)：胡刚
总经理(General Manager)：胡刚
联系人(Contact Person)：任宏强
产品业务(Business)：流延膜，卫生巾底膜包膜

杰翔塑胶工业(苏州)有限公司
JSI Polymer (Suzhou) Co.，Ltd.
(详见打孔膜及打孔非织造布)

大盈塑料(苏州工业园区)有限公司
Daying Plastic (Suzhou Industrial Zone) Co.，Ltd.
地址(Add)：江苏省苏州市工业园区胜浦分区新江路82号
邮编(P. C.)：215000
电话(Tel)：0512－62828652
传真(Fax)：0512－62828653
E-mail：darwinsip@gmail. com
法人代表(Chairman)：黄联春
总经理(General Manager)：黄联春
联系人(Contact Person)：黄联春
产品业务(Business)：塑料薄膜

苏州森源塑料制品有限公司
Suzhou Senyuan Plastic Finished Products Co.，Ltd.
地址(Add)：江苏省苏州市吴中区渡村镇
邮编(P. C.)：215106
电话(Tel)：0512－66297807
传真(Fax)：0512－66293809
法人代表(Chairman)：金效斌
总经理(General Manager)：金效斌
产品业务(Business)：流延膜，PP/PE复合材料

苏州市格瑞美医用材料有限公司
Suzhou Glorimed Medical Products Co.，Ltd.
地址(Add)：江苏省苏州市吴中区郭巷街道路179号
邮编(P. C.)：215000
电话(Tel)：0512－65690818
传真(Fax)：0512－65690828
E-mail：grm2009@126. com
Http://www. szgrm. com
法人代表(Chairman)：李国荣
总经理(General Manager)：李国荣
联系人(Contact Person)：李国荣
产品业务(Business)：PP/浸渍/SMS非织造布/PE/木浆纸PE淋膜

无锡市宏博塑料有限公司
Wuxi Hongbo Plastic Co.，Ltd.
地址(Add)：江苏省无锡市广丰马古桥工业园26－27号
邮编(P. C.)：214016
电话(Tel)：0510－82023665

传真(Fax)：0510－82022837
法人代表(Chairman)：蒋震宇
联系人(Contact Person)：李涛
产品业务(Business)：塑料母粒

无锡市鸿昌塑制品厂
Wuxi Hongchang Plastic Products Plant
地址(Add)：江苏省无锡市惠山区堰桥镇工业园区堰锦路8号
邮编(P. C.)：214176
电话(Tel)：0510－83743807
传真(Fax)：0510－83741013
法人代表(Chairman)：任友兴
总经理(General Manager)：任小兴
联系人(Contact Person)：任小兴
产品业务(Business)：PE 流延膜/打孔膜，卫生巾底膜/包膜

无锡翊凯商贸有限公司
Wuxi Yikai Trade Co., Ltd.
地址(Add)：江苏省无锡市锡山区八士芙蓉桥堍
邮编(P. C.)：214061
电话(Tel)：0510－85860992
传真(Fax)：0510－85860992
E-mail：gjx1958@hotmail.com
总经理(General Manager)：郭建兴
联系人(Contact Person)：王巧兰
产品业务(Business)：塑料色母粒

无锡市张泾文化卫生用品有限公司
Wuxi Cultural Hygiene Products Plant
(详见离型纸、离型膜)

盐城悦源塑料制品厂
Yancheng Yueyuan Plastic Products Plant
地址(Add)：江苏省盐城市便仓工业区大仓路88号
邮编(P. C.)：224044
电话(Tel)：0515－88830788
传真(Fax)：0515－88837996
E-mail：13912501183@139.com
法人代表(Chairman)：杜群龙
总经理(General Manager)：杜群龙
联系人(Contact Person)：杜群龙
产品业务(Business)：填充母料，塑料色母

盐城恒源卫生材料有限公司
Yancheng Hengyuan Hygiene Material Co., Ltd.
地址(Add)：江苏省盐城市便仓工业园区2号
邮编(P. C.)：224044
电话(Tel)：0515－88837688
传真(Fax)：0515－88837699
法人代表(Chairman)：王红群
总经理(General Manager)：王红群
联系人(Contact Person)：王红群
产品业务(Business)：流延膜，复合膜，流延膜母料

盐城瑞泽色母粒有限公司
Yancheng Ruize Colour Masterbatch Co., Ltd.
地址(Add)：江苏省盐城市人民中路71号
邮编(P. C.)：224000
电话(Tel)：0515－88322183
传真(Fax)：0515－88315116
E-mail：ycruize@163.com
联系人(Contact Person)：张霞
产品业务(Business)：色母粒

盐城昌源塑料制品有限公司
Yancheng Changyuan Plastic Products Co., Ltd.
地址(Add)：江苏省盐城市亭湖区便仓大仓路6号
邮编(P. C.)：224000
电话(Tel)：0515－88830177
传真(Fax)：0515－88833209
E-mail：bgc@cncysl.com
Http://www.cncysl.com
法人代表(Chairman)：卞国才
总经理(General Manager)：陈桂友
联系人(Contact Person)：陈桂友
产品业务(Business)：塑料母粒，PEP 填充母料

张家港市九洲塑料母粒制造有限公司
Zhangjiagang Jiuzhou Plastic Masterbatch Co., Ltd.
地址(Add)：江苏省张家港市欧洲工业园(塘市)
邮编(P. C.)：215618
电话(Tel)：0512－58591899
传真(Fax)：0512－58599565
法人代表(Chairman)：吴金才
总经理(General Manager)：吴钱军
联系人(Contact Person)：吴钱军
产品业务(Business)：塑料色母粒

温州苍雨塑料加工厂
Wenzhou Cangyu Plastic Factory
地址(Add)：浙江省苍南县金乡镇迎旭路222号
邮编(P. C.)：325805
电话(Tel)：0577－59965812
联系人(Contact Person)：黄光雨
产品业务(Business)：PE/PP 颗粒

浙江丝维通新材料有限公司
Zhejiang 52sweet New Mat. Co., Ltd.
地址(Add)：浙江省长兴经济开发区县前东街707号
邮编(P. C.)：313100
电话(Tel)：0572－6768612
传真(Fax)：0572－6128807
E-mail：yplee369@hotmail.com
法人代表(Chairman)：徐梅英
产品业务(Business)：透气膜

杭州易东纸制品有限公司
Hangzhou Yidong Paper Products Co., Ltd.
(详见非织造布－热轧、热风、纺粘等)

富阳天纬塑胶有限公司
Fuyang Tianwei Plastic Co., Ltd.
地址(Add)：浙江省富阳市大源镇虹赤
邮编(P. C.)：311416
电话(Tel)：0571－63544099
传真(Fax)：0571－63545599
E-mail：tianwei95@126.com
Http://tianweiplastic.cn.alibaba.com
联系人(Contact Person)：朱生伟
产品业务(Business)：流延膜

杭州奥风卫生用品有限公司
Hangzhou Aofeng Health Products Co., Ltd.
地址(Add)：浙江省杭州市萧山区临浦镇苎萝村
邮编(P.C.)：310000
电话(Tel)：0571-82489568
传真(Fax)：0571-82239555
E-mail：siwenok@126.com
联系人(Contact Person)：朱爱兰
产品业务(Business)：流延膜，复合膜，印刷膜

杭州集成复合材料有限公司
Hangzhou Jicheng Complex Material Co., Ltd.
地址(Add)：浙江省杭州市萧山区萧绍东路180-1号
邮编(P.C.)：311200
电话(Tel)：0571-82863868
传真(Fax)：0571-82863678
E-mail：hz801@jclamination.com
Http://www.jclamination.com.cn
法人代表(Chairman)：陈志良
总经理(General Manager)：陈志良
联系人(Contact Person)：陈志良
产品业务(Business)：纸尿裤用复合底膜

杭州圣瑞斯塑胶有限公司
Hangzhou Shengruisi Plastics Co., Ltd.
地址(Add)：浙江省杭州市萧山区新塘街道曾家桥工业区126号
邮编(P.C.)：311207
电话(Tel)：0571-82391023
传真(Fax)：0571-82391021
E-mail：shengruisi876@sina.com
法人代表(Chairman)：裘金祥
总经理(General Manager)：裘金祥
联系人(Contact Person)：徐兵
产品业务(Business)：流延膜

杭州理康塑料薄膜有限公司
Hangzhou Likang Plastic Film Co., Ltd.
地址(Add)：浙江省杭州市余杭区仓前工业园区龙泉路20号
邮编(P.C.)：311121
电话(Tel)：0571-88620898
传真(Fax)：0571-88612988
E-mail：hzlikang@126.com
总经理(General Manager)：陈金妙
联系人(Contact Person)：王冠仁
产品业务(Business)：流延膜

杭州全兴塑业有限公司
Hangzhou Quanxing Plastic Co., Ltd.
地址(Add)：浙江省杭州市余杭镇
邮编(P.C.)：311121
电话(Tel)：0571-88648158
传真(Fax)：0571-88648482
E-mail：kathy@qxplastic.com
Http://www.qxplastic.com
联系人(Contact Person)：刘晓雁
产品业务(Business)：流延膜

金华市伟信塑料制品有限公司
Jinhua Weixin Plastic Products Co., Ltd.
地址(Add)：浙江省金华市金华傅村东华北街88号
邮编(P.C.)：321000
电话(Tel)：0579-82978388
传真(Fax)：0579-82977078
Http://xinghsl.cn.alibaba.com
总经理(General Manager)：季伟功
联系人(Contact Person)：季伟功
产品业务(Business)：流延膜

浙江汉高新材料科技有限公司
Zhejiang Hangao New Material Technology Co., Ltd.
地址(Add)：浙江省兰溪市经济开发区富民大道
邮编(P.C.)：321100
电话(Tel)：0579-89013266
传真(Fax)：0579-89013211
E-mail：chrisgu@hangaogroup.com
Http://www.zjhangao.com
联系人(Contact Person)：顾峰
产品业务(Business)：透气粒子，流延膜，透气膜复合产品，热轧/热风非织造布

台州市明大卫生材料有限公司
Taizhou Mingda Hygiene Material Co., Ltd.
地址(Add)：浙江省临海市紫荆路179号
邮编(P.C.)：317000
电话(Tel)：0576-88663399
传真(Fax)：0576-88663499
E-mail：13706552911@163.com
法人代表(Chairman)：李林冬
产品业务(Business)：PE流延膜，印刷膜，床垫膜

浙江越韩科技透气材料有限公司
Zhejiang Yuehan Technology Breathable Material Co., Ltd.
地址(Add)：浙江省绍兴市袍江工业区越王路北首
邮编(P.C.)：312075
电话(Tel)：0575-88669201
传真(Fax)：0575-88669777
E-mail：huajiangjin@yuehan.com.cn
Http://www.yuehan.com.cn
法人代表(Chairman)：金华江
总经理(General Manager)：金华江
联系人(Contact Person)：金华江
产品业务(Business)：透气膜，非织造布透气复合材料

绍兴泽楷卫生用品有限公司
Shaoxing Zekai Sanitary Products Co., Ltd.
地址(Add)：浙江省绍兴市袍江新区启圣路以南
邮编(P.C.)：312075
电话(Tel)：0575-88151989
传真(Fax)：0575-88151990
E-mail：zekai67329@163.com
联系人(Contact Person)：徐建强
产品业务(Business)：流延膜，复合膜，非织造布

绍兴市天燊科技材料有限公司
Shaoxing Tianshen Technology Material Co., Ltd.
地址(Add)：浙江省绍兴市袍江新区世纪广场凯旋路75号
邮编(P.C.)：312000
电话(Tel)：0575-88152380
传真(Fax)：0575-88133577

E-mail：elainchang@ yahoo. cn
联系人(Contact Person)：张春英
产品业务(Business)：流延膜，非织造布

绍兴鸿胜卫生材料有限公司
Shaoxing Hongsheng Sanitary Material Co., Ltd.
地址(Add)：浙江省绍兴市钱清镇江墅村
邮编(P. C.)：312025
电话(Tel)：0575 - 81176571
传真(Fax)：0575 - 81176571
E-mail：hu - lijiiang@ sohu. com
联系人(Contact Person)：胡立江
产品业务(Business)：印刷膜，透气复合膜，非织造布

温州市瓯海合利塑纸厂
Wenzhou Heli Plastic & Paper Factory
(详见打孔膜及打孔非织造布)

义乌市华源塑料薄膜有限公司
Yiwu Huayuan Plastic Film Co., Ltd.
地址(Add)：浙江省义乌市荷叶塘生产基地 2 号
邮编(P. C.)：322000
电话(Tel)：0579 - 85950011
传真(Fax)：0579 - 85894605
Http://www. ywhuayuan. com
联系人(Contact Person)：赵政
产品业务(Business)：流延膜

宁波市宁扬国际贸易有限公司
Ningbo Ningyang International Trade Co., Ltd.
地址(Add)：浙江省余姚市舜宇路 58 号
邮编(P. C.)：315400
电话(Tel)：0574 - 62651333
传真(Fax)：0574 - 62642313
E-mail：master@ 62653333. com
Http://www. 62653333. com
联系人(Contact Person)：韩雪森
产品业务(Business)：聚丙烯

福鼎市环球薄膜厂
Fuding Huanqiu Film Factory
地址(Add)：福建省福鼎市贯岭工业区金岭路 89 号
邮编(P. C.)：355201
电话(Tel)：0593 - 7655909
传真(Fax)：0593 - 7877909
联系人(Contact Person)：王建炜
产品业务(Business)：流延膜

福州亿邦塑胶有限公司
Fuzhou Yibang Plastics Co., Ltd.
地址(Add)：福建省福州市晋安区新店镇秀山村工业区
邮编(P. C.)：350000
电话(Tel)：0591 - 87957669
传真(Fax)：0591 - 87955686
E-mail：13950058541@ 139. com
联系人(Contact Person)：方春群
产品业务(Business)：EVA，PEVA，TPU，PE 薄膜

晋江市恒安卫生材料有限公司
Jinjiang Hengan Hygiene Material Co., Ltd.
(详见非织造布 - 热轧、热风、纺粘等)

恒信纸品卫生材料经销部
Hengxin Paper Products Material Distributor
(详见绒毛浆)

福达利彩印有限公司
Fudali Printing Co., Ltd.
地址(Add)：福建省晋江市陈埭江头前进南路 29 - 31 号
邮编(P. C.)：362200
电话(Tel)：0595 - 85172067
传真(Fax)：0595 - 85173067
E-mail：fudali@ public. qz. fj. cn
联系人(Contact Person)：丁灿金
产品业务(Business)：流延膜，复合膜，印刷膜，包装袋

泉州华乐塑胶有限公司
Quanzhou Huale Plastic Co., Ltd.
地址(Add)：福建省晋江市池店洋茂第三工业区
邮编(P. C.)：362200
电话(Tel)：0595 - 85936699
传真(Fax)：0595 - 85931188
E-mail：huale99@ 163. com
联系人(Contact Person)：林东洋
产品业务(Business)：透气膜

泉州市共赢进出口有限责任公司
Quanzhou Goooing Corporation
地址(Add)：福建省晋江市崇德路工商银行大厦 16 楼
邮编(P. C.)：362200
电话(Tel)：0595 - 68206655
传真(Fax)：0595 - 85616566
E-mail：buyer1@ goooing. com
Http://www. goooing. com
联系人(Contact Person)：余丽勤
产品业务(Business)：流延膜，打孔膜，非织造布，热熔胶，导流层

福建省晋江市圣洁卫生用品有限公司
Fujian Jinjiang Shengjie Hygiene Products Co., Ltd.
(详见打孔膜及打孔非织造布)

晋江市石达塑料精细有限公司
Jinjiang Shida Plastic Fine Co., Ltd.
地址(Add)：福建省晋江市湖光路第四停车场
邮编(P. C.)：362200
电话(Tel)：0595 - 85682897
传真(Fax)：0595 - 85699449
Http://www. shidaplastic. com
联系人(Contact Person)：庄垂钱
产品业务(Business)：PVC 吹气色粉，EVA 色母粒，热塑性弹性体，改性 SBS

泉州市三维塑胶发展有限公司
Quanzhou Sanwei Plastic Development Co., Ltd.
地址(Add)：福建省晋江市龙湖镇梧坑开发区南路
邮编(P. C.)：362241
电话(Tel)：0595 - 85237708
传真(Fax)：0595 - 85237700
E-mail：sanwei@ fjsanwei. com
Http://www. sanwei - co. com
法人代表(Chairman)：王明煊

总经理(General Manager)：王明煊
联系人(Contact Person)：张建南
产品业务(Business)：流延膜

晋江市恒联塑料制品有限公司
Jinjiang Henglian Plastic Products Co., Ltd.
地址(Add)：福建省晋江市罗山街道山仔工业区北诚路A11号
邮编(P. C.)：362214
电话(Tel)：0595－88129053
传真(Fax)：0595－88128053
总经理(General Manager)：王金城
产品业务(Business)：流延膜

百达塑料贸易有限公司
Baida Plastic Trade Co., Ltd.
地址(Add)：福建省晋江市五里工业园区
邮编(P. C.)：362200
电话(Tel)：0595－88165933
传真(Fax)：0595－88165933
E-mail：qzbaida@126. com
Http://www. qzbaida. cn. alibaba. com
总经理(General Manager)：许贻锌
产品业务(Business)：聚乙烯，聚丙烯，塑料色母料，填充料，消泡剂，功能母料

晋江育灯纺织有限公司
Jinjiang Yudeng Textile Co., Ltd.
(详见非织造布－热轧、热风、纺粘等)

晋江市精诚塑胶制品有限公司
Jinjiang Jingcheng Plastic Products Co., Ltd.
地址(Add)：福建省晋江市五里科技园区
邮编(P. C.)：362263
电话(Tel)：0595－88165399
传真(Fax)：0595－88168377
E-mail：izhumin@gmail. com
Http://jingchengsujiao. glass. com. cn
联系人(Contact Person)：朱敏
产品业务(Business)：PE流延膜

晋江市康利卫生用品有限公司
Jinjiang Kangli Hygiene Products Co., Ltd.
地址(Add)：福建省晋江市西园街道办霞浯南片工业区
邮编(P. C.)：362200
电话(Tel)：0595－85653658
传真(Fax)：0595－85653958
联系人(Contact Person)：吴铭旋
产品业务(Business)：流延膜

泉州市恒扬塑胶制品有限公司
Quanzhou Hengyang Plastic Products Co., Ltd.
地址(Add)：福建省晋江市西园街道富山路赖厝工业区
邮编(P. C.)：362200
电话(Tel)：0595－88261983
传真(Fax)：0595－82660958
E-mail：hengyang@chinahengyang. com
Http://www. chinahengyang. com
联系人(Contact Person)：杨涛诚
产品业务(Business)：流延膜

舒华制膜有限公司
Shuhua Film Co., Ltd.
地址(Add)：福建省晋江市西园赖厝新村工业区
邮编(P. C.)：362200
电话(Tel)：0595－85694766
传真(Fax)：0595－85674977
联系人(Contact Person)：赖晋中
产品业务(Business)：流延膜

晋江市舒尔佳塑胶制品有限公司
Jinjiang Shuerjia Plastic Products Co., Ltd.
(详见打孔膜及打孔非织造布)

铭佳流延膜有限公司
Mingjia Film Co., Ltd.
地址(Add)：福建省晋江市西园王厝群兴厂旁边
邮编(P. C.)：362200
电话(Tel)：0595－85602585
传真(Fax)：0595－85602583
E-mail：qzmjlym@163. com
Http://www. qzmjlym. cn. alibaba. com
联系人(Contact Person)：洪德顺
产品业务(Business)：流延膜

晋江万源制膜有限公司
Jinjiang Wanyuan Film Co., Ltd.
地址(Add)：福建省晋江市新店厝头北路128号
邮编(P. C.)：362200
电话(Tel)：0595－85989226
传真(Fax)：0595－85989226
E-mail：986108335@qq. com
联系人(Contact Person)：李文曲
产品业务(Business)：流延膜

南安市实达塑料色母厂
Nanan Shida Plastic Color Masterbatch Factory
地址(Add)：福建省南安市金淘镇莲峰
邮编(P. C.)：362314
电话(Tel)：0595－86413122
传真(Fax)：0595－86419198
E-mail：fjshidayyl@163. com
Http://www. qzshida. com
联系人(Contact Person)：杨艺林
产品业务(Business)：色母粒

泉州彩虹塑胶有限公司
Quanzhou Rainbow Plastic Co., Ltd.
地址(Add)：福建省南安市省新工业区556号
邮编(P. C.)：362300
电话(Tel)：0595－86237766
传真(Fax)：0595－86231166
E-mail：cch5599@hotmail. com
总经理(General Manager)：崔镇弘
产品业务(Business)：透气膜塑料母粒

南安长利塑胶有限公司
Nanan Changli Plastic Co., Ltd.
地址(Add)：福建省南安市水头镇邦吟工业区
邮编(P. C.)：362342
电话(Tel)：0595－86939889
传真(Fax)：0595－86934889

E-mail：changli@clfj.com
Http://www.clfj.com
法人代表(Chairman)：郑叙炎
总经理(General Manager)：郑书炯
联系人(Contact Person)：李冬阳
产品业务(Business)：透气膜、色母粒、透气膜料

泉州市金顺盛胶片科技有限公司
Quanzhou Jinshunsheng Film Technology Co., Ltd.
地址(Add)：福建省泉州市丰泽区普贤路朋山隧道口(佳吉快运对面)
邮编(P.C.)：362000
电话(Tel)：0595-22211698
传真(Fax)：0595-22819189
法人代表(Chairman)：吴建兴
总经理(General Manager)：吴建兴
联系人(Contact Person)：吴建兴
产品业务(Business)：流延膜

泉州恒嘉塑料有限公司
Quanzhou Hengjia Plastic Co., Ltd.
地址(Add)：福建省泉州市浮桥兴贤路王宫钻石楼
邮编(P.C.)：362000
电话(Tel)：0595-28129777
传真(Fax)：0595-22961777
E-mail：youjiafj@163.com
Http://www.fjyoujia.com
法人代表(Chairman)：黄艺峰
总经理(General Manager)：吴立帜
联系人(Contact Person)：黄超杰
产品业务(Business)：透气膜，透气母粒

泉州市新飞卫生材料有限公司
Quanzhou Xinfei Sanitary Material Co., Ltd.
(详见离型纸、离型膜)

南安市玉和塑胶有限公司
Nanan Yuhe Plastic Co., Ltd.
地址(Add)：福建省泉州市洪濑雪峰经济开发区
邮编(P.C.)：362000
电话(Tel)：0595-86600055
传真(Fax)：0595-86600066
E-mail：yuhesj@163.com
法人代表(Chairman)：卜易生
总经理(General Manager)：戴少荣
联系人(Contact Person)：戴少荣
产品业务(Business)：流延膜

泉州恒峰卫生材料科技有限公司
Quanzhou Hengfeng Sanitary Material Technology Co., Ltd.
地址(Add)：福建省泉州市惠安县东岭镇惠东工业区华光北路
邮编(P.C.)：362100
电话(Tel)：0595-87876300
传真(Fax)：0595-87877300
E-mail：9555@163.com
Http://www.hengfengkeji.com
联系人(Contact Person)：胡勇
产品业务(Business)：透气膜，流延膜，复合膜

泉州泉源塑胶有限公司
Quanzhou Quanyuan Plastic Co., Ltd.
地址(Add)：福建省泉州市惠安县惠东工业区
邮编(P.C.)：362100
电话(Tel)：0595-87207323
传真(Fax)：0595-87206323
E-mail：qxy0575@126.com
联系人(Contact Person)：祁光尧
产品业务(Business)：流延膜

东韩(福建)工贸有限公司
Donghan (Fujian) Industry & Trade Co., Ltd.
地址(Add)：福建省泉州市惠安县惠东工业区1号
邮编(P.C.)：362141
电话(Tel)：0595-87359911
传真(Fax)：0595-22901232
E-mail：sales@fjdonghan.cn
Http://www.fjdonghan.com.cn
总经理(General Manager)：杨国芳
产品业务(Business)：透气膜，透气膜母粒

泉州市康丽制膜有限公司
Quanzhou Kangli Film Co., Ltd.
地址(Add)：福建省泉州市洛江区罗溪镇三合工业区
邮编(P.C.)：362015
电话(Tel)：0595-22071988
传真(Fax)：0595-22073988
联系人(Contact Person)：黄金城
产品业务(Business)：卫生巾/纸尿裤底膜

泉州怡鑫新材料科技有限公司
Quanzhou Yixin New Material Technology Co., Ltd.
地址(Add)：福建省泉州市洛江区双阳华侨经济开发区
邮编(P.C.)：362012
电话(Tel)：0595-28923366
传真(Fax)：0595-28396858
总经理(General Manager)：陈健全
产品业务(Business)：透气膜，透气粒子，PE膜，非织造布

泉州市露泉卫生用品有限公司
Quanzhou Luquan Hygiene Products Co., Ltd.
(详见打孔膜机)

厦门嘉仕化工有限公司
Xiamen Jiashi Chemical Co., Ltd.
地址(Add)：福建省泉州市清濛经济开发区玉狮路59号
邮编(P.C.)：362000
电话(Tel)：0595-27558288
传真(Fax)：0595-27558388
联系人(Contact Person)：汪静波
产品业务(Business)：透气复合膜，流延复合膜，透气压点膜

晋江恒新纸业有限公司
Jinjiang Hengxin Paper Co., Ltd.
地址(Add)：福建省泉州市特种汽车制造基地对面
邮编(P.C.)：362200
电话(Tel)：0595-85850822
传真(Fax)：0595-85850122
E-mail：jinjianghengxin1@163.com

法人代表(Chairman)：曾国胜
总经理(General Manager)：曾国胜
联系人(Contact Person)：王清白
产品业务(Business)：卫生巾/婴儿纸尿裤底膜，复合膜

石狮市炎英塑胶制品有限公司
Shishi Yanying Plastics Product Co., Ltd.
地址(Add)：福建省石狮市宝盖科技园二环东路
邮编(P. C.)：362700
电话(Tel)：0595 - 88882692
传真(Fax)：0595 - 83022232
E-mail：yanying5103@163.com
Http://www.ss-yy.net
联系人(Contact Person)：刘晨凯
产品业务(Business)：流延膜

石狮市坚创塑胶制品有限公司
Shishi Jianchuang Plastic Products Co., Ltd.
(详见打孔膜及打孔非织造布)

厦门宇新贸易有限公司
Xiamen Yuxin Trading Co., Ltd.
地址(Add)：福建省厦门市长乐路3号海发大厦8A03单元
邮编(P. C.)：361006
电话(Tel)：0592 - 5632157
传真(Fax)：0592 - 5631006
E-mail：xmlxh8@163.com
联系人(Contact Person)：蔡柏青
产品业务(Business)：色母粒，钛白粉，进口助剂

厦门市荣鑫行化工有限公司
Xiamen Rousing Trading Co., Ltd.
地址(Add)：福建省厦门市湖滨北路15号外贸大厦17楼
邮编(P. C.)：361000
电话(Tel)：0592 - 5891206
传真(Fax)：0595 - 2290460
E-mail：ly72_88@hotmail.com
联系人(Contact Person)：李志刚
产品业务(Business)：塑料母粒

厦门正林化工进出口有限公司
Xiamen Zhenglin Chemical Import and Export Co., Ltd.
地址(Add)：福建省厦门市湖滨南路105号新乐大厦18F
邮编(P. C.)：361004
电话(Tel)：0592 - 2288757
传真(Fax)：0592 - 2280567
E-mail：chenwj@zl-chem.com
法人代表(Chairman)：林新伟
总经理(General Manager)：陈文杰
联系人(Contact Person)：陈文杰
产品业务(Business)：PP、PE、PVC塑料原料

厦门元泓工贸有限公司
Xiamen Yuanhong Industry Co., Ltd.
地址(Add)：福建省厦门市湖滨南路819号宝福大厦20层B座
邮编(P. C.)：361004
电话(Tel)：0592 - 5806733
传真(Fax)：0592 - 5806533
E-mail：hidysun@163.com
联系人(Contact Person)：郑磊
产品业务(Business)：聚乙烯、聚丙烯

厦门塑化贸易有限公司
Xiamen Plastic Trade Co., Ltd.
地址(Add)：福建省厦门市湖里区乌石浦二里172号(古龙花园)
邮编(P. C.)：361009
电话(Tel)：0592 - 5861788
传真(Fax)：0592 - 5861799
E-mail：cjy-sl@163.com
Http://www.chemplas.com
法人代表(Chairman)：曾焕辉
总经理(General Manager)：陈建源
联系人(Contact Person)：陈建源
产品业务(Business)：经营HDPE，LDPE，PP

厦门市馥荣塑料制品有限公司
Xiamen Furong Plastic Products Co., Ltd.
地址(Add)：福建省厦门市火炬高新区(翔安)产业区翔虹路7号
邮编(P. C.)：361000
电话(Tel)：0592 - 7085239
传真(Fax)：0592 - 7085138
E-mail：w.zs@163.com
法人代表(Chairman)：周文伟
总经理(General Manager)：王仲枢
联系人(Contact Person)：王仲枢
产品业务(Business)：流延膜

厦门毅兴行塑料原料有限公司
Xiamen Ngai Hing Hong Plastic Materials Co., Ltd.
地址(Add)：福建省厦门市集美区灌口镇涌泉工业园J-7厂房1楼
邮编(P. C.)：361023
电话(Tel)：0592 - 6093211
传真(Fax)：0592 - 6093600
E-mail：xm.xp.liu@nhh.com..hk
Http://www.nhh.com.hk
联系人(Contact Person)：柳小平
产品业务(Business)：色母粒

厦门汉润工程塑料有限公司
Xiamen Hanrun Engineering Plastic Co., Ltd.
地址(Add)：福建省厦门市集美区后溪机械工业集中园白虎岩路51号
邮编(P. C.)：361021
电话(Tel)：0592 - 6030388
传真(Fax)：0592 - 5600234
E-mail：393032@163.com
联系人(Contact Person)：陆昌明
产品业务(Business)：塑料原料，塑料颗粒

厦门市隆胜兴塑料有限公司
Xiamen Longshengxing Plastic Co., Ltd.
地址(Add)：福建省厦门市集美区后溪岩内村
邮编(P. C.)：361024
传真(Fax)：0592 - 3205368
E-mail：hqh_lei35@163.com
联系人(Contact Person)：黄跃辉
产品业务(Business)：PE膜

厦门聚富塑胶制品有限公司
Xiamen Jufu Plastic Products Co., Ltd.
地址(Add)：福建省厦门市集美区杏林北二路28号
邮编(P. C.)：361022
电话(Tel)：0592－6275176
传真(Fax)：0592－6216188
E-mail：marketing@chinajufu.com
Http://www.chinajufu.com
法人代表(Chairman)：陈建朝
总经理(General Manager)：陈建朝
联系人(Contact Person)：林义勇
产品业务(Business)：收缩膜，拉伸膜

厦门冠颜塑化科技有限公司
Xiamen Guanyan Plas. & chem. Materials Technology Co., Ltd.
地址(Add)：福建省厦门市集美区杏林九天湖路226号5楼
邮编(P. C.)：361002
电话(Tel)：0592－7795797－605
传真(Fax)：0592－7795799
E-mail：liangjinfu668@163.com
联系人(Contact Person)：梁进福
产品业务(Business)：塑料母粒

厦门太润商贸有限公司
Xiamen Tairun Trade Co., Ltd.
地址(Add)：福建省厦门市莲前东路409号联丰大厦2005
邮编(P. C.)：361000
电话(Tel)：0592－5638199
传真(Fax)：0592－5613299
联系人(Contact Person)：陈汉坤
产品业务(Business)：聚乙烯、聚丙烯

厦门海牧进出口有限公司
Sea Emperor Polymer (Xiamen) Co., Ltd.
地址(Add)：福建省厦门市鹭江道268号远洋大厦21楼F座
邮编(P. C.)：361001
电话(Tel)：0592－2387518
传真(Fax)：0592－2387222
E-mail：xmhm88@hotmail.com
法人代表(Chairman)：朱耀建
总经理(General Manager)：朱耀建
产品业务(Business)：PE、PP、EVA、POE塑料原料

厦门上登进出口有限公司
Xiamen Suntower Import and Export Co., Ltd.
地址(Add)：福建省厦门市思明区吕岭路22号必利达大厦29楼D单元
邮编(P. C.)：361003
电话(Tel)：0592－5597578
传真(Fax)：0592－5597577
E-mail：lin_jinshan@126.com
Http://www.xmsuntower.com
联系人(Contact Person)：林金山
产品业务(Business)：聚乙烯，聚丙烯

广州和氏璧化工材料有限公司厦门办事处
NCM Chemical Co., Ltd. Xiamen Office
地址(Add)：福建省厦门市思明区软件园二期观日路54号602
邮编(P. C.)：361008
电话(Tel)：0592－5311200－2453
传真(Fax)：0592－5311022
E-mail：cyqing@ncmchem.com
联系人(Contact Person)：陈艺清
产品业务(Business)：高分子聚合物PE，湿巾用溶剂

厦门燕达斯工贸有限公司
Xiamen Yandasi Trade Co., Ltd.
地址(Add)：福建省厦门市同安工业集中区思明园163－165号
邮编(P. C.)：361100
电话(Tel)：0592－7099179
传真(Fax)：0592－7099153
E-mail：13799555289@139.com
联系人(Contact Person)：洪铿锵
产品业务(Business)：透气膜，印刷膜，流延膜，弹性腰围，PE膜复合非织造布

福州惠亿美日用品有限公司
Fuzhou Finemay Commodity Co., Ltd.
地址(Add)：福建省厦门市同安工业集中区思明园203号
邮编(P. C.)：361000
电话(Tel)：0592－3172918
传真(Fax)：0592－3172663
E-mail：xiamenfinemay@126.com
Http://xiamenfinemay.en.gongchang.com
联系人(Contact Person)：庄婷娟
产品业务(Business)：PE流延膜

厦门鑫万彩塑胶染料工贸有限公司
Xiamen Xinwancai Plastic Color Pellet Industries Co., Ltd.
地址(Add)：福建省厦门市同安工业集中区同安园67号
邮编(P. C.)：361199
电话(Tel)：0592－7895633
传真(Fax)：0592－7895630
E-mail：xinwancai@xinwancai.com
Http://www.xinwancai.com
联系人(Contact Person)：林亚婷
产品业务(Business)：塑料母粒

福建省永安市三源丰水溶膜有限公司
Yongan SYF Water Soluble Films Co., Ltd.
地址(Add)：福建省永安市新桥路1507号
邮编(P. C.)：366000
电话(Tel)：0598－3639030
传真(Fax)：0598－3650860
E-mail：info@pva－film.com
Http://www.pva－film.com
联系人(Contact Person)：苏世明
产品业务(Business)：水溶性透气膜，流延膜

济南康雅薄膜有限公司
Jinan Kangya Film Co., Ltd.
地址(Add)：山东省济南市工业南路26号
邮编(P. C.)：250101
电话(Tel)：0531－88833900
传真(Fax)：0531－88833900
E-mail：mjq21@sohu.com
总经理(General Manager)：满进岐

产品业务(Business)：流延膜

山东临沂金洲工贸企业有限公司
Shandong Linyi Jinzhou Industry & Trade Enterprise Co., Ltd.
(详见非织造布-热轧、热风、纺粘等)

郯城县恒昌卫生材料厂
Tancheng Hengchang Hygiene Materials Plant
地址(Add)：山东省临沂市郯城县马头镇高册驻地
邮编(P. C.)：276125
电话(Tel)：0539-6598444
传真(Fax)：0539-6596444
Http://www.hcwscl.cn.alibaba.com
法人代表(Chairman)：洪斌
联系人(Contact Person)：洪斌
产品业务(Business)：生产PE/打点PE/离型PE/印刷PE流延膜

山东郯城维康卫生材料有限公司
Tancheng Weikang Hygiene Material Co., Ltd.
地址(Add)：山东省临沂市郯城县马头镇供电大厦隔壁
邮编(P. C.)：276126
电话(Tel)：0539-6773898
传真(Fax)：0539-6773898
联系人(Contact Person)：姜德才
产品业务(Business)：卫生巾流延膜，打孔膜，包装膜，床垫膜，成人纸尿裤膜，婴儿纸尿裤膜

山东宝利卫生用品厂
Shandong Baoli Hygiene Products Plant
(详见打孔膜及打孔非织造布)

达利源卫生材料用品有限公司
Daliyuan Hygiene Material Products Co., Ltd.
地址(Add)：山东省临沂市郯马经济开发区南园街455号
邮编(P. C.)：276000
电话(Tel)：0539-6770111
传真(Fax)：0539-6770111
联系人(Contact Person)：禚磊磊
产品业务(Business)：PE流延膜，打孔膜，高吸收性树脂，热熔胶，非织造布，离型纸

道恩集团有限公司
Dawn Group Co., Ltd.
地址(Add)：山东省龙口市龙港经济开发区东首
邮编(P. C.)：265700
电话(Tel)：0535-8868888
传真(Fax)：0535-8868888
E-mail：fsjchran@126.com
法人代表(Chairman)：于晓宁
总经理(General Manager)：于晓宁
联系人(Contact Person)：范圣江
产品业务(Business)：塑料颗粒

青岛毅兴塑胶原料有限公司
Tsing Tao Ngai Hing Plastic Materials Co., Ltd.
地址(Add)：山东省青岛市胶州经济技术开发区海尔(胶州)国际工业园
邮编(P. C.)：266300
电话(Tel)：0532-87273100
传真(Fax)：0532-87273110
E-mail：info@nhh.com.hk
Http://www.nhh.com.hk
总经理(General Manager)：郑玉麟
联系人(Contact Person)：郑玉麟
产品业务(Business)：色母粒

青岛天塑国际贸易有限公司
Qingdao Tiansu International Trading Co., Ltd.
地址(Add)：山东省青岛市崂山区东城国际北区18号商务楼2101
邮编(P. C.)：266072
电话(Tel)：0532-67782015
传真(Fax)：0532-67782001
E-mail：xiekongzhu@126.com
Http://www.tiansugroup.com
联系人(Contact Person)：王昕
产品业务(Business)：经销PE、PP，再生塑料，塑料加工，投资物流。

山东郯城金马复合彩印厂
Shandong Tancheng Jinma Composite Color Printing Plant
(详见包装及印刷)

山东郯城宏达流延膜厂
Tancheng Hongda Film Factory
(详见打孔膜及打孔非织造布)

山东康佳卫生用品有限公司
Shandong Kangjia Hygiene Products Co., Ltd.
地址(Add)：山东省郯城县马头镇京沪高速收费站对过
邮编(P. C.)：276126
电话(Tel)：0539-6899106
传真(Fax)：0539-6899106
联系人(Contact Person)：徐祇彬
产品业务(Business)：流延膜

微山县联众包装材料有限公司
Weishan Lianzhong Package Material Co., Ltd.
地址(Add)：山东省微山经济开发区建设路东首
邮编(P. C.)：277600
电话(Tel)：0537-8225188
传真(Fax)：0537-8268155
E-mail：sdlianzhong_zhou@163.com
联系人(Contact Person)：周东升
产品业务(Business)：热收缩包装膜，印刷标签

焦作艾德嘉工贸有限公司
Jiaozuo Aidejia Trade Co., Ltd.
(详见打孔膜及打孔非织造布)

河南省南阳悦美薄膜制品有限公司
Nanyang Yuemei Film Products Co., Ltd.
(详见打孔膜及打孔非织造布)

湖北慧狮塑业股份有限公司
Hubei Huishi Plastics Industry Co., Ltd.
地址(Add)：湖北省仙桃市经济技术开发区青渔湖路28号
邮编(P. C.)：433000

电话(Tel)：0728－8201848
传真(Fax)：0728－3270998
E-mail：hslmc005@163.com
Http://www.hsplas.com
总经理(General Manager)：王焕清
联系人(Contact Person)：鲁猛成
产品业务(Business)：流延膜，高阻隔膜，非织造布制品

湖北华业塑胶有限公司
Huaye Plastic Co., Ltd.
地址(Add)：湖北省仙桃市沔阳大道122号
邮编(P.C.)：433000
电话(Tel)：0728－3257592
传真(Fax)：0728－3257586
E-mail：hbxtfjh@yahoo.com
Http://hbhyfzh.cn.alibaba.com
总经理(General Manager)：冯一鸣
联系人(Contact Person)：冯一鸣
产品业务(Business)：流延膜

仙桃市德兴塑料制品有限公司
Xiantao Dexing Plastic Products Co., Ltd.
地址(Add)：湖北省仙桃市彭场镇胜利上街3号
邮编(P.C.)：433018
电话(Tel)：0728－2612058
传真(Fax)：0728－2610388
E-mail：ydx1966@sohu.com
Http://www.dxslzp.cn.alibaba.com
总经理(General Manager)：杨德新
联系人(Contact Person)：张目言
产品业务(Business)：PE透气膜，非织造布

湖北三羊塑料制品有限责任公司
Hubei Sanyang Plastic Products Co., Ltd.
地址(Add)：湖北省仙桃市沙嘴杨岗工业区
邮编(P.C.)：433000
电话(Tel)：0728－3267611
传真(Fax)：0728－3268056
E-mail：hbsanyang1994@163.com
总经理(General Manager)：杨柱华
联系人(Contact Person)：杨柱华
产品业务(Business)：经销流延膜，非织造布

东莞市高源塑胶有限公司
Dongguan Gaoyuan Plastic Co., Ltd.
地址(Add)：广东省东莞市常平大京九塑胶城塑通六路618－619号
邮编(P.C.)：523560
电话(Tel)：0769－88768930
传真(Fax)：0769－88768931
E-mail：michaelplastic@163.com
Http://www.gaoyuanplastic.com
联系人(Contact Person)：李刚
产品业务(Business)：塑料母粒

广西贺州旭光化工有限公司广东办事处
Hezhou Xuguang Chemical Co., Ltd.
地址(Add)：广东省东莞市常平镇大京九塑胶城塑通六路618－619号
邮编(P.C.)：523576
电话(Tel)：0769－88768930
传真(Fax)：0769－88768931
Http://www.gaoyuanplastic.com
联系人(Contact Person)：邹洪初
产品业务(Business)：塑料填料

东莞毅兴塑胶原料有限公司
Dongguan Ngai Hing Plastic Materials Limited
地址(Add)：广东省东莞市厚街镇赤岭工业区
邮编(P.C.)：523940
电话(Tel)：0769－85588755
传真(Fax)：0769－85581756
E-mail：dg.w.yang@nhh.com.hk
Http://www.nhh.com.hk
联系人(Contact Person)：杨伟
产品业务(Business)：色母粒

东莞市虎门联友包装印刷有限公司
Humen Lianyou Packing & Printing Co., Ltd.
地址(Add)：广东省东莞市虎门镇怀德大坑村工业区
邮编(P.C.)：523926
电话(Tel)：0769－85556361
传真(Fax)：0769－85708112
E-mail：lianyou1000@163.com
联系人(Contact Person)：邓进锋
产品业务(Business)：收缩膜，包装袋

同舟化工有限公司
Topship Chemicals Co., Ltd.
(详见高吸收性树脂)

东莞迪彩塑胶色母有限公司
Dongguan Dicolors Plastic Masterbatch Co., Ltd.
地址(Add)：广东省东莞市清溪镇松岗金田工业区
邮编(P.C.)：523600
电话(Tel)：0769－87363508
传真(Fax)：0769－87363509
E-mail：960962199@qq.com
Http://www.dicolors.com
联系人(Contact Person)：李媛媛
产品业务(Business)：色母粒

东莞沛颖贸易有限公司
Peiying Trading Co., Ltd.
地址(Add)：广东省东莞市万江区石美村黄屋氹向阳路4巷6号
邮编(P.C.)：523040
电话(Tel)：0769－23297520
E-mail：andrew@chaei－hsin.com.tw
联系人(Contact Person)：柯桐树
产品业务(Business)：TPU薄膜

东莞联兴塑印制品厂
Dongguan Lianxing Plastic Printing Plant
地址(Add)：广东省东莞市万江新谷涌工业区
邮编(P.C.)：511700
电话(Tel)：0769－22774183
传真(Fax)：0769－22774263
E-mail：lianxing888@163.com
联系人(Contact Person)：陈彦霖
产品业务(Business)：PE膜，包装袋

佛山市智邦复合材料有限公司
Foshan Zhibang Composite Materials Co., Ltd.
（详见非织造布－热轧、热风、纺粘等）

佛山市安乐利包装材料有限公司
Foshan Anleli Packing Material Co., Ltd.
地址(Add)：广东省佛山市长城区港口路高新技术开发区
邮编(P. C.)：528000
电话(Tel)：0757－83825286
传真(Fax)：0757－83833768
联系人(Contact Person)：梁灿
产品业务(Business)：流延膜

佛山市腾华塑胶有限公司
Foshan Tenghua Plastic Co., Ltd.
（详见打孔膜及打孔非织造布）

广东天耀进出口集团有限公司
Guangdong Sky Bright Group Co., Ltd.
地址(Add)：广东省佛山市季华五路21号金海广场16楼
邮编(P. C.)：528000
电话(Tel)：0757－83633966
传真(Fax)：0757－83633691
E-mail：saleservice@skybright－group.com
Http://www.skybright－group.com
联系人(Contact Person)：招丽贤
产品业务(Business)：经销PVC增塑剂，助剂

佛山市亮航五金塑料有限公司
Lianghang Hardware Plastic Limited
地址(Add)：广东省佛山市郊边高田工业区南排19－21号
邮编(P. C.)：528000
电话(Tel)：0757－8881156
传真(Fax)：0757－82827192
E-mail：fuxingfs@126.com
法人代表(Chairman)：方天蓝
总经理(General Manager)：方天蓝
联系人(Contact Person)：梁景亮
产品业务(Business)：流延膜

佛山市厚海复合材料有限公司
Foshan Houhai Combination Materials Co., Ltd.
（详见非织造布－热轧、热风、纺粘等）

佛山市南海美之彩塑化有限公司
Foshan Beautiful Color Plastic Chemical Co., Ltd.
地址(Add)：广东省佛山市南海区官窑永安谭南村岗丁
邮编(P. C.)：528237
电话(Tel)：0757－85801898
传真(Fax)：0757－85801886
E-mail：1362450059@qq.com
Http://www.mzc.cc
联系人(Contact Person)：黄衍和
产品业务(Business)：塑料原料，色母粒，颜料

佛山市晟凯科技有限公司
Foshan Sky Technology Co., Ltd.
地址(Add)：广东省佛山市南海区里水镇洲村彩门工业区5号
邮编(P. C.)：528244
电话(Tel)：0757－85665826
传真(Fax)：0757－85655797
联系人(Contact Person)：黄磊
产品业务(Business)：塑料助剂，胶粘剂，胶带

佛山市南海广浩塑料有限公司
Foshan Nanhai Guanghao Plastics Co., Ltd.
地址(Add)：广东省佛山市南海区罗村城北芦塘工业园11号
邮编(P. C.)：528226
电话(Tel)：0757－81801298
传真(Fax)：0757－85228016
E-mail：fsgh.plastic@yahoo.cn
Http://www.ghtqm.com
法人代表(Chairman)：余志勤
联系人(Contact Person)：余志勤
产品业务(Business)：流延膜，PE膜，复合膜，离型膜

佛山市南海一龙塑料科技有限公司
Foshan Yilong Plastic Technology Co., Ltd.
地址(Add)：广东省佛山市南海区沙头镇石江工业区
邮编(P. C.)：528208
电话(Tel)：0757－86901896
传真(Fax)：0757－86901895
联系人(Contact Person)：吴平
产品业务(Business)：色母粒

佛山市兰笛胶粘材料有限公司
Foshan Landi Adhesive Co., Ltd.
地址(Add)：广东省佛山市南海区狮山工业园A区旺达路
邮编(P. C.)：528225
电话(Tel)：0757－88735580
传真(Fax)：0757－88735592
E-mail：chenyong3921@163.com
法人代表(Chairman)：江南
总经理(General Manager)：江南
联系人(Contact Person)：陈勇
产品业务(Business)：流延膜，透气膜，复合膜

佛山市联塑万嘉新卫材有限公司
Foshan Lesso Wanjia New Sanitary Material Co., Ltd.
地址(Add)：广东省佛山市南海区狮山科技工业园A区科旺路3号
邮编(P. C.)：528225
电话(Tel)：0757－86697363
传真(Fax)：0757－86697232
E-mail：hydewayok@hotmail.com
Http://www.liansu.com
法人代表(Chairman)：黄照雄
总经理(General Manager)：梁永江
联系人(Contact Person)：刘永来
产品业务(Business)：流延膜及塑料母粒，胶贴，魔术贴

佛山市新飞卫生材料有限公司
Foshan Xinfei Hygiene Materials Co., Ltd.
（详见离型纸、离型膜）

佛山市南海区科思瑞迪材料科技有限公司
Foshan Kesi Ruidi Materials S & T Co., Ltd.
地址(Add)：广东省佛山市南海区狮山兆基工业园和路九号B座

邮编(P. C.)：528225
电话(Tel)：0757－88789028
传真(Fax)：0757－88735592
E-mail：chenyong3921@163. com
法人代表(Chairman)：江南
总经理(General Manager)：江南
联系人(Contact Person)：陈勇
产品业务(Business)：流延膜，复合膜

佛山市格菲林不织布有限公司
Foshan Good－feeling Nonwowen Co.，Ltd.
(详见衬纸和复合吸水纸)

佛山市天骅科技有限公司
Foshan Tianhua Technology Co.，Ltd.
(详见非织造布－热轧、热风、纺粘等)

佛山市运通晨塑料助剂有限公司
Foshan Yuntongchen Plastics Additives Co.，Ltd.
地址(Add)：广东省佛山市南海区小塘镇新境工业区新发路
邮编(P. C.)：528222
电话(Tel)：0757－88573328
传真(Fax)：0757－88573368
联系人(Contact Person)：萧广鹏
产品业务(Business)：塑料母粒、薄膜添加剂

佛山市怡昌塑胶有限公司
Foshan Yichang Plastic Co.，Ltd.
地址(Add)：广东省佛山市轻工3路南丁街10号A座3楼
邮编(P. C.)：528000
电话(Tel)：0757－87218298
传真(Fax)：0757－87218268
E-mail：webayichpl. com
Http://www. yichpl. com
法人代表(Chairman)：苏振宇
总经理(General Manager)：苏振宇
联系人(Contact Person)：吴国逵
产品业务(Business)：流延膜，透气膜

佛山华韩卫生材料有限公司
Foshan Huahan Sanitary Material Co.，Ltd.
地址(Add)：广东省佛山市轻工三路7号
邮编(P. C.)：528000
电话(Tel)：0757－82214727
传真(Fax)：0757－82217295
E-mail：eastfoshan@21cn. com
Http://www. eute. com. cn
法人代表(Chairman)：庞有国
总经理(General Manager)：蔡耀钧
联系人(Contact Person)：张佩诗
产品业务(Business)：流延膜，透气膜，复合膜，包装袋

佛山市顺德区新锐塑料制品有限公司
Foshan Xinrui Plastic Products Co.，Ltd.
地址(Add)：广东省佛山市顺德伦教镇大成工业区
邮编(P. C.)：528311
电话(Tel)：0757－23628663
传真(Fax)：0757－23628683
E-mail：gdsdxinrui@163. com
Http://www. gdsdxinrui. cn
联系人(Contact Person)：黎继开
产品业务(Business)：PE流延膜

佛山市奇毅龙塑料制品有限公司
Foshan Qiyilong Plastic Product Co.，Ltd.
地址(Add)：广东省佛山市顺德区北滘高村工业区5路8号
邮编(P. C.)：528000
电话(Tel)：0757－26395388
传真(Fax)：0757－23605168
E-mail：qss1008@126. com
Http://www. qyl888. com
法人代表(Chairman)：黎力奇
总经理(General Manager)：郭俊
产品业务(Business)：流延压花膜，缠绕膜

力美实业有限公司
Limei Industry Co.，Ltd.
地址(Add)：广东省佛山市顺德区陈村镇江北工业区七路4号
邮编(P. C.)：528313
电话(Tel)：0757－23832068
传真(Fax)：0757－23832066
E-mail：lm_dgz@163. com
联系人(Contact Person)：董冠泽
产品业务(Business)：色母粒

佛山市顺德区宏金图贸易有限公司
Foshan Hongjintu Trade Co.，Ltd.
地址(Add)：广东省佛山市顺德区大良广珠路红岗段2－2号地B综合楼5－6号铺
邮编(P. C.)：528300
电话(Tel)：0757－22332200
传真(Fax)：0757－22332289
联系人(Contact Person)：梁可涛
产品业务(Business)：LDPE、HDPE、LLDPE、PP吹膜，热熔胶

广东德冠薄膜新材料股份有限公司
Guangdong Decro Film New Material Co.，Ltd.
地址(Add)：广东省佛山市顺德区大良顺峰山工业区
邮编(P. C.)：528333
电话(Tel)：0757－22323543
传真(Fax)：0757－22291313－98
E-mail：paultan@bopp. com. cn
Http://www. bopp. com. cn
联系人(Contact Person)：谭少波
产品业务(Business)：薄膜材料

佛山市顺德区基联五金塑料厂
Foshan Jilian Hardware Plastic Factory
地址(Add)：广东省佛山市顺德区乐从镇良教工业区
邮编(P. C.)：528315
电话(Tel)：0757－28867623
传真(Fax)：0757－28838296
总经理(General Manager)：劳启卓
产品业务(Business)：流延膜，尿显膜

佛山市顺德区伦教卓佳塑料厂
Foshan Shunde Lunjiao Zhuojia Plastics Plant
地址(Add)：广东省佛山市顺德区伦教永丰工业区中路

邮编(P. C.): 528308
电话(Tel): 0757-28669191
传真(Fax): 0757-27831266
联系人(Contact Person): 周佳
产品业务(Business): 流延膜, 塑料母粒

佛山市顺德区荣日塑料制品实业有限公司
Foshan Rongri Plastics Co., Ltd.
地址(Add): 广东省佛山市顺德区容桂高黎工业区朝光南路5号
邮编(P. C.): 528305
电话(Tel): 0757-28306863
传真(Fax): 0757-28302993
Http://www.rongri.cn
联系人(Contact Person): 陈奋勇
产品业务(Business): 薄膜材料, 印刷包装

佛山市奥雅图胶粘实业有限公司
Foshan Aoyatu Adhesive Industry Co., Ltd.
地址(Add): 广东省佛山市顺德区杏坛镇右滩工业区6号
邮编(P. C.): 528325
电话(Tel): 0757-22985621
传真(Fax): 0757-22898880
E-mail: sales@aoyatu.com
Http://www.aoyatu.com
联系人(Contact Person): 关培华
产品业务(Business): PE膜

广州卓德嘉薄膜有限公司
Guangzhou Tredegar Film Co., Ltd.
(详见打孔膜及打孔非织造布)

广州开瑞化工有限公司
Avoteck (Guangzhou) Co., Ltd.
地址(Add): 广东省广州市从化太平经济技术开发区福从路公共保税仓1号仓
邮编(P. C.): 510990
电话(Tel): 020-62160238
传真(Fax): 020-62160236
E-mail: cindy@avoteck.com
Http://www.avoteckgz.com
法人代表(Chairman): 甘卓燊
联系人(Contact Person): 欧阳敏红
产品业务(Business): 流延膜, 透气膜

广州保亮得塑料科技有限公司
Guangzhou Baoliangde Plastic Technology Co., Ltd.
地址(Add): 广东省广州市番禺区榄核镇榄北路110号万安工业区
邮编(P. C.): 511480
电话(Tel): 020-34702088
传真(Fax): 020-34702789
E-mail: cxl_930@hotmail.com
总经理(General Manager): 陈迅雷
联系人(Contact Person): 陈迅雷
产品业务(Business): 塑料母粒

广州市杉特无纺布科技有限公司
Guangzhou Shante Nonwovens S & T Co., Ltd.
地址(Add): 广东省广州市番禺区南村镇板桥兴南大道一巷10号瑞丰大厦二楼
邮编(P. C.): 510000
电话(Tel): 020-61956540
传真(Fax): 020-61956541
Http://www.stwfb.com
总经理(General Manager): 张继承
联系人(Contact Person): 张继承
产品业务(Business): 非织造布复合透气膜卷料, 发热贴, 干燥剂

广州市金威龙实业股份有限公司
Jinweilong Industrial Co., Ltd.
地址(Add): 广东省广州市海珠区南石路12号
邮编(P. C.): 510285
电话(Tel): 020-84263833
传真(Fax): 020-84329947
法人代表(Chairman): 陈清流
产品业务(Business): 流延膜

金发科技股份有限公司
Kingfa Sci. & Tech. Co., Ltd.
地址(Add): 广东省广州市天河区柯木塱高唐工业园
邮编(P. C.): 510520
电话(Tel): 020-87036559
传真(Fax): 020-87037111
E-mail: yuqisheng@kingfa.com.cn
Http://www.kingfa.com.cn
联系人(Contact Person): 李建中
产品业务(Business): 改性塑料、化工产品

广东花坪薄膜有限公司
Guangdong Huaping Film Co., Ltd.
地址(Add): 广东省鹤山市宅梧镇宅新路61号
邮编(P. C.): 529733
电话(Tel): 0750-8633386
传真(Fax): 0750-8632130
E-mail: huaping@21cn.net
Http://www.gdhuaping.cn.alibaba.com
法人代表(Chairman): 周万享
总经理(General Manager): 周万享
联系人(Contact Person): 周树祥
产品业务(Business): 流延膜, 打孔膜, 磨砂膜, 透气膜, 印花膜, 复合膜, 打孔非织造布

江门市蓬江区华龙包装材料有限公司
Jiangmen Hualong Packing Material Co., Ltd.
地址(Add): 广东省江门市蓬江区杜阮镇汇华创业园英华路26号
邮编(P. C.): 527029
电话(Tel): 0750-3501101
传真(Fax): 0750-3511848
E-mail: dsy9026586@163.com
Http://www.hualongco.com
联系人(Contact Person): 邓顺燕
产品业务(Business): PE膜

江门市金士达复合材料有限公司
Jiangmen Kingstar Composite Material Co., Ltd.
地址(Add): 广东省江门市新会区大泽创利来工业区
邮编(P. C.): 529162
电话(Tel): 0750-6806398
传真(Fax): 0750-6806393

E-mail：jtanxh@163.com
法人代表(Chairman)：周晓
总经理(General Manager)：周晓
联系人(Contact Person)：谭晓航
产品业务(Business)：卫生用品用纸塑复合材料

新会新利达薄膜有限公司
Xinhui Alida Polythene Limited
地址(Add)：广东省江门市新会区会城今古洲葵盛路2号
邮编(P.C.)：529141
电话(Tel)：0750－6362501
传真(Fax)：0750－6364942
E-mail：kartinahuang@bpixinhui.com
Http://www.bpipoly.com
联系人(Contact Person)：黄丽萍
产品业务(Business)：薄膜材料

汕头市江宏包装材料有限公司
Shantou Jianghong Packing Material Co., Ltd.
地址(Add)：广东省汕头市潮汕公路金园工业城金兴四路
邮编(P.C.)：515064
电话(Tel)：0754－82488557
传真(Fax)：0754－88209206
E-mail：sdjh07@21cn.com
Http://sdjh07.cn.alibaba.com
联系人(Contact Person)：杨雪媛
产品业务(Business)：流延膜

广东美联新材料股份有限公司
Guangdong Meilian New Materials Co., Ltd.
地址(Add)：广东省汕头市护堤路月浦深谭工业区护堤路288号
邮编(P.C.)：515021
电话(Tel)：0754－82483333
传真(Fax)：0754－82488800
E-mail：mlsuna@163.com
Http://www.malion.cn
联系人(Contact Person)：姚佑荣
产品业务(Business)：色母粒

汕尾东旭卫生材料有限公司
Shanwei Dongxu Hygiene Material Co., Ltd.
地址(Add)：广东省汕尾市海丰老区经济开发区工业园
邮编(P.C.)：516411
电话(Tel)：0660－6452808
传真(Fax)：0660－6451818
联系人(Contact Person)：林阳
产品业务(Business)：流延膜，离型纸膜

深圳市致新包装有限公司
Shenzhen Zhixin Packaging Co., Ltd.
地址(Add)：广东省深圳市宝安区沙井镇马安山第二工业区西排第三栋
电话(Tel)：0755－21508268
传真(Fax)：0755－21508098
E-mail：wangxiangmei@zhixin－sz.com
Http://www.zhixin－sz.com
联系人(Contact Person)：刘明发
产品业务(Business)：PE膜，POF收缩膜

深圳石化东宏化纤面料有限公司
Shenzhen Donghong Chemical Fiber Fabrics Co., Ltd.
地址(Add)：广东省深圳市布吉坂田五和大道南路石化工业区
邮编(P.C.)：518129
电话(Tel)：0755－84190300
传真(Fax)：0755－84190306
Http://www.szdonghong.com.cn
联系人(Contact Person)：赵强
产品业务(Business)：PE、PEVA膜

深圳建彩科技发展有限公司
Shenzhen Jiancai Technology Development Co., Ltd.
地址(Add)：广东省深圳市龙岗区龙城街道爱联社区嶂背路峯吓工业区
邮编(P.C.)：518116
电话(Tel)：0755－28991199
传真(Fax)：0755－28995252
E-mail：xywstudent@sina.com
Http://www.mz－jc.com
联系人(Contact Person)：谢亿文
产品业务(Business)：透气膜母粒

深圳市富利豪科技有限公司
Shenzhen Fulihao Technology Co., Ltd.
地址(Add)：广东省深圳市龙岗区平湖华南电子区P07栋118号
邮编(P.C.)：518111
电话(Tel)：0755－83156529
传真(Fax)：0755－83156197
联系人(Contact Person)：江云青
产品业务(Business)：塑料原料

深圳市金顺来实业有限公司
Shenzhen Jinshunlai Industry Co., Ltd.
地址(Add)：广东省深圳市龙岗区坪地镇坪西村顺景路10号
邮编(P.C.)：518117
电话(Tel)：0755－61227772
传真(Fax)：0755－61227628
E-mail：sales@jsl－china.com
Http://www.jsl－china.com
法人代表(Chairman)：吴金榜
总经理(General Manager)：蔡明莎
联系人(Contact Person)：叶志勇
产品业务(Business)：流延膜，打孔膜

粤今塑料有限公司
Yuejin Plastic Co., Ltd.
地址(Add)：广东省四会市东城区清东村消息岭
邮编(P.C.)：526200
电话(Tel)：15089650355
总经理(General Manager)：林远兵
产品业务(Business)：PE膜

广东现代工程塑料有限公司
Hyundai Engineering Plastics Co., Ltd.
地址(Add)：广东省肇庆市高新技术产业开发区大旺园区迎宾大道5号
邮编(P.C.)：526238

电话(Tel)：0758－3625035
传真(Fax)：0758－3625005
E-mail：vincent.0093@hotmail.com
联系人(Contact Person)：伍圣定
产品业务(Business)：卫生用品用衬膜，透气性树脂

中山市聚丰塑胶制品厂
Zhongshan Jufeng Plastic Products Factory
地址(Add)：广东省中山市古镇海州螺沙大道28号
邮编(P.C.)：528400
电话(Tel)：0760－22314561
传真(Fax)：0760－22399081
联系人(Contact Person)：蔡坚能
产品业务(Business)：流延膜，打孔膜

启华工业股份有限公司
Kae Hwa Industrial Co., Ltd.
地址(Add)：广东省中山市三乡白石第二工业区兴唐2路9号
邮编(P.C.)：528400
电话(Tel)：0760－87809822
传真(Fax)：0760－86686675
联系人(Contact Person)：许玉辉
产品业务(Business)：透气/不透气膜，纸尿裤左右侧贴，弹性材料，魔术贴

重庆壮大包装材料有限公司
Chongqing Zhuangda Packing Material Co., Ltd.
地址(Add)：重庆市江津区珞璜工业园B区新房路2号
邮编(P.C.)：402282
电话(Tel)：023－47607816
传真(Fax)：023－47607816
E-mail：nhluoma@163.com
法人代表(Chairman)：王志琼
总经理(General Manager)：王文
联系人(Contact Person)：邱莎莎
产品业务(Business)：流延膜，婴儿纸尿裤膜，打孔基膜，彩色印刷膜

重庆和泰塑胶股份有限公司
Chongqing Hetai Plastics Co., Ltd.
地址(Add)：重庆市南岸区茶园新区牡丹路10号
邮编(P.C.)：400037
电话(Tel)：023－86917667
传真(Fax)：023－62489611
E-mail：cqzhonghui@126.com
总经理(General Manager)：岳宇
联系人(Contact Person)：袁茂林
产品业务(Business)：卫生巾底膜、包膜、复合膜、印刷膜、一次性医用隔离膜、收缩膜、打孔膜，缠绕膜

重庆琪乐化工有限公司
Chongqing Qile Chemical Co., Ltd.
地址(Add)：重庆市石坪桥安迪花园A座2－9－3(饮料厂对面)
邮编(P.C.)：400051
电话(Tel)：023－68675696
传真(Fax)：023－68676650
联系人(Contact Person)：罗奎
产品业务(Business)：色母粒，塑料助剂

成都市迅驰塑料包装有限公司
Chengdu Xunchi Plastic Co., Ltd.
(详见包装及印刷)

成都菲斯特化工有限公司
Chengdu First Chemical Co., Ltd.
地址(Add)：四川省成都市郫县现代工业港北区港通北三路380号
邮编(P.C.)：611743
电话(Tel)：028－87893558－819
传真(Fax)：028－87893505
E-mail：jojo.agrin@gmail.com
Http://www.cd－first.com
法人代表(Chairman)：彭志远
联系人(Contact Person)：龚竟飞
产品业务(Business)：塑料母粒

成都益华塑料包装有限公司
Chengdu Yihua Plastics Packaging Co., Ltd.
地址(Add)：四川省成都市双流彭镇歧阳村东方红水电站对面
邮编(P.C.)：610203
电话(Tel)：028－85848438
传真(Fax)：028－85849288
E-mail：liuzeping@21cn.com
总经理(General Manager)：刘泽平
产品业务(Business)：流延膜，打孔膜

成都彩虹纸塑制品厂
Chengdu Caihong Paper & Plastic Products Factory
地址(Add)：四川省成都市外北安靖高桥村
邮编(P.C.)：610000
电话(Tel)：028－88076820
传真(Fax)：028－87811138
联系人(Contact Person)：周安友
产品业务(Business)：包装膜

仁寿天意纸制品有限公司
Renshou Tianyi Paper Products Co., Ltd.
(详见打孔膜及打孔非织造布)

云南嘉信塑业有限公司
Yunnan Jiaxin Plastic Co., Ltd.
地址(Add)：云南省大理市下关嘉士伯大道4号
邮编(P.C.)：671000
电话(Tel)：0872－2242002
传真(Fax)：0872－2242002
总经理(General Manager)：张启九
产品业务(Business)：流延膜

● 高吸收性树脂 Super absorbent polymer (SAP)

Degussa Superabsorbent
德固赛吸水树脂公司
地址(Add)：2401 Doyle Street, Greensboro, NC 27406 U.S.A.
电话(Tel)：1－336－3337540
传真(Fax)：1－336－3337570
E-mail：hsuw@stockhausen－inc.com

Http://www. stockhausen. com
联系人(Contact Person): Whei – Neen Hsu
产品业务(Business): 高吸收性树脂

Sumitomo Seika Chemicals Co., Ltd.
住友精化株式会社
地址(Add): 4 – 5 – 33 Kitahama, Chuo – ku, Osaka 541 – 0041, Japan
电话(Tel): 81 – 06 – 62208532
传真(Fax): 81 – 06 – 62208541
E-mail: will – ge@ sumitomoseika. co. jp
联系人(Contact Person): 葛亮
产品业务(Business): 高吸收性树脂

San – Dia Polymers, Ltd.
三大雅精细化学品有限公司
地址(Add): 5 – 6 Honcho 1 – chome, Nihonbashi Chuo – ku Tokyo 103 – 0023, Japan
电话(Tel): 81 – 3 – 52001214
传真(Fax): 81 – 3 – 52003318
E-mail: i. kato@ san – dia. com
联系人(Contact Person): Ichiro Kato
产品业务(Business): 高吸收性树脂

Itochu Singapore Pte Ltd
伊藤忠新加坡私人有限公司
地址(Add): 9 Raffles Place No. 41 – 01, Republic Plaza Singapore 048619
电话(Tel): 65 – 62300 – 479
传真(Fax): 65 – 62300 – 475
Http://www. itochu – sha. com. cn
联系人(Contact Person): Sherry Peh
产品业务(Business): 经销住友精化高吸收性树脂, IP 绒毛浆

NIPPON SHOKUBAI CO., LTD.
株式会社日本触媒
地址(Add): Kogin Bldg., 4 – 1 – 1 Koraibashi, Chuo – ku Osaka 541 – 0043, Japan
电话(Tel): 81 – 6 – 62238906
传真(Fax): 81 – 6 – 62013716
E-mail: kazuhiro_ noda@ shokubai. co. jp
联系人(Contact Person): Kazuhiro Noda
产品业务(Business): 生产高吸收性树脂

Technical Absorbents Ltd
地址(Add): PO Box 24, Great Coates, Grimsby, North East Lincolnshire, United Kingdom DN31 2SS
电话(Tel): 44 – 1472 – 244408
传真(Fax): 44 – 1472 – 244266
E-mail: sales@ techabsorbents. com
Http://www. techabsorbents. com
联系人(Contact Person): DAVE HILL
产品业务(Business): 超吸水纤维

Stockhausen, Inc.
斯托侯森公司
地址(Add): Postfach 570 D – 47705 Krefeld Baekerpfad 25 Germany
电话(Tel): 49 – 2151381880
传真(Fax): 49 – 2151381292
产品业务(Business): 高吸收性树脂

台湾塑胶工业股份有限公司
Formosa Plastics Corporation
(详见流延膜及塑料母粒)

同舟化工有限公司
Topship Chemicals Co., Ltd.
地址(Add): 香港新界上水彩发街 2 号晋科中心 618 – 619 室
电话(Tel): 852 – 27239220
传真(Fax): 852 – 27213906
E-mail: tianjianjun88@ 163. com
Http://www. topshipchem. com
法人代表(Chairman): 谢文勇
总经理(General Manager): 谢文勇
联系人(Contact Person): 田建军
产品业务(Business): 经营高吸收性树脂, 透气膜, PE 膜, 复合膜

BASF East Asia Regional Headquarters Ltd.
巴斯夫东亚地区总部有限公司
地址(Add): 香港中环康乐广场 1 号怡和大厦 45 楼
电话(Tel): 852 – 27311240
传真(Fax): 852 – 27315633
E-mail: may. wong@ basf. com
联系人(Contact Person): 黄焕楣
产品业务(Business): 高吸收性树脂

伊藤忠(中国)集团有限公司
Itochu (China) Group Co., Ltd.
地址(Add): 北京市朝阳区建国路 79 号华贸中心 2 号写字楼 5 层 501 室
邮编(P. C.): 100025
电话(Tel): 010 – 65997125
传真(Fax): 010 – 65997147
E-mail: zhao. jun@ pek. itochu. com. cn
Http://www. itochu. com. cn
联系人(Contact Person): 赵钧
产品业务(Business): 代理住友精化高吸收性树脂

乐金化学(中国)投资有限公司
LG Chem.
地址(Add): 北京市朝阳区建国门外大街 12 号双子座大厦西塔 22 层
邮编(P. C.): 100022
电话(Tel): 010 – 65632125
传真(Fax): 010 – 65632121
联系人(Contact Person): 苑博
产品业务(Business): 高吸收性树脂

中化塑料有限公司
Sinochem Plastics Co., Ltd.
(详见绒毛浆)

北京希涛技术开发有限公司
Xitao Polymer Co., Ltd.
(详见造纸化学品)

天津市长生造纸厂
Tianjin Changsheng Paper Factory
(详见绒毛浆)

天津市中澳纸业有限公司
Tianjin Zhongao Paper Co., Ltd.
(详见绒毛浆)

大江(天津)国际贸易有限公司
Dajiang (Tianjin) International Trade Co., Ltd.
(详见绒毛浆)

天津市世邦高分子化学材料有限公司
Tianjin Shibang Polymer Chemicals Co., Ltd.
地址(Add):天津市南开区富丽城天霖园11号楼2门2601
邮编(P. C.):300110
电话(Tel):022-23525615
传真(Fax):022-23535255
E-mail:tomenjp2003@yahoo.com.cn
总经理(General Manager):王晓倩
联系人(Contact Person):王晓倩
产品业务(Business):高吸收性树脂

河北海明生态科技有限公司
Hebei Haiming Ecology Science and Technology Co., Ltd.
地址(Add):河北省保定市朝阳南大街105号
邮编(P. C.):071051
电话(Tel):0312-3067880
传真(Fax):0312-3068558
E-mail:haiming@haimingshengtai.com
Http://www.haimingshengtai.com
联系人(Contact Person):关颖宏
产品业务(Business):生产高吸收性树脂

任丘市金丰化工有限公司
Renqiu Jinfeng Chemical Co., Ltd.
地址(Add):河北省任丘市长丰镇工业区
邮编(P. C.):062562
电话(Tel):0317-2962460
联系人(Contact Person):田国庆
产品业务(Business):高吸收性树脂

唐山博亚树脂有限公司
Tangshan Boya Resin Co., Ltd.
地址(Add):河北省唐山市开平区唐钱路东侧
邮编(P. C.):063001
电话(Tel):0315-2980045
传真(Fax):0315-2980048
E-mail:ts_licheng@163.com
Http://www.boya.com.cn
法人代表(Chairman):赵杨
总经理(General Manager):马天利
联系人(Contact Person):李成
产品业务(Business):高吸收性树脂

上海协润贸易有限公司
Shanghai Xierun Trading Co., Ltd.
(详见非织造布-干法纸)

Technical Absorbents Ltd 中国办事处
(详见非织造布-干法纸)

上海欣颢贸易有限公司
Shanghai Xinhao Trading Co., Ltd.
地址(Add):上海市共和新路5000号6号楼1315室绿地风尚天地
邮编(P. C.):200072
电话(Tel):021-54252581
传真(Fax):021-54252582
E-mail:xinhaoshi@163.com
联系人(Contact Person):沙峰
产品业务(Business):经销高吸收性树脂,非织造布

上海凯昌国际贸易有限公司
Shanghai Kaichang International Trading Co., Ltd.
(详见绒毛浆)

上海赛福化工发展有限公司
Shanghai Saifu Chemical Development Co., Ltd.
(详见香精、表面处理剂及添加剂)

乐金化学(中国)投资有限公司上海分公司
LG Chem. (China) Investment Co., Ltd. Shanghai Branch
地址(Add):上海市静安区南京西路1717号会德丰国际广场12楼1201室
邮编(P. C.):200040
电话(Tel):021-60872900-230
传真(Fax):021-60872950
E-mail:zhubeiyuan@lgchem.com
Http://www.lgchem.com
法人代表(Chairman):白相德
总经理(General Manager):白相德
联系人(Contact Person):朱蓓远
产品业务(Business):高吸收性树脂

丰田通商(上海)有限公司
Toyota Tsusho (Shanghai) Co., Ltd.
地址(Add):上海市静安区南京西路1717号会德丰国际广场2F
邮编(P. C.):200040
电话(Tel):021-54042222-387
传真(Fax):021-54046561
E-mail:wanglei1@toyotsu.sh.cn
Http://www.toyota-tsusho.com.cn
联系人(Contact Person):王磊
产品业务(Business):高吸收性树脂

上海华谊丙烯酸有限公司
Shanghai Huayi Acrylic Acid Co., Ltd.
地址(Add):上海市浦东北路2031号
邮编(P. C.):200137
电话(Tel):021-28969480
传真(Fax):021-28969489
E-mail:yaoqian@sh-aa.com
Http://www.sh-aa.com
法人代表(Chairman):王霞
总经理(General Manager):褚小东
联系人(Contact Person):姚倩
产品业务(Business):丙烯酸及脂,高吸收性树脂

巴斯夫(中国)有限公司
BASF (China) Company Limited
地址(Add):上海市浦东新区江心沙路300号行政楼西翼5楼
邮编(P. C.):200137
电话(Tel):021-20391373

传真(Fax)：021－20394800－1378
E-mail：joy. hu@ basf. com
Http://www. greater－china. basf. com
法人代表(Chairman)：施友诚
联系人(Contact Person)：Joy Hu
产品业务(Business)：销售 BASF 公司高吸收性树脂

上海凯琳进出口有限公司
Shanghai Kailin Import & Export Co., Ltd.
(详见绒毛浆)

上海伊藤忠商事有限公司
Itochu Shanghai Ltd.
地址(Add)：上海市浦东新区世纪大道 100 号环球金融中心 56 层
邮编(P. C.)：200120
电话(Tel)：021－68776688
传真(Fax)：021－20211396
E-mail：zheng. jiaqi@ sha. itochu. com. cn
Http://www. itochu－sha. com. cn
法人代表(Chairman)：左左木聪吉
总经理(General Manager)：石冈御
联系人(Contact Person)：郑嘉琪
产品业务(Business)：代理住友精化高吸收性树脂，纸浆，绒毛浆

上海汉川纸业有限公司
Shanghai Hanchuan Paper Co., Ltd.
(详见纸浆)

上海世展化工科技有限公司
Shanghai World－prospect Chem. Tech. Co., Ltd.
地址(Add)：上海市徐汇区钦州北路 1199 号 88 幢 8 楼
邮编(P. C.)：200233
电话(Tel)：021－54277770
传真(Fax)：021－54277771
E-mail：michael@ world－prospect. com
Http://www. ichem. com. cn
法人代表(Chairman)：许晓峻
产品业务(Business)：高吸收性树脂，气相二氧化硅，抗菌非织造布

一艾日本有限公司上海代表处
AI Japan Co., Ltd. Shanghai Office
地址(Add)：上海市仙霞路 317 号远东国际广场 B 栋 2905 室
邮编(P. C.)：200237
电话(Tel)：021－62350565
传真(Fax)：021－62351223
E-mail：yin@ ai－jp. co. jp
联系人(Contact Person)：尹哲
产品业务(Business)：丙烯酸，丙烯酸脂，高吸收性树脂

常州市豪峰纸业有限公司
Changzhou Haofeng Paper Co., Ltd.
(详见打孔膜及打孔非织造布)

江阴市向阳科技有限公司
Jiangyin Xiangyang Technologies Co., Ltd.
地址(Add)：江苏省江阴市华士镇西向阳工业园
邮编(P. C.)：214421
电话(Tel)：0510－88618772
传真(Fax)：0510－88617982
联系人(Contact Person)：李福林
产品业务(Business)：高吸收性树脂，表面活性剂，增塑剂

昆山石梅精细化工有限公司
Kunshan Shimei Chemical Co., Ltd.
地址(Add)：江苏省昆山市千灯镇秦峰北路 192 号
邮编(P. C.)：215341
电话(Tel)：0512－57469151
传真(Fax)：0512－57469155
产品业务(Business)：丙烯酸树脂

南京东正化轻有限公司
Nanjing Dongzheng Chemical & Light Industry Materials Co., Ltd.
地址(Add)：江苏省南京市鼓楼区华富园 1 号华富大厦 12505 室
邮编(P. C.)：210037
电话(Tel)：025－85634308
传真(Fax)：025－85619676
E-mail：yang@ njdz. xom. cn
Http://www. njdz. com. cn
法人代表(Chairman)：杨东
总经理(General Manager)：杨东
联系人(Contact Person)：杨东
产品业务(Business)：高吸收性树脂，分散剂，助留剂，消泡剂，絮凝剂

南京盈丰高分子化学有限公司
Nanjing KingGreen Polymers Chemical Co., Ltd.
地址(Add)：江苏省南京市化学工业园区新材料产业园
邮编(P. C.)：210000
电话(Tel)：025－85634308
传真(Fax)：025－83532126
E-mail：fu@ njdz. com. cn
Http://www. kingreen. com. cn
总经理(General Manager)：杨东
联系人(Contact Person)：傅爱娣
产品业务(Business)：高吸收性树脂

南京赛普高分子材料有限公司
Nanjing Sap Macromolecular Materials Co., Ltd.
地址(Add)：江苏省南京市建邺区恒山路 130 号 T9－2－805(拉德芳斯)
邮编(P. C.)：210019
电话(Tel)：025－52337140
传真(Fax)：025－52337140
E-mail：jdc_2009@ 126. com
Http://www. spgfz. cn
总经理(General Manager)：金东晨
联系人(Contact Person)：金东晨
产品业务(Business)：高吸收性树脂，丙烯酸，造纸湿强剂

三大雅精细化学品(南通)有限公司
San－Dia Polymers (Nantong) Co., Ltd.
地址(Add)：江苏省南通市经济技术开发区新开南路 5 号
邮编(P. C.)：226009

电话(Tel)：0513 - 85981251 - 2210
传真(Fax)：0513 - 85983001
E-mail：yc. do@ san - dia. cn
法人代表(Chairman)：黑田昭
联系人(Contact Person)：笪永春
产品业务(Business)：生产高吸收性树脂

江苏兴化市恒洁卫生用品有限公司
Jiangsu Xinghua Hengjie Hygiene Products Co., Ltd.
地址(Add)：江苏省兴化市大垛镇盛吴村
邮编(P. C.)：225731
电话(Tel)：13505129015
传真(Fax)：0523 - 83668466
E-mail：ddwsz@ 163. com
法人代表(Chairman)：王圣中
总经理(General Manager)：王圣中
联系人(Contact Person)：王圣中
产品业务(Business)：经销高吸收性树脂，绒毛浆

兴化市祥昀高分子材料有限公司
Xinghua Xiangyun High Polyer Material Co., Ltd.
地址(Add)：江苏省兴化市林湖工业集中区 58 号
邮编(P. C.)：225751
电话(Tel)：0523 - 83872888
传真(Fax)：0523 - 83870555
Http://www. xhsuxing. cn
总经理(General Manager)：朱国祥
联系人(Contact Person)：朱国祥
产品业务(Business)：高吸收性树脂

江苏裕廊化工有限公司
Jiangsu Jurong Chemical Co., Ltd.
地址(Add)：江苏省盐城市响水陈家港化工园
邮编(P. C.)：224631
电话(Tel)：0515 - 86735803
传真(Fax)：0515 - 86735998
E-mail：info@ jurongchem. com
Http://www. jurongchem. com
联系人(Contact Person)：立树鑫
产品业务(Business)：丙烯酸/酯

宜兴丹森科技有限公司
Yixing Danson Science & Technology Co., Ltd.
地址(Add)：江苏省宜兴市经济开发区凯旋路
邮编(P. C.)：214213
电话(Tel)：0510 - 87662222
传真(Fax)：0510 - 87508766
E-mail：yudeshui008@ sina. com
Http://www. chinadanson. com
法人代表(Chairman)：洪锡全
联系人(Contact Person)：於伟明
产品业务(Business)：高吸收性树脂

日触化工(张家港)有限公司
Nisshoku Chemical Industry (Zhangjiagang) Co., Ltd.
地址(Add)：江苏省张家港市金港镇江苏扬子江国际化学工业园长江东路 19 号
邮编(P. C.)：215634
电话(Tel)：0512 - 58937910 - 8111
传真(Fax)：0512 - 58937912
E-mail：takao_ ohashi@ shokubai. cn
Http://www. shokubai. co. jp
法人代表(Chairman)：高濑进
总经理(General Manager)：梶井克规
联系人(Contact Person)：郑国梁
产品业务(Business)：生产高吸收性树脂

杭州东皇化工有限公司
Hangzhou Donghuang Chemical Co., Ltd.
地址(Add)：浙江省杭州市经济技术开发区世茂江滨商业中心 5 - 1 - 1805
邮编(P. C.)：310000
电话(Tel)：0571 - 28873858
传真(Fax)：0571 - 28173718
联系人(Contact Person)：周洪均
产品业务(Business)：代理台塑高吸收性树脂

浙江卫星石化股份有限公司
Zhejiang Satellite Petrochemical Co., Ltd.
地址(Add)：浙江省嘉兴市嘉兴工业园区步焦路
邮编(P. C.)：314004
电话(Tel)：0573 - 82229070
传真(Fax)：0573 - 82214666
E-mail：fds@ weixing. com. cn
Http://www. satlpec. com
法人代表(Chairman)：马国林
总经理(General Manager)：马国林
联系人(Contact Person)：方东升
产品业务(Business)：高吸收性树脂

临安市振宇吸水材料有限公司
Zhenyu Water Absorption Material Co., Ltd.
(详见湿强纸和复合吸水纸)

台塑吸水树脂(宁波)有限公司
FPC Super Absorbent Polymer (Ningbo) Co., Ltd.
地址(Add)：浙江省宁波市北仑区霞浦街道台塑关系企业宁波工业园区
邮编(P. C.)：315807
电话(Tel)：0574 - 86902999 - 3320
传真(Fax)：0574 - 86902987
E-mail：cbyang@ fpc. com. tw
Http://www. fpc. com. tw
法人代表(Chairman)：李志村
总经理(General Manager)：黄金龙
联系人(Contact Person)：杨淳博
产品业务(Business)：高吸收性树脂

浙江威龙高分子材料有限公司
Zhejiang Weilong Polymer Material Co., Ltd.
地址(Add)：浙江省衢州市廿里工业园区
邮编(P. C.)：324012
电话(Tel)：0570 - 2962532
传真(Fax)：0570 - 2962649
E-mail：sales@ weilongchemical. com
Http://www. weilongchemical. com
法人代表(Chairman)：叶明生
总经理(General Manager)：叶明生
联系人(Contact Person)：郑岩芳
产品业务(Business)：高吸收性树脂

厦门浩乐信高分子材料有限公司
Xiamen Haolexin Polymer Material Co., Ltd.
地址(Add)：福建省晋江市安海镇灵水五里高科技工业园
邮编(P. C.)：362200
电话(Tel)：0595－85733775
传真(Fax)：0595－85733776
总经理(General Manager)：董金顿
产品业务(Business)：高吸收性树脂

恒信纸品卫生材料经销部
Hengxin Paper Products Material Distributor
(详见绒毛浆)

力远吸水制品工贸有限公司
Liyuan Water-absorbing Products Industry & Trade Co., Ltd.
地址(Add)：福建省晋江市罗山道山仔工业园区
邮编(P. C.)：362216
电话(Tel)：0595－88191099
传真(Fax)：0595－88173099
法人代表(Chairman)：李文埭
总经理(General Manager)：陈明贵
联系人(Contact Person)：陈明贵
产品业务(Business)：高吸收性树脂

晋江木浆棉有限公司
Jinjiang Mujiangmian Co., Ltd.
(详见纸浆)

福建晋江利达士公司
Jinjiang Lidashi Co., Ltd.
地址(Add)：福建省晋江市罗山下宅工业区
邮编(P. C.)：362200
电话(Tel)：0595－82789688
传真(Fax)：0595－82789588
联系人(Contact Person)：陈文概
产品业务(Business)：高吸收性树脂

泉州市汇森高新材料科技有限公司
Quanzhou Hensen High-new Material Technology Co., Ltd.
地址(Add)：福建省晋江市五里科技工业园区
邮编(P. C.)：362216
电话(Tel)：0595－88178739
传真(Fax)：0595－88179739
Http://www. hs－chem. com. cn
法人代表(Chairman)：陈嘉祥
总经理(General Manager)：陈嘉祥
联系人(Contact Person)：王金程
产品业务(Business)：生产高吸收性树脂

博今卫生材料有限公司
Bojin Sanitary Material Co., Ltd.
地址(Add)：福建省南安市水头镇邦吟工业区
邮编(P. C.)：362300
电话(Tel)：0595－86936969
传真(Fax)：0595－86937979
E-mail：287160612@ qq. com
联系人(Contact Person)：郑新加
产品业务(Business)：高吸收性树脂

泉州东联进出口有限公司
Quanzhou Donglian Import and Export Co., Ltd.
(详见非织造布－热轧、热风、纺粘等)

凌和化工贸易有限公司
Linghe Chemical Trade Co., Ltd.
地址(Add)：福建省泉州市浮桥王宫兴贤路348号
邮编(P. C.)：362000
电话(Tel)：0595－22472668
传真(Fax)：0595－22472555
联系人(Contact Person)：王净渊
产品业务(Business)：高吸收性树脂，绒毛浆

泉州通港贸易有限公司
Quanzhou Tonggang Trading Co., Ltd.
(详见绒毛浆)

泉州辉煌卫生用品原料有限公司
Quanzhou Huihuang Health Products Raw Material Co., Ltd.
(详见绒毛浆)

邦丽达(福建)新材料股份有限公司
Quanzhou Banglida Technology Industry Co., Ltd.
地址(Add)：福建省泉州市惠安县泉惠石化工业园区泉惠三路1号
邮编(P. C.)：362000
电话(Tel)：0595－87830717
传真(Fax)：0595－87830717
E-mail：banglida@ banglida. com
Http://www. banglida. com
法人代表(Chairman)：许有卯
联系人(Contact Person)：林承锋
产品业务(Business)：生产高吸收性树脂

厦门维舒达贸易有限公司
Xiamen Weishuda Trade Co., Ltd.
地址(Add)：福建省厦门市槟榔西里251号1003室
邮编(P. C.)：361012
电话(Tel)：0592－5037121
传真(Fax)：0592－5037131
E-mail：xmweisuda@ 163. com
总经理(General Manager)：叶瑞珍
联系人(Contact Person)：叶瑞珍
产品业务(Business)：代理高吸收性树脂

厦门荣安集团有限公司
Rong'an (Xiamen) Co., Ltd.
(详见绒毛浆)

厦门塑展贸易有限公司
Xiamen Suzhan Trade Co., Ltd.
地址(Add)：福建省厦门市湖里区嘉禾路398号财富港湾422单元
邮编(P. C.)：361009
电话(Tel)：0592－5231907
传真(Fax)：0592－5194703
E-mail：lasonown@ msn. com
联系人(Contact Person)：黄庆蛟
产品业务(Business)：代理高吸收性树脂

厦门东泽工贸有限公司
Xiamen Dongze Industry and Trade Co., Ltd.
(详见绒毛浆)

厦门汇富源贸易有限公司
Xiamen Huifuyuan Trade Co., Ltd.
地址(Add):福建省厦门市厦禾路1156号601座
邮编(P. C.):361004
电话(Tel):0592-5816855
传真(Fax):0592-5818696
E-mail:chenzhiqiang. xm@ hotmail. com
总经理(General Manager):陈志强
产品业务(Business):高吸收性树脂

厦门鸣辉商贸有限公司
Xiamen Minghui Trading Co., Ltd.
(详见纸浆)

福建天昱新型材料有限公司
Fujian Tianyu Newfashioned Material Co., Ltd.
地址(Add):福建省漳州市芗城区新华北路54号(中国女排三连冠旁)
邮编(P. C.):363000
电话(Tel):0596-2935288
传真(Fax):0596-2936788
E-mail:873606458@ qq. com
Http://www. fjtianyu. com
总经理(General Manager):许勇
联系人(Contact Person):史学明
产品业务(Business):高吸收性树脂

赣州市东一高新吸水材料有限公司
Ganzhou Dongyi High-Tech Absorbent Material Co., Ltd.
地址(Add):江西省赣州市于都工业区怡信大道西
邮编(P. C.):342300
电话(Tel):0797-7126555
传真(Fax):0797-7129999
E-mail:2422184386@ qq. com
Http://www. jxdongyi. com
法人代表(Chairman):郑德恩
总经理(General Manager):任建星
产品业务(Business):高吸收性树脂

山东佳辉新型材料有限公司
Shandong Jiahui New Material Co., Ltd.
地址(Add):山东省滨州市邹平县国家级经济开发区
邮编(P. C.):256600
电话(Tel):0543-4962659
传真(Fax):0543-4962659
E-mail:shandongjiahui@ 126. com
Http://www. sdjhsap. com
总经理(General Manager):董前进
联系人(Contact Person):刘振
产品业务(Business):高吸收性树脂

东营华业新材料有限公司
Dongying Huaye New Material Co., Ltd.
地址(Add):山东省东营经济开发区黄河路20号
邮编(P. C.):257000
电话(Tel):0546-8029920
传真(Fax):0546-8029913
E-mail:sddyfyh@ 163. com
联系人(Contact Person):范玉海
产品业务(Business):高吸收性树脂

山东诺尔生物科技有限公司
Shandong Nuoer Biological Technology Co., Ltd.
地址(Add):山东省东营市东营港经济开发区
邮编(P. C.):257333
电话(Tel):0546-6283011
传真(Fax):0546-7792605
E-mail:nuoershengwukeji@ 163. com
Http://www. nuoerchina. com
法人代表(Chairman):于庆华
总经理(General Manager):荣帅帅
联系人(Contact Person):李保福
产品业务(Business):高吸收性树脂,聚丙烯酰胺,丙烯酸,丙烯酸胺

山东中科博源新材料科技有限公司
Shandong Zhongke Boyuan New Material Technology Co., Ltd.
地址(Add):山东省东营市利津县盐窝镇南洼村利津广源沥青有限责任公司西邻
邮编(P. C.):257447
电话(Tel):0546-5123228
传真(Fax):0546-5123228
E-mail:chenhaidongy79@ 163. com
联系人(Contact Person):陈海栋
产品业务(Business):高吸收性树脂

上海和氏璧化工有限公司济南办事处
NCM Hersbit Chemical Co., Ltd.
地址(Add):山东省济南市高新区舜华路大学科技园南区D座12号楼8-301
邮编(P. C.):250101
电话(Tel):0531-88685600
传真(Fax):0531-88685700
E-mail:lpeng@ ncmchem. com
Http://www. ncmchem. com
联系人(Contact Person):吕鹏
产品业务(Business):高吸收性树脂,热塑性弹性体,消泡剂

一诺卫生用品有限公司
Yinuo Hygiene Product Co., Ltd.
地址(Add):山东省临沂市西郊开发区58号
邮编(P. C.):276000
电话(Tel):13954482008
联系人(Contact Person):王华东
产品业务(Business):高吸收性树脂,绒毛浆

青岛圣阿纳进出口有限公司
Qingdao St-arn Imp. & Exp. Co., Ltd.
地址(Add):山东省青岛市市南区丰县路2号博思公寓2号楼1102室
邮编(P. C.):266072
电话(Tel):0532-83886779
传真(Fax):0532-83888779
E-mail:info@ st-arn. com
Http://www. maschemical. com
法人代表(Chairman):马慧

联系人(Contact Person)：徐倩倩
产品业务(Business)：经销高吸收性树脂

青岛洪兴成进出口有限公司
Qingdao Prosperity Import and Export Co., Ltd.
地址(Add)：山东省青岛市香港中路56号金光大厦6楼
邮编(P. C.)：266071
电话(Tel)：0532-85752380
传真(Fax)：0532-85752373
E-mail：info@china-prosperity.com
Http://www.china-prosperity.com
法人代表(Chairman)：封兆贤
总经理(General Manager)：于莉
联系人(Contact Person)：封兆贤
产品业务(Business)：经销高吸收性树脂

烟台万华聚氨酯股份有限公司
Yantai Wanhua Polyurethanes Co., Ltd.
地址(Add)：山东省烟台经济技术开发区天山路17号
邮编(P. C.)：264006
电话(Tel)：18918757733
传真(Fax)：0535-3388222-3047
E-mail：mlshen@ytpu.com
Http://www.ytpu.com
联系人(Contact Person)：沈敏亮
产品业务(Business)：丙烯酸

万华化学集团股份有限公司
Wanhua Chemical Group Co., Ltd.
地址(Add)：山东省烟台市芝罘区幸福南路7号
邮编(P. C.)：264006
电话(Tel)：0535-3388385
传真(Fax)：0535-6384639
E-mail：hnfan@whchem.com
Http://www.ytpu.com
联系人(Contact Person)：范海南
产品业务(Business)：高吸收性树脂

济南昊月吸水材料有限公司
Jinan Haoyue Absorbent Co., Ltd.
地址(Add)：山东省章丘市埠村街道办事处驻地
邮编(P. C.)：250215
电话(Tel)：0531-83711094
传真(Fax)：0531-83711094
E-mail：jinanhaoyue@126.com
Http://www.jinanhaoyue.cn
法人代表(Chairman)：杨志亮
总经理(General Manager)：杨志亮
联系人(Contact Person)：马学波
产品业务(Business)：高吸收性树脂

山东邹平新昊高分子材料有限公司
Xinhao Plolymer Material Co., Ltd.
地址(Add)：山东省淄博市309国道周村收费站古城工业园
邮编(P. C.)：255300
电话(Tel)：0533-6126757
传真(Fax)：0533-6829588
E-mail：sennco@xhsap.com
Http://www.xhsap.com
总经理(General Manager)：董永浩
联系人(Contact Person)：董永浩
产品业务(Business)：高吸收性树脂

湖北乾峰新材料科技有限公司
Hubei Qianfeng New Material Technology Co., Ltd.
地址(Add)：湖北省安陆市发展二路福建工业园
邮编(P. C.)：432600
电话(Tel)：0712-5282666
传真(Fax)：0712-5861666
E-mail：hubeiqianfeng@163.com
法人代表(Chairman)：陈明贵
总经理(General Manager)：陈明贵
联系人(Contact Person)：杨广宏
产品业务(Business)：高吸收性树脂

东莞市赛璞实业有限公司
Sapu Industrial Co., Ltd.
地址(Add)：广东省东莞市寮步镇西溪大进工业园
邮编(P. C.)：523402
电话(Tel)：0769-81110628
传真(Fax)：0769-83301286
E-mail：xukun188188@163.com
Http://www.dongguansap.com
联系人(Contact Person)：许锟
产品业务(Business)：高吸收性树脂

同舟化工有限公司
Topship Chemicals Co., Ltd.
地址(Add)：广东省东莞市旗峰路288号新世纪大厦8楼
邮编(P. C.)：523123
电话(Tel)：0769-22365555-404
传真(Fax)：0769-22484033
E-mail：beyond8305@163.com
Http://www.topshipchem.com
联系人(Contact Person)：陈伟
产品业务(Business)：经营高吸收性树脂，透气膜，PE膜，复合膜

东莞市永源工贸无纺布制品有限公司
Yongyuan Sanitary Materials Co.
(详见离型纸、离型膜)

佛山市联芯无纺布材料厂
Foshan Lianxin Nonwoven Material Factory
地址(Add)：广东省佛山市南海区丹灶镇金沙罗行工业区
邮编(P. C.)：528216
电话(Tel)：0757-85430718
总经理(General Manager)：吴敏标
产品业务(Business)：高吸收性树脂

佛山市美登纸制品有限公司
Maiden Paper Products Co., Ltd.
(详见湿强纸和复合吸水纸)

英德市安信保水有限公司
Yingde Anxin Water Retaining Co., Ltd.
地址(Add)：广东省广州市东风东路707号自动化大厦1705室
邮编(P. C.)：510080
电话(Tel)：020-37652904
传真(Fax)：020-87650402
E-mail：ax@axsap.com

Http://www.axsap.com
联系人(Contact Person)：林凡
产品业务(Business)：高吸收性树脂

兴业集团长粤浆纸有限公司
Xingye Group Changyue Pulp & Paper Co., Ltd.
(详见绒毛浆)

广州诚科贸易有限公司
Guangzhou Chengke Trade Co., Ltd.
(详见绒毛浆)

乐金化学中国投资有限公司
LG Chem China Investment Co., Ltd.
地址(Add)：广东省广州市体育东路116号财富广场东塔2601
邮编(P.C.)：510620
电话(Tel)：020-38781200-119
传真(Fax)：020-38781143
E-mail：bainingbo@lgchem.com
联系人(Contact Person)：白宁波
产品业务(Business)：高吸收性树脂

广州伊藤忠商事有限公司
Itochu Guangzhou Limited
地址(Add)：广东省广州市天河区体育东路138号金利来数码网络大厦1006-1007室
邮编(P.C.)：510620
电话(Tel)：020-86680888
传真(Fax)：020-38780165
E-mail：amy.gao@kcn.itochu.com.cn
Http://www.itochu.com.cn
联系人(Contact Person)：高美宪
产品业务(Business)：代理住友精化高吸收性树脂

广州晖正贸易有限公司
Guangzhou Huizheng Trade Co., Ltd.
地址(Add)：广东省广州市天河区天寿路沾益直街136号东铁酒店512房
邮编(P.C.)：510610
电话(Tel)：020-39388016
传真(Fax)：020-39388015
E-mail：samlee@wipoch.com
Http://www.wipoch.com
法人代表(Chairman)：麦志伟
总经理(General Manager)：李步云
联系人(Contact Person)：李步先
产品业务(Business)：高吸收性树脂

广州市仁辉贸易发展有限公司
Guangzhou Renhui Trade & Developing Co., Ltd.
地址(Add)：广东省广州市天河区珠江新城华明路9号华普广场西塔1102室
邮编(P.C.)：510623
电话(Tel)：020-28865838
传真(Fax)：020-28865836
E-mail：tonywu@renhui.cc
联系人(Contact Person)：吴敏荣
产品业务(Business)：高吸收性树脂

巴斯夫(中国)有限公司广州分公司
BASF (China) Co., Ltd. Guangzhou
地址(Add)：广东省广州市先烈中路69号东山广场2801-2806室
邮编(P.C.)：510095
电话(Tel)：020-87136077
传真(Fax)：020-87321262
E-mail：jenny.zeng@basf.com
联系人(Contact Person)：曾静茹
产品业务(Business)：销售BASF公司高吸收性树脂

深圳市华苏科技发展有限公司
Shenzhen Huasu Technology Development Co., Ltd.
地址(Add)：广东省深圳市南山区南山大道南海大厦B栋6G
邮编(P.C.)：518054
电话(Tel)：0755-86250096
传真(Fax)：0755-86250092
E-mail：szhuasu@tengtuo.com
Http://www.tengtuo.com
联系人(Contact Person)：吴宜寰
产品业务(Business)：高吸收性树脂

深圳市勤加诚化工原料有限公司
Shenzhen Qinjiacheng Chemical Raw Materials Co., Ltd.
地址(Add)：广东省深圳市农轩路农科中心
邮编(P.C.)：518000
电话(Tel)：0755-82041639
传真(Fax)：0755-82041639
联系人(Contact Person)：郑新民
产品业务(Business)：高吸收性树脂，生产香精，香精增溶剂，日化原料

广东现代爱思开特殊塑料有限公司
Guangdong Hyundai SK Advanced Polymer Co., Ltd.
地址(Add)：广东省肇庆市高新技术开发区(大旺园区)迎宾路大道5号
邮编(P.C.)：526238
电话(Tel)：0758-3625035
传真(Fax)：0758-3625005
E-mail：vincent.0093@hotmail.com
Http://www.hdsk-gd.cn
联系人(Contact Person)：伍圣定
产品业务(Business)：透气性树脂

中山市恒广源吸水材料有限公司
Zhongshan Hengguangyuan Absorbent Co., Ltd.
地址(Add)：广东省中山市明众镇沙仔工业区
邮编(P.C.)：528441
电话(Tel)：0760-85705701
传真(Fax)：0760-85168555
E-mail：blhchem@126.com
Http://www.blhchem.com
法人代表(Chairman)：张鲁桂
总经理(General Manager)：张鲁平
联系人(Contact Person)：蔡萍珠
产品业务(Business)：高吸收性树脂

珠海得米新材料有限公司
Demi Co., Ltd.
地址(Add)：广东省珠海市金湾区平沙镇德祥路8号

邮编(P. C.)：519055
电话(Tel)：0756－7720007
传真(Fax)：0756－7721222
E-mail：sales@demichina.cn
Http://www.demi.cc
法人代表(Chairman)：姚育忠
总经理(General Manager)：姚育忠
联系人(Contact Person)：李春雨
产品业务(Business)：高吸收性树脂

南宁同厚贸易有限责任公司
Nanning Tonghou Economic Trading Co., Ltd.
(详见非织造布－热轧、热风、纺粘等)

丰田通商(上海)有限公司成都分公司
Toyota Tausho (Shanghai) Co., Ltd. (Chengdu Branch)
地址(Add)：四川省成都市临市口顺城大街八号中环广场1座25F04－06室
邮编(P. C.)：610016
电话(Tel)：028－85565236
传真(Fax)：028－85581675
E-mail：bichaohao@toyotsu－chengdu.com
联系人(Contact Person)：毕朝皓
产品业务(Business)：高吸收性树脂

西安美华环保科技有限公司
Xian Meihua Environment Protection Technology Co., Ltd.
地址(Add)：陕西省西安市长乐中路20号龙苑大厦12413室
邮编(P. C.)：710032
电话(Tel)：029－62661546
传真(Fax)：029－62661546
总经理(General Manager)：张之照
产品业务(Business)：复合吸水纸，高吸收性树脂

陕西保丽达电子科技有限公司
Shaanxi Baolida Electron Science Co., Ltd.
地址(Add)：陕西省西安市枣园东路2号
邮编(P. C.)：710077
电话(Tel)：13325498815
总经理(General Manager)：朱建利
产品业务(Business)：高吸收性树脂

● 衬纸及复合吸水纸 Liner tissue and laminated absorbent paper

天津市尚好卫生材料有限公司
Tianjin Shanghao Hygiene Materials Co., Ltd.
(详见流延膜及塑料母粒)

天津万马高分子吸水材料有限公司
Tianjin Wanma Absorbent Material Co., Ltd.
地址(Add)：天津市东丽区华明镇范庄工业区
邮编(P. C.)：300162
电话(Tel)：022－84829069
传真(Fax)：022－24717759
总经理(General Manager)：褚先曙
联系人(Contact Person)：苏海蔚
产品业务(Business)：高分子吸水纸

天津市中科健新材料技术有限公司
Tianjin Sinosh New Material Technology Co., Ltd.
地址(Add)：天津市东丽区五纬路58号亿濠科技企业孵化器
邮编(P. C.)：300300
电话(Tel)：022－24379605
传真(Fax)：022－24379609
E-mail：liubinhu@well－real.com
Http://www.sinosh.com.cn
法人代表(Chairman)：韩海星
总经理(General Manager)：韩海星
联系人(Contact Person)：刘斌虎
产品业务(Business)：吸水纸，芯片，非织造布，清凉剂，抗菌剂，馥香剂

天津环亚精细化工发展有限公司
Tianjin Huanya Fine Chemicals Development Co., Ltd.
地址(Add)：天津市南开区富力城天霖园11号楼2门2601
邮编(P. C.)：300110
电话(Tel)：022－23525615
传真(Fax)：022－23535255
E-mail：tomenct2003@yaohu.com
法人代表(Chairman)：王哲
联系人(Contact Person)：王哲
产品业务(Business)：复合吸水材料(含SAP)

大连金州鑫林工贸有限公司
Dalian Jinzhou Xinlin Project Co., Ltd.
(详见流延膜及塑料母粒)

锦州女儿河纸业有限责任公司
Jinzhou Nverhe Paper Co., Ltd.
地址(Add)：辽宁省锦州市太和区新兴里69号
邮编(P. C.)：121005
电话(Tel)：0416－5139211
传真(Fax)：0416－2660620
E-mail：neh@nehzy.com
Http://www.nehzy.com
法人代表(Chairman)：刘延华
总经理(General Manager)：刘延民
联系人(Contact Person)：盛志伟
产品业务(Business)：湿强纸，衬纸

辽宁森林木纸业有限公司
Liaoning Senlinmu Paper Co., Ltd.
(详见非织造布－热轧、热风、纺粘等)

上海正扬实业有限公司
Shanghai Zhengyang Industrial Co., Ltd.
(详见胶带、胶贴、魔术贴、标签)

上海协润贸易有限公司
Shanghai Xierun Trading Co., Ltd.
(详见非织造布－干法纸)

Technical Absorbents Ltd 中国办事处
(详见非织造布－干法纸)

王子奇能纸业(上海)有限公司
Oji Kinocloth (Shanghai) Co., Ltd.
(详见非织造布-干法纸)

中丝(上海)新材料科技有限公司
China Silk (Shanghai) New Material Technology Co., Ltd.
(详见非织造布-干法纸)

上海胜孚美卫生用品有限公司
Shanghai Shengfumei Hygiene Products Co., Ltd.
地址(Add):上海市南翔高科技园区惠裕路1299号
邮编(P.C.):200444
电话(Tel):13061612622
传真(Fax):021-69126335
E-mail:shenghuomei1@sina.com
联系人(Contact Person):周雯
产品业务(Business):吸水复合纸

上海特林纸制品有限公司
Shanghai Telin Paper Produce Co., Ltd.
地址(Add):上海市浦东新区川周路5656号
邮编(P.C.):201200
电话(Tel):13916346022
传真(Fax):021-58947736
法人代表(Chairman):刘海平
总经理(General Manager):刘海平
联系人(Contact Person):刘海平
产品业务(Business):吸水纸

上海衡元高分子材料有限公司
Shanghai Hengyuan Polymer Material Co., Ltd.
地址(Add):上海市浦东新区东方路1988号华南大厦304B
邮编(P.C.):200125
电话(Tel):021-58530704
传真(Fax):021-58531004
E-mail:shenyuehua@shhyco.com
Http://www.shhyco.com
总经理(General Manager):沈跃华
联系人(Contact Person):沈玲玲
产品业务(Business):吸水纸,纤维干燥剂

上海百府康卫生材料有限公司
Shanghai Baifukang Sanitary Material Co., Ltd.
(详见非织造布-水刺)

上海通贝吸水材料有限公司
Shanghai Tongbei Suction Material Co., Ltd.
(详见非织造布-干法纸)

三井物产(上海)贸易有限公司消费服务事业部
Mitsui & Co. (Shanghai) Ltd. Consumer Service Business Division
(详见纸浆)

上海美芬娜卫生用品有限公司
Shanghai Mayflower Sanitary Articles Co., Ltd.
地址(Add):上海市青浦区金泽镇莲西公路4411号
邮编(P.C.):201721
电话(Tel):021-59295758
传真(Fax):021-59294167
E-mail:194314073@qq.com
法人代表(Chairman):邹卫忠
总经理(General Manager):邹卫忠
联系人(Contact Person):蒋丽华
产品业务(Business):高分子复合吸水材料

伊藤忠纤维贸易(中国)有限公司
Itochu Textile (China) Ltd.
地址(Add):上海市延安西路2201号国际贸易中心1409室
邮编(P.C.):200336
电话(Tel):021-62091843-905
传真(Fax):021-62751821
E-mail:chai.liang@shaits.itochu.com.cn
联系人(Contact Person):柴亮
产品业务(Business):吸水纸,热风/热轧/水刺非织造布,打孔膜

盐城申安无纺布工贸有限公司
Yancheng Shenan Nonwoven Trade & Industrial Co., Ltd.
(详见非织造布-热轧、热风、纺粘等)

宁波市奇兴无纺布有限公司
Ningbo Qixing Nonwovens Co., Ltd.
(详见非织造布-热轧、热风、纺粘等)

杭州相宜纸业有限公司
Hangzhou Xiangyi Paper Co., Ltd.
地址(Add):浙江省杭州市西湖区龙坞镇许家埭工业区4号
邮编(P.C.):310024
电话(Tel):0571-87420331
传真(Fax):0571-87420343
联系人(Contact Person):张军
产品业务(Business):湿强纸,吸水纸

杭州润佳吸水材料有限公司
Hangzhou Runjia Absorbant Material Co., Ltd.
地址(Add):浙江省杭州市余杭区崇贤镇崇贤村12组
邮编(P.C.):311108
电话(Tel):0571-86274118
传真(Fax):0571-86274118
总经理(General Manager):金建忠
产品业务(Business):吸水复合纸

嘉善庆华卫生复合材料有限公司
Jiashan Qinghua Health Composite Materials Co., Ltd.
地址(Add):浙江省嘉善县天凝镇洪峰路65号
邮编(P.C.):314109
电话(Tel):0573-84956811
传真(Fax):0573-84956815
法人代表(Chairman):洪邦铭
总经理(General Manager):翁铭冲
产品业务(Business):吸水纸

嘉兴福鑫纸业有限公司
Jiaxing Fuxin Paper Co., Ltd.
地址(Add):浙江省嘉善县姚庄镇东方路428号

邮编(P. C.)：314100
电话(Tel)：0573－89105396
传真(Fax)：0573－89105388
E-mail：nanyangzhiye@126. com
Http：//www. fuxinzy. com
法人代表(Chairman)：陈立元
联系人(Contact Person)：庄敏
产品(Products)：衬纸，盘纸

浙江金通纸业有限公司
Zhejiang Jintong Paper Co., Ltd.
地址(Add)：浙江省金华市罗埠镇后张金通工业小区
邮编(P. C.)：321081
电话(Tel)：0579－82610639
传真(Fax)：0579－82610539
E-mail：xt838@sina. com
法人代表(Chairman)：叶志春
总经理(General Manager)：叶志春
联系人(Contact Person)：程怡群
产品业务(Business)：卫生巾/纸尿裤衬纸，湿强原纸

临安恒大纸业有限公司
Lin'an Hengda Paper Co., Ltd.
(详见非织造布－干法纸)

临安市振宇吸水材料有限公司
Zhenyu Water Absorption Material Co., Ltd.
地址(Add)：浙江省临安市於潜镇逸逸工业园
邮编(P. C.)：311311
电话(Tel)：0571－63866865
传真(Fax)：0571－63889678
Http：//www. zhenyuzy. com
法人代表(Chairman)：王伟成
总经理(General Manager)：王振宇
联系人(Contact Person)：王振宇
产品业务(Business)：高吸水复合纸，干法纸，高吸收性树脂

浙江唯尔福纸业有限公司
Zhejiang Welfare Paper Co., Ltd.
地址(Add)：浙江省绍兴市袍江工业区洋江东路17号
邮编(P. C.)：312001
电话(Tel)：0575－88207373
传真(Fax)：0575－88207375
E-mail：wefzy@163. com
法人代表(Chairman)：何幼成
总经理(General Manager)：何幼成
产品(Products)：衬纸

领先(福建)实业有限公司
Lead (Fujian) Industrial Co., Ltd.
(详见非织造布－干法纸)

福鼎市南阳纸业有限公司
Fuding Nanyang Paper Co., Ltd.
地址(Add)：福建省福鼎市管阳镇工业区
邮编(P. C.)：355215
电话(Tel)：0593－7637988
传真(Fax)：0593－7637288
E-mail：nanyangzhiye@126. com
法人代表(Chairman)：陈立元
总经理(General Manager)：陈立溪
联系人(Contact Person)：陈立平
产品(Products)：衬纸

新兴纸制品贸易部
Xinxing Paper Products Trade Dep.
地址(Add)：福建省晋江市安海镇农资套房D座302室
邮编(P. C.)：362200
电话(Tel)：0595－85759266
传真(Fax)：0595－85759266
联系人(Contact Person)：陈尚柏
产品业务(Business)：经营高分子吸水纸，膨化复合芯体，高分子木浆

南安市乔东复合制品厂
Nanan Qiaodong Paper Co., Ltd.
地址(Add)：福建省泉州市洪梅镇三梅开发区
邮编(P. C.)：362300
电话(Tel)：0595－86691350
传真(Fax)：0595－86691851
E-mail：fjqiaodong@163. com
法人代表(Chairman)：黄贞尝
联系人(Contact Person)：丁棋
产品业务(Business)：吸水复合纸，快易封口胶带

泉州长荣纸品有限公司
Quanzhou Changrong Paper Products Co., Ltd.
(详见非织造布－干法纸)

泉州万帮卫生材料有限公司
Quanzhou Wanbang Hygiene Material Co., Ltd.
地址(Add)：福建省泉州市南安市柳美北路火车站工业区
邮编(P. C.)：362300
电话(Tel)：0595－86285668
传真(Fax)：0595－86288199
E-mail：252979508@qq. com
联系人(Contact Person)：李江宝
产品业务(Business)：吸水复合芯体

泉州耳东纸业有限公司
Quanzhou Erdong Paper Article Co., Ltd.
地址(Add)：福建省泉州市清濛经济开发区崇欣街2号
邮编(P. C.)：362000
电话(Tel)：0595－22459701
传真(Fax)：0595－22459702
E-mail：erdong@erdongqz. com
Http：//www. erdongqz. com
法人代表(Chairman)：陈相照
联系人(Contact Person)：刘开森
产品业务(Business)：高吸水复合纸，棉质打孔膜，打孔非织造布，纸尿裤、纸尿片超薄芯层

泉州恒润纸业有限公司
Quanzhou Hengrun Paper Co., Ltd.
地址(Add)：福建省泉州市双阳华侨经济开发区
邮编(P. C.)：362012
电话(Tel)：0595－22060199
传真(Fax)：0595－22060299
联系人(Contact Person)：曾文雄
产品业务(Business)：复合吸水芯体，热合干法纸

厦门东泽工贸有限公司
Xiamen Dongze Industry and Trade Co., Ltd.
(详见绒毛浆)

爱得龙(厦门)高分子科技有限公司
Aidelong (Xiamen) Polymer Technology Co., Ltd.
地址(Add):福建省厦门市同安区莲花工业区莲美二路12号
邮编(P. C.):361100
电话(Tel):0592-7092677
传真(Fax):0592-7179678
法人代表(Chairman):兰水尧
联系人(Contact Person):梁美佳
产品业务(Business):高分子复合吸水芯体

富力(漳州)实业有限公司
Fuli (Zhangzhou) Industrial Co., Ltd.
地址(Add):福建省漳州市长泰县积山兴泰工业区
邮编(P. C.):363900
电话(Tel):0596-6957888
传真(Fax):0596-6950888
E-mail:955338@qq.com
联系人(Contact Person):苏海生
产品业务(Business):吸水纸,膨化纸

凤竹(漳州)纸业有限公司
Fengzhu Paper Co., Ltd.
地址(Add):福建省漳州市平和黄井工业园区
邮编(P. C.):363700
电话(Tel):0596-7031188
传真(Fax):0596-7031222
E-mail:fengzhu5678890@163.com
Http://www.fjfzzy.com
联系人(Contact Person):麦义坤
产品(Products):衬纸

漳州市芗城新木木卫生材料有限公司
Zhangzhou Xiangcheng Xinmumu Hygiene Material Co., Ltd.
地址(Add):福建省漳州市芗城区漳华路小坑头下路60号
邮编(P. C.):363000
电话(Tel):0596-2677299
传真(Fax):0596-2676266
E-mail:zzxinmumu@163.com
法人代表(Chairman):林顺利
总经理(General Manager):林聪勇
联系人(Contact Person):林聪勇
产品业务(Business):高吸水复合纸

广丰县元泉纸业有限公司
Guangfeng Yuanquan Paper Co., Ltd.
地址(Add):江西省广丰县芦林工业区内
邮编(P. C.):334600
电话(Tel):0793-2678618
传真(Fax):0793-2678618
总经理(General Manager):吴香菊
联系人(Contact Person):刘兴国
产品业务(Business):吸水纸

南昌县八一三鑫纸业
Nanchang Bayisanxin Paper
地址(Add):江西省南昌市南昌县莲谢中路188号
邮编(P. C.):330200
电话(Tel):0791-85816119
总经理(General Manager):穆庆富
产品(Products):衬纸

潍坊金润卫生材料有限公司
Weifang Jinrun Hygienic Material Co., Ltd.
地址(Add):山东省昌乐经济开发区新昌路北首
邮编(P. C.):262400
电话(Tel):0536-6279129
传真(Fax):0536-6287126
E-mail:lihaiying0010@163.com
联系人(Contact Person):李海英
产品(Products):衬纸

郯城银河吸水材料有限公司
Tancheng Yinhe Absorbent Material Co., Ltd.
(详见非织造布-干法纸)

潍坊恒联美林生活用纸有限公司
Weifang Lancel Hygiene Products Co., Ltd.
地址(Add):山东省潍坊市寒亭区海龙路609号
邮编(P. C.):261100
电话(Tel):0536-7283229
传真(Fax):0536-7283228
E-mail:sales@lancelhp.com
Http://www.henglianpaper.com
法人代表(Chairman):李瑞丰
总经理(General Manager):杜增伟
联系人(Contact Person):邢磊
产品(Products):衬纸

漯河舒尔莱纸品有限公司
Luohe Shuerlai Paper Co., Ltd.
地址(Add):河南省漯河市高新技术开发区轻工食品工业园
邮编(P. C.):462000
传真(Fax):0395-2358585
E-mail:pandeng82@vip.qq.com
法人代表(Chairman):曹萍
总经理(General Manager):潘登
联系人(Contact Person):潘登
产品业务(Business):高分子吸水纸,卫生巾、纸尿裤用衬纸

漯河银鸽生活纸产有限公司
Luohe Yinge Tissue Paper Industry Co., Ltd.
地址(Add):河南省漯河市湘江路东段2号
邮编(P. C.):462000
电话(Tel):0395-2635700
传真(Fax):0395-2687700
E-mail:yg6666@126.com
Http://www.yingepaper.com.cn
法人代表(Chairman):张世进
总经理(General Manager):张世进
联系人(Contact Person):王马
产品(Products):衬纸

加宝复合材料(武汉)有限公司
Canbon Industrial (Wuhan) Co., Ltd.
地址(Add):湖北省武汉市经济技术开发区沌口小区枫树

一路 16 号
邮编(P. C.): 430058
电话(Tel): 027－84254758
传真(Fax): 027－84254778
E-mail: ningyue_canbon@ yabn. com
法人代表(Chairman): 宁宇
总经理(General Manager): 贺丽娜
联系人(Contact Person): 李玲
产品业务(Business): 高吸收性树脂, 复合吸水纸

湖南恒安纸业有限公司
Hunan Hengan Paper Co., Ltd.
地址(Add): 湖南省常德市德山开发区桃林路
邮编(P. C.): 415001
电话(Tel): 0736－7300008
传真(Fax): 0736－7300332
Http://www. hengan. com
法人代表(Chairman): 许连捷
总经理(General Manager): 李新久
联系人(Contact Person): 吴祥华
产品(Products): 衬纸

东莞市永源卫生材料科技有限公司
Dongguan Yongyuan Hygiene Material Co., Ltd.
地址(Add): 广东省东莞市洪梅镇尧均樱花工业园
邮编(P. C.): 523166
电话(Tel): 0769－81336988
传真(Fax): 0769－81355262
Http://www. guolong81355263. cn. china. cn
总经理(General Manager): 王观寿
联系人(Contact Person): 王观寿
产品业务(Business): 高分子吸水纸, SMS 拒水/亲水/打孔非织造布

恩平市稳洁无纺布有限公司
Enping Wenjie Nonwovens Co., Ltd.
地址(Add): 广东省恩平市东安镇南郊工业区
邮编(P. C.): 529427
电话(Tel): 0750－7811786
传真(Fax): 0750－7811783
E-mail: epcbing@ 163. com
总经理(General Manager): 岑冰
产品业务(Business): 卫生巾芯片

金冠神州纸业有限公司
Jinguan Shenzhou Paper Co., Ltd.
(详见非织造布－干法纸)

多邦纸品有限公司
Duobang Paper Co., Ltd.
地址(Add): 广东省佛山市南海区平洲夏西良溪工业区
邮编(P. C.): 528000
电话(Tel): 0757－86715717
传真(Fax): 0757－81281203
法人代表(Chairman): 黎家财
总经理(General Manager): 黎家财
联系人(Contact Person): 黎家财
产品业务(Business): 超薄型卫生巾/卫生护垫, 纸尿裤/片的高分子复合材料

佛山市格菲林不织布有限公司
Foshan Good－feeling Nonwowen Co., Ltd.
地址(Add): 广东省佛山市南海区狮山镇穆院管理区
邮编(P. C.): 528000
电话(Tel): 0757－86692296
传真(Fax): 0757－86693686
E-mail: wnsunvip@ gmail. com
联系人(Contact Person): 张茂全
产品业务(Business): 高吸水复合纸, 干法纸, 热风非织造布, 复合透气膜

佛山市顺德区安可瑞纸制品有限公司
Foshan Ankerui Paper Products Co., Ltd.
地址(Add): 广东省佛山市顺德区北滘工业园兴业路 4 号
邮编(P. C.): 528311
电话(Tel): 0757－26606800
传真(Fax): 0757－26336960
E-mail: 13929195858@ 139. com
Http://www. fssdmx. com. cn
联系人(Contact Person): 兰蓉蓉
产品业务(Business): 湿强纸, 吸水纸

佛山市三邦纸品有限公司
Foshan Sanbang Paper Co., Ltd.
地址(Add): 广东省佛山市顺德区北滘镇莘村西工业区
邮编(P. C.): 528311
电话(Tel): 0757－28850857
传真(Fax): 0757－28853613
E-mail: sanbang 080702@ 126. com
总经理(General Manager): 范成庆
产品业务(Business): 吸水纸

佛山市顺德区勒流镇龙盈纸类制品厂
Foshan Longying Paper Manufacture Co.
地址(Add): 广东省佛山市顺德区勒流街道新明村新明大道 48 号
邮编(P. C.): 528322
电话(Tel): 0757－25667163
传真(Fax): 0757－25668288
Http://longying123456. cn. alibaba. com
法人代表(Chairman): 潘松胜
总经理(General Manager): 陈英
联系人(Contact Person): 林耀群
产品业务(Business): 吸水复合材料

佛山市美登纸制品有限公司
Maiden Paper Products Co., Ltd.
地址(Add): 广东省佛山市顺德区容桂马岗工业区骏马路 22 号
邮编(P. C.): 528305
电话(Tel): 0757－26680766
传真(Fax): 0757－26680656
E-mail: jy27149@ 163. com
总经理(General Manager): 李敬
产品业务(Business): 复合纸, 湿强纸, 高吸收性树脂

兴业集团长粤浆纸有限公司
Xingye Group Changyue Pulp & Paper Co., Ltd.
(详见绒毛浆)

广州诚科贸易有限公司
Guangzhou Chengke Trade Co., Ltd.
(详见绒毛浆)

揭东县新亨镇柏达纸制品厂
Jiedong Baida Paper Products Factory
地址(Add)：广东省揭阳市揭东县亨镇英花村
邮编(P. C.)：515548
电话(Tel)：0663 - 3436588
传真(Fax)：0663 - 3442899
联系人(Contact Person)：王鹏昆
产品(Products)：衬纸

铨兴纸业有限公司
Quanxing Paper Co., Ltd.
地址(Add)：广东省江门市新会区睦洲镇新沙工业区
邮编(P. C.)：529143
电话(Tel)：0750 - 6534888
传真(Fax)：0750 - 6530678
联系人(Contact Person)：霍连彩
产品业务(Business)：吸水纸

珠海市益宝生活用品有限公司
Zhuhai Yibao Commodities Co., Ltd.
地址(Add)：广东省珠海市金湾区红旗镇双林路以东虹晖二路
邮编(P. C.)：519000
电话(Tel)：0756 - 7737033
传真(Fax)：0756 - 7737022
E-mail：zh - yibao@163. com
总经理(General Manager)：黄桂荣
联系人(Contact Person)：黄日森
产品业务(Business)：卫生巾、纸尿裤/片、护理垫用高分子复合材料

仁寿天意纸制品有限公司
Renshou Tianyi Paper Products Co., Ltd.
(详见打孔膜及打孔非织造布)

西安美华环保科技有限公司
Xian Meihua Environment Protection Technology Co., Ltd.
(详见高吸收性树脂)

● 离型纸、离型膜 Release paper and release film

圣路律通(北京)科技有限公司
Saintom (Beijing) Science & Technology Co., Ltd.
(详见非织造布 - 干法纸)

北京世纪新飞卫生材料有限公司
Beijing Shiji Xinfei Sanitary Materials Co., Ltd.
地址(Add)：北京市通州区漷县开发区漷兴四街 16 号
邮编(P. C.)：101109
电话(Tel)：010 - 80582431
传真(Fax)：010 - 80582430
法人代表(Chairman)：穆范飞
总经理(General Manager)：穆范飞
联系人(Contact Person)：柏允雷
产品业务(Business)：离型纸，离型膜，离型布，流延膜

天津市尚好卫生材料有限公司
Tianjin Shanghao Hygiene Materials Co., Ltd.
(详见流延膜及塑料母粒)

天津市丹青纸塑科工贸有限公司
Tianjin Danqing Paper-plastics Industry and Trading Co., Ltd.
(详见胶带、胶贴、魔术贴、标签)

大江(天津)国际贸易有限公司
Dajiang (Tianjin) International Trade Co., Ltd.
(详见绒毛浆)

天津膜天膜科技有限公司
Tianjin Motimo Membrane Technology Co., Ltd.
地址(Add)：天津市经济技术开发区第 11 大街 60 号
邮编(P. C.)：300457
电话(Tel)：022 - 66230233
传真(Fax)：022 - 66230131
E-mail：gdy@ motimo. com. cn
Http://www. motimo. com. cn
法人代表(Chairman)：李新明
总经理(General Manager)：李新明
联系人(Contact Person)：郭德育
产品业务(Business)：离型膜

天津宁河雨花纸业有限公司
Tianjin Ninghe Yuhua Paper Co., Ltd.
地址(Add)：天津市宁河经济开发区十三纬路 17 号
邮编(P. C.)：301500
电话(Tel)：022 - 69173133
传真(Fax)：022 - 69162731
联系人(Contact Person)：常志刚
产品业务(Business)：离型纸，离型膜，离型布

保定卫生用品厂
Baoding Health Products Factory
(详见纸浆)

晋州市金圆无纺布厂
Jinzhou Jinyuan Non - woven Factory
(详见非织造布 - 热轧、热风、纺粘等)

大连欧美琦有机硅有限公司
Dalian OMQ Silicone Co., Ltd.
地址(Add)：辽宁省大连市瓦房店李店镇董屯村
邮编(P. C.)：116100
电话(Tel)：0411 - 87368806
传真(Fax)：0411 - 87368506
E-mail：dlomeiqi@ sina. com
Http://www. dlomeiqi. com
总经理(General Manager)：洪德仁
联系人(Contact Person)：洪德仁
产品业务(Business)：有机硅防粘剂

上海远景胶粘材料有限公司
Shanghai Yuanjing Adhesive Material Co., Ltd.
(详见热熔胶)

上海吉翔宝实业有限公司
Shanghai Jixiangbao Industry Co., Ltd.
地址(Add)：上海市嘉定区南翔镇高科技园区银翔路 55 号
邮编(P. C.)：200233
电话(Tel)：400 - 6990413

传真(Fax)：021－64410662
法人代表(Chairman)：於险峰
总经理(General Manager)：於险峰
联系人(Contact Person)：於劲松
产品业务(Business)：离型纸，离型膜

于成化工(上海)有限公司
Yucheng Chemical (Shanghai) Co., Ltd.
地址(Add)：上海市南汇区川周公路3251弄5号楼3楼
邮编(P. C.)：201319
电话(Tel)：021－58137520
传真(Fax)：021－58137521
E-mail：james_yu@ sanpontgroup. com
Http://www. sanpontgroup. com
产品业务(Business)：硅胶

上海大昭和有限公司
Shanghai Daishowa Co., Ltd.
地址(Add)：上海市青浦工业园区新水路280号
邮编(P. C.)：201700
电话(Tel)：021－59705300
传真(Fax)：021－59705301
E-mail：zhangjing750617@ vip. 163. com
Http://www. daishowasiko. com
法人代表(Chairman)：上园聪
总经理(General Manager)：上园聪
联系人(Contact Person)：张晶
产品业务(Business)：离型纸

赢创特种化学(上海)有限公司
Evonik Specialty Chemicals (Shanghai) Co., Ltd.
地址(Add)：上海市莘庄工业园区春东路55号
邮编(P. C.)：201108
电话(Tel)：021－61193037
传真(Fax)：021－61191406
E-mail：stephen. liu@ evonik. com
Http://www. evonik. cn
联系人(Contact Person)：刘召庆
产品业务(Business)：离型纸/膜，断键剂，消泡剂

昆山市中大天宝辅料有限公司
Kunshan Zhongda Tianbao Accessories Co., Ltd.
地址(Add)：江苏省昆山市锦溪镇
邮编(P. C.)：215324
电话(Tel)：0512－57224500
传真(Fax)：0512－50306118
E-mail：sunwu@ jszdtb. com
Http://www. jszdtb. com
联系人(Contact Person)：孙守武
产品业务(Business)：离型纸，离型膜

顺安涂布科技(昆山)有限公司
ASR Swanson (Kunshan) Co., Ltd.
地址(Add)：江苏省昆山市青阳北路289号
邮编(P. C.)：215300
电话(Tel)：0512－57663456－6988
传真(Fax)：0512－57665860
E-mail：woo@ ask－cf. com. cn
总经理(General Manager)：黄屏生
联系人(Contact Person)：胡展鸿
产品业务(Business)：离型膜

顺昶塑胶(昆山)有限公司
Swanson Plastics (Kunshan) Co., Ltd.
(详见流延膜及塑料母粒)

南京华隆纸业有限公司
Nanjing Hualong Paper Co., Ltd.
地址(Add)：江苏省南京市鼓楼区凤凰西街271号508室
邮编(P. C.)：210036
电话(Tel)：025－86606671
传真(Fax)：025－86606671
E-mail：352338089@ qq. com
总经理(General Manager)：孙慧青
联系人(Contact Person)：孙慧青
产品业务(Business)：离型原纸

南京森和纸业有限公司
Nanjing Senhe Paper Co., Ltd.
地址(Add)：江苏省南京市江宁区滨江经济开发区飞鹰路69号
邮编(P. C.)：211178
电话(Tel)：025－58877102
传真(Fax)：025－58877292
E-mail：zhzy@ siliconpaper. cn
Http://www. siliconpaper. cn
法人代表(Chairman)：张旭飞
联系人(Contact Person)：邵莉
产品业务(Business)：离型纸

苏州市星辰科技有限公司南京办事处
Suzhou Stars Technology Co., Ltd. (Nanjing Office)
地址(Add)：江苏省南京市江宁区淳化社区土桥街道
邮编(P. C.)：211100
电话(Tel)：025－51790892
传真(Fax)：025－84144127
E-mail：mandylei123@ 163. com
Http://www. szstars. com
联系人(Contact Person)：雷慧慧
产品业务(Business)：离型膜，离型纸，胶带，薄膜材料，表面硬化涂层

南京斯克尔卫生制品有限公司
Nanjing Skier Hygiene Products Co., Ltd.
地址(Add)：江苏省南京市江宁区东善桥乡水阁工业园
邮编(P. C.)：211153
电话(Tel)：025－52741603
传真(Fax)：025－52741604
E-mail：office@ njsiker. com
法人代表(Chairman)：赵家国
总经理(General Manager)：赵家国
联系人(Contact Person)：李松
产品业务(Business)：离型纸

南京宝龙纸业有限公司
Nanjing Baolong Paper Co., Ltd.
地址(Add)：江苏省南京市江宁区横溪街道麒麟路12号
邮编(P. C.)：211155
电话(Tel)：025－86165880
传真(Fax)：025－86165882
E-mail：njbaolongzy@ 126. com
联系人(Contact Person)：王荣
产品业务(Business)：离型纸

南京朗克纸业有限公司
Nanjing Longluck Paper Co., Ltd.
地址(Add): 江苏省南京市江宁区横溪街道小丹阳创业园区
邮编(P. C.): 211157
电话(Tel): 025-86165299
传真(Fax): 025-86165399
E-mail: lcw885@126. com
法人代表(Chairman): 鲁长旺
总经理(General Manager): 鲁长旺
联系人(Contact Person): 鲁长旺
产品业务(Business): 离型纸

南京顺天纸业有限公司
Nanjing Shuntian Paper Co., Ltd.
地址(Add): 江苏省南京市江宁区横溪镇吴楚东路11号
邮编(P. C.): 211155
电话(Tel): 025-52735001
传真(Fax): 025-52736644
E-mail: njst2004@163. com
Http://www. njstpaper. cn
法人代表(Chairman): 李鸿
联系人(Contact Person): 李鸿
产品业务(Business): 离型纸

江苏陶氏纸业有限公司
Jiangsu Taoshi Paper Co., Ltd.
地址(Add): 江苏省南京市江宁区科学园科健路198号
邮编(P. C.): 211100
电话(Tel): 025-66772680
传真(Fax): 025-52165951
E-mail: nicktao@taoshipaper. com
Http://jstszy. cn. 1688. cn
法人代表(Chairman): 陶波
总经理(General Manager): 陶裕伟
联系人(Contact Person): 陶裕冰
产品业务(Business): 离型纸, 离型膜, 包胶纸

南京永泰纸业有限公司
Nanjing Yongtai Paper Co., Ltd.
地址(Add): 江苏省南京市江宁区禄口镇浦头工业园
邮编(P. C.): 211113
电话(Tel): 025-84967636
传真(Fax): 025-84967601
E-mail: yongtai818@126. com
法人代表(Chairman): 哈福禄
联系人(Contact Person): 万立新
产品业务(Business): 离型纸

南京奥环包装制品有限公司
Nanjing Aohuan Package Co., Ltd.
地址(Add): 江苏省南京市江宁区陶吴工业园
邮编(P. C.): 211151
电话(Tel): 025-52737080
传真(Fax): 025-52737938
E-mail: njaohuan@alibaba. com. cn
法人代表(Chairman): 朱继武
联系人(Contact Person): 朱继武
产品业务(Business): 离型纸

南京源顺纸业有限公司
Nanjing Yuanshun Paper Co., Ltd.
地址(Add): 江苏省南京市江宁区陶吴工业园
邮编(P. C.): 211151
电话(Tel): 025-52736654
传真(Fax): 025-52736654
总经理(General Manager): 陶孝正
联系人(Contact Person): 陶孝正
产品业务(Business): 离型纸

南京恒易纸业有限公司
Nanjing Hengyi Paper Co., Ltd.
地址(Add): 江苏省南京市江宁区陶吴工业园棕塘路10-2号
邮编(P. C.): 211151
电话(Tel): 025-52738990
传真(Fax): 025-52738991
E-mail: wangyong676@163. com
Http://www. njhengyizhiye. com. cn
总经理(General Manager): 王勇
联系人(Contact Person): 王勇
产品业务(Business): 离型纸

南京圣强卫生材料有限公司
Nanjing Shengqiang Hygiene Material Co., Ltd.
地址(Add): 江苏省南京市江宁区陶吴兴杭社区杨巷4号
邮编(P. C.): 211151
电话(Tel): 13913349283
法人代表(Chairman): 张家昌
总经理(General Manager): 张家昌
联系人(Contact Person): 张家昌
产品业务(Business): 离型纸, 离型膜

南京华松纸业有限公司
Nanjing Huasong Paper Co., Ltd.
地址(Add): 江苏省南京市江宁区陶吴镇桃红工业园
邮编(P. C.): 211151
电话(Tel): 025-58850781
传真(Fax): 025-58852440
E-mail: lhzz88@163. com
法人代表(Chairman): 程长海
总经理(General Manager): 程杰
联系人(Contact Person): 李超
产品业务(Business): 离型纸

南京雨倩卫生用品有限公司
Nanjing Yuqian Hygiene Products Co., Ltd.
地址(Add): 江苏省南京市雨花台区双龙街宁南工业园18号
邮编(P. C.): 210012
电话(Tel): 025-52644296
传真(Fax): 025-52644322
E-mail: kangerjie@kangerjie. com
法人代表(Chairman): 葛语哲
总经理(General Manager): 葛语哲
联系人(Contact Person): 邱军
产品业务(Business): 离型纸

泰州劲松纸业有限公司
Taizhou Jinsong Paper Industry Co., Ltd.
地址(Add): 江苏省泰州市海阳路52号

邮编(P. C.): 225300
电话(Tel): 0523 - 82848110
传真(Fax): 0523 - 82848108
E-mail: xblovewhm@ 163. com
联系人(Contact Person): 谢林
产品业务(Business): 离型纸

无锡市张泾文化卫生用品有限公司
Wuxi Cultural Hygiene Products Plant
地址(Add): 江苏省无锡市锡山区锡北镇石村
邮编(P. C.): 214194
电话(Tel): 0510 - 83791429
传真(Fax): 0510 - 83791429
E-mail: puxufeng8@ 163. com
总经理(General Manager): 浦叙锋
联系人(Contact Person): 浦叙锋
产品业务(Business): 离型纸, 流延膜

浙江温州市新丰复合材料公司
Zhejiang Wenzhou Xinfeng Composite Material Co.
地址(Add): 浙江省苍南县金乡镇龙金大道第三工业园区
邮编(P. C.): 325805
电话(Tel): 0577 - 64593405
传真(Fax): 0577 - 64593822
Http://www. wzxinfeng. com
联系人(Contact Person): 陈加福
产品业务(Business): 离型纸

杭州市临安鸿兴纸业有限公司
Hangzhou Hongxing Paper Co., Ltd.
地址(Add): 浙江省杭州市临安於潜镇东门巷 62 号
邮编(P. C.): 311311
电话(Tel): 0571 - 63882160
传真(Fax): 0571 - 63881618
法人代表(Chairman): 吴永强
总经理(General Manager): 吴永富
联系人(Contact Person): 吴永强
产品业务(Business): 离型纸

杭州华盛复合材料有限公司
Hangzhou Huasheng Composite Material Co., Ltd.
地址(Add): 浙江省杭州市余杭区仓前镇海曙路 7 号
邮编(P. C.): 311121
电话(Tel): 0571 - 88613668
传真(Fax): 0571 - 88611858
法人代表(Chairman): 王家如
总经理(General Manager): 王家如
联系人(Contact Person): 王家如
产品业务(Business): 离型纸

嘉兴市民和工贸有限公司
Jiaxing Minhe Industry & Trading Co., Ltd.
地址(Add): 浙江省嘉兴市华云路 122 号
邮编(P. C.): 314033
电话(Tel): 0573 - 82223666
传真(Fax): 0573 - 82215411
E-mail: trwz@ mail. jxptt. zj. cn
法人代表(Chairman): 张标
总经理(General Manager): 张标
联系人(Contact Person): 唐胜荣
产品业务(Business): 离型原纸, 格拉辛原纸

嘉兴市丰莱桑达贝纸业有限公司
Jiaxing Fenglai Sangdabei Paper Co., Ltd.
地址(Add): 浙江省嘉兴市角里街吴泾桥堍
邮编(P. C.): 314000
电话(Tel): 0573 - 82820459
传真(Fax): 0573 - 82820134
E-mail: fenglai@ mail. jxptt. zj. cn
联系人(Contact Person): 吴霞明
产品业务(Business): 离型原纸, 格拉辛原纸

浙江凯丰纸业有限公司
Zhejiang Kaifeng Paper Co., Ltd.
地址(Add): 浙江省龙游县工业园区
邮编(P. C.): 324400
电话(Tel): 0570 - 7055868
传真(Fax): 0570 - 7055881
Http://www. kaifengpaper. com
联系人(Contact Person): 王大望
产品业务(Business): 离型原纸

上虞市特力纸业有限公司
Shangyu Teli Paper Co., Ltd.
地址(Add): 浙江省上虞市百官城东工业区
邮编(P. C.): 312300
电话(Tel): 0575 - 82188707
传真(Fax): 0575 - 82425137
E-mail: 497128000@ qq. com
联系人(Contact Person): 徐剑
产品业务(Business): 离型纸

温州市泰昌胶粘制品有限公司
Wenzhou Taichang Adhesive Products Co., Ltd.
地址(Add): 浙江省温州市苍南县金乡镇湖兴北路 1 号
邮编(P. C.): 325805
电话(Tel): 0577 - 68100811
传真(Fax): 0577 - 64571055
E-mail: taichang@ chinataichang. com
Http://www. chinataichang. com
联系人(Contact Person): 林正贤
产品业务(Business): 涂塑纸, 防粘纸

源兴离型纸品厂
Yuanxing Release Paper Factory
地址(Add): 福建省晋江市安海后蔡工业区
邮编(P. C.): 362261
电话(Tel): 0595 - 85782322
传真(Fax): 0595 - 85785322
总经理(General Manager): 颜清渠
联系人(Contact Person): 颜清渠
产品业务(Business): 离型纸

协和兴离型纸品有限公司
Xiehexing Release Paper Co., Ltd.
地址(Add): 福建省晋江市安海镇后蔡工业区(盼盼食品厂后面)
邮编(P. C.): 362261
电话(Tel): 0595 - 85708558
传真(Fax): 0595 - 85702833
联系人(Contact Person): 颜荫治
产品业务(Business): 离型纸

恒信纸品卫生材料经销部
Hengxin Paper Products Material Distributor
（详见绒毛浆）

晋江市顺丰纸品有限公司
Jinjiang Shunfeng Paper Products Co., Ltd.
地址(Add)：福建省晋江市内坑镇加塘岭顶开发区
邮编(P. C.)：362268
电话(Tel)：0595－85728155
传真(Fax)：0595－85727155
E-mail：yanxbo2007@163. com
Http://www. shunfengzhipin. cn
总经理(General Manager)：颜厥俭
联系人(Contact Person)：颜厥俭
产品业务(Business)：硅油纸，离型纸

永源离型纸品
Yongyuan Release Paper Company
地址(Add)：福建省晋江市西园街道屿头工业区
邮编(P. C.)：362200
电话(Tel)：0595－85614111
传真(Fax)：0595－85600720
联系人(Contact Person)：洪汉渊
产品业务(Business)：离型纸

泉州市新飞卫生材料有限公司
Quanzhou Xinfei Sanitary Material Co., Ltd.
地址(Add)：福建省泉州市浮桥镇后坑工业区
邮编(P. C.)：362000
电话(Tel)：0595－22428991
传真(Fax)：0595－22428993
E-mail：825305920@qq. com
Http://www. fsxinfei. com
联系人(Contact Person)：穆范炳
产品业务(Business)：离型纸，离型膜，流延膜

泉州市新天卫生材料有限公司
Quanzhou Xintian Hygiene Material Co., Ltd.
地址(Add)：福建省泉州市鲤城区浮桥金浦泰金北路2号（金浦综合大楼）
邮编(P. C.)：362000
电话(Tel)：0595－28769927
传真(Fax)：0595－28769929
E-mail：2374276113@qq. com
总经理(General Manager)：穆克华
产品业务(Business)：离型纸

福建三维利纸业有限公司
Fujian Sanweili Paper Co., Ltd.
地址(Add)：福建省松溪县郑墩镇旺达工业区
邮编(P. C.)：323203
电话(Tel)：0599－2265777
传真(Fax)：0599－2265333
E-mail：nwxian@hotmail. com
联系人(Contact Person)：倪伟先
产品业务(Business)：离型纸，衬纸

厦门长天企业有限公司
Xiamen Changtian Enterprise Co., Ltd.
地址(Add)：福建省厦门市海沧新阳工业区新盛路18号
邮编(P. C.)：361026
电话(Tel)：0592－6517000－881
传真(Fax)：0592－6519700
E-mail：bluelan968@chang－tian. com. cn
Http://www. chang－tian. com. cn
法人代表(Chairman)：王珊
总经理(General Manager)：王德夫
联系人(Contact Person)：王德夫
产品业务(Business)：离型纸

厦门新旺工贸有限公司
Xiamen Xinwang Industrial & Trading Co., Ltd.
（详见打孔膜及打孔非织造布）

建亚保达(厦门)卫生器材有限公司
Ko－Asia (Xiamen) Sanitary Material Co., Ltd.
（详见胶带、胶贴、魔术贴、标签）

山东宝利卫生用品厂
Shandong Baoli Hygiene Products Plant
（详见打孔膜及打孔非织造布）

达利源卫生材料用品有限公司
Daliyuan Hygiene Material Products Co., Ltd.
（详见流延膜及塑料母粒）

山东临朐玉龙造纸有限公司
Linju Yulong Paper Co., Ltd.
地址(Add)：山东省潍坊市临朐县城华特路5311号
邮编(P. C.)：262699
电话(Tel)：0536－3158872
传真(Fax)：0536－3158568
E-mail：13780800658@139. com
联系人(Contact Person)：王宝江
产品业务(Business)：离型原纸

烟台大华纸业有限公司
Yantai Dahua Paper Co., Ltd.
地址(Add)：山东省烟台市牟平区路兴街403号
邮编(P. C.)：264117
电话(Tel)：0535－4659866
传真(Fax)：0535－4652032
总经理(General Manager)：姜敏
联系人(Contact Person)：鲁召才
产品业务(Business)：离型纸原纸，防伪纸

章丘华饰纸业有限公司
Zhangqiu Huashi Paper Making Industry Co., Ltd.
地址(Add)：山东省章丘市明水荷花路19号
邮编(P. C.)：250200
电话(Tel)：0531－83252203
传真(Fax)：0531－83252203
E-mail：sdhuashi@126. com
联系人(Contact Person)：延振东
产品业务(Business)：离型原纸

东莞市永源工贸无纺布制品有限公司
Yongyuan Sanitary Materials Co., Ltd.
地址(Add)：广东省东莞市石龙镇西湖工业区344号
邮编(P. C.)：511700
电话(Tel)：0769－81852098
传真(Fax)：0769－82217755

E-mail：changlong16888@163.com
Http://yongyuanfushi.cn.alibaba.com
联系人(Contact Person)：王观寿
产品业务(Business)：经销离型纸，高吸收性树脂，非织造布

佛山市南海广浩塑料有限公司
Foshan Nanhai Guanghao Plastics Co., Ltd.
(详见流延膜及塑料母粒)

佛山市新飞卫生材料有限公司
Foshan Xinfei Hygiene Materials Co., Ltd.
地址(Add)：广东省佛山市南海区狮山科技工业园A区兴旺路3号
邮编(P.C.)：528225
电话(Tel)：0757-86691053
传真(Fax)：0757-86693628
E-mail：fsxinfei@hotmail.com
Http://www.fsxinfei.com
法人代表(Chairman)：穆范飞
总经理(General Manager)：穆范飞
联系人(Contact Person)：穆春香
产品业务(Business)：离型纸，离型膜，离型布，流延膜

佛山市圣锦兰纸业有限公司
Foshan Shengjinlan Paper Products Co., Ltd.
地址(Add)：广东省佛山市顺德区北滘工业区4号
邮编(P.C.)：528311
电话(Tel)：0757-26666262
传真(Fax)：0757-88504041
E-mail：13928283426@139.com
联系人(Contact Person)：兰晓云
产品业务(Business)：离型纸，离型布，标签防粘纸

顺德圣兰纸制品有限公司
Shunde Shenglan Paper Products Co., Ltd.
地址(Add)：广东省佛山市顺德区北滘工业区兴业路4号
邮编(P.C.)：528311
电话(Tel)：0757-26666262
传真(Fax)：0757-26336958
E-mail：s.j.l@163.net
法人代表(Chairman)：张荣芳
总经理(General Manager)：邢其圣
产品业务(Business)：离型纸

耐恒(广州)纸品有限公司
Loparex (Guangzhou) Paper Products Ltd.
地址(Add)：广东省广州经济开发区东区北片莲潭路7号
邮编(P.C.)：510530
电话(Tel)：020-32101028
传真(Fax)：020-82264565
E-mail：chanxing.wu@loparex.com
Http://www.loparex.com.cn
法人代表(Chairman)：何绍荣
联系人(Contact Person)：黎俊文
产品业务(Business)：离型纸，胶带

广州汇豪纸业有限公司
Guangzhou Huihao Paper Co., Ltd.
地址(Add)：广东省广州市番禺区石楼镇莲花山保税区灵兴工业园7-8号
邮编(P.C.)：511440
电话(Tel)：020-22628782
传真(Fax)：020-22622630
E-mail：lisa@hhpaper.com.cn
Http://www.hhpaper.com.cn
联系人(Contact Person)：伍林娟
产品业务(Business)：离型纸

崇越(广州)贸易有限公司
Topco Trading (G.Z.)
地址(Add)：广东省广州市天河区华夏路49号之二津宾腾越大厦北塔1406-09室
邮编(P.C.)：510623
电话(Tel)：020-38092778
传真(Fax)：020-38092799
E-mail：jimmy.cheng@topcocorp.com
Http://www.topcocorp.com
联系人(Contact Person)：郑德庆
产品业务(Business)：离型剂，有机硅

汕尾东旭卫生材料有限公司
Shanwei Dongxu Hygiene Material Co., Ltd.
(详见流延膜及塑料母粒)

中山市圣强纸业有限公司
Zhongshan Shengqiang Paper Co., Ltd.
地址(Add)：广东省中山市三角镇光二工业区
邮编(P.C.)：528445
电话(Tel)：0760-85405692
传真(Fax)：0760-85406375
E-mail：sylxt701212@126.com
法人代表(Chairman)：邢佑东
总经理(General Manager)：邢佑东
联系人(Contact Person)：陶月琴
产品业务(Business)：离型纸，离型膜，打孔膜

重庆陶氏纸业有限公司
Chongqing Taoshi Paper Co., Ltd.
地址(Add)：重庆市九龙坡区含谷镇净龙工业园区91kgn
邮编(P.C.)：404100
电话(Tel)：023-65532845
传真(Fax)：023-65532846
总经理(General Manager)：张俊
联系人(Contact Person)：张俊
产品业务(Business)：离型纸，热合干法纸

● 热熔胶 Hot melt adhesive

Henkel Adhesives (HongKong) Co., Ltd.
汉高胶粘剂(香港)有限公司
地址(Add)：Rm.513-514, 5/F, Tower 1, Cheung Sha Wan Plaza, 833 Cheung Sha Wan Rd., Kowloon, Hong Kong
电话(Tel)：852-27457799
传真(Fax)：852-27457063
E-mail：baron.xiong@nstarch.com
Http://www.henkel.com
产品业务(Business)：低温结构胶，定位胶，弹性线胶

台湾日邦树脂股份有限公司
Taiwan First Li－Bond Co., Ltd.
地址(Add)：台湾省台北市新北三重新路五段 609 巷 12 号 8 楼之 5(汤城园区 2B 栋)
电话(Tel)：886－2－29995770
传真(Fax)：886－2－29995641
E-mail：denny@libond.com.tw
法人代表(Chairman)：张世华
联系人(Contact Person)：陈建安
产品业务(Business)：热熔胶

李长荣化学工业股份有限公司
LCY Chemical Corp.
地址(Add)：台湾台北市八德路四段 83 号 3 楼
电话(Tel)：886－2－27631611
传真(Fax)：886－2－27483197
联系人(Contact Person)：林家旭
产品业务(Business)：热可塑性弹性体

埃克森美孚香港有限公司
Exxon Mobil Hongkong Co., Ltd.
地址(Add)：香港湾仔港湾道 18 号中环广场 22 楼
电话(Tel)：852－31978528
传真(Fax)：852－31978344
E-mail：peter.jl.lok@exxonmobil.com
Http://www.exxonmobilchemical.com.cn
联系人(Contact Person)：乐嘉龙
产品业务(Business)：石油树脂等

盛铭博通科技(北京)有限公司
Shengming Botong S & T (Beijing) Co., Ltd.
地址(Add)：北京市海淀区清华东路 2 号农业大学东区科贸楼 D211
邮编(P.C.)：100083
电话(Tel)：010－82371150
传真(Fax)：010－82371150
E-mail：market@cheng－ming.com
Http://www.alladhesives.com
联系人(Contact Person)：薄秋雨
产品业务(Business)：热熔胶

北京光辉世纪工贸有限公司上海销售中心
Beijing Guanghuishiji Industrail Trade Co., Ltd.
地址(Add)：上海市松江区思贤路 1855 弄 96 号 702 室
邮编(P.C.)：201620
电话(Tel)：021－37721683
传真(Fax)：021－37721683
E-mail：ghsjbj@ghsjbj.com
Http://www.ghsjbj.com
联系人(Contact Person)：马晓霞
产品业务(Business)：热熔压敏胶，医用热熔胶

天津市登峰胶粘剂有限公司
Tianjin Dengfeng Adhesive Co., Ltd.
(详见流延膜及塑料母粒)

天津市茂林热熔胶有限公司
Tianjin Maolin Hot Melt Adhesive Co., Ltd.
地址(Add)：天津市宝坻区石桥工业园区
邮编(P.C.)：301800
电话(Tel)：022－29243036
传真(Fax)：022－29245036
总经理(General Manager)：李文林
产品业务(Business)：热熔胶

保定卫生用品厂
Baoding Health Products Factory
(详见纸浆)

上海嘉好胶粘制品有限公司
Shanghai Jaour Adhesive Products Co., Ltd.
地址(Add)：上海嘉定区浏翔公路 3077 号
邮编(P.C.)：201818
电话(Tel)：021－56476851
传真(Fax)：021－56327887
E-mail：cooky@jaour.com
Http://www.jaour.com
法人代表(Chairman)：侯思静
总经理(General Manager)：姚大年
联系人(Contact Person)：章静
产品业务(Business)：压敏热熔胶

上海富江科技有限公司
Shanghai Flowtech Co., Ltd.
地址(Add)：上海市长春路 158 号 3 栋 26B
邮编(P.C.)：200081
电话(Tel)：021－65408811
传真(Fax)：021－56668827
联系人(Contact Person)：梁庆平
产品业务(Business)：热熔胶

上海远景胶粘材料有限公司
Shanghai Yuanjing Adhesive Material Co., Ltd.
地址(Add)：上海市陈川西路 10 弄 2 号
邮编(P.C.)：200435
电话(Tel)：021－66873035
传真(Fax)：021－66873036
E-mail：zhouboo88@126.com
法人代表(Chairman)：李逢琼
联系人(Contact Person)：周波
产品业务(Business)：热熔胶，热风/热轧非织造布，离型纸

汉高化学技术(上海)有限公司
Henkel Chemical Technology (Shanghai) Co., Ltd.
地址(Add)：上海市化学工业区普工路 31 号
邮编(P.C.)：201400
电话(Tel)：021－67583300
产品业务(Business)：胶粘剂

上海久庆实业有限公司
Shanghai Jiuqing Industrial Co., Ltd.
地址(Add)：上海市嘉定区芳林路 669 弄 118 号 101 室
邮编(P.C.)：201803
电话(Tel)：021－66121169
传真(Fax)：021－69895607
法人代表(Chairman)：瞿平
总经理(General Manager)：瞿平
联系人(Contact Person)：瞿平
产品业务(Business)：热熔胶

上海高尔热熔胶有限公司
Shanghai Gol Hotmelt Adhesives Co., Ltd.
地址(Add)：上海市嘉定区南翔镇惠平路505号
邮编(P. C.)：201802
电话(Tel)：021－59218567
传真(Fax)：021－59218567
E-mail：1617388653@qq.com
联系人(Contact Person)：顾延民
产品业务(Business)：热熔胶

波士胶(上海)管理有限公司
Bostik (Shanghai) Mangement Co., Ltd.
地址(Add)：上海市闵行区莘庄工业区光华路968号1号楼
邮编(P. C.)：201108
电话(Tel)：021－60763136
传真(Fax)：021－60763133
E-mail：nick.chen@bostik.com
Http://www.bostik.com
法人代表(Chairman)：Laurent Peyronneau
总经理(General Manager)：Jeffrey Allan Merkt
联系人(Contact Person)：陈洋
产品业务(Business)：热熔胶，水基胶，溶剂胶，PU胶

上海正野热熔胶有限公司
Shanghai Zhengye Hot Melt Glue Co., Ltd.
地址(Add)：上海市南汇工业区南芦公路188弄五号
邮编(P. C.)：201314
电话(Tel)：021－58188791
传真(Fax)：021－58188792
E-mail：zyndl@163.com
联系人(Contact Person)：唐军
产品业务(Business)：热熔胶，复合热熔胶

伊士曼(上海)化工商业有限公司静安分公司
Eastman Chemical Co., Ltd.
地址(Add)：上海市南京西路1168号中信泰富广场1206室
邮编(P. C.)：200041
电话(Tel)：021－61208757
传真(Fax)：021－52984553
E-mail：liangwu@eastman.com
Http://www.eastman.com.cn
联系人(Contact Person)：吴亮
产品业务(Business)：热熔胶增粘树脂，化学品，纤维，塑料

科腾聚合物贸易(上海)有限公司
Kraton Polymers Trading (Shanghai) Co., Ltd.
地址(Add)：上海市南京西路1266号恒隆广场二幢1601－03室
邮编(P. C.)：200040
电话(Tel)：021－20823888
传真(Fax)：021－62895091
E-mail：info@kraton.com
Http://www.kraton.com
产品业务(Business)：胶粘剂、密封剂，涂料

上海北方化工有限公司
Shanghai North Chemical Co., Ltd.
地址(Add)：上海市浦东南路2240号永业商务大楼807室
邮编(P. C.)：200127
电话(Tel)：021－58737763
传真(Fax)：021－50909235
E-mail：13321960148@189.cn
联系人(Contact Person)：高森
产品业务(Business)：EV，石油树脂

上海诺森粘合剂有限公司
Shanghai Northumbria Adhesive Co., Ltd.
地址(Add)：上海市浦东新区金海路179号
邮编(P. C.)：272100
电话(Tel)：021－26909139
传真(Fax)：021－26909136
E-mail：shns021@163.com
Http://www.nsjnj.com
法人代表(Chairman)：侯典锋
总经理(General Manager)：梁文波
联系人(Contact Person)：梁文波
产品业务(Business)：热熔胶，结构胶，两用胶，橡筋胶，低温胶

富乐(中国)粘合剂有限公司
H. B. Fuller (China) Adhesives Ltd.
地址(Add)：上海市浦东新区张衡路1690号5号楼
邮编(P. C.)：201203
电话(Tel)：021－60363288
传真(Fax)：021－61762166
E-mail：qp.query@hbfuller.com
Http://www.hbfuller.com
法人代表(Chairman)：Heather Anne Campe
总经理(General Manager)：Weelim Shie
联系人(Contact Person)：Mack Wei
产品业务(Business)：粘合剂

汉高股份(上海)有限公司
Henkel Adhesives (Shanghai) Co., Ltd.
地址(Add)：上海市浦东新区张衡路928号
邮编(P. C.)：201203
电话(Tel)：021－28915608
总经理(General Manager)：方旺喜
联系人(Contact Person)：康群
产品业务(Business)：低温结构胶，定位胶，弹性线胶

空气化工产品(中国)投资有限公司
Air Products and Chemicals (China), Inc.
(详见香精、表面处理剂及添加剂)

上海佳卫热熔胶有限公司
Shanghai Jiawei Hot melt Adhesives Co., Ltd.
地址(Add)：上海市浦东新区张江镇韩荡村烧盐曹家宅88号
邮编(P. C.)：201210
电话(Tel)：021－58578275
传真(Fax)：021－58573161
E-mail：2572357524@qq.com
总经理(General Manager)：诸国华
联系人(Contact Person)：郭文忠
产品业务(Business)：压敏热熔胶

上海汉高向华粘合剂有限公司
Shanghai Henkel Xianghua Adhesives Co., Ltd.
地址(Add)：上海市浦东新区张江镇殷军路115号

邮编(P. C.): 201210
电话(Tel): 021 - 58573857
传真(Fax): 021 - 58574808
法人代表(Chairman): 邹荣棋
总经理(General Manager): 邹荣棋
联系人(Contact Person): 邹荣棋
产品业务(Business): 热熔胶, 热熔压敏胶

上海盛茗热熔胶有限公司
Shanghai Shengming Hot Melt Adhesive Co., Ltd.
地址(Add): 上海市浦东张江高科技园区沔北路15号
邮编(P. C.): 201315
电话(Tel): 021 - 58575807
传真(Fax): 021 - 58578378
E-mail: shrxrrj@163. com
联系人(Contact Person): 周冰峰
产品业务(Business): 热熔胶

汉高(中国)投资有限公司
Henkel (China) Co., Ltd.
地址(Add): 上海市浦东张江高科技园区张衡路928号
邮编(P. C.): 201203
电话(Tel): 021 - 28915608
传真(Fax): 021 - 28918960
Http://www. henkel. com
联系人(Contact Person): 康群
产品业务(Business): 胶粘剂

上海北港实业有限公司
Shanghai Achemical Trading Co., Ltd.
地址(Add): 上海市青浦工业园新丹路123号
邮编(P. C.): 201706
电话(Tel): 021 - 39297966
传真(Fax): 021 - 39297970
E-mail: hcfbegun@126. com
联系人(Contact Person): 郝春芳
产品业务(Business): 热熔胶原料

上海十盛科技有限公司
Shanghai Rheo Technology Co., Ltd.
地址(Add): 上海市青浦区徐泾镇华徐公路518号
邮编(P. C.): 201702
电话(Tel): 021 - 59883666
传真(Fax): 021 - 59883555
Http://www. rheotac. com
联系人(Contact Person): 林宏辉
产品业务(Business): 热熔胶

上海路嘉胶粘剂有限公司
Shanghai Rocky Adhesives Co., Ltd.
地址(Add): 上海市青浦区徐泾镇华徐路566号
邮编(P. C.): 201702
电话(Tel): 021 - 59761668
传真(Fax): 021 - 59761668 - 204
E-mail: yangzhiguo@shrocky. com
Http://www. shrocky. com
联系人(Contact Person): 杨至国
产品业务(Business): 热熔胶

上海东洋油墨制造有限公司
Shanghai Toyo Ink Mfg. Co., Ltd.
(详见包装及印刷)

上海荣歆热熔胶有限公司
Shanghai Rongxin Hot Melt Adhesives Co., Ltd.
地址(Add): 上海市松江区洞泾镇塘桥路552号
邮编(P. C.): 201619
电话(Tel): 021 - 57622061
传真(Fax): 021 - 57622351
Http://www. rx - sh. com
法人代表(Chairman): 张祖荣
联系人(Contact Person): 奚伟国
产品业务(Business): 热熔胶

Novamelt 有限公司
Novamelt GmbH
地址(Add): 上海市武夷路49号A, CBC大楼
邮编(P. C.): 200050
电话(Tel): 021 - 51552000
传真(Fax): 021 - 51552099
E-mail: kzhao@novamelt. cn
Http://www. novamelt - china. com
联系人(Contact Person): 赵健
产品业务(Business): 热熔压敏胶, UV热熔胶

广州市合诚化工有限公司上海分公司
Guangzhou Honsea Chemistry Co., Ltd.
(详见造纸化学品)

塞拉尼斯(中国)投资有限公司
Celanese (China) Holding Co., Ltd.
(详见非织造布 - 热轧、热风、纺粘等)

伊士曼(上海)化工商业有限公司
Eastman (Shanghai) Chemical Commercial Co., Ltd.
地址(Add): 上海市张江高科技园区祖冲之路887弄87号102室
邮编(P. C.): 201203
电话(Tel): 021 - 61208718
传真(Fax): 021 - 52984553
E-mail: whuang@eastman. com
Http://www. eastman. com. cn
联系人(Contact Person): 黄文钧
产品业务(Business): 热熔胶增粘树脂

亚利桑那化学贸易(上海)有限公司
Arizona Chemical Limited
地址(Add): 上海市遵义路100号上海城B幢2609 - 2611单元
邮编(P. C.): 200051
电话(Tel): 021 - 62370909
传真(Fax): 021 - 62370198
E-mail: nicho. song@azchem. com
Http://www. arizonachemical. com
联系人(Contact Person): 宋磊
产品业务(Business): 胶粘剂

常州市洁润无纺布厂
Changzhou Jierun Nonwovens Factory
(详见非织造布 - 热轧、热风、纺粘等)

高鼎精细化工(昆山)有限公司
Coating Fine Chemical (Kunshan) Co., Ltd.
地址(Add):江苏省昆山市经济技术开发区高鼎路8号
邮编(P. C.):215333
电话(Tel):0512-57811669
传真(Fax):0512-57811816
E-mail:10002@ks.coating.com.tw
Http://www.coating.com.tw
联系人(Contact Person):凌清川
产品业务(Business):树脂,聚氨脂热熔胶

南京扬子伊士曼化工有限公司
Nanjing Yangzi Eastman Chemical Ltd.
地址(Add):江苏省南京市高新技术产业开发区丽景路2号研发大厦B幢5楼
邮编(P. C.):210032
电话(Tel):025-66609264
传真(Fax):025-66609265
E-mail:sales@njyec.com
Http://www.njyec.com
法人代表(Chairman):季伟青
总经理(General Manager):季伟青
联系人(Contact Person):周文
产品业务(Business):热熔胶增粘树脂,化学品,纤维,塑料

南京双宁树脂科技有限公司
Nanjing Shuangning Resin Science and Technology Co., Ltd.
地址(Add):江苏省南京市黄埔路2号黄埔大厦18楼C座
邮编(P. C.):210000
电话(Tel):025-84818606-8117
传真(Fax):025-84816567
E-mail:940175028@qq.com
Http://www.njsnsz.com
联系人(Contact Person):聂亚锋
产品业务(Business):热熔胶树脂

海南欣涛实业有限公司苏州办事处
Hainan Xintao Industrial Co., Ltd.
地址(Add):江苏省苏州市平江区江星路汇翠花园63幢104
邮编(P. C.):215000
电话(Tel):0512-67553515
传真(Fax):0512-67553515
E-mail:xintaoban@sohu.com
联系人(Contact Person):黄山生
产品业务(Business):热熔胶

苏州百得宝塑胶有限公司
Suzhou Bestpao Plastic Co., Ltd.
地址(Add):江苏省苏州市相城区黄桥镇占上工业区永青路21号
邮编(P. C.):215132
电话(Tel):0512-69598278
传真(Fax):0512-65461788
E-mail:bestpojwx@163.com
总经理(General Manager):金文学
联系人(Contact Person):金文学
产品业务(Business):热熔胶

无锡松村贸易有限公司
Wuxi Moresco Trading Co., Ltd.
地址(Add):江苏省无锡市长江路28号
邮编(P. C.):214028
电话(Tel):0510-85222618-816
传真(Fax):0510-85222628
E-mail:lidaiqi@moresco-china.com
Http://www.moresco.co.jp
联系人(Contact Person):李岱琪
产品业务(Business):热熔胶

松川化学贸易无锡有限公司
Sunture Chemical Trading (Wuxi) Co., Ltd.
地址(Add):江苏省无锡市高新区湘江路2-2号金源国际大厦B幢611室
邮编(P. C.):214028
电话(Tel):0510-85225742
传真(Fax):0510-85223841
E-mail:rio.wang@sunturechemicals.com
联系人(Contact Person):王松
产品业务(Business):热熔胶

日邦树脂(无锡)有限公司
Li-Bond Resin (Wuxi) Co., Ltd.
地址(Add):江苏省无锡市锡山经济开发区春蕾路6号
邮编(P. C.):214101
电话(Tel):0510-88265511
传真(Fax):0510-88265522
E-mail:chao@libond.com.tw
Http://www.wlb.com.cn
总经理(General Manager):赵恩泽
联系人(Contact Person):赵恩泽
产品业务(Business):热熔胶

无锡德渊国际贸易有限公司
Wuxi Tex Year International Trading Co., Ltd.
地址(Add):江苏省无锡市新区长江路28号
邮编(P. C.):214028
电话(Tel):0510-85212688
传真(Fax):0510-85227145
E-mail:hml@texyear.com
Http://www.texyear.com.cn
联系人(Contact Person):高洪阳
产品业务(Business):热熔胶,卫材用胶,压敏性热熔胶

无锡市万力粘合材料有限公司
Wuxi Wanli Adhesives Materials Co., Ltd.
地址(Add):江苏省无锡市新区长江南路17-17号
邮编(P. C.):214028
电话(Tel):0510-85345529
传真(Fax):0510-85343126
E-mail:kanzonghui@wlnh.net
Http://www.wlnh.net
法人代表(Chairman):周其平
联系人(Contact Person):阚宗辉
产品业务(Business):热熔胶

无锡市诺金科技有限公司
Wuxi Lovjin Technology Co., Ltd.
(详见热熔胶机)

江苏盐城腾达胶粘剂有限公司
Yancheng Tengda Adhesives Co., Ltd.
地址(Add)：江苏省盐城市经济开发区通榆南路 329 号
邮编(P. C.)：224007
电话(Tel)：0515 - 88275058
传真(Fax)：0515 - 88275059
E-mail：web@ tdjnyc. com
Http://www. tdjzj. com
法人代表(Chairman)：倪锦才
总经理(General Manager)：倪锦才
联系人(Contact Person)：李建华
产品业务(Business)：热熔胶

盐城天顺胶粘剂有限公司
Yancheng Tianshun Adhesive Co., Ltd.
地址(Add)：江苏省盐城市射阳特庸工业区 111 号
邮编(P. C.)：224300
电话(Tel)：0515 - 82788989
传真(Fax)：0515 - 82780199
Http://www. tsjzj. com
法人代表(Chairman)：孙万东
总经理(General Manager)：孙万东
产品业务(Business)：热熔胶，胶带

扬中九妹日用品有限公司
Yangzhong Jiumei Products for Daily Use Co., Ltd.
地址(Add)：江苏省扬中市区花园路 149 号
邮编(P. C.)：212200
电话(Tel)：0511 - 88324279
传真(Fax)：0511 - 85151169
E-mail：275063263@ qq. com
Http://www. yzjiumei. cn. alibaba. com
法人代表(Chairman)：范进
总经理(General Manager)：范进
联系人(Contact Person)：范进
产品业务(Business)：热熔胶

浙江精华科技有限公司
Zhejiang Fine Chemical Technology Co., Ltd.
地址(Add)：浙江省杭州市莫干山路 569 号
邮编(P. C.)：310005
电话(Tel)：0571 - 88051715
传真(Fax)：0571 - 88067314
E-mail：sales@ fang - kai. com
Http://www. fang - kai. com
总经理(General Manager)：张弘
联系人(Contact Person)：何义
产品业务(Business)：热熔胶

杭州德森科技有限公司
Hangzhou Desen Science and Technology Co., Ltd.
地址(Add)：浙江省杭州市秋涛北路 176 号交运大厦 819 室
邮编(P. C.)：310020
电话(Tel)：0571 - 86952593
传真(Fax)：0571 - 86980593
E-mail：hzdskj888@ 163. com
Http://www. adsonbbs. com
联系人(Contact Person)：卜炳绍
产品业务(Business)：热熔胶

浙江鑫松树脂有限公司杭州营销服务中心
Zhejiang Xinsong Resin Co., Ltd.
地址(Add)：浙江省杭州市文三路 498 号天苑花园 2 幢 13 楼 A 座
邮编(P. C.)：310000
电话(Tel)：0571 - 88075957
传真(Fax)：0571 - 88075466
E-mail：lanyonyang@ xinsong. com. cn
Http://www. xinsong. com. cn
联系人(Contact Person)：杨宁
产品业务(Business)：热熔胶用增粘树脂

杭州天创化学技术有限公司
Hangzhou Tianchuang Chemical Technology Co., Ltd.
地址(Add)：浙江省杭州市余杭工业二区圣地路 8 - 1 号
邮编(P. C.)：311121
电话(Tel)：0571 - 88620837
传真(Fax)：0571 - 88561542
E-mail：lsc@ tchx. com
Http://www. tchx. com
联系人(Contact Person)：李胜城
产品业务(Business)：热熔胶

兰溪市包润昌粘合剂有限公司
Lanxi Baorunchang Chemical Co., Ltd.
地址(Add)：浙江省兰溪市妇女埠化工园区 B 区
邮编(P. C.)：321100
电话(Tel)：0579 - 88293201
传真(Fax)：0579 - 88293285
E-mail：brc@ 163. com
Http://www. baorunchang. com
联系人(Contact Person)：包小燕
产品业务(Business)：粘合剂

富星和宝黏胶工业有限公司
Stanley Adhesive Industrial Co., Ltd.
地址(Add)：浙江省衢州市衢江区东边垅路 5 号
邮编(P. C.)：324000
电话(Tel)：0570 - 3886178
传真(Fax)：0570 - 3886278
E-mail：ydingguo@ 163. com
Http://fuxinghebao. 1688. com
法人代表(Chairman)：余定国
总经理(General Manager)：余定国
联系人(Contact Person)：余定国
产品业务(Business)：热熔胶

瑞安市联大热熔胶有限公司
Ruian Lianda Hot Melt Adhesive Co., Ltd.
地址(Add)：浙江省瑞安市汀田镇寨下工业区
邮编(P. C.)：325206
电话(Tel)：0577 - 65506788
传真(Fax)：0577 - 65508678
E-mail：liandajy@ 163. com
Http://www. liandajy. com
法人代表(Chairman)：林绍弟
联系人(Contact Person)：林绍弟
产品业务(Business)：热熔胶

福清南宝树脂有限公司
Fuqing Nanpao Resins Co., Ltd.
地址(Add)：福建省福清市阳下洪宽工业区
邮编(P. C.)：350323
电话(Tel)：0591－85291391
传真(Fax)：0591－85291570
E-mail：arongge@gmail.com
Http://www.nanpao.com
联系人(Contact Person)：许秋榕
产品业务(Business)：胶粘剂

长城崛起工贸发展公司
Greatwall Rise Industry Development Co., Ltd.
地址(Add)：福建省晋江市陈埭镇湖光路3号
邮编(P. C.)：362200
电话(Tel)：0595－82028599
传真(Fax)：0595－85185130
Http://www.ccjqgm.com
联系人(Contact Person)：黄长城
产品业务(Business)：热熔胶

晋江市联邦凯林贸易有限公司
Jinjiang Union Quickly Trading Co., Ltd.
地址(Add)：福建省晋江市陈埭镇中国鞋都A3－50
邮编(P. C.)：362200
电话(Tel)：0595－85181100
传真(Fax)：0595－85091100
E-mail：cnunb@qq.com
Http://www.cnunb.com.cn
法人代表(Chairman)：丁清通
总经理(General Manager)：丁清通
联系人(Contact Person)：林振希
产品业务(Business)：热熔胶

泉州市共赢进出口有限责任公司
Quanzhou Goooing Corporation
(详见流延膜及塑料母粒)

福建省晋江市群益塑胶开发有限公司
Fujian Qunyi Plastics Development Co., Ltd.
(详见打孔膜及打孔非织造布)

晋江市聚邦胶粘剂有限责任公司
Jinjiang Jubang Adhesive Co., Ltd.
地址(Add)：福建省晋江市西园街道赖厝工业区
邮编(P. C.)：362200
电话(Tel)：0595－82006677
传真(Fax)：0595－85613366
E-mail：jubang@jbrrj.com
Http://www.jbrrj.com
联系人(Contact Person)：施育献
产品业务(Business)：热熔胶

福建鸿鑫胶业有限公司
Fujian Hongxin Adhesive Industry Co., Ltd.
地址(Add)：福建省南安市滨江工业区127号
邮编(P. C.)：362300
电话(Tel)：0595－86286987
E-mail：fjhxhg@163.com
Http://www.qzhxjx.cn
联系人(Contact Person)：张生
产品业务(Business)：热熔胶

泉州通港贸易有限公司
Quanzhou Tonggang Trading Co., Ltd.
(详见绒毛浆)

泉州市东琅粘合技术有限公司
Quanzhou Donglang Adhesives Chemical Co., Ltd.
地址(Add)：福建省泉州市鲤城区常泰工业区80号
邮编(P. C.)：362000
E-mail：jxw_cool@126.com
Http://www.dladhesive.com
联系人(Contact Person)：吴永浩
产品业务(Business)：热熔胶

福建省昌德胶业科技有限公司
Fujian Chandor Adhesive Science & Technology Co., Ltd.
地址(Add)：福建省泉州市鲤城区浮桥高山工业区
邮编(P. C.)：362000
电话(Tel)：0595－22355888
传真(Fax)：0595－22478889
E-mail：changde@chang－de.com
Http://www.chang－de.com
法人代表(Chairman)：吴培煌
总经理(General Manager)：吴培煌
联系人(Contact Person)：樊莉
产品业务(Business)：热熔胶，硅胶，瞬干胶，厌氧胶，环氧胶，丙烯酸胶，UV胶

上海嘉好胶粘制品有限公司福建办事处
Shanghai Jaour Adhesive Products Co., Ltd. Fujian Office
地址(Add)：福建省泉州市鲤城区海丝景城18栋1303
邮编(P. C.)：362000
电话(Tel)：0595－82985115
传真(Fax)：0595－82985115
E-mail：sales.service@jaour.com
Http://www.jaour.com
联系人(Contact Person)：倪凯
产品业务(Business)：热熔胶

厦门祺星塑胶科技有限责任公司
Xiamen Cheshire Plastic Technology Co., Ltd.
地址(Add)：福建省厦门市湖里区东渡路258号银龙大厦16A
邮编(P. C.)：361013
电话(Tel)：0592－5618292
传真(Fax)：0592－5559346
E-mail：qixingsujiao@163.com
Http://www.qx－hotmelt.com
法人代表(Chairman)：黄员雄
总经理(General Manager)：林述和
联系人(Contact Person)：林述和
产品业务(Business)：热熔胶

厦门市宏德兴胶业有限公司
Xiamen Hongdexing Adhesive Co., Ltd.
地址(Add)：福建省厦门市园山南路209－211号
邮编(P. C.)：361000
电话(Tel)：0592－5510818

传真(Fax)：0592－5519017
E-mail：xhdx818@yahoo.com.cn
Http://www.hdxjy.com
联系人(Contact Person)：萧亚良
产品业务(Business)：热熔胶

江西福达香料化工有限公司
Jiangxi Fuda Perfume Chemical Co., Ltd.
地址(Add)：江西省吉安市吉水县城南工业区91号
邮编(P.C.)：331600
电话(Tel)：0796－3511555
传真(Fax)：0796－3511556
E-mail：luozhidan99999@sina.com
法人代表(Chairman)：刘玉宏
总经理(General Manager)：罗智丹
联系人(Contact Person)：万红亮
产品业务(Business)：热熔胶用增粘树脂

山东省博兴力高粘合剂有限公司
Lechel (Shandong) Adhesive Co., Ltd.
地址(Add)：山东省滨州市博兴县经济技术开发区G座
邮编(P.C.)：256500
电话(Tel)：0543－2127011
传真(Fax)：0543－2127011
E-mail：best.honghu@gmail.com
Http://www.sdlechel.com
联系人(Contact Person)：徐教群
产品业务(Business)：包装热熔胶，卫生用品热熔胶

山东博兴县富尔康粘合剂有限公司
Boxing Fuerkang Adhesive Co., Ltd.
地址(Add)：山东省博兴县经济开发区
邮编(P.C.)：256599
电话(Tel)：0543－2812137
传真(Fax)：0543－2812137
联系人(Contact Person)：刘振泉
产品业务(Business)：压敏热熔胶

山东省乐高胶粘材料有限公司
Shandong Lead Chemical Adhesive Co., Ltd.
地址(Add)：山东省单县经济技术开发区
邮编(P.C.)：274300
电话(Tel)：0530－4442212
传真(Fax)：0530－4441212
E-mail：best.honghu@gmail.com
Http://www.sdleadchem.com
联系人(Contact Person)：杨森
产品业务(Business)：热熔胶

山东圣光化工集团有限公司
Shandong Singal Chemical Industry Co., Ltd.
地址(Add)：山东省东营市广饶经济开发区圣光工业园
邮编(P.C.)：257300
电话(Tel)：0546－6920990
传真(Fax)：0546－6920990
E-mail：siqingfa@126.com
Http://www.chinasingal.com
联系人(Contact Person)：佀庆法
产品业务(Business)：热熔胶原料

上海和氏璧化工有限公司济南办事处
NCM Hersbit Chemical Co., Ltd.
(详见高吸收性树脂)

达利源卫生材料用品有限公司
Daliyuan Hygiene Material Products Co., Ltd.
(详见流延膜及塑料母粒)

红玫瑰卫生材料有限公司
Hongmeigui Sanitary Material Co., Ltd.
(详见绒毛浆)

荣嘉新材料科技(武汉)有限公司
Wuhan Roger New Material Co., Ltd.
地址(Add)：湖北省武汉市青年路153号嘉鑫大厦B座1104室
邮编(P.C.)：430015
电话(Tel)：027－83323213
传真(Fax)：027－83323203
E-mail：wanthonsam@163.com
Http://www.rongjiagd.com
联系人(Contact Person)：万诚
产品业务(Business)：热熔胶

汉高胶粘剂技术(广东)有限公司
Henkel Adhesives (Guangdong) Co., Ltd.
地址(Add)：广东省东莞市虎门镇南栅第五工业区
邮编(P.C.)：523932
电话(Tel)：0769－85563700
传真(Fax)：0769－85568030
联系人(Contact Person)：邱建林
产品业务(Business)：低温结构胶，定位胶，弹性线胶

东莞市成铭胶粘剂有限公司
Dongguan Co－mo Adhesives Co., Ltd.
地址(Add)：广东省东莞市石碣镇西南村七星塘
邮编(P.C.)：523300
电话(Tel)：0769－86319710
传真(Fax)：0769－86320242
E-mail：market@cheng－ming.com
Http://www.cheng－ming.com
法人代表(Chairman)：陈铭
总经理(General Manager)：陈铭
联系人(Contact Person)：王贤胜
产品业务(Business)：热熔胶，热熔压敏胶

佛山富立公司
Foshan Fuli Co., Ltd.
地址(Add)：广东省佛山市禅城区卫国路73号
邮编(P.C.)：528000
电话(Tel)：0757－83211267
传真(Fax)：0757－83331751
联系人(Contact Person)：邓绍雄
产品业务(Business)：水基胶粘剂

广东荣嘉化工科技有限公司
Guangdong Roger Chemical Co., Ltd.
地址(Add)：广东省佛山市南海区黄岐泌冲工业园
邮编(P.C.)：528248
电话(Tel)：0757－85915601
传真(Fax)：0757－85915615

E-mail：szh819@126.com
Http://www.rongjiagd.com
法人代表(Chairman)：万维克
总经理(General Manager)：万维克
联系人(Contact Person)：常永霞
产品业务(Business)：热熔胶，水性粘合剂，金属表面前处理剂

佛山市南海友晟粘合剂有限公司
Foshan Yosen Adhesives Co., Ltd.
地址(Add)：广东省佛山市南海区里水镇北沙伴仙岗工业区
邮编(P.C.)：528244
电话(Tel)：0757-85629536
传真(Fax)：0757-85629550
E-mail：451425862@qq.com
联系人(Contact Person)：宋海泉
产品业务(Business)：热熔胶

佛山市凯林精细化工有限公司
Foshan Kailin Fine Chemicals Co., Ltd.
地址(Add)：广东省佛山市南海区里水镇和顺和桂工业园一期和桂中路2号
邮编(P.C.)：528241
电话(Tel)：0757-85117211
传真(Fax)：0757-85117373
E-mail：zhangjinchina@126.com
联系人(Contact Person)：张瑾
产品业务(Business)：热熔胶

佛山欣涛新材料科技有限公司
Foshan Xintao New Materials S & T Co., Ltd.
地址(Add)：广东省佛山市三水工业区大塘园68-6号
邮编(P.C.)：528143
电话(Tel)：0757-87263909
传真(Fax)：0757-87263908
E-mail：xintaoban@sohu.com
Http://www.hnxintao.cn
联系人(Contact Person)：梁涛
产品业务(Business)：热熔胶

佛山南宝高盛高新材料有限公司
Foshan Nanpao New Material Co., Ltd.
地址(Add)：广东省佛山市三水区乐平镇科勒大道12号
邮编(P.C.)：528139
电话(Tel)：0757-87393046
传真(Fax)：0757-87393047
E-mail：zxymagic@163.com
Http://www.nanpao.com
法人代表(Chairman)：张国荣
总经理(General Manager)：洪仲原
联系人(Contact Person)：曾小义
产品业务(Business)：热熔胶

佛山市顺德区北滘森丰源纸品厂
Foshan Senfengyuan Paper Products Factory
(详见打孔膜及打孔非织造布)

佛山市顺德区宏金图贸易有限公司
Foshan Hongjintu Trade Co., Ltd.
(详见流延膜及塑料母粒)

广州德渊精细化工有限公司
Tex Year Fine Chemical (Guangzhou) Co., Ltd.
地址(Add)：广东省广州经济技术开发区永和经济区沧海二路6号
邮编(P.C.)：511365
电话(Tel)：020-322222288-234
传真(Fax)：020-32223780
E-mail：frankz@texyear.com
Http://www.texyear.com.cn
法人代表(Chairman)：萧锦聪
总经理(General Manager)：萧向志
联系人(Contact Person)：张继元
产品业务(Business)：热熔胶

广州旭川合成材料有限公司
Hetrun Chemical Co., Ltd.
地址(Add)：广东省广州市番禺区南村镇板桥西路20号大华产业园
邮编(P.C.)：511442
电话(Tel)：020-39116768
传真(Fax)：020-39111477
E-mail：yang@hetrun.com
Http://www.hetrun.com
法人代表(Chairman)：杨建群
总经理(General Manager)：杨建群
联系人(Contact Person)：杨洋
产品业务(Business)：水合胶，热熔胶

广州市番禺大兴热熔胶有限公司
Daxing Hotmelt Adhesive Co., Ltd.
地址(Add)：广东省广州市番禺区南村镇江南工业一区三横路5号
邮编(P.C.)：511442
电话(Tel)：020-61958728
传真(Fax)：020-61958738
E-mail：daxing1998@hotmail.com
总经理(General Manager)：李俊
联系人(Contact Person)：李俊
产品业务(Business)：热熔胶

广州正邦化工有限公司
Guangzhou Zhengbang Chemicals Co., Ltd.
地址(Add)：广东省广州市经济技术开发区锦秀路明华三街1号振兴工业大厦六楼之一
邮编(P.C.)：510730
电话(Tel)：020-82068366
传真(Fax)：020-82210626
E-mail：sales@gzthebond.com
Http://www.gzthebond.com
联系人(Contact Person)：何显太
产品业务(Business)：热熔胶

富乐(中国)粘合剂有限公司
H. B. Fuller (China) Adhesives Ltd.
地址(Add)：广东省广州市经济技术开发区锦绣南路碧华街10号
邮编(P.C.)：510730
电话(Tel)：020-32106288
传真(Fax)：020-82209076
E-mail：dennis.cai@hbfuller.com
Http://www.hbfuller.com

法人代表(Chairman)：杨以琨
联系人(Contact Person)：蔡章生
产品业务(Business)：背胶、结构胶和两用胶，橡筋胶，纸盒胶，卫生纸品胶，粘合剂

波士胶芬得利(中国)粘合剂有限公司
Bostik Findley China Co., Ltd.
地址(Add)：广东省广州市经济技术开发区永和区新庄二路75号
邮编(P. C.)：511356
电话(Tel)：020－32226245
传真(Fax)：020－32226172
E-mail：daisy. chen@ bostik. com
Http://www. bostik. com. cn
法人代表(Chairman)：Wasyl, Boledziuk
总经理(General Manager)：陈曙光
联系人(Contact Person)：陈启红
产品业务(Business)：热熔胶，水基胶，溶剂胶，PU 胶

广州市科邦达塑胶有限公司
Kebangda Guangzhou Plastic Products Co., Ltd.
地址(Add)：广东省广州市荔湾区芳村中南街海龙路36号
邮编(P. C.)：510388
电话(Tel)：020－81532873
传真(Fax)：020－81532873
总经理(General Manager)：黄小珍
产品业务(Business)：热熔胶

广州市华驰化工有限公司
Guangzhou Huachi Chemical Co., Ltd.
(详见包装及印刷)

广州市珅亚贸易有限公司
Guangzhou Shina Trading Co., Ltd.
地址(Add)：广东省广州市天河北路233号中信广场2209室
邮编(P. C.)：510613
电话(Tel)：020－38770047－801
传真(Fax)：020－38773453
E-mail：chung@ gzshina. com
联系人(Contact Person)：方艺仙
产品业务(Business)：石油树脂

广东聚胶粘合剂有限公司
Guangdong Focus Hotmelt Co., Ltd.
地址(Add)：广东省广州市增城经济技术开发区荔新大道中
邮编(P. C.)：511335
电话(Tel)：020－82469198
传真(Fax)：020－82469698
联系人(Contact Person)：逄万有
产品业务(Business)：热熔胶

惠州市能辉化工有限公司
Huizhou Nenghui Chemical Co., Ltd.
地址(Add)：广东省惠州市博罗县石湾镇源头李屋工业区
邮编(P. C.)：510127
电话(Tel)：0752－6769918
传真(Fax)：0752－6616001
E-mail：jy@ nenghui. nte
Http://www. nenghui. net
联系人(Contact Person)：江勇
产品业务(Business)：粘合剂

深圳市同德热熔胶制品有限公司
Shenzhen Tongde Hot Melt Adhesive Products Co., Ltd.
地址(Add)：广东省深圳市龙岗区龙西社区楼吓村富民路90号
邮编(P. C.)：518116
电话(Tel)：0755－28123169－821
传真(Fax)：0755－29525301
E-mail：ihr760119@ 163. com
Http://www. tong－de. cn
联系人(Contact Person)：陆海仍
产品业务(Business)：热熔胶

深圳市深恒进实业有限公司热熔胶部
Shenzhen Shenhengjin Industrial Co., Ltd. Hot Melt Adhesive Department
地址(Add)：广东省深圳市龙岗区南联第五工业区
邮编(P. C.)：518116
电话(Tel)：0755－89759161
传真(Fax)：0755－28616431
E-mail：hujinpeng889@ 163. com
法人代表(Chairman)：陈国村
总经理(General Manager)：陈国村
联系人(Contact Person)：胡金鹏
产品业务(Business)：热熔胶

中山市东朋化工有限公司
Zhongshan Dongpeng Chemical Co., Ltd.
(详见包装及印刷)

金诚胶业
Jincheng Glue
地址(Add)：广东省中山市东升镇坦背105国道边(汽配市场对面)
邮编(P. C.)：528414
电话(Tel)：0760－22220066－808
传真(Fax)：0760－22823599
E-mail：sales@ bondli. cn
总经理(General Manager)：赵晓云
联系人(Contact Person)：赵晓云
产品业务(Business)：粘合剂

中山诚泰化工科技有限公司
Cherng Tay Technology Co., Ltd.
地址(Add)：广东省中山市三角镇金三大道东12号
邮编(P. C.)：528445
电话(Tel)：0760－85541516
传真(Fax)：0760－85541515
E-mail：cschetay@ mail. chetay. com. cn
Http://www. chetay. com. tw
法人代表(Chairman)：王胜义
总经理(General Manager)：赖清渠
联系人(Contact Person)：伍光隆
产品业务(Business)：热熔胶

珠海市联合托普粘合剂有限公司
Zhuhai United Top Adhesives Co., Ltd.
地址(Add)：广东省珠海市联港工业区双林片区虹晖五路

8号
邮编(P. C.): 519045
电话(Tel): 0756-3982860
传真(Fax): 0756-3982865
E-mail: standfist@163.com
Http://www.zhtop.cn
联系人(Contact Person): 黄应敏
产品业务(Business): 热熔胶

海南欣涛实业有限公司
Hainan Xintao Industrial Co., Ltd.
地址(Add): 海南省海口市海秀路凤凰新村凤天阁B-602
邮编(P. C.): 570125
电话(Tel): 0898-66795283
传真(Fax): 0898-66595100
E-mail: 962771030@qq.com
总经理(General Manager): 郑昭
联系人(Contact Person): 李玮
产品业务(Business): 热熔胶

● 胶带、胶贴、魔术贴、标签 Adhesive tape, adhesive label, magic tape, label

邦泰远东股份有限公司
Bondtec Pacific Co., Ltd.
地址(Add): 22180台湾省台北县汐止市大湖科学园区康宁街169巷31号10F之1
电话(Tel): 886-2-26921478
传真(Fax): 886-2-26921399
E-mail: nancyl@bondtec-tape.com
Http://www.bondtec-tape.com
联系人(Contact Person): 林嫈洁
产品业务(Business): 纸尿裤用胶带

3M Personal Care & Related Products Division
美国3M公司
地址(Add): 3M Center, St. Paul, MN2350 Minnehana Ave, MN 55119-1000 U. S. A.
Http://www.mmm.com
产品业务(Business): 纸尿裤胶带, 魔术扣, 弹性腰围, 卫生巾封口胶带

Nitto Bento Bantcilik A. S.
地址(Add): Akcaburgaz Mah. 101. Sokak No. 9 34510 Esenyurt/Istanbul
电话(Tel): +00902128869040
传真(Fax): +00902128869048
E-mail: sinan_aygun@nittoeur.com
联系人(Contact Person): Export Representative
产品业务(Business): 胶带, 热熔胶

六和化工股份有限公司
Union Chemical Ind. Co., Ltd.
地址(Add): 台湾省104台北市中山区德惠街9号6楼
电话(Tel): 886-2-25954321
传真(Fax): 886-2-25959698
E-mail: uci57442@ms9.hinet.net
Http://www.unionchemical.com.tw
法人代表(Chairman): 李世文
总经理(General Manager): 李得义
产品业务(Business): 快易胶带, 纸尿裤胶带, 左右侧贴

台湾百和工业股份有限公司
Taiwan Paiho Limited
地址(Add): 台湾彰化县和美镇和港路575号
电话(Tel): 886-4-7565307
传真(Fax): 886-4-7565787
Http://www.paiho.com
联系人(Contact Person): 张展禄
产品业务(Business): 粘扣带, 商标

绿云实业有限公司
Green Cloud Industrial Co., Ltd.
地址(Add): 香港九龙尖沙咀梳士巴厘道3号星光行1219室
电话(Tel): 852-23800212
传真(Fax): 852-23800261
E-mail: greenclouds.hk@greenclouds.cn
联系人(Contact Person): 刘丽嫦
产品业务(Business): 纸尿裤腰贴

艾利丹尼森(香港)有限公司
Avery Dennison Hong Kong Ltd.
地址(Add): 香港新界沙田火炭山尾街18-24号沙田商业中心9字楼908-912A室
电话(Tel): 852-25559446
传真(Fax): 852-22606503
E-mail: barry.wong@ap.averydennison.com
联系人(Contact Person): 黄富谦
产品业务(Business): 胶带

北京英格条码技术发展有限公司
Beijing Eagles Bar Code Technology Development Co., Ltd.
地址(Add): 北京市昌平区北七家镇宏翔鸿企业孵化基地
邮编(P. C.): 102209
电话(Tel): 010-81761166
传真(Fax): 010-81765639
E-mail: eagles02@bj-eagles.com
Http://www.bj-eagles.com
联系人(Contact Person): 李爱玲
产品业务(Business): 不干胶标签

北京凯迅惠商防伪技术有限责任公司
Beijing Kaixunhuishang Anti-counterfeiting Technology Co., Ltd.
地址(Add): 北京市朝阳区北三环东路18号中国计量科学院四号楼二层
邮编(P. C.): 100013
电话(Tel): 010-64209511
传真(Fax): 010-64209510
E-mail: 405556871@qq.com
Http://www.12365kxfw.com
联系人(Contact Person): 陈静
产品业务(Business): 防伪标识, 防伪标签

天津爱德威胶粘纸业有限公司
Tianjin Aidewei Sticky Paper Co., Ltd.
地址(Add): 天津市北辰区铁东路勤俭工业区2支路12号

邮编(P. C.): 300402
电话(Tel): 022 - 26306155
传真(Fax): 022 - 26303715
E-mail: 2008aide@ 163. com
法人代表(Chairman): 孙黎欣
总经理(General Manager): 孙黎欣
联系人(Contact Person): 于良兴
产品业务(Business): 快易贴

天津市丹青纸塑科工贸有限公司
Tianjin Danqing Paper-plastics Industry and Trading Co., Ltd.
地址(Add): 天津市东丽区妖6桥金桥工业园海通宝物流
邮编(P. C.): 300163
电话(Tel): 022 - 24786363
传真(Fax): 022 - 24786362
E-mail: danqingplpe@ 163. com
法人代表(Chairman): 颜景松
总经理(General Manager): 颜景松
联系人(Contact Person): 王燕銮
产品业务(Business): 不干胶, 离型纸

天津市安德印刷有限公司
Tianjin Ande Printing Co., Ltd.
地址(Add): 天津市津南区八里台镇开发区
邮编(P. C.): 300381
电话(Tel): 022 - 58088090
传真(Fax): 022 - 58088086
E-mail: james. lee@ tjadnd. com
Http://www. tjadnd. com
法人代表(Chairman): 李智君
总经理(General Manager): 贾冬
联系人(Contact Person): 贾冬
产品业务(Business): 湿巾封口标签

天津雅唯印刷有限公司
Tianjin Ande Printing Co., Ltd.
地址(Add): 天津市津南区辛庄白糖口双鑫工业园
邮编(P. C.): 300000
电话(Tel): 022 - 60878578
传真(Fax): 022 - 60878579
E-mail: james. lee@ ap - tj. com
法人代表(Chairman): 李剑
总经理(General Manager): 李剑
联系人(Contact Person): 李剑
产品业务(Business): 标签贴、不干胶

凯斯特(天津)胶粘材料有限公司
Koester Asia Pacific Co., Ltd.
地址(Add): 天津市经济技术开发区睦宁路231号
邮编(P. C.): 300457
电话(Tel): 022 - 25328808 - 834
传真(Fax): 022 - 66237066
E-mail: heidi. liu@ koester - asia. com. cn
Http://www. koester. de
联系人(Contact Person): 刘丽
产品业务(Business): 胶带, 腰贴

天津市臣功印刷有限公司
Tianjin Chengong Printing Co., Ltd.
地址(Add): 天津市南开区长江道73号
邮编(P. C.): 300110
电话(Tel): 022 - 27691250
E-mail: lmpaper@ 163. com
法人代表(Chairman): 崔金祥
总经理(General Manager): 崔金祥
联系人(Contact Person): 崔金祥
产品业务(Business): 不干胶

河北隆福川包装印刷有限公司
Hebei Longfuchuan Packaging Printing Co., Ltd.
(详见包装及印刷)

沧州宏伟商标印刷有限公司
Cangzhou Hongwei Trademark Printing Co., Ltd.
地址(Add): 河北省沧州市薛官屯乡李龙屯
邮编(P. C.): 061022
电话(Tel): 0317 - 4888534
传真(Fax): 0317 - 5529320
E-mail: 540496883@ qq. com
Http://www. hongweiys. com
总经理(General Manager): 陈增义
联系人(Contact Person): 陈增义
产品业务(Business): 不干胶标签

大连远通机械制造有限公司
Dalian Yuantong Industry & Trade Co., Ltd.
地址(Add): 辽宁省大连市经济技术开发区哈尔滨路32号
邮编(P. C.): 116600
电话(Tel): 0411 - 66775066
传真(Fax): 0411 - 66775000
E-mail: zhangpenghong_ zph@ 126. com
Http://www. dlyuantong. com
总经理(General Manager): 张鹏宏
产品业务(Business): 拉伸膜, 胶带

上海雷柏印刷有限公司
Rapoo Printing Co., Ltd.
地址(Add): 上海市宝山区大康路229号A1幢
邮编(P. C.): 200443
电话(Tel): 021 - 56479066
传真(Fax): 021 - 56437770
E-mail: sctjh888@ sina. com
法人代表(Chairman): 陈丽萍
联系人(Contact Person): 谭久宏
产品业务(Business): 不干胶标签

上海正扬实业有限公司
Shanghai Zhengyang Industrial Co., Ltd.
地址(Add): 上海市宝山区共康路721号
邮编(P. C.): 200443
电话(Tel): 021 - 66244627
传真(Fax): 021 - 56401567
E-mail: hqzcc@ sohu. com
法人代表(Chairman): 陈悬弦
总经理(General Manager): 韦艳
联系人(Contact Person): 韦艳
产品业务(Business): 双面胶带, 快易胶带, 含高吸收性树脂吸水纸, 含高吸收性树脂干法纸

上海任翔实业发展有限公司
Shanghai Renxiang Industry Development Co., Ltd.
地址(Add)：上海市虹梅南路3135弄51号厂房5号房
邮编(P. C.)：201108
电话(Tel)：021－54149166－222
传真(Fax)：021－54149099
E-mail：zlo2@shrx.com
Http://www.shrx.com
联系人(Contact Person)：周小芳
产品业务(Business)：经销3M胶带，K－C擦拭用品

上海沛龙特种胶粘材料有限公司
Shanghai Peilong Special Adhesive Materials Co., Ltd.
地址(Add)：上海市静安区愚园路168号环球世界大厦B座1101室
邮编(P. C.)：200040
电话(Tel)：021－62480757
传真(Fax)：021－62480840
E-mail：peilong@263.net
法人代表(Chairman)：魏星
总经理(General Manager)：魏星
联系人(Contact Person)：童晓莺
产品业务(Business)：快易封口胶带，热熔胶包装膜，传导层(ADL)，接料胶带

上海缘源包装印刷有限公司
Shanghai Yuanyuan Packing & Printing Co., Ltd.
地址(Add)：上海市闵行区双柏路955号
邮编(P. C.)：201108
电话(Tel)：021－54633778
传真(Fax)：021－64974039
E-mail：yuan1913@126.com
Http://www.sh－yuanyuan.com
总经理(General Manager)：徐伟
联系人(Contact Person)：陈新
产品业务(Business)：不干胶标签

上海紫泉标签有限公司
Shanghai Ziquan Label Co., Ltd.
(详见包装及印刷)

上海华舟压敏胶制品有限公司
Shanghai Huazhou PSA Products Co., Ltd.
地址(Add)：上海市浦东新区川沙新镇华洲路2858号
邮编(P. C.)：201202
电话(Tel)：021－58933064
传真(Fax)：021－38930086
E-mail：emilyshen@hzpsa.com
Http://www.hzpsa.com
法人代表(Chairman)：崔汉生
总经理(General Manager)：崔汉生
联系人(Contact Person)：沈翊
产品业务(Business)：医用胶带，医用创口贴，医用敷料贴，输液贴，快易胶贴

上海锐利贸易有限公司
Shanghai Ruili Trade Co., Ltd.
地址(Add)：上海市浦东新区金桥镇佳林路62号
邮编(P. C.)：201206
电话(Tel)：021－55231080
传真(Fax)：021－55231083
E-mail：rfsm@rfsm.com.cn
联系人(Contact Person)：许文畔
产品业务(Business)：经销胶带，腰贴，水刺纯棉非织造布，设备配件，生活用纸

雅柏利(上海)粘扣带有限公司
Aplix (Shanghai) Fasteners Co., Ltd.
地址(Add)：上海市青浦工业园区新丹路288号
邮编(P. C.)：201706
电话(Tel)：021－59867610
传真(Fax)：021－59867612
E-mail：lawrence.cai@aplix－hk.com
Http://www.aplix.com
法人代表(Chairman)：林国光
总经理(General Manager)：沈诚德
联系人(Contact Person)：蔡剑仑
产品业务(Business)：魔术贴，魔术钩，弹性材料

上海明利包装印刷有限公司
Shanghai Mingli Packaging & Printing Co., Ltd.
地址(Add)：上海市青浦区白鹤镇鹤民路500号9栋
邮编(P. C.)：201709
电话(Tel)：021－39299800－231
传真(Fax)：021－39299899
E-mail：shmlwangfei@126.com
Http://www.shmingli.com.cn
总经理(General Manager)：钱雪彬
联系人(Contact Person)：王飞
产品业务(Business)：不干胶商标，卫生用品商标印刷

斯别特印务(上海)有限公司
Spectrum Print (Shanghai) Co., Ltd.
地址(Add)：上海市青浦区华新镇华徐公路3118号
邮编(P. C.)：201708
电话(Tel)：021－69781611
传真(Fax)：021－69781612
E-mail：sanekk2000@hotmail.com
总经理(General Manager)：赵忠达
产品业务(Business)：标签

上海携辉实业有限公司
Shanghai Xiehui Co., Ltd.
地址(Add)：上海市松江区长谷路95号
邮编(P. C.)：201600
电话(Tel)：021－60515568
传真(Fax)：021－57852007
E-mail：hxj854@163.com
Http://www.xiehuiinc.com
联系人(Contact Person)：何利军
产品业务(Business)：手帕纸/湿巾标签，卷膜，湿巾包装袋

上海加勒环保包装材料有限公司
Shanghai Caleb Environmental Packing Materials Co., Ltd.
地址(Add)：上海市松江区九亭镇九新公路456号
邮编(P. C.)：201615
电话(Tel)：021－57855585
传真(Fax)：021－57852007
E-mail：achcaleb@126.com
法人代表(Chairman)：王道义

总经理(General Manager): 王道义
联系人(Contact Person): 王启源
产品业务(Business): 标签

上海倚灵塑胶科技有限公司
Shanghai Yiling Plastic Technology Co., Ltd.
地址(Add): 上海市松江区泗泾镇九干路243弄100号
邮编(P. C.): 201601
电话(Tel): 021-67660611
传真(Fax): 021-57639209
E-mail: wdx-2010@163. com
联系人(Contact Person): 王道晓
产品业务(Business): 卫生巾胶带, 手帕纸封口贴, 手提胶带

3M中国有限公司
3M China Ltd.
地址(Add): 上海市田林路222号
邮编(P. C.): 200233
电话(Tel): 021-22105335-5084
传真(Fax): 021-22105037
E-mail: ggan@mmm. com
Http://www. 3m. com. cn
法人代表(Chairman): 余俊雄
总经理(General Manager): 余俊雄
联系人(Contact Person): 甘霖
产品业务(Business): 胶带, 胶贴, 魔术贴, 标签

上海欣航实业有限公司
Shanghai Xinhang Industry Co., Ltd.
(详见弹性非织造布材料松紧带)

上海同欣生物科技有限公司
Shanghai T-shine Bio-Tech Co., Ltd.
(详见弹性非织造布材料松紧带)

上海亿龙涂布有限公司
Shanghai E & L Coating Co., Ltd.
地址(Add): 上海市外高桥保税区富特北路217号3层
邮编(P. C.): 200131
电话(Tel): 021-58661739
传真(Fax): 021-58662425
E-mail: el2002@263. net
法人代表(Chairman): 应曾楚
总经理(General Manager): 沈富财
联系人(Contact Person): 沈富财
产品业务(Business): 胶带

艾利(昆山)有限公司上海分公司
Avery Dennison Kunshan Co., Ltd. Shanghai Branch
地址(Add): 上海市徐汇区虹梅路1801号新业园宏业大厦5楼
邮编(P. C.): 200233
电话(Tel): 021-33951704
传真(Fax): 021-33951723
E-mail: steve. xie@ap. averydennison. com
联系人(Contact Person): 谢亚鹏
产品业务(Business): 胶带

上海奕嘉恒包装材料有限公司
Shanghai Yijiaheng Packaging Material Co., Ltd.
地址(Add): 上海市闸北区俞泾港路11号911室
邮编(P. C.): 200070
电话(Tel): 021-36080571
传真(Fax): 021-54131009
E-mail: yijiaheng2010@163. com
总经理(General Manager): 李圣放
联系人(Contact Person): 金孟党
产品业务(Business): 胶带, 胶贴, 魔术贴, 标签

上海裕闵国际贸易有限公司
Rich International Co., Ltd.
地址(Add): 上海市闸北区俞泾港路11号911室
邮编(P. C.): 200070
电话(Tel): 021-64127007-803
传真(Fax): 021-54135676-806
E-mail: joytape2007@163. com
法人代表(Chairman): 黎杰
总经理(General Manager): 黎杰
联系人(Contact Person): 于秀妹
产品业务(Business): 胶带, 胶贴, 魔术贴, 标签

苏州婴爱宝胶粘材料科技有限公司
Suzhou Enable Adhesive Material Technology Co., Ltd.
地址(Add): 江苏省常熟市棉花原种场(海虞镇福山农场)海虹路8号
邮编(P. C.): 215501
电话(Tel): 0512-52176118
传真(Fax): 0512-52623527
E-mail: hailang_huang@163. com
Http://www. enable-cn. com
法人代表(Chairman): 冯雪舜
总经理(General Manager): 王春
联系人(Contact Person): 黄海浪
产品业务(Business): 侧腰贴, 左右贴, 魔术贴

艾利(昆山)有限公司
Avery Dennison Kunshan Co., Ltd.
地址(Add): 江苏省昆山市经济技术开发区南河路618号
邮编(P. C.): 215335
电话(Tel): 0512-57155064
传真(Fax): 0512-57155059
E-mail: luo. yi@ap. averydennison. com
Http://www. stap. averydennison. com
联系人(Contact Person): 骆毅
产品业务(Business): 胶带

南京格润标签印刷有限公司
Nanjing Green Lable Printing Co., Ltd.
地址(Add): 江苏省南京市江宁开发区清水亭西路9号
邮编(P. C.): 210000
电话(Tel): 025-52729058
传真(Fax): 025-52729052
E-mail: greenlabel@126. com
法人代表(Chairman): 杨兴跃
总经理(General Manager): 杨兴跃
联系人(Contact Person): 杨兴跃
产品业务(Business): 湿巾封口用可移除标签

苏州市星辰科技有限公司南京办事处
Suzhou Stars Technology Co., Ltd. (Nanjing Office)
(详见离型纸、离型膜)

宾德粘扣带有限公司中国联络处
Gottlieb Binder GmbH & Co. KG
地址(Add): 江苏省南京市梅园新村大悲巷7-3号
邮编(P. C.): 210018
电话(Tel): 025-84729068-835
传真(Fax): 025-84725149
E-mail: xf. shi@ bw-i. cn
Http://www. binder. de
联系人(Contact Person): 史旭峰
产品业务(Business): 魔术钩, 蘑菇头扣件

盐城天顺胶粘剂有限公司
Yancheng Tianshun Adhesive Co., Ltd.
(详见热熔胶)

杭州三信织造有限公司(江苏)
Hangzhou Sanxin Weaving Co., Ltd.
地址(Add): 江苏省镇江市丁卯开发区四季经典7-101
邮编(P. C.): 212009
电话(Tel): 0511-88893477
传真(Fax): 0511-88895477
E-mail: fktaotao@ 126. com
Http://www. cn3x. cn
联系人(Contact Person): 方凯
产品业务(Business): 粘扣带

温州市宏科印业有限公司
Wenzhou Hongke Printing Co., Ltd.
地址(Add): 浙江省苍南县龙港镇金国工业园4号楼111、113号
邮编(P. C.): 325800
电话(Tel): 0577-68008886
传真(Fax): 0577-26867711
E-mail: 49315132@ qq. com
联系人(Contact Person): 陈德魁
产品业务(Business): 标签, 包装袋

苍南县万泰印业有限公司
Cangnan Wantai Printing Co., Ltd.
(详见包装及印刷)

温州新美印业有限公司
Wenzhou Xinmei Printing Co., Ltd.
地址(Add): 浙江省苍南县龙港镇小包装工业园区4幢3号
邮编(P. C.): 325800
电话(Tel): 0577-68685977
传真(Fax): 0577-68683773
E-mail: xm@ wzxmyy. com
Http://www. wzxmyy. com
总经理(General Manager): 陈敬朗
产品业务(Business): 不干胶标签, 纸盒

浙江省苍南县春园彩印厂
Zhejiang Cangnan Chunyuan Colour Printing Factory
地址(Add): 浙江省苍南县钱库工业园区朝华路34号
邮编(P. C.): 325804
电话(Tel): 0577-64495888
传真(Fax): 0577-64499688
总经理(General Manager): 金理锋
联系人(Contact Person): 陈德魁
产品业务(Business): 手帕纸/湿巾开口标贴

温州市华东印业有限公司
Wenzhou Huadong Print Co., Ltd.
(详见包装及印刷)

杭州新兴纸业有限公司
Hongzhou Xinxing Paper Industry Co., Ltd.
地址(Add): 浙江省富阳市大源镇新关村
邮编(P. C.): 311414
电话(Tel): 0571-58836108
传真(Fax): 0571-63543147
E-mail: xinxing@ fy. hz. zj. cn
Http://www. xinxing. cc
法人代表(Chairman): 李建明
总经理(General Manager): 李建明
联系人(Contact Person): 李文凯
产品业务(Business): 胶带原纸, 水刺非织造布

杭州特康实业有限公司
Hangzhou Tekang Industry Co., Ltd.
(详见弹性非织造布材料松紧带)

金华市海洋包装有限公司
Jinhua Seapack Co., Ltd.
地址(Add): 浙江省金华市金东经济开发区西港街88号
邮编(P. C.): 321000
电话(Tel): 0579-82165555
传真(Fax): 0579-82983566
E-mail: sea@ seapacking. com
Http://www. seapacking. com
联系人(Contact Person): 洪振秀
产品业务(Business): 手帕纸开口标签, 湿巾/卫生巾易拉贴, 包装袋

宁波明和特种印刷有限公司
Ningbo Minghe Special Printing Co., Ltd.
地址(Add): 浙江省宁波市小港纬三路85号
邮编(P. C.): 315803
电话(Tel): 0574-55223668
传真(Fax): 0574-55223668
E-mail: minehe2008@ 163. com
联系人(Contact Person): 张立武
产品业务(Business): 不干胶标签

温州而立包装制品有限公司
Wenzhou Erli Packing Proudct Co., Ltd.
地址(Add): 浙江省温州市苍南县龙港镇龙金大道888号2幢
邮编(P. C.): 325802
电话(Tel): 0577-68681212
传真(Fax): 0577-68681211
E-mail: cnzhenhua@ 163. com
联系人(Contact Person): 金仁醒
产品业务(Business): 不干胶标签, 封口贴, 手提胶带

苍南县中彩卷筒彩印厂
Cangnan Zhongcai Color Printing Factory
地址(Add)：浙江省温州市苍南县龙港镇龙翔路295号A幢
邮编(P. C.)：325802
电话(Tel)：0577-26826700
传真(Fax)：0577-64277788
E-mail：250225076@qq.com
联系人(Contact Person)：董国旭
产品业务(Business)：湿巾乳白标/透明标

苍南县三泰纸塑制品厂
Cangnan Santai Paper Plastic Products Factory
地址(Add)：浙江省温州市苍南县龙洪镇蔡家街378号
邮编(P. C.)：325802
电话(Tel)：0577-64268232
传真(Fax)：0577-64268232
E-mail：851188284@qq.com
联系人(Contact Person)：黄立鸿
产品业务(Business)：空白标签，印刷包装制品

温州市宝驰印业有限公司
Wenzhou Baochi Printing Co., Ltd.
地址(Add)：浙江省温州市苍南县钱库镇龙亭西路368号
邮编(P. C.)：325804
电话(Tel)：0577-26888182
传真(Fax)：0577-59967389
E-mail：chenminlv@163.com
联系人(Contact Person)：陈民吕
产品业务(Business)：不干胶商标，湿巾启封贴，防伪商标，卷筒商标

浙江博艺印业有限公司
Zhejiang Boyi Printing Co., Ltd.
地址(Add)：浙江省温州市龙港大桥工业区编织二街3号
邮编(P. C.)：325802
电话(Tel)：0577-68660999
传真(Fax)：0577-68600889
E-mail：zjcncsw@163.com
联系人(Contact Person)：李上照
产品业务(Business)：不干胶商标

苍南金穗工艺品有限公司
Cangnan Jinsui Printing Handicraft Co., Ltd.
地址(Add)：浙江省温州市龙港镇塘洪路255-259号
邮编(P. C.)：325000
电话(Tel)：0577-26800786
传真(Fax)：0577-64289661
E-mail：info@cnjinsui.com
Http://www.cnjinsui.com
联系人(Contact Person)：李细巧
产品业务(Business)：纸尿裤左右贴，前腰贴

浙江天霸印业有限公司
Zhejiang Tianba Printing Co., Ltd.
地址(Add)：浙江省温州市龙港镇西城路15-21号
邮编(P. C.)：325802
电话(Tel)：0577-64221111
传真(Fax)：0577-64222618
总经理(General Manager)：朱银浦
产品业务(Business)：不干胶标签

温州市瓯海合利塑纸厂
Wenzhou Heli Plastic & Paper Factory
(详见打孔膜及打孔非织造布)

温州市特康弹力科技有限公司
Wenzhou Tekang Elasticity Technology Co., Ltd.
地址(Add)：浙江省温州市仰义乡渔渡工业区
邮编(P. C.)：325000
电话(Tel)：0571-86982803
传真(Fax)：0571-86983387
E-mail：tekang_tangqihua@163.com
Http://www.tekangtech.cocm
法人代表(Chairman)：杨毅
总经理(General Manager)：杨毅
联系人(Contact Person)：汤其华
产品业务(Business)：弹性腰围，弹力侧腰贴，左右贴

安徽嘉美包装有限公司
Anhui Jiamei Package Industry Co., Ltd.
(详见包装及印刷)

裕丰源(福建)实业发展有限公司
Yufengyuan (Fujian) Industrial Development Co., Ltd.
地址(Add)：福建省长乐市航空港工业区(文岭片段)
邮编(P. C.)：350211
电话(Tel)：0591-28289666
传真(Fax)：0591-28289006
E-mail：sales@yfytex.com
Http://www.yfytex.com
总经理(General Manager)：林宜情
联系人(Contact Person)：林宜纯
产品业务(Business)：魔术贴，左右贴

永裕针纺(福建)有限公司
Yongyu Knitting (Fujian) Co., Ltd.
地址(Add)：福建省长乐市金峰镇凤洋村港口工业区388号
邮编(P. C.)：350211
电话(Tel)：0591-28552588
传真(Fax)：0591-28563288
联系人(Contact Person)：周为庆
产品业务(Business)：前腰贴，侧腰贴，魔术扣

福建沃邦针织有限公司
Fujian Wobon Knitting Co., Ltd.
地址(Add)：福建省长乐市金峰镇华阳工业区
邮编(P. C.)：350200
传真(Fax)：0591-28637753
E-mail：fjwobon@163.com
Http://www.wobon.com.cn
联系人(Contact Person)：陈庆集
产品业务(Business)：魔术贴，前腰贴

东绿(晋江)胶粘制品有限公司
Donglv (Jinjiang) Adhesive Products Co., Ltd.
地址(Add)：福建省晋江市灵源五里工业区金宝利旁
邮编(P. C.)：362263
电话(Tel)：0595-82906765
传真(Fax)：0595-88167239
E-mail：13774893481@139.com
联系人(Contact Person)：卢东洋

产品业务(Business)：纸尿裤用前胶贴，魔术贴，前腰贴

晋江市瑞德胶粘制品有限公司
Jinjiang Ruide Adhesive Product Co., Ltd.
地址(Add)：福建省晋江市梅岭工业区
邮编(P. C.)：362200
电话(Tel)：0595 - 85611199
传真(Fax)：0595 - 85651199
E-mail：22210333@ qq. com
联系人(Contact Person)：庄少辉
产品业务(Business)：魔术贴

晋江明强彩印有限公司
Jinjiang Mingqiang Color Printing Co., Ltd.
(详见包装及印刷)

恒达信胶粘制品有限公司
Hengdaxin Glue Products Co., Ltd.
地址(Add)：福建省晋江市新店顶街北路 152 号
邮编(P. C.)：362212
电话(Tel)：0595 - 85994678
传真(Fax)：0595 - 85990229
E-mail：jjhengda@ gmail. com
法人代表(Chairman)：李永通
总经理(General Manager)：李永通
联系人(Contact Person)：李永通
产品业务(Business)：卫生巾用快易贴，纸尿裤左右贴

莆田市泰迪工贸有限公司
Putian Taidi Industry and Trade Co., Ltd.
地址(Add)：福建省莆田市华林工业区
邮编(P. C.)：351100
传真(Fax)：0594 - 2987855
E-mail：scxz2003@ yahoo. com. cn
联系人(Contact Person)：张立
产品业务(Business)：婴儿成长训练裤/拉拉裤弹性腰围，S 切弹力布，前后隔漏布

泉州恒友胶粘制品有限公司
Quanzhou Hengyou Adhesives Co., Ltd.
地址(Add)：福建省泉州晋江市五里工业区灵石路
邮编(P. C.)：362200
电话(Tel)：0595 - 85576760
传真(Fax)：0595 - 85576760
E-mail：45781042@ qq. com
联系人(Contact Person)：吴健征
产品业务(Business)：前腰贴，魔术贴，左右贴，魔术扣

南安市乔东复合制品厂
Nanan Qiaodong Paper Co., Ltd.
(详见湿强纸和复合吸水纸)

泉州新威达粘胶制品有限公司
Quanzhou Xinweida Adhesive Products Co., Ltd.
地址(Add)：福建省泉州市鲤城区高新技术产业园金太阳后 7 号
邮编(P. C.)：362000
电话(Tel)：0595 - 28100599
传真(Fax)：0595 - 28100699
总经理(General Manager)：陈雄辉
联系人(Contact Person)：白海龙
产品业务(Business)：前腰贴，魔术贴，快易贴

厦门高发工贸有限公司
Xiamen Gaofa Industrial & Trade Co., Ltd.
地址(Add)：福建省厦门市湖里区殿前六路 299 号
邮编(P. C.)：361006
电话(Tel)：0592 - 5602152
传真(Fax)：0592 - 5602177
E-mail：llm9291@ 163. com
Http://www. gaofatape. cn
联系人(Contact Person)：刘铃美
产品业务(Business)：不干胶标签，拉伸膜，包装袋

厦门福雅工贸有限公司
Xiamen Fuya Industrial & Trade Co., Ltd.
地址(Add)：福建省厦门市集美区灌口镇灌口大道 1671 号
邮编(P. C.)：361023
电话(Tel)：0592 - 6090391
传真(Fax)：0592 - 6382909
E-mail：6382909@ 163. com
Http://www. xmfuya. com. cn
联系人(Contact Person)：傅国华
产品业务(Business)：不干胶标签

厦门合悦胶粘制品有限公司
Xiamen Heyue Adhesive Products Co., Ltd.
地址(Add)：福建省厦门市集美区锦园西二路 395 号
邮编(P. C.)：361022
电话(Tel)：0592 - 5658237
传真(Fax)：0592 - 5636152
Http://xmhyjz. cn. alibaba. com
联系人(Contact Person)：李建渊
产品业务(Business)：前胶贴，魔术贴，左右贴

3M 中国有限公司厦门办事处
3M China Limited Xiamen Branch
地址(Add)：福建省厦门市鹭江道 8 号厦门国际银行大厦 10 层 B 室
邮编(P. C.)：361001
电话(Tel)：0592 - 2101235
传真(Fax)：0592 - 62096100 - 11114
E-mail：wchen2@ mmm. com
Http://www. 3m. com. cn
联系人(Contact Person)：陈伟兵
产品业务(Business)：胶带，胶贴，魔术贴，标签

厦门翋科商贸有限公司
Xiamen Lark Trading Co., Ltd.
地址(Add)：福建省厦门市思明区后埭溪路 28 号皇达大厦 17D
邮编(P. C.)：361005
电话(Tel)：0592 - 5807695
传真(Fax)：0592 - 5806195
E-mail：xmlark@ 163. com
Http://www. lark - lark. co. kr
联系人(Contact Person)：张宝刚
产品业务(Business)：魔术贴，魔术扣，导流层

厦门大予工贸有限公司
Daiwood (Xiamen) Industry Trading Co., Ltd.
地址(Add)：福建省厦门市同安工业集中区思明园 198－199 号 3 楼
邮编(P. C.)：361100
电话(Tel)：0592－7236111
传真(Fax)：0592－7236113
E-mail：sales@ daiwood. com
Http://www. daiwood. com
法人代表(Chairman)：刘熊文
总经理(General Manager)：李冬阳
联系人(Contact Person)：刘熊文
产品业务(Business)：纸尿裤前腰贴，魔术贴

建亚保达(厦门)卫生器材有限公司
Ko－Asia (Xiamen) Sanitary Material Co., Ltd.
地址(Add)：福建省厦门市同安工业集中区思明园 8 号
邮编(P. C.)：361100
电话(Tel)：0592－6775609
传真(Fax)：0592－6771797
E-mail：sl－a@ k－asia. com
Http://www. k－asia. com
法人代表(Chairman)：江成贤
总经理(General Manager)：曹剑峰
联系人(Contact Person)：夏洋波
产品业务(Business)：前胶贴，左右贴，魔术扣，魔术贴，离型纸，离型膜/布

广东晶华科技有限公司厦门办事处
Guangdong Smith Technology Co., Ltd. Xiamen Branch
地址(Add)：福建省厦门市同安工业集中区株厝路 55 号
邮编(P. C.)：361199
电话(Tel)：0592－7250118
传真(Fax)：0592－7114117
Http://www. smithcn. com
联系人(Contact Person)：彭维忠
产品业务(Business)：胶带

厦门合高工贸有限公司
Xiamen Join Kings Industry and Trade Co., Ltd.
地址(Add)：福建省厦门市同安区(环东海域)美溪道思明工业园 20 号 4 层
邮编(P. C.)：361100
电话(Tel)：0592－7085239
传真(Fax)：0592－7085138
E-mail：w. zs@ 163. com
Http://www. joinkings. com
联系人(Contact Person)：王仲枢
产品业务(Business)：非织造布左右贴，前腰贴，魔术扣，魔术贴

厦门欣盛新纺织品有限公司
Xiamen Xinsheng New Textile Co., Ltd.
地址(Add)：福建省厦门市同安区莲花工业区莲美三路
邮编(P. C.)：361100
电话(Tel)：0592－7050003
传真(Fax)：0592－7106235
联系人(Contact Person)：吴连山
产品业务(Business)：魔术贴网布/毛圈布

厦门世洁塑料制品有限公司
Xiamen Shijie Plastic Co., Ltd.
地址(Add)：福建省厦门市同安区莲花镇莲美二路 9 号
邮编(P. C.)：361000
电话(Tel)：0592－7200676
传真(Fax)：0592－7202929
E-mail：xmshijie@ xmshijie. com
Http://www. xmshijie. com
法人代表(Chairman)：李忠文
总经理(General Manager)：李忠文
联系人(Contact Person)：张裕亮
产品业务(Business)：前胶贴，魔术贴，左右贴，魔术扣

厦门安德立科技有限公司
Xiamen Andway Technology Co., Ltd.
地址(Add)：福建省厦门市同安区三得兴工业园东洋路 200 号 B 栋厂房 1－3 楼
邮编(P. C.)：361100
电话(Tel)：0592－7890758
传真(Fax)：0592－7890752
E-mail：sales@ andway. com. cn
Http://www. andway. com. cn
法人代表(Chairman)：周哲
总经理(General Manager)：戴飞鹏
联系人(Contact Person)：周吉玫
产品业务(Business)：前胶贴，魔术贴，左右贴

厦门泰群包装工业有限公司
Xiamen Taiqun Packing Industry Co., Ltd.
(详见包装及印刷)

永安市嘉泰包装材料有限公司
Yongan Jiatai Package Materials Co., Ltd.
地址(Add)：福建省永安市贡川镇水东路 168－8 号
邮编(P. C.)：366011
电话(Tel)：0598－3513655
传真(Fax)：0598－3513328
法人代表(Chairman)：张永华
产品业务(Business)：胶带

济南嘉印标签有限公司
Jinan Jiayin Label Co., Ltd.
地址(Add)：山东省济南市天桥区大桥镇东车村
邮编(P. C.)：250121
电话(Tel)：0531－88273778
传真(Fax)：0531－88273778
E-mail：jiayin37@ 163. com
法人代表(Chairman)：于军
总经理(General Manager)：于军
联系人(Contact Person)：于军
产品业务(Business)：不干胶标贴，条形码

青岛惠聚成包装材料有限公司
Qingdao Huijucheng Packaging Material Co., Ltd.
地址(Add)：山东省青岛即墨市北安街道辛庄二村村尾西侧
邮编(P. C.)：266200
电话(Tel)：0532－81726797
传真(Fax)：0532－81726798
总经理(General Manager)：于峰大
联系人(Contact Person)：于峰大

产品业务(Business)：日化业标签，物流标签，零售业标签，防伪标签

青岛瑞发包装有限公司
Qingdao Ruifa Packaging Co., Ltd.
地址(Add)：山东省青岛即墨市嵩山二路北端699号
邮编(P. C.)：266200
电话(Tel)：0532－86650696
传真(Fax)：0532－86650695
联系人(Contact Person)：吴作光
产品业务(Business)：标签，不干胶标签，包装袋。

青岛泓仕标识有限公司
Qingdao Hongshi Labels Co., Ltd.
地址(Add)：山东省青岛市城阳区礼阳路东首(东流亭工业园)
邮编(P. C.)：266109
电话(Tel)：0532－89083966
传真(Fax)：0532－89083969
E-mail：admin@86label.com
Http://www.86label.com
总经理(General Manager)：何伟民
联系人(Contact Person)：何伟民
产品业务(Business)：不干胶标签

青岛凯灵工贸有限公司
Qingdao Kailing Industry & Trade Co., Ltd.
地址(Add)：山东省青岛市市南区中山路10号发达大厦16E
邮编(P. C.)：266000
电话(Tel)：0532－82891626
传真(Fax)：0532－87412166
总经理(General Manager)：王显国
联系人(Contact Person)：王显国
产品业务(Business)：生产不干胶，PE膜(撕不烂)不干胶，PET透明不干胶，透气海绵胶带，泡棉胶带。

青岛富瑞沃新材料有限公司
Qingdao Forever New Material Co., Ltd.
地址(Add)：山东省青岛市重庆中路677号锦泰工业园院内
邮编(P. C.)：266000
电话(Tel)：0532－87051008
传真(Fax)：0532－87051008
联系人(Contact Person)：李华顺
产品业务(Business)：标签材料

临沂清雅胶粘制品有限公司
Linyi Qingya Adhesive Products Co., Ltd.
地址(Add)：山东省郯城县工业园区
邮编(P. C.)：276000
电话(Tel)：0539－6591118
传真(Fax)：0539－6571269
联系人(Contact Person)：赵开飞
产品业务(Business)：纸尿裤前腰贴，魔术前腰贴，左右贴

鼎一包装材料有限公司
A One Packing Co., Ltd.
地址(Add)：广东省东莞市茶山镇上元村下周塘工业区
邮编(P. C.)：523385
电话(Tel)：0769－82227100
传真(Fax)：0769－89117360
E-mail：aonepacking@163.com
联系人(Contact Person)：靳宝峰
产品业务(Business)：胶带

佛山市艾利丹尼贸易有限公司
Foshan Avery Denni Trading Co., Ltd.
地址(Add)：广东省佛山市禅城区普君西路26号普君大厦二层B1铺
邮编(P. C.)：528012
电话(Tel)：0757－82257443
传真(Fax)：0757－82257443
E-mail：gz_lbhjr@163.com
联系人(Contact Person)：黄家荣
产品业务(Business)：前腰贴，左右贴

佛山瑞鑫塑胶制品有限公司
Ruixin Plastic Products Co., Ltd.
地址(Add)：广东省佛山市禅城区张槎下朗工业区三路8号
邮编(P. C.)：528000
电话(Tel)：0757－82130941
传真(Fax)：0757－82306423
E-mail：fsrxpp@163.com
法人代表(Chairman)：刘惠霞
总经理(General Manager)：罗永堂
联系人(Contact Person)：招国昌
产品业务(Business)：纸尿裤左右贴，前胶贴

佛山市科派克印刷有限公司
Foshan Kepaike Packing Co., Ltd.
地址(Add)：广东省佛山市罗村沙坑工业区
邮编(P. C.)：528226
电话(Tel)：0757－81011841
传真(Fax)：0757－81011842
联系人(Contact Person)：王庆
产品业务(Business)：不干胶标签

佛山市晟凯科技有限公司
Foshan Sky Technology Co., Ltd.
(详见流延膜及塑料母粒)

佛山市联塑万嘉新卫材有限公司
Foshan Lesso Wanjia New Sanitary Material Co., Ltd.
(详见流延膜及塑料母粒)

广东烨信胶贴有限公司
Guangdong Yexin Revertex Co., Ltd.
地址(Add)：广东省佛山市南海区狮山镇官窑大榄富民厂3号
邮编(P. C.)：528051
电话(Tel)：0757－85809522
传真(Fax)：0757－85809521
E-mail：moshu－tie@163.com
联系人(Contact Person)：江炳登
产品业务(Business)：魔术贴

佛山市天骅科技有限公司
Foshan Tianhua Technology Co., Ltd.
(详见非织造布－热轧、热风、纺粘等)

耐恒(广州)纸品有限公司
Loparex (Guangzhou) Paper Products Ltd.
(详见离型纸、离型膜)

维克罗(中国)搭扣系统有限公司广州分公司
Velcro (China) Fastening Systems Co., Ltd. Guangzhou Office
地址(Add):广东省广州市东风西路158号广州国际经贸大厦8015室
邮编(P. C.):510170
电话(Tel):020-88902246
传真(Fax):020-88902910
E-mail:pchan@velcro.com
Http://www.velcro.com
联系人(Contact Person):陈宇晟
产品业务(Business):胶贴,胶带

3M材料技术(广州)有限公司
3M Material Technology (Guangzhou) Co., Ltd.
地址(Add):广东省广州市高新技术产业开发区科学城南翔二路9号
邮编(P. C.):510663
电话(Tel):020-32113535-3626
传真(Fax):020-82086900
Http://www.3m.com.cn
联系人(Contact Person):姚蓉
产品业务(Business):胶带,胶贴,魔术贴

广州市利艾胶贴贸易有限公司
Guangzhou Liai Tape Trading Co., Ltd.
地址(Add):广东省广州市海珠区素社直街11号自编1号楼2楼
邮编(P. C.):510230
电话(Tel):020-84247794
传真(Fax):020-34280341
E-mail:gz_atp@163.com
联系人(Contact Person):周刘生
产品业务(Business):经销特殊胶带

3M中国有限公司广州办事处
3M China Guangdong Office
地址(Add):广东省广州市天河路228之一广晟大厦25楼
邮编(P. C.):510620
电话(Tel):020-38331238
传真(Fax):020-38331234
联系人(Contact Person):许德雄
产品业务(Business):胶带,胶贴,魔术贴,标签

广州市立研田电子科技有限公司
Guangzhou Liyantian Electronic Technology Co., Ltd.
地址(Add):广东省广州市天河区东圃镇龙步西路15号启星商务中心A区206
邮编(P. C.):510665
电话(Tel):020-82327526
传真(Fax):020-82310360
E-mail:judithlong@xinyistckerprint.com
Http://www.xinyistickerprint.com
联系人(Contact Person):龙菊英
产品业务(Business):标签

广州市冀新贸易有限公司
Guangzhou Jixin Trading Co., Ltd.
地址(Add):广东省广州市天河区棠下大片南路2号601
邮编(P. C.):510665
电话(Tel):020-85615078
传真(Fax):020-85615078
E-mail:d26402819@126.com
联系人(Contact Person):文双喜
产品业务(Business):胶带,胶粘剂

艾利(广州)有限公司
Avery Dennison (Guangzhou) Ltd.
地址(Add):广东省广州市中山大道西华港花园华港南街18号首层
邮编(P. C.):510630
电话(Tel):020-38767696
传真(Fax):020-38767328
E-mail:paul.liu@ap.averydennison.com
联系人(Contact Person):刘庆波
产品业务(Business):胶带

江门新时代胶粘科技有限公司
Jiangmen New Era Adhesives Technology Co., Ltd.
地址(Add):广东省江门市江海区高新技术开发区北苑路8号
邮编(P. C.):529100
电话(Tel):0750-3829795
传真(Fax):0750-3829619
E-mail:zhpeng@kenai-tape.com
Http://www.kenai-tape.com
法人代表(Chairman):穆晓敏
总经理(General Manager):穆晓敏
联系人(Contact Person):张汉鹏
产品业务(Business):纸尿裤弹性腰围,前腰贴,左右贴,魔术贴,氨纶丝,弹性非织造布

宝利时(深圳)胶粘制品有限公司
Bolex (Shenzhen) Adhesive Products Co., Ltd.
地址(Add):广东省深圳市宝安区沙井镇大王山村第三工业区A栋
邮编(P. C.):518104
电话(Tel):0755-27225057
传真(Fax):0755-27224465
E-mail:info@bolextape.com.cn
Http://www.bolextape.com
联系人(Contact Person):陈永兵
产品业务(Business):纸尿裤胶贴

深圳市秀顺不干胶制品有限公司
Shenzhen Xiushun Label Printing Co., Ltd.
地址(Add):广东省深圳市福田区八卦岭工业区四路413栋8楼
邮编(P. C.):518029
电话(Tel):0755-82054266
传真(Fax):0755-82436300
E-mail:xiushun@public.szptt.net.cn
Http://www.xiushun.com
联系人(Contact Person):张红生
产品业务(Business):不干胶标签,薄膜标签

深圳市健力纺织品有限公司
Shenzhen Jianli Textile Co., Ltd.
地址(Add)：广东省深圳市龙岗区南联圳埔岭南龙工业区四栋
邮编(P. C.)：518116
电话(Tel)：0755－84811315
传真(Fax)：0755－84851215
E-mail：hongxin6188@163.com
Http://www.jianlifzp.com
联系人(Contact Person)：谢万水
产品业务(Business)：胶带

海丰源科技有限公司
HFY Technology Ltd.
地址(Add)：广东省深圳市龙华工业西路宝华工业区12幢2楼
邮编(P. C.)：518109
电话(Tel)：0755－27041768
传真(Fax)：0755－28127725
E-mail：wzw128sy@126.com
联系人(Contact Person)：吴文柱
产品业务(Business)：不干胶标签，防伪标签

启华工业股份有限公司
Kae Hwa Industrial Co., Ltd.
(详见流延膜及塑料母粒)

中山绿云化工有限公司
Zhongshan Greenclouds Chemistry Co., Ltd.
地址(Add)：广东省中山市小榄工业区工业大道中28号
邮编(P. C.)：528415
电话(Tel)：0760－22136865
传真(Fax)：0760－222110682
E-mail：joy.leung@greenclouds.com
Http://www.greenclouds.com
总经理(General Manager)：陈正平
联系人(Contact Person)：梁焯文
产品业务(Business)：婴儿纸尿裤胶贴

中山市利宏包装印刷有限公司
Zhongshan Lihong Packaging & Printing Co., Ltd.
地址(Add)：广东省中山市小榄镇工业基地美围西路10号
邮编(P. C.)：528416
电话(Tel)：0760－22552626
传真(Fax)：0760－22552636
E-mail：lihong@lihongpacs.com
法人代表(Chairman)：章铨开
产品业务(Business)：缠绕膜，干(湿巾)易拉贴，不干胶标签

中丰田光电科技(珠海)有限公司
Holotek Technology Co., Ltd.
地址(Add)：广东省珠海市高新区三灶科技工业园
邮编(P. C.)：519040
电话(Tel)：0756－7769898－188
传真(Fax)：0756－7769998
E-mail：mark.chiang@holotek.com.cn
Http://www.holotek.com.cn
总经理(General Manager)：江明聪
联系人(Contact Person)：江明聪
产品业务(Business)：防伪标签纸

● 弹性非织造布材料、松紧带 Elastic nonwovens, elastic band

Toyo Kagaku Co., Ltd.
东洋化学株式会社
地址(Add)：1008 TERAJIRI, HINO－CHO, GAMO－GUN, SHIGA－KEN, 529－1606 JAPAN
电话(Tel)：81－07－4852－5780
传真(Fax)：81－07－4853－0635
E-mail：koichioka@toyokagaku.com
Http://www.toyokagaku.com
总经理(General Manager)：KOICHI OKA
产品业务(Business)：松紧带

全程兴业股份有限公司
Golden Phoenix Fiberwebs, Inc.
地址(Add)：114台湾台北市内湖路一段120巷13号6楼
电话(Tel)：886－2－26275200
传真(Fax)：886－2－26570268
E-mail：shirley@gpfiberweb.com
Http://www.gpfiberweb.com
法人代表(Chairman)：郑元隆
联系人(Contact Person)：施秀蕾
产品业务(Business)：弹性非织造布

丽茂股份有限公司
Reamou Co., Ltd.
地址(Add)：221台湾台北县汐止市新台五路一段79号8楼之6(远东世界中心C栋)
电话(Tel)：886－2－26981189－107
传真(Fax)：886－2－26981190
Http://www.reamou.com.tw
联系人(Contact Person)：吕俊毅
产品业务(Business)：经销英威达Lycra，杜邦Kevlar

Fulflex Singapore Pte Ltd.
福力士(新加坡)有限公司
地址(Add)：36 Tuas Avenue 8, Jurong, Singapore 639250
电话(Tel)：65－68624901
传真(Fax)：65－68625040
E-mail：fspl@pacific.net.sg
Http://www.fulflex.com
法人代表(Chairman)：黎的赐
联系人(Contact Person)：汪旺华
产品业务(Business)：纸尿裤松紧带

3M Personal Care & Related Products Division
美国3M公司
(详见胶带、胶贴、魔术贴、标签)

英威达有限公司台湾分公司
INVISTA Ltd.
地址(Add)：台湾台北市104民权东路三段2号4楼
电话(Tel)：886－2－81756688
传真(Fax)：886－2－25166337
Http://www.invista.com
联系人(Contact Person)：蔡孟远
产品业务(Business)：弹性纤维

日东电工有限公司
Nitto Denko Co., Ltd.
地址(Add)：上海市长宁区金钟路631弄2号楼3楼
邮编(P. C.)：200335
电话(Tel)：021-52081777
传真(Fax)：021-52082858
E-mail：lihua_wu@nittoeur.com
Http://www.nitto.co.jp
联系人(Contact Person)：吴利华
产品业务(Business)：弹性腰围，左右腰贴

韩国泰光产业株式会社上海代表处
Korea Taekwang Synthetic Fiber Co., Ltd.
地址(Add)：上海市长宁区仙霞路317号远东国际广场B座1305室
邮编(P. C.)：200051
电话(Tel)：021-62351105
传真(Fax)：021-62351106
E-mail：leekun1612@naver.com
Http://www.taekwangsf.com
法人代表(Chairman)：刘弢
总经理(General Manager)：刘弢
联系人(Contact Person)：李郡
产品业务(Business)：氨纶丝

上海井上高分子制品有限公司
Shanghai Inoac Polymer Products Co., Ltd.
地址(Add)：上海市奉贤区新寺镇沪杭公路3081号
邮编(P. C.)：201416
电话(Tel)：021-64400698
传真(Fax)：021-64400774
Http://www.inoac.com.cn
法人代表(Chairman)：赤松政雄
总经理(General Manager)：于漭
联系人(Contact Person)：河村政春
产品业务(Business)：弹性腰围用海绵

锦盛卫生材料发展有限公司
Jinsheng Hygienic Material Development Co., Ltd.
(详见打孔膜及打孔非织造布)

雅柏利(上海)粘扣带有限公司
Aplix (Shanghai) Fasteners Co., Ltd.
(详见胶带、胶贴、魔术贴、标签)

英威达管理(上海)有限公司
Invista Management (Shanghai) Co., Ltd.
地址(Add)：上海市青浦区华青路603号
邮编(P. C.)：201700
电话(Tel)：021-59721434
传真(Fax)：021-59724745
E-mail：sue.zeng@invista.com
Http://www.invista.com
联系人(Contact Person)：曾秀茹
产品业务(Business)：弹性纤维材料

上海帕郑国际贸易有限公司
Shanghai Pazheng International Trading Co., Ltd.
地址(Add)：上海市四川北路525号宇航大厦1108室
邮编(P. C.)：200085
电话(Tel)：021-63572868
传真(Fax)：021-63255800
E-mail：michaeljzhang@shaledi.com.cn
总经理(General Manager)：张为
产品业务(Business)：松紧带，弹性材料

卓德嘉薄膜(上海)有限公司
Tredegar Film Products Company Shanghai, Limited
(详见打孔膜及打孔非织造布)

上海欣航实业有限公司
Shanghai Xinhang Industry Co., Ltd.
地址(Add)：上海市田林路487号20号楼808-809室
邮编(P. C.)：200233
电话(Tel)：021-33675558-5550
传真(Fax)：021-33675559
E-mail：hl@cnshxh.com
Http://www.cnshxh.com
联系人(Contact Person)：沈继杰
产品业务(Business)：经销3M弹性腰围，魔术贴，复合胶带

上海同欣生物科技有限公司
Shanghai T-shine Bio-Tech Co., Ltd.
地址(Add)：上海市田林路487号20号楼809室
邮编(P. C.)：200233
电话(Tel)：021-33675562
传真(Fax)：021-33675559
E-mail：ty@cnshxh.com
Http://www.cnshxh.com
联系人(Contact Person)：滕涌
产品业务(Business)：经销3M弹性产品，魔术搭扣贴合系统

晓星国际贸易(嘉兴)有限公司上海分公司
Hyosung International Trade (Jiaxing) Co., Ltd. Shanghai Branch
地址(Add)：上海市延安西路2299号世贸商城7M34
邮编(P. C.)：200336
电话(Tel)：021-62363322
传真(Fax)：021-62361126
E-mail：mxch0130@126.com
Http://www.hyosung.com
法人代表(Chairman)：金奎荣
总经理(General Manager)：李畅晃
联系人(Contact Person)：马晓春
产品业务(Business)：氨纶原丝

泰光化纤(常熟)有限公司
Taekwang Synthetic Fiber (Changshu) Co., Ltd.
地址(Add)：江苏省常熟市常熟经济开发区通港工业园D区
邮编(P. C.)：215500
电话(Tel)：0512-52339164
传真(Fax)：0512-52339165
E-mail：spandex@taekwang.co.kr
Http://www.taekwangsf.co.kr
总经理(General Manager)：刘弢
联系人(Contact Person)：章守汉
产品业务(Business)：氨纶丝

江阴昶森无纺科技有限公司
Jiangyin Changsen Nonwoven Science Co., Ltd.
地址(Add):江苏省江阴市云亭兴业园8号厂房
邮编(P. C.):214434
电话(Tel):0510-81625066
传真(Fax):0510-81625066
E-mail:hyl633@126.com
总经理(General Manager):何永林
联系人(Contact Person):何永林
产品业务(Business):弹性非织造布,水刺非织造布

厦门象屿上扬贸易有限公司昆山办事处
Xiamen Xiangyu Shangyang Trading Co., Ltd. (Kunshan Office)
地址(Add):江苏省昆山市前进中路13号华敏世家6号楼1单元1703室
邮编(P. C.):215300
电话(Tel):0512-57117780-307
传真(Fax):0512-57117781
E-mail:sad77@126.com
联系人(Contact Person):刘安定
产品业务(Business):经销莱卡弹性纤维

苏州坚创贸易有限公司
Kingstrong Trade Development Co., Ltd.
地址(Add):江苏省苏州市杨枝塘路现代花园一期51幢208室
邮编(P. C.):215006
电话(Tel):0512-62968860
传真(Fax):0512-62968883
E-mail:silent_lou@126.com
法人代表(Chairman):廖坚
联系人(Contact Person):廖军
产品业务(Business):弹性非织造布材料,松紧带

盟迪(中国)薄膜科技有限公司
Mondi (China) Film Technology Co., Ltd.
地址(Add):江苏省太仓港经济技术开发区兴港路29号
邮编(P. C.):215434
电话(Tel):0512-82786228
传真(Fax):0512-82787827
E-mail:rain.zhang@mondigroup.com
Http://www.mondigroup.com
法人代表(Chairman):李高勇
总经理(General Manager):李高勇
联系人(Contact Person):张元正
产品业务(Business):弹性腰围薄膜,魔术前腰贴,离型膜,弹性非织造布

杭州旭化成氨纶有限公司
Hangzhou Asahikasei Spandex Co., Ltd.
地址(Add):浙江省杭州市经济技术开发区M18-5-7
邮编(P. C.):310018
电话(Tel):0571-86721888-821
传真(Fax):0571-86721790
E-mail:j_chen@cn-roica.com
Http://www.cn-roica.com
联系人(Contact Person):陈俊
产品业务(Business):聚氨脂纤维

杭州特康实业有限公司
Hangzhou Tekang Industry Co., Ltd.
地址(Add):浙江省杭州市临平余杭经济开发区
邮编(P. C.):310000
电话(Tel):0571-89351106
传真(Fax):0571-86983387
E-mail:tekang_tangqihua@163.com
联系人(Contact Person):汤其华
产品业务(Business):弹性腰围,左右贴,魔术扣

杭州丛迪纤维有限公司
Hongzhou Congdi Fiber Co., Ltd.
地址(Add):浙江省杭州市萧山区万达中路95号
邮编(P. C.):310000
电话(Tel):0571-86461933
传真(Fax):0571-86461933
E-mail:kdx2010@vip.163.com
Http://www.hzcongdi.com
法人代表(Chairman):杨雪霞
总经理(General Manager):杨雪霞
产品业务(Business):氨纶丝

杭州唯可卫生材料有限公司
Hangzhou Wecan Hygienic Material Co., Ltd.
(详见打孔膜及打孔非织造布)

晓星国际贸易(嘉兴)有限公司
Hyosung International Trade (Jiaxing) Co., Ltd.
地址(Add):浙江省嘉兴市经济开发区东方北路1888号
邮编(P. C.):314000
电话(Tel):0573-82228213
传真(Fax):0573-82228220
E-mail:jwalee@hyosung.com
Http://www.hyosung.com
法人代表(Chairman):金奎荣
联系人(Contact Person):李宰宇
产品业务(Business):氨纶丝

温州市特康弹力科技有限公司
Wenzhou Tekang Elasticity Technology Co., Ltd.
(详见胶带、胶贴、魔术贴、标签)

莆田市泰纶商贸有限公司
Putian Tailun Trading Co., Ltd.
地址(Add):福建省莆田市城厢区霞林长安实业14号3楼
邮编(P. C.):351100
电话(Tel):0594-2987855
传真(Fax):0594-2987855
联系人(Contact Person):张立
产品业务(Business):经销氨纶丝弹力纤维,拉拉裤弹力腰围

泉州东联进出口有限公司
Quanzhou Donglian Import and Export Co., Ltd.
(详见非织造布-热轧、热风、纺粘等)

泉州创美贸易有限公司
Quanzhou Chuangmei Trade Co., Ltd.
地址(Add):福建省泉州市鲤城区黄石社区东路1号
邮编(P. C.):362000

电话(Tel)：0595－22410369
传真(Fax)：0595－22410369
E-mail：linlijunqz@126.com
联系人(Contact Person)：林丽君
产品业务(Business)：经销氨纶丝

泉州市鸿瑞卫生材料有限公司
Quanzhou Hongrui Sanitary Material Co., Ltd.
地址(Add)：福建省泉州市鲤城区江南街道玉霞工业区诚信工业楼
邮编(P.C.)：362000
电话(Tel)：0595－28583696
传真(Fax)：0595－22451986
联系人(Contact Person)：孙伟
产品业务(Business)：氨纶丝

厦门象屿上扬贸易有限公司
Xiamen Xiangyu Shangyang Trading Co., Ltd.
地址(Add)：福建省厦门市湖滨北路201号宏业大厦5楼
邮编(P.C.)：361012
电话(Tel)：0592－5049215
传真(Fax)：0592－5055673
E-mail：dzqin@sina.com
Http://www.hyfit.invista.com
法人代表(Chairman)：吕秋峰
联系人(Contact Person)：邓志勤
产品业务(Business)：英威达 LYCRA HyFit fiber 产品

厦门笋语工贸有限公司
Xiamen Sunyu Trade Co., Ltd.
地址(Add)：福建省厦门市湖里区蔡塘工业区
邮编(P.C.)：361009
电话(Tel)：0592－5982068
传真(Fax)：0592－5971878
总经理(General Manager)：何卫东
联系人(Contact Person)：江建青
产品业务(Business)：松紧带

厦门市福尔德科技有限公司
Xiamen Fuerde Technology Co., Ltd.
地址(Add)：福建省厦门市湖里区马垄路17号S.O.商务A907室
邮编(P.C.)：361000
电话(Tel)：0592－6016075
传真(Fax)：0592－6019192
E-mail：yqgg@sohu.com
联系人(Contact Person)：杨凡
产品业务(Business)：氨纶丝

厦门骏利德贸易有限公司
Xiamen Join－Profit Trade Co., Ltd.
地址(Add)：福建省厦门市软件园二期望海路16号B幢4F
邮编(P.C.)：361000
电话(Tel)：0592－3351523
传真(Fax)：0592－3351520
E-mail：xmdb008@joinprofit.com
Http://www.jld666.com
联系人(Contact Person)：黄丽芳
产品业务(Business)：经销锦纶丝，氨纶丝，功能性纤维

厦门兰海贸易有限公司
Xiamen Lanhai Trade Co., Ltd.
地址(Add)：福建省厦门市思明区莲花广场33号22H
邮编(P.C.)：361008
电话(Tel)：0592－5182908
传真(Fax)：0592－5183338
E-mail：lanhai@xmlanhai.com
Http://www.xmlanhai.com
法人代表(Chairman)：兰木灿
总经理(General Manager)：兰木灿
联系人(Contact Person)：兰木灿
产品业务(Business)：经销进口氨纶丝，橡筋

厦门力隆氨纶有限公司
Xiamen Lilong Spandex Co., Ltd.
地址(Add)：福建省厦门市同安城东工业区
邮编(P.C.)：361100
传真(Fax)：0592－7134333
E-mail：sunhuan.yu@163.com
Http://www.xmlilong.com
联系人(Contact Person)：孙环宇
产品业务(Business)：氨纶丝

厦门燕达斯工贸有限公司
Xiamen Yandasi Trade Co., Ltd.
(详见流延膜及塑料母粒)

济宁鲁意高新纤维材料有限公司
Jining Luyi High－tech Fiber Co., Ltd.
地址(Add)：山东省济宁市高新区如意工业园
邮编(P.C.)：272073
电话(Tel)：0537－2931027
传真(Fax)：0537－2931020
E-mail：chinaspandex@126.com
Http://www.ruyispandex.com
总经理(General Manager)：严志永
联系人(Contact Person)：李秋景
产品业务(Business)：氨纶丝

烟台泰和新材料股份有限公司
Yantai Tayho Advanced Materials Co., Ltd.
地址(Add)：山东省烟台市经济技术开发区黑龙江路10号
邮编(P.C.)：264006
电话(Tel)：0535－6939635
传真(Fax)：0535－6955293
E-mail：james@tayho.com.cn
Http://www.tayho.com.cn
联系人(Contact Person)：李英栋
产品业务(Business)：氨纶丝

湖北省仙桃市佳泰工贸有限公司
Hubei Xiantao Jiatai Trade Co., Ltd.
(详见非织造布－热轧、热风、纺粘等)

佛山市普惠纺织有限公司
Puhui Textile Co., Ltd.
地址(Add)：广东省佛山市南海区盐步华丽布匹市场五横路H11号
邮编(P.C.)：528247
电话(Tel)：0757－81132331

传真(Fax)：0757－81137986
E-mail：yzhfrank@126.com
Http://www.anlunsi.com
联系人(Contact Person)：黄永忠
产品业务(Business)：氨纶丝

佛山市衿泽贸易有限公司
Foshan Jinze Trade Co., Ltd.
地址(Add)：广东省佛山市顺德区乐从镇大墩工业园
邮编(P.C.)：528315
电话(Tel)：0757－29836189
传真(Fax)：0757－29836189
E-mail：fuweifang78@163.com
联系人(Contact Person)：付维芳
产品业务(Business)：氨纶

广州卓德嘉薄膜有限公司
Guangzhou Tredegar Film Co., Ltd.
(详见打孔膜及打孔非织造布)

广州市桦合塑料制品有限公司
Guangzhou Huahe Plastic Products Co., Ltd.
地址(Add)：广东省广州市花都区新华镇芙蓉大道花都农科所内
邮编(P.C.)：510000
电话(Tel)：020－84771347
联系人(Contact Person)：姚仲贤
产品业务(Business)：弹性材料

3M中国有限公司广州办事处
3M China Guangzhou Office
(详见胶带、胶贴、魔术贴、标签)

狮特龙橡胶企业集团有限公司
Strong Rubber Enterprise Group Co., Ltd.
地址(Add)：广东省鹤山市港口路308号
邮编(P.C.)：529700
电话(Tel)：0750－8829388
传真(Fax)：0750－8829399
E-mail：strong－group@strongrubber.net
产品业务(Business)：橡胶带，松紧带

江门新时代胶粘科技有限公司
Jiangmen New Era Adhesives Technology Co., Ltd.
(详见胶带、胶贴、魔术贴、标签)

江门市蓬江区金天浩贸易有限公司
Jiangmen Jintianhao Trade Co., Ltd.
(详见俘获导流层材料)

江门市华程化工材料有限公司
Jiangmen Huacheng Chemical Material Co., Ltd.
地址(Add)：广东省江门市蓬江区港口一路13号中远大厦远景阁14F
邮编(P.C.)：529020
电话(Tel)：0750－3165880
传真(Fax)：0750－3165889
E-mail：alencai@yahoo.com
总经理(General Manager)：蔡云雄
产品业务(Business)：代理氨纶

威敏纺织品(广州)有限公司
Weimin Textiel (Guangzhou) Co., Ltd.
地址(Add)：广东省增城市新塘镇汇创国贸城市家园二期1幢2609－2610
邮编(P.C.)：511340
电话(Tel)：020－82882333
传真(Fax)：020－82882332
总经理(General Manager)：谢庆敏
产品业务(Business)：弹性材料

启华工业股份有限公司
Kae Hwa Industrial Co., Ltd.
(详见流延膜及塑料母粒)

● 造纸化学品 Paper chemical

Meisei Chemical WorksLtd.
日本明成化学工业株式会社
地址(Add)：1 NAKAZAWACHO, NISHIKYOGOKU, UKYOKU, KYOTO 615－8666, JAPAN
电话(Tel)：81－75－3128105
传真(Fax)：81－75－3141150
联系人(Contact Person)：Masayoshi Murakami
产品业务(Business)：分散剂，脱墨剂，剥离剂，柔软剂，消泡剂，干强剂，粘缸起皱剂，毛毯清洗剂，消粘剂

陶氏化学太平洋(新加坡)私人有限公司
Dow Chemical Pacific (Singapore) Pte Ltd.
地址(Add)：260乌节路，号18－01麒麟大厦新加坡邮政编号238855
电话(Tel)：65－68304626
传真(Fax)：65－68340319
E-mail：shalim@dow.com
Http://www.dow.com
联系人(Contact Person)：林瑞盛
产品业务(Business)：化学品

巴克曼实验室(亚洲)私人有限公司
Buckman Laboratories
地址(Add)：33号大士南第1街，新加坡638038邮区
电话(Tel)：65－68919200
传真(Fax)：65－68634122
E-mail：jhliao@buckman.com
产品业务(Business)：生物制浆酶

Ikegami Koeki Co., Ltd.
日本池上交易株式会社
地址(Add)：7－22, MATSUGAECHO, KITA－KU, OSAKA, JAPAN
电话(Tel)：81－6－63580846
传真(Fax)：81－6－63580856
E-mail：t.ikegami@keganmikoeki.com.jp
Http://www.ikegamikoki.co.jp
产品业务(Business)：代理日本住友精化、MT奥科高分子之分散剂，造纸助剂，絮凝剂等。Filcon公司不锈钢网

Clariant International Ltd.
瑞士科莱恩国际有限公司
地址(Add)：Neuhofstrassell，4153 Reinach Switzerland
电话(Tel)：41－61469－7218
Http://www. paper. clariant. com
产品业务(Business)：卫生纸用染料，柔软剂，剥离剂，起皱剂，粘缸剂，荧光增白剂及荧光增白剂的消除剂

亚马逊化工有限公司
Amazon Papyrus Chemicals Limited
(详见香精、表面处理剂及添加剂)

香港森鑫国际集团
Hong Kong Senxin International Group
地址(Add)：香港九龙旺角弥敦道678号华侨商业中心15C
电话(Tel)：852－30786818
传真(Fax)：852－83430012
联系人(Contact Person)：吴梁燕
产品业务(Business)：造纸化学品

多尼克(北京)化学有限公司
Donica (Beijing) Chemicals Ltd.
地址(Add)：北京市昌平区北七家镇鲁疃工业园3号
邮编(P. C.)：102209
电话(Tel)：010－69756692
传真(Fax)：010－69756697
E-mail：donica@ donica. com. cn
Http://www. donica. com. cn
联系人(Contact Person)：李国凤
产品业务(Business)：化学品

德国希纶赛勒赫公司北京代表处
Schiu Seilacher
地址(Add)：北京市朝阳区农展馆南路12号通广大厦8002室
邮编(P. C.)：100125
电话(Tel)：010－64686995
传真(Fax)：010－64686997
E-mail：lihongwen@ schillseilacher. cn
联系人(Contact Person)：李红文
产品业务(Business)：助剂

北京天擎化工有限公司
Beijing Tianqing Chemical Co., Ltd.
地址(Add)：北京市平谷区新平南路126号
邮编(P. C.)：101200
电话(Tel)：010－89983180
传真(Fax)：010－89989252
E-mail：stephen@ tianqing. com. cn
Http://www. tianqing. com. cn
法人代表(Chairman)：靳跃春
产品业务(Business)：杀菌剂，纸浆防腐剂，网毯保洁剂

北京希涛技术开发有限公司
Xitao Polymer Co., Ltd.
地址(Add)：北京市顺义区木林镇后王各庄村南
邮编(P. C.)：101300
电话(Tel)：010－60491833
传真(Fax)：010－60492072
Http://www. xitao. com
法人代表(Chairman)：穆巍
总经理(General Manager)：穆巍
联系人(Contact Person)：穆巍
产品业务(Business)：聚丙烯酰胺，污水处理剂，絮凝剂，造纸助剂，高吸收性树脂

上海和氏璧化工有限公司北京办事处
NCM Hersbit Chemical Co., Ltd.
地址(Add)：北京市西城区北三环中路6号伦洋大厦402室
邮编(P. C.)：100011
电话(Tel)：010－82028383
传真(Fax)：010－62386201
Http://www. ncmchem. com
联系人(Contact Person)：马哮东
产品业务(Business)：化学助剂

泰伦特化学有限公司
Tianjin Talent Chemistry Co., Ltd.
地址(Add)：天津市北辰经济开发区双辰中路3号
邮编(P. C.)：300400
电话(Tel)：022－26982888
传真(Fax)：022－26974998
E-mail：talent9999@ 163. com
Http://www. tj－talent. com
产品业务(Business)：水处理剂、絮凝剂

天津市汇泉精细化工有限公司
Tianjin Huiquan Fine Chemical Co., Ltd.
地址(Add)：天津市东丽区赤土工业区
邮编(P. C.)：300300
电话(Tel)：022－24921213
传真(Fax)：022－24921213
Http://www. tjhuiquan. com
总经理(General Manager)：张家勇
联系人(Contact Person)：张家勇
产品业务(Business)：造纸增白剂

天津市维科瑞化工有限公司
Tianjin Weikerui Chemical Co., Ltd.
地址(Add)：天津市河东区大直沽蝶桥公寓8－2－107
邮编(P. C.)：300170
电话(Tel)：022－24149740
传真(Fax)：022－27509638
E-mail：adjiadong@ 126. com
法人代表(Chairman)：王萍
总经理(General Manager)：王萍
联系人(Contact Person)：王萍
产品业务(Business)：日本明成造纸化学品销售

天津市英赛特商贸有限公司
Tianjin Yinsaite Trade Co., Ltd.
地址(Add)：天津市河东区六纬路85号万隆中心大厦C座1705室
邮编(P. C.)：300012
电话(Tel)：022－24219378
传真(Fax)：022－24224816
法人代表(Chairman)：张小奇
联系人(Contact Person)：张小奇
产品业务(Business)：日本造纸PEO－PFE，R－200，R－

150，柔软剂，消泡剂，干湿增强剂，助留剂，脱墨剂

天津市合成材料工业研究所
Tianjin Synthetic Material Industry Research Institute
地址(Add)：天津市河西区洞庭路29号
邮编(P. C.)：300220
电话(Tel)：022 -28341651
传真(Fax)：022 -28340113
E-mail：tsmri@ vip. 163. com
法人代表(Chairman)：王永红
总经理(General Manager)：王永红
联系人(Contact Person)：王永红
产品业务(Business)：中性施胶剂，湿强剂

保定市阳光精细化工有限公司
Baoding Sunlight Fine Chemicals Co., Ltd.
地址(Add)：河北省保定市漕河41号信箱
邮编(P. C.)：072556
电话(Tel)：0312 -8502325
传真(Fax)：0312 -8505606
Http://www. sunlight - chem. com
法人代表(Chairman)：张志国
联系人(Contact Person)：王源
产品业务(Business)：纸浆防腐杀菌剂

保定市海德化工有限公司
Baoding Haide Chemical Co., Ltd.
地址(Add)：河北省保定市南二环农大一分场
邮编(P. C.)：071000
电话(Tel)：0312 -7929068
联系人(Contact Person)：王宝刚
产品业务(Business)：脱墨剂，分散剂等

廊坊市盛源化工有限责任公司
Langfang Shengyuan Chemical Co., Ltd.
地址(Add)：河北省廊坊市经济技术开发区鸿润道20号
邮编(P. C.)：065000
电话(Tel)：0316 -6070319
传真(Fax)：0316 -6060808
E-mail：service@ lfsychem. com
Http://www. lfsychem. com
法人代表(Chairman)：张永亮
联系人(Contact Person)：付瑞红
产品业务(Business)：分散剂，增强剂，助凝絮凝剂

任丘市三丰化工有限公司
Renqiu Sanfeng Chemical Co., Ltd.
地址(Add)：河北省任丘市梁召镇工业区
邮编(P. C.)：062557
电话(Tel)：0317 -2979586
E-mail：rqsanfeng@ 126. com
Http://www. sanfenghg. cn
联系人(Contact Person)：郭邸
产品业务(Business)：聚丙烯酰胺，造纸分散剂，污水处理剂

石家庄市通力化学品有限公司
Shijiazhuang Tongli Chemical Co., Ltd.
地址(Add)：河北省石家庄市红旗大街与南三环交叉口
邮编(P. C.)：050000
电话(Tel)：0311 -83823893
传真(Fax)：0311 -83823893
法人代表(Chairman)：崔宝霞
总经理(General Manager)：葛钰金
联系人(Contact Person)：郭建奎
产品业务(Business)：湿强剂，剥离剂，中性胶，蜡乳液

石家庄市乔多造纸化工助剂有限公司
Shijiazhuang Qiaoduo Paper Chemicals Co., Ltd.
地址(Add)：河北省石家庄市新华区中华北大街338号上林华苑1号楼2单元601室
邮编(P. C.)：050000
电话(Tel)：0311 -87721245
传真(Fax)：0311 -87709314
E-mail：786543771@ qq. com
Http://www. qiaoduo. com
法人代表(Chairman)：张斌
总经理(General Manager)：张斌
联系人(Contact Person)：马春秀
产品业务(Business)：造纸化学助剂

山西三水银河科技有限公司
Shanxi Sanshui Yinhe Science & Technical Co., Ltd.
地址(Add)：山西省太原市经济技术开发区正阳街43号
邮编(P. C.)：030032
电话(Tel)：0359 -2162012
传真(Fax)：0359 -2162012
E-mail：l_ szhen@ sina. com
联系人(Contact Person)：陆守真
产品业务(Business)：脱墨剂

辽宁奥克纳米材料有限公司
Liaoning Oxiranchem Inc.
地址(Add)：辽宁省辽阳市宏伟区东环路29号
邮编(P. C.)：111003
电话(Tel)：0419 -5169238
传真(Fax)：0419 -5169238
E-mail：ox7088@ 163. com
Http://www. oxiranchem. com
总经理(General Manager)：王树博
产品业务(Business)：聚乙二醇

营口康如科技有限公司
Yingkou Kangru Sci. & Tech. Industry Co., Ltd.
地址(Add)：辽宁省营口市老边区钢铁工业园区
邮编(P. C.)：115005
电话(Tel)：0417 -3801498
传真(Fax)：0417 -3801048
E-mail：kangru@ kangru. com
Http://www. kangru. com
法人代表(Chairman)：赵兴利
联系人(Contact Person)：张淼
产品业务(Business)：脱墨剂，湿强剂，毛毯洗涤剂

吉林省环球精细化工有限公司
Jilin Huanqiu Fine Chemicals Co., Ltd.
地址(Add)：吉林省长春市绿园经济开发区海达路与长城街交汇处，海达路588号
邮编(P. C.)：130060
电话(Tel)：0431 -88983650
传真(Fax)：0431 -89875569
联系人(Contact Person)：闫维柏

产品业务(Business)：聚氧化乙烯

吉林市星云化工有限公司
Jilin Xingyun Chemical Co., Ltd.
地址(Add)：吉林省吉林市船营区新生街77号
邮编(P.C.)：132012
电话(Tel)：0432-66569631
传真(Fax)：0432-66569629
E-mail：xs@xingyunchem.com
Http://www.xingyunchem.com
联系人(Contact Person)：张海英
产品业务(Business)：聚氧化乙烯

瓦克化学(中国)有限公司
Wacker Chemicals (China) Co., Ltd.
地址(Add)：上海市漕泾开发区虹梅路1535号3号楼
邮编(P.C.)：200233
电话(Tel)：021-61655597
传真(Fax)：021-61003510
E-mail：daniel.xin@wacker.com
Http://www.wacker.com
联系人(Contact Person)：辛刚
产品业务(Business)：柔软剂，消泡剂，有机硅

亚马逊化工有限公司上海办事处
Amazo Papyrus Chemicals Limited
(详见香精、表面处理剂及添加剂)

上海凯霖国际贸易有限公司
Shanghai chemLINK International Trading Co., Ltd.
地址(Add)：上海市长宁区天山路600弄2号新虹桥捷运大厦30A
邮编(P.C.)：200051
电话(Tel)：021-62708399
传真(Fax)：021-62350231
联系人(Contact Person)：吴满亮
产品业务(Business)：经销造纸化学品

明答克商贸(上海)有限公司
Maintech Trading (Shanghai) Co., Ltd.
地址(Add)：上海市长宁区仙霞路319号A栋1111室
邮编(P.C.)：200051
电话(Tel)：021-62709701
传真(Fax)：021-62709704
E-mail：jiang-airong@maintech-china.com
Http://www.maintech-papertech.com
法人代表(Chairman)：关谷宏
总经理(General Manager)：福间大地
联系人(Contact Person)：江爱荣
产品业务(Business)：烘缸剥离剂，贴缸剂，表面修正剂

化联精聚化学(上海)有限公司
Chemco International (Shanghai) Ltd.
地址(Add)：上海市长宁区遵义路100号B栋2103室
邮编(P.C.)：200051
电话(Tel)：021-62372933
传真(Fax)：021-62372139
E-mail：kadir.widjaja@pmmk.com
联系人(Contact Person)：吴南江
产品业务(Business)：造纸化学品

罗盖特管理(上海)有限公司
Roquette Manage (Shanghai) Co., Ltd.
地址(Add)：上海市淮海中路1010号嘉华中心501/505/506室
邮编(P.C.)：200031
电话(Tel)：021-54039922
传真(Fax)：021-54036606
E-mail：mia.yuan@roquette.com
Http://www.roquette.com
法人代表(Chairman)：Marc Roquette
总经理(General Manager)：Thierry Laurent
联系人(Contact Person)：袁敏
产品业务(Business)：生物聚合物，阳离子淀粉

凯米拉化学品(上海)有限公司
Kemira Chemicals (Shanghai) Co., Ltd.
地址(Add)：上海市虹梅路1801号A区凯科国际大厦2504-2507室
邮编(P.C.)：200233
电话(Tel)：021-33678333
传真(Fax)：021-33678400
E-mail：qiyang.chen@kemira.com
Http://www.kemira.com
联系人(Contact Person)：陈启杨
产品业务(Business)：造纸化学品

东邦化学工业株式会社上海代表处
ToHo Chemical Industry Co., Ltd.
地址(Add)：上海市虹桥开发区兴义路8号万都中心大厦1012室
邮编(P.C.)：200336
电话(Tel)：021-52082311
传真(Fax)：021-52081984
E-mail：shanghai@toho-chem.co.jp
Http://www.toho-chem.co.jp
总经理(General Manager)：汪家彰
联系人(Contact Person)：汪家彰
产品业务(Business)：表面活性剂，消泡剂，防水剂，脱墨剂，非织造布用亲水剂

日本明成化学工业株式会社上海代表处
Meisei Chemical Works Ltd. Shanghai Office
地址(Add)：上海市淮海中路918号久事复兴大厦9楼F-2座
邮编(P.C.)：200020
电话(Tel)：021-64150833
传真(Fax)：021-64150633
E-mail：shanghai@yahoo.co.jp
法人代表(Chairman)：山崎正司
总经理(General Manager)：山崎正司
联系人(Contact Person)：薛梅
产品业务(Business)：分散剂，脱墨剂，剥离剂，柔软剂，消泡剂，干强剂，粘缸起皱剂，毛毯清洗剂，消粘剂

浪速包装(上海)有限公司
Naniwa Packaging (Shanghai) Co., Ltd.
地址(Add)：上海市黄浦区宁海东路200号申鑫大厦1809室
邮编(P.C.)：200021
电话(Tel)：021-51035209

传真(Fax)：021-63747978
E-mail：wang. bei. ni@ naniwapack. com
Http://www. ikegamikoeki. com. cn
法人代表(Chairman)：池上宽
联系人(Contact Person)：王蓓妮
产品业务(Business)：代理日本分散剂，造纸助剂，絮凝剂，不锈钢网

上海赫达富实业有限公司
Shanghai Hedafu Industry Co.，Ltd.
地址(Add)：上海市嘉定区曹安公路4512弄28号
邮编(P. C.)：201804
电话(Tel)：021-69595999
传真(Fax)：021-69591886
法人代表(Chairman)：邓良武
联系人(Contact Person)：邓琦
产品业务(Business)：造纸化学品

三博生化科技(上海)有限公司
3D BIO-CHEM Co.，Ltd.
(详见香精、表面处理剂及添加剂)

上海先拓精细化工有限公司
Shanghai Xiantuo Fine Chemical Co.，Ltd.
地址(Add)：上海市金山区金山卫镇金环路650号
邮编(P. C.)：201512
电话(Tel)：021-64285880
传真(Fax)：021-64873700
E-mail：xg_ wang@ zhanhegroup. com
Http://www. zhanhegroup. com
联系人(Contact Person)：王新光
产品业务(Business)：造纸化学品

上海吉臣化工有限公司
Shanghai J. C. Chemical Co.，Ltd.
地址(Add)：上海市金豫路100号2号楼613室
邮编(P. C.)：201206
电话(Tel)：021-58341051
传真(Fax)：021-58341052
E-mail：jichen@ jichenchem. com
Http://www. jichenchem. com
联系人(Contact Person)：姜铭
产品业务(Business)：分散剂，柔软剂，剥离剂，硬挺增强剂，絮凝剂，集凝剂，脱色剂

上海固德化工有限公司
Shanghai Gude Chemical Co.，Ltd.
地址(Add)：上海市静安区武定路327号1号楼502
邮编(P. C.)：200040
电话(Tel)：021-62327680
传真(Fax)：021-62327682
法人代表(Chairman)：吴传根
联系人(Contact Person)：刘洪涛
产品业务(Business)：经销表面活性剂，乳化剂，分散剂，蜡乳液，柔软剂，消泡剂

上海望界贸易有限公司
Shanghai Rehoboth Trading Co.，Ltd.
地址(Add)：上海市闵行区华茂路100弄37号202室
邮编(P. C.)：201101
电话(Tel)：021-64593536
传真(Fax)：021-54862582
E-mail：eric. sun@ 263. net
Http://www. sh-wangjie. com
联系人(Contact Person)：孙仁华
产品业务(Business)：造纸助剂，表面处理剂

上海汇友精密化学品有限公司
Shanghai Waysmos Fine Chemical Co.，Ltd.
地址(Add)：上海市闵行区普尔路88弄30号502室
邮编(P. C.)：201100
电话(Tel)：0571-85069386(杭州销售公司)
传真(Fax)：021-64604927
E-mail：sales@ waysmos. com
Http://www. waysmos. com
联系人(Contact Person)：胡晓伟
产品业务(Business)：卫生纸用染料

魁美化工贸易(上海)有限公司
Victory International Chemical Co.，Ltd.
(详见纸浆)

亚什兰(中国)投资有限公司水技术处理部
Ashland (China) Investment Co.，Ltd.
地址(Add)：上海市闵行区莘庄工业区申富路688号
邮编(P. C.)：201108
电话(Tel)：021-54422323
传真(Fax)：021-54421945
E-mail：dandan_ yao@ ashland. com
Http://www. ashland. com
联系人(Contact Person)：姚丹丹
产品业务(Business)：造纸化学品

伊士曼(上海)化工商业有限公司静安分公司
Eastman Chemical Co.，Ltd.
(详见热熔胶)

上海臣卢贸易有限公司
Shanghai Chenlu Trading Co.，Ltd.
地址(Add)：上海市浦东德州路382弄4号302室
邮编(P. C.)：200126
电话(Tel)：021-50873832
传真(Fax)：021-50873832
E-mail：knowpaper@ sina. com
法人代表(Chairman)：娄华林
联系人(Contact Person)：史晓巍
产品业务(Business)：经销分散剂、柔软剂、剥离剂、增强剂、脱墨剂

上海聚源造纸技术有限公司
Shanghai Juyuan Paper Technology Co.，Ltd.
地址(Add)：上海市浦东东方路8号良丰大厦6F座
邮编(P. C.)：200120
电话(Tel)：021-58778995
传真(Fax)：021-58778996
E-mail：xj. zhao@ 263. net
Http://www. chinappt. net
联系人(Contact Person)：赵修金
产品业务(Business)：粘缸剂，脱缸剂，毛毯保洁剂

上海聚源造纸技术有限公司
Shanghai Juyuan Papertech Co., Ltd.
地址(Add)：上海市浦东东方路8号良丰大厦6F座
邮编(P. C.)：200120
电话(Tel)：021-58778995
传真(Fax)：021-58778996
E-mail：xj. zhao@263. net
Http://www. chinappt. net
总经理(General Manager)：杜恒强
联系人(Contact Person)：赵修金
产品业务(Business)：粘缸剂，脱缸剂，毛毯保洁剂

上海安帝化工有限公司
Shanghai Andy Chemical Co., Ltd.
地址(Add)：上海市浦东金桥路1389号金桥大厦6层608-609室
邮编(P. C.)：201206
电话(Tel)：021-58542881
传真(Fax)：021-58542938
E-mail：andy8188@hotmail. com
联系人(Contact Person)：徐飞
产品业务(Business)：生产造纸化学品，经销进口纸浆

上海联胜化工有限公司
Shanghai Liansheng Chemical Co., Ltd.
地址(Add)：上海市浦东新区曹路镇华东路1259弄51号
邮编(P. C.)：201209
电话(Tel)：021-68680248
传真(Fax)：021-68681497
E-mail：liansheng@liansheng-chemical. com
Http://www. liansheng-chemical. com
法人代表(Chairman)：徐大刚
总经理(General Manager)：储根初
联系人(Contact Person)：陆跃
产品业务(Business)：生产聚氧化乙烯，经销造纸助剂

上海衡元高分子材料有限公司
Shanghai Hengyuan Polymer Material Co., Ltd.
(详见衬纸和复合吸水纸)

苏州市旨品贸易有限公司上海办事处
Suzhou Paper Trade Co., Ltd. Shanghai Office
(详见纸浆)

上海德润宝特种润滑剂有限公司
Shanghai Petrofer Special Lubricating Agent Co., Ltd.
地址(Add)：上海市浦东新区凌桥工业区江东路1726弄149号
邮编(P. C.)：200137
电话(Tel)：021-60936182
传真(Fax)：021-51699732
E-mail：johnlee@petrofer. com. cn
Http://www. petrofer. com. cn
总经理(General Manager)：赵新元
联系人(Contact Person)：李强
产品业务(Business)：烘缸涂料，剥离剂，消泡剂

上海马中国际贸易有限公司
Shanghai Sino-Malaysian International Trading Co., Ltd.
地址(Add)：上海市浦东新区陆家嘴环路958号华能联合大厦2012室
邮编(P. C.)：200120
电话(Tel)：021-68860818
传真(Fax)：021-68864305
E-mail：sam@sinomal. com
Http://www. sinomal. com
总经理(General Manager)：陈德明
联系人(Contact Person)：孙晨辰
产品业务(Business)：造纸淀粉

上海宇昂水性新材料科技股份有限公司
Shanghai Yuking Water Soluble Material Tech Co., Ltd.
地址(Add)：上海市浦东新区南汇泥城新元南路600号13D4楼
邮编(P. C.)：201203
电话(Tel)：021-68286206-8011
传真(Fax)：021-68286226
E-mail：dirk@unipolymer. com
Http://www. yukinggroup. com
联系人(Contact Person)：陈文飞
产品业务(Business)：水溶性PVP，PEO高分子产品，抗真菌剂

三菱商事(上海)有限公司机能化学品事业部
Mitsubishi Corporation (Shanghai) Ltd.
地址(Add)：上海市浦东新区迎春路96号三菱商事办公楼
邮编(P. C.)：200127
电话(Tel)：021-68543030
传真(Fax)：021-68541801
E-mail：hai-bi. su@mitsubishicorp. com
Http://www. mitsubishicorp-cn. com
联系人(Contact Person)：苏海碧
产品业务(Business)：化学品

迈图高新材料集团上海办事处
Momentive Performance Materials Inc.
地址(Add)：上海市浦东新区张江高科技园区李冰路227号
邮编(P. C.)：201203
电话(Tel)：021-38604500-1915
传真(Fax)：021-50793725
联系人(Contact Person)：黄昀
产品业务(Business)：纸张柔软剂

上海世展化工科技有限公司
Shanghai World-prospect Chem. Tech. Co., Ltd.
(详见高吸收性树脂)

星悦精细化工商贸(上海)有限公司
Seiko PMC (Shanghai) Commerce & Trading Co.
地址(Add)：上海市青海路118号云海苑29楼
邮编(P. C.)：200041
电话(Tel)：021-52283211
传真(Fax)：021-62187200
E-mail：li-yan@seikopmc. co. jp
Http://www. seikopmc. co. jp
法人代表(Chairman)：宫坂光信
总经理(General Manager)：吉良太郎
联系人(Contact Person)：李艳
产品业务(Business)：湿强剂，柔软剂，起皱剂，剥离剂

巴克曼实验室化工(上海)有限公司
Buckman Laboratories (Shanghai) Chemicals Co., Ltd.
地址(Add):上海市青浦工业园区崧泽大道8500号
邮编(P. C.):201707
电话(Tel):021-69210188
传真(Fax):021-69210500
E-mail:chuang@buckman.com
Http://www.buckman.com
总经理(General Manager):陈满葵
联系人(Contact Person):黄程
产品业务(Business):生物制浆酶及其他造纸化学品

上海东升新材料有限公司
Shanghai Dongsheng New Materials Co., Ltd.
地址(Add):上海市田林路388号1幢7楼
邮编(P. C.):200233
电话(Tel):021-64838680
传真(Fax):021-64518499
E-mail:heaihua@dssun.com
Http://www.dssun.com
联系人(Contact Person):何爱华
产品业务(Business):造纸添加剂

上海嘉卓化工有限公司
Brilliant Chemicals (Shanghai) Co., Ltd.
地址(Add):上海市田州路99号新茂大楼801室
邮编(P. C.):200233
电话(Tel):021-54450588
传真(Fax):021-54450988
联系人(Contact Person):尹才军
产品业务(Business):经销进口染料

赢创特种化学(上海)有限公司
Evonik Specialty Chemicals (Shanghai) Co., Ltd.
(详见离型纸、离型膜)

上海宏度精细化工有限公司
Shanghai Hondu Fine Chemical Co., Ltd.
地址(Add):上海市徐汇区沪闵路9120号圣骊家园B栋702室
邮编(P. C.):200235
电话(Tel):021-64823356
传真(Fax):021-64823351-820
E-mail:hondujkh@163.com
Http://www.honjduchem.com
联系人(Contact Person):姜宽宏
产品业务(Business):胶粘物控制酶,打浆酶,湿巾浓缩浸渍液

欧诺法功能化学品(上海)有限公司
Omnova Performance Chemicals (Shanghai) Co., Ltd.
地址(Add):上海市徐汇区龙华中路596号绿地中心东楼709-711室
邮编(P. C.):200032
电话(Tel):021-64732525-618
传真(Fax):021-54211766
E-mail:roger.tu@omnova.com
Http://www.omnova.com
联系人(Contact Person):屠晓冬
产品业务(Business):湿强剂、活性剂

上海湛和实业有限公司
Shanghai Zhanhe Industrial Co., Ltd.
地址(Add):上海市徐汇区南丹东路188号久隆大厦2101室
邮编(P. C.):200030
电话(Tel):021-64873737
传真(Fax):021-64873700
E-mail:xg_wang@zhanhegroup.com
Http://www.zhanhegroup.com
法人代表(Chairman):牛守华
总经理(General Manager):牛守华
联系人(Contact Person):王新光
产品业务(Business):代理造纸化学助剂,包括分散剂、柔软剂、剥离剂、干强剂、粘缸起皱剂、脱墨剂、毛毯清洗剂、纸质改进剂

上海尚志生物科技有限公司
Shanghai Sunwise Bio-technology Co., Ltd.
地址(Add):上海市徐汇区钦州路100号科技创业中心2号楼1203-1204室
邮编(P. C.):200235
电话(Tel):021-64820737
传真(Fax):021-64820738-820
E-mail:sunwiseydh@163.com
Http://www.sunwisebio.com
法人代表(Chairman):姜宽宏
总经理(General Manager):姜宽宏
联系人(Contact Person):尹敦华
产品业务(Business):打浆酶,胶粘物控制酶,生物酶脱墨剂,网毯清洁剂

上海兖华新材料科技有限公司
Shanghai Yanhua New Material Technology Co., Ltd.
地址(Add):上海市徐汇区钦州南路81号406室
邮编(P. C.):200233
电话(Tel):021-54065598
传真(Fax):021-54065598
E-mail:xiangzhong0816@163.com
联系人(Contact Person):钟想
产品业务(Business):造纸淀粉

广州市合诚化工有限公司上海分公司
Guangzhou Honsea Chemistry Co., Ltd.
地址(Add):上海市徐汇区石龙路345弄3号3幢
邮编(P. C.):200230
电话(Tel):021-51083299
传真(Fax):021-54080906
E-mail:wanglong@honsea.com
Http://www.honsea.com
联系人(Contact Person):王龙
产品业务(Business):化学品,粘合剂

信越有机硅国际贸易(上海)有限公司
Shin-Etsu Silicone International Trading (Shanghai) Co., Ltd.
地址(Add):上海市徐汇区肇嘉浜路789号均瑶国际广场29楼
邮编(P. C.):200032
电话(Tel):021-64435550
传真(Fax):021-64435868
E-mail:yutongyan@shinetsu.com.cn

Http://www. shinetsu. com. cn
联系人(Contact Person)：余彤彦
产品业务(Business)：剥离纸用离型剂，消泡剂

上海华杰精细化工有限公司
Shanghai Huajie Fine Chemical Co., Ltd.
地址(Add)：上海市永嘉路35号茂名大厦17楼北
邮编(P. C.)：200020
电话(Tel)：021－64718661
传真(Fax)：021－64730364
E-mail：cshjc@ sh163. net
法人代表(Chairman)：陈适范
总经理(General Manager)：陈适范
联系人(Contact Person)：张柏林
产品业务(Business)：纸浆防霉杀菌剂

陶氏化学(中国)投资有限公司上海分公司
Dow Chemical (China) Co., Ltd. Shanghai Branch
地址(Add)：上海市张江高科技园区张衡路936号
邮编(P. C.)：201203
电话(Tel)：021－38513466
传真(Fax)：021－58954225
E-mail：jjli@ dow. com
Http://www. dow. com/greaterchina/ch
联系人(Contact Person)：李晶
产品业务(Business)：化学品

道康宁(上海)有限公司
Dow Corning (Shanghai) Co., Ltd.
地址(Add)：上海市张江区高科技园区张衡路1077号
邮编(P. C.)：201203
电话(Tel)：021－38995500
传真(Fax)：021－50796567
Http://www. dowcorning. com. cn
产品业务(Business)：有机硅

亚什兰(中国)投资有限公司
Ashland (China) Investment Co., Ltd.
地址(Add)：上海市中山南二路1089号徐汇苑大厦18楼
邮编(P. C.)：200030
电话(Tel)：021－24024881
传真(Fax)：021－24024850
E-mail：gzhou@ ashland. com
Http://www. ashland. com
联系人(Contact Person)：周雯怡
产品业务(Business)：造纸化学品

欧米亚中国造纸业务部
Business Unit Paper Omya China
地址(Add)：江苏省常熟市沿江工业园长春路18号
邮编(P. C.)：215537
电话(Tel)：0512－52643775
传真(Fax)：0512－52647235
E-mail：frank. liu@ omya. com
Http://www. omya. com
联系人(Contact Person)：刘光宏
产品业务(Business)：碳酸钙，颜料

常州市武进运波化工有限公司
Changzhou Wujin Yunbo Chemical Co., Ltd.
地址(Add)：江苏省常州市武进区南门外运村
邮编(P. C.)：213175
电话(Tel)：0519－86131034
传真(Fax)：0519－86134317
E-mail：info@ yunbochem. cn
Http://www. yunbochem. cn
总经理(General Manager)：唐洪奎
联系人(Contact Person)：唐洪奎
产品业务(Business)：湿强剂，分散剂，抗水剂，润滑剂

扬州科宇化工有限公司
Jiangsu Keyu Chemical Co., Ltd.
地址(Add)：江苏省江都市丁伙镇
邮编(P. C.)：225266
电话(Tel)：0514－86501663
传真(Fax)：0514－86501035
E-mail：yzky@ yzkeyuchem. com
Http://www. yzkeyuchem. com
法人代表(Chairman)：陈新
联系人(Contact Person)：陈兴荣
产品业务(Business)：聚丙烯酰胺，氯化聚乙烯，PVC无尘复合稳定润滑剂，聚合物多元醇，硬、软泡组合料

贝克吉利尼新材料(江阴)有限公司
BK Giulini Performance Products (Jiangyin) Co., Ltd.
地址(Add)：江苏省江阴市新城东开发区东盛路58号
邮编(P. C.)：214437
电话(Tel)：0510－86996822
传真(Fax)：0510－86996630
E-mail：apm_ annie@ bk－giulini－jy. com
Http://www. bk－giulini－jy. com
联系人(Contact Person)：吴蕊
产品业务(Business)：造纸化学助剂，添加剂

南京欧米亚精细化工有限公司
Nanjing Omya Fine Chemical Co., Ltd.
地址(Add)：江苏省南京市板桥镇
邮编(P. C.)：210039
电话(Tel)：025－86700800
传真(Fax)：025－86707538
E-mail：colin. ma@ omya. com
Http://www. omya. com
联系人(Contact Person)：马凯旋
产品业务(Business)：碳酸钙，颜料

南京海辰化工有限公司
Haichen Chemicals Co., Ltd.
地址(Add)：江苏省南京市草场门大街101号文荟大厦9楼C/D座
邮编(P. C.)：210036
电话(Tel)：025－86214821
传真(Fax)：025－86214811
E-mail：haixia86214821@ hotmail. com
Http://www. njhccc. com
联系人(Contact Person)：史海霞
产品业务(Business)：乙烯胺，有机硅，聚乙烯醇

南京扬子伊士曼化工有限公司
Nanjing Yangzi Eastman Chemical Ltd.
(详见热熔胶)

南京东正化轻有限公司
Nanjing Dongzheng Chemical & Light Industry Materials Co., Ltd.
(详见高吸收性树脂)

南京赛普高分子材料有限公司
Nanjing Sap Macromolecular Materials Co., Ltd.
(详见高吸收性树脂)

南京四诺精细化学品有限公司
Nanjing Snow Fine Chemicals Co., Ltd.
地址(Add):江苏省南京市江东北路91号典雅居大厦1506室
邮编(P.C.):210036
电话(Tel):025-86473843
传真(Fax):025-86473843
E-mail:work9988@163.com
Http://www.snowfc.cn
联系人(Contact Person):严旭阳
产品业务(Business):分散剂,助留助滤剂,脱墨剂,干强剂

扬子石化-巴斯夫有限责任公司
BASF-YPC Co., Ltd.
地址(Add):江苏省南京市六合区新华东路8号
邮编(P.C.):210048
电话(Tel):025-58569927
传真(Fax):025-58569900
E-mail:qint@basf-ypc.com.cn
Http://www.basf-ypc.com.cn
联系人(Contact Person):秦涛
产品业务(Business):丙烯酸类产品,芳烃类产品,聚合物

九洲生物技术(苏州)有限公司
Jiuzhou Biological Technology (Suzhou) Co., Ltd.
地址(Add):江苏省苏州工业园区苏虹中路225号
邮编(P.C.):215002
电话(Tel):0512-67065322
传真(Fax):0512-67065331
E-mail:lusz@nccchina.cn
Http://www.nccchina.cn
联系人(Contact Person):陆守真
产品业务(Business):造纸化学品

天禾化学品(苏州)有限公司
Tianhe Chemicals (Suzhou) Ltd.
地址(Add):江苏省苏州市木渎花苑东路199号
邮编(P.C.):215101
电话(Tel):13706210287
传真(Fax):0512-68240792
E-mail:yong-2046@163.com
Http://www.tianmapharma.com
法人代表(Chairman):傅明华
联系人(Contact Person):俞晓华
产品业务(Business):造纸化学品

苏州工业园区沃普科技有限公司
Suzhou Industrial Park WoPro Technology Co., Ltd.
地址(Add):江苏省苏州市苏州工业园区东景工业坊
邮编(P.C.):215021
电话(Tel):0512-88868716
传真(Fax):0512-88606606
E-mail:wopro@wopro.com.cn
Http://www.szwopro.com
法人代表(Chairman):嵇锦勇
总经理(General Manager):嵇锦勇
联系人(Contact Person):嵇锦勇
产品业务(Business):水处理剂,造纸助剂

苏州凯莱德化学品有限公司
Suzhou Chemland Chemicals Co., Ltd.
地址(Add):江苏省苏州市苏州工业园区通园路398号海逸大厦510室
邮编(P.C.):215021
电话(Tel):0512-62727862
传真(Fax):0512-62727852
E-mail:nckchemland@163.com
联系人(Contact Person):那成科
产品业务(Business):造纸化学品

苏州市恒康造纸助剂技术有限公司
Suzhou HK Actives Technology Co., Ltd.
地址(Add):江苏省苏州市高新区浒墅关镇道安路9号
邮编(P.C.):215151
电话(Tel):0512-67209673
传真(Fax):0512-67202673
E-mail:rainbow_2525@163.com
Http://www.hkzj.cn
法人代表(Chairman):马恩妹
总经理(General Manager):马恩妹
联系人(Contact Person):王乾华
产品业务(Business):造纸助剂

无锡市联合恒洲化工有限公司
Wuxi Titan Chemical Corp.
地址(Add):江苏省无锡市清扬路123号金阳大厦509室
邮编(P.C.):214023
电话(Tel):0510-81120112
传真(Fax):0510-85226500
E-mail:evan.wangg@trumpchemicals.com
Http://www.trumpchemicals.com
联系人(Contact Person):王清劭
产品业务(Business):特殊化学品,精细化学品

杭州诚进贸易有限公司
Hangzhou Sun Chemical Co., Ltd.
地址(Add):浙江省杭州市滨江区江南大道480号滨海大厦602室
邮编(P.C.):310052
电话(Tel):0571-86888368
传真(Fax):0571-87663668
E-mail:mark@sctwn.com
联系人(Contact Person):王振华
产品业务(Business):非织造布亲水试剂/阻燃剂

杭州市化工研究所有限公司
Hangzhou Research Institute of Chemical Technology Co., Ltd.
地址(Add):浙江省杭州市湖墅区长板巷石灰坝7号
邮编(P.C.):310014

电话(Tel)：0571－88314437
传真(Fax)：0571－88314437
E-mail：hhskyb@ mail. hz. zj. cn
Http://www. hhs. cn
法人代表(Chairman)：姚献平
总经理(General Manager)：姚献平
联系人(Contact Person)：陆伟
产品业务(Business)：变性淀粉，纸张湿强剂，卫生纸用助剂，废纸脱墨剂

杭州利德进出口有限公司
Hangzhou L & D I & E Co., Ltd.

地址(Add)：浙江省杭州市下城区朝晖路179号嘉汇大厦B座9楼
邮编(P. C.)：310014
电话(Tel)：0571－56328372
传真(Fax)：0571－56369130
E-mail：hzlead@ hzlead. com. cn
Http://www. hzlead. com. cn
联系人(Contact Person)：崔磊峰
产品业务(Business)：经销化工原料，助剂

杭州绿色助剂研究所
Hangzhou Green Additives Research Institute

地址(Add)：浙江省杭州市下城区石桥路永华街127号
邮编(P. C.)：310022
电话(Tel)：0571－85818983
传真(Fax)：0571－85818953
E-mail：greenadditive88@ 163. com
Http://www. greenadditive. com
法人代表(Chairman)：钱华
总经理(General Manager)：童虎
联系人(Contact Person)：许炯
产品业务(Business)：柔软剂，剥离剂，固色剂，消泡剂，丙烯酸乳液

浙江传化股份有限公司
Zhejiang Transfar Co., Ltd.

地址(Add)：浙江省杭州市萧山经济技术开发区建设一路58号
邮编(P. C.)：311222
电话(Tel)：0571－83781596
传真(Fax)：0571－83781582
E-mail：fjnpjw@ 126. com
Http://www. transfarchem. com
联系人(Contact Person)：王进伟
产品业务(Business)：造纸化学品

宁波杉杉物产有限公司
Ningbo Shanshan Resources Corporation

地址(Add)：浙江省宁波市鄞州区日丽中路777号杉杉大厦5－6厦
邮编(P. C.)：315100
电话(Tel)：0574－28903265
传真(Fax)：0574－28903266
E-mail：chriszheng@ ssres. com. cn
Http://www. ssres. com. cn
法人代表(Chairman)：殷志远
总经理(General Manager)：郑培峥
联系人(Contact Person)：郑培峥
产品业务(Business)：造纸化学品

浙江和新科技有限公司
Zhejiang Hexin Technology Co., Ltd.

地址(Add)：浙江省遂昌县妙高镇梅溪路90号
邮编(P. C.)：323300
电话(Tel)：0578－8170374
传真(Fax)：0578－8170685
E-mail：chihexsb2008@ 163. com
Http://www. chihechem. com
法人代表(Chairman)：赵成浩
联系人(Contact Person)：江黎俊
产品业务(Business)：造纸化学助剂

浙江传化华洋化工有限公司
Zhejiang Transfar Whyyon Chemical Co.; Ltd.

地址(Add)：浙江省萧山市经济技术开发区鸿达路125号
邮编(P. C.)：311231
电话(Tel)：0571－82696688－6203
传真(Fax)：0571－82696488
E-mail：whyyon@ etransfar. com
Http://www. transfarwhyyon. com
法人代表(Chairman)：吴建华
总经理(General Manager)：来跃明
联系人(Contact Person)：许夕峰
产品业务(Business)：造纸增白剂，脱墨剂

东莞市邦仕化工科技有限公司驻皖办事处
Dongguan Bouncer Chemical Technology Co., Ltd. Anhui Office

地址(Add)：安徽省蒙城县北蒙大道141号
邮编(P. C.)：233500
电话(Tel)：0558－7620272
传真(Fax)：0558－7620272
联系人(Contact Person)：吕杰
产品业务(Business)：造纸助剂

福州灵丰造纸开发有限公司
Fuzhou Lingfeng Paper Development Co., Ltd.

地址(Add)：福建省福州市西洋路163号西洋公寓103室
邮编(P. C.)：350005
电话(Tel)：0591－83304465
传真(Fax)：0591－83319455
法人代表(Chairman)：林峰
总经理(General Manager)：林峰
联系人(Contact Person)：林峰
产品业务(Business)：造纸化学助剂，毛毯

晋江市万兴塑料造粒厂
Jinjiang Wanxing Plastic Granulation Plant

地址(Add)：福建省晋江市新塘街道沙塘社区南一区7号
邮编(P. C.)：362261
电话(Tel)：0595－88189837
联系人(Contact Person)：王万春
产品业务(Business)：干燥剂，荧光增白剂

晋江市银响精细化工科技开发有限公司
Jinjiang Yinxiang Fine Chemical Technology Development Co., Ltd.

地址(Add)：福建省晋江市永和镇英墩沪坑工业区7号
邮编(P. C.)：362235
电话(Tel)：0595－88022701
传真(Fax)：0595－88022901

E-mail：webmaster@ yinxiang - cn. com
Http://www. yinxiang - cn. com
法人代表(Chairman)：许金井
联系人(Contact Person)：许贤响
产品业务(Business)：造纸化学品

厦门宇新贸易有限公司
Xiamen Yuxin Trading Co.，Ltd.
(详见流延膜及塑料母粒)

厦门纬鸿贸易有限公司
Xiamen Weihong Trade Co.，Ltd.
地址(Add)：福建省厦门市湖里区长乐路1号海发大厦B509室
邮编(P. C.)：361006
电话(Tel)：0592 - 5665321
传真(Fax)：0592 - 5665210
E-mail：hjy19831220@ 163. com
联系人(Contact Person)：许建家
产品业务(Business)：造纸染料

厦门沣利达化工科技有限公司
Xiamen Fenglida Chemical Technology Co.，Ltd.
地址(Add)：福建省厦门市思明区嘉禾路329号第三层ST - 5室
邮编(P. C.)：365004
电话(Tel)：0592 - 3765566
传真(Fax)：0592 - 3765252
E-mail：125460532@ qq. com
联系人(Contact Person)：潘文东
产品业务(Business)：造纸化学品，污水处理絮凝剂

厦门卉青环保科技有限公司
Xiamen Huiqing Environment Protecting Technology Co.，Ltd.
地址(Add)：福建省厦门市思明区嘉禾路351号1812
邮编(P. C.)：365004
电话(Tel)：0592 - 5311712
传真(Fax)：0592 - 5311872
E-mail：xmhqhb@ 163. com
联系人(Contact Person)：林让卿
产品业务(Business)：水处理剂，分析仪器

江西威科油脂化学有限公司
Jiangxi Weike Axunge Chemistry Co.，Ltd.
地址(Add)：江西省吉安市国家井冈山经济开发区
邮编(P. C.)：343100
电话(Tel)：0796 - 8403336
传真(Fax)：0796 - 8402567
E-mail：weikeyouzhi@ 163. com
Http://www. wk163. com
联系人(Contact Person)：吴国岚
产品业务(Business)：油脂精细化学品、表面活性剂、润滑剂

美国菲蓝国际集团九江菲蓝高新材料有限公司
Fairland Performance Materials Co.，Ltd.
地址(Add)：江西省九江市永修星火工业园
邮编(P. C.)：330319
电话(Tel)：0792 - 3170355
传真(Fax)：0792 - 3170355
Http://www. fair - land. com. cn
联系人(Contact Person)：龙江海
产品业务(Business)：有机硅

上海和氏璧化工有限公司济南办事处
NCM Hersbit Chemical Co.，Ltd.
(详见高吸收性树脂)

济南奥赛工贸有限公司
Jinan Aosai Trade Co.，Ltd.
地址(Add)：山东省济南市山大南路13号325室
邮编(P. C.)：250001
电话(Tel)：0531 - 88553703
传真(Fax)：0531 - 88553703
E-mail：jxgx006@ 163. com
联系人(Contact Person)：高霞
产品业务(Business)：造纸化学品

济南顺康助剂有限公司
Jinan Shunkang Actives Co.，Ltd.
地址(Add)：山东省济南市英雄山路南首
邮编(P. C.)：250002
电话(Tel)：0531 - 82772228
联系人(Contact Person)：张峰
产品业务(Business)：分散剂，脱墨剂

青岛立洲化工有限公司
Qingdao Lizhou Chemicals Co.，Ltd.
地址(Add)：山东省莱西市望城烟台南路27号
邮编(P. C.)：266601
电话(Tel)：0532 - 88416111
传真(Fax)：0532 - 88485251
E-mail：office@ jinshanhuagong. com
Http://www. jinshanhuagong. com
法人代表(Chairman)：隋金洋
总经理(General Manager)：隋金洋
联系人(Contact Person)：隋金洋
产品业务(Business)：化学品

山东省栖霞市李博士微细滑石有限公司
Shandong Xixia Doctor Li Microtalc Co.，Ltd.
地址(Add)：山东省栖霞市庙后镇李博士滑石工业区
邮编(P. C.)：264000
电话(Tel)：0535 - 5546162
传真(Fax)：0535 - 5546853
E-mail：liboshitalc@ sina. com
联系人(Contact Person)：李树杰
产品业务(Business)：滑石粉

泰安市鑫泉造纸助剂厂
Taian Xinquan Paper Actives Factory
地址(Add)：山东省泰安市北集坡开发区赵庄村
邮编(P. C.)：271000
电话(Tel)：0538 - 8920388
传真(Fax)：0538 - 8920388
E-mail：qirenhuagongchen@ 126. com
法人代表(Chairman)：刘学会
总经理(General Manager)：刘学会
联系人(Contact Person)：李德才
产品业务(Business)：泡柔膨化剂，纸浆分散剂，荧光增白剂，脱墨剂，助留增强剂，增光剥离剂，蒸煮助

剂，纸品显白剂，漂白剂

泰安市东岳助剂厂
Taian Dongyue Additives Factory
地址(Add)：山东省泰安市龙潭路209号
邮编(P. C.)：271000
电话(Tel)：0538－6611988
传真(Fax)：0538－6610809
E-mail：dylh－paper@ tom. cn
Http://www. dyzjc. com
总经理(General Manager)：孙兆华
联系人(Contact Person)：张圣军
产品业务(Business)：造纸化学助剂

泰安市奇能化工科技有限公司
Taian Qineng Chemical Technology Co., Ltd.
地址(Add)：山东省泰安市泮河大街28号
邮编(P. C.)：271001
电话(Tel)：0538－8206588
Http://www. qnhg588. com
联系人(Contact Person)：郑琳
产品业务(Business)：造纸助剂

苏柯汉(潍坊)生物工程有限公司
Sukahan (Weifang) Bio－Technology Co., Ltd.
地址(Add)：山东省潍坊市高新区卧龙东街2237号(金马路口东100米路北)
邮编(P. C.)：261061
电话(Tel)：0536－2227222
传真(Fax)：0536－2227077
E-mail：13563686308@ 163. com
Http://www. sukahan. com
法人代表(Chairman)：韩威华
总经理(General Manager)：丁经理
产品业务(Business)：生活用纸酶

山东海韵生态纸业有限公司
Shandong Haiyun Eco－Paper Making Co., Ltd.
(详见纸浆)

许昌市豫龙精细化工有限公司
Xuchang Yulong Fine Chemicals Co., Ltd.
地址(Add)：河南省许昌市八一路115号
邮编(P. C.)：461000
电话(Tel)：0374－4392386
传真(Fax)：0374－4361880
E-mail：gyjun@ alibaba. com. cn
总经理(General Manager)：郭永军
产品业务(Business)：经销造纸化学助剂

许昌市远征化工有限公司
Xuchang Yuanzheng Chemical Co., Ltd.
地址(Add)：河南省许昌市北郊营庄村(市区107国道北段小南海加油站南200米路西)
邮编(P. C.)：461000
电话(Tel)：0374－4391909
传真(Fax)：0374－4391909
E-mail：xcyuanzheng@ alibaba. com. cn
法人代表(Chairman)：王富英
产品业务(Business)：经销造纸增白剂，脱墨剂，膨化剂，除胶剂，挺力剂，显白剂，剥离剂，助留剂，分散剂，柔软剂

郑州中吉精细化工有限公司
Zhengzhou Zhongji Fine Chemicals Co., Ltd.
地址(Add)：河南省郑州市民航路19号企业一号614
邮编(P. C.)：450008
电话(Tel)：0371－56719078
传真(Fax)：0371－55971057
E-mail：info@ zjpp. com
Http://www. zjpp. com
联系人(Contact Person)：宋令芳
产品业务(Business)：造纸化学助剂

河南天维纸业有限公司
Henan Tianwei Paper Industry Co., Ltd.
(详见纸浆)

河南省道纯化工技术有限公司
Henan Titaning Chemical Technical Co., Ltd.
地址(Add)：河南省郑州市文化路128号航天大厦15楼A8
邮编(P. C.)：450002
电话(Tel)：0371－63563761
传真(Fax)：0371－63563936
E-mail：dchgyx@ tom. com
Http://www. dchg. com. cn
法人代表(Chairman)：王丽华
总经理(General Manager)：王丽华
联系人(Contact Person)：刘霞
产品业务(Business)：柔软剂，脱墨剂，显白剂

嘉鱼县中天化工有限责任公司
Jiayu Zhongtian Chemical Co., Ltd.
地址(Add)：湖北省嘉鱼县鱼岳镇徐家庄93号
邮编(P. C.)：437200
电话(Tel)：0715－6329868
传真(Fax)：0715－6364417
E-mail：13807247197@ vip. 163. com
法人代表(Chairman)：彭国启
总经理(General Manager)：彭国启
联系人(Contact Person)：彭国启
产品业务(Business)：增白剂，脱墨剂，漂白剂，湿强剂

利川市点石化工科技有限公司
Lichuan Gold Well Chemical Science Co., Ltd.
地址(Add)：湖北省利川市解放西路77号
邮编(P. C.)：445499
电话(Tel)：0718－7297906
传真(Fax)：0718－7297905
E-mail：goldwell@ 126. com
Http://www. goldwellchem. com
联系人(Contact Person)：吴登义
产品业务(Business)：消泡剂

湖北嘉韵化工科技有限公司
Hubei Jiayun Chemical Technology Co., Ltd.
地址(Add)：湖北省仙桃市刘口工业园叶河路1号
邮编(P. C.)：433000
电话(Tel)：0728－3255688
传真(Fax)：0728－3255601
E-mail：999jiayun@ 163. com

Http://www. jiayunchem. com
法人代表(Chairman)：胡新仿
总经理(General Manager)：胡新仿
联系人(Contact Person)：梁红利
产品业务(Business)：湿强剂，干强剂，柔软剂

东莞市东美食品有限公司
Dongguan Dongmei Food Co., Ltd.
地址(Add)：广东省东莞市高埗镇北王路护安围工业区
邮编(P. C.)：523279
电话(Tel)：0769 - 88731228
传真(Fax)：0769 - 88874888
E-mail：dmstarch@ 126. com
Http://www. dm - starch. com
联系人(Contact Person)：魏景新
产品业务(Business)：生活用纸增强淀粉

东莞市粤星纸业助染有限公司
Dongguan Yuexing Chemical Actives Co., Ltd.
地址(Add)：广东省东莞市万江石美管理区雨云亭楼12号
邮编(P. C.)：523040
电话(Tel)：0769 - 22272839
传真(Fax)：0769 - 22172089
E-mail：yuexingkk@ 163. net
法人代表(Chairman)：林泉
总经理(General Manager)：林泉
联系人(Contact Person)：黄晓峰
产品业务(Business)：絮凝剂，纸张染料，分散剂

东莞市欧保化工科技有限公司
Opel Chemical Technology Co., Ltd.
地址(Add)：广东省东莞市中堂镇东港城商业街
邮编(P. C.)：523220
电话(Tel)：0769 - 88181017
传真(Fax)：0769 - 88181017
联系人(Contact Person)：陈锦兴
产品业务(Business)：造纸助剂

佛山市骏能造纸材料厂
Foshan Junneng Paper Material Factory
地址(Add)：广东省佛山市南海区罗村芦塘工业区
邮编(P. C.)：528226
电话(Tel)：0757 - 86414462
传真(Fax)：0757 - 86414522
E-mail：jn@ jn668. com
Http://www. jn668. com
联系人(Contact Person)：张威
产品业务(Business)：消泡剂，湿强剂，防腐杀菌剂

佛山市禅城区下朗雄耀塑料厂
Foshan Chancheng Xialang Xiongyao Plastics Plant
地址(Add)：广东省佛山市张槎下朗工业大道三路7号
邮编(P. C.)：528051
电话(Tel)：0757 - 82201908
联系人(Contact Person)：招细雄
产品业务(Business)：增粘剂，防静电剂

广州亨安精细化工有限公司
Guangzhou Hengan Fine Chemical Co., Ltd.
地址(Add)：广东省广州市白云区鹤龙一路御丰广场2C09
邮编(P. C.)：510440
电话(Tel)：020 - 37328239
传真(Fax)：020 - 61164626
E-mail：heng_ an006@ 126. com
Http://www. hachemical. com
联系人(Contact Person)：黄顺忠
产品业务(Business)：造纸化学品

广州森鑫日化有限公司
Guangzhou Senxin Chemical Co., Ltd.
地址(Add)：广东省广州市白云区西槎路增宝大厦101号
邮编(P. C.)：510000
电话(Tel)：020 - 86488659
传真(Fax)：020 - 86488653
E-mail：hksenxin@ yahoo. cn
Http://www. gzsenxin. com
法人代表(Chairman)：杨钧甫
总经理(General Manager)：杨钧甫
联系人(Contact Person)：吴梁燕
产品业务(Business)：造纸化学品

广州宇洁化工有限公司
Guangzhou Yujie Chemical Co., Ltd.
地址(Add)：广东省广州市宝岗大道中新大厦12楼12 - 13B室
邮编(P. C.)：510240
电话(Tel)：020 - 34371818
传真(Fax)：020 - 34370384
Http://www. yujiechem. cn
联系人(Contact Person)：芮爱杰
产品业务(Business)：造纸化学品

广东金天擎化工科技有限公司
Guangdong King Tech Chemical Industry Technical Co., Ltd.
地址(Add)：广东省广州市番禺区番禺大道北383号
邮编(P. C.)：511400
电话(Tel)：020 - 82582206
传真(Fax)：020 - 82582730
E-mail：gd@ kingtianqing. com
Http://www. kingtianqing. com
法人代表(Chairman)：秦保国
产品业务(Business)：造纸化学品

广东省造纸研究所
Guangdong Paper Research Institute
地址(Add)：广东省广州市海珠区新港西路154号
邮编(P. C.)：510300
电话(Tel)：020 - 34301776
传真(Fax)：020 - 34301776
E-mail：gdpiri@ sti. gd. cn
法人代表(Chairman)：伍泽荣
联系人(Contact Person)：陈小燕
产品业务(Business)：湿强剂，干强剂，柔软剂，胶带原纸

瓦克化学(中国)有限公司广州分公司
Wacker Chemicals (China) Co., Ltd. Guangdong Office
地址(Add)：广东省广州市环市东路368号花园酒店花园大厦1241 - 47室

邮编(P. C.): 510064
电话(Tel): 020 - 83963613 - 3610
传真(Fax): 020 - 83871584
联系人(Contact Person): 余国军
产品业务(Business): VAE 乳液

广东富邦化工有限公司
T & Y Chemicals Co., Ltd.
地址(Add): 广东省广州市黄埔大道西 76 号富力盈隆广场 610 - 616 室
邮编(P. C.): 510623
电话(Tel): 020 - 38390865
传真(Fax): 020 - 38390866
E-mail: zsy@ tnychem. com
Http://www. tnychem. com
联系人(Contact Person): 沈雄文
产品业务(Business): 代理国外化学品

科莱恩颜料及添加剂部
Clariant International Ltd. Paint & Additives Unit
地址(Add): 广东省广州市流花路中国大酒店商业大厦 704 - 707 室
邮编(P. C.): 510015
电话(Tel): 020 - 86684334
传真(Fax): 020 - 86674105
E-mail: vivian. xu@ clariant. com
联系人(Contact Person): 徐蓉
产品业务(Business): 造纸化学品, 颜料和添加剂, 色母粒, 功能性化工用品

广州市合诚化学有限公司
Guangzhou Honsea Chemistry Co., Ltd.
地址(Add): 广东省广州市萝岗区云埔工业区云诚路 8 号
邮编(P. C.): 510530
电话(Tel): 020 - 32067089
传真(Fax): 020 - 32067066
E-mail: rtg@ honsea. com
Http://www. honsea. com
联系人(Contact Person): 容土光
产品业务(Business): 化学品

广州市朗恩贸易有限公司
Guangzhou Langen Trading Co., Ltd.
地址(Add): 广东省广州市天河区华强路富力盈丰大厦 2 号 1628 室
邮编(P. C.): 510623
电话(Tel): 13926479678
传真(Fax): 020 - 38063512
E-mail: papermaker@ vip. 163. com
联系人(Contact Person): 郭子燕
产品业务(Business): 造纸助剂

迈图高新材料集团
Momentive Performance Materials Inc.
地址(Add): 广东省广州市天河区体育西路 189 号城建大厦 11 楼 FG 单元
邮编(P. C.): 510620
电话(Tel): 020 - 38798218 - 1006
传真(Fax): 020 - 38798011
E-mail: sunny. zheng@ momentive. com
联系人(Contact Person): 郑志军
产品业务(Business): 有机硅胶

亚什兰(中国)投资有限公司广州分公司
Ashland (China) Holding Co., Ltd. Guangzhou Branch
地址(Add): 广东省广州市沿江中路 296 号江湾商业大厦写字楼 1510 室
邮编(P. C.): 510110
电话(Tel): 020 - 83283830
传真(Fax): 020 - 83283021
E-mail: crzheng@ ashland. com
联系人(Contact Person): 郑才荣
产品业务(Business): 造纸化学品

南京古田化工有限公司
Nanjing Golden Chemical Co., Ltd.
地址(Add): 广东省广州市越秀区解放北路 899 号锦州国际商务中心 502 室
邮编(P. C.): 510000
电话(Tel): 020 - 38776595
传真(Fax): 020 - 38677324
E-mail: chenchao@ goldenchemical. com
联系人(Contact Person): 陈超
产品业务(Business): 杀菌剂, 消泡剂, 螯合剂

广州市睿漫化工有限公司
Reach Mount (GZ) Chemicals Co., Ltd.
地址(Add): 广东省广州市越秀区中山三路 33 号中华国际中心 B 座 10 楼 B100 房
邮编(P. C.): 510055
电话(Tel): 020 - 83826206
传真(Fax): 020 - 38218827
E-mail: rmtlee@ 21cn. com
Http://www. rmt - cn. diytrade. com
法人代表(Chairman): 李令军
总经理(General Manager): 李令军
联系人(Contact Person): 李令军
产品业务(Business): 造纸分散剂

广州市栢源贸易有限公司
Guangzhou Baiyuan Trade Co., Ltd.
地址(Add): 广东省广州市中山八路新虹街 38 号 804 室
邮编(P. C.): 510630
电话(Tel): 020 - 38028101
传真(Fax): 020 - 38037782
法人代表(Chairman): 李蒙霞
总经理(General Manager): 李蒙霞
联系人(Contact Person): 李蒙霞
产品业务(Business): 分散剂

广州银森企业有限公司
Guangzhou Yinsen Industry Co., Ltd.
地址(Add): 广东省广州市珠江新城华普广场东塔 2201
邮编(P. C.): 510620
电话(Tel): 020 - 28865700
传真(Fax): 020 - 28865709
E-mail: bob@ yinsen. net
Http://www. yinsen. net
联系人(Contact Person): 林洁伟
产品业务(Business): 销售化学品

江门星宇实业有限公司
Jiangmen Xingyu Industry Co., Ltd.
地址(Add):广东省江门市杜阮镇北二路3号
邮编(P. C.):529075
电话(Tel):0750-3672976
传真(Fax):0750-3672979
Http://www.xingyuchem.com
联系人(Contact Person):蒋晓梅
产品业务(Business):造纸增白剂,离缸剂,分散剂

江门市溢远助剂科技有限公司
Yiyuan Fine Chemical Co., Ltd.
地址(Add):广东省江门市杜阮子绵工业区
邮编(P. C.):529000
电话(Tel):0750-3650007
传真(Fax):0750-3651760
E-mail:jmrsdlm@vip.sina.com
Http://www.jmyfc.cn
法人代表(Chairman):李敏
联系人(Contact Person):潘恒富
产品业务(Business):造纸助剂

江门市大中科技企业发展有限公司
Bigchina Technique Enterprise Development Ltd.
地址(Add):广东省江门市礼乐文昌花园99栋首层
邮编(P. C.):529060
电话(Tel):0750-3610763
传真(Fax):0750-3612762
E-mail:1013139459@qq.com
Http://www.paperinfo.cn
法人代表(Chairman):钟其甫
总经理(General Manager):钟其甫
联系人(Contact Person):凌小华
产品业务(Business):脱墨剂,除胶剂,膨化剂,剥离剂,纸浆光亮剂

江门市荣辉化工有限公司
Jiangmen Ronghui Chemical Co., Ltd,
地址(Add):广东省江门市蓬江区江华路49号
邮编(P. C.):529020
电话(Tel):0750-3971559
联系人(Contact Person):蒋晓梅
产品业务(Business):增白剂

利基化工有限公司
TOP Niche Chemical Co., Ltd.
地址(Add):广东省江门市新会冈州大道中15号107、108
邮编(P. C.):529100
电话(Tel):0750-6969227
传真(Fax):0750-6969227
E-mail:topniche@163.com
联系人(Contact Person):巢沃新
产品业务(Business):造纸助剂

江门市志冠化工有限公司
Jiangmen Zhiguan Chemical Co., Ltd.
地址(Add):广东省江门市新会区新会大道中45号
邮编(P. C.):529100
电话(Tel):0750-6709698
传真(Fax):0750-6709678
联系人(Contact Person):李锦辉
产品业务(Business):杀菌剂,消泡剂,增强剂,分散剂,絮凝剂

苏州市恒康造纸助剂技术有限公司广东销售部
Suzhou HK Actives Technology Co., Ltd. Guangdong Branch
地址(Add):广东省江门市新会区新桥路3号206室
邮编(P. C.):529100
电话(Tel):0750-6329257
传真(Fax):0750-6329603
E-mail:fdjxhg@163.com
Http://www.hkzj.cn
联系人(Contact Person):支为民
产品业务(Business):分散剂,防霉杀菌剂,增强剂

深圳市三力星实业有限公司
Shenzhen Sanlixing Industry Co., Ltd.
地址(Add):广东省深圳市福田区新闻路1号中电信息大厦东座23楼
邮编(P. C.):518034
电话(Tel):0755-83733558
传真(Fax):0755-83733596
E-mail:info@sanlixing.com
Http://www.sanlixing.com
法人代表(Chairman):汤衡军
联系人(Contact Person):汤衡军
产品业务(Business):分散剂,助留、助滤剂

深圳市康达特科技发展有限公司
Shenzhen Contek Technology Development Co., Ltd.
地址(Add):广东省深圳市福田区新洲北路满京华投资大楼405室
邮编(P. C.):518049
电话(Tel):0755-83113973
传真(Fax):0755-83113975
E-mail:szwangws@163.com
联系人(Contact Person):王万水
产品业务(Business):造纸化学品

凯米斯特化学树脂(香港)有限公司
Kemista Chemistry Colophony (HK) Ltd.
地址(Add):广东省深圳市科技园科技路23-25号
邮编(P. C.):518057
电话(Tel):0755-26502070
传真(Fax):0755-26501877
E-mail:kemista@126.com
联系人(Contact Person):汪洋
产品业务(Business):化学品

深圳市永联丰化工科技有限公司
Shenzhen Uniform Chemical Technology Co., Ltd.
地址(Add):广东省深圳市蛇口招商路招商大厦402-403室
邮编(P. C.):518067
电话(Tel):0755-26823495
传真(Fax):0755-26671176
E-mail:dbwin@sohu.com
法人代表(Chairman):杨飞舟
总经理(General Manager):杨飞舟
联系人(Contact Person):黄启林
产品业务(Business):分散剂,杀菌剂

英德市云超聚合材料有限公司
Yingde Yunchao Ploymer Material Co., Ltd.
地址(Add): 广东省英德市九龙镇大陂工业区
邮编(P. C.): 513029
电话(Tel): 0763－2752814
传真(Fax): 0763－2752824
Http://www.yunchao.com.cn
联系人(Contact Person): 陈修行
产品业务(Business): 杀菌剂, 增强剂, 消泡剂

广西宾阳宏远化工有限公司
Guangxi Binyang Hongyuan Chemicals Co., Ltd.
(详见检测仪器)

得芬宝化学品(广西)有限公司
Derfunbao Chemical (Guangxi) Co., Ltd.
地址(Add): 广西南宁市长兴路 10 号同和华彩美地 D 区 D－3 栋 2 单元 1102 号
邮编(P. C.): 530023
电话(Tel): 13923078158
传真(Fax): 44404353@qq.com
联系人(Contact Person): 李虎
产品业务(Business): 造纸化学品

南宁源池化工有限公司
Nanning Yuanchi Chemical Co., Ltd.
地址(Add): 广西南宁市经济技术开发区银凯工业园洪胜路 A－5 号
邮编(P. C.): 530000
电话(Tel): 0771－4305199
传真(Fax): 0771－5832589
E-mail: lujsh808@163.com
总经理(General Manager): 卢健善
产品业务(Business): 造纸助剂

广西振欣化工科技有限公司
Guangxi Zhenxin Chemical Co., Ltd.
地址(Add): 广西南宁市星光大道 68 号 5 栋 401 号
邮编(P. C.): 530031
电话(Tel): 0771－2241286
传真(Fax): 0771－2241286
E-mail: yaozhangde@126.com
总经理(General Manager): 姚张德
产品业务(Business): 制浆造纸助剂

明光化工有限公司
Mingguang Chemical Co., Ltd.
地址(Add): 广西南宁市秀厢大道 34 号 6 栋 101 号
邮编(P. C.): 530001
电话(Tel): 0771－3108815
传真(Fax): 0771－3108815
E-mail: mghg22@126.com
联系人(Contact Person): 蒙云勇
产品业务(Business): 造纸助剂, 水处理化学品

成都锦竹科技发展有限公司
Jinzhu (Chengdu) Development Co., Ltd.
地址(Add): 四川省成都市海峡科技两岸产业园锦绣路 99 号
邮编(P. C.): 611130
电话(Tel): 028－82727866
传真(Fax): 028－82727866
总经理(General Manager): 张健
联系人(Contact Person): 苟平
产品业务(Business): 造纸助剂

成都鑫蓝卡贸易有限公司
Chengdu Xinlanka Trade Co., Ltd.
地址(Add): 四川省成都市静康路 399 号
邮编(P. C.): 610066
电话(Tel): 028－84593737
传真(Fax): 028－84593737
法人代表(Chairman): 吴炜
总经理(General Manager): 吴炜
联系人(Contact Person): 吴炜
产品业务(Business): 造纸分散剂, 剥离剂, 干强剂

四川天鸿科技发展有限公司
Sichuan Tianhong Science Development Co., Ltd.
地址(Add): 四川省成都市温江海峡两岸科技园科创西路 588 号
邮编(P. C.): 611130
电话(Tel): 028－82633125
传真(Fax): 028－82631573
E-mail: yx@scthkj.com
联系人(Contact Person): 张建国
产品业务(Business): 湿强剂, 施胶剂

德阳市高盛商贸有限公司
Deyang Gaosheng Trading Co., Ltd.
地址(Add): 四川省德阳市旌阳区孝泉镇政府街 6 号
邮编(P. C.): 618005
电话(Tel): 0838－2305353
传真(Fax): 0838－2305353
联系人(Contact Person): 江泽富
产品业务(Business): 造纸化学助剂

绵阳市助友化工工业有限责任公司
Mianyang Zhuyou Chemical Industry Co., Ltd.
地址(Add): 四川省三台县北泉路北塔
邮编(P. C.): 621100
电话(Tel): 0816－5345170
传真(Fax): 0816－5345170
法人代表(Chairman): 赖金凤
联系人(Contact Person): 赖金凤
产品业务(Business): 柔软剂, 湿强剂, 绒毛浆解键剂

昆明南滇工贸有限责任公司
Kunming Nandian Industry & Trade Co., Ltd.
地址(Add): 云南省昆明市关上中路国贸路万亿金叶兰亭 2 单元 11 楼 B1
邮编(P. C.): 650200
电话(Tel): 0871－63545091
传真(Fax): 0871－67199266
E-mail: kmnd@yahoo.cn
法人代表(Chairman): 毛朗
总经理(General Manager): 毛朗
联系人(Contact Person): 毛朗
产品业务(Business): 经销造纸化学助剂

西安恒辉化工有限责任公司
Xian Henghui Chemical Co., Ltd.
地址(Add): 陕西省西安市灞桥区新市路1号
邮编(P. C.): 710038
电话(Tel): 029-83520751
传真(Fax): 029-83520751
E-mail: 1059631150@qq.com
法人代表(Chairman): 刘新平
总经理(General Manager): 刘晓强
联系人(Contact Person): 刘晓强
产品业务(Business): 粘缸剂, 脱缸剂, 毛毯保洁剂, 膨柔剥离剂, 蒸煮助剂

陕西华润实业公司
Shaanxi Huarun Industry & Commerce Co.
地址(Add): 陕西省西安市西北二路1号
邮编(P. C.): 710003
电话(Tel): 029-87333574
传真(Fax): 029-87335479
E-mail: sxhuarun2005@126.com
总经理(General Manager): 张守义
联系人(Contact Person): 张守义
产品业务(Business): 造纸助剂

石河子市惠尔美纸业有限公司
Shihezi Huiermei Paper Co., Ltd.
地址(Add): 新疆石河子北泉镇工业园区雨润路11号
邮编(P. C.): 832011
电话(Tel): 0993-2259596
传真(Fax): 0993-6659299
总经理(General Manager): 李志刚
产品业务(Business): 造纸助剂

● 香精、表面处理剂及添加剂 Balm, surfactant, additive

亚马逊化工有限公司
Amazon Papyrus Chemicals Limited
地址(Add): 香港九龙观塘鸿图道83号东瀛游广场21楼A及B室
电话(Tel): 852-25056802
传真(Fax): 852-25059392
E-mail: jauyeung@amazon-papyrus.com
Http://www.amazon-papyrus.com
联系人(Contact Person): 欧阳振超
产品业务(Business): 造纸化学品, 香精, 香料

领先特品(香港)有限公司
International Specialty Products (Hong Kong) Co., Ltd.
地址(Add): 香港铜锣湾新宁道8号民安广场第一期1102室
电话(Tel): 852-28816108
传真(Fax): 852-28951250
联系人(Contact Person): 刘英才
产品业务(Business): 湿巾防腐剂

北京日光精细(集团)公司
Sun Shine Fine Chemical Group
地址(Add): 北京市大兴区安定镇安福路1号
邮编(P. C.): 102607
电话(Tel): 010-87915193
传真(Fax): 010-87918078
Http://www.bjrg59.com
法人代表(Chairman): 郭继东
总经理(General Manager): 刘素芳
联系人(Contact Person): 郭永泉
产品业务(Business): 香精, 防腐杀菌剂

同铭佳业经贸有限公司
Tongming Jiaye Trade Co., Ltd.
地址(Add): 北京市丰台区南方庄1号院安富大厦2021室
邮编(P. C.): 100079
电话(Tel): 010-87613116
传真(Fax): 010-87613116
E-mail: tmjy_2009@163.com
联系人(Contact Person): 范雪君
产品业务(Business): 湿巾药液

北京神舟晟华技贸有限公司
Beijing Shenzhou Shenghua Technology & Trade Co., Ltd.
地址(Add): 北京市海淀区苏家坨镇前沙涧北二区
邮编(P. C.): 100194
电话(Tel): 010-62409781
传真(Fax): 010-62409782
E-mail: shenzhoushenghua@126.com
Http://www.bjszsh.com
联系人(Contact Person): 王爱玲
产品业务(Business): 防腐杀菌剂

北京海博利兹科技有限公司
Beijing Haibio-Unit Technology Co., Ltd.
地址(Add): 北京市海淀区中关村南大街2号数码大厦A座28层
邮编(P. C.): 100086
电话(Tel): 010-82513168
传真(Fax): 010-62119756
E-mail: haibio@sina.com
Http://www.haibio.com
总经理(General Manager): 杨再君
联系人(Contact Person): 魏苍龙
产品业务(Business): 抗菌剂, 抑菌剂

领先特品化学(上海)有限公司北京办事处
International Specialty Products (Shanghai) Co., Ltd. Beijing Office
地址(Add): 北京市建国门外大街24号京泰大厦809室
邮编(P. C.): 100022
电话(Tel): 010-65156265
传真(Fax): 010-65156267
E-mail: lliu@ispcorp.com
联系人(Contact Person): 刘莉莉
产品业务(Business): 湿巾防腐剂

北京桑普生物化学技术有限公司
Beijing Sunpu Biochem. Tech. Co., Ltd.
地址(Add): 北京市亦庄经济技术开发区东区科创二街9号新城工业园A2座
邮编(P. C.): 100176
电话(Tel): 010-83556812

传真(Fax)：010－63539564
E-mail：sunpurh@ sunpubc. com
Http://www. sunpubc. com
法人代表(Chairman)：刘洪生
总经理(General Manager)：万希全
联系人(Contact Person)：赵华
产品业务(Business)：防腐杀菌剂

北京洁尔爽高科技有限公司
Beijing Jlsun High－tech Co., Ltd.
地址(Add)：北京市中关村东路18号财智国际大厦A座
邮编(P. C.)：100083
电话(Tel)：010－82600899－1006
传真(Fax)：010－82601210
E-mail：sales@ jlsun. com
Http://www. jlsun. com
总经理(General Manager)：商成杰
联系人(Contact Person)：商成杰
产品业务(Business)：抗菌整理剂

天津市中科健新材料技术有限公司
Tianjin Sinosh New Material Technology Co., Ltd.
(详见湿强纸和复合吸水纸)

天津一商化工贸易有限公司高砂鉴臣香精分公司
Tianjin Yishang Chemical Trade Co., Ltd.
地址(Add)：天津市河北区东三经路乾华园3号楼底商
邮编(P. C.)：300140
电话(Tel)：022－24460062
传真(Fax)：022－24467924
法人代表(Chairman)：王妤茜
总经理(General Manager)：王妤茜
联系人(Contact Person)：王妤茜
产品业务(Business)：香精

天津双马香精香料新技术有限公司
Tianjin Double Horse Flavour & Fragrance Co., Ltd.
地址(Add)：天津市津南经济开发区(西区)赤龙街6号
邮编(P. C.)：300350
电话(Tel)：022－28571776
传真(Fax)：022－28571722
E-mail：smfzj@ public. tpt. tj. cn
Http://www. dhffsm. com
法人代表(Chairman)：冯志洁
总经理(General Manager)：冯志洁
联系人(Contact Person)：宣二鹏
产品业务(Business)：纸品用香精

雅仕印刷材料有限公司
ARTS Printing Materials Co., Ltd.
地址(Add)：河北省廊坊市广阳区光明东道许青路17号
邮编(P. C.)：065000
电话(Tel)：0316－2140001
传真(Fax)：0316－2140001
E-mail：wuxianlin99@ 163. com
Http://www. yashiok. com
联系人(Contact Person)：伍贤林
产品业务(Business)：油墨

石家庄格美香精香料有限公司
Shijiazhuang Gemei Flavour & Fragance Co., Ltd.
地址(Add)：河北省石家庄市长安区东杜庄工业区
邮编(P. C.)：050000
电话(Tel)：0311－85968182
传真(Fax)：0311－85968187
E-mail：gemeixj@ 163. com
Http://www. gemeixj. com
联系人(Contact Person)：刘勇
产品业务(Business)：湿巾/纸巾纸香精

石家庄市恒日化工有限公司
Shijiazhuang Hengri Chemical Co., Ltd.
地址(Add)：河北省石家庄市高新技术产业开发区西仰陵
邮编(P. C.)：050035
电话(Tel)：0311－85322971
传真(Fax)：0311－85322951
Http://www. hengri. net
联系人(Contact Person)：刑向东
产品业务(Business)：油墨

雄县鑫广源包装材料有限公司
Xiongxian Xinguangyuan Package Material Co., Ltd.
地址(Add)：河北省雄县双侯大街西段
邮编(P. C.)：071051
电话(Tel)：0312－5862008
传真(Fax)：0312－6387555
法人代表(Chairman)：韩小建
总经理(General Manager)：韩小建
联系人(Contact Person)：韩克俭
产品业务(Business)：油墨

山西雄鹰油墨实业有限公司
Shanxi Tercel Ink Industry Co., Ltd.
地址(Add)：山西省太原市双塔南路32号
邮编(P. C.)：030031
电话(Tel)：0351－7087424
传真(Fax)：0351－7055270
E-mail：info@ xyink. com
联系人(Contact Person)：李媛
产品业务(Business)：油墨

宏峰科技发展(大连)有限公司
Hongfeng Technology Development (Dalian) Co., Ltd.
地址(Add)：辽宁省大连市甘井子区大连湾镇苏家工业园
邮编(P. C.)：116113
电话(Tel)：0411－88789157
传真(Fax)：0411－88789157
E-mail：sxlxj@ hongfengqiu. com
Http://www. hongfengqiu. com
法人代表(Chairman)：邱金升
总经理(General Manager)：洪德升
联系人(Contact Person)：王伟业
产品业务(Business)：溶剂硅油，有机硅水性离型剂

亚马逊化工有限公司上海办事处
Amazo Papyrus Chemicals Limited
地址(Add)：上海市长宁区古北路666号嘉麒大厦1101B室
邮编(P. C.)：200336
电话(Tel)：021－62090079

传真(Fax)：021－62089005
E-mail：shupd@ amazon－papyrus. com
Http://www. amazon－papyrus. com
联系人(Contact Person)：束品德
产品业务(Business)：造纸化学品，香精，香料

林帕香料(上海)有限公司
Lab Fragrances & Flavors (Shanghai) Co., Ltd.
地址(Add)：上海市丰翔路128弄801号
邮编(P. C.)：200444
电话(Tel)：021－56134923
传真(Fax)：021－56131834
E-mail：liuyongli0712@ 163. com
总经理(General Manager)：刘永利
联系人(Contact Person)：刘永利
产品业务(Business)：香精香料

上海黛龙生物工程科技有限公司
Shanghai Delon Hi－Tech Ltd.
地址(Add)：上海市奉贤区泰青路4085号
邮编(P. C.)：201414
电话(Tel)：021－57568958
传真(Fax)：021－57566811
E-mail：lujiqing@ delon. com. cn
Http://www. delon. com. cn
法人代表(Chairman)：李继超
总经理(General Manager)：陆继清
联系人(Contact Person)：黄先生
产品业务(Business)：湿巾杀菌防霉剂，造纸用杀菌剂

爱普香料集团股份有限公司
Shanghai Apple Flavor & Fragrance Co., Ltd.
地址(Add)：上海市高平路733号爱普大厦
邮编(P. C.)：200436
电话(Tel)：021－66523100
传真(Fax)：021－66522757
Http://www. cnaff. com
产品业务(Business)：香精香料

德国舒美有限公司亚太区技术中心
Schulke & Mayr GmbH Asia Pacific Technology Center
地址(Add)：上海市桂平路333号6号楼601室
邮编(P. C.)：200233
电话(Tel)：021－54032871
传真(Fax)：021－54032873
E-mail：mark. zhang@ schuelke. com
联系人(Contact Person)：张明刚
产品业务(Business)：湿巾防腐/杀菌剂

德之馨(上海)有限公司
Symrise (Shanghai) Ltd.
地址(Add)：上海市淮海西路570号红坊D楼110－111室
邮编(P. C.)：200052
电话(Tel)：021－23253056
传真(Fax)：021－23253122
E-mail：danynny. ge@ symrise. com
Http://www. symrise. com
联系人(Contact Person)：葛宝龙
产品业务(Business)：香精香料，化妆品原料，清凉剂

美国百洁生命科技有限公司
Baijie Life Sciences Ltd.
地址(Add)：上海市嘉定区马陆镇丰登路615弄1－3
邮编(P. C.)：201818
电话(Tel)：021－59906900
传真(Fax)：021－59006776
E-mail：suntorzhang@ 163. com
Http://www. lbj－life. com
联系人(Contact Person)：张圣涛
产品业务(Business)：杀菌防腐剂

三博生化科技(上海)有限公司
3D BIO－CHEM Co., Ltd.
地址(Add)：上海市嘉定区马陆镇丰登路615弄7号楼
邮编(P. C.)：201818
电话(Tel)：021－51696080
传真(Fax)：021－59907390
E-mail：suntor@ 3dbio－chem. com
Http://www. 3dbio－chem. com
联系人(Contact Person)：张圣涛
产品业务(Business)：湿巾防腐防霉剂，造纸循环水杀菌剂

上海坤晟贸易有限公司
Shanghai Kun－Chen Trading Co., Ltd.
地址(Add)：上海市嘉定区南翔镇胜辛南路905号
邮编(P. C.)：201802
电话(Tel)：021－59142548
传真(Fax)：021－59142468
E-mail：joan. lu@ kunchen. sh. cn
Http://www. kunchen. sh. cn
总经理(General Manager)：林坤都
联系人(Contact Person)：卢吟秋
产品业务(Business)：油墨，粘合剂

上海赛福化工发展有限公司
Shanghai Saifu Chemical Development Co., Ltd.
地址(Add)：上海市金沙江路1628弄1号楼20F
邮编(P. C.)：200333
电话(Tel)：021－51508000
传真(Fax)：021－51508009
E-mail：chensumei@ saifu. cn
联系人(Contact Person)：陈素梅
产品业务(Business)：油墨，塑料添加剂，助剂，化妆品助剂，高吸收性树脂

德国舒美有限公司上海代表处
Schulke & Mayr GmbH Shanghai Representative Office
地址(Add)：上海市静安区南京西路580号南证大厦1910室
邮编(P. C.)：200041
电话(Tel)：021－62172995
传真(Fax)：021－62172997
E-mail：sai@ schuelke. com
Http://www. schuelke. com
联系人(Contact Person)：沈广阳
产品业务(Business)：湿巾防腐/杀菌剂

北京桑普生物化学技术有限公司上海办事处
Beijing Sunpu Biochem. Tech. Co., Ltd. (Shanghai Office)
地址(Add):上海市闵行区碧秀路98弄15号1106室
邮编(P. C.):201100
电话(Tel):021-64605912
传真(Fax):021-64605915
E-mail:liujie@sunpubc.com
Http://www.sunpubc.com
法人代表(Chairman):刘洪生
总经理(General Manager):万希全
联系人(Contact Person):刘捷
产品业务(Business):湿巾防腐剂

富林特油墨(上海)有限公司
Flint Group (Shanghai) Printing Ink Co., Ltd.
地址(Add):上海市闵行区都会路1835号K栋1楼
邮编(P. C.):201100
电话(Tel):021-33587984
传真(Fax):021-33587991
E-mail:olekzhang@xsys-printsolutions.com.cn
Http://www.xsys-printsolutions.com
联系人(Contact Person):张哲平
产品业务(Business):油墨

上海高聚生物科技有限公司
Shanghai Hipoly Bio-Tech Co., Ltd.
地址(Add):上海市闵行区莘建东路58弄绿地科技岛A座1007室
邮编(P. C.):201199
电话(Tel):021-64602155
传真(Fax):021-64606798
E-mail:liumianfu@hipoly.cn
Http://www.hipoly.cn
法人代表(Chairman):余刚
总经理(General Manager):余刚
联系人(Contact Person):刘棉福
产品业务(Business):湿巾、卫生巾高分子抗微生物剂

科腾聚合物贸易(上海)有限公司
Kraton Polymers Trading (Shanghai) Co., Ltd.
(详见热熔胶)

空气化工产品(中国)投资有限公司
Air Products and Chemicals (China), Inc.
地址(Add):上海市浦东新区张江高科技园区祖冲之路887弄88号东楼1楼及4楼
邮编(P. C.):201203
电话(Tel):021-38962000
传真(Fax):021-50805555
Http://www.airproducts.com
产品业务(Business):表面活性剂、润湿剂、聚合体乳胶、固化剂,胶粘剂,密封胶

奇华顿日用香精香料(上海)有限公司
Givaudan Frangrances (Shanghai) Ltd.
地址(Add):上海市浦东张江高科技园区李时珍路298号
邮编(P. C.):201203
电话(Tel):021-28931327
传真(Fax):021-50801000
E-mail:hong.chen@givaudan.com
Http://www.givaudan.com
法人代表(Chairman):Nicholas J. T. Wong
总经理(General Manager):Nicholas J. T. Wong
联系人(Contact Person):陈宏
产品业务(Business):日用香精及原料

阪田油墨(上海)有限公司
Sakata Inx Shanghai Co., Ltd.
地址(Add):上海市青浦工业园区汇滨路2001号
邮编(P. C.):201707
电话(Tel):021-59868755
传真(Fax):021-59868711
E-mail:sakata.sdg@inx-sh.com
Http://www.inx-shanghai.com
法人代表(Chairman):高田和明
联系人(Contact Person):刘润旻
产品业务(Business):油墨

上海东洋油墨制造有限公司
Shanghai Toyo Ink Mfg. Co., Ltd.
地址(Add):上海市松江工业区东部分区申港路2450号
邮编(P. C.):201612
电话(Tel):021-67600606
传真(Fax):021-67760724
E-mail:qinjie@toyoink.com.cn
Http://www.shtoyoink.com.cn
联系人(Contact Person):秦杰
产品业务(Business):油墨,粘合剂

德谦(上海)化学有限公司
Elementis Specialties (Shanghai), Inc.
地址(Add):上海市松江工业区联阳路99号
邮编(P. C.):201613
电话(Tel):021-57740348-573
传真(Fax):021-57745356
E-mail:deuchem_c@duechem.com
Http://www.deuchem.com
产品业务(Business):化学助剂(用于涂料行业),油墨,塑料

上海隆琦生物科技有限公司
Shanghai Longqi Biotech Co., Ltd.
地址(Add):上海市松江区沪松公路2511弄41栋1193号
邮编(P. C.):201201
电话(Tel):021-54198689
传真(Fax):021-67760042
E-mail:luye0417@163.com
联系人(Contact Person):陆野
产品业务(Business):消毒/杀菌剂

上海迈普科化学有限公司
Shanghai Maplechem Co., Ltd.
地址(Add):上海市松江区九亭镇康鸣路11号
邮编(P. C.):201615
电话(Tel):021-51083846
传真(Fax):021-57632310
E-mail:maplechem@126.com
Http://www.maplechem.com
联系人(Contact Person):姚建兵
产品业务(Business):表面处理剂,添加剂

上海田盈印刷器材有限公司
Shanghai Tianying Printing Equipment Co., Ltd.
地址(Add)：上海市松江区九亭镇盛龙路650号607室
邮编(P. C.)：201615
电话(Tel)：021-57634761
传真(Fax)：021-67626776
E-mail：zyinkxiaopeng@126.com
Http://www.zhongyi-ink.com
法人代表(Chairman)：彭贻富
联系人(Contact Person)：彭军
产品业务(Business)：油墨

上海轻工业研究所有限公司
Shanghai Light Industry Research Institute Co., Ltd.
地址(Add)：上海市徐汇区宝庆路20号
邮编(P. C.)：200031
电话(Tel)：021-64710892
传真(Fax)：021-64335100
E-mail：guzhaojie@sliri.com.cn
Http://www.sliri.com.cn
总经理(General Manager)：陈逸君
联系人(Contact Person)：顾肇杰
产品业务(Business)：湿巾防霉剂，纸浆防腐杀菌剂

上海宏度精细化工有限公司
Shanghai Hondu Fine Chemical Co., Ltd.
(详见造纸化学品)

托尔专用化学品(上海)有限公司
Thor Specialty Chemical (Shanghai) Co., Ltd.
地址(Add)：上海市徐汇区华泾路1305弄8号B座4楼
邮编(P. C.)：200231
电话(Tel)：021-64969989
传真(Fax)：021-64969979
E-mail：microcare@thorchem.com.cn
联系人(Contact Person)：潘友国
产品业务(Business)：生物杀菌剂

上海乾一化学品有限公司
Shanghai Rayson Chemicals Co., Ltd.
地址(Add)：上海市徐汇区银都路298号九润商务大厦605室
邮编(P. C.)：200231
电话(Tel)：021-60548620
传真(Fax)：021-61294040
E-mail：raysonchem02@126.com
Http://www.raysonchem.com
联系人(Contact Person)：莫智明
产品业务(Business)：湿巾用防腐/杀菌剂，表面活性剂，润肤保湿剂

奥麒化工(中国)有限公司
Arch Chemicals (China) Co., Ltd.
地址(Add)：上海市延安西路728号华敏翰尊国际7楼E室
邮编(P. C.)：200050
电话(Tel)：021-63403488
传真(Fax)：021-63403308
E-mail：nli@archchemical.com
Http://www.archchemicals.com
总经理(General Manager)：Boon Tong Koh
联系人(Contact Person)：卢小姐
产品业务(Business)：杀菌防腐剂

古沙贸易(上海)有限公司
Grossa Trading (Shanghai) Co., Ltd.
地址(Add)：上海市中春路7001号明谷高科技园B栋1105室
邮编(P. C.)：201101
电话(Tel)：021-60932528
传真(Fax)：021-60932528
E-mail：dusen@grossa.com.cn
Http://www.grossa.com.cn
联系人(Contact Person)：段生华
产品业务(Business)：香精，杀菌/防腐剂，湿巾用添加剂

领先特品化学上海有限公司
International Specialty Products (Shanghai) Co., Ltd.
地址(Add)：上海市中山南2路1089号徐汇苑大厦18楼
邮编(P. C.)：200052
电话(Tel)：021-24024888
传真(Fax)：021-62493908
E-mail：mling@ispcorp.com
法人代表(Chairman)：陈朝麟
总经理(General Manager)：陈朝麟
联系人(Contact Person)：凌峰
产品业务(Business)：湿巾防腐剂

常州市灵达化学品有限公司
Changzhou Lingda Chemical Co., Ltd.
地址(Add)：江苏省常州市南门外寨桥镇灵台工业开发区
邮编(P. C.)：213177
电话(Tel)：0519-86261020
传真(Fax)：0519-86262789
E-mail：manager@cz-lingda.com
Http://www.ldfibre.cn
联系人(Contact Person)：蒋瑞贤
产品业务(Business)：化纤油剂，表面活性剂

扬州科宇化工有限公司
Jiangsu Keyu Chemical Co., Ltd.
(详见造纸化学品)

江阴市向阳科技有限公司
Jiangyin Xiangyang Technologies Co., Ltd.
(详见高吸收性树脂)

靖江康爱特化工制造有限公司
Connect Chemicals Co., Ltd.
地址(Add)：江苏省靖江市江平路446号
邮编(P. C.)：214501
电话(Tel)：0523-84506864
传真(Fax)：0523-84506952
E-mail：aoskiy1111@sina.com
法人代表(Chairman)：孙一鸣
联系人(Contact Person)：钱煌彬
产品业务(Business)：湿巾消毒液

昆山市华新日用化学品有限公司
Kunshan Huaxin Daily Chemicals Co., Ltd.
地址(Add)：江苏省昆山市白马泾路52号曼哈顿国

际 20F
邮编(P. C.)：215300
电话(Tel)：0512 - 50339676
传真(Fax)：0512 - 50339677
E-mail：sales@ huaxinrh. com
Http://www. huaxinrh. com
联系人(Contact Person)：沈叶
产品业务(Business)：湿巾防腐剂

昆山市双友日用化工有限公司
Kunshan Shuangyou Daily Chemial Co., Ltd.
地址(Add)：江苏省昆山市千灯镇萧墅路 615 号
邮编(P. C.)：215341
电话(Tel)：0512 - 57786356
传真(Fax)：0512 - 57476182
E-mail：xuejinghu1231@ 163. com
Http://www. sy - dailychem. com
法人代表(Chairman)：顾铭
总经理(General Manager)：顾铭
联系人(Contact Person)：薛井虎
产品业务(Business)：湿巾防腐剂

南京古田化工有限公司
Nanjing Golden Chemical Co., Ltd.
地址(Add)：江苏省南京市奥体大街 69 号新城科技园创业大厦 3 幢 4 楼北单元
邮编(P. C.)：210019
电话(Tel)：025 - 66007990
传真(Fax)：025 - 83346940
E-mail：tiago@ goldenchemical. com
Http://www. goldenchemical. com
法人代表(Chairman)：朱林
总经理(General Manager)：朱林
联系人(Contact Person)：陈元
产品业务(Business)：表面活性剂，杀菌剂，润湿剂

南京海辰化工有限公司
Haichen Chemicals Co., Ltd.
(详见造纸化学品)

南京赛普高分子材料有限公司
Nanjing Sap Macromolecular Materials Co., Ltd.
(详见高吸收性树脂)

南京欧亚香精香料有限公司
Nanjing Eurasie Flavor & Fragranoe Int, Limited
地址(Add)：江苏省南京市江宁区淳化工业集中区
邮编(P. C.)：210000
电话(Tel)：025 - 52409966
传真(Fax)：025 - 52422952
E-mail：sales@ oya. cn
Http://www. oya. cn
法人代表(Chairman)：周信钢
总经理(General Manager)：周信钢
联系人(Contact Person)：牟萍
产品业务(Business)：香精，香料

苏州市星辰科技有限公司南京办事处
Suzhou Stars Technology Co., Ltd. (Nanjing Office)
(详见离型纸、离型膜)

南京远东香精香料有限公司
Nanjing Far East Flavour & Fragrance Co., Ltd.
地址(Add)：江苏省南京市中华门外双龙街 8 号
邮编(P. C.)：210012
电话(Tel)：025 - 52641188
传真(Fax)：025 - 52406357
E-mail：fareast@ njfareast. com
Http://www. njfareast. com
法人代表(Chairman)：周信华
总经理(General Manager)：周信华
联系人(Contact Person)：卢鉴
产品业务(Business)：香精香料

南通博大生化有限公司
Nantong Boda Biochemistry Co., Ltd.
地址(Add)：江苏省南通市海安县江海支路 12 号
邮编(P. C.)：226600
电话(Tel)：0513 - 88913325
传真(Fax)：0513 - 88960636
E-mail：jsxinke@ hotmail. com
Http://www. jsxinke. com
联系人(Contact Person)：张志芸
产品业务(Business)：防腐、防霉剂、杀菌剂

苏州竹本贸易有限公司
Suzhou Takemoto Trading Co., Ltd.
地址(Add)：江苏省苏州市高新区狮山路 22 号人才广场 1604/1606 室
邮编(P. C.)：215011
电话(Tel)：0512 - 69580401
传真(Fax)：0512 - 69580417
E-mail：wangrong@ takemoto. com. cn
联系人(Contact Person)：汪嵘
产品业务(Business)：功能性母粒/油剂

苏州市永安微生物控制有限公司
Suzhou Yongan Microbe Control Co., Ltd.
地址(Add)：江苏省苏州市相城区黄桥镇方浜工业区(水厂东)
邮编(P. C.)：215132
电话(Tel)：0512 - 65469387
传真(Fax)：0512 - 66187397
E-mail：yashajunji@ 163. com
总经理(General Manager)：赵彩平
联系人(Contact Person)：赵子凯
产品业务(Business)：湿巾防腐杀菌剂

太仓市荣德生物技术研究所
Taicang Roodee Biologic Institute
地址(Add)：江苏省太仓市沙溪镇归庄长富开发区
邮编(P. C.)：215421
电话(Tel)：0512 - 82028005
传真(Fax)：0512 - 82028006
E-mail：502421843@ qq. com
Http://www. roodee. cn
法人代表(Chairman)：李德彬
总经理(General Manager)：李德彬
联系人(Contact Person)：李德彬
产品业务(Business)：防腐杀菌剂

盐城经纬国际集团有限公司
Jingwei Int'l Group Co., Ltd.
(详见非织造布-热轧、热风、纺粘等)

镇江科力生物技术有限公司
Zhenjiang Koly Bio Co., Ltd.
地址(Add):江苏省镇江市桃花山庄园林2区18号楼5楼
邮编(P. C.):212008
电话(Tel):0511-88885559
传真(Fax):0511-88888891
Http://www.kolybio.com
法人代表(Chairman):奚松平
总经理(General Manager):席国芳
联系人(Contact Person):王亚娜
产品业务(Business):杀菌防腐剂

湖州杭华油墨科技有限公司
Huzhou Hanghua Toka Ink Technology Co., Ltd.
地址(Add):浙江省德清县新市工业园区钱江路333号
邮编(P. C.):313201
电话(Tel):0572-8459072
传真(Fax):0572-8446311
E-mail:wzc@hhink.com
Http://www.hhink.com
联系人(Contact Person):王仲川
产品业务(Business):卫材用油墨

杭州高琦香化化妆品有限公司
Hangzhou Koki Flavors & Fragrances Co., Ltd.
地址(Add):浙江省杭州市富阳春建工业园区16号
邮编(P. C.):311400
电话(Tel):0571-63493920
传真(Fax):0571-63493921
E-mail:koki@gqxj.com
Http://www.gqxj.com
联系人(Contact Person):傅晓愉
产品业务(Business):香精,湿巾浓缩液,湿巾消毒剂,天然提取液

杭州希安达抗菌技术研究所有限公司
Hangzhou Sende Antibacterial Technology Institute Co., Ltd.
地址(Add):浙江省杭州市西湖科技园西园五路6号
邮编(P. C.):310030
电话(Tel):0571-85091016
传真(Fax):0571-88851283
E-mail:xadab@hotmail.com
Http://www.xadab.com
联系人(Contact Person):章国强
产品业务(Business):抗菌助剂

湖州佳美生物化学制品有限公司
Huzhou Jiamei Biochemical Products Co., Ltd.
地址(Add):浙江省湖州市长超沙浦田工业区
邮编(P. C.):313017
电话(Tel):0572-3731458
传真(Fax):0572-3733703
E-mail:zjiamei123@126.com
Http://www.hzjmsw.cn
联系人(Contact Person):叶占林
产品业务(Business):表面活性剂,植物提取液

浙江明伟油墨有限公司
Zhejiang Mingwei Printing Ink Co., Ltd.
地址(Add):浙江省台州市路桥区卷桥工业园区
邮编(P. C.):318058
电话(Tel):0576-89222388
传真(Fax):0576-89222389
Http://www.zj-mw.cn
联系人(Contact Person):黄伟
产品业务(Business):油墨

苍南县三泰纸塑制品厂
Cangnan Santai Paper Plastic Products Factory
(详见胶带、胶贴、魔术贴、标签)

上海蜜雪儿进口香料公司义乌办事处
Shanghai Mixueer Fragrance Import Co., Ltd.
地址(Add):浙江省义乌市义东路115号三楼
邮编(P. C.):322000
电话(Tel):0579-85568642
E-mail:783481777@qq.com
法人代表(Chairman):刘小雪
总经理(General Manager):刘小雪
联系人(Contact Person):刘小雪
产品业务(Business):香精香料

义乌市圣普日化有限公司
Yiwu Shengpu Daily Chemicals Co., Ltd.
地址(Add):浙江省义乌市义东路91号
邮编(P. C.):322000
电话(Tel):0579-85523631
传真(Fax):0579-85532006
Http://www.shengpu.com.cn
法人代表(Chairman):张春霞
总经理(General Manager):张春霞
联系人(Contact Person):张春霞
产品业务(Business):香精,防腐杀菌剂

安徽阜阳市天然香料厂
Anhui Fuyang Natural Spicery Plant
地址(Add):安徽省阜阳开发区七里铺路266号
邮编(P. C.):236112
电话(Tel):0558-2729566
传真(Fax):0558-2729799
E-mail:jinyulujy@sina.com
Http://www.jinyulu.com
联系人(Contact Person):卞桂香
产品业务(Business):香精,香料

福州圣德莉信息技术有限公司
Fuzhou SDL I & T Co., Ltd.
地址(Add):福建省福州市台江区国货西路318号英惠大厦1505室
邮编(P. C.):350000
电话(Tel):0591-83756459
传真(Fax):0591-83725104
Http://www.peace-cues.com
联系人(Contact Person):关珏琼
产品业务(Business):卫生巾/湿巾抗菌防腐剂

永恒化工(香港)有限公司
Forever Chemical (Hongkong) Co., Ltd.
地址(Add):福建省晋江市梅岭街道凤凰城3C906室
邮编(P. C.):362200
电话(Tel):0595-85690809
传真(Fax):0595-85852509
E-mail:sales3@forever1997.com
Http://www.forever1997.com
联系人(Contact Person):刘权泰
产品业务(Business):印刷油墨

南安市嘉盛香精香料有限公司
Nanan Jiasheng Essence Co., Ltd.
地址(Add):福建省南安市洪濑红宫山工业区嘉盛写字楼
邮编(P. C.):362331
电话(Tel):0595-86697368
传真(Fax):0595-86608510
E-mail:office@finethrive.com
Http://www.finethrive.com
联系人(Contact Person):陈德聪
产品业务(Business):香精

泉州市金泉油墨有限责任公司
Quanzhou Jinquan Ink Co., Ltd.
地址(Add):福建省泉州市丰泽区东门仕公岭立交桥边
邮编(P. C.):362000
电话(Tel):0595-22112483
传真(Fax):0595-22114998
E-mail:qzjinquan@21cn.com
Http://www.jinquanink.com
法人代表(Chairman):江建金
联系人(Contact Person):江俊强
产品业务(Business):水墨、油墨

泉州盈朵化工贸易公司
Quanzhou Yingduo Chemical Trade Company
地址(Add):福建省泉州市晋江安海镇宝益花园B1栋301室
邮编(P. C.):362200
电话(Tel):0595-36203899
传真(Fax):0595-36203899
联系人(Contact Person):尤惠兰
产品业务(Business):香精,加香液

泉州市利源油墨有限公司
Quanzhou Liyuan Ink Co., Ltd.
地址(Add):福建省泉州市普贤路群石工业区
邮编(P. C.):362000
电话(Tel):0595-22171701
传真(Fax):0595-22171702
联系人(Contact Person):杜一菊
产品业务(Business):油墨

厦门维特曼香化科技有限公司
Xiamen Vitteman Fragrance Technology Co., Ltd.
地址(Add):福建省厦门市海沧区刘山中路14号贤文创业中心401单元
邮编(P. C.):361000
电话(Tel):0592-3331238
传真(Fax):0595-3331237
E-mail:454368792@qq.com
Http://www.vitteman.com
联系人(Contact Person):吴锦全
产品业务(Business):香精

厦门金泰生物科技有限公司
Xiamen Golden Biotechnology Co., Ltd.
地址(Add):福建省厦门市湖里区南山路466号广兴综合楼三楼
邮编(P. C.):361006
电话(Tel):0592-2613939
传真(Fax):0592-2613933
E-mail:sunny@xmgbd.com
Http://www.golden-fragrance.com
法人代表(Chairman):邱羡珠
联系人(Contact Person):邱羡珠
产品业务(Business):香精香料,湿巾药液,纸巾纸加香液

厦门欧化实业有限公司
Xiamen Ouhua Industry Co., Ltd.
地址(Add):福建省厦门市嘉禾路166号嘉莲大厦A栋1001室
邮编(P. C.):361009
电话(Tel):0592-5562929
传真(Fax):0592-5562727
Http://www.ouhuaink.com
总经理(General Manager):陈云生
联系人(Contact Person):陈云生
产品业务(Business):油墨

厦门红蚁化工有限公司
Xiamen Hongyi Chemical Co., Ltd.
地址(Add):福建省厦门市软件园二期望海路15号603G
邮编(P. C.):361005
电话(Tel):0592-5176373
传真(Fax):0592-5176373
Http://www.xmhyhg.com
联系人(Contact Person):许胜利
产品业务(Business):油墨

广州和氏璧化工材料有限公司厦门办事处
NCM Chemical Co., Ltd. Xiamen Office
(详见流延膜及塑料母粒)

厦门金帝龙香精香料有限公司
Xiamen Jindilong Flavours & Fragrances Co., Ltd.
地址(Add):福建省厦门市同安工业集中区(湖里园)31号
邮编(P. C.):361000
电话(Tel):0592-3987587
传真(Fax):0592-3987580
联系人(Contact Person):吴建辉
产品业务(Business):纸巾香精

厦门馨米兰香精香料有限公司
Xiamen Scented Land Fragrance & Flavor Co., Ltd.
地址(Add):福建省厦门市同安工业集中区思明园130号4楼
邮编(P. C.):361100
电话(Tel):0592-6585727
传真(Fax):0592-6585683

E-mail：sun283470312@163. com
联系人(Contact Person)：孙毅
产品业务(Business)：香精，香料

厦门琥珀香料有限公司
Xiamen Amber Fragrances Co.，Ltd.
地址(Add)：福建省厦门市同安工业集中区同安园308号
邮编(P. C.)：361000
电话(Tel)：0592-5032591
传真(Fax)：0592-5032210
Http://www. xmhupo. com
法人代表(Chairman)：陈虎
总经理(General Manager)：黄金德
联系人(Contact Person)：林庆隆
产品业务(Business)：香精香料

厦门新光贸易有限公司
Xiamen Xinguang Trade Co.，Ltd.
地址(Add)：福建省厦门市同安区凤山路114号店面
邮编(P. C.)：361100
电话(Tel)：0592-7135153
传真(Fax)：0592-7135797
E-mail：hmkxm@yahoo. com. cn
联系人(Contact Person)：刘翰山
产品业务(Business)：油墨

厦门格林春天环保科技材料有限公司
Green Spring (Xiamen) Environmental Technology Material Co.，Ltd.
地址(Add)：福建省厦门市同安区环东海域思明工业园90号厂房3楼
邮编(P. C.)：361100
电话(Tel)：0592-5501075
传真(Fax)：0592-7119060
E-mail：morrislin@21cn. com
Http://www. greenspring-ink. com
总经理(General Manager)：蔡思利
联系人(Contact Person)：林国良
产品业务(Business)：水性油墨

亚化(福建)油墨科技有限公司
Yahua (Fujian) Printing Ink Technology Co.，Ltd.
地址(Add)：福建省漳州市长泰仙境工业区
邮编(P. C.)：363900
电话(Tel)：0596-8369828
传真(Fax)：0596-8369898
E-mail：zhengxin_863@163. com
联系人(Contact Person)：许金辉
产品业务(Business)：油墨

江西威科油脂化学有限公司
Jiangxi Weike Axunge Chemistry Co.，Ltd.
(详见造纸化学品)

南昌市龙然实业有限公司
Nanchang Longran Industrial Co.，Ltd.
地址(Add)：江西省南昌市长堎外商投资工业区物华路229号
邮编(P. C.)：330100
电话(Tel)：0791-83671128
传真(Fax)：0791-83671123
E-mail：chenyongqi2002@263. net
联系人(Contact Person)：陈永棋

山东润鑫精细化工有限公司
Shandong Runxin Fine Chemicals Co.，Ltd.
地址(Add)：山东省菏泽市定陶县东外环路南段路东
邮编(P. C.)：274000
电话(Tel)：0530-2123769
传真(Fax)：0530-2263989
E-mail：mcj@runxinchemical. com
Http://www. runxinchemical. com
法人代表(Chairman)：米超杰
总经理(General Manager)：米超杰
联系人(Contact Person)：徐惠明
产品业务(Business)：环保杀菌剂，生物医药衍生品

龙口市印刷物资有限公司
Longkou Printing Materials Co.，Ltd.
地址(Add)：山东省龙口市港城大道435号
邮编(P. C.)：265700
电话(Tel)：0535-8512936
传真(Fax)：0535-8512996
E-mail：yinshuawuzi@163. com
法人代表(Chairman)：张建义
总经理(General Manager)：张建义
联系人(Contact Person)：张建义
产品业务(Business)：油墨、印刷材料、印刷器材

青州艾利通化工科技有限公司
Qingzhou Ailitong Chemical Technology Co.，Ltd.
地址(Add)：山东省青州市普通经济开发区
邮编(P. C.)：262500
电话(Tel)：0536-3226266
传真(Fax)：0536-3883362
E-mail：sangwenqiang@yahoo. con. cn
Http://www. ailitongchem. com
总经理(General Manager)：桑文强
联系人(Contact Person)：桑文强
产品业务(Business)：防腐剂，保湿剂

淄博高维生物技术有限公司
Zibo Gaowei Biology Tech. Co.，Ltd.
地址(Add)：山东省淄博市临淄区稷下南53栋601室
邮编(P. C.)：255400
电话(Tel)：18615151881
E-mail：305126042@qq. com
联系人(Contact Person)：王永辉
产品业务(Business)：湿巾防腐杀菌剂

东莞市润丽华实业有限公司
Dongguan Runlihua Co.，Ltd.
地址(Add)：广东省东莞市横沥镇新边工业区
邮编(P. C.)：523460
电话(Tel)：0769-83712012
传真(Fax)：0769-83371233
E-mail：dean. chen@163. com
Http://www. hgink. com
联系人(Contact Person)：陈健
产品业务(Business)：油墨

东莞市锐达涂料有限公司
Dongguan Ruida Coating Material Co., Ltd.
地址(Add)：广东省东莞市松山湖科技产业园区创新科技园1栋2楼
邮编(P. C.)：523808
电话(Tel)：0769－88739386
传真(Fax)：0769－88739319
E-mail：sale@haosigroup. com
Http://www. haosigroup. com
联系人(Contact Person)：吴贞强
产品业务(Business)：油墨

佛山市天恩造纸材料有限公司
Foshan Tianen Chemical Co., Ltd.
地址(Add)：广东省佛山市禅城区凤凰路创意产业园
邮编(P. C.)：528000
电话(Tel)：0757－82781168
传真(Fax)：0757－82781900
联系人(Contact Person)：陈零
产品业务(Business)：离缸剂，分散剂，脱墨剂，助留剂，湿强剂，干强剂，柔软剂，杀菌剂，消泡剂

佛山市运通晨塑料助剂有限公司
Foshan Yuntongchen Plastics Additives Co., Ltd.
(详见流延膜及塑料母粒)

佛山汇丰香料有限公司
Foshan Huifeng Essence Co., Ltd.
地址(Add)：广东省佛山市南海穗盐东路8号
邮编(P. C.)：528247
电话(Tel)：0757－85721058
传真(Fax)：0757－88369878
E-mail：ao0803shi@qq. com
联系人(Contact Person)：敖群
产品业务(Business)：香精

盛威科(上海)油墨有限公司华南办事处
Siegwerk (Shanghai) Ink Co., Ltd. South China Office
地址(Add)：广东省佛山市三水乐平科技园(三溪路段)东壹涂料厂
邮编(P. C.)：528137
电话(Tel)：0757－87662301－2819
传真(Fax)：0757－87662302
E-mail：dongfa. yuan@siegwerk. com
联系人(Contact Person)：袁东法
产品业务(Business)：油墨

佛山美嘉油墨涂料有限公司
Foshan Mega Ink and Coating Co., Ltd.
地址(Add)：广东省佛山市顺德区容桂镇容桂大道北120号5座2楼
邮编(P. C.)：528302
电话(Tel)：0757－26688338
传真(Fax)：0757－28896288
E-mail：ruonong_li@sina. com
Http://www. china－mega. com
法人代表(Chairman)：张俊标
总经理(General Manager)：张俊标
联系人(Contact Person)：李军辉
产品业务(Business)：油墨

顺德大良锦英香精香料公司
Shunde Daliang Jinying Flavor & Fragrance Co., Ltd.
地址(Add)：广东省佛山市顺德区广珠公路红岗工业区
邮编(P. C.)：528300
电话(Tel)：0757－22253769
传真(Fax)：0757－28207958
联系人(Contact Person)：江洪
产品业务(Business)：卫生巾用香水药水、香料

广州钛谷生物技术研发中心
Guangzhou Taigu Biotechnology R & D Center
地址(Add)：广东省广州市白云区新广从七路83号之一
邮编(P. C.)：510410
电话(Tel)：020－34312170
传真(Fax)：020－87404450
Http://www. taigusw. com
总经理(General Manager)：彭业成
联系人(Contact Person)：彭业成
产品业务(Business)：香精香料

广州市香化科技有限公司
Guangzhou Flavor Chemical Science & Technology Co., Ltd.
地址(Add)：广东省广州市白云区钟落潭镇长钟西路213号
邮编(P. C.)：510470
电话(Tel)：020－37410352
传真(Fax)：020－87453006
E-mail：gzxhkj@126. com
Http://www. zgxhkj. com
联系人(Contact Person)：彭韶国
产品业务(Business)：生活用纸香精

广州枫灵生物技术有限公司
GZ Fengling Biotechnology Co., Ltd.
地址(Add)：广东省广州市番禺区大石洛溪新城洛溪工业区
邮编(P. C.)：511431
电话(Tel)：020－34501771
传真(Fax)：020－34501771
E-mail：serowa－1@163. com
Http://www. gzfengling. com
联系人(Contact Person)：程胜中
产品业务(Business)：卫生用品抗菌剂，香精

广州市杉特无纺布科技有限公司
Guangzhou Shante Nonwovens S & T Co., Ltd.
(详见流延膜及塑料母粒)

广州市燊格喷涂设备有限公司
Guangzhou Shenge Spraying Equipment Co., Ltd.
(详见其他相关设备)

领先特品(香港)有限公司广州办事处
International Specialty Products (Hongkong) Co., Ltd. Guangzhou Office
地址(Add)：广东省广州市环市东路403号广州国际电子大厦2606室
邮编(P. C.)：510095
电话(Tel)：020－37589970
传真(Fax)：020－37589907

E-mail：ltang@ ispcorp. com
联系人(Contact Person)：唐莉
产品业务(Business)：湿巾防腐剂

广州正禾生物技术有限公司
Guangzhou Zhenghe Biotechnology Co., Ltd.
地址(Add)：广东省广州市经济技术开发区创业路10号2层
邮编(P. C.)：510730
电话(Tel)：020－88218437
传真(Fax)：020－86259796
E-mail：gzzhsw@ 126. com
Http://www. gzzhsw. com
联系人(Contact Person)：杨晋斌
产品业务(Business)：卫生巾用复合清凉剂(清凉、抑菌、芳香)

迪爱生(广州)油墨有限公司
DIC Graphics (Guangzhou) Ltd.
地址(Add)：广东省广州市开发区永和经济区新庄二路77号
邮编(P. C.)：511356
电话(Tel)：020－32223200
传真(Fax)：020－32223215
E-mail：haijun. yuan@ dicgz. com
Http://www. dicgz. com
联系人(Contact Person)：袁海均
产品业务(Business)：油墨

广州市华驰化工有限公司
Guangzhou Huachi Chemical Co., Ltd.
地址(Add)：广东省广州市萝岗区九龙镇均和工业区
邮编(P. C.)：510555
电话(Tel)：020－82520396
传真(Fax)：020－82876881
E-mail：13924029261@ 139. com
联系人(Contact Person)：张胜钧
产品业务(Business)：油墨，热熔胶

美国乔治亚太平洋集团公司广州代表处
US George－Pacific Co.
地址(Add)：广东省广州市林和西路161号中泰国际广场A塔2103室
邮编(P. C.)：510620
电话(Tel)：020－87320605
传真(Fax)：020－87320635
联系人(Contact Person)：叶榕
产品业务(Business)：化学品添加剂

金发科技股份有限公司
Kingfa Sci. & Tech. Co., Ltd.
(详见流延膜及塑料母粒)

广州申悦贸易有限公司
Guangzhou Sunwin Chemical Co., Ltd.
地址(Add)：广东省广州市天河区珠江新城华夏路49号津滨腾越大厦南塔305室
邮编(P. C.)：510623
电话(Tel)：020－22123313
传真(Fax)：020－22123312
E-mail：jackee@ sunwinchem. com
Http://www. sunwinchem. com
总经理(General Manager)：杨建源
联系人(Contact Person)：杨建源
产品业务(Business)：抗菌剂，抗氧化剂，弹性改性剂，亲水油剂，热稳定剂

中山大学广州中大药物开发中心
Drug Development Center of Sun Yet－sen University
地址(Add)：广东省广州市中山二路74号中山大学北校区
邮编(P. C.)：510080
电话(Tel)：020－87331585
传真(Fax)：020－87333026
E-mail：drcaowei@ 163. com
Http://www. zddrug. com
总经理(General Manager)：曹维
联系人(Contact Person)：俞励平
产品业务(Business)：卫生巾护理液，湿巾药液

石利洛印材(惠州)有限公司
Shriro Graphic (Huizhou) Ltd.
地址(Add)：广东省惠州市仲恺高新区惠风东一路2号
电话(Tel)：0752－2612528
传真(Fax)：0752－2612463
E-mail：service@ sgl－hz. com
Http://www. sgl－hz. com
联系人(Contact Person)：江小姐
产品业务(Business)：印刷油墨

江门市天铭油墨有限公司
Jiangmen Tianming Printing Ink Co., Ltd.
地址(Add)：广东省江门市蓬江区杜阮镇龙溪松背岭工业区
邮编(P. C.)：529075
电话(Tel)：0750－3653833
传真(Fax)：0750－3653828
E-mail：tm2005@ 163. com
联系人(Contact Person)：李锦耀
产品业务(Business)：油墨

世合化工(深圳)有限公司
Saihe Chemicals (Shenzhen) Co., Ltd.
地址(Add)：广东省深圳市宝安区沙井镇大洋田工业区一幢
邮编(P. C.)：518104
电话(Tel)：0755－29851288
传真(Fax)：0755－29899263
E-mail：info@ saihe. com
Http://www. saihe. com
联系人(Contact Person)：林裕锋
产品业务(Business)：水性油墨

深圳市乐活科技有限公司
Shenzhen lohas Technology Co., Ltd.
地址(Add)：广东省深圳市宝安区六区资安商务大厦3002室
邮编(P. C.)：518101
电话(Tel)：0755－28076028
传真(Fax)：0755－28076028
E-mail：379108716@ qq. com
法人代表(Chairman)：范瑞彬

总经理(General Manager)：范瑞彬
联系人(Contact Person)：崔云华
产品业务(Business)：卫生巾、婴儿纸尿裤抗菌剂

深圳市万佳原化工实业有限公司
Vitayon Chemical Industry Co., Ltd. (Shenzhen)
地址(Add)：广东省深圳市龙岗区南联南通道爱南路 214 号 B 座 4－5 楼
邮编(P. C.)：518116
电话(Tel)：0755－84805531
传真(Fax)：0755－84807508
E-mail：slb@gdwjy.com
Http://www.gdwjy.com
联系人(Contact Person)：沈联邦
产品业务(Business)：油墨

深圳波顿香料有限公司
Shenzhen Boton Flavors & Fragrances Co., Ltd.
地址(Add)：广东省深圳市南山区凯虹第二工业区 79－80 栋
邮编(P. C.)：518051
电话(Tel)：0755－26015040
传真(Fax)：0755－26586201
E-mail：jie_sui@cff－boton.com
Http://www.cff－boton.com
联系人(Contact Person)：揭邃
产品业务(Business)：香料

深圳市东浩化工有限公司
Shenzhen Donghao Chemical Co., Ltd.
地址(Add)：广东省深圳市平湖华南城印刷区 P16 栋 112
邮编(P. C.)：518112
电话(Tel)：0755－89684248
传真(Fax)：0755－89689939
E-mail：david_ink@aliyun.com
法人代表(Chairman)：钟镇浩
产品业务(Business)：油墨

深圳市勤加诚化工原料有限公司
Shenzhen Qinjiacheng Chemical Raw Materials Co., Ltd.
(详见高吸收性树脂)

洋紫荆油墨(中山)有限公司
Bauhinia Variegata Ink & Chemicals (Zhongshan) Ltd.
地址(Add)：广东省中山市板芙镇顺景工业区
邮编(P. C.)：528459
电话(Tel)：0760－86502232
传真(Fax)：0760－86510192
Http://www.yipsink.com
联系人(Contact Person)：吴国飞
产品业务(Business)：油墨

中山市东朋化工有限公司
Zhongshan Dongpeng Chemical Co., Ltd.
地址(Add)：广东省中山市东区起湾道东祥路 19 号
邮编(P. C.)：528403
电话(Tel)：0760－88303023
传真(Fax)：0760－88308009
E-mail：zhanghm@cnink.com.cn
Http://www.cnink.com.cn
联系人(Contact Person)：张洪明
产品业务(Business)：复合油墨，胶粘剂

中山创美涂料有限公司
Zhongshan Chant Dope Co., Ltd.
地址(Add)：广东省中山市横栏镇中横大道 82 号宝裕工业区
邮编(P. C.)：528478
电话(Tel)：0760－87618198
传真(Fax)：0760－87618199
E-mail：chant@kingho.com
Http://www.zschant.com
联系人(Contact Person)：张俊
产品业务(Business)：油墨

中山市辉荣化工有限公司
Zhongshan Huirong Chemical Co., Ltd.
地址(Add)：广东省中山市南朗镇南朗工业区
邮编(P. C.)：528451
电话(Tel)：0760－85529596
传真(Fax)：0760－85529590
联系人(Contact Person)：倪倪
产品业务(Business)：油墨

珠海海狮龙生物科技有限公司
Zhuhai Healthlong Bio－Tech Co., Ltd.
地址(Add)：广东省珠海市高新技术产业开发区金鼎科技工业园金峰西路 24 号 8 栋
邮编(P. C.)：519000
电话(Tel)：0756－3835550
传真(Fax)：0756－3835554
Http://www.healthlong.cn
联系人(Contact Person)：杨小姐
产品业务(Business)：化妆品添加剂

珠海市菲力特油墨有限公司
Flint Printing Ink (Zhuhai) Co., Ltd.
地址(Add)：广东省珠海市金鼎金洲科技工业园
邮编(P. C.)：519085
电话(Tel)：0756－6123668
传真(Fax)：0756－3385192
E-mail：flintink@21cn.com
联系人(Contact Person)：郭桂清
产品业务(Business)：油墨

希友达油墨涂料有限公司
Xiyouda Inks & Paints Co., Ltd.
地址(Add)：广东省珠海市南屏高科技工业园南平科技园屏东 3 路 1 号
邮编(P. C.)：519060
电话(Tel)：0756－8681999
传真(Fax)：0756－8681888
Http://www.xiyouda.com
联系人(Contact Person)：曾国军
产品业务(Business)：油墨

广西宾阳宏远化工有限公司
Guangxi Binyang Hongyuan Chemicals Co., Ltd.
(详见检测仪器)

西安吉利电子化工有限公司
Xian Lucky Electronical & Chemical Co., Ltd.
地址(Add)：陕西省西安市高新技术产业开发区高新路25号
邮编(P. C.)：710075
电话(Tel)：029 - 88212585
传真(Fax)：029 - 88231475
E-mail：hr_hsnd@163.com
Http://www.xajili.com
法人代表(Chairman)：聂新宇
联系人(Contact Person)：李胜利
产品业务(Business)：防腐剂

西安亮剑科技有限公司
Xian Ag + + & King Science Co., Ltd.
地址(Add)：陕西省西安市高新路25号希格玛大厦1501室
邮编(P. C.)：710075
电话(Tel)：029 - 68817535
传真(Fax)：029 - 62276535
E-mail：sys_y@163.com
Http://www.ag - king.com
联系人(Contact Person)：宋向阳
产品业务(Business)：杀菌剂

西安康旺抗菌科技股份有限公司
Xian Conval Antibacterial Scien - Tech Co., Ltd.
地址(Add)：陕西省西安市高新路80号
邮编(P. C.)：710075
电话(Tel)：029 - 88894219
E-mail：webmaster@xa - conval.com
Http://www.xa - conval.com
联系人(Contact Person)：陈先生
产品业务(Business)：湿巾抗菌剂

● 包装及印刷 Packing and printing

KOROZO PACKAGING A. S
地址(Add)：ATATURK MAH ORHAN VELI KUCUK CAD NO 12 KIRAC - ISTANBUL/TURKEY
电话(Tel)：90 - 212 - 8666651
传真(Fax)：90 - 212 - 8866706
E-mail：tubab@korozo.com.tr
联系人(Contact Person)：Tuba Boduroglu
产品业务(Business)：包装材料

台湾联宾塑胶印刷股份有限公司
Lianbin Plastic & Printing Co., Ltd.
地址(Add)：台湾省台北县树林镇树潭街6号
电话(Tel)：886 - 2 - 26873456
传真(Fax)：886 - 2 - 26821061
E-mail：maggiesong@lianbin.com
产品业务(Business)：印刷

永太和印刷(集团)实业有限公司
Win Tai Woo Printing (Group) Industral Co., Ltd.
地址(Add)：香港北角健康东街39号柯达大厦二期9楼
电话(Tel)：852 - 25648448
传真(Fax)：852 - 25657443
联系人(Contact Person)：闫占超
产品业务(Business)：包装印刷

嘉丰(香港)印刷包装有限公司
Jiafeng (Hongkong) Printing & Packing Co., Ltd.
地址(Add)：香港九龙尖沙咀广东道5号海洋中心9楼906室
电话(Tel)：852 - 27367372
传真(Fax)：852 - 27368895
产品业务(Business)：包装袋

光华纸业(香港)有限公司
Kwong Wah Paper Products (HK) Co., Ltd.
地址(Add)：香港青衣长达路1 - 33号青衣工业中心第2期C座6楼
电话(Tel)：852 - 36659000
传真(Fax)：852 - 24364282
E-mail：md@kwpp.com.hk
Http://www.kwpp.com.hk
法人代表(Chairman)：梁延灿
产品业务(Business)：包装袋，印刷

冠宝(香港)有限公司
Goodbo (Hongkong) Co., Ltd.
地址(Add)：香港荃湾白田坝街23 - 29号长丰工业大厦9楼
电话(Tel)：852 - 26772350
传真(Fax)：852 - 26772079
E-mail：colinchu@goodbohkltd.com.hk
Http://www.goodbo.com
总经理(General Manager)：朱运健
产品业务(Business)：食品塑料包装

深圳豪艺塑料有限公司
Shenzhen Delux Arts Plastics Co., Ltd.
地址(Add)：香港新界魁涌打砖坪街49 - 53号华基工业大厦第二期14楼E & F座
电话(Tel)：852 - 24284428
传真(Fax)：852 - 24891228
总经理(General Manager)：张永波
产品业务(Business)：包装袋

北京联宾塑胶印刷有限公司
Beijing Lianbin Plastics & Printing Co., Ltd.
地址(Add)：北京市大兴区青云店镇工业区
邮编(P. C.)：102605
电话(Tel)：010 - 80281666
传真(Fax)：010 - 80282345
E-mail：zhangjinhua@lianbin.com
Http://www.lianbin.com
总经理(General Manager)：廖天赐
联系人(Contact Person)：张金华
产品业务(Business)：包装袋

雄县东华制版有限公司北京办事处
Xiongxian Donghua Plate - making Co., Ltd. Beijing Office
地址(Add)：北京市丰台区光彩路彩虹城四区3 - 3 - 202
邮编(P. C.)：100075
电话(Tel)：010 - 87862322
传真(Fax)：010 - 87862322
E-mail：caihong6660@126.com

总经理(General Manager)：高立勇
联系人(Contact Person)：高立勇
产品业务(Business)：制版

天津市津宝福源纸制品包装厂
Tianjin Jinbao Fuyuan Paper Products Co., Ltd.
地址(Add)：天津市宝坻区宝平公路西侧
邮编(P.C.)：301800
电话(Tel)：022-82668115
传真(Fax)：022-82688115
总经理(General Manager)：郭庆荣
联系人(Contact Person)：郭庆荣
产品业务(Business)：包装膜，流延膜，卫生材料

天津市尚好卫生材料有限公司
Tianjin Shanghao Hygiene Materials Co., Ltd.
(详见流延膜及塑料母粒)

天津金衫包装制品有限公司
Tianjin Teda Jinshan Packing Manufacture Co., Ltd.
地址(Add)：天津市李七庄四号房工业区
邮编(P.C.)：300381
电话(Tel)：022-83912526
传真(Fax)：022-23927233
E-mail：jinshan@tedajinshan-bag.com
Http://www.tedajinshan-bag.com
总经理(General Manager)：李锡伯
产品业务(Business)：包装袋

天津市德利塑料制品有限公司
Tianjin Deli Plastic Products Co., Ltd.
(详见非织造布-热轧、热风、纺粘等)

天津市侨阳印刷有限公司
Tianjin Qiaoyang Printing Co., Ltd.
地址(Add)：天津市武清经济开发区逸仙科学工业园翠溪道6号
邮编(P.C.)：301700
电话(Tel)：022-82116222
传真(Fax)：022-82114373
E-mail：tjqyys7799@sina.com
Http://www.qiaoyangprint.cn
法人代表(Chairman)：路月
总经理(General Manager)：路月
联系人(Contact Person)：程宏伟
产品业务(Business)：印刷，设计，包装

洁康塑料包装彩印厂
Jiekang Plastic Packaging Color Printing Facotry
地址(Add)：天津市武清区王庆坨镇北环路西口
邮编(P.C.)：301713
电话(Tel)：022-29519322
传真(Fax)：022-29514021
联系人(Contact Person)：罗永福
产品业务(Business)：吹塑彩印制袋

保定金泰彩印有限公司
Baoding Jintai Color Printing Co., Ltd.
地址(Add)：河北省保定市满城县大册营工业区
邮编(P.C.)：072150
电话(Tel)：0312-5572899
传真(Fax)：0312-5572899
E-mail：jianxin688@tom.com
法人代表(Chairman)：张建新
总经理(General Manager)：张建新
联系人(Contact Person)：张建新
产品业务(Business)：生活用纸包装袋

保定市奥达制版有限公司
Baoding Aoda Plate-making Co., Ltd.
地址(Add)：河北省保定市满城县大册营工业区
邮编(P.C.)：072150
电话(Tel)：0312-5578555
传真(Fax)：0312-5578555
联系人(Contact Person)：张学伟
产品业务(Business)：凹印制版

保定市满城县恒远塑料印刷厂
Baoding Hengyuan Plastics Printing Factory
地址(Add)：河北省保定市满城县大册营工业区
邮编(P.C.)：072150
电话(Tel)：0312-5579198
传真(Fax)：0312-5579198
E-mail：1336932127@qq.com
法人代表(Chairman)：杨须
总经理(General Manager)：杨须
联系人(Contact Person)：杨须
产品业务(Business)：塑料包装袋

恒光彩印厂
Hengguang Colour Print Factory
地址(Add)：河北省保定市满城县大册营工业区
邮编(P.C.)：072150
电话(Tel)：0312-5572321
传真(Fax)：0312-7023526
法人代表(Chairman)：韩占磊
总经理(General Manager)：韩占磊
联系人(Contact Person)：韩占磊
产品业务(Business)：塑料包装袋

满城县鹏达彩印有限公司
Mancheng Pengda Color Pringting Co., Ltd.
地址(Add)：河北省保定市满城县大册营工业区
邮编(P.C.)：071000
电话(Tel)：0312-7022005
传真(Fax)：0312-5578008
Http://www.pengdacaiyin.com
法人代表(Chairman)：李宾
总经理(General Manager)：李宾
联系人(Contact Person)：李宾
产品业务(Business)：生活用纸包装袋

盛源塑印制品
Shengyuan Plastics Printing Products
地址(Add)：河北省保定市满城县大册营工业区
邮编(P.C.)：072151
电话(Tel)：0312-5570969
传真(Fax)：0312-5572799
联系人(Contact Person)：张艳如
产品业务(Business)：生活用纸包装袋

保定龙翔彩印有限公司
Baoding Longxiang Colour Print Co., Ltd.
地址(Add): 河北省保定市满城县大册营工业区
邮编(P. C.): 072150
电话(Tel): 0312 - 7195188
传真(Fax): 0312 - 7195377
法人代表(Chairman): 黄继恩
总经理(General Manager): 黄继恩
联系人(Contact Person): 黄继恩
产品业务(Business): 塑料包装袋

保定市满城兴达彩印厂
Baoding Mancheng Xingda Color Printing Factory
地址(Add): 河北省保定市满城县大册营造纸工业区
邮编(P. C.): 071000
电话(Tel): 0312 - 7022327
传真(Fax): 0312 - 7027928
联系人(Contact Person): 张艳彬
产品业务(Business): 塑料包装袋

保定万军彩印有限公司
Baoding Wanjun Print Co., Ltd.
地址(Add): 河北省保定市满城县大册营造纸工业区
邮编(P. C.): 071000
电话(Tel): 0312 - 7025816
传真(Fax): 0312 - 7025816
E-mail: bdwanjun@126. com
总经理(General Manager): 苟辉
联系人(Contact Person): 苟万军
产品业务(Business): 卫生纸/卫生巾/湿巾/软抽面巾纸/手帕纸包装

满城县诚信彩印有限公司
Mancheng Chengxin Color Printing Co., Ltd.
地址(Add): 河北省保定市满城县大册营造纸工业区
邮编(P. C.): 071000
电话(Tel): 0312 - 7023799
联系人(Contact Person): 韩大明
产品业务(Business): 包装袋

满城县嘉轩彩印有限公司
Mancheng Jiaxuan Colour Printing Co., Ltd.
地址(Add): 河北省保定市满城县大册营造纸工业区
邮编(P. C.): 072150
电话(Tel): 0312 - 5578660
传真(Fax): 0312 - 5572089
总经理(General Manager): 赵满征
产品业务(Business): 塑料包装袋

满城县利丰彩印包装有限公司
Mancheng Lifeng Color Printing & Packaging Co., Ltd.
地址(Add): 河北省保定市满城县大册营造纸工业区王辛庄
邮编(P. C.): 072151
电话(Tel): 0312 - 7017199
传真(Fax): 0312 - 7017199
联系人(Contact Person): 王然
产品业务(Business): 包装袋

旗洋彩印有限公司
Qiyang Printing Co., Ltd.
地址(Add): 河北省保定市满城县大册营镇北宋营村
邮编(P. C.): 072150
电话(Tel): 0312 - 7020728
传真(Fax): 0312 - 5573838
E-mail: goujianfeng@163. com
法人代表(Chairman): 赵红星
总经理(General Manager): 赵红星
联系人(Contact Person): 赵红星
产品业务(Business): 塑料包装袋

金三利彩印厂
Jinsanli Printing Plant
地址(Add): 河北省保定市满城县要庄镇工业区
邮编(P. C.): 072150
电话(Tel): 0312 - 7068583
传真(Fax): 0312 - 7067725
法人代表(Chairman): 李锁成
总经理(General Manager): 李树森
联系人(Contact Person): 李树森
产品业务(Business): 生活用纸包装袋

河北省保定市保运制版有限公司
Baoding Baoyun Plate Making Co., Ltd.
地址(Add): 河北省保定市新保满路 518 号
邮编(P. C.): 071051
电话(Tel): 0312 - 7021718
传真(Fax): 0312 - 7020598
Http://www. by - zb. com
法人代表(Chairman): 闫冀东
总经理(General Manager): 姜华
产品业务(Business): 凹印制版

河北志腾彩印有限公司
Hebei Zhiteng Colour Print Co., Ltd.
地址(Add): 河北省保定市雄县城内旅游路东头路南
邮编(P. C.): 071800
电话(Tel): 0312 - 5869148
传真(Fax): 0312 - 5867649
E-mail: ztcy@zhitengcy. com
Http://www. zhitengcy. com
法人代表(Chairman): 吴志深
总经理(General Manager): 刘素精
联系人(Contact Person): 刘素精
产品业务(Business): 塑料包装袋

河北雄县民乐纸塑包装有限公司
Hebei Xiongxian Minle Paper - plastic Packing Co., Ltd.
地址(Add): 河北省保定市雄县城西北菜园
邮编(P. C.): 071800
电话(Tel): 0312 - 5799961
传真(Fax): 0312 - 5797777
联系人(Contact Person): 高松
产品业务(Business): 塑料包装袋

雄县双龙塑业包装有限公司
Xiongxian Shuanglong Plastics Packaging Co., Ltd.
地址(Add): 河北省保定市雄县城西黄湾工业区
邮编(P. C.): 071800
电话(Tel): 0312 - 5962298

传真(Fax)：0312－5962299
法人代表(Chairman)：刘洪祥
总经理(General Manager)：刘洪祥
联系人(Contact Person)：刘洪祥
产品业务(Business)：塑料包装袋

雄县日基包装材料有限公司
Xiongxian Riji Packing Materials Co., Ltd.
地址(Add)：河北省保定市雄县东环路中段路西
邮编(P. C.)：071800
电话(Tel)：0312－5560298
传真(Fax)：0312－5812856
Http://www.hbriji.com.cn
联系人(Contact Person)：董赫方
产品业务(Business)：塑料包装袋

雄县向阳制版有限公司
Xiongxian Xiangyang Plate Making Co., Ltd.
地址(Add)：河北省保定市雄县铃铛阁大街329号
邮编(P. C.)：071000
电话(Tel)：0312－5560789
传真(Fax)：0312－5560789
E-mail：xy_096@163.com
Http://www.xyzhiban.com
法人代表(Chairman)：姚占谊
总经理(General Manager)：姚占谊
联系人(Contact Person)：姚占谊
产品业务(Business)：制作布美兰版，电雕版，涂胶辊，非织造布版

弘博塑料包装有限公司
Hongbo Plastic Packaging Co., Ltd.
地址(Add)：河北省保定市雄县铃铛阁大街东段688号
邮编(P. C.)：071000
电话(Tel)：0312－5826587
传真(Fax)：0312－5810626
联系人(Contact Person)：刘会军
产品业务(Business)：包装袋

雄县新亚包装材料有限公司
Xiongxian Xinya Package Material Co., Ltd.
地址(Add)：河北省保定市雄县旅游路(铃铛阁大街618号)
邮编(P. C.)：071800
电话(Tel)：0312－5827333
传真(Fax)：0312－5827222
联系人(Contact Person)：高飞
产品业务(Business)：包装袋

雄县华旭纸塑包装制品有限公司
Xiongxian Huaxu Paper & Plastic Package Co., Ltd.
地址(Add)：河北省保定市雄县双侯大街
邮编(P. C.)：071800
电话(Tel)：0312－5566500
传真(Fax)：0312－5865600
法人代表(Chairman)：王运生
总经理(General Manager)：王运生
联系人(Contact Person)：王运生
产品业务(Business)：包装袋

盛世佳运塑料包装有限公司
Shengshi Jiayun Plastic Packaging Co., Ltd.
地址(Add)：河北省保定市雄县王甫大街128号
邮编(P. C.)：071800
电话(Tel)：0312－5797871
E-mail：ssjy521521@sina.com
法人代表(Chairman)：李锁印
总经理(General Manager)：李锁印
联系人(Contact Person)：李锁印
产品业务(Business)：塑料包装袋

雄县鹏程彩印有限公司
Xiongxian Pengcheng Colour Print Co., Ltd.
地址(Add)：河北省保定市雄县雄州路748号
邮编(P. C.)：071800
电话(Tel)：0312－5860122
传真(Fax)：0312－5861755
E-mail：xxpccy@163.com
Http://www.pengchengprinting.com
总经理(General Manager)：刘跃军
联系人(Contact Person)：刘跃军
产品业务(Business)：生活用纸类塑料软包装

河北隆福川包装印刷有限公司
Hebei Longfuchuan Packaging Printing Co., Ltd.
地址(Add)：河北省保定市雄县亚古城工业区2号
邮编(P. C.)：071800
电话(Tel)：0312－5810358
联系人(Contact Person)：王海龙
产品业务(Business)：生活用纸包装袋/包装盒，不干胶标签

河北沧州顺天塑业有限公司
Hebei Cangzhou Shuntian Plastic Co., Ltd.
地址(Add)：河北省沧县杜生镇邢村开发区198号
邮编(P. C.)：061000
电话(Tel)：0317－4912989
传真(Fax)：0317－4911582
联系人(Contact Person)：张树增
产品业务(Business)：湿巾包装桶

河北东光前生塑料彩印厂
Dongguang Qiansheng Plastic Color Printing Factory
地址(Add)：河北省沧州市东光县城前生
邮编(P. C.)：061600
电话(Tel)：0317－7811627
传真(Fax)：0317－7813889
联系人(Contact Person)：马希岗
产品业务(Business)：生产湿巾袋，餐巾纸钱夹袋，塑料包装袋

河北东光县佳禾塑料厂
Dongguang Jiahe Plastic Plant
地址(Add)：河北省沧州市东光县马堂开发区
邮编(P. C.)：061600
电话(Tel)：0317－7746777
传真(Fax)：0317－7745888
法人代表(Chairman)：马国良
总经理(General Manager)：马国良
联系人(Contact Person)：马国良
产品业务(Business)：包装袋

河北省沧县恒信塑料包装材料厂
Cangxian Hengxin Plastic Packaging Factory
地址(Add)：河北省沧州市杜生李屯工业区
邮编(P. C.)：061000
电话(Tel)：0317－4916396
传真(Fax)：0317－4052770
E-mail：cxhengxin@163. com
Http://www. cxhengxin. com. cn
联系人(Contact Person)：李巨邦
产品业务(Business)：湿巾包装桶

河北省沧州市兄弟塑业
Hebei Cangzhou Brother Plastic Co., Ltd.
地址(Add)：河北省沧州市杜生镇工业区
邮编(P. C.)：061000
传真(Fax)：0317－4900081
法人代表(Chairman)：史桂良
总经理(General Manager)：史桂良
联系人(Contact Person)：史桂良
产品业务(Business)：湿巾包装桶

沧州市亚宏塑料制品有限公司
Cangzhou Yahong Plastic Products Co., Ltd.
地址(Add)：河北省沧州市刘会头工业园区
邮编(P. C.)：061029
电话(Tel)：0317－4913618
传真(Fax)：0317－4913618
E-mail：web@hbyahong. com
联系人(Contact Person)：刘其合
产品业务(Business)：包装袋

衡水林明数码彩印有限公司
Hengshui Linming Digital Color Printing Co., Ltd.
地址(Add)：河北省衡水市武邑县循环经济园区威武大街东侧印刷南路16号
邮编(P. C.)：053400
电话(Tel)：0318－2280288
传真(Fax)：0318－2280139
E-mail：lm2131684@126. com
联系人(Contact Person)：黄广林
产品业务(Business)：包装盒，包装袋

石家庄华纳塑料包装有限公司
Shijiazhuang Huana Plastic Packing Co., Ltd.
地址(Add)：河北省石家庄晋州市通达路安家庄开发区
邮编(P. C.)：052260
电话(Tel)：0311－84396958
传真(Fax)：010－65800882
E-mail：huana001@163. com
Http://www. huanafa. com
法人代表(Chairman)：吕建辉
总经理(General Manager)：吕建辉
联系人(Contact Person)：张卫兵
产品业务(Business)：包装袋

石家庄市东华制版印刷有限公司
Shijiazhuang Donghua Platemaking & Printing Co., Ltd.
地址(Add)：河北省石家庄市东开发区槐安路与兴安大街交叉口方亿科技工业园B区102
邮编(P. C.)：050000
电话(Tel)：0311－86120438
传真(Fax)：0311－86129349
Http://www. dhzmys. cn
法人代表(Chairman)：邓勇
总经理(General Manager)：谷海涛
联系人(Contact Person)：谷海涛
产品业务(Business)：制版，印刷

邢台市北方彩印厂
Xingtai Beifang Color Printing Plant
地址(Add)：河北省邢台市豫东市场北二街74号
邮编(P. C.)：054001
电话(Tel)：0319－7315606
传真(Fax)：0319－7315606
法人代表(Chairman)：刘小飞
总经理(General Manager)：刘小飞
联系人(Contact Person)：刘小飞
产品业务(Business)：塑料包装袋

雄县旺达塑料包装制品有限公司
Xiongxian Wangda Plastic Products Co., Ltd.
地址(Add)：河北省雄县城东工业园
邮编(P. C.)：071800
电话(Tel)：0312－5869020
传真(Fax)：0312－5869021
E-mail：wangda@wangdapack. com
Http://www. wangdapack. com
联系人(Contact Person)：宋吉深
产品业务(Business)：包装袋

雄县华飞塑业有限公司
Xiongxian Huafei Plastic Products Co., Ltd.
地址(Add)：河北省雄县黄湾工业园
邮编(P. C.)：071800
电话(Tel)：0312－5565656
传真(Fax)：0312－6386588
法人代表(Chairman)：赵立华
总经理(General Manager)：赵立华
联系人(Contact Person)：赵立华
产品业务(Business)：塑料包装袋

河北永生塑料制品有限公司
Hebei Yongsheng Plastic Products Co., Ltd.
地址(Add)：河北省雄县米北经济技术开发区
邮编(P. C.)：071802
电话(Tel)：0312－5732788
传真(Fax)：0312－5732266
E-mail：zwheyw@163. com
法人代表(Chairman)：杨万学
总经理(General Manager)：杨巍
联系人(Contact Person)：张薇
产品业务(Business)：卫生纸/卫生巾包装袋

河北雄县利峰塑业有限公司
Xiongxian Lifeng Plastic Co., Ltd.
地址(Add)：河北省保定市雄县南关大街一铺南工业区
邮编(P. C.)：071800
电话(Tel)：0312－5822398
传真(Fax)：0312－5819398
E-mail：lifengsuye00@163. com
法人代表(Chairman)：李会民
总经理(General Manager)：李会民

联系人(Contact Person)：王建新
产品业务(Business)：塑料包装袋

河北领成包装材料科技有限公司
Hebei Lingcheng Packing Material Technology Co., Ltd.
地址(Add)：河北省雄县双侯大街西段南侧(高速引线西)
邮编(P. C.)：071800
电话(Tel)：0312－6387188
传真(Fax)：0312－5566882
E-mail：hbrunda@ sina. com
Http://www. lcbaozhuang. com
联系人(Contact Person)：任敬虎
产品业务(Business)：包装袋

凯宇塑料包装有限公司
Kaiyu Plastic Packing Co., Ltd.
地址(Add)：河北省雄县雄州路680号
邮编(P. C.)：071899
电话(Tel)：0312－5813881
传真(Fax)：0312－5813883
E-mail：zh. zhangkai00@ 163. com
总经理(General Manager)：张凯
产品业务(Business)：包装袋

河北省雄县孟氏制版有限公司
Xiongxian Mengshi Plate Making Co., Ltd.
地址(Add)：河北省雄县雄州路685号
邮编(P. C.)：071800
电话(Tel)：0312－5868001
传真(Fax)：0312－5868508
E-mail：lgs0078@ 163. com
法人代表(Chairman)：李广生
总经理(General Manager)：柳会强
联系人(Contact Person)：吕建辉
产品业务(Business)：凹印电雕版

雄县全利纸塑包装有限公司
Xiongxian Quanli Paper Plastic Packing Co., Ltd.
地址(Add)：河北省雄县一铺东工业开发区
邮编(P. C.)：071800
电话(Tel)：0312－5817096
传真(Fax)：0312－5822500
Http://www. qlzhisu. com
联系人(Contact Person)：钱影超
产品业务(Business)：包装袋

河北省雄县强伟塑料制品厂
Xiongxian Qiangwei Plastic Products Plant
(详见流延膜及塑料母粒)

大连黑马塑料彩印包装有限公司
Dalian Heima Plastic Printing & Packaging Co., Ltd.
地址(Add)：辽宁省大连市金州区站前街道龙泉路21号
邮编(P. C.)：116100
电话(Tel)：0411－39317966
传真(Fax)：0411－39317911
E-mail：xudan@ dlheima. com
Http://www. dlheima. com
总经理(General Manager)：徐丹
联系人(Contact Person)：林越正
产品业务(Business)：包装袋，印刷

大连荣华彩印包装有限公司
Dalian Ronghua Printing Packaging Co., Ltd.
地址(Add)：辽宁省大连市旅顺经济开发区大兴路028号
邮编(P. C.)：116045
电话(Tel)：0411－86220270
传真(Fax)：0411－86222347
E-mail：dalianronghua@ 163. com
Http://www. dlronghua. cn
法人代表(Chairman)：王忠富
联系人(Contact Person)：刘权广
产品业务(Business)：湿巾/卫生巾包装

开原市北方塑料制品厂
Kaiyuan Beifang Plastic Products Plant
地址(Add)：辽宁省开原市前进大街159号
邮编(P. C.)：112300
电话(Tel)：024－73600611
传真(Fax)：024－73600611
法人代表(Chairman)：孙春香
总经理(General Manager)：孙春香
联系人(Contact Person)：石伟
产品业务(Business)：包装袋

哈尔滨市日上印务有限公司
Harbin Rishang Printing Co., Ltd.
地址(Add)：黑龙江省哈尔滨市道外区江南中环路民富村
邮编(P. C.)：150059
电话(Tel)：0451－57602300
传真(Fax)：0451－57650300
Http://www. hrbplastic. com
联系人(Contact Person)：吴静东
产品业务(Business)：医药及工业产品包装

美迪科(上海)包装材料有限公司
MDK Medical Packing Co., Ltd.
地址(Add)：上海市奉贤区奉城镇奉坚路223号
邮编(P. C.)：201409
电话(Tel)：021－64692603
传真(Fax)：021－64697736
E-mail：mdk188@ 163. com
Http://www. mdk－medical. com
联系人(Contact Person)：陈国良
产品业务(Business)：包装印刷

上海众美包装有限公司
Shanghai Volkspack Film Co., Ltd.
地址(Add)：上海市奉贤区庄行工业园区长庭路18号
邮编(P. C.)：201415
电话(Tel)：021－57461093
传真(Fax)：021－57461085
E-mail：zhutw@ zm－volkspack. com
Http://www. zm－volkspack. com
联系人(Contact Person)：祝天旺
产品业务(Business)：生活用纸/卫生巾/婴儿纸尿裤包装袋

上海华悦包装制品有限公司
Shanghai Huayue Packaging Products Co., Ltd.
地址(Add)：上海市奉贤柘林镇新申工业区宅兴路228号

邮编(P. C.): 201416
电话(Tel): 021 - 57492888
传真(Fax): 021 - 57494622
E-mail: yaoshiyu. 2003@ 163. com
Http://www. huayuepack. com
法人代表(Chairman): 王文华
总经理(General Manager): 王文华
联系人(Contact Person): 姚一鸣
产品业务(Business): 包装袋

上海点墨印务有限公司
Shanghai Dianmo Packing Printing Co., Ltd.
地址(Add): 上海市沪闵路 3518 号瓶北路 130 号
邮编(P. C.): 201108
电话(Tel): 021 - 64907218
传真(Fax): 021 - 64902891
E-mail: dianmo. 2007@ 163. com
法人代表(Chairman): 周传玲
总经理(General Manager): 钱中连
联系人(Contact Person): 钱中连
产品业务(Business): 包装袋

上海英杰塑胶制品有限公司
Shanghai Yingjie Plastic Packing Co., Ltd.
地址(Add): 上海市嘉定区霜竹路 1215 弄 5 号
邮编(P. C.): 201800
电话(Tel): 021 - 59950001
传真(Fax): 021 - 59950002
E-mail: yjsj_t@ sina. com
法人代表(Chairman): 顾小明
总经理(General Manager): 唐玉其
联系人(Contact Person): 周成文
产品业务(Business): 包装袋

上海福助工业有限公司
Shanghai Fukusuke Industries Co., Ltd.
地址(Add): 上海市金山工业区亭卫公路 3181 号
邮编(P. C.): 201507
电话(Tel): 021 - 67277389
传真(Fax): 021 - 67277676
E-mail: zhangjh@ sh - fukusuke - kogyo. com
Http://www. fukusuke. com. cn
法人代表(Chairman): 井上治郎
总经理(General Manager): 世野茂幸
联系人(Contact Person): 章俊华
产品业务(Business): 卫生用品包装袋

上海联宾塑胶工业有限公司
Shanghai Lianbin Plastics Industry Co., Ltd.
地址(Add): 上海市闵行区虹桥镇环镇南路 128 号 A 座
邮编(P. C.): 201103
电话(Tel): 021 - 64011139
传真(Fax): 021 - 64010220
E-mail: sales@ lianbin - sh. com
Http://www. lianbin - sh. com
法人代表(Chairman): 陆根龙
联系人(Contact Person): 陵宥伶
产品业务(Business): 高低密度 PE 袋, 卫生用品包装袋、夹链袋

上海中浩激光制版有限公司
Shanghai Zhonghao Digital Plate Making Co., Ltd.
地址(Add): 上海市闵行区浦江镇三达路 85 号 8 号楼 2 层
邮编(P. C.): 201112
电话(Tel): 021 - 54331665
传真(Fax): 021 - 54331659
E-mail: zyy133@ 163. com
Http://www. shzhonghao. com. cn
联系人(Contact Person): 周岳毅
产品业务(Business): 激光制版

上海英耀激光数字制版有限公司
Shanghai Yingyao Laser Digital Plate - making Co., Ltd.
地址(Add): 上海市闵行区莘庄镇友东路 300 号
邮编(P. C.): 201100
电话(Tel): 021 - 54887796 - 8001
传真(Fax): 021 - 54888380
E-mail: shyingyao@ vip. 163. com
总经理(General Manager): 何经理
联系人(Contact Person): 李勃
产品业务(Business): 制版

上海紫泉标签有限公司
Shanghai Ziquan Label Co., Ltd.
地址(Add): 上海市闵行区颛兴路 1288 号
邮编(P. C.): 201108
电话(Tel): 021 - 64425099
传真(Fax): 021 - 64893697
E-mail: gu_ ah@ 163. com
Http://www. ziquan. com
联系人(Contact Person): 顾爱华
产品业务(Business): 标签, 热收缩薄膜, 卫包产品

上海双跃塑料制品有限公司
Shanghai Shuangyue Plastic Products Co., Ltd.
地址(Add): 上海市南汇航头海桥村
邮编(P. C.): 201316
电话(Tel): 021 - 58220368
传真(Fax): 021 - 58220311
E-mail: shuangyue_2005@ 163. com
法人代表(Chairman): 胡子平
总经理(General Manager): 胡子平
联系人(Contact Person): 胡子平
产品业务(Business): 包装袋

泰格包装(上海)有限公司
Tiger Pack (Shanghai) Co., Ltd.
地址(Add): 上海市松江工业区宝胜路 10 号
邮编(P. C.): 201600
电话(Tel): 021 - 57741151
传真(Fax): 021 - 57741152
E-mail: edward@ tigerpack. com. cn
联系人(Contact Person): 曹峰
产品业务(Business): 印刷包装材料

上海以琳印务有限公司
Shanghai Yilin Printing Co., Ltd.
地址(Add): 上海市松江九亭九新公路 28 弄 15 号 1101 室

邮编(P. C.): 201615
电话(Tel): 021 - 37632677
传真(Fax): 021 - 37633639
联系人(Contact Person): 苏尚静
产品业务(Business): 包装印刷

上海携辉实业有限公司
Shanghai Xiehui Co., Ltd.
(详见胶带、胶贴、魔术贴、标签)

信华柔印科技
Sinwa Printech
地址(Add): 上海市松江区九亭镇九新公路 10 弄 1 号亭园大厦 503 室
邮编(P. C.): 201615
电话(Tel): 021 - 37829908
传真(Fax): 021 - 37829909
E-mail: sales@ sinwaprintech. com
Http://www. sinwaprintech. com
联系人(Contact Person): 徐兰
产品业务(Business): 制版

洁红纸品包装服务部
Jiehong Paper Package Dept.
地址(Add): 上海市松江区新生公路 7 号
邮编(P. C.): 201613
电话(Tel): 15801897883
传真(Fax): 021 - 67624506
E-mail: 2675726112@ qq. com
联系人(Contact Person): 杨正建
产品业务(Business): 包装袋

国际纸业贸易(上海)有限公司
International Paper Distribution (Shanghai) Limited
(详见绒毛浆)

济丰包装(上海)有限公司
Pacific Millennium Packaging Co., Ltd.
地址(Add): 上海市徐汇区田林路 398 号 2 号楼 A 座
邮编(P. C.): 200233
电话(Tel): 021 - 54504666
传真(Fax): 021 - 54902166
E-mail: mary_peng@ pm - hc. com
Http://www. pacific - millennium. com
联系人(Contact Person): 彭剑翔
产品业务(Business): 包装纸箱

新会新利达薄膜有限公司上海办事处
Xinhui Alida Polythene Limited (Shanghai Office)
地址(Add): 上海市中江路 388 号国盛中心 2 号楼 506 室
邮编(P. C.): 200062
电话(Tel): 021 - 32557589
传真(Fax): 021 - 60317637
E-mail: jamesxue6827@ sina. com
Http://www. bpixinhui. com
联系人(Contact Person): 薛为超
产品业务(Business): 包装薄膜, 包装袋

常熟富士包装有限公司
Jiangsu Changshu Fushi Packing Co., Ltd.
地址(Add): 江苏省常熟市虞山工业园 A 区东山路 1 号
邮编(P. C.): 215500
电话(Tel): 0512 - 52841368
传真(Fax): 0512 - 52841369
E-mail: postmaster@ fspacking. com. cn
Http://www. fspacking. com. cn
法人代表(Chairman): 陆耀忠
总经理(General Manager): 陆耀忠
联系人(Contact Person): 陆耀忠
产品业务(Business): 包装袋

江苏众和包装有限公司
Jiangsu Zhonghe Packing Co., Ltd.
地址(Add): 江苏省常熟市虞山镇莫城管理区言里段
邮编(P. C.): 215556
电话(Tel): 0512 - 52492818
传真(Fax): 0512 - 52492820
E-mail: info@ zhonghe - china. com
Http://www. zhonghe - china. com
法人代表(Chairman): 金伟建
总经理(General Manager): 方赛花
联系人(Contact Person): 刘枫
产品业务(Business): 卫生用品复合软包装

江苏太平洋印刷有限公司
Jiangsu Pacific Printing Co., Ltd.
地址(Add): 江苏省丹阳市皇塘镇常溧东路 169 号
邮编(P. C.): 212327
电话(Tel): 0511 - 86621139
传真(Fax): 0511 - 86621222
法人代表(Chairman): 柳国刚
总经理(General Manager): 柳国刚
产品业务(Business): 薄膜印刷

江苏中彩印务有限公司
Jiangsu Zhongcai Printing Co., Ltd.
地址(Add): 江苏省丹阳市皇塘镇常溧西路 125 号
邮编(P. C.): 213327
电话(Tel): 0511 - 86630000
传真(Fax): 0511 - 86633896
E-mail: tnp@ tnpcp. com
Http://www. tnpcp. com
法人代表(Chairman): 焦小林
产品业务(Business): 包装印刷

丹阳富丽彩印包装有限公司
Danyang Fuli Color Print & Packing Co., Ltd.
地址(Add): 江苏省丹阳市吕城工业园区
邮编(P. C.): 212351
电话(Tel): 13952910588
传真(Fax): 0511 - 6821006
E-mail: zfy@ tnpcp. com
Http://www. tnpcp. com
联系人(Contact Person): 张福元
产品业务(Business): 印刷包装

扬州市浩越塑料包装彩印有限公司
Yangzhou Haoyue Plastic Packaging Color Printing Co., Ltd.
地址(Add): 江苏省高邮市屏淮北路省级经济开发区
邮编(P. C.): 225600
电话(Tel): 0514 - 84436118

传真(Fax)：0514－84436506
联系人(Contact Person)：魏玲玉
产品业务(Business)：纸品、卫生巾包装，纸尿裤/片包装袋

江阴市申龙制版有限公司
Jiangyin Shenlong Plate－Making Co., Ltd.
地址(Add)：江苏省江阴市滨江东路81号
邮编(P.C.)：214434
电话(Tel)：0510－86402352
传真(Fax)：0510－86402390
E-mail：guqing0108@126.com
法人代表(Chairman)：谷征兵
总经理(General Manager)：谷征兵
联系人(Contact Person)：顾清
产品业务(Business)：凹印版辊

无锡市通和包装材料有限公司
Wuxi Tonghe Packing Materials Co., Ltd.
地址(Add)：江苏省江阴市顾山镇锡张路196号
邮编(P.C.)：214413
电话(Tel)：0510－86925928
传真(Fax)：0510－86329308
E-mail：wuxitonghe@163.com
法人代表(Chairman)：郭洪
产品业务(Business)：印刷包装袋

江阴宝柏包装有限公司
Alcan Packing Propack Co., Ltd.
地址(Add)：江苏省江阴市南外环路858号
邮编(P.C.)：214433
电话(Tel)：0510－86105000
传真(Fax)：0510－86113374
E-mail：jadon.yue@amcor.com
Http://www.amcor.com
联系人(Contact Person)：乐建挺
产品业务(Business)：包装材料

江阴市中南塑料彩印有限公司
Jiangyin Zhongnan Plastic Color Printing Co., Ltd.
地址(Add)：江苏省江阴市徐霞客镇峭岐工业集中区兴业路2号
邮编(P.C.)：214408
电话(Tel)：0510－86565777
传真(Fax)：0510－86573200
E-mail：weijs2007@126.com
Http://www.znpack.com
联系人(Contact Person)：卫俊生
产品业务(Business)：包装袋，印刷

南京海容包装制品有限公司
Nanjing Hirong Packing Products Co., Ltd.
地址(Add)：江苏省南京市建邺区茶亭东街79号(9－2A－4)(南湖公交13路底站旁)
邮编(P.C.)：210017
电话(Tel)：025－66912959
传真(Fax)：025－86435106
E-mail：wangcheng2659@126.com
Http://www.njhirong
法人代表(Chairman)：王城
联系人(Contact Person)：王城
产品业务(Business)：包装袋

比澳格(南京)环保材料有限公司
Biograde (Nanjing) PTY Limited
(详见流延膜及塑料母粒)

南京旺福包装制品实业有限公司
Nanjing Wangfu Packaging Products Industry Co., Ltd.
(详见流延膜及塑料母粒)

南京邦诚科技有限公司
Nanjing Bangcheng Science and Technology Co., Ltd.
地址(Add)：江苏省南京市雨花区定坊园林路8号
邮编(P.C.)：210012
电话(Tel)：025－52356560
传真(Fax)：025－52356560
E-mail：dc@jsbcbag.com
Http://www.jsbcbag.com
联系人(Contact Person)：丁辰
产品业务(Business)：包装袋，PE功能膜

江苏广达医用材料有限公司
Jiangsu GD Medical Material Co., Ltd.
地址(Add)：江苏省南通市海安县李堡镇包场北路18号
邮编(P.C.)：226631
电话(Tel)：0513－88219001
传真(Fax)：0513－88212120
E-mail：cjsgd@public.nt.js.cn
Http://www.gdmedical.cn
总经理(General Manager)：刘兆成
联系人(Contact Person)：刘兆成
产品业务(Business)：消毒包装

南通立恒包装印刷有限公司
Nantong Liheng Packaging & Printing Co., Ltd.
地址(Add)：江苏省南通市通富路69－29号
邮编(P.C.)：226010
电话(Tel)：0513－89058361
传真(Fax)：0513－89058388
E-mail：zhusulei@qq.com
总经理(General Manager)：周晓燕
联系人(Contact Person)：朱素磊
产品业务(Business)：印刷包装

传浩塑料彩印包装总汇
Chuanhao Plastic Print & Package Converge
地址(Add)：江苏省南通市钟秀路中原市场11排4号
邮编(P.C.)：226007
电话(Tel)：0513－85292773
E-mail：yisilin1@sina.com
总经理(General Manager)：裔传浩
联系人(Contact Person)：裔传浩
产品业务(Business)：印刷包装

苏州市光耀塑胶制品有限公司
Suzhou Guangyao Plastic Products Co., Ltd.
地址(Add)：江苏省苏州市灿浪区福润路188号15部
邮编(P.C.)：215007
电话(Tel)：0512－68552819
传真(Fax)：0512－68110720
E-mail：758926363@qq.com

法人代表(Chairman)：张党生
总经理(General Manager)：张党生
联系人(Contact Person)：张党生
产品业务(Business)：包装袋，印刷，塑料粒子

昆山纬丰无纺布有限公司
Kunshan Weifeng Nonwoven Fabrics Co., Ltd.
(详见非织造布－热轧、热风、纺粘等)

苏州工业园区晋丽环保包装有限公司
Suzhou Industrial Park Janjy Green Package Co., Ltd.
地址(Add)：江苏省苏州市苏州工业园区胜浦镇金胜路3号
邮编(P. C.)：215126
电话(Tel)：0512－62823818
传真(Fax)：0512－62823828
E-mail：13306184782@163. com
Http://www. jinlisz. com
联系人(Contact Person)：赵俊华
产品业务(Business)：包装印刷

苏州宏昌包装材料有限公司
Suzhou Hongchang Packing Material Co., Ltd.
地址(Add)：江苏省苏州市相城区元和科技园钰航路28号
邮编(P. C.)：215133
电话(Tel)：0512－65768156－9
传真(Fax)：0512－65768160
E-mail：hc_lj2@163. com
Http://www. hc－packing. com
总经理(General Manager)：周隆裕
联系人(Contact Person)：邓新锋
产品业务(Business)：包装袋

江苏华虹包装有限公司
Jiangsu Huahong Package Co., Ltd.
地址(Add)：江苏省泰兴市虹桥工业园六圩港大道1号
邮编(P. C.)：225400
电话(Tel)：0523－87859888
传真(Fax)：0523－87532999
E-mail：jhzhu. hw@163. com
Http://www. js－huahong. net
联系人(Contact Person)：朱金华
产品业务(Business)：包装袋

吴江启航印刷有限公司
Wujiang Qihang Printing Co., Ltd.
地址(Add)：江苏省吴江市松陵镇老吴同路2号
邮编(P. C.)：215200
电话(Tel)：0512－63498789
传真(Fax)：0512－63491787
联系人(Contact Person)：潘毅斌
产品业务(Business)：包装印刷

钟吾塑料彩印厂
Zhongwu Plastic Color Printing Factory
地址(Add)：江苏省新沂市开发区
邮编(P. C.)：221400
电话(Tel)：0516－81615967
法人代表(Chairman)：谢堂义
总经理(General Manager)：谢堂义
联系人(Contact Person)：谢堂义
产品业务(Business)：卫生纸/卫生用品包装

江苏金宇彩印包装有限公司
Jiangsu Jinyu Colour Packing Co., Ltd.
地址(Add)：江苏省兴化市昌荣镇镇兴路188号
邮编(P. C.)：225734
电话(Tel)：0523－83653818
传真(Fax)：0523－83651365
E-mail：quhongjin@263. com
Http://www. jybz. com
法人代表(Chairman)：瞿洪金
联系人(Contact Person)：瞿洪金
产品业务(Business)：塑料包装袋

徐州市天时彩色印刷有限公司
Xuzhou Tianshi Color Printing Co., Ltd.
地址(Add)：江苏省徐州市九里经济开发区
邮编(P. C.)：221140
电话(Tel)：0516－85581933
E-mail：632004585@qq. com
联系人(Contact Person)：孙永
产品业务(Business)：印刷

扬州市华裕包装有限公司
Yangzhou Huayu Package Co., Ltd.
地址(Add)：江苏省扬州市邗江区杨寿工业园
邮编(P. C.)：225124
电话(Tel)：0514－87732677
传真(Fax)：0514－87732917
E-mail：yzhybz@126. com
联系人(Contact Person)：王存岭
产品业务(Business)：包装袋

温州恒毅印业有限公司
Wenzhou Hengyi Printing Co., Ltd.
地址(Add)：浙江省苍南县龙港龙美路152号
邮编(P. C.)：325802
电话(Tel)：0577－26827776
传真(Fax)：0577－26828988
E-mail：fcs81318@126. com
Http://www. wzhengyi. com
法人代表(Chairman)：傅广桨
总经理(General Manager)：傅广桨
联系人(Contact Person)：傅广桨
产品业务(Business)：包装袋

温州市宏科印业有限公司
Wenzhou Hongke Printing Co., Ltd.
(详见胶带、胶贴、魔术贴、标签)

苍南县万泰印业有限公司
Cangnan Wantai Printing Co., Ltd.
地址(Add)：浙江省苍南县龙港镇小包装工业园区20幢10号
邮编(P. C.)：325802
电话(Tel)：0577－64181596
传真(Fax)：0577－64181263
E-mail：zhu. dezhi@163. com
法人代表(Chairman)：朱德智
总经理(General Manager)：朱德智

联系人(Contact Person)：朱德智
产品业务(Business)：卫生用品包装袋，不干胶标签

温州新美印业有限公司
Wenzhou Xinmei Printing Co., Ltd.
(详见胶带、胶贴、魔术贴、标签)

温州市华东印业有限公司
Wenzhou Huadong Print Co., Ltd.
地址(Add)：浙江省苍南县钱库开源路3号
邮编(P.C.)：325804
电话(Tel)：13506544079
联系人(Contact Person)：金孟枝
产品业务(Business)：餐巾纸包装，手提袋，不干胶封口标签

浙江长海包装集团有限公司
Zhejiang Changhai Packing Group Co., Ltd.
地址(Add)：浙江省海宁市斜桥镇庆云工业开发区
邮编(P.C.)：314403
电话(Tel)：0573-87290920
传真(Fax)：0573-87290916
E-mail：appleshaw05@163.com
Http://www.chpacking.com.cn
联系人(Contact Person)：邵利民
产品业务(Business)：包装袋

海宁市鑫盛包装有限责任公司
Haining Xinsheng Packing Co., Ltd.
地址(Add)：浙江省海宁市斜桥镇祝东村
邮编(P.C.)：314406
电话(Tel)：0573-87701618
传真(Fax)：0573-87703038
联系人(Contact Person)：虞金良
产品业务(Business)：包装袋，珠光膜

杭州晟晖包装材料有限公司
Hangzhou Shenghui Packaging Material Co., Ltd.
地址(Add)：浙江省杭州市临安临西路戚家桥2号
邮编(P.C.)：311300
电话(Tel)：0571-63755080
传真(Fax)：0571-63758640
E-mail：lahq1258@163.com
联系人(Contact Person)：周明
产品业务(Business)：包装袋

杭州东盈艺品有限公司
Hangzhou Dongying Crafts Co., Ltd.
地址(Add)：浙江省杭州市萧山经济技术开发区欣美路8号
邮编(P.C.)：311215
电话(Tel)：0571-82832763
传真(Fax)：0571-82831723
E-mail：hzdycyf@163.com
Http://www.hzdyyp.cn.alibaba.com
法人代表(Chairman)：梁坤霖
总经理(General Manager)：梁坤霖
联系人(Contact Person)：陈玉帆
产品业务(Business)：生活用纸/卫生巾/纸尿裤塑料包装袋

杭州嵩阳印刷实业有限公司
Hangzhou Songyang Printing Industry Co., Ltd.
地址(Add)：浙江省杭州市萧山区河上镇大桥工业区
邮编(P.C.)：311264
电话(Tel)：0571-82260660
传真(Fax)：0571-82267886
Http://zixiacaiyin.1688.com
法人代表(Chairman)：俞英
总经理(General Manager)：瞿启平
联系人(Contact Person)：俞英
产品业务(Business)：包装袋

杭州哲涛印刷有限公司
Hangzhou Zhetao Printing Co., Ltd.
地址(Add)：浙江省杭州市萧山区所前镇东潘路62号
邮编(P.C.)：311254
电话(Tel)：0571-82450888
传真(Fax)：0571-82450899
E-mail：hzzhetao@126.com
总经理(General Manager)：李建华
联系人(Contact Person)：李建华
产品业务(Business)：包装袋

杭州典浩彩印包装有限公司
Hangzhou Dianhao Colour Printing Packing Co., Ltd.
地址(Add)：浙江省杭州市萧山区义蓬乐园桥北
邮编(P.C.)：311225
电话(Tel)：0571-82131312
传真(Fax)：0571-82131300
E-mail：dianhaopacking@163.com
Http://www.dianhaopacking.com
联系人(Contact Person)：史佰运
产品业务(Business)：包装袋

杭州瓶窑制版有限公司
Hangzhou Pingyao Plate-making Co., Ltd.
地址(Add)：浙江省杭州市余杭区瓶窑镇工业区
邮编(P.C.)：311115
电话(Tel)：0571-88547388
传真(Fax)：0571-88545388
E-mail：hzpyzb@public.yh.hz.zj.cn
法人代表(Chairman)：王荣昌
联系人(Contact Person)：王志祥
产品业务(Business)：印刷制版

骏龙包装集团有限公司
Jolon Packaging Group Co., Ltd.
地址(Add)：浙江省杭州市余杭镇圣地路12号
邮编(P.C.)：311122
电话(Tel)：0571-89081791
传真(Fax)：0571-88687680
E-mail：marketing@jolon.com.cn
Http://www.jolon.com.cn
法人代表(Chairman)：王静
联系人(Contact Person)：赵丹
产品业务(Business)：生活用纸包装袋

嘉善康弘激光制版有限公司
Jiashan Kanghong Digital Plate Making Co., Ltd.
地址(Add)：浙江省嘉善县魏塘工业园鸿运路66号
邮编(P.C.)：314100

电话(Tel)：0573-84822128
传真(Fax)：0573-84820382
E-mail：adam_dai@jskanghong.com
Http://www.jskanghong.com
法人代表(Chairman)：朱有金
总经理(General Manager)：朱有金
联系人(Contact Person)：戴晟罡
产品业务(Business)：柔印激光制版，柔印技术咨询

新合发(平湖)包装科技有限公司
Innova (Pinghu) Packaging Technology Co., Ltd.
地址(Add)：浙江省嘉兴市平湖经济开发区平湖大道4268号
邮编(P.C.)：314200
电话(Tel)：0573-85069005
传真(Fax)：0573-85069002
E-mail：bin.huang@innovapack.com.cn
Http://www.innovapack.com.cn
法人代表(Chairman)：陈思红
总经理(General Manager)：罗斌
联系人(Contact Person)：黄斌
产品业务(Business)：包装印刷

嘉兴市旺盛印业有限公司
Jiaxing Wangsheng Print Co., Ltd.
地址(Add)：浙江省嘉兴市十八里桥工业园区
邮编(P.C.)：314006
电话(Tel)：0573-83285600
传真(Fax)：0573-83285589
E-mail：479306721@qq.com
法人代表(Chairman)：傅刚用
联系人(Contact Person)：傅刚用
产品业务(Business)：包装袋

金华忠信塑胶印刷有限公司
Jinhua Zhongxin Plastic Printing Co., Ltd.
地址(Add)：浙江省金华市大学城积道街688号
邮编(P.C.)：321016
电话(Tel)：0579-82238858
传真(Fax)：0579-82238848
E-mail：zhongxin82238858@163.com
总经理(General Manager)：周胜
联系人(Contact Person)：周胜
产品业务(Business)：卫生巾/纸尿裤/面巾纸包装袋

义乌市恒星塑料制品有限公司
Yiwu Hengxing Plastic Products Co., Ltd.
地址(Add)：浙江省金华市金东经济开发区金港大道东888号
邮编(P.C.)：321000
电话(Tel)：0579-82918588
传真(Fax)：0579-82918386
E-mail：hxsuliao@163.com
Http://www.zjlianbin.com
法人代表(Chairman)：胡衍通
总经理(General Manager)：季锦玲
联系人(Contact Person)：胡衍通
产品业务(Business)：卫生巾/纸尿裤/纸巾纸/湿巾/宠物垫包装袋

金华市海洋包装有限公司
Jinhua Seapack Co., Ltd.
(详见胶带、胶贴、魔术贴、标签)

浙江虎跃包装材料有限公司
Zhejiang Huyue Packing Material Co., Ltd.
地址(Add)：浙江省金华市金东区常春西路866号
邮编(P.C.)：321000
电话(Tel)：0579-82977912
传真(Fax)：0579-82977913
E-mail：zjhy@huyuepacking.com
Http://www.huyuepacking.com
联系人(Contact Person)：邓佶清
产品业务(Business)：包装袋

金华市联宾塑料制品有限公司
Jinhua Lianbin Plastic Products Co., Ltd.
地址(Add)：浙江省金华市经济开发区金港大道东路888号
电话(Tel)：0579-82918308
传真(Fax)：0579-82918386
Http://www.zjlianbin.com
总经理(General Manager)：季锦玲
联系人(Contact Person)：季锦玲
产品业务(Business)：包装袋

浙江诚远包装印刷有限公司
Zhejiang Chengyuan Pack & Printing Co., Ltd.
地址(Add)：浙江省丽水市南山工业区南园四路10号
邮编(P.C.)：323000
电话(Tel)：0578-2690799
传真(Fax)：0578-2175138
E-mail：lszhongxin@163.com
法人代表(Chairman)：田伟平
产品业务(Business)：塑料包装袋

杭州临安美文彩印包装有限公司
Hangzhou Meiwen Print & Package Co., Ltd.
地址(Add)：浙江省临安市锦城街道后郎
邮编(P.C.)：311300
电话(Tel)：0571-63704668
传真(Fax)：0571-63704789
E-mail：hlmwk@hotmail.com
法人代表(Chairman)：沈峰
总经理(General Manager)：沈峰
联系人(Contact Person)：沈峰
产品业务(Business)：包装袋

宁海久业包装材料有限公司
Ninghai Jiuye Packing Material Co., Ltd.
地址(Add)：浙江省宁波市宁海科技园区科技大道196号
邮编(P.C.)：315600
电话(Tel)：0574-25553399
传真(Fax)：0574-25556350
E-mail：13901763002@139.com
联系人(Contact Person)：张家英
产品业务(Business)：包装袋

宁海天元无纺制品厂
Ninghai Tianyuan Nonwoven Products Factory
地址(Add)：浙江省宁波市宁海县梅林工业区

邮编(P. C.)：315609
电话(Tel)：0574－65299166
传真(Fax)：0574－65299199
E-mail：nhtycn@nhtycn.com
Http://www.nhtycn.com
联系人(Contact Person)：叶晓峰
产品业务(Business)：非织造布包装袋

浙江佳尔彩包装有限公司
Zhejiang Jiaercai Packing Co., Ltd.
地址(Add)：浙江省衢州市龙游县城北工业园区北斗大道29号
邮编(P. C.)：324400
电话(Tel)：0570－7683888
传真(Fax)：0570－7683066
E-mail：ly7912888@163.com
Http://www.jiaercai.com
法人代表(Chairman)：邱根香
总经理(General Manager)：孙利军
联系人(Contact Person)：孙利军
产品业务(Business)：包装袋，薄膜

绍兴县华泰印刷有限公司
Shaoxing Huatai Printing Co., Ltd.
地址(Add)：浙江省绍兴县福全镇金三角
邮编(P. C.)：312000
电话(Tel)：0575－84622996
传真(Fax)：0575－85505028
Http://www.htys66.com
总经理(General Manager)：肖志方
联系人(Contact Person)：吴华进
产品业务(Business)：湿巾袋，卫生巾袋

台州市路桥富达彩印包装厂
Taizhou Fuda Colour Printing & Packing Factory
地址(Add)：浙江省台州市路桥区横街工业区2幢
邮编(P. C.)：318055
电话(Tel)：0576－82656655
传真(Fax)：0576－82653933
E-mail：zhou.min@126.com
Http://tzfdyw.cn.alibaba.com
法人代表(Chairman)：林生勇
总经理(General Manager)：林生勇
联系人(Contact Person)：林生勇
产品业务(Business)：包装盒

台州市佳迪软包装彩印有限公司
Taizhou Jiadi Soft－Package Color Printing Co., Ltd.
地址(Add)：浙江省台州市路桥区横街镇院前路153号
邮编(P. C.)：318056
电话(Tel)：0576－82651888
传真(Fax)：0576－82651777
E-mail：info@jiadi.cn
Http://www.jiadi.cn
总经理(General Manager)：罗李敏
联系人(Contact Person)：林丽
产品业务(Business)：塑料包装袋

温岭市威克特塑料薄膜有限公司
Wenling Victor Plastic Films Co., Ltd.
地址(Add)：浙江省台州市温岭泽国镇下郑工业园区
邮编(P. C.)：317600
电话(Tel)：0576－86453828
传真(Fax)：0576－86453828
联系人(Contact Person)：管海卫
产品业务(Business)：包装袋

温州市旺盛包装有限公司
Wenzhou Wangsheng Packing Co., Ltd.
地址(Add)：浙江省温州市敖江镇印务城E区1幢一号
邮编(P. C.)：325401
电话(Tel)：0577－63630385
传真(Fax)：0577－63661568
联系人(Contact Person)：洪汝杰
产品业务(Business)：包装袋

浙江金石包装有限公司
Zhejiang Goldstone Packaging Co., Ltd.
地址(Add)：浙江省温州市北白象(白塔王)技术开发区
邮编(P. C.)：325603
电话(Tel)：0577－62985999
传真(Fax)：0577－62997706
E-mail：gspack@163.com
Http://www.goldstonepack.com
法人代表(Chairman)：孙国锦
总经理(General Manager)：孙国锦
联系人(Contact Person)：叶国灿
产品业务(Business)：塑料包装袋

苍南可信包装有限公司
Cangnan Kexin Packing Co., Ltd.
地址(Add)：浙江省温州市苍南县灵溪镇工业园区
邮编(P. C.)：325800
电话(Tel)：0577－64891888
传真(Fax)：0577－64891818
E-mail：362403460@qq.com
Http://www.cnkexinbz.cn.alibaba.com
联系人(Contact Person)：吴育乐
产品业务(Business)：纸塑复合袋

温州腓比实业有限公司
Wenzhou Feibi Industry Co., Ltd.
地址(Add)：浙江省温州市苍南县龙港镇沿江西路918号
邮编(P. C.)：325802
电话(Tel)：0577－64227588
传真(Fax)：0577－64223119
联系人(Contact Person)：黄道苗
产品业务(Business)：包装袋

苍南东方复合彩印厂
Cangnan Dongfang Composite Color Printing Factory
地址(Add)：浙江省温州市苍南县钱库镇工业园区
邮编(P. C.)：325804
电话(Tel)：0577－59989188
E-mail：230250926@qq.com
联系人(Contact Person)：陈德萍
产品业务(Business)：包装袋

温州华南印业有限公司
Wenzhou Huanan Printing Co., Ltd.
地址(Add)：浙江省温州市龙港金田工业区3区
邮编(P. C.)：325802

电话(Tel): 0577－59977777
传真(Fax): 0577－59977774
E-mail: wzhuanan@126. com
Http://www. wzhnyy. com
总经理(General Manager): 林思锐
联系人(Contact Person): 张君
产品业务(Business): 塑料软包装

温州市鹿城双屿塑料薄膜制品厂
Wenzhou Lucheng Shuangyu Plastic Film Products Factory
地址(Add): 浙江省温州市鹿城区西岙路92号
邮编(P. C.): 325007
电话(Tel): 0577－88781736
传真(Fax): 0577－88777708
E-mail: 150926530@qq. com
法人代表(Chairman): 梁晃
总经理(General Manager): 梁晃
联系人(Contact Person): 梁晃
产品业务(Business): 塑料包装

浙江菲逸塑业有限公司
Zhejiang Feiyi Plastic Co., Ltd.
地址(Add): 浙江省温州市平阳万全轻工基地家具园万达路168号
邮编(P. C.): 325000
电话(Tel): 0577－63750858
传真(Fax): 0577－63751449
联系人(Contact Person): 李忠波
产品业务(Business): 包装袋

温州富嘉包装有限公司
Wenzhou Fujia Packaging Co., Ltd.
地址(Add): 浙江省温州市平阳县昆阳工业园区环城西路32号
邮编(P. C.): 325400
电话(Tel): 0577－63722118
传真(Fax): 0577－63751222
E-mail: zhisu88@163. com
Http://www. wzfujia. com
法人代表(Chairman): 傅品卯
联系人(Contact Person): 傅刚汉
产品业务(Business): 塑料包装

温州亚庆印业有限公司
Wenzhou Yaqing Printing Co., Ltd.
地址(Add): 浙江省温州市上厂街203号
邮编(P. C.): 325802
电话(Tel): 0577－64227108
法人代表(Chairman): 吴作钏
产品业务(Business): 包装印刷

浙江百思得彩印包装有限公司
Zhejiang Best Color Printing & Packing Co., Ltd.
地址(Add): 浙江省义乌市经济开发区永顺路10号
邮编(P. C.): 322000
电话(Tel): 0579－85791802
传真(Fax): 0579－85216878
E-mail: xiaohsnow@gmail. com
Http://www. cnbestpacking. com
联系人(Contact Person): 肖华
产品业务(Business): 包装袋

浙江义乌神星塑料制品有限公司
Zhejiang Yiwu Shenxing Plastic Products Co., Ltd.
地址(Add): 浙江省义乌市前洪开发区江海路5号
邮编(P. C.): 322000
电话(Tel): 0579－85431208
传真(Fax): 0579－85431808
法人代表(Chairman): 李肃清
联系人(Contact Person): 李肃清
产品业务(Business): 包装袋

义乌市巨丰塑胶有限公司
Yiwu Jufeng Plastic Co., Ltd.
地址(Add): 浙江省义乌市徐江工业区99号
邮编(P. C.): 322000
电话(Tel): 0579－85691533
传真(Fax): 0579－85691950
E-mail: jfsj@jfsj. com
Http://www. jfsj. com
总经理(General Manager): 毛根虎
联系人(Contact Person): 毛根虎
产品业务(Business): 包装袋

义乌市莉静彩印有限公司
Yiwu Lijing Colour Print Co., Ltd.
地址(Add): 浙江省义乌市义亭镇
邮编(P. C.): 322005
电话(Tel): 0579－85815476
法人代表(Chairman): 陈爱娟
联系人(Contact Person): 陈伏棋
产品业务(Business): 包装袋

宁波全成包装有限公司
Ningbo Transcend Packing Co., Ltd.
地址(Add): 浙江省余姚市城区阳明西路700号国贸大厦1204室
邮编(P. C.): 315400
电话(Tel): 0574－62707663
传真(Fax): 0574－62707673
E-mail: yehui@transcend－wrapping. com
Http://www. transcendpack. com
总经理(General Manager): 叶辉
联系人(Contact Person): 叶辉
产品业务(Business): 包装袋

浙江华夏包装有限公司
Zhejiang Huaxia Packaging Co., Ltd.
地址(Add): 浙江省诸暨市三都镇三都路180号
邮编(P. C.): 311800
电话(Tel): 0575－87305200
传真(Fax): 0575－87305178
E-mail: fhy@chinahuaxia. cn
Http://www. chinahuaxia. cn
法人代表(Chairman): 郭永才
总经理(General Manager): 冯海晏
联系人(Contact Person): 冯海晏
产品业务(Business): 印刷包装袋，卫生巾袋，纸尿裤袋

合肥永恒包装材料有限公司
Hefei Yongheng Package Material Co., Ltd.
地址(Add): 安徽省合肥市瑶海工业园新海大道
邮编(P.C.): 230011
电话(Tel): 0551-64395266
传真(Fax): 0551-62113867
联系人(Contact Person): 王文革
产品业务(Business): 包装袋, 非织造布

华意塑料印刷有限公司
Huayi Plastics Printing Co., Ltd.
地址(Add): 安徽省黄山市屯溪区奕棋镇九龙新区博林大道
邮编(P.C.): 245021
电话(Tel): 0559-2556061
传真(Fax): 0559-2556062
E-mail: hshuayi@126.com
Http://www.hshuayi.com
法人代表(Chairman): 孙冬财
总经理(General Manager): 汪凤荷
联系人(Contact Person): 张杰
产品业务(Business): 包装袋, 印刷

黄山精工凹印制版有限公司
Huangshan Jinggong Gravure Cylinder Co., Ltd.
地址(Add): 安徽省黄山市微州区城北工业园文峰西路8号
邮编(P.C.): 245900
电话(Tel): 0559-3585198
传真(Fax): 0559-3515826
E-mail: ahhsjg@126.com
Http://www.hsjg-gravure.com
联系人(Contact Person): 张传君
产品业务(Business): 凹印版辊

安徽金科印务有限责任公司
Anhui Golden-Technology Printing Co., Ltd.
地址(Add): 安徽省桐城市经济开发区龙池路
邮编(P.C.): 231400
电话(Tel): 0556-6567024
传真(Fax): 0556-6567024
E-mail: ahjinke@163.com
Http://www.ahjinke.com
联系人(Contact Person): 赵曙光
产品业务(Business): 包装袋

安徽国泰印务有限公司
Anhui Guotai Packing-Printing Co., Ltd.
地址(Add): 安徽省桐城市文昌私营工业园
邮编(P.C.): 231400
电话(Tel): 0556-6194889
传真(Fax): 0556-6194688
E-mail: guotai@guo-tai.com
Http://www.guo-tai.com
总经理(General Manager): 焦国平
联系人(Contact Person): 焦国平
产品业务(Business): 包装袋

安徽桐城市天鹏塑胶有限公司
Anhui Tongcheng Tianpeng Plastic Co., Ltd.
地址(Add): 安徽省桐城市新渡镇桃园路
邮编(P.C.): 231470
电话(Tel): 0556-6811669
传真(Fax): 0556-6811099
E-mail: yaoxiangm@126.com
总经理(General Manager): 姚向明
产品业务(Business): 包装袋

安徽嘉美包装有限公司
Anhui Jiamei Package Industry Co., Ltd.
地址(Add): 安徽省桐城市新渡镇新安大道08号
邮编(P.C.): 231470
电话(Tel): 0556-6813568
传真(Fax): 0556-6810568
E-mail: yuanminjun2008@126.com
Http://www.cn-sansheng.com
联系人(Contact Person): 袁敏君
产品业务(Business): 包装袋, 标签

芜湖市惠强包装有限公司
Wuhu Huiqiang Packing Co., Ltd.
地址(Add): 安徽省芜湖市三山区绿色食品经济开发区星火路
邮编(P.C.): 241203
电话(Tel): 0553-3916039
传真(Fax): 0553-3916039
E-mail: pxp@whhuiqiang.com
Http://www.whhuiqiang.cn
总经理(General Manager): 傅丁为
联系人(Contact Person): 胡才春
产品业务(Business): 软包装, 复合包装

大富包装(福建)有限公司
Tafu Packing (Fujian) Co., Ltd.
地址(Add): 福建省福清市融侨经济技术开发区
邮编(P.C.): 350301
电话(Tel): 0591-85381920
传真(Fax): 0591-85381010
E-mail: wzping126@126.com
联系人(Contact Person): 吴中平
产品业务(Business): 包装膜, 包装袋

长乐市九洲包装有限公司
Changle Jiuzhou Package Co., Ltd.
地址(Add): 福建省福州市长乐市湖南新村工业小区
邮编(P.C.): 350212
电话(Tel): 0591-28633093
传真(Fax): 0591-28635215
E-mail: ncpackaging@china.com
联系人(Contact Person): 黄国针
产品业务(Business): 包装袋

福州汇旺达塑料制品有限公司
Fuzhou Huiwangda Plastic Co., Ltd.
地址(Add): 福建省福州市建兴镇江边村飞凤山1号
邮编(P.C.): 350008
电话(Tel): 0591-83588054
传真(Fax): 0591-83586487
E-mail: 243890976@qq.com
总经理(General Manager): 谢宙
产品业务(Business): 包装袋

福建省兴春包装印刷有限公司
Fujian Xingchun Packing & Printing Co., Ltd.
地址(Add): 福建省福州市金山浦上工业区红江路 8 号 33-35 幢
邮编(P. C.): 350003
电话(Tel): 0591-88001111-358
传真(Fax): 0591-88001115
E-mail: chengjinting@163. com
Http://www. xingchunbz. com
总经理(General Manager): 程金庭
产品业务(Business): 包装袋

福州金诺纸业有限公司
Fuzhou Kingnow Paper Co., Ltd.
地址(Add): 福建省福州市晋安区官前路 3 号
邮编(P. C.): 350014
电话(Tel): 0591-83657399
传真(Fax): 0591-83656363
E-mail: fzjnd@163. com
Http://www. king-now. com. cn
法人代表(Chairman): 俞开慧
产品业务(Business): 包装印刷

福达利彩印有限公司
Fudali Printing Co., Ltd.
(详见流延膜及塑料母粒)

恒信塑料彩印有限公司
Hengxin Plastics Colour Print Co., Ltd.
地址(Add): 福建省晋江市陈埭苏厝工业区
邮编(P. C.): 362218
电话(Tel): 0595-85667287
传真(Fax): 0595-85665287
总经理(General Manager): 曾文新
产品业务(Business): 包装袋

泉塑包装印刷有限公司
Quansu Packing & Printing Co., Ltd.
地址(Add): 福建省晋江市陈埭溪边工业区
邮编(P. C.): 362211
电话(Tel): 0595-82981111
传真(Fax): 0595-85199419
E-mail: quansubag@yahoo. cn
法人代表(Chairman): 丁世坤
总经理(General Manager): 丁永河
联系人(Contact Person): 丁永河
产品业务(Business): 包装袋

晋江市绿色印业有限公司
Jinjiang Green Printing Co., Ltd.
地址(Add): 福建省晋江市陈埭镇江头工业区
邮编(P. C.): 362200
电话(Tel): 0595-85199772
传真(Fax): 0595-85181772
E-mail: jxncdcb@126. com
总经理(General Manager): 邓春波
联系人(Contact Person): 邓春波
产品业务(Business): 包装袋

宏冠印务包装有限公司
Hongguan Printing Packing Co., Ltd.
地址(Add): 福建省晋江市磁灶印刷基地
邮编(P. C.): 362200
电话(Tel): 0595-85618678
传真(Fax): 0595-85617678
E-mail: hongguan@163. net
联系人(Contact Person): 洪璟雄
产品业务(Business): 纸巾/卫生巾包装

晋江市贤德印刷有限公司
Jinjiang Xiande Printing Co., Ltd.
地址(Add): 福建省晋江市磁灶镇张林村新医院对面(六角亭边)
邮编(P. C.): 362214
电话(Tel): 0595-85852288
传真(Fax): 0595-85857789
联系人(Contact Person): 张贻贤
产品业务(Business): 包装袋

晋江豪兴彩印有限公司
Jinjiang Haoxing Color Printing Co., Ltd.
地址(Add): 福建省晋江市磁灶镇张林工业区
邮编(P. C.): 362214
电话(Tel): 0595-85858539
传真(Fax): 0595-85853539
E-mail: jinjianghaoxing@126. com
联系人(Contact Person): 张云美
产品业务(Business): 卫生巾/卫生护垫/纸尿裤/纸巾纸/湿巾包装袋

新建发塑胶无纺布制品有限公司
Xinjianfa Plastic & Nonwoven Co., Ltd.
地址(Add): 福建省晋江市罗山街道社店社区东南区 120 号
邮编(P. C.): 362216
电话(Tel): 0595-88184105
传真(Fax): 0595-88184105
联系人(Contact Person): 陈建发
产品业务(Business): 包装袋

晋江市富源彩印公司
Jinjiang Fuyuan Printing Co.
地址(Add): 福建省晋江市梅岭路世纪华廷 1 幢 1601 号
邮编(P. C.): 362200
电话(Tel): 0595-85625203
传真(Fax): 0595-85625203
联系人(Contact Person): 陈清彪
产品业务(Business): 印刷

晋江市新合发塑胶印刷有限公司
Jinjiang Innova Packaging Plastic Printing Co., Ltd.
地址(Add): 福建省晋江市五里工业园区裕明路 5 号
邮编(P. C.): 362200
电话(Tel): 0595-85715889
传真(Fax): 0595-85795689
E-mail: robin. luo@innovapack. com. cn
Http://www. innovapack. com. cn
法人代表(Chairman): 陈思红
总经理(General Manager): 罗斌

联系人(Contact Person)：罗斌
产品业务(Business)：包装膜，包装袋

福建凯达集团有限公司
Fujian Kaida Group Co., Ltd.
地址(Add)：福建省晋江市五里科技工业园区
邮编(P. C.)：362200
电话(Tel)：0595 - 36202271
传真(Fax)：0595 - 36202266
E-mail：xiyinqiu@ kaidapack. com
Http://www. kaidapack. com
联系人(Contact Person)：丘喜银
产品业务(Business)：PE 收缩膜，包装袋

晋江明强彩印有限公司
Jinjiang Mingqiang Color Printing Co., Ltd.
地址(Add)：福建省晋江市西园街道道碑厝工业区
邮编(P. C.)：362200
电话(Tel)：0595 - 85659378
传真(Fax)：0595 - 85695378
E-mail：261773534@ qq. com
法人代表(Chairman)：陈长泰
总经理(General Manager)：陈长泰
联系人(Contact Person)：陈长泰
产品业务(Business)：卫生巾/纸尿裤包装袋，前腰贴

塘塑软包装有限公司
Tansox Soft Packaging Co., Ltd.
地址(Add)：福建省晋江市新塘街道塘市塘塑工业园
邮编(P. C.)：362200
电话(Tel)：0595 - 22366666
传真(Fax)：0595 - 88187838
E-mail：tansox@ 163. com
Http://www. tansox. com
法人代表(Chairman)：柯荣欣
联系人(Contact Person)：柯雅玲
产品业务(Business)：包装袋

龙海明发塑料制品有限公司
Longhai Mingfa Plastic Goods Co., Ltd.
地址(Add)：福建省龙海市浮宫镇山塘工业区
邮编(P. C.)：363104
电话(Tel)：0596 - 6835323
传真(Fax)：0596 - 6835003
E-mail：mingfa - gd@ 163. com
Http://www. fj - mf. com
总经理(General Manager)：杨海金
联系人(Contact Person)：胡仁斌
产品业务(Business)：包装袋

南安市满山红纸塑彩印有限公司
Nanan Manshanhong Paper & Plastic Colorful Print Co., Ltd.
地址(Add)：福建省南安市经济开发区扶茂工业园福昌北路
邮编(P. C.)：362308
电话(Tel)：0595 - 86252299
传真(Fax)：0595 - 86252298
E-mail：xailor@ zicn. com
Http://fjmshzs. cn. alibaba. com
法人代表(Chairman)：黄则清
总经理(General Manager)：黄则清
联系人(Contact Person)：林淑美
产品业务(Business)：塑料彩印包装袋

福建宏泰塑胶有限公司
Fujian Hongtai Plastic Co., Ltd.
地址(Add)：福建省南安市经济开发区扶茂园区
邮编(P. C.)：362300
电话(Tel)：0595 - 26665222
传真(Fax)：0595 - 26665333
E-mail：ycq1688888@ 163. com
总经理(General Manager)：尹成强
产品业务(Business)：包装袋

南安市满山红塑料有限公司
Nanan Manshanhong Plastics Co., Ltd.
地址(Add)：福建省南安市满山红包装工业园
邮编(P. C.)：362308
电话(Tel)：0595 - 86251618
传真(Fax)：0595 - 86258618
E-mail：china@ fjmsh. com
Http://www. fjmsh. com
总经理(General Manager)：黄奕群
联系人(Contact Person)：黄奕群
产品业务(Business)：卫生巾/纸尿裤/湿巾/纸巾纸包装袋

南安市南洋纸塑彩印有限公司
Nanan Nanyang Paper Plastic Colour Printing Co., Ltd.
地址(Add)：福建省南安市满山红工业区
邮编(P. C.)：362300
电话(Tel)：0595 - 86251117
传真(Fax)：0595 - 86256668
Http://www. fjnanyang. com
总经理(General Manager)：尤宗命
产品业务(Business)：塑料彩印包装袋

福建省满利红包装彩印有限公司
Fujian Manlihong Packaging Printing Co., Ltd.
地址(Add)：福建省南安市满山红工业区新路 2 号
邮编(P. C.)：362308
电话(Tel)：0595 - 86236669
传真(Fax)：0595 - 86258669
Http://www. manlihong. com
法人代表(Chairman)：林春城
总经理(General Manager)：林春城
联系人(Contact Person)：林春城
产品业务(Business)：妇幼卫生用品包装袋

南安市天利包装厂
Nanan Tianli Package Factory
地址(Add)：福建省南安市省新工业区
邮编(P. C.)：362300
电话(Tel)：0595 - 86121578
传真(Fax)：0595 - 86252517
E-mail：977599178@ qq. com
法人代表(Chairman)：方江全
总经理(General Manager)：方江全
联系人(Contact Person)：方江全
产品业务(Business)：包装袋

南安市俊红纸塑包装有限公司
Nanan Junhong Paper Plastic Packing Co., Ltd.
地址(Add)：福建省南安市省新镇满山红新路36号
邮编(P.C.)：362308
电话(Tel)：0595-86251276
传真(Fax)：0595-86256622
E-mail：junhong998@163.com
联系人(Contact Person)：薛建全
产品业务(Business)：包装袋

泉州市玮鹏包装制品有限公司
Quanzhou Weipeng Packing Products Co., Ltd.
地址(Add)：福建省南安市四黄工业区288号
邮编(P.C.)：362000
电话(Tel)：0595-86758588
传真(Fax)：0595-86759599
E-mail：hby163@163.com
法人代表(Chairman)：黄弼阳
总经理(General Manager)：黄弼阳
联系人(Contact Person)：黄弼阳
产品业务(Business)：包装袋

福建南盛塑料彩印有限公司
Fujian Nansheng Plastic Color-Printing Co., Ltd.
地址(Add)：福建省南安市溪美镇成功开发区
邮编(P.C.)：362300
电话(Tel)：0595-86360177
传真(Fax)：0595-86358177
E-mail：nanshengcaiyin@126.net
Http://www.chinesepacking.net
联系人(Contact Person)：叶明治
产品业务(Business)：塑料包装袋

南安市霞美镇仙海纸塑彩印厂
Nanan Xianhai Paper & Plastic Colour Printing Factory
地址(Add)：福建省南安市霞美镇杏埔工业区
邮编(P.C.)：362302
电话(Tel)：0595-86750999
传真(Fax)：0595-86336998
E-mail：383794058@qq.com
法人代表(Chairman)：洪远海
总经理(General Manager)：洪远海
联系人(Contact Person)：洪远海
产品业务(Business)：包装袋

莆田市兴源塑料制品有限公司
Putian Xingyuan Plastic Products Co., Ltd.
地址(Add)：福建省莆田市涵江区兴利科技园内
邮编(P.C.)：351111
电话(Tel)：0594-3390690
传真(Fax)：0594-3581588
E-mail：fjxycy.com@163.com
总经理(General Manager)：郑志强
产品业务(Business)：塑料包装袋

泉州运城制版有限公司
Quanzhou Yuncheng Plate Making Co., Ltd.
地址(Add)：福建省泉州市经济技术开发区崇宏街27号
邮编(P.C.)：362000
电话(Tel)：0595-22496101
传真(Fax)：0595-22491237
E-mail：458717510@qq.com
联系人(Contact Person)：王大生
产品业务(Business)：凹印版辊

泉州市哲鑫彩色包装用品工贸有限公司
Quanzhou Zhexin Color Packaging Industry & Trade Co., Ltd.
地址(Add)：福建省泉州市经济技术开发区兴泰路28号
邮编(P.C.)：362006
电话(Tel)：0595-28271111
传真(Fax)：0595-24679908
E-mail：zhexin2462789@126.com
Http://www.zhexin.cn
联系人(Contact Person)：谢新峰
产品业务(Business)：包装袋，包装盒

金光彩印
Jinguang Color Printing
地址(Add)：福建省泉州市洛江区罗溪金光工业楼
邮编(P.C.)：362015
电话(Tel)：0595-22053866
传真(Fax)：0595-22053855
E-mail：18965616789@189.cn
法人代表(Chairman)：黄瑞德
联系人(Contact Person)：邓茂军
产品业务(Business)：卫生用品包装袋

泉州市七彩虹塑料彩印有限公司
Quanzhou Qicaihong Plastic Color-Printing Co., Ltd.
地址(Add)：福建省泉州市洛江区双阳华侨经济开发区
邮编(P.C.)：362000
电话(Tel)：0595-22066238
传真(Fax)：0595-22067533
联系人(Contact Person)：俞文章
产品业务(Business)：包装袋

泉州市晖达彩印有限公司
Quanzhou Huida Color Printing Co., Ltd.
地址(Add)：福建省泉州市洛江区塘西工业区新南路
邮编(P.C.)：362000
电话(Tel)：0595-22650898
传真(Fax)：0595-22650889
Http://blog.sina.com.cn/huidacy
总经理(General Manager)：林计生
联系人(Contact Person)：林计生
产品业务(Business)：卫生巾/卫生护垫/纸尿裤外包装袋

泉州市中信电脑彩印薄膜制袋厂
Quanzhou Zhongxin Print & Package Co., Ltd.
地址(Add)：福建省泉州市洛江区钟洋工业区
邮编(P.C.)：362013
电话(Tel)：0595-22636177
传真(Fax)：0595-22635177
E-mail：159919009@qq.com
法人代表(Chairman)：黄阳中
总经理(General Manager)：黄阳中
联系人(Contact Person)：黄阳中
产品业务(Business)：包装袋

石狮市新光塑料包装有限公司
Shishi Singkuan Plastic Packaging Co., Ltd.
地址(Add):福建省石狮市宝盖科技园横二路
邮编(P. C.):362700
电话(Tel):0595 - 86721151
传真(Fax):0595 - 88719933
E-mail: fjxgbz@163.com
Http://www.singkuan.com
联系人(Contact Person):林锦杉
产品业务(Business):塑料包装袋

怡和(石狮)化纤商标织造有限公司
Yihe (Shishi) Chemical Fiber Weaves Co., Ltd.
地址(Add):福建省石狮市富丰商城 C 栋 9 - 10 号
邮编(P. C.):362700
电话(Tel):0595 - 88883822
传真(Fax):0595 - 88785622
E-mail: chh@yihelabel.com
法人代表(Chairman):陈汉河
产品业务(Business):商标印刷

厦门高发工贸有限公司
Xiamen Gaofa Industrial Trade Co., Ltd.
(详见胶带、胶贴、魔术贴、标签)

厦门创异包装有限公司
Xiamen Chuangyi Packaging Co., Ltd.
地址(Add):福建省厦门市湖里区五通下边工业区北侧 15 号 B 栋
邮编(P. C.):361009
电话(Tel):0592 - 5137453
传真(Fax):0592 - 5137453
E-mail: chuangybz@cyrjt.cn
Http://www.cyrjt.cn
总经理(General Manager):余秋祥
产品业务(Business):包装袋

厦门市新江峰包装有限公司
Xiamen Xinjiangfeng Packing Co., Ltd.
地址(Add):福建省厦门市集美后溪工业集中区金辉路 18 号 A3 一楼
邮编(P. C.):361023
电话(Tel):0592 - 6248308
传真(Fax):0592 - 6218679
E-mail: xjf@pack.fi.com
总经理(General Manager):朱应贤
联系人(Contact Person):朱应贤
产品业务(Business):包装袋

厦门三印彩色印刷有限公司
Xiamen Sanyin Colour Printing Co., Ltd.
地址(Add):福建省厦门市集美区董任西路 199 号
邮编(P. C.):361022
电话(Tel):0592 - 6218575
传真(Fax):0592 - 6218586
E-mail: zhangyi@amoysy.com
联系人(Contact Person):张羿
产品业务(Business):包装袋

厦门市杏林意美包装有限公司
Xiamen Xinglin Yimei Packing Co., Ltd.
地址(Add):福建省厦门市集美区灌南工业区山美路 466 号
邮编(P. C.):361023
电话(Tel):0592 - 6217298
传真(Fax):0592 - 6215228
Http://www.ymbz.com.cn
联系人(Contact Person):杜岩清
产品业务(Business):包装袋

厦门顺峰包装材料有限公司
Xiamen Shunfeng Package Materials Co., Ltd.
地址(Add):福建省厦门市集美区后溪西部工业组团新田路 12 号
邮编(P. C.):361024
电话(Tel):0592 - 6511199
传真(Fax):0592 - 6511122
E-mail: sunfin@xmsfbz.com
Http://www.xmsfbz.com
总经理(General Manager):罗宇峰
联系人(Contact Person):蓝添寿
产品业务(Business):包装袋

厦门市晋元包装彩印有限公司
Xiamen Jinyuan Packings Color Printing Co., Ltd.
地址(Add):福建省厦门市同安工业集中区湖里园 81 幢一层
邮编(P. C.):361100
电话(Tel):0592 - 7151177
传真(Fax):0592 - 7151166
E-mail: xmjybz@163.com
联系人(Contact Person):李勇仕
产品业务(Business):包装袋

厦门市佰高彩印有限公司
Xiamen Baigao Color Printing Co., Ltd.
地址(Add):福建省厦门市同安工业集中区思明园 198 - 199 号 1 楼
邮编(P. C.):361000
电话(Tel):0592 - 7151669
传真(Fax):0592 - 5709669
联系人(Contact Person):郑化荣
产品业务(Business):彩印,制袋

厦门申达塑料彩印包装有限公司
Xiamen Shenda Plastics Package Co., Ltd.
地址(Add):福建省厦门市同安工业集中区同安园 180 号
邮编(P. C.):361100
电话(Tel):0592 - 7250466
传真(Fax):0592 - 7251752
法人代表(Chairman):陈重勇
联系人(Contact Person):王邦澍
产品业务(Business):包装袋

厦门滨湖印刷有限公司
Xiamen Binhu Printing Co., Ltd.
地址(Add):福建省厦门市翔安火炬园高新区翔虹路 6 号
邮编(P. C.):361002
电话(Tel):0592 - 7617907
传真(Fax):0592 - 7617900

E-mail：lzm795114@126.com
联系人(Contact Person)：刘志明
产品业务(Business)：塑料包装袋

厦门百融塑料制品有限公司
Xiamen Bairong Plastic Products Co., Ltd.
地址(Add)：福建省厦门市翔安区新店镇湖头工业区
邮编(P.C.)：361102
电话(Tel)：0592－7171822
传真(Fax)：0592－7800822
E-mail：guorf0520@126.com
总经理(General Manager)：郭荣峰
产品业务(Business)：包装袋

厦门泰群包装工业有限公司
Xiamen Taiqun Packing Industry Co., Ltd.
地址(Add)：福建省厦门市巷北工业区舫山北二路1117号4楼
邮编(P.C.)：361101
电话(Tel)：0592－5912618
传真(Fax)：0592－5912617
E-mail：taiqun99@yahoo.com.cn
Http://www.taiqun.cn
联系人(Contact Person)：叶玉明
产品业务(Business)：包装，标签

南昌金鸡彩印厂
Nanchang Jinji Color Printing Plant
地址(Add)：江西省南昌高新开发区民营大道666号
邮编(P.C.)：330039
电话(Tel)：0791－88383231
传真(Fax)：0791－88383162
总经理(General Manager)：胡彩安
联系人(Contact Person)：胡彩安
产品业务(Business)：包装袋，包装膜

南昌方丰纸(管)业有限公司
Nanchang Fangfeng Paper Co., Ltd.
地址(Add)：江西省南昌市昌东工业园(昌南大道)
邮编(P.C.)：330012
电话(Tel)：13870828931
联系人(Contact Person)：章新永
产品业务(Business)：卫生卷纸用纸管

南昌诚鑫包装有限公司
Nanchang Chengxin Packing Co., Ltd.
地址(Add)：江西省南昌市昌东工业园东升大道港兴中路
邮编(P.C.)：330029
电话(Tel)：0791－88182790
传真(Fax)：0791－88302531
E-mail：13732916066@139.com
总经理(General Manager)：陈炳生
联系人(Contact Person)：雷冬苟
产品业务(Business)：尿裤、卫生巾、卫生纸复合软包装

南昌市辉达塑料包装彩印厂
Nanchang Huida Plastic Colour Print Factory
地址(Add)：江西省南昌市湖坊楞上万村68号
邮编(P.C.)：330029
电话(Tel)：0791－8232383
总经理(General Manager)：徐印龙
产品业务(Business)：生活用纸包装袋

永修县红光塑料彩印有限公司
Yongxiu Hongguang Plastic Color Printing Co., Ltd.
地址(Add)：江西省永修县新城工业园
邮编(P.C.)：330304
电话(Tel)：0792－3265826
传真(Fax)：0792－3265816
总经理(General Manager)：余星亚

安丘市翔宇包装彩印有限公司
Anqiu Xiangyu Packing Colour Print Co., Ltd.
地址(Add)：山东省安丘市景芝镇淮安路240号
邮编(P.C.)：262119
电话(Tel)：0536－4909888
传真(Fax)：0536－4909777
E-mail：xiangyucaiyin@163.com
总经理(General Manager)：李传智
联系人(Contact Person)：李传智
产品业务(Business)：塑料包装袋

邹平榛昊商贸有限公司
Zouping Zhenhao Trade Co., Ltd.
地址(Add)：山东省滨州市邹平县高新工业园
邮编(P.C.)：256200
电话(Tel)：0543－4821912
传真(Fax)：0543－4821912
总经理(General Manager)：路学
产品业务(Business)：包装袋

济宁市紫光彩色印刷包装有限公司
Jining Ziguang Color Printing Packing Co., Ltd.
地址(Add)：山东省济宁市常青路9号
邮编(P.C.)：272037
电话(Tel)：0537－2324799
联系人(Contact Person)：王飞
产品业务(Business)：餐巾纸盒

山东新世纪包装制品有限公司
Shandong New Century Packing Products Co., Ltd.
地址(Add)：山东省济宁市任城区长沟镇梁庄村
邮编(P.C.)：272057
电话(Tel)：0537－2588888
传真(Fax)：0537－2580288
E-mail：xsjyscfan@vip.163.com
Http://www.xsj－packing.com
总经理(General Manager)：范广新
产品业务(Business)：包装袋，印刷

郯城欣欣印刷有限公司
Tancheng Xinxin Color Printing Co., Ltd.
地址(Add)：山东省临沂市郯城县马头镇私营工业园3号
邮编(P.C.)：276100
电话(Tel)：0539－6771366
传真(Fax)：0539－6771366
E-mail：xinxincaiyin@126.com
总经理(General Manager)：张寿柏
联系人(Contact Person)：张寿丛
产品业务(Business)：卫生巾、卫生纸、纸尿裤/片外包装

郯城县鹏程印务有限公司
Tancheng Pengcheng Printing Co., Ltd.
地址(Add): 山东省临沂市郯城县马头镇迎宾大道西首
邮编(P. C.): 276126
电话(Tel): 0539－6771448
传真(Fax): 0539－6776578
E-mail: pengchengyinwu@163.com
联系人(Contact Person): 程其鹏
产品业务(Business): 卫生巾, 护垫, 成人和婴儿纸尿裤/片, 生活用纸外包装袋

龙口市印刷物资有限公司
Longkou Printing Materials Co., Ltd.
(详见香精、表面处理剂及添加剂)

青岛红金星包装印刷有限公司
Qingdao Red Gold Star Package Print Co., Ltd.
地址(Add): 山东省青岛即墨市北安街道办事处工业园
邮编(P. C.): 266200
电话(Tel): 0532－87501629
传真(Fax): 0532－87505755
E-mail: hongjinxing@qingdaonews.com
Http://www.hongjinxing.com
法人代表(Chairman): 于向阳
总经理(General Manager): 于向阳
联系人(Contact Person): 于向阳
产品业务(Business): 生活用纸包装袋

青岛瑞发包装有限公司
Qingdao Ruifa Packaging Co., Ltd.
(详见胶带、胶贴、魔术贴、标签)

青岛信盛塑料彩印有限公司
Qingdao Xinsheng Plastic Colorful Printing Co., Ltd.
地址(Add): 山东省青岛胶州市高州路中段
邮编(P. C.): 266300
电话(Tel): 0532－82298000
传真(Fax): 0532－82290102
E-mail: xsprinting@126.com
Http://www.xsprinting.com
联系人(Contact Person): 王晓颖
产品业务(Business): 包装袋

青岛星瑞包装有限公司
Qingdao Xingrui Packing Co., Ltd.
地址(Add): 山东省青岛市城阳区西郭庄
邮编(P. C.): 266000
电话(Tel): 0532－87730722
传真(Fax): 0532－87730155
联系人(Contact Person): 薛岩
产品业务(Business): 经销拉链袋, 自立袋, 自动包装机卷材及PE袋

青岛市贤俊龙彩印有限公司
Qingdao Xianjunlong Colour Printing Co., Ltd.
地址(Add): 山东省青岛市高新技术产业开发区科韵路与思源路交界
邮编(P. C.): 266000
电话(Tel): 0532－87714222
传真(Fax): 0532－87714999
E-mail: yisb@163.com
联系人(Contact Person): 张继华
产品业务(Business): 包装及印刷

青岛南荣包装印刷有限公司
Qingdao Nanrong Packing & Printing Group Co., Ltd.
地址(Add): 山东省青岛市莱西梅花山开发区(青岛北路高速路口南)
邮编(P. C.): 266000
电话(Tel): 0532－87412345
传真(Fax): 0532－87412345
联系人(Contact Person): 赵伟涛
产品业务(Business): 经销包装袋

青岛海尔丰彩印刷有限公司
Qingdao HAIER Fungchoi Priting Co., Ltd.
地址(Add): 山东省青岛市崂山区银川东路31号
邮编(P. C.): 266061
电话(Tel): 0532－85751020
传真(Fax): 0532－85751657
E-mail: ziym@haierfungchoi.com
Http://www.haierfungchoi.com
联系人(Contact Person): 訾延民
产品业务(Business): 印刷包装

青岛美亚包装有限公司
Maya Packaging Co., Ltd.
地址(Add): 山东省青岛市山东路22号金孚大厦B座6－I室
邮编(P. C.): 266071
电话(Tel): 0532－85827760
传真(Fax): 0532－85827765
E-mail: qdspring@public.qd.sd.cn
法人代表(Chairman): 蒋伟
总经理(General Manager): 蒋伟
联系人(Contact Person): 蒋伟
产品业务(Business): 包装袋

山东铭达包装制品有限公司
Shandong Mingda Packing Product Co., Ltd.
地址(Add): 山东省青州市经济开发区海岱北路1968号
邮编(P. C.): 262500
电话(Tel): 0536－6137787
传真(Fax): 0536－6136686
E-mail: wangxue8006@sina.com
Http://www.mfpacking168.com.cn
法人代表(Chairman): 王雪
总经理(General Manager): 王雪
联系人(Contact Person): 万新兵
产品业务(Business): 塑料包装袋

青州博睿包装印务有限公司
Qingzhou Bright Package Printing Co., Ltd.
地址(Add): 山东省青州市西环路与309国道交叉口北200米路西
邮编(P. C.): 262500
电话(Tel): 0536－3295156
传真(Fax): 0536－3295157
E-mail: brpack@188.com
总经理(General Manager): 张新东
联系人(Contact Person): 张新东
产品业务(Business): 包装纸, 包装膜, 包装袋

山东郯城金马复合彩印厂
Shandong Tancheng Jinma Composite Color Printing Plantv
地址(Add)：山东省郯城县金马经济开发区
邮编(P. C.)：276126
电话(Tel)：0539-6773558
传真(Fax)：0539-6773558
联系人(Contact Person)：马林
产品业务(Business)：包装袋，打孔膜，流延膜

山东联华印刷包装有限公司
Shandong Lianhua Printing and Packaging Co., Ltd.
地址(Add)：山东省滕州市工业园区恒源路9号
邮编(P. C.)：277500
电话(Tel)：0632-5687776
传真(Fax)：0632-5696318
联系人(Contact Person)：刘涛
产品业务(Business)：包装及印刷

山东多利达印务有限公司
Shandong Duolida Printing Co., Ltd.
地址(Add)：山东省潍坊市经济技术开发区民主西街2006号
邮编(P. C.)：261057
电话(Tel)：0536-2105210
传真(Fax)：0536-2105216
E-mail：dldhxm@163.com
Http://www.dld.net.cn
联系人(Contact Person)：黄向梅
产品业务(Business)：印刷，包装盒/袋

潍坊文圣教育印刷有限公司
Weifang Wensheng Education Print Co., Ltd.
地址(Add)：山东省潍坊市经济开发区月河路3800号
邮编(P. C.)：261057
电话(Tel)：18953633262
传真(Fax)：0536-8062880
E-mail：qdlande@126.com
总经理(General Manager)：杨冲
联系人(Contact Person)：张韬
产品业务(Business)：面巾纸包装盒

潍坊市锦程塑料彩印厂
Weifang Jincheng Plastic Printing Plant
地址(Add)：山东省潍坊市潍城区怡园路北首
邮编(P. C.)：261000
电话(Tel)：0536-8352239
E-mail：jccy2008@163.com
联系人(Contact Person)：徐明珍
产品业务(Business)：包装袋

潍坊市天辰彩印有限公司
Weifang Tianchen Printing Co., Ltd.
地址(Add)：山东省潍坊市玄武东街46号
邮编(P. C.)：261031
电话(Tel)：0536-8677255
传真(Fax)：0536-8677055
总经理(General Manager)：吕永杰
联系人(Contact Person)：王功伟
产品业务(Business)：包装印刷，纸巾盒

山东禹城盛达塑料厂
Yucheng Shengda Plastic Factory
地址(Add)：山东省禹城市明珠大酒店南20米路东职工高中院内
邮编(P. C.)：251200
电话(Tel)：0534-7228918
传真(Fax)：0534-7228918
总经理(General Manager)：董玲
联系人(Contact Person)：董玲
产品业务(Business)：卫生纸包装袋

诸城市鑫发塑料彩印厂
Zhucheng Xinfa Plastic Color Printing Factory
地址(Add)：山东省诸城市相州镇
邮编(P. C.)：262200
电话(Tel)：0536-6490308
联系人(Contact Person)：王瑞庆
产品业务(Business)：卫生纸、餐巾纸包装

安阳嘉华塑业有限公司
Anyang Jiahua Plastic Co., Ltd.
地址(Add)：河南省安阳市文昌大道西段包装材料工业园
邮编(P. C.)：455000
电话(Tel)：0372-3643059
传真(Fax)：0372-3643063
E-mail：gulinrong@126.com
联系人(Contact Person)：申林
产品业务(Business)：塑料包装袋

夏华塑料彩色印刷厂
Xiahua Plastics Printing Plant
地址(Add)：河南省洛阳市孟津会盟镇阳光工业城(金达路)
邮编(P. C.)：471123
电话(Tel)：0379-67836818
传真(Fax)：0379-67836266
联系人(Contact Person)：蒋绍峰
产品业务(Business)：塑料包装袋

许昌家兴软包装彩印厂
Xuchang Jiaxing Package Print Factory
地址(Add)：河南省许昌县尚吉镇五店村
邮编(P. C.)：461000
电话(Tel)：0374-5659293
传真(Fax)：0374-5659293
E-mail：360886837@qq.com
法人代表(Chairman)：武红艺
总经理(General Manager)：武红艺
联系人(Contact Person)：武红艺
产品业务(Business)：包装袋

宛美彩印包装有限公司
Wanmei Color Package Co., Ltd.
地址(Add)：河南省郑州经济技术开发区航海东路1058号
邮编(P. C.)：450016
电话(Tel)：0377-63651389
传真(Fax)：0377-63651389
总经理(General Manager)：张国峰
产品业务(Business)：包装袋

郑州美佳彩印包装有限公司
Zhengzhou Meijia Printing Co., Ltd.
地址(Add)：河南省郑州市高新技术开发区冬青街67号
邮编(P. C.)：450001
电话(Tel)：0371－67847777
传真(Fax)：0371－67847777
E-mail：zzmjcy@371. net
法人代表(Chairman)：齐斌
联系人(Contact Person)：齐斌
产品业务(Business)：包装袋

郑州博信塑料包装有限公司
Zhengzhou Boxin Plastic Package Co., Ltd.
地址(Add)：河南省郑州市花园路100号花半里小区2号楼1701
邮编(P. C.)：450047
电话(Tel)：0371－65553983
传真(Fax)：0371－65553983
E-mail：boxinzz@163. com
Http://www. globalprintingsl. com
法人代表(Chairman)：张金玲
联系人(Contact Person)：周可祥
产品业务(Business)：包装袋

河南畅翔纸品加工厂
Henan Changxiang Print & Package Co., Ltd.
地址(Add)：河南省郑州市惠济固城村工业园
邮编(P. C.)：450044
电话(Tel)：0371－86050838
传真(Fax)：0371－86050838
E-mail：460687867@qq. com
Http://www. hncxzp. cn
联系人(Contact Person)：闫飞
产品业务(Business)：餐巾纸袋，抽纸盒外包装，手提袋，筷子套

当阳市金典纸塑制品有限公司
Kingdiadem Paper & Plastic Co., Ltd.
地址(Add)：湖北省当阳市太子街1巷10号
邮编(P. C.)：444100
电话(Tel)：0717－3233366
E-mail：1157174496@qq. com
法人代表(Chairman)：严婧
总经理(General Manager)：严婧
联系人(Contact Person)：严婧
产品业务(Business)：印刷包装袋

武汉市恒鑫包装塑料制品有限公司
Wuhan Hengxin Package Products Co., Ltd.
地址(Add)：湖北省武汉市洪山区和平乡先锋村
邮编(P. C.)：430083
电话(Tel)：027－86466066
传真(Fax)：027－86465007
E-mail：whhxbz@163. com
总经理(General Manager)：刘合皇
产品业务(Business)：生活用纸包装袋

圣为控股有限公司
Samwell Holding Co., Ltd.
地址(Add)：湖北省武汉市洪山区珞喻路一号街道口鹏程国际B座2412室
邮编(P. C.)：430070
电话(Tel)：027－87880036
传真(Fax)：027－87740847
E-mail：chenliang@samwellgroup. com
Http://www. samwellgroup. com
联系人(Contact Person)：陈亮
产品业务(Business)：包装材料

武汉市天虹纸塑彩印有限公司
Wuhan Tianhong Paper－Plastic Print Co., Ltd.
地址(Add)：湖北省武汉市武昌区科技工业园白沙洲堤东街20号
邮编(P. C.)：430064
电话(Tel)：027－88159391
传真(Fax)：027－88159375
E-mail：office@wuhanth. com
Http://www. wuhanth. com
联系人(Contact Person)：李新安
产品业务(Business)：包装袋

长沙银腾塑印包装有限公司
Changsha Yinteng Plastic Printing Packaging Co., Ltd.
地址(Add)：湖南宁乡县经济技术开发区
邮编(P. C.)：410600
电话(Tel)：0731－87980808
传真(Fax)：0731－87853505
E-mail：limoping2004@163. com
Http://www. lvseyinteng. com
联系人(Contact Person)：李末平
产品业务(Business)：外包装袋

岳阳三一绿色环保塑料厂
Yueyang Sanyi Green Enviroment Plastic Factory
地址(Add)：湖南省岳阳市湖滨村(城陵矶华能电厂对面)
邮编(P. C.)：414000
电话(Tel)：0730－8566031
传真(Fax)：0730－8566031
E-mail：466522325@qq. com
总经理(General Manager)：黎勇
产品业务(Business)：包装袋

岳阳市大地印务有限公司
Yueyang Dadi Printing Co., Ltd.
地址(Add)：湖南省岳阳市君山印刷科技工业园
邮编(P. C.)：414005
电话(Tel)：0730－8116116
传真(Fax)：0730－8116158
Http://www. 0730dadi. com
联系人(Contact Person)：柳秀英
产品业务(Business)：印刷包装

潮安县庵埠兴隆纸塑包装厂
Chaoan Xinglong Paper Plastic Packing Factory
地址(Add)：广东省潮安县庵埠梅龙村红莲池片
邮编(P. C.)：515638
电话(Tel)：0768－5920949
传真(Fax)：0768－5921949
E-mail：869592880@qq. com
联系人(Contact Person)：张永生
产品业务(Business)：包装

潮安县凤塘湖海纸塑工艺厂
Chaoan Fengtang Lake Paper－Plastic Processing Plant
地址(Add)：广东省潮安县凤塘镇后陇西和工业区
邮编(P. C.)：515646
电话(Tel)：0768－6852494
传真(Fax)：0768－6852494
总经理(General Manager)：苏焕湖
联系人(Contact Person)：苏焕湖
产品业务(Business)：纸质包装

奇川彩印有限公司
Qichuan Color Printing Co., Ltd.
地址(Add)：广东省潮安县仙溪金桥工业区
邮编(P. C.)：515638
电话(Tel)：0768－5881818
传真(Fax)：0768－5881800
E-mail：ccbbxcyy@163. com
联系人(Contact Person)：杨俊浩
产品业务(Business)：包装印刷

东莞市泳星塑胶包装材料有限公司
Dongguan Yongxing Plastics Packing Material Co., Ltd.
地址(Add)：广东省东莞市茶山镇茶山村吉街工业区吉兴路
邮编(P. C.)：523373
电话(Tel)：0769－86400888
传真(Fax)：0769－86648823
E-mail：yx01@dg－yx. cn
Http://www. dg－yx. cn
法人代表(Chairman)：袁志强
产品业务(Business)：塑胶袋，纸袋

东莞市绿彩包装材料厂
Dongguan Green Color Packaging Material Factory
地址(Add)：广东省东莞市茶山镇上元村沙角头工业区
邮编(P. C.)：523000
电话(Tel)：0769－86484728
传真(Fax)：0769－86486698
E-mail：wilson. gepm@gmail. com
Http://www. greencolor. en. alibaba. com
联系人(Contact Person)：利志伟
产品业务(Business)：纸尿片包装袋

东莞市晓铭实业有限公司
Dongguan Xiaoming Industrial Co., Ltd.
地址(Add)：广东省东莞市长安镇乌沙环乡东路晓铭工业园
邮编(P. C.)：523857
电话(Tel)：0769－85390608
传真(Fax)：0769－85390603
E-mail：liyaling@paxmate. com. cn
Http://www. paxmate. com. cn
联系人(Contact Person)：李雅玲
产品业务(Business)：包装袋

源丰印刷材料科技有限公司
Yuanfeng Printing Materials Technology Co., Ltd.
地址(Add)：广东省东莞市大朗镇沙步村土地坑工业区
邮编(P. C.)：523791
电话(Tel)：0769－81198189
传真(Fax)：0769－81198089
E-mail：yuanfeng@yuanfengflexo. com
Http://www. yuanfengflexo. com
联系人(Contact Person)：汤文科
产品业务(Business)：油墨，制版

实祥纸品印刷厂
Shixiang Bumf Article Presswork Factory
地址(Add)：广东省东莞市大朗镇沙步第一工业区
邮编(P. C.)：523791
电话(Tel)：0769－83207588
传真(Fax)：0769－83200382
E-mail：bao. xiang1975@vip. 163. com
联系人(Contact Person)：王永祥
产品业务(Business)：包装袋，印刷

富源实业公司
Fuyuan Industrial Corp.
地址(Add)：广东省东莞市大岭山镇大沙中源
邮编(P. C.)：523816
电话(Tel)：0769－85623150
传真(Fax)：0769－85623165
E-mail：zhongyuan@zhongyuan－plastic. com
联系人(Contact Person)：吕东强
产品业务(Business)：制袋

东莞市添彩塑胶制品厂
Dongguan Tiancai Plastic Products Factory
地址(Add)：广东省东莞市道滘西部干道(交警队对面)
邮编(P. C.)：523179
电话(Tel)：0769－82630018
传真(Fax)：0769－82630019
E-mail：lingdiansheji_2009@163. com
总经理(General Manager)：朱海仁
联系人(Contact Person)：朱海仁
产品业务(Business)：包装袋

东莞市拓鑫包装印刷制品厂
Dongguan Tuoxin Packaging & Printing Factory
地址(Add)：广东省东莞市东城区同沙科技园
邮编(P. C.)：523127
电话(Tel)：0769－27286692
传真(Fax)：0769－27286690
E-mail：wy09866@126. com
联系人(Contact Person)：王朝生
产品业务(Business)：印刷，不干胶

东莞市益邦包装材料有限公司
Dongguan Yikbond Packaging Co., Ltd.
地址(Add)：广东省东莞市东坑镇角社东兴西路63号
邮编(P. C.)：523443
电话(Tel)：0769－83696149
传真(Fax)：0769－83697949
E-mail：info@yikbond. com
Http://www. yikbond. com
联系人(Contact Person)：胡求文
产品业务(Business)：包装材料

东莞市虎门联友包装印刷有限公司
Humen Lianyou Packing & Printing Co., Ltd.
(详见流延膜及塑料母粒)

东莞市虎门富恒胶袋制品厂
DongguanFuheng Plastic Bag Factory
地址(Add)：广东省东莞市虎门镇口东引路10号
邮编(P. C.)：523970
电话(Tel)：0769－85190123
传真(Fax)：0769－85190318
E-mail：htl8818@163. com
法人代表(Chairman)：黄添林
联系人(Contact Person)：黄添林
产品业务(Business)：包装袋

东莞市海丰塑料包装有限公司
Haifeng Plastic Packing Co.，Ltd.
地址(Add)：广东省东莞市虎门镇沙角社区西湖路西湖工业区
邮编(P. C.)：523000
电话(Tel)：0769－85423300
传真(Fax)：0769－85395028
Http://www. hai－feng. com. cn
法人代表(Chairman)：曾廷金
总经理(General Manager)：曾廷金
联系人(Contact Person)：曾凡贵
产品业务(Business)：包装袋，纸巾袋

东莞市致利包装印刷有限公司
Dongguan Zhili Packaging Printing Co.，Ltd.
地址(Add)：广东省东莞市虎门镇宴岗工业区
邮编(P. C.)：523933
电话(Tel)：0769－85266808
传真(Fax)：0769－85266788
E-mail：tw1312@163. com
法人代表(Chairman)：谭笑英
总经理(General Manager)：谭伟权
联系人(Contact Person)：谭伟权
产品业务(Business)：卫生卷纸包装膜

东莞市仨久实业有限公司
Dongguan Sajiu Industrial Co.，Ltd.
(详见卫生纸加工设备)

东莞市名顺凹版包装制品有限公司
Dongguan Mingshun Packing Products Co.，Ltd.
地址(Add)：广东省东莞市黄江镇大冚村富顺路8号D栋
邮编(P. C.)：523750
电话(Tel)：0769－82302668
传真(Fax)：0769－82302998
E-mail：sales@minsunchina. com
Http://www. minsunchina. com
联系人(Contact Person)：李强
产品业务(Business)：包装

东莞市智盈包装制品有限公司
Dongguan Zhiying Packaging Products Co.，Ltd.
地址(Add)：广东省东莞市万江滘联工业区(东鹏小学旁)
邮编(P. C.)：523046
电话(Tel)：0769－27227263
传真(Fax)：0769－27227262
E-mail：longpx@qq. com
联系人(Contact Person)：龙鹏雄
产品业务(Business)：塑料包装

东莞市双龙塑胶制品有限公司
Dongguan Shuanglong Plastic Co.，Ltd.
地址(Add)：广东省东莞市万江区大汾工业区
邮编(P. C.)：511717
电话(Tel)：0769－22288338
传真(Fax)：0769－22188668
联系人(Contact Person)：袁满堂
产品业务(Business)：塑料包装袋

东莞市科艺塑料制品厂
Dongguan Keyi Plastic Products Factory
地址(Add)：广东省东莞市万江区石美工业区
邮编(P. C.)：523049
电话(Tel)：0769－22773661
传真(Fax)：0769－22773310
E-mail：keyihb@163. com
总经理(General Manager)：邓国雄
联系人(Contact Person)：邓国雄
产品业务(Business)：包装袋

东莞市大为包装印刷有限公司
Dongguan Dawei Packaging & Printing Co.，Ltd.
地址(Add)：广东省东莞市万江区新村大新南路48号
邮编(P. C.)：523039
电话(Tel)：0769－23155822
传真(Fax)：0769－26381322
Http://davidpack. en. made－in－china. com
联系人(Contact Person)：戴梓维
产品业务(Business)：生活用纸包装袋

东莞市万江建昌包装制品厂
Dongguan Jianchang Packing Products Factory
地址(Add)：广东省东莞市万江区新村民营工业区
邮编(P. C.)：523053
电话(Tel)：0769－22783393
传真(Fax)：0769－23622722
E-mail：742939076@qq. com
联系人(Contact Person)：黄建昌
产品业务(Business)：纸巾袋

东莞联兴塑印制品厂
Dongguan Lianxing Plastic Printing Plant
(详见流延膜及塑料母粒)

东莞市万江拓洋塑料制品厂
Dongguan Wanjiang Tuoyang Plastic Products Factory
地址(Add)：广东省东莞市万江镇新村卢屋工业区
邮编(P. C.)：523061
电话(Tel)：0769－23291338
传真(Fax)：0769－23291318
联系人(Contact Person)：袁嘉辉
产品业务(Business)：胶袋印刷

佛山市科能塑印包装厂
Foshan Keneng Plastic Printing Factory
地址(Add)：广东省佛山市朝安路下石工业区D座首层
邮编(P. C.)：528000
电话(Tel)：0757－83262873
传真(Fax)：0757－82731007
E-mail：fskeneng@126. com
联系人(Contact Person)：陈勇

产品业务(Business):包装袋

佛山高明龙悦包装有限公司
Foshan Gaoming Longyue Packing Co., Ltd.
地址(Add):广东省佛山市高明区沧江工业区杨梅园区东区
邮编(P. C.):528515
电话(Tel):0757-88858033
传真(Fax):0757-88858355
E-mail:dragon. joyce@126. com
Http://www. dragonjoyce. cn. alibaba. com
联系人(Contact Person):韦先生
产品业务(Business):包装产品

佛山市南海中彩制版有限公司
Foshan Zhongcai Reproduction Co., Ltd.
地址(Add):广东省佛山市南海区大沥镇高边朗心工业区
邮编(P. C.):528231
电话(Tel):0757-85509923
传真(Fax):0757-85509912
E-mail:zc@fszhongcai. com
Http://www. fszhongcai. com
联系人(Contact Person):李永林
产品业务(Business):激光制版

佛山市华之恒包装材料有限公司
Foshan HZH Packaging Material Co., Ltd.
地址(Add):广东省佛山市南海区大沥镇九龙小商品城D3座302
邮编(P. C.):528231
电话(Tel):0757-81128103
传真(Fax):0757-81128102
E-mail:yxx@fshzh. com
Http://www. fshzh. com
联系人(Contact Person):严世雄
产品业务(Business):包装材料

佛山市南海区星格彩印包装厂
Foshan Nanhai Xingge Color Printing & Packing Factory
地址(Add):广东省佛山市南海区桂城东部工业园B区
邮编(P. C.):528200
电话(Tel):0757-86226666
传真(Fax):0757-86237693
法人代表(Chairman):梁溃珍
总经理(General Manager):陈容
联系人(Contact Person):陈荣
产品业务(Business):包

佛山市南海区星格彩印包装厂
Xingge Printing & Packaging Factory
地址(Add):广东省佛山市南海区桂城东部工业园B区
邮编(P. C.):528251
电话(Tel):0757-86226666-8
传真(Fax):0757-86237693
E-mail:26804730@qq. com
Http://www. fsxingge. com
联系人(Contact Person):陈荣
产品业务(Business):包装印刷

南方包装有限公司
Southern Packaging Co., Ltd.
地址(Add):广东省佛山市南海区桂城街道佛平四路9号
邮编(P. C.):528251
电话(Tel):0757-86788388-3385
传真(Fax):0757-86772333
E-mail:lianqgitong@southern-packaging. com
Http://www. southern-packaging. com
联系人(Contact Person):梁杞桐
产品业务(Business):包装材料

信诚塑料印刷厂
Xincheng Plastic Printing Factory
地址(Add):广东省佛山市南海区九江上西民营工业区
邮编(P. C.):528203
电话(Tel):0757-86562272
传真(Fax):0757-86511192
E-mail:nanhaixincheng@163. com
联系人(Contact Person):谭荣新
产品业务(Business):包装印刷

佛山市伯仲印刷厂
Foshan Brother Printing Factory
地址(Add):广东省佛山市南海区九江镇河清三村工业一区
邮编(P. C.):528203
电话(Tel):0757-86554372
传真(Fax):0757-86511371
E-mail:fs86554372@126. com
联系人(Contact Person):朱菲玲
产品业务(Business):塑料包装

佛山市粤峰盛塑印有限公司
Foshan Yuefengsheng Plastic Printing Ltd.
地址(Add):广东省佛山市南海区九江镇下西上围工业园
邮编(P. C.):528203
电话(Tel):0757-86563868
传真(Fax):0757-86569343
E-mail:tom733@tom. com
联系人(Contact Person):苏树清
产品业务(Business):印刷包装

佛山浩彩印刷有限公司
Foshan Haocai Handicraft Printing Co., Ltd.
地址(Add):广东省佛山市南海区里水镇大冲路段
邮编(P. C.):528244
电话(Tel):0757-85669400
传真(Fax):0757-85669373
E-mail:billwu@vip. sina. com
联系人(Contact Person):吴光中
产品业务(Business):印刷

佛山市伟升业塑料印刷制版厂
Foshan Weishengye Plastic Printing Factory
地址(Add):广东省佛山市南海区罗村联合工业区西区九路5号
邮编(P. C.):528000
电话(Tel):0757-81265151
传真(Fax):0757-86407373
E-mail:weiye258aaa@21cn. com
Http://www. fs-weiye. com

联系人(Contact Person)：萧锡根
产品业务(Business)：电雕凹印铜版，布美兰凹印铜版

佛山市德华彩印有限公司
Foshan Dehua Printing Co., Ltd.
地址(Add)：广东省佛山市南海区西樵海舟管理区
邮编(P. C.)：528212
电话(Tel)：0757-88380577
传真(Fax)：0757-86822766
E-mail：mailiangde@21cn.com
联系人(Contact Person)：麦梁德
产品业务(Business)：包装印刷

佛山市南海港明彩印有限公司
Foshan Nanhai Gangming Printing Co., Ltd.
地址(Add)：广东省佛山市南海区西樵海舟管理区
邮编(P. C.)：528000
电话(Tel)：0757-88379397
传真(Fax)：0757-86822766
E-mail：mailiangde@21cn.com
法人代表(Chairman)：陈锦德
联系人(Contact Person)：麦梁德
产品业务(Business)：塑料包装袋

广东金威达彩印有限公司
Guangdong Jinweida Color Printing Co., Ltd.
地址(Add)：广东省佛山市南海区西樵吉水上坦开发区
邮编(P. C.)：528211
电话(Tel)：0757-86842337
传真(Fax)：0757-86886389
E-mail：gd_jwd@163.com
联系人(Contact Person)：梁锦波
产品业务(Business)：印刷

佛山华韩卫生材料有限公司
Foshan Huahan Sanitary Material Co., Ltd.
(详见流延膜及塑料母粒)

佛山市三水华彩包装材料有限公司
Foshan Sanshui Huacai Packing Co., Ltd.
地址(Add)：广东省佛山市三水区河口工业大道
邮编(P. C.)：528133
电话(Tel)：0757-87677770
传真(Fax)：0757-87672123
E-mail：sanshuihuacai@163.net
产品业务(Business)：塑料彩印袋，标签

顺德金粤盛塑胶彩印有限公司
Shunde Jinyuesheng Plastic Colour Print Co., Ltd.
地址(Add)：广东省佛山市顺德区北滘镇黄涌工业区南路17号
邮编(P. C.)：528311
电话(Tel)：0757-26325190
传真(Fax)：0757-26325192
法人代表(Chairman)：宋白羽
总经理(General Manager)：孙东书
联系人(Contact Person)：李先臣
产品业务(Business)：卫生用品外包装袋(吹膜、印刷、制袋、复合)

广信塑料吹膜制品有限公司
Guangxin Plastic Packaging Co., Ltd.
地址(Add)：广东省佛山市顺德区大良新滘工业区工业路10号
邮编(P. C.)：528300
电话(Tel)：0757-22216493
传真(Fax)：0757-22221573
E-mail：54841412@qq.com
Http://www.gx2216493.cn.alibaba.com
联系人(Contact Person)：何振兴
产品业务(Business)：包装袋

佛山市顺德区如虹印刷有限公司
Foshan Ruhong Printing Co., Ltd.
地址(Add)：广东省佛山市顺德区勒流镇上涌工业区曙光路8号
邮编(P. C.)：528000
电话(Tel)：0757-23665771
传真(Fax)：0757-23665776
联系人(Contact Person)：胡君平
产品业务(Business)：纸尿裤，卫生巾袋

佛山市顺德区荣日塑料制品实业有限公司
Foshan Rongri Plastics Co., Ltd.
(详见流延膜及塑料母粒)

佛山市华盛昌塑料包装厂
Foshan Huashengchang Plastic Packaging Factory
地址(Add)：广东省佛山市顺德区容桂高黎工业区建业东路(大地制漆厂后面)
邮编(P. C.)：528306
电话(Tel)：0757-28396239
传真(Fax)：0757-28391939
E-mail：woshizuiqiang@126.com
联系人(Contact Person)：何启华
产品业务(Business)：薄膜印刷，制袋

佛山市桦标印刷技术有限公司
Foshan Huabiao Printing Technology Co., Ltd.
地址(Add)：广东省佛山市顺德区容桂镇容奇大道中信德上城14号
邮编(P. C.)：528303
电话(Tel)：0757-29265542
传真(Fax)：0757-29265642
E-mail：huabiao2011@sina.com
总经理(General Manager)：温益伏
产品业务(Business)：印刷

广州奇川包装制品有限公司
Guangzhou Rareflow Packing Product Co., Ltd.
地址(Add)：广东省广州市白云区良田镇金盆九曲径路90号
邮编(P. C.)：510545
电话(Tel)：020-87402120
传真(Fax)：020-87402152
E-mail：rareflow@126.com
Http://www.rareflow.com
总经理(General Manager)：陈斌
产品业务(Business)：包装

广州市杉特无纺布科技有限公司
Guangzhou Shante Nonwovens S & T Co., Ltd.
(详见流延膜及塑料母粒)

广州市粤盛工贸有限公司
Guangzhou Yuesheng Industry & Trade Co., Ltd.
地址(Add):广东省广州市黄埔区大沙镇丰乐北路 168 号
邮编(P. C.):510700
电话(Tel):020-82382491
传真(Fax):020-82382492
E-mail:gzyuesheng@263.net
Http://www.cnyuesheng.cn
法人代表(Chairman):孙星威
联系人(Contact Person):陈慧
产品业务(Business):卫生巾/纸尿裤/片外包装袋

鹤山市创杰印刷有限公司
Heshan Chuangjie Printing Co., Ltd.
地址(Add):广东省鹤山市沙坪镇港口工业区
邮编(P. C.):529700
电话(Tel):0757-23373080
传真(Fax):0757-23373080
联系人(Contact Person):周永和
产品业务(Business):塑料包装,印刷产品

惠州华渊印刷有限公司
Huizhou Huayuan Printing Co., Ltd.
地址(Add):广东省惠州市惠阳区沙田镇长龙岗工业区
邮编(P. C.):516269
电话(Tel):0752-3063806
传真(Fax):0752-3340988
E-mail:hy3063985@163.com
总经理(General Manager):吴河昌
联系人(Contact Person):吴河昌
产品业务(Business):塑料袋

洪发胶袋彩印有限公司
Hongfa Plastic Color Printing Co., Ltd.
地址(Add):广东省惠州市秋长镇白石秋宝路
邮编(P. C.):516211
电话(Tel):0752-3561619
传真(Fax):0752-3561611
E-mail:sotodesign@163.com
Http://www.gd-hongfa.com
联系人(Contact Person):麦伟创
产品业务(Business):生活用纸塑料包装袋

惠州宝柏包装有限公司
Propack Huizhou Packing Limited
地址(Add):广东省惠州市仲恺大道马过渡华宝工业区
邮编(P. C.):516006
电话(Tel):0752-2609078
传真(Fax):0752-2600820
E-mail:xiaochun.zhao@amcor.com
Http://www.amcor.com
总经理(General Manager):程辉
联系人(Contact Person):赵小春
产品业务(Business):包装印刷

江门市天晨印刷厂
Jiangmen Tianchen Printing Factory
地址(Add):广东省江门市河南下沙 138 号
邮编(P. C.):529040
电话(Tel):0750-3896171
传真(Fax):0750-3896171
联系人(Contact Person):莫国光
产品业务(Business):印刷

江门市新会区精美彩塑料包装厂
Jiangmen Xinhui Jingmei Colour Plastic Packing Plant
地址(Add):广东省江门市睦洲镇江睦公路 168 号
邮编(P. C.):529143
电话(Tel):0750-6228077
传真(Fax):0750-6228078
E-mail:weter2616@sohu.com
Http://jmjingmeicai.cn.alibaba.com
法人代表(Chairman):张念
总经理(General Manager):梁健荣
联系人(Contact Person):梁健荣
产品业务(Business):生活用纸包装袋

江门市广威胶袋印制企业有限公司
Jiangmen Guangwei Plastic Bag Print Enterprise Co., Ltd.
地址(Add):广东省江门市新会区会城城郊工业区北 32 号
邮编(P. C.):529100
电话(Tel):0750-6363696
传真(Fax):0750-6363699
总经理(General Manager):余锦璋
联系人(Contact Person):余锦璋
产品业务(Business):塑料彩印包装袋

广东罗定市华圣塑料包装有限公司
Huasheng Plastic Packaging Co., Ltd.
地址(Add):广东省罗定市围底第一工业开发区
邮编(P. C.):527222
电话(Tel):0766-3685728
传真(Fax):0766-3685733
E-mail:11209228363@qq.com
总经理(General Manager):梁然
联系人(Contact Person):梁然
产品业务(Business):包装袋

萃彩田塑料包装有限公司
Cuicaitian Plastic Packing Co., Ltd.
地址(Add):广东省梅州市梅县松口镇石盘粮所
邮编(P. C.):514755
电话(Tel):0753-2769293
传真(Fax):0753-2769299
E-mail:359978857@qq.com
法人代表(Chairman):李鑫盛
总经理(General Manager):李鑫盛
联系人(Contact Person):李鑫盛
产品业务(Business):包装袋

汕头市佳盛印务有限公司
Shantou Jiasheng Printing Co., Ltd.
地址(Add):广东省汕头市潮阳区和平镇下厝南洋工业区
邮编(P. C.):515154

电话(Tel)：0754－82605929
传真(Fax)：0754－82605938
E-mail：wushaozhen132@ sohu. com
联系人(Contact Person)：吴少振
产品业务(Business)：不干胶印刷

汕头市志成塑料有限公司
Shantou Zhicheng Plastic Dye Co.
地址(Add)：广东省汕头市潮阳区铜盂河陇工业区三号路口三区十一街六幢
邮编(P. C.)：515136
电话(Tel)：0754－87581818
联系人(Contact Person)：吴沐坚
产品业务(Business)：包装袋

汕头市博彩塑料薄膜印刷厂
Shantou Bocai Plastic Film Printing Factory
地址(Add)：广东省汕头市龙湖区内宄公工业区
邮编(P. C.)：515054
电话(Tel)：0754－86335302
传真(Fax)：0754－88335302
E-mail：jingye131@ 163. com
联系人(Contact Person)：戴静叶
产品业务(Business)：包装袋，薄膜印刷

深圳市佳润隆印刷有限公司
Shenzhen Jiarunlong Printing Co., Ltd.
地址(Add)：广东省深圳市八卦四路先科大院二栋二楼
邮编(P. C.)：518028
电话(Tel)：0755－25570979
传真(Fax)：0755－25570979
E-mail：cfyinshua@ 126. com
联系人(Contact Person)：胡承风
产品业务(Business)：印刷，包装盒

深圳市康威实业有限公司
Shenzhen Kangwei Industry Co., Ltd.
地址(Add)：广东省深圳市宝安区二十八区新安三路2栋
邮编(P. C.)：518101
电话(Tel)：0755－27815418
传真(Fax)：0755－27814858
E-mail：88424336@ qq. com
联系人(Contact Person)：徐犇
产品业务(Business)：包装材料

深圳豪艺塑料有限公司
Shenzhen Delux Arts Plastics Co., Ltd.
地址(Add)：广东省深圳市宝安区公明街道田寮工业区
邮编(P. C.)：518132
电话(Tel)：0755－27196300
传真(Fax)：0755－21790040
E-mail：308031758@ qq. com
Http://www. deluxartspack. com
法人代表(Chairman)：刘绍然
总经理(General Manager)：刘绍然
联系人(Contact Person)：朱霞艳
产品业务(Business)：包装袋

深圳市众力恒塑胶有限公司
Shenzhen Zhongliheng Plastics Co., Ltd.
地址(Add)：广东省深圳市宝安区公明镇李松朗第一工业区
邮编(P. C.)：518106
电话(Tel)：0755－27126382
传真(Fax)：0755－27126203
E-mail：zhongliheng@ hotmail. com
Http://www. zhongliheng. com
联系人(Contact Person)：刘利民
产品业务(Business)：包装袋

深圳市康业科技有限公司
Shenzhen Koye Technology Co., Ltd.
地址(Add)：广东省深圳市宝安区龙华镇英泰路5号1栋
邮编(P. C.)：518109
电话(Tel)：0755－27044490
传真(Fax)：0755－27610627
Http://www. smt688. com
联系人(Contact Person)：谢文铮
产品业务(Business)：包装材料，非织造布

深圳市群益包装制品有限公司
Shenzhen Qunyi Packing Co., Ltd.
地址(Add)：广东省深圳市宝安区松岗街道大田洋松裕路西坊工业区B1栋
邮编(P. C.)：518105
电话(Tel)：0755－29626328
传真(Fax)：0755－29626708
Http://www. pro－packaging. biz
联系人(Contact Person)：谌小霞
产品业务(Business)：包装袋

深圳市思孚纸品包装有限公司
Safe Printing & Packaging Co., Ltd.
地址(Add)：广东省深圳市宝安区新城区28区创业二路北二巷1号
邮编(P. C.)：518100
电话(Tel)：0755－27823028－8054
传真(Fax)：0755－27822064
E-mail：szsafe888@ vip. 163. com
Http://www. safeprinting. com
联系人(Contact Person)：邱文滔
产品业务(Business)：生活用纸包装

深圳市生隆达印刷有限公司
Shenzhen Shenglongda Printing Co., Ltd.
地址(Add)：广东省深圳市福田区八卦二路616栋2－4层
邮编(P. C.)：518029
电话(Tel)：0755－25937042
传真(Fax)：0755－25936443
E-mail：sz25936443@ 126. com
联系人(Contact Person)：高海霞
产品业务(Business)：印刷包装

深圳市咏胜印刷有限公司
Shenzhen Yongsheng Printing Co., Ltd.
地址(Add)：广东省深圳市福田区八卦岭八卦路512栋3楼
邮编(P. C.)：518029
电话(Tel)：0755－25936160
传真(Fax)：0755－25936137
联系人(Contact Person)：刘平

产品业务(Business)：印刷

深圳市百佳彩印刷有限公司
Shenzhen Baijiacai Printing Co., Ltd.
地址(Add)：广东省深圳市福田区八卦岭工业区525栋东四楼
邮编(P. C.)：518029
电话(Tel)：0755-25971641
传真(Fax)：0755-25971641
E-mail：qianguangzi@163.com
Http://www.baijiacai.net
联系人(Contact Person)：肖峰
产品业务(Business)：印刷设计、制版

深圳祺盛印刷有限公司
Shenzhen Qisheng Printing Co., Ltd.
地址(Add)：广东省深圳市福田区八卦岭工业区619栋
邮编(P. C.)：518029
电话(Tel)：0755-36846659
传真(Fax)：0755-25934802
E-mail：ys168168@126.com
联系人(Contact Person)：刘前
产品业务(Business)：包装袋，不干胶，印刷

深圳市精典包装印刷有限公司
Shenzhen Jingdian Pack & Printing Co., Ltd.
地址(Add)：广东省深圳市福田区八卦岭工业区801栋
邮编(P. C.)：518029
电话(Tel)：0755-25906807
E-mail：szwt666@163.com
联系人(Contact Person)：伍涛
产品业务(Business)：印刷

深圳市鑫骄阳印刷有限公司
Shenzhen Xinjiaoyang Printing Co., Ltd.
地址(Add)：广东省深圳市福田区八卦三路光纤小区二栋二楼
邮编(P. C.)：518028
电话(Tel)：0755-25890320
传真(Fax)：0755-25597567
E-mail：shencai0755@126.com
联系人(Contact Person)：洪彦
产品业务(Business)：印刷

深圳市南凤彩印务有限公司
Shenzhen Nanfengcai Printing Co., Ltd.
地址(Add)：广东省深圳市福田区金地工业区149栋三楼
邮编(P. C.)：518048
电话(Tel)：0755-83428911
传真(Fax)：0755-83414992
E-mail：szxy1611@163.com
Http://www.szxinyuan.net
联系人(Contact Person)：杨鸿
产品业务(Business)：印刷

深圳市奥丽彩包装制品厂
Shenzhen Aolicai Packaging Products Factory
地址(Add)：广东省深圳市观澜镇第三工业区13号2栋
邮编(P. C.)：518110
电话(Tel)：0755-28018930
传真(Fax)：0755-28029806
E-mail：vip4009@163.com
Http://www.alc998.com
联系人(Contact Person)：邓棕榆
产品业务(Business)：包装印刷

深圳市佳和胶袋印刷有限公司
Shenzhen Jiahe Bags Printing Co., Ltd.
地址(Add)：广东省深圳市观澜镇泗黎北路华朗嘉工业园1栋401
邮编(P. C.)：518110
电话(Tel)：0755-23290393
传真(Fax)：0755-23035335
总经理(General Manager)：孙标其
产品业务(Business)：生活用纸包装袋设计、制版、生产

深圳市中龙包装制品有限公司
Shenzhen Zhonglong Packing Products Co., Ltd.
地址(Add)：广东省深圳市观澜镇樟坑径牛角龙工业区A7栋
邮编(P. C.)：518110
电话(Tel)：0755-28033249
传真(Fax)：0755-28019852
E-mail：szzlong668@126.com
Http://www.szzlong.cn
法人代表(Chairman)：赵章备
总经理(General Manager)：赵章备
联系人(Contact Person)：段兴权
产品业务(Business)：凹版印刷复合包装

深圳市迪莱特实业有限公司
Shenzhen Delight Industrial Co., Ltd.
地址(Add)：广东省深圳市光明新区公明办事处将石社区石围坪岗工业区35号迪莱特工业园
邮编(P. C.)：518109
电话(Tel)：0755-29935655
传真(Fax)：0755-29935654
E-mail：szdlt2007@163.com
Http://www.chinadelight.com.cn
联系人(Contact Person)：钟保生
产品业务(Business)：易拉贴袋，不干胶印刷

超然塑胶包装制品(深圳)有限公司
Supreme Development Co., Ltd.
地址(Add)：广东省深圳市光明新区公明办事处田寮社区工业总公司田寮第二工业区2TM1号
邮编(P. C.)：518106
电话(Tel)：0755-27196300
传真(Fax)：0755-27190492
E-mail：mart.yang@sdcl.cn
Http://www.supreme-packaging.com
联系人(Contact Person)：杨军
产品业务(Business)：包装制品

深圳市裕华兴印刷制品有限公司
Shenzhen Yuhuaxing Printing Products Co., Ltd.
地址(Add)：广东省深圳市龙岗区布吉上水径7号工业区1-2栋
邮编(P. C.)：518112
电话(Tel)：0755-28522288
传真(Fax)：0755-28522340
E-mail：szyhx@163.com

Http://www. yuhuaxing. com
联系人(Contact Person): 刘攀
产品业务(Business): 印刷

新协力包装制品有限公司
New Hip Lik Packaging Co., Ltd.
地址(Add): 广东省深圳市龙岗区布吉镇西环路3号
邮编(P. C.): 518112
电话(Tel): 0755 -25924888 -8212
传真(Fax): 0755 -82400330
E-mail: sales@ newhiplik. com. cn
Http://www. newhiplik. com. cn
联系人(Contact Person): 张柳燕
产品业务(Business): 印刷，包装盒

山洲塑胶制品厂
Shanzhou Industrial Plastic Factory
地址(Add): 广东省深圳市龙岗区平湖镇鹅公岭春湖工业区6栋
邮编(P. C.): 518111
电话(Tel): 0755 -84689866
传真(Fax): 0755 -84689899
E-mail: shanzhou163@ 163. com
Http://www. szshanzhou. cn. alibaba. com
联系人(Contact Person): 郑春城
产品业务(Business): 胶袋

顺盛包装制品有限公司深圳办事处
Shunsheng Packaging Products Co., Ltd.
地址(Add): 广东省深圳市龙岗区坪山街道沙湖卢屋工业区七号二栋四楼
邮编(P. C.): 518118
电话(Tel): 0755 -84513110
传真(Fax): 0755 -84513682
E-mail: sspvc@ 163. com
Http://www. sspvc. nease. net
联系人(Contact Person): 刘全胜
产品业务(Business): 包装材料

深圳深北胶粘印刷有限公司
Shenzhen Shenbei Adhesive Printing Co., Ltd.
地址(Add): 广东省深圳市龙华新区观澜街道西坑佰公坳137号8楼
邮编(P. C.): 518110
电话(Tel): 0755 -29028529
传真(Fax): 0755 -29028529
E-mail: macfppic@ 126. com
联系人(Contact Person): 范祁
产品业务(Business): 印刷

深圳科宏健科技有限公司
Shenzhen KHJ Technology Co., Ltd.
地址(Add): 广东省深圳市龙华新区油松大道东侧路梦丽园工业区一栋
邮编(P. C.): 518131
电话(Tel): 0755 -82949222
传真(Fax): 0755 -82949800
E-mail: sales11@ khj. cn
联系人(Contact Person): 颜龙华
产品业务(Business): 印刷，包装

深圳市金都印刷有限公司
Shenzhen Jindu Printing Co., Ltd.
地址(Add): 广东省深圳市罗湖区八卦四路先科大院
邮编(P. C.): 518000
电话(Tel): 0755 -25469387
传真(Fax): 0755 -25469387
E-mail: szjindou312@ 126. com
联系人(Contact Person): 向文
产品业务(Business): 印刷，不干胶

深圳市磐鑫实业有限公司
Shenzhen Panxin Industry Co., Ltd.
地址(Add): 广东省深圳市平湖镇大望工业区8栋
邮编(P. C.): 518111
电话(Tel): 0755 -89686108
传真(Fax): 0755 -89676778
E-mail: px@ szpanxin. com
Http://www. szpanxin. com
法人代表(Chairman): 钟石刚
总经理(General Manager): 钟石刚
联系人(Contact Person): 曾苑玲
产品业务(Business): 包装袋

深圳市明艺达塑胶制品有限公司
Shenzhen Minyida Plastic Products Co., Ltd.
地址(Add): 广东省深圳市坪山新区坑梓街道金沙居委会金沙路47号
邮编(P. C.): 518122
电话(Tel): 0755 -84129128
传真(Fax): 0755 -84128902
E-mail: myd@ szmingyida. com
Http://www. szmingyida. com
联系人(Contact Person): 刘雨鑫
产品业务(Business): 包装材料

深圳市润基包装制品有限公司
Shenzhen Runji Packaging Products Co., Ltd.
地址(Add): 广东省深圳市坪山新区坪山街道碧岭社区新榕路82号润基工业园
邮编(P. C.): 518118
电话(Tel): 0755 -82489238
传真(Fax): 0755 -84270939
E-mail: zhangchuhong@ sohu. com
联系人(Contact Person): 张础鸿
产品业务(Business): 纸巾、纸尿裤、卫生巾胶袋

深圳市嘉丰印刷包装有限公司
Jiafeng Printing and Packaging Co., Ltd.
地址(Add): 广东省深圳市深南中路安柏丽晶丽景阁2栋13B
邮编(P. C.): 518001
电话(Tel): 0755 -82973858
传真(Fax): 0755 -82970989
E-mail: jiafeng@ sz -jiafeng. com
Http://www. sz -jiafeng. com
法人代表(Chairman): 叶向杨
总经理(General Manager): 叶枫
联系人(Contact Person): 邹美霞
产品业务(Business): 包装袋

深圳市捷诚纸品包装有限公司
Shenzhen Jiecheng Paper Packing Co., Ltd.
地址(Add):广东省深圳市松岗燕川第二工业区河堤路2号E栋
邮编(P. C.):518105
电话(Tel):0755-33865526
传真(Fax):0755-33865525
E-mail:hufei@fastsincere.com
Http://www.fast-sc.com
总经理(General Manager):胡非
产品业务(Business):彩盒,不干胶贴纸,胶袋,复合袋

中山市超群塑印厂
Zhongshan Chaoqun Plastic Printing Factory
地址(Add):广东省中山市东凤镇东海二路
邮编(P. C.):528425
电话(Tel):0760-22639628
传真(Fax):0760-22639618
E-mail:chaoqun2888@163.com
联系人(Contact Person):蔡祥乐
产品业务(Business):塑料包装,不干胶

朗科包装有限公司
Zhongshan Langke Packing Co., Ltd.
地址(Add):广东省中山市西区沙朗第二工业区
邮编(P. C.):528411
电话(Tel):0760-88551819
传真(Fax):0760-88557801
E-mail:zslangke@b2b.cn
法人代表(Chairman):张东升
联系人(Contact Person):张广利
产品业务(Business):包装袋,包装膜

中山市永宁包装印刷有限公司
Zhongshan Yongning Packaging & Printing Co., Ltd.
地址(Add):广东省中山市小榄永宁赤沙路
邮编(P. C.):528415
电话(Tel):0760-22267997
传真(Fax):0760-22267146
E-mail:winprint@gmail.com
联系人(Contact Person):何志云
产品业务(Business):印刷

中山市佳威塑料制品有限公司
Zhongshan Jiawei Plastic Products Co., Ltd.
地址(Add):广东省中山市小榄镇绩东二工业大道太丰四路(民诚东路)13号
邮编(P. C.):528415
电话(Tel):0760-22131293
传真(Fax):0760-22283069
联系人(Contact Person):梁飞
产品业务(Business):包装袋

珠海市柏洋塑料包装印刷厂
Zhuhai Baiyang Plastic Packaging Printing Factory
地址(Add):广东省珠海市斗门区白蕉开发区力田工业园
邮编(P. C.):519125
电话(Tel):0756-5516098
传真(Fax):0756-5516802
联系人(Contact Person):曾德品
产品业务(Business):卫生巾包装袋,易拉贴,纸巾袋

珠海嘉雄包装材料有限公司
Zhuhai Jiaxiong Packing Material Co., Ltd.
地址(Add):广东省珠海市高新区金鼎金沙路103号
邮编(P. C.):519085
电话(Tel):0756-3632062
传真(Fax):0756-3631063
E-mail:zsjiaxiong@126.com
总经理(General Manager):丁厚爱
产品业务(Business):包装材料

珠海市嘉德强包装有限公司
Zhuhai Jiadeqiang Packing Co., Ltd.
地址(Add):广东省珠海市界涌工业区C区G栋(工东一街13号)
邮编(P. C.):519070
电话(Tel):0756-8510332
传真(Fax):0756-8510331
E-mail:zhjdq00@126.com
法人代表(Chairman):黄铁强
总经理(General Manager):黄铁强
联系人(Contact Person):黄铁强
产品业务(Business):塑料彩印包装袋

珠海市宝轩印刷有限公司
Zhuhai Baoxuan Printing Co., Ltd.
地址(Add):广东省珠海市南屏科技园屏北二路10号
邮编(P. C.):519060
电话(Tel):0756-8520613
传真(Fax):0756-2154063
E-mail:zhbaoxuan@126.com
Http://www.zhbaoxuan.com
联系人(Contact Person):劳庆灵
产品业务(Business):包装印刷

广西乐达包装有限公司
Guangxi Leda Packing Co., Ltd.
地址(Add):广西南宁高新区工业园高新四路3号
邮编(P. C.):530003
电话(Tel):0771-3211825
传真(Fax):0771-3219501
Http://www.ledapacking.com
法人代表(Chairman):张清红
产品业务(Business):包装袋

广西南国印刷有限责任公司
Guangxi Nanguo Printing Co., Ltd.
地址(Add):广西南宁市长堽五里1号
邮编(P. C.):530023
电话(Tel):0771-2083668
传真(Fax):0771-2083668
联系人(Contact Person):谭浩
产品业务(Business):印刷,包装

广西南宁强康塑料彩印包装有限公司
Nanning Qiangkang Plastic Color Printing Packing Co., Ltd.
地址(Add):广西南宁市五一西路38号
邮编(P. C.):530031
电话(Tel):0771-2250583

传真(Fax)：0771－2250591
E-mail：133444435@qq.com
Http://www.gxqksl.com
联系人(Contact Person)：黄世斌
产品业务(Business)：包装袋

南宁温龙环保包装袋有限公司
Nanning Wenlong Green Bags Co., Ltd.
地址(Add)：广西南宁市星光大道223号荣宝华商城A10栋218号
邮编(P.C.)：530031
电话(Tel)：0771－4922156
传真(Fax)：0771－4922156
联系人(Contact Person)：陈万顷
产品业务(Business)：包装袋

广西容县宇光彩色印刷厂
Guangxi Rongxian Yuguang Color Printing Factory
地址(Add)：广西玉林市容县容州镇红光村(红光加油站旁)
邮编(P.C.)：537500
电话(Tel)：0775－5118072
传真(Fax)：0775－5118072
联系人(Contact Person)：练宇薇
产品业务(Business)：彩色商标，包装设计

重庆华安包装装潢印务有限公司
Chongqing Huaan Packing Co., Ltd.
地址(Add)：重庆市璧山县狮子镇88号
邮编(P.C.)：402762
电话(Tel)：023－41510988
传真(Fax)：023－41417622
联系人(Contact Person)：胡永安
产品业务(Business)：卫生纸包装袋

重庆四平塑料包装股份有限公司
Chongqing Siping Plastic Packaging Co., Ltd.
地址(Add)：重庆市沙坪坝区陈家桥镇陈青路165号
邮编(P.C.)：401331
电话(Tel)：023－65633033
传真(Fax)：023－65633033
总经理(General Manager)：桑志强
联系人(Contact Person)：吴传勇
产品业务(Business)：包装袋

成都市星海峰包装有限公司
Chengdu Xinghaifeng Packaging Co., Ltd.
地址(Add)：四川省成都市大邑县沙渠镇工业园益民路
邮编(P.C.)：610000
电话(Tel)：028－88326519
传真(Fax)：028－88326529
总经理(General Manager)：刘积德
联系人(Contact Person)：刘积德
产品业务(Business)：生活用纸包装袋

成都清洋宝柏包装有限公司
Alcan Propack Chengdu Limited
地址(Add)：四川省成都市郫县红光镇红高路199号
邮编(P.C.)：611743
电话(Tel)：028－87725699
传真(Fax)：028－87725566
E-mail：cdpack@propackchina.com
Http://www.propackchina.com
法人代表(Chairman)：黄子毅
总经理(General Manager)：黄子毅
联系人(Contact Person)：唐中文
产品业务(Business)：卫生用品包装袋

成都市迅驰塑料包装有限公司
Chengdu Xunchi Plastic Co., Ltd.
地址(Add)：四川省成都市郫县现代工业港北片区港北二路88号
邮编(P.C.)：611730
电话(Tel)：028－87882676
传真(Fax)：028－87888291
总经理(General Manager)：左政
联系人(Contact Person)：左政
产品业务(Business)：纸制品包装、生产PE膜、CPP膜

成都骏龙塑料包装有限公司
Chengdu Jolon Plastic Package Co., Ltd.
地址(Add)：四川省成都市武侯区簇桥文昌工业区文昌南路40号
邮编(P.C.)：610043
电话(Tel)：028－85037070
传真(Fax)：028－85033115
E-mail：cdjl@jolon.com.cn
Http://www.jolon.com.cn
法人代表(Chairman)：王永尧
联系人(Contact Person)：王巍
产品业务(Business)：生活用纸包装袋

四川欣华盛包装印务有限公司
Sichuan Xinhuasheng Packing and Printing Co., Ltd.
地址(Add)：四川省眉山市经开区阜成路西三段168号
邮编(P.C.)：620010
电话(Tel)：028－38780475
传真(Fax)：028－38780476
E-mail：cdhs88888@126.com
法人代表(Chairman)：刘明
总经理(General Manager)：刘明
联系人(Contact Person)：杜隽
产品业务(Business)：包装袋

成都郫县永盛印务有限公司
Chengdu Pixian Yongsheng Print Co., Ltd.
地址(Add)：四川省郫县郫筒镇天台工业区
邮编(P.C.)：611730
电话(Tel)：028－87885405
传真(Fax)：028－87885406
E-mail：ys790117@126.com
Http://www.cdysbz.com
法人代表(Chairman)：刘其勇
总经理(General Manager)：刘其勇
联系人(Contact Person)：陈丽萍
产品业务(Business)：卫生用品包装袋

昆明华安印务公司
Kunming Huaan Print Co., Ltd.
地址(Add)：云南省昆明市官渡区官南大道叶家村段
邮编(P.C.)：650228
电话(Tel)：0871－67321987

传真(Fax)：0871－67321987
联系人(Contact Person)：李永江
产品业务(Business)：包装袋，薄膜

昆明市泽华工贸有限公司
Kunming Zehua Industrial & Trading Co., Ltd.
地址(Add)：云南省昆明市经开区阿拉伯乡办事处小石坝村桃源山工业园
邮编(P. C.)：650208
电话(Tel)：0871－64579916
传真(Fax)：0871－64596416
E-mail：305614930@qq.com
法人代表(Chairman)：罗泽华
总经理(General Manager)：罗泽华
联系人(Contact Person)：罗泽华
产品业务(Business)：包装袋

西安洛彩印务有限公司
Xian Luocai Print Co., Ltd.
地址(Add)：陕西省西安市北稍门标牌市场11－2号
邮编(P. C.)：710004
电话(Tel)：029－86281437
联系人(Contact Person)：吴开发
产品业务(Business)：餐巾纸包装袋

中盐宁夏金科达印务有限公司
Zhongyan Ningxia Jinkeda Printing Co., Ltd.
地址(Add)：宁夏青铜峡市小坝镇嘉宝工业园区
邮编(P. C.)：751600
电话(Tel)：0953－3056000
传真(Fax)：0953－3055858
总经理(General Manager)：包龙
产品业务(Business)：包装袋

宁夏腾飞塑料包装有限公司
Ningxia Tengfei Plastic Package Co., Ltd.
地址(Add)：宁夏银川市永宁县望远工业园区旺牛路西
邮编(P. C.)：750101
电话(Tel)：0951－4066458
传真(Fax)：0951－4066452
法人代表(Chairman)：滕征辉
总经理(General Manager)：滕征辉
联系人(Contact Person)：滕征辉
产品业务(Business)：包装袋，手提袋

设备器材主要企业一览表
List of major manufacturers and suppliers of equipment

卫生纸机 Tissue machine

福伊特造纸(中国)有限公司	Voith Paper China Co., Ltd.
奥地利安德里茨股份公司	Andritz AG
维美德集团	Valmet
意大利特斯克公司	TOSCOTEC SPA
意大利 Recard 公司	Recard S. p. A.
波兰 PMP 集团	PMP Group
意大利亚赛利纸业设备有限公司	A. Celli Paper SpA
盖康公司	GapCon S. r. l.
川之江造机株式会社	Kawanoe Zoki Co., Ltd.
ABK(意大利)有限公司	ABK Italia S. p. A.
中国造纸装备有限公司	China Paper Machinery Corp.
天津天轻造纸机械有限公司	Tianjin Tianqing Paper Machinery Co., Ltd.
保定市晨光造纸机械有限公司	Baoding Chenguang Paper Machinery Co., Ltd.
保定市满城恒通造纸机械有限公司	Baoding Hengtong Paper Machinery Co., Ltd.
丹东新宇造纸机械有限公司	Dandong Xinyu Paper Machinery Co., Ltd.
辽阳造纸机械股份有限公司	Liaoyang Paper Machinery Co., Ltd.
辽阳慧丰造纸技术有限公司	Liaoyang Allideas Papertech Co., Ltd.
白城福佳机械制造有限公司	Baicheng Fujia Mechanical Manufacture Co., Ltd.
上海轻良实业有限公司	Shanghai Qingliang Industry Co., Ltd.
川佳机械集团	New Bonafide Machinery
金顺重机(江苏)有限公司	Gold Sun Machinery (Jiangsu) Co., Ltd.
江苏华东造纸机械有限公司	Jiangsu Huadong Paper Machinery Co., Ltd.
盐城市佳诚机械有限公司	Yancheng Jiacheng Machinery Co., Ltd.
杭州大路装备有限公司	Hangzhou Dalu Equipment Co., Ltd.
山东华林机械有限公司	Shandong Hualin Machinery Co., Ltd.
山东信和造纸工程有限公司	Shandong Xinhe Paper-making Engineering Co., Ltd.
山东银光机械制造有限公司	Shandong Yinguang Machinery Co., Ltd.
潍坊凯信机械有限公司	Weifang Hicredit Machinery Co., Ltd.
山东鲁台造纸机械集团有限公司	Shandong Lutai Paper Machinery Group Co., Ltd.
诸城市金隆机械制造有限责任公司	Zhucheng Jinlong Machinery Manufacturing Co., Ltd.
诸城市增益环保设备有限公司	Zhucheng Zengyi Environment Protection Machinery Co., Ltd.
潍坊日东环保装备有限公司	Weifang Ridong Environment Protection Equipment Co., Ltd.
诸城天工造纸机械有限公司	Zhucheng Tiangong Paper Machinery Co., Ltd.
山东汉通奥特机械有限公司	Shandong Hantong Aote Machinery Co., Ltd.
诸城市新日东造纸机械厂	Zhucheng Xinridong Paper Machinery Factory
诸城市大正机械有限公司	Zhucheng Dazheng Machinery Co., Ltd.

续表

淄博全通机械有限公司	Zibo Quantong Machinery Co., Ltd.
焦作市崇义轻工机械有限公司	Jiaozuo Chongyi Light Industry Machinery Co., Ltd.
东莞市佳鸣造纸机械研究所	Dongguan Jumping Paper Machinery Research Institute
佛山市南海区宝拓造纸设备有限公司	Foshan Nanhai Baotuo Paper Machinery Engineering Co., Ltd.
广州市番禺区金晖造纸机械设备厂	Guangzhou Panyu Jinhui Paper Machinery Factory
广东省江门市新会区睦洲机械有限公司	Guangdong Jiangmen Xinhui Muzhou Machinery Co., Ltd.
南宁市唯美成套设备有限公司	Nanning Wemet International Complete Plant Engineering Co., Ltd.
四川省井研轻工机械厂	Sichuan Jingyan Light Industry Machinery Factory
贵州恒瑞辰机械设备有限公司	Guizhou Hengruichen Machinery Manufacturing Co., Ltd.
陕西商洛恒泰机械有限责任公司	Shaanxi Shangluo Hengtai Machinery Co., Ltd.

生活用纸加工设备 Converting machinery for tissue products

意大利欧米特有限公司	OMET S. r. l.
美国纸产品加工机器公司(PCMC)	Paper Converting Machine Company
美国贝廷公司	C. G. Bretting Manufacturing Co., Inc.
德国森宁包装机械公司	Christian Senning Verpackungsmaschinen GmbH & Co. KG
意大利百利怡公司	Fabio Perini SpA
意大利 Gambini 公司	Gambini SpA
Futura 卷纸后加工设备股份有限公司	Futura S. p. A
德国威刻勒机器设备 W + D 公司	Winkler & Dunnebier Aktiengesellschaft
土尔其 ICM 公司	ICM LTD.
帝威尔纸巾机械制造有限责任公司	Tissuewell Srl
特艺佳国际有限公司	Tech. Vantage International Ltd.
泰舜工业有限公司	Tai Sun Machinery Co., Ltd.
百弘机械有限公司	Bae Horng Machinery Co., Ltd.
全利机械股份有限公司	Chan Li Machinery Co., Ltd.
恒克企业有限公司	Hinnli Co., Ltd.
侨邦机械有限公司	Chyau Ban Machinery Co., Ltd.
北京兴民辉科技发展有限公司	Beijing Xingminhui Technology Development Co., Ltd.
保定市华光机械有限公司	Baoding Huaguang Machinery Co., Ltd.
保定市金福机械有限公司	Baoding Jinfu Machinery Co., Ltd.
满城县鑫光造纸机械厂	Mancheng Xinguang Paper Machinery Factory
保定润达机械有限公司	Baoding Runda Machinery Co., Ltd.
满城县诚信纸品机械有限公司	Mancheng Chengxin Paper Products Machine Co., Ltd.
保定市创新造纸机械有限公司	Baoding Chuangxin Paper Machinery Co., Ltd.
木林森纸品机械厂	Mulinsen Paper Machinery Factory
保定市三莱特纸品机械制造有限公司	Baoding Sunlight Napkin Machine Manufacture Co.
丹东华兴造纸机械有限公司	Dandong Huaxing Papermaking Machine Co., Ltd.
柯尔柏机械设备(上海)有限公司	Körber Engineering Shanghai Co., Ltd.

续表

意纸来机械设备(上海)有限公司	Isola Engineering (Shanghai) Co., Ltd.
连云港赣榆县恒宇纸品机械厂	Lianyungang Ganyu Hengyu Paper Products Machinery Factory
连云港市向阳机械有限公司	Lianyungang Xiangyang Machinery Co., Ltd.
连云港市汉洲纸品机械厂	Lianyungang Hanzhou Paper Products Machine Factory
泉州市汉辉纸品机械厂	Quanzhou Hanhui Paper Products Machinery Factory
海创机械制造有限公司	Hicreat Machine Manufacture Co., Ltd.
泉州恒新纸品机械制造有限公司	Quanzhou Hengxin Paper Machinery Manufacture Co., Ltd.
福建泉州明辉机械有限公司	Fujian Quanzhou Minghui Machinery Co., Ltd.
泉州华讯机械制造有限公司	Quanzhou Huaxun Machinery Making Co., Ltd.
泉州鑫达机械有限公司	Quanzhou Xinda Machinery Co., Ltd.
福建培新机械制造实业有限公司	Fujian Peixin Machine Manufacture Industry Co., Ltd.
厦门鑫德豪机械有限公司	Xiamen Xindehao Machinery Co., Ltd.
潍坊精诺机械有限公司	Weifang Kingnow Machine Co., Ltd.
潍坊中顺机械科技有限公司	Weifang Zhongshun Machinery Technology Co., Ltd.
潍坊精盛机械有限公司	Weifang Jingsheng Machinery Co., Ltd.
潍坊市坊子区升阳机械厂	Weifang Shengyang Machinery Factory
许昌兄弟造纸机械配件厂	Xuchang Xiongdi Paper Machinery Factory
东莞市厚街嘉崎通用机械设备厂	Dongguan Houjie Jiaqi General Mechanical Equipment Factory
东莞市矩阵机械制造有限公司	Dongguan Matrix Machinery Manufacturing Co., Ltd.
东莞市鸿创造纸机械有限公司	Dongguan Hongchuang Paper Machinery Co., Ltd.
东莞市佳鸣机械制造有限公司	Dongguan Jumping Machinery Manufacture Co., Ltd.
东莞市志鸿机械制造有限公司	Dongguan Zhihong Machinery Manufacturing Co., Ltd.
佛山市南海美璟机械制造有限公司	Foshan Meijing Machinery Co., Ltd.
佛山市鹏轩机械制造有限公司	Foshan Pengxuan Machinery Manufacture Co., Ltd.
佛山市南海置恩机械制造有限公司	Foshan Nanhai Zhien Machinery Manufacture Co., Ltd.
佛山市南海区德昌誉机械制造有限公司	Foshan Nanhai Dechangyu Paper Machinery Manufacture Co., Ltd.
宝索机械制造有限公司	Baosuo Paper Machinery Manufacture Co., Ltd.
佛山市南海区德虎纸巾机械厂	Foshan Nanhai Dehoo Machinery Co., Ltd.
佛山市兆广机械制造有限公司	Foshan Zhaoguang Paper Machinery Manufacture Co., Ltd.
佛山市南海毅创设备有限公司	Foshan Nanhai Yekoo Tissue Paper Machinery Co., Ltd.
佛山市南海区铭阳机械制造有限公司	Foshan Nanhai Mingyang Machinery Manufacturing Co., Ltd.
佛山市南海区邦贝机械制造有限公司	Foshan Nanhai Bangbei Machinery Manufacture Co., Ltd.
佛山市科牛机械有限公司	Foshan Corenew Machinery Co., Ltd.
佛山市川科创机械设备有限公司	Foshan Chuankechuang Machinery Co., Ltd.
广州台能机械制造有限公司	Guangzhou Talent Machinery Manufacture Co., Ltd.
江门市蓬江区杜阮栢延五金机械厂	Jiangmen Baiyan Hardware Co., Ltd.
汕头市威力纸巾设备厂	Shantou Weili Napkin Machine Factory
和耀企业有限公司	Royview Enterprises Limited
柳州市精柔印刷包装机械有限公司	Liuzhou Jingrou Printing & Packing Machinery Co., Ltd.
南宁鼎舜机械制造有限公司	Nanning Elite Tissue Converting Machinery Manufacture Co., Ltd.

一次性卫生用品生产设备 Machinery for disposable hygiene products

日本株式会社瑞光	Zuiko Corporation
德国威刻勒机器设备 W + D 公司	Winkler & Dunnebier Aktiengesellschaft
意大利迪雅特公司	Diatec
意大利发明家设备公司	Fameccanica Data S. p. A.
意大利吉地美公司	GDM S. P. A
新兴机械株式会社	Shinko Kikai Co., Ltd.
保定格润工贸有限公司	Baoding Gerun Co., Ltd.
上海守谷国际贸易有限公司	Moritani Shanghai Co., Ltd.
上海智联精工机械有限公司	Shanghai Zhilian Precision Machinery Co., Ltd.
常州市东风卫生机械设备制造厂	Changzhou Dongfeng Sanitary Machinery Equipment Manufacture Factory
江苏金卫(集团)机械设备有限公司	Jiangsu JWC (Group) Machinery Co., Ltd.
三木机械制造实业有限公司	Three Wood Machinery Industry Co., Ltd.
苏州市苏宁床垫有限公司	Suzhou Suning Underpad Co., Ltd.
张家港市力威机械制造有限公司	Zhangjiagang Liwei Machinery Co., Ltd.
张家港市世奇机械制造有限公司	Zhangjiagang Shiqi Machinery Co., Ltd.
张家港市阿莱特机械有限公司	Zhangjiagang Alaite Machinery Co., Ltd.
张家港市久屹机械制造有限公司	Zhangjiagang Jiuyi Machinery Co., Ltd.
杭州新余宏机械有限公司	Hangzhou New Yuhong Machinery Co., Ltd.
杭州珂瑞特机械制造有限公司	Hangzhou Creator Machinery Manufacture Co., Ltd.
杭州唯可机械制造有限公司	Hangzhou Wecan Machinery Manufacture Co., Ltd.
杭州盾迅机械制造有限公司	Hangzhou Dunxun Machinery Manufacture Co., Ltd.
瑞安市瑞乐卫生巾设备有限公司	Ruian Ruile Sanitary Napkin Equipment Co., Ltd.
浙江省瑞安市瑞丰机械厂	Zhejiang Ruian Ruifeng Machinery Factory
安庆市恒昌机械制造有限责任公司	Anqing Heng Chang Machinery Co., Ltd.
东南机械制造有限公司	Southeast Machinery Manufacturing Co., Ltd.
晋江市顺昌机械制造有限公司	Jinjiang Shunchang Machine Manufacturing Co., Ltd.
晋江海纳机械有限公司	Jinjiang Haina Machinery Co., Ltd.
福建泉州明辉机械有限公司	Fujian Quanzhou Minghui Machinery Co., Ltd.
泉州市汉威机械制造有限公司	Hanwei Machinery Manufacturing Co., Ltd.
福建培新机械制造实业有限公司	Fujian Peixin Machine Manufacture Industry Co., Ltd.
福建益川自动化设备股份有限公司	Fujian Yichuan Automation Equipment Joint-Stock Co., Ltd.
松嘉(泉州)机械有限公司	Songjia (Quanzhou) Machinery Co., Ltd.
广州市兴世机械制造有限公司	Xingshi Equipments Co., Ltd.

热熔胶机 Hot melt adhesive machine

美国诺信有限公司	Nordson Corporation
瑞士乐百得公司	Robatech AG
台湾皇尚企业股份有限公司	Hwang Sun Enterprise Co., Ltd.
北京三土伟业科技发展有限公司	Beijing CYGT Technology Co., Ltd.

续表

上海善实机械有限公司	Shanghai Shanshi Machinery Co., Ltd.
善持乐贸易(上海)有限公司	Suntool Trading (Shanghai) Co., Ltd.
金湖县赫尔顿热熔胶设备有限公司	Jinhu Heerdun Hotmelt Adhesives Equipment Co., Ltd.
依工玳纳特胶粘设备(苏州)有限公司	ITW Fluid Adhesive Equipment (Suzhou) Co., Ltd.
苏州欧仕达热熔胶机械设备有限公司	Suzhou Oushida Hot Melt Adhesive Machine Co., Ltd.
杭州朗奇科技有限公司	Hangzhou Lucky Key Science & Technology Co., Ltd.
浙江华安机械有限公司	Zhejiang Huaan Machinery Co., Ltd.
福州市安捷机电技术有限公司	Fuzhou Anjie Mechanical & Electrical Technology Co., Ltd.
泉州新日成热熔胶设备有限公司	Quanzhou NDC Spray Coating System Fabricating Co., Ltd.
泉州市贝特机械制造有限公司	Quanzhou Better Machinery Co., Ltd.
福建省精泰设备制造有限公司	Fujian Jingtai Equipment Co., Ltd.
美国阀科集团中国销售服务中心	Valco Melton China Service Center
亿赫热熔胶机制造工业有限公司	Yih Heh Hot Melt Application Industrial Co., Ltd.
久骥化工机械有限公司	Jiuji Machinery Co., Ltd.
东莞皇尚实业有限公司	Dongguan Hwang Sun Industrial Co., Ltd.
江门市跨海工贸有限公司	Wahrheit Int'l Trading Co., Ltd.
深圳市腾科系统技术有限公司	Tech Adhesion Systems Ltd.
深圳市嘉美斯机电科技有限公司	Shenzhen Kamis Electricity Technology Co., Ltd.
深圳市新嘉美系统技术有限公司	Shenzhen Jkamis Infosys Technologies Ltd.
深圳市晶诚高科技有限公司	Shenzhen Jingcheng High Tech Co., Ltd.
深圳诺胜技术发展有限公司	Shenzhen Norson Technology Development Co., Ltd.
深圳市爱普克流体技术有限公司	Shenzhen Apex Fluid Technology Co., Ltd.
深圳市鑫冠臣机电有限公司	Shenzhen Singleton Mac-Ele Co., Ltd.
深圳市轩泰机械设备有限公司	Shenzhen Suntech Machinery Co., Ltd.
深圳市伊诺威机电有限公司	Shenzhen Innovation Electromechanical Co., Ltd.
深圳市班驰机械设备有限公司	BanzTech Machinery & Equipment Co., Ltd.
深圳市皇信精密机械有限公司	Shenzhen Huangxin Precision Machinery Co., Ltd.
深圳金皇尚热熔胶喷涂设备有限公司	Goldhuangsun Adhesion Dispensing & Coating Machine Co., Ltd.
西安市未央区宝利达热熔胶机厂	Xian Baolida Hot Melt Adhesive Machine Factory

配套刀具 Blade

日本钨株式会社	Nippon Tungsten Co., Ltd.
山特维克国际贸易(上海)有限公司	Sandvik Materials Technology
叡亿机械股份有限公司	Kingdom Machinery Co., Ltd.
抚顺三环机械总厂工具分厂	Fushun Tri-Circle Machinery General Factory Blade Affiliated Factory
上海三义精密模具有限公司	Shanghai ISS Precision Tooling Co., Ltd.
博乐特殊钢(上海)有限公司	Bohler Special Steels (Shanghai) Co., Ltd.
模德模具(苏州工业园区)有限公司	Mold-Tech (Suzhou Industrial Park) Co., Ltd.
坂崎雕刻模具(昆山)有限公司	Sakazaki Engraving (Kunshan) Co., Ltd.

续表

昆山一特工模具材料有限公司	Kunshan East Tool & Mould Steal Co., Ltd.
江苏麒浩精密机械股份有限公司	Jiangsu Qihao Precision Machinery Co., Ltd.
杭州信合精工模具有限公司	Hangzhou Xinhe Precision Die Co., Ltd.
马鞍山市天元机械刀具有限公司	Maanshan Tianyuan Blade Co., Ltd.
福建晋江特锐模具有限公司	Fujian Jinjiang Terui Mould Co., Ltd.
泉州恒锐机械制造有限公司	Quanzhou Hengrui Machinery Making Co., Ltd.
泉州市东兴机械制造有限公司	Quanzhou Dongxing Machinery Making Co., Ltd.
川崎模具钢贸易(福建)有限公司	Chuanqi Die Steel Trade (Fujian) Co., Ltd.
龙山轻工机械有限公司	Longshan Light Industrial Machinery Co., Ltd.
三明市普诺维机械有限公司	Sanming PNV Machinery Co., Ltd.
三明市福工机械有限公司	Sanming Fugong Machinery Co., Ltd.
福建省三明市宏立机械制造有限公司	Fujian Sanming Hongli Machinery Manufacture Co., Ltd.
佛山市禅城区青山精密模具厂	Foshan Qsun Precision Mold Factory
四川新特模具机械有限公司	Sichuan Xinte Jig Machinery Co., Ltd.

包装设备、裹包设备及配件 Packaging and wrapping equipment & supplies

美国自动搬运和包装设备国际有限公司	Automatic Handling International, Inc.
意大利 FIS 公司	FIS Impianti S. r. L
CB Packaging A. P. I. S. R. L.	
奥普蒂玛包装机械有限公司	OPTIMA Filling & Packaging Machines GmbH
德国 SERVOTEC 公司	Serv-o-tec GmbH
德国森宁包装机械公司	Christian Senning Verpackungsmaschinen GmbH & Co. KG
意大利 TMC 包装机械厂	Tissue Machinery Company S. p. A.
信敏有限公司	Samiton Limited
佛克(新加坡)私人有限公司	Focke (Singapore) Pte Ltd
东洋机械	Dong Yang Machinery Co., Ltd.
北京大森长空包装机械有限公司	Beijing Omori Changkong Packing Machinery Co., Ltd.
科诺华麦修斯电子技术有限公司	Kenuohua Matthews Electronic Technology (Beijing) Co., Ltd.
北京金诺时代科技发展有限公司	Beijing Jinnuo Times Science and Technology Development Co., Ltd.
北京中科汇百标识技术有限公司	Beijing Hi-Pack Coding Ltd.
天津明方辉包装机械有限公司	Tianjin Mingfanghui Packing Machinery Co., Ltd.
天津天辉机械有限公司	Tianjin Tianhui Machinery Co., Ltd.
天津惠坤诺信包装设备有限公司	Tianjin Huikun Nuoxin Packing Machine Co., Ltd.
天津正觉工贸有限公司	Tianjin Zhengjue Trade Co., Ltd.
大连佳林设备制造有限公司	Dalian Jialin Machinery Manufacture Co., Ltd.
大连华胜包装设备有限公司	Dalian Huasheng Packing Machinery Co., Ltd.
依玛士(上海)标码有限公司	Markem-Imaje Shanghai Co.
上海阿仁科机械有限公司	Shanghai Arenco Machinery Co., Ltd.
多米诺标识科技有限公司	Domino China Limited
伟迪捷(上海)标识技术有限公司	Videojet Technologies (Shanghai) Co., Ltd.

续表

上海松川远亿机械设备有限公司	Shanghai Soontrue Machinery Equipment Co., Ltd.
上海富永纸品包装有限公司	Shanghai Tominaga Packing Machinery Co., Ltd.
上海御流包装机械有限公司	Shanghai Yuliu Packaging Machinery Co., Ltd.
纪州喷码技术(上海)有限公司	Jizhou Printing Technology (Shanghai) Co., Ltd.
包利思特机械(上海)有限公司	Polystar Co., Ltd.
上海迪凯分离机械实业有限公司	Shanghai DiKai Coding Industry Co., Ltd.
上海会岚机械有限公司	Shanghai Winner Packing Machinery Co., Ltd.
法远建机械设备(上海)有限公司	Fargo Service Shanghai Co., Ltd.
江阴市北国包装设备有限公司	Jiangyin Beiguo Packing Equipment Co., Ltd.
江阴市北国鑫磊包装机械厂	Jiangyin Beiguo Xinlei Packaging Machinery Factory
南京成灿科技有限公司	Nanjing Transic Technology Co., Ltd.
苏州英多机械有限公司	Indor Machinery Co., Ltd.
苏州市盛百威包装设备有限公司	Suzhou Shengbaiwei Packaging Equipment Co., Ltd.
南通通用机械制造有限公司	Nantong Universal Machinery Co., Ltd.
张家港市世奇机械制造有限公司	Zhangjiagang Shiqi Machinery Co., Ltd.
温州市王派机械科技有限公司	Wenzhou Onepaper Machinery Technology Co., Ltd.
浙江新新包装机械有限公司	Xinxin Plastics Packing Machinery Co., Ltd.
瑞安市启扬机械有限公司	Ruian Qiyang Machinery Co., Ltd.
瑞安市长城印刷包装机械有限公司	Changcheng Printing & Packaging Machinery Co., Ltd.
绍兴华华包装机械有限公司	Shaoxing Huahua Packing Machinery Co., Ltd.
温州市胜龙包装机械有限公司	Wenzhou Shenglong Packing Machine Co., Ltd.
浙江鼎业机械设备有限公司	Zhejiang Dingye Machinery Co., Ltd.
温州市鼎盛包装机械厂	Wenzhou Dingsheng Packing Machinery Factory
福州达益丰机械制造有限公司	Fuzhou Dayifeng Machinery Manufacture Co. , Ltd.
金泰喷码科技(厦门)有限公司	Anser Ink Jet Technology Co., Ltd.
马肯依玛士(上海)标码有限公司厦门分公司	Makem-Imaje Co., Ltd.
泉州市科盛包装机械有限公司	Quangzhou Kesheng Packaging Machinery Co., Ltd.
厦门市冠德机械有限公司	Xiamen Grand Machinery Co., Ltd.
厦门市天一精密机械有限公司	Xiamen Tianyi Precision Machinery Co., Ltd.
厦门联泰标识信息科技有限公司	Xiamen Lintech ID Information Science & Technology Co., Ltd.
厦门优思喷印技术有限公司	Xiamen Ueshia Ink Jet Printing Technology Co., Ltd.
厦门韦迪捷喷码技术有限公司	Xiamen Weidijet Ink Jet Technology Co., Ltd.
厦门唯佳喷码技术有限公司	Xiamen Weijia Ink Jet Technology Co., Ltd.
厦门真鸣科技有限公司	Xiamen Topmarking Science and Technology Co., Ltd.
厦门鑫龙锦机械有限公司	Xiamen Xinlongjin Machinery Co., Ltd.
厦门鑫德豪机械有限公司	Xiamen Xindehao Machinery Co., Ltd.
南云包装设备有限公司	Nanyun Packing Machine Equipment Co., Ltd.
青岛佳捷包装标识设备有限公司	Qingdao Jiajie Package Label Machinery Co., Ltd.
青岛瑞利达机械制造有限公司	Qingdao Raylidar Machinery Manufacture Co., Ltd.

续表

青岛赛尔富包装机械有限公司	Qingdao 3F Packaging Machinery Co., Ltd.
青岛拓派包装机械有限公司	Qingdao Top Packing Machinery Co., Ltd.
青岛众和机械制作有限公司	Qingdao Joinworld Machinery Manufacturing Co., Ltd.
潍坊精诺机械有限公司	Weifang Kingnow Machine Co., Ltd.
九州纸加工机械制造厂	Jiuzhou Paper Processing Machinery Factory
常德德为尔机械设备制造有限公司	Changde Deweier Machinery Equipment Manufacture Co., Ltd.
中烟机械集团常德烟草机械有限责任公司	China Tobacco Machinery Group Changde Tobacco Machinery Co., Ltd.
东莞市泳亚包装设备有限公司	Dongguan Yongya Packing Machinery Co., Ltd.
东莞市誉德包装设备有限公司	Dongguan Yude Packaging Equipment Co., Ltd.
佛山市新科力包装机械设备厂	Foshan New Keli Packaging Equipment Factory
佛山市澳立得包装机械有限公司	Foshan Aolide Packing Machinery Co., Ltd.
佛山市鹏轩机械制造有限公司	Foshan Pengxuan Machinery Manufacture Co., Ltd.
佛山市德利劲包装机械制造有限公司	Foshan Delijin Packing Machinery Manufacturing Co., Ltd.
佛山市南海邦得机械设备有限公司	Foshan Bangde Machinery Co., Ltd.
佛山市远发包装机械设备有限公司	Foshan Yuanfa Packaging Machinery Equipment Co., Ltd.
佛山市协合成机械设备有限公司	Foshan Xiehecheng Machinery Co., Ltd.
佛山市欧创源机械制造有限公司	Foshan Ouchuangyuan Machinery and Alvarez Co., Ltd.
佛山市川誉包装机械有限公司	Foshan Chuanyu Packaging Machinery Co., Ltd.
佛山市南海区威森机械厂	Foshan Nanhai Weisen Machinery Co., Ltd.
佛山市圣永机械设备有限公司	Foshan Shengyong Machinery Equipment Co., Ltd.
鑫星机械制造有限公司	Xinxing Machine Manufacturing Co., Ltd.
佛山市川松机械有限公司	Foshan Chuansong Machine Co., Ltd.
佛山市捷奥包装机械有限公司	Foshan Jieao Packaging Machinery Co., Ltd.
佛山市今飞机械制造有限公司	Foshan Jinfei Machinery Manufacture Co., Ltd.
佛山市精拓机械设备有限公司	Foshan Jingtuo Machinery Co., Ltd.
广州台能机械制造有限公司	Guangzhou Talent Machinery Manufacture Co., Ltd.
广州耐思造纸专用设备制造有限公司	Guangzhou Nice Tissue Professional Processing Equipment Manufacturing Co., Ltd.
广州易靓包装器材有限公司	Guangzhou Yiliang Packing Equipment Co. , Ltd.
广州尚乘包装设备有限公司	Guangzhou Shangcheng Packing Machinery Co., Ltd.
广州市辉泉喷码设备有限公司	Guangzhou Fitrend Printing Equipment Co., Ltd.
江门市东雷达实业有限公司	Jiangmen Dorada Industry Co. , Ltd.
汕头市腾国自动化设备有限公司	Shantou Tengguo Automatic Equipment Co., Ltd.
汕头市威力纸巾设备厂	Shantou Weili Napkin Machine Factory
爱美高自动化设备有限公司	Imako Automatic Equipment Co., Ltd.
东莞市万江惠德机械设备厂	Dongguan Huide Machinery Equipment Factory
东莞市仨久实业有限公司	Dongguan Sajiu Industrial Co., Ltd.
深圳市盛百威机械设备有限公司	Shenzhen Shengbaiwei Machinery Co., Ltd.
深圳晓辉包装技术有限公司	Shenzhen SDW Packaging Co., Ltd.
深圳固尔琦包装机械有限公司	Shenzhen Gurki-Pack Machinery Co., Ltd.

湿巾设备 Wet wipes machine

美国爱思诺机械制造有限公司	Elsner Engineering Works, Inc.
瑞士 ILAPAK 公司	ILAPAK International S. p. A.
意大利英曼包装公司	Iman Pack S. p. A
土耳其 Kansan 公司	Kansan Machinery Co.
九亿兴业有限公司	Joiepack Industrial Co., Ltd.
浙江瑞安市大伟机械有限公司	Ruian Dawei Machinery Co., Ltd.
瑞安市三鑫包装机械有限公司	Ruian Sanxin Packing Machinery Co., Ltd.
泉州大昌纸品机械制造有限公司	Quanzhou Dachang Paper Machinery Manufacturer Co., Ltd.
泉州市创达机械制造有限公司	Quanzhou Chuangda Machinery Manufacture Co., Ltd.
泉州市华扬机械制造有限公司	Quanzhou Huayang Machinery Manufacturing Co., Ltd.
泉州市瑞东机械制造厂	Quanzhou Ruidong Machinery Factory
汉马(福建)机械有限公司	Hanma (Fujian) Machinery Co., Ltd.
厦门佳创机械有限公司	Xiamen Gachn Machinery Co., Ltd.
厦门诺派包装机械制造有限公司	ForePak Machinery Co., Ltd.
陆丰机械(郑州)有限公司	Ru Fong Machinery (Zhengzhou) Co., Ltd.
郑州智联机械设备有限公司	ZLINK

设备器材生产或供应

Manufacturers and suppliers of equipment

●卫生纸机 Tissue machine

TOSCOTEC SPA
意大利特斯克公司
地址(Add)：317 | F Viale Europa,55014 Marlia，Lucca，Italy
电话(Tel)：39 -0583 -40871
传真(Fax)：39 -0583 -4087800
E-mail：sales. dep@ toscotec. com
Http://www. toscotec. com
法人代表(Chairman)：Alessandro Mennucci
总经理(General Manager)：Alessandro Mennucci
联系人(Contact Person)：Marco Dalle Piagge
产品业务(Business)：新月型成形卫生纸机，热风穿透干燥卫生纸机，复卷机

Hinnli Co.，Ltd.
地址(Add)：3C17，No. 5，Section 5 Hsin Yi Road，No. 110 Taipei Taiwan
电话(Tel)：886 -2 -27220261
传真(Fax)：886 -2 -27233602
E-mail：hinnrich@ ms72. hinet. net
Http://www. hinnli. com
联系人(Contact Person)：Ibrahim El -Hinn
产品业务(Business)：卫生纸机，面巾纸、擦手纸、卫生纸、厨用卷纸加工机，餐巾纸和配给器加工机，盒装纸巾纸包装机，卫生纸中包机

PMP Group
波兰 PMP 集团
地址(Add)：58 -560 Jelenia Góra -Cieplice，ul. Fabryczna 1，Poland
电话(Tel)：48 -75 -7551061
传真(Fax)：48 -75 -7551060
E-mail：marketing@ pmpgroup. com
Http://www. pmpgroup. com
产品业务(Business)：卫生纸机，浆料制备设备

Kyoung Yong Machinery Co.，Ltd.
京龙机械株式会社
地址(Add)：646 -5 Sunggok -Dong，Danwon -Gu Ansan -City，Kyungki -Do，Korea
电话(Tel)：82 -31 -492 -3721
传真(Fax)：82 -31 -492 -3717
E-mail：kymc@ kymc. co. kr
总经理(General Manager)：黄汉成
产品业务(Business)：卫生纸机，制浆及造纸设备

Recard S. p. A.
意大利 Recard 公司
地址(Add)：Localita' Biecina 1 -55019 Villa Basilica (LU) Italy
电话(Tel)：39 -05 -7243067
传真(Fax)：39 -05 -7243011
E-mail：info@ recard. it
Http://www. recard. it
产品业务(Business)：卫生纸机，卫生纸分切复卷机

Vaahto Ltd.
芬兰沃赫托公司
地址(Add)：PO Box 5 Fi -15141 Lahti Finland
电话(Tel)：358 -20 -1880 -511
传真(Fax)：358 -20 -1880 -301
E-mail：vaahtogroup@ vaahto. fi
Http://www. vaahtogroup. fi
产品业务(Business)：卫生纸机

Andritz AG
奥地利安德里茨股份公司
地址(Add)：Stattegger Strasse 18，A -8045 Graz，Austria
电话(Tel)：43 -3166902 -2014
传真(Fax)：43 -3166902 -410
E-mail：elisabeth. wolfond@ andritz. com
Http://www. andritz. com
联系人(Contact Person)：Elisabeth · Wolfond
产品业务(Business)：卫生纸生产线，卫生纸浆料制备设备，卫生纸用浆废纸脱墨系统

A. Celli Paper SpA
意大利亚赛利纸业设备有限公司
地址(Add)：Via del Rogio 17，55012 Tassignano - Capannori，Lucca，Italy
电话(Tel)：39 -0583 -984436
传真(Fax)：39 -0583 -984431
Http://www. acellipaper. com
产品业务(Business)：卫生纸机，分切复卷机，备浆系统，控制系统，干法纸成形器等

GapCon S. r. l.
地址(Add)：Via Mirandola 13，37026 Settimo di Pescantina (VR)，Italy
电话(Tel)：390456700298
传真(Fax)：390456702511
E-mail：ocean. tan@ gapcon. com
Http://www. ocean. tan@ gapcon. com
法人代表(Chairman)：WOLFGANG WIEKRTZ
联系人(Contact Person)：谭海映
产品业务(Business)：卫生纸机

ABK Italia S. p. A.
ABK(意大利)有限公司
地址(Add)：Via Torricelli，25 1 -37136 Verona Italy
电话(Tel)：39 -045 -8281111
传真(Fax)：39 -045 -8281231
E-mail：eallibe@ abkitalia. it
产品业务(Business)：卫生纸机

Kawanoe Zoki Co.，Ltd.
川之江造机株式会社
地址(Add)：日本爱媛县四国中央市川之江町 1514 番地

电话(Tel)：81－896－58－0112
传真(Fax)：81－896－58－2864
E-mail：kawanoe@kawanoe.co.jp
Http://www.kawanoe.co.jp
法人代表(Chairman)：筱原正能
联系人(Contact Person)：岳启建
产品业务(Business)：真空圆网卫生纸机及加工设备，制浆机械

意大利 Recard 公司亚洲办事处
地址(Add)：台湾省台北市爱国东路七十一号四楼之二(邮编 10642)
电话(Tel)：886－2－23223348
E-mail：maxwell.fu@recard.it
联系人(Contact Person)：傅衡昌
产品业务(Business)：卫生纸机，卫生纸分切复卷机

清来机械有限公司
Ching Lai Machinery Co., Ltd.
地址(Add)：台湾省台北市延平北路七段 106 巷 218 号
电话(Tel)：886－2－28103385
传真(Fax)：886－2－28105617
E-mail：ching418@ms33.hinet.net
Http://www.chinglai.com.tw
产品业务(Business)：卫生纸机，卫生纸复卷机

捷贸企业有限公司
Jamer Enterprise Co.
地址(Add)：台湾省台北市爱国东路 71 号 4 楼之 2
电话(Tel)：886－2－23223348
传真(Fax)：886－2－23935535
E-mail：jamermax@ms31.hinet.net
Http://www.taiwantrade.com/jamer
联系人(Contact Person)：傅衡昌
产品业务(Business)：代理 Recard 卫生纸机，ST 浆料制备设备

奥地利安德里茨股份公司北京代表处
地址(Add)：北京市朝阳区光华路 17 号汉威大厦西区 18 层 8－10 室
邮编(P.C.)：100004
电话(Tel)：010－65613388－110
传真(Fax)：010－65006413
E-mail：hongyu.li@andritz.com.cn
联系人(Contact Person)：白炳晨
产品业务(Business)：卫生纸生产线，卫生纸浆料制备设备，卫生纸用浆废纸脱墨系统

维美德集团
Valmet
地址(Add)：北京市朝阳区建国路乙 118 号京汇大厦 1802 室
邮编(P.C.)：100022
电话(Tel)：010－65666600
传真(Fax)：010－65662567
E-mail：kai.zhang@metso.com
Http://www.valmet.com/cn
法人代表(Chairman)：范泽
总经理(General Manager)：范泽
联系人(Contact Person)：张凯
产品业务(Business)：生活用纸生产线

中国造纸装备有限公司
China Paper Machinery Corp.
地址(Add)：北京市朝阳区启阳路 4 号中轻大厦 18 楼
邮编(P.C.)：100102
电话(Tel)：010－64778200
传真(Fax)：010－64778211
E-mail：xiaochang@cpmcchina.cn
Http://www.cpmcchina.cn
联系人(Contact Person)：肖昌
产品业务(Business)：卫生纸机

天津天轻造纸机械有限公司
Tianjin Tianqing Paper Machinery Co., Ltd.
地址(Add)：天津市津南区双港工业园发港南路 29 号
邮编(P.C.)：300350
电话(Tel)：022－27382839
传真(Fax)：022－27468790
E-mail：tjtcwxz@sina.com
法人代表(Chairman)：王新芝
总经理(General Manager)：王新芝
产品业务(Business)：卫生纸机

保定市晨光造纸机械有限公司
Baoding Chenguang Paper Machinery Co., Ltd.
地址(Add)：河北省保定市高开区北二环 699 号
邮编(P.C.)：071051
电话(Tel)：0312－3178566
传真(Fax)：0312－3172452
E-mail：chenguangjixie@126.com
Http://www.chgjx.com.cn
法人代表(Chairman)：侯金明
总经理(General Manager)：侯金明
联系人(Contact Person)：侯金明
产品业务(Business)：卫生纸机，文化纸机，纸板机，复卷打孔机，压光机，切纸机，污水处理设备，制浆设备

保定市满城恒通造纸机械有限公司
Baoding Hengtong Paper Machinery Co., Ltd.
地址(Add)：河北省保定市满城县北外环路口
邮编(P.C.)：072150
电话(Tel)：0312－7078930
传真(Fax)：0312－7010148
E-mail：htzzjx@163.com
Http://www.hengtongzaojixie.com
联系人(Contact Person)：苏红千
产品业务(Business)：卫生纸机，碎浆机，离心筛，双盘磨，压力移动喷网，纸张压力成型器

满城县诚信纸品机械有限公司
Mancheng Chengxin Paper Products Machine Co., Ltd.
地址(Add)：河北省保定市满城县大册营镇造纸工业园区
邮编(P.C.)：072150
电话(Tel)：0312－7021168
传真(Fax)：0312－7020123
Http://www.chengxinpaper.com
总经理(General Manager)：韩宝江
产品业务(Business)：制浆造纸设备，复卷机，擦手纸机，盘纸分切机，盒抽纸机

保定市创新造纸机械有限公司
Baoding Chuangxin Paper Machinery Co., Ltd.
地址(Add)：河北省保定市满城县东外环路
邮编(P. C.)：072150
电话(Tel)：0312－7168885
传真(Fax)：0312－7168999
E-mail：chuangxinjixie@chuangxinji. com
法人代表(Chairman)：侯保峰
总经理(General Manager)：侯保峰
联系人(Contact Person)：侯保峰
产品业务(Business)：卫生纸机，水力碎浆机，漂浆机，离心筛，振框平筛，盘纸分切机，卫生纸打孔复卷机，轧花机

丹东华兴造纸机械有限公司
Dandong Huaxing Papermaking Machine Co., Ltd.
地址(Add)：辽宁省丹东市临港产业园区东区
邮编(P. C.)：118300
电话(Tel)：0415－7591906
传真(Fax)：0415－7591906
E-mail：ddhxjx@vip. sina. com
Http://www. ddhxjx. com
联系人(Contact Person)：李晓丹
产品业务(Business)：卫生纸机，复卷机，真空伏辊

丹东正益机械制造有限公司
Dandong Zhengyi Machinery Co., Ltd.
地址(Add)：辽宁省丹东市同兴镇变电村1102号
邮编(P. C.)：118011
电话(Tel)：0415－6223547
传真(Fax)：0415－6222067
E-mail：ddzhengyi@163. com
法人代表(Chairman)：马连英
联系人(Contact Person)：周海波
产品业务(Business)：卫生纸机

丹东新宇造纸机械有限公司
Dandong Xinyu Paper Machinery Co., Ltd.
地址(Add)：辽宁省东港市长山工业园A区
邮编(P. C.)：118304
电话(Tel)：0415－7871888
传真(Fax)：0415－7870456
E-mail：xy@xy1985. com
Http://www. xy1985. com
法人代表(Chairman)：刘爱新
总经理(General Manager)：刘爱新
联系人(Contact Person)：徐建波
产品业务(Business)：卫生纸机

辽阳造纸机械股份有限公司
Liaoyang Paper Machinery Co., Ltd.
地址(Add)：辽宁省辽阳市铁西路76号
邮编(P. C.)：111004
电话(Tel)：0419－3132329
传真(Fax)：0419－3132877
E-mail：lyzj@lyzj. com
Http://www. lyzj. com
法人代表(Chairman)：李生
总经理(General Manager)：王维俭
联系人(Contact Person)：张瑞昆
产品业务(Business)：造纸机械成套设备

辽阳慧丰造纸技术有限公司
Liaoyang Allideas Papertech Co., Ltd.
地址(Add)：辽宁省辽阳市文圣区庆阳工业园安康路3号
邮编(P. C.)：111000
电话(Tel)：0419－3174624
传真(Fax)：0419－3174629
E-mail：allideas@vip. 163. com
Http://www. allideas. cn
法人代表(Chairman)：关彬
总经理(General Manager)：关彬
联系人(Contact Person)：任永红
产品业务(Business)：卫生纸机

沈阳春光造纸机械有限公司
Shenyang Chunguang Paper Machinery Co., Ltd.
地址(Add)：辽宁省沈阳市于洪区洪汇路177号
邮编(P. C.)：110141
电话(Tel)：024－85400088
传真(Fax)：024－89361535
Http://www. syzzjxc. cn
总经理(General Manager)：毕全武
联系人(Contact Person)：毕全武
产品业务(Business)：卫生纸机，制浆设备，真空泵，压力筛，除渣器

白城福佳机械制造有限公司
Baicheng Fujia Mechanical Manufacture Co., Ltd.
地址(Add)：吉林省白城市西青龙路20号
邮编(P. C.)：137000
电话(Tel)：0436－3298000
传真(Fax)：0436－3236183
E-mail：666_ s@163. com
Http://www. bcfjmm. com
法人代表(Chairman)：彭寒宇
总经理(General Manager)：彭寒宇
联系人(Contact Person)：史金城
产品业务(Business)：卫生纸机，制浆设备

盖康贸易(上海)有限公司
GapCon Trade (Shanghai) Co., Ltd.
地址(Add)：上海市虹井路288号燎申虹桥国际中心706室
邮编(P. C.)：201103
电话(Tel)：021－34538201
传真(Fax)：021－34538211
E-mail：chenfygspc@china. com
Http://www. gapcon. com
联系人(Contact Person)：陈方勇
产品业务(Business)：卫生纸机

意大利亚赛利纸业设备有限公司上海代表处
地址(Add)：上海市金山区金山工业区九工路928号
邮编(P. C.)：201506
电话(Tel)：021－67225070
传真(Fax)：021－67225073
E-mail：karenwang@263. net
Http://www. acellipaper. com
总经理(General Manager)：刘长春
联系人(Contact Person)：王聿芳
产品业务(Business)：卫生纸机，分切复卷机，备浆系统，控制系统，干法纸成形器等

拓斯克造纸机械(上海)有限公司
Toscotec Paper Machine (Shanghai) Co., Ltd.
地址(Add):上海市浦东高行镇衡安路 598 号
邮编(P. C.):200137
电话(Tel):021 - 50560070
传真(Fax):021 - 50827067
E-mail: dragonji@ toscotec. com
产品业务(Business):卫生纸机

上海轻良实业有限公司
Shanghai Qingliang Industry Co., Ltd.
地址(Add):上海市青浦区白鹤镇鹤祥路 68 号
邮编(P. C.):201709
电话(Tel):021 - 59745501
传真(Fax):021 - 59741437
E-mail: qlsyxs@ shqlsy. com
Http://www. shqlsy. com
法人代表(Chairman):陈小康
联系人(Contact Person):胡洁夏
产品业务(Business):卫生纸机,制浆设备

川佳机械集团
New Bonafide Machinery
(详见卫生纸机和加工设备相关器材配件)

金顺重机(江苏)有限公司
Gold Sun Machinery (Jiangsu) Co., Ltd.
地址(Add):江苏省镇江市大港新区兴港东路 18 号
邮编(P. C.):212132
电话(Tel):0511 - 88998023
传真(Fax):0511 - 88998988
总经理(General Manager):徐雷
联系人:(Contact Person):辛黎霞
产品(Products):卫生纸机,复卷机,卫生纸后段加工设备

常熟市联兴机械有限公司
ChangshuLianxing Machinery Co., Ltd.
地址(Add):江苏省常熟市白茆金塔工业园区
邮编(P. C.):215532
电话(Tel):0512 - 52537088
传真(Fax):0512 - 52538856
E-mail: 13706239099@ 163. com
总经理(General Manager):赵建君
产品业务(Business):卫生纸机,复卷机

艾博(常州)机械科技有限公司
PMP IB (Changzhou) Machinery & Technology Co., Ltd.
地址(Add):江苏省常州市武进高新区龙翔路 7 号
邮编(P. C.):213164
电话(Tel):0519 - 86225355
传真(Fax):0519 - 86225320
E-mail: julie. zhu@ pmpgroup. cn
Http://www. pmpgroup. com
联系人(Contact Person):朱丽霞
产品业务(Business):卫生纸机,浆料制备设备

福伊特造纸(中国)有限公司
Voith Paper China Co., Ltd.
地址(Add):江苏省昆山市晨丰路 199 号
邮编(P. C.):215300
电话(Tel):0512 - 57993627
传真(Fax):0512 - 57993611 - 3627
E-mail: bob. wang@ voith. com
联系人(Contact Person):王训毅
产品业务(Business):卫生纸机

江苏华东造纸机械有限公司
Jiangsu Huadong Paper Machinery Co., Ltd.
地址(Add):江苏省昆山市玉山镇古城中路 368 号
邮编(P. C.):215300
电话(Tel):0512 - 57800000
传真(Fax):0512 - 57800001
E-mail: kszllgq@ 163. com
Http://www. kszlzz. com
总经理(General Manager):孙友根
联系人(Contact Person):姜金根
产品业务(Business):卫生纸机,烘缸

太仓市宏祥造纸机械厂
Taicang Hongxiang Paper Machinery Factory
地址(Add):江苏省太仓市璜泾镇王秀
邮编(P. C.):215426
电话(Tel):0512 - 53858503
传真(Fax):0512 - 53855180
E-mail: service@ shenqichina. com
法人代表(Chairman):顾雪明
总经理(General Manager):顾雪明
联系人(Contact Person):袁锦元
产品业务(Business):造纸机,圆网笼,圆网浓缩机,卷纸机,复卷机,压光机

太仓市兴良造纸制浆成套设备有限公司
Taicang Xingliang Paper & Pulp Machinery Co., Ltd.
地址(Add):江苏省太仓市沙溪镇民营科技园区
邮编(P. C.):215421
电话(Tel):0512 - 53221744
传真(Fax):0512 - 53221758
E-mail: webmaster@ xlpaper. com
Http://www. xlpaper. com
总经理(General Manager):陈雪江
联系人(Contact Person):高正良
产品业务(Business):卫生纸机,碎浆机,压力筛

徐州市东杰造纸机械有限公司
Xuzhou Dongjie Paper Machinery Co., Ltd.
地址(Add):江苏省徐州市铜山县柳新镇李庄村(徐州市九里区庞庄煤矿工人村)
邮编(P. C.):221142
电话(Tel):0516 - 85872813
传真(Fax):0516 - 85871669
E-mail: xzdjljc@ 126. com
Http://www. xzdjzj. com
法人代表(Chairman):陈杰
总经理(General Manager):陈杰
联系人(Contact Person):陈杰
产品业务(Business):卫生纸机,复卷机

盐城市佳诚机械有限公司
Yancheng Jiacheng Machinery Co., Ltd.
地址(Add):江苏省盐城市城区秦南工业园区泽夫南路 1 号
邮编(P. C.):224015

电话(Tel)：0515－89805252
传真(Fax)：0515－89806278
E-mail：jcsw000001@163.com
Http://www.jxmachine.com
法人代表(Chairman)：杭加信
总经理(General Manager)：杭加信
联系人(Contact Person)：杭加信
产品业务(Business)：卫生纸机，气罩，流浆箱

富阳市小王纸机配件经营部
Fuyang Xiaowang Paper Machinery Fittings Co., Ltd.
地址(Add)：浙江省富阳市大桥南路8号(老南站北斜对面)
邮编(P.C.)：311421
电话(Tel)：0571－63589062
传真(Fax)：0571－63589062
Http://www.xiaowangzzjx.cn.alibaba.com
法人代表(Chairman)：王金朝
总经理(General Manager)：王金朝
联系人(Contact Person)：王金朝
产品业务(Business)：卫生纸机，烘缸

杭州大路装备有限公司
Hangzhou Dalu Equipment Co., Ltd.
地址(Add)：浙江省杭州市萧山区红山农场创业路635号
邮编(P.C.)：311234
电话(Tel)：0571－83699387
传真(Fax)：0571－82699410
E-mail：lqy431@163.com
Http://www.chinalulutong.com
总经理(General Manager)：屠锦秀
联系人(Contact Person)：李清尧
产品业务(Business)：卫生纸机，离心纸浆泵，上浆泵，浆池搅拌器，磨浆机

川之江造纸机械(嘉兴)有限公司
Kawanoe Zoki (Jiaxing) Co., Ltd.
地址(Add)：浙江省嘉兴市南陶浜路99号
邮编(P.C.)：314030
电话(Tel)：0573－82217800
传真(Fax)：0573－82217801
E-mail：kei.gaku@kawanoe.co.jp
Http://www.kawanoe.co.jp
法人代表(Chairman)：筱原贵裕
总经理(General Manager)：和田洋一
联系人(Contact Person)：岳启建
产品业务(Business)：卫生纸机，分切复卷机

黄山富田精工制造有限公司
Huangshan Futian Precision Machinery Co., Ltd.
地址(Add)：安徽省黄山市经济开发区霞塘路18号
邮编(P.C.)：245000
电话(Tel)：0559－2173131
传真(Fax)：0559－2173537
E-mail：yao111@hotmail.com
联系人(Contact Person)：方安江
产品业务(Business)：卫生巾/纸尿裤设备

济南金恒达造纸机械有限公司
Jinan Jinhengda Paper Machinery Co., Ltd.
地址(Add)：山东省济南市长清区城南工业园
邮编(P.C.)：250300
电话(Tel)：0531－87264988
传真(Fax)：0531－87263883
总经理(General Manager)：孙焕恒
联系人(Contact Person)：孙焕恒
产品业务(Business)：卫生纸机，制浆、筛选、洗浆设备，卫生纸机用复合刮刀，卫生纸机磨刀机

山东金拓亨机械制造有限公司
Shandong Jintuoheng Machinery Co., Ltd.
地址(Add)：山东省济南市经济开发区南园国道路6001号
邮编(P.C.)：250300
电话(Tel)：0531－87229688
传真(Fax)：0531－87229188
E-mail：7229688@jintuoheng.com
法人代表(Chairman)：孙焕龄
总经理(General Manager)：孙焕龄
联系人(Contact Person)：李季
产品业务(Business)：卫生纸机，压力筛，碎浆机，提取机等

ABK(意大利)有限公司中国代表处
地址(Add)：山东省济南市历下区龙奥北路8号6、5号楼2单元702
邮编(P.C.)：250098
电话(Tel)：0531－86510508
传真(Fax)：0531－86510507
E-mail：xinfuyang@126.com
总经理(General Manager)：杨欣夫
产品业务(Business)：卫生纸机

山东华林机械有限公司
Shandong Hualin Machinery Co., Ltd.
地址(Add)：山东省聊城市东昌府区凤凰工业园纬一路27号
邮编(P.C.)：252000
电话(Tel)：0635－2126001
传真(Fax)：0635－2126006
E-mail：hmc6008@163.com
Http://www.cnchanghua.com
法人代表(Chairman)：秦维浮
总经理(General Manager)：秦维浮
联系人(Contact Person)：李钦铎
产品业务(Business)：卫生纸机，擦手纸原纸纸机

山东福华造纸装备有限公司
Shandong Fuhua Paper Machinery Co., Ltd.
地址(Add)：山东省聊城市嘉明开发区站前北路17号
邮编(P.C.)：252000
电话(Tel)：0635－6196119
传真(Fax)：0635－8723295
E-mail：fuhejixie@yeah.net
法人代表(Chairman)：冯官文
总经理(General Manager)：冯官文
联系人(Contact Person)：冯官文
产品业务(Business)：卫生纸机真空圆网成形器，不锈钢辊，流浆箱

山东信和造纸工程有限公司
Shandong Xinhe Paper－making Engineering Co., Ltd.
地址(Add)：山东省聊城市经济开发区黄河路26号

邮编(P. C.): 252000
电话(Tel): 0635 - 2933333
传真(Fax): 0635 - 2938333
E-mail: lcxinhe@ 126. com
Http://www. sdxhzz. com
法人代表(Chairman): 张磊
总经理(General Manager): 张磊
联系人(Contact Person): 王韶光
产品业务(Business): 卫生纸机，造纸工程安装、调试

山东银光机械制造有限公司
Shandong Yinguang Machinery Co., Ltd.
地址(Add): 山东省临沂市费县城经济开发区银光钰源工业园
邮编(P. C.): 273400
电话(Tel): 0539 - 5221136
传真(Fax): 0539 - 5020063
E-mail: lywzc - 1972@ 163. com
Http://www. yinguangjx. com
法人代表(Chairman): 孙伯文
联系人(Contact Person): 王兆才
产品业务(Business): 卫生纸机，卫生纸加工设备，真空泵

海洋造纸机械配件经销处
Haiyang Paper Machinery Fittings Co.
地址(Add): 山东省临沂市河东区飞机场路
邮编(P. C.): 276000
电话(Tel): 0539 - 8166862
联系人(Contact Person): 郑春刚
产品业务(Business): 造纸机械及配件，制浆设备，造纸化学原料

青州永正造纸机械有限公司
Qingzhou Yongzheng Paper Machinery Co., Ltd.
地址(Add): 山东省青州市东坝工业园
邮编(P. C.): 262500
电话(Tel): 0536 - 3531011
传真(Fax): 0536 - 3531011
总经理(General Manager): 付明新
联系人(Contact Person): 付明新
产品业务(Business): 卫生纸机

潍坊凯信机械有限公司
Weifang Hicredit Machinery Co., Ltd.
地址(Add): 山东省潍坊市高新区桐荫街 7 号
邮编(P. C.): 261061
电话(Tel): 0536 - 2966966
传真(Fax): 0536 - 2966999
E-mail: wfkxjx@ vip. sina. com
Http://www. hicredit. net. cn
总经理(General Manager): 贾克勤
联系人(Contact Person): 王珍珍
产品业务(Business): 卫生纸机，浆板机，分切复卷机，涂布机

山东鲁台造纸机械集团有限公司
Shandong Lutai Paper Machinery Group Co., Ltd.
地址(Add): 山东省枣庄市台儿庄工业园区北首
邮编(P. C.): 277400
电话(Tel): 0632 - 6681888
传真(Fax): 0632 - 6611569
E-mail: lutai@ ltzzjx. com
Http://www. lutaijt. com
法人代表(Chairman): 李振忠
联系人(Contact Person): 谢晋轲
产品业务(Business): 卫生纸机，钢制焊接烘缸

诸城市金隆机械制造有限责任公司
Zhucheng Jinlong Machinery Manufacturing Co., Ltd.
地址(Add): 山东省诸城市得利斯大道中段
邮编(P. C.): 262216
电话(Tel): 0536 - 6116888
传真(Fax): 0536 - 6081808
E-mail: jl@ cnjinlongjixie. com
Http://www. cnjinlongjixie. com
法人代表(Chairman): 隋炳礼
总经理(General Manager): 隋炳礼
联系人(Contact Person): 王春亮
产品业务(Business): 卫生纸机，压力筛，碎浆机，浮选脱墨机，气浮式污水处理设备

诸城市宏升机械有限公司
Zhucheng Hongsheng Machinery Co., Ltd.
地址(Add): 山东省诸城市东城项目区(昌城行寺路南)
邮编(P. C.): 262216
电话(Tel): 0536 - 6402998
传真(Fax): 0536 - 6407989
E-mail: hongsheng@ hongshengmachine. com
Http://www. hongshengmachine. cn
法人代表(Chairman): 隋树洪
总经理(General Manager): 隋树洪
联系人(Contact Person): 邱发军
产品业务(Business): 卫生纸机，制浆及辅助设备

诸城市增益环保设备有限公司
Zhucheng Zengyi Environment Protection Machinery Co., Ltd.
地址(Add): 山东省诸城市东坡北街 11 号
邮编(P. C.): 262200
电话(Tel): 0536 - 6066260
传真(Fax): 0536 - 6065719
E-mail: hby@ zengyishebei. com
Http://www. zengyi. cn
法人代表(Chairman): 何炳义
联系人(Contact Person): 何炳义
产品业务(Business): 卫生纸机，废纸脱墨生产线

诸城市鲁东造纸机械有限公司
Zhucheng Ludong Paper Machinery Co., Ltd.
地址(Add): 山东省诸城市东外环街 30 号(成人中专南邻)
邮编(P. C.): 262200
电话(Tel): 0536 - 6057099
传真(Fax): 0536 - 6057099
法人代表(Chairman): 尚炳军
总经理(General Manager): 尚炳军
产品业务(Business): 卫生纸机，碎浆机，脱墨机

诸城市明大机械有限公司
Zhucheng Mingda Machinery Co., Ltd.
地址(Add): 山东省诸城市皇华工业园

邮编(P. C.)：262229
电话(Tel)：0536－6342866
传真(Fax)：0536－6587669
联系人(Contact Person)：刘玉平
产品业务(Business)：卫生纸机，浮选脱墨机，碎浆机，除渣机，网笼

潍坊日东环保设备有限公司
Weifang Ridong Environment Protection Equipment Co., Ltd.
地址(Add)：山东省诸城市经济技术开发区历山路18号
邮编(P. C.)：262200
电话(Tel)：0536－6041009
传真(Fax)：0536－6213221
E-mail：ridongwhf@126. com
Http://www. ridong. com
法人代表(Chairman)：王海峰
总经理(General Manager)：王海峰
联系人(Contact Person)：王利
产品业务(Business)：卫生纸机，污水处理设备，废纸脱墨设备，制浆设备

诸城天工造纸机械有限公司
Zhucheng Tiangong Paper Machinery Co., Ltd.
地址(Add)：山东省诸城市开发区舜都路263号
邮编(P. C.)：262233
电话(Tel)：0536－6805088
传真(Fax)：0536－6805000
E-mail：tgjx@vip. 163. com
Http://www. tiangongmachinery. com
联系人(Contact Person)：秦玉辉
产品业务(Business)：卫生纸机，磨浆机，碎浆机，圆网浓缩机，搅拌器

山东汉通奥特机械有限公司
Shandong Hantong Aote Machinery Co., Ltd.
地址(Add)：山东省诸城市旅游路中段
邮编(P. C.)：262200
电话(Tel)：0536－6121275
传真(Fax)：0536－6113828
Http://www. chinahantong. com
法人代表(Chairman)：王希刚
联系人(Contact Person)：宋玉宝
产品业务(Business)：废纸脱墨制浆生产线，卫生纸机，污水处理工程

诸城市亿升机械有限公司
Zhucheng Yisheng Machinery Co., Ltd.
(详见卫生纸机和加工设备相关器材配件)

诸城市永利达机械有限公司
Zhucheng Yonglida Machinery Co., Ltd.
地址(Add)：山东省诸城市舜王工业园
邮编(P. C.)：262233
电话(Tel)：0536－6013588
传真(Fax)：0536－6432688
E-mail：wps@yonglidajixie. com
Http://www. yonglidajixie. com
法人代表(Chairman)：吴培生
总经理(General Manager)：吴培生
联系人(Contact Person)：吴培生
产品业务(Business)：卫生纸机，碎浆机，浮选脱墨机，卫生纸打孔复卷机

诸城市新日东造纸机械厂
Zhucheng Xinridong Paper Machinery Factory
地址(Add)：山东省诸城市桃北路皇华工业园
邮编(P. C.)：262200
电话(Tel)：0536－6887459
传真(Fax)：0536－6096295
E-mail：xinridong@sina. com
Http://www. xrdjx. cn
联系人(Contact Person)：朱永伟
产品业务(Business)：卫生纸机，制浆设备，水处理设备，浮选脱墨设备

诸城市大正机械有限公司
Zhucheng Dazheng Machinery Co., Ltd.
地址(Add)：山东省诸城市兴华东路东首工业大道东侧
邮编(P. C.)：262200
电话(Tel)：0536－6329927
传真(Fax)：0536－6329927
E-mail：dzco@163. com
Http://www. dzco. net. cn
法人代表(Chairman)：董海军
联系人(Contact Person)：董海军
产品业务(Business)：卫生纸机，擦手纸原纸纸机，制浆设备，浮选脱墨设备，制浆设备配件

淄博全通机械有限公司
Zibo Quantong Machinery Co., Ltd.
地址(Add)：山东省淄博市周村区王村镇兴华路南首
邮编(P. C.)：255311
电话(Tel)：0533－6680247
传真(Fax)：0533－6681128
E-mail：cnquantong@sina. com
Http://www. cnquantong. com
法人代表(Chairman)：闫先进
总经理(General Manager)：闫先进
联系人(Contact Person)：闫彪
产品业务(Business)：卫生纸机，造纸机，制浆设备

沁阳市第一造纸机械有限公司
Qinyang No. 1 Paper Machine Co., Ltd.
地址(Add)：河南省沁阳市葛村工业区
邮编(P. C.)：454586
电话(Tel)：0391－5936945
传真(Fax)：0391－5936384
总经理(General Manager)：张公文
联系人(Contact Person)：杨天堆
产品业务(Business)：卫生纸机

焦作市崇义轻工机械有限公司
Jiaozuo Chongyi Light Industry Machinery Co., Ltd.
地址(Add)：河南省沁阳市建设南路10号
邮编(P. C.)：454550
电话(Tel)：0391－5618258
传真(Fax)：0391－5622697
E-mail：gaidongliang@163. com
Http://www. cyqg. com
法人代表(Chairman)：宋晓

总经理(General Manager)：盖栋梁
联系人(Contact Person)：刘铮
产品业务(Business)：卫生纸机，复卷机，合金铸铁烘缸

沁阳市平安轻工机械有限公司
Qinyang Pingan Light Industry Machinery Co., Ltd.
地址(Add)：河南省沁阳市王曲乡里村工业区
邮编(P. C.)：454583
电话(Tel)：0391－5660485
传真(Fax)：0391－5660485
E-mail：hj5133@126. com
联系人(Contact Person)：郝杰
产品业务(Business)：卫生纸机

郑州市光茂机械制造有限公司
Zhengzhou Guangmao Machinery Co., Ltd.
地址(Add)：河南省郑州市桐柏南路238号凯门B座1703室
邮编(P. C.)：450051
电话(Tel)：0371－68635938
传真(Fax)：0371－68635938－8016
E-mail：guangmao2011@gmail. com
Http://www. zzgmjx. com
联系人(Contact Person)：王凌博
产品业务(Business)：卫生纸机

东莞市佳成造纸设备有限公司
Exclt Papermaking Equipment Co., Ltd.
地址(Add)：广东省东莞市南城区胜和路胜和广场D座1101室
邮编(P. C.)：523011
电话(Tel)：0769－26384839
E-mail：wang. hzh@163. com
总经理(General Manager)：王寰中
产品业务(Business)：卫生纸机

东莞市佳鸣造纸机械研究所
Dongguan Jumping Paper Machinery Research Institute
地址(Add)：广东省东莞市沙田镇民田村官洲新区572号
邮编(P. C.)：523991
电话(Tel)：0769－88663101
传真(Fax)：0769－88667173
法人代表(Chairman)：曾一鸣
联系人(Contact Person)：曾一鸣
产品业务(Business)：卫生纸机

安德里茨(中国)有限公司
Andritz (China) Ltd.
地址(Add)：广东省佛山市禅城区城西工业区天宝路9号
邮编(P. C.)：528000
电话(Tel)：0757－82100813
传真(Fax)：0757－82023536
Http://www. andritz. com
联系人(Contact Person)：白炳晨
产品业务(Business)：卫生纸机

佛山市南海区宝拓造纸设备有限公司
Foshan Nanhai Baotuo Paper Machinery Engineering Co., Ltd.
地址(Add)：广东省佛山市南海区桂城平洲夏南一工业区
邮编(P. C.)：528251
电话(Tel)：0757－81273388
传真(Fax)：0757－81273399
E-mail：master@baotuo. com. cn
Http://www. baotuo. com. cn
法人代表(Chairman)：彭锦铜
总经理(General Manager)：廖海涛
联系人(Contact Person)：罗先胜
产品业务(Business)：卫生纸机

广州市番禺区金晖造纸机械设备厂
Guangzhou Panyu Jinhui Paper Machinery Factory
地址(Add)：广东省广州市番禺区沙湾镇西村工业区沙湾变电站对面
邮编(P. C.)：511483
电话(Tel)：020－84731116
传真(Fax)：020－34876815
E-mail：pyjinhui@163. com
Http://www. py－jinhui. net
联系人(Contact Person)：何锦辉
产品业务(Business)：卫生纸机，制浆设备，脱墨设备

世源机电设备有限公司
Shiyuan Machinery Co., Ltd.
地址(Add)：广东省广州市番禺区钟村镇南国奥林匹克花园悉尼三区四栋902
邮编(P. C.)：511495
电话(Tel)：020－34515677
传真(Fax)：020－34515677
E-mail：syme_ alex@126. com
法人代表(Chairman)：张锦辉
总经理(General Manager)：张锦辉
联系人(Contact Person)：张锦辉
产品业务(Business)：卫生纸机

广东省江门市新会区睦洲机械有限公司
Guangdong Jiangmen Xinhui Muzhou Machinery Co., Ltd.
地址(Add)：广东省江门市新会区睦洲镇河滨西路1号
邮编(P. C.)：529143
电话(Tel)：0750－6222592
传真(Fax)：0750－6221205
法人代表(Chairman)：李忠灵
联系人(Contact Person)：李忠灵
产品业务(Business)：卫生纸机，双盘磨，两相流浆泵，铜质圆网笼，胶辊

南宁市唯美成套设备有限公司
Nanning Wemet International Complete Plant Engineering Co., Ltd.
地址(Add)：广西南宁市金湖路59号地王国际商会中心30层A－F
邮编(P. C.)：530021
电话(Tel)：0771－4801108
传真(Fax)：0771－4802563
E-mail：info@wemetpaper. com
Http://www. wemetpaper. com
法人代表(Chairman)：李文志
总经理(General Manager)：李文志
联系人(Contact Person)：严芝娜

产品业务(Business)：经销卫生纸机，加工设备，制浆设备

四川省井研轻工机械厂
Sichuan Jingyan Light Industry Machinery Factory
地址(Add)：四川省乐山市井研县研城镇和平街 114 号
邮编(P. C.)：613100
电话(Tel)：0833 - 3715668
传真(Fax)：0833 - 3711459
E-mail：rongde. mao@ 163. com
法人代表(Chairman)：毛荣德
产品业务(Business)：卫生纸机

乐山市成发造纸机械有限责任公司
Leshan Chengfa Paper Machinery Co., Ltd.
地址(Add)：四川省乐山市中区乐夹路 11 号
邮编(P. C.)：614008
电话(Tel)：0833 - 2600955
传真(Fax)：0833 - 2600188
E-mail：chengfa@ lscf. cn
Http://www. lscf. cn
法人代表(Chairman)：彭葵生
总经理(General Manager)：彭葵生
联系人(Contact Person)：陈明
产品业务(Business)：卫生纸机

中国联合装备集团宜宾机械有限公司
China National United Equipment Group Yibin Machinery Co., Ltd.
地址(Add)：四川省宜宾市宜宾县城北新区
邮编(P. C.)：644600
电话(Tel)：0831 - 6233518
传真(Fax)：0831 - 6233669
E-mail：ybbbxx@ 163. com
联系人(Contact Person)：胡宾
产品业务(Business)：卫生纸机

贵州恒瑞辰机械设备有限公司
Guizhou Hengruichen Machinery Manufacturing Co., Ltd.
地址(Add)：贵州省贵阳市小河黄河路 487 号翡翠大厦 8 楼 3 号
邮编(P. C.)：550009
电话(Tel)：0851 - 3841061
传真(Fax)：0851 - 3841062
E-mail：hengruichen2009@ 163. com
Http://www. gzhrc. com
法人代表(Chairman)：王玉勇
总经理(General Manager)：王云飞
联系人(Contact Person)：王云飞
产品业务(Business)：卫生纸机，刮刀磨床

陕西商洛恒泰机械有限责任公司
Shaanxi Shangluo Hengtai Machinery Co., Ltd.
地址(Add)：陕西省商洛市商州区东郊吉村
邮编(P. C.)：726000
电话(Tel)：0914 - 2360539
传真(Fax)：0914 - 2382104
法人代表(Chairman)：周炳文
联系人(Contact Person)：周炳文
产品业务(Business)：卫生纸机，纸板机，洗浆机

● 废纸脱墨设备 Deinking machine

Andritz AG
奥地利安德里茨股份公司
(详见卫生纸机)

保定市满城县造纸技术协会
Mancheng Paper Technology Association
(详见生活用纸加工设备)

福建省轻工机械设备有限公司
Fujian Light Industry Machinery & Equipment Co., Ltd.
地址(Add)：福建省福州市闽侯铁岭北路 3 号
邮编(P. C.)：350101
电话(Tel)：0591 - 22079888
传真(Fax)：0591 - 22079666
E-mail：18859150327@ fjqj. com
Http://www. fjqj. com
联系人(Contact Person)：李艳
产品业务(Business)：废纸脱墨设备，打浆设备

安丘科扬机械有限公司
Anqiu Keyang Machinery Co., Ltd.
地址(Add)：山东省安丘市东城工业园
邮编(P. C.)：262100
电话(Tel)：0536 - 4261398
传真(Fax)：0536 - 4252598
E-mail：keyang108@ 163. com
Http://www. keyang. cc
法人代表(Chairman)：王才友
总经理(General Manager)：王才友
联系人(Contact Person)：王才友
产品业务(Business)：浮选脱墨机，高速洗浆机，碎浆机，除渣器

潍坊科创浆纸工程有限公司
Weifang Kechuang Pulp & Paper Engineering Co., Ltd.
地址(Add)：山东省安丘市经济技术开发区
邮编(P. C.)：262123
电话(Tel)：0536 - 2269600
传真(Fax)：0536 - 4732507
E-mail：cppe21th@ vip. sina. com
Http://www. chinacppe. com
总经理(General Manager)：孙文峰
联系人(Contact Person)：孙文峰
产品业务(Business)：废纸脱墨设备，除渣器，挤浆机

普瑞特机械制造股份有限公司
Prettech Machinery Manufacturing Co., Ltd.
(详见卫生纸机和加工设备相关器材配件)

诸城市金隆机械制造有限责任公司
Zhucheng Jinlong Machinery Manufacturing Co., Ltd.
(详见卫生纸机)

诸城市增益环保设备有限公司
Zhucheng Zengyi Environment Protection Machinery Co., Ltd.
(详见卫生纸机)

诸城市明大机械有限公司
Zhucheng Mingda Machinery Co., Ltd.
(详见卫生纸机)

潍坊日东环保装备有限公司
Weifang Ridong Environment Protection Equipment Co., Ltd.
(详见卫生纸机)

诸城市永利达机械有限公司
Zhucheng Yonglida Machinery Co., Ltd.
(详见卫生纸机)

诸城市新日东造纸机械厂
Zhucheng Xinridong Paper Machinery Factory
(详见卫生纸机)

诸城市华瑞造纸机械厂
Zhucheng Huarui Paper Machinery Plant
地址(Add):山东省诸城市土墙工业园
邮编(P.C.):262200
电话(Tel):0536-6387798
传真(Fax):0536-6350105
E-mail:huaruijx@163.com
总经理(General Manager):夏金伟
联系人(Contact Person):夏金伟
产品业务(Business):废纸脱墨成套制浆设备

山东惠祥专利造纸机械有限公司
Shandong Huixiang Patent Paper Machinery Co., Ltd.
地址(Add):山东省诸城市辛兴镇兴中路38号
邮编(P.C.):262218
电话(Tel):0536-6011600
传真(Fax):0536-6011700
E-mail:zlzzjx@163.com
法人代表(Chairman):李凤宁
总经理(General Manager):李凤宁
联系人(Contact Person):李凤宁
产品业务(Business):废纸脱墨设备,制浆和污水处理设备

诸城市大正机械有限公司
Zhucheng Dazheng Machinery Co., Ltd.
(详见卫生纸机)

山东省诸城市利丰机械有限公司
Shandong Zhucheng Lifeng Machinery Co., Ltd.
地址(Add):山东省诸城市兴华东路与工业大道交汇处
邮编(P.C.):262299
电话(Tel):0536-6061832
传真(Fax):0536-6060832
E-mail:lfzzlzzjx@163.com
法人代表(Chairman):李丰志
总经理(General Manager):李丰志
联系人(Contact Person):李丰志
产品业务(Business):脱墨设备,制浆系统,碱回收系统,污水处理设备

运达造纸设备有限公司
Yunda Paper Machinery Co., Ltd.
(详见卫生纸机和加工设备相关器材配件)

广州市番禺区金晖造纸机械设备厂
Guangzhou Panyu Jinhui Paper Machinery Factory
(详见卫生纸机)

江门晶华轻工机械有限公司
Jiangmen Jinghua Light Industry Machinery Co., Ltd.
地址(Add):广东省江门市东升路138号
邮编(P.C.):529000
电话(Tel):0750-3065011
传真(Fax):0750-3065002
E-mail:3979999@jmjhqj.com
Http://www.jm-jinghua.com
法人代表(Chairman):冯式忠
总经理(General Manager):冯式忠
联系人(Contact Person):吴书伟
产品业务(Business):废纸脱墨设备,制浆设备

● 造纸烘缸、网笼 Cylinder and wire mould

元帅金属企业行
King Hardware Trading Co.
(详见卫生纸机和加工设备相关器材配件)

保定市金福机械有限公司
Baoding Jinfu Machinery Co., Ltd.
(详见生活用纸加工设备)

丹东市盛兴造纸机械有限公司
Dandong Shengxing Paper Machinery Co., Ltd.
地址(Add):辽宁省丹东市东港市前阳开发区
邮编(P.C.):118301
电话(Tel):0415-7817666
传真(Fax):0415-7817177
E-mail:shengxing-dryer@hotmail.com
Http://www.shengxing-dryer.com
法人代表(Chairman):史瀚鋆
总经理(General Manager):张晓刚
联系人(Contact Person):王在兴
产品业务(Business):烘缸,压辊

丹东和鑫烘缸制造有限公司
Dandong Hexin Paper Machinery Co., Ltd.
地址(Add):辽宁省丹东市浪头镇中和村
邮编(P.C.):118009
电话(Tel):0415-6155283
传真(Fax):0415-6158910
法人代表(Chairman):杨春山
总经理(General Manager):杨春山
联系人(Contact Person):杨春山
产品业务(Business):合金铸铁烘缸

丹东烘缸制造厂
Dandong Cylinder Manufacture Factory
地址(Add):辽宁省丹东市前阳镇振阳大街1号
邮编(P.C.):118301
电话(Tel):0415-7162062
传真(Fax):0415-7162062
总经理(General Manager):张绪意
联系人(Contact Person):张绪意

产品业务(Business)：造纸烘缸，冷硬铸铁合金辊，造纸机配件

丹东新兴造纸机械有限公司
Dandong Xinxing Papermaking Machine Co., Ltd.
地址(Add)：辽宁省东港市新城区刘家泡村
邮编(P. C.)：118300
电话(Tel)：0415 -7111196
传真(Fax)：0415 -7195567
E-mail：xxlyjchina@163. com
Http://www. xinxingmachine. com
联系人(Contact Person)：李勇君
产品业务(Business)：烘缸

天津泰力斯工业塑料有限公司上海分公司
Tianjin Tenax Industrial Plastics Co., Ltd.
地址(Add)：上海市人民路 885 号淮海中华大厦 2001 室
邮编(P. C.)：200010
电话(Tel)：021 -63556658
传真(Fax)：021 -63553088
E-mail：hanchao@tenax. cn
Http://www. tenax. net
法人代表(Chairman)：方天南
总经理(General Manager)：方天南
联系人(Contact Person)：钱海萍
产品业务(Business)：过滤网

江苏华东造纸机械有限公司
Jiangsu Huadong Paper Machinery Co., Ltd.
(详见卫生纸机)

溧阳市江南烘缸制造有限公司
Liyang Jiangnan Dryer Manufacturing Co., Ltd.
地址(Add)：江苏省溧阳市戴埠镇南工业集中区普庆南路 88 号
邮编(P. C.)：213331
电话(Tel)：0519 -87913588
传真(Fax)：0519 -87913588
E-mail：yangxiaoling1103@163. com
Http://www. weimeijx. com
法人代表(Chairman)：何维忠
联系人(Contact Person)：杨晓玲
产品业务(Business)：杨克缸，烘缸，纸辊，压力容器，削片机，振动筛，输送机

江苏维美轻工机械有限公司
Jiangsu Weimei Machinery Co., Ltd.
地址(Add)：江苏省溧阳市戴埠镇南工业园区善庆南路 88 号
邮编(P. C.)：213331
电话(Tel)：0519 -87903588
传真(Fax)：0519 -87906282
E-mail：lyjinhg@alibaba. com. cn
Http://www. weimeijx. com
法人代表(Chairman)：向维中
总经理(General Manager)：向维中
联系人(Contact Person)：廉法权
产品业务(Business)：烘缸，成型辊，压榨辊，造纸机配件

太仓市宏祥造纸机械厂
Taicang Hongxiang Paper Machinery Factory
(详见卫生纸机)

太仓沪太嫦娥造纸设备有限公司
Taicang Hutai ChangE Paper-Making Equipment Co., Ltd.
地址(Add)：江苏省太仓市沙溪镇新北西路 130 号
邮编(P. C.)：215421
电话(Tel)：0512 -53221907
传真(Fax)：0512 -53212993
E-mail：htcejishu@126. com
Http://www. tchtce. cn
法人代表(Chairman)：王耀明
总经理(General Manager)：王耀明
联系人(Contact Person)：王耀明
产品业务(Business)：网笼，烘缸

富阳市小王纸机配件经营部
Fuyang Xiaowang Paper Machinery Fittings Co., Ltd.
(详见卫生纸机)

山东鲁台造纸机械集团有限公司
Shandong Lutai Paper Machinery Group Co., Ltd.
(详见卫生纸机)

山东恒星股份有限公司
Shandong Hengxing Stock Co., Ltd.
地址(Add)：山东省淄博市周村区恒星路 98 号
邮编(P. C.)：255300
电话(Tel)：0533 -6557661
传真(Fax)：0533 -6556443
E-mail：wangxinliang@ihengxing. com
联系人(Contact Person)：王新亮
产品业务(Business)：烘缸，造纸辊

焦作市崇义轻工机械有限公司
Jiaozuo Chongyi Light Industry Machinery Co., Ltd.
(详见卫生纸机)

沁阳市龙飞机械厂
Qinyang Longfei Machinery Factory
地址(Add)：河南省沁阳市西郊宋学义中学西 100 米
邮编(P. C.)：454550
电话(Tel)：0391 -5660385
总经理(General Manager)：邹国富
联系人(Contact Person)：邹国富
产品业务(Business)：网笼，造纸辊

东莞市兄弟机械有限公司
Dongguan Brother Machinery Co., Ltd.
地址(Add)：广东省东莞市中堂镇一村西新路 22 号
邮编(P. C.)：523000
电话(Tel)：0769 -88115863
传真(Fax)：0769 -88128545
E-mail：wuzhongtaoyd@163. com
Http://www. dgbrother. cn
法人代表(Chairman)：武钟涛
总经理(General Manager)：武钟涛
联系人(Contact Person)：武钟涛
产品业务(Business)：不锈钢网笼

广东省江门市新会区睦洲机械有限公司
Guangdong Jiangmen Xinhui Muzhou Machinery Co., Ltd.
(详见卫生纸机)

● 造纸毛毯、造纸网 Felt and wire cloth

天津环球高新造纸网业有限公司
Tianjin Huanqiu High New Paper Machine Clothing Co., Ltd.
地址(Add):天津市西青区杨庄子大堤外玉门路
邮编(P. C.):300112
电话(Tel):022-27795246
传真(Fax):022-87719990
联系人(Contact Person):李宝山
产品业务(Business):聚酯成形网,聚酯干网,多层网

河北饶阳县亨利网厂
Raoyang Hengli Fabric Factory
地址(Add):河北省饶阳县五公镇
邮编(P. C.):053900
电话(Tel):0318-7461426
传真(Fax):0318-7463998
E-mail:ryhlwy@126.com
Http://www.polyestermesh.net
联系人(Contact Person):赵继红
产品业务(Business):造纸网,成形网

唐山龙海工业用呢有限公司
Tangshan Longhai Industrial Felt Co., Ltd.
地址(Add):河北省唐山市曹妃店区迎宾路55号
邮编(P. C.):063200
电话(Tel):0315-8711669
传真(Fax):0315-8711669
联系人(Contact Person):赵瑞国
产品业务(Business):造纸毛毯

日惠得造纸器材(上海)贸易有限公司
Nippon Felt (Shanghai) Co., Ltd.
(详见卫生纸机和加工设备相关器材配件)

上海新台硕金属网有限公司
Shanghai New Taishuo Wire Netting Co., Ltd.
地址(Add):上海市嘉定区马陆镇丰年路199号
邮编(P. C.):201801
电话(Tel):021-69154628
传真(Fax):021-69152608
Http://www.tswn.com.tw
联系人(Contact Person):黄俊贤
产品业务(Business):造纸用不锈钢网

上海弘纶工业用呢有限公司
Shanghai Honglun Industrial Felt Co., Ltd.
地址(Add):上海市金山区兴塔镇工业园区建安路78号
邮编(P. C.):201502
电话(Tel):021-67361100-1102
传真(Fax):021-67360981
联系人(Contact Person):黄永平
产品业务(Business):造纸毛毯,干网

常熟市工业毛毯厂
Changshu Industrial Felt Plant
地址(Add):江苏省常熟市练塘镇(沪宜公路旁)
邮编(P. C.):215551
电话(Tel):0512-52441137
传真(Fax):0512-52441137
法人代表(Chairman):孙炳华
总经理(General Manager):孙炳华
联系人(Contact Person):孙炳华
产品业务(Business):造纸毛毯

海门市工业用呢厂
Haimen Industrial Fabrics Factory
地址(Add):江苏省海门市麒麟镇通海路129号
邮编(P. C.):226125
电话(Tel):0513-82615001
传真(Fax):0513-82615001
E-mail:info@hmgyyn.cn
Http://www.hmgyyn.cn
总经理(General Manager):顾元萍
联系人(Contact Person):秦建荣
产品业务(Business):造纸毛毯

江苏金呢工程织物股份有限公司
Jiangsu Jinni PMC Co., Ltd.
地址(Add):江苏省海门市悦来镇三条桥路153号
邮编(P. C.):226132
电话(Tel):0513-82181600
传真(Fax):0513-82181100
E-mail:sell@jsjinni.cn
Http://www.jsjinni.cn
法人代表(Chairman):陆平
联系人(Contact Person):陆景华
产品业务(Business):造纸毛毯

江都新风造纸网业有限公司
Jiangdu Xinfeng Paper Web Co., Ltd.
地址(Add):江苏省江都市杨庄工业园区
邮编(P. C.):225265
电话(Tel):0514-86274767
传真(Fax):0514-86271080
法人代表(Chairman):沈克龙
总经理(General Manager):沈克龙
联系人(Contact Person):陆斗良
产品业务(Business):造纸工业用网

苏州嫦娥造纸网毯有限公司
Suzhou Chang-e Papermaking Fabrics Co., Ltd.
地址(Add):江苏省太仓市沙溪镇新北西路132号
邮编(P. C.):215421
电话(Tel):0512-53212049
传真(Fax):0512-53214871
E-mail:yangzi_liu@126.com
Http://www.chang-e.net.cn
法人代表(Chairman):田忠平
总经理(General Manager):田忠平
联系人(Contact Person):刘洋
产品业务(Business):造纸毛毯

徐州工业用呢厂
Xuzhou Industrial Fabrics Factory
地址(Add)：江苏省徐州市泉山经济开发区时代大道7号
邮编(P. C.)：221006
电话(Tel)：0516-66692001
传真(Fax)：0516-85796891
E-mail：peng-ai-jun@163. com
Http://www. xzgyync. com
法人代表(Chairman)：陈国荣
总经理(General Manager)：陈姑婆荣
联系人(Contact Person)：彭爱军
产品业务(Business)：造纸毛毯

浙江华顶网业有限公司
Zhejiang Heading Engineered Fabrics Co., Ltd.
地址(Add)：浙江省天台县平桥镇工业园区
邮编(P. C.)：371203
电话(Tel)：0576-83670555
传真(Fax)：0576-83670777
E-mail：sales@zjhuading. com
Http://www. zjhuading. com
法人代表(Chairman)：王道龙
总经理(General Manager)：王道龙
联系人(Contact Person)：叶杭伟
产品业务(Business)：造纸网

安徽荣辉造纸网有限公司
Anhui Ronghui PaperWire Co., Ltd.
地址(Add)：安徽省马鞍山市当涂年陡工业园
邮编(P. C.)：243100
电话(Tel)：0555-6473743
传真(Fax)：0555-6473800
Http://www. ahrhzzw. com
联系人(Contact Person)：蒋辉
产品业务(Business)：不锈钢网，聚酯网

福州灵丰造纸开发有限公司
Fuzhou Lingfeng Paper Development Co., Ltd.
(详见造纸化学品)

江西双环造纸网毯实业有限公司
Jiangxi Shuanghuan Papermaking Fabrics Co., Ltd.
地址(Add)：江西省高安市工业园
邮编(P. C.)：330800
电话(Tel)：13979519251
E-mail：543541349@qq. com
联系人(Contact Person)：刘苏凤
产品业务(Business)：造纸毛毯

山东鑫祥网毯织造有限公司
Shandong Xinxiang Felt Co., Ltd.
地址(Add)：山东省潍坊市奎文区鸢飞路311号
邮编(P. C.)：261051
电话(Tel)：0536-8821168
传真(Fax)：0536-8807958
E-mail：wgd178@163. com
联系人(Contact Person)：王光德
产品业务(Business)：造纸毛毯

潍坊振兴天马工业用呢有限公司
Weifang Zhenxing Tianma Industrial Fabrics Co., Ltd.
地址(Add)：山东省潍坊市奎文区鸢飞路978号
邮编(P. C.)：261031
电话(Tel)：0536-8667096
传真(Fax)：0536-8667096
E-mail：wfzhenxing@zhenxingtianma. cn
Http://www. zhenxingtianma. cn
法人代表(Chairman)：高海建
总经理(General Manager)：高海建
产品业务(Business)：造纸毛毯

御槐纺织工业有限公司
Yuhuai Textile Industrial Fabrics Co., Ltd.
地址(Add)：河南省封丘县世纪大道189号
邮编(P. C.)：453300
电话(Tel)：0373-8296566
传真(Fax)：0373-8280009
联系人(Contact Person)：刘国钦
产品业务(Business)：造纸毛毯，聚酯网

河南沈丘县汇丰网业有限公司
Henan Shenqiu Huifeng Wire Co., Ltd.
地址(Add)：河南省沈丘县沙北工业园区
邮编(P. C.)：466300
电话(Tel)：0394-5213176
传真(Fax)：0394-5213176
E-mail：543349092@qq. com
Http://www. hnsqhf. cn. alibaba. com
法人代表(Chairman)：董春雷
总经理(General Manager)：董营云
联系人(Contact Person)：董营云
产品业务(Business)：聚酯网，压花网，成形网

河南省沈丘县第二造纸网厂
Shenqiu No. 2 Paper Wire Factory
地址(Add)：河南省沈丘县闸南路40号
邮编(P. C.)：466300
电话(Tel)：0394-5224104
传真(Fax)：0394-5224104
E-mail：sqdezzwc@sohu. com
法人代表(Chairman)：董振伟
联系人(Contact Person)：董振伟
产品业务(Business)：聚酯成形网，聚酯螺旋干网

郑州非尔特网毯有限公司
Zhengzhou Felt Weave Co., Ltd.
地址(Add)：河南省郑州市新密袁庄工业园区
邮编(P. C.)：452370
电话(Tel)：0371-69875777
传真(Fax)：0371-69875000
Http://www. hnyn. com
联系人(Contact Person)：张遂臣
产品业务(Business)：造纸毛毯

河南省华丰网业有限公司
HuafengWire Industrial Co., Ltd.
地址(Add)：河南省周口市沈丘县沙北工业园区
邮编(P. C.)：466300
电话(Tel)：0394-5306532
传真(Fax)：0394-5636132

E-mail：hf18638058038@163.com
总经理(General Manager)：董华伟
联系人(Contact Person)：董占云
产品业务(Business)：纸机/非织造设备/棉浆抄浆设备/干法纸机用网，卫生巾机/纸尿裤机用网带

平安造纸网毯有限公司
Ping An Paper Felt Co., Ltd.
地址(Add)：广东省澄海市莲上永新工业区
邮编(P.C.)：515833
电话(Tel)：0754-85742222
传真(Fax)：0754-85115335
法人代表(Chairman)：余斯群
总经理(General Manager)：余斯群
联系人(Contact Person)：余斯群
产品业务(Business)：造纸毛毯

东莞市业兴网毯有限公司
Dongguan Yexing Paper Felt & Wire Co., Ltd.
地址(Add)：广东省东莞市高埗镇护安围
邮编(P.C.)：523279
电话(Tel)：0769-88731749
传真(Fax)：0769-88737340
E-mail：yxwf1911@163.com
Http://www.dgyexing.com
法人代表(Chairman)：莫河清
总经理(General Manager)：莫河清
联系人(Contact Person)：莫河清
产品业务(Business)：造纸毛毯，聚酯干网，聚酯成形网

洪飞不锈钢网公司
Hongfei Stainless Steel Wire Co.
地址(Add)：广东省东莞市中堂镇
电话(Tel)：0769-88181361
传真(Fax)：0769-88115581
联系人(Contact Person)：张佰岩
产品业务(Business)：不锈钢网

东莞市中堂亨利飞造纸机械厂
Dongguan Henglifei Paper Machinery Factory
地址(Add)：广东省东莞市中堂镇袁家涌钢材市场113B68-69号
邮编(P.C.)：523221
电话(Tel)：0769-88181361
传真(Fax)：0769-88115581
总经理(General Manager)：程洪飞
产品业务(Business)：平焊网，套网

广东省揭东荣立工业用呢厂
Guangdong Jiedong Rongli Industrial Felt Plant
地址(Add)：广东省揭东县城西二路圩埔工业区
邮编(P.C.)：515500
电话(Tel)：0663-3262228
传真(Fax)：0663-3272228
E-mail：rl@rongli.net
Http://www.rongli.net
法人代表(Chairman)：胡胜雄
总经理(General Manager)：胡胜雄
联系人(Contact Person)：胡泓山
产品业务(Business)：纸机用毛毯，造纸圆网

广西宾阳宏远化工有限公司
Guangxi Binyang Hongyuan Chemicals Co., Ltd.
(详见检测仪器)

四川环龙技术织物有限公司
Sichuan Vanov Paper Machine Felt Co., Ltd.
地址(Add)：四川省成都市温江区海峡两岸产业开发区新华大道二段519号
邮编(P.C.)：611130
电话(Tel)：028-82782682
传真(Fax)：028-82782615
Http://www.vanov.cn
法人代表(Chairman)：周骏
总经理(General Manager)：韩玉环
产品业务(Business)：造纸毛毯，聚酯螺旋网

四川邦尼德织物有限公司
Sichuan Bomnet Felts Co., Ltd.
地址(Add)：四川省眉山市经开区新区
邮编(P.C.)：620000
电话(Tel)：028-38051778
传真(Fax)：028-38051776
E-mail：bomnetfelt@gmail.com
Http://www.bomnet.org
法人代表(Chairman)：熊学益
总经理(General Manager)：熊学益
联系人(Contact Person)：张施林
产品业务(Business)：造纸毛毯

西安祺沣造纸网有限公司
Xian Qifeng Paper Wire Co., Ltd.
地址(Add)：陕西省西安市长安区马王街办沣京中路9号
邮编(P.C.)：710115
电话(Tel)：029-85850721
传真(Fax)：029-85851477
E-mail：qifengwangye@163.com
联系人(Contact Person)：管守信
产品业务(Business)：造纸网

凯德(西安)造纸机械织物有限公司
Candid (Xian) Paper Machine Clothing Co., Ltd.
地址(Add)：陕西省西安市长安区马王街办泽京中路9号
邮编(P.C.)：710115
电话(Tel)：029-85851478
传真(Fax)：029-85851477
法人代表(Chairman)：赵力
总经理(General Manager)：蒋辉
联系人(Contact Person)：柳青平
产品业务(Business)：造纸用铜网，成形网，洗浆网

西安兴晟造纸不锈钢网有限公司
Xian Xingsheng Machinery Co., Ltd.
地址(Add)：陕西省西安市沣渭新区天台八路付三路付21号
邮编(P.C.)：710086
电话(Tel)：029-84526660
传真(Fax)：029-84524666
E-mail：xingshengzaozhi@163.com
Http://www.xs-zz.com
联系人(Contact Person)：武钟淇
产品业务(Business)：造纸不锈钢网

阿勒泰工业用呢有限责任公司
Aletai Industrial Fabrics Co., Ltd.
地址(Add):新疆乌鲁木齐市和田二街89号
邮编(P. C.):830000
电话(Tel):0991-5589033
传真(Fax):0991-5589033
联系人(Contact Person):乔建刚
产品业务(Business):造纸毛布

● 生活用纸加工设备 Converting machinery for tissue products

OMET S. r. l.
意大利欧米特有限公司
地址(Add):22 Via Caduti a Fossoli, P. O. Box 225, I-23900 Lecco, Italy
电话(Tel):39-0341-282661
传真(Fax):39-0341-363731
E-mail:omet-m@omet. it
Http://www. omet. it
联系人(Contact Person):Marco Calcagni
产品业务(Business):餐巾纸分切折叠机

Paper Converting Machine Company
美国纸产品加工机器公司(PCMC)
地址(Add):2300 South Ashland Avenue P. O. Box 19005 Green Bay WI 54307-9005 U. S. A
电话(Tel):1-920-4945601
传真(Fax):1-920-4948865
Http://www. pcmc. com
产品业务(Business):生活用纸复卷机,包装机,盒装面巾纸、手帕纸、餐巾纸、擦拭巾折叠机,湿巾折叠设备

Nippon Sharyo, Ltd. Industrial Machinery Department
日本车辆制造株式会社
地址(Add):26-2 Urijima-Cho, Fuji-shi, Shizuoka-ken, 417-0057
电话(Tel):81-545-51-2818
传真(Fax):81-545-51-5349
E-mail:hkatsumata@cm. n-sharyo. co. jp
Http://www. n-sharyo. co. jp
产品业务(Business):卫生纸复卷机,纸巾纸折叠机,一次性卫生用品设备

C. G. Bretting Manufacturing Co., Inc.
美国贝廷公司
地址(Add):3401 Lake Park Road, Ashland Wisconsin 54806 USA
电话(Tel):1-715-6825231
传真(Fax):1-715-6824138
E-mail:sales@bretting. com
Http://www. bretting. com
联系人(Contact Person):David St. Germain
产品业务(Business):面巾纸、餐巾纸、擦手纸折叠设备

Hinnli Co., Ltd.
(详见卫生纸机)

Christian Senning Verpackungsmaschinen GmbH & Co. KG
德国森宁包装机械公司
地址(Add):Kalmsweg 10 D-28239 Bremen, Germany
电话(Tel):49-421-694620
传真(Fax):49-421-640965
E-mail:info@senning. de
Http://www. senning. de
联系人(Contact Person):Torben Ellerbrock
产品业务(Business):手帕纸折叠包装机,餐巾纸、面巾纸、擦手纸包装机

Fabio Perini SpA
意大利百利怡公司
地址(Add):PIP Mugnano Sud, 55100 Lucca, Italy
电话(Tel):39-0583-4601
传真(Fax):39-0583-435543
E-mail:fabioperinispa@fp. kpl. net
Http://www. fp. kpl. net
产品业务(Business):卫生纸,厨房卷纸,工业用卷纸分切复卷、压花、印花、胶合加工生产线,餐巾纸折叠机

ICM LTD.
地址(Add):Sanayi Mah. Namzet Sok. No. 11 Izmit-Kocaeli-Turkey 41040
电话(Tel):+902623353320
传真(Fax):+902623353319
E-mail:ddeniz@icmmakina. com
联系人(Contact Person):Devrim Deniz
产品业务(Business):生活用纸加工设备

Winkler & Dunnebier Aktiengesellschaft
德国威刻勒机器设备W+D公司
(详见一次性卫生用品生产设备)

Gambini SpA
地址(Add):Variante Via Romana 9, 55010 Badia Pozzeveri, Altopascio, Lucca Italy
电话(Tel):39-0583-277611
传真(Fax):39-0583-277676
E-mail:info@cmggroup. it
Http://www. cmggroup. it
联系人(Contact Person):Carlo Berti
产品业务(Business):卫生卷纸、厨房卷纸、工业用卷纸复卷加工线

Futura S. p. A
Futura卷纸后加工设备股份有限公司
地址(Add):Via di Sottopoggio, 1/x-55060 Guamo, Lucca Italy
电话(Tel):39-0583-94911
传真(Fax):39-0583-9491323
E-mail:wangk@futuraconverting. com
Http://www. futuraconverting. com
联系人(Contact Person):王克明
产品业务(Business):卫生纸、厨房用纸等加工设备

TAU Machines
地址(Add):Via Garibaldi 5 I-51010 Massa e Cozzile (PT) Italy
电话(Tel):39-0572-911721

传真(Fax)：39－0572－911874
E-mail：info@ taumachines. it
Http://www. taumachines. it
产品业务(Business)：手帕纸设备

Tissuewell Srl
帝威尔纸巾机械制造有限责任公司
地址(Add)：Via Micheloni 13/E 55015 Montecarlo (LU) Italy
电话(Tel)：39－0583－277721
传真(Fax)：39－0583－277722
E-mail：info@ tissuewell. com
Http://www. tissuewell. com
联系人(Contact Person)：Simona Ricci
产品业务(Business)：卫生纸加工机械

OMT Srl
地址(Add)：Via Vangile 116－118 I－51010 Massa E Cozzile (Pistoia) Italy
电话(Tel)：39－0572－767967
传真(Fax)：39－0572－772134
E-mail：info@ omttommasi. com
Http://www. omttommasi. com
联系人(Contact Person)：Samantha Tommasi
产品业务(Business)：餐巾纸加工设备

Kawanoe Zoki Co., Ltd.
川之江造机株式会社
(详见卫生纸机)

侨邦机械有限公司
Chyau Ban Machinery Co., Ltd.
地址(Add)：台湾省238台北县树林市三龙街53号
电话(Tel)：886－2－26885971
传真(Fax)：886－2－26898355
E-mail：chyau. ban@ gmail. com
Http://www. chyau－ban. com
法人代表(Chairman)：陈清淥
联系人(Contact Person)：陈圆淇
产品业务(Business)：面巾纸折叠机

泰舜工业有限公司
Tai Sun Machinery Co., Ltd.
地址(Add)：台湾省台北县五股乡五权二路33号(五股工业区)(邮编24890)
电话(Tel)：886－2－22993666
传真(Fax)：886－2－22993668
E-mail：thai. shuenn@ msa. hinet. net
Http://www. thaishuenn. com. tw
联系人(Contact Person)：王永树
产品业务(Business)：卫生纸加工机械及包装机

百弘机械有限公司
Bae Horng Machinery Co., Ltd.
地址(Add)：台湾省台北县新庄市建国一路31巷10号
电话(Tel)：886－2－29010000
传真(Fax)：886－2－29031697
E-mail：galclen. formosa@ msa. hinet. net
联系人(Contact Person)：蚁胜泰
产品业务(Business)：卫生纸加工机械

全利机械股份有限公司
Chan Li Machinery Co., Ltd.
地址(Add)：台湾省桃园县龟山乡顶湖路17号林口工四工业区
电话(Tel)：886－3－3288198
传真(Fax)：886－3－3286198
E-mail：sales@ chanli. com
Http://www. chanli. com
联系人(Contact Person)：吴坤泰
产品业务(Business)：面巾纸、擦手纸折叠机

恒克企业有限公司
Hinnli Co., Ltd.
地址(Add)：台湾台北市信义路5段5号3C17室(世贸展览中心一馆)
电话(Tel)：886－2－27220261
传真(Fax)：886－2－27233602
联系人(Contact Person)：恒亚伯拉罕
产品业务(Business)：面巾纸机，分切复卷机，厨房用纸机，生活用纸包装机

特艺佳国际有限公司
Tech. Vantage International Ltd.
地址(Add)：香港湾仔摩利臣山道31号摩利臣商业大厦22楼
电话(Tel)：852－28909218
传真(Fax)：852－28909920
E-mail：charles. yip@ tech－vantage. net
法人代表(Chairman)：叶秋葵
联系人(Contact Person)：叶秋葵
产品业务(Business)：代理进口纸加工及卫生用品设备，包括：美国Bretting公司，德国Serv－o－tec公司，美国爱思诺Elsner公司，德国Optima公司，德国Senning包装机械厂，意大利Gambini公司，意大利FIS公司

北京兴民辉科技发展有限公司
Beijing Xingminhui Technology Development Co., Ltd.
地址(Add)：北京市丰台区南四环星河苑1号院12号楼1－101室
邮编(P. C.)：100067
电话(Tel)：010－67537477
传真(Fax)：010－67539972
联系人(Contact Person)：吴国财
产品业务(Business)：面巾纸折叠机，餐巾纸折叠机，复卷打孔机

美国纸产品加工机器公司中国办事处
Paper Converting Machine Company
地址(Add)：北京市海淀区羊坊店路11号中车大厦411室
邮编(P. C.)：100038
电话(Tel)：010－51933058
传真(Fax)：010－51933057
E-mail：james. yang@ pcmc. com. cn
Http://www. barry－wehmiller. com
总经理(General Manager)：杨华
产品业务(Business)：生活用纸复卷机，包装机，盒装面巾纸、手帕纸、餐巾纸、擦拭巾折叠机，湿巾折叠设备

保定市华光机械有限公司
Baoding Huaguang Machinery Co., Ltd.
地址(Add)：河北省保定市北三环周庄村东工业区
邮编(P. C.)：071051
电话(Tel)：0312-3174481
传真(Fax)：0312-3174481
E-mail：bdhuaguangjx@163. com
Http://www. bdhuaguang. com
法人代表(Chairman)：尹国贤
总经理(General Manager)：尹国贤
联系人(Contact Person)：尹国贤
产品业务(Business)：餐巾纸压花折叠机，面巾纸、擦手纸机，湿巾机，复卷机

保定市晨光造纸机械有限公司
Baoding Chenguang Paper Machinery Co., Ltd.
(详见卫生纸机)

华信造纸机械厂
Huaxin Paper Machine Factory
地址(Add)：河北省保定市满城县大册营方上造纸工业区
邮编(P. C.)：072150
电话(Tel)：0312-5572190
传真(Fax)：0312-5572190
E-mail：603897781@qq. com
Http://www. hxjx. cn. com
法人代表(Chairman)：王立朋
总经理(General Manager)：王立朋
联系人(Contact Person)：王立朋
产品业务(Business)：卫生纸复卷机，配套刀具

保定市金福机械有限公司
Baoding Jinfu Machinery Co., Ltd.
地址(Add)：河北省保定市满城县大册营造纸工业区
邮编(P. C.)：072150
电话(Tel)：0312-7021115
传真(Fax)：0312-7021938
Http://www. bdjinfu. com
法人代表(Chairman)：李祥
总经理(General Manager)：李祥
联系人(Contact Person)：李祥
产品业务(Business)：复卷机，切纸机，面巾纸机，网笼

锋润纸品机械厂
Fengrun Paper Machinery Factory
地址(Add)：河北省保定市满城县大册营造纸工业区
邮编(P. C.)：072150
电话(Tel)：0312-5578139
传真(Fax)：0312-5578139
总经理(General Manager)：李长军
产品业务(Business)：面巾纸机，擦手纸机，分切复卷机

满城县鑫光造纸机械厂
Mancheng Xinguang Paper Machinery Factory
地址(Add)：河北省保定市满城县大册营造纸工业区信用社对面
邮编(P. C.)：072150
电话(Tel)：0312-7021643
联系人(Contact Person)：赵振国
产品业务(Business)：复卷机，分切机，碎浆机，离心筛，盘磨机

满城县全新机械厂
Mancheng Quanxin Machinery Factory
地址(Add)：河北省保定市满城县大册营造纸工业园区
邮编(P. C.)：072150
电话(Tel)：0312-7023806
传真(Fax)：0312-7023806
联系人(Contact Person)：郭全
产品业务(Business)：复卷机，切纸机，分切机，盒抽机，餐巾纸机，推进器，离心筛

保定润达机械有限公司
Baoding Runda Machinery Co., Ltd.
地址(Add)：河北省保定市满城县大册营镇造纸工业区
邮编(P. C.)：072150
电话(Tel)：0312-7027683
传真(Fax)：0312-7027683
法人代表(Chairman)：叶青伟
总经理(General Manager)：叶青伟
联系人(Contact Person)：叶青伟
产品业务(Business)：复卷机，小盘分切复卷一体机，切纸机，压卷机，餐巾纸机，方巾纸机，手帕纸机，抽纸机

保定市满城县造纸技术协会
Mancheng Paper TechnologyAssociation
地址(Add)：河北省保定市满城县大册营镇造纸工业区
邮编(P. C.)：072150
电话(Tel)：0312-7020080
联系人(Contact Person)：李国军
产品业务(Business)：纸机安装，改造，配件

满城县诚信纸品机械有限公司
Mancheng Chengxin Paper Products Machine Co., Ltd.
(详见卫生纸机)

保定市创新造纸机械有限公司
Baoding Chuangxin Paper Machinery Co., Ltd.
(详见卫生纸机)

木林森纸品机械厂
Mulinsen Paper Machinery Factory
地址(Add)：河北省保定市满城县方上造纸工业区
邮编(P. C.)：072150
电话(Tel)：0312-5572567
法人代表(Chairman)：李慧
总经理(General Manager)：李慧
联系人(Contact Person)：李慧
产品业务(Business)：复卷机，切纸机，压卷机，分切机，方巾纸机，面巾纸机，碎浆机

保定市三莱特纸品机械制造有限公司
Baoding Sunlight Napkin Machine Manufacture Co.
地址(Add)：河北省保定市西二环南章工业园区
邮编(P. C.)：071000
电话(Tel)：0312-3154485
传真(Fax)：0312-3154483
E-mail：ygzpjx@163. com
Http://sltzpjx. cn. 99114. com
法人代表(Chairman)：葛秀全
总经理(General Manager)：葛秀全
联系人(Contact Person)：葛秀全

产品业务(Business)：纸巾印刷机，压花机，盒装面巾纸折叠机，餐巾纸压花折叠机，压花面巾纸机，钢花辊，羊毛辊，压花复卷打孔机

丹东华兴造纸机械有限公司
Dandong Huaxing Papermaking Machine Co.，Ltd.
（详见卫生纸机）

长春市利达造纸机械有限公司
Changchun Lida Paper Machinery Co.，Ltd.
地址(Add)：吉林省长春市青年路2436号
邮编(P. C.)：130062
电话(Tel)：15143037855
传真(Fax)：0431－89530776
Http://www. dbldjx. com
法人代表(Chairman)：潘世杰
总经理(General Manager)：周玉文
联系人(Contact Person)：周玉文
产品业务(Business)：复卷机，分切机，洗浆机

特艺佳机械贸易(上海)有限公司
Tech. Vantage Machinery Trading (Shanghai) Co.，Ltd.
地址(Add)：上海市嘉定区申霞路314号厂房
邮编(P. C.)：201818
电话(Tel)：021－59900622
传真(Fax)：021－59900639
E-mail：charles. yip@ tech－vantage. net
联系人(Contact Person)：叶秋葵
产品业务(Business)：代理进口纸加工及卫生用品设备、技术和零件中心

柯尔柏机械设备(上海)有限公司
Körber Engineering Shanghai Co.，Ltd.
地址(Add)：上海市浦东新区民冬路500号
邮编(P. C.)：201209
电话(Tel)：021－50462933
传真(Fax)：021－50462303
E-mail：sales. cn@ fabioperini. com
Http://www. fabioperini. com
法人代表(Chairman)：Stefano Di Santo
总经理(General Manager)：邢小平
联系人(Contact Person)：赵阳
产品业务(Business)：百利怡隶属柯尔柏过程解决方案集团，是为生活用纸生产商设备和服务的供应商。业务涵盖生活用纸后加工和包装各方面需求，主要提供从初级基本的生产线，到高速和复杂的高端生产线，可生产各类卫生用纸产品。

威刻勒机器设备(上海)有限公司
W＋D Engineering (Shanghai) Co.，Ltd.
地址(Add)：上海市浦东新区民冬路500号
邮编(P. C.)：201209
电话(Tel)：021－50461871
传真(Fax)：021－50461873
E-mail：admin@ w－d. net. cn
总经理(General Manager)：梅麒
联系人(Contact Person)：赵敏华
产品业务(Business)：手帕纸加工机，抽取式纸巾折叠机

上海松川远亿机械设备有限公司
Shanghai Soontrue Machinery Equipment Co.，Ltd.
（详见湿巾设备）

意纸来机械设备(上海)有限公司
Isola Engineering (Shanghai) Co.，Ltd.
地址(Add)：上海市外高桥保税区富特西一路353号B座
邮编(P. C.)：200131
电话(Tel)：021－50495398
传真(Fax)：021－50495395
E-mail：sales@ isolashanghai. cn
Http://www. isolaspa. it
法人代表(Chairman)：Mario Puccetti
总经理(General Manager)：Francesco Arrighi
联系人(Contact Person)：董晓林
产品业务(Business)：生活用纸加工设备，原材料

川佳机械集团
New Bonafide Machinery
（详见卫生纸机和加工设备相关器材配件）

常州市同熙机械有限公司
Changzhou Tongxi Machinery Co.，Ltd.
地址(Add)：江苏省常州市武进区遥观镇郑村工业区190号
邮编(P. C.)：213018
电话(Tel)：0519－86599729
传真(Fax)：0519－86599729
E-mail：cztongxi@ 163. com
Http://www. cztongxi. com
联系人(Contact Person)：赵益
产品业务(Business)：分切机，包装机，复卷机

江苏金卫(集团)机械设备有限公司
Jiangsu JWC (Group) Machinery Co.，Ltd.
（详见一次性卫生用品生产设备）

昆山盛晖机械科技有限公司
Kunshan Shenghui Machinery Technology Co.，Ltd.
（详见卫生纸机和加工设备相关器材配件）

连云港赣榆县恒宇纸品机械厂
Lianyungang Ganyu Hengyu Paper Products Machinery Factory
地址(Add)：江苏省连云港市赣榆开发区
邮编(P. C.)：222100
电话(Tel)：0518－86356623
传真(Fax)：0518－86356509
E-mail：hyjx@ lyghyjx. com
Http://www. lyghyjx. com
法人代表(Chairman)：相恒宇

总经理(General Manager)：相恒宇
联系人(Contact Person)：相恒宇
产品业务(Business)：餐巾纸/面巾纸/擦手纸机，非织造布分切机，修边复卷机

连云港市向阳机械有限公司
Lianyungang Xiangyang Machinery Co., Ltd.
地址(Add)：江苏省连云港市海州区洪门工业园区二路8号
邮编(P. C.)：222003
电话(Tel)：0518－81069228
传真(Fax)：0518－85606600
E-mail：jjr5780@163. com
Http://www. lygxy. com
法人代表(Chairman)：姜静荣
总经理(General Manager)：姜静荣
联系人(Contact Person)：曹帅
产品业务(Business)：餐巾纸压花印刷折叠机，柔巾卷机，切片机，复卷打孔机，盘纸分切机

连云港市汉洲纸品机械厂
Lianyungang Hanzhou Paper Products Machine Factory
地址(Add)：江苏省连云港市海州区锦屏路东88号
邮编(P. C.)：222000
电话(Tel)：0518－85217728
E-mail：lhghzjx@163. com
Http://www. lyghzjx. com
总经理(General Manager)：陈海洲
联系人(Contact Person)：陈海洲
产品业务(Business)：盒装纸巾机，手帕纸机，餐巾纸压花机，非织造布折叠机

连云港华露无纺布机械设备厂
Lianyungang Hualu Nonwoven Machinery Factory
地址(Add)：江苏省连云港市海州区西门工业园179号
邮编(P. C.)：222001
电话(Tel)：0518－85113870
传真(Fax)：0518－85118268
E-mail：hljx@wfbjx. com
Http://www. wfbjx. com
法人代表(Chairman)：唐明路
总经理(General Manager)：唐明路
联系人(Contact Person)：唐明路
产品业务(Business)：非织造布折叠复卷机，湿巾机，餐巾纸机

江苏连云港市盛洁无纺布设备厂
Jiangsu Lianyungang Shengjie Nonwoven Machinery Factory
(详见湿巾设备)

江苏省连云港市新型纸品加工设备厂
Lianyungang New Paper Converting Machinery Factory
地址(Add)：江苏省连云港市新浦区南城镇
邮编(P. C.)：222062
电话(Tel)：0518－85911138
传真(Fax)：0518－85911138
法人代表(Chairman)：李士桂
总经理(General Manager)：李士桂
联系人(Contact Person)：李士桂
产品业务(Business)：盒装面巾纸机，餐巾纸压花机，纸巾纸机，擦手纸机，医用非织造布折叠机，复卷打孔机，面巾纸机

连云港市恒信无纺布湿巾机械有限公司
Lianyungang Hengxin Nonwovens Wet Wipe Machinery Co., Ltd.
(详见湿巾设备)

连云港市振宇机电有限责任公司
Lianyungang Zhenyu Electricity Co., Ltd.
(详见湿巾设备)

徐州市东杰造纸机械有限公司
Xuzhou Dongjie Paper Machinery Co., Ltd.
(详见卫生纸机)

嘉兴市锐星机械制造有限公司
Jiaxing Ruixing Machinery Manufacture Co., Ltd.
(详见包装设备、裹包设备及配件)

川之江造纸机械(嘉兴)有限公司
Kawanoe Zoki (Jiaxing) Co., Ltd.
(详见卫生纸机)

平阳县瑞海机械有限公司
Pingyang Ruihai Machinery Co., Ltd.
地址(Add)：浙江省平阳县宋桥镇林岱工业区郑龙中路215号
邮编(P. C.)：325400
电话(Tel)：0577－63776333
传真(Fax)：0577－63776338
E-mail：ruihai@chinaruihai. com
Http://www. chinaruihai. com
总经理(General Manager)：高和平
联系人(Contact Person)：高和平
产品业务(Business)：复卷机

晋江市齐瑞机械制造有限公司
Jinjiang Qirui Machinery Co., Ltd.
地址(Add)：福建省晋江市安海北环工业区
电话(Tel)：0595－85729558
传真(Fax)：0595－85719558
E-mail：houyk8@126. com
总经理(General Manager)：侯永康
产品业务(Business)：手帕纸机，卫生卷纸机，相关配件

泉州市汉辉纸品机械厂
Quanzhou Hanhui Paper Products Machinery Factory
(详见一次性卫生用品生产设备)

福建省泉州明发轻工机械厂
Fujian Quanzhou Mingfa Light Industry Machinery Factory
地址(Add)：福建省泉州市浮桥江南街道王弓社区王弓中巷14号巷4号
邮编(P. C.)：362005
电话(Tel)：0595－22482711
传真(Fax)：0595－22482711
联系人(Contact Person)：蔡照明
产品业务(Business)：手帕机，面巾机，卷筒机，餐巾

机，盒抽机

海创机械制造有限公司
Hicreat Machine Manufacture Co., Ltd.
地址(Add)：福建省泉州市惠安县螺阳镇溪东工业区
邮编(P. C.)：362100
电话(Tel)：0595－82050111
传真(Fax)：0595－82006151
E-mail：1830109733@qq.com
Http://www.napkinmachine.org
联系人(Contact Person)：黄燕治
产品业务(Business)：面巾纸机，餐巾纸机，卫生卷纸机，纸尿裤机，卫生巾生产线

福建鑫运机械发展有限公司
Fujian Xinyun Machinery Development Co., Ltd.
(详见一次性卫生用品生产设备)

泉州恒新纸品机械制造有限公司
Quanzhou Hengxin Paper Machinery Manufacture Co., Ltd.
地址(Add)：福建省泉州市鲤城区常泰街道华星社区华星路30号
邮编(P. C.)：362000
电话(Tel)：0595－22483608
传真(Fax)：0595－22458875
E-mail：mail@hengxingmac.com
Http://www.hengxingmac.com
法人代表(Chairman)：傅文新
总经理(General Manager)：傅文新
联系人(Contact Person)：傅文新
产品业务(Business)：抽取面巾纸机，复卷打孔机，分切机，餐巾纸折叠机

湘闽机械厂
Xiangmin Machinery Factory
(详见一次性卫生用品生产设备)

长洲机械制造有限公司
Changzhou Machine Manufacture Co., Ltd.
地址(Add)：福建省泉州市鲤城区浮桥黄石工业区
邮编(P. C.)：362000
电话(Tel)：0595－22450666
传真(Fax)：0595－28051066
E-mail：czmqz@yahoo.cn
总经理(General Manager)：吴泽洲
联系人(Contact Person)：吴泽洲
产品业务(Business)：餐巾纸机，擦手纸机，卫生巾机，婴儿纸尿裤机

广源轻工机械有限公司
Guangyuan Light Industry Machinery Co., Ltd.
地址(Add)：福建省泉州市鲤城区浮桥黄石工业区
邮编(P. C.)：362000
电话(Tel)：0595－22459602
联系人(Contact Person)：吴振生
产品业务(Business)：餐巾纸机，手帕纸机，面巾纸机，压花打孔圆筒卫生纸机

泉州市创盛轻工机械有限公司
Quanzhou Chuangsheng Light Industrial Machinery Co., Ltd.
地址(Add)：福建省泉州市鲤城区浮桥街道黄石工业区
邮编(P. C.)：362002
电话(Tel)：0595－22805766
传真(Fax)：0595－22805766
法人代表(Chairman)：吴育新
总经理(General Manager)：吴育新
联系人(Contact Person)：吴育新
产品业务(Business)：餐巾纸机

福建泉州明辉机械有限公司
Fujian Quanzhou Minghui Machinery Co., Ltd.
(详见一次性卫生用品生产设备)

泉州华讯机械制造有限公司
Quanzhou Huaxun Machinery Making Co., Ltd.
地址(Add)：福建省泉州市鲤城区金龙街道古店社区汽配街3号
邮编(P. C.)：362000
电话(Tel)：0595－22422828
传真(Fax)：0595－22422727
E-mail：hx@papermachine.cc
Http://www.papermachine.cc
联系人(Contact Person)：吴蕴吟
产品业务(Business)：面巾纸、餐巾纸、擦手纸加工机，纸尿裤机，卫生巾设备

泉州鑫达机械有限公司
Quanzhou Xinda Machinery Co., Ltd.
地址(Add)：福建省泉州市鲤城区南环路589号
邮编(P. C.)：362000
电话(Tel)：0595－22488602
传真(Fax)：0595－22477622
E-mail：xinda88@hotmail.com
Http://www.xinda－engine.com
法人代表(Chairman)：朱家种
总经理(General Manager)：朱颖贤
联系人(Contact Person)：史国铭
产品业务(Business)：面巾纸机，餐巾纸机，卫生巾、纸尿裤机，纸杯垫机，咖啡过滤纸袋机

泉州汇海机械有限公司
Quanzhou Huihai Machinery Co., Ltd.
地址(Add)：福建省泉州市鲤城区南环路799号
邮编(P. C.)：362000
电话(Tel)：0595－85997019
传真(Fax)：0595－85997019
E-mail：ljcfocus@yahoo.cn
Http://www.sinohuihai.com
联系人(Contact Person)：李金春
产品业务(Business)：卫生纸复卷打孔机，抽取式面巾纸设备

泉州特睿机械制造厂
Quanzhou Terui Machinery Factory
地址(Add)：福建省泉州市洛江区双阳华侨经济开发区
邮编(P. C.)：362000
电话(Tel)：0595－22061769
传真(Fax)：0595－22061769

E-mail：chinaterui@ hotmail. com
法人代表(Chairman)：王俊
总经理(General Manager)：王俊
联系人(Contact Person)：王俊
产品业务(Business)：纠偏器，控制器，复卷打孔机，餐巾纸机，面巾纸机，带式分切机，推包机，卫生巾生产线，婴儿/成人纸尿裤生产线

福建培新机械制造实业有限公司
Fujian Peixin Machine Manufacture Industry Co., Ltd.
(详见一次性卫生用品生产设备)

厦门鑫德豪机械有限公司
Xiamen Xindehao Machinery Co., Ltd.
(详见包装设备、裹包设备及配件)

山东华林机械有限公司
Shandong Hualin Machinery Co., Ltd.
(详见卫生纸机)

山东银光机械制造有限公司
Shandong Yinguang Machinery Co., Ltd.
(详见卫生纸机)

青岛三安国际贸易有限公司
San (Qingdao) International Trade Co., Ltd.
地址(Add)：山东省青岛市市北区连云港路 33 号 2208 室
邮编(P. C.)：266034
电话(Tel)：0532 - 55570881 - 8013
传真(Fax)：0532 - 55570885
E-mail：info@ sanmachinery. com
Http://www. sanmachinery. com
联系人(Contact Person)：魏力伦
产品业务(Business)：面巾纸/餐巾纸/擦手纸机、湿巾设备、卫生纸机出口

泰安宏泰克自动化设备有限公司
Taian Hongtaike Automation Equipment Co., Ltd.
地址(Add)：山东省泰安市堰北立交桥西 1 公里路北
邮编(P. C.)：271000
电话(Tel)：0538 - 8579538
传真(Fax)：0538 - 8579538
总经理(General Manager)：张旭初
产品业务(Business)：卫生纸切纸/复卷机，餐巾纸机，封口机

潍坊精诺机械有限公司
Weifang Kingnow Machine Co., Ltd.
地址(Add)：山东省潍坊市坊子区翠坊街 1 号
邮编(P. C.)：261200
电话(Tel)：0536 - 7650111
传真(Fax)：0536 - 7603588
E-mail：cao0399@ 163. com
Http://www. twknm. com
总经理(General Manager)：曹会国
联系人(Contact Person)：曹会国
产品业务(Business)：面巾纸/擦手纸/餐巾纸机，分切复卷机，面巾纸包装机

潍坊中顺机械科技有限公司
Weifang Zhongshun Machinery Technology Co., Ltd.
地址(Add)：山东省潍坊市坊子区潍州南路 18 公里处路东
邮编(P. C.)：261200
电话(Tel)：0536 - 7628526
传真(Fax)：0536 - 7664481
E-mail：wfhuali@ 163. com
Http://www. whljx. com
法人代表(Chairman)：王建明
总经理(General Manager)：王建明
联系人(Contact Person)：王建明
产品业务(Business)：卫生纸复卷机生产线，盒抽软抽纸生产线，餐巾纸机，手帕纸机，盘纸分切机

山东潍坊华丽纸品机械有限公司
Weifang Huali Paper Products Machinery Co., Ltd.
地址(Add)：山东省潍坊市坊子区潍州南路十五公里处
邮编(P. C.)：261200
电话(Tel)：0536 - 7628526
传真(Fax)：0536 - 7666799
Http://www. whljx. com
法人代表(Chairman)：王建明
总经理(General Manager)：王建明
联系人(Contact Person)：蒋杰
产品业务(Business)：餐巾纸机，盒抽纸机，面巾纸机，擦手纸机

潍坊凯信机械有限公司
Weifang Hicredit Machinery Co., Ltd.
(详见卫生纸机)

潍坊精盛机械有限公司
Weifang Jingsheng Machinery Co., Ltd.
地址(Add)：山东省潍坊市潍城经济开发区工业一街 7 号
邮编(P. C.)：261000
电话(Tel)：0536 - 8325860
传真(Fax)：0536 - 8325870
E-mail：www8325860@ 163. com
Http://www. 8325860. com
法人代表(Chairman)：郝金勇
总经理(General Manager)：曹新义
联系人(Contact Person)：赵晴
产品业务(Business)：卫生纸复卷机，餐巾纸/面巾纸机，盘纸分切机

潍坊市坊子区升阳机械厂
Weifang Shengyang Machinery Factory
地址(Add)：山东省潍坊市潍州南路(206 国道十五公里处)
邮编(P. C.)：261200
电话(Tel)：0536 - 7659160
传真(Fax)：0536 - 7659160
E-mail：wfshengyang@ 163. com
Http://www. canjinzhiji. com
法人代表(Chairman)：张升阳
总经理(General Manager)：张升阳
联系人(Contact Person)：张升阳
产品业务(Business)：卫生纸复卷机，餐巾纸折叠机，擦手纸机，面巾纸机，手帕纸机/包装机，切纸机

诸城市亿升机械有限公司
Zhucheng Yisheng Machinery Co., Ltd.
(详见卫生纸机和加工设备相关器材配件)

诸城市德润机械加工厂
Zhucheng Derun Machinery Converting Factory
地址(Add):山东省诸城市相州镇曹家泊
邮编(P. C.):262212
电话(Tel):0536-6573218
传真(Fax):0536-6573218
E-mail:derun@sdderun.com
Http://www.sdderun.com
联系人(Contact Person):陆术德
产品业务(Business):餐巾纸压花、折叠机,复卷打孔机,面巾纸机,方巾纸机,医用非织造布压花、折叠机,分切机

淄博大进造纸设备有限公司
Zibo Dajin Paper Machinery Co., Ltd.
地址(Add):山东省淄博市周村区恒星路98号
邮编(P. C.):255300
电话(Tel):0533-6556177
传真(Fax):0533-6555161
E-mail:llong@sh163.net
联系人(Contact Person):李春明
产品业务(Business):卫生纸复卷机

许昌兄弟造纸机械配件厂
Xuchang Xiongdi Paper Machinery Factory
地址(Add):河南省许昌市北郊小南海八龙路
邮编(P. C.):461000
电话(Tel):13837423019
联系人(Contact Person):訾四平
产品业务(Business):卫生纸复卷机,餐巾纸折叠机

许昌恒源纸品机械有限公司
Xuchang Hengyuan Paper Products Machinery Co., Ltd.
地址(Add):河南省许昌市民营开发区北环路铁路立交桥西100米路北
邮编(P. C.):461000
电话(Tel):0374-3265899
传真(Fax):0374-3265889
法人代表(Chairman):赵长松
总经理(General Manager):赵长松
联系人(Contact Person):赵长松
产品业务(Business):餐巾纸机,分切机,复卷机,盒抽机,面巾纸机

许昌市长风机械公司
Xuchang Changfeng Paper Machinery Factory
地址(Add):河南省许昌市尚集经济开发区
邮编(P. C.):461000
电话(Tel):0374-4365946
传真(Fax):0374-4365946
Http://www.cfjxc.com
法人代表(Chairman):聂建军
总经理(General Manager):聂建军
联系人(Contact Person):聂建军
产品业务(Business):复卷机,纸管机,分盘机,面巾纸机,餐巾纸机,带锯

东莞市厚街嘉崎通用机械设备厂
Dongguan Houjie Jiaqi General Mechanical Equipment Factory
地址(Add):广东省东莞市厚街镇汀山村潢水步23号
邮编(P. C.):523943
电话(Tel):0769-89099891
传真(Fax):0769-82681762
E-mail:jiaqi.kim699@gmail.com
Http://www.jiaqihao.com
联系人(Contact Person):李金晶
产品业务(Business):面巾纸机、切纸机、擦手纸机、餐巾纸机

东莞市仁久实业有限公司
Dongguan Sajiu Industrial Co., Ltd.
地址(Add):广东省东莞市黄江镇长龙村流洞一路
邮编(P. C.):523760
电话(Tel):0769-83620902
传真(Fax):0769-83622611
联系人(Contact Person):王久权
产品业务(Business):纸巾机械,包装印刷

东莞市矩阵机械制造有限公司
Dongguan Matrix Machinery Manufacturing Co., Ltd.
地址(Add):广东省东莞市沙田镇滨江路9号
邮编(P. C.):523982
电话(Tel):0769-89795687
传真(Fax):0769-88808246
E-mail:dgjzyx@matrix-jz.com
Http://www.matrix-jz.com
联系人(Contact Person):刘玉亮
产品业务(Business):餐巾纸/盒抽纸/擦手纸加工机

东莞市欧宏机械制造有限公司
Dongguan Ouhong Machinery Manufacturing Co., Ltd.
地址(Add):广东省东莞市沙田镇滨江路9号
邮编(P. C.):523982
电话(Tel):0769-89795687
传真(Fax):0769-88808246
E-mail:jrhg05@163.com
Http://www.dgpinqing.cn
联系人(Contact Person):李聘青
产品业务(Business):餐巾纸/盒抽纸/擦手纸加工机

东莞市鸿创造纸机械有限公司
Dongguan Hongchuang Paper Machinery Co., Ltd.
地址(Add):广东省东莞市沙田镇福六沙福海东路8号
邮编(P. C.):523982
电话(Tel):0769-88689139
传真(Fax):0769-88664788
总经理(General Manager):李明龙
联系人(Contact Person):李明龙
产品业务(Business):二手设备,造纸机网槽,造纸机配件

东莞市佳鸣机械制造有限公司
Dongguan Jumping Machinery Manufacture Co., Ltd.
地址(Add):广东省东莞市沙田镇民田工业区
邮编(P. C.):523991
电话(Tel):0769-88862099
传真(Fax):0769-88862066

E-mail：jumping@ jumping. com. cn
Http://www. jumping. com. cn
法人代表(Chairman)：万雪峰
总经理(General Manager)：万雪峰
联系人(Contact Person)：张国良
产品业务(Business)：面巾纸机，手帕纸机，餐巾纸机，擦手纸机，盘纸分切机

东莞市睿锋机械制造厂
Dongguan Ruifeng Machinery Factory
地址(Add)：广东省东莞市沙田镇沙田大道大泥工业区
邮编(P. C.)：523981
电话(Tel)：0769 - 88685971
传真(Fax)：0769 - 88685972
联系人(Contact Person)：郭路
产品业务(Business)：生活用纸加工机，压花/压光/压纹装置

东莞市志鸿机械制造有限公司
Dongguan Zhihong Machinery Manufacturing Co., Ltd.
地址(Add)：广东省东莞市沙田镇义沙管理区环保大道三排尾
邮编(P. C.)：523000
电话(Tel)：0769 - 88661258
传真(Fax)：0769 - 88869429
E-mail：zhihong. jixie@ 163. com
Http://www. zhihongjixie. com
总经理(General Manager)：王国栋
联系人(Contact Person)：蒋伶君
产品业务(Business)：复卷打孔机，餐巾纸压花机，盘纸分切机，盒装面巾纸机，擦手纸机，卷芯机

旺达国际实业有限公司
Wangda Industrial Co., Ltd.
地址(Add)：广东省佛山市南海区大沥镇太平村
邮编(P. C.)：528231
电话(Tel)：0595 - 22812726
传真(Fax)：0595 - 22161326
E-mail：order@ wangdagroup. com
Http://www. wangdagroup. com
联系人(Contact Person)：黄晓志
产品业务(Business)：卫生纸/餐巾纸/手帕纸/面巾纸加工机，纸巾包装设备，湿巾设备

佛山市南海美璟机械制造有限公司
Foshan Meijing Machinery Co., Ltd.
地址(Add)：广东省佛山市南海区大沥镇太平西村工业区一街3号
邮编(P. C.)：528231
电话(Tel)：0757 - 85517882
传真(Fax)：0757 - 85517559
Http://www. fs - mj. com
联系人(Contact Person)：杨林
产品业务(Business)：卫生纸、厨房用纸复卷打孔机，分切复卷机，抽取式面巾纸擦手纸机，手帕纸机，方巾纸、餐巾纸、湿巾、非织造布压花打孔分切复卷机

佛山市南海区贝泰机械制造有限公司
Better Paper Machinery Manufacture Co., Ltd.
地址(Add)：广东省佛山市南海区丹灶镇荷桂路荷村工业区
邮编(P. C.)：528216
电话(Tel)：0757 - 85130087
传真(Fax)：0757 - 85130087
E-mail：275784109@ qq. com
Http://www. better. net. cn
产品业务(Business)：纸巾/抽纸/擦手纸/餐巾纸机，封盒/卷管/分切机

佛山市鹏轩机械制造有限公司
Foshan Pengxuan Machinery Manufacture Co., Ltd.
地址(Add)：广东省佛山市南海区丹灶镇南海国家生态工业示范园凤凰大道5号
邮编(P. C.)：528000
电话(Tel)：0757 - 85413913
传真(Fax)：0757 - 85413923
E-mail：fspengxuan@ 163. com
Http://www. pxjx. com. cn
法人代表(Chairman)：潘光红
总经理(General Manager)：唐永威
联系人(Contact Person)：唐国平
产品业务(Business)：面巾纸折叠机，卫生纸复卷机，包装机

佛山市南海置恩机械制造有限公司
Foshan Nanhai Zhien Machinery Manufacture Co., Ltd.
地址(Add)：广东省佛山市南海区桂城夏西良溪工业区
邮编(P. C.)：528200
电话(Tel)：0757 - 86235488
传真(Fax)：0757 - 86229446
E-mail：master@ zhien. com
Http://www. zhien. com
法人代表(Chairman)：杨恩
总经理(General Manager)：杨恩
联系人(Contact Person)：杨恩
产品业务(Business)：餐巾纸折叠包装机，打孔复卷机，面巾纸机，手帕纸机等

佛山市欧创源机械制造有限公司
Foshan Ouchuangyuan Machinery and Alvarez Co., Ltd.
地址(Add)：广东省佛山市南海区罗村上柏元武工业区工贸3路
邮编(P. C.)：528200
电话(Tel)：0757 - 86265273
传真(Fax)：0757 - 86265273
E-mail：1583880578@ qq. com
Http://www. fsocy. com
联系人(Contact Person)：欧文生
产品业务(Business)：生活用纸加工机及包装设备

佛山市南海区德昌誉机械制造有限公司
Foshan Nanhai Dechangyu Paper Machinery Manufacture Co., Ltd.
地址(Add)：广东省佛山市南海区罗村镇岐岗工业区
邮编(P. C.)：528227
电话(Tel)：0757 - 86435166
传真(Fax)：0757 - 86435199
E-mail：master@ dechangyu. com
Http://www. dechangyu. com
法人代表(Chairman)：陆德昌
总经理(General Manager)：张荣

联系人(Contact Person)：张荣
产品业务(Business)：卷纸/厨房用纸生产线，盒装面巾纸机，纸巾纸折叠机，餐巾纸机，复卷机，非织造布加工设备

宝索机械制造有限公司
Baosuo Paper Machinery Manufacture Co., Ltd.
地址(Add)：广东省佛山市南海区平洲夏南一工业区
邮编(P. C.)：528252
电话(Tel)：0757－86777529
传真(Fax)：0757－86785529
E-mail：master@baosuo.com
Http://www.baosuo.com
法人代表(Chairman)：彭锦铜
总经理(General Manager)：彭锦铜
联系人(Contact Person)：彭锦潮
产品业务(Business)：面巾纸机，餐巾纸机，擦手纸机，压纹机，分切机，卷芯机，自动包装机，复卷机

佛山市南海区德虎纸巾机械厂
Foshan Nanhai Dehoo Machinery Co., Ltd.
地址(Add)：广东省佛山市南海区平洲镇夏东五房沙工业区
邮编(P. C.)：528200
电话(Tel)：0757－86785685
传真(Fax)：0757－86785685
E-mail：fsdehu@126.com
Http://www.fsdehu.com
法人代表(Chairman)：钟虎龙
总经理(General Manager)：钟虎龙
联系人(Contact Person)：钟虎龙
产品业务(Business)：餐巾纸/手帕纸折叠机，卫生纸复卷机，抽式纸巾纸机，平板方包机，盘纸分切机

佛山市兆广机械制造有限公司
Foshan Zhaoguang Paper Machinery Manufacture Co., Ltd.
地址(Add)：广东省佛山市南海区狮山科技工业园C区恒兴北路7号
邮编(P. C.)：528226
电话(Tel)：0757－86688182
传真(Fax)：0757－86688186
E-mail：master@nhxinli.com
Http://www.nhxinli.com
法人代表(Chairman)：吴兆广
总经理(General Manager)：郭初
联系人(Contact Person)：郭初
产品业务(Business)：卫生纸复卷机，厨房多用擦拭巾机，餐巾纸机，盘纸分切机，压花纸巾纸机，盒装面巾纸机，擦手纸机

佛山市南海毅创设备有限公司
Foshan Nanhai Yekoo Tissue Paper Machinery Co., Ltd.
地址(Add)：广东省佛山市南海区狮山科技工业园北区银狮路
邮编(P. C.)：528225
电话(Tel)：0757－81816199
传真(Fax)：0757－81816198
E-mail：yekon@yekon－machine.com
法人代表(Chairman)：杨瑞萍
总经理(General Manager)：郭超毅
联系人(Contact Person)：郭超毅
产品业务(Business)：面巾纸/擦手纸/手帕纸折叠机，大回旋切纸机

佛山市南海区铭阳机械制造有限公司
Foshan Nanhai Mingyang Machinery Manufacturing Co., Ltd.
地址(Add)：广东省佛山市南海区狮山镇官窑象岭村大洲工业区4号厂房
邮编(P. C.)：528225
电话(Tel)：0757－85809296
传真(Fax)：0757－85809176
E-mail：mingyangjixie@yeah.net
Http://www.fs－mingyang.com
联系人(Contact Person)：张海波
产品业务(Business)：面巾纸机，打孔复卷纸机，擦手纸机，面巾纸机

佛山市南海区邦贝机械制造有限公司
Foshan Nanhai Bangbei Machinery Manufacture Co., Ltd.
地址(Add)：广东省佛山市南海区狮山镇罗穆路冼边(白沙桥牌坊对面)
邮编(P. C.)：528225
电话(Tel)：0757－86690330
传真(Fax)：0757－63863206
Http://bbjxzz.cn.alibaba.com
法人代表(Chairman)：谢敏航
联系人(Contact Person)：谢敏航
产品业务(Business)：餐巾纸机，复卷机，手帕纸机

佛山市科牛机械有限公司
Foshan Corenew Machinery Co., Ltd.
地址(Add)：广东省佛山市南海区狮山镇小塘三环西莲子塘工业区
邮编(P. C.)：528222
电话(Tel)：0757－86655060
传真(Fax)：0757－86655060
E-mail：corenew@163.com
联系人(Contact Person)：李永福
产品业务(Business)：卫生纸后加工设备

佛山市川科创机械设备有限公司
Foshan Chuankechuang Machinery Co., Ltd.
地址(Add)：广东省佛山市南海区狮山镇兴业东路10号
邮编(P. C.)：528225
电话(Tel)：0757－86632166
传真(Fax)：0757－86632166
法人代表(Chairman)：何鹏
总经理(General Manager)：何鹏
产品业务(Business)：复卷机，盘纸分切复卷机，大回旋切纸机

广州台能机械制造有限公司
Guangzhou Talent Machinery Manufacture Co., Ltd.
地址(Add)：广东省广州市白云区人和镇蚌湖建南村庙企路68号(广州白云机场旁)
邮编(P. C.)：510470
电话(Tel)：020－86038984
传真(Fax)：020－36023281
E-mail：talentmachine@126.com

Http://www.talentmachine.cn
总经理(General Manager)：吴阳
联系人(Contact Person)：吴阳
产品业务(Business)：分切复卷机，餐巾纸折叠机，抽取式卫生纸包装机等

江门市蓬江区杜阮栢延五金机械厂
Jiangmen Baiyan Hardware Co., Ltd.
地址(Add)：广东省江门市蓬江区杜阮镇亭园苟眠岗
邮编(P. C.)：529000
电话(Tel)：0750－3651928
传真(Fax)：0750－3651778
E-mail：lin72229888@163.com
联系人(Contact Person)：林永源
产品业务(Business)：擦手纸机，餐巾纸机，面巾纸机

汕头市腾国自动化设备有限公司
Shantou Tengguo Automatic Equipment Co., Ltd.
(详见包装设备、裹包设备及配件)

汕头市威力纸巾设备厂
Shantou Weili Napkin Machine Factory
地址(Add)：广东省汕头市金平区光华北四路杏花工业区10座厂房
邮编(P. C.)：515021
电话(Tel)：0754－86773920
传真(Fax)：0754－86773920
联系人(Contact Person)：钟根华
产品业务(Business)：抽式面巾纸机，分切机，擦手纸机，餐巾机，卷纸机，软抽包装机，方巾纸包装机

和耀企业有限公司
Royview Enterprises Limited
(详见卫生纸机和加工设备相关器材配件)

深圳市弘捷琳自动化设备有限公司
Shenzhen Hongjielin Automatic Equipment Co., Ltd.
地址(Add)：广东省深圳市龙华新区观澜街道悦兴路63号鹏发工业园E栋
邮编(P. C.)：518000
电话(Tel)：0755－27626678
传真(Fax)：0755－27626676
E-mail：zhfur@163.com
联系人(Contact Person)：朱福荣
产品业务(Business)：大回旋刀，带锯自动切刀，包装机

柳州市维特印刷机械制造有限公司
Liuzhou Weite Printing Machinery Co., Ltd.
地址(Add)：广西柳州市阳和工业新区阳和北路
邮编(P. C.)：545006
电话(Tel)：0772－3713018
传真(Fax)：0772－3591566
E-mail：jr3713018@163.com
Http://www.jingrou.com
法人代表(Chairman)：曹杨
总经理(General Manager)：曹杨
联系人(Contact Person)：吕柳玲
产品业务(Business)：柔性版印刷机，印花餐巾纸机，彩色印刷餐巾纸加工，纸制品贴牌加工

南宁市唯美成套设备有限公司
Nanning Wemet International Complete Plant Engineering Co., Ltd.
(详见卫生纸机)

南宁鼎舜机械制造有限公司
Nanning Elite Tissue Converting Machinery Manufacture Co., Ltd.
地址(Add)：广西南宁市西乡塘区中尧路48号
邮编(P. C.)：530003
电话(Tel)：0771－3181566
传真(Fax)：0771－6784058－0033
E-mail：sales@tissuemach.com
Http://www.tissuemach.com
总经理(General Manager)：王卫
联系人(Contact Person)：王卫
产品业务(Business)：餐巾纸折叠机，复卷机，封盒机

双流合江旺宏机械厂
Shuangliu Wanghong Machinery Factory
地址(Add)：四川省成都市青白江区清泉镇秧田33队
邮编(P. C.)：610300
电话(Tel)：028－61765431
传真(Fax)：028－61765430
E-mail：2510431126@qq.com
联系人(Contact Person)：肖云
产品业务(Business)：卷纸机

● 卫生纸机和加工设备的其他相关器材配件 Other related apparatus and fittings of tissue machine and converting machinery

捷贸企业有限公司
Jamer Enterprise Co.
(详见卫生纸机)

Enerquin Air Inc.
地址(Add)：5730 Place Turcot Montreal, QC H4C 1V8 Canada
电话(Tel)：1－514－9314794
传真(Fax)：1－514－9313584
E-mail：info@enerquin.com
Http://www.enerquin.com
联系人(Contact Person)：Dominque Thifault
产品业务(Business)：扬克烘缸热风罩和热风系统

Cellwood Machinery AB
瑞典西尔伍德机械公司
地址(Add)：Box 65, SE－571 32 Nassjo, Sweden
电话(Tel)：46－380－76000
传真(Fax)：46－380－14123
E-mail：rolf.kurtz@cellwood.se
Http://www.cellwood.se
产品业务(Business)：碎浆机，疏解机，浆泵，高浓洗浆机，热分散系统

Mtorres Disenos Industriales S. A. U.
马努·托雷斯工业集团
地址(Add)：CTRA. PAMPLONS HUESCA KM9 31119

Torres de Elorz (Navarra), Spain
电话(Tel): 34 -948 -31711
传真(Fax): 34 -948 -317952
E-mail: rocio. burgos@ mtorres. es
Http://www. mtorres. es
联系人(Contact Person): Pablo de la Fuente
产品业务(Business): 退纸架

WEKO Biel AG
德国威可公司
地址(Add): Friedrich - List - Strasse 20 - 24 DE 70771 L. - Echterdingen, Germany
电话(Tel): 49 -0711 -7988 -0
传真(Fax): 49 -0711 -7988 -114
Http://www. weko. net
产品业务(Business): 施加乳霜给液系统

Saueressig GmbH + Co. KG
地址(Add): Gutenbergstrasse 1 - 3 D - 48691 Vreden Germany
电话(Tel): 49 -2564 -120
传真(Fax): 49 -2564 -12420
E-mail: mail@ saueressig. de
Http://www. saueressig. de
产品业务(Business): 压花辊

IKS Klingelnberg GmbH
爱凯思克林贝格集团
地址(Add): In der Fleute 18, 42897 Remscheid Germany
电话(Tel): 49 -2191 -969 -0
传真(Fax): 49 -2191 -969 -111
E-mail: sshen@ interknife. com
Http://www. interknife. com
法人代表(Chairman): Thomas Meyer
联系人(Contact Person): Shelly Shen
产品业务(Business): 卫生纸大圆刀, 分切圆刀

Roller + Engraving Technology
德国恩格利殊厂
地址(Add): Karstrasse 90/D - 41068 Monchengladbach Germany
电话(Tel): 49 -2161 -359136
传真(Fax): 49 -2161 -3594136
E-mail: koslowski@ ungricht. de
Http://www. ungricht. de
联系人(Contact Person): Artur Koslowski
产品业务(Business): 餐巾纸/面巾纸压花辊, 涂布/施胶/印刷辊

ST Macchine SpA
地址(Add): Via Calcara, 1 Industrial Area 1 - 36030 Monte di Malo (VI) Italy
电话(Tel): 39 -0445 -602688
传真(Fax): 39 -0445 -605452
E-mail: info@ stmacchine. it
Http://www. stmacchine. it
联系人(Contact Person): Anna Bertoldo
产品业务(Business): 流浆箱

Novimpianti SrL
地址(Add): Via del Fanucchi 17 1 - 55014 Praz. Marlia, Capannori (LU) Italy
电话(Tel): 39 -0583 -30219
传真(Fax): 39 -0583 -307566
E-mail: info@ novimpianti. com
Http://www. novimpianti. com
联系人(Contact Person): Giulio Pengo
产品业务(Business): 扬克式烘缸气罩, 蒸汽和冷凝系统

Fomat Aerothermic Srl
地址(Add): Via della Contea 24 - 55015 Montecarlo Lucca Italy
电话(Tel): 39 -0583 -496040
传真(Fax): 39 -0583 -496721
E-mail: info@ gruppofomat. com
Http://www. gruppofomat. com
联系人(Contact Person): Mauro Della Santa
产品业务(Business): 气罩

Svecom - P. E.
地址(Add): Via della Tecnica, 4 I - 36075 Montecchio Maggiore (Vicenza) Italy
电话(Tel): 39 -0444 -746211
传真(Fax): 39 -0444 -498098
E-mail: svecom@ svecom. com
Http://www. svecom. com
联系人(Contact Person): Flavio Marin
产品业务(Business): 复卷机和退纸机气胀轴, 夹头, 卷纸轴, 纸轴抽出机和升降台

Milltech Srl
弥尔科技公司
地址(Add): Via E. Mattei - Loc. Mugnano I - 55100 Lucca Italy
电话(Tel): 39 -0583 -432311
传真(Fax): 39 -0583 -432331
E-mail: info@ milltechsrl. com
Http://www. milltechsrl. com
产品业务(Business): 扬克烘缸热风罩

元帅金属企业行
King Hardware Trading Co.
地址(Add): 台湾省高雄市鼓山区文忠路 76 之 5 号 4F 之 1
电话(Tel): 886 -7 -5530316
传真(Fax): 886 -7 -5523474
E-mail: eabcd@ ms25. hinet. net
联系人(Contact Person): 陈尚政
产品业务(Business): 压光辊, 轧辊, 造纸烘缸

源利制刀工业股份有限公司
Yuan Lih Knife Company
地址(Add): 台湾省台中县潭子乡中山路三段 305 巷 61 号
电话(Tel): 886 -4 -25322827
传真(Fax): 886 -4 -25339351
E-mail: yuan02@ ms6. hinet. net
Http://www. cutter. com. tw
联系人(Contact Person): 林荣生
产品业务(Business): 切纸刀, 圆刀

北京恒捷科技有限公司
Beijing Hengjie Technology Co., Ltd.
地址(Add): 北京市昌平区立汤路 188 号北方明珠大厦

1-1520-22 室
邮编(P. C.): 102218
电话(Tel): 010-58607441
传真(Fax): 010-58607440
E-mail: bjhj@ hengjietech. com
Http://www. hengjietech. com
联系人(Contact Person): 秦博妮
产品业务(Business): 除渣器, 弧形筛

迪能科技(北京)有限公司
DNK Technologies (Beijing) Co., Ltd.
地址(Add): 北京市朝阳区酒仙桥东路9号A2-西7层
邮编(P. C.): 100016
电话(Tel): 010-64560984
传真(Fax): 010-64560619
E-mail: info@ dienesgroup. cn
Http://www. dienesgroup. cn
总经理(General Manager): 梁卓明
联系人(Contact Person): 梁卓明
产品业务(Business): 刀具

北京世宏顺达科技有限公司
Beijing Shihong Shunda Technology Co., Ltd.
地址(Add): 北京市朝阳区芍药居北里101号世奥国际中心B座2020
邮编(P. C.): 100029
电话(Tel): 010-62372686
传真(Fax): 010-62372686
E-mail: bnshihong@ 126. com
Http://www. bjshihong. com
联系人(Contact Person): 苏秋月
产品业务(Business): 工业水处理设备, 冷却塔, 分集水器

北京倍杰特国际环境技术有限公司
Beijing BGT International Environment Technology Co., Ltd.
地址(Add): 北京市大兴区旧宫镇秀水花园36甲
邮编(P. C.): 100076
电话(Tel): 010-51576320
传真(Fax): 010-51576008
E-mail: bjt13306510045@ 126. com
Http://www. bgtwater. com
联系人(Contact Person): 范志军
产品业务(Business): 水处理设备

北京华利嘉环境工程技术有限公司
Beijing Herocan Environmental Engineering Technology Co., Ltd.
地址(Add): 北京市大兴区榆垡镇工业区榆昌路10号
邮编(P. C.): 102602
电话(Tel): 010-89214400
传真(Fax): 010-89213300
E-mail: zjp@ standard-water. com
Http://www. heroka. com. cn
法人代表(Chairman): 郑金鹏
总经理(General Manager): 郑金鹏
联系人(Contact Person): 郑金鹏
产品业务(Business): 废水处理设备

莱克勒(天津)国际贸易有限公司
Stamm & Lechler
地址(Add): 北京市东三环北路8号亮马大厦2座418房间
邮编(P. C.): 100004
电话(Tel): 010-84537968-110
传真(Fax): 010-84537458
E-mail: info@ lechler. com. cn
Http://www. lechler. com. cn
联系人(Contact Person): 孙来鸿
产品业务(Business): 喷嘴

北京高中压阀门有限责任公司
Beijing Gaozhongya Valve Co., Ltd.
地址(Add): 北京市丰台区丰管路16号西国贸大厦9号楼B2-1028室
邮编(P. C.): 100171
电话(Tel): 010-51293388
传真(Fax): 010-51410308
E-mail: bvc@ bvc. cc
Http://www. bvc. cc
法人代表(Chairman): 卓金堤
总经理(General Manager): 卓金堤
联系人(Contact Person): 卓金堤
产品业务(Business): 烘缸疏水阀, 旋转接头, 刀型闸阀

北京万丰力技术有限公司
Beijing Wanfpower Tech. Ltd.
地址(Add): 北京市丰台区南方庄1号安富大厦717室
邮编(P. C.): 100079
电话(Tel): 010-67630569
传真(Fax): 010-67635869
E-mail: julian. liu@ wanfpower. com
Http://www. wanfpower. com
联系人(Contact Person): 刘九安
产品业务(Business): 浆泵

北京优派特科技发展有限公司
Beijing Up-Tech Science & Technology Development Co., Ltd.
地址(Add): 北京市海淀区复兴路83号东九楼409室
邮编(P. C.): 100856
电话(Tel): 010-51607361
传真(Fax): 010-51606545
E-mail: up-tech@ 126. com
Http://www. up-tec. cn
联系人(Contact Person): 任志浩
产品业务(Business): 弧形辊, 分切刀, 制动器, 张力控制

依博罗阀门(北京)有限公司
Ebro Armaturen (Beijing) Co., Ltd.
地址(Add): 北京市经济技术开发区东工业区经海三路新城工业园A5-2
邮编(P. C.): 100023
电话(Tel): 010-67827813
传真(Fax): 010-67827833
E-mail: youxingzhe@ ebro. cn
Http://www. ebro. cn
联系人(Contact Person): 游兴哲
产品业务(Business): 阀门

北京金峡超滤设备有限责任公司
Beijing Jinxia Super Filter Equipment Co., Ltd.
地址(Add)：北京市平谷区鱼子山 239 号
邮编(P. C.)：101211
电话(Tel)：010 – 60968966
传真(Fax)：010 – 60968966
E-mail：jinxiaclc@126.com
Http://www.jinxia.com.cn
法人代表(Chairman)：尉福生
总经理(General Manager)：尉福生
联系人(Contact Person)：尉福生
产品业务(Business)：污水处理过滤设备

北京巨鑫华瑞纸业机械制造厂
Beijing Juxinhuarui Paper Machinery Co., Ltd.
地址(Add)：北京市通州区马驹桥镇景盛南四街甲 13 号 24B
邮编(P. C.)：101102
电话(Tel)：010 – 69277984
传真(Fax)：010 – 69270573
E-mail：juxinhuarui@163.com
总经理(General Manager)：崔金城
产品业务(Business)：水印辊，脱水元件，纸机改造

天津市博业工贸有限公司
Tianjin Boye Industry & Trade Co., Ltd.
地址(Add)：天津市北辰区铁东路工业园区天盈道二支路 6 号
邮编(P. C.)：300400
电话(Tel)：022 – 86877688
传真(Fax)：022 – 86877689
E-mail：tjboye@163.com
联系人(Contact Person)：武剑
产品业务(Business)：端面磨床

保定市晨光造纸机械有限公司
Baoding Chenguang Paper Machinery Co., Ltd.
(详见卫生纸机)

保定市满城恒通造纸机械有限公司
Baoding Hengtong Paper Machinery Co., Ltd.
(详见卫生纸机)

维一金属特种工艺制作中心
Weiyi Metal Special Product Manufacture Center
地址(Add)：河北省保定市满城县北庄河北区 003 号
邮编(P. C.)：072150
电话(Tel)：0312 – 7066186
传真(Fax)：0312 – 7066186
联系人(Contact Person)：毕锋
产品业务(Business)：压花辊

华信造纸机械厂
Huaxin Paper Machine Factory
(详见生活用纸加工设备)

华光造纸网箱技术协会
Huaguang Paper Breast Box Technology Committee
地址(Add)：河北省保定市满城县大册营工业区
邮编(P. C.)：072150
电话(Tel)：0312 – 7021218
传真(Fax)：0312 – 7021218
联系人(Contact Person)：刘文祥
产品业务(Business)：流浆箱

保定市恒威造纸机械配件有限公司
Baoding Hengwei Paper Machinery Co., Ltd.
地址(Add)：河北省保定市满城县大册营造纸工业区
邮编(P. C.)：072100
电话(Tel)：0312 – 55720006
总经理(General Manager)：李二辉
产品业务(Business)：纸品加工设备配件，纸机安装

长山节能环保设备制作有限公司
Changshan Energy Saving & Environmental Protection Equipment Manufacturing Co., Ltd.
地址(Add)：河北省保定市满城县大册营造纸工业区
邮编(P. C.)：071250
电话(Tel)：15222373844
传真(Fax)：0312 – 7027786
E-mail：caiyuchao2010@163.com
Http://www.changshanjn.cn
联系人(Contact Person)：蔡玉朝
产品业务(Business)：疏水阀，浆渣泵，纸浆泵

满城县鑫光造纸机械厂
Mancheng Xinguang Paper Machinery Factory
(详见生活用纸加工设备)

保定光明网箱网槽厂
Baoding Guangming Breast Box Factory
地址(Add)：河北省保定市满城县大册营造纸工业区雪松纸厂北行 50 米路西
邮编(P. C.)：072150
电话(Tel)：0312 – 7021489
联系人(Contact Person)：杨永志
产品业务(Business)：流浆箱，真空设备

满城县全新机械厂
Mancheng Quanxin Machinery Factory
(详见生活用纸加工设备)

保定市满城县造纸技术协会
Mancheng Paper Technology Association
(详见生活用纸加工设备)

保定市创新造纸机械有限公司
Baoding Chuangxin Paper Machinery Co., Ltd.
(详见卫生纸机)

保定市中通泵业有限公司
Baoding Zhongtong Pump Co., Ltd.
地址(Add)：河北省保定市南二环 2162 – 8 号
邮编(P. C.)：071000
电话(Tel)：0312 – 2138886
传真(Fax)：0312 – 2138887
E-mail：ayf66@sina.com
Http://www.zhongtongpump.com
联系人(Contact Person)：安燕峰
产品业务(Business)：造纸泵

保定市三莱特纸品机械制造有限公司
Baoding Sunlight Napkin Machine Manufacture Co.
(详见生活用纸加工设备)

保定市新市区三兴制辊厂
Baoding Xinshi Sanxing Roller Factory
地址(Add)：河北省保定市西三环(107 国道)155 公路处
邮编(P. C.)：071000
电话(Tel)：0312 - 3196576
传真(Fax)：0312 - 3196576
法人代表(Chairman)：张玉忠
联系人(Contact Person)：张玉忠
产品业务(Business)：压花辊，羊毛辊

河北保定光大造纸机械厂
Hebei Baoding Guangda Paper Machinery Factory
地址(Add)：河北省保定市新市区建设北路石化路口
邮编(P. C.)：071051
电话(Tel)：0312 - 3111788
传真(Fax)：0312 - 3111788
总经理(General Manager)：苏春玖
产品业务(Business)：磨浆机，碎浆机，除渣器

沧州市通用造纸机械有限责任公司
Cangzhou General Paper Machinery Co., Ltd.
地址(Add)：河北省沧州市经济技术开发区东海路 33 号
邮编(P. C.)：061000
电话(Tel)：0317 - 3098909
传真(Fax)：0317 - 3098909
E-mail：ty@ cztyzzjx. com
法人代表(Chairman)：张思轩
总经理(General Manager)：张思轩
联系人(Contact Person)：张俊锋
产品业务(Business)：磨浆机等制浆设备

固安安腾精密筛分设备制造有限公司
Guan Anteng Precision Screening Equipment Manufacturing Co., Ltd.
地址(Add)：河北省固定县工业园区南区
邮编(P. C.)：065500
电话(Tel)：0316 - 5928637
传真(Fax)：010 - 58411881
E-mail：jiaoyue0118@ sina. com
Http://www. adsf. com. cn
联系人(Contact Person)：焦越
产品业务(Business)：精密筛，涂料筛，洗浆机

衡水裕泰机械有限公司
Hengshui Yutai Machinery Co., Ltd.
地址(Add)：河北省衡水市桃城区京大路兴业路 18 号
邮编(P. C.)：053000
电话(Tel)：0318 - 2395198
传真(Fax)：0318 - 2988981
E-mail：hsyt666@ 163. com
Http://www. hsytjx. com
联系人(Contact Person)：王月霞
产品业务(Business)：造纸辊

廊坊市广阳区京廊环保工程科技服务处
Langfang Jinglang Environment Protection Engineering Technology Service
地址(Add)：河北省廊坊市廊万路南甸村南口北方混凝土西院
邮编(P. C.)：065000
电话(Tel)：0316 - 2162889
传真(Fax)：0316 - 2162889
联系人(Contact Person)：马月海
产品业务(Business)：污水处理气浮设备

石家庄诚信中轻机械设备有限公司
Shijiazhuang Chengxin Light Industry Machinery Co., Ltd.
(详见检测仪器)

唐山天兴环保机械有限公司
Tangshan Tianxing Environmental Protection Machinery Co., Ltd.
地址(Add)：河北省唐山市开平区现代装备制造工业区南路
邮编(P. C.)：063000
电话(Tel)：0315 - 6322551
传真(Fax)：0315 - 6322552
E-mail：csy@ txtech. cn
联系人(Contact Person)：程绍原
产品业务(Business)：污水处理成套设备

河北亚圣实业有限公司
Hebei Asian Sage Industry Co., Ltd.
地址(Add)：河北省枣强县富强北路
邮编(P. C.)：053100
电话(Tel)：0318 - 8228718
传真(Fax)：0318 - 8222297
E-mail：sale@ hbyasheng. com
Http://www. hbyasheng. com
法人代表(Chairman)：孟祥峰
总经理(General Manager)：孟祥峰
联系人(Contact Person)：孟令健
产品业务(Business)：起皱刮刀

枣强县鼎好玻璃钢有限公司
Hebei Dinghao FRP Co., Ltd.
地址(Add)：河北省枣强县平原东街 79 号
邮编(P. C.)：053199
电话(Tel)：0318 - 8233379
传真(Fax)：0318 - 8229791
E-mail：hbzqdh@ 163. com
Http://www. bhzqdh. com
联系人(Contact Person)：户克利
产品业务(Business)：刮刀，吸水箱面板

山西运城萨瓦莱斯制版有限公司
Yuncheng Saueressig Plate - making Co., Ltd.
地址(Add)：山西省运城市盐湖区黄河大道中段 1689 号
邮编(P. C.)：044000
电话(Tel)：0359 - 2124167
传真(Fax)：0359 - 2129697
E-mail：286350996@ qq. com
Http://www. ycgv. com
联系人(Contact Person)：侯宽斌
产品业务(Business)：压纹版辊，卫生纸压花辊，镜面辊

大连明珠机械有限公司
Dalian Mingzhu Machinery Co., Ltd.
地址(Add)：辽宁省大连市庄河市大营镇
邮编(P. C.)：116406
电话(Tel)：0411 - 89400277

传真(Fax)：0411－89400296
E-mail：zrk3282@126.com
Http://www.dl－mz.cn
联系人(Contact Person)：张仁恺
产品业务(Business)：压光机，压光辊

大连宝锋机器制造有限公司
Dalian Baofeng Machinery Manufacturing Co., Ltd.
地址(Add)：辽宁省大连市庄河市新华路二段198号
邮编(P.C.)：116400
电话(Tel)：0411－89813505
传真(Fax)：0411－89713505
E-mail：sale@baofeng.net.cn
Http://www.baofeng.net.cn
联系人(Contact Person)：张波
产品业务(Business)：压光机，压光辊

丹东鸭绿江磨片有限公司
Dandong Yalu River Refining－Plate Co., Ltd.
地址(Add)：辽宁省丹东市浪头镇
邮编(P.C.)：118009
电话(Tel)：0415－6155355
传真(Fax)：0415－6156158
E-mail：jinquandisc@163.com
Http://www.jinquan－disc.com
法人代表(Chairman)：臧田良
总经理(General Manager)：臧田良
联系人(Contact Person)：迟立新
产品业务(Business)：造纸磨片

沈阳春光造纸机械有限公司
Shenyang Chunguang Paper Machinery Co., Ltd.
(详见卫生纸机)

白城福佳机械制造有限公司
Baicheng Fujia Mechanical Manufacture Co., Ltd.
(详见卫生纸机)

上海晓国刀片有限公司
Shanghai Xiaoguo Blade Co., Ltd.
地址(Add)：上海市宝山区庙行镇场北支路192号－9栋
邮编(P.C.)：200443
电话(Tel)：021－56815618
传真(Fax)：021－66247578
E-mail：shixiaoguo@hotmail.com
Http://www.shxgdp.com
法人代表(Chairman)：石晓国
总经理(General Manager)：石晓国
联系人(Contact Person)：石晓国
产品业务(Business)：圆刀

上海金旋旋转接头制造有限公司
Shanghai Jinxuan Rotary Joints Manufacturing Co., Ltd.
地址(Add)：上海市曹安公路4188号
邮编(P.C.)：201804
电话(Tel)：021－39598828
传真(Fax)：021－39597838
E-mail：sh_jinxuan@163.com
Http://www.shjinxuan.com
联系人(Contact Person)：龚延亮
产品业务(Business)：旋转接头

基越工业设备有限公司
Unicus Technics Co., Ltd.
地址(Add)：上海市漕河泾高新技术开发区钦州北路1198号83号楼4层
邮编(P.C.)：200233
电话(Tel)：021－64958080
传真(Fax)：021－64952448
E-mail：unicus@unicus.com.cn
Http://www.unicus.com.cn
联系人(Contact Person)：汪经理
产品业务(Business)：气动阀门

日惠得造纸器材(上海)贸易有限公司
Nippon Felt (Shanghai) Co., Ltd.
地址(Add)：上海市长宁区娄山关路85号东方国际大厦C1108室
邮编(P.C.)：200050
电话(Tel)：021－62350159
传真(Fax)：021－62195442
E-mail：lqding@felt.cn.jp
Http://www.felt.co.jp
法人代表(Chairman)：大山芳男
总经理(General Manager)：铃木泫一
联系人(Contact Person)：丁莉勤
产品业务(Business)：造纸毛布，网，靴压

上海瑞治贸易有限公司
Shanghai Mario Cotta Co., Ltd.
地址(Add)：上海市长宁区遵义路8号锦明大厦5D
邮编(P.C.)：200335
电话(Tel)：021－62592075
传真(Fax)：021－62592162
E-mail：smsh@switchmeans.com
总经理(General Manager)：胡博雄
联系人(Contact Person)：张建军
产品业务(Business)：纸类裁切设备，刀片，气胀轴，张力控制器

杜博林(大连)精密旋接器有限公司上海代表处
Deublin (Dalian) Precision Rotating Unions Co., Ltd.
地址(Add)：上海市成都北路333号招商局广场东1208
邮编(P.C.)：200041
电话(Tel)：021－52980791－20
传真(Fax)：021－52980790
E-mail：gxu@deublin.cn
联系人(Contact Person)：徐光勤
产品业务(Business)：旋转接头，蒸汽接头及虹吸管，冷凝水系统

杜布林亚太有限公司上海代表处
Deublin Asia Pacific Pte Ltd. Shanghai Representative Office
地址(Add)：上海市成都北路333号招商局广场东楼1208室
邮编(P.C.)：200041
电话(Tel)：021－52980791
传真(Fax)：021－52980790
E-mail：myqy@citiz.net
联系人(Contact Person)：徐先生
产品业务(Business)：旋转接头，蒸汽接头及虹吸管，蒸汽、凝结水系统

布鲁奇维尔(上海)通风技术有限责任公司
Brunnschweiler Shanghai Air Technology Co., Ltd.
地址(Add): 上海市奉贤区金汇镇工业路988号
邮编(P. C.): 201404
电话(Tel): 021-37561023
传真(Fax): 021-37566025
联系人(Contact Person): 张先生
产品业务(Business): 通风干燥设备

上海大晃泵业有限公司
Shanghai Dahuang Pump Co., Ltd.
地址(Add): 上海市奉贤区南桥镇轿行工业区128号
邮编(P. C.): 201400
电话(Tel): 021-57196294
传真(Fax): 021-57196294
总经理(General Manager): 赵金波
联系人(Contact Person): 赵金波
产品业务(Business): 纸浆泵

大连苏尔寿泵及压缩机有限公司上海分公司
Sulzer (Dalian) Pumps & Compressors Ltd., Shanghai Branch Co.
地址(Add): 上海市虹桥路3号港汇中心2座2102室
邮编(P. C.): 200030
电话(Tel): 021-64485034
传真(Fax): 021-64485061
E-mail: haijun. yang@ sulzer. com
联系人(Contact Person): 杨海军
产品业务(Business): 离心泵, 搅拌器, 混合器

德旁亭(上海)贸易有限公司
Shanghai TKM Trading Co., Ltd.
地址(Add): 上海市淮海中路887号8004室
邮编(P. C.): 200020
电话(Tel): 021-64156771-331
传真(Fax): 021-64159765
E-mail: jessiegong@ tkmchina. com
Http://www. tkmchina. com
法人代表(Chairman): Thomas Meyer
总经理(General Manager): 潘云喜
联系人(Contact Person): 龚黎
产品业务(Business): 纸业用刀具。爱凯思售后服务

上海冬慧辊筒机械有限公司
Shanghai Donghui Roller Machinery Co., Ltd.
地址(Add): 上海市嘉定区黄渡工业园区春浓路639号
邮编(P. C.): 201804
电话(Tel): 021-39115399
传真(Fax): 021-39191796
E-mail: gsq27@ sina. com
法人代表(Chairman): 翟西庆
总经理(General Manager): 翟西庆
联系人(Contact Person): 郭淑琴
产品业务(Business): 压花辊, 热轧辊, 烫金辊, 镜面辊

友聚(上海)精工机具有限公司上海分公司
MOTO (Shanghai) Machinery Co., Ltd.
地址(Add): 上海市嘉定区黄渡镇连西村张介路8号
邮编(P. C.): 201804
电话(Tel): 021-69596169
传真(Fax): 021-69596163
E-mail: kevin@ motoknife. com. cn
Http://www. motoknife. com
总经理(General Manager): 许裕良
联系人(Contact Person): 许裕良
产品业务(Business): 刀具

上海展高电器有限公司
Shanghai Zhangao Electric Appliances Co., Ltd.
地址(Add): 上海市嘉定区江桥金宝工业园区金园一路355号
邮编(P. C.): 201803
电话(Tel): 021-36080730
传真(Fax): 021-63516736
E-mail: zhangao@ zhangoco. com
Http://www. zhangoco. com
联系人(Contact Person): 郑兵
产品业务(Business): 真空泵, 减速机, 过滤器

上海天竺机械刀片有限公司
Shanghai Tianzhu Machinery Blades Co., Ltd.
地址(Add): 上海市嘉定区马陆镇北管工业区思星路7号(思星路25号北)
邮编(P. C.): 201801
电话(Tel): 021-39944722
传真(Fax): 021-39944733
E-mail: cxtianzhu@ yahoo. com. cn
Http://www. tzdp. com. cn
法人代表(Chairman): 竺小勇
总经理(General Manager): 陈兴
产品业务(Business): 造纸刀片

上海迁川制版模具有限公司
Shanghai Tsujikawa Engraving Co., Ltd.
地址(Add): 上海市嘉定区马陆镇丰饶路123号
邮编(P. C.): 201822
电话(Tel): 021-69156215
传真(Fax): 021-69156227
E-mail: sale32@ tsujikawa. com. cn
Http://www. tsujikawa. com. cn
法人代表(Chairman): 迁川丰
总经理(General Manager): 安藤幸嗣
联系人(Contact Person): 赵洪军
产品业务(Business): 模切辊, 压花辊, 镜面辊, 凹凸印刷辊

上海鼎振机械刀具有限公司
Shanghai Dingzhen Mechanical Cutting Tool Co., Ltd.
地址(Add): 上海市静安区昌化路765弄3号3B室
邮编(P. C.): 200060
电话(Tel): 021-62667883
传真(Fax): 021-62779631
E-mail: john@ shdzd. com
Http://www. shdzd. com
联系人(Contact Person): 洪祖楼
产品业务(Business): 卫生纸切刀, 复卷机圆刀

上海茂控机电设备有限公司
Shanghai MK Machine & Electrical Equipment Co., Ltd.
地址(Add): 上海市闵行区虹梅南路1755弄(众兴工业园)兴梅路658号

邮编(P. C.)：200237
电话(Tel)：021－34538996
传真(Fax)：021－34538995－816
Http://www. sh－mk. com
联系人(Contact Person)：肖家雨
产品业务(Business)：鼓风机，送风风轮，齿轮减速马达，减速、调速马达，齿轮减速机

上海上泵(集团)有限公司
Shanghai Shangbeng (Group) Co., Ltd.
地址(Add)：上海市闵行区浦锦路2049弄万科VM026号
邮编(P. C.)：201112
电话(Tel)：021－58143333
传真(Fax)：021－58145701
Http://www. shangbeng. com. cn
联系人(Contact Person)：王经理
产品业务(Business)：离心泵，混流泵

上海国昱贸易有限公司
Shanghai Welkin Chem Co., Ltd.
地址(Add)：上海市蒲汇塘路50号五兰花苑1号楼1606室
邮编(P. C.)：200030
电话(Tel)：021－64393490
传真(Fax)：021－64393496
E-mail：andyguo@ welkinchem. com. cn
Http://www. welkinchem. com. cn
总经理(General Manager)：郭晓东
产品业务(Business)：卫生纸起皱刮刀

麦格思维特(上海)流体工程有限公司
Maximator (Shanghai) Fluid Engineering Co., Ltd.
地址(Add)：上海市浦东新区东陆路89号(临张杨北路东高路口)
邮编(P. C.)：200129
电话(Tel)：021－58682266－305
传真(Fax)：021－58683368
E-mail：kaiven@ maximator. cn
Http://www. maximator. cn
联系人(Contact Person)：朱政
产品业务(Business)：气动液压泵，减压阀，计量泵

上海锐利商贸有限公司
Shanghai Ruili Trade Co., Ltd.
(详见胶带、胶贴、魔术贴、标签)

上海圣智机械设备有限公司
Shanghai Sond Machinery Equipment Co., Ltd.
地址(Add)：上海市普陀区中山北路3856路2号中环大厦2222室
邮编(P. C.)：200063
电话(Tel)：021－52682051
传真(Fax)：021－52681857
E-mail：sh_ sonds@ sina. com
联系人(Contact Person)：袁卫理
产品业务(Business)：打浆设备

上海爱凯思机械刀片有限公司
Shanghai IKS Mechanical Blade Co., Ltd.
地址(Add)：上海市青浦工业园区崧泽大道7477号
邮编(P. C.)：201707
电话(Tel)：021－59869050
传真(Fax)：021－59868220
E-mail：kai. ma@ iks－sh. com
Http://www. iks－sh. com
法人代表(Chairman)：Thomas Meyer
总经理(General Manager)：潘云喜
联系人(Contact Person)：马凯
产品业务(Business)：卫生纸大圆刀，分切圆刀

上海力林造纸真空机械有限公司
Shanghai Lilin Paper Vaccum Machinery Co., Ltd.
地址(Add)：上海市青浦区白鹤工业园区鹤祥路9号
邮编(P. C.)：201709
电话(Tel)：021－59742575
传真(Fax)：021－59742572
E-mail：shanghaililin@ 163. com
法人代表(Chairman)：王林元
联系人(Contact Person)：李良
产品业务(Business)：盘磨，疏解机，浆泵

三厘塑胶中国营销总部
Sanking Plastic
地址(Add)：上海市青浦区华新镇纪鹤公路3388号
邮编(P. C.)：201708
电话(Tel)：021－65335589
传真(Fax)：021－65335366
E-mail：sdoffice@ tom. com
Http://www. sankingchina. com
联系人(Contact Person)：王泽权
产品业务(Business)：工业管理系统，胶塑阀门，球阀，双龙令球阀，止回阀，蝶阀，法兰片，底阀，活接，快速接头

斯普瑞喷雾系统(上海)有限公司
Spraying Systems (Shanghai) Co., Ltd.
地址(Add)：上海市松江工业区书林路21号
邮编(P. C.)：201612
电话(Tel)：021－67600882－8078
传真(Fax)：021－67600549
E-mail：benzha@ spray. com. cn
Http://www. spray. com. cn
联系人(Contact Person)：赵华
产品业务(Business)：喷嘴，喷雾系统

泽积(上海)实业有限公司
Int Knife (Shanghai) Industrial Co., Ltd.
地址(Add)：上海市松江区佘山假日酒店半岛1－219
邮编(P. C.)：201619
电话(Tel)：021－56160425
传真(Fax)：021－56163371
E-mail：menghong@ chongxiu. com
Http://www. chongxiu. com
法人代表(Chairman)：孟红
总经理(General Manager)：孟红
产品业务(Business)：展平辊，切分刀，静电消除绳，气动刹车

川佳机械集团
New Bonafide Machinery
地址(Add)：上海市宛平南路381号宛轻大楼5楼
邮编(P. C.)：200032

电话(Tel)：021－64283706
传真(Fax)：021－64283652
E-mail：newbonafide@126.com
Http://www.new－bonafide.com
联系人(Contact Person)：李延军
产品业务(Business)：碎浆机，压力筛，白水回收机，卫生纸机，切纸机，复卷机

上海申贝泵业制造有限公司
Shanghai Shenbei Pump Manufacture Co., Ltd.
地址(Add)：上海市万荣路839号
邮编(P.C.)：200072
电话(Tel)：021－56652308
传真(Fax)：021－56652046
E-mail：sbpump@163.com
Http://www.sbpump.com
联系人(Contact Person)：陈翔
产品业务(Business)：计量泵

上海思百吉仪器系统有限公司
Shanghai Sibaiji Instrument System Co., Ltd.
地址(Add)：上海市徐汇区田州路99号新安大楼9号楼401室
邮编(P.C.)：200233
电话(Tel)：021－61133649
传真(Fax)：021－61133680
E-mail：info.china@btg.com
Http://www.btg.com
联系人(Contact Person)：董惠丽
产品业务(Business)：起皱刮刀，制浆造纸仪器，仪表，传感器

西尔伍德机械贸易(上海)有限公司
Cellwood Machinery AB
地址(Add)：上海市肇嘉浜路777号青松城619室
邮编(P.C.)：200032
电话(Tel)：021－54961756－808
传真(Fax)：021－54960279
E-mail：kaj.trymell@cellwood.se
Http://www.cellwood.se
联系人(Contact Person)：Kaj Trymell
产品业务(Business)：碎浆机，疏解机，浆泵，高浓洗浆机，热分散系统

上海诺川泵业有限公司
Shanghai Nuochuan Pump Co., Ltd.
地址(Add)：上海市中山北路3856弄2号1327室
邮编(P.C.)：200063
电话(Tel)：021－52711908
传真(Fax)：021－52712122
E-mail：yewu.tan@nuochuan－pump.com
Http://www.nuochuan－pump.com
联系人(Contact Person)：谭业武
产品业务(Business)：压缩机，真空泵

上海洗霸科技有限公司制浆造纸部
Shanghai Xiba Technology Co., Ltd. Pulp & Paper Dep.
地址(Add)：上海市中山市北一路1230号柏树大厦B座5楼
邮编(P.C.)：200437
电话(Tel)：021－60735417
传真(Fax)：021－65604643
Http://www.china－xiba.com
联系人(Contact Person)：陆红卫
产品业务(Business)：废水、污水处理

江苏尚宝罗泵业有限公司
Jiangsu SBL Pump Co., Ltd.
地址(Add)：江苏省宝应县城西(二桥)工业集中区尚宝罗路1号
邮编(P.C.)：225800
电话(Tel)：0514－88209222
传真(Fax)：0514－88224929
E-mail：sblpump@163.com
Http://www.sblpump.com
法人代表(Chairman)：童洪广
总经理(General Manager)：童洪广
联系人(Contact Person)：方波
产品业务(Business)：纸浆泵，离心泵，机能泵

常州市坚力橡胶有限公司
Changzhou Jianli Rubber Co., Ltd.
地址(Add)：江苏省常州市东门外郑陆镇工业园区
邮编(P.C.)：213111
电话(Tel)：0519－88731103
传真(Fax)：0519－88736268
E-mail：manager@jlrubber.com
Http://www.jlrubber.com
联系人(Contact Person)：刘晓春
产品业务(Business)：胶辊，造纸辊，印花辊，印刷辊

常州克力摩自动化控制设备厂
Changzhou Cream Autocontrol Plant
地址(Add)：江苏省常州市潞城富民工业园
邮编(P.C.)：213025
电话(Tel)：0519－88406372
传真(Fax)：0519－88406371
E-mail：sales@czklm.com
Http://www.czklm.com
联系人(Contact Person)：姜亚俊
产品业务(Business)：气胀辊，舒展辊，控制器

常州市科艺钢印花辊厂
Changzhou Keyi Embossing Roller Manufacture Factory
地址(Add)：江苏省常州市马杭大路工业园
邮编(P.C.)：213162
电话(Tel)：0519－86700665
传真(Fax)：0519－86700757
E-mail：kyhg@kyhg.com
Http://www.kyhg.com
法人代表(Chairman)：吴华江
总经理(General Manager)：吴华江
联系人(Contact Person)：吴华江
产品业务(Business)：压花辊，消光辊，镜面辊，钢对钢凹凸对压辊

常州市武进广宇花辊机械有限公司
Changzhou Wujin Guangyu Embossing Roller & Machinery Co., Ltd.
地址(Add)：江苏省常州市武进区湖塘镇马杭街广电东路192号
邮编(P.C.)：213162

电话(Tel)：0519－86701036
传真(Fax)：0519－86702056
E-mail：sales@ wj－guangyu. com. cn
Http://www. wj－guangyu. com. cn
法人代表(Chairman)：余克
总经理(General Manager)：王志忠
联系人(Contact Person)：王志忠
产品业务(Business)：压花辊，橡胶辊，热轧辊，网纹辊，压花、压光机械

常州航林人造板机械制造有限公司
Changzhou Hanglin Playwood Machine Making Co., Ltd.
地址(Add)：江苏省常州市武进区郑陆镇常郑路97号
邮编(P. C.)：213111
电话(Tel)：0519－88930931
传真(Fax)：0519－88930913
E-mail：hanglinjx@ 126. com
Http://www. hanglinjx. com
总经理(General Manager)：刘东方
联系人(Contact Person)：刘东方
产品业务(Business)：磨刀机

斯通伍德(常州)辊子有限公司
Changzhou Stowewoodward Co., Ltd.
地址(Add)：江苏省常州市新北区天山路49号
邮编(P. C.)：213022
电话(Tel)：0519－85068585
传真(Fax)：0519－88222812
E-mail：liqiang. sun@ stowewoodwest. com. cn
Http://www. stowewoodward. com
产品业务(Business)：胶辊包胶

江苏贝斯特数控机械有限公司
Jiangsu Best CNC－Machinery Co., Ltd.
地址(Add)：江苏省东台市唐洋镇黄海南路99号
邮编(P. C.)：224233
电话(Tel)：0515－85652988
传真(Fax)：0515－85651391
E-mail：jsbest88@ 163. com
Http://www. jsbest－88. com
法人代表(Chairman)：张明
总经理(General Manager)：张明
联系人(Contact Person)：姜爱云
产品业务(Business)：磨刀机

江苏腾飞数控机械有限公司
Jiangsu Soaring CNC－Machinery Co., Ltd.
地址(Add)：江苏省东台市许河云集工业园
邮编(P. C.)：224232
电话(Tel)：0515－85639598
传真(Fax)：0515－85639620
E-mail：jstengfei@ 1126. com
Http://www. china－jstf. com
联系人(Contact Person)：张桂荣
产品业务(Business)：刮刀磨刀机

海门市刀片有限公司
Haimen Blade Co., Ltd.
地址(Add)：江苏省海门市三厂镇中华东路361号
邮编(P. C.)：226121
电话(Tel)：0513－82601601
传真(Fax)：0513－82602005
E-mail：lb@ hmdpc. com
Http://www. hmdpc. com
总经理(General Manager)：陆斌
联系人(Contact Person)：陆斌
产品业务(Business)：圆刀，卫生纸打孔刀

南通市恒荣机泵厂有限公司
Nantong Hengrong Pumps Co., Ltd.
地址(Add)：江苏省海门市三厂镇中华西路297号
邮编(P. C.)：226121
电话(Tel)：0513－82607650
传真(Fax)：0513－82749817
E-mail：hengrong@ chinahengrong. cn
Http://www. chinahengrong. cn
联系人(Contact Person)：董昌年
产品业务(Business)：鼓风机，真空泵

海门市海南带刀厂
Haimen Haian Blade Factory
地址(Add)：江苏省海门市三和镇工业区
邮编(P. C.)：226113
电话(Tel)：13801460809
传真(Fax)：0513－82238869
法人代表(Chairman)：张健生
总经理(General Manager)：张健生
联系人(Contact Person)：张健生
产品业务(Business)：带刀，纸刀

江苏正伟造纸机械有限公司
Jiangsu Zhengwei Paper Machinery Co., Ltd.
地址(Add)：江苏省建湖县民营工业园2号路77号
邮编(P. C.)：224700
电话(Tel)：0515－85368818
传真(Fax)：0515－85368633
E-mail：zwjx1211@ 163. com
Http://www. chinazzjxw. com
总经理(General Manager)：翟其建
联系人(Contact Person)：翟其建
产品业务(Business)：真空辊

江阴市正中机械制造有限公司
Jiangyin Zhengzhong Machinery Manufacturing Co., Ltd.
地址(Add)：江苏省江阴市顾山镇北国东岐138号
邮编(P. C.)：214414
电话(Tel)：0510－86319931
传真(Fax)：0510－86359852
E-mail：liuchengdong11@ 163. com
法人代表(Chairman)：冯正法
总经理(General Manager)：冯正法
联系人(Contact Person)：刘承东
产品业务(Business)：除尘设备，分切机

江阴市国光轧光机纤维辊有限公司
Jiangyin Guoguang Calenders Fiber Roll Co., Ltd.
地址(Add)：江苏省江阴市利港镇西利路86号
邮编(P. C.)：214444
电话(Tel)：0510－86631242
传真(Fax)：0510－86631051
联系人(Contact Person)：郑建华

产品业务(Business)：轧光机，纤维辊

江阴市利伟轧辊印染机械有限公司
Jiangyin Liwei Roller Dying & Printing Machinery Co., Ltd.
地址(Add)：江苏省江阴市利港镇新街路 38 号
邮编(P. C.)：214444
电话(Tel)：0510 – 86631479
传真(Fax)：0510 – 86092290
E-mail：info@ lixinmachine. com
Http://www. lixinmachine. com
法人代表(Chairman)：缪建伟
总经理(General Manager)：缪建伟
联系人(Contact Person)：缪建伟
产品业务(Business)：压纹辊，羊毛辊，轧光机，轧花机，钢花辊

靖江市金利马重工机械制造有限公司
Jingjiang Jinlima Heavy Industry Machine Made Co., Ltd.
地址(Add)：江苏省靖江市东兴镇环镇南路 8 号
邮编(P. C.)：214533
电话(Tel)：0523 – 84686988
传真(Fax)：0523 – 84686988
E-mail：info@ jjjlim. com
Http://www. jjjlm. com
法人代表(Chairman)：袁江
总经理(General Manager)：袁江
联系人(Contact Person)：袁江
产品业务(Business)：盘磨，磨浆机，浆泵，疏磨机，碎浆机

江苏飞跃机泵制造有限公司
Jiangsu Feiyue Pump Manufacturing Co., Ltd.
地址(Add)：江苏省靖江市新桥工业园区飞跃路 96 号
邮编(P. C.)：214537
电话(Tel)：0523 – 84321998
传真(Fax)：0523 – 84322463
E-mail：info@ fy – pump. com
Http://www. fy – pump. com
联系人(Contact Person)：王涛
产品业务(Business)：黑液循环泵，上浆泵

昆山德凯盛刃模有限公司
Kunshan Dekaisheng Edge Mold Co., Ltd.
地址(Add)：江苏省昆山市城北开发区水秀路 1911 号
邮编(P. C.)：215300
电话(Tel)：0512 – 57640798
传真(Fax)：0512 – 57640738
E-mail：dekaiks@ 163. com
Http://www. ksdksrm. com
联系人(Contact Person)：邰圣键
产品业务(Business)：切刀，大圆刀，刮刀

昆山市永丰水处理流体机械有限公司
Kunshan Yongfeng Water Treatment Fluid Machinery Co., Ltd.
地址(Add)：江苏省昆山市淀山湖经济技术开发区双和路 79 号
邮编(P. C.)：215345
电话(Tel)：0512 – 57493118
传真(Fax)：0512 – 57493119
E-mail：moweihai123@ 163. com
Http://www. ksyongfeng. com
法人代表(Chairman)：莫卫海
总经理(General Manager)：莫卫海
联系人(Contact Person)：莫卫海
产品业务(Business)：蒸汽节能设备

苏州力华米泰克斯胶辊制造有限公司
Suzhou Lihua Mitex Elastomer Roller Manufacture Co., Ltd.
地址(Add)：江苏省昆山市花桥镇姚南路 280 号
邮编(P. C.)：215332
电话(Tel)：0512 – 57697907
传真(Fax)：0512 – 57696637
E-mail：kslihua@ 163. com
联系人(Contact Person)：刘磊
产品业务(Business)：造纸胶辊，真空压榨辊

龙腾跃达机械设备有限公司
Longteng Yueda Machinery Equipment Co., Ltd.
地址(Add)：江苏省昆山市优比路 298 号
邮编(P. C.)：215314
电话(Tel)：0512 – 55195872
传真(Fax)：0512 – 55195871
E-mail：kslty@ 163. com
Http://www. lt – blower. com
联系人(Contact Person)：赵瑞东
产品业务(Business)：鼓风机，送风机

昆山盛晖机械科技有限公司
Kunshan Shenghui Machinery Technology Co., Ltd.
地址(Add)：江苏省昆山市玉城中路 2 号 5 号厂房
邮编(P. C.)：215316
电话(Tel)：0512 – 57269755
传真(Fax)：0512 – 57269756
E-mail：shkj@ vip. 163. com
Http://www. ksshkj. com
联系人(Contact Person)：陈家勇
产品业务(Business)：气胀轴，收放料卷取系统

昆山亚培德造纸技术设备有限公司
Asia Paper Tech., Ltd.
地址(Add)：江苏省昆山市张浦镇德新路 10 号
邮编(P. C.)：215300
电话(Tel)：0512 – 57777690
传真(Fax)：0512 – 57777693
E-mail：howard. zheng@ asiapapertech. com
Http://www. asiapapertech. com
联系人(Contact Person)：郑浩
产品业务(Business)：造纸机配套设备，造纸工艺改进

江苏维美轻工机械有限公司
Jiangsu Weimei Machinery Co., Ltd.
(详见烘缸、网笼)

江苏保龙机电制造有限公司
Jiangsu Baolong Electromechanical Mfg. Co., Ltd.
地址(Add)：江苏省溧阳市昆仑北路 75 号
邮编(P. C.)：213300
电话(Tel)：0519 – 87305803
传真(Fax)：0519 – 87301886

E-mail：baolongco@163. net
Http://www. jsbaolong. com
法人代表(Chairman)：周水保
总经理(General Manager)：周水保
联系人(Contact Person)：史丽娟
产品业务(Business)：制浆造纸备料设备

哈尔滨轴承集团(南京)销售有限公司
Harbin Bearing Group (Nanjing) Sales Co., Ltd.
地址(Add)：江苏省南京市鼓楼区黑龙江路28号01幢
邮编(P. C.)：210037
电话(Tel)：025－83531529
传真(Fax)：025－83531509
联系人(Contact Person)：任传柱
产品业务(Business)：轴承

南京松林刮刀锯有限公司
Songlin International Knife Manufacturer Co., Ltd.
地址(Add)：江苏省南京市鼓楼区中山北路281号虹桥新城市广场A幢1815室
邮编(P. C.)：210003
电话(Tel)：025－58811772
传真(Fax)：025－58812039
E-mail：ssl@paperblade－ssl. com
Http://www. paperblade－ssl. com
法人代表(Chairman)：夏松林
总经理(General Manager)：夏松林
联系人(Contact Person)：夏松林
产品业务(Business)：卫生纸起皱刀及磨刀机，卷筒卫生纸裁断圆盘刀，餐巾纸和面巾纸断刀，打孔刀，分切刀，涂布刮刀，圆刀磨床，刮刀磨床

金神激光制辊有限公司
Jinshen Laser Roller Engraving Co., Ltd.
地址(Add)：江苏省南京市江宁区淳化街道索墅工业园
邮编(P. C.)：210012
电话(Tel)：025－52109288
传真(Fax)：025－52109588
E-mail：jm2109288@tom. com
联系人(Contact Person)：马智虎
产品业务(Business)：电子雕刻，压花压纹版

南京麦文环保设备工程有限责任公司
Nanjing Mavin EP Equipment & Engineering Co., Ltd.
地址(Add)：江苏省南京市栖霞区马群科技园天马路6号
邮编(P. C.)：210049
电话(Tel)：025－51962460
传真(Fax)：025－84819833
E-mail：info@mavin. cc
Http://www. mavin. cc
法人代表(Chairman)：林常海
总经理(General Manager)：林常海
联系人(Contact Person)：顾娟
产品业务(Business)：计量泵，阀门

南京振锋机械刀具有限公司
Nanjing Zhenfeng Machinery & knife Co., Ltd.
地址(Add)：江苏省南京市中华门外溧水县明觉工业园
邮编(P. C.)：211223
电话(Tel)：0555－6063134
传真(Fax)：0555－6061215
E-mail：hlx1001@163. com
联系人(Contact Person)：陈祥
产品业务(Business)：生活用纸刀具

启东春鼎机械有限公司
Qidong Trundean Machinery Industrial Co., Ltd.
地址(Add)：江苏省启东市经济开发区海洪工业园区灵峰路899号
邮编(P. C.)：226200
电话(Tel)：0513－68896666
传真(Fax)：0513－68891666
E-mail：qidong@trundean. com
Http://www. trundean. com. cn
联系人(Contact Person)：黄炼
产品业务(Business)：罗茨鼓风机，化工泵，环保设备

苏州嘉研橡胶工业科技有限公司
Suzhou Jiayan Rubber Industrial Technology Co., Ltd.
地址(Add)：江苏省苏州市吴中区胥口镇茅蓬路518号
邮编(P. C.)：215164
电话(Tel)：0512－66930360
传真(Fax)：0512－66935997
E-mail：jiayan1888@163. com
Http://www. szjiayanxj. com
总经理(General Manager)：陈炯颖
联系人(Contact Person)：陈烟涂
产品业务(Business)：展平辊，橡胶辊，金属辊

昆山市倍思特刀锯厂
Kunshan Best Blade Factory
地址(Add)：江苏省太仓市浮桥镇高桥工业区3期88号
邮编(P. C.)：215434
电话(Tel)：0512－53993910
传真(Fax)：0512－53993920
E-mail：tchhdj. 2007@163. com
Http://www. best－daoju. com
法人代表(Chairman)：涂发祥
总经理(General Manager)：涂发祥
联系人(Contact Person)：涂发祥
产品业务(Business)：切纸带刀，造纸刮刀，复卷刀，分切圆刀

江苏仕宁机械有限公司
Jiangsu Shining Machinery Co., Ltd.
地址(Add)：江苏省泰兴市城区工业园碾坊路19号
邮编(P. C.)：225401
电话(Tel)：0523－87996001
传真(Fax)：0523－87996031
E-mail：shining@cnjsn. com
联系人(Contact Person)：申小芹
产品业务(Business)：压力筛鼓，冲孔筛板

无锡沪东麦斯特环境工程有限公司
Wuxi Hudong Mascot Environment Project Co., Ltd.
地址(Add)：江苏省无锡市国家高新技术开发区硕放工业园 金发八路1号
邮编(P. C.)：214142
电话(Tel)：0510－85300777
传真(Fax)：0510－85300878
E-mail：mst@chinahudong. com
Http://www. chinahudong. com

法人代表(Chairman)：陆吉明
联系人(Contact Person)：许风云
产品业务(Business)：气浮净水器

无锡正杨造纸机械有限公司
Wuxi Zhengyang Paper Machinery Co., Ltd.
地址(Add)：江苏省无锡市硕放工业园孙安路振发二路
邮编(P. C.)：214142
电话(Tel)：0510－85311500
传真(Fax)：0510－85311440
E-mail：sales@ wxzyjx. com
Http://www. wxzyjx. com
法人代表(Chairman)：顾贤锋
总经理(General Manager)：杨碧荣
产品业务(Business)：真空辊

无锡西尔武德机械有限公司
Wuxi Xierwude Machinery Co., Ltd.
地址(Add)：江苏省无锡市锡山经济开发区春笋路E区11号
邮编(P. C.)：214101
电话(Tel)：0510－88268337
传真(Fax)：0510－88268167
E-mail：xierwude@ 163. com
Http://www. xierwude. com
法人代表(Chairman)：叶士峰
总经理(General Manager)：叶士峰
联系人(Contact Person)：曹双宝
产品业务(Business)：制浆设备

江苏腾旋科技股份有限公司
Tengxuan Technology Co., Ltd.
地址(Add)：江苏省无锡市新区梅村工业集中区新都路6号
邮编(P. C.)：214112
电话(Tel)：0510－68787000－8030
传真(Fax)：0510－88159405
E-mail：calingchen@ tengxuan. net
Http://www. tengxuan. net
联系人(Contact Person)：陈燕
产品业务(Business)：旋转接头，冷凝水系统

无锡市荣成造纸机械厂
Wuxi Rongcheng Papermaking Machine Factory
地址(Add)：江苏省无锡市新区硕放镇
邮编(P. C.)：214142
电话(Tel)：0510－85260116
传真(Fax)：0510－85262971
E-mail：yhl@ wuxihc. com
Http://www. wuxihc. com
联系人(Contact Person)：朱惠明
产品业务(Business)：真空伏辊，压榨辊，真空圆网笼，托辊

无锡寰亚机械有限公司
Wuxi Huanya Machinery Co., Ltd.
地址(Add)：江苏省无锡市羊尖镇胶阳路166号
邮编(P. C.)：214115
电话(Tel)：13773110888
E-mail：info@ wxhuanya. com
Http://www. wxhuanya. com
总经理(General Manager)：季冬良
联系人(Contact Person)：季冬良
产品业务(Business)：刮刀，特种纸机

无锡鸿华造纸机械有限公司
Wuxi Honghua Paper Machinery Co., Ltd.
地址(Add)：江苏省无锡新区鸿山镇(鸿声)锡鸿路66号
邮编(P. C.)：214115
电话(Tel)：0510－88580588
传真(Fax)：0510－88580210
E-mail：hhjx0001@ 163. com
Http://www. wxzzjx. com
法人代表(Chairman)：朱建华
总经理(General Manager)：朱洪根
联系人(Contact Person)：朱洪根
产品业务(Business)：真空伏辊，压榨辊

徐州市世安制辊模具厂
Xuzhou Shian Roller Manufacturing Model Plant
地址(Add)：江苏省徐州市城南开发区潘塘塘坊118号
邮编(P. C.)：221111
电话(Tel)：0516－83290042
传真(Fax)：0516－83290042
E-mail：shianzg@ 126. com
法人代表(Chairman)：李凌曦
总经理(General Manager)：赵明明
联系人(Contact Person)：李凌曦
产品业务(Business)：压花辊，网纹辊，餐巾纸压花辊，镜面辊，流延膜压花辊

徐州亚特花辊制造有限公司
Xuzhou Art Embossing Roller Manufacturing Co., Ltd.
地址(Add)：江苏省徐州市东三环路经济开发区淮海工业园－6号558信箱
邮编(P. C.)：221007
电话(Tel)：0516－87778992
传真(Fax)：0516－87770515
E-mail：info@ yathg. com
Http://www. yathg. com
法人代表(Chairman)：张宪生
总经理(General Manager)：吴同胜
联系人(Contact Person)：魏学正
产品业务(Business)：压花辊，热轧辊，冷却辊，网纹辊，镜面辊，压纹流延膜机组，压纹薄膜打孔膜机，流延压纹透气膜机组

徐州三象(制辊)机械有限公司
Xuzhou Sanxiang (Roller) Machinery Co., Ltd.
地址(Add)：江苏省徐州市轻工路中段(原缝纫机厂内)
邮编(P. C.)：221007
电话(Tel)：0516－87766388
传真(Fax)：0516－87766399
E-mail：xzsanxiang@ sina. com
法人代表(Chairman)：刘继明
总经理(General Manager)：刘继明
联系人(Contact Person)：刘继明
产品业务(Business)：镜面辊，压花辊

盐城市佳诚机械有限公司
Yancheng Jiacheng Machinery Co., Ltd.
(详见卫生纸机)

扬州市鑫达刀具有限公司
Yangzhou Xinda Cutting Tools Co., Ltd.
地址(Add)：江苏省扬州市杭集工业园熙园路2号
邮编(P. C.)：225111
电话(Tel)：0514－87493669
传真(Fax)：0514－87493469
E-mail：xdsaw@ xdsaw. com
Http://www. yzxdsaw. cn
法人代表(Chairman)：张云华
总经理(General Manager)：任建军
联系人(Contact Person)：邓仁卫
产品业务(Business)：环形带刀，切纸带刀，刮刀，底刀

宜兴申联机械制造有限公司
Yixing Shenlian Machinery Co., Ltd.
地址(Add)：江苏省宜兴市环保科技工业园绿园路508号
邮编(P. C.)：214200
电话(Tel)：0510－87073128
传真(Fax)：0510－87901879
E-mail：yxshenlian@ 163. com
Http://www. shenlianjx. com
总经理(General Manager)：沈君良
联系人(Contact Person)：吴秀凤
产品业务(Business)：水处理环保设备，镍网设备，特种圆网，打孔膜网笼

镇江市德龙花辊厂
Zhenjiang Delong Embossing Roller Factory
地址(Add)：江苏省镇江市高资镇正东村赵家窑一组(312国道高资茶场站台向南300米)
邮编(P. C.)：212114
电话(Tel)：0511－83125007
传真(Fax)：0511－85514924
E-mail：546286375@ qq. com
联系人(Contact Person)：郭德华
产品业务(Business)：钢花辊，羊毛辊

江苏大唐机械有限公司
Jiangsu Datang Machinery Co., Ltd.
地址(Add)：江苏省镇江市蒋乔工业园888号
邮编(P. C.)：212021
电话(Tel)：0511－85998778
传真(Fax)：0511－85621574
E-mail：thaoa@ 163. com
Http://www. jzdt. net
联系人(Contact Person)：汪经理
产品业务(Business)：制浆机械

河南省德沁高新辊业有限公司
Henan Deqin Roller Co., Ltd.
地址(Add)：河南省沁阳市葛村乡工业区
邮编(P. C.)：454586
电话(Tel)：0391－5938539
传真(Fax)：0391－5936020
Http://www. zrjiaogun. com
联系人(Contact Person)：沈国强
产品业务(Business)：工业胶辊

海宁於氏龙激光制辊有限公司
Haining Yushilong Laser Roller Engraving Co., Ltd.
地址(Add)：浙江省海宁市联合路266号
邮编(P. C.)：314400
电话(Tel)：0573－87222638
传真(Fax)：0573－87226001
E-mail：hnysl0573@ vip. 163. com
法人代表(Chairman)：於沈
总经理(General Manager)：於沈
联系人(Contact Person)：祝艺心
产品业务(Business)：卫生纸压花辊，陶瓷网纹辊

杭州纸邦自动化技术有限公司
Hangzhou Zhibang Automatic Technology Co., Ltd.
地址(Add)：浙江省杭州市滨江高新技术开发区信庭路99号
邮编(P. C.)：310052
电话(Tel)：0571－81603239
传真(Fax)：0571－81603239
E-mail：1697105593@ qq. com
Http://www. hzzhibang. com
法人代表(Chairman)：吕俊来
总经理(General Manager)：吕俊来
联系人(Contact Person)：吕俊来
产品业务(Business)：白度色度仪，白度仪，纸张拉力仪，色度仪，纸张平滑度仪

杭州美辰纸业技术有限公司
Hangzhou Paper Mech Technology Co., Ltd.
地址(Add)：浙江省杭州市建国北路586号嘉联华铭座1601室
邮编(P. C.)：310004
电话(Tel)：0571－85096526
传真(Fax)：0571－85096527
E-mail：headbox@ 126. com
Http://www. papermech. com
联系人(Contact Person)：任云忠
产品业务(Business)：流浆箱

杭州智玲无纺布机械设备有限公司
Hangzhou ZhiLing Nonwoven Machinery Co., Ltd.
(详见一次性卫生用品生产设备)

杭州华加造纸机械技术有限公司
Hangzhou Huajia Paper Machinery Co., Ltd.
地址(Add)：浙江省杭州市绍兴路337号现代之星705
邮编(P. C.)：310004
电话(Tel)：0571－88801313
传真(Fax)：0571－88801222
Http://www. hzhuajia. com
法人代表(Chairman)：叶权科
总经理(General Manager)：叶权科
联系人(Contact Person)：叶权科
产品业务(Business)：斜网流浆箱

杭州顺隆胶辊有限公司
Hangzhou Shunlong Rubber Roll Co., Ltd.
地址(Add)：浙江省杭州市西郊余杭镇工业城
邮编(P. C.)：311121
电话(Tel)：0571－88660399
传真(Fax)：0571－88672288
E-mail：bgs@ hzsljg. com
Http://www. hzsljg. com
总经理(General Manager)：洪亮

联系人(Contact Person)：洪亮
产品业务(Business)：造纸胶辊

杭州大路装备有限公司
Hangzhou Dalu Equipment Co., Ltd.
(详见卫生纸机)

杭州萧山美特轻工机械有限公司
Hangzhou Meite Light Industrial Machinery Co., Ltd.
地址(Add)：浙江省杭州市萧山区坎山镇坎山大道
邮编(P. C.)：311243
电话(Tel)：0571－82519727
传真(Fax)：0571－82519726
E-mail：mtqj@163. com
联系人(Contact Person)：寿建伟
产品业务(Business)：纸浆泵，流程泵，磨浆机，冲浆泵

嘉善晋信自润滑轴承有限公司
Jiashan Jinxin Self－lubricating Bearing Co., Ltd.
地址(Add)：浙江省嘉善县宝泽工业园区湘家路162号
邮编(P. C.)：314117
电话(Tel)：0573－84772911
传真(Fax)：0573－84773512
E-mail：jinxin@crb－bearing. com
Http://www. crb－bearing. com
联系人(Contact Person)：陈信
产品业务(Business)：轴承

嘉兴相川机械有限公司
Jiaxing Aikawa Machinery Co., Ltd.
地址(Add)：浙江省嘉兴市昌鸣路嘉兴经济开发区东北标准厂房10号厂房
邮编(P. C.)：314001
电话(Tel)：0573－83913268
传真(Fax)：0573－83913298
E-mail：wangbo@aikawa－sh. com
法人代表(Chairman)：相川雅纪
总经理(General Manager)：今春英夫
联系人(Contact Person)：王勃
产品业务(Business)：水力碎浆机，孔筛，缝筛，热分散系统

嘉兴市辰邦造纸机械设备有限公司
Jiaxing Chenbang Paper Machinery Co., Ltd.
地址(Add)：浙江省嘉兴市经济开发区名人国际花园1－1703
邮编(P. C.)：314000
电话(Tel)：0573－82115558
传真(Fax)：0573－82119281
法人代表(Chairman)：褚国林
总经理(General Manager)：褚国林
联系人(Contact Person)：褚国林
产品业务(Business)：浆池搅拌器，流浆箱，除砂器

金华市超前轴承销售有限公司
Jinhua Chaoqian Bearing Sales Co., Ltd.
地址(Add)：浙江省金华市劳动路188号
邮编(P. C.)：321000
电话(Tel)：0579－82426356
传真(Fax)：0579－82426906
产品业务(Business)：轴承

浙江杰能环保科技设备有限公司
Zhejiang Jieneng Environment Equipment Technology Co., Ltd.
地址(Add)：浙江省兰溪市经济开发区春兰路32号
邮编(P. C.)：322000
电话(Tel)：0579－88128812
传真(Fax)：0579－88389011
E-mail：zjjn@zjjieneng. cn
Http://www. zjjieneng. cn
联系人(Contact Person)：楼政卫
产品业务(Business)：污水污泥处理设备

浙江峥嵘瑞达辊业有限公司
Zhejiang Zhengrong Rapid Roll Covering Co., Ltd.
地址(Add)：浙江省衢州市德清县武康经济开发区长虹西街118号
邮编(P. C.)：313200
电话(Tel)：0572－8837918
传真(Fax)：0572－8837700
E-mail：yaoliangzhou@zrrd. cn
Http://www. zrrd. cn
联系人(Contact Person)：周耀良
产品业务(Business)：胶辊

浙江力诺流体控制科技股份有限公司
Zhejiang Linuo Flow Control Technology Co., Ltd.
地址(Add)：浙江省瑞安市安阳镇潘岱办事处芦浦力诺工业园
邮编(P. C.)：325216
电话(Tel)：0577－65097777
传真(Fax)：0577－65386988
E-mail：zjlinuo@vip. 163. com
Http://www. linuovalve. cn
法人代表(Chairman)：陈晓宇
总经理(General Manager)：陈晓宇
联系人(Contact Person)：吴平
产品业务(Business)：造纸用控制阀

瑞安市毅美机械有限公司
Ruian Yimei Machinery Co., Ltd.
地址(Add)：浙江省瑞安市飞云镇林垟工业区八达路47号
邮编(P. C.)：325207
电话(Tel)：0577－65591378
传真(Fax)：0577－65592378
E-mail：emepack@163. com
Http://www. emepack. com
法人代表(Chairman)：陈峰
总经理(General Manager)：陈峰
联系人(Contact Person)：潘丹辉
产品业务(Business)：分切机

瑞安市金斯顿喷淋机械有限公司
Ruian Jinsidun Spray Technology Co., Ltd.
地址(Add)：浙江省瑞安市汽摩配产基地登峰路588号
邮编(P. C.)：325204
电话(Tel)：0577－65354710
传真(Fax)：0577－65380926
E-mail：jinsidun123@tom. com
Http://www. jinsidun. cn
总经理(General Manager)：金文虎
联系人(Contact Person)：金文虎

产品业务(Business)：喷嘴，除渣器，过滤器

瑞安市登峰喷淋技术有限公司
Ruian Dengfeng Spray Technology Co., Ltd.
地址(Add)：浙江省瑞安市上望街道东安村
邮编(P. C.)：325200
电话(Tel)：0577－65166077
传真(Fax)：0577－65166099
法人代表(Chairman)：蔡以林
总经理(General Manager)：蔡以林
联系人(Contact Person)：蔡以林
产品业务(Business)：喷嘴，喷淋杆，过滤器，校正器，传感器

瑞安市金邦喷淋技术有限公司
Ruian Jinbang Spray Technoloy Co., Ltd.
地址(Add)：浙江省瑞安市塘下镇里北垟村旺垟东路84号
邮编(P. C.)：325204
电话(Tel)：0577－65380305
传真(Fax)：0577－65380306
E-mail：jw@jinweping.com
Http://www.jinwenping.com
法人代表(Chairman)：金文平
总经理(General Manager)：金文平
联系人(Contact Person)：金文平
产品业务(Business)：喷嘴，干网清洗装置，移动装置，纤维回收过滤筛

温州市天铭印刷机械有限公司
Wenzhou Tianming Printing Machine Co., Ltd.
地址(Add)：浙江省瑞安市塘下镇塘梅公路上戴村路口
邮编(P. C.)：325205
电话(Tel)：0577－65226685
传真(Fax)：0577－65226683
E-mail：619881609@qq.com
Http://www.tian－ming.com
法人代表(Chairman)：吴立中
总经理(General Manager)：吴立中
产品业务(Business)：刮刀磨刀机，刮刀

浙江省瑞萌控制阀有限公司
Zhejiang Ruimeng Control Valve Co., Ltd.
地址(Add)：浙江省瑞安市汀田镇东新路211号
邮编(P. C.)：325206
电话(Tel)：0577－65102626
传真(Fax)：0577－65505510
E-mail：rtf@cn－rtf.com
Http://www.rmvalve.com
法人代表(Chairman)：林纪仁
总经理(General Manager)：林纪仁
联系人(Contact Person)：林纪仁
产品业务(Business)：控制阀

绍兴昆运压纹制版有限公司
Shaoxing Kunyun Embossing Rollers Co., Ltd.
地址(Add)：浙江省上虞市杭州湾工业园区经六东路
邮编(P. C.)：312369
电话(Tel)：0575－89808758
传真(Fax)：0575－89808798
E-mail：271583927@qq.com
Http://www.sxkypei.cn.alibaba.com
联系人(Contact Person)：裴艳军
产品业务(Business)：压花辊

温州银翼造纸筛选设备有限公司
Wenzhou Yinyi Paper Making Screen Machine Co., Ltd.
地址(Add)：浙江省温州市高新技术园区炬光园(牛山北路)
邮编(P. C.)：325000
电话(Tel)：0577－88609960
传真(Fax)：0577－88608862
E-mail：yinyi@wzyinyi.com
Http://www.wzyinyi.com
法人代表(Chairman)：林幼中
总经理(General Manager)：林幼中
联系人(Contact Person)：林幼中
产品业务(Business)：压力筛

浙江同普自控设备有限公司
Zhejiang Tongpu Automation Control Equipment Co., Ltd.
地址(Add)：浙江省温州市牛山北路炬光园中路125号
邮编(P. C.)：325000
电话(Tel)：0577－88608601
传真(Fax)：0577－88608602
E-mail：wzlipu@163.com
Http://www.wzlipu.com
法人代表(Chairman)：李琯新
总经理(General Manager)：李琯新
联系人(Contact Person)：李钟武
产品业务(Business)：球阀，控制阀，调节阀，纸浆浓度取样阀

浙江海盾特种阀门有限公司
Zhejiang Hiton Special Valve Co., Ltd.
地址(Add)：浙江省温州市瓯北镇东瓯工业区(安丰村)
邮编(P. C.)：325105
电话(Tel)：0577－66993301
传真(Fax)：0577－66993318
E-mail：sales@hitonsv.com
Http://www.hitonsv.com
法人代表(Chairman)：吴云弟
总经理(General Manager)：吴云弟
联系人(Contact Person)：吴云弟
产品业务(Business)：阀门，执行器

温州市华威机械有限公司
Wenzhou Huawei Machinery Co., Ltd.
地址(Add)：浙江省温州市沙城镇永工南路六号
邮编(P. C.)：325025
电话(Tel)：0577－86810726
传真(Fax)：0577－86821728
E-mail：zhangchao6698@vip.sina.com
法人代表(Chairman)：章潮
总经理(General Manager)：章潮
联系人(Contact Person)：章潮
产品业务(Business)：淀粉连续蒸煮系统，胶料上料系统，浆池，浆塔

宁波精运辊筒模具有限公司
Ningbo Jingyun Roller Machinery Co., Ltd.
地址(Add)：浙江省余姚市小曹娥滨海产业园五星电镀区4号楼

邮编(P. C.)：315475
电话(Tel)：0574 -62102680
传真(Fax)：0574 -62102775
E-mail：378525845@ qq. com
法人代表(Chairman)：苏霄
总经理(General Manager)：苏霄
联系人(Contact Person)：冯利明
产品业务(Business)：印刷辊

浙江省诸暨市中太造纸机械有限公司
Zhejiang Zhuji Zhongtai Paper Machinery Co., Ltd.
地址(Add)：浙江省诸暨市牌头镇工业区
邮编(P. C.)：311825
电话(Tel)：0575 -87052818
传真(Fax)：0575 -87057716
E-mail：zjztzz@ 163. com
法人代表(Chairman)：周柏太
总经理(General Manager)：周敏之
联系人(Contact Person)：周敏之
产品业务(Business)：流浆箱

马鞍山市沪云机械刀片有限公司
Maanshan Huyun Machinery Blades Co., Ltd.
地址(Add)：安徽省马鞍山市博望经济开发区
邮编(P. C.)：243131
电话(Tel)：0555 -6772688
传真(Fax)：0555 -6772910
联系人(Contact Person)：刘华宏
产品业务(Business)：分切圆刀，复卷机刀片，纸巾刀片

马鞍山市恒利达机械刀片有限公司
Maanshan Henglida Machinery Cutting Tools Co., Ltd.
地址(Add)：安徽省马鞍山市博望开发区
邮编(P. C.)：243131
电话(Tel)：0555 -6762039
传真(Fax)：0555 -6761259
法人代表(Chairman)：张增明
联系人(Contact Person)：刘卸非
产品业务(Business)：分切上下刀，碟形刀，平圆刀，刀圈，多刃刀圈，甩刀，刮刀，打孔刀，餐面巾纸刀，圆盘刀等造纸机械刀片

马鞍山市华美机械刀片有限公司
Maanshan Huamei Machinery Blade Co., Ltd.
地址(Add)：安徽省马鞍山市博望区
邮编(P. C.)：243131
电话(Tel)：0555 -6768760
传真(Fax)：0555 -6763561
E-mail：web@ china - huamei. com
法人代表(Chairman)：张荣根
总经理(General Manager)：张荣根
联系人(Contact Person)：张荣根
产品业务(Business)：分切圆刀，分切刀片

马鞍山市飞华机械模具刀片有限公司
Maanshan Feihua Blade Co., Ltd.
地址(Add)：安徽省马鞍山市博望新区工业园
邮编(P. C.)：243131
电话(Tel)：0555 -6768056
传真(Fax)：0555 -6768056
E-mail：ahfeihua@ 163. com
Http://www. masfhdp. com
法人代表(Chairman)：刘允飞
产品业务(Business)：刀片，分切圆刀

马鞍山市连杰机械刀片有限公司
Maahshan Lianjie Blades Co., Ltd.
地址(Add)：安徽省马鞍山市当涂姑孰开发区
邮编(P. C.)：243000
电话(Tel)：0555 -6728647
传真(Fax)：0555 -6728647
法人代表(Chairman)：夏杰
总经理(General Manager)：夏杰
联系人(Contact Person)：夏杰
产品业务(Business)：打孔刀，切纸圆刀

三峰机械制造有限公司
Sanfeng Machinery Manufacture Co., Ltd.
地址(Add)：安徽省马鞍山市当涂县丹阳工业园区
邮编(P. C.)：243121
电话(Tel)：0555 -6924338
传真(Fax)：0555 -6924348
E-mail：1668487129@ qq. com
Http://www. cnsfjx. com
联系人(Contact Person)：夏新峰
产品业务(Business)：刀片，模具

马鞍山市富源机械制造有限公司
Maanshan Fuyuan Machinery Manufacture Co., Ltd.
地址(Add)：安徽省马鞍山市当涂县新博开发区 2 号
邮编(P. C.)：243132
电话(Tel)：0555 -6063688
传真(Fax)：0555 -6064208
E-mail：tsf@ ahmasfy. com
Http://www. ahmasfy. com
法人代表(Chairman)：邰嗣富
总经理(General Manager)：邰嗣富
联系人(Contact Person)：邰嗣富
产品业务(Business)：切刀，圆刀

马鞍山市国锋机械刀片厂
Maanshan Guofeng Blades Factory
地址(Add)：安徽省马鞍山市东郊博望工业园
邮编(P. C.)：243000
电话(Tel)：0555 -6772108
传真(Fax)：0555 -6772223
总经理(General Manager)：黄忠明
产品业务(Business)：刀片

福安市城阳磨片厂
Fuan Chengyang Refining Plate Co., Ltd.
地址(Add)：福建省福安市大溪边
邮编(P. C.)：355000
电话(Tel)：0593 -6381286
传真(Fax)：0593 -6530348
法人代表(Chairman)：郑洪奇
总经理(General Manager)：郑洪奇
联系人(Contact Person)：郑洪奇
产品业务(Business)：磨片

亿民机械配件中心
Yimin Machinery Fitting Center
地址(Add)：福建省福州市闽清县城台山中路 137 号

邮编(P. C.): 350800
电话(Tel): 0591 - 22336398
联系人(Contact Person): 黄温声
产品业务(Business): 带锯刀, 复卷打孔刀, 餐巾折叠刀, 分切圆刀, 纸巾包装机, 封口机, 装袋机

京阳胶辊制造有限公司
Jingyang Rubber Roller Co., Ltd.
地址(Add): 福建省晋江市陈埭镇洋埭定兴工业区
邮编(P. C.): 362211
电话(Tel): 0595 - 85087008
传真(Fax): 0595 - 85087007
法人代表(Chairman): 黄善平
总经理(General Manager): 黄善平
联系人(Contact Person): 黄善平
产品业务(Business): 造纸橡胶辊

泉州市新宏耀机械配件加工中心
Xinhongyao Machine Parts Plant
(详见一次性卫生用品生产设备)

厦门厦迪亚斯环保过滤技术有限公司
Xiamen Citius Environment Technology Co., Ltd.
地址(Add): 福建省厦门市火炬高新区(翔安)产业区翔虹路8号
邮编(P. C.): 361101
电话(Tel): 0592 - 7027938
传真(Fax): 0592 - 7132251
Http://www. citius - filter. com
联系人(Contact Person): 石智聪
产品业务(Business): 真空过滤网, 造纸干网, 造纸机干部, 过滤机

瑞硕(厦门)商贸有限公司
Xiamen Ruishuo Trading Co., Ltd.
地址(Add): 福建省厦门市思明区后江埭路29号之6号楼第六层B单元
邮编(P. C.): 361004
电话(Tel): 0592 - 2282762
传真(Fax): 0592 - 2282760
E-mail: jenny_ you@ xmrs. com. cn
联系人(Contact Person): 尤秋萍
产品业务(Business): 经销切纸圆刀, 粘合剂

厦门鑫宏翔工贸有限公司
Xiamen Xinhongxiang Industry and Trade Co., Ltd.
地址(Add): 福建省厦门市五通二里12号
邮编(P. C.): 361000
电话(Tel): 0592 - 5224300
传真(Fax): 0592 - 5227099
E-mail: 13950058541@ 139. com
联系人(Contact Person): 方春群
产品业务(Business): 镜面辊, 消光辊, 压光机, 非织造布热压机

厦门广业轴承有限公司
Xiamen Guangye Bearing Co., Ltd.
地址(Add): 福建省厦门市厦禾路571之10号
邮编(P. C.): 361003
电话(Tel): 0592 - 2225550
传真(Fax): 0592 - 2218889
E-mail: gy@ xmgy. cn
Http://www. xmgy. cn
联系人(Contact Person): 王翔
产品业务(Business): 轴承

漳州市造纸机械配备配件经营部
Zhangzhou Paper Machinery Fittings Department
地址(Add): 福建省漳州市华东工业品批发市场7幢13号
邮编(P. C.): 363000
电话(Tel): 13906941312
联系人(Contact Person): 康港波
产品业务(Business): 造纸毛毯, 碎浆机, 磨片, 除渣器, 烘缸刮刀, 旋转接头

江西昌大三机科技有限公司
Jiangxi Changda Sanji Science & Technology Co., Ltd.
地址(Add): 江西省宜春市上高县科技工业园锦绣路26号
邮编(P. C.): 336400
电话(Tel): 0795 - 2511882
传真(Fax): 0795 - 2505698
E-mail: jxsanji1958@ 163. com
Http://www. sanji1958. com
联系人(Contact Person): 李春
产品业务(Business): 磨刀机

汶瑞机械(山东)有限公司
Wenrui Machinery (Shandong) Co., Ltd.
地址(Add): 山东省安丘市潍徐南路287号
邮编(P. C.): 262100
电话(Tel): 0536 - 4372632
传真(Fax): 0536 - 4372633
E-mail: info@ wenrui. com. cn
Http://www. wenrui. com. cn
总经理(General Manager): 徐雷
联系人(Contact Person): 付仁涛
产品业务(Business): 真空洗浆机, 白泥预挂过滤机, 多盘过滤机

山东杰锋机械制造有限公司
Shandong Jiefeng Machinery Manufacturing Co., Ltd.
地址(Add): 山东省滨州市邹平县长山开发区
邮编(P. C.): 256206
电话(Tel): 0543 - 4851388
传真(Fax): 0543 - 4851918
E-mail: jishaichang@ 163. com
Http://www. sdjiefeng. com
法人代表(Chairman): 张吉祥
联系人(Contact Person): 段正坤
产品业务(Business): 压力筛

滨州东瑞机械有限公司
Binzhou Dongrui Machinery Co., Ltd.
地址(Add): 山东省博兴县曹王镇纬中路113号
邮编(P. C.): 256509
电话(Tel): 0543 - 2413189
传真(Fax): 0543 - 2413186
E-mail: bzdrjx@ 163. com
法人代表(Chairman): 曹大清
总经理(General Manager): 曹大清
产品业务(Business): 纸浆泵, 污水泵, 浆池(塔)搅拌器

邮编(P. C.): 315475
电话(Tel): 0574 - 62102680
传真(Fax): 0574 - 62102775
E-mail: 378525845@ qq. com
法人代表(Chairman): 苏霄
总经理(General Manager): 苏霄
联系人(Contact Person): 冯利明
产品业务(Business): 印刷辊

浙江省诸暨市中太造纸机械有限公司
Zhejiang Zhuji Zhongtai Paper Machinery Co., Ltd.
地址(Add): 浙江省诸暨市牌头镇工业区
邮编(P. C.): 311825
电话(Tel): 0575 - 87052818
传真(Fax): 0575 - 87057716
E-mail: zjztzz@ 163. com
法人代表(Chairman): 周柏太
总经理(General Manager): 周敏之
联系人(Contact Person): 周敏之
产品业务(Business): 流浆箱

马鞍山市沪云机械刀片有限公司
Maanshan Huyun Machinery Blades Co., Ltd.
地址(Add): 安徽省马鞍山市博望经济开发区
邮编(P. C.): 243131
电话(Tel): 0555 - 6772688
传真(Fax): 0555 - 6772910
联系人(Contact Person): 刘华宏
产品业务(Business): 分切圆刀, 复卷机刀片, 纸巾刀片

马鞍山市恒利达机械刀片有限公司
Maanshan Henglida Machinery Cutting Tools Co., Ltd.
地址(Add): 安徽省马鞍山市博望开发区
邮编(P. C.): 243131
电话(Tel): 0555 - 6762039
传真(Fax): 0555 - 6761259
法人代表(Chairman): 张增明
联系人(Contact Person): 刘卸非
产品业务(Business): 分切上下刀, 碟形刀, 平圆刀, 刀圈, 多刃刀圈, 甩刀, 刮刀, 打孔刀, 餐面巾纸刀, 圆盘刀等造纸机械刀片

马鞍山市华美机械刀片有限公司
Maanshan Huamei Machinery Blade Co., Ltd.
地址(Add): 安徽省马鞍山市博望区
邮编(P. C.): 243131
电话(Tel): 0555 - 6768760
传真(Fax): 0555 - 6763561
E-mail: web@ china - huamei. com
法人代表(Chairman): 张荣根
总经理(General Manager): 张荣根
联系人(Contact Person): 张荣根
产品业务(Business): 分切圆刀, 分切刀片

马鞍山市飞华机械模具刀片有限公司
Maanshan Feihua Blade Co., Ltd.
地址(Add): 安徽省马鞍山市博望新区工业园
邮编(P. C.): 243131
电话(Tel): 0555 - 6768056
传真(Fax): 0555 - 6768056
E-mail: ahfeihua@ 163. com
Http://www. masfhdp. com
法人代表(Chairman): 刘允飞
产品业务(Business): 刀片, 分切圆刀

马鞍山市连杰机械刀片有限公司
Maahshan Lianjie Blades Co., Ltd.
地址(Add): 安徽省马鞍山市当涂姑孰开发区
邮编(P. C.): 243000
电话(Tel): 0555 - 6728647
传真(Fax): 0555 - 6728647
法人代表(Chairman): 夏杰
总经理(General Manager): 夏杰
联系人(Contact Person): 夏杰
产品业务(Business): 打孔刀, 切纸圆刀

三峰机械制造有限公司
Sanfeng Machinery Manufacture Co., Ltd.
地址(Add): 安徽省马鞍山市当涂县丹阳工业园区
邮编(P. C.): 243121
电话(Tel): 0555 - 6924338
传真(Fax): 0555 - 6924348
E-mail: 1668487129@ qq. com
Http://www. cnsfjx. com
联系人(Contact Person): 夏新峰
产品业务(Business): 刀片, 模具

马鞍山市富源机械制造有限公司
Maanshan Fuyuan Machinery Manufacture Co., Ltd.
地址(Add): 安徽省马鞍山市当涂县新博开发区 2 号
邮编(P. C.): 243132
电话(Tel): 0555 - 6063688
传真(Fax): 0555 - 6064208
E-mail: tsf@ ahmasfy. com
Http://www. ahmasfy. com
法人代表(Chairman): 邰嗣富
总经理(General Manager): 邰嗣富
联系人(Contact Person): 邰嗣富
产品业务(Business): 切刀, 圆刀

马鞍山市国锋机械刀片厂
Maanshan Guofeng Blades Factory
地址(Add): 安徽省马鞍山市东郊博望工业园
邮编(P. C.): 243000
电话(Tel): 0555 - 6772108
传真(Fax): 0555 - 6772223
总经理(General Manager): 黄忠明
产品业务(Business): 刀片

福安市城阳磨片厂
Fuan Chengyang Refining Plate Co., Ltd.
地址(Add): 福建省福安市大溪边
邮编(P. C.): 355000
电话(Tel): 0593 - 6381286
传真(Fax): 0593 - 6530348
法人代表(Chairman): 郑洪奇
总经理(General Manager): 郑洪奇
联系人(Contact Person): 郑洪奇
产品业务(Business): 磨片

亿民机械配件中心
Yimin Machinery Fitting Center
地址(Add): 福建省福州市闽清县城台山中路 137 号

邮编(P. C.): 350800
电话(Tel): 0591－22336398
联系人(Contact Person): 黄温声
产品业务(Business): 带锯刀，复卷打孔刀，餐巾折叠刀，分切圆刀，纸巾包装机，封口机，装袋机

京阳胶辊制造有限公司
Jingyang Rubber Roller Co., Ltd.
地址(Add): 福建省晋江市陈埭镇洋埭定兴工业区
邮编(P. C.): 362211
电话(Tel): 0595－85087008
传真(Fax): 0595－85087007
法人代表(Chairman): 黄善平
总经理(General Manager): 黄善平
联系人(Contact Person): 黄善平
产品业务(Business): 造纸橡胶辊

泉州市新宏耀机械配件加工中心
Xinhongyao Machine Parts Plant
(详见一次性卫生用品生产设备)

厦门厦迪亚斯环保过滤技术有限公司
Xiamen Citius Environment Technology Co., Ltd.
地址(Add): 福建省厦门市火炬高新区(翔安)产业区翔虹路8号
邮编(P. C.): 361101
电话(Tel): 0592－7027938
传真(Fax): 0592－7132251
Http://www. citius－filter. com
联系人(Contact Person): 石智聪
产品业务(Business): 真空过滤网，造纸干网，造纸机干部，过滤机

瑞硕(厦门)商贸有限公司
Xiamen Ruishuo Trading Co., Ltd.
地址(Add): 福建省厦门市思明区后江埭路29号之6号楼第六层B单元
邮编(P. C.): 361004
电话(Tel): 0592－2282762
传真(Fax): 0592－2282760
E-mail: jenny_ you@ xmrs. com. cn
联系人(Contact Person): 尤秋萍
产品业务(Business): 经销切纸圆刀，粘合剂

厦门鑫宏翔工贸有限公司
Xiamen Xinhongxiang Industry and Trade Co., Ltd.
地址(Add): 福建省厦门市五通二里12号
邮编(P. C.): 361000
电话(Tel): 0592－5224300
传真(Fax): 0592－5227099
E-mail: 13950058541@ 139. com
联系人(Contact Person): 方春群
产品业务(Business): 镜面辊，消光辊，压光机，非织造布热压机

厦门广业轴承有限公司
Xiamen Guangye Bearing Co., Ltd.
地址(Add): 福建省厦门市厦禾路571之10号
邮编(P. C.): 361003
电话(Tel): 0592－2225550
传真(Fax): 0592－2218889
E-mail: gy@ xmgy. cn
Http://www. xmgy. cn
联系人(Contact Person): 王翔
产品业务(Business): 轴承

漳州市造纸机械配备配件经营部
Zhangzhou Paper Machinery Fittings Department
地址(Add): 福建省漳州市华东工业品批发市场7幢13号
邮编(P. C.): 363000
电话(Tel): 13906941312
联系人(Contact Person): 康港波
产品业务(Business): 造纸毛毯，碎浆机，磨片，除渣器，烘缸刮刀，旋转接头

江西昌大三机科技有限公司
Jiangxi Changda Sanji Science & Technology Co., Ltd.
地址(Add): 江西省宜春市上高县科技工业园锦绣路26号
邮编(P. C.): 336400
电话(Tel): 0795－2511882
传真(Fax): 0795－2505698
E-mail: jxsanji1958@ 163. com
Http://www. sanji1958. com
联系人(Contact Person): 李春
产品业务(Business): 磨刀机

汶瑞机械(山东)有限公司
Wenrui Machinery (Shandong) Co., Ltd.
地址(Add): 山东省安丘市潍徐南路287号
邮编(P. C.): 262100
电话(Tel): 0536－4372632
传真(Fax): 0536－4372633
E-mail: info@ wenrui. com. cn
Http://www. wenrui. com. cn
总经理(General Manager): 徐雷
联系人(Contact Person): 付仁涛
产品业务(Business): 真空洗浆机，白泥预挂过滤机，多盘过滤机

山东杰锋机械制造有限公司
Shandong Jiefeng Machinery Manufacturing Co., Ltd.
地址(Add): 山东省滨州市邹平县长山开发区
邮编(P. C.): 256206
电话(Tel): 0543－4851388
传真(Fax): 0543－4851918
E-mail: jishaichang@ 163. com
Http://www. sdjiefeng. com
法人代表(Chairman): 张吉祥
联系人(Contact Person): 段正坤
产品业务(Business): 压力筛

滨州东瑞机械有限公司
Binzhou Dongrui Machinery Co., Ltd.
地址(Add): 山东省博兴县曹王镇纬中路113号
邮编(P. C.): 256509
电话(Tel): 0543－2413189
传真(Fax): 0543－2413186
E-mail: bzdrjx@ 163. com
法人代表(Chairman): 曹大清
总经理(General Manager): 曹大清
产品业务(Business): 纸浆泵，污水泵，浆池(塔)搅拌器

济南市长清区中联造纸机械厂
Jinan Changqing Zhonglian Paper Machinery Factory
地址(Add)：山东省长清城南工业园220国道西
邮编(P. C.)：250300
电话(Tel)：0531－87263422
传真(Fax)：0531－87263907
联系人(Contact Person)：王友生
产品业务(Business)：浓缩机，碎浆机

费县金诺机械有限公司
Feixian Jinnuo Machinery Co., Ltd.
地址(Add)：山东省费县城东工业园
邮编(P. C.)：273400
电话(Tel)：0539－5016398
传真(Fax)：0539－5016368
E-mail：fxjinnuo@163. com
Http://www. fxjinnuo. com
联系人(Contact Person)：张恒忠
产品业务(Business)：真空泵，磨浆机，碎浆机

山东宇恒造纸机械有限公司
Shandong Yuheng Paper Machinery Co., Ltd.
地址(Add)：山东省费县城蒙台路西侧
邮编(P. C.)：273400
电话(Tel)：0539－7170519
传真(Fax)：0539－7170519
总经理(General Manager)：薛良兵
产品业务(Business)：真空泵，浆泵

济南金恒达造纸机械有限公司
Jinan Jinhengda Paper Machinery Co., Ltd.
(详见卫生纸机)

山东山大华特科技股份有限公司
Shandong Shanda Wit Science and Technology Co., Ltd.
地址(Add)：山东省济南市高新区颖秀路山大科技园
邮编(P. C.)：250101
电话(Tel)：0531－85198701
传真(Fax)：0531－85198958
E-mail：biany316@126. com
Http://www. sd－wit. com
联系人(Contact Person)：卞勇
产品业务(Business)：污水处理装置

济南华章实业有限公司
Jinan Huazhang Industrial Co., Ltd.
地址(Add)：山东省济南市天桥区东宇大街以西
邮编(P. C.)：250032
电话(Tel)：0531－85719751
传真(Fax)：0531－85704203
E-mail：jnhuazhang@163. com
Http://www. jnhuazhang. com
法人代表(Chairman)：王曙钟
总经理(General Manager)：王曙钟
联系人(Contact Person)：王曙钟
产品业务(Business)：网毯洗涤器，刮刀，喷嘴

济南奥凯机械制造有限公司
Jinan Aokai Machinery Co., Ltd.
地址(Add)：山东省济南市天桥区粟山路90号
邮编(P. C.)：250032
电话(Tel)：0531－85891163
传真(Fax)：0531－85762436
E-mail：aokaipaper@163. com
Http://www. aokaipaper. com
联系人(Contact Person)：张金泉
产品业务(Business)：干网清洗系统，烘缸剥离剂喷淋器，刮刀

济宁华隆机械制造有限公司
Jining Hualong Machinery Manufacture Co., Ltd.
地址(Add)：山东省济宁高新区嘉祥工业园
邮编(P. C.)：272400
电话(Tel)：0537－6988589
传真(Fax)：0537－6988588
E-mail：hllpp@163. com
Http://www. jnhualong. com
联系人(Contact Person)：李盼盼
产品业务(Business)：脱墨、筛选、净化、漂白设备

聊城鲁信造纸机械有限公司
Liaocheng Lucsin Paper Machinery Co., Ltd.
地址(Add)：山东省聊城市东昌东路58号
邮编(P. C.)：252001
电话(Tel)：0635－5086008
传真(Fax)：0635－5086005
E-mail：lucsin@sina. com
Http://www. lucsin. com
总经理(General Manager)：张献民
产品业务(Business)：脱水元件

山东福华造纸装备有限公司
Shandong Fuhua Paper Machinery Co., Ltd.
(详见卫生纸机)

山东丰信通风设备有限公司
Shandong Fengxin Ventilation Equipment Co., Ltd.
地址(Add)：山东省临清市高科工业园(新华办事处西胡)
邮编(P. C.)：252600
电话(Tel)：0635－2531988
传真(Fax)：0635－2532688
E-mail：fengxin@cnfengxin. com
Http://www. cnfengxin. com
法人代表(Chairman)：丰先磊
总经理(General Manager)：丰先磊
联系人(Contact Person)：丰先磊
产品业务(Business)：气罩

青岛永胜刀锯厂
Qingdao Yongsheng Blades Factory
地址(Add)：山东省青岛市城阳区流亭街道洼里社区A号楼
邮编(P. C.)：266000
电话(Tel)：0532－87727953
传真(Fax)：0532－87727953
E-mail：lihuanyi00@163. com
联系人(Contact Person)：周武
产品业务(Business)：海绵带刀，切纸带刀，运剪刀，扭刀

青岛栗林机械设备有限公司
Qingdao Yulrim Mechanical Equipment Co., Ltd.
地址(Add): 山东省青岛市城阳区厦庄后古镇
邮编(P. C.): 266107
电话(Tel): 0532 - 87876446
传真(Fax): 0532 - 87876444
E-mail: 549659790@ qq. com
联系人(Contact Person): 金灵
产品业务(Business): 气胀轴, 机械轴, 机械卡头

青岛大青精工有限公司
Qingdao Daehan Precision Co., Ltd.
地址(Add): 山东省青岛市城阳区烟青路前田工业园
邮编(P. C.): 266106
电话(Tel): 0532 - 89651317
传真(Fax): 0532 - 89651397
E-mail: daqingjinggong@ 163. com
Http://www. knipia. com
法人代表(Chairman): 韩笑万
总经理(General Manager): 韩笑万
产品业务(Business): 配套刀具

青岛永创精密机械有限公司
Qingdao Yongchuang Precision Machinery Co., Ltd.
地址(Add): 山东省青岛市黄岛区红柳河路 796 号
邮编(P. C.): 266000
电话(Tel): 0532 - 83167600
传真(Fax): 0532 - 83167377
Http://www. qdyongchuang. com
联系人(Contact Person): 何茂星
产品业务(Business): 碟型刀, 上下刀, 平圆刀, 复卷刀

青岛恩斯凯精工轴承有限公司
Qingdao Ensikai Precision Bearing Co., Ltd.
地址(Add): 山东省青岛市市北区延吉路 32 号丁戊
邮编(P. C.): 266021
电话(Tel): 0532 - 83080396
传真(Fax): 0532 - 83080398
E-mail: liu - b@ shnsk. com
联系人(Contact Person): 刘斌
产品业务(Business): 轴承

青州市鑫龙污水设备制造有限公司
Qingzhou Xinlong Water Treatment Equipment Co., Ltd.
地址(Add): 山东省青州市东夏镇王岗开发区
邮编(P. C.): 262400
电话(Tel): 0536 - 3506983
传真(Fax): 0536 - 3506983
E-mail: qzxinlong2006@ 163. com
总经理(General Manager): 鞠进亮
产品业务(Business): 污水处理设备

青州市鼎泰机械有限公司
Qingzhou Dingtai Machinery Co., Ltd.
地址(Add): 山东省青州市黄楼街道办事处
邮编(P. C.): 262515
电话(Tel): 0536 - 3528221
传真(Fax): 0536 - 3523463
E-mail: qzdtjx12@ 163. com
Http://www. sddtjx. com
联系人(Contact Person): 王明忠
产品业务(Business): 磨刀机, 卫生纸机改造

山东四海水处理设备有限公司
Shandong Sihai Water Treatment Equipment Co., Ltd.
地址(Add): 山东省青州市益王府北路 2252 号
邮编(P. C.): 262500
电话(Tel): 0536 - 3290366
传真(Fax): 0536 - 3297508
E-mail: qzsihai@ 163. com
Http://www. qzsihai. com. cn
法人代表(Chairman): 郭健
总经理(General Manager): 郭健
联系人(Contact Person): 何建军
产品业务(Business): 盘式过滤器, 超滤设备

普瑞特机械制造股份有限公司
Prettech Machinery Manufacturing Co., Ltd.
地址(Add): 山东省泰安市南关路 16 号
邮编(P. C.): 271000
电话(Tel): 0538 - 6239699
传真(Fax): 0538 - 6239900
E-mail: market@ prettech. com
Http://www. prettech. com
法人代表(Chairman): 范伟国
总经理(General Manager): 范伟国
联系人(Contact Person): 吴斌
产品业务(Business): 蒸球, 浮选脱墨槽

滕州力华米泰克斯胶辊有限公司
Tengzhou Lihua Mitex Elastomer Roller Co., Ltd.
地址(Add): 山东省滕州市经济开发区恒源北路 366 号
邮编(P. C.): 277500
电话(Tel): 0632 - 5699450
传真(Fax): 0632 - 5699275
E-mail: sdlihua@ vip. 163. com
Http://www. sdlihua. com
法人代表(Chairman): 朱宏伟
联系人(Contact Person): 高守明
产品业务(Business): 造纸胶辊, 真空压榨辊

滕州市建兴环保机械厂
Tengzhou Jianxing Environmental Protection Machinery Factory
地址(Add): 山东省滕州市经济开发区祥源北路 316 号
邮编(P. C.): 277500
电话(Tel): 0632 - 5696729
传真(Fax): 0632 - 5697627
E-mail: tzjxhb@ 126. com
Http://www. jxhbjx. com
总经理(General Manager): 朱兆健
联系人(Contact Person): 朱兆健
产品业务(Business): 黑液提取机, 浓缩机, 纤维回收机, 洗浆机

临朐县振国机械制造有限公司
Linqu Zhenguo Machinery Co., Ltd.
地址(Add): 山东省潍坊市临朐县冶源镇工业园南环路 2 号
邮编(P. C.): 262605
电话(Tel): 0536 - 3338798
传真(Fax): 0536 - 3338768

Http://www. zhenguojixie. com
联系人(Contact Person)：董振军
产品业务(Business)：水环真空泵，气动离合器

山东诸城市汇川机械厂
Zhucheng Huichuan Machinery Factroy
地址(Add)：山东省潍坊市诸城市皇华镇宋家庄子村东
邮编(P. C.)：262226
电话(Tel)：0536－6591383
传真(Fax)：0536－6591383
Http://www. jienengshebei. com
总经理(General Manager)：石洪军
联系人(Contact Person)：石洪军
产品业务(Business)：制浆设备，蒸汽节能设备，污水处理设备

烟台华日造纸机械有限公司
Yantai Huari Pulp & Paper Machinery Co.，Ltd.
地址(Add)：山东省烟台市高新园区滨河西路南首
邮编(P. C.)：264000
电话(Tel)：0535－2107988
传真(Fax)：0535－2107995
E-mail：huangwei@ huarijx. com
Http://www. huarijx. com
联系人(Contact Person)：黄伟
产品业务(Business)：疏解机，压力筛，脱墨设备

山东中力机械制造有限公司
Shandong Zhongli Machinery Manufacturing Co.，Ltd.
地址(Add)：山东省枣庄高新区民营园
邮编(P. C.)：277800
电话(Tel)：0632－5197507
传真(Fax)：0632－5197509
E-mail：sdzl188@ 163. com
Http://www. sdzhonglivalve. com
联系人(Contact Person)：王传涛
产品业务(Business)：阀门

山东章丘市大星造纸机械有限公司
Shandong Zhangqiu Daxing Paper－making Machinery Co.，Ltd.
地址(Add)：山东省章丘市埠村镇埠西商业街南首
邮编(P. C.)：250215
电话(Tel)：0531－83711050
传真(Fax)：0531－83713868
E-mail：sdzqdaxing@ 163. com
Http:// www. sd－daxing. com
联系人(Contact Person)：陈文静
产品业务(Business)：造纸设备辊轴

山东三牛机械有限公司
Shandong Sanniu Machinery Co.，Ltd.
地址(Add)：山东省章丘市相公庄镇北工业区
邮编(P. C.)：250203
电话(Tel)：0531－83288777
传真(Fax)：0531－83288555
Http://www. sanniujixie. com
联系人(Contact Person)：王江龙
产品业务(Business)：罗茨风机

济南市华东风机有限公司
Jinan Huadong Blower Co.，Ltd.
地址(Add)：山东省章丘市绣惠太平工业园
邮编(P. C.)：250201
电话(Tel)：0531－83471388
传真(Fax)：0531－83488208
E-mail：huadong899@ 126. com
Http://www. rootsblowerhuadong. com
总经理(General Manager)：李大同
产品业务(Business)：罗茨鼓风机

诸城市金隆机械制造有限责任公司
Zhucheng Jinlong Machinery Manufacturing Co.，Ltd.
(详见卫生纸机)

诸城市宏升机械有限公司
Zhucheng Hongsheng Machinery Co.，Ltd.
(详见卫生纸机)

诸城市鲁东造纸机械有限公司
Zhucheng Ludong Paper Machinery Co.，Ltd.
(详见卫生纸机)

诸城盛峰传动机械有限公司
Zhucheng Shengfeng Precision Machinery Co.，Ltd.
地址(Add)：山东省诸城市高乐埠工业园薛馆路
邮编(P. C.)：262200
电话(Tel)：0536－6366876
传真(Fax)：0536－6188258
E-mail：wangshushan@ 126. com
Http://www. shengfengjixie. com
联系人(Contact Person)：王术山
产品业务(Business)：加工凸轮/凸轮分割器，电机减速机

诸城市明大机械有限公司
Zhucheng Mingda Machinery Co.，Ltd.
(详见卫生纸机)

诸城天工造纸机械有限公司
Zhucheng Tiangong Paper Machinery Co.，Ltd.
(详见卫生纸机)

诸城市聚福源环保设备有限公司
Zhucheng Jufuyuan Environmental Protection Machinery Co.，Ltd.
地址(Add)：山东省诸城市龙都街道土墙工业园横三路南
邮编(P. C.)：262200
电话(Tel)：0536－2168177
传真(Fax)：0536－2161018
联系人(Contact Person)：王晓东
产品业务(Business)：污水处理设备，带式压滤机，板框压滤机

诸城市旭日东机械有限公司
Zhucheng Xuridong Machinery Co.，Ltd.
地址(Add)：山东省诸城市隆源路中段
邮编(P. C.)：262200
电话(Tel)：0536－6081238
传真(Fax)：0536－6087785
Http://www. xuridong. com

联系人(Contact Person)：王鹏
产品业务(Business)：磨浆机，压力筛，制浆设备，水处理设备

山东汉通奥特机械有限公司
Shandong Hantong Aote Machinery Co., Ltd.
(详见卫生纸机)

诸城市亿升机械有限公司
Zhucheng Yisheng Machinery Co., Ltd.
地址(Add)：山东省诸城市密州街道曹阵工业园
邮编(P. C.)：262200
电话(Tel)：0536－6327456
传真(Fax)：0536－6329456
总经理(General Manager)：唐同军
联系人(Contact Person)：唐同军
产品业务(Business)：制浆、备料设备，脱墨设备，中段水处理设备，卫生纸机，卫生纸加工设备

诸城市永利达机械有限公司
Zhucheng Yonglida Machinery Co., Ltd.
(详见卫生纸机)

诸城市新日东造纸机械厂
Zhucheng Xinridong Paper Machinery Factory
(详见卫生纸机)

诸城百丰环保科技有限公司
Zhucheng Baifeng Environment Protection Co., Ltd.
地址(Add)：山东省诸城市西外环南首
邮编(P. C.)：262234
电话(Tel)：13375367536
E-mail：qyw7536@163.com
总经理(General Manager)：秦玉伟
产品业务(Business)：碎浆机，脱墨设备，磨浆机

诸城市大正机械有限公司
Zhucheng Dazheng Machinery Co., Ltd.
(详见卫生纸机)

山东省诸城市利丰机械有限公司
Shandong Zhucheng Lifeng Machinery Co., Ltd.
(详见脱墨设备)

淄博市博山开发区真空设备厂
Zibo Boshan Development Zone Vaccum Equipment Factory
地址(Add)：山东省淄博市博山经济开发区
邮编(P. C.)：255213
电话(Tel)：0533－4650430
传真(Fax)：0533－4652666
E-mail：yitaizkb2006@163.com
Http://www.wscfb.com
联系人(Contact Person)：王坤
产品业务(Business)：水环式真空泵

山东精工泵业有限公司
Shandong Jinggong Pumps Co., Ltd.
地址(Add)：山东省淄博市博山区华成路1号
邮编(P. C.)：255200
电话(Tel)：0533－4293089
传真(Fax)：0533－4292609
E-mail：eric@chinco.com.cn
Http://www.jgby.com
法人代表(Chairman)：陈子明
总经理(General Manager)：陈阳
产品业务(Business)：水环式真空泵

淄博水环真空泵厂有限公司
Zibo Water Ring Vaccum Pump Factory Co., Ltd.
地址(Add)：山东省淄博市博山区西过境路299号
邮编(P. C.)：255200
电话(Tel)：0533－4175945
传真(Fax)：0533－4179957
E-mail：shzkb@shzkb.com
Http://www.shzkb.com
法人代表(Chairman)：陈维茂
联系人(Contact Person)：唐恩西
产品业务(Business)：水环式真空泵

淄博轩诚机械有限公司
Zibo Xuancheng Machinery Co., Ltd.
地址(Add)：山东省淄博市桓台县唐山镇
邮编(P. C.)：256408
电话(Tel)：0533－8085416
传真(Fax)：0533－8085416
E-mail：zbxc@zbxc.net
Http://www.zbxc.net
联系人(Contact Person)：刘荣军
产品业务(Business)：磨浆机，碎浆机，筛选设备

山东晨钟机械股份有限公司
Shandong Chenzhong Machinery Co., Ltd.
地址(Add)：山东省淄博市桓台县田庄镇
邮编(P. C.)：256402
电话(Tel)：0533－8583377
传真(Fax)：0533－8590848
E-mail：zbzsl.2008@163.com
联系人(Contact Person)：周善亮
产品业务(Business)：制浆造纸设备

淄博威泰轻工机械有限公司
Zibo Weitai Light Industry Machinery Co., Ltd.
地址(Add)：山东省淄博市桓台县铁西路26号
邮编(P. C.)：256400
电话(Tel)：0533－8227166
传真(Fax)：0533－8222177
Http://www.zbweitai.com
总经理(General Manager)：荆岗
联系人(Contact Person)：荆岗
产品业务(Business)：打浆设备，废纸制浆设备，筛选设备，浮选、漂白设备，搅拌设备，洗涤、浓缩设备

淄博国信机电科技有限公司
Zibo Guoxin Electrical Technology Co., Ltd.
地址(Add)：山东省淄博市桓台县新城
邮编(P. C.)：256403
电话(Tel)：0533－8880446
传真(Fax)：0533－8880440
E-mail：gxqj@gxqj.net
Http://www.gxqj.net
总经理(General Manager)：王秉华
联系人(Contact Person)：王秉峰

产品业务(Business)：制浆机械

锦华集团山东达能科技有限公司
Shandong Daneng Technology Co., Ltd.
地址(Add)：山东省淄博市桓台县邢家镇驻地
邮编(P. C.)：256400
电话(Tel)：0533－8080908
传真(Fax)：0533－8080908
Http://www.sddn.cc
联系人(Contact Person)：董军生
产品业务(Business)：打浆设备，废纸制浆设备，筛选设备，洗涤，浓缩设备，连续蒸煮设备

淄博新美机械有限公司
Zibo Xinmei Machinery Co., Ltd.
地址(Add)：山东省淄博市临淄区凤凰镇
邮编(P. C.)：255419
电话(Tel)：0533－7688777
传真(Fax)：0533－7687889
E-mail：zbxinmei7777@163.com
法人代表(Chairman)：边秀新
总经理(General Manager)：边秀新
联系人(Contact Person)：边秀新
产品业务(Business)：浆纸设备

淄博国际经济技术合作有限公司
Zibo International Economic & Technical Co., Ltd.
地址(Add)：山东省淄博市张店柳泉路105号国贸大厦B座1009室
邮编(P. C.)：255000
电话(Tel)：0533－3126686
传真(Fax)：0533－6120400
E-mail：guoli6686@163.com
Http://www.zietc.com
联系人(Contact Person)：郭丽
产品业务(Business)：浆料制备生产线，配件，技术服务

山东高新机械设备有限公司
Shandong Gaoxin Machinery Co., Ltd.
地址(Add)：山东省邹城市经济开发区兴业路618号
邮编(P. C.)：273500
电话(Tel)：0537－5342256
传真(Fax)：0537－5344036
E-mail：gaoxfc@gaoxfc.com
Http://www.gaoxfc.com
联系人(Contact Person)：李健
产品业务(Business)：流送系统，筛选/净化/洗浆设备

山东长星集团有限公司
Shandong Changxing Group Co., Ltd.
地址(Add)：山东省邹平县长山城东三里河
邮编(P. C.)：256206
电话(Tel)：0543－4819115
传真(Fax)：0543－4819115
法人代表(Chairman)：朱玉国
总经理(General Manager)：朱玉国
联系人(Contact Person)：朱玉堂
产品业务(Business)：真空伏辊，真空压榨辊

温县利祥刀锯厂
Wenxian Lixiang Blade Factory
地址(Add)：河南省焦作市温县祥云镇王召村
邮编(P. C.)：454850
电话(Tel)：0391－6531367
传真(Fax)：0391－6539513
E-mail：583534903@qq.com
法人代表(Chairman)：王邦武
总经理(General Manager)：王邦武
联系人(Contact Person)：王邦武
产品业务(Business)：刮刀，带刀

沁阳市泽鑫机械厂
Qinyang Zexin Machinery Factory
地址(Add)：河南省沁阳市沁伏路一公里处
邮编(P. C.)：0391－5653898
电话(Tel)：0391－5653899
总经理(General Manager)：马秀萍
产品业务(Business)：碎浆机，除渣器，漂洗机

焦作市中联轻工机械厂
Jiaozuo Zhonglian Light Industry Machinery Factory
地址(Add)：河南省温县番田镇
邮编(P. C.)：454892
电话(Tel)：0391－6511051
传真(Fax)：0391－6513133
法人代表(Chairman)：李青松
总经理(General Manager)：李青松
联系人(Contact Person)：李青松
产品业务(Business)：真空泵，纸机架

新乡市蓝海环保机械有限公司
Xinxiang Lanhai Environmental Equipment Co., Ltd.
地址(Add)：河南省新乡市古固寨工业聚集区玉源路路南
邮编(P. C.)：453007
电话(Tel)：0373－5759999
传真(Fax)：0373－5759916
E-mail：lhhbjx@163.com
Http://www.lhhbjx.com
法人代表(Chairman)：潘丙洲
总经理(General Manager)：李长宝
联系人(Contact Person)：李长宝
产品业务(Business)：挤浆机，污泥脱水机，污水处理设备及工程设计

运达造纸设备有限公司
Yunda Paper Machinery Co., Ltd.
地址(Add)：河南省郑州市国际机场薛店工业园世纪大道168号
邮编(P. C.)：450000
电话(Tel)：0371－62586186
传真(Fax)：0371－62587979
E-mail：hongyunda001@163.com
Http://www.zzyunda.com
总经理(General Manager)：许超峰
联系人(Contact Person)：许超峰
产品业务(Business)：水力碎浆机，纤维分离机，除渣器，压力筛，浮选脱墨机

郑州永锐利机械刀具有限公司
Zhengzhou Yongruili Mechanical Cutting Tool Co., Ltd.
地址(Add)：河南省郑州市金水区文化路与三全路交叉口西南角
邮编(P. C.)：452383
电话(Tel)：0371-69286856
传真(Fax)：0371-69276856
E-mail：yrldaoju@126. com
Http://www. yongruili. com
总经理(General Manager)：苏秀奎
产品业务(Business)：刮刀

河南升达世创实业有限公司
Henan Shengdashichuang Industry Co., Ltd.
地址(Add)：河南省郑州市农科路38号金城国际广场2号楼1903室
邮编(P. C.)：450008
电话(Tel)：0371-65383577
传真(Fax)：0371-65383576
E-mail：sdsc_ wh@126. com
Http://www. hnsd. cn
联系人(Contact Person)：王运红
产品业务(Business)：脱水器材

湖北亚特刀具有限公司
Hubei Yate Cutting Tools Co., Ltd.
地址(Add)：河北省武汉市武昌区中南街武珞路586号
邮编(P. C.)：430060
电话(Tel)：027-87569997
传真(Fax)：027-87569997
联系人(Contact Person)：刘小平
产品业务(Business)：起皱刮刀，切纸刀

湖北省天门市鲁班锯业有限责任公司
Tianmen Luban Saw Manufacture Co., Ltd.
地址(Add)：湖北省天门市马湾镇工业大道
邮编(P. C.)：431715
电话(Tel)：0728-4561682
传真(Fax)：0728-4561682
法人代表(Chairman)：刘剑
总经理(General Manager)：刘炎兵
联系人(Contact Person)：胡炳佑
产品业务(Business)：刮刀，打孔刀，切纸刀等造纸机械刀片

武汉鲁班带钢有限公司
Wuhan Luban Band Steel Co., Ltd.
地址(Add)：湖北省武汉市东西湖新沟农场
邮编(P. C.)：430000
电话(Tel)：0728-4561682
联系人(Contact Person)：刘小平
产品业务(Business)：造纸机械刀片

武汉市生威自动化工程有限公司
Wuhan Shengwei Automatic Engineering Co., Ltd.
地址(Add)：湖北省武汉市汉口解放公园路34号1-2
邮编(P. C.)：430010
电话(Tel)：027-82932923
传真(Fax)：027-82932923
E-mail：whsw_ lhy@sohu. com
法人代表(Chairman)：林华勇
总经理(General Manager)：林华勇
联系人(Contact Person)：林华勇
产品业务(Business)：纸浆浓度变送器，浆料取样阀，纸浆浓度调节控制系统，定量阀

湖南正大轻科机械有限公司
Hunan Zhengda Hi-tech Machinery Co., Ltd.
地址(Add)：湖南省长沙市雨花区环保科技产业园环保东路158号
邮编(P. C.)：410116
电话(Tel)：0731-82883816
传真(Fax)：0731-82883812
E-mail：zdqk@zdqk. com
Http://www. zdqk. com
法人代表(Chairman)：周文
联系人(Contact Person)：孙祥东
产品业务(Business)：气罩，热回收系统，送风及排风系统

长沙正大轻科纸业设备有限公司
Changsha CC Paper Machinery Co., Ltd.
地址(Add)：湖南省长沙市雨花区南二环一段二十三号
邮编(P. C.)：410014
电话(Tel)：0731-85220287
传真(Fax)：0731-85220287
E-mail：cszdqk@163. com
Http://www. ccmach. com
法人代表(Chairman)：陈瑜
总经理(General Manager)：陈瑜
联系人(Contact Person)：马旭辉
产品业务(Business)：磨浆机

长沙鼎联热能技术有限公司
Changsha Develoina Heat Energy Technology Co., Ltd.
地址(Add)：湖南省长沙市雨花区中意一路540号红星现代商务中心五楼
邮编(P. C.)：410000
电话(Tel)：0731-84496916
传真(Fax)：0731-85591322
总经理(General Manager)：黄小明
联系人(Contact Person)：陈文学
产品业务(Business)：通风系统，扬克气罩

长沙神州机械有限公司
Changsha Cathay Machinery Co., Ltd.
地址(Add)：湖南省长沙市制造产业基地纬15路
邮编(P. C.)：410323
电话(Tel)：0731-83285566
传真(Fax)：0731-83204889
E-mail：srjsrj@vip. sina. com
Http://www. changshan-cathay. com
联系人(Contact Person)：邵克
产品业务(Business)：气罩，换热器，通风系统

东莞市华星胶辊有限公司
Dongguan Huaxing Cots Co., Ltd.
地址(Add)：广东省东莞市高埗镇(凌屋村工业区对面)
邮编(P. C.)：523270
电话(Tel)：0769-88875798
传真(Fax)：0769-88872431
E-mail：hxdg8888@126. com

Http://www. hxdg. cn
总经理(General Manager)：莫建新
产品业务(Business)：工业用胶辊

东莞市茂鑫刀锯有限公司
Dongguan Maoxin Cutting Co., Ltd.
地址(Add)：广东省东莞市高埗镇高埗东联村二区 99 号
邮编(P. C.)：523000
电话(Tel)：0769 - 86275720
传真(Fax)：0769 - 88875255
E-mail：maoxindaoju@ 126. com
Http://www. maoxindaoju. com
联系人(Contact Person)：黄茂
产品业务(Business)：切纸带刀，造纸机抄纸刀，环形带刀

东莞市汇和五金制品有限公司
Dongguan Huihe Hardware Product Co., Ltd.
地址(Add)：广东省东莞市沙田镇大泥村穗盛工业区
邮编(P. C.)：523980
电话(Tel)：0769 - 89918002
传真(Fax)：0769 - 84580658
E-mail：18321850721@ qq. com
Http://www. hhjgzg. com
联系人(Contact Person)：熊伟
产品业务(Business)：压花辊，超镜面辊

东莞市鸿创造纸机械有限公司
Dongguan Hongchuang Paper Machinery Co., Ltd.
(详见生活用纸加工设备)

东莞市睿锋机械制造厂
Dongguan Ruifeng Machinery Factory
(详见生活用纸加工设备)

东莞市鸿佳利造纸机械公司
Dongguan Hongjiali Paper Machinery Co.
地址(Add)：广东省东莞市沙田镇穗丰年工业区
邮编(P. C.)：523980
电话(Tel)：0769 - 88802679
传真(Fax)：0769 - 88802679
E-mail：zengyongpl@ 163. com
联系人(Contact Person)：曾勇
产品业务(Business)：流浆箱

东莞市凯旋造纸机械公司
Dongguan Kaixuan Paper Machinery Co., Ltd.
地址(Add)：广东省东莞市沙田镇穗丰年工业区(西大坦新区旁)
邮编(P. C.)：511700
电话(Tel)：0769 - 88869297
传真(Fax)：0769 - 88869297
E-mail：919700663@ qq. com
联系人(Contact Person)：吴玄圣
产品业务(Business)：流浆箱

东莞市森邦纸业有限公司
Dongguan Senbang Paper Co., Ltd.
(详见传动和自动化系统)

广东省汕头市节能环保科技有限公司
Guangdong Shantou Energy Saving and Environmental Protection Technology Co., Ltd.
地址(Add)：广东省汕头市长平路丹阳庄龙翔商业大厦
邮编(P. C.)：515000
电话(Tel)：0754 - 88848661
传真(Fax)：0754 - 88849737
E-mail：694641722@ qq. com
Http://www. ausybill. com
法人代表(Chairman)：李植伟
总经理(General Manager)：李植伟
联系人(Contact Person)：李植伟
产品业务(Business)：厂房节能降温设备，造纸加湿除静电设备，复卷造纸车间除尘设备

南京松林刮刀锯有限公司东莞公司
Dongguan Machinery Blade Sales Co., Ltd.
地址(Add)：广东省东莞市万江区楼牌基管理区(汽车总站旁)
邮编(P. C.)：523068
电话(Tel)：0769 - 22712710
传真(Fax)：0769 - 22789665
E-mail：sll@ sll - blade. com
Http://www. sll - blade. com
法人代表(Chairman)：夏松林
总经理(General Manager)：夏松林
联系人(Contact Person)：夏文龙
产品业务(Business)：卫生纸起皱刀及磨刀机，卷筒卫生纸裁断圆盘刀，餐巾纸和面巾纸断刀，打孔刀，分切刀，涂布刮刀，圆刀磨床，刮刀磨床

东莞市三峰刀具有限公司
Dongguan Sanfeng Cutting Tool Co., Ltd.
地址(Add)：广东省东莞市万江区牌楼基管理区(育华小学对面)
邮编(P. C.)：523050
电话(Tel)：0769 - 21661750
传真(Fax)：0769 - 88125817
E-mail：peak200808@ 163. com
Http://www. dgsfdj. com
总经理(General Manager)：王大才
联系人(Contact Person)：王大才
产品业务(Business)：圆刀片，刀圈，甩刀，烘缸刮刀，硬质合金刀圈等，造纸工业用刀，分切机上下圆刀，复卷机打孔刀，面巾纸齿断刀，大回旋切断刀等，卫生纸加工刀片

东莞市长盛刀锯有限公司
Dongguan Changsheng Cutting Tools Co., Ltd.
地址(Add)：广东省东莞市万江区小享建设路
邮编(P. C.)：523048
电话(Tel)：0769 - 22719860
传真(Fax)：0769 - 22274999
E-mail：changsheng@ cs - daoju. com
Http://www. cs - daoju. com
法人代表(Chairman)：张德华
总经理(General Manager)：张德华
联系人(Contact Person)：熊新楚
产品业务(Business)：造纸机刮刀，切纸刀，复卷机打孔刀

东莞市顺昌机械厂
Dongguan Shunchang Machinery Factory
地址(Add)：广东省东莞市万江区新村新村大道
邮编(P. C.)：523053
电话(Tel)：0769－22772182
传真(Fax)：0769－22772182
E-mail：shunchangscn@163. com
联系人(Contact Person)：张五河
产品业务(Business)：纸巾机械刀片，压花辊，羊毛辊，胶辊，包装封口机

东莞市萨浦刀锯有限公司
Dongguan Sharp Cutting Tools Co., Ltd.
地址(Add)：广东省东莞市望牛墩汽车站后面
邮编(P. C.)：523000
电话(Tel)：0769－88416688
传真(Fax)：0769－88416088
E-mail：sharpdaoju@163. com
Http://www. sharp－tools. com
法人代表(Chairman)：周芳明
总经理(General Manager)：周芳明
联系人(Contact Person)：周芳军
产品业务(Business)：抄纸刮刀，切纸带刀，环形带刀

广东中商国通电子有限公司
MCA Battery Manufacture Co., Ltd.
地址(Add)：广东省佛山市高明区沧江工业园东侧
邮编(P. C.)：528523
电话(Tel)：0757－88806989
传真(Fax)：0757－88803909
E-mail：a83860@163. com
联系人(Contact Person)：蔡聿明
产品业务(Business)：生活用纸加工设备

广东省佛山市南海区志胜激光制辊有限公司
Foshan Zhisheng Laser System Roller Co., Ltd.
地址(Add)：广东省佛山市南海区桂城街道夏南一工业区
邮编(P. C.)：528251
电话(Tel)：0757－86793313
传真(Fax)：0757－86797123
E-mail：1154119098@qq. com
Http://www. zszhigun. com
总经理(General Manager)：谭新征
联系人(Contact Person)：陈胜源
产品业务(Business)：激光版，压纹辊，网纹辊

佛山市南海区鹏森机械厂
Foshan Nanhai Pengsen Machinery Factory
地址(Add)：广东省佛山市南海区桂城夏东涌口工业区
邮编(P. C.)：528251
电话(Tel)：0757－88598033
传真(Fax)：0757－88598032
E-mail：1006061037@qq. com
Http://www. fsgbl. com
法人代表(Chairman)：胡磊
总经理(General Manager)：胡磊
联系人(Contact Person)：胡磊
产品业务(Business)：齿刀，底刀，切纸刀，打孔刀等，纸巾机械刀具，纸箱包装机械刀具

连冠金属塑料制品有限公司
Lianguan Hardware Co., Ltd.
地址(Add)：广东省佛山市南海区里水镇里和路76号
邮编(P. C.)：528244
电话(Tel)：0757－85609797
传真(Fax)：0757－85609796
E-mail：lfy9903@126. com
联系人(Contact Person)：梁富勇
产品业务(Business)：生活用纸加工设备配件

佛山运城压纹制版有限公司
Foshan Yuncheng Embossing Roller Making Co., Ltd.
地址(Add)：广东省佛山市南海区狮山镇南海科技工业园B区科宝北路
邮编(P. C.)：528225
电话(Tel)：0757－81206268
传真(Fax)：0757－81206269
E-mail：fslzq621@163. com
Http://www. fsycyw. com
联系人(Contact Person)：吕占强
产品业务(Business)：纸巾对压版辊，厨房纸巾版辊

佛山市南海区键铧风机有限公司
Foshan Nanhai Jianhua Blower Co., Ltd.
地址(Add)：广东省佛山市南海区罗村镇罗务路十八亩工业区
邮编(P. C.)：528226
电话(Tel)：0757－81801563
传真(Fax)：0757－86441489
E-mail：info@fsjianhua. com
Http://www. fsjianhua. com. cn
总经理(General Manager)：黄泽潮
联系人(Contact Person)：黄泽升
产品业务(Business)：罗茨真空泵，为擦手纸机、面巾纸机配套真空系统

佛山市南海晟心胶辊制造有限公司
Foshan Nanhai Shengxin Rubber Roller Co., Ltd.
地址(Add)：广东省佛山市南海区水北沙鹤暖岗工业区20号
邮编(P. C.)：528200
电话(Tel)：0757－85620490
传真(Fax)：0757－85620489
E-mail：cx201101@163. com
Http://www. fscxxjg. com
联系人(Contact Person)：王华斌
产品业务(Business)：胶辊，铁辊

广州热尔热工设备有限公司
Guangzhou Reer Thermal Equipment Co., Ltd.
地址(Add)：广东省广州市白云区嘉禾竹仔园
邮编(P. C.)：510440
电话(Tel)：020－86099023
传真(Fax)：020－86099578
E-mail：gzreer@126. com
Http://www. gzreer. com
总经理(General Manager)：闫有斌
产品业务(Business)：换热器

广州天竺刀片公司
Guangzhou Tianzhu Blades Co., Ltd.
地址(Add): 广东省广州市广园中路280号首层
邮编(P. C.): 510010
电话(Tel): 020－36503338
传真(Fax): 020－36503601
E-mail: gzshengfang@163. com
Http://www. gzshengfang. cn
联系人(Contact Person): 何玉堂
产品业务(Business): 分切圆刀, 长刀, 工业皮带

翔昇环保设备有限公司
Xiangsheng Environmental Protection Equipments Co., Ltd.
地址(Add): 广东省广州市黄埔区沙埔东路18号之3
邮编(P. C.): 510700
电话(Tel): 020－82398792
传真(Fax): 020－82334476
E-mail: xiangshenggz@163. com
Http://www. gzxiangsheng. com. cn
联系人(Contact Person): 胡远波
产品业务(Business): 鼓风机

华南理工大学轻工与食品学院造纸与污染控制国家工程研究中心
South China University of Technology National Engineering Research Center of Papermaking & Pollution Control
地址(Add): 广东省广州市天河区五山路381号华南理工大学造纸工程大楼
邮编(P. C.): 510640
电话(Tel): 020－87113078
传真(Fax): 020－87113840
E-mail: hgcgp@126. com
联系人(Contact Person): 曹国平
产品业务(Business): 中浓液压盘磨机, 造纸机顶网, 流浆箱, 稳浆箱, 纸浆中浓、高浓混合器, 造纸废水生态综合治理及升级改造, 污泥生态综合治理及资源利用

广东光泰激光科技有限公司
Guangdong Brightas Laser Science & Technology Co., Ltd.
地址(Add): 广东省广州市中山大道西高新工业园建工路8号首层
邮编(P. C.): 510665
电话(Tel): 020－85528827
传真(Fax): 020－85528667
E-mail: yao13802799983@163. com
Http://www. brightaslaser. com. cn
联系人(Contact Person): 张杨
产品业务(Business): 陶瓷网纹辊

创源水处理科技有限公司
Inno Water Tech Co., Ltd.
地址(Add): 广东省江门市滘北亨通高科技工业园C4
邮编(P. C.): 529000
电话(Tel): 0750－3819015
传真(Fax): 0750－3664190
E-mail: linson@innoant. com
Http://www. innoant. com
法人代表(Chairman): 臧立新
总经理(General Manager): 臧立新
产品业务(Business): 浅层气浮机, 盘式过滤机

江门市新会区园达工具有限公司
Jiangmen Xinhui Yuanda Tools Co., Ltd.
地址(Add): 广东省江门市新会区黄克兢大桥北岸东侧
邮编(P. C.): 529100
电话(Tel): 0750－6318637
传真(Fax): 0750－6318627
E-mail: pm@yuandatools. com
Http://www. yuandatools. com
法人代表(Chairman): 马加樵
总经理(General Manager): 罗小东
联系人(Contact Person): 叶金萍
产品业务(Business): 切纸圆刀, 打孔刀, 分切刀, 刮刀, 卫生纸回旋裁切机

广东廉江市莲达机械设备厂
Guangdong Lianjiang Lianda Machinery Factory
地址(Add): 广东省廉江市横山镇三角塘路段
邮编(P. C.): 524443
电话(Tel): 0759－6797478
传真(Fax): 0769－6797478
联系人(Contact Person): 陈怀
产品业务(Business): 烘缸表面喷涂, 精磨, 烘缸修补

和耀企业有限公司
Royview Enterprises Limited
地址(Add): 广东省深圳市宝安区松岗镇红星村松新北二巷七号
邮编(P. C.): 518105
电话(Tel): 0755－29932703
传真(Fax): 0755－29932702
E-mail: shihjungcheng@gmail. com
法人代表(Chairman): 郑明宏
总经理(General Manager): 郑明宏
联系人(Contact Person): 郑诗融
产品业务(Business): RIF(烘缸/辊表面包胶、喷涂及研磨)、UNGRICHT(压花辊)、MTC(软抽/盒抽折叠机)中国代理

中山市东成制辊有限公司
Zhongshan Dongcheng Rolls Manufacture Co., Ltd.
地址(Add): 广东省中山市黄圃镇兴圃大道西128号
邮编(P. C.): 528429
电话(Tel): 0760－23223688
传真(Fax): 0760－23220688
E-mail: info@dcroll. com
Http://www. dcroll. com
总经理(General Manager): 严东成
联系人(Contact Person): 严东成
产品业务(Business): 手帕纸压花机组, 压纹(压花)辊, 橡胶辊

三菱电机产品重庆技术服务中心
Sanling Motors Chongqing Service Center
地址(Add): 重庆市高新区科园一路科技发展大厦D座5－5
邮编(P. C.): 400039
电话(Tel): 023－68622098
传真(Fax): 023－89089306

Http://www. szxingdong. com
法人代表(Chairman): 杨杰
总经理(General Manager): 杨杰
产品业务(Business): 数控工控产品

成都锦兴绿源环保科技有限公司
Chengdu Jinxing Lvyuan Environment Protection Co., Ltd.
地址(Add): 四川省都江堰市经济开发区九鼎大道
邮编(P. C.): 611830
电话(Tel): 028 – 87229890
传真(Fax): 028 – 87229890
E-mail: mcy@ vip. 163. com
联系人(Contact Person): 穆先生
产品业务(Business): 纸浆漂白设备

绵阳科良节能环保技术有限公司
Mianyang Keliang Energy Saving Environmental Protection and Technology Co., Ltd.
地址(Add): 四川省绵阳市游仙区游仙路264号
邮编(P. C.): 621000
电话(Tel): 0816 – 8212197
传真(Fax): 0816 – 8212219
E-mail: 1990246@ qq. com
Http://www. myklin. com
法人代表(Chairman): 吴平
联系人(Contact Person): 吴平
产品业务(Business): 蒸汽回收机

四川三台剑门泵业有限公司
Santai Pump Co., Ltd.
地址(Add): 四川省三台县南河路528号
邮编(P. C.): 621100
电话(Tel): 0816 – 5221702
传真(Fax): 0816 – 5223195
E-mail: scstjmby@ 163. com
Http://www. jm – pump. com
联系人(Contact Person): 江黎明
产品业务(Business): 泵

贵州恒瑞辰机械设备有限公司
Guizhou Hengruichen Machinery Manufacturing Co., Ltd.
(详见卫生纸机)

西安市英隆超硬材料厂
Xian Yinglong Superhard Materials Factory
地址(Add): 陕西省西安市临潼区现代工业园区
邮编(P. C.): 710600
电话(Tel): 029 – 62821158
传真(Fax): 029 – 62821168
E-mail: koloya@ cnherohome. com
Http://www. herohome. com. cn
联系人(Contact Person): 项茸
产品业务(Business): 超硬材料砂轮/磨具, 异形刀具

斯通伍德(西安)胶辊有限公司
Sitongwude (Xian) Rubber Roll Co., Ltd.
地址(Add): 陕西省西安市西郊阿房四路2号
邮编(P. C.): 710086
电话(Tel): 029 – 84626840
传真(Fax): 029 – 84624421
联系人(Contact Person): 王贵华
产品业务(Business): 胶辊

陕西欧润造纸机械有限公司
Shaanxi All – Run Paper Machinery Co., Ltd.
地址(Add): 陕西省西安市雁塔区鱼化工业园三排1号
邮编(P. C.): 710077
电话(Tel): 029 – 84686114
传真(Fax): 029 – 84686084
E-mail: xiaoping. chen@ all – run. com
Http://www. all – run. com
联系人(Contact Person): 陈小平
产品业务(Business): 脱水元件, 张紧器, 校正器, 刮刀

西安迈拓机械制造有限公司
Xian Maito Machinery Co., Ltd.
地址(Add): 陕西省西安市鱼化寨二府庄工业园区中段
邮编(P. C.): 710086
电话(Tel): 029 – 84686312
传真(Fax): 029 – 84686320
E-mail: 15991702371@ 163. com
Http://www. maito – qj. com
联系人(Contact Person): 魏春庆
产品业务(Business): 压榨辊

● 一次性卫生用品生产设备 Machinery for disposable hygiene products

Zuiko Corporation
日本株式会社瑞光
地址(Add): 15 – 21, Minamibefu Settsu Osaka 566 – 0045 Japan
电话(Tel): 81 – 6 – 6340 – 7117
传真(Fax): 81 – 6 – 6340 – 4182
E-mail: inquiry@ zuiko. co. jp
Http://www. zuiko. co. jp
产品业务(Business): 卫生巾机, 纸尿裤机, 护理垫机

Nippon Sharyo, Ltd. Industrial Machinery Department
日本车辆制造株式会社
(详见生活用纸加工设备)

BIKOMA GmbH SPEZIALMASCHINEN
德国毕克马公司
地址(Add): Am Layerhof 5 D – 56727 Mayen Germany
电话(Tel): 49 – 2651 – 8001 – 0
传真(Fax): 49 – 2651 – 8001 – 40
E-mail: sales@ bikoma. de
Http://www. bikoma. de
产品业务(Business): 卫生巾/卫生护垫设备, 纸尿裤设备, 医用床垫设备, 母乳垫设备

Winkler & Dunnebier Aktiengesellschaft
德国威刻勒机器设备W + D公司
地址(Add): Sohler Weg 65. 56564 Neuwied Germany
电话(Tel): 49 – 2631 – 84 – 0
传真(Fax): 49 – 2631 – 84577
E-mail: sales. services@ w – d. de

Http://www. w – d. de
产品业务(Business):卫生巾机,纸尿裤机,卫生纸、餐巾纸、面巾纸、手帕纸加工设备

Diatec
意大利迪雅特公司
地址(Add):Strada Statale n. 151 Km. 13 65013 Collecorvino (Pescara), Italy
电话(Tel):39 – 085 – 82060 – 1
传真(Fax):39 – 085 – 82060 – 22
E-mail:staff@ diatec. it
Http://www. diatec. it
产品业务(Business):卫生巾机,纸尿裤机,护理垫机,成人纸尿裤机

Fameccanica Data S. p. A.
意大利发明家设备公司
地址(Add):Via Aterno, 136 – 66020 Sambuceto di S. Giovanni Teatino (Chieti) – Italy
电话(Tel):39 – 085 – 45531
传真(Fax):39 – 085 – 4460998
E-mail:staff@ fameccanica. com
Http://www. fameccanica. com
产品业务(Business):婴儿纸尿裤机,卫生巾机,成人失禁用品生产线,成人拉拉裤机,床垫生产线,婴儿训练裤机

GDM S. P. A
意大利吉地美公司
地址(Add):Via Circonvallazione Sud 26010 Offanengo (CR) Italy
电话(Tel):39 – 373247011
传真(Fax):39 – 37780686
E-mail:infogdm@ gdm – spa. it
Http://www. gdm – spa. com
联系人(Contact Person):Alberto Perego
产品业务(Business):卫生巾、纸尿裤、失禁垫设备

Shinko Kikai Co., Ltd.
新兴机械株式会社
地址(Add):日本岐阜县安八郡神户町八条 302, 503 – 2324
电话(Tel):81 – 584 – 27 – 7311
传真(Fax):81 – 584 – 27 – 7397
E-mail:kitty – lee@ vip. 163. com
Http://www. shinko – kikai. co. jp
法人代表(Chairman):原正昭
总经理(General Manager):原正昭
联系人(Contact Person):李闰华
产品业务(Business):成人拉拉裤/纸尿裤设备,婴儿拉拉裤/纸尿裤设备,卫生巾设备

扈信机械有限公司
Healthy Machinery Co., Ltd.
地址(Add):台湾省台北县土城市永丰路 195 巷 7 弄 19 号
电话(Tel):886 – 2 – 22621228
传真(Fax):886 – 2 – 22650669
E-mail:chris@ healthyco. com. tw
Http://www. healthyco. com. tw
联系人(Contact Person):陈洪和
产品业务(Business):口罩机,鞋套机,手术衣机

保定格润工贸有限公司
Baoding Gerun Co., Ltd.
地址(Add):河北省保定市北三环杨村路口北行小刘庄
邮编(P. C.):072556
电话(Tel):0312 – 8509818
传真(Fax):0312 – 8509816
总经理(General Manager):刘志华
联系人(Contact Person):刘洪海
产品业务(Business):卫生巾、卫生护垫、婴儿纸尿裤设备

丹东北方机械有限公司
Dandong Beifang Machinery Co., Ltd.
(详见干法纸设备)

瑞光(上海)电气设备有限公司
Zuiko (Shanghai) Corporation
地址(Add):上海市嘉定区工业北区兴邦路 328 号
邮编(P. C.):201815
电话(Tel):021 – 69169492
传真(Fax):021 – 69169493
E-mail:zcsh – sale@ zuiko. co. jp
Http://www. zuiko – sh. cn
法人代表(Chairman):和田隆男
总经理(General Manager):和田昇
产品业务(Business):卫生巾机,纸尿裤机,护理垫机

上海守谷国际贸易有限公司
Moritani Shanghai Co., Ltd.
地址(Add):上海市静安区铜仁路 299 号东海广场 4002 室
邮编(P. C.):200040
电话(Tel):021 – 63292866
传真(Fax):021 – 63294068
E-mail:shanghai. gm@ moritani. cn
Http://www. takigen – agent. cn
总经理(General Manager):田中道朗
联系人(Contact Person):周风行
产品业务(Business):造纸卫生材料设备,检测仪器,包装设备

法麦凯尼柯机械(上海)有限公司
Fameccanica Machinery (Shanghai) Co., Ltd.
地址(Add):上海市闵行区莘庄工业园区都会路 1951 弄 10 号
邮编(P. C.):201108
电话(Tel):021 – 64422977
传真(Fax):021 – 64422981
E-mail:china@ fameccanica. com
Http://www. fameccanica. com
总经理(General Manager):Giampiero De Angelis
联系人(Contact Person):黄俊华
产品业务(Business):婴儿纸尿裤机,卫生巾机,成人失禁用品生产线,成人拉拉裤机,床垫生产线,婴儿训练裤机

上海智联精工机械有限公司
Shanghai Zhilian Precision Machinery Co., Ltd.
地址(Add):上海市青浦区白鹤镇赵屯赵江路 485 号
邮编(P. C.):201711

电话(Tel)：021－59213878
传真(Fax)：021－59213838
E-mail：zl@zhilianpm.com
Http://www.zhilianpm.com
法人代表(Chairman)：傅炯
总经理(General Manager)：傅炯
联系人(Contact Person)：傅炯
产品业务(Business)：卫生巾、纸尿裤机，床垫机

常州市东风卫生机械设备制造厂
Changzhou Dongfeng Sanitary Machinery Equipment Manufacture Factory
地址(Add)：江苏省常州市红梅乡东风民营工业园20号
邮编(P.C.)：213017
电话(Tel)：0519－85311801
传真(Fax)：0519－85311801
E-mail：info@czdongfeng.cn
Http://www.czdongfeng.cn
法人代表(Chairman)：朱有贵
总经理(General Manager)：朱有贵
联系人(Contact Person)：恽自安
产品业务(Business)：卫生巾机，卫生护垫机，纸尿片机，板浆粉碎系统，床垫机，口罩机，圆帽机，乳垫机，打孔膜机，流延膜机

常州市中创机电设备有限公司
Changzhou Zhongchuang Mechatronic Co., Ltd.
地址(Add)：江苏省常州市劳动西路47号(常州技术质量监督局内)
邮编(P.C.)：213001
电话(Tel)：0519－86695910
传真(Fax)：0519－86907831
E-mail：czzczyp2008@163.com
Http://www.czzc.com.cn
法人代表(Chairman)：金国栋
总经理(General Manager)：章亚平
联系人(Contact Person)：章亚平
产品业务(Business)：手术衣、口罩、尿垫超声波设备

金湖中卫机械有限公司
Jinhu ZW Machinery Co., Ltd.
地址(Add)：江苏省淮安市金湖县大兴工业集中区9号
邮编(P.C.)：211600
电话(Tel)：0517－86955859
传真(Fax)：0517－86816789
E-mail：donaldfu@yahoo.com.cn
Http://www.cnbiz4u.com
法人代表(Chairman)：仲从波
总经理(General Manager)：仲从波
联系人(Contact Person)：仲从波
产品业务(Business)：成人纸尿裤/护理垫设备，婴儿纸尿裤/片设备，卫生巾设备，医用床单设备，吸血片设备，热熔胶机，胶枪

金湖县宏达卫生用品设备有限公司
Jinhu Hongda Hygiene Products Equipment Co., Ltd.
地址(Add)：江苏省淮安市金湖县工业园区金湖西路179－181号
邮编(P.C.)：211600
电话(Tel)：0517－86986698
传真(Fax)：0517－86981066
E-mail：jhhd666@hotmail.com
Http://www.hdwsj.net
法人代表(Chairman)：季平奎
总经理(General Manager)：季兵奎
联系人(Contact Person)：凌珍珠
产品业务(Business)：卫生巾、纸尿裤设备

江苏金卫(集团)机械设备有限公司
Jiangsu JWC (Group) Machinery Co., Ltd.
地址(Add)：江苏省淮安市金湖县华海路3号
邮编(P.C.)：211600
电话(Tel)：0517－86899999
传真(Fax)：0517－86980777
E-mail：john@sinojwc.com
Http://www.sinojwc.com
法人代表(Chairman)：陈斌
总经理(General Manager)：居黛霞
联系人(Contact Person)：汪明宇
产品业务(Business)：卫生巾/卫生护垫/婴儿纸尿裤/成人纸尿裤/产妇垫/床垫/宠物垫/口罩生产线，面巾纸/餐巾纸生产线，粉碎机

三木机械制造实业有限公司
Three Wood Machinery Industry Co., Ltd.
地址(Add)：江苏省淮安市金湖县金湖西路138号
邮编(P.C.)：211600
电话(Tel)：0517－86959098
传真(Fax)：0517－86959077
E-mail：sales@threewoodmachine.com
Http://www.threewoodmachine.com
法人代表(Chairman)：柏爱民
总经理(General Manager)：赵银祥
联系人(Contact Person)：王振平
产品业务(Business)：婴儿拉拉裤/纸尿裤生产线，成人失禁裤/卫生巾/护垫生产线

金湖县方平卫生用品机械厂
Jinhu Fangping Hygiene Products Machinery Factory
地址(Add)：江苏省金湖县大兴工业园区东阳路111号
邮编(P.C.)：211600
电话(Tel)：0517－86691736
传真(Fax)：0517－86986736
E-mail：jinhujifengping@163.com
Http://www.jsfangping.cn.alibaba.com
法人代表(Chairman)：季丰平
总经理(General Manager)：季丰平
联系人(Contact Person)：季丰平
产品业务(Business)：卫生巾/卫生护垫生产线，婴儿纸尿裤/成人纸尿裤机，湿巾机

苏州市苏宁床垫有限公司
Suzhou Suning Underpad Co., Ltd.
地址(Add)：江苏省苏州市高新区浒关工业园永安路70号
邮编(P.C.)：215151
电话(Tel)：0512－66653331
传真(Fax)：0512－66651066
E-mail：sncd@163.com
Http://szsncd.1688.com
法人代表(Chairman)：张俊武
总经理(General Manager)：张俊武

联系人(Contact Person)：张俊武
产品业务(Business)：医用床垫/宠物垫生产线

意大利吉地美公司苏州工厂
GDM Suzhou Plant
地址(Add)：江苏省苏州市工业园区胜浦分区名胜路26号
邮编(P. C.)：215126
电话(Tel)：0512－62810681
传真(Fax)：0512－62810681
E-mail：qian. chen@ gdm－spa. ip
总经理(General Manager)：Luca Aiolfi
联系人(Contact Person)：陈前
产品业务(Business)：卫生巾、纸尿裤、失禁垫设备

张家港市力威机械制造有限公司
Zhangjiagang Liwei Machinery Co., Ltd.
地址(Add)：江苏省张家港市乐移双桥村
邮编(P. C.)：215624
电话(Tel)：0512－58962320
传真(Fax)：0512－58982320
E-mail：lw@ liweijx. com
Http://www. liweijx. com
法人代表(Chairman)：姚恒忠
总经理(General Manager)：姚恒忠
联系人(Contact Person)：姚恒忠
产品业务(Business)：护理垫/口罩/帽子/鞋套设备

张家港市世奇机械制造有限公司
Zhangjiagang Shiqi Machinery Co., Ltd.
地址(Add)：江苏省张家港市乐余镇北162号
邮编(P. C.)：215621
电话(Tel)：0512－58600318
传真(Fax)：0512－58600868
E-mail：zjgsqjx@ 163. com
Http://www. chinasqjx. com
法人代表(Chairman)：刘斌
总经理(General Manager)：刘斌
联系人(Contact Person)：刘斌
产品业务(Business)：医用床垫机/口罩/帽子机/手套机，制袋机，非织造布加工机械

张家港市阿莱特机械有限公司
Zhangjiagang Alaite Machinery Co., Ltd.
地址(Add)：江苏省张家港市鹿苑牛桥工业园
邮编(P. C.)：215616
电话(Tel)：0512－58356801
传真(Fax)：0512－58356802
Http://www. alaite. cn. alibaba. com
法人代表(Chairman)：彭春晖
总经理(General Manager)：彭春晖
联系人(Contact Person)：彭春晖
产品业务(Business)：医生帽/鞋套/拖鞋/柔性帽/口罩/床单机

张家港市久屹机械制造有限公司
Zhangjiagang Jiuyi Machinery Co., Ltd.
地址(Add)：江苏省张家港市南丰镇新德工业区
邮编(P. C.)：215628
电话(Tel)：0512－58618162
传真(Fax)：0512－58611865
E-mail：jyjixie999@ 163. com
Http://www. jiuyijx. com
法人代表(Chairman)：李剑波
总经理(General Manager)：李剑波
联系人(Contact Person)：汤丽清
产品业务(Business)：医用床垫、口罩机，复卷打孔机，医用帽生产线，口罩上带机，SMS复合线，非织造布枕套(袋)机，复膜(复机设备)，分切机圆刀

杭州新余宏机械有限公司
Hangzhou New Yuhong Machinery Co., Ltd.
地址(Add)：浙江省杭州市瓶窑凤都工业园区
邮编(P. C.)：311115
电话(Tel)：0571－88541156
传真(Fax)：0571－88543365
Http://www. yhjg. com
法人代表(Chairman)：季儒茂
总经理(General Manager)：孙小宏
联系人(Contact Person)：曹小云
产品业务(Business)：成人纸尿裤/护理垫、婴儿纸尿裤、卫生巾、卫生护垫，宠物垫设备

意大利卡尔迪罗莱公司国内联络处
Caldiroli SPL
地址(Add)：浙江省杭州市清泰街507号富春大厦12－C
邮编(P. C.)：310009
电话(Tel)：0571－87098567
传真(Fax)：0571－87818530
E-mail：shouhg@ mail. hz. zj. cn
法人代表(Chairman)：寿泓
总经理(General Manager)：寿泓
联系人(Contact Person)：寿泓
产品业务(Business)：婴儿纸尿裤机，成人纸尿裤机，卫生巾机，卫生护垫机

杭州智玲无纺布机械设备有限公司
Hangzhou ZhiLing Nonwoven Machinery Co., Ltd.
地址(Add)：浙江省杭州市三墩镇山联村下确桥百邦科技102室
邮编(P. C.)：310030
电话(Tel)：0571－86821571
传真(Fax)：0571－86890206
E-mail：zhigangjixie@ 163. com
Http://www. hzzgjx. com
联系人(Contact Person)：汪滨
产品业务(Business)：湿巾机，非织造布折叠机，制袋机，包装机，分切复卷机，擦拭布机

杭州珂瑞特机械制造有限公司
Hangzhou Creator Machinery Manufacture Co., Ltd.
地址(Add)：浙江省杭州市余杭区临平余杭经济开发区兴国路392号
邮编(P. C.)：311115
电话(Tel)：0571－88548378
传真(Fax)：0571－88548379
E-mail：crt@ createmachine. com. cn
Http://www. createmachine. com. cn
法人代表(Chairman)：李世锦
总经理(General Manager)：姚良飞
联系人(Contact Person)：周泳
产品业务(Business)：婴儿纸尿裤/拉拉裤机，成人失禁

裤/纸尿裤机，卫生巾机，卫生护垫机，床垫机

杭州唯可机械制造有限公司
Hangzhou Wecan Machinery Manufacture Co., Ltd.
地址(Add)：浙江省杭州市余杭区瓶窑镇
邮编(P. C.)：311115
电话(Tel)：0571－88526998
传真(Fax)：0571－88526958
E-mail：zwd@hzwecan.cn
Http://www.hzwecan.cn
法人代表(Chairman)：詹卫东
总经理(General Manager)：詹卫东
联系人(Contact Person)：闻晓霞
产品业务(Business)：成人纸尿裤/婴儿纸尿裤/婴儿拉拉裤/卫生巾设备，乳垫/宠物垫生产线，复合材料生产线

杭州盾迅机械制造有限公司
Hangzhou Dunxun Machinery Manufacture Co., Ltd.
地址(Add)：浙江省杭州市余杭区瓶窑镇长命村环桥31号
邮编(P. C.)：311115
电话(Tel)：0571－88520996
传真(Fax)：0571－88520996
E-mail：csy.93@163.com
Http://www.hz－dunxun.com
总经理(General Manager)：陈世尧
联系人(Contact Person)：陈世尧
产品业务(Business)：卫生巾/床垫/婴儿纸尿裤/拉拉裤/成人纸尿裤/片/成人失禁裤机，堆垛/中包机，材料复合机，包装喷涂机

杭州东巨机械制造有限公司
Hangzhou Loong Machinery Manufacture Co., Ltd.
地址(Add)：浙江省杭州市余杭区瓶窑镇风都开发区
邮编(P. C.)：311115
电话(Tel)：0571－88501601
传真(Fax)：0571－88501603
E-mail：xhy8998@163.com
Http://www.hzloong.com
法人代表(Chairman)：徐海燕
总经理(General Manager)：徐海燕
联系人(Contact Person)：徐海燕
产品业务(Business)：卫生巾/婴儿纸尿裤/成人纸尿裤设备

瑞安市瑞乐卫生巾设备有限公司
Ruian Ruile Sanitary Napkin Equipment Co., Ltd.
地址(Add)：浙江省瑞安市华表振兴西路69号
邮编(P. C.)：325206
电话(Tel)：0577－65170649
传真(Fax)：0577－65521649
E-mail：cnruile@163.com
Http://www.sinorl.com
法人代表(Chairman)：蔡之鸿
总经理(General Manager)：蔡以水
联系人(Contact Person)：蔡以水
产品业务(Business)：卫生护垫设备，卫生巾设备，护理垫设备，宠物垫设备，马桶垫生产线，婴儿/成人纸尿裤设备，鞋垫设备

浙江省瑞安市瑞丰机械厂
Zhejiang Ruian Ruifeng Machinery Factory
地址(Add)：浙江省瑞安市塘下镇市北工业园区瑞瓯路
邮编(P. C.)：325206
电话(Tel)：0577－65321068
传真(Fax)：0577－65321058
E-mail：master@ruifeng.cn
Http://www.ruifeng.cn
法人代表(Chairman)：蔡志昭
联系人(Contact Person)：廖建彬
产品业务(Business)：成人/婴儿纸尿裤设备，卫生巾/卫生护垫设备，包装及堆垛设备

义乌市宏星机械设备厂
Yiwu Hongxing Machinery Factory
地址(Add)：浙江省义乌市义亭镇抗畴江滨工业区
邮编(P. C.)：322000
电话(Tel)：0579－85726953
传真(Fax)：0579－85821153
E-mail：hongxing8987@126.com
法人代表(Chairman)：曾还星
总经理(General Manager)：曾还星
联系人(Contact Person)：曾还星
产品业务(Business)：卫生巾/卫生护垫/婴儿纸尿裤/片/护理垫/宠物垫生产线，设备改造

安庆市恒昌机械制造有限责任公司
Anqing Heng Chang Machinery Co., Ltd.
地址(Add)：安徽省安庆市开发区小孤山路5号
邮编(P. C.)：246005
电话(Tel)：0556－5357442
传真(Fax)：0556－5357893
E-mail：aqhch@aqhch.com.cn
Http://www.aqhch.com.cn
法人代表(Chairman)：吕兆荣
总经理(General Manager)：吕兆荣
联系人(Contact Person)：孙晓君
产品业务(Business)：婴儿纸尿裤/训练裤/成人纸尿裤/卫生巾/护垫生产线，卫生巾/纸尿裤包装机

东南机械制造有限公司
Southeast Machinery Manufacturing Co., Ltd.
地址(Add)：福建省晋江市东石镇第二工业区
邮编(P. C.)：362271
电话(Tel)：0595－85588128
传真(Fax)：0595－85582128
E-mail：dongnan@dnjx.com
Http://www.dnjx.com
法人代表(Chairman)：杨士连
总经理(General Manager)：杨志鹏
联系人(Contact Person)：杨志攀
产品业务(Business)：卫生巾、卫生护垫、纸尿裤、纸尿片机

福建省泉州市诚达机械厂
Fujian Quanzhou Chengda Machine Factory
地址(Add)：福建省晋江市鲤城区仙塘工业区
邮编(P. C.)：362005
电话(Tel)：0595－85926396
传真(Fax)：0595－85926396
E-mail：yanlicheng2004@163.com

联系人(Contact Person)：严立成
产品业务(Business)：卫生巾、护垫、纸尿裤设备

晋江市顺昌机械制造有限公司
Jinjiang Shunchang Machine Manufacturing Co., Ltd.
地址(Add)：福建省晋江市五里工业区
邮编(P. C.)：362261
电话(Tel)：0595－85727851
传真(Fax)：0595－85757850
E-mail：shunchangjx@gmail.com
Http://www.jjsc.com
法人代表(Chairman)：王坚持
总经理(General Manager)：王坚持
联系人(Contact Person)：王坚持
产品业务(Business)：婴儿纸尿裤/片、成人纸尿裤/片、卫生巾、卫生护垫设备，拉拉裤设备，床垫、宠物垫设备

晋江海纳机械有限公司
Jinjiang Haina Machinery Co., Ltd.
地址(Add)：福建省晋江市五里经济开发区
邮编(P. C.)：362261
电话(Tel)：0595－85717878
传真(Fax)：0595－85717272
E-mail：hainajx@vip.163.com
Http://www.fjhaina.com
法人代表(Chairman)：张志雄
总经理(General Manager)：何子平
联系人(Contact Person)：何子平
产品业务(Business)：成人纸尿裤/片、婴儿纸尿裤/片设备，婴儿拉拉裤设备，卫生巾、卫生护垫设备，生活用纸包装机，湿巾机

泉州市玉峰机械制造有限公司
Quanzhou Yufeng Machinery Manufacturing Co., Ltd.
地址(Add)：福建省泉州市丰泽区北峰街道群峰社区丰山路
邮编(P. C.)：362000
电话(Tel)：0595－22069508
传真(Fax)：0595－22069508
E-mail：376935496@qq.com
联系人(Contact Person)：梁志坚
产品业务(Business)：成人纸尿裤/片、婴儿纸尿裤/片、卫生巾生产线，床垫、宠物垫、材料复合机

泉州市汉辉纸品机械厂
Quanzhou Hanhui Paper Products Machinery Factory
地址(Add)：福建省泉州市浮桥工业区(金桥酒店对面)
邮编(P. C.)：362000
电话(Tel)：0595－22839952
传真(Fax)：0595－22469952
Http://www.fjhanhui.com.cn
联系人(Contact Person)：陈民强
产品业务(Business)：卫生纸加工设备，卫生巾设备，纸餐盒机

海创机械制造有限公司
Hicreat Machine Manufacture Co., Ltd.
(详见生活用纸加工设备)

福建鑫运机械发展有限公司
Fujian Xinyun Machinery Development Co., Ltd.
地址(Add)：福建省泉州市江南街道办事处玉霞工业区
邮编(P. C.)：362000
电话(Tel)：0595－28053752
传真(Fax)：0595－28051752
E-mail：peilun87@hotmail.com
联系人(Contact Person)：潘培仑
产品业务(Business)：婴儿纸尿裤机，卫生巾机，卫生护垫机，餐巾纸机

泉州市众佳机械有限公司
Quanzhou Public Good Machinery Co., Ltd.
地址(Add)：福建省泉州市鲤城浮桥金埔工业区大昌工业园E幢
邮编(P. C.)：362000
电话(Tel)：0595－22353299
传真(Fax)：0595－22353799
总经理(General Manager)：黄建皇
联系人(Contact Person)：曾东升
产品业务(Business)：卫生巾、护垫、纸尿片/裤生产线

福建泉州明辉机械有限公司
Fujian Quanzhou Minghui Machinery Co., Ltd.
地址(Add)：福建省泉州市鲤城区浮桥镇黄石工业区
邮编(P. C.)：362000
电话(Tel)：0595－22457948
传真(Fax)：0595－22456948
E-mail：mh@mhmachinery.com
Http://www.mhmachinery.com
法人代表(Chairman)：吴育明
总经理(General Manager)：吴志源
联系人(Contact Person)：吴志源
产品业务(Business)：成人/婴儿纸尿裤机，卫生巾机，卫生护垫机，卫生床垫设备，湿巾机，卫生纸复卷打孔机，面巾纸机，手帕纸机

泉州市华清机械制造有限公司
Quanzhou Huaqing Machinery Manufacture Co., Ltd.
地址(Add)：福建省泉州市鲤城区江南高新技术区信息四期东西路北侧
邮编(P. C.)：362000
电话(Tel)：0595－23380018
传真(Fax)：0595－23227378
E-mail：xzhangs@vip.sina.com
总经理(General Manager)：谢章生
联系人(Contact Person)：谢章生
产品业务(Business)：纸尿裤、卫生巾设备

泉州市汉威机械制造有限公司
Hanwei Machinery Manufacturing Co., Ltd.
地址(Add)：福建省泉州市鲤城区江南高新科技园区(常泰社区斗南村邮电局旁)
邮编(P. C.)：362000
电话(Tel)：0595－22488588
传真(Fax)：0595－22487588
E-mail：hanwei@han-wei.com
Http://www.han-wei.com
法人代表(Chairman)：林秉正
总经理(General Manager)：肖红想
联系人(Contact Person)：叶婷真

产品业务(Business)：婴儿/成人纸尿裤/拉拉裤/护理垫/宠物垫设备，卫生巾/护垫设备，堆垛机，包装机

泉州华讯机械制造有限公司
Quanzhou Huaxun Machinery Making Co., Ltd.
(详见生活用纸加工设备)

泉州鑫达机械有限公司
Quanzhou Xinda Machinery Co., Ltd.
(详见生活用纸加工设备)

泉州特睿机械制造厂
Quanzhou Terui Mchinery Factory
(详见生活用纸加工设备)

福建培新机械制造实业有限公司
Fujian Peixin Machine Manufacture Industry Co., Ltd.
地址(Add)：福建省泉州市洛江双阳华侨经济开发区
邮编(P. C.)：362012
电话(Tel)：0595－22456988
传真(Fax)：0595－22456781
E-mail：peixin@fjpeixin.com
Http://www.peixin.com
法人代表(Chairman)：谢秋林
总经理(General Manager)：谢开达
联系人(Contact Person)：刘小平
产品业务(Business)：卫生巾、卫生护垫、纸尿裤设备，护理垫、宠物垫设备，面巾纸、卫生纸、餐巾纸设备，湿巾机

福建益川自动化设备股份有限公司
Fujian Yichuan Automation Equipment Joint－Stock Co., Ltd.
地址(Add)：福建省泉州市南安大霞美滨江工业园金西六路18号
邮编(P. C.)：362302
电话(Tel)：0595－22422158
传真(Fax)：0595－22422178
E-mail：sales@yichuan.com.cn
Http://www.yichuan.com.cn
法人代表(Chairman)：叶安源
总经理(General Manager)：叶安源
联系人(Contact Person)：王强
产品业务(Business)：婴儿/成人纸尿裤生产线，婴儿拉拉裤设备，卫生巾/护垫生产线，床垫/宠物垫生产线

泉州庄氏机械有限公司
Quanzhou Zhuangs Machines Co., Ltd.
地址(Add)：福建省泉州市普贤路肖厝社区第10座
邮编(P. C.)：362008
电话(Tel)：0595－22771551
传真(Fax)：0595－22771551
联系人(Contact Person)：庄栋梁
产品业务(Business)：卫生巾、纸尿裤设备改造

泉州古月卫生巾设备购销贸易公司
Guyue Machinery Trading Co., Ltd.
地址(Add)：福建省泉州市清濛开发区德泰路福隆商厦217室
邮编(P. C.)：362006
电话(Tel)：0595－22358559
传真(Fax)：0595－22358559
E-mail：248732199@qq.com
联系人(Contact Person)：胡新中
产品业务(Business)：护垫、婴儿纸尿裤/片、成人纸尿裤/片机，复卷机

松嘉(泉州)机械有限公司
Songjia (Quanzhou) Machinery Co., Ltd.
地址(Add)：福建省泉州市区西郊外丰州东门工业区168号
邮编(P. C.)：362333
电话(Tel)：0595－22198185
传真(Fax)：0595－22378185
E-mail：214541629@qq.com
Http://www.songjiamachine.com
法人代表(Chairman)：许月志
总经理(General Manager)：许月志
联系人(Contact Person)：武小君
产品业务(Business)：卫生巾、婴儿/成人纸尿裤设备

汉森(福建)机械有限公司
Hansen (Fujian) Machinery Co., Ltd.
地址(Add)：福建省泉州市双阳经济开发区
邮编(P. C.)：362600
电话(Tel)：0595－22523651
Http://www.sxfyyp.com
联系人(Contact Person)：黄育新
产品业务(Business)：纸尿裤、卫生巾、卫生护垫、成人纸尿裤机

泉州市亚氏机械制造有限公司
Quanzhou Yashi Machinery Manufacturing Co., Ltd.
地址(Add)：福建省泉州市台商投资区秀土门兜1号
邮编(P. C.)：360208
电话(Tel)：0595－87598747
传真(Fax)：0595－87599747
E-mail：yashi.cool@163.com
联系人(Contact Person)：骆少文
产品业务(Business)：婴儿纸尿裤机

泉州市新达机械制造有限公司
Quanzhou Xinda Machinery Co., Ltd.
地址(Add)：福建省泉州市西郊丰州武荣工业区
邮编(P. C.)：362333
电话(Tel)：0595－86785978
传真(Fax)：0595－86782978
E-mail：xindacn@126.com
Http://www.xindachina.com
法人代表(Chairman)：李海波
总经理(General Manager)：李海波
联系人(Contact Person)：李海波
产品业务(Business)：床垫机，宠物垫机

河南省邦恩机械制造有限公司
Henan Bangen Machinery Manufacturing Co., Ltd.
地址(Add)：河南省长垣县满村工业区
邮编(P. C.)：453400
电话(Tel)：0373－8988258
传真(Fax)：0373－8998930
Http://www.hnbangen.com

法人代表(Chairman)：石新富
总经理(General Manager)：石新富
联系人(Contact Person)：石新富
产品业务(Business)：口罩机，床垫机

东莞市鼎胜包装机械有限公司
Dongguan Dingsheng Packaging Machinery Co., Ltd.
地址(Add)：广东省东莞市寮步镇横坑横中一路北门工业园
邮编(P. C.)：523401
电话(Tel)：0769－81259951
传真(Fax)：0769－23611239
E-mail：13192010788@163. com
Http://www. dgdsbzjx. cn
总经理(General Manager)：戴小兵
产品业务(Business)：纸尿裤芯体复合分切机

东莞市新盛机械设备有限公司
PNL Nonwoven Converting Machinery Co., Ltd.
地址(Add)：广东省东莞市万江区上甲工业区181号
邮编(P. C.)：523055
电话(Tel)：0769－22275375
传真(Fax)：0769－22774851
E-mail：xinsheng2003@163. com
法人代表(Chairman)：刘俊祥
总经理(General Manager)：刘俊祥
联系人(Contact Person)：刘俊祥
产品业务(Business)：口罩机，手术帽/手术衣机，鞋套机，拖把机

东莞市林威机械设备有限公司
Dongguan Linwei Machinery Equipment Co., Ltd.
地址(Add)：广东省东莞市万江区新村其屋塘工业区
邮编(P. C.)：523039
电话(Tel)：0769－89786838
传真(Fax)：0769－23627057
E-mail：linwei_ jx@126. com
Http://www. linweijx. com
联系人(Contact Person)：李清林
产品业务(Business)：非织造布制品机械

佛山市钜弘机械制造有限公司
Foshan Juhong Machinery Manufacturing Co., Ltd.
地址(Add)：广东省佛山市禅城区环市下石第二工业区A座首层东面
邮编(P. C.)：528012
电话(Tel)：0757－82731481
传真(Fax)：0757－28830867
E-mail：781167161@qq. com
联系人(Contact Person)：袁文杰
产品业务(Business)：纸尿裤芯片复合机，干法纸收卷换卷机，干法纸包装机

佛山弘晟机电科技有限公司
Foshan Hongsheng Electrical Technology Co., Ltd.
地址(Add)：广东省佛山市南海区桂城华翠南路水围工业区
邮编(P. C.)：528000
电话(Tel)：0757－86677226
传真(Fax)：0757－86677229
E-mail：sales2010228@hotmail. com
Http://www. fs－hongsheng. com
法人代表(Chairman)：周镜伟
总经理(General Manager)：赵新伟
联系人(Contact Person)：赵新伟
产品业务(Business)：婴儿纸尿裤/片、成人纸尿裤、婴儿训练裤设备，卫生巾、卫生护垫设备，堆垛机

广州市兴世机械制造有限公司
Xingshi Equipments Co., Ltd.
地址(Add)：广东省广州市番禺区钟村镇钟汉路11号
邮编(P. C.)：511495
电话(Tel)：020－84515266
传真(Fax)：020－84776421
E-mail：xingshi@xingshi. com. cn
Http://www. xingshi. com. cn
法人代表(Chairman)：林颖宗
总经理(General Manager)：吴婉宁
联系人(Contact Person)：吴婉宁
产品业务(Business)：全伺服婴儿纸尿裤机，卫生巾、成人纸尿裤生产线

江门市威铭机械修配部
Jiangmen Weiming Machinery Maintenance Department
地址(Add)：广东省江门市新会西甲工业区
邮编(P. C.)：529199
电话(Tel)：13559384158
传真(Fax)：0750－6169186
联系人(Contact Person)：傅丽敏
产品业务(Business)：卫生巾机，护垫机，婴儿纸尿裤生产线

深圳市晶诚高科技有限公司
Shenzhen Jingcheng High Tech Co., Ltd.
(详见热熔胶机)

中山市建通机械有限公司
Zhongshan Jiantong Machinery Co., Ltd.
地址(Add)：广东省中山市东区白沙湾东祥路3号
邮编(P. C.)：528400
电话(Tel)：0760－88310034
传真(Fax)：0760－88307818
联系人(Contact Person)：陈生荣
产品业务(Business)：卫生巾/纸尿裤设备

● 热熔胶机 Hot melt adhesive machine

Nordson Corporation
美国诺信有限公司
地址(Add)：28601 Clemens Road Westlake, OH 44145－1119 USA
电话(Tel)：1－440－892－1580
传真(Fax)：1－440－892－9507
Http://www. nordson. com
产品业务(Business)：热熔胶喷涂系统，中药/香水喷洒系统，热熔胶涂布系统

Robatech AG
瑞士乐百得公司
地址(Add)：Pilatusring 10 CH－5630 Muri | Switzerland
电话(Tel)：41－56－675－7700

传真(Fax)：41 - 56 - 675 - 7701
E-mail：info@ robatech. ch
产品业务(Business)：热熔胶喷涂系统，热熔胶宽面喷涂/滚涂系统，冷胶喷涂系统

台湾皇尚企业股份有限公司
Hwang Sun Enterprise Co.，Ltd.
地址(Add)：台湾省台南市安南区科技一路8号(科工区)
电话(Tel)：886 - 6 - 3842889
传真(Fax)：886 - 6 - 3842868
E-mail：johnson@ hes. com. tw
Http://www. hes. com. tw
联系人(Contact Person)：姜绍圣
产品业务(Business)：热熔胶设备

诺信有限公司(香港)
Nordson Co.
地址(Add)：香港新界沙田小沥源安心街11号华顺广场7楼710室
电话(Tel)：852 - 26872828
传真(Fax)：852 - 26874748
E-mail：hongkong@ nordson. com
产品业务(Business)：热熔胶喷涂系统，中药/香水喷洒系统，热熔胶涂布系统

诺信(中国)有限公司北京办事处
Nordson (China) Co.，Ltd.
地址(Add)：北京市朝阳区东三环北路辛二号迪阳大厦510室
邮编(P. C.)：100027
电话(Tel)：010 - 84536388
传真(Fax)：010 - 84536399
E-mail：beijing@ nordson. com
Http://www. nordson. com. cn
产品业务(Business)：热熔胶喷涂系统，中药/香水喷洒系统，热熔胶涂布系统

北京三土伟业科技发展有限公司
Beijing CYGT Technology Co.，Ltd.
地址(Add)：北京市大兴区经济技术开发区经海三路35号产业园2号楼
邮编(P. C.)：100023
电话(Tel)：010 - 64414483
传真(Fax)：010 - 64412243
E-mail：info@ cygt. com. cn
Http://www. cygt. com. cn
法人代表(Chairman)：陈云阁
总经理(General Manager)：陈云阁
联系人(Contact Person)：陈云阁
产品业务(Business)：热熔胶喷涂系统，特种喷胶设备

上海善实机械有限公司
Shanghai Shanshi Machinery Co.，Ltd.
地址(Add)：上海市定西路1232号大盈商务楼1号楼308B室
邮编(P. C.)：200050
电话(Tel)：021 - 52126193
传真(Fax)：021 - 52126192
E-mail：ssjx@ shxxjx. net
Http://www. shssjx. net
联系人(Contact Person)：王燕凡
产品业务(Business)：热熔胶喷胶设备/配件

上海国堂机械制造有限公司
Shanghai Guotang Machinery Co.，Ltd.
地址(Add)：上海市嘉定区嘉松北路4777号
邮编(P. C.)：201814
电话(Tel)：021 - 69015501
传真(Fax)：021 - 69015401
Http://www. rrjsb. com
联系人(Contact Person)：李华仁
产品业务(Business)：热熔胶机

善持乐贸易(上海)有限公司
Suntool Trading (Shanghai) Co.，Ltd.
地址(Add)：上海市闵行区虹桥镇吴中路1081号716室
邮编(P. C.)：201103
电话(Tel)：021 - 64051018
传真(Fax)：021 - 64051019
E-mail：liufang@ suntoo - sh. com
Http://www. suntool. co. jp
法人代表(Chairman)：日高昇二
总经理(General Manager)：日高昇二
联系人(Contact Person)：刘芳
产品业务(Business)：热熔胶喷涂设备，涂布机

诺信(中国)有限公司
Nordson (China) Co.，Ltd.
地址(Add)：上海市浦东新区张江高科技园区郭守敬路137号
邮编(P. C.)：201203
电话(Tel)：021 - 38669166
传真(Fax)：021 - 38669199
E-mail：shanghai@ nordson. com
Http://www. nordson. com. cn
产品业务(Business)：热熔胶喷涂系统，中药/香水喷洒系统，热熔胶涂布系统

上海华迪机械有限公司
Shanghai Huadi Machinery Co.，Ltd.
地址(Add)：上海市松江区佘山工业区强业路358号
邮编(P. C.)：201602
电话(Tel)：021 - 57794228
传真(Fax)：021 - 57794222
E-mail：hd@ huaan. us
Http://www. shhuadi. com
联系人(Contact Person)：卢红要
产品业务(Business)：热熔胶机

常州永盛包装有限公司
Changzhou Yongsheng Packing Co.，Ltd.
地址(Add)：江苏省常州市潞城镇富民工业园
邮编(P. C.)：213025
电话(Tel)：0519 - 88403939
传真(Fax)：0519 - 88403737
E-mail：sales@ yongsheng - packing. com
Http://www. yongsheng - packing. com
法人代表(Chairman)：蔡国强
总经理(General Manager)：蔡国强
联系人(Contact Person)：李晓慧
产品业务(Business)：热熔胶机，离型材料涂布机，薄膜分切机

金湖中卫机械有限公司
Jinhu ZW Machinery Co., Ltd.
(详见一次性卫生用品生产设备)

金湖县赫尔顿热熔胶设备有限公司
Jinhu Heerdun Hotmelt Adhesives Equipment Co., Ltd.
地址(Add):江苏省金湖县戴楼工业集中区
邮编(P. C.):211600
电话(Tel):0517 - 86984418
传真(Fax):0517 - 86984458
E-mail:jslhs@163. com
法人代表(Chairman):李华仁
总经理(General Manager):李华仁
联系人(Contact Person):李华仁
产品业务(Business):热熔胶机

依工玳纳特胶粘设备(苏州)有限公司
ITW Fluid Adhesive Equipment (Suzhou) Co., Ltd.
地址(Add):江苏省苏州工业园区唯新路9号B1厂房2单元
邮编(P. C.):215122
电话(Tel):0512 - 62890620
传真(Fax):0512 - 62890621
E-mail:hpu@itwdynatec. cn
Http://www. itwdynatec. com
总经理(General Manager):林洪辉
联系人(Contact Person):姚琴
产品业务(Business):热熔胶机

苏州欧仕达热熔胶机械设备有限公司
Suzhou Oushida Hot Melt Adhesive Machine Co., Ltd.
地址(Add):江苏省苏州市相城黄桥镇东街61号
邮编(P. C.):215132
电话(Tel):0512 - 67599416
传真(Fax):0512 - 65564669
E-mail:yukangmao365@163. com
法人代表(Chairman):余文茂
总经理(General Manager):余文茂
联系人(Contact Person):余文茂
产品业务(Business):热熔胶机

无锡市浩帆热熔胶设备有限公司
Wuxi Haofan Hot Melt Adhesives Machinery Co., Ltd.
地址(Add):江苏省无锡市前洲镇邓北路
电话(Tel):0510 - 83393331
传真(Fax):0510 - 83393331
E-mail:25606690@163. com
Http://www. hzcoating. com
联系人(Contact Person):周耐龙
产品业务(Business):热熔胶机

无锡冉信热熔胶机械设备有限公司
Wuxi Ranxin Hotmelt Adhesion Machinery Co., Ltd.
地址(Add):江苏省无锡市锡山区八士芙蓉工业园蓉兴三路13号
邮编(P. C.):214100
电话(Tel):0510 - 66031466
传真(Fax):0510 - 88703179
E-mail:wxranxin@163. com
Http://www. wxranxin. com. cn
法人代表(Chairman):朱文生
总经理(General Manager):朱文生
联系人(Contact Person):朱文生
产品业务(Business):热熔胶机

无锡市诺金科技有限公司
Wuxi Lovjin Technology Co., Ltd.
地址(Add):江苏省无锡市新区梅村镇西路8号
邮编(P. C.):214100
电话(Tel):0510 - 88553805
传真(Fax):0510 - 88150783
E-mail:lovjin8@163. com
法人代表(Chairman):张春富
总经理(General Manager):张春富
联系人(Contact Person):张春富
产品业务(Business):热熔胶,热熔胶机

杭州朗奇科技有限公司
Hangzhou Lucky Key Science & Technology Co., Ltd.
地址(Add):浙江省杭州市西湖区三边镇双桥村方山工业区75号
邮编(P. C.):310021
电话(Tel):0571 - 86457558
传真(Fax):0571 - 86460990
E-mail:lk@luckykey. com. cn
Http://www. luckykey. com. cn
法人代表(Chairman):张亚谜
总经理(General Manager):张崇霖
联系人(Contact Person):江锋
产品业务(Business):热熔胶机

浙江华安机械有限公司
Zhejiang Huaan Machinery Co., Ltd.
地址(Add):浙江省瑞安市经济开发区金源路1155号
邮编(P. C.):325200
电话(Tel):0577 - 65659776
传真(Fax):0577 - 65659775
E-mail:huaan@huaan. us
Http://www. china - huaan. com
法人代表(Chairman):张华安
总经理(General Manager):张华安
联系人(Contact Person):周加强
产品业务(Business):热熔胶机

瑞安市佳源机械有限公司
Ruian Jiayuan Machinery CO., Ltd.
地址(Add):浙江省瑞安市九里工业区东安段东升路88号
邮编(P. C.):325200
电话(Tel):0577 - 65159218
传真(Fax):0577 - 65151208
E-mail:jiayuan@live. cn
联系人(Contact Person):朱财历
产品业务(Business):热熔胶喷胶机、涂布机,热熔复合机

温州星达机械制造有限公司
Wenzhou Xingda Machinery Co., Ltd.
地址(Add):浙江省瑞安市汀田镇小典下宣联西路4巷2号
邮编(P. C.):325206
电话(Tel):0577 - 25676506

传真(Fax)：0577－25636506
E-mail：2008xdjx@163.com
Http://www.wzxdjx.com
联系人(Contact Person)：刘宁
产品业务(Business)：热熔胶机，胶枪，胶管，打胶机

福州市安捷机电技术有限公司
Fuzhou Anjie Mechanical & Electrical Technology Co., Ltd.
地址(Add)：福建省福州市台江区光明路83号
邮编(P.C.)：350002
电话(Tel)：0591－83800982
传真(Fax)：0591－83651652
法人代表(Chairman)：兰春
总经理(General Manager)：徐金浩
联系人(Contact Person)：徐金浩
产品业务(Business)：热熔胶喷涂设备

三兴热熔胶机设备有限公司
Sanxing Hotmelt Adhesive Machine Co., Ltd.
地址(Add)：福建省南安市柳城霞东开发区
邮编(P.C.)：362300
电话(Tel)：13110996068
传真(Fax)：0595－86362092
E-mail：382473247@qq.com
联系人(Contact Person)：陈荣根
产品业务(Business)：热熔胶机，涂布机

泉州新日成热熔胶设备有限公司
Quanzhou NDC Spray Coating System Fabricating Co., Ltd.
地址(Add)：福建省泉州市江南高新技术园区南环路田洋段紫盛街15号
邮编(P.C.)：362000
电话(Tel)：0595－22462489
传真(Fax)：0595－28130136
E-mail：ndc@ndccn.com
Http://www.ndccn.com
法人代表(Chairman)：黄向明
总经理(General Manager)：黄向明
联系人(Contact Person)：吴晓辉
产品业务(Business)：热熔胶喷涂设备，热熔胶涂布复合设备

泉州市新威喷涂设备有限公司
Quanzhou Xinwei Hotmelt Adhesive Machine Co., Ltd.
地址(Add)：福建省泉州市鲤城区浮桥金浦工业区泰金北路2号
邮编(P.C.)：362000
电话(Tel)：0595－22725925
传真(Fax)：0595－22725925
E-mail：1398576065@qq.com
联系人(Contact Person)：罗有桂
产品业务(Business)：热熔胶机，涂布机

泉州瑞工科技有限公司
Quanzhou Ruigong Science & Technology Co., Ltd.
地址(Add)：福建省泉州市鲤城区浮桥石崎安置小区9号楼604室
邮编(P.C.)：362000
电话(Tel)：0595－22457685
传真(Fax)：0595－22478962
联系人(Contact Person)：吴龙海
产品业务(Business)：热熔胶涂布设备

泉州市贝特机械制造有限公司
Quanzhou Better Machinery Co., Ltd.
地址(Add)：福建省泉州市鲤城区浮桥镇金浦工业区
邮编(P.C.)：362000
电话(Tel)：0595－22423108
传真(Fax)：0595－22413188
E-mail：qzbetter@qzbetter.com
Http://www.qzbetter.com
法人代表(Chairman)：冯添发
总经理(General Manager)：冯添发
联系人(Contact Person)：马昌杰
产品业务(Business)：热熔胶/冷胶喷涂设备

科乐机械有限公司
Kaink Industry Machine
地址(Add)：福建省泉州市鲤城区仙景工业区宫后1号
电话(Tel)：0595－22660528
传真(Fax)：0595－22285809
E-mail：465179809@qq.com
Http://www.kaink.com
联系人(Contact Person)：顾永沐
产品业务(Business)：热熔胶涂布设备

福建省精泰设备制造有限公司
Fujian Jingtai Equipment Co., Ltd.
地址(Add)：福建省泉州市洛江区塘西工业区二期
邮编(P.C.)：362000
电话(Tel)：0595－22475889
传真(Fax)：0595－22674889
E-mail：jingtai@jingtai.cn
Http://www.jingtai.cn
法人代表(Chairman)：王小阳
总经理(General Manager)：林顺生
联系人(Contact Person)：吴文铭
产品业务(Business)：热熔胶机，纤维喷枪，螺旋喷枪，反抽式刮枪，底膜复合设备，标签涂布设备

美国阀科集团中国销售服务中心
Valco Melton China Service Center
地址(Add)：福建省厦门市前埔二里57号国贸汇景大厦2005
邮编(P.C.)：361008
电话(Tel)：021－37745267
传真(Fax)：021－37745270
E-mail：david.huang@valcomelton.com
Http://www.valcomelton.cn
总经理(General Manager)：黄荣辉
产品业务(Business)：热熔胶设备，在线检测设备

亿赫热熔胶机制造工业有限公司
Yih Heh Hot Melt Application Industrial Co., Ltd.
地址(Add)：广东省东莞市东城区牛山余庆里二巷8号
邮编(P.C.)：523000
电话(Tel)：0769－22605671
传真(Fax)：0769－22685590
Http://www.yih.com.cn
法人代表(Chairman)：李相谈

联系人(Contact Person)：马安军
产品业务(Business)：热熔胶机

久骥化工机械有限公司
Jiuji Machinery Co., Ltd.
地址(Add)：广东省东莞市东城区中信东泰花园裕华苑1栋110室
邮编(P.C.)：523100
电话(Tel)：0769-22314537
传真(Fax)：0769-22492004
E-mail：twgoji@88126.com
联系人(Contact Person)：林璧堂
产品业务(Business)：热熔胶机

东莞市诺达商贸有限公司
Nor Da Co., Ltd.
地址(Add)：广东省东莞市东城中路辉煌大厦4FC9
邮编(P.C.)：523129
电话(Tel)：0769-22508769
传真(Fax)：0769-22389407
E-mail：general-china@norda.com.tw
Http://www.norda.com.tw
总经理(General Manager)：李国兴
联系人(Contact Person)：王勋飞
产品业务(Business)：代理热熔胶机

东莞皇尚实业有限公司
Dongguan Hwang Sun Industrial Co., Ltd.
地址(Add)：广东省东莞市厚街镇寮厦村S256省道旁东盈酒店后(寮厦大道寮厦路36号斜对面)
邮编(P.C.)：523960
电话(Tel)：0769-81636099
传真(Fax)：0769-81636399
E-mail：james@hes.com.tw
Http://www.hes.com.tw
法人代表(Chairman)：黄峻哲
联系人(Contact Person)：钱靖
产品业务(Business)：热熔胶设备

宏特胶机设备有限公司
Hongte Hotmelt Adhesive Machine Co., Ltd.
地址(Add)：广东省东莞市厚街镇桥头管理区(喃步元门前4路14号)
邮编(P.C.)：523940
电话(Tel)：0769-85823950
传真(Fax)：0769-85823950
E-mail：617868235@qq.com
联系人(Contact Person)：黄和平
产品业务(Business)：热熔胶机

乐百得(中国)有限公司
Robatech (China) Ltd.
地址(Add)：广东省广州市番禺区番禺大道北555号天安科技园产业大厦1-204室
邮编(P.C.)：511400
电话(Tel)：020-39211716
传真(Fax)：020-39211715
E-mail：tq@robatech.cn
联系人(Contact Person)：汤祺
产品业务(Business)：热熔胶喷涂系统，热熔胶宽面喷涂/滚涂系统，冷胶喷涂系统

诺信(中国)有限公司广州分公司
Nordson (China) Co., Ltd.
地址(Add)：广东省广州市天河区水荫路115号天溢大厦4楼A区
邮编(P.C.)：510075
电话(Tel)：020-85540092
传真(Fax)：020-85520707
E-mail：guangzhou@nordson.com
Http://www.nordson.com.cn
产品业务(Business)：热熔胶喷涂系统，中药/香水喷洒系统，热熔胶涂布系统

江门市跨海工贸有限公司
Wahrheit Int'l Trading Co., Ltd.
地址(Add)：广东省江门市蓬江区光德里1号电子大楼首层
邮编(P.C.)：529000
电话(Tel)：0750-3387222
传真(Fax)：0750-3389222
E-mail：wahrheit@yeah.net
Http://www.wahrheit.com.cn
法人代表(Chairman)：陈健新
总经理(General Manager)：徐式一
联系人(Contact Person)：温春阳
产品业务(Business)：热熔胶机

深圳市腾科系统技术有限公司
Tech Adhesion Systems Ltd.
地址(Add)：广东省深圳市宝安33区大宝路83号东方明工业城三栋五楼
邮编(P.C.)：518101
电话(Tel)：0755-27823573
传真(Fax)：0755-27823240
E-mail：sales@techadhesion.com
Http://www.techadhesion.com
法人代表(Chairman)：周殿敏
总经理(General Manager)：周殿敏
联系人(Contact Person)：周殿敏
产品业务(Business)：热熔胶机，橡筋放卷系统，控制系统

深圳市嘉美斯机电科技有限公司
Shenzhen Kamis Electricity Technology Co., Ltd.
地址(Add)：广东省深圳市宝安区宝城28区新安三路118号建达工业区3栋2层
邮编(P.C.)：518133
电话(Tel)：0755-27589223
传真(Fax)：0755-27589281
E-mail：kamis@163.com
Http://www.szkamis.com
法人代表(Chairman)：刘访中
总经理(General Manager)：刘访中
联系人(Contact Person)：刘访中
产品业务(Business)：热熔胶机，涂布机，胶枪，胶管

深圳市新嘉美系统技术有限公司
Shenzhen Jkamis Infosys Technologies Ltd.
地址(Add)：广东省深圳市宝安区西乡街道九围一路80号二楼
邮编(P.C.)：518133
电话(Tel)：0755-29952750

传真(Fax)：0755－29952752
E-mail：szkamis@163.com
Http://www.szkamis.cn
法人代表(Chairman)：张仙林
总经理(General Manager)：陈凯
联系人(Contact Person)：陈凯
产品业务(Business)：热熔胶机

深圳市晶诚高科技有限公司
Shenzhen Jingcheng High Tech Co., Ltd.
地址(Add)：广东省深圳市公明镇马山头世峰科技园126栋2楼
邮编(P.C.)：518000
电话(Tel)：0755－29886758
传真(Fax)：0755－89496700－615
E-mail：saint@163.com
Http://www.jcgkj.com
法人代表(Chairman)：张建峰
总经理(General Manager)：李俊川
联系人(Contact Person)：孙秀峰
产品业务(Business)：热熔胶机，一次性妇幼用品机械改造，模具

深圳诺胜技术发展有限公司
Shenzhen Norson Technology Development Co., Ltd.
地址(Add)：广东省深圳市龙岗区龙东南通道爱南路74号A栋2楼
邮编(P.C.)：518116
电话(Tel)：0755－89341232
传真(Fax)：0755－89619956
E-mail：nuokeshebei@163.com
Http://www.norsou.com
联系人(Contact Person)：侯国福
产品业务(Business)：热熔胶机

深圳市爱普克流体技术有限公司
Shenzhen Apex Fluid Technology Co., Ltd.
地址(Add)：广东省深圳市龙岗区龙岗街道平南社区硅谷动力1412室
邮编(P.C.)：518116
电话(Tel)：0755－89362976
传真(Fax)：0755－89363460
E-mail：sales@szapex.net.cn
Http://www.szapex.net.cn
总经理(General Manager)：庞立柱
产品业务(Business)：热熔胶机

深圳市鑫冠臣机电有限公司
Shenzhen Singleton Mac－Ele Co., Ltd.
地址(Add)：广东省深圳市龙岗区龙平西路回龙埔工业区21小区B栋
邮编(P.C.)：518116
电话(Tel)：0755－28940060
传真(Fax)：0755－28925640
E-mail：szguanchen@163.com
Http://www.cnszgc.com
总经理(General Manager)：彭俊
联系人(Contact Person)：彭汉东
产品业务(Business)：热熔胶机

深圳市轩泰机械设备有限公司
Shenzhen Suntech Machinery Co., Ltd.
地址(Add)：广东省深圳市龙岗区鹏达路南联第四工业区12栋601
邮编(P.C.)：518116
电话(Tel)：0755－84817513
传真(Fax)：0755－84817512
E-mail：956096243@qq.com
Http://www.cnsuntech.en.alibaba.com
法人代表(Chairman)：郑惠敏
总经理(General Manager)：颜奕辉
联系人(Contact Person)：颜奕辉
产品业务(Business)：热熔胶机

深圳市伊诺威机电有限公司
Shenzhen Innovation Electromechanical Co., Ltd.
地址(Add)：广东省深圳市龙岗区同乐社区同心路85号新布村黄江工业园10栋4楼
邮编(P.C.)：518116
电话(Tel)：0755－84836835
传真(Fax)：0755－89906084
E-mail：szinv@szinv.com
Http://www.szinv.com
法人代表(Chairman)：杨长磐
联系人(Contact Person)：杨长磐
产品业务(Business)：热熔胶机

深圳市班驰机械设备有限公司
BanzTech Machinery & Equipment Co., Ltd.
地址(Add)：广东省深圳市龙华区骏华北路明新工业区A栋4楼
邮编(P.C.)：518000
电话(Tel)：0755－61103836
传真(Fax)：0755－61103896
E-mail：vincent@banztech.com
Http://www.banztech.com
联系人(Contact Person)：温鹏成
产品业务(Business)：热熔胶喷胶涂布设备

深圳市皇信精密机械有限公司
Shenzhen Huangxin Precision Machinery Co., Ltd.
地址(Add)：广东省深圳市坪山新区杭梓镇宝红路12号
邮编(P.C.)：518000
电话(Tel)：0755－89994239
传真(Fax)：0755－89991787
E-mail：szhxjj@126.com
Http://www.hxjjsz.com
总经理(General Manager)：吴利锋
联系人(Contact Person)：王世军
产品业务(Business)：热熔胶机

深圳金皇尚热熔胶喷涂设备有限公司
Goldhuangsun Adhesion Dispensing & Coating Machine Co., Ltd.
地址(Add)：广东省深圳市坪山新区坑梓老坑工业区K栋
邮编(P.C.)：518122
电话(Tel)：0755－89710317
传真(Fax)：0755－89710548
E-mail：huang.sang@263.net
Http://www.huangsang.com.cn
法人代表(Chairman)：王辉

联系人(Contact Person)：苟春来
产品业务(Business)：热熔胶机

西安市未央区宝利达热熔胶机厂
Xian Baolida Hot Melt Adhesive Machine Factory
地址(Add)：陕西省西安市邓6路西马寨汉陵园16号
邮编(P. C.)：710077
电话(Tel)：029 -84690105
传真(Fax)：029 -84690105
法人代表(Chairman)：刘华松
总经理(General Manager)：刘华松
联系人(Contact Person)：顾秋环
产品业务(Business)：热熔胶喷涂设备

● 配套刀具 Blade

Nippon Tungsten Co., Ltd.
日本钨株式会社
地址(Add)：2 -8 Minoshima, 1 -Chome Hakata -Ku Fukuoka 812 -8538 Japan
电话(Tel)：81 -942 -50 -0052
传真(Fax)：81 -942 -50 -0054
E-mail：sale@ nittan. co. jp
Http://www. nittan. co. jp
法人代表(Chairman)：Shozo Yoshida
产品业务(Business)：硬质合金刀辊，底辊，刀架及相关产品

叡亿机械股份有限公司
Kingdom Machinery Co., Ltd.
地址(Add)：台湾新竹县竹北市中和街62巷13之1号
电话(Tel)：886 -03 -5540131 -2
传真(Fax)：886 -03 -5540130
E-mail：service@ kingdom -cutter. com. tw
Http://www. kingdom -cutter. com. tw
联系人(Contact Person)：廖湘怡
产品业务(Business)：成型圆刀及压花轮，凸轮设计制造

抚顺三环机械总厂工具分厂
Fushun Tri -Circle Machinery General Factory Blade Affiliated Factory
地址(Add)：辽宁省抚顺市新抚区永济路13号
邮编(P. C.)：113015
电话(Tel)：024 -52366692
传真(Fax)：024 -52366692
法人代表(Chairman)：张所浩
总经理(General Manager)：张所浩
联系人(Contact Person)：张所浩
产品业务(Business)：卫生巾切刀模/压花模

恩悌(上海)商贸有限公司
Nippon Tungsten (Shanghai) Commerce Co., Ltd.
地址(Add)：上海市长宁区仙霞路317号远东国际广场B座2016室
邮编(P. C.)：200051
电话(Tel)：021 -62350044
传真(Fax)：021 -62350789
E-mail：mannen@ nittansh. com. cn
Http://www. nittansh. com. cn
联系人(Contact Person)：万年道一
产品业务(Business)：代理硬质合金刀辊，底辊，刀架

山特维克国际贸易(上海)有限公司
Sandvik Materials Technology
地址(Add)：上海市闵行区莘庄工业园区银都路4555号3号楼
邮编(P. C.)：201108
电话(Tel)：021 -24160520
传真(Fax)：021 -24160938
E-mail：seven. zhang@ sandvik. com
Http://www. sandvik. com
联系人(Contact Person)：张晓笠
产品业务(Business)：硬质合金旋转模切刀

上海三义精密模具有限公司
Shanghai ISS Precision Tooling Co., Ltd.
地址(Add)：上海市闵行区朱建路333弄优乐加工业区二号厂房
邮编(P. C.)：201107
电话(Tel)：021 -64017576
传真(Fax)：021 -64017584
E-mail：shenxiaobo@ shanghai -iss. com
联系人(Contact Person)：沈晓波
产品业务(Business)：日本钨株式会社中国工厂，硬质合金刀辊，底辊，刀架及相关产品

博乐特殊钢(上海)有限公司
Bohler Special Steels (Shanghai) Co., Ltd.
地址(Add)：上海市莘庄工业区春东路288号3号厂房101区
邮编(P. C.)：201108
电话(Tel)：021 -54428988
传真(Fax)：021 -54428278
E-mail：shanghai@ bohler. com. cn
Http://www. bohler -edelstahl. com
总经理(General Manager)：Neil Tony Geoffrey Kite
联系人(Contact Person)：Lisa Cao
产品业务(Business)：卫生巾刀模用钢材

金湖县华丰模具厂
Jinhu Huafeng Mold Factory
地址(Add)：江苏省金湖县建设路102 -8号
邮编(P. C.)：211600
电话(Tel)：0517 -86886062
传真(Fax)：0517 -86886062
法人代表(Chairman)：吴学华
总经理(General Manager)：吴学华
联系人(Contact Person)：吴学华
产品业务(Business)：卫生巾成型切刀

模德模具(苏州工业园区)有限公司
Mold -Tech (Suzhou Industrial Park) Co., Ltd.
地址(Add)：江苏省苏州市工业园区唯亭镇东区金陵东路88号
邮编(P. C.)：215121
电话(Tel)：0512 -62716388 -819
传真(Fax)：0512 -62716288
E-mail：mtqianjun@ mold -tech. com. cn
Http://www. mold -tech. com. cn
联系人(Contact Person)：钱军
产品业务(Business)：成型模，成型辊

坂崎雕刻模具(昆山)有限公司
Sakazaki Engraving (Kunshan) Co., Ltd.
地址(Add): 江苏省昆山市北门路2896号
邮编(P. C.): 215316
电话(Tel): 0512-57770166
传真(Fax): 0512-57770169
E-mail: china@sakazaki.cn
Http://www.sakazaki.cn
法人代表(Chairman): 坂崎敦仁
总经理(General Manager): 赵贤梅
联系人(Contact Person): 王政
产品业务(Business): 卫生巾成型刀模

昆山一特工模具材料有限公司
Kunshan East Tool & Mould Steal Co., Ltd.
地址(Add): 江苏省昆山市张铺花园路1220号
邮编(P. C.): 215321
电话(Tel): 0512-57454485
传真(Fax): 0512-57454487
联系人(Contact Person): 钟澜涛
产品业务(Business): 模具钢

江苏麒浩精密机械股份有限公司
Jiangsu Qihao Precision Machinery Co., Ltd.
地址(Add): 江苏省扬州市宝应县苏中北路安宜工业园区
邮编(P. C.): 225800
电话(Tel): 0514-88923906
传真(Fax): 0514-88239222
E-mail: qihaogufen@163.com
Http://www.qihaogf.com
总经理(General Manager): 乔利军
产品业务(Business): 切刀/压花/压纹辊

杭州信合精工模具有限公司
Hangzhou Xinhe Precision Die Co., Ltd.
地址(Add): 浙江省杭州市瓶窑镇大桥北路244号
邮编(P. C.): 311115
电话(Tel): 0571-88537178
传真(Fax): 0571-86172334
E-mail: xh@zgjgmj.cn
Http://zgjgmj.cn.alibaba.com
法人代表(Chairman): 叶峰
联系人(Contact Person): 叶峰
产品业务(Business): 旋转式切刀模, 压花模, 周封模, 模架

杭州萧山皓和科技有限公司
Hangzhou Haohe Tech Co., Ltd.
地址(Add): 浙江省杭州市萧山开发区正宁路20号
邮编(P. C.): 311215
电话(Tel): 0571-82865239
传真(Fax): 0571-82865239
法人代表(Chairman): 杨建峰
联系人(Contact Person): 杨建峰
产品业务(Business): 模具

浙江嘉兴金耘特殊金属有限公司
Jiaxing Goldway Special Metal Co., Ltd.
地址(Add): 浙江省嘉兴市经济开发区塘汇鸣羊路89号
邮编(P. C.): 314003
电话(Tel): 0573-82303000-208
传真(Fax): 0573-82301288
E-mail: yuanxichenpetal@126.com
Http://www.gmtc.com.tw
联系人(Contact Person): 魏巍
产品业务(Business): 刀辊钢材

马鞍山市天元机械刀具有限公司
Maanshan Tianyuan Blade Co., Ltd.
地址(Add): 安徽省马鞍山市博望经济开发区
邮编(P. C.): 243131
电话(Tel): 0555-6775866
传真(Fax): 0555-6775877
E-mail: helianbaofa@163.com
法人代表(Chairman): 何连宝
总经理(General Manager): 何连宝
联系人(Contact Person): 何连宝
产品业务(Business): 卫生巾刀片, 非织造布分切圆刀

福建晋江特锐模具有限公司
Fujian Jinjiang Terui Mould Co., Ltd.
地址(Add): 福建省晋江市安海北环工业区
邮编(P. C.): 362261
电话(Tel): 0595-85700536
传真(Fax): 0595-85706536
E-mail: trmj536@163.com
Http://www.teruicn.com
法人代表(Chairman): 蔡金泽
总经理(General Manager): 蔡金泽
联系人(Contact Person): 蔡钢强
产品业务(Business): 卫生巾、护垫刀辊模具, 旋转切刀, 刀片

泉州恒锐机械制造有限公司
Quanzhou Hengrui Machinery Making Co., Ltd.
地址(Add): 福建省南安市水头镇大盈开发区
邮编(P. C.): 362342
电话(Tel): 0595-86937313
传真(Fax): 0595-86667313
E-mail: 283912930@qq.com
联系人(Contact Person): 林天乙
产品业务(Business): 妇幼用品刀辊模具及配件

永益模具有限公司
Yongyi Die Co., Ltd.
地址(Add): 福建省泉州市北峰群山黄枝林98号
邮编(P. C.): 362008
电话(Tel): 0595-22755965
E-mail: 923080142@qq.com
联系人(Contact Person): 黄金枝
产品业务(Business): 卫生巾、护垫、纸尿裤刀具

金涛压花特辊厂
Jintao Embosser Factory
地址(Add): 福建省泉州市北峰招丰社区石坑225号
邮编(P. C.): 362000
电话(Tel): 0595-22381468
传真(Fax): 0595-22386115
E-mail: wjx2381468@163.com
联系人(Contact Person): 伍建秀
产品业务(Business): 压花辊, 刮墨辊, 卫生巾/护垫压花辊, 非织造布压花辊

泉州市东兴机械制造有限公司
Quanzhou Dongxing Machinery Making Co., Ltd.
地址(Add)：福建省泉州市丰泽区普贤路霞美工业区
邮编(P. C.)：362000
电话(Tel)：0595 - 22892498
传真(Fax)：0595 - 22892428
E-mail：www@ dxmac. com
Http://www. dxmac. com
法人代表(Chairman)：张捍东
总经理(General Manager)：张捍东
联系人(Contact Person)：谢秋永
产品业务(Business)：卫生巾旋切刀辊，纸尿裤刀，护垫刀，滚压辊

川崎模具钢贸易(福建)有限公司
Chuanqi Die Steel Trade (Fujian) Co., Ltd.
地址(Add)：福建省泉州市晋江安海庄头工业区B区鸿星大厦88号
邮编(P. C.)：362261
电话(Tel)：0595 - 85712258
传真(Fax)：0595 - 85712268
联系人(Contact Person)：陈斌
产品业务(Business)：经销模具钢材料

龙山轻工机械有限公司
Longshan Light Industrial Machinery Co., Ltd.
地址(Add)：福建省泉州市南安市霞美镇霞美凤庵
邮编(P. C.)：362300
电话(Tel)：0595 - 86768298
传真(Fax)：0595 - 86768398
E-mail：lsqg88888@ yahoo. com. cn
Http://www. newlongercutter. com
联系人(Contact Person)：曾佳峰
产品业务(Business)：卫生用品设备配置模压辊，模切刀及模切刀复磨

泉州市龙泰机械公司
Quanzhou Longtai Machinery Co., Ltd.
地址(Add)：福建省泉州市清源山大门左侧泉发工业区8号
邮编(P. C.)：362000
电话(Tel)：0595 - 22389578
传真(Fax)：0595 - 22389578
E-mail：longtai06@ 163. com
联系人(Contact Person)：钟新春
产品业务(Business)：卫生巾、纸尿裤刀模

小赖刀模加工装配车间
Xiaolai Die Plant
地址(Add)：福建省泉州市西郊忠堡75 - 76号
邮编(P. C.)：362000
电话(Tel)：0595 - 22899891
传真(Fax)：0595 - 22899891
E-mail：al13107888218@ 126. com
联系人(Contact Person)：赖长凉
产品业务(Business)：卫生巾刀模，压花导流模具

福建荣王集团公司机加工分公司
Fujian Rongwang Group Co. Machinery Manufacture Branch
地址(Add)：福建省三明市荆西振兴路62号
邮编(P. C.)：365000
电话(Tel)：0598 - 8959817
传真(Fax)：0598 - 8959817
总经理(General Manager)：王翁水
联系人(Contact Person)：李文飞
产品业务(Business)：卫生巾刀辊，压花辊

雄鹰机械有限公司
Xiongying Machinery Co., Ltd.
地址(Add)：福建省三明市梅列区陈大高原开发区
邮编(P. C.)：365000
电话(Tel)：13950922575
E-mail：963104654@ qq. com
联系人(Contact Person)：邹强
产品业务(Business)：卫生巾压花辊，切刀刀架

三明市普诺维机械有限公司
Sanming PNV Machinery Co., Ltd.
地址(Add)：福建省三明市梅列区陈大镇高源开发区6号
邮编(P. C.)：365009
电话(Tel)：0598 - 8365199
传真(Fax)：0598 - 8365689
E-mail：smdavid@ 163. com
Http://www. cnpnv. com
法人代表(Chairman)：郭尚接
总经理(General Manager)：郭尚接
联系人(Contact Person)：林炜鑫
产品业务(Business)：妇幼卫生用品机械及纸类机械旋切刀辊及压花辊，机械刀模，绒毛浆粉碎机，旋切刀辊刀架

三明市福工机械有限公司
Sanming Fugong Machinery Co., Ltd.
地址(Add)：福建省三明市梅列区陈大镇瑞溪新村
邮编(P. C.)：365009
电话(Tel)：0598 - 8365501
传真(Fax)：0598 - 8365723
E-mail：fjgmjc@ 163. com
Http://www. fjgmjc. com
法人代表(Chairman)：朱闽苏
总经理(General Manager)：朱闽苏
产品业务(Business)：刀架总成，刀辊，粉碎机

福建省三明市宏立机械制造有限公司
Fujian Sanming Hongli Machinery Manufacture Co., Ltd.
地址(Add)：福建省三明市三元区白沙工业区2号
邮编(P. C.)：365001
电话(Tel)：0598 - 8313208
传真(Fax)：0598 - 8325367
E-mail：smhljx@ sina. com
Http://www. smhljx. com
法人代表(Chairman)：陈千国
总经理(General Manager)：陈千国
联系人(Contact Person)：陈千国
产品业务(Business)：卫生巾刀辊，压花辊，纸尿裤刀具

天马机械厂
Tianma Machinery Factory
地址(Add)：山东省临沂市郯城县马头镇
邮编(P. C.)：276125
电话(Tel)：0539 - 6772097
Http://lyjjyp. cn. alibaba. com

联系人(Contact Person)：李艳坤
产品业务(Business)：买卖旧卫生巾设备，承做卫生巾刀具，改装卫生巾机械

武汉五岳科技发展有限公司
Wuhan Wuyue Science Technology Development Co., Ltd.
地址(Add)：湖北省武汉市武昌区中北路154号凤凰工业园区
邮编(P. C.)：430077
电话(Tel)：027－86775395
传真(Fax)：4008127127－19196
E-mail：tufei413@126. com
联系人(Contact Person)：涂飞
产品业务(Business)：卫生用品刀辊，刀具

东莞市世腾花辊模具机械厂
Dongguan Shiteng Mold Factory
地址(Add)：广东省东莞市东城区牛山创富工业园A栋
邮编(P. C.)：523000
电话(Tel)：0769－23164185
传真(Fax)：0769－85079549
E-mail：stmold@163. com
Http://www. wordrise. cn. alibaba. com
联系人(Contact Person)：滕如伦
产品业务(Business)：压花辊轮，模切滚刀

佛山市禅城区青山精密模具厂
Foshan Qsun Precision Mold Factory
地址(Add)：广东省佛山市禅城区清水路C座3号
邮编(P. C.)：528000
电话(Tel)：0757－82278996
传真(Fax)：0757－82279363
E-mail：fsqsun@163. com
总经理(General Manager)：陈青亮
产品业务(Business)：卫生巾/纸尿裤成型刀模，旋转切刀，压花模具切割刀片

四川新特模具机械有限公司
Sichuan Xinte Jig Machinery Co., Ltd.
地址(Add)：四川省成都市机投镇花龙门工业园
邮编(P. C.)：610045
电话(Tel)：028－66544775
传真(Fax)：028－87489991
E-mail：scxtdj@163. com
法人代表(Chairman)：张立言
总经理(General Manager)：张晓
联系人(Contact Person)：张晓
产品业务(Business)：轮转式切刀，卫生巾设备中央凹道，周封压花辊，绒毛浆压实花辊

● 一次性卫生用品生产设备的其他配件 Other fittings of machinery for disposable hygiene products

奥地利SML兰精机械有限公司北京代表处
SML Lenzing Austria
地址(Add)：北京市朝阳区东三环北路8号亮马大厦I座1410室
邮编(P. C.)：100004
电话(Tel)：010－65900946
传真(Fax)：010－65900949
E-mail：sml@sml. bj. cn
Http://www. sml. at
联系人(Contact Person)：王毅军
产品业务(Business)：流延膜机

新乐华宝塑料机械有限公司
Xinle Huabao Plastic Machinery Co., Ltd.
地址(Add)：河北省新乐市南环路136号
邮编(P. C.)：050701
电话(Tel)：0311－85196308
传真(Fax)：0311－85196310
E-mail：suji@huabaosuliao. com
Http://www. huabaosuliao. com
联系人(Contact Person)：张军星
产品业务(Business)：流延膜机

丹东北方机械有限公司
Dandong Beifang Machinery Co., Ltd.
(详见干法纸设备)

上海均铭机械有限公司
Shanghai Junming Machinery Co., Ltd.
地址(Add)：上海市宝山区月罗路600号
邮编(P. C.)：200941
电话(Tel)：021－56772764
传真(Fax)：021－56772764
E-mail：lujunming1971@yahoo. cn
Http://www. jmjxok. cn
法人代表(Chairman)：陆军明
总经理(General Manager)：陆军明
联系人(Contact Person)：陆军明
产品业务(Business)：粉碎机

上海凌盛商贸有限公司
Shanghai Lingsheng Trade Co., Ltd.
地址(Add)：上海市闵行区吴中路1369号602
邮编(P. C.)：201103
电话(Tel)：021－54971420
传真(Fax)：021－34636070
总经理(General Manager)：金成焕
产品业务(Business)：气动制动器，气动离合器，直线导轨，锁紧螺母，关节轴承

上海誉辉化工有限公司
Neowin Textile Chemicals Co., Ltd.
地址(Add)：上海市闵行区报春路229号1楼01室
邮编(P. C.)：201199
电话(Tel)：021－54179258
传真(Fax)：021－54179720
E-mail：bill. wang@neowinchem. com
法人代表(Chairman)：王兴南
联系人(Contact Person)：王兴南
产品业务(Business)：泡沫发生器，泡沫施胶器

上海锐利商贸有限公司
Shanghai Ruili Trade Co., Ltd.
(详见胶带、胶贴、魔术贴、标签)

上海罗利格莱实业有限公司
Shanghai Agiland International Company Limited
地址(Add)：上海市张杨路707号1602室
邮编(P. C.)：200120
电话(Tel)：021－61003285
传真(Fax)：021－61003287
E-mail：forrestzhan@ sh－ai. com
总经理(General Manager)：詹延伟
产品业务(Business)：高吸收性树脂设备

常州云峰信达机械有限公司
Changzhou Yunfeng Xinda Machinery Co.，Ltd.
地址(Add)：江苏省常州市丁堰东方西路19号
邮编(P. C.)：213000
电话(Tel)：0519－88252830
传真(Fax)：0519－88252810
E-mail：jsczwqp@ sina. com
法人代表(Chairman)：王其平
联系人(Contact Person)：杨立新
产品业务(Business)：涂布分切系统

常州永盛包装有限公司
Changzhou Yongsheng Packing Co.，Ltd.
(详见热熔胶机)

常州乔德机械有限公司
Changzhou Qiaode Machinery Co.，Ltd.
(详见非织造布设备)

常州市红忠机械厂
Changzhou Hongzhong Machine Factory
地址(Add)：江苏省常州市西门外
邮编(P. C.)：213134
电话(Tel)：0519－83138659
传真(Fax)：0519－83137925
E-mail：hongzhongjiexie@ 126. com
法人代表(Chairman)：陈红忠
总经理(General Manager)：郑刘成
联系人(Contact Person)：郑刘成
产品业务(Business)：流延膜机

常州市达力塑料机械有限公司
Changzhou Dali Plastics Machinery Co.，Ltd.
地址(Add)：江苏省常州市延陵中路8号
邮编(P. C.)：213018
电话(Tel)：0519－88812082
传真(Fax)：0519－88257527
E-mail：info@ cz－jf. com
Http://www. cz－jf. com
法人代表(Chairman)：许国平
总经理(General Manager)：许国平
联系人(Contact Person)：许国平
产品业务(Business)：流延膜机，压花辊，复卷机

南京安顺自动化装备有限公司
Nanjing Ascent Automatic Equipment Co.，Ltd.
地址(Add)：江苏省南京市马群科技园黄马路19号
邮编(P. C.)：210028
电话(Tel)：025－85391307
传真(Fax)：025－85391300
E-mail：chinaascent@ yahoo. com. cn
Http://www. ascent. net. cn
法人代表(Chairman)：周强
总经理(General Manager)：周强
联系人(Contact Person)：周强
产品业务(Business)：薄膜分切机

无锡新欣真空设备有限公司
Wuxi Xinxin Vacuum Equipment Co.，Ltd.
地址(Add)：江苏省无锡市惠山区钱桥镇藕塘
邮编(P. C.)：214153
电话(Tel)：0510－83291149
传真(Fax)：0510－83291257
E-mail：zksb@ xxzksb. com
Http://www. xxzksb. com
法人代表(Chairman)：浦伯良
总经理(General Manager)：浦伯良
联系人(Contact Person)：浦伯良
产品业务(Business)：用于卫生巾/纸尿裤/纸加工设备的气泵

徐州亚特花辊制造有限公司
Xuzhou Art Embossing Roller Manufacturing Co.，Ltd.
(详见卫生纸机和加工设备相关器材配件)

台州市维禾机电有限公司
Taizhou Weihe Machinery Co.，Ltd.
地址(Add)：浙江省台州市路桥区金清镇上塘工业区
邮编(P. C.)：318058
电话(Tel)：0576－82017999
传真(Fax)：0576－82879660
E-mail：421863417@ qq. com
Http://www. cnweihe. com
联系人(Contact Person)：梁斌
产品业务(Business)：气泵

福建省晋江市安海鸿辰午机械厂
Anhai Hongchenwu Machinery Factory
地址(Add)：福建省晋江市安海镇黄墩村八一厂区
邮编(P. C.)：362261
电话(Tel)：0595－85713349
传真(Fax)：0595－85713348
联系人(Contact Person)：丁志坚
产品业务(Business)：与湿巾机、卫生巾机、纸尿裤机、纸尿片机、床垫机相配套的差速器，直角转向机，后传动万向节等通用配件。

晋江市德豪机械有限公司
Jinjiang Dehao Machinery Co.，Ltd.
地址(Add)：福建省晋江市安海镇北环工业区内
邮编(P. C.)：362261
电话(Tel)：0595－85766780
传真(Fax)：0595－85792780
E-mail：dehaojixie@ 126. com
法人代表(Chairman)：颜英豪
联系人(Contact Person)：颜英豪
产品业务(Business)：纸浆粉碎机，刀架，模轮

恒超机械制造有限公司
Hengchao Machinery Co.，Ltd.
地址(Add)：福建省晋江市安海镇丙厝公路段东侧
邮编(P. C.)：362261

电话(Tel): 0595－85733229
传真(Fax): 0595－85781749
E-mail: hechaojx@ sina. com
法人代表(Chairman): 许文炮
总经理(General Manager): 许文炮
联系人(Contact Person): 许文炮
产品业务(Business): 解纤机

晋江市明海精工机械有限公司
Jinjiang Minghai Seiko Machinery Co., Ltd.
地址(Add): 福建省晋江市安海镇兴安西环路
邮编(P. C.): 362261
电话(Tel): 0595－85756819
传真(Fax): 0595－85755819
E-mail: haimingjixie@ 126. com
Http://www. fjhaiming. com
法人代表(Chairman): 张家贵
联系人(Contact Person): 张传文
产品业务(Business): 粉碎机, 刀架

福兴塑胶机械制造厂
Fuxing Plastic Machinery Factory
地址(Add): 福建省南安市帽山工业区
邮编(P. C.): 362300
电话(Tel): 0595－86357152
传真(Fax): 0595－86357252
E-mail: info@ fuxing－fj. com
联系人(Contact Person): 杨怀江
产品业务(Business): 粉碎机

泉州威特机械有限公司
Quanzhou Weite Machinery Co., Ltd.
地址(Add): 福建省泉州市鲤城区浮桥繁荣路岐山工业区539号
邮编(P. C.): 362000
电话(Tel): 0595－28880203
传真(Fax): 0595－68239195
联系人(Contact Person): 吴建隆
产品业务(Business): 未处理浆粉碎机

泉州市新宏耀机械配件加工中心
Xinhongyao Machine Parts Plant
地址(Add): 福建省泉州市树兜工业区奇树路68号(树兜包袋厂内)
邮编(P. C.): 362000
电话(Tel): 0595－22475326
传真(Fax): 0595－22475326
联系人(Contact Person): 林宏志
产品业务(Business): 卫生巾设备、卫生纸加工设备配件

三明市雷沃机械制造有限公司
Sanming Leiao Machinery Manufacturing Co., Ltd.
地址(Add): 福建省三明市荆西振兴路33号11栋
邮编(P. C.): 365001
电话(Tel): 0598－8390166
传真(Fax): 0598－8390166
E-mail: smlwjx@ 163. com
联系人(Contact Person): 陈耀辉
产品业务(Business): 未处理浆解纤机

三明市普诺维机械有限公司
Sanming PNV Machinery Co., Ltd.
(详见配套刀具)

厦门逸闽机电设备有限公司
Xiamen Yimin M & E Machine Co., Ltd.
地址(Add): 福建省厦门市思明区莲前东路福满山庄101号401
邮编(P. C.): 361000
电话(Tel): 0592－5990093
传真(Fax): 0592－5985770
E-mail: xmyimin5990093@ sohu. com
Http://www. airpipe. com. cn
总经理(General Manager): 魏松风
产品业务(Business): 空气压缩机

山东省压缩机设备总公司
Shandong Compressor Equipment Co.
地址(Add): 山东省济南市二环东路996号
邮编(P. C.): 250100
电话(Tel): 0531－88964191
传真(Fax): 0531－88971504
法人代表(Chairman): 范庆锋
总经理(General Manager): 范庆锋
联系人(Contact Person): 范庆锋
产品业务(Business): 压缩机

山东深蓝机器有限公司
Shandong Shenlan Machinery Co., Ltd.
(详见包装设备、裹包设备及配件)

佛山市恒辉隆机械有限公司
Foshan Henghuilong Machinery Co., Ltd.
地址(Add): 广东省佛山市顺德区勒流镇裕涌工业区2号地
邮编(P. C.): 528308
电话(Tel): 0757－28797061
传真(Fax): 0757－28797062
E-mail: fshenghuilong@ 163. com
Http://www. henghuilong. com
联系人(Contact Person): 杨友林
产品业务(Business): 纸尿裤复合膜机, 腰贴涂布复合机, 流延机, 分条机

广东联塑机器制造有限公司
Guangdong Liansu Machinery Manufacturing Co., Ltd.
地址(Add): 广东省佛山市顺德区龙江镇大坝工业区
邮编(P. C.): 523318
电话(Tel): 0757－23888055
传真(Fax): 0757－23888558
E-mail: 13630171685@ 163. com
Http://www. ls－extrusiong. com
法人代表(Chairman): 张伟光
总经理(General Manager): 张伟光
联系人(Contact Person): 段亚飞
产品业务(Business): 流延膜生产线

广州盛鹏达纺织业专用设备有限公司
Guangzhou Sipda Textiling Equipments Co., Ltd.
地址(Add): 广东省广州市番禺区沙湾镇大涌口村第三工业区2号厂房

邮编(P. C.)：511483
电话(Tel)：020 - 34876872
传真(Fax)：020 - 34876821 - 610
E-mail：info@ sipda. cn
Http://www. sipda. cn
总经理(General Manager)：程清林
联系人(Contact Person)：谢敏华
产品业务(Business)：流延复合机，纺粘熔喷 SMS 非织造布处理系统

● 包装设备、裹包设备及配件 Packaging and wrapping equipment & supplies

Paper Converting Machine Company
美国纸产品加工机器公司(PCMC)
(详见生活用纸加工设备)

Automatic Handling International，Inc.
美国自动搬运和包装设备国际有限公司
地址(Add)：360 Lavoy Road Erie，MI 48133 USA
电话(Tel)：1 - 734 - 8470633
传真(Fax)：1 - 734 - 8471823
E-mail：sales@ automatichandling. com
Http://www. automatichandling. com
联系人(Contact Person)：David M. Pienta
产品业务(Business)：卫生纸大卷纸搬运、包装及纸轴和纸芯装卸设备

Hinnli Co.，Ltd.
(详见卫生纸机)

CB Packaging A. P. I. S. R. L.
地址(Add)：VIA LIBERO GRASSI 1 Italy
电话(Tel)：39 - 0373649620
传真(Fax)：39 - 0373649611
E-mail：barbara. cremaschi@ cbpackaging. it
联系人(Contact Person)：BARBARA CREMASCHI
产品业务(Business)：卫生用品包装机

FIS Impianti S. r. L
意大利 FIS 公司
地址(Add)：5 Via Leonardo Da Vinci，20060 Cassina De' pecchi (MI) Italy
电话(Tel)：39 - 02 - 9544991
传真(Fax)：39 - 02 - 95344428
E-mail：info@ fisimpianti. it
Http://www. fisimpianti. it
联系人(Contact Person)：Fabio Malanti
产品业务(Business)：母卷输送及捆包系统，拔轴器

Serv - o - tec GmbH
德国 SERVOTEC 公司
地址(Add)：Heinrich - von - Stephan - Strasse 2，D - 40764 Langenfeld Germany
电话(Tel)：49 - 0 - 217339486 - 0
传真(Fax)：49 - 0 - 217339486 - 81
E-mail：sales@ servotec. de
Http://www. servotec. de
联系人(Contact Person)：Herbert Baueh
产品业务(Business)：彩印餐巾纸折叠印刷包装设备

Tissuenet Gmbh
地址(Add)：Kaldenkirchener Strasse 5 D - 41379 Bruggen Germany
电话(Tel)：49 - 2157 - 909911
传真(Fax)：49 - 2157 - 909913
E-mail：info@ tissuenet. de
Http://www. tissuenet. de
联系人(Contact Person)：Wolfgang Tillmann
产品业务(Business)：卫生纸包装设备代理

Christian Senning Verpackungsmaschinen GmbH & Co. KG
德国森宁包装机械公司
(详见生活用纸加工设备)

Focke (Singapore) Pte Ltd
佛克(新加坡)私人有限公司
地址(Add)：No. 25，International Business Park，No. 01 - 18/21 German Center，Singapore
电话(Tel)：65 - 64689227
传真(Fax)：65 - 64689557
E-mail：thomas. wiege@ focke. com. sg
Http://www. focke. com
联系人(Contact Person)：Thomas Wiege
产品业务(Business)：包装机

OPTIMA Filling & Packaging Machines GmbH
地址(Add)：Steinbeisweg 20，74523 Schwabisch Hall，Germany
电话(Tel)：49 - 791 - 5060
传真(Fax)：49 - 791 - 5069000
E-mail：info@ optima - ger. com
Http://www. optima - ger. com
产品业务(Business)：纸尿裤、卫生巾及卫生护垫、成人失禁用品包装设备

Tissue Machinery Company S. p. A.
意大利 TMC 包装机械厂
地址(Add)：Via di Cadriano，19 40057 Granarolo Dell'Emilia Loc. Cadriano (Bologna) Italy
电话(Tel)：39 - 051 - 6003641
传真(Fax)：39 - 051 - 6003667
E-mail：rsquarzoni@ tissue. it
Http://www. tissuemachinerycompany. com
联系人(Contact Person)：Squarzoni Ruggero
产品业务(Business)：卫生纸包装机，捆包机；中国代理和耀企业

信敏有限公司
Samiton Limited
地址(Add)：香港沙田坳背湾街 30 号华耀工业中心 8 楼 811 室
电话(Tel)：852 - 24816828
传真(Fax)：852 - 24257666
E-mail：danny@ samiton. com. hk
Http://www. dymco. co. kr
总经理(General Manager)：李起泰
联系人(Contact Person)：容惠民

产品业务(Business)：代理韩国东洋卫生纸、餐巾纸、手帕纸加工设备

创宝特殊精密工业有限公司
Chuang Pao Special Precision Industry Co., Ltd.
地址(Add)：台湾省高雄市小港区平和二路九号
电话(Tel)：886-7-8010071
传真(Fax)：886-7-8011021
E-mail：a777.aaa@msa.hinet.net
Http://www.chuangpao.com.tw
联系人(Contact Person)：洪福顺

捷贸企业有限公司
Jamer Enterprise Co
(详见生活用纸加工设备)

北京大森长空包装机械有限公司
Beijing Omori Changkong Packing Machinery Co., Ltd.
地址(Add)：北京市昌平科技园区火炬街3号
邮编(P.C.)：102200
电话(Tel)：010-51659399
传真(Fax)：010-80100271
E-mail：liuyu@omorichk.com
Http://www.omorichk.com
法人代表(Chairman)：大森昌三
总经理(General Manager)：杜克飞
联系人(Contact Person)：刘宇
产品业务(Business)：枕式包装机

科诺华麦修斯电子技术有限公司
Kenuohua Matthews Electronic Technology (Beijing) Co., Ltd.
地址(Add)：北京市大兴工业区金苑路26号金日科技园C座3层
邮编(P.C.)：102600
电话(Tel)：4008902800
传真(Fax)：010-88796536
Http://www.kenuohua.com
联系人(Contact Person)：许超
产品业务(Business)：喷码机

北京金诺时代科技发展有限公司
Beijing Jinnuo Times Science and Technology Development Co., Ltd.
地址(Add)：北京市海淀区厢红旗5号院南楼一层东侧
邮编(P.C.)：100091
电话(Tel)：010-62866102
传真(Fax)：010-62882364
E-mail：ok5118ok@163.com
Http://www.penmaji.net
联系人(Contact Person)：刘海燕
产品业务(Business)：喷码机

北京京联四合喷印技术有限公司
Beijing Jinglian Sihe Jet Technic Co., Ltd.
地址(Add)：北京市海淀区彰化南路圣荣佳写字楼3号楼一层
邮编(P.C.)：100097
电话(Tel)：0531-66595228
E-mail：jlsh@bjjlsh.cn
Http://www.jlsh.cn
联系人(Contact Person)：谢晓瑞
产品业务(Business)：喷码机及配件耗材

北京中科汇百标识技术有限公司
Beijing Hi-Pack Coding Ltd.
地址(Add)：北京市石景山区古城大街1号领秀大厦B座319
邮编(P.C.)：100043
电话(Tel)：4006966555
传真(Fax)：010-68860919
E-mail：marketing@zkhpjet.com
Http://www.zkhpjet.com
法人代表(Chairman)：李敏
联系人(Contact Person)：程中磊
产品业务(Business)：喷码机

天津明方辉包装机械有限公司
Tianjin Mingfanghui Packing Machinery Co., Ltd.
地址(Add)：天津市北辰区龙岩道王庄工业区
邮编(P.C.)：300400
电话(Tel)：022-26658986
传真(Fax)：022-26658986
E-mail：sxf0506@126.com
总经理(General Manager)：宋小方
产品业务(Business)：手帕纸中包机

天津赛达执信科技有限公司
Snasda Technology Tianjin Ltd.
地址(Add)：天津市北辰区铁东路南仓工业园区天通路10号
邮编(P.C.)：300402
电话(Tel)：022-86877071-812
传真(Fax)：022-86877072
E-mail：xsong@snasda.com
Http://www.snasda.cn
法人代表(Chairman)：宋昕
总经理(General Manager)：宋昕
联系人(Contact Person)：宋昕
产品业务(Business)：卫生巾包装设备

天津天辉机械有限公司
Tianjin Tianhui Machinery Co., Ltd.
地址(Add)：天津市北辰区铁东路天运四支路
邮编(P.C.)：300400
电话(Tel)：022-26815187
传真(Fax)：022-26870706
E-mail：tianhuijixie@126.com
Http://www.tianhuijixie.net
法人代表(Chairman)：杨峰
总经理(General Manager)：杨峰
联系人(Contact Person)：杨建旺
产品业务(Business)：手帕纸中包机

天津惠坤诺信包装设备有限公司
Tianjin Huikun Nuoxin Packing Machine Co., Ltd.
地址(Add)：天津市河西区解放南路富裕广场13号-A-705室
邮编(P.C.)：300202
电话(Tel)：022-58318012
传真(Fax)：022-58318011
E-mail：hyk601601@163.com

法人代表(Chairman)：黄毅坤
总经理(General Manager)：黄毅坤
联系人(Contact Person)：黄毅坤
产品业务(Business)：装箱机

天津市九河永顺机械有限公司
Tianjin Jiuhe Yongshun Machinery Co., Ltd.
地址(Add)：天津市京津公路柳滩东路8号
邮编(P. C.)：300400
电话(Tel)：022－26348751
传真(Fax)：022－26348750
E-mail：jiuhejixie@126. com
联系人(Contact Person)：孙绍沛
产品业务(Business)：卫生巾包装机

天津正觉工贸有限公司
Tianjin Zhengjue Trade Co., Ltd.
地址(Add)：天津市西青区西营门工业区北菜园小区
电话(Tel)：022－87718067
传真(Fax)：022－87718067
E-mail：zhjit@126. com
Http://www. zhengjue. cn
总经理(General Manager)：白雪生
产品业务(Business)：面巾纸中包机

东光县凯达包装机械厂
Dongguang Kaida Packing Machinery Factory
地址(Add)：河北省沧州市东光县龙王李乡耿东村
邮编(P. C.)：061000
电话(Tel)：0317－7828899
传真(Fax)：0317－7828899
联系人(Contact Person)：李长安
产品业务(Business)：卫生纸封口/装袋机

石家庄索亿泽机械设备有限公司
Shijiazhuang Soezy Machinery Co., Ltd.
地址(Add)：河北省石家庄市高新技术开发区
邮编(P. C.)：050000
电话(Tel)：0311－89910697
传真(Fax)：0311－66699700
E-mail：sjzsoezy@126. com
联系人(Contact Person)：黄浪华
产品业务(Business)：卫生纸、面巾纸中包机

大连佳林设备制造有限公司
Dalian Jialin Machinery Manufacture Co., Ltd.
地址(Add)：辽宁省大连市金州区国防路138号
邮编(P. C.)：116100
电话(Tel)：0411－87677491
传真(Fax)：0411－87683017
E-mail：ybl@jiatian. net. cn
Http://www. jiatian. net. cn
总经理(General Manager)：尹柏林
产品业务(Business)：装箱机，码垛机，捆包机，纸箱成形封底机，贴标机，枕式包装机

大连华胜包装设备有限公司
Dalian Huasheng Packing Machinery Co., Ltd.
地址(Add)：辽宁省大连市沙河口区绿波路73号(绿波小学正门)
邮编(P. C.)：116033
电话(Tel)：0411－86846036
传真(Fax)：0411－86846757
E-mail：545935713@qq. com
法人代表(Chairman)：王永庆
总经理(General Manager)：王永庆
联系人(Contact Person)：王永庆
产品业务(Business)：喷码/打码设备

上海联阳机电设备有限公司
Shanghai Lianyang Mechanical & Electronic Equipment Co., Ltd.
地址(Add)：上海市宝山区南蕴藻路1276号西厂区5号厂房
邮编(P. C.)：200443
电话(Tel)：021－66249308
传真(Fax)：021－66249308
总经理(General Manager)：成伟星
联系人(Contact Person)：成伟星
产品业务(Business)：塑料薄膜吹塑机，印刷机，制袋机

依玛士(上海)标码有限公司
Markem－Imaje Shanghai Co.
地址(Add)：上海市奉贤区吴塘路298号
邮编(P. C.)：201401
电话(Tel)：021－61635847
传真(Fax)：021－67109008
E-mail：sjiang@markem－imaje. com
Http://www. markem－imaje. com. cn
联系人(Contact Person)：江山明
产品业务(Business)：喷码机，激光打码机，贴标机

上海索米自动化设备有限公司
Shanghai Somy Automatic Equipment Co., Ltd.
地址(Add)：上海市奉贤区柘林镇新申工业区宅兴路118号
邮编(P. C.)：201416
电话(Tel)：021－33653600
传真(Fax)：021－33653605
E-mail：champion@somyfc. com
Http://www. somyfc. com
联系人(Contact Person)：韩泰勇
产品业务(Business)：卫生纸中包机，开箱/封箱机，自动化控制系统

上海研捷机电有限公司
Shanghai Yanjie Technology Co., Ltd.
地址(Add)：上海市闵行区中春路7628弄6号楼313室
邮编(P. C.)：201101
电话(Tel)：021－62829208
传真(Fax)：021－62829209
E-mail：sales@yanjietech. com
Http://www. yanjietech. com
联系人(Contact Person)：曹晟瑀
产品业务(Business)：打码机，热转印色带，打印机配件

上海台驰轻工装备有限公司
Shanghai Taichi Light Industry Machinery Co., Ltd.
地址(Add)：上海市黄浦区西藏南路1501号1幢楼1901室
邮编(P. C.)：200011
电话(Tel)：021－63158028

传真(Fax)：021－63158128
联系人(Contact Person)：何继国
产品业务(Business)：包装机，提升机，平台，输运泵，充填系统

上海松川远亿机械设备有限公司
Shanghai Soontrue Machinery Equipment Co., Ltd.
地址(Add)：上海市青浦工业园区崧泽大道9881号
邮编(P. C.)：201700
电话(Tel)：021－69213288
传真(Fax)：021－69213157
E-mail：daniel－zxk@ sina. com
Http://www. soontrue. com
法人代表(Chairman)：黄松
总经理(General Manager)：徐宏
联系人(Contact Person)：张小康
产品业务(Business)：卫生纸/软抽面巾纸包装机，软抽面巾纸中包机

奥普蒂玛包装机械(上海)有限公司
Optima Packaging Machines (Shanghai) Co., Ltd.
地址(Add)：上海市嘉定区马陆镇丰茂路695号
邮编(P. C.)：201801
电话(Tel)：021－67070805
传真(Fax)：021－67070889
联系人(Contact Person)：阮美娜
产品业务(Business)：纸尿裤、卫生巾、卫生护垫、成人失禁用品包装设备

上海深蓝包装技术有限公司
Shanghai Shenlan Packing Technology Co., Ltd.
地址(Add)：上海市嘉定区外冈镇望安公路666号
邮编(P. C.)：201100
电话(Tel)：021－54378722
传真(Fax)：021－57992864
E-mail：shsinolion@ 163. com
Http://www. zpack. net
联系人(Contact Person)：张经理
产品业务(Business)：卫生纸包装机，喷码机

腾新机械上海有限公司
Systech (Shanghai) Ltd.
地址(Add)：上海市静安区石门一路211号旺旺大厦9楼901室
邮编(P. C.)：200041
电话(Tel)：021－68775388
传真(Fax)：021－68775380
E-mail：tanuma@ systech－sh. com. cn
Http://www. systech－sh. com
总经理(General Manager)：田沼宏章
产品业务(Business)：生活用纸包装机械

上海守谷国际贸易有限公司
Moritani Shanghai Co., Ltd.
(详见一次性卫生用品生产设备)

上海镭沥光电科技有限公司
Shanghai Leili Photoelectricity Technology Co., Ltd.
地址(Add)：上海市闵行区东川路2731号
邮编(P. C.)：200000
电话(Tel)：021－54756810
传真(Fax)：021－54756809
E-mail：hihe－shanghai@ hihesoft. com
Http://www. yihesoft. com
联系人(Contact Person)：唐易天
产品业务(Business)：激光打码机，印刷雕版

上海超铭机械设备有限公司
Shanghai Chaoming Machinery and Equipment Co., Ltd.
地址(Add)：上海市闵行区纪鹤路1号富莎商务大厦11栋B09室
邮编(P. C.)：200000
电话(Tel)：021－61511967
传真(Fax)：021－52960393
E-mail：huangyupei8@ 189. cn
Http://www. cmpenma. com
法人代表(Chairman)：黄玉培
总经理(General Manager)：黄玉培
联系人(Contact Person)：黄玉培
产品业务(Business)：喷码机

上海阿仁科机械有限公司
Shanghai Arenco Machinery Co., Ltd.
地址(Add)：上海市浦东金桥出口加工区宁桥路755号
邮编(P. C.)：201206
电话(Tel)：021－50550330
传真(Fax)：021－58995291
产品业务(Business)：厨房纸包装设备

多米诺标识科技有限公司
Domino China Limited
地址(Add)：上海市浦东金桥出口加工区云桥路1150号
邮编(P. C.)：201206
电话(Tel)：021－50509999
传真(Fax)：021－50329906
Http://www. domino. com. cn
联系人(Contact Person)：王艺
产品业务(Business)：喷码机

上海普睿洋国际贸易有限公司
Shanghai Printyoung International Industry Co., Ltd.
地址(Add)：上海市浦东浦建路729号2802室
邮编(P. C.)：200127
电话(Tel)：021－61681168
传真(Fax)：021－61681169
E-mail：caren@ printyoung. com
Http://www. printyoung. com
总经理(General Manager)：何敏
产品业务(Business)：餐巾纸包装机

三协包装机械(上海)有限公司
Sankyo System (Shanghai) Co., Ltd.
地址(Add)：上海市浦东新区金桥镇佳林路62号
邮编(P. C.)：201206
电话(Tel)：021－55231080
传真(Fax)：021－55231083
E-mail：enjohei@ hotmail. com
Http://www. sankyosys. co. jp
总经理(General Manager)：袁让平
产品业务(Business)：卫生用品计数机，包装机，装箱机

法人代表(Chairman)：黄毅坤
总经理(General Manager)：黄毅坤
联系人(Contact Person)：黄毅坤
产品业务(Business)：装箱机

天津市九河永顺机械有限公司
Tianjin Jiuhe Yongshun Machinery Co., Ltd.
地址(Add)：天津市京津公路柳滩东路8号
邮编(P.C.)：300400
电话(Tel)：022-26348751
传真(Fax)：022-26348750
E-mail：jiuhejixie@126.com
联系人(Contact Person)：孙绍沛
产品业务(Business)：卫生巾包装机

天津正觉工贸有限公司
Tianjin Zhengjue Trade Co., Ltd.
地址(Add)：天津市西青区西营门工业区北菜园小区
电话(Tel)：022-87718067
传真(Fax)：022-87718067
E-mail：zhjit@126.com
Http://www.zhengjue.cn
总经理(General Manager)：白雪生
产品业务(Business)：面巾纸中包机

东光县凯达包装机械厂
Dongguang Kaida Packing Machinery Factory
地址(Add)：河北省沧州市东光县龙王李乡耿东村
邮编(P.C.)：061000
电话(Tel)：0317-7828899
传真(Fax)：0317-7828899
联系人(Contact Person)：李长安
产品业务(Business)：卫生纸封口/装袋机

石家庄索亿泽机械设备有限公司
Shijiazhuang Soezy Machinery Co., Ltd.
地址(Add)：河北省石家庄市高新技术开发区
邮编(P.C.)：050000
电话(Tel)：0311-89910697
传真(Fax)：0311-66699700
E-mail：sjzsoezy@126.com
联系人(Contact Person)：黄浪华
产品业务(Business)：卫生纸、面巾纸中包机

大连佳林设备制造有限公司
Dalian Jialin Machinery Manufacture Co., Ltd.
地址(Add)：辽宁省大连市金州区国防路138号
邮编(P.C.)：116100
电话(Tel)：0411-87677491
传真(Fax)：0411-87683017
E-mail：ybl@jiatian.net.cn
Http://www.jiatian.net.cn
总经理(General Manager)：尹柏林
产品业务(Business)：装箱机，码垛机，捆包机，纸箱成形封底机，贴标机，枕式包装机

大连华胜包装设备有限公司
Dalian Huasheng Packing Machinery Co., Ltd.
地址(Add)：辽宁省大连市沙河口区绿波路73号(绿波小学正门)
邮编(P.C.)：116033
电话(Tel)：0411-86846036
传真(Fax)：0411-86846757
E-mail：545935713@qq.com
法人代表(Chairman)：王永庆
总经理(General Manager)：王永庆
联系人(Contact Person)：王永庆
产品业务(Business)：喷码/打码设备

上海联阳机电设备有限公司
Shanghai Lianyang Mechanical & Electronic Equipment Co., Ltd.
地址(Add)：上海市宝山区南蕴藻路1276号西厂区5号厂房
邮编(P.C.)：200443
电话(Tel)：021-66249308
传真(Fax)：021-66249308
总经理(General Manager)：成伟星
联系人(Contact Person)：成伟星
产品业务(Business)：塑料薄膜吹塑机，印刷机，制袋机

依玛士(上海)标码有限公司
Markem-Imaje Shanghai Co.
地址(Add)：上海市奉贤区吴塘路298号
邮编(P.C.)：201401
电话(Tel)：021-61635847
传真(Fax)：021-67109008
E-mail：sjiang@markem-imaje.com
Http://www.markem-imaje.com.cn
联系人(Contact Person)：江山明
产品业务(Business)：喷码机，激光打码机，贴标机

上海索米自动化设备有限公司
Shanghai Somy Automatic Equipment Co., Ltd.
地址(Add)：上海市奉贤区柘林镇新申工业区宅兴路118号
邮编(P.C.)：201416
电话(Tel)：021-33653600
传真(Fax)：021-33653605
E-mail：champion@somyfc.com
Http://www.somyfc.com
联系人(Contact Person)：韩泰勇
产品业务(Business)：卫生纸中包机，开箱/封箱机，自动化控制系统

上海研捷机电有限设备限公司
Shanghai Yanjie Technology Co., Ltd.
地址(Add)：上海市闵行区中春路7628弄6号楼313室
邮编(P.C.)：201101
电话(Tel)：021-62829208
传真(Fax)：021-62829209
E-mail：sales@yanjietech.com
Http://www.yanjietech.com
联系人(Contact Person)：曹晟瑀
产品业务(Business)：打码机，热转印色带，打印机配件

上海台驰轻工装备有限公司
Shanghai Taichi Light Industry Machinery Co., Ltd.
地址(Add)：上海市黄浦区西藏南路1501号1幢楼1901室
邮编(P.C.)：200011
电话(Tel)：021-63158028

传真(Fax)：021－63158128
联系人(Contact Person)：何继国
产品业务(Business)：包装机，提升机，平台，输运泵，充填系统

上海松川远亿机械设备有限公司
Shanghai Soontrue Machinery Equipment Co., Ltd.
地址(Add)：上海市青浦工业园区崧泽大道9881号
邮编(P.C.)：201700
电话(Tel)：021－69213288
传真(Fax)：021－69213157
E-mail：daniel－zxk@sina.com
Http://www.soontrue.com
法人代表(Chairman)：黄松
总经理(General Manager)：徐宏
联系人(Contact Person)：张小康
产品业务(Business)：卫生纸/软抽面巾纸包装机，软抽面巾纸中包机

奥普蒂玛包装机械(上海)有限公司
Optima Packaging Machines (Shanghai) Co., Ltd.
地址(Add)：上海市嘉定区马陆镇丰茂路695号
邮编(P.C.)：201801
电话(Tel)：021－67070805
传真(Fax)：021－67070889
联系人(Contact Person)：阮美娜
产品业务(Business)：纸尿裤、卫生巾、卫生护垫、成人失禁用品包装设备

上海深蓝包装技术有限公司
Shanghai Shenlan Packing Technology Co., Ltd.
地址(Add)：上海市嘉定区外冈镇望安公路666号
邮编(P.C.)：201100
电话(Tel)：021－54378722
传真(Fax)：021－57992864
E-mail：shsinolion@163.com
Http://www.zpack.net
联系人(Contact Person)：张经理
产品业务(Business)：卫生纸包装机，喷码机

腾新机械上海有限公司
Systech (Shanghai) Ltd.
地址(Add)：上海市静安区石门一路211号旺旺大厦9楼901室
邮编(P.C.)：200041
电话(Tel)：021－68775388
传真(Fax)：021－68775380
E-mail：tanuma@systech－sh.com.cn
Http://www.systech－sh.com
总经理(General Manager)：田沼宏章
产品业务(Business)：生活用纸包装机械

上海守谷国际贸易有限公司
Moritani Shanghai Co., Ltd.
(详见一次性卫生用品生产设备)

上海镭沥光电科技有限公司
Shanghai Leili Photoelectricity Technology Co., Ltd.
地址(Add)：上海市闵行区东川路2731号
邮编(P.C.)：200000
电话(Tel)：021－54756810
传真(Fax)：021－54756809
E-mail：hihe－shanghai@hihesoft.com
Http://www.yihesoft.com
联系人(Contact Person)：唐易天
产品业务(Business)：激光打码机，印刷雕版

上海超铭机械设备有限公司
Shanghai Chaoming Machinery and Equipment Co., Ltd.
地址(Add)：上海市闵行区纪鹤路1号富莎商务大厦11栋B09室
邮编(P.C.)：200000
电话(Tel)：021－61511967
传真(Fax)：021－52960393
E-mail：huangyupei8@189.cn
Http://www.cmpenma.com
法人代表(Chairman)：黄玉培
总经理(General Manager)：黄玉培
联系人(Contact Person)：黄玉培
产品业务(Business)：喷码机

上海阿仁科机械有限公司
Shanghai Arenco Machinery Co., Ltd.
地址(Add)：上海市浦东金桥出口加工区宁桥路755号
邮编(P.C.)：201206
电话(Tel)：021－50550330
传真(Fax)：021－58995291
产品业务(Business)：厨房纸包装设备

多米诺标识科技有限公司
Domino China Limited
地址(Add)：上海市浦东金桥出口加工区云桥路1150号
邮编(P.C.)：201206
电话(Tel)：021－50509999
传真(Fax)：021－50329906
Http://www.domino.com.cn
联系人(Contact Person)：王艺
产品业务(Business)：喷码机

上海普睿洋国际贸易有限公司
Shanghai Printyoung International Industry Co., Ltd.
地址(Add)：上海市浦东浦建路729号2802室
邮编(P.C.)：200127
电话(Tel)：021－61681168
传真(Fax)：021－61681169
E-mail：caren@printyoung.com
Http://www.printyoung.com
总经理(General Manager)：何敏
产品业务(Business)：餐巾纸包装机

三协包装机械(上海)有限公司
Sankyo System (Shanghai) Co., Ltd.
地址(Add)：上海市浦东新区金桥镇佳林路62号
邮编(P.C.)：201206
电话(Tel)：021－55231080
传真(Fax)：021－55231083
E-mail：enjohei@hotmail.com
Http://www.sankyosys.co.jp
总经理(General Manager)：袁让平
产品业务(Business)：卫生用品计数机，包装机，装箱机

上海神派机械有限公司
Shanghai Sunp Machinery Co., Ltd.
地址(Add): 上海市浦东新区南汇三墩镇墩平路104号
邮编(P. C.): 201312
电话(Tel): 021-68116139
传真(Fax): 021-58235869
E-mail: tctangchun@163.com
联系人(Contact Person): 唐纯
产品业务(Business): 卫生纸/面巾纸包装机

上海麦格机械设备有限公司
Shanghai Megawin Machinery & Equipment Co., Ltd.
地址(Add): 上海市浦东新区王桥路999弄1018号D座
邮编(P. C.): 201201
电话(Tel): 021-50810987
传真(Fax): 021-50810979
E-mail: infoservice@megawin.cn
Http://www.megawin.cn
联系人(Contact Person): 张先生
产品业务(Business): 喷码机

伟迪捷(上海)标识技术有限公司
Videojet Technologies (Shanghai) Co., Ltd.
地址(Add): 上海市钦州北路1089号51号楼5楼
邮编(P. C.): 200233
电话(Tel): 021-64959222
传真(Fax): 021-64956209
E-mail: jun.cheng@videojet.com
Http://www.videojet.com.cn
联系人(Contact Person): 程军
产品业务(Business): 喷码机，打码机，激光标识系统，喷码机墨水及耗材

上海富永纸品包装有限公司
Shanghai Tominaga Packing Machinery Co., Ltd.
地址(Add): 上海市青浦工业园区天辰路2521号
邮编(P. C.): 201712
电话(Tel): 021-59867510
传真(Fax): 021-59867410
E-mail: amy.zhang@tominaga-sh.com
Http://www.tominaga-sh.com
法人代表(Chairman): 张美华
总经理(General Manager): 秦拥军
联系人(Contact Person): 张美华
产品业务(Business): 生活用纸/卫生用品包装机

上海御流包装机械有限公司
Shanghai Yuliu Packaging Machinery Co., Ltd.
地址(Add): 上海市青浦区华新镇北青公路5548弄58号
邮编(P. C.): 201705
电话(Tel): 021-39872532-8003
传真(Fax): 021-39872111
E-mail: yuliu-wuw@163.com
Http://www.sh-yuliu.com
法人代表(Chairman): 吴伟
总经理(General Manager): 吴伟
联系人(Contact Person): 肖颖
产品业务(Business): 卫生巾、护垫、纸尿裤封口机，理片机，包装机，入袋机

上海丽索机械有限公司
Shanghai Lisuo Machinery Co., Ltd.
地址(Add): 上海市青浦区华新镇纪鹤公路3388号
邮编(P. C.): 201708
电话(Tel): 021-59792047
传真(Fax): 021-59792047
联系人(Contact Person): 刘彬
产品业务(Business): 贴标设备

上海林胜贸易有限公司
Shanghai Linsheng Trade Co., Ltd.
地址(Add): 上海市人民路885号淮海中华大厦708室
邮编(P. C.): 200010
电话(Tel): 021-63111671
传真(Fax): 021-63111673
E-mail: service@smlinson.com.cn
Http://www.smlinson.com.cn
法人代表(Chairman): 林九
总经理(General Manager): 林九
联系人(Contact Person): 刘桂林
产品业务(Business): 张力控制/传感器，离合器，制动器，纠偏器

上海杰驰标识设备有限公司
Shanghai Jiechi Labellers Co., Ltd.
地址(Add): 上海市松江高科技园区涞芳路1650号
邮编(P. C.): 201615
电话(Tel): 021-65807555
传真(Fax): 021-57633257
E-mail: 18918001199@189.com
Http://www.gtjet.com
法人代表(Chairman): 王月琴
总经理(General Manager): 王月琴
联系人(Contact Person): 叶向明
产品业务(Business): 喷码机

上海理贝包装机械有限公司
Lebal Packaging Machinery (Shanghai) Co., Ltd.
地址(Add): 上海市松江高科技园区寅西路399号B-C栋
邮编(P. C.): 201615
电话(Tel): 021-37775111-200
传真(Fax): 021-37775100
E-mail: yanxiaoli_0527@163.com
联系人(Contact Person): 严小丽
产品业务(Business): 贴标机，在线检测系统

纪州喷码技术(上海)有限公司
Jizhou Printing Technology (Shanghai) Co., Ltd.
地址(Add): 上海市松江工业区宝胜路3号
邮编(P. C.): 201613
电话(Tel): 021-57742020
传真(Fax): 021-57743461
Http://www.jizhou.com.cn
总经理(General Manager): 赵西秦
联系人(Contact Person): 高军
产品业务(Business): 喷码机

包利思特机械(上海)有限公司
Polystar Co., Ltd.
地址(Add): 上海市松江区车墩镇书海路518号3号厂房

邮编(P. C.)：201611
电话(Tel)：021 - 57684298
传真(Fax)：021 - 57684282
E-mail：huangx_ spo@163. com
Http：//www. polystarsh. com
法人代表(Chairman)：高井文彦
总经理(General Manager)：中林义清
联系人(Contact Person)：黄翔
产品业务(Business)：枕式包装机

上海迅腾机械制造有限公司
Shanghai Samtent Machinery Manufacturing Co., Ltd.
地址(Add)：上海市松江区大港镇彭丰路145号
邮编(P. C.)：201614
电话(Tel)：021 - 57731778
传真(Fax)：021 - 57853816
E-mail：sales@samtent. com
Http：//www. samtent. com
联系人(Contact Person)：曾祥林
产品业务(Business)：软抽纸/手帕纸包装机，理片机，大中包机，卫生巾/护垫封口机

上海会岚机械有限公司
Shanghai Winner Packing Machinery Co., Ltd.
地址(Add)：上海市松江区泗泾镇彭浪路104号
邮编(P. C.)：201601
电话(Tel)：021 - 64472357
传真(Fax)：021 - 64472357
E-mail：tangzd1988@126. com
联系人(Contact Person)：汤正东
产品业务(Business)：卫生巾包装机，卫生巾/护垫理片机，面巾纸/卫生纸中包机

上海全易电子科技有限公司
Shanghai Hailek Electronics Co., Ltd.
地址(Add)：上海市松江区欣玉路535号一号西二三幢
邮编(P. C.)：201600
电话(Tel)：021 - 52795932
传真(Fax)：021 - 60082860
E-mail：info@hailek. com
Http：//www. hailek. com
联系人(Contact Person)：张建琴
产品业务(Business)：喷码机

上海迪凯分离机械实业有限公司
Shanghai DiKai Coding Industry Co., Ltd.
地址(Add)：上海市杨浦区武东路32号2号楼6楼
邮编(P. C.)：200433
电话(Tel)：021 - 51086700
传真(Fax)：021 - 65102603
E-mail：marketing@dikaiproducts. com
Http：//www. dikaiproducts. com
法人代表(Chairman)：周扬凰
总经理(General Manager)：吴仪文
联系人(Contact Person)：孔晓冬
产品业务(Business)：打码机，喷码机

法远建机械设备(上海)有限公司
Fargo Service Shanghai Co., Ltd.
地址(Add)：上海市愚园路172号环球世界大厦A座8楼
邮编(P. C.)：200040
电话(Tel)：021 - 62482277
传真(Fax)：021 - 62491238
E-mail：linting@fargogroup. com. cn
联系人(Contact Person)：王远志
产品业务(Business)：热熔胶包装设备

上海镭德杰喷码技术有限公司
Shanghai Leadjet Inkjet Priter Technology Co., Ltd.
地址(Add)：上海市中山北路1715号浦发广场E座1702室
邮编(P. C.)：200060
电话(Tel)：021 - 51083111
传真(Fax)：021 - 51012011
E-mail：sales@leadjet. com. cn
Http：//www. leadjet. com. cn
联系人(Contact Person)：陈经理
产品业务(Business)：喷码机

上海泰威技术发展股份有限公司
Shanghai Teckwin Development Co., Ltd.
地址(Add)：上海松江泗泾高技路276弄91号
邮编(P. C.)：201601
电话(Tel)：021 - 57628383
传真(Fax)：021 - 57628484
E-mail：hjiahua@teckwin. com
Http：//www. teckwin. com
联系人(Contact Person)：何佳骅
产品业务(Business)：喷码机

奥利安机械工业(常熟)有限公司
Orion Machinery (Changshu) Co., Ltd.
地址(Add)：江苏省常熟经济开发区工业区马桥路马桥工业坊4 - A号
邮编(P. C.)：215536
电话(Tel)：0512 - 52293533
传真(Fax)：0512 - 52297360
Http：//www. orionkkk. co. jp
法人代表(Chairman)：中村允雄
总经理(General Manager)：中村允雄
联系人(Contact Person)：周佳
产品业务(Business)：卫生巾/纸尿裤/卫生纸包装机

江阴市北国包装设备有限公司
Jiangyin Beiguo Packing Equipment Co., Ltd.
地址(Add)：江苏省江阴市北国祝华路38号(新北国宾馆往南300米)
邮编(P. C.)：214400
电话(Tel)：0510 - 86355896
传真(Fax)：0510 - 86351181
E-mail：beiguo@pack. net. cn
Http：//www. beiguopack. com
法人代表(Chairman)：瞿春艳
总经理(General Manager)：瞿春艳
联系人(Contact Person)：瞿春艳
产品业务(Business)：吹膜机，制袋机

江阴市北国鑫磊包装机械厂
Jiangyin Beiguo Xinlei Packaging Machinery Factory
地址(Add)：江苏省江阴市顾山镇国南村谢家湾
邮编(P. C.)：214414
电话(Tel)：0510 - 86952150

传真(Fax): 0510 - 86351176
E-mail: 1198209394@ qq. com
Http://www. jyxljx. com
联系人(Contact Person): 堵永
产品业务(Business): 制袋机，热熔边机，插边机，方底袋机

江阴市信德包装机械有限公司
Jiangyin Xinde Packing Machine Co., Ltd.
地址(Add): 江苏省江阴市新桥镇苏市工业园
邮编(P. C.): 214426
电话(Tel): 0510 - 86120918
传真(Fax): 0510 - 86930970
E-mail: 2473524838@ qq. com
联系人(Contact Person): 马卫斌
产品业务(Business): 包装机

昆山海滨机械有限公司
Kunshan Hiping Co., Ltd.
地址(Add): 江苏省昆山开发区(蓬朗)高鼎路6号
邮编(P. C.): 215333
电话(Tel): 0512 - 36880350
传真(Fax): 0512 - 57816197
E-mail: ruanfengbin@ hotmail. com
法人代表(Chairman): 阮风斌
总经理(General Manager): 阮风斌
联系人(Contact Person): 阮风斌
产品业务(Business): 包装机

南京宁沪联合包装机械有限公司
Nanjing Ninghu Joint Packing Machinery Co., Ltd.
地址(Add): 江苏省南京市建邺区创意路88号
邮编(P. C.): 210037
电话(Tel): 025 - 85630321
传真(Fax): 025 - 85641680
E-mail: njysbz@ 163. com
法人代表(Chairman): 夏华刚
总经理(General Manager): 夏华刚
联系人(Contact Person): 夏华刚
产品业务(Business): 包装机，打码机

南京成灿科技有限公司
Nanjing Transic Technology Co., Ltd.
地址(Add): 江苏省南京市江宁经济技术开发区高湖路9号
邮编(P. C.): 211100
电话(Tel): 025 - 57928210
传真(Fax): 025 - 57928278
E-mail: transic@ 163. com
Http://www. transic. com. cn
联系人(Contact Person): 成小兵
产品业务(Business): 喷码机

南京茂雷电子科技有限公司
Nanjing Maolei Electronic Technology Co., Ltd.
地址(Add): 江苏省南京市建邺区茶亭东街79号西祠创业园10 - 2B - 4
邮编(P. C.): 210017
电话(Tel): 025 - 86368136
传真(Fax): 025 - 86368136
E-mail: vanhb@ 126. com
Http://www. moraytech. com
总经理(General Manager): 范红兵
联系人(Contact Person): 范红兵
联系人(Contact Person): 范红兵
产品业务(Business): 打码机，色带及配件

南京依仕杰电子有限公司
Nanjing Yishijie Electronics Co., Ltd.
地址(Add): 江苏省南京市栖霞区迈光路18号左右阳光7栋313
邮编(P. C.): 210028
电话(Tel): 025 - 85358857
传真(Fax): 025 - 85358852
E-mail: njesky@ 163. com
联系人(Contact Person): 许光明
产品业务(Business): 喷码机，打码机

南京恒威工业自动化设备有限公司
Nanjing Hengwei Industry Automation Equipment Co., Ltd.
地址(Add): 江苏省南京市双龙大道568号鑫泰国际广场01栋701室
邮编(P. C.): 211101
电话(Tel): 025 - 57929711
传真(Fax): 025 - 57929733
E-mail: hwsymnh@ sina. com
Http://www. njpmj. com
法人代表(Chairman): 苏永明
总经理(General Manager): 苏永明
联系人(Contact Person): 苏永明
产品业务(Business): 喷码机，标识机

南通通用机械制造有限公司
Nantong Universal Machinery Co., Ltd.
地址(Add): 江苏省南通市港闸区城闸路117号
邮编(P. C.): 226002
电话(Tel): 0513 - 85059002
传真(Fax): 0513 - 85656922
E-mail: packing@ tongji - china. com
Http://www. tongji - china. com
联系人(Contact Person): 吴坚
产品业务(Business): 包装机

苏州英多机械有限公司
Indor Machinery Co., Ltd.
地址(Add): 江苏省苏州工业园区胜浦镇润胜路32号
邮编(P. C.): 215126
电话(Tel): 0512 - 62621128
传真(Fax): 0512 - 62963482
E-mail: vincent. sun@ indor. com. cn
Http://www. indor. com. cn
联系人(Contact Person): 孙余生
产品业务(Business): 纸品类后段包装设备

苏州市盛百威包装设备有限公司
Suzhou Shengbaiwei Packaging Equipment Co., Ltd.
地址(Add): 江苏省苏州市高新技术开发区浒关工业园浒杨路26号
邮编(P. C.): 215151
电话(Tel): 0512 - 66166671
传真(Fax): 0512 - 66166673

E-mail：sbwpack@ sbwpack. com
Http://www. sbwpack. com
联系人(Contact Person)：陈静
产品业务(Business)：收缩包装机，缠绕包装机，打包机，封箱机

太仓富达包装机械有限公司
Fuda Packing Machinery Co., Ltd.
地址(Add)：江苏省太仓市浏家港飞马西路(银港工业区)
邮编(P. C.)：215433
电话(Tel)：0512－53704279
传真(Fax)：0512－53703845
E-mail：wslcd9911@ gmail. com
Http://fudapack. b2b. hc360. com
法人代表(Chairman)：王胜利
总经理(General Manager)：王胜利
联系人(Contact Person)：王胜利
产品业务(Business)：包装机

无锡市邦信电工设备有限公司
Wuxi Bangxin Electrical Equipment Co., Ltd.
地址(Add)：江苏省无锡市北塘区凤翔路987号凤加科技园6楼
邮编(P. C.)：214041
电话(Tel)：0510－82393133
传真(Fax)：0510－82393199
E-mail：wuxi－bangxin@ 163. com
Http://www. bangxin. com. cn
联系人(Contact Person)：陆卫兵
产品业务(Business)：喷码机

无锡市佳通包装机械厂
Wuxi Jiatong Packing Machinery Factory
地址(Add)：江苏省无锡市西漳工业园区
邮编(P. C.)：214717
电话(Tel)：0510－83500277
传真(Fax)：0510－83502278
E-mail：info@ wuxijiatong. com
总经理(General Manager)：姜子法
联系人(Contact Person)：吴坚
产品业务(Business)：三边封、中封制袋机

江苏江鹤包装机械有限公司
Jiangsu Jianghe Packaging Machinery Co., Ltd.
地址(Add)：江苏省扬州市宝应县柳堡工业区
邮编(P. C.)：225800
电话(Tel)：0514－82654387
传真(Fax)：0514－88921788
E-mail：pdm@ jxpackaging. com
Http://www. jxpackaging. com
联系人(Contact Person)：彭大明
产品业务(Business)：包装机，装盒机，装箱机

扬州泰瑞包装机械科技有限公司
Yangzhou Tairui Packing Machinery Technology Co., Ltd.
地址(Add)：江苏省扬州市广陵区杭集工业园龙王路66号
邮编(P. C.)：225111
电话(Tel)：0514－87492959
传真(Fax)：0514－87492797
E-mail：tairuizdx@ 163. com
Http://www. yztairui. com
联系人(Contact Person)：周德新
产品业务(Business)：包装机，封口机，理片机

扬州市探路者包装设备有限公司
Yangzhou Tanluzhe Packing Machinery Co., Ltd.
地址(Add)：江苏省扬州市江都区麾村镇人民路65号
邮编(P. C.)：225236
电话(Tel)：0514－86376869
传真(Fax)：0514－86396869
E-mail：564916121@ qq. com
Http://www. jsfyj. com
法人代表(Chairman)：朱卫平
总经理(General Manager)：朱卫平
联系人(Contact Person)：朱卫平
产品业务(Business)：包装袋分页机

张家港市世奇机械制造有限公司
Zhangjiagang Shiqi Machinery Co., Ltd.
(详见一次性卫生用品生产设备)

张家港市飞江塑料包装机械有限公司
Zhangjiagang Feijiang Plastic Packing Machinery Co., Ltd.
地址(Add)：江苏省张家港市塘市镇黄旗桥南桥塊下
邮编(P. C.)：215618
电话(Tel)：0512－58592811
传真(Fax)：0512－58593908
E-mail：sales@ feijiangpack. com
总经理(General Manager)：相云标
产品业务(Business)：制袋机，卫生巾包装袋边封机，分切机，复卷机，制动器，离合器，张力控制装置

杭州杰特电子科技有限公司
Hangzhou Jiete Electrical Science Co., Ltd.
地址(Add)：浙江省杭州市莫干山路1418－3号1－3楼(上城工业园)
邮编(P. C.)：310011
电话(Tel)：0571－87671577
传真(Fax)：0571－88839699
E-mail：linjy@ gtjer. com
Http://www. gtjet. com
总经理(General Manager)：贺陈俊
联系人(Contact Person)：林剑英
产品业务(Business)：喷码机

杭州威克达机电设备有限公司
Hangzhou Victory Mechanic & Electric Facilities Co., Ltd.
地址(Add)：浙江省杭州市莫干山路1418－3号3楼
邮编(P. C.)：310011
电话(Tel)：0571－87671577
传真(Fax)：0571－88831399
E-mail：penmaji. happy@ 163. com
Http://www. hzwdj. com
联系人(Contact Person)：赵留明
产品业务(Business)：喷码机，贴标设备

杭州智玲无纺布机械设备有限公司
Hangzhou ZhiLing Nonwoven Machinery Co., Ltd.
(详见一次性卫生用品生产设备)

杭州永创智能设备股份有限公司
Hangzhou Youngsun Intelligent Equipment Co., Ltd.
地址(Add):浙江省杭州市西湖科技园区西园九路1号
邮编(P. C.):310030
电话(Tel):0571－85120100
传真(Fax):0571－87979569
E-mail:sale@youngsunpack.com
Http://www.youngsunpack.com
联系人(Contact Person):程洪文
产品业务(Business):包装/捆扎/开箱/装盒/缠绕/贴标/码垛/装箱/封箱机,皮带,辊道输送线,热收缩机

杭州盾迅机械制造有限公司
Hangzhou Dunxun Machinery Manufacture Co., Ltd.
(详见一次性卫生用品生产设备)

海宁人民机械有限公司
Haining Renmin Machinery Co., Ltd.
地址(Add):浙江省嘉兴市海宁经济开发区硖仲路420号
邮编(P. C.):314400
电话(Tel):0573－87024480
传真(Fax):0573－87025789
E-mail:packtool@pack.net.cn
Http://www.packtool.com
联系人(Contact Person):张建强
产品业务(Business):纸尿裤包装袋印刷机

金华信亿包装设备有限公司
Jinhua Xinyi Packing Equipment Co., Ltd.
地址(Add):浙江省金华市金西开发区金西大道南
邮编(P. C.):321000
电话(Tel):0579－82667258
传真(Fax):0579－82667258
E-mail:jhxypacking@163.com
Http://www.jhxypacking.com
法人代表(Chairman):毛建超
总经理(General Manager):毛建超
联系人(Contact Person):毛建超
产品业务(Business):薄膜包装设备

宁波欣达印刷机器有限公司
Ningbo Xinda Printing Machine Co., Ltd.
地址(Add):浙江省宁波市鄞州区东吴镇
邮编(P. C.):315113
电话(Tel):0574－88489715
传真(Fax):0574－88336172
E-mail:yangxl@nbxd.com
Http://www.cnppm.com
联系人(Contact Person):杨晓雪
产品业务(Business):印刷机,涂布机

温州市王派机械科技有限公司
Wenzhou Onepaper Machinery Technology Co., Ltd.
地址(Add):浙江省平阳县万全工业区万盛路1－1号
邮编(P. C.):325409
电话(Tel):0577－63757787
传真(Fax):0577－63757388
E-mail:sales@one－paper.com
Http://www.one－paper.com
法人代表(Chairman):王建村
总经理(General Manager):王建村
联系人(Contact Person):王建勇
产品业务(Business):面巾纸包装/入盒封盒/贴把/切纸/装箱机,包装生产线

浙江新新包装机械有限公司
Xinxin Plastics Packing Machinery Co., Ltd.
地址(Add):浙江省瑞安市白莲工业园区
邮编(P. C.):325299
电话(Tel):0577－65800687
E-mail:xinxin@xinxinpack.com
Http://www.xinxinpack.com
联系人(Contact Person):陶万洲
产品业务(Business):制袋机,吹膜机

瑞安明威机械厂
Ruian Mingwei Machinery Factory
地址(Add):浙江省瑞安市飞云街道陈家垟工业区
邮编(P. C.):325807
电话(Tel):0577－65028155
传真(Fax):0577－65558199
法人代表(Chairman):黄学山
总经理(General Manager):黄学山
联系人(Contact Person):黄学山
产品业务(Business):包装机

瑞安市正东包装机械有限公司
Ruian Zhengdong Packaging Machinery Co., Ltd.
地址(Add):浙江省瑞安市飞云镇林泗垟工业区
邮编(P. C.):325200
电话(Tel):0577－65669902
传真(Fax):0577－65669903
E-mail:zhengdongcom@hotmail.com
Http://www.zhengdongcn.com
法人代表(Chairman):张锋
联系人(Contact Person):牛云飞
产品业务(Business):制袋机

瑞安市利宏机械有限公司
Ruian Lihong Machinery Co., Ltd.
地址(Add):浙江省瑞安市飞云镇孙桥工业区104国道边
邮编(P. C.):325207
电话(Tel):0577－65570188
传真(Fax):0577－65576166
E-mail:lihongcn@126.com
Http://www.lihongcn.com
联系人(Contact Person):杨威
产品业务(Business):枕式包装机,输送设备,湿巾包装机

瑞安市启扬机械有限公司
Ruian Qiyang Machinery Co., Ltd.
地址(Add):浙江省瑞安市飞云镇原种场工业区
邮编(P. C.):325207
电话(Tel):0577－65028978
传真(Fax):0577－65028918
E-mail:raqyjx@126.com
Http://www.raqyjx.com

总经理(General Manager)：杨红环
联系人(Contact Person)：杨红环
产品业务(Business)：封盒机，装盒机，包装机

瑞安市三联包装机械厂
Ruian Sanlian Packing Machine Factory
地址(Add)：浙江省瑞安市经济开发区开发六路
邮编(P. C.)：325200
电话(Tel)：0577－65516222
传真(Fax)：0577－65150001
E-mail：sl@sanlianchina.com
Http://www.sanlianchina.com
总经理(General Manager)：林光青
产品业务(Business)：卫生巾包装制袋机，分切机

神翌机械有限公司
Sunyi Machine Co., Ltd.
地址(Add)：浙江省瑞安市林垟工业区八达路47号
邮编(P. C.)：325207
电话(Tel)：18859767155
传真(Fax)：0577－25657765
Http://www.sy－machine.net
法人代表(Chairman)：陈全红
总经理(General Manager)：陈全红
联系人(Contact Person)：陈全红
产品业务(Business)：包装机

瑞安市华源包装机械厂
Ruian Huayuan Packing Machinery Factory
地址(Add)：浙江省瑞安市瑞湖路东风路
邮编(P. C.)：325200
电话(Tel)：0577－65905955
传真(Fax)：0577－65905959
E-mail：huayuan@rahuayuan.com
Http://www.rahuayuan.com
法人代表(Chairman)：朱乃形
总经理(General Manager)：朱乃形
联系人(Contact Person)：朱乃形
产品业务(Business)：包装机

瑞安市长城印刷包装机械有限公司
Changcheng Printing & Packaging Machinery Co., Ltd.
地址(Add)：浙江省瑞安市沿江西路140号
邮编(P. C.)：325200
电话(Tel)：0577－65664869
传真(Fax)：0577－65663953
E-mail：ccjx88@126.com
Http://www.china－changcheng.com
法人代表(Chairman)：钱齐鸣
联系人(Contact Person)：钱齐鸣
产品业务(Business)：卫生巾立体袋插边机，制袋机

绍兴华华包装机械有限公司
Shaoxing Huahua Packing Machinery Co., Ltd.
地址(Add)：浙江省绍兴市亭山工业园区
邮编(P. C.)：312016
电话(Tel)：0575－88052979
传真(Fax)：0575－88317525
E-mail：manager@zshuahua.com
Http://www.zshuahua.com
法人代表(Chairman)：王和国
总经理(General Manager)：沈校军
联系人(Contact Person)：王小姐
产品业务(Business)：卫生巾/纸尿裤制袋机

温州市胜龙包装机械有限公司
Wenzhou Shenglong Packing Machine Co., Ltd.
地址(Add)：浙江省温州市滨海园区杨柳路28－2号
邮编(P. C.)：325011
电话(Tel)：0577－86500588
传真(Fax)：0577－86500689
E-mail：wslzhd@163.com
Http://www.damajicn.com
法人代表(Chairman)：张海达
总经理(General Manager)：张海达
联系人(Contact Person)：金晓晨
产品业务(Business)：打码机

温州市新达包装机械厂
Wenzhou Xinda Packing Machinery Factory
地址(Add)：浙江省温州市瞿溪东片工业区兴革路50号
邮编(P. C.)：325016
电话(Tel)：0577－86277666
传真(Fax)：0577－86275559
Http://ohpacking.cn.alibaba.com
联系人(Contact Person)：陈艺
产品业务(Business)：包装机

浙江鼎业机械设备有限公司
Zhejiang Dingye Machinery Co., Ltd.
地址(Add)：浙江省温州市瓯海经济开发区翠柏路1号
邮编(P. C.)：325014
电话(Tel)：0577－86083378
传真(Fax)：0577－86726002
E-mail：mail@ding－ye.com
Http://www.ding－ye.com
法人代表(Chairman)：厉勇
总经理(General Manager)：厉勇
联系人(Contact Person)：李玉来
产品业务(Business)：手帕纸中包机，方包机，封箱机

温州市鼎盛包装机械厂
Wenzhou Dingsheng Packing Machinery Factory
地址(Add)：浙江省温州市温州大道828号
邮编(P. C.)：325000
电话(Tel)：0577－86660805
传真(Fax)：0577－819133168
Http://www.dsbzjixie.com
法人代表(Chairman)：徐建华
总经理(General Manager)：徐建华
联系人(Contact Person)：徐建华
产品业务(Business)：包装机

温州市东瓯包装机械有限公司
Wenzhou Dongou Packing Machinery Co., Ltd.
地址(Add)：浙江省温州市学院东路人才大厦2911室
邮编(P. C.)：325000
电话(Tel)：0577－88355529
传真(Fax)：0577－88355529
法人代表(Chairman)：李哲泽
总经理(General Manager)：李哲泽
联系人(Contact Person)：李哲泽

产品业务(Business)：纸巾纸封口机

安庆市恒昌机械制造有限责任公司
Anqing Heng Chang Machinery Co., Ltd.
(详见一次性卫生用品生产设备)

合肥友高包装工程有限公司
Hefei Yougao Packing Project Co., Ltd.
地址(Add)：安徽省合肥市高新技术开发区天达路华亿科学园E幢
邮编(P. C.)：230088
电话(Tel)：0551-5320456
传真(Fax)：0551-5329114
E-mail：d9303@yougao.com
Http://www.yougao.com
联系人(Contact Person)：李春
产品业务(Business)：喷码机

福州华兴喷码自动化设备有限公司
Fuzhou Huaxing Printing Automation Equipment Co., Ltd.
地址(Add)：福建省福州市古田路139号御泉花园2座606
邮编(P. C.)：350005
电话(Tel)：0591-83353475
传真(Fax)：0591-83353472
E-mail：info@fzhuaxing.com
Http://www.fzhuaxing.com
总经理(General Manager)：朱振柑
联系人(Contact Person)：江爱强
产品业务(Business)：喷码机，打码机

亿民机械配件中心
Yimin Machinery Fitting Center
(详见卫生纸机和加工设备相关器材配件)

福州迅捷喷码科技有限公司
Fuzhou Xunjie Ink Jet Technology Co., Ltd.
地址(Add)：福建省福州市五一中路75号中融商务公馆906室
邮编(P. C.)：350009
电话(Tel)：0591-83319030
传真(Fax)：0591-38100282
E-mail：lyq88511@163.com
Http://www.ebs-inkjet.de
法人代表(Chairman)：廖燕权
总经理(General Manager)：廖燕权
联系人(Contact Person)：廖燕权
产品业务(Business)：喷码机

福州达益丰机械制造有限公司
Fuzhou Dayifeng Machinery Manufacture Co., Ltd.
地址(Add)：福建省福州市新店义井工业区6号
邮编(P. C.)：350012
电话(Tel)：0591-87721463
传真(Fax)：0591-87713205
E-mail：dyfpack@fzdyf.com
Http://www.fzdyf.com
联系人(Contact Person)：刘建锦
产品业务(Business)：码垛机，封箱机，装箱机，开箱机

晋江市中基机械有限公司
Jinjiang Zhongji Machinery Co., Ltd.
(详见湿巾设备)

深圳荣明科技设备(泉州)有限公司
Shenzhen Rongming Technology Equipment (Quanzhou) Co., Ltd.
地址(Add)：福建省晋江市和平中路19号
邮编(P. C.)：362299
电话(Tel)：0595-85610723
E-mail：rmjixie@163.com
联系人(Contact Person)：朱诚
产品业务(Business)：卫生卷纸、软抽面巾纸、餐巾纸、方巾纸包装机，切纸机，封口机

晋江兴业包装机械有限公司
Jinjiang Xingye Packing Machine Co., Ltd.
地址(Add)：福建省晋江市罗山社店青安路46号(佶龙酒店旁)
邮编(P. C.)：362216
电话(Tel)：18905065286
传真(Fax)：0595-85830569
E-mail：646554320@qq.com
Http://www.cn-0577.com
联系人(Contact Person)：严潮水
产品业务(Business)：封口机，打码机，喷码机

晋江海纳机械有限公司
Jinjiang Haina Machinery Co., Ltd.
(详见一次性卫生用品生产设备)

南安市荣辉包装机械厂
Nanan Ronghui Packing Machine Factory
地址(Add)：福建省南安市洪濑镇北桥巷55号
邮编(P. C.)：362331
电话(Tel)：15980077851
联系人(Contact Person)：谢春荣
产品业务(Business)：卫生巾、纸尿裤装袋封口机

泉州市信昌精密机械有限公司
Quanzhou Thinkcha Precision Machine Co., Ltd.
地址(Add)：福建省泉州出口加工区笑口工业区国邦大厦
邮编(P. C.)：362214
电话(Tel)：0595-22880298
传真(Fax)：0595-22880398
E-mail：sunsin1103@163.com
Http://www.thinkcha.cn
法人代表(Chairman)：徐庆良
总经理(General Manager)：徐庆良
联系人(Contact Person)：傅进泉
产品业务(Business)：卫生巾、纸尿裤封口机，装袋机

舒宏包装机械有限公司
Shuhong Packing Machine Co., Ltd.
地址(Add)：福建省泉州市丰泽区站前路6号(见龙亭小学对面)
邮编(P. C.)：362000
电话(Tel)：0595-22767510
传真(Fax)：0595-22768230
Http://www.shbzjx.net
联系人(Contact Person)：李奕状

产品业务(Business)：卫生巾中包机

泉州市科盛包装机械有限公司
Quangzhou Kesheng Packaging Machinery Co., Ltd.
地址(Add)：福建省泉州市惠安县城南工业区1号路8号
邮编(P. C.)：362100
电话(Tel)：0595－36362996
传真(Fax)：0595－22103564
E-mail：keshengpack@163. com
Http://www. keshengpack. com
联系人(Contact Person)：曹丽萍
产品业务(Business)：包装机械设备

海峡精工科技有限公司
Channel Precision Machinery Co., Ltd.
地址(Add)：福建省泉州市江南高新技术信息区四期东西路北侧(华清机械院内)
邮编(P. C.)：362000
电话(Tel)：0595－22462205
传真(Fax)：0595－22462201
E-mail：fjqzgk@sina. com
联系人(Contact Person)：谢志铭
产品业务(Business)：生活用纸封口机，卫生巾、纸尿裤封口机

泉州市汉威机械制造有限公司
Hanwei Machinery Manufacturing Co., Ltd.
(详见一次性卫生用品生产设备)

厦门佳创机械有限公司
Xiamen Gachn Machinery Co., Ltd.
(详见湿巾设备)

金泰喷码科技(厦门)有限公司
Anser Ink Jet Technology Co., Ltd.
地址(Add)：福建省厦门市湖里大道52号7楼西侧
邮编(P. C.)：361006
电话(Tel)：0592－5718888－218
传真(Fax)：0592－5710888
E-mail：fred@anser－printers. cn
Http://www. anser－u2. com
联系人(Contact Person)：陈家思
产品业务(Business)：喷码机

厦门市神舟包装工贸有限公司
Xiamen Shenzhou Packaging Equipment Manufacturing Co., Ltd.
地址(Add)：福建省厦门市湖里大道78号万山三号厂房中国石化二楼(华光站旁)
邮编(P. C.)：361004
电话(Tel)：0592－5335251
传真(Fax)：0592－5068585
E-mail：shenzhoupack@126. com
Http://www. shenzhoupack. com
总经理(General Manager)：谢舟
联系人(Contact Person)：黄海宁
产品业务(Business)：热收缩包装机，开箱封箱机，激光标识机

马肯依玛士(上海)标码有限公司厦门分公司
Makem－Imaje Co., Ltd.
地址(Add)：福建省厦门市湖里区东渡路258号银龙大厦20楼B座
邮编(P. C.)：361013
电话(Tel)：0592－6021964
传真(Fax)：0592－6021965
E-mail：xlin@markem－imaje. com
联系人(Contact Person)：林钘
产品业务(Business)：喷码机，激光打码机，贴标机

厦门睿恒达方科技有限公司
Xiamen Windfirm Science & Technology Co., Ltd.
地址(Add)：福建省厦门市湖里区枋钟路金山财富广场2370号1201
邮编(P. C.)：361009
电话(Tel)：0592－5807106
传真(Fax)：0592－5807316
E-mail：sweet. liu@windfirm. com. cn
Http://www. windfirm. com. cn
联系人(Contact Person)：刘小玲
产品业务(Business)：喷码机

德瑞雅喷码科技有限公司
Dra Inkjet Technology Co., Ltd.
地址(Add)：福建省厦门市湖里区湖里大道56号七层西侧
邮编(P. C.)：361006
电话(Tel)：0592－5658393
传真(Fax)：0592－5681070
E-mail：mjl@drajet. com
Http://www. drajet. com
联系人(Contact Person)：沈小姐
产品业务(Business)：喷码机

欣旺捷标识设备(厦门)有限公司
Xinwangjie Label Machinery Co., Ltd.
地址(Add)：福建省厦门市湖里区湖里大道78号万山3号厂房
邮编(P. C.)：361006
电话(Tel)：0592－5613050
传真(Fax)：0592－5613176
E-mail：jia_dixi@yahoo. com. cn
联系人(Contact Person)：袁文根
产品业务(Business)：喷码机

厦门市富仕德包装机械有限公司
Xiamen Fushide Packaging Machinery Co., Ltd.
地址(Add)：福建省厦门市湖里区火炬科技园高殿工业区3号厂房
邮编(P. C.)：361004
电话(Tel)：0592－2214798
传真(Fax)：0592－2201468
E-mail：fsdzj@126. com
Http://www. xmfsd. com
联系人(Contact Person)：韦良全
产品业务(Business)：包装机，封箱机，打码机

厦门金创威喷码科技有限公司
Xiamen Jinchuangwei Mark Code Industry Co., Ltd.
地址(Add)：福建省厦门市湖里区江华里36号裕兴大厦

五楼
邮编(P. C.):361004
电话(Tel):0592－5550193
传真(Fax):0592－5130065
E-mail:jcw13616058107@163.com
Http://www.xm－jcw.com
联系人(Contact Person):郑洁蕾
产品业务(Business):喷码机，配件

厦门市冠德机械有限公司
Xiamen Grand Machinery Co., Ltd.
地址(Add):福建省厦门市湖里区兴隆路信达大厦3号楼A座603室
邮编(P. C.):361006
电话(Tel):0592－6025685
传真(Fax):0592－5651761
E-mail:xmguande@yahoo.com.cn
Http://www.xmguande.com
法人代表(Chairman):肖猷龙
总经理(General Manager):肖猷龙
联系人(Contact Person):肖猷龙
产品业务(Business):经销喷码机

厦门鑫名作机电设备有限公司
Xiamen Mintjoy Mechanical & Electrical Equipment Co., Ltd.
地址(Add):福建省厦门市湖里区悦华路215号1号厂房第5层西边第2区B单元
邮编(P. C.):361006
电话(Tel):0592－5031501
E-mail:chentinac@tom.com
联系人(Contact Person):金小姐
产品业务(Business):经销喷码机

厦门市天一精密机械有限公司
Xiamen Tianyi Precision Machinery Co., Ltd.
地址(Add):福建省厦门市火炬高科技园创新2路46号
邮编(P. C.):361006
电话(Tel):0592－5701010
传真(Fax):0592－5702020
E-mail:tane01@163.com
总经理(General Manager):任培坚
联系人(Contact Person):任培坚
产品业务(Business):热打码机

厦门森工包装设备有限公司
Xiamen Sengong Packing Equipment Co., Ltd.
地址(Add):福建省厦门市集美北部工业区天凤路228号
邮编(P. C.):361000
电话(Tel):0592－5523427
传真(Fax):0592－5523437
E-mail:xmsg2006@sina.com
Http://www.xmsgjx.com
联系人(Contact Person):廖玉标
产品业务(Business):小中袋包装机

厦门联泰标识信息科技有限公司
Xiamen Lintech ID Information Science & Technology Co., Ltd.
地址(Add):福建省厦门市集美区天马路999号
邮编(P. C.):361021
电话(Tel):0592－5854888
传真(Fax):0592－5854904
E-mail:areilxm@163.com
Http://www.areil.cn
联系人(Contact Person):杨昭雄
产品业务(Business):喷码机

荣劲精密机械(厦门)有限公司
Rongjin Precision Machinery (Xiamen) Co., Ltd.
地址(Add):福建省厦门市集美区杏林工业区苑亭路356号
邮编(P. C.):361022
电话(Tel):0592－6217098
传真(Fax):0592－6283938
E-mail:rongjin@rj－xm.com
联系人(Contact Person):朱银伟
产品业务(Business):不干胶标签圆刀转转模切机，分切复卷机，标签检品机

厦门博瑞达机电工程有限公司
Xiamen Broad Electricity Equipment Co., Ltd.
地址(Add):福建省厦门市集美区杏林西滨路46号D栋厂房
邮编(P. C.):361022
电话(Tel):0592－2283199
传真(Fax):0592－6011511
E-mail:xmbroad@hotmail.com
总经理(General Manager):陈润晓
联系人(Contact Person):谭志伟
产品业务(Business):纸尿裤装袋/封口机

厦门优思喷印技术有限公司
Xiamen Ueshia Ink Jet Printing Technology Co., Ltd.
地址(Add):福建省厦门市莲花南路莲花广场32号8－D
邮编(P. C.):361004
电话(Tel):0592－5121390
传真(Fax):0592－5121391
E-mail:w.wanglin@163.com
联系人(Contact Person):王旺林
产品业务(Business):喷码机

福建欧普特工业标识系统有限公司厦门分部
Atprinter Industrial Marking System Co., Ltd.
地址(Add):福建省厦门市思明区软件园二期顶何74号202
邮编(P. C.):361011
电话(Tel):0592－5965402
传真(Fax):0592－5965402
E-mail:xmhuibo@163.com
Http://www.apt－jet.com
联系人(Contact Person):蔡景煌
产品业务(Business):喷码机

厦门韦迪捷喷码技术有限公司
Xiamen Weidijet Ink Jet Technology Co., Ltd.
地址(Add):福建省厦门市天湖路50号6C单元
邮编(P. C.):361006
电话(Tel):0592－5717576
传真(Fax):0592－5680952
E-mail:weidijet@163.com
联系人(Contact Person):潘锦云

产品业务(Business)：代理 Videojet 喷码机

厦门唯佳喷码技术有限公司
Xiamen Weijia Ink Jet Technology Co., Ltd.
地址(Add)：福建省厦门市天湖路 50 号 6C 单元
邮编(P. C.)：361006
电话(Tel)：0592 - 8953112
传真(Fax)：0592 - 5680952
E-mail：wwd39039@163.com
联系人(Contact Person)：王炜俤
产品业务(Business)：代理依玛士喷码机

厦门真鸣科技有限公司
Xiamen Topmarking Science and Technology Co., Ltd.
地址(Add)：福建省厦门市同安区美溪道同安工业园 10 号厂房 2 楼
邮编(P. C.)：361100
电话(Tel)：0592 - 5558498
传真(Fax)：0592 - 5559308
E-mail：topmarking_xmn@163.com
Http://www.topmarking.com
法人代表(Chairman)：童建兴
总经理(General Manager)：陈宪云
联系人(Contact Person)：童建兴
产品业务(Business)：打码机

厦门华鹭自动化机械设备有限公司
Xiamen Hualu Automation Machine Equipment Co., Ltd.
地址(Add)：福建省厦门市同安区同安园 53 栋 1 楼
电话(Tel)：0592 - 7552131
传真(Fax)：0592 - 7260338
E-mail：sales@xindehao.com
Http://www.xindehao.com
联系人(Contact Person)：吕文供
产品业务(Business)：纸尿裤、卫生巾包装机，生活用纸包装机，封口机

厦门鑫龙锦机械有限公司
Xiamen Xinlongjin Machinery Co., Ltd.
地址(Add)：福建省厦门市同安区祥平街道卿朴村新厝里 217 号
邮编(P. C.)：361100
电话(Tel)：0592 - 7032815
传真(Fax)：0592 - 7032693
总经理(General Manager)：潘传金
联系人(Contact Person)：潘灿春
产品业务(Business)：纸尿裤、卫生巾包装机，生活用纸包装机，封口机，带锯切纸机，大回旋切纸机

厦门鑫德豪机械有限公司
Xiamen Xindehao Machinery Co., Ltd.
地址(Add)：福建省厦门市同安区新民镇四口圳里 618 号
邮编(P. C.)：361100
电话(Tel)：0592 - 7552131
传真(Fax)：0592 - 7260338
E-mail：sales@xindehao.com
Http://www.xindehao.com
联系人(Contact Person)：温泉
产品业务(Business)：纸尿裤、卫生巾包装机，手帕纸、面巾纸、卫生卷纸包装机，带锯切纸机

漳州市华顺机械有限公司
Zhangzhou Huashun Machinery Co., Ltd.
地址(Add)：福建省漳州市胜利东路 59 号(立交桥旁)
邮编(P. C.)：363000
电话(Tel)：0596 - 2800252
传真(Fax)：0596 - 2955219
E-mail：zz - zmh@163.com
Http://www.fjhuashun.com
联系人(Contact Person)：曾茂华
产品业务(Business)：包装机，打码机，喷码机

漳州通力机械电子配件经营部
Zhangzhou Tongli Machine Electronic Components Dept.
地址(Add)：福建省漳州市芗城区人民里 25 号
邮编(P. C.)：363099
电话(Tel)：0596 - 2885711
传真(Fax)：0596 - 2885711
联系人(Contact Person)：许龙辉
产品业务(Business)：打码机

南云包装设备有限公司
Nanyun Packing Machine Equipment Co., Ltd.
地址(Add)：福建省漳州市云霄县北园新村 149 号
邮编(P. C.)：363300
电话(Tel)：0596 - 8587868
传真(Fax)：0596 - 8587966
E-mail：zznyp@163.com
Http://www.zznyp.com
联系人(Contact Person)：张溪
产品业务(Business)：打码机，贴标机，喷码机

山东深蓝机器有限公司
Shandong Shenlan Machinery Co., Ltd.
地址(Add)：山东省济南市高新技术开发区孙村新区科航路 2010 号
邮编(P. C.)：250101
电话(Tel)：0531 - 88669288
传真(Fax)：0531 - 88669388
E-mail：sales@sinolion.net
Http://www.sinolion.net
联系人(Contact Person)：李修芝
产品业务(Business)：缠绕包装机，码垛机，捆扎机，热收缩包装机，皮带，输送线，卷筒纸输送包装系统，平板纸输送包装系统

青岛松本包装机械有限公司
Qingdao Songben Packing Machinery Co., Ltd.
地址(Add)：山东省青岛市城阳区(电子信息产业园)夏庄街道仙山东路南 16 - 7 号
邮编(P. C.)：266073
电话(Tel)：0532 - 89653210
传真(Fax)：0532 - 89653201
E-mail：songben@qdsongben.com
Http://www.qdsongben.com
法人代表(Chairman)：王爱通
总经理(General Manager)：王爱通
联系人(Contact Person)：刘伟
产品业务(Business)：包装机械

青岛青微包装机械有限公司
Qingdao Qingwei Packing Machinery Co., Ltd.
地址(Add): 山东省青岛市城阳区双元路 889 号
邮编(P. C.): 266108
电话(Tel): 0532 - 84852230
传真(Fax): 0532 - 84852230
E-mail: qingdaomlj@ 126. com
Http://www. baozhuangjiwang. cn
总经理(General Manager): 毛连军
联系人(Contact Person): 王华威
产品业务(Business): 卫生纸包装机, 卫生巾包装机

青岛优耐特包装机械有限公司
Qingdao Younaite Packing Machinery Co., Ltd.
地址(Add): 山东省青岛市城阳区夏庄街道源头社区
邮编(P. C.): 266000
电话(Tel): 0532 - 68005597
传真(Fax): 0532 - 68005598
E-mail: unt1091@ 163. com
Http://www. qdynt. com
联系人(Contact Person): 焦俊和
产品业务(Business): 卫生纸包装机

青岛拓派包装机械有限公司
Qingdao Top Packing Machinery Co., Ltd.
地址(Add): 山东省青岛市城阳区仙山东路 8 号
邮编(P. C.): 266107
电话(Tel): 0532 - 68005575
传真(Fax): 0532 - 68005521
E-mail: zhouyang8921@ sina. com
Http://www. qdtuopai. com
联系人(Contact Person): 周建阳
产品业务(Business): 面巾纸/卫生纸包装机, 中包机, 理料线

青岛威尔玛标识设备有限公司
Qingdao Wellmarker Marking Equipment Co., Ltd.
地址(Add): 山东省青岛市高雄路 18 号海洋大厦 9 楼
邮编(P. C.): 266000
电话(Tel): 0532 - 86129126
传真(Fax): 0532 - 86129129
E-mail: wellmarker@ 163. com
Http://www. wellmarker. cn
总经理(General Manager): 刘德奎
联系人(Contact Person): 刘德奎
产品业务(Business): 标识设备

青岛富士达机器有限公司
Qingdao Fourstar Machinery Co., Ltd.
地址(Add): 山东省青岛市金沙路 32 号
邮编(P. C.): 266042
电话(Tel): 0532 - 84860097
传真(Fax): 0532 - 84886267
E-mail: fourstar1994@ 163. com
Http://www. cnfourstar. com
联系人(Contact Person): 李伟
产品业务(Business): 枕式包装机

青岛敖广自动化设备有限公司
Qingdao Aoguang Auto Equipment Co., Ltd.
地址(Add): 山东省青岛市九水东路 262 号
邮编(P. C.): 266100
电话(Tel): 0532 - 87669755
传真(Fax): 0532 - 87669755
总经理(General Manager): 王海东
联系人(Contact Person): 王海东
产品业务(Business): 卫生巾、卫生纸、软抽纸包装机

青岛赛尔富包装机械有限公司
Qingdao 3F Packaging Machinery Co., Ltd.
地址(Add): 山东省青岛市李沧区合川路 12 号
邮编(P. C.): 266100
电话(Tel): 0532 - 85035609
传真(Fax): 0532 - 67705868
E-mail: 3f@ qd3f. com
Http://www. qd3f. com
联系人(Contact Person): 于海
产品业务(Business): 包装机械

青岛赛达执信科技有限公司
Snasda Technology Qingdao Ltd.
地址(Add): 山东省青岛市李沧区虎山路 25 号甲
邮编(P. C.): 266100
电话(Tel): 0532 - 66878997
传真(Fax): 0532 - 87650631
E-mail: lidalinyx@ 163. com
联系人(Contact Person): 李大林
产品业务(Business): 卫生纸中包机

青岛华诺捷商贸有限公司
Qingdao Huanuojie Trade Co., Ltd.
地址(Add): 山东省青岛市李沧区金水路 1057 号 53 号楼 3 单元 502 室
邮编(P. C.): 266100
电话(Tel): 0532 - 81933396
传真(Fax): 0532 - 81933396
联系人(Contact Person): 赵廷华
产品业务(Business): 喷码机, 耗材, 备件

青岛三维合机械制造有限公司
Qingdao Sanweihe Machinery Manufacture Co., Ltd.
地址(Add): 山东省青岛市李沧区湘潭路 23 - 2 号
邮编(P. C.): 266043
电话(Tel): 0532 - 87972238
传真(Fax): 0532 - 87972398
E-mail: tongzhe9999@ 163. com
Http://www. sanweihe. com. cn
联系人(Contact Person): 童哲
产品业务(Business): 卫生纸/卫生巾包装设备

青岛锐驰标识设备有限公司
Qingdao Richy Marking & Coding Co., Ltd.
地址(Add): 山东省青岛市山东路 171 号金祥大厦 1202 室
邮编(P. C.): 266000
电话(Tel): 0532 - 86013696
传真(Fax): 0532 - 86013698
E-mail: liming. zhao@ richymarking. com
Http://www. richymarking. com
联系人(Contact Person): 赵黎明
产品业务(Business): 喷码机, 耗材及备件

青岛佳捷包装标识设备有限公司
Qingdao Jiajie Package Label Machinery Co., Ltd.
地址(Add)：山东省青岛市市南区泉州路3号1906室
邮编(P. C.)：266071
电话(Tel)：0532-85883519
传真(Fax)：0532-85933240
Http://www.soarjet.com
联系人(Contact Person)：刘耀星
产品业务(Business)：喷码机，贴标机，标签打印机，激光机，不干胶标签，热转印

青岛雨田机械有限公司
Qingdao Yutian Packing Machinery Co., Ltd.
地址(Add)：山东省青岛市四方区傍海南路21号
邮编(P. C.)：266041
电话(Tel)：0532-83767936
传真(Fax)：0532-83767938
E-mail：jingeyutian@163.com
Http://www.qdytpm.com
联系人(Contact Person)：钱雷
产品业务(Business)：枕式包装机，包装生产线

青岛金派克包装机械有限公司
Qingdao Golden Packaging Machinery Co., Ltd.
地址(Add)：山东省青岛市四方区南昌路147号
邮编(P. C.)：266045
电话(Tel)：13687668787
传真(Fax)：0532-83749377
Http://www.goldenpackaging.com.cn
联系人(Contact Person)：黄晨
产品业务(Business)：枕式包装机，软袋包装机，片块包装机，家庭自动包装机，封盒箱机

青岛瑞利达机械制造有限公司
Qingdao Raylidar Machinery Manufacture Co., Ltd.
地址(Add)：山东省青岛市四方区瑞安支路1号美青工业园内33号
邮编(P. C.)：266031
电话(Tel)：0532-84991833
传真(Fax)：0532-84991967
E-mail：info@qdrld.com
Http://www.qdrld.com
联系人(Contact Person)：纪彤
产品业务(Business)：卫生纸包装机

青岛众和机械制作有限公司
Qingdao Joinworld Machinery Manufacturing Co., Ltd.
地址(Add)：山东省青岛市四方区舞阳路11号
邮编(P. C.)：266042
电话(Tel)：0532-84968089
传真(Fax)：0532-84861062
E-mail：zhongheqicai@163.com
总经理(General Manager)：童先生
联系人(Contact Person)：童慧
产品业务(Business)：卫生纸包装机

青岛日清食品机械有限公司
Qingdao Nissin Food Machinery Co. Ltd.
地址(Add)：山东省青岛市四流南路13号
邮编(P. C.)：266042
电话(Tel)：0532-84856844
传真(Fax)：0532-84968068
Http://www.meetnissin.com
联系人(Contact Person)：唐效军
产品业务(Business)：枕型包装机，热收缩包装机，纸盒装盒机

青岛丰业自动化设备有限公司
Qingdao Fengye Automation Equipment Co., Ltd.
地址(Add)：山东省青岛市兴隆路167号
邮编(P. C.)：266031
电话(Tel)：0532-84992002
传真(Fax)：0532-84992002
E-mail：cn1769@126.com
Http://www.qdfengye.cn
总经理(General Manager)：张国蔚
产品业务(Business)：卫生纸/餐巾纸包装机

青岛格瑞捷喷码标识技术有限公司
Qingdao Gaeat Jet Co., Ltd.
地址(Add)：山东省青岛市燕儿岛路18号C座610室
邮编(P. C.)：266073
电话(Tel)：0532-85763436
传真(Fax)：0532-85973507
联系人(Contact Person)：张孝丰
产品业务(Business)：打码机及耗材，贴标机，标签，色带，喷码机及耗材

青岛铭腾工贸有限公司
Qingdao Mingteng Co., Ltd.
地址(Add)：山东省青岛市重庆南路81号海信商务楼A402室
邮编(P. C.)：266030
电话(Tel)：0532-85651144
传真(Fax)：0532-85658202
Http://www.qdmint.com
联系人(Contact Person)：徐海涛
产品业务(Business)：喷码机，耗材配件，配套设备

泰安宏泰克自动化设备有限公司
Taian Hongtaike Automation Equipment Co., Ltd.
(详见生活用纸加工设备)

潍坊精诺机械有限公司
Weifang Kingnow Machine Co., Ltd.
(详见生活用纸加工设备)

潍坊永顺包装机械有限公司
Weifang Yongshun Packing Machinery Co., Ltd.
地址(Add)：山东省潍坊市潍城区向阳路与健康西街十字路口东北角
邮编(P. C.)：261000
电话(Tel)：0536-8359723
传真(Fax)：0536-8389182
联系人(Contact Person)：岳修京
产品业务(Business)：薄膜封口机，打码封口机，封包机，打码机，标示机，喷码机

诸城市华弘机械有限公司
Zhucheng Huahong Machinery Co., Ltd.
地址(Add)：山东省潍坊市诸城市泰薛路168号
邮编(P. C.)：262200

电话(Tel)：0536－6359990
传真(Fax)：0536－6091000
E-mail：huahongjixie@ sina. com
Http://www. hualongjixie. com
联系人(Contact Person)：刘林
产品业务(Business)：包装机凸轮

淄博瑞维克机械设备有限公司
Zibo Rivico Machinery Equipment Co., Ltd.
地址(Add)：山东省淄博市淄博开发区鲁泰大道288号
邮编(P. C.)：255075
电话(Tel)：0533－2063118
传真(Fax)：0533－2073558
E-mail：zhanglei8324@ gmail. com
Http://www. rivicocn. com
联系人(Contact Person)：张磊
产品业务(Business)：热熔压敏胶包装机，压敏胶膜

九州纸加工机械制造厂
Jiuzhou Paper Processing Machinery Factory
地址(Add)：河南省许昌市魏都区陈庄大道
邮编(P. C.)：461000
电话(Tel)：0374－4511896
传真(Fax)：0374－4511896
E-mail：xcjzjx@ xcjzjx. com. cn
Http://www. xcjzjx. cn. alibaba. com
联系人(Contact Person)：阳秋林
产品业务(Business)：纸巾封口机，餐巾纸包装机

陆丰机械(郑州)有限公司
Ru Fong Machinery (Zhengzhou) Co., Ltd.
(详见湿巾设备)

常德德为尔机械设备制造有限公司
Changde Deweier Machinery Equipment Manufacture Co., Ltd.
地址(Add)：湖南省常德市德山56号老码头
邮编(P. C.)：415001
电话(Tel)：13974256661
传真(Fax)：0736－7311713
E-mail：979877060@ qq. com
法人代表(Chairman)：袁纯国
产品业务(Business)：手帕纸中包机

常德市鼎城佳通机械加工有限公司
Changde Jiatong Machinery Co., Ltd.
地址(Add)：湖南省常德市鼎城区武陵镇孔家溶村三组
邮编(P. C.)：415100
电话(Tel)：15973622983
传真(Fax)：0736－7356118
E-mail：jiatonggongsi88@ 163. com
法人代表(Chairman)：刘则妤
总经理(General Manager)：阳后恩
联系人(Contact Person)：阳后恩
产品业务(Business)：中包机，小包机

中烟机械集团常德烟草机械有限责任公司
China Tobacco Machinery Group Changde Tobacco Machinery Co., Ltd.
地址(Add)：湖南省常德市武陵区长庚路99号
邮编(P. C.)：415000
电话(Tel)：0736－7178865
传真(Fax)：0736－7152666
E-mail：shijs@ ccdtm. com
Http://www. ccdtm. com
总经理(General Manager)：周诗伟
联系人(Contact Person)：唐爱辉
产品业务(Business)：手帕纸包装机

东莞市申创自动化机械设备有限公司
Dongguan Sae Automation Co., Ltd.
地址(Add)：广东省东莞市横沥镇石涌民营工业区38栋
邮编(P. C.)：523460
电话(Tel)：0769－81016985
传真(Fax)：0769－81016995
E-mail：kevin_ liu@ sae－automation. com
Http://www. sae－automation. com
法人代表(Chairman)：刘银庭
产品业务(Business)：面巾纸、手帕纸、卫生巾、纸尿裤包装生产线

东莞市双优机械制造有限公司
Dongguan Shuangyou Machinery Co., Ltd.
地址(Add)：广东省东莞市沙田镇民田工业园
邮编(P. C.)：523980
电话(Tel)：0769－82795633
传真(Fax)：0769－87037599
Http://www. dg－syjx. com
总经理(General Manager)：周东松
产品业务(Business)：卫生卷纸、面巾纸、手帕纸、方包纸包装机，纸尿裤、卫生巾包装机

东莞市泳亚包装设备有限公司
Dongguan Yongya Packing Machinery Co., Ltd.
地址(Add)：广东省东莞市万江区简沙工业区港口大道旁
邮编(P. C.)：523062
电话(Tel)：0769－22706998
传真(Fax)：0769－22186488
E-mail：270595071@ qq. com
Http://www. dgyongya. com
法人代表(Chairman)：刘锦福
总经理(General Manager)：刘锦福
联系人(Contact Person)：谭永培
产品业务(Business)：生活用纸包装设备

东莞市中川欧德美机械制造有限公司
Dongguan Chuan Oudemei Machinery Manufacture Co., Ltd.
地址(Add)：广东省东莞市万江区简沙洲工业区
邮编(P. C.)：523000
电话(Tel)：0769－23627123
传真(Fax)：0769－23627186
Http://www. dgsanxing. cn
总经理(General Manager)：欧阳
联系人(Contact Person)：杨全
产品业务(Business)：卷纸包装机，装袋机，软抽包装机

东莞市誉德包装设备有限公司
Dongguan Yude Packaging Equipment Co., Ltd.
地址(Add)：广东省东莞市万江区简沙洲商业街南25号
邮编(P. C.)：523062
电话(Tel)：0769－22333618

传真(Fax)：0769－23620623
E-mail：hk166887@126.com
联系人(Contact Person)：江锦波
产品业务(Business)：生活用纸包装设备

东莞市万江惠德机械设备厂
Dongguan Huide Machinery Equipment Factory
地址(Add)：广东省东莞市万江区新村大道北31号
邮编(P.C.)：523053
电话(Tel)：0769－22271171
传真(Fax)：0769－22288171
E-mail：2452216789@qq.com
总经理(General Manager)：卢惠乐
联系人(Contact Person)：张斌
产品业务(Business)：卷纸包装机，枕式包装机

东莞市顺昌机械厂
Dongguan Shunchang Machinery Factory
(详见卫生纸机和加工设备相关器材配件)

佛山市新科力包装机械设备厂
Foshan New Keli Packaging Equipment Factory
地址(Add)：广东省佛山市禅城区华宝南路一号K座首层
邮编(P.C.)：528000
电话(Tel)：0757－82700709
传真(Fax)：0757－82583691
E-mail：info@fsxkl.com
Http://www.fsxkl.com
法人代表(Chairman)：唐小平
总经理(General Manager)：唐小平
联系人(Contact Person)：黎婷婷
产品业务(Business)：包装设备

佛山市澳立得包装机械有限公司
Foshan Aolide Packing Machinery Co., Ltd.
地址(Add)：广东省佛山市禅城区金澜北路三号工业区C座7楼
邮编(P.C.)：528000
电话(Tel)：0757－83837092
传真(Fax)：0757－83837206
联系人(Contact Person)：仇合云
产品业务(Business)：卫生用品包装机

佛山市兴琅机械有限公司
Foshan Xinglang Machinery Co., Ltd.
地址(Add)：广东省佛山市厚源路65号
邮编(P.C.)：528000
电话(Tel)：18924841964
E-mail：gdfsxinglang@163.com
联系人(Contact Person)：朱建新
产品业务(Business)：手帕纸、软抽包装机，手帕纸中包机

佛山市鹏轩机械制造有限公司
Foshan Pengxuan Machinery Manufacture Co., Ltd.
(详见生活用纸加工设备)

佛山德圣鑫包装机械有限公司
Foshan Deshengxin Packing Machinery Manufacturing Co., Ltd.
地址(Add)：广东省佛山市南海区桂城南约6区
邮编(P.C.)：528299
电话(Tel)：0757－86289962
传真(Fax)：0757－86289962
E-mail：fsdeshengxin@gmail.com
Http://fsdeshengxin.cn.alibaba.com
联系人(Contact Person)：张月娇
产品业务(Business)：面巾纸、餐巾纸、手帕纸、卫生卷纸、擦手纸包装机

佛山市南海区欣达机械设备有限公司
Xinda Machinery Manufacturing Co., Ltd.
地址(Add)：广东省佛山市南海区桂城夏东三洲石洛沙工业区
邮编(P.C.)：528000
电话(Tel)：0757－86397982
传真(Fax)：0757－86397982
E-mail：448676075@qq.com
联系人(Contact Person)：温爱兴
产品业务(Business)：纸品包装机

佛山市德利劲包装机械制造有限公司
Foshan Delijin Packing Machinery Manufacturing Co., Ltd.
地址(Add)：广东省佛山市南海区桂城夏西简池开发区15号
邮编(P.C.)：528200
电话(Tel)：0757－81815482
传真(Fax)：0757－89950459
E-mail：fsdelijin@163.com
Http://www.fsdelijin.com
法人代表(Chairman)：温勇
总经理(General Manager)：温勇
联系人(Contact Person)：张全胜
产品业务(Business)：抽取式面巾纸、餐巾纸、手帕纸、卫生纸包装机，封口机

佛山市南海邦得机械设备有限公司
Foshan Bangde Machinery Co., Ltd.
地址(Add)：广东省佛山市南海区九江镇沙头工业区
邮编(P.C.)：528203
电话(Tel)：0757－86918819
传真(Fax)：0757－86918820
联系人(Contact Person)：黄耀安
产品业务(Business)：卫生卷纸包装机

佛山市远发包装机械设备有限公司
Foshan Yuanfa Packaging Machinery Equipment Co., Ltd.
地址(Add)：广东省佛山市南海区罗村联和岗四工业区A1号
邮编(P.C.)：528000
电话(Tel)：0757－86136118
传真(Fax)：0757－86136685
E-mail：yuwz001@163.com
总经理(General Manager)：余文忠
联系人(Contact Person)：董静
产品业务(Business)：卫生纸包装机

佛山市协合成机械设备有限公司
Foshan Xiehecheng Machinery Co., Ltd.
地址(Add)：广东省佛山市南海区罗村联星富心工业区

29 号
邮编(P. C.)：528226
电话(Tel)：0757－88583875
传真(Fax)：0757－88583875
E-mail：xhcjixie@163. com
Http://www. fsxiehecheng. com
总经理(General Manager)：王小明
联系人(Contact Person)：王小明
产品业务(Business)：手帕纸、方巾纸、抽取式面巾纸、卷筒纸包装机，手帕纸中包机

佛山市欧创源机械制造有限公司
Foshan Ouchuangyuan Machinery and Alvarez Co., Ltd.
(详见生活用纸加工设备)

佛山市川誉包装机械有限公司
Foshan Chuanyu Packaging Machinery Co., Ltd.
地址(Add)：广东省佛山市南海区罗村镇联和工业大道2号超发服饰南门五楼
邮编(P. C.)：528226
电话(Tel)：0757－86195458
传真(Fax)：0757－86195468
E-mail：653069123@qq. com
总经理(General Manager)：陈林其
联系人(Contact Person)：何展宏
产品业务(Business)：纸巾封口机，卫生卷纸、餐巾纸包装机，卫生巾、纸尿裤包装机，塑料封口机

佛山市南海区威森机械厂
Foshan Nanhai Weisen Machinery Co., Ltd.
地址(Add)：广东省佛山市南海区平洲平北工业西开发区19号
邮编(P. C.)：528247
电话(Tel)：0757－81109036
传真(Fax)：0757－81109036
E-mail：4921496@qq. com
Http://www. wei－sen. net
法人代表(Chairman)：官炜
总经理(General Manager)：官炜
联系人(Contact Person)：官理阶
产品业务(Business)：擦手纸装袋机，手帕纸包装机，方包纸、软抽纸、餐巾纸装袋机及封包机

佛山市圣永机械设备有限公司
Foshan Shengyong Machinery Equipment Co., Ltd.
地址(Add)：广东省佛山市南海区平洲夏东浦口村工业区石龙北路东区二横路5号
邮编(P. C.)：528251
电话(Tel)：0757－88555569
传真(Fax)：0757－88555511
Http://www. gdshengyong. com
法人代表(Chairman)：周宝龙
总经理(General Manager)：周宝龙
联系人(Contact Person)：李德怀
产品业务(Business)：包装机械

鑫星机械制造有限公司
Xinxing Machine Manufacturing Co., Ltd.
地址(Add)：广东省佛山市南海区平洲夏东三洲石洛沙工业区
邮编(P. C.)：528251
电话(Tel)：0757－86397982
传真(Fax)：0757－86397982
E-mail：xinxing－company@163. com
Http://www. xx2003. com
法人代表(Chairman)：温浩泉
总经理(General Manager)：温浩泉
联系人(Contact Person)：温爱兴
产品业务(Business)：卫生纸包装机，纸巾纸封口机，纸球封切机，热收缩机，软抽方巾纸包装机

佛山市川松机械有限公司
Foshan Chuansong Machine Co., Ltd.
地址(Add)：广东省佛山市南海区平洲镇健豪工业大楼3楼
邮编(P. C.)：528251
电话(Tel)：0757－88554251
传真(Fax)：0757－88554252
E-mail：fschuansong@126. com
Http://www. chuansong168. com. cn
法人代表(Chairman)：唐寿军
总经理(General Manager)：唐寿军
联系人(Contact Person)：唐寿军
产品业务(Business)：包装设备

佛山市捷奥包装机械有限公司
Foshan Jieao Packaging Machinery Co., Ltd.
地址(Add)：广东省佛山市南海区狮山大道11号
邮编(P. C.)：528000
电话(Tel)：0757－81082612
传真(Fax)：0757－81082610
E-mail：master@jieaopack. com
Http://www. jieaopack. cn
法人代表(Chairman)：谢守文
总经理(General Manager)：熊维理
联系人(Contact Person)：熊维理
产品业务(Business)：商务用纸、手帕纸、餐巾纸、卫生纸卷包装机

佛山市今飞机械制造有限公司
Foshan Jinfei Machinery Manufacture Co., Ltd.
地址(Add)：广东省佛山市南海区狮山科技工业园
邮编(P. C.)：528200
电话(Tel)：0757－86796061
传真(Fax)：0757－86796061
E-mail：1849212122@qq. com
Http://www. gdjinfei. cn
法人代表(Chairman)：刘剑飞
总经理(General Manager)：刘剑飞
产品业务(Business)：卫生纸、盒装纸、软抽纸、手帕纸、餐巾纸、小盘纸、擦手纸包装机，非织造布、纸尿片包装机

佛山市大川机械有限公司
Foshan Dachuan Machinery Co., Ltd.
地址(Add)：广东省佛山市南海区狮山科技工业园B区科宝北路
邮编(P. C.)：528000
电话(Tel)：0757－81160202
传真(Fax)：0757－81160201
E-mail：dc@c－dachuan. com
Http://www. c－dachuan. com

联系人(Contact Person)：赖镇国
产品业务(Business)：包装机，打码机

佛山市超亿机械厂
Foshan Chaoyi Machinery Factory
地址(Add)：广东省佛山市南海石肯三村文海围工业区13号
邮编(P. C.)：528200
电话(Tel)：0757-86192455
传真(Fax)：0757-86192455
联系人(Contact Person)：郭秋生
产品业务(Business)：纸巾包装机械配件

佛山市精拓机械设备有限公司
Foshan Jingtuo Machinery Co., Ltd.
地址(Add)：广东省佛山市顺德区陈村镇赤花工业区4路南2号(顺联国际机械城旁200米)
邮编(P. C.)：528313
电话(Tel)：0757-23301128
传真(Fax)：0757-23301128
E-mail：jt2007best@163. com
Http://www. jingtuo. net
法人代表(Chairman)：黄顺强
总经理(General Manager)：梁灿均
联系人(Contact Person)：梁湛声
产品业务(Business)：卫生纸包装机，手帕纸包装机

广州台能机械制造有限公司
Guangzhou Talent Machinery Manufacture Co., Ltd.
(详见生活用纸加工设备)

广州易靓包装器材有限公司
Guangzhou Yiliang Packing Equipment Co., Ltd.
地址(Add)：广东省广州市番禺区沙湾镇福龙工业区
邮编(P. C.)：511483
电话(Tel)：020-84738888
传真(Fax)：020-84734555
E-mail：13928764958@139. com
Http://www. nicepacker. com
法人代表(Chairman)：胡甫晟
联系人(Contact Person)：符仝斌
产品业务(Business)：卫生用品包装设备

广州耐思造纸专用设备制造有限公司
Guangzhou Nice Tissue Professional Processing Equipment Manufacturing Co., Ltd.
地址(Add)：广东省广州市番禺区沙湾镇福龙工业区2号
邮编(P. C.)：511483
电话(Tel)：020-84738888
传真(Fax)：020-84734555
E-mail：ok@gz-ok. com
Http://www. nicepacker. com
法人代表(Chairman)：胡霞群
总经理(General Manager)：胡坚胜
联系人(Contact Person)：符仝斌
产品业务(Business)：卫生卷纸包装机，盒装/软抽纸巾纸包装机，手帕纸包装机

广州尚乘包装设备有限公司
Guangzhou Shangcheng Packing Machinery Co., Ltd.
地址(Add)：广东省广州市黄埔区笔岗路69号南岗商贸园A栋2楼
邮编(P. C.)：510735
电话(Tel)：020-62253425
传真(Fax)：020-62253426
E-mail：zhangheqing0730@163. com
Http://www. sangceng. com
联系人(Contact Person)：张河清
产品业务(Business)：贴标机

广州市辉泉喷码设备有限公司
Guangzhou Fitrend Printing Equipment Co., Ltd.
地址(Add)：广东省广州市天河区中山大道288号东圃商业大厦C座四楼
邮编(P. C.)：510660
电话(Tel)：020-82520736
传真(Fax)：020-82520731
E-mail：zdm@fitrend. com
Http://www. fitrend. com
联系人(Contact Person)：钟德明
产品业务(Business)：代理喷码机

江门市东雷达实业有限公司
Jiangmen Dorada Industry Co., Ltd.
地址(Add)：广东省江门市新会区大泽外经贸工业开发区
邮编(P. C.)：529100
电话(Tel)：0750-6806132
传真(Fax)：0750-6806961
E-mail：adamrong2003@163. com
联系人(Contact Person)：容鹏喜
产品业务(Business)：卫生卷纸中包机，软抽面巾纸/餐巾纸/手帕纸包装机

江门市精新机械设备有限公司
Jiangmen Jingxin Machinery Equipment Co., Ltd.
地址(Add)：广东省江门市新会区会城城北路34号
邮编(P. C.)：529101
电话(Tel)：0750-6668328
传真(Fax)：0750-6665780
Http://www. jing-xin. net
联系人(Contact Person)：谭桂新
产品业务(Business)：开箱机，封箱机，输送带

汕头市腾国自动化设备有限公司
Shantou Tengguo Automatic Equipment Co., Ltd.
地址(Add)：广东省汕头市潮汕路龙兴工业区共青路3号
邮编(P. C.)：515000
电话(Tel)：0754-89981958
传真(Fax)：0754-82492098
E-mail：18902735558@qq. com
Http://www. tengguo. net
总经理(General Manager)：曾献国
产品业务(Business)：卷筒纸、抽纸、卫生巾、纸尿裤包装机，复卷机，分切机，面巾纸机，餐巾纸机

汕头市威力纸巾设备厂
Shantou Weili Napkin Machine Factory
(详见生活用纸加工设备)

爱美高自动化设备有限公司
Imako Automatic Equipment Co., Ltd.
地址(Add)：广东省汕头市庐山北路龙新工业区龙新五街

12 号工业厂房 A 座
邮编(P. C.): 515041
电话(Tel): 0754 - 88850253
传真(Fax): 0754 - 88850263
E-mail: imakoservice@ 163. com
总经理(General Manager): 黄伟
联系人(Contact Person): 汤庆
产品业务(Business): 卫生纸包装机, 物流输送设备

深圳市盛百威机械设备有限公司
Shenzhen Shengbaiwei Machinery Co., Ltd.
地址(Add): 广东省深圳市宝安区福永镇白石厦福永大道莱福大厦 8 楼 A
邮编(P. C.): 518100
电话(Tel): 0755 - 27308134
传真(Fax): 0755 - 27307965
E-mail: szsbw006@ 163. com
Http://www. sbwpack. com
联系人(Contact Person): 别川川
产品业务(Business): 面巾纸、手帕纸中包机

深圳市惠歌包装设备有限公司
Shenzhen Huige Packing Machinery Co., Ltd.
地址(Add): 广东省深圳市宝安区石岩镇荔湖花园 21 栋 5 楼
邮编(P. C.): 518100
电话(Tel): 0755 - 23497001
传真(Fax): 0755 - 23497001
E-mail: 454015966@ qq. com
Http://www. inkhg. com
联系人(Contact Person): 李建雄
产品业务(Business): 喷码机

深圳晓辉包装技术有限公司
Shenzhen SDW Packaging Co., Ltd.
地址(Add): 广东省深圳市宝安区松岗楼岗大道 01 号天立科技大厦 1008
邮编(P. C.): 518105
电话(Tel): 0755 - 81493131
传真(Fax): 0755 - 81493232
E-mail: sdwpack@ sdwpack. com
Http://www. sdwpack. com
联系人(Contact Person): 汪晓辉
产品业务(Business): 封箱/开箱设备

深圳市京码标识有限公司
Shenzhen King - Mark Coding Co., Ltd.
地址(Add): 广东省深圳市龙岗区龙城街道万象天成 1 栋 620 室
邮编(P. C.): 518100
电话(Tel): 0755 - 28228543
传真(Fax): 0755 - 29369966
E-mail: service@ king - mark. cn
Http://www. king - mark. cn
联系人(Contact Person): 郭明杰
产品业务(Business): 喷码机

深圳固尔琦包装机械有限公司
Shenzhen Gurki - Pack Machinery Co., Ltd.
地址(Add): 广东省深圳市龙华大浪街道水围工业区
邮编(P. C.): 518109
电话(Tel): 0755 - 61124588
传真(Fax): 0755 - 61124577
E-mail: lgs@ gurki88. com
Http://www. gurki88. com
法人代表(Chairman): 黄俊龙
联系人(Contact Person): 李国士
产品业务(Business): 开箱机, 封箱机, 封切机, 打包机

深圳市弘捷琳自动化设备有限公司
Shenzhen Hongjielin Automatisation Equipment Co., Ltd.
(详见生活用纸加工设备)

信敏有限公司中国办事处
Samiton Limited China Office
地址(Add): 广东省东莞市常平镇沙湖口管理区
邮编(P. C.): 523557
电话(Tel): 0769 - 86027388
传真(Fax): 0769 - 86027998
E-mail: danny@ samiton. com. hk
联系人(Contact Person): 容惠民
产品业务(Business): 代理东洋生活用纸加工设备

柳州市卓德机械科技有限公司
Liuzhou Zhuode Machinery Sci - Tech Co., Ltd.
地址(Add): 广西柳州市西江路北二巷 5 - 8 号
邮编(P. C.): 545005
电话(Tel): 0772 - 8851091
传真(Fax): 0772 - 8858894
E-mail: 1588cn@ 163. com
Http://www. lzzd. com. cn
法人代表(Chairman): 黄在丹
联系人(Contact Person): 黄在丹
产品业务(Business): 手帕纸/软抽纸/卫生卷纸包装机

西安航天华阳印刷包装设备有限公司
Xian Aerospace Huayang Printing & Packaging Machinery Co., Ltd.
地址(Add): 陕西省西安市南郊航天城宇航街
邮编(P. C.): 710100
电话(Tel): 029 - 85206226
传真(Fax): 029 - 85206023
E-mail: xahyfwg@ 163. com
Http://www. huayang - ppm. com
联系人(Contact Person): 冯卫光
产品业务(Business): 柔版/凹版印刷机

宁夏松久自动化设备有限公司
Ningxia Songjiu Automation Equipment Co., Ltd.
地址(Add): 宁夏银川永宁县杨和工业园
邮编(P. C.): 750100
电话(Tel): 0951 - 8400379
传真(Fax): 0951 - 8400389
E-mail: 13995104394@ 163. com
总经理(General Manager): 马利军
联系人(Contact Person): 金伟
产品业务(Business): 软抽纸巾纸包装机

● 湿巾设备 Wet wipes machine

Paper Converting Machine Company
美国纸产品加工机器公司(PCMC)
(详见生活用纸加工设备)

Elsner Engineering Works, Inc.
美国爱思诺机械制造有限公司
地址(Add): 475 Fame Avenue, PO Box 66, Hanover, Pennsylvania 17331 USA
电话(Tel): 1-717-6375991
传真(Fax): 1-717-6337100
E-mail: eew@elsnereng.com
Http://www.elsnereng.com
总经理(General Manager): Bert Elsner, II
产品业务(Business): 干/湿巾折叠机，桶式湿巾复卷包装机，非织造布复卷机

ILAPAK International S. p. A.
瑞士 ILAPAK 公司
地址(Add): P. O. box 756 Ch-6916 Grancia (Lugano) Switzerland
电话(Tel): 41-91-9605900
传真(Fax): 41-91-9605992
E-mail: fbabolin@ilapak.com
Http://www.ilapak.com
产品业务(Business): 湿巾包装机

Iman Pack S. p. A
意大利英曼包装公司
地址(Add): via Lago di Bolsena, 19-36015 Schio (VI), Italy
电话(Tel): 39-0445-578811
传真(Fax): 39-0445-575111
E-mail: info@imanpack.it
Http://www.imanpack.it
产品业务(Business): 湿巾包装机
青华企业有限公司
地址(Add): 北京市海淀区五棵松路20号美丽园公寓26座3401
邮编(P. C.): 100097
电话(Tel): 010-88593710
传真(Fax): 010-88593711
联系人(Contact Person): 陈学新
E-mail: cem_bj@vip.163.com
产品业务(Business): 代理英曼湿巾包装机

Kansan Machinery Co.
地址(Add): Yazibasi Beldesi 35860 Torbali - Izmir, Turkey
电话(Tel): 90-232-853-9634-138
传真(Fax): 90-232-853-9107
E-mail: huseyinkaranfil@kansanmak.com
联系人(Contact Person): huseyin Karanfil
产品业务(Business): 湿巾设备

九亿兴业有限公司
Joiepack Industrial Co., Ltd.
地址(Add): 台湾彰化县北斗镇四海路一段81号
电话(Tel): 886-4-8884671
传真(Fax): 886-4-8889721
E-mail: sales@joiepack.com
Http://www.joiepack.com
法人代表(Chairman): 王慧君
产品业务(Business): 湿巾包装机，卷筒型单片湿巾全自动包装机，扁平型湿巾全自动制造包装机

特艺佳国际有限公司
Tech. Vantage International Ltd.
(详见生活用纸加工设备)

天津比朗德机械制造有限公司
Tianjin Bilangde Machinery Manufacturing Co., Ltd.
地址(Add): 天津市北辰区北辰西道八纬路北方耀谷118号
邮编(P. C.): 300380
电话(Tel): 022-86935956
传真(Fax): 022-26993872
E-mail: tj_bld@163.com
联系人(Contact Person): 刘健
产品业务(Business): 湿巾设备

保定市华光机械有限公司
Baoding Huaguang Machinery Co., Ltd.
(详见生活用纸加工设备)

丹东北方机械有限公司
Dandong Beifang Machinery Co., Ltd.
(详见干法纸设备)

特艺佳机械贸易(上海)有限公司
Tech. Vantage Machinery Trading (Shanghai) Co., Ltd.
(详见生活用纸加工设备)

金湖县方平卫生用品机械厂
Jinhu Fangping Hygiene Products Machinery Factory
(详见一次性卫生用品生产设备)

连云港华露无纺布机械设备厂
Lianyungang Hualu Nonwoven Machinery Factory
(详见生活用纸加工设备)

江苏连云港市盛洁无纺布设备厂
Jiangsu Lianyungang Shengjie Nonwoven Machinery Factory
地址(Add): 江苏省连云港市新浦区经济开发区东海路北端2号
邮编(P. C.): 222003
电话(Tel): 0518-85504421
传真(Fax): 0518-85504431
E-mail: wsk_wskh@163.com
法人代表(Chairman): 王善开
总经理(General Manager): 王善开
联系人(Contact Person): 王占平
产品业务(Business): 湿巾折叠机，非织造布分切机，复卷打孔机，盒装面巾纸机，擦手纸机

连云港市恒信无纺布湿巾机械有限公司
Lianyungang Hengxin Nonwovens Wet Wipe Machinery Co., Ltd.
地址(Add): 江苏省连云港市新浦区浦南开发区东海北路

东侧
邮编(P. C.): 222003
电话(Tel): 0518 – 85287065
传真(Fax): 0518 – 85287066
E-mail: 66@0518168. com
Http://www. 0518168. com
总经理(General Manager): 许彦斌
产品业务(Business): 湿巾机, 湿巾折叠机, 湿巾包装机, 面巾纸折叠机, 分切复卷打孔机

连云港市振宇机电有限责任公司
Lianyungang Zhenyu Electricity Co., Ltd.
地址(Add): 江苏省连云港市新浦区人民西路
邮编(P. C.): 222003
电话(Tel): 0518 – 85458616
传真(Fax): 0518 – 85458616
E-mail: lyg13016926530@126. com
总经理(General Manager): 王锦亚
产品业务(Business): 湿巾机, 湿巾折叠机, 餐巾纸压花折叠机, 卫生纸打孔复卷机

江苏省连云港纸巾机械厂
Lianyungang Towel Machinery Factory
地址(Add): 江苏省连云港市幸福北路 32 号
邮编(P. C.): 222003
电话(Tel): 0518 – 85471175
传真(Fax): 0518 – 85471175
总经理(General Manager): 徐鹏
联系人(Contact Person): 徐鹏
产品业务(Business): 湿巾加工机, 非织造布、纸品加工机

嘉兴市锐星机械制造有限公司
Jiaxing Ruixing Machinery Manufacture Co., Ltd.
地址(Add): 浙江省嘉兴市南湖工业园二区丰源路 120 号
邮编(P. C.): 314001
电话(Tel): 0573 – 82693938
传真(Fax): 0573 – 83958656
E-mail: wqx@jxqx. com. cn
Http://www. jxqx. com. cn
法人代表(Chairman): 王其星
总经理(General Manager): 王其星
联系人(Contact Person): 盛金飞
产品业务(Business): 湿巾包装机, 分切复卷机, 床垫折叠机

瑞安市恺鸿包装机械有限公司
Ruian Kaihong Packaging Machinery Co., Ltd.
地址(Add): 浙江瑞安市飞云新区云江标准厂房 5 号楼
邮编(P. C.): 325207
电话(Tel): 0577 – 58807004
传真(Fax): 0577 – 58805672
E-mail: drxu@khgs. cn
Http://www. khgs. cn
联系人(Contact Person): 徐栋任
产品业务(Business): 湿巾包装机

瑞安市利宏机械有限公司
Ruian Lihong Machinery Co., Ltd.
(详见包装设备、裹包设备及配件)

浙江瑞安市大伟机械有限公司
Ruian Dawei Machinery Co., Ltd.
地址(Add): 浙江省瑞安市云江标准厂房 4 号楼 1 – 2 楼(飞云镇南滨街道办事处楼下)
邮编(P. C.): 325200
电话(Tel): 0577 – 65577567
传真(Fax): 0577 – 65578567
E-mail: dwjx@viroo. cn
Http://www. viroo. cn
法人代表(Chairman): 柯建星
总经理(General Manager): 柯雄伟
产品业务(Business): 湿巾包装机械, 面膜生产线, 四边封设备

瑞安市三鑫包装机械有限公司
Ruian Sanxin Packing Machinery Co., Ltd.
地址(Add): 浙江省瑞安市南滨街道南厂路 22 号
邮编(P. C.): 325207
电话(Tel): 0577 – 65010588
传真(Fax): 0577 – 65012006
E-mail: sx@rasanxin. com
Http://www. rasanxin. com
法人代表(Chairman): 范茂哉
总经理(General Manager): 范茂哉
联系人(Contact Person): 范茂哉
产品业务(Business): 湿巾包装机械

晋江市中基机械有限公司
Jinjiang Zhongji Machinery Co., Ltd.
地址(Add): 福建省晋江市安海镇桥头工业区 8 号
邮编(P. C.): 362261
电话(Tel): 0595 – 86177383
传真(Fax): 0595 – 86177393
E-mail: laizj123456@126. com
Http://www. fujianzhongji. com
联系人(Contact Person): 赖周菊
产品业务(Business): 湿巾机, 湿巾包装机, 手帕纸、卫生巾中包机, 理片机

晋江海纳机械有限公司
Jinjiang Haina Machinery Co., Ltd.
(详见一次性卫生用品生产设备)

泉州市瑞东机械制造厂
Quanzhou Ruidong Machinery Factory
地址(Add): 福建省泉州市惠安涂寨灵山工业区
邮编(P. C.): 362000
电话(Tel): 0595 – 22755178
传真(Fax): 0595 – 22787311
E-mail: machine@donggong. com
Http://www. donggong. com
联系人(Contact Person): 纪佳兴
产品业务(Business): 非织造布加工设备, 湿巾折叠包装机

泉州大昌纸品机械制造有限公司
Quanzhou Dachang Paper Machinery Manufacturer Co., Ltd.
地址(Add): 福建省泉州市江南高新科技园区二区
邮编(P. C.): 362000
电话(Tel): 0595 – 22465662

传真(Fax)：0595－22465663
E-mail：dachang@qzdachang.cn
Http://www.qzdachang.cn
总经理(General Manager)：吴振昌
联系人(Contact Person)：吴少波
产品业务(Business)：湿巾机，折叠机，包装机

湘闽机械厂
Xiangmin Machinery Factory
地址(Add)：福建省泉州市鲤城区常泰街道树兜社区向学路2号
邮编(P.C.)：362005
电话(Tel)：15906042571
联系人(Contact Person)：龙利民
产品业务(Business)：湿巾机，湿巾包装机，纸巾纸加工设备

泉州市创达机械制造有限公司
Quanzhou Chuangda Machinery Manufacture Co., Ltd.
地址(Add)：福建省泉州市鲤城区常泰街道新塘社区华锦路118号
邮编(P.C.)：362000
电话(Tel)：0595－22461618
传真(Fax)：0595－22461918
E-mail：cd@chuangdamachine.com
Http://www.chuangdamachine.com
法人代表(Chairman)：傅冰阳
总经理(General Manager)：郑翠娱
联系人(Contact Person)：傅帆帆
产品业务(Business)：全自动单片式/多片式湿巾机，湿巾包装机，湿巾折叠机

泉州市华扬机械制造有限公司
Quanzhou Huayang Machinery Manufacturing Co., Ltd.
地址(Add)：福建省泉州市洛江区双阳华侨经济开发区二期
邮编(P.C.)：362000
电话(Tel)：0595－22031168
传真(Fax)：0595－22898619
E-mail：hyjx@huayangjixie.com
Http://www.huayangjixie.com
法人代表(Chairman)：杨序修
总经理(General Manager)：杨序修
联系人(Contact Person)：杨序修
产品业务(Business)：湿巾折叠机，湿巾包装机

福建培新机械制造实业有限公司
Fujian Peixin Machine Manufacture Industry Co., Ltd.
(详见一次性卫生用品生产设备)

汉马(福建)机械有限公司
Hanma (Fujian) Machinery Co., Ltd.
地址(Add)：福建省石狮市锦尚镇杨厝工业区
邮编(P.C.)：362712
电话(Tel)：0595－83667888
传真(Fax)：0595－83667555
E-mail：hanma@hanmamachine.com
Http://www.hanmamachine.com
总经理(General Manager)：高海彬
联系人(Contact Person)：林永东
产品业务(Business)：湿巾机

厦门佳创机械有限公司
Xiamen Gachn Machinery Co., Ltd.
地址(Add)：福建省厦门火炬高新区(翔安)产业区同龙二路898号
邮编(P.C.)：361100
电话(Tel)：0592－7770518
传真(Fax)：0592－7770538
E-mail：cjj@gachn.com
Http://www.gachn.com
法人代表(Chairman)：岱朝晖
总经理(General Manager)：陈建杰
联系人(Contact Person)：张明
产品业务(Business)：湿巾设备，纸尿裤装袋封口机，卫生巾中包机

厦门诺派包装机械制造有限公司
ForePak Machinery Co., Ltd.
地址(Add)：福建省厦门市集美区灌口镇三社路118号
邮编(P.C.)：361023
电话(Tel)：0592－6294880
传真(Fax)：0592－6294881
E-mail：sales@forepak.com
Http://www.forepak.com
联系人(Contact Person)：吕韦
产品业务(Business)：湿巾包装机

漳州瑞易博达包装机械有限公司
Zhangzhou Ruiyiboda Packing Machine Co., Ltd.
地址(Add)：福建省漳州市芗城区北星工业园
邮编(P.C.)：363000
电话(Tel)：0596－2550196
传真(Fax)：0596－2553096
E-mail：1532646641@qq.com
Http://www.fjydjx.cn.alibaba.com
联系人(Contact Person)：周俊望
产品业务(Business)：湿巾包装机

青岛三安国际贸易有限公司
San (Qingdao) International Trade Co., Ltd.
(详见生活用纸加工设备)

陆丰机械(郑州)有限公司
Ru Fong Machinery (Zhengzhou) Co., Ltd.
地址(Add)：河南省郑州市新郑双湖开发区中山路中段
邮编(P.C.)：451191
电话(Tel)：0371－62567158
传真(Fax)：0371－62567189
E-mail：rf@rufong.com
Http://www.rufong.com
法人代表(Chairman)：刘螺
联系人(Contact Person)：龚春阳
产品业务(Business)：湿巾生产线，卫生纸、面巾纸包装机

郑州智联机械设备有限公司
ZLINK
地址(Add)：郑州高新区长椿路11号10幢1单元1层1号
邮编(P.C.)：450000
电话(Tel)：0371－60313158
传真(Fax)：0371－60313363

E-mail：zlinkmc@ 139. com
Http://www. zlinkmc. com
联系人(Contact Person)：黄振坤
产品业务(Business)：湿巾粘盖机

旺达国际实业有限公司
Wangda Industrial Co.，Ltd.
(详见生活用纸加工设备)

佛山市南海美璟机械制造有限公司
Foshan Meijing Machinery Co.，Ltd.
(详见生活用纸加工设备)

佛山市南海区迪凯机械设备有限公司
Foshan Dikai Machinery Co.，Ltd.
地址(Add)：广东省佛山市南海区罗村镇北湖一路芦塘吴村三号工业园
邮编(P. C.)：524200
电话(Tel)：0757 -81036180
传真(Fax)：0757 -81036186
E-mail：fsdkjx@ 126. com
Http://www. fsdkjx. com
总经理(General Manager)：何卫民
产品业务(Business)：湿巾包装机

● 干法纸设备 Airlaid machine

Dan -Webforming Int. A
丹麦 Dan -Web 公司
地址(Add)：Bryggervej 21，DK - 8240 Risskov，Aarhus Denmark
电话(Tel)：45 -87439500
传真(Fax)：45 -87439595
E-mail：dwi@ dan -web. dk
Http://www. dan -web. com
产品业务(Business)：干法纸设备

Truetzschler Nonwoven GmbH
特吕茨勒无纺集团
地址(Add)：D - 63328 Egelsbach，Germany
电话(Tel)：49 -6103 -401195
传真(Fax)：49 -6103 -401440
E-mail：weinhardt@ fleissner. de
Http://www. fleissner. de
联系人(Contact Person)：Rudiger Weinhardt
产品业务(Business)：热风穿透干燥系统，TAD 烘缸
特吕茨勒无纺集团中国代表处
地址(Add)：浙江省杭州市文三路 90 号东部软件园科技广场 311 室
邮编(P. C.)：310012
电话(Tel)：0571 -81110868
传真(Fax)：0571 -81110878
E-mail：partwaves@ hotmail. com
联系人(Contact Person)：段涛
产品业务(Business)：热风穿透干燥系统，TAD 烘缸

丹东市金久机械制造厂
Dandong Jinjiu Machinery Manufacture Factory
地址(Add)：辽宁省丹东市振安区庙岭工业园区
邮编(P. C.)：118000
电话(Tel)：0415 -4166624
传真(Fax)：0415 -3885169
E-mail：ldz998@ 126. com
Http://www. drunmatic. com
法人代表(Chairman)：李东泽
总经理(General Manager)：李东泽
联系人(Contact Person)：李怡葶
产品业务(Business)：干法纸设备

丹东北方机械有限公司
Dandong Beifang Machinery Co.，Ltd.
地址(Add)：辽宁省丹东市振兴区胜利街 793 号
邮编(P. C.)：118008
电话(Tel)：0415 -6222688
传真(Fax)：0415 -6224025
E-mail：bfjx@ bfjx. com
Http://www. bfjx. com
法人代表(Chairman)：曹贵杰
总经理(General Manager)：曹阳
联系人(Contact Person)：沈冬辉
产品业务(Business)：干法纸机，复合吸水纸机，卫生巾机，木浆粉碎机组，给料积纤机，湿巾用干法纸机，护理垫机，宠物垫机

丹东市丰蕴机械厂
Dandong Fengyun Machinery Factory
地址(Add)：辽宁省丹东市振兴区四道沟瓦房街
邮编(P. C.)：118008
电话(Tel)：0415 -6152568
传真(Fax)：0415 -6157666
E-mail：xiongdefeng@ live. cn
Http://www. dd -fengyun. com
法人代表(Chairman)：曲丰蕴
总经理(General Manager)：曲丰蕴
联系人(Contact Person)：熊德凤
产品业务(Business)：干法纸生产线，粉碎机组，定量积纤机，SAP 复合纸生产线

丹东天和实业有限公司
Dandong Tianhe Industrial Co.，Ltd.
地址(Add)：辽宁省丹东市振兴区四道沟瓦房街
邮编(P. C.)：118008
电话(Tel)：0415 -6158890
传真(Fax)：0415 -6157666
E-mail：49593434@ qq. com
Http://www. dd -fengyun. com
联系人(Contact Person)：熊德凤
产品业务(Business)：干法纸设备，木浆粉碎设备，干法纸

上海嘉翰轻工机械有限公司
Shanghai Expansion Light Industry Machinery Co.，Ltd.
地址(Add)：上海市浦东张杨路 180 号汤臣中心
邮编(P. C.)：200120
电话(Tel)：021 -51098118
传真(Fax)：021 -58362955
E-mail：oshan@ jiahan. com. cn
Http://www. eps -airlaid. com
法人代表(Chairman)：李建飞
总经理(General Manager)：胡小姐
产品业务(Business)：干法纸机

芬兰康克公司上海代表处
Kaukomarkkinat Oy Shanghai Representative Office
地址(Add)：上海市遵义路100号虹桥上海城B座2804-2807室
邮编(P. C.)：200051
电话(Tel)：021-62700640
传真(Fax)：021-62700872
E-mail：zhuzl@kauko-china.com.cn
Http://www.kaukomarkkinat.com
联系人(Contact Person)：朱中良
产品业务(Business)：干法纸设备

福建晋江市安海博源膨化芯材有限公司
Jinjiang Anhai Boyuan Airlaid Co., Ltd.
(详见非织造布-干法纸)

金冠神州纸业有限公司
Jinguan Shenzhou Paper Co., Ltd.
(详见非织造布-干法纸)

揭阳市洁新纸业股份有限公司
Jiexin Airlaid Products Co., Ltd.
地址(Add)：广东省揭阳市揭东县新亨镇埔东区
邮编(P. C.)：515548
电话(Tel)：0663-3434888
传真(Fax)：0663-3431999
E-mail：jiexin999@163.com
Http://www.jiexin.com.cn
法人代表(Chairman)：陈建辉
联系人(Contact Person)：陈建辉
产品业务(Business)：干法造纸机，干法纸分切机，干法纸

成都蜀航实业有限公司
Chengdu Shuhang Industry Co., Ltd.
(详见非织造布-干法纸)

● 非织造布设备 Nonwovens machine

日惟不织布机械股份有限公司
Shyng Wei Machinery Co., Ltd.
地址(Add)：台湾省桃园县芦竹乡中福村10邻72-2号
电话(Tel)：886-3-3235461
传真(Fax)：886-3-3235228
E-mail：wei10000@ms16.hinet.net
Http://www.shyngwei.com.tw
产品业务(Business)：非织造布制造机

中国纺机集团宏大研究院有限公司
CTMC Hongda Research Institute Co., Ltd.
地址(Add)：北京市经济技术开发区永昌南路19号
邮编(P. C.)：100176
电话(Tel)：010-67856990
传真(Fax)：010-67856906
E-mail：yxzx@hdyjy.com
Http://www.hdyjy.com
联系人(Contact Person)：陈曦
产品业务(Business)：纺粘、熔喷非织造布生产线，电气控制系统

北京量子金舟无纺技术有限公司
Quanta-Gold Boat
地址(Add)：北京市门头沟区双峪路35号西贸国际B座1133-1135室
邮编(P. C.)：102399
电话(Tel)：010-61806662
传真(Fax)：010-69808564
E-mail：camelee2008@sina.com
Http://www.rpwf.com
总经理(General Manager)：李志祥
联系人(Contact Person)：李志祥
产品业务(Business)：非织造布生产线

大连华阳化纤工程技术有限公司
Dalian Huayang Chemical Fibre Engineering Technology Co., Ltd.
地址(Add)：辽宁省大连市旅顺口区双岛湾路199号
邮编(P. C.)：116047
电话(Tel)：0411-86247942
传真(Fax)：0411-86247285
E-mail：dlhyltd@163.com
Http://www.dlhy.com.cn
联系人(Contact Person)：徐占祥
产品业务(Business)：非织造布设备

上海大和新材料科技有限公司
Shanghai Dahe New Materials Technology Co., Ltd.
地址(Add)：上海市平凉路988号2号楼8楼
邮编(P. C.)：200082
电话(Tel)：021-55214595
传真(Fax)：021-55214590
E-mail：markchen@dhmachine.sina.net
Http://www.dhmachine.com
法人代表(Chairman)：陈大和
总经理(General Manager)：陈大和
联系人(Contact Person)：陈超
产品业务(Business)：热轧非织造布生产线

安德里茨(无锡)无纺布技术有限公司上海分公司
AWN Shanghai Branch
地址(Add)：上海市中山西路2020号华宜大厦1号楼1704
邮编(P. C.)：200235
电话(Tel)：021-64401411
传真(Fax)：021-64401409
联系人(Contact Person)：陈维
产品业务(Business)：非织造布设备

江苏迎阳无纺机械有限公司
Jiangsu Yingyang Nonwoven Machinery Co., Ltd.
地址(Add)：江苏省常熟市任阳工业园区
邮编(P. C.)：215539
电话(Tel)：0512-52588888
传真(Fax)：0512-52583880
E-mail：webmaster@yingyang.cn
Http://www.yingyang.cn
总经理(General Manager)：范立元
联系人(Contact Person)：范立根
产品业务(Business)：水刺、热轧、热风、纺粘非织造布生产设备

常熟市天力无纺设备有限公司
Changshu Tianli Nonwovens Equipment Co., Ltd.
地址(Add): 江苏省常熟市任阳镇环镇北路
邮编(P. C.): 215539
电话(Tel): 0512 – 52585818
传真(Fax): 0512 – 52585898
E-mail: tianlitex@texindex.com
Http://www.tianlitex.com
总经理(General Manager): 杜望德
联系人(Contact Person): 杜望德
产品业务(Business): 热轧非织造布生产线

常熟市伟成非织造成套设备有限公司
Changshu Weicheng Nonwoven Equipment Co., Ltd.
地址(Add): 江苏省常熟市支塘任阳镇迎阳大道
邮编(P. C.): 215539
电话(Tel): 0512 – 52581266
传真(Fax): 0512 – 52581232
E-mail: chinaweicheng@163.com
Http://www.chinaweicheng.cn
法人代表(Chairman): 王伟成
总经理(General Manager): 王伟成
产品业务(Business): 热粘合、水刺非织造布生产线

常熟市飞龙机械有限公司
Changshu Feilong Machinery Co., Ltd.
地址(Add): 江苏省常熟市支塘镇任阳晋阳西街125号
邮编(P. C.): 215539
电话(Tel): 0512 – 52581467
传真(Fax): 0512 – 52583888
E-mail: info@feilong.cn
Http://www.feilong.cn
法人代表(Chairman): 韩雪龙
总经理(General Manager): 韩雪龙
联系人(Contact Person): 韩雪龙
产品业务(Business): 水刺、热轧、热风非织造布生产线

常州乔德机械有限公司
Changzhou Qiaode Machinery Co., Ltd.
地址(Add): 江苏省常州市武进高新技术开发区凤翔路8号
邮编(P. C.): 213164
电话(Tel): 0519 – 86321630
传真(Fax): 0519 – 86223877
E-mail: tangqiaoyuan@126.com
Http://www.czqdjx.com
法人代表(Chairman): 唐巧元
总经理(General Manager): 唐巧元
联系人(Contact Person): 唐巧元
产品业务(Business): 纺粘非织造布设备，热轧辊，镜面辊，非织造布热轧/收卷/分切机，导流层压花/打孔设备

常州市照新无纺制品设备有限公司
Changzhou Zhaoxin Nonwovens Equipment Co., Ltd.
地址(Add): 江苏省常州市武进洛阳小留村委桥头5号
邮编(P. C.): 213104
电话(Tel): 0519 – 88812999
传真(Fax): 0519 – 88870277
总经理(General Manager): 周兆基
联系人(Contact Person): 王先生
产品业务(Business): 热轧非织造布设备

常州市武进无纺机械设备有限公司
Changzhou Wujin Nonwoven Machinery Co., Ltd.
(详见非织造布 – 热轧、热风、纺粘等)

常州市武进无纺机械设备有限公司
Changzhou Wujin Nonwoven Machinery Co., Ltd.
地址(Add): 江苏省常州市武进区青阳南路138号
邮编(P. C.): 213100
电话(Tel): 0519 – 86701220
传真(Fax): 0519 – 86705991
E-mail: info@wjnonwoven.com.cn
Http://www.wjnonwoven.com.cn
联系人(Contact Person): 张伶莉
产品业务(Business): 热轧非织造布设备，非织造布

常州市豪峰机械有限公司
Changzhou Haofeng Machinery Co., Ltd.
地址(Add): 江苏省常州市武进武进区曹桥镇新善路6号
邮编(P. C.): 213179
电话(Tel): 0519 – 86544518
传真(Fax): 0519 – 86545518
E-mail: cao@haofengcn.cn
法人代表(Chairman): 曹晓峰
总经理(General Manager): 曹晓峰
联系人(Contact Person): 曹晓峰
产品业务(Business): 非织造布设备

常州市锦益机械有限公司
Changzhou Jinyi Machinery Co., Ltd.
地址(Add): 江苏省常州市雪堰镇潘家工业区潘南路一号
邮编(P. C.): 213179
电话(Tel): 0519 – 86543565
传真(Fax): 0519 – 86543082
E-mail: info@czjinyi.com.cn
Http://www.czjinyi.com.cn
法人代表(Chairman): 高中林
联系人(Contact Person): 翁春平
产品业务(Business): 热风、热轧、水刺非织造布生产线，热风非织造布

常州市佳美薄膜制品有限公司
Changzhou Jiamei Film Co., Ltd.
(详见打孔膜及打孔非织造布)

江阴金港无纺布有限公司
Jiangyin Jingang Non – woven Co., Ltd.
(详见非织造布 – 热轧、热风、纺粘等)

昆山市三羊纺织机械有限公司
Kunshan Sanyang Textile Machine Co., Ltd.
地址(Add): 江苏省昆山市淀山湖镇新兴路18号
邮编(P. C.): 215345
电话(Tel): 0512 – 55179788
传真(Fax): 0512 – 55179518
Http://www.kssyfj.com
法人代表(Chairman): 徐跃飞
总经理(General Manager): 徐跃飞
联系人(Contact Person): 徐跃飞
产品业务(Business): 纺粘非织造布机械

连云港赣榆县恒宇纸品机械厂
Lianyungang Ganyu Hengyu Paper Products Machinery Factory
(详见生活用纸加工设备)

连云港市汉洲纸品机械厂
Lianyungang Hanzhou Paper Products Machine Factory
(详见生活用纸加工设备)

连云港华露无纺布机械设备厂
Lianyungang Hualu Nonwoven Machinery Factory
(详见生活用纸加工设备)

江苏连云港市盛洁无纺布设备厂
Jiangsu Lianyungang Shengjie Nonwoven Machinery Factory
(详见湿巾设备)

江苏省连云港市新型纸品加工设备厂
Lianyungang New Paper Converting Machinery Factory
(详见生活用纸加工设备)

莱芬豪舍塑料机械(苏州)有限公司
Reifenhäuser REICOFIL GmbH & Co., Ltd.
地址(Add):江苏省苏州市吴中经济开发区兴昂路6号
邮编(P. C.):215128
电话(Tel):0512-65686037
传真(Fax):0512-65686031
E-mail:danlinwu@reifenhauser.com.cn
Http://www.reicofil.com
法人代表(Chairman):Klaus Reifenhauser
总经理(General Manager):Dr. Kunze
联系人(Contact Person):吴丹林
产品业务(Business):纺粘/熔喷/纺熔非织造布生产线

江苏省仪征市海润纺织机械有限公司
Jiangsu Yizheng Hairun Textile Machinery Co., Ltd.
地址(Add):江苏省仪征市渡江路92号
邮编(P. C.):211400
电话(Tel):0514-83451741
传真(Fax):0514-83451747
E-mail:hrdex@vip.163.com
Http://www.hrtexm.com
联系人(Contact Person):王敏
产品业务(Business):热轧/纺粘非织造布设备

张家港市腾龙机械制造有限公司
Zhangjiagang Tenglong Machinery Manufacture Co., Ltd.
地址(Add):江苏省张家港市东莱农联民营工业园
邮编(P. C.):215627
电话(Tel):0512-58191118
传真(Fax):0512-58192238
E-mail:tl@tenglong-jx.com
Http://www.tenglong-jx.com
法人代表(Chairman):李萍
总经理(General Manager):李佳烽
联系人(Contact Person):李佳烽
产品业务(Business):非织造布后整理生产线

张家港市世奇机械制造有限公司
Zhangjiagang Shiqi Machinery Co., Ltd.
(详见一次性卫生用品生产设备)

张家港市阿莱特机械有限公司
Zhangjiagang Alaite Machinery Co., Ltd.
(详见一次性卫生用品生产设备)

张家港市久屹机械制造有限公司
Zhangjiagang Jiuyi Machinery Co., Ltd.
(详见一次性卫生用品生产设备)

杭州智玲无纺布机械设备有限公司
Hangzhou ZhiLing Nonwoven Machinery Co., Ltd.
(详见一次性卫生用品生产设备)

嘉兴市锐星机械制造有限公司
Jiaxing Ruixing Machinery Co., Ltd.
地址(Add):浙江省嘉兴市南湖工业园二区丰源路120号
邮编(P. C.):314001
电话(Tel):0573-82697558
传真(Fax):0573-83958656
E-mail:wqx@jxqx.com.cn
法人代表(Chairman):王其星
总经理(General Manager):王根林
联系人(Contact Person):王根林
产品业务(Business):非织造布加工设备

温州博益机械有限公司
Wenzhou Boyi Machinery Co., Ltd.
地址(Add):浙江省温州市平阳县鳌江埭头机电工业区
邮编(P. C.):325401
电话(Tel):0577-23800308
传真(Fax):0577-23800333
E-mail:helen010225@hotmail.com
联系人(Contact Person):林微微
产品业务(Business):PP纺粘/SMS非织造布设备

新光无纺布机械设备厂
Xinguang Nonwovens Mechanical Equipment Factory
地址(Add):浙江省喜兴市嘉善县枫南开发区千泾塘路五号
邮编(P. C.):314118
电话(Tel):0573-84711689
传真(Fax):0573-84711689
E-mail:394378556@qq.com
联系人(Contact Person):王进
产品业务(Business):纺粘非织造布生产线及配件

青岛纺织机械股份有限公司
Qingdao Textile Machinery Co., Ltd.
地址(Add):山东省青岛市四流南路22号
邮编(P. C.):266042
电话(Tel):0532-84892470
传真(Fax):0532-84892744
Http://www.qtmw.com
联系人(Contact Person):沈敢
产品业务(Business):非织造布设备

河南龙弈机械设备有限公司
Henan Longyi Machinery Co., Ltd.
地址(Add):河南省邓州市腰店工业开发区
邮编(P.C.):474150
电话(Tel):0377-62722988
传真(Fax):0377-62725780
Http://www.longyijixie.com
联系人(Contact Person):周新华
产品业务(Business):纺粘非织造布/SMMS非织造布生产线

新乡市中原卫生材料厂有限责任公司
Xinxiang Zhongyuan Health Materials Co., Ltd.
(详见非织造布-热轧、热风、纺粘等)

邵阳纺织机械有限责任公司
Shaoyang Textile Machinery Co., Ltd.
地址(Add):湖南省邵阳市宝庆西路162号
邮编(P.C.):422000
电话(Tel):0739-5502183
传真(Fax):0739-5324671
E-mail:syefjxs@syefj.com
Http://www.syefj.com
联系人(Contact Person):王宗斌
产品业务(Business):纺粘非织造布设备

东莞市科环机械设备有限公司
Dongguan Kehuan Mechanical Equipment Co., Ltd.
地址(Add):广东省东莞市中堂镇东泊大新围工业区
邮编(P.C.):523220
电话(Tel):13650143020
传真(Fax):0769-88846109
E-mail:peggychen0121@hotmail.com
Http://www.kehuan-china.cn
联系人(Contact Person):陈瑞平
产品业务(Business):丙纶纺粘非织造设备,纺粘非织造布

佛山市南海区联盟精密机械有限公司
Foshan Alliance Precision Machine Co., Ltd.
地址(Add):广东省佛山市南海区罗村联和工业区东区二路15号
邮编(P.C.):528226
电话(Tel):0757-88583883
传真(Fax):0757-88583882
E-mail:foshanweicanming@163.com
Http://www.fsalliance.cn.alibaba.com
联系人(Contact Person):卫明灿
产品业务(Business):非织造布打孔机

广州盛鹏纺织业专用设备有限公司
Guangzhou Sipda Textiling Equipment Co., Ltd.
地址(Add):广东省广州市番禺区沙湾镇大涌口村第三工业区2号
邮编(P.C.):511483
电话(Tel):020-34876872
传真(Fax):020-34876821-610
E-mail:info@sipda.cn
Http://www.sipda.cn
总经理(General Manager):程清林
产品业务(Business):纺粘非织造布亲水抗静电处理生产线,SMS非织造布三抗处理生产线,收卷机,分切机

信维机械(广州)有限公司
Xinwei Machinery (Guangzhou) Co., Ltd.
地址(Add):广东省广州市经济技术开发区东区北片建业二路6号
邮编(P.C.):510530
电话(Tel):020-82266788
传真(Fax):020-82266798
E-mail:583694109@qq.com
法人代表(Chairman):姚清金
总经理(General Manager):姚清金
联系人(Contact Person):姚清金
产品业务(Business):水刺非织造布设备

江门市蓬江区东洋机械有限公司
Jiangmen Toyo Equipment Co., Ltd.
地址(Add):广东省江门市建设二路141号(原腈纶厂内)
邮编(P.C.):529000
电话(Tel):0750-3670778
传真(Fax):0750-3650768
Http://www.jmdfjx.com
联系人(Contact Person):谭国超
产品业务(Business):非织造布分切、打孔机

深圳首恩科技有限公司
Shenzhen Shown Technology Co., Ltd.
地址(Add):广东省深圳市宝安区宝安大道永利工业中心
邮编(P.C.):518102
电话(Tel):0755-29373113
传真(Fax):0755-29373113
E-mail:service@showntech.com
联系人(Contact Person):贾猛
产品业务(Business):非织造布打孔机

深圳市新天地机械设备有限公司
Shenzhen Xintiandi Machinery Co., Ltd.
地址(Add):广东省深圳市罗湖区宝岗路宝岗花园2幢602室
邮编(P.C.):518023
电话(Tel):0755-22900306
传真(Fax):0755-22900306
总经理(General Manager):许大鹏
产品业务(Business):非织造布打孔设备,导流层设备,分切设备,一次性卫生用品设备

● 打孔膜机 Apertured film machine

上海顺朝卫生材料有限公司
Shanghai Shunchao Hygienic Material Co., Ltd.
地址(Add):上海市凉城路中虹花园375弄8号1102室
邮编(P.C.):200434
电话(Tel):021-65929925
传真(Fax):021-65257372
E-mail:yuminmin@hotmail.com
法人代表(Chairman):虞敏敏
总经理(General Manager):虞敏敏
联系人(Contact Person):虞敏敏

产品业务(Business)：代理荷兰 STORK 公司打孔 PE 膜网笼

常州市东风卫生机械设备制造厂
Changzhou Dongfeng Sanitary Machinery Equipment Manufacture Factory
(详见一次性卫生用品生产设备)

常州科宇塑料机械有限公司
Changzhou Keyu Plastic Machinery Co., Ltd.
地址(Add)：江苏省常州市武进邹区工业园
邮编(P. C.)：213144
电话(Tel)：0519－83279815
传真(Fax)：0519－83831569
法人代表(Chairman)：巢建平
总经理(General Manager)：巢建平
联系人(Contact Person)：巢建平
产品业务(Business)：流延膜/打孔膜机

南通三信塑胶装备科技有限公司
Nantong Sanxin Plastics Equipment Technology Co., Ltd.
地址(Add)：江苏省启东市台角工业区三信工业园
邮编(P. C.)：226200
电话(Tel)：0513－68202922
传真(Fax)：0513－83214152
E-mail：bpliuhao@126. com
Http://www. ntsanxin. com
法人代表(Chairman)：陈伟
总经理(General Manager)：陈伟
联系人(Contact Person)：施介平
产品业务(Business)：流延膜、打孔膜、透气膜生产线，造粒机，静电消除器，热风非织造布打孔设备

泉州诺达机械有限公司
Quanzhou Nuoda Machinery Co., Ltd.
地址(Add)：福建省晋江市池店梧潭工业区
邮编(P. C.)：362212
电话(Tel)：0595－85923236
传真(Fax)：0595－85923236
联系人(Contact Person)：庄汉水
产品业务(Business)：流延膜机

泉州市露泉卫生用品有限公司
Quanzhou Luquan Hygiene Products Co., Ltd.
地址(Add)：福建省泉州市洛江双阳华侨经济开发区二期
邮编(P. C.)：362000
电话(Tel)：0595－22558772
传真(Fax)：0595－22558773
E-mail：1309654172@qq. com
Http://www. qzluquan. cn. alibaba. com
法人代表(Chairman)：吴育峰
总经理(General Manager)：吴育峰
联系人(Contact Person)：吴丹妮
产品业务(Business)：打孔膜机，流延膜机，透气膜机，复合膜机，打孔膜，流延膜

泉州市东方机械有限公司
Quanzhou Orient Machinery Co., Ltd.
地址(Add)：福建省泉州市台商投资区
邮编(P. C.)：362000
电话(Tel)：0595－22903857
传真(Fax)：0595－22901232
E-mail：dfjx@orient－jx. com
Http://www. orient－mc. com
法人代表(Chairman)：杨标志
总经理(General Manager)：杨国芳
联系人(Contact Person)：杨国芳
产品业务(Business)：流延压纹膜机组，多层共挤机组，透气膜机组

佛山市洪峰机械有限公司
Foshan Hongfeng Machinery Co., Ltd.
地址(Add)：广东省佛山市南海区罗村佛罗路寨边段 6 号
邮编(P. C.)：528226
电话(Tel)：0757－81802807
传真(Fax)：0757－81802800
E-mail：sales@fs－hf. com
Http://www. fs－hf. com
总经理(General Manager)：许晓峰
联系人(Contact Person)：陈雪锋
产品业务(Business)：薄膜造粒机，分切机

广东仕诚塑料机械有限公司
Simcheng Plastics Machinery Co., Ltd.
地址(Add)：广东省佛山市南海狮山科技工业园 A 区
邮编(P. C.)：528225
电话(Tel)：0757－81207008
传真(Fax)：0757－81207001
E-mail：s－c@s－c. cn
Http://www. s－c. cn
联系人(Contact Person)：俞威明
产品业务(Business)：流延膜生产线

松德机械股份有限公司
Sotech Machinery Co., Ltd.
地址(Add)：广东省中山市南头镇南头大道东 105 号
邮编(P. C.)：528427
电话(Tel)：0760－23380388
传真(Fax)：0760－23112933
E-mail：tech@sotech. cn
Http://www. sotech. cn
联系人(Contact Person)：张幸彬
产品业务(Business)：流延膜生产线，膜分切机，包装机械

● 自动化及控制系统 Automation and control system

NDC Infrared Engineering
美国 NDC 红外技术公司
地址(Add)：5314, North, Inwindale, Avenue, Irwindale, CA, 91706, USA
电话(Tel)：001－6269603300
传真(Fax)：001－6269393870
E-mail：ndcsh@ndcinfrared. com. cn
Http://www. ndcinfrared. com. cn
联系人(Contact Person)：罗成波
产品业务(Business)：检测控制系统

ABB(中国)有限公司
ABB (China) Limited
地址(Add)：北京市朝阳区酒仙桥路10号恒通广厦
邮编(P. C.)：100016
电话(Tel)：010 - 84566688
传真(Fax)：010 - 84567626
Http://www. abbpaper. com. cn
总经理(General Manager)：林曙明
产品业务(Business)：传动控制系统，质量控制系统，开放式控制系统，化学品制备系统，电气系统，纸病检测系统

钛玛科(北京)工业科技有限公司
Techmach (Beijing) Industry Science & Technology Co., Ltd.
地址(Add)：北京市朝阳区万红路5号蓝涛中心B103
邮编(P. C.)：100015
电话(Tel)：010 - 64380505 - 216
传真(Fax)：010 - 64385400
E-mail：sales@ techmach. com. cn
Http://www. techmach. com. cn
法人代表(Chairman)：魏平
联系人(Contact Person)：李维能
产品业务(Business)：纠偏控制系统，精密板条式气胀轴，张力控制系统

西门子(中国)有限公司
Siemens Ltd., China
地址(Add)：北京市朝阳区望京中环南路7号西门子大厦9层
邮编(P. C.)：100102
电话(Tel)：010 - 64763344
传真(Fax)：010 - 64764973
E-mail：jianyu@ siemens. com
Http://www. siemens. com. cn
总经理(General Manager)：于健
联系人(Contact Person)：于健
产品业务(Business)：过程控制系统，变频与传动装置，仪器仪表

麦可拓(北京)科技有限公司
Amctop (Beijing) Technology Co., Ltd.
地址(Add)：北京市海淀区清河安宁庄东路30号京点商务楼211
邮编(P. C.)：100085
电话(Tel)：010 - 82893178
传真(Fax)：010 - 82893179
E-mail：fanceqx@ 126. com
Http://www. amc - top. com. cn
法人代表(Chairman)：郭峰
总经理(General Manager)：郭峰
联系人(Contact Person)：郭峰
产品业务(Business)：纠偏器

北京伟伯康科技发展有限公司
Beijing Webcon Science & Technology Development Co., Ltd.
地址(Add)：北京市海淀区曙光花园中路9号北京农林科学院畜牧研究所西院内
邮编(P. C.)：100097
电话(Tel)：010 - 51503883
传真(Fax)：010 - 51503796
E-mail：sales@ webcon - tech. com
Http://www. webcon - tech. com
法人代表(Chairman)：王宇
总经理(General Manager)：王宇
联系人(Contact Person)：高卫良
产品业务(Business)：代理纠偏控制系统，张力控制系统，除尘，高速切刀等

北京高威科电气技术股份有限公司
Beijing Go - well Electrical Technology Co., Ltd.
地址(Add)：北京市海淀区五道口华清嘉园7号楼(华清商务会馆1001室)
邮编(P. C.)：100083
电话(Tel)：010 - 82867930 - 809
传真(Fax)：010 - 82867927
E-mail：guoxc@ go - well. com. cn
Http://www. go - well. com. cn
法人代表(Chairman)：张浔
总经理(General Manager)：刘新平
联系人(Contact Person)：郭小成
产品业务(Business)：代理日本三菱电机工厂自动化产品

北京星科嘉锐自动化技术有限公司
Beijing Suntek Automation Technology Co., Ltd.
地址(Add)：北京市通州区光机电现代化产业基地科创东五街二号光联工业园
邮编(P. C.)：101111
电话(Tel)：010 - 81509900
传真(Fax)：010 - 81509933
E-mail：info@ isuntek. com. cn
Http://www. isuntek. com. cn
联系人(Contact Person)：陈莹
产品业务(Business)：电缆线束

保定入微能源科技有限责任公司
Baoding Ruv Energy Technology Co., Ltd.
地址(Add)：河北省保定市满城县中山东路1083号
邮编(P. C.)：072150
电话(Tel)：0312 - 7130888
传真(Fax)：0312 - 7130801
E-mail：13930292800@ 163. com
Http://www. ciemb. com
法人代表(Chairman)：杨小进
总经理(General Manager)：杨小进
联系人(Contact Person)：杨小进
产品业务(Business)：卫生巾/造纸设备自控设备

丹东山河技术有限公司
Dandong Shanhe Technology Co., Ltd.
地址(Add)：辽宁省丹东市汤池工业园区35号
邮编(P. C.)：118303
电话(Tel)：0415 - 6256966
传真(Fax)：0415 - 6256956
E-mail：mail@ sunhightech. com
Http://www. sunhightech. com
总经理(General Manager)：葛济民
联系人(Contact Person)：葛济民
产品业务(Business)：纸浆浓度传感器与控制系统，纸张水分传感器，定量稳定调节系统

日静贸易(上海)有限公司
Nissei Trading (Shanghai) Co., Ltd.
地址(Add):上海市北京西路1701号静安中华大厦2209室
邮编(P. C.):200040
电话(Tel):021-62884598
传真(Fax):021-62882879
E-mail:hkume@nissei-gtr. co. jp
Http://www. nissei-gtr. co. jp
法人代表(Chairman):中川存一
总经理(General Manager):中川存一
产品业务(Business):代理减速机,马达

上海西菱自动化系统有限公司
Shanghai Syslink Automation System. Co., Ltd.
地址(Add):上海市漕宝路86号光大会展中心F座1601室
邮编(P. C.):200235
电话(Tel):021-51096030
传真(Fax):021-64325937
E-mail:cliver@syslink. com. cn
Http://www. syslink. com. cn
联系人(Contact Person):陈彦
产品业务(Business):三菱工控代理电机,变频器

上海开通数控有限公司
Shanghai Capital Numerical Control Co., Ltd.
地址(Add):上海市漕河泾桂平路470号
邮编(P. C.):200233
电话(Tel):021-64851221
传真(Fax):021-64851197
E-mail:luj@capitalnc. com
Http://www. capitalnc. com
联系人(Contact Person):陆军
产品业务(Business):数控系统,伺服驱动系统

罗克韦尔自动化(上海)有限公司
Rockwell Automation (Shanghai) Co., Ltd.
地址(Add):上海市漕河泾开发区虹梅路1801号宏业大厦
邮编(P. C.):200233
电话(Tel):021-65217854
传真(Fax):021-65217545
E-mail:yulu@ra. rockwell. com
Http://www. rockwellautomation. com. cn
联系人(Contact Person):路煜
产品业务(Business):自动化控制系统

上海博世力士乐液压及自动化有限公司
Shanghai Bosch Rexroth Hydraulics & Automation Ltd.
地址(Add):上海市长宁区福泉北路333号
邮编(P. C.):200335
电话(Tel):021-22186552
传真(Fax):021-22186373
E-mail:kezhong. fu@boschrexroth. com. cn
Http://www. boschrexroth. com. cn
联系人(Contact Person):傅克众
产品业务(Business):无轴传动与控制系统

罗爱德(上海)贸易有限公司
Light Dengyo (Shanghai) Trading Co., Ltd.
地址(Add):上海市长宁区福泉路111号1幢1楼A区
邮编(P. C.):200335
电话(Tel):021-62380055
传真(Fax):021-62389530
E-mail:gao@light-sh. com
Http://www. e-light. ne. jp
联系人(Contact Person):高鹏
产品业务(Business):卫生巾、纸尿裤设备系统控制,纸尿裤在线检测仪器

菱商电子(上海)有限公司
Ryosho Electronics (Shanghai) Co., Ltd.
地址(Add):上海市长宁区虹桥路1386号三菱电机自动化中心12楼
邮编(P. C.):200336
电话(Tel):021-61199066
传真(Fax):021-31352305
E-mail:n. keino@ryosho. cn
Http://www. ryosho. net
联系人(Contact Person):庆野直人
产品业务(Business):可编程控制器,驱动控制器,伺服马达,变频器

照业好贸易(上海)有限公司
Justin Haw Trading (Shanghai) Co., Ltd.
地址(Add):上海市长宁区中山西路555号1005室
邮编(P. C.):200051
电话(Tel):021-52406812
传真(Fax):021-52406813
E-mail:shanghai@justin. jp
Http://www. justin. jp
总经理(General Manager):近藤祐司
联系人(Contact Person):尹明月
产品业务(Business):纠偏器

上海天鸟自动化科技有限公司
Shanghai Skybird Automatic Technology Co., Ltd.
地址(Add):上海市奉贤区大叶公路7693号
邮编(P. C.):201402
电话(Tel):021-68566318
传真(Fax):021-57559191
E-mail:cw@skybird. sh. cn
Http://www. skybird. sh. cn
联系人(Contact Person):巢玮
产品业务(Business):自动化产品

上海兰宝传感科技股份有限公司
Shanghai Lanbao Sensing Technology Co., Ltd.
地址(Add):上海市奉贤区金汇工业园区金碧路228号
邮编(P. C.):201404
电话(Tel):021-57486188
传真(Fax):021-57486199
E-mail:huangfeng@shlanbao. cn
Http://www. shlanbao. cn
联系人(Contact Person):黄峰
产品业务(Business):传感器,工业自动控制系统

上海索米自动化设备有限公司
Shanghai Somy Automatic Equipment Co., Ltd.
(详见包装设备、裹包设备及配件)

上海森明工业设备有限公司
Shanghai Surmach Industrial Equipment Co., Ltd.
地址(Add):上海市光华路18号晶森商务大厦B座310号
邮编(P.C.):201108
电话(Tel):021-33508226
传真(Fax):021-51079363
E-mail:bill@surmach.com
Http://www.surmach.com
联系人(Contact Person):杨德宝
产品业务(Business):纠偏系统,张力控制系统,电气转换器,卷材设备配件,弧形辊,卷材除尘系统

上海广奇电气有限公司
Shanghai Gonqi Electric Co., Ltd.
地址(Add):上海市嘉定区华亭工业园华高路535号
邮编(P.C.):201618
电话(Tel):021-51873333
传真(Fax):021-59959322
E-mail:lwj19740309@163.com
Http://www.gonqi.com
联系人(Contact Person):张建新
产品业务(Business):电气连接器

上海展高电器有限公司
Shanghai Zhangao Electric Appliances Co., Ltd.
(详见卫生纸机和加工设备相关器材配件)

上海茂智自动化设备贸易有限公司
Unity Shanghai Co., Ltd.
地址(Add):上海市金沙江西路1555弄上海西郊商务区C区13号楼5-6楼
邮编(P.C.):201803
电话(Tel):021-66080319
传真(Fax):021-66080329
E-mail:sh@unity.net.cn
Http://www.unity.net.cn
联系人(Contact Person):黄尧俊
产品业务(Business):代理纠偏装置,控制系统

上海颖轩电气有限公司
Shanghai Ensure Electrical Co., Ltd.
地址(Add):上海市龙华东路818号1507室
邮编(P.C.):200030
电话(Tel):021-34619109
传真(Fax):021-34619109
E-mail:zhangyh@ensure-cn.com
Http://www.ensure-cn.com
联系人(Contact Person):张咏华
产品业务(Business):电机驱动,运动控制,人机界面,PLC

上海鸣志自动控制设备有限公司
Shanghai Moons' Automation Control Co., Ltd.
地址(Add):上海市闵北工业区鸣嘉路168号
邮编(P.C.):201107
电话(Tel):021-52634688
传真(Fax):021-52634098
E-mail:info@moons.com.cn
Http://www.moons.com.cn
联系人(Contact Person):王炜
产品业务(Business):伺服电机驱动器

比勒(上海)自动化技术有限公司
BST International (Shanghai) Co., Ltd.
地址(Add):上海市闵行区莘福路388号2号楼303室
邮编(P.C.):201100
电话(Tel):021-52265622-6001
传真(Fax):021-52262367
E-mail:wang.rong@bstchina.com.cn
联系人(Contact Person):王荣
产品业务(Business):纠偏系统

上海凯多机电设备有限公司
Shanghai Kado Automation Co., Ltd.
地址(Add):上海市闵行区莘庄工业园申旺路5号A栋3楼
邮编(P.C.):201108
电话(Tel):021-51511311
传真(Fax):021-51511312
E-mail:yang.fan@kado-china.com
Http://www.kado-china.com
联系人(Contact Person):杨帆
产品业务(Business):纠偏器

加胜信息科技(上海)有限公司
Cansun Technology (Shanghai) Co., Ltd.
地址(Add):上海市浦东区东方路899号浦东假日酒店906室
邮编(P.C.):200122
电话(Tel):021-50368888
E-mail:dennis.yang@cansuntechnology.com
Http://www.cansuntechnology.com
联系人(Contact Person):杨建辉
产品业务(Business):自动化生产管理

上海弗伦自动化科技有限公司
Shanghai Fulun Automation Technology Co., Ltd.
地址(Add):上海市浦东新区川沙镇川周路8682弄24号402室
邮编(P.C.):201200
电话(Tel):021-38920871
传真(Fax):021-20227928
E-mail:15921349113@139.com
Http://www.fulunsh.com
联系人(Contact Person):杜长青
产品业务(Business):传动设备

路斯特传动系统(上海)有限公司
Lti Drive Systems (Shanghai) Co., Ltd.
地址(Add):上海市浦东新区高行工业开发区莱阳路2927弄80号
邮编(P.C.):200137
电话(Tel):021-50400088-679
传真(Fax):021-50416332
Http://www.lt-i.com.cn
联系人(Contact Person):林先生
产品业务(Business):传动系统

欧姆龙自动化(中国)有限公司
Omron Industrial Automation (China) Co., Ltd.
地址(Add): 上海市浦东新区银城中路200号中银大厦2211室
邮编(P. C.): 200120
电话(Tel): 021 - 61006051
传真(Fax): 021 - 50372388
E-mail: ql_ pu@ gc. omron. com
联系人(Contact Person): 浦绮丽
产品业务(Business): 传感器

伦茨(上海)传动系统有限公司
Lenze Drive Systems (Shanghai) Co., Ltd.
地址(Add): 上海市浦东新区源深路1088号葛洲坝大厦1903 - 1905室
邮编(P. C.): 200122
电话(Tel): 021 - 38991600 - 1590
传真(Fax): 021 - 38991603
E-mail: kevin_ zhao@ lenze. cn
Http://www. lenze. com
联系人(Contact Person): 赵砚辉
产品业务(Business): 传动, 机械驱动系统

施耐德电气(中国)有限公司上海分公司
Schneider Electric (China) Co., Ltd. Shanghai Branch
地址(Add): 上海市普陀区云岭东路89号长风国际大厦8层
邮编(P. C.): 200062
电话(Tel): 021 - 60656699
传真(Fax): 021 - 60768984
E-mail: zuoqing - roy. xiao@ cn. schneider - electric. com
Http://www. schneider - electric. cn
联系人(Contact Person): 肖佐清
产品业务(Business): 传感器

上海欧特传动机电有限公司
Shanghai OTG Co., Ltd.
地址(Add): 上海市松江区闵塔路579弄14号 - 15号厂房
邮编(P. C.): 201617
电话(Tel): 021 - 57847752
传真(Fax): 021 - 57847753
Http://www. orientdive. com. cn
联系人(Contact Person): 吴女士
产品业务(Business): 齿轮减速器, 变速马达

贝加莱工业自动化(上海)有限公司
Bernecker + Rainer Industrial Automation (Shanghai) Co., Ltd.
地址(Add): 上海市田林路487号宝石园21号楼
邮编(P. C.): 200233
电话(Tel): 021 - 54644800
传真(Fax): 021 - 33675666
E-mail: info. cn@ br - automation. com
Http://www. br - automation. com
联系人(Contact Person): 宋华振
产品业务(Business): 自动化控制设备

上海慧桥电气自动化有限公司
Shanghai WitJoint Automation Co., Ltd.
地址(Add): 上海市田州路99号新茂大楼3楼
邮编(P. C.): 200233
电话(Tel): 021 - 54450066
传真(Fax): 021 - 54450056
Http://www. witjoint. com
联系人(Contact Person): 陈女士
产品业务(Business): 自动化控制系统

康耐视中国
Cognex China
地址(Add): 上海市外高桥保税区泰谷路207号一楼D1座
邮编(P. C.): 200131
电话(Tel): 021 - 50509922
传真(Fax): 021 - 50509929
E-mail: yao. zhang@ cognex. com
Http://www. cognex - china. com
联系人(Contact Person): 张尧
产品业务(Business): 断纸及纸病在线监测系统

安川通商(上海)实业有限公司
Yaskawa Tsusho (Shanghai) Co., Ltd.
地址(Add): 上海市西藏中路168号都市总部大楼
邮编(P. C.): 200001
电话(Tel): 021 - 53061100 - 137
传真(Fax): 021 - 53063369
E-mail: yangzhiyong@ yaskawats. com. cn
Http://www. yaskawats. com. cn
联系人(Contact Person): 杨志勇
产品业务(Business): 伺服电机, 变频器

上海鑫金科贸有限公司
Shanghai Thin - King Technology & Trade Co., Ltd.
地址(Add): 上海市徐汇区龙漕路135弄凯诚商务大厦707室
邮编(P. C.): 200235
电话(Tel): 021 - 54482224
传真(Fax): 021 - 54480688
E-mail: kame@ thin - king. cn
Http://www. thin - king. cn
总经理(General Manager): 肖泽昌
产品业务(Business): 减速机, 伺服电机, 刮刀

东芝三菱电机工业系统(北京)有限公司
Toshiba Mitsubishi - Electric Industrial Systems (Beijing) Corp.
地址(Add): 上海市延安西路2299号世贸商城2603 - 2605室
邮编(P. C.): 200336
电话(Tel): 021 - 62360588
传真(Fax): 021 - 62360599
E-mail: chensun@ tmeic - cn. com
Http://www. tmeic - cn. com
联系人(Contact Person): 孙成
产品业务(Business): 电气产品, 自动化系统

上海天览机电科技有限公司
Shanghai Talent Machine & Technology Co., Ltd.
地址(Add): 上海市杨浦区平凉路1180号(眉州路381号)华谊星城大厦1505室
邮编(P. C.): 200090
电话(Tel): 021 - 65210986

传真(Fax)：021－65213612
E-mail：talent－ront@163.com
Http://www.talent－sha.cn
法人代表(Chairman)：段子义
总经理(General Manager)：段子义
联系人(Contact Person)：段杰
产品业务(Business)：经销自控设备，自动纠偏系统，气胀轴，安全夹头

上海综元电子科技有限公司
Stately (Shanghai) Electronic Technology Co., Ltd.
地址(Add)：上海市永兴路258弄1幢1110室(兴亚广场)
邮编(P.C.)：200071
电话(Tel)：021－56325770
传真(Fax)：021－56325635
E-mail：see－1213@tom.com
Http://www.stately.com.cn
联系人(Contact Person)：曹国海
产品业务(Business)：光电开关，测温仪，热成像仪

上海会通自动化科技发展有限公司
Shanghai Huitong Automation Technology Development Co., Ltd.
地址(Add)：上海市闸北区河南北路锦艺大厦16楼
邮编(P.C.)：200071
电话(Tel)：021－63577505
传真(Fax)：021－63577507
E-mail：sales@huitong.net
Http://www.shhuitong.net
联系人(Contact Person)：陈经理
产品业务(Business)：电气传动控制

上海高威科电气技术有限公司
Shanghai Go－Well Electrical Technology Co., Ltd.
地址(Add)：上海市闸北区江场三路173号6楼
邮编(P.C.)：200436
电话(Tel)：021－66300101－834
传真(Fax)：021－50802962
E-mail：yuxiaoming@go－well.com.cn
Http://www.go－well.cn/dezo－auto.com
联系人(Contact Person)：于晓明
产品业务(Business)：电机，变频器

瑞史博(上海)贸易有限公司
Re China Co., Ltd.
地址(Add)：上海市闸北区平陆路453号
邮编(P.C.)：200072
电话(Tel)：021－65759945
传真(Fax)：021－65759947
E-mail：sales@re－china.com.cn
Http://www.re－china.com
法人代表(Chairman)：Roberto Galbiati
总经理(General Manager)：孙斌
联系人(Contact Person)：姚冬妹
产品业务(Business)：纠偏系统，张力控制器，气胀轴，旋转接头，监视系统

常州克力摩自动化控制设备厂
Changzhou Cream Autocontrol Plant
(详见卫生纸机和加工设备相关器材配件)

常州市施瑞特机械有限公司
Changzhou Sincerity Machinery Co., Ltd.
地址(Add)：江苏省常州市武进区鸣凰沟南工业园
邮编(P.C.)：213159
电话(Tel)：0519－85072699
传真(Fax)：0519－85072689
Http://www.stc－cz.com
总经理(General Manager)：潘浩
产品业务(Business)：制动器

常州市武进金宝电机有限公司
Changzhou Jinbao Motors Co., Ltd.
地址(Add)：江苏省常州市西郊礼河桥
邮编(P.C.)：213000
电话(Tel)：0519－83660875
传真(Fax)：0519－83663298
E-mail：cxjinbao@hotmail.com
Http://www.czjinbao.com
联系人(Contact Person)：张永刚
产品业务(Business)：电机

常州市伟通机电制造有限公司
Changzhou Weitong Electromechanical Manufacturing Co., Ltd.
地址(Add)：江苏省常州市新北区秦岭路7号
邮编(P.C.)：213122
电话(Tel)：0519－85175509
传真(Fax)：0519－86649535
E-mail：woto@czwoto.com
Http://www.czwoto.com
联系人(Contact Person)：刘伟
产品业务(Business)：步进电机，驱动器，控制器，自动化系统开发

淮安市楚淮电机股份制造有限公司
Huaian Chuhuai Motor Manufacturing Co., Ltd.
地址(Add)：江苏省淮安市涟水保滩十堡工业区
邮编(P.C.)：213405
电话(Tel)：0517－82892233
传真(Fax)：0517－82893066
法人代表(Chairman)：袁雪花
总经理(General Manager)：张会云
联系人(Contact Person)：张会云
产品业务(Business)：电机

南京斯丹达自动化科技有限公司
Nanjing Standard Automation Technology Co., Ltd.
地址(Add)：江苏省南京市江宁区将军大道六号J6创意产业园
邮编(P.C.)：210000
电话(Tel)：025－84486356
传真(Fax)：025－84486326
E-mail：guanning777@126.com
联系人(Contact Person)：关宁
产品业务(Business)：变频器

美闻达传动设备(苏州)有限公司
Moventas Driving Equipment (Suzhou) Co., Ltd.
地址(Add)：江苏省苏州工业园区唯亭镇金陵东路88号金陵工业园7号厂房
邮编(P.C.)：215121

电话(Tel)：0512－62998851
传真(Fax)：0512－62998853
E-mail：xuefeng. zhang@ moventas. com
Http://www. moventas. com
法人代表(Chairman)：aoli
总经理(General Manager)：杨西林
联系人(Contact Person)：刘保英
产品业务(Business)：减速机

盖茨优霓塔传动系统(苏州)有限公司
Gates Unitta Power Transmission (Suzhou) Limited
地址(Add)：江苏省苏州工业园区钟园路128号
邮编(P. C.)：215126
电话(Tel)：0512－62836886－780
传真(Fax)：0512－62836996
E-mail：bzhang@ gates. com
Http://www. gates. com
联系人(Contact Person)：张倍
产品业务(Business)：传动系统

苏州超群塑胶机械设备有限公司
Suzhou Chaoqun Rubber & Plastic Machinery Co., Ltd.
地址(Add)：江苏省苏州市高新区滨河路588号2B13
邮编(P. C.)：215000
电话(Tel)：0512－65981689
传真(Fax)：0512－65649321
E-mail：chaoqunsuji@ 163. com
法人代表(Chairman)：夏金良
总经理(General Manager)：夏金良
联系人(Contact Person)：夏金良
产品业务(Business)：油压缓冲器，稳速器，气动元件

苏州通锦精密工业有限公司
Suzhou Tongjin Precision Industry Co., Ltd.
地址(Add)：江苏省苏州市高新区嵩山路89号狮山工业廊1号厂房
邮编(P. C.)：215129
电话(Tel)：0512－68416781
传真(Fax)：0512－68416978
E-mail：sales@ sztongjin. com
Http://www. sztongjin. com
联系人(Contact Person)：姚文魁
产品业务(Business)：伺服马达，直线导轨，步进马达，减速箱，弹性联轴器

苏州骏玛特自动化设备有限公司
Suzhou Jmart Automation Equipment Co., Ltd.
地址(Add)：江苏省苏州市吴中区木渎金桥开发区25号工业园E7栋
邮编(P. C.)：215101
电话(Tel)：0512－65096205
传真(Fax)：0512－65090485
E-mail：1550450580@ qq. com
联系人(Contact Person)：曹廷武
产品业务(Business)：变频器，触摸屏，伺服系统

无锡华达电机有限公司
Wuxi Hwada Motors Co., Ltd.
地址(Add)：江苏省无锡市经济开发区军民路251号
邮编(P. C.)：214131
电话(Tel)：0510－85601316
传真(Fax)：0510－85613523
E-mail：wuzhiyong@ huadamotors. com
Http://www. hwadamotors. com
联系人(Contact Person)：吴志勇
产品业务(Business)：电动机

无锡市迅成控制技术有限公司
Wuxi Xuncheng Control Technology Co., Ltd.
地址(Add)：江苏省无锡市梅村工业园金城东路503号
邮编(P. C.)：214112
电话(Tel)：0510－88552235
传真(Fax)：0510－88552177
E-mail：xuncheng@ pack. net. cn
Http://www. wx－xuncheng. com
联系人(Contact Person)：李雪章
产品业务(Business)：张力控制，纠偏系统

沛哲机械(上海)有限公司
Bezel Machinery (Shanghai) Co., Ltd.
地址(Add)：江苏省扬州市高邮市城北工业园兴园路G3－7
邮编(P. C.)：225600
电话(Tel)：0514－84634940－818
传真(Fax)：0514－84634940－801
E-mail：bezelshh@ 126. com
Http://www. bezelsh. com
联系人(Contact Person)：戴洁
产品业务(Business)：输送机橡胶配件，支撑原件

镇江瑞普凡传输装备有限公司
Zhenjiang Ripvan Transmission Equipment Co., Ltd.
地址(Add)：江苏省镇江市丹徒新城谷阳大道东延99号
邮编(P. C.)：212143
电话(Tel)：0511－88082809
传真(Fax)：0511－86098799
E-mail：sjhaxlm@ 163. com
Http://www. jszjrpv. cn. alibaba. com
联系人(Contact Person)：许春雨
产品业务(Business)：联轴器

杭州山博自动化设备有限公司
Hangzhou Sunbo Automation Equipment Co., Ltd.
地址(Add)：浙江省杭州市经济技术开发区12号大街5号路口
邮编(P. C.)：310018
电话(Tel)：0571－86937058－807
传真(Fax)：0571－86937098
E-mail：sambo_ han@ sina. com
联系人(Contact Person)：韩国忠
产品业务(Business)：非标自动化设备

杭州全盛机电科技有限公司
Hangzhou Prosper Mechanical & Electrical Technology Co., Ltd.
地址(Add)：浙江省杭州市经济技术开发区幸福南路115号下沙七格工业园6幢
邮编(P. C.)：310000
电话(Tel)：0571－86496781
传真(Fax)：0571－86496785
E-mail：sales@ hzqs. com
Http://www. hzqs. com

联系人(Contact Person)：谭剑锋
产品业务(Business)：导电滑环，控制杆

浙江华章科技有限公司
Zhejiang Huazhang Technology Co., Ltd.
地址(Add)：浙江省杭州市西湖区文三路252号伟星大厦12楼E座
邮编(P. C.)：310012
电话(Tel)：0571-88866555
传真(Fax)：0571-88856077
E-mail：zhangjing@hzeg.com
Http://www.hzeg.com
法人代表(Chairman)：朱根荣
联系人(Contact Person)：张菁
产品业务(Business)：纸机电气传动控制

浙江东华信息控制技术有限公司
Zhejiang Donghua Information Control Technology Co., Ltd.
地址(Add)：浙江省杭州市西湖区西园五路16号1幢2F
邮编(P. C.)：310030
电话(Tel)：0571-88855777
传真(Fax)：0571-89986688
Http://www.donghuanet.com
联系人(Contact Person)：洪柏林
产品业务(Business)：电气传动，电力电源设备

杭州和利时自动化有限公司
Hangzhou Hollysys Automation Technology Co., Ltd.
地址(Add)：浙江省杭州市下沙经济开发区19号路北1号
邮编(P. C.)：310018
电话(Tel)：0571-81633800
传真(Fax)：0571-81633700
Http://www.hollysys.com
联系人(Contact Person)：徐二喜
产品业务(Business)：过程控制自动化系统

莱默尔(杭州)机电设备有限公司
Erhardt + Leimer (Hangzhou) Co., Ltd.
地址(Add)：浙江省杭州市萧山经济技术开发区桥南区桥高新九路55号
邮编(P. C.)：311231
电话(Tel)：0571-82697668-821
传真(Fax)：0871-82697678
E-mail：l.su@erhardt-leimer.com
Http://www.erhart-leimer.com
联系人(Contact Person)：苏永光
产品业务(Business)：纠偏控制系统

杭州驰宏科技有限公司
Hangzhou Grand Technology Co., Ltd.
地址(Add)：浙江省杭州市余杭区南苑街道高地工业园
邮编(P. C.)：311121
电话(Tel)：0571-86299171
传真(Fax)：0571-86299172
E-mail：sales@chihongkeji.com
Http://www.chihongkeji.com
联系人(Contact Person)：张思源
产品业务(Business)：导电滑环

宁波东泰机械有限公司
Ningbo Dongtai Machinery Co., Ltd.
地址(Add)：浙江省宁波市钱湖镇工业区
邮编(P. C.)：315121
电话(Tel)：0574-88497059
传真(Fax)：0574-88370603
E-mail：gaosiwei1967@tom.com
Http://www.ningkong.com
联系人(Contact Person)：高思维
产品业务(Business)：张力控制器，离合器，制动器，气胀轴，导向辊

宁波市北郊机械变速器厂
Ningbo Beijiao Machinery Gearbox Manufacturer Factory
地址(Add)：浙江省宁波市庄市双桥村(宁波大学西侧)
邮编(P. C.)：315201
电话(Tel)：0574-87608606
传真(Fax)：0574-87608078
E-mail：nbtiaosu@nbtiaosu.com
法人代表(Chairman)：陈连胜
总经理(General Manager)：陈连胜
产品业务(Business)：变速器，减速器

日本电产新宝(浙江)有限公司
Nidec Shimpo (Zhejiang) Co., Ltd.
地址(Add)：浙江省平湖经济开发区平成路288号
邮编(P. C.)：314200
电话(Tel)：0573-85093022
传真(Fax)：0573-85093543
E-mail：weiwei.luo@nide-shimpo.co.jp
Http://www.nidec-shimpo.co.jp
法人代表(Chairman)：河野民雄
总经理(General Manager)：河野民雄
联系人(Contact Person)：罗巍巍
产品业务(Business)：减速机

台州市三凯机电有限公司
Taizhou Sankai Electricity Co., Ltd.
地址(Add)：浙江省温岭市箬横镇盘马工业区
邮编(P. C.)：317507
电话(Tel)：0576-86826998
传真(Fax)：0576-86826996
E-mail：sk@chinasankai.com
Http://www.chinasankai.com
联系人(Contact Person)：江建斌
产品业务(Business)：减速机，变速器，电动机

台州市米诺传动机械有限公司
Taizhou Minow Transmission Machinery Co., Ltd.
地址(Add)：浙江省温岭市新河镇向西莫工业区
邮编(P. C.)：317502
电话(Tel)：0576-86576220
传真(Fax)：0576-86577210
E-mail：info@cnminow.com
Http://www.cnminow.com
联系人(Contact Person)：邓兴云
产品业务(Business)：传动机械

福州华菱机电有限公司
Fuzhou Hualing Electromechanical Co., Ltd.
地址(Add)：福建省福州市东大路150号恒裕大厦A座

16层1207
邮编(P. C.): 350013
电话(Tel): 0591 - 87628040
传真(Fax): 0591 - 87678845
E-mail: chenan9605@163. com
联系人(Contact Person): 邱建斌
产品业务(Business): 代理三菱伺服控制器，变频器

福建新大陆自动识别技术有限公司
Fujian Newland Auto - ID Tech Co., Ltd.
地址(Add): 福建省福州市马尾区儒江西路1号新大陆科技园
邮编(P. C.): 350015
电话(Tel): 400 - 608 - 0591
传真(Fax): 0591 - 83979216
E-mail: cxq@nlscan. com
Http://www. nlscan. com
联系人(Contact Person): 陈雪琴
产品业务(Business): 二维码采集器，嵌入式设备研发

ABB中国有限公司
ABB China Ltd.
地址(Add): 福建省福州市五四路158号环球广场36层01室
邮编(P. C.): 350003
电话(Tel): 0591 - 87837692
传真(Fax): 0591 - 87814889
E-mail: shangqiong. wang@cn. abb. com
Http://www. abb. com. cn
联系人(Contact Person): 王尚琼
产品业务(Business): 自动化与运动控制系统

泉州中机自动化科技有限公司
Quanzhou Zhongji Automation Science and Technology Co., Ltd.
地址(Add): 福建省泉州市北峰工业区丰花路5号
邮编(P. C.): 362001
电话(Tel): 0595 - 28293378
传真(Fax): 0595 - 28293380
E-mail: zhongjizdh@163. com
总经理(General Manager): 马鸿强
产品业务(Business): 自动化系统

泉州东盛自动化科技有限公司
Quanzhou Dongsheng Automation Science & Technology Co., Ltd.
地址(Add): 福建省泉州市丰泽区湖心街东段湖月楼306室
邮编(P. C.): 362000
电话(Tel): 0595 - 22101190
传真(Fax): 0595 - 22105973
E-mail: zhao_ ming_ xxx@sina. com
联系人(Contact Person): 柯亚宏
产品业务(Business): 伺服马达，伺服驱动器，变频器

雷腾传动科技有限公司
Lei Ten Drive Technology Co., Ltd.
地址(Add): 福建省泉州市鲤城浮桥街道黄石工业区
邮编(P. C.): 362005
电话(Tel): 0595 - 22451678
传真(Fax): 0595 - 22451678
联系人(Contact Person): 吴雅辉
产品业务(Business): 纠偏设备，减速机

厦门欣起点工控技术有限公司
Xiamen Xinqidian Industrial Control Co., Ltd.
地址(Add): 福建省泉州市鲤城区东浦社区宅顶路18号
邮编(P. C.): 362005
电话(Tel): 0595 - 22857085
传真(Fax): 0595 - 28127085
E-mail: cyt15980@163. com
联系人(Contact Person): 陈于同
产品业务(Business): 气动元件，步进电机，胀套，气胀轴，离合器

福州华拓自动化技术有限公司
Fuzhou Huatuo Automatic Technology Co., Ltd.
地址(Add): 福建省泉州市清濛经济技术开发区金盾别墅E幢七号
邮编(P. C.): 362000
电话(Tel): 0595 - 28129556
传真(Fax): 0595 - 22501663
E-mail: xuelin. wang@qq. com
联系人(Contact Person): 王雪林
产品业务(Business): 代理西门子自动化产品

泉州市业新福自动化成套设备有限公司
Quanzhou Yexinfu Automatic Complete Equipment Co., Ltd.
地址(Add): 福建省泉州市清濛开发区德泰路19号(工商银行4楼)
邮编(P. C.): 362000
电话(Tel): 0595 - 22496507
传真(Fax): 0595 - 22496507
E-mail: 416018587@qq. com
Http://www. qzyxf. com. cn
联系人(Contact Person): 郭远军
产品业务(Business): 前腰贴定位改机，底膜定位改机，橡筋检测系统

泉州市智邦自动化设备有限公司
Quanzhou Zhibang Automatic Equipment Co., Ltd.
地址(Add): 福建省泉州市清蒙开发区德泰路嘉龙现代城9 - 2
邮编(P. C.): 362000
电话(Tel): 0595 - 22788160
传真(Fax): 0595 - 22788160
E-mail: 15859705936@126. com
联系人(Contact Person): 骆灿明
产品业务(Business): 卫生用品、生活用纸生产线节能改造

泉州精锐自动化科技有限公司
Quanzhou Jingrui Automation Technology Co., Ltd.
地址(Add): 福建省泉州市尚园小区10号1002(湖美大酒店旁)
邮编(P. C.): 362000
电话(Tel): 0595 - 22502669
传真(Fax): 0595 - 22502779
E-mail: jenny8989@sina. com
联系人(Contact Person): 汪军玲
产品业务(Business): 齿轮减速电机，小型马达，转向

器，升降机，变频器，滑轨，胀套，气胀轴

台鑫机电有限公司
Taixin Electrical Co.，Ltd.
地址(Add)：福建省泉州市天后宫堤后路 28 号
邮编(P. C.)：362000
电话(Tel)：0595 - 22352177
传真(Fax)：0595 - 22352178
联系人(Contact Person)：刘维强
产品业务(Business)：减速马达，变频器，步进、伺服电机

厦门永宏亚得机电科技有限公司
Xiamen Fatek Autech Engineering Technology Co.，Ltd.
地址(Add)：福建省厦门市海沧区兴港六里 17 号 2607 室
邮编(P. C.)：361009
电话(Tel)：0592 - 5190891
传真(Fax)：0592 - 5190720
Http://www. yade - auto. com
联系人(Contact Person)：黄丽丽
产品业务(Business)：伺服电机，变频器

厦门奥通力工业自动化有限公司
Autolise
地址(Add)：福建省厦门市海沧区中沧工业园坪埕中路 19 号二楼
邮编(P. C.)：361000
电话(Tel)：0592 - 5711444 - 803
传真(Fax)：0592 - 5710444
E-mail：autoli@ 263. net
Http://www. autoli. com. cn
联系人(Contact Person)：林育钦
产品业务(Business)：热电偶，热电阻，温控器，光电、接近开关

立克传动科技有限公司
Like Drive Technology Co.，Ltd.
地址(Add)：福建省厦门市后埭溪路 28 号皇达大厦 15 楼 N 单元
邮编(P. C.)：361004
电话(Tel)：0592 - 5185498
传真(Fax)：0592 - 5187883
E-mail：like@ likedrive. com
Http://www. likedrive. com
法人代表(Chairman)：江绍伟
总经理(General Manager)：江绍伟
联系人(Contact Person)：庄涛
产品业务(Business)：纠偏控制系统

中达电通股份有限公司
Delta Greentech (China) Co.，Ltd.
地址(Add)：福建省厦门市湖滨北路 68 号保险大厦 1303 室
邮编(P. C.)：361012
电话(Tel)：0592 - 5313601
传真(Fax)：0592 - 5313628
E-mail：gong. xiao@ delta. com. cn
Http://www. deltagreentech. com. cn
联系人(Contact Person)：龚孝
产品业务(Business)：可编程控制器，变频器，齿轮齿条，工业电源

厦门海正自动化科技有限公司
Xiamen Haizheng Auto Co.，Ltd.
地址(Add)：福建省厦门市湖滨南路 825 号能群大厦 1405
邮编(P. C.)：361000
电话(Tel)：0592 - 5337726
传真(Fax)：0592 - 5337738
E-mail：cjl888888@ tom. com
Http://www. xmhzauto. com
总经理(General Manager)：陈建玲
产品业务(Business)：PLC，触摸屏，变频器，人机界面

厦门新路嘉工业自动化有限公司
Xiamen New Luke Industry Automation Co.，Ltd.
地址(Add)：福建省厦门市湖里大道 52 号 4 楼
邮编(P. C.)：361004
电话(Tel)：0592 - 5186292
传真(Fax)：0592 - 5186295
E-mail：support@ newluke. com
Http://www. newluke. com
总经理(General Manager)：蔡再嘉
联系人(Contact Person)：林耀若
产品业务(Business)：变频器

厦门聚锐机电科技有限公司
Jurui Electro Mechanical Science and Technology Co.，Ltd.
地址(Add)：福建省厦门市湖里火炬高新区创新三路 H9 - 5 号
邮编(P. C.)：361003
电话(Tel)：0592 - 5711347
传真(Fax)：0592 - 5791535
E-mail：juruijidian@ 163. com
Http://www. juruididian. com
联系人(Contact Person)：王彤
产品业务(Business)：代理视觉对位系统，减速机，伺服电机

宁波捷创技术股份有限公司厦门办
Ningbo Jetron Technology Co.，Ltd. Xiamen Branch
地址(Add)：福建省厦门市湖里区安岭路金海湾财富中心一号楼 A 栋 501
邮编(P. C.)：361015
电话(Tel)：0592 - 2593200
传真(Fax)：0592 - 5594524
E-mail：xyli@ nbjetron. com
联系人(Contact Person)：李祥云
产品业务(Business)：ROCKWELL 授权分销商

厦门盛电科技发展有限公司
Xiamen Shengdian Science & Technology Development Co.，Ltd.
地址(Add)：福建省厦门市湖里区火炬二路 33 号 303
邮编(P. C.)：361006
电话(Tel)：0592 - 5717252
传真(Fax)：0592 - 5715965
E-mail：cendin@ 163. com
联系人(Contact Person)：吴卫华
产品业务(Business)：影像检测系统，传感器

厦门市竞达电子有限公司
Xiamen Jingda Electric Co., Ltd.
地址(Add)：福建省厦门市湖里区嘉禾路571/13号
邮编(P. C.)：361000
电话(Tel)：0592-5777981
传真(Fax)：0592-3778062
E-mail：kingda981@163. com
联系人(Contact Person)：王根珠
产品业务(Business)：仪表、检测设备，自动化系统

厦门凯奥特自动化系统有限公司
Xiamen Kauto Automation System Co., Ltd.
地址(Add)：福建省厦门市湖里区兴隆路606号之12一层
邮编(P. C.)：361006
电话(Tel)：0592-5500795
传真(Fax)：0592-5500797
E-mail：lxh@xmkauto. com
Http://www. xmkauto. com
联系人(Contact Person)：林小环
产品业务(Business)：自动化工程设计安装，PLC，变频器

厦门中技创机电技术有限公司
Xiamen Zhongjichuang Machine - Electric Technology Co., Ltd.
地址(Add)：福建省厦门市湖里区兴隆路627号之一(三启楼)318单元
邮编(P. C.)：361000
电话(Tel)：0592-5775752
传真(Fax)：0592-5775753
E-mail：jb-yan@126. com
联系人(Contact Person)：严建斌
产品业务(Business)：工业传感器，影像检测系统

厦门尤尼韦尔流体控制有限公司
Xiamen Unival Fluid Control Co., Ltd.
地址(Add)：福建省厦门市湖里区园山路800号A幢509单元
邮编(P. C.)：361006
电话(Tel)：0592-5536885
传真(Fax)：0592-5535165
E-mail：107059455@qq. com
总经理(General Manager)：林建阳
产品业务(Business)：气动、电动执行器，阀门

厦门迈通科技有限公司
Xiamen Miton Technologies Co., Ltd.
地址(Add)：福建省厦门市湖里区悦华路143-1号4B单元
邮编(P. C.)：361000
电话(Tel)：0592-2617364
传真(Fax)：0592-2617368
E-mail：miton888@163. com
Http://www. xmmiton. com
联系人(Contact Person)：罗超超
产品业务(Business)：自动化设备设计制造

厦门飞美泰自动化科技有限公司
Xiamen Phmattel Automation System Co., Ltd.
地址(Add)：福建省厦门市火炬高新区火炬东路11号创业大厦711
邮编(P. C.)：361009
电话(Tel)：0592-2107107
传真(Fax)：0592-2107108
E-mail：phmattel@163. com
Http://www. phmattel. com
联系人(Contact Person)：郑家生
产品业务(Business)：纠偏系统，张力控制

福州福大自动化科技有限公司
Fuzhou Fuda Automation Science & Technology Co., Ltd.
地址(Add)：福建省厦门市火炬路321号华远大厦三楼3E
邮编(P. C.)：361006
电话(Tel)：0592-5700637
传真(Fax)：0592-5705642
E-mail：396815029@qq. com
联系人(Contact Person)：张水金
产品业务(Business)：代理可编程控制器，变频器

厦门嘉国自动化设备有限公司
Xiamen JG Automation Equipment Co., Ltd.
地址(Add)：福建省厦门市嘉禾路396号鑫新景地大厦3C10室
邮编(P. C.)：361009
电话(Tel)：0592-5513975
传真(Fax)：0592-5563347
E-mail：792927351@qq. com
联系人(Contact Person)：江灯
产品业务(Business)：减速电机，齿轮减速马达，伺服电机

厦门众业达濠电器有限公司
Xiamen Zhongyedahao Electrical Appliance Co., Ltd.
地址(Add)：福建省厦门市思明区浦南一路16号二楼
邮编(P. C.)：361004
电话(Tel)：0592-5976139
传真(Fax)：0592-5596030
E-mail：xc. wu@zyd. cn
Http://www. zyd. cn
联系人(Contact Person)：吴先灿
产品业务(Business)：代理ABB、施耐德、西门子自动化产品

厦门品悦科技有限公司
Xiamen Pinyue Science and Technology Co., Ltd.
地址(Add)：福建省厦门市思明区前埔东路567号福建光电大厦703室
邮编(P. C.)：361008
电话(Tel)：0592-2529401-408
传真(Fax)：0592-2529400
E-mail：yugh518@163. com
Http://www. pinyue. com
联系人(Contact Person)：俞国华
产品业务(Business)：工控机，工作站，控制卡，变频器，人机界面，步进电机，系统集成

施耐德电气(中国)有限公司厦门办事处
Schneider Electric (China) Co., Ltd. Xiamen Office
地址(Add)：福建省厦门市思明区厦禾路189号银行中心2502室

邮编(P. C.)：361003
电话(Tel)：0592－2386700
传真(Fax)：0592－2386701
E-mail：weiguo－weber. jiang@ cn. schneider－electric. com
Http://www. schneider－electric. cn
联系人(Contact Person)：江伟国
产品业务(Business)：生活用纸机械控制部件

厦门奥托威工贸有限公司
Autoweigh
地址(Add)：福建省厦门市同安区环城中路7号
邮编(P. C.)：361100
电话(Tel)：0592－5987707
传真(Fax)：0592－7360782
E-mail：autoweigh@ yahoo. cn
Http://www. autoweigh. com. cn
联系人(Contact Person)：罗庆丰
产品业务(Business)：非织造布匀度控制设备

厦门驭电自动化设备控制有限公司
Xiamen Yudian Automatic Control Co., Ltd.
地址(Add)：福建省厦门市同安区双吉路234号(大唐六期)
邮编(P. C.)：361106
电话(Tel)：0592－7370178
传真(Fax)：0592－3171018
产品业务(Business)：电控系统

欧姆龙自动化(中国)有限公司
Omron Industrial Automation (China) Co., Ltd.
地址(Add)：福建省厦门市厦禾路189号银行中心905单元
邮编(P. C.)：361003
电话(Tel)：0592－2686709－102
传真(Fax)：0592－2682320
E-mail：andyyuan@ gc. omron. com
Http://www. fa. omron. com. cn
联系人(Contact Person)：袁锋
产品业务(Business)：PLC，传感器，伺服电机，变频器

厦门润杰工贸有限公司
Xiamen Runjie Industry and Trade Co., Ltd.
地址(Add)：福建省厦门市翔安火炬工业区翔岳路53号
邮编(P. C.)：361101
电话(Tel)：0592－7062787
传真(Fax)：0592－7062687
E-mail：lijuan_ runjie@ 163. com
联系人(Contact Person)：张莉娟
产品业务(Business)：代理松下电工PLC，三菱电机，东元变频器

江西科宇机电有限公司
Jiangxi Keyu Mechanical & Electrical Co., Ltd.
地址(Add)：江西省鹰潭市余江县工业园区
邮编(P. C.)：335200
电话(Tel)：0701－5885365
传真(Fax)：0701－5885389
E-mail：yanmingxin188@ yahoo. com. cn
Http://www. bst158. com
联系人(Contact Person)：艾样平
产品业务(Business)：纠偏器

青岛富森自动化有限公司
Qingdao Foresion Automation Co., Ltd.
地址(Add)：山东省青岛市城阳区王沙路1号云头崮工业园
邮编(P. C.)：266106
电话(Tel)：0532－88968551
传真(Fax)：0532－88969185
Http://www. foresion. com
联系人(Contact Person)：刘汉鹏
产品业务(Business)：纠偏系统，液压及运动控制产品，工厂自动化技术改造

青岛恒泰兴机电有限公司
Qingdao Hengtaixing Machinery Co., Ltd.
地址(Add)：山东省青岛市李沧区金水路2117号
邮编(P. C.)：266042
电话(Tel)：0532－87655260
传真(Fax)：0532－87601810
E-mail：hengtaixing@ 126. com
Http://www. hengtaixing. com
联系人(Contact Person)：闫志波
产品业务(Business)：纠偏系统，工厂自动化改造

青岛德汉工业装备技术有限公司
Qingdao Dehan Industry Equipment Technology Co., Ltd.
地址(Add)：山东省青岛市绍兴路106号
邮编(P. C.)：266000
电话(Tel)：0532－85693567
传真(Fax)：0532－85693567
E-mail：dbn2010@ yeah. net
Http://www. sdlenze. com
总经理(General Manager)：丁斌年
联系人(Contact Person)：丁斌年
产品业务(Business)：变频器，电机，传动设备

青岛依宝隆机电有限公司
Qingdao Yibaolong Machinery Co., Ltd.
地址(Add)：山东省青岛市四方区温州路7号(盛奥机电市场二期C－29)
邮编(P. C.)：266032
电话(Tel)：0532－83727152
传真(Fax)：0532－83727152
联系人(Contact Person)：方和勇
产品业务(Business)：减速机，齿轮马达，变频器

东宝电气自动化服务中心
Dongbao Automation Service Center
地址(Add)：山东省青州市国际工业原材料城B座3区35号
邮编(P. C.)：262500
电话(Tel)：13508967852
联系人(Contact Person)：李卫东
产品业务(Business)：变频器

诸城市科威机械有限公司
Zhucheng Kewei Machinery Co., Ltd.
地址(Add)：山东省诸城市沙戈庄工业园
邮编(P. C.)：262299
电话(Tel)：0536－6181978
传真(Fax)：0536－6181978
联系人(Contact Person)：刘培军

产品业务(Business)：间歇传动机构

诸城市运通机械有限公司
Zhucheng Yuntong Machinery Co., Ltd.
地址(Add)：山东省诸城市西外环北首
邮编(P. C.)：262200
电话(Tel)：0536－6010025
传真(Fax)：0536－6017996
E-mail：eyuntong@126. com
Http://www. eyuntong. com
总经理(General Manager)：周绪平
产品业务(Business)：间歇运动机构

淄博瑞邦自动化设备有限公司
Zibo Ruibang Automation Co., Ltd.
地址(Add)：山东省淄博市民营工业园民祥路117号
邮编(P. C.)：255300
电话(Tel)：0533－62063330
联系人(Contact Person)：孙慧
产品业务(Business)：自动化设备

淄博瀚海电气设备有限公司
Zibo Hanhai Electric Equipment Co., Ltd.
地址(Add)：山东省淄博市张店区华光路188号玉龙大厦B座716－724
邮编(P. C.)：255000
电话(Tel)：0533－3593376
传真(Fax)：0533－3593398
联系人(Contact Person)：尹斌
产品业务(Business)：纸机交直变频控制系统，DCS、QCS控制系统，变频调速技术服务及配套设计

纽式达特行星减速机有限公司
Newstart Planetary Gear Boxes Co., Ltd.
地址(Add)：山东省淄博市淄博高新技术开发区先进制造产业创新园8区
邮编(P. C.)：255000
电话(Tel)：0533－6288333
传真(Fax)：0533－6288411
E-mail：lijinyu168@163. com
Http://www. newstart. cn
联系人(Contact Person)：李进钰
产品业务(Business)：减速机

武汉惠佳精密机械有限公司
Wuhan Huijia Precision Machinery Co., Ltd.
地址(Add)：河北省武汉市汉阳区汉阳大道365号
邮编(P. C.)：430050
电话(Tel)：027－84718986
传真(Fax)：027－84715899
E-mail：whzm0627@163. com
Http://www. hj－wh. com
联系人(Contact Person)：张明
产品业务(Business)：联轴器，胀紧套

湖北行星传动设备有限公司
Hubei Planetary Gearboxes Co., Ltd.
地址(Add)：湖北省黄冈市茂州区青砖湖路278号
邮编(P. C.)：438000
电话(Tel)：027－8881667
传真(Fax)：027－8881668
E-mail：market@cngeraboxes. com
Http://www. cngearboxes. com
产品业务(Business)：齿轮减速机

武汉友道自动化控制有限公司
Wuhan Youdao Automation Control Co., Ltd.
地址(Add)：湖北省武汉市东湖新技术开发区长城园三路光谷精工科技园A座102室
邮编(P. C.)：430223
电话(Tel)：027－87889886
传真(Fax)：027－81610266
E-mail：gb608@163. com
Http://www. eurdow. net
法人代表(Chairman)：耿冰
总经理(General Manager)：耿冰
联系人(Contact Person)：李丹丹
产品业务(Business)：纠偏系统

衡山齿轮有限责任公司
Hengshan Gear Co., Ltd.
地址(Add)：河南省衡山县开云镇环溪路11号
邮编(P. C.)：421300
电话(Tel)：0734－5889057
传真(Fax)：0734－5810238
E-mail：jiananangos@163. com
Http://www. hsclgs. com
联系人(Contact Person)：贾南
产品业务(Business)：减速机

东莞市天一电机有限公司
Dongguan Tianyi Motors Co., Ltd.
地址(Add)：广东省东莞市大岭山镇颜屋工业区
邮编(P. C.)：523000
电话(Tel)：0769－85426166
传真(Fax)：0769－89032666
E-mail：13829235766@139. com
Http://www. tianyimotor. com
联系人(Contact Person)：莫伟彬
产品业务(Business)：电机，传动系统

东莞市万星机电有限公司
Dongguan Wanxing Electromechanical Co., Ltd.
地址(Add)：广东省东莞市东城区四环路旧锡边7路4号
邮编(P. C.)：523125
电话(Tel)：0769－22629952
传真(Fax)：0769－22629953
E-mail：m6699t@163. com
Http://www. 6699x. com
联系人(Contact Person)：张慧卿
产品业务(Business)：减速机

东莞市荣安机电设备有限公司
Dongguan Rongan Electric Machinery Co., Ltd.
地址(Add)：广东省东莞市东城赛格2G35，2G48，1D049
邮编(P. C.)：523000
电话(Tel)：0769－22410548
传真(Fax)：0769－22419486
E-mail：dan_ 6674@126. com
Http://www. dgrongan. com. cn
联系人(Contact Person)：魏安
产品业务(Business)：传感器，可编程控制器，PLC，变

频器，伺服电机，电气元件

东莞市科伟自动化设备有限公司
Dongguan Koway Automation Equipment Co., Ltd.
地址(Add)：广东省东莞市南城区奥博高新科技园一期之A栋第三层301室
邮编(P.C.)：523000
电话(Tel)：0769－22803526
传真(Fax)：0769－22803528
E-mail：kwlch918@126.com
Http://www.kwaauto.com.cn
联系人(Contact Person)：刘长河
产品业务(Business)：代理控制器，变频器，伺服系统，视觉系统

东莞市智赢传动科技有限公司
Dongguan Chiwin Technology Co., Ltd.
地址(Add)：广东省东莞市南城区宏图路高盛科技大厦1506
邮编(P.C.)：523000
电话(Tel)：0769－28682236
传真(Fax)：0769－22701251
E-mail：sales@csk.tw
Http://www.csk.tw
联系人(Contact Person)：于乔
产品业务(Business)：传动部件

e牌科技
E－Technology
地址(Add)：广东省东莞市沙田镇田村南枉大桥旁
邮编(P.C.)：511700
电话(Tel)：0769－81719628
传真(Fax)：0769－88664788
E-mail：hong9928@163.com
法人代表(Chairman)：刘汉红
总经理(General Manager)：刘汉红
联系人(Contact Person)：刘汉红
产品业务(Business)：生活用纸加工自动化控制系统，设备升级改造

东莞市森邦纸业有限公司
Dongguan Senbang Paper Co., Ltd.
地址(Add)：广东省东莞市万江区金泰工业区
邮编(P.C.)：523069
电话(Tel)：0769－28633089
传真(Fax)：0769－28633089
E-mail：sunbongpaper@126.com
联系人(Contact Person)：毛煜棋
产品业务(Business)：代理轴承，泵阀，工业皮带

东莞市东然电气技术有限公司
Dongguan Dongran Electricity Technology Co., Ltd.
地址(Add)：广东省东莞市万江区金泰工业园下亭新村98号
邮编(P.C.)：511717
电话(Tel)：0769－23151215
传真(Fax)：0769－23151216
E-mail：gu.du@dongranelc.com
Http://www.dongranelc.com
联系人(Contact Person)：杜锢
产品业务(Business)：ABB造纸传动系统

东莞市卓蓝自动化设备有限公司
Dongguan Zhuolan Automation Equipment Co., Ltd.
地址(Add)：广东省东莞市万江区石美社区鸬鹚窝村大围坊1巷唐氏工业园1楼
邮编(P.C.)：523039
电话(Tel)：0769－89027301
传真(Fax)：0769－23662684
E-mail：lqjymq1984@126.com
Http://www.zljsj.cn
联系人(Contact Person)：李全江
产品业务(Business)：减速机

东莞市鑫成工业皮带有限公司
Dongguan Xincheng Industrial Belting Co., Ltd.
地址(Add)：广东省东莞市万江区石美社区西滘村9巷13号厂房(莫屋大街莫屋居委会对面)
邮编(P.C.)：523040
电话(Tel)：0769－22491131
传真(Fax)：0769－22462926
E-mail：tony@xcbelt.com
Http://www.xcbelt.com
联系人(Contact Person)：陈建军
产品业务(Business)：工业皮带

东莞市辰宇电器有限公司
Dongguan Chenyu Electrical Co., Ltd.
地址(Add)：广东省东莞市望江区望高路新兴工业区第五栋三楼
邮编(P.C.)：523000
电话(Tel)：0769－22788297
传真(Fax)：0769－22718757
E-mail：chenyu22788297@163.com
联系人(Contact Person)：王海燕
产品业务(Business)：自动化控制系统

佛山市洛德机械设备有限公司
Foshan Rodar Machinery & Equipment Co., Ltd.
地址(Add)：广东省佛山市禅城区弼塘东二街23号二楼
邮编(P.C.)：528000
电话(Tel)：0757－82782302
传真(Fax)：0757－82782302
E-mail：rodar@gdrodar.com
Http://www.gdrodar.com
联系人(Contact Person)：吴志明
产品业务(Business)：减速机

佛山市奥迪斯机电设备有限公司
Foshan Aodisi Electric Equipment Co., Ltd.
地址(Add)：广东省佛山市禅城区彩虹路88号105
邮编(P.C.)：528000
电话(Tel)：0757－83781208
传真(Fax)：0757－83782018
E-mail：xiecanchang@163.com
Http://www.fsids.com
联系人(Contact Person)：陈小桃
产品业务(Business)：联轴器，同步带轮，磨齿齿轮，蜗轮蜗杆，减速机

佛山市科达鑫自动化有限公司
Foshan Cantor Automation Co., Ltd.
地址(Add)：广东省佛山市禅城区祖庙路1号A富荣大厦

511-513 室
邮编(P.C.)：528000
电话(Tel)：0757-82625870
传真(Fax)：0757-82137502
E-mail：yang@cantorcn.com
Http://www.cantorcn.com
联系人(Contact Person)：杨泳志
产品业务(Business)：触摸屏，变频伺服系统，传感器，视觉检测系统

佛山市成川电气设备有限公司
Foshan Chengchuan Electric Co., Ltd.
地址(Add)：广东省佛山市汾江北路91号二层
邮编(P.C.)：528099
电话(Tel)：0757-83302643
传真(Fax)：0757-83302653
E-mail：13902415835@139.com
联系人(Contact Person)：郭定远
产品业务(Business)：变频器，控制器，传感器，伺服

佛山市合盈科技有限公司
Foshan Heying Technology Co., Ltd.
地址(Add)：广东省佛山市汾江中路121号东建大厦20层M室
邮编(P.C.)：528000
电话(Tel)：0757-82231171
传真(Fax)：0757-82231170
Http://www.fsheying.com.cn
联系人(Contact Person)：周术龙
产品业务(Business)：变频器，人机界面，PLC，伺服电机

佛山市智泷机电设备有限公司
Foshan Zero Electrical & Mechanical Co., Ltd.
地址(Add)：广东省佛山市南海区罗村华南(国际)电光源灯饰城A区B座409、410
邮编(P.C.)：528200
电话(Tel)：0757-81808441
传真(Fax)：0755-86435408
E-mail：63402985@qq.com
联系人(Contact Person)：陈锦炘
产品业务(Business)：减速机

佛山市顺德东叶机电有限公司
Foshan Shunde Dongye Electromechanical Co., Ltd.
地址(Add)：广东省佛山市顺德区容桂容里天富来国际工业城三期13座4层401号
邮编(P.C.)：528303
电话(Tel)：0757-22681566
传真(Fax)：0757-29280639
E-mail：krd@krd.so
Http://www.krd.so
联系人(Contact Person)：白志雄
产品业务(Business)：张力控制器，纠偏控制系统

广州市海珠区中南机电设备供应部
Guangzhou Haizhu Zhongnan Electricity Equipment Dept.
地址(Add)：广东省广州市海珠区东风村上涌西约南大街3号首层E9号
邮编(P.C.)：510000
电话(Tel)：020-34051564
传真(Fax)：020-34237981
E-mail：89801325@163.com
Http://www.gzzhongnan.com.cn
法人代表(Chairman)：赵汝辉
联系人(Contact Person)：黄玉华
产品业务(Business)：无级变速器，减速机，离合器，变频器

广州晟方一机电设备有限公司
Guangzhou Shengfangyi Electrical Machinery Co., Ltd.
地址(Add)：广东省广州市海珠区工业大道南大干围393号6楼601
邮编(P.C.)：510250
电话(Tel)：020-36503338
传真(Fax)：020-36503601
E-mail：gzshengfang@163.com
Http://gzshengfang.1688.com
法人代表(Chairman)：周剑勋
总经理(General Manager)：周剑勋
联系人(Contact Person)：梁海燕
产品业务(Business)：传动带，刀具

博世力士乐中国
Bosch Rexroth China
地址(Add)：广东省广州市开发区科学城光谱西路TCL文化产业园办公楼4楼A室
邮编(P.C.)：510663
电话(Tel)：020-32299551
传真(Fax)：020-32299528
E-mail：shaofeng.li@boschrexroth.com.cn
联系人(Contact Person)：李绍锋
产品业务(Business)：传动控制

广州市海培自动化设备有限公司
Guangzhou Haipei Automatic Equipment Co., Ltd.
地址(Add)：广东省广州市荔湾区东漖北路570号柏宜商务中心4109室
邮编(P.C.)：510370
电话(Tel)：020-31022610
传真(Fax)：020-31021827
E-mail：gzhaipei@hotmail.com
Http://www.gzhp.com.cn
联系人(Contact Person)：李超越
产品业务(Business)：伺服，变频器，PLC

广州众邦业电气技术有限公司
Guangzhou Zhongbang Electric Industry Co., Ltd.
地址(Add)：广东省广州市荔湾区花地大道中51号五层8510房(华南理工科技园)
邮编(P.C.)：510370
电话(Tel)：020-81003375
传真(Fax)：020-81611220
E-mail：zby@zbydq.com
Http://www.zbydq.com
联系人(Contact Person)：倪树兵
产品业务(Business)：变频器，PLC，触摸屏，伺服系统，传感器，工控产品

松下电器(中国)有限公司元器件公司
Panasonic Corporation of China Industrial Devices
地址(Add)：广东省广州市流花路中国大酒店商业大厦

9 楼
邮编(P. C.): 510015
电话(Tel): 020 – 87130880
传真(Fax): 020 – 87130884
E-mail: jinpu@ cn. panasonic. com
Http://panasonic. cn
联系人(Contact Person): 金普
产品业务(Business): 工业控制元器件

西门子工厂自动化工程有限公司
Siemens Factory Automation Engineering Ltd.
地址(Add): 广东省广州市天河路 208 号粤海天河城大厦 8 – 10 层
邮编(P. C.): 510620
电话(Tel): 020 – 37182044
传真(Fax): 020 – 37182167
E-mail: jianan. xi@ siemens. com
Http://www. industry. siemens. com. cn
联系人(Contact Person): 席建安
产品业务(Business): 自动化控制系统

广州澎湃通用设备科技有限公司
Guangzhou Perpetual Universal Equipment Technology Co., Ltd.
地址(Add): 广东省广州市天河区华强路富力盈丰大厦 2 号 1332 房
邮编(P. C.): 510623
电话(Tel): 020 – 38063412
传真(Fax): 020 – 37608908
E-mail: an@ perpetualchina. com
联系人(Contact Person): 刘培安
产品业务(Business): 纠偏系统

广州伊珈尔通用设备有限公司
Guangzhou Yijiaer Currency Equipment Co., Ltd.
地址(Add): 广东省广州市天河区桃园中路 323 号 403
邮编(P. C.): 510660
电话(Tel): 020 – 32061201
传真(Fax): 020 – 32061203
E-mail: elchina@ elchina. cn
Http://www. elchina. cn
总经理(General Manager): 王浩
联系人(Contact Person): 王浩
产品业务(Business): 视觉检测系统

广州贝晓德传动配套有限公司
Guangzhou Beixiaode Industrial Supply Co., Ltd.
地址(Add): 广东省广州市越秀区华侨新村和平路 20 号
邮编(P. C.): 510065
电话(Tel): 020 – 32016661
传真(Fax): 020 – 32016660
E-mail: bst@ bstchina. com
Http://www. bstchina. com
法人代表(Chairman): 黄葆钧
总经理(General Manager): 黄葆钧
联系人(Contact Person): 陈颖敏
产品业务(Business): 代理纠偏器, 传感器, 旋转接头, 集电环

广州市西克传感器有限公司
Sick China Co., Ltd.
地址(Add): 广东省广州市越秀区天河路 45 号之二
邮编(P. C.): 510075
电话(Tel): 020 – 28823600
传真(Fax): 020 – 38303350
E-mail: bruce. huang@ sick. net. cn
Http://www. sickcn. com
联系人(Contact Person): 黄国
产品业务(Business): 传感器

广州唯佳特通用设备科技有限公司
Guangzhou Weijiate Universal Equipment Technology Co., Ltd.
地址(Add): 广东省广州市越秀区犀牛路 39 – 40 号 5 楼 E 房
邮编(P. C.): 510062
电话(Tel): 020 – 32218671
传真(Fax): 020 – 82029109
E-mail: yiht@ wjt. net. cn
联系人(Contact Person): 易海桐
产品业务(Business): 纠偏系统, 传感器

施耐德电气(中国)有限公司广州分公司
Schneider Electric (China) Co., Ltd. Guangzhou Branch
地址(Add): 广东省广州市珠江新城临江大道 3 号发展中心 25 层
邮编(P. C.): 510623
电话(Tel): 020 – 85185188
传真(Fax): 020 – 85185192
E-mail: huajun. yang@ schneider – electric. com
Http://www. schneider – electric. com
总经理(General Manager): 杨华军
产品业务(Business): 自动化产品

迪佳电气有限公司
Digup Electric Co., Ltd.
地址(Add): 广东省江门市白石大道 224 号 308 室
邮编(P. C.): 529000
电话(Tel): 0750 – 3881260
传真(Fax): 0750 – 3913720
E-mail: luoqi@ digup. com. cn
Http://www. digup. com. cn
联系人(Contact Person): 罗琪
产品业务(Business): 数控系统, 伺服系统

汕头市利华杰机械实业有限公司
Shantou Lihuajie Machinery Industry Co., Ltd.
地址(Add): 广东省汕头市金平区北墩新乡东路韩江边东侧
邮编(P. C.): 515000
电话(Tel): 0754 – 86322668
传真(Fax): 0754 – 88361022
E-mail: tiffanylxl@ 163. com
Http://www. uright – wl. com
联系人(Contact Person): 李晓玲
产品业务(Business): 塑料网链, 链板, 配件及输送带

汕头市金平区新华机电公司
Shantou Jinping Xinhua Mechanical & Electrical Co.
地址(Add)：广东省汕头市杏花路 4 号之 10
邮编(P. C.)：515021
电话(Tel)：0754－88212542
传真(Fax)：0754－88226067
E-mail：xinhua@ xhjd. cn
Http://www. xhjd. cn
联系人(Contact Person)：林洪斌
产品业务(Business)：变频器，PLC，伺服系统，数控系统

汕头市博远自动化电气有限公司
Shantou Boyuan Automation Electric Co., Ltd.
地址(Add)：广东省汕头市中山路 148 号金源大厦 702 之 6
邮编(P. C.)：515031
电话(Tel)：0754－88533702
传真(Fax)：0754－88533702
E-mail：boyuan－ssg@ sohu. com
联系人(Contact Person)：孙少光
产品业务(Business)：自动化系统，机电产品

深圳市迅科自动化设备有限公司
Fast Tech Automation Equipment Co., Ltd.
地址(Add)：广东省深圳市宝安 43 区翻身路 326 号 5 楼
邮编(P. C.)：518101
电话(Tel)：0755－61679987
传真(Fax)：0755－22707058
E-mail：tjygood@ 163. com
Http://www. xun－ke. com
联系人(Contact Person)：汤交勇
产品业务(Business)：纠偏系统，视觉系统

深圳派诺自动化系统工程有限公司
Shenzhen Partner Automation System Engineering Co., Ltd.
地址(Add)：广东省深圳市宝安七区宝民一路华丰甲岸商务中心 422－423 室
邮编(P. C.)：518125
电话(Tel)：0755－61534468
传真(Fax)：0755－23078830
E-mail：szpartner@ 126. com
Http://www. auto－pn. com
联系人(Contact Person)：朱明军
产品业务(Business)：经销变频器，伺服，触摸屏，PLC，传感器

深圳市东宸机械设备有限公司
Shenzhen Topsun Machine Equipment Co., Ltd.
地址(Add)：广东省深圳市宝安区 79 区好运来商务大厦 A 座 8003 室
邮编(P. C.)：518100
电话(Tel)：0755－27933223
传真(Fax)：0755－27932572
E-mail：yjh@ topsun1. com
Http://www. topsun1. com
联系人(Contact Person)：叶锦辉
产品业务(Business)：减速机

深圳市恒海辰科技有限公司
Shenzhen Henghaichen Technology Co., Ltd.
地址(Add)：广东省深圳市宝安区宝民二路 59 号兴鑫源商务大厦 B 座 611－612 室
邮编(P. C.)：518100
电话(Tel)：0755－29566358
传真(Fax)：0755－29630903
E-mail：532212760@ qq. com
Http://www. henghaichen. com
联系人(Contact Person)：缪东青
产品业务(Business)：变频器，伺服系统，减速机

深圳市兴丰元机电有限公司
Shenzhen Foyo Mechanical & Electrical Co., Ltd.
地址(Add)：广东省深圳市宝安区宝民二路东方雅苑商务楼 3 楼 3004
邮编(P. C.)：518102
电话(Tel)：0755－33518261
传真(Fax)：0755－26544486
E-mail：sales@ xfoyo. com
Http://www. xfoyo. com
联系人(Contact Person)：陈宝建
产品业务(Business)：伺服电机，减速机

深圳市微能科技有限公司
Shenzhen Winner S&T Co., Ltd.
地址(Add)：广东省深圳市宝安区留仙三路 1 号安通达工业区 3 栋
邮编(P. C.)：518101
电话(Tel)：0755－29746510
传真(Fax)：0755－26756319
E-mail：36428934@ qq. com
Http://www. winners. net. cn
联系人(Contact Person)：纪传峰
产品业务(Business)：变频器

深圳市威鹏自动化设备有限公司
Shenzhen Weipeng Automation Equipment Co., Ltd.
地址(Add)：广东省深圳市宝安区前进二路 134 号锦联大厦 A 栋 626
邮编(P. C.)：518100
电话(Tel)：0755－33188690
传真(Fax)：0755－27216210
E-mail：wpengauto@ 163. com
联系人(Contact Person)：罗晓瑞
产品业务(Business)：PLC，伺服系统，运动控制器

深圳市众誉科技有限公司
Shenzhen Zhongyu Technology Co., Ltd.
地址(Add)：广东省深圳市宝安区沙井街道后亭第三工业区新宝益工贸大厦 12－C
邮编(P. C.)：518104
电话(Tel)：0755－27381179
传真(Fax)：0755－82597299
E-mail：szzy998@ 163. com
Http://www. sz－zhongyu. com
联系人(Contact Person)：张继秋
产品业务(Business)：纠偏系统

深圳市泰格运控科技有限公司
Shenzhen Tiger Motion Control Technology Co., Ltd.
地址(Add)：广东省深圳市宝安区石岩料坑久顺工业园C幢3楼
邮编(P. C.)：518100
电话(Tel)：0755-29371266
传真(Fax)：0755-26631766
E-mail：sales@tiger-motion.com
Http://www.tiger-motion.com
联系人(Contact Person)：王劲戎
产品业务(Business)：电机、驱动、伺服系统，运动控制系统

深圳市北机减速机有限公司
Shenzhen Beiji Gear Motor Co., Ltd.
地址(Add)：广东省深圳市宝安区松岗街道松白路7004号汉海达科技园A栋四楼
邮编(P. C.)：518100
电话(Tel)：0755-36636738
传真(Fax)：0755-36693971
Http://www.twbeiji.com
联系人(Contact Person)：胡伟英
产品业务(Business)：减速机

深圳市鹏辉科技有限公司
Shenzhen Penghui Technology Co., Ltd.
地址(Add)：广东省深圳市宝安区西乡镇前进二路莲塘坑工业区B栋4楼
邮编(P. C.)：518100
电话(Tel)：0755-27678380
传真(Fax)：0755-27893359
E-mail：472365653@qq.com
Http://www.gdszph.com
联系人(Contact Person)：罗祝波
产品业务(Business)：驱动器，减速机

深圳市恒瑞通机电有限公司
Shenzhen Hengruitong Electromechanical Co., Ltd.
地址(Add)：广东省深圳市宝安区新安街道宝民路东侧白金酒店公寓2611号
邮编(P. C.)：518101
电话(Tel)：0755-29743461
传真(Fax)：0755-27810990
E-mail：xwh8888888@126.com
联系人(Contact Person)：谢文华
产品业务(Business)：经销伺服，PLC，变频器，触摸屏，减速机，联轴器

兴东机电设备(深圳)有限公司
Xingdong Electric Equipment (Shenzhen) Co., Ltd.
地址(Add)：广东省深圳市福田区车公庙大庆大厦27楼
邮编(P. C.)：518040
电话(Tel)：0755-82984881
传真(Fax)：0755-82984880
E-mail：zhu_ changqun@tom.com
Http://www.szxingdong.com
总经理(General Manager)：涂德猛
联系人(Contact Person)：朱昌群
产品业务(Business)：代理工控系统

罗克韦尔自动化(中国)有限公司
Rockwell Automation
地址(Add)：广东省深圳市福田区深南大道7888号东海国际中心(一期)A栋12层01A单元
邮编(P. C.)：518040
电话(Tel)：0755-82583088
传真(Fax)：0755-82583099
E-mail：dlin1@ra.rockwell.com
Http://www.rockwellautomation.com.cn
联系人(Contact Person)：林敦强
产品业务(Business)：自动化产品

深圳市工科达自动化设备有限公司
Shenzhen Gongkeda Automation Equipment Co., Ltd.
地址(Add)：广东省深圳市观澜镇牛湖老二村浩宇工业园
邮编(P. C.)：518110
电话(Tel)：0755-27368358
传真(Fax)：0755-27931456
E-mail：hchen1997@tom.com
联系人(Contact Person)：陈辉
产品业务(Business)：PLC，传感器，变流器

深圳市国方科技有限公司
Shenzhen Guofang Science & Technology Co., Ltd.
地址(Add)：广东省深圳市红荔路群星广场A座10楼1001-3室
邮编(P. C.)：518028
电话(Tel)：0755-83748889
传真(Fax)：0755-83747779
E-mail：yangyuping@szgf.com.cn
Http://www.szgf.com.cn
联系人(Contact Person)：杨裕平
产品业务(Business)：变频器，PLC，伺服

深圳市科尔机电有限公司
Shenzhen Keer Electromechanical Co., Ltd.
地址(Add)：广东省深圳市龙华新区中华路24号广明科技园B区4楼
邮编(P. C.)：518000
电话(Tel)：0755-81483442
传真(Fax)：0755-81483442-8004
E-mail：lanxuexi1988@163.com
Http://www.szkeer.com
联系人(Contact Person)：刘小丹
产品业务(Business)：马达，电机

深圳市爱博科技有限公司
Shenzhen Aibo Technology Co., Ltd.
地址(Add)：广东省深圳市南山区龙珠大道新屋村工业大厦六楼东
邮编(P. C.)：518055
电话(Tel)：0755-26785890
传真(Fax)：0755-26786070
Http://www.aibotech.net
总经理(General Manager)：陈旭东
联系人(Contact Person)：林勇
产品业务(Business)：纠偏系统，传感器

深圳市亿如自动化设备有限公司
Shenzhen Yeero Automation Equipment Co., Ltd.
地址(Add)：广东省深圳市南山区南山大道天源大厦A座

15H
邮编(P. C.): 518054
电话(Tel): 0755 - 22675881
传真(Fax): 0755 - 22675880
E-mail: 2262640053@ qq. com
Http://www. yeekoom. com
联系人(Contact Person): 汪兰芳
产品业务(Business): 经销PLC, 变频器, 触摸屏

深圳市威科达科技有限公司
Shenzhen Vector Technology Co., Ltd.
地址(Add): 广东省深圳市南山区西丽平山民企科技园1栋4楼
邮编(P. C.): 518055
电话(Tel): 0755 - 26631675
传真(Fax): 0755 - 26950496
Http://www. szvector. com
联系人(Contact Person): 谈正
产品业务(Business): 变频器, 伺服驱动器

美塞斯(珠海保税区)工业自动化设备有限公司
Maxcess (Zhuhai) Industrial Automation Equipment Co., Ltd.
地址(Add): 广东省珠海市保税区五号恒利工业园7号厂房
邮编(P. C.): 519030
电话(Tel): 0756 - 8819398
传真(Fax): 0756 - 8819393
E-mail: ltian@ maxcessintl. com
Http://www. maxcessintl. com. cn
总经理(General Manager): 柳家琳
联系人(Contact Person): 田林
产品业务(Business): 纠偏产品, 张力系统, 气胀刀, 分切刀, 分切系统

四川索牌科技股份有限公司
Sichuan Soper Science & Technology Co., Ltd.
地址(Add): 四川省成都市高新技术开发区(西区)西芯大道3号5号楼401
邮编(P. C.): 611731
电话(Tel): 028 - 87848533
传真(Fax): 028 - 87848523
E-mail: sales@ scsoper. com. cn
Http://www. scsoper. com. cn
联系人(Contact Person): 冯强
产品业务(Business): 卫生用品在线检测

四川埃姆克伺服科技有限公司
Sichuan MK Servo Technology Co., Ltd.
地址(Add): 四川省成都市双流西航港大道一段2502号
邮编(P. C.): 610225
电话(Tel): 028 - 85717257
传真(Fax): 028 - 85717287
E-mail: 2627790424@ qq. com
Http://www. mkservo. cn
联系人(Contact Person): 黎文荣
产品业务(Business): 伺服电机

绵阳同成智能装备股份有限公司
Mianyang Mutual Success Intelligent Equipment Stock Co., Ltd.
地址(Add): 四川省绵阳市高新区火炬东街47号
邮编(P. C.): 621000
电话(Tel): 0816 - 2540261
传真(Fax): 0816 - 2544376
E-mail: hujin17@ yahoo. com
联系人(Contact Person): 胡静
产品业务(Business): 传感器, 纸张色度在线测量系统

陕西盈俊科技发展有限公司
Shaanxi Yingjun Sci - Tech Development Co., Ltd.
地址(Add): 陕西省西安市科技路8号凯丽大厦东区3003室
邮编(P. C.): 710071
电话(Tel): 029 - 82098202
传真(Fax): 029 - 82098225
E-mail: sxyj88651006@ 163. com
Http://www. yingjunkeji. com
联系人(Contact Person): 何一新
产品业务(Business): 变频器

● 检测仪器 Detecting instrument

Isra Surface Vision GmbH
伊斯拉表面视像系统公司
地址(Add): Alber - Einstein - Allee 36 - 40, 45699 Herten, Germany
电话(Tel): 49 - 23669300 - 0
传真(Fax): 49 - 23669300 - 230
E-mail: info@ isravision. com
Http://www. isravision. com
产品业务(Business): 在线光学表面质量检测

Mahlo GmbH & Co KG
德国玛诺公司
地址(Add): Donaustrasse 12 D - 93342 Saal | Donau Germany
电话(Tel): 49 - 94416010
传真(Fax): 49 - 9441601102
E-mail: thomas. hoepfl@ mahlo. com
Http://www. mahlo. com
联系人(Contact Person): Thomas Höpfl
产品业务(Business): 品质检测及自动控制系统

Emtec Electronic GmbH
地址(Add): Gorkistrasse 31 D - 04347 Leipzig Germany
电话(Tel): 49 - 341 - 2457090
传真(Fax): 49 - 341 - 2457099
E-mail: info@ emtec - papertest. de
Http://www. emtec - papertest. com
联系人(Contact Person): Ullrich Kaster
产品业务(Business): 柔软度测试仪, 电荷侦测分析仪, 电位测试仪

台湾源浩科技(影像检测)股份有限公司
Winstar Technology Co., Ltd.
地址(Add): 台湾省台北县汐止市康宁街169巷21号13楼(大湖科学园区), 22180

电话(Tel)：886－2－26959291
传真(Fax)：886－2－26955498
E-mail：winstar@ms12. hinet. net
Http://www. winstartek. com. tw
法人代表(Chairman)：廖本博
联系人(Contact Person)：廖学政
产品业务(Business)：纸病检测系统，断纸监控系统，纸尿裤瑕疵检测及排除

北京科力丹迪自动化系统工程有限责任公司
Beijing Keli Dandi Technology Development Co., Ltd.
地址(Add)：北京市昌平区沙河工业园区(科力丹迪院内)
邮编(P. C.)：102206
电话(Tel)：010－80705588－1310
传真(Fax)：010－80705858
E-mail：dandi@skthk. com
Http://www. dandi. com. cn
联系人(Contact Person)：夏经理
产品业务(Business)：检测仪器

北京丹贝尔仪器有限公司
Danbell Equipment Co., Ltd.
地址(Add)：北京市朝阳区北辰西路69号峻峰华亭C座515室
邮编(P. C.)：100029
电话(Tel)：010－58772500
传真(Fax)：010－58772504
E-mail：info@danbell. com
Http://www. danbell. com
联系人(Contact Person)：李贝
产品业务(Business)：吸收性、柔软度、渗透性测试仪

石家庄诚信中轻机械设备有限公司
Shijiazhuang Chengxin Light Industry Machinery Co., Ltd.
地址(Add)：河北省石家庄市高新区东区珠江大道49号天山花园7－4－101室
邮编(P. C.)：050035
电话(Tel)：0311－85901995
传真(Fax)：0311－86151369
E-mail：cxpaper@aliyun. com
Http://www. cxpaper－making. com
法人代表(Chairman)：程信
总经理(General Manager)：程信
产品业务(Business)：纸张检测仪器，造纸机械配件

河北赛高波特流体控制有限公司
Hebei Seko Fluid Controls Co., Ltd.
地址(Add)：河北省涿州市工业开发区阳光大街
邮编(P. C.)：072750
电话(Tel)：0312－5520906
传真(Fax)：0312－5520901
E-mail：china@seko. com
Http://www. sekochina. com
联系人(Contact Person)：席永科
产品业务(Business)：测量及控制仪器

上海守谷国际贸易有限公司
Moritani Shanghai Co., Ltd.
(详见一次性卫生用品生产设备)

普利赛斯国际贸易(上海)有限公司
Precisa International (Shanghai) Co., Ltd.
地址(Add)：上海市凯旋路2200号3500室
邮编(P. C.)：200030
电话(Tel)：021－64477888
传真(Fax)：021－64476677
E-mail：sales6@precisa. com
Http://www. chuanhua. com. tw
联系人(Contact Person)：蒋琼英
产品业务(Business)：纸品检测仪器

上海巨贸科学仪器有限公司
Shanghai Jumao Scientific Instrument Co., Ltd.
地址(Add)：上海市凯旋路2200号3510室
邮编(P. C.)：200030
电话(Tel)：021－64483377
传真(Fax)：021－64482277
E-mail：sales3@piesa. cn
总经理(General Manager)：蓝先生
产品业务(Business)：代理测试仪

久贸贸易(上海)有限公司
Jiumao International Trading Co., Ltd.
地址(Add)：上海市闵行区虹莘路3998号帝宝国际大厦909室
邮编(P. C.)：201103
电话(Tel)：021－51875199
传真(Fax)：021－34700368
E-mail：maxliu@jiumao. net. cn
Http://www. jiumao. net. cn
总经理(General Manager)：刘轩宏
产品业务(Business)：造纸仪器及检测设备

上海ABB工程有限公司
Shanghai ABB Engineering Co., Ltd.
地址(Add)：上海市浦东创业路369弄5号
邮编(P. C.)：200120
电话(Tel)：021－61056666
传真(Fax)：021－61056677
E-mail：jerry. ju@lorentzen－wettre. com
Http://www. lorentzen－wettre. com
联系人(Contact Person)：鞠晓海
产品业务(Business)：白度仪，拉力仪

伊斯拉视像设备制造(上海)有限公司
ISRA Parsytec GmbH
地址(Add)：上海市浦东新区东胜路38号A区4栋底楼
邮编(P. C.)：201201
电话(Tel)：021－68916286－0
传真(Fax)：021－68916286
E-mail：liqi@isravision. com
联系人(Contact Person)：李琦
产品业务(Business)：在线光学表面质量检测

上海多科电子科技有限公司
Shanghai Dookoo Electronic Technology Co., Ltd.
地址(Add)：上海市浦东新区龙阳路2277号永达国际大厦11楼
邮编(P. C.)：200125
电话(Tel)：021－50802581
传真(Fax)：021－50802583

E-mail：dookoo_nl@126.com
Http://www.dookoo.com.cn
法人代表(Chairman)：洪坚
总经理(General Manager)：洪坚
联系人(Contact Person)：刘艳霞
产品业务(Business)：金属检测仪

基恩士(中国)有限公司
Keyence (China) Co., Ltd.
地址(Add)：上海市浦东新区世纪大道1600号陆家嘴商务广场21层
邮编(P.C.)：200122
电话(Tel)：021-68757500
传真(Fax)：021-68757550
E-mail：yamaliu@keyence.com.cn
Http://www.keyence.com.cn
联系人(Contact Person)：刘东昌
产品业务(Business)：卫生巾、纸尿裤在线检测仪器

上海理贝包装机械有限公司
Lebal Packaging Machinery (Shanghai) Co., Ltd.
(详见包装设备、裹包设备及配件)

上海宾源电子发展有限公司
Shanghai Binyuan Electric Development Co., Ltd.
地址(Add)：上海市松江区谷阳北路526弄方舟园四村六栋17号402室
邮编(P.C.)：201620
电话(Tel)：021-37629831
传真(Fax)：021-37629831
E-mail：liu@binyuan.cn
Http://www.binyuan.cn
联系人(Contact Person)：刘树斌
产品业务(Business)：纸尿裤/片污点检测设备，左右腰贴、pu、前腰贴定位视觉检测系统

上海中大光学仪器有限公司
Shanghai Zhongda Optical Instrument Co., Ltd.
地址(Add)：上海市松江区朱金路801号百士威大楼A座601室
邮编(P.C.)：201615
电话(Tel)：021-37050155
传真(Fax)：021-37050155
E-mail：zdsy9188@sina.com
Http://www.zdsy9188.com
法人代表(Chairman)：付良曾
总经理(General Manager)：张可心
联系人(Contact Person)：张可心
产品业务(Business)：卫生纸在线检测仪器

上海太易检测技术有限公司
Techik Instrument (Shanghai) Co., Ltd.
地址(Add)：上海市徐汇区华展东路145号
邮编(P.C.)：200239
电话(Tel)：021-64532858
传真(Fax)：021-54307031
E-mail：meimeili5@vip.qq.com
Http://www.techik.cn
联系人(Contact Person)：惠铁超
产品业务(Business)：异物检测机，金属检测机

上海思百吉仪器系统有限公司
Shanghai Sibaiji Instrument System Co., Ltd.
(详见卫生纸机和加工设备相关器材配件)

上海高晶检测科技股份有限公司
Shanghai Gaojing Detector S&T Co., Ltd.
地址(Add)：上海市杨浦区翔殷路128号1号楼A座1楼(上海理工大学国家大学科技园内)
邮编(P.C.)：200090
电话(Tel)：021-65688831
传真(Fax)：021-65685250
E-mail：service@gaojing.com.cn
Http://www.gaojing.com.cn
总经理(General Manager)：吴家荣
产品业务(Business)：餐巾纸等产品及造纸原料的金属检测

上海恒意得信息科技有限公司
Hengideal Information Technology Co., Ltd.
地址(Add)：上海市张江高科技园区蔡伦路1623号(国家863信息基地)B栋101室
邮编(P.C.)：201203
电话(Tel)：021-50276453
传真(Fax)：021-50276654
E-mail：wangsj@hengideal.com
Http://www.hengideal.com
联系人(Contact Person)：王淑静
产品业务(Business)：卫生用品质量检测仪

上海林纸科学仪器有限公司
Shanghai Forest & Paper Scientific Instrument Co., Ltd.
地址(Add)：上海市真北路915号绿洲中环中心1005室
邮编(P.C.)：200333
电话(Tel)：021-52667916
传真(Fax)：021-62575260
E-mail：info@forest-paper.com
Http://www.forest-paper.com
法人代表(Chairman)：胡云涛
总经理(General Manager)：胡云涛
联系人(Contact Person)：李树林
产品业务(Business)：造纸、印刷及相关化学品的检测和分析仪器

微觉视检测技术(苏州)有限公司
Wintriss Inspection Solutions Ltd.
地址(Add)：江苏省苏州工业园区星汉街5号A栋1楼03-04单元
邮编(P.C.)：215021
电话(Tel)：0512-62952280
传真(Fax)：0512-62952095
E-mail：julia@linpovision.com.tw
Http://www.winspection.com
法人代表(Chairman)：许先生
总经理(General Manager)：许先生
联系人(Contact Person)：董淑玲
产品业务(Business)：表面缺陷检查系统

无锡埃姆维工业控制设备有限公司
Wuxi IMV Industry Control Equipment Co., Ltd.
地址(Add)：江苏省无锡市滨湖区高浪东路999号B1一楼西侧

邮编(P.C.): 214028
电话(Tel): 0510-85629128
传真(Fax): 0510-85626199
E-mail: xmshanghai@hotmail.com
Http://www.ximing-vision.com
联系人(Contact Person): 赵凯
产品业务(Business): 视觉系统，在线扫描系统，皮带检测机，检测系统

浙江双元科技开发有限公司
Zhejiang Shuangyuan Technology & Development Co., Ltd.
地址(Add): 浙江省杭州市莫干山路1418号双元科技大厦
邮编(P.C.): 310015
电话(Tel): 0571-88867823
传真(Fax): 0571-88910049
E-mail: info_zjusy@163.com
Http://www.zjusy.com
法人代表(Chairman): 胡美琴
总经理(General Manager): 胡美琴
联系人(Contact Person): 王翰
产品业务(Business): 表面缺陷检测系统，薄膜测厚系统

杭州品享科技有限公司
Hangzhou Pnshar Technology Co., Ltd.
地址(Add): 浙江省杭州市下城区东新路948号2幢6楼
邮编(P.C.): 310022
电话(Tel): 0571-88351053
传真(Fax): 0571-88351263
E-mail: suhb@pnshar.com
Http://www.pnshar.com
法人代表(Chairman): 苏红波
总经理(General Manager): 苏红波
联系人(Contact Person): 周寅
产品业务(Business): 造纸检测仪器

杭州轻通博科自动化技术有限公司
Hangzhou Qingtong & Boke Automation Technology Co., Ltd.
地址(Add): 浙江省杭州市舟山东路66号
邮编(P.C.): 310015
电话(Tel): 0571-88023152
传真(Fax): 0571-88290176
E-mail: hzqtbk@qtboke.com
Http://www.qtboke.com
总经理(General Manager): 梅鸿
联系人(Contact Person): 蒋国文
产品业务(Business): 造纸、包装检测仪器

嘉兴市和意自动化控制有限公司
Happyway Automation Co., Ltd.
地址(Add): 浙江省嘉兴市城南路1369号科创中心
邮编(P.C.): 314001
电话(Tel): 0573-82611488
传真(Fax): 0573-82619191
E-mail: info@happyway.com.cn
Http://www.happyway.com.cn
法人代表(Chairman): 潘先生
总经理(General Manager): 潘先生
联系人(Contact Person): 姜鹏
产品业务(Business): 在线质量检测控制系统

厦门英洲进出口贸易有限公司
Xiamen Continental Resources Imp. & Exp. Co., Ltd.
地址(Add): 福建省厦门市湖里区华昌路189号三航大厦二楼
邮编(P.C.): 361000
电话(Tel): 0592-5040157
传真(Fax): 0592-5040161
E-mail: fjxmyz@163.com
Http://www.yzglobal.com
联系人(Contact Person): 康永德
产品业务(Business): 白度仪

美国阀科集团中国销售服务中心
Valco Melton China Service Center
(详见热熔胶机)

厦门万天智能科技有限公司
Xiamen Onetech Intelligent Technology Co., Ltd.
地址(Add): 福建省厦门市软件园望海路21号202单元
邮编(P.C.): 361008
电话(Tel): 0592-5041233
传真(Fax): 0592-5059933
E-mail: cyx@onetech.com
Http://www.onetech.com
联系人(Contact Person): 陈元祥
产品业务(Business): 复卷检品机，印刷套色控制系统

厦门力和行光电技术有限公司
Power & Action Xiamen Photoelectric Technology Co., Ltd.
地址(Add): 福建省厦门市思明区软件园二期望海路15号304室
邮编(P.C.): 361008
电话(Tel): 0592-5901687
传真(Fax): 0592-5901669
E-mail: zhaodan@lhxgd.com
Http://www.lhxgd.com
法人代表(Chairman): 何三娣
总经理(General Manager): 刘树斌
联系人(Contact Person): 赵丹
产品业务(Business): 表面瑕疵检测，腰贴检测系统

济南三泉中石实验仪器有限公司
Jinan Sumspring Experimental Instrument Co., Ltd.
地址(Add): 山东省济南市二环南路6666号
邮编(P.C.): 250001
电话(Tel): 0531-67818808
传真(Fax): 0531-67819858
Http://www.sumspring.com
联系人(Contact Person): 宿国华
产品业务(Business): 包装，印刷，胶黏剂检测器

济南德瑞克仪器有限公司
Jinan Drick Instruments Co., Ltd.
地址(Add): 山东省济南市天桥工业园锦洋西路8号
邮编(P.C.): 250032
电话(Tel): 0531-85868997
传真(Fax): 0531-85860395
E-mail: drk@drktest.com
Http://www.dricktest.com
总经理(General Manager): 王雅斌
联系人(Contact Person): 张红普

产品业务(Business)：电子拉力机，白度仪，水分仪

济南兰光机电技术有限公司
Jinan Languang Electric Facilities Technology Co., Ltd.
地址(Add)：山东省济南市无影山路 144 号
邮编(P. C.)：250031
电话(Tel)：0531 – 85864214
传真(Fax)：0531 – 85062108
E-mail：marketing@ labthink. cn
Http://www. labthink. cn
联系人(Contact Person)：王静
产品业务(Business)：透气/透湿测试仪

奥普特自动化科技有限公司
OPT Machine Vision Tech Co., Ltd.
地址(Add)：广东省东莞市长安镇 358 省道乌沙路段怡丰商业大厦
邮编(P. C.)：523841
电话(Tel)：0769 – 82716188 – 604
传真(Fax)：0769 – 81606698
E-mail：opt8158@ optmv. com
Http://www. optmv. com
联系人(Contact Person)：范西西
产品业务(Business)：机器视觉解决方案

均准视觉(东莞)科技有限公司
Dongguan Junzhun Precision Machine Vision Technology Co., Ltd.
地址(Add)：广东省东莞市长安镇厦边银城七路 80 号
邮编(P. C.)：523841
电话(Tel)：0769 – 81158812
传真(Fax)：0769 – 81556601
E-mail：uniquehlp@ 163. com
联系人(Contact Person)：贺丽平
产品业务(Business)：机器视觉系统，表面瑕疵检测系统

东莞市科建检测仪器有限公司
Dongguan Kejian Instrument Co., Ltd.
地址(Add)：广东省东莞市万江区共联莲子坊商业路 4 号
邮编(P. C.)：523039
电话(Tel)：0769 – 22853286
传真(Fax)：0769 – 22853692
E-mail：chentao@ kejian – tech. com
Http://www. kejian – tech. com
联系人(Contact Person)：陈涛
产品业务(Business)：剥离强度试验机，恒温恒湿试验机

佛山英斯派克自动化工程有限公司
Foshan Inspect Automation Co., Ltd.
地址(Add)：广东省佛山市轻工三路南方消防电力大厦四楼
邮编(P. C.)：528000
电话(Tel)：0757 – 82510586
传真(Fax)：0757 – 82510589
E-mail：wengd@ 163. net
Http://www. china – inspect. com
联系人(Contact Person)：章敬文
产品业务(Business)：纸病、SMS 非织造布在线检测系统

广州亚多检测技术有限公司
Guangzhou Ardo Detecting Technology Co., Ltd.
地址(Add)：广东省广州市番禺区石基镇城市花园 C3 – 15 铺
邮编(P. C.)：511400
电话(Tel)：020 – 34864382
传真(Fax)：020 – 34864382
E-mail：ardo – xt@ 163. com
Http://www. ardo – xt. com
联系人(Contact Person)：陈刚
产品业务(Business)：金属检测系统

广州市顶丰自动化设备有限公司
Guangzhou Top Fond Automation Equipment Co., Ltd.
地址(Add)：广东省广州市萝岗区科学城光谱西路 3 号中国普天研发楼 8 层 805 室
邮编(P. C.)：510530
电话(Tel)：020 – 82579266
传真(Fax)：020 – 82579255
E-mail：vedit@ gztopfond. com
Http://www. gztopfond. com
法人代表(Chairman)：王刚
总经理(General Manager)：王刚
联系人(Contact Person)：王刚
产品业务(Business)：机器视觉检测系统

深圳市金鸿达传动设备有限公司
Shenzhen Jinhongda Transmission Co., Ltd.
地址(Add)：广东省深圳市宝安区松岗街道松白路 7004 号汉海达科技园 A 栋四楼(马田收费站侧)
邮编(P. C.)：518105
电话(Tel)：0755 – 29629696
传真(Fax)：0755 – 29629972
Http://www. twbeiji. com
联系人(Contact Person)：覃桂高
产品业务(Business)：减速机

深圳市正控科技有限公司
Shenzhen Zhen Kon Technology Co., Ltd.
地址(Add)：广东省深圳市宝安新中心区福永镇永和路双金惠工业城 B 栋 2 楼西
邮编(P. C.)：518000
电话(Tel)：0755 – 83115076
传真(Fax)：0755 – 83103821
E-mail：szzk@ szzktech. com
联系人(Contact Person)：顾倾
产品业务(Business)：检测设备，纠偏系统

深圳市佳康捷科技有限公司
Shenzhen Jiakangjie Science & Technology Co., Ltd.
地址(Add)：广东省深圳市龙岗区坂田街道上办永香路八巷 2 号(合兴苑)4C 号
邮编(P. C.)：518100
电话(Tel)：0755 – 25602114
传真(Fax)：0755 – 89378503
E-mail：liuhuiyikun@ 163. com
联系人(Contact Person)：刘宜坤
产品业务(Business)：视觉检测系统

广西宾阳宏远化工有限公司
Guangxi Binyang Hongyuan Chemicals Co., Ltd.
地址(Add)：广西宾阳县新桥镇经济开发区
邮编(P. C.)：530405
电话(Tel)：0771 - 8482545
传真(Fax)：0771 - 8482828
E-mail：hyhuagong@ sina. com
法人代表(Chairman)：詹海云
总经理(General Manager)：詹海云
联系人(Contact Person)：詹海云
产品业务(Business)：在线检测设备，污水处理设备，化学助剂，香精，造纸毛毯

● 工业皮带 Industrial belt

上海蓉瑞机电设备有限公司
Shanghai Rongrui Mechanical and Electrical Installation Co., Ltd.
地址(Add)：上海市漕宝路3158弄2号楼803室
邮编(P. C.)：201101
电话(Tel)：021 - 64191825
传真(Fax)：021 - 64197517
E-mail：daniel_ zs@ 163. com
联系人(Contact Person)：周顺
产品业务(Business)：工业皮带

霓达(上海)企业管理有限公司
Nitta (Shanghai) Management Co., Ltd.
地址(Add)：上海市长宁区仙霞路137号盛高国际大厦2705室
邮编(P. C.)：200051
电话(Tel)：021 - 62296000 - 132
传真(Fax)：021 - 62299606
E-mail：xh_ yuan@ nitta. com. cn
联系人(Contact Person)：袁孝海
产品业务(Business)：传动输送皮带

上海晓全机械自动化有限公司
Shanghai Xiaoquan Automation Machine Co., Ltd.
地址(Add)：上海市沪青平公路6011号4号地块
邮编(P. C.)：201702
电话(Tel)：021 - 64781236
传真(Fax)：021 - 54866216
E-mail：auto_ xiaoquan@ 163. com
法人代表(Chairman)：王明荣
总经理(General Manager)：王明荣
联系人(Contact Person)：王明荣
产品业务(Business)：进口输送带，传动带

马丁传动件(上海)有限公司
Sprocket & Gear (Shanghai) Co., Ltd.
地址(Add)：上海市嘉定区华亭镇唐窑路81号
邮编(P. C.)：201816
电话(Tel)：021 - 59950888
传真(Fax)：021 - 59953270
E-mail：dajun@ martinchina. com
联系人(Contact Person)：吉大军
产品业务(Business)：联轴器，同步轮，带轮

上海威霆传动系统有限公司
Welltrand Transmission System Co., Ltd.
地址(Add)：上海市嘉定区马陆镇博学路108号
邮编(P. C.)：201801
电话(Tel)：021 - 59102920 - 316
传真(Fax)：021 - 59102738
E-mail：chenying86@ 163. com
Http://www. welltrans. com
联系人(Contact Person)：陈影
产品业务(Business)：工业皮带

上海颖盛机械有限公司
Shanghai Yingsheng Machinery Co., Ltd.
地址(Add)：上海市嘉定区南翔镇嘉翔工业园顺丰路168号
邮编(P. C.)：201802
电话(Tel)：021 - 69890686
传真(Fax)：021 - 39125669
E-mail：ya - va@ ya - va. com. cn
Http://www. cnyingsheng. com
总经理(General Manager)：万晓光
产品业务(Business)：传送带，输送机，滚筒

上海翔高机械设备有限公司
Shanghai Xianggao Mechanical Equipment Co., Ltd.
地址(Add)：上海市九新公路10弄亭园大厦1201
邮编(P. C.)：201615
电话(Tel)：021 - 64199525
传真(Fax)：021 - 64199436
E-mail：ceko65@ 163. com
联系人(Contact Person)：冯颖
产品业务(Business)：同步带，轴承

上海美旺机械有限公司
Mywant Machinery (Shanghai) Co., Ltd.
地址(Add)：上海市莲花路528弄23号
邮编(P. C.)：200233
电话(Tel)：021 - 64801226
传真(Fax)：021 - 64801226
E-mail：mywantwant@ hotmail. com
联系人(Contact Person)：周建兵
产品业务(Business)：工业皮带

上海亦杰传动机械有限公司
Shanghai Yijie Mechanical Transmission Co., Ltd.
地址(Add)：上海市闵行区碧泉路36弄金宵大厦2302
邮编(P. C.)：201100
电话(Tel)：021 - 64609899
传真(Fax)：021 - 64609909
E-mail：yjgy021@ 163. com
Http://www. shyjgy. com
联系人(Contact Person)：张日升
产品业务(Business)：同步带轮

汉唐(上海)传动设备有限公司
Highten (Shanghai) Co., Ltd.
地址(Add)：上海市闵行区华漕镇联友路2205号
邮编(P. C.)：201107
电话(Tel)：021 - 62216599 - 228
传真(Fax)：021 - 62216560
E-mail：suili@ highten. net

Http://www.highten.net
联系人(Contact Person)：税力
产品业务(Business)：工业皮带

上鹤自动化仪器设备(上海)有限公司
Accom Automatic Instrument & Equipment (Shanghai) Co., Ltd.
地址(Add)：上海市青浦区嘉松中路523号
邮编(P.C.)：201703
电话(Tel)：021-69524081
传真(Fax)：021-69523759
E-mail：sales@accom.com.cn
Http://www.accom.com.tw
法人代表(Chairman)：杨英奎
总经理(General Manager)：杨英奎
联系人(Contact Person)：桂曼霞
产品业务(Business)：输送系统

上海爱西奥工业皮带有限公司
Shanghai Asiao Industry Belt Co., Ltd.
地址(Add)：上海市青浦区蟠龙路889弄2号5栋
邮编(P.C.)：201702
电话(Tel)：021-51086099-810
传真(Fax)：021-52183034
E-mail：sales@asiao.com.cn
Http://www.asiao.com.cn
联系人(Contact Person)：申高阳
产品业务(Business)：输送皮带，传动皮带

上海欧舟工业皮带有限公司
Shanghai Ouzhou Ind. Belting Co., Ltd.
地址(Add)：上海市曲阳路800号1810
邮编(P.C.)：200434
电话(Tel)：021-60959554
传真(Fax)：021-65267671
E-mail：head@ouzhou-eib.com
Http://www.ouzhou-eib.com
联系人(Contact Person)：叶丽雯
产品业务(Business)：橡胶输送带

惠和贸易(上海)有限公司
Keiwa Trading (Shanghai) Co., Ltd.
地址(Add)：上海市石门一路211号旺旺大厦11层D座
邮编(P.C.)：200041
电话(Tel)：021-62173322
传真(Fax)：021-62175176
E-mail：baolintai@wjtcsh.com.cn
Http://www.wjtc.co.jp
联系人(Contact Person)：鲍令泰
产品业务(Business)：传动带

上海达机皮带有限公司
Shanghai Tuckglant Belting Co., Ltd.
地址(Add)：上海市松江区车墩镇莘莘学子创业园北闵路23号
邮编(P.C.)：201611
电话(Tel)：021-57605241
传真(Fax)：021-57605246
E-mail：sun7966@126.com
Http://www.tuck.com.cn
联系人(Contact Person)：孙水镖
产品业务(Business)：同步带，变速皮带

哈柏司工业传动设备(上海)有限公司
Habasit (Shanghai) Co., Ltd.
地址(Add)：上海市松江区茜浦路195弄8号
邮编(P.C.)：201611
电话(Tel)：021-54881218
传真(Fax)：021-54881258
E-mail：hcn_kad@habasit.com.cn
Http://www.habasit.com.hk
联系人(Contact Person)：董玉华
产品业务(Business)：传动带，输送带

上海凯耀工业皮带有限公司
Shanghai KeYou Belting Co., Ltd.
地址(Add)：上海市松江区天马开发区天峰路141号
邮编(P.C.)：201603
电话(Tel)：021-57663636
传真(Fax)：021-57662819
E-mail：efabf@efab.com.cn
Http://www.efab.com.cn
联系人(Contact Person)：邹丽
产品业务(Business)：输送带

科达器材(中国)有限公司
Fordata (China) Ltd.
地址(Add)：上海市万源路2759弄虹霞工业园E座
邮编(P.C.)：201103
电话(Tel)：021-64463303
传真(Fax)：021-64060250
E-mail：shfd@fordatachina.com
Http://www.fordatachina.com
总经理(General Manager)：余维建
产品业务(Business)：工业皮带，输送带，传动带

英特乐传送带(上海)有限公司
Intralox Conveyor Belts (Shanghai) Ltd.
地址(Add)：上海市西康路300号本本大厦18楼
邮编(P.C.)：200040
电话(Tel)：021-51118539
Http://www.intralox.com
联系人(Contact Person)：叶宁
产品业务(Business)：工业皮带

上海高知尾崎贸易有限公司
Shanghai Kochi Osaki Trade Co., Ltd.
地址(Add)：上海市新华路728号华联发展大厦803室
邮编(P.C.)：200052
电话(Tel)：021-52581377
传真(Fax)：021-52581387
E-mail：k_shinohara_kkosaki@hotmail.co.jp
Http://www.kkosaki.co.jp
联系人(Contact Person)：筱原谦二
产品业务(Business)：工业皮带

上海科力传动机械有限公司
Shanghai Keli Transmission Parts Machinery Co., Ltd.
地址(Add)：上海市延安西路1448弄1号华融国际大厦5楼C座
邮编(P.C.)：200052
电话(Tel)：021-32260336

传真(Fax)：021－52581300
E-mail：market@ transmission－parts. com
Http://www. kelitransmission－parts. com
联系人(Contact Person)：黄绘
产品业务(Business)：同步带轮，轴套，链轮，胀紧套

上海诺琪斯工业皮带有限公司
Shanghai Nuoqisi Belt Co.，Ltd.
地址(Add)：上海市延长路152弄锦灏佳园21号602室
邮编(P. C.)：200072
电话(Tel)：021－56336917
传真(Fax)：021－56336910
E-mail：norkis@ 163. com
Http://www. shnorkis. com
法人代表(Chairman)：司马
总经理(General Manager)：司马
联系人(Contact Person)：司马
产品业务(Business)：工业用传动带，输送带

上海紫象机械设备有限公司
Shanghai Zixiang Mechanical Equipment Co.，Ltd.
地址(Add)：上海市闸北区共和新路752－758号
邮编(P. C.)：200070
电话(Tel)：021－56976368－8004
传真(Fax)：021－56976228
E-mail：xin8628959@ 163. ocm
Http://www. chinazixiang. com
联系人(Contact Person)：辛卫
产品业务(Business)：联轴器，皮带

上海腾英贸易有限公司
Shanghai Tengying Trading Co.，Ltd.
地址(Add)：上海市闸北区彭越浦路908号3号楼2层
邮编(P. C.)：200437
电话(Tel)：021－65311712
传真(Fax)：021－65311711
联系人(Contact Person)：张睿
产品业务(Business)：输送带，传动带，同步带

上海得森传动设备有限公司
Shanghai Desen Transmission Equipment Co.，Ltd.
地址(Add)：上海市闸北区彭越浦路908号3幢二层西
邮编(P. C.)：200437
电话(Tel)：021－65311708
传真(Fax)：021－65311710
E-mail：sale@ sables. cn
Http://www. sables. cn
法人代表(Chairman)：余彩萍
总经理(General Manager)：余彩萍
联系人(Contact Person)：张志勇
产品业务(Business)：同步带

上海采恩机械科技有限公司
Shanghai Caien Machinery & Science Co.，Ltd.
地址(Add)：上海市中山北路158号甲301室
邮编(P. C.)：200071
电话(Tel)：021－66601732
传真(Fax)：021－39650046
E-mail：caien@ caien. com. cn
Http://www. caien. com. cn
联系人(Contact Person)：张靖
产品业务(Business)：输送带，网带

上海旭昕机电有限公司
Shanghai Xuxin Mechanical & Electrical Co.，Ltd.
地址(Add)：上海市中山南二路932弄6号1101室
邮编(P. C.)：200030
电话(Tel)：021－64643222
传真(Fax)：021－64688276
E-mail：sh－xuxin@ 163. com
Http://www. sh－xuxin. com
总经理(General Manager)：顾小芳
联系人(Contact Person)：顾小芳
产品业务(Business)：传动带，输送带

江阴天广科技有限公司
Jiangyin Tianguang Technology Co.，Ltd.
地址(Add)：江苏省江阴市临港新城石庄花港西路28号
邮编(P. C.)：214446
电话(Tel)：0510－86891707
传真(Fax)：0510－86893178
E-mail：sales@ shusongdai. net
Http://www. shusongdai. net
联系人(Contact Person)：易国平
产品业务(Business)：输送带，平面传动带，切弦带

江阴市南闸特种胶带有限公司
Jiangyin Nanzha Specialty Belt Co.，Ltd.
地址(Add)：江苏省江阴市南闸镇蔡泾村
邮编(P. C.)：214405
电话(Tel)：0510－86181860
传真(Fax)：0510－86171288
E-mail：jstzjd@ 163. com
法人代表(Chairman)：沈明玉
总经理(General Manager)：沈明玉
联系人(Contact Person)：沈明玉
产品业务(Business)：输送带，同步带，胶辊

江阴科强工业胶带有限公司
Jiangyin Keqiang Belt Co.，Ltd.
地址(Add)：江苏省江阴市云亭工业园区黄台路6号
邮编(P. C.)：214422
电话(Tel)：0510－86013930
传真(Fax)：0510－86013921
E-mail：info@ keqiangbelt. com
联系人(Contact Person)：刘勇
产品业务(Business)：轻型输送带，特种输送带

昆山三马工业皮带有限公司
Kunshan Sanma Industry Belt Co.，Ltd.
地址(Add)：江苏省昆山市柏庐南路(新客站正对面)蝶湖湾15栋B－1309
邮编(P. C.)：215301
电话(Tel)：0512－21664577
传真(Fax)：0512－57116132
E-mail：mading@ mading－belt. com
Http://www. mading－belt. com
联系人(Contact Person)：舒本圳
产品业务(Business)：工业皮带

南京婀嘉机电设备有限公司
Nanjing Ejia Electromechanical Machinery Co., Ltd.
地址(Add)：江苏省南京市莫愁路104－1号
邮编(P. C.)：210004
电话(Tel)：025－86609823
传真(Fax)：025－52311201
E-mail：zjh8668@163.com
法人代表(Chairman)：郑坚华
总经理(General Manager)：郑坚华
联系人(Contact Person)：郑坚华
产品业务(Business)：工业皮带

泰州市华港带业有限公司
Taizhou Huagang Belt Co., Ltd.
地址(Add)：江苏省泰州市滨江工业园区
邮编(P. C.)：225300
电话(Tel)：0523－86982841
传真(Fax)：0523－86982841
联系人(Contact Person)：张斌
产品业务(Business)：同步齿形带，传送带

泰州市保力工业皮带有限公司
Taizhou Baoli Industrial Belt Co., Ltd.
地址(Add)：江苏省泰州市刁铺镇许河路10号
邮编(P. C.)：225323
电话(Tel)：0523－86166588
传真(Fax)：0523－86166588
总经理(General Manager)：秦勇峰
联系人(Contact Person)：李文模
产品业务(Business)：工业皮带

泰州市泰丰胶带有限公司
Taizhou Taifeng Gluebelt Co., Ltd.
地址(Add)：江苏省泰州市刁铺镇许河路4号
邮编(P. C.)：225323
电话(Tel)：0523－86160178
传真(Fax)：0523－86160178
联系人(Contact Person)：蔡向阳
产品业务(Business)：同步齿形带，运输带，同步带，卫生巾网带

江苏泰州市兴泰传动带有限公司
Jiangsu Taizhou Xingtai Driving Belt Co., Ltd.
地址(Add)：江苏省泰州市高港区刁铺府东路48号
邮编(P. C.)：225323
电话(Tel)：0523－86165855
传真(Fax)：0523－86165855
E-mail：cai13961087582@163.com
法人代表(Chairman)：蔡云斌
联系人(Contact Person)：蔡云斌
产品业务(Business)：同步带，尼龙平胶带，集绒机同步带，聚酯螺旋网带，PVC输送带

泰州市天力传动带有限公司
Taizhou Tianli Belt Co., Ltd.
地址(Add)：江苏省泰州市高港区口岸镇
邮编(P. C.)：225321
电话(Tel)：0523－86160071
传真(Fax)：0523－86168822
E-mail：tztldy@vip.163.com
Http://www.tztldy.com
法人代表(Chairman)：朱留俊
总经理(General Manager)：朱留俊
联系人(Contact Person)：朱留俊
产品业务(Business)：工业传送带

泰州市高港区韩氏带业有限公司
Taizhou Gaogang Hanshi Belt Co., Ltd.
地址(Add)：江苏省泰州市口岸镇柴墟东路2号
邮编(P. C.)：225321
电话(Tel)：0523－86914089
传真(Fax)：0523－86914189
法人代表(Chairman)：韩继荣
总经理(General Manager)：韩继荣
联系人(Contact Person)：韩继荣
产品业务(Business)：同步带，输送带

盐城博众机电有限公司
Yancheng Bozhong Machinery Co., Ltd.
地址(Add)：江苏省盐城市盐青路47号新港明珠1－2号楼3单元1406
邮编(P. C.)：224000
电话(Tel)：0515－88310879
传真(Fax)：0515－88310879
E-mail：ycht@highten.net
联系人(Contact Person)：陈志刚
产品业务(Business)：工业皮带

宁波伏龙同步带有限公司
Ningbo Fulong Synchronous Belt Co., Ltd.
地址(Add)：浙江省慈溪市龙山镇
邮编(P. C.)：315311
电话(Tel)：0574－63781827
传真(Fax)：0574－63780109
E-mail：fl@timingbelt.cn
Http://www.timingbelt.cn
法人代表(Chairman)：林胤
联系人(Contact Person)：林胤
产品业务(Business)：同步带，多楔带，同步带轮

慈溪市广合同步带轮有限公司
Cixi Guanghe Synchronous Belt Wheel Co., Ltd.
地址(Add)：浙江省慈溪市三北镇田央工业开发区
邮编(P. C.)：315331
电话(Tel)：0574－63738808
传真(Fax)：0574－63738809
E-mail：gh200406@sohu.com
Http://www.gh－pulley.com
联系人(Contact Person)：陈伟达
产品业务(Business)：同步带，同步带轮，多楔带

杭州永创智能设备股份有限公司
Hangzhou Youngsun Intelligent Equipment Co., Ltd.
(详见包装设备、裹包设备及配件)

杭州合利机械设备有限公司
United Machinery Co., Ltd.
地址(Add)：浙江省杭州市中河北路108号港航大厦1601－1610
邮编(P. C.)：310014
电话(Tel)：0571－85460657
传真(Fax)：0571－85460653

法人代表(Chairman)：王健强
总经理(General Manager)：王健强
联系人(Contact Person)：王健强
产品业务(Business)：经销传动皮带

宁波市得森传动系统有限公司
Ningbo Desen Transmission System Co., Ltd.
地址(Add)：浙江省宁波市江东区桑田路华东物资城 K24
邮编(P. C.)：315042
电话(Tel)：0574 - 89138161
传真(Fax)：0574 - 89138162
E-mail：sale@ sales. cn
Http://www. sables. cn
联系人(Contact Person)：俞彩萍
产品业务(Business)：同步带/带轮

浙江三维橡胶制品股份有限公司
Zhejiang Sanwei Rubber Products Co., Ltd.
地址(Add)：浙江省三门沙田洋开发区
邮编(P. C.)：317100
电话(Tel)：0576 - 83371778
传真(Fax)：0576 - 83371060
联系人(Contact Person)：吴善林
产品业务(Business)：输送带

浙江春光胶带有限公司
Zhejiang Chunguang Belt Co., Ltd.
地址(Add)：浙江省三门县高枧新湖阳开发区
邮编(P. C.)：317102
电话(Tel)：0576 - 83118280
传真(Fax)：0576 - 83117071
E-mail：373577@ qq. com
法人代表(Chairman)：叶继挺
总经理(General Manager)：叶继挺
联系人(Contact Person)：郑汉
产品业务(Business)：同步带，平皮带

浙江天台益达工业用网厂
Tiantai Yida Industrial Wire Co., Ltd.
地址(Add)：浙江省天台县平桥镇工业区 2 号
邮编(P. C.)：317203
电话(Tel)：0576 - 83829006
传真(Fax)：0576 - 83889544
E-mail：zjkuafu@ 163. com
法人代表(Chairman)：余桂芳
总经理(General Manager)：余桂芳
联系人(Contact Person)：余桂芳
产品业务(Business)：输送网带

宁波凯嘉传动带有限公司
Ningbo Kaijia Transmission Belt Co., Ltd.
地址(Add)：浙江省余姚市牟山镇富民工业园区
邮编(P. C.)：315456
电话(Tel)：0574 - 62498377
传真(Fax)：0574 - 62498518
E-mail：kaijia@ dailun. com
Http://www. dailun. com
总经理(General Manager)：李华东
联系人(Contact Person)：李华东
产品业务(Business)：同步带，带轮

余姚市伟业带传动轮有限公司
Yuyao Weiye Transmission Equipment Co., Ltd.
地址(Add)：浙江省余姚市牟山镇工业开发园区
邮编(P. C.)：315456
电话(Tel)：0574 - 62498828
传真(Fax)：0574 - 62496828
E-mail：weiye@ cnnbweiye. cn
总经理(General Manager)：吴建伟
联系人(Contact Person)：吴建伟
产品业务(Business)：同步带轮，传动带轮

顺意隆(福州)工业皮带有限公司
Shunyilong (Fuzhou) Industrial Belt Co., Ltd.
地址(Add)：福建省福州市晋安区连江北路 589 号
邮编(P. C.)：350014
电话(Tel)：0591 - 83662390
传真(Fax)：0591 - 83662321
E-mail：fz - syl@ 163. com
Http://www. fzsyl. com
法人代表(Chairman)：叶林钦
总经理(General Manager)：叶林钦
联系人(Contact Person)：叶林钦
产品业务(Business)：卫生巾、纸尿裤设备用工业皮带

晋江市磁灶镇清清五金机械商店
Qingqing Hardware Store
地址(Add)：福建省晋江市天工陶瓷城斜对面加油站边
邮编(P. C.)：362200
电话(Tel)：0595 - 85882421
传真(Fax)：0595 - 85833421
联系人(Contact Person)：吴俊锋
产品业务(Business)：工业皮带

晋江市博尔达商贸有限公司
Jinjiang Boerda Trading Co., Ltd.
地址(Add)：福建省晋江市安海镇清机路 519 号(宝龙小区)
邮编(P. C.)：362261
电话(Tel)：0595 - 85766703
传真(Fax)：0595 - 85733703
E-mail：huangrb888@ 163. com
法人代表(Chairman)：黄荣葆
总经理(General Manager)：黄荣葆
联系人(Contact Person)：黄荣葆
产品业务(Business)：工业皮带，电气元件

南平市南象胶带有限公司
Nanping Nanxiang Belt Co., Ltd.
地址(Add)：福建省南平市滨江南路 156 号
邮编(P. C.)：353000
电话(Tel)：0599 - 8630358
传真(Fax)：0599 - 8610758
法人代表(Chairman)：刘方
总经理(General Manager)：刘方
联系人(Contact Person)：刘方
产品业务(Business)：输送带，传动带，胶辊，三角带

泉州柏森工业皮带有限公司
Quanzhou Posebelt Co., Ltd.
地址(Add)：福建省泉州市堤后路江滨豪园西 2 - 113 号
邮编(P. C.)：362000

电话(Tel)：0595－22178155
传真(Fax)：0595－22178055
E-mail：posebelt@163.com
总经理(General Manager)：王仁杰
产品业务(Business)：工业皮带，带轮

宏祥工业配件有限公司
Hongxiang Industrial Parts Co.，Ltd.
地址(Add)：福建省泉州市经济开发区智泰路江南御景四梯310
邮编(P.C.)：362000
电话(Tel)：13506098216
传真(Fax)：0595－22421841
联系人(Contact Person)：孙春祥
产品业务(Business)：传动带

泉州市振荣机械配件有限公司
Quanzhou Zhenrong Machinery Accessories Co.，Ltd.
地址(Add)：福建省泉州市鲤城区浮桥工业区
邮编(P.C.)：362005
电话(Tel)：0595－22398220
传真(Fax)：0595－22412204
E-mail：1434621052@qq.com
联系人(Contact Person)：曾振平
产品业务(Business)：同步带轮，齿轮

鑫捷达传动设备有限公司
Xinjieda Drive Equipment Co.，Ltd.
地址(Add)：福建省泉州市南环路火炬工业区锦君宾馆
邮编(P.C.)：362000
电话(Tel)：13004869688
传真(Fax)：0595－22422076
E-mail：164455592@qq.com
联系人(Contact Person)：奚华兵
产品业务(Business)：传动带

福建泰格工业皮带有限公司
Tiger Industrial Belt Co.，Ltd.
地址(Add)：福建省石狮市八七路世纪家园地下一层
邮编(P.C.)：362700
电话(Tel)：0595－65325111
传真(Fax)：0595－65326111
Http://www.tigerbelt.com
法人代表(Chairman)：李连炮
联系人(Contact Person)：许培峰
产品业务(Business)：工业皮带

福建信捷工业皮带有限公司
Fujian Xinjie Industrial Belt Co.，Ltd.
地址(Add)：福建省石狮市永宁洋厝工业区
邮编(P.C.)：362700
电话(Tel)：0595－68883000
传真(Fax)：0595－68883000
E-mail：13805911642@139.com
法人代表(Chairman)：李铭陶
总经理(General Manager)：李铭陶
联系人(Contact Person)：李铭集
产品业务(Business)：工业皮带

石狮信捷工业传动皮带有限公司
Shishi Xinjie Industrial Belt Co.，Ltd.
地址(Add)：福建省石狮市永宁洋厝工业区666号
邮编(P.C.)：362711
电话(Tel)：0595－88811642
传真(Fax)：0595－83112333
Http://www.gongyepidai.com
总经理(General Manager)：李铭集
联系人(Contact Person)：刘艺春
产品业务(Business)：卫生巾/纸尿裤设备用皮带

厦门艺顺机械设备有限公司
E－Soon
地址(Add)：福建省厦门市福厦路机场路口天丰机械城内
邮编(P.C.)：361000
电话(Tel)：0592－5740825
传真(Fax)：0592－5741752
E-mail：yswj@public.xm.fj.cn
Http://www.e－soon.com.cn
联系人(Contact Person)：陈顺安
产品业务(Business)：工业皮带

厦门敏硕机械配件有限公司
Xiamen Harvest Machinery Co.，Ltd.
地址(Add)：福建省厦门市湖里大道54号一层S2号
邮编(P.C.)：361006
电话(Tel)：0592－5056499
传真(Fax)：0592－5324536
E-mail：xmn@havest.com.cn
Http://www.harvest.com.cn
联系人(Contact Person)：罗君荷
产品业务(Business)：代理工业皮带，轴承

厦门希尔顿工业皮带有限公司
Xiamen Xierdun Industrial Belt Co.，Ltd.
地址(Add)：福建省厦门市湖里区港中路1287号象屿五金机电城6－22
邮编(P.C.)：361011
电话(Tel)：0592－5167061
传真(Fax)：0592－5167091
E-mail：xpf1900@163.com
Http://www.xrfgypd.com
联系人(Contact Person)：王俊冰
产品业务(Business)：工业皮带

厦门欧派科技有限公司
Xiamen Oupai Science & Technology Co.，Ltd.
地址(Add)：福建省厦门市湖里区华昌路136号都市雅苑308室
邮编(P.C.)：361006
电话(Tel)：0592－5686157
传真(Fax)：0592－5686178
联系人(Contact Person)：曹中
产品业务(Business)：传动带

厦门广航智能科技有限公司
Xiamen Guanghang Intelligent Science & Technology Co.，Ltd.
地址(Add)：福建省厦门市湖里区兴隆路627号－215
邮编(P.C.)：361000
电话(Tel)：0592－6013839

传真(Fax)：0592－6013826
E-mail：wshzh2006@163.com
联系人(Contact Person)：吴盛珍
产品业务(Business)：工业皮带

厦门希贝克工贸有限公司
Xiamen Xinbex Industrial Belt Co.，Ltd.
地址(Add)：福建省厦门市湖里区悦华路159号龙舟大厦北二楼
邮编(P.C.)：361000
电话(Tel)：0592－2656327
传真(Fax)：0592－5144207
E-mail：xinbex@xinbex.com
Http://www.xinbex.com
联系人(Contact Person)：吴琼
产品业务(Business)：工业皮带

厦门冠重机械设备有限公司
Xiamen Guanzhong Machinery & Equipment Co.，Ltd.
地址(Add)：福建省厦门市湖里区悦华路159号龙舟大厦北一层
邮编(P.C.)：361006
电话(Tel)：0592－3655742
传真(Fax)：0592－6036031
E-mail：gzbelt@163.com
Http://www.gzbelt.net
联系人(Contact Person)：洪武汉
产品业务(Business)：同步带，同步轮

青岛欧标工业皮带有限公司济南分公司
Qingdao Oubiao Industrial Belt Co.，Ltd.
地址(Add)：山东省济南市天桥区东泺河四路252号
邮编(P.C.)：250033
电话(Tel)：0531－66595861
联系人(Contact Person)：朱正伟
产品业务(Business)：工业用输送皮带，传动带，同步带，三角带，圆带，钢扣

青岛汉唐传动系统有限公司
Qingdao Highten Systems Co.，Ltd.
地址(Add)：山东省青岛市高昌路7号
邮编(P.C.)：266101
电话(Tel)：0532－80671855
传真(Fax)：0532－86121827
E-mail：qdht@highten.net
Http://www.highten.net
联系人(Contact Person)：窦永昌
产品业务(Business)：工业皮带

青岛艾利特机电设备有限公司
Qingdao Ailet Mechanical and Electrical Co.，Ltd.
地址(Add)：山东省青岛市李沧区百通大厦2001室
邮编(P.C.)：266041
电话(Tel)：0532－86100369
传真(Fax)：0532－86100368
Http://www.ailetbelt.com
法人代表(Chairman)：张赛虎
总经理(General Manager)：张赛虎
联系人(Contact Person)：张赛虎
产品业务(Business)：传送带

上海科达传动系统有限公司青岛办事处
Fordata (shanghai) Ltd.
地址(Add)：山东省青岛市延吉路111号赛纳商务中心456室
邮编(P.C.)：266000
电话(Tel)：0532－85812723
传真(Fax)：0532－85812759
Http://www.fordatachina.com
联系人(Contact Person)：王锐
产品业务(Business)：工业皮带

武汉科盛工业器材有限公司
Wuhan Kesheng Industrial Equipment Co.，Ltd.
地址(Add)：湖北省武汉市古田2路丰企业总部3号楼A座6层
邮编(P.C.)：430035
电话(Tel)：027－83560612
传真(Fax)：027－83560619
E-mail：whfd@fordatachina.com
联系人(Contact Person)：蔡云笑
产品业务(Business)：代理进口工业皮带

广州市番禺中南科达机械有限公司
Fordata Engineering Co.，Ltd.
地址(Add)：广东省广州市番禺区市桥镇东环路120号
邮编(P.C.)：511400
电话(Tel)：020－84894125
传真(Fax)：020－84873239
E-mail：13928868352@163.com
Http://www.fordatachina.com
法人代表(Chairman)：余维建
总经理(General Manager)：余维建
联系人(Contact Person)：高海波
产品业务(Business)：工业皮带，输送平皮带，同步带，三角带

广州亿信达工业配件有限公司
Guangzhou YXD Industrial Components Ltd.
地址(Add)：广东省广州市天河区员村怡景大街116号
邮编(P.C.)：510080
电话(Tel)：020－85675117
传真(Fax)：020－85677586
E-mail：gdhuangli@qq.com
法人代表(Chairman)：黄砺
总经理(General Manager)：黄砺
联系人(Contact Person)：黄砺
产品业务(Business)：代理进口工业同步带，平皮带

深圳市华南新海传动机械有限公司
Shenzhen Huanan Xinhai Transmission Machinery Co.，Ltd.
地址(Add)：广东省深圳市龙岗区平湖镇新木社区松山路3号
邮编(P.C.)：518100
电话(Tel)：0755－89973545
传真(Fax)：0755－89794906
E-mail：xinhaipd@vip.163.com
联系人(Contact Person)：张丽娟
产品业务(Business)：工业皮带，橡胶传动带

东莞市三马工业皮带有限公司
Dongguan Sanma Industry Belt Co., Ltd.
地址(Add):广东省东莞市万江区坝头工业区 27 号
邮编(P. C.):523050
电话(Tel):0769 - 21660039
传真(Fax):0769 - 23151674
E-mail:mading@ mading - belt. com
Http://www. mading - belt. com
联系人(Contact Person):舒本圳
产品业务(Business):工业皮带

东莞市司毛特工业皮带有限公司
Dongguan Simaote Industry Belt Co., Ltd.
地址(Add):广东省东莞市长安镇上沙第二工业区创兴路 6 号
邮编(P. C.):523857
电话(Tel):0769 - 85385225
传真(Fax):0769 - 85380580
E-mail:smt@ smtbelt. com
Http://www. smtbelt. com
联系人(Contact Person):陈刚
产品业务(Business):同步带,输送带,平皮带,特殊皮带

利思达工业皮带有限公司
Lisida Industrial Belt Co., Ltd.
地址(Add):广东省佛山市佛山大道北华南五金电器城 D 区 18 路 15 - 21 号铺
邮编(P. C.):528000
电话(Tel):0757 - 82800680
传真(Fax):0757 - 82800690
联系人(Contact Person):李先生
产品业务(Business):片基带,传动皮带

东莞市森邦纸业有限公司
Dongguan Senbang Paper Co., Ltd.
(详见传动和自动化系统)

广州天竺刀片公司
Guangzhou Tianzhu Blades Co., Ltd.
(详见卫生纸机和加工设备相关器材配件)

深圳市三木传动带有限公司
Shenzhen Zammu Transmission Belt Co., Ltd.
地址(Add):广东省深圳市宝安区西乡大道宝运达物流中心 2 号厂房 5 楼
邮编(P. C.):518126
电话(Tel):0755 - 27889495
传真(Fax):0755 - 29630095
E-mail:flj@ zammu - belt. com
Http://www. zammu - belt. com
联系人(Contact Person):冯林军
产品业务(Business):同步带

爱西贝特传输系统(云南)有限公司
Esbelt Conveying Systems(Yunnan)Co., Ltd.
地址(Add):云南省玉溪市高新技术产业开发区创新路 20 号
邮编(P. C.):653100
电话(Tel):0877 - 2661800
传真(Fax):0877 - 2661979
E-mail:mmao@ esbelt. com. cn
Http://www. esbelt. com. cn
联系人(Contact Person):毛敏
产品业务(Business):输送带

● 其他相关设备 Other related equipment

Algas Fluid TechnologySystem AS
地址(Add):Strandgt. 13 - 15, PO Box 534 N - 1503 Moss Norway
电话(Tel):47 - 69 - 254034
传真(Fax):47 - 69 - 250293
E-mail:office@ algas. no
Http://www. algas. no
联系人(Contact Person):Trude Fellkjaer
产品业务(Business):微滤机

G. Elli Riduttori Seites Spa
地址(Add):Via Meraviglia 21 | 23 I - 20020 Barbaiana di Lainate Italy
电话(Tel):39 - 02 - 9396821
传真(Fax):39 - 02 - 93256274
E-mail:sales@ elli. it
Http://www. elli. it
联系人(Contact Person):Silvio Ferrari
产品业务(Business):碎浆机、扬克烘缸用齿轮箱

北京星科嘉锐自动化技术有限公司
Beijing Suntek Automation Technology Co., Ltd.
(详见传动和自动化系统)

保定宏润环境科技有限公司
Baoding Hongrun Environmental Technology Co., Ltd.
地址(Add):河北省保定市高新技术开发区云杉路 86 号
邮编(P. C.):071000
电话(Tel):0312 - 8919668
传真(Fax):0312 - 3169116
E-mail:bdhrhjkj@ 163. com
联系人(Contact Person):李俊良
产品业务(Business):加湿系统

保定市中信节能设备有限公司
Baoding Zhongxin Energy Saving Equipment Co., Ltd.
地址(Add):河北省保定市满城县大册营造纸工业区
邮编(P. C.):072150
电话(Tel):0312 - 7919684
传真(Fax):0312 - 7919684
联系人(Contact Person):薛红兵
产品业务(Business):凝结水回收系统

河北洁源环保设备制造有限公司
Hebei Jieyuan Environmental Protection Machinery Co., Ltd.
地址(Add):河北省保定市满城县大册营镇方上造纸工业园区
邮编(P. C.):072150
电话(Tel):0312 - 7027999
传真(Fax):0312 - 7020123
Http://www. chengxinpaper. com
总经理(General Manager):韩宝江

联系人(Contact Person)：李军
产品业务(Business)：净水器，蒸汽回收

唐山天易机电设备制造有限公司
Tangshan Tianyi Electrical Machinery Co., Ltd.
地址(Add)：河北省唐山市乐亭县富强街127号
邮编(P. C.)：063600
电话(Tel)：0315－4690717
传真(Fax)：0315－4690710
E-mail：tsty198@163. com
Http://www. ty198. net
联系人(Contact Person)：元树学
产品业务(Business)：除尘设备

丹东天和实业有限公司
Dandong Tianhe Industrial Co., Ltd.
(详见干法纸设备)

上海洛泽机电设备有限公司
Shanghai Luoze Equipment Co., Ltd.
地址(Add)：上海市奉贤区胡桥镇寺胡公路2579号
电话(Tel)：021－57458332
传真(Fax)：021－57458331
E-mail：sunpeijiezh@163. com
Http://www. shluoze. com
联系人(Contact Person)：孙佩杰
产品业务(Business)：离心机

上海树志机械设备有限公司
Shanghai Shuzhi Machinery Co., Ltd.
地址(Add)：上海市嘉定区沪宜公路6133号三号楼
邮编(P. C.)：201821
电话(Tel)：021－51872390
传真(Fax)：021－51862210
E-mail：chminji@163. com
Http://www. shshuzhi. cn
法人代表(Chairman)：陈遥
联系人(Contact Person)：陈明锦
产品业务(Business)：包装机零配件

上海艾克森新技术有限公司
Shanghai Accessen New－Tech Co., Ltd.
地址(Add)：上海市嘉定区谢春路1458号
邮编(P. C.)：201804
电话(Tel)：021－69595555
传真(Fax)：021－69590007
E-mail：shenzhen@accessen. cn
Http://www. accessen. cn
联系人(Contact Person)：车斌
产品业务(Business)：热交换器

上海协升商贸有限公司
Shanghai Xiesheng Trade Co., Ltd.
地址(Add)：上海市胶州路941号长久商务中心1903室
邮编(P. C.)：200060
电话(Tel)：021－62661855
传真(Fax)：021－62999485
E-mail：donghongbo@sharesun. com
联系人(Contact Person)：董洪波
产品业务(Business)：泵阀、软管及附件

上海柯好电气有限公司
Shanghai Chooele Electrical Equipment Co., Ltd.
地址(Add)：上海市闵行区吴泾镇龙吴路5530弄87号106室
邮编(P. C.)：200241
电话(Tel)：021－51093776
传真(Fax)：021－51093776
总经理(General Manager)：陈巨州
联系人(Contact Person)：陈巨州
产品业务(Business)：导电滑环

上海兹安经贸发展有限公司
Shanghai Vantell Industry Development Co., Ltd.
地址(Add)：上海市宁国路313弄龙泽大厦二号502室
邮编(P. C.)：200090
电话(Tel)：021－55809962
传真(Fax)：021－55809763
E-mail：fxj@vantell. cn
Http://www. vantell. cn
联系人(Contact Person)：费晓钧
产品业务(Business)：排风口

上海申力试验机有限公司
Shanghai Shenli Testing Machine Co., Ltd.
地址(Add)：上海市浦东周浦工业园区建韵路55号
邮编(P. C.)：201318
电话(Tel)：021－68189616
传真(Fax)：021－68189615
Http://www. sltest. com. cn
联系人(Contact Person)：徐莉群
产品业务(Business)：试验机

上海勤美自动化设备有限公司
Shanghai Qinmei Automation Co., Ltd.
地址(Add)：上海市天目西路547号A栋1107室
邮编(P. C.)：200070
电话(Tel)：021－63538447
传真(Fax)：021－63538448
E-mail：chime@online. sh. cn
法人代表(Chairman)：刘彩凤
总经理(General Manager)：廖荣华
联系人(Contact Person)：廖荣华
产品业务(Business)：自动售纸机

上海必洁卫生洁具有限公司
Big－J Hygiene Corporation
地址(Add)：上海市徐汇区钦州路785弄4号1楼
邮编(P. C.)：200233
电话(Tel)：021－54972785
传真(Fax)：021－54972787
E-mail：bigjhygiene@99. com
总经理(General Manager)：黄维德
联系人(Contact Person)：黄楙浥
产品业务(Business)：卫生纸架，擦手纸架

上海晓乐东潮生物技术开发有限公司
Shanghai East Tide
地址(Add)：上海市宜山路889号齐来工业城四幢五层D单元北侧
邮编(P. C.)：200233
电话(Tel)：021－54266092

传真(Fax)：021－54266094
E-mail：nistelrooy@yahoo.cn
Http://www.east－tide.com
联系人(Contact Person)：毕昇
产品业务(Business)：蒸汽加热、热交换技术

常州市万事达电器制造有限公司
Changzhou Wanshida Electric Manufacture Co., Ltd.
地址(Add)：江苏省常州市天宁区中吴大道991号
邮编(P.C.)：213004
电话(Tel)：0519－88823192
传真(Fax)：0519－88836816
法人代表(Chairman)：宗国平
总经理(General Manager)：宗国平
联系人(Contact Person)：宗国平
产品业务(Business)：超声波分切机

富泰净化科技(昆山)有限公司
Futai Clean Tech (Kunshan) Co., Ltd.
地址(Add)：江苏省昆山市陆家镇金阳东路68号
邮编(P.C.)：215300
电话(Tel)：0512－57877895
传真(Fax)：0512－57877899
E-mail：sales01@futai.net.cn
Http://www.apice.cn
联系人(Contact Person)：陈志豪
产品业务(Business)：风机过滤网机组，制程设备，净化设备

南京广达化工装备有限公司
Nanjing Guangda Chemical Industry Equipment Co., Ltd.
地址(Add)：江苏省南京市江宁区淳化工业园路
邮编(P.C.)：211122
电话(Tel)：025－52295217
传真(Fax)：025－52457093
Http://www.nj－guangda.com
联系人(Contact Person)：杨国延
产品业务(Business)：双螺杆挤出机

爱美克空气过滤器(苏州)有限公司
AAF (Suzhou) Co., Ltd.
地址(Add)：江苏省苏州市工业园区长阳街116号
邮编(P.C.)：215126
电话(Tel)：0512－62818288
传真(Fax)：0512－62818388
E-mail：suzhou@aafchina.com
Http://www.aafchina.com
联系人(Contact Person)：李铁斌
产品业务(Business)：空气过滤器

海尔曼超声波技术(太仓)有限公司
Herrmann Ultrasonics (Taicang) Co., Ltd.
地址(Add)：江苏省太仓市经济技术开发区东亭北路111路，20－B
邮编(P.C.)：215400
电话(Tel)：0512－53201289
传真(Fax)：0512－53201281
E-mail：ye.shao@herrmannchina.com
Http://www.herrmannchina.com
法人代表(Chairman)：THOMAS MARKUS HERRMANN
联系人(Contact Person)：邵晔
产品业务(Business)：超声波焊接设备

泰兴市翔宏环保机械有限公司
Taixing Xianghong Environment Protecting Equipment Co., Ltd.
地址(Add)：江苏省泰兴市姚王镇十里甸街58号
邮编(P.C.)：225400
电话(Tel)：0523－87093586
传真(Fax)：0523－87093586
E-mail：nibaohong1314@163.com
Http://www.txxhhb.com
联系人(Contact Person)：倪宝宏
产品业务(Business)：除尘设备，污水处理设备

无锡市金城应用电子仪器厂
Wuxi Jincheng Appliance Electronic Instrument Factory
地址(Add)：江苏省无锡市扬名工业园C区38号
邮编(P.C.)：214024
电话(Tel)：0510－85407018
传真(Fax)：0510－85407028
法人代表(Chairman)：冯兴坤
总经理(General Manager)：冯兴坤
联系人(Contact Person)：冯兴坤
产品业务(Business)：静电消除器

杭州洁肤宝电器股份有限公司
Hangzhou Jiefubao Electric Appliance Co., Ltd.
地址(Add)：浙江省杭州市萧山区金城路商会大厦A座19层
邮编(P.C.)：311200
电话(Tel)：0571－82230000
传真(Fax)：0571－82270000
E-mail：xyghuiguo@163.com
Http://www.chinajfb.com
总经理(General Manager)：沈伟芳
联系人(Contact Person)：沈诚
产品业务(Business)：湿巾机架

浙江新德宝机械有限公司
Zhejiang New Debao Machinery Co., Ltd.
地址(Add)：浙江省瑞安市飞云镇南岸(横河)工业区
邮编(P.C.)：325207
电话(Tel)：0577－65578789
传真(Fax)：0577－65923998
E-mail：sale@debaochina.com
Http://www.debaochina.com
法人代表(Chairman)：蔡秀平
总经理(General Manager)：蔡秀平
联系人(Contact Person)：潘南兵
产品业务(Business)：纸杯、纸碗成形机

瑞安市绿保机械有限公司
Ruian Lubao Machinery Co., Ltd.
地址(Add)：浙江省瑞安市潘岱下湾工业区
邮编(P.C.)：325200
电话(Tel)：0577－65606388
传真(Fax)：0577－65606288
E-mail：lubao@pack.net.cn
Http://www.cn－lubao.com
法人代表(Chairman)：瞿建光
总经理(General Manager)：瞿建光

联系人(Contact Person)：张小姐
产品业务(Business)：纸杯机，纸碗，纸餐盒成型机

三尔梯(泉州)电气制造有限公司
Sanity Electric Manufacture Co., Ltd.
地址(Add)：福建省晋江市五星工业区
邮编(P. C.)：362200
电话(Tel)：0595 - 85896299
传真(Fax)：0595 - 85896399
E-mail：zml@ sanity3t. com
联系人(Contact Person)：陈花兰
产品业务(Business)：稳压电源，变压器

泉州高意机械设备有限公司
Quanzhou Gaoyi Machinery Equipment Co., Ltd.
地址(Add)：福建省泉州市鲤城区常泰街道新塘工业区
邮编(P. C.)：362000
电话(Tel)：0595 - 22472657
传真(Fax)：0595 - 22471165
E-mail：mg - love@ 126. com
Http://www. qzgaoyi. cn. alibaba. com
联系人(Contact Person)：赖静波
产品业务(Business)：水处理技术与设备

泉州市远东环保设备有限公司
Far East Environmental Protection Machinery Co., Ltd.
地址(Add)：福建省泉州市鲤城区南环路元福北路 1 号
邮编(P. C.)：362000
电话(Tel)：0595 - 22486998
传真(Fax)：0595 - 22481678
E-mail：yd2481668@ 126. com
Http://www. 2486998. com
法人代表(Chairman)：苏炳龙
总经理(General Manager)：苏炳龙
联系人(Contact Person)：苏炳龙
产品业务(Business)：餐具设备，非木低碳环保包装设备

厦门迪森电气有限公司
Xiamen Disen Electric Co., Ltd.
地址(Add)：福建省厦门市集美区杏林锦园西二路 996 号
邮编(P. C.)：361022
电话(Tel)：0592 - 6377305
传真(Fax)：0592 - 6257618
E-mail：fisehr@ disenkj. com
Http://www. disenkj. com
联系人(Contact Person)：张瑜坤
产品业务(Business)：变频器，按钮开关，传感器

厦门品行机电设备有限公司
Xiamen Pinxing Mechanical & Electrical Equipment Co., Ltd.
地址(Add)：福建省厦门市嘉禾路 341 号潇湘大厦 21D
邮编(P. C.)：361007
电话(Tel)：0592 - 5121446
传真(Fax)：0592 - 5121446
E-mail：lyb615@ 163. com
Http://www. xmpxjd. com
联系人(Contact Person)：李勇斌
产品业务(Business)：减速机

山东长青金属表面工程有限公司
Shandong Changqing Metal Surface Engineering Co., Ltd.
地址(Add)：山东省济南市长清区孝里镇工业园区
邮编(P. C.)：250302
电话(Tel)：0531 - 87388988
传真(Fax)：0531 - 87378718
E-mail：rpt@ rptsd. com
Http://www. rptsd. com
法人代表(Chairman)：薛云岭
总经理(General Manager)：薛云岭
联系人(Contact Person)：张树军
产品业务(Business)：烘缸喷涂，辊面喷涂，轴头喷涂

潍坊市旭日东环境工程有限公司
Weifang Xuridong Environment Project Co., Ltd.
地址(Add)：山东省潍坊市诸城市铁黄路(海关南 200 米)
邮编(P. C.)：262200
电话(Tel)：0536 - 6081238
传真(Fax)：0536 - 6087785
E-mail：mail@ xuridong. com
Http://www. xuridong. com
联系人(Contact Person)：李增鹏
产品业务(Business)：环保设备

诸城市东阳机械有限公司
Zhucheng Dongyang Machinery Co., Ltd.
地址(Add)：山东省诸城市舜王街道工业园
邮编(P. C.)：262203
电话(Tel)：0536 - 6808151
传真(Fax)：0536 - 6808021
E-mail：dongyangjx@ 163. com
Http://www. dongyangjx. com
联系人(Contact Person)：王培军
产品业务(Business)：减速机

安阳市众惠机械有限公司
Anyang Zhonghui Machinery Co., Ltd.
地址(Add)：河南省安阳市烟厂路(卷烟厂对面)
邮编(P. C.)：455000
电话(Tel)：0372 - 3933631
传真(Fax)：0372 - 3915029
E-mail：13503729825@ 163. com
Http://www. ayzhjx. com
联系人(Contact Person)：侯惠强
产品业务(Business)：精密轴

长沙市普瑞赛思新材料有限公司
Changsha Precise New Material Technology Co., Ltd.
地址(Add)：湖南省长沙市开福区捞刀河镇工业园 456 号
邮编(P. C.)：410003
电话(Tel)：0731 - 86677713
传真(Fax)：0731 - 89855156
E-mail：inna_ yj@ 163. com
联系人(Contact Person)：游军
产品业务(Business)：烘缸辊涂镀

株洲凯天环保科技有限公司
Zhuzhou Kaitian Environmental Technology Co., Ltd.
地址(Add)：湖南省株洲市天元区国家高新技术开发区栗雨工业园黑龙江路 585 号

邮编(P. C.): 412007
电话(Tel): 0731 - 22337518
传真(Fax): 0731 - 22337517
E-mail: huxueling@ kthb. net
Http://www. kthb. net
联系人(Contact Person): 张海龙
产品业务(Business): 脱硫除尘设备

东莞市虎门河记机电配机商店
Dongguan Heji Electrical Instruments Store
地址(Add): 广东省东莞市厚街镇溪头工业区
邮编(P. C.): 523925
电话(Tel): 0769 - 85700460
传真(Fax): 0769 - 85700461
E-mail: he_ jijidian@ 126. com
联系人(Contact Person): 杨耀洪
产品业务(Business): 变速轮, 齿轮减速马达, 无段变速机

东莞市卓蓝自动化设备有限公司
Dongguan Zhuolan Automation Equipment Co., Ltd.
地址(Add): 广东省东莞市万江区石美社区鸬鹚窝村大围坊1巷唐氏工业园1楼
邮编(P. C.): 523040
电话(Tel): 0769 - 89027301
传真(Fax): 0769 - 23662684
E-mail: blueangle1983@ 163. com
联系人(Contact Person): 邓志勇
产品业务(Business): 减速机

佛山市依恳丰机电设备有限公司
Foshan Yikenfeng Mechanical & Electrical Equipment Co., Ltd.
地址(Add): 广东省佛山市南海区官窑群岗上边工业园
邮编(P. C.): 528237
电话(Tel): 0757 - 85126468
传真(Fax): 0757 - 85126469
E-mail: yikenfengco@ 126. com
Http://www. yikenfengjd. com. cn
法人代表(Chairman): 段红中
联系人(Contact Person): 官进仪
产品业务(Business): 空气散热器, 热交换器

广州市燊格喷涂设备有限公司
Guangzhou Shenge Spraying Equipment Co., Ltd.
地址(Add): 广东省广州市工业大道南大干围13号之-3楼
邮编(P. C.): 510288
电话(Tel): 020 - 34273838
传真(Fax): 020 - 34273818
E-mail: 13500012382@ 139. com
Http://www. gzsyrh. com
联系人(Contact Person): 冯敏霞
产品业务(Business): 香水喷涂机, 卫生巾清洁护理液, 湿巾清洁液, 纸尿裤润肤油

广州市白云科茂印务设备厂
Guangzhou Baiyun Kemao Printing Machinery Factory
地址(Add): 广东省广州市花都迎宾大道东(机场高速花都出口1200米处右侧)
邮编(P. C.): 510000
电话(Tel): 020 - 36901338
传真(Fax): 020 - 36901388
E-mail: by@ kemao. net
Http://www. kemao. net
法人代表(Chairman): 陈水波
总经理(General Manager): 陈水波
产品业务(Business): 柔性制版机, 液体版制版机

汕头市欧格包装机械有限公司
Shantou Olger Packing Machinery Co., Ltd.
地址(Add): 广东省汕头市金平区岐山北工业区南澳路5号
邮编(P. C.): 515021
电话(Tel): 0754 - 88102266
传真(Fax): 0754 - 88108800
E-mail: sales@ olger. com. cn
Http://www. olger. com. cn
法人代表(Chairman): 陈鸿奇
总经理(General Manager): 陈鸿奇
联系人(Contact Person): 颜顺佳
产品业务(Business): 柔印机, 涂布线

深圳市锦盛誉工业设备销售部
Shenzhen JSY Industrial Equipment Sales Dep.
地址(Add): 广东省深圳市宝安区松岗沙浦一路55号
邮编(P. C.): 518100
电话(Tel): 0755 - 81766836
传真(Fax): 0755 - 27082037
E-mail: szjs618@ 163. com
Http://www. jsy668. com
联系人(Contact Person): 何九生
产品业务(Business): 仓储设备

深圳市特利洁环保科技有限公司
Shenzhen Telijie Environment Protection Technology Co., Ltd.
地址(Add): 广东省深圳市罗湖区红岗路红岗大厦803室
邮编(P. C.): 518023
电话(Tel): 0755 - 28287036
传真(Fax): 0755 - 83004817
E-mail: qw1985@ 163. com
Http://www. sztelijie. com
联系人(Contact Person): 覃文流
产品业务(Business): 纸巾架, 厕纸机, 座厕纸, 广告荷包纸

深圳市蒲江机电有限公司
Pujiang Electrical Co., Ltd.
地址(Add): 广东省深圳市南山区创业路现代城华庭4栋10A
邮编(P. C.): 518054
电话(Tel): 0755 - 86171616
传真(Fax): 0755 - 86171515
E-mail: szpujiang@ szpujiang. com
Http://www. szpujiang. com
联系人(Contact Person): 唐小兵
产品业务(Business): 齿轮减速机, 电机, 风机

深圳市桑泰尼科精密模具有限公司
Shenzhen Sun－Tech Precision Tools Co.，Ltd.
地址(Add)：深圳市南山区西丽留仙洞大厦1203室
邮编(P. C.)：518055
电话(Tel)：0755－22674991
传真(Fax)：0755－22672803
E-mail：chion. li@ stsun－tech. com
Http://www. tandler. cn
法人代表(Chairman)：吕军
联系人(Contact Person)：李红玲
产品业务(Business)：齿轮箱，差速器

陕西新兴热喷涂技术有限责任公司
Shannxi Xinxing Spray Technology Co.，Ltd.
地址(Add)：陕西省西安市凤城九路白桦林居阳光谷3－3－502
邮编(P. C.)：710018
电话(Tel)：029－86658059
传真(Fax)：029－33613986
E-mail：sxxxrpt@ sina. com
Http://www. sxxxrpt. com
联系人(Contact Person)：尹向阳
产品业务(Business)：烘缸表面热喷涂

生活用纸经销商

Distributors of tissue paper and disposable hygiene products

◆北京 Beijing

北京北方银鸽浆纸有限公司
地址(Add)：北京朝阳区四惠东国粹苑文化产业园区源创空间大厦217室
邮编(P. C.)：100023
电话(Tel)：010－64435991
传真(Fax)：010－64449455
E-mail：chrcn@ sina. com
Http://www. yinge. com. cn
联系人(Contact Person)：成锐

北京中侨华茂商贸有限公司
地址(Add)：北京市朝阳区广渠路21号金海商富中心B座20层2008
邮编(P. C.)：100062
电话(Tel)：010－59574378
传真(Fax)：010－59574382
法人代表(Chairman)：袁玉生
总经理(General Manager)：袁玉生
联系人(Contact Person)：孟祥明

北京市峰都广源商贸有限公司
地址(Add)：北京市朝阳区黑庄户科技站
邮编(P. C.)：100024
电话(Tel)：010－85385058
传真(Fax)：010－85386536
联系人(Contact Person)：卢峰

北京邦洁纸业有限公司
地址(Add)：北京市朝阳区金盏乡马各庄村C区22号
邮编(P. C.)：100024
电话(Tel)：010－65425367
传真(Fax)：010－65425367
联系人(Contact Person)：李红

乐天超市有限公司
地址(Add)：北京市朝阳区酒仙桥路12号
邮编(P. C.)：100015
电话(Tel)：010－64378008－80631
传真(Fax)：010－64358569
E-mail：liweip@ lottemart. cn
Http://www. lottemart. cn
联系人(Contact Person)：李卫平

北京辛瑞克商贸中心
地址(Add)：北京市朝阳区南磨房路29号
邮编(P. C.)：100124
电话(Tel)：010－52055010
传真(Fax)：010－52055012
E-mail：crc. office@ 163. com
法人代表(Chairman)：崔岩
总经理(General Manager)：崔岩
联系人(Contact Person)：崔岩

北京博亚唯佳商贸有限公司
地址(Add)：北京市朝阳区十八里店老君堂式豪花园8号楼4－201
邮编(P. C.)：100023
电话(Tel)：010－87360800
传真(Fax)：010－87360800
联系人(Contact Person)：张华

北京富通瑞达酒店用品销售中心
地址(Add)：北京市朝阳区王四营乡道口村康辉老年公寓前院
邮编(P. C.)：100121
电话(Tel)：010－83549413
传真(Fax)：010－80258684
E-mail：li800316@ 126. com
法人代表(Chairman)：贾胜元
总经理(General Manager)：贾胜元
联系人(Contact Person)：贾胜元

北京兴翰商贸有限公司
地址(Add)：北京市大兴区芦求路太福庄东二路临7号
邮编(P. C.)：100070
电话(Tel)：010－57122427
传真(Fax)：010－83791877
联系人(Contact Person)：关秀臣

北京金香玉杰
地址(Add)：北京市大兴区西红门镇福兴路甲18号C座105
邮编(P. C.)：100076
电话(Tel)：010－83281762
E-mail：jinxiangyujie@ 126. com
联系人(Contact Person)：苗凤娟

北京欣康宁工贸有限公司
地址(Add)：北京市东城区龙潭路3号
邮编(P. C.)：100061
电话(Tel)：010－67192610
传真(Fax)：010－67133486
E-mail：sales@ xkngroup. com. cn
联系人(Contact Person)：梁金宁

北京泰双英商贸有限公司
地址(Add)：北京市东城区幸福大街甲39号
邮编(P. C.)：100061
电话(Tel)：010－67980846
传真(Fax)：010－67954626
E-mail：taishuangying@ sina. com
Http://www. taishuangying. com
法人代表(Chairman)：臧宗英
总经理(General Manager)：臧宗英
联系人(Contact Person)：臧宗英

北京鸿鹄皓天商贸有限公司
地址(Add)：北京市房山区琉璃河镇西南召村一区76号

邮编(P. C.): 102431
电话(Tel): 010-80398819
传真(Fax): 010-80398819
E-mail: 1042888956@ qq. com
联系人(Contact Person): 郑鹏

京鲁兄弟生活纸卫品配送商贸公司
地址(Add): 北京市丰台区白盆窑 D 区 208 号
邮编(P. C.): 100160
电话(Tel): 010-84315565
传真(Fax): 010-84315565
E-mail: lidejun000319@ 126. com
联系人(Contact Person): 李德军

北京雅天宝杰商贸发展有限公司
地址(Add): 北京市丰台区东铁匠营横一条 31 号金泰彤翔 220 室
邮编(P. C.): 100078
电话(Tel): 010-56802005
传真(Fax): 010-56802005
E-mail: wang208341@ sohu. com
法人代表(Chairman): 徐文立
总经理(General Manager): 徐文立
联系人(Contact Person): 徐文立

北京人卫康医疗器材有限公司
地址(Add): 北京市丰台区京良路 625 号
邮编(P. C.): 100070
电话(Tel): 010-83701852
传真(Fax): 010-83709367
总经理(General Manager): 姚路迅
联系人(Contact Person): 姚路迅

北京世纪乐杰百货经营部
地址(Add): 北京市丰台区新发地中央市场 A 厅 1714 号
邮编(P. C.): 100076
电话(Tel): 010-83720579
传真(Fax): 010-83723071
总经理(General Manager): 施宝芳
联系人(Contact Person): 王玉梅

北京文雅商贸有限公司
地址(Add): 北京市丰台区新发地中央批发市场东 61055 号
邮编(P. C.): 100070
电话(Tel): 010-83793583
传真(Fax): 010-83792160
联系人(Contact Person): 孟宪波

北京市信诚兴业商贸有限公司
地址(Add): 北京市顺义区杨镇二郎庙村南口
邮编(P. C.): 101309
电话(Tel): 010-61459446
传真(Fax): 010-61458948
E-mail: wangzhongli519@ sohu. com
联系人(Contact Person): 王中礼

北京叶家纸业配送中心
地址(Add): 北京市通州区八里桥市场东路 103 号
邮编(P. C.): 101199
电话(Tel): 010-60510854
联系人(Contact Person): 叶朝举

北京杰华致信商贸有限责任公司
地址(Add): 北京市西城区红线胡同 31 号
邮编(P. C.): 100052
电话(Tel): 010-83393557
传真(Fax): 010-83312929
E-mail: zzg. zz9@ sina. com
联系人(Contact Person): 郑华

◆天津 Tianjin

天津市海林卫生用品有限公司
地址(Add): 天津市宝坻区新开口镇何各庄村南
邮编(P. C.): 301815
电话(Tel): 022-29610188
传真(Fax): 022-29610188
法人代表(Chairman): 张海林
总经理(General Manager): 张海林
联系人(Contact Person): 翟士军

华润万家有限公司
地址(Add): 天津市东丽开发区二经路 1 号
邮编(P. C.): 300300
电话(Tel): 022-24993636-2951
传真(Fax): 022-24992614
E-mail: tianna@ crvanguard. com. cn
Http://www. crvanguard. com. cn
联系人(Contact Person): 田娜

荣立洁卫生用品公司
地址(Add): 天津市东丽区先锋东路白庄子工业园(100 中堂南 200 米)
邮编(P. C.): 300399
电话(Tel): 022-84934711
传真(Fax): 022-84934711
联系人(Contact Person): 尹桂芬

天津市信德卫生护理用品销售总部
地址(Add): 天津市东丽区赵沽里工贸园
邮编(P. C.): 300251
电话(Tel): 022-26771605
总经理(General Manager): 张文德

天津维佳迪商贸有限公司
地址(Add): 天津市和平区荣业大街新文化花园新丽居 A 座 2-1004 室
邮编(P. C.): 300073
电话(Tel): 022-27236256
传真(Fax): 022-27236236
联系人(Contact Person): 贾楠

天津市隆生伟达进口有限公司
地址(Add): 天津市和平区西康路赛顿中心 C 座 17 层
邮编(P. C.): 300051
电话(Tel): 022-23357178
传真(Fax): 022-23352590
E-mail: 13332078899@ 139. com
法人代表(Chairman): 胡建民
总经理(General Manager): 胡建民
联系人(Contact Person): 胡建民

天津市河北区天福纸制品厂
地址(Add)：天津市河北区红星路30号
邮编(P.C.)：300240
电话(Tel)：022-26789998
传真(Fax)：022-26321763
E-mail：277854344@qq.com
法人代表(Chairman)：王玉福
总经理(General Manager)：王玉福
联系人(Contact Person)：王玉福

天津伟鑫纸业
地址(Add)：天津市河北区兴耀批发市场三区16排9号
邮编(P.C.)：300000
电话(Tel)：022-58799830
联系人(Contact Person)：白建伟

天津市芳羽纸浆贸易有限公司
地址(Add)：天津市河西区马场道59号A1102
邮编(P.C.)：300203
电话(Tel)：022-85589069
E-mail：fancyco@fancyco.com
联系人(Contact Person)：董文林

天津市铭慧浩鑫日用品有限公司
地址(Add)：天津市红桥区佳安里8-2-103
邮编(P.C.)：300000
电话(Tel)：022-86809767
传真(Fax)：022-26847763
E-mail：minghuihaoxin@163.com
联系人(Contact Person)：张铭

永旺纸业批发部
地址(Add)：天津市静海县南尾三路
邮编(P.C.)：301600
电话(Tel)：022-28918647
传真(Fax)：022-28918647
法人代表(Chairman)：王天水
总经理(General Manager)：王天水
联系人(Contact Person)：王天水

天津翔圣科技有限公司
地址(Add)：天津市南开区航星道生物研究所3号楼308
邮编(P.C.)：300000
电话(Tel)：022-87894851
传真(Fax)：022-87894801
E-mail：jia_dongmei@163.com
联系人(Contact Person)：贾冬梅

天津市白雪纸业发展有限公司
地址(Add)：天津市外环线15号桥中兴路(辛院工业园区19号)
邮编(P.C.)：300382
电话(Tel)：022-58815790
传真(Fax)：022-23940264
法人代表(Chairman)：白雪
总经理(General Manager)：白雪
联系人(Contact Person)：白雪

◆河北 Hebei

保定市奥林圣达商贸有限公司
地址(Add)：河北省保定市利农街33号
邮编(P.C.)：071000
电话(Tel)：0312-2167378
传真(Fax)：0312-2167378
联系人(Contact Person)：李光明

保定市双赢商贸行
地址(Add)：河北省保定市南二环五尧乡政府南行150米
邮编(P.C.)：071000
电话(Tel)：0312-2164778
传真(Fax)：0312-2164778
E-mail：bdshuangying@263.net
法人代表(Chairman)：马翠兰
总经理(General Manager)：马翠兰
联系人(Contact Person)：于秋兰

河北保定宏果树孕婴用品有限公司
地址(Add)：河北省保定市任丘工业区
邮编(P.C.)：071000
电话(Tel)：0312-5958752
法人代表(Chairman)：马传奇
总经理(General Manager)：马传奇
联系人(Contact Person)：马传奇

保定英城商贸有限公司
地址(Add)：河北省保定市天威西路富康街康欣园三期底商5
邮编(P.C.)：071051
电话(Tel)：0312-7510606
传真(Fax)：0312-7510606
法人代表(Chairman)：刘长城
总经理(General Manager)：刘长城
联系人(Contact Person)：刘长城

保定京兆纸业
地址(Add)：河北省保定市小集街北三胡同51号(火车站建华批发市场东门外)
邮编(P.C.)：071000
电话(Tel)：0312-2022046
法人代表(Chairman)：刘亚松
总经理(General Manager)：刘亚松
联系人(Contact Person)：刘亚松

保定鑫达孕婴用品有限公司
地址(Add)：河北省保定市新市场街146号
邮编(P.C.)：071051
电话(Tel)：0312-8915131
传真(Fax)：0312-8915131
联系人(Contact Person)：邵鑫

保定金江纸业
地址(Add)：河北省保定市徐水县商业城小食品批发市场勤业街32号
邮编(P.C.)：072550
电话(Tel)：0312-8660009
传真(Fax)：0312-8660009
E-mail：690356174@qq.com
法人代表(Chairman)：张宝江
总经理(General Manager)：张宝江
联系人(Contact Person)：张宝江

斯特隆商店
地址(Add)：河北省泊头市红旗北路红旗市场15号

邮编(P. C.): 062150
电话(Tel): 0317 - 8223157
传真(Fax): 0317 - 8226218
联系人(Contact Person): 孟英杰

泊头永新商贸
地址(Add): 河北省泊头市红旗副食批发广场北侧一棚174号
邮编(P. C.): 062150
电话(Tel): 0317 - 8223705
传真(Fax): 0317 - 8223705
法人代表(Chairman): 王欣茹
总经理(General Manager): 王欣茹
联系人(Contact Person): 王永国

河北省泊头市红旗商店
地址(Add): 河北省泊头市红旗路百货市场中间大道南门外6棚380号
邮编(P. C.): 062150
电话(Tel): 0317 - 8260425
传真(Fax): 0317 - 8260425
法人代表(Chairman): 张瑞杰
总经理(General Manager): 张瑞杰
联系人(Contact Person): 张瑞杰

河北省泊头市永华纸业
地址(Add): 河北省泊头市红旗市场中心楼263 - 264号
邮编(P. C.): 062150
电话(Tel): 0317 - 8261377
传真(Fax): 0317 - 8261377
法人代表(Chairman): 王永华
总经理(General Manager): 王永华
联系人(Contact Person): 王永华

沧州宏祥纸业
地址(Add): 河北省沧州市国富中心一街081 - 082
邮编(P. C.): 061000
电话(Tel): 0317 - 3516909
E-mail: 414314660@ qq. com
法人代表(Chairman): 马辉
总经理(General Manager): 马辉
联系人(Contact Person): 马辉

沧州市银泽商贸有限公司
地址(Add): 河北省沧州市化工路(交通局公路材料处院内)
邮编(P. C.): 061000
电话(Tel): 0317 - 3149548
传真(Fax): 0317 - 3566311
法人代表(Chairman): 陈进
总经理(General Manager): 张福涛
联系人(Contact Person): 张福涛

沧州市远洋纸业有限公司
地址(Add): 河北省沧州市黄河西路大赵庄
邮编(P. C.): 061001
电话(Tel): 0317 - 7618860
传真(Fax): 0317 - 7618860
E-mail: 512877028@ qq. com
法人代表(Chairman): 赵松棣
总经理(General Manager): 赵松棣
联系人(Contact Person): 赵松棣

信誉楼百货集团有限公司
地址(Add): 河北省沧州市黄骅市信誉楼大街96号
邮编(P. C.): 061100
电话(Tel): 0317 - 5311020
传真(Fax): 0317 - 5311020
E-mail: xinyulou@ 126. com
Http://www. xinyulou. cn
联系人(Contact Person): 董永刚

沧州市隆元日化有限公司纸品经营部
地址(Add): 河北省沧州市旧货市场东500米孙庄子万聚仓库
邮编(P. C.): 061001
电话(Tel): 0317 - 3095569
传真(Fax): 0317 - 3095569
联系人(Contact Person): 韩福君

鑫祥泰百货综合批发商店
地址(Add): 河北省沧州市青县津南盘古市场副食品大街47号
邮编(P. C.): 062650
电话(Tel): 0317 - 4021843
传真(Fax): 0317 - 4228289
法人代表(Chairman): 张承素
总经理(General Manager): 张承素
联系人(Contact Person): 张承栋

宏达纸巾批发
地址(Add): 河北省沧州市吴桥县桑园镇
邮编(P. C.): 061800
电话(Tel): 0317 - 7279348
传真(Fax): 0317 - 7279348
法人代表(Chairman): 张文东
总经理(General Manager): 张文东
联系人(Contact Person): 张文东

承德市衡诚商贸有限公司
地址(Add): 河北省承德市美地湾德生大厦C座1601室
邮编(P. C.): 067000
电话(Tel): 0314 - 2183830
传真(Fax): 0314 - 2183830
总经理(General Manager): 衡翠芝
联系人(Contact Person): 衡翠芝

承德骏翔商贸有限公司
地址(Add): 河北省承德市双桥区富家沟西区1栋8单元520
邮编(P. C.): 067000
电话(Tel): 0314 - 5569916
传真(Fax): 0314 - 5569916
联系人(Contact Person): 葛惠刚

华贵纸业批发
地址(Add): 河北省高碑店市新兴市场内大厅北门东行路南
邮编(P. C.): 074000
电话(Tel): 0312 - 2785221
联系人(Contact Person): 胡士桂

高碑店市贵通日用品有限公司
地址(Add)：河北省高碑店市阳光888
邮编(P. C.)：074004
电话(Tel)：0312－8489778
传真(Fax)：0312－2829292
E-mail：zztengkun@126. com
联系人(Contact Person)：滕坤

邯郸市阳光超市有限公司
地址(Add)：河北省邯郸市丰收路46号
邮编(P. C.)：056007
电话(Tel)：0310－3139285
传真(Fax)：0310－3139285
E-mail：pinjia@163. com
法人代表(Chairman)：郭金焕
总经理(General Manager)：郭金焕
联系人(Contact Person)：郭金焕

河北馆陶庆东纸品商贸
地址(Add)：河北省邯郸市馆陶县政府西街68号
邮编(P. C.)：057750
电话(Tel)：0310－2820999
传真(Fax)：0310－2866199
E-mail：315884987@qq. com
联系人(Contact Person)：李庆东

付好纸业批发部
地址(Add)：河北省邯郸市陵园路与邯山南大街交叉口南行50米路东
邮编(P. C.)：056001
电话(Tel)：0310－3220206
总经理(General Manager)：付素芬
联系人(Contact Person)：付素芬

邯郸市启晨商贸有限公司
地址(Add)：河北省邯郸市农林路2号
邮编(P. C.)：056001
电话(Tel)：0310－3280616
传真(Fax)：0310－3280585
联系人(Contact Person)：马小兵

衡水科林贸易有限公司
地址(Add)：河北省衡水市南环东路
邮编(P. C.)：053600
电话(Tel)：0318－8015909
传真(Fax)：0318－8015909
联系人(Contact Person)：张书信

衡水安安孕婴
地址(Add)：河北省衡水市桃城区和平西路
邮编(P. C.)：053000
电话(Tel)：0318－5260808
传真(Fax)：0318－2030808
总经理(General Manager)：闫西辉

恒新纸业
地址(Add)：河北省衡水市新桥北街胜景茂园6号楼2单元502室
邮编(P. C.)：053000
电话(Tel)：0318－2059905
传真(Fax)：0318－2059905
法人代表(Chairman)：刘新景
总经理(General Manager)：刘新景
联系人(Contact Person)：刘新景

大龙纸业有限公司
地址(Add)：河北省廊坊市爱民道永宁胡同八条六号(浪淘沙海鲜城对面)
邮编(P. C.)：065000
电话(Tel)：0316－2124005
传真(Fax)：0316－2110799
联系人(Contact Person)：张俊朋

鑫鑫卫生纸业用品销售部
地址(Add)：河北省廊坊市霸州市胜芳镇
邮编(P. C.)：065701
电话(Tel)：0316－7611872
传真(Fax)：0316－7612525
联系人(Contact Person)：齐树民

廊坊市宝顺商贸有限公司
地址(Add)：河北省廊坊市广阳道162号(3534廊坊分厂)
邮编(P. C.)：065000
电话(Tel)：0316－2193275
传真(Fax)：0316－7661126
总经理(General Manager)：刘君
联系人(Contact Person)：刘君

秦皇岛市兴龙商贸有限公司
地址(Add)：河北省秦皇岛市北环路18号
邮编(P. C.)：066000
电话(Tel)：0335－3010885
传真(Fax)：0335－3010882
E-mail：xlsm168@yeah. net
Http://www. xlgroup. com. cn
联系人(Contact Person)：许文杰

秦皇岛市金盟商贸有限公司
地址(Add)：河北省秦皇岛市海港区工人南里28栋2单元9号
邮编(P. C.)：066000
电话(Tel)：0335－3153151
传真(Fax)：0335－3153151
E-mail：869236682@qq. com
总经理(General Manager)：白秀花
联系人(Contact Person)：白秀花

秦皇岛裕联丰商贸有限公司
地址(Add)：河北省秦皇岛市海港区河涧北里50－1－101
邮编(P. C.)：066000
电话(Tel)：0335－3373117
传真(Fax)：0335－3373117
联系人(Contact Person)：祁立保

秦皇岛市顺乾商贸有限公司
地址(Add)：河北省秦皇岛市海港区友谊路38号
邮编(P. C.)：066000
电话(Tel)：0335－3411858
传真(Fax)：0335－3414118
联系人(Contact Person)：汪兆波

秦皇岛众盈商贸有限公司
地址(Add)：河北省秦皇岛市河北大街河涧里33－3－4
邮编(P. C.)：066002
电话(Tel)：0335－3223610
传真(Fax)：0335－3250575
E-mail：qhdzhongying@163. com
总经理(General Manager)：魏军
联系人(Contact Person)：魏军

秦兴商贸有限公司
地址(Add)：河北省秦皇岛市开发区世纪家园36栋5单元4号
邮编(P. C.)：066000
电话(Tel)：0335－8383907
传真(Fax)：0335－8383907
联系人(Contact Person)：赵达

石家庄美商日化有限公司
地址(Add)：河北省石家庄市和平路与平安北大街交口紫晶天域3B－2－401
邮编(P. C.)：050000
电话(Tel)：0311－87610328
传真(Fax)：0311－87612113
Http://www. sjzyuxin. cn
总经理(General Manager)：梁吉平
联系人(Contact Person)：梁吉平

华北妇幼用品总公司
地址(Add)：河北省石家庄市华闽市场05区55、56号
邮编(P. C.)：050000
电话(Tel)：0311－85238508
E-mail：38292447@qq. com
联系人(Contact Person)：李雷

互惠纸业
地址(Add)：河北省石家庄市华闽市场6区38－39号
邮编(P. C.)：050000
电话(Tel)：0311－85939325
联系人(Contact Person)：杨士卫

石家庄汇丰纸业
地址(Add)：河北省石家庄市井陉县马村
邮编(P. C.)：050300
电话(Tel)：0311－82303299
E-mail：302549748@qq. com
联系人(Contact Person)：朱彦卫

金百合商行
地址(Add)：河北省石家庄市南三条市场太和日化城东外围首层A区13号
邮编(P. C.)：050000
电话(Tel)：0311－86038310
传真(Fax)：0311－86987324
总经理(General Manager)：张志安
联系人(Contact Person)：张志安

东华日化业务中心
地址(Add)：河北省石家庄市南三条市场太和日化城东外围首层E区1号
邮编(P. C.)：050000
电话(Tel)：0311－86995166
传真(Fax)：0311－86987324
联系人(Contact Person)：张立坤

众诚纸业
地址(Add)：河北省石家庄市无极县中昌路与正义街交叉口路南
邮编(P. C.)：052460
电话(Tel)：0311－85588840
传真(Fax)：0311－85586966
联系人(Contact Person)：魏跃民

永超商贸
地址(Add)：河北省石家庄市辛集市东华路北段7号
邮编(P. C.)：052360
电话(Tel)：0311－83216492
传真(Fax)：0311－89163758
联系人(Contact Person)：赵蕊

辛集市锐旺商贸
地址(Add)：河北省石家庄市一集市场东四街333号
邮编(P. C.)：052360
电话(Tel)：0311－83352562
联系人(Contact Person)：吴晗

石家庄市爱可商贸有限公司
地址(Add)：河北省石家庄市裕华区方兴路88号2－2－202
邮编(P. C.)：050030
电话(Tel)：0311－85839580
传真(Fax)：0311－85839580
E-mail：yijiayishyp@163. com
总经理(General Manager)：熊爱国

石家庄北方传承商贸有限公司
地址(Add)：河北省石家庄市中华北大街105号红人公馆1单元2513室
邮编(P. C.)：050000
电话(Tel)：0311－87825691
传真(Fax)：0311－87825691
E-mail：442788906@qq. com
联系人(Contact Person)：张建平

石家庄市东盛日用百货有限公司
地址(Add)：河北省石家庄市中山东路166－168号鼎泰商务中心10楼
邮编(P. C.)：050000
电话(Tel)：0311－86999073
传真(Fax)：0311－86999092
E-mail：40660024@qq. com
联系人(Contact Person)：王彩娜

唐山友源商贸有限公司
地址(Add)：河北省唐山市碧玉华府E座312
邮编(P. C.)：063000
电话(Tel)：0315－5390011
传真(Fax)：0315－5390011
E-mail：tangshanyouyuan@126. com
总经理(General Manager)：高增清
联系人(Contact Person)：高增清

萍萍纸巾经销处
地址(Add)：河北省唐山市路南区荷花坑市场

邮编(P. C.): 063000
电话(Tel): 0315 -2874990
传真(Fax): 0315 -5932613
联系人(Contact Person): 刘东萍

唐山久兴卫生用品经销处
地址(Add): 河北省唐山市路南区女织寨乡王禾庄
邮编(P. C.): 063000
电话(Tel): 0315 -2518126
传真(Fax): 0315 -2518126
法人代表(Chairman): 周丽
总经理(General Manager): 周丽
联系人(Contact Person): 周丽

昌泰日用品
地址(Add): 河北省唐山市迁安市祺福大街东段
邮编(P. C.): 064400
电话(Tel): 0315 -5961316
传真(Fax): 0315 -5961316
联系人(Contact Person): 陈晓丽

宏伟卫生用品批发
地址(Add): 河北省唐山市鸦鸿桥批发市场文化路中段
邮编(P. C.): 064103
电话(Tel): 0315 -7670011
E-mail: 1518084806@ qq. com
联系人(Contact Person): 王宏伟

庆红卫生用品
地址(Add): 河北省唐山市鸦鸿桥文化路邮局斜对面
邮编(P. C.): 064102
电话(Tel): 0315 -6397239
E-mail: 1002929812@ qq. com
联系人(Contact Person): 王学庆

遵化市长山商贸有限公司
地址(Add): 河北省唐山市遵化市建功街 11 号
邮编(P. C.): 064200
电话(Tel): 0315 -6933179
传真(Fax): 0315 -6933179
联系人(Contact Person): 赵长山

邢台鹏博纸业
地址(Add): 河北省邢台市老豫东市场 07 号
邮编(P. C.): 054000
电话(Tel): 0319 -3212593
联系人(Contact Person): 朋礼德

龙辉纸制品厂
地址(Add): 河北省邢台市南和镇
邮编(P. C.): 054000
电话(Tel): 0319 -4481680
联系人(Contact Person): 张龙辉

邢台市恒力纸业
地址(Add): 河北省邢台市豫东市场中街 19 号
邮编(P. C.): 054001
电话(Tel): 0319 -3220717
传真(Fax): 0319 -3213226
E-mail: 1187776087@ qq. com
法人代表(Chairman): 孙振旗
总经理(General Manager): 孙振旗
联系人(Contact Person): 孙振旗

邢台市宏玉纸品行
地址(Add): 河北省邢台市豫西市场校西路 2 排 16 号
邮编(P. C.): 054001
电话(Tel): 0319 -3224392
联系人(Contact Person): 董建民

河北邢台市华龙商贸有限公司
地址(Add): 河北省邢台市豫西市场校西路二街 8 号
邮编(P. C.): 054001
电话(Tel): 0319 -5213168
传真(Fax): 0319 -5213168
法人代表(Chairman): 苗建华
总经理(General Manager): 苗建华
联系人(Contact Person): 苗建华

邢台家和纸业
地址(Add): 河北省邢台市豫西市场新开路 2 街 7 号
邮编(P. C.): 054001
电话(Tel): 0319 -7315008
传真(Fax): 0319 -3223559
E-mail: 2390695244@ qq. com
联系人(Contact Person): 安华超

张家口万家福商贸发展有限公司
地址(Add): 河北省张家口市桥西区古宏大街美城小区 6 号楼 1 单元 102
邮编(P. C.): 075000
电话(Tel): 0313 -8030559
传真(Fax): 0313 -5919385
E-mail: ygx0315@ 126. com
法人代表(Chairman): 尹桂香
总经理(General Manager): 尹桂香
联系人(Contact Person): 尹桂香

张家口市东立纸巾用品经销部
地址(Add): 河北省张家口市桥西区西沙河大街 71 号(桥西武装部院内)
邮编(P. C.): 075100
电话(Tel): 0313 -8027267
传真(Fax): 0313 -8027267
E-mail: 279627364@ qq. com
总经理(General Manager): 李忠东
联系人(Contact Person): 李忠东

◆山西 Shanxi

云竹商贸有限公司
地址(Add): 山西省长治市长治北铁三局 21 号
邮编(P. C.): 046021
电话(Tel): 0355 -5032800
传真(Fax): 0355 -5020999
联系人(Contact Person): 毕爱国

长治市城区恒利日杂用品批发部
地址(Add): 山西省长治市府后西街百货市场 A 区 63 号
邮编(P. C.): 046000
电话(Tel): 0355 -2180506
E-mail: 1458171495@ qq. com

联系人(Contact Person)：张彦军

晨记商贸有限公司
地址(Add)：山西省长治市壶关县府前街45号
邮编(P. C.)：047300
电话(Tel)：0355－8778188
传真(Fax)：0355－8778188
E-mail：476084112@qq.com
法人代表(Chairman)：李胜利
总经理(General Manager)：李胜利
联系人(Contact Person)：李胜利

大同市城区金力纸业
地址(Add)：山西省大同市操场城东街化轻家属院副16号楼
邮编(P. C.)：037044
电话(Tel)：0352－5520405
传真(Fax)：0352－7134265
联系人(Contact Person)：曹贵

福来卫生保健用品采供站
地址(Add)：山西省大同市云中商城烟酒街6号
邮编(P. C.)：037004
电话(Tel)：0352－6021600
传真(Fax)：0352－6021600
E-mail：358093967@qq.com
法人代表(Chairman)：冯军
总经理(General Manager)：冯军
联系人(Contact Person)：冯军

晋城市云翔科贸有限公司
地址(Add)：山西省晋城市西环路豪德商贸城7街27号
邮编(P. C.)：048000
电话(Tel)：0356－3087589
传真(Fax)：0356－3016980
联系人(Contact Person)：李建团

山西省平遥县三庆纸业
地址(Add)：山西省晋中市平遥县古陶镇干坑胜利街2号
邮编(P. C.)：031100
电话(Tel)：0354－5658375
联系人(Contact Person)：白明辉

盛达批发部
地址(Add)：山西省晋中市榆次区锦纶东街8号
邮编(P. C.)：030600
电话(Tel)：0354－3275681
法人代表(Chairman)：刘立贤
总经理(General Manager)：刘立贤
联系人(Contact Person)：刘立贤

山西晋中明辉纸业经销部
地址(Add)：山西省晋中市榆次区商贸城A区5幢19号
邮编(P. C.)：030600
电话(Tel)：0354－2031539
传真(Fax)：0354－3282049
E-mail：1415550166@qq.com
联系人(Contact Person)：陈瑞民

晋中市源丽印刷物资有限公司
地址(Add)：山西省晋中市榆次榆太路65号
邮编(P. C.)：030600
电话(Tel)：0354－2422043
传真(Fax)：0354－2431085
联系人(Contact Person)：马丽芝

山西侯马卫生用品公司
地址(Add)：山西省临汾市侯马市副食批发市场6－5号
邮编(P. C.)：043001
电话(Tel)：0357－4293792
传真(Fax)：0357－4293792
法人代表(Chairman)：李建平
总经理(General Manager)：李建平
联系人(Contact Person)：李建平

山西侯马市新一佳纸业有限公司
地址(Add)：山西省临汾市侯马市海军街270号
邮编(P. C.)：043000
电话(Tel)：0357－4023186
传真(Fax)：0357－4023016
法人代表(Chairman)：杨洪沃
总经理(General Manager)：杨洪沃
联系人(Contact Person)：杨洪沃

小曹妇婴用品
地址(Add)：山西省临汾市司法巷3号
邮编(P. C.)：041000
电话(Tel)：0357－2516484
传真(Fax)：0357－2516484
联系人(Contact Person)：曹永强

团民纸业
地址(Add)：山西省吕梁市文水县城内新西街11排243号
邮编(P. C.)：032100
电话(Tel)：0358－3012687
法人代表(Chairman)：赵团民
总经理(General Manager)：赵团民
联系人(Contact Person)：赵团民

山西晋北地区纸品配货公司
地址(Add)：山西省朔州市应县东关食品楼一排三号
邮编(P. C.)：037699
电话(Tel)：0349－5020622
传真(Fax)：0349－5020622
联系人(Contact Person)：岳军山

山西五联商贸有限公司
地址(Add)：山西省太原市北大街东口7号楼4－2号
邮编(P. C.)：030009
电话(Tel)：0351－3071080
传真(Fax)：0351－3071080
联系人(Contact Person)：周艳云

太原圣尼尔科贸有限公司
地址(Add)：山西省太原市高新技术开发区产业路36号（中恒健大厦402室）
邮编(P. C.)：030006
电话(Tel)：0351－7025879
传真(Fax)：0351－7213241
E-mail：snewjy@163.com
联系人(Contact Person)：武建业

山西吉龙贸易有限公司
地址(Add)：山西省太原市和平南路沙沟北小区东3号和东4号中间的独立二层楼
邮编(P. C.)：030027
电话(Tel)：0351－6117031
传真(Fax)：0351－6117131
法人代表(Chairman)：卫义芳
总经理(General Manager)：赵海龙
联系人(Contact Person)：赵海龙

太原市盛隆源商贸有限公司
地址(Add)：山西省太原市汇隆花园B6－2单元101室
邮编(P. C.)：030013
电话(Tel)：0351－4376633
传真(Fax)：0351－4376644
E-mail：slyhpf@ sina. com
法人代表(Chairman)：郝鹏飞
总经理(General Manager)：郝鹏飞
联系人(Contact Person)：郝鹏飞

健利达酒店一次性用品配货公司
地址(Add)：山西省太原市尖草坪酒店用品市场E区38号
邮编(P. C.)：030041
电话(Tel)：0351－3139306
联系人(Contact Person)：张玉奎

恒安纸业
地址(Add)：山西省太原市尖草坪南方日化城509－1
邮编(P. C.)：030027
电话(Tel)：0351－2761379
传真(Fax)：0351－2761879
E-mail：1063985861@ qq. com
联系人(Contact Person)：杜山河

太原市尖草坪区鸿飞纸业
地址(Add)：山西省太原市尖草坪批发市场文体用品城外围9号
邮编(P. C.)：030000
电话(Tel)：0351－2818143
传真(Fax)：0351－2818143
E-mail：401616887@ qq. com
联系人(Contact Person)：黄腾飞

百惠通商贸
地址(Add)：山西省太原市解放北路钢新商贸2076室
邮编(P. C.)：030009
电话(Tel)：0351－3960729
传真(Fax)：0351－3960729
E-mail：50744844@ qq. com
法人代表(Chairman)：彭义泽
总经理(General Manager)：彭义泽
联系人(Contact Person)：彭义泽

太原碧玉纸业有限公司
地址(Add)：山西省太原市经园北路387号五龙湾山水庭院5号楼2单元1101室
邮编(P. C.)：030000
电话(Tel)：0351－4426768
传真(Fax)：0351－4422118
E-mail：934791306@ qq. com
联系人(Contact Person)：郭宏伟

太原市华城纸业有限公司
地址(Add)：山西省太原市民营区经园北路387号
邮编(P. C.)：030013
电话(Tel)：0351－3121909
传真(Fax)：0351－3121909
法人代表(Chairman)：张伟升
总经理(General Manager)：张伟升
联系人(Contact Person)：张伟升

清徐县日增综合批发部
地址(Add)：山西省太原市清徐县凤仪街陈庄路口往南100米
邮编(P. C.)：030400
电话(Tel)：0351－5725746
联系人(Contact Person)：张海维

太原市七日花溪日化经营部
地址(Add)：山西省太原市双塔东街购物广场63号
邮编(P. C.)：030012
电话(Tel)：0351－8269835
传真(Fax)：0351－8269835
E-mail：491218589@ qq. com
法人代表(Chairman)：周利方
总经理(General Manager)：周利方
联系人(Contact Person)：周利方

万全融通商贸有限责任公司
地址(Add)：山西省太原市双塔南路70号
邮编(P. C.)：030006
电话(Tel)：0351－7065325
传真(Fax)：0351－7683936
E-mail：zhangswtop@ tom. com
联系人(Contact Person)：张世威

山西云帆达商贸有限公司
地址(Add)：山西省太原市万柏林区南社千禧街38号
邮编(P. C.)：030024
电话(Tel)：0351－6222392
传真(Fax)：0351－6222392
联系人(Contact Person)：王利云

晋鹏纸业批发
地址(Add)：山西省忻州市河曲县文笔镇向阳街红星中学大门西
邮编(P. C.)：034000
电话(Tel)：0350－7221789
传真(Fax)：0350－7221789
E-mail：550424200@ qq. com
联系人(Contact Person)：田丽芳

雨森生活用纸配送
地址(Add)：山西省忻州市健康东路6号
邮编(P. C.)：034000
电话(Tel)：0350－8678591
E-mail：1343916331@ qq. com
法人代表(Chairman)：杜保成
总经理(General Manager)：杜保成
联系人(Contact Person)：杜保成

晋阳龙飞商贸有限公司
地址(Add)：山西省阳泉市经济开发区
邮编(P. C.)：045000
电话(Tel)：0353－2113266
传真(Fax)：0353－2111822
总经理(General Manager)：刘双民

山西运城岩军纸业
地址(Add)：山西省运城市运凌路龙展馆对面
邮编(P. C.)：044000
电话(Tel)：0359－2589010
传真(Fax)：0359－2589010
E-mail：shxlyq@126. com
总经理(General Manager)：杨淑红
联系人(Contact Person)：杨淑红

月月舒卫生用品经营部
地址(Add)：山西省运城禹都市场三区东楼22号
邮编(P. C.)：044000
电话(Tel)：0359－2580312
传真(Fax)：0359－2580312
E-mail：1132107582@qq. com
联系人(Contact Person)：王建堂

◆内蒙古 Inner Mongolia

包头麻氏商贸有限公司
地址(Add)：内蒙古包头市东河区九洲商城B区22－23号
邮编(P. C.)：014000
电话(Tel)：0472－4134663
传真(Fax)：0472－4134663
法人代表(Chairman)：麻先云
总经理(General Manager)：麻先云
联系人(Contact Person)：麻先云

包头市欣兴纸业
地址(Add)：内蒙古包头市东河区太平寺AN30号
邮编(P. C.)：014040
电话(Tel)：0472－4182511
传真(Fax)：0472－6931213
联系人(Contact Person)：赵重生

包头市鸣祥物贸有限责任公司
地址(Add)：内蒙古包头市昆都仑区广汇商城A区9排北一号
邮编(P. C.)：014010
电话(Tel)：0472－2159768
传真(Fax)：0472－2159768
联系人(Contact Person)：何祥

昌鑫纸业
地址(Add)：内蒙古赤峰市红山区火花路农林局一楼大厅
邮编(P. C.)：024000
电话(Tel)：0476－8225470
传真(Fax)：0476－8225470
联系人(Contact Person)：殷艳青

冠文斗纸业
地址(Add)：内蒙古赤峰市红山区火花路清真南大寺北15米
邮编(P. C.)：024000
电话(Tel)：0476－8337720
传真(Fax)：0476－8337720
联系人(Contact Person)：卜向东

小秋林纸业
地址(Add)：内蒙古赤峰市红山区火花路中段
邮编(P. C.)：024000
电话(Tel)：0476－8241144
E-mail：xiaoqiulinzhiye@163. com
联系人(Contact Person)：王绍龙

旺佳纸业有限责任公司
地址(Add)：内蒙古赤峰市红山区农业生产资料配送中心
邮编(P. C.)：024000
电话(Tel)：0476－8335117
E-mail：917727944@qq. com
法人代表(Chairman)：陈树泉
总经理(General Manager)：陈树泉
联系人(Contact Person)：陈树泉

赤峰东兴洗化
地址(Add)：内蒙古赤峰市红山区清河路中段维信集团院内
邮编(P. C.)：024000
电话(Tel)：0476－8252781
传真(Fax)：0476－8227368
E-mail：chenshudong110@126. com
法人代表(Chairman)：陈署东
总经理(General Manager)：陈署东
联系人(Contact Person)：陈署东

赤峰市会宝纸业批发部
地址(Add)：内蒙古赤峰市火花路清真南大寺对面
邮编(P. C.)：024000
电话(Tel)：0476－8240377
传真(Fax)：0476－8240377
联系人(Contact Person)：李占军

内蒙古顶新纸业有限责任公司
地址(Add)：内蒙古呼和浩特市金海小区5－3－107
邮编(P. C.)：010010
电话(Tel)：0471－3673255
传真(Fax)：0471－3673266
E-mail：13804748555@139. com
法人代表(Chairman)：张雷
总经理(General Manager)：张雷
联系人(Contact Person)：张雷

雨燕日化
地址(Add)：内蒙古呼和浩特市赛罕区金桥美地家园商铺44号
邮编(P. C.)：010070
电话(Tel)：0471－6619943
传真(Fax)：0471－6619943
联系人(Contact Person)：张燕

呼和浩特市八神纸业
地址(Add)：内蒙古呼和浩特市玉泉区福利达批发市场29号
邮编(P. C.)：010031

电话(Tel)：0471－5680279
传真(Fax)：0471－5680279
联系人(Contact Person)：王甫

呼浩特市丽妃特商贸有限公司
地址(Add)：内蒙古呼和浩特市玉泉区南茶坊养鱼池东一巷房产局住宅楼
邮编(P. C.)：010030
电话(Tel)：0471－5696087
传真(Fax)：0471－5696087
E-mail：gaoxianghong123@126. com
联系人(Contact Person)：梁锋

长宏纸业
地址(Add)：内蒙古呼伦贝尔鄂伦春旗大杨树镇被服厂对面政府开发楼
邮编(P. C.)：022450
电话(Tel)：0470－5716477
联系人(Contact Person)：张亚苹

阿荣旗金桥纸业
地址(Add)：内蒙古呼伦贝尔海拉尔市阿荣旗原粮食食品厂院内
邮编(P. C.)：021008
电话(Tel)：0470－4214230
联系人(Contact Person)：李金桥

海拉尔龙源纸品商店
地址(Add)：内蒙古呼伦贝尔海拉尔西头道街粮贸大厦外门12号
邮编(P. C.)：021000
电话(Tel)：0470－8337471
传真(Fax)：0470－8337471
E-mail：1666318835@qq. com
联系人(Contact Person)：刘忠臣

内蒙扎兰屯市美惠妇女儿童用品商行
地址(Add)：内蒙古呼伦贝尔扎兰屯市葛根街62号
邮编(P. C.)：162650
电话(Tel)：0470－3206745
传真(Fax)：0470－3206745
法人代表(Chairman)：刘恩慧
总经理(General Manager)：刘恩慧
联系人(Contact Person)：王君

内蒙古通辽市一鸣纸业有限公司
地址(Add)：内蒙古通辽市民航路中段
邮编(P. C.)：028000
电话(Tel)：0475－2391826
法人代表(Chairman)：王晓东
总经理(General Manager)：王晓东
联系人(Contact Person)：王晓东

通辽市团结路金三角纸业
地址(Add)：内蒙古通辽市团结路东三区1号楼4通道152号
邮编(P. C.)：028000
电话(Tel)：0475－8275970
传真(Fax)：0475－8275970
总经理(General Manager)：田艳

内蒙古通辽市大有纸业
地址(Add)：内蒙古通辽市团结路东三区三号楼69号
邮编(P. C.)：028000
电话(Tel)：0475－8257275
传真(Fax)：0475－8210875
联系人(Contact Person)：苏有

通辽市金丰纸行
地址(Add)：内蒙古通辽市团结路贸易区1号楼108号
邮编(P. C.)：028000
电话(Tel)：0475－6385577
联系人(Contact Person)：洪文华

通辽市科尔沁区金达来纸业
地址(Add)：内蒙古通辽市团结路西三区1号楼12号
邮编(P. C.)：028000
电话(Tel)：0475－2290945
传真(Fax)：0475－8247828
E-mail：1348845437@qq. com
法人代表(Chairman)：金达来
总经理(General Manager)：金达来
联系人(Contact Person)：金达来

女人纸巾
地址(Add)：内蒙古乌兰浩特市红山龙1号西门
邮编(P. C.)：137400
电话(Tel)：0482－8205002
联系人(Contact Person)：刘春红

◆辽宁 Liaoning

辽宁省鞍山市富贵纸业
地址(Add)：辽宁省鞍山市经济开发区
邮编(P. C.)：114017
电话(Tel)：0412－6612288
联系人(Contact Person)：朱亚清

乾圣纸制品经销处
地址(Add)：辽宁省鞍山市海城市小河沿转盘北88米
邮编(P. C.)：114224
电话(Tel)：0412－3218600
传真(Fax)：0412－3218600
法人代表(Chairman)：于开朗
总经理(General Manager)：于开朗
联系人(Contact Person)：于开朗

鞍山市蓝海生活用品公司
地址(Add)：辽宁省鞍山市立山区光明街金牛小区3栋－1－18－2
邮编(P. C.)：114013
电话(Tel)：0412－6373339
传真(Fax)：0412－6373338
总经理(General Manager)：袁文魁
联系人(Contact Person)：张丽雪

鞍山市麦莎商贸有限公司
地址(Add)：辽宁省鞍山市铁东区永昌街86号
邮编(P. C.)：114001
电话(Tel)：0412－8240130
传真(Fax)：0412－8227337
E-mail：911146668@qq. com

法人代表(Chairman)：郑淑华
总经理(General Manager)：郑淑华
联系人(Contact Person)：郑淑华

辽宁省鞍山市治军化妆品商行
地址(Add)：辽宁省鞍山市铁西区九道街208－11
邮编(P. C.)：114013
传真(Fax)：0412－2327158
总经理(General Manager)：王治军

邦济纸业
地址(Add)：辽宁省鞍山市铁西区民生路千龙户3期4号楼
邮编(P. C.)：114011
电话(Tel)：0412－8535888
传真(Fax)：0412－8515387
法人代表(Chairman)：王晓光
总经理(General Manager)：王晓光
联系人(Contact Person)：王晓光

鞍山禹胜商贸有限公司
地址(Add)：辽宁省鞍山市铁西区幸福街幸福小区25号
邮编(P. C.)：114200
电话(Tel)：0412－2782018
传真(Fax)：0412－3180778
联系人(Contact Person)：鲍丽君

雅姿生活用纸经营部
地址(Add)：辽宁省鞍山市新兴批发市场B－049
邮编(P. C.)：114001
电话(Tel)：0412－7202755
传真(Fax)：0412－7202755
总经理(General Manager)：陈明宇

本溪尚琳纸业有限公司
地址(Add)：辽宁省本溪市明山区程家街78栋1层3号
邮编(P. C.)：117000
电话(Tel)：0414－4841067
传真(Fax)：0414－4841087
总经理(General Manager)：阮丽芬
联系人(Contact Person)：阮丽芬

本溪万基物资有限公司
地址(Add)：辽宁省本溪市明山区万昌公寓
邮编(P. C.)：117000
电话(Tel)：0414－3865111
传真(Fax)：0414－3865111
总经理(General Manager)：杨玉芳

本溪众和纸业有限公司
地址(Add)：辽宁省本溪市平山区桥头镇尚家村
邮编(P. C.)：117016
电话(Tel)：0414－2625098
法人代表(Chairman)：钟长伟

朝阳市胜吉商贸有限公司
地址(Add)：辽宁省朝阳市豪德东区十栋22号
邮编(P. C.)：122000
电话(Tel)：0421－3901578
传真(Fax)：0421－7166021
法人代表(Chairman)：谭彦海
总经理(General Manager)：谭彦海
联系人(Contact Person)：谭彦海

恒利百货
地址(Add)：辽宁省朝阳市豪德贸易广场东区4栋10号
邮编(P. C.)：122000
电话(Tel)：0421－2809595
传真(Fax)：0421－2809595
E-mail：12742172996@qq.com
法人代表(Chairman)：王绍军
总经理(General Manager)：王绍军
联系人(Contact Person)：王绍军

辽宁朝阳益安商贸公司
地址(Add)：辽宁省朝阳市豪德贸易广场西区9栋14号
邮编(P. C.)：122000
电话(Tel)：0421－2800553
传真(Fax)：0421－2800553
总经理(General Manager)：曾大炜
联系人(Contact Person)：曾大炜

建平县金达批发部
地址(Add)：辽宁省朝阳市建平县红旗街佳霖豪府对过
邮编(P. C.)：122400
电话(Tel)：0421－7832683
传真(Fax)：0421－7832683
总经理(General Manager)：张永奎
联系人(Contact Person)：张永奎

凌源市东方纸张批发
地址(Add)：辽宁省朝阳市凌源市红山路东段62－2－1
邮编(P. C.)：122500
电话(Tel)：0421－6836582
传真(Fax)：0421－6859138
联系人(Contact Person)：杨洪广

朝阳市东方纸业贸易中心
地址(Add)：辽宁省朝阳市龙城路三段23－6
邮编(P. C.)：122000
电话(Tel)：0421－2888988
传真(Fax)：0421－3800959
法人代表(Chairman)：胡娜
总经理(General Manager)：胡娜
联系人(Contact Person)：胡娜

朝阳同利百货日用品商行
地址(Add)：辽宁省朝阳市双塔区龙城路三段23－13号
邮编(P. C.)：122000
电话(Tel)：0421－7210621
总经理(General Manager)：胡杰
联系人(Contact Person)：胡杰

大连嘉仁商贸有限公司
地址(Add)：辽宁省大连市大莱市双兴批发市场三厅外32号
邮编(P. C.)：116000
电话(Tel)：0411－39600613
传真(Fax)：0411－39600613
联系人(Contact Person)：赵丽

大连德禄商贸有限公司
地址(Add)：辽宁省大连市甘井子区商城花园街2－16

邮编(P. C.): 116031
电话(Tel): 0411 - 66006388
E-mail: 94584945@ qq. com
联系人(Contact Person): 王海霞

大连市昊缘商贸有限公司
地址(Add): 辽宁省大连市甘井子区天河路167号
邮编(P. C.): 116033
电话(Tel): 0411 - 86500269
传真(Fax): 0411 - 86500269
E-mail: dljiangning@ 126. com
联系人(Contact Person): 江宁

大连舜氏生活用品有限公司
地址(Add): 辽宁省大连市甘井子区杨柳街樱花园7号楼1504室
邮编(P. C.): 116031
电话(Tel): 0411 - 93706755
传真(Fax): 0411 - 86754090
E-mail: zh234@ 126. com
总经理(General Manager): 张晗
联系人(Contact Person): 张晗

大连贝乐康贸易有限公司
地址(Add): 辽宁省大连市甘井子区中华西路25号中北大厦
邮编(P. C.): 116000
电话(Tel): 0411 - 39533838
E-mail: 33600563@ qq. com
联系人(Contact Person): 吕增厚

晟茂日用品商行
地址(Add): 辽宁省大连市金发地批发市场AM4区13号
邮编(P. C.): 116000
电话(Tel): 0411 - 29217982
联系人(Contact Person): 胡方政

大连莲花姐姐商贸有限公司
地址(Add): 辽宁省大连市金州区峰景西海岸
邮编(P. C.): 116000
传真(Fax): 0411 - 87760891
E-mail: 904906799@ qq. com
总经理(General Manager): 张莲花

大连市新嘉鑫商贸
地址(Add): 辽宁省大连市金州区南棉路394号楼
邮编(P. C.): 116100
电话(Tel): 0411 - 85910278
传真(Fax): 0411 - 85910278
联系人(Contact Person): 齐卫军

大连市永盛商贸
地址(Add): 辽宁省大连市金州区三十里堡镇
邮编(P. C.): 116103
电话(Tel): 0411 - 39952066
E-mail: 1490408878@ qq. com
总经理(General Manager): 宋文静
联系人(Contact Person): 宋文静

大连市金州旺帝卫生用品商行
地址(Add): 辽宁省大连市金州区盛滨市场20号
邮编(P. C.): 116100
电话(Tel): 0411 - 85910397
总经理(General Manager): 曲红军
联系人(Contact Person): 曲红军

大连宗霖商贸有限公司
地址(Add): 辽宁省大连市开发区新日里1-1号楼3-5-3
邮编(P. C.): 116600
电话(Tel): 0411 - 87521158
传真(Fax): 0411 - 87521158
E-mail: 962775966@ qq. com
总经理(General Manager): 李德君
联系人(Contact Person): 李宗霖

大连美多商贸有限公司
地址(Add): 辽宁省大连市刘家桥石门街58号楼1-1-1
邮编(P. C.): 116033
电话(Tel): 0411 - 86739397
传真(Fax): 0411 - 86737994
E-mail: lywy1997@ sohu. com
联系人(Contact Person): 吴勇

大连普兰店市广利纸业
地址(Add): 辽宁省大连市南都欣城
邮编(P. C.): 116299
电话(Tel): 0411 - 83112003
传真(Fax): 0411 - 83112003
总经理(General Manager): 于新广
联系人(Contact Person): 于新广

大连聚贤庄商贸有限公司
地址(Add): 辽宁省大连市泡崖小区玉学街25号2-3-2
邮编(P. C.): 116033
电话(Tel): 0411 - 86472328
传真(Fax): 0411 - 86472328
总经理(General Manager): 贾明芳
联系人(Contact Person): 贾明芳

大连致盈纵横贸易有限公司
地址(Add): 辽宁省大连市沙河口区联合路联兴巷21号
邮编(P. C.): 116021
传真(Fax): 0411 - 84548976
E-mail: zyzh0607@ 163. com
联系人(Contact Person): 王泽英

大连誉扬商贸有限公司
地址(Add): 辽宁省大连市沙河口区中山路552号和平现代城D座2918室
邮编(P. C.): 116021
电话(Tel): 0411 - 83783082
传真(Fax): 0411 - 83783082
E-mail: songcheng. dl@ hotmail. com
联系人(Contact Person): 宋成

大连金合欢生活用品有限公司
地址(Add): 辽宁省大连市西岗区纪念街38号
邮编(P. C.): 116021
电话(Tel): 0411 - 83642472
传真(Fax): 0411 - 83642152
E-mail: liucw0621@ 163. com

法人代表(Chairman)：李毅
总经理(General Manager)：李毅
联系人(Contact Person)：李毅

大连万霖贸易有限公司
地址(Add)：辽宁省大连市中山区丹东街53－1良运紫阁1704室
邮编(P. C.)：116001
电话(Tel)：0411－66668266－801
传真(Fax)：0411－82128345
E-mail：hxf@wong－line. com. cn
联系人(Contact Person)：郝学锋

大连泓华经贸有限公司
地址(Add)：辽宁省大连市中山区学士街105号1－1－3
邮编(P. C.)：116001
电话(Tel)：0411－82741829
传真(Fax)：0411－82707546
E-mail：honghua72@163. com
法人代表(Chairman)：迟爱华
总经理(General Manager)：迟爱华
联系人(Contact Person)：迟爱华

大连驰聘商贸有限公司
地址(Add)：辽宁省大连市中山区裕民街9号
邮编(P. C.)：116001
电话(Tel)：0411－82732276
传真(Fax)：0411－62897701
E-mail：sarah700@yahoo. cn
总经理(General Manager)：李焕荣
联系人(Contact Person)：李焕荣

庄河市薪盛纸业
地址(Add)：辽宁省大连市庄河市向阳路一段385－6
邮编(P. C.)：116400
电话(Tel)：0411－89844987
传真(Fax)：0411－89844987
总经理(General Manager)：姜敏
联系人(Contact Person)：姜敏

大连开元商贸行
地址(Add)：辽宁省大连市庄河市兴达街道
邮编(P. C.)：116400
传真(Fax)：0411－89828803
E-mail：1378270873@qq. com
联系人(Contact Person)：李开艳

丹东市日康贸易有限公司
地址(Add)：辽宁省丹东市山水龙城二期11－2－305
邮编(P. C.)：118000
电话(Tel)：0415－2801835
传真(Fax)：0415－2801835
联系人(Contact Person)：刘罡

丹东市林凤卫生用品有限公司
地址(Add)：辽宁省丹东市新柳商业城A座210号
邮编(P. C.)：118000
电话(Tel)：0415－2871450
法人代表(Chairman)：纪长林
总经理(General Manager)：纪长林
联系人(Contact Person)：纪长林

丹东晶峰糖业有限公司
地址(Add)：辽宁省丹东市元宝区锦山大街美伦小区107室
邮编(P. C.)：118000
电话(Tel)：0415－2831199
联系人(Contact Person)：江树业

抚顺伊甸园保健品有限公司
地址(Add)：辽宁省抚顺市西一路中兴时代广场2506室
邮编(P. C.)：113008
电话(Tel)：024－52606780
传真(Fax)：024－52636780
E-mail：lf6780@163. com
法人代表(Chairman)：刘非
总经理(General Manager)：刘非
联系人(Contact Person)：刘非

虹捷纸业有限公司
地址(Add)：辽宁省抚顺市新抚区批发部
邮编(P. C.)：113008
电话(Tel)：024－58112975
传真(Fax)：024－58112976
E-mail：2500238324@qq. com
法人代表(Chairman)：尚杰
总经理(General Manager)：尚杰
联系人(Contact Person)：尚杰

金美达贸易有限公司
地址(Add)：辽宁省阜新市海州区大众路34－1－101
邮编(P. C.)：123000
电话(Tel)：0418－3312066
传真(Fax)：0418－3383336
总经理(General Manager)：许颖
联系人(Contact Person)：许颖

阜新市红树商贸有限责任公司
地址(Add)：辽宁省阜新市太平区红树批发市场中段
邮编(P. C.)：123000
电话(Tel)：0418－6665518
传真(Fax)：0418－2492339
E-mail：lc860615@163. com
总经理(General Manager)：李国良
联系人(Contact Person)：李国良

小保姆卫生用品有限公司
地址(Add)：辽宁省阜新市太平区批发市场80号
邮编(P. C.)：123000
电话(Tel)：0418－2983878
总经理(General Manager)：张佳
联系人(Contact Person)：张佳

阜新市金星纸业有限公司
地址(Add)：辽宁省阜新市西花园小区22号楼202室
邮编(P. C.)：123000
电话(Tel)：0418－2815676
传真(Fax)：0418－2815676
E-mail：1715554121@qq. com
法人代表(Chairman)：于永江
总经理(General Manager)：于永江
联系人(Contact Person)：于永江

辽宁葫芦岛宜斌批发部
地址(Add):辽宁省葫芦岛市连山区福盛路小食品批发市场
邮编(P. C.):125017
电话(Tel):0429 -2137623
传真(Fax):0429 -3300559
联系人(Contact Person):任宜斌

刘军商贸
地址(Add):辽宁省葫芦岛市连山区新地号小楼内
邮编(P. C.):125000
电话(Tel):0429 -2950092
传真(Fax):0429 -2953030
联系人(Contact Person):刘铁军

东方日用品商行
地址(Add):辽宁省葫芦岛市连山区新华大街17号
邮编(P. C.):125001
电话(Tel):0429 -3790377
传真(Fax):0429 -3790377
总经理(General Manager):马莉
联系人(Contact Person):马莉

辽宁黑山晨曦卫生用品厂
地址(Add):辽宁省锦州市黑山县经济开发区县交警队西侧
邮编(P. C.):121400
电话(Tel):0416 -5528576
联系人(Contact Person):王磊

锦州市凌河区福贵百货批发部
地址(Add):辽宁省锦州市湖北路三段21 -60号
邮编(P. C.):120000
电话(Tel):0416 -3829730
传真(Fax):0416 -3829730
联系人(Contact Person):金福贵

锦州瑞品日用百货
地址(Add):辽宁省锦州市凌河区文昌里北湖山庄25 -1号
邮编(P. C.):121000
电话(Tel):0416 -4782789
传真(Fax):0416 -4782789
联系人(Contact Person):陈永明

锦州兴隆纸品经销处
地址(Add):辽宁省锦州市凌河区中央北街四段4 -82号
邮编(P. C.):121000
电话(Tel):0416 -3805106
传真(Fax):0416 -3805106
总经理(General Manager):刘国玉
联系人(Contact Person):刘国玉

辽宁开原一鑫纸业批发
地址(Add):辽宁省开原市汽配城小区
邮编(P. C.):112300
电话(Tel):024 -73725736
传真(Fax):024 -73725736
E-mail:1601961728@ qq. com
联系人(Contact Person):魏艳

长城纸业批发
地址(Add):辽宁省开原市新食品一条街
邮编(P. C.):112000
电话(Tel):024 -74353183
传真(Fax):024 -73833980
联系人(Contact Person):张文治

开原市正丰纸业商行
地址(Add):辽宁省开原市新食品一条街
邮编(P. C.):112300
电话(Tel):024 -4352600
传真(Fax):024 -3825458
E-mail:xinda42351688@ 163. com
法人代表(Chairman):王英碧
总经理(General Manager):姚军
联系人(Contact Person):姚军

辽阳市文圣区合发商贸中心
地址(Add):辽宁省辽阳市白塔区卫国路长城小区
邮编(P. C.):111000
电话(Tel):0419 -3780266
传真(Fax):0419 -3780266
联系人(Contact Person):张世锋

辽阳昌盛纸业有限公司
地址(Add):辽宁省辽阳市文圣区襄平街70 -12号
邮编(P. C.):111000
电话(Tel):0419 -3224031
传真(Fax):0419 -3231545
联系人(Contact Person):李庆良

盘锦冬艳洗化
地址(Add):辽宁省盘锦市双台子区批发一条街114号
邮编(P. C.):124010
电话(Tel):0427 -6616821
传真(Fax):0427 -3826839
法人代表(Chairman):刘明阳
总经理(General Manager):刘明阳
联系人(Contact Person):刘明阳

盘锦众鑫卫生用品大全
地址(Add):辽宁省盘锦市双台子区食品街
邮编(P. C.):124000
电话(Tel):0427 -3812670
传真(Fax):0427 -6604270
法人代表(Chairman):张翠平
总经理(General Manager):张翠平
联系人(Contact Person):张翠平

盘锦市万发商贸有限公司
地址(Add):辽宁省盘锦市双台子区食品批发一条街(兴农街62号)
邮编(P. C.):124000
电话(Tel):0427 -3837069
传真(Fax):0427 -3826833
总经理(General Manager):郭长发
联系人(Contact Person):郭长发

辽宁盘锦双益百货有限公司批发部
地址(Add):辽宁省盘锦市双台子区兴农街
邮编(P. C.):124000

电话(Tel)：0427－3831614
联系人(Contact Person)：王小丽

沈阳瑶之琪商贸有限公司
地址(Add)：辽宁省沈阳市大东区大北街52号(中街北苑)1105室
邮编(P. C.)：110000
电话(Tel)：024－88581829
传真(Fax)：024－88581829
E-mail：syanyue@126. com
联系人(Contact Person)：陈福

沈阳品诚商贸有限公司
地址(Add)：辽宁省沈阳市大东区津桥路4号沈波大厦401房间
邮编(P. C.)：110041
电话(Tel)：024－88732388
传真(Fax)：024－88557738
总经理(General Manager)：赵秀军
联系人(Contact Person)：隋云巍

源梓竹雨商贸有限公司
地址(Add)：辽宁省沈阳市大东区老瓜堡西路14－4号8门
邮编(P. C.)：110000
电话(Tel)：024－24335506
联系人(Contact Person)：赵珊珊

美洁纸品
地址(Add)：辽宁省沈阳市大东区龙之梦小商品市场四楼A区4046号
邮编(P. C.)：110000
电话(Tel)：024－84310931
E-mail：1197824667@qq. com
联系人(Contact Person)：马丽楠

沈阳金利商行
地址(Add)：辽宁省沈阳市大东区小商品大世界一楼1006号
邮编(P. C.)：110042
电话(Tel)：024－24334649
联系人(Contact Person)：李婕

沈阳九天商贸有限公司
地址(Add)：辽宁省沈阳市和平区十一纬路云集东巷36号
邮编(P. C.)：110003
电话(Tel)：024－23235291
传真(Fax)：024－23228318
E-mail：799894438@qq. com
法人代表(Chairman)：曲海鹰
总经理(General Manager)：曲海鹰
联系人(Contact Person)：曲海鹰

沈阳市德高洁清洁器材贸易有限公司
地址(Add)：辽宁省沈阳市浑南新区天赐街7－3号西座806
邮编(P. C.)：110179
电话(Tel)：024－23262026
传真(Fax)：024－23262028
E-mail：1043570319@qq. com
总经理(General Manager)：陈琦
联系人(Contact Person)：陈琦

顺达兴百货批发部
地址(Add)：辽宁省沈阳市龙之梦小商品大世界
邮编(P. C.)：110042
电话(Tel)：024－24336885
传真(Fax)：024－24336885
法人代表(Chairman)：徐永红
总经理(General Manager)：徐永红
联系人(Contact Person)：徐永红

生活用纸大世界
地址(Add)：辽宁省沈阳市沈河区大西路43号怀远商务大厦0607室
邮编(P. C.)：110014
电话(Tel)：024－88681100
联系人(Contact Person)：薛晓菲

沈阳吉盛商贸有限公司
地址(Add)：辽宁省沈阳市沈河区风雨坛街111号华隆基大厦612室
邮编(P. C.)：110013
电话(Tel)：024－24161391
传真(Fax)：024－24113904
E-mail：jisheng5518@163. com
法人代表(Chairman)：姚敏
总经理(General Manager)：姚敏
联系人(Contact Person)：姚敏

沈阳莱蒽商贸有限公司
地址(Add)：辽宁省沈阳市沈河区广昌路40－1号211室
邮编(P. C.)：110014
电话(Tel)：024－22936513
传真(Fax)：024－82901477
总经理(General Manager)：陶莉

沈阳璞源贸易有限公司
地址(Add)：辽宁省沈阳市沈河区惠工街149号
邮编(P. C.)：110062
电话(Tel)：40000－24568
传真(Fax)：024－22721066
E-mail：877404506@qq. com
联系人(Contact Person)：许光乾

沈阳嘉顺吉商贸有限公司
地址(Add)：辽宁省沈阳市沈河区泉园2路16巷4号
邮编(P. C.)：110000
电话(Tel)：024－31366918
传真(Fax)：024－62645662
E-mail：evayuhong@hotmail. com
总经理(General Manager)：于洪

沈阳金时光商贸有限公司
地址(Add)：辽宁省沈阳市沈河区天后宫路24号－122
邮编(P. C.)：110013
电话(Tel)：024－22511505
传真(Fax)：024－22531061
总经理(General Manager)：王军锋

新联盛商行
地址(Add)：辽宁省沈阳市新民市辽河大街沿河路2－1

号2-1-1A
邮编(P.C.)：110300
电话(Tel)：024-27606533
传真(Fax)：024-27606533
总经理(General Manager)：段海英
联系人(Contact Person)：段海英

鲅鱼圈永发百货批发站
地址(Add)：辽宁省营口市鲅鱼圈海天市场南门东行58米
邮编(P.C.)：115000
电话(Tel)：0417-2198688
传真(Fax)：0417-6277726
联系人(Contact Person)：罗忠林

辽宁省大石桥市天兴卫生用品批发部
地址(Add)：辽宁省营口市大石桥市军民路(原二道街)
邮编(P.C.)：115199
电话(Tel)：0417-5829213
传真(Fax)：0417-5829213
E-mail：261156609@qq.com
联系人(Contact Person)：李强

◆吉林 Jilin

长春沁美堂商贸有限公司
地址(Add)：吉林省长春市东四马路万龙花园14栋1单元402室
邮编(P.C.)：130041
电话(Tel)：0431-81066276
E-mail：280140153@qq.com
联系人(Contact Person)：刘凤楼

长春市吉鹏纸业销售有限公司
地址(Add)：吉林省长春市二道区吉林大路临河1条2-7栋
邮编(P.C.)：130031
电话(Tel)：0431-88827405
联系人(Contact Person)：鲁波

长春千锺纸业有限公司
地址(Add)：吉林省长春市二道经济开发区新开大街999号
邮编(P.C.)：130000
电话(Tel)：0431-86186666
传真(Fax)：0431-81059555
联系人(Contact Person)：蒋海波

长春市雪婷纸制品厂
地址(Add)：吉林省长春市二道区远达大街金昆大街5号楼
邮编(P.C.)：130000
电话(Tel)：0431-84715998
联系人(Contact Person)：张成斌

钱雨纸业
地址(Add)：吉林省长春市光复路118栋东5门
邮编(P.C.)：130041
电话(Tel)：0431-82870133
E-mail：502682872@qq.com
法人代表(Chairman)：王铎
总经理(General Manager)：王铎
联系人(Contact Person)：王铎

吉林省琦鑫卫生用品有限公司
地址(Add)：吉林省长春市光复路303栋
邮编(P.C.)：133000
电话(Tel)：0431-82843967
传真(Fax)：0431-82866687
法人代表(Chairman)：张佳波
总经理(General Manager)：张佳波
联系人(Contact Person)：王金喜

鑫桐纸业批发
地址(Add)：吉林省长春市光复路303栋银海商厦国贸批发斜对面
邮编(P.C.)：133000
电话(Tel)：0431-86798030
联系人(Contact Person)：陈新利

长春翔辰商贸有限公司
地址(Add)：吉林省长春市光复路307栋1号门
邮编(P.C.)：130000
电话(Tel)：0431-87055018
总经理(General Manager)：刘晓君

长春市顺丰纸业商行
地址(Add)：吉林省长春市光复路南309栋12门
邮编(P.C.)：130051
电话(Tel)：0431-82868828
法人代表(Chairman)：王文江
总经理(General Manager)：王文江
联系人(Contact Person)：王文江

长春市恒信纸业
地址(Add)：吉林省长春市光复路陕西路高层A座4号
邮编(P.C.)：130042
电话(Tel)：0431-82863583
传真(Fax)：0431-82863583
联系人(Contact Person)：段淑萍

吉林省吉岩妇幼用品有限责任公司
地址(Add)：吉林省长春市宽城区光复路北309栋14号
邮编(P.C.)：130031
电话(Tel)：0431-84828778
传真(Fax)：0431-84828779
E-mail：jiyanjituan@vip.163.com
法人代表(Chairman)：杨岩
总经理(General Manager)：杨岩

思诺日化有限公司
地址(Add)：吉林省长春市绿园区碧水云天A座15号
邮编(P.C.)：130000
电话(Tel)：0431-81228201
E-mail：626265515@qq.com
联系人(Contact Person)：杜野

长春市天丽洁一次性卫生用品有限公司
地址(Add)：吉林省长春市绿园区青龙路20委
邮编(P.C.)：130062
电话(Tel)：0431-88841972
传真(Fax)：0431-87875332

联系人(Contact Person)：富丽萍

吉林省长春市欧阳商贸有限公司
地址(Add)：吉林省长春市南关区西五马路农行宿舍楼 2－104
邮编(P. C.)：130000
电话(Tel)：0431－82942070
联系人(Contact Person)：李俐欧

春源卫生制品厂
地址(Add)：吉林省公主岭市公伊路 58 号
邮编(P. C.)：136100
电话(Tel)：0434－6214385
传真(Fax)：0434－6264909
联系人(Contact Person)：李月钗

吉林市旺角纸业
地址(Add)：吉林省吉林市汇丰万家灯火小区 1494 号
邮编(P. C.)：132000
电话(Tel)：0432－62732976
传真(Fax)：0432－62732976
联系人(Contact Person)：徐伟

辽源市嘉俐达卫生用品批发
地址(Add)：吉林省辽源市隆基花园 11 号楼 6 单元 412 室
邮编(P. C.)：136200
电话(Tel)：0437－3268058
传真(Fax)：0437－3268058
E-mail：863495739@ qq. com
法人代表(Chairman)：赵伟
总经理(General Manager)：赵伟
联系人(Contact Person)：赵伟

吉林省梨树县汉邦纸业
地址(Add)：吉林省四平市梨树县市场商货城
邮编(P. C.)：136500
电话(Tel)：0434－6918575
传真(Fax)：0434－6918575
总经理(General Manager)：居天亮
联系人(Contact Person)：居洪恩

吉林省四平市金光纸业
地址(Add)：吉林省四平市铁东区南二纬二马路批发一条街
邮编(P. C.)：136001
电话(Tel)：0434－6189241
联系人(Contact Person)：居洪德

百帮纸业
地址(Add)：吉林省四平市铁东区南二纬二三马路中间
邮编(P. C.)：136000
电话(Tel)：0434－3369515
法人代表(Chairman)：居玉霞
总经理(General Manager)：居玉霞
联系人(Contact Person)：居玉霞

鸿利卫生用品有限公司
地址(Add)：吉林省四平市铁东区山门镇
邮编(P. C.)：136000
电话(Tel)：0434－3382060
联系人(Contact Person)：赵红

吉林省长岭县苗鑫纸业
地址(Add)：吉林省松原市长岭县北环城路
邮编(P. C.)：131000
电话(Tel)：0438－7232115
E-mail：clmjx@ 163. com
法人代表(Chairman)：苗景昕
总经理(General Manager)：苗景昕
联系人(Contact Person)：苗景昕

松原市秋硕经贸有限公司
地址(Add)：吉林省松原市嘉德华城 344 号
邮编(P. C.)：138000
电话(Tel)：0438－2115175
E-mail：guoqingxia@ 163. com
法人代表(Chairman)：郭清霞
总经理(General Manager)：郭清霞
联系人(Contact Person)：郭清霞

梅河口市浥州商贸有限公司
地址(Add)：吉林省通化市梅河口市长源食品城 7 区 2 号
邮编(P. C.)：135000
电话(Tel)：0435－6965628
传真(Fax)：0435－6965515
总经理(General Manager)：张跃武

梅河口众成纸业
地址(Add)：吉林省通化市梅河口市食品街中段
邮编(P. C.)：135000
电话(Tel)：0435－4381455
传真(Fax)：0435－4381455
联系人(Contact Person)：冯春娇

通化市佳汇卫生用品销售有限公司
地址(Add)：吉林省通化市二建批发市场
邮编(P. C.)：134000
电话(Tel)：0435－6116007
传真(Fax)：0435－6116007
联系人(Contact Person)：姜伟

延边瀚森经贸有限公司
地址(Add)：吉林省延吉市长白路
邮编(P. C.)：133001
电话(Tel)：0433－2532366
传真(Fax)：0433－2532366
法人代表(Chairman)：王允龙
总经理(General Manager)：王允龙
联系人(Contact Person)：梁维秋

延边汇发经贸有限公司
地址(Add)：吉林省延吉市海兰路进学街 144－4 号
邮编(P. C.)：133000
电话(Tel)：0433－2558291
传真(Fax)：0433－2558291
总经理(General Manager)：王允进

◆黑龙江 Heilongjiang

黑龙江省北安市宝洁日用品商店
地址(Add)：黑龙江省北安市中二道街

邮编(P. C.): 164000
电话(Tel): 0456 - 6698626
传真(Fax): 0456 - 6698626
法人代表(Chairman): 张正宏
总经理(General Manager): 张正宏
联系人(Contact Person): 张正宏

庆客隆连锁商贸有限公司
地址(Add): 黑龙江省大庆市东风新村东风路南热源街4号
邮编(P. C.): 163311
电话(Tel): 0459 - 4607925
传真(Fax): 0459 - 4607008
E-mail: liuaimin@ qkl. cn
Http://www. qkl. cn
联系人(Contact Person): 刘爱民

腾飞纸制品有限公司
地址(Add): 黑龙江省哈尔滨市宾县文化街林业局
邮编(P. C.): 150400
电话(Tel): 0451 - 57984966
传真(Fax): 0451 - 57903055
法人代表(Chairman): 姚乃仁
总经理(General Manager): 姚乃仁
联系人(Contact Person): 姚乃仁

国宏纸业
地址(Add): 黑龙江省哈尔滨市道里区康安路22号大发市场恒兰小区
邮编(P. C.): 150070
电话(Tel): 0451 - 84336807
联系人(Contact Person): 关振国

哈尔滨中顺商贸科技发展有限公司
地址(Add): 黑龙江省哈尔滨市道里区康安路2号
邮编(P. C.): 150070
电话(Tel): 0451 - 84305409
传真(Fax): 0451 - 84305409
E-mail: zhongshun84305409@ 163. com
法人代表(Chairman): 王玉明
总经理(General Manager): 王玉明
联系人(Contact Person): 王玉明

哈尔滨腾顺日用品经销有限公司
地址(Add): 黑龙江省哈尔滨市道外区承德街253号
邮编(P. C.): 150020
电话(Tel): 0451 - 88306086
传真(Fax): 0451 - 88306086
总经理(General Manager): 滕春涛

龙翔纸业发展有限公司
地址(Add): 黑龙江省哈尔滨市道外区内史胡同副25号
邮编(P. C.): 150020
电话(Tel): 0451 - 88337612
传真(Fax): 0451 - 88330998
总经理(General Manager): 刘景龙
联系人(Contact Person): 赵玉江

哈尔滨金三江商贸有限公司
地址(Add): 黑龙江省哈尔滨市道外区南坎头道街28号
邮编(P. C.): 150020
电话(Tel): 0451 - 88340737
传真(Fax): 0451 - 88322846
法人代表(Chairman): 宋文科
总经理(General Manager): 宋文科
联系人(Contact Person): 宋文科

腾飞纸业
地址(Add): 黑龙江省哈尔滨市道外区南坎头道街36号
邮编(P. C.): 150020
电话(Tel): 0451 - 87807566
传真(Fax): 0451 - 87807566
联系人(Contact Person): 潘树君

哈尔滨市海洋风商贸有限公司
地址(Add): 黑龙江省哈尔滨市道外区南棵绿荫小区
邮编(P. C.): 150056
电话(Tel): 0451 - 57805103
总经理(General Manager): 王立君

哈尔滨阳瑞商贸有限公司
地址(Add): 黑龙江省哈尔滨市动力区哈平路4道街4号
邮编(P. C.): 150040
电话(Tel): 0451 - 82117078
传真(Fax): 0451 - 82117378
E-mail: greatyang@ 163. com
联系人(Contact Person): 杨鸿志

绥芬河市三都纸业有限责任公司哈尔滨办事处
(详见纸浆)

哈尔滨金长城纸业
地址(Add): 黑龙江省哈尔滨市红旗老区32栋1单元102门市
邮编(P. C.): 150096
电话(Tel): 0451 - 55514600
总经理(General Manager): 徐苗苗

成伟商贸有限公司
地址(Add): 黑龙江省哈尔滨市南岗区信恒现代城馨园D栋2单元2门市
邮编(P. C.): 150096
电话(Tel): 0451 - 87520104
传真(Fax): 0451 - 82463572
联系人(Contact Person): 高艳玲

宏泰百货批发
地址(Add): 黑龙江省哈尔滨市清真寺街56号
邮编(P. C.): 150020
电话(Tel): 0451 - 88340587
联系人(Contact Person): 于淑荣

黑龙江省双城市鑫丰纸业
地址(Add): 黑龙江省哈尔滨市双城市三道街世纪现代城11栋1楼23号
邮编(P. C.): 150100
电话(Tel): 0451 - 51730235
联系人(Contact Person): 张雪峰

黑龙江省哈尔滨市娇柔商贸有限公司
地址(Add): 黑龙江省哈尔滨市禧龙303栋
邮编(P. C.): 150000

电话(Tel)：0451－88945933
传真(Fax)：0451－88945933
联系人(Contact Person)：李和强

哈尔滨博楠经贸有限公司
地址(Add)：黑龙江省哈尔滨市香坊区福泰名苑小区4号楼2单元103
邮编(P. C.)：150000
电话(Tel)：0451－84679837
传真(Fax)：0451－84679837
E-mail：wst2970@163. com
总经理(General Manager)：王松涛
联系人(Contact Person)：王松涛

哈尔滨三辰商贸有限公司
地址(Add)：黑龙江省哈尔滨市香坊区通乡街4号
邮编(P. C.)：150046
电话(Tel)：0451－82467050
传真(Fax)：0451－82415600
E-mail：jwx0451@126. com
法人代表(Chairman)：姜文新
总经理(General Manager)：姜文新
联系人(Contact Person)：刘国荣

黑龙江省鸡西市东升纸业商行
地址(Add)：黑龙江省鸡西市鸡冠区西郊乡政府后侧
邮编(P. C.)：158100
电话(Tel)：0467－2684222
传真(Fax)：0467－2662223
法人代表(Chairman)：孙占全
总经理(General Manager)：孙占全
联系人(Contact Person)：孙占全

密山市宏大纸业
地址(Add)：黑龙江省鸡西市密山市长明街
邮编(P. C.)：158100
电话(Tel)：0467－5234676
联系人(Contact Person)：吕京民

平帆纸业
地址(Add)：黑龙江省佳木斯市富锦市汇鑫小区4号楼2单元502室
邮编(P. C.)：156112
电话(Tel)：0454－2321846
传真(Fax)：0454－2321846
法人代表(Chairman)：高永
总经理(General Manager)：高永
联系人(Contact Person)：高永

佳木斯市阳光商贸有限公司
地址(Add)：黑龙江省佳木斯市金三角忠信小区6号楼
邮编(P. C.)：154002
电话(Tel)：0454－8654835
传真(Fax)：0454－8632644
法人代表(Chairman)：张宇胜
总经理(General Manager)：张宇胜
联系人(Contact Person)：张宇胜

佳木斯市永合盛食品有限公司
地址(Add)：黑龙江省佳木斯市铭诗苑A栋1单元502号
邮编(P. C.)：154000
电话(Tel)：0454－6060600
传真(Fax)：0454－6060600
联系人(Contact Person)：于吉涛

佳木斯市雨豪经贸有限公司
地址(Add)：黑龙江省佳木斯市向阳区宏光新天地12单元
邮编(P. C.)：154002
电话(Tel)：0454－8571818
传真(Fax)：0454－8571818
联系人(Contact Person)：徐军

佳木斯市楚丰卫生用品有限公司
地址(Add)：黑龙江省佳木斯市向阳区金三角忠信街中段
邮编(P. C.)：154002
电话(Tel)：0454－8634529
传真(Fax)：0454－8988586
法人代表(Chairman)：张士军
总经理(General Manager)：张士军
联系人(Contact Person)：张士军

佳木斯市龙海纸业商行
地址(Add)：黑龙江省佳木斯市忠信街金三角
邮编(P. C.)：154002
电话(Tel)：0454－8987528
传真(Fax)：0454－8660955
E-mail：1040520089@qq. com
总经理(General Manager)：刘海亮

佳木斯市伦伯商贸有限公司
地址(Add)：黑龙江省佳木斯市忠信街金三角歌舞厅对门
邮编(P. C.)：154002
电话(Tel)：0454－8229484
传真(Fax)：0454－8229484
总经理(General Manager)：古晓明
联系人(Contact Person)：李荣霞

牡丹江红日商贸有限公司
地址(Add)：黑龙江省牡丹江市爱民区东新荣街
邮编(P. C.)：157000
传真(Fax)：0453－6550598
E-mail：7445502623@qq. com
总经理(General Manager)：金龙
联系人(Contact Person)：金龙

牡丹江立马商贸有限公司
地址(Add)：黑龙江省牡丹江市北龙市场西门
邮编(P. C.)：157005
传真(Fax)：0453－6822229
E-mail：376933111@qq. com
总经理(General Manager)：马刚
联系人(Contact Person)：赵宏伟

康辉纸业
地址(Add)：黑龙江省七台河市新兴区越秀路100号
邮编(P. C.)：154600
电话(Tel)：0464－8333336
传真(Fax)：0464－8344975
法人代表(Chairman)：孙德军
总经理(General Manager)：孙德军
联系人(Contact Person)：孙德军

齐齐哈尔市本色纸业有限公司
地址(Add)：黑龙江省齐齐哈尔市建华区卜奎大街解放门医院南50米
邮编(P. C.)：161000
电话(Tel)：0452－2336886
E-mail：10007716@qq.com
总经理(General Manager)：梁铭泽
联系人(Contact Person)：梁铭泽

齐齐哈尔市煜鑫商贸有限公司
地址(Add)：黑龙江省齐齐哈尔市建华区鸿福家园12号楼2门101室
邮编(P. C.)：161000
电话(Tel)：0452－2111192
传真(Fax)：0452－2111192
E-mail：546726579@qq.com
总经理(General Manager)：常洪玉

文齐文化百货批发部
地址(Add)：黑龙江省齐齐哈尔市建华区建东8号楼
邮编(P. C.)：161000
电话(Tel)：0452－2116596
联系人(Contact Person)：郭立荣

天然商贸公司
地址(Add)：黑龙江省齐齐哈尔市建华区石牌北小区2号楼1－2号
邮编(P. C.)：161000
电话(Tel)：0452－5969773
传真(Fax)：0452－8061005
总经理(General Manager)：姜宝国

朝阳纸业
地址(Add)：黑龙江省齐齐哈尔市建华区王子花苑6号楼1单元101
邮编(P. C.)：161000
电话(Tel)：0452－2469242
传真(Fax)：0452－2469242
法人代表(Chairman)：谢文彬
总经理(General Manager)：谢文彬
联系人(Contact Person)：谢文彬

黑龙江淑华纸业连锁店
地址(Add)：黑龙江省齐齐哈尔市讷河市南市场大厅北门西30米
邮编(P. C.)：161300
电话(Tel)：0452－3381135
传真(Fax)：0452－3381135
E-mail：shuhuazhiye@163.com
法人代表(Chairman)：刘东
总经理(General Manager)：刘东
联系人(Contact Person)：刘东

小燕子纸业
地址(Add)：黑龙江省齐齐哈尔市讷河市南市场西走50米路北
邮编(P. C.)：161300
电话(Tel)：0452－3381768
法人代表(Chairman)：马春艳
总经理(General Manager)：余万龙
联系人(Contact Person)：马春艳

绥芬河北海经贸有限公司
地址(Add)：黑龙江省绥芬河市通亚街204号
邮编(P. C.)：157300
电话(Tel)：0453－3996612
传真(Fax)：0453－3996612
E-mail：levasfh@163.com
联系人(Contact Person)：姜晓东

绥化铭远经贸有限公司
地址(Add)：黑龙江省绥化市北林区二马路31号
邮编(P. C.)：152001
电话(Tel)：0455－2787222
联系人(Contact Person)：苑海洋

安达市大鹏纸业公司
地址(Add)：黑龙江省绥化市安达市北横街6－7道街之间
邮编(P. C.)：151400
电话(Tel)：0455－7265999
传真(Fax)：0455－7265999
法人代表(Chairman)：孙大鹏
总经理(General Manager)：孙大鹏

绥化市花香纸业经销部
地址(Add)：黑龙江省绥化市南二西路(百货公司楼下)
邮编(P. C.)：152000
电话(Tel)：0455－8269759
传真(Fax)：0455－8269759
法人代表(Chairman)：刘香
总经理(General Manager)：刘香
联系人(Contact Person)：刘香

肇东市远航日用品商贸有限公司
地址(Add)：黑龙江省肇东市八道街馨和家园1号楼
邮编(P. C.)：151100
电话(Tel)：0455－7711898
传真(Fax)：0455－7706654
联系人(Contact Person)：许春艳

◆上海 Shanghai

上海凯红食品市场
地址(Add)：上海市宝山场中路3155号凯红食品市场209－210号
邮编(P. C.)：200436
电话(Tel)：021－66620105
联系人(Contact Person)：卢新利

麦朗(上海)医疗器材贸易有限公司
地址(Add)：上海市成都北路500号峻岭广场2905－2907室
邮编(P. C.)：200003
电话(Tel)：021－63273666
传真(Fax)：021－63279993
E-mail：nni@medline.com
联系人(Contact Person)：倪凯

上海斯慕适贸易有限公司
地址(Add)：上海市丰华路450号
邮编(P. C.)：201803
电话(Tel)：021－69009201

E-mail：yaojun515@126.com
联系人(Contact Person)：姚俊

上海真诚纸业
地址(Add)：上海市奉贤区光明镇光钱路8号
邮编(P.C.)：201406
电话(Tel)：021-57475699
传真(Fax)：021-57475699
联系人(Contact Person)：曾德才

上海众炼国际贸易有限公司
地址(Add)：上海市虹口区四川北路1688号福德大厦南楼1701室
邮编(P.C.)：200080
电话(Tel)：021-63072031
传真(Fax)：021-55156785
E-mail：kevin@pt-trans.com
联系人(Contact Person)：夏鸣杰

上海邦固贸易有限公司
地址(Add)：上海市隆昌路619号1号楼A307
邮编(P.C.)：200090
电话(Tel)：021-65439939
传真(Fax)：021-65204235
法人代表(Chairman)：姚杰
总经理(General Manager)：姚杰
联系人(Contact Person)：姚杰

上海东冠华洁纸业有限公司
地址(Add)：上海市中山南一路893号斯米克广场西楼三楼
邮编(P.C.)：200023
电话(Tel)：021-58636607
传真(Fax)：021-53019590
E-mail：xuexm@socp.com.cn
法人代表(Chairman)：李慈雄
总经理(General Manager)：孙海瑜
联系人(Contact Person)：薛小敏

上海百德家庭用品有限公司
地址(Add)：上海市浦东昌里东路71弄14幢103
邮编(P.C.)：200126
电话(Tel)：021-50563777
传真(Fax)：021-58741745
E-mail：zdk1998@21cn.com
法人代表(Chairman)：郑大科
总经理(General Manager)：郑大科
联系人(Contact Person)：郑大科

上海绿洲纸业有限公司
地址(Add)：上海市浦东新区川沙镇纯新路366号
邮编(P.C.)：201202
电话(Tel)：021-58597295
传真(Fax)：021-58597295
联系人(Contact Person)：武劲松

本泽商贸(上海)有限公司
地址(Add)：上海市浦东新区峨山路91弄200号新鹏大厦九楼
邮编(P.C.)：200127
电话(Tel)：021-58362537
传真(Fax)：021-58362028
E-mail：sara.ni@bunzlcn.com
联系人(Contact Person)：倪月玲

上海锐利贸易有限公司
(详见胶带、胶贴、魔术贴、标签)

上海尚为贸易有限公司
地址(Add)：上海市浦东新区杨高北一路16号飞驰仓储畅联物流202室(海关检验检疫局后)
邮编(P.C.)：200137
电话(Tel)：021-31134860
E-mail：ken@sunway2009.com
Http://www.sunway2009.com
总经理(General Manager)：王健

上海建发纸业有限公司
(详见纸浆)

上海扶摇进出口贸易有限公司
地址(Add)：上海市普陀区武宁路19号丽晶阳光大厦1908室
邮编(P.C.)：200042
电话(Tel)：021-62320768
传真(Fax)：021-62320968
E-mail：chenle_hugh@hotmail.com
联系人(Contact Person)：陈乐

上海平伸商贸发展有限公司
地址(Add)：上海市松江区申港路2001弄六号(靠近南环路口)
邮编(P.C.)：201612
电话(Tel)：021-64850061
传真(Fax)：021-64707085
总经理(General Manager)：林大理

上海普进贸易有限公司
地址(Add)：上海市天山路600弄二号新虹桥捷运大厦8楼B、C座
邮编(P.C.)：200051
电话(Tel)：021-62291331
传真(Fax)：021-62411365
E-mail：sunmeiling-pg@suo-ma.com
Http://www.suo-ma.com
联系人(Contact Person)：孙梅玲

上海泰园贸易发展有限公司
地址(Add)：上海市吴中路1100号炫润国际大厦813室
邮编(P.C.)：201103
电话(Tel)：021-55512333
传真(Fax)：021-55512323
联系人(Contact Person)：张建新

堺商事贸易(上海)有限公司
地址(Add)：上海市襄阳北路97号襄阳大楼611室
邮编(P.C.)：200031
电话(Tel)：021-54048420
传真(Fax)：021-54048424
法人代表(Chairman)：高桥浩一
总经理(General Manager)：姜亦辛
联系人(Contact Person)：姜亦辛

上海乐客商贸有限公司
地址(Add)：上海市祥德路383号磊博商务413号
邮编(P. C.)：200081
电话(Tel)：021－65088985
传真(Fax)：021－65088985
E-mail：sr_wy@126. com
联系人(Contact Person)：徐静

日奔纸张纸浆商贸(上海)有限公司
地址(Add)：上海市延安西路2201号上海国际贸易中心1116室
邮编(P. C.)：200336
电话(Tel)：021－62702325－118
传真(Fax)：021－62702327
E-mail：yang－lu@jppcn. com
Http://www. kamipa. co. jp
联系人(Contact Person)：杨璐

尼普洛贸易(上海)有限公司
地址(Add)：上海市遵义路100号虹桥上海城B栋2001、15－16室
邮编(P. C.)：200051
电话(Tel)：021－62370606
传真(Fax)：021－62370186
E-mail：duanfei@nipro－trading. com. cn
Http://www. nipro－trading. com. cn
联系人(Contact Person)：段飞

◆江苏 Jiangsu

常熟标王日化商行
地址(Add)：江苏省常熟市第三停车场103－104号
邮编(P. C.)：215500
电话(Tel)：0512－52238467
E-mail：401059847@qq. com
联系人(Contact Person)：吴金秋

常熟市支塘伟明百货站
地址(Add)：江苏省常熟市华东食品城B04幢101，136，137号
邮编(P. C.)：215531
电话(Tel)：0512－52555053
传真(Fax)：0512－52512028
联系人(Contact Person)：顾惠明

常熟市双惠贸易有限公司
地址(Add)：江苏省常熟市华东食品城B06－103
邮编(P. C.)：215531
电话(Tel)：0512－52161022
传真(Fax)：0512－52555836
E-mail：sm666888@163. com
法人代表(Chairman)：沈猛
总经理(General Manager)：沈猛
联系人(Contact Person)：沈猛

常熟银鹰百货
地址(Add)：江苏省常熟市华东食品城B11幢130－133号
邮编(P. C.)：215531
电话(Tel)：0512－52512078
传真(Fax)：0512－52555817
联系人(Contact Person)：顾金新

银龙百货供配中心
地址(Add)：江苏省常熟市招商城第三停车场110－151
邮编(P. C.)：215500
电话(Tel)：0512－52763787
传真(Fax)：0512－52763787
法人代表(Chairman)：陈银龙
总经理(General Manager)：陈银龙
联系人(Contact Person)：陈银龙

常州康佰利百货有限公司
地址(Add)：江苏省常州市关河中路怡康花园29－07
邮编(P. C.)：213001
电话(Tel)：0519－88127130
传真(Fax)：0519－88405079
E-mail：kann6662@sian. com. cn
总经理(General Manager)：金恺
联系人(Contact Person)：许金雄

玉叶商贸有限公司
地址(Add)：江苏省常州市金坛市虹桥市场路238－5号
邮编(P. C.)：213200
电话(Tel)：0519－82227196
传真(Fax)：0519－82227196
E-mail：124419585@qq. com
联系人(Contact Person)：叶军

金坛市亚太纸业有限公司
地址(Add)：江苏省常州市金坛市西环二路88号
邮编(P. C.)：213200
电话(Tel)：0519－82793333
传真(Fax)：0519－82793888
法人代表(Chairman)：符小建
总经理(General Manager)：符小建
联系人(Contact Person)：符小建

常州洁尔丝工贸有限公司
地址(Add)：江苏省常州市九龙批发市场
邮编(P. C.)：213000
电话(Tel)：0519－85575615
传真(Fax)：0519－85575615
E-mail：290757337@qq. com
法人代表(Chairman)：王兴彩
总经理(General Manager)：王兴彩
联系人(Contact Person)：王兴彩

常州市苗禾商贸有限公司
地址(Add)：江苏省常州市青洋花苑5－乙401
邮编(P. C.)：213025
电话(Tel)：0519－88827631
E-mail：350120835@qq. com
法人代表(Chairman)：章小春
总经理(General Manager)：章小春
联系人(Contact Person)：章小春

淮安市万福纸业
地址(Add)：江苏省淮安市爱民路1－18号(食品城南大门向东60米)
邮编(P. C.)：223001
电话(Tel)：0517－87011069

法人代表(Chairman)：吕万福
总经理(General Manager)：吕万福
联系人(Contact Person)：吕万福

江苏省淮安市正大纸业
地址(Add)：江苏省淮安市爱民路8号(食品城大门向东50米)
邮编(P. C.)：223001
电话(Tel)：0517-85239775
传真(Fax)：0517-87135188
联系人(Contact Person)：王巍

恒丰纸业
地址(Add)：江苏省淮安市爱民路食品城南大门东侧
邮编(P. C.)：223001
电话(Tel)：0517-83933382
法人代表(Chairman)：王振
总经理(General Manager)：王振
联系人(Contact Person)：王振

淮安市女爱纸业总汇
地址(Add)：江苏省淮安市楚州区东长街34号(楚州小学斜对面)
邮编(P. C.)：223200
电话(Tel)：0517-85986726
传真(Fax)：0517-85986726
法人代表(Chairman)：王汉德
总经理(General Manager)：王汉德
联系人(Contact Person)：王汉德

淮安市名品洗化
地址(Add)：江苏省淮安市电机路10-6号
邮编(P. C.)：223001
电话(Tel)：0517-83903680
传真(Fax)：0517-83903680
E-mail：875995728@qq.com
法人代表(Chairman)：王成
总经理(General Manager)：王成
联系人(Contact Person)：王成

淮安市海森商贸有限公司
地址(Add)：江苏省淮安市工农路10-7号
邮编(P. C.)：223001
电话(Tel)：0517-83937321
法人代表(Chairman)：李洪爱
总经理(General Manager)：李洪爱
联系人(Contact Person)：李洪爱

淮安市天顺纸品厂
地址(Add)：江苏省淮安市淮阴区五里工业区
邮编(P. C.)：223323
电话(Tel)：0517-84239888
E-mail：hatszy@126.com
法人代表(Chairman)：唐业宏
总经理(General Manager)：唐业宏
联系人(Contact Person)：唐业宏

淮安市丽缘日化
地址(Add)：江苏省淮安市汇通市场63-2号
邮编(P. C.)：223001
电话(Tel)：0517-83282033
总经理(General Manager)：赵丽
联系人(Contact Person)：赵丽

淮安市宏盛纸品有限公司
地址(Add)：江苏省淮安市健康东村
邮编(P. C.)：223001
电话(Tel)：0517-83757249
传真(Fax)：0517-87160936
联系人(Contact Person)：张爱农

全达纸业
地址(Add)：江苏省淮安市金湖县大兴路191号
邮编(P. C.)：211600
电话(Tel)：0517-86802226
传真(Fax)：0517-86802226
联系人(Contact Person)：耿欢庭

金湖县创达商贸
地址(Add)：江苏省淮安市金湖县黎城南老街
邮编(P. C.)：211600
电话(Tel)：0517-86893335
E-mail：1043549948@qq.com
法人代表(Chairman)：汤建平
总经理(General Manager)：汤建平
联系人(Contact Person)：汤建平

淮安涟水卫生纸品批发部
地址(Add)：江苏省淮安市涟水县
邮编(P. C.)：223400
电话(Tel)：0517-82327309
传真(Fax)：0517-82327309
E-mail：wtt2005625@qq.com
联系人(Contact Person)：陈立芹

淮安市大运纸品经营部
地址(Add)：江苏省淮安市清江机电路15号
邮编(P. C.)：223001
电话(Tel)：0517-85239772
传真(Fax)：0517-83926739
E-mail：1337511125@qq.com
法人代表(Chairman)：孙静
总经理(General Manager)：孙静
联系人(Contact Person)：孙静

东风纸业泗洲商贸有限公司
地址(Add)：江苏省淮安市清隆桥南首100米
邮编(P. C.)：223002
电话(Tel)：0517-83960562
传真(Fax)：0517-83960562
法人代表(Chairman)：宋秀波
总经理(General Manager)：宋秀波
联系人(Contact Person)：宋秀波

淮安市海泓贸易有限公司
地址(Add)：江苏省淮安市清浦区都天庙街15号
邮编(P. C.)：223002
电话(Tel)：0517-83995533
传真(Fax)：0517-83996960
E-mail：82540050@qq.com
法人代表(Chairman)：徐国柱
总经理(General Manager)：徐国柱

联系人(Contact Person)：徐国柱

淮安市惠洁日用品经营部
地址(Add)：江苏省淮安市食品城南门爱民路东首1号
邮编(P. C.)：2223001
电话(Tel)：0517－87079832
传真(Fax)：0517－87079832
法人代表(Chairman)：沈华梅
总经理(General Manager)：沈华梅
联系人(Contact Person)：沈华梅

淮安汉邦商贸有限公司
地址(Add)：江苏省淮安市盱眙县沙岗新农贸市场8号楼A栋104
邮编(P. C.)：211700
电话(Tel)：0517－88218367
传真(Fax)：0517－88218367
总经理(General Manager)：高竹
联系人(Contact Person)：高竹

昆山荣星百货配销中心
地址(Add)：江苏省昆山市超华商贸城D区18幢2号
邮编(P. C.)：215300
电话(Tel)：0512－57532059
传真(Fax)：0512－57563303
E-mail：59281686@163. com
联系人(Contact Person)：徐福斌

昆山超级美安护理用品有限公司
地址(Add)：江苏省昆山市城北永丰余宏益路89号北5楼
邮编(P. C.)：215301
电话(Tel)：0512－57505868
传真(Fax)：0512－57505868
联系人(Contact Person)：强贵忠

昆山百利星商贸有限公司
地址(Add)：江苏省昆山市二里桥超华商贸城C区5幢2，3号
邮编(P. C.)：215300
电话(Tel)：0512－57262987
传真(Fax)：0512－57597952
E-mail：mq9996@126. com
联系人(Contact Person)：陈茂勤

一鸣百货纸品配销中心
地址(Add)：江苏省昆山市花园路1888号
邮编(P. C.)：215321
电话(Tel)：0512－57823967
传真(Fax)：0512－57823967
E-mail：sxp121@sina. com
法人代表(Chairman)：石小平
总经理(General Manager)：石小平
联系人(Contact Person)：石小平

昆山市环亚物资贸易有限公司
地址(Add)：江苏省昆山市小澞河路185号
邮编(P. C.)：215300
电话(Tel)：0512－57333889
传真(Fax)：0512－57333886
E-mail：kunshan_huanya@126. com
法人代表(Chairman)：王飞
总经理(General Manager)：王飞
联系人(Contact Person)：王飞

东方纸品
地址(Add)：江苏省连云港市东海县副食品批发市场海陵东路110号
邮编(P. C.)：222300
电话(Tel)：0518－87283518
法人代表(Chairman)：刘从广
总经理(General Manager)：刘从广
联系人(Contact Person)：刘从广

杨涛经营部
地址(Add)：江苏省连云港市东海县副食品批发市场南楼11号
邮编(P. C.)：222300
电话(Tel)：0518－87282388
法人代表(Chairman)：杨涛
总经理(General Manager)：杨涛
联系人(Contact Person)：杨涛

佳美商贸有限公司
地址(Add)：江苏省连云港市东海县海陵东路迎宾大道55号
邮编(P. C.)：222300
电话(Tel)：0518－87288006
传真(Fax)：0518－87288006
总经理(General Manager)：王自强

申达经营部
地址(Add)：江苏省连云港市赣榆县农副产品批发市场9排58号
邮编(P. C.)：222100
电话(Tel)：0518－86225272
传真(Fax)：0518－86260576
联系人(Contact Person)：申文刚

顺发纸品总汇
地址(Add)：江苏省连云港市赣榆县农副交易市场
邮编(P. C.)：222100
电话(Tel)：0518－87109188
法人代表(Chairman)：董作仁
总经理(General Manager)：董作仁

灌南双灯纸品经营部
地址(Add)：江苏省连云港市灌南县新安镇于圩村
邮编(P. C.)：223500
电话(Tel)：0518－83332392
传真(Fax)：0518－83332392
E-mail：407046328@qq. com
法人代表(Chairman)：张冬平
总经理(General Manager)：张冬平
联系人(Contact Person)：王林

辉煌纸业
地址(Add)：江苏省连云港市灌云县商贸城25－26号
邮编(P. C.)：222000
电话(Tel)：0518－88818800
传真(Fax)：0518－88818800
E-mail：1104050689@qq. com

法人代表(Chairman)：谢满
总经理(General Manager)：谢满
联系人(Contact Person)：马玉芹

连云港市恒昌酒店用品有限公司
地址(Add)：江苏省连云港市海州区幸福路99号(白虎山批发市场门北)
邮编(P. C.)：222000
电话(Tel)：0518－85213590
传真(Fax)：0518－85217347
E-mail：1078927217@ qq. com
总经理(General Manager)：解军
联系人(Contact Person)：解军

连云港市程爱纸品批发部
地址(Add)：江苏省连云港市海州市场12区2排11号
邮编(P. C.)：222000
电话(Tel)：0518－85217251
联系人(Contact Person)：程军

顺洁纸业
地址(Add)：江苏省连云港市海洲区茗馨花园H121－102
邮编(P. C.)：222000
电话(Tel)：0518－85214869
传真(Fax)：0518－85214869
联系人(Contact Person)：杨苹

连云港万旭商贸有限公司
地址(Add)：江苏省连云港市朐山工业园49号
邮编(P. C.)：222000
电话(Tel)：0518－85101627
传真(Fax)：0518－85106627
E-mail：13905130108@ 126. com
法人代表(Chairman)：史小丽
总经理(General Manager)：崔新好
联系人(Contact Person)：崔新好

连云港汇德贸易有限公司
地址(Add)：江苏省连云港市新浦区荟梧中路中房鑫城303室
邮编(P. C.)：222000
电话(Tel)：0518－85801698
传真(Fax)：0518－85830695
E-mail：yanlonn@ hotmail. com
法人代表(Chairman)：赵绪伟
总经理(General Manager)：赵绪伟
联系人(Contact Person)：王海龙

连云港市金佰禾商贸有限公司
地址(Add)：江苏省连云港市整洁路16－10号
邮编(P. C.)：222002
电话(Tel)：0518－85518058
传真(Fax)：0518－85518058
法人代表(Chairman)：马丽
总经理(General Manager)：马丽
联系人(Contact Person)：马丽

南京供销纸业有限责任公司
地址(Add)：江苏省南京市汉中门凤凰街84号院内
邮编(P. C.)：210029
电话(Tel)：025－86600465
传真(Fax)：025－86600465
E-mail：njgxzy@ sohu. com
总经理(General Manager)：童南南
联系人(Contact Person)：童南南

南京中天百货配送中心
地址(Add)：江苏省南京市夹岗梁塘
邮编(P. C.)：210012
电话(Tel)：025－87724858
传真(Fax)：025－86566858
联系人(Contact Person)：孙洒洒

南京翱翔贸易有限公司
地址(Add)：江苏省南京市建邺区莫愁湖东路48号
邮编(P. C.)：210029
电话(Tel)：025－86508389
传真(Fax)：025－86502138
法人代表(Chairman)：刘希
总经理(General Manager)：刘希
联系人(Contact Person)：刘希

南京凌云商贸有限责任公司
地址(Add)：江苏省南京市江宁区东山新润路106号
邮编(P. C.)：211100
电话(Tel)：025－52646455
传真(Fax)：025－52150422
E-mail：1963008853@ qq. com
法人代表(Chairman)：杨游龙
总经理(General Manager)：杨游龙
联系人(Contact Person)：杨游龙

西来纸业百货
地址(Add)：江苏省南京市江宁众彩物流配送中心E区624号
邮编(P. C.)：211100
电话(Tel)：025－58670325
传真(Fax)：025－58670325
联系人(Contact Person)：方同林

苏果超市有限公司
地址(Add)：江苏省南京市解放路55号
邮编(P. C.)：210016
电话(Tel)：025－84682526
传真(Fax)：025－84682625
E-mail：yangyinmei@ suguo. com
Http://www. suguo. com. cn
联系人(Contact Person)：杨银美

南京名道酒店用品有限公司
地址(Add)：江苏省南京市漓江路21－1号文涛公寓1幢2号201
邮编(P. C.)：210013
电话(Tel)：025－83722796
传真(Fax)：025－83722796
E-mail：595324764@ qq. com
法人代表(Chairman)：王铮
联系人(Contact Person)：王铮

南京顺洁纸业有限公司
地址(Add)：江苏省南京市溧水县永阳文昌东街29－21号

邮编(P. C.)：211200
电话(Tel)：025－56215893
传真(Fax)：025－56215893
E-mail：hanqi5202008@163. com
法人代表(Chairman)：韩奇
总经理(General Manager)：韩奇
联系人(Contact Person)：韩奇

南京天音经贸有限公司
地址(Add)：江苏省南京市禄口镇华商路2号
邮编(P. C.)：210005
电话(Tel)：025－58633175
传真(Fax)：025－58630637
E-mail：linhl@aota. cn
联系人(Contact Person)：林惠玲

豪仕发商贸有限公司
地址(Add)：江苏省南京市润泰市场塑料一条街B6厅12号
邮编(P. C.)：210006
电话(Tel)：025－52467604
传真(Fax)：025－52227336
E-mail：113923948@qq. com
法人代表(Chairman)：施建徽
总经理(General Manager)：施建徽
联系人(Contact Person)：施建徽

南通天嘉纸业有限公司
地址(Add)：江苏省南通市工农路111号华辰大厦A座2201室
邮编(P. C.)：226001
电话(Tel)：0513－80109799
传真(Fax)：0513－85050276
E-mail：z33. 3@163. com
联系人(Contact Person)：赵越

华泰卫生用品营销中心
地址(Add)：江苏省南通市海安县资丰市场东区8排4号
邮编(P. C.)：226600
电话(Tel)：0513－88096591
法人代表(Chairman)：冯建
总经理(General Manager)：冯建
联系人(Contact Person)：冯建

南通炎华经贸有限公司
地址(Add)：江苏省南通市锦都花苑5栋401
邮编(P. C.)：226000
电话(Tel)：0513－85802250
传真(Fax)：0513－81650750
法人代表(Chairman)：钱宏炎
总经理(General Manager)：钱宏炎
联系人(Contact Person)：钱宏炎

弗诗兰国际
地址(Add)：江苏省南通市人民东路885号尚东国际商务中心3－204
邮编(P. C.)：226001
电话(Tel)：0513－89151399
传真(Fax)：0513－89151388
E-mail：xingfunanjing@163. com
联系人(Contact Person)：史迎湖

一楠纸品批发部
地址(Add)：江苏省南通市如皋市天平市场南大门12091号
邮编(P. C.)：226502
电话(Tel)：0513－87510611
联系人(Contact Person)：吴信华

南通玉梅卫生用品厂
地址(Add)：江苏省南通市优山美地207幢407室
邮编(P. C.)：226000
电话(Tel)：0513－85934297
联系人(Contact Person)：沈树平

如皋市嘉健卫生用品经营部
地址(Add)：江苏省如皋市红星工业园区佩尔斯路18号(佩尔斯工艺品厂对面)
邮编(P. C.)：226500
电话(Tel)：0513－87654338
传真(Fax)：0513－87654338
法人代表(Chairman)：周加建
总经理(General Manager)：周加建
联系人(Contact Person)：周加建

如皋柔舒纸品商行
地址(Add)：江苏省如皋市经济开发区蓝湾小区C2－207号
邮编(P. C.)：226500
电话(Tel)：0513－87500938
E-mail：342327571@qq. com
法人代表(Chairman)：任宏良
总经理(General Manager)：任宏良
联系人(Contact Person)：任宏良

益楠纸品批发部
地址(Add)：江苏省如皋市天平市场12091号
邮编(P. C.)：226500
电话(Tel)：0513－87510611
法人代表(Chairman)：吴新华
总经理(General Manager)：吴新华
联系人(Contact Person)：吴新华

如皋捷佳纸业
地址(Add)：江苏省如皋市天平市场12136号
邮编(P. C.)：226500
电话(Tel)：0513－82918816
E-mail：935895989@qq. com
法人代表(Chairman)：吴爱芳
总经理(General Manager)：吴爱芳
联系人(Contact Person)：吴爱芳

如皋市永发纸业批发部
地址(Add)：江苏省如皋市吴窑镇四房村16组
邮编(P. C.)：226551
电话(Tel)：0513－87750095
传真(Fax)：0513－87750095
法人代表(Chairman)：狄志勇
总经理(General Manager)：狄志勇
联系人(Contact Person)：狄志勇

苏州浩祺贸易有限公司
地址(Add)：江苏省苏州工业园区宏业路188号
邮编(P. C.)：215021
电话(Tel)：0512－67063099

传真(Fax)：0512－62768117
法人代表(Chairman)：莫剑峰
总经理(General Manager)：莫剑峰
联系人(Contact Person)：莫剑峰

苏州东华铝箔制品有限公司
地址(Add)：江苏省苏州工业园区唯亭镇双马街126号
邮编(P. C.)：215121
电话(Tel)：0512－67620678
传真(Fax)：0512－62992700
E-mail：wangshangda@hotmail.com
Http://www.bagpackage.com
联系人(Contact Person)：王上达

苏州市依达工贸有限公司
地址(Add)：江苏省苏州市东大街231号
邮编(P. C.)：215007
电话(Tel)：0512－65269185
传真(Fax)：0512－65266185
法人代表(Chairman)：翁介林
总经理(General Manager)：翁介林
联系人(Contact Person)：翁介林

苏州工业园区千百利经贸有限公司
地址(Add)：江苏省苏州市东中市264号
邮编(P. C.)：215003
电话(Tel)：0512－67273338
传真(Fax)：0512－67272866
E-mail：szqbl2008@163.com
联系人(Contact Person)：张政

苏州市日用品商贸有限公司
地址(Add)：江苏省苏州市丰桥路605号
邮编(P. C.)：215007
电话(Tel)：0512－65636309
传真(Fax)：0512－65637609
E-mail：wuyiqui1@sina.com
法人代表(Chairman)：李耶灵
总经理(General Manager)：李耶灵
联系人(Contact Person)：李耶灵

乐易纸品配送中心
地址(Add)：江苏省苏州市虎丘工业区5号
邮编(P. C.)：215000
电话(Tel)：0512－69086006
联系人(Contact Person)：俎银麒

纤丽洗化
地址(Add)：江苏省苏州市礼品城B组101－102号
邮编(P. C.)：215155
电话(Tel)：0512－66164246
总经理(General Manager)：陈英伟

苏州裕丰百货
地址(Add)：江苏省苏州市木渎商城梅林路35号
邮编(P. C.)：215101
电话(Tel)：0512－66576393
传真(Fax)：0512－66576393
法人代表(Chairman)：王桂兵
总经理(General Manager)：王桂兵
联系人(Contact Person)：王桂兵

福友一次性日用品经营部
地址(Add)：江苏省苏州市盘胥路188号(苏福路大润发对面)德合小商品商城二区135号
邮编(P. C.)：215007
电话(Tel)：0512－68553637
传真(Fax)：0512－68553637
联系人(Contact Person)：杜将

苏州市方中商贸有限公司
地址(Add)：江苏省苏州市人民路148号(美地广场8号楼)
邮编(P. C.)：215002
电话(Tel)：0512－65094963
法人代表(Chairman)：张伟忠
总经理(General Manager)：张伟忠
联系人(Contact Person)：张伟忠

苏州瑞锦贸易有限公司
地址(Add)：江苏省苏州市通园路699号内
邮编(P. C.)：215006
电话(Tel)：0512－69170219
传真(Fax)：0512－69170225
法人代表(Chairman)：赵治国
总经理(General Manager)：赵治国
联系人(Contact Person)：赵治国

吴江东升百货商行
地址(Add)：江苏省苏州市吴江市平望平西开发区贝隆纺织厂内
邮编(P. C.)：215221
电话(Tel)：0512－63647500
传真(Fax)：0512－63647500
联系人(Contact Person)：尹中庆

苏州益祺贸易有限公司
地址(Add)：江苏省苏州市吴中区宝南路89号
邮编(P. C.)：215128
电话(Tel)：0512－65853702
传真(Fax)：0512－65853703
法人代表(Chairman)：林锦金
总经理(General Manager)：林锦金
联系人(Contact Person)：林锦金

苏州普瑞纳贸易有限公司
地址(Add)：江苏省苏州市相城区澄阳路60号脱颖科技创业园3幢213
邮编(P. C.)：215131
电话(Tel)：0512－66156452
传真(Fax)：0512－66156453
E-mail：854445389@qq.com
法人代表(Chairman)：张晨鹤
总经理(General Manager)：张晨鹤
联系人(Contact Person)：张晨鹤

江苏省宿迁市诚信纸业
地址(Add)：江苏省宿迁市黄河路598号
邮编(P. C.)：223800
电话(Tel)：0527－88010689
传真(Fax)：0527－88010689
联系人(Contact Person)：耿志刚

沭阳小唐纸品
地址(Add):江苏省宿迁市沭阳县东方广场2号楼2单元404号
邮编(P. C.):223600
电话(Tel):0527-83569243
传真(Fax):0527-83569243
E-mail:shuweicao2463@ sina. com
法人代表(Chairman):唐善霞
总经理(General Manager):唐善霞
联系人(Contact Person):唐善霞

沭阳县钱四纸品行
地址(Add):江苏省宿迁市沭阳县东方广场东方路3号
邮编(P. C.):223600
电话(Tel):0527-83563201
传真(Fax):0527-88701299
E-mail:13805241749@ 139. com
法人代表(Chairman):钱中权
总经理(General Manager):钱中权
联系人(Contact Person):钱中权

江苏沭阳金福商贸
地址(Add):江苏省宿迁市沭阳县沭师路金港花苑12幢F4号
邮编(P. C.):223600
电话(Tel):0527-89981375
传真(Fax):0527-89981375
E-mail:1048463970@ qq. com
法人代表(Chairman):葛春虎
总经理(General Manager):葛春虎
联系人(Contact Person):葛春虎

海兵纸业
地址(Add):江苏省宿迁市沭阳县商贸批发中心33-109号(喜来登酒楼对面)
邮编(P. C.):223600
电话(Tel):0527-83872188
传真(Fax):0527-88022548
联系人(Contact Person):徐海兵

惠达百货销售部
地址(Add):江苏省宿迁市沭阳县曙光路9号
邮编(P. C.):223600
电话(Tel):0527-87991771
传真(Fax):0527-87991771
联系人(Contact Person):吕述媛

江苏省宿迁市天奕纸品有限公司
地址(Add):江苏省宿迁市泗阳县西工业园区昆山路8号
邮编(P. C.):223700
电话(Tel):0527-85298885
传真(Fax):0527-85298885
E-mail:915887634@ qq. com
法人代表(Chairman):赵丛
总经理(General Manager):赵丛
联系人(Contact Person):赵丛

宿迁经济开发区千百回百货商行
地址(Add):江苏省宿迁市义乌国际商贸城三街10210号
邮编(P. C.):223800
电话(Tel):0527-88120381
联系人(Contact Person):刘志强

泰州华中纸业有限公司
地址(Add):江苏省泰州市凤凰西路85号
邮编(P. C.):225300
电话(Tel):0523-82211109
传真(Fax):0523-82211100
联系人(Contact Person):夏荣

无锡市广源纸品经营部
地址(Add):江苏省无锡市风光里典古桥2号
邮编(P. C.):214026
电话(Tel):0510-82845499
传真(Fax):0510-82845848
E-mail:137999393@ qq. com
法人代表(Chairman):胡荣让
总经理(General Manager):胡荣让
联系人(Contact Person):胡荣让

无锡虞枫百货经营部
地址(Add):江苏省无锡市国际招商城2号楼2楼097-098号
邮编(P. C.):214008
电话(Tel):0510-85051335
传真(Fax):0510-85030862
法人代表(Chairman):蒋健
总经理(General Manager):蒋健
联系人(Contact Person):蒋健

聚成商行
地址(Add):江苏省无锡市江阴市食品城市场819号
邮编(P. C.):214433
电话(Tel):0510-86161115
传真(Fax):0510-86161115
E-mail:190142872@ qq. com
法人代表(Chairman):王二洋
总经理(General Manager):王二洋
联系人(Contact Person):杨琴

江阴市乐茵儿童用品有限公司
地址(Add):江苏省无锡市江阴市寿山路289号5楼
邮编(P. C.):214400
电话(Tel):0510-85877793-805
传真(Fax):0510-86871183
E-mail:jiangyan1014@ 126. com
联系人(Contact Person):姜燕

江阴市瑞达商贸有限公司
地址(Add):江苏省无锡市江阴市通渡南路98号
邮编(P. C.):214400
电话(Tel):0510-86115880
传真(Fax):0510-86115880
总经理(General Manager):黄允

无锡市丰涛商贸有限公司
地址(Add):江苏省无锡市江海东路1899号A35-36
邮编(P. C.):214000
电话(Tel):0510-82464453
传真(Fax):0510-82707799
E-mail:1505580229@ qq. com
法人代表(Chairman):曹丁秋

总经理(General Manager)：曹丁秋
联系人(Contact Person)：陈菊珍

易利纸业
地址(Add)：江苏省无锡市宜兴市新街街道堂前村 451 号
邮编(P. C.)：214200
电话(Tel)：0510 - 66520778
传真(Fax)：0510 - 87132149
E-mail：748909284@ qq. com
法人代表(Chairman)：胡亦端
总经理(General Manager)：胡亦端
联系人(Contact Person)：胡亦端

无锡市好店家百货有限公司
地址(Add)：江苏省无锡市宜兴市兴和花园 749 号
邮编(P. C.)：214200
电话(Tel)：0510 - 87928330
传真(Fax)：0510 - 87902818
法人代表(Chairman)：孔继英
总经理(General Manager)：孔继英
联系人(Contact Person)：孔继英

无锡招商城君涵日用小商品商行
地址(Add)：江苏省无锡市塘南招商城 C 区二楼 320 - 321 店面
邮编(P. C.)：214026
电话(Tel)：0510 - 85053293
传真(Fax)：0510 - 80218336
法人代表(Chairman)：王勇水
总经理(General Manager)：王勇水
联系人(Contact Person)：王勇水

无锡崇德商贸有限公司
地址(Add)：江苏省无锡市锡山区东亭镇新明路 49 - 103
邮编(P. C.)：214000
电话(Tel)：0510 - 88706317
E-mail：sysware@ sohu. com
联系人(Contact Person)：袁辉

江苏省新沂市诚利商贸
地址(Add)：江苏省新沂市苏州花苑门面房 223 - 224 号
邮编(P. C.)：221400
电话(Tel)：0516 - 88926343
联系人(Contact Person)：杜敬成

江苏新沂妇幼生活用品配送
地址(Add)：江苏省新沂市新安镇道北胜利路西二巷
邮编(P. C.)：221400
电话(Tel)：0516 - 88932459
联系人(Contact Person)：刘彬

京鸽百货
地址(Add)：江苏省新沂市徐海路 252 号
邮编(P. C.)：221499
电话(Tel)：0516 - 88890063
联系人(Contact Person)：王加彬

新沂市生活用纸销售中心二店
地址(Add)：江苏省新沂市钟吾商场副食区第一家
邮编(P. C.)：221400
电话(Tel)：0516 - 82804030
E-mail：6309732@ qq. com
法人代表(Chairman)：李文柱
总经理(General Manager)：李文柱
联系人(Contact Person)：李文柱

徐州市朝阳佳家乐卫生用品经营部
地址(Add)：江苏省徐州市朝阳市场东精 3 号
邮编(P. C.)：221000
电话(Tel)：0516 - 83610069
传真(Fax)：0516 - 83738983
联系人(Contact Person)：陈瑞兰

徐州市樱花纸品有限公司
地址(Add)：江苏省徐州市二环北路铁路印刷厂北樱花仓库
邮编(P. C.)：221007
电话(Tel)：0516 - 87822652
传真(Fax)：0516 - 87821895
法人代表(Chairman)：周明轩
总经理(General Manager)：周明轩
联系人(Contact Person)：周明轩

徐州市鑫彤商贸有限公司
地址(Add)：江苏省徐州市二环西路健康路 3 号
邮编(P. C.)：221000
电话(Tel)：0516 - 85855365
传真(Fax)：0516 - 85855365
法人代表(Chairman)：白彦军
总经理(General Manager)：白彦军
联系人(Contact Person)：白彦军

小可爱妇幼用品批发商行
地址(Add)：江苏省徐州市丰县西环路陈桃园路口
邮编(P. C.)：221700
电话(Tel)：0516 - 89480908
传真(Fax)：0516 - 89480908
E-mail：1054172502@ qq. com
总经理(General Manager)：王青峰

徐州市诚裕贸易商行
地址(Add)：江苏省徐州市鼓楼区白下路 1 号
邮编(P. C.)：221004
电话(Tel)：0516 - 87625436
传真(Fax)：0516 - 87625436
联系人(Contact Person)：蒋成明

江苏省徐州市盛佳纸业经营部
地址(Add)：江苏省徐州市和平路西延段新吴庄报社宿舍楼下(大门西侧)
邮编(P. C.)：221000
电话(Tel)：0516 - 85605418
联系人(Contact Person)：盛建刚

徐州恩美商贸有限公司
地址(Add)：江苏省徐州市淮海食品城华东市场 002 号
邮编(P. C.)：221009
电话(Tel)：0516 - 83200178
传真(Fax)：0516 - 83200178
联系人(Contact Person)：张士峰

徐州君悦商贸有限公司
地址(Add)：江苏省徐州市淮海食品城冷库市场 11 号

邮编(P. C.): 221005
电话(Tel): 0516-83877403
传真(Fax): 0516-83877403
总经理(General Manager): 宋文华
联系人(Contact Person): 宋文华

徐州市金朋洋商贸有限公司
地址(Add): 江苏省徐州市淮海食品城良茂33号
邮编(P. C.): 221000
电话(Tel): 0516-82319970
传真(Fax): 0516-83872758
联系人(Contact Person): 刘辉

徐州陈刚纸业
地址(Add): 江苏省徐州市淮海食品城良茂市场36号
邮编(P. C.): 221000
电话(Tel): 0516-82189930
联系人(Contact Person): 陈刚

徐州憨祥商贸有限公司
地址(Add): 江苏省徐州市淮海食品城良茂市场门面13号
邮编(P. C.): 221000
电话(Tel): 0516-80108622
联系人(Contact Person): 刘冰

徐州雅兔纸制品商贸行
地址(Add): 江苏省徐州市淮海食品城盛裕市场F-1号
邮编(P. C.): 221008
电话(Tel): 0516-83872143
法人代表(Chairman): 徐云峰
总经理(General Manager): 徐云峰
联系人(Contact Person): 徐云峰

徐州恒发纸业
地址(Add): 江苏省徐州市淮海食品城天龙市场南门268号门面
邮编(P. C.): 221000
电话(Tel): 0516-87326798
传真(Fax): 0516-87326798
法人代表(Chairman): 周艳
总经理(General Manager): 周艳
联系人(Contact Person): 周艳

徐州鑫兴纸业
地址(Add): 江苏省徐州市淮海食品城同发市场2区1号
邮编(P. C.): 221000
电话(Tel): 0516-83873008
联系人(Contact Person): 魏路

徐州永森纸业
地址(Add): 江苏省徐州市淮海食品城同发市场3区5号
邮编(P. C.): 221000
电话(Tel): 0516-82551218
联系人(Contact Person): 闫永

徐州涵宇商贸有限公司
地址(Add): 江苏省徐州市民主南路165号
邮编(P. C.): 221010
电话(Tel): 0516-82027086
传真(Fax): 0516-83809333
E-mail: hanyushangmao@163.com
法人代表(Chairman): 支广华
总经理(General Manager): 支广华
联系人(Contact Person): 宗培惠

徐州常迎商贸有限公司
地址(Add): 江苏省徐州市沛县酒厂西路3号
邮编(P. C.): 221600
电话(Tel): 0516-89638716
传真(Fax): 0516-89615180
E-mail: 15852026788@163.com
联系人(Contact Person): 周良峰

江苏邳州市凌云商贸
地址(Add): 江苏省徐州市邳州市天山北路78号
邮编(P. C.): 221300
电话(Tel): 0516-86280088
传真(Fax): 0516-86280088
E-mail: 1965568397@qq.com
联系人(Contact Person): 高新彦

宏利妇幼用品批发中心
地址(Add): 江苏省徐州市沛县香港街中段路北
邮编(P. C.): 221600
电话(Tel): 0516-89696801
传真(Fax): 0516-89673089
法人代表(Chairman): 魏先超
总经理(General Manager): 魏先超
联系人(Contact Person): 魏先超

恒利妇幼用品批发中心
地址(Add): 江苏省徐州市沛县新庄路中段39号
邮编(P. C.): 221600
电话(Tel): 0516-81200899
传真(Fax): 0516-81200899
法人代表(Chairman): 龙涛
总经理(General Manager): 龙涛
联系人(Contact Person): 龙涛

顺洁商贸
地址(Add): 江苏省徐州市泉山区民健园47号楼5单元202室
邮编(P. C.): 221000
电话(Tel): 0516-82377036
传真(Fax): 0516-82377036
联系人(Contact Person): 董公程

徐州益康纸厂旗舰店
地址(Add): 江苏省徐州市食品城良茂市场28号
邮编(P. C.): 221000
电话(Tel): 0516-82186062
联系人(Contact Person): 李君

徐州市丽缇商贸有限公司
地址(Add): 江苏省徐州市食品城同发市场二楼(铜山信用社楼上)
邮编(P. C.): 221000
电话(Tel): 0516-83870788
传真(Fax): 0516-83566266
总经理(General Manager): 胡文革
联系人(Contact Person): 胡文革

睢宁县晓玖卫生用品商贸
地址(Add)：江苏省徐州市睢宁县金瓯商贸城C区29－31号
邮编(P. C.)：221200
电话(Tel)：0516－86393178
传真(Fax)：0516－88342533
联系人(Contact Person)：许晓玖

徐州宝丽纸业有限公司
地址(Add)：江苏省徐州市铜山经济开发区衡山路4－28号
邮编(P. C.)：221000
电话(Tel)：0516－83918790
传真(Fax)：0516－83918790
E-mail：xzhaoli@163. com
法人代表(Chairman)：赵莉
总经理(General Manager)：赵莉
联系人(Contact Person)：赵莉

徐州市荣杰商贸有限公司
地址(Add)：江苏省徐州市下淀路10巷4号
邮编(P. C.)：221003
电话(Tel)：0516－83738069
传真(Fax)：0516－83738069
E-mail：83738069@163. com
法人代表(Chairman)：仇晓东
总经理(General Manager)：仇晓东
联系人(Contact Person)：仇晓东

徐州市联诚经贸有限公司
地址(Add)：江苏省徐州市下淀路230号白云雅鹿仓库4楼
邮编(P. C.)：221000
电话(Tel)：0516－87878559
传真(Fax)：0516－87878739
E-mail：zlei169@public. xz. js. cn
总经理(General Manager)：周雷

徐州鑫城纸品有限公司
地址(Add)：江苏省徐州市云龙区庆丰路绿地世纪城256－1－201号
邮编(P. C.)：221000
电话(Tel)：0516－85697338
传真(Fax)：0516－85697337
E-mail：d654029532@163. com
法人代表(Chairman)：董浩
总经理(General Manager)：董浩
联系人(Contact Person)：董浩

徐州金庭商贸有限公司
地址(Add)：江苏省徐州市中山北路盛佳大厦1510室
邮编(P. C.)：221000
电话(Tel)：0516－86600087
传真(Fax)：0516－86600087
E-mail：lmq_yilong@163. com
联系人(Contact Person)：汤效宗

徐州市宝利科技贸易有限公司
地址(Add)：江苏省徐州市中山南路65号轻工大楼东二楼
邮编(P. C.)：221000
电话(Tel)：0516－83729516
传真(Fax)：0516－83729526
总经理(General Manager)：胡广军
联系人(Contact Person)：胡广军

双雄纸业
地址(Add)：江苏省盐城市滨海县阜东北路158－3号
邮编(P. C.)：224500
电话(Tel)：0515－84133165
联系人(Contact Person)：王正勤

半边天关爱纸业
地址(Add)：江苏省盐城市滨海县吉达广场人民中路155号
邮编(P. C.)：224500
电话(Tel)：0515－84957457
E-mail：hc84998116@126. com
联系人(Contact Person)：黄冲

园园纸品
地址(Add)：江苏省盐城市滨海县银河路55号
邮编(P. C.)：224500
电话(Tel)：0515－84102377
联系人(Contact Person)：李功爱

滨海海东纸业
地址(Add)：江苏省盐城市滨海县玉龙路西21幢33号
邮编(P. C.)：224500
电话(Tel)：0515－89186806
传真(Fax)：0515－89186806
法人代表(Chairman)：黄海东
总经理(General Manager)：黄海东
联系人(Contact Person)：黄海东

汇利纸业
地址(Add)：江苏省盐城市大丰市西团镇大龙工业园区
邮编(P. C.)：224125
电话(Tel)：0515－83754027
联系人(Contact Person)：周连春
联系人(Contact Person)：董作仁

治刚纸品
地址(Add)：江苏省盐城市阜宁县阜城镇城河路A段128号
邮编(P. C.)：224400
电话(Tel)：0515－87183006
传真(Fax)：0515－87183006
法人代表(Chairman)：陈治刚
总经理(General Manager)：陈治刚
联系人(Contact Person)：陈治刚

蓝天日化批发部
地址(Add)：江苏省盐城市阜宁县宏人商品城4幢11号
邮编(P. C.)：224400
电话(Tel)：0515－87231553
法人代表(Chairman)：唐修武
总经理(General Manager)：唐修武
联系人(Contact Person)：唐修武

盐城市宇瑞商贸有限公司
地址(Add)：江苏省盐城市黄海东路23号12栋附5号
邮编(P. C.)：224001
电话(Tel)：0515－88971381
传真(Fax)：0515－88130093
E-mail：9770889@qq. com

Http://www. yurui. net. cn
总经理(General Manager):朱天洋

盐城市百惠商贸有限公司
地址(Add):江苏省盐城市黄海东路大洋工业园
邮编(P. C.):224003
电话(Tel):0515－88255682
传真(Fax):0515－88255682
联系人(Contact Person):蔡长海

盐城招商场店小二纸业
地址(Add):江苏省盐城市黄海东路盐城招商场
邮编(P. C.):224000
电话(Tel):0515－88157676
联系人(Contact Person):王卫政

盐城市文洁商贸有限公司
地址(Add):江苏省盐城市开发区嘉利花园2号901室
邮编(P. C.):224005
电话(Tel):0515－88286297
传真(Fax):0515－88286297
联系人(Contact Person):单秀炳

盐城市心连心商贸有限公司
地址(Add):江苏省盐城市太极大厦1－11号
邮编(P. C.):224001
电话(Tel):0515－88377681
传真(Fax):0515－88396975
法人代表(Chairman):葛群
总经理(General Manager):葛群
联系人(Contact Person):葛群

盐城市维尔康商贸有限公司
地址(Add):江苏省盐城市文港北路171号
邮编(P. C.):224000
电话(Tel):0515－88229055
联系人(Contact Person):季亚青

江苏盐城富骊卫生用品
地址(Add):江苏省盐城市文港路101号金水湾14幢103室
邮编(P. C.):224000
电话(Tel):0515－88284338
E-mail:1804417664@qq. com
联系人(Contact Person):徐明桂

响水县长江超市配送中心
地址(Add):江苏省盐城市响水县开发区(新客站往东200米)
邮编(P. C.):224600
电话(Tel):0515－82071632
传真(Fax):0515－82071929
法人代表(Chairman):张康平
总经理(General Manager):张康平
联系人(Contact Person):张康平

盐城市明明纸业有限公司
地址(Add):江苏省盐城市盐都新区
邮编(P. C.):224055
电话(Tel):0515－88469566
传真(Fax):0515－88469566
E-mail:462808081@qq. com
法人代表(Chairman):蔡晓明
总经理(General Manager):蔡晓明
联系人(Contact Person):蔡晓明

正兵纸塑贸易商行
地址(Add):江苏省盐城市招商场外围41036门市
邮编(P. C.):224002
电话(Tel):0515－88219981
总经理(General Manager):严正兵
联系人(Contact Person):严正兵

谢记南北货
地址(Add):江苏省扬州市东方国际食品城B区7－149号
邮编(P. C.):225000
电话(Tel):0514－87292378
联系人(Contact Person):谢汉杰

高邮市三欣商贸有限公司
地址(Add):江苏省扬州市高邮市通达城市花苑西边红衫服装厂内
邮编(P. C.):225600
电话(Tel):0514－84622700
传真(Fax):0514－84622700
E-mail:470905425@qq. vom
法人代表(Chairman):仇军
总经理(General Manager):仇军
联系人(Contact Person):仇军

扬州蓬升商贸有限公司
地址(Add):江苏省扬州市广陵区二畔铺69号
邮编(P. C.):225000
电话(Tel):0514－87223555
联系人(Contact Person):赵朋生

江苏商贸城志强卫生用品商行
地址(Add):江苏省扬州市江都商贸城
邮编(P. C.):225202
电话(Tel):0514－82695407
联系人(Contact Person):葛恒进

天天纸品
地址(Add):江苏省扬州市曲江副食区2F－118
邮编(P. C.):225003
电话(Tel):0514－87233601
法人代表(Chairman):汪宝
总经理(General Manager):汪宝
联系人(Contact Person):汪宝

扬州市宝蝶纸品配送中心
地址(Add):江苏省扬州市曲江商品城B1区79－3号
邮编(P. C.):225006
电话(Tel):0514－87295519
联系人(Contact Person):陶善亮

石桥吉祥商行
地址(Add):江苏省扬州市仪征市真州路24号(石桥农贸市场外第一家)
邮编(P. C.):211400
电话(Tel):0514－83422195
传真(Fax):0514－83433464
E-mail:jf@126. com

法人代表(Chairman)：许家琴
总经理(General Manager)：许家琴
联系人(Contact Person)：许家琴

扬州喜相逢家居用品有限公司
地址(Add)：江苏省扬州市汤汪北路
邮编(P. C.)：225005
电话(Tel)：0514－87240795
传真(Fax)：0514－87240795
E-mail：yzxxfgs@163. com
法人代表(Chairman)：陈金平
总经理(General Manager)：陈金平
联系人(Contact Person)：陈金平

张家港市乐余舒润纸制品商行
地址(Add)：江苏省张家港市乐余镇兆丰开发区
邮编(P. C.)：215600
电话(Tel)：0512－58639650
总经理(General Manager)：陆云峰

张家港市联华百货有限公司
地址(Add)：江苏省张家港市朱港巷5号
邮编(P. C.)：215600
电话(Tel)：0512－55393892
传真(Fax)：0512－55393892
法人代表(Chairman)：朱建荣
总经理(General Manager)：朱建荣
联系人(Contact Person)：朱建荣

镇江市格瑞百货有限公司
地址(Add)：江苏省镇江市丁卯绣山路
邮编(P. C.)：212000
电话(Tel)：0511－88889266
传真(Fax)：0511－88889366
E-mail：1968dindon@163. com
法人代表(Chairman)：丁东
总经理(General Manager)：丁东
联系人(Contact Person)：丁东

◆浙江 Zhejiang

杭州达英贸易有限公司
地址(Add)：浙江省杭州市滨江区长河路351号拓森科技园3号楼402室
邮编(P. C.)：310052
电话(Tel)：0571－56693836
E-mail：1375614258@qq. com
联系人(Contact Person)：陈祥艳

浙中投资有限公司
地址(Add)：浙江省杭州市长生路58号西湖国贸中心715室
邮编(P. C.)：310016
电话(Tel)：0571－28020006
传真(Fax)：0571－28020005
E-mail：zhejiangtouzi@163. com
联系人(Contact Person)：任钗

富阳展飞百货有限公司
地址(Add)：浙江省杭州市富阳市春江街道富源路(通达集团旁)
邮编(P. C.)：311421
电话(Tel)：0571－63348312
联系人(Contact Person)：张军

杭州小徐日用百货经营部
地址(Add)：浙江省杭州市环北小商品市场楼2－49号
邮编(P. C.)：310003
电话(Tel)：0571－87218054
总经理(General Manager)：徐卫兵

杭州顶达贸易有限公司
地址(Add)：浙江省杭州市江干科技开发区
邮编(P. C.)：310016
电话(Tel)：0571－86636548
传真(Fax)：0571－86636548
联系人(Contact Person)：周建刚

杭州市海满云贸易有限公司
地址(Add)：浙江省杭州市江干区二号大街16街区二幢1308室
邮编(P. C.)：310022
电话(Tel)：0571－86035510
E-mail：109164858@qq. com
总经理(General Manager)：周恒满

杭州江南食品市场旺达日用百货商行
地址(Add)：浙江省杭州市江南食品市场K2－13－14号
邮编(P. C.)：311100
电话(Tel)：0571－86234358
传真(Fax)：0571－89262848
E-mail：guoshengbaihuo@vip. qq. com
法人代表(Chairman)：楼国盛
总经理(General Manager)：楼国盛
联系人(Contact Person)：楼国盛

杭州普龙彩虹贸易有限公司
地址(Add)：浙江省杭州市景昙路三新家园西区24幢3单元1004室
邮编(P. C.)：310016
电话(Tel)：0571－86578092
传真(Fax)：0571－86578092
总经理(General Manager)：汪越峰
联系人(Contact Person)：汪越峰

杭州钱康贸易有限公司
地址(Add)：浙江省杭州市秋涛北路52号
邮编(P. C.)：310020
电话(Tel)：0571－86043356
传真(Fax)：0571－86015143
总经理(General Manager)：钱启青
联系人(Contact Person)：黄斌

杭州市鼻涕虫母婴用品有限公司
地址(Add)：浙江省杭州市上城区复兴路88号
邮编(P. C.)：210008
电话(Tel)：0571－86584521
传真(Fax)：0571－56389277
E-mail：chinarubi@163. com
联系人(Contact Person)：王光龙

杭州百合源贸易有限公司
地址(Add)：浙江省杭州市体育场路仓河下36号

邮编(P. C.): 310004
电话(Tel): 0571 - 56856877
传真(Fax): 0571 - 85198770
E-mail: zxb200805@163. com
法人代表(Chairman): 张旭波
总经理(General Manager): 张旭波
联系人(Contact Person): 张旭波

杭州联华华商集团有限公司
地址(Add): 浙江省杭州市下城区庆春路86号
邮编(P. C.): 310003
电话(Tel): 0571 - 87251197
E-mail: yangzhangmei@zj. chinalh. com
联系人(Contact Person): 杨章梅

杭州华飞纸业有限公司
地址(Add): 浙江省杭州市萧山区商业城二期江南百货市场北三区72 - 74号
邮编(P. C.): 311201
电话(Tel): 0571 - 82710078
传真(Fax): 0571 - 82719180
总经理(General Manager): 徐迪飞
联系人(Contact Person): 徐迪飞

杭州梁丽百货有限公司
地址(Add): 浙江省杭州市萧山区通惠南路1008号(高运加油站对面)
邮编(P. C.): 311203
电话(Tel): 0571 - 82728742
传真(Fax): 0571 - 56127232
总经理(General Manager): 张良

杭州水户进出口贸易有限公司
地址(Add): 浙江省杭州市萧山区义桥三水一生家园23幢2单元202室
邮编(P. C.): 311256
电话(Tel): 0571 - 88384458
传真(Fax): 0571 - 88384458
E-mail: zdongmiao@126. com
总经理(General Manager): 周东苗
联系人(Contact Person): 周东苗

超超百货
地址(Add): 浙江省杭州市萧山商业城城东行头村天马加油站东
邮编(P. C.): 311201
电话(Tel): 0571 - 82722827
联系人(Contact Person): 陈妙红

杭州惠丽纸业有限公司
地址(Add): 浙江省杭州市萧山商业城江南百货二楼北二区42 - 43号
邮编(P. C.): 311251
电话(Tel): 0571 - 82705515
传真(Fax): 0571 - 82887605
总经理(General Manager): 章高序
联系人(Contact Person): 章高序

杭州萧山佳炜百货
地址(Add): 浙江省杭州市萧山蜀山街道开发区曹家桥(杨四房)
邮编(P. C.): 311215
电话(Tel): 0571 - 82369900
联系人(Contact Person): 戴视联

杭州正哲进出口有限公司
地址(Add): 浙江省杭州市余杭区瓶窑镇凤溪路366号
邮编(P. C.): 311115
电话(Tel): 0571 - 88542391
传真(Fax): 0571 - 88542392
E-mail: lb730828@126. com
联系人(Contact Person): 李松波

杭州白雪商贸有限公司
地址(Add): 浙江省杭州市余杭区乔司镇和睦桥村十组4号
邮编(P. C.): 311110
电话(Tel): 0571 - 86467884
传真(Fax): 0571 - 86460006
E-mail: 1977929087@qq. com
联系人(Contact Person): 王军

湖州拓耕有限公司
地址(Add): 浙江省湖州市红丰小区54幢408室
邮编(P. C.): 313000
电话(Tel): 0572 - 2960018
传真(Fax): 0572 - 2960018
E-mail: 330603295@qq. com
法人代表(Chairman): 陈力平
总经理(General Manager): 陈力平
联系人(Contact Person): 陈力平

恒泰日用品有限公司
地址(Add): 浙江省湖州市馨水园31幢104室
邮编(P. C.): 313000
电话(Tel): 0572 - 2071566
总经理(General Manager): 钱正洪
联系人(Contact Person): 钱正洪

嘉善新中日用品配送中心
地址(Add): 浙江省嘉善县商城饮食街32号
邮编(P. C.): 314100
电话(Tel): 0573 - 84184625
传真(Fax): 0573 - 84184909
E-mail: 1256948151@qq. com
法人代表(Chairman): 徐新忠
总经理(General Manager): 徐新忠
联系人(Contact Person): 徐新忠

嘉善商城鹏大洗涤用品经营部
地址(Add): 浙江省嘉善县商城内圈43号
邮编(P. C.): 314100
电话(Tel): 0573 - 84183322
传真(Fax): 0573 - 84183322
法人代表(Chairman): 李明华
总经理(General Manager): 李明华
联系人(Contact Person): 李明华

海宁万豪纸业有限公司
地址(Add): 浙江省嘉兴市海宁连杭经济开发区新兴路11号
邮编(P. C.): 314423

法人代表(Chairman)：许家琴
总经理(General Manager)：许家琴
联系人(Contact Person)：许家琴

扬州喜相逢家居用品有限公司
地址(Add)：江苏省扬州市汤汪北路
邮编(P. C.)：225005
电话(Tel)：0514-87240795
传真(Fax)：0514-87240795
E-mail：yzxxfgs@163. com
法人代表(Chairman)：陈金平
总经理(General Manager)：陈金平
联系人(Contact Person)：陈金平

张家港市乐余舒润纸制品商行
地址(Add)：江苏省张家港市乐余镇兆丰开发区
邮编(P. C.)：215600
电话(Tel)：0512-58639650
总经理(General Manager)：陆云峰

张家港市联华百货有限公司
地址(Add)：江苏省张家港市朱港巷5号
邮编(P. C.)：215600
电话(Tel)：0512-55393892
传真(Fax)：0512-55393892
法人代表(Chairman)：朱建荣
总经理(General Manager)：朱建荣
联系人(Contact Person)：朱建荣

镇江市格瑞百货有限公司
地址(Add)：江苏省镇江市丁卯绣山路
邮编(P. C.)：212000
电话(Tel)：0511-88889266
传真(Fax)：0511-88889366
E-mail：1968dindon@163. com
法人代表(Chairman)：丁东
总经理(General Manager)：丁东
联系人(Contact Person)：丁东

◆浙江 Zhejiang

杭州达英贸易有限公司
地址(Add)：浙江省杭州市滨江区长河路351号拓森科技园3号楼402室
邮编(P. C.)：310052
电话(Tel)：0571-56693836
E-mail：1375614258@qq. com
联系人(Contact Person)：陈祥艳

浙中投资有限公司
地址(Add)：浙江省杭州市长生路58号西湖国贸中心715室
邮编(P. C.)：310016
电话(Tel)：0571-28020006
传真(Fax)：0571-28020005
E-mail：zhejiangtouzi@163. com
联系人(Contact Person)：任钗

富阳展飞百货有限公司
地址(Add)：浙江省杭州市富阳市春江街道富源路(通达集团旁)
邮编(P. C.)：311421
电话(Tel)：0571-63348312
联系人(Contact Person)：张军

杭州小徐日用百货经营部
地址(Add)：浙江省杭州市环北小商品市场楼2-49号
邮编(P. C.)：310003
电话(Tel)：0571-87218054
总经理(General Manager)：徐卫兵

杭州顶达贸易有限公司
地址(Add)：浙江省杭州市江干科技开发区
邮编(P. C.)：310016
电话(Tel)：0571-86636548
传真(Fax)：0571-86636548
联系人(Contact Person)：周建刚

杭州市海满云贸易有限公司
地址(Add)：浙江省杭州市江干区二号大街16街区二幢1308室
邮编(P. C.)：310022
电话(Tel)：0571-86035510
E-mail：109164858@qq. com
总经理(General Manager)：周恒满

杭州江南食品市场旺达日用百货商行
地址(Add)：浙江省杭州市江南食品市场K2-13-14号
邮编(P. C.)：311100
电话(Tel)：0571-86234358
传真(Fax)：0571-89262848
E-mail：guoshengbaihuo@vip. qq. com
法人代表(Chairman)：楼国盛
总经理(General Manager)：楼国盛
联系人(Contact Person)：楼国盛

杭州普龙彩虹贸易有限公司
地址(Add)：浙江省杭州市景昙路三新家园西区24幢3单元1004室
邮编(P. C.)：310016
电话(Tel)：0571-86578092
传真(Fax)：0571-86578092
总经理(General Manager)：汪越峰
联系人(Contact Person)：汪越峰

杭州钱康贸易有限公司
地址(Add)：浙江省杭州市秋涛北路52号
邮编(P. C.)：310020
电话(Tel)：0571-86043356
传真(Fax)：0571-86015143
总经理(General Manager)：钱启青
联系人(Contact Person)：黄斌

杭州市鼻涕虫母婴用品有限公司
地址(Add)：浙江省杭州市上城区复兴路88号
邮编(P. C.)：210008
电话(Tel)：0571-86584521
传真(Fax)：0571-56389277
E-mail：chinarubi@163. com
联系人(Contact Person)：王光龙

杭州百合源贸易有限公司
地址(Add)：浙江省杭州市体育场路仓河下36号

邮编(P. C.): 310004
电话(Tel): 0571 - 56856877
传真(Fax): 0571 - 85198770
E-mail: zxb200805@163. com
法人代表(Chairman): 张旭波
总经理(General Manager): 张旭波
联系人(Contact Person): 张旭波

杭州联华华商集团有限公司
地址(Add): 浙江省杭州市下城区庆春路86号
邮编(P. C.): 310003
电话(Tel): 0571 - 87251197
E-mail: yangzhangmei@zj. chinalh. com
联系人(Contact Person): 杨章梅

杭州华飞纸业有限公司
地址(Add): 浙江省杭州市萧山区商业城二期江南百货市场北三区72 - 74号
邮编(P. C.): 311201
电话(Tel): 0571 - 82710078
传真(Fax): 0571 - 82719180
总经理(General Manager): 徐迪飞
联系人(Contact Person): 徐迪飞

杭州梁丽百货有限公司
地址(Add): 浙江省杭州市萧山区通惠南路1008号(高运加油站对面)
邮编(P. C.): 311203
电话(Tel): 0571 - 82728742
传真(Fax): 0571 - 56127232
总经理(General Manager): 张良

杭州水户进出口贸易有限公司
地址(Add): 浙江省杭州市萧山区义桥三水一生家园23幢2单元202室
邮编(P. C.): 311256
电话(Tel): 0571 - 88384458
传真(Fax): 0571 - 88384458
E-mail: zdongmiao@126. com
总经理(General Manager): 周东苗
联系人(Contact Person): 周东苗

超超百货
地址(Add): 浙江省杭州市萧山商业城城东行头村天马加油站东
邮编(P. C.): 311201
电话(Tel): 0571 - 82722827
联系人(Contact Person): 陈妙红

杭州惠丽纸业有限公司
地址(Add): 浙江省杭州市萧山商业城江南百货二楼北二区42 - 43号
邮编(P. C.): 311251
电话(Tel): 0571 - 82705515
传真(Fax): 0571 - 82887605
总经理(General Manager): 章高序
联系人(Contact Person): 章高序

杭州萧山佳炜百货
地址(Add): 浙江省杭州市萧山蜀山街道开发区曹家桥(杨四房)
邮编(P. C.): 311215
电话(Tel): 0571 - 82369900
联系人(Contact Person): 戴视联

杭州正哲进出口有限公司
地址(Add): 浙江省杭州市余杭区瓶窑镇凤溪路366号
邮编(P. C.): 311115
电话(Tel): 0571 - 88542391
传真(Fax): 0571 - 88542392
E-mail: lb730828@126. com
联系人(Contact Person): 李松波

杭州白雪商贸有限公司
地址(Add): 浙江省杭州市余杭区乔司镇和睦桥村十组4号
邮编(P. C.): 311110
电话(Tel): 0571 - 86467884
传真(Fax): 0571 - 86460006
E-mail: 1977929087@qq. com
联系人(Contact Person): 王军

湖州拓耕有限公司
地址(Add): 浙江省湖州市红丰小区54幢408室
邮编(P. C.): 313000
电话(Tel): 0572 - 2960018
传真(Fax): 0572 - 2960018
E-mail: 330603295@qq. com
法人代表(Chairman): 陈力平
总经理(General Manager): 陈力平
联系人(Contact Person): 陈力平

恒泰日用品有限公司
地址(Add): 浙江省湖州市馨水园31幢104室
邮编(P. C.): 313000
电话(Tel): 0572 - 2071566
总经理(General Manager): 钱正洪
联系人(Contact Person): 钱正洪

嘉善新中日用品配送中心
地址(Add): 浙江省嘉善县商城饮食街32号
邮编(P. C.): 314100
电话(Tel): 0573 - 84184625
传真(Fax): 0573 - 84184909
E-mail: 1256948151@qq. com
法人代表(Chairman): 徐新忠
总经理(General Manager): 徐新忠
联系人(Contact Person): 徐新忠

嘉善商城鹏大洗涤用品经营部
地址(Add): 浙江省嘉善县商城内圈43号
邮编(P. C.): 314100
电话(Tel): 0573 - 84183322
传真(Fax): 0573 - 84183322
法人代表(Chairman): 李明华
总经理(General Manager): 李明华
联系人(Contact Person): 李明华

海宁万豪纸业有限公司
地址(Add): 浙江省嘉兴市海宁连杭经济开发区新兴路11号
邮编(P. C.): 314423

电话(Tel)：0573－87966333
传真(Fax)：0573－87966166
总经理(General Manager)：林大赐

海宁市生生百货商行
地址(Add)：浙江省嘉兴市海宁硖石镇河东路134－135号水月亭大桥东堍
邮编(P.C.)：314400
电话(Tel)：0573－87045556
传真(Fax)：0573－87035021
联系人(Contact Person)：施瑞生

杭州永丽妇婴用品批发商行
地址(Add)：浙江省嘉兴市海宁盐仓连杭开发区星星港湾听涛居28栋－3
邮编(P.C.)：314422
电话(Tel)：0573－87969309
传真(Fax)：0573－87969309
法人代表(Chairman)：魏魏
总经理(General Manager)：魏纪东
联系人(Contact Person)：魏纪东

嘉善好景商贸有限公司
地址(Add)：浙江省嘉兴市嘉善魏塘街道文化综合市场1－67号
邮编(P.C.)：314100
电话(Tel)：0573－84022865
传真(Fax)：0573－84022865
E-mail：zhangtiejun75@126.com
总经理(General Manager)：张铁军

嘉兴市新年华生活用品有限公司
地址(Add)：浙江省嘉兴市平南路130号
邮编(P.C.)：314000
电话(Tel)：0573－82319051
传真(Fax)：0573－82313799
联系人(Contact Person)：赵建华

嘉兴市程文虎纸业
地址(Add)：浙江省嘉兴市秀洲区新农路288号蓝波电子城2楼
邮编(P.C.)：314000
电话(Tel)：0573－83914330
总经理(General Manager)：程文虎
联系人(Contact Person)：程文虎

金华市冠通商贸有限公司
地址(Add)：浙江省金华市八一北街汇金国际商务中心1903室
邮编(P.C.)：321000
电话(Tel)：0579－82311632
E-mail：guantong1903@163.com
联系人(Contact Person)：张洲

金华市新大家商贸有限公司
地址(Add)：浙江省金华市长宁路53号二楼
邮编(P.C.)：321017
电话(Tel)：0579－82380028
传真(Fax)：0579－82398768
E-mail：xindajia@163.com
总经理(General Manager)：薛加兰

东阳市日相伴纸业
地址(Add)：浙江省金华市东阳市商城西路90－1号
邮编(P.C.)：322100
电话(Tel)：0579－86857677
传真(Fax)：0579－86857677
E-mail：740409abc@163.com
法人代表(Chairman)：吴东寅
总经理(General Manager)：吴东寅
联系人(Contact Person)：吴东寅

浙江金华市大江商贸有限公司
地址(Add)：浙江省金华市明月街495号4楼
邮编(P.C.)：321000
电话(Tel)：0579－82394438
传真(Fax)：0579－82064438
联系人(Contact Person)：陈伟根

金华市安琪日用百货批发部
地址(Add)：浙江省金华市新农贸市场北大门14号营业房
邮编(P.C.)：321013
电话(Tel)：0579－82392029
法人代表(Chairman)：陈汝芳
总经理(General Manager)：陈汝芳
联系人(Contact Person)：陈汝芳

丽水市盛东百货经营部
地址(Add)：浙江省丽水市莲都区火车站北侧大厅一楼六号
邮编(P.C.)：323000
电话(Tel)：0578－2788055
传真(Fax)：0578－2788065
联系人(Contact Person)：曹燕燕

丽水市华威纸业有限公司
地址(Add)：浙江省丽水市粮油副食品批发市场506号
邮编(P.C.)：323000
电话(Tel)：0578－2158182
总经理(General Manager)：张宗伟

丽水市环球纸业发展有限公司
地址(Add)：浙江省丽水市粮油批发市场508号
邮编(P.C.)：323000
电话(Tel)：0578－2158786
传真(Fax)：0578－2158786
总经理(General Manager)：方伟勇

宁波宝乐贝尔国际贸易有限公司
地址(Add)：浙江省宁波保税区港东大道5号2楼219室
邮编(P.C.)：315806
电话(Tel)：400－1010258
E-mail：zhengsicong8866@sina.com
Http://www.pbcc.ca
总经理(General Manager)：郑思聪

慈溪晨阳宠物用品有限公司
地址(Add)：浙江省宁波市慈溪市慈东滨海区淞浦2路448号
邮编(P.C.)：315311
电话(Tel)：0574－63631668
传真(Fax)：0574－63630386

法人代表(Chairman)：陈志英
总经理(General Manager)：程桂江
联系人(Contact Person)：程桂江

慈溪市洪富纸业商行
地址(Add)：浙江省宁波市慈溪市环城东路689号
邮编(P. C.)：315324
电话(Tel)：0574-63330099
传真(Fax)：0574-63330099
总经理(General Manager)：刘洪富

慈溪市奇杰商贸有限公司
地址(Add)：浙江省宁波市慈溪市坎墩街道联飞路129号
邮编(P. C.)：315303
电话(Tel)：0574-63026550
传真(Fax)：0574-63026137
E-mail：qijieshangmao@126.com
联系人(Contact Person)：张军民

建明百货
地址(Add)：浙江省宁波市慈溪市周巷食品城二期内28号
邮编(P. C.)：315324
电话(Tel)：0574-63309232
传真(Fax)：0574-23612300
联系人(Contact Person)：杨建明

宁波吉润百货
地址(Add)：浙江省宁波市高新区海景华庭615弄53号101室
邮编(P. C.)：315000
电话(Tel)：0574-87778110
传真(Fax)：0574-87778110
E-mail：nbjy@163.com
联系人(Contact Person)：屈治兵

三江购物俱乐部股份有限公司
地址(Add)：浙江省宁波市海曙区中山路中西大厦八楼
邮编(P. C.)：315000
电话(Tel)：0574-83886681
传真(Fax)：0574-83886699
E-mail：6493880@qq.com
联系人(Contact Person)：韩冲

宁波江东奇恺欣贸易有限公司
地址(Add)：浙江省宁波市江东区东郊路8弄10、11号
邮编(P. C.)：315014
电话(Tel)：0574-83035138
E-mail：ningboqihui@126.com
联系人(Contact Person)：吴晓辉

光明纸品经营部
地址(Add)：浙江省宁波市江东区宁穿路200号二楼西区774-775号
邮编(P. C.)：315040
电话(Tel)：0574-87339660
传真(Fax)：0574-87339660
联系人(Contact Person)：王明民

宁波市鄞州恋亦菲卫生用品有限公司
地址(Add)：浙江省宁波市鄞州区东吴镇生姜村192号
邮编(P. C.)：315113
电话(Tel)：0574-88489189
总经理(General Manager)：章明钱
联系人(Contact Person)：章明钱

宁波市明大工贸有限公司
地址(Add)：浙江省宁波市鄞州区投资创业园区启明路177号
邮编(P. C.)：315040
电话(Tel)：0574-88320021
传真(Fax)：0574-88320022
总经理(General Manager)：王月明
联系人(Contact Person)：王月明

宁波鄞州红杉树商贸有限公司
地址(Add)：浙江省宁波市鄞州区兴宋路182号旁
邮编(P. C.)：315100
电话(Tel)：0574-87890968
传真(Fax)：0574-87930768
联系人(Contact Person)：袁健育

宁波满盈丰百货商行
地址(Add)：浙江省宁波市鄞州投资创业园区启明路177号
邮编(P. C.)：315000
电话(Tel)：0574-88320021
传真(Fax)：0574-88320022
总经理(General Manager)：王月明
联系人(Contact Person)：王月明

华玲纸品贸易有限公司
地址(Add)：浙江省宁波市余姚仓库低塘姆湖村吕巷剑江路108号
邮编(P. C.)：315480
电话(Tel)：0574-62273187
传真(Fax)：0574-62273187
E-mail：1052507112@qq.com
法人代表(Chairman)：张虎
联系人(Contact Person)：张虎

宁波市余姚市鸿达纸业贸易有限公司
地址(Add)：浙江省宁波市余姚市阳明西路836号
邮编(P. C.)：315400
电话(Tel)：0574-62800068
传真(Fax)：0574-62800371
总经理(General Manager)：许国忠
联系人(Contact Person)：许国忠

衢州市盈利纸行
地址(Add)：浙江省衢州市副食品市场内
邮编(P. C.)：324000
电话(Tel)：0570-2630168
联系人(Contact Person)：杨素仙

易家宝贝母婴连锁机构
地址(Add)：浙江省衢州市江山市鹿溪中路213号(中国银行隔壁)
邮编(P. C.)：324199
电话(Tel)：0570-4385678
联系人(Contact Person)：王坚强

开化县纸行
地址(Add)：浙江省衢州市开化县城关古溪路2号
邮编(P. C.)：324300
电话(Tel)：0570－6019016
传真(Fax)：0570－6019016
总经理(General Manager)：严志辉

衢州市东和百货有限公司
地址(Add)：浙江省衢州市柯城区黄家街新铺村杨梅山自然村光明路1号
邮编(P. C.)：324000
电话(Tel)：0570－3867909
传真(Fax)：0570－3867128
联系人(Contact Person)：吴建东

衢州市好利商贸有限公司
地址(Add)：浙江省衢州市农贸城B2区29－38号
邮编(P. C.)：324000
电话(Tel)：0570－3867315
传真(Fax)：0570－3868403
联系人(Contact Person)：贵国平

浙江衢州市春秋百货有限公司
地址(Add)：浙江省衢州市衢化路862号
邮编(P. C.)：324002
电话(Tel)：0570－3868285
传真(Fax)：0570－3868403
总经理(General Manager)：邢云明

衢州飞凡商贸有限公司
地址(Add)：浙江省衢州市兴华苑39幢三楼
邮编(P. C.)：324002
电话(Tel)：0570－3070318
E-mail：qzyxp168@163. com
总经理(General Manager)：杨小平
联系人(Contact Person)：杨小平

瑞安瑞翔日用百货
地址(Add)：浙江省瑞安市十八家农贸市场1195号
邮编(P. C.)：325200
电话(Tel)：0577－83657769
传真(Fax)：0577－65912329
联系人(Contact Person)：赵圣贤

瑞安市金丰生活用品经营部
地址(Add)：浙江省瑞安市十八家农贸市场1265－1266号
邮编(P. C.)：325200
电话(Tel)：0577－65826970
联系人(Contact Person)：孙茂丹

瑞安市永真百货公司
地址(Add)：浙江省瑞安市塘下镇旺垟东路202号
邮编(P. C.)：325204
电话(Tel)：0577－66008611
联系人(Contact Person)：王礼强

瑞安市祥旺日用品商行
地址(Add)：浙江省瑞安市陶山镇陶南街24号
邮编(P. C.)：325215
电话(Tel)：0577－65476119
传真(Fax)：0577－65476119
E-mail：379906603@qq. com
联系人(Contact Person)：陈祥貌

上虞虞泽贸易有限公司
地址(Add)：浙江省上虞市百官镇曹娥街道人民西路1821号
邮编(P. C.)：312300
电话(Tel)：0575－82022327
传真(Fax)：0575－82208291
E-mail：406130661@qq. com
法人代表(Chairman)：冯庆元
总经理(General Manager)：冯庆元
联系人(Contact Person)：冯庆元

绍兴县爱酷贸易有限公司
地址(Add)：浙江省绍兴市绍兴县万国中心A幢11078
邮编(P. C.)：312033
电话(Tel)：0575－85673206
传真(Fax)：0575－85673207
E-mail：hualong626@hotmail. com
总经理(General Manager)：太华龙

诸暨市阳阳卫生用品经营部
地址(Add)：浙江省绍兴市诸暨市人民北路3－1号
邮编(P. C.)：311800
电话(Tel)：0575－87118645
传真(Fax)：0575－87119878
法人代表(Chairman)：张旦阳
总经理(General Manager)：张旦阳
联系人(Contact Person)：张旦阳

临海市春天百货批发部
地址(Add)：浙江省台州市临海市洋泚河路168号
邮编(P. C.)：317000
电话(Tel)：0576－85225233
传真(Fax)：0576－85225233
总经理(General Manager)：黄米华

台州市鸿迪贸易有限公司
地址(Add)：浙江省台州市路桥东南副食品市场东门5号
邮编(P. C.)：318000
电话(Tel)：0576－82900185
传真(Fax)：0576－82900189
E-mail：zhengfubaihuo@163. com
总经理(General Manager)：卢正富
联系人(Contact Person)：卢正富

台州潇伟日用百货商行
地址(Add)：浙江省台州市路桥桐屿工业园区
邮编(P. C.)：318000
电话(Tel)：0576－82767198
联系人(Contact Person)：白强

台州市昱行百货
地址(Add)：浙江省台州市路桥机场路邵家5区
邮编(P. C.)：318050
电话(Tel)：0576－82450571
传真(Fax)：0576－82506139
E-mail：zjjxl1974@163. com
联系人(Contact Person)：江雪丽

浙江省台州市路桥卫平日用商品商行
地址(Add)：浙江省台州市路桥区峰江街道正兴大楼对面
邮编(P.C.)：318050
电话(Tel)：0576-82681969
联系人(Contact Person)：杨玲玲

台州市嘉丰卫生用品有限公司
地址(Add)：浙江省台州市路桥区机场路518号
邮编(P.C.)：318050
电话(Tel)：0576-82445575
传真(Fax)：0576-82440570
E-mail：tzjiafeng@163.com
总经理(General Manager)：莫海清
联系人(Contact Person)：夏金水

台州佳家日用品商行
地址(Add)：浙江省台州市路桥区灵山街1132-5号
邮编(P.C.)：318053
电话(Tel)：0576-82248919
传真(Fax)：0576-82248919
E-mail：tangweifeng52@163.com
法人代表(Chairman)：唐伟锋
总经理(General Manager)：唐伟锋
联系人(Contact Person)：唐伟锋

台州市路桥亿鼎卫生纸品有限公司
地址(Add)：浙江省台州市路桥区路北工业园区A区95号
邮编(P.C.)：318000
电话(Tel)：0576-82248889
传真(Fax)：0576-82248448
联系人(Contact Person)：黎小峰

台州市传杰卫生用品营销部
地址(Add)：浙江省台州市路桥区桐屿工业区桐屿街道富通家园26栋329号
邮编(P.C.)：318050
电话(Tel)：0576-82248387
传真(Fax)：0576-82248387
E-mail：cjq2202310@163.com
法人代表(Chairman)：蔡家齐
总经理(General Manager)：蔡家齐
联系人(Contact Person)：蔡家齐

台州市江海日用品有限公司
地址(Add)：浙江省台州市路桥区新路工业区6号
邮编(P.C.)：318050
电话(Tel)：0576-82454528
传真(Fax)：0576-82454518
总经理(General Manager)：朱江滨

台州相约日用品商行
地址(Add)：浙江省台州市路桥桐屿开发区10幢
邮编(P.C.)：318050
电话(Tel)：0576-82237456
传真(Fax)：0576-82237456
E-mail：cjg502519377@126.com
联系人(Contact Person)：蔡佳国

台州万联日用有限公司
地址(Add)：浙江省台州市淑江区星星工业园区
邮编(P.C.)：318001
电话(Tel)：0576-88675656
传真(Fax)：0576-88675658
总经理(General Manager)：张筱侑

台州市路桥区洁达纸业
地址(Add)：浙江省台州市台州路桥水上乐园旁
邮编(P.C.)：318050
电话(Tel)：0576-82352226
传真(Fax)：0576-82352136
E-mail：52343339@qq.com
总经理(General Manager)：陈上美

桐乡市清典商贸有限公司
地址(Add)：浙江省桐乡市复兴小区88号(求是中学对面)
邮编(P.C.)：314500
电话(Tel)：0573-88081852
传真(Fax)：0573-88081852
总经理(General Manager)：李伟

长虹纸业有限公司
地址(Add)：浙江省桐乡市副食品批发市场128号
邮编(P.C.)：314500
电话(Tel)：0573-88113942
联系人(Contact Person)：姚有松

桐乡市美好纸业有限公司
地址(Add)：浙江省桐乡市副食品批发市场五区501-502号
邮编(P.C.)：314500
电话(Tel)：0573-88182959
传真(Fax)：0573-88876768
E-mail：txmeihaozy@163.com
法人代表(Chairman)：杨建刚
总经理(General Manager)：杨建刚
联系人(Contact Person)：杨建刚

舒心纸业
地址(Add)：浙江省桐乡市友联小区52号
邮编(P.C.)：314500
电话(Tel)：0573-88050772
传真(Fax)：0573-88050772
E-mail：550289600@qq.com
联系人(Contact Person)：喻鹏程

温州生命树贸易有限公司
地址(Add)：浙江省温州苍南县城百丈嘉园39栋3单元401室
邮编(P.C.)：325000
电话(Tel)：0577-68889959
传真(Fax)：0577-26661770
联系人(Contact Person)：邓招安

苍南和通日用品有限公司
地址(Add)：浙江省温州市鳌江镇荆南小区第一幢
邮编(P.C.)：325401
电话(Tel)：0577-80801788
传真(Fax)：0577-68690909
E-mail：153848620@qq.com
总经理(General Manager)：林兴昌
联系人(Contact Person)：林少华

苍南县裕和商贸有限公司
地址(Add)：浙江省温州市苍南县副食品老市场216号

邮编(P.C.)：325802
电话(Tel)：0577-64760000
传真(Fax)：0577-64777887
E-mail：jclflj@126.com
联系人(Contact Person)：王先利

苍南继完日用品经营部
地址(Add)：浙江省温州市苍南县城韩桥新街39号-8
邮编(P.C.)：325800
电话(Tel)：0577-64762624
传真(Fax)：0577-64766048
总经理(General Manager)：杨继完
联系人(Contact Person)：杨继完

苍南县家佳日用品经营部
地址(Add)：浙江省温州市苍南县灵溪镇副食品市场123-128号
邮编(P.C.)：325800
电话(Tel)：0577-68710760
传真(Fax)：0577-64765776
法人代表(Chairman)：林乃助
总经理(General Manager)：林乃助
联系人(Contact Person)：颜厥春

苍南爱佳百货商贸有限公司
地址(Add)：浙江省温州市苍南县灵溪镇灵浦路
邮编(P.C.)：325800
电话(Tel)：0577-64795527
传真(Fax)：0577-64795527
联系人(Contact Person)：谢作华

苍南县新星日杂批发部
地址(Add)：浙江省温州市苍南县浙闽副食品商城C区194-196号
邮编(P.C.)：325800
电话(Tel)：0577-26884816
传真(Fax)：0577-64762798
法人代表(Chairman)：王加勤
总经理(General Manager)：王加勤
联系人(Contact Person)：林书印

瞿溪日用百货批发部
地址(Add)：浙江省温州市巨溪河头街343-1号
邮编(P.C.)：325016
电话(Tel)：0577-86273161
联系人(Contact Person)：黄小华

浙江清萱纸业有限公司
地址(Add)：浙江省温州市炬光园工业区炬高路七号
邮编(P.C.)：325029
电话(Tel)：0577-88606989
传真(Fax)：0577-88609687-8011
联系人(Contact Person)：黄银云

乐清益家贸易
地址(Add)：浙江省温州市柳市沙岙沙虹路72号
邮编(P.C.)：325604
电话(Tel)：0577-57104788
E-mail：168311637@qq.com
联系人(Contact Person)：刘伟建

温州市满爽日用品商行
地址(Add)：浙江省温州市南白象街道金竹文新家园A幢一号
邮编(P.C.)：325000
电话(Tel)：0577-86692698
传真(Fax)：0577-86697969
E-mail：qas88@163.com
联系人(Contact Person)：傅相平

温州市益母百货有限公司
地址(Add)：浙江省温州市瓯海区南白象金竹工业区霞舍路419-7号
邮编(P.C.)：325000
电话(Tel)：0577-86086860
传真(Fax)：0577-86086861
E-mail：245788188@qq.com
法人代表(Chairman)：金德芳
总经理(General Manager)：金德芳
联系人(Contact Person)：金德芳

广泰百货
地址(Add)：浙江省温州市瓯海区三莱路100号
邮编(P.C.)：325000
电话(Tel)：0577-88554778
E-mail：hxf2990@126.com
联系人(Contact Person)：胡秀芬

温州市龙兴百货有限公司
地址(Add)：浙江省温州市瓯海区西山西路528号
邮编(P.C.)：325006
电话(Tel)：0577-86788189-808
传真(Fax)：0577-86789089
E-mail：fangyi8888@zj.com
法人代表(Chairman)：方义
总经理(General Manager)：徐杰

丽华百货批发部
地址(Add)：浙江省温州市钱库春园北街41号
邮编(P.C.)：325804
电话(Tel)：0577-64497352
传真(Fax)：0577-64497352
联系人(Contact Person)：夏丽华

温州奇才百货有限公司
地址(Add)：浙江省温州市吴桥路金山谷商住楼7幢123号
邮编(P.C.)：325029
电话(Tel)：0577-88420227
传真(Fax)：0577-28912889
联系人(Contact Person)：吴缘深

温州乌牛新兴日用百货公司
地址(Add)：浙江省温州市永嘉县乌牛镇新兴街56号(镇府后)
邮编(P.C.)：325103
电话(Tel)：0577-67391372
传真(Fax)：0577-67398732
E-mail：380906892@qq.com
法人代表(Chairman)：马贤洪
总经理(General Manager)：马贤洪
联系人(Contact Person)：马贤洪

温州市鹿虹日用品有限公司
地址(Add)：浙江省温州市浙南农副产品中心市场五区21号
邮编(P. C.)：325000
电话(Tel)：0577-88502110
传真(Fax)：0577-88532107
法人代表(Chairman)：陈新友
总经理(General Manager)：陈新友
联系人(Contact Person)：陈新友

温州洁达日用品有限公司
地址(Add)：浙江省温州市浙南农贸市场1区97号
邮编(P. C.)：325000
电话(Tel)：0577-28808399
传真(Fax)：0577-86119769
总经理(General Manager)：章高奎
联系人(Contact Person)：王林

温州鑫禾日用百货经营部
地址(Add)：浙江省温州市浙南市场一区59号
邮编(P. C.)：325028
电话(Tel)：0577-89505105
传真(Fax)：0577-89505105
联系人(Contact Person)：彭优

快乐贝贝婴儿用品
地址(Add)：浙江省义乌国际商贸城三期日用百货二楼7街34899店面(77号门)
邮编(P. C.)：322000
电话(Tel)：0579-85391573
传真(Fax)：0579-81534899
联系人(Contact Person)：黄俊松

义乌市联洲进出口有限公司
地址(Add)：浙江省义乌市长春二区三幢六号202室
邮编(P. C.)：322000
电话(Tel)：0579-85387541
传真(Fax)：0579-85386441
E-mail：markzhu2009@hotmail. com
联系人(Contact Person)：朱黎明

义乌市楼凯纸品商行
地址(Add)：浙江省义乌市副食品市场一街138号店面
邮编(P. C.)：322000
电话(Tel)：0579-85554210
传真(Fax)：0579-81580138
联系人(Contact Person)：楼兵红

浙江万国进出口有限公司
地址(Add)：浙江省义乌市国际商贸城二区46号门五楼19969-19971号
邮编(P. C.)：322000
电话(Tel)：0579-85198801
传真(Fax)：0579-85192208
总经理(General Manager)：王荣贵
联系人(Contact Person)：吴雪华

义乌商城母婴日用品
地址(Add)：浙江省义乌市国际商贸城四区2F-34228号(三期连接体西三街)
邮编(P. C.)：322000
电话(Tel)：0579-81534228
传真(Fax)：0579-81534228
E-mail：228812168@qq. com
联系人(Contact Person)：吴朋南

浙江义乌市洁爽日用品有限公司
地址(Add)：浙江省义乌市国际商贸城四区日用百货35054A店面(三期西大门2F77号门12街)
邮编(P. C.)：322000
电话(Tel)：0579-85376293
传真(Fax)：0579-81535054
联系人(Contact Person)：华巧琳

义乌市美怡纸品商行
地址(Add)：浙江省义乌市黄杨梅47幢
邮编(P. C.)：322000
电话(Tel)：0579-85430026
传真(Fax)：0579-85430026
联系人(Contact Person)：林志华

时来日用百货贸易有限公司
地址(Add)：浙江省义乌市农贸市场180号
邮编(P. C.)：322000
电话(Tel)：0579-85543066
传真(Fax)：0579-85550186
E-mail：ywslih@126. com
法人代表(Chairman)：吴樟花
总经理(General Manager)：吴樟花
联系人(Contact Person)：吴樟花

义乌市联姻日用品厂
地址(Add)：浙江省义乌市新副品食市场一楼五街0550号店面
邮编(P. C.)：322000
电话(Tel)：0579-85553744
传真(Fax)：0579-85973687
E-mail：fanzuwu@sohu. com
联系人(Contact Person)：方炳高

永康市百佳纸巾日化经营部
地址(Add)：浙江省永康市永富路17号市物价局楼下
邮编(P. C.)：321300
电话(Tel)：0579-87136813
联系人(Contact Person)：王苏珍

◆安徽 Anhui

庆幸百货
地址(Add)：安徽省安庆市桐城市黄泥岗双丰商店
邮编(P. C.)：231400
电话(Tel)：0556-6206313
传真(Fax)：0556-6206313
联系人(Contact Person)：叶正奎

安庆洪玉纸业有限公司
地址(Add)：安徽省安庆市渡江路9号C楼东2#门面
邮编(P. C.)：246000
电话(Tel)：0556-5517601
传真(Fax)：0556-5517601
E-mail：zymaq@hotmail. com
联系人(Contact Person)：章玉梅

金陆实业有限责任公司
地址(Add)：安徽省安庆市光彩大市场南翔花园广场A6号
邮编(P. C.)：246001
电话(Tel)：0556－5011916
E-mail：jinlushiyegongsi@163. com
法人代表(Chairman)：马金中
总经理(General Manager)：马金中
联系人(Contact Person)：马金中

中瑞商贸
地址(Add)：安徽省安庆市花亭农贸市场二楼C区
邮编(P. C.)：241000
电话(Tel)：0556－8715810
传真(Fax)：0556－8715810
E-mail：wangfx1969@163. com
总经理(General Manager)：王付宪

英姿商贸
地址(Add)：安徽省安庆市枞阳县城下枞阳长河粮库内
邮编(P. C.)：246701
电话(Tel)：0556－2817890
传真(Fax)：0556－2817890
E-mail：1379089426@qq. com
总经理(General Manager)：吴志来

蚌埠市雅佳丽百货有限责任公司
地址(Add)：安徽省蚌埠市淮上区果园西路336号
邮编(P. C.)：233000
电话(Tel)：0552－2069917
传真(Fax)：0552－7125046
E-mail：yajiali@163. com
联系人(Contact Person)：杨艳

怀远向阳百货商贸
地址(Add)：安徽省蚌埠市怀远县老西门汽车站对面蚌埠光彩大市场六区3栋6号
邮编(P. C.)：233400
电话(Tel)：0552－8315829
联系人(Contact Person)：田赟

蚌埠市今日纸业有限公司
地址(Add)：安徽省蚌埠市太平街181号
邮编(P. C.)：233099
电话(Tel)：0552－2064369
传真(Fax)：0552－2064369
联系人(Contact Person)：刘杰

蚌埠市惠民纸品批发部
地址(Add)：安徽省蚌埠市太平街195号
邮编(P. C.)：233000
电话(Tel)：0552－2066618
传真(Fax)：0552－3963657
E-mail：912062586@qq. com
法人代表(Chairman)：吴惠民
总经理(General Manager)：吴惠民
联系人(Contact Person)：吴惠民

蚌埠市中顺纸品商行
地址(Add)：安徽省蚌埠市太平街201号
邮编(P. C.)：233000
电话(Tel)：0552－2051846
联系人(Contact Person)：王军

五河县新兴纸品商行
地址(Add)：安徽省蚌埠市五河县大桥路人武部对面
邮编(P. C.)：233300
电话(Tel)：0552－5022374
联系人(Contact Person)：王守斌

五河丰华商贸公司
地址(Add)：安徽省蚌埠市五河县谷丰园2号
邮编(P. C.)：233300
电话(Tel)：0552－5034970
E-mail：gcj123456gcj123@163. com
联系人(Contact Person)：王磊

蚌埠市雨楠纸业
地址(Add)：安徽省蚌埠市禹会区再就业一条街
邮编(P. C.)：233010
电话(Tel)：0552－3979522
传真(Fax)：0552－3979522
E-mail：377211710@qq. com
法人代表(Chairman)：姚树臣
总经理(General Manager)：姚树臣
联系人(Contact Person)：姚树臣

亳州市太阳纸业
地址(Add)：安徽省亳州市古泉路中段
邮编(P. C.)：236800
电话(Tel)：0558－5184518
联系人(Contact Person)：王爱贵

汇鑫纸业
地址(Add)：安徽省亳州市利辛县人民路388号
邮编(P. C.)：236700
电话(Tel)：0558－8816575
传真(Fax)：0558－8816575
法人代表(Chairman)：杨霞
总经理(General Manager)：杨霞
联系人(Contact Person)：杨霞

亳州市诚信纸业
地址(Add)：安徽省亳州市刘园新村
邮编(P. C.)：236800
电话(Tel)：0558－5535799
总经理(General Manager)：董青杰

蒙城县晓红纸业
地址(Add)：安徽省亳州市蒙城县仓巷街19号
邮编(P. C.)：233500
电话(Tel)：0558－7623687
传真(Fax)：0558－7972829
法人代表(Chairman)：韩晓东
总经理(General Manager)：韩晓东
联系人(Contact Person)：韩晓东

金源百货
地址(Add)：安徽省亳州市蒙城县东什食品公司2楼纸品部
邮编(P. C.)：233500
电话(Tel)：0558－5170097
传真(Fax)：0558－7695863

E-mail：605795203@qq.com
法人代表(Chairman)：田金闸
总经理(General Manager)：田金闸
联系人(Contact Person)：田金闸

赵莉纸品
地址(Add)：安徽省亳州市蒙城县商贸城
邮编(P. C.)：233500
电话(Tel)：0558－7686509
传真(Fax)：0558－7686509
法人代表(Chairman)：赵莉
总经理(General Manager)：赵莉
联系人(Contact Person)：赵莉

爱国纸业
地址(Add)：安徽省亳州市蒙城县西门口批发街
邮编(P. C.)：233500
电话(Tel)：0558－7632280
传真(Fax)：0558－7632280
E-mail：174397537@qq.com
法人代表(Chairman)：蒋爱国
总经理(General Manager)：蒋爱国
联系人(Contact Person)：蒋梅

奥英商贸有限公司
地址(Add)：安徽省亳州市气象新村13号
邮编(P. C.)：236000
电话(Tel)：0558－5302680
传真(Fax)：0558－5302660
总经理(General Manager)：李井峰

亳州金色华联超市有限责任公司
地址(Add)：安徽省亳州市谯城区魏武大道1254号
邮编(P. C.)：236811
电话(Tel)：0558－5583666－8009
传真(Fax)：0558－5515668
E-mail：14384749@qq.com
联系人(Contact Person)：高凤冰

林森纸业
地址(Add)：安徽省亳州市颍上县龙门市场
邮编(P. C.)：236800
电话(Tel)：0558－4417684
传真(Fax)：0558－4417684
总经理(General Manager)：滕万红

创业生活用纸有限公司
地址(Add)：安徽省亳州市涡阳县北环路
邮编(P. C.)：233600
电话(Tel)：0558－7225336
传真(Fax)：0558－7225336
法人代表(Chairman)：王峰
总经理(General Manager)：王峰
联系人(Contact Person)：王峰

涡阳天宏商贸
地址(Add)：安徽省亳州市涡阳县城东立交桥东戴庄新村
邮编(P. C.)：233600
电话(Tel)：0558－7279199
联系人(Contact Person)：韩伟

诚信纸业
地址(Add)：安徽省亳州市涡阳县城关当典街194号(中医院西100米)
邮编(P. C.)：233600
电话(Tel)：0558－7285088
传真(Fax)：0558－5376161
法人代表(Chairman)：武艺
总经理(General Manager)：武艺
联系人(Contact Person)：武艺

亳州市永臻纸业有限公司
地址(Add)：安徽省亳州市幸福中路48号
邮编(P. C.)：236815
电话(Tel)：0558－5536951
传真(Fax)：0558－5530831
E-mail：1483038854@qq.com
联系人(Contact Person)：韩辉

巢湖市微风纸品有限公司
地址(Add)：安徽省巢湖市居巢区安居26号楼2单元101室
邮编(P. C.)：238000
电话(Tel)：0565－82622390
联系人(Contact Person)：黄虎

大卫纸品批发部
地址(Add)：安徽省池州市青阳县双溪工业园区
邮编(P. C.)：242800
电话(Tel)：0566－5115050
传真(Fax)：0566－5115050
法人代表(Chairman)：魏满建
总经理(General Manager)：魏满建
联系人(Contact Person)：魏满建

滁州永广商贸有限公司
地址(Add)：安徽省滁州市丰乐路230号
邮编(P. C.)：239000
电话(Tel)：0550－3025951
传真(Fax)：0550－3025951
E-mail：kkiiaa8888@etang.com
联系人(Contact Person)：黄长芳

滁州市欧阳商贸有限公司
地址(Add)：安徽省滁州市来安路7号
邮编(P. C.)：239000
电话(Tel)：0550－3063961
法人代表(Chairman)：欧庶红
总经理(General Manager)：欧庶红

顺通商贸
地址(Add)：安徽省滁州市天长市建设东路175号
邮编(P. C.)：239300
电话(Tel)：0550－7031060
传真(Fax)：0550－7031060
E-mail：386358548@qq.com
法人代表(Chairman)：袁正凤
总经理(General Manager)：袁正凤
联系人(Contact Person)：袁正凤

阜阳市华龙商贸
地址(Add)：安徽省阜阳市第二自来水厂对面
邮编(P. C.)：236000

电话(Tel)：0558－2322411
传真(Fax)：0558－2322411
E-mail：994955475@qq.com
法人代表(Chairman)：丁玲
总经理(General Manager)：丁玲
联系人(Contact Person)：丁玲

安徽阜南全通商贸有限公司
地址(Add)：安徽省阜阳市阜南地城南路油厂南50米
邮编(P.C.)：236300
电话(Tel)：0558－6768555
传真(Fax)：0558－6631122
总经理(General Manager)：周传一

安徽省阜阳市阜南县周智纸品物流
地址(Add)：安徽省阜阳市阜南县国税局
邮编(P.C.)：236400
电话(Tel)：0558－6666620
联系人(Contact Person)：周智

临泉福芬纸品有限公司
地址(Add)：安徽省阜阳市临泉县工业园区发展大道东侧
邮编(P.C.)：236400
电话(Tel)：0558－6516601
传真(Fax)：0558－6516601
E-mail：929717606@qq.com
总经理(General Manager)：常艳红

阜阳市临泉县继森洗化公司
地址(Add)：安徽省阜阳市临泉县泉河商城
邮编(P.C.)：236400
电话(Tel)：0558－6523335
联系人(Contact Person)：刘超

安徽省临泉县泉华纸业
地址(Add)：安徽省阜阳市临泉县五里桥
邮编(P.C.)：236400
电话(Tel)：0558－6586578
联系人(Contact Person)：郭春华

银华纸业
地址(Add)：安徽省阜阳市临泉县五里桥
邮编(P.C.)：236401
电话(Tel)：0558－6519571
E-mail：1764708489@qq.com
联系人(Contact Person)：李银

阜阳晨洁纸业
地址(Add)：安徽省阜阳市临沂商城B区31栋0758号
邮编(P.C.)：236000
电话(Tel)：0558－2320235
传真(Fax)：0558－2231161
E-mail：943768186@qq.com
联系人(Contact Person)：徐建

时尚佳人纸品总汇
地址(Add)：安徽省阜阳市罗桥市场
邮编(P.C.)：236200
电话(Tel)：0558－4422900
联系人(Contact Person)：陶松山

阜阳宏达百货
地址(Add)：安徽省阜阳市青年路241号
邮编(P.C.)：236000
电话(Tel)：0558－2737176
联系人(Contact Person)：杨宏

太和县恒福纸品有限责任公司
地址(Add)：安徽省阜阳市太和县北关开发区胜利路2号
邮编(P.C.)：236600
电话(Tel)：0558－8638377
传真(Fax)：0558－8638377
E-mail：563753973@qq.com
联系人(Contact Person)：王云

阜阳同立商贸有限责任公司
地址(Add)：安徽省阜阳市皖西北商贸城C区12栋八号
邮编(P.C.)：236065
电话(Tel)：0558－2618013
传真(Fax)：0558－2618013
联系人(Contact Person)：王雅琼

阜阳市林敏纸业有限公司
地址(Add)：安徽省阜阳市皖西北商贸城D区1幢5号
邮编(P.C.)：236065
电话(Tel)：0558－2565550
联系人(Contact Person)：肖喜林

温馨纸业
地址(Add)：安徽省阜阳市皖西北商贸城高井路42号
邮编(P.C.)：236065
电话(Tel)：0558－2616382
联系人(Contact Person)：张辉

合肥市荣荣纸品有限公司
地址(Add)：安徽省合肥市白龙路兴业瑞锦苑101－1号
邮编(P.C.)：230011
电话(Tel)：0551－64225246
传真(Fax)：0551－64228535
法人代表(Chairman)：周有华
总经理(General Manager)：李明宽
联系人(Contact Person)：李明宽

合肥春禾商贸有限公司
地址(Add)：安徽省合肥市长江东路180号恒通批发市场西37号
邮编(P.C.)：230011
电话(Tel)：0551－62187880
传真(Fax)：0551－64410522
E-mail：hfchsm@hotmail.com
总经理(General Manager)：李建伟

合肥新岳百货配送中心
地址(Add)：安徽省合肥市长江批发市场T412A
邮编(P.C.)：230011
电话(Tel)：0551－67671832
传真(Fax)：0551－67671832
联系人(Contact Person)：赵伦新

合肥恒泰百货经营部
地址(Add)：安徽省合肥市长江批发市场T462A－B
邮编(P.C.)：230011

电话(Tel)：0551－67117178
传真(Fax)：0551－67674267
法人代表(Chairman)：任远品
总经理(General Manager)：任远品
联系人(Contact Person)：任远品

迎枝纸业
地址(Add)：安徽省合肥市长江批发市场T546
邮编(P. C.)：231633
电话(Tel)：0551－65259546
E-mail：315387511@qq.com
法人代表(Chairman)：丁敬迎
总经理(General Manager)：丁敬迎
联系人(Contact Person)：丁敬迎

合肥汇森商贸有限公司
地址(Add)：安徽省合肥市长江批发市场服装城F8332，F8447
邮编(P. C.)：231633
电话(Tel)：0551－67676976
传真(Fax)：0551－64326335
联系人(Contact Person)：庄松林

合肥市奇飞商贸公司
地址(Add)：安徽省合肥市长江批发市场三期T4006
邮编(P. C.)：231633
电话(Tel)：0551－64373788
联系人(Contact Person)：胡峰

安徽鸿飞工贸有限责任公司
地址(Add)：安徽省合肥市阜阳北路436号骏豪商务中心11楼
邮编(P. C.)：230041
电话(Tel)：0551－65622491
传真(Fax)：0551－65532671
E-mail：2644358957@qq.com
联系人(Contact Person)：陈晓雯

合肥亚通贸易有限责任公司
地址(Add)：安徽省合肥市淮河路397号
邮编(P. C.)：230011
电话(Tel)：0551－65200192
传真(Fax)：0551－65220893
联系人(Contact Person)：彭琪

酷笑娃孕婴连锁
地址(Add)：安徽省合肥市九龙珠儿童城4楼495－497号
邮编(P. C.)：230011
电话(Tel)：0551－64201799
传真(Fax)：0551－64201799
Http://www.hfkxw.com
法人代表(Chairman)：于猛
联系人(Contact Person)：于猛

合肥民洲商贸有限公司
地址(Add)：安徽省合肥市濉溪路254南国花园13幢110号
邮编(P. C.)：230041
电话(Tel)：0551－65523871
传真(Fax)：0551－65523871
总经理(General Manager)：杜长青

安徽合肥福燕贸易有限公司
地址(Add)：安徽省合肥市屯溪路33号恒兴广场B座1715室
邮编(P. C.)：230001
电话(Tel)：0551－62671423
传真(Fax)：0551－64654223
总经理(General Manager)：孙晓东

合肥瑞星商贸有限公司
地址(Add)：安徽省合肥市瑶海区当涂路璟泰赢家时代广场2幢702室
邮编(P. C.)：230000
电话(Tel)：0551－64323970
传真(Fax)：0551－62392224
E-mail：1965980073@qq.com
总经理(General Manager)：冯建

安徽华文国际经贸股份有限公司
地址(Add)：安徽省合肥市政务文化新区圣泉路1118号出版传媒广场
邮编(P. C.)：230071
电话(Tel)：0551－63533983
传真(Fax)：0551－63533820
E-mail：charlie@whywin.cn
Http://www.whywin.cn
联系人(Contact Person)：韩坤

盛飞商贸
地址(Add)：安徽省淮北市濉溪县三堤口
邮编(P. C.)：235000
电话(Tel)：0561－6825802
总经理(General Manager)：丁配东
联系人(Contact Person)：丁配东

濉溪东信商贸
地址(Add)：安徽省淮北市濉溪县三堤口批发市场北门西150米
邮编(P. C.)：235100
电话(Tel)：0561－6081042
传真(Fax)：0561－6081042
E-mail：314913764@qq.com
法人代表(Chairman)：杨立东
总经理(General Manager)：杨立东
联系人(Contact Person)：杨立东

安徽省淮南市利发纸业
地址(Add)：安徽省淮南市国庆东路六里站斯瑞明珠城15号103室
邮编(P. C.)：232007
电话(Tel)：0554－2661856
法人代表(Chairman)：孙娜
总经理(General Manager)：符秀刚
联系人(Contact Person)：符秀刚

淮南市芳洁百货经营部
地址(Add)：安徽省淮南市姚家湾木漆厂内
邮编(P. C.)：232007
电话(Tel)：0554－3643446
传真(Fax)：0554－3643446
总经理(General Manager)：周晓梅

黄山市旺丰商贸有限公司
地址(Add)：安徽省黄山市屯溪区长干西路16－1
邮编(P.C.)：245000
电话(Tel)：0559－2542821
传真(Fax)：0559－2542821
联系人(Contact Person)：王琳

黄山兴旺商行
地址(Add)：安徽省黄山市屯溪区丰华大市场西边13号(工行斜对面)
邮编(P.C.)：245000
电话(Tel)：0559－2525715
联系人(Contact Person)：陈旺生

六安五月花酒店用品总汇
地址(Add)：安徽省六安市六佛路二院对面50号大药房二楼
邮编(P.C.)：237005
电话(Tel)：0564－3306688
传真(Fax)：0564－3306655
总经理(General Manager)：张伟

舒洁纸品日化批发部
地址(Add)：安徽省六安市舒城县城关镇龙舒路中段
邮编(P.C.)：231300
电话(Tel)：0564－8661202
联系人(Contact Person)：左鹏彪

六安市昌军日化
地址(Add)：安徽省六安市裕安经济开发区
邮编(P.C.)：237000
电话(Tel)：0564－3266386
传真(Fax)：0564－3986870
联系人(Contact Person)：王昌军

马鞍山市正祥商贸有限公司
地址(Add)：安徽省马鞍山市平山新村25栋101室
邮编(P.C.)：243011
电话(Tel)：0555－8324431
传真(Fax)：0555－8324431
法人代表(Chairman)：毕正祥
总经理(General Manager)：毕正祥
联系人(Contact Person)：毕正祥

诚信纸业
地址(Add)：安徽省宿州市砀山县砀城香港商城501号
邮编(P.C.)：235300
电话(Tel)：0557－8022252
联系人(Contact Person)：郜社教

砀山县家乐纸业
地址(Add)：安徽省宿州市砀山县东城开发区
邮编(P.C.)：235300
电话(Tel)：0557－8034299
联系人(Contact Person)：魏海

宿州盛大纸业有限公司
地址(Add)：安徽省宿州市东昌路尚街国际新天地A1－3单元709
邮编(P.C.)：234000
电话(Tel)：0557－3318699
传真(Fax)：0557－3318699
E-mail：shengda7905@126.com
总经理(General Manager)：李杰

宿州市达庆纸品有限责任公司
地址(Add)：安徽省宿州市环城南路107号
邮编(P.C.)：234000
电话(Tel)：0557－3903795
传真(Fax)：0557－3930395
联系人(Contact Person)：李丽

宿州市晨欣东源商贸有限公司
地址(Add)：安徽省宿州市环城南路批发市场东1号
邮编(P.C.)：234000
电话(Tel)：0557－3048948
传真(Fax)：0557－3048948
法人代表(Chairman)：陈勇
总经理(General Manager)：陈勇
联系人(Contact Person)：陈勇

吉顺纸业
地址(Add)：安徽省铜陵市梦碧山庄42号
邮编(P.C.)：244000
电话(Tel)：0562－5832480
传真(Fax)：0562－5832480
法人代表(Chairman)：张友爱
总经理(General Manager)：张友爱
联系人(Contact Person)：张友爱

铜陵光照商贸
地址(Add)：安徽省铜陵市钟鸣镇2号
邮编(P.C.)：244121
电话(Tel)：0562－8291933
传真(Fax)：0562－8291933
法人代表(Chairman)：陈光照
总经理(General Manager)：陈光照
联系人(Contact Person)：陈光照

上海小阿华母婴用品连锁店
地址(Add)：安徽省芜湖市繁昌县毅达商业街红十字医院向东20米
邮编(P.C.)：241000
电话(Tel)：0553－7863987
联系人(Contact Person)：张道芽

芜湖市威美卫生用品经营部
地址(Add)：安徽省芜湖市工农路天置山庄门面房21号
邮编(P.C.)：241001
电话(Tel)：0553－5737652
传真(Fax)：0553－5737652
联系人(Contact Person)：俞灿奇

芜湖市磊鑫日化
地址(Add)：安徽省芜湖市花津路58号
邮编(P.C.)：241000
电话(Tel)：0553－3874380
传真(Fax)：0553－3874380
总经理(General Manager)：孙云飞

恒发纸业经营部
地址(Add)：安徽省芜湖市鸠江区瑞丰商贸城C区2栋123号
邮编(P.C.)：241001

电话(Tel)：0553－3852462
传真(Fax)：0553－3852462
法人代表(Chairman)：杨友新
总经理(General Manager)：杨友新
联系人(Contact Person)：杨友新

芜湖市志友商贸
地址(Add)：安徽省芜湖市南阳路后里小区
邮编(P. C.)：241007
电话(Tel)：0553－2963180
联系人(Contact Person)：周琳梅

希尔卫生用品有限公司
地址(Add)：安徽省芜湖市钱桥双塘45号
邮编(P. C.)：241000
电话(Tel)：0553－5872571
联系人(Contact Person)：徐世福

芜湖市鑫蕾商贸有限责任公司
地址(Add)：安徽省芜湖市永昌路89号
邮编(P. C.)：241000
电话(Tel)：0553－5852500
传真(Fax)：0553－3012894
E-mail：1097636209@qq. com
法人代表(Chairman)：孙安飞
总经理(General Manager)：孙安飞
联系人(Contact Person)：孙安飞

泾县荣盛工贸有限责任公司
地址(Add)：安徽省宣城市泾县泾川镇滨江花园5幢3号
邮编(P. C.)：242500
电话(Tel)：0563－5035759
传真(Fax)：0563－5024965
E-mail：jxrsgm@sina. com
法人代表(Chairman)：郎大溶
总经理(General Manager)：郎大溶
联系人(Contact Person)：郎大溶

宣城市殷氏纸业有限公司
地址(Add)：安徽省宣城市九洲市场供销商城南2号
邮编(P. C.)：242000
电话(Tel)：0563－2822917
传真(Fax)：0563－2822525
E-mail：yinshigg@163. com
总经理(General Manager)：殷爱萍
联系人(Contact Person)：殷爱萍

◆福建 Fujian

福建千冠亦工贸有限公司
地址(Add)：福建省福安市城北街道步上村60号
邮编(P. C.)：355099
电话(Tel)：0593－6868077
传真(Fax)：0593－6553279
E-mail：fujianqianguanyi@163. com
联系人(Contact Person)：李瑞奇

福安市国源贸易有限公司
地址(Add)：福建省福安市京都商业城农贸市场E座29号
邮编(P. C.)：350000
电话(Tel)：0593－6338015
传真(Fax)：0593－6395815
联系人(Contact Person)：章少国

宁德市小贝乐商贸有限公司
地址(Add)：福建省福安市凯兴小区13号楼185号店
邮编(P. C.)：355000
电话(Tel)：0593－6959118
传真(Fax)：0593－6959118
E-mail：1309025782@qq. com
联系人(Contact Person)：阮鸣锋

福安市荣骏贸易有限公司
地址(Add)：福建省福安市阳头银沙岗160号
邮编(P. C.)：355000
电话(Tel)：0593－6351070
传真(Fax)：0593－6351070
E-mail：ruanmin007@126. com
联系人(Contact Person)：阮敏

福清兴融经营部
地址(Add)：福建省福清市龙田二村开发区
邮编(P. C.)：350315
电话(Tel)：0591－85771121
传真(Fax)：0591－85771121
联系人(Contact Person)：林亦飞

福清市鑫闽鸿贸易有限公司
地址(Add)：福建省福清市上迳工业区
电话(Tel)：0591－85629602
传真(Fax)：0591－85629602
联系人(Contact Person)：林鸿生

福建恒利达商贸有限公司
地址(Add)：福建省福州市工业路118号东辉花园乐居亭5座2A单元
邮编(P. C.)：350004
电话(Tel)：0591－88084753
传真(Fax)：0591－88084773
E-mail：smtl888@163. com
联系人(Contact Person)：陈墅林

福州骏汇商贸有限公司
地址(Add)：福建省福州市华林路257号福侨大厦8楼808
邮编(P. C.)：350013
电话(Tel)：0591－87840718
传真(Fax)：0591－87840717
E-mail：1297231266@qq. com
Http://www. fjvino. com
总经理(General Manager)：薛学凤
联系人(Contact Person)：陈小琴

福州日升纸品有限公司
地址(Add)：福建省福州市晋安区连潘潘村53号
邮编(P. C.)：350000
电话(Tel)：0591－28851653
传真(Fax)：0519－28851653
E-mail：lxy800911@163. com
总经理(General Manager)：陈恭文

福州旺多多贸易有限公司
地址(Add)：福建省福州市晋安区新店镇西园新苑27栋107
邮编(P. C.)：350013
电话(Tel)：0591－87905501
传真(Fax)：0591－87905501
E-mail：guoyiwan123@163.com
联系人(Contact Person)：郭亦万

福州开元纸品
地址(Add)：福建省福州市闽侯县南屿镇江口龙好公路(82路公交车终点站)
邮编(P. C.)：350109
电话(Tel)：0591－22803119
传真(Fax)：0591－22803119
联系人(Contact Person)：郑剑

永辉超市股份有限公司
地址(Add)：福建省福州市闽侯县南屿镇南井村榕屿51号
邮编(P. C.)：350109
电话(Tel)：0591－87117252
传真(Fax)：0591－23505058
E-mail：15859001558@139.com
Http://www.yonghui.com.cn
联系人(Contact Person)：林兴源

福建省闽侯榕星纸业
地址(Add)：福建省福州市闽侯县祥谦镇琯前
邮编(P. C.)：350112
电话(Tel)：0591－22278111
联系人(Contact Person)：郭清棋

平潭冠诚贸易有限公司
地址(Add)：福建省福州市平潭县万宝东路金山丽景3号楼
邮编(P. C.)：350499
电话(Tel)：0591－24359988
传真(Fax)：0591－24259988
E-mail：gcmy9988@163.com
联系人(Contact Person)：薛杰

福州琦玮贸易有限公司
地址(Add)：福建省福州市台江南台花园2号楼
邮编(P. C.)：350009
电话(Tel)：0591－83296267
传真(Fax)：0591－62029810
E-mail：fzqw01@163.com
Http://www.qewey.com
总经理(General Manager)：林文宇

福州市惠民贸易有限公司
地址(Add)：福建省福州市台江区海峡糖酒批发市场519#
邮编(P. C.)：350000
电话(Tel)：0591－28357322
传真(Fax)：0591－28357316
联系人(Contact Person)：温故

晋江市晓春商贸有限公司阿东纸品部
地址(Add)：福建省晋江市和平中路胜家酒店边东鑫大厦四楼
邮编(P. C.)：362000
电话(Tel)：0595－85673006
传真(Fax)：0595－85673006
联系人(Contact Person)：陈志东

晋江市晋鑫商行
地址(Add)：福建省晋江市晋江市场罗山福埔前堡
邮编(P. C.)：362200
电话(Tel)：0595－88180027
E-mail：951912929@qq.com
联系人(Contact Person)：黄进加

厦门信立工贸有限公司
地址(Add)：福建省晋江市罗山街道SM广场正对面
邮编(P. C.)：362216
电话(Tel)：0595－85922600
传真(Fax)：0595－85922600
联系人(Contact Person)：黄家亮

福建日兴进出口贸易有限公司
地址(Add)：福建省晋江市梅岭路香榭花都11幢8楼
邮编(P. C.)：362200
电话(Tel)：0595－85616086
传真(Fax)：0595－85616096
E-mail：lilyrixing@163.com
总经理(General Manager)：王丽碧

晋江市东荣兴日用品贸易有限公司
地址(Add)：福建省晋江市青阳陈村中区6号
邮编(P. C.)：362200
电话(Tel)：0595－85689453
传真(Fax)：0595－85632279
联系人(Contact Person)：许振东

东兴纸品有限公司
地址(Add)：福建省晋江市青阳镇陈村中区六号
邮编(P. C.)：362200
电话(Tel)：0595－85962030
传真(Fax)：0595－85629953
总经理(General Manager)：王纯根

晋江市顺发纸品经营部
地址(Add)：福建省晋江市西园街道霞浯北区
邮编(P. C.)：362200
电话(Tel)：0595－85695824
传真(Fax)：0595－85695824
E-mail：jjsfzp@163.com
联系人(Contact Person)：吴扬忠

伊色天香纸巾批发
地址(Add)：福建省晋江市英林南兴路255号
邮编(P. C.)：362200
电话(Tel)：0595－85490212
法人代表(Chairman)：林春盛
总经理(General Manager)：林春盛
联系人(Contact Person)：林春盛

福建省龙岩灿锋纸业
地址(Add)：福建省龙岩市龙门镇湖二村坑柄路
邮编(P. C.)：364000
电话(Tel)：0597－2566828
传真(Fax)：0597－2566828
E-mail：13459711333@139.com
联系人(Contact Person)：陈锋

龙岩市隆方纸业经营部
地址(Add)：福建省龙岩市闽西交易城B5－5幢20号21号店
邮编(P. C.)：364000
电话(Tel)：0597－2523975
传真(Fax)：0597－2523808
法人代表(Chairman)：章健华
总经理(General Manager)：章健华
联系人(Contact Person)：章健华

万家纸品行
地址(Add)：福建省龙岩市武平县南门段B1－5号(南轩酒家对面第二个岔路口)
邮编(P. C.)：364300
电话(Tel)：0597－4830582
联系人(Contact Person)：李启平

龙岩易美家贸易有限公司
地址(Add)：福建省龙岩市新罗区西山小区
邮编(P. C.)：364200
电话(Tel)：0597－2898654
联系人(Contact Person)：张林

海莲百货贸易有限公司
地址(Add)：福建省龙岩市永定县环城东路316号
邮编(P. C.)：364100
电话(Tel)：0597－5837089
法人代表(Chairman)：林武乡
总经理(General Manager)：林武乡
联系人(Contact Person)：林武乡

建瓯春天商行
地址(Add)：福建省南平市建瓯上南街29号
邮编(P. C.)：353100
电话(Tel)：0599－3884087
传真(Fax)：0599－3830227
联系人(Contact Person)：黄艳芳

客隆日用品商行
地址(Add)：福建省南平市商贸区38号
邮编(P. C.)：353000
电话(Tel)：0599－8282099
联系人(Contact Person)：张春建

邵武市胜源纸品
地址(Add)：福建省南平市邵武市水北解放西路113号
邮编(P. C.)：354000
电话(Tel)：0599－6540017
传真(Fax)：0599－6540017
E-mail：huangsheng22@ sohu. com
联系人(Contact Person)：黄胜

千纸店
地址(Add)：福建省南平市政和县城关胜利街242号
邮编(P. C.)：353600
电话(Tel)：0599－3320604
传真(Fax)：0599－3326788
E-mail：qianzhidian@ sohu. com
联系人(Contact Person)：张清亮

莆田天志贸易商行
地址(Add)：福建省莆田市城厢区壶山西路111号
邮编(P. C.)：351100
电话(Tel)：0594－2515006
传真(Fax)：0594－2519188
E-mail：ptshsm@ 126. com
联系人(Contact Person)：张春林

莆田兴龙纸品贸易商行
地址(Add)：福建省莆田市涵江洞庭工业开发区
邮编(P. C.)：351111
电话(Tel)：0594－3281820
联系人(Contact Person)：柯贻龙

宏志纸品经营部
地址(Add)：福建省莆田市涵江区副食品批发城B12
邮编(P. C.)：351111
电话(Tel)：0594－3880538
传真(Fax)：0594－3888035
法人代表(Chairman)：黄志雄
总经理(General Manager)：黄志雄
联系人(Contact Person)：黄志雄

鸿冠贸易有限公司
地址(Add)：福建省莆田市涵江区商城街道贸城街366弄16号
邮编(P. C.)：351100
电话(Tel)：0594－3885358
传真(Fax)：0594－3886113
联系人(Contact Person)：陈明

莆田市晟鸿贸易有限公司
地址(Add)：福建省莆田市涵江区梧塘镇开发区西庄街方庄村55号
邮编(P. C.)：351100
电话(Tel)：0594－6788885
传真(Fax)：0594－6782686
E-mail：chenghong@ 163. com
联系人(Contact Person)：刘国顺

莆田市博林纸厂
地址(Add)：福建省莆田市涵江区梧塘镇沁后村
邮编(P. C.)：351100
电话(Tel)：0594－3912162
传真(Fax)：0594－3912162
E-mail：773697073@ qq. com
联系人(Contact Person)：陈兰花

莆田市玛丽贸易有限公司
地址(Add)：福建省莆田市涵江区小商品批发城贸城街418弄20号4楼
邮编(P. C.)：351111
电话(Tel)：0594－3806566
传真(Fax)：0594－3806566
E-mail：18627169950@ 126. com
Http://www. maxleaf. com. cn
联系人(Contact Person)：吴亚洲

莆田市舒米克贸易有限公司
地址(Add)：福建省莆田市华林工业区茂隆海棉厂
邮编(P. C.)：351100
电话(Tel)：0594－2619959
传真(Fax)：0594－2676616

E-mail：ptsumike@163.com
总经理(General Manager)：郑建清

莆田海涵贸易商行
地址(Add)：福建省莆田市荔城区丰美路781号C幢205房(信辉豪园)
邮编(P.C.)：351119
电话(Tel)：0594-3913036
传真(Fax)：0594-3989622
联系人(Contact Person)：刘玉池

莆田市仙游兴隆纸业批发部
地址(Add)：福建省莆田市仙游县鲤城蜚山坑尾95号
邮编(P.C.)：351200
电话(Tel)：0594-8299359
联系人(Contact Person)：柯开龙

安溪县佳丽纸品商行
地址(Add)：福建省泉州市安溪城关大同路277号
邮编(P.C.)：362400
电话(Tel)：0595-23253577
传真(Fax)：0595-23253577
联系人(Contact Person)：谢文贵

英林纸业
地址(Add)：福建省泉州市安溪县城关凤山路164号
邮编(P.C.)：362000
电话(Tel)：0595-23394495
传真(Fax)：0595-23280495
联系人(Contact Person)：赵亚林

泉州永嘉纸业有限公司
地址(Add)：福建省泉州市宝洲路福友大厦9B01室
邮编(P.C.)：362100
电话(Tel)：0595-22555901
传真(Fax)：0595-22555901
联系人(Contact Person)：冯尤增

泉州市丰泽兴隆百货行
地址(Add)：福建省泉州市宝洲路阳光丽景9-10号店
邮编(P.C.)：362000
电话(Tel)：0595-22502670
传真(Fax)：0595-22502671
联系人(Contact Person)：陈国栋

德化宏兴纸品批发部
地址(Add)：福建省泉州市德化县西门龙津北路16号
邮编(P.C.)：362500
电话(Tel)：0595-23517511
传真(Fax)：0595-23517511
总经理(General Manager)：苏建兴
联系人(Contact Person)：苏建兴

泉州市天恒贸易有限公司
地址(Add)：福建省泉州市丰泽街太平洋花园华泰阁6A
邮编(P.C.)：362000
电话(Tel)：0595-28020155
传真(Fax)：0595-22130155
联系人(Contact Person)：丰展茂

泉州喜乐乐婴幼用品有限公司
地址(Add)：福建省泉州市丰泽区宝洲路宝洲花园B区79号
邮编(P.C.)：362000
电话(Tel)：0595-22270719
传真(Fax)：0595-22270719
总经理(General Manager)：陈惠周
联系人(Contact Person)：陈惠周

泉州融智商贸有限公司
地址(Add)：福建省泉州市丰泽区宝洲路奔达明珠301室
邮编(P.C.)：362000
电话(Tel)：0595-22128819
传真(Fax)：0595-22158819
E-mail：baiconglin0718@163.com
联系人(Contact Person)：白聪林

盛兴纸品商行
地址(Add)：福建省泉州市丰泽区黄林路75号
邮编(P.C.)：362000
电话(Tel)：0595-22186566
传真(Fax)：0595-22186566
E-mail：374889651@qq.com
联系人(Contact Person)：宋育彬

泉州多彩纸业经销点
地址(Add)：福建省泉州市丰泽区清源派出所对面
邮编(P.C.)：362000
电话(Tel)：0595-22601108
传真(Fax)：0595-22601108
联系人(Contact Person)：黄延安

万丰商贸有限公司
地址(Add)：福建省泉州市丰泽商城步行街A1-86号
邮编(P.C.)：362000
电话(Tel)：0595-22225678
联系人(Contact Person)：郑天章

泉州丽玉纸巾批发
地址(Add)：福建省泉州市浮桥食什城16-17号
邮编(P.C.)：362000
电话(Tel)：0595-22463262
传真(Fax)：0595-22471262
法人代表(Chairman)：吴丽玉
总经理(General Manager)：吴丽玉
联系人(Contact Person)：蔡忠伟

信诚百货纸品商行
地址(Add)：福建省泉州市洪濑镇洪新路1号
邮编(P.C.)：362300
电话(Tel)：0595-86683896
传真(Fax)：0595-86683896
联系人(Contact Person)：戴玉兰

泉州市立晟洁贸易有限公司
地址(Add)：福建省泉州市惠安县建设北路建福楼A#204室
邮编(P.C.)：362100
电话(Tel)：0595-87358170
传真(Fax)：0595-87368170
E-mail：873646805@qq.com
联系人(Contact Person)：张建斌

泉州市丰泽区娇美贸易有限公司
地址(Add)：福建省泉州市津淮街六灌路宝德大厦4楼
邮编(P. C.)：362019
电话(Tel)：0595－86733312
传真(Fax)：0595－22539884
E-mail：479684426@qq.com
联系人(Contact Person)：吴景炎

泉州市鲤城江南聚丰纸品营销部
地址(Add)：福建省泉州市鲤城江南火炬工业区
邮编(P. C.)：362000
电话(Tel)：0595－22462498
传真(Fax)：0595－22463498
总经理(General Manager)：许志清

泉州锦兴贸易有限公司
地址(Add)：福建省泉州市鲤城区常泰街道锦田社区常呈路81号
邮编(P. C.)：362000
电话(Tel)：0595－22182385
传真(Fax)：0595－22176667
E-mail：355639999@qq.com
联系人(Contact Person)：傅志彬

泉州新发纸业
地址(Add)：福建省泉州市鲤城区常泰街道五星社区斗南街7号
邮编(P. C.)：362005
电话(Tel)：0595－22463855
传真(Fax)：0595－22473855
法人代表(Chairman)：陈建新
联系人(Contact Person)：陈建新

泉州华龙纸品实业有限公司
地址(Add)：福建省泉州市鲤城区浮桥延棱工业区2栋
邮编(P. C.)：362005
电话(Tel)：0595－28129669
传真(Fax)：0595－22209137
联系人(Contact Person)：曾春红

泉州恒兴贸易有限公司
地址(Add)：福建省泉州市鲤城区古店路134号
邮编(P. C.)：362000
电话(Tel)：0595－22354899
传真(Fax)：0595－22478331
法人代表(Chairman)：杨志强
总经理(General Manager)：杨志强
联系人(Contact Person)：杨志强

福建省泉州旺吉贸易有限公司
地址(Add)：福建省泉州市鲤城区南环路国家高新园区蔡庄工业区元泰二路A2
邮编(P. C.)：362000
电话(Tel)：0595－22899529
传真(Fax)：0595－22899629
E-mail：qzwj040518@126.com
总经理(General Manager)：周诗全
联系人(Contact Person)：刘秀娜

泉利百货
地址(Add)：福建省泉州市南安洪濑西市场A－7号
邮编(P. C.)：362331
电话(Tel)：0595－86689267
E-mail：34481695@qq.com
联系人(Contact Person)：林进兴

洪濑东阳百货商行
地址(Add)：福建省泉州市南安洪濑镇
邮编(P. C.)：362000
电话(Tel)：0595－86677497
传真(Fax)：0595－86676497
联系人(Contact Person)：黄东阳

新兴百货
地址(Add)：福建省泉州市南安市康美镇雪峰路口
邮编(P. C.)：362332
电话(Tel)：0595－86655862
E-mail：1287661146@qq.com
联系人(Contact Person)：苏世钦

安升商行
地址(Add)：福建省泉州市南安市美林大桥旁
邮编(P. C.)：362300
电话(Tel)：0595－86651427
传真(Fax)：0595－86651427
联系人(Contact Person)：颜宝来

泉州梓澜贸易发展有限公司
地址(Add)：福建省泉州市南安市石井梓澜工贸大厦
邮编(P. C.)：362343
电话(Tel)：0595－22776543
传真(Fax)：0595－86072211
联系人(Contact Person)：郑福通

泉州市欣益顺纸品商行
地址(Add)：福建省泉州市南安市霞美镇西山村(长盛机械后面)
邮编(P. C.)：362302
电话(Tel)：0595－22300097
传真(Fax)：0595－22300097
E-mail：xjy820309@126.com
联系人(Contact Person)：许捷源

泉州科创进出口贸易有限公司
地址(Add)：福建省泉州市泉秀路农行大厦9A
邮编(P. C.)：362000
电话(Tel)：0595－28851222
传真(Fax)：0595－22167780
E-mail：fiico2@163.com
总经理(General Manager)：丁景东
联系人(Contact Person)：丁景东

金山纸品批发部
地址(Add)：福建省泉州市万祥商贸城A幢26－28号
邮编(P. C.)：362000
电话(Tel)：0595－22688299
联系人(Contact Person)：黄志生

永春城南街纸品经营部
地址(Add)：福建省泉州市永春县城南街70号
邮编(P. C.)：362600
电话(Tel)：0595－23866526

传真(Fax)：0595－23866526
E-mail：755829060@qq.com
法人代表(Chairman)：洪真红
总经理(General Manager)：洪真红
联系人(Contact Person)：洪真红

三明市元锦坤贸易有限公司
地址(Add)：福建省三明市梅列区富华新村28幢126号店
邮编(P.C.)：365015
电话(Tel)：0598－8886984
传真(Fax)：0598－8297826
联系人(Contact Person)：邱晶珠

唯雅日用品经营部
地址(Add)：福建省三明市明溪县雪峰新村大门右侧
邮编(P.C.)：365200
电话(Tel)：0598－2818612
传真(Fax)：0598－2818612
E-mail：zh_nx@126.com
联系人(Contact Person)：郑建雄

鸿森源贸易
地址(Add)：福建省三明市上河城上春园30幢4号
邮编(P.C.)：365000
电话(Tel)：0598－8912988
传真(Fax)：0598－8912988
E-mail：hongsenyuan@126.com
总经理(General Manager)：连广源

三明市双杰食品经营部
地址(Add)：福建省三明市上河城上春园4幢4号
邮编(P.C.)：365000
电话(Tel)：0598－8260268
传真(Fax)：0598－8260268
总经理(General Manager)：罗继传

兴隆纸业
地址(Add)：福建省石狮市宝盖镇杆头村东雄工业园A栋2楼
邮编(P.C.)：362714
电话(Tel)：0595－88837993
传真(Fax)：0595－88767993
联系人(Contact Person)：林家迎

石狮宝骊珑日用品有限公司
地址(Add)：福建省石狮市蚶江锦里路
邮编(P.C.)：362700
电话(Tel)：0595－88682182
传真(Fax)：0595－88689182
联系人(Contact Person)：林敦速

石狮市合兴商贸公司
地址(Add)：福建省石狮市濠江路曾坑杨园段兴东五路21号(妇幼医院旁)
邮编(P.C.)：362799
电话(Tel)：0595－83988088
传真(Fax)：0595－83988088
联系人(Contact Person)：龚云勇

盛鑫纸品批发
地址(Add)：福建省石狮市湖东一路86－88号
邮编(P.C.)：362700
电话(Tel)：0595－83010620
传真(Fax)：0595－83010622
联系人(Contact Person)：李国聪

日丰日用百货贸易有限公司
地址(Add)：福建省石狮市农贸路66号
邮编(P.C.)：362700
电话(Tel)：0595－88889252
传真(Fax)：0595－88889252
联系人(Contact Person)：柯明聪

恒彩纸品商贸有限公司
地址(Add)：福建省石狮市石狮交警后面聚贤路23－25号
邮编(P.C.)：362700
电话(Tel)：0595－83002823
联系人(Contact Person)：黄文烈

厦门鑫盛商贸有限公司
地址(Add)：福建省厦门市坂上社富贵门花园旁
邮编(P.C.)：361000
电话(Tel)：0592－5781409
E-mail：1453536889@qq.com
联系人(Contact Person)：黄泳

厦门市豪迎酒店用品有限公司
地址(Add)：福建省厦门市殿前中典宏基酒店用品批发市场A8店面
邮编(P.C.)：361000
电话(Tel)：0592－3783202
传真(Fax)：0592－3783203
E-mail：769260898@qq.com
联系人(Contact Person)：彭晨光

厦门恒兴纸品
地址(Add)：福建省厦门市海沧鳌冠村东片12号
邮编(P.C.)：361026
电话(Tel)：0592－8938459
传真(Fax)：0592－6059665
联系人(Contact Person)：兰方勤

厦门市喜乐乐商贸有限公司
地址(Add)：福建省厦门市海沧区霞美新村16号
邮编(P.C.)：361026
电话(Tel)：0592－5633811
传真(Fax)：0592－5759959
E-mail：chyz2002@163.com
联系人(Contact Person)：苏文

厦门瑞商贸易有限公司
地址(Add)：福建省厦门市湖滨北路3号黄金大厦A－1402
邮编(P.C.)：361000
电话(Tel)：0592－6012996
传真(Fax)：0592－6013996
E-mail：lee_j@126.com
联系人(Contact Person)：林子敬

宇翔进出口有限公司
地址(Add)：福建省厦门市湖滨南路57号金源大厦16层
邮编(P.C.)：361004

电话(Tel)：0592－2219816
传真(Fax)：0592－2222216
E-mail：yuxiang9778@gmail.com
总经理(General Manager)：刘英俊

厦门华兴(欣柔)纸品有限公司
地址(Add)：福建省厦门市湖里枋湖工业区358/359号
邮编(P.C.)：361015
电话(Tel)：0592－6150762
传真(Fax)：0592－6150762
E-mail：xmhxzy@163.com
联系人(Contact Person)：陈敬焕

厦门盛源隆贸易有限公司
地址(Add)：福建省厦门市湖里嘉园路22号
邮编(P.C.)：361006
电话(Tel)：0592－6027595
传真(Fax)：0592－6027595
E-mail：165468937@qq.com
联系人(Contact Person)：张晓佳

中兴商贸有限公司
地址(Add)：福建省厦门市湖里区大唐世家兴隆路606之4厂房
邮编(P.C.)：361000
电话(Tel)：0592－5700573
传真(Fax)：0592－5701469
联系人(Contact Person)：陈阳全

厦门仲盛贸易有限公司鑫仲盛经营部
地址(Add)：福建省厦门市湖里区高林村(五通)昭塘社1号
邮编(P.C.)：361000
电话(Tel)：0592－5793785
传真(Fax)：0592－5793735
E-mail：cai.99965@163.com
联系人(Contact Person)：蔡建设

厦门市新源达纸业
地址(Add)：福建省厦门市湖里区高林田里183号
邮编(P.C.)：361000
电话(Tel)：0592－3836286
传真(Fax)：0592－3836286
联系人(Contact Person)：郭传宏

厦门恒惠信贸易有限公司
地址(Add)：福建省厦门市湖里区后坑前社185号
邮编(P.C.)：361015
电话(Tel)：0592－5968676
传真(Fax)：0592－5199676
E-mail：xmhhx777@126.com
联系人(Contact Person)：刘双珠

厦门力丽纸制品有限公司
地址(Add)：福建省厦门市湖里区后坑西潘社41号
邮编(P.C.)：361000
电话(Tel)：0592－5288019
传真(Fax)：0592－5223613
E-mail：lilizhipin@163.com
联系人(Contact Person)：郑丽红

讴歌(香港)国际有限公司厦门代表处
地址(Add)：福建省厦门市湖里区马垄新丰三路日华国际大厦601E
邮编(P.C.)：361006
电话(Tel)：0592－5758518
传真(Fax)：0592－5758258
联系人(Contact Person)：赖丽蓉

厦门市博瑞工贸有限公司
地址(Add)：福建省厦门市湖里区南山路50号
邮编(P.C.)：361009
电话(Tel)：0592－5165999
传真(Fax)：0592－5165999
联系人(Contact Person)：王传淦

厦门市欣雅贸易有限公司
地址(Add)：福建省厦门市湖里区县后402号
邮编(P.C.)：361000
电话(Tel)：0592－5775059
传真(Fax)：0592－5652641
E-mail：353618@sohu.com
总经理(General Manager)：柯宝川

厦门龙兴泰商贸有限公司
地址(Add)：福建省厦门市湖里区兴隆路2号之二904室
邮编(P.C.)：361006
电话(Tel)：0592－6023979
传真(Fax)：0592－6026093
E-mail：will_wang@lassurex.com
Http://www.longxingtai.com
联系人(Contact Person)：吴达尔

厦门亿仕诚贸易有限公司
地址(Add)：福建省厦门市湖里区宜宾路132号
邮编(P.C.)：361000
电话(Tel)：0592－6088993
传真(Fax)：0592－6055575
联系人(Contact Person)：涂康英

爱宝宝妇幼用品连锁
地址(Add)：福建省厦门市湖里区永升新城嘉园路128号
邮编(P.C.)：361006
电话(Tel)：0592－5686293
E-mail：1286187337@qq.com
联系人(Contact Person)：高国章

厦门禾汇粮油有限公司
地址(Add)：福建省厦门市湖里区悦华路151号豪利大厦6层601
邮编(P.C.)：361006
电话(Tel)：0592－3991799
传真(Fax)：0592－3991766
联系人(Contact Person)：苏小琼

小叶纸品批发部
地址(Add)：福建省厦门市湖里区寨上戏台后面1108号
邮编(P.C.)：361006
电话(Tel)：0592－3104933
联系人(Contact Person)：叶顺川

厦门建宏商贸有限公司
地址(Add):福建省厦门市集美凤林123号
邮编(P. C.):361000
电话(Tel):0592-5666256
传真(Fax):0592-5666256
联系人(Contact Person):沈雄华

厦门康丽亮纸品
地址(Add):福建省厦门市集美区东安村东莲里123号
邮编(P. C.):361000
电话(Tel):0592-6221042
传真(Fax):0592-6221042
联系人(Contact Person):赖文德

厦门美佳怡纸品批发
地址(Add):福建省厦门市集美区杏林高浦市场侧对面
邮编(P. C.):361022
电话(Tel):0592-8516155
E-mail:89102005@qq.com
联系人(Contact Person):颜贻德

厦门意龙进出口有限公司
地址(Add):福建省厦门市嘉禾路104-108号香江花园2号楼20C
邮编(P. C.):361009
电话(Tel):0592-5517905
传真(Fax):0592-5517956
E-mail:wmf666666@163.com
法人代表(Chairman):吴茂富
总经理(General Manager):吴茂富
联系人(Contact Person):吴茂富

厦门伍德进出口有限公司.
地址(Add):福建省厦门市嘉禾路265号武汉大厦2号楼1901
邮编(P. C.):361000
电话(Tel):0592-5096217
传真(Fax):0592-5096317
E-mail:woodochina@126.com
总经理(General Manager):黄友河

厦门骏睿贸易有限公司
地址(Add):福建省厦门市嘉禾路265号武汉大厦2号楼24A
邮编(P. C.):361004
电话(Tel):0592-5361213
传真(Fax):0592-5361213
E-mail:30595278@qq.com
联系人(Contact Person):罗敏

爱临母婴生活馆
地址(Add):福建省厦门市嘉禾路296号福隆国际2301
邮编(P. C.):361006
电话(Tel):0592-5918990
E-mail:1427822@qq.com
联系人(Contact Person):蔚秀枝

厦门市恒天元商贸有限公司
地址(Add):福建省厦门市嘉禾路388号永同昌9A
邮编(P. C.):361009
电话(Tel):0592-5579351
传真(Fax):0592-2627979
联系人(Contact Person):涂发彬

厦门诚益兴商贸有限公司
地址(Add):福建省厦门市江头国宝新城江顺里4号
邮编(P. C.):362000
电话(Tel):0592-5237381
传真(Fax):0592-5527635
总经理(General Manager):侯光接

厦门市聚来宝贸易有限公司
地址(Add):福建省厦门市莲前西路绿杨村611号102室
邮编(P. C.):361000
电话(Tel):0592-5199389
传真(Fax):0592-5193178
联系人(Contact Person):曾文革

厦门萱薇纸业有限公司
地址(Add):福建省厦门市美湖路43号惠豪中心5楼
邮编(P. C.):361004
电话(Tel):0592-2682590
传真(Fax):0592-2682573
E-mail:shinevin@163.com
联系人(Contact Person):吕光耀

厦门源鼎荣商贸有限公司
地址(Add):福建省厦门市思明区大埔头99号之一502室
邮编(P. C.):361005
电话(Tel):0592-7370123
传真(Fax):0592-7370123
E-mail:yshd2008.happy.@163.com
联系人(Contact Person):叶少东

厦门泓澄贸易有限公司
地址(Add):福建省厦门市思明区高崎火车站对面
邮编(P. C.):361000
电话(Tel):0592-5751676
E-mail:2545082748@qq.com
联系人(Contact Person):刘越生

厦门嘉爱母婴贸易有限公司
地址(Add):福建省厦门市思明区禾祥东路83号(皓晖花园1201室)
邮编(P. C.):361010
电话(Tel):0592-5851586
传真(Fax):0592-5851586
E-mail:lin5836404@163.com
总经理(General Manager):林杰
联系人(Contact Person):刘霞玲

厦门市吉之源贸易有限公司
地址(Add):福建省厦门市思明区湖滨南路328号亿宝大厦18C
邮编(P. C.):365400
电话(Tel):0592-5168316
传真(Fax):0592-5168320
E-mail:xmjzy18@163.com
Http://www.xmjzy.com
联系人(Contact Person):陈开华

厦门欣万兴商贸有限公司
地址(Add):福建省厦门市思明区湖滨中路532号4094

邮编(P. C.): 361001
电话(Tel): 0592 - 5254585
传真(Fax): 0592 - 5256603
联系人(Contact Person): 郑纯兰

厦门伟世进出口有限公司
地址(Add): 福建省厦门市同安工业集中区湖里园18号二楼
邮编(P. C.): 361012
电话(Tel): 0592 - 8806387
传真(Fax): 0592 - 2286609
E-mail: huniu132@163. com
联系人(Contact Person): 林国荣

健侨纸品经营部
地址(Add): 福建省厦门市同安区324国道下溪头红绿灯路口进去50米
邮编(P. C.): 361100
电话(Tel): 0592 - 7369708
联系人(Contact Person): 苏侨生

同壹家人批发部
地址(Add): 福建省厦门市同安区霞煌路32 - 39号(城南医院对面)
邮编(P. C.): 361199
电话(Tel): 0592 - 7102309
传真(Fax): 0592 - 7102309
联系人(Contact Person): 黄德福

荣维有限公司中国办事处
地址(Add): 福建省厦门市厦门特区软件园二期望海路55号B座603室
邮编(P. C.): 361008
电话(Tel): 0592 - 5579320
传真(Fax): 0592 - 5579321
E-mail: treasureszq@126. com
联系人(Contact Person): 宋志强

欣莲发日用品店
地址(Add): 福建省厦门市翔安区内厝卫生院旁
邮编(P. C.): 361000
电话(Tel): 0592 - 7076079
联系人(Contact Person): 许跃欣

福事达商贸
地址(Add): 福建省厦门市翔安区新店镇新兴街
邮编(P. C.): 361102
电话(Tel): 0592 - 7887572
传真(Fax): 0592 - 7887572
联系人(Contact Person): 陈晓栋

圆宝贝母婴用品店
地址(Add): 福建省厦门市悦华路172 - 173号(晶裕酒店对面)
邮编(P. C.): 361006
电话(Tel): 0592 - 5664288
传真(Fax): 0592 - 5664288
E-mail: 452667444@qq. com
Http://www. yuanbao2008. com
联系人(Contact Person): 杨渊

厦门瑞和平纸业有限公司
地址(Add): 福建省厦门思明区东浦路58号一楼
邮编(P. C.): 361004
电话(Tel): 0592 - 5668082
传真(Fax): 0592 - 2396876
联系人(Contact Person): 谢锦祥

中裕(漳州)贸易有限公司
地址(Add): 福建省漳州市常山华侨开发区旧中国旅行社
邮编(P. C.): 363900
电话(Tel): 0596 - 8667848
传真(Fax): 0596 - 8667848
E-mail: chen_lifu@163. com
联系人(Contact Person): 陈立福

漳州市坤腾贸易有限公司
地址(Add): 福建省漳州市九龙大道(标新集团内)
邮编(P. C.): 363000
电话(Tel): 0596 - 6330956
传真(Fax): 0596 - 6330950
联系人(Contact Person): 王新春

龙海市信裕纸业有限公司
地址(Add): 福建省漳州市龙海市海澄工业区
邮编(P. C.): 363102
电话(Tel): 0596 - 6558889
传真(Fax): 0596 - 6523708
联系人(Contact Person): 杨建勇

漳州市祺华商贸有限公司
地址(Add): 福建省漳州市龙文区外贸仓储部2号
邮编(P. C.): 363005
电话(Tel): 0596 - 2936605
传真(Fax): 0596 - 2960787
E-mail: tkg2008@163. com
Http://www. zzqhyy. com
联系人(Contact Person): 唐坤祺

漳州市恒升纸业有限公司
地址(Add): 福建省漳州市南靖县安美路美园村
邮编(P. C.): 363600
电话(Tel): 0596 - 7838215
传真(Fax): 0596 - 7838215
联系人(Contact Person): 韩小燕

德宏贸易商行
地址(Add): 福建省漳州市平等路83号F1幢2楼105 - 106室
邮编(P. C.): 363000
电话(Tel): 0596 - 8516665
传真(Fax): 0596 - 8516665
E-mail: decheng315@126. com
联系人(Contact Person): 黄北勤

漳州市骏捷纸业
地址(Add): 福建省漳州市芗城区建业路444号
邮编(P. C.): 363030
电话(Tel): 0596 - 2955977
传真(Fax): 0596 - 6153058
联系人(Contact Person): 蔡志明

漳州市鑫恒祥食品贸易
地址(Add)：福建省漳州市芗城区新浦路前锋新村46幢302
邮编(P. C.)：363000
电话(Tel)：0596－2035878
传真(Fax)：0596－2035878
E-mail：269774951@ qq. com
联系人(Contact Person)：周秀龙

华源纸业
地址(Add)：福建省漳州市芗城区元光南路24号1栋804
邮编(P. C.)：363000
电话(Tel)：0596－2525511
E-mail：1301720635@ qq. com
联系人(Contact Person)：蔡华洲

漳州市轻工业品进出口公司
地址(Add)：福建省漳州市新华北路外贸大厦六楼
邮编(P. C.)：363000
电话(Tel)：0596－2159212
传真(Fax)：0596－2927699
E-mail：hwkknd@ hotmail. com
联系人(Contact Person)：杨菁菁

漳州鑫友兴商贸有限公司
地址(Add)：福建省漳州市漳华路399号群裕小区31栋107室
邮编(P. C.)：363000
电话(Tel)：0596－2998956
传真(Fax)：0596－2998956
E-mail：huangxuezhao_0592@ 126. com
联系人(Contact Person)：黄学昭

福建省福之和纸品有限公司
地址(Add)：福建漳州市芗城区延安北路中旅商厦1103号
邮编(P. C.)：363900
电话(Tel)：0596－6170016
传真(Fax)：0596－617017
联系人(Contact Person)：许新伟

成发商贸有限公司
地址(Add)：福建省漳州市云霄县宏发路34－38号
邮编(P. C.)：363300
电话(Tel)：0596－8588157
传真(Fax)：0596－8588150
E-mail：18959608157@ qq. com
法人代表(Chairman)：张丽蓉
总经理(General Manager)：张丽蓉
联系人(Contact Person)：方成焕

云霄华艳妇幼用品商行
地址(Add)：福建省漳州市云霄县云陵镇云东路119－15号
邮编(P. C.)：363300
电话(Tel)：0596－8539571
传真(Fax)：0596－8539571
联系人(Contact Person)：方伟强

日福商贸
地址(Add)：福建省漳州市漳浦县绥安镇东荣路45号
邮编(P. C.)：363220
传真(Fax)：0596－3222009
E-mail：zp. zhuang@ 163. com
联系人(Contact Person)：庄文福

◆江西 Jiangxi

华鑫卫生用品有限公司
地址(Add)：江西省抚州市贸易广场南二街30号
邮编(P. C.)：344700
电话(Tel)：0794－8255687
传真(Fax)：0794－8255687
E-mail：617012905@ qq. com
法人代表(Chairman)：沈少钦
总经理(General Manager)：沈少钦
联系人(Contact Person)：沈少钦

江西抚州市庆财贸易有限公司
地址(Add)：江西省抚州市贸易广场南三街7号
邮编(P. C.)：344000
电话(Tel)：0794－8250288
E-mail：116207959@ qq. com
总经理(General Manager)：刘庆财

赣州嘉华卫生用品有限公司
地址(Add)：江西省赣州市八一四大道海天大酒店正对面(摩托车大市场内)
邮编(P. C.)：341000
电话(Tel)：0797－8135663
传真(Fax)：0797－8135663
联系人(Contact Person)：邱崇兰

赣州旺发百货贸易商行
地址(Add)：江西省赣州市赣南贸易广场中心街46号
邮编(P. C.)：341000
电话(Tel)：0797－8110533
传真(Fax)：0797－7021961
E-mail：wangfa8688@ 163. com
总经理(General Manager)：王兆华

恒旺商行
地址(Add)：江西省赣州市赣县梅林镇城南二期安置小区
邮编(P. C.)：341000
电话(Tel)：0797－70152868
E-mail：1282569508@ qq. com
联系人(Contact Person)：赖飞

赣州嘉良商贸有限公司
地址(Add)：江西省赣州市红旗大道94号国际时代广场12号楼2202室
邮编(P. C.)：341000
电话(Tel)：0797－4444881
传真(Fax)：0797－4444881
总经理(General Manager)：张良
联系人(Contact Person)：张良

江西省鸿康百货商行
地址(Add)：江西省赣州市贸易广场东街77号
邮编(P. C.)：341000
电话(Tel)：0797－2197881
传真(Fax)：0797－7027866
联系人(Contact Person)：丁湘红

瑞金市龙兴商贸
地址(Add)：江西省赣州市瑞金市红都道108号

邮编(P. C.)：342500
电话(Tel)：0797-3227670
传真(Fax)：0797-3227670
E-mail：longxin666@163. com
总经理(General Manager)：吴龙兴

恒发商行
地址(Add)：江西省赣州市瑞金市沙洲坝工业园关山村委员会院内
邮编(P. C.)：342506
电话(Tel)：0797-2351858
传真(Fax)：0797-2315858
法人代表(Chairman)：钟丽荣
总经理(General Manager)：钟丽荣
联系人(Contact Person)：钟丽荣

石城中顺商贸
地址(Add)：江西省赣州市石城县桂花巷幼儿园对面
邮编(P. C.)：342700
电话(Tel)：0797-5722058
传真(Fax)：0797-5722058
联系人(Contact Person)：吴坚

兴国县向日葵日化商行
地址(Add)：江西省赣州市兴国县潋江镇凤凰大道人工湖小区37号
邮编(P. C.)：342499
电话(Tel)：0797-5316677
联系人(Contact Person)：周晓光

兴国县福信纸品商行
地址(Add)：江西省赣州市兴国县贸易广场中心一街21-22号
邮编(P. C.)：342400
电话(Tel)：0797-5318660
传真(Fax)：0797-5318660
法人代表(Chairman)：韩福生
总经理(General Manager)：韩福生
联系人(Contact Person)：韩福生

金顺纸品商行
地址(Add)：江西省赣州市章贡区贸易广场四街7号
邮编(P. C.)：341000
电话(Tel)：0797-8138069
总经理(General Manager)：王斌
联系人(Contact Person)：王斌

赣州宏发纸业公司
地址(Add)：江西省赣州市章贡区沙石镇吉埠新村
邮编(P. C.)：341000
电话(Tel)：0797-8487269
传真(Fax)：0797-8487269
联系人(Contact Person)：黄国平

赣州市信韵商贸有限公司
地址(Add)：江西省赣州市章贡区水南新村东二区84号
邮编(P. C.)：341000
电话(Tel)：0797-8232139
传真(Fax)：0797-8232139
联系人(Contact Person)：谢小金

赣州市现代百货经营部
地址(Add)：江西省赣州市章贡区章江北大道16号瑞康苑A栋401室
邮编(P. C.)：341000
电话(Tel)：0797-8355921
传真(Fax)：0797-8355921
E-mail：ha_xiaoxin@163. com
联系人(Contact Person)：肖鑫鑫

吉安市悦爱母婴行业精英联盟
地址(Add)：江西省吉安市创天丽景城29号门面(吉安三中正对面)
邮编(P. C.)：343000
电话(Tel)：0796-8338131
联系人(Contact Person)：金建民

福兴百货贸易商行
地址(Add)：江西省吉安市河东贸易广场6街29号
邮编(P. C.)：343000
电话(Tel)：0796-8187952
传真(Fax)：0796-8187951
联系人(Contact Person)：江秋英

吉安隆兴纸业
地址(Add)：江西省吉安市贸易广场九街23号
邮编(P. C.)：343004
电话(Tel)：0796-8186896
法人代表(Chairman)：黎洪光
总经理(General Manager)：黎洪光
联系人(Contact Person)：黎洪光

吉安鸿鑫商行
地址(Add)：江西省吉安市贸易广场正气路6栋4-5号门店
邮编(P. C.)：343000
电话(Tel)：0796-7112396
传真(Fax)：0796-8112396
联系人(Contact Person)：尹善锋

遂川恒兴纸业商贸有限公司
地址(Add)：江西省吉安市遂川县龙川大道48号(瑶厦中学上首)
邮编(P. C.)：343900
电话(Tel)：0796-6112852
传真(Fax)：0796-6112852
联系人(Contact Person)：谢永忠

江西省遂川县房家纸业批发部
地址(Add)：江西省吉安市遂川县龙泉花园颐景苑1-2号店面
邮编(P. C.)：343600
电话(Tel)：0796-6311728
联系人(Contact Person)：郑女士

乐平市建明百货商行
地址(Add)：江西省景德镇市乐平市赣东北大市场155号
邮编(P. C.)：333300
电话(Tel)：0798-6816050
传真(Fax)：0798-6816050
E-mail：jianmingsanghang@163. com
法人代表(Chairman)：王建明
总经理(General Manager)：王建明

联系人(Contact Person)：王建明

乐平市浩达商行
地址(Add)：江西省景德镇市乐平市赣东北大市场北 C14 号
邮编(P. C.)：330000
电话(Tel)：0798－7058953
传真(Fax)：0798－7058953
E-mail：845384954@ qq. com
法人代表(Chairman)：程澎胜
联系人(Contact Person)：程澎胜

乐平市福隆商行
地址(Add)：江西省景德镇市乐平市赣东北大市场新区 66 号
邮编(P. C.)：333300
电话(Tel)：0798－6216568
传真(Fax)：0798－6216228
联系人(Contact Person)：刘元杰

乐平景申百货商行
地址(Add)：江西省景德镇市乐平市赣东北批发市场三期一栋 25 号
邮编(P. C.)：333300
电话(Tel)：0798－6217912
E-mail：1457814874@ qq. com
联系人(Contact Person)：李景申

景德镇市泰迪纸业
地址(Add)：江西省景德镇市新厂陶阳新村 98 号(老陶院附近)
邮编(P. C.)：333000
电话(Tel)：0798－8460507
E-mail：275908267@ qq. com
联系人(Contact Person)：洪永太

九江市红霞纸品行
地址(Add)：江西省九江市京九批发大市场 SC 栋 07 号
邮编(P. C.)：332000
电话(Tel)：0792－8577488
总经理(General Manager)：李习平

建顺纸品厂
地址(Add)：江西省南昌市昌北经开区双港东大街北山村委会旁
邮编(P. C.)：330000
电话(Tel)：0791－86573936
联系人(Contact Person)：涂小花

南昌市恒昌百货有限公司
地址(Add)：江西省南昌市昌东工业园沈桥路 666 号
邮编(P. C.)：330012
电话(Tel)：0791－8379525
传真(Fax)：0791－8217759
E-mail：hcbh. nc@ 163. com
联系人(Contact Person)：芦攀

江西江中安可科技有限公司
地址(Add)：江西省南昌市高新开发区京东大道 698 号
邮编(P. C.)：330096
电话(Tel)：0791－8853880
传真(Fax)：0791－8853229
联系人(Contact Person)：朱玉兰

南昌市幸福小屋母婴用品商贸
地址(Add)：江西省南昌市灌婴路 599 号财讯中心 1803 室
邮编(P. C.)：330000
电话(Tel)：0791－86588158
传真(Fax)：0791－86588258
联系人(Contact Person)：陶兰兰

南昌市方大纸业有限公司
地址(Add)：江西省南昌市洪城大市场 B 区 10 栋 33－35－37 号
邮编(P. C.)：330009
电话(Tel)：0791－86511745
传真(Fax)：0791－86511745
联系人(Contact Person)：方贤贵

南昌市恒丽纸业洪城批发部
地址(Add)：江西省南昌市洪城大市场 D 区 15 栋 10 号，12 号
邮编(P. C.)：330025
电话(Tel)：0791－86529554
法人代表(Chairman)：周海洪
总经理(General Manager)：周海洪
联系人(Contact Person)：周海洪

伟琪纸行
地址(Add)：江西省南昌市洪城大市场 D 区 19 栋 1 号
邮编(P. C.)：330025
电话(Tel)：0791－87509120
传真(Fax)：0791－87509120
联系人(Contact Person)：秦性国

众发卫生纸品批发部
地址(Add)：江西省南昌市洪城大市场 D 区 20 号楼 9 号
邮编(P. C.)：330025
电话(Tel)：0791－86586109
E-mail：1978674432@ qq. com
联系人(Contact Person)：杨珈权

真豪纸品批发部
地址(Add)：江西省南昌市洪城大市场 D 区 25 栋 27 号
邮编(P. C.)：330009
电话(Tel)：0791－86529376
传真(Fax)：0791－86529376
联系人(Contact Person)：付新儿

南昌市慧民纸行
地址(Add)：江西省南昌市洪城大市场 D 区 25 栋 32 号
邮编(P. C.)：330009
电话(Tel)：0791－86524664
法人代表(Chairman)：曲爱民
总经理(General Manager)：曲爱民
联系人(Contact Person)：曲爱民

南昌曙光贸易有限公司
地址(Add)：江西省南昌市洪城大市场 D 区 26 栋 25－27 号
邮编(P. C.)：330009
电话(Tel)：0791－86505591
传真(Fax)：0791－86505591
联系人(Contact Person)：罗胡倚

来利纸品批发部
地址(Add)：江西省南昌市洪城大市场 D 区 30 栋 25、27 号

邮编(P. C.): 330009
电话(Tel): 0791-86521774
联系人(Contact Person): 熊福亮

南昌市秦朝纸品经营部
地址(Add): 江西省南昌市洪城大市场D区33栋11号
邮编(P. C.): 330009
电话(Tel): 0791-86526692
法人代表(Chairman): 秦朝
总经理(General Manager): 秦朝
联系人(Contact Person): 秦朝

月月红妇幼卫生商行
地址(Add): 江西省南昌市洪城大市场D区6栋27号
邮编(P. C.): 330025
电话(Tel): 0791-86511195
传真(Fax): 0791-86511195
联系人(Contact Person): 秦胜彬

南昌市洪城大市场曙光贸易有限公司
地址(Add): 江西省南昌市洪城大市场内D区26栋27号
邮编(P. C.): 330009
电话(Tel): 0791-86505591
传真(Fax): 0791-86505591
法人代表(Chairman): 罗闲标
总经理(General Manager): 罗闲标
联系人(Contact Person): 罗贝珍

南昌聚通合商贸有限公司
地址(Add): 江西省南昌市洪城路576号天使商务广场1610室
邮编(P. C.): 330009
电话(Tel): 0791-87687956
传真(Fax): 0791-86572813
总经理(General Manager): 胡斌

南昌景荣贸易有限公司
地址(Add): 江西省南昌市洪城路589号空港花苑7栋4单元201室
邮编(P. C.): 330002
电话(Tel): 0791-86560024
传真(Fax): 0791-86560024
E-mail: 414250121@qq. com
总经理(General Manager): 徐永华

南昌市群隆贸易有限公司
地址(Add): 江西省南昌市解放西路320号
邮编(P. C.): 330029
电话(Tel): 0791-88204253
联系人(Contact Person): 杨金义

江西省亿鑫纸业贸易公司
地址(Add): 江西省南昌市进贤县沿江路1号
邮编(P. C.): 331700
电话(Tel): 0791-85699579
联系人(Contact Person): 吴平卫

南昌市宏盛百货商行
地址(Add): 江西省南昌市彭家桥佳彭路彭家村农民公寓住宅小区内
邮编(P. C.): 330029
电话(Tel): 0791-88301879
传真(Fax): 0791-88301879
联系人(Contact Person): 孙耀

南昌仁信实业有限公司
地址(Add): 江西省南昌市青山湖区玉河新村
邮编(P. C.): 330000
电话(Tel): 0791-88378869
传真(Fax): 0791-88387254
E-mail: renxinshiye@163. com
法人代表(Chairman): 杨顺华
总经理(General Manager): 杨顺华
联系人(Contact Person): 杨顺华

南昌永兴贸易有限公司
地址(Add): 江西省南昌市西湖区抚生路60号
邮编(P. C.): 330025
电话(Tel): 0791-87083098
传真(Fax): 0791-86589946
总经理(General Manager): 詹平华

南昌百世隆实业有限公司
地址(Add): 江西省南昌市西湖区荣昌酒店用品城D3栋3楼
邮编(P. C.): 330000
电话(Tel): 0791-86599508
传真(Fax): 0791-86599508
E-mail: 958332879@qq. com
Http://www. ncxxy. com
联系人(Contact Person): 雷涛

江西赣西美洁纸品销售有限公司
地址(Add): 江西省萍乡市城南市场A区16号
邮编(P. C.): 337055
电话(Tel): 0799-7036968
传真(Fax): 0799-6861289
E-mail: 1142627654@qq. com
法人代表(Chairman): 钟瑞萍
总经理(General Manager): 钟瑞萍
联系人(Contact Person): 钟瑞萍

萍乡市思国纸业有限公司
地址(Add): 江西省萍乡市幸福小区6栋68号
邮编(P. C.): 337000
电话(Tel): 0799-6823886
传真(Fax): 0799-6812116
总经理(General Manager): 糜思国

玉兴批发部
地址(Add): 江西省上饶市渡口中街25号
邮编(P. C.): 334000
电话(Tel): 0793-8205278
传真(Fax): 0793-8205278
总经理(General Manager): 余玉兴
联系人(Contact Person): 熊丽娟

江西省上饶市神连纸业
地址(Add): 江西省上饶市渡口中街50号
邮编(P. C.): 334099
电话(Tel): 0793-8236116
E-mail: 418429950@qq. com
法人代表(Chairman): 潘是华

总经理(General Manager): 潘是华
联系人(Contact Person): 潘是华

上饶护好佳仓储配送
地址(Add): 江西省上饶市商贸城 D2 栋 -111 三楼
邮编(P. C.): 334099
电话(Tel): 0793 -2553530
传真(Fax): 0793 -2553530
E-mail: 809860992@ qq. com
联系人(Contact Person): 王海平

万年县娟娟经营部
地址(Add): 江西省上饶市万年县万昌大市场 11 栋 2 号
邮编(P. C.): 335500
电话(Tel): 0793 -3835596
传真(Fax): 0793 -3835596
法人代表(Chairman): 陈俊明
总经理(General Manager): 陈俊明
联系人(Contact Person): 陈俊明

鸿敏孕婴童用品营销部
地址(Add): 江西省上饶市武夷山大道 11 号
邮编(P. C.): 334100
电话(Tel): 0793 -8874528
传真(Fax): 0793 -815940
联系人(Contact Person): 周敏

江西省上饶市杨氏纸品行
地址(Add): 江西省上饶市信州区信江中路渡口中街 22 号
邮编(P. C.): 334099
电话(Tel): 0793 -7100022
联系人(Contact Person): 杨少军

上饶市佰思利贸易商行
地址(Add): 江西省上饶市信州区志敏大道(昌彪食品旁)
邮编(P. C.): 334099
电话(Tel): 0793 -8204716
E-mail: 303580651@ qq. com
联系人(Contact Person): 刘渊水

江西余干三德利百货有限公司
地址(Add): 江西省上饶市余干县东门小区 265 号
邮编(P. C.): 335100
电话(Tel): 0793 -3227682
传真(Fax): 0793 -3227682
E-mail: gygsdl@ 126. com
联系人(Contact Person): 陈科德

余干四明恒旺批发中心
地址(Add): 江西省上饶市余干县化工巷 6 号
邮编(P. C.): 335199
电话(Tel): 0793 -3205583
传真(Fax): 0793 -3205583
总经理(General Manager): 陈四萌

新余市恒安商贸有限责任公司
地址(Add): 江西省新余市顺利北路 225 号
邮编(P. C.): 338025
电话(Tel): 0790 -6213131
传真(Fax): 0790 -6213431
联系人(Contact Person): 敖少斌

新余市誉名扬商贸有限公司
地址(Add): 江西省新余市五金工业园区(凯利门业内)
邮编(P. C.): 338025
电话(Tel): 0790 -6445171
传真(Fax): 0790 -6445172
联系人(Contact Person): 简小敏

盛兴纸品
地址(Add): 江西省宜春市万载名优特 1 栋 42 号
邮编(P. C.): 336000
电话(Tel): 0795 -8913335
联系人(Contact Person): 张圣云

龙腾纸品
地址(Add): 江西省宜春市万载县名优特大市场一栋 27 号
邮编(P. C.): 336100
电话(Tel): 0795 -8913728
法人代表(Chairman): 朱小红
总经理(General Manager): 朱小红
联系人(Contact Person): 朱小红

鹰潭利群纸行
地址(Add): 江西省鹰潭市干鲜果批发市场 245 号
邮编(P. C.): 335000
电话(Tel): 0701 -6461096
传真(Fax): 0701 -6461096
E-mail: 2661252450@ qq. com
法人代表(Chairman): 艾文亮
总经理(General Manager): 艾文亮
联系人(Contact Person): 艾文亮

鹰潭市天亮纸行
地址(Add): 江西省鹰潭市赣东商城五区一楼 20 号
邮编(P. C.): 335000
电话(Tel): 0701 -6251292
E-mail: 438116547@ qq. com
联系人(Contact Person): 徐兵福

鹰潭市双娥纸品批发商行
地址(Add): 江西省鹰潭市南站干鲜果批发市场 631 号
邮编(P. C.): 335000
电话(Tel): 0701 -6466859
传真(Fax): 0701 -6466859
法人代表(Chairman): 桂建云
总经理(General Manager): 桂建云
联系人(Contact Person): 桂建云

江西省鹰潭市桂云海纸品商行
地址(Add): 江西省鹰潭市南站干鲜果三角停车场 534 号
邮编(P. C.): 335003
电话(Tel): 0701 -6468786
传真(Fax): 0701 -6468786
E-mail: 66444114@ qq. com
总经理(General Manager): 桂云海
联系人(Contact Person): 梅来凤

亚鹏商行
地址(Add): 江西省鹰潭市南站干鲜果市场 172 号
邮编(P. C.): 335003
电话(Tel): 0701 -6467838
传真(Fax): 0701 -6467838

联系人(Contact Person)：李美良

鹰潭市玉英纸业商行
地址(Add)：江西省鹰潭市南站路干鲜果批发市场1001－1002号
邮编(P. C.)：335000
电话(Tel)：0701－6466858
传真(Fax)：0701－7033328
E-mail：1344362715@qq. com
法人代表(Chairman)：孙玉英
总经理(General Manager)：孙玉英
联系人(Contact Person)：孙玉英

◆山东 Shandong

山东省滨州市金城纸业
地址(Add)：山东省滨州市滨城区黄河六路渤海六路姜家市场164号
邮编(P. C.)：256600
电话(Tel)：0543－3887159
传真(Fax)：0543－6996158
联系人(Contact Person)：张金豹

山东滨州春颖纸业有限公司
地址(Add)：山东省滨州市渤海区渤海十二路511号
邮编(P. C.)：256600
电话(Tel)：0543－3262611
传真(Fax)：0543－3262658
联系人(Contact Person)：崔秀繁

滨州宇润商贸有限公司
地址(Add)：山东省滨州市黄河二路616号
邮编(P. C.)：256214
电话(Tel)：0543－3278388
传真(Fax)：0543－3278388
联系人(Contact Person)：王建民

山东省滨州市好伙伴商贸有限公司
地址(Add)：山东省滨州市黄河二路776号
邮编(P. C.)：256214
电话(Tel)：0543－3350335
E-mail：1051897272@qq. com
总经理(General Manager)：魏海峰

阳信玲玲纸业
地址(Add)：山东省滨州市阳信县园亭商场西首路北
邮编(P. C.)：251800
电话(Tel)：0543－8214226
联系人(Contact Person)：王金志

梁邹纸业批发部
地址(Add)：山东省滨州市邹平县东升商城11号
邮编(P. C.)：256200
电话(Tel)：0543－4321132
传真(Fax)：0543－4321132
E-mail：yishuguang007@163. com
法人代表(Chairman)：伊曙光
总经理(General Manager)：伊曙光
联系人(Contact Person)：伊曙光

德州立扬商贸有限公司
地址(Add)：山东省德州市解放北路366号
邮编(P. C.)：253018
电话(Tel)：0534－5081939
传真(Fax)：0534－5081939
法人代表(Chairman)：张洪春
总经理(General Manager)：张洪春
联系人(Contact Person)：张洪春

德州腾越纸业
地址(Add)：山东省德州市解放北路运达物流园A6－16号
邮编(P. C.)：253018
电话(Tel)：0534－2389556
传真(Fax)：0534－2389556
E-mail：1242409877@qq. com
联系人(Contact Person)：李振军

恒安纸业
地址(Add)：山东省德州市乐陵市兴隆商贸城10－1
邮编(P. C.)：253600
电话(Tel)：0534－6265585
传真(Fax)：0534－6265585
联系人(Contact Person)：王勇

金仓商贸
地址(Add)：山东省德州市陵西路红星机械厂院内
邮编(P. C.)：253000
电话(Tel)：0534－2326689
传真(Fax)：0534－2326689
E-mail：1584716058@qq. com
法人代表(Chairman)：田春国
总经理(General Manager)：田春国
联系人(Contact Person)：田春国

龙兴纸业
地址(Add)：山东省德州市齐河县齐晏大街
邮编(P. C.)：251100
电话(Tel)：0534－5323446
联系人(Contact Person)：曹英

山东齐河龙华纸业
地址(Add)：山东省德州市齐河县齐宴大街西首395号
邮编(P. C.)：251100
电话(Tel)：0534－5323446
法人代表(Chairman)：谯佃华
总经理(General Manager)：谯佃华
联系人(Contact Person)：谯佃华

齐河县恒安卫生纸销售集团公司
地址(Add)：山东省德州市齐河县新华路326号
邮编(P. C.)：251100
电话(Tel)：0534－5660138
联系人(Contact Person)：张伟伟

庆云副食城万众纸巾批发
地址(Add)：山东省德州市庆云副食城四栋61－64号
邮编(P. C.)：253700
电话(Tel)：0534－7080621
联系人(Contact Person)：王学文

丽明百纺批发部
地址(Add)：山东省东营市广饶县宾昇路193号
邮编(P. C.)：257348

电话(Tel)：0546－6447258
传真(Fax)：0546－6447258
总经理(General Manager)：李霞

震东毛巾纸品批发
地址(Add)：山东省东营市刘家批发市场12号楼
邮编(P. C.)：257047
电话(Tel)：0546－7775039
联系人(Contact Person)：朱可江

东营市双成日化批发中心
地址(Add)：山东省东营市刘家批发市场22号楼
邮编(P. C.)：257000
电话(Tel)：0546－7780388
法人代表(Chairman)：田广富
总经理(General Manager)：田广富
联系人(Contact Person)：田广富

菏泽隆昌妇幼用品配送中心
地址(Add)：山东省菏泽市220国道新花都百货大市场B区21号
邮编(P. C.)：274000
电话(Tel)：0530－5532528
传真(Fax)：0530－5532528
联系人(Contact Person)：王成文

菏泽市千辉商贸
地址(Add)：山东省菏泽市曹县开发区
邮编(P. C.)：274000
电话(Tel)：0530－3433652
E-mail：1131718906@qq. com
联系人(Contact Person)：赵传星

成武纸厂
地址(Add)：山东省菏泽市成武县批发街老汽车站东50米路南
邮编(P. C.)：274200
电话(Tel)：0530－8624102
法人代表(Chairman)：余传银
总经理(General Manager)：余传银
联系人(Contact Person)：余传银

菏泽市顺柔日用品经营部
地址(Add)：山东省菏泽市广州路交通家园12号楼1单元302
邮编(P. C.)：274002
电话(Tel)：0530－5266222
联系人(Contact Person)：汪凌涛

宏泰卫生用品
地址(Add)：山东省菏泽市恒盛大市场东500米
邮编(P. C.)：274000
电话(Tel)：0530－5353337
E-mail：984347377@qq. com
联系人(Contact Person)：崔玉华

菏泽市惠好商贸有限公司
地址(Add)：山东省菏泽市花都百货大市场B区46A
邮编(P. C.)：274000
电话(Tel)：0530－5615621
传真(Fax)：0530－5615621
联系人(Contact Person)：路淑环

菏泽吉祥妇幼用品配送中心
地址(Add)：山东省菏泽市吉祥商城40号(二完小南)
邮编(P. C.)：274400
电话(Tel)：0530－5619026
传真(Fax)：0530－5619026
法人代表(Chairman)：张卫东
总经理(General Manager)：张卫东
联系人(Contact Person)：张卫东

雅雨纸业
地址(Add)：山东省菏泽市牡丹区牡丹办事处(曹州牡丹园往北2公里)
邮编(P. C.)：274000
电话(Tel)：0530－5646505
传真(Fax)：0530－5646505
联系人(Contact Person)：丁宗培

成威纸业
地址(Add)：山东省菏泽市牡丹区胜利路1号楼
邮编(P. C.)：274000
电话(Tel)：0530－5510883
总经理(General Manager)：成继军

山东菏泽海滨妇婴纸品
地址(Add)：山东省菏泽市南华商贸城7－A－5号
邮编(P. C.)：274000
电话(Tel)：0530－5608199
传真(Fax)：0530－5608199
E-mail：8199ghb@163. com
法人代表(Chairman)：耿海滨
总经理(General Manager)：耿海滨
联系人(Contact Person)：耿海滨

单县工业品有限公司
地址(Add)：山东省菏泽市单县健康路中段路北
邮编(P. C.)：274300
电话(Tel)：0530－4895285
联系人(Contact Person)：杨帅

菏泽市海天纸业
地址(Add)：山东省菏泽市胜利路19号
邮编(P. C.)：274000
电话(Tel)：0530－3967580
传真(Fax)：0530－3967580
联系人(Contact Person)：张海力

华康纸业
地址(Add)：山东省菏泽市胜利路西头路南
邮编(P. C.)：274000
电话(Tel)：0530－5516599
传真(Fax)：0530－5516599
E-mail：hkzp6666@126. com
联系人(Contact Person)：李振杰

远景纸业
地址(Add)：山东省菏泽市太原路老罐头厂院内
邮编(P. C.)：274000
电话(Tel)：0530－5162886
传真(Fax)：0530－5162886

联系人(Contact Person)：陈飞

山东庄婷日用品有限公司
地址(Add)：山东省菏泽市西安路北段(原第四粮库院内)
邮编(P. C.)：274000
电话(Tel)：8008605799
传真(Fax)：0530－5296999
E-mail：zhuangting. 2007@ 163. com
法人代表(Chairman)：李园
总经理(General Manager)：王淑湃
联系人(Contact Person)：王淑湃

济南盛世天和贸易有限公司
地址(Add)：山东省济南市北园路26号龙岱花园
邮编(P. C.)：250033
电话(Tel)：0531－88603071
传真(Fax)：0531－88603073
总经理(General Manager)：王军

济南美玥达商贸有限公司
地址(Add)：山东省济南市长清区东关村长兴街北段路西
邮编(P. C.)：250000
电话(Tel)：0531－87220789
传真(Fax)：0531－87232005
E-mail：jnmydsm@ 163. com
总经理(General Manager)：王涛
联系人(Contact Person)：王涛

济南芳蕊纸业经营部
地址(Add)：山东省济南市槐荫段店经六路延长线390号
邮编(P. C.)：250022
电话(Tel)：0531－87568721
传真(Fax)：0531－87560136
E-mail：648487296@ qq. com
法人代表(Chairman)：魏占喜
总经理(General Manager)：魏占喜
联系人(Contact Person)：朱振伟

济南梦雅实业有限公司
地址(Add)：山东省济南市济齐路匡山酒水精品批发城二楼6排21号
邮编(P. C.)：250023
电话(Tel)：0531－87501191
传真(Fax)：0531－87060058
E-mail：50371816@ qq. com
法人代表(Chairman)：丁洪湖
总经理(General Manager)：丁庆涛
联系人(Contact Person)：丁庆涛

永红纸业批发
地址(Add)：山东省济南市济阳商城一路北首路西
邮编(P. C.)：251400
电话(Tel)：0531－84218948
联系人(Contact Person)：李民

济南建成纸品商行
地址(Add)：山东省济南市经一纬九路绿洋商城B－009号
邮编(P. C.)：250021
电话(Tel)：0531－87940901
E-mail：630901214@ qq. com
联系人(Contact Person)：朱殿华

济南春美商贸有限公司
地址(Add)：山东省济南市绿地国际花都4区1号楼2单元2404
邮编(P. C.)：250117
电话(Tel)：0531－85550012
传真(Fax)：0531－85550012
E-mail：137805110@ qq. com
联系人(Contact Person)：苏军

济南新东纸业
地址(Add)：山东省济南市明湖东路
邮编(P. C.)：250033
电话(Tel)：0531－86982060
传真(Fax)：0531－86981543
法人代表(Chairman)：慈新东
总经理(General Manager)：慈新东
联系人(Contact Person)：慈新东

山东日康卫生用品有限公司
地址(Add)：山东省济南市齐河经济技术开发区纬五路
邮编(P. C.)：251100
电话(Tel)：0531－85666110
传真(Fax)：0531－88633289
E-mail：jnanshuang@ 163. com
联系人(Contact Person)：黄海峰

济南市商河县天地缘商贸有限公司
地址(Add)：山东省济南市商河县银河路83号
邮编(P. C.)：251600
电话(Tel)：0531－84872958
传真(Fax)：0531－82339639
法人代表(Chairman)：邸天平
总经理(General Manager)：邸天平
联系人(Contact Person)：邸天平

济南展业商贸有限公司
地址(Add)：山东省济南市张庄路44号
邮编(P. C.)：250023
电话(Tel)：0531－85990558
传真(Fax)：0531－85960641
总经理(General Manager)：吴帆

丽华百货
地址(Add)：山东省济南市章丘绣水大街环湖路
邮编(P. C.)：250200
电话(Tel)：0531－83229938
法人代表(Chairman)：王令永
总经理(General Manager)：王令永
联系人(Contact Person)：王令永

济南刘刚商贸有限公司
地址(Add)：山东省济南市祝甸西周南路22号
邮编(P. C.)：250100
电话(Tel)：0531－88062506
传真(Fax)：0531－88062506
法人代表(Chairman)：刘刚
总经理(General Manager)：刘刚
联系人(Contact Person)：刘刚

曲阜市爱心日化商贸公司
地址(Add)：山东省济宁曲阜市有朋路中段
邮编(P. C.)：273100
电话(Tel)：0537－4409086
传真(Fax)：0537－4409086
联系人(Contact Person)：崔运红

山东济宁妇婴纸品商贸
地址(Add)：山东省济宁市草桥口批发市场北首382号
邮编(P. C.)：272000
电话(Tel)：0537－3365299
联系人(Contact Person)：孟德胜

济宁市悦诚伟业商贸有限公司
地址(Add)：山东省济宁市岱庄路68号
邮编(P. C.)：272000
传真(Fax)：0537－2221310
E-mail：1031498207@qq.com
总经理(General Manager)：沈飞

山东济宁宝诚经贸有限公司
地址(Add)：山东省济宁市第一加油站向北200米向西500米高科化工西邻
邮编(P. C.)：272200
电话(Tel)：0537－2337276
传真(Fax)：0537－2337276
E-mail：2280976921@qq.com
联系人(Contact Person)：张远成

连杰纸业
地址(Add)：山东省济宁市嘉祥县马村镇
邮编(P. C.)：272402
电话(Tel)：0537－6443195
联系人(Contact Person)：陆世杰

济宁市鑫磊工贸有限公司
地址(Add)：山东省济宁市济邹路东五里营1号路南农资仓库院内
邮编(P. C.)：272000
电话(Tel)：0537－2380311
传真(Fax)：0537－2380311
法人代表(Chairman)：路新立
总经理(General Manager)：路新立
联系人(Contact Person)：路新立

山东金乡长荣商贸
地址(Add)：山东省济宁市金乡县金兴北路28－1号
邮编(P. C.)：272200
电话(Tel)：0537－8754508
传真(Fax)：0537－8759508
联系人(Contact Person)：刘西奉

露全纸业
地址(Add)：山东省济宁市金乡县经济园一道街北首
邮编(P. C.)：272200
电话(Tel)：0537－8061234
E-mail：12940467@qq.com
法人代表(Chairman)：李露全
总经理(General Manager)：李露全
联系人(Contact Person)：李露全

梁山县舒肤佳纸业商贸中心
地址(Add)：山东省济宁市梁山县梁山镇凤山居委会
邮编(P. C.)：272600
电话(Tel)：0537－3391369
联系人(Contact Person)：陈存社

曲阜市中正商贸有限公司
地址(Add)：山东省济宁市曲阜市仓庚路164号(中医院南30米路东)
邮编(P. C.)：273100
电话(Tel)：0537－4494926
传真(Fax)：0537－4494926
法人代表(Chairman)：赵志远
总经理(General Manager)：赵志远
联系人(Contact Person)：赵志远

济宁长瑞商贸有限公司
地址(Add)：山东省济宁市市中区太白西路鲁杭西邻平安停车场内
邮编(P. C.)：272000
电话(Tel)：0537－2104666
传真(Fax)：0537－2104666
E-mail：changruishangmao@163.com
法人代表(Chairman)：李全洪
总经理(General Manager)：李全洪
联系人(Contact Person)：李全洪

微山永鑫纸业
地址(Add)：山东省济宁市微山县磨担街138号
邮编(P. C.)：277602
电话(Tel)：0537－8268056
传真(Fax)：0537－8268056
E-mail：1304009798@qq.com
总经理(General Manager)：许峰

济宁奎文商贸有限公司
地址(Add)：山东省济宁市文胜街(草桥口)批发市场105号
邮编(P. C.)：272000
电话(Tel)：0537－2215479
传真(Fax)：0537－2215479
法人代表(Chairman)：侯祥同
总经理(General Manager)：侯祥同
联系人(Contact Person)：侯祥同

兖州合作百意商贸有限公司
地址(Add)：山东省济宁市兖州市北站货场路1号
邮编(P. C.)：272100
电话(Tel)：0537－3488440
传真(Fax)：0537－3810266
E-mail：gcss3810266@163.com
法人代表(Chairman)：王莲臣
总经理(General Manager)：王莲臣
联系人(Contact Person)：黄书伟

兖州华通糖业有限公司
地址(Add)：山东省济宁市兖州市中御桥北路14号
邮编(P. C.)：272100
电话(Tel)：0537－3420409
法人代表(Chairman)：王福志
总经理(General Manager)：王福志
联系人(Contact Person)：鲍金柱

山东省济宁邹城市泰龙商贸有限公司
地址(Add)：山东省济宁市邹城市东方圣都1177号
邮编(P. C.)：273500
电话(Tel)：0537－5345642
传真(Fax)：0537－3382789
E-mail：tailong666888@163. com
法人代表(Chairman)：郑冲
总经理(General Manager)：郑冲
联系人(Contact Person)：郑冲

山东省邹城市开发区林丰商店
地址(Add)：山东省济宁市邹城市开发区批发市场1排19号北邻
邮编(P. C.)：273500
电话(Tel)：0537－5345120
传真(Fax)：0537－5345120
E-mail：252129073@qq. com
法人代表(Chairman)：孔凡良
总经理(General Manager)：孔凡良
联系人(Contact Person)：孔凡良

立兴百货批发总汇
地址(Add)：山东省聊城市临清市天桥商贸城4号楼106
邮编(P. C.)：252600
电话(Tel)：0635－2333551
传真(Fax)：0635－2328994
联系人(Contact Person)：张岱

山东高康人和纸业有限公司
地址(Add)：山东省聊城市泉林纸品产业园
邮编(P. C.)：252800
电话(Tel)：0635－3963369
传真(Fax)：0635－3963369
联系人(Contact Person)：张红旗

聊城市文彤洗化商行
地址(Add)：山东省聊城市香江光彩大市场金海东五街104号
邮编(P. C.)：252000
电话(Tel)：0635－8689097
法人代表(Chairman)：王洁纯
总经理(General Manager)：李文宏
联系人(Contact Person)：李文宏

聊城水城卫生用品批发中心
地址(Add)：山东省聊城市香江光彩大市场金海东五街88号
邮编(P. C.)：252000
电话(Tel)：0635－8688593
法人代表(Chairman)：冯兴旺
总经理(General Manager)：冯兴旺
联系人(Contact Person)：卢焕国

聊城妇婴用品批发商行
地址(Add)：山东省聊城市香江金海东五街20号
邮编(P. C.)：252000
电话(Tel)：0635－8688917
传真(Fax)：0635－8688917
E-mail：13906359929@139. com
法人代表(Chairman)：符振昌
总经理(General Manager)：符振昌
联系人(Contact Person)：符振昌

可心纸业
地址(Add)：山东省聊城市香江一期金海东五街101号
邮编(P. C.)：252019
电话(Tel)：0635－8689709
联系人(Contact Person)：张中秋

牡丹纸品
地址(Add)：山东省聊城市阳谷阳金路中段
邮编(P. C.)：252300
电话(Tel)：0635－6877358
联系人(Contact Person)：白英雪

山东省临清市红霞纸巾商贸
地址(Add)：山东省临清市粮食局家属楼1号楼1单元2楼7户
邮编(P. C.)：252000
电话(Tel)：0635－2101769
传真(Fax)：0635－2101769
联系人(Contact Person)：秦红霞

临沂冠晟商贸有限公司
地址(Add)：山东省临沂市城建时代广场1814室
邮编(P. C.)：276000
电话(Tel)：0539－8373078
传真(Fax)：0539－8373086
E-mail：cjl75@163. com
联系人(Contact Person)：张建龙

费县顺发商贸
地址(Add)：山东省临沂市费县文明村80号
邮编(P. C.)：273400
电话(Tel)：0539－5065368
传真(Fax)：0539－5065368
E-mail：chenzhonghong－1234@126. com
联系人(Contact Person)：杨艳

临沂景江百货
地址(Add)：山东省临沂市河东开发区
邮编(P. C.)：276000
电话(Tel)：0539－8866135
传真(Fax)：0539－8866135
联系人(Contact Person)：赵景贵

临沂东兴商贸
地址(Add)：山东省临沂市河东区火车站北邻
邮编(P. C.)：276000
电话(Tel)：0539－2933882
传真(Fax)：0539－2933882
联系人(Contact Person)：刘学杰

临沂市河东区兰蝴蝶纸业
地址(Add)：山东省临沂市河东区太平街道办事处大刘寨村
邮编(P. C.)：276000
电话(Tel)：0539－8759197
联系人(Contact Person)：刘士东

厚旺贸易有限公司
地址(Add)：山东省临沂市华丰副食批发城A区7号(临西九路与双岭路交汇处)

邮编(P. C.): 276000
电话(Tel): 0539－7679771
传真(Fax): 0539－7679772
E-mail: 250931563@ qq. com
联系人(Contact Person): 黄武辉

临沂嘉华商贸
地址(Add): 山东省临沂市华丰国际副食批发城 B 区 61 号
邮编(P. C.): 276000
电话(Tel): 0539－7679568
联系人(Contact Person): 王公营

山东省临沂市供销合作社
地址(Add): 山东省临沂市经济开发区沂河路 101 号
邮编(P. C.): 276016
电话(Tel): 0539－8228237
E-mail: 1005491672@ qq. com
法人代表(Chairman): 潘广琴
总经理(General Manager): 潘广琴
联系人(Contact Person): 杨新文

森森纸品
地址(Add): 山东省临沂市聚才路中国教育用品采购基地 4 号楼 1076 号
邮编(P. C.): 276000
电话(Tel): 0539－8213493
传真(Fax): 0539－8013669
E-mail: theth1990@ 163. com
Http://theth. taobao. com
总经理(General Manager): 葛飞兵
联系人(Contact Person): 葛朝进

临沂坤裕纸品
地址(Add): 山东省临沂市聚财路西段中国教育用品基地 2 号楼 1026 房
邮编(P. C.): 276002
电话(Tel): 0539－8238230
传真(Fax): 0539－8238230
法人代表(Chairman): 牛镇伟
总经理(General Manager): 牛镇伟
联系人(Contact Person): 牛镇伟

临沂市洁思柔卫生用品公司
地址(Add): 山东省临沂市兰山区
邮编(P. C.): 276000
电话(Tel): 0539－8335692
传真(Fax): 0539－2980719
联系人(Contact Person): 韩永四

妇婴用品配送
地址(Add): 山东省临沂市蓝山区临西九路南道工业区
邮编(P. C.): 276000
电话(Tel): 0539－8336381
传真(Fax): 0539－3592693
E-mail: Laichaoyang163@ 163. com
联系人(Contact Person): 赖朝阳

临沂同安纸业商贸
地址(Add): 山东省临沂市临西八路与开阳路交汇处
邮编(P. C.): 276000
电话(Tel): 0539－2460158
联系人(Contact Person): 王世忠

临沂市志浩纸品商行
地址(Add): 山东省临沂市临西二路与解放路交汇处向北 50 米路东
邮编(P. C.): 276002
电话(Tel): 0539－8231210
联系人(Contact Person): 张文霞

源泉纸业商贸
地址(Add): 山东省临沂市临西七路北段美多现代城 1256－1257 号
邮编(P. C.): 276006
电话(Tel): 0539－8335692
传真(Fax): 0539－8351559
法人代表(Chairman): 韩卫涛
总经理(General Manager): 韩卫涛
联系人(Contact Person): 韩卫涛

山东鑫盟纸品批发配送中心
地址(Add): 山东省临沂市临西七路美多商品城 1266 号
邮编(P. C.): 276006
电话(Tel): 0539－3111229
联系人(Contact Person): 冯兰秀

临沂云舟商贸有限公司
地址(Add): 山东省临沂市临西十路华东干果塑料市场 4 楼 1 号
邮编(P. C.): 276000
电话(Tel): 0539－2525110
传真(Fax): 0539－2525110
法人代表(Chairman): 于文波
总经理(General Manager): 于文波
联系人(Contact Person): 于文波

马头纸品批发部
地址(Add): 山东省临沂市郯城县马头南元街
邮编(P. C.): 276100
电话(Tel): 0539－6771062
联系人(Contact Person): 柴守明

郯城县马头镇明磊纸品销售部
地址(Add): 山东省临沂市郯城县马头综合市场
邮编(P. C.): 276126
电话(Tel): 0539－6771506
传真(Fax): 0539－6770199
联系人(Contact Person): 冯兰芬

山东省临沂市馨远商贸
地址(Add): 山东省临沂市小商品城 6 栋楼 133 号
邮编(P. C.): 276000
电话(Tel): 0539－8200612
传真(Fax): 0539－8119911
E-mail: 969910369@ qq. com
法人代表(Chairman): 陈青
总经理(General Manager): 陈青
联系人(Contact Person): 陈青

康洁纸品
地址(Add): 山东省临沂市小商品城 8 号楼 0192 号
邮编(P. C.): 276000

电话(Tel)：0539－8021771
E-mail：784833680@qq.com
联系人(Contact Person)：郑洁

永胜商行
地址(Add)：山东省临沂市小商品城8号楼0193号
邮编(P.C.)：276000
电话(Tel)：0539－8021771
传真(Fax)：0539－8021771
E-mail：784833680@qq.com
总经理(General Manager)：郑洁
联系人(Contact Person)：郑洁

润芳妇婴用品销售中心
地址(Add)：山东省临沂市小商品城9号楼0215房间
邮编(P.C.)：276000
电话(Tel)：0539－8295898
E-mail：921422987@qq.com
法人代表(Chairman)：刘秀芳
总经理(General Manager)：刘秀芳
联系人(Contact Person)：刘秀芳

临沂相约纸业
地址(Add)：山东省临沂市小商品城东门对过272号楼1018号
邮编(P.C.)：276000
电话(Tel)：0539－8061146
传真(Fax)：0539－6175619
E-mail：1327559582@qq.com
法人代表(Chairman)：刘士方
总经理(General Manager)：刘士方
联系人(Contact Person)：刘士方

顺成商贸
地址(Add)：山东省临沂市小商品城二期6号楼1111号
邮编(P.C.)：276000
电话(Tel)：0539－8068009
传真(Fax)：0539－8365551
法人代表(Chairman)：郑永武
总经理(General Manager)：郑永武
联系人(Contact Person)：郑永武

瑞东商行
地址(Add)：山东省临沂市小商品城二期7号楼1128房间
邮编(P.C.)：276000
电话(Tel)：0539－6175555
传真(Fax)：0539－8060688
联系人(Contact Person)：赵坤

山东永利商贸商场超市配送中心
地址(Add)：山东省临沂市小商品城日化市场二期六路西沿街5号楼1101
邮编(P.C.)：276000
电话(Tel)：0539－8211108
传真(Fax)：0539－8066769
E-mail：1574851187@qq.com
联系人(Contact Person)：张夏

临沂广源纸业
地址(Add)：山东省临沂市小商品市场路东668号
邮编(P.C.)：276000
电话(Tel)：0539－8072395
传真(Fax)：0539－8072395
E-mail：769806822@qq.com
总经理(General Manager)：谢浩

郯城福源超市
地址(Add)：山东省临沂市郯城县高峰头中心路
邮编(P.C.)：276100
电话(Tel)：0539－6552009
传真(Fax)：0539－6552009
E-mail：469910444@qq.com
法人代表(Chairman)：马光银
总经理(General Manager)：马光银
联系人(Contact Person)：马光银

山东郯城利顺卫生用品厂
地址(Add)：山东省临沂市郯城县码头镇韩楼村
邮编(P.C.)：276126
电话(Tel)：0539－6772105
E-mail：596533309@qq.com
联系人(Contact Person)：刘宗平

山东郯城县银鸽商贸有限公司
地址(Add)：山东省临沂市郯城县郯马经济开发区
邮编(P.C.)：276126
电话(Tel)：0539－6771128
总经理(General Manager)：李建明

青岛点凡婴童用品有限公司
地址(Add)：山东省青岛市北区辽阳西路258号恒苑小区19号楼1单元1801室
邮编(P.C.)：266000
电话(Tel)：0532－66565183
传真(Fax)：0532－85692836
E-mail：422051452@qq.com
联系人(Contact Person)：周九勤

大伟火机商行
地址(Add)：山东省青岛即墨市嵩山二路774号(小商品城6号门斜对面)
邮编(P.C.)：266299
电话(Tel)：0532－88593387
传真(Fax)：0532－88586412
E-mail：940228775@qq.com
总经理(General Manager)：李大伟
联系人(Contact Person)：李大伟

金山纸业
地址(Add)：山东省青岛胶南市人民路338号
邮编(P.C.)：266400
电话(Tel)：0532－86118792
联系人(Contact Person)：杨金山

青岛恒福鑫日用品有限公司
地址(Add)：山东省青岛莱西市蓬莱路405号滨县路
邮编(P.C.)：266600
电话(Tel)：0532－88488849
传真(Fax)：0532－88488849
总经理(General Manager)：李福修

青岛城阳鑫辉纸业
地址(Add)：山东省青岛市城阳崇阳路(东)物流港50号

国货西500米路南
邮编(P. C.)：266109
电话(Tel)：0532－81174999
联系人(Contact Person)：纪敏昂

青岛金城发百货配送中心
地址(Add)：山东省青岛市城阳区西城汇村
邮编(P. C.)：266112
电话(Tel)：0532－8774438
联系人(Contact Person)：张之良

青岛海盛源日用品商行
地址(Add)：山东省青岛市城阳区夏塔路336号
邮编(P. C.)：266107
电话(Tel)：0532－68000978
传真(Fax)：0532－68000978
联系人(Contact Person)：赵加乾

青岛北瑞贸易有限公司
(详见绒毛浆)

胶南市糖酒副食品总公司
地址(Add)：山东省青岛市黄岛区临港一路579号
邮编(P. C.)：266400
电话(Tel)：0532－88183357
传真(Fax)：0532－88183645
E-mail：sunling8973@163. com
法人代表(Chairman)：姜科情
总经理(General Manager)：孙玲
联系人(Contact Person)：孙玲

即墨阳光辉源百货商店
地址(Add)：山东省青岛市即墨副食品批发市场一区三号楼27号
邮编(P. C.)：266200
电话(Tel)：0532－87555670
传真(Fax)：0532－87555670
E-mail：745653875@qq. com
法人代表(Chairman)：杨慧业
总经理(General Manager)：杨慧业
联系人(Contact Person)：杨慧业

青岛市即墨恒新妇幼卫生品经营部
地址(Add)：山东省青岛市即墨经济开发区泰山二路197号
邮编(P. C.)：266000
电话(Tel)：0532－87520099
传真(Fax)：0532－87520099
E-mail：443541535@qq. com
法人代表(Chairman)：乔棣先
总经理(General Manager)：乔棣先
联系人(Contact Person)：乔文

青岛冉冉商贸有限公司
地址(Add)：山东省青岛市即墨市经济开发区万科四季花城30号
邮编(P. C.)：266200
电话(Tel)：0532－87552446
传真(Fax)：0532－87559217
E-mail：piaoxuereanran@163. com
总经理(General Manager)：于德海

鑫悦佳卫生用品经营部
地址(Add)：山东省青岛市即墨市小商品城厂家直销区5号门1号西门
邮编(P. C.)：266200
电话(Tel)：0532－88586521
传真(Fax)：0532－88586521
法人代表(Chairman)：徐维进
总经理(General Manager)：徐维进
联系人(Contact Person)：徐维进

胶南市洁美纸巾总汇
地址(Add)：山东省青岛市胶南市人民路东段黄山路与人民路十字路口南
邮编(P. C.)：266400
电话(Tel)：0532－86131801
法人代表(Chairman)：殷照忠
总经理(General Manager)：殷照忠
联系人(Contact Person)：殷照忠

青岛茂鑫商贸有限公司
地址(Add)：山东省青岛市胶州市福州北路79号
邮编(P. C.)：266300
电话(Tel)：0532－87235662
传真(Fax)：0532－87288961
总经理(General Manager)：韩杰俊
联系人(Contact Person)：韩杰俊

广宏妇幼有限公司
地址(Add)：山东省青岛市经济技术开发区江山北路12号
邮编(P. C.)：266000
电话(Tel)：0532－85728816
传真(Fax)：0532－85728816
法人代表(Chairman)：王广宏
总经理(General Manager)：祁学明
联系人(Contact Person)：祁学明

青岛青顺商贸有限公司
地址(Add)：山东省青岛市经济技术开发区齐长城花园后
邮编(P. C.)：266000
电话(Tel)：0532－86888129
传真(Fax)：0532－86888129
法人代表(Chairman)：金延青
总经理(General Manager)：金延青
联系人(Contact Person)：金延青

青岛福顺兴商贸有限公司
地址(Add)：山东省青岛市莱西市沽河街道办事处
邮编(P. C.)：266000
电话(Tel)：0532－87451788
总经理(General Manager)：张伟革

维客采购中心有限公司洗化分公司
地址(Add)：山东省青岛市李沧区京口路86号
邮编(P. C.)：266000
电话(Tel)：0532－87624888－6505
传真(Fax)：0532－87893501
E-mail：gaomeng@weekly. cn
Http://www. weekly. cn
联系人(Contact Person)：高猛

瑞祥通商贸
地址(Add)：山东省青岛市李昌区广水路610号福昆大厦5楼
邮编(P. C.)：266000
电话(Tel)：0532 -55660619
传真(Fax)：0532 -81926813
E-mail：llh@ iliqun. com
联系人(Contact Person)：李林桦

青岛维思国际贸易有限公司
地址(Add)：山东省青岛市闽江路6号宜仕宜家506室
邮编(P. C.)：266071
电话(Tel)：0532 -85826050 -3605
传真(Fax)：0532 -85829503
E-mail：yuzongpeng@ hotmail. com
法人代表(Chairman)：于宗朋
总经理(General Manager)：于宗朋
联系人(Contact Person)：于宗朋

青岛通利丰商贸有限公司
地址(Add)：山东省青岛市浦口路8号1001室
邮编(P. C.)：266021
电话(Tel)：0532 -83037272
传真(Fax)：0532 -86063811
联系人(Contact Person)：刘国健

青岛广通宇商贸有限公司
地址(Add)：山东省青岛市市北区利津路29号丁
邮编(P. C.)：266000
电话(Tel)：0532 -86011606
传真(Fax)：0532 -86011619
联系人(Contact Person)：王厚诚

青岛世纪千钧经贸有限公司
地址(Add)：山东省青岛市市北区利津路29号用户
邮编(P. C.)：266021
电话(Tel)：0532 -83847895
传真(Fax)：0532 -83822737
E-mail：xinqianjunshangmao@ 163. com
联系人(Contact Person)：秦绪九

青岛关爱一生卫生用品批发站
地址(Add)：山东省青岛市市北区台东三路步行街东头(小绍兴酒店对面)
邮编(P. C.)：266071
电话(Tel)：0532 -88684858
传真(Fax)：0532 -83671141
E-mail：1287381949@ qq. com
法人代表(Chairman)：杨慧勇
总经理(General Manager)：刘彩茶
联系人(Contact Person)：刘彩茶

青岛元迪贸易有限公司
地址(Add)：山东省青岛市市北区台湛路41号丙
邮编(P. C.)：266022
电话(Tel)：0532 -83634666
传真(Fax)：0532 -83671009
联系人(Contact Person)：高莉

青岛亿生堂工贸有限公司
地址(Add)：山东省青岛市市北区同福路7号1号楼2单元202
邮编(P. C.)：266000
电话(Tel)：0532 -67770762
传真(Fax)：0532 -67770762
E-mail：itspure2011@ hotmail. com
法人代表(Chairman)：杨卫东
总经理(General Manager)：杨卫东
联系人(Contact Person)：杨卫东

青岛荣升源商贸有限公司
地址(Add)：山东省青岛市市北区吴石路7号
邮编(P. C.)：266000
电话(Tel)：0532 -88992890
传真(Fax)：0532 -85981705
联系人(Contact Person)：孙连升

徐记福商贸有限公司
地址(Add)：山东省青岛市市政经济工业园
邮编(P. C.)：266000
电话(Tel)：0532 -88715858
联系人(Contact Person)：徐中刚

海娃贝贝孕婴用品配送有限公司
地址(Add)：山东省青岛市四方区杭州路167号3号楼 -8
邮编(P. C.)：266021
电话(Tel)：0532 -83749697
传真(Fax)：0532 -83749697
E-mail：haiwa70218@ sohu. com
法人代表(Chairman)：王国全
总经理(General Manager)：王春园
联系人(Contact Person)：王国全

青岛大溪地商贸有限公司
地址(Add)：山东省青岛市四方区绥宁路17号梦境江南9号楼1单元1502室
邮编(P. C.)：266000
电话(Tel)：0532 -80866885
传真(Fax)：0532 -80866885
E-mail：tahiti_ yuanzhen@ 163. com
联系人(Contact Person)：袁振

美加丽专业批发卫生纸
地址(Add)：山东省青岛市四流北路44号
邮编(P. C.)：266000
电话(Tel)：0532 -88797790
E-mail：935068502@ qq. com
法人代表(Chairman)：陈明
总经理(General Manager)：陈明
联系人(Contact Person)：陈明

青岛盛和亿通国际贸易有限公司
地址(Add)：山东省青岛市香港中路12号丰合广场B座308室
邮编(P. C.)：266000
电话(Tel)：0532 -83865577
传真(Fax)：0532 -83880881
E-mail：xinboyang. 5555@ aliyun. com
Http://www. abena. com
联系人(Contact Person)：杨勋

青岛阳光卫生用品有限公司
地址(Add)：山东省青岛市烟青路环秀街道

邮编(P. C.): 266000
电话(Tel): 0532 - 89080376
传真(Fax): 0532 - 89080376
E-mail: yuhui8123@ 163. com
联系人(Contact Person): 余辉

青岛可信百货有限公司
地址(Add): 山东省青岛市阳谷路40号振兴大厦1225室
邮编(P. C.): 266011
电话(Tel): 0532 - 82831707
传真(Fax): 0532 - 82831701
E-mail: qdwanglh@ 163. com
法人代表(Chairman): 郑国星
总经理(General Manager): 王乐浩
联系人(Contact Person): 王乐浩

鑫玉日化
地址(Add): 山东省青岛市中云街道办事处北卧龙
邮编(P. C.): 266000
电话(Tel): 0532 - 82221530
传真(Fax): 0532 - 82221530
E-mail: 1392294941@ qq. com
法人代表(Chairman): 刘青
总经理(General Manager): 刘青
联系人(Contact Person): 刘青

日照大展贸易有限公司
地址(Add): 山东省日照市公园路15号
邮编(P. C.): 276800
电话(Tel): 0633 - 8251351
传真(Fax): 0633 - 8251351
联系人(Contact Person): 马杨雷

日照日百商业有限公司
地址(Add): 山东省日照市泰安路179号国际大厦5楼523室
邮编(P. C.): 276826
电话(Tel): 0633 - 8215886
传真(Fax): 0633 - 8215880
E-mail: ribailiuruixia@ 163. com
Http://www. ribaigroup. com
总经理(General Manager): 徐延利
联系人(Contact Person): 刘瑞霞

日照市方大商贸有限公司
地址(Add): 山东省日照市望海路东段(昭阳路西300米路北)
邮编(P. C.): 276826
电话(Tel): 0633 - 2220681
传真(Fax): 0633 - 2220681
E-mail: shipeifu@ 163. com
法人代表(Chairman): 杨金波
总经理(General Manager): 时培福
联系人(Contact Person): 时培福

肥城东盛工贸有限公司
地址(Add): 山东省泰安市肥城市石横镇工业开发区
邮编(P. C.): 271612
电话(Tel): 0538 - 3661919
传真(Fax): 0538 - 3661919
总经理(General Manager): 张绪成
联系人(Contact Person): 段衍镇

泰安市佳瑞商贸有限公司
地址(Add): 山东省泰安市老泰莱路气象局东50米路南
邮编(P. C.): 271001
电话(Tel): 0538 - 8265288
传真(Fax): 0538 - 8265288
E-mail: 8265288@ 163. com
法人代表(Chairman): 乔晓晶
总经理(General Manager): 乔晓晶
联系人(Contact Person): 乔晓晶

泰安杰琳商贸有限公司
地址(Add): 山东省泰安市灵山大街172号
邮编(P. C.): 271000
电话(Tel): 0538 - 6396999
传真(Fax): 0538 - 6367688
总经理(General Manager): 杨俊杰

泰安宏源商贸有限公司
地址(Add): 山东省泰安市灵山大街东四号
邮编(P. C.): 271000
电话(Tel): 0538 - 6305566
传真(Fax): 0538 - 6305566
E-mail: taianzhangshuyong@ 126. com
总经理(General Manager): 张树永

泰安市鑫泰岳商贸有限公司
地址(Add): 山东省泰安市温泉路火车桥洞南60米
邮编(P. C.): 271001
电话(Tel): 0538 - 8215170
传真(Fax): 0538 - 8228105
联系人(Contact Person): 张延峰

洁爽公司
地址(Add): 山东省滕州市金道市场6区18号
邮编(P. C.): 277500
电话(Tel): 0632 - 5598676
传真(Fax): 0632 - 5598676
E-mail: zhz - 123456789@ 163. com
法人代表(Chairman): 陈蕊
总经理(General Manager): 陈蕊
联系人(Contact Person): 陈蕊

滕州永胜纸品批发公司
地址(Add): 山东省滕州市荆西批发市场9区637号
邮编(P. C.): 277500
电话(Tel): 0632 - 5886396
传真(Fax): 0632 - 5886396
E-mail: huaiqingzhao@ 163. com
法人代表(Chairman): 赵怀钦
总经理(General Manager): 赵怀钦
联系人(Contact Person): 赵怀钦

滕州市超越纸业商贸公司
地址(Add): 山东省滕州市善国北路新市委北邻
邮编(P. C.): 277500
电话(Tel): 0632 - 5594187
传真(Fax): 0632 - 5594187
E-mail: 1352897489@ qq. com
法人代表(Chairman): 王翔
总经理(General Manager): 王翔
联系人(Contact Person): 王翔

山东省滕州市东升纸业
地址(Add)：山东省滕州市翔宇儿童城1C171－1
邮编(P. C.)：277500
电话(Tel)：0632－3971079
传真(Fax)：0632－3971079
联系人(Contact Person)：祁玉超

滕州市宏河纸业
地址(Add)：山东省滕州市学院东路贵和广场世纪佳苑南墙100米路西
邮编(P. C.)：277500
电话(Tel)：0632－5691786
传真(Fax)：0632－5691786
联系人(Contact Person)：倪玉明

威海开一贸易有限公司
地址(Add)：山东省威海市金海湾花园16号507
邮编(P. C.)：264200
电话(Tel)：0631－5988000
传真(Fax)：0631－5962200
E-mail：kymy59998@126. com
法人代表(Chairman)：王志愿
总经理(General Manager)：王志愿
联系人(Contact Person)：王志愿

乳山市糖酒副食品有限公司
地址(Add)：山东省威海市乳山市青山路66号
邮编(P. C.)：264500
电话(Tel)：0631－6623307
传真(Fax)：0631－6685598
E-mail：rstj888@sohu. com
总经理(General Manager)：于海龙
联系人(Contact Person)：于海龙

宏利纸业批发
地址(Add)：山东省威海市文登市义乌批发市场E区7022号
邮编(P. C.)：264400
电话(Tel)：0631－8481736
传真(Fax)：0631－8188958
法人代表(Chairman)：陈绍利
总经理(General Manager)：陈绍利
联系人(Contact Person)：陈绍利

聚鑫纸品批发
地址(Add)：山东省潍坊市安丘市天下客市场路南
邮编(P. C.)：262100
电话(Tel)：0536－4212631
联系人(Contact Person)：孙艳霞

昌乐县同丰纸品批发部
地址(Add)：山东省潍坊市昌乐县城南开发区
邮编(P. C.)：262400
电话(Tel)：0536－6232487
法人代表(Chairman)：薛培军
总经理(General Manager)：薛培军
联系人(Contact Person)：薛培军

潍坊瑞隆经贸有限公司
地址(Add)：山东省潍坊市东风东街239号
邮编(P. C.)：261061
电话(Tel)：0536－8500953
传真(Fax)：0536－8500953
E-mail：wfruilong@163. com
联系人(Contact Person)：祝洪双

高密天源纸业经销店
地址(Add)：山东省潍坊市高密市夏庄河崖社区驻地
邮编(P. C.)：261500
电话(Tel)：0536－2775973
传真(Fax)：0536－2775973
E-mail：fengzhou2009@163. com
联系人(Contact Person)：冯周

潍坊合兴纸业
地址(Add)：山东省潍坊市奎文区四平路南首
邮编(P. C.)：261041
电话(Tel)：0536－2109580
传真(Fax)：0536－2109580
联系人(Contact Person)：张奎

潍坊恒基纸业
地址(Add)：山东省潍坊市奎文区四平路南首
邮编(P. C.)：261041
电话(Tel)：0536－2107076
E-mail：1411045733@qq. com
法人代表(Chairman)：闫伟平
总经理(General Manager)：闫伟平
联系人(Contact Person)：李伟林

万豪纸业
地址(Add)：山东省潍坊市临朐县兴隆路中段(邮电局向东80米路南)
邮编(P. C.)：262600
电话(Tel)：0536－3114201
法人代表(Chairman)：高新爱
总经理(General Manager)：高新爱
联系人(Contact Person)：高新爱

潍坊同得益贸易有限公司
地址(Add)：山东省潍坊市胜利东街与金马路口北海商务大厦708室
邮编(P. C.)：261061
电话(Tel)：0536－2228890
传真(Fax)：0536－2228877
E-mail：weifangwangxue@163. com
联系人(Contact Person)：王雪

山东省全福元商业集团(配送中心)
地址(Add)：山东省潍坊市寿光市渤海物流园内
邮编(P. C.)：262700
电话(Tel)：0536－5292596
传真(Fax)：0536－5195815
E-mail：1185163584@qq. com
Http://www. quanfuyuan. com
法人代表(Chairman)：舒安
总经理(General Manager)：舒安
联系人(Contact Person)：付伟丽

烟台晓红纸业
地址(Add)：山东省烟台市福山区福利莱商贸城217号
邮编(P. C.)：265500

电话(Tel)：0535－2133390
传真(Fax)：0535－6302345
联系人(Contact Person)：王淑英

建峰纸品批发
地址(Add)：山东省烟台市海阳市城北家园7号楼3单元602
邮编(P. C.)：265100
电话(Tel)：0535－3222720
传真(Fax)：0535－3222720
E-mail：jianfeng51887@163.com
联系人(Contact Person)：吕建峰

烟台开发区宏宝卫生用品有限公司
地址(Add)：山东省烟台市开发区福莱商城701号
邮编(P. C.)：264000
电话(Tel)：0535－6386403
传真(Fax)：0535－6374397
联系人(Contact Person)：姜宝宏

烟台市大山纸业
地址(Add)：山东省烟台市开发区胶东福莱商城1506号
邮编(P. C.)：264006
电话(Tel)：0535－6387991
传真(Fax)：0535－6387990
E-mail：2548680064@qq.com
法人代表(Chairman)：山世迎
总经理(General Manager)：山世迎
联系人(Contact Person)：山世迎

莱阳市维达卫生用品
地址(Add)：山东省烟台市莱阳市城厢办事处
邮编(P. C.)：265200
电话(Tel)：0535－7336227
传真(Fax)：0535－7336227
E-mail：hdw6885@163.com
联系人(Contact Person)：黄大伟

莱阳建法纸品经营处
地址(Add)：山东省烟台市莱阳市郝格庄
邮编(P. C.)：265200
电话(Tel)：0535－7220227
法人代表(Chairman)：于建发

龙口大唐经贸有限公司
地址(Add)：山东省烟台市莱州市龙口市东莱街道后冯家村
邮编(P. C.)：261400
电话(Tel)：0535－8058489
传真(Fax)：0535－8058489
联系人(Contact Person)：蔡丰双

山东省莱州市秋霞纸业
地址(Add)：山东省烟台市莱州市万通批发市场1排8号
邮编(P. C.)：261400
电话(Tel)：0535－2267132
传真(Fax)：0535－2174307
联系人(Contact Person)：王秋霞

莱州市信达纸业
地址(Add)：山东省烟台市莱州市万通物流市场北区1排18号
邮编(P. C.)：261400
电话(Tel)：0535－2233326
传真(Fax)：0535－2269903
E-mail：1666957986@qq.com
联系人(Contact Person)：苗延平

龙口市丰达纸业
地址(Add)：山东省烟台市龙口市东城区幸福里小区20号2单元501
邮编(P. C.)：265701
电话(Tel)：0535－8508489
E-mail：273541389@qq.com
联系人(Contact Person)：蔡丰双

烟台三站盛兴纸业
地址(Add)：山东省烟台市前进路8号付39号
邮编(P. C.)：264000
电话(Tel)：0535－6685726
传真(Fax)：0535－6685726
E-mail：wangqf8888@163.com
法人代表(Chairman)：王其福
总经理(General Manager)：王其福
联系人(Contact Person)：王其福

烟台正宇经贸有限责任公司
地址(Add)：山东省烟台市前进路9号三站西三角XS02号
邮编(P. C.)：264000
电话(Tel)：0535－6652731
E-mail：1341948055@qq.com
法人代表(Chairman)：冯亚平
总经理(General Manager)：冯亚平
联系人(Contact Person)：杨阳

烟台振华量贩超市有限公司
地址(Add)：山东省烟台市西大街8号振华商厦10楼超市采购部
邮编(P. C.)：264000
电话(Tel)：0535－6586709
传真(Fax)：0535－6586536
联系人(Contact Person)：潘伟伟

烟台晋亿销售有限公司
地址(Add)：山东省烟台市芝罘区化工路74号
邮编(P. C.)：264000
电话(Tel)：0535－6663678
传真(Fax)：0535－6663678
总经理(General Manager)：王晓燕
联系人(Contact Person)：王晓燕

烟台市港城纸业
地址(Add)：山东省烟台市芝罘区金晖花园70－3号
邮编(P. C.)：264000
电话(Tel)：0535－6816771
传真(Fax)：0535－6816771
E-mail：987553771@qq.com
法人代表(Chairman)：孙海琴
总经理(General Manager)：孙海琴
联系人(Contact Person)：孙海琴

烟台双和工贸有限公司
地址(Add)：山东省烟台市芝罘区前进路9－87120号
邮编(P. C.)：264000
电话(Tel)：0535－4112423

传真(Fax)：0535－4112423
法人代表(Chairman)：苗志强
联系人(Contact Person)：苗志强

烟台市德华商贸有限公司
地址(Add)：山东省烟台市芝罘区幸福南路西28－8号
邮编(P. C.)：264000
电话(Tel)：0535－6523203
传真(Fax)：0535－6520709
总经理(General Manager)：李德华
联系人(Contact Person)：李公恩

枣庄市华亿日用品有限公司
地址(Add)：山东省枣庄市经济开发区
邮编(P. C.)：277800
电话(Tel)：0632－3880676
传真(Fax)：0632－3880676
联系人(Contact Person)：赵华

枣庄双宝纸业
地址(Add)：山东省枣庄市龙头百货
邮编(P. C.)：277101
电话(Tel)：0632－3250158
总经理(General Manager)：张习

枣庄安特纸业
地址(Add)：山东省枣庄市薛城北城批发市场
邮编(P. C.)：277000
电话(Tel)：0632－7656789
传真(Fax)：0632－7627188
总经理(General Manager)：朱斌一

枣庄华辰发展有限公司
地址(Add)：山东省枣庄市中区薛庄南里30号(兴安街中段)
邮编(P. C.)：277100
电话(Tel)：0632－3214494
传真(Fax)：0632－3205606
E-mail：13963261751@163.com
联系人(Contact Person)：刘静

博山心连心纸业公司
地址(Add)：山东省淄博市博山掩北路16号
邮编(P. C.)：255200
电话(Tel)：0533－8601168
联系人(Contact Person)：李永

淄博美峰洗涤化妆用品有限公司
地址(Add)：山东省淄博市高新技术产业开发区铭波路38号
邮编(P. C.)：255086
电话(Tel)：0533－3588567
传真(Fax)：0533－3586066
联系人(Contact Person)：谢燕

桓台县联华超市有限公司
地址(Add)：山东省淄博市桓台县张北路2599号
邮编(P. C.)：256400
电话(Tel)：0533－8218888
传真(Fax)：0533－8218888
E-mail：dahaicyuqing@163.com
总经理(General Manager)：宋玉青
联系人(Contact Person)：张伟

淄博向华商贸有限公司
地址(Add)：山东省淄博市临淄区安平生活区41号楼4102室
邮编(P. C.)：255400
电话(Tel)：0533－7171522
传真(Fax)：0533－7171522
E-mail：zibocxh@163.com
联系人(Contact Person)：常兆华

淄博康伦经贸有限公司
地址(Add)：山东省淄博市临淄区凤凰镇西路村20号
邮编(P. C.)：255400
电话(Tel)：0533－2662189
传真(Fax)：0533－7683676
法人代表(Chairman)：边立凤
总经理(General Manager)：路玉海
联系人(Contact Person)：路玉海

淄博葱奇经贸有限公司
地址(Add)：山东省淄博市张店区华光路39号
邮编(P. C.)：255000
电话(Tel)：0533－3180158
传真(Fax)：0533－3180158
E-mail：945311176@163.com
法人代表(Chairman)：李光园
总经理(General Manager)：肖子玲
联系人(Contact Person)：肖子玲

淄博群兴百货有限公司
地址(Add)：山东省淄博市张店区健康街61号
邮编(P. C.)：255000
电话(Tel)：0533－2180587
传真(Fax)：0533－2185247
E-mail：qunxing@zbqx.com
法人代表(Chairman)：韩昆
总经理(General Manager)：韩昆
联系人(Contact Person)：韩昆

淄博正友商贸有限公司
地址(Add)：山东省淄博市张店区世纪路南首
邮编(P. C.)：255000
电话(Tel)：0533－2711737
联系人(Contact Person)：郑建刚

淄博明彦纸业
地址(Add)：山东省淄博市张店区五里桥生活区40号3单元301
邮编(P. C.)：255300
电话(Tel)：0533－2766685
E-mail：13864420258@126.com
总经理(General Manager)：王明彦

淄博川田商贸有限公司
地址(Add)：山东省淄博市中润大道时代名都
邮编(P. C.)：255000
电话(Tel)：0533－6211543
传真(Fax)：0533－6211543
联系人(Contact Person)：王飞机

惠普纸业
地址(Add)：山东省淄博市淄川区华洋街 87 号
邮编(P. C.)：255100
电话(Tel)：0533－5186395
联系人(Contact Person)：王庆

◆河南 Henan

智强商行
地址(Add)：河南省安阳市东区光明路南段(六府市庄)
邮编(P. C.)：455000
电话(Tel)：0372－2172888
传真(Fax)：0372－2172888
总经理(General Manager)：卢强

明逸商贸有限公司
地址(Add)：河南省安阳市红河批发城 B 区 3 排 13 号
邮编(P. C.)：455000
电话(Tel)：0372－2166585
传真(Fax)：0372－2166585
联系人(Contact Person)：刘红

小天使孕婴用品批发
地址(Add)：河南省安阳市红河批发市场
邮编(P. C.)：455000
电话(Tel)：0372－2157218
联系人(Contact Person)：张宏伟

滑县恒丽名妆
地址(Add)：河南省安阳市滑县路口紫光步行街
邮编(P. C.)：455000
电话(Tel)：0372－8184411
传真(Fax)：0372－8161686
联系人(Contact Person)：黄海涛

日欣纸业
地址(Add)：河南省安阳市龙安市文昌大道世纪家园向北 200 米路西
邮编(P. C.)：455003
电话(Tel)：0372－2991027
联系人(Contact Person)：张利

内黄保健护理用品
地址(Add)：河南省安阳市内黄县楚旺镇 1 号路
邮编(P. C.)：456300
电话(Tel)：0372－7821199
联系人(Contact Person)：王明振

娟娟纸业
地址(Add)：河南省安阳市玄鸟北 200 米路西北 1 排 13 号
邮编(P. C.)：455000
电话(Tel)：0372－2940109
传真(Fax)：0372－2940109
联系人(Contact Person)：李喜成

中华禄纸行
地址(Add)：河南省安阳市中华路义乌商贸城二楼五街 559、560
邮编(P. C.)：455000
电话(Tel)：0372－5372559
联系人(Contact Person)：樊常勇

朝阳纸业
地址(Add)：河南省安阳市紫薇大道西段未家庄南街 80 号
邮编(P. C.)：455000
电话(Tel)：0372－2964583
联系人(Contact Person)：刘全彤

民军纸行
地址(Add)：河南省鹤壁市老区山城区棉麻仓库陈家湾村对面
邮编(P. C.)：458000
电话(Tel)：0392－2690528
传真(Fax)：0392－2690528
法人代表(Chairman)：李民军
总经理(General Manager)：李民军
联系人(Contact Person)：李民军

万兴纸业
地址(Add)：河南省焦作市高新区万鑫商城 B 区 17 楼 1706 号
邮编(P. C.)：454003
电话(Tel)：0391－3566653
联系人(Contact Person)：娄彦璋

老胡纸业
地址(Add)：河南省焦作市山阳商城常熟街 45 号
邮编(P. C.)：454150
电话(Tel)：0391－3599150
传真(Fax)：0391－3599150
总经理(General Manager)：胡有庄
联系人(Contact Person)：王瑞

轩轩纸业批发部
地址(Add)：河南省焦作市山阳商城石狮街－13 号
邮编(P. C.)：454150
电话(Tel)：0391－3583103
联系人(Contact Person)：娄彦璋

山阳商城卫生纸卫生巾批发部
地址(Add)：河南省焦作市塔南路山阳商城第四排西边第 2 家
邮编(P. C.)：454000
电话(Tel)：0391－3555656
法人代表(Chairman)：史继辉
总经理(General Manager)：史继辉
联系人(Contact Person)：史继辉

开封市恒鑫纸业
地址(Add)：河南省开封市丁角街 88 号
邮编(P. C.)：475000
电话(Tel)：0378－3158569
总经理(General Manager)：张建军
联系人(Contact Person)：谭清元

大花园纸行
地址(Add)：河南省开封市东郊大花园市场 25 号
邮编(P. C.)：475003
电话(Tel)：0378－2922540
传真(Fax)：0378－2293850
联系人(Contact Person)：王开平

开封飘安卫生用品有限公司
地址(Add)：河南省开封市开发区金明广场浪漫之都西高

层 301
邮编(P. C.): 475004
电话(Tel): 0378－5915300
传真(Fax): 0378－3869106
总经理(General Manager): 戴伍茜
联系人(Contact Person): 戴伍茜

刘杰纸行
地址(Add): 河南省开封市杞县银河路中段路西
邮编(P. C.): 475200
电话(Tel): 0378－8996880
传真(Fax): 0378－8996880
总经理(General Manager): 刘杰

宏正纸业
地址(Add): 河南省开封市演武厅南街 27 号
邮编(P. C.): 475003
电话(Tel): 0378－5653282
法人代表(Chairman): 芦新六
总经理(General Manager): 芦新六
联系人(Contact Person): 芦新六

佳禾纸品配送中心
地址(Add): 河南省开封县文化路北头向东 30 米路北
邮编(P. C.): 475100
电话(Tel): 0378－3218199
传真(Fax): 0378－6665656
联系人(Contact Person): 张志强

洛阳艺萌纸业有限公司
地址(Add): 河南省洛阳市安乐镇茹凹村军民路 3 号
邮编(P. C.): 471000
电话(Tel): 0379－65507976
E-mail: 1005391795@ qq. com
联系人(Contact Person): 王友强

五分利纸行
地址(Add): 河南省洛阳市大路口一缆路 6 号院
邮编(P. C.): 471000
电话(Tel): 0379－64268269
传真(Fax): 0379－64268269
联系人(Contact Person): 韩林超

欣欣纸业经营部
地址(Add): 河南省洛阳市定鼎北路 5 号院 43 号
邮编(P. C.): 471000
电话(Tel): 0379－63994427
传真(Fax): 0379－63994427
法人代表(Chairman): 范崇欣
总经理(General Manager): 范崇欣
联系人(Contact Person): 范崇欣

洛阳五分利纸品商行
地址(Add): 河南省洛阳市定鼎北路 5 号院中排 9 号
邮编(P. C.): 471000
电话(Tel): 0379－63971181
联系人(Contact Person): 吴安民

恒信纸行
地址(Add): 河南省洛阳市关林新二运站 15 号
邮编(P. C.): 471023
电话(Tel): 0379－65955851
E-mail: 931089165@ qq. com
法人代表(Chairman): 吕利杰
总经理(General Manager): 吕利杰
联系人(Contact Person): 吕利杰

蓝宏商贸有限公司
地址(Add): 河南省洛阳市涧西区武汉南路南华公寓 3 号
邮编(P. C.): 471000
电话(Tel): 0379－64580228
传真(Fax): 0379－64580228
联系人(Contact Person): 张晓慧

一衡商贸有限公司
地址(Add): 河南省洛阳市涧西区武汉南路秦岭 88 号院
邮编(P. C.): 471003
电话(Tel): 0379－64580308
传真(Fax): 0379－64581283
法人代表(Chairman): 张照东
总经理(General Manager): 张照东
联系人(Contact Person): 张照东

吉氏商贸有限公司
地址(Add): 河南省洛阳市同乐寨建材市场后 100 米
邮编(P. C.): 471003
电话(Tel): 0379－64933066
传真(Fax): 0379－64933066
联系人(Contact Person): 吉小宁

双喜纸行
地址(Add): 河南省漯河市光明路北口路南双喜纸行
邮编(P. C.): 462000
电话(Tel): 0395－2690281
联系人(Contact Person): 王春喜

盛洁纸业
地址(Add): 河南省漯河市光明路市场北口
邮编(P. C.): 462000
电话(Tel): 0395－2635944
传真(Fax): 0395－2683608
联系人(Contact Person): 李卫华

天平纸行
地址(Add): 河南省漯河市光明路市场南口西侧 30 米
邮编(P. C.): 462003
电话(Tel): 0395－2629990
传真(Fax): 0395－2629990
总经理(General Manager): 王天平

白雪百货有限公司
地址(Add): 河南省漯河市光明路土产院北 30 号
邮编(P. C.): 462003
电话(Tel): 0395－2633339
传真(Fax): 0395－2633824
法人代表(Chairman): 谢新军
总经理(General Manager): 谢新军
联系人(Contact Person): 谢新军

光辉纸业
地址(Add): 河南省漯河市贸易区批发市场 13 区 6 号
邮编(P. C.): 462000

电话(Tel)：0395－5971599
传真(Fax)：0395－5971599
法人代表(Chairman)：宋广辉
总经理(General Manager)：宋广辉
联系人(Contact Person)：宋广辉

南阳三发纸业有限公司
地址(Add)：河南省南阳市食品商贸城纬八路 12 号
邮编(P. C.)：473003
电话(Tel)：0377－63583000
传真(Fax)：0377－63583000
联系人(Contact Person)：丰三

蓝蜻蜓中原(南阳)营销中心
地址(Add)：河南省南阳市食品商贸城纬六路 15 号
邮编(P. C.)：473000
电话(Tel)：0377－63582103
传真(Fax)：0377－63585221
Http://www. 66me. com
联系人(Contact Person)：李红涛

淅川县奉献纸业营销中心
地址(Add)：河南省南阳市淅川县城灌河路东方红旅社楼下
邮编(P. C.)：474450
电话(Tel)：0377－69228353
总经理(General Manager)：侯奉献

南阳兄弟缘物流有限公司
地址(Add)：河南省南阳市信臣路钢材市场对面
邮编(P. C.)：473005
电话(Tel)：0377－63501270
传真(Fax)：0377－63501270
法人代表(Chairman)：芦志刚
总经理(General Manager)：芦志刚
联系人(Contact Person)：张成俊

竹叶青纸行
地址(Add)：河南省平顶山市繁荣街 D－21 号
邮编(P. C.)：467000
电话(Tel)：0375－2988189
法人代表(Chairman)：宋晓辉
总经理(General Manager)：宋晓辉
联系人(Contact Person)：宋晓辉

凌海贸易有限公司
地址(Add)：河南省平顶山市开源路中段鹰城大厦 B 座 1604 室
邮编(P. C.)：467000
电话(Tel)：0375－2988156
传真(Fax)：0375－3900378
法人代表(Chairman)：马占山
总经理(General Manager)：马占山
联系人(Contact Person)：马占山

汝州市小州商行
地址(Add)：河南省平顶山市汝州市洗耳中路 62 号(北马道南段路西)
邮编(P. C.)：467500
电话(Tel)：0375－6886713
法人代表(Chairman)：杨会亚
总经理(General Manager)：马小州
联系人(Contact Person)：马小州

惠泽通商贸有限公司洁柔公司
地址(Add)：河南省平顶山市新华区矿工路
邮编(P. C.)：467000
电话(Tel)：0375－2733658
传真(Fax)：0375－2733658
总经理(General Manager)：李春平
联系人(Contact Person)：李洋

全周宝纸行
地址(Add)：河南省平顶山市湛南路供电局家属院对面
邮编(P. C.)：467001
电话(Tel)：0375－2300006
联系人(Contact Person)：郭伟

超亮纸业
地址(Add)：河南省濮阳市范县二厂
邮编(P. C.)：457122
电话(Tel)：0393－5893118
联系人(Contact Person)：傅朝亮

汇丰纸业
地址(Add)：河南省濮阳市范县南街花园路口
邮编(P. C.)：457122
电话(Tel)：0393－5255191
联系人(Contact Person)：崔庆才

华盛妇幼卫生用品经销处
地址(Add)：河南省濮阳市国庆路中段北街口西 80 米路南
邮编(P. C.)：457199
电话(Tel)：0393－3211619
总经理(General Manager)：张利峰
联系人(Contact Person)：张利峰

濮阳市金益百商贸有限公司
地址(Add)：河南省濮阳市建设中房锦绣花园
邮编(P. C.)：457000
电话(Tel)：0393－6631966
传真(Fax)：0393－8081767
联系人(Contact Person)：安希安

诚诚纸业商行
地址(Add)：河南省濮阳市井下转盘向南 50 米路东
邮编(P. C.)：457000
电话(Tel)：0393－4875800
联系人(Contact Person)：郭彦民

红旗纸行
地址(Add)：河南省濮阳市濮阳县国庆路关帝庙街(吴家口)18 号路西
邮编(P. C.)：457100
电话(Tel)：0393－8676552
联系人(Contact Person)：汪真

靓丽纸业
地址(Add)：河南省濮阳县国庆路北街口往西 50 米路南
邮编(P. C.)：457100
电话(Tel)：0393－3231323
传真(Fax)：0393－3210310

总经理(General Manager)：王金亮

诚信纸行
地址(Add)：河南省濮阳市台前县槐荫路041号
邮编(P. C.)：457600
电话(Tel)：0393－2215553
传真(Fax)：0393－2215553
E-mail：806801871@qq.com
法人代表(Chairman)：郑振昌
总经理(General Manager)：郑振昌
联系人(Contact Person)：郑振昌

海昌纸品
地址(Add)：河南省三门峡市宏远市场139号
邮编(P. C.)：472000
电话(Tel)：0398－2953389
传真(Fax)：0398－2953389
E-mail：caoyanru001@163.com
法人代表(Chairman)：许海军
总经理(General Manager)：许海军
联系人(Contact Person)：曹艳茹

艳伟纸行
地址(Add)：河南省商丘市白云副食城5区656号
邮编(P. C.)：476000
电话(Tel)：0370－2991085
E-mail：1150753415@qq.com
法人代表(Chairman)：张艳伟
总经理(General Manager)：张艳伟
联系人(Contact Person)：张艳伟

商丘市温氏纸业批发商行
地址(Add)：河南省商丘市白云副食城5区745号
邮编(P. C.)：476000
电话(Tel)：0370－2991009
传真(Fax)：0370－2991009
联系人(Contact Person)：温学讲

金鑫纸业
地址(Add)：河南省商丘市白云副食城五区775号
邮编(P. C.)：476000
电话(Tel)：0370－2991017
传真(Fax)：0370－2613577
联系人(Contact Person)：陈守亮

振宇纸品批发商行
地址(Add)：河南省商丘市白云批发市场643号
邮编(P. C.)：476100
电话(Tel)：0370－2991316
联系人(Contact Person)：刘春莲

商丘市白云市场纸巾批发
地址(Add)：河南省商丘市白云批发市场五区762－763号
邮编(P. C.)：476100
电话(Tel)：0370－2991305
总经理(General Manager)：张永强

格林纸业
地址(Add)：河南省商丘市道北商贸城
邮编(P. C.)：476000
电话(Tel)：0370－8562909
E-mail：1269570286@qq.com
联系人(Contact Person)：王大伟

奥博纸业
地址(Add)：河南省商丘市民权县秋水路中段老商业居楼下
邮编(P. C.)：476800
电话(Tel)：0370－8553148
传真(Fax)：0370－8553148
联系人(Contact Person)：宋敏

峰宇纸业
地址(Add)：河南省商丘市民主路253号
邮编(P. C.)：476000
电话(Tel)：0370－2772930
联系人(Contact Person)：卢亚娟

河南省商丘市虹梅纸行
地址(Add)：河南省商丘市胜利路289号
邮编(P. C.)：476000
电话(Tel)：0370－2835227
传真(Fax)：0370－2835227
法人代表(Chairman)：曹晓燕
总经理(General Manager)：曹晓燕
联系人(Contact Person)：曹晓燕

商丘市艳杰纸行
地址(Add)：河南省商丘市胜利路7号楼265号
邮编(P. C.)：476000
电话(Tel)：0370－2793116
传真(Fax)：0370－2818171
E-mail：550763076@qq.com
联系人(Contact Person)：张增彬

冉氏纸业
地址(Add)：河南省商丘市夏邑步行街中段路西
邮编(P. C.)：476400
电话(Tel)：0370－6226493
联系人(Contact Person)：冉现义

商丘市绿缘纸业
地址(Add)：河南省商丘市中州路品牌甲区034号
邮编(P. C.)：476000
电话(Tel)：0370－2826777
传真(Fax)：0370－2613577
总经理(General Manager)：李德庆

辉县市舒乐纸业
地址(Add)：河南省新乡市辉县市和谐路西关十字南18米路东
邮编(P. C.)：453600
电话(Tel)：0373－6297696
传真(Fax)：0373－6255866
联系人(Contact Person)：陈志豪

满意卫生用品供应站
地址(Add)：河南省新乡市火车站市场南北街铁新招待所对面
邮编(P. C.)：453000
电话(Tel)：0373－2096396
传真(Fax)：0373－2096396
法人代表(Chairman)：韩中州
总经理(General Manager)：韩中州

联系人(Contact Person)：韩中州

月月舒纸业批发配送中心
地址(Add)：河南省新乡市获嘉县新华街中段
邮编(P. C.)：453800
电话(Tel)：0373－4583161
传真(Fax)：0373－4516886
法人代表(Chairman)：孙晓伟
总经理(General Manager)：孙晓伟
联系人(Contact Person)：孙晓伟

河南新乡志达商贸有限公司
地址(Add)：河南省新乡市解放大道 159 号
邮编(P. C.)：453000
电话(Tel)：0373－5822922
传真(Fax)：0373－5822922
总经理(General Manager)：张大志

韩五纸行
地址(Add)：河南省新乡市卫辉市纱厂芦花北村向东 10 米路北
邮编(P. C.)：453100
电话(Tel)：0373－4432878
联系人(Contact Person)：韩智亮

延津县永欣纸业
地址(Add)：河南省新乡市延津县北街
邮编(P. C.)：453700
电话(Tel)：0373－7696838
总经理(General Manager)：焦永欣

保真纸行纸品总汇
地址(Add)：河南省信阳地区潢川县华英商贸城东大门内
邮编(P. C.)：465150
电话(Tel)：0376－3936087
传真(Fax)：0376－3936087
法人代表(Chairman)：胡育
总经理(General Manager)：胡育
联系人(Contact Person)：胡育

信阳市顺荣纸业商行
地址(Add)：河南省信阳市二道牌盐业百货批发市场
邮编(P. C.)：464000
电话(Tel)：0376－6565209
总经理(General Manager)：冯顺荣

发展纸业商行
地址(Add)：河南省信阳市工区路棉麻公司
邮编(P. C.)：464300
电话(Tel)：0376－6569160
联系人(Contact Person)：高奎

东梅纸行
地址(Add)：河南省信阳市潢川县跃进西路医院家属楼下
邮编(P. C.)：465150
电话(Tel)：0376－6126279
E-mail：178137173@ qq. com
总经理(General Manager)：张春生

小梅纸行
地址(Add)：河南省信阳市荣基广场环二栋 117 号
邮编(P. C.)：464100
电话(Tel)：0376－6787006
法人代表(Chairman)：张丽
总经理(General Manager)：耿小梅
联系人(Contact Person)：耿小梅

明港定远纸品营销公司
地址(Add)：河南省信阳县明港丰收路(107 国道)西 400 米
邮编(P. C.)：464194
电话(Tel)：0376－8664443
联系人(Contact Person)：卜照明

长葛市保健纸行
地址(Add)：河南省许昌市长葛市机场路天英宾馆南 300 米路西
邮编(P. C.)：461500
电话(Tel)：0374－6227877
传真(Fax)：0374－6163189
联系人(Contact Person)：张晓红

许昌优杰纸制品销售部
地址(Add)：河南省许昌高新技术开发区昌盛路
邮编(P. C.)：461111
电话(Tel)：0374－5654623
传真(Fax)：0374－5654623
E-mail：xcyoujie@ 163. com
联系人(Contact Person)：王利杰

柳燕纸业
地址(Add)：河南省许昌市八龙路小南海文峰中路
邮编(P. C.)：461000
电话(Tel)：0374－3375829
联系人(Contact Person)：柳燕

许昌市红光纸业有限公司
地址(Add)：河南省许昌市魏都区八一路 20 号
邮编(P. C.)：461000
电话(Tel)：0374－4367078
法人代表(Chairman)：苏新民
总经理(General Manager)：苏新民
联系人(Contact Person)：苏新民

许昌市佳洁纸业有限公司
地址(Add)：河南省许昌市魏都区民营园区
邮编(P. C.)：461000
电话(Tel)：0374－4369302
传真(Fax)：0374－3199669
法人代表(Chairman)：张小杰
总经理(General Manager)：张小杰
联系人(Contact Person)：张小杰

曼迪纸业商贸有限公司
地址(Add)：河南省许昌市文峰中路小南海
邮编(P. C.)：461000
传真(Fax)：0374－3119929
联系人(Contact Person)：张广涛

宏兴纸业商行
地址(Add)：河南省许昌市禹州市禹王大道西段
邮编(P. C.)：461670
电话(Tel)：0374－83653696

传真(Fax)：0374－83653696
法人代表(Chairman)：杨庆宏
总经理(General Manager)：杨庆宏
联系人(Contact Person)：杨庆宏

星红叶商贸有限公司
地址(Add)：河南省永城市东城区芒山路与铁北路交叉口东200米
邮编(P.C.)：476600
电话(Tel)：0370－5102119
传真(Fax)：0370－5102119
E-mail：mnhanwenya@126.com
法人代表(Chairman)：韩文亚
总经理(General Manager)：韩文亚
联系人(Contact Person)：韩文亚

金云纸行
地址(Add)：河南省永城市解放北路沱河宾馆楼下
邮编(P.C.)：476600
电话(Tel)：0370－5230341
传真(Fax)：0370－5230341
E-mail：243150949@163.com
法人代表(Chairman)：高思敬
总经理(General Manager)：高思敬
联系人(Contact Person)：高思敬

汇鑫纸业
地址(Add)：河南省永城市西城解放北路675号
邮编(P.C.)：476600
电话(Tel)：0370－5226585
传真(Fax)：0370－5237892
联系人(Contact Person)：戴鑫

永城市宏发纸行
地址(Add)：河南省永城市西城区解放北路107号
邮编(P.C.)：476600
电话(Tel)：0370－5221591
联系人(Contact Person)：殷海军

孟氏纸业
地址(Add)：河南省永城市西城区解放北路棉厂路口北五米
邮编(P.C.)：476600
电话(Tel)：0370－5216371
总经理(General Manager)：母强民
联系人(Contact Person)：孟雪芹

冰旋纸业
地址(Add)：河南省永城市新城区精品街
邮编(P.C.)：476600
电话(Tel)：0370－2750955
联系人(Contact Person)：张天恩

郑州市万发妇幼用品有限公司
地址(Add)：河南省郑州市21世纪国际城E区2号楼
邮编(P.C.)：455000
电话(Tel)：0371－60965702
传真(Fax)：0371－60965702
联系人(Contact Person)：韩建

福鑫纸业
地址(Add)：河南省郑州市东明路18号中博厨具市场4排7号
邮编(P.C.)：450004
电话(Tel)：0371－66372133
传真(Fax)：0371－66372133
E-mail：nzbhn7926@163.com
联系人(Contact Person)：牛中华

郑州新峰纸业
地址(Add)：河南省郑州市二七区贾砦村108号
邮编(P.C.)：450015
电话(Tel)：0371－68739585
联系人(Contact Person)：舒新峰

郑州市安雅商贸有限公司
地址(Add)：河南省郑州市二七区荆胡西街135号
邮编(P.C.)：450000
电话(Tel)：0371－68790001
传真(Fax)：0371－69387026
联系人(Contact Person)：曾伟达

郑州市祥发商贸有限公司
地址(Add)：河南省郑州市丰产路71号妇幼市场南2楼
邮编(P.C.)：450000
电话(Tel)：0371－61299198
传真(Fax)：0371－60695795
法人代表(Chairman)：杨自强
总经理(General Manager)：杨自强
联系人(Contact Person)：刘宏伟

郑州市达驰商贸有限公司
地址(Add)：河南省郑州市丰乐五金机电城21号
邮编(P.C.)：450003
电话(Tel)：0371－65371519
传真(Fax)：0371－65371519
E-mail：dcgs@dachigs.cn
总经理(General Manager)：袁德林
联系人(Contact Person)：袁德林

万家纸业
地址(Add)：河南省郑州市巩义市交通路72号
邮编(P.C.)：451200
电话(Tel)：0371－64359799
传真(Fax)：0371－64359799
E-mail：406710023@qq.com
法人代表(Chairman)：李少白
总经理(General Manager)：李少白
联系人(Contact Person)：李少白

郑州泰展贸易有限公司
地址(Add)：河南省郑州市管城区十八里河镇南小李庄村322号
邮编(P.C.)：450000
电话(Tel)：0371－66886636
传真(Fax)：0371－66886369
联系人(Contact Person)：张太平

郑州市大浩商贸
地址(Add)：河南省郑州市贾砦车辆管理所向北500米
邮编(P.C.)：450000
电话(Tel)：0371－60968921
联系人(Contact Person)：梁治安

郑州正植科技有限公司
地址(Add)：河南省郑州市金水路305号曼哈顿广场3号楼2-1301室
邮编(P.C.)：450008
电话(Tel)：0371-86009513
传真(Fax)：0371-60131886
E-mail：1559628300@qq.com
总经理(General Manager)：马占山
联系人(Contact Person)：马占山

郑州市德通纸业公司
地址(Add)：河南省郑州市京广南路开元小区
邮编(P.C.)：450000
电话(Tel)：0371-68722761
传真(Fax)：0371-68722761
E-mail：sunzhao1088@163.com
联系人(Contact Person)：孙钊

长兴纸品商行
地址(Add)：河南省郑州市京广南路万客来北院北楼19号
邮编(P.C.)：450015
电话(Tel)：0371-68765819
传真(Fax)：0371-68765819
总经理(General Manager)：路建民

蕊芳纸业
地址(Add)：河南省郑州市京广南路万客来食品城北院北楼17号
邮编(P.C.)：450015
电话(Tel)：0371-68721820
联系人(Contact Person)：毛全营

郑州恒商商贸有限公司
地址(Add)：河南省郑州市嵩山路与长江路南300米路西
邮编(P.C.)：450015
电话(Tel)：0371-68706222
联系人(Contact Person)：张小宝

郑州喜多纸业销售有限公司
地址(Add)：河南省郑州市索凌路168号
邮编(P.C.)：450001
电话(Tel)：0371-66365782
联系人(Contact Person)：韩春岭

郑州发展纸业
地址(Add)：河南省郑州市万客来北院1排19-21号
邮编(P.C.)：450000
电话(Tel)：0371-68744110
总经理(General Manager)：杜拥民
联系人(Contact Person)：杜拥民

隆达纸业
地址(Add)：河南省郑州市万客来北院1排29号
邮编(P.C.)：450015
电话(Tel)：0371-68765695
传真(Fax)：0371-68765695
法人代表(Chairman)：王庆侠
总经理(General Manager)：王庆侠
联系人(Contact Person)：王庆侠

万家纸业
地址(Add)：河南省郑州市万客来北院北楼18号
邮编(P.C.)：450000
电话(Tel)：0371-68762270
传真(Fax)：0371-68710907
联系人(Contact Person)：孙建民

融鑫妇幼用品公司
地址(Add)：河南省郑州市万客来北院北楼22号
邮编(P.C.)：450000
电话(Tel)：0371-68765670
总经理(General Manager)：常治国
联系人(Contact Person)：常治国

大同纸巾货仓贸易有限公司
地址(Add)：河南省郑州市万客来北院北楼31号
邮编(P.C.)：450000
电话(Tel)：0371-68765558
E-mail：270991586@qq.com
联系人(Contact Person)：常三

郑州巨洋妇幼用品有限公司
地址(Add)：河南省郑州市万客来南院西楼13号(新兴源)
邮编(P.C.)：450016
电话(Tel)：0371-65807289
传真(Fax)：0371-65807289
法人代表(Chairman)：秦艳
总经理(General Manager)：秦艳
联系人(Contact Person)：秦艳

郑州市双磊有限公司
地址(Add)：河南省郑州市万客来南院一排68号
邮编(P.C.)：450000
电话(Tel)：0371-68765837
传真(Fax)：0371-68710991
法人代表(Chairman)：刘磊
总经理(General Manager)：刘可磊
联系人(Contact Person)：刘磊

大伟纸业
地址(Add)：河南省郑州市万客来南院一排82号
邮编(P.C.)：450016
电话(Tel)：0371-68765782
传真(Fax)：0371-68765782
联系人(Contact Person)：周艳锋

兴隆纸业
地址(Add)：河南省郑州市万客来食品城北院北楼15号
邮编(P.C.)：450000
电话(Tel)：0371-68721987
法人代表(Chairman)：周仕伟
总经理(General Manager)：周仕伟
联系人(Contact Person)：周仕伟

健康纸业商贸有限公司
地址(Add)：河南省郑州市万客来新南区1排39号
邮编(P.C.)：450016
电话(Tel)：0371-68761309
联系人(Contact Person)：何健康

旺湘商贸
地址(Add)：河南省郑州市万客隆市场2排67号
邮编(P.C.)：450003

电话(Tel)：0371－68908553
传真(Fax)：0371－68908553
E-mail：18229138@qq.com
法人代表(Chairman)：陈义明
总经理(General Manager)：陈义明
联系人(Contact Person)：陈义明

河南美馨纸业有限公司
地址(Add)：河南省郑州市郑东新区商务内环路奥园国际公寓3号楼2单元1302室
邮编(P.C.)：450017
电话(Tel)：0371－63988768
传真(Fax)：0371－60303188
E-mail：meixinzhiye666@126.com
Http://www.meixinpaper.com
总经理(General Manager)：刘长森
联系人(Contact Person)：刘长森

浩赛纸业有限公司
地址(Add)：河南省郑州市郑上路36号河南五建租赁站院内
邮编(P.C.)：450007
电话(Tel)：0371－67613225
传真(Fax)：0371－67613225
E-mail：haosaizhiye@126.com
法人代表(Chairman)：王祥太
总经理(General Manager)：杨建文
联系人(Contact Person)：杨建文

河南贝儿孕婴用品有限公司
地址(Add)：河南省郑州市政七街红专路交汇处财源大厦A座四楼东户
邮编(P.C.)：450008
电话(Tel)：400－003－5955
传真(Fax)：0371－55679229
E-mail：taobhaobaby@163.com
总经理(General Manager)：刘亚涛

卫华卫生用品有限公司
地址(Add)：河南省周口市荷花市场南大门厅下西侧
邮编(P.C.)：466000
电话(Tel)：0394－6198178
传真(Fax)：0394－6190106
联系人(Contact Person)：霍其卫

蓝天纸业
地址(Add)：河南省周口市荷花市场四期3－136房
邮编(P.C.)：466000
电话(Tel)：0394－6192579
法人代表(Chairman)：朱唐春
总经理(General Manager)：田勇敢
联系人(Contact Person)：田勇敢

百隆纸业有限公司
地址(Add)：河南省周口市荷花市场四期6－101
邮编(P.C.)：466000
电话(Tel)：0394－6198538
传真(Fax)：0394－8231340
法人代表(Chairman)：李海涛
总经理(General Manager)：李海涛
联系人(Contact Person)：李海涛

雪洁纸行
地址(Add)：河南省周口市荷花市场四区1－18房
邮编(P.C.)：466000
电话(Tel)：0394－8285679
传真(Fax)：0394－6192850
法人代表(Chairman)：谷秀玲
总经理(General Manager)：谷秀玲
联系人(Contact Person)：谷秀玲

淮阳颐莲坊纸业有限公司
地址(Add)：河南省周口市淮阳县弦歌路东段
邮编(P.C.)：466700
电话(Tel)：0394－2662496
法人代表(Chairman)：蔡于海
总经理(General Manager)：蔡于海
联系人(Contact Person)：蔡于海

恒安纸业
地址(Add)：河南省周口市西华县箕子台斜对面(现代城对面)
邮编(P.C.)：466600
电话(Tel)：0394－2552907
联系人(Contact Person)：张文彦

太康彩霞纸业
地址(Add)：河南省周口市支农路中段(工业小学对面)
邮编(P.C.)：461499
电话(Tel)：0394－6811333
传真(Fax)：0394－6829159
联系人(Contact Person)：张文玉

康洁纸行
地址(Add)：河南省驻马店市风光路南段针织厂楼下
邮编(P.C.)：463022
电话(Tel)：0396－2588576
联系人(Contact Person)：阎斯文

怡顺商贸有限公司
地址(Add)：河南省驻马店市富强路中段宏大市场东门斜对面
邮编(P.C.)：463000
电话(Tel)：0396－2939268
传真(Fax)：0396－2939268
E-mail：15639669222@126.com
联系人(Contact Person)：徐明

河南省西平县恒利纸业
地址(Add)：河南省驻马店市西平县王店工业区
邮编(P.C.)：463900
电话(Tel)：0396－6206791
传真(Fax)：0396－6206791
总经理(General Manager)：裴宇
联系人(Contact Person)：裴鹏飞

◆湖北 Hubei

鄂州市兴发商行
地址(Add)：湖北省鄂州市南浦北路八卦石一楼5号门
邮编(P.C.)：436000
电话(Tel)：0711－3892648
传真(Fax)：0711－3892648

总经理(General Manager)：陈幺发
联系人(Contact Person)：陈幺发

黄冈军英商贸有限公司
地址(Add)：湖北省黄冈市黄州商城 C 栋特 1 号
邮编(P. C.)：438000
电话(Tel)：0713－8611824
传真(Fax)：0713－8611824
E-mail：565642963@ qq. com
法人代表(Chairman)：欧阳志军
总经理(General Manager)：欧阳志军
联系人(Contact Person)：欧阳志军

黄石艾平纸业
地址(Add)：湖北省黄石市财富广场 C 区 96 号
邮编(P. C.)：435000
电话(Tel)：0714－6231421
传真(Fax)：0714－6331215
联系人(Contact Person)：王艾萍

黄石市安泰纸业公司
地址(Add)：湖北省黄石市新建路 5 号
邮编(P. C.)：435000
电话(Tel)：0714－6245884
联系人(Contact Person)：程琦

荆门市恒达纸业
地址(Add)：湖北省荆门市车站路小商品市场 24 号
邮编(P. C.)：448001
电话(Tel)：0724－2349279
联系人(Contact Person)：吴志纯

湖北省钟祥市华润纸业经营部
地址(Add)：湖北省荆门市钟祥市龟鹤池 2－11 号
邮编(P. C.)：431900
电话(Tel)：0724－4230239
传真(Fax)：0724－4230239
E-mail：114252585@ qq. com
法人代表(Chairman)：刘明华
总经理(General Manager)：刘明华
联系人(Contact Person)：刘明华

女友纸巾批发
地址(Add)：湖北省荆州市监利县大市场 405 号
邮编(P. C.)：433321
电话(Tel)：0716－3266261
法人代表(Chairman)：刘红城
总经理(General Manager)：刘红城
联系人(Contact Person)：刘红城

育红纸品批发部
地址(Add)：湖北省荆州市沙市两湖食品大市场 A 区 15 号
邮编(P. C.)：434000
电话(Tel)：0716－8224008
传真(Fax)：0716－8224008
法人代表(Chairman)：赵骏
总经理(General Manager)：赵骏
联系人(Contact Person)：赵骏

荆州市永宏纸品
地址(Add)：湖北省荆州市沙市区江汉北路 133 号农资公司仓库 5 号
邮编(P. C.)：434000
电话(Tel)：0716－8564660
传真(Fax)：0716－8564660
E-mail：1162813778@ qq. com
法人代表(Chairman)：马刚
总经理(General Manager)：马刚
联系人(Contact Person)：马刚

于氏纸业
地址(Add)：湖北省潜江市江汉大市场 24 栋 17 号
邮编(P. C.)：433121
电话(Tel)：0728－6493492
传真(Fax)：0728－6492728
E-mail：1617835782@ qq. com
法人代表(Chairman)：于小亮
总经理(General Manager)：于小亮
联系人(Contact Person)：于小亮

十堰市代理西安市纸品总经销
地址(Add)：湖北省十堰市三堰韩国小商品城 31 号
邮编(P. C.)：442000
电话(Tel)：0719－8895004
传真(Fax)：0719－8895694
法人代表(Chairman)：曹建林
总经理(General Manager)：曹建林
联系人(Contact Person)：曹建林

十堰市天美工贸有限公司
地址(Add)：湖北省十堰市天津路民安新村
邮编(P. C.)：442012
电话(Tel)：0719－8762560
传真(Fax)：0719－8762560
E-mail：thinkmeng@ 163. com
联系人(Contact Person)：孟耀进

十堰市雅家美雅工贸有限公司
地址(Add)：湖北省十堰市武当山旅游经济特区旺虚路 4－44 号
邮编(P. C.)：442714
电话(Tel)：0719－5665344
传真(Fax)：0719－5660020
E-mail：zhouqingguo_hengan@ 163. com
法人代表(Chairman)：科丽军
总经理(General Manager)：科丽军
联系人(Contact Person)：周庆国

武汉诚惠恒丰贸易有限公司
地址(Add)：湖北省武汉市汉阳大道 98 号都市兰亭 5 栋 2 单元 304 室
邮编(P. C.)：430000
电话(Tel)：027－84708976
传真(Fax)：027－84708976
联系人(Contact Person)：陈斌

武汉中侨科技发展有限公司
地址(Add)：湖北省武汉市洪山区厂前钢材市场 7 号门
邮编(P. C.)：430070
电话(Tel)：027－86339678
传真(Fax)：027－86339678
E-mail：107597120@ qq. com

总经理(General Manager)：陈赛

武汉粤鑫商贸有限公司
地址(Add)：湖北省武汉市江岸区后湖街石桥淌湖四村107号
邮编(P. C.)：430012
电话(Tel)：027-65660793
传真(Fax)：027-65660727
联系人(Contact Person)：璩寅青

武汉市百顺纸业有限公司
地址(Add)：湖北省武汉市硚口区汉正街322号-7号
邮编(P. C.)：430023
电话(Tel)：027-83758039
传真(Fax)：027-83765633
联系人(Contact Person)：周春来

武汉金中超市配送中心
地址(Add)：湖北省武汉市沿河大道江山如画236号
邮编(P. C.)：430030
电话(Tel)：027-85643623
联系人(Contact Person)：钟彩珍

仙桃郑记纸业
地址(Add)：湖北省仙桃大洪批发市场9-1号
邮编(P. C.)：433000
电话(Tel)：0728-3227089
传真(Fax)：0728-3252211
法人代表(Chairman)：郑先揆
总经理(General Manager)：郑先揆
联系人(Contact Person)：郑先揆

宋氏纸业
地址(Add)：湖北省咸宁市赤壁市莼川大道178号
邮编(P. C.)：437331
电话(Tel)：0715-5234628
传真(Fax)：0715-5236628
联系人(Contact Person)：宋安华

赤壁市永兴纸业
地址(Add)：湖北省咸宁市赤壁市西湖综合市场
邮编(P. C.)：437300
电话(Tel)：0715-5231939
传真(Fax)：0715-5239185
法人代表(Chairman)：汪海林
总经理(General Manager)：汪海林
联系人(Contact Person)：汪海林

康儿乐商行
地址(Add)：湖北省咸宁市永安大道111号
邮编(P. C.)：437000
电话(Tel)：0715-8180548
联系人(Contact Person)：黄兴

襄樊母爱之选母婴用品配送中心
地址(Add)：湖北省襄阳市长征路种子公司院内2号库(市中医院对面)
邮编(P. C.)：441000
电话(Tel)：0710-3483703
传真(Fax)：0710-3458007
E-mail：33650993@qq.com
法人代表(Chairman)：刘益彦
总经理(General Manager)：刘益彦
联系人(Contact Person)：刘益彦

襄樊市天发纸业
地址(Add)：湖北省襄阳市邓城大道生资食品大市场23栋楼3-4号
邮编(P. C.)：441057
电话(Tel)：0710-3695538
联系人(Contact Person)：郑天发

襄樊市恒和日用百货有限公司
地址(Add)：湖北省襄阳市解放路326号
邮编(P. C.)：441000
电话(Tel)：0710-3446019
传真(Fax)：0710-3446019
E-mail：7502277425@qq.com
法人代表(Chairman)：马泽山
联系人(Contact Person)：章和平

襄阳市志敏纸业批发部
地址(Add)：湖北省襄阳市解放路328号
邮编(P. C.)：441000
电话(Tel)：0710-3058265
联系人(Contact Person)：邵江波

襄樊市裕兴百货公司
地址(Add)：湖北省襄阳市解放路329号
邮编(P. C.)：441000
电话(Tel)：0710-3443228
传真(Fax)：0710-3072786
联系人(Contact Person)：李爱国

襄樊市红生卫生用品有限公司
地址(Add)：湖北省襄阳市旭东路日杂市场85-86号
邮编(P. C.)：441000
电话(Tel)：0710-3019119
传真(Fax)：0710-3461805
总经理(General Manager)：龙海生

孝感华强商贸
地址(Add)：湖北省孝感市八里街141号
邮编(P. C.)：432000
电话(Tel)：0712-2874222
传真(Fax)：0712-2874223
总经理(General Manager)：祝红华
联系人(Contact Person)：祝红华

孝感市吉兴纸品经营部
地址(Add)：湖北省孝感市体育西路
邮编(P. C.)：432100
电话(Tel)：0712-2352798
E-mail：lwxvinda@126.com
联系人(Contact Person)：冷文新

嘉文商行
地址(Add)：湖北省宜昌市金东山大市场156号
邮编(P. C.)：443001
电话(Tel)：0717-6258156
传真(Fax)：0717-6258156
法人代表(Chairman)：刘红记

总经理(General Manager)：刘红记
联系人(Contact Person)：刘红记

吉利纸品
地址(Add)：湖北省宜昌市金东山大市场 1 栋 16 号(港窑路 56 号)
邮编(P. C.)：443000
电话(Tel)：0717－6258016
传真(Fax)：0717－6258016
E-mail：jilizhipin@163.com
法人代表(Chairman)：谭继龙
总经理(General Manager)：王丽华
联系人(Contact Person)：王丽华

◆湖南 Hunan

老黄纸业
地址(Add)：湖南省长沙市长株潭大市场 A7 栋 1－2 号
邮编(P. C.)：410000
电话(Tel)：0731－52552580
联系人(Contact Person)：黄志军

长沙美时洁纸业有限公司
地址(Add)：湖南省长沙市朝晖路锦湘国际星城锦绣苑 8 栋 324 室
邮编(P. C.)：410016
电话(Tel)：0731－85957578
传真(Fax)：0731－85959708
E-mail：461042087@qq.com
总经理(General Manager)：李文雄
联系人(Contact Person)：李文雄

湖南联采商贸有限公司
地址(Add)：湖南省长沙市芙蓉区建湘南路 153 号
邮编(P. C.)：410005
电话(Tel)：0731－82896183
传真(Fax)：0731－82896183
E-mail：yangxia－78@sina.com
联系人(Contact Person)：杨霞

湖南省长沙市佳丽纸品贸易商行
地址(Add)：湖南省长沙市高桥大桥 2 号小区 14 栋 4 门 2 楼
邮编(P. C.)：410000
电话(Tel)：0731－85380956
传真(Fax)：0731－85119259
联系人(Contact Person)：曾明长

湖南高桥大市场三元纸业批发公司
地址(Add)：湖南省长沙市高桥大市场茶业食品城 20 栋 3 号
邮编(P. C.)：410014
电话(Tel)：0731－85711702
传真(Fax)：0731－85711702
联系人(Contact Person)：刘三元

长沙市文辉纸业
地址(Add)：湖南省长沙市高桥大市场茶叶/食品城(纸品城)19 栋 3 号(加油站对面)
邮编(P. C.)：410014
电话(Tel)：0731－85719549
传真(Fax)：0731－89909678
E-mail：11587178@qq.com
联系人(Contact Person)：徐文辉

深圳威科纸业
地址(Add)：湖南省长沙市高桥大市场酒店用品城 B4 栋 12、13 号
邮编(P. C.)：410014
电话(Tel)：0731－85715779
传真(Fax)：0731－85715779
联系人(Contact Person)：彭宜香

湖南中顺商贸有限公司
地址(Add)：湖南省长沙市高桥现代商贸城二栋三单元 2511 房
邮编(P. C.)：410000
电话(Tel)：0731－85048899
传真(Fax)：0731－85093222
E-mail：hunanzhongshun@163.com
总经理(General Manager)：丁全寅
联系人(Contact Person)：丁全寅

友缘一次性兼纸品批发部
地址(Add)：湖南省长沙市高桥大市场新家电百货 27 栋 17 号
邮编(P. C.)：410000
电话(Tel)：0731－85985162
传真(Fax)：0731－85985162
联系人(Contact Person)：曹佳丽

纸霸王经营部
地址(Add)：湖南省长沙市高桥大市场新家电百货城 A26 栋 13 号
邮编(P. C.)：410004
电话(Tel)：0731－85711209
联系人(Contact Person)：杨波

大唐纸业
地址(Add)：湖南省长沙市高桥新家电百货城纸品城 A27 栋 3 号
邮编(P. C.)：410000
电话(Tel)：0731－84774898
传真(Fax)：0731－84774898
联系人(Contact Person)：胡金美

宏泰百货品牌运营中心
地址(Add)：湖南省长沙市红星糖酒城 4 栋 69 号
邮编(P. C.)：410000
电话(Tel)：0731－85055067
E-mail：1397759924@qq.com
联系人(Contact Person)：何石乔

志成卫生用品有限公司
地址(Add)：湖南省长沙市浏阳工业品市场 18 座 10 号
邮编(P. C.)：410000
电话(Tel)：0731－83650408
传真(Fax)：0731－83650409
E-mail：zhicheng5888@163.com
法人代表(Chairman)：魏祥新
总经理(General Manager)：魏祥新
联系人(Contact Person)：魏祥新

湖南翱天进出口有限公司
地址(Add)：湖南省长沙市五一大道800号中隆国际大厦2107室
邮编(P. C.)：411005
电话(Tel)：0731-82681562
传真(Fax)：0731-84415776
E-mail：eileenhuang@21cn.com
联系人(Contact Person)：黄静

鹏辉纸业
地址(Add)：湖南省长沙市星发镇金员路居委会1区2栋11号
邮编(P. C.)：410100
电话(Tel)：0731-84010239
传真(Fax)：0731-84010239
联系人(Contact Person)：罗俊文

郴州盛悦纸品商行
地址(Add)：湖南省郴州市五岭大市场南苑8栋126号
邮编(P. C.)：423000
电话(Tel)：0735-7518199
联系人(Contact Person)：邝智彪

天成贸易商行
地址(Add)：湖南省郴州市五岭大市场南苑四栋401号
邮编(P. C.)：423000
电话(Tel)：0735-7517479
传真(Fax)：0735-2199920
联系人(Contact Person)：李雄飞

永久纸品有限公司
地址(Add)：湖南省怀化市河西宝庆商贸城16幢3-4号
邮编(P. C.)：418000
电话(Tel)：0745-2312167
传真(Fax)：0745-2100095
E-mail：1572576569@qq.com
法人代表(Chairman)：车永久
总经理(General Manager)：车永久
联系人(Contact Person)：车永久

雅洁纸业
地址(Add)：湖南省怀化市河西商贸城10栋A面26号
邮编(P. C.)：418099
电话(Tel)：0745-2311379
传真(Fax)：0745-2125910
E-mail：1012395446@qq.com
法人代表(Chairman)：王庆
总经理(General Manager)：王庆
联系人(Contact Person)：王庆

龙洁纸业
地址(Add)：湖南省怀化市河西商贸城10栋B面24号
邮编(P. C.)：418099
电话(Tel)：0745-2520181
传真(Fax)：0745-2520181
联系人(Contact Person)：李伟

美洁纸业
地址(Add)：湖南省怀化市河西商贸城10号楼9号
邮编(P. C.)：418099
电话(Tel)：0745-2311607
传真(Fax)：0745-2315897
联系人(Contact Person)：李良才

怀化市天峰纸业
地址(Add)：湖南省怀化市河西商贸城12栋A面一号
邮编(P. C.)：418099
电话(Tel)：0745-2312070
传真(Fax)：0745-2122303
E-mail：ssdcpgy@163.com
联系人(Contact Person)：林友宝

怀化华明纸业
地址(Add)：湖南省怀化市河西商贸城9栋11号
邮编(P. C.)：418000
电话(Tel)：0745-2101958
传真(Fax)：0745-2310914
总经理(General Manager)：杨发明

长发纸业有限公司
地址(Add)：湖南省吉首市花垣边贸市场中心街2号
邮编(P. C.)：416100
电话(Tel)：0743-7225520
法人代表(Chairman)：宋文章
总经理(General Manager)：宋文章
联系人(Contact Person)：宋文章

新化众乐纸业
地址(Add)：湖南省娄底市新化县城西大市场内
邮编(P. C.)：417600
电话(Tel)：0738-3519211
传真(Fax)：0738-3519211
E-mail：lw3519211@163.com
法人代表(Chairman)：刘栋豪
总经理(General Manager)：刘栋豪
联系人(Contact Person)：刘栋豪

煜兴商贸
地址(Add)：湖南省邵阳市城南祭旗坡
邮编(P. C.)：422000
电话(Tel)：0739-5310799
传真(Fax)：0739-5310799
法人代表(Chairman)：薛伟
总经理(General Manager)：薛伟
联系人(Contact Person)：薛伟

邵阳友洁商贸有限公司
地址(Add)：湖南省邵阳市湘运市场23栋3号
邮编(P. C.)：422000
电话(Tel)：0739-2352588
传真(Fax)：0739-5262811
联系人(Contact Person)：李章

湘潭顺家贸易有限公司
地址(Add)：湖南省湘潭市红旗商贸城杉树路99号
邮编(P. C.)：411100
电话(Tel)：0731-58512208
传真(Fax)：0731-58512208
E-mail：wyj5578@126.com
联系人(Contact Person)：王有家

进社纸品批发部
地址(Add)：湖南省湘潭市砂子岭糖酒市场805号

邮编(P. C.): 411100
电话(Tel): 0731 - 52318183
联系人(Contact Person): 周文波

梁郑纸业
地址(Add): 湖南省永州市蓝山县环城路80号(金龙街路口)
邮编(P. C.): 425400
电话(Tel): 0746 - 2210248
联系人(Contact Person): 梁贤杰

湖南省祁阳县如意纸业
地址(Add): 湖南省永州市祁阳县王府坪市场
邮编(P. C.): 426100
电话(Tel): 0746 - 3260287
联系人(Contact Person): 唐志刚

惠丰商行
地址(Add): 湖南省岳阳市汨罗市大市场8栋10 - 12号
邮编(P. C.): 414400
电话(Tel): 0730 - 3212990
传真(Fax): 0730 - 3212990
联系人(Contact Person): 丰梓林

湖南湘阴福源商贸
地址(Add): 湖南省岳阳市湘阴县滨湖花园
邮编(P. C.): 414600
电话(Tel): 0730 - 2269658
传真(Fax): 0730 - 2269658
法人代表(Chairman): 刘燕
总经理(General Manager): 刘燕
联系人(Contact Person): 刘燕

湖南岳阳市健铭经贸有限公司
地址(Add): 湖南省岳阳市中南批发大市场A区3栋126号
邮编(P. C.): 414000
电话(Tel): 0730 - 3262858
传真(Fax): 0730 - 3362363
总经理(General Manager): 彭碧清

岳阳市健乐纸业
地址(Add): 湖南省岳阳市竹阴街133#
邮编(P. C.): 414000
电话(Tel): 0730 - 3232958
传真(Fax): 0730 - 8318439
联系人(Contact Person): 杨杰

株洲泰德贸易有限公司
地址(Add): 湖南省株洲市荷塘区新华东路戴家岭铁四院内
邮编(P. C.): 412000
电话(Tel): 0731 - 28233336
传真(Fax): 0731 - 28822548
总经理(General Manager): 易盛哲
联系人(Contact Person): 易盛哲

株洲市东升纸业有限公司
地址(Add): 湖南省株洲市芦淞区江南世家花园
邮编(P. C.): 412008
电话(Tel): 0731 - 28163058
传真(Fax): 0731 - 28163058
E-mail: zljds168@163. com
联系人(Contact Person): 郑立君

◆广东 Guangdong

云兴百货
地址(Add): 广东省潮州市枫春路新春市场23号
邮编(P. C.): 515600
电话(Tel): 0768 - 2290968
传真(Fax): 0768 - 3911738
联系人(Contact Person): 谢少彦

伟兴百货
地址(Add): 广东省潮州市枫春市场6 - 7号
邮编(P. C.): 521000
电话(Tel): 0768 - 2387089
传真(Fax): 0768 - 2386064
联系人(Contact Person): 陈树伟

花王乐霸家居用品经营部
地址(Add): 广东省潮州市新洋路陈桥永安路(金沙海岸直入800米)
邮编(P. C.): 521000
电话(Tel): 0768 - 2205444
E-mail: 1057385038@qq. com
联系人(Contact Person): 卢树雄

东莞长安佳铭(恒兴)门市日用百货
地址(Add): 广东省东莞市长安镇锦厦批发市场33 - 40号铺位
邮编(P. C.): 523000
电话(Tel): 0769 - 85540913
传真(Fax): 0769 - 85302676
联系人(Contact Person): 黄佳铭

南山纸品行
地址(Add): 广东省东莞市长安镇厦岗村
邮编(P. C.): 523000
电话(Tel): 0769 - 85097179
传真(Fax): 0769 - 85097179
联系人(Contact Person): 蔡秋彬

同辉贸易商行
地址(Add): 广东省东莞市长安镇小商品批发街锦江二路14号
邮编(P. C.): 523000
电话(Tel): 0769 - 81559526
传真(Fax): 0769 - 85325092
联系人(Contact Person): 吴施惠

隆兴纸业
地址(Add): 广东省东莞市常平镇常康五金批发市场E22 - E23号(即劳动分局对面)
邮编(P. C.): 523000
电话(Tel): 0769 - 82984228
传真(Fax): 0769 - 81175119
联系人(Contact Person): 陈少彬

东辉纸业
地址(Add): 广东省东莞市常平镇木棆兴茂批发区A5区16、19、20号
邮编(P. C.): 523560
电话(Tel): 0769 - 83902699

传真(Fax)：0769－83752603
法人代表(Chairman)：徐金城
总经理(General Manager)：徐金城
联系人(Contact Person)：周乔升

鸿伟日用品商贸行
地址(Add)：广东省东莞市大朗镇黄草朗双鹰路41号
邮编(P.C.)：523000
电话(Tel)：0769－85416618
传真(Fax)：0769－85336368
联系人(Contact Person)：吴智雄

万佳贸易商行
地址(Add)：广东省东莞市东坑沿河东二路21号
邮编(P.C.)：523000
电话(Tel)：0769－81015842
传真(Fax)：0769－81015841
联系人(Contact Person)：廖武强

酷儿优品国际集团有限公司
地址(Add)：广东省东莞市凤岗镇官井头滨河北路布心基工业区三路2栋
邮编(P.C.)：523000
电话(Tel)：0769－82522808
传真(Fax)：0769－82522898
E-mail：coolup.alex@gmail.com
联系人(Contact Person)：王海鹰

深圳市鸿盛商行
地址(Add)：广东省东莞市凤岗镇五联村石头岭工业园1栋
邮编(P.C.)：523000
电话(Tel)：0769－82097885
传真(Fax)：0769－82097885
联系人(Contact Person)：李庆贺

东莞市一辉纸品商行
地址(Add)：广东省东莞市凤岗镇雁田管理区镇田中路东二大厦105－106号
邮编(P.C.)：523681
电话(Tel)：0769－87755846
传真(Fax)：0769－87755846
E-mail：1098956039@qq.com
联系人(Contact Person)：杨晓晓

东莞市盛创百货商行
地址(Add)：广东省东莞市虎门金洲南坊大道南46号
邮编(P.C.)：523900
电话(Tel)：0769－89364774
传真(Fax)：0769－85127804
E-mail：dghmxinyue@163.com
联系人(Contact Person)：蔡中武

东莞市采茵贸易有限公司
地址(Add)：广东省东莞市虎门镇大宁社区麒麟路7号
邮编(P.C.)：523000
电话(Tel)：0769－85705158
传真(Fax)：0769－85705158
E-mail：dgcaiyin@126.com
联系人(Contact Person)：徐小丽

东霖(纸业)贸易
地址(Add)：广东省东莞市黄江镇江海城长江一街17号
邮编(P.C.)：523000
电话(Tel)：0769－83368267
传真(Fax)：0769－83368267
E-mail：donglin@163.com
联系人(Contact Person)：李伯霖

东莞市伟盛饮料有限公司哈维奇纸尿裤事业部
地址(Add)：广东省东莞市寮步横坑金银岭公安局保安大楼侧(温塘路口志诚车行直入500米)
邮编(P.C.)：523413
电话(Tel)：0769－38831883－815
传真(Fax)：0769－38831883－815
E-mail：lxd_aj@163.com
联系人(Contact Person)：廖贤德

东莞市天泰日用百货有限公司
地址(Add)：广东省东莞市寮步镇龙泉东2区
邮编(P.C.)：523400
电话(Tel)：0769－83219120
传真(Fax)：0769－83219110
总经理(General Manager)：许亦南
联系人(Contact Person)：许亦南

东莞市塘厦(顺成)新闽达百货经营部
地址(Add)：广东省东莞市桥头镇澳特美食材城205号
邮编(P.C.)：523710
电话(Tel)：0769－87727833
传真(Fax)：0769－82952833
联系人(Contact Person)：李灵敏

东莞市惠康贸易公司
地址(Add)：广东省东莞市沙田镇民田工业区
邮编(P.C.)：523000
电话(Tel)：0769－88801976
传真(Fax)：0769－88683499
E-mail：stwanglong@126.com
联系人(Contact Person)：洪险峰

广东省东莞市洁婷纸品贸易有限公司
地址(Add)：广东省东莞市塘厦镇
邮编(P.C.)：523000
电话(Tel)：0769－87185387
传真(Fax)：0769－87185387
联系人(Contact Person)：李金奖

东莞市塘厦镇建发日用品贸易
地址(Add)：广东省东莞市塘厦镇宏业花园105号铺
邮编(P.C.)：523710
电话(Tel)：0769－82771758
传真(Fax)：0769－82771758
联系人(Contact Person)：蔡建基

东莞市恒发贸易行
地址(Add)：广东省东莞市塘厦镇龙环路41号(四村村委对面)
邮编(P.C.)：523716
电话(Tel)：0769－89773835
传真(Fax)：0769－87911786
E-mail：930257134@qq.com

联系人(Contact Person)：查良平

东莞市同裕贸易有限公司塘厦分公司
地址(Add)：广东省东莞市塘厦镇平山永新街 15 号
邮编(P. C.)：523000
电话(Tel)：0769 - 23295556
传真(Fax)：0769 - 28632663
联系人(Contact Person)：吴亚斌

东莞市德隆商贸有限公司
地址(Add)：广东省东莞市塘厦镇诸佛岭大岭古新村街北三巷 16 号
邮编(P. C.)：523000
电话(Tel)：0769 - 82770389
传真(Fax)：0769 - 82037667
E-mail：jackliu2048@ 126. com
联系人(Contact Person)：刘俊彤

东莞市花庭贸易有限公司
地址(Add)：广东省东莞市万江区滘联胡屋村永昌纸厂
邮编(P. C.)：523046
电话(Tel)：0769 - 22277368
传真(Fax)：0769 - 22284690
E-mail：139268029@ qq. com
联系人(Contact Person)：潘开友

东莞市展涛纸业有限公司
地址(Add)：广东省东莞市万江区小享管理区建设路 1 号
邮编(P. C.)：523000
电话(Tel)：0769 - 23175207
传真(Fax)：0769 - 23175115
联系人(Contact Person)：朱生汉

东莞市永丰纸业(华林销售中心)
地址(Add)：广东省东莞市万江新村工业区
邮编(P. C.)：523000
电话(Tel)：0769 - 22289688
传真(Fax)：0769 - 22775462
联系人(Contact Person)：杨木华

东莞市丰悦日用品批发部
地址(Add)：广东省东莞市下桥盛远日用品批发市场 E10 - 11 号(东日夹板市场后 50 米)
邮编(P. C.)：523000
电话(Tel)：0769 - 23100962
传真(Fax)：0769 - 22684245
E-mail：fengshunzp@ 163. com
联系人(Contact Person)：丁运锋

陆邦百货
地址(Add)：广东省佛山市禅城区城北综合批发市场 A 区 1 路 14 - 16 号
邮编(P. C.)：528011
电话(Tel)：0757 - 83630362
传真(Fax)：0757 - 82813428
联系人(Contact Person)：郭美洁

佛山市陇宇经贸有限公司
地址(Add)：广东省佛山市禅城区大沙工业区大道四路 2 号美嘉装饰材料中心 K2 馆三层 8 号铺
邮编(P. C.)：528051
电话(Tel)：0757 - 82299029
传真(Fax)：0757 - 82299029
E-mail：876020567@ qq. com
总经理(General Manager)：李伟
联系人(Contact Person)：贾爱萍

南乐纸品购销部
地址(Add)：广东省佛山市禅城区汾江北路 8 - 10 号综合批发市场东区 4 铺
邮编(P. C.)：528000
电话(Tel)：0757 - 82813306
联系人(Contact Person)：陈键南

创想纸业
地址(Add)：广东省佛山市禅城区汾江北路城北市场南方仓 25026 号
邮编(P. C.)：528099
电话(Tel)：0757 - 89913177
传真(Fax)：0757 - 82808577
E-mail：220550@ sohu. com
联系人(Contact Person)：陈欣涛

佛山世阳商行
地址(Add)：广东省佛山市禅城区文庆路 13 号之二
邮编(P. C.)：528099
电话(Tel)：0757 - 81267989
传真(Fax)：0757 - 81264210
联系人(Contact Person)：谭志森

佛山市健记纸业有限公司
地址(Add)：广东省佛山市大良新滘工业区
邮编(P. C.)：528300
电话(Tel)：0757 - 23625620
传真(Fax)：0757 - 23625506
联系人(Contact Person)：梁彬

佛山市丰利纸业
地址(Add)：广东省佛山市南海区粤丰汽配城 15 栋 140 - 143 号
邮编(P. C.)：528000
电话(Tel)：0757 - 83611859
传真(Fax)：0757 - 83611859
联系人(Contact Person)：林清杰

佛山市顺德区粤颖百货商行
地址(Add)：广东省佛山市顺德区大良近良滨河路十三街
邮编(P. C.)：528000
电话(Tel)：0757 - 88710644
传真(Fax)：0757 - 88710644
联系人(Contact Person)：黄燕

广州市润沁贸易有限公司
地址(Add)：广东省佛山市顺德区大良樟岗街 11 号
邮编(P. C.)：528399
电话(Tel)：0757 - 22660927
E-mail：702366129@ qq. com
联系人(Contact Person)：严海文

天骄儿童百货
地址(Add)：广东省佛山市顺德区乐从镇新马路乐的商城 B201 号

邮编(P. C.): 528316
电话(Tel): 0757 - 28855699
联系人(Contact Person): 黄焕

佛山市顺德华龙纸品行
地址(Add): 广东省佛山市顺德区龙江镇西溪商业大街
邮编(P. C.): 528318
电话(Tel): 0757 - 23393466
传真(Fax): 0757 - 23393466
联系人(Contact Person): 温进发

佛山市婴友百货有限公司
地址(Add): 广东省佛山市顺德区伦教广珠路东伦大路荔村路口盈金中心4楼BC
邮编(P. C.): 528000
电话(Tel): 0757 - 29826078
传真(Fax): 0757 - 22257762
E-mail: 1437097576@qq.com
联系人(Contact Person): 郑伟雄

赛地格贸易公司
地址(Add): 广东省广州市白云区岗贝路163号云天翠庭B4栋304室
邮编(P. C.): 510410
电话(Tel): 020 - 36228710
传真(Fax): 020 - 36228760
E-mail: yusuf1977@163.com
联系人(Contact Person): 金磊

广州基业青商贸有限公司
地址(Add): 广东省广州市白云区齐富路90号金富大厦603房
邮编(P. C.): 510410
电话(Tel): 020 - 37158059
传真(Fax): 020 - 37151295
E-mail: business@hzho.com
联系人(Contact Person): 李秀坤

广州市白云区志达商行
地址(Add): 广东省广州市白云区新市齐富路28号之一
邮编(P. C.): 510410
电话(Tel): 020 - 86623734
传真(Fax): 020 - 86623734
E-mail: 13430296321@163.com
联系人(Contact Person): 周璞

永祥日用
地址(Add): 广东省广州市白云太和镇文乐苑A栋017号
邮编(P. C.): 510540
电话(Tel): 020 - 62649966
传真(Fax): 020 - 62649966
联系人(Contact Person): 黄晓

广州御高贸易有限公司
地址(Add): 广东省广州市大新路84 - 88号丰铂大厦1201室
邮编(P. C.): 510120
电话(Tel): 020 - 83271601
传真(Fax): 020 - 83271682
E-mail: cmpwendy@hotmail.com
联系人(Contact Person): 叶韻贞

乐巢婴儿用品科技有限公司
地址(Add): 广东省广州市番禺区石基泰安路108号之三
邮编(P. C.): 511450
电话(Tel): 020 - 31199036
传真(Fax): 020 - 31199051
Http://www.naturalbabyshop.net
联系人(Contact Person): 吴强华

瀚海妇婴纸业贸易商行
地址(Add): 广东省广州市番禺区石基镇小龙村住宅新区西一街四号
邮编(P. C.): 510000
电话(Tel): 020 - 84551030
传真(Fax): 020 - 84551030
联系人(Contact Person): 邓海达

珠江贸易发展有限公司
地址(Add): 广东省广州市海珠区南泰路168号南泰百货批发中心2号楼503室
邮编(P. C.): 510000
电话(Tel): 020 - 84263444
传真(Fax): 020 - 84263000
E-mail: zhujiangfyl@163.com
法人代表(Chairman): 方耀联

广州市荣臻百货贸易有限公司
地址(Add): 广东省广州市花都区新华街新华路2号
邮编(P. C.): 510800
电话(Tel): 020 - 86888066
传真(Fax): 020 - 86873118
联系人(Contact Person): 李健凯

广州市惠君贸易商行
地址(Add): 广东省广州市花都区雅瑶旧村云海西街7号
邮编(P. C.): 510000
电话(Tel): 020 - 86063849
传真(Fax): 020 - 86063849
联系人(Contact Person): 钟兰玲

广州市彩柔贸易有限公司
地址(Add): 广东省广州市荔湾区芳村茶滘百鹤路2号南面首层
邮编(P. C.): 510370
电话(Tel): 020 - 81594629
传真(Fax): 020 - 81596612
E-mail: gzeairou@126.com
联系人(Contact Person): 吴兆忠

广州市联生贸易有限公司
地址(Add): 广东省广州市天河区广州大道中1418号东方国际饭店6A05 - 08室
邮编(P. C.): 510000
电话(Tel): 020 - 87056538
传真(Fax): 020 - 87056528
E-mail: 104534497@qq.com
联系人(Contact Person): 王小艳

广州市添禧母婴用品有限公司
地址(Add): 广东省广州市天河区黄埔大道西163号富星商贸大厦东塔16L
邮编(P. C.): 510620

电话(Tel)：020－87540859
传真(Fax)：020－87543169
E-mail：44594474@qq.com
联系人(Contact Person)：董烈军

建发贸易有限公司广州分公司
(详见纸浆)

广州市增城禾力创(洁培)商行
地址(Add)：广东省广州市新塘镇群星南三路5号
邮编(P.C.)：510000
电话(Tel)：020－82776501
传真(Fax)：020－32871382
E-mail：xthaopei@163.com
联系人(Contact Person)：湛桂容

增城市源益百货
地址(Add)：广东省广州市增城市荔城街富民路(荔茵幼儿园正门斜对面)
邮编(P.C.)：510000
电话(Tel)：020－82721368
传真(Fax)：020－82721368
E-mail：499529740@qq.com
联系人(Contact Person)：张映红

广顺发百货有限公司
地址(Add)：广东省河源市和平福和产业转移园
邮编(P.C.)：517000
电话(Tel)：0762－5696988
传真(Fax)：0762－5696989
E-mail：1173240154@qq.com
联系人(Contact Person)：邹国顺

钟顺纸业贸易商行
地址(Add)：广东省河源市龙川县新城登峰路三巷(火车站菜市场西侧)
邮编(P.C.)：517000
电话(Tel)：0762－6890727
传真(Fax)：0762－6890727
联系人(Contact Person)：钟明都

惠州市创源百货公司
地址(Add)：广东省惠州市惠城区水口镇德政东四街5号
邮编(P.C.)：516005
电话(Tel)：0752－7212239
传真(Fax)：0752－7212239
E-mail：1020613666@qq.com
联系人(Contact Person)：苏代群

惠州市泰润桦商业有限公司
地址(Add)：广东省惠州市惠东县县城民营科技工业园
邮编(P.C.)：516300
电话(Tel)：0752－8136988
传真(Fax)：0752－8137809
E-mail：hztrh88@163.com
联系人(Contact Person)：周耀辉

惠州市华福兴实业有限公司
地址(Add)：广东省惠州市惠南街一巷9号202室
邮编(P.C.)：516000
电话(Tel)：0752－2505936
传真(Fax)：0752－2502029
E-mail：wzh12388@163.com
总经理(General Manager)：王忠华
联系人(Contact Person)：王忠华

惠州市华都贸易有限公司
地址(Add)：广东省惠州市惠阳区秋长镇
邮编(P.C.)：516000
电话(Tel)：0752－3840411
传真(Fax)：0752－3770910
联系人(Contact Person)：曾献标

小金花姿纸业
地址(Add)：广东省惠州市惠州大道小金口段690号
邮编(P.C.)：516000
电话(Tel)：0752－2296664
联系人(Contact Person)：吴晓文

惠儿乐实业有限公司
地址(Add)：广东省惠州市小金口镇金兴街38号
邮编(P.C.)：516023
电话(Tel)：0752－5866165
传真(Fax)：0752－5866830
E-mail：1327365589@qq.com
联系人(Contact Person)：胡齐海

鹤山市沙坪昶荣贸易行
地址(Add)：广东省江门市鹤山市沙坪中华园171号
邮编(P.C.)：529799
电话(Tel)：0750－8988958
传真(Fax)：0750－8988958
联系人(Contact Person)：黄柳宝

开平市惠泽贸易有限公司
地址(Add)：广东省江门市开平市百汇批发市场40幢22号
邮编(P.C.)：529300
电话(Tel)：0750－2260692
传真(Fax)：0750－2256689
联系人(Contact Person)：黄泽伟

开平市伟联纸店
地址(Add)：广东省江门市开平市百汇批发市场66栋21号
邮编(P.C.)：529300
电话(Tel)：0750－2260692
传真(Fax)：0750－2256689
总经理(General Manager)：黄泽伟

宏信商行
地址(Add)：广东省江门市开平市百汇批发市场西区72－74号
邮编(P.C.)：529300
电话(Tel)：0750－2287148
联系人(Contact Person)：张志强

宏信商行
地址(Add)：广东省江门市开平市百汇批发市场西区72－74号
邮编(P.C.)：529300
电话(Tel)：0750－2287148
E-mail：2378680075@qq.com
联系人(Contact Person)：谭添楹

开平市卫翔商贸有限公司
地址(Add)：广东省江门市开平市振华大马路104号
邮编(P. C.)：529301
电话(Tel)：0750-2225380
传真(Fax)：0750-2228040
联系人(Contact Person)：关富亮

江门市幹生商行
地址(Add)：广东省江门市蓬江综合批发市场32号
邮编(P. C.)：529075
电话(Tel)：0750-3561207
传真(Fax)：0750-3312738
E-mail：jobbear@163. com
总经理(General Manager)：谈炳寅
联系人(Contact Person)：谈炳寅

广东省江门市妈咪岛母婴用品连锁有限公司
地址(Add)：广东省江门市新会区睦洲镇新沙大道
邮编(P. C.)：529143
电话(Tel)：0750-6221525
传真(Fax)：0750-6535825
E-mail：276796170@qq. com
总经理(General Manager)：何炳根

江门市华塘贸易有限公司
地址(Add)：广东省江门市新会区新会大道中41号3座107-108
邮编(P. C.)：529101
电话(Tel)：0750-6621078
传真(Fax)：0750-6621078
联系人(Contact Person)：陈惠娟

揭阳市榕兴百货商行
地址(Add)：广东省揭阳市揭东县锡场镇溪头工业区
邮编(P. C.)：515500
电话(Tel)：0663-3480186
传真(Fax)：0663-3480186
联系人(Contact Person)：陈榕凯

新新百货商贸行
地址(Add)：广东省揭阳市榕华大桥下东郊工业区中段
邮编(P. C.)：522051
电话(Tel)：0663-8656963
传真(Fax)：0663-8626010
E-mail：545010508@qq. com
联系人(Contact Person)：刘新旭

和润商行
地址(Add)：广东省揭阳市锡西村锡西小学中段
邮编(P. C.)：515500
电话(Tel)：0663-3487033
传真(Fax)：0663-3487033
联系人(Contact Person)：林跃群

茂名市滋彩贸易商行
地址(Add)：广东省茂名市高山批发市场G区
邮编(P. C.)：525011
电话(Tel)：0668-2523122
传真(Fax)：0668-2523122
E-mail：1076470238@qq. com
联系人(Contact Person)：黄普伟

广东省茂名市德福林贸易商行
地址(Add)：广东省茂名市红旗北路大塘一号
邮编(P. C.)：525000
电话(Tel)：0668-2240510
传真(Fax)：0668-2240510
E-mail：dfl329@163. com
联系人(Contact Person)：李丽婵

茂名市顺景绿洲商行
地址(Add)：广东省茂名市茂南开发区
邮编(P. C.)：525000
电话(Tel)：0668-2521518
联系人(Contact Person)：曾文浩

同门婴之都妇婴用品
地址(Add)：广东省茂名市茂南开发区站南路1号
邮编(P. C.)：525000
电话(Tel)：0668-2098765
E-mail：13927557727@139. com
联系人(Contact Person)：卢金铎

和熙商行
地址(Add)：广东省茂名市茂南开发区站南三街(即八宝城后背)
邮编(P. C.)：525023
电话(Tel)：0668-2090481
传真(Fax)：0668-2987632
E-mail：ycy136@126. com
法人代表(Chairman)：杨超勇
总经理(General Manager)：杨超勇
联系人(Contact Person)：杨超勇

茂名市顺治贸易有限公司
地址(Add)：广东省茂名市人民北路文东街26号
邮编(P. C.)：525099
电话(Tel)：0668-2872178
传真(Fax)：0668-2884458
联系人(Contact Person)：车剑华

茂名市茂南鸿昇食品商行
地址(Add)：广东省茂名市站南路站南二街2号
邮编(P. C.)：525000
电话(Tel)：0668-2522599
传真(Fax)：0668-2522599
E-mail：mmhssx@163. com
联系人(Contact Person)：吴东佳

兴宁市兴旺贸易商行
地址(Add)：广东省梅州市兴宁市商业城西区兴业二街33号
邮编(P. C.)：514562
电话(Tel)：0753-3390430
传真(Fax)：0753-3398802
总经理(General Manager)：欧阳思新
联系人(Contact Person)：欧阳思新

广东普宁龙峰贸易商行
地址(Add)：广东省普宁市安池路泗坑工业区怡德楼
邮编(P. C.)：515342
电话(Tel)：0663-2625826
传真(Fax)：0663-2626621

联系人(Contact Person)：周水峰

普宁市和顺贸易商行
地址(Add)：广东省普宁市池尾镇塔丰源德楼
邮编(P. C.)：515343
电话(Tel)：0663－2288821
传真(Fax)：0663－2289821
联系人(Contact Person)：陈松波

普宁市顺兴纸品贸易商行
地址(Add)：广东省普宁市军埠镇工业区和记楼
邮编(P. C.)：515322
电话(Tel)：0663－2365628
联系人(Contact Person)：陈晓松

普宁亿达商贸有限公司
地址(Add)：广东省普宁市流沙河西路17号
邮编(P. C.)：515399
电话(Tel)：0663－2249116
传真(Fax)：0663－2219610
E-mail：chc810322@126. com
联系人(Contact Person)：陈琼城

佳轩贸易有限公司
地址(Add)：广东省普宁市流沙流石路22号(二中后面)
邮编(P. C.)：515399
电话(Tel)：0663－2752789
传真(Fax)：0663－2758789
联系人(Contact Person)：黄景从

普宁宏达百货商行
地址(Add)：广东省普宁市流沙文德路新坛六片164号(流新车场往环城路方向200米处)
邮编(P. C.)：515300
电话(Tel)：0663－2178728
传真(Fax)：0663－2178728
E-mail：1345087570@qq. com
总经理(General Manager)：陈宏裕
联系人(Contact Person)：陈宏裕

丹丽雅百货
地址(Add)：广东省普宁市流沙西玉华里138幢楼下
邮编(P. C.)：515300
电话(Tel)：0663－2254097
传真(Fax)：0663－3854097
E-mail：54097222@qq. com
联系人(Contact Person)：陈映娜

普宁市万林纸品商贸行
地址(Add)：广东省普宁市流沙赵厝寮老药场内
邮编(P. C.)：515300
电话(Tel)：0663－2930938
传真(Fax)：0663－2930938
法人代表(Chairman)：黄涌林
总经理(General Manager)：黄涌林
联系人(Contact Person)：黄湧林

普宁丰方纸业
地址(Add)：广东省普宁市占陇车站对面东侧(长发楼)
邮编(P. C.)：515321
电话(Tel)：0663－2348303
传真(Fax)：0663－2346686
联系人(Contact Person)：陈林素

广东省普宁市文顺纸品公司
地址(Add)：广东省普宁市占陇下寨新兴区110幢
邮编(P. C.)：515321
电话(Tel)：0663－2332050
传真(Fax)：0663－2332070
联系人(Contact Person)：陈文生

清远市新叶贸易
地址(Add)：广东省清远市清城区东城澜水新村东大街北二巷22号首层
邮编(P. C.)：511510
电话(Tel)：0763－3933595
传真(Fax)：0763－3933595
E-mail：340695378@qq. com
联系人(Contact Person)：龚雄鹰

清远市清城区新城盛昌酒店用品商行
地址(Add)：广东省清远市清城区新城广清大道原大银泉酒店旁
邮编(P. C.)：511500
电话(Tel)：0763－3661667
联系人(Contact Person)：于生

清远市天恩大名贸易有限公司
地址(Add)：广东省清远市朱围二街十二座时代大厦一楼301号
邮编(P. C.)：511500
电话(Tel)：0763－3300444
传真(Fax)：0763－3393579
E-mail：1321938378@qq. com
法人代表(Chairman)：欧广桥
总经理(General Manager)：欧广桥
联系人(Contact Person)：欧广桥

汕头市嘉鹏贸易有限公司
地址(Add)：广东省汕头市安平路102号之11(原144号)
邮编(P. C.)：515011
电话(Tel)：0754－98290398
传真(Fax)：0754－98280655
联系人(Contact Person)：何锦源

广东省汕头市裕源妇幼用品有限公司
地址(Add)：广东省汕头市潮南区峡山商贸中心10街269号
邮编(P. C.)：515031
电话(Tel)：0754－83782834
E-mail：985240920@qq. com
联系人(Contact Person)：林元德

经隆百货商行
地址(Add)：广东省汕头市潮阳区和平和谷公路练北路段旁
邮编(P. C.)：515100
电话(Tel)：0754－82260310
传真(Fax)：0754－82260310
联系人(Contact Person)：陈敬国

澄海新伟达纸业
地址(Add)：广东省汕头市澄海莲下南湾工业区

邮编(P. C.): 515835
电话(Tel): 0754 - 85898945
联系人(Contact Person): 王文杰

龙光纸品
地址(Add): 广东省汕头市澄海区东里桥头
邮编(P. C.): 515829
电话(Tel): 0754 - 85304311
传真(Fax): 0754 - 85304311
联系人(Contact Person): 林泽光

义海百货
地址(Add): 广东省汕头市澄海区蓬岭路3栋2巷
邮编(P. C.): 515899
电话(Tel): 0754 - 86103587
传真(Fax): 0754 - 86103587
联系人(Contact Person): 王义英

澄海区诚和百货贸易行
地址(Add): 广东省汕头市澄海区上华渡头工业区(澄江公路边)
邮编(P. C.): 515031
电话(Tel): 0754 - 85603855
传真(Fax): 0754 - 85603855
联系人(Contact Person): 林钦鹏

汕头市婴联妇幼用品有限公司
地址(Add): 广东省汕头市春泽庄中区40幢308
邮编(P. C.): 515031
电话(Tel): 0754 - 86364810
传真(Fax): 0754 - 86327810
联系人(Contact Person): 郑毓武

汕头市昌盛百货
地址(Add): 广东省汕头市红领巾路36号
邮编(P. C.): 515041
电话(Tel): 0754 - 88555401
传真(Fax): 0754 - 88555401
联系人(Contact Person): 陈汉武

汕头金信商行
地址(Add): 广东省汕头市金平区华新城振华园2幢17号
邮编(P. C.): 515031
电话(Tel): 0754 - 82490667
传真(Fax): 0754 - 82490667
联系人(Contact Person): 郑毓豪

汕头市金胜达百货有限公司
地址(Add): 广东省汕头市升平路94号荣隆苑15栋303室
邮编(P. C.): 515031
电话(Tel): 0754 - 88975273
传真(Fax): 0754 - 88431185
联系人(Contact Person): 杨鑫

汕头超越百货
地址(Add): 广东省汕头市辛厝寮东龙街
邮编(P. C.): 515041
电话(Tel): 0754 - 8825671
传真(Fax): 0754 - 6334600
联系人(Contact Person): 郑俊喜

汕尾市铭莉贸易有限公司
地址(Add): 广东省汕尾市城区香洲管区和顺七区25号
邮编(P. C.): 516600
电话(Tel): 0660 - 3377491
联系人(Contact Person): 陈贻武

海丰县城中恒商行
地址(Add): 广东省汕尾市海丰县城莲花路口
邮编(P. C.): 516400
电话(Tel): 0660 - 6838811
传真(Fax): 0660 - 6695752
E-mail: xujunzhong888@163.com
Http://www.swzhsh.cn.alibaba.com
总经理(General Manager): 徐俊忠
联系人(Contact Person): 徐俊忠

百利源贸易有限公司
地址(Add): 广东省汕尾市海丰县附城镇鲤鱼山地税局后面劲威鞋厂后1栋
邮编(P. C.): 516600
电话(Tel): 0660 - 6392389
传真(Fax): 0660 - 6392289
E-mail: hf - bly@163.com
联系人(Contact Person): 徐建武

嘉叶商行
地址(Add): 广东省汕尾市陆丰市东海镇金驿综合市场三排3幢A3 - 6号
邮编(P. C.): 516500
电话(Tel): 0660 - 8835189
传真(Fax): 0660 - 8834689
总经理(General Manager): 叶炎旋
联系人(Contact Person): 叶炎旋

韶关市韦源日化商行
地址(Add): 广东省韶关市南郊一公里四通市场
邮编(P. C.): 512023
电话(Tel): 0751 - 8215838
传真(Fax): 0751 - 8215838
联系人(Contact Person): 黄海

深圳市舒洁纸品商行
地址(Add): 广东省深圳市宝安区公明玉律村第五工业区
邮编(P. C.): 518000
电话(Tel): 0755 - 33511978
传真(Fax): 0755 - 33511978
联系人(Contact Person): 陈东文

深圳市中大贸易有限公司
地址(Add): 广东省深圳市宝安区民治街道梅龙路皇嘉梅陇公馆A703
邮编(P. C.): 518000
电话(Tel): 0755 - 33067931
传真(Fax): 0755 - 33067928
Http://www.zhongdatrading.com
联系人(Contact Person): 孙秀玲

深圳市鹏腾实业有限公司
地址(Add): 广东省深圳市宝安区前进一路87号供销社综合楼C栋1106
邮编(P. C.): 518000

电话(Tel)：0755－27755006
传真(Fax)：0755－27750761
E-mail：593980039@qq.com
联系人(Contact Person)：朱建勇

辰安贸易批发商行
地址(Add)：广东省深圳市宝安区沙井镇创新路沙路沙井义乌商贸城一楼1C100档
邮编(P.C.)：518000
电话(Tel)：0755－23113226
E-mail：sk1368@126.com
联系人(Contact Person)：邓利英

深圳宅到家贸易有限公司
地址(Add)：广东省深圳市宝安区沙井坐岗大道23号坐岗文体中心3栋2704号
邮编(P.C.)：518000
电话(Tel)：0755－27951080
传真(Fax)：0755－27951080
E-mail：sz_otaku@126.com
联系人(Contact Person)：方胤雄

深圳市广信商行
地址(Add)：广东省深圳市宝安区石岩官田北环新村
邮编(P.C.)：518108
电话(Tel)：0755－27608293
传真(Fax)：0755－27608293
联系人(Contact Person)：吴宗广

深圳市珠光贸易有限公司
地址(Add)：广东省深圳市宝安区石岩街道浪心社区塘头大道宏发—佳特利高新园办公楼1楼107
邮编(P.C.)：518000
电话(Tel)：0755－27449182
传真(Fax)：0755－27449086
E-mail：gzzhujiang@126.com
联系人(Contact Person)：陈树鹏

深圳市盛大隆商贸有限公司
地址(Add)：广东省深圳市宝安区石岩上屋社区永和路9号
邮编(P.C.)：518000
电话(Tel)：0755－81784655
传真(Fax)：0755－81784656
联系人(Contact Person)：张继新

深圳市昌盛广丰柔贸易有限公司
地址(Add)：广东省深圳市宝安区石岩镇料坑工业区
邮编(P.C.)：518052
电话(Tel)：0755－29024320
传真(Fax)：0755－29029341
联系人(Contact Person)：张昌勇

深圳舒洁纸品经销行
地址(Add)：广东省深圳市宝安区石岩镇水田兰姜村27号
邮编(P.C.)：518108
电话(Tel)：0755－33848775
传真(Fax)：0755－33848776
联系人(Contact Person)：陈东波

深圳市松岗心连心纸品商行
地址(Add)：广东省深圳市宝安区松岗红星西坊别墅97号
邮编(P.C.)：518105
电话(Tel)：0755－29898646
传真(Fax)：0755－29898819
E-mail：493713538@qq.com
联系人(Contact Person)：李志扬

深圳市犇鑫贸易有限公司
地址(Add)：广东省深圳市宝安区西乡街道233号5楼506
邮编(P.C.)：518102
电话(Tel)：0755－27946946
传真(Fax)：0755－27698682
E-mail：mingaa@sina.com
总经理(General Manager)：明安启
联系人(Contact Person)：明安启

深圳市鼎盛天贸易有限公司
地址(Add)：广东省深圳市宝安区西乡街道河西社区西乡大道231号562室
邮编(P.C.)：518000
电话(Tel)：0755－82078042
传真(Fax)：0755－82078042
E-mail：444161893@qq.com
联系人(Contact Person)：卜浩

深圳市德荣贸易有限公司
地址(Add)：广东省深圳市宝安区新安街道兴华西路天健时尚空间名苑1109
邮编(P.C.)：518101
电话(Tel)：0755－27755278
传真(Fax)：0755－27871848
E-mail：sz65349@163.com
联系人(Contact Person)：谢武发

深圳市衡美时贸易有限公司
地址(Add)：广东省深圳市布吉深惠路康达尔花园21栋19D
邮编(P.C.)：518112
电话(Tel)：0755－84503113
E-mail：310821445@qq.com
联系人(Contact Person)：赖沛雄

深圳恒星纸业
地址(Add)：广东省深圳市布吉新围一巷6号(即源丰酒店对面直入10米)
邮编(P.C.)：518000
电话(Tel)：0755－28528088
传真(Fax)：0755－84277993
联系人(Contact Person)：蔡垂青

永顺发纸行
地址(Add)：广东省深圳市布吉镇岗头村禾坪岗禾安四巷五号
邮编(P.C.)：518000
电话(Tel)：0755－28367392
传真(Fax)：0755－28367392
联系人(Contact Person)：赖永清

深圳市永兴华商贸有限公司
地址(Add)：广东省深圳市福田区滨河路3161号怡兴苑5栋B座602室
邮编(P.C.)：518000

电话(Tel)：0755－83615081
传真(Fax)：0755－83612800
E-mail：yongxinghua@126.com
总经理(General Manager)：冯华明
联系人(Contact Person)：冯华明

深圳岁宝百货有限公司
地址(Add)：广东省深圳市福田区金田路2028号皇岗商务中心主楼11F整层
邮编(P.C.)：518100
电话(Tel)：0755－83207202
传真(Fax)：0755－82061208
E-mail：bin.tian@shirble.net
Http://www.shirble.net
联系人(Contact Person)：田彬

英特来国际贸易(深圳)有限公司
地址(Add)：广东省深圳市福田区深南大道6011号绿景纪元大厦A栋22层B单元
邮编(P.C.)：518048
电话(Tel)：0755－88267475
传真(Fax)：0755－88267108
E-mail：kliu@interlinebrands.com
联系人(Contact Person)：刘添悦

宜兴鹏日用品有限公司
地址(Add)：广东省深圳市光明新区凤新路腾鸿兴科技园
邮编(P.C.)：518000
电话(Tel)：0755－33297323
传真(Fax)：0755－33297323
联系人(Contact Person)：吴功华

深圳市福旺家百货
地址(Add)：广东省深圳市龙岗布吉新三村新龙路28号
邮编(P.C.)：518000
电话(Tel)：0755－89975826
传真(Fax)：0755－89979536
联系人(Contact Person)：朱桂通

深圳市兴万隆纸业有限公司牡丹纸品厂
地址(Add)：广东省深圳市龙岗区爱联A区锦苑2号
邮编(P.C.)：518000
电话(Tel)：0755－28985976
传真(Fax)：0755－28985976
联系人(Contact Person)：林锦初

深圳市恒盛盈贸易行
地址(Add)：广东省深圳市龙岗区坂田象角塘村第一工业区1栋1楼
邮编(P.C.)：518000
电话(Tel)：0755－89509182
传真(Fax)：0755－89531032
E-mail：973284489@qq.com
联系人(Contact Person)：林桂山

深圳市金太红阳科技有限公司
地址(Add)：广东省深圳市龙岗区碧新路2038－23号(锦龙名苑S122号)
邮编(P.C.)：518000
电话(Tel)：0755－85230242
传真(Fax)：0755－85230242
E-mail：291135702@qq.com
Http://www.redrose.net.cn
联系人(Contact Person)：吴心仪

深圳华地利纸品商行
地址(Add)：广东省深圳市龙岗区布吉南岭村南新路南晶小区2栋首层
邮编(P.C.)：518000
电话(Tel)：0755－28703937
传真(Fax)：0755－28703937
E-mail：sz_hdlsh@163.com
总经理(General Manager)：苏志香
联系人(Contact Person)：苏志香

海豚湾母婴用品店
地址(Add)：广东省深圳市龙岗区布吉南湾街道康桥左庭右院北区150号
邮编(P.C.)：518000
电话(Tel)：0755－33280945
E-mail：szksw@126.com
联系人(Contact Person)：郭泽华

深圳市洁尔雅卫生用品有限公司
地址(Add)：广东省深圳市龙岗区布吉塘园新村13巷1号楼11B
邮编(P.C.)：518000
电话(Tel)：0755－25818844
传真(Fax)：0755－25818844
E-mail：xiaofei1217@163.com
联系人(Contact Person)：张小飞

深圳市顺成行实业有限公司
地址(Add)：广东省深圳市龙岗区横岗大福老村100号
邮编(P.C.)：518115
电话(Tel)：0755－28622985
传真(Fax)：0755－28622965
联系人(Contact Person)：程康

深圳市亿佳源贸易有限公司
地址(Add)：广东省深圳市龙岗区横岗荷坳地铁A出口德荣大厦
邮编(P.C.)：518000
电话(Tel)：0755－28317922
传真(Fax)：0755－28317322
E-mail：yjy2988@126.com
总经理(General Manager)：曾榕树
联系人(Contact Person)：曾榕树

富士达纸品(深圳)有限公司
地址(Add)：广东省深圳市龙岗区横岗街道安良七村油甘园路43－3号
邮编(P.C.)：518115
电话(Tel)：0755－89600129
传真(Fax)：0755－89201104
E-mail：pan@dg－huarong.com
总经理(General Manager)：潘成华
联系人(Contact Person)：潘希杰

深圳市兴泰鸿贸易有限公司
地址(Add)：广东省深圳市龙岗区吉华路393号英达丰科技园

邮编(P. C.): 518129
电话(Tel): 0755 - 89398089
传真(Fax): 0755 - 89398228
总经理(General Manager): 梁健

深圳市顺昌隆贸易有限公司
地址(Add): 广东省深圳市龙岗区吉华路393号英达丰科技园B101
邮编(P. C.): 518001
电话(Tel): 0755 - 28882433
传真(Fax): 0755 - 28885438
E-mail: sclbs0617@126. com
总经理(General Manager): 麦华才

深圳市合生利贸易有限公司
地址(Add): 广东省深圳市龙岗区龙岗街道兴东大街六巷1栋首层
邮编(P. C.): 518116
电话(Tel): 0755 - 89618329
传真(Fax): 0755 - 89618329
E-mail: huanghongzong666@163. com
联系人(Contact Person): 黄宏宗

深圳市利安生活用品公司
地址(Add): 广东省深圳市龙岗区南联邱屋街一巷5-1号
邮编(P. C.): 518000
电话(Tel): 0755 - 84868386
传真(Fax): 0755 - 84868386
E-mail: 5468494@qq. com
联系人(Contact Person): 吴书阳

深圳市金美贸易有限公司
地址(Add): 广东省深圳市龙岗区沙湾沙平路沙岭小区五巷八号302室
邮编(P. C.): 518000
电话(Tel): 0755 - 84735687
传真(Fax): 0755 - 84735618
联系人(Contact Person): 王猛雄

深圳市金铭鸿贸易有限公司
地址(Add): 广东省深圳市龙岗区新生村坪西路12号
邮编(P. C.): 518000
电话(Tel): 0755 - 89308826
传真(Fax): 0755 - 89308826
E-mail: www. jinminhong@163. com
总经理(General Manager): 张远锋
联系人(Contact Person): 张远锋

深圳市新钜实业有限公司
地址(Add): 广东省深圳市龙港区布龙路龙基新村11栋101
邮编(P. C.): 518019
电话(Tel): 0755 - 25127712
传真(Fax): 0755 - 25127712
E-mail: 1223279089@qq. com
法人代表(Chairman): 江伟国
总经理(General Manager): 江伟国

深圳市润福源商贸有限公司
地址(Add): 广东省深圳市龙华新区大道与民宝路交汇处淘景商务大厦20楼
邮编(P. C.): 518000
电话(Tel): 0755 - 82077065
传真(Fax): 0755 - 83650260
E-mail: chenailiang88@126. com
总经理(General Manager): 陈爱良
联系人(Contact Person): 陈爱良

深圳市雅洁纸业商行
地址(Add): 广东省深圳市龙华新区观兰镇新田社区吉坑新村
邮编(P. C.): 518000
电话(Tel): 0755 - 28087155
传真(Fax): 0755 - 23051209
联系人(Contact Person): 姚益灿

深圳市佰利源商贸有限公司
地址(Add): 广东省深圳市龙华新区景龙社区碧波花园8栋604D
邮编(P. C.): 518000
电话(Tel): 0755 - 33125393
传真(Fax): 0755 - 33125393
E-mail: 1639005359@qq. com
法人代表(Chairman): 何德兴
联系人(Contact Person): 何德兴

深圳市博都实业发展有限公司
地址(Add): 广东省深圳市龙华新区民宝路淘景商务大厦20楼
邮编(P. C.): 518031
电话(Tel): 0755 - 83627200
传真(Fax): 0755 - 83656116
E-mail: bodusz@126. com
法人代表(Chairman): 陈爱民
总经理(General Manager): 陈爱民
联系人(Contact Person): 谢鑫怡

深圳市贝贝阁母婴用品贸易有限公司
地址(Add): 广东省深圳市罗湖区爱国路1040华深大厦9栋6楼
邮编(P. C.): 518000
电话(Tel): 0755 - 25529889
传真(Fax): 0755 - 25411869
E-mail: szsbbg@163. com
总经理(General Manager): 伍志强
联系人(Contact Person): 伍志强

深圳市润之丰贸易有限公司
地址(Add): 广东省深圳市罗湖区宝岗路23号笋岗大厦407号
邮编(P. C.): 518023
电话(Tel): 0755 - 82134688
E-mail: szrunzhifeng@163. com
联系人(Contact Person): 陈泽

深圳市坤泽城实业有限公司
地址(Add): 广东省深圳市罗湖区贝丽南路59号合正星园D栋25A
邮编(P. C.): 518020
电话(Tel): 0755 - 25015513
传真(Fax): 0755 - 25015562

E-mail：szkzc2597@ tom. com
总经理(General Manager)：吴继国

深圳市金慧洁商贸有限公司
地址(Add)：广东省深圳市罗湖区东晓路泰和花园 4F
邮编(P. C.)：518000
电话(Tel)：0755 – 22256520
传真(Fax)：0755 – 22256520
联系人(Contact Person)：刘锦梅

深圳市永恒安贸易有限公司
地址(Add)：广东省深圳市罗湖区凤凰路凤凰街 58 号 1 栋 3 单元 205 室
邮编(P. C.)：518003
电话(Tel)：0755 – 25400330
传真(Fax)：0755 – 25525509
E-mail：jhz96210@ 163. com
法人代表(Chairman)：周瑞华
总经理(General Manager)：周瑞华
联系人(Contact Person)：周瑞华

深圳市永丰旗贸易有限公司
地址(Add)：广东省深圳市罗湖区嘉宝路海燕大厦 2110 室
邮编(P. C.)：518000
电话(Tel)：0755 – 25400330
传真(Fax)：0755 – 25525509
E-mail：jhz196210@ 163. com
联系人(Contact Person)：江惠珍

深圳市宏亮威贸易有限公司
地址(Add)：广东省深圳市罗湖区文锦北路洪湖东岸 3 栋 14A
邮编(P. C.)：518000
电话(Tel)：0755 – 25507903
传真(Fax)：0755 – 25507909
联系人(Contact Person)：陈美新

深圳市敬和瑞商贸有限公司
地址(Add)：广东省深圳市坪山新区坑梓街道办联裕二路 3 号
邮编(P. C.)：518122
电话(Tel)：0755 – 84137652
传真(Fax)：0755 – 89999619
E-mail：srk800@ 163. com
联系人(Contact Person)：何敬明

深圳市乐宝商行
地址(Add)：广东省深圳市沙井镇丽莎花都 215 号
邮编(P. C.)：518000
电话(Tel)：0755 – 27425152
传真(Fax)：0755 – 27265260
E-mail：lebao668@ 163. com
联系人(Contact Person)：诸惠香

四会市合兴纸业经营部
地址(Add)：广东省四会市东城区大务岗 170 号
邮编(P. C.)：526200
电话(Tel)：0758 – 3322188
传真(Fax)：0758 – 3127778
E-mail：240389947@ qq. com
联系人(Contact Person)：林震彬

阳江市汇诚纸业商行
地址(Add)：广东省阳江市江城区金郊批发市场 A 幢 06 号
邮编(P. C.)：529500
电话(Tel)：0662 – 3933966
传真(Fax)：0662 – 3155966
E-mail：yjhuicheng@ 163. com
总经理(General Manager)：谢国龙
联系人(Contact Person)：谢国龙

湛江市瑜玮贸易有限公司
地址(Add)：广东省湛江市赤坎区海田饮料综合批发市场西 01 幢 10 号
邮编(P. C.)：524043
电话(Tel)：0759 – 3538280
传真(Fax)：0759 – 3164400
E-mail：947571803@ qq. com
联系人(Contact Person)：李海英

雷州市利华纸业经销部
地址(Add)：广东省湛江市雷州市商业城
邮编(P. C.)：524299
电话(Tel)：0759 – 8892293
联系人(Contact Person)：黄自励

雷州市爱莲纸品批发部
地址(Add)：广东省湛江市雷州市商业城东街 227 号
邮编(P. C.)：524299
电话(Tel)：0759 – 8882269
传真(Fax)：0759 – 8891382
E-mail：13809735305@ 163. com
联系人(Contact Person)：黄德象

雷州市信一日用品商行
地址(Add)：广东省湛江市雷州市西湖大道山柑仔村(即新城小学后 100 米)
邮编(P. C.)：524299
电话(Tel)：0759 – 8881525
传真(Fax)：0759 – 8881525
联系人(Contact Person)：陈龙

广东省廉江市创豪百货(批发部)
地址(Add)：广东省湛江市廉江市南街 27 号(南街小学右斜对面)
邮编(P. C.)：524038
电话(Tel)：0759 – 6613711
总经理(General Manager)：刘博伦
联系人(Contact Person)：刘博伦

廉江市辉达商行
地址(Add)：广东省湛江市廉江市南市路 43 号
邮编(P. C.)：524447
电话(Tel)：0759 – 6618300
传真(Fax)：0759 – 6618300
E-mail：lianjianghuida@ 163. com
联系人(Contact Person)：陈华娇

湛江倍柔丝商行
地址(Add)：广东省湛江市遂溪县城农林路 8 号
邮编(P. C.)：524399
电话(Tel)：0759 – 7750612
传真(Fax)：0759 – 7750612

E-mail：1175370537@qq.com
联系人(Contact Person)：黄浩芳

肇庆市蔻妍化妆品公司
地址(Add)：广东省肇庆市端州区正西路43号
邮编(P.C.)：526040
电话(Tel)：0769-6171096
传真(Fax)：0769-6171036
联系人(Contact Person)：罗魁

中山市正日生活用品有限公司
地址(Add)：广东省中山市东区新安工业区128号
邮编(P.C.)：528400
电话(Tel)：0760-88815591
传真(Fax)：0760-88815598
联系人(Contact Person)：何世华

中山市万通商贸有限公司
地址(Add)：广东省中山市南区文明路9至11号
邮编(P.C.)：528400
电话(Tel)：0760-88891523
传真(Fax)：0760-88898016
E-mail：1835978303@qq.com
联系人(Contact Person)：温春桂

中山市康婴健商贸有限公司
地址(Add)：广东省中山市沙溪南路汇豪新天地11栋1002室
邮编(P.C.)：528400
电话(Tel)：0760-88631126
传真(Fax)：0760-88631126
E-mail：zsskyj@163.com
联系人(Contact Person)：董少水

中山市柏华商贸有限公司
地址(Add)：广东省中山市西区金叶广场C15-1卡
邮编(P.C.)：528400
电话(Tel)：0760-88555531
传真(Fax)：0760-86713321
E-mail：bohua2004@126.com
联系人(Contact Person)：吴均强

中山市永德纸业商行
地址(Add)：广东省中山市小榄镇东生西路128号(人民医院东门斜对面)
邮编(P.C.)：528415
电话(Tel)：0760-22133417
传真(Fax)：0760-22133417
总经理(General Manager)：蔡高德
联系人(Contact Person)：蔡高德

腾飞纸业
地址(Add)：广东省中山市小榄镇副食品批发市场B区36号
邮编(P.C.)：528415
电话(Tel)：0760-22259345
传真(Fax)：0760-22138345
联系人(Contact Person)：李培金

珠海市金林纸品有限公司
地址(Add)：广东省珠海市明珠北路388号118楼202房
邮编(P.C.)：519000
电话(Tel)：0756-8625389
联系人(Contact Person)：林丽雪

珠海市志得纸业有限公司
地址(Add)：广东省珠海市南屏镇科技新村商业街201号
邮编(P.C.)：519000
电话(Tel)：0756-6863693
传真(Fax)：0756-6863693
联系人(Contact Person)：李楚宏

珠海永庆贸易有限公司
地址(Add)：广东省珠海市香洲梅华东路301号201室
邮编(P.C.)：519000
电话(Tel)：0756-2225598
传真(Fax)：0756-2228398
E-mail：dingcheng2046@sohu.com
总经理(General Manager)：丁成
联系人(Contact Person)：巫家海

珠海市振弘商贸有限公司
地址(Add)：广东省珠海市香洲梅溪村A区厂房4号
邮编(P.C.)：519000
电话(Tel)：0756-8601116
传真(Fax)：0756-8608418
E-mail：hellenzh07@163.com
联系人(Contact Person)：张道兰

◆广西 Guangxi

新世纪百货商行
地址(Add)：广西桂林市叠彩商贸城11栋9号门面
邮编(P.C.)：541002
电话(Tel)：0773-2612899
传真(Fax)：0773-2611458
E-mail：472383707@qq.com
联系人(Contact Person)：杨能高

广西东和商贸有限公司
地址(Add)：广西桂林市东城路澳洲假日步行街18-10号
邮编(P.C.)：541000
电话(Tel)：0773-5631498
传真(Fax)：0773-5631498
E-mail：139265556@qq.com
联系人(Contact Person)：谢杭波

桂林市欣萍贸易有限公司
地址(Add)：广西桂林市六狮洲3号(虞山桥东侧约150米木器厂内)
邮编(P.C.)：541000
电话(Tel)：0773-5603365
传真(Fax)：0773-2626858
E-mail：779395886@qq.com
法人代表(Chairman)：戴欣萍
总经理(General Manager)：戴欣萍
联系人(Contact Person)：戴欣萍

桂林鑫瑞纸业有限责任公司
地址(Add)：广西桂林市虞山食品批发1-47号
邮编(P.C.)：541001
电话(Tel)：0773-2603289
传真(Fax)：0773-2670548

E-mail：guilintianfeng@163.com
总经理(General Manager)：甘华兵

桂林康吉贸易有限公司
地址(Add)：广西桂林市虞山食品批发城德龙苑19号门面
邮编(P.C.)：541001
电话(Tel)：0773-2130790
传真(Fax)：0773-2600196
联系人(Contact Person)：沈雅东

慧美贸易有限公司
地址(Add)：广西河池市解放南路34号
邮编(P.C.)：547000
电话(Tel)：0778-2587738
传真(Fax)：0778-2587738
E-mail：1450743706@qq.com
联系人(Contact Person)：兰春建

贺州市晓姿日化经营部
地址(Add)：广西贺州市桂湘粤批发市场B40
邮编(P.C.)：524800
电话(Tel)：0774-5285826
传真(Fax)：0774-5285826
E-mail：844733252@qq.com
联系人(Contact Person)：徐晓凤

柳州市南北贸易有限责任公司
地址(Add)：广西柳州市飞蛾二路1号(谷埠街国际商城G区二楼)A区1-3门面
邮编(P.C.)：545001
电话(Tel)：0772-2273836
联系人(Contact Person)：梁丽萍

黛得乐批发中心
地址(Add)：广西柳州市飞鹅路55号(飞鹅商城内公交车停车场起点站旁)
邮编(P.C.)：545007
电话(Tel)：0772-7335821
传真(Fax)：0772-3808096
E-mail：1090893148@qq.com
联系人(Contact Person)：唐勇献

柳州市同喜贸易有限责任公司
地址(Add)：广西柳州市航生路宝晟综合交易市场2栋33号
邮编(P.C.)：545005
电话(Tel)：0772-3132845
传真(Fax)：0772-3207516
E-mail：lztongxi@163.com
法人代表(Chairman)：陈欢
总经理(General Manager)：陈欢
联系人(Contact Person)：陈欢

广西柳州市泰特贸易公司
地址(Add)：广西柳州市河东路19号书香园6栋2-C-2
邮编(P.C.)：545000
电话(Tel)：0772-2697226
传真(Fax)：0772-2697226
E-mail：2438483000@qq.com
总经理(General Manager)：胡立军
联系人(Contact Person)：胡立军

柳州福昌贸易有限公司
地址(Add)：广西柳州市柳邕路138号顺达通市场B区5栋8号
邮编(P.C.)：545022
电话(Tel)：0772-3232985
传真(Fax)：0772-3917485
E-mail：lzfc16685@163.com
联系人(Contact Person)：黎健

万宝商贸
地址(Add)：广西柳州市柳邕路138号顺达通综合批发市场B区10-5#
邮编(P.C.)：545001
电话(Tel)：0772-3228352
传真(Fax)：0772-3228352
E-mail：lovelzg7758@163.com
联系人(Contact Person)：梁增广

红梅百货商行
地址(Add)：广西柳州市柳邕路顺达通市场C区10栋28号
邮编(P.C.)：545005
电话(Tel)：0772-3216976
传真(Fax)：0772-3216976
E-mail：1595756041@qq.com
法人代表(Chairman)：李勇
总经理(General Manager)：李勇
联系人(Contact Person)：李勇

福娃纸品经营部
地址(Add)：广西柳州市顺达通市场E区1-27号
邮编(P.C.)：545001
电话(Tel)：0772-3909689
联系人(Contact Person)：梁宁

柳州市斯博林贸易有限公司
地址(Add)：广西柳州市柳邕路269号柳州声福国际五金机电城1栋16-3号
邮编(P.C.)：545001
电话(Tel)：0772-3599078
传真(Fax)：0772-3217603
联系人(Contact Person)：覃海静

柳州市兴联百货经营部
地址(Add)：广西柳州市雅儒路470号
邮编(P.C.)：545000
电话(Tel)：0772-7125256
E-mail：dfchina@126.com
联系人(Contact Person)：李立

南宁市兴振达贸易有限公司
地址(Add)：广西南宁市北大路中25号茂泽大厦19楼1913#
邮编(P.C.)：530012
电话(Tel)：0771-2396380
传真(Fax)：0771-2396380
E-mail：774660174@qq.com
联系人(Contact Person)：王泓哲

南宁超雪百货
地址(Add)：广西南宁市华西路10号华西商业城80-81#

（原运德物流）
邮编(P. C.)：530012
电话(Tel)：0771－2432820
传真(Fax)：0771－2432820
联系人(Contact Person)：阙超博

南宁市优选日用品有限公司
地址(Add)：广西南宁市华西路19－203号
邮编(P. C.)：530011
电话(Tel)：0771－2433383
传真(Fax)：0771－2433383
E-mail：12688290@qq.com
联系人(Contact Person)：梁仕华

南宁市中运百货
地址(Add)：广西南宁市华西路48－3号
邮编(P. C.)：530012
电话(Tel)：0771－2418125
传真(Fax)：0771－2415399
E-mail：305788351@qq.com
联系人(Contact Person)：刘艳玲

南宁市万益百货销售有限责任公司
地址(Add)：广西南宁市华西路19号6楼601/602室
邮编(P. C.)：530011
电话(Tel)：0771－2436801
传真(Fax)：0771－2428820
E-mail：wybh－1999@163.com
总经理(General Manager)：汤莹
联系人(Contact Person)：连伟民

广西南宁欣纯商贸有限公司
地址(Add)：广西南宁市华西路华西大院新楼801室
邮编(P. C.)：530012
电话(Tel)：0771－2817989
传真(Fax)：0771－2431282
E-mail：aliong521@126.com
联系人(Contact Person)：阳新兵

南宁市闽凯贸易有限责任公司
地址(Add)：广西南宁市金浦路56－2号万町大厦1106室
邮编(P. C.)：530022
电话(Tel)：0771－5509568
传真(Fax)：0771－5317666
联系人(Contact Person)：李晶凡

广西阳光纸业有限公司
地址(Add)：广西南宁市明秀西路55号
邮编(P. C.)：530012
电话(Tel)：0771－3920002
传真(Fax)：0771－3920019
联系人(Contact Person)：袁意得

南宁福昌百货经营部
地址(Add)：广西南宁市中华路100号综合批发市场22号铺面
邮编(P. C.)：530011
电话(Tel)：0771－2323285
E-mail：1219674787@qq.com
联系人(Contact Person)：李海

广西凭祥宏伟进出口有限公司
地址(Add)：广西凭祥市北环路187号华昌小区2栋2号
邮编(P. C.)：532699
电话(Tel)：0771－8525239
传真(Fax)：0771－8525239
联系人(Contact Person)：李继宏

广西越旺进出口贸易有限公司
地址(Add)：广西凭祥市友谊大道金地白云山世家8栋B－205室
邮编(P. C.)：532600
电话(Tel)：0771－8586335
传真(Fax)：0771－8586335
总经理(General Manager)：刘战勇
联系人(Contact Person)：李娟

梧州晋亿百货商行
地址(Add)：广西梧州市两广广场A07－12
邮编(P. C.)：543000
电话(Tel)：0774－3901983
传真(Fax)：0774－3901983
联系人(Contact Person)：莫治平

名伶纸业
地址(Add)：广西梧州市两广市场A－11－19号铺
邮编(P. C.)：543000
电话(Tel)：0774－3903413
E-mail：768744966@qq.com
联系人(Contact Person)：宁寿寅

广西梧州市好靓纸业经营部
地址(Add)：广西梧州市两广市场A区12－22号
邮编(P. C.)：543000
电话(Tel)：0774－3900976
联系人(Contact Person)：李杰光

广西梧州市德多多百货经营部
地址(Add)：广西梧州市两广市场A区13幢15－16号铺
邮编(P. C.)：543000
电话(Tel)：0774－3986482
传真(Fax)：0774－3900973
E-mail：2361540178@qq.com
联系人(Contact Person)：钟天德

梧州市长洲区华越贸易商行
地址(Add)：广西梧州市新兴二路两广批发市场A区16幢5号
邮编(P. C.)：543000
电话(Tel)：0774－3863334
传真(Fax)：0774－3847905
总经理(General Manager)：黄志莲
联系人(Contact Person)：黄志莲

北流市丰盛商贸有限公司
地址(Add)：广西玉林市北流市松木岭路0111号(原松木岭酒店对面往城中路100米)
邮编(P. C.)：537400
电话(Tel)：0775－6392222
传真(Fax)：0775－6392858
联系人(Contact Person)：宁瑞容

贵港市恒文百货
地址(Add)：广西玉林市贵港市港北区金港大道中银大厦1815室
邮编(P. C.)：537110
电话(Tel)：0775－4297622
传真(Fax)：0775－4297622
E-mail：hengwenbaihuo00@163. com
联系人(Contact Person)：蒋思文

宏奇百货
地址(Add)：广西玉林市宏进市场1区3栋27号
邮编(P. C.)：537000
电话(Tel)：0775－2081511
传真(Fax)：0775－2081521
E-mail：348866283@qq. com
联系人(Contact Person)：王家源

广西玉林亚旺纸业
地址(Add)：广西玉林市华商国际上海城2栋
邮编(P. C.)：537000
电话(Tel)：0775－2085780
E-mail：13481558921@139. com
联系人(Contact Person)：陈超旺

凯源百货
地址(Add)：广西玉林市民新路1幢3号
邮编(P. C.)：537000
电话(Tel)：0775－2303351
联系人(Contact Person)：张雪球

玉林市众友百货经销部
地址(Add)：广西玉林市玉州区城西土地所旁
邮编(P. C.)：537000
电话(Tel)：0775－2098388
传真(Fax)：0775－2098388
联系人(Contact Person)：周卫钊

◆海南 Hainan

海南盛广达贸易有限公司
地址(Add)：海南省海口市滨海大道水港路367－371号
邮编(P. C.)：570100
电话(Tel)：0898－36618658
传真(Fax)：0898－36618657
E-mail：shegnguagnda@163. com
联系人(Contact Person)：李懂懂

海口鸿达纸业商行
地址(Add)：海南省海口市博爱北路市医院宿舍101号
邮编(P. C.)：570101
电话(Tel)：0898－66245187
联系人(Contact Person)：郑展

海口龙华为大商行
地址(Add)：海南省海口市博爱南路27号
邮编(P. C.)：570102
电话(Tel)：0898－66222960
传真(Fax)：0898－66222960
联系人(Contact Person)：王琏

海南凯胜贸易有限公司
地址(Add)：海南省海口市大同路36号华能大厦A－203
邮编(P. C.)：570125
电话(Tel)：0898－66787983
传真(Fax)：0898－66787981
总经理(General Manager)：陈伟文

海口向葵妇婴用品有限公司
地址(Add)：海南省海口市国贸路59号正昊大厦8楼H室
邮编(P. C.)：570000
电话(Tel)：0898－68590090
传真(Fax)：0898－68590020
E-mail：su. 8400@163. com
联系人(Contact Person)：苏志强

海南群立辉商贸有限公司
地址(Add)：海南省海口市海秀中路51－2号星华商厦1505－1506室
邮编(P. C.)：570102
电话(Tel)：0898－66501792
传真(Fax)：0898－66501792
E-mail：qunlihui01@163. com
总经理(General Manager)：张群辉
联系人(Contact Person)：郑腊梅

海口琼山乐美佳百货商行
地址(Add)：海南省海口市龙昆南道客三里32号
邮编(P. C.)：570206
电话(Tel)：0898－66986259
传真(Fax)：0898－66986259
联系人(Contact Person)：林德全

海南隆晋利贸易有限公司
地址(Add)：海南省海口市龙昆南路89号汇隆广场三单元709室
邮编(P. C.)：570000
电话(Tel)：0898－65889103
传真(Fax)：0898－65373112
E-mail：hkwzj@sina. com
联系人(Contact Person)：魏志坚

海南省海口市天缘日用百货贸易公司
地址(Add)：海南省海口市琼山区新城路28号
邮编(P. C.)：570000
电话(Tel)：0898－65389162
联系人(Contact Person)：王世忠

海口乐欣百货贸易有限公司
地址(Add)：海南省海口市秀英区海榆中线华利路2号
邮编(P. C.)：570100
电话(Tel)：0898－68620050
传真(Fax)：0898－68625598
E-mail：lexin－2004@sina. com
总经理(General Manager)：王莉
联系人(Contact Person)：王莉

万家惠连锁超市
地址(Add)：海南省临高县跃进路商业城
邮编(P. C.)：571800
电话(Tel)：0898－28281388
传真(Fax)：0898－28278139
联系人(Contact Person)：叶家宁

海南省陵水百佳汇商贸有限公司
地址(Add)：海南省陵水县椰林镇浜河南路8号(海韵广场负一层百佳汇)
邮编(P. C.)：572400
电话(Tel)：0898 -83386988
传真(Fax)：0898 -83388129
E-mail：lsbaijiahui@163. com
联系人(Contact Person)：李家春

◆重庆 Chongqing

重庆市佳佳纸业有限责任公司
地址(Add)：重庆市璧山丁家工业园区
邮编(P. C.)：400000
传真(Fax)：023 -41481235
联系人(Contact Person)：张天元

重庆万恒日用品有限公司
地址(Add)：重庆市合川交通街蟠龙花园80号
邮编(P. C.)：401520
传真(Fax)：023 -42886782
联系人(Contact Person)：彭建

重庆爽爽日用品经营部
地址(Add)：重庆市江北区观音桥嘉陵5村
邮编(P. C.)：400020
电话(Tel)：023 -67876838
传真(Fax)：023 -67876838
法人代表(Chairman)：王德玉
总经理(General Manager)：王德玉
联系人(Contact Person)：王德玉

重庆露涵商贸有限公司
地址(Add)：重庆市经开区四公里街323号二幢一单元25-2
邮编(P. C.)：400000
电话(Tel)：023 -62783011
传真(Fax)：023 -62751370
总经理(General Manager)：彭革成

重庆自强商贸有限公司
地址(Add)：重庆市九龙坡区玉清寺工业园
邮编(P. C.)：400000
电话(Tel)：023 -89120190
联系人(Contact Person)：陈智霖

重庆桦美乐恒经贸有限公司
地址(Add)：重庆市綦江文龙街道核桃湾25 -37号
邮编(P. C.)：401420
电话(Tel)：023 -48625555
传真(Fax)：023 -48625111
总经理(General Manager)：梅国平

重庆玛琳玛可营销中心
地址(Add)：重庆市渝中区储奇门文化街39号1 -2#
邮编(P. C.)：400000
电话(Tel)：023 -63939139
E-mail：1781618997@qq. com
联系人(Contact Person)：刘艳

重庆速弓科技发展有限公司
地址(Add)：重庆市渝中区公园路19号德艺大厦1楼
邮编(P. C.)：400010
电话(Tel)：023 -63809952
传真(Fax)：023 -63809952
E-mail：sagongilu@hotmail. com
总经理(General Manager)：司空镒

◆四川 Sichuan

馨爱商贸平昌经营部
地址(Add)：四川省巴中市平昌县新平街东段轴承厂内
邮编(P. C.)：636400
电话(Tel)：0827 -6230027
传真(Fax)：0827 -6233323
E-mail：xinai_ccy@126. com
法人代表(Chairman)：程朝勇
总经理(General Manager)：程朝勇
联系人(Contact Person)：程朝勇

志远孕婴用品推广中心
地址(Add)：四川省成都市大成市场二期3楼56号
邮编(P. C.)：610081
电话(Tel)：028 -83367880
传真(Fax)：028 -83367229
联系人(Contact Person)：骆海钢

成都伊藤洋华堂有限公司
地址(Add)：四川省成都市二环路西一段逸都路6号
邮编(P. C.)：610041
电话(Tel)：028 -87021111
传真(Fax)：028 -87020447
Http://www. iy -cd. com
法人代表(Chairman)：三枝富博
总经理(General Manager)：三枝富博
联系人(Contact Person)：贾蓉

成都市弘胜商贸
地址(Add)：四川省成都市府河市场
邮编(P. C.)：610212
电话(Tel)：028 -68238856
法人代表(Chairman)：张弘
总经理(General Manager)：张弘
联系人(Contact Person)：张弘

成都鑫正商贸有限责任公司
地址(Add)：四川省成都市高升桥南街2号1幢3单元2楼201 -204室
邮编(P. C.)：610041
电话(Tel)：028 -85051479
传真(Fax)：028 -85051490
法人代表(Chairman)：杜为民
联系人(Contact Person)：杜为民

成都鑫源日化经营部
地址(Add)：四川省成都市古柏新兴商贸大市场7幢2排1号
邮编(P. C.)：610081
电话(Tel)：028 -83421190
传真(Fax)：028 -83422437
联系人(Contact Person)：余晓林

四川省成都市丽霏商贸有限公司
地址(Add)：四川省成都市金牛区天回镇石门村七组805号(135电子路)
邮编(P. C.)：610083
传真(Fax)：028－83588027
总经理(General Manager)：肖儒清

成都苛特尔商贸有限责任公司
地址(Add)：四川省成都市龙泉北泉路188号
邮编(P. C.)：610100
传真(Fax)：028－66004757
Http://www. cdkter. com
总经理(General Manager)：阳波

福春纸品配送中心
地址(Add)：四川省成都市眉山市嘉钢公寓桃园西街128号
邮编(P. C.)：620000
电话(Tel)：028－38259166
传真(Fax)：028－38291100
法人代表(Chairman)：李福春
总经理(General Manager)：李福春
联系人(Contact Person)：李福春

成都鑫诚乐贸易有限公司
地址(Add)：四川省成都市庆云北街21号
邮编(P. C.)：610017
电话(Tel)：028－86910065
E-mail：382113905@ qq. com
联系人(Contact Person)：罗光文

成都久美纸品经营部
地址(Add)：四川省成都市双流白家兴华丰食品城111幢3号
邮编(P. C.)：610000
电话(Tel)：028－85259318
E-mail：1078300832@ qq. com
Http://www. cdjmzp. com
联系人(Contact Person)：印海涛

成都市莱峰贸易有限公司
地址(Add)：四川省成都市双流县西航港成柏路兴华丰食品城302栋8号
邮编(P. C.)：610200
电话(Tel)：028－85238483
传真(Fax)：028－85238483
法人代表(Chairman)：王颂森
总经理(General Manager)：王颂森
联系人(Contact Person)：王颂森

日康日用品批发部
地址(Add)：四川省成都市武侯区铁佛新区
邮编(P. C.)：610000
电话(Tel)：028－85006645
联系人(Contact Person)：卢会彬

四川省中汇商贸有限公司
地址(Add)：四川省成都市永兴巷2号乘风大厦508室
邮编(P. C.)：610016
电话(Tel)：028－86758650
传真(Fax)：028－86758652
E-mail：sccdzhonghui888@ sohu. com
总经理(General Manager)：张小四

香亿日化经营部
地址(Add)：四川省达州市朝阳西路天府西城后面
邮编(P. C.)：635000
电话(Tel)：0818－2709638
E-mail：1248301646@ qq. com
联系人(Contact Person)：符代强

裕兴纸业
地址(Add)：四川省达州市南外东环南路高速路口
邮编(P. C.)：635000
电话(Tel)：0818－2683077
传真(Fax)：0818－2683077
联系人(Contact Person)：向可平

宏升纸业
地址(Add)：四川省广元市下西坝八一村河西法庭对面
邮编(P. C.)：628000
电话(Tel)：0839－2895022
法人代表(Chairman)：刘彬
总经理(General Manager)：刘彬
联系人(Contact Person)：刘彬

峨眉山市妍馨卫生用品有限公司
地址(Add)：四川省乐山市峨眉山市符溪工业集中区
邮编(P. C.)：614216
电话(Tel)：0833－5381161
传真(Fax)：0833－5380132
E-mail：xiasibi@ 163. com
法人代表(Chairman)：黄永才
总经理(General Manager)：黄永才
联系人(Contact Person)：黄永才

惜缘纸业
地址(Add)：四川省乐山市夹江县岩城镇工农村六组
邮编(P. C.)：614000
电话(Tel)：0833－5656726
传真(Fax)：0833－5656726
E-mail：chenzhijun1818@ 126. com
法人代表(Chairman)：陈志均
总经理(General Manager)：陈志均
联系人(Contact Person)：陈志均

泉峰纸业
地址(Add)：四川省泸州市龙马潭区龙马大厦中段清泉盈座a栋5－6号
邮编(P. C.)：646000
电话(Tel)：0830－2738400
传真(Fax)：0830－2738400
E-mail：13568154540@ qq. com
法人代表(Chairman)：袁近洪
总经理(General Manager)：袁近洪
联系人(Contact Person)：袁近洪

泸州百盛纸业
地址(Add)：四川省泸州市王氏商城鱼鳅市场2－3号
邮编(P. C.)：646000
电话(Tel)：0830－2501834
传真(Fax)：0830－2509444
联系人(Contact Person)：黄梁

铮铮商贸有限公司
地址(Add)：四川省泸州市鱼塘十八湾明星路1－20号
邮编(P.C.)：646607
电话(Tel)：0830－2526667
传真(Fax)：0830－2506311
联系人(Contact Person)：赵思国

绵阳炆希商贸有限公司
地址(Add)：四川省绵阳市跃进路北段77－1号
邮编(P.C.)：621053
电话(Tel)：0816－2685132
传真(Fax)：0816－2685132
E-mail：mywenxishangmao@163.com
总经理(General Manager)：谢润林

丁红纸业
地址(Add)：四川省内江市威远县中心街120－121号
邮编(P.C.)：642450
电话(Tel)：0832－8229297
总经理(General Manager)：丁红

遂宁市茗山纸业商贸有限公司
地址(Add)：四川省遂宁市南环路40号国强牧业有限公司内
邮编(P.C.)：629000
电话(Tel)：0825－2638818
传真(Fax)：0825－2632369
E-mail：xuaimin07@163.com
总经理(General Manager)：许爱明
联系人(Contact Person)：许爱明

白杨洗化经营部
地址(Add)：四川省西昌市城南大道城南批发市场5幢6号
邮编(P.C.)：615000
电话(Tel)：0834－3200428
联系人(Contact Person)：杨莉

虹顺日用品经营部
地址(Add)：四川省宜宾市翠屏区南延线森林小区17幢1单元1号
邮编(P.C.)：644000
电话(Tel)：0831－2333884
传真(Fax)：0831－2223885
联系人(Contact Person)：胡兴元

宏发日杂配送中心
地址(Add)：四川省宜宾市高庄桥
邮编(P.C.)：644000
电话(Tel)：0831－8271788
传真(Fax)：0831－8274899
联系人(Contact Person)：黄作武

天丽舒商贸有限公司
地址(Add)：四川省宜宾市南岸戎州路西段15－29号
邮编(P.C.)：644006
电话(Tel)：0831－5190039
传真(Fax)：0831－5190039
E-mail：yqcdma@163.com
法人代表(Chairman)：杨济侨
总经理(General Manager)：杨济侨
联系人(Contact Person)：杨济侨

宜宾红火日杂
地址(Add)：四川省宜宾市西郊批发市场后大门2号
邮编(P.C.)：644000
电话(Tel)：0831－5178798
传真(Fax)：0831－8359819
联系人(Contact Person)：连启刚

宜宾市联发日杂用品经营部
地址(Add)：四川省宜宾市西郊综合批发市场2号楼底层10号
邮编(P.C.)：644000
电话(Tel)：0831－8356882
传真(Fax)：0831－8357809
联系人(Contact Person)：黄国枝

宜宾市桦林日化美容用品公司
地址(Add)：四川省宜宾市下江北白沙湾综合市场32号
邮编(P.C.)：644000
电话(Tel)：0831－3583173
传真(Fax)：0831－3583173
E-mail：371809417@qq.com
法人代表(Chairman)：林世荣
总经理(General Manager)：林世荣
联系人(Contact Person)：曾平

宜宾纯纸味纸业(清风宜宾总经销)
地址(Add)：四川省宜宾县柏溪镇科贸路32号
邮编(P.C.)：644000
电话(Tel)：0831－5503804
E-mail：395951730@qq.com
联系人(Contact Person)：颜枭翔

◆贵州 Guizhou

贵州安顺金丰商贸有限公司
地址(Add)：贵州省安顺市弘扬路
邮编(P.C.)：561000
电话(Tel)：0853－3231850
传真(Fax)：0853－3231850
法人代表(Chairman)：金小玲
总经理(General Manager)：曾宪娥
联系人(Contact Person)：肖明俊

安顺市百盛纸业经营部
地址(Add)：贵州省安顺市双阳青松烟厂内
邮编(P.C.)：561000
电话(Tel)：0853－3397239
联系人(Contact Person)：石华刚

都匀市皓翔商贸有限责任公司
地址(Add)：贵州省都匀市协和星苑1902号
邮编(P.C.)：558000
电话(Tel)：0854－8230828
总经理(General Manager)：方庆九
联系人(Contact Person)：方庆九

贵州正通实业有限责任公司
地址(Add)：贵州省贵阳市宝山北路180号(师大校园内)
邮编(P.C.)：550001

电话(Tel)：0851－6741955
传真(Fax)：0851－6777459
联系人(Contact Person)：周卫星

贵阳益佰贸易有限公司
地址(Add)：贵州省贵阳市花溪大道北段建筑巷39号金地苑6－6号
邮编(P.C.)：550003
电话(Tel)：0851－8645566
传真(Fax)：0851－5981336
E-mail：yibaimaoyi@yibaimaoyi.com
总经理(General Manager)：罗春发
联系人(Contact Person)：罗春发

贵州中道联合商贸有限公司
地址(Add)：贵州省贵阳市精阳新区石林东路中铁逸都国际8段2楼
邮编(P.C.)：550000
电话(Tel)：0851－4124198
总经理(General Manager)：胡勇
联系人(Contact Person)：胡勇

贵阳永固机电物资公司纸品经营部
地址(Add)：贵州省贵阳市青年路127号东宝花园15－2－2－4
邮编(P.C.)：550005
电话(Tel)：0851－5589492
传真(Fax)：0851－5527552
联系人(Contact Person)：李自琳

贵阳恒兴百货有限公司
地址(Add)：贵州省贵阳市三桥北路37号骐鈊苑
邮编(P.C.)：550003
电话(Tel)：0851－4819545
传真(Fax)：0851－4851045
E-mail：335383614@qq.com
总经理(General Manager)：刘明华
联系人(Contact Person)：刘明华

海洋纸品
地址(Add)：贵州省贵阳市三桥批发市场D座523号
邮编(P.C.)：550008
电话(Tel)：0851－4851289
传真(Fax)：0851－4849680
联系人(Contact Person)：胡再明

千合纸业有限公司
地址(Add)：贵州省贵阳市三桥中坝路49号(三桥下五里土产公司仓库内)
邮编(P.C.)：550000
电话(Tel)：0851－4850976
传真(Fax)：0851－4855366
E-mail：qianhepaper@hotmail.com
总经理(General Manager)：邱述梅

洪秀纸品批发部
地址(Add)：贵州省贵阳市三桥综合批发市场972号
邮编(P.C.)：550008
电话(Tel)：0851－4823653
联系人(Contact Person)：杨波

大发纸业
地址(Add)：贵州省贵阳市三桥综合批发市场E座559号
邮编(P.C.)：550008
电话(Tel)：0851－4820412
传真(Fax)：0851－4842617
法人代表(Chairman)：刘清文
总经理(General Manager)：刘清文
联系人(Contact Person)：刘清文

贵州今黔木商贸有限公司
地址(Add)：贵州省贵阳市小河区浦江路231号奥运花园G栋
邮编(P.C.)：550003
电话(Tel)：0851－3906863
传真(Fax)：0851－3906863
E-mail：gzjqm88@163.com
总经理(General Manager)：娄永
联系人(Contact Person)：娄永

贵州清丽银泰商贸有限公司
地址(Add)：贵州省贵阳市云岩区广信四季家园中三栋三单元附二楼
邮编(P.C.)：550003
电话(Tel)：0851－4855009
联系人(Contact Person)：吴太然

贵阳睿盈欣欣商贸有限公司
地址(Add)：贵州省贵阳市云岩区头桥松山路智慧龙城龙锦苑2单元702室
邮编(P.C.)：550003
电话(Tel)：0851－6968155
E-mail：460291871@qq.com
联系人(Contact Person)：刘辉

钰珍商贸公司
地址(Add)：贵州省凯里市大友庄新村兴庄巷468号
邮编(P.C.)：556000
电话(Tel)：0855－8122411
传真(Fax)：0855－8122411
总经理(General Manager)：吴锦宽

喜欢日化
地址(Add)：贵州省铜仁市金滩批发城A1栋50号
邮编(P.C.)：554300
电话(Tel)：0856－5201097
联系人(Contact Person)：周凯胜

政辉纸业
地址(Add)：贵州省兴义市桔山果树龙场新区
邮编(P.C.)：562400
电话(Tel)：0859－3112223
传真(Fax)：0859－3112223
E-mail：416081919@qq.com
总经理(General Manager)：邓正辉

金都商贸有限公司
地址(Add)：贵州省兴义市南环西路(荷花网吧楼下)
邮编(P.C.)：562400
电话(Tel)：0859－3229722
总经理(General Manager)：王红

汇德丰商贸
地址(Add)：贵州省兴义市坪东广场
邮编(P. C.)：562400
电话(Tel)：0859 - 3813839
传真(Fax)：0859 - 3813839
联系人(Contact Person)：杨鹏

康二纸品配送中心
地址(Add)：贵州省遵义市仁怀市市医院大修厂门口
邮编(P. C.)：564500
电话(Tel)：0852 - 2229899
传真(Fax)：0852 - 2222899
总经理(General Manager)：王康仁
联系人(Contact Person)：王康仁

◆云南 Yunnan

保山凤竹商贸有限责任公司
地址(Add)：云南省保山市同仁街南段九龙小区下花园
邮编(P. C.)：678000
电话(Tel)：0875 - 2213598
传真(Fax)：0875 - 2213598
总经理(General Manager)：吴霞
联系人(Contact Person)：吴霞

好生活纸业有限责任公司
地址(Add)：云南省大理市龙山灯具建材城 4 幢 8 号
邮编(P. C.)：671000
电话(Tel)：0872 - 2184847
传真(Fax)：0872 - 2184847
E-mail：1870317327@ qq. com
法人代表(Chairman)：唐国苗
总经理(General Manager)：唐国苗
联系人(Contact Person)：唐国苗

文雅纸巾配送中心
地址(Add)：云南省昆明市凤翥街 35 号
邮编(P. C.)：650030
电话(Tel)：0871 - 65379178
传真(Fax)：0871 - 65779178
联系人(Contact Person)：文雅鑫

大裔贸易有限公司
地址(Add)：云南省昆明市关上天泉住宅 1 幢 1 单元 202 室
邮编(P. C.)：650200
电话(Tel)：0871 - 64595011
传真(Fax)：0871 - 65420333
总经理(General Manager)：吴大裔

昆明美惠纸巾配送中心
地址(Add)：云南省昆明市官渡区滇池路
邮编(P. C.)：650238
电话(Tel)：0871 - 64646466
传真(Fax)：0871 - 64646466
联系人(Contact Person)：叶联杰

昆明绿伞商贸有限公司
地址(Add)：云南省昆明市官渡区日新路盛世领南 A - 6 - 502
邮编(P. C.)：650200
电话(Tel)：0871 - 7278850
传真(Fax)：0871 - 4579455
E-mail：kmlvsan@ 163. com
总经理(General Manager)：杜建明
联系人(Contact Person)：杜建明

昆明市大手纸业有限公司
地址(Add)：云南省昆明市官渡区小板桥街道办事处四甲工业区
邮编(P. C.)：650200
电话(Tel)：0871 - 7333623
传真(Fax)：0871 - 7352801
联系人(Contact Person)：田堇瑾

和兴顺商贸有限公司
地址(Add)：云南省昆明市经开区云大西路新广丰写字楼 B1 栋 803 号
邮编(P. C.)：650214
电话(Tel)：0871 - 64609911
传真(Fax)：0871 - 64620088
E-mail：hexingshun@ vip. sina. com
法人代表(Chairman)：罗训
总经理(General Manager)：罗训
联系人(Contact Person)：罗训

昆明嘉思露商贸有限公司
地址(Add)：云南省昆明市万华路金禧园 705 幢 3 单元 101
邮编(P. C.)：650000
电话(Tel)：0871 - 5647200
传真(Fax)：0871 - 5647200
E-mail：540740021@ qq. com
联系人(Contact Person)：赵华

昆明瑞麟凯商贸有限公司
地址(Add)：云南省昆明市西山区福海乡平桥村 132 号
邮编(P. C.)：650228
电话(Tel)：0871 - 64577372
传真(Fax)：0871 - 64577372
E-mail：392845660@ qq. com
法人代表(Chairman)：许开才
总经理(General Manager)：许开才
联系人(Contact Person)：许开才

新浪日化
地址(Add)：云南省昆明市西山区新华丰国际商贸城 A 栋 7 - 27 号
邮编(P. C.)：650032
电话(Tel)：0871 - 64567330
法人代表(Chairman)：贺建新
联系人(Contact Person)：贺建新

天杰经贸有限公司
地址(Add)：云南省昆明市西山区云大西路新广丰批发市场 C74 栋 20 号
邮编(P. C.)：650228
电话(Tel)：0871 - 64589963
传真(Fax)：0871 - 64589963
联系人(Contact Person)：郑楚烈

铭赛商贸有限公司
地址(Add)：云南省昆明市新广丰 A 区 6 - 25 号

邮编(P. C.): 650214
电话(Tel): 0871-68045948
传真(Fax): 0871-68055948
联系人(Contact Person): 陈剑虹

彩云商贸有限责任公司
地址(Add): 云南省昆明市云大西路新广丰批发市场A76栋18号
邮编(P. C.): 650214
电话(Tel): 0871-64594476
传真(Fax): 0871-64594476
联系人(Contact Person): 杨海仙

云宝纸业经营部
地址(Add): 云南省昆明市云大西路新治批发市场7-21
邮编(P. C.): 650228
电话(Tel): 0871-64595051
传真(Fax): 0871-64595051
法人代表(Chairman): 晟清鹰

云南中嘉商贸有限公司
地址(Add): 云南省昆明西园北路楚雄大厦601室
邮编(P. C.): 650118
电话(Tel): 0871-68153318
传真(Fax): 0871-68157499
E-mail: 498272232@qq.com
联系人(Contact Person): 杨志红

博澜经营部
地址(Add): 云南省临沧市双水井巷65号
邮编(P. C.): 677000
电话(Tel): 0883-2135128
E-mail: 510793404@qq.com
法人代表(Chairman): 黄海波
总经理(General Manager): 黄海波
联系人(Contact Person): 黄海波

好通达商行
地址(Add): 云南省曲靖市金牛食品批发城47号
邮编(P. C.): 655000
电话(Tel): 0874-3215171
传真(Fax): 0874-3215171
法人代表(Chairman): 肖成方
总经理(General Manager): 肖成方
联系人(Contact Person): 肖成方

瑞丽亮丽百货
地址(Add): 云南省瑞丽市闽瑞商场140号
邮编(P. C.): 678600
电话(Tel): 0692-4128765
传真(Fax): 0692-8890630
E-mail: 920949109@qq.com
法人代表(Chairman): 张阿鹏
总经理(General Manager): 张阿鹏
联系人(Contact Person): 张阿鹏

锦恒纸巾配送
地址(Add): 云南省玉溪市彩虹小区虹桥路47号2楼
邮编(P. C.): 653100
电话(Tel): 0877-2012650
传真(Fax): 0877-2012650
总经理(General Manager): 张锦恒

◆西藏 Tibet

勤祥纸业
地址(Add): 西藏拉萨市冲赛康商场外23号
邮编(P. C.): 850001
电话(Tel): 0891-6330477
传真(Fax): 0891-6792309
联系人(Contact Person): 马自勤

辉林纸业
地址(Add): 西藏拉萨市冲赛康商场外北区14号
邮编(P. C.): 850001
电话(Tel): 0891-6532144
总经理(General Manager): 马辉林

◆陕西 Shaanxi

佳美纸品
地址(Add): 陕西省安康市陵园街46号
邮编(P. C.): 725000
电话(Tel): 0915-3203219
传真(Fax): 0915-3203219
联系人(Contact Person): 代泽菊

宝鸡市海洋纸品有限公司
地址(Add): 陕西省宝鸡市宝光路东段宝光南区11号
邮编(P. C.): 721000
电话(Tel): 0917-3368339
传真(Fax): 0917-3368339
联系人(Contact Person): 李坤刚

新雅贸易有限公司
地址(Add): 陕西省宝鸡市中山东路38号
邮编(P. C.): 721001
电话(Tel): 0917-3516937
传真(Fax): 0917-3207472
总经理(General Manager): 姬春涛

博达商贸有限责任公司
地址(Add): 陕西省汉中市汉台区劳动中路
邮编(P. C.): 723000
电话(Tel): 0916-2236077
传真(Fax): 0916-223077
联系人(Contact Person): 康波

聚贤日化产品商贸有限公司
地址(Add): 陕西省汉中市西环南路民航路口(机场口向南20米)
邮编(P. C.): 723000
电话(Tel): 0916-2237171
传真(Fax): 0916-2237171
法人代表(Chairman): 陈罗银
总经理(General Manager): 田怡俊
联系人(Contact Person): 田怡俊

二平纸品大全
地址(Add): 陕西省靖边县张家畔镇综合批发市场南大门斜对面
邮编(P. C.): 718500

电话(Tel)：0912－4640542
传真(Fax)：0912－4640542
法人代表(Chairman)：陈二平
总经理(General Manager)：陈二平
联系人(Contact Person)：高建鑫

萌惠纸品
地址(Add)：陕西省铜川市河滨路农付公司大院三排一号
邮编(P. C.)：727000
电话(Tel)：0919－2397593
总经理(General Manager)：李连忠
联系人(Contact Person)：张惠如

陕西福润阁商贸有限公司
地址(Add)：陕西省西安市白鹭湾小区宏府408号8楼8号
邮编(P. C.)：710002
电话(Tel)：029－87618202
传真(Fax)：029－87618202
E-mail：lyc1028@163. com
法人代表(Chairman)：王奇
总经理(General Manager)：王奇
联系人(Contact Person)：王奇

陕西思铭商贸有限公司
地址(Add)：陕西省西安市碑林区柿园路永宁庄3－1606号
邮编(P. C.)：710048
电话(Tel)：029－82496077
传真(Fax)：029－82480874
E-mail：shanxi－siming@vip. 163. com
总经理(General Manager)：张要武
联系人(Contact Person)：张要武

西安市岁岁纸业
地址(Add)：陕西省西安市大兴西路国亨食品城E区4排11－12号
邮编(P. C.)：710068
电话(Tel)：029－68962851
传真(Fax)：029－84253127
联系人(Contact Person)：史小芳

西安永佳纸品商行
地址(Add)：陕西省西安市大兴西路国亨市场C区5排12号
邮编(P. C.)：710077
电话(Tel)：029－83185633
传真(Fax)：029－83185633
总经理(General Manager)：徐星

琦峰纸业有限公司
地址(Add)：陕西省西安市大兴西路国亨小食品批发市场A区8排26号
邮编(P. C.)：710077
电话(Tel)：029－83185692
联系人(Contact Person)：程远红

精英纸品有限责任公司
地址(Add)：陕西省西安市丰禾路41号
邮编(P. C.)：710043
电话(Tel)：029－88589202
传真(Fax)：029－88589202
总经理(General Manager)：司红星

陕西华兴纸业有限公司
地址(Add)：陕西省西安市丰庆路建新西村幸福苑6号
邮编(P. C.)：710068
电话(Tel)：029－84333340
传真(Fax)：029－84299638
联系人(Contact Person)：孙红梅

西安市金源纸品批发部
地址(Add)：陕西省西安市丰庆路汽车站甲字2号
邮编(P. C.)：710000
电话(Tel)：029－84266617
联系人(Contact Person)：梁飞

友情纸业
地址(Add)：陕西省西安市丰庆路兴盛市场后厅37号
邮编(P. C.)：710000
电话(Tel)：029－88657323
联系人(Contact Person)：孙晶晶

邦希化工有限公司纸品部
地址(Add)：陕西省西安市高新一路5号正信大厦B座1001室
邮编(P. C.)：710075
电话(Tel)：029－83151626
传真(Fax)：029－83151676
联系人(Contact Person)：张永欣

崎峰纸业有限公司
地址(Add)：陕西省西安市国亨批发市场A区8排26号
邮编(P. C.)：710077
电话(Tel)：029－83185692
联系人(Contact Person)：史明亮

明安纸品
地址(Add)：陕西省西安市国亨食品批发城C区5排3－4号
邮编(P. C.)：710075
电话(Tel)：029－82199086
总经理(General Manager)：赵明安

万天纸品经营部
地址(Add)：陕西省西安市国亨市场D区2排11－12号
邮编(P. C.)：710075
电话(Tel)：029－83185595
E-mail：1138873186@qq. com
联系人(Contact Person)：汪雪芹

宝利通纸品经营部
地址(Add)：陕西省西安市金康路小食品市场南排九号
邮编(P. C.)：710000
电话(Tel)：029－81975988
法人代表(Chairman)：吴述荣
总经理(General Manager)：吴述荣
联系人(Contact Person)：吴述荣

陕西川田商贸有限责任公司
地址(Add)：陕西省西安市莲湖区大兴东路23号桐芳巷17栋1层10101
邮编(P. C.)：710016
电话(Tel)：029－86311151
传真(Fax)：029－86310141

E-mail：lbl621107@sina.com
法人代表(Chairman)：刘保良
总经理(General Manager)：刘保良
联系人(Contact Person)：刘保良

鑫鑫商贸
地址(Add)：陕西省西安市莲湖区大兴西路国亨市场E区2排05－06号
邮编(P.C.)：710000
电话(Tel)：029－84267105
传真(Fax)：029－62985350
E-mail：366149005@qq.com
总经理(General Manager)：史鹏刚
联系人(Contact Person)：史鹏刚

陕西洁康日用保健品有限公司
地址(Add)：陕西省西安市双龙花园3号楼3单元101室
邮编(P.C.)：710000
电话(Tel)：029－86233876
传真(Fax)：029－86275799
E-mail：939332136@qq.com
总经理(General Manager)：何荣
联系人(Contact Person)：何荣

西安芭蕾商贸有限公司
地址(Add)：陕西省西安市雁塔区科技路8号凯丽大厦东区302室
邮编(P.C.)：710000
电话(Tel)：029－84685201
传真(Fax)：029－84685201
E-mail：xabl2008@163.com
总经理(General Manager)：杨长均
联系人(Contact Person)：杨长均

怡安卫生用品有限责任公司
地址(Add)：陕西省咸阳市人民西路49号明远华庭A－809
邮编(P.C.)：712099
电话(Tel)：029－33310005
传真(Fax)：029－33310005
联系人(Contact Person)：杨鄂松

紫优纸业有限公司
地址(Add)：陕西省咸阳市兴平市丰仪工业园区
邮编(P.C.)：713100
电话(Tel)：029－38277789
传真(Fax)：029－38277789
总经理(General Manager)：闫喜合
联系人(Contact Person)：闫喜合

◆甘肃 Gansu

甘肃靖远佳和纸业
地址(Add)：甘肃省白银市靖远县城
邮编(P.C.)：730600
电话(Tel)：0943－6126848
传真(Fax)：0943－6126848
E-mail：1141184122@qq.com
法人代表(Chairman)：杨建振
总经理(General Manager)：杨建振
联系人(Contact Person)：杨建振

白银联丰商贸有限公司
地址(Add)：甘肃省白银市靖远县二七九铁路道口西侧
邮编(P.C.)：730900
电话(Tel)：0943－6126848
E-mail：2865933879@qq.com
联系人(Contact Person)：雒国锋

希望纸品批发部
地址(Add)：甘肃省兰州市城关区东湖市场175号
邮编(P.C.)：730000
电话(Tel)：0931－4961020
联系人(Contact Person)：宋永生

兰州信诺商贸有限责任公司
地址(Add)：甘肃省兰州市城关区火车站东路189号
邮编(P.C.)：730000
电话(Tel)：0931－8646002
传真(Fax)：0931－4572026
法人代表(Chairman)：罗斌
总经理(General Manager)：罗斌
联系人(Contact Person)：罗斌

天天纸业
地址(Add)：甘肃省兰州市城关区鱼池口小商品批发广场9号楼10号
邮编(P.C.)：730020
电话(Tel)：0931－4500058
传真(Fax)：0931－8605224
法人代表(Chairman)：万小云
总经理(General Manager)：李会明
联系人(Contact Person)：李会明

兰州百惠纸品商社
地址(Add)：甘肃省兰州市城关区枣树沟11号
邮编(P.C.)：730046
电话(Tel)：0931－8310517
传真(Fax)：0931－8310517
联系人(Contact Person)：王馨樟

兰州汇宝纸业
地址(Add)：甘肃省兰州市东部副食品批发市场185号
邮编(P.C.)：730020
电话(Tel)：0931－8264201
传真(Fax)：0931－8264201
联系人(Contact Person)：李彬

兰州万成达卫生用品批发部
地址(Add)：甘肃省兰州市金港城金海花园2栋2单元102室
邮编(P.C.)：730050
电话(Tel)：0931－2625401
传真(Fax)：0931－2625401
联系人(Contact Person)：赖锦源

兰州星顺源纸业
地址(Add)：甘肃省兰州市金港城糖酒批发市场F4－369号
邮编(P.C.)：730050
电话(Tel)：0931－2625802
法人代表(Chairman)：马玉英
总经理(General Manager)：马玉英
联系人(Contact Person)：马玉英

兰州吉时达商贸有限公司
地址(Add)：甘肃省兰州市金港城糖酒市场大院21号
邮编(P. C.)：730050
电话(Tel)：0931-2590621
传真(Fax)：0931-2335789
法人代表(Chairman)：牛勇毅
总经理(General Manager)：牛勇毅
联系人(Contact Person)：韩忠孝

兰州三合纸业
地址(Add)：甘肃省兰州市金港城糖酒市场大院36号
邮编(P. C.)：730050
电话(Tel)：0931-2152173
联系人(Contact Person)：马忠明

兰州华谊实业
地址(Add)：甘肃省兰州市金港糖酒市场停车场17号
邮编(P. C.)：730050
电话(Tel)：0931-2152185
传真(Fax)：0931-2152185
联系人(Contact Person)：祁斌

兰州嘉华纸品批发商行
地址(Add)：甘肃省兰州市兰新小商品城(爱琴海)三楼爱-C3323
邮编(P. C.)：730050
电话(Tel)：0931-4865040
传真(Fax)：0931-4977269
联系人(Contact Person)：朱中华

兰州洁瑞商贸有限公司
地址(Add)：甘肃省兰州市七里河区宝丰西湖公馆B塔803室
邮编(P. C.)：730050
电话(Tel)：0931-2685316
传真(Fax)：0931-2685316
E-mail：lwp0316@163. com
联系人(Contact Person)：芦文平

兰州万明商贸有限公司
地址(Add)：甘肃省兰州市七里河西津东路30号402
邮编(P. C.)：730050
电话(Tel)：0931-2651592
传真(Fax)：0931-2651592
法人代表(Chairman)：郑万卿
总经理(General Manager)：郑万卿
联系人(Contact Person)：杨先兰

兰州金佰商贸有限公司
地址(Add)：甘肃省兰州市十里河区小西湖东街3号701室
邮编(P. C.)：730050
电话(Tel)：0931-2610125
传真(Fax)：0931-2610125
E-mail：353379384@qq. com
法人代表(Chairman)：张明才
总经理(General Manager)：张明才
联系人(Contact Person)：张明才

兰州新源纸业有限公司
地址(Add)：甘肃省兰州市西津东路388号(温州城816室)
邮编(P. C.)：730050
电话(Tel)：0931-2658496
传真(Fax)：0931-2658496
联系人(Contact Person)：李梅

甘肃盛世龙华商贸有限公司
地址(Add)：甘肃省兰州市西津东路388号温州城1208室
邮编(P. C.)：730050
电话(Tel)：0931-2655856
传真(Fax)：0931-2612292
E-mail：shlhwxf1968@126. com
总经理(General Manager)：文晓芳
联系人(Contact Person)：李连民

兰州优兰纸业有限公司
地址(Add)：甘肃省兰州市雁儿湾路223号(酒钢小区)2号楼2706号
邮编(P. C.)：730020
电话(Tel)：0931-8652885
传真(Fax)：0931-8652885
E-mail：1975565469@qq. com
总经理(General Manager)：苏哲
联系人(Contact Person)：苏哲

兰州市效红纸业
地址(Add)：甘肃省兰州市鱼池口小商品广场九栋7号
邮编(P. C.)：730020
电话(Tel)：0931-4500009
传真(Fax)：0931-4500009
联系人(Contact Person)：陆菊梅

西峰人和批发部
地址(Add)：甘肃省庆阳市西峰陇东商场西2排14号
邮编(P. C.)：745000
电话(Tel)：0934-8225766
E-mail：2905846955@qq. com
法人代表(Chairman)：田小平
总经理(General Manager)：田小平
联系人(Contact Person)：田小平

庆阳市舒馨纸业商贸有限公司
地址(Add)：甘肃省庆阳市西峰陇东商西6排15号
邮编(P. C.)：745000
电话(Tel)：0934-8662886
传真(Fax)：0934-8662886
法人代表(Chairman)：陈彩萍
总经理(General Manager)：陈彩萍
联系人(Contact Person)：陈彩萍

天水水天商贸有限公司
地址(Add)：甘肃省天水市缤河西路28号
邮编(P. C.)：741000
电话(Tel)：0938-8350806
传真(Fax)：0938-8350000
联系人(Contact Person)：王东升

天水雄飞商贸有限公司
地址(Add)：甘肃省天水市秦州区泰山路48号
邮编(P. C.)：741000
电话(Tel)：0938-8290037
传真(Fax)：0938-8290037
E-mail：tsxiongfei@126. com
总经理(General Manager)：余亚林

联系人(Contact Person)：余亚林

◆青海 Qinghai

阿满日化
地址(Add)：青海省格尔木市源峰批发市场 29 号
邮编(P. C.)：816000
电话(Tel)：0979－7226716
传真(Fax)：0979－7226716
联系人(Contact Person)：张明全

嘉华伟业生活纸品销售部
地址(Add)：青海省格尔木市源峰市场 87 号
邮编(P. C.)：816000
电话(Tel)：0979－8452690
传真(Fax)：0979－8453619
E-mail：595454676@ qq. com
联系人(Contact Person)：路景福

青海麒瑞工贸有限责任公司
地址(Add)：青海省西宁市朝阳西路 4 号(朝阳商城)
邮编(P. C.)：810028
电话(Tel)：0971－5512381
传真(Fax)：0971－7724890
联系人(Contact Person)：张志刚

西宁花梦诗纸业有限公司
地址(Add)：青海省西宁市城西区佳豪国际 4061 室
邮编(P. C.)：810000
电话(Tel)：0971－4127308
传真(Fax)：0971－4127309
总经理(General Manager)：王喜成
联系人(Contact Person)：王喜成

西宁海莹商贸有限公司
地址(Add)：青海省西宁市东关大街 234 号
邮编(P. C.)：810002
电话(Tel)：0971－6125852
传真(Fax)：0971－6125852
总经理(General Manager)：王爱梅
联系人(Contact Person)：王爱梅

西宁华松商贸有限公司
地址(Add)：青海省西宁市军区装备修理所院内
邮编(P. C.)：810000
电话(Tel)：0971－5501406
传真(Fax)：0971－5501406
E-mail：xininghuasong@ 126. com
联系人(Contact Person)：贾振斌

西宁佳颖商贸有限公司
地址(Add)：青海省西宁市小桥大街 46 号
邮编(P. C.)：810003
电话(Tel)：0971－5133256
传真(Fax)：0971－5504393
联系人(Contact Person)：朱振宁

◆新疆 Xinjiang

新疆阿克苏市华荣卫生巾总汇
地址(Add)：新疆阿克苏市塔北路 15 号金桥商贸城
邮编(P. C.)：843000
电话(Tel)：0997－2619435
传真(Fax)：0997－2619435
E-mail：652413989@ qq. com
法人代表(Chairman)：张飞虎
总经理(General Manager)：张飞虎
联系人(Contact Person)：张飞虎

龙云纸制品厂
地址(Add)：新疆昌吉市中山路街道办苗圃二村
邮编(P. C.)：831100
电话(Tel)：0994－2363744
联系人(Contact Person)：姜龙云

乌鲁木齐永嘉洁纸业
地址(Add)：新疆乌鲁木齐市八道湾三队
邮编(P. C.)：830065
电话(Tel)：0991－8812781
总经理(General Manager)：赵岩

乌鲁木齐市明兰卫生用品有限公司
地址(Add)：新疆乌鲁木齐市仓房沟路 835 号广晟园 B－3－1402 号
邮编(P. C.)：830006
电话(Tel)：0991－5611915
传真(Fax)：0991－5611915
E-mail：muyingch@ qq. com
法人代表(Chairman)：彭先明
总经理(General Manager)：彭先明
联系人(Contact Person)：彭先明

新疆乌鲁木齐市锦飞纸业有限公司
地址(Add)：新疆乌鲁木齐市长江路 82 号泰祺小区 6－7－101
邮编(P. C.)：830000
电话(Tel)：0991－5892737
传真(Fax)：0991－5890183
总经理(General Manager)：朱友忠
联系人(Contact Person)：朱友忠

玄武工贸公司
地址(Add)：新疆乌鲁木齐市长江路 92 号东方酒店用品城 3F－91 号
邮编(P. C.)：830000
电话(Tel)：0991－5836280
传真(Fax)：0991－5836280
E-mail：491047784@ qq. com
法人代表(Chairman)：李王淬砺
总经理(General Manager)：李王淬砺
联系人(Contact Person)：李王淬砺

新世纪妇幼卫生用品批零
地址(Add)：新疆乌鲁木齐市东站华凌物流基地旁
邮编(P. C.)：830013
电话(Tel)：0991－6658837
联系人(Contact Person)：张涵

永发纸品商行
地址(Add)：新疆乌鲁木齐市金源贸易城 A 区 65 号
邮编(P. C.)：830006
电话(Tel)：0991－7608639

E-mail：838740439@qq.com
联系人(Contact Person)：孙敬节

彩云生活日用品批发中心
地址(Add)：新疆乌鲁木齐市炉院街104号新时代贸易广场2-29号
邮编(P.C.)：830000
电话(Tel)：0991-5814008
传真(Fax)：0991-5814008
E-mail：286090764@qq.com
法人代表(Chairman)：王刚
总经理(General Manager)：王刚
联系人(Contact Person)：王彩云

西部国明商贸有限公司
地址(Add)：新疆乌鲁木齐市七道湾工业园
邮编(P.C.)：830027
电话(Tel)：0991-4606400
传真(Fax)：0991-4601185
联系人(Contact Person)：徐国明

乌鲁木齐市热哈提百货商行
地址(Add)：新疆乌鲁木齐市沙依巴克区炉院街548号7栋1-06
邮编(P.C.)：830000
电话(Tel)：0991-5887799
传真(Fax)：0991-5651140
E-mail：18999175898@qq.com
法人代表(Chairman)：马辉
总经理(General Manager)：马辉
联系人(Contact Person)：马辉

沙依巴克区王彦华商行
地址(Add)：新疆乌鲁木齐市沙依巴克区月明楼市场6-2号
邮编(P.C.)：830000
电话(Tel)：0991-5842817
传真(Fax)：0991-5842817
法人代表(Chairman)：王彦华
总经理(General Manager)：王彦华
联系人(Contact Person)：王彦华

新疆乌市佳赫纸业有限公司
地址(Add)：新疆乌鲁木齐市乌昌公路3330号
邮编(P.C.)：830074
电话(Tel)：0991-3972669
传真(Fax)：0991-3972669
联系人(Contact Person)：杨艳秀

乌鲁木齐优维雅纸业有限公司
地址(Add)：新疆乌鲁木齐市新市区宁波街北十巷52号
邮编(P.C.)：830013
电话(Tel)：0991-8881872
传真(Fax)：0991-8881872
联系人(Contact Person)：闫文琴

新疆品众进出口贸易有限公司
地址(Add)：新疆乌鲁木齐市伊宁路89号新丰大厦A座1801室
邮编(P.C.)：830000
电话(Tel)：0991-5890359
传真(Fax)：0991-5890359
E-mail：pz556688@126.com
联系人(Contact Person)：陈海章

子林商行
地址(Add)：新疆乌鲁木齐市月明楼批发市场13-1-8
邮编(P.C.)：830000
电话(Tel)：0991-5861077
传真(Fax)：0991-5588791
法人代表(Chairman)：杨卫民
总经理(General Manager)：杨卫民
联系人(Contact Person)：杨卫民

新疆健驰商贸有限公司
地址(Add)：新疆乌市沙区地王佳座2203室
邮编(P.C.)：830000
电话(Tel)：0991-5826690
传真(Fax)：0991-5828935
E-mail：417719077@qq.com
总经理(General Manager)：邢俊辉
联系人(Contact Person)：邢俊辉

其　他
Others

AKIKO & COMPANY
日本秋子公司
地址(Add)：2-5-9 Minamihommachi, Chuo-Ku, Osaka, Japan
电话(Tel)：81-6-6244-7850
传真(Fax)：81-6-6244-7851
E-mail：akiko@mail.infomart.or.jp
法人代表(Chairman)：大园秋子
联系人(Contact Person)：大园睦郎

Japan Hygiene Products Industry Association
日本卫生材料工业连合会
地址(Add)：Izumi Hamamatsucho Bldg 1F, 1-2-3 Hamamatsucho, Minato-ku Tokyo, Japan 105-0013
电话(Tel)：81-3-64035351
传真(Fax)：81-3-64035350
E-mail：fujita@jhpia.or.jp
Http://www.jhpia.or.jp
联系人(Contact Person)：藤田直哉
产品业务(Business)：卫生材料协会

台湾区不织布工业同业公会
Taiwan Nonwoven Fabrics Industry Association
地址(Add)：台湾省台北市大同区南京西路30号5楼
电话(Tel)：886-917621588
传真(Fax)：886-2-25527330
E-mail：tnfiabroc@ms24.hinet.net
Http://www.nonwoven.org.tw
联系人(Contact Person)：黄稚评
产品业务(Business)：非织造布、相关产品与设备等台湾厂商资讯

中国制浆造纸研究院
China National Pulp and Paper Research Institute
地址(Add)：北京市朝阳区启阳路4号中轻大厦
邮编(P.C.)：100102
电话(Tel)：010-64778028
传真(Fax)：010-64778024
E-mail：kb@cnppri.com
Http://www.cnppri.com.cn
法人代表(Chairman)：曹春昱
产品业务(Business)：制浆造纸技术研究，造纸工业标准及检测，特种纸产品

中国中轻国际工程有限公司
China BCEL International Engineering Co., Ltd.
地址(Add)：北京市朝阳区白家庄东里42号
邮编(P.C.)：100026
电话(Tel)：010-65821863
传真(Fax)：010-65823590
E-mail：bcel@bcel-cn.com
Http://www.bcel-cn.com
联系人(Contact Person)：彭华
产品业务(Business)：卫生纸项目设计

大连本田洋行日用品成形有限公司
地址(Add)：辽宁省大连市甘井子区大连湾街道迎金路772号
邮编(P.C.)：116600
电话(Tel)：0411-87859690
传真(Fax)：0411-87859609
E-mail：1420661451@qq.com
联系人(Contact Person)：高博
产品业务(Business)：湿巾桶

中国海诚工程科技股份有限公司
China Haisum Engineering Co., Ltd.
地址(Add)：上海市宝庆路21号
邮编(P.C.)：200031
电话(Tel)：021-64370093-2490
传真(Fax)：021-64334045
E-mail：zhengbaozhen@haisum.com
Http://www.haisum.com
联系人(Contact Person)：郑宝珍
产品业务(Business)：工程设计

云月投资管理(上海)有限公司成都分公司
Lunar Capital Management
地址(Add)：上海市陕北路227号中区广场22层2201室
邮编(P.C.)：200003
电话(Tel)：021-60477685
传真(Fax)：021-61202060
E-mail：watson.lau@xingtaicap.com
Http://www.lunarcap.com
法人代表(Chairman)：Yi Li
总经理(General Manager)：Stan
联系人(Contact Person)：刘博逸
产品业务(Business)：投资管理

恒信金融租赁有限公司
Unitrust Finance & Leasing Corporation
地址(Add)：上海市黄浦区南京东路300号名人商业大厦10楼
邮编(P.C.)：200001
电话(Tel)：021-61355354
传真(Fax)：021-61355380
E-mail：linda.wu@utflc.com
Http://www.utfinancing.com
联系人(Contact Person)：吴玲
产品业务(Business)：租赁

远东国际租赁有限公司
International Far Eastern Leasing Co., Ltd.
地址(Add)：上海市浦东新区世纪大道100号环球金融中心7楼
邮编(P.C.)：200000
电话(Tel)：021-50490099
传真(Fax)：021-50490010
E-mail：machao03@sinochem.com
Http://www.fehorizon.com
法人代表(Chairman)：孔繁星
联系人(Contact Person)：马超
产品业务(Business)：租赁

科伯利生物技术(上海)有限公司
Chempolis Biorefining Technology (Shanghai) Co., Ltd.
地址(Add)：上海市浦东新区张江高科技园区碧波路690号2号楼401-14室
邮编(P.C.)：201203
电话(Tel)：021-61042236
传真(Fax)：021-61042200
E-mail：shi_dongsheng@163.com
Http://www.chempolis.com

联系人(Contact Person)：石东生
产品业务(Business)：生物制浆

杭州原创广告设计有限公司
Hangzhou Original Creation Advertising & Design Co., Ltd.
地址(Add)：浙江省杭州市凤起路361号国都商务大厦701室
邮编(P. C.)：310003
电话(Tel)：0571－87797881
传真(Fax)：0571－87797123
E-mail：hzycad@163. com
法人代表(Chairman)：蒲忠苗
总经理(General Manager)：蒲忠苗
联系人(Contact Person)：蒲忠苗
产品业务(Business)：企业营销策划及广告设计

杭州思悦达进出口有限公司
Hangzhou Siyueda Import & Export Co., Ltd.
地址(Add)：浙江省杭州市萧山戴村永富工业园
邮编(P. C.)：311261
电话(Tel)：0571－82274786
传真(Fax)：0571－82215701
联系人(Contact Person)：楼金文
产品业务(Business)：材料进出口业务

德清县武康镇创智热喷涂厂
Deqing Chance Thermal Spraying Factory
地址(Add)：浙江省湖州市德清县武康镇上柏工业区
邮编(P. C.)：313200
电话(Tel)：0572－8012775
传真(Fax)：0572－8012733
E-mail：sales@dqchance. com
Http://www. dqchance. com
联系人(Contact Person)：金兴佳
产品业务(Business)：热喷涂加工

泉州市丰泽恩加品牌策划有限公司
Quanzhou Enjia Brand Planning Co., Ltd.
地址(Add)：福建省泉州市丰泽区刺桐路福新花园城2号楼1104
邮编(P. C.)：362000
电话(Tel)：0595－22535089
传真(Fax)：0595－22535089
E-mail：437799340@qq. com
Http://www. enjia. com. cn
法人代表(Chairman)：赖宝玉
总经理(General Manager)：赖宝玉
联系人(Contact Person)：赖宝玉
产品业务(Business)：品牌整合/策划/设计，企业VI/产品包装设计，电子商务代理运营

厦门飞华水务环保科技工程有限公司
Xiamen Feihua Water Affairs Environment Protection Engineering Co., Ltd.
地址(Add)：福建省厦门市湖滨北七星路170号
邮编(P. C.)：361012
电话(Tel)：0592－5335774
传真(Fax)：0592－5073555
E-mail：huxb@chinafeihua. com
Http://www. chinafeihua. com. cn
联系人(Contact Person)：胡新保
产品业务(Business)：澄清池设计施工，计量泵，浊度仪，水质仪表

厦门市边界品牌顾问有限公司
Edge Integrated Marketing Agency Corporation Limited
地址(Add)：福建省厦门市思明区嘉禾路新景中心A幢2209
邮编(P. C.)：361000
电话(Tel)：0592－2261606
传真(Fax)：0592－2261609
E-mail：226963714@qq. com
Http://www. edgebrand. cn
法人代表(Chairman)：洪建伟
总经理(General Manager)：洪建伟
联系人(Contact Person)：兰媛
产品业务(Business)：品牌策划

山东信和造纸工程有限公司
Shandong Xinhe Paper－making Engineering Co., Ltd.
(详见卫生纸机)

青岛得水国际贸易有限公司
Qingdao Deshui International Trade Co., Ltd.
地址(Add)：山东省青岛市山东路1号滨海花园海丽楼21A
邮编(P. C.)：266071
电话(Tel)：0532－85029149
传真(Fax)：0532－85026403
E-mail：tanger@deshuico. com
Http://www. deshuico. com
总经理(General Manager)：李杰锋
产品业务(Business)：出口造纸设备及配件

武汉中轻工程设计有限公司
Wuhan Zhongqing Engineering Design Co., Ltd.
地址(Add)：湖北省武汉市江汉区青年路277号教育出版大楼3层
邮编(P. C.)：430015
电话(Tel)：027－83335855
传真(Fax)：027－83555859
E-mail：sxzyh1962@163. com
Http://www. chinalid. net
法人代表(Chairman)：彭峰
总经理(General Manager)：彭峰
联系人(Contact Person)：朱幼浩
产品业务(Business)：制浆造纸项目工程设计与咨询，工程总承包

中国轻工业武汉设计工程有限责任公司
China Light Industry Wuhan Design Engineering Co., Ltd.
地址(Add)：湖北省武汉市武昌区首义路176号
邮编(P. C.)：430060
电话(Tel)：027－88044007
传真(Fax)：027－88043774
E-mail：13808641636@163. com
联系人(Contact Person)：梁斌
产品业务(Business)：卫生纸项目咨询，设计

中国轻工业长沙工程有限公司
China CEC Engineering Corporation
地址(Add)：湖南省长沙市雨花区新兴路268号
邮编(P. C.)：410114
电话(Tel)：0731－85770333
传真(Fax)：0731－85584415
联系人(Contact Person)：樊燕
产品业务(Business)：卫生纸项目咨询，设计

惠州创新环保造纸设备制造安装有限公司
Huizhou Innovation Environment Protection Paper Machine Co., Ltd.
地址(Add)：广东省博罗县园洲镇兴园一路1号
邮编(P. C.)：516100
电话(Tel)：0769－88510376

传真(Fax)：0769－88510376
E-mail：zs_fwp@163.com
总经理(General Manager)：周永胜
产品业务(Business)：纸机设计、安装、改造，压泥机，卫生纸机技术服务

广州市纤维产品检测院
Guangzhou Fiber Product Testing Institure

地址(Add)：广东省广州市海珠区滨江中路草芳围35号之二
邮编(P.C.)：510220
电话(Tel)：020－34401635
传真(Fax)：020－34401635
E-mail：zhurt@gtt.net.cn
Http://www.gtt.net.cn
联系人(Contact Person)：朱锐钿
产品业务(Business)：非织造布、卫生巾、纸尿裤等产品的性能测试

广州彼岸品牌营销策划有限公司
Guangzhou Powerbrand Branding Marketing Strategy Planing Co., Ltd.

地址(Add)：广东省广州市海珠区新港东路48号雅郡花园雅仕街31号
邮编(P.C.)：510308
电话(Tel)：020－89883555
传真(Fax)：020－89883000
E-mail：13808878687@139.com
Http://www.powerbian.com
总经理(General Manager)：李萍
联系人(Contact Person)：李萍
产品业务(Business)：企业营销策划及广告设计

中国轻工业广州设计工程有限公司
China GDE Engineering Co., Ltd.

地址(Add)：广东省广州市盘福路医国后街1号
邮编(P.C.)：510180
电话(Tel)：020－81326513
传真(Fax)：020－81325759
产品业务(Business)：卫生纸项目咨询，设计

汕头奥博设计有限公司
Shantou Aobo Design Co., Ltd.

地址(Add)：广东省汕头市龙湖区珠池路63号格兰思达大厦八楼801－11
邮编(P.C.)：515041
电话(Tel)：0754－88175199
传真(Fax)：0754－88175199
E-mail：aobo001@163.com
Http://www.staobo.cn
法人代表(Chairman)：吴少强
总经理(General Manager)：吴少强
联系人(Contact Person)：吴少强
产品业务(Business)：品牌整合，策划推广，包装设计

在水一方品牌策划有限公司
Waterfront

地址(Add)：广东省深圳市龙湖区金砂东路建信大厦410
邮编(P.C.)：515000
电话(Tel)：0755－88999570
Http://www.zsyf－china.com
联系人(Contact Person)：王娇梅
产品业务(Business)：生活用纸产品包装设备，品牌策划

中国轻工业南宁设计工程有限公司
China Light Industry Nanning Design Engineering Co., Ltd.

地址(Add)：广西南宁市星光大道42号
邮编(P.C.)：530031
电话(Tel)：0771－4800448
传真(Fax)：0771－4830802
联系人(Contact Person)：葛友
产品业务(Business)：卫生纸项目咨询，设计

中国轻工业成都设计工程有限公司
China Light Industry Chengdu Engineering Co., Ltd.

地址(Add)：四川省成都市青羊区少城路9号
邮编(P.C.)：610015
电话(Tel)：028－86637786
传真(Fax)：028－86643706
E-mail：qrsjcyh@126.com
Http://www.qrsj.com
联系人(Contact Person)：陈亚红
产品业务(Business)：卫生纸项目设计

中国轻工业西安设计工程有限责任公司
China Light Industry Xian Design Engineering Co., Ltd.

地址(Add)：陕西省西安市东关柿园路222号
邮编(P.C.)：710048
电话(Tel)：029－82487822
产品业务(Business)：卫生纸项目咨询，设计

主要设备引进情况(2000—2013 年)

IMPORTED MAJOR EQUIPMENT IN CHINA TISSUE PAPER & DISPOSABLE PRODUCTS INDUSTRY (2000－2013)

[6]

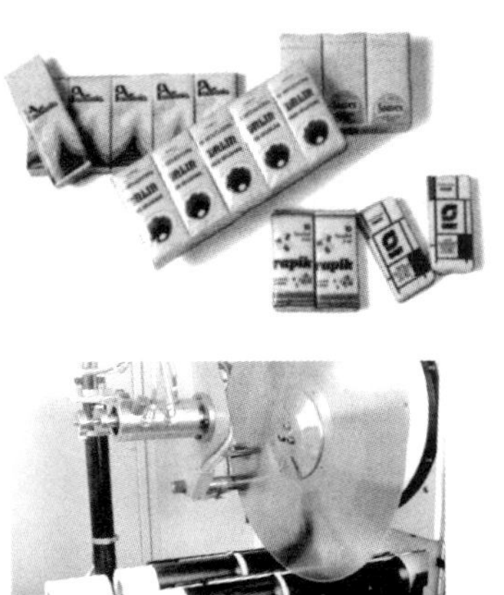

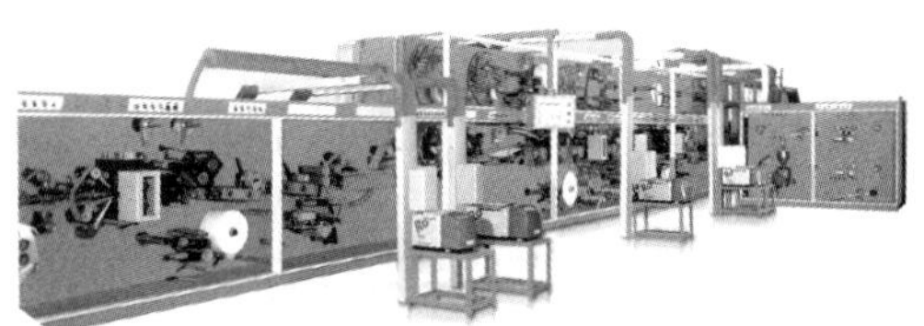

主要设备引进情况(2000—2013年)
Imported major equipment in China tissue paper & disposable products industry (2000—2013)

一、卫生纸机

1. BF型卫生纸机

地区	企业名称	引进内容	数量	时间	引进国(地区)及公司
河北省	河北保定市港兴纸业有限公司	BF-10EX	1台	2010年9月签约，2011年8月投产	日本川之江
		BF-10EX	1台	2012年4月签约，2012年11月交货，2013年4月投产	
		BF-1000	1台	2013年9月签约，计划2014年7月投产	
上海市	上海东冠集团	BF-10	3台	2006	
		BF-10	1台	2007	
		BF-12EX	1台	2009	
浙江省	浙江唯尔福纸业有限公司	BF-10EX	2台	2009年签约，分别于2010年9月和2011年1月投产	
		BF-10EX	2台	2011年3月签约，分别2012年和2013年11月投产	
福建省	福建铭丰实业有限公司	BF-12EX	1台	2010年7月签约，2011年8月交货	
山东省	山东东顺集团有限公司(集团总部)	BF-10	1台	2005	
		BF-10α	1台	2007年11月	
		BF-10EX	1台	2008年10月	
		BF-10EX	1台	2010年4月投产	
		BF-10EX	1台	2010年12月投产	
		BF-10EX	1台	2011年12月	
		BF-10EX	1台	2012年3月	
		BF-10EX	1台	2012年6月	
		BF-1000	5台	2013年3月，6月，8月，10月，11月投产	
		BF-1000	1台	2014年3月交货	
	山东东顺集团有限公司(黑龙江肇东纸业)	BF-10EX	1台	项目于2011年7月开工，卫生纸机于2011年5月与川之江签约，2012年11月投产，规划10万吨。	
		BF-1000	1台	2014年5月交货	
湖北省	荆州市知音纸业有限公司	BF-10EX	1台	2009年6月签约，2010年1月投产	
广东省	维达北方纸业(北京)有限公司	BF-10	1台	2003	
		BF-10	1台	2006	
		BF-10	1台	2007	
	维达纸业(辽宁)有限公司	BF-10EX	2台	2011年7月投产	
		BF-10EX	2台	2012年9月交货，投产	
	维达纸业(浙江)有限公司	BF-12	2台	2008	
		BF-10EX	2台	2011年2月交货，6月投产	
		BF-10EX	2台	2011年6月交货，8月投产	
	维达纸业(湖北)有限公司	BF-10	1台	2003	
		BF-10	1台	2004	
		BF-10	1台	2005	

续表

地区	企 业 名 称	引 进 内 容	数量	时 间	引进国(地区)及公司
广东省	维达纸业(湖北)有限公司	BF－10	2 台	2006	日本川之江
		BF－10EX	2 台	2010 年 10 月投产	
		BF－10EX	2 台	2010 年 11 月投产	
	维达纸业(江门)有限公司	BF－12	1 台	2005	
		BF－12	1 台	2006	
		BF－12	2 台	2007	
		BF－12	2 台	2008	
	维达纸业(四川)有限公司	BF－10	1 台	2005	
		BF－10	1 台	2007	
		BF－10EX	2 台	2011 年 8 月交货，11 月投产	
	浙江中顺纸业有限公司	BF－10	1 台	2007	
		BF－10EX	1 台	2009 年 7 月	
	中顺洁柔(湖北)纸业有限公司	BF－10	1 台	2005	
		BF－10EX	1 台	2009	
	中顺洁柔纸业股份有限公司(中山)	BF－10	1 台	2004	
	江门中顺纸业有限公司	BF－10	1 台	2006	
		BF－10α	2 台	2008	
	中顺洁柔(四川)纸业有限公司	BF－10	1 台	2005	
		BF－10	1 台	2006	
		BF－12	1 台	2006	
	江门仁科绿洲纸业有限公司	BF－12	1 台	2007	
	东莞永昶纸业有限公司	BF－12	1 台	2009 年 2 月交货	
	惠州福和纸业有限公司(2013 年已转让给福建凤竹纸业)	BF－10EX	1 台	2011 年 2 月签约，2012 年 2 月交货	
	高明市日畅纸业有限公司	BF－12	1 台	2007	日本川之江(二手机)
		BF－12	1 台	2008	
广西	广西南宁凤凰纸业有限公司	BF－10α	1 台	2006	日本川之江
		BF－12	1 台	2008 年 10 月投产	
重庆市	重庆龙璟纸业有限公司	BF－10EX	2 台	2009 年 10 月签约，2011 年 9 月投产	
	重庆维尔美纸业有限公司	BF－10EX	2 台	2009 年 11 月签约，2010 年 11 月交货，2011 年 3 月投产	
	重庆理文	BF－1000	2 台	2014 年 4 月交货	
四川省	四川雅安西龙纸业有限公司	BF－10EX	2 台	2010 年 8 月签约，预计 2011 年 6 月交货，项目延期	
	四川安县纸业有限公司	BF－10EX	2 台	2012 年 6 月交货，2013 年 4 月投产	
陕西省	陕西兴包企业集团有限公司	BF－10EX	2 台	2011 年 10 月签约，2012 年 9 月和 2013 年 3 月投产	
新疆	巴州名星纸业股份有限公司	BF－10EX	1 台	2013 年 1 月交货，2013 年 10 月投产	

2. 新月型卫生纸机

地区	企业名称	引进内容	数量	时间	引进国(地区)及公司
河北省	河北雪松纸业有限公司	新月型卫生纸机(2.85米幅宽,车速1200米/分)	2台	2013年1月签定2台合同,计划第1台在2013年底投产	波兰 PMPoland S. A.
	河北义厚成日用品有限公司	新月型卫生纸机(2.5万吨/年,2.85米幅宽,1650米/分),项目规划11万吨/年	2台	计划2013年6月投产,延迟到2014年2月	奥地利 Andritz
辽宁省	抚顺矿业集团琥珀纸业有限责任公司	Primeline^{TM}W8(5.6米幅宽,车速2000米/分)	1台	2010年8月签约,2011年10月投产	奥地利 Andritz
上海市	上海东冠纸业有限公司	DCT100新月型卫生纸机(2.85米幅宽,3万吨/年)	1台	2010年6月签约,2011年9月投产	美卓(Metso)
		DCT135新月型卫生纸机(3.4米幅宽,1800米/分,3.5万吨/年)	1台	2010年6月签约,2012年4月投产	
	潜利工业有限公司(2012年11月已停产)	新月型卫生纸机	1套	2006年8月	意大利 A. Celli
江苏省	APP GROUP(苏州)	新月型卫生纸机(5.6米幅宽,2200米/分设计车速)	1台	2011年4月投产	意大利 A. Celli
		新月型卫生纸机(5.6米幅宽,2400米/分设计车速,7万吨/年)	1台	2012年3月投产	福伊特
		DCT200(5.6米幅宽,2000米/分,6万吨/年)	2台	2014年	美卓(Mesto)
	APP GROUP(辽宁新民)	新月型卫生纸机(5.6米幅宽,设计车速2000米/分)	1台	2011年年底投产	意大利 A. Celli
	APP GROUP(孝感)	新月型卫生纸机(5.6米幅宽,设计车速2000米/分)	1台	2011年11月投产	意大利 A. Celli
		新月型卫生纸机(5.6米幅宽,设计车速2000米/分)	1台	2012年5月投产	
		新月型卫生纸机(5.6米幅宽,设计车速2000米/分)	1台	2014年	
		新月型卫生纸机(5.6米幅宽,设计车速2000米/分)	3台	2015年之后投产	
	APP GROUP(海南)	新月型卫生纸机(2.8米幅宽,55吨/日)	6套	2006	意大利 A. Celli
		新月型卫生纸机(5.6米幅宽,设计车速2000米/分)	1台	2013年12月投产	意大利 A. Celli
		新月型卫生纸机(5.6米幅宽,设计车速2000米/分)	3台	分别于2014年2月、4月、7月	意大利 A. Celli
	APP GROUP(遂宁)	新月型卫生纸机(5.6米幅宽,设计车速2000米/分)	1台	2014年	意大利 A. Celli
		新月型卫生纸机(5.6米幅宽,设计车速2000米/分)	1台	2015年及以后投产	

续表

地区	企业名称	引进内容	数量	时间	引进国(地区)及公司
江苏省	永丰余家品(昆山)有限公司	新月型卫生纸机	1台	2005	意大利 Recard
	永丰余家纸(北京)有限公司	Intelli-Tissue™1500 新月型卫生纸机	1台	2008年11月投产	波兰 PMPoland S. A.
	永丰余生活用纸(扬州)有限公司	新月型卫生纸机(2.8米幅宽,1600米/分)	2台	2012年8月投产	波兰 PMPoland S. A.
		新月型卫生纸机(2.8米幅宽,1600米/分)	2台	2014年5月投产	波兰 PMPoland S. A.
浙江省	浙江景兴纸业有限公司	新月型卫生纸机(幅宽2.85米,1900米/分,18英尺钢制烘缸)	2台	计划2014年底和2015年中投产	奥地利 Andritz
安徽省	安徽比伦生活用纸有限公司	Intelli-Tissue™900 新月型卫生纸机	1台	2009年5月投产	波兰 PMPoland S. A.
福建省	恒安(中国)纸业有限公司	新月型 DCT200 卫生纸机	1台	2006-03安装完成	美卓(Metso)
		新月型 DCT200 卫生纸机	1台	2008年初投产	
		ACP220 新月型卫生纸机	1台	2010年6月投产	意大利 A. Celli
		Primeline™ W6(钢制烘钢,5.6米幅宽,2100米/分车速)	2台	2012年7月和2012年9月投产	奥地利 Andritz
	芜湖恒安纸业有限公司	VTM4 新月型卫生纸机(5.6米幅宽,2000米/分)	1台	2010年7月签约,2012年9月投产	福伊特
		VTM4 新月型卫生纸机(5.6米幅宽,2000米/分)	1台	2010年7月签约,2012年11月投产	
		DCT200 新月型卫生纸机(5.6米幅宽,2000米/分)	2台	计划2015年投产	美卓(Metso)
	山东恒安纸业有限公司	5.55米新月型卫生纸机	1台	2005	奥地利 Andritz
		新月型卫生纸机	1台	2007	
		DCT200 新月型卫生纸机(靴压)	1台	2010年10月投产	美卓(Metso)
		DCT200 新月型卫生纸机(5.6米幅宽,2000米/分)	2台	计划2014年6月投产	美卓(Metso)
	湖南恒安纸业有限公司	3万吨/年新月型卫生纸机	1台	2001	奥地利 Andritz
		6万吨/年新月型卫生纸机	1台	2009年1月投产	
		DCT200 新月型卫生纸机(靴压)	1台	2009年12月投产	美卓(Metso)
		新月型卫生纸机(5.6米幅宽,2000米/分)	2台	计划2014年3月,5月投产	奥地利 Andritz
	重庆恒安纸业有限公司	Primeline™ W8(5.6米幅宽,车速2100米/分)	1台	2010年签约,2011年12月投产	奥地利 Andritz
		Primeline™ W8(5.6米幅宽,车速2100米/分)	1台	2010年签约,2012年1季度投产	
		新月型卫生纸机(5.6米幅宽,2000米/分)	2台	计划2014年10月,12月投产	奥地利 Andritz
	福建恒利集团有限公司	DCT100 新月型卫生纸机(2.85米幅宽,3万吨/年)	1台	2006年7月投产	美卓(Mesto)
		DCT200(ViscoNip 靴压)(5.6米幅宽,6万吨/年)	1台	2010年7月签约,2012年6月投产	
	厦门新阳纸业有限公司(南纸等4家企业合资)	DCT200 HS(ViscoNip 靴压)(5.6米幅宽,1900米/分,6万吨/年)	1台	2010年10月签约,2012年9月投产	美卓(Metso)
	歌芬卫生用品(福州)有限公司	DCT200 HS(ViscoNip 靴压)(5.6米幅宽,1900米/分,6万吨/年)	1台	2010年3月签约,2014年投产	美卓(Metso)

续表

地区	企业名称	引进内容	数量	时间	引进国(地区)及公司
山东省	潍坊恒联美林生活用纸有限公司	卫生纸机(PM2、PM3)	2台	2003年6月	芬兰 Valmet(SCA 的二手机)
	山东晨鸣纸业集团有限公司(寿光美伦)	Primeline™ W8(靴压)(5.6米幅宽，车速2000米/分)	1台	2009年7月签订合同，2010年12月投产	奥地利 Andritz
	武汉晨鸣纸业有限公司	DCT200 HS(靴压)(5.6米幅宽，2000米/分，6万吨/年)	1台	2013年11月投产	美卓(Metso)
	晨鸣集团	6万吨/年新月型卫生纸机(幅宽5.6米，设计车速2000米/分，靴压)	3台	2014年以后投产，安装在湛江、南昌、吉林	奥地利 Andritz
	亚太森博(山东)浆纸有限公司	6万吨/年卫生纸生产线	1台	2011年4月宣布，规划24万吨/年	福伊特
	山东太阳纸业股份有限公司	新月型卫生纸机(5.62米幅宽，车速2000米/分)	2台	2013年签约，计划2014年5月和2015年年初投产	奥地利 Andritz
	山东东顺集团有限公司(集团总部)	新月型(DCT60)	4台	2013年7月签约，计划2014年投产	日本川之江与美卓合作
	山东含羞草卫生科技股份有限公司	1台新月型(幅宽2850毫米，车速1200米/分)	1台	2012年8月投产	韩国三养重型机械与上海轻良公司合作
河南省	河南护理佳纸业有限公司	1.5万吨/年新月型卫生纸机	1台	2011年5月投产	韩国三养重型机械与上海轻良公司合作
		1.5万吨/年新月型卫生纸机(幅宽2.85米，1200米/分)	1台	2012年3月投产	
		新月型卫生纸机(2.85米幅宽，车速1160米/分)	1台	2014年投产	波兰 PMPoland S. A.
		新月型卫生纸机(2.85米幅宽，车速1160米/分)	1台	计划2015年上半年投产	波兰 PMPoland S. A.
	漯河银鸽生活纸产有限公司	1.5万吨/年新月型卫生纸机	1台	2008年投产	韩国三养重型机械与上海轻良公司合作
		1.5万吨/年新月型卫生纸机(2.8米幅宽，1150米/分)	1台	2011年2月投产	韩国三养重型机械与上海轻良公司合作
		VTM4新月型卫生纸机(6万吨/年)	1台	2010年6月签约，2012年3月投产	福伊特
		VTM4新月型卫生纸机(7万吨/年)	1台	2010年6月签约，2012年12月投产	
	河南奥博纸业	2台新月型(幅宽2850毫米，车速1200米/分)	2台	2012年6月投产	韩国三养重型机械与上海轻良公司合作
广东省	维达纸业(中国)有限公司	新月型卫生纸机(幅宽2.7米，设计车速1300米/分，2.0万吨/年)	2台	2012年第4季度	意大利 Toscotec
		新月型卫生纸机(幅宽2.7米，设计车速1500米/分，2.5万吨/年)	2台	2013年底	
		新月型卫生纸机(幅宽2.7米，设计车速1300米/分，2.0万吨/年)	2台	2013年1月	
	维达纸业(山东)有限公司	新月型卫生纸机(幅宽2.7米，设计车速1500米/分，2.5万吨/年)	2台	2013年8月	
	维达纸业(湖北)有限公司	新月型卫生纸机(幅宽2.7米，设计车速1300米/分，2.0万吨/年)	2台	2013年1月	
		新月型卫生纸机(幅宽2.7米，设计车速1300米/分，2.0万吨/年)	2台	2013年下半年	

续表

地区	企业名称	引进内容	数量	时间	引进国(地区)及公司
广东省	中顺洁柔纸业股份有限公司(中山)	新月型卫生纸机	1台	2005	韩国京龙机械(KYOUNG YONG)
	中顺洁柔纸业股份有限公司唐山分公司	新月型 AHEAD1.5 ES 卫生纸机(钢制烘缸,3.48米幅宽,1500米/分,2.5万吨/年)	1台	2012年底投产	意大利 Toscotec
	江门中顺纸业有限公司	新月型 AHEAD1.5 ES 卫生纸机(3.5米幅宽,1500米/分,2.5万吨/年)	1台	2010年11月投产	意大利 Toscotec
		新月型 AHEAD1.5 ES 卫生纸机(钢制烘缸,3.48米幅宽,1500米/分,2.5万吨/年)	1台	2011年10月投产	
		新月型卫生纸机(3.6米幅宽,1600米/分,2.5万吨/年)	2台	2012年5月投产	
		新月型卫生纸机(3.5万吨/年)	2台	2012年底投产	
	中顺洁柔(云浮)纸业有限公司	新月型卫生纸机(6万吨/年)	2台	2014年3月	意大利 Toscotec
	中顺洁柔(四川)纸业有限公司	新月型卫生纸机(3.6米幅宽,1600米/分,3万吨/年)	1台	2013年2月	意大利 Toscotec
		新月型卫生纸机(3万吨/年)	2台	2014年3月	
	惠州福和纸业有限公司	新月型 DCT60 卫生纸机(2.85米幅宽,2万吨/年)	1台	2009年5月投产	美卓(Metso)
		新月型 DCT60 卫生纸机(2.85米幅宽,2万吨/年)	1台	2010年3月投产	
		ACP120 新月型卫生纸机(幅宽3.65米,2000米/分)	1台	设备正在转让中	意大利 A. Celli
广西	广西贵糖(集团)股份有限公司	新月型卫生纸机(2.7米幅宽,1500米/分,2.0万吨/年)	2台	2002	奥地利 Andritz
	广西南宁凤凰纸业有限公司	Primeline™ M6(钢制烘钢,3.65米幅宽,2000米/分车速)	1台	2010年3月签约,2013年3月投产	奥地利 Andritz
	广西华劲集团赣州华劲纸品公司	Primeline™ W6(靴压,5.6米幅宽,2000米/分车速)	1台	2010年签约,2013年9月投产	奥地利 Andritz
		Primeline™ W6(靴压,5.6米幅宽,2000米/分车速)	1台	2010年签约,2014年以后投产	
	广西华美纸业集团有限公司(福建绿金纸业有限公司)	新月型卫生纸机(2.85米幅宽,1650米/分),规划4台,12万吨产能	2台	2014年	美卓(Metso)
重庆市	重庆维尔美纸业有限公司	3万吨/年 ACP120 新月型卫生纸机(2.85米宽,2000米/分)	1台	2009年签约,计划2012年10月投产,延期到2014年投产	意大利 A. Celli
	重庆理文造纸有限公司	新月型卫生纸机(5.6米幅宽,2000米/分)	1台	计划2014年年中	福伊特
云南省	云南云景林纸股份有限公司	DCT100+新月型卫生纸机(2.85米幅宽,1870米/分车速)	1台	2013年第2季度签约,计划2014年年中投产	美卓(Metso)
宁夏	宁夏紫荆花纸业有限公司	新月型 AHEAD1.5 ES 卫生纸机(3.45米幅宽,1600米/分,2.5万吨/年)	1台	2010年7月签约,2012年1月投产	意大利 Toscotec

二、生活用纸加工设备

地区	企业名称	引进内容	数量	时间	引进国(地区)及公司
河北省	河北大发纸业有限公司	纸加工设备	30 台		台湾泰舜
辽宁省	抚顺矿业集团琥珀纸业有限责任公司	手帕纸、面巾纸加工设备	6 台	2011 年	台湾全利机械
		卫卷复卷、包装机	4 台	2011 年	意大利柯尔柏
		复卷机	2 台	2011 年	意大利 A. Celli
上海市	上海金佰利纸业有限公司	卫生卷纸复卷、分切、包装机		2004—2005	意大利柯尔柏
	金佰利(中国)有限公司(南京厂)	抽纸中包机	1 台	2010	Optima
	广州金佰利纸业有限公司	102E 分切机	1 台	2006	意大利百利怡
	上海东冠集团	卫生纸复卷分切机	1 台	2005	台湾省泰舜
		复卷机	2 台	2011 年投产	意大利 A. Celli
		复卷机	1 台	2011 年投产	台湾全利机械
	潜利工业有限公司(2012 年 11 月已停产)	AC861 复卷机	1 台	2005	意大利 A. Celli
		卫生卷纸复卷、分切、包装机		2004—2005	意大利柯尔柏
		抽取式卫生纸包装机		2006	台湾宏亦公司
		手帕纸折叠包装机		2006	台湾全利机械
		X 概念机——X5 后加工生产线	1 台	2006	巴西百利怡
	上海若云纸业有限公司	卫生纸后加工设备			日本、意大利
江苏省	金红叶纸业(苏州工业园区)有限公司	餐巾纸生产线	1 台	2002 - 9.	台湾省辰荣
		擦手纸生产线	1 台	2002 - 10.	
		自动套装机	6 台	2003 - 5.	
		X 概念机——X3 后加工生产线		2005—2006	意大利柯尔柏
		钱包纸巾生产线	1 台	2008	韩国东洋机械
	王子制纸妮飘(苏州)有限公司	盒装面巾纸加工机	1 台	2003 - 7.	日本川之江
		卷纸加工设备	1 台	2003 - 8.	台湾省全利机械
		手帕纸加工包装机	3 台	2003 - 9.	韩国东洋机械
浙江省	浙江唯尔福纸业有限公司	手帕纸折叠包装机	1 套	2010 年 9 月投产	台湾全利机械
		卫生卷纸复卷、分切、单包装机	1 套	2010 年 9 月投产	意大利柯尔柏
安徽省	安徽比伦生活用纸有限公司	全自动手帕纸折叠包装机	1 台	2009 年 5 月	韩国东洋机械
		全自动卷纸包装机	2 台	2009 年 5 月	意大利 TMC 公司
福建省	恒安集团	复卷机	7 台	2005—2010 年	意大利 A. Celli
	晋江恒安心相印纸制品有限公司	袖珍包面巾纸/手帕纸制造机	2 台	2004	台湾省泰舜
		小油压卷管机	1 台	2004	
		抽取式盒装面巾纸/擦手纸制造机	1 台	2005	
		盒装面巾纸自动装纸上胶封盒机	2 台	2005	
		卫生卷纸复卷、分切、包装机		2004—2005	意大利柯尔柏
		X 概念机——X3 后加工生产线	1 台	2006	
		CMW30EV 卫生卷纸包装机	1 台	2006	意大利 Casmatic

续表

地区	企 业 名 称	引 进 内 容	数量	时 间	引进国(地区)及公司
福建省	恒安(中国)纸业有限公司	抽取式盒装面巾纸/擦拭纸制造机	10 台	2005	台湾省泰舜
		盒装面巾纸自动上胶封盒机	7 台	2005	
		可换机头立式餐巾纸机	2 台	2005	
		配套 5.55 米卫生纸机用复卷分切机	1 台	2006 年 3 月安装完成	巴西 Voith(原德国亚根堡)
		盒装面巾纸包装机		2006	意大利英曼包装公司
		全自动手帕纸折叠包装机	16 台	2008	韩国东洋机械
		钱包纸巾生产线	7 台	2008	
		卫生卷纸单卷包装机	10 台	2008	台湾
		全自动手帕纸折叠包装机	4 台	2009	韩国东洋机械
		钱包纸巾生产线	8 台	2009	
		卫生卷纸单卷包装机	2 台	2009	
		卫生卷纸加工生产线	1 套	2010 年 6 月投产	意大利 CMG 公司
	恒安纸业抚顺公司	袖珍包面巾纸/手帕纸制造机	2 台	2004	台湾省泰舜
		小油压卷管机	1 台	2004	
		CMW30EV 卫生卷纸包装机	1 台	2006	意大利 Casmatic
	恒安浙江纸业有限公司	X 概念机——X3 后加工生产线	1 台	2006	意大利柯尔柏
		CMW30EV 卫生卷纸包装机	1 台	2006	意大利 Casmatic
	恒安纸业合肥公司	袖珍包面巾纸/手帕纸制造机	2 台	2004	台湾省泰舜
	山东恒安纸业有限公司	复卷分切机	1 台	2005	巴西 Voith(原德国亚根堡)
		复卷分切机	1 台	2005	意大利 A. Celli
		钱包式手帕纸制造机	3 台	2005	台湾省泰舜
		小油压卷管机	1 台	2005	
		手帕纸自动生产线	1 套	2005	德国 W + D, 德国 Senning
		X 概念机——X3 后加工生产线	1 台	2006	意大利柯尔柏
		CMW30EV 卫生卷纸包装机	1 台	2006	意大利 Casmatic
		卫生卷纸加工生产线	1 套	2010 年 10 月投产	意大利 CMG 公司
	恒安(湖北)心相印纸制品有限公司	X 概念机——X3 后加工生产线	1 台	2006	意大利柯尔柏
		CMW30EV 卫生卷纸包装机	1 台	2006	意大利 Casmatic
	湖南恒安纸业有限公司	钱包式纸巾折叠机	8 台	2000	台湾省
		复卷机	2 台	2001	德国亚根堡
		全自动手帕纸折叠包装机		2003—2005	韩国东洋机械
		X 概念机——X3 后加工生产线	1 台	2006	意大利柯尔柏
		CMW30EV 卫生卷纸包装机	1 台	2006	意大利 Casmatic
	恒安(重庆)纸制品有限公司	X 概念机——X3 后加工生产线	1 台	2006	意大利柯尔柏
		CMW30EV 卫生卷纸包装机	1 台	2006	意大利 Casmatic

续表

地区	企业名称	引进内容	数量	时间	引进国(地区)及公司
福建省	福建恒利集团有限公司	纸巾纸折叠机	1台	2005	德国 W+D
		手帕纸包装机	1台	2005	德国 Senning
		卫生卷纸复卷、分切、包装机		2005	意大利柯尔柏
		卫生纸复卷机	1台	2005	意大利 Toscotec 公司
		CMW111 单卷包装机	4台	2006	巴西百利怡
		新概 4.5 卫生卷纸机	1台	2006	
		DCT200HS 卫生纸机配套 AC882 型复卷机	1台	2012年6月	意大利 A. Celli
		X8 卫生卷纸生产线	1台	2012年6月	意大利柯尔柏
		X3 卫生卷纸生产线	1台	2012年6月	意大利柯尔柏
		卫生卷纸单包机	3台	2012年6月	意大利 TMC
	福建亿发纸品有限公司	盒装面巾纸机			台湾省泰舜
	歌芬卫生用品(福州)有限公司	5.6 米幅宽的复卷机	1台	2010年3月签约，2012年投产	意大利 A. Celli
		卫生卷纸加工机		2010年3月签约，2012年投产	意大利百利怡
		手帕纸折叠机		2010年3月签约，2012年投产	德国 W+D
		手帕纸包装机		2010年3月签约，2012年投产	德国 Senning
山东省	潍坊恒联美林生活用纸有限公司	X 概念机——X3 后加工生产线	1台	2006	意大利柯尔柏
		全自动手帕纸折叠包装机	1台	2008	韩国东洋机械
	山东东顺集团有限公司	全自动手帕纸折叠包装机		2005	韩国东洋机械
		PM-1D 分切复卷机	1台	2005	日本川之江
		全自动手帕纸折叠包装机	4台	2009	韩国东洋机械
		卫生卷纸单包机(纸包装材料)	1台	2013	日本川之江
		盒抽面巾纸机	2台	2013	台湾全利机械
		全自动手帕纸折叠包装机	10台	2013	韩国东洋机械
		软抽面巾纸机		2013	台湾全利机械
		卫生卷纸复卷分切机——XP7 概念机	2台	2013年11月	意大利柯尔柏
	山东晨鸣纸业集团有限公司(寿光美伦)	5.6 米幅宽的分切复卷机	1台	2010年初签约	意大利 A. Celli
		卫卷复卷机	2台	2010年12月投产	美国 PCMC
		卫卷包装机	4台	2010年12月投产	意大利百利怡
		面巾纸机	1台	2010年12月投产	台湾全利机械
		手帕纸机	5台	2010年12月投产	台湾全利机械
	山东太阳纸业股份有限公司	复卷机		计划2014年5月	意大利 A. Celli
		卫生卷纸生产线		计划2014年5月	意大利柯尔柏

续表

地区	企 业 名 称	引 进 内 容	数量	时 间	引进国(地区)及公司
河南省	河南护理佳纸业有限公司	复卷分切机	1台	2011年5月投产	台湾清来
湖南省	湖南德惠纸业有限公司	全自动手帕纸折叠包装机	1台	2005	韩国东洋机械
广东省	维达纸业(广东)有限公司	半自动卫卷机	2台	2000	台湾省泰舜
		全自动分切复卷机	1台	2000	
		油压式卷管机	2台	2000	
		全自动纸巾生产线	2台	2000	德国 W + D
		Z型擦手纸机	1台	2001	台湾省泰舜
		餐巾纸折叠机	6台	2001	
		分切复卷机	2台	2002—2003	
		盒装面巾纸机	1台	2002—2003	
		卫卷机	1台	2003	
		可换机头立式餐巾纸机	1台	2004	
		可换机头立式餐巾纸机	2台	2005	
		餐巾纸折叠机(L型)(1排出纸)	2台	2005	
		Z折连续抽取式擦手纸制造机	1台	2005	
		摇摆式封口包装机	1台	2005	
		高速手帕纸制造及小包包装机,中包机	2套	2005	
		全自动卷筒卫生纸反卷打孔机	2台	2005	
		抽取式面巾纸及餐巾纸四方型包装机	1台	2005	意大利柯尔柏
		卫生卷纸复卷、分切、包装机		2003—2005	意大利 Casmatic
		CMW111 单卷包装机	4台	2006	意大利百利怡
		X概念机——X8后加工生产线	1台	2006	意大利 Casmatic
		卫生卷纸/厨房用纸包装机——T100多包机,CMB202捆包机	2台	2006	
		CMW111 单卷包装机	5台	2007	意大利百利怡
		X概念机——X8后加工生产线	2台	2007	意大利柯尔柏
		X概念机——XP5卫生卷纸和厨房用纸包装机	6台	2007	
	维达北方纸业(北京)有限公司	盒装面巾纸自动装填上胶封盒机	2台	2005	台湾省泰舜
		大卷筒复卷打孔机(先分切后复卷打孔)	1台	2005	
		高速手帕纸制造及小包包装机,中包机	1台	2005	
		X概念机——X3后加工生产线	1台	2006	意大利柯尔柏
		X概念机——X3后加工生产线	1台	2007	

续表

地区	企业名称	引进内容	数量	时间	引进国(地区)及公司
广东省	维达纸业(湖北)有限公司	盒装面巾纸自动装纸上胶封盒机	2台	2004	台湾省泰舜
		摇摆式H型封口包装机	1台	2004	
		抽取式面巾纸及餐巾纸四方型包装机	1台	2005	
		抽取式盒装面巾纸/清洁用纸制造机	1台	2005	
		高速手帕纸制造及小包包装机,中包机	1套	2005	
		小油压卷管机	1台	2005	
		X概念机——X8后加工生产线	1台	2005	意大利百利怡
		X概念机——X3后加工生产线	1台	2005	意大利柯尔柏
		X概念机——X3后加工生产线	1台	2006	
		X概念机——X8后加工生产线	2台	2007	意大利百利怡
		X概念机——XP5卫生卷纸和厨房用纸包装机	6台	2007	意大利柯尔柏
	维达纸业(四川)有限公司	可换机头立式餐巾纸机	4台	2005	台湾省泰舜
		抽取式盒装面巾纸/清洁用纸制造机	2台	2005	
		盒装面巾纸自动装填上胶封盒机	2台	2005	
		抽取式面巾纸及餐巾纸四方型包装机	1台	2005	
		大卷筒复卷打孔机(先分切后复卷打孔)	1台	2005	
		高速手帕纸制造及小包包装机,中包机	1套	2005	
		小油压纸管卷管机	1台	2005	
		X概念机——X3后加工生产线	1台	2005	意大利柯尔柏
	中顺洁柔纸业股份有限公司	迷你手帕纸机,包装机	1台	2003	韩国东洋机械
		卫生卷纸复卷、分切、包装机		2003—2005	意大利柯尔柏
		Mile 7.1卫生卷纸生产线	1套	2009年11月签约	意大利百利怡
		全自动手帕纸折叠包装机	3台	2009年	韩国东洋机械
	江门中顺纸业有限公司	PM-1D分切复卷机	1台	2006	日本川之江
		CMW111单卷包装机	1台	2006	意大利Casmatic
		复卷分切机	4台	2010年11月投产	意大利百利怡
		卫生卷纸单包机	1台	2010年11月投产	意大利TMC公司
	唐山中顺纸业有限公司	全自动手帕纸折叠包装机	1台	2010年9月	韩国东洋机械
	浙江中顺纸业有限公司	手帕纸自动折叠包装机	1台	2007	韩国东洋机械
	湖北中顺鸿昌纸业有限公司	全自动手帕纸折叠包装机		2003—2005	韩国东洋机械
		PM-1D分切复卷机	1台	2005	日本川之江
	中顺集团成都天天纸业有限公司	全自动手帕纸折叠包装机		2003—2005	韩国东洋机械
		PM-1D分切复卷机	1台	2006	日本川之江

续表

地区	企 业 名 称	引 进 内 容	数量	时 间	引进国(地区)及公司
广东省	东莞市白天鹅纸业有限公司	X3(2800)自动复卷生产线	1套	2005	意大利柯尔柏
	东莞盈泰纸品厂	X 概念机——XPH1 手帕纸包装机	2台	2006	
	惠州福和纸业有限公司	X3(2800)自动复卷生产线	2套	2005	意大利柯尔柏
		卫生卷纸自动包装机	1套	2005	意大利 TMC
		卫生纸后加工设备		2007	美国 Bretting 公司
		宽幅多排折叠擦手纸机	1套	2009年	美国 Bretting 公司
		卫生卷纸加工机	1台	2009年	意大利 CMG 公司
		卫生卷纸包装机	1台	2009年	意大利 Casmatic
	惠阳市浩德实业有限公司华光纸品厂	盒式包装机	2台	2000	韩国东洋机械
		袖珍压花机	1台	2000	日本吉永铁工
	万益纸巾(深圳)有限公司	盒装面巾纸机	1台		台湾省
		迷你手帕纸机	3台		
		折叠包装机	4台		
	江门仁科绿洲纸业有限公司	卫生纸后加工设备			台湾省
		包装机			意大利柯尔柏
		全自动手帕纸折叠包装机	1台	2008	韩国东洋机械
		3400 毫米复卷分切机	1台	2008	台湾省
		3400 卫生纸复卷打孔机	1台	2008	
		卫生卷纸单卷包装机	4台	2008	
	中山市三角纸品制造有限公司(已倒闭)	手帕纸包装机	1台	2003-1.	香港冠兴机械设备制造厂
	中山市宝丽纸业有限公司(已被惠州福和收购)	卫生卷纸单卷包装机	2台	2008	韩国
广西	广西洁宝纸业投资股份有限公司	面巾纸折叠包装机	1台	2000	韩国
		复卷分切机	1台	2001	台湾省蚁兴
		迷你纸巾纸包装机	1台	2002-1.	韩国东洋机械
		全自动复卷机	1台	2002-1.	
	广西贵糖(集团)股份有限公司	自动复卷打孔机	2条	2002	意大利百利怡
		QCS 系统，DCS 系统，传动控制系统	各2套	2002	瑞典 ABB
		高速复卷分切机	1台	2003	意大利 A. Celli
		卫生纸复卷分切机	1台	2004	台湾省泰舜
		开卷机	2台	2007	意大利百利怡
		卫生卷纸单卷包装机	2台	2009	意大利柯尔柏
		软包装面巾纸折叠包装机	2台	2009	台湾省侨邦
	广西南宁凤凰纸业有限公司	PM-1D 分切复卷分切机	1台	2008	日本川之江
		X3 后加工生产线	1台		意大利柯尔柏
	广西华劲集团赣州华劲纸品公司	复卷机			意大利 A. Celli
		卫生卷纸机			美国 PCMC

续表

地区	企 业 名 称	引 进 内 容	数量	时 间	引进国(地区)及公司
重庆市	维尔美纸业(重庆)有限公司	DYM－2002M 型全自动手帕纸折叠包装机	1 台	2011 年 3 月	韩国东洋机械
四川省	成都彼特福纸品工艺有限公司	抽取式面巾纸机	1 台		台湾省泰舜
宁夏	宁夏紫荆花纸业有限公司	盘纸分切机	1 台	2012 年 4 月	意大利 A. Celli
		全自动手帕纸折叠包装机	4 台	2012 年 4 月	韩国东洋机械
		软抽面巾纸机		2012 年 4 月	台湾全利机械
		TS300 型自动单卷包装机		2012 年 4 月	意大利 TMC
		中卷包装机		2012 年 4 月	德国 Optima

三、湿巾设备

地区	企 业 名 称	引 进 内 容	数量	时 间	引进国(地区)及公司
北京市	北京全泰昌科贸有限公司	湿巾机	1 台	2002	台湾省友协
	北京一帆清洁用品有限公司	湿巾生产设备			以色列，意大利
	北京爱华中兴纸业有限公司	湿巾生产设备	1 台		台湾省
河北省	保定市义厚成纸业有限公司	湿巾折叠机	1 台	2003－12.	美国 PCMC
		湿巾自动包装机	2 台	2003－12.	意大利 Imanpack
	长春思特保健品有限责任公司	大森湿巾包装机	1 台	2000	日本
		湿巾包装机	1 台	2001	台湾省
		博萨包装机	1 台	2003	西班牙
上海市	康那香企业(上海)有限公司	湿巾机	1 台	2003	台湾省康那香
		盒装、袖珍湿巾机	2 台	2003	日本东亚机工
	上海市苏逸妇幼用品有限公司	湿巾机	2 台		日本
	上海美馨卫生用品有限公司	湿巾生产设备			美国，德国，意大利
江苏省	奈森克林(苏州)日用品有限公司	湿巾生产设备			台湾
浙江省	南六企业(平湖)有限公司	湿巾生产设备	4 台	2011 年前	日本
			1 台	2011 年底投产	
安徽省	铜陵洁雅生物科技股份有限公司	湿巾折叠机	1 台	2013 年 12 月	日本
		湿巾包装机	1 台		
福建省	晋江恒安心相印纸制品有限公司	湿巾包装机	1 台	2004	瑞士 Ilapak
		平型湿巾制造机	1 台	2004	台湾省泰舜
	晋江恒安家庭生活用纸有限公司	湿巾生产设备	15 台		美国，日本，台湾
	三明诚信纸品有限公司	湿巾机	3 台	2002	香港
	福建百合堂家庭用品有限公司	80 片全自动湿巾机	1 台	2010	台湾省
山东省	山东东顺集团有限公司	湿巾生产线	8 台	2013 年	台湾
广东省	中山市新洁日用制品有限公司	湿巾包装机	1 台	2002	台湾省
		湿巾包装机(半自动)	1 台	2002	
		湿巾包装机(全自动)	1 台	2002	巴西
	汕头市龙湖区骏宝有限公司	湿巾机	1 台	2002－12.	台湾省
	金旭环保制品(深圳)有限公司	湿巾机	5 台	2003－8.	日本，台湾省
广西	广西舒雅护理用品有限公司	湿巾折叠机	2 台	2003	美国 PCMC
		湿巾包装机	2 台	2003	意大利 Imanpack
		湿巾包装机	1 台	2003	瑞士 Ilapak
海南省	海南欣安生物工程制药有限公司	湿巾生产设备	4 台		

四、卫生用品设备

地区	企业名称	引进内容	数量	时间	引进国(地区)及公司
辽宁省	沈阳东联日用品有限公司	妇女卫生巾设备	1台	2000	日本东亚机工
		卫生护垫设备	1台	2000	
上海市	康那香企业(上海)有限公司	卫生护垫设备	4台	2002	台湾省康那香
		妇女卫生巾设备	4台	2002年底	台湾省康那香，日本东亚机工
		妇女卫生巾机	1台	2010	日本TOA
	全日美实业(上海)有限公司	婴儿纸尿裤设备	1台	2000	意大利Fameccanica
		婴儿纸尿裤设备	1台	2002-10.	
		婴儿纸尿裤设备	1台	2003-10.	
		婴儿纸尿片设备	1台		
		成人纸尿布设备	1台		
	上海花王有限公司	护翼型妇女卫生巾设备	1台	2002-5.	日本瑞光
	上海尤妮佳有限公司	婴儿纸尿裤设备	1台	2001	日本
		妇女卫生巾设备	8台		
		卫生护垫设备	3台		
	尤妮佳生活用品(中国)有限公司	婴儿纸尿裤设备	2台		
江苏省	金佰利(中国)有限公司(南京厂)	婴儿纸尿裤设备	1台	2010	瑞光
	常州康贝纸业有限公司	婴儿纸尿裤设备	1台	2004	美国Curtg Joa(二手机)
		婴儿纸尿裤设备	1台	2006	日本(二手机)
浙江省	杭州舒泰卫生用品有限公司	婴儿纸尿裤设备	2台	2010年	上海瑞光
		婴儿拉拉裤设备	1台	2010年10月	上海瑞光
		成人拉拉裤设备	1台	2012年11月	瑞光
		婴儿纸尿裤设备	1台	2013年4月	瑞光
		婴儿拉拉裤设备	2台	2013年3月	瑞光
福建省	福建恒安集团有限公司	成人纸尿裤设备	1台	2000	意大利GDM
		卫生护垫设备	2台	2000	日本瑞光
		婴儿纸尿裤设备	2台	2001	意大利
		婴儿纸尿裤设备	1台	2001	日本瑞光
		婴儿纸尿裤设备	1台	2004	
	福建恒利集团有限公司	婴儿纸尿裤设备	1台	2001	意大利Fameccanica
		婴儿纸尿裤设备	2台	2012年	意大利Fameccanica
	中天集团(中国)有限公司	妇女卫生巾设备	1台		日本瑞光
		婴儿训练裤设备(1.3亿片/年)	1台	2011年8月	日本瑞光
		婴儿拉拉裤设备	1台	2013年	日本瑞光
	爹地宝贝股份有限公司	婴儿纸尿裤设备	1台	2012年2月	进口
		婴儿纸尿裤设备	1台	2012年10月	日本瑞光
		婴儿拉拉裤设备	1台	2012年2月	瑞光
		婴儿拉拉裤设备	1台	2013年12月	瑞光
		成人纸尿裤设备	1台	2012年底	韩国
	天益科技股份有限公司	高速婴儿训练裤设备	1台	2013年5月签约	法麦凯尼柯机械(上海)有限公司

续表

地区	企业名称	引进内容	数量	时间	引进国(地区)及公司
山东省	菏泽日康卫生用品有限公司	成人纸尿裤设备	1台	2010	上海瑞光
	山东东顺集团有限公司	婴儿纸尿裤设备	1台	2012年1月	意大利 Fameccanica
		高速婴儿纸尿裤设备	1台	2013年11月	意大利 GDM
		高速卫生巾生产设备	1台	2013年6月	意大利 GDM
		高速卫生护垫设备	1台	2013年11月	意大利 GDM
	威海颐和成人护理用品有限公司	成人拉拉裤设备	1台	2012年3月投产	意大利
河南省	河南舒莱卫生用品有限公司	卫生巾设备	3台		瑞光(上海)
广东省	宝洁(中国)有限公司	婴儿纸尿裤设备	1台	2002	美国，法国
		婴儿纸尿裤设备	6台		德国
	广东百顺纸品有限公司	婴儿纸尿裤设备	2台	2012年7月交货	意大利 GDM
		婴儿拉拉裤设备	1台	2013年	瑞光
	汕头市集诚妇幼用品厂有限公司(原汕头市爱护洁护理用品厂有限公司)	婴儿纸尿裤设备	1台	2004-2.	意大利 GDM
	鸿源实业(深圳)有限公司	妇女卫生巾机	2台	2001	台湾省
	南海市稳德福无纺布有限公司	成人纸尿裤设备	1台	2002	日本纸工机(二手机)
	新感觉卫生用品有限公司	妇女卫生巾设备			台湾省
		婴儿纸尿裤设备	2台		意大利 CCE
		成人纸尿片设备	1台		
	广东昱升卫生用品有限公司	婴儿纸尿裤设备	2台	2005年3月	日本瑞光
		婴儿纸尿裤设备	1台	2010	上海瑞光
		婴儿纸尿裤设备	2台	2012年6月投产	瑞光
		一片式婴儿拉拉裤设备	1台	2013	瑞光
		婴儿拉拉裤设备	1台	计划2013年投产	瑞光
		婴儿纸尿裤设备	2台	计划2013年投产	瑞光
	东莞嘉米敦婴儿护理用品有限公司	成人纸尿裤设备	1台		DA Diapers SPA Itatia
广西	广西舒雅护理用品有限公司	婴儿纸尿裤机	1台	2002	意大利 Diatec
		婴儿纸尿裤设备	1台	2003	
重庆市	重庆百亚卫生用品有限公司	全伺服全自动纸尿裤生产线	1台	2010	法麦凯尼柯机械(上海)有限公司
四川省	四川德阳蓝海妇幼用品有限公司	婴儿纸尿裤设备	1台	2002-10.	意大利

五、干法纸及有关设备

地区	企业名称	引进内容	数量	时间	引进国(地区)及公司
天津市	博爱(中国)膨化芯材有限公司	干法纸设备	1台	2000	丹麦 M&J
上海市	亿利德纸业(上海)有限公司	干法纸设备	1台	2002	
广西	南宁侨虹新材料有限责任公司	干法纸设备	1台	2001	丹麦 Dan-Web
		干法纸分切箱式包装机	1台	2005	德国 Kortec

注：本章节所有表格中，集团企业在不同地区有生产厂的，该集团的所有生产厂列在总部所在省份。

产品标准和其他相关标准

THE CHINESE STANDARDS OF TISSUE PAPER & DISPOSABLE PRODUCTS AND OTHER RELATED STANDARDS

[7]

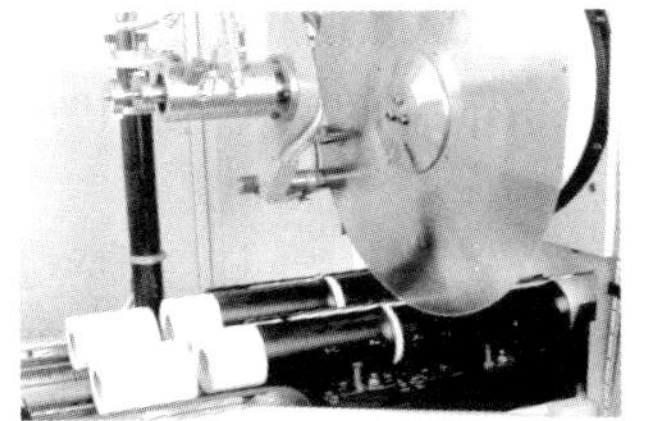

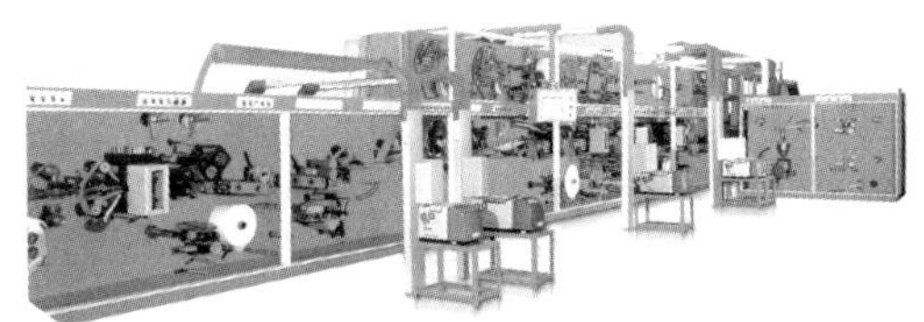

卫生纸(含卫生纸原纸)(GB 20810—2006)

2007-06-01 实施

1 范围

本标准规定了卫生纸的分类、要求、抽样、试验方法及标志、包装、运输和贮存等。

本标准主要适用于人们日常生活用的厕用卫生纸，不包括擦手纸、厨房用纸等擦拭纸。

本标准还适用于对外销售的用于加工卫生纸的卫生纸原纸。

本标准的4.2和4.7为强制性条款，其余为推荐性条款。

本标准的附录A为规范性附录。

2 规范性引用文件

下列文件中的条款通过本标准的引用而成为本标准的条款。凡是注明日期的引用文件，其随后所有的修改单(不包括勘误的内容)或修订版均不适用本标准，然而，鼓励根据本标准达成协议的各方研究是否可使用这些文件的最新版本。凡是不注明日期的引用文件，其最新版本适用于本标准。

GB/T 450 纸和纸板试样的采取(GB/T 450—2002，eqv ISO 186:1994)

GB/T 451.1 纸和纸板尺寸及偏斜度的测定

GB/T 451.2 纸和纸板定量的测定(GB/T 451.2—2002，eqv ISO 536:1995)

GB/T 453 纸和纸板抗张强度的测定(恒速加荷法)(GB/T 453—2002，ISO 1924-1：1992，IDT)

GB/T 461.1 纸和纸板毛细吸收高度的测定(克列姆法)(GB/T 461.1—2002，eqv ISO 8787：1989)

GB/T 462 纸和纸板水分的测定(GB/T 462—2003，ISO 287：1991 MOD)

GB/T 1541 纸和纸板尘埃度的测定法(GB/T 1541—1989，neq TAPPI T 437om-85)

GB/T 2828.1 计数抽样检验程序 第1部分：按接收质量限(AQL)检索的逐批检验抽样计划(GB/T 2828.1—2003，ISO 2859-1：1999，IDT)

GB/T 7974 纸、纸板和纸浆亮度(白度)的测定 漫射/垂直法 GB/T 7974—2002，neq ISO 2470：1999)

GB/T 8940.1 纸和纸板白度测定法(45/0定向反射法)

GB/T 8942 纸柔软度的测定

GB/T 10739 纸、纸板和纸浆试样处理和试验的标准大气条件(GB/T 10739—2002，eqv ISO 187：1990)

GB/T 12914 纸和纸板抗张强度的测定法(恒速拉伸法)(GB/T 12914—1991，eqv ISO 1924-2：1985)

《一次性生活用纸生产加工企业监督整治规定》(国质检执[2003]289号)

3 分类

3.1 卫生纸分为卷纸、盘纸、平切纸和抽取式卫生纸等，卫生纸原纸为卷筒纸。

3.2 卫生纸和卫生纸原纸按质量分为优等品、一等品、合格品三个等级。

3.3 卫生纸和卫生纸原纸可分为单层、双层、三层等多种形式。

3.4 卫生纸和卫生纸原纸可分为压花、印花、不压花、不印花等类型。

4 要求

4.1 卫生纸技术指标应符合表1要求，卫生纸原纸技术指标应符合表2要求，或符合合同要求。

4.2 卫生纸和卫生纸原纸微生物指标应符合表3要求。

4.3 卷纸和盘纸的宽度、卷重(或节数)，平切纸的长、宽、包装质量(或张数)，抽取式卫生纸的规格尺寸、抽数应按合同要求生产。卷纸和盘纸的宽度、节距尺寸偏差应不超过 ±2mm，偏斜度应不超过 2mm；卷重（或节数）负偏差应不大于 4.5%。平切纸和抽取式的规格尺寸偏差应不超过 ±3mm，偏斜度应不超过 3mm；平切纸的包装质量（或张数）和抽取式的抽数负偏差应不大于 4.5%。卷纸、盘纸的卷重，平切纸的包装质量均为去皮、去芯后净重。

表 1　卫生纸技术指标

指 标 名 称		单　位	规　定		
			优等品	一等品	合格品
定　量		g/m^2	12.0 ± 1.0　14.0 ± 1.0　16.0 ± 1.0　18.0 ± 1.0 20.0 ± 1.0　22.0 ± 1.0　24.0 ± 2.0　28.0 ± 2.0 33.0 ± 3.0　39.0 ± 3.0　45.0 ± 3.0　52.0 ± 4.0		
亮度（白度）	≥	%	83.0	75.0	60.0
横向吸液高度（成品层）	≥	mm/100s	40	30	20
抗张指数（纵横平均）	≥	N · m/g	3.5	3.0	2.0
柔软度（成品层纵横平均）	≤	mN	180	250	450
洞　眼 ≤	总　数	个/m^2	6	20	40
	2mm ~ 5mm		6	20	40
	> 5mm ~ 8mm		2	2	4
	> 8mm		不应有		
尘埃度 ≤	总　数	个/m^2	20	50	200
	0.2mm^2 ~ 1.0mm^2		20	50	200
	> 1.0 mm^2 ~ 2.0 mm^2		4	10	20
	> 2.0 mm^2		不应有		2
交货水分	≤	%	10.0		

注：印花纸和色纸不测亮度（白度）。

表 2　卫生纸原纸技术指标

指 标 名 称		单　位	规　定		
			优等品	一等品	合格品
定　量		g/m^2	12.0 ± 1.0　14.0 ± 1.0　16.0 ± 1.0　18.0 ± 1.0 20.0 ± 1.0　22.0 ± 1.0　24.0 ± 2.0　28.0 ± 2.0 33.0 ± 3.0　39.0 ± 3.0　45.0 ± 3.0　52.0 ± 4.0		
亮度（白度）	≥	%	83.0	75.0	60.0
横向吸液高度（成品层）	≥	mm/100s	40	30	20
抗张指数（纵横平均）	≥	N · m/g	4.0	3.5	2.5
柔软度（成品层纵横平均）	≤	mN	150	220	420
洞　眼 ≤	总　数	个/m^2	6	20	40
	2mm ~ 5mm		6	20	40
	> 5mm ~ 8mm		2	2	4
	> 8mm		不应有		
尘埃度 ≤	总　数	个/m^2	20	50	200
	0.2mm^2 ~ 1.0mm^2		20	50	200
	> 1.0mm^2 ~ 2.0mm^2		4	10	20
	> 2.0mm^2		不应有		2
交货水分	≤	%	10.0		

表3 卫生纸和卫生纸原纸微生物指标

指标名称		单位	规定	
			卫生纸	卫生纸原纸
微生物	细菌菌落总数≤	CFU/g	600	500
	大肠菌群	—	不应检出	
	金黄色葡萄球菌	—	不应检出	
	溶血性链球菌	—	不应检出	

4.4 可生产各种颜色的卫生纸，同批产品色泽应基本一致。

4.5 纸张起皱后皱纹应均匀，优等品和一等品纸幅内纵向不应有条形粗纹。

4.6 纸面应洁净，不应有明显的死褶、残缺、破损、硬质块、生草筋、浆团等纸病和杂质，不应有明显的掉粉、掉毛现象。

4.7 原料按《一次性生活用纸生产加工企业监督整治规定》(国质检执[2003]289号)监督执行。

5 抽样

5.1 生产企业应保证所生产的卫生纸或卫生纸原纸符合本标准的要求，以一次交货数量为一批，每批产品应附有产品合格证明。

5.2 批卫生纸或卫生纸原纸的微生物指标或原料不合格，则判定该批是不可接收的。

5.3 计数抽样检验程序按GB/T 2828.1规定进行。卫生纸样本单位为件，卫生纸原纸样本单位为卷。接收质量限(AQL)：横向吸液高度、抗张指数、柔软度AQL=4.0，定量、亮度(白度)、洞眼、尘埃度、交货水分、偏差、外观质量AQL=6.5。抽样方案采用正常检验二次抽样方案，检查水平为特殊检查水平S-3。见表4。

表4 抽样方案

批量/件或卷	正常检验二次抽样方案　特殊检查水平S-3				
	样本量	AQL=4.0		AQL=6.5	
		Ac	Re	Ac	Re
≤50	3	0	1	0	1
51~150	3	0	1	—	—
	5 5(10)	— —	— —	0 1	2 2
151~3 200	8 8(16)	0 1	2 2	0 3	3 4
3 201~35 000	13 13(26)	0 3	3 4	1 4	3 5

5.4 可接收性的确定：第一次检验的样品数量应等于该方案给出的第一样本量。如果第一样本中发现的不合格品数小于或等于第一接收数，应认为该批是可接收的；如果第一样本中发现的不合格品数大于或等于第一拒收数，应认为该批是不可接收的。如果第一样本中发现的不合格品数介于第一接收数与第一拒收数之间，应检验由方案给出样本量的第二样本并累计在第一样本和第二样本中发现的不合格品数。如果不合格品累计数小于或等于第二接收数，则判定该批是可接收的；如果不合格品累计数大于或等于第二拒收数，则判定该批是不可接收的。

5.5 需方若对产品质量持有异议，可在到货后三个月内通知供方共同复验或委托共同商定的检验部门进行复验。复验结果若不符合本标准的规定，则判定为批不可接收的，由供方负责处理；若符合本标准的规定，则判定为批可接收的，由需方负责处理。

6 试验方法

制备吸液高度、抗张指数、柔软度三个指标的试样时，为避免损坏试样，裁样时可在样品之间夹上一张薄纸。测试时如果与标准规定的方法有偏差，应在试验报告中注明。

6.1 试样的采取按 GB/T 450 进行，试样的大气处理按 GB/T 10739 规定进行。

6.2 定量按 GB/T 451.2 测定，按成品层数取样，根据成品层数的不同，取样总数至少应在 10 层～12 层，并以单层平均值表示测试结果。

6.3 亮度(白度)按 GB/T 7974 或 GB/T 8940.1 测定，仲裁时按 GB/T 7974 测定。

6.4 横向吸液高度按 GB/T 461.1 测定。定量 $>18.0g/m^2$ 的单层卫生纸原纸按单层进行测定，定量 $\leq 18.0g/m^2$ 的单层卫生纸原纸按双层进行测定，其他均按成品层进行测定。

6.5 抗张指数按 GB/T 453 或 GB/T 12914 测定，仲裁时按 GB/T 12914 测定。按成品层数测试，采用 50mm 试验夹距。以单层纵横向平均值换算为抗张指数报出测试结果。

6.6 柔软度按 GB/T 8942 测定。夹缝宽度为 5mm，试样尺寸为 100mm×100mm，如果试样尺寸未达到 100mm，应换算成 100mm 报出结果。根据成品层数测定柔软度。对于压花和折叠的卫生纸，取样和测试时应尽量避开压花或已折叠部位，并且凹凸花纹各 3 张朝上进行测试，分别以纵横向平均值报出测试结果。

6.7 洞眼的测定：取上下表层纸样分别迎光观测，从大于 2mm 的洞眼开始计数，小于 4mm 的半透明洞眼(洞眼间有纤维连接)不予计数，上下表层试样的试验面积合计应不少于 $0.5m^2$(测试大洞眼时试验面积合计应不少于 $1m^2$)，测试结果取整数，如果个位数后有数字，均应进 1。

6.8 尘埃度的测定按 GB/T 1541 进行，双层或多层的只测上下表层朝外的一面，每个样品的测试面积应不少于 $0.5m^2$。

6.9 交货水分按 GB/T 462 测定。

6.10 微生物指标按附录 A 测定。

6.11 偏斜度按 GB/T 451.1 测定。

6.12 尺寸偏差、卷宽、张数、抽数的计算：每个样品取 3 个试样测定，并按式(1)计算，结果修约至 1%。

$$偏差 = \frac{平均值 - 标称值}{标称值} \times 100\% \quad \cdots\cdots (1)$$

7 标志、包装、运输和贮存

7.1 卫生纸产品的销售包装标志，应包括：

——产品名称、商标；

——产品的执行标准编号；

——生产日期或批号；

——失效(或有效)日期及保质期或生产批号及限用日期；

——产品的规格：卷筒纸和盘纸应标注宽度和节距，平切纸和抽取式卫生纸应标注长和宽、层数等；

——产品的数量：卷筒纸和盘纸应标注卷重或节数，平切纸应标注包装质量或张数，抽取式卫生纸应标注抽数等；

——产品质量等级；

——生产企业(或代理商)名称、企业地址等；

——其他需要标注的事项。

7.2 卫生纸产品的运输包装标志，应包括：

——产品名称、商标；

——生产企业(或代理商)名称、地址等；

——内包装数量；

——包装储运图形标志；

——其他标志。

7.3 卫生纸和卫生纸原纸的运输应采用洁净的运输工具，防止产品污染，搬运时不应将纸件从高处扔下，以避免损坏外包装。

7.4 卫生纸和卫生纸原纸应存放在干燥、通风、洁净的地方并妥善保管，防止雨、雪及潮气浸入产品，影响质量。

7.5 卫生纸和卫生纸原纸因运输、保管不妥善造成产品损坏或变质的，应由造成损失的一方赔偿损失，变质的卫生纸和卫生纸原纸不应出售。

附录 A

（规范性附录）

微生物指标的测定

A1 培养基与试剂的制备

A1.1 营养琼脂培养基

制法：称取33g营养琼脂，溶于1L蒸馏水中，加热煮沸至完全溶解，分装，经过121℃高压灭菌15min后备用。

A1.2 乳糖胆盐发酵管

制法：称取35g乳糖胆盐发酵培养基，溶于1L蒸馏水中，待完全溶解后分装每管50mL，并放入一个倒管，115℃高压灭菌15min即得。

注：制双料乳糖胆盐发酵管时，除蒸馏水外，其他成分加倍。

A1.3 伊红美蓝琼脂培养基

制法：称取36g伊红美蓝琼脂培养基，溶于1L蒸馏水中，浸泡15min，加热煮至完全溶解后，经115℃高压灭菌15min，冷却至50℃~60℃，振摇培养基倾注灭菌平皿备用。

A1.4 乳糖发酵管

制法：称取25.3g乳糖发酵培养基，溶于1L蒸馏水中，浸泡5min，加热至完全溶解后，分装于有倒管的试管内，115℃高压灭菌15min即得。

A1.5 血琼脂培养基

制法：将灭菌后的营养琼脂加热溶化，待凉至约50℃，即在无菌操作下按营养琼脂：脱纤维血为10:1的比例加入脱纤维血，摇匀，倒入灭菌平皿，置冰箱备用。

A1.6 兔血浆

制法：取灭菌3.8%柠檬酸钠1份，加兔全血4份摇匀静置，3000r/min离心5min，取上清液，弃血球。

A1.7 革兰氏染色液

结晶紫染色液：

结晶紫	1g
95%酒精	20mL
1%草酸胺水溶液	80mL

将结晶紫溶解于酒精中，然后与草酸胺溶液混合。

革兰氏碘液：

碘	1g
碘化钾	2g
蒸馏水	300mL

将碘与碘化钾混合，加入蒸馏水少许充分振摇，待完全溶解后再加蒸馏水至 300 mL。

沙黄复染液：

沙黄	0.25g
95%酒精	10mL
蒸馏水	90mL

将沙黄溶解于酒精之中，然后用蒸馏水稀释。

A1.8 甘露醇发酵培养基

制法：称取 30g 甘露醇发酵培养基溶于 1L 蒸馏水中，加热煮沸至完全溶解，分装，115℃高压灭菌 20min 备用。

A1.9 7.5%氯化钠肉汤培养基

制法：称取 88g7.5%氯化钠肉汤培养基溶于 1L 蒸馏水中，加热煮沸至完全溶解，分装后于 121℃高压灭菌 15min 备用。

A1.10 营养肉汤培养基

制法：称取 76g 营养肉汤培养基溶于 1L 蒸馏水中，加热煮沸至完全溶解，分装后于 115℃高压灭菌 20min 备用。

A1.11 革酸钾血浆

制法：在 5mL 兔血浆中加入 0.01g 革酸钾，充分混合摇匀，经离心沉淀，吸取上清液，即得。

注：以上各培养基均为成品，采用量可依据产品的说明书而定。

A2 产品采集与样品处理

于同一批号的三个大包装中至少随机抽取 12 个最小销售包装样品。三分之一样品用于测试，三分之一样品留样，另外三分之一样品(可就地封存)必要时用于复检。样品最小销售包装不得有破损，检测前不得开启。

在超静工作台上用无菌方法至少开启 4 个小包装，从中称量样品 10g ±1g，剪碎后加入到 200mL 灭菌生理盐水中，充分混匀，得到一个生理盐水样液。

A3 细菌菌落总数的检测

A3.1 操作步骤

待上述样液自然沉降后取上清液做菌落计数。共接种 5 个平皿，每个平皿中加入 1mL 样液，然后用冷却至 45℃左右熔化的营养琼脂 15mL~20mL，倒入平皿内，充分混匀。待琼脂凝固后翻转平皿，置 35℃ ±2℃培养 48h，然后计算平板上的细菌数(当平板上菌落数超过 200 时应稀释后再计数)。

A3.2 结果报告

菌落呈片状生长的平板不宜采用，计数符合要求的平板上的菌落，按式(A.1)计算结果：

$$X = A \times K/5 \qquad (A.1)$$

式中 X——细菌菌落总数，单位为菌落形成单位每克(CFU/g)；

A——5 块营养琼脂培养基平板上的细菌菌落总数，单位为菌落形成单位每克(CFU/g)；

K——稀释度。

当菌落数在 100 以内时，按实有数报告；大于 100 时，采用两位有效数字。

如果样品菌落总数超过标准规定的 10%，按 A.3.3 进行复检和结果报告。

A3.3 复检

将保存的复检样品依前法复测两次，两次结果平均值都达到标准的规定，则判定被检样品合格，其中有任何一次结果平均值超过标准规定，则判被检样品不合格。

A4 大肠菌群的检测

A4.1 操作步骤

取样液5mL接种于50mL乳糖胆盐发酵管，置35℃±2℃培养24h，如不产酸也不产气，则报告为大肠菌落阴性。

如果产酸产气，则划线接种伊红美蓝琼脂平板，置35℃±2℃培养18h~24h，观察平板上菌落形态典型的大肠菌落为黑紫色或红紫色，圆形，边缘整齐，表面光滑湿润，常具有金属光泽，也有的呈紫黑色，不带或略带金属光泽，或粉红色，中心较深的菌落。

挑取疑似菌落1个~2个作为革兰氏染色镜检，同时接种乳糖发酵管，置35℃±2℃培养24h，观察产气情况。

A4.2 结果报告

凡乳糖胆盐发酵管产酸产气，乳糖发酵管产气，在伊红美蓝平板上有典型大肠菌落，革兰氏染色为阴性无芽胞杆菌，可报告被检样品检出大肠杆菌。

A5 金黄色葡萄球菌的检测

A5.1 操作步骤

取样液5mL加入到50mL 7.5%氯化钠肉汤培养液中，充分混匀，35℃±2℃培养24h。

自上述增菌液中取1~2接种环，划线接种在血琼脂培养基上35℃±2℃培养24h~48h。在血琼脂平板上该菌落呈金黄色，大而突起，圆形，表面光滑，周围有溶血圈。

挑取典型菌落，涂片作革兰氏染色镜检，如见排列成葡萄状，无芽胞与荚膜，应进行下列试验：

A5.1.1 甘露醇发酵管试验

取上述菌落接种到甘露醇培养基中，置35℃±2℃培养24h，发酵甘露醇产酸者为阳性。

A5.1.2 血浆凝固酶试验

玻片法：取清洁干燥载玻片→于两端分别滴加1滴生理盐水、1滴兔血浆→挑取菌落分别与两者混合5min。

如两者均无凝固则为阴性；如血浆内出现团块或颗粒状凝固，而生理盐水仍呈均匀浑浊无凝固，则为阳性。凡两者均有凝固现象，再进行试管凝固酶试验。

试管法：吸取1:4新鲜血浆0.5mL，置灭菌小试管中→加入等量待检菌24h，肉汤培养物0.5mL，混匀→置35℃±2℃温箱或水浴中→每0.5h观察一次→24h之内呈现凝块即为阳性。

同时以已知血浆凝固酶阳性和阴性菌株肉汤培养物各0.5mL作阳性和阴性对照。

A5.2 结果报告

凡在琼脂平板上有可疑菌落生长，镜检为革兰氏阳性葡萄球菌，并能发酵甘露醇产酸、血浆凝固酶阳性者，可报告被检样品检出金黄色葡萄球菌。

A6 溶血性链球菌的检测

A6.1 操作步骤

取样液5mL加入到50mL营养肉汤中，35℃±2℃培养24h。

将培养物划线接种血琼脂平板，置35℃±2℃中培养24h，观察菌落特征。溶血性链球菌在血平板上为灰白色，半透明或不透明，针尖状突起，表面光滑，边缘整齐，周围有无色透明溶血圈。

取典型菌落作涂片革兰氏染色镜检，应为革兰氏阳性，呈链状排列的球菌。镜检符合上述情况，应进行下列试验：

A6.1.1 链激酶试验

吸取草酸钾血浆0.2mL→加入0.8mL灭菌生理盐水混匀→加入待检菌24h肉汤培养物0.5mL和0.25%氯化钙溶液0.25mL混匀→置35℃±2℃水浴中，2 min查看一次(一般10 min内可凝固)→待血浆凝固后继续观察并记录溶化时间→如 2 h 内不溶化，继续放置 24h，观察。如果凝块全部溶化为阳性，24h 仍不溶化为阴性。

A6.1.2 杆菌肽敏感试验

将被检菌菌液涂于血平板上→用灭菌镊子取每片含 0.04 单位杆菌肽的纸片放在平板上，同时以已知阳性菌株作对照→置 35℃ ±2℃ 下放置 18h ~ 24h→有抑菌带者为阳性。

A6.2 结果报告

镜检革兰氏阳性链状排列球菌，血平板上呈现溶血圈，链激酶和杆菌肽试验阳性，可报告被检样品检出溶血性链球菌。

纸巾纸（GB/T 20808—2011）

2012-07-01 实施

1 范围

本标准规定了纸巾纸的分类、要求、试验方法、检验规则、标志、包装、运输和贮存。

本标准适用于日常生活所用的各种纸面巾、纸餐巾、纸手帕等，不适用于湿巾、擦手纸、厨房纸巾。

2 规范性引用文件

下列文件对于本文件的应用是必不可少的。凡是注日期的引用文件，仅注日期的版本适用于本文件。凡是不注日期的引用文件，其最新版本（包括所有的修改单）适用于本文件。

GB/T 450 纸和纸板 试样的采取及试样纵横向、正反面的测定

GB/T 451.1 纸和纸板尺寸及偏斜度的测定

GB/T 461.1 纸和纸板毛细吸液高度的测定（克列姆法）

GB/T 462 纸、纸板和纸浆 分析试样水分的测定

GB/T 465.2 纸和纸板 浸水后抗张强度的测定

GB/T 742 造纸原料、纸浆、纸和纸板 灰分的测定

GB/T 1541—1989 纸和纸板尘埃度的测定法

GB/T 2828.1 计数抽样检验程序 第 1 部分：按接收质量限（AQL）检索的逐批检验抽样计划

GB/T 7974 纸、纸板和纸浆亮度（白度）测定 漫射/垂直法

GB/T 8942 纸柔软度的测定

GB/T 10739 纸、纸板和纸浆试样处理和试验的标准大气条件

GB/T 12914—2008 纸和纸板 抗张强度的测定

GB 15979 一次性使用卫生用品卫生标准

GB/T 24328.5 卫生纸及其制品 第 5 部分：定量的测定

GB/T 27741—2011 纸和纸板 可迁移性荧光增白剂的测定

JJF 1070—2005 定量包装商品净含量计量检验规则

3 分类

3.1 纸巾纸分为纸面巾、纸餐巾、纸手帕等。

3.2 纸巾纸按质量分为优等品和合格品两个等级。

3.3 纸巾纸可分为超柔型、普通型。

3.4 纸巾纸可为单层、双层或多层。

4 要求

4.1 纸巾纸技术指标应符合表1或合同规定。

表1

指标名称		单位	规定		
			优等品		合格品
			超柔型	普通型	
定量		g/m²	10.0±1.0　12.0±1.0　14.0±1.0　16.0±1.0　18.0±1.0　20.0±1.0　23.0±2.0　27.0±2.0　31.0±2.0		
亮度(白度)[a]　≤		%	90.0		
可迁移性荧光增白剂		—	无		
灰分　≤	木纤维	%	1.0		
	含非木纤维		4.0		
横向吸液高度　≥	单层	mm/100s	20		15
	双层或多层		40		30
横向抗张指数　≥		N·m/g	1.00	2.10	1.50
纵向湿抗张强度　≥		N/m	10.0	14.0	10.0
柔软度[b]纵横向平均　≤	单层或双层	mN	40	85	160
	多层		80	150	220
洞眼	总数　≤	个/m²	6		40
	2mm～5mm　≤		6		40
	>5mm，≤8mm　≤		不应有		2
	>8mm		不应有		
尘埃度	总数　≤	个/m²	20		50
	0.2mm²～1.0mm²　≤		20		50
	>1.0mm²，≤2.0mm²　≤		1		4
	>2.0mm²		不应有		
交货水分　≤		%	9.0		

[a]印花、彩色和本色纸巾纸不考核亮度(白度)。

[b]纸餐巾不考核柔软度。

4.2 纸巾纸内装量应符合JJF 1070—2005中表3计数定量包装商品标注净含量的规定。当内装量Q_n小于等于50时，不允许出现短缺量；当Q_n大于50时，短缺量应小于$Q_n \times 1\%$，结果取整数，如果出现小数，就将该小数进位到下一紧邻的整数。

4.3 纸巾纸一般为平板或平切折叠。其规格应符合合同规定，规格尺寸偏差应不超过标称值±5mm，偏斜度应不超过3mm，或符合合同规定。

4.4 纸巾纸可压花、印花，也可生产各种颜色的纸巾纸，但不应使用有害染料。

4.5 纸巾纸应洁净，皱纹应均匀细腻。不应有明显的死褶、残缺、破损、沙子、硬质块、生浆团等纸病。

4.6 纸巾纸不应有掉粉、掉毛现象，彩色纸巾纸浸水后不应有脱色现象。

4.7 纸巾纸不得使用有毒有害原料。纸巾纸应使用木材、草类、竹子等原生纤维原料，不得使用任何回收纸、纸张印刷品、纸制品及其他回收纤维状物质作原料，不得使用脱墨剂。

4.8 纸巾纸卫生指标应符合GB 15979的规定。

5 试验方法

5.1 试样的采取和处理

试样的采取按 GB/T 450 进行，试样的处理和试验的标准大气条件按 GB/T 10739 进行。

5.2 定量

定量按 GB/T 24328.5 测定，以单层表示结果。

5.3 亮度(白度)

亮度(白度)按 GB/T 7974 测定。

5.4 可迁移性荧光增白剂

将试样置于紫外灯下，在波长 254nm 和 365nm 的紫外光下检测是否有荧光现象。若试样在紫外灯下无荧光现象，则判定无可迁移性荧光增白剂。若试样有荧光现象，则按 GB/T 27741—2011 中第 5 章进行可迁移性荧光增白剂测定。

5.5 灰分

灰分按 GB/T 742 测定，灼烧温度为 575℃。

5.6 横向吸液高度

横向吸液高度按 GB/T 461.1 测定，测定时间为 100s，按成品层数测定。

5.7 横向抗张指数

横向抗张指数按 GB/T 12914—2008 中恒速拉伸法测定。试样宽度为 15mm，夹距为 100mm，单层、双层或多层试样按成品层数测定，然后换算成单层测定值。

5.8 纵向湿抗张强度

纵向湿抗张强度按 GB/T 12914—2008 中恒速拉伸法和 GB/T 465.2 测定。试样宽度为 15mm，夹距为 100mm，按成品层数测定。测定前应先进行预处理，将试样放在(105 ±2)℃烘箱中烘 15min，取出后在 GB/T 10739 规定的大气条件下平衡至少 1h 再进行测定。测定时将试样夹于卧式拉力机上，使试样保持伸直但不受力。用胶头滴管向试样中心位置连续滴加两滴水(约 0.1mL)，胶头滴管的出水口与试样垂直距离约 1cm，滴水的同时开始计时，5s 后用三层 102 型 - 中速定性滤纸(单层试样应使用四层定性滤纸)轻触试样下方 3s ~4s，以吸除试样表面多余水分，定性滤纸不可重复使用。吸干后立即启动拉力机，整个操作(滴水至拉伸试验结束)宜在 35s(其中拉伸时间应不少于 5s)内完成。取 10 个有效测定值，计算其平均值，结果以单层测定值表示。

5.9 柔软度

柔软度按 GB/T 8942 测定，狭缝宽 5mm，试样裁切成 100mm ×100mm，如果试样尺寸未达到 100mm，应换算成 100mm 报出结果。纸巾纸应按成品层进行测定，无论是压花或未压花的试样，都应揭开分层后再重叠进行测定，同一样品纵横向各测定至少 6 个试样，以纵横向平均值报出测定结果。对于压花或折叠的样品，切样及测定时应尽量避开压花或已折叠部位，但如果保证试样尺寸和避开压花或折痕两者存在冲突时，应优先考虑保证试样尺寸。

注 1：如果试样尺寸未达到 100mm，则柔软度换算方法如下：
纵向柔软度 = 实测纵向柔软度 ×100mm/试样横向尺寸；
横向柔软度 = 实测横向柔软度 ×100mm/试样纵向尺寸。

注 2：纵向柔软度测定时试样的纵向与狭缝的方向垂直，横向柔软度测定时试样的纵向与狭缝的方向平行。

5.10 洞眼

用双手拿住单层试样的两角迎光观测，数取规定范围内的洞眼个数，双层或多层试样每层均测。每个试样的测定面积应不少于 0.5m^2，然后换算成每平方米的洞眼数。如果出现大于 5mm 的洞眼，测定面积应不小于 1m^2。

5.11 尘埃度

尘埃度按 GB/T 1541—1989 测定，只测上下表面层朝外的一面。

5.12 交货水分

交货水分按 GB/T 462 测定。

5.13 内装量

内装量按 JJF 1070—2005 附录 G 中 G.4 进行测定。测定时应去除外包装，目测计数。

5.14 尺寸及偏斜度

尺寸及偏斜度按 GB/T 451.1。

5.15 外观质量

外观质量采用目测。

5.16 卫生指标

卫生指标按 GB 15979 测定。

6 检验规则

6.1 生产厂应保证所生产的产品符合本标准或合同规定，相同原料、相同工艺、相同规格的同类产品一次交货数量为一批，每批产品应附产品合格证。

6.2 卫生指标不合格，则判定该批是不可接收的。

6.3 计数抽样检验程序按 GB/T 2828.1 规定进行。纸巾纸样本单位为箱或件。接收质量限(AQL)：可迁移性荧光增白剂、灰分、横向吸液高度、横向抗张指数、纵向湿抗张强度、柔软度 AQL=4.0，定量、亮度(白度)、洞眼、尘埃度、交货水分、内装量、尺寸及偏斜度、外观质量 AQL=6.5。抽样方案采用正常检验二次抽样方案，检查水平为特殊检查水平 S-3，见表 2。

表 2

批量/箱或件	正常检验二次抽样方案　特殊检查水平 S-3				
	样本量	AQL=4.0		AQL=6.5	
		Ac	Re	Ac	Re
2~50	2	—	—	0	1
	3	0	1	—	—
51~150	3	0	1	—	—
	5	—	—	0	2
	5(10)	—	—	1	2
151~500	5	—	—	0	2
	5(10)	—	—	1	2
	8	0	2	—	—
	8(16)	1	2	—	—
501~3 200	8	0	2	0	3
	8(16)	1	2	3	4
3 201~35 000	13	0	3	1	3
	13(26)	3	4	4	5

6.4 可接收性的确定：第一次检验的样品数量应等于该方案给出的第一样本量。如果第一样本中发现的不合格品数小于或等于第一接收数，应认为该批是可接收的；如果第一样本中发现的不合格品数大于或等于第一拒收数，应认为该批是不可接收的。如果第一样本中发现的不合格品数介于第一接收数与第一拒收数之间，应检验由方案给出样本量的第二样本并累计在第一样本和第二样本中发现的不合格品数。如果不合格品累计数小于或等于第二接收数，则判定该批是可接收的；如果不合格品累计数

大于或等于第二拒收数，则判定该批是不可接收的。

6.5 需方若对产品质量持有异议，应在到货后三个月内通知供方共同复验，或委托共同商定的检验机构进行复验。复验结果若不符合本标准或合同的规定，则判为该批不可接收，由供方负责处理；若符合本标准或合同的规定，则判为该批可接收，由需方负责处理。

7 标志、包装

7.1 产品销售包装标识

产品标识至少应包括以下内容：

——产品名称、商标；

——产品标准编号；

——产品主要原料；

——生产日期(或编号)和保质期，或生产批号和限用日期；

——超柔型产品应标明产品类型，普通型产品可不标明产品类型；

——产品规格；

——产品数量(片数或组数或抽数或张数)；

——产品质量等级和产品合格标识；

——生产企业(或产品责任单位)名称、详细地址等。

7.2 产品运输包装标识

运输包装标识应至少包括以下内容：

——产品名称、商标；

——生产企业(或产品责任单位)名称、地址等；

——产品数量；

——包装储运图形标志。

7.3 包装

7.3.1 纸巾纸包装应防尘、防潮和防霉等。

7.3.2 直接与产品接触的包装材料应无毒、无害、清洁。产品包装应完好，包装材料应具有足够的密封性和牢固性，以达到保证产品在正常的运输与贮存条件下不受污染的目的。

8 运输和贮存

8.1 运输时应采用洁净的运输工具，防止成品污染。

8.2 应存放于干燥、通风、洁净的地方妥善保管，防止雨、雪及潮湿侵入产品，影响质量。

8.3 搬运时应注意包装完整，不应从高处抛下，以防损坏外包装。

8.4 凡出厂的产品因运输、保管不妥造成产品损坏或变质的，应由责任方负责。损坏或变质的纸巾纸不应出售。

本色生活用纸(QB/T 4509—2013)

2013-12-01 实施

1 范围

本标准规定了本色生活用纸的术语和定义、分类、要求、试验方法、检验规则和标志、包装、运输、贮存。

本标准适用于日常生活所用的由100%本色原生纤维浆生产的各种生活用纸，如本色卫生纸、本色纸巾纸、本色擦手纸等。

2 规范性引用文件

下列文件对于本文件的应用是必不可少的。凡是注日期的引用文件，仅注日期的版本适用于本文件。凡是不注日期的引用文件，其最新版本(包括所有的修改单)适用于本文件。

GB/T 450 纸和纸板 试样的采取及试样纵横向、正反面的测定(GB/T 450—2008，ISO 186：2002，MOD)

GB/T 451.1 纸和纸板尺寸及偏斜度的测定

GB/T 461.1 纸和纸板毛细吸液高度的测定(克列姆法)(GB/T 461.1—2002，ISO 8787：1989，IDT)

GB/T 462 纸、纸板和纸浆 分析试样水分的测定(GB/T 462—2008，ISO 287：1985，ISO 683：1987，MOD)

GB/T 465.2 纸和纸板 浸水后抗张强度的测定(GB/T 465.2—2008，ISO 3781：1983，MOD)

GB/T 742 造纸原料、纸浆、纸和纸板 灰分的测定(GB/T 742—2008，ISO 2144：1997，MOD)

GB/T 1541—2007 纸和纸板尘埃度的测定法

GB/T 2828.1 计数抽样检验程序 第1部分：按接收质量限(AQL)检索的逐批检验抽样计划(GB/T 2828.1—2012，ISO 2859-1：1999，IDT)

GB/T 7974 纸、纸板和纸浆亮度(白度)测定 漫射/垂直法

GB/T 8942 纸柔软度的测定

GB/T 10739 纸、纸板和纸浆试样处理和试验的标准大气条件

GB/T 12914—2008 纸和纸板 抗张强度的测定(ISO 1924-1：1992，ISO 1924-2：1994，MOD)

GB 15979 一次性使用卫生用品卫生标准

GB 20810 卫生纸(含卫生纸原纸)

GB/T 24328.5 卫生纸及其制品 第5部分：定量的测定(GB/T 24328.5—2009，ISO 12625-6：2005，MOD)

GB/T 24455 擦手纸

JJF 1070—2005 定量包装商品净含量计量检验规则

3 术语和定义

下列术语和定义适用于本文件。

3.1 本色原生纤维浆 natural color native fiber pulp

由100%植物原生纤维作原料，通过制浆过程生产出来的本色纸浆。

3.2 本色生活用纸 natural color tissue paper

由100%本色原生纤维浆生产的日常生活所用的各种生活用纸。

4 分类

4.1 本色生活用纸分为本色卫生纸、本色纸巾纸、本色擦手纸等。

4.2 本色生活用纸可为卷纸、盘纸、平板纸、平切折叠或抽取式本色生活用纸。

4.3 本色生活用纸可为单层、双层或多层。

5 要求

5.1 技术指标

本色卫生纸、本色纸巾纸、本色擦手纸的技术指标应符合表1或合同规定。

表 1

指标		单位	要求		
			本色卫生纸	本色纸巾纸	本色擦手纸
定量		g/m²	12.0±1.0 14.0±1.0 16.0±1.0 18.0±1.0 20.0±1.0 22.0±1.0 24.0±2.0 28.0±2.0 33.0±3.0 39.0±3.0 45.0±3.0	10.0±1.0 12.0±1.0 14.0±1.0 16.0±1.0 18.0±1.0 20.0±1.0 23.0±2.0 27.0±2.0 31.0±2.0	16.0±1.0 18.0±1.0 22.0±2.0 26.0±2.0 30.0±2.0 35.0±3.0 41.0±3.0 47.0±3.0 53.0±3.0
亮度 ≤		%	55.0		
荧光性物质		—	合格		
灰分 ≤		%	6.0		
横向吸液高度 ≥	单层	mm/100s	20	15	
	双层或多层		30		
抗张指数 ≥	纵向	N·m/g	4.50	—	—
	横向	N·m/g	2.00	1.50	3.00
纵向湿抗张强度 ≥		N/m	—	10.0	60.0
柔软度(纵横向平均/成品层) ≤		mN	450	220	—
洞眼	总数 ≤	个/m²	20	20	10
	2mm~5mm ≤		20	20	10
	5mm~8mm ≤		2	2	1
	>8mm		不应有		
尘埃度	总数 ≤	个/m²	100	50	100
	0.2mm²~1.0mm² ≤		100	50	100
	1.0mm²~2.0mm² ≤		20	4	2
	>2.0mm²		不应有		
交货水分 ≤		%	9.0		

5.2 规格

5.2.1 卷纸和盘纸的宽度、卷重(或节数),平板纸、平切折叠纸的长、宽、包装质量(或张数),抽取式本色生活用纸的规格尺寸、抽数应按合同要求生产或符合明示要求。

5.2.2 卷纸和盘纸的宽度偏差应不超过±3mm,节距尺寸偏差不应超过±5mm,偏斜度不应超过3mm;平切纸、平切折叠纸和抽取式纸的规格尺寸偏差不应超过±5mm,偏斜度不应超过3mm。

5.2.3 以质量定量包装的产品,允许短缺量应符合 JJF 1070—2005 中表 3 质量或体积定量包装商品标注净含量的规定。

5.2.4 以计数定量包装的产品,允许短缺量应符合 JJF 1070—2005 中表 3 计数定量包装商品标注净含量的规定。

5.3 外观

本色生活用纸纸面应洁净,皱纹应均匀。不应有明显的死褶、残缺、破损、沙子、硬质块、生浆团等纸病。不应有明显掉粉、掉毛现象。同批本色生活用纸色泽应基本一致,不应有明显色差。

5.4 原材料

本色生活用纸应 100% 使用本色原生纤维浆,生产过程不应添加染料、颜料,不应使用有毒有害原料。

5.5 卫生指标

本色纸巾纸卫生指标应符合 GB 15979 的相关规定；本色卫生纸微生物指标应符合 GB 20810 相关规定；本色擦手纸微生物指标应符合 GB/T 24455 相关规定。

6 试验方法

6.1 试样的采取和处理

试样的采取按 GB/T 450 进行，试样的处理和试验的标准大气条件按 GB/T 10739 进行。

6.2 定量

定量按 GB/T 24328.5 进行测定，以单层表示结果。

6.3 亮度

亮度按 GB/T 7974 进行测定。

6.4 荧光性物质

任取一叠试样，置于波长 365nm 和 254nm 紫外灯下，观察试样表面是否有荧光现象。若试样无荧光现象，则判为荧光性物质合格，否则判为不合格。

注 1：从不同部位取样，保证所取试样具有代表性。

注 2：孤立、单个荧光点不作为判定依据。

6.5 灰分

灰分按 GB/T 742 进行测定，灼烧温度为 575℃。

6.6 横向吸液高度

横向吸液高度按 GB/T 461.1 进行测定，测定时间为 100s，按成品层数测定。

6.7 纵、横向抗张指数

纵、横向抗张指数按 GB/T 12914—2008 中恒速拉伸法进行测定。试样宽度为 15mm，夹距为 50mm(本色卫生纸)或 100mm(本色纸巾纸、本色擦手纸)，单层、双层或多层试样按成品层数测定，然后换算成单层测定值。

6.8 纵向湿抗张强度

纵向湿抗张强度按 GB/T 12914—2008 中恒速拉伸法和 GB/T 465.2 进行测定。试样宽度为 15mm，夹距为 100mm，按成品层数测定。测定前应先进行预处理，将试样放在(105 ±2)℃烘箱中烘 15min，取出后在 GB/T 10739 规定的大气条件下平衡至少 1h 再进行测定。测定时将试样夹于卧式拉力机上，使试样保持伸直但不受力。用胶头滴管向试样中心位置连续滴加两滴水(约 0.1mL)，胶头滴管的出水口与试样垂直距离约 1cm，滴水的同时开始计时，5s 后用三层 102 型 - 中速定性滤纸(单层试样应使用 4 层定性滤纸)轻触试样下方 3s ~4s，以吸除试样表面多余水分，定性滤纸不可重复使用。吸干后立即启动拉力机，整个操作(滴水至拉伸试验结束)宜在 35s(其中拉伸时间应不少于 5s)内完成。取 10 个有效测定值，计算其平均值，结果以单层测定值表示。

6.9 柔软度

柔软度按 GB/T 8942 进行测定，狭缝宽 5mm，试样裁切成 100mm ×100mm，如果试样尺寸未达到 100mm，应换算成 100mm 报出结果。本色生活用纸应按成品层进行测定，无论是压花或未压花的试样，都应揭开分层后再重叠进行测定，同一样品纵横向各测定至少 6 个试样，以纵横向平均值报出测定结果。对于压花或折叠的样品，切样及测定时应尽量避开压花或已折叠部位，但如果保证试样尺寸和避开压花或折痕两者存在冲突，本色纸巾纸优先考虑保证试样尺寸，本色卫生纸优先考虑避开压花或折痕。

注 1：如果试样尺寸未达到 100mm，则柔软度换算方法如下：

纵向柔软度 = 实测纵向柔软度 ×100mm/试样横向尺寸；

横向柔软度 = 实测横向柔软度 ×100mm/试样纵向尺寸。

注 2：纵向柔软度测定时试样的纵向与狭缝的方向垂直，横向柔软度测定时试样的纵向与狭缝的方向平行。

6.10 洞眼

用双手拿住单层试样的两角迎光观测，数取规定范围内的洞眼个数，对于双层或多层试样，本色卫生纸只测上下表层，本色纸巾纸和本色擦手纸每层均测。每个试样的测定面积不应少于0.5m²，然后换算成每平方米的洞眼数。如果出现大于5mm的洞眼，测定面积不应小于1m²。

6.11 尘埃度

尘埃度的测定按GB/T 1541—2007进行，双层或多层的只测上下表层朝外的一面，每个样品的测试面积不应少于0.5㎡。纤维性杂质不作为尘埃计数。

6.12 交货水分

交货水分按GB/T 462进行测定。

6.13 净含量

以质量单位标注净含量的产品按JJF 1070—2005附录C中C.1进行测定，测定时去皮、去芯；以计数标注净含量的产品按JJF 1070—2005附录G中G.4进行测定，测定时去除外包装，目测计数。

6.14 尺寸偏差及偏斜度

6.14.1 尺寸偏差

6.14.1.1 平切纸和抽取式纸尺寸偏差的计算：从任一包装中取10张试样，测量每张试样的长度和宽度，并分别计算平均值，以平均值减去标称值来表示尺寸偏差，结果修约至整数。

6.14.1.2 卷纸和盘纸宽度偏差的计算：每个样品取3个试样测定，以3个试样的平均宽度值减去标称值来表示宽度偏差，结果修约至整数。

6.14.1.3 卷纸和盘纸节距偏差的计算：任取1卷(盘)试样，去除前15节后，连续取10节，测定每节的尺寸，用10节的平均值减去标称值来表示该试样节距偏差，结果修约至整数。

6.14.2 偏斜度

偏斜度按GB/T 451.1进行测定。

6.15 外观质量

外观质量采用目测检查。

6.16 卫生指标

本色纸巾纸卫生指标按GB 15979进行测定；本色卫生纸微生物指标按GB 20810相关方法进行测定；本色擦手纸微生物指标按GB/T 24455相关方法进行测定。

7 检验规则

7.1 生产厂应保证所生产的产品符合本标准或合同规定，相同原料、相同工艺、相同规格的同类产品一次交货数量为一批，每批产品应附产品合格证。

7.2 卫生指标不合格，则判定该批是不可接收的。

7.3 计数抽样检验程序按GB/T 2828.1的规定进行。本色生活用纸样本单位为箱或件。接收质量限(AQL)：荧光性物质、亮度、灰分、横向吸液高度、纵横向抗张指数、纵向湿抗张强度、柔软度的AQL为4.0，定量、洞眼、尘埃度、交货水分、规格、尺寸及偏斜度、外观质量AQL为6.5。抽样方案采用正常检验二次抽样方案，检验水平为特殊检验水平S-3。见表2。

表2

批量/(箱或件)	抽样方案				
	正常检验二次抽样方案 特殊检验水平S-3				
	样本量	AQL=4.0		AQL=6.5	
		Ac	Re	Ac	Re
2~50	2	—	—	0	1
	3	0	1	—	—

续表

批量/(箱或件)	抽样方案				
	正常检验二次抽样方案　特殊检验水平 S-3				
	样本量	AQL=4.0		AQL=6.5	
		Ac	Re	Ac	Re
51~150	3	0	1	—	—
	5 5(10)	— —	— —	0 1	2 2
151~500	5 5(10)	— —	— —	0 1	2 2
	8 8(16)	0 1	2 2	— —	— —
501~3 200	8 8(16)	0 1	2 2	0 3	3 4
3 201~35 000	13 13(26)	0 3	3 4	1 4	3 5

7.4　可接收性的确定：第一次检验的样品数量应等于该方案给出的第一样本量。如果第一样本中发现的不合格品数小于或等于第一接收数，应认为该批是可接收的；如果第一样本中发现的不合格品数大于或等于第一拒收数，应认为该批是不可接收的。如果第一样本中发现的不合格品数介于第一接收数与第一拒收数之间，应检验由方案给出样本量的第二样本并累计在第一样本和第二样本中发现的不合格品数。如果不合格品累计数小于或等于第二接收数，则判定批是可接收的；如果不合格品累计数大于或等于第二拒收数，则判定该批是不可接收的。

7.5　需方若对产品质量持有异议，应在到货后3个月内通知供方共同复验，或委托共同商定的检验机构进行复验。复验结果若不符合本标准或合同的规定，则判为该批不可接收，由供方负责处理；若符合本标准或合同的规定，则判为该批可接收，由需方负责处理。

8　标志、包装、运输、贮存

8.1　标志

8.1.1　产品运输包装标志

至少应包括以下内容：

——产品名称、商标；

——生产企业(或产品责任单位)名称、地址等；

——产品数量；

——包装储运图形标志。

8.1.2　产品销售包装标志

至少应包括以下内容：

——产品名称、商标；

——产品标准编号；

——产品主要原料；

——生产日期(或编号)和保质期，或生产批号和限用日期；

——产品规格；

——产品数(质)量；

——产品合格标识；

——生产企业(或产品责任单位)名称、详细地址等。

8.3 包装

8.3.1 本色生活用纸包装应防尘、防潮和防霉等。

8.3.2 直接与产品接触的包装材料应无毒、无害、清洁。产品包装应完好，包装材料应具有足够的密封性和牢固性，以达到保证产品在正常的运输与贮存条件下不受污染的目的。

8.4 运输

8.4.1 搬运时应注意包装完整，不应从高处抛下，以防损坏外包装。

8.4.2 运输时应采用洁净的运输工具，防止成品污染。

8.5 贮存

8.5.1 应存放于干燥、通风、洁净的地方，妥善保管，防止雨、雪及潮湿侵入产品，影响质量。

8.5.2 凡出厂的产品因运输、保管不妥造成产品损坏或变质的，应由责任方负责。损坏或变质的本色生活用纸不应出售。

擦手纸(GB/T 24455—2009)

2010-03-01 实施

1 范围

本标准规定了擦手纸的产品分类、技术要求、试验方法、检验规则及标志、包装、运输、贮存。

本标准适用于人们日常生活使用的擦手纸。

2 规范性引用文件

下列文件中的条款通过本标准的引用而成为本标准的条款。凡是注日期的引用文件，其随后所有的修改单(不包括勘误的内容)或修订版均不适用于本标准，然而，鼓励根据本标准达成协议的各方研究是否可使用这些文件的最新版本。凡是不注日期的引用文件，其最新版本适用于本标准。

GB/T 450 纸和纸板 试样的采取及试样纵横向、正反面的测定(GB/T 450—2008，ISO 186：2002，MOD)

GB/T 451.2 纸和纸板定量的测定(GB/T 451.2—2002，eqv ISO 536：1995)

GB/T 461.1 纸和纸板毛细吸液高度的测定(克列姆法)(GB/T 461.1—2002，idt ISO 8787：1986)

GB/T 462 纸、纸板和纸浆 分析试样水分的测定(GB/T 462—2008；ISO 287：1985，MOD；ISO 638：1978，MOD)

GB/T 465.2 纸和纸板 浸水后抗张强度的测定(GB/T 465.2—2008，ISO 3781：1983，MOD)

GB/T 1541 纸和纸板 尘埃度的测定

GB/T 2828.1 计数抽样检验程序 第1部分：按接收质量限(AQL)检索的逐批检验抽样计划(GB/T 2828.1—2003，ISO 2859-1：1999，IDT)

GB/T 7974 纸、纸板和纸浆亮度(白度)的测定 漫射/垂直法(GB/T 7974—2002，neq ISO 2470：1999)

GB/T 10739 纸、纸板和纸浆试样处理和试验的标准大气条件(GB/T 10739—2002，eqv ISO 187：1990)

GB/T 12914 纸和纸板 抗张强度的测定(GB/T 12914—2008，ISO 1924-1：1992，MOD；ISO 1924-2：1992，MOD)

3 产品分类

3.1 擦手纸可分为卷纸、盘纸、平切纸和抽取纸。

3.2 擦手纸可分为压花、印花、不压花、不印花。

3.3 擦手纸可分为单层、双层或多层。

4 技术要求

4.1 擦手纸技术指标应符合表1或订货合同的规定。

表1 擦手纸技术指标

指标名称			单位	规定
定量			g/m^2	22.0±2.0　26.0±2.0　30.0±2.0　35.0±3.0　41.0±3.0　47.0±3.0　53.0±3.0
亮度(白度)		≤	%	88.0
横向吸液高度(成品层)		≥	mm/100s	15/单层，30/双层或多层
横向抗张指数	≤40.0g/m^2	≥	N·m/g	3.0
	>40.0g/m^2			5.0
纵向湿抗张指数	≤40.0g/m^2	≥	N·m/g	1.5
	>40.0g/m^2			3.0
洞眼	总数	≤	个/m^2	10
	2mm~5mm	≤		10
	>5mm，≤8mm	≤		1
	>8mm			不应有
尘埃度	总数	≤	个/m^2	100
	0.2mm^2~1.0mm^2	≤		100
	>1.0mm^2，≤2.0mm^2	≤		2
	>2.0mm^2			不应有
交货水分		≤	%	10.0

注：印花擦手纸不考核亮度指标。

4.2 擦手纸微生物指标应符合表2的规定。

表2 擦手纸微生物指标

指标名称	单位	规定
细菌菌落总数	CFU/g	≤600
大肠菌群	—	不得检出
金黄色葡萄球菌	—	不得检出
溶血性链球菌	—	不得检出

4.3 擦手纸的卷纸和盘纸的宽度、节距、卷重(长度或节数)，平切纸的长、宽、包装质量(或张数)，抽取纸的规格尺寸、抽数等应按合同规定生产。卷纸和盘纸的宽度、节距尺寸偏差应不超过±5mm；平切纸和抽取纸的规格尺寸偏差应不超过±5mm，偏斜度应不超过3mm；卷纸、盘纸、平切纸、抽取纸的包装数量(长度、节数、张数或抽数)偏差应不小于-2.0%。

4.4 擦手纸起皱后的皱纹应均匀，纸面应洁净，不应有明显的死褶、残缺、破损、沙子、硬质块、生浆团等纸病。

4.5 擦手纸不应含有毒有害物质。

4.6 擦手纸不应有掉粉、掉毛现象，印花擦手纸浸水后不应有掉色现象。

5 试验方法

5.1 试样的采取和处理

试样的采取和处理按 GB/T 450 和 GB/T 10739 的规定进行。

5.2 定量

定量按 GB/T 451.2 测定，以单层表示结果。

5.3 亮度(白度)

亮度(白度)按 GB/T 7974 测定。

5.4 横向吸液高度

横向吸液高度按 GB/T 461.1 测定，按成品层数测定。

5.5 横向抗张指数

横向抗张指数按 GB/T 12914 测定，仲裁时按恒速拉伸法测定。夹距为 100mm，双层或多层试样，按成品层数测定，然后换算成单层的测定值。

5.6 湿抗张强度

纵向湿抗张强度按 GB/T 12914 和 GB/T 465.2 测定，仲裁时按 GB/T 12914 中恒速拉伸法和 GB/T 465.2 测定。夹距为 100mm，按成品层数测定，测定前应先进行预处理，将试样放在(105 ±2)℃烘箱中烘 15min。测定时将处理过的试样平放在滤纸上，用滴管在试样中间部位滴一滴水，水滴应扩散到试样的全宽，然后立即进行测定，以实测值换算成单层的测定值，取 10 个有效测定值，以纵向湿抗张强度的平均值表示结果。

5.7 洞眼

用双手持单层试样的两角，用肉眼迎光观测，按标准规定数出洞眼个数。双层或多层试样应每层都测，每个样品的测定面积应不少于 0.5m^2，然后换算成每平方米的洞眼数。如果出现大于 5mm 的洞眼，则应至少测定 1m^2 的试样。

5.8 尘埃度

尘埃度按 GB/T 1541 测定，双层或多层试样只测定上下表面层朝外的一面。

5.9 交货水分

交货水分按 GB/T 462 测定。

5.10 内装量偏差

取 1 个完整包装样品，数其实际数量，以实际数量与包装标志的数量之差占包装标志数量的百分比表示。同规格样品分别测定 3 个完整包装，以实际数量的最小值计算结果，准确至 0.1%。计算方法见式(1)。

$$\text{内装量偏差} = \frac{\text{实际数量} - \text{包装标志的数量}}{\text{包装标志的数量}} \times 100\% \quad \cdots\cdots (1)$$

5.11 微生物指标

微生物指标按附录 A 测定。

5.12 外观

外观采用目测。

6 检验规则

6.1 擦手纸以一次交货的同一规格为一批，样本单位为箱。

6.2 擦手纸微生物指标不合格，则判定该批是不可接收的。

6.3 计数抽样检验程序按 GB/T 2828.1 规定进行。接收质量限(AQL)：横向吸液高度、横向抗张指数、纵向湿抗张强度为 4.0，定量、亮度(白度)、洞眼、尘埃度、交货水分、尺寸及偏斜度、外观为 6.5。采用正常检验二次抽样，检验水平为特殊检验水平 S－3，其抽样方案见表 3。

表 3　抽样方案

批量/箱	正常检验二次抽样方案　特殊检查水平 S－3				
	样本量	AQL＝4.0		AQL＝6.5	
		Ac	Re	Ac	Re
2～50	2	—	—	0	1
	3	0	1	—	—
51～150	3	0	1	—	—
	5	—	—	0	2
	5(10)	—	—	1	2
151～500	8	0	2	—	—
	8(16)	1	2	—	—
	5	—	—	0	2
	5(10)	—	—	1	2
501～3 200	8	0	2	0	3
	8(16)	1	2	3	4

6.4　可接收性的确定：第一次检验的样品数量应等于该方案给出的第一样本量。如果第一样本中发现的不合格品数小于或等于第一接收数，应认为该批是可接收的；如果第一样本中发现的不合格品数大于或等于第一拒收数，应认为该批是不可接收的。如果第一样本中发现的不合格品数介于第一接收数与第一拒收数之间，应检验由方案给出样本量的第二样本并累计在第一样本和第二样本中发现的不合格品数。如果不合格品累计数小于或等于第二接收数，则判定批是可接收的；如果不合格品累计数大于或等于第二拒收数，则判定该批是不可接收的。

6.5　需方若对产品质量持有异议，应在到货后三个月内通知供方共同复验，或委托共同商定的检验部门进行复验。复验结果若不符合本标准或订货合同的规定，则判为该批不可接收，由供方负责处理；若符合本标准或订货合同的规定，则判为该批可接收，由需方负责处理。

7　标志、包装

7.1　产品销售包装标志

产品销售包装标志至少应包括以下内容：

——产品名称、商标；

——产品标准编号；

——生产日期和保质期，或生产批号和限用日期；

——产品的规格；

——产品数量(平切纸应标注包装质量或张数，抽取纸应标注张数或抽数，卷纸、盘纸应标注卷重或节数或长度)；

——产品合格标志(进口产品除外)；

——生产企业(或产品责任单位)名称、详细地址等。

7.2　产品运输包装标志

运输包装标志至少应包括以下内容：

——产品名称、商标；

——生产企业(或产品责任单位)名称、地址等；

——产品数量；

——包装储运图形标志。

7.3 包装

直接与产品接触的包装材料应无毒、无害、清洁。产品包装应完好，包装材料应具有足够的密封性以保证产品在正常的运输与贮存条件下不受污染。

8 运输、贮存

8.1 擦手纸运输时应采用洁净的运输工具，以防止产品受到污染。

8.2 擦手纸应存放于干燥、通风、洁净的地方并妥善保管，防止雨、雪及潮气侵入产品，影响质量。

8.3 搬运时应注意包装完整，不应将纸件从高处扔下，以防损坏外包装。

8.4 凡出厂的产品因运输、保管不善造成产品损坏或变质的，应由造成损失的一方赔偿损失，变质的擦手纸不应出售。

厨房纸巾(GB/T 26174—2010)

2011-06-01 实施

1 范围

本标准规定了厨房纸巾的产品分类、技术要求、试验方法、检验规则及标志和包装、运输和贮存。

本标准适用于清洁用的厨房纸巾。

2 规范性引用文件

下列文件中的条款通过本标准的引用而成为本标准的条款。凡是注日期的引用文件，其随后所有的修改单(不包括勘误的内容)或修订版均不适用于本标准，然而，鼓励根据本标准达成协议的各方研究是否可使用这些文件的最新版本。凡是不注日期的引用文件，其最新版本适用于本标准。

GB/T 450 纸和纸板 试样的采取及试样纵横向、正反面的测定(GB/T 450—2008，ISO 186：2002，MOD)

GB/T 451.1 纸和纸板尺寸及偏斜度的测定

GB/T 451.2 纸和纸板定量的测定(GB/T 451.2—2002，eqv ISO 536：1995)

GB/T 461.1 纸和纸板毛细吸液高度的测定(克列姆法)(GB/T 461.1—2002，idt ISO 8787：1986)

GB/T 462 纸、纸板和纸浆 分析试样水分的测定(GB/T 462—2008；ISO 287：1985，MOD；ISO 638：1978，MOD)

GB/T 465.2 纸和纸板 浸水后抗张强度的测定(GB/T 465.2—2008，ISO 3781：1983，MOD)

GB/T 1541 纸和纸板 尘埃度的测定

GB/T 2828.1 计数抽样检验程序 第1部分：按接收质量限(AQL)检索的逐批检验抽样计划(GB/T 2828.1—2003，ISO 2859-1：1999，IDT)

GB/T 7974 纸、纸板和纸浆亮度(白度)的测定 漫射/垂直法(GB/T 7974—2002，neq ISO 2470：1999)

GB/T 8942 纸柔软度的测定

GB/T 10739 纸、纸板和纸浆试样处理和试验的标准大气条件(GB/T 10739—2002，eqv ISO 187：1990)

GB/T 12914 纸和纸板 抗张强度的测定(GB/T 12914—2008；ISO 1924-1：1992，MOD；ISO 1924-2：1994，MOD)

3 产品分类

3.1 厨房纸巾可分为卷纸、盘纸、平切纸和抽取纸。

3.2 厨房纸巾可分为压花、印花、不压花、不印花。

3.3 厨房纸巾可分为单层、双层或多层。

4 技术要求

4.1 厨房纸巾的技术指标应符合表1或订货合同的规定。

表1 厨房纸巾技术指标

指标名称			单位	规定
定量			g/m^2	16.0±1.0 18.0±1.0 20.0±1.0 23.0±2.0 27.0±2.0 31.0±2.0 35.0±2.0 39.0±2.0 44.0±3.0 50.0±3.0
亮度(白度)			%	80.0~90.0
横向吸液高度 ≥	单层产品		mm/100s	15
	双层、多层产品			20
横向抗张指数 ≥	≤40.0g/m^2		N·m/g	2.5
	>40.0g/m^2			3.0
纵向湿抗张指数 ≥	≤40.0g/m^2		N·m/g	1.5
	>40.0g/m^2			2.0
洞眼	总数	≤	个/m^2	6
	2mm~5mm	≤		6
	>5mm			不应有
尘埃度	总数	≤	个/m^2	20
	0.2mm^2~1.0mm^2	≤		20
	大于1.0mm^2~2.0mm^2	≤		1
	大于2.0mm^2			不应有
交货水分		≤	%	10.0

注：印花和本色浆厨房纸巾不考核亮度指标。

4.2 厨房纸巾的微生物指标应符合表2的规定。

表2 厨房纸巾微生物指标

指标名称		单位	规定
细菌菌落总数		CFU/g	≤200
大肠菌群		—	不得检出
致病性化脓菌	绿脓杆菌	—	不得检出
	金黄色葡萄球菌	—	不得检出
	溶血性链球菌	—	不得检出
真菌菌落总数		CFU/g	≤100

4.3 厨房纸巾的卷纸和盘纸的宽度、节距、卷重(或长度、节数)，平切纸的长、宽、包装质量(或张数)，抽取纸的规格尺寸、抽数等应按合同规定生产。卷纸和盘纸的宽度、节距尺寸偏差应不超过±5mm；平切纸和抽取纸的规格尺寸偏差应不超过±5mm，偏斜度应不超过3mm；厨房纸巾数量(长度、节数、张数或抽数)偏差应不小于-2.0%，质量(卷重)偏差应不小于-4.5%。

注：根据标志内容，数量偏差和质量偏差两者选择其一即可。

4.4 厨房纸巾起皱后的皱纹应均匀，纸面应洁净，不应有明显的死褶、残缺、破损、沙子、硬质块、生浆团等纸病。

4.5 厨房纸巾不应有掉粉、掉毛现象。

4.6 厨房纸巾不应使用任何回收纸、纸张印刷品、纸制品及其他回收纤维状物质作原料。

5 试验方法

5.1 试样的采取和处理

试样的采取和处理按 GB/T 450 和 GB/T 10739 的规定进行。

5.2 定量

定量按 GB/T 451.2 测定，以单层表示结果。

5.3 亮度(白度)

亮度(白度)按 GB/T 7974 测定。

5.4 横向吸液高度

横向吸液高度按 GB/T 461.1 测定，按成品层数测定。

5.5 横向抗张指数

横向抗张指数按 GB/T 12914 测定，仲裁时按 GB/T 12914 中恒速拉伸法测定。夹距为 100mm，双层或多层试样按成品层数测定，然后换算成单层的测定值。

5.6 湿抗张强度

纵向湿抗张强度按 GB/T 465.2 和 GB/T 12914 测定，仲裁时按 GB/T 12914 中恒速拉伸法和 GB/T 465.2 测定。夹距为 100mm，按成品层数测定。测定时，按纵向切样。测定前应先进行预处理，将试样放在(105 ±2)℃烘箱中烘 15min，测定时将处理过的试样平放在滤纸上，用滴管在试样的中间部位滴一滴水，水滴应扩散到试样的全宽，然后立即进行测定，以实测值换算成单层的测定值，取 10 个有效测定值，以纵向湿抗张强度的平均值表示结果。

5.7 洞眼

用双手持单层试样的两角，用肉眼迎光观测，按标准规定数出洞眼个数。双层或多层试样应每层都测，每个样品的测定面积应不少于 0.5m^2，然后换算成每平方米的洞眼数，如果出现大于 5mm 的洞眼，则应至少测定 1m^2 的试样。

5.8 尘埃度

尘埃度按 GB/T 1541 测定，双层或多层试样只测定上下表面层朝外的一面。

5.9 交货水分

交货水分按 GB/T 462 测定。

5.10 数量(或质量)偏差

取 1 个完整包装，数其实际数量(长度、节数、张数、抽数)或称取质量(卷重)，以实际数量(或质量)与包装标志的数量(或质量)之差占包装标志数量(或质量)的百分比表示。同规格样品分别测定 3 个完整包装，以实际数量(质量)的最小值计算结果，准确至 0.1%。计算方法见式(1)。

$$\text{数量(或质量)偏差} = \frac{\text{实际数量(或质量)} - \text{包装标志的数量(或质量)}}{\text{包装标志的数量(或质量)}} \times 100\% \quad \cdots\cdots\cdots (1)$$

5.11 微生物指标

微生物指标按附录 A 测定。

5.12 外观

外观采用目测。

6 检验规则

6.1 生产厂应保证所生产的厨房纸巾符合本标准或订货合同的规定，以一次交货数量为一批，每批产品应附产品合格证。

6.2 厨房纸巾的微生物指标不合格，则判定该批是不可接收的。

6.3 计数抽样检验程序按 GB/T 2828.1 规定进行，样本单位为箱。接收质量限(AQL)：横向吸液高度、横向抗张指数、纵向湿抗张指数为4.0，定量、亮度(白度)、洞眼、尘埃度、交货水分、尺寸及偏斜度、外观、数量(或质量)偏差为6.5。抽样方案采用正常检验二次抽样方案，检验水平为特殊检验水平 S-3。其抽样方案见表3。

表3 抽样方案

批量/箱	正常检验二次抽样方案 特殊检查水平 S-3				
	样本量	AQL=4.0		AQL=6.5	
		Ac	Re	Ac	Re
2~50	3	0	1	—	—
	2	—	—	0	1
51~150	3	0	1	—	—
	5	—	—	0	2
	5(10)	—	—	1	2
151~500	8	0	2	—	—
	8(16)	1	2	—	—
	5	—	—	0	2
	5(10)	—	—	1	2
501~3 200	8	0	2	0	3
	8(16)	1	2	3	4

6.4 可接收性的确定：第一次检验的样品数量应等于该方案给出的第一样本量。如果第一样本中发现的不合格品数小于或等于第一接收数，应认为该批是可接收的；如果第一样本中发现的不合格品数大于或等于第一拒收数，应认为该批是不可接收的。如果第一样本中发现的不合格品数介于第一接收数与第一拒收数之间，应检验由方案给出样本量的第二样本并累计在第一样本和第二样本中发现的不合格品数。如果不合格品累计数小于或等于第二接收数，则判定该批是可接收的；如果不合格品累计数大于或等于第二拒收数，则判定该批是不可接收的。

6.5 需方若对产品质量持有异议，应在到货后三个月内通知供方共同复验，或委托共同商定的检验部门进行复验。复验结果若不符合本标准或订货合同的规定，则判为该批不可接收，由供方负责处理；若符合本标准或订货合同的规定，则判为该批可接收，由需方负责处理。

7 标志和包装

7.1 产品销售包装标志

产品销售包装标志至少应包括以下内容：

——产品名称、商标；

——产品标准编号；

——生产日期和保质期，或生产批号和限用日期；

——产品的规格；

——产品数量(平切纸应标注包装质量或张数，抽取纸应标注张数或抽数，卷纸、盘纸应标注卷重或节数或长度)；

——产品合格标志(进口产品除外)；

——生产企业(或产品责任单位)名称、详细地址等。

7.2 产品运输包装标志

运输包装标志至少应包括以下内容：

——产品名称、商标；
——生产企业(或产品责任单位)名称、地址等；
——产品数量；
——包装储运图形标志。

7.3 包装

直接与产品接触的包装材料应无毒、无害、清洁。产品包装应完好，包装材料应具有足够的密封性，以保证产品在正常的运输与贮存条件下不受污染。

8 运输和贮存

8.1 厨房纸巾运输时应采用洁净的运输工具，防止产品受到污染。

8.2 厨房纸巾应存放于干燥、通风、洁净的地方，并妥善保管。应防止雨、雪及潮气侵入产品，影响质量。

8.3 搬运时应注意包装完整，不应将纸件从高处扔下，以防损坏外包装。

8.4 凡出厂的产品因运输、保管不善造成产品损坏或变质的，应由造成损失的一方赔偿损失，变质的厨房纸巾不应出售。

卫生用品用吸水衬纸(QB/T 4508—2013)

2013-12-01 实施

1 范围

本标准规定了卫生用品用吸水衬纸的要求、试验方法、检验规则和标志、包装、运输、贮存。

本标准适用于包覆卫生巾、卫生护垫、纸尿裤、纸尿片等卫生用品中绒毛浆和高分子吸水树脂用的吸水衬纸。

2 规范性引用文件

下列文件对于本文件的应用是必不可少的。凡是注日期的引用文件，仅注日期的版本适用于本文件。凡是不注日期的引用文件，其最新版本(包括所有的修改单)适用于本文件。

GB/T 450 纸和纸板 试样的采取及试样纵横向、正反面的测定(GB/T 450—2008，ISO 186：2002，MOD)

GB/T 451.1 纸和纸板尺寸及偏斜度的测定

GB/T 461.1 纸和纸板毛细吸液高度的测定(克列姆法)(GB/T 461.1—2002，ISO 8787：1989，IDT)

GB/T 462 纸、纸板和纸浆 分析试样水分的测定(GB/T 462—2008，ISO 287：1985，ISO 683：1987，MOD)

GB/T 465.2 纸和纸板 浸水后抗张强度的测定(GB/T 465.2—2008，ISO 3781：1983，MOD)

GB/T 1541—1989 纸和纸板尘埃度的测定

GB/T 1545—2008 纸、纸板和纸浆 水抽提液酸度或碱度的测定

GB/T 2828.1 计数抽样检验程序 第1部分：按接收质量限(AQL)检索的逐批检验抽样计划(GB/T 2828.1—2012，ISO 2859-1：1999，IDT)

GB/T 7974 纸、纸板和纸浆亮度(白度)测定 漫射/垂直法

GB/T 10342 纸张的包装和标志

GB/T 10739 纸、纸板和纸浆试样处理和试验的标准大气条件

GB/T 12914—2008 纸和纸板 抗张强度的测定

GB 15979　一次性使用卫生用品卫生标准

GB/T 24328.5　卫生纸及其制品　第 5 部分：定量的测定(GB/T 24328.5—2009，ISO 12625－6：2005，MOD)

3　要求

3.1　卫生用品用吸水衬纸技术指标应符合表 1 或合同规定。

表 1

<table>
<tr><th colspan="2">指标</th><th>单位</th><th colspan="6">要求</th></tr>
<tr><td colspan="2">定量</td><td>g/m^2</td><td>10.0±1.0</td><td>12.0±1.0</td><td>14.0±1.0</td><td>16.0±1.0</td><td>18.0±1.0</td><td>20.0±1.0</td></tr>
<tr><td colspan="2">亮度(白度)　≤</td><td>%</td><td colspan="6">90.0</td></tr>
<tr><td colspan="2">横向吸液高度　≥</td><td>mm/100s</td><td colspan="6">20</td></tr>
<tr><td rowspan="2">抗张指数　≥</td><td>纵向</td><td rowspan="2">N·m/g</td><td colspan="6">12.0</td></tr>
<tr><td>横向</td><td colspan="6">3.00</td></tr>
<tr><td colspan="2">纵向湿抗张强度　≥</td><td>N/m</td><td colspan="6">25.0</td></tr>
<tr><td colspan="2">纵向伸长率　≥</td><td>%</td><td colspan="6">20.0</td></tr>
<tr><td rowspan="3">洞眼</td><td>总数　≤</td><td rowspan="3">个/m^2</td><td colspan="6">4</td></tr>
<tr><td>1mm~2mm　≤</td><td colspan="6">4</td></tr>
<tr><td>>2mm</td><td colspan="6">不应有</td></tr>
<tr><td rowspan="3">尘埃度</td><td>总数　≤</td><td rowspan="3">个/m^2</td><td colspan="6">4</td></tr>
<tr><td>$0.2mm^2$~$1.0mm^2$　≤</td><td colspan="6">4</td></tr>
<tr><td>>$1.0mm^2$</td><td colspan="6">不应有</td></tr>
<tr><td colspan="2">pH</td><td>—</td><td colspan="6">4.0~8.0</td></tr>
<tr><td colspan="2">交货水分　≤</td><td>%</td><td colspan="6">9.0</td></tr>
</table>

3.2　卫生用品用吸水衬纸的微生物指标应符合 GB 15979 的规定。

3.3　卫生用品用吸水衬纸为卷筒纸。卷筒纸的宽度应符合订货合同的规定，宽度偏差不应超过±2mm。

3.4　卫生用品用吸水衬纸应洁净，皱纹应均匀。不应有明显的死褶、残缺、破损、沙子、硬质块、生浆团等纸病。

3.5　卫生用品用吸水衬纸不应使用任何回收纸、纸张印刷品、纸制品及其他回收纤维状物质作原料。

4　试验方法

4.1　试样的采取和处理

试样的采取按 GB/T 450 进行，试样的处理和试验的标准大气条件按 GB/T 10739 进行。

4.2　尺寸偏差

尺寸偏差按 GB/T 451.1 进行测定。

4.3　定量

定量按 GB/T 24328.5 进行测定。

4.4　亮度(白度)

亮度(白度)按 GB/T 7974 进行测定。

4.5　横向吸液高度

横向吸液高度按 GB/T 461.1 进行测定，测定时间为 100s。

4.6　抗张指数

抗张指数按 GB/T 12914—2008 中恒速拉伸法进行测定，试样宽度为 15mm，夹距为 100mm。

4.7 纵向湿抗张强度

纵向湿抗张强度按 GB/T 12914—2008 中恒速拉伸法和 GB/T 465.2 进行测定，试样宽度为 15mm，夹距为 100mm。测定前应先进行预处理，将试样放在(105 ±2)℃烘箱中烘 15min，取出后在 GB/T 10739 规定的大气条件下平衡至少 1h 再进行测定。测定时将试样夹于卧式拉力机上，使试样保持伸直但不受力。用胶头滴管向试样中心位置滴加 1 滴水(约 0.05mL)，胶头滴管的出水口与试样垂直距离约 1cm，滴水的同时开始计时，5s 后用 3 层 102 型 - 中速定性滤纸(单层试样应使用 4 层定性滤纸)轻触试样下方 3s ~4s，以吸除试样表面多余水分，定性滤纸不可重复使用。吸干后立即启动拉力机，整个操作(滴水至拉伸试验结束)宜在 35s(其中拉伸时间应不少于 5s)内完成。取 10 个有效测定值，计算其平均值。

4.8 纵向伸长率

纵向伸长率按 GB/T 12914—2008 中恒速拉伸法进行测定，试样宽度为 15mm，夹距为 100mm。

4.9 洞眼

用双手拿住试样的两角迎光观测，数取规定范围内的洞眼个数。每个试样的测定面积不应少于 0.5m²，然后换算成每平方米的洞眼数。

4.10 尘埃度

尘埃度按 GB/T 1541—1989 进行测定，每个试样的测定面积不应少于 0.5m²，然后换算成每平方米的尘埃数。

4.11 pH

pH 按 GB/T 1545 -2008 中 pH 计法进行测定，采用冷水抽提。

4.12 交货水分

交货水分按 GB/T 462 进行测定。

4.13 外观质量

外观质量采用目测。

4.14 微生物指标

微生物指标按 GB 15979 进行测定。

5 检验规则

5.1 生产厂应保证所生产的产品符合本标准或合同规定，相同原料、相同工艺、相同规格的同类产品一次交货数量为一批，每批产品应附产品合格证。

5.2 微生物指标不合格，则判定该批是不可接收的。

5.3 计数抽样检验程序按 GB/T 2828.1 规定进行。卫生用品用吸水衬纸样本单位为卷。接收质量限(AQL)：横向吸液高度、抗张指数、纵向伸长率、纵向湿抗张强度、pH 的 AQL 为 4.0，定量、亮度(白度)、洞眼、尘埃度、交货水分、尺寸偏差、外观质量的 AQL 为 6.5。抽样方案采用正常检验二次抽样方案，检验水平为特殊检验水平 S -2。见表 2。

表 2

批 量/卷	正常检验二次抽样方案　特殊检验水平 S -2				
	样本量	AQL =4.0		AQL =6.5	
		Ac	Re	Ac	Re
2 ~150	3	0	1	—	—
	2	—	—	0	1
151 ~500	3	0	1	—	—
	5	—	—	0	2
	5(10)	—	—	1	2

5.4 可接收性的确定：第一次检验的样品数量应等于该方案给出的第一样本量。如果第一样本中发现的不合格品数小于或等于第一接收数，应认为该批是可接收的；如果第一样本中发现的不合格品数大于或等于第一拒收数，应认为该批是不可接收的。如果第一样本中发现的不合格品数介于第一接收数与第一拒收数之间，应检验由方案给出样本量的第二样本并累计在第一样本和第二样本中发现的不合格品数。如果不合格品累计数小于或等于第二接收数，则判定该批是可接收的；如果不合格品累计数大于或等于第二拒收数，则判定该批是不可接收的。

5.5 需方若对产品质量持有异议，应在到货后3个月内通知供方共同复验，或委托共同商定的检验机构进行复验。复验结果若不符合本标准或合同的规定，则判为该批不可接收，由供方负责处理；若符合本标准或合同的规定，则判为该批可接收，由需方负责处理。

6 标志、包装、运输、贮存

6.1 产品的标志和包装按 GB/T 10342 或订货合同的规定进行。

6.2 产品运输时，应使用具有防护措施的洁净的运输工具，不应与有污染性的物质共同运输。

6.3 产品在搬运过程中，应注意轻放，防雨、防潮，不应抛扔。

6.4 产品应妥善贮存于干燥、清洁、无毒、无异味、无污染的仓库内。

湿巾(GB/T 27728—2011)

2012-07-01 实施

1 范围

本标准规定了湿巾的分类、要求、试验方法、检验规则、标识和包装、运输和贮存等。

本标准适用于日常生活所用的由非织造布、无尘纸或其他原料制造的各种湿巾。

2 规范性引用文件

下列文件对于本文件的应用是必不可少的。凡是注日期的引用文件，仅注日期的版本适用于本文件。凡是不注日期的引用文件，其最新版本(包括所有的修改单)适用于本文件。

GB/T 1541—1989 纸和纸板尘埃度的测定法

GB/T 1545—2008 纸、纸板和纸浆 水抽提液酸度或碱度的测定

GB/T 2828.1 计数抽样检验程序 第1部分：按接收质量限(AQL)检索的逐批检验抽样计划

GB/T 4100—2006 陶瓷砖

GB/T 10739 纸、纸板和纸浆试样处理和试验的标准大气条件

GB/T 12914—2008 纸和纸板 抗张强度的测定

GB/T 15171 软包装件密封性能试验方法

GB 15979 一次性使用卫生用品卫生标准

JJF 1070—2005 定量包装商品净含量计量检验规则

3 术语和定义

下列术语和定义适用于本文件。

3.1 厨具用湿巾 wet wipes for kitchen

用于清洁厨房物体(如燃气灶、油烟机等)的湿巾。

3.2 卫具用湿巾 wet wipes for toilet

用于清洁卫生间物体(如洗手盆、马桶、浴缸等)的湿巾。

4 分类

湿巾分为人体用湿巾和物体用湿巾两大类。人体用湿巾包括普通湿巾和卫生湿巾；物体用湿巾包括厨具用湿巾、卫具用湿巾及其他用途湿巾。

5 要求

5.1 人体用湿巾、厨具用湿巾、卫具用湿巾的技术指标应符合表1或合同规定。

表1

指标名称			单位	规定		
				人体用湿巾	厨具用湿巾	卫具用湿巾
偏差	长度	≥	%	-10		
	宽度	≥		-10		
含液量[a]		≥	倍	1.7		
横向抗张强度[b]		≥	N/m	8.0		
包装密封性能[c]			—	合格		
pH			—	3.5~8.5	—	—
去污力			—	—	合格	—
腐蚀性	金属腐蚀性		—	—	合格	—
	陶瓷腐蚀性		—	—	—	合格
可迁移性荧光增白剂			—	无	—	
尘埃度[b]	总数	≤	个/m^2	20		
其中：	0.2mm^2~1.0mm^2	≤		20		
	>1.0mm^2，≤2.0mm^2	≤		1		
	>2.0mm^2			不应有		

[a]仅非织造布生产的湿巾考核含液量；

[b]非织造布生产的湿巾不考核横向抗张强度和尘埃度；

[c]仅软包装考核包装密封性。

5.2 湿巾内装量应符合JJF 1070—2005中表3计数定量包装商品标注净含量的规定。当内装量Q_n小于等于50时，不允许出现短缺量；当Q_n大于50时，短缺量应小于$Q_n \times 1\%$，结果取整数，如果出现小数，就将该小数进位到下一紧邻的整数。

5.3 人体用湿巾卫生指标应符合GB 15979的规定，物体用湿巾微生物指标应符合GB 15979的规定。

5.4 湿巾不应有掉毛、掉屑现象。

5.5 湿巾不得使用有毒有害原料。人体用湿巾只可用原生纤维作原料，不得使用任何回收纤维状物质作原料。

6 试验方法

6.1 试样的处理

试样的处理按GB/T 10739进行。

6.2 长度、宽度偏差

6.2.1 长度偏差

将湿巾外包装从端口剪开，去除外包装，在无变形状态下连续取出湿巾，自然平放在玻璃板上，用直尺量取试样的长度，每种同规格的样品量6片，量准至1mm，计算6片试样的平均值与标称值之差与其标称值的百分比，即为该种样品长度偏差的测定结果，精确至1%。

6.2.2 宽度偏差

将湿巾外包装从端口剪开，去除外包装，在无变形状态下连续取出湿巾，自然平放在玻璃板上，用直尺量取试样的宽度，每种同规格的样品量6片，量准至1mm，计算6片试样的平均值与标称值之差与其标称值的百分比，即为该种样品宽度偏差的测定结果，精确至1%。

6.2.3 长度、宽度偏差的计算

湿巾的长度、宽度的偏差按式(1)计算：

$$偏差 = \frac{平均值 - 标称值}{标称值} \times 100\% \qquad (1)$$

6.3 含液量

用镊子从一个完整湿巾包装的上、中、下3个位置分别取1片湿巾组成一个试样(单包内装量小于3片的样品，以单包实际片数抽取)，取样后立即以感量0.01g的天平称量。然后将试样用蒸馏水或去离子水漂洗至无泡沫后，将其置于(85±2)℃的烘箱内(烘试样时，不应使试样接触烘箱四壁)，烘4h取出，再次进行称量，两次称量值之差除以烘后的质量，即为该试样的含液量，以倍表示，计算方法按式(2)，结果修约保留至一位小数。

$$含液量 = \frac{烘前质量 - 烘后质量}{烘后质量} \qquad (2)$$

每个样品做3个试样，3个试样应分别来自不同的完整包装，以3个试样含液量的算术平均值作为该样品的含液量。

6.4 横向抗张强度

湿巾横向抗张强度按GB/T 12914—2008中恒速拉伸法测定，夹距为50mm，切样时应切取未受切刀压过的试样部分，切好试样后应立刻进行测定，取10个有效测定值，以单层横向抗张强度的平均值表示结果。

6.5 包装密封性能

包装密封性能按附录A测定。

6.6 pH

pH按GB/T 1545—2008中pH计法测定。测试液制备方法：戴着干净的塑料手套，将多片试样中的液体挤至50mL玻璃烧杯中，保证测试液体浸润测试电极。

6.7 去污力

去污力按附录B测定。

6.8 腐蚀性

腐蚀性按附录C测定。

6.9 可迁移性荧光增白剂

可迁移性荧光增白剂按附录D测定。

6.10 尘埃度

尘埃度按GB/T 1541—1989测定。

6.11 内装量

内装量按JJF 1070—2005附录G中G.4测定。测定时应去除外包装，目测计数。

6.12 外观质量

外观质量采用目测。

6.13 卫生指标

卫生指标按GB 15979测定。

7 检验规则

7.1 生产厂应保证所生产的产品符合本标准或合同的规定，以相同原料、相同工艺、相同规格的同类

产品一次交货数量为一批，每批产品应附产品合格证。

7.2 卫生指标不合格，则判定该批是不可接收的。

7.3 计数抽样检验程序按 GB/T 2828.1 规定进行。湿巾样本单位为箱。接收质量限(AQL)：pH、可迁移性荧光增白剂 AQL=4.0，偏差(长度、宽度)、含液量、横向抗张强度、包装密封性能、去污力、腐蚀性、尘埃度、内装量、外观质量 AQL=6.5。抽样方案采用正常检验二次抽样方案，检查水平为特殊检查水平 S-3。见表2。

表2

批量/箱	正常检验二次抽样方案 特殊检查水平 S-3				
	样本量	AQL=4.0		AQL=6.5	
		Ac	Re	Ac	Re
2~50	2	—	—	0	1
	3	0	1	—	—
51~150	3	0	1	—	—
	5	—	—	0	2
	5(10)	—	—	1	2
151~500	5	—	—	0	2
	5(10)	—	—	1	2
	8	0	2	—	—
	8(16)	1	2	—	—
501~3 200	8	0	2	0	3
	8(16)	1	2	3	4
3 201~35 000	13	0	3	1	3
	13(26)	3	4	4	5

7.4 可接收性的确定：第一次检验的样品数量应等于该方案给出的第一样本量。如果第一样本中发现的不合格品数小于或等于第一接收数，应认为该批是可接收的；如果第一样本中发现的不合格品数大于或等于第一拒收数，应认为该批是不可接收的。如果第一样本中发现的不合格品数介于第一接收数与第一拒收数之间，应检验由方案给出样本量的第二样本并累计在第一样本和第二样本中发现的不合格品数。如果不合格品累计数小于或等于第二接收数，则判定批是可接收的；如果不合格品累计数大于或等于第二拒收数，则判定该批是不可接收的。

7.5 需方若对产品质量持有异议，应在到货后三个月内通知供方共同复验，或委托共同商定的检验机构进行复验。复验结果若不符合本标准或合同的规定，则判为该批不可接收，由供方负责处理；若符合本标准或合同的规定，则判为该批可接收，由需方负责处理。

8 标识和包装

8.1 产品销售包装标识

产品标识至少应包括以下内容：

——产品名称、商标；

——产品标准编号；

——主要成分；

——生产日期和保质期，或生产批号和限用日期；

——产品规格；

——产品数量(片数);
——产品合格标识;
——生产企业(或产品责任单位)名称、详细地址等。

8.2 产品运输包装标识

运输包装标识应至少包括以下内容:
——产品名称、商标;
——生产企业(或产品责任单位)名称、地址等;
——产品数量;
——包装储运图形标志。

8.3 包装

8.3.1 湿巾包装应防尘、防潮和防霉等。

8.3.2 直接与产品接触的包装材料应无毒、无害、清洁。产品包装应完好,包装材料应具有足够的密封性和牢固性,以达到保证产品在正常的运输与贮存条件下不受污染的目的。

9 运输和贮存

9.1 运输时应采用洁净的运输工具,防止成品污染。

9.2 应存放于干燥、通风、洁净的地方并妥善保管,防止雨、雪及潮湿侵入产品,影响质量。

9.3 搬运时应注意包装完整,不应从高处扔下,以防损坏外包装。

9.4 凡出厂的产品因运输、保管不妥造成产品损坏或变质的,应由责任方负责。损坏或变质的湿巾不应出售。

附录A
(规范性附录)
包装密封性能的测定

A.1 原理

通过对真空室抽真空,使浸在水中的试样产生内外压差,观测试样内气体外逸或水向内渗入情况,以此判定试样的包装密封性能。

A.2 试验装置

A.2.1 密封试验仪:符合GB/T 15171规定,带一真空罐(见图A.1),真空度可控制在0kPa~90kPa之间,真空精度为1级,真空保持时间在0.1min~60min之内。

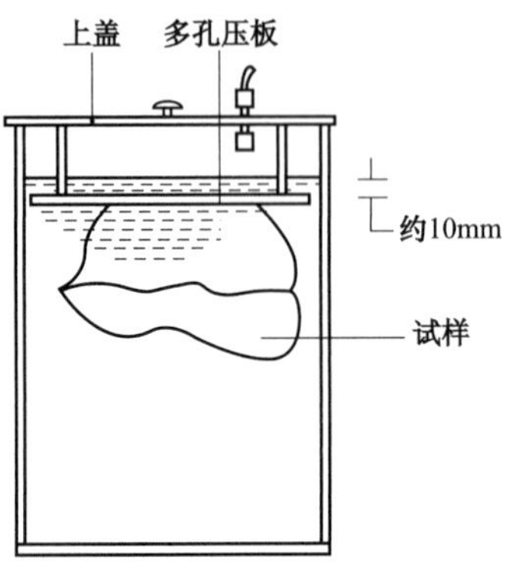

图A.1

A.2.2 压缩机:提供正压空气,气源压力应小于等于0.7MPa。

A.3 试验样品

A.3.1 试样应是具有代表性的装有实际内装物或其模拟物的软包装件。

A.3.2 同一批(次)试验的样品应不少于3包。

A.4 试验步骤

A.4.1 打开真空罐,注入适量清水,注入量以放入试样扣妥上盖后,罐内水位高于多孔压板上侧10mm左右为宜。

A.4.2 打开压缩机和密封试验仪，接通正压空气，设置密封试验仪的试验参数：试验真空度为10kPa±1kPa，真空保持时间为30s。

A.4.3 将试样放入真空罐，盖妥真空罐上盖后进行试验。

A.4.4 观测抽真空时和真空保持期间试样的泄漏情况，有无连续的气泡产生。单个孤立气泡不视为试样泄漏，外包装附属部件在试验过程中产生的气泡不视为泄漏。

注：只要能保证在试验期间可观察到所有试样的各个部位的泄漏情况，一次可测定2个或更多的试样。

A.4.5 试验停止后，打开密封盖，取出试样，将其表面的水擦净，开封检查试样内部是否有试验用水渗入。

A.4.6 重复A.4.3~A.4.5步骤，每个样品测定3个试样。

A.5 试验结果评定

3个试样在抽真空和真空保持期间均无连续的气泡产生及开封检查时均无水渗入，则判该项目合格；若3个试样中有2个以上不合格，则判该项目不合格；若3个试样中有1个不合格，则重新测定3个试样，重新测定后，若3个试样均合格，则判该项目合格，否则判为不合格。

附录B
(规范性附录)
去污力的测定

B.1 原理

将标准人工油污均匀附着于不锈钢金属试片上，分别放入湿巾溶液和标准溶液中，在规定条件下进行摆洗试验，测定湿巾溶液的去油率与标准溶液的去油率，然后将两者的去油率进行比较，以判定其去污力。

B.2 试剂和材料

B.2.1 单硬脂酸甘油酯(40%)。

B.2.2 牛油。

B.2.3 猪油。

B.2.4 精制植物油。

B.2.5 盐酸溶液：1+6。

B.2.6 氢氧化钠溶液：50g/L。

B.2.7 丙酮：分析纯。

B.2.8 无水乙醇：分析纯。

B.2.9 尿素：分析纯。

B.2.10 乙氧基化烷基硫酸钠(C_{12}~C_{15})70型。

B.2.11 烷基苯磺酸钠，所用烷基苯磺酸应为脱氢法烷基苯经三氧化硫磺化之单体。

B.3 仪器和设备

B.3.1 分析天平，感量0.1mg。

B.3.2 标准摆洗机：摆动频率(40±2)次/min，摆动距离(50±2)mm。

B.3.3 温度计：0℃~100℃，0℃~200℃。

B.3.4 镊子。

B.3.5 金属试片：1Cr18Ni9Ti不锈钢，50mm×25mm×3mm~5mm，具小孔。

B. 3. 6　烧杯：500mL。

B. 3. 7　S 形挂钩，用细的不锈钢丝弯制。

B. 3. 8　恒温水浴。

B. 3. 9　秒表。

B. 3. 10　磁力搅拌器。

B. 3. 11　恒温干燥箱：保持温度(40 ±2)℃。

B. 3. 12　试片架。

B. 3. 13　砂纸(布)：200#。

B. 3. 14　脱脂棉。

B. 3. 15　干燥器。

B. 3. 16　电热板。

B. 3. 17　容量瓶：500mL。

B. 4　试验步骤

B. 4. 1　金属试片的打磨和清洗

用200#砂纸(布)(B. 3. 13)将6个金属试片(B. 3. 5)打磨光亮，打磨方向如图B. 1所示，同时将试片的四边、角和孔打磨光亮。打磨好的试片先用脱脂棉(B. 3. 14)擦净，再用镊子(B. 3. 4)夹取脱脂棉将试片依次在丙酮(B. 2. 7)→无水乙醇(B. 2. 8)→热无水乙醇(50℃ ~60℃)中擦洗干净，热风吹干，放在干燥器(B. 3. 15)中保存待用。

单位为毫米

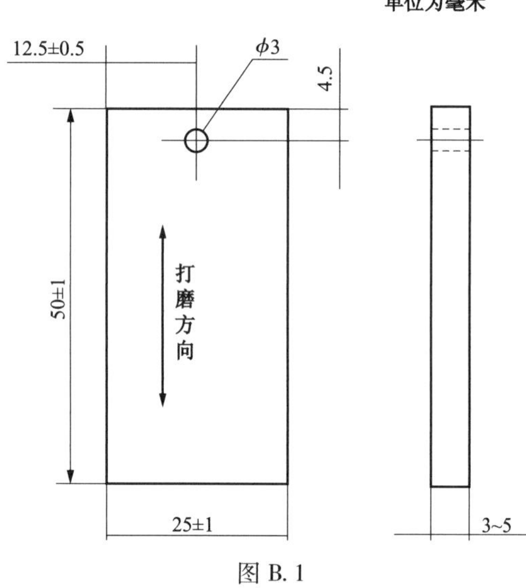

图 B. 1

B. 4. 2　人工油污的制备

以牛油(B. 2. 2)：猪油(B. 2. 3)：精制植物油(B. 2. 4) =0. 5 ：0. 5 ：1的比例配制，并加入其总质量10%的单硬脂酸甘油酯(B. 2. 1)，此即为人工油污(置于冰箱冷藏室中，可保质6个月)。将装有人工油污的烧杯放在电热板(B. 3. 16)上加热至180℃，在此温度下搅拌均匀后，移至磁力搅拌器(B. 3. 10)上搅拌，自然冷却至所需浸油温度(80 ±2)℃备用。

B. 4. 3　试片的制备

将6个打磨清洗好的金属试片(B. 4. 1)用S形挂钩(B. 3. 7)挂好，挂在试片架(B. 3. 12)上，连同试片架一起置于(40 ±2)℃恒温干燥箱中30min。分别用分析天平(B. 3. 1)称量(准确至0. 1mg)，计为 m_0。待人工油污(B. 4. 2)温度为(80 ±2)℃时，戴上洁净的手套，逐一将金属试片连同S形挂钩从试片架上取下，手持S形挂钩将金属试片浸入油污中约60s，试片上端约10mm的部分不浸油污。然后缓缓取出，待油污下滴速度变慢后，挂回原试片架上30min。待油污凝固后，将试片取下，然后用脱脂棉将试片底端多余的油污擦掉。再将试片连同S形挂钩一起用分析天平精确称量，计为 m_1。此时每组金属试片上油污量应确保为0. 05g ~0. 20g。

注：金属试片浸油时，会导致油温下降，为保证浸油温度，采取保温措施。

B. 4. 4　标准溶液的配制

称取烷基苯磺酸钠(B. 2. 11)14份(以100%计)，乙氧基化烷基硫酸钠(B. 2. 10)1份(以100%计)，无水乙醇(B. 2. 8)5份，尿素(B. 2. 9)5份，加水至100份，混匀，用盐酸溶液(B. 2. 5)或氢氧化钠溶液(B. 2. 6)调节pH为7 ~8。吸取1mL溶液到500mL容量瓶(B. 3. 17)中，用蒸馏水定容到刻度，备用。

B.4.5 试验溶液的准备

取足够数量的湿巾样品，揭去外包装，戴上洁净的PE(聚乙烯)薄膜手套，将湿巾中的溶液挤入500mL的烧杯(B.3.6)中待用，溶液量约为400mL。

B.4.6 试验步骤

B.4.6.1 将盛有400mL试验溶液(B.4.5)的烧杯(B.3.6)放置于(30±2)℃恒温水浴(B.3.8)中，使溶液温度保持在(30±2)℃。将涂油污的金属试片(B.4.3)夹持在标准摆洗机(B.3.2)的摆架上，使试片表面垂直于摆动方向，试片涂油污部分应全部浸在溶液中，但不可接触烧杯底和壁。在溶液中浸泡3min后，立即开动摆洗机摆洗3min。然后在(30±2)℃的400mL蒸馏水中摆洗30s。摆洗结束后，取出金属试片，连同原S形挂钩挂于试片架上。将试片架放入(40±2)℃的恒温干燥箱(B.3.11)中，烘30min，烘干后冷却至室温，连同原S形挂钩称重为m_2。

B.4.6.2 取400mL标准溶液(B.4.4)放入烧杯(B.3.6)中，将烧杯置于(30±2)℃恒温水浴中，按B.4.6.1进行标准溶液的去污力试验。

B.4.6.3 试验溶液和标准溶液分别测定3片金属试片，按式(B.1)分别计算试验溶液和标准溶液的去油率。

B.5 计算与结果判定

B.5.1 结果计算

去油率X，以%表示，按式(B.1)计算：

$$X=\frac{m_1-m_2}{m_1-m_0}\times100\% \qquad \text{(B.1)}$$

式中 m_0——涂污前金属试片的质量，单位为克(g)；

m_1——涂污后金属试片的质量，单位为克(g)；

m_2——洗涤后金属试片的质量，单位为克(g)。

以3个试片去油率的平均值表示结果。在3个试片的平行试验所得去油率值中，应至少有两个数值之差不超过3%，否则应重新测定。

B.5.2 结果评定

若试验溶液的去油率大于等于标准溶液的去油率，则判该试样的去污力合格，否则判为不合格。

附 录 C
(规范性附录)
腐蚀性的测定

C.1 金属腐蚀性的测定

C.1.1 原理

将金属试片完全浸于一定温度的厨具用湿巾溶液中，以金属试片的质量变化和表面颜色的变化来评定厨具用湿巾对金属的腐蚀性。

C.1.2 主要仪器及材料

C.1.2.1 分析天平，感量0.1mg。

C.1.2.2 恒温干燥箱：保持温度(40±2)℃。

C.1.2.3 金属试片：45号钢，50mm×25mm×3mm~5mm，具小孔。

C.1.2.4 烧杯，100mL。

C.1.2.5　细尼龙丝，可吊挂金属试片。

C.1.2.6　丙酮：分析纯。

C.1.2.7　无水乙醇：分析纯。

C.1.2.8　广口瓶(带盖)，100mL。

C.1.2.9　砂纸(布)：200$^{\#}$。

C.1.2.10　脱脂棉。

C.1.2.11　镊子。

C.1.2.12　干燥器。

C.1.3　试验步骤

C.1.3.1　试片的打磨和清洗

用200$^{\#}$砂纸(布)(C.1.2.9)将4个金属试片(C.1.2.3)打磨光亮，打磨方向如图C.1所示，同时将试样的四边、角和孔打磨光亮。打磨好的试片先用脱脂棉(C.1.2.10)擦净，再用镊子(C.1.2.11)夹取脱脂棉将试片依次在丙酮(C.1.2.6)→无水乙醇(C.1.2.7)→热无水乙醇(50℃～60℃)中擦洗干净，热风吹干，放在干燥器(C.1.2.12)中保存待用。

单位为毫米

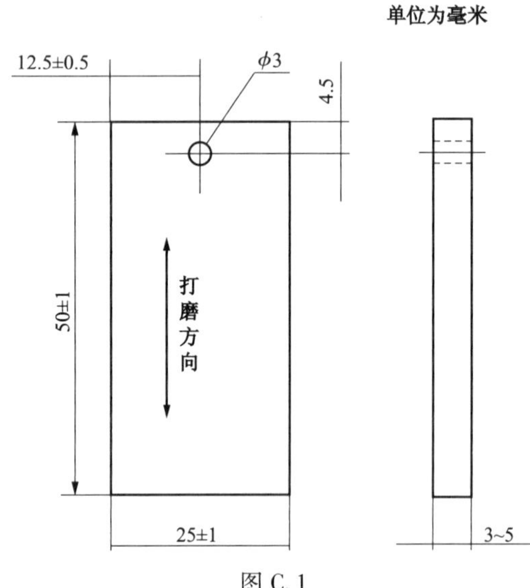

图C.1

C.1.3.2　试验溶液的制备

取足够数量的湿巾样品，揭去外包装，戴上洁净的PE(聚乙烯)薄膜手套，将湿巾中的溶液挤入100mL的烧杯(C.1.2.4)中待用，溶液量约为80mL。

C.1.3.3　金属腐蚀性试验

C.1.3.3.1　将4个新打磨清洗好的金属试片(C.1.3.1)中的3个分别在分析天平(C.1.2.1)上称重，计为m_1(准确至0.1mg)，然后用细尼龙丝(C.1.2.5)扎牢，吊挂于广口瓶(C.1.2.8)中，试片不应互相接触。

C.1.3.3.2　将试样溶液(C.1.3.2)倒入广口瓶中，并保持溶液高于试片顶端约10mm，盖紧瓶口后置于(40±2)℃恒温干燥箱(C.1.2.2)中放置4h。

C.1.3.3.3　试验完成后，取出试片先用蒸馏水漂洗2次，再用无水乙醇清洗2次，立即热风吹干。与另1个打磨清洗好的金属试片(C.1.3.1)对比检查外观，去掉尼龙丝后再次称重，计为m_2。

C.1.4　结果评定

C.1.4.1　金属试片试验前后的质量变化$\triangle m$，单位为毫克(mg)，按式(C.1)计算：

$$\triangle m = |m_1 - m_2| \quad \cdots\cdots (C.1)$$

式中　m_1——金属腐蚀性试验前金属试片的质量，单位为毫克(mg)；

m_2——金属腐蚀性试验后金属试片的质量，单位为毫克(mg)。

C.1.4.2　若试验前后金属试片的质量变化不大于2.0mg，且试片表面无腐蚀点、无明显变色，则判该试片合格，否则判该试片不合格。

C.1.4.3　若3个试片中有2个以上不合格，则判该项目不合格；若有1片不合格，则重新测定3个试片，重新测定后，若3个试片均合格，则判该项目合格，否则判为不合格。

C.2　陶瓷腐蚀性的测定

C.2.1　原理

将陶瓷试片完全浸于卫具用湿巾溶液中，经一定时间后，观察并确定其受腐蚀的程度。

C.2.2 主要仪器及材料

C.2.2.1 白布：由棉纤维或亚麻纤维纺织而成。

C.2.2.2 铅笔，硬度为HB(或同等硬度)的铅笔。

C.2.2.3 烧杯：100mL。

C.2.2.4 陶瓷试片：应由符合GB/T 4100—2006附录L规定的瓷制成，50mm×25mm×3mm～5mm。

C.2.2.5 陶瓷洗涤剂。

C.2.3 试验步骤

C.2.3.1 陶瓷试片的制备

将3个陶瓷试片(C.2.2.4)用陶瓷洗涤剂(C.2.2.5)清洗干净，风干。

C.2.3.2 试验溶液的制备

取足够数量的湿巾样品，揭去外包装，戴上洁净的PE(聚乙烯)薄膜手套，将湿巾中的溶液挤入100mL的烧杯(C.2.2.3)中待用，溶液量约为80mL。

C.2.3.3 陶瓷腐蚀性试验

C.2.3.3.1 将3个清洗好的陶瓷试片(C.2.3.1)放入盛有试验溶液(C.2.3.2)的100mL的烧杯中，浸泡4h。

C.2.3.3.2 观察试片表面及试验溶液的变色情况。

C.2.3.3.3 用铅笔(C.2.2.2)在试片表面划痕，再用湿白布(C.2.2.1)擦去划痕。

C.2.4 结果评定

C.2.4.1 若无变色情况出现，且划痕可擦去，则判定该试片合格；否则判该试片不合格。

C.2.4.2 若3个试片中有2片以上不合格，则判该项目不合格；若有1片不合格，则重新测定3个试片，重新测定后，若3个试片均合格，则判该项目合格，否则判为不合格。

附录D

(规范性附录)

可迁移性荧光增白剂的测定

D.1 原理

将试样置于波长254nm和365nm紫外灯下观察荧光现象及可迁移性荧光增白剂试验，定性测定试样中是否有可迁移性荧光增白剂。

D.2 试剂及材料

所用仪器和材料在紫外灯下应无荧光现象。

D.2.1 蒸馏水或去离子水。

D.2.2 纱布：100mm×100mm。

D.3 仪器和设备

D.3.1 紫外灯：波长254nm和365nm，具有保护眼睛的装置。

D.3.2 平底重物：质量约1.0kg，底面积约0.01m^2。

D.3.3 玻璃表面皿。

D.3.4 玻璃板：表面平滑，150mm×150mm。

D.4 试验步骤及结果判定

D.4.1 将试样置于紫外灯(D.3.1)下检查是否有荧光现象。若试样在紫外灯下无荧光现象，则判该试样无可迁移性荧光增白剂。若试样有荧光现象，则按 D.4.2 进行可迁移性荧光增白剂试验。

D.4.2 从任一包装中抽取 2 片湿巾(单片包装可从两个包装中抽取)，重叠平铺于玻璃板(D.3.4)上，将一块纱布(D.2.2)置于湿巾上方中心位置，再抽取 2 片湿巾依次盖在纱布上方，确保纱布全部被覆盖即可，然后在湿巾的上方依次放置一块玻璃板(D.3.4)和一个平底重物(D.3.2)，加压 5min 后，取出纱布，将纱布平均折成四层放在玻璃表面皿(D.3.3)上。每个试样进行两次平行试验。

D.4.3 按 D.4.2 进行空白试验，湿巾用 4 块经蒸馏水(D.2.1)完全润湿的纱布代替。

D.4.4 将放置试样纱布(D.4.2)和空白试验纱布(D.4.3)的玻璃表面皿置于紫外灯下约 20cm 处，以空白试验纱布为参照，观察试样纱布的荧光现象，若两个试样纱布没有明显荧光现象，则判该试样无可迁移性荧光增白剂；若均有明显荧光现象，则判该试样有可迁移性荧光增白剂；若只有一个试样纱布有明显荧光现象，则重新进行试验；若两个重新试验的试样纱布均没有明显荧光现象，则判该试样无可迁移性荧光增白剂，否则判该试样有可迁移性荧光增白剂。

卫生巾(含卫生护垫)(GB/T 8939—2008)

2008-09-01 实施

1 范围

本标准规定了卫生巾(含卫生护垫)的技术要求、试验方法、检验规则及标志、包装、运输、贮存等要求。

本标准适用于由面层、内吸收层、防渗底膜等组成，经专用机械成型供妇女经期(卫生巾)、非经期(卫生护垫)使用的外用生理卫生用品。

2 规范性引用文件

下列文件中的条款通过本标准的引用而成为本标准的条款。凡是注日期的引用文件，其随后所有的修改单(不包括勘误的内容)或修订版均不适用于本标准，然而，鼓励根据本标准达成协议的各方研究是否可使用这些文件的最新版本。凡是不注日期的引用文件，其最新版本适用于本标准。

GB/T 462 纸和纸板 水分的测定(GB/T 462—2003，ISO 287：1985，MOD)

GB/T 10739 纸、纸板和纸浆试样处理和试验的标准大气条件(GB/T 10739—2002，eqvISO 187：1990)

GB 15979 一次性使用卫生用品卫生标准

3 产品分类

3.1 按产品面层材料分为棉柔、干爽网面和纯棉三类。棉柔类指面层采用各类非织造布材料制成的产品；干爽网面类指面层采用各种打孔膜为原料制成的产品；纯棉类指面层采用纯棉材料制成的产品。

3.2 按产品功能分为普通型和功能型。普通型指除卫生巾本身的功能外，没有其他功能的产品。功能型指为了达到某种功能，在产品中加入对人体健康有益成分的产品。

3.3 按产品性能分为卫生巾、卫生护垫等。

4 技术要求

4.1 卫生巾技术指标应符合表 1 要求，或按订货合同的规定。

表 1

指 标 名 称			规 定
偏差/%	全 长		±5
	全 宽		±8
	条质量		±12
吸水倍率/倍		≥	7.0
渗入量/g		≥	1.8
pH			4.0~9.0
水分/%		≤	10.0
背胶粘合强度[a]/s		≥	8
a 背胶粘合强度为参考数据，不作为合格与否的判定依据。			

4.2 卫生护垫技术指标应符合表 2 要求，或按订货合同的规定。

表 2

指 标 名 称			规 定
偏差/%	全 长		±5
	全 宽		±8
吸水倍率/倍		≥	2.0
pH			4.0~9.0
水分/%		≤	10.0

4.3 卫生巾(含卫生护垫)卫生要求执行 GB 15979 的规定。

4.4 卫生巾(含卫生护垫)不应使用废弃回用的原材料，产品应洁净、无污物、无破损。

4.5 卫生巾(不含卫生护垫)应采用每片独立包装。

4.6 卫生巾(含卫生护垫)两端封口应牢固，在吸水倍率试验时不应破裂。

4.7 卫生巾(含卫生护垫)产品在常规使用时应不产生位移，与内衣剥离时不应损伤衣物，且不应有明显残留。防粘纸不应自行脱落，并能自然完整撕下。

5 试验方法

5.1 预处理

试验前试样的预处理按 GB/T 10739 规定进行。

5.2 全长、全宽、条质量偏差

5.2.1 偏差的测定

5.2.1.1 全长

用直尺测量试样的全长(从试样最长处量取)，量准至 1mm，每种同规格样品测量 10 条试样。取 10 条试样中测量的最大值、最小值和平均值，按式(1)、式(2)计算全长偏差，结果精确至 1%。

5.2.1.2 全宽

用直尺测量试样的全宽(从试样最窄处量取)，量准至 1mm，每种同规格样品测量 10 条试样。取 10 条试样中测量的最大值、最小值和平均值，按式(1)、式(2)计算全宽偏差，结果精确至 1%。

5.2.1.3 条质量

用感量 0.01g 天平分别称量同规格 10 条试样的净重(含离型纸)，取 10 条试样中测量的最大值、最小值和平均值，按式(1)、式(2)计算条质量偏差，结果精确至 1%。

5.2.2 偏差的计算

$$上偏差=\frac{最大值-平均值}{平均值}\times 100\% \quad \cdots\cdots (1)$$

$$下偏差=\frac{最小值-平均值}{平均值}\times 100\% \quad \cdots\cdots (2)$$

5.3 吸水倍率

取一条试样，撕去离型纸，适当剪去护翼，用感量 0.01g 天平称其质量(吸前质量)。用夹子夹住样品的一端封口，并使夹子夹口与试样纵向处于垂直状态，不应夹住内置吸收层。将试样连同夹子浸入约 10cm 深的(23±1)℃蒸馏水中，试样的使用面朝上。轻轻压住试样，使其完全浸没 60s，然后提起夹子，使试样完全离开水面，垂直悬挂 90s 后，称其质量(吸后质量)，之后按式(3)计算吸水倍率。按同样方法测试 5 条试样，取 5 条试样的平均值作为测定结果，精确至一位小数。

$$吸水倍率=\frac{吸后质量-吸前质量}{吸前质量} \quad \cdots\cdots (3)$$

5.4 渗入量测定

按附录 A 的规定进行。

5.5 pH 测定

按附录 C 的规定进行。

5.6 水分测定

按 GB/T 462 的规定进行。

取样方法：同种样品取 2 条，分别来自 2 个包装，每条取样量为 2g(不应含有背胶及离型纸部分)，将样品剪成块状，并充分混匀，取两组试样做平行试验，两次测定值间的绝对误差应不超过 1.0%，取其算术平均值表示测定结果。应尽量缩短取样时间，一般应不超过 2min。

5.7 卫生指标的测定

按 GB 15979 的规定进行。

5.8 背胶粘合强度的测定

按附录 D 的规定进行。

6 检验规则

6.1 检验批的规定

以一次交货为一批，检验样本单位为箱，每批不超过 5000 箱。

6.2 抽样方法

从一批产品中，随机抽取 3 箱产品。从每箱中抽取 5 包样品，其中 3 包用于微生物检验，6 包用于微生物检验复查，3 包用于存样，3 包(按每包 10 片计)用于其他性能检验。

6.3 判定规则

当偏差、吸水倍率、渗入量、pH、水分及微生物指标全部合格时，则判为批合格；当这些检验项目中任一项出现不合格时，则判为批不合格。

6.4 质量保证

生产厂应保证产品质量符合本标准的要求，产品经检验合格并附质量合格标识方可出厂。

7 标志、包装、运输、贮存

7.1 产品销售标志及包装

7.1.1 产品销售包装上应标明以下内容：

a) 产品名称、执行标准编号、商标；

b) 企业名称、地址、联系方式；

c) 品种规格、内装数量；

d）生产日期和保质期或生产批号和限期使用日期；

e）主要生产原料；

f）消毒级产品应标明消毒方法与有效期限，并在包装主视面上标注“消毒级”字样。

7.1.2　产品的销售包装应能保证产品不受污染，销售包装上的各种标识信息应清晰且不易褪去。

7.2　产品运输和贮存

7.2.1　已有销售包装的成品放置于包装箱中。包装箱上应标明产品名称、企业（或经销商）名称和地址、内装数量等。包装箱上应标明运输及贮存条件。

7.2.2　产品在运输过程中应使用具有防护措施的洁净的工具，防止重压、尖物碰撞及日晒雨淋。

7.2.3　成品应保存在干燥通风，不受阳光直接照射的室内，防止雨雪淋袭和地面湿气的影响，不应与有污染或有毒化学品共存。

7.2.4　超过保质期的产品，经重新检验合格后方可限期使用。

附 录 A
（规范性附录）
渗入量的测定

A.1　仪器与测试溶液

A.1.1　仪器

a）天平，最大量程 200g，感量 0.01g；

b）卫生巾渗透性能测试仪（以下简称测试仪，见图 A.1）；

c）60mL 放液漏斗（以下简称漏斗）；

d）10mL 刻度移液管；

e）烧杯；

f）钢板直尺。

A.1.2　测试溶液

测试溶液是渗透性能测试专用的标准合成试液，配方见附录 B，测试时测试溶液的温度应保持在（23 ±1）℃。仲裁检验时应在标准大气条件，即（23 ±1）℃、（50 ±2）% 相对湿度下处理试样及进行测试。

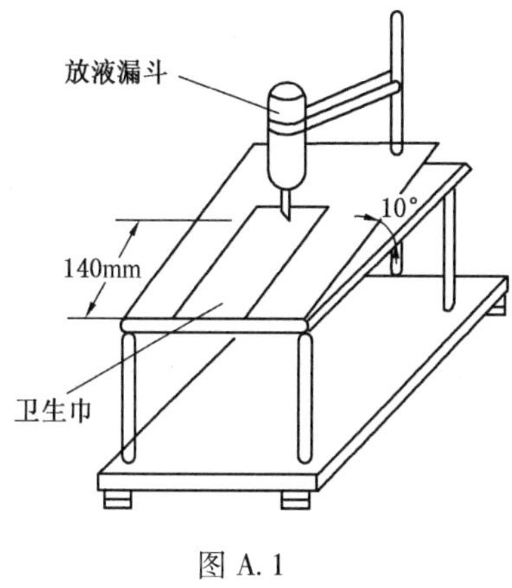

图 A.1

A.2　试验程序

A.2.1　先将测试仪放于水平位置，调节上面板与下面板之间的角度约为 10°，再调节漏斗的下口，使其中心点的投影距测试仪斜面板的下边缘为（140 ±2）mm；漏斗下口开口面向操作者。将适量的测试溶液倒入漏斗中，使漏斗润湿，并用该溶液洗漏斗两遍，然后放掉漏斗中的溶液。

A.2.2　取待测试样一条，称其质量（g），揭去其背后的离型纸放在一旁。将试样平整地轻粘于斜面板上，使试样的有效长度（透过卫生巾吸收表面所见的内置吸收层如绒毛浆等的长度）的下边缘与斜面板的下边缘对齐，并将长出的边缘向斜面板的底部折回。调节漏斗高度，使其下口的最下端距试样表面 5mm ~ 10mm，然后在测试仪斜面板的下方放一个烧杯，接经试样渗透后流下的溶液。

A.2.3　用移液管准确移取测试溶液 5mL 于调节好的漏斗中，然后迅速打开漏斗节门至最大，使溶液自由地流到试样的表面上，并沿着斜面往下流动；溶液流完后，将漏斗节门关闭，然后将试样取下，将离型纸贴回，再次放在天平上称量。若试液从试样侧面流走，则该试样作废，另取一条重新测试。若同种样品的 2 个以上试样有此现象时，其结果可以保留，但应在报告中注明。

A.3　试验结果的计算

卫生巾的渗入量以吸收测试溶液的质量（g）来表示，每个样品测 8 条，分别按式（A.1）计算每条卫生巾的渗入量。

渗入量(g) = 卫生巾吸收后的质量(g) - 该条卫生巾吸收前的质量(g)………… (A.1)

去掉8条测试结果中的最大值和最小值，取其余6条的算术平均值作为其最终测试结果，精确至0.1g。如果5mL的测试溶液全部渗入所测试样中，则不必再称量，可直接记为5.1g。

附 录 B
（规范性附录）
卫生巾渗透性能测试用标准合成试液的配方

B.1 原理

该标准合成试液系根据动物血(猪血)的主要物理性能配制，具有与其相似的流动性及吸收特性。

B.2 配方

a) 蒸馏水或去离子水：860mL;
b) 氯化钠：10.00g;
c) 碳酸钠：40.00g;
d) 丙三醇(甘油)：140mL;
e) 苯甲酸钠：1.00g;
f) 颜色(食用色素)：适量;
g) 羧甲基纤维素钠：约5g;
h) 标准媒剂：1%(体积分数)。

以上试剂均为分析纯。

B.3 标准合成试液的物理性能

在(23±1)℃时，密度为(1.05±0.05)g/cm^3，黏度为(11.9±0.7)s(用4号涂料杯测)，表面张力为(36±4)mN/m。

附 录 C
（规范性附录）
pH的测定

C.1 仪器和试剂

C.1.1 仪器

a) 带复合电极的pH计;
b) 天平，最大量程500g，感量0.1g;
c) 精确度为±0.1℃的水银温度计;
d) 容量为100mL的烧杯;
e) 容量为100mL和50mL的量筒;
f) 1000mL容量瓶;
g) 不锈钢剪刀。

C.1.2 试剂

C.1.2.1 蒸馏水或去离子水，pH为6.5~7.2;

C.1.2.2 标准缓冲溶液：25℃时 pH 为 6.86 的缓冲溶液(磷酸二氢钾和磷酸氢二钠混合液)。所用试剂应为分析纯，缓冲溶液至少一个月重新配制一次。

配制方法：称取磷酸二氢钾(KH_2PO_4)3.39g 和磷酸氢二钠(Na_2HPO_4)3.54g，置于 1000mL 容量瓶中，用蒸馏水溶解并稀释至刻度，摇匀即可。

C.2 试验步骤

在常温下，抽取一片试样，剪去不干胶条后从其中部称取 1g 试样，置于一个 100mL 烧杯内，加入去离子水(或蒸馏水)(卫生巾加入 100mL，卫生护垫加入 50mL)，用玻璃棒搅拌，10min 后将复合电极放入烧杯中读取 pH 数值。

C.3 试验结果的计算

每种样品测试两份试样(取自两个包装)，取其算术平均值作为测定结果，准确至 0.1pH 单位。

C.4 注意事项

每次使用 pH 计前均应使用标准缓冲溶液对仪器进行校准，详见仪器使用说明书。每个试样测试完毕后，应立即用去离子水(或蒸馏水)洗净电极。

附录 D

(规范性附录)

背胶粘合强度的测定方法(180°剥离强度)

D.1 原理

用 180°剥离方法施加一定的应力，使试样背胶与纯棉汗布粘接处剥离，通过计时剥离一定长度所需的时间，反映其粘接强度。

D.2 装置与工具

a) 试验夹：上夹应能悬挂于任一支架上，并保证其夹挂的试样能与水平垂直，夹缝平齐；下夹配重砝码应使其总质量达到 40g，夹缝平齐。

b) 配重砣：面积 62mm×80mm，质量为 500g(可使用相同面积的玻璃配以平衡重量代替)。

c) 秒表。

d) 恒温箱：可保持温度(37±2)℃。

e) 剪刀、直尺、平盘(也可用玻璃代替)。

f) 标准汗布：未漂染色精纺 32 支纱，无后处理 120g/m^2，标准品牌，尺寸为 65mm×80mm。

D.3 操作

D.3.1 取卫生巾一条，使其尽量平整。将正面向下放在平面上，垂直于长度方向相隔 40mm 画两条直线 B 和 C，一侧直线外相隔 10mm 再画一条直线 A，如图 D.1：

D.3.2 将上述备好的试样放于平盘内，撕去离型纸，将标准汗布对准试样正面向上(即反面对胶)轻轻放置于试样上，不得用手压，然后将配重砣平压于汗布上。

D.3.3 立即将平盘移入恒温箱开始计时，箱内温度(37±2)℃，1h 后取出于(23±1)℃下放置 20min。

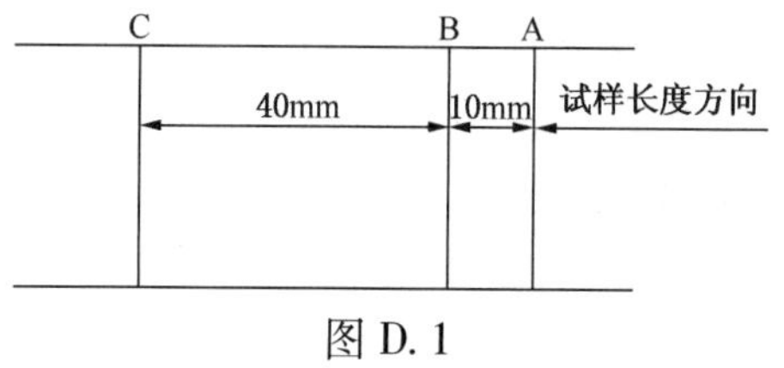

图 D.1

D.4 测试

取 D.3.3 放置后的试样，将汗布与试样底层轻轻剥离一定距离至线 A 处，用试样夹的上夹沿线 A 夹齐，挂起，使试样的长度方向与水平面垂直；下夹平行于上夹夹住汗布，放手，使汗布在下夹的重力下呈与胶面 180°剥离的状态，待剥离点至线 B 处开始计时，剥至线 C 处停止计时，即得到该样品的剥离时间。

D.5 测试结果

测试结果取 5 个试样测试值的算术平均值，时间数据大于 1h 的精确到分，1min 以内精确到秒。

纸尿裤(片、垫)(GB/T 28004—2011)

2012-02-01 实施

1 范围

本标准规定了婴儿及成人用纸尿裤、纸尿片、纸尿垫(护理垫)的产品分类、技术要求、试验方法、检验规则及标志、包装、运输、贮存。

本标准适用于由外包覆材料、内置吸收层、防漏底膜等制成一次性使用的纸尿裤、纸尿片和纸尿垫(护理垫)。

本标准不适于成人轻度失禁用产品，如呵护巾等。

2 规范性引用文件

下列文件对于本文件的应用是必不可少的。凡是注日期的引用文件，仅注日期的版本适用于本文件。凡是不注日期的引用文件，其最新版本(包括所有的修改单)适用于本文件。

GB/T 462 纸、纸板和纸浆 分析试样水分的测定

GB/T 1914 化学分析滤纸

GB/T 10739 纸、纸板和纸浆试样处理和试验的标准大气条件

GB 15979 一次性使用卫生用品卫生标准

GB/T 21331 绒毛浆

GB/T 22905 纸尿裤高吸收性树脂

3 术语和定义

下列术语和定义适用于本文件。

3.1 滑渗量 topsheet run-off

一定量的测试溶液流经斜置试样表面时未被吸收的体积。

3.2 回渗量 rewet

试样吸收一定量的测试溶液后，在一定压力下，返回面层的测试溶液质量。

3.3 渗漏量 leakage

试样吸收一定量的测试溶液后，在一定压力下，透过防漏底膜的测试溶液质量。

4 产品分类

4.1 按产品结构分为纸尿裤、纸尿片和纸尿垫(护理垫)。

4.2 纸尿裤和纸尿片按产品规格可分为小号(S 型)、中号(M 型)、大号(L 型)等不同型号。

5 技术要求

5.1 纸尿裤、纸尿片和纸尿垫(护理垫)的技术指标应符合表1要求，也可按订货合同规定。

表1

指标名称		单位	婴儿纸尿裤	婴儿纸尿片	成人纸尿裤、尿片	纸尿垫(护理垫)
偏差	全长	%	±6			
	全宽		±8			
	条质量		±10			
渗透性能	滑渗量 ≤	mL	20		30	无渗出，无渗漏
	回渗量[a] ≤	g	10.0	15.0	20.0	
	渗漏量 ≤	g	0.5			
pH		—	4.0~8.0			
交货水分 ≤		%	10.0			

[a] 具有特殊功能(如训练如厕等)的产品不考核回渗量。

5.2 纸尿裤、纸尿片和纸尿垫(护理垫)应洁净，不掉色，防漏底膜完好，无硬质块，无破损等，手感柔软，封口牢固；松紧带粘合均匀，固定贴位置符合使用要求；在渗透性能试验时内置吸收层物质不应大量渗出。

5.3 纸尿裤、纸尿片和纸尿垫(护理垫)的卫生指标执行GB 15979的规定。

5.4 纸尿裤、纸尿片和纸尿垫(护理垫)所使用原料：绒毛浆应符合GB/T 21331的规定，高吸收性树脂应符合GB/T 22905的规定。不应使用回收原料生产纸尿裤、纸尿片和纸尿垫(护理垫)。

6 试验方法

6.1 试样的处理

试样试验前按GB/T 10739温湿条件处理至少2h，并在此温湿条件下进行试验。

6.2 全长、全宽、条质量偏差

6.2.1 全长偏差

用直尺测量试样原长的全长(从试样最长处量取)，每种同规格样品量6条，准确至1mm，分别计算6条中长度的最大值、最小值与6条的平均值之差和其平均值的百分比，作为该种样品全长偏差的测定结果，精确至1%。

6.2.2 全宽偏差

用直尺测量试样原宽的全宽(从试样最窄处量取)，每种同规格样品量6条，准确至1mm，分别计算6条中宽度的最大值、最小值与6条的平均值之差和其平均值的百分比，作为该种样品全宽偏差的测定结果，精确至1%。

注：对于带有松紧带的试样，先用夹板或胶带等固定试样纵向(或横向)的一端，稍用力将试样拉至原长(或原宽)后再用直尺量。

6.2.3 条质量偏差

用感量为0.1g天平分别称量6条同规格样品的净重，分别计算6条质量的最大值、最小值与6条的平均值之差和其平均值的百分比，作为该种样品条质量偏差的测定结果，精确至1%。

6.2.4 全长、全宽、条质量偏差的计算

全长、全宽、条质量偏差的计算见式(1)和式(2)。

$$\text{上偏差} = +\frac{\text{最大值}-\text{平均值}}{\text{平均值}}\times 100\% \cdots\cdots(1)$$

$$\text{下偏差} = -\frac{\text{平均值}-\text{最小值}}{\text{平均值}}\times 100\% \cdots\cdots(2)$$

6.3 渗透性能

渗透性能按附录 A 进行测定。

6.4 pH

pH 按附录 B 进行测定。

6.5 交货水分

交货水分按 GB/T 462 进行测定。取样方法为：每种同规格样品任取 2 条试样，剪去试样的边部松紧带，再从每条中间部位取 2g 进行测试，所取试样应确保从面层到底层全部包括。取 2 次测定结果的算术平均值作为样品的测定结果。

注：试样放入容器时，将防漏底膜远离容器壁，以防遇高温后粘连。

6.6 卫生指标

卫生指标按 GB 15979 进行测定。

7 检验规则

7.1 检验批的规定

以相同原料、相同工艺、相同规格的同类产品一次交货数量为一批，交收检验样本单位为件，每批不超过 5 000 件。

7.2 抽样方法

从一批产品中，随机抽取 3 件产品，从每件中抽取 3 包(每包按 10 片计)样品，共计 9 包样品。其中 2 包用于微生物检验，4 包用于微生物检验复查，3 包用于其他性能检验。

7.3 判定规则

当检验产品符合本标准第 5 章全部技术要求时，则判为批合格；当这些检验项目中任一项出现不合格时，则判为批不合格。

7.4 质量保证

产品经检验合格并附质量合格标识方可出厂。

8 标志、包装、运输、贮存

8.1 产品销售标识及包装

8.1.1 产品销售包装上应标明以下内容：

a）产品名称、执行标准编号、商标；
b）企业名称、地址、联系方式；
c）产品规格，内装数量；
d）婴儿产品应标注适用体重，成人产品应标注尺寸或适用腰围；
e）生产日期和保质期或生产批号和限期使用日期；
f）主要生产原料；
g）消毒级产品应标明消毒方法与有效期限，并在包装主视面上标注“消毒级”字样。

8.1.2 产品的销售包装应能保证产品不受污染。销售包装上的各种标识信息清晰且不易褪去。

8.2 产品运输贮存

8.2.1 已有销售包装的成品放于外包装中。外包装上应标明产品名称、企业(或经销商)名称和地址、内装数量等。外包装上应标明运输及贮存条件。

8.2.2 产品在运输过程中应使用具有防护措施的洁净的工具，防止重压、尖物碰撞及日晒雨淋。

8.2.3 成品应保存在干燥通风，不受阳光直接照射的室内，防止雨雪淋袭和地面湿气的影响，不得与有污染或有毒化学品共存。

附录A
（规范性附录）
渗透性能的测定方法

A1 仪器材料与测试溶液

A1.1 仪器材料

A1.1.1 天平：感量为0.01g。

A1.1.2 卫生巾渗透性能测试仪(以下简称"测试仪"，示意图见图A.1)。

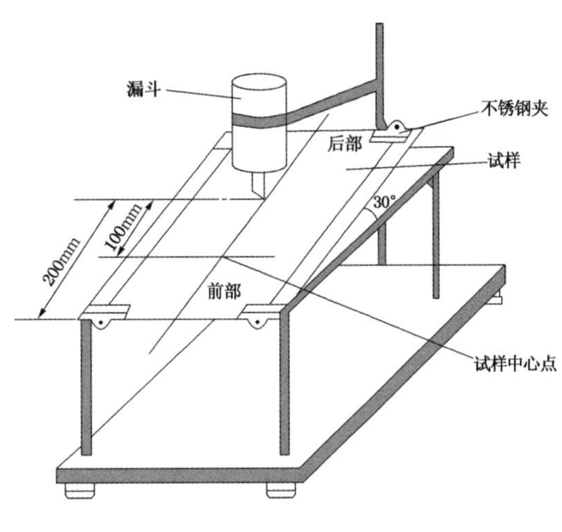

图A.1

A1.1.3 标准放液漏斗(以下简称"漏斗")：

——婴儿产品专用标准放液漏斗：80mL；

——成人产品专用标准放液漏斗：150mL。

A1.1.4 量筒：100mL和10mL。

A1.1.5 不锈钢夹：夹头宽约65mm。

A1.1.6 烧杯：500mL。

A1.1.7 中速化学定性分析滤纸：符合GB/T 1914要求，以下简称"滤纸"。

A1.1.8 标准压块：ϕ100mm，质量为(1.2±0.002)kg(能够产生1.5kPa的压强)。

A1.1.9 秒表：精确度0.01 s。

A1.2 测试溶液

A1.2.1 0.9%氯化钠溶液：1000mL蒸馏水加入9.0g氯化钠配制成的溶液。

A2 滑渗量的测定

A2.1 试验步骤

A2.1.1 先放好测试仪(A.1.1.2)于水平位置，调节上面板与下面板之间的角度为(30±2)°，再调节漏斗(A.1.1.3)的下口，使其中心点的投影距测试仪斜面板下边缘为(200±2)mm，漏斗下口的开口面向操作者。将适量的测试溶液(A.1.2)倒入漏斗中，使漏斗润湿，并用测试溶液润洗漏斗两遍。

A2.1.2 取待测试样一条，将其两边的松紧带(包括立体护边)剪去后，再平整地将试样放在测试仪的斜面板上，使用面朝上，试样后部在斜面板上方，分别距试样内置吸收层的中心点两端各量取100mm作为测试区域，将长出的部分分别向斜面板的上部和底部折回，再用四个不锈钢夹(A.1.1.5)固定试样，不锈钢夹不得妨碍溶液的流动，见图A.1。调节漏斗高度，使其下口的最下端距试样表面5mm～10mm，然后在测试仪的下方放一个烧杯(A.1.1.6)，收集经试样渗透后流下的溶液。

A2.1.3　按表A.1的规定，用量筒(A.1.1.4)准确量取测试溶液，倒入调节好的漏斗中。然后迅速打开漏斗节门至最大，使溶液自由地流到试样的表面上，并沿斜面往下流动到烧杯中，待溶液流完后，将漏斗节门关闭，并擦拭漏斗下口，使之没有溶液。用量筒量取烧杯中的溶液(量准至1mL)，作为测试结果。若测试溶液从试样侧面流走，则该试样作废，另取一条重新测试。

表A.1　　单位：毫升

型号	滑渗试验取液量	回渗试验取液量		
		小号(S)及以下	中号(M)	大号(L)及以上
婴儿纸尿裤	60	40	60	80
婴儿纸尿片	50	30	40	50
成人纸尿裤	150	150		
成人纸尿片		100		

A2.2　滑渗量测试结果的计算

滑渗量以试样未吸收测试溶液的体积(mL)来表示，每个样品测7条，去掉7条测试结果中的最大值和最小值，取其余5条的算术平均值作为其最终测试结果，精确至1mL。

注：若7条试样中有2条以上(不含2条)发生侧流，其结果可以保留。

A3　回渗量及渗漏量的测定

A3.1　回渗量的测定

A3.1.1　试验步骤

用测试溶液润洗漏斗两遍，将漏斗固定在支架上。

在水平操作台面上放置已知质量的ϕ230mm滤纸(A.1.1.7)若干层，将试样展开呈自然状态(直条型试样两头需翘起，使测试区域长度约200mm)放于滤纸上。

按表A.1规定，用量筒准确量取测试溶液，倒入漏斗中。漏斗下开口应朝向操作者，下口的中心点距试样表面的垂直距离为5mm～10mm，然后迅速打开漏斗节门至最大，使测试溶液自由地流到试样的表面，并同时开始计时(测试时溶液不应从试样两侧溢出)，5min时，再次用漏斗注入同量的测试溶液，10min时，迅速将已知质量的ϕ110mm滤纸若干层(以最上层滤纸无吸液为止)放到试样表面，同时将标准压块(A.1.1.8)压在滤纸上，重新开始计时，加压1min时将标准压块移去，用天平称量试样表面滤纸的质量。

A3.1.2　结果的计算

试样的回渗量以试样表面滤纸试验前后的质量差来表示，按式(A.1)计算：

$$m = m_1 - m_2 \quad \cdots\cdots (A.1)$$

式中　m——回渗量，单位为克(g)；

m_1——试样表面滤纸吸液后的质量，单位为克(g)；

m_2——试样表面滤纸吸液前的质量，单位为克(g)。

取5条试样试验结果的算术平均值作为测试结果，精确至0.1g。

A3.2　渗漏量的测定

如上所述，待测完回渗量后，移去试样，迅速称量放于试样底部滤纸的质量。试样的渗漏量以试样底部滤纸试验前后的质量差来表示。以5条试样的算术平均值作为最终测试结果，精确至0.1g。

A4　纸尿垫(护理垫)渗透性能的测定

打开试样，平铺在水平台面上。用量筒量取150mL测试溶液，距试样表面5mm～10mm，于5s内匀速倒入试样中心位置。5min后观察试样四周有无液体渗出及试样底部有无液体渗漏。随机抽取3条试样，任一试样均不应有渗出或渗漏现象。

附 录 B
（规范性附录）
pH 的测定方法

B1 仪器和试剂

B1.1 仪器

B1.1.1 酸度计：精度为0.01。

B1.1.2 天平：0.01g。

B1.1.3 水银温度计：量程0℃ ~100℃。

B1.1.4 烧杯：400mL。

B1.1.5 容量瓶：1000mL。

B1.2 试剂

B1.2.1 蒸馏水或去离子水：pH 为6.5 ~7.2。

B1.2.2 标准缓冲溶液：25℃时 pH 为4.01、6.86、9.18 的标准缓冲溶液。

B2 试验步骤

取1条试样，去除底膜，从试样中间部位剪取(1.0 ±0.1)g，置于烧杯(B1.1.4)内，加入200mL 蒸馏水，并开始计时，用玻璃棒搅拌，10min 后将电极放入烧杯中测定 pH。

B3 测试结果的计算

每种样品测试两条试样(取自两个包装)，取其算术平均值作为测定结果，精确至0.1pH 单位。

B4 注意事项

每次使用酸度计前应按仪器使用说明书用标准缓冲溶液(B1.2.2)对仪器进行校准。每条试样测试完毕后应立即用蒸馏水冲洗电极。

一次性使用卫生用品卫生标准(GB 15979—2002)

2002 -09 -01 实施

1 范围

本标准规定了一次性使用卫生用品的产品和生产环境卫生标准、消毒效果生物监测评价标准和相应检验方法，以及原材料与产品生产、消毒、贮存、运输过程卫生要求和产品标识要求。

在本标准中，一次性使用卫生用品是指：

本标准适用于国内从事一次性使用卫生用品的生产与销售的部门、单位或个人，也适用于经销进口一次性使用卫生用品的部门、单位或个人。

2 引用标准

下列标准所包含的条文，通过在本标准中引用而构成为本标准的条文。本标准出版时，所示版本均为有效。所有标准都会被修订，使用本标准的各方应探讨使用下列标准最新版本的可能性。

GB 15981—1995 消毒与灭菌效果的评价方法与标准

3 定义

本标准采用下列定义：

一次性使用卫生用品

使用一次后即丢弃的、与人体直接或间接接触的，并为达到人体生理卫生或卫生保健(抗菌或抑菌)目的而使用的各种日常生活用品，产品性状可以是固体也可以是液体。例如，一次性使用手套或指套(不包括医用手套或指套)、纸巾、湿巾、卫生湿巾、电话膜、帽子、口罩、内裤、妇女经期卫生用品(包括卫生护垫)、尿布等排泄物卫生用品(不包括皱纹卫生纸等厕所用纸)、避孕套等，在本标准中统称为“卫生用品”。

4 产品卫生指标

4.1 外观必须整洁，符合该卫生用品固有性状，不得有异常气味与异物。

4.2 不得对皮肤与粘膜产生不良刺激与过敏反应及其他损害作用。

4.3 产品须符合表1中微生物学指标。

表1

产品种类	微生物指标				
	初始污染菌[1)] cfu/g	细菌菌落总数 cfu/g 或 cfu/mL	大肠菌群	致病性化脓菌[2)]	真菌菌落总数 cfu/g 或 cfu/mL
手套或指套、纸巾、湿巾、帽子、内裤、电话膜		≤200	不得检出	不得检出	≤100
抗菌(或抑菌)液体产品		≤200	不得检出	不得检出	≤100
卫生湿巾		≤20	不得检出	不得检出	不得检出
口罩					
普通级		≤200	不得检出	不得检出	≤100
消毒级	≤10 000	≤20	不得检出	不得检出	不得检出
妇女经期卫生用品					
普通级		≤200	不得检出	不得检出	≤100
消毒级	≤10 000	≤20	不得检出	不得检出	不得检出
尿布等排泄物卫生用品					
普通级		≤200	不得检出	不得检出	≤100
消毒级	≤10 000	≤20	不得检出	不得检出	不得检出
避孕套		≤20	不得检出	不得检出	不得检出

1）如初始污染菌超过表内数值，应相应提高杀灭指数，使达到本标准规定的细菌与真菌限值。

2）致病性化脓菌指绿脓杆菌、金黄色葡萄球菌与溶血性链球菌。

4.4 卫生湿巾除必须达到表1中的微生物学标准外，对大肠杆菌和金黄色葡萄球菌的杀灭率须≥90%，如需标明对真菌的作用，还须对白色念珠菌的杀灭率≥90%，其杀菌作用在室温下至少须保持1年。

4.5 抗菌(或抑菌)产品除必须达到表1中的同类同级产品微生物学标准外，对大肠杆菌和金黄色葡萄球菌的抑菌率须≥50%(溶出性)或>26%(非溶出性)，如需标明对真菌的作用，还须白色念珠菌的抑菌率≥50%(溶出性)或>26%(非溶出性)，其抑菌作用在室温下至少须保持1年。

4.6 任何经环氧乙烷消毒的卫生用品出厂时，环氧乙烷残留量必须≤250μg/g。

5 生产环境卫生指标

5.1 装配与包装车间空气中细菌菌落总数应≤2 500 cfu/m^3。

5.2 工作台表面细菌菌落总数应≤20 cfu/cm^2。

5.3 工人手表面细菌菌落总数应≤300 cfu/只手，并不得检出致病菌。

6 消毒效果生物监测评价

6.1 环氧乙烷消毒：对枯草杆菌黑色变种芽胞(ATCC 9372)的杀灭指数应≥10^3。

6.2 电离辐射消毒：对短小杆菌芽胞 E6d(ATCC 27142)的杀灭指数应≥10^3。

6.3 压力蒸汽消毒：对嗜热脂肪杆菌芽胞(ATCC 7953)的杀灭指数应≥10^3。

7 测试方法

7.1 产品测试方法

7.1.1 产品外观：目测，应符合本标准 3.1 的规定。

7.1.2 产品毒理学测试方法：见附录 A。

7.1.3 产品微生物检测方法：见附录 B。

7.1.4 产品杀菌性能、抑菌性能与稳定性测试方法：见附录 C。

7.1.5 产品环氧乙烷残留量测试方法：见附录 D。

7.2 生产环境采样与测试方法：见附录 E。

7.3 消毒效果生物监测评价方法：见附录 F。

8 原材料卫生要求

8.1 原材料应无毒、无害、无污染；原材料包装应清洁，清楚标明内含物的名称、生产单位、生产日期或生产批号；影响卫生质量的原材料应不裸露；有特殊要求的原材料应标明保存条件和保质期。

8.2 对影响产品卫生质量的原材料应有相应检验报告或证明材料，必要时需进行微生物监控和采取相应措施。

8.3 禁止使用废弃的卫生用品作原材料或半成品。

9 生产环境与过程卫生要求

9.1 生产区周围环境应整洁，无垃圾，无蚊、蝇等害虫孳生地。

9.2 生产区应有足够空间满足生产需要，布局必须符合生产工艺要求，分隔合理，人、物分流，产品流程中无逆向与交叉。原料进入与成品出去应有防污染措施和严格的操作规程，减少生产环境微生物污染。

9.3 生产区内应配置有效的防尘、防虫、防鼠设施，地面、墙面、工作台面应平整、光滑、不起尘、便于除尘与清洗消毒，有充足的照明与空气消毒或净化措施，以保证生产环境满足本标准第 5 章的规定。

9.4 配置必需的生产和质检设备，有完整的生产和质检记录，切实保证产品卫生质量。

9.5 生产过程中使用易燃、易爆物品或产生有害物质的，必须具备相应安全防护措施，符合国家有关标准或规定。

9.6 原材料和成品应分开堆放，待检、合格、不合格原材料和成品应严格分开堆放并设明显标志。仓库内应干燥、清洁、通风，设防虫、防鼠设施与垫仓板，符合产品保存条件。

9.7 进入生产区要换工作衣和工作鞋，戴工作帽，直接接触裸装产品的人员需戴口罩，清洗和消毒双手或戴手套；生产区前应相应设有更衣室、洗手池、消毒池与缓冲区。

9.8 从事卫生用品生产的人员应保持个人卫生，不得留指甲，工作时不得戴手饰，长发应卷在工作帽内。痢疾、伤寒、病毒性肝炎、活动性肺结核、尖锐湿疣、淋病及化脓性或渗出性皮肤病患者或病原携带者不得参与直接与产品接触的生产活动。

9.9 从事卫生用品生产的人员应在上岗前及定期(每年一次)进行健康检查与卫生知识(包括生产卫

生、个人卫生、有关标准与规范）培训，合格者方可上岗。

10 消毒过程要求

10.1 消毒级产品最终消毒必须采用环氧乙烷、电离辐射或压力蒸汽等有效消毒方法。所用消毒设备必须符合有关卫生标准。

10.2 根据产品卫生标准、初始污染菌与消毒效果生物监测评价标准制定消毒程序、技术参数、工作制度，经验证后严格按照既定的消毒工艺操作。该消毒程序、技术参数或影响消毒效果的原材料或生产工艺发生变化后应重新验证确定消毒工艺。

10.3 每次消毒过程必须进行相应的工艺（物理）和化学指示剂监测，每月用相应的生物指示剂监测，只有当工艺监测、化学监测、生物监测达到规定要求时，被消毒物品才能出厂。

10.4 产品经消毒处理后，外观与性能应与消毒处理前无明显可见的差异。

11 包装、运输与贮存要求

11.1 执行卫生用品运输或贮存的单位或个人，应严格按照生产者提供的运输与贮存要求进行运输或贮存。

11.2 直接与产品接触的包装材料必须无毒、无害、清洁，产品的所有包装材料必须具有足够的密封性和牢固性以达到保证产品在正常的运输与贮存条件下不受污染的目的。

12 产品标识要求

12.1 产品标识应符合《中华人民共和国产品质量法》的规定，并在产品包装上标明执行的卫生标准号以及生产日期和保质期（有效期）或生产批号和限定使用日期。

12.2 消毒级产品还应在销售包装上注明“消毒级”字样以及消毒日期和有效期或消毒批号和限定使用日期，在运输包装上标明“消毒级”字样以及消毒单位与地址、消毒方法、消毒日期和有效期或消毒批号和限定使用日期。

附 录 A

（标准的附录）

产品毒理学测试方法

A1 各类产品毒理学测试指标

当原材料、生产工艺等发生变化可能影响产品毒性时，应按表 A1 根据不同产品种类提供有效的（经政府认定的第三方）成品毒理学测试报告。

表 A1

产 品 种 类	皮肤刺激试验	阴道粘膜刺激试验	皮肤变态反应试验
手套或指套、内裤	√		√
抗菌（或抑菌）液体产品	√	根据用途选择[1]	√
湿巾、卫生湿巾	√	根据用途选择[1]	根据材料选择
口 罩	√		
妇女经期卫生用品		√	√
尿布等排泄物卫生用品	√		√
避孕套		√	√

1）用于阴道粘膜的产品须做阴道粘膜刺激试验，但无须做皮肤刺激试验。

A2 试验方法

皮肤刺激试验、阴道粘膜刺激试验和皮肤变态反应试验方法按卫生部《消毒技术规范》(第三版)第一分册《实验技术规范》(1999)中的"消毒剂毒理学实验技术"中相应的试验方法进行。

固体产品的样品制备方法按照 A3 进行。

注：1 用于皮肤刺激试验中的空白对照应为：生理盐水和斑贴纸。

2 在皮肤变态反应中，致敏处理和激发处理所用的剂量保持一致。

A3 样品制备

A3.1 皮肤刺激试验和皮肤变态反应试验

以横断方式剪一块斑贴大小的产品。对于干的产品，如尿布、妇女经期卫生用品，用生理盐水润湿后贴到皮肤上，再用斑贴纸覆盖。湿的产品，如湿巾，则可以按要求裁剪合适的面积，直接贴到皮肤上，再用斑贴纸覆盖。

A3.2 阴道黏膜刺激试验

A3.2.1 干的产品(如妇女经期卫生用品)

以横断方式剪取足够量的产品，按 1g/10mL 的比例加入灭菌生理盐水，密封于萃取容器中搅拌后置于 37℃ ±1℃下放置 24h。冷却到室温，搅拌后析取样液备检。

A3.2.2 湿的产品(如卫生湿巾)

在进行阴道黏膜刺激试验的当天，挤出湿巾里的添加液作为试样。

A4 判定标准

以卫生部《消毒技术规范》(第三版)第一分册《实验技术规范》(1999)中"毒理学试验结果的最终判定"的相应部分作为试验结果判定原则。

附 录 B

(标准的附录)

产品微生物检测方法

B1 产品采集与样品处理

于同一批号的三个运输包装中至少抽取 12 个最小销售包装样品，1/4 样品用于检测，1/4 样品用于留样，另 1/2 样品(可就地封存)必要时用于复检。抽样的最小销售包装不应有破裂，检验前不得启开。

在 100 级净化条件下用无菌方法打开用于检测的至少 3 个包装，从每个包装中取样，准确称取 10g ±1g样品，剪碎后加入到 200mL 灭菌生理盐水中，充分混匀，得到一个生理盐水样液。液体产品用原液直接做样液。

如被检样品含有大量吸水树脂材料而导致不能吸出足够样液时，稀释液量可按每次 50mL 递增，直至能吸出足够测试用样液。在计算细菌菌落总数与真菌菌落总数时应调整稀释度。

B2 细菌菌落总数与初始污染菌检测方法

本方法适用于产品初始污染菌与细菌菌落总数(以下统称为细菌菌落总数)检测。

B2.1 操作步骤

待上述生理盐水样液自然沉降后取上清液作菌落计数。共接种 5 个平皿，每个平皿中加入 1mL 样液，然后用冷却至 45℃左右的熔化的营养琼脂培养基 15 ~20mL 倒入每个平皿内混合均匀。待琼脂凝固后翻转平皿置 35℃ ±2℃ 培养 48h 后，计算平板上的菌落数。

B2.2 结果报告

菌落呈片状生长的平板不宜采用；计数符合要求的平板上的菌落，按式(B1)计算结果：

$$X_1 = A \times \frac{K}{5} \quad \cdots\cdots\cdots\cdots (B1)$$

式中 X_1——细菌菌落总数，cfu/g 或 cfu/mL；

A——5 块营养琼脂培养基平板上的细菌菌落总数；

K——稀释度。

当菌落数在 100 以内，按实有数报告，大于 100 时采用二位有效数字。

如果样品菌落总数超过本标准的规定，按 B2.3 进行复检和结果报告。

B2.3 复检方法

将留存的复检样品依前法复测 2 次，2 次结果平均值都达到本标准的规定，则判定被检样品合格；其中有任何 1 次结果平均值超过本标准规定，则判定被检样品不合格。

B3 大肠菌群检测方法

B3.1 操作步骤

取样液 5mL 接种 50mL 乳糖胆盐发酵管，置 35℃ ±2℃ 培养 24h，如不产酸也不产气，则报告为大肠菌群阴性。

如产酸产气，则划线接种伊红美蓝琼脂平板，置 35℃ ±2℃ 培养 18～24h，观察平板上菌落形态。典型的大肠菌落为黑紫色或红紫色，圆形，边缘整齐，表面光滑湿润，常具有金属光泽，也有的呈紫黑色，不带或略带金属光泽，或粉红色，中心较深的菌落。

取疑似菌落 1～2 个作革兰氏染色镜检，同时接种乳糖发酵管，置 35℃ ±2℃培养 24h，观察产气情况。

B3.2 结果报告

凡乳糖胆盐发酵管产酸产气，乳糖发酵管产酸产气，在伊红美蓝平板上有典型大肠菌落，革兰氏染色为阴性无芽胞杆菌，可报告被检样品检出大肠杆菌。

B4 绿脓杆菌检测方法

B4.1 操作步骤

取样液 5mL，加入到 50mL SCDLP 培养液中，充分混匀，置 35℃ ±2℃培养 18～24h。如有绿脓杆菌生长，培养液表面呈现一层薄菌膜，培养液常呈黄绿色或蓝绿色。从培养液的薄菌膜处挑取培养物，划线接种十六烷三甲基溴化铵琼脂平板，置 35℃ ±2℃培养 18～24h，观察菌落特征。绿脓杆菌在此培养基上生长良好，菌落扁平，边缘不整，菌落周围培养基略带粉红色，其他菌不长。

取可疑菌落涂片作革兰氏染色，镜检为革兰氏阴性菌者应进行下列试验：

氧化酶试验：取一小块洁净的白色滤纸片放在灭菌平皿内，用无菌玻棒挑取可疑菌落涂在滤纸片上，然后在其上滴加一滴新配制的 1% 二甲基对苯二胺试液，30s 内出现粉红色或紫红色，为氧化酶试验阳性，不变色者为阴性。

绿脓菌素试验：取 2～3 个可疑菌落，分别接种在绿脓菌素测定用培养基斜面，35℃ ±2℃ 培养 24h，加入三氯甲烷 3～5mL，充分振荡使培养物中可能存在的绿脓菌素溶解，待三氯甲烷呈蓝色时，用吸管移到另一试管中并加入 1mol/L 的盐酸 1mL，振荡后静置片刻。如上层出现粉红色或紫红色即为阳性，表示有绿脓菌素存在。

硝酸盐还原产气试验：挑取被检菌落纯培养物接种在硝酸盐胨水培养基中，置 35℃ ±2℃ 培养 24h，培养基小倒管中有气者即为阳性。

明胶液化试验：取可疑菌落纯培养物，穿刺接种在明胶培养基内，置 35℃ ±2℃培养 24h，取出放于4~10℃，如仍呈液态为阳性，凝固者为阴性。

42℃生长试验：取可疑培养物，接种在普通琼脂斜面培养基上，置42℃培养24~48h，有绿脓杆菌生长为阳性。

B4.2 结果报告

被检样品经增菌分离培养后，证实为革兰氏阴性杆菌，氧化酶及绿脓杆菌试验均为阳性者，即可报告被检样品中检出绿脓杆菌。如绿脓菌素试验阴性而液化明胶、硝酸盐还原产气和42℃生长试验三者皆为阳性时，仍可报告被检样品中检出绿脓杆菌。

B5 金黄色葡萄球菌检测方法

B5.1 操作步骤

取样液5mL，加入到50mL SCDLP培养液中，充分混匀，置35℃ ±2℃培养24h。

自上述增菌液中取1~2接种环，划线接种在血琼脂培养基上，置35℃ ±2℃培养24~48h。在血琼脂平板上该菌菌落呈金黄色，大而突起，圆形，不透明，表面光滑，周围有溶血圈。

挑取典型菌落，涂片作革兰氏染色镜检，金黄色葡萄球菌为革兰氏阳性球菌，排列成葡萄状，无芽胞与荚膜。镜检符合上述情况，应进行下列试验：

甘露醇发酵试验：取上述菌落接种甘露醇培养液，置35℃ ±2℃培养24h，发酵甘露醇产酸者为阳性。

血浆凝固酶试验：玻片法：取清洁干燥载玻片，一端滴加一滴生理盐水，另一端滴加一滴兔血浆，挑取菌落分别与生理盐水和血浆混合，5min如血浆内出现团块或颗粒状凝块，而盐水滴仍呈均匀混浊无凝固则为阳性，如两者均无凝固则为阴性。凡盐水滴与血浆滴均有凝固现象，再进行试管凝固酶试验；试管法：吸取1:4新鲜血浆0.5mL，放灭菌小试管中，加入等量待检菌24h肉汤培养物0.5mL。混匀，放35℃ ±2℃温箱或水浴中，每半小时观察一次，24h之内呈现凝块即为阳性。同时以已知血浆凝固酶阳性和阴性菌株肉汤培养物各0.5mL作阳性与阴性对照。

B5.2 结果报告

凡在琼脂平板上有可疑菌落生长，镜检为革兰氏阳性葡萄球菌，并能发酵甘露醇产酸，血浆凝固酶试验阳性者，可报告被检样品检出金黄色葡萄球菌。

B6 溶血性链球菌检测方法

B6.1 操作步骤

取样液5mL加入到50mL葡萄糖肉汤，35℃ ±2℃培养24h。

将培养物划线接种血琼脂平板，35℃ ±2℃培养24h观察菌落特征。溶血性链球菌在血平板上为灰白色，半透明或不透明，针尖状突起，表面光滑，边缘整齐，周围有无色透明溶血圈。

挑取典型菌落作涂片革兰氏染色镜检，应为革兰氏阳性，呈链状排列的球菌。镜检符合上述情况，应进行下列试验：

链激酶试验：吸取草酸钾血浆0.2mL(0.01g草酸钾加5mL兔血浆混匀，经离心沉淀，吸取上清液)，加入0.8mL灭菌生理盐水，混匀后再加入待检菌24h肉汤培养物0.5mL和0.25%氯化钙0.25mL,混匀，放35℃ ±2℃水浴中，2min观察一次(一般10min内可凝固)，待血浆凝固后继续观察并记录溶化时间。如2h内不溶化，继续放置24h观察，如凝块全部溶化为阳性，24h仍不溶化为阴性。

杆菌肽敏感试验：将被检菌菌液涂于血平板上，用灭菌镊子取每片含0.04单位杆菌肽的纸片放在平板表面上，同时以已知阳性菌株作对照，在35℃ ±2℃下放置18~24h，有抑菌带者为阳性。

B6.2 结果报告

镜检革兰氏阳性链状排列球菌，血平板上呈现溶血圈，链激酶和杆菌肽试验阳性，可报告被检样品检出溶血性链球菌。

B7 真菌菌落总数检测方法

B7.1 操作步骤

待上述生理盐水样液自然沉降后取上清液作真菌计数，共接种5个平皿，每一个平皿中加入1mL样液，然后用冷却至45℃左右的熔化的沙氏琼脂培养基15～25mL倒入每个平皿内混合均匀，琼脂凝固后翻转平皿置25℃±2℃培养7天，分别于3、5、7天观察，计算平板上的菌落数，如果发现菌落蔓延，以前一次的菌落计数为准。

B7.2 结果报告

菌落呈片状生长的平板不宜采用；计数符合要求的平板上的菌落，按式(B2)计算结果：

$$X_2 = B \times \frac{K}{5} \quad \cdots\cdots (B2)$$

式中 X_2——真菌菌落总数，cfu/g或cfu/mL；

B——5块沙氏琼脂培养基平板上的真菌菌落总数；

K——稀释度。

当菌落数在100以内，按实有数报告，大于100时采用二位有效数字。

如果样品菌落总数超过本标准的规定，按B7.3进行复检和结果报告。

B7.3 复检方法

将留存的复检样品依前法复测2次，2次结果都达到本标准的规定，则判定被检样品合格，其中有任何1次结果超过本标准规定，则判定被检样品不合格。

B8 真菌定性检测方法

B8.1 操作步骤

取样液5mL加入到50mL沙氏培养基中，25℃±2℃培养7天，逐日观察有无真菌生长。

B8.2 结果报告

培养管混浊应转种沙氏琼脂培养基，证实有真菌生长，可报告被检样品检出真菌。

附录C

(标准的附录)

产品杀菌性能、抑菌性能与稳定性测试方法

C1 样品采集

为使样品具有良好的代表性，应于同一批号三个运输包装中至少随机抽取20件最小销售包装样品，其中5件留样，5件做抑菌或杀菌性能测试，10件做稳定性测试。

C2 试验菌与菌液制备

C2.1 试验菌

C2.1.1 细菌：金黄色葡萄球菌(ATCC 6538)，大肠杆菌(8099或ATCC 25922)。

C2.1.2 酵母菌：白色念珠菌(ATCC 10231)。

菌液制备：取菌株第3～14代的营养琼脂培养基斜面新鲜培养物(18～24h)，用5mL 0.03mol/L磷酸盐缓冲液(以下简称PBS)洗下菌苔，使菌悬浮均匀后用上述PBS稀释至所需浓度。

C3 杀菌性能试验方法

该试验取样部位，根据被试产品生产者的说明而确定。

C3.1 中和剂鉴定试验

进行杀菌性能测试必须通过以下中和剂鉴定试验。

C3.1.1 试验分组

1）染菌样片 +5mL PBS。

2）染菌样片 +5mL 中和剂。

3）染菌对照片 +5mL 中和剂。

4）样片 +5mL 中和剂 + 染菌对照片。

5）染菌对照片 +5mL PBS。

6）同批次 PBS。

7）同批次中和剂。

8）同批次培养基。

C3.1.2 评价规定

1）第 1 组无试验菌，或仅有极少数试验菌菌落生长。

2）第 2 组有较第 1 组为多，但较第 3、4、5 组为少的试验菌落生长，并符合要求。

3）第 3、4、5 组有相似量试验菌生长，并在 $1\times10^4\sim9\times10^4$ cfu/片之间，其组间菌落数误差率应不超过 15%。

4）第 6 ~8 组无菌生长。

5）连续 3 次试验取得合格评价。

C3.2 杀菌试验

C3.2.1 操作步骤

将试验菌 24h 斜面培养物用 PBS 洗下，制成菌悬液（要求的浓度为：用 100μL 滴于对照样片上，回收菌数为 $1\times10^4\sim9\times10^4$ cfu/片）。

取被试样片（2.0cm ×3.0cm）和对照样片（与试样同质材料，同等大小，但不含抗菌材料，且经灭菌处理）各 4 片，分成 4 组置于 4 个灭菌平皿内。

取上述菌悬液，分别在每个被试样片和对照样片上滴加 100μL，均匀涂布，开始计时，作用 2、5、10、20min，用无菌镊分别将样片投入含 5mL 相应中和剂的试管内，充分混匀，作适当稀释，然后取其中 2 ~3 个稀释度，分别吸取 0.5mL，置于两个平皿，用凉至 40 ~45℃的营养琼脂培养基（细菌）或沙氏琼脂培养基（酵母菌）15mL 作倾注，转动平皿，使其充分均匀，琼脂凝固后翻转平板，35℃ ±2℃培养 48h（细菌）或 72h（酵母菌），作活菌菌落计数。

试验重复 3 次，按式（C1）计算杀菌率：

$$X_3 = (A - B)/A \times 100\% \qquad \text{(C1)}$$

式中 X_3——杀菌率，%；

A——对照样品平均菌落数；

B——被试样品平均菌落数。

C3.2.2 评价标准

杀菌率≥90%，产品有杀菌作用。

C4 溶出性抗（抑）菌产品抑菌性能试验方法

C4.1 操作步骤

将试验菌 24h 斜面培养物用 PBS 洗下，制成菌悬液（要求的浓度为：用 100μL 滴于对照样片上或 5mL 样液内，回收菌数为 $1\times10^4\sim9\times10^4$ cfu/片或 mL）。

取被试样片（2.0cm ×3.0cm）或样液（5mL）和对照样片或样液（与试样同质材料，同等大小，但不含抗菌材料，且经灭菌处理)各4片(置于灭菌平皿内)或4管。

取上述菌悬液，分别在每个被试样片或样液和对照样片或样液上或内滴加100μL，均匀涂布/混合，开始计时，作用2、5、10、20min，用无菌镊分别将样片或样液(0.5mL)投入含5mL PBS的试管内，充分混匀，作适当稀释，然后取其中2～3个稀释度，分别吸取0.5mL，置于两个平皿，用凉至40～45℃的营养琼脂培养基(细菌)或沙氏琼脂培养基(酵母菌)15mL作倾注，转动平皿，使其充分均匀，琼脂凝固后翻转平板，35℃±2℃培养48h(细菌)或72h(酵母菌)，作活菌菌落计数。

试验重复3次，按式(C2)计算抑菌率：

$$X_4 = (A - B)/A \times 100\% \qquad \text{(C2)}$$

式中 X_4——抑菌率,%；

A——对照样品平均菌落数；

B——被试样品平均菌落数。

C4.2 评价标准

抑菌率≥50%～90%，产品有抑菌作用，抑菌率≥90%，产品有较强抑菌作用。

C5 非溶出性抗(抑)菌产品抑菌性能试验方法

C5.1 操作步骤

称取被试样片(剪成1.0cm×1.0cm大小)0.75g分装包好。

将0.75g重样片放入一个250mL的三角烧瓶中，分别加入70mL PBS和5mL菌悬液，使菌悬液在PBS中的浓度为1×10^4～9×10^4cfu/mL。

将三角烧瓶固定于振荡摇床上，以300r/min振摇1h。

取0.5mL振摇后的样液，或用PBS做适当稀释后的样液，以琼脂倾注法接种平皿，进行菌落计数。

同时设对照样片组和不加样片组，对照样片组的对照样片与被试样片同样大小，但不含抗菌成分，其他操作程序均与被试样片组相同，不加样片组分别取5mL菌悬液和70mL PBS加入一个250mL三角烧瓶中，混匀，分别于0时间和振荡1h后，各取0.5mL菌悬液与PBS的混合液做适当稀释，然后进行菌落计数。

试验重复3次，按式(C3)计算抑菌率：

$$X_5 = (A - B)/A \times 100\% \qquad \text{(C3)}$$

式中 X_5——抑菌率,%；

A——被试样品振荡前平均菌落数；

B——被试样品振荡后平均菌落数。

C5.2 评价标准

不加样片组的菌落数在1×10^4～9×10^4cfu/mL之间，且样品振荡前后平均菌落数差值在10%以内，试验有效；被试样片组抑菌率与对照样片组抑菌率的差值>26%，产品具有抗菌作用。

C6 稳定性测试方法

C6.1 测试条件

C6.1.1 自然留样：将原包装样品置室温下至少1年，每半年进行抑菌或杀菌性能测试。

C6.1.2 加速试验：将原包装样品置54～57℃恒温箱内14天或37～40℃恒温箱内3个月，保持相对湿度>75%，进行抑菌或杀菌性能测试。

C6.2 评价标准

产品经自然留样，其杀菌率或抑菌率达到附录C3或附录C4、附录C5中规定的标准值，产品的杀菌或抑菌作用在室温下的保持时间即为自然留样时间。

产品经54℃加速试验，其杀菌率或抑菌率达到附录C3或附录C4、附录C5中规定的标准值，产品的杀菌或抑菌作用在室温下至少保持一年。

产品经37℃加速试验，其杀菌率或抑菌率达到附录C3或附录C4、附录C5中规定的标准值，产品的杀菌或抑菌作用在室温下至少保持二年。

附录D

（标准的附录）

产品环氧乙烷残留量测试方法

D1 测试目的

确定产品消毒后启用时间，当新产品或原材料、消毒工艺改变可能影响产品理化性能时应予测试。

D2 样品采集

环氧乙烷消毒后，立即从同一消毒批号的三个大包装中随机抽取一定量小包装样品，采样量至少应满足规定所需测定次数的量(留一定量在必要时进行复测用)。

分别于环氧乙烷消毒后24h及以后每隔数天进行残留量测定，直至残留量降至本标准4.6所规定的标准值以下。

D3 仪器与操作条件

仪器：气相色谱仪，氢焰检测器(FID)。

柱：Chromosorb 101 HP60～80目；玻璃柱长2m，ϕ3mm。柱温：120℃。

检测器：150℃。

气化器：150℃。

载气量：氮气：35mL/min。

氢气：35mL/min。

空气：350mL/min。

柱前压约为108kPa。

D4 操作步骤

D4.1 标准配制

用100mL玻璃针筒从纯环氧乙烷小钢瓶中抽取环氧乙烷标准气(重复放空二次，以排除原有空气)，塞上橡皮头，用10mL针筒抽取上述100mL针筒中纯环氧乙烷标准气10mL，用氮气稀释到100mL(可将10mL标准气注入到已有90mL氮气的带橡皮塞头的针筒中来完成)。用同样的方法根据需要再逐级稀释2～3次(稀释1000～10000倍)，作三个浓度的标准气体。按环氧乙烷小钢瓶中环氧乙烷的纯度、稀释倍数和室温计算出最后标准气中的环氧乙烷浓度。

计算公式如下：

$$c = \frac{44 \times 10^6}{22.4 \times 10^3 \times k} \times \frac{273}{273 + t} \qquad \text{(D1)}$$

式中 c——标准气体浓度，μg/mL；

k——稀释倍数；

t——室温，℃。

D4.2 样品处理

至少取2个最小包装产品，将其剪碎，随机精确称取2g，放入萃取容器中，加入5mL去离子水，充分摇匀，放置4h或振荡30min待用。如被检样品为吸水树脂材料产品，可适当增加去离子水量，以确保至少可吸出2mL样液。

D4.3 分析

待仪器稳定后，在同样条件下，环氧乙烷标准气体各进样1.0mL，待分析样品（水溶液）各进样2μL，每一样液平行作2次测定。

根据保留时间定性，根据峰面积（或峰高）进行定量计算，取平均值。

D4.4 计算

以所进环氧乙烷标准气的微克（μg）数对所得峰面积（或峰高）作环氧乙烷工作曲线。

以样品中环氧乙烷所对应的峰面积（或峰高）在工作曲线上求得环氧乙烷的量A（μg），并以式（D2）求得产品中环氧乙烷的残留量。

$$X = \frac{A}{\frac{m}{V_{(萃)}} \times V_{(进)}} \qquad \text{(D2)}$$

式中 X——产品中环氧乙烷残留量，μg/g；

A——从工作曲线中所查得环氧乙烷量，μg；

m——所取样品量，g；

$V_{(萃)}$——萃取液体积，mL；

$V_{(进)}$——进样量，mL。

附录E

（标准的附录）

生产环境采样与测试方法

E1 空气采样与测试方法

E1.1 样品采集

在动态下进行。

室内面积不超过30m²，在对角线上设里、中、外三点，里、外点位置距墙1m；室内面积超过30m²，设东、西、南、北、中5点，周围4点距墙1m。

采样时，将含营养琼脂培养基的平板（直径9cm）置采样点（约桌面高度），打开平皿盖，使平板在空气中暴露5min。

E1.2 细菌培养

在采样前将准备好的营养琼脂培养基置35℃±2℃培养24h，取出检查有无污染，将污染培养基剔除。

将已采集的培养基在6h内送实验室，于35℃±2℃培养48h观察结果，计数平板上细菌菌落数。

E1.3 菌落计算

$$y_1 = \frac{A \times 50000}{S_1 \times t} \qquad \text{(E1)}$$

式中 y_1——空气中细菌菌落总数，cfu/m^3；

A——平板上平均细菌菌落数；

S_1——平板面积，cm^2；

t——暴露时间，min。

E2 工作台表面与工人手表面采样与测试方法

E2.1 样品采集

工作台：将经灭菌的内径为5cm×5cm的灭菌规格板放在被检物体表面，用一浸有灭菌生理盐水的棉签在其内涂抹10次，然后剪去手接触部分棉棒，将棉签放入含10mL灭菌生理盐水的采样管内送检。

工人手：被检人五指并拢，用一浸湿生理盐水的棉签在右手指曲面，从指尖到指端来回涂擦10次，然后剪去手接触部分棉棒，将棉签放入含10mL灭菌生理盐水的采样管内送检。

E2.2 细菌菌落总数检测

将已采集的样品在6h内送实验室，每支采样管充分混匀后取1mL样液，放入灭菌平皿内，倾注营养琼脂培养基，每个样品平行接种两块平皿，置35℃ ±2℃培养48h，计数平板上细菌菌落数。

$$y_2 = \frac{A}{S_2} \times 10 \quad \cdots\cdots\cdots\cdots \text{(E2)}$$

$$y_3 = A \times 10 \quad \cdots\cdots\cdots\cdots \text{(E3)}$$

式中 y_2——工作台表面细菌菌落总数，cfu/cm²；

A——平板上平均细菌菌落数；

S_2——采样面积，cm²；

y_3——工人手表面细菌菌落总数，cfu/只手。

E2.3 致病菌检测

按本标准附录B进行。

附录F
（标准的附录）
消毒效果生物监测评价方法

F1 环氧乙烷消毒

F1.1 环氧乙烷消毒效果评价用生物指示菌为枯草杆菌黑色变种芽胞（ATCC 9372）。在菌量为$5 \times 10^5 \sim 5 \times 10^6$cfu/片，环氧乙烷浓度为600mg/L ±30mg/L，作用温度为54℃ ±2℃，相对湿度为60% ±10%条件下，其杀灭90%微生物所需时间D值应为2.5～5.8min，存活时间≥7.5min，杀灭时间≤58min。

F1.2 每次测试至少布放10片生物指示剂，放于最难杀灭处。消毒完毕，取出指示菌片接种营养肉汤培养液作定性检测或接种营养琼脂培养基作定量检测，将未处理阳性对照菌片作相同接种，两者均置35℃ ±2℃培养。阳性对照应在24h内有菌生长。定性培养样品如连续观察7天全部无菌生长，可报告生物指示剂培养阴性，消毒合格。定量培养样品与阳性对照相比灭活指数达到10^3也可报告消毒合格。

F2 电离辐射消毒

F2.1 电离辐射消毒效果评价用生物指示菌为短小杆菌芽胞E601（ATCC 27142），在菌量为$5 \times 10^5 \sim 5 \times 10^6$cfu/片时，其杀灭90%微生物所需剂量$D_{10}$值应为1.7kGy。

F2.2 每次测试至少选5箱，每箱产品布放3片生物指示剂，置最小剂量处。消毒完毕，取出指示菌片接种营养肉汤培养液作定性检测或接种营养琼脂培养基作定量检测，将未处理阳性对照菌片作相同接种，两者均置35℃ ±2℃培养。阳性对照应在24h内有菌生长。定性培养样品如连续观察7天全部无菌生长，可报告生物指示剂培养阴性，消毒合格。定量培养样品与阳性对照相比灭活指数达到10^3也可报告消毒合格。

F3 压力蒸汽消毒

参照GB15981—1995规定执行。

附录 G
（标准的附录）
培养基与试剂制备

G1 营养琼脂培养基

成分：

蛋白胨	10g
牛肉膏	3g
氯化钠	5g
琼脂	15～20g
蒸馏水	1000mL

制法：除琼脂外其他成分溶解于蒸馏水中，调 pH 至 7.2～7.4，加入琼脂，加热溶解，分装试管，121℃灭菌 15min 后备用。

G2 乳糖胆盐发酵管

成分：

蛋白胨	20g
猪胆盐（或牛、羊胆盐）	5g
乳糖	10g
0.04%溴甲酚紫水溶液	25mL
蒸馏水	加至 1000mL

制法：将蛋白胨、胆盐及乳糖溶于水中，校正 pH 至 7.4，加入指示剂，分装每管 50mL，并放入一个小倒管，115℃灭菌 15min，即得。

G3 乳糖发酵管

成分：

蛋白胨	20g
乳糖	10g
0.04%溴甲酚紫水溶液	25mL
蒸馏水	加至 1000mL

制法：将蛋白胨及乳糖溶于水中，校正 pH 至 7.4，加入指示剂，分装每管 10mL，并放入一个小倒管，115℃灭菌 15min，即得。

G4 伊红美蓝琼脂（EMB）

成分：

蛋白胨	10g
乳糖	10g
磷酸氢二钾	2g
琼脂	17g
2%伊红 Y 溶液	20mL
0.65%美蓝溶液	10mL
蒸馏水	加至 1000mL

制法：将蛋白胨、磷酸盐和琼脂溶解于蒸馏水中，校正 pH 至 7.1，分装于烧瓶内，121℃灭菌

15min备用，临用时加入乳糖并加热溶化琼脂，冷至55℃，加入伊红和美蓝溶液摇匀，倾注平板。

G5 SCDLP 液体培养基

成分：

酪蛋白胨	17g
大豆蛋白胨	3g
氯化钠	5g
磷酸氢二钾	2.5g
葡萄糖	2.5g
卵磷脂	1g
吐温 80	7g
蒸馏水	1000mL

制法：将各种成分混合(如无酪蛋白胨和大豆蛋白胨可用日本多价胨代替)，加热溶解，调 pH 至 7.2～7.3，分装，121℃灭菌 20min，摇匀，避免吐温 80 沉于底部，冷至 25℃后使用。

G6 十六烷三甲基溴化铵培养液

成分：

牛肉膏	3g
蛋白胨	10g
氯化钠	5g
十六烷三甲基溴铵	0.3g
琼脂	20g
蒸馏水	1000mL

制法：除琼脂外，上述各成分混合加热溶解，调 pH 至 7.4～7.6，然后加入琼脂，115℃灭菌 20min，冷至 55℃左右，倾注平皿。

G7 绿脓菌素测定用培养基斜面

成分：

蛋白胨	20g
氯化镁	1.4g
硫酸钾	10g
琼脂	18g
甘油(化学纯)	10g
蒸馏水	加至 1000mL

制法：将蛋白胨、氯化镁和硫酸钾加到蒸馏水中，加热溶解，调 pH 至 7.4，加入琼脂和甘油，加热溶解，分装试管，115℃灭菌 20min，制成斜面备用。

G8 明胶培养基

成分：

牛肉膏	3g
蛋白胨	5g
明胶	120g
蒸馏水	1000mL

制法：各成分加入蒸馏水中浸泡 20min，加热搅拌溶解，调 pH 至 7.4，5mL 分装于试管中，115℃灭菌 20min，直立制成高层备用。

G9 硝酸盐蛋白胨水培养基

成分：

蛋白胨	10g
酵母浸膏	3g
硝酸钾	2g
亚硝酸钠	0.5g
蒸馏水	1000mL

制法：将蛋白胨与酵母浸膏加到蒸馏水中，加热溶解，调 pH 至 7.2，煮沸过滤后补足液量，加入硝酸钾和亚硝酸钠溶解均匀，分装到加有小倒管的试管中，115℃灭菌 20min 备用。

G10 血琼脂培养基

成分：

营养琼脂	100mL
脱纤维羊血(或兔血)	10mL

制法：将灭菌后的营养琼脂加热溶化，凉至 55℃左右，用无菌方法将 10mL 脱纤维血加入后摇匀，倾注平皿置冰箱备用。

G11 甘露醇发酵培养基

成分：

蛋白胨	10g
牛肉膏	5g
氯化钠	5g
甘露醇	10g
0.2% 溴麝香草酚蓝溶液	12mL
蒸馏水	1000mL

制法：将蛋白胨、氯化钠、牛肉膏加到蒸馏水中，加热溶解，调 pH 至 7.4，加入甘露醇和溴麝香草酚蓝混匀后，分装试管，115℃灭菌 20min 备用。

G12 葡萄糖肉汤

成分：

蛋白胨	10g
牛肉膏	5g
氯化钠	5g
葡萄糖	10g
蒸馏水	1000mL

制法：上述成分溶于蒸馏水中，调 pH 至 7.2～7.4，加热溶解，分装试管，121℃灭菌 15min 后备用。

G13 兔血浆

制法：取灭菌 3.8% 柠檬酸钠 1 份，兔全血 4 份，混匀静置，3000r/min 离心 5min，取上清，弃血球。

G14 沙氏琼脂培养基

蛋白胨	10g

葡萄糖	40g
琼脂	20g
蒸馏水	1000mL

用700mL蒸馏水将琼脂溶解，300mL蒸馏水将葡萄糖与蛋白胨溶解，混合上述两部分，摇匀后分装，115℃灭菌15min，即得。使用前，用过滤除菌方法加入0.1g/L的氯霉素或者0.03g/L的链霉素。

定性试验采用沙氏培养液，除不加琼脂外其他成分与制法同上。

G15 营养肉汤培养液

蛋白胨	10g
氯化钠	5g
牛肉膏	3g
蒸馏水	1000mL

调节pH使灭菌后为7.2~7.4，分装，115℃灭菌30min，即得。

G16 溴甲酚紫葡萄糖蛋白胨水培养基

蛋白胨	10g
葡萄糖	5g
蒸馏水	1000mL

调节pH至7.0~7.2，加2%溴甲酚紫酒精溶液0.6mL，115℃灭菌30min，即得。

G17 革兰氏染色液

结晶紫染色液：

结晶紫	1g
95%乙醇	20mL
1%草酸铵水溶液	80mL

将结晶紫溶解于乙醇中，然后与草酸铵溶液混合。

革兰氏碘液：

碘	1g
碘化钾	2g
蒸馏水	300mL

脱色剂

95%乙醇

复染液：

（1）沙黄复染液：

沙黄	0.25g
95%乙醇	10mL
蒸馏水	90mL

将沙黄溶解于乙醇中，然后用蒸馏水稀释。

（2）稀石炭酸复红液：

称取碱性复红10g，研细，加95%乙醇100mL，放置过夜，滤纸过滤。取该液10mL，加5%石炭酸水溶液90mL混合，即为石炭酸复红液。再取此液10mL，加水90mL，即为稀石炭酸复红液。

G18 0.03mol/L 磷酸盐缓冲液(PBS，pH 7.2)

成分：

磷酸氢二钠	2.83g
磷酸二氢钾	1.36g
蒸馏水	1000mL

绒毛浆(GB/T 21331—2008)

2008-09-01 实施

1 范围

本标准规定了绒毛浆的产品分类、技术要求、试验方法、检验规则及标志、包装、运输、贮存。

本标准适用于生产一次性卫生用品的原料绒毛浆。

2 规范性引用文件

下列文件中的条款通过本标准的引用而成为本标准的条款。凡是注日期的引用文件，其随后所有的修改单(不包括勘误的内容)或修订版均不适用于本标准，然而，鼓励根据本标准达成协议的各方研究是否可使用这些文件的最新版本。凡是不注日期的引用文件，其最新版本适用于本标准。

GB/T 451.2 纸和纸板定量的测定(GB/T 451.2—2002，eqv ISO 536：1995)

GB/T 451.3 纸和纸板厚度的测定(GB/T 451.3—2002，idt ISO 534：1988)

GB/T 462 纸和纸板 水分的测定(GB/T 462—2003，ISO 287：1985，MOD)

GB/T 740 纸浆 试样的采取(GB/T 740—2003，ISO 7213：1991，IDT)

GB/T 1539 纸板耐破度的测定(GB/T 1539—2007，ISO 2759：1983，EQV)

GB/T 2828.1 计数抽样检验程序 第1部分：按接收质量限(AQL)检索的逐批检验抽样计划(GB/T 2828.1—2003，ISO 2859-1：1999，IDT)

GB/T 7974 纸、纸板和纸浆亮度(白度)的测定 漫射/垂直法(GB/T 7974—2002，neq ISO 2470：1999)

GB/T 7979 纸浆二氯甲烷抽出物的测定

GB/T 10739 纸、纸板和纸浆试样处理和试验的标准大气条件(GB/T 10739—2002，eqv ISO 187：1990)

GB/T 10740—2002 纸浆尘埃和纤维束的测定(GB/T 10740—2002，eqv ISO 5350：1998)

GB 15979 一次性使用卫生用品卫生标准

3 术语和定义

下列术语和定义适用于本标准。

3.1 全处理浆

经过较强物理或化学处理使浆板的蓬松性显著改善的绒毛浆。

3.2 半处理浆

经过弱的物理或化学处理使浆板的蓬松性有一定改善的绒毛浆。

3.3 未处理浆

未经过改善浆板蓬松性处理的绒毛浆。

4 产品分类和分等

4.1 绒毛浆一般为卷筒浆板。

4.2 绒毛浆产品分为全处理浆、半处理浆和未处理浆。

4.3 绒毛浆按质量分为优等品和合格品。

5 技术要求

5.1 绒毛浆的技术指标应符合表1的要求，或按订货合同的规定。

表1

指标名称			单位	规定					
				全处理浆		半处理浆		未处理浆	
				优等品	合格品	优等品	合格品	优等品	合格品
定量偏差			%	±5		±5		±5	
紧度		≤	g/cm³	0.60		0.60		0.60	
耐破指数		≤	kPa·m²/g	0.85		1.10		1.50	
亮度		≥	%	83.0	80.0	83.0	80.0	83.0	80.0
二氯甲烷抽出物		≤	%	0.20	0.30	0.12	0.18	0.02	0.08
干蓬松度		≥	cm³/g	19.0	17.0	20.0	18.0	22.0	20.0
吸水时间		≤	s	6.0	9.5	5.0	7.5	3.0	4.0
吸水量		≥	g/g	9.0	6.0	10.0	7.0	11.0	8.0
尘埃度	0.3mm²~1.0mm² 尘埃	≤	mm²/500g	25					
	1.0mm²~5.0mm² 尘埃	≤		10					
	大于5.0mm² 尘埃			不应有					
交货水分			%	6~10					

5.2 绒毛浆的卫生要求执行GB 15979。

5.3 绒毛浆板不应有肉眼可见的金属杂质、沙粒等异物，无明显的纤维束和尘埃。

6 试验方法

6.1 试样的采取：按GB/T 740取样，试样处理和试验的标准大气按GB/T 10739进行。

6.2 定量偏差按GB/T 451.2测定。

6.3 紧度按GB/T 451.3测定，应测得厚度后再换算成紧度。

6.4 耐破指数按GB/T 1539测定。

6.5 亮度按GB/T 7974测定。

6.6 二氯甲烷抽出物按GB/T 7979测定。

6.7 尘埃度按GB/T 10740—2002测定，其中有一种方法测定结果合格则判为合格。

6.8 干蓬松度按附录B测定。

6.9 吸水时间和吸水量按附录B测定。

6.10 交货水分按GB/T 462测定。

6.11 卫生指标按GB 15979测定。

6.12 外观质量采用目测检验。

7 检验规则

7.1 生产厂应保证所生产的绒毛浆符合本标准或定货合同的规定，每卷绒毛浆交货时应附有一份产品合格证。

7.2 以一次交货数量为一批，产品交收检验抽样应按GB/T 2828.1的规定进行，样本单位为卷筒

(件)。接收质量限(AQL):干蓬松度、吸水时间、吸水量为4.0;定量偏差、紧度、二氯甲烷抽出物、尘埃度、耐破指数、交货水分、亮度、外观质量为6.5。采用方案、检验水平为特殊检验水平S-2的正常检验二次抽样,其抽样方案见表2。

表2

批量 卷筒(件)	检查水平S-2的正常检查二次抽样方案				
	样本 大小	B类不合格品 AQL=4.0		C类不合格品 AQL=6.5	
		Ac	Re	Ac	Re
≤50	3	0	1	0	1
51~150	3	0	1	—	—
	5 5(10)	— —	— —	0 1	2 2
151~3200	8 8(16)	0 1	2 2	0 3	3 4

7.3 在抽样时,应先检查样本外部包装情况,然后从中采取试样进行检验。

7.4 可接收性的确定:第一次检验的样品数量应等于该方案给出的第一样本量。如果第一样本中发现的不合格品数量小于或等于第一接收数,应认为该批是可接收的;如果第一样本中发现的不合格品数大于或等于第一拒收数,应认为该批是不可接收的。如果第一样本中发现的不合格品数介于第一接收数与第一拒收数之间,应检验由方案给出的样本量的第二样本并累计在第一样本和第二样本中发现的不合格品数。如果不合格品数累计数小于或等于第二接收数,则判定该批是可接收的;如果不合格品累计数大于或等于第二拒收数,则判定该批是不可接收的。

7.5 卫生指标GB 15979进行测定,经检测若卫生指标有一项不符合规定,则判为批不合格。

7.6 需方若对产品质量有异议,应将该批产品封存并在到货后三个月内(或按合同规定)通知供方,由供需双方共同对该批产品进行抽样检验。如不符合本标准规定,则判批不合格,由供方负责处理;如符合本标准规定,则判为批合格,由需方负责处理。

8 标志、包装、运输、贮存

8.1 每卷绒毛浆应标明产品名称、产品标准编号、商标、生产企业名称、地址、规格、批号或卷号、定量、风干重、等级、生产日期,并贴上产品合格证。

8.2 每卷产品应用塑料膜包紧。

8.3 产品运输时,应使用具有防护措施的洁净的运输工具,不应和有污染性的物质共同运输。

8.4 产品在搬运过程中,应注意轻放,防雨、防潮,不应抛扔。

8.5 产品应妥善贮存于干燥、清洁、无毒、无异味、无污染的仓库内。

附录A

(规范性附录)

绒毛浆浆板的分散方法

A.1 仪器

a)切纸刀;

b)实验室绒毛浆板钉型分散器。

设备结构示意图如图A.1所示,钉型分散器的中心是一个直径为150mm外表镶有约500只钉子的金属鼓，由6000r/min～8000r/min的电动马达驱动。鼓的外部由机壳保护，机壳上有纸浆喂料器（速度可在1cm/s～10cm/s范围内恒速）和绒毛浆收集装置。

A.2 取样方法

除去绒毛浆表层的2层浆板后进行取样，用切纸刀裁成30mm宽的纸浆试样。

A.3 分散方法

启动分散器和喂料辊电源，待电机达到额定转数后，将30mm宽的纸浆条从两个喂料辊之间进料，分散后的绒毛浆用负压从收集口收集。

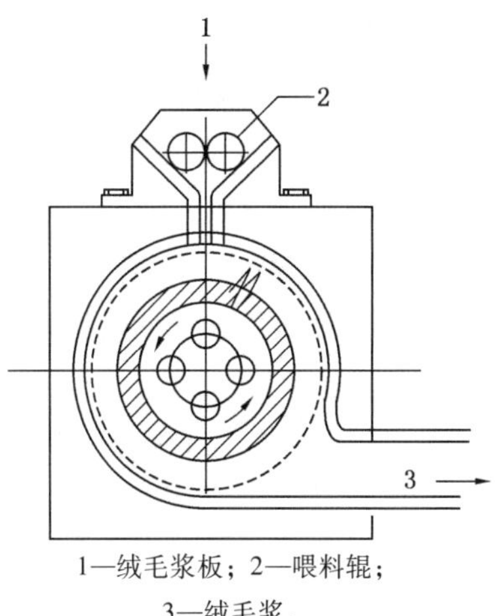

1—绒毛浆板；2—喂料辊；
3—绒毛浆。

图A.1 绒毛浆分散器原理图

附录B

（规范性附录）

绒毛浆干蓬松度、吸水时间和吸水量的测定

B.1 仪器

B.1.1 试样成型器

试样成型器是将分散的绒毛浆制备成3g直径为50mm的圆柱状试样，以供测定吸水性能和蓬松度之用，试样中的纤维应分布均匀一致，其结构示意图如图B.1所示。分散后的绒毛浆从入口被吸入，在锥型分散管以内螺旋形分散下降，纸浆可通过试样成型器被收集在一个直径为50mm的塑料管中，制成用于测定的试样。在成型管内形成一个浆垫试样用于试验。

B.1.2 干蓬松度及吸水性能测定仪

本仪器主要测定绒毛浆试样的干蓬松高度、蓬松度、吸水速度和吸水量，其结构示意图如图B.2所示。由试样成型管制成的试样被放置于底部带孔的盘上，加上500g的负荷，可测出其蓬松高度，从而计算出干蓬松性。水从底部带孔的盘被试样吸收，用计时器记录试样的吸水时间，当试样完全吸水后，测出吸水量。

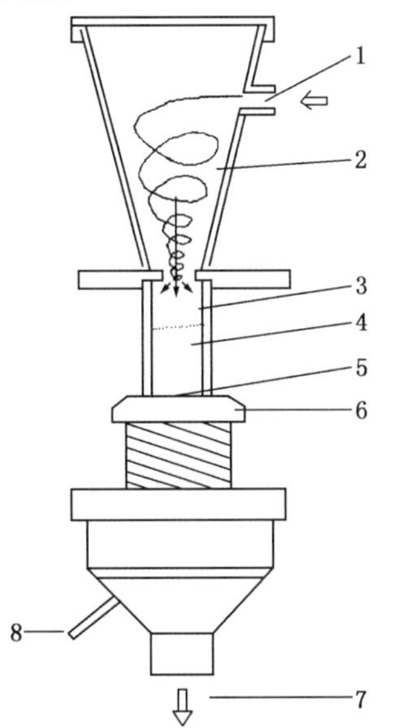

1—绒毛浆进口；2—锥型分散管道；3—成型管；
4—试样；5—金属网；6—成型管件；
7—接真空系统；8—压力计出口。

图B.1 试样成型器原理示意图

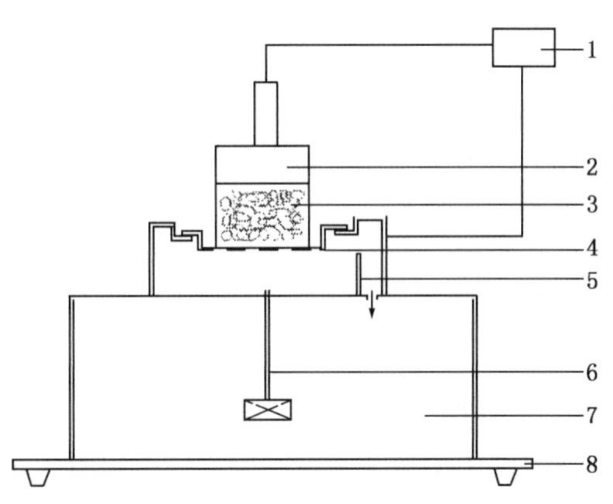

1—自动计时器；2—负荷；3—试样；4—带孔试样盘；
5—溢流板；6—水泵；7—储水箱；8—底座。

图B.2 干蓬松度及吸水性能测定仪结构示意图

B.2 试验样品的处理

试验用绒毛浆样品应当在 GB/T 10739 规定的标准大气中处理平衡。

B.3 试验步骤

B.3.1 分散样品至绒毛状

用切纸刀将绒毛浆板裁成约 30mm 宽的样品条，启动绒毛浆分散器，从喂料辊加入样品条，分散为绒毛状样品。

B.3.2 绒毛浆干蓬松度、吸水时间和吸水量的测定

取 3g 分散后的绒毛浆，在放入绒毛浆试样成型管中成型。试样保留在成型管中，每种样品至少准备 5 块试样。将试样成型管放置未注水的绒毛浆蓬松度吸水性能测定仪上，轻轻地在绒毛浆上加 500g 负荷。去掉试样成型管，30s 后记录试样高度，即为绒毛浆的蓬松高度，单位为毫米。开动水泵，将 23℃的水注入绒毛浆蓬松度吸水性能测定仪中，启动计时器，当水浸透试样后，记录吸水时间，取两位有效数字。试样吸水应至少 30s 以上，然后降低水位。湿样排水 30s 后，移开负荷，称重湿试样。

至少做三次平行试验，检查每件样品所得结果，舍去极大值，分别计算出干蓬松度、吸水时间及吸水量的平均值。

B.4 结果计算

B.4.1 绒毛浆干蓬松度 X(cm^3/g)按式(B.1)进行计算，精确至 $0.5cm^3/g$。

$$X = S \cdot h/10m_1 = 0.655h \qquad (B.1)$$

式中 S——试样的底面积，单位为平方厘米(cm^2)(底面直径 50mm 的 S 为 $19.64cm^2$)；

h——压缩后试样高度，单位为毫米(mm)；

m_1——标准大气条件下试样的质量，单位为克(g)(此处为 3.0g)。

B.4.2 绒毛浆吸水量 Y(g/g)按式(B.2)进行计算，取小数点后第一位。

$$Y = (m_2 - m_1)/m_1 \qquad (B.2)$$

式中 m_2——吸水后试样的质量，单位为克(g)；

m_1——标准大气条件下试样的质量，单位为克(g)(此处为 3.0g)。

卫生用品用无尘纸(GB/T 24292—2009)

2010-03-01 实施

1 范围

本标准规定了卫生用品用无尘纸(以下简称“无尘纸”)的分类、技术要求、试验方法、检验规则及标志、包装、运输和贮存的要求。

本标准适用于加工一次性使用卫生用品的无尘纸，包括含有高吸收性树脂的合成无尘纸和不含高吸收性树脂的普通无尘纸，不包括由无纺布、PE 膜等材料复合而成的复合无尘纸。

2 规范性引用文件

下列文件中的条款通过本标准的引用而成为本标准的条款。凡是注日期的引用文件，其随后所有的修改单(不包括勘误的内容)或修订版均不适用于本标准，然而，鼓励根据本标准达成协议的各方研究是否可使用这些文件的最新版本。凡是不注明日期的引用文件，其最新版本适用于本标准。

GB/T 450 纸和纸板 试样的采取及试样纵横向、正反面的测定(GB/T 450—2008，ISO 186：

2002，MOD）

GB/T 451.2　纸和纸板定量的测定（GB/T 451.2—2002，eqv ISO 536：1995）

GB/T 462　纸、纸板和纸浆　分析试样水分的测定（GB/T 462—2008；ISO 287：1985，MOD；ISO 638：1978，MOD）

GB/T 1541　纸和纸板尘埃度的测定

GB/T 7974　纸、纸板和纸浆亮度（白度）的测定　漫射/垂直法（GB/T 7974—2002，neq ISO 2470：1999）

GB/T 10739　纸、纸板和纸浆试样处理和试验的标准大气条件（GB/T 10739—2002，eqv ISO 187：1990）

GB/T 12914　纸和纸板　抗张强度的测定（GB/T 12914—2008；ISO 1924-1：1992，MOD；ISO 1924-2:1994，MOD）

GB 15979—2002　一次性使用卫生用品卫生标准

3 分类

3.1 无尘纸按规格分为盘纸、方包纸（平切纸）。

3.2 无尘纸按品种分为普通无尘纸和合成无尘纸。

4 技术要求

4.1 无尘纸技术指标应符合表1或合同的规定。

表1　无尘纸技术指标

指标名称			单位	规定
定量偏差			%	±10
宽度偏差			mm	±3
厚度偏差			mm	±0.4
纵向抗张指数		≥	N·m/g	1.5
亮度（白度）			%	75.0~90.0
吸水倍率		≥	倍	2.0
pH			—	4.0~9.0
交货水分		≤	%	10
尘埃度	总数	≤	个/m^2	20
	0.2mm^2~1.0mm^2	≤		20
	1.0mm^2~2.0mm^2	≤		1
	大于2.0mm^2			不应有
直径允许偏差			mm	+50 -100
接头 ≤	盘纸		个/盘	2
	方包纸（平切纸）		个/包	14

注：含高分子吸收树脂的合成无尘纸不考核吸水倍率。
方包纸（平切纸）不考核直径偏差。

4.2 按合同要求可生产各种规格的无尘纸。

4.3 无尘纸的卫生指标应符合GB 15979—2002中的妇女经期卫生用品要求。

4.4 无尘纸分切端面应平整，不应有明显死折、残缺、破损、透明点、污染物、硬质块、浆团等纸病和杂质。

4.5 无尘纸应无任何异味、无毒、无害。

4.6 无尘纸盘纸单盘水平提起轴芯时，端面变形应不大于3mm。

4.7 无尘纸盘纸的纸芯应无破损、无变形。

4.8 无尘纸的纸面接头应使用与纸面宽度相同、有明显标记、便于识别的胶带进行有效连接。

4.9 废弃的卫生用品不应作为无尘纸的原材料或其半成品。

5 试验方法

5.1 试样的采取和处理

试样的采取按GB/T 450进行，试样的处理和测定按GB/T 10739进行。

5.2 定量偏差

定量按GB/T 451.2测定，定量偏差按式(1)计算，结果修约至1%。

$$\text{定量偏差} = \frac{\text{实际定量} - \text{标称定量}}{\text{标称定量}} \times 100\% \quad \cdots\cdots (1)$$

5.3 宽度偏差

测量实际宽度，根据标称宽度计算宽度偏差，准确至整数。计算方法见式(2)。

$$\text{宽度偏差} = \text{实际宽度} - \text{标称宽度} \quad \cdots\cdots (2)$$

5.4 厚度偏差

厚度偏差按附录A测定，计算方法见式(3)。

$$\text{厚度偏差} = \text{实际厚度} - \text{标称厚度} \quad \cdots\cdots (3)$$

5.5 纵向抗张指数

纵向抗张指数按GB/T 12914测定，仲裁时按GB/T 12914中恒速拉伸法测定。结果保留至三位有效数字。

5.6 亮度(白度)

亮度(白度)按GB/T 7974测定。

5.7 吸水倍率

取一条试样，称其质量约5g(吸前质量)。用夹子垂直夹住试样的一端(≤2mm)。将试样连同夹子完全浸入约10cm深的(23±1)℃蒸馏水中，轻轻压住试样，使其完全浸没60s，然后提起夹子，使试样完全离开水面。垂直悬挂90s后，称其质量(吸后质量)，按式(4)计算吸水倍率。按同样方法测定5个试样，取5个试样的平均值作为测定结果，准确至一位小数。

$$\text{吸水倍率} = \frac{\text{吸后质量} - \text{吸前质量}}{\text{吸前质量}} \quad \cdots\cdots (4)$$

5.8 pH

pH按附录B测定。

5.9 交货水分

交货水分按GB/T 462测定。

5.10 尘埃度

尘埃度按GB/T 1541测定。

5.11 直径允许偏差

测量实际盘纸直径，计算方法见式(5)。

$$\text{直径允许偏差} = \text{实际直径} - \text{标称直径} \quad \cdots\cdots (5)$$

5.12 卫生指标

卫生指标按GB 15979—2002中的7.1.3测定。

6 检验规则

6.1 生产企业应保证所生产的无尘纸符合本标准或合同的规定，以一次交货数量为一批，每批产品应附有产品合格证。

6.2 如果无尘纸的微生物指标不合格，则判定该批是不可接收的。

6.3 计数抽样检验程序按 GB/T 2828.1 规定进行。无尘纸样本单位为卷或件。接收质量限（AQL）：厚度偏差、抗张指数、pH、吸水倍率 AQL 为 4.0，定量偏差、宽度偏差、亮度、交货水分、尘埃度、直径允许偏差、接头、端面变形、外观 AQL 为 6.5。采用正常检验二次抽样，检验水平为特殊检验水平 S－3。其抽样方案见表 2。

表 2 抽 样 方 案

批量/卷（件）	正常检验二次抽样方案 特殊检验水平 S－3				
	样本量	AQL 值为 4.0		AQL 值为 6.5	
		Ac	Re	Ac	Re
2～50	2	—	—	0	1
	3	0	1	—	—
51～150	3	0	1	—	—
	5	—	—	0	2
	5（10）	—	—	1	2
151～500	5	—	—	0	2
	5（10）	—	—	1	2
	8	0	2	—	—
	8（16）	1	2	—	—
501～3200	8	0	2	0	3
	8（16）	1	2	3	4

6.4 可接收性的确定：第一次检验的样品数量应等于该方案给出的第一样本量。如果第一样本中发现的不合格品数小于或等于第一接收数，应认为该批是可接收的；如果第一样本中发现的不合格品数大于或等于第一拒收数，应认为该批是不可接收的。如果第一样本中发现的不合格品数介于第一接收数与第一拒收数之间，应检验由方案给出样本量的第二样本并累计在第一样本和第二样本中发现的不合格品数。如果不合格品累计数小于或等于第二接收数，则判定该批是可接收的；如果不合格品累计数大于或等于第二拒收数，则判定该批是不可接收的。

6.5 需方若对产品质量持有异议，可在到货后三个月内通知供方共同复验或委托共同商定的检验部门进行复验。复验结果若不符合本标准或合同的规定，则判定为批不可接收，由供方负责处理；若符合本标准的规定，则判定为批可接收，由需方负责处理。

7 标志、包装、运输和贮存

7.1 产品标志及包装

7.1.1 产品包装上应标明以下内容：

a）产品名称；

b）企业名称、地址、联系方式；

c）定量、规格、数量、净重；

d）生产日期和保质期或生产批号和限期使用日期。

7.1.2 与无尘纸直接接触的包装材料应清洁、无毒、无害。无尘纸不应裸露，以保证产品不受污染。

7.1.3 每批无尘纸应附产品质量检验报告和合格证。

7.2 产品运输及贮存

7.2.1 包装上应标明运输及贮存条件。

7.2.2 无尘纸在运输过程中应使用具有防护措施的工具，防止重压、尖物碰撞及日晒雨淋。

7.2.3 无尘纸应保存在干燥通风、不受阳光直接照射的室内，防止雨雪淋袭和地面湿气的影响，不应与有污染或有毒化学品一起贮存。

7.2.4 超过保质期的无尘纸，经重新检验合格后方可限期使用。

附录 A
（规范性附录）
厚度偏差的测定

A.1 厚度仪器

仪器的技术参数如下：

a）测量范围：0 ~ 9mm；

b）显示分辨率：0.01mm；

c）测量准确度：0.01mm；

d）测量头下降速度：<3mm/s；

e）接触压力：0.25kPa ~ 0.50kPa；

f）接触面积：（20 ±0.2） cm^2；

g）测量面平面度误差：≤0.005mm；

h）两测量面间平行度误差：≤0.01mm。

A.2 试验步骤

将测量块置于测量头下方的中间位置，使测量头的触点位于测量块的中心点上，将厚度仪回零。将试样放在测量块下方的居中位置，并将试样和测量块置于测量头下方，使测量头触点位于测量块的中心点上，待3s后立即读数。

A.3 测定

测量实际厚度，每条试样测定三点数据，取其算术平均值作为测定结果。根据标称厚度计算厚度偏差，精确至0.01mm。

附录 B
（规范性附录）
pH 的测定

B.1 仪器和试剂

B.1.1 仪器

B.1.1.1 带复合电极的 pH 计。

B.1.1.2 天平，最大量程 500g，感量 0.1g。

B.1.1.3 温度计，精确度为 ±0.1℃。

B.1.1.4 烧杯，100mL。

B.1.1.5 量筒，100mL 和 50mL。

B.1.1.6 容量瓶，1000mL。

B.1.1.7 不锈钢剪刀。

B.1.2 试剂

B.1.2.1 蒸馏水或去离子水，pH 为6.5～7.2。

B.1.2.2 标准缓冲溶液：25℃时 pH 为6.86 的缓冲溶液（磷酸二氢钾和磷酸氢二钠混合液）。所用试剂应为分析纯，缓冲溶液至少一个月重新配制一次。

配制方法：称取磷酸二氢钾（KH_2PO_4）3.39g 和磷酸氢二钠（Na_2HPO_4）3.54g，置于1000mL 容量瓶中，用蒸馏水（或去离子水）刻度，摇匀备用。

B.2 试验步骤

在常温下，称取1g 试样，置于100mL 烧杯内。加入蒸馏水（或去离子水）50mL，用玻璃棒搅拌，10min 后将复合电极放入烧杯中读取 pH 数值。

B.3 试验结果的计算

每种样品测定两个试样，取其算术平均值作为测定结果，准确至0.1pH 单位。

B.4 注意事项

每次使用 pH 计前应用标准缓冲溶液（B.1.2.2）进行校准，校准方法详见仪器使用说明书。每个试样测定完毕后，应立即用蒸馏水（或去离子水）洗净电极。

卫生巾高吸收性树脂（GB/T 22875—2008）

2009-09-01 实施

1 范围

本标准规定了卫生巾（含卫生护垫）聚丙烯酸盐类高吸收性树脂的要求、试验方法、检验规则及标志、包装、运输和贮存。

本标准适用于各类妇女卫生巾（含卫生护垫）用聚丙烯酸盐类高吸收性树脂。

2 要求

2.1 卫生巾高吸收性树脂的技术指标应符合表1 或合同的规定。

表1

指标名称			单位	要求
残留单体（丙烯酸）		≤	mg/kg	1800
挥发物含量		≤	%	10.0
pH			—	4.0～8.0
粒度分布	<106μm	≤	%	10.0
	<45μm	≤		1.0
密度			g/cm^3	0.3～0.9
吸收速度		≤	s	200
吸收量		≥	g/g	20.0

2.2 产品外观应色泽均一。

3 试验方法

3.1 残留单体（丙烯酸）按附录A测定。

3.2 挥发物含量按附录B测定。

3.3 pH按附录C测定。

3.4 粒度分布按附录D测定。

3.5 密度按附录E测定。

3.6 外观：将试样置于正常光线下目测检验。

3.7 吸收速度：用电子天平称取1.0g待测试样，准确至0.001g，然后倒入100mL的烧杯中。晃动烧杯使试样均匀分散在烧杯底部。用量筒量取23℃的标准合成试液（按附录G配制）5mL，倒入盛有试样的烧杯中，同时开始计时。待稍微倾斜烧杯时杯内液体流动性消失，记录所用时间。吸收速度用秒表示，同时进行两次测定。用两次测定的算术平均值，并修约至整数报告结果。

3.8 吸收量按附录F测定。

4 检验规则

4.1 以一次生产批为一批。

4.2 从同一批且不少于3个包装袋中均匀取样，取样量应为1kg。

4.3 产品出厂前应按本标准或合同规定进行项目检验，若经检验有不合格项，则应加倍抽样对不合格项进行复检，复检结果作为最终检验结果。

4.4 供货单位（以下简称供方）应保证产品质量符合本标准或合同规定，交货时应附产品质量合格证。

4.5 购货单位（以下简称需方）有权按本标准或合同规定检验产品，如对产品质量有异议，应在到货一个月内（或按合同规定）通知供方，供方应及时处理，必要时可由供需双方共同抽样复检。如果复检结果不符合本标准或合同规定，则判为批不合格，由供方负责处理；如果复检结果符合本标准或合同规定，则判为批合格，由需方负责处理。双方对复检结果如仍有争议，应提请双方认可的上一级检测机构进行仲裁，仲裁结果作为最后裁决依据。

5 标志、包装、运输、贮存

5.1 产品的标志、包装应按5.2或合同规定进行。

5.2 产品应使用带有内衬塑料薄膜的包装袋进行包装，包装袋应具有足够的强度，保证使用时不会发生断裂、脱落等现象。每批产品应附一份质量合格证，合格证上应注明生产单位名称、产品名称、商标、生产日期、包装量、检验结果和采用标准编号。

5.3 产品运输时应使用防雨、防潮、洁净的运输工具，不应与有污染的物品共同运输。

5.4 产品在搬运过程中不应从高处扔下或就地翻滚移动。

5.5 产品应贮存于阴凉、通风、干燥的仓库内，严防雨、雪和地面湿气的影响。

附录A

（规范性附录）

残留单体（丙烯酸）的测定

A.1 仪器和试剂

A.1.1 烧杯（带盖），容量300mL左右。

A.1.2 磁力搅拌器及搅拌磁子。

A.1.3 漏斗及滤纸。

A.1.4 高效液相色谱。

A.1.5 UV 检出器。
A.1.6 色谱柱，应选用程序升温时间在 5.5min 以上的色谱柱。
A.1.7 100μL 微量注射器。
A.1.8 滤膜过滤器，孔径规格 0.45μm，水系用。
A.1.9 电子天平，感量为 0.001g。
A.1.10 生理盐水，浓度 0.9%。
A.1.11 丙烯酸，优级纯。
A.1.12 磷酸（H_3PO_4），优级纯。

A.2 测定步骤

A.2.1 残存单体（丙烯酸）的抽出

称取 1g 试样，准确至 0.001g，倒入烧杯中。然后加入 200mL 浓度 0.9% 的生理盐水（A.1.10），放入回转子（A.1.2）后加盖，用磁力搅拌器（A.1.2）搅拌 1h。用滤纸（A.1.3）过滤，将滤液作为测试溶液。

A.2.2 标准曲线

测定已知浓度的丙烯酸溶液的峰面积，以丙烯酸浓度为横坐标，以峰面积为纵坐标，绘制标准曲线。

A.2.3 试样的测定

将测试溶液用微量注射器（A.1.7）通过滤膜过滤器（A.1.8）注入到高效液相色谱（A.1.4）中，按以下条件进行测定，并计算出峰面积。

测定条件：

a）流动相：0.1% H_3PO_4 水溶液；
b）流量：1.0mL/min ~ 2.0mL/min；
c）注入量：20μL ~ 100μL；
d）UV 检出器（A.1.5）：检测波长 210nm。

A.3 结果的表示

根据测试溶液的峰面积及标准曲线，按式（A.1）计算试样中残留单体（丙烯酸）的含量，并准确至小数点后第一位。

$$c = \frac{A}{m} \times 200 \qquad \text{(A.1)}$$

式中 c——残留单体（丙烯酸）的含量，单位为毫克每千克（mg/kg）；
A——由标准曲线得出的丙烯酸浓度，单位为毫克每升（mg/L）；
m——称取试样的质量，单位为克（g）；
200——加入生理盐水的体积，单位为毫升（mL）。

附录 B
（规范性附录）
挥发物含量的测定

B.1 仪器和试剂

B.1.1 烘箱，能使温度保持在 105℃ ±2℃。
B.1.2 干燥器。
B.1.3 电子天平，感量为 0.001g。
B.1.4 试样容器，用于试样的转移和称量。该容器由能防水蒸气，且在试验条件下不易发生变化的轻质材料制成。

B.2 测定步骤

B.2.1 称取5g试样，准确至0.001g，装入已恒重的容器（B.1.4）中。将装有试样的容器放入温度为（105±2）℃的烘箱（B.1.1），烘干4h。并将称量容器的盖子打开一起烘干。当烘干结束时，应在烘箱内盖上容器的盖子，然后移入干燥器（B.1.2）内冷却，30min后称取容器及试样的质量。

B.2.2 将该称量容器再次移入烘箱中重复上述步骤，两次连续称量间的干燥时间应不少于1h。当两次连续称量间的差值不大于试样原质量的0.2%时，即可确定试样达到恒重。

B.3 结果的表示

B.3.1 挥发物含量的计算

挥发物的含量可按式（B.1）计算：

$$w = \frac{m_1 - m_2}{m_1} \times 100\% \qquad \text{(B.1)}$$

式中 w——挥发物的含量,%；

m_1——烘干前试样的质量，单位为克（g）；

m_2——烘干后试样的质量，单位为克（g）。

B.3.2 结果的表示

同时进行两次测定，取其算术平均值作为测定结果，并修约至整数位。两次测定结果间的误差，应不超过0.2%（绝对值）。

附录C

（规范性附录）

pH 的测定

C.1 仪器和试剂

C.1.1 电子天平，0.001g。

C.1.2 量筒，感量为100mL。

C.1.3 磁力搅拌器。

C.1.4 pH计。

C.1.5 生理盐水，浓度0.9%。

C.2 测定步骤

C.2.1 用量筒（C.1.2）准确量取生理盐水（C.1.5）100mL，倒入150mL烧杯中。并置于磁力搅拌器（C.1.3）上适度搅拌，在搅拌过程中应避免溶液中产生气泡。

C.2.2 用电子天平（C.1.1）称取0.5g试样，准确至0.001g，将称好的试样缓缓加入烧杯中。适度搅拌10min后，将烧杯从磁力搅拌器上移开并停止搅拌，静置8min以使悬浮的树脂沉淀。

C.2.3 根据仪器说明，使用缓冲溶液调整pH计（C.1.4）。然后将pH复合电极慢慢插入沉淀的试样上方的溶液中，2min后读取pH计的数值。为了防止污染电极，电极不应接触到试样。读取示值后，将电极移开并用去离子水彻底清洗，然后浸入电极保护缓冲溶液中。

C.3 测定结果的表示

测定结果直接从pH计上读出，同时进行两次测定，取两次测定的平均值作为测定结果。结果修约至小数点后一位。

附 录 D

（规范性附录）

粒度分布的测定

D.1 仪器和试剂

D.1.1 电子天平，感量为0.01g。

D.1.2 筛网振动器，振幅1mm，频率1400r/min。

D.1.3 筛网，使用网孔为45μm和106μm的标准筛。

D.1.4 接收底盘及盖子。

D.1.5 刷子。

D.2 测定步骤

D.2.1 每次使用前应先清洁筛网（D.1.3），在光源下检查筛网的整个表面，检查每个筛网的损坏情况。如果发现任何破裂或破洞，则丢弃该破损筛网并用新筛网代替。如果筛网不干净，则需清洗。

D.2.2 将筛网叠放在筛网振动器（D.1.2）上，底部放置接收底盘（D.1.4），将筛子按106μm至45μm的顺序自上而下叠放。用250mL的玻璃烧杯称取100g试样，准确至0.01g。将试样轻轻倒入顶部的筛子，加盖（D.1.4）并开动筛网振动器振动10min。然后将筛网小心地取出，分别称量45μm筛网及接收底盘上试样的质量。测定过程中应避免通风气流。用刷子（D.1.5）将筛下部分收集到废物皿中，并清洁筛网。

D.3 测定结果的表示

粒度分布可按式（D.1）和式（D.2）计算：

$$w_1 = \frac{m_2 + m_3}{m_1} \times 100\% \qquad (D.1)$$

$$w_2 = \frac{m_3}{m_1} \times 100\% \qquad (D.2)$$

式中 w_1——粒度为106μm以下的含量,%；

w_2——粒度为45μm以下的含量,%；

m_1——试样的总质量，单位为克（g）；

m_2——残留在45μm筛网上试样的质量，单位为克（g）；

m_3——残留在接收底盘上试样的质量，单位为克（g）。

同时进行两次测定，取其算术平均值作为测定结果，结果修约至小数点后一位。

附 录 E

（规范性附录）

密度的测定

E.1 仪器和试剂

E.1.1 密度仪

E.1.2 漏斗，容量大于120mL，且带有孔式节流阻尼或挡板，孔口内径10.00mm±0.01mm。

E.1.3 密度杯，杯筒容量100cm³ ±0.5 cm³。

E.1.4　电子天平，感量为0.01g。

E.2　测定步骤

E.2.1　将密度仪（E.1.1）放在平台上，调节三个脚上的螺钉，使其保持水平状。将洗净烘干的漏斗（E.1.2）垂直放在密度杯（E.1.3）中心上方40mm±1mm高度处，确保漏斗水平。称取空密度杯的质量m_1，准确至0.01g。然后将已称量的空密度杯放在漏斗的正下方。

E.2.2　称取约120g的试样轻轻加入漏斗中，漏斗下方的孔式节流阻尼或挡板处于关闭状态。快速打开漏斗下方的孔式节流阻尼或挡板，让漏斗内的试样自然落下。用玻璃棒刮掉密度杯顶部多余的试样，不应拍打或震动密度杯。称取装有试样的密度杯的质量m_2，准确至0.01g。

E.3　测定结果的表示

试样的密度可按式（E.1）计算：

$$\rho = \frac{m_2 - m_1}{V} \qquad \text{(E.1)}$$

式中　ρ——试样的密度，单位为克每立方厘米（g/cm^3）；

m_1——空密度杯的质量，单位为克（g）；

m_2——装有试样的密度杯质量，单位为克（g）；

V——密度杯的体积，单位为立方厘米（cm^3）。

同时进行两次测定，并取其算术平均值作为测定结果，结果修约至小数点后一位。

附录F
（规范性附录）
吸收量的测定

F.1　仪器和试剂

F.1.1　电子天平，感量为0.001g。

F.1.2　纸质茶袋，尺寸为60mm×85mm，透气性（230±50）L/(min·100cm^2)（压差124Pa）。

F.1.3　夹子，固定茶袋用。

F.1.4　标准合成试液（见附录G）。

F.2　测定步骤

F.2.1　称取0.2g试样，准确至0.001g，并将该质量记作m。将试样全部倒入茶袋（F.1.2）底部，附着在茶袋内侧的试样也应全部倒入茶袋底部。

F.2.2　将茶袋封口，浸泡至装有足够量的标准合成试液（F.1.4）的烧杯中，浸泡时间为30min。

F.2.3　轻轻地将装有试样的茶袋拎出，用夹子（F.1.3）悬挂起来，静止状态下滴液10min。多个茶袋同时悬挂时，注意茶袋之间应不互相接触。

F.2.4　10min后，称量装有试样茶袋的质量m_1。

F.2.5　使用没有试样的茶袋同时进行空白值测定，称取空白试验茶袋的质量，并将该质量记作m_2。

F.3　测定结果的表示

试样的吸收量可按式（F.1）计算：

$$w = \frac{m_1 - m_2}{m} \qquad \text{(F.1)}$$

式中 w——试样的吸收量，单位为克每克（g/g）；
m_1——装有试样茶袋的质量，单位为克（g）；
m_2——空白试验茶袋的质量，单位为克（g）；
m——称取试样的质量，单位为克（g）。

同时进行两次测定，并取其算术平均值作为测定结果，结果修约至小数点后一位。

附录G
（规范性附录）
标准合成试液

G.1 原理

该标准合成试液系根据动物血（猪血）的主要物理性能配制，具有与其相似的流动及吸收特性，可以很好地模拟人体经血性能。

G.2 配方

以下试剂均为化学纯。

a）蒸馏水或去离子水：860mL；
b）氯化钠：10.00g；
c）碳酸钠：40.00g；
d）丙三醇（甘油）：140mL；
e）苯甲酸钠：1.00g；
f）食用色素：适量；
g）羧甲基纤维素钠：5.00g；
h）标准媒剂：1%（体积分数）。

G.3 标准合成试液的物理性能

在（23±1）℃时，标准合成试液的物理性能如下：

a）密度：（1.05±0.05）g/cm³；
b）黏度：（11.9±0.7）s（用4号涂料杯测）；
c）表面张力：（36±4）mN/m。

纸尿裤高吸收性树脂（GB/T 22905—2008）

2009-09-01 实施

1 范围

本标准规定了纸尿裤聚丙烯酸盐类高吸收性树脂的要求、试验方法、检验规则及标志、包装、运输、贮存。

本标准适用于各类婴儿纸尿裤（片）、成人失禁用品用聚丙烯酸盐类高吸收性树脂。

2 要求

2.1 纸尿裤高吸收性树脂的技术指标应符合表1或合同的规定。

表 1

指 标 名 称			单 位	要 求
残留单体（丙烯酸）		≤	mg/kg	1800
挥发物含量		≤	%	10.0
pH			—	4.0～8.0
粒度分布	<106μm	≤	%	10.0
	其中<45μm	≤		1.0
密度			g/cm^3	0.3～0.9
吸收量		≥	g/g	40.0
保水量		≥	g/g	20.0
加压吸收量		≥	g/g	10.0

2.2　产品外观应色泽均一。

3　试验方法

3.1　残留单体（丙烯酸）按附录 A 测定。
3.2　挥发物含量按附录 B 测定。
3.3　pH 按附录 C 测定。
3.4　粒度分布按附录 D 测定。
3.5　密度按附录 E 测定。
3.6　外观：将试样置于正常光线下目测检验。
3.7　吸收量、保水量按附录 F 测定。
3.8　加压吸收量按附录 G 测定。

4　检验规则

4.1　以一次生产批为一批。
4.2　从同一批且不少于 3 个包装袋中均匀取样，取样量应为 1kg。
4.3　产品出厂前应按本标准或合同规定进行项目检验，若经检验有不合格项，则应加倍抽样对不合格项进行复检，复检结果作为最终检验结果。
4.4　供货单位（以下简称供方）应保证产品质量符合本标准或合同规定，交货时应附产品质量合格证。
4.5　购货单位（以下简称需方）有权按本标准或合同规定检验产品，如对产品质量有异议，应在到货一个月内（或按合同规定）通知供方，供方应及时处理，必要时可由供需双方共同抽样复检。如果复检结果不符合本标准或合同规定，则判为批不合格，由供方负责处理；如果复检结果符合本标准或合同规定，则判为批合格，由需方负责处理。双方对复检结果如仍有争议，应提请双方认可的上一级检测机构进行仲裁，仲裁结果作为最后裁决依据。

5　标志、包装、运输、贮存

5.1　产品的标志、包装应按 5.2 或合同规定进行。
5.2　产品应使用带有内衬塑料薄膜的包装袋进行包装，包装袋应具有足够的强度，保证使用时不会发生断裂、脱落等现象。每批产品应附一份质量合格证，合格证上应注明生产单位名称、产品名称、商标、生产日期、包装量、检验结果和采用标准编号。
5.3　产品运输时应使用防雨、防潮、洁净的运输工具，不应与有污染的物品共同运输。
5.4　产品在搬运过程中不应从高处扔下或就地翻滚移动。

5.5 产品应贮存于阴凉、通风、干燥的仓库内，严防雨、雪和地面湿气的影响。

附 录 A

(规范性附录)

残留单体（丙烯酸）的测定

A.1 仪器和试剂

A.1.1 烧杯（带盖），容量300mL左右。

A.1.2 磁力搅拌器及搅拌磁子。

A.1.3 漏斗及滤纸。

A.1.4 高效液相色谱仪。

A.1.5 UV检出器。

A.1.6 色谱柱，应选用程序升温时间在5.5min以上的色谱柱。

A.1.7 100μL微量注射器。

A.1.8 滤膜过滤器，孔径规格0.45μm，水系用。

A.1.9 电子天平，感量为0.001g。

A.1.10 生理盐水，浓度0.9%。

A.1.11 丙烯酸，优级纯。

A.1.12 磷酸（H_3PO_4），优级纯。

A.2 测定步骤

A.2.1 残留单体（丙烯酸）的抽出

称取1g试样，准确至0.001g，倒入烧杯中。然后加入200mL浓度0.9%的生理盐水（A.1.10），放入回转子后加盖，用磁力搅拌器（A.1.2）搅拌1h。用滤纸（A.1.3）过滤，将滤液作为测试溶液。

A.2.2 标准曲线

测定已知浓度的丙烯酸溶液的峰面积，以丙烯酸浓度为横坐标，以峰面积为纵坐标，绘制标准曲线。

A.2.3 试样的测定

将测试溶液用微量注射器（A.1.7）通过滤膜过滤器（A.1.8）注入到高效液相色谱仪（A.1.4）中，按以下条件进行测定，并计算出峰面积。

测定条件：

流动相：0.1% H_3PO_4 水溶液；

流量：1.0mL/min～2.0mL/min；

注入量：20μL～100μL；

UV检出器（A.1.5）：检测波长210nm。

A.3 结果的表示

根据测试溶液的峰面积及标准曲线，按式（A.1）计算试样中残留单体（丙烯酸）含量，并准确至小数点后第一位。

$$X = \frac{c}{m} \times 200 \qquad \text{(A.1)}$$

式中 X——残留单体（丙烯酸）含量，单位为毫克每千克（mg/kg）；

c——由标准曲线得出的丙烯酸浓度，单位为毫克每升（mg/L）；

m——称取试样的质量，单位为克（g）。

附录B
（规范性附录）
挥发物含量的测定

B.1 仪器和试剂

B.1.1 烘箱，能使温度保持在105℃ ±2℃。

B.1.2 干燥器。

B.1.3 电子天平，感量为0.001g。

B.1.4 试样容器，用于试样的转移和称量。该容器由能防水蒸气，且在试验条件下不易发生变化的轻质材料制成。

B.2 测定步骤

B.2.1 称取5g试样，准确至0.001g，装入已恒重的容器（B.1.4）中。将装有试样的容器放入温度为（105 ±2）℃的烘箱（B.1.1），烘干4h。并将称量容器的盖子打开一起烘干。当烘干结束时，应在烘箱内盖上容器的盖子，然后移入干燥器（B.1.2）内冷却，30min后称取容器及试样的质量。

B.2.2 将该称量容器再次移入烘箱中重复上述步骤，两次连续称量间的干燥时间应不少于1h。当两次连续称量间的差值不大于试样原质量的0.2%时，即可确定试样达到恒重。

B.3 结果的表示

B.3.1 挥发物含量的计算

挥发物含量可按式（B.1）计算：

$$X = \frac{m_1 - m_2}{m_1} \times 200 \qquad \text{(B.1)}$$

式中 X——挥发物含量,%；

m_1——烘干前试样的质量，单位为克（g）；

m_2——烘干后试样的质量，单位为克（g）。

B.3.2 结果的表示

同时进行两次测定，取其算术平均值作为测定结果，并修约至整数位。两次测定结果间的误差，应不超过0.2%（绝对值）。

附录C
（规范性附录）
pH 的测定

C.1 仪器和试剂

C.1.1 电子天平，0.001g。

C.1.2 量筒，感量为100mL。

C.1.3 磁力搅拌器。

C.1.4 pH计。

C.1.5 生理盐水，浓度0.9%。

C.2 测定步骤

C.2.1 用量筒（C.1.2）准确量取生理盐水（C.1.5）100mL，倒入150mL烧杯中，并置于磁力搅拌器（C.1.3）上适度搅拌，在搅拌过程中应避免溶液中产生气泡。

C.2.2 用电子天平（C.1.1）称取0.5g试样，准确至0.001g，将称好的试样缓缓加入烧杯中。适度搅拌10min后，将烧杯从磁力搅拌器上移开并停止搅拌，静置8min以使悬浮的树脂沉淀。

C.2.3 根据仪器说明，使用缓冲溶液调整pH计（C.1.4）。然后将pH复合电极慢慢插入沉淀的试样上方的溶液中，2min后读取pH计的数值。为了防止污染电极，电极不应接触到试样。读取示值后，将电极移开并用去离子水彻底清洗，然后浸入电极保护缓冲溶液中。

C.3 测定结果的表示

测定结果直接从pH计上读出，同时进行两次测定，取两次测定的平均值作为测定结果。结果修约至小数点后一位。

附录D

（规范性附录）

粒度分布的测定

D.1 仪器和试剂

D.1.1 电子天平，感量为0.01g。

D.1.2 筛网振动器，振幅1mm，频率1400r/min。

D.1.3 筛网，使用网孔为45μm和106μm的标准筛。

D.1.4 接收底盘及盖子。

D.1.5 刷子。

D.2 测定步骤

D.2.1 每次使用前应先清洁筛网（D.1.3），在光源下检查筛网的整个表面，检查每个筛网的损坏情况。如果发现任何破裂或破洞，则丢弃该破损筛网并用新筛网代替。如果筛网不干净，则需清洗。

D.2.2 将筛网叠放在筛网振动器（D.1.2）上，底部放置接收底盘（D.1.4），将筛子按106μm至45μm的顺序自上而下叠放。用250mL的玻璃烧杯称取100g试样，准确至0.01g。将试样轻轻倒入顶部的筛子，加盖（D.1.4）并开动筛网振动器振动10min。然后将筛网小心地取出，分别称量45μm筛网及接收底盘上试样的质量。测定过程中应避免通风气流。用刷子（D.1.5）将筛下部分收集到废物皿中，并清洁筛网。

D.3 测定结果的表示

粒度分布可按式（D.1）和式（D.2）计算：

$$X_1 = \frac{m_2 + m_3}{m_1} \times 100\% \qquad (D.1)$$

$$X_2 = \frac{m_3}{m_1} \times 100\% \qquad (D.2)$$

式中 X_1——106μm以下含量,%；

X_2——45μm以下含量,%；

m_1——试样的总质量，单位为克（g）；

m_2——残留在45μm筛网上试样的质量，单位为克（g）；

m_3——残留在接收底盘上试样的质量，单位为克（g）。

同时进行两次测定，取其算术平均值作为测定结果，结果修约至小数点后一位。

附 录 E

（规范性附录）

密度的测定

E.1 仪器和试剂

E.1.1 密度仪。

E.1.2 漏斗，容量大于120mL，且带有孔式节流阻尼或挡板，孔口内径10.00mm ±0.01mm。

E.1.3 密度杯，杯筒容量$100cm^3 \pm 0.5cm^3$。

E.1.4 电子天平，感量为0.01g。

E.2 测定步骤

E.2.1 将密度仪（E.1.1）放在平台上，调节三个脚上的螺丝，使其保持水平状。将洗净烘干的漏斗（E.1.2）垂直放在密度杯（E.1.3）中心上方40mm ±1mm 高度处，确保漏斗水平。称取空密度杯的质量m_1，准确至0.01g。然后将已称量的空密度杯放在漏斗的正下方。

E.2.2 称取约120g的试样轻轻加入漏斗中，漏斗下方的孔式节流阻尼或挡板处于关闭状态。快速打开漏斗下方的孔式节流阻尼或挡板，让漏斗内的试样自然落下。用玻璃棒刮掉密度杯顶部多余的试样，不应拍打或震动密度杯。称取装有试样的密度杯的质量m_2，准确至0.01g。

E.3 测定结果的表示

密度可按式（E.1）计算：

$$\rho = \frac{m_2 - m_1}{V} \qquad \text{(E.1)}$$

式中 ρ——密度，单位为克每立方厘米（g/cm^3）；

m_1——空密度杯的质量，单位为克（g）；

m_2——装有试样的密度杯质量，单位为克（g）；

V——密度杯的体积，单位为立方厘米（cm^3）。

同时进行两次测定，并取其算术平均值作为测定结果，结果修约至小数点后一位。

附 录 F

（规范性附录）

吸收量和保水量的测定

F.1 仪器和试剂

F.1.1 电子天平，感量为0.001g。

F.1.2 纸质茶袋，尺寸为60mm×85mm，透气性（230±50）L/(min·$100cm^2$)（压差124Pa）。

F.1.3 夹子，固定茶袋用。

F.1.4 离心脱水机，直径200mm，转速1500r/min（可产生约250g的离心力）。

F.1.5 生理盐水，浓度0.9%。

F.2 测定步骤

F.2.1 吸收量测定

F.2.1.1 称取0.2g试样，准确至0.001g，并将该质量记作m，将该试样全部倒入茶袋（F.1.2）底部，附着在茶袋内侧的试样也应全部倒入茶袋底部。

F. 2. 1. 2 将茶袋封口，浸泡至装有足够量0.9%生理盐水（F. 1. 5）的烧杯中，浸泡时间为30min。

F. 2. 1. 3 轻轻地将装有试样的茶袋拎出，用夹子（F. 1. 3）悬挂起来，静止状态下滴水10min。多个茶袋同时悬挂时，注意茶袋之间应不互相接触。

F. 2. 1. 4 10min后，称量装有试样茶袋的质量 m_1。

F. 2. 1. 5 使用没有试样的茶袋同时进行空白值测定，称取空白试验茶袋的质量，并将该质量记作 m_2。

F. 2. 2 保水量测定

F. 2. 2. 1 将测定完吸收量的装有试样的茶袋在250g离心力（见F. 1. 4）条件下离心脱水3min。

F. 2. 2. 2 3min脱水结束后，称量装有试样的茶袋质量，并将该质量记作 m_3。

F. 2. 2. 3 使用没有试样的茶袋同时进行空白值测定，称取空白试验茶袋的质量并将该质量记作 m_4。

F. 3 测定结果的表示

吸收量和保水量可按式（F. 1）和式（F. 2）计算：

$$c_1 = \frac{m_1 - m_2}{m} \qquad \text{(F. 1)}$$

$$c_2 = \frac{m_3 - m_4}{m} \qquad \text{(F. 2)}$$

式中 c_1——吸收量，单位为克每克（g/g）；

c_2——保水量，单位为克每克（g/g）；

m——称取试样的质量，单位为克（g）；

m_1——装有试样茶袋的质量，单位为克（g）；

m_2——空白试验茶袋的质量，单位为克（g）；

m_3——脱水后装有试样茶袋的质量，单位为克（g）；

m_4——脱水后空白试验茶袋的质量，单位为克（g）。

同时进行两次测定，并取其算术平均值作为测定结果，结果修约至小数点后一位。

附 录 G
（规范性附录）
加压吸收量的测定

G. 1 仪器和试剂

G. 1. 1 塑料圆桶，内径为25mm、外径为31mm、高为32mm，且底面粘有50μm尼龙网。

G. 1. 2 粘好砝码的塑料活塞（2068Pa），圆桶型，外径25mm，能与塑料圆桶（G. 1. 1）紧密连接，且能上下自如活动。

G. 1. 3 电子天平，感量为0.001g。

G. 1. 4 浅底盘，内径为85mm，高为20mm，且粘有直径为2mm的金属线，如图G. 1所示。

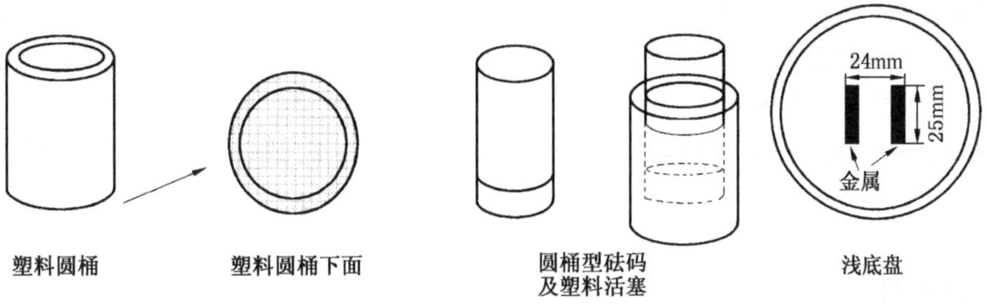

图 G. 1

G.1.5　生理盐水，浓度0.9%。

G.2　测定步骤

G.2.1　测定应在（23±2）℃的环境下进行。

G.2.2　将温度（23±2）℃的标准生理盐水25g加入到浅底盘（G.1.4）中，将此盘放在平台上。

G.2.3　称取0.160g试样 m_1，准确至0.001g，装入塑料圆桶（G.1.1）中。

G.2.4　将粘好砝码的塑料活塞（G.1.2）装入已经装好测试试样的塑料圆桶（G.1.1）中，称其质量 m_2。

G.2.5　将装入试样的塑料圆桶置于浅底盘的中央。

G.2.6　60min后，将塑料圆桶从浅底盘中提出，称量该圆桶的质量 m_3。

G.3　测定结果的表示

加压吸收量可按式（G.1）计算：

$$c = \frac{m_3 - m_2}{m_1} \qquad \text{(G.1)}$$

式中　c——加压吸收量，单位为克每克（g/g）；

m_1——称取试样的质量，单位为克（g）；

m_2——塑料活塞和塑料圆筒的质量，单位为克（g）；

m_3——加压吸收后塑料圆筒、塑料活塞和试样的质量，单位为克（g）。

同时进行两次测定，并取其算术平均值作为测定结果，结果修约至小数点后一位。

制浆造纸工业水污染物排放标准（GB 3544—2008）

2008-08-01实施

1　适用范围

本标准规定了制浆造纸企业或生产设施水污染物排放限值。

本标准适用于现有制浆造纸企业或生产设施的水污染物排放管理。

本标准适用于对制浆造纸工业建设项目的环境影响评价、环境保护设施设计、竣工环境保护验收及其投产后的水污染物排放管理。

本标准适用于法律允许的污染物排放行为。新设立污染源的选址和特殊保护区域内现有污染源的管理，按照《中华人民共和国大气污染防治法》、《中华人民共和国水污染防治法》、《中华人民共和国海洋环境保护法》、《中华人民共和国固体废物污染环境防治法》、《中华人民共和国放射性污染防治法》、《中华人民共和国环境影响评价法》等法律、法规、规章的相关规定执行。

本标准规定的水污染物排放控制要求适用于企业向环境水体的排放行为。

企业向设置污水处理厂的城镇排水系统排放废水时，有毒污染物可吸附有机卤素（AOX）、二噁英在本标准规定的监控位置执行相应的排放限值；其他污染物的排放控制要求由企业与城镇污水处理厂根据其污水处理能力商定或执行相关标准，并报当地环境保护主管部门备案；城镇污水处理厂应保证排放污染物达到相关排放标准要求。

建设项目拟向设置污水处理厂的城镇排水系统排放废水时，由建设单位和城镇污水处理厂按前款的规定执行。

2　规范性引用文件

本标准内容引用了下列文件或其中的条款。

GB/T 6920—1986　水质　pH 值的测定　玻璃电极法
GB/T 7478—1987　水质　铵的测定　蒸馏和滴定法
GB/T 7479—1987　水质　铵的测定　纳氏试剂比色法
GB/T 7481—1987　水质　铵的测定　水杨酸分光光度法
GB/T 7488—1987　水质　五日生化需氧量（BOD_5）的测定　稀释与接种法
GB/T 11893—1989　水质　总磷的测定　钼酸铵分光光度法
GB/T 11894—1989　水质　总氮的测定　碱性过硫酸钾消解紫外分光光度法
GB/T 11901—1989　水质　悬浮物的测定　重量法
GB/T 11903—1989　水质　色度的测定　稀释倍数法
GB/T 11914—1989　水质　化学需氧量的测定　重铬酸盐法
GB/T 15959—1995　水质　可吸附有机卤素（AOX）的测定　微库仑法
HJ/T 77—2001　水质　多氯代二苯并二噁英和多氯代二苯并呋喃的测定　同位素稀释高分辨毛细管气相色谱/高分辨质谱法
HJ/T 83—2001　水质　可吸附有机卤素（AOX）的测定　离子色谱法
HJ/T 195—2005　水质　氨氮的测定　气相分子吸收光谱法
HJ/T 199—2005　水质　总氮的测定　气相分子吸收光谱法
《污染源自动监控管理办法》（国家环境保护总局令第 28 号）
《环境监测管理办法》（国家环境保护总局令第 39 号）

3　术语和定义

下列术语和定义适用于本标准。

3.1　制浆造纸企业

指以植物(木材、其他植物)或废纸等为原料生产纸浆，及(或)以纸浆为原料生产纸张、纸板等产品的企业或生产设施。

3.2　现有企业

指本标准实施之日前已建成投产或环境影响评价文件已通过审批的制浆造纸企业。

3.3　新建企业

指本标准实施之日起环境影响文件通过审批的新建、改建和扩建制浆造纸建设项目。

3.4　制浆企业

指单纯进行制浆生产的企业，以及纸浆产量大于纸张产量，且销售纸浆量占总制浆量 80% 及以上的制浆造纸企业。

3.5　造纸企业

指单纯进行造纸生产的企业，以及自产纸浆量占纸浆总用量 20% 及以下的制浆造纸企业。

3.6　制浆和造纸联合生产企业

指除制浆企业和造纸企业以外、同时进行制浆和造纸生产的制浆造纸企业。

3.7　废纸制浆和造纸企业

指自产废纸浆量占纸浆总用量 80% 及以上的制浆造纸企业。

3.8　排水量

指生产设施或企业向企业法定边界以外排放的废水的量，包括与生产有直接或间接关系的各种外排废水(如厂区生活污水、冷却废水、厂区锅炉和电站排水等)。

3.9　单位产品基准排水量

指用于核定水污染物排放浓度而规定的生产单位纸浆、纸张(板)产品的废水排放量上限值。

4 水污染物排放控制要求

4.1 自2009年5月1日起至2011年6月30日现有制浆造纸企业执行表1规定的水污染物排放限值。

表1 现有企业水污染物排放限值

企业生产类型			制浆企业	制浆和造纸联合生产企业		造纸企业	污染物排放监控位置
				废纸制浆和造纸企业	其他制浆和造纸企业		
排放限值	1	pH值	6～9	6～9	6～9	6～9	企业废水总排放口
	2	色度（稀释倍数）	80	50	50	50	企业废水总排放口
	3	悬浮物（mg/L）	70	50	50	50	企业废水总排放口
	4	五日生化需氧量（BOD_5，mg/L）	50	30	30	30	企业废水总排放口
	5	化学需氧量（COD_{Cr}，mg/L）	200	120	150	100	企业废水总排放口
	6	氨氮（mg/L）	15	10	10	10	企业废水总排放口
	7	总氮（mg/L）	18	15	15	15	企业废水总排放口
	8	总磷（mg/L）	1.0	1.0	1.0	1.0	企业废水总排放口
	9	可吸附有机卤素（AOX，mg/L）	15	15	15	15	车间或生产设施废水排放口
单位产品基准排水量，吨/吨（浆）			80	20	60	20	排水量计量位置与污染物排放监控位置一致

说明：
1. 可吸附有机卤素（AOX）指标适用于采用含氯漂白工艺的情况。
2. 纸浆量以绝干浆计。
3. 核定制浆和造纸联合生产企业单位产品实际排水量，以企业纸浆产量与外购商品浆数量的总和为依据。
4. 企业漂白非木浆产量占企业纸浆总用量的比重大于60%的，单位产品基准排水量为80吨/吨（浆）。

4.2 自2011年7月1日起，现有制浆造纸企业执行表2规定的水污染物排放限值。

4.3 自2008年8月1日起，新建制浆造纸企业执行表2规定的水污染物排放限值。

表2 新建企业水污染物排放限值

企业生产类型			制浆企业	制浆和造纸联合生产企业	造纸企业	污染物排放监控位置
排放限值	1	pH值	6～9	6～9	6～9	企业废水总排放口
	2	色度（稀释倍数）	50	50	50	企业废水总排放口
	3	悬浮物（mg/L）	50	30	30	企业废水总排放口
	4	五日生化需氧量（BOD_5，mg/L）	20	20	20	企业废水总排放口
	5	化学需氧量（COD_{Cr}，mg/L）	100	90	80	企业废水总排放口
	6	氨氮（mg/L）	12	8	8	企业废水总排放口
	7	总氮（mg/L）	15	12	12	企业废水总排放口
	8	总磷（mg/L）	0.8	0.8	0.8	企业废水总排放口
	9	可吸附有机卤素（AOX，mg/L）	12	12	12	车间或生产设施废水排放口
	10	二噁英（pgTEQ/L）	30	30	30	车间或生产设施废水排放口
单位产品基准排水量，吨/吨（浆）			50	40	20	排水量计量位置与污染物排放监控位置一致

说明：
1. 可吸附有机卤素（AOX）和二噁英指标适用于采用含氯漂白工艺的情况。
2. 纸浆量以绝干浆计。
3. 核定制浆和造纸联合生产企业单位产品实际排水量，以企业纸浆产量与外购商品浆数量的总和为依据。
4. 企业自产废纸浆量占企业纸浆总用量的比重大于80%的，单位产品基准排水量为20吨/吨（浆）。
5. 企业漂白非木浆产量占企业纸浆总用量的比重大于60%的，单位产品基准排水量为60吨/吨（浆）。

4.4 根据环境保护工作的要求，在国土开发密度较高、环境承载能力开始减弱，或水环境容量较小、生态环境脆弱，容易发生严重水环境污染问题而需要采取特别保护措施的地区，应严格控制企业的污染物排放行为，在上述地区的企业执行表3规定的水污染物特别排放限值。

执行水污染物特别排放限值的地域范围、时间，由国务院环境保护行政主管部门或省级人民政府规定。

表3 水污染物特别排放限值

企业生产类型			制浆企业	制浆和造纸联合生产企业	造纸企业	污染物排放监控位置
排放限值	1	pH值	6~9	6~9	6~9	企业废水总排放口
	2	色度（稀释倍数）	50	50	50	企业废水总排放口
	3	悬浮物（mg/L）	20	10	10	企业废水总排放口
	4	五日生化需氧量（BOD_5，mg/L）	10	10	10	企业废水总排放口
	5	化学需氧量（COD_{Cr}，mg/L）	80	60	50	企业废水总排放口
	6	氨氮（mg/L）	5	5	5	企业废水总排放口
	7	总氮（mg/L）	10	10	10	企业废水总排放口
	8	总磷（mg/L）	0.5	0.5	0.5	企业废水总排放口
	9	可吸附有机卤素（AOX，mg/L）	8	8	8	车间或生产设施废水排放口
	10	二噁英（pgTEQ/L）	30	30	30	车间或生产设施废水排放口
单位产品基准排水量，吨/吨（浆）			30	25	10	排水量计量位置与污染物排放监控位置一致

说明：

1. 可吸附有机卤素（AOX）和二噁英指标适用于采用含氯漂白工艺的情况。
2. 纸浆量以绝干浆计。
3. 核定制浆和造纸联合生产企业单位产品实际排水量，以企业纸浆产量与外购商品浆数量的总和为依据。
4. 企业自产废纸浆量占企业纸浆总用量的比重大于80%的，单位产品基准排水量为15吨/吨（浆）。

4.5 水污染物排放浓度限值适用于单位产品实际排水量不高于单位产品基准排水量的情况。若单位产品实际排水量超过单位产品基准排水量，须按公式（1）将实测水污染物浓度换算为水污染物基准水量排放浓度，并以水污染物基准水量排放浓度作为判定排放是否达标的依据。产品产量和排水量统计周期为一个工作日。

在企业的生产设施同时生产两种以上产品、可适用不同排放控制要求或不同行业国家污染物排放标准，且生产设施产生的污水混合处理排放的情况下，应执行排放标准中规定的最严格的浓度限值，并按公式（1）换算水污染物基准水量排放浓度：

$$C_{基} = \frac{Q_{总}}{\Sigma Y_i Q_{i基}} \times C_{实} \qquad (1)$$

式中 $C_{基}$——水污染物基准水量排放浓度，mg/L；

$Q_{总}$——排水总量，吨；

Y_i——第 i 种产品产量，吨；

$Q_{i基}$——第 i 种产品的单位产品基准排水量，吨/吨；

$C_{实}$——实测水污染物浓度，mg/L。

若 $Q_{总}$ 与 $\Sigma Y_i Q_{i基}$ 的比值小于1，则以水污染物实测浓度作为判定排放是否达标的依据。

5 水污染物监测要求

5.1 对企业排放废水采样应根据监测污染物的种类，在规定的污染物排放监控位置进行，有废水处理设施的，应在该设施后监控。在污染物排放监控位置须设置永久性排污口标志。

5.2　新建企业应按照《污染源自动监控管理办法》的规定，安装污染物排放自动监控设备，并与环境保护主管部门的监控设备联网，并保证设备正常运行。各地现有企业安装污染物排放自动监控设备的要求由省级环境保护行政主管部门规定。

5.3　对企业污染物排放情况进行监测的频次、采样时间等要求，按国家有关污染源监测技术规范的规定执行。

二噁英指标每年监测一次。

5.4　企业产品产量的核定，以法定报表为依据。

5.5　对企业排放水污染物浓度的测定采用表4所列的方法标准。

表4　水污染物浓度测定方法标准

序号	污染物项目	方法标准名称	方法标准编号
1	pH 值	水质　pH 值的测定　玻璃电极法	GB/T 6920—1986
2	色度	水质　色度的测定　稀释倍数法	GB/T 11903—1989
3	悬浮物	水质　悬浮物的测定　重量法	GB/T 11901—1989
4	五日生化需氧量	水质　五日生化需氧量（BOD_5）的测定　稀释与接种法	GB/T 7488—1987
5	化学需氧量	水质　化学需氧量的测定　重铬酸盐法	GB/T 11914—1989
6	氨氮	水质　铵的测定　蒸馏和滴定法	GB/T 7478—1987
		水质　铵的测定　纳氏试剂比色法	GB/T 7479—1987
		水质　铵的测定　水杨酸分光光度法	GB/T 7481—1987
		水质　氨氮的测定　气相分子吸收光谱法	HJ/T 195—2005
7	总氮	水质　总氮的测定　碱性过硫酸钾消解紫外分光光度法	GB/T 11894—1989
		水质　总氮的测定　气相分子吸收光谱法	HJ/T 199—2005
8	总磷	水质　总磷的测定　钼酸铵分光光度法	GB/T 11893—1989
9	可吸附有机卤素（AOX）	水质　可吸附有机卤素（AOX）的测定　微库仑法	GB/T 15959—1995
		水质　可吸附有机卤素（AOX）的测定　离子色谱法	HJ/T 83—2001
10	二噁英	水质　多氯代二苯并二噁英和多氯代二苯并呋喃的测定　同位素稀释高分辨毛细管气相色谱/高分辨质谱法	HJ/T 77—2001

5.6　企业须按照有关法律和《环境监测管理办法》的规定，对排污状况进行监测，并保存原始监测记录。

6　实施与监督

6.1　本标准由县级以上人民政府环境保护行政主管部门负责监督实施。

6.2　在任何情况下，企业均应遵守本标准的水污染物排放控制要求，采取必要措施保证污染防治设施正常运行。各级环保部门在对企业进行监督性检查时，可以现场即时采样或监测的结果，作为判定排污行为是否符合排放标准以及实施相关环境保护管理措施的依据。在发现企业耗水或排水量有异常变化的情况下，应核定企业的实际产品产量和排水量，按本标准的规定，换算水污染物基准水量排放浓度。

取水定额　第5部分：造纸产品（GB/T 18916.5—2012）

1　范围

GB/T 18916 的本部分规定了造纸产品取水定额的术语和定义、计算方法及取水量定额等。

本部分适用于现有和新建造纸企业取水量的管理。

2 规范性引用文件

下列文件对于本文件的应用是必不可少的。凡是注日期的引用文件，仅注日期的版本适用于本文件。凡是不注日期的引用文件，其最新版本（包括所有的修改单）适用于本文件。

GB/T 4687 纸、纸板、纸浆及相关术语

GB/T 12452 企业水平衡测试通则

GB/T 18820 工业企业产品取水定额编制通则

GB/T 21534 工业用水节水 术语

GB 24789 用水单位水计量器具配备和管理通则

3 术语和定义

GB/T 4687、GB/T 18820 和 GB/T 21534 界定的术语和定义用于本文件。

4 计算方法

4.1 一般规定

4.1.1 取水量范围

取水量范围是指企业从各种常规水资源提取的水量，包括取自地表水（以净水厂供水计量）、地下水、城镇供水工程，以及企业从市场购得的其他水或水的产品（如蒸汽、热水、地热水等）的水量。

4.1.2 造纸产品主要生产的取水统计范围

以木材、竹子、非木类（麦草、芦苇、甘蔗渣）等为原料生产本色、漂白化学浆，以木材为原料生产化学机械木浆，以废纸为原料生产脱墨或未脱墨废纸浆，其生产取水量是指从原料准备至成品浆（液态或风干）的生产全过程所取用的水量。化学浆生产过程取水量还包括碱回收、制浆化学品药液制备、黑（红）液副产品（粘合剂）生产在内的取水量。

以自制浆或商品浆为原料生产纸及纸板，其生产取水量是指从浆料预处理、打浆、抄纸、完成以及涂料、辅料制备等生产全过程的取水量。

注：造纸产品的取水量等于从自备水源总取水量中扣除给水净化站自用水量及由该水源供给的居住区、基建、自备电站用于发电的取水量及其他取水量等。

4.1.3 各种水量的计量

取水量、外购水量、外供水量以企业的一级计量表计量为准。

4.2 单位造纸产品取水量

单位造纸产品取水量按式（1）计算：

$$V_{ui} = \frac{V_i}{Q} \qquad (1)$$

式中 V_{ui}——单位造纸产品取水量，m^3/t；

Q——在一定的计量时间内，造纸产品产量，t；

V_i——在一定的计量时间内，生产过程中常规水资源的取水量总和，m^3。

5 取水定额

5.1 现有企业取水定额

现有造纸企业单位产品取水量定额指标见表 1。

表 1　现有造纸企业单位产品取水量定额指标

产品名称		单位造纸产品取水量/（m^3/t）
纸浆	漂白化学木（竹）浆	90
	本色化学木（竹）浆	60
	漂白化学非木（麦草、芦苇、甘蔗渣）浆	130
	脱墨废纸浆	30
	未脱墨废纸浆	20
	化学机械木浆	35
纸	新闻纸	20
	印刷书写纸	35
	生活用纸	30
	包装用纸	25
纸板	白纸板	30
	箱纸板	25
	瓦楞原纸	25

注 1：高得率半化学本色木浆及半化学草浆按本色化学木浆执行；机械木浆按化学机械木浆执行。

注 2：经抄浆机生产浆板时，允许在本定额的基础上增加 $10m^3/t$。

注 3：生产漂白脱墨废纸浆时，允许在本定额的基础上增加 $10m^3/t$。

注 4：生产涂布类纸及纸板时，允许在本定额的基础上增加 $10m^3/t$。

注 5：纸浆的计量单位为吨风干浆(含水 10%)。

注 6：纸浆、纸、纸板的取水量定额指标分别计。

注 7：本部分不包括特殊浆种、薄页纸及特种纸的取水量。

5.2　新建企业取水定额

新建造纸企业单位产品取水量定额指标见表 2。

表 2　新建造纸企业单位产品取水量定额指标

产品名称		单位造纸产品取水量/（m^3/t）
纸浆	漂白化学木（竹）浆	70
	本色化学木（竹）浆	50
	漂白化学非木（麦草、芦苇、甘蔗渣）浆	100
	脱墨废纸浆	25
	未脱墨废纸浆	20
	化学机械木浆	30
纸	新闻纸	16
	印刷书写纸	30
	生活用纸	30
	包装用纸	20
纸板	白纸板	30
	箱纸板	22
	瓦楞原纸	20

注 1：高得率半化学本色木浆及半化学草浆按本色化学木浆执行；机械木浆按化学机械木浆执行。

注 2：经抄浆机生产浆板时，允许在本定额的基础上增加 $10m^3/t$。

注 3：生产漂白脱墨废纸浆时，允许在本定额的基础上增加 $10m^3/t$。

注 4：生产涂布类纸及纸板时，允许在本定额的基础上增加 $10\ m^3/t$。

注 5：纸浆的计量单位为吨风干浆(含水 10%)。

注 6：纸浆、纸、纸板的取水量定额指标分别计。

注 7：本部分不包括特殊浆种、薄页纸及特种纸的取水量。

6 定额使用说明

6.1 取水定额指标为最高允许值，在实际运用中取水量应不大于定额指标值。

6.2 造纸企业用水计量器具配置和管理应符合 GB 24789 的要求。

6.3 取水定额管理中，企业水平衡测试应符合 GB/T 12452 要求。

6.4 本定额未考虑工艺过程中采用直流冷却水的取水指标。

6.5 本定额中产品名称是通称，其包括内容如下：

（a）化学机械木浆包括化学热磨机械浆（chemi－thermomechanical pulp，简称 CTMP）、漂白化学热磨机械浆（bleached chemi－thermomechanical pulp，简称 BCTMP）和碱性过氧化氢机械浆（alkaline peroxide mechanical pulp，简称 APMP）等。

（b）印刷书写纸包括书刊印刷纸、书写纸、涂布纸等。

（c）生活用纸包括卫生纸品，如卫生纸、面巾纸、手帕纸、餐巾纸、妇女卫生巾、婴儿纸尿裤等。

（d）包装用纸包括水泥袋纸、牛皮纸、书皮纸等。

（c）白纸板包括涂布或未涂布白纸板、白卡纸、液体包装纸板等。

（f）箱纸板包括普通箱纸板、牛皮挂面箱纸板、牛皮箱纸板等。

6.6 其他未列明的纸浆、纸及纸板产品的取水量可相应参照定额执行。

消毒产品标签说明书管理规范
（卫监督发［2005］426 号附件）

第一条 为加强消毒产品标签和说明书的监督管理，根据《中华人民共和国传染病防治法》和《消毒管理办法》的有关规定，特制定本规范。

第二条 本规范适用于在中国境内生产、经营或使用的进口和国产消毒产品标签和说明书。

第三条 消毒产品标签、说明书标注的有关内容应当真实，不得有虚假夸大、明示或暗示对疾病的治疗作用和效果的内容，并符合下列要求：

（一）应采用中文标识，如有外文标识的，其展示内容必须符合国家有关法规和标准的规定。

（二）产品名称应当符合《卫生部健康相关产品命名规定》，应包括商标名（或品牌名）、通用名、属性名；有多种消毒或抗（抑）菌用途或含多种有效杀菌成分的消毒产品，命名时可以只标注商标名（或品牌名）和属性名。

（三）消毒剂、消毒器械的名称、剂型、型号、批准文号、有效成分含量、使用范围、使用方法、有效期/使用寿命等应与省级以上卫生行政部门卫生许可或备案时的一致；卫生用品主要有效成分含量应当符合产品执行标准规定的范围。

（四）产品标注的执行标准应当符合国家标准、行业标准、地方标准和有关规范规定。国产产品标注的企业标准应依法备案。

（五）杀灭微生物类别应按照卫生部《消毒技术规范》的有关规定进行表述；经卫生部审批的消毒产品杀灭微生物类别应与卫生部卫生许可时批准的一致；不经卫生部审批的消毒产品，其杀灭微生物类别应与省级以上卫生行政部门认定的消毒产品检验机构出具的检验报告一致。

（六）消毒产品对储存、运输条件安全性等有特殊要求的，应在产品标识中明确注明。

（七）在标注生产企业信息时，应同时标注产品责任单位和产品实际生产加工企业的信息（两者相同时，不必重复标注）。

（八）所标注生产企业卫生许可证号应为实际生产企业卫生许可证号。

第四条 未列入消毒产品分类目录的产品不得标注任何与消毒产品管理有关的卫生许可证明编号。

第五条 消毒产品的最小销售包装应当印有或贴有标签，应清晰、牢固、不得涂改。

消毒剂、消毒器械、抗（抑）菌剂、隐形眼镜护理用品应附有说明书，其中产品标签内容已包括说明书内容的，可不另附说明书。

第六条 消毒剂包装（最小销售包装除外）标签应当标注以下内容：

（一）产品名称；

（二）产品卫生许可批件号；

（三）生产企业（名称、地址）；

（四）生产企业卫生许可证号（进口产品除外）；

（五）原产国或地区名称（国产产品除外）；

（六）生产日期和有效期/生产批号和限期使用日期。

第七条 消毒剂最小销售包装标签应标注以下内容：

（一）产品名称；

（二）产品卫生许可批件号；

（三）生产企业（名称、地址）；

（四）生产企业卫生许可证号（进口产品除外）；

（五）原产国或地区名称（国产产品除外）；

（六）主要有效成分及其含量；

（七）生产日期和有效期/生产批号和限期使用日期；

（八）用于黏膜的消毒剂还应标注“仅限医疗卫生机构诊疗用”内容。

第八条 消毒剂说明书应标注以下内容：

（一）产品名称；

（二）产品卫生许可批件号；

（三）剂型、规格；

（四）主要有效成分及其含量；

（五）杀灭微生物类别；

（六）使用范围和使用方法；

（七）注意事项；

（八）执行标准；

（九）生产企业（名称、地址、联系电话、邮政编码）；

（十）生产企业卫生许可证号（进口产品除外）；

（十一）原产国或地区名称（国产产品除外）；

（十二）有效期；

（十三）用于黏膜的消毒剂还应标注“仅限医疗卫生机构诊疗用”内容。

第九条 消毒器械包装（最小销售包装除外）标签应标注以下内容：

（一）产品名称和型号；

（二）产品卫生许可批件号；

（三）生产企业（名称、地址）；

（四）生产企业卫生许可证号（进口产品除外）；

（五）原产国或地区名称（国产产品除外）；

（六）生产日期；

（七）有效期（限于生物指示物、化学指示物和灭菌包装物等）；

（八）运输存储条件；

（九）注意事项。

第十条 消毒器械最小销售包装标签或铭牌应标注以下内容：

（一）产品名称；
（二）产品卫生许可批件号；
（三）生产企业（名称、地址）；
（四）生产企业卫生许可证号（进口产品除外）；
（五）原产国或地区名称（国产产品除外）；
（六）生产日期；
（七）有效期（限生物指示剂、化学指示剂和灭菌包装物）；
（八）注意事项。

第十一条 消毒器械说明书应标注以下内容：
（一）产品名称；
（二）产品卫生许可批件号；
（三）型号规格；
（四）主要杀菌因子及其强度、杀菌原理和杀灭微生物类别；
（五）使用范围和使用方法；
（六）使用寿命（或主要元器件寿命）；
（七）注意事项；
（八）执行标准；
（九）生产企业（名称、地址、联系电话、邮政编码）；
（十）生产企业卫生许可证号（进口产品除外）；
（十一）原产国或地区名称（国产产品除外）；
（十二）有效期（限于生物指示物、化学指示物和灭菌包装物等）。

第十二条 卫生用品包装（最小销售包装除外）标签应标注以下内容：
（一）产品名称；
（二）生产企业（名称、地址）；
（三）生产企业卫生许可证号（进口产品除外）；
（四）原产国或地区名称（国产产品除外）；
（五）符合产品特性的储存条件；
（六）生产日期和保质期/生产批号和限期使用日期；
（七）消毒级的卫生用品应标注“消毒级”字样、消毒方法、消毒批号/消毒日期、有效期/限定使用日期。

第十三条 卫生用品最小销售包装标签应标注以下内容：
（一）产品名称；
（二）主要原料名称；
（三）生产企业（名称、地址、联系电话、邮政编码）；
（四）生产企业卫生许可证号（进口产品除外）；
（五）原产国或地区名称（国产产品除外）；
（六）生产日期和有效期（保质期）/生产批号和限期使用日期；
（七）消毒级产品应标注“消毒级”字样；
（八）卫生湿巾还应标注杀菌有效成分及其含量、使用方法、使用范围和注意事项。

第十四条 抗（抑）菌剂最小销售包装标签除要标注本规范第十三条规定的内容外，还应标注产品主要原料的有效成分及其含量；含植物成分的抗（抑）菌剂，还应标注主要植物拉丁文名称；对指示菌的杀灭率大于等于90%的，可标注“有杀菌作用”；对指示菌的抑菌率达到50%或抑菌环直径大于7mm的，可标注“有抑菌作用”；抑菌率大于等于90%的，可标注“有较强抑菌作用”。

用于阴部黏膜的抗（抑）菌产品应当标注“不得用于性生活中对性病的预防”。

第十五条 抗（抑）菌剂的说明书应标注下列内容：

（一）产品名称；

（二）规格、剂型；

（三）主要有效成分及含量，植物成分的抗（抑）菌剂应标注主要植物拉丁文名称；

（四）抑制或杀灭微生物类别；

（五）生产企业（名称、地址、联系电话、邮政编码）；

（六）生产企业卫生许可证号（进口产品除外）；

（七）原产国或地区名称（国产产品除外）；

（八）使用范围和使用方法；

（九）注意事项；

（十）执行标准；

（十一）生产日期和保质期/生产批号和限期使用日期。

第十六条 隐形眼镜护理用品的说明书应标注下列内容：

（一）产品名称；

（二）规格、剂型；

（三）生产企业（名称、地址、联系电话、邮政编码）；

（四）生产企业卫生许可证号（进口产品除外）；

（五）原产国或地区名称（国产产品除外）；

（六）使用范围和使用方法；

（七）注意事项；

（八）执行标准；

（九）生产日期和保质期/生产批号和限期使用日期。

有消毒作用的隐形眼镜护理用品还应注明主要有效成分及含量，杀灭微生物类别。

第十七条 同一个消毒产品标签和说明书上禁止使用两个及其以上产品名称。卫生湿巾和湿巾名称还不得使用抗（抑）菌字样。

第十八条 消毒产品标签及说明书禁止标注以下内容：

（一）卫生巾（纸）等产品禁止标注消毒、灭菌、杀菌、除菌、药物、保健、除湿、润燥、止痒、抗炎、消炎、杀精子、避孕，以及无检验依据的抗（抑）菌作用等内容。

（二）卫生湿巾、湿巾等产品禁止标注消毒、灭菌、除菌、药物、高效、无毒、预防性病、治疗疾病、减轻或缓解疾病症状、抗炎、消炎、无检验依据的使用对象和保质期等内容。卫生湿巾还应禁止标注无检验依据的抑/杀微生物类别和无检验依据的抗（抑）菌作用。湿巾还应禁止标注抗/抑菌、杀菌作用。

（三）抗（抑）菌剂产品禁止标注高效、无毒、消毒、灭菌、除菌、抗炎、消炎、治疗疾病、减轻或缓解疾病症状、预防性病、杀精子、避孕，及抗生素、激素等禁用成分的内容；禁止标注无检验依据的使用剂量及对象、无检验依据的抑/杀微生物类别、无检验依据的有效期以及无检验依据的抗（抑）菌作用；禁止标注用于人体足部、眼睛、指甲、腋部、头皮、头发、鼻黏膜、肛肠等特定部位；抗（抑）菌产品禁止标注适用于破损皮肤、黏膜、伤口等内容。

（四）隐形眼镜护理用品禁止标注全功能、高效、无毒、灭菌或除菌等字样，禁止标注无检验依据的消毒、抗（抑）菌作用，以及无检验依据的使用剂量和保质期。

（五）消毒剂禁止标注广谱、速效、无毒、抗炎、消炎、治疗疾病、减轻或缓解疾病症状、预防性病、杀精子、避孕，及抗生素、激素等禁用成分内容；禁止标注无检验依据的使用范围、剂量及方法，无检验依据的杀灭微生物类别和有效期；禁止标注用于人体足部、眼睛、指甲、腋部、头皮、头发、鼻黏膜、肛肠等特定部位等内容。

（六）消毒产品的标签和使用说明书中均禁止标注无效批准文号或许可证号以及疾病症状和疾病名称（疾病名称作为微生物名称一部分时除外，如“脊髓灰质炎病毒”等）。

第十九条 标签和说明书中所标注的内容应符合本规范附件“消毒产品标签、说明书各项内容书写要求”的规定。

第二十条 本规范下列用语的含义：

消毒产品：包括消毒剂、消毒器械（含生物指示物、化学指示物及灭菌物品包装物）和卫生用品。

标签：指产品最小销售包装和其他包装上的所有标识。

说明书：指附在产品销售包装内的相关文字、音像、图案等所有资料。

灭菌（sterilization）：杀灭或清除传播媒介上一切微生物的处理。

消毒（disinfection）：杀灭或清除传播媒介上病原微生物，使其达到无害化的处理。

抗菌（antibacterial）：采用化学或物理方法杀灭细菌或妨碍细菌生长繁殖及其活性的过程。

抑菌（bacteriostasis）：采用化学或物理方法抑制或妨碍细菌生长繁殖及其活性的过程。

隐形眼镜护理用品：是指专用于隐形眼镜护理的，具有清洁、杀菌、冲洗或保存镜片，中和清洁剂或消毒剂，物理缓解（或润滑）隐形眼镜引起的眼部不适等功能的溶液或可配制成溶液使用的可溶性固态制剂。

卫生湿巾：特指符合《一次性使用卫生用品卫生标准》（GB 15979）的有杀菌效果的湿巾。对大肠杆菌和金黄色葡萄球菌的杀灭率 ≥90%，如标注对真菌有作用的，应对白色念珠菌的杀灭率≥90%，其杀菌作用在室温下至少保持 1 年。

消毒级卫生用品：经环氧乙烷、电离辐射或压力蒸气等有效消毒方法处理过并达到《一次性使用卫生用品卫生标准》（GB 15979）规定消毒级要求的卫生用品。

产品责任单位：是指依法承担因产品缺陷而致他人人身伤害或财产损失的赔偿责任的法人单位。委托生产加工时，特指委托方。

第二十一条 本规范自 2006 年 5 月 1 日起施行。由卫生部负责解释。

附：

消毒产品标签、说明书各项内容书写要求

［产品名称］

1. 产品商标已注册者标注“##®”，产品商标申请注册者标注“##™”，其余产品标注“##牌”。

消毒剂的产品名称如：“##® 皮肤黏膜消毒液”、“##™戊二醛消毒液”、“##牌三氯异氰尿酸消毒片”。

消毒器械的产品名称如：“##® RTP－50 型食具消毒柜”、“##™YKX－2000 医院被服消毒机”、“##牌 CPF－100 二氧化氯发生器”。

卫生用品产品的名称如：“##® 隐形眼镜护理液”、“##™妇女用抗菌洗液”、“##牌妇女用抑菌洗液”等。

多用途或多种有效杀菌成分的消毒产品名称如：“##®（牌）消毒液（粉、片）”或“##®（牌）YKX－2000 消毒机（器）”表示。

2. 不得标注本规范禁止的内容，如下列名称均不符合本规定：“××药物卫生巾”、“××消毒湿巾”、“××抗菌卫生湿巾”、“湿疣外用消毒杀菌剂”、“××白斑净”、“××灰甲灵”、“××鼻康宁”、“××除菌洗手液”、“全能多功能护理液”、“××全功能保养液”和“××速效杀菌全护理液”、“××滴眼露”、“××眼部护理液”等等。

[剂型、型号]

消毒剂、抗（抑）菌剂的剂型如："液体"、"片剂"、"粉剂" 等等；禁止标注栓剂、皂剂。

消毒器械的型号如"RTP－50（型）"等。

[主要有效成分及含量]

1. 消毒剂、抗（抑）菌剂应标注主要有效成分及含量；有效成分的表示方法应使用化学名；含量应标注产品执行标准规定的范围，如戊二醛消毒剂应标注"戊二醛，2.0%～2.2%（w/w）"；三氯异氰尿酸消毒片"三氯异氰尿酸，含有效氯45.0%～50.0%"（w/w）；也可用g/L表示。

2. 具有消毒作用的隐形眼镜护理用品应标注主要有效成分及含量。有效成分的表示方法应使用化学名；含量应按产品执行标准规定的范围进行标注。

3. 对于植物或其他无法标注主要有效成分的产品，应标注主要原料名称（植物类应标注拉丁文名称）及其在单位体积中原料的加入量。

4. 消毒产品禁止标注抗生素、激素等禁用成分，如"甲硝唑"、"肾上腺皮质激素" 等等。

[批准文号]

系指产品及其生产企业经省级以上卫生行政部门批准的文号。

生产企业卫生许可证号："(省、自治区、直辖市简称)卫消证字(发证年份)第××××号"，产品卫生许可批件号："卫消字(年份)第××××号"、"卫消进字(年份)第××××号"。

不得标注无效批准文号，如：(1996)×卫消准字第××××号。

[执行标准]

产品执行标准应为现行有效的标准，以标准的编号表示，如"GB 15979"、"Q/HJK001" 等，可不标注标准的年代号。企业标准应符合国家相关法规、标准和规范的要求。

[杀灭微生物类别]

1. 应按照卫生部《消毒技术规范》的有关规定进行表述。对指示微生物具有抑制、杀灭作用的，应在产品说明书中标注对其代表的微生物种类有抑制、杀灭作用。例如对金黄色葡萄球菌杀灭率≥99.999%，可标注"对化脓菌有杀灭作用"；对脊髓灰质炎病毒有灭活作用，可标注"对病毒有灭活作用"；

2. 禁止标注各种疾病名称和疾病症状，如"牛皮癣"、"神经性皮炎"、"脂溢性皮炎" 等。

3. 禁止标注无检验依据的抑/杀微生物类别，如"尖锐湿疣病毒"、"非典病毒" 等。

[使用范围和使用方法]

1. 应明确、详细列出产品使用方法。使用方法二种以上的，建议用表格表示。

2. 消毒剂、抗（抑）菌剂、隐形眼镜护理用品应标注作用对象，作用浓度（用有效成分含量表示）和配制方法、作用时间（以抑菌环试验为检验方法的可不标注时间）、作用方式、消毒或灭菌后的处理方法。用于黏膜的消毒剂应标注"仅限医疗卫生机构诊疗用" 内容。

例如：戊二醛消毒液的使用范围"适用于医疗器械的消毒、灭菌"；使用方法"①使用前加入本品附带的A剂（碳酸氢钠），充分搅匀溶解；再加入附带的B剂（亚硝酸钠）溶解混匀。②消毒方法：用原液擦拭、浸泡消毒物品20min～45min。③灭菌方法：用原液浸泡待灭菌物品10h。④消毒、灭菌的医疗器械必须用无菌水冲洗干净后方可使用"。

3. 消毒器械应标注作用对象，杀菌因子强度、作用时间、作用方式、消毒或灭菌后的处理方法。如食具消毒柜的使用范围"餐(饮)具的消毒、保洁"；使用方法"将洗净沥干的食具有序地放在层架上；按电源和消毒键，指示灯同时启亮；作用一个周期后，消毒指示灯灭，表示消毒结束。"

4. 使用方法中禁止标注无检验依据的使用对象、与药品类似用语、无检验依据的使用剂量及对象，如"每日×次"，"××天为一疗程，或遵医嘱" 等等。

[注意事项]

本项内容包括产品保存条件、使用防护和使用禁忌。对于使用中可能危及人体健康和人身、财产安全的产品，应当有警示标志或者中文警示说明。

[生产日期、有效期或保质期]

生产日期应按“年、月、日”或“20050903”方式表示。

保质期、有效期应按“×年或××个月”方式表示。

[生产批号和限期使用日期]

生产批号形式由企业自定。限期使用日期应按“请在××××年××月前使用”或“有效期至××××年××月”等方式表示。

[主要元器件使用寿命]

本项内容应标注消毒器械产生杀菌因子的元器件的使用寿命或更换时间。使用寿命应按“×年或××××小时”等方式表示。

[生产企业及其卫生许可证号]

生产企业名称、地址应与其消毒产品生产企业卫生许可证一致。

委托生产加工的，需同时标注产品责任单位（委托方）名称、地址和实际生产加工企业（被委托方）的名称及卫生许可证号。

虽不属于委托生产加工，但产品责任单位与实际生产加工企业信息不同时，也应分别标注产品责任单位信息和实际生产加工企业信息。例如责任单位为总公司，实际生产加工企业为其下属某个企业。

进出口一次性使用纸制卫生用品检验规程（SN/T 2148—2008）

2009-03-16 实施

1 范围

本标准规定了进出口一次性使用纸制卫生用品的抽样要求，卫生和毒理学试验要求，包装和产品标识的要求，产品试验方法及检验结果的判定。

本标准适用于一次性使用纸制卫生用品的进出口检验。

2 规范性引用文件

下列文件中的条款通过本标准的引用而成为本标准的条款。凡是注日期的引用文件，其随后所有的修改单（不包括勘误的内容）或修订版均不适用于本标准，然而，鼓励根据本标准达成协议的各方研究是否可使用这些文件的最新版本。凡是不注日期的引用文件，其最新版本适用于本标准。

GB/T 5009.78　食品包装用原纸卫生标准的分析方法

GB 15979—2002　一次性使用卫生用品卫生标准

GB 20810—2006　卫生纸（含卫生纸原纸）

3 术语和定义

下列术语和定义适用于本标准。

3.1 一次性使用纸制卫生用品 disposable sanitary paper products

使用一次后即丢弃的、与人体直接或间接接触的，并为达到人体生理卫生或卫生保健（抗菌或抑菌）目的而使用的各种日常生活用纸制品。例如：纸面巾、纸餐巾、纸手帕、纸湿巾和卫生湿巾、纸台布、纸卫生巾（卫生护垫）、纸尿布（裤）、卫生纸、卫生纸原纸、纸制的衣服和衣着用品、纸制的床单、口罩及其他家庭、卫生和医院用品等。

3.2 检验批 inspection lot

检验检疫报检单所列同一种商品为一检验批。

4 抽样和要求

从同一检验批的三个运输包装中至少抽取12个最小销售包装样品，四分之一样品用于检测，四分之一样品用于留样，另两分之一样品封存留在抽样部门必要时用于复验。抽样的最小销售包装不应有破裂，检验前不得开启。

对于无销售包装的产品抽样，从同一检验批的三个运输包装中至少抽取12份样品，每份样品量应不少于150g，四分之一样品用于检测，四分之一样品用于留样，另两分之一样品封存留在抽样部门必要时用于复验。抽样工具和存样容器应预先进行灭菌处理，应保证抽样过程不会对样品造成污染。

5 产品的卫生检验和要求

5.1 产品外观应整洁，符合该卫生用品固有性状，不得有异常气味与异物。

5.2 产品的微生物学指标应符合表1。

表1 产品的微生物学指标

产品种类	微生物指标				
	初始污染菌[a]/(CFU/g)	细菌菌落总数/(CFU/g或CFU/mL)	大肠菌群	致病性化脓菌[b]	真菌菌落总数/(CFU/g或CFU/mL)
纸面巾、纸餐巾、纸手帕、纸湿巾、纸台布、纸制的床单、纸制的衣服和衣着用品、其他家庭、卫生和医院用品	—	≤200	不得检出	不得检出	≤100
卫生湿巾	—	≤20	不得检出	不得检出	不得检出
口罩					
普通级	—	≤200	不得检出	不得检出	≤100
消毒级	≤10000	≤20	不得检出	不得检出	不得检出
纸卫生巾（卫生护垫）					
普通级	—	≤200	不得检出	不得检出	≤100
消毒级	≤10000	≤20	不得检出	不得检出	不得检出
纸尿布（纸尿裤）					
普通级	—	≤200	不得检出	不得检出	≤100
消毒级	≤10000	≤20	不得检出	不得检出	不得检出
卫生纸	—	≤600	不得检出	不得检出[c]	—
卫生纸原纸	—	≤500			

a 如初始污染菌超过表内数值，应相应提高杀灭指数，使达到本标准规定的细菌与真菌限值。

b 致病性化脓菌指绿脓杆菌、金黄色葡萄球菌与溶血性链球菌。

c 卫生纸和卫生原纸的致病性化脓菌指金黄色葡萄球菌与溶血性链球菌。

5.3 纸面巾、纸餐巾、纸手帕、纸湿巾等产品应当进行荧光检查，任何一份$100cm^2$样品荧光面积不得大于$5cm^2$。

6 产品的毒理学试验要求

6.1 对于初次检验的进出口一次性使用纸制卫生用品，应按表2的要求提供有法律效力的产品毒理学测试报告，产品毒理学测试报告应包括测试样品的品名、品牌、规格、测试结果有效期等内容。试验项目按表2进行。

表 2　产品毒理学试验项目

产品种类	皮肤刺激试验	阴道黏膜刺激试验	皮肤变态反应试验
纸制的内衣、内裤	✓		✓
纸湿巾、卫生湿巾	✓		
口罩	✓		
纸卫生巾（卫生护垫）		✓	✓
纸尿布（纸尿裤）	✓	✓[a]	✓

a　产品如标有男用标识可不进行该试验。

6.2　未列入表 2 的进出口一次性使用纸制卫生用品可不进行产品毒理学试验。

7　半成品或原材料的卫生要求

7.1　一次性使用纸制卫生用品的半成品应按照本标准对于成品的要求进行微生物项目检验和毒理学试验。

7.2　生产一次性使用纸制卫生用品的原材料应无毒、无害、无污染，重要的原材料应进行微生物检测，检测的项目应与产品需检测的微生物项目相同。

7.3　禁止将使用过的卫生用品作原材料或半成品。

8　产品包装和产品标识的要求

8.1　直接与产品接触的包装材料应无毒、无害、清洁，产品的所有包装材料应具有足够的密封性和牢固性，以保证产品在正常的运输与储存条件下不受污染。

8.2　产品包装应标明产品名称、生产单位、生产日期、生产批号和保质期（使用有效期）等内容。

9　产品试验方法

9.1　产品外观：在抽取样品时进行目视检验，应符合 5.1 的规定。

9.2　产品（不包括卫生纸和卫生原纸）微生物指标按 GB 15979—2002 中的附录 B 进行测定。

9.3　卫生纸和卫生原纸微生物指标按 GB 20810—2006 中的附录 A 进行测定。

9.4　产品毒理学试验按 GB 15979—2002 中的附录 A 进行测定。

9.5　荧光检查按 GB/T 5009.78 规定方法进行测定。

10　检验结果的判定

以上各检验项目均为合格时，该检验批为合格，有一项不合格则判该检验批不合格。

11　不合格的处置

对不合格检验批，进口产品不许销售使用，出口产品不许出口。

一次性生活用纸生产加工企业监督整治规定

（国质检执［2003］289 号附件 1）

第一条　为加强对一次性生活用纸生产、加工企业的监督管理，规范企业的生产、加工行为，提高产品质量，保护消费者的合法权益和安全健康，依据国家有关法律法规制定本规定。

第二条　本规定中的一次性生活用纸是指纸巾纸（含面巾纸、餐巾纸、手帕纸等）、湿巾、皱纹卫生纸。

第三条　纸巾纸、湿巾、卫生纸应符合一次性使用卫生用品卫生标准（GB 15979）和一次性生活用纸产品标准等规定要求。

第四条 一次性生活用纸生产、加工企业的生产加工区不得露天生产操作；纸巾纸、湿巾的生产流程做到人、物分流，不得逆向交叉；在生产加工区与非生产加工区之间，必须设置缓冲区。

第五条 生产纸巾纸、湿巾的缓冲区必须配备流动水洗手池，操作人员在每次操作之前，必须清洗、消毒双手。

第六条 生产纸巾纸、湿巾的加工区必须配备更衣室，直接接触裸装产品的操作人员必须穿戴清洁卫生或经消毒的工作衣、工作帽及工作鞋，并配戴口罩方可生产。

第七条 生产纸巾纸、湿巾的加工区应当配备能够满足需要消毒场所所需数量的紫外灯等设施，必须按规定用紫外灯等空气消毒装置定时消毒，并定期对地面、墙面、顶面及工作台面进行清洁和消毒。

第八条 成品仓库必须具有通风、防尘、防鼠、防蝇、防虫等设施，成品的存放必须保持干燥、清洁和整齐。

第九条 生产纸巾纸，只可以使用木材、草类、竹子等原生纤维作原料，不得使用任何回收纸、纸张印刷品、纸制品及其他回收纤维状物质作原料。

生产湿巾，可以使用干法纸、非织造布作原料，不得使用任何回收纸、回收湿巾及其他回收纤维状物质作原料。

第十条 生产卫生纸可以使用原生纤维、回收的纸张印刷品、印刷白纸边作原料。不得使用废弃的生活用纸、医疗用纸、包装用纸作原料。使用回收纸张印刷作原料的，必须对回收纸张印刷品进行脱墨处理。

第十一条 与一次性生活用纸产品直接接触的包装材料，必须无毒、无害、无污染。包装的密封性和牢固性必须确保在正常运输和贮存时，产品不受污染。

第十二条 一次性生活用纸产品的销售包装标识不得违反国家有关标注规定的要求。

销售用于生产加工一次性生活用纸产品的原纸须标明用于加工纸巾纸或用于加工卫生纸等用途。

第十三条 一次性生活用纸生产、加工企业应确保不购进不合格原材料加工生产，不出厂销售不合格产品。不具备按照第三条所列标准要求项目对购进原料和出厂产品质量检验能力的，应将本企业对购进原料和出厂产品的质量检验责任委托具备该种原料或产品质量检验能力的法定质检机构负责。

受委托质检机构应按标准规定和有关要求对委托企业的购进原料和出厂产品进行抽样检验，不得接受委托企业的送样实施检验。

第十四条 违反本规定第三条要求的，依照产品质量法第 49 条规定处理；产品质量不符合本规定第三条要求，且违反本规定第四条至第八条及第十三条第一款之任一条要求的，依照产品质量法第 49 条规定的上限处理，并责令停产，整改不符合本规定的，不得恢复生产。

第十五条 违反本规定第九条或第十条要求的，依照产品质量法第 50 条规定的上限处理，并责令停产，整改不符合本规定的，不得恢复生产。

第十六条 违反本规定第十二条要求的，依照产品质量法第 54 条处理。

第十七条 受委托质检机构违反本规定第十三条第二款要求的，视为伪造检验结果或出具虚假证明，由此造成被委托企业产品质量不合格并造成企业损失的，依照产品质量法第 57 条处理。

第十八条 对依法必须取得卫生许可证和营业执照等许可证明而未取得，擅自生产加工一次性生活用纸产品不符合本规定第三条、第九条、第十条之任一规定的，依照产品质量法第 60 条处理。

生活用纸和一次性卫生用品的市场(《生活用纸》2006—2013年有关论文索引)

MARKET OF TISSUE PAPER & DISPOSABLE PRODUCTS (INDEX OF PAPERS IN *TISSUE PAPER & DISPOSABLE PRODUCTS* 2006－2013)

[8]

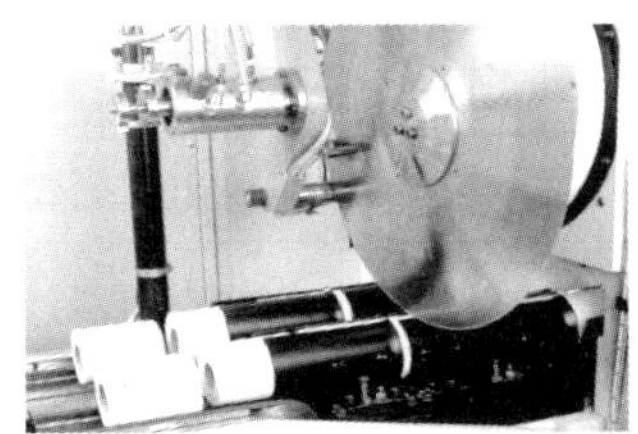

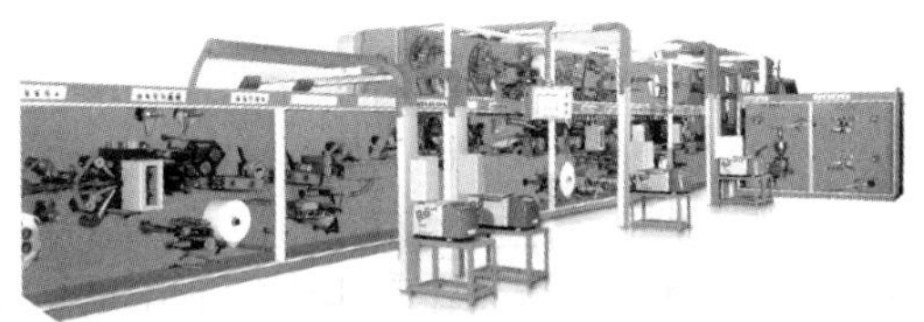

生活用纸和一次性卫生用品的市场

(《生活用纸》2006—2013 年有关论文索引)

序号	论文题目	年份	期号	总期号	页码	备注
生活用纸						
1	拉丁美洲卫生纸市场大有前途	2006	1	97	9－10	译文
2	欧洲生活用纸市场中的零售商品牌产品与生产商自有品牌产品	2006	3	99	9－11	译文
3	全球卫生纸市场	2006	5	101	12－13	译文
4	2006 年亚洲卫生纸市场的需求增长将趋缓	2006	6	102	11－12	译文
5	面巾纸是生活必需品还是奢侈品?	2006	6	102	13－15	译文
6	消费量居全球首位的北美卫生纸市场	2006	9	105	9－10	译文
7	金佰利公司新的发展目标——对 Alberto Cappellini 总裁的访谈录	2006	9	105	10－12	译文
8	从 2005 年法国尼斯世界卫生纸大会看卫生纸市场的未来	2006	10	106	17－18	译文
9	美国 Cellynne 公司的独特发展之路	2006	11	107	6－7	译文
10	快速发展的亚洲卫生纸市场	2006	12	108	10－12	译文
11	关注中国和东欧的卫生纸市场	2006	13	109	15－16	译文
12	从 2005 年世界零售商品牌产品年会看价格和品牌的博弈	2006	13	109	16－19	译文
13	如何使欧洲卫生纸市场更健康地发展	2006	15	111	14－15	译文
14	乌克兰卫生纸市场现状	2006	16	112	15－19	译文
15	生活用纸的市场和发展趋势	2006	18	114	3－10	
16	高端产品推动北美卫生纸市场复苏	2006	18	114	20－22	译文
17	墨西哥的卫生纸市场	2006	19	115	20－21	译文
18	大规模零售贸易在卫生纸行业中的作用	2006	21	117	15－16	译文
19	零售商品牌卫生纸产品的现状、发展与挑战	2006	22	118	15－16	译文
20	澳大利亚 ABC 卫生纸公司的成功之道	2007	1	121	12－14	译文
21	Nuqul 正以惊人的速度前进	2007	2	122	19－21	
22	中国与俄罗斯成为生活用纸行业的增长促动力	2007	2	122	27－29	
23	Winner Paper：崛起于泰国市场	2007	2	122	30－31	
24	PLMA 2006	2007	2	122	32－35	
25	巴西 Melhoramentos 公司的发展理念	2007	3	123	16－17	译文

续表

序号	论 文 题 目	年份	期号	总期号	页码	备注
26	Carind 公司推出居家外用 Daily Gold 系列产品	2007	4	124	20－21	
27	俄罗斯 Syktyvkar 卫生纸集团实现持续增长	2007	4	124	27－29	
28	俄罗斯第二大卫生纸生产商——Syassky 制浆造纸厂	2007	4	124	30－31	
29	欧洲卫生纸市场通过创新仍有发展机会	2007	5	125	7－9	译文
30	世界卫生纸供求形势分析：过剩还是短缺?	2007	7	127	18－19	译文
31	德国 Fripa 公司紧跟市场的经营之道	2007	8	128	17－19	译文
32	美国卫生纸市场挑战与发展并存	2007	12	132	20－22	译文
33	卫生纸行业对传媒的应对之策	2007	12	132	23－24	译文
34	零售商品牌在西欧的成功迫使生活用纸制造商向东欧寻求增长	2007	14	134	15－17	
35	厕用卫生纸：创新成为获得产品附加值的途径	2007	14	134	18－21	
36	南美 CMPC Tissue 公司稳步发展	2007	16	136	15－17	
37	中东卫生纸生产能力持续增加	2007	17	137	16－17	译文
38	生活用纸行业的可持续发展及森林产品 FSC 认证	2007	19	139	44－48	
39	发展中的土耳其卫生纸市场	2007	20	140	19－21	译文
40	卫生纸加工设备的投资回报	2007	20	140	49－50	译文
41	美国卫生纸加工商从 AFH 产品中获益	2007	21	141	9－11	译文
42	中国生活用纸市场分析与预测	2007	22	142	16－18	译文
43	竞争激烈，发展迅速的亚洲和大洋洲卫生纸市场	2007	23	143	6－8	译文
44	欧洲腹地斯洛文尼亚和克罗地亚两国的卫生纸市场	2007	24	144	9－12	译文
45	欧洲卫生纸市场展望	2008	1	145	7－10	译文
46	北美和欧洲卫生纸生产商情况的差异	2008	3	147	9－10	译文
47	全球卫生纸行业经营模式的变化	2008	4	148	12－19	译文
48	2006 年北美卫生纸市场的特点	2008	7	151	11－13	译文
49	东欧卫生纸产品市场述评	2008	9	153	12－20	译文
50	SCA 加快进入世界各地市场	2008	14	158	10－12	译文
51	中东卫生纸行业未来的发展	2008	15	159	7－11	译文
52	卫生纸行业与全球气候变暖	2008	16	160	8－9	译文
53	欧洲卫生纸论坛主席谈卫生纸市场及其前景	2008	17	161	17－19	译文
54	卫生纸行业需要市场和技术方面的创新	2008	17	161	47－48	译文
55	卫生纸行业管理供应链的新方法	2008	18－19	162－163	32－33	译文
56	美国林肯公司瞄准卫生纸原纸市场	2008	21	165	15－16	译文

续表

序号	论文题目	年份	期号	总期号	页码	备注
57	2007 年西方卫生纸市场发展缓慢	2008	22	166	18－21	译文
58	拉丁美洲：发展中的卫生纸市场	2008	23	167	14－16	译文
59	中国卫生纸市场的趋势和展望	2008	24	168	1－3	
60	北美和拉美的卫生纸市场	2009	1	169	22－25	译文
61	非洲和中东地区卫生纸产品市场概况	2009	2	170	17－19	译文
62	中东地区卫生纸研讨会的热点话题	2009	3	171	19－20	译文
63	巴西 Mili 纸厂推出 60 米长卷纸创造的效益	2009	4	172	17－18	译文
64	Spirit Paper 公司：一个以残疾人为主的小型卫生纸公司	2009	6	174	20－22	译文
65	经济衰退会削减卫生纸消费量的增长吗?	2009	8	176	9－10	译文
66	日本王子妮飘公司在形势严峻的卫生纸市场中寻找增长机会	2009	8	176	15－17	译文
67	世界经济危机笼罩下的全球纸浆、废纸和卫生纸行业	2009	9	177	10－11	译文
68	亚太地区卫生纸产品市场概况	2009	9	177	12－13	
69	SCA：挑战、变革和创新	2009	10	178	14－17	译文
70	竞争的王牌——PPI 记者对许连捷先生的专访	2009	12	180	28－29	
71	福和纸业：中国绿色卫生纸集团	2009	12	180	29－30	译文
72	2009 年，卫生纸行业何去何从?	2009	14	182	32	译文
73	Fapsa 公司在墨西哥市场上茁壮成长	2009	15	183	16－17	译文
74	欧洲卫生纸产品市场发展概况	2009	16	184	10－12	译文
75	中国生活用纸市场机会分析	2009	16	184	46－49	
76	卫生纸行业对纸浆供应商的吸引力	2009	17	185	9－11	译文
77	全球生活用纸市场展望	2009	18	186	11－18	
78	新中国生活用纸的变迁与进步	2009	19	187	5－16	
79	经济衰退对澳大利亚卫生纸市场的冲击	2009	19	187	17－18	译文
80	经济危机下俄罗斯及独联体国家卫生纸市场的发展	2009	19	187	19－20	译文
81	巴西主要的卫生纸生产商致力于提高产品附加值	2009	20	188	17－18	译文
82	卫生纸生产：谁是老大?	2009	21	189	15－16	译文
83	折叠产品市场趋势	2009	21	189	48－50	
84	亚洲卫生纸厂的成本竞争力	2009	22	190	19－20	译文
85	折扣店在德国卫生纸零售上的重要地位	2009	22	190	42－44	译文

续表

序号	论文题目	年份	期号	总期号	页码	备注
86	约旦河两岸卫生纸市场的发展	2009	23	191	21－24	译文
87	美国双松纸业：小型卫生纸加工商的大计划	2009	23	191	25	译文
88	迅猛发展的 ABC Tissue 公司	2010	1	193	16－17	译文
89	生活用纸行业面面观	2010	2	194	12－13	
90	生活用纸行业：空间很大，座位不多	2010	2	194	14－16	
91	“碳足迹”与卫生纸行业	2010	2	194	17－18	
92	现代零售业态推动埃及卫生纸销售量增长	2010	3	195	18－19	译文
93	卫生纸行业如何应对经济危机	2010	3	195	20－21	译文
94	2009 年世界卫生纸新项目调查	2010	4	196	4－7	译文
95	全球各类卫生纸产品的发展情况	2010	4	196	15－17	译文
96	德国卫生纸市场持续增长	2010	6	198	14－16	译文
97	中东地区卫生纸行业迅速发展	2010	7	199	13－17	译文
98	Hayat 在土耳其卫生纸市场独占鳌头	2010	7	199	40－41	译文
99	在欧洲崛起的 WEPA 公司	2010	9	201	15－17	译文
100	零售商品牌卫生纸在墨西哥市场的份额迅速提高	2010	9	201	18－20	译文
101	西班牙卫生纸市场零售商品牌对生产商品牌的威胁	2010	10	202	24－26	译文
102	把握生活用纸市场发展机会	2010	14	206	27－33	
103	金融危机影响下的北美卫生纸市场	2010	15	207	29－31	译文
104	2009 年生活用纸行业的概况和展望(一)	2010	16	208	15－18	
105	后经济衰退时代生活用纸市场展望	2010	16	208	25－29	译文
106	2009 年生活用纸行业的概况和展望(二)	2010	17	209	12－15	
107	Grigiskes：立陶宛唯一的卫生纸生产商	2010	17	209	22－23	译文
108	2009 年生活用纸行业的概况和展望(三)	2010	18	210	7－10	
109	金佰利澳大利亚公司谈可持续发展	2010	19	211	17－19	译文
110	北美卫生纸市场的发展机遇	2010	20	212	17－20	译文
111	土耳其领先的卫生纸生产商 Ipek Kagit 公司	2010	21	213	36－37	译文
112	全球经济衰退背景下的加拿大卫生纸市场	2010	23	115	19－20	译文
113	中东地区卫生纸行业概况	2010	24	216	28－29	译文
114	沙特和阿联酋的卫生纸市场	2010	24	216	29－31	译文
115	Nuqul 集团所属的迪拜 Fine 卫生纸公司	2010	24	216	32－33	译文
116	埃及的现代化卫生纸厂	2010	24	216	34－35	译文
117	对中国生活用纸市场光明前景的展望	2011	1	217	16－20	

续表

序号	论文题目	年份	期号	总期号	页码	备注
118	北非的卫生纸市场	2011	1	217	39－41	译文
119	意大利卫生纸市场：困难之年显商机	2011	1	217	42－44	译文
120	SCA：德国卫生纸市场的主导者	2011	2	218	27－28	译文
121	德国 Fripa 公司稳步发展的经营之道	2011	2	218	29－30	译文
122	Sofidel，立足传统放眼欧洲的开拓史	2011	2	218	31－32	译文
123	前进中的 Intertissue 公司	2011	2	218	33－35	译文
124	意大利小型卫生纸生产商——Roto Cart 公司	2011	2	218	35－36	译文
125	丹麦卫生纸市场概况	2011	2	218	37－38	译文
126	罗马尼亚卫生纸市场居领先地位的 Pehart Tec 公司	2011	2	218	39－40	译文
127	Comceh：罗马尼亚的主要卫生纸生产商	2011	2	218	41－43	译文
128	土耳其 Lila Kait 公司的发展历程	2011	2	218	44－46	译文
129	从 Century 浆纸公司和 Pudumjee 公司看印度的生活用纸市场	2011	3	219	31－34	译文
130	Pindo Deli：印度尼西亚的主要生活用纸生产商	2011	3	219	35－38	译文
131	Santher：力争成为巴西生活用纸行业的领头羊	2011	3	219	39－42	译文
132	南非生活用纸市场销售额的增长掩盖了销售量的减少	2011	3	219	43－45	译文
133	SIPAT：技术与员工的完美结合	2011	3	219	46－47	译文
134	中国改变了亚太地区生活用纸市场的格局	2011	4	220	14－15	译文
135	非洲生活用纸行业概况	2011	4	220	16－17	译文
136	泰国：生活用纸市场健康发展	2011	4	220	36－38	译文
137	越南：生活用纸市场在低水平上迅速增长	2011	4	220	39－42	译文
138	原生浆和废纸浆对环境的影响并无明显差别	2011	5	221	17－19	译文
139	SCA 的全球攻略：从瑞典到澳大利亚	2011	5	221	39－41	译文
140	非洲生活用纸市场概况	2011	8	224	16－18	译文
141	自给自足的白俄罗斯生活用纸市场	2011	10	226	14－17	译文
142	在卫生纸机制造领域中发展壮大的 PMP 公司	2011	10	226	44－45	译文
143	生活用纸行业积极参与绿色环保行动	2011	15	231	26－27	译文
144	SCA 在俄新建卫生纸厂抢占市场先机	2011	15	231	46－48	译文
145	土耳其 Lila 公司采用美卓纸机加快发展	2011	17	233	47－48	译文
146	LPC 公司在欧洲卫生纸市场的发展	2011	20	236	39－42	译文
147	加拿大生活用纸行业概况	2011	22	238	23－24	译文
148	卫生纸机制造商 RECARD 公司	2011	22	238	46－47	译文

续表

序号	论文题目	年份	期号	总期号	页码	备注
149	全球生活用纸市场展望	2012	2	242	8－10	
150	全球生活用纸行业增长加速	2012	5	245	17－18	译文
151	波罗的海国家的生活用纸市场	2012	5	245	40－43	译文
152	加拿大的“绿色”生活用纸产品	2012	5	245	44－48	译文
153	印度生活用纸市场潜力巨大	2012	6	246	13－16	译文
154	寻找新的废纸来源	2012	6	246	38－39	译文
155	全球生活用纸行业将面临产能过剩	2012	7	247	7－8	译文
156	SCA 在墨西哥生活用纸市场中的飞速发展	2012	7	247	43－45	译文
157	中亚五国生活用纸市场概况	2012	8	248	29	
158	非洲生活用纸市场	2012	9	249	15－23	译文
159	非洲：机会十年	2012	9	249	15－16	译文
160	把握非洲市场的机遇	2012	9	249	17－19	译文
161	走向光明的非洲	2012	9	249	20－21	译文
162	Sipat 立足非洲生活用纸市场	2012	9	249	22－23	译文
163	瑞典：欧洲西部的边陲，生活用纸市场发展的中心	2012	10	250	42－43	译文
164	2011 年生活用纸行业年度报告简版	2012	11	251	5－17	
165	G－P 公司出售其在欧洲、中东及非洲的生活用纸业务	2012	11	251	45－47	译文
166	亚洲生活用纸生产商在全球的产能份额增加	2012	13	253	17－18	译文
167	乌克兰本地生活用纸品牌市场份额增加	2012	13	253	41－43	译文
168	生活用纸的零售趋势	2012	15	255	29－32	
169	风靡欧洲的立体压花技术首次登陆日本市场	2012	17	257	24－25	
170	充分发挥企业传统特色　努力开拓海外业务	2012	17	257	26－27	
171	克服重重阻碍　努力开拓擦手纸业务	2012	17	257	28－29	
172	从消费者角度出发　坚持“200 抽”不减量	2012	17	257	30－31	
173	产销双方团结一致　坚决维护价格稳定	2012	17	257	32－33	
174	爱生雅墨西哥：力求做好做强	2012	17	257	50－52	
175	全球生活用纸行业的趋势和展望	2012	18	258	39－44	
176	全球生活用纸市场发展趋势	2012	19	259	27－32	
177	PLMA2011——用数字说话	2012	20	260	49－50	译文
178	生意导向的至爱品牌营销	2012	21	261	34－35	
179	生活用纸品牌的模式创新	2012	22	262	34－37	

续表

序号	论文题目	年份	期号	总期号	页码	备注
180	卫生纸和面巾纸的市场分析	2012	24	264	14－22	
181	美国西部卫生纸市场的发展	2013	1	265	15－16	译文
182	《卫生纸世界》杂志专访江曼霞秘书长	2013	2	266	14－16	
183	美国西部从经济衰退中复苏	2013	2	266	39－40	译文
184	Clearwater 造纸厂获得突飞猛进的发展	2013	2	266	41－43	译文
185	爱生雅巩固在欧洲生活用纸市场的地位	2013	7	271	51－52	译文
186	Södra 公司为生活用纸市场提供优质纸浆	2013	8	272	47－48	译文
187	美国 Clearwater Paper 公司消费产品部的目标	2013	8	272	49－50	译文
188	生活用纸概述	2013	9	273	30－31	
189	美国南部 2 家独立卫生纸生产商的成功之路	2013	9	273	47－49	译文
190	巴西生活用纸市场：极具增长潜力	2013	10	274	15－16	译文
191	为匈牙利生活用纸市场带来新面貌的 Forest Papir 公司	2013	13	277	42－43	译文
192	挪威的生活用纸市场	2013	13	277	44－45	译文
193	2012 年生活用纸行业的概况和展望	2013	19	283	25－33	
194	居家外用本色生活用纸市场销售前景看好	2013	21	285	41－42	译文
195	中国引领全球生活用纸扩张的潮流	2013	22	286	17－23	
196	非木纤维会成为生活用纸行业新的绿色纤维吗?	2013	24	288	10－13	译文
197	Daymon 公司致力于为零售商建立品牌	2013	24	288	35－37	译文

卫生用品

序号	论文题目	年份	期号	总期号	页码	备注
1	一次性卫生用品行业面临的问题与对策	2006	2	98	15－17	
2	2005 年日本一次性卫生用品的有关统计数据	2006	12	108	5－6	译文
3	失禁药物和用即弃成人失禁用品市场	2006	12	108	33－37	译文
4	欧洲非织造布卫生用品的发展趋势	2006	16	112	19－20	译文
5	纸尿裤行业今后 25 年的发展预测	2006	17	113	12－20	译文
6	一次性卫生用品的市场和发展趋势	2006	19	115	3－11	
7	婴儿纸尿裤市场	2007	6	126	20－24	译文
8	零售商品牌：做市场的领导者还是尾随者	2007	11	131	15－17	译文
9	全球纸尿裤市场的积极因素和负面影响	2007	18	138	13－15	译文
10	应对零售商品牌产品更明智的方法	2007	18	138	15－16	译文
11	全球绒毛浆市场的过去、现在和未来	2007	21	141	12－15	译文
12	推动全球个人卫生用品行业未来发展的主要因素	2007	21	141	34－36	译文
13	成人失禁用品发展趋势	2007	23	143	16－19	译文

续表

序号	论文题目	年份	期号	总期号	页码	备注
14	全球妇女卫生用品市场情况	2008	3	147	11－12	译文
15	2008 年卫生巾生产企业面临的七道坎	2008	8	152	13－14	
16	发展中国家市场——卫生用品行业的发展机遇	2008	9	153	8－11	译文
17	印度：吸收性卫生用品的市场情况及其潜力	2008	12	156	19－23	译文
18	亚太地区一次性卫生用品行业的趋势和展望	2008	13	157	19－20	
19	日本吸收性卫生用品的市场和废弃物处置	2008	14	158	8－9	
20	卫生用品生产商重视新兴市场和产品创新	2008	14	158	39－42	译文
21	零售商品牌纸尿裤市场	2008	20	164	12－14	译文
22	生活方式的改变促进了成人失禁用品市场的发展	2008	22	166	40－42	译文
23	2009 年一次性卫生用品市场的展望	2008	24	168	4－5	
24	欧洲卫生用品行业致力于可持续发展：策略与主要里程碑	2009	2	170	12－16	译文
25	成人失禁用品的可持续发展	2009	3	171	15－18	
26	经济低迷下快消品市场依然坚挺	2009	14	182	18－21	
27	亚太地区吸收性卫生用品行业的趋势和展望	2009	14	182	28－31	
28	满足现代老年人需要的成人失禁用品	2009	18	186	44－45	译文
29	欧洲、中东和非洲的卫生用品	2009	21	189	16－18	译文
30	个人护理用品巨头 SCA 公司	2009	23	191	43－44	译文
31	汉高：优质生活品质的领跑者	2010	1	193	22－23	
32	妇女卫生用品的发展机遇	2010	4	196	18－20	译文
33	全球婴儿纸尿裤市场保持强劲增长	2010	7	199	18－20	译文
34	新设计的纸尿裤适应环保和低成本的要求	2010	8	200	17－18	译文
35	世界一次性卫生用品行业的发展概况和趋势	2010	13	205	29－33	
36	中国卫生护垫市场分析	2010	18	210	18－20	
37	2009 年吸收性卫生用品行业的概况和展望(一)	2010	19	211	2－5	
38	成人失禁用品的创新	2010	19	211	20－22	译文
39	2009 年吸收性卫生用品行业的概况和展望(二)	2010	20	212	4－7	
40	婴儿纸尿布全球市场趋势和机遇	2010	20	212	13－16	译文
41	2009 年吸收性卫生用品行业的概况和展望(三)	2010	21	213	3－7	
42	中东地区纸尿裤及其材料行业的发展前景	2010	21	213	16－19	译文
43	欧洲成人失禁用品市场：市场机会喜忧参半	2010	22	114	15－18	译文
44	如何进入婴儿纸尿裤市场	2010	23	115	39－42	译文

续表

序号	论文题目	年份	期号	总期号	页码	备注
45	全球经济衰退对卫生用品市场增长和盈利的影响	2010	24	216	12-17	译文
46	生产商努力扩大失禁用品的消费群体	2011	5	221	42-43	译文
47	变化中的卫生用品行业——经济回暖、产品创新和原材料价格波动	2011	9	225	19-22	译文
48	拉拉裤发展的历史、现状和展望	2011	9	225	23-28	译文
49	如何评定婴儿纸尿裤的优劣	2011	9	225	29-36	译文
50	纸尿裤设计的发展趋势	2011	9	225	42-44	译文
51	新兴市场中快速增长的女性卫生用品	2011	10	226	12-13	译文
52	“2011年中国纸尿裤发展论坛”全程报道(一)	2011	11	227	23-33	
53	中国零售业态及纸尿裤产品发展趋势	2011	12	228	12-17	
54	全球纸尿裤市场发展趋势	2011	12	228	18-19	
55	中国婴儿训练裤市场和相关设备的技术发展	2011	12	228	24-26	
56	汉高——纸尿裤企业发展的伙伴	2011	13	229	34-36	
57	导流层和弹性材料的趋势	2011	13	229	37	
58	婴儿纸尿裤的新战略	2011	16	232	38-40	
59	卫生用品设备的技术改造和创新	2011	17	233	29-32	译文
60	绒毛浆行业的发展	2011	21	237	21-24	译文
61	中国卫生用品设备制造业日趋成熟	2011	24	240	18-27	
62	为高端市场服务的原辅材料创新	2011	24	240	28-29	
63	国内企业代表发言	2012	2	242	29	
64	日本婴儿纸尿裤的市场和产品概况	2012	4	244	47-48	
65	日本成人纸尿裤市场的发展和产品的多样化	2012	4	244	49-52	
66	日方主要企业发言	2012	4	244	53	
67	日本卫生用品市场规模	2012	8	248	42-43	
68	易懂、易选、易用的成人纸尿裤新上市	2012	8	248	44-46	
69	日本的纸尿裤市场和产品开发	2012	8	248	47-48	
70	开发高附加值女性卫生用品应对闭经人口增加	2012	8	248	49	
71	日本各公司卫生用品新产品介绍	2012	9	249	39-51	
72	中国婴儿纸尿裤市场和投资机会——矢野经济研究所对江曼霞秘书长的访谈录	2012	10	250	7-9	
73	2011年生活用纸行业年度报告简版	2012	11	251	5-17	
74	日本纸尿裤市场的需求形势	2012	13	253	23	译文

续表

序号	论文题目	年份	期号	总期号	页码	备注
75	失禁用品市场在全球经济衰退中保持增长	2012	14	254	33-37	译文
76	现代化的高速纸尿裤机及设备制造商	2012	15	255	33-37	译文
77	从成人纸尿裤到失禁护理	2012	18	258	47-49	
78	中国纸尿裤的过去、现在和将来	2012	19	259	16-18	
79	婴儿纸尿裤/片市场现状及购买者媒体接触习惯	2012	20	260	14-25	
80	中国纸尿裤销售渠道的演变	2012	21	261	36-37	
81	国内卫生巾生产企业的生存现状和困境解析	2012	21	261	38	
82	蓄势待发的中国成人纸尿裤市场	2012	23	263	19-21	
83	纸尿布的可持续性趋势	2012	23	263	22-23	译文
84	成熟市场注重纸尿裤设计的时尚性	2013	2	266	17-20	译文
85	消费者的需求推动卫生用品原材料的创新	2013	3	267	17-20	译文
86	女性卫生用品：关注细分市场	2013	3	267	21-23	译文
87	谁想进入绒毛浆领域，为什么？	2013	6	270	9-15	译文
88	专题：婴童产业与渠道的发展	2013	7	271	15-30	
89	非织造布和卫生用品行业2012年的回顾	2013	8	272	15-19	译文
90	可持续发展：一股新的潮流	2013	8	272	20-21	译文
91	俄罗斯卫生用品市场竞争加剧	2013	9	273	19-20	译文
92	国际主流卫生用品设备供应商简介	2013	11	275	43-46	译文
93	婴儿纸尿裤市场	2013	14	278	21-24	译文
94	成人失禁用品不仅适用于老年人	2013	16	280	34-37	译文
95	2012年中国一次性卫生用品行业的概况和展望	2013	20	284	3-7	
96	卫生巾市场分析	2013	22	286	24-28	
97	创新，中国品牌持续成长的动力	2013	23	287	16-18	
98	婴儿纸尿裤营销的突破：动态营销	2013	24	288	17-20	
擦拭巾、湿巾、干法纸						
1	医用擦拭巾的发展趋势	2006	3	99	13-15	译文
2	浅谈用于擦拭巾的干法纸和水刺非织造布	2006	4	100	16-18	
3	干法纸卫生用品在逆境中发展	2006	11	107	38-41	译文
4	零售商品牌促进了擦拭巾市场的发展	2006	15	111	11-13	译文
5	回顾2005年的干法纸市场	2006	19	115	22-24	译文
6	湿擦拭巾的发展——过去、现在和未来	2006	20	116	14-21	译文
7	用即弃擦拭巾的市场和新产品的开发	2006	23	119	13-16	译文

续表

序号	论 文 题 目	年份	期号	总期号	页码	备注
8	PIRA 举办的擦拭巾研讨会	2007	7	127	20－23	译文
9	工业用和公共机构用擦拭巾市场继续增长	2008	1	145	46－48	译文
10	北美家庭清洁用擦拭巾的市场情况	2008	2	146	16－19	译文
11	食品垫：干法纸的重要市场	2008	5	149	39－41	译文
12	家用擦拭巾市场后劲不足	2008	6	150	14－16	译文
13	个人用擦拭巾市场的回顾和未来的发展机会	2008	8	152	15－17	译文
14	干法纸会东山再起吗?	2008	10	154	12－16	译文
15	具有更多使用价值的工业用擦拭巾	2008	18－19	162－163	9－11	译文
16	家用擦拭巾市场为争取新客户而努力	2008	24	168	16－18	译文
17	擦出新天地——非织造布擦拭巾的用途	2009	5	173	18－20	
18	婴儿湿巾与个人护理用湿巾市场	2009	8	176	10－15	译文
19	干法纸行业目前的形势	2009	16	184	13－14	译文
20	经济衰退下个人护理用擦拭巾仍有发展潜力	2009	18	186	19－20	译文
21	产业用擦拭巾的发展概况	2009	20	188	13－16	译文
22	擦拭巾的迅速增长带动水刺非织造布的发展	2010	2	194	19－21	译文
23	经济危机下全球擦拭巾的发展情况	2010	6	198	11－13	译文
24	近年来的干法纸市场概况	2010	10	202	20－23	译文
25	家用擦拭巾市场最近 10 年的迅猛发展	2010	23	115	21－23	译文
26	个人护理用擦拭巾市场稳定增长	2011	1	217	21－22	译文
27	擦拭巾生产商在新兴市场的发展机遇和挑战并存	2011	3	219	14－16	译文
28	急速发展中的湿巾市场	2011	7	223	28－30	
29	功能性湿巾的现状和发展趋势	2011	8	224	19－21	
30	竞争中的干法纸市场	2011	15	231	23－25	译文
31	非织造布擦拭巾行业概况及主要供应商	2011	19	235	19－23	译文
32	产业用擦拭巾市场复苏	2011	19	235	24－29	译文
33	后经济衰退时期擦拭巾仍稳步增长	2011	19	235	30－31	译文
34	创新将促进擦拭巾行业发展	2011	19	235	32－36	译文
35	迅速扩展的小众专用湿巾产品	2011	19	235	37－43	译文
36	“绿色”湿巾	2011	19	235	44－47	译文
37	北美产业用擦拭巾市场拾零	2011	21	237	43－45	译文
38	全球干湿擦拭巾市场	2011	22	238	14－22	译文
39	“2011 年中国湿巾发展论坛”全程报道(一)	2011	23	239	21－36	

续表

序号	论文题目	年份	期号	总期号	页码	备注
40	“2011 年中国湿巾发展论坛”全程报道(二)	2011	24	240	10－17	
41	中国湿巾设备发展历程及展望	2012	1	241	35－36	
42	湿巾包装的流行趋势	2012	6	246	41－44	译文
43	全球各地区非织造布擦拭巾市场概况(一)	2012	7	247	15－30	译文
44	全球各地区非织造布擦拭巾市场概况(二)	2012	8	248	21－28	译文
45	餐饮业使餐用湿巾的市场保持稳定	2012	8	248	50	
46	除菌型湿巾市场竞争激烈	2012	8	248	51	
47	婴儿擦拭巾在新兴市场的发展时机成熟	2012	11	251	26－27	译文
48	湿巾行业可冲散性指南第 3 版于今秋出台	2012	23	263	14－15	译文
49	美国擦拭巾的需求形势	2013	10	274	13－14	译文
50	发展个人护理湿巾，满足未来需求	2013	11	275	13－15	译文
51	擦拭巾在可持续性和包装方面的新动向	2013	12	276	13－15	译文
52	擦拭巾在经济动荡中保持增长	2013	13	277	11－12	译文
53	擦拭巾市场重回快速增长之路	2013	13	277	13－15	译文
54	居家用擦拭巾进入新的领域	2013	13	277	16－19	译文
55	发展中的干法纸市场	2013	17	281	33－35	译文
非织造布						
1	中国与亚洲非织造材料工业未来的发展	2006	1	97	10－13	
2	适用于非织造布生产的纤维市场形势	2006	1	97	13－15	译文
3	中国非织造工业增势依然，增幅趋缓	2006	3	99	11－13	
4	拉美非织造布生产增速超过全球	2006	12	108	6－7	译文
5	2005 年中国非织造布工业的发展情况	2006	14	110	15－17	
6	医疗卫生市场需求与熔纺法能力扩展	2006	17	113	20－23	
7	浅析我国水刺法非织造布材料工业发展	2006	21	117	17－19	
8	纺熔市场：一个新的投资热点	2006	24	120	12－14	译文
9	用于生产卫生用品的非织造布市场持续增长	2007	15	135	13－15	译文
10	干法纸和水刺法非织造布在擦拭巾市场中的竞争(上)	2007	17	137	40－49	译文
11	干法纸和水刺法非织造布在擦拭巾市场中的竞争(下)	2007	18	138	44－50	译文
12	展望 2015 年的非织造布工业	2008	1	145	11－12	译文
13	调整中稳步前进——2008 年非织造行业展望	2008	4	148	20－22	

续表

序号	论文题目	年份	期号	总期号	页码	备注
14	2005—2010年西欧对比中国及中东的聚酯和聚丙烯的形势	2008	5	149	15－17	译文
15	2006年中国产业用纺织品行业发展报告	2008	8	152	46－47	
16	到2010年聚丙烯纺粘法/纺熔法非织造布市场全球展望	2008	15	159	11－12	译文
17	2007年中国非织造布工业的发展情况	2008	15	159	44－48	
18	2007年世界非织造布生产商40强	2008	16	160	10－14	
19	2007/2008年全球非织造布用品生产情况	2008	21	165	17－18	
20	产业升级共御风暴——2009年非织造行业展望	2009	6	174	17－20	
21	美国非织造布市场规模预测	2009	10	178	17－18	
22	当“春天”来临，中小型非织造布企业如何发展	2009	17	185	11－12	
23	非织造布加工商如何应对困难时期	2009	19	187	21－22	译文
24	非织造布：擦拭巾中的“洗唰唰”	2009	21	189	53－55	
25	60年：非织造布产业科技创新能力显著提升	2009	23	191	19－20	
26	医用非织造布概述	2009	23	191	53－57	
27	庄洁：良性循环孕育勃勃生机	2010	4	196	21－23	
28	北美、欧洲和亚洲的医用非织造布市场	2010	18	210	21－24	译文
29	北美市场家用非织造布擦拭巾的趋势	2010	21	213	20－22	译文
30	非织造布行业的现状	2010	22	114	19－22	译文
31	水刺非织造布在湿巾领域的应用	2012	1	241	28－31	
32	中国纺粘非织造布在卫生用品市场的发展与展望	2012	5	245	19－21	
33	水刺非织造布生产面临新形势	2012	6	246	17－19	
34	吸收性卫生用品面层材料的发展趋势	2012	19	259	14－15	
35	柔软非织造布的开发及其在卫生用品上的应用	2012	19	259	19－21	
36	2011年EDANA可持续发展报告	2012	21	261	14－29	译文
37	擦拭巾材料概述	2012	22	262	20－33	译文
38	非织造布生产与应用的可持续发展	2013	7	271	31－34	
39	有创意的非织造布纤维	2013	11	275	16－18	
40	美国非织造布市场需求情况	2013	18	282	26－27	译文
41	全球卫生用品用非织造布市场概况	2013	20	284	14－18	
42	纺熔非织造布在纸尿裤上的应用及最新发展趋势	2013	23	287	19－21	
43	全球非织造布行业保持增长	2013	24	288	14－16	译文
高吸收性树脂						
1	有关高分子吸收树脂市场形势最新资料	2006	12	108	13－15	译文
2	吸收性卫生产品用高分子吸收树脂的市场情况	2006	18	114	13－15	
3	全球高吸收性树脂供需状况和供应商竞争力分析	2011	20	236	17－18	

生活用纸和一次性卫生用品的技术进展（《生活用纸》2006—2013年有关论文索引）

TECHNOLOGY ADVANCES OF TISSUE PAPER & DISPOSABLE PRODUCTS (INDEX OF PAPERS IN *TISSUE PAPER & DISPOSABLE PRODUCTS* 2006 – 2013)

[9]

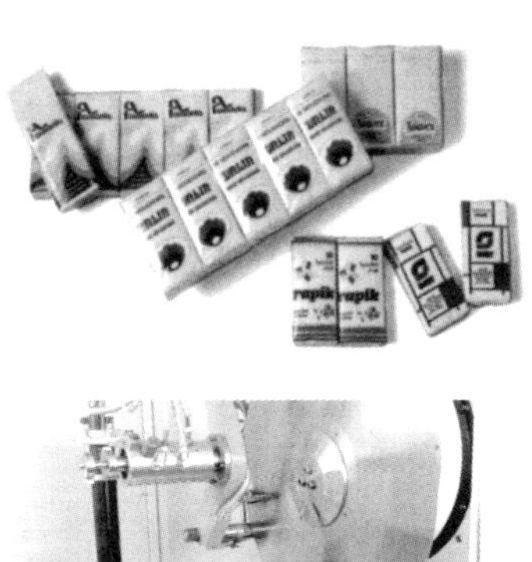

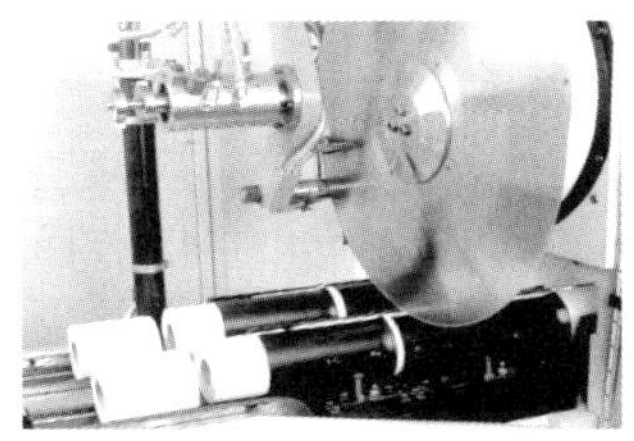

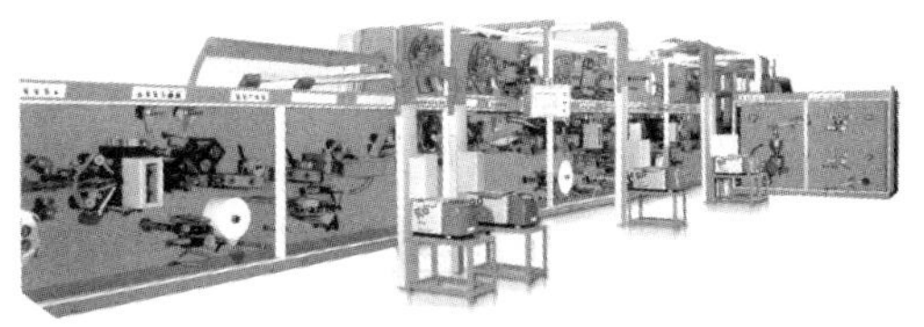

生活用纸和一次性卫生用品的技术进展

(《生活用纸》2006—2013 年有关论文索引)

序号	论文题目	年份	期号	总期号	页码	备注
生活用纸						
1	染料在卫生纸生产中的应用	2006	1	97	29－30	译文
2	卫生纸靴形压榨用的靴套开发	2006	1	97	33－37	译文
3	适用于卫生纸生产的脱墨纸浆生产系统	2006	1	97	38－41	译文
4	对废纸脱墨浆生产高档卫生纸的认识	2006	2	98	36－37	
5	卫生纸用新型湿强树脂	2006	2	98	44－46	译文
6	高速卫生纸机纸页孔洞产生的几种原因及处理方法	2006	3	99	32	
7	常用纸制品有毒有害物质测试结果及分析	2006	3	99	33－35	
8	卫生纸柔软度的全盘解决方法	2006	3	99	38－40	译文
9	浅谈全稻草生产 B 级卫生纸的制浆工艺控制	2006	4	100	33－34	
10	热风穿透干燥(TAD)技术的纸机配置	2006	4	100	39－42	译文
11	功能性助剂的使用已成为卫生纸生产的商业秘密	2006	4	100	42－44	译文
12	原纸对纸巾纸性能的影响	2006	5	101	32－34	
13	如何加强包装纸盒的进货质量控制	2006	5	101	34－35	
14	采用起皱粘缸改性剂，提高卫生纸纸机的运行性能和产品质量	2006	5	101	39－42	译文
15	大烘缸及其水压试验	2006	6	102	33－35	
16	一种咪唑啉季胺盐型纸张柔软剂的合成与应用	2006	9	105	28－30	
17	卫生纸用废纸脱墨浆的碎浆新工艺	2006	9	105	33－38	译文
18	美卓公司开发出卫生纸机新型压榨装置	2006	10	106	41－42	译文
19	压花增加卫生纸产品价值	2006	10	106	42－45	译文
20	新型功能纸巾纸初探	2006	11	107	30－32	
21	纸页的网纹结构对卫生纸性质的影响	2006	11	107	33－38	译文
22	卫生纸生产中紧凑型脱墨浆生产线的现场使用效果	2006	12	108	37－42	译文
23	TAD 纸机能源成本的优化研究	2006	14	110	41－43	译文
24	擦手纸比热风干手器更卫生	2006	14	110	44－46	译文
25	皱纹原纸的生产及其质量要求	2006	15	111	34－36	
26	美卓公司开发的卫生纸机新型 ViscoNip 压榨装置	2006	15	111	38－40	译文
27	热风穿透干燥工艺	2006	16	112	41－42	

续表

序号	论 文 题 目	年份	期号	总期号	页码	备注
28	进口卫生纸机的蒸汽冷凝水热回收技术	2006	17	113	36－38	
29	卫生纸用阳离子柔软剂——Crodasoft CFI90 分散体	2006	17	113	45	译文
30	卫生纸的节约型生产实例	2006	18	114	33－35	
31	再谈高品质擦手纸原纸的生产与加工	2006	19	115	33－35	
32	浅析废纸抄造卫生纸的相关问题	2006	20	116	35－37	
33	创造最佳起皱条件	2006	20	116	40－44	译文
34	钢结构扬克烘缸	2006	20	116	44－45	译文
35	卫生纸后加工中胶水和化学品应用技术	2006	21	117	37－38	
36	PEO 在面巾纸生产中的应用	2006	21	117	39－40	
37	废纸质量变化带来的难题	2006	21	117	43－44	译文
38	卫生纸浆料制备系统的创新技术	2006	21	117	44－46	译文
39	高速切纸机的结构及性能特点	2006	22	118	36－38	
40	造纸白水处理与回用工艺浅析	2006	22	118	39－40	
41	安德里茨公司悄然打造全套卫生纸生产线	2006	22	118	41－43	译文
42	Atmos 技术是对 TAD 的真正考验吗?	2006	23	119	39－40	译文
43	卫生纸机供浆系统的技术改造	2006	24	120	25－26	
44	对卫生纸中硅酮加入量测定方法的评价	2006	24	120	28－31	译文
45	纸张横向水分控制系统的原理及其应用	2007	1	121	33－34	
46	一张“创新地图”：助你市场自由行的完美指南针!	2007	2	122	12－15	
47	全麦草浆抄造柔软卫生纸的生产实践	2007	3	123	35－36	
48	卫生纸用高效双金属起皱刮刀	2007	3	123	37－40	译文
49	浅析生活用纸包装设计的发展现状与设计趋势	2007	3	123	41－43	
50	新型卡马迪 T100 卷纸包装机	2007	4	124	18－19	
51	与众不同的餐巾纸	2007	4	124	22－23	
52	能源成本带来的挑战	2007	4	124	24－25	
53	谈谈擦手原纸的生产工艺	2007	5	125	24－26	
54	卫生纸产品中使用乳液的趋势	2007	5	125	41－42	译文
55	造纸机流浆箱的功能及其最新进展	2007	6	126	33－35	
56	卫生纸厂的安全事项	2007	6	126	36－40	译文
57	美卓公司的扬克式烘缸和 Advantage AirCap 气罩	2007	7	127	33－37	
58	影响皱纹卫生纸质量的几个因素	2007	8	128	33－34	
59	生物酶用于卫生纸的浆料制备	2007	8	128	35－36	译文

续表

序号	论文题目	年份	期号	总期号	页码	备注
60	增柔膨化剂用量对卫生纸的影响	2007	11	131	36－37	
61	卫生纸厂的火灾防范	2007	12	132	40－41	译文
62	浅述起皱刮刀对卫生纸品质的影响	2007	14	134	37－38	
63	卫生纸抄造技术开发的新动态	2007	15	135	32－35	
64	纸毛将不再是卫生纸生产中的问题	2007	15	135	36－38	译文
65	影响打浆度测定准确性的因素	2007	16	136	37－38	
66	国产圆网卫生纸机的改造	2007	16	136	39－40	
67	卷纸加工技术和设备的创新	2007	16	136	41－43	译文
68	从新标准出台看卫生纸产品的功能回归	2007	17	137	22－24	
69	选择适用的扬克式烘缸涂层	2007	17	137	28－33	译文
70	可延长使用寿命和提高干燥效率的新型干毯	2007	18	138	34－35	译文
71	节约生产成本的新型化学助剂	2007	19	139	35	译文
72	百利怡公司的 Time700 型卫生纸加工生产线	2007	19	139	36－37	译文
73	高效浅层气浮系统处理卫生纸抄造白水	2007	20	140	33－35	
74	百利怡的最新技术	2007	20	140	38－41	
75	降低压榨毛毯的压力负荷提高卫生纸的松厚度	2007	21	141	27－28	
76	可提高卫生纸产品附加值的化学品	2007	22	142	32－34	译文
77	浅谈再生卫生纸品生产、储存过程的抗菌防霉技术	2007	23	143	30－31	
78	如何才能降低纸机干燥能源成本	2007	23	143	35－36	译文
79	脱墨工艺设计：高密度胶粘物的去除	2007	23	143	37－43	
80	浅谈高速卫生纸机毛毯的工艺管理	2007	24	144	30	
81	浅谈双层阶梯扩散式稀释水的流浆箱	2008	1	145	34－35	
82	卫生纸浆料制备生产线及其自动化设计	2008	2	146	32－34	
83	开发新型热风穿透干燥设备——对设计者的挑战	2008	2	146	37－41	译文
84	采用数字化记录技术减少卫生纸断头	2008	3	147	30－33	译文
85	如何改善卫生纸的柔软度	2008	3	147	42－45	
86	几种助剂在卫生纸生产中的应用	2008	4	148	32－34	
87	TAD 技术面临 ADT 技术的最新挑战	2008	4	148	35－36	译文
88	引起消费者新兴趣的折叠技术	2008	4	148	41－43	译文
89	正确选择能耗最低的卫生纸机配置	2008	5	149	37－38	译文
90	ATMOS 技术和 TAD 技术的比较	2008	6	150	28－29	译文
91	关于卫生卷纸的卷重控制	2008	7	151	30－33	

续表

序号	论文题目	年份	期号	总期号	页码	备注
92	湿部用助留剂对扬克式烘缸涂层的影响	2008	7	151	36－43	译文
93	卫生纸厂如何通过节约能源使利润提高 50%	2008	8	152	28－30	译文
94	Hercules 公司推动湿强树脂的研发和应用	2008	8	152	31－33	译文
95	卫生纸复卷和卷芯方面的创新	2008	9	153	34	译文
96	特斯科技公司的不锈钢烘缸等卫生纸机技术	2008	9	153	35－36	译文
97	适用于彩色图案压花工艺的层合胶	2008	9	153	37－42	译文
98	纸巾纸中荧光增白剂迁移性快速检测方法的研究	2008	10	154	32－34	
99	一种适用于草浆黑液提取的转鼓式洗浆机	2008	10	154	35－36	
100	卫生纸用脱墨浆生产工艺和设备的创新	2008	10	154	37－43	译文
101	TAD 卫生纸的物理性质和手感特性	2008	12	156	38－43	译文
102	专家谈卫生纸创新	2008	13	157	17－18	译文
103	卫生纸柔软度测量结果的不确定度评定	2008	13	157	32－34	
104	卫生纸后加工商日益重要的购买因素：生产效率	2008	14	158	31－32	
105	适用于卫生纸机改造的新型压榨技术——托垫压榨	2008	14	158	37－38	译文
106	适用于生产高档卫生纸的 STT 技术	2008	15	159	31－32	译文
107	卫生纸厂物料的智能搬运系统	2008	15	159	36－38	译文
108	浅谈生活用纸用暂时性湿强剂	2008	16	160	32－35	
109	IntensaPulper 节能碎浆机	2008	17	161	33－34	译文
110	用 Z 向超声波仪测定卫生纸的柔软度	2008	17	161	38－39	译文
111	双金属刮刀和陶瓷刮刀的特性	2008	18－19	162－163	27－28	译文
112	欧洲卫生纸的产品安全法规综述	2008	18－19	162－163	29－31	译文
113	百利怡的 Fusion Art Embossing 压花机	2008	18－19	162－163	36－38	译文
114	在智利投入使用的 ATMOS 技术	2008	20	164	29－32	译文
115	卫生纸行业的创新	2008	20	164	38－40	译文
116	百利怡的 CoreLess® 加工生产线使 AFH 卫生纸的质量升级	2008	21	165	35－36	译文
117	适用于卫生纸的真空压榨和新一代的靴式压榨	2008	21	165	37－38	译文
118	Dalle Hygiène 公司的自动化托盘码垛搬运系统	2008	21	165	41－42	译文
119	赫克力士公司的新型化学品增加卫生纸的附加值	2008	22	166	28－29	译文
120	降低干燥成本	2008	22	166	30－31	译文
121	亚赛利造纸机械公司发展概况	2008	22	166	36－39	译文
122	汉高公司的 Adhesin® FiberPlus 柔软剂	2008	23	167	33	译文

续表

序号	论文题目	年份	期号	总期号	页码	备注
123	纤维素改性酶在卫生纸生产中的应用实例	2008	24	168	23 - 26	译文
124	新型聚合物干强技术在卫生纸上的应用	2008	24	168	27 - 29	译文
125	BF - 12 型卫生纸机运行实例	2009	1	169	39 - 42	
126	NTT 卫生纸机以较低能耗生产高端塑纹卫生纸——访美卓公司	2009	2	170	32 - 34	
127	“印”出精彩——访欧米特有限公司	2009	2	170	34 - 35	
128	先进的卫生纸乳液添加系统	2009	2	170	35 - 36	
129	能有效清洁卫生纸幅和去除粉尘的新装置	2009	2	170	40 - 42	译文
130	新的柔软度测定方法	2009	3	171	35 - 37	
131	沙特造纸公司的模块化脱墨设备	2009	3	171	38 - 39	译文
132	为降低卫生纸机能耗而开发的新型造纸织物	2009	3	171	40 - 43	译文
133	卫生纸生产过程中能量的有效利用	2009	4	172	31 - 34	
134	BF 卫生纸机原纸生产工艺及技术指标综述	2009	5	173	32 - 36	
135	钢质扬克烘缸	2009	5	173	37 - 39	译文
136	巴克曼的最新生物酶技术及其应用	2009	5	173	45 - 48	
137	CMG 公司创新卫生纸加工设备满足中国市场需求	2009	6	174	36 - 38	
138	扬克缸涂层用增塑剥离剂的优点	2009	6	174	38 - 39	
139	提高扬克缸干燥效率	2009	7	175	42 - 44	
140	减少浪费和提高效率——当今卫生纸加工行业的两大主题	2009	8	176	32 - 34	
141	SCA 的 Lilla Edet 纸厂：一家发展中的大型卫生纸厂	2009	8	176	38 - 40	
142	Intertissue 纸厂的 Advantage DCT200TS 型卫生纸机——首台装有 Advantage ViscoNip 压榨的卫生纸机	2009	8	176	41 - 42	译文
143	优化扬克气罩的性能	2009	9	177	31 - 33	
144	助留剂——为卫生纸生产商提供的多用途化学品	2009	9	177	38 - 43	
145	美卓 ViscoNip 新型压榨装置在恒安 PM6 纸机上的运行实例	2009	10	178	36 - 37	
146	如何降低 TAD 的干燥能量	2009	10	178	41 - 45	译文
147	PMP Intelli - Tissue™ 900：针对中国市场的起步级卫生纸机	2009	12	180	31 - 34	
148	强度、柔软和成本的“自然平衡”	2009	12	180	35 - 38	

续表

序号	论文题目	年份	期号	总期号	页码	备注
149	浅谈擦手纸的生产工艺	2009	13	181	41-42	
150	Wepa 公司使用的高温热风罩	2009	13	181	43-45	译文
151	浅谈卫生纸用湿强剂	2009	13	181	53-54	
152	X 概念机的发展	2009	14	182	40-41	
153	卫生纸柔软度研究的进展：从柔韧性和手感到模拟触觉	2009	14	182	42-45	译文
154	ADT 卫生纸机技术及其速度控制系统	2009	15	183	32-34	
155	远东市场卫生纸包装产品的发展与机遇	2009	15	183	35-36	
156	卫生纸机节能新模式	2009	16	184	33-38	
157	迅速发展的 Sopanusa 公司	2009	16	184	39-40	译文
158	优化干燥参数	2009	16	184	41	译文
159	利用稻草浆代替麦草浆生产卫生纸	2009	17	185	31-32	
160	卫生纸行业关注节能新技术	2009	17	185	36-37	译文
161	适用于卫生纸生产的专用化学品	2009	17	185	38-39	译文
162	卫生纸包装未来的挑战	2009	18	186	35-36	
163	特斯克的创新产品——TT-SYD 钢制扬克烘缸	2009	18	186	39-41	
164	优化卫生纸生产的智能决策	2009	19	187	36-38	
165	打浆(精磨)对卫生纸性质的影响	2009	19	187	39-42	
166	ATMOS 或 NTT 小型标准化纸机将成为小型卫生纸生产商的首选	2009	19	187	43-45	译文
167	BF12 卫生纸机剥离剂和黏合剂的应用	2009	20	188	36-38	
168	可生产各种质量等级卫生纸的 ATMOS 技术	2009	20	188	41-42	译文
169	适用于卫生纸生产及加工的最新化学品	2009	20	188	43-45	译文
170	川之江 BF 卫生纸机的发展	2009	21	189	40-41	译文
171	纤维改性酶在卫生纸生产中的应用	2009	21	189	42-44	
172	提高柔软度的起皱，是科学还是技艺？	2009	21	189	45-47	
173	卫生纸机：极具成本效益的质量管理	2009	22	190	31-35	
174	采用环保的化学品来提高卫生纸的柔软度	2009	22	190	40-41	译文
175	提高生产效率和安全性的机器人	2009	23	191	41-42	译文
176	卫生纸生产的能源系统	2009	23	191	45-48	译文
177	BF-12 卫生纸机的白水处理系统	2009	24	192	27-29	

续表

序号	论文题目	年份	期号	总期号	页码	备注
178	生产低能耗高品质产品的 Advantage™ NTT™ 卫生纸机	2009	24	192	31－35	译文
179	干、湿法起皱工艺在擦手纸原纸生产中的应用	2010	1	193	33－35	
180	安德里茨的 EconoFit 节能降耗方案	2010	2	194	36－37	译文
181	擦手纸生产实践	2010	2	194	38－39	
182	新型卫生纸柔软剂 SCW 和 SCS 的开发与应用	2010	3	195	35－37	
183	压花使卫生纸产品升级	2010	3	195	38－40	译文
184	卫生纸生产过程的能源管理	2010	4	196	32－33	译文
185	流浆箱改造与稀释水流浆箱	2010	4	196	34－35	
186	优化扬克缸涂层以节约能源	2010	6	198	32－36	译文
187	用脂肪酶控制相思木中的树脂	2010	6	198	37－38	译文
188	Futura 公司的 JOI 卫生纸压花机	2010	6	198	39－40	译文
189	影响刮刀颤动的因素	2010	7	199	35－37	译文
190	优化浆料制备系统	2010	7	199	38－39	译文
191	谈现有卫生纸厂的技术改造	2010	8	200	19－21	
192	柯尔柏公司具有高度灵活性的卫生纸包装设备	2010	8	200	34－35	译文
193	ITAD 卫生纸技术	2010	8	200	36－39	
194	卫生纸的粉尘控制	2010	8	200	40－43	译文
195	特斯克的节能干燥技术	2010	9	201	35	译文
196	新型扬克缸涂布用化学品 MVP	2010	9	201	40－44	译文
197	材料的相互作用和刮刀对扬克缸表面的影响	2010	10	202	35－38	译文
198	适用于卫生纸的脱墨浆生产线工艺配置	2010	13	205	43－45	译文
199	SCA 在美国 Barton 纸厂投产纸机生产低定量原纸	2010	13	205	46－47	译文
200	采用 OpTiSuvf 成像法测定卫生纸的表面粗糙度	2010	14	206	42－44	译文
201	Cellynne 公司的新卫生纸机顺利投产	2010	14	206	45－46	译文
202	Valot 公司为客户提供五星级服务	2010	15	207	45－46	译文
203	Roquette 公司推出卫生纸湿部化学品 VECTOR® 聚合物	2010	16	208	37－38	译文
204	美卓自动化公司的新型卫生纸质量控制系统	2010	16	208	39－42	译文
205	高品质卫生纸生产	2010	17	209	39－41	
206	巴西 Santher 公司采用 Futura 的压花机使产品升级	2010	17	209	42－43	译文
207	美卓的卫生纸产能研究项目	2010	18	210	37－38	译文

续表

序号	论文题目	年份	期号	总期号	页码	备注
208	LPC 集团收购 Swedish Tissue 纸厂并投巨资扩产改造	2010	19	211	42 - 44	译文
209	优化扬克缸的运行性能	2010	20	212	31 - 33	译文
210	Futura 公司 JOI 型万能压花机的运行实践	2010	20	212	34 - 35	译文
211	宝洁等公司在美国犹他州的卫生纸新项目	2010	20	212	37 - 39	译文
212	新月型成形技术的最新成果——PMP 的 Intelli Tissue™卫生纸机旨在提升纸张品质和利润	2010	21	213	30 - 32	
213	提高成本效益的卫生纸生产方法	2010	22	214	35 - 37	译文
214	川之江 BF - EX 系列卫生纸机/高速分切机的技术特点	2010	23	215	36 - 38	
215	影响卫生纸起皱的因素及其解决方法	2010	24	216	24 - 26	
216	宝力莎抗微生物剂在生活用纸行业的应用	2011	1	217	32 - 34	
217	扬克缸缸盖隔热系统	2011	1	217	35	译文
218	中顺洁柔的特斯克纸机项目	2011	2	218	22 - 25	
219	BTG 高性能起皱的全新视野	2011	3	219	26 - 28	
220	卫生纸机的热回收概念	2011	4	220	31 - 32	
221	卫生卷纸单包机与多包机的应用及整体解决方案	2011	5	221	33 - 34	
222	亚赛利卫生纸机与复卷机的技术创新	2011	7	223	37 - 40	
223	适用于卫生纸生产的新型增强剂——HemiForce®半纤维素	2011	8	224	36 - 37	译文
224	卫生卷纸的加工成本控制	2011	11	227	41 - 43	
225	适合生产生活用纸的桉木浆原料	2011	11	227	44 - 48	译文
226	美卓 Advantage™ SoftReel B 卷纸机	2011	12	228	36 - 39	译文
227	卫生纸造纸过程中节能的实际应用	2011	14	230	40 - 46	
228	提高干燥空气湿度比率降低卫生纸机能耗	2011	15	231	44 - 45	译文
229	生活用纸加工设备的布置及选型	2011	16	232	42 - 44	
230	先进的多种选择技术方案——根据客户的需求开发卫生纸机技术	2011	17	233	41 - 46	
231	节能是卫生纸机技术改进的关键	2011	18	234	33 - 42	译文
232	川之江 BF 卫生纸机的新发展及节能特征介绍——抄造高品质卫生纸的节能优良机型	2011	20	236	31 - 33	
233	扬克缸金属喷涂工艺的注意事项	2011	22	238	40 - 42	译文

续表

序号	论文题目	年份	期号	总期号	页码	备注
234	美卓的红外线测量传感技术	2011	24	240	30－33	
235	思美捷的 Touchmax 压花机	2011	24	240	34－35	
236	兼具低运行成本和高质量的新月型卫生纸机	2011	24	240	36－39	
237	起皱剂特性对扬克缸涂布性能的影响	2012	2	242	41－44	
238	TTC——全面提高卫生纸产能方案	2012	2	242	45－46	译文
239	专业的维护带来利润的增长	2012	5	245	36－39	译文
240	卫生纸生产的耗能与节能	2012	6	246	35－37	译文
241	宽幅圆网卫生纸机使用环形起皱刮刀的优点	2012	7	247	41－42	
242	卫生纸机圆网改长网的技术改造	2012	10	250	33－35	
243	谈谈卫生纸生产中的烂边现象	2012	11	251	38－40	
244	高效卫生纸机的自动化系统	2012	11	251	41－43	译文
245	卡马迪：创新与技术创造力相结合	2012	11	251	48－49	译文
246	福伊特的 ATMOS 技术和靴压技术	2012	13	253	36－38	
247	纸机节能方略	2012	14	254	47－50	译文
248	可提高卫生纸机生产效率和产品质量的蒸汽箱	2012	15	255	44－45	
249	Cascades 采用 ATMOS 系统生产特级生活用纸	2012	16	256	41－42	译文
250	真空圆网卫生纸机生产高定量擦手纸实例	2012	18	258	45－46	
251	高得率浆在生活用纸生产中的应用	2012	19	259	37－39	
252	百利怡公司对创新的关注	2012	20	260	34－45	
253	具成本效益的加工线	2012	20	260	36－40	
254	为中国市场提供有效的复卷加工方案	2012	20	260	41－42	
255	为手帕纸加工线增值	2012	20	260	43－44	
256	如何降低卫生纸加工成本	2012	20	260	45－46	
257	浅谈中国市场生活用纸的高效包装	2012	20	260	47－48	
258	Intelli－Tissue™900 EcoEc 环保经济型卫生纸机	2012	21	261	39－41	
259	扬克缸节能、安全操作方案	2012	21	261	42－45	
260	生活用纸及卫生用品的质量问题分析	2012	22	262	38－43	
261	国产卫生纸机的技术开发和应用实例	2012	22	262	45－48	
262	G－P 公司的 Aqua Tube™ 可冲散纸卷芯	2012	23	263	43－44	译文
263	百利怡推出 MILE5.1 生活用纸加工生产线	2012	23	263	45－47	译文
264	生物聚合物用于生活用纸的浆料优化	2013	1	265	25－27	

续表

序号	论文题目	年份	期号	总期号	页码	备注
265	Cascades 采用 ATMOS 技术提高了产品的市场竞争力	2013	1	265	34－35	译文
266	百利怡创新型设备生产的 SOLID +®卫生卷纸	2013	1	265	36－37	译文
267	Futura 公司卷纸加工线的创新	2013	2	266	31－35	译文
268	优化生活用纸的纤维配比	2013	2	266	36－38	译文
269	高得率浆的可持续发展和环境足迹	2013	6	270	35－37	
270	加拿大林产品创新研究院对高得率浆在生活用纸中应用的技术支持	2013	6	270	38－41	
271	特斯克适应不断变化的形势	2013	6	270	42－44	译文
272	质量和运行状态监控系统在生活用纸生产的应用	2013	8	272	45－46	
273	Advantage NTT 概念带来更高的松厚度、更好的柔软度和更大的灵活性	2013	9	273	32－34	
274	技术创新推动节能降耗	2013	9	273	35－37	
275	现代化的卫生纸机	2013	9	273	38－41	
276	创新型真空圆网卫生纸机的设计	2013	9	273	42－43	
277	您是否选择了环保型生活用纸设备和技术的供应商?	2013	9	273	44－45	
278	适度概念	2013	9	273	46	
279	川之江 BF－1000A 型卫生纸机	2013	10	274	26－27	
280	ViscoNip™软靴压的客户实例	2013	10	274	28－31	
281	烘缸的干燥能耗效率——使用特定的扬克缸	2013	10	274	32－33	
282	全面的扬克缸服务程序——改善安全性、效率和运行性	2013	10	274	34－35	
283	选择合适的毛布改善压榨部的运行性能	2013	10	274	36－38	
284	高效脱水及节省能源的聚氨酯包覆材料	2013	10	274	39－40	
285	用回收纤维还是原生纤维生产生活用纸	2013	10	274	41－43	
286	应用于 DCT 纸机上经济高效的自动化解决方案	2013	10	274	44－47	
287	起皱调节剂的实际应用	2013	11	275	35－38	译文
288	钢制烘缸存在的问题及对策分析	2013	11	275	39－42	
289	卫生纸机有成本效益的质量管理系统	2013	12	276	34－37	
290	纸机烘缸的研究进展	2013	12	276	38－41	
291	针对纸病检测的实时污点提取算法	2013	13	277	38－41	

续表

序号	论文题目	年份	期号	总期号	页码	备注
292	卫生衬纸的生产实践	2013	14	278	42－44	
293	采用3D磨辊技术获得更好的辊子运行性能及纸张质量	2013	17	281	46－47	
294	新月型纸机真空系统的工艺设计	2013	18	282	35－38	
295	长网、圆网卫生纸机双托辊改造的应用实例	2013	18	282	39－41	
296	纸浆纤维特性与生活用纸性能的关系	2013	19	283	46－49	译文
297	湿部生物聚合物——生活用纸的新时代	2013	20	284	35－37	
298	巴西生活用纸生产商Ondunorte公司致力于可持续发展	2013	20	284	42－44	译文
299	技术创造财富　节能赢得未来	2013	21	285	24－27	
300	通过先进的机械设计　实现生活用纸生产过程的可持续性	2013	21	285	28－30	
301	提高能源效率和产品质量　改善成本效益	2013	21	285	31－33	
302	人字齿形磨片磨浆机的应用	2013	22	286	43－44	
303	使用POLYMAC提高卫生纸机的运行性能	2013	22	286	45－47	译文
304	百利怡公司的高档实心卷技术	2013	23	287	29－30	
305	最具创新的双道手帕纸折叠包装生产线	2013	23	287	31－33	
306	使用高质量刀具降低生活用纸加工成本	2013	23	287	34－37	
307	宝索生活用纸加工设备的自主创新之路	2013	23	287	38－41	
308	母卷输送及裹包系统	2013	23	287	42－43	
309	创新的卫生纸复卷加工设备	2013	23	287	44－45	
310	恩格利殊的压花辊技术	2013	23	287	46－49	
311	国产新月型卫生纸机介绍	2013	24	288	22－26	
卫生用品						
1	浅谈绒毛浆生产	2006	9	105	27－28	
2	纸尿裤和擦拭巾与皮肤护理	2006	9	105	38－40	译文
3	成人失禁用吸收性产品的机遇与挑战	2006	10	106	22－23	
4	透气和不透气纸尿布的舒适性评价	2006	13	109	44－46	译文
5	卫生用品原材料的不断创新	2006	14	110	17－20	译文
6	电导法测定纸尿裤表面回渗湿度	2006	14	110	32－35	
7	采用增强的纤维素纤维作为新型导流层材料	2006	14	110	38－41	译文
8	导流层在纸尿裤中的应用	2006	18	114	35－37	

续表

序号	论文题目	年份	期号	总期号	页码	备注
9	与SAP配合使用的活性填料在纸尿裤生产中的应用	2006	18	114	38－43	译文
10	浅谈离型原纸质量特性值对加工的影响	2006	22	118	35－36	
11	热熔胶技术发展趋势	2006	24	120	32－33	
12	卫生巾的质量特性和控制方法	2007	1	121	35－36	
13	SMS与SS纺粘法非织造布用于纸尿裤防侧漏性能的研究	2007	5	125	30－32	
14	聚乙烯微孔透气膜的制造原理与性能特点	2007	11	131	38－40	
15	用即弃产品的可冲散性、可分散性和生物降解性的测定	2007	11	131	41－44	译文
16	顺应市场需求，开发新型设备	2007	14	134	39－41	译文
17	热熔胶应用于一次性卫生用品的技术发展趋势	2007	17	137	25－27	
18	卫生用品材料供应商应对创新与价格两方面的压力	2007	19	139	14－17	译文
19	关注一次性卫生用品胶粘剂	2007	19	139	34	
20	以技术创新应对纸尿裤市场的竞争	2007	20	140	42－43	译文
21	纸尿裤生产线的过程控制和光学检测系统	2007	22	142	35－38	译文
22	维系肌肤微生态平衡的抗菌技术	2008	5	149	33－35	
23	卫生巾和卫生护垫定位用热熔胶国家标准(HG/T 3948－2007)发布及简介	2008	13	157	35－39	
24	如何开发安全健康的妇女卫生巾	2008	14	158	13－16	
25	让卫生用品变得更薄	2008	15	159	29－30	
26	优化吸收芯材以控制异味和pH值	2008	16	160	27－31	译文
27	纸尿裤、高附加值与环境因素的考虑	2008	22	166	32－35	译文
28	卫生用品原材料供应商面临的挑战及其应对办法	2008	23	167	16－18	译文
29	卫生用品设备制造商力求提供满足成本效率需求的设备	2009	1	169	43－44	译文
30	纸尿裤用新型弹性非织造布和绿色环保材料	2009	1	169	45－46	译文
31	卫生用品最新技术和产品集锦	2009	2	170	46－47	译文
32	优化纸尿裤吸收能力的途径	2009	4	172	37－44	译文
33	热熔胶新应用——尿显胶	2009	7	175	35－37	
34	卫生用品最新技术和产品集锦	2009	7	175	46－47	译文
35	降解性卫生巾底层材料的试验研究	2009	8	176	35－37	

续表

序号	论文题目	年份	期号	总期号	页码	备注
36	卫生用品生产设备制造商在当前经济危机中以创新求生存	2009	12	180	39－41	译文
37	导流层在纸尿裤中的应用及其性能测试	2009	12	180	47－49	
38	未来的纸尿裤将使用更多的绿色天然材料	2009	13	181	18－19	译文
39	以减少原材料的方式设计新型纸尿裤	2009	15	183	37－40	译文
40	光固化有机硅在卫生用品行业的应用	2009	16	184	30－32	
41	卫生用品组成材料的创新	2009	22	190	14－18	译文
42	卫生用品行业的过去、现在和未来	2009	24	192	8－14	
43	一切尽在完美“胶接”	2010	1	193	36－40	
44	降低纸尿裤成本的方案	2010	1	193	41－43	译文
45	检测婴儿纸尿裤吸收芯层的新方法	2010	2	194	40－45	译文
46	真空干爽的成人纸尿裤	2010	3	195	41－44	译文
47	诺坦尼亚独特的弹性薄膜技术及材料	2010	18	210	39－41	
48	卫生用品材料供应商兼顾创新和成本	2010	18	210	42－47	译文
49	堆叠，组合，装袋——适用于一次性卫生用品的软产品包装	2010	18	210	48－49	
50	吸收芯层：用干法纸还是泡沫塑料	2010	22	214	39－41	译文
51	卫生巾面层和芯层材料的研究	2011	5	221	35－38	
52	三维纸尿裤的优点及其生产技术	2011	9	225	45－49	译文
53	使纸尿裤更干爽的新型导流层	2011	9	225	50－53	译文
54	吸收性卫生用品薄膜底层材料的创新趋势	2011	9	225	55－58	译文
55	吸收性卫生用品应用中上胶精度的管理方案	2011	12	228	20－23	
56	纸尿裤的发展趋势及有关设备的技术发展	2011	13	229	30－31	
57	纸尿裤设备适应市场需求的发展趋势	2011	13	229	32－33	
58	纸尿裤的要求	2011	13	229	38－41	
59	机器视觉/缺陷检测系统在非织造布/卫生用品行业中的应用	2011	20	236	34－37	
60	解键剂对绒毛浆性能的影响	2011	22	238	43－45	
61	卫生用品舒适性的评估技术	2012	2	242	21－25	
62	日本卫生巾结构和材料的改进及产品细分	2012	2	242	26－28	
63	夜间专用纸尿裤提高宝宝睡眠质量	2012	7	247	48－49	
64	电子(屎尿)提醒纸尿裤的探索	2012	8	248	39－41	

续表

序号	论文题目	年份	期号	总期号	页码	备注
65	迎合卫生用品轻量化和时尚化的辅料创新	2012	12	252	47-51	译文
66	创新型黏合方案助力纸尿裤业务	2012	16	256	43-44	
67	卫生用品与传感器结合用于失禁护理	2012	16	256	45-47	译文
68	胶量精确控制管理，配合高速生产设备新要求	2012	17	257	45-49	
69	卫生巾背胶粘接效果影响因素的分析	2012	19	259	40-46	
70	吸收性卫生用品生产线的最新技术创新与应用	2012	23	263	33-37	
71	机电一体化，助力吸收性卫生用品产业发展	2012	23	263	38-42	
72	安全用胶的金钥匙——卫生用品企业热熔胶应用检测体系的建立	2012	24	264	34-38	
73	赢创用于卫生用品行业的光固化有机硅	2013	1	265	29-33	
74	吸收性卫生用品发展新趋势	2013	6	270	45-50	译文
75	更轻薄、更舒适、更安全地创新和改善	2013	7	271	47-49	
76	更轻薄、更舒适、更安全的热熔胶发展趋势	2013	12	276	42-45	
77	女性卫生用品微生物影响因素的分析	2013	16	280	43-47	
78	吸收性卫生用品吸收芯层成形系统的设计	2013	17	281	48-51	
79	纸尿裤产品的新工艺及材料成本解决方案	2013	20	284	33-34	
80	为失禁人群提供更好的关护	2013	21	285	12-15	
81	超薄纸尿裤的发展方向	2013	22	286	29-33	
82	腾科的创新技术	2013	24	288	27-31	
83	无轴传动与控制技术在吸收性卫生用品生产线中的应用	2013	24	288	32-34	
擦拭巾、湿巾、干法纸						
1	采用聚酯纤维，提高干法纸芯材的性能	2006	2	98	46-52	译文
2	多层擦拭布	2006	2	98	53	译文
3	亚赛利公司新型干法纸成形器技术的初步成果	2006	3	99	41-43	译文
4	适用于未来产品的一体化干法复合材料	2006	5	101	42-44	译文
5	适用于生产高定量干法纸产品的多种纤维气流成网系统	2006	6	102	41-44	译文
6	湿纸巾应用羧甲基壳聚糖的抗菌效果	2006	10	106	39-40	
7	适用于改善擦拭巾功能的乳液聚合物	2006	17	113	40-44	译文
8	降低擦拭巾和医卫产品成本的机遇	2007	5	125	38-40	译文

续表

序号	论文题目	年份	期号	总期号	页码	备注
9	香味剂和功能性添加剂增加湿巾价值	2007	7	127	38－41	译文
10	擦拭巾包装的创新——重要的市场营销手段	2007	14	134	42－43	译文
11	个人护理用湿擦拭巾：配方、趋势和理念	2007	18	138	36－38	译文
12	棉纤维在擦拭巾市场中的应用	2007	20	140	21－24	译文
13	优化用于干法纸的双组分纤维	2007	21	141	31－33	译文
14	能够降低擦拭巾成本的水刺/气流成网复合材料	2008	1	145	36－39	译文
15	在热粘合干法纸中引入氢键键合的可能性	2008	4	148	37－40	译文
16	干法纸技术的历史回顾及创新	2008	6	150	34－38	译文
17	军用擦拭巾：从研发到商品化之路	2008	8	152	39－41	译文
18	用于擦拭巾的可冲散和可生物降解的新型纤维	2008	16	160	36－39	译文
19	擦拭巾用材料和添加剂的安全性测定	2008	20	164	36－37	译文
20	厕用湿巾的可冲散性	2009	1	169	48－49	译文
21	干法纸在新一代吸收芯材中的地位	2009	5	173	40－44	译文
22	原料配比变化对湿巾用水刺布性能影响的研究	2009	7	175	38－41	
23	加工技术的创新推动着擦拭巾的增长	2009	10	178	46－47	译文
24	几种不同用途的新型擦拭巾	2009	19	187	47－49	译文
25	天然纤维的优点和聚合物的循环利用	2010	4	196	36－37	译文
26	添加银离子基抗菌剂的擦拭巾	2010	8	200	46－47	译文
27	擦拭巾加工商的技术优势	2010	9	201	45－46	译文
28	添加剂带动新型擦拭巾利基产品的推出	2010	10	202	46－48	译文
29	美国擦拭巾行业中环保术语的使用情况	2011	7	223	41－42	译文
30	符合可冲散性指南的可冲散型湿巾	2011	8	224	38－41	译文
31	料液对湿巾性能的影响	2011	19	235	48－49	
32	可冲散湿巾用水刺非织造材料研究进展	2012	1	241	20－21	
33	个人护理功能性湿巾的研究和开发	2012	1	241	21－23	
34	湿巾防腐的解决方案	2012	1	241	24－27	
35	湿巾中常用杀菌剂的选择	2012	1	241	27－28	
36	可反复重贴标签提升湿巾包装品质	2012	1	241	31－34	
37	可冲散性湿巾基材生产工艺技术研究	2012	10	250	37－41	
38	湿巾防腐剂的可持续性应用	2013	13	277	35－37	译文
39	擦拭巾的用途、益处及其基材	2013	19	283	39－42	译文
40	湿巾产品的微生物解决方案	2013	22	286	37－40	

续表

序号	论文题目	年份	期号	总期号	页码	备注
非织造布						
1	水刺复合技术的研究与应用	2006	1	97	30－32	
2	气浮技术及其在水刺法生产中的应用	2006	2	98	41－43	
3	湿法无纺布的工艺技术	2006	3	99	35－37	
4	浅谈非织造材料的化学柔软性整理	2006	12	108	28－31	
5	高性能新型水刺非织造布的研制	2006	15	111	32－33	
6	非织造布基材的超吸收材料	2006	15	111	40－42	译文
7	液体在非织造布复杂结构中的流动	2006	16	112	43	译文
8	可生物降解、可热成形的纺粘布	2006	17	113	46	
9	医用领域的非织造布产品	2006	18	114	44－45	
10	非织造布生产中使用超声粘结工艺替代粘合剂	2006	19	115	39－43	译文
11	高透气性高吸水性高抗菌性新型水刺法非织造布的研制	2006	21	117	40－42	
12	使用水刺技术的气流成网复合非织造布生产线	2006	23	119	40－42	译文
13	新颖双组分纤维	2007	1	121	37－40	译文
14	地板清洁用非织造布产品的使用性能	2007	8	128	37－41	译文
15	纤维素纤维熔喷工艺——一种新工艺	2007	12	132	42	
16	非织造布用纤维素纤维吸液性的改进	2007	15	135	28－31	
17	抗菌非织造布抗菌性能的简易测定方法	2007	22	142	30－31	
18	具有防护性和舒适性的医用非织造布	2007	24	144	31－33	译文
19	高品质熔喷成网技术	2008	2	146	35－36	
20	高技术非织造布复合材料	2008	3	147	34－35	译文
21	新型聚烯烃纤维的开发及应用	2008	6	150	30－33	译文
22	用于擦拭巾和医用产品的 Fleissner 木浆复合产品水刺非织造布生产线	2008	14	158	36	
23	你的非织造布是什么材料?	2008	15	159	33－35	
24	涂层和复合技术推动非织造布向前发展	2008	17	161	35－37	译文
25	非织造布的功能性整理	2008	20	164	33－35	
26	非织造布生产和设计的最新进展	2008	21	165	39－40	
27	非织造布及制品具有环境友好性质的重要性	2008	23	167	37－39	
28	玉米聚乳酸纤维水刺非织造布的研究与开发	2009	17	185	32－35	

续表

序号	论文题目	年份	期号	总期号	页码	备注
29	可降解水刺非织造布的研制	2009	18	186	36-38	
30	高吸收性纤维非织造布成型工艺研究	2009	22	190	36-39	
31	谈非织造布的复合	2009	22	190	51-52	
32	功能性环保型粘胶纤维	2010	1	193	18-21	
33	纺粘水刺复合非织造布的发展概况	2010	9	201	36-39	
34	新型弹性非织造布——科腾解决方案	2010	19	211	37-41	
35	水刺非织造布产品质量的影响因素分析	2011	4	220	33-35	
36	高亲水涤纶短纤维在水刺法非织造布领域的应用	2011	10	226	41-43	
37	一次性非织造布折叠产品	2011	10	226	46-47	译文
38	创新的水刺解决方案	2012	13	253	39-40	
39	纳米纤维素纤维非织造布生产工艺	2012	14	254	46	译文
40	不可冲散的非织造布制品对下水道造成危害	2012	19	259	47-48	译文
41	ES 纤维的历史变迁和发展	2013	20	284	19-21	
42	湿巾用非织造布的特性	2013	21	285	16-17	译文
43	产业用非织造布制品	2013	21	285	35-38	译文
高吸收性树脂/纤维						
1	资源紧缺条件下高分子吸收树脂的替代物	2006	19	115	43-45	译文
2	卫生巾专用 SAP 的探讨	2006	20	116	37-39	
3	高吸收性纤维技术发展及应用	2007	23	143	32-34	
4	棉短绒纤维制备高吸收性树脂的研究	2009	9	177	34-37	
5	高吸水纤维的研究现状与应用	2010	10	202	39-41	
6	超吸收性纤维技术——提高卫生用品的使用性能和舒适性	2010	15	207	43-44	
7	巴斯夫公司测定卫生用品中 SAP 含量的新方法	2010	20	212	40-43	译文
8	检测 SAP 受压下吸收能力等性能的试验	2011	8	224	32-35	译文
9	高吸收性树脂的两种创新产品	2011	10	226	36-40	译文
10	SAP 的性能改进及安全性	2012	2	242	18-20	
11	2012 年 SAP 迎来新机遇	2013	8	272	38-44	译文
12	SAP 安全性和抗黄变性的探讨	2013	22	286	41-42	

附录
APPENDIX

［10］

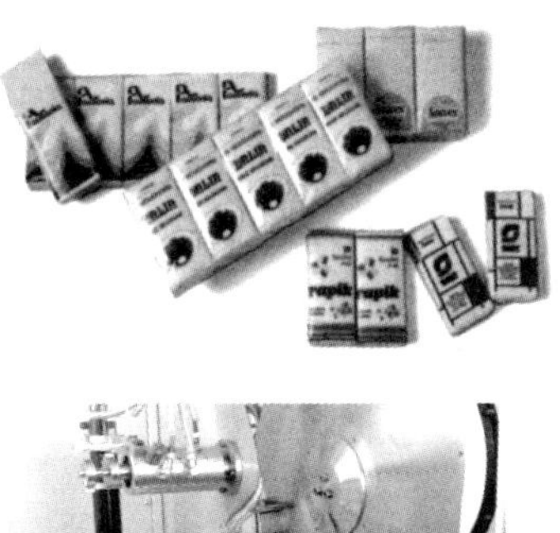

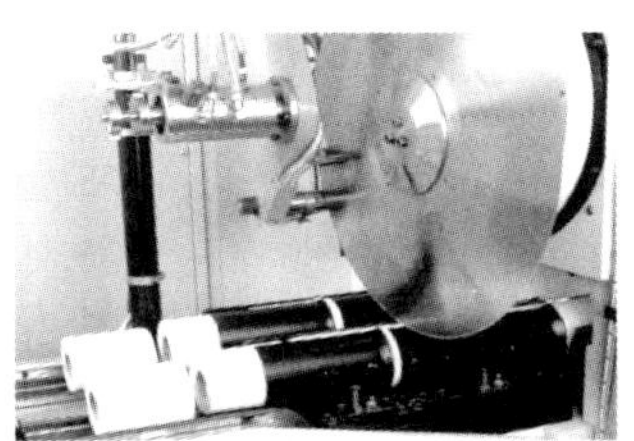
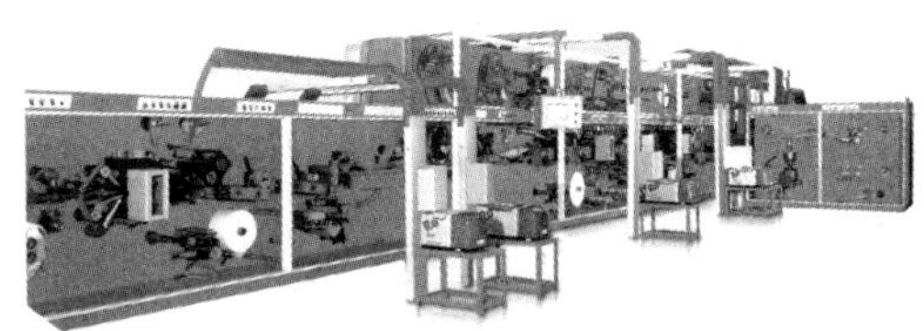

人口数及构成
Population and its composition

单位:万人(10 000 persons)

年 份 Year	总人口(年末) Total Population (year-end)	按性别分 By Sex				按城乡分 By Residence			
		男 Male		女 Female		城镇 Urban		乡村 Rural	
		人口数 Population	比重(%) Proportion	人口数 Population	比重(%) Proportion	人口数 Population	比重(%) Proportion	人口数 Population	比重(%) Proportion
1978	96259	49567	51.49	46692	48.51	17245	17.92	79014	82.08
1979	97542	50192	51.46	47350	48.54	18495	18.96	79047	81.04
1980	98705	50785	51.45	47920	48.55	19140	19.39	79565	80.61
1981	100072	51519	51.48	48553	48.52	20171	20.16	79901	79.84
1982	101654	52352	51.50	49302	48.50	21480	21.13	80174	78.87
1983	103008	53152	51.60	49856	48.40	22274	21.62	80734	78.38
1984	104357	53848	51.60	50509	48.40	24017	23.01	80340	76.99
1985	105851	54725	51.70	51126	48.30	25094	23.71	80757	76.29
1986	107507	55581	51.70	51926	48.30	26366	24.52	81141	75.48
1987	109300	56290	51.50	53010	48.50	27674	25.32	81626	74.68
1988	111026	57201	51.52	53825	48.48	28661	25.81	82365	74.19
1989	112704	58099	51.55	54605	48.45	29540	26.21	83164	73.79
1990	114333	58904	51.52	55429	48.48	30195	26.41	84138	73.59
1991	115823	59466	51.34	56357	48.66	31203	26.94	84620	73.06
1992	117171	59811	51.05	57360	48.95	32175	27.46	84996	72.54
1993	118517	60472	51.02	58045	48.98	33173	27.99	85344	72.01
1994	119850	61246	51.10	58604	48.90	34169	28.51	85681	71.49
1995	121121	61808	51.03	59313	48.97	35174	29.04	85947	70.96
1996	122389	62200	50.82	60189	49.18	37304	30.48	85085	69.52
1997	123626	63131	51.07	60495	48.93	39449	31.91	84177	68.09
1998	124761	63940	51.25	60821	48.75	41608	33.35	83153	66.65
1999	125786	64692	51.43	61094	48.57	43748	34.78	82038	65.22
2000	126743	65437	51.63	61306	48.37	45906	36.22	80837	63.78
2001	127627	65672	51.46	61955	48.54	48064	37.66	79563	62.34
2002	128453	66115	51.47	62338	48.53	50212	39.09	78241	60.91
2003	129227	66556	51.50	62671	48.50	52376	40.53	76851	59.47
2004	129988	66976	51.52	63012	48.48	54283	41.76	75705	58.24
2005	130756	67375	51.53	63381	48.47	56212	42.99	74544	57.01
2006	131448	67728	51.52	63720	48.48	58288	44.34	73160	55.66
2007	132129	68048	51.50	64081	48.50	60633	45.89	71496	54.11
2008	132802	68357	51.47	64445	48.53	62403	46.99	70399	53.01
2009	133450	68647	51.44	64803	48.56	64512	48.34	68938	51.66
2010	134091	68748	51.27	65343	48.73	66978	49.95	67113	50.05
2011	134735	69068	51.26	65667	48.74	69079	51.27	65656	48.73
2012	135404	69395	51.25	66009	48.75	71182	52.57	64222	47.43

注：1. 1981 年及以前数据为户籍统计数；1982、1990、2000、2010 年数据为当年人口普查数据推算数；其余年份数据为年度人口抽样调查推算数据。

2. 总人口和按性别分人口中包括现役军人，按城乡分人口中现役军人计入城镇人口。

a) Figures 1981 (inclusive) are from household registrations; for the year 1982, 1990, 2000 and 2010 are the census year estimates; the rest of the data covered in those tables have been estimated on the basis of the annual national sample surveys of population.

b) Total population and population by sex include the military personnel of the Chinese People's Liberation Army, the military personnel are classified as urban population in the item of population by residence.

《中国统计年鉴－2013》

人口出生率、死亡率和自然增长率
Birth rate, death rate and natural growth rate of population

单位:‰

年 份 Year	出生率 Birth Rate	死亡率 Death Rate	自然增长率 Natural Growth Rate
1978	18. 25	6. 25	12. 00
1980	18. 21	6. 34	11. 87
1981	20. 91	6. 36	14. 55
1982	22. 28	6. 60	15. 68
1983	20. 19	6. 90	13. 29
1984	19. 90	6. 82	13. 08
1985	21. 04	6. 78	14. 26
1986	22. 43	6. 86	15. 57
1987	23. 33	6. 72	16. 61
1988	22. 37	6. 64	15. 73
1989	21. 58	6. 54	15. 04
1990	21. 06	6. 67	14. 39
1991	19. 68	6. 70	12. 98
1992	18. 24	6. 64	11. 60
1993	18. 09	6. 64	11. 45
1994	17. 70	6. 49	11. 21
1995	17. 12	6. 57	10. 55
1996	16. 98	6. 56	10. 42
1997	16. 57	6. 51	10. 06
1998	15. 64	6. 50	9. 14
1999	14. 64	6. 46	8. 18
2000	14. 03	6. 45	7. 58
2001	13. 38	6. 43	6. 95
2002	12. 86	6. 41	6. 45
2003	12. 41	6. 40	6. 01
2004	12. 29	6. 42	5. 87
2005	12. 40	6. 51	5. 89
2006	12. 09	6. 81	5. 28
2007	12. 10	6. 93	5. 17
2008	12. 14	7. 06	5. 08
2009	11. 95	7. 08	4. 87
2010	11. 90	7. 11	4. 79
2011	11. 93	7. 14	4. 79
2012	12. 10	7. 15	4. 95

注：1. 1981 年及以前数据为户籍统计数；1982、1990、2000、2010 年数据为当年人口普查数据推算数；其余年份数据为年度人口抽样调查推算数据。

2. 总人口和按性别分人口中包括现役军人，按城乡分人口中现役军人计入城镇人口。

a) Figures 1981 (inclusive) are from household registrations; for the year 1982, 1990, 2000 and 2010 are the census year estimates; the rest of the data covered in those tables have been estimated on the basis of the annual national sample surveys of population.

b) Total population and population by sex include the military personnel of the Chinese People's Liberation Army, the military personnel are classified as urban population in the item of population by residence.

《中国统计年鉴 -2013》

六次全国人口普查人口基本情况

Basic statistics on national population census in 1953, 1964, 1982, 1990, 2000 and 2010

指　标	Item	1953	1964	1982	1990	2000	2010
总人口(万人)	**Total Population(10 000 persons)**	58260	69458	100818	113368	126583	133972
男	Male	30190	35652	51944	58495	65355	68685
女	Female	28070	33806	48874	54873	61228	65287
性别比(以女性为100)	Sex Ratio(female = 100)	107.56	105.46	106.30	106.60	106.74	105.20
家庭户规模(人/户)	**Average Family Household Size (person/house hold)**	**4.33**	**4.43**	**4.41**	**3.96**	**3.44**	**3.10**
各年龄组人口比重(%)	**Percentage of Population by Age Group(%)**						
0-14岁	Aged 0-14	36.28	40.69	33.59	27.69	22.89	16.60
15-64岁	Aged 15-64	59.31	55.75	61.50	66.74	70.15	74.53
65岁及以上	Aged 65 and Over	4.41	3.56	4.91	5.57	6.96	8.87
民族人口	**Population by Ethnicity**						
汉族(万人)	Han(10 000 persons)	54728	65456	94088	104248	115940	122593
占总人口比重(%)	Percentage to Total Population(%)	93.94	94.24	93.32	91.96	91.59	91.51
少数民族(万人)	Ethnic Minorities(10 000 persons)	3532	4002	6730	9120	10643	11379
占总人口比重(%)	Percentage to Total Population(%)	6.06	5.76	6.68	8.04	8.41	8.49
每十万人拥有的各种受教育程度人口(人)	**Population with Various Education Attainments Per 100 000 Persons(person)**						
大专及以上	Junior College and Above		416	615	1422	3611	8930
高中和中专	Senior Secondary School and Technical Secondary School		1319	6779	8039	11146	14032
初中	Junior Secondary School		4680	17892	23344	33961	38788
小学	Primary School		28330	35237	37057	35701	26779
文盲人口及文盲率	**Illiterate Population and Illiterate Rate**						
文盲人口(万人)	Illiterate Population(10 000 persons)		23327	22996	18003	8507	5466
文盲率(%)	Illiterate Rate(%)		33.58	22.81	15.88	6.72	4.08
城乡人口(万人)	**Population by Residence(10 000 persons)**						
城镇化率(%)	Urbanization Rate(%)	13.26	18.30	20.91	26.44	36.22	49.68
城镇人口	Urban Population	7726	12710	21082	29971	45844	66557
乡村人口	Rural Population	50534	56748	79736	83397	80739	67415
平均预期寿命(岁)	**Life Expectancy(year old)**			**67.77 ***	**68.55**	**71.40**	**74.83**
男	Male			66.28 *	66.84	69.63	72.38
女	Female			69.27 *	70.47	73.33	77.37

注：1. 1953年、1964年、1982年及1990年全国人口普查标准时点为当年7月1日零时，2000年和2010年全国人口普查标准时点为当年11月1日零时。

2. 历次普查总人口数据中包括了中国人民解放军现役军人。在城乡人口中，中国人民解放军现役军人列为城镇人口统计。

3. 1964年文盲人口为13岁及13岁以上不识字人口，1982、1990、2000、2010年文盲人口为15岁及15岁以上不识字或识字很少人口。

4. 表中"*"号表示为1981年数据。

a) Standard reference time of national population census in 1953, 1964, 1982 and 1990 was zero hour of July 1st, and in 2000 and 2010 was zero hour of November 1st.

b) Total population from the five national population censuses includes the military personnel. Military personnel is listed as urban population in population by residence.

c) Illiterate population of 1964 National Population Census referred to the population aged 13 and over who are unable to read. Illiterate population of 1982, 1990, 2000 and 2010 National Population Censuses referred to the population aged 15 and over who are unable or have difficulty to read.

d) Data with"*" in this table are of 1981.

《中国统计年鉴-2013》

按年龄和性别分人口数（2012 年）
Population by age and sex（2012）

本表是 2012 年全国人口变动情况抽样调查样本数据，抽样比为 0.831‰。

Data in this table are obtained from the 2012 National Sample Survey on Population Changes. The sampling fraction is 0.831‰.

年龄 Age	人口数(人) Population (person)	男 Male	女 Female	占总人口比重(%) Percentage to Total Population(%)	男 Male	女 Female	性别比(女=100) Sex Ratio(Female=100)
总计 Total	**1124661**	**576354**	**548307**	**100.00**	**51.25**	**48.75**	**105.12**
0-4	63981	34694	29287	5.69	3.08	2.60	118.46
5-9	61309	33252	28057	5.45	2.96	2.49	118.52
10-14	59845	32370	27475	5.32	2.88	2.44	117.82
15-19	73914	38909	35005	6.57	3.46	3.11	111.15
20-24	101742	52033	49709	9.05	4.63	4.42	104.68
25-29	89936	45257	44679	8.00	4.02	3.97	101.29
30-34	83586	42539	41047	7.43	3.78	3.65	103.64
35-39	89054	45524	43530	7.92	4.05	3.87	104.58
40-44	107532	54913	52620	9.56	4.88	4.68	104.36
45-49	99312	50563	48748	8.83	4.50	4.33	103.72
50-54	61916	31554	30362	5.51	2.81	2.70	103.93
55-59	71403	36136	35267	6.35	3.21	3.14	102.46
60-64	55427	27928	27499	4.93	2.48	2.45	101.56
65-69	37579	18728	18851	3.34	1.67	1.68	99.35
70-74	28225	13991	14234	2.51	1.24	1.27	98.30
75-79	21250	10125	11126	1.89	0.90	0.99	91.00
80-84	12147	5428	6719	1.08	0.48	0.60	80.79
85-89	4780	1859	2921	0.42	0.17	0.26	63.64
90-94	1439	484	955	0.13	0.04	0.08	50.63
95+	283	66	217	0.03	0.01	0.02	30.12

注：由于各地区数据采用加权汇总的方法，全国人口变动情况抽样调查样本数据合计与各分项相加略有误差。

a) Because data by region are calculated by the method of weighted sum, total data of the national sample survey on population changes is not equal to the sum of each item.

《中国统计年鉴-2013》

分地区人口数、性别比（2012 年）

Population, sex ratio by region (2012)

本表是 2012 年全国人口变动情况抽样调查样本数据，抽样比为 0.831‰。

Data in this table are obtained from the 2012 National Sample Survey on Population Changes. The sampling fraction is 0.831‰.

地　区	Region	人口数(人) Population(person)	男 Male	女 Female	性别比(女=100) Sex Ratio(Female=100)
全　国	**National Total**	**1124661**	**576354**	**548307**	**105.12**
北　京	Beijing	17266	8851	8415	105.18
天　津	Tianjin	11791	5854	5937	98.61
河　北	Hebei	60806	31087	29719	104.60
山　西	Shanxi	30128	15393	14736	104.46
内蒙古	Inner Mongolia	20775	10613	10162	104.44
辽　宁	Liaoning	36621	18359	18263	100.53
吉　林	Jilin	22949	11670	11279	103.47
黑龙江	Heilongjiang	31990	16283	15707	103.66
上　海	Shanghai	19862	10349	9513	108.78
江　苏	Jiangsu	66083	32859	33225	98.90
浙　江	Zhejiang	45700	23361	22338	104.58
安　徽	Anhui	49963	26032	23931	108.78
福　建	Fujian	31273	15783	15490	101.89
江　西	Jiangxi	37580	19481	18099	107.64
山　东	Shandong	80810	40832	39978	102.14
河　南	Henan	78483	39680	38803	102.26
湖　北	Hubei	48219	24562	23657	103.83
湖　南	Hunan	55394	28577	26817	106.57
广　东	Guangdong	88395	46688	41707	111.94
广　西	Guangxi	39066	20259	18807	107.72
海　南	Hainan	7397	3934	3463	113.60
重　庆	Chongqing	24573	12370	12203	101.37
四　川	Sichuan	67386	35292	32094	109.96
贵　州	Guizhou	29071	14935	14135	105.66
云　南	Yunnan	38874	19993	18882	105.88
西　藏	Tibet	2567	1275	1292	98.72
陕　西	Shaanxi	31315	16193	15123	107.08
甘　肃	Gansu	21507	11067	10440	106.01
青　海	Qinghai	4782	2465	2318	106.35
宁　夏	Ningxia	5400	2760	2640	104.52
新　疆	Xinjiang	18630	9496	9134	103.97

注：由于各地区数据采用加权汇总的方法，全国人口变动情况抽样调查样本数据合计与各分项相加略有误差。

a) Because data by region are calculated by the method of weighted sum, total data of the national sample survey on population changes is not equal to the sum of each item.

《中国统计年鉴－2013》

国民经济和社会发展总量与速度指标

Principal aggregate indicators on national economic and social development and growth rates

指标	Item	总量指标 Aggregate Data					指数(%)(2012为以下各年) Index (%) (2012 as Percentage of the Following Years)				平均增长速度(%) Average Annual Growth Rate (%)		
		1978	1990	2000	2011	2012	1978	1990	2000	2011	1979—2012	1991—2012	2001—2012
人口与就业	**Population and Employment**												
人口(万人)	**Population(10 000 persons)**												
总人口(年末)	Population at Year - end	96259	114333	126743	134735	135404	140.7	118.4	106.8	100.5	1.0	0.8	0.6
男性人口	Male	49567	58904	65437	69068	69395	140.0	117.8	106.0	100.5	1.0	0.7	0.5
女性人口	Female	46692	55429	61306	65667	66009	141.4	119.1	107.7	100.5	1.0	0.8	0.6
城镇人口	Urban	17245	30195	45906	69079	71182	412.8	235.7	155.1	103.0	4.3	4.0	3.7
乡村人口	Rural	79014	84138	80837	65656	64222	81.3	76.3	79.4	97.8	-0.6	-1.2	-1.9
就业(万人)	**Employment(10 000 persons)**												
就业人员数	Employment	40152	64749	72085	76420	76704	191.0	118.5	106.4	100.4	1.9	0.8	0.5
城镇登记失业人数	Registrated Unemployment in Urban Areas	530	383	595	922	917	173.0	239.4	154.1	99.5	1.6	4.0	3.7
宏观经济	**Macro Economy**												
国民经济核算(亿元)	**National Accounting(100 million yuan)**												
国民总收入	Gross National Income	3645.2	18718.3	98000.5	468562.4	516282.1	2410.3	853.3	321.1	108.1	9.8	10.2	10.2
国内生产总值	Gross Domestic Product	3645.2	18667.8	99214.6	473104.0	518942.1	2422.7	860.0	318.8	107.7	9.8	10.3	10.1
第一产业	Primary Industry	1027.5	5062.0	14944.7	47486.2	52373.6	456.6	239.5	164.8	104.5	4.6	4.0	4.3
第二产业	Secondary Industry	1745.2	7717.4	45555.9	220412.8	235162.0	3806.6	1251.7	351.9	107.9	11.3	12.2	11.1
第三产业	Tertiary Industry	872.5	5888.4	38714.0	205205.0	231406.5	3272.0	903.5	342.2	108.1	10.8	10.5	10.8
支出法国内生产总值	Gross Domestic Product by Expenditure Approach	3605.6	19347.8	98749.0	472619.2	529238.4							
最终消费支出	Final Consumption Expenditure	2239.1	12090.5	61516.0	232111.5	261832.8							
居民消费	Household Consumption Expenditure	1759.1	9450.9	45854.6	168956.6	190423.8							
政府消费	Government Consumption Expenditure	480.0	2639.6	15661.4	63154.9	71409.0							
资本形成总额	Gross Capital Formation	1377.9	6747.0	34842.8	228344.3	252773.2							
固定资本形成总额	Gross Fixed Capital Formation	1073.9	4827.8	33844.4	215682.0	241756.8							
存货增加	Changes in Inventories	304.0	1919.2	998.4	12662.3	11016.4							

续表

指　　标	Item	总量指标 Aggregate Data					指数(%)(2012 为以下各年) Index (%) (2012 as Percentage of the Following Years)				平均增长速度(%) Average Annual Growth Rate (%)		
		1978	1990	2000	2011	2012	1978	1990	2000	2011	1979—2012	1991—2012	2001—2012
货物和服务净出口	Net Export of Goods and Services	-11.4	510.3	2390.2	12163.3	14632.4							
固定资产投资	**Investment in Fixed Assets**												
全社会固定资产投资总额(亿元)	Total Investment in Fixed Assets (100 million yuan)		4517.0	32917.7	311485.1	374694.7		8295.2	1138.3	120.3		22.4	22.6
城　镇	Urban		3274.4	26221.8	302396.1	364854.1		11142.6	1391.4	120.7		23.9	24.5
#房地产开发	Real Estate Development		253.3	4984.1	61796.9	71803.8		28352.9	1440.7	116.2		30.5	25.4
全社会房屋施工面积(万平方米)	Floor Space of Buildings under Construction (10000 sq. m)		137171	265294	1035519	1167238		850.9	440.0	112.7		10.2	13.1
全社会房屋竣工面积(万平方米)	Floor Space of Buildings Completed(10 000 sq. m)		107952	181974	329073	335504		310.8	184.4	102.0		5.3	5.2
消费	**Consumption**												
社会消费品零售总额(亿元)	Total Retail Sales of Consumer Goods(100 million yuan)	1559	8300	39106	183919	210307	13493.3	2533.8	537.8	114.3	15.5	15.8	15.0
对外贸易(亿美元)	**Foreign Trade(USD 100 million)**												
货物进出口总额	Total Value of Imports and Exports	206.4	1154.4	4742.9	36418.6	38671.2	18736.0	3349.9	815.3	106.2	16.6	17.3	19.1
出口额	Exports	97.5	620.9	2492.0	18983.8	20487.1	21012.5	3299.6	822.1	107.9	17.0	17.2	19.2
进口额	Imports	108.9	533.5	2250.9	17434.8	18184.1	16697.9	3408.4	807.9	104.3	16.2	17.4	19.0
实际利用外资额(亿美元)	**Actually Utilization of Foreign Capital (USD 100 million)**												
外商直接投资	Foreign Direct Investments		34.9	407.2	1160.1	1117.2		3203.8	274.4	96.3		17.1	8.8
外商其他投资	Other Foreign Investments		2.7	86.4	16.9	15.8		588.8	18.3	93.5		8.4	-13.2
财政(亿元)	**Government Finance(100 million yuan)**												
国家财政收入	Government Revenue	1132.3	2937.1	13395.2	103874.4	117253.5	10355.7	3992.2	875.3	112.9	14.6	18.2	19.8
中　央	Central Government	175.8	992.4	6989.2	51327.3	56175.2	31959.5	5660.4	803.7	109.4	18.5	20.1	19.0
地　方	Local Governments	956.5	1944.7	6406.1	52547.1	61078.3	6385.7	3140.8	953.4	116.2	13.0	17.0	20.7
国家财政支出	Government Expenditure	1122.1	3083.6	15886.5	109247.8	125953.0	11224.9	4084.6	792.8	115.3	14.9	18.4	18.8

续表

指 标	Item	总量指标 Aggregate Data					指数(%)(2012 为以下各年) Index (%) (2012 as Percentage of the Following Years)				平均增长速度(%) Average Annual Growth Rate (%)		
		1978	1990	2000	2011	2012	1978	1990	2000	2011	1979—2012	1991—2012	2001—2012
中 央	Central Government	532.1	1004.5	5519.9	16514.1	18764.6	3526.4	1868.1	339.9	113.6	11.0	14.2	10.7
地 方	Local Governments	590.0	2079.1	10366.7	92733.7	107188.3	18168.4	5155.5	1034.0	115.6	16.5	19.6	21.5
物价总指数(上年=100)	**Price Indices(preceding year =100)**												
居民消费价格指数	Consumer Price Index	100.7	103.1	100.4	105.4	102.6							
商品零售价格指数	Retail Price Index	100.7	102.1	98.5	104.9	102.0							
农产品生产价格指数	Price Indices for Farm Products	103.9	97.4	96.4	116.5	102.7							
工业生产者出厂价格指数	Producer Price Indices for Industrial Products	100.1	104.1	102.8	106.0	98.3							
工业生产者购进价格指数	Purchasing Price Indices for Industrial Producers		105.6	105.1	109.1	98.2							
固定资产投资价格指数	Investment in Fixed Assets Price Indices		108.0	101.1	106.6	101.1							
能源生产与消费(万吨标准煤)	**Production and Consumption of Energy(10 000 tons of SCE)**												
能源生产总量	Total Energy Production	62770	103922	135048	317987	331848	528.7	319.3	245.7	104.4	5.0	5.4	7.8
能源消费总量	Total Energy Consumption	57144	98703	145531	348002	361732	633.0	366.5	248.6	103.9	5.6	6.1	7.9
产 业	**Industry**												
农业	**Agriculture**												
农林牧渔业总产值(亿元)	Gross Output Value of Agriculture, Forestry, Animal Husbandry and Fishery(100 million yuan)	1397.0	7662.1	24915.8	81303.9	89453.0	700.6	343.6	178.9	104.9	5.9	5.8	5.0
主要农产品产量(万吨)	Output of Major Farm Products(10 000 tons)												
粮 食	Grain	30476.5	44624.3	46217.5	57120.8	58958.0	193.5	132.1	127.6	103.2	2.0	1.3	2.0
棉 花	Cotton	216.7	450.8	441.7	659.8	683.6	315.5	151.6	154.8	103.6	3.4	1.9	3.7
油 料	Oil – bearing Crops	521.8	1613.2	2954.8	3306.8	3436.8	658.6	213.0	116.3	103.9	5.7	3.5	1.3
甘 蔗	Sugar Cane	2111.6	5762.0	6828.0	11443.5	12311.4	583.0	213.7	180.3	107.6	5.3	3.5	5.0
甜 菜	Beet Roots	270.2	1452.5	807.3	1073.1	1174.0	434.5	80.8	145.4	109.4	4.4	-1.0	3.2
茶 叶	Tea	26.8	54.0	68.3	162.3	179.0	667.8	331.4	261.9	110.3	5.7	5.6	8.4
水 果	Fruits	657.0	1874.4	6225.1	22768.2	24056.8	3661.8	1283.4	386.4	105.7	11.2	12.3	11.9

续表

指标	Item	总量指标 Aggregate Data					指数(%)(2012为以下各年) Index (%) (2012 as Percentage of the Following Years)				平均增长速度(%) Average Annual Growth Rate (%)		
		1978	1990	2000	2011	2012	1978	1990	2000	2011	1979—2012	1991—2012	2001—2012
肉　类	Meat			6013.9	7965.1	8387.2			139.5	105.3			2.8
奶　类	Milk			919.1	3810.7	3875.4			421.6	101.7			12.7
水产品	Aquatic Products	465.4	1237.0	3706.2	5603.2	5907.7	1269.5	477.6	159.4	105.4	7.8	7.4	4.0
工业	**Industry**												
主要工业产品产量	Output of Major Industrial Products												
原　煤(亿吨)	Coal(100 million tons)	6.18	10.80	13.84	35.20	36.50	590.6	338.0	263.7	103.7	5.4	5.7	8.4
原　油(万吨)	Crude Oil(10 000 tons)	10405	13831	16300	20288	20748	199.4	150.0	127.3	102.3	2.1	1.9	2.0
天然气(亿立方米)	Natural Gas(100 million cu. m)	137	153	272	1027	1072	780.4	700.4	393.9	104.3	6.2	9.3	12.1
成品糖(万吨)	Refined Sugar(10 000 tons)	227	582	700	1187	1409	620.9	242.2	201.4	118.7	5.5	4.1	6.0
布(亿米)	Cloth(100 million m)	110	189	277	814	849	769.7	449.7	306.5	104.3	6.2	7.1	9.8
水　泥(万吨)	Cement(10 000 tons)	6524	20971	59700	209926	220984	3387.2	1053.8	370.2	105.3	10.9	11.3	11.5
粗　钢(万吨)	Crude Steel(10 000 tons)	3178	6635	12850	68528	72388	2277.8	1091.0	563.3	105.6	9.6	11.5	15.5
钢　材(万吨)	Rolled Steel(10 000 tons)	2208	5153	13146	88620	95578	4328.7	1854.8	727.0	107.9	11.7	14.2	18.0
汽　车(万辆)	Motor Vehicles(10 000 units)	14.9	51	207	1842	1928	12928.4	3750.2	931.2	104.7	15.4	17.9	20.4
家用电冰箱(万台)	Household Refrigerators(10 000 units)	2.8	463	1279	8699	8427	300964	1819.9	658.9	96.9	26.6	14.1	17.0
房间空气调节器(万台)	Air Conditioners(10 000 units)	0.02	24	1827	13913	13281	66405500	55177.0	727.1	95.5	48.3	33.2	18.0
家用洗衣机(万台)	Household Washing Machines(10 000 units)	0.04	663	1443	6716	6791	16977800	1024.8	470.6	101.1	42.5	11.2	13.8
彩色电视机(万台)	Colour Television Sets(10 000 units)	0.38	1033	3936	12231	12824	3374610.5	1241.3	325.8	104.8	35.9	12.1	10.3
发电量(亿千瓦小时)	Electricity(100 million kWh)	2566	6212	13556	47130	49876	1943.7	802.9	367.9	105.8	9.1	9.9	11.5
规模以上工业企业主要指标(亿元)	Principal Indicators of Industrial Enterprises above Designated Size(100 million yuan)												
资产总计	Original Value of Fixed Assets			126211	675797	768421			608.8	113.7			16.2
主营业务收入	Revenue from Principal Business			84152	841830	929292			1104.3	110.4			22.2
利润总额	Total Profits			4393	61396	61910			1409.1	100.8			24.7
建筑业	**Construction**												
建筑业企业从业人员(万人)	Number of Employed Persons(10 000 persons)		1011	1994	3852	4267		422.2	214.0	110.8		6.8	6.5
建筑业总产值(亿元)	Gross Output Value(100 million yuan)		1345	12498	116463	137218		10202.0	1098.0	117.8		23.4	22.1

续表

指标	Item	总量指标 Aggregate Data					指数(%)(2012为以下各年) Index (%) (2012 as Percentage of the Following Years)				平均增长速度(%) Average Annual Growth Rate (%)		
		1978	1990	2000	2011	2012	1978	1990	2000	2011	1979—2012	1991—2012	2001—2012
交通运输业	**Transportation**												
客运量(万人)	Passenger Traffic(10 000 persons)	253993	772682	1478573	3526319	3804035	1497.7	492.3	257.3	107.9	8.3	7.5	8.2
铁　路	Railways	81491	95712	105073	186226	189337	232.3	197.8	180.2	101.7	2.5	3.1	5.0
公　路	Highways	149229	648085	1347392	3286220	3557010	2383.6	548.8	264.0	108.2	9.8	8.0	8.4
水　运	Waterways	23042	27225	19386	24556	25752	111.8	94.6	132.8	104.9	0.3	-0.3	2.4
民　航	Civil Aviation	231	1660	6722	29317	31936	13825.1	1923.9	475.1	108.9	15.6	14.4	13.9
货运量(万吨)	Freight Traffic(10 000 tons)	248946	970602	1358682	3696961	4099400	1646.7	422.4	301.7	110.9	8.6	6.8	9.6
铁　路	Railways	110119	150681	178581	393263	390438	354.6	259.1	218.6	99.3	3.8	4.4	6.7
公　路	Highways	85182	724040	1038813	2820100	3188475	3743.1	440.4	306.9	113.1	11.2	7.0	9.8
水　运	Waterways	43292	80094	122391	425968	458705	1059.6	572.7	374.8	107.7	7.2	8.3	11.6
民　航	Civil Aviation	6	37	197	557	545	8516.2	1473.1	277.1	97.8	14.0	13.0	8.9
管　道	Pipelines	10347	15750	18700	57073	61238	591.8	388.8	327.5	107.3	5.4	6.4	10.4
沿海规模以上港口货物吞吐量(万吨)	Volume of Freight Handled at Coastal Ports above Designated Size(10 000 tons)	19834	48321	125603	616292	665245	3354.1	1376.7	529.6	107.9	10.9	12.7	14.9
邮电通信业	**Postal and Telecommunication Services**												
邮电业务总量(亿元)	Business Volume of Postal and Telecommunication Services(100 million yuan)	34.1	155.5	4792.7	13333.5	15019.3	164889.0	36137.1	1172.8	112.6	24.3	30.7	22.8
函　件(亿件)	Number of Letters Delivered(100 million pieces)	28.4	54.9	77.7	73.8	70.7	249.5	128.9	91.0	95.9	2.7	1.2	-0.8
报刊期发数(万份)	Number of Newspapers and Magazines Distributed (10 000 copies)	11250	20078	20090	15008	15402	136.9	76.7	76.7	102.6	0.9	-1.2	-2.2
移动电话年末用户(万户)	Number of Mobile Telephone Subscribers at Year-end(10 000 subscribers)		1.8	8453.3	98625.3	111215.5		6071047.4	1315.6	112.8		65.0	24.0
固定电话年末用户(万户)	Number of Fixed Telephone Subscribers at Year-end(10 000 subscriber)	192.5	685.0	14482.9	28509.8	27815.3	14446.2	4060.4	192.1	97.6	15.8	18.3	5.6
城市	Urban Telephone Subscribers	119.2	538.4	9311.6	19121.7	18893.4	15856.8	3508.9	202.9	98.8	16.1	17.6	6.1
农村	Rural Telephone Subscribers	73.4	146.6	5171.3	9388.1	8921.9	12156.1	6086.7	172.5	95.0	15.2	20.5	4.6

续表

指标	Item	总量指标 Aggregate Data					指数(%)(2012为以下各年) Index (%) (2012 as Percentage of the Following Years)				平均增长速度(%) Average Annual Growth Rate (%)		
		1978	1990	2000	2011	2012	1978	1990	2000	2011	1979—2012	1991—2012	2001—2012
公用电话(万户)	Public Telephone(10 000 subscribers)	1.2	4.6	352.0	2468.3	2347.1	201661.9	50973.9	666.8	95.1	25.1	32.8	17.1
局用交换机容量(万门)	Capacity of Local Telephone Exchanges(10 000 lines)	405.9	1231.8	17825.6	43428.4	43749.3	10778.9	3551.6	245.4	100.7	14.8	17.6	7.8
旅游业	**Tourism**												
入境旅游过夜游客(万人次)	Number of Tourists(Overnight Visitors)(10 000 person - times)	71.6	1048.4	3122.9	5758.1	5772.5	8062.1	550.6	184.8	100.3	13.8	8.1	5.3
国际旅游外汇收入(亿美元)	Foreign Exchange Earnings from International Tourism(USD 100 million)	2.6	22.2	162.2	484.6	500.3	19022.1	2255.5	308.4	103.2	16.7	15.2	9.8
金融业(亿元)	**Financial Intermediation(100 million yuan)**												
金融机构人民币各项存款余额	Deposits of National Banking System	1155	13943	123804	809368	917555	79442.0	6580.8	741.1	113.4	21.7	21.0	18.2
金融机构人民币各项贷款余额	Loans of National Banking System	1890	17511	99371	547947	629910	33328.6	3597.2	633.9	115.0	18.6	17.7	16.6
股票筹资额	Raised Capital of Listed Companies			2103	5814	4134			196.6	71.1			5.8
保险公司保费金额	Insurance Premium of Insurance Companies			1598	14339	15488			969.2	108.0			20.8
保险公司赔款及给付金额	Indemnity Expenditure and Payment of Insurance Companies			526	3929	4716			896.6	120.0			20.1
教育、科技、文化	**Education, Science and Technology and Culture**												
教育	**Education**												
专任教师数(万人)	Full - time Teachers(10 000 persons)												
#普通高等学校	Regular Institutions of Higher Education	20.6	39.5	46.3	139.3	144.0	699.2	364.6	311.2	103.4	5.9	6.1	9.9
普通中学	Secondary Schools	318.2	303.2	400.6	508.0	509.8	160.2	168.1	127.3	100.4	1.4	2.39	2.0
普通小学	Primary Schools	522.6	558.2	586.0	560.5	558.5	106.9	100.1	95.3	99.7	0.2	0.003	-0.4
在校学生数(万人)	Students Enrollment(10 000 persons)												
#普通本专科	Regular Undergraduates and College Students	85.6	206.3	556.1	2308.5	2391.3	2793.6	1159.1	430.0	103.6	10.3	11.8	12.9

续表

指标	Item	总量指标 Aggregate Data					指数(%)(2012为以下各年) Index (%) (2012 as Percentage of the Following Years)				平均增长速度(%) Average Annual Growth Rate (%)		
		1978	1990	2000	2011	2012	1978	1990	2000	2011	1979—2012	1991—2012	2001—2012
普通中学	Secondary Schools	6548.3	4586.0	7368.9	7519.0	7228.4	110.4	157.6	98.1	96.1	0.3	2.1	-0.2
普通小学	Primary Schools	14624.0	12241.4	13013.3	9926.4	9695.9	66.3	79.2	74.5	97.7	-1.2	-1.1	-2.4
教育经费支出(亿元)	Government Expenditures on Education(100 million yuan)			3849.1	23869.3								
科技(亿元)	**Science and Technology(100 million yuan)**												
研究与试验发展经费支出	Expenditures on Research and Development			895.7	8687.0	10298.4			1149.8	118.5			22.6
技术市场成交额	Volume of Transaction in Technical Markets		75.1	650.8	4764.0	6437.1		8571.3	989.2	135.1		22.4	21.0
文化	**Culture**												
图书出版总印数(亿册、亿张)	Number of Books Published(100 million copies)	37.7	56.4	62.7	77.1	79.2	210.0	140.6	126.3	102.9	2.2	1.6	2.0
电视节目制作时间(万小时)	Timef or TV Programs Production(10 000 hours)		9.2	58.5	295.0	343.6		3751.4	587.4	116.5		17.9	15.9
故事片产量(部)	Production of Feature Films(film)	46	134	91	558	745	1619.6	556.0	818.7	133.5	8.5	8.1	19.1
家庭生活	**Family and People's Living Conditions**												
规模(人)	**Size(person)**												
城镇居民平均每户家庭人口	Average Household Size in Urban Areas		3.50	3.13	2.87	2.86		81.7	91.4	99.7		-0.9	-0.7
农村居民平均每户常住人口	Average Household Size in Rural Areas		4.80	4.20	3.90	3.88		80.9	92.4	99.5		-1.0	-0.7
婚姻(万对)	**Marriages and Divorces(10 000 couples)**												
结婚登记总数	Registered Number of Marriages	597.8	951.1	848.5	1302.4	1323.6	221.4	139.2	156.0	101.6	2.4	1.5	3.8
离婚数	Number of Divorces	28.5	80.0	121.3	287.4	310.4	1089.1	388.0	255.9	108.0	7.3	6.4	8.1
居住(平方米)	**Housing(sq. m)**												
城镇人均住房建筑面积	Per Capita Gross Living Space in Cities				32.7	32.9				100.8			
农村人均住房面积	Per Capita Net Floor Space of Rural Residents	8.1	17.8	24.8	36.2	37.1	457.9	208.3	149.5	102.3	4.6	3.4	3.4

续表

指标	Item	总量指标 Aggregate Data					指数(%)(2012为以下各年) Index (%) (2012 as Percentage of the Following Years)				平均增长速度(%) Average Annual Growth Rate (%)		
		1978	1990	2000	2011	2012	1978	1990	2000	2011	1979—2012	1991—2012	2001—2012
生活													
城镇居民人均可支配收入(元)	Per Capita Annual Disposable Income of Urban Households(yuan)	343	1510	6280	21810	24565	1146.7	578.8	298.9	109.6	7.4	8.3	9.6
农村居民人均纯收入(元)	Per Capita Net Income of Rural Residents(yuan)	134	686	2253	6977	7917	1176.9	378.2	243.5	110.7	7.5	6.2	7.7
城乡人民币储蓄存款余额(亿元)	Outstanding Amount of Saving Deposits in Urban and Rural Areas(100 million yuan)	211	7120	64332	343636	399551	189720.3	5611.8	621.1	116.3	24.9	20.1	16.4
社会保险(亿元)	**Welfare and Social Insurance(100 million yuan)**												
社会保险基金收入	Revenue of Social Insurance Fund		187	2645	24043	28910		15476.9	1093.0	120.2		25.8	22.1
社会保险基金支出	Expenses of Social Insurance Fund		152	2386	18055	22182		14605.0	929.8	122.9		25.4	20.4
卫生	**Health Care**												
医院(个)	Number of Hospitals(unit)	9293	14377	16318	21979	23170	249.3	161.2	142.0	105.4	2.7	2.2	3.0
执业(助理)医师(万人)	Number of Licensed(Assistant) Doctors(10 000 persons)	97.8	176.3	207.6	246.6	261.6	267.4	148.4	126.0	106.1	2.9	1.8	1.9
医院床位数(万张)	Number of Beds of Hospitals(10 000 units)	110.0	186.9	216.7	370.5	416.1	378.3	222.7	192.1	112.3	4.0	3.7	5.6
城市市政建设	**Municipal Works**												
年供水总量(亿吨)	Annual Supply of Tap Water(100 million tons)	78.8	382.3	469.0	513.4	523.0	663.7	136.8	111.5	101.9	5.7	1.4	0.9
人工煤气供气量(亿立方米)	Volume of Coal Gas Supply(100 million cu. m)		174.7	152.4	84.7	77.0		44.1	50.5	90.8		-3.7	-5.5
天然气供气量(亿立方米)	Volume of Natural Gas Supply(100 million cu. m)		64.2	82.1	678.8	795.0		1238.4	968.4	117.1		12.1	20.8
年末实有道路长度(万公里)	Length of Paved Roads at Year-end(10 000 km)	2.7	9.5	16.0	30.9	32.7	1212.9	344.3	204.4	105.9	7.6	5.8	6.1
排水管道长度(万公里)	Length of Sewer Pipelines(10 000 km)	2.0	5.8	14.2	41.4	43.9	2245.2	757.0	309.2	106.0	9.6	9.6	9.9
年末公共交通运营数(万辆)	Number of Public Vehicles in Operation at Year-end(10 000 units)	2.6	6.2	22.6	41.3	43.2	1672.0	696.8	191.2	104.7	8.6	9.2	5.5
城市绿地面积(万公顷)	Areas of Green Land(10 000 hectare)	8.2	47.5	86.5	224.3	236.8	2897.0	498.5	273.7	105.6	10.4	7.6	8.8

续表

指　　标	Item	总量指标 Aggregate Data					指数(%)(2012 为以下各年) Index (%) (2012 as Percentage of the Following Years)				平均增长速度(%) Average Annual Growth Rate (%)		
		1978	1990	2000	2011	2012	1978	1990	2000	2011	1979—2012	1991—2012	2001—2012
环境、灾害	**Environment and Disaster**												
废水中化学需氧量排放量(万吨)	COD Discharge of Waste Water (10 000 tons)				2500	2424				97.0			
废气中二氧化硫排放量(万吨)	Sulphur Dioxide Emission of Waste Gas(10 000 tons)				2218	2118				95.5			
交通事故发生数(起)	Number of Traffic Accidents(unit)		250244	616971	219521	204196		81.6	33.1	93.0		-0.9	-8.8
交通事故直接财产损失(万元)	Loss of Traffic Accidents(10 000 yuan)		35362	263290	92634	117490		332.3	44.6	126.8		5.6	-6.5
火灾发生数(起)	Number of Fire Disasters(unit)		57302	189185	132497	152157		265.5	80.4	114.8		4.5	-1.8
火灾直接经济损失(万元)	Direct Economic Losses of Fire(10 000 yuan)		51182	152217	195945	217716		425.4	143.0	111.1		6.8	3.0

注：1. 本表价值指标除邮电业务总量按不变价格计算外，其余均按当年价格计算。邮电业务总量 2000 年及以前按 1990 年不变价格计算，2001 - 2010 年按 2000 年不变价格计算，2011 年起按 2010 年不变价格计算。

2. 本表速度指标中，国民总收入、国内生产总值及三次产业增加值、农林牧渔业总产值、邮电业务总量和城乡居民收入指标均按可比价格计算。固定资产投资平均增长速度按累计法计算。

3. 2011 年起，固定资产投资除房地产投资、农村个人投资外，统计起点由 50 万元提高至 500 万元，城镇固定资产投资数据发布口径改为固定资产投资(不含农户)。固定资产投资(不含农户)等于原口径的城镇固定资产投资加上农村企事业组织的项目投资。

4. 全国规模以上工业企业统计范围 1998 年至 2006 年为全部国有及年主营业务收入在 500 万元及以上非国有工业企业；2007 年至 2010 年为年主营业务收入在 500 万元及以上的工业企业；2011 年及以后年份为年主营业务收入在 2000 万元及以上的工业企业。

a) Figures in value terms in this table are at current prices, except that on the business volume of postal and telecommunication services which is at 1990 constant prices before 2000 and at 2000 constant prices since 2000. Since 2011, it was calculated at 2010 constant prices.

b) The indices and growth rates of the follow indicators are calculated at constant prices: gross national income, gross domestic product, value - added of the three strata of industry, gross output value of agriculture, forestry, animal husbandry and fishery, business volume of postal and telecommunication services, per capita income of urban and rural residents. The average annual growth rate of total investment in fixed assets is calculated at the accumulate method.

c) Since 2011, the cut - off point of projects of investment has changed from 500 000 yuan to 5 million yuan, published coverage of investment in fixed assets in urban area changed into investment in fixed assets (excluding rural households) which included investment in urban area and investment in rural enterprises(units).

d) Industrial enterprises above designated size are all state - owned enterprises and non - state owned enterprises with annual revenue from principal business over 5 million yuan from 1998 to 2006, and are industrial enterprise with annual revenue from principal business over 5 million yuan from 2007 to 2010, and are industrial enterprise with annual revenue from principal business over 20 million yuan since 2011.

《中国统计年鉴 - 2013》

地区生产总值和指数
Gross regional product and indices

本表绝对数按当年价格计算，指数按不变价格计算。

Level data in this table are calculated at current prices while indices at constant prices.

地 区	Region	地区生产总值(亿元) Gross Regional Product(100 million yuan)					指 数(上年=100) Indices(preceding year=100)				
		2008	2009	2010	2011	2012	2008	2009	2010	2011	2012
北 京	Beijing	11115.00	12153.03	14113.58	16251.93	17879.40	109.1	110.2	110.3	108.1	107.7
天 津	Tianjin	6719.01	7521.85	9224.46	11307.28	12893.88	116.5	116.5	117.4	116.4	113.8
河 北	Hebei	16011.97	17235.48	20394.26	24515.76	26575.01	110.1	110.0	112.2	111.3	109.6
山 西	Shanxi	7315.40	7358.31	9200.86	11237.55	12112.83	108.5	105.4	113.9	113.0	110.1
内蒙古	Inner Mongolia	8496.20	9740.25	11672.00	14359.88	15880.58	117.8	116.9	115.0	114.3	111.5
辽 宁	Liaoning	13668.58	15212.49	18457.27	22226.70	24846.43	113.4	113.1	114.2	112.2	109.5
吉 林	Jilin	6426.10	7278.75	8667.58	10568.83	11939.24	116.0	113.6	113.8	113.8	112.0
黑龙江	Heilongjiang	8314.37	8587.00	10368.60	12582.00	13691.58	111.8	111.4	112.7	112.3	110.0
上 海	Shanghai	14069.87	15046.45	17165.98	19195.69	20181.72	109.7	108.2	110.3	108.2	107.5
江 苏	Jiangsu	30981.98	34457.30	41425.48	49110.27	54058.22	112.7	112.4	112.7	111.0	110.1
浙 江	Zhejiang	21462.69	22990.35	27722.31	32318.85	34665.33	110.1	108.9	111.9	109.0	108.0
安 徽	Anhui	8851.66	10062.82	12359.33	15300.65	17212.05	112.7	112.9	114.6	113.5	112.1
福 建	Fujian	10823.01	12236.53	14737.12	17560.18	19701.78	113.0	112.3	113.9	112.3	111.4
江 西	Jiangxi	6971.05	7655.18	9451.26	11702.82	12948.88	113.2	113.1	114.0	112.5	111.0
山 东	Shandong	30933.28	33896.65	39169.92	45361.85	50013.24	112.0	112.2	112.3	110.9	109.8
河 南	Henan	18018.53	19480.46	23092.36	26931.03	29599.31	112.1	110.9	112.5	111.9	110.1
湖 北	Hubei	11328.92	12961.10	15967.61	19632.26	22250.45	113.4	113.5	114.8	113.8	111.3
湖 南	Hunan	11555.00	13059.69	16037.96	19669.56	22154.23	113.9	113.7	114.6	112.8	111.3
广 东	Guangdong	36796.71	39482.56	46013.06	53210.28	57067.92	110.4	109.7	112.4	110.0	108.2
广 西	Guangxi	7021.00	7759.16	9569.85	11720.87	13035.10	112.8	113.9	114.2	112.3	111.3
海 南	Hainan	1503.06	1654.21	2064.50	2522.66	2855.54	110.3	111.7	116.0	112.0	109.1
重 庆	Chongqing	5793.66	6530.01	7925.58	10011.37	11409.60	114.5	114.9	117.1	116.4	113.6
四 川	Sichuan	12601.23	14151.28	17185.48	21026.68	23872.80	111.0	114.5	115.1	115.0	112.6
贵 州	Guizhou	3561.56	3912.68	4602.16	5701.84	6852.20	111.3	111.4	112.8	115.0	113.6
云 南	Yunnan	5692.12	6169.75	7224.18	8893.12	10309.47	110.6	112.1	112.3	113.7	113.0
西 藏	Tibet	394.85	441.36	507.46	605.83	701.03	110.1	112.4	112.3	112.7	111.8
陕 西	Shaanxi	7314.58	8169.80	10123.48	12512.30	14453.68	116.4	113.6	114.6	113.9	112.9
甘 肃	Gansu	3166.82	3387.56	4120.75	5020.37	5650.20	110.1	110.3	111.8	112.5	112.6
青 海	Qinghai	1018.62	1081.27	1350.43	1670.44	1893.54	113.5	110.1	115.3	113.5	112.3
宁 夏	Ningxia	1203.92	1353.31	1689.65	2102.21	2341.29	112.6	111.9	113.5	112.1	111.5
新 疆	Xinjiang	4183.21	4277.05	5437.47	6610.05	7505.31	111.0	108.1	110.6	112.0	112.0

《中国统计年鉴-2013年》

居民消费水平

Household consumption expenditure

本表绝对数按当年价格计算，指数按不变价格计算。

Level in this table are calculated at current prices, while indices are calculated at constant prices.

年 份 Year	绝对数(元) Level(yuan)			城乡消费水平对比(农村居民=1) Urban/Rural Consumption Ratio(Rural Household=1)	指数(上年=100) Index(Preceding Year=100)			指数(1978=100) Index(1978=100)		
	全体居民 All Households	农村居民 Rural Household	城镇居民 Urban Household		全体居民 All Households	农村 Rural Household	城镇 Urban Household	全体居民 All Households	农村 Rural Household	城镇 Urban Household
1978	184	138	405	2. 9	104. 1	104. 3	103. 3	100. 0	100. 0	100. 0
1980	238	178	489	2. 7	109. 0	108. 4	107. 2	116. 5	115. 4	110. 2
1985	446	349	765	2. 2	113. 5	113. 3	111. 1	185. 2	195. 7	141. 3
1990	833	560	1596	2. 9	103. 7	99. 2	108. 5	229. 2	215. 4	190. 9
1995	2355	1313	4931	3. 8	107. 8	106. 8	107. 2	345. 1	282. 9	303. 2
2000	3632	1860	6850	3. 7	108. 6	104. 5	107. 8	491. 0	371. 3	391. 1
2001	3887	1969	7161	3. 6	106. 1	104. 5	103. 9	521. 2	388. 0	406. 3
2002	4144	2062	7486	3. 6	107. 0	105. 2	104. 9	557. 6	408. 1	426. 2
2003	4475	2103	8060	3. 8	107. 1	100. 3	107. 0	596. 9	409. 5	456. 1
2004	5032	2319	8912	3. 8	108. 1	104. 2	106. 9	645. 3	426. 7	487. 7
2005	5596	2657	9593	3. 6	108. 2	110. 8	105. 0	698. 2	472. 8	511. 8
2006	6299	2950	10618	3. 6	109. 8	108. 2	108. 0	766. 4	511. 6	552. 7
2007	7310	3347	12130	3. 6	110. 9	106. 9	109. 7	849. 9	546. 8	606. 2
2008	8430	3901	13653	3. 5	109. 0	108. 5	106. 9	926. 4	593. 5	647. 9
2009	9283	4163	14904	3. 6	110. 3	107. 7	109. 1	1022. 0	639. 3	706. 5
2010	10522	4700	16546	3. 5	108. 2	108. 0	105. 9	1106. 1	690. 3	748. 3
2011	12570	5870	19108	3. 3	110. 3	112. 6	107. 3	1219. 8	777. 4	803. 3
2012	14098	6515	21120	3. 2	109. 4	107. 9	107. 8	1334. 1	838. 6	866. 3

注：1. 城乡消费水平对比没有剔除城乡价格不可比的因素。

2. 居民消费水平指按常住人口平均计算的居民消费支出。

a) The effect of price differentials between urban and rural areas has not been removed in the calculation of the urban/rural consumption ratio.

b) Household consumption level refers to per capita household consumption on the basis of usual residents.

《中国统计年鉴－2013》

分地区居民消费水平（2012 年）
Household consumption expenditure by region（2012）

本表绝对数按当年价格计算，指数按不变价格计算。

Level in this table are calculated at current prices, while indices are calculated at constant prices.

地 区	Region	绝对数(元) Level(yuan)			城乡消费水平对比（农村居民＝1）Urban/Rural Consumption Ratio(Rural Household＝1)	指数(上年＝100) Index(Preceding Year＝100)		
		全体居民 All Households	农村居民 Rural Household	城镇居民 Urban Household		全体居民 All Households	农村居民 Rural Household	城镇居民 Urban Household
北 京	Beijing	30349.5	14664.1	32857.4	2.2	106.6	106.7	106.5
天 津	Tianjin	22984.0	11936.0	25568.9	2.1	109.1	117.6	107.5
河 北	Hebei	10749.4	5766.0	16553.9	2.9	108.1	112.1	104.1
山 西	Shanxi	10829.0	6485.2	15090.9	2.3	112.6	116.6	108.8
内蒙古	Inner Mongolia	15195.5	7032.4	21307.8	3.0	111.7	113.9	109.6
辽 宁	Liaoning	17998.7	8651.7	23064.9	2.7	110.4	114.3	107.7
吉 林	Jilin	12276.3	6976.7	16873.1	2.4	110.7	109.1	111.0
黑龙江	Heilongjiang	11600.8	6445.3	15538.0	2.4	105.8	106.6	104.8
上 海	Shanghai	36892.9	18512.3	39095.2	2.1	106.0	106.2	106.0
江 苏	Jiangsu	19452.3	11721.3	24100.6	2.1	114.2	115.9	112.6
浙 江	Zhejiang	22844.7	13723.6	28259.2	2.1	106.0	108.8	104.5
安 徽	Anhui	10977.7	5647.8	16131.3	2.9	106.6	103.8	105.3
福 建	Fujian	16143.9	9595.8	20722.3	2.2	107.0	110.4	104.6
江 西	Jiangxi	10572.9	6422.8	15327.4	2.4	110.5	113.4	106.7
山 东	Shandong	15095.0	8212.2	21527.8	2.6	110.4	115.6	106.9
河 南	Henan	10380.3	5607.6	17103.7	3.1	110.4	111.1	106.8
湖 北	Hubei	12283.0	6705.2	17296.1	2.6	109.7	114.5	105.6
湖 南	Hunan	11739.5	6381.8	18060.1	2.8	109.2	111.4	105.7
广 东	Guangdong	21823.3	8898.2	28268.6	3.2	108.3	107.7	107.9
广 西	Guangxi	10519.5	5355.5	17457.2	3.3	110.3	109.5	107.5
海 南	Hainan	10634.5	6019.6	15068.5	2.5	109.3	111.8	107.0
重 庆	Chongqing	13655.4	5740.5	19873.3	3.5	111.9	117.7	107.8
四 川	Sichuan	11280.2	7146.5	16649.1	2.3	112.2	116.9	105.9
贵 州	Guizhou	8372.0	4448.4	15441.3	3.5	109.2	110.9	105.5
云 南	Yunnan	9781.6	5645.0	16513.7	2.9	113.7	114.4	108.9
西 藏	Tibet	5339.5	3098.2	12958.4	4.2	108.6	107.2	109.5
陕 西	Shaanxi	11852.2	5782.7	18254.4	3.2	114.1	117.9	109.4
甘 肃	Gansu	8542.0	4562.7	15047.7	3.3	111.8	112.8	108.6
青 海	Qinghai	10289.1	6116.0	15026.4	2.5	115.2	121.2	110.6
宁 夏	Ningxia	12120.4	5958.1	18222.8	3.1	109.2	114.7	105.5
新 疆	Xinjiang	10675.1	5409.8	17441.6	3.2	115.9	116.2	114.8

《中国统计年鉴－2013》

分地区最终消费支出及构成（2012 年）

Final consumption expenditure and its composition by region (2012)

本表按当年价格计算。

Data in value terms in this table are calculated at current prices.

地 区	Region	最终消费支出（亿元）Final Consumption Expenditures (100 million yuan)	居民消费支出 Household Consumption	农村居民 Rural Household	城镇居民 Urban Household	政府消费支出 Government Consumption	最终消费支出=100 Final Consumption Expenditures=100		居民消费支出=100 Household Consumption Expenditures=100	
							居民消费支出 Household Consumption	政府消费支出 Government Consumption	农村居民 Rural Household	城镇居民 Urban Household
北 京	Beijing	10655.1	6203.3	413.2	5790.1	4451.8	58.2	41.8	6.7	93.3
天 津	Tianjin	4879.4	3180.7	313.2	2867.5	1698.7	65.2	34.8	9.8	90.2
河 北	Hebei	11081.1	7808.4	2253.6	5554.8	3272.7	70.5	29.5	28.9	71.1
山 西	Shanxi	5506.1	3900.7	1156.9	2743.8	1605.4	70.8	29.2	29.7	70.3
内蒙古	Inner Mongolia	6244.2	3777.3	748.5	3028.8	2466.9	60.5	39.5	19.8	80.2
辽 宁	Liaoning	10073.2	7894.4	1333.8	6560.6	2178.8	78.4	21.6	16.9	83.1
吉 林	Jilin	4942.0	3375.9	891.2	2484.7	1566.2	68.3	31.7	26.4	73.6
黑龙江	Heilongjiang	7260.5	4447.7	1070.0	3377.7	2812.7	61.3	38.7	24.1	75.9
上 海	Shanghai	11528.6	8721.3	468.3	8253.0	2807.3	75.6	24.4	5.4	94.6
江 苏	Jiangsu	22714.6	15385.6	3481.1	11904.4	7329.0	67.7	32.3	22.6	77.4
浙 江	Zhejiang	16509.4	12496.1	2796.3	9699.9	4013.3	75.7	24.3	22.4	77.6
安 徽	Anhui	8439.0	6562.7	1659.8	4902.9	1876.3	77.8	22.2	25.3	74.7
福 建	Fujian	7882.9	6028.1	1474.4	4553.7	1854.8	76.5	23.5	24.5	75.5
江 西	Jiangxi	6314.3	4753.8	1541.9	3211.9	1560.5	75.3	24.7	32.4	67.6
山 东	Shandong	20543.7	14583.4	3832.9	10750.5	5960.3	71.0	29.0	26.3	73.7
河 南	Henan	13338.4	9754.4	3081.8	6672.6	3584.0	73.1	26.9	31.6	68.4
湖 北	Hubei	9982.8	7085.5	1830.8	5254.6	2897.3	71.0	29.0	25.8	74.2
湖 南	Hunan	10166.1	7768.4	2285.6	5482.8	2397.7	76.4	23.6	29.4	70.6
广 东	Guangdong	29264.3	23022.5	3123.5	19899.0	6241.8	78.7	21.3	13.6	86.4
广 西	Guangxi	6518.0	4905.8	1431.8	3474.0	1612.2	75.3	24.7	29.2	70.8
海 南	Hainan	1386.3	937.9	260.2	677.8	448.3	67.7	32.3	27.7	72.3
重 庆	Chongqing	5393.1	4003.8	740.5	3263.3	1389.3	74.2	25.8	18.5	81.5
四 川	Sichuan	11926.7	9095.3	3255.7	5839.6	2831.4	76.3	23.7	35.8	64.2
贵 州	Guizhou	3950.6	2910.9	994.7	1916.3	1039.7	73.7	26.3	34.2	65.8
云 南	Yunnan	6306.8	4543.5	1624.2	2919.4	1763.2	72.0	28.0	35.7	64.3
西 藏	Tibet	452.7	163.1	73.1	90.0	289.6	36.0	64.0	44.8	55.2
陕 西	Shaanxi	6387.1	4442.2	1112.6	3329.6	1944.9	69.5	30.5	25.0	75.0
甘 肃	Gansu	3328.0	2196.0	727.8	1468.2	1131.9	66.0	34.0	33.1	66.9
青 海	Qinghai	997.4	587.2	185.6	401.6	410.2	58.9	41.1	31.6	68.4
宁 夏	Ningxia	1184.0	779.8	190.7	589.1	404.2	65.9	34.1	24.5	75.5
新 疆	Xinjiang	4262.5	2370.7	675.6	1695.0	1891.8	55.6	44.4	28.5	71.5

《中国统计年鉴－2013》

城乡居民家庭人均收入及恩格尔系数

Per capita annual income and Engel's coefficient of urban and rural households

年 份 Year	城镇居民家庭人均可支配收入 Per Capita Annual Disposable Income of Urban Households		农村居民家庭人均纯收入 Per Capita Annual Net Income of Rural Households		城镇居民家庭恩格尔系数(%) Engel's Coefficient of Urban Households(%)	农村居民家庭恩格尔系数(%) Engel's Coefficient of Rural Households(%)
	绝对数(元) Value (yuan)	指数(1978=100) Index	绝对数(元) Value (yuan)	指数(1978=100) Index		
1978	343.4	100.0	133.6	100.0	57.5	67.7
1979	405.0	115.7	160.2	119.2		64.0
1980	477.6	127.0	191.3	139.0	56.9	61.8
1981	500.4	129.9	223.4	160.4	56.7	59.9
1982	535.3	136.3	270.1	192.3	58.6	60.7
1983	564.6	141.5	309.8	219.6	59.2	59.4
1984	652.1	158.7	355.3	249.5	58.0	59.2
1985	739.1	160.4	397.6	268.9	53.3	57.8
1986	900.9	182.7	423.8	277.6	52.4	56.4
1987	1002.1	186.8	462.6	292.0	53.5	55.8
1988	1180.2	182.3	544.9	310.7	51.4	54.0
1989	1373.9	182.5	601.5	305.7	54.5	54.8
1990	1510.2	198.1	686.3	311.2	54.2	58.8
1991	1700.6	212.4	708.6	317.4	53.8	57.6
1992	2026.6	232.9	784.0	336.2	53.0	57.6
1993	2577.4	255.1	921.6	346.9	50.3	58.1
1994	3496.2	276.8	1221.0	364.3	50.0	58.9
1995	4283.0	290.3	1577.7	383.6	50.1	58.6
1996	4838.9	301.6	1926.1	418.1	48.8	56.3
1997	5160.3	311.9	2090.1	437.3	46.6	55.1
1998	5425.1	329.9	2162.0	456.1	44.7	53.4
1999	5854.0	360.6	2210.3	473.5	42.1	52.6
2000	6280.0	383.7	2253.4	483.4	39.4	49.1
2001	6859.6	416.3	2366.4	503.7	38.2	47.7
2002	7702.8	472.1	2475.6	527.9	37.7	46.2
2003	8472.2	514.6	2622.2	550.6	37.1	45.6
2004	9421.6	554.2	2936.4	588.0	37.7	47.2
2005	10493.0	607.4	3254.9	624.5	36.7	45.5
2006	11759.5	670.7	3587.0	670.7	35.8	43.0
2007	13785.8	752.5	4140.4	734.4	36.3	43.1
2008	15780.8	815.7	4760.6	793.2	37.9	43.7
2009	17174.7	895.4	5153.2	860.6	36.5	41.0
2010	19109.4	965.2	5919.0	954.4	35.7	41.1
2011	21809.8	1046.3	6977.3	1063.2	36.3	40.4
2012	24564.7	1146.7	7916.6	1176.9	36.2	39.3

《中国统计年鉴－2013》

城镇居民家庭基本情况
Basic conditions of urban households

指　　标	Item	1990	2000	2010	2011	2012
调查户数　　（户）	**Number of Households Surveyed　（household）**	**35660**	**42220**	**65607**	**65655**	**65981**
平均每户家庭人口　（人）	Average Household Size　（person）	3.50	3.13	2.88	2.87	2.86
平均每户就业人口　（人）	Average Number of Employed Persons Per Household （person）	1.98	1.68	1.49	1.48	1.49
平均每户就业面　（%）	Proportion of Employment per Household　（%）	56.57	53.67	51.74	51.57	52.10
平均每一就业者负担人数（包括就业者本人）（人）	Number of Dependents per Employee (including the employee himself or herself)　（person）	1.77	1.86	1.93	1.94	1.92
平均每人全部年收入　（元）	**Per Capita Annual Income　（yuan）**	**1516.21**	**6295.91**	**21033.42**	**23979.20**	**26958.99**
工资性收入	Income from Wages and Salaries	1149.70	4480.50	13707.68	15411.91	17335.62
经营净收入	Net Business Income	22.50	246.24	1713.51	2209.74	2548.29
财产性收入	Income from Properties	15.60	128.38	520.33	648.97	706.96
转移性收入	Income from Transfer	328.41	1440.78	5091.90	5708.58	6368.12
#可支配收入	Disposable Income	1510.16	6279.98	19109.44	21809.78	24564.72
平均每人总支出　（元）	**Per Capita Annual Expenditure　（yuan）**	**1413.94**	**6147.38**	**18258.38**	**20365.71**	**22341.42**
平均每人现金消费支出（元）	**Per Capita Annual Cash Consumption Expenditure（yuan）**	**1278.89**	**4998.00**	**13471.45**	**15160.89**	**16674.32**
食　品	Food	693.77	1971.32	4804.71	5506.33	6040.85
衣　着	Clothing	170.90	500.46	1444.34	1674.70	1823.39
居　住	Residence	60.86	565.29	1332.14	1405.01	1484.26
家庭设备及用品	Household Facilities and Articles	108.45	374.49	908.01	1023.17	1116.06
交通通信	Transport and Communications	40.51	426.95	1983.70	2149.69	2455.47
文教娱乐	Education, Culture and Recreation	112.26	669.58	1627.64	1851.74	2033.50
医疗保健	Health Care and Medical Services	25.67	318.07	871.77	968.98	1063.68
其他	Others	66.57	171.83	499.15	581.26	657.10
平均每人现金消费支出构成（人均现金消费支出=100）	**Composition of Per Capita Annual Cash Consumption Expenditure　（%）**					
食　品	Food	54.25	39.44	35.67	36.32	36.23
衣　着	Clothing	13.36	10.01	10.72	11.05	10.94
居　住	Residence	4.76	11.31	9.89	9.27	8.90
家庭设备及用品	Household Facilities and Articles	8.48	7.49	6.74	6.75	6.69
交通通信	Transport and Communications	3.17	8.54	14.73	14.18	14.73
文教娱乐	Education, Culture and Recreation	8.78	13.40	12.08	12.21	12.20
医疗保健	Health Care and Medical Services	2.01	6.36	6.47	6.39	6.38
其他	Others	5.21	3.44	3.71	3.83	3.94

注：从2002年起，城镇住户调查对象由原来的非农业人口改为城市市区和县城关镇住户，本篇章相关资料均按新口径计算，历史数据作了相应调整。

a) Since 2002, the objects of urban households survey are changed from non－farm households to households in the district areas of all city and county towns. The relative data in the chapter are calculated according to the new standard, and historical data have been adjusted accordingly.

《中国统计年鉴－2013》

按收入等级分城镇居民家庭平均每人全年现金消费支出（2012 年）
Per capita annual cash living expenditure of urban households by income percentile（2012）

指标	Item	全国 National	最低收入户(10%) Lowest Income Households (first decile group)	#困难户(5%) Poor Households (first five percent group)	较低收入户(10%) Low Income Households (second decile group)	中等偏下户(20%) Lower Middle Income Households (second quintile group)	中等收入户(20%) Middle Income Households (third quinile group)	中等偏上户(20%) Upper Middle Income Households (fourth quintile group)	较高收入户(10%) High Income Households (ninth decile group)	最高收入户(10%) Highest Income Households (tenth decile group)
现金消费支出(元)	**Total Cash Consumption Expenditures (yuan)**	**16674.32**	**7301.37**	**6366.78**	**9610.41**	**12280.83**	**15719.94**	**19830.17**	**25796.93**	**37661.68**
食品	Food	6040.85	3310.41	2979.29	4147.35	5028.58	6061.37	7102.41	8560.96	10323.06
#粮食	Grain	458.53	364.97	358.68	385.75	426.03	473.18	501.69	542.74	564.46
肉禽及其制品	Meat, Poultry and Processed Products	1183.59	767.51	699.27	946.71	1088.30	1249.37	1341.13	1480.40	1555.67
蛋类	Eggs	119.00	84.30	76.97	96.64	112.02	125.68	133.33	142.42	147.05
水产品	Aquatic Products	408.92	173.39	145.05	235.60	308.75	412.72	522.70	630.61	768.17
奶及奶制品	Milk and Processed Products	253.57	125.75	110.11	169.02	208.34	260.07	308.80	365.39	423.34
衣着	Clothing	1823.39	706.80	589.78	1045.50	1408.21	1765.93	2213.83	2767.50	3928.48
#服装	Garments	1344.87	494.80	408.08	746.36	1018.94	1288.06	1637.68	2067.91	3019.31
居住	Residence	1484.26	832.60	759.62	924.49	1160.43	1384.31	1708.68	2154.27	3123.28
#住房	Housing	463.64	177.46	140.84	168.83	279.33	354.81	543.48	798.49	1520.36
家庭设备及用品	Household Facilities and Articles	1116.06	405.35	333.10	569.25	760.00	1033.64	1346.21	1827.88	2807.29
#耐用消费品	Durable Consumer Goods	431.52	119.37	91.70	185.89	272.85	395.16	532.17	738.16	1195.76
交通通信	Transport and Communications	2455.47	602.83	495.33	954.38	1392.97	2063.25	2960.62	4304.11	7971.14
文教娱乐	Education, Culture and Recreation	2033.50	722.96	613.94	1034.87	1326.62	1785.45	2449.14	3432.77	5431.59
#文化娱乐用品	Consumer Goods for Recreational Use	451.88	144.68	117.98	209.60	284.93	404.79	565.38	793.42	1187.24
医疗保健	Health Care and Medical Services	1063.68	548.33	466.51	669.58	832.93	1096.04	1248.92	1580.04	1951.11
其他	Others	657.10	172.09	129.21	264.99	371.10	529.94	800.35	1169.41	2125.73
现金消费支出构成(%)	**Total Cash Consumption Expenditures (%)**									
食品	Food	36.23	45.34	46.79	43.15	40.95	38.56	35.82	33.19	27.41
衣着	Clothing	10.94	9.68	9.26	10.88	11.47	11.23	11.16	10.73	10.43
居住	Residence	8.90	11.40	11.93	9.62	9.45	8.81	8.62	8.35	8.29
家庭设备及用品	Household Facilities and Articles	6.69	5.55	5.23	5.92	6.19	6.58	6.79	7.09	7.45
交通通信	Transport and Communications	14.73	8.26	7.78	9.93	11.34	13.13	14.93	16.68	21.17
文教娱乐	Education, Culture and Recreation	12.20	9.90	9.64	10.77	10.80	11.36	12.35	13.31	14.42
医疗保健	Health Care and Medical Services	6.38	7.51	7.33	6.97	6.78	6.97	6.30	6.12	5.18
其他	Others	3.94	2.36	2.03	2.76	3.02	3.37	4.04	4.53	5.64

《中国统计年鉴－2013》

分地区城镇居民平均每人全年家庭收入来源（2012 年）
Per capita annual income of urban households by sources and region（2012）

单位：元(yuan)

地　区	Region	可支配收入 Disposable Income	总收入 Total Income	工资性收入 Income from Wages and Salaries	经营净收入 Net Business Income	财产性收入 Income from Properties	转移性收入 Income from Transfers
全　国	**National Average**	**24564.72**	**26958.99**	**17335.62**	**2548.29**	**706.96**	**6368.12**
北　京	Beijing	36468.75	41103.11	27961.78	1430.22	717.56	10993.54
天　津	Tianjin	29626.41	32944.01	21523.81	1200.10	515.49	9704.61
河　北	Hebei	20543.44	21899.42	13154.52	2257.48	338.47	6148.95
山　西	Shanxi	20411.71	22100.31	14973.64	1041.43	301.84	5783.41
内蒙古	Inner Mongolia	23150.26	24790.79	16872.58	2698.67	564.02	4655.51
辽　宁	Liaoning	23222.67	25915.72	14846.05	2710.30	493.01	7866.35
吉　林	Jilin	20208.04	21659.64	13535.33	2168.82	324.03	5631.45
黑龙江	Heilongjiang	17759.75	19367.84	11700.50	1729.29	186.10	5751.95
上　海	Shanghai	40188.34	44754.50	31109.30	2267.15	575.82	10802.23
江　苏	Jiangsu	29676.97	32519.10	20102.05	3421.90	689.96	8305.20
浙　江	Zhejiang	34550.30	37994.83	22385.09	4694.40	1465.32	9450.02
安　徽	Anhui	21024.21	23524.56	14812.54	2155.33	549.62	6007.07
福　建	Fujian	28055.24	30877.92	19976.01	3336.96	1795.21	5769.73
江　西	Jiangxi	19860.36	21150.24	13348.06	1946.82	527.63	5327.72
山　东	Shandong	25755.19	28005.61	19856.05	2621.41	704.90	4823.24
河　南	Henan	20442.62	21897.23	13666.49	2545.14	333.81	5351.78
湖　北	Hubei	20839.59	22903.85	14191.04	2158.33	476.23	6078.25
湖　南	Hunan	21318.76	22804.55	13237.06	3008.33	867.76	5691.40
广　东	Guangdong	30226.71	34044.38	23632.20	3603.89	1468.73	5339.56
广　西	Guangxi	21242.80	23209.41	14693.47	2131.79	883.71	5500.43
海　南	Hainan	20917.71	22809.87	14672.28	2397.44	717.61	5022.54
重　庆	Chongqing	22968.14	24810.98	15415.44	2183.51	538.43	6673.59
四　川	Sichuan	20306.99	22328.33	14249.32	2017.84	633.82	5427.34
贵　州	Guizhou	18700.51	20042.88	12309.17	1982.45	355.70	5395.56
云　南	Yunnan	21074.50	23000.43	14408.29	2425.03	999.98	5167.14
西　藏	Tibet	18028.32	20224.17	17672.12	570.88	417.86	1563.31
陕　西	Shaanxi	20733.88	22606.01	15547.32	881.96	269.58	5907.14
甘　肃	Gansu	17156.89	18498.46	12514.92	1125.68	259.63	4598.23
青　海	Qinghai	17566.28	19746.63	12614.39	1191.42	92.98	5847.84
宁　夏	Ningxia	19831.41	21902.24	13965.62	2522.84	160.88	5252.90
新　疆	Xinjiang	17920.68	20194.55	14432.12	1633.22	145.50	3983.71

《中国统计年鉴－2013》

产品介绍： 妇女卫生护理用品生产线（卫生巾、护垫、乳垫、妈咪巾）　婴儿卫生护理用品生产线（纸尿裤、纸尿片、成长裤）
成人卫生护理用品生产线（纸尿裤、纸尿片、床垫）　宠物卫生护理用品生产线（宠物裤、宠物垫）　码垛机、包装机

十年湿巾生产经验,自产非织造布.
Ten years of wet wipes production experience.
Self-Manufactured Nonwoven Fabric.

婴儿湿巾
Baby Wet Wipes

个人护理湿巾
Personal Care Wet Wipes

家用湿巾
Household Wet Wipes

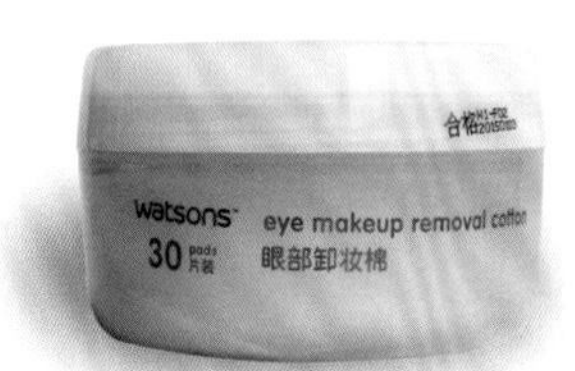

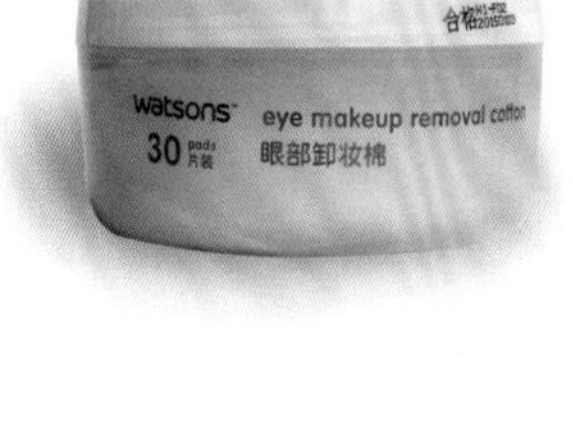

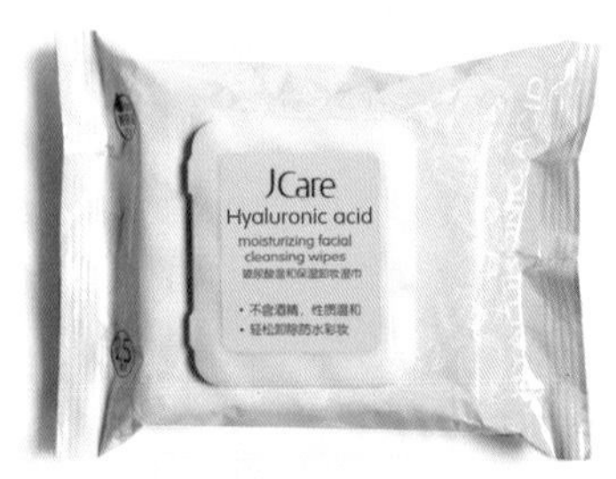

诺斯贝尔（中山）无纺日化有限公司
NOX-BELLCOW (ZS) NONWOVEN CHEMICAL LTD.
地址：中国广东省中山市南头镇升辉北工业区
ADD: Shenghui North Industrial District,Nantou,Zhongshan,Guangdon,China.
Http://www.hknbc.com

联系人：王磊先生
Email: nbc@hknbc.com
Mobile: (86)18022011616
Tel: (86)-760-22518638 (86)-760-23126008
Fax: (86)-760-2316018